Einführung in die Anatomie	1	1
Histologie	5	2
Allgemeine Entwicklungsgeschichte	91	3
Blut und Immunsystem	125	4
Allgemeine Anatomie des Bewegungsapparates	155	5
Blutkreislauf und Herz, Lymphgefäße – Allgemeine Organisation	177	6
Organisation des peripheren Nervensystems	199	7
Haut und Hautanhangsorgane	213	8
Rücken	227	9
Thorax	253	10
Abdomen und Pelvis	307	11
Extremitäten	449	12
Kopf und Hals	581	13
Sinnesorgane	681	14
Zentralnervensystem	719	15
Quellenverzeichnis	855	
Sachverzeichnis	857	

Theodor H. Schiebler Horst-W. Korf

Anatomie

Histologie, Entwicklungsgeschichte,
makroskopische und mikroskopische Anatomie,
Topographie

Unter Berücksichtigung des Gegenstandskatalogs

10., vollständig überarbeitete Auflage

THEODOR H. SCHIEBLER   HORST-W. KORF

Anatomie

Histologie, Entwicklungsgeschichte, makroskopische und mikroskopische Anatomie, Topographie

Unter Berücksichtigung des Gegenstandskatalogs

10., vollständig überarbeitete Auflage

Mit 538 Abbildungen in 842 Einzeldarstellungen und 111 Tabellen

Professor Dr. med. Dr. h.c. (Nancy) Theodor Heinrich Schiebler
Friedrich-Ebert-Straße 6
D-97209 Veitshöchheim

Professor Dr. med. Horst-Werner Korf
Dr. Senckenbergische Anatomie
Fachbereich Medizin
der J. W. Goethe-Universität Frankfurt/Main
Theodor-Stern-Kai 7
D-60590 Frankfurt/Main

1.–9. Auflage sind im Springer-Verlag, Berlin Heidelberg New York, erschienen

ISBN 978-3-7985-1770-7 Steinkopff Verlag

Bibliografische Information der Deutschen Nationalbibliothek
Die Deutsche Nationalbibliothek verzeichnet diese Publikation in der Deutschen Nationalbibliografie; detaillierte bibliografische Daten sind im Internet über http://dnb.d-nb.de abrufbar.

Steinkopff Verlag
ein Unternehmen von Springer Science+Business Media

www.steinkopff.springer.de

Redaktion: Dr. Annette Gasser Herstellung: Klemens Schwind
Umschlaggestaltung: Martina Winkler, WMX Design GmbH, Heidelberg
Satz: K+V Fotosatz GmbH, Beerfelden
Druck und Bindung: Universitätsdruckerei Stürtz GmbH, Würzburg

Zeichnungen: Rüdiger Himmelhan/Reinhold Henkel, Heidelberg
Albert und Regine Gattung, Edingen-Neckarhausen
Inge Szasz, Frankfurt
Günther Hippmann, Schwarzenbruck

SPIN 11548720 85/7231 – 5 4 3 2 1 0 – Gedruckt auf säurefreiem Papier

„wie du dem Menschen gegenüberstehst“

Leonardo da Vinci (1493)

Inhaltsverzeichnis

1 Einführung in die Anatomie 1
1.1 **Gestalt** 2
1.2 **Bauplan** 3

2 Histologie 5
2.1 **Epithelgewebe** 7
2.1.1 Oberflächenepithel 7
2.1.2 Drüsen 22
2.2 **Binde- und Stützgewebe** 32
2.2.1 Bindegewebe 33
2.2.2 Stützgewebe 46
2.3 **Muskelgewebe** 58
2.3.1 Glatte Muskulatur 59
2.3.2 Skelettmuskulatur 61
2.3.3 Herzmuskulatur 67
2.3.4 Myoepithelzellen, Myofibroblasten, Perizyten 69
2.4 **Nervengewebe** 70
2.4.1 Neuron, Nervenzelle 70
2.4.2 Synapsen 74
2.4.3 Nervenfasern und Nerven 79
2.4.4 Gliazellen 85
2.5 **Grundzüge histologischer Techniken** . . 87
2.5.1 Untersuchungen an lebenden Zellen und Geweben 88
2.5.2 Untersuchungen an toten oder abgetöteten Zellen und Geweben 88
2.5.3 Zytochemie, Histochemie 90
2.5.4 Verfahren zur Gewinnung räumlicher Bilder 90

3 Allgemeine Entwicklungsgeschichte . . . 91
3.1 **Befruchtung** 92
3.2 **Entwicklung des Keims vor der Implantation** 94
3.2.1 Furchung und Blastozystenentwicklung . 94
3.2.2 Tuben- und Uteruswanderung 95
3.3 **Implantation** 95
3.4 **Plazenta und Eihäute** 97
3.4.1 Entwicklung 97
3.4.2 Reife Plazenta und Eihäute, Amnion . . . 100
3.5 **Frühentwicklung** 106
3.6 **Embryonalperiode** 111
3.6.1 Ektoderm 111
3.6.2 Mesoderm 115
3.6.3 Entoderm 116
3.6.4 Ausbildung der Körperform 116
3.7 **Fetalperiode** 119
3.8 **Neugeborenes** 121
3.9 **Mehrlinge** 122
3.10 **Fehlbildungen** 122

4 Blut und Immunsystem 125
4.1 **Blut** 126
4.1.1 Blutplasma 127
4.1.2 Erythrozyten 128
4.1.3 Leukozyten 129
4.1.4 Thrombozyten 133
4.2 **Blutbildung** 133
4.3 **Abwehr-/Immunsystem** 136
4.3.1 Überblick 137
4.3.2 Angeborene Immunität 138
4.3.3 Erworbene Immunität 140
4.3.4 Allergie 149
4.4 **Lymphknoten** 150

5 Allgemeine Anatomie des Bewegungsapparates 155
5.1 **Knochen** 156
5.1.1 Knochenformen 156
5.1.2 Periost 157
5.1.3 Leichtbau der Knochen 157
5.1.4 Funktionelle Anpassung 159
5.1.5 Kalziumstoffwechsel und Blutbildung . . 159
5.2 **Gelenke und Bänder** 160
5.2.1 Synarthrose 160
5.2.2 Diarthrose 161
5.2.3 Sonderstrukturen und Hilfseinrichtungen 162
5.2.4 Gefäße und Innervation 162
3.2.5 Bewegungsführung von Gelenken 162
5.2.6 Gelenktypen 163
5.2.7 Funktionelle Anpassung und Alterung . 165
5.3 **Muskeln, Sehnen und Muskelgruppen** . 166
5.3.1 Muskeln als Individuen 167
5.3.2 Bindegewebige Hüllsysteme 168
5.3.3 Sehnen 168
5.3.4 Hilfseinrichtungen von Muskeln und Sehnen 169

5.3.5 Muskelmechanik, Muskelwirkung auf Gelenke 170
5.3.6 Innervation 172
5.3.7 Muskelgruppen 173
5.3.8 Anpassung 174
5.4 Allgemeine Aspekte der Biomechanik 175

6 Blutkreislauf und Herz, Lymphgefäße – Allgemeine Organisation 177
6.1 Überblick über den Blutkreislauf 178
6.2 Entwicklung des Blutkreislaufs 180
6.2.1 Herzentwicklung und Entwicklung der herznahen Gefäße 181
6.3 Fetaler Kreislauf und seine Umstellung auf den postnatalen, bleibenden Kreislauf 186
6.4 Fehlbildungen am Herzen und im Kreislauf 188
6.5 Blutgefäße 190
6.5.1 Wandbau 190
6.5.2 Arterien 191
6.5.3 Mikrozirkulation 191
6.5.4 Venen 194
6.5.5 Sonderstrukturen 194
6.5.6 Regulation der Durchblutung 195
6.6 Lymphgefäße 196
6.6.1 Systematik der Lymphgefäße 197

7 Organisation des peripheren Nervensystems 199
7.1 Nn. spinales 201
7.2 Nn. craniales 203
7.3 Autonome Nerven 205
7.3.1 Sympathikus 206
7.3.2 Parasympathikus 209
7.3.3 Afferenzen und autonome Geflechte 210
7.3.4 Darmnervensystem 211

8 Haut und Hautanhangsorgane 213
8.1 Epidermis 214
8.2 Dermis 217
8.3 Tela subcutanea 219
8.4 Blut- und Lymphgefäße 219
8.5 Nerven und Rezeptororgane 221
8.6 Drüsen der Haut 222
8.7 Pili 224
8.8 Ungues 226

9 Rücken 227
9.1 Wirbelsäule, allgemein 228
9.1.1 Osteologie der Wirbel 228
9.1.2 Wirbelgruppen 229
9.1.3 Entwicklung der Wirbelsäule und der Rückenmuskulatur, Entwicklungsstörungen 229
9.1.4 Verbund der Wirbelsäule 232
9.2 Wirbelsäule, speziell 236
9.2.1 Halswirbelsäule 236
9.2.2 Brustwirbelsäule 238
9.2.3 Lendenwirbelsäule 238
9.2.4 Kreuzbein 240
9.2.5 Steißbein 241
9.2.6 Eigenform und Beweglichkeit der Wirbelsäule 241
9.3 Rückenmuskeln 242
9.3.1 Oberflächliche Rückenmuskeln 242
9.3.2 Tiefe Rückenmuskeln 243
9.3.3 Nackenmuskeln 249
9.4 Faszien des Rückens 249
9.5 Topographie und angewandte Anatomie des Rückens 250

10 Thorax 253
10.1 Gliederung des Thorax 254
10.2 Brustdrüse 256
10.3 Oberflächliche Thoraxmuskulatur 258
10.4 Thoraxwand 259
10.4.1 Knöcherner Thorax, Bänderthorax 260
10.4.2 Tiefe Thoraxmuskulatur und Faszien des Thorax 262
10.4.3 Gefäße und Nerven der Thoraxwand 263
10.5 Zwerchfell 264
10.6 Thorax als Ganzes und Atemmechanik 267
10.7 Brusthöhle 269
10.7.1 Pleura und Pleurahöhle 269
10.7.2 Atmungsorgane 271
10.8 Mediastinum 280
10.8.1 Herzbeutel, Herz und große Gefäßstämme 280
10.8.2 Oberes, hinteres und vorderes Mediastinum 293

11 Abdomen und Pelvis 307
11.1 Übersicht 308
11.2 Oberflächen 308

11.2.1 Bauchoberfläche 308
11.2.2 Beckenoberfläche 309
11.3 Bauchwand 309
11.3.1 Bauchmuskeln und Faszien 310
11.3.2 Aufgaben der Bauchwand 314
11.3.3 Regio inguinalis 316
11.4 Becken und Beckenwände 320
11.4.1 Hüftbein 321
11.4.2 Articulatio sacroiliaca 322
11.4.3 Becken als Ganzes 323
11.4.4 Beckenraum 324
11.4.5 Beckenmuskeln und Faszien 326
11.5 Cavitas abdominalis et pelvis 329
11.5.1 Gliederung 329
11.5.2 Peritoneum und Peritonealhöhle 330
11.5.3 Bauchsitus 332
11.5.4 Organe des Verdauungssystems 347
11.5.5 Milz 376
11.5.6 Spatium extraperitoneale 379
11.5.7 Nebenniere 384
11.5.8 Harnorgane 387
11.5.9 Männliche Geschlechtsorgane 404
11.5.10 Weibliche Geschlechtsorgane 420
11.6 Leitungsbahnen in Abdomen und Pelvis 439
11.6.1 Arterien 439
11.6.2 Venen 442
11.6.3 Lymphgefäße 445
11.6.4 Nerven 446

12 Extremitäten 449
12.1 Entwicklung 450
12.2 Schultergürtel und obere Extremität . . 454
12.2.1 Osteologie 454
12.2.2 Schultergürtel und Schulter 461
12.2.3 Oberarm und Ellenbogen 473
12.2.4 Unterarm und Hand 478
12.2.5 Leitungsbahnen im Schulter-/Armbereich 500
12.2.6 Topographie und angewandte Anatomie 511
12.3 Untere Extremität 517
12.3.1 Osteologie 517
12.3.2 Hüfte 526
12.3.3 Oberschenkel und Knie 536
12.3.4 Unterschenkel und Fuß 547
12.3.5 Stehen und Gehen 562
12.3.6 Leitungsbahnen der unteren Extremität . 564
12.3.7 Topographie und angewandte Anatomie 574

13 Kopf und Hals 581
13.1 Kopf 582
13.1.1 Schädel 582
13.1.2 Gesicht 601
13.1.3 Mundhöhle und Kauapparat 605
13.1.4 Nase, Nasenhöhle und Nasennebenhöhlen 626
13.1.5 Topographie des Kopfes 629
13.2 Hals 632
13.2.1 Gliederung 632
13.2.2 Zungenbein, Zungenbeinmuskulatur, weitere Halsmuskeln 636
13.2.3 Fascia cervicalis, Spatien 639
13.2.4 Organe des Halses 640
13.2.5 Topographie des Halses 654
13.3 Leitungsbahnen an Kopf und Hals, systematische Darstellung 656
13.3.1 Arterien 656
13.3.2 Venen 661
13.3.3 Lymphgefäßsystem 663
13.3.4 Nerven 665

14 Sinnesorgane 681
14.1 Organe der somatischen und viszeralen Sensibilität 682
14.2 Sehorgan 683
14.2.1 Bulbus oculi 683
14.2.2 Hilfsapparat 697
14.2.3 Gefäße und Nerven der Orbita 701
14.3 Hör- und Gleichgewichtsorgan 704
14.3.1 Äußeres Ohr 704
14.3.2 Mittelohr 706
14.3.3 Innenohr 711
14.3.4 Hörorgan 712
14.3.5 Gleichgewichtsorgan 716

15 Zentralnervensystem 719
15.1 Einführung 720
15.2 Entwicklung 724
15.2.1 Entwicklung von Nervenzellen und Gliazellen 724
15.2.2 Entwicklung des Rückenmarks 726
15.2.3 Entwicklung des Gehirns 728
15.2.4 Entwicklung des peripheren Nervensystems 732
15.3 Gehirn 734
15.3.1 Gliederung 734

15.3.2 Telencephalon 735
15.3.3 Diencephalon 748
15.3.4 Hypophyse 757
15.3.5 Truncus encephali 762
15.3.6 Cerebellum 784
15.4 Rückenmark 791
15.5 Neurofunktionelle Systeme 804
15.5.1 Motorische Systeme 804
15.5.2 Sensorisches System 814
15.5.3 Olfactorisches System 820
15.5.4 Gustatorisches System 821
15.5.5 Visuelles System 822
15.5.6 Auditives System 828
15.5.7 Vestibuläres System 830
15.5.8 Limbisches System 832
15.5.9 Vegetative Zentren 838
15.5.10 Neurotransmittersysteme 839
15.5.11 Besondere Leistungen des menschlichen Gehirns 843
15.6 Hüllen des ZNS, Liquorräume, Blutgefäße 845
15.6.1 Hüllen von Gehirn und Rückenmark . . . 845
15.6.2 Äußerer Liquorraum und Ventrikelsystem 849
15.6.3 Sinus durae matris 852

Quellenverzeichnis 855

Sachverzeichnis 857

Vorwort zur 10. Auflage

Vieles hat sich gewandelt: das Fühlen, Denken, Werten und Handeln der Ärzte ist anders geworden, auch das Lehren und Lernen. Die Medizin von heute ist nicht mehr jene von gestern. Das Erlernen der Anatomie bleibt jedoch eine wesentliche Voraussetzung für jede ärztliche Tätigkeit.

Anatomie ist ein Fach zwischen Tradition und Zukunft. Viele Fakten, die Sie kennen lernen werden, wurden von unseren Altvorderen erarbeitet und bleiben gültig. Doch es ist weiter gegangen und hat schließlich zur gegenwärtigen funktionellen Betrachtungsweise der Anatomie und zur Eroberung der molekularen Dimension geführt. Dies hat eine enorme Ausweitung des Faches Anatomie und damit die Verknüpfung mit anderen Grundlagenfächern, der Physiologie und physiologischen Chemie, aber vor allem mit der Klinik mit sich gebracht. Auf dieser Basis wird Ihnen in diesem Buch Anatomie vermittelt.

Liebe Studentin, lieber Student, dieses Buch ist für Sie geschrieben. Es vermittelt Ihnen als klassisches Lehrbuch straff und prägnant das für die Examina und die spätere berufliche Tätigkeit notwendige anatomische Wissen. Gleichzeitig führt es Sie in ärztliche Denkweisen und die ärztliche Sprache ein. Schon als Lernender sollen Sie beim Studium der Anatomie den lebenden Menschen vor sich sehen. Die Darstellung geht daher von der klinischen Relevanz aus und folgt dem Motto: »wie du dem Menschen gegenüber stehst«.

Das Buch geht aber noch weiter. Es ist eng mit interaktiven internet-basierten Lernprogrammen (e-learning) verbunden, die an der Dr. Senckenbergischen Anatomie der J.W. Goethe-Universität in Frankfurt am Main entwickelt wurden. Hierdurch wird die neue Auflage der ANATOMIE um einen Atlas der Histologie und mikroskopischen Anatomie erweitert, der alle gängigen und examensrelevanten Präparate in verschiedenen Vergrößerungen darstellt und durch Kurzbeschreibungen erläutert. Weitere interaktive Lernprogramme gibt es zu den Grundlagen der Anatomie, zur Osteologie und Angiologie sowie zum Thorax. Diese Programme fördern Ihre Lerneffizienz und stehen Ihnen online unter www.schieblerkorf.de zur Verfügung*. Die Entwicklung der Programme wurde dankenswerterweise finanziell durch das Bundesministerium für Bildung und Forschung sowie den Fachbereich Medizin der J. W. Goethe-Universität gefördert.

Wir wünschen Ihnen viel Erfolg beim Studium der Anatomie, gleichzeitig eine interessante Zeit bei der Beschäftigung mit dem Stoff und Freude daran. Gerne stehen wir Ihnen als Ratgeber zur Seite und sind für kritische Hinweise und Verbesserungsvorschläge dankbar. Ihre Meinung zu der Verknüpfung von klassischem Lehrbuch mit dem e-learning-Programm im Internet interessiert uns sehr, denn es geht um die Erweiterung des Programms. Bitte schreiben Sie uns. Sie erreichen uns per E-Mail unter schieblerkorf@gmx.de.

---

* Diese Programme gibt es auch als CD; sie kann gegen einen Unkostenbeitrag von 7 € (incl. Porto) über die Dr. Senckenbergische Anatomie, Fachbereich Medizin der J. W. Goethe Universität, Theodor-Stern-Kai 7, 60590 Frankfurt (Tel. 069 6301 6901; E-mail: Kaethe.Neumann@em.uni-frankfurt.de) bezogen werden.

Danksagungen. Unser Dank geht an erster Stelle an Herrn Dr. T. Thiekötter in der Geschäftsführung des Springer Medizin Verlages, und Frau S. Ibkendanz, Verlagsleiterin beim Dr. Dietrich Steinkopff Verlag. Durch sie wurde die 10. Auflage der ANATOMIE möglich. Entscheidend war für uns die Mitarbeit von Frau U. Schiebler, die in aufopferungsvollem Einsatz und äußerst kompetent die gesamte Texterfassung durchgeführt hat. Herzlichen Dank. Unterstützung fanden wir bei der Computererfassung und Manuskriptbearbeitung durch große Hilfsbereitschaft von Herrn M. Christof, Herrn B. Dranga, Frau P. Joa, Frau D. von Meltzer und Frau K. Neumann. Geholfen haben uns durch ihren Rat die Herren em. Prof. Dr. W. Schmidt, Innsbruck, Prof. Dr. M. Davidoff, Hamburg, Prof. Dr. A. Brehmer, Erlangen und auf studentischer Seite vor allem Matthias Fröhlich und Sebastian Brand, jedoch auch andere. Unser Dank geht auch an die zurückgetretenen Autoren früherer Auflagen der ANATOMIE, die das Wachstum des Buches beginnend mit der 1. Auflage 1976 mitgetragen haben. Hervorzuheben ist die zeichnerische Kunstfertigkeit von Frau I. Szasz, die alle neuen Abbildungen angefertigt und die Korrekturen an vorhandenen in dankenswerter Weise durchgeführt hat. Die e-learning-Programme zum Kursus der Histologie und mikroskopischen Anatomie wurden unter akribischer Federführung von Herrn Priv.-Doz. Dr. med. F. Dehghani und tatkräftiger Mitarbeit von Herrn F. Fußer und Herrn A. Kosowski erstellt. Die e-learning-Programme zur makroskopischen Anatomie sind dem Ideenreichtum, der Kreativität und der fachlichen Kompetenz von Herrn Priv.-Doz. Dr. rer. nat. H. Wicht zu verdanken, der die Lerneinheiten gemeinsam mit Frau Priv.-Doz. Dr. rer. nat. G. Klauer und Herrn Dr. med. S. Kornfeld entwickelt hat. Graphische Gestaltung und Programmierung sind das Ergebnis der professionellen Arbeit von Frau Dipl.-Des. B. Schwalm und Herrn Dipl.-Ing. S. Grotta. Frau Dipl.-Ing. K. Lang leistete wertvolle Dienste bei allen Fragen rund ums Internet. Allen Genannten gilt unser herzlicher Dank für ihr unermüdliches Engagement. Sehr dankbar sind wir auf der Seite des Steinkopff Verlages unserer Betreuerin Frau Dr. A. Gasser für stete Freundlichkeit und Bereitschaft auf unsere Wünsche einzugehen, Frau C. Funke für das ausgezeichnete Lektorat. Frau S. Lüttges für die Erfassung der Stichworte des Sachregisters. Herausragend war die Zusammenarbeit mit Herrn K. Schwind, der die Herstellung des Buches mit Pfiff, großer Erfahrung, vielen eigenen Ideen und größtem Engagement durchgeführt hat. Last but not least danken wir den Mitarbeitern der Setzerei und Druckerei sowie zahlreichen ungenannten Helfern im Hintergrund. Ohne sie wäre es nicht gegangen.

Veitshöchheim, Frankfurt am Main
im September 2007

T. H. Schiebler
H.-W. Korf

Hinweise zur Benutzung dieses Lehrbuchs

Liebe Leserin, lieber Leser,

bevor Sie mit Ihrer Arbeit beginnen, sollen Sie erfahren, wie dieses Buch konzipiert und aufgebaut ist.

Zunächst bitten wir Sie, sich nicht durch den Umfang des Buches beeinträchtigen zu lassen. Er wird vor allem von den repetitiven und erläuternden Elementen hervorgerufen, die der Wiederholung, dem Verständnis und der Horizonterweiterung dienen. Sie sind typographisch abgesetzt und leicht zu erkennen. Was den zu erarbeitenden Stoff angeht, bewegt sich das Buch auf der Ebene eines **Kurzlehrbuches**. Es ist konzis, prägnant, lerngerecht, examensorientiert, kliniknah und auf das Wesentliche ausgerichtet. **Inhaltlich** werden die makroskopische Anatomie einschließlich der Topographie, die Entwicklungsgeschichte, Histologie mit integrierter Zytologie und die mikroskopische Anatomie behandelt, also die **Anatomie in ihrer Gesamtheit**.

Gegliedert ist das Buch in einführende, stärker allgemein gehaltene und spezielle Kapitel mit Besprechung der einzelnen Gebiete. In den einführenden Kapiteln finden Sie die Grundbegriffe, die Sie immer wieder nachschlagen können. Die speziellen Kapitel basieren auf dem Konzept, **Zusammenhänge** darzustellen, sodass Sie den **Menschen als Ganzes** sehen können.

Lerngerecht wird der Stoff durch eine starke **Strukturierung** des Textes und **Hervorhebungen** innerhalb des Drucks. Sie sehen sofort, worauf es ankommt. Einige Leitungsbahnen tragen das Symbol + , um anzudeuten, dass diese besonders im Gedächtnis bleiben sollen. Ergänzt wird der Text durch **Tabellen** und **Abbildungen**. Die Abbildungen sind schematisch gehalten und heben das Wesentliche hervor.

Das Buch ist nach dem **Modul-Prinzip** aufgebaut, so dass Sie jeden Abschnitt unabhängig von anderen bearbeiten können. Modul-Prinzip bedeutet, dass jedes Teilgebiet in Bausteine gegliedert ist, die mit Angabe der Lernziele unter der Bezeichnung »**Kernaussagen**« beginnen und mit einer Zusammenfassung unter der Bezeichnung »**In Kürze**« enden. Bei umfangreicheren Modulen mit Unterkapiteln sind weitere Kernaussagen unter der Bezeichnung »**Wichtig**« eingefügt, um zu verhindern, dass Sie den Faden verlieren. Im Kapitel Zentralnervensystem werden Sie mit satzförmigen Zwischenüberschriften durch den Stoff geführt.

Für die **konkrete Lernarbeit** empfehlen wir Ihnen, zunächst Kernaussagen und Zusammenfassungen zur Kenntnis zu nehmen. Dann kennen Sie das Gerüst des Kapitels. Wenn Sie beim anschließenden Lesen eines Kapitels auf zunächst Nichtverstandenes stoßen, haben Sie keine Scheu darüber hinwegzugehen. Das Verständnis kommt bei der Repetition. Im Vordergrund muss immer die **Erarbeitung des Gerüstes** stehen.

Die **Kliniknähe** wird durch »**Klinische Hinweise**«, vor allem aber durch die **Auswahl** des schier unbegrenzten Stoffes erreicht. Verblieben ist das für die Examina, für Ihre weitere Ausbildung zum Arzt und für Ihre spätere Tätigkeit Wichtige.

Um Ihnen die **Lernarbeit zu erleichtern**, ist die 10. Auflage der ANATOMIE durch **internet-basierte, interaktive Lernprogramme** (e-learning) ergänzt, die an der Dr. Senckenbergischen Anatomie der J.W. Goethe-Universität in Frankfurt am Main entwickelt wurden. Hierdurch wird die neue Auflage der ANATOMIE um einen **Atlas der Histologie und mikroskopischen Anatomie** erweitert, der alle gängigen und examensrelevanten Präparate in verschiedenen Vergrößerungen darstellt und durch Kurzbeschreibungen erläutert. Mit **fanatomic** (Frankfurter Anatomie im Computer) steht Ihnen ein weiteres Lernprogramm mit ausgewählten Kapiteln der **makroskopischen und systematischen Anatomie** (Körperregionen, Ebenen, Bewegungen, Osteologie, Kreislaufsystem und Thoraxraum) zur Verfügung.

Beide Lernprogramme finden Sie im Internet unter www.schieblerkorf.de. An allen Stellen, an denen es Verknüpfungen zu den elektronischen Lernprogrammen gibt, erscheint im Buch das Symbol e. Verweise zum elektronischen Histologieatlas sind mit H und der entsprechenden Präparatenummer gekennzeichnet. Bei den Verweisen auf fanatomic folgt dem e der Text aus dem dortigen Inhaltsverzeichnis.

Beispiele. Um Text und Abbildungen über mehrschichtiges verhorntes Plattenepithel der Haut (im Text mit e H4 bezeichnet) zu finden, klicken Sie auf der Webseite www.schieblerkorf.de aufeinander folgend an: HistoOnline – Histologie: Kursus der mikroskopischen Anatomie – Präparatenummern – 1 bis 10 – (bei Präparatenummer 4) Haut: Mehrschichtiges verhorntes Plattenepithel. Um sich im Lernprogramm über die Wirbelsäule (im Text mit e Osteologie: Wirbelsäule bezeichnet) zu informieren, klicken Sie aufeinander folgend an: fanatomic – Hier kommen Sie direkt zur Online-Version – (Spalte Osteologie) Wirbelsäule.

Durch die Verwendung von Buch und elektronischen Medien können Sie Ihre **Lerneffektivität** erheblich steigern.

Die Lernprogramme sind auch auf einer CD erhältlich, die Sie gegen eine Schutzgebühr von 7 € erwerben können. Die Adresse für die Bestellung finden Sie in der Fußnote zum Vorwort.

Für das Erlernen der Anatomie sind Lehrbücher und Lernprogramme unerlässlich. Dennoch kann nichts die Anschauung im Präpariersaal und die Arbeit am Mikroskop ersetzen. Nur dann bekommen Sie ein Gefühl für die wunderbare Ordnung im menschlichen Körper und auch dafür, dass Strukturen die Grundlage jeder Funktion sind.

Für Ihre Arbeit alles Gute und trotz der Mühe viel Freude daran. Wenn Sie Fragen haben, stehen wir Ihnen zur Verfügung.

Ihre SCRIPTORES

Allgemeine Begriffe

e Grundlagen: Grundbegriffe

Alle Bezeichnungen erfolgen nach den **Terminologia Anatomica** (1998)

Körperabschnitte

e Grundlagen: Regionen

- **Caput**, Kopf
- **Collum, Cervix**, Hals
- **Truncus**, Stamm, Rumpf
- **Thorax**, Brust
- **Abdomen**, Bauch
- **Pelvis**, Becken
- **Dorsum**, Rücken
- **Cavitas**, (Körper-) Höhle
- **Membrum superius**, obere Extremität
- **Brachium**, Arm
- **Cubitus**, Ellenbogen
- **Antebrachium**, Unterarm
- **Manus**, Hand
- **Membrum inferius**, untere Extremität
- **Coxa**, Hüfte
- **Femur**, Oberschenkel
- **Genu**, Knie
- **Crus**, Unterschenkel
- **Pes**, Fuß

Richtungsbezeichnungen

Alle Richtungsbezeichnungen sind unabhängig von der Stellung des Körpers im Raum

e Grundlagen: Richtungen

- **cranial**, kopfwärts
- **caudal**, schwanz-/steißbeinwärts
- **ventral**, bauchwärts
- **dorsal**, rückenwärts
- **axial**, in der Längsachse
- **peripher**, zur Peripherie hin
- **dexter, dextra, dextrum**, rechts, rechter, rechte, rechtes
- **sinister, sinistra, sinistrum**, links, linke, linkes
- **anterior**, weiter vorne, vordere, vorderer, vorderes
- **posterior**, weiter hinten, hinterer, hintere, hinteres
- **superior**, weiter oben, oberer, obere, oberes
- **inferior**, unten, weiter unten, unterer, untere, unteres
- **lateral**, seitlich, von der Mittelebene weg
- **medial**, zur Mittelebene hin
- **median**, in der Mittelebene gelegen
- **medius**, der mittlere (von dreien)
- **proximal**, näher zum Rumpf
- **distal**, entfernter vom Rumpf
- **internus, interna, internum**, innerer, innere, inneres
- **externus, externa, externum**, äußerer, äußere, äußeres
- **profundus, profunda, profundum**, tief, der/die/das tiefer gelegene
- **superficialis**, oberflächlich, der/die/das oberflächlicher gelegene
- **transversal**, quer
- **sagittal**, in Pfeilrichtung von vorne nach hinten

Richtungsbezeichnungen von Bewegungen der Gliedmaßen

e Grundlagen: Bewegungen

- **Extension**, Streckung
- **Flexion**, Beugung
- **Abduktion**, Wegführen in der Frontalebene
- **Adduktion**, Heranführen in der Frontalebene
- **Anteversion**, Führung nach ventral
- **Retroversion**, Führung nach dorsal
- **Elevation**, Erheben über die Horizontale
- **Rotation**, Innen- bzw. Außendrehung
- **Zirkumduktion**, Kreiseln

Am Schädel werden zusätzlich verwendet

- **frontal**, in Richtung Stirn
- **nasal**, in Richtung Nase
- **okzipital**, in Richtung Hinterhaupt
- **basal**, in Richtung Schädelbasis

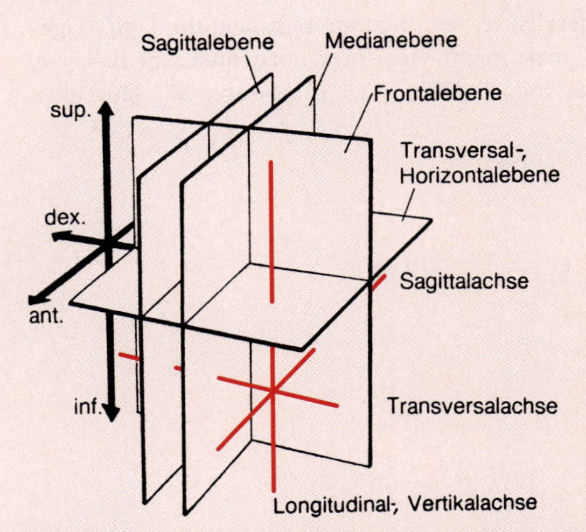

Abb. Richtungs- und Lagebezeichnungen. Richtungsbezeichnungen (*schwarze Pfeile*), Ebenen und Achsen (*rote Linien*) in Bezug auf den Menschen in Normalstellung. Achsen und Ebenen (nicht die Medianebene) können in beliebiger Zahl durch den Körper gelegt werden e Grundlagen: Ebenen

Am Gehirn bedeutet
- **rostral,** stirnwärts

In der Histologie meint
- **apikal,** zur freien Oberfläche hin
- **basal,** zur Basallamina hin

Körperachsen (Abb.) Es stehen senkrecht aufeinander
- **Sagittalachsen**
- **Transversalachsen**
- **Longitudinalachsen = Vertikalachsen**

Körperebenen (Abb.) sind
- **Horizontalebenen** = Transversalebenen
- **Sagittalebenen**
- **Frontalebenen** (parallel zur Stirn)

Ein Sonderfall der Sagittalebene ist die
- **Medianebene** = Mittelebene, sie zerlegt den Körper in zwei bilateral symmetrische Hälften

Abkürzungen

Im Text, in den Abbildungen und Tabellen werden folgende Abkürzungen gebraucht:

ant., anterior, -ius-, iores, -iora; **A.**, Arteria; **a.**, z. B. Sulcus a(rteriae) vertebralis; **Aa.**, Arteriae; **caud.**, caudalis, -e, -es, -ia; **cran.**, cranialis, -e, -es, -ia; **dex.**, dexter, -tra, -trum, -tri, -trae, tra; **dist.**, distalis, -e, -es, -ia; **dors.**, dorsalis, -e, -es, -ia; **ext.**, externus, -a, -um, -i, -ae, -a; **For.**, Foramen; **Ggl.**, Ganglion; **Ggll.**, Ganglia; **Gl.**, Glandula; **Gll.**, Glandulae; **inf.**, inferior, -ius, -iores, -iora; **lat.**, lateralis, -e, -es, -ia; **Lig.**, Ligamentum; **Ligg.**, Ligamenta; **maj.**, major, -us, -ores, -ora; **med.**, medialis, -e, -es, -ia; **min.**, minor, -us, -ores, -ora; **M.**, Musculus; **Mm.**, Musculi; **N.**, Nervus; **n.**, z. B. Rr. buccales n(ervi) facialis; **Nn.**, Nervi; **Nd.**, Nodus lymphaticus; **Ndd.**, Nodi lymphatici; **post.**, posterior, -ius, -iores, -iora; **prof.**, profundus, -a, -um, -i, -ae, -a; **prox.**, proximalis, -e, -es, -ia; **R.**, Ramus; **Rr.**, Rami; **Reg.**, Regio; **sin.**, sinister, -tra, -trum, -tri, -trae, -tra; **superf.**, superficialis, -e, -es, -ia; **sup.**, superior, -ius, -iores, -iora; **Tr.**, Tractus; **V.**, Vena; **v.**, z. B. Bulbus v(enae) jugularis; **Vv.**, Venae; **vent.**, ventralis, -e, -es, -ia.

Grammatikalische Hinweise

Die Anwendung der Terminologia Anatomica erfolgt nach den Regeln der lateinischen Sprache.

Dies bedeutet: Das Eigenschaftswort (Adjektiv) richtet sich in seiner Endigung nach Geschlecht (Genus), Anzahl (Singular bzw. Plural) sowie Fall (Kasus) des Hauptwortes (Substantiv). Zu berücksichtigen ist dabei, dass es im Lateinischen verschiedene Beugungsformen (Deklinationen) gibt. Vier von ihnen sind mit Ziffern in den folgenden Beispielen aufgeführt:

die tiefe Vene	V. profunda	die tiefen Venen	Vv. profundae	(1)
der tiefe Ring	Anulus profundus	die tiefen Ringe	Anuli profundi	(2)
das tiefe Band	Ligamentum profundum	die tiefen Bänder	Ligamenta profunda	(2)
der oberflächliche Kanal	Canalis superficialis	die oberflächlichen Kanäle	Canales superficiales	(3)
der quer verlaufende Fortsatz	Processus transversus	die quer verlaufenden Fortsätze	Processus transversi	(4)

Achtung bei Worten wie anterior (vorne, der vordere), z.B. Process**us** anteri**or** – Process**us** anterior**es**, Ligament**um** anteri**us** – Ligament**a** anterior**a**

In der Terminologia Anatomica wird zu einer genauen Bezeichnung einer Struktur zu einem übergeordneten Begriff eine Bezeichnung adjektivisch angefügt.

Beispiele: die Arterie für die Lippe: A. labialis (Plural: Aa. labiales), der Nerv für das Hinterhaupt: N. occipitalis (Plural: Nn. occipitales), das Seitenband: Ligamentum collaterale (Plural: Ligamenta collateralia).

Einführung in die Anatomie

1.1 Gestalt – 2

1.2 Bauplan – 3

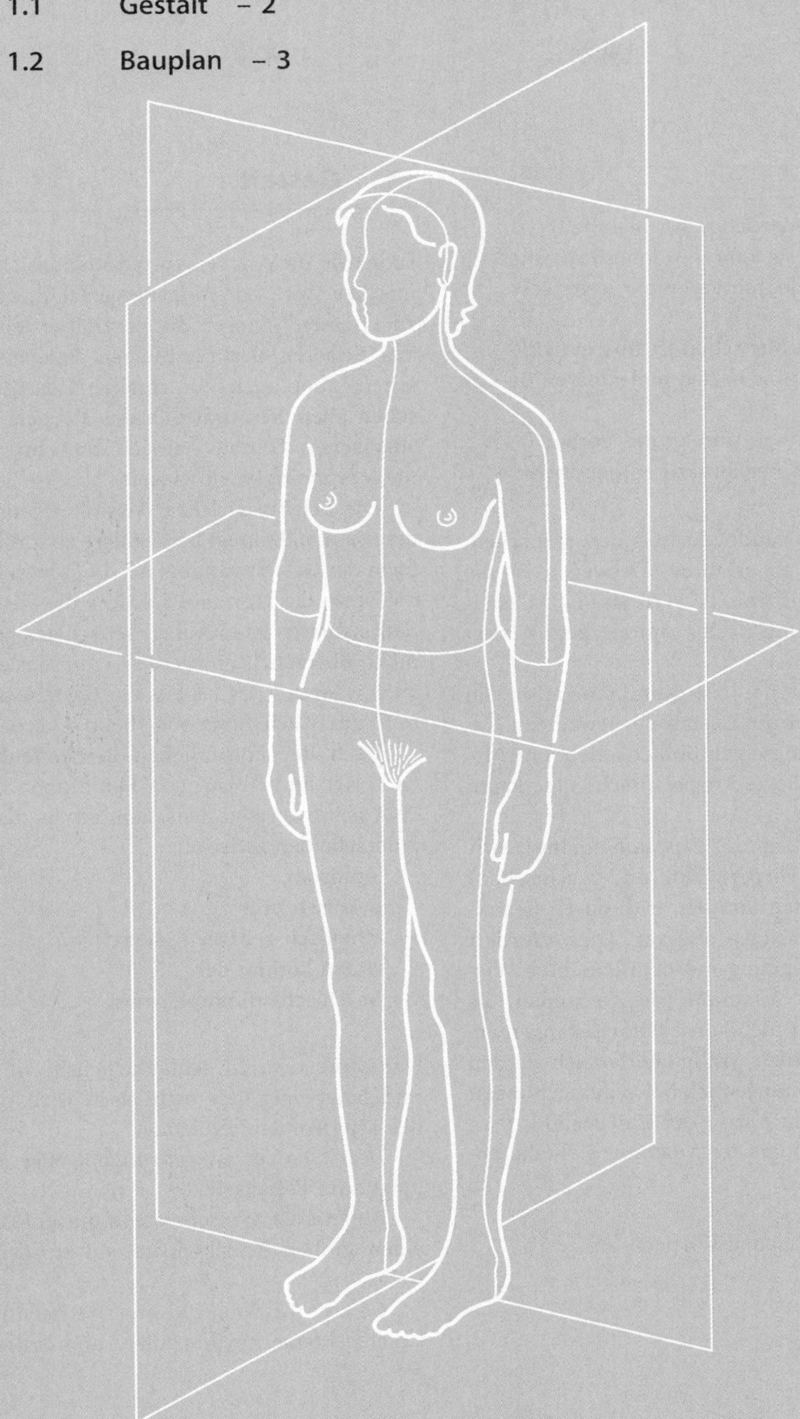

1 Einführung in die Anatomie

Kernaussagen

- **Die Gestalt des Menschen ist uneinheitlich.**
- **Ein Gestaltwechsel kann nur innerhalb einer genetisch festgelegten Variationsbreite erfolgen.**
- **Der Bauplan des Menschen ist überindividuell und setzt sich bis in den molekularen Bereich fort.**
- **Alle Lebensvorgänge sind an das Vorhandensein dynamischer Strukturen gebunden.**

Seit jeher ist es ein Grundbedürfnis der Menschen, mehr über sich selbst zu erfahren. Deswegen ist die Anatomie die älteste medizinische Wissenschaft. Gesteigert ist das Grundbedürfnis nach anatomischem Wissen im Krankheitsfall.

Darüber hinaus spielt bei jeder Kommunikation von Menschen untereinander die Gestalt des jeweiligen Gegenüber, seine Bewegungseigentümlichkeiten und die in der Haltung ausgedrückte Körpersprache eine kaum zu überschätzende Rolle.

Der Arzt muss zudem die Zusammenhänge zwischen der individuellen körperlichen (und psychischen) Erscheinung des Patienten und den evtl. durch Krankheit bedingten Veränderungen erfassen. Dies erfordert vom Anbeginn der Begegnung mit dem Patienten Wissen und Können in der Anatomie (des Gesunden) als zuverlässige Basis. Wie sollen sonst Veränderungen erfasst, gar verstanden werden. Völlig unerlässlich werden Kenntnisse in der Anatomie jedoch bei Untersuchungen und Behandlungen (nicht nur in der Chirurgie).

Am Anfang des Studiums der Anatomie steht die Beschäftigung mit der

- **Gestalt** und dem
- **Bauplan** des menschlichen Körpers.

1.1 Gestalt

Leonardo da Vinci (1453–1519) hatte sich für sein anatomisches Werk zur Aufgabe gemacht, den Menschen so zu erfassen »wie er dir gegenübersteht«. Gemeint ist das Erfassen der räumlichen Erscheinung des Menschen, aber auch der inneren Zusammenhänge zwischen allen Bestandteilen des Körpers, die das Ganze ausmachen. Hieraus hat sich die Lehre von der Gestalt, die **Morphologie**, entwickelt.

Die Erfahrung lehrt, dass alle Menschen einen **gemeinsamen Bauplan** haben, dass aber die Erscheinungsform der **Gestalt variabel** ist, denn in der Natur ist nicht die Norm das Normale, sondern die Variabilität. Die **Variationsbreite** ist dabei genetisch festgelegt und kann nicht überschritten werden. Auf dieser Basis erfolgt auch während des Lebens ein **Gestaltwandel**, z. B. während des Wachstums oder beim Altern.

Nach der körperlichen Beschaffenheit, aber auch nach Art und Ablauf von Funktionen und Reaktionen lässt sich trotz aller Zwischenformen, die die Regel sind, unterscheiden zwischen

- **leptosom,**
- **pyknisch** und
- **athletisch** gebauten Menschen.

Hinzu kommt der

- **Geschlechtsdimorphismus.**

Der **Leptosome** ist schlankwüchsig, oft schmalbrüstig und langbeinig. Als **asthenisch** wird die Extremform des Leptosomen bezeichnet.

Der **Pykniker** ist gedrungen, eher kurzbeinig und neigt zum Fettansatz.

Athletische Menschen sind muskulös, verfügen über einen groben Knochenbau und straffes Hautbindegewebe.

Geschlechtsdimorphismus. Er betrifft die primären Geschlechtsmerkmale (innere und äußere Geschlechtsorgane) sowie die sekundären Geschlechtsmerkmale, die sich während der Pubertät ausbilden. Hervorstechend sind Unterschiede in der Behaarung, der Brustbildung, den Proportionen, der Größe des Kehlkopfs, der Verteilung des Fettpolsters und der Ausbildung des Beckens. Dimorph ist auch der psychische Status.

Zur Information
Der Begriff der Gestalt spielt auch in Philosophie und Psychologie eine eminente Rolle. In der Philosophie wird die Gestalt als Erscheinungsform des Geistes aufgefasst, in der Psychologie als Einheit von (Sinnes-) Empfindungen und Leistungen der empfangenden und ausführenden Organe, z. B. des Bewegungsapparats. Dies bedingt die »Körpersprache«.

Gestaltwandel. Evident ist ein Gestaltwandel während der Entwicklung. Dabei verschieben sich die Größenverhältnisse der einzelnen Körperteile. Als Maßeinheit gilt die Kopfhöhe. Während beim Neugeborenen der Körper 4 Kopfhöhen entspricht, sind es beim Erwachsenen 8 (Abb. 3.18). Die Schamfuge bildet die Mitte. Abweichungen von diesem Schema ergeben sich in Abhängigkeit von Geschlecht und Rasseeigentümlichkeiten.

Außerdem können zahlreiche Faktoren modulierend auf die Gestalt Einfluss nehmen. So führt z. B. Nichtgebrauch der Muskulatur zur Atrophie, Überbeanspruchung hingegen zur Hypertrophie (Bodybuilding). Der Organismus als Ganzes ist nämlich ein sich selbst regelndes System, das sich innerhalb seiner Variationsbreite den sich dauernd verändernden Umweltbedingungen optimal anpassen kann.

1.2 Bauplan

Unter Bauplan werden generelle, überindividuelle Gemeinsamkeiten des Menschen verstanden, die von Körperbautyp, psychischem Status, Hautfarbe und Rasse unabhängig sind. Hierauf baut die Medizin auf, weshalb »Ärzte ohne Grenzen« tätig werden können.

Charakteristisch für den Menschen sind seine

- **bilaterale Symmetrie,**
- **kraniokaudale** und **dorsoventrale Ordnung** und
- **segmentale Gliederung.**

Bilaterale Symmetrie. Sie besteht primär nicht nur für die äußere Körperform, sondern auch in den Anlagen der Organe und Systeme. Sie wird später durch die definitive Lage der Organe verwischt. Nur äußerlich bleibt die bilaterale Symmetrie erhalten, wenn sich auch die beiden Körperhälften niemals spiegelbildlich gleichen. Dies äußert sich außerdem in der **Seitigkeit:** beispielsweise der Rechtshänder verfügt nicht nur über eine größere Geschicklichkeit auf dieser Seite, sondern auch über eine kräftiger ausgebildete Muskulatur.

Kraniokaudale Ordnung. Sie ergibt sich aus dem aufrechten Gang des Menschen. Der kranial, »oben« liegende Körperabschnitt ist der Kopf (**Caput**). Er trägt Öffnungen für Nahrungsaufnahme und Luftzufuhr. Der Kopf wird vom Hals (**Collum** bzw. **Cervix**) beweglich gehalten. Die Hauptmasse des Körpers bildet der Rumpf (**Truncus**). Er besteht aus dem knochenbewehrten **Thorax**, aus dem Bauch (**Abdomen** bzw. **Venter**), aus dem Rücken (**Dorsum**) und aus dem Becken (**Pelvis**). Kopf, Hals und Rumpf werden auch unter der Bezeichnung Stamm zusammengefasst. An der vorderen Rumpfwand sind die primär für die Lokomotion ausgebildeten Gliedmaßen (**Extremitäten**) befestigt. Die dorsal gelegene Wirbelsäule ist das wichtige, bewegliche Achsenskelett. Es läuft in den Schwanz (**Cauda**) aus.

Die **dorsoventrale Ordnung** ist allen Vertebraten und den Menschen gemeinsam. Dorsal liegt die Wirbelsäule (**Columna vertebralis**) mit dem Rückenmark (**Medulla spinalis**).

Segmentale Gliederung, Metamerie. Die verschiedenen Körperabschnitte lassen einen unterschiedlichen Bauplan erkennen. Die **Rumpfwand** zeigt das Phänomen der **Metamerie.** Hierunter versteht man eine Folge gleichartiger Bauteile (**Segmente**). Die metamere Gliederung ist beim Fisch noch sehr auffällig. Sie tritt beim Menschen nur in der Embryonalperiode deutlich in Erscheinung (Abb. 3.13). Reste der Metamerie beim Erwachsenen sind die segmental angeordneten Wirbel und Rippen, die Muskeln zwischen den Rippen und einige Muskelgruppen am Rücken. Auch die Innervationsfelder der Haut lassen noch die ursprüngliche Metamerie erkennen (▶ S. 115).

Unsegmentiert, d. h. nicht metamer angelegt, ist der Kopf (**Caput**) mit dem von Weichteilen umgebenen Gehirnschädel (**Neurocranium**) und Gesichtsschädel (**Viscerocranium**), der den Schlunddarm umschließt. Unsegmentiert sind auch Gehirn und Rückenmark. Auch den Eingeweiden und der Leibeshöhle (**Zölom**) fehlt jegliche segmentale Gliederung. Das Zölom findet sich nur im Rumpf. Es fehlt im Kopf-, Hals- und Schwanzbereich.

Zur Information

Das Spektrum der Methoden, alle Einzelheiten des menschlichen Körpers und evtl. Veränderungen zu erfassen, ist groß. Unerlässlich ist in der ärztlichen Praxis die visuelle Inspektion ohne jedes weitere Hilfsmittel. In der Anatomie bzw. Pathologie wird sie durch die Präparation bzw. Sektion weitergeführt. Für die ärztliche Praxis haben jedoch die bildgebenden Verfahren die denkbar größte Bedeutung. Sie reichen von der Anwendung der Röntgenstrahlen (X-Strahlen) – auch in Form der Computertomographie – bis zu Magnetresonanztomographie, Positronenemissionstomographie und Sonographie.

Der Bauplan setzt sich aber weit über das Geschilderte hinaus fort. Stationen auf diesem Weg sind in absteigender Größenordnung:

- **Organe** und **Organsysteme**
- **Gewebe**
- **Zellen mit ihren Bestandteilen**
- **molekularer submikroskopischer Bereich.**

Organe sind geschlossene Funktionseinheiten mit bestimmten Leistungen, z. B. der Harnbildung der Niere. Jedes Organ besteht aus mehreren Geweben und hat eine charakteristische innere Organisation. Untereinander stehen die einzelnen Organe des Körpers in enger Wechselbeziehung. Dort, wo sie zusammenwirken, bilden sie **Organsysteme,** z. B. Nervensystem, Verdauungssystem, Urogenitalsystem, Gefäßsystem, endokrines System usw.

Gewebe sind Verbände von Zellen, die einer gemeinsamen Aufgabe dienen. Die Lehre von den Geweben ist die **Histologie** (▶ S. 6). Die Grundgewebe sind **Epithelgewebe, Binde- und Stützgewebe, Muskelgewebe** und **Nervengewebe.** Erkrankungen stehen in enger Beziehung zu Gewebeveränderungen.

Die **Zelle** ist nach Rudolf Virchow (Pathologe, 1821–1902) »das wirklich letzte Formelement aller lebendigen Erscheinungen, sowohl im Gesunden als auch im Kranken«. Koelliker (Anatom, 1817–1905) ergänzte dies durch die Aussage, dass »auch die Zwischensubstanzen aller Art, mögen sie nun geformte Teilchen enthalten oder nicht, ihr Recht haben. Erst aus der Ermittlung der Leistungen aller Bestandteile des Körpers und ihrer mannigfaltigen Wechselwirkungen wird am Ende eine volle Erkenntnis der Lebensvorgänge und ihrer Störungen entstehen«.

Aufgrund dieser Erkenntnisse wurde die heute gültige Lehre von der **dynamischen Bauweise der lebendigen Materie** entwickelt. Sie geht davon aus, dass sich alle Teile der Zellen und Gewebe nie in einem stationären, sondern immer in einem höchst dynamischen, dauerndem Wechsel unterworfenen, äußert labilen Zustand befinden. Dabei ist abgesichert, dass größere Einheiten, z. B. Membranen, erhalten bleiben, obgleich ihre Bausteine laufend ausgetauscht werden. Ermöglicht wird dies dadurch, dass jeder Umbau geregelt erfolgt. Ein lebender Organismus mit all seinen Teilen bildet ein sich selbst regulierendes System. Intravital sind Strukturen daher nie unverrückbar, sondern ein Vorgang: »Funktion ist Geschehen im Molekulargefüge, d. h. Strukturwandel« (Bargmann, Anatom 1906–1978). Damit ist die Brücke von der Struktur zur Funktion geschlagen. Die Anatomie bringt dabei den morphologischen Aspekt in die Ganzheit des Geschehens ein.

Molekularer Bereich. Er wird von der **Molekularbiologie** abgedeckt. Hierbei handelt es sich um einen Grenzbereich zwischen Morphologie, Biochemie und Physiologie. Die Molekularbiologie bemüht sich, den molekularen Bau des Organismus in all seinen Teilen und seiner Dynamik zu erfassen. Hier liegt der gegenwärtige Fortschritt in der Medizin. Die Molekularbiologie mit ihren enormen Auswirkungen auf die Klinik, vor allem auf die Therapie von Erkrankungen, ist Forschungsschwerpunkt. Dabei spielt die Erkenntnis der Morphologie eine wesentliche Rolle, dass alle Systeme einschließlich des molekularen Bereiches **geordnet** sind.

Die Verankerung dieser Erkenntnis, der **morphologische Gedanke**, ist ein Leitfaden für das Studium der Anatomie.

Histologie

2.1 Epithelgewebe – 7
2.1.1 Oberflächenepithel – 7
2.1.2 Drüsen – 22

2.2 Binde- und Stützgewebe – 32
2.2.1 Bindegewebe – 33
2.2.2 Stützgewebe – 46

2.3 Muskelgewebe – 58
2.3.1 Glatte Muskulatur – 59
2.3.2 Skelettmuskulatur – 61
2.3.3 Herzmuskulatur – 67
2.3.4 Myoepithelzellen, Myofibroblasten, Perizyten – 69

2.4 Nervengewebe – 70
2.4.1 Neuron, Nervenzelle – 70
2.4.2 Synapsen – 74
2.4.3 Nervenfasern und Nerven – 79
2.4.4 Gliazellen – 85

2.5 Grundzüge histologischer Techniken – 87
2.5.1 Untersuchungen an lebenden Zellen und Geweben – 88
2.5.2 Untersuchungen an toten oder abgetöteten Zellen und Geweben – 88
2.5.3 Zytochemie, Histochemie – 90
2.5.4 Verfahren zur Gewinnung räumlicher Bilder – 90

2 Histologie

Zur Information und Definition

Die Histologie ist die Lehre von den Geweben des Körpers.

Gewebe bzw. deren Untergruppen sind dynamische Zellverbände, die Funktionsgemeinschaften bilden. Die Zellen eines Gewebes können gleiche morphologische und funktionelle Eigenschaften haben, sich aber in Struktur und Aufgabenstellung unterscheiden. Jedoch haben alle Zellen eines Gewebes einen gemeinsamen Auftrag.

Unterschieden werden 4 Grundgewebe:
- **Epithelgewebe**
- **Bindegewebe und Stützgewebe**
- **Muskelgewebe**
- **Nervengewebe**

Jedes Organ besteht aus mehreren Grundgeweben. Der Gewebsanteil eines Organs, der die organspezifische Leistung erbringt, wird als **Parenchym** bezeichnet. Die Anteile, die vor allem Stützfunktion haben, bilden das **Stroma** des Organs. Oft sind Parenchym und Stroma nicht voneinander zu trennen.

Unter normalen Umständen befinden sich alle Bestandteile eines Gewebes in einem Gleichgewicht zwischen Erneuerung und Verbrauch ihrer Zellen (durch Zelluntergang = **Apotose** ► S. 22) und ihrer Interzellularsubstanzen. Sie sind den Anforderungen angepasst. Jedoch sind Gewebe auch zu Anpassungsreaktionen im Sinne einer *Leistungssteigerung* (**Hypertrophie** bzw. **Hyperplasie**) oder einer *Leistungsminderung* (**Atrophie** bzw. **Hypoplasie**) fähig. Auch ist ein *Zellersatz* (**Regeneration**) durch Zellvermehrung (**Proliferation**) möglich. Als Anpassung ist ebenfalls eine Änderung einer Gewebsdifferenzierung nach wiederholten Reizen aufzufassen (**Metaplasie**).

Im Einzelnen

Hypertrophie, Atrophie. Bei der **Hypertrophie** kommt es ohne Zellvermehrung zur **Vergrößerung der Zellen** mit oder ohne Zunahme der Interzellularsubstanz (z. B. Aktivitätshypertrophie der Muskulatur durch Training). – Das Gegenteil heißt **Atrophie.** Bei **gleich bleibender Zellzahl** nehmen Zellvolumen und Interzellularsubstanz ab = **einfache Atrophie,** z. B. Inaktivitätsatrophie der Muskulatur nach längerer Ruhigstellung. Eine **numerische Atrophie** liegt vor, wenn die **Zellzahl abgenommen** hat, z. B. durch Zelluntergang.

Hyperplasie bedeutet, dass es durch einen Reiz zu einer reaktiven **Vermehrung der Zellzahl** kommt. – Das Gegenteil davon ist die **Involution,** z. B. Involution der Brustdrüsen nach Einstellung der Milchabsonderung.

Hypoplasie und Aplasie haben wenig mit den reaktiven Leistungen eines Gewebes auf erhöhten oder verminderten Stimulus zu tun. Sie beziehen sich vielmehr auf Vorgänge während der Entwicklung. Wird während der Entwicklung ein Organ unvollständig ausgebildet, liegt eine **Hypoplasie** vor; wird es nicht ausgebildet, handelt es sich um eine **Aplasie.** Wird es überhaupt nicht angelegt, spricht man von einer **Agenesie.**

Regeneration ist ein Vorgang, bei dem Gewebsverluste durch **Gewebsneubildung** ersetzt werden. So werden z. B. Zellen, die im Rahmen der normalen Zellalterung zugrunde gehen, durch neue Zellen ersetzt, die sich von Stammzellen ableiten. Dieser Vorgang wird als *physiologische Regeneration* bezeichnet. Die Regenerationsfähigkeit der Gewebe nach Defekten ist unterschiedlich groß. Vielfach entsteht nach Verletzung eine bindegewebige **Narbe,** d. h. zugrunde gegangenes Gewebe wird durch regenerationsfreudiges Bindegewebe ersetzt.

Metaplasie. Bei der Regeneration können noch nicht differenzierte Zellen eine Differenzierungsrichtung nehmen, die nicht der des Ausgangsgewebes entspricht; dadurch kann in gewissen Grenzen ein Gewebe Gestalt, Struktur und Verhalten ändern. Als Ursachen spielen u. a. andauernde mechanische, chemische oder entzündliche Reize eine Rolle. Durch Metaplasie passt sich ein Gewebe veränderten Umständen an. Ein Beispiel ist die Umwandlung des respiratorischen Epithels in Plattenepithel bei chronischer Entzündung der Schleimhaut der Luftwege. – Metaplasie ist z. T. reversibel.

Degeneration. Charakteristisch ist eine Schädigung der spezifischen Zellleistung mit Untergang der Zelle.

2.1 Epithelgewebe e H1–7, 42–44

Zur Information und Definition

Unter Epithelgewebe (kurz: Epithel) werden Zellverbände ohne nennenswerte Interzellularsubstanzen verstanden. Sie sind gefäßfrei und polar gegliedert. Epithel bedeckt innere und äußere Oberflächen des Körpers und hat Schutzfunktion. Es ist fähig zu resorbieren, absorbieren, transportieren und sezernieren. Es lässt einen Gasaustausch zu. Eine Zuordnung bestimmter Funktionen zu bestimmten Epithelien ist allerdings nur unter Berücksichtigung aller im jeweiligen Epithelverband vorhandener Zellen möglich.

Sowohl morphologisch als auch funktionell ist Epithel ein sehr dynamisches jedoch heterogenes Gewebe. Es geht aus Ektoderm, Mesoderm und Entoderm hervor (▶ Entwicklungsgeschichte).

Nach Vorkommen und Funktion unterscheiden sich
- **Oberflächenepithel** und
- **Drüsenepithel**

Hinzu kommt
- **Myoepithel.** Es geht wie anderes Epithel aus dem Ektoderm hervor, ist aber durch das Vorkommen von Aktin und Myosin zur Kontraktion befähigt (▶ S. 64).

Ortsabhängig dient Epithel dem
- **Schutz** durch Bildung innerer und äußerer Oberflächen.

Außerdem kann Epithel
- **resorbieren, absorbieren, transportieren,** und **sezernieren.**

2.1.1 Oberflächenepithel e H1–7

Kernaussagen

- **Oberflächenepithel kann aus platten, isoprismatischen oder hochprismatischen Zellen bestehen, die ein- oder mehrschichtig, zwei- oder mehrreihig angeordnet sein können. Die Oberfläche von Epithel kann unverhornt oder verhornt sein.**
- **Im Übergangsepithel sind die Epithelzellen formvariabel.**
- **Die apikale Domäne von Zellen des Oberflächenepithels kann Mikrofalten, Mikrovilli, Stereozilien oder Kinozilien bzw. Geißeln aufweisen.**
- **Die basolaterale Domäne von Zellen des Oberflächenepithels weist Einrichtungen zur Zellhaftung auf: Zonula occludens, Zonula adhaerens, Macula adhaerens, Hemidesmosomen.**
- **Eine Kommunikation zwischen Zellen des Oberflächenepithels ermöglichen Nexus (gap junctions).**
- **Oberflächenepithel ist an einer Basallamina befestigt.**
- **Oberflächenepithel ist durch ein Zytoskelett seiner Zellen versteift und verspannt.**
- **Epithel ist durch Endozytose zu Stoffaufnahme bzw. Transzytose befähigt.**
- **Im Zytosol erfolgt eine Materialverarbeitung unter Mithilfe von Lysosomen bzw. Proteasomen.**
- **Die Zellen des Oberflächenepithels unterliegen fortlaufend einer Zellenmauserung durch Zelltod und Regeneration.**

Das Oberflächenepithel bildet einen engen Verbund von Epithelzellen an inneren und äußeren Oberflächen des Körpers. Die Epithelzellen selbst weisen nach Form und Anordnung große Unterschiede auf. Dadurch entstehen verschiedene Epithelformen. Außerdem sind die Oberflächen der Epithelzellen differenziert gestaltet. Gesichert ist der Epithelverband durch Haftungen zwischen benachbarten Epithelzellen, die intrazellulär mit einem zytoplasmatischen Zytoskelett in Verbindung stehen, sowie durch Anknüpfung an eine Basallamina. Die Beanspruchung jedes Oberflächenepithels macht einen fortlaufenden Ersatz verbrauchter Zellen durch Regeneration erforderlich.

Form und Anordnung von Epithelzellen

Form. Räumlich gesehen sind die meisten Epithelzellen polyedrisch (vielflächig), in der Aufsicht vieleckig.

Nach der Form lassen sich unterscheiden (■ Abb. 2.1):
- **platte Epithelzellen** e H1–3
- **isoprismatische Epithelzellen** e H42–44
- **hochprismatische Epithelzellen** e H6, 7

2

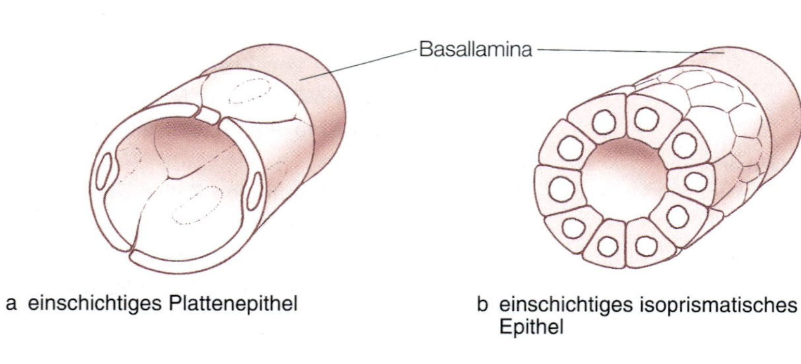

a einschichtiges Plattenepithel

b einschichtiges isoprismatisches Epithel

Basallamina

Becherzelle

Bürstensaum

c einschichtiges hochprismatisches Epithel

Becherzelle

Zilien

Basallamina

d mehrreihiges Epithel

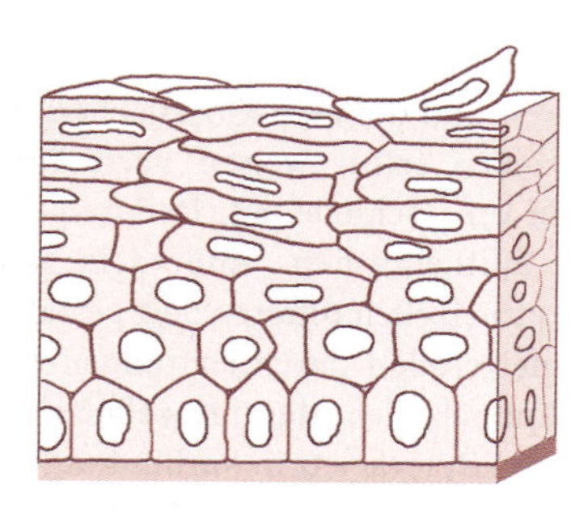

e mehrschichtiges unverhorntes Plattenepithel

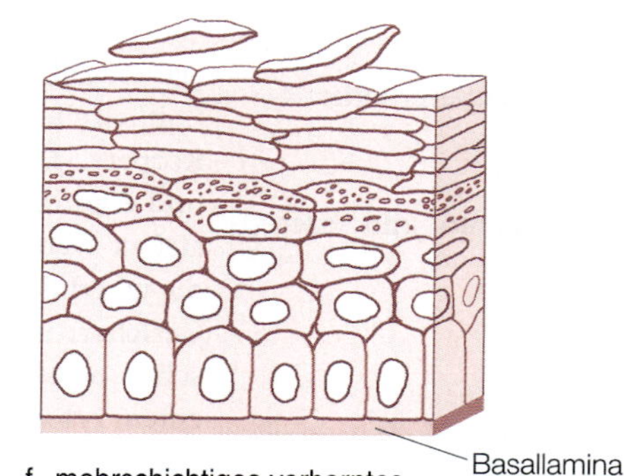

f mehrschichtiges verhorntes Plattenepithel

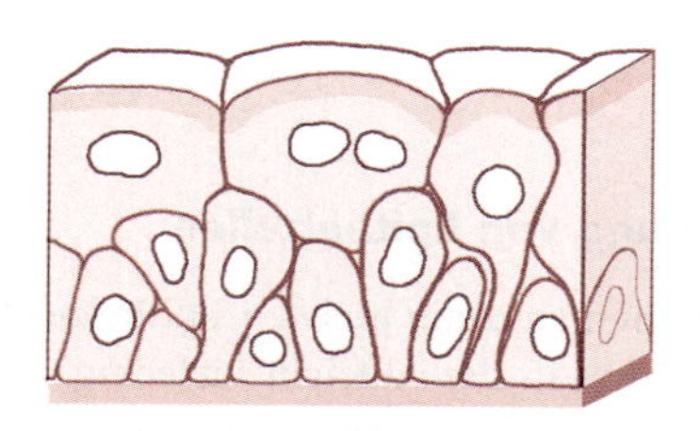

g Urothel ungedehnt

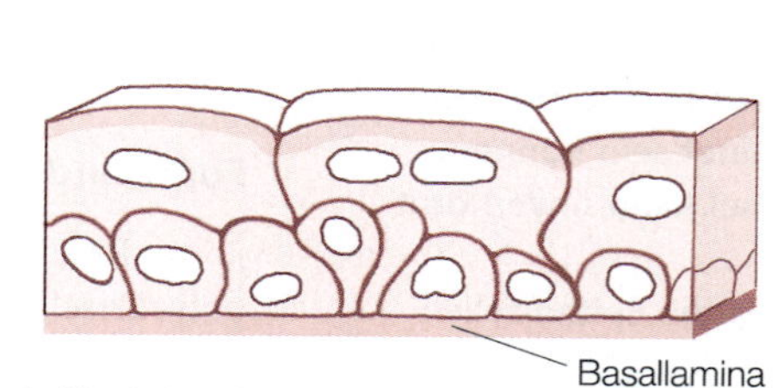

h Urothel gedehnt

Abb. 2.1 a–h. Epithelarten. Jedes Epithel steht mit einer Basallamina in Verbindung und erreicht apikal das Lumen bzw. die Oberfläche

e H1–7

Platte Epithelzellen sind im Schnitt flach und in der Aufsicht plattenförmig.

Isoprismatische Epithelzellen sind annähernd gleich hoch und breit.

Hochprismatische Epithelzellen sind höher als breit.

Zur Information
Lichtmikroskopisch ist häufig die Zellform nicht zu beurteilen, da die Zellgrenzen ungefärbt bleiben. Jedoch kann (mit Vorbehalten) von der Form der Zellkerne auf die Epithelform geschlossen werden: z.B. querovale Zellkerne bei platten Epithelzellen, runde Zellkerne bei isoprismatischen Epithelzellen, längsovale Zellkerne bei hochprismatischen Epithelzellen.

Art und Anordnung von Epithelzellen. Nach Zahl der Zellschichten sowie nach Form und Eigenschaft der oberflächlichen Zellen lassen sich unterscheiden (Abb. 2.1, Tabelle 2.1)
- **ein- bzw. mehrschichtiges**
- **zwei- bzw. mehrreihiges**
- **verhorntes bzw. unverhorntes** Oberflächenepithel

Einschichtiges Epithel besteht nur aus einer Zelllage.

Beim **mehrschichtigen Epithel** liegt eine Schicht über der anderen.

Beim **zwei- und mehrreihigen Epithel** berühren alle Zellen die Basallamina, aber nicht alle erreichen die Oberfläche. Die Zellkerne liegen in Reihen übereinander.

Tabelle 2.1. Einteilung des Oberflächenepithels (e) H1–7

Nach der Zahl der Zellschichten	Nach der Zellform	Vorkommen (Beispiele)	Funktion (Beispiele)
einschichtig	platt	Alveolarepithel, Auskleidung von Gefäßen (Endothel), seröses Epithel zur Auskleidung von Hohlräumen: Perikard, Pleura, Peritoneum (Mesothel)	Durchlässigkeit, aktiver Transport durch Transzytose, Erleichterung von Gleitbewegungen der Eingeweide gegeneinander
	isoprismatisch	an der Oberfläche des Ovars, in Drüsenausführungsgängen, Linsenepithel	Bedeckung, Sekretion
	hochprismatisch	Darm, Gallenblase	Schutz, Resorption, Sekretion
mehrreihig (alle Zellen erreichen die Basallamina, aber nicht alle die Oberfläche; die Kerne der Zellen liegen in verschiedenen Ebenen)		Auskleidung von Trachea, Bronchien, Nasenhöhle	Schutz, Partikeltransport, Sekretion
mehrschichtig (zwei oder mehr Lagen)	verhornt, platt	Haut	Schutz, verhindert Wasserverlust
	unverhornt, platt	Mund, Ösophagus, Vagina, Analkanal	Schutz
	unverhornt, hochprismatisch	Fornix conjunctivae	Schutz
	Übergangsepithel	Nierenbecken, Ureter, Harnblase	Schutz

Verhornt ist ein Epithel, das an der Oberfläche eines mehrschichtigen Epithels eine Hornschicht bildet.

Im Einzelnen

Einschichtiges Plattenepithel (Abb. 2.1 a) kommt an Oberflächen mit besonders hoher Durchlässigkeit vor. Die Zellen sind flach ausgebreitet und oft durch Ausläufer miteinander verzahnt. Beispiele sind das Endothel von Gefäßen, das Alveolarepithel in der Lunge, das Epithel der Bowman-Kapsel des Nierenkörperchens, das Hornhautepithel an der Innenseite des Auges. Das einschichtige Plattenepithel an der Oberfläche der serösen Häute (Peritoneum, Pleura, Perikard) wird auch **Mesothel** genannt. Sowohl Endothel als auch Mesothel leiten sich vom Mesoderm ab. e H1, 2

Einschichtiges iso- bzw. hochprismatisches Epithel (Abb. 2.1 a–c) kommt vor allem an Oberflächen vor, die Austauschvorgängen dienen. Als **einschichtiges isoprismatisches Epithel** liegt es in Drüsenausführungsgängen, in Teilen des Nephrons, in Sammelrohren, als Pigmentepithel des Auges, als Linsenepithel und an der Oberfläche des Plexus choroideus vor. **Einschichtig hochprismatisch** ist das Epithel des Verdauungskanals – vom Magen bis zum Rektum –, in der Gallenblase, in einigen Drüsenausführungsgängen, in den Ductus papillares der Niere, in Eileiter und Uterus. e H7, 42

Apikal zeigen diese Epithelzellen häufig als besondere Differenzierung zur Oberflächenvergrößerung Mikrovilli (► S. 12), die mit denen der Nachbarzellen einen Bürstensaum bilden können.

Mehrschichtiges unverhorntes Plattenepithel (Abb. 2.1 e) ist das Schutzepithel innerer Oberflächen, z. B. der Mundhöhle, des Ösophagus, der Vagina. Seltener kommt es als mehrschichtiges unverhorntes *hochprismatisches* Epithel vor: Fornix conjunctivae, hinteres Ende des Nasenvorhofs. e H2, 3

Bei allen mehrschichtigen Epithelien geht der Zellersatz von der basalen Schicht aus, *Stratum basale*. Hier sind die Zellen meist prismatisch. Die Zellen wandern dann zur Oberfläche, wobei sie ihre Form verändern und schließlich in den obersten Lagen abgeplattet sind. Auch in der oberflächlichsten Schicht haben die Zellen noch Zellkerne.

Mehrschichtiges verhorntes Plattenepithel (Abb. 2.1 f) bildet die Epidermis (► S. 215), das ist die oberflächlichste Schicht der Haut. Mehrschichtiges verhorntes isoprismatisches bzw. hochprismatisches Epithel gibt es nicht. e H4

Zwei- und mehrreihiges Epithel (Abb. 2.1 d) ist auf die Luftwege, Teile des Urogenitalsystems und einige Drüsenausführungsgänge beschränkt. Zweireihig ist es in Nebenhodengang (mit Stereozilien), Samenleiter, Ductus parotideus.

Häufig weisen die an der freien Oberfläche gelegenen Zellen besondere apikale Differenzierungen auf, z. B. Stereozilien beim zweireihigen Epithel des Nebenhodens, Kinozilien beim mehrreihigen hochprismatischen Epithel der Atemwege (dort *respiratorisches Epithel*). e H6, 75

Übergangsepithel, *Urothel*. Übergangsepithel ist überwiegend *mehrschichtig, partiell mehrreihig* (Abb. 2.1 g). Es kleidet die ableitenden Harnwege aus, z. B. Harnleiter, Harnblase (► S. 398). e H5, 73

Charakteristisch für das Übergangsepithel ist die Fähigkeit seiner Zellen, sich in Abhängigkeit vom Dehnungszustand zu verändern. Insbesondere werden bei starker Füllung der Harnwege die an der Oberfläche gelegenen Deckzellen abgeplattet. In mittleren Schichten werden die Zellen dann auseinander gezogen, sodass die Schichtenfolge vermindert erscheint.

Zelloberflächen

Epithelzellen sind polar gegliedert. Hierauf geht die Gestaltung ihrer Oberfläche zurück. Dort lassen sich unterscheiden (Abb. 2.2) eine

- **apikale Domäne** und eine
- **basolaterale Domäne.**

Am deutlichsten ist diese Gliederung bei einschichtigem Epithel. Die Grenze zwischen den Domänen bildet die Zonula occludens (► unten).

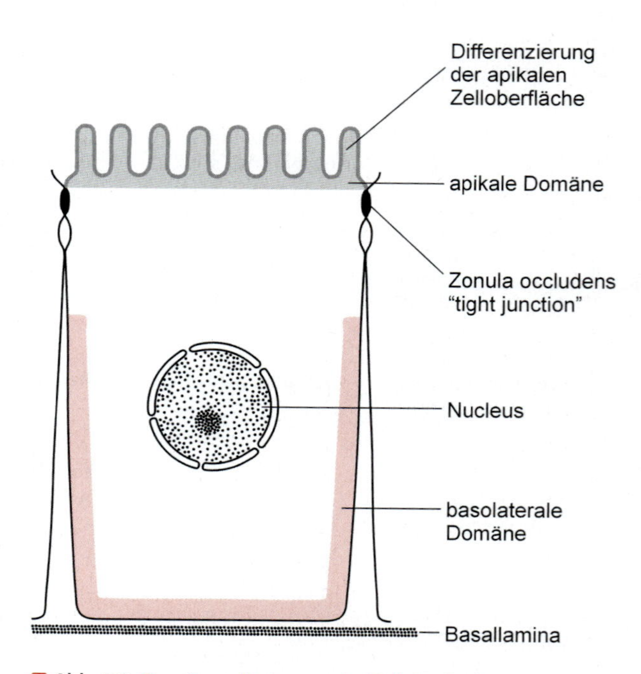

Abb. 2.2. Domänengliederung der Zelloberfläche

Zur Zelloberfläche

Die Oberfläche aller Zellen wird von einer **Plasmamembran** (auch Plasmalemm genannt) gebildet (Abb. 2.3). Sie besteht aus **Lipiden** und **Proteinen** und ist dreischichtig. Bedeckt wird die Oberfläche von einer **Glykokalix.**

Lipide. Die Dreischichtigkeit der Plasmamembran geht auf die Anordnung von Phospholipiden zurück, die eine äußere und innere Schicht bilden (Abb. 2.3). Zwischen den Schichten befindet sich ein für wasserlösliche Moleküle undurchlässiger Bereich. Diese Zwischenschicht entsteht dadurch, dass die lipophilen Pole der Phospholipide der äußeren und inneren Schicht einander zugekehrt sind. Die hydrophilen Pole weisen dagegen nach außen. Gase und kleine lipophile Moleküle passieren die Plasmamembran ohne Behinderung.

Die Lipidfilme der Plasmamembran befinden sich in einem halbflüssigen Zustand. Hierauf nehmen **Cholesterinmoleküle** Einfluss, die sich zwischen den Phospholipiden der Membranschichten befinden. Insbesondere gibt stark erhöhter Cholesterolbestand der Membran vermehrte Rigidität.

Dieser Aggregatzustand ermöglicht den Bestandteilen der Plasmamembran im Bereich von Oberflächendomänen eine fließende Verlagerung im Sinne einer **Lateralverschiebung.** Hinzu kommt die prinzipielle Möglichkeit eines Wechsels von Lipidmolekülen aus einer Lamelle in die andere (*»Flip-flop-Bewegung«*) und (vielleicht damit im Zusammenhang) eine Herein- und Herausnahme einzelner Membranmoleküle. Dieses Konzept vom Aufbau der Zytomembranen wird als **Fluid-mosaic-Modell** bezeichnet.

Proteine. Die Proteinkomponenten der Plasmamembran sind mosaikartig in die bipolaren Lipidfilme eingelagert (Abb. 2.3). Sie bilden ein »patchwork« (Flickenteppich) mit vielen Spezialfunktionen, u. a. für den Stoff- und Informationsaustausch zwischen Zellumgebung und Zellinnerem. Einige der Proteinmoleküle durchsetzen die ganze Dicke der Membran (**integrale Proteine**), andere liegen nur in der äußeren, wieder andere nur in der dem Innenraum zugewandten Lamelle. Die nur einer Lamelle zugeordneten Proteine werden als **periphere Proteine** bezeichnet. An welche Stelle ein bestimmtes Protein in die Membran eingebaut wird, wird durch Merkmale seitens der Polypeptidkette sowie durch die Eigenschaften der ansässigen Lipide festgelegt.

Im Einzelnen sind die Aufgaben der Membranproteine vielfältig. Sie können als **Tunnelproteine** für die Aufnahme von Stoffen in die Zelle verantwortlich sein, z. B. als Kalziumkanal, Chloridkanal, Aquaporine usw. (Abb. 2.3). Sie können als **Carrierproteine** dem Stofftransport durch die Plasmamembran dienen. Ferner kann es sich um **Enzymproteine, Rezeptorproteine, Zelladhäsionsmoleküle** oder um membranassoziierte **Ansatzproteine für das Zytoskelett** handeln. Rezeptorproteine sind für die Weitergabe von Signalen verantwortlich, die die Zelle z. B. durch bestimmte Wirkstoffe (u. a. Hormone), Neurotransmitter (Überträgerstoffe im Nervensystem) und auch durch manche Medikamente erhält.

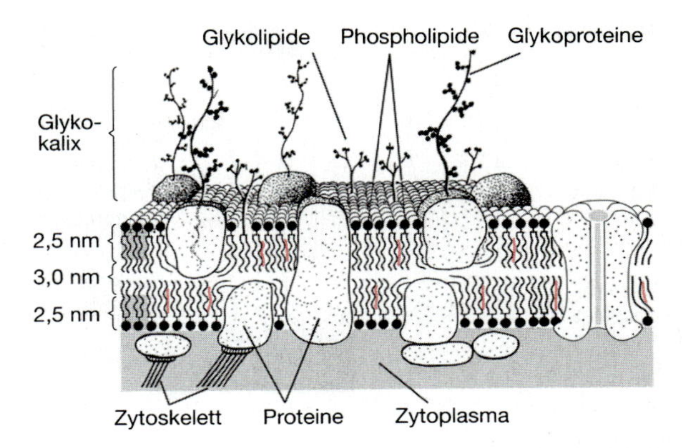

Abb. 2.3. Plasmamembran. Die Phospholipidschichten sind durch Cholesterinmoleküle (*rot*) versteift. In die Phospholipidlamellen sind Proteine eingelagert (integrale, periphere Proteine). Dazu gehören auch Ionenkanäle (*rechts*). Die Glykokalix besteht aus Zuckerketten, die an Proteine und Lipide gebunden sind. An der Membraninnenseite liegen membranassoziierte Proteine, an denen Filamente des Zytoskeletts befestigt sind

Glykokalix (Abb. 2.3). Bei einem Teil der Membranproteine handelt es sich um **Glykoproteine.** Sie liegen in der dem extrazellulären Raum zugewandten Schicht der Plasmamembran und werden durch **Glykolipide** ergänzt. Glykoproteine und Glykolipide besitzen Kohlenhydratseitenketten, die in die äußere Umgebung ragen und dort einen Oberflächenmantel (**Glykokalix**) bilden.

Die Glykokalix hat in ihrer chemischen Zusammensetzung außerordentliche Unterschiede und dadurch eine hohe Spezifität. Dies ist eine der Voraussetzungen für die Bildung von Geweben. Gleichartig differenzierte Zellen mit gleichartig differenzierten Glykoproteinen/Glykolipiden erkennen einander und schließen sich zu Verbänden zusammen. Dabei können auch Anteile der Glykokalix, die abgestoßen wurden, infolge ihrer Spezifität chemotaktisch auf gleichartig differenzierte Zellen wirken und auf diese eine Signalwirkung ausüben.

Lichtmikroskopie. Die lichtmikroskopisch bei üblichen Färbungen sichtbare »Zellmembran« ist das Äquivalent des Komplexes aus Plasmamembran + Glykokalix + artifiziell angelagerten Zytoplasmabestandteilen, vergröbert durch optische Phänomene. Sie ist also ein Artefakt.

Apikale Domäne. Apikal können bei Epithelzellen auftreten:

- **Mikrofalten**
- **Mikrovilli**
- **Stereozilien**
- **Kinozilien und Geißeln**

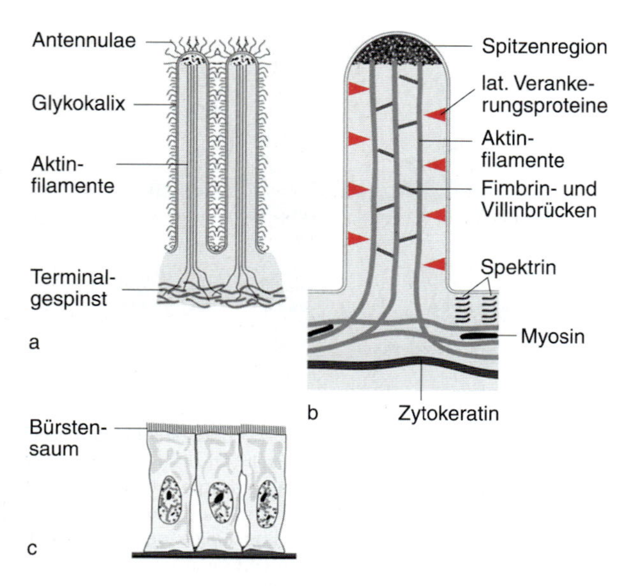

Abb. 2.4 a–c. Mikrovilli. **a** elektronenmikroskopisch, **b** molekularbiologisch, **c** lichtmikroskopisch

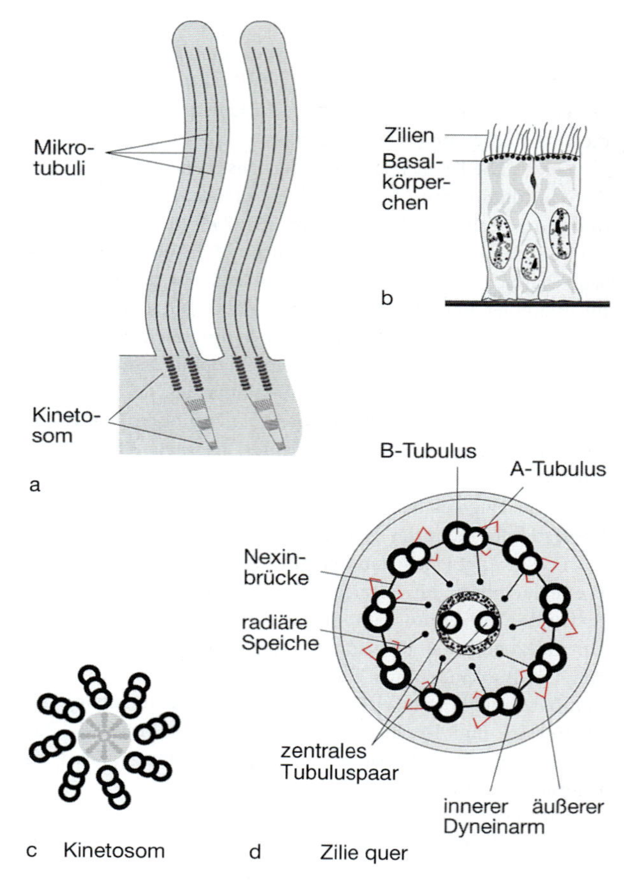

Abb. 2.5 a–d. Kinozilien. **a** Elektronenmikroskopisch, **b** lichtmikroskopisch, **c** Kinetosom, elektronenmikroskopisch, **d** Zilienquerschnitt, elektronenmikroskopisch

Mikrofalten sind nicht sehr häufig. Sie kommen an Oberflächen mit Flüssigkeitsfilm vor, z. B. an der Hornhaut des Auges. Grundlage ist ein unverhorntes mehrschichtiges Plattenepithel.

Mikrovilli (Abb. 2.4) sind typisch für Epithel mit starker Resorption, z. B. des Dünndarms oder des Hauptstücks der Niere. Jedoch sind fast alle Zellen imstande, bei Bedarf kurze Mikrovilli zu bilden, die dann wieder verschwinden.

Im Einzelnen

Mikrovilli sind fingerförmige Ausstülpungen der Zelloberfläche. Sie sind im Dünndarm etwa 100 nm dick und können bis zu 2 mm lang werden. In ihrem Inneren verlaufen längs orientierte *Aktinfilamente*, die basal in die Mikrofilamente des Zellkortex (Terminalgespinst) einstrahlen (Abb. 2.4 a, ► auch S. 355). Die Aktinfilamente sind untereinander durch Fimbrin- und Villinbrücken und durch laterale Verankerungsproteine mit der Plasmamembran verbunden (Abb. 2.4 b). Mikrovilli vergrößern die Zelloberfläche erheblich (► S. 354, Enterozyt). Gemeinsam mit ihren Nachbarzellen können Mikrovilli einen dichten Rasen bilden, der lichtmikroskopisch als **Bürstensaum** wahrnehmbar ist (Abb. 2.4 c). Bürstensäume sind im Gegensatz zu den einzeln stehenden mikrovillösen Bildungen stationäre Strukturen.

Stereozilien gleichen in ihrem Aufbau Mikrovilli, einschließlich der Aktinfilamente. Allerdings sind Stereozilien häufig über dünne Zytoplasmabrücken untereinander verbunden. Bei einer Länge von 4–8 µm verkleben sie bei der histotechnischen Bearbeitung des Gewebes und vereinigen sich zu Büscheln. Sie stehen wahrscheinlich mit Resorptions- oder auch mit Sekretionsvorgängen im Zusammenhang. Stereozilien kommen z. B. im Epithel des Ductus epididymidis vor (► S. 412). e H75

Kinozilien (Abb. 2.5) sind ungefähr 6–12 µm lang und haben einen Durchmesser von etwa 0,3 µm. Sie sind also länger und dicker als Mikrovilli. Sie sind aktiv beweglich und können deshalb Flüssigkeiten und Partikel weitertransportieren. Kinozilien kommen z. B. im respiratorischen Epithel von Trachea und Bronchien sowie in der Tuba uterina vor. e H6, 81

Jede Kinozilie ist in einem *Basalkörperchen* (**Kinetosom**) (Abb. 2.5 a–c) verankert, das sich aus 9 Mikrotubulustripletten zusammensetzt. In zilienreichen Flimmerepithelzellen stehen sie so eng nebeneinander, dass sie lichtmikroskopisch als **Basalkörperchensaum** (Abb. 2.5 b) imponieren.

Im Einzelnen

In dem Abschnitt der Zilie, der über die Zelloberfläche hinausragt, dem **Zilienschaft**, gruppieren sich 9 Mikrotubuluspaare (Dubletten) ringförmig um ein zentrales Tubuluspaar (Abb. 2.5 d). Sie bilden zusammen das Axonema, den Achsenfaden. Der Querschnitt einer Zilie zeigt somit ein typisches **9×2+2-Muster.** Die peripheren Tubulusdubletten sind so angeordnet, dass sie an der Kontaktstelle eine gemeinsame Wandung besitzen (A+B-Tubulus). Vom A-Tubulus gehen Armfortsätze aus, die aus dem Protein *Dynein* und ATPase bestehen.

Bei Bewegung der Kinozilie treten in Anwesenheit von ATP die Dyneinarme des einen Tubuluspaares mit dem benachbarten Paar in Verbindung. Gleichzeitig bewegen sich auf der einen Seite der Zilie die zu den beiden zentralen Tubuli radiär ausgerichteten »Speichen« auf deren Oberfläche entlang. Dadurch wird auf dieser Seite der Zilienschaft gekrümmt.

Geißeln (*Flagella*) sind bis zu 5 µm lange, stets in der Einzahl vorhandene zytoplasmatische Oberflächendifferenzierungen, die in ihrem Feinbau den Kinozilien gleichen. Sie erzeugen einen Flüssigkeitsstrom oder dienen der Fortbewegung, z. B. als Flagellum des Spermiums (▶ S. 409).

Basolaterale Domänen zeichnen sich durch das Vorkommen von
- **Zelladhäsionsmolekülen** und
- **Zellverbindungen** (*Cell junctions*) aus.
  Hinzu kommen
- **Nexus** (*gap junctions*), die der Zellkommunikation dienen, und
- **basale Zelleinfaltungen.**

Zelladhäsionsmoleküle sind diffus über die basolaterale Zellmembran verteilt. Sie dienen der Haftung von zusammengehörigen Zellen. Zelladhäsionsmoleküle sind transmembranöse Proteine, die jeweils zu Proteinfamilien mit zahlreichen, z. T. zellspezifischen Untergruppen gehören.

Zelladhäsionsmolekülfamilien sind:
- **Ca^{++}-abhängig**
  - **Cadherine**
  - **Selektine**
- **Ca^{++}-unabhängig**
  - **Immunglobuline** (▶ S. 148)
  - **Integrine**

Cadherine und Integrine stehen gleichzeitig mit Strukturen der Zellumgebung und mit dem intrazellulären Zytoskelett in Verbindung.

Zur Information

Zelladhäsionsmoleküle sind nicht auf Epithelzellen beschränkt. Sie kommen bei allen Zellen jedoch in unterschiedlicher Form vor.

Im Einzelnen

Cadherine sind eine Familie integraler Membranproteine. Als **E-Cadherine** liegen sie an der lateralen Oberfläche von Epithelzellen. »E« steht für epithelial. Dort finden sie jeweils an gleichartige E-Cadherine der gegenüberliegenden Zelle Anschluss. Auf der zytoplasmatischen Seite binden an E-Cadherine unter Vermittlung von *Cateninen* **Aktinfilamente.** E-Cadherine sind die wichtigsten Adhäsionsmoleküle für die Aufrechterhaltung eines epithelialen Zellverbundes.

Selektine sind **Lektine.** Sie sind Proteine, die spezifische Kohlenhydratstrukturen erkennen und binden. Durch diese Fähigkeit verknüpfen sie entsprechend ausgestattete Zellen.

Immunglobulinadhäsionsmoleküle enthalten Domänen, die denen von Immunglobulinen ähnlich sind. Sie halten adhäsive Kontakte mit gleichartigen Zellen aufrecht.

Integrine befinden sich bevorzugt im basalen Zellbereich. Es handelt sich um Heterodimere. Ihre β-Einheit bindet auf der zytoplasmatischen Seite unter Vermittlung von Verbindungsproteinen an **Aktin**, ihre α-Einheit extrazellulär an Laminin und Fibronektin (in Basallaminae), die ihrerseits mit verschiedenen Kollagentypen interagieren. Die Bindungen an Laminin und Fibronektin können durch **Desintegrine** gelöst werden, wodurch Zellbewegungen möglich werden.

Zellverbindungen (*cell junctions*). Es handelt sich um **lokalisierte** Zellverbindungen im basolateralen Bereich von Epithelzellen. Teilweise sind an ihrem Aufbau Cadherine beteiligt.

Die Zellverbindungen (Tabelle 2.2) dienen der
- **Zellhaftung** und
- **Zellkommunikation.**

Zellhaftung. Sie wird durch die Zellverbindungen stabilisiert. Es handelt sich um (Abb. 2.6):
- **Zonula occludens** (*tight junction*)
- **Zonula adhaerens** (*Gürteldesmosom*)
- **Macula adhaerens** (*Punktdesmosom*)
- **Haftkomplex** (*junctional complex*)
- **Hemidesmosom**
- **Nexus** (*gap junction*)

Mit Ausnahme der Hemidesmosomen bekommen die Zellhaftungen ihre charakteristische Struktur dadurch, dass sich gleichartig gebaute Abschnitte der Zelloberflä-

2

Tabelle 2.2. Zellverbindungen

	Kontakte	Interzellulär	Intrazellulär	Funktion
Zonula occludens (tight junction)	Zelle-Zelle	Occludin, Claudin	submembranöse Verdichtung	Verschluss des Interzellularraums, Unterbrechung von Lateralverschiebungen in der Plasmamembran
Zonula adhaerens, Fascia adhaerens	Zelle-Zelle	transmembranöses Verbindungsprotein: Cadherin	submembranöse Verdichtungen: Vinkulin, Aktinfilamente	mechanische Kopplung
Punctum adhaerens	Zelle-extrazelluläre Matrix	Fibronektin	submembranöse Verdichtung: α-Aktinin, Vinkulin, Talin, Aktinfilamente	mechanische Kopplung
Fleckdesmosom (Macula adhaerens)	Zelle-Zelle	transmembranöse Verbindungsglykoproteine: Desmogleine	Haftplatten: Desmoplakin, Zytokeratin (intermediäre Filamente)	mechanische Kopplung
Hemidmosom	Zelle-Basallamina			Zellanheftung
Nexus (gap junction)	Zelle-Zelle	Poren (Connexon)		metabolische und ionale Kopplung

che benachbarter Zellen gegenüberliegen. Alle Zellhaftungen sind dadurch ausgezeichnet, dass sich unter der Plasmamembran **Proteinplaques** befinden.

Zonula occludens (*tight junction*). Sie verläuft gürtelförmig um den apikalen Bereich der zugehörigen Zelle herum und trennt die apikale von der basolateralen Oberflächendomäne. Eine Zonula occludens besteht aus einem Netzwerk von leistenförmigen Erhebungen der Plasmamembran, deren Spitze mit den Erhebungen der Nachbarzelle durch das transmembranöse Protein **Occludin** verbunden ist. Eine Vierergruppe von Occludinmolekülen umgreift jeweils transmembranöse **Claudine**, die selektiv für Wasser und bestimmte Ionen durchlässig sind. Dadurch sind tight junctions eine Diffusionsbarriere mit begrenzter Wirksamkeit. Unterlagert sind die Verbindungsproteine durch **Proteinplaques.**

Zonula adhaerens (*Gürteldesmosom*). Sie folgt in der Regel der Zonula occludens und verläuft gleich dieser gürtelförmig um die Zelle. Sie stabilisiert die Zonula occludens und hat vor allem mechanische Funktionen. Intrazellulär steht sie mit **Aktinfilamenten** in Verbindung.

Tragender Molekularanteil der Zonula adhaerens sind **Cadherine**, die mit denen der Gegenzelle verbunden sind. Die intrazelluläre Verbindung mit Aktinfilamenten wird durch Catenine vermittelt und befindet sich in Proteinplaques unter der Plasmamembran. Die Aktinfilamente verlaufen parallel zu den Gürteldesmosomen.

Den Zonulae adhaerentes vergleichbar sind leistenförmige **Fasciae adhaerentes**, z. B. in der Herzmuskulatur (► S. 69).

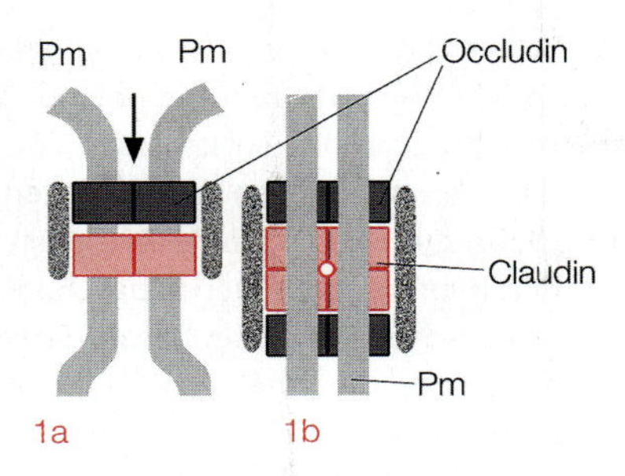

Zonula occludens

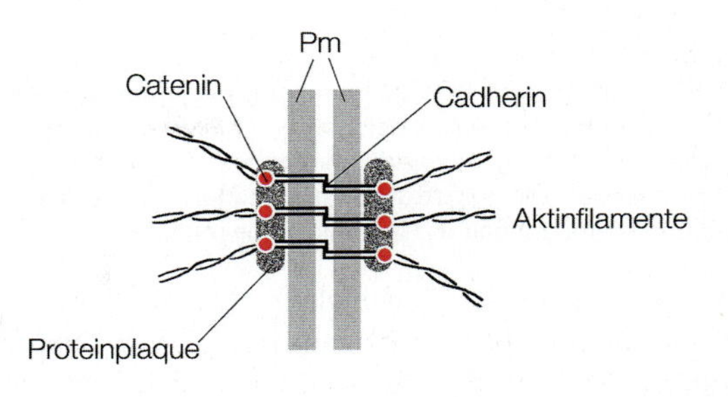

2 Zonula adhaerens

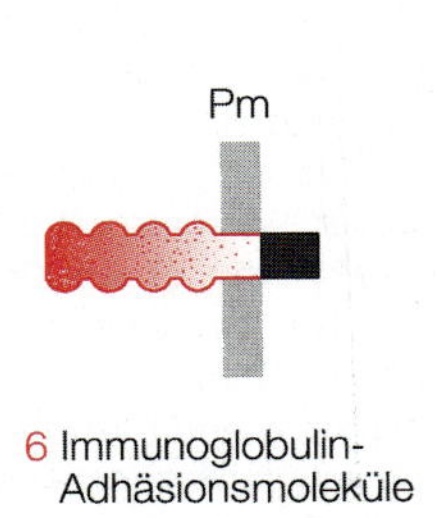

6 Immunoglobulin-Adhäsionsmoleküle

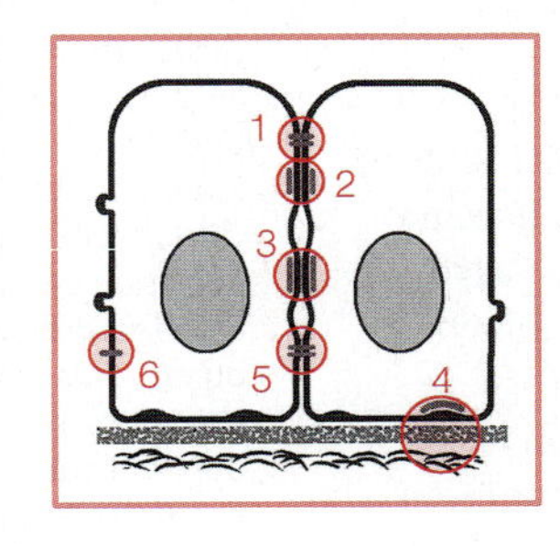

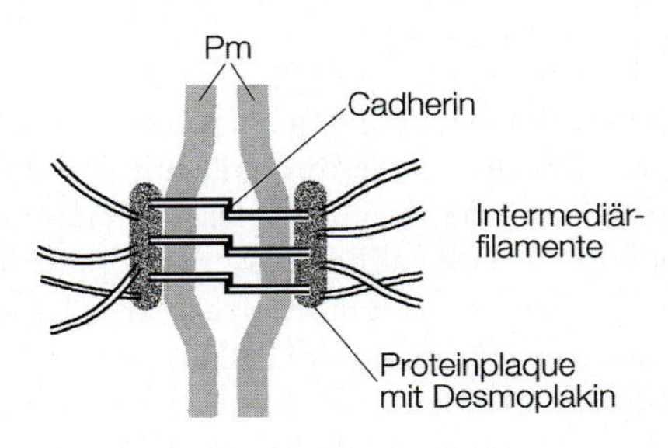

3 Macula adhaerens

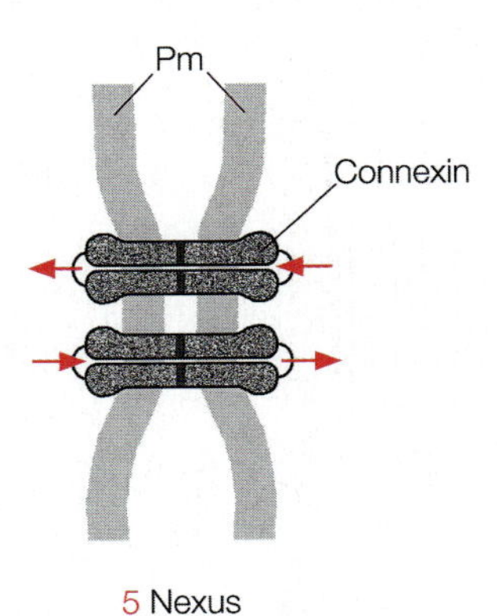

5 Nexus

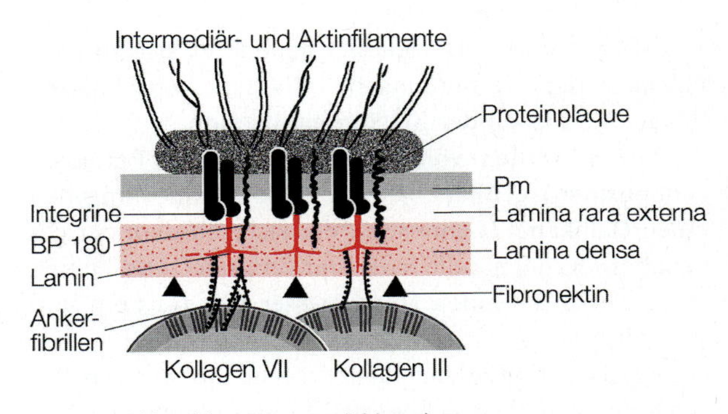

4 Hemidesmosom mit Verankerung

Abb. 2.6. Zellhaftungen. *Pm* Plasmamembran

Maculae adhaerentes (*Fleckdesmosomen, Desmosomen im engeren Sinne*). Sie sind punktförmig, zahlreich und auffällig (Durchmesser 0,3 µm). Auch sie sind mechanische Haftverbindungen vermittels E-Cadherinen (Desmocolline und Desmogleine). Fleckdesmosomen treten ubiquitär zwischen gleichen, aber auch verschiedenartigen Zellen auf. In ihrem Bereich ist der Interzellularspalt auf 30–50 nm erweitert (üblich sind 20 nm). Die Spaltmitte weist elektronenmikroskopisch Verdichtungen auf. Der parazelluläre Transport wird durch Desmosomen nicht behindert (► unten). Verankert sind die Cadherine der Fleckdesmosomen in Proteinplaques unter der Plasmamembran. Dort wird durch die Proteine Desmoplakin und Plakoglobin die Verbindung zu den intrazellulären **Intermediärfilamenten** des Zytoskeletts hergestellt (► S. 18).

Klinischer Hinweis
Beim *Pemphigus*, einer Hauterkrankung mit intraepithelialer Blasenbildung, entwickelt der Körper Antikörper gegen die transmembranösen Verbindungsproteine (Cadherine) der Desmosomen. Die Folgen sind durch Auflösung der Zellhaftung Blasenbildungen in Haut und Schleimhäuten.

Haftkomplex (*junctional complex*). Als Haftkomplex wird die unmittelbare Aufeinanderfolge von Zonula occludens (am weitesten oben), Zonula adhaerens und Desmosom im oberen Teil der Seitenfläche von iso- oder hochprismatischen Oberflächenepithelzellen bezeichnet. Lichtmikroskopisch erscheinen z. B. bei Versilberung die Haftkomplexe an Tangentialschnitten als sog. *Schlussleistennetz*.

Hemidesmosomen befinden sich im basalen Zellbereich. Sie dienen der Verbindung mit der Basallamina (▶ unten). In ihrer Struktur gleichen sie einer asymmetrischen Macula adhaerens, nicht jedoch biochemisch. Sie gliedern sich in intrazelluläre Platten, die zytoplasmaseits mit Intermediärfilamenten des Zytoskeletts (Abb. 2.6), andererseits mit transmembranösem Integrin und Immunglobulin in Verbindung stehen. An diesen sowie an einer Verdichtung der Plasmamembran befestigen sich **Ankerfilamente**, die die Verbindung zur Basallamina herstellen (▶ unten).

Nexus (*gap junctions*). Hierbei handelt es sich um kanälchenartige Verbindungen zwischen benachbarten Zellen. Sie dienen der Zellkommunikation.

Nexus werden von transmembranösen Proteinen (**Connexinen**) gebildet. Jeweils 6 Connexine umgeben einen Halbkanal (**Connexon**), der sich mit dem der gegenüberliegenden Zelle trifft und verbindet. Das Lumen eines Nexus hat einen Durchmesser von 1–1,5 nm und ist hydrophil.

Nexus befinden sich überwiegend im unteren Bereich der seitlichen Zelloberfläche und bilden Gruppen mit einem Durchmesser von 0,3 µm. In ihrem Bereich ist der Interzellularspalt auf 2–4 nm vermindert. Dies behindert den parazellulären Transport nicht.

Nexus schließen Zellen zu größeren Funktionseinheiten zusammen. Sie ermöglichen einen interzellulären Austausch niedermolekularer Substanzen, z. B. von Glukose, Steroidhormonen und Aminosäuren (**metabolische Kopplung**) und die Passage von Ionen (**ionale, elektrische Kopplung**).

Basale Zelleinfaltungen. Eine Besonderheit von Epithelzellen mit hohem Flüssigkeits- und Elektrolytdurchgang sind starke Einfaltungen der basalen Zellmembran (Abb. 2.7). Sie vergrößern die Zelloberfläche erheblich und zeichnen sich durch das Vorkommen von Na^+- und K^+-ATPase aus. Zwischen den Einfaltungen (basales Labyrinth) befinden sich schmale Zytoplasmaabschnitte mit hintereinander gereihten Mitochondrien. Lichtmikroskopisch erscheint dies als **basale Streifung.** Vielfach sind Einfaltungen mit denen von Nachbarzellen verzahnt. Typisch sind basale Einfaltungen für die Epithelzellen des Nierenhauptstücks und für die Streifenstücke der Speicheldrüsen. e H42

Zur Information
Zwischen den Epithelzellen befinden sich *Interzellularräume.* Sie sind in der Regel spaltförmig (Durchschnittswert 20 nm) und dienen dem *parazellulären Transport*, insbesondere von Ionen und Wasser. Erreicht werden Interzellularspalten durch Öffnungen in den Claudinen der tight junctions, vor allem aber *transzellulär.* Beim transzellulären Transport erfolgt die Membranpassage ionenvermittelt aktiv gegen Gradienten durch Transportkanälchen in den basolateralen Plasmamembranen unter Mitwirkung von Transport-ATPasen. Der Zustrom von Ionen ins Zytoplasma ist ein passiver Vorgang an den apikalen Plasmamembranen durch zugehörige Kanälchen. Wasser folgt dieser Ionenbewegung und passiert dabei Aquaporine.

Epithelien mit diesem Mechanismus, der auch im Sinne einer Sekretion in entgegengesetzter Richtung verlaufen kann, werden als *transportierende Epithelien* bezeichnet.

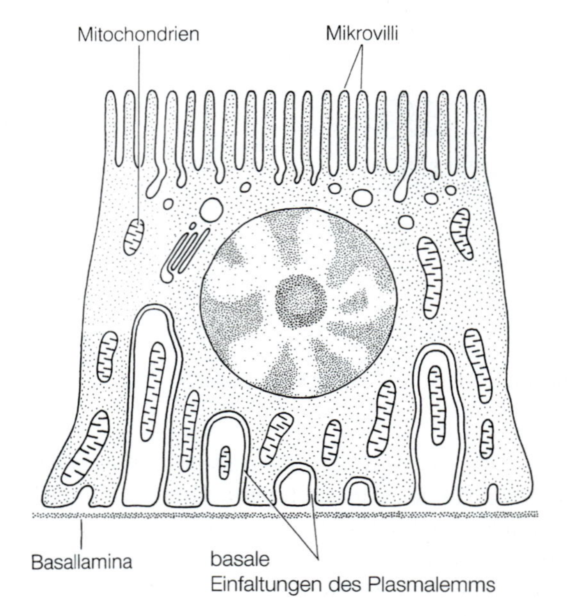

Abb. 2.7. Basales Labyrinth. Es besteht aus Einfaltungen des basalen Plasmalemms und ist mit Zellausläufern benachbarter Zellen verschränkt

Basallamina

Die Basallamina gehört an der Basis eines Epithelverbandes zu einer Schichtenfolge (Abb. 2.6) aus
- **Lamina rara externa**, auch **Lamina lucida**, die dem Epithel zugewandt ist und als typisches Protein **Laminin** aufweist,
- **Lamina densa**, auch **Basallamina** (Stärke 20–100 nm). Sie weist vor allem Typ-IV-Kollagen, Laminin sowie eingelagerte Proteoglykane und weitere Proteine auf und ist elektronenmikroskopisch dicht (daher der Name),
- **Lamina rara interna** (inkonstant) und
- **Lamina fibroreticularis**, die dicker ist als die übrigen Schichten. Sie enthält vor allem Typ-III-Kollagen (retikuläre Fasern).

Zur Information
Aus der Lichtmikroskopie stammt der Begriff *Basalmembran*. Gemeint ist damit eine Verdichtung an einer Epithelbasis. Sie ist bei der histotechnischen Gewebsvorbereitung artefiziell aus allen dort vorhandenen Schichten entstanden.

Die Basallamina (*Lamina densa*) ist dabei die tragende Schicht. An ihr befestigt sich einerseits das Epithel, andererseits steht sie mit den Fasersystemen der Lamina fibroreticularis in Verbindung. Die Befestigung des Epithels an der Basallamina erfolgt durch Laminine, die mit Integrinen der Plasmamembran in Verbindung stehen. Im Bereich der Hemidesmosomen bildet Laminin zusammen mit dem Transmembranprotein BP 180 **Ankerfilamente.** Die Verbindung zu den Kollagenfibrillen der Lamina fibroreticularis stellen **Ankerfibrillen** her (Abb. 2.6).

Zytoskelett

Das Zytoskelett ist ein veränderungsfähiges, dynamisches Verspannungs- und Versteifungssystem, das die charakteristische Gestalt einer Zelle trotz der solartigen Konsistenz des Zytoplasmas und des halbflüssigen Zustands der Plasmamembran sichert. Das Zytoskelett wirkt bei allen Vorgängen zur Formveränderung der Zelle, bei Zytoplasmabewegungen und beim Transport von Zellorganellen mit. Im Epithel trägt das Zytoskelett zur Aufrechterhaltung des Zellverbandes und dessen Form bei. Das Zytoskelett besteht aus Strukturproteinen unterschiedlicher Zusammensetzung.

Zum Zytoskelett gehören:
- **Mikrotubuli**
- **Mikrofilamente**
- **intermediäre Filamente**

Mikrotubuli (Abb. 2.8) sind gestreckt verlaufende Röhrchen unterschiedlicher Länge, die einzeln liegen oder Bündel bilden. Der Durchmesser der Mikrotubuli beträgt 24 nm, ihre lichte Weite 15 nm. Sie bestehen aus globulären Proteinen (**Tubulinen**), die sich zu **Tubulinprotofilamenten** zusammenfügen. Jeweils 13 Tubulinprotofilamente bilden die Wand eines Tubulus.

Im Einzelnen
Mikrotubuli haben ein Plusende und ein Minusende. Am **Plusende** können Mikrotubuli durch Einfügen oder Ausgliedern von Untereinheiten relativ schnell auf- bzw. abgebaut werden. Am **Minusende** sind die Tubuli im **Mikrotubulus-Organisationszentrum (MTOC)** verankert. Das MTOC bildet zusammen mit einem **Zentriolenpaar** einen Komplex, der als **Zentrosom** bezeichnet wird. Hier erfolgt eine sehr viel langsamere Neubildung von Mikrotubuli.

Zentriolen (*Zentralkörperchen*) sind lichtmikroskopisch rundliche Körperchen mit einem Durchmesser von 0,2 mm. Sie bestehen aus 9 zylinderförmig angeordneten Dreiergruppen (Tripletten) von Mikrotubuli, die untereinander durch Proteinbrücken verbunden sind (Abb. 2.8). Die beiden Zentriolen eines Zentrosoms stehen senkrecht aufeinander.

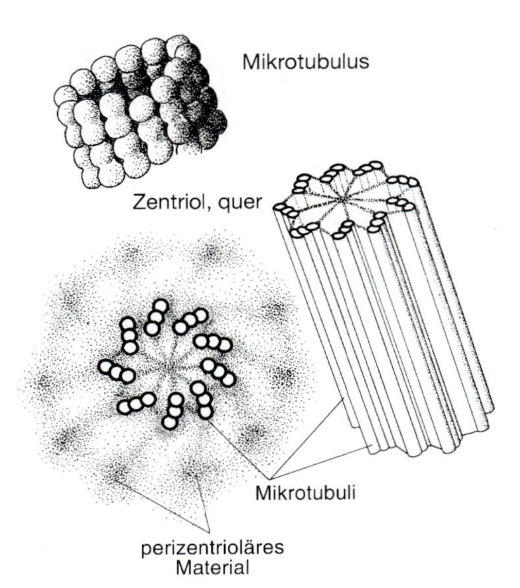

Abb. 2.8. Mikrotubulus und Zentriol. Ein Mikrotubulus besteht aus perlschnurartig angeordneten globulären Proteinen (*oben links*)

Mikrotubuli dienen vor allem der **dynamischen Stabilisierung des Zytoplasmas.** Dies ist möglich, weil sie einerseits relativ starr sind und andererseits bei Formveränderungen von Zellen und Zellbewegungen laufend umgebaut werden. Dabei werden Mikrotubuli dort aufgebaut, wo an der Zelloberfläche Vorwölbungen und Fortsätze (Pseudopodien) ausgebildet werden bzw. abgebaut werden, wo Einziehungen entstehen. Damit sind Mikrotubuli an den Ordnungsprozessen in der Zelle beteiligt. Bei diesen Vorgängen wirken **mikrotubuliassoziierte Proteine (MAP)** mit, die gleichzeitig die Mikrotubuli stabilisieren und der Interaktion mit anderen Zellbestandteilen dienen.

Ferner spielen die Mikrotubuli für den **intrazellulären Transport** von Partikeln oder Mitochondrien sowie als Leitstrukturen für den **transzellulären Transport**, z. B. von Bläschen, eine wichtige Rolle. Sowohl die Partikel als auch die Transportvakuolen bewegen sich entlang der Tubulusoberfläche. Dabei ist die Transportrichtung unterschiedlich.

Für den Kontakt zwischen Organellen und Mikrotubulusoberfläche sorgen Proteinkomplexe. **Kinesin** sorgt für einen Transport zum Plusende, **Dynein** Richtung Minusende. Bei Dynein und Kinesin handelt es sich um ATPasen.

Schließlich sind Mikrotubuli charakteristische **Bestandteile von Zilien und Geißeln** (▶ oben).

Mikrofilamente entstehen durch Polymerisation von **Aktin**, einem globulären Protein. Aktinfilamente haben einen Durchmesser von 7 nm. Auch sie haben ein Plus- und Minusende. Am Plusende erfolgt durch rasche Polymerisation eine Verlängerung, am Minusende ein eher langsamer Zerfall. Dadurch ist die Länge der Mikrofilamente variabel. Durch ihre große Variabilität sind Mikrofilamente sowohl an Zellbewegungen als auch an der Stabilisierung von Zellstrukturen beteiligt. Durch Begleitproteine können Filamentbündel oder -netze entstehen.

Zu unterscheiden sind
- **Aktinfilamente,** die **mit Myosin** assoziiert sind, und
- **Aktinfilamente ohne** oder mit nur wenig **Myosin.**

Aktinfilamente mit Myosin kommen vor allem in der Muskulatur vor, wo es durch das Zusammenwirken beider Proteine zu Zellkontraktionen kommt (▶ S. 64).

Aktinfilamente ohne oder mit wenig Myosin bilden
- **Zellkortex,**
- **Ringstrukturen** und sind im
- **Zytoplasma** verteilt.

Zellkortex. Es handelt sich um eine Schicht dünner schichtvernetzter Aktinfilamente, die durch Filamin verknüpft sind. Verspannt sind sie durch geringe Mengen Myosin. Dies ermöglicht in begrenztem Umfang Zellkontraktionen. Die Aktinfilamente des Zellkortex sind durch Proteine an der Zellmembran befestigt (u. a. durch Spektrin, Dystrophin), z. T. an Transmembranproteinen (u. a. durch α-Aktinin, Vinculin). Eine Sonderrolle kommt den Vernetzungen von Aktinfilamenten in Mikrovilli zu, die dadurch versteift werden. Sie sind durch laterale Verankerungsproteine an der Plasmamembran befestigt (▶ S. 12).

Ringförmige Aktinfilamente wirken bei der Durchschnürung von Zellen mit, z. B. bei der Mitose.

Verlauf im Zytoplasma. Aktinfilamente erstrecken sich auch ins Zellinnere und können dort mit Zonulae adhaerentes (▶ oben) und mit der Kernmembran in Verbindung stehen.

Intermediäre Filamente sind die stabilsten Komponenten des Zytoskeletts. Sie bestehen aus helikalen Polypeptidketten, die durch nichthelikale Abschnitte miteinander verbunden sind. Der Durchmesser der intermediären Filamente liegt mit 8–10 nm zwischen dem der Mikrofilamente und dem der Mikrotubuli. Die Länge der intermediären Filamente kann mehrere Mikrometer betragen.

Intermediäre Filamente bilden um den Zellkern, mit dem sie verknüpft sind, ein Netzwerk, das sich von hier aus über die Zelle hinweg erstreckt und in der Peripherie an Desmosomen und Hemidesmosomen herantritt.

Intermediäre Filamente lassen aufgrund ihrer Aminosäurefrequenzen mehrere Gruppen unterscheiden, von denen in Epithelzellen vorkommen
- **Zytokeratine** und
- **Vimentine.**

Zytokeratin. Zytokeratinfilamente können in Epithelzellen bis zu 50% des Zytoplasmaproteins ausmachen. Sie bilden eine komplexe Klasse mit einem Molekulargewicht zwischen 40 000 und 68 000 Dalton.

Im Groben ist eine Gliederung in saures und neutrales bzw. basisches Keratin möglich. Eine weitere Unterteilung mit Zuordnung zu jeweils bestimmten Epithelien, Haaren und Nägeln ist möglich. In allen Fällen dienen Zytokeratine der mechanischen Stabilisierung der Epithelien sowie dem Schutz vor Wasserverlust und Hitze. Zytokeratinfilamente bilden die **Tonofibrillen** der Lichtmikroskopie. Sie verlaufen abhängig von der mechanischen Beanspruchung trajektoriell.

Vimentinfilamente sind vor allem für Zellen mesenchymalen Ursprungs einschließlich der zugehörigen Epithelzellen, besonders für Endothelzellen der Blutgefäße, charakteristisch. Häufig haben Vimentinfilamente Verbindung zu Zellkernen oder Desmosomen. Vermutlich spielen sie eine strukturerhaltende Rolle.

Weitere intermediäre Filamente, die jedoch nicht im Epithel vorkommen, sind *Desmin, glial fibrillary acidic protein (GFAP,* ► S. 86), *neurofilamentäres Triplettprotein, nukleäres Lamin.*

Endozytose, Transzytose

Endozytose dient der Stoffaufnahme aus der Zellumgebung. Sie erfolgt durch Bläschen, die sich von der Plasmamembran abschnüren und ins Zytosol gelangen (◘ Abb. 2.9). Durch **Resorption** werden Flüssigkeiten und niedermolekulare Substanzen, durch **Absorption** Proteine und deren Abbauprodukte sowie anderes höher molekulares Material aufgenommen.

Außer durch Endozytose kann es zur Wasseraufnahme in die Zelle durch Aquaporine kommen, die als zelluläre Wasserschleusen wirken. Sie bestehen aus transmembranösen Proteinen um einen Wasserkanal (Poren) (z. B. Nierenepithel).

Im Einzelnen

Bei der Stoffaufnahme durch Endozytose werden unterschieden:

- **Pinozytose**
- **Phagozytose**

Beide Vorgänge beginnen mit Einsenkungen des Plasmalemms.

Bei der **Pinozytose** (◘ Abb. 2.9) lagert sich im Bereich der Einsenkung auf der zytoplasmatischen Seite der Plasmamembran das Protein **Clathrin** an. Auf diesen als »coated pits« bezeichneten Abschnitten entstehen durch Abschnürung flüssigkeitsgefüllte Bläschen mit Durchmessern von 50–150 nm. Wegen ihres Clathrinmantels werden solche Bläschen »coated vesicles« genannt. Das Hüllprotein löst sich jedoch nach der Vesikelbildung wieder ab.

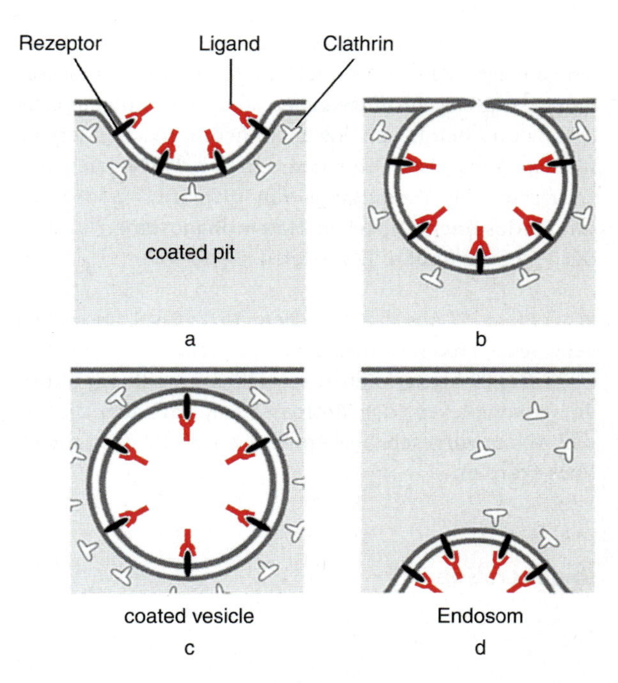

◘ **Abb. 2.9 a–d.** Endozytose. **b–d** Pinozytose

Die Stoffaufnahme bei der Pinozytose erfolgt an jeweils festgelegten Domänen des Plasmalemms. Dabei können spezifische Membranrezeptoren wirksam werden (**rezeptormediierte Resorption**) oder die Stoffaufnahme ist unspezifisch (**Fluidphase-Resorption**).

Phagozytose. Hier fehlt ein Clathrinmantel. Als Abschnürungen des Plasmalemms entstehen Bläschen mit einem Durchmesser bis zu mehr als 1 µm und es kommt zu einer Bindung zwischen Proteinen an der Oberfläche der zu resorbierenden Produkte und der resorbierenden Zelle, z. B. bei der Substanzaufnahme in Makrophagen (► S. 138).

Transzytose. Die durch Endozytose ins Zytosol aufgenommenen Bläschen werden dort verarbeitet oder wandern durch die Zelle hindurch und geben das Material an einer anderen Stelle der Zelloberfläche wieder ab. Als Leitstruktur dienen Mikrotubuli, an deren Oberfläche die Bläschen binden.

Materialverarbeitung in der Zelle

Das Schicksal der durch Endozytose entstandenen Bläschen ist verschieden. Löst sich die Bläschenmembran auf, wird der Bläscheninhalt dem Zytoplasma einverleibt. Meist jedoch vereinigen sich endozytotische Bläschen mit vorhandenen unregelmäßigen Membransystemen zu **Endosomen**, an die primäre Lysosomen herantreten.

Lysosomen sind katabole Strukturen (Abb. 2.10). Sie sind in der Regel rund und haben einen Durchmesser von 0,5 µm. Lysosomen gehen aus dem Golgiapparat hervor und beinhalten vor allem hydrolytische Enzyme für den Abbau von Proteinen, Lipiden, Glykogen u. a.

Durch die Vereinigung von primären Lysosomen mit Endosomen entstehen **Heterophagosomen** und in der Folge sekundäre Lysosomen.

Proteasomen. Abgebaut werden im Zytosol aber auch zelleigene Proteine, insbesondere wenn sie fehlerhaft sind. Der Abbau erfolgt in speziellen granulären Multienzymkomplexen, den **Proteasomen**, nachdem die für den Abbau vorgesehenen Proteine durch *Ubiquitin* markiert wurden.

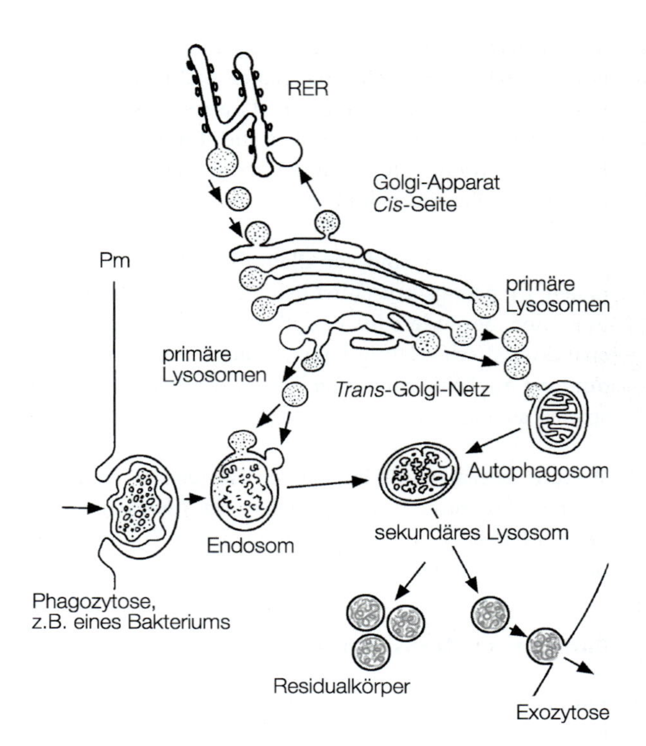

Abb. 2.10. Lysosomenzyklus. *Pm* Plasmamembran

Regeneration

Die Zellen des Epithels unterliegen einer permanenten physiologischen Regeneration durch Zellersatz (**Zellmauserung**), da die Lebensdauer der einzelnen Zelle begrenzt ist. Der Zellersatz erfolgt durch Vermehrung (**Proliferation**). Sie geht von den jeweils basal gelegenen Zellen aus. Dort kommt es unter dem Einfluss von Wachstumsfaktoren, u. a. epidermal growth factor (EGF), zur Zellteilung (**Mitose**).

Einzelheiten zur Mitose einschließlich der Beschreibung der Struktur und Funktion des Zellkerns und seines Inhalts, insbesondere der Chromosomen, finden Sie in den Lehrbüchern der Zellbiologie.

Zusammenfassungen zu Zellzyklus, Zellwachstum, Zelltod

Zellzyklus (Abb. 2.11). Jede Zelle mit Teilungsfähigkeit durchläuft eine

- **Interphase** und eine
- **Mitosephase.**

Die **Interphase** umfasst den Zeitraum zwischen zwei Mitosen und dauert wesentlich länger als die Mitosephase.

Der Intermitosezyklus besteht aus der

- **G_1-Phase.** »G« steht für »gap« und meint einen ersten Intervall zwischen zwei Mitosen,
- **S-Phase.** »S« steht für DNA-Synthese
- **G_2-Phase.** Dies ist ein zweiter Intervall vor der Mitose.

In der **G_1-Phase** wächst die durch die Mitose neu entstandene Zelle zur festgelegten Größe heran, differenziert sich und erbringt die jeweiligen spezifischen Zellleistungen (Arbeitsphase der Zelle). Die Dauer der G_1-Phase ist bei verschiedenen Zellarten sehr unterschiedlich, aber stets relativ lang.

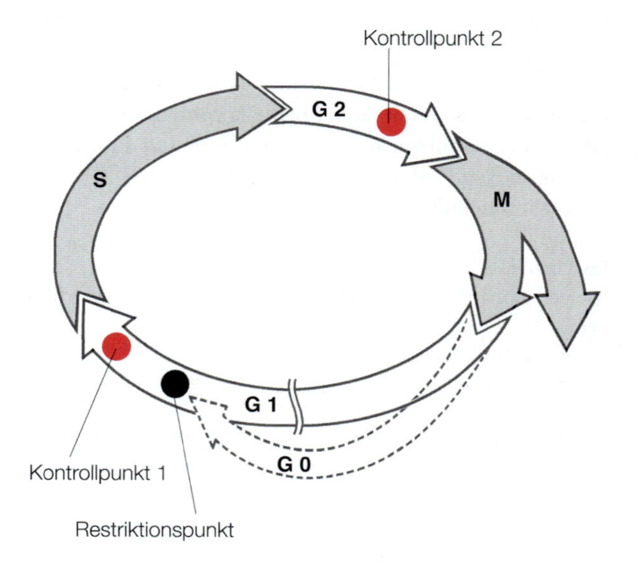

Abb. 2.11. Zellzyklus

Voraussetzung für die **Beendigung der G_1-Phase** ist, dass in Zellen vorhandene Proteinkinasen durch Zykline aktiviert werden, die zeitspezifisch unter dem Einfluss von extrazellulären Wachstumsfaktoren exprimiert werden. Vor Eintritt in die folgende Phase muss dabei ein »**Restriktionspunkt**« und ein **Kontrollpunkt** für DNA-Schäden (unter Mitwirkung von P53, Tumor-suppressing-protein) überschritten werden. Danach ist der Eintritt in die nachfolgende Phase unwiderruflich. Wird der Kontrollpunkt nicht überschritten, verweilt die Zelle langfristig in einer als **G_0** bezeichneten **Phase** oder es kommt zur **Apoptose** (▶ unten). Extrazelluläre Faktoren können den Wiedereintritt einer Zelle aus der G_0-Phase in den Zellzyklus bewirken.

In der **S-Phase** wird durch Replikation das genetische Material in jedem Chromosom verdoppelt. Die DNA-Synthese nimmt ungefähr 8 h in Anspruch. In dieser Zeit teilt sich das Zentriol (▶ oben) unter Neubildung von Mikrotubuli zu einem **Diplosom.**

In manchen Zellen wird der Zellzyklus nach der S-Phase abgebrochen. Dann ist es zwar zu einer Verdopplung der DNA (und der Chromatiden) gekommen, aber die anschließende Ausbildung von Chromosomen, die Kern- und Zellteilung unterbleiben. Dieser Vorgang wird **Endomitose** genannt. Er kann sich wiederholen, sodass schließlich Zellen entstehen, deren Kerne das *Vielfache des üblichen Chromosomensatzes* enthalten. Diese Zellen sind **polyploid.** Häufig haben polyploide Zellkerne eine *erhöhte Nukleolenzahl.* – Polyploide Zellen kommen nur in den Epithelzellen der Leber, der Herzmuskulatur, der Samenblase und im Hypophysenvorderlappen vor.

G_2-Phase. Sie dauert etwa 1–3 h und leitet zur Mitose (M-Phase) über. In dieser Phase wird Zyklin B synthetisiert, das an die vorhandene Proteinzyklase CDK 1 bindet. Es entsteht ein Komplex, der nach dem **Kontrollpunkt 2** (DNA-damage checkpoint) durch Dephosphorylierung zum **M-Phase-Promotingfaktor** (MPF) wird, durch den die Mitose ausgelöst wird.

Klinischer Hinweis

Entartete Zellen (Krebszellen) können ihre Zellteilung einstellen, wenn es zu einer vermehrten Expression von P53 (▶ oben) kommt. Dann wird von *replikativer Seneszenz* (programmiertes Altern) gesprochen, Vorgänge, die unter normalen Bedingungen im Alter stattfinden. Bei Tumoren können sich Zellen auf diesem Weg vor weiteren Wucherungen schützen.

Mitosephase. Ziel der Mitose ist die erbgleiche Verteilung des Genmaterials auf zwei Tochterzellen. Dazu werden zu Beginn der Mitose die Chromosomen durch Kondensation und Spiralisation in eine Transportform gebracht und die Zentrosomen mit ihren Zentriolen verdoppelt. Danach werden folgende Stadien durchlaufen:

- **Prophase.** Die Arbeitsstrukturen der Zelle werden weitgehend aufgelöst und im Kern werden die Chromosomen sichtbar. Es entsteht ein Chromosomenknäuel, das **Spirem.** Der Nukleolus verschwindet. Während sich die Chromosomen weiter verdichten, trennen sich die verdoppelten Zentrosomen und gelangen an entgegengesetzte Kernpole. Durch die Polbildung ist die Teilungsrichtung der Zelle festgelegt. Gleichzeitig bilden sich neue Mikrotubuli und es entstehen einerseits die **Astrosphäre**, die die getrennten Zentrosomen verbindet, andererseits solche Mikrotubuli, die dem Zellkortex zustreben. Dauer der Prophase: 30 min–4 h.
- **Prometaphase.** Die Kernhülle löst sich auf. Weitere Mikrotubuli bekommen Zugang zu den nun sichtbar gewordenen Chromosomen und befestigen sich dort am jeweiligen Zentromer, einer Einziehung an den Chromosomen, an der die Chromatiden verknüpft sind. Es entsteht die **Mitosespindel.**
- **Metaphase.** Die Chromosomen ordnen sich in der Äquatorialebene an und bilden die **Metaphaseplatte.** Die Chromosomenarme sind nach außen gerichtet. Dadurch entsteht das Bild des **Monasters.** Sofern auch nur eine Chromatide nicht von der Mitosespindel erreicht wird, arretiert die Mitose (Kontrollpunkt der Mitose). Die Dauer der Metaphase beträgt ungefähr 10 min.
- **Anaphase.** Die Chromosomenhälften (Chromatiden, ▶ oben) strecken und trennen sich (Anaphase A) und werden von den sich verkürzenden Mikrotubuli (Chromosomenfasern) zu den Polen gezogen (Anaphase B). Es entsteht das Bild des **Diasters.** Dauer ungefähr 3 min.
- **Telophase.** An den Polen angekommen, entspiralisieren sich die Chromosomen wieder. Aus dem sich neu formierenden endoplasmatischen Retikulum bildet sich die Kernhülle. Am Nukleolusorganisator der Chromosomen bilden sich wieder die Nukleolen.
- **Zytokinese.** Hierunter versteht man die Durchschnürung des Zellleibs durch einen Aktinring, der sich um den Zelläquator bildet und zunehmend kontrahiert.
- **Restitutionsphase.** Die Zelle gliedert sich wieder in den Verband ein, tritt in die G_1-Phase ein und bildet ihre spezifischen Strukturen aus. Unterbleibt die Zytokinese, entsteht ein **Plasmodium;** erfolgt eine nur unvollständige Durchschnürung, dann resultiert das **Symplasma** (z. B. während der Spermatogenese, ▶ S. 406), bei dem die beiden Tochterzellen durch eine Zytoplasmabrücke verbunden bleiben. Und schließlich kann es zur Verschmelzung des Zytoplasmas mehrerer gleichartiger Zellen kommen. Dann entsteht ein **Synzytium,** z. B. als Synzytiotrophoblast der Plazenta.
- Als **differenzielle Zellteilung** wird ein Vorgang bezeichnet, bei dem die eine der beiden Tochterzellen im undifferenzierten Zustand als **Stammzelle** für weitere Mitosen zurückbleibt, z. B. Spermatogonien, Hämozytoblasten. Die zweite Tochterzelle wird dagegen zu einer sich vermehrenden, differenzierenden Zellgeneration. Gäbe es diesen Modus der Zellvermehrung nicht, würde der Zellnachschub bald erschöpft sein. Die Stammzellen haben also Blastemcharakter (Blastem ▶ Allgemeine Entwicklungsgeschichte, S. 110).

Zellwachstum. Das Zellwachstum erfolgt unter dem Einfluss extrazellulärer Faktoren. Hierzu gehören Hormone, Wachstumsfaktoren und Zytokine. Wird beim Zellwachstum ein für die jeweilige Zellart genetisch festgelegter Grenzwert überschritten, kommt es zu Mitose oder Polyploidisierung des Kerns (► oben). Die Zellgröße selbst ist ein Wert, der von der Kern-Plasma-Volumenrelation bestimmt wird. Die Steuerung geht offenbar von der Plasmamembran aus.

Zelltod. Zum Zelltod kommt es durch irreversible Zellschädigungen.

Zu unterscheiden sind (Abb. 2.12):

- **Nekrose** (*provozierter Zelltod*)
- **Apoptose** (*programmierter Zelltod*).

Ein **provozierter Zelltod** wird durch exogene oder endogene Schädigungen (Noxen) verursacht, z. B. exogen durch Strahleneinwirkungen, endogen durch mangelhafte Blutversorgung (ischämische Nekrose). Geschädigt werden die Zytomembranen, vor allem die Plasmamembran, und der Zellkern. Zerfallen dabei die Membranen der Lysosomen (► S. 20), gelangen abbauende Enzyme ins Zytoplasma und bewirken eine *Autolyse*. Im Zellkern kommt es zu einer Verdichtung des Chromatins, insbesondere unter der Kernhülle (**Kernpyknose**). Dann zerfällt der Kern in einzelne Stücke (**Karyorrhexis**) und löst sich schließlich auf (**Karyolyse**).

Der **programmierte Zelltod** betrifft immer nur einzelne Zellen. Bei der Apoptose handelt es sich um einen aktiven Vorgang, der durch Bildung letaler Proteine (z. B. P53) von der Zelle selbst ausgelöst oder von der Umgebung, u. a. durch Hormonentzug, Mangel an Wachstumsfaktoren, Tumor-Nekrose-Faktor, induziert wird. Dabei kommt es u. a. zu einer Aktivierung intrazellulärer Proteasen (**Caspasen** = Cystein-abhängige-Aspartat-spezifische Proteasen), die ihrerseits Endonukleasen aktivieren. Bei der Apoptose bleibt die Plasmamembran erhalten. Die geschrumpften Zellkerne zerfallen jedoch. Die Zelle wird dürr und ihre Teile werden von benachbarten phagozytierenden Zellen (Makrophagen) aufgenommen und abgebaut.

Apoptose ist während der Embryonalentwicklung formbildend (► S. 451).

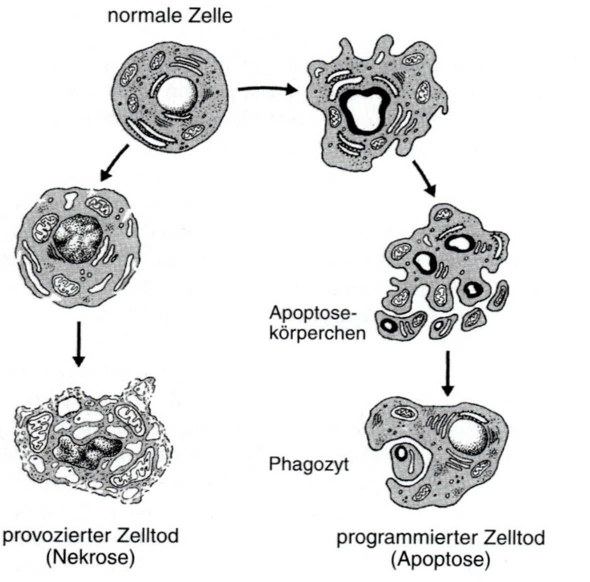

Abb. 2.12. Zelltod. Provozierter und programmierter Zelltod

In Kürze

Oberflächenepithel ist ein dynamischer, dennoch fest gefügter Zellverband an inneren und äußeren Oberflächen des Körpers. Durch Unterschiede zwischen Form und Anordnung der Epithelzellen lassen sich ein- und mehrschichtiges, zwei- und mehrreihiges sowie verhorntes und unverhorntes Epithel unterscheiden. Eine spezielle Form ist das Übergangsepithel. An den Epithelzellen sind eine apikale und eine basolaterale Oberflächendomäne zu unterscheiden. Apikal kommen Falten, Zotten, Zilien und Geißeln vor, basolateral insbesondere Strukturen, die der Zelladhäsion dienen: Zonula occludens (tight-junction), Zonula adhaerens (Gürteldesmosom), Macula adhaerens (Punktdesmosom), Hemidesmosom. Der metabolischen und elektrischen Kopplung dienen Nexus (gap junctions). Stabilisiert werden die Epithelzellen durch das Zytoskelett: Mikrotubuli, Mikrofilamente, intermediäre Filamente. Der basalen Befestigung des Epithels am darunterliegenden Bindegewebe dient die Basallamina. Stoffaufnahme erfolgt durch Endozytose, die Aufnahme von Wasser durch Aquaporine. Das Epithel wird fortlaufend durch Zellersatz regeneriert.

2.1.2 Drüsen e H6, 7, 42–44, 86–89

Zur Information und Definition

Drüsen sind Zellkomplexe (oder Einzelzellen) des Epithels, die Sekrete bilden. Der Vorgang der Stoffbildung und -abgabe wird als Sekretion bezeichnet.

Es werden unterschieden:

- **exokrine Drüsen** e H6, 7, 42–44
- **endokrine Drüsen** e H86–89

Exokrine Drüsen haben einen **Ausführungsgang**, durch den sie ihr apikal freigesetztes Sekret durch apikale Sekretion an innere oder äußere Körperoberflächen abgeben. Das Sekret hat daher überwiegend **lokale Wirkung**.

Endokrine Drüsen (Drüsen mit innerer Sekretion, inkretorische Drüsen) sezernieren ihre Produkte (Inkrete, Hormone) durch basale Sekretion in die Blut- bzw. Lymphbahn (ohne Ausführungsgänge) oder in den Interzellularraum (parakrine Sekretion). Sie haben also **keine Ausführungsgänge**. Die Hormone gelangen auf humoralem Weg zu **allen** Zellen und Geweben des Körpers.

Zur Information

Zur Sekretion sind jedoch auch Epithelzellen befähigt, die nicht zu einer Drüse gehören, z.B. das Epithel der Gallenblase. Außerdem kommt Sekretion bei nichtepithelialen Mesenchymabkömmlingen vor, z.B. Fibroblasten, Chondroblasten, Osteoblasten. Diese Zellen geben u.a. das zur Bildung von Bindegewebsfasern und amorpher Grundsubstanz erforderliche Material in den Interzellularraum ab.

Zur Entwicklung

Drüsen bzw. Drüsenzellen sind überwiegend epithelialer Herkunft. Sie entstehen durch lokale Proliferation von Oberflächenepithel (Abb. 2.13). Es bilden sich zunächst **Epithelzapfen**, die sich in das unter dem Epithel gelegene Bindegewebe einsenken. Anschließend entwickeln die Zellen an der Spitze der Epithelzapfen die Fähigkeit zur Sekretion: Sie werden zur Anlage der **Drüsenendstücke**. Bleibt auch später die Verbindung zwischen der Anlage des Drüsenendstücks und dem Oberflächenepithel erhalten, entstehen **exokrine Drüsen**. Aus der Verbindung zwischen Oberfläche und Drüsenendstück wird der **Drüsenausführungsgang**.

Geht die Beziehung zwischen Oberflächenepithel und Endstückanlage dagegen verloren, z.B. durch Abbau der Zellen, die den Ausführungsgang bilden sollen, entstehen **endokrine Drüsen** (Abb. 2.13). Eine andere Entstehungsart der endokrinen Drüsen ist die Abspaltung der inkretorischen Zellen aus den Anlagen von Endstücken exokriner Drüsen, z.B. *Inselapparat des Pankreas*. – Ein Sonderfall ist die *Schilddrüse*. Hier entstehen Follikel (Abb. 2.13), die das von den Follikelepithelzellen gebildete Inkret speichern.

Exokrine Drüsen e H6, 7, 42–44

Kernaussagen

- **Becherzellen sind einzellige intraepitheliale Drüsen, die vor allem Glykoproteine (Schleim) bilden.**
- **Mehrzellige Drüsen liegen überwiegend extraepithelial. Sie bestehen aus sekretbildenden Endstücken und Drüsenausführungsgängen.**

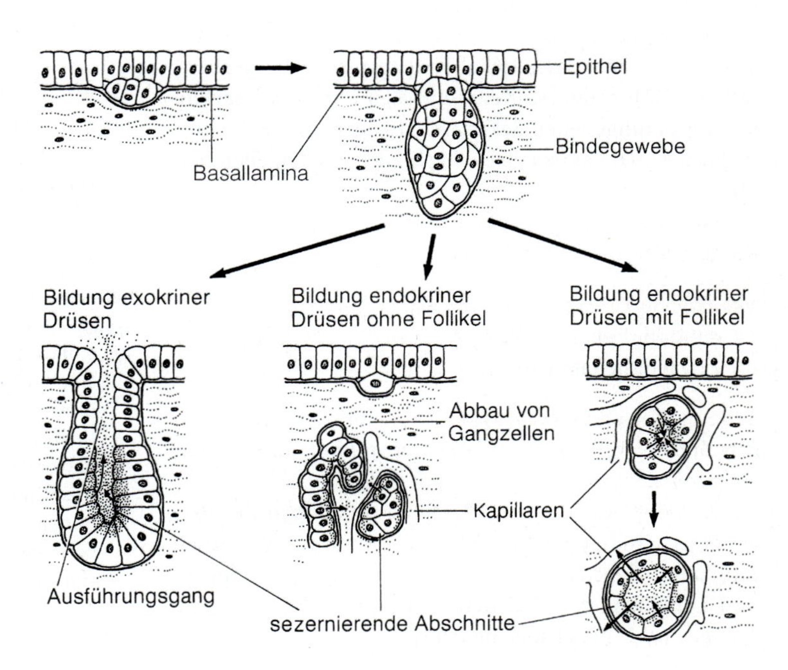

Abb. 2.13. Drüsenentwicklung von exokrinen und endokrinen Drüsen

- **Die Sekretbildung in den Drüsenendstücken gleicht einer Fließbandproduktion, an der der Zellkern, das endoplasmatische Retikulum, der Golgiapparat und Transportvakuolen beteiligt sind.**
- **Seröse Drüsen bilden ein dünnflüssiges, proteinreiches Sekret.**
- **Das Sekret der mukösen Drüsen ist zähflüssig (schleimig) und enzymarm.**
- **Die Sekretion kann merokrin, apokrin oder holokrin erfolgen.**
- **In den Ausführungsgängen wird die ionale Zusammensetzung des Sekrets verändert.**

Exokrine Drüsen liegen vor als
- **einzellige Drüsen** e H6, 7
- **mehrzellige Drüsen** e H42–44

Einzellige Drüsen. Typische einzellige Drüsen sind die **Becherzellen** (Abb. 2.14). Sie kommen in allen Abschnitten des Darms und in den Luftwegen vor. Ihr Sekret ist ein regional gering unterschiedlich zusammengesetzter Schleim (Hauptbestandteil sind Glykoproteine), der apikal unter Eröffnung der Zelloberfläche abgegeben wird. Die Form der Becherzellen ist charakteristisch: Sie verjüngen sich nach basal; hier liegen Zellkern und raues endoplasmatisches Retikulum (RER, ▶ unten). Über dem Kern befindet sich ein stark entwickelter Golgiapparat, der bei der Schleimbildung eine Rolle spielt (▶ unten). Nach apikal erweitern sich die Becherzellen kelchförmig. Der Kelch enthält die von einer zarten Membran umgebenen Sekret(Muzin-)granula (Schleimtröpfchen). Die apikale Oberfläche der Becherzellen hat Mikrovilli.

Weitere einzellige exokrine Drüsen sind die **Paneth-Körnerzellen** des Dünndarms (▶ S. 356).

Mehrzellige Drüsen liegen vor als
- **endoepitheliale Drüsen**
- **extraepitheliale Drüsen**

Endoepitheliale mehrzellige Drüsen gibt es nur an wenigen Stellen, z. B. in der *Nasenschleimhaut* und in der *Harnröhre*.

Extraepitheliale mehrzellige Drüsen sind in der Regel eigenständige Organe mit einer Bindegewebskapsel und einer Septierung durch Bindegewebe in Lappen und Läppchen, z. B. bei den Mundspeicheldrüsen, der Tränen- oder Bauchspeicheldrüse.

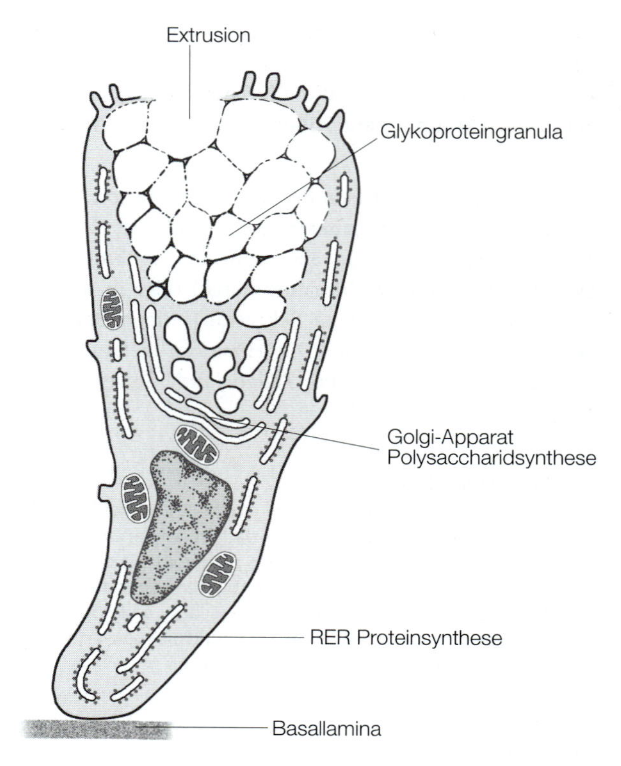

Abb. 2.14. Becherzelle e H6, 7

Extraepitheliale Drüsen bestehen in der Regel aus einem
- **Drüsenkörper**, der sich aus
  - **sekretbildenden Drüsenendstücken,**
  - **Teilen des Ausführungsgangsystems** und
  - **Bindegewebe** mit Gefäßen und Nerven zusammensetzt, und einem oder mehreren
- **Drüsenausführungsgängen.**

Klassifizierung mehrzelliger Drüsen

Zur Klassifizierung mehrzelliger Drüsen werden die Formen der sezernierenden Abschnitte und das Ausführungsgangsystem herangezogen (Abb. 2.15). Es kommen vor
- **einfach-tubulöse Drüsen.** Die sezernierenden Abschnitte sind schlauchförmig gestreckt und das Drüsenlumen öffnet sich an der Epitheloberfläche, z. B. Glandulae intestinales (▶ S. 357), Krypten im Kolon (▶ S. 361)
- **gewunden-tubulöse Drüsen.** Sie haben einen gestreckten Ausführungsgang und ein gewundenes schlauchförmiges Endstück, z. B. Schweißdrüsen (▶ S. 223)
- **verzweigt-tubulöse Drüsen** mit einem kurzen Ausführungsgang, z. B. in der Mundschleimhaut, der Zunge und dem Ösophagus oder ohne Ausführungsgang in der Schleimhaut von Magen und Uterus

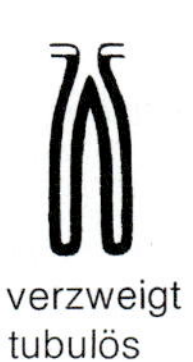

Abb. 2.15. Drüsenformen. Die sezernierenden Abschnitte sind verstärkt gezeichnet

- **einfach-azinöse** und **einfach-alveoläre Drüsen.** Ihre Endstücke sind kugelförmig: Beim Azinus sind die Drüsenzellen hoch und das Drüsenlumen ist schmal, beim Alveolus sind die Drüsenzellen abgeflacht und das Lumen ist weit
- **zusammengesetzte Drüsen.** Die sezernierenden Endstücke setzen sich zusammen aus unregelmäßig verzweigten tubulösen, azinösen oder gemischten tubuloazinösen Endstücken. Die Ausführungsgänge sind verzweigt. Zu diesem Typ gehören die meisten großen Drüsen.

Drüsenendstücke

Drüsenendstücke bestehen aus **Drüsenzellen** und werden von einer **Basallamina** umgeben. Außerdem befinden sich bei zahlreichen Drüsen zwischen **Basallamina** und Drüsenzellen **Myoepithelzellen**, deren Zytoplasma kontraktile Myofilamente enthält. Möglicherweise wirken die Myoepithelzellen bei der Sekretentleerung mit.

Drüsenzellen sind auf Bildung und Ausschüttung von Sekreten spezialisiert (Abb. 2.16). Sie sind polar gegliedert. Basal beginnt nach dem Prinzip eines Fließbandes die Synthese der Produkte, wird aufsteigend fortgesetzt und apikal vollendet. Apikal erfolgt dann auch die Sekretfreisetzung. Entsprechend sind die zugehörigen Strukturen angeordnet.

Basal liegen der Zellkern und die für die Sekretbildung erforderlichen Zellorganellen. Es handelt sich um **Ribosomen**, an denen aus dem Blut aufgenommene Aminosäuren unter dem Einfluss von Messenger- und Transfer-Ribonukleinsäure (▶ unten) zu den Vorläufern der **Sekretproteine** zusammengefügt werden. Diese gelangen ins Lumen der Membransysteme des **endoplasmatischen Retikulums** und von dort durch Vesikeltransport zu dem supranukleär gelegenen **Golgiapparat.** Dort werden die Produkte verdichtet und so modifiziert, dass das fertige Sekret entsteht. Ferner erfolgt im Golgiapparat die »Verpackung« des Sekrets. Anschließend lösen sich die Sekretgranula vom Golgiapparat, gelangen in den apikalen Zellbereich und werden zur Abgabe an die Zelloberfläche transportiert. Sekretgranula sind meist rund, von einer glatten Membran umgeben und haben einen dichten Inhalt. Die Sekretabgabe erfolgt überwiegend durch Exozytose.

Einzelheiten über die Biosynthese von Proteinen, Glykoproteinen und Sekreten anderer Art finden Sie in den Lehrbüchern der Zellbiologie und der physiologischen Chemie.

Zusammenfassende Darstellung der an der Sekretbereitung beteiligten Zellorganellen und ihrer Funktionen

An der Sekretbildung in Drüsenzellen wirken mit:

- **Ribosomen**
- **endoplasmatisches Retikulum**
- **Golgiapparat**
- **Mitochondrien**

Ribosomen dienen der Biosynthese von Proteinen. Morphologisch handelt es sich um etwa 20 nm große Partikel, die als **freie Ribosomen** oder in einem spiralig-rosettenförmigen Verband als **Polyribosomen** (= *Polysomen*) oder als **membrangebundene Ribosomen** (raues endoplasmatisches Retikulum, RER) vorliegen.

Ribosomen bestehen aus zwei unterschiedlich großen Einheiten (Abb. 2.16, oben), die eine mit einer Sedimentationskonstanten von 40 S, die andere von 60 S (S = Svedberg-Einheiten). Beide Untereinheiten werden im Zellkern gebildet und getrennt ins Zytoplasma abgegeben und dort zusammengefügt. An den Ribosomen werden vermittels Transfer-RNA (tRNA) herangeschaffte Aminosäuren an Messenger-RNA (mRNA), welche die Information für die Aminosäurefrequenz des späteren Produktes trägt, in festgelegter Reihenfolge gebunden und zu einer jeweils spezifischen Peptidkette zusammengefügt. Für die Sekretbildung werden unter Fortsetzung der Proteinbio-

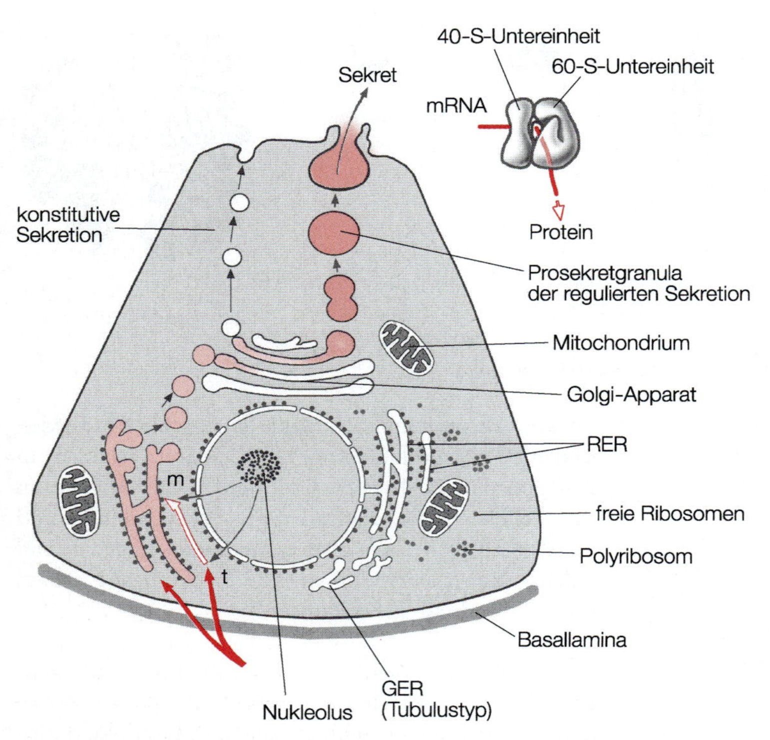

Abb. 2.16. Sekretbildung. Zugehörige Organellen sind das *raue endoplasmatische Retikulum* (RER) mit angelagerten Ribosomen zur Proteinbiosynthese, das *glatte endoplasmatische Retikulum* (GER) zur Synthese von Membranphospholipiden und Steroidhormonen, *Ribosomen* (molekularer Bau *rechts oben*), *Golgiapparat* zur Glykosylierung, *sekretorische Granula, Vakuolen* zum Membrantransport. *Rote Pfeile* Aminosäureinput; *t* Transfer-RNA, an die Aminosäuren binden; *m* Messenger-RNA mit genetischer Information

synthese die Ribosomen an die Membranen des endoplasmatischen Retikulums gebunden. Von dort lösen sie sich wieder, sobald die Peptidketten in die Zisternen des endoplasmatischen Retikulums gelangt sind.

Endoplasmatisches Retikulum (ER, Abb. 2.16). Es handelt sich überwiegend um flache, abgeplattete Säckchen, aber auch um Tubuli oder Sacculi. Das Lumen des ER ist durchschnittlich 30–50 nm breit, jedoch zu Zisternen erweiterungsfähig.

Es liegt vor als
- **raues** (granuliertes) **endoplasmatisches Retikulum**
- **glattes** (ungranuliertes) **endoplasmatisches Retikulum**

Beide Formen können in ein und derselben Zelle vorkommen und ineinander übergehen.

Raues endoplasmatisches Retikulum (RER, Abb. 2.16). Die Membranen des RER sind an der Außenseite mit Ribosomen besetzt. Es nimmt in Zellen mit umfangreicher Proteinsynthese als **Ergastoplasma** große Teile des Zytoplasmas ein. Färberisch-lichtmikroskopisch ist es basophil. Im RER werden die während der Proteinsynthese gesammelten Proteine durch Helferproteine in eine transportable Form gebracht, gesammelt, weitergeleitet und schließlich an ribosomenfreien Abschnitten Transportvakuolen übergeben, die sich unter Bildung eines Hüllproteins (Coatomer) abschnüren. Die Transportvakuolen bringen die Proteine zum Golgiapparat (Abb. 2.16).

Glattes endoplasmatisches Retikulum (GER) tritt bevorzugt in tubulärer Form auf (Abb. 2.16). Das GER dient vor allem der Synthese von Membranphospholipiden und Steroidhormonen, der Glukoneogenese und der Speicherung von Ionen, z. B. Ca^{++} in Muskelzellen, sowie dem Fremdstoffmetabolismus. Besonders reichlich kommt es in den Zellen der Nebennierenrinde und in den Zwischenzellen des Hodens (dort als gestapelte Membransäckchen, *Lamellae anulatae*) vor.

Der **Golgiapparat** liegt supranukleär und besteht aus gestapelten abgeplatteten Membransäckchen hoher Aktivität (Abb. 2.16). Im Golgiapparat werden aus dem ER antransportierte Proteine in eine exportable Form gebracht, kondensiert und zum Weitertransport auf Bläschen verteilt.

Der Golgiapparat ist schüsselförmig. Er hat eine konvex-konkave Gestalt und gliedert sich in einen konvexen cis-, einen mittleren und einen konkaven trans-Bereich. An die konvexe *cis*-Seite treten Vesikel heran, die vom ER abgeschnürt wurden. Sie werden in den Membranstapel des Golgiapparates inkorporiert (Bildungs- oder Aufnahmeseite). In der mittleren und trans-Zone erfolgt die Sortierung der zur Sekretion vorgesehenen Proteine und ihre Reifung durch Abspaltung von Seitenketten. Auch kann es zur Glykosylierung kommen, da ausschließlich der Golgiapparat die Kohlenhydratanteile von Glykoproteinen und Glykolipiden bildet. An der trans-Seite bilden dann die Golgisäckchen ein Netzwerk und es schnüren sich unter Bildung eines Clathrinmantels Vesikel zur Weitergabe der exportablen Sekrete an die Umgebung ab. Die Sekretgranula können Durchmesser bis zu mehreren µm erreichen. Beim Vesikeltransport wird das Sekret konzentriert. Die Freisetzung der Sekrete erfolgt schließlich durch Exozytose (▶ unten). Im Überschuss gebildete Sekrete können zuvor von Lysosomen abgebaut werden (**Krinophagie**).

Außer sekretorischen Bläschen bildet der Golgiapparat auch Lysosomen (▶ unten).

Ungeklärt ist, ob der Transport der Produkte innerhalb des Golgiapparates durch eigene Vesikel oder durch Vorrücken der Membransäckchen erfolgt.

Mitochondrien (Abb. 2.17) sind nicht direkt an der Sekretion beteiligt. Sie liefern jedoch die erforderliche Energie, die durch den oxidativen Abbau von Glukose und Fettsäure und die Synthese von ATP (Adenosintriphosphat) entsteht.

Mitochondrien sind unterschiedlich lang, formvariabel und in der Zelle nicht stationär. Als mittlere Maße gelten eine Länge von 0,5–5 µm und ein Durchmesser von 0,2 µm.

Mitochondrien sind von einer

- **äußeren Membran** und einer
- **inneren Membran** umschlossen.

Die **äußere Membran** wird als *Hüllmembran* bezeichnet. Sie ist für Moleküle bis zu 10 kDa ungehindert permeabel und weist als spezielles Kanalprotein **Porin** für die Passage von organischen und anorganischen Anionen und Wasser auf.

Die **innere Membran** ist dagegen wenig permeabel. Sie verfügt über **Cardiolipin** als spezielles Phospholipid, das die Permeabilität mindert. Gleichzeitig ist die innere Membran der Sitz der Enzyme der Atmungskette und der oxidativen Phosphorylierung im Dienst der ATP-Bildung.

Die innere Membran bildet Aufwerfungen:

- **Cristae mitochondriales** (Falten, *Cristatyp*, Abb. 2.17 a, b),
- **Tubuli mitochondriales** (röhrenförmige Bildungen, *Tubulustyp*, Abb. 2.17 c; findet sich in Zellen, die Steroidhormone bilden) und
- **Sacculi mitochondriales** (bläschenförmige Erweiterungen, *Sacculustyp*).

Die Cristae sind mit 8 nm großen **Elementarpartikeln** (Abb. 2.17 b) besetzt, die Träger von Enzymen, insbesondere der ATP-Synthetase sind. An den Elementarpartikeln findet die ATP-Synthese statt.

Durch das innere Membransystem werden innerhalb jedes Mitochondriums zwei voneinander getrennte Räume geschaffen (Abb. 2.17):

- **äußerer Stoffwechselraum** zwischen äußerer und innerer Membran (Hüllenkompartiment). Hier befindet sich ATP zusammen mit den Substraten für die verschiedenen Stoffwechselzyklen der Mitochondrien und
- **innerer Stoffwechselraum** mit der **Matrix mitochondrialis.**

Im **Matrixraum** finden finden Fettsäureoxidation und Zitratzyklus statt. Er enthält alle hierfür erforderlichen Enzyme. Außerdem befinden sich in der Matrix noch Desoxyribonukleinsäure (mtDNA) in ringförmiger Anordnung und Ribonukleinsäure (mtRNA) in Form ribosomenähnlicher Granula. Offenbar verfügen die Mitochondrien über einen eigenen genetischen Apparat und sind zur Proteinsynthese befähigt.

Schließlich sind in der Matrix 30–50 nm große **Granula mitochondrialia** eingebettet (Abb. 2.17 a), die reich an Ca^{++} sind und möglicherweise der Regulation des inneren Milieus des Mitochondriums dienen.

Die Erhöhung des Energiebedarfs einer Zelle, z. B. durch eine Leistungssteigerung, führt zu einer reversiblen Aufweitung des Spaltraums in den Cristae mitochondriales oder wird

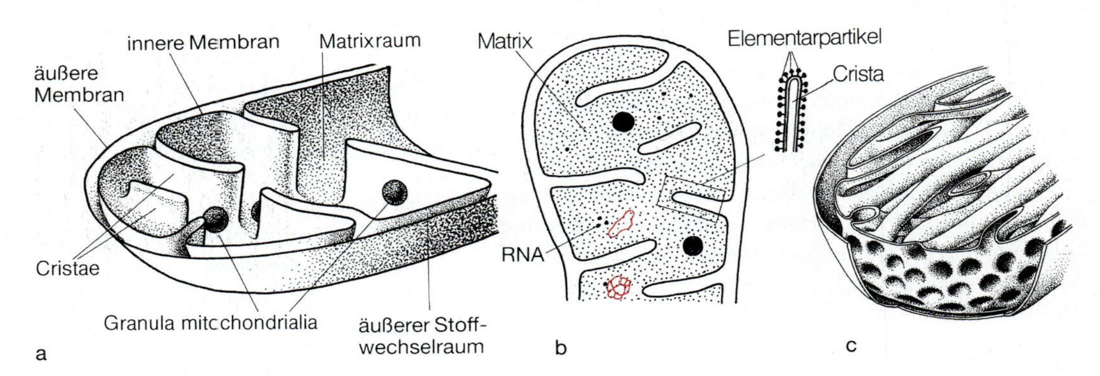

Abb. 2.17 a–c. Mitochondrien. **a** Cristatyp, räumlich. **b** Cristatyp, Schnitt. *Rot* DNA-Ringstrukturen; *kleine Granula* RNA-haltige, ribosomenähnliche Gebilde; *große Granula* Granula mitochondrialia. Daneben: Crista mit Elementarpartikeln. **c** Mitochondrium vom Tubulustyp

mit Vermehrung der Cristae beantwortet. Auch kann es zu einer Vermehrung der Mitochondrien durch Querteilung kommen. Mitochondrien sollen 10–20 Tage funktionstüchtig bleiben, werden dann aber abgebaut.

Mitochondrien bilden jedoch auch zellschädigende Produkte, u. a. freie Sauerstoffradikale und verschiedene Oxidantien, etwa Wasserstoffperoxyd. Der von diesen hochaggressiven Stoffen ausgehende *oxidative Stress* spielt bei der Zellalterung eine wesentliche Rolle, besonders wenn die Abwehr durch Antioxidantien ungenügend wirksam ist und defekte Proteine entstehen, die nicht mehr ausreichend entsorgt werden.

Gliederung der exokrinen Drüsen nach Art ihres Sekrets:

- **seröse Drüsen**
- **muköse Drüsen**
- **gemischte Drüsen**

Seröse Drüsen bilden ein proteinreiches, dünnflüssiges Sekret. Das Lumen ihrer Endstücke ist in der Regel relativ eng (Abb. 2.18). Für die Drüsenzellen ist ein großer runder Zellkern etwa in der Zellmitte charakteristisch. Basal befindet sich häufig ein umfangreiches RER. Dadurch ist das Zytoplasma hier färberisch-lichtmikroskopisch kräftig basophil. Perinukleär liegt ein großer Golgiapparat und apikal füllen Zymogengranula die Zelle.

Rein seröse Drüsen sind die Gl. parotis, Gl. lacrimalis, einige Zungen- und Nasendrüsen, die Bauchspeicheldrüse.

Muköse Drüsen. In den mukösen Drüsen wird ein zähflüssiger, enzymarmer Schleim gebildet. Die Lumina ihrer Endstücke sind meist relativ weit (Abb. 2.18). In den Endstücken liegt der Zellkern basal und ist abgeplattet. Apikal befindet sich muzinhaltiger Schleim. Lichtmikroskopisch sieht das Zytoplasma wabig aus. – Rein muköse Drüsen sind selten, z. B. hintere Zungendrüsen, Gll. palatinae.

Oft bereitet die Unterscheidung von mukösen und serösen Drüsenzellen Schwierigkeiten, da bei manchen Zellen muköse und seröse Sekretion ineinander übergehen. Aus Drüsenzellen dieser Art bestehen z. B. die Gll. oesophageae, die Drüsen am Mageneingang und -ausgang und die Gll. bulbourethrales. Sie bilden ein Sekret, das reich an Glykokonjugaten und Proteinen ist. Die Drüsenzellen dieser Art haben in der Regel einen runden Zellkern. Das Zytoplasma ist nur schwach basophil.

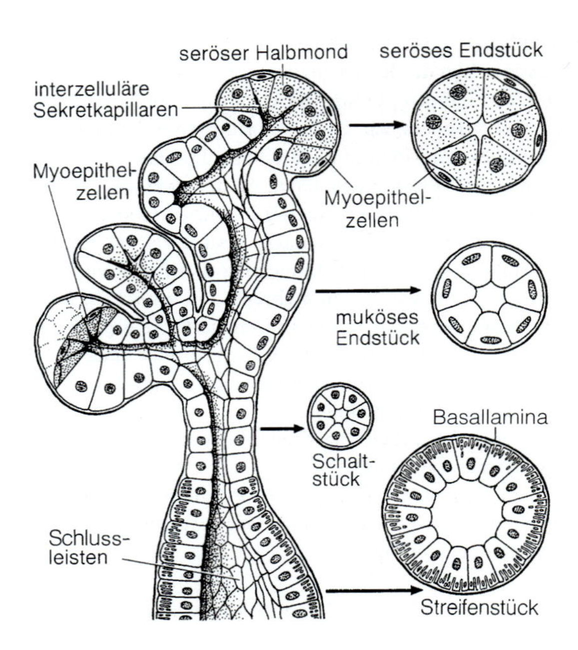

Abb. 2.18. Gemischte Drüse. *Rechts* Einzeldarstellungen von Querschnitten H43, 44

Gemischte Drüsen (Abb. 2.18). In gemischten Drüsen kommen in den Endstücken *sowohl* seröse *als auch* muköse Drüsenzellen vor, deswegen **Gl. seromucosa.** Jede dieser Zellen hat den für ihre Art charakteristischen Feinbau und produziert das entsprechende Sekret, das in das Drüsenlumen abgegeben wird. Das Sekret dieser Drüsen ist dann gemischt.

Typische gemischte Drüsen sind die *Speicheldrüsen des Mundbodens*. Hier sitzen die serösen Drüsenzellen den mukösen Endstücken kappenförmig auf (Gianuzzi- oder Ebner-Halbmonde).

Hinsichtlich der relativen Anteile der serösen und mukösen Endstücke bestehen jedoch zwischen gemischten Speicheldrüsen Unterschiede: In der *Gl. submandibularis* ist der Anteil der serösen Endstückzellen hoch, in der *Gl. sublingualis* niedrig.

Gliederung nach Art der Sekretabgabe aus Drüsenendstückzellen. Zu unterscheiden sind (Abb. 2.19)

- **merokrine Sekretion**
- **apokrine Sekretion**
- **holokrine Sekretion**

Merokrine (ekkrine) Sekretion (Abb. 2.19 a). Bei der merokrinen Sekretion erfolgt die Sekretabgabe aus zuvor angesammelten Sekretgranula durch **Exozytose.**

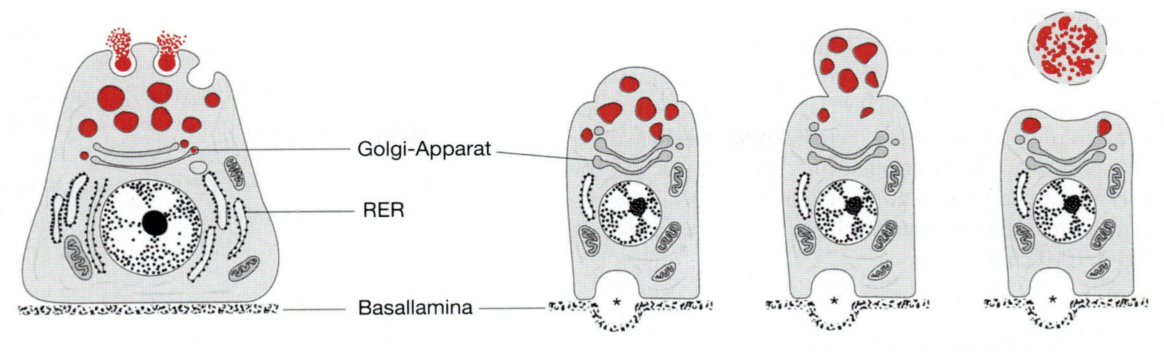

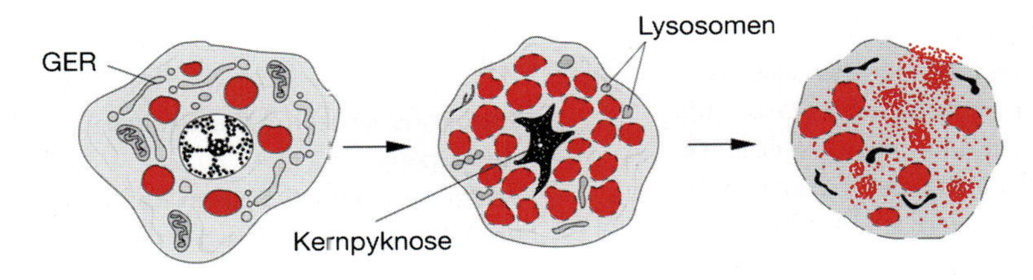

Abb. 2.19 a–c. Merokrine, apokrine und holokrine Sekretion

Ausgelöst wird die Sekretabgabe durch Erhöhung der Ca^{++}-Konzentration im Zytosol aufgrund nervöser oder hormonaler Signale aus der Umgebung: **regulierte Sekretion.** Sie liegt vor allem in Drüsen mit hoher Sekretionsleistung vor, z. B. in den Speicheldrüsen, in Drüsen des Geschlechtsapparats, in allen endokrinen Drüsen.

Der regulierten Sekretion steht die **konstitutive** (kontinuierliche) **Sekretion** gegenüber (Abb. 2.16), z. B. bei der Freisetzung von Matrixmaterial. Sie erfolgt kontinuierlich.

Zur Exozytose

Bei der **Exozytose** verbinden sich die Membranen der Sekretgranula mit der Plasmamembran, öffnen sich und das Sekret wird in die Umgebung abgegeben. Bei der Fusion der Membranen wirken spezielle Proteine mit, SNARE-Proteine (▶ Biochemie). Nach der Freisetzung des Sekrets wird die Membran des Sekretgranulums in die Plasmamembran eingefügt.

Vesikel des Golgiapparats dienen aber nicht immer dem Sekrettransport. Sie können auch für den Plasmalemmersatz sorgen und dabei Membranproteine verschiedener Art mitbringen.

Apokrine Sekretion (Abb. 2.19 b). Hierbei kommt es zur Abschnürung eines umschriebenen Bereichs des Plasmalemms mit spezifischen Produkten des Zytosols zur Abgabe in die Zellumgebung (**Apozytose**). Ein charakteristisches Beispiel ist die Abgabe von Fetttropfen durch Drüsenzellen der Brustdrüse (▶ S. 257). Die Fetttropfen sind von einem Zytoplasmasaum umgeben (**spezifische Apozytose**). Eine **unspezifische Apozytose** liegt vor, wenn Matrixvesikel mit Zytosol abgegeben werden.

Holokrine Sekretion (Abb. 2.19 c). Hierbei geht die **Drüsenzelle zugrunde.** Das Sekret füllt die Zelle, der Zellkern wird pyknotisch, die Zelle zerfällt. Holokrine Sekretion findet in den Talgdrüsen der Haut statt.

Ausführungsgänge (e) H42

Alle Ausführungsgänge exokriner Drüsen münden an Epitheloberflächen. Während des Transports durch die Ausführungsgänge werden die Sekrete verändert, insbesondere in ihrer Elektrolytzusammensetzung.

Das Ausführungsgangsystem der großen Speicheldrüse des Mundes besteht aus (Abb. 2.18):

- **Schaltstück**, das dem Endstück folgt,
- **Streifenstück** (Sekret-, Speichelrohr) und
- **Ausführungsgang im engeren Sinne** (*Ductus excretorius*)

Zwischen den verschiedenen Drüsen bestehen hinsichtlich des Vorkommens, der Größe und der Verzweigungen der verschiedenen Abschnitte des Ausführungsgangsystems z. T. erhebliche Unterschiede. So fehlen z. B. in der Tränendrüse Schalt- und Streifenstücke und in der Bauchspeicheldrüse Streifenstücke. Die meisten Drüsen haben nur einen, in der Regel verzweigten Ductus excretorius. Jedoch gibt es Ausnahmen, z. B. bei der Milchdrüse.

Schaltstücke sind in der Regel kurz und werden von einem platten bis isoprismatischen Epithel ausgekleidet. Sie sind meist englumig. Differenzialdiagnostisch müssen sie von Kapillaren unterschieden werden. Sie nehmen keinen Einfluss auf die Sekretzusammensetzung.

Streifenstücke haben ein einschichtiges iso- bis hochprismatisches Epithel. Die Zellen besitzen eine basale Streifung, die durch Einfaltung der basalen Zellmembran und Mitochondrien in Palisadenstellung zustande kommt. Die Streifenstücke liegen in der Regel innerhalb der Drüsenläppchen. Sie sind der Ort, an dem die Sekretzusammensetzung verändert wird. In den Mundspeicheldrüsen werden z. B. Natrium- (und Chlorid-)ionen reabsorbiert und in geringem Ausmaß Kalium, Jod und andere Ionen abgegeben. Die Wasserdurchlässigkeit der Streifenstücke ist gering. Dadurch ändert sich die Osmolalität des Speichels. Ferner kommt es zu einer aktiven HCO-Sekretion, die bei Stimulation ansteigt und den pH-Wert verändert.

Der Ductus excretorius beginnt interlobulär, im Pankreas allerdings intralobulär (► S. 374). Er wird von einem zweireihigen iso- bis hochprismatischen Epithel mit deutlichen Schlussleisten begrenzt.

In Kürze

Einzellige exokrine Drüsen sind die intraepithelialen Becherzellen. Die Mehrzahl der exokrinen Drüsen ist jedoch mehrzellig. Sie haben sehr unterschiedliche Formen: einfach-, gewunden- oder verzweigt-tubulös. Ihre Endstücke können azinös oder alveolär sein. Die Sekretion erfolgt in den Drüsenendstücken. Die Drüsenzellen bilden ein proteinreiches, dünnflüssiges, in mukösen Endstücken ein schleimiges, zähflüssiges, enzymarmes Sekret. Drüsenendstückzellen sind typische Orte der Protein- aber auch Muzinbiosynthese. Die Sekretabgabe kann merokrin, apokrin oder holokrin sein. Bei der merokrinen erfolgt sie durch Exozytose. Die Drüsenausführungsgänge der Mundspeicheldrüsen bestehen aus Schalt- und Streifenstücken, die sich in den Ductus excretorius fortsetzen. Während des Durchflusses wird das Sekret verändert.

Endokrine Drüsen e H86–89

Kernaussagen

- **Endokrine Drüsen haben keinen Ausführungsgang.**
- **Außer endokrinen Drüsen kommen endokrine Zellgruppen und endokrine Einzelzellen vor.**
- **Die Sekrete der endokrinen Zellen werden als Hormone bezeichnet, die als Botenstoffe mit den Flüssigkeiten des Körpers (humoral) an den Ort ihrer Wirkung gelangen.**

Endokrine Drüsen sind selbständige Organe. Jedoch haben sie anders als exokrine Drüsen **keinen Ausführungsgang.**

Die Sekrete der endokrinen Drüsen werden als **Hormone** bezeichnet. Sie werden in **endokrinen Drüsenzellen** gebildet und gelangen von dort ins **Gefäßsystem** (Blut- und Lymphgefäße, ■ Abb. 2.20 a). Auf diesem Weg werden sie **im ganzen Körper** verteilt (**endokrine Sekretion**).

Endokrine Drüsenzellen können in Form von **Zellgruppen** oder **einzeln** vorliegen. Die von den in verschiedenen Geweben zerstreuten Einzelzellen gebildeten Hormone werden als **Gewebshormone** bezeichnet. Dazu gehören insbesondere **Zytokine**, die Differenzierung und Wachstum unterschiedlichster Zellen beeinflussen.

Die Sekretabgabe aus den endokrinen Zellgruppen und Einzelzellen kann wie bei den endokrinen Drüsen in die Blut- und Lymphbahn erfolgen, jedoch auch ins interstitielle Gewebe (**parakrine Sekretion**) (■ Abb. 2.20 b). Transportiert werden die Hormone dann mit der interstitiellen Flüssigkeit. Die Hormonwirkung ist **lokal**, evtl. auf die hormonproduzierende Zelle selbst gerichtet (**autokrine Sekretion**) (■ Abb. 2.20 c).

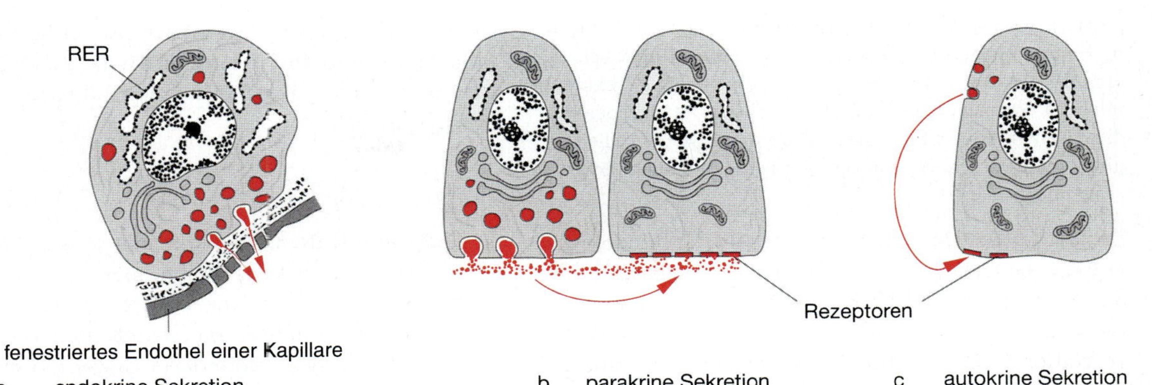

Abb. 2.20 a–c. Endokrine Drüsenzellen. **a** Endokrine Sekretion, **b** parakrine Sekretion, **c** autokrine Sekretion

Eine Besonderheit stellen die im Abwehrsystem wirksamen Botenstoffe dar, z. B. die Zytokine (▶ S. 139).

Neurohormone. Auch Nervenzellen können Hormone bilden. Wenn diese Hormone ihr Ziel auf dem Blutweg erreichen, werden sie als **Neurohormone** bezeichnet. Anders verhält es sich mit parakrin auf die Aktivität benachbarter Nervenzellen wirkenden Substanzen. Sie werden als **Neurotransmitter** bezeichnet (▶ S. 76).

Zur Information

Hormone sind Botenstoffe, die chemische Signale auf humoralem Weg weitergeben. Zur Entfaltung ihrer Wirkung müssen am Zielort spezifische Rezeptoren vorhanden sein. Diese befinden sich als **Membran-** oder als **intrazelluläre Rezeptoren** in Zytosol oder Zellkern. Die Hormonwirkung ist stets ausgesprochen spezifisch. Dies schließt nicht aus, dass Hormone auch gleichzeitig auf mehrere Organe wirken können. Hormone wirken stets in kleiner Menge. Sie nehmen an den Reaktionen, die sie anregen, selbst nicht teil.

Im Vergleich zum Nervensystem, das gleichfalls der Informationsübertragung dient, arbeitet das endokrine System langsam. Zwischen Reiz und Erfolg können Minuten bis Stunden vergehen.

Endokrine Drüsen sind Hypophyse, Zirbeldrüse, Schilddrüse, Nebenschilddrüsen und Nebennieren. e H86–89

Endokrine Zellgruppen kommen u. a. als Langerhans-Inseln im Pankreas, als Leydig-Zwischenzellen im Hoden, als Follikelepithelzellen und als Corpus-luteum-Zellen im Ovar sowie in Paraganglien vor.

Endokrine Einzelzellen treten an vielen Stellen auf, gehäuft im Gastrointestinaltrakt, aber auch anderen Ortes. Nervenzellen, die Neurohormone bilden, befinden sich im Hypothalamus (▶ S. 756).

Zur Biosynthese von Hormonen

Verglichen mit exokrinen Drüsenzellen wird in den meisten endokrinen Drüsenzellen nur verhältnismäßig wenig, dafür aber hochwirksames Sekret gebildet. Dadurch sind in den endokrinen Zellen die entsprechenden Organellen verhältnismäßig klein, z. B. das RER und der Golgiapparat. Das Ergebnis der intrazellulären Hormonbildung sind Sekretgranula, in denen die Hormone, teilweise an Trägersubstanzen gebunden, gespeichert werden. Die Hormonabgabe erfolgt durch Exozytose.

Schilddrüse. Unter den proteohormonbildenden Drüsenzellen nimmt die Schilddrüse eine Sonderstellung ein. Sie ist entwicklungsgeschichtlich eine exokrine Drüse und gibt ihr Sekret apikal in das Lumen von Schilddrüsenfollikeln ab. Von dort wird das Hormon bei Bedarf mobilisiert (Einzelheiten ▶ S. 651). Die in der Schilddrüse gespeicherte Hormonmenge ist auffällig groß.

Steroidhormonbildende Zellen, z. B. in der Nebennierenrinde und im Ovar, nehmen gleichfalls eine Sonderstellung ein. Diese Zellen haben wenig RER und wenig freie Ribosomen. Dafür ist das glatte endoplasmatische Retikulum und der Golgikomplex relativ groß und es kommen zahlreiche Lysosomen und Peroxisomen vor. Auffällig sind ferner **Mitochondrien vom tubulären Typ**. Die Zellen speichern nur wenig Hormon, enthalten aber Vorstufen in größerer Menge, z. B. Cholesterol. Die Synthese der steroidbildenden Zellen passt sich den jeweiligen Anforderungen an.

Diffuses neuroendokrines System **(DNES)**. Hierbei handelt es sich um **disseminierte endokrine Zellen**, die Polypeptide mit hormonaler Aktivität bilden und gleichzeitig die Vorläufer von biogenen Aminen aufnehmen und verarbeiten (amin precursor uptake and decarboxylation = APUD) können. Zytologisch zeichnen sich diese Zellen durch wenig entwickeltes RER und einen kleinen Golgiapparat sowie kleine runde Sekretgranula aus. Die Zellen liegen mehr oder weniger verstreut in vielen Organen, teilweise isoliert, teilweise in Gruppen. Da die Zellen Proteine bilden, die gleichzeitig für Nervenzellen typisch sind, werden sie zum **diffusen neuroendokrinen System** zusammengefasst.

Regulation der Tätigkeit endokriner Drüsen. Endokrine Drüsen hängen in ihrer Funktion voneinander ab. Sie sind durch Regelkreise miteinander verbunden (Abb. 2.21). Regelgrößen sind dabei die Hormonkonzentrationen. Diese haben überwiegend einen hemmenden Einfluss auf die im Regelkreis nachgeschaltete Drüse: Steigt die Hormonproduktion an einer Stelle und damit die Hormonkonzentration im Blut an, bewirkt dies in der nachgeschalteten Drüse eine Hemmung der dortigen Hormonproduktion. Dies führt rückkoppelnd zu einer Senkung der Hormonproduktion in der Ausgangsdrüse (negative Rückkopplung). Dies ruft dann seinerseits eine Enthemmung (Steigerung) der Tätigkeit der nachgeschalteten Drüse hervor u.s.w. Im Rahmen der endokrinen Regelkreise haben Hypothalamus und Adenohypophyse eine übergeordnete Stellung.

Hormonale Regelkreise wirken eng mit nervalen Regelkreisen zusammen. Insbesondere unterliegt das übergeordnete Zentrum im Hypothalamus der Kontrolle sowohl durch Hormone als auch durch das Zentralnervensystem. Es wird deswegen von neuroendokriner Regulation gesprochen.

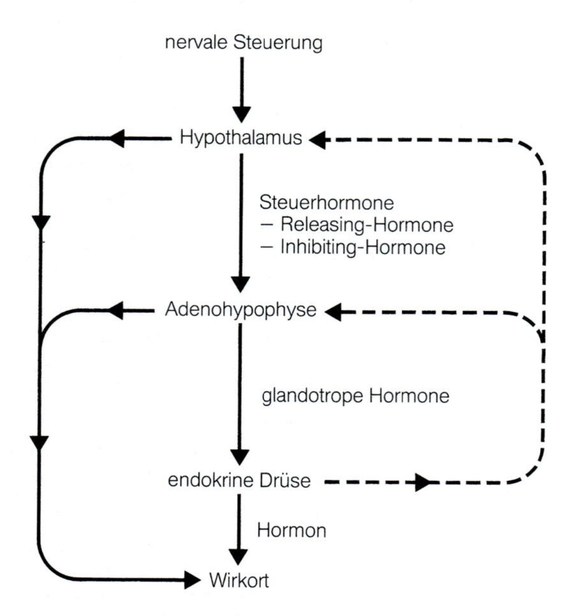

Abb. 2.21. Endokrines System, Regelkreise. *Durchgezogene Linien* Wirkungsrichtung auf Zielorgane; *unterbrochene Linien* rückkoppelnde Wirkung der Hormone peripherer endokriner Organe auf Hypothalamus und Adenohypophyse

 In Kürze

Endokrine Drüsenzellen kommen in endokrinen Drüsen, als endokrine Zellgruppen oder als Einzelzellen vor. Hinzu kommen Nervenzellen mit endokriner Sekretion. Die Sekrete dieser Zellen sind glanduläre Hormone, Gewebshormone, Neurohormone. Die Sekretabgabe erfolgt ins Gefäßsystem (endokrine Sekretion) oder ins Interstitium (parakrine Sekretion). Bei Rückwirkung auf die hormonbildenden Zellen selbst handelt es sich um autokrine Sekretion. Bei der Hormonsynthese entstehen Sekretgranula, die bei Bedarf durch Exozytose abgegeben werden. Hormonproduktion und -sekretion erfolgen im Rahmen geschlossener Regelkreise.

2.2 Binde- und Stützgewebe  H3, 8–22

Zur Information

Binde- und Stützgewebe sind heterogen. Während Bindegewebe ubiquitär im Körper vorhanden ist und in sehr unterschiedlichen Formen vorliegt, gehören zum Stützgewebe Knorpel und Knochen. Gemeinsames histologisches Kennzeichen aller Binde- und Stützgewebe ist das Vorkommen von Interzellularsubstanzen, die den interstitiellen Raum zwischen den zugehörigen Zellen füllen. Sie bilden die *Matrix* des Binde- und Stützgewebes.

Der histologischen Heterogenität entspricht die Vielzahl der Aufgaben. Binde- und Stützgewebe haben

- *mechanische Aufgaben*, dienen
- *Stofftransport und Speicherung*,
- *Schutz und Abwehr* und sind an der
- *Wundheilung* beteiligt.

Mechanische Aufgaben stehen im Vordergrund. Bindegewebe gibt als Organkapsel oder Bindegewebsgerüst den Organen Halt. Es fungiert jedoch auch als Verschiebeschicht zwischen Muskeln oder Organen. Nerven und Gefäße werden durch Bindegewebe in den Verbund des Körpers eingefügt. Stützgewebe, Knorpel und Knochen bilden das Skelett des Körpers.

Stofftransport und Speicherung. Der gesamte Stofftransport von den Gefäßen zu den Zellen und umgekehrt erfolgt durch den Interzellularraum. Dabei werden Stoffwechselprodukte in der interstitiellen Flüssigkeit gelöst.

Zu Bindung und Speicherung von Wasser kommt es vor allem durch die Hydrophilie der Glykosaminoglykane der Interzellularsubstanz. Eine Wasserbewegung erfolgt durch die im Gewebe herrschenden Druckverhältnisse.

Knochen ist das größte Speicherorgan für Kalzium.

Schutz und Abwehr. Amorphe Interzellularsubstanzen bilden durch ihre Viskosität einen Schutz gegen die Ausbreitung fremder Partikel im Gewebe. Insbesondere aber dienen freie Bindegewebszellen, soweit sie zum Immunsystem gehören, der Abwehr.

Wundheilung. Hieran ist das Bindegewebe in allen Phasen beteiligt. Durch Vermehrung des Bindegewebes an verletzten Stellen kann es zur Narbenbildung kommen.

2.2.1 Bindegewebe (e) H3, 8–16

Kernaussagen

- **Bindegewebe verfügen über ortsständige und freie Bindegewebszellen sowie über extrazelluläre Matrix mit Fasern bzw. ungeformter Interzellularsubstanz.**
- **Kollagene Fasern überwiegen gegenüber retikulären und elastischen.**
- **Kollagene Fasern bestehen aus Tropokollagenmolekülen, deren Vorstufen in ortsständigen Bindegewebszellen, Fibroblasten, gebildet werden.**
- **Unter den ungeformten Interzellularsubstanzen überwiegen Proteoglykane.**
- **Bindegewebe liegen in sehr verschiedenen Formen vor.**
- **Sehnen und Bänder sind zugfest.**
- **Bindegewebe haben mechanische und metabolische Aufgaben.**

Ortsständige Bindegewebszellen

Wichtig

Ortsständige Bindegewebszellen dienen vor allem der Faser- und Grundsubstanzbildung. Sie treten in aktiver Form auf (dann als »-blasten« bezeichnet) oder befinden sich in einer Ruhephase (dann als »-zyten« bezeichnet).

Typische ortsständige Bindegewebszellen sind
- **Fibrozyten**
- **Fibroblasten**

Fibrozyten (Abb. 2.22) sind flach, in Seitenansicht spindelförmig und haben lange, membranartig ausgezogene, äußerst dünne Enden, die verzweigt sein können. Der Zellkern ist abgeplattet und erscheint in der Aufsicht ellipsoid, im Profil spindelförmig. Im Zytoplasma kommen nur wenig RER, wenige Mitochondrien und ein kleiner Golgiapparat vor.

Zur Information
In der Gewebekultur sind Fibrozyten außerordentlich teilungsfreudig, in vivo werden dagegen selten Zellteilungen gefunden (Ausnahme: Wundheilung).

Fibroblasten sind ebenfalls spindelförmig, jedoch meist plump mit gröberen Fortsätzen. Fibroblasten sind Zellen mit hoher Syntheseleistung. Sie haben deswegen ein umfangreiches RER und einen auffälligen Golgiapparat.

Fibroblasten bilden die Interzellularsubstanzen: Fasern und Grundsubstanzen.

Zur Information
Die Begriffe Fibrozyt und Fibroblast werden häufig synonym gebraucht. Tatsächlich kann wegen der fließenden Übergänge zwischen beiden Formen (Stadien) eine Unterscheidung schwierig sein.

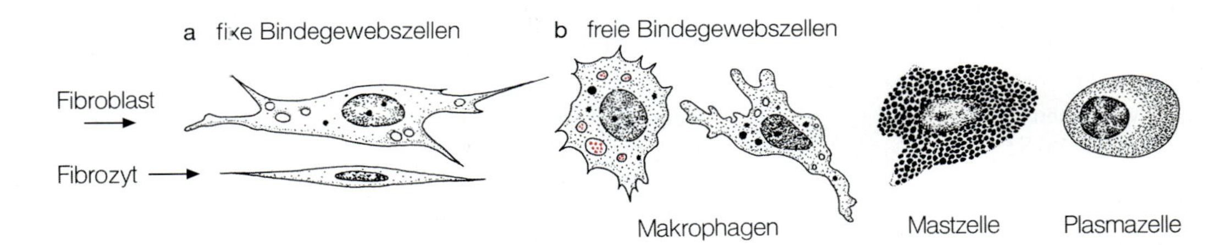

Abb. 2.22 a, b. Bindegewebszellen. **a** Fixe Bindegewebszelle: *oben* Aufsicht, *unten* Längsschnitt. **b** Freie Bindegewebszellen

Weitere ortsständige Zellen des Binde- und Stützgewebes sind **Mesenchymzellen** (► S. 41), **Retikulumzellen** (im retikulären Bindegewebe, ► S. 42), **Fettzellen** (Fettgewebe, ► S. 45), **Chondrozyten** (Knorpelgewebe, ► S. 47) und **Osteozyten** (Knochengewebe, ► S. 58). Übergangsformen zu glatten Muskelzellen sind **Myofibroblasten** (► S. 69).

Besonderer Erwähnung bedürfen die **Mesothelzellen.** Es handelt sich um transformierte Bindegewebszellen, die an der Oberfläche seröser Häute (z. B. Pleura, Peritoneum, ► S. 330) eine epithelartige Bedeckung bilden.

Freie Bindegewebszellen

Wichtig

Freie Bindegewebszellen sind mobil. Sie dienen vor allem der Abwehr. Freie Bindegewebszellen sind z. T. aus den Blutgefäßen ins Bindegewebe eingewandert und können es wieder verlassen. Freie Bindegewebszellen beteiligen sich nicht an der Bildung von Interzellularsubstanzen, sind aber generell zur Stoffabgabe befähigt. Sie dienen der Abwehr.

Als freie Zellen kommen im Bindegewebe vor (Tabelle 2.3; Abb. 2.22):
- **Leukozyten**
- **Plasmazellen**
- **Makrophagen**
- **Fremdkörperriesenzellen**
- **Mastzellen**

Einzelheiten zu den freien Bindegewebszellen
Leukozyten und **Plasmazellen** halten sich nur temporär im Bindegewebe auf. Ihre Besprechung erfolgt in Kapitel 4 (Blut und Immunsystem). Makrophagen, Fremdkörperriesenzellen und Mastzellen verweilen dagegen im Gewebe.

Makrophagen gehen aus den Monozyten hervor, die die Blutbahn verlassen haben. Sie können vorliegen als
- **ortsständige Makrophagen** oder als
- **Wanderzellen.**

Tabelle 2.3. Bindegewebszellen und ihre Funktionen

Zelltyp	Produkte	Funktion
fixe Bindegewebszellen: Fibroblasten, Fibrozyten, Retikulumzellen, Chondrozyten, Osteozyten, Odontoblasten	Fasern und Grundsubstanz	Sekretion, mechanische Stabilität
Fettzellen		Fettspeicher: Energiereserve, Wärmeisolierung
freie Bindegewebszellen: neutrophile Granulozyten eosinophile Granulozyten	Faktoren, die Krankheitserreger und Fremdzellen abtöten	Zytotoxizität, Phagozytose
basophile Granulozyten Mastzellen	steuernde Faktoren für die Entzündungsreaktion	parakrine Entzündungssteuerung, Gerinnungshemmung
Monozyten → Makrophagen	steuernde Faktoren für die Entzündungsreaktion, Wachstumsfaktoren	Phagozytose, Entzündungssteuerung, Steuerung des Zellwachstums
Lymphozyten → Plasmazellen	Antikörper	Immunabwehr, Bindung von Fremdprotein

Ortsständige Makrophagen kommen in zahlreichen Organen vor und haben jeweils eigene Namen (► S. 138). Im lockeren Bindegewebe werden sie auch als **Histiozyten**, ruhende Wanderzellen, bezeichnet. Liegen sie in der Nähe kleiner Blutgefäße, handelt es sich um **Adventitiazellen.**

Ortsständige Makrophagen des Bindegewebes können abgerundet, aber auch spindel- oder sternförmig sein. Sie haben einen mittleren Durchmesser von 10–20 µm. Ihr Kern ist etwas kleiner und dichter als der von Fibrozyten. Das Zytoplasma enthält zahlreiche Granula und Vakuolen. Sie sind schwer von Fibrozyten zu unterscheiden. Sie phagozytieren und sezernieren (Einzelheiten hierzu ► S. 138).

Fremdkörperriesenzellen. In der Umgebung von Fremdkörpern, die zu groß sind, um von Zellen aufgenommen und abgebaut zu werden, kann es passieren, dass Makrophagen fusionieren. Es entstehen dann Fremdkörperriesenzellen mit 100 oder mehr Zellkernen.

Wanderzellen. Aus der ruhenden Wanderzelle kann eine bewegliche Wanderzelle werden. Dann bekommen die Zellen kurze, pseudopodienartige Fortsätze und eine irreguläre Form. Im Zytoplasma kommen zahlreiche Einschlüsse vor, insbesondere Lysosomen und sehr häufig Fetttropfen.

Mononukleäres Phagozytosesystem (MPS). Monozytenvorläufer (im Knochenmark), Monozyten und Makrophagen sind Zellen *einer* Zelllinie. Da sie außerdem gemeinsame Eigenschaften haben, vor allem Phagozytose und parakrine Sekretion, wurden sie zum *mononukleären Phagozytosesystem* (MPS) zusammengefasst.

Mastzellen. Sie sind im lockeren Bindegewebe weit verbreitet und liegen besonders in der Nähe kleiner Blutgefäße. Sie gehören zu den Hilfszellen des Abwehrsystems (► S. 149).

Charakteristisch für die relativ großen Mastzellen sind dicht liegende, basophile Granula im Zytoplasma. Die Granula enthalten **Heparin** und **Chondroitinsulfat;** beides sind stark saure Proteoglykane (► S. 40). Heparin wirkt der Blutgerinnung entgegen. Außerdem enthalten Mastzellen **Histamin,** das die Gefäße erweitert, die Gefäßpermeabilität erhöht, und z. B. bei Entzündungen und allergischen Erkrankungen freigesetzt wird.

Zur Information

Häufig kommen im Bindegewebe *Pigmentzellen* vor. Herkunftsmäßig gehören sie nicht zum Bindegewebe, da sie aus der Neuralleiste stammen (► S. 733).

Kollagene Fasern

Zur Information

Kollagene Fasern liegen wie alle Bindegewebsfasern (kollagene, retikuläre, elastische Fasern) extrazellulär. Die verschiedenen Bindegewebsfasern haben unterschiedliche Strukturen und unterschiedliche physikalische Eigenschaften (Tabelle 2.4).

Wichtig

Kollagene Fasern sind die häufigsten Bindegewebsfasern. Sie kommen praktisch überall im Körper vor. Sie sind die wichtigsten Bestandteile des lockeren und dichten Bindegewebes sowie der Sehnen. Kollagene Fasern und ihre Anordnung bestimmen die mechanischen Eigenschaften des Bindegewebes.

Bindegewebe mit überwiegend kollagenen Fasern erscheint bei Betrachtung mit bloßem Auge weiß.

Chemisch bestehen kollagene Fasern aus Kollagen und Polysacchariden.

Die Bezeichnung „Kollagen" geht darauf zurück, dass Kollagenfasern beim Kochen quellen und Leim geben (Kolla = Leim). Dabei gehen das Kollagen und die polysaccharidhaltigen Kittsubstanzen in Lösung. Aus dem Leim können wieder Fibrillen ausgefällt werden (Gelatine).

Einzelheiten zum Kollagen

Kollagen ist das häufigste Protein des Körpers, etwa 30% des Körperproteins. Gegenwärtig sind mehr als 20 Kollagene bekannt. Gemeinsam bestehen sie aus **Tropokollagenmolekülen.** Die Unterschiede zwischen den Kollagenen gehen auf die Primärstruktur und auf den Aufbau der Tropokollagenmoleküle zurück.

Die Kollagene lassen sich zu Hauptgruppen zusammenfassen, zu **fibrillären Kollagenen** mit **kettenförmig angeordneten Tropokollagenmolekülen** (Typ I, II, III, V, XI), zu **Kollagenen, die Netzwerke** bilden (Typ IV, VIII) und zu **Kollagenen, die Verbindung zu anderen Kollagenen** herstellen (Typ VI, VII, XII, XIV).

Hervorzuheben sind (Tabelle 2.5)
- **Typ I.** Er kommt am häufigsten vor (90%) und ist für lockeres und dichtes Bindegewebe typisch (► unten).
- **Typ II** bildet meist dünne Netze und ist für den hyalinen Knorpel charakteristisch.
- **Typ III** ist wesentlicher Bestandteil der retikulären Fasern (► unten). Er kann mit anderen Kollagentypen kopolymerisieren.
- **Typ IV** kommt in der Basallamina vor. Seine Tropokollagenmoleküle sind weder zu Fibrillen noch zu Fasern zusammengefügt. Sie liegen als Filamente vor und bilden zweidimensionale Netze. Außerdem wird Typ-IV-Kollagen nicht von Fibroblasten, sondern u. a. von **Epithel-** und **Muskelzellen** gebildet.

Strukturell lassen sich beim Typ-I-Kollagen licht- bzw. elektronenmikroskopisch in hierarchischer Folge unterscheiden

- **kollagene Faserbündel,**
- **kollagene Fasern,**
- **kollagene Fibrillen** und in Fortsetzung wie bei allen Kollagentypen
- **Tropokollagenmoleküle.**

Kollagenfaserbündel entstehen dadurch, dass kollagene Fasern Bündel bilden. Kollagene Fasern liegen selten einzeln. Im lockeren Bindegewebe verlaufen die Kollagenfasern oft gewellt (haarlockenförmig).

Kollagene Fasern haben einen durchschnittlichen Durchmesser zwischen 1 und 10 µm. Sie sind **unverzweigt.** Ihre Länge hängt wesentlich von ihrem Spannungszustand ab. Wird längere Zeit die Spannung erhöht, werden die Kollagenfasern länger, wird die Spannung vermindert, verkürzen sie sich.

Klinischer Hinweis
Längere Ruhigstellung von Gelenken führt durch Verkürzung der kollagenen Fasern des Bandapparats zu einer vorübergehenden Versteifung. Durch Übung kann der vorherige Zustand wieder hergestellt werden. Auch eine Überdehnung ist möglich.

Im Lichtmikroskop sind die einzelnen frischen Kollagenfasern farblos. Sie lassen sich jedoch anfärben, u.a. mit sauren Farbstoffen: mit Eosin rot (HE-Färbung), mit Anilinblau blau (Azan-Färbung), mit Lichtgrün grün (Trichrom-Färbung nach Goldner bzw. Masson).

Kollagene Fibrillen (Abb. 2.23). Kollagene Fasern bestehen aus kollagenen Fibrillen (durchschnittlicher Durchmesser 0,2–0,5 µm). Im Elektronenmikroskop fallen kollagene Fibrillen durch dunkle und helle Querstreifen mit einer sich wiederholenden Periodizität von durchschnittlich 64 nm auf. Die dunklen Streifen entstehen nach entsprechender Vorbehandlung des Ge-

Tabelle 2.4. Bindegewebsfasern

	Kollagenfasern	retikuläre Fasern	elastische Fasern
Eigenfarbe	weiß-opak		gelb
mechanische Eigenschaften	zugfest (5% dehnbar)	zugfest	zugelastisch 100–150%
Lichtmikroskopie	unverzweigt, Durchmesser 1–20 µm, wenig lichtbrechend	feinste netzartig angeordnete Fäserchen	gestreckt, nicht in Fibrillen auflösbar, stark lichtbrechend
Anordnungsweise	gewellte Bündel, Geflechte	Netze, Gitter	Netze, gefensterte Membranen
Elektronenmikroskopie	Aufgliederung in quergestreifte Kollagenfibrillen (Durchmesser 0,2–0,5 µm)		Grundsubstanz mit randständigen Mikrofibrillen
Verhalten in kochendem Wasser und in verdünnten Säuren	quellen, löslich, leimbildend	unlöslich	unlöslich
Färbungen:			
Azan	blau	blau	schwach rot bis violett
HE	rot	rosa	ungefärbt
Elastika-Färbungen	ungefärbt	ungefärbt	rotbraun, violett
Van-Gieson	rot	rot	indifferent
Versilberung	hellbraun	schwarz	ungefärbt

Tabelle 2.5. Kollagentypen I–IV

Kollagentyp	Vorkommen	Lichtmikroskop	Elektronenmikroskop	Syntheseort	Interaktion mit Glykosaminoglykanen	Funktion
I	Dermis, Faszien, Sehnen, Sklera, Organkapseln, Faserknorpel, Dentin, Knochen	typische Kollagenfasern, dick, dicht gepackt und in Bündeln, nicht argyrophil	Unterschiede im Durchmesser, Querstreifung der Mikrofibrillen	Fibroblasten, Chondroblasten, Osteoblasten, Odontoblasten	gering, hauptsächlich mit Dermatansulfat	zugfest
II	hyaliner und elastischer Knorpel, Nucleus pulposus, Glaskörper	nur polarisationsmikroskopisch sichtbar	sehr dünne Fibrillen (Durchmesser 10–20 µm) in viel Grundsubstanz	Chondroblasten	intensiv, hauptsächlich mit Chondroitinsulfat	widerstandsfähig gegen intermittierende Drücke
III	als retikuläre Fasern	netzförmig, dünn, argyrophil (Durchmesser 50 µm)	eher einheitlicher Durchmesser, Querstreifung der Mikrofibrillen	Fibroblasten, retikuläre Zellen, glatte Muskelzellen, Schwann-Zellen, Hepatozyten	mittelmäßig, hauptsächlich mit Heparansulfat	Strukturerhaltung in Organen, die sich ausdehnen
IV	Basallaminae		dünne Filamente	Endothel, Epithel, Muskelzellen	mit Heparansulfat	stützend

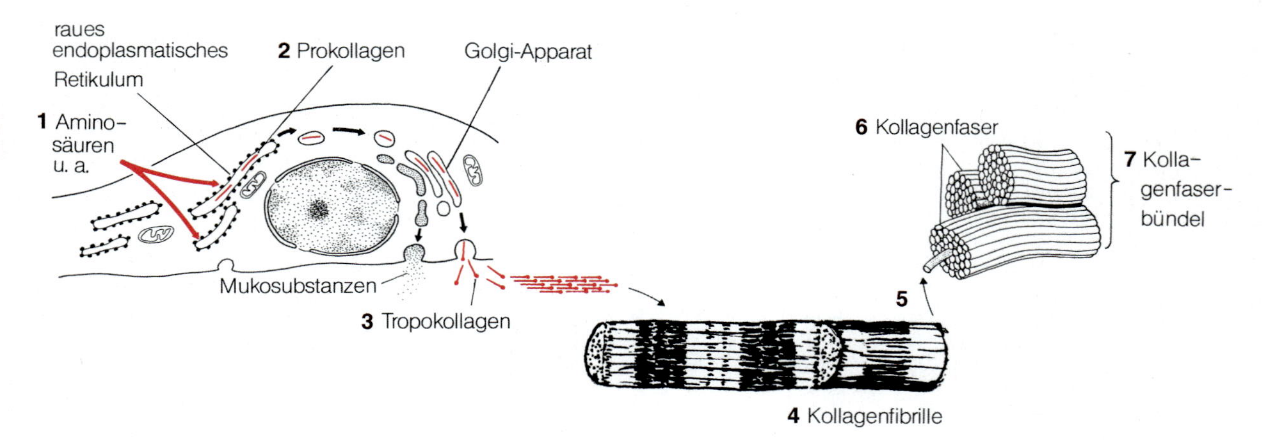

Abb. 2.23. Fibrillogenese. Kollagenfaserbildung. *Intrazellulär* entsteht nach Aufnahme von Aminosäuren (**1**) Prokollagen (**2**). Im Golgiapparat werden außerdem saure Proteoglykane gebildet. Prokollagen und saure Proteoglykane werden durch Exozytose in die Umgebung der Zelle abgegeben. *Extrazellulär* wird Prokollagen in Tropokollagen (**3**) umgewandelt. Durch Aggregation entstehen kollagene Fibrillen (**4**) mit charakteristischer Querstreifung (**5**). Kollagene Fibrillen lagern sich zu kollagenen Fasern (**6**) und diese zu einem Kollagenfaserbündel (**7**) zusammen

webes dort, wo Schwermetallionen vermehrt gebunden bzw. in die Fibrillen eingelagert werden.

Tropokollagenmoleküle (Abb. 2.23) sind die Grundeinheiten des Kollagens. Tropokollagenmoleküle sind gestreckt. Sie sind 300 nm lang und 1,5 nm breit. Tropokollagenmoleküle setzen sich aus je drei helixartig umeinander gewundenen Polypeptidketten mit charakteristischer Aminosäuresequenz zusammen. Vor allem kommen die Aminosäuren Glycin, Prolin und Hydroxyprolin vor. Die Polypeptidketten sind durch Querbrücken miteinander verbunden.

Zu Kollagenfibrillen fügen sich die Tropokollagenmoleküle extrazellulär dadurch zusammen, dass sie in Reihen liegen und von Ende zu Ende und von Seite zu Seite verknüpft sind. Von Reihe zu Reihe sind die Tropokollagenmoleküle jeweils um ein Viertel ihrer Länge versetzt.

Die Verknüpfung zwischen den Tropokollagenmolekülen und ihren Querbrücken rufen die hohe Zugfestigkeit der Kollagenfasern hervor (bis zu 50–100 Newton/mm^2). Biegungskräften setzen Kollagenfasern dagegen keinen Widerstand entgegen. Reversibel dehnbar sind die Kollagenfasern etwa um 5%. Tritt akut eine stärkere Dehnung auf, kommt es vor dem Zerreißen zu einer irreversiblen Längsdehnung (»fließen«).

Zur Fibrillogenese

Die Fibrillogenese erfolgt teilweise **intrazellulär** in Fibroblasten, teilweise **extrazellulär**.

Intrazellulär wird im RER der Fibroblasten als Vorstufe **Prokollagen** synthetisiert (Abb. 2.23). Dabei erfolgt eine unterschiedliche Glykolysierung. Die Abgabe von Prokollagen aus der Zelle erfolgt durch konstitutive Exozytose entweder direkt aus den Zisternen des RER in die Zellumgebung oder via Golgiapparat. Die Fibroblasten produzieren außer den Peptiden noch **Glykokonjugate**, die gleichfalls in die Zellumgebung gelangen (► unten).

Extrazellulär wird in unmittelbarer Nähe der Zelloberfläche Prokollagen enzymatisch (durch Prokollagenpeptidase) in **Tropokollagen** umgewandelt. Hierbei wird insbesondere an den nichthelikal gewundenen Enden des Prokollagens ein schützendes Registerprotein abgespalten, sodass die Verknüpfung der Tropokollagenmoleküle zu Mikrofibrillen (Durchmesser 0,03–0,2 μm) und dann zu Kollagenfibrillen möglich wird.

Retikuläre Fasern

Wichtig

Retikuläre Fasern bestehen überwiegend aus Typ-III-Kollagen, schließen aber Typ-I-Kollagen ein. Dadurch lässt sich in retikulären Fasern eine Querstreifung nachweisen.

Retikuläre Fasern bestehen überwiegend aus Typ-III-Kollagen, schließen aber Typ-I-Kollagen ein. Dadurch lässt sich in retikulären Fasern eine Querstreifung nachweisen. In lymphatischen Organen werden retikuläre Fasern von Ausläufern der Retikulumzellen allseitig umschlossen (► S. 42).

Retikuläre Fasern sind sehr fein (Durchmesser 0,2–1,0 μm) und reich an Glykoproteinen (bis 12%, gegenüber 1% in kollagenen Fasern). Deshalb sind retikuläre Fasern durch Silberimprägnation darstellbar (*Argyrophilie, argyrophile Fasern*). Die Silbersalze legen sich auf die Faseroberfläche.

Retikuläre Fasern bilden Fasergerüste, z.B. in den hämatopoetischen Organen (rotes Knochenmark, Milz, Lymphknoten) und im Bindegewebe (Stroma) zahlreicher anderer Organe. Außerdem kommen sie an der Oberfläche von Nervenfasern (▶ S. 82), Muskelzellen, Kapillaren und manchen Epithelzellen vor. Retikuläre Fasern sind wesentlicher Bestandteil der Lamina fibroreticularis in Nachbarschaft der Basallamina (▶ S. 17). Gebildet werden retikuläre Fasern sowohl von Retikulumzellen als auch von Fibroblasten (▶ S. 42).

Retikuläre Fasern sind geringfügig dehnbar und biegungselastisch; sie geben dem Gewebe eine gewisse Festigkeit.

Elastische Fasern

Wichtig

Elastische Fasern sind verzweigt und bilden dreidimensionale Netze (▶ Abb. 2.24 a). Elastische Fasern und Netze sind reversibel dehnbar.

Der Durchmesser der elastischen Fasern schwankt stark: Dünnere haben Durchmesser von 0,2–1,0 μm, elastische Fasern im Nackenband von 4–5 μm (◘ Abb. 2.24 c). Elastische Fasern sind homogen und bestehen aus einer amorphen glykoproteinreichen Grundsubstanz (**Elastin**), in die Mikrofibrillen (Durchmesser 10 nm) aus **Fibrillin** eingelagert sind. Elastin ist ein Protein, das sich in seiner Aminosäurezusammensetzung vom Kollagen unterscheidet.

Elastische Fasern werden lediglich von embryonalen oder juvenilen Fibroblasten und glatten Muskelzellen gebildet.

Die färberische Darstellung von elastischen Fasern gelingt nur mit speziellen Farbstoffen, z.B. Orzein, Resorzinfuchsin, Aldehydfuchsin.

Ihre reversible Dehnbarkeit ist begrenzt. Wird ein Grenzwert überschritten, zerreißen auch sie. Im Alter nimmt die Elastizität der elastischen Fasern ab.

Vorkommen. In der Regel kommen **elastische Fasern** und **Netze** (◘ Abb. 2.24 a) zusammen mit kollagenen Fasern vor, z.B. in der Kapsel und im Stroma von Organen. Der Bestand an elastischen Fasern wechselt jedoch regional stark. Besonders viele elastische Fasern besitzt die Lunge.

Außer elastischen Fasern kommen **elastische gefensterte Membranen** vor (◘ Abb. 2.24 b), z.B. in der Aorta.

Nur ausnahmsweise bilden **elastische** Fasern **Bänder** (◘ Abb. 2.24 c), beim Menschen z.B. zwischen den Wirbelbögen. Sie wirken energiesparend und ersetzen dort Muskeln. Aufgrund der Eigenfarbe der elastischen Fasern erscheinen sie gelb (**Ligg. flava**). Die Eigenfarbe der elastischen Fasern (Membranen) ruft auch die **Gelbtönung der Aortenwand** hervor.

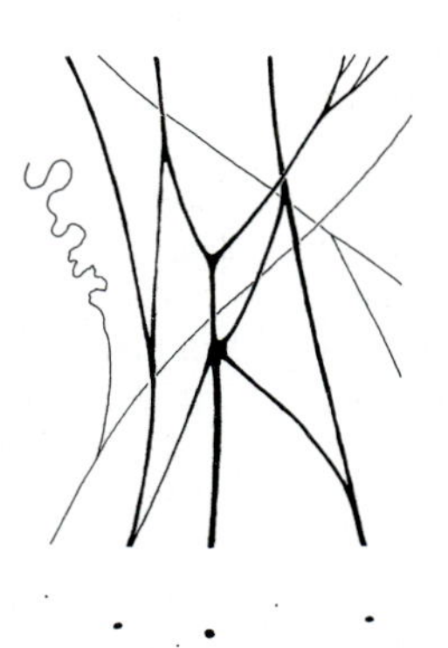

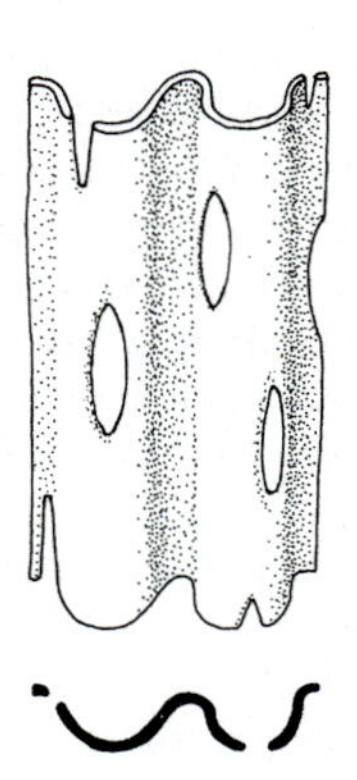

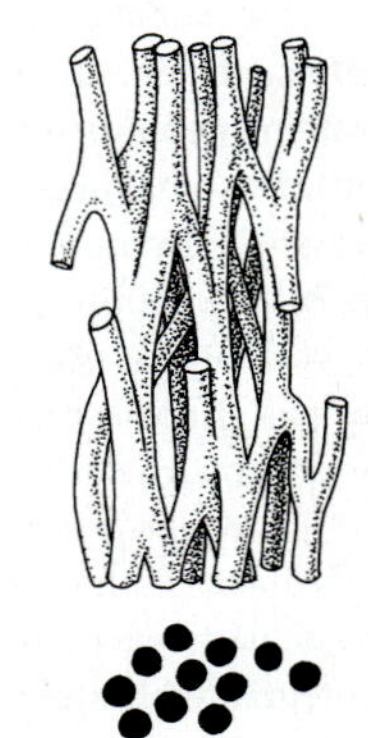

◘ **Abb. 2.24 a–c.** Elastisches Material. Es kann **a** als elastisches Netz, **b** als elastische Membran, **c** als elastisches Band vorliegen. *In der oberen Reihe* sind die Gebilde in Längsrichtung, *in der unteren* im Querschnitt dargestellt

2

Ungeformte Interzellularsubstanzen

Wichtig

Ungeformte, amorphe Interzellularsubstanzen werden auch als Grundsubstanzen bezeichnet. Sie kommen bei allen Bindegeweben vor. Auf sie geht der Verbund des Bindegewebes zurück, da sie mit den geformten Bestandteilen, u.a. den Kollagenfibrillen, verknüpft sind. Grundsubstanzen besitzen je nach chemischer Zusammensetzung und physikochemischem Verhalten unterschiedliche Konsistenz. Ergänzt werden sie durch interstitielle Flüssigkeit.

Grundsubstanzen und interstitielle Flüssigkeit sind morphologisch nur schwer zu erfassen, da sie in der Regel bei der üblichen histotechnischen Vorbehandlung der Gewebe herausgelöst werden. Eine Ausnahme besteht dort, wo Grundsubstanzen geformt sind, z. B. im Knorpel und Knochen (▶ unten).

Zum molekularen Aufbau von Interzellularsubstanzen (▫ Abb. 2.25)

Hauptbestandteile von Grundsubstanzen sind:
- **Glykosaminoglykane**
- **Proteoglykane**
- **Glykoproteine**

Glykosaminoglykane bestehen aus langen Polysaccharidketten aus repetitiven Disaccharideinheiten. Durch Karboxyl- und Sulfatgruppen sind die Disaccharideinheiten negativ geladen und die Glykosaminoglykane der Grundsubstanz deshalb stark sauer.

In Abhängigkeit vom Aufbau der Disaccharideinheiten lassen sich **sulfatierte** und **nichtsulfatierte Glykosaminoglykane** unterscheiden. Die Glykosaminoglykane sind in der Regel **an Proteine gebunden**, mit denen sie Proteoglykane bilden (▶ unten). Das im Körper am häufigsten vorkommende nichtsulfatierte Glykosaminoglykan ist die **Hyaluronsäure.** Sie ist nicht an Protein gebunden, vermag aber Proteoglykane miteinander zu verknüpfen (▫ Abb. 2.25). Hyaluronsäure kommt u. a. in Dermis, Nabelschnur, Glaskörper und Nucleus pulposus der Zwischenwirbelscheiben vor.

Proteoglykane machen den Hauptteil des interstitiellen Gewebes aus. Es handelt sich um sehr große Moleküle, die ein Molekulargewicht bis zu 10^6 Dalton erreichen können. Der Proteinanteil besteht aus einem langen fadenförmigen, zentralen »Kern« (**Core-Protein**). Dieser ist mit unterschiedlich gebauten Glykosaminoglykanketten besetzt.

Die Proteoglykane geben der Interzellularsubstanz eine gewisse Festigkeit, zu der der Polymerisationsgrad der Glykosaminoglykane in direkter Beziehung steht.

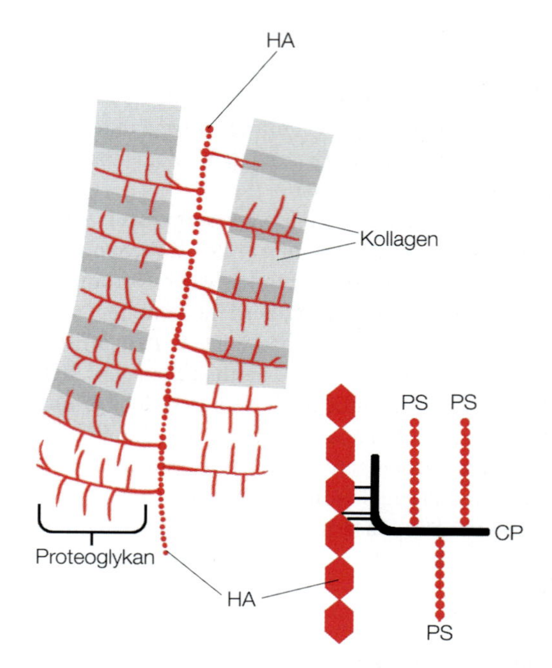

▫ **Abb. 2.25.** Interzellularsubstanz. Proteoglykane sind durch ihren Proteinanteil (*CP* core protein) einerseits an Hyaluronsäurestränge (*HA*), andererseits an Kollagenfibrillen gebunden. *PS* Polysaccharidseitenketten (Glykosaminoglykane)

Wichtige Proteoglykane sind u. a. **Aggrecan** mit Chondroitinsulfat als Glykosaminoglykanseitenkette (im Knorpel), **Perlecan** mit Heparansulfat als Seitenkette (in der Basallamina), **Vesican** mit Chondroitin- und Dermatansulfat (in der Gefäßwand), **Decorin** mit nur einer Chondroitin- und Dermatanseitenkette (ubiquitär im kollagenen Bindegewebe). Einige Proteoglykane, z. B. **Syndecan,** sind an Zelloberflächen gebunden. Ihr Core-Protein durchspannt die Plasmamembran und enthält eine kurze zytosolische und eine lange extrazelluläre Domäne. Extrazellulär sind Proteoglykane über elektrostatische und Wasserstoffbrückenbindungen mit Kollagenfibrillen verbunden.

Glykoproteine. Im Gegensatz zu den Proteoglykanen bestehen hier die Kohlenhydratseitenketten aus Monosacchariden. Dadurch überwiegt der Protein- gegenüber dem Kohlenhydratanteil. Außerdem sind Glykoproteine nicht sulfatiert. Glykoproteine im Gewebe werden auch als Strukturglykoproteine bezeichnet. Sie kommen vor u. a. in der Aorta, in Sehnen, Knorpel und Knochen, der Kornea, der Dermis, Basallamina.

Wichtige Strukturglykoproteine sind u. a. **Fibronektin, Laminin, Vitronektin, Tenascin, Osteonektin.** In allen Fällen dienen sie der Zellhaftung (adhäsive Glykoproteine), da sie mit Adhäsionsrezeptoren (Integrine) in der Plasmamembran verbunden sind. Fibronektin kommt auch dort vor, wo eine Basallamina fehlt, z. B. bei Fibroblasten.

Die **Synthese** von **Proteoglykanen** und **Glykoproteinen** erfolgt in den Zellen, in deren Umgebung sie vorkommen. Grundsätzlich entstehen die Proteineinheiten an den Ribosomen. Die ersten Zuckermoleküle werden im endoplasmatischen Retikulum angeknüpft und weitere Zuckermoleküle im Golgiapparat. Die Abgabe erfolgt durch Exozytose.

Interstitielle Flüssigkeit. Von den etwa 11 Litern interstitieller Flüssigkeit des menschlichen Körpers kommen nur sehr geringe Mengen im Gewebe frei vor. Überwiegend ist die interstitielle Flüssigkeit an die Grundsubstanzen gebunden und bildet dort einen Hydratationsmantel. Sofern freie Gewebsflüssigkeit auftritt, ist sie in ihrer Zusammensetzung dem Blutplasma ähnlich. Sie wird von Lymphkapillaren abgeleitet.

Klinischer Hinweis

Vom Umfang der Wasserspeicherung im Bindegewebe hängt die Gewebespannung, Turgor, ab. Eine Vermehrung der Wassereinlagerung nennt man *Ödem*.

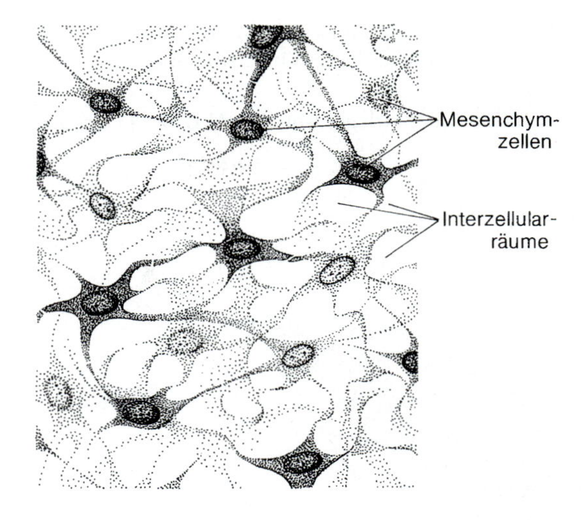

Abb. 2.26. Mesenchym e H8

Formen des Bindegewebes

Wichtig

Bindegewebe liegen in verschiedenen Formen vor.

Unter Berücksichtigung der Unterschiede im Bestand und der Anordnung seiner Anteile lassen sich unterscheiden:

- Mesenchym e H8
- gallertiges Bindegewebe e H9
- spinozelluläres Bindegewebe e H80
- retikuläres Bindegewebe e H10
- lockeres Bindegewebe e H3, 4
- dichtes, straffes Bindegewebe e H15
- Sehnen und Bänder e H17

Mesenchym kommt nur während der Entwicklung vor (deswegen auch »embryonales Bindegewebe«). Es ist ein pluripotentes Grundgewebe, aus dem sich alle Binde- und Stützgewebe sowie einige andere Gewebe, z. B. Teile der Muskulatur, entwickeln.

Mesenchymzellen (Abb. 2.26) sind fortsatzreich und amöboid beweglich. Sie haben einen ovalen Kern mit deutlichem Nukleolus. Mesenchymzellen bilden ein lockeres dreidimensionales Netzwerk. Die Zellfortsätze stehen durch veränderliche Haftungen miteinander in Verbindung. Die Interzellularsubstanz ist amorph und solartig. Sie besteht im Wesentlichen aus Hyaluronsäure. Ihr Turgor ist für die Aufrechterhaltung der Gestalt des frühen Embryos entscheidend, Fasern fehlen. e H8

Gallertiges Bindegewebe. Die Zellen des gallertigen Bindegewebes sind flach und besitzen lang gestreckte verzweigte Ausläufer, die mit denen der Nachbarzellen in Berührung stehen. Die Interzellularsubstanz wird von einer Gallerte gebildet, die reich an Proteoglykanen ist und zarte, locker gebündelte Kollagenfasern sowie einzelne retikuläre Fasern enthält. Obgleich gallertiges Bindegewebe embryonalem Bindegewebe ähnlich ist, vermag es nicht, sich weiter zu differenzieren. – Das gallertige Bindegewebe der Nabelschnur wird *Wharton-Sulze* genannt (▶ S. ●). e H9

Spinozelluläres Bindegewebe kommt nur in Ovar und Uterusschleimhaut (▶ S. 429) vor. Es besteht aus dicht gepackten spindelförmigen Zellen und hat nur wenig Interzellularsubstanz (Abb. 2.27). Das spinozelluläre Bindegewebe ist pluripotent. Es steht dem Mesenchym nahe. Im Ovar gehen die hormonproduzierenden Zellen der Theca folliculi und in der Uterusschleimhaut die des mütterlichen Anteils der Dezidua aus ihm hervor. Außerdem regeneriert sich spinozelluläres Bindegewebe sehr schnell, z. B. in der Proliferationsphase des Zyklus (▶ S. 430). e H80

Retikuläres Bindegewebe kommt nur in lymphatischen Organen und im Knochenmark vor. e H10

Lymphatische Organe sind Lymphknoten, Milz, Thymus und Tonsillen. Sie gehören zum Abwehrsystem (▶ S. 136).

Das retikuläre Bindegewebe (Abb. 2.28) besteht aus

- **Retikulumzellen**
- **retikulären Fasern**

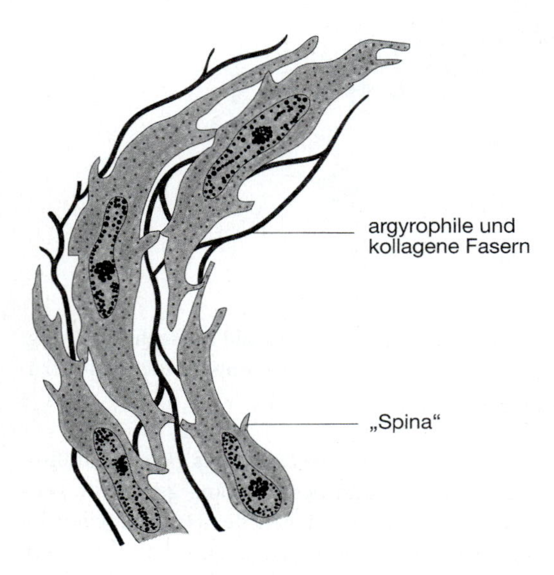

Abb. 2.27. Spinozelluläres Bindegewebe H80

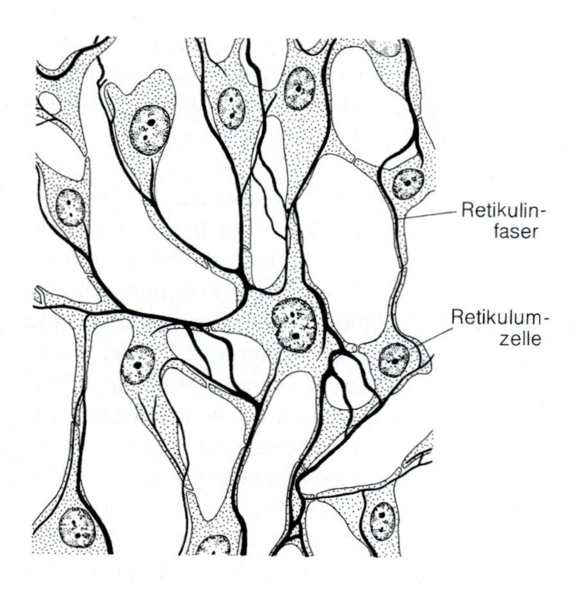

Abb. 2.28. Retikuläres Bindegewebe H10

Retikulumzellen bilden einen weitmaschigen dreidimensionalen Zellverband: Ihre langen Ausläufer stehen untereinander in Verbindung. Sie dürfen nicht mit »histiozytären Retikulumzellen« (= interstitielle Makrophagen) verwechselt werden.

Retikuläre Fasern werden von den Retikulumzellen gebildet und von ihren Ausläufern umschlossen. Sie bestehen aus Typ-III-Kollagen (▶ oben). Sie bilden ein feines, lichtmikroskopisch durch Versilberung erkennbares Gitterwerk.

Retikuläre Fasern kommen aber auch zellunabhängig vor. Dann werden sie von Fibrozyten gebildet.

Lockeres Bindegewebe. Charakteristisch sind weite Interzellularräume mit viel amorpher Grundsubstanz (deswegen die Fähigkeit des lockeren Bindegewebes, Wasser zu speichern) und vielen Bindegewebszellen (Abb. 2.29).

Die Kollagenfasern treten im lockeren Bindegewebe gegenüber der Grundsubstanz zurück, sind aber doch vorhanden. Sie bilden in der Regel locker angeordnete Bündel, die häufig im **Scherengitter** angeordnet sind (Abb. 2.30). Dies bedeutet, dass bei Zug der Bindegewebsverband durch Änderung des Winkels zwischen den einzelnen Faserbündeln nachgeben kann, obgleich die Kollagenfasern selbst zugfest sind.

Regelmäßig kommen im lockeren Bindegewebe auch elastische Fasern vor. Sie stellen, wenn der Zug nachlässt, die Ausgangsstellung wieder her.

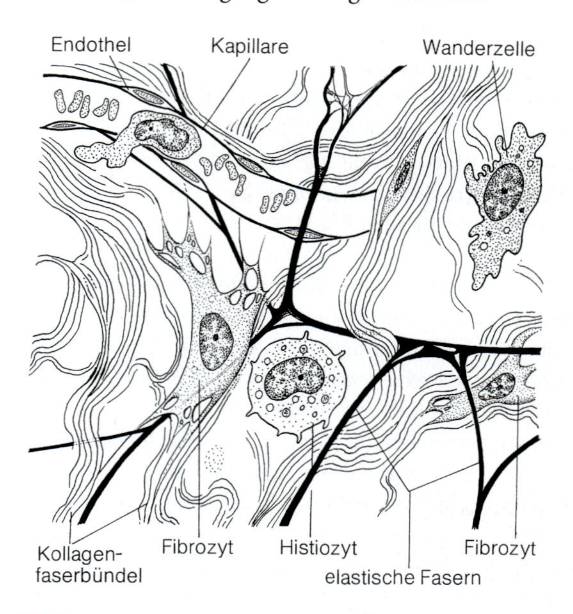

Abb. 2.29. Lockeres Bindegewebe  H3, 4

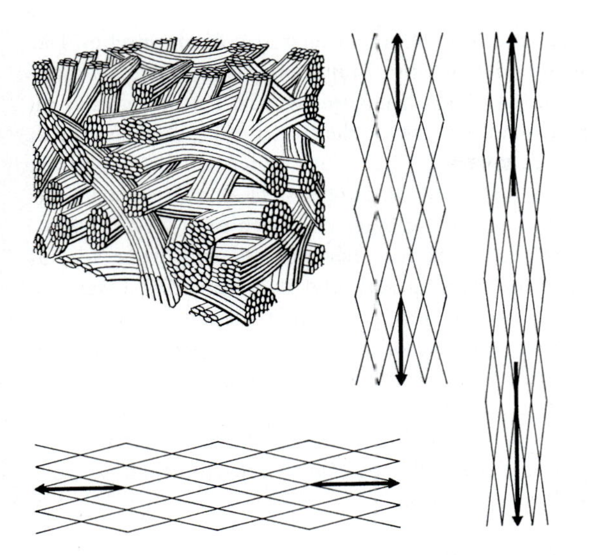

■ **Abb. 2.30.** Kollagenfaserbündel in Scherengitteranordnung

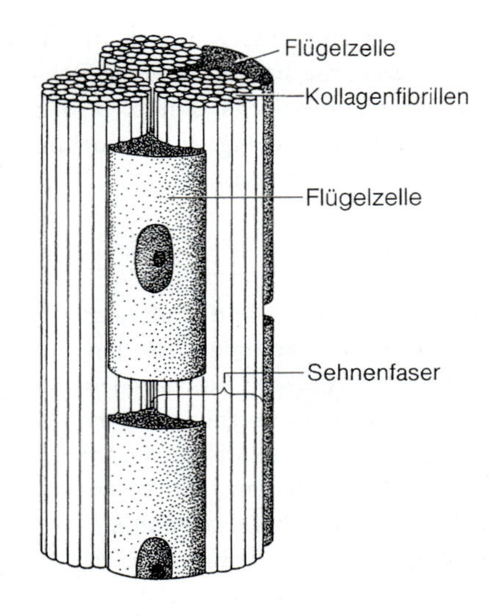

■ **Abb. 2.31.** Sehne e H17

Das lockere Bindegewebe füllt Lücken, ermöglicht die Verschiebung benachbarter Organe (*Verschiebeschicht*), kann als Hüllgewebe (*interstitielles Bindegewebe*) Gefäße u.a. umgeben und bildet im Omentum majus ein *netzförmiges Bindegewebe*. Verbindet es in einem Organ dessen spezifische Anteile, wird es als **Stroma** bezeichnet. – Lockeres Bindegewebe ist sehr regenerationsfreudig.

Dichtes, straffes Bindegewebe ist im Gegensatz zum lockeren Bindegewebe faserreich, jedoch relativ zellarm.

Es besitzt wenig amorphe Interzellularsubstanz. Es hat einen vergleichsweise geringen Stoffwechsel. Es ist mechanisch sehr widerstandsfähig.

Geflecht- oder filzartig ist das dichte Bindegewebe z.B. in den Kapseln vieler Organe, um Sehnen und in Nerven, im Corium der Haut und in der Submukosa des Darmtraktes. Die Faserbündel bilden ein dreidimensionales Netzwerk, wodurch den Zugbeanspruchungen aus allen Richtungen Widerstand geleistet werden kann. Schichtweise verlaufen die Kollagenfasern in Muskelfaszien (**lamelläres Bindegewebe**).

Sehnen und Bänder

Wichtig

Sie bestehen aus parallelfaserigem dichten Bindegewebe und setzen Zugkräften großen Widerstand entgegen.

In **Sehnen** (■ Abb. 2.31) verlaufen die Kollagenfasern parallel, in großen Sehnen häufig in leichten Spiralen. In ungedehntem Zustand sind die Kollagenfaserbündel leicht gewellt.

Zwischen den Kollagenfasern, nun *Sehnenfasern*, liegen die Fibrozyten als *Sehnenzellen* in Reihenstellung hintereinander. Diese Zellen haben lang gestreckte Kerne und wenig Zytoplasma. Sie passen sich in ihrer Form der Umgebung dadurch an, dass ihr schmal ausgezogener Zelleib »flügelartig« den Sehnenfasern anliegt (**Flügelzellen**).

Sehnen werden von lockerem Bindegewebe umhüllt (**Peritendineum externum**), das in das Innere der Sehne eindringt (**Peritendineum internum**) und kleine Bündel (**primäre Bündel**) und größere Bündel (**sekundäre Bündel**) zusammenfasst. Mit dem lockeren Bindegewebe dringen Nerven und Blutgefäße in die Sehne ein. – Sehnen haben eine gute Regenerationsfähigkeit. e H17

Bänder. In Bändern, Faszien und Aponeurosen verlaufen die Kollagenfaserbündel nach einem festgelegten Muster, das der Zugbeanspruchung angepasst ist. In der Sklera des Auges (▶ S. 686), die zu dieser Gruppe von Bindegewebsstrukturen gehört, beträgt der Winkel zwischen den einzelnen Faserbündeln nahezu 90°.

Elastische Bänder. Ein elastisches Band (■ Abb. 2.24c) besteht aus Bündeln dicker, parallel angeordneter elastischer Fasern (▶ oben). Jedes Bündel wird von geringen Mengen lockeren Bindegewebes mit abgeplatteten Fibrozyten umfasst. Die elastischen Fasern rufen in frischem Gewebe eine gelbe Farbe hervor. – Beim Menschen kommen geschlossene elastische Bündel in den Ligg. flava der Wirbelsäule und im Lig. suspensorium penis vor. e H16

In Kürze

Ortsständige Bindegewebszellen sind Fibrozyten bzw. Fibroblasten. Außerdem kommen freie Bindegewebszellen vor: Leukozyten, Plasmazellen, Makrophagen, Fremdkörperriesenzellen, Mastzellen. Interzellulär liegen Bindegewebsfasern und amorphe Interzellularsubstanz. Sie bilden die Bindegewebsmatrix. Im dichten, straffen Bindegewebe überwiegen Bindegewebsfasern, im lockeren Bindegewebe amorphe Grundsubstanzen. Fasern fehlen nur im Mesenchym. Unter den Bindegewebsfasern herrschen die kollagenen Fasern vor und unter diesen die aus Typ-I-Kollagen. Kollagene Fasern setzen sich aus kollagenen Fibrillen zusammen, die elektronenmikroskopisch eine durch die Gewebevorbehandlung hervorgerufene Querstreifung aufweisen. Molekularer Baustein aller kollagenen Bindegewebsfasern sind Tropokollagenmoleküle. Den kollagenen Fasern stehen retikuläre und elastische Fasern zur Seite. Bindegewebe liegt in verschiedenen Formen vor: als Mesenchym, gallertiges, spinozelluläres, retikuläres, lockeres und dichtes Bindegewebe sowie als Sehnen und Bänder.

Fettgewebe e H12–14

Kernaussagen

- **Fettgewebe besteht aus Fettzellen (Adipozyten) mit Fetttropfen im Zytoplasma.**
- **Unterschieden wird zwischen univakuolärem, weißem Fettgewebe und plurivakuolärem, braunem Fettgewebe.**
- **Univakuoläres Fettgewebe hat mechanische und metabolische Aufgaben. Es sezerniert Adipokine.**
- **Braunes Fettgewebe ist auf wenige Körperregionen beschränkt.**

Fettgewebe ist eine Sonderform des Bindegewebes. Das *Fett* befindet sich *im Zytoplasma der Fettzellen* (**Adipozyten**). Histologisch nachweisbar ist Fett jedoch nur an Gefrierschnitten bzw. elektronenmikroskopisch nach Osmiumfixierung. Bei der üblichen histologischen Technik wird Fett herausgelöst (▶ S. 89), sodass Fettgewebe dann ein wabiges Aussehen hat (Abb. 2.32).

Fettgewebe kommt fast überall im Körper vor; es fehlt jedoch u.a. in Augenlid und Penis. Die Fettzellen können einzeln liegen, z.B. in Organen; meist jedoch bilden sie kleinere oder größere Gruppen im Bindegewebe oder bilden **Fettläppchen** (**Fettorgane**), die von einer Bindegewebskapsel umgeben sind; Bindegewebszüge können Fettgewebsfelder steppkissenartig unterteilen. Das Fettgewebe beträgt durchschnittlich 10–20% des Körpergewichts.

Zur Information

Fettgewebe hat regional unterschiedliche Aufgaben. Das subkutane Fettgewebe dient insbesondere bei übermäßiger Kalorienzufuhr als *Fettspeicher*, z.B. am Bauch. An anderen Stellen erfüllt es *mechanische Aufgaben*, z.B. als Druckpolster an Hand- und Fußsohlen. Es trägt dazu bei, die Körperform zu modellieren. Im Gegensatz hierzu überwiegen beim Fettgewebe der Bauchhöhle *metabolische Aufgaben*. Dort sezernieren Fettzellen verschiedene Proteine (*Adipokine*), u.a. Adiponectin, Interleukin Il 6 und Leptin. Adiponectin erhöht die Insulinempfindlichkeit von Zellen und unterdrückt atherosklerotische Gefäßveränderungen. Il 6 vermindert dagegen die Insulinempfindlichkeit. Leptin führt durch Wirkung auf den Hypothalamus (▶ S. 755) bei zunehmender Fettspeicherung zur Verminderung der Nahrungsaufnahme und zur Lipolyse. Auch bilden Fettzellen in geringer Menge Östrogene; ein Umstand, dem im Klimakterium Bedeutung zukommen kann.

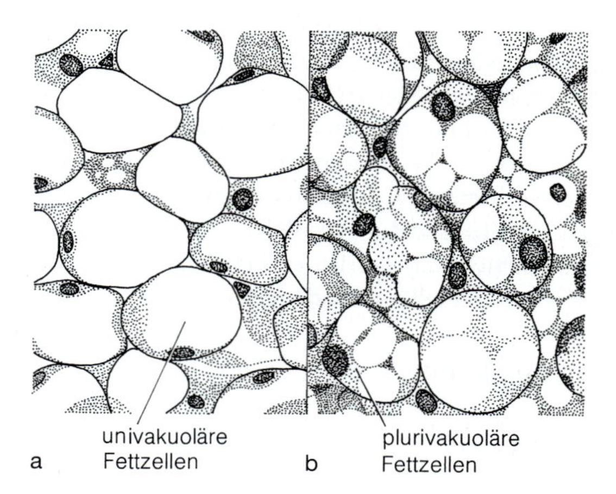

Abb. 2.32 a, b. Fettgewebe. **a** Weißes Fettgewebe mit univakuolären Fettzellen. **b** Braunes Fettgewebe mit plurivakuolären Fettzellen e H12–14

Es lassen sich unterscheiden:

- **Baufett**, das schwer mobilisierbar ist, z. B. an der Ferse, in Nierenkapsel und Wange (Bichat-Fettpfropfen),
- **Speicherfett**, das leicht mobilisiert werden kann. Bevorzugte Lokalisationen sind das Unterhautbindegewebe sowie das große Netz (Omentum majus).

Histologisch und funktionell liegt Fettgewebe vor als

- **weißes, univakuoläres Fettgewebe**
- **braunes, plurivakuoläres Fettgewebe**

Alle Fettzellen, insbesondere die des braunen Fettgewebes, haben einen hohen Stoffumsatz. Die biologische Halbwertzeit für Depotfett beträgt 15–20 Tage.

Zur Entwicklung

Fettzellen entstehen ab der 30. Entwicklungswoche sowie postnatal in den ersten 2 Lebensjahren und präpubertal. Grundsätzlich ist jedoch eine Neubildung von Fettzellen während des ganzen Lebens möglich. Die Herkunft der Fettzellen geht auf pluripotente mesenchymale Stammzellen (**Adipoblasten**) zurück. Ihre Differenzierung erfolgt unter dem Einfluss von Fibroblastenwachstumsfaktoren und Glukokortikoiden sowie von Insulin und Trijodthyronin.

Weißes Fettgewebe besteht aus **univakuolären Fettzellen** (Durchmesser bis zu 100 µm, Abb. 2.32). Sie enthalten jeweils **einen** großen membranlosen Fetttropfen, der von Vimentinfilamenten umgeben wird. Kern und Zytoplasma sind an den Rand gedrängt (Siegelringform der Fettzelle nach Herauslösung des Fettes). Auffällig sind im randständigen Zytoplasma **Caveolae**, die die Oberfläche der Plasmamembran vergrößern. Umgeben wird jede Fettzelle von einer Basallamina mit retikulären Fasern. Fettzellen sind verformbar.

Fettgewebe ist reichlich vaskularisiert und innerviert. Rechnerisch kommt auf jede Fettzelle eine Kapillare. Bei den Nerven handelt es sich um postganglionäre sympathische Fasern. Sie setzen an Varikositäten als Transmitter Adrenalin und Noradrenalin frei, die an Rezeptoren im Plasmalemm der Fettzellen binden.

Zur Information

Univakuoläres Fettgewebe ist außerordentlich dynamisch. Es unterliegt einem dauernden Fettumsatz. Die Halbwertzeit zwischen Speicherung und Mobilisierung beträgt 2–3 Wochen.

Fettspeicherung. Sie geht auf die Veresterung von Fettsäuren mit α-Glyzerolphosphat, einem Produkt des Glukosestoffwechsels, zu Triazylglyzerol (Neutralfett) im Zytoplasma der Fettzelle zurück. Die Fettsäuren stammen aus der verdauten Nahrung, werden auf dem Blutweg in Chylomikronen transportiert, an der Oberfläche der Fettzelle durch Lipoproteinlipasen wieder freigesetzt und dann durch Fettsäuretransporter in die Zelle aufgenommen. Fettsäuren stammen aber auch aus der Leber. Von dort gelangen sie auf dem Blutweg als very low density lipoprotein (VLDL) zum Fettgewebe. Schließlich werden Fettsäuren in geringer Menge in der Fettzelle selbst synthetisiert.

Gefördert wird die Lipogenese durch Insulin und Östrogen.

Klinischer Hinweis

Hohe Anteile von VLDL im Blut begünstigen die Entstehung von Arteriosklerose und ihren Folgen. Außerdem werden von Fettzellen Lipoproteine hoher Dichte (high density lipoprotein = HDL) freigesetzt, die vor Arteriosklerose schützen.

Die *Fettmobilisierung* erfolgt durch hormonsensitive Lipasen in den Fettzellen unter dem Einfluss von Adrenalin und Noradrenalin sowie der Hypophysenvorderlappenhormone ACTH und TSH sowie des Schilddrüsenhormons Thyroxin. Es bilden sich in den Fettzellen 60–100 nm große Bläschen, die verschmelzen können und freigesetzte Fettsäuren ausschleusen.

Bei *Nahrungsentzug* kommt es zu einer Steigerung der Durchblutung und des Stoffwechsels des Fettgewebes. Die Zahl der mikropinozytotischen Bläschen in den Fettzellen nimmt zu und der Fetttropfen verkleinert sich. Bei stärkerer Abmagerung entstehen sog. »seröse Fettzellen«.

Die **Fettverteilung** ist alters- und geschlechtsabhängig. Bei Kindern findet sich Fett gleichmäßig verteilt im subkutanen Bindegewebe, bei Frauen überwiegt das Vorkommen an Brust und Gesäß, bei Männern im Nacken und am Bauch.

Braunes Fettgewebe setzt sich aus **plurivakuolären Fettzellen** (Abb. 2.32) zusammen, die vielgestaltig und kleiner als die univakuolären Fettzellen sind. Sie enthalten stets mehrere kleinere Fetttropfen, die zahlreich und dicht gepackt sind. Charakteristisch sind zahlreiche Mitochondrien. Die braune Farbe entsteht durch Lipochrome.

Plurivakuoläres Fettgewebe kommt beim Säugling an Hals und Brust und im Retroperitonealraum vor. Später wird es nur noch an wenigen Stellen angetroffen, z. B. in der Fettkapsel der Niere.

Charakteristisch für braunes Fettgewebe ist das Vorkommen zahlreicher vegetativer Nerven, die sich den Zellen anlegen und synapsenähnliche Strukturen bilden. Braunes Fettgewebe kann rasch eingeschmolzen werden. Die Lipolyse erfolgt auf vegetativ-nervösen Reiz hin.

2

Zur Information

Braunes Fettgewebe dient vor allem der chemischen Thermogenese. Sie erfolgt dadurch, dass die durch Oxidation der Fettsäuren freigesetzte Energie nicht zur Synthese von ATP verwendet, sondern als Wärme frei wird und durch Erhöhung der Bluttemperatur die Körpertemperatur steigert.

In Kürze

Fettgewebe liegt als Baufett mit mechanischen Aufgaben und als Speicherfett als Energiereserve vor. Das Fettgewebe in der Bauchhöhle nimmt metabolische Aufgaben wahr. Das Fett befindet sich als Triazylglyzerol im Zytoplasma der Fettzellen. Bei univakuolären Fettzellen sammelt sich das Fett in einem einzigen großen, membranlosen Fetttropfen. Braune Fettzellen sind dagegen plurivakuolär. Fettgewebe ist reich vaskularisiert und innerviert.

2.2.2 Stützgewebe e H6, 18–22

Zur Information

Stützgewebe sind Knorpel und Knochen. Charakteristisch sind ihre Interzellularsubstanzen, die dem Gewebe erhöhte Festigkeit geben und formgestaltend wirken. Beim Knorpel handelt es sich fast ausschließlich um organisches Material (Glykane), beim Knochen überwiegend um Mineralien. Sowohl Knorpel als auch Knochen haben die Fähigkeit, Gewicht zu tragen und zu stützen. Knochen hat außerdem metabolische Aufgaben. Er ist der wichtigste Kalziumspeicher. Durch Knochenabbau und -aufbau kann der Kalziumspiegel im Körper den jeweilgen Bedürfnissen angepasst werden.

Knorpel e H6, 18, 19

Kernaussagen

- **In histologisch homogen erscheinender Interzellularsubstanz liegen Knorpelzellen (Chondrozyten), z. T. als isogene Zellgruppen.**
- **Die Interzellularsubstanz des Knorpels besteht aus Proteoglykanen mit Kollagenfibrillen aus Typ-II-Kollagen.**
- **Umgeben werden die Knorpelzellen von einem Knorpelhof (Territorium).**
- **An der Knorpeloberfläche befindet sich ein Perichondrium.**
- **Knorpel hat eine hohe Druck- und Biegungselastizität.**
- **Zu unterscheiden sind hyaliner, elastischer und Faserknorpel.**

Knorpel gehört zu den geformten Bindegeweben und ist durch die feste Konsistenz seiner Interzellularsubstanz ein Stützgewebe. Umgeben wird Knorpel von **Perichondrium** aus straffem Bindegewebe.

Die wesentlichen Bestandteile des Knorpels sind (Abb. 2.33)

- **Chondrozyten** (*Knorpelzellen*)
- **Interzellularsubstanzen** (*extrazelluläre Matrix*)

Zur Entwicklung

Die Knorpelentwicklung beginnt mit der Entstehung von **prächondralem Gewebe** (*Vorknorpel*) im Mesenchym. Sie erfolgt in Gebieten, in denen Zug- und Scherkräfte wirken. Eingeleitet wird die Knorpelbildung durch Zusammenrücken von Mesenchymzellen, die ihre Fortsätze einziehen. Gleichzeitig vermehrt sich in diesen Zellen das RER und es entsteht ein großer Golgiapparat. Die Mitochondrien nehmen zu. Die Zellen beginnen, Tropokollagen und große Mengen proteoglykanhaltige Matrix zu bilden; sie werden jetzt als **Chondroblasten** (*Knorpelbildner*) bezeichnet. Die Chondroblasten geben die von ihnen synthetisierten Substanzen nach allen Seiten ab: »Sie mauern sich ein«. Die Abgabe wird vom Transkriptionsfaktor Sox 9 kontrolliert. Aus Chondroblasten sind **Chondrozyten** geworden. Durch die Teilung von Chondrozyten entstehen kleine Zellgruppen. In der Folgezeit rücken die Zellen bzw. Zellgruppen durch das Ausscheiden von weiteren Interzellularsubstanzen auseinander, der Knorpel wächst. Diese Art des Knorpelwachstums

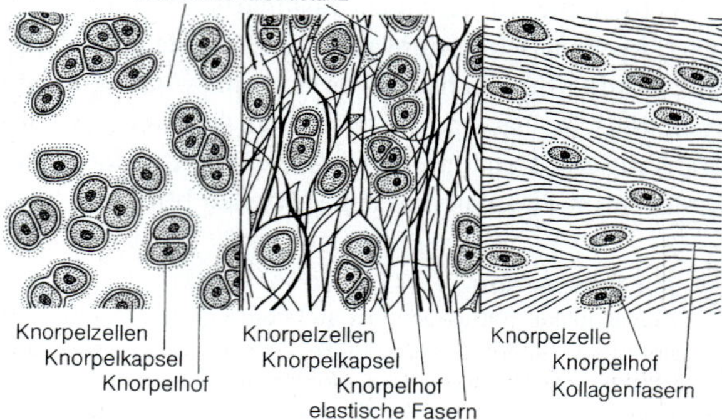

Abb. 2.33 a–c. Knorpel. **a** Hyaliner Knorpel. **b** Elastischer Knorpel. **c** Faserknorpel e H6, 18, 19

wird als **interstitiell** bezeichnet; sie findet nur während der Knorpelbildung statt. Später wächst der Knorpel **appositionell**, d.h. von der Knorpeloberfläche aus.

Knorpelzellen, Interzellularsubstanzen, Perichondrium

Wichtig

Knorpelzellen liegen, häufig als isogene Zellgruppen, in Knorpelhöhlen, die von einem Knorpelhof umgeben werden. Knorpelzellen bilden neue Knorpelgrundsubstanz und sind resorptiv tätig. Knorpelwachstum geht von der subperichondralen Region aus. Die Knorpelgrundsubstanz besteht aus Proteoglykanen und Kollagenfibrillen, insbesondere vom Typ II.

Chondrozyten können einzeln liegen, bilden aber häufig Gruppen. Da es sich jeweils um Tochterzellen **eines** Chondrozyten handelt, wird von einer **isogenen Zellgruppe** gesprochen. Umgeben werden die Knorpelzellen von verdichteter basophiler Interzellularsubstanz, einem **Knorpelhof** (*Territorium*). Knorpelzellen und Knorpelhof bilden ein **Chondron.** Werden die Knorpelzellen artifiziell, z.B. durch die Fixierung, aus der umgebenden Interzellularsubstanz herausgelöst, entsteht der Eindruck von **Knorpelhöhlen**, deren Wand als **Knorpelkapsel** bezeichnet wird.

Knorpel unterliegt während des ganzen Lebens einem langsamen **Umbau.** In diesem Rahmen sind die Chondrozyten sowohl resorptiv als auch sekretorisch durch Abgabe von Knorpelgrundsubstanz tätig. Entsprechend ist die Ausstattung der Knorpelzellen mit Lysosomen und einem umfangreichen RER, Golgiapparat und vielen Mitochondrien. Zusätzlich sind Knorpelzellen glykogenreich.

Eine **Neubildung** von Knorpel (Knorpelwachstum) beim Erwachsenen findet nur subperichondral statt. Hier sind die Knorpelzellen flach. Im Knorpelinneren sind sie dagegen in der Regel voluminös und oft hypertrophiert.

Die Tätigkeit der Chondrozyten wird durch Thyroxin und Testosteron gesteigert, durch Kortison, Hydrokortison und Östradiol gehemmt.

Interzellularsubstanzen (► auch S. 40). Es handelt sich vor allem um
- **Proteoglykane**
- **Kollagene**

Proteoglykane bestehen aus einem gestreckten zentralen Protein (Core-Protein), von dem zahlreiche unverzweigte Glykosaminoglykanketten verschiedener Zusammensetzung ausgehen. Das Core-Protein bindet einerseits an gestreckte Hyaluronsäuremoleküle, andererseits an Kollagenfibrillen (■ Abb. 2.25). Das wichtigste Proteoglykan des Knorpels ist **Aggrecan** (zu 90% aus Chondroitinsulfat).

Kollagene. Knorpelspezifisch ist Typ-II-Kollagen, das durch Typen IX und XI ergänzt wird. Die Kollagene bilden feine Fibrillennetze.

Eine Sonderstellung nehmen die Knorpelhöfe ein. Sie sind besonders reich an Aggrecan, enthalten aber nur wenig Kollagen. Außerdem weisen sie das Glykoprotein **Chondronektin** auf, das die Knorpelzellen am Kollagen der Grundsubstanz befestigt. Färberisch fällt der Knorpelhof durch eine zur weiteren Umgebung hin abnehmende Basophilie auf.

Perichondrium. Hierbei handelt es sich um das den Knorpel umgebende Bindegewebe. An der Knorpeloberfläche ist das Perichondrium sehr zellreich (**Stratum cellulare**), weiter außen faserreich (**Stratum fibrosum**). Vom Perichondrium aus kann Knorpel neu gebildet werden.

Das Perichondrium ist gefäß- und nervenreich. Da Knorpel gefäß- und nervenfrei ist, erfolgt die Ernährung des Knorpels nur langsam durch Diffusion vom Perichondrium aus.

Ein Perichondrium fehlt am Gelenkknorpel, der deswegen nicht neu gebildet werden kann. Die Ernährung des Gelenkknorpels erfolgt durch die Gelenkflüssigkeit.

Knorpelarten

Wichtig

Hyaliner Knorpel ist lichtmikroskopisch an seinen Chondronen und seiner homogenen Grundsubstanz zu erkennen. Elastischer Knorpel hat in seiner Grundsubstanz zusätzlich elastische Fasern. Beim Faserknorpel liegen Chondrone in einem Geflecht interterritorealer Typ-I-Kollagenfasern.

Tabelle 2.6. Knorpelarten e H6, 18, 19

	hyaliner Knorpel	elastischer Knorpel	Faserknorpel
Lage der Chondrozyten	isogene Gruppen (bis zu 10 Zellen)	einzeln oder in kleinen Gruppen	kleine Gruppen
Grundsubstanz	reichlich Matrix, überwiegend Typ-II-Kollagen	reichlich Matrix, elastische Fasern, Typ-II-Kollagen	wenig Matrix, sehr viele Kollagenfasern, Kollagentyp I und II
Eigenschaften	druckelastisch	elastisch	wenig elastisch
Ort des Vorkommens (Beispiele)	Rippenknorpel, Gelenkknorpel, Trachealknorpel, Nasenknorpel, Kehlkopf: Cartilago thyroidea Cartilago cricoidea	Ohrknorpel Kehlkopf: Cartilago epiglottica	Symphysis pubica, Discus intervertebralis, Gelenkknorpel: Kiefergelenk

Es lassen sich unterscheiden (Abb. 2.33, Tabelle 2.6):
- **hyaliner Knorpel**
- **elastischer Knorpel**
- **Faserknorpel**

Hyaliner Knorpel ist die häufigste Knorpelart. Sein Wassergehalt beträgt 60–70%. Da anorganische Substanzen fehlen, ist hyaliner Knorpel schneidbar. Makroskopisch hat hyaliner Knorpel ein bläulich-milchglasartiges Aussehen. e H6

Histologisch ist für hyalinen Knorpel die Gliederung in mehr oder weniger weit voneinander entfernte Chondrone und in lichtmikroskopisch homogene Matrix charakteristisch. Die Matrix (Interzellularsubstanz) gliedert sich in **Territorien** (Knorpelhöfe) und **Interterritorien.** Lichtmikroskopisch erscheint die Matrix homogen, weil das Kollagen im hyalinen Knorpel in Form von Fibrillen vorliegt, jedoch keine Fasern bildet. Die Fibrillen können jedoch polarisationsmikroskopisch und elektronenmikroskopisch nachgewiesen werden.

Die Kollagenfibrillen des hyalinen Knorpels haben einen jeweils charakteristischen, trajektoriellen Verlauf (vgl. ► S. 157). Er wird von der funktionellen Beanspruchung bestimmt. So verlaufen z. B. die Kollagenfibrillen im *Rippenknorpel* (Abb. 2.34a), der vor allem durch Biegung beansprucht wird, S-förmig, oder im *Gelenkknorpel*, der vor allem Druck ausgesetzt ist, arkadenförmig zur freien Oberfläche hin (Abb. 2.34b). In allen Fällen umgreifen die Kollagenfibrillen die Chondrone und bilden unter der Knorpeloberfläche eine Tangentialfaserschicht, die eigentliche Druckschicht des Knorpels.

Zur Information

Charakteristisch für Knorpel sind seine Druck- und Biegungselastizität. Sie gehen auf das Zusammenwirken der Proteoglykane der Interzellularsubstanz mit dem Kollagen zurück. Zentral ist die Fähigkeit der Proteoglykane, in großer Menge Wasser zu binden. Dadurch entsteht innerhalb des hyalinen Knorpels ein hoher Quelldruck. Lässt nach Kompression des Knorpels der Druck nach, wird sofort wieder der Ausgangszustand hergestellt.

Altersveränderungen. Der Wassergehalt des Knorpels nimmt im Alter ab. Dadurch lässt die Druckelastizität nach. Gleichzeitig können sich die Proteoglykane vermindern und es entstehen Kollagenfaserbündel: Es tritt eine sog. **Asbestfaserung** auf. Ferner kann es zu Höhlenbildung im Knorpel bzw. Verkalkungen kommen.

Vorkommen. U. a. während der Knochenentwicklung, als Rippenknorpel, als Gelenkknorpel, in den Luftwegen als Nasenknorpel, als Knorpelspangen in der Trachea, als Knorpelstückchen in den Bronchen.

Elastischer Knorpel tritt nur an wenigen Stellen auf, z. B. in der Ohrmuschel und im äußeren Gehörgang, in der Tuba auditiva und im Kehlkopfskelett (► S. 645). e H18

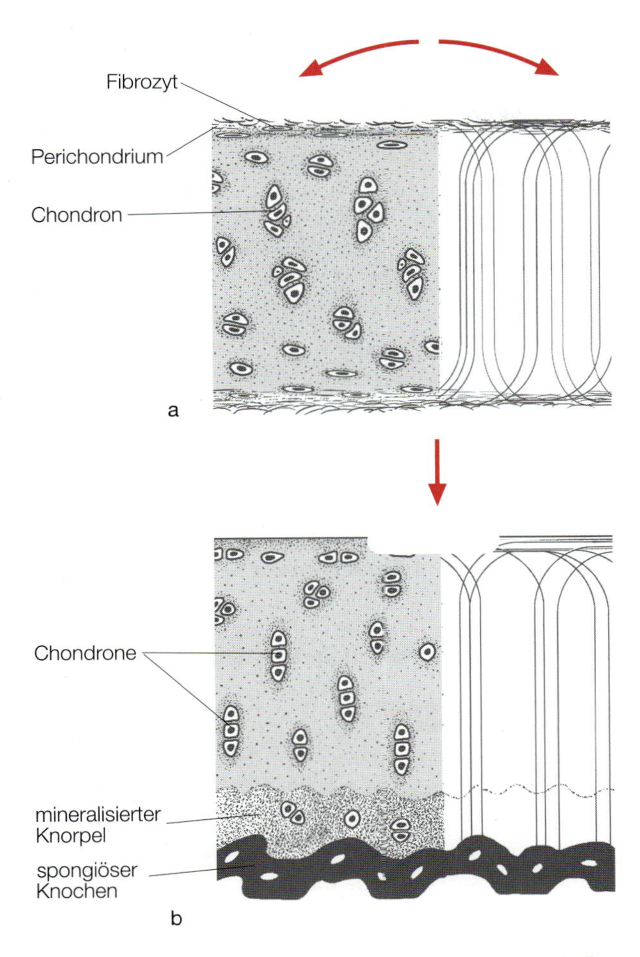

Abb. 2.34 a, b. Hyaliner Knorpel, Anordnung der Knorpelzellen und Verlauf der Kollagenfasern. **a** *Rippenknorpel*: Die Kollagenfasern verlaufen S-förmig. **b** *Gelenkknorpel*: Die Kollagenfasern bilden Arkaden. Die *Pfeile* geben die Richtungen der möglichen Krafteinwirkung an e H6

Elastischer Knorpel ähnelt dem hyalinen Knorpel. Jedoch sind die Chondrone kleiner und enthalten nur wenige Zellen. Interterritorial kommen zusätzlich zu Kollagenfibrillen **elastische Fasern** vor, die Netze bilden. Sie umfassen die Chondrone und strahlen ins Perichondrium ein. Färberisch-histologisch können die elastischen Fasern mit Elastika-Färbungen dargestellt werden.

Faserknorpel unterscheidet sich von den anderen Knorpelarten dadurch, dass

- in den Interterritorien Typ-I-Kollagen vorliegt, das Fasergeflechte bildet,
- Proteoglykane nur in geringer Konzentration vorkommen und
- ein Perichondrium fehlt. e H19

Vorhanden sind jedoch Chondrone mit schmalen Territorien. Die Chondrone des Faserknorpels sind in der Regel klein, spärlich und enthalten nur einen oder wenige Chondrozyten; oft liegen die Chondrone des Faserknorpels in Reihen. Faserknorpel ist gegen Zug sehr widerstandsfähig.

Vorkommen. In Zwischenwirbelscheiben (die Kollagenfasern sind hier nach Art eines Fischgrätenmusters angeordnet), als Gelenkzwischenscheiben, z. B. Meniski des Kniegelenks, als Symphysis pubica, als Sesambeine in Sehnen. Außerdem wird bei der Regeneration von Knorpel zunächst unter dem Perichondrium Faserknorpel gebildet, der sich dann jedoch in hyalinen Knorpel umwandelt.

> **In Kürze**
>
> **Die häufigste Knorpelart ist hyaliner Knorpel. Seine Matrix ist lichtmikroskopisch homogen – gegliedert in Territorien und Interterritorien – und schließt isogene Zellgruppen ein. Die Matrix ist ein Verbund aus Fibrillen vom Typ-II-Kollagen und Proteoglykan-Hyaluronsäure-Aggregaten. Das wichtigste Proteoglykan ist Aggrecan. Elastischer Knorpel hat zusätzlich zum Kollagen elastische Fasern, Faserknorpel Typ-I-Kollagen und Proteoglykane in geringer Konzentration. Knorpel ist gefäß- und nervenfrei. Seine Ernährung erfolgt durch Diffusion vom Perichondrium bzw. vom Gelenkspalt aus.**

Knochen H20–22

Kernaussagen

- **Knochenzellen (Osteozyten) liegen in Knochenhöhlen der Interzellularsubstanz.**
- **In der Interzellularsubstanz des Knochens sind Kollagenfasern durch anorganische Hydroxylapatitkristalle verfilzt und geben dem Knochen seine Festigkeit.**
- **Nach der inneren Organisation sind Lamellen- und Geflechtknochen zu unterscheiden.**
- **Periost und Endost umgeben den Knochen.**
- **Knochen unterliegt einem dauernden Abbau durch Osteoklasten und Wiederaufbau durch Osteoblasten.**
- **Bei der Knochenentwicklung überwiegt die chondrale Ossifikation gegenüber der desmalen.**

Knochen besteht aus

- **Osteozyten** (*Knochenzellen*)
- **Interzellularsubstanzen**

Gleichzeitig besteht eine innere Gliederung, die auf die Anordnung der Knochenzellen und Interzellularsubstanzen zurückgeht. Unter diesem Gesichtspunkt lassen sich unterscheiden

- **Lamellenknochen**
- **Geflechtknochen**

Lamellenknochen überwiegt. Die Lamellen entstehen durch den Wechsel des Steigungswinkels von Kollagenfaserbündeln von Lamelle zu Lamelle (Abb. 2.35). Die Kollagenfaserbündel liegen in der Interzellularsubstanz. An den Lamellengrenzen liegen die Osteozyten. H20

Im Geflechtknochen ist dagegen der Faserverlauf orientierungslos.

Periost, Endost. Ergänzt wird der Knochenaufbau durch Periost und Endost. Sie bekleiden die äußere und innere Knochenoberfläche. Von hier aus erfolgt die Ernährung und die Neubildung von Knochen.

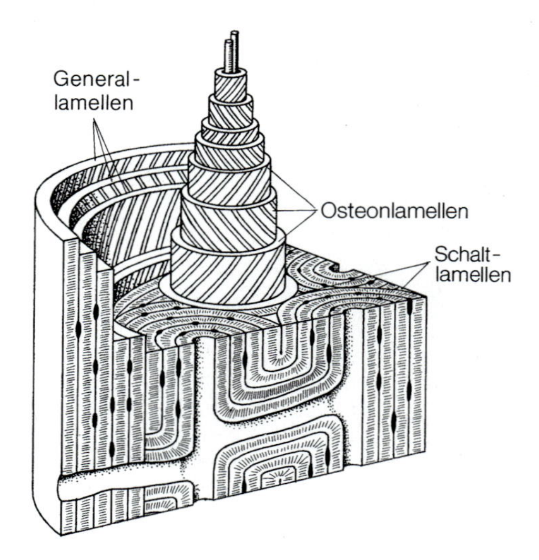

Abb. 2.35. Lamellenknochen. Zu unterscheiden sind Osteonlamellen, Schaltlamellen, Generallamellen. Verlaufsrichtung und Steigungswinkel der Kollagenfasern wechseln von Lamelle zu Lamelle H20

Osteozyten und Interzellularsubstanzen

Wichtig

Osteozyten haben lange Fortsätze. Die Osteozyten befinden sich in Knochenhöhlen, die für die Fortsätze Knochenkanälchen bilden. Die Fortsätze erreichen Gefäße, wo ein Stoffaustausch stattfindet. Die Interzellularsubstanz besteht aus anorganichen Kristallen, die mit Kollagen Typ-I-Fasern vernetzt sind.

Osteozyten (Abb. 2.36) sind flache Zellen mit allseitig langen Fortsätzen. Der Zellleib jedes einzelnen Osteozyten liegt in einer kleinen **Lacuna ossea** (*Knochenzellhöhle*), die von Interzellularsubstanz umgeben ist. Von den Lacunae osseae gehen feine **Canaliculi ossei** (*Knochenkanälchen*) aus, in die Fortsätze der Knochenzellen hineinragen. Die Knochenkanälchen stehen untereinander in Verbindung. Sie bilden ein Labyrinth, das sich zu einer Oberfläche hin öffnet. Aber auch die Fortsätze der Knochenzellen stehen untereinander in Verbindung. Sie bilden Nexus. Hier erfolgt offenbar ein Stoffaustausch zwischen den Knochenzellen. Die Fortsätze der am weitesten zum Lumen der Knochenkanälchen hin gelegenen Knochenzellen ragen über die Knochenkanälchen hinaus und treten an Gefäße heran, wo sie aufnehmen und abgeben, was ihr Stoffwechsel erfordert. Ein

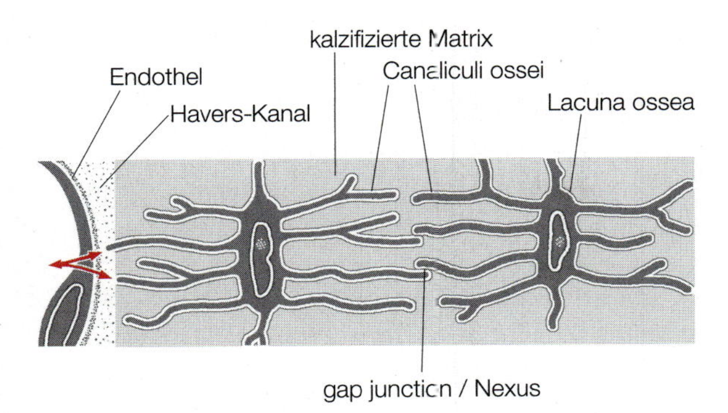

Abb. 2.36. Osteozyten. Sie befinden sich in Knochenhöhlen und deren Ausläufern. Zwischen den Fortsätzen der Osteozyten bestehen gap junctions/Nexus. Die Fortsätze der jeweils innersten Osteozyten erreichen den Havers-Kanal. *Pfeile* geben die Richtungen des Stoffaustauschs an

Stofftransport im Knochen dürfte allerdings auch in schmalen perizellulären Räumen erfolgen, die dadurch entstehen, dass Knochenzellen die Knochenhöhlen unvollständig füllen.

Interzellularsubstanzen setzen sich zusammen aus:

- **organischen Bestandteilen**
- **anorganischen Bestandteilen**

Organische Bestandteile. Zu 95% handelt es sich um Kollagenfasern (Typ-I-Kollagen). Der Rest sind amorphe Interzellularsubstanzen, vor allem Glykosaminoglykane und spezielle Proteine, z. B. *Osteonektin* und *Osteokalzin*.

Anorganische Bestandteile (etwa 50% des Trockengewichts) liegen als intra- und interfibrilläre Kristalle vor, vor allem aus Hydroxylapatit ($Ca_{10}[PO_4]_6[OH]_2$), die die Kollagenfasern zu einem Kristallfilz vernetzen.

Lamellenknochen, Geflechtknochen

Wichtig

Überwiegend bestehen die Knochen des Erwachsenen aus Lamellenknochen. Die Lamellen bilden Osteone mit einem Zentralkanal für Gefäße. Zwischen den Osteonen liegen Schaltlamellen. Generallamellen bilden die äußere und innere Knochenoberfläche von Diaphysen der Röhrenknochen. Beim Geflechtknochen verlaufen die Kollagenfasern der Knochengrundsubstanz irregulär.

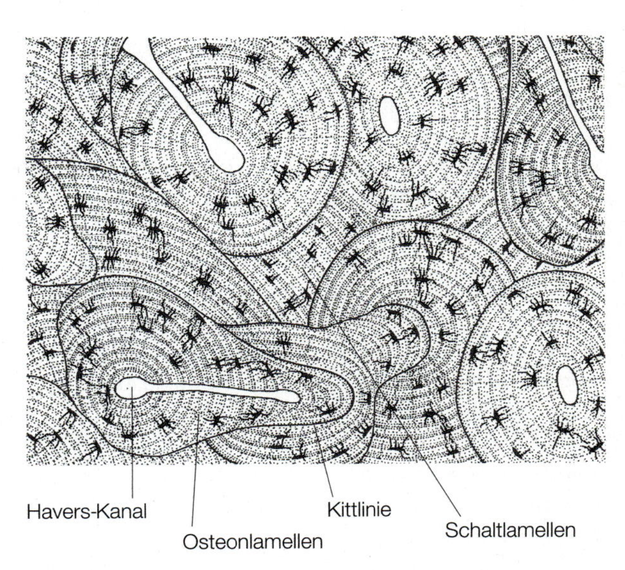

Abb. 2.37. Osteon mit Osteonlamellen. Zwischen den Osteonen befinden sich Schaltlamellen e H20

Lamellenknochen ist das typische Knochengewebe des Erwachsenen.

Zu unterscheiden sind

- **Osteonlamellen**, „Speziallamellen" in einem **Osteon**,
- **Schaltlamellen**, Lamellen zwischen den Osteonen,
- **flach liegende Lamellen** in Knochenbälkchen und
- **Generallamellen** an der äußeren und inneren Knochenoberfläche eines Knochenschaftes.

Bitte informieren Sie sich jetzt über die Gliederung der Knochen (▶ S. 156), da im Folgenden dort erklärte Begriffe verwendet werden.

Osteone, Osteonlamellen (Abb. 2.35, 2.37). Osteone (Durchmesser um 300 µm) sind Komplexe aus 4–20 konzentrisch um einen Kanal, den **Canalis centralis** (*Zentralkanal*, auch *Havers-Kanal*), gelegenen **Osteonlamellen**. Gegeneinander sind Osteone durch Kittsubstanzen abgesetzt.

Osteone kommen nur in der Kompakta von langen Knochen vor (▶ S. 156). Sie können mehrere Zentimeter lang sein (durchschnittlich 0,5–1 cm). Gewöhnlich verlaufen sie in der Knochenlängsachse, sind verzweigt und kommunizieren untereinander. Sie bilden ein verschachteltes System. Osteone sind jedoch keine stationären Strukturen, sondern unterliegen einem dauernden, wenn auch langsamen Umbau, vor allem bei Änderung der Statik.

Der **Zentralkanal** (*Havers-Kanal*) enthält Blutgefäße, Nerven und lockeres Bindegewebe sowie Zellen des Endosts. Die Durchmesser der Zentralkanäle schwanken erheblich (20–100 µm); meistens sind sie in jüngeren Knochen größer als in älteren. Vom Zentralkanal aus erfolgt die Ernährung der Knochenzellen durch Diffusion (▶ oben).

Schaltlamellen (*Lamellae interstitiales*) (◘ Abb. 2.37) sind Lamellenbruchstücke, die in der Kompakta der Diaphyse von Röhrenknochen die Räume zwischen den Osteonen füllen. Es handelt sich um Reste von Osteonen, die während des Lebens dem Umbau anheim gefallen sind.

Flach ausgebreitete Lamellen kommen überall dort vor, wo Osteone fehlen, z. B. in der Spongiosa der Epiphysen oder der kurzen Knochen sowie in der Diploë des Schädeldachs.

Generallamellen (◘ Abb. 2.35). Es handelt sich um jeweils mehrere Lamellen, die an der äußeren und inneren Oberfläche von Diaphysen den Knochen als Ganzes umfassen. Die äußeren Generallamellen liegen unter dem Periost. Die inneren Generallamellen liegen im Röhrenknochen zur Knochenmarkhöhle hin, sind nicht sehr zahlreich und an vielen Stellen unterbrochen.

Geflechtknochen tritt vor allem während der Knochenbildung, aber auch bei der Knochenbruchheilung (▶ unten) auf.

Geflechtknochen zeichnet sich durch einen zufälligen, orientierungslosen Verlauf der Kollagenfasern aus, die teils grobe, teils feine Bündel bilden. Lamellen fehlen. Der Bestand an Osteozyten ist beim Geflechtknochen höher, der an Mineralien geringer als beim Lamellenknochen. Insgesamt ist Geflechtknochen mechanisch weniger belastbar als Lamellenknochen.

In der Regel wird Geflechtknochen in Lamellenknochen umgebaut. Dadurch kommt Geflechtknochen beim Erwachsenen nur an wenigen Stellen vor, z. B. Pars petrosa des Felsenbeins, in der Umgebung der Schädelnähte oder an der Insertion einzelner Sehnen.

Periost, Endost

Wichtig

Im Periost an der äußeren Knochenoberfläche verlaufen die den Knochen ernährenden Gefäße sowie Nerven. Außerdem befinden sich in einer inneren Schicht (Stratum osteogenicum) osteogene Stammzellen, die sich bei Bedarf zu Zellen des Knochenumbaus bzw. der Knochenneubildung differenzieren.

Die Oberflächen des Knochens werden von Bindegewebe bedeckt:

- Periost
- Endost

Das **Periost** befindet sich an der äußeren Knochenoberfläche und gliedert sich in ein **Stratum fibrosum** und **Stratum osteogenicum** (▶ S. 157). Es führt Nerven und Gefäße.

Größere Äste der Arterien treten als **Aa. nutritiae** auf. Sie gelangen durch **Foramina nutritia** in den Knochen und erreichen durch **Canales nutritii** das Knochenmark. In umgekehrter Richtung verlaufen die **Vv. nutritiae. Kleinere Äste** der Aa. periostales verlaufen in **Canales perforantes** (*Volkmann-Kanäle*), die senkrecht zur Knochenoberfläche orientiert und lamellenunabhängig sind. Sie werden nicht von Osteonlamellen umgeben (diagnostisch wichtig). Die Gefäße der Canales perforantes geben längs verlaufende *Havers-Gefäße* (Kapillaren) ab, die in den Zentralkanälchen der Osteone verlaufen. Sie werden gelegentlich von einzelnen Nervenfasern begleitet.

Das **Endost** bekleidet die der äußeren Oberfläche entgegengesetzten Seiten des Knochens (zur Knochenmarkhöhle bzw. zum intertrabekulären Raum hin), aber auch die Wände der Zentralkanälchen im Knochen. Es besteht aus einer dünnen Faserschicht und flachen Zellen (mesenchymale Stammzellen und ruhende Osteoblasten).

Knochenumbau, Knochenbruchheilung

Wichtig

Knochen wird permanent umgebaut. Osteoklasten bauen Knochen ab. Osteoblasten bilden Knochengrundsubstanz und wandeln sich in Osteozyten um. Bei der Knochenbruchheilung wird zunächst Geflechtknochen gebildet, der zu Lamellenknochen umgebaut wird.

Charakteristisch für den Knochen ist sein permanenter Umbau. Hierbei handelt es sich um einen ausbalancierten, nahezu gleichzeitig verlaufenden Knochenab- und -aufbau. Durchschnittlich werden jährlich 10% der Knochensubstanz ersetzt. Gesteigert ist der Umbau, wenn sich Knochen neuen Bedingungen anpassen muss (funktionelle Anpassung), z.B. bei Veränderung der Belastung oder des Stoffwechsels im Organismus, u.a. durch Änderung der Ernährung oder bei Kalziumbedarf.

Zur Information

Knochen ist ein Speicherorgan für Kalzium. Obgleich sich 99% des Kalziums im Knochen und nur 1% im Blut und Gewebe befinden, besteht ein lebhafter Austausch zwischen Blut- und Knochenkalzium. Benötigt wird Kalzium zur Knochenstabilisierung, in gleicher Weise aber auch bei Muskelkontraktionen, Blutgerinnung, Zellhaftung und zahlreichen enzymatischen Vorgängen. Bei erhöhtem Kalziumbedarf erfolgt eine Freisetzung aus dem Hydroxylapatit der Interzellularsubstanz des Knochens, bei Erhöhung des Kalziumspiegels wird Kalzium im Knochen abgelagert.

Durch die Fähigkeit zum Umbau ist Knochen plastisch.

Klinischer Hinweis

Ausgenutzt wird die Plastizität des Knochens bei der Zahnregulierung. Dort, wo durch kieferorthopädische Maßnahmen ein dauernder starker Druck auf den Knochen ausgeübt wird, wird Knochen abgebaut; dort, wo der Druck nachlässt, wird Knochen aufgebaut. Auf diese Weise ändern die Zähne im Laufe der Zeit ihre Stellung.

Verlauf des Knochenumbaus. Eingeleitet wird der Knochenumbau durch Abbau. Dabei kommt es im Bereich von Knochenbälkchen zur **Buchtenbildung, in kompakten Knochenabschnitten mit Osteonen zur Kanalbildung.** In beiden Fällen werden neue Knochenlamellen gebildet, die sich in kompakten Knochenabschnitten zu Osteonen zusammenfügen.

Tätig werden beim Knochenumbau:
- **Osteoblasten**
- **Osteoklasten**

Osteoblasten (Abb. 2.38) entstehen während des ganzen Lebens – von der Embryonalzeit bis zum Lebensende. Sie gehen durch differenzielle Zellteilung aus osteogenen Stammzellen des pluripotenten embryonalen Bindegewebes hervor. Im postnatalen und reifen Kno-

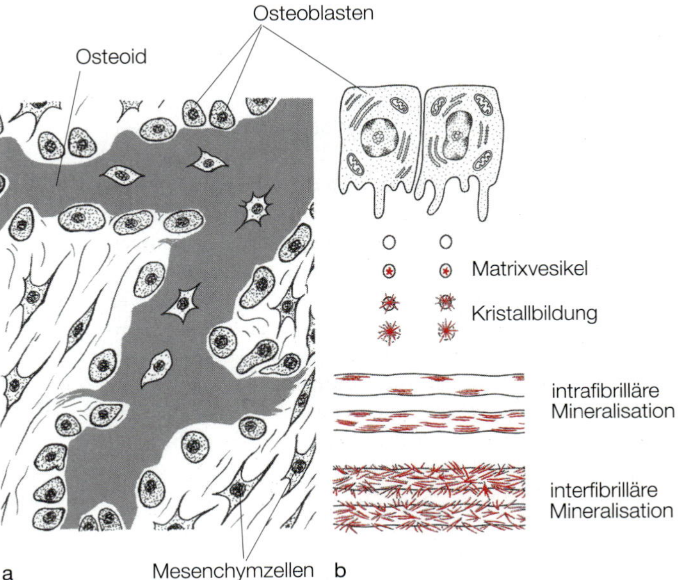

Abb. 2.38 a, b. Knochenbildung durch Osteoblasten. **a** lichtmikroskopisch, **b** elektronenmikroskopisch/molekular

chen befinden sich derartige Zellen im osteogenen Gewebe des Periosts und der Havers-Kanälchen.

Osteoblasten haben die Fähigkeit,
- **Osteoklastenvorläuferzellen zu aktivieren** und
- **Knochenmatrix zu bilden**

Osteoklasten sind vielkernige Riesenzellen. Sie gehen aus hämatopoetischen Stammzellen via Monozyten, Makrophagen und Osteoklastenvorläufern hervor. Osteoklasten bewirken den Abbau der anorganischen Bestandteile des Knochens durch Ansäuerung und der organischen Bestandteile durch Lyse. Osteoklasten liegen in der Regel in Knochenvertiefungen (*Howship-Lakunen*).

Zur Information

Osteoklasten zeichnen sich durch zahlreiche kleine Falten an der dem Knochen zugewandten Seite aus (Abb. 2.38). Dort haften sie mit Zelladhäsionsmolekülen an der Knochenoberfläche und setzen H^+-Ionen frei. H^+-Ionen werden zusammen mit HCO_3-Ionen durch Carboanhydrasen aus H_2CO_3 im Zytoplasma der Osteoklasten gebildet. Sie säuern das Mikromilieu zwischen Osteoklasten und Knochenoberfläche an. Es kommt zum Abbau von Knochen. Die Lyse der organischen Bestandteile erfolgt durch lysosomale und nichtlysosomale Enzyme, u.a. Kathepsin K. Bruchstücke von Kollagenfibrillen und Knochenkristallen werden von Osteoklasten in heterophage Vakuolen aufgenommen und abgebaut.

Funktioneller Hinweis

Funktionell stehen Osteoblasten und Osteoklasten in enger Beziehung (Abb. 2.39). Führend sind die Osteoblasten, sie setzen nämlich Faktoren frei, die die Umwandlung von Osteoklastenvorläuferzellen in aktive Osteoklasten bewirken, und ebenfalls Faktoren, die die Aktivität der Osteoklasten hemmen. Außerdem sezernieren Osteoblasten M-CSF (macrophage colony-stimulating factor), der die Proliferation von Osteoblastenvorläuferzellen fördert.

Aber auch die Osteoblasten unterliegen regelnden Einflüssen. Gefördert wird die Tätigkeit der Osteoblasten zur Aktivierung von Osteoklasten bei Absinken des Kalziumspiegels im Serum durch vermehrte Ausschüttung von Parathormon aus der Nebenschilddrüse (► S. 652). Möglich wird dies, weil Osteoblasten Rezeptoren für Parathormon besitzen. Zur Hemmung der Tätigkeit der Osteoklasten durch die Osteoblasten kommt es, wenn bei Abbau von Knochen aus dessen Matrix der Faktor TGFβ freigesetzt wird und auf die Osteoblasten wirkt. Dann setzen die Osteoblasten den Osteoklastenhemmer Osteoprotegerin (OPG) frei.

Im Einzelnen

Für die Umwandlung der Osteoklastenvorläuferzellen in aktive Osteoklasten ist der Osteoblastenfaktor RANKL (receptor for activation of nuclear factor kappa B ligand) verantwortlich, der an seinen Receptor RANK (receptor for activation of nuclear factor kappa B) an der Oberfläche von Osteoklastenvorläuferzellen bindet. Zur Hemmung der Osteoklasten kommt es, wenn Osteoprotegerin die Signalwirkung von RANKL behindert. Letztlich erfolgt ein Knochenabbau durch Osteoklasten nur dann, wenn in den Osteoblasten die Produktion von OPG vermindert, die von RANKL jedoch erhöht ist.

Matrixbildung durch Osteoblasten (Abb. 2.39). Sie erfolgt dort, wo Osteoklasten Knochensubstanz abgebaut haben. Im ersten Schritt werden die Buchten mit **Osteoid** gefüllt. Es folgen Vorgänge wie bei der Knochenentwicklung (► unten).

Knochenbruchheilung. Sie geht vom Periost bzw. Endost aus. Bei Knochenbrüchen ist eine Dislokation der Bruch-

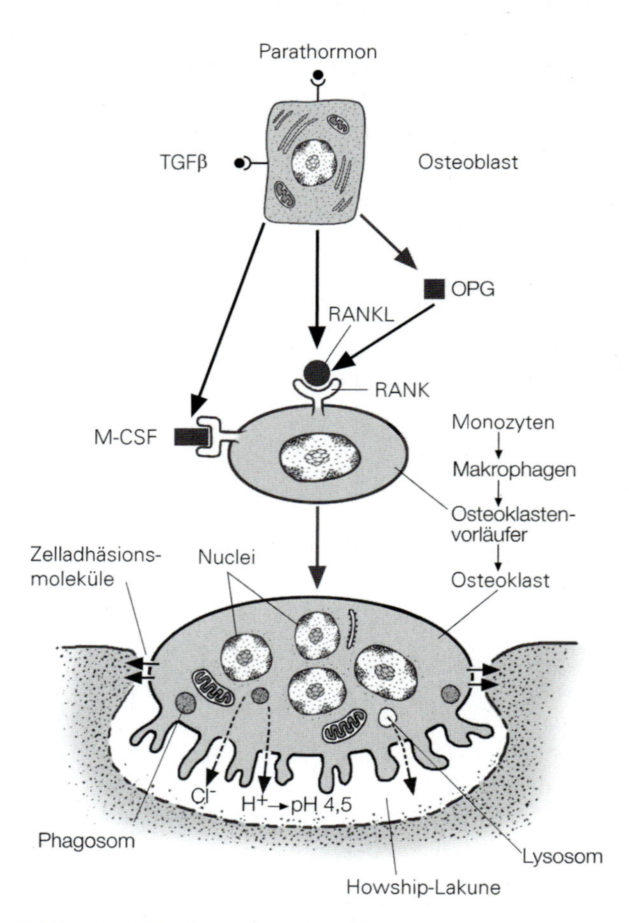

Abb. 2.39. Knochenumbau. Osteoklasten entstehen unter dem Einfluss von Osteoblasten aus Osteoklastenvorläufern (Makrophagen). Osteoklasten liegen dann in Lakunen und bauen Knochen ab. Abkürzungen siehe Text

enden üblich. Dabei kommt es zum Bluterguss. Gleichzeitig räumen Makrophagen das an den Bruchenden zugrundegegangene Gewebe ab. Anschließend füllt faserreiches Bindegewebe die Spalten aus und Osteoblasten bilden Geflechtknochen oder es kommt zur Knorpelbildung mit folgender Ossifikation. Das neu gebildete Gewebe wird als **Kallus** bezeichnet. Schließlich entsteht durch Umbau Lamellenknochen. Der Vorgang dauert mehrere Wochen und ist mit Bildung überschüssigen Kallus verbunden. Die Rückbildung des Kallus dauert sehr viel länger.

Knochenentwicklung e H21, 22

Wichtig

Die Knochenentwicklung erfolgt desmal, überwiegend aber chondral. Die chondrale Knochenentwicklung findet auf der Basis einer Knorpelmatrize statt. Bei Röhrenknochen verläuft die Knochenentwicklung am Schaft perichondral, am Schaftende enchondral.

Zu unterscheiden sind
- **desmale Ossifikation** (*direkte Knochenbildung*), bei der Knochen direkt im Mesenchym entsteht, und
- **chondrale Ossifikation** (*indirekte Knochenbildung*). Hierbei geht die Knochenbildung von einer Knorpelmatrize aus, die schrittweise abgebaut und durch Knochen ersetzt wird.

In beiden Fällen wird zunächst Geflechtknochen gebildet, der mit wenigen Ausnahmen (▶ oben) während der weiteren Entwicklung durch Lamellenknochen ersetzt wird.

Die desmale Ossifikation (Abb. 2.38) beginnt mit Verdichtung und starker Kapillarisierung des Mesenchyms an den für die Knochenbildung vorgesehenen Stellen. Die Mesenchymzellen wandeln sich durch Vergrößerung in Knochenvorläuferzellen mit großem ovalen Kern und relativ viel Zytoplasma um. Durch weitere Vergrößerung der Zellen und Vermehrung der Ausstattung mit Zellorganellen (RER, Golgiapparat, Mitochondrien) und Ausbildung von Fortsätzen entstehen schließlich Osteoblasten. e H21

Die Knochenbildung beginnt mit der Abgabe einer homogenen Grundsubstanz (**Osteoid**), in die Kollagenfibrillen eingelagert sind.

Die mineralischen Bestandteile verlassen den Osteoblasten als Matrixvesikel, die Kalzium in Komplexbindung mit basischen Proteinen oder Phospholipiden enthalten. Die Matrixvesikel lagern sich auf den Kollagenfasern auf, ihr Inhalt kristallisiert und vernetzt sich zu einem Kristallfilz (▶ oben). Der so entstandene Knochen entspricht einem verkalkten faserreichen Bindegewebe und ist **Geflechtknochen.**

Diese Art der Knochenbildung erfolgt bei einigen Schädelknochen bzw. bei Teilen davon (Os frontale, Os parietale, Teile der Ossa temporalia, des Os occipitale, des Os mandibulare, des Os maxillare, ▶ S. 553) sowie von anderen platten Knochen. Sie geht jeweils von isoliert gelegenen Zentren aus, die in der Folgezeit verschmelzen, Knochenbälkchen und schließlich eine Spongiosa bilden (bei den Schädelknochen als Diploë bezeichnet). Als Letztes entsteht die äußere und innere Knochenschale.

Die chondrale Ossifikation (Abb. 2.40) ist typisch für die Entwicklung langer und kurzer Knochen. Sie geht von einer Knorpelmatrize aus. Der hyaline Knochenvorläufer ist verglichen mit dem späteren Knochen plump und weist keine Oberflächendetails auf. Erkennbar sind jedoch bei den Anlagen von Röhrenknochen die beiden Epiphysen und die Diaphyse. e H22

Bei der chondralen Ossifikation von langen und kurzen Knochen spielen sich zwei Teilvorgänge ab:
- **perichondrale Ossifikation**
- **enchondrale Ossifikation**

Die perichondrale Ossifikation (Abb. 2.40 a) beginnt in der Mitte des Knochenschafts und schreitet von dort bis zum Übergangsbereich zu den Epiphysen fort. Dabei entsteht um die Knorpelmatrize ein Mantel aus Geflechtknochen (**perichondrale Knochenmanschette**). Sie wird von Osteoblasten gebildet, die aus dem Mesenchym des Perichondriums hervorgehen. Später wird der Geflechtknochen in Lamellenknochen umgewandelt.

Der unter der Manschette liegende Knorpel wird abgebaut. Zunächst jedoch hypertrophieren die Knorpelzellen, die Interzellularsubstanz vermindert sich und beginnt zu verkalken. Es ist **Blasenknorpel** entstanden. Dann wird die Knochenmanschette von Osteoklasten perforiert. Blutgefäße dringen ein und erreichen den Knorpel. Miteingedrungene Mesenchymzellen bauen als Chondroklasten den Knorpel teilweise ab. Teilweise füllen sie die ehemaligen Knorpellakunen aus. Es ist eine *Einbruchzone* entstanden. Viele der Mesenchymzel-

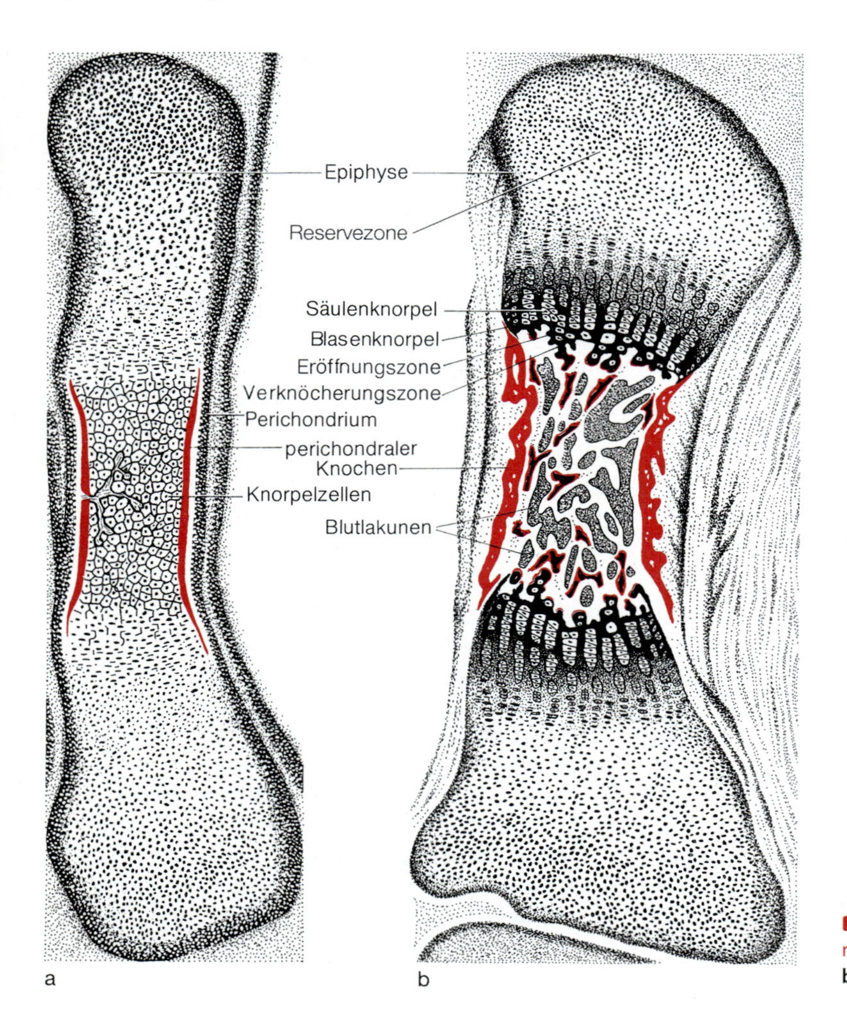

Abb. 2.40 a, b. Knochenentwicklung, Röhrenknochen. **a** Perichondrale Knochenbildung. **b** Enchondrale Knochenbildung H22

len werden zu Osteoblasten, die an der Oberfläche der Knorpelreste Geflechtknochen bilden. Es resultiert ein Bälkchenwerk aus Geflechtknochen (*primäres Ossifikationszentrum*).

Die Räume zwischen den Bälkchen werden von Blutgefäßen und Mesenchym ausgefüllt (*primäres Knochenmark*). Etwa ab 5. Entwicklungsmonat wandeln sich Mesenchymzellen in Retikulumzellen und Blutvorläuferzellen um. Zu diesem Zeitpunkt beginnt die Blutbildung und es wird von *sekundärem Knochenmark* gesprochen.

Die Knochenbälkchen unter der Knochenmanschette werden im Laufe der Zeit durch Osteoklasten abgebaut; dadurch erweitert sich die Knochenmarkhöhle bis zu einer **Umbauzone zwischen Diaphyse und Epiphyse**. Hier erfolgt die enchondrale Ossifikation.

Enchondrale Ossifikation (Abb. 2.40 b). Die Umbauzone zwischen Epiphyse und Diaphyse bleibt erhalten, solange der Knochen wächst, auch wenn Epiphyse und Diaphyse bereits weitgehend verknöchert sind. Die Umbauzone wird dann als **Wachstumsfuge** (**Metaphyse, Epiphysenplatte**) bezeichnet. Die Umbauzone lässt eine **Zonengliederung** erkennen. Jede Zone entspricht einem Entwicklungsschritt.

Von der Epiphyse her folgen aufeinander:

- **Reservezone.** Sie besteht aus hyalinem Knorpel. In frühen Entwicklungsstadien handelt es sich um die ganze Epiphyse; später, wenn in der Epiphyse die Verknöcherung beginnt (▶ unten), handelt es sich um einen breiten Streifen aus hyalinem Knorpel.
- **Proliferationszone.** In dieser Zone teilen sich die Knorpelzellen lebhaft und ordnen sich säulenartig

in der Längsachse des Knochens an; deswegen wird auch von **Säulenknorpel** gesprochen. Die Interzellularsubstanzen werden kaum noch gebildet und nehmen ab.

- **Resorptionszone.** Diaphysenwärts werden die Knorpelzellen (und damit die Knorpelhöhlen) immer größer; die Knorpelzellen enthalten viel Glykogen. Es liegt **Blasenknorpel** vor. Interzellularsubstanz beschränkt sich auf schmale Septen, die Kalkeinlagerungen aufweisen.
- **Verknöcherungszone.** Die Knorpelzellen gehen entweder zugrunde oder werden aus ihren Knorpelhöhlen durch Chondroklasten freigesetzt – daher auch **Eröffnungszone.** In der Knorpelgrundsubstanz kommt es zu Kalkablagerungen. Vor allem lagern sich aber den verbliebenen, z. T. verkalkten Knorpelspangen Osteoblasten auf, die Geflechtknochen bilden. Dadurch entsteht ein Netzwerk aus Knochenbälkchen, das mit der perichondralen Knochenmanschette in Verbindung steht.

Verknöcherung der Epiphyse. Sehr viel später als in den Diaphysen bildet sich im Inneren der Epiphysen Blasenknorpel. Aus der Umgebung wachsen in dieses Gebiet Gefäße und Mesenchymzellen ein. Es folgen Umbauvorgänge, die denen in den Diaphysen während der Verknöcherung entsprechen (▶ oben). Die Ausbildung der Knochenbälkchen schreitet vom Epiphysenzentrum zur Peripherie hin fort. An der Oberfläche der Epiphysen bildet sich eine Knochenschale. Ausgenommen bleibt der Gelenkbereich (Gelenkknorpel) und – solange der Knochen wächst – die Grenze zwischen Epi- und Diaphyse (*Metaphyse, Wachstumsfuge*, ▶ oben).

Die Knochenkerne in den Epiphysen bilden sich in jedem einzelnen Knochen zu festgelegter Zeit, meist postnatal. Zur Zeit der Geburt besitzen lediglich die distalen Femurepiphysen und proximalen Tibiaepiphysen Knochenkerne. Anhand der bereits gebildeten epiphysären Knochenkerne kann das Alter eines Kindes bestimmt werden (Reifezeichen ▶ S. 121).

Knochenwachstum. Beim **Dickenwachstum** wird im Wesentlichen Knochen an der äußeren Oberfläche appositionell angelagert, während von der inneren Oberfläche her Knochen abgebaut wird. Das **Längenwachstum** kommt dadurch zustande, dass das Gebiet der enchondralen Verknöcherung im Bereich der späteren Epiphysenplatte unter Beibehaltung der Dicke der Wachstumsfuge langsam epiphysenwärts rückt.

Zur Information

Entwicklung und Erhaltung der Knochensubstanz unterliegen humoralen (hormonalen) und mechanischen Einflüssen.

Zu den *Hormonen*, die die Knochenentwicklung beeinflussen, gehört das *Wachstumshormon der Hypophyse.* Mangel an diesen Hormonen im Kindesalter bedingt Zwergwuchs, überschüssige Bildung Gigantismus, beim Erwachsenen Akromegalie (Wachstum der »Akren«: Hände, Füße, Nase, Kinn).

Ferner haben *Geschlechtshormone* Einfluss auf das Knochenwachstum und die Erhaltung des Knochens. Bei Mangel an Geschlechtshormonen kommt es zum vermehrten Knochenabbau (*Osteoporose*), z. B. bei der Frau mit Beginn des Klimakteriums.

Vitamine. Einen direkten Einfluss auf die Ossifikation hat *Vitamin D.* Bei Vitamin-D-Mangel tritt eine ungenügende Kalzifizierung des Knochens ein. Dadurch kann es zur Rachitis mit Knochenverformungen kommen.

Vitamin A steuert die reguläre Verteilung und Aktivität von Osteoblasten und Osteoklasten. Bei Vitamin-A-Mangel wird nicht ausreichend amorphe Interzellularsubstanz synthetisiert.

Mechanische Einflüsse. Für die Aufrechterhaltung des Kalziumbestandes ist eine *Beanspruchung des Knochens* erforderlich. Bei Patienten, die lange bettlägerig sind, kommt es zu einer Verminderung der anorganischen Bestandteile im Knochen. Außerdem wirkt die Belastung strukturerhaltend auf den Knochen; Kalziumverlust tritt bei Aufenthalt im schwerelosen Raum auf.

In Kürze

Stabilität, Plastizität sowie Knochenbruchheilung sind an eine permanente Aktivität von Osteozyten gebunden. Alle Vorgänge unterliegen regelnden Einflüssen, vor allem von Hormonen und Vitaminen. – Jugendformen von Osteozyten sind Osteoblasten. Sie gehen aus dem Mesenchym hervor und können auch noch im reifen Knochen aus osteogenen Stammzellen entstehen. Osteoblasten bilden die organischen und anorganischen Interzellularsubstanzen des Knochens und induzieren beim Knochenumbau die Entstehung von Osteoklasten aus Monozyten bzw. Makrophagen. Osteozyten liegen im reifen Knochen in Knochenzellhöhlen, die vermittels feiner Kanälchen ein Labyrinth bilden. Untereinander stehen die Osteozyten über ihre Fortsätze in Verbindung und treten letztlich zu Kapillaren in Beziehung. Im Lamellenknochen liegen die Osteozyten an den Lamellengrenzen. Die Lamellen können als Osteonlamellen um einen Zentralkanal (Havers-Kanal) angeordnet sein, aber auch

als Schaltlamellen, flache Lamellen oder Generallamellen vorliegen. Im Geflechtknochen bestehen keine Lamellen. – Die Knochenentwicklung kann direkt im Mesenchym vermittels desmaler Ossifikation oder indirekt unter Vermittlung einer Knorpelmatrize erfolgen (chondrale Ossifikation). Die chondrale Ossifikation spielt sich perichondral durch Bildung einer Knochenmanschette oder enchondral in einer Umbauzone zwischen Dia- und Epiphyse ab, die tätig bleibt, solange der Knochen wächst (Wachstumsfuge). Die Umbauzone gliedert sich in verschiedene Zonen, die den Entwicklungsschritten entsprechen.

2.3 Muskelgewebe e H23–25

Zur Information

Muskulatur ist kontraktil. Sie kann sich unter ATP-Verbrauch verkürzen und Spannung entwickeln. Gebunden ist dies an zytoplasmatische **Myofibrillen** in den immer langgestreckten Muskelzellen. Dies gilt für alle drei Arten von Muskelgewebe.

Myofibrillen bestehen aus den Proteinen **Aktin** und **Myosin**. Durch ihr Zusammenwirken wird bei der Kontraktion chemische Energie direkt in mechanische Energie verwandelt.

Unter Berücksichtigung morphologischer und funktioneller Gesichtspunkte lassen sich unterscheiden (Abb. 2.41, Tabelle 2.7):

- **glatte Muskulatur** e H23
- **quer gestreifte Muskulatur**
  - **Skelettmuskulatur** e H24
  - **Herzmuskulatur** e H25

Zur Information

Kontraktile Zellen kommen nicht nur im Muskelgewebe vor, sondern auch als

- *Myoepithelzellen* in exokrinen Drüsen,
- *Myofibroblasten*, z. B. in den Alveolarsepten der Lunge und
- *Perizyten* in Kapillarwänden.

Zur Entwicklung

Die Muskulatur entwickelt sich überwiegend aus dem *Mesoderm*:

- **die Skelettmuskulatur** aus **Myoblasten** des **segmentierten Mesoderms** der **Somiten** und des **paraxialen Kopfmesoderms** (▶ S. 115),

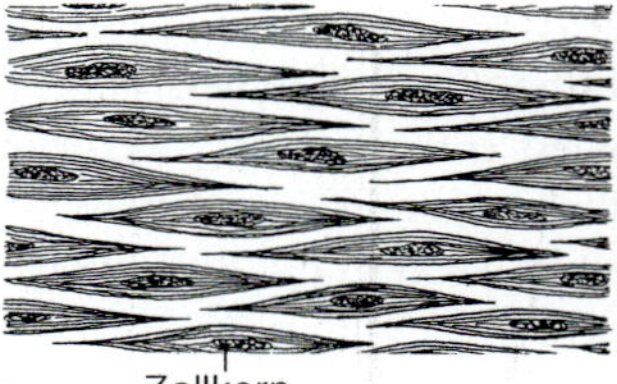

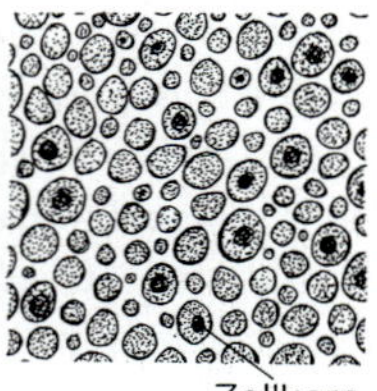

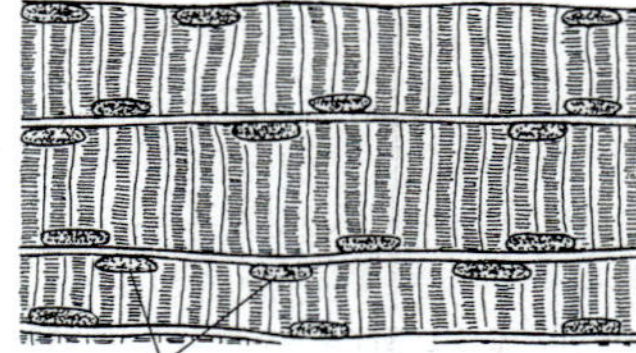

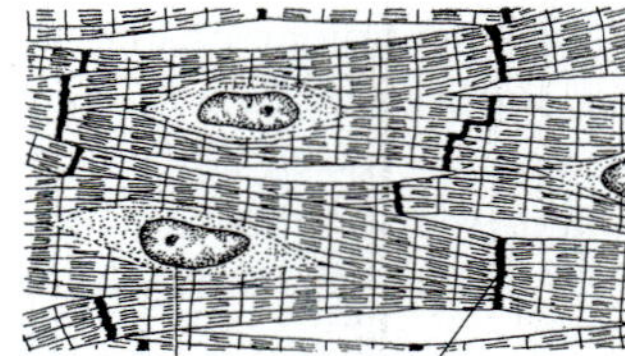

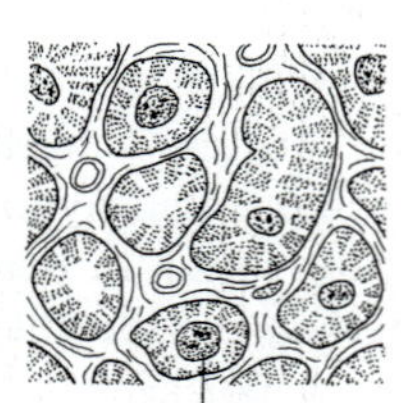

Abb. 2.41 a–c. Muskelgewebe. **a** Glatte Muskelzellen. **b** Quer gestreifte Skelettmuskelfasern. **c** Herzmuskelzellen. Zur Beachtung: der Maßstab ist verschieden, genaue Maße im Text e H23–25

- **die glatte Muskulatur** und die **Herzmuskulatur** hauptsächlich aus dem **unsegmentierten viszeralen Mesoderm** (Splanchnopleura, ▶ S. 116) und der **Kutisplatte** (▶ unten).

Eine Sonderstellung nehmen die **Kopfmuskulatur** und die **aus den Branchialbögen hervorgegangenen** Muskeln (z. B. Kaumuskulatur) ein. Obgleich es sich um quer gestreifte Skelettmuskulatur handelt, entstehen sie wie die glatte Muskulatur aus **unsegmentiertem Mesoderm.** Gleiches gilt für die quer gestreifte Muskulatur im unterem Drittel des Ösophagus.

Eine weitere Ausnahme machen innere Augenmuskelzellen und Myoepithelzellen. Sie gehen aus dem **Ektoderm** hervor.

Während der Muskeldifferenzierung treten im Zytoplasma der Myoblasten als erstes dünne, noch unregelmäßig angeordnete Aktinfilamente auf. Später folgen dickere Filamente aus Myosin. Schließlich ordnen sich im Skelett- und Herzmuskel dünne und dicke Filamente zu den für die reife Muskelfaser

Tabelle 2.7. Vergleich zwischen den Muskelgeweben

	glatte Muskulatur	Skelettmuskulatur	Herzmuskulatur
kleinstes Bauelement	*spindelige* Muskelzelle	Muskelfaser	verzweigte Muskelzelle
Anordnung der Bauelemente	Bündelung, Überlappung	parallele Bündelung	Raumnetz
Zellkern	ein, *zentral*, stäbchenförmig	*viele, randständig,* ovoid-linsenförmig	ein bis zwei, *zentral*, ovoid-abgestumpft
kontraktile Struktur	Myofilament	*quer gestreifte* Myofibrille	*quer gestreifte* Myofibrille
Verbindung der Muskelzellen untereinander	tight und gap junctions, argyrophile Fasern	Endomysium, Sarkolemm	*Disci intercalares*
Innervation	vegetatives Nervensystem	animales Nervensystem	Erregungsleitungssystem, vegetative Nerven
Strukturen der Erregungsübertragung	Synapsen en distance	motorische Endplatten	gap junctions, Synapsen en distance

charakteristischen Myofibrillen. Die Vermehrung der Myofibrillen erfolgt durch Längsteilung, nachdem durch Anlagerung von neu gebildeten Myofilamenten eine bestimmte Größe überschritten ist.

Skelettmuskelfasern entstehen durch Verschmelzung von Myoblasten und sind deswegen vielkernige Synzytien. Ihre Zellkerne liegen zunächst in der Fasermitte, wandern später jedoch unter die Zelloberfläche.

Nomenklatur. Muskelfasern sind hoch differenzierte Zellen. Ihre Strukturen haben spezielle Bezeichnungen:

- **Sarkoplasma:** Zytoplasma der Muskelzellen (ohne Myofibrillen),
- **sarkoplasmatisches Retikulum:** glattes endoplasmatisches Retikulum,
- **Sarkosomen:** Mitochondrien,
- **Sarkolemm:** Plasmalemm der Muskelfasern. Ursprünglich stammt dieser Begriff aus der Lichtmikroskopie; mit dem Lichtmikroskop sind jedoch die drei Schichten an der Oberfläche der Muskelfasern, nämlich Plasmalemm, Basallamina und Netzwerk retikulärer Fasern, nicht voneinander zu unterscheiden.

2.3.1 Glatte Muskulatur  H23

Kernaussagen

- **Glatte Muskulatur besteht aus spindelförmigen Zellen.**
- **Die Aktin- und Myosinfilamente sind unregelmäßig angeordnet.**
- **Eine Querstreifung fehlt.**
- **Die Kontraktion der glatten Muskelzellen erfolgt langsam und unwillkürlich.**

Glatte Muskulatur kommt dort vor, wo ohne großen Energieaufwand ein Tonus gehalten werden muss, z. B. in Gefäßwänden oder in der Wand der Eingeweide, z. B. des Magen-Darmkanals. Damit steht im Zusammenhang, dass glatte Muskulatur nicht ermüdet. Verharrt glatte Muskulatur in einem Kontraktionszustand, entstehen Spasmen oder Koliken. Innerviert wird die glatte Muskulatur vom vegetativen Nervensystem.

Häufig bilden glatte Muskelzellen **Bündel**, die durch Bindegewebe zusammengehalten werden und in denen sich die Muskelzellen überlappen. Die Verlaufsrichtung der glatten Muskelzellen kann lagenweise wechseln. In manchen Organen liegen glatte Muskelzellen jedoch **ein-**

zeln und sind locker im Bindegewebe verteilt (z. B. Prostata, Samenblase). Schließlich können glatte Muskelzellen **kleine Muskeln** bilden, beispielsweise die Mm. arrectores pilorum der Haut (▶ S. 225).

Glatte Muskelzellen (◘ Abb. 2.41, 2.42) sind meist spindelförmig und selten verzweigt. Ihre Länge beträgt 50–400 µm, ihr Durchmesser 2–10 µm. Besonders lang sind die glatten Muskelzellen des Uterus (in der Schwangerschaft bis zu 500 µm). Glatte Muskelzellen können sich mitotisch teilen und sind zur Hypertrophie befähigt. Glatte Muskelzellen sind an ihrer gesamten Oberfläche von einer Basallamina umgeben.

Der Kern der glatten Muskelzellen ist zigarrenförmig und hat abgerundete Enden. Er liegt in der **Mitte der Zellen** und fältelt sich bei Kontraktion.

Das Zytoplasma der glatten Muskelzellen weist in der Umgebung des Kerns wenige Mitochondrien, wenig GER und einen kleinen Golgiapparat auf. Glatte Muskelzellen sind sehr glykogenreich. An der Plasmamembran befinden sich zahlreiche **Caveolae**, die wohl Orte des Einstroms von Ca^{++}-Ionen sind. Außerdem kommen im Zytoplasma glatter Muskelzellen **Sekretgranula** vor, da glatte Muskelzellen Kollagen, Elastin und Glykosaminoglykane sezernieren können.

Hauptsächlich wird der größte Teil des Zytoplasmas der glatten Muskelzellen außerhalb der Kernzone aber von dünnen **Aktinfilamenten** eingenommen, die in manchen glatten Muskelzellen parallel zur Längsachse, in anderen gitterwerkähnlich angeordnet sind. Sie befestigen sich an lokalen Verdichtungen des Zytoplasmas und des Plasmalemms (Plaques). Zwischen den Aktinfilamenten liegen relativ wenige **Myosinfilamente**, die mit den Aktinfilamenten kooperieren.

Zur Information

Durch die Kooperation von Aktin und Myosin kommt es zur Verkürzung (Kontraktion) der glatten Muskelzelle. Sie erfolgt, wenn im Zytoplasma der Zelle befindliches Ca^{++} an *Kalmodulin* (kalziumbindendes Protein) bindet, Myosin aktiviert wird und ein *Gleitmechanismus* zwischen Aktin und Myosin ähnlich dem der Skelettmuskulatur zustande kommt (▶ unten). Die Kontraktionen der glatten Muskulatur sind sehr viel langsamer (wurmartig), jedoch ausdauernder als die der Skelettmuskulatur.

Außer Myofilamenten kommen in glatten Muskelzellen intermediäre Filamente aus **Desmin** bzw. **Vimentin** vor, die kreuz und quer durch das Zytoplasma verlaufen und zusammen mit Aktinfilamenten an den zytoplasmatischen Verdichtungen und an Plaques der Plasmamembran befestigt sind.

Verbindungen zwischen glatten Muskelzellen. Glatte Muskelzellen sind, sofern sie nicht einzeln liegen, durch

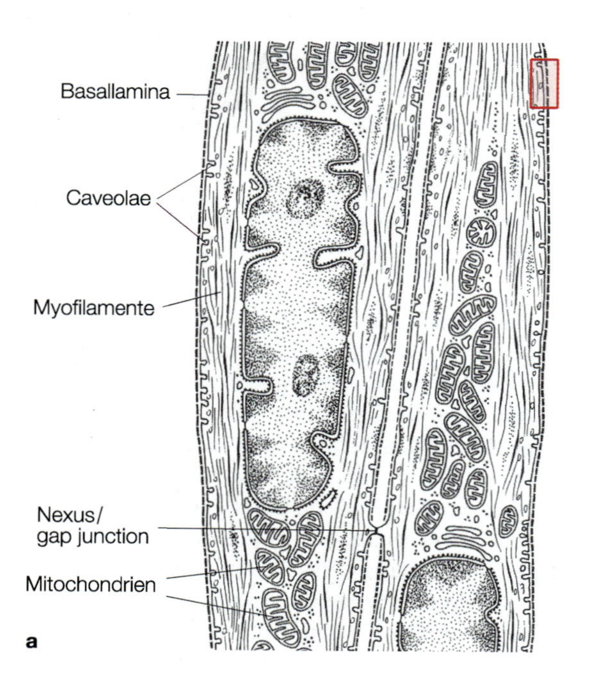

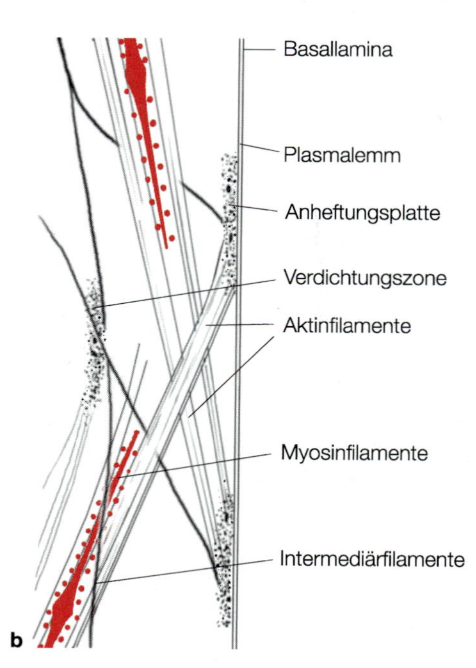

◘ **Abb. 2.42 a, b.** Glatte Muskelzellen. **a** Elektronenmikroskopisch, **b** molekular

Zelladhäsionen (bei stets vorhandener Basallamina) verbunden. Hinzu kommen **Nexus** (*gap junctions*). Zahlreich sind sie bei Verbänden glatter Muskelzellen, die sich zu Einheiten zusammenschließen können und zu Eigenkontraktionen fähig sind, z. B. die Muskulatur der Darmwand. Immer sind glatte Muskelzellen von argyrophilen Fasernetzen umsponnen und in umgebende Bindegewebsstrukturen eingebunden, die die von Kontraktionen erzeugten Spannungen weitergeben.

Die Innervation der glatten Muskulatur erfolgt durch das **vegetative Nervensystem**, in der Regel durch Synapsen en passant (► S. 78). An manchen glatten Muskelzellen, z. B. im Ductus deferens, bestehen jedoch auch direkte Membrankontakte zwischen Nervenendigungen und dem Plasmalemm der Muskelzelle. An den zu Eigenkontraktionen fähigen Verbänden glatter Muskelzellen hat das vegetative Nervensystem lediglich modulierenden Einfluss.

In Kürze

Glatte Muskelzellen können einzeln liegen, Bündel oder kleine Muskeln bilden. Die Zellkerne befinden sich in der Muskelzellmitte und Aktin bildet in der Regel ein zytoplasmatisches Netzwerk. Eingelagert ist Myosin. Dort, wo zwischen benachbarten glatten Muskelzellen zahlreiche Nexus vorkommen, entsteht ein funktionelles Synzytium, das zu autonomen Kontraktionen fähig ist. Glatte Muskelzellen werden vom vegetativen Nervensystem innerviert.

2.3.2 Skelettmuskulatur e H24

Kernaussagen

- **Skelettmuskulatur besteht aus quer gestreiften Muskelfasern.**
- **Die Querstreifung geht auf die Anordnung von Aktin- und Myosinfilamenten zurück, die gemeinsam Myofibrillen bilden.**
- **Bei Muskelkontraktion erfolgt eine teleskopartige Verschiebung der Aktin- und Myosinfilamente.**
- **Kontraktionen werden durch Freisetzung von Ca^{++}-Ionen aus dem sarkoplasmatischen Retikulum der Muskelzellen ausgelöst.**
- **Es gibt verschiedene Muskelfasertypen.**
- **Die Innervation der Skelettmuskelfasern erfolgt durch motorische Endplatten und deren Regulation durch Muskelspindeln.**

Skelettmuskulatur ist die Muskulatur des Bewegungsapparats. Sie besteht aus **quer gestreiften Muskelfasern** (Abb. 2.43 a). Skelettmuskulatur wird sie genannt, weil sie überwiegend am Skelett entspringt und ansetzt. Es gibt jedoch Ausnahmen, z. B. in der Zunge, im Pharynx, Larynx und im oberen Ösophagus.

Quer gestreifte Muskelfasern können bis zu 15 cm lang und zwischen 10 und 100 µm dick sein. Sie sind **vielkernig**, haben bis zu 100 Zellkerne, die **randständig** unter dem Plasmalemm liegen. Umgeben werden die Muskelfasern von einer Basallamina.

Weitere Charakteristika der Skelettmuskelfasern sind:
- **quer gestreifte Myofibrillen**
- **sarkoplasmatisches Retikulum**
- **Sarkosomen**
- **Myoglobin**

Myofibrillen (Abb. 2.43 b) haben einen Durchmesser von 1–2 µm. Sie sind lichtmikroskopisch eben sichtbar. Myofibrillen liegen in der Längsachse der Muskelzellen und sind untereinander durch das Protein **Desmin** verknüpft. Sie bilden Gruppen. Unter dem Einfluss der Fixierung entsteht dadurch auf Querschnitten das Bild einer Myofibrillenfelderung (*Cohnheim-Felderung*).

Die Myofibrillen der Skelettmuskulatur sind **quer gestreift.** Dadurch, dass bei allen in einer Muskelfaser vorhandenen Myofibrillen die jeweils gleichen Streifen in gleicher Höhe nebeneinander liegen, sind auch die Muskelfasern der Skelettmuskulatur als Ganzes quer gestreift.

Ultrastrukturell bestehen Myofibrillen aus
- **Myofilamenten**, die sich aus
  - **dünnen Aktinfilamenten** und
  - **dicken Myosinfilamenten** zusammensetzen.

Durch Zusammenwirken von Aktin- und Myosinfilamenten kommt es zu Kontraktionen.

Die Myofilamente sind die Struktur- und Funktionsträger der quer gestreiften Muskulatur.

Aktinfilamente sind etwa 1 µm lang und 5–6 nm dick. Sie bestehen aus *Aktin, Tropomyosin* und *Troponin.*

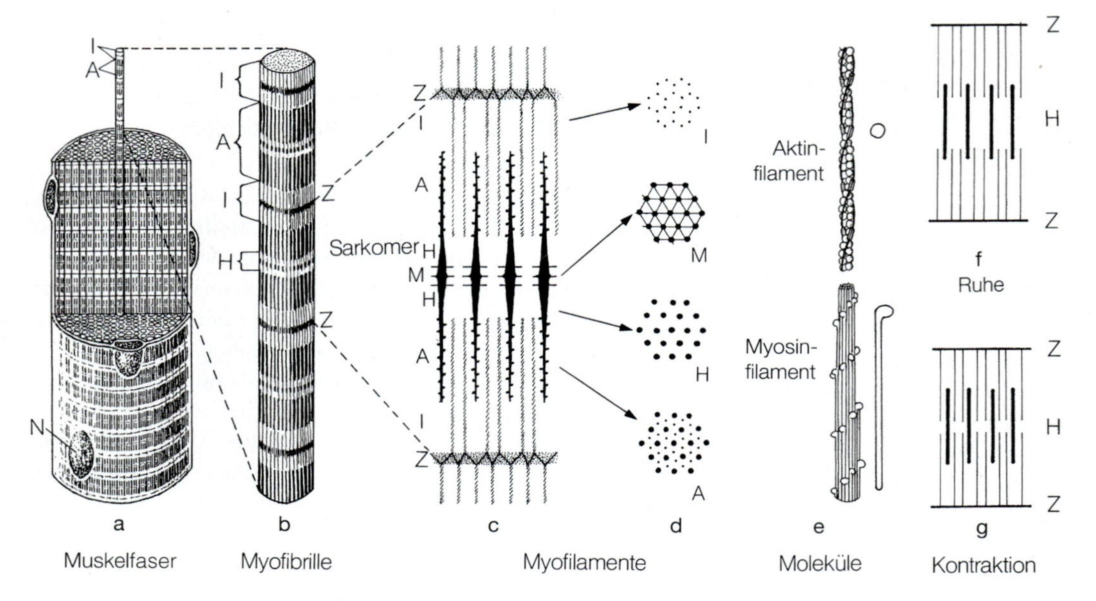

Abb. 2.43 a–g. Skelettmuskulatur. **a** Quer gestreifte Skelettmuskelfaser. *N* Nukleus; *I* helle, *A* dunkle Streifen einer Myofibrille. **b** Myofibrille mit I-, A-, H- und Z-Streifen. **c** Sarkomere von Z- zu Z-Streifen mit ihrer Gliederung. Dünne Aktinfilamente und dicke Myosinfilamente sind miteinander verzahnt. **d** Querschnitte durch die verschiedenen Segmente (*I, M, H, A*). **e** Molekularer Bau von Aktin- und Myosinfilamenten. **f** Sarkomere in Ruhestellung, **g** bei Kontraktion

Aktin ist ein globuläres Protein. Die einzelnen Partikel (Durchmesser 5,5 nm) legen sich zu zwei verdrillten Strängen zusammen (Abb. 2.43 e). In den Rinnen zwischen den Aktinketten liegen lange, starre **Tropomyosinmoleküle,** die ihrerseits in regelmäßigen Abständen mit **Troponin** verbunden sind. An Troponin binden während der Kontraktion Kalziumionen (► unten).

Myosinfilamente sind dicker als Aktinfilamente: etwa 1,5 µm lang, 10–15 nm dick. Sie bestehen aus **Myosin** (Abb. 2.43 e), einem Faserprotein von etwa 150 nm Länge.

Die Myosinmoleküle haben einen dünnen, stäbchenförmigen **Schaftteil** (*leichtes Meromyosin*) und einen kugelförmigen **Kopf** (*schweres Meromyosin*). Der Kopf besteht aus einem Myosin-ADP-Komplex und hat hohe ATPase-Aktivität. Er befindet sich seitlich am Ende des Schaftes, mit dem er durch einen spiraligen, beweglichen Hals verbunden ist. Bei Kontraktionen bindet der Kopf kurzfristig an Aktin.

Anordnung der Aktin- und Myosinfilamente (Abb. 2.43 c, d). Aktin- und Myosinfilamente liegen in einer Reihe und sind miteinander **verzahnt.** Es ragt jeweils von beiden Seiten her ein Ende der Aktinfilamente zwischen die Myosinfilamente. Das andere Ende des Aktinfilaments liegt dagegen frei. Daraus ergibt sich die **Querstreifung der Myofibrillen.**

Querstreifung. Licht- und elektronenmikroskopisch lassen sich unterscheiden (Abb. 2.43 a, b):

- **A-Streifen.** A bedeutet *anisotrop,* d. h. im polarisierten Licht doppelbrechend
- **I-Streifen.** I bedeutet *isotrop,* im polarisierten Licht einfach brechend
- **Z-Streifen.** Z bedeutet *Zwischenstreifen*
  Ergänzt wird der A-Streifen durch
- **H-Zone (Hensen-Zone)** und
- **M-Streifen (Mesophragma).**

A-Streifen erscheinen bei Färbungen dunkel. Sie werden von dicken (Myosin-)Filamenten mit zwischengelagerten Aktinfilamenten gebildet. Jedoch befindet sich in der Mitte des A-Streifens ein Bereich, der frei von Aktin ist: **H-Zone.** Er entsteht dadurch, dass die Aktinfilamente nicht ganz die Mitte von A erreichen. Im Bereich der H-Zone sind die Myosinfilamente besonders dick. Außerdem befindet sich in der Mitte der H-Zone ein feiner dunkler Streifen (**M-Streifen**). Hier sind die dicken Filamente quer verbunden.

Im Überlappungsbereich von Myosin und Aktin liegen jeweils um ein dickes Myosinfilament sechs dünne Aktinfilamente, sodass bei Querschnitten eine hexagonale Struktur entsteht.

I-Streifen. Er erscheint bei Färbungen hell und befindet sich zwischen den A-Streifen. Der I-Streifen besteht aus den Anteilen dünner Aktinfilamente, die außerhalb der A-Streifen liegen.

Z-Streifen. Er erscheint als dunkle Querlinie in der Mitte des I-Streifens. Im Z-Streifen sind die dünnen Aktinfilamente untereinander durch ein quer orientiertes Gitter aus **Desmin-** und **Vimentin** (10 nm)-Filamenten verbunden. Außerdem sind periphere Myofibrillen durch **Vinkulin,** einem aktinbindenden Protein, mit der Plasmamembran verknüpft. Vinkulin bildet zusammen mit anderen Anteilen eines subplasmalemmalen Zytoskeletts als **Costamere** bezeichnete Verdichtungen unter dem Plasmalemm.

Sarkomer. Hierunter wird der Teil einer Myofibrille verstanden, der sich zwischen zwei Z-Streifen befindet. Die Streifenfolge in einem Sarkomer ist Z-I-A-H-M-H-A-I-Z. Die Länge eines Sarkomers im erschlafften Muskel beträgt 2 μm. Durch die Proteinfilamente **Titin** und **Nebulin,** die an den Z-Scheiben und von beiden Seiten her an M befestigt sind, wird eine Überdehnung der Sarkomeren verhindert. Titin hat einen gefalteten Abschnitt im Bereich des I-Streifens, der wie eine Feder wirkt.

Zytomembranen. Es handelt sich um die Membranen des/der
- **sarkoplasmatischen Retikulums**
- **transversalen Tubuli**
- **Triaden**
- **Sarkolemms**

Sarkoplasmatisches Retikulum (Abb. 2.44). Das sarkoplasmatische Retikulum ist das glatte endoplasmatische Retikulum der Skelettmuskelfaser (▶ oben). Es umgibt jede Myofibrille netzförmig. Wegen seiner longitudinalen Orientierung wird es auch als **L-System** bezeichnet. Das sarkoplasmatische Retikulum speichert die für die Auslösung von Kontraktionen erforderlichen Kalziumionen.

Transversale (T-)Tubuli sind quer liegende, schlauchförmige Invaginationen des Sarkolemms. Sie legen sich den Myofibrillen an der Grenze zwischen I- und A-Streifen an. Die T-Tubuli sind für eine einheitliche Kontraktion aller Myofibrillen in einer Skelettmuskelfaser verantwortlich (▶ unten).

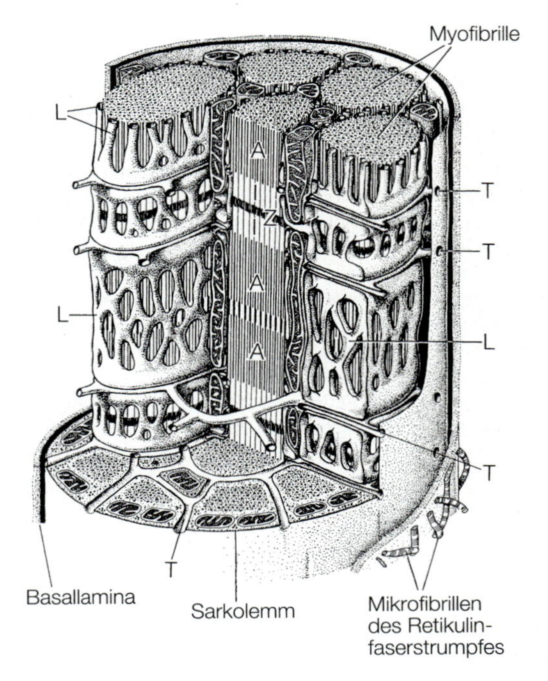

Abb. 2.44. Quergestreifte Muskelfaser. *T* transversales System; *L* longitudinales System (sarkoplasmatisches Retikulum)

Triaden (Abb. 2.44) entstehen dadurch, dass zwei sich gegenüberliegende Erweiterungen des sarkoplasmatischen Retikulums, sog. Zisternen, an einen transversalen Tubulus herantreten. Gelegentlich kommen auch *Diaden* vor; dann legt sich nur eine Zisterne des sarkoplasmatischen Retikulums einem Tubulus an. Verbindungen zwischen Zisternen und T-Tubuli werden durch Proteinbrücken hergestellt.

Zur Information

Myofibrillen, T-Tubuli und sarkoplasmatisches Retikulum wirken bei Kontraktionen und Erschlaffung von Muskelfasern eng zusammen. Entscheidend ist die Bewegung von Ca^{++}-Ionen, die nach nervöser Erregung durch eine Permeabilitätsänderung (Depolarisation) der Membranen der Tubuli und des sarkoplasmatischen Retikulums ins Sarkoplasma gelangen. Dann binden sie an die Myosinköpfchen der Myofibrillen und induzieren deren Bewegung. Hieraus resultieren **Muskelkontraktionen**.

Zu unterscheiden sind
- *isotonische Kontraktionen*, bei denen sich der Muskel verkürzt,
- *isometrische Kontraktionen*, bei denen es ohne Verkürzung des Muskels zur Kraftentfaltung kommt.

Bei **isotonischer Kontraktion** (Abb. 2.43 g) ändert sich das Ausmaß der Überlappung zwischen dünnen und dicken Filamenten. Es werden in Abhängigkeit von der Stärke der Kontraktion die Aktinfilamente mehr oder weniger weit zwischen die Myosinfilamente gezogen. Dadurch werden die *Sarkomere kürzer, I und H schmaler* oder können verschwinden.

Die Verschiebung der dünnen Filamente kommt nach der Sliding-Filament-Theorie dadurch zustande, dass induziert durch Ca^{++}-Ionen eine Verbindung zwischen den Köpfchen des Myosins und den Aktinfilamenten zustandekommt, sich die Myosinköpfchen umlegen und dünne Filamente durch eine Art Ruderbewegung zwischen die dicken gezogen werden. Die erforderliche Energie wird in den Myosinköpfchen durch ATP-Spaltung gewonnen.

Flaut die nervöse Erregung ab, wird die Freisetzung von Kalziumionen aus dem sarkoplasmatischen Retikulum unterbrochen und es setzt ein aktiver Rücktransport von Kalziumionen in das sarkoplasmatische Retikulum ein. An den Membranen des sarkoplasmatischen Retikulums kommt es zu einer Repolarisation.

Isometrische Kontraktion. Die Länge der Sarkomere und die Breite der Querstreifen ändert sich bei der isometrischen Kontraktion nicht. Zur Kraftentfaltung kommt es dadurch, dass die beweglichen Myosinköpfchen zyklisch an immer dieselbe Stelle der Aktinfilamente herantreten und die durch die Drehbewegung des Myosinköpfchens entstandene Spannung nach außen abgegeben wird.

Sarkosomen und weitere Bestandteile des Sarkoplasmas. Sarkosomen sind die **Mitochondrien** der Muskelfaser. Sie liegen in einer Reihe zwischen den Myofibrillen und tragen dadurch zur Längsstreifung der Muskelfasern bei. Sie dienen der Energiegewinnung.

Ferner kommt in größerer Menge **Glykogen** vor. Es ist das Energiedepot der Muskelzelle, das während der Muskelarbeit mobilisiert werden kann.

Schließlich befindet sich im Sarkoplasma noch **Myoglobin**. Es ist für die rote Farbe der Muskulatur verantwortlich. Myoglobin bindet Sauerstoff und ist besonders reichlich in Muskelfasern vorhanden, die lang dauernde Kontraktionen auszuführen haben.

Weniger entwickelt sind dagegen RER und Ribosomen. Auch der Golgiapparat ist klein. Entsprechend gering ist die Proteinsynthese der Skelettmuskulatur.

Plasmamembran, Basallamina, Sehnenverbindungen. Dem Sarkolemm ist an der zytoplasmatischen Seite ein **Membranskelett** aus fadenförmigen Proteinen (vor allem **Dystrophin**) angelagert, das über Zelladhäsionsmoleküle mit der Basallamina verbunden ist. Die Basallamina ihrerseits steht in Verbindung mit kollagenen Fasern, die sich den Sehnenansätzen der Skelettmuskelfaser anschließen.

Die Verbindung zwischen Muskelzellen und **Sehnen** ist sehr stabil, da die Muskelfasern am Ort der Sehnenbefestigung fingerförmige Einstülpungen aufweisen, in die sich Sehnenfasern hineinschieben (Abb. 2.45). Dort kommen Hemidesmosomen vor. Die Sehnenfasern dienen der Befestigung der Muskeln am Knochen (▶ S. 168).

Reparaturvorgänge. Eine Neubildung von Muskelzellen erfolgt beim Erwachsenen nicht. Jedoch spielen sich Reparaturvorgänge ab. Sie gehen von lichtmikroskopisch kaum abgrenzbaren **Satellitenzellen** aus, die sich an der Oberfläche von quer gestreiften Muskelfasern befinden. Es handelt sich um verbliebene Myoblasten, die sich zu Muskelfasern differenzieren können.

Nicht alle Skelettmuskelfasern sind gleich. Vielmehr gibt es mehrere **Fasertypen**, die sich physiologisch, metabolisch und morphologisch unterscheiden, z. B. nach Kontraktionsgeschwindigkeit, Stoffwechselleistung und Zellorganellen. In einem Skelettmuskel als Einheit kommen jedoch alle Fasertypen gleichzeitig vor, wenn auch in unterschiedlichem Verhältnis. Hieraus ergibt sich die Leistung des Muskels. So bestehen **Ausdauermuskeln**, z. B. Zwerchfell oder die langen Rückenmuskeln, hauptsächlich aus **Slow-Fasern** mit hohem oxidativen Stoffwechsel. In **Schnellkraftmuskeln**, z. B. dem M. extensor

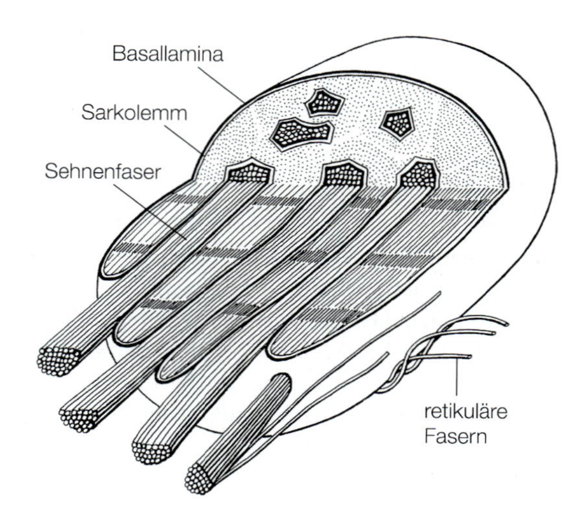

Abb. 2.45. Sehnenansatz an einer Skelettmuskelfaser

digitorum longus, überwiegen dagegen **Fast-Fasern** mit hohem glykolytischen Stoffwechsel.

Unterschiede zwischen den Muskelfasertypen im Einzelnen

Kontraktionsgeschwindigkeit. Sie hängt von den verschiedenen Isoformen der schweren Myosinketten (Myosin heavy chains = MHCs) ab, die ATP langsam oder schnell spalten.

Unterscheiden lassen sich

- **langsam kontrahierende Slow-Fasern**
- **schnell kontrahierende Fast-Fasern**

Slow-Fasern enthalten die Myosinisoformen MHC I und werden dementsprechend auch **Typ-I-Fasern** genannt. Sie sind zu Ausdauerleistungen befähigt und ermüden langsam.

Fast-Fasern enthalten die Myosinisoformen MHC IIA, IIB, IIX und entsprechen den **Typ-II-Fasern**. Sie können schnell viel Kraft entwickeln, ermüden aber auch schnell.

Nach der Stoffwechselleistung kann man Slow- und Fast-Fasern typisieren in

- **SO-Fasern**, bei denen der **oxidative Metabolismus** überwiegt (**slow-oxidative**). Sie entsprechen den Typ-I-Fasern,
- **FG-** mit bevorzugt **glykolytischem Metabolismus** (*fast-glycolytic*) und
- **FOG-Fasern**, Fast-Fasern mit **sowohl oxidativem als auch glykolytischem Metabolismus (fast-oxidative-glycolytic).**

FG- und FOG-Fasern gehören zu Typ-II-Fasern.

Morphologische Unterschiede finden sich hauptsächlich zwischen oxidativen und glykolytischen Fasern. Oxidative **SO-Fasern** haben viele Mitochondrien, sind reich kapillarisiert und enthalten viel Myoglobin. Sie wurden deshalb früher als »**rote Fasern**« bezeichnet. Ihr Durchmesser (etwa 50 µm) ist kleiner als der von glykolytischen (FG-)Fasern (etwa 100 µm). **FG-Fasern** haben weniger Mitochondrien, weniger Kapillaren, weniger Myoglobin. Sie wurden deshalb früher als »**weiße Fasern**« bezeichnet. **FOG-Fasern** ähneln morphologisch den SO-Fasern.

Zur Information

Muskelfasern können sich durch Veränderung ihres Metabolismus und ihrer molekularen Zusammensetzung funktionellen Beanspruchungen anpassen, z.B. Training, Krankheit, Altern. Das kann zur Umwandlung eines Fasertyps in einen anderen führen.

Innervation. Zu unterscheiden sind

- **motorische Endplatten**
- **Muskelspindeln.**

Hinzu kommen

- **Golgisehnenorgane**
- **Gelenkkapselorgane**

Motorische Endplatten (Abb. 2.46) sind Kontaktstellen zwischen Axonendigungen von Motoneuronen (▶ S. 796) und quer gestreifter Muskelfaser. Es handelt sich um **neuromuskuläre Synapsen** (▶ S. 78). Werden sie erregt, kommt es zur Kontraktion der Skelettmuskelfaser.

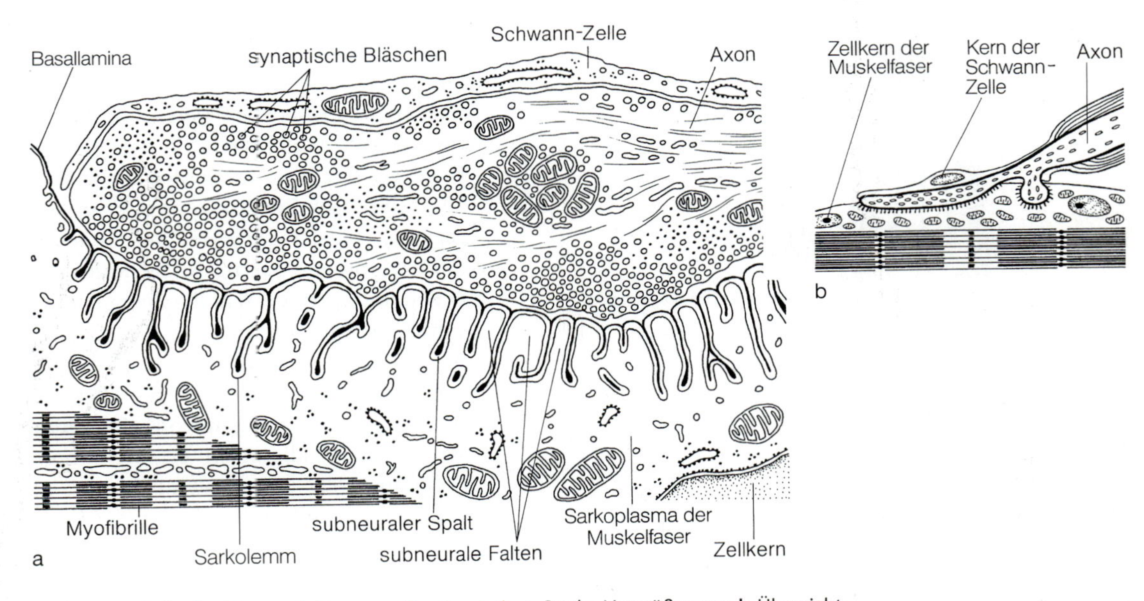

Abb. 2.46 a, b. Motorische Endplatte, elektronenmikroskopisch. **a** Starke Vergrößerung. **b** Übersicht

Motorische Endplatten bestehen aus dem **Endkolben** einer *efferenten* Nervenfaser und der **subsynaptischen Membran** der Muskelfaser. Der Endkolben ist wannenförmig in die Muskelfaser eingebuchtet. Die Plasmamembran der Muskelfaser bildet in diesem Bereich tiefe parallele Falten, das **subneurale Faltenfeld.** Zwischen den sich gegenüberliegenden Membranen befindet sich ein Spalt von 30–50 nm, der ein Material enthält, das kontinuierlich mit der Basallamina der Muskelfaser in Verbindung steht. Der Transmitter motorischer Endplatten ist **Azetylcholin,** das bei Bedarf aus synaptischen Bläschen freigesetzt wird (► S. 77).

Zur Information

An den motorischen Endplatten kommt es durch Freisetzung von Azetylcholin zur Depolarisation des dem Endkolben der Nervenfaser gegenüberliegenden Teils des Sarkolemms. Von hier breitet sich die Depolarisation über die gesamte Oberfläche der Muskelzelle einschließlich des transversalen Systems aus. Von dort wird die Kontraktion veranlasst (► oben).

Motorische Einheit. Sie besteht aus einer motorischen Nervenzelle und allen von ihr innervierten Muskelfasern. Die Anzahl der innervierten Muskelfasern variiert erheblich (Einzelheiten ► S. 172).

Muskelspindeln (Abb. 2.47) sind eigene Organe innerhalb eines Skelettmuskels. Sie befinden sich im Muskelbindegewebe. Muskelspindeln werden von afferenten und efferenten Nervenfasern erreicht, sind Dehnungsrezeptoren. Sie ermitteln die Länge eines Muskels und dienen der Regulation der Spannung des jeweiligen Muskels.

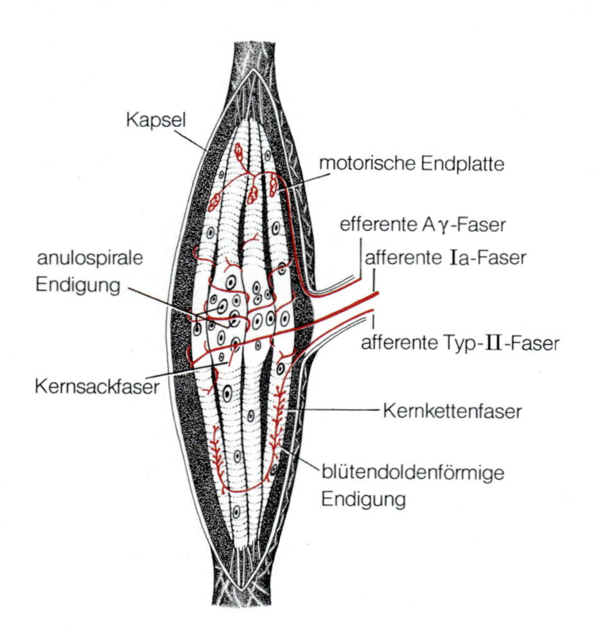

Abb. 2.47. Muskelspindel

Muskelspindeln sind bis zu 8 mm lang und etwa 0,2 mm dick. Sie werden von einer Bindegewebskapsel (mit elastischen Netzen) umgeben. Muskelspindeln sind an ihren beiden Enden mit sehnenartigen Bindegewebszügen am Perimysium der sie umgebenden Skelettmuskelfasern befestigt, die in diesem Zusammenhang als **extrafusale Fasern** bezeichnet werden.

Im Inneren der Muskelspindel liegen 4–10 quer gestreifte Muskelfasern, die als **intrafusale Fasern** bezeichnet werden. Sie stehen durch Bindegewebe untereinander in Verbindung. Die intrafusalen Fasern verlaufen parallel zu den extrafusalen Muskelfasern ihrer Umgebung.

Jede intrafusale Faser hat in der Mitte einen nichtkontraktilen Bereich, während an den Enden der Fasern quer gestreifte Myofibrillen vorkommen. Nach Form der Fasern und Anordnung der Zellkerne werden unterschieden:

- **Kernsackfasern** (1–2 pro Muskelspindel)
- **Kernkettenfasern**

Kernsackfasern. Der zentrale Abschnitt ist sackartig erweitert und enthält bis zu 50 Zellkerne.

Kernkettenfasern sind dünn und ihre Zellkerne sind reihenförmig hintereinander angeordnet.

Die intrafusalen Fasern haben enge Beziehungen zum Nervensystem:

- Die mittelständigen, nicht kontraktilen Abschnitte werden von **anulospiraligen Endigungen afferenter Nervenfasern vom Typ Ia** (► unten) umwickelt. Bei Dehnung des Muskels werden diese rezeptorischen anulospiraligen Endigungen verformt und damit erregt. Bei Entspannung des mittelständigen Anteils der intrafusalen Fasern, z. B. bei Kontraktion der Arbeitsmuskulatur, erlischt die Erregung in den anulospiraligen Endigungen.
- Beiderseits der anulospiraligen Endigungen – vorwiegend an Kernkettenfasern – liegen **blütendoldenförmige Endigungen** von **afferenten Typ-II-Fasern.** Diese Endigungen ermitteln nur konstante Dehnungen der intrafusalen Fasern.
- Die dünnen kontraktilen Enden der Kernsackfasern tragen kleine **motorische Endplatten,** die Kernkettenfasern **Endnetze** von **efferenten Aγ-Fasern** aus dem Rückenmark. Diese Nervenfasern können eine

isolierte Kontraktion der Enden der intrafusalen Fasern bewirken und damit die Spannung in den zentralen Faserabschnitten verändern. Dies beeinflusst die anulospiraligen Endigungen (▶ oben). Insgesamt können die Aγ-Fasern die Empfindlichkeit der Muskelspindeln steuern und sie unterschiedlichen Kontraktionszuständen des Muskels anpassen. Viele Bewegungen werden durch eine primäre Aktivierung der Aγ-Fasern eingeleitet (Starterfunktion des γ-Systems).

Golgi-Sehnenorgane informieren über die Muskelspannung. Die *Golgisehnenorgane* (Tendorezeptoren) liegen im muskelnahen Anfang von Kollagenfaserbündeln der Sehne, ein Golgiorgan auf 5–25 Muskelfaserinsertionen. Das geringfügig aufgetriebene Organ (»Sehnenspindel«) besteht aus zahlreichen Zweigen der dendritischen Anfänge von Ib-Nervenfasern, die zwischen den Kollagenfasern enden. Diese Rezeptoren werden bei Dehnung der Sehne, z. B. bei Kontraktion des Muskels, erregt.

Gelenkkapselorgane sind Propriozeptoren. Sie tragen dazu bei, über die Lage des Körpers im Raum zu informieren. Bei den Gelenkkapselorganen handelt es sich um verzweigte dendritische Endigungen afferenter Neurone, die frei oder von einer dünnen Bindegewebshülle umgeben in der Gelenkkapsel liegen sowie um lamellenförmige, den Vater-Pacini-Körpern (▶ S. 221) ähnliche Gebilde.

In Kürze

Die Myofibrillen quer gestreifter Skelettmuskelfasern bestehen aus einer Aufeinanderfolge von Sarkomeren (von Z bis Z). Sarkomere gliedern sich in »helle« I- und einen »dunklen« A-Streifen. Im A-Streifen verzahnen sich dicke Myosinfilamente und dünne Aktinfilamente, lassen jedoch einen H-Streifen mit einem M-Streifen frei. I-Streifen bestehen nur aus Anteilen von Aktinfilamenten. Ca^{++}-Ionen, die eine teleskopartige Verschiebung zwischen Aktin- und Myosinfilamenten auslösen, stammen aus dem sarkoplasmatischen Retikulum. An Tri- oder Diaden treten Membranen des sarkoplasmatischen Retikulums an Membranen transversaler Tubuli heran. Aufgrund morphologischer, physiologischer und metabolischer Eigenschaften lassen sich Typ-I- und Typ-II-Muskelfasern unterscheiden. Quer gestreifte Skelettmuskelfasern werden durch motorische Endplatten innerviert. Muskelspindeln stehen im Dienst der Spannungsregulierung von Muskeln. Sie sind Dehnungsrezeptoren.

2.3.3 Herzmuskulatur  H25

Kernaussagen

- **Die Herzmuskulatur besteht aus einem Netzwerk von quer gestreiften Muskelzellen, die durch End- zu Endverbindungen (Disci intercalares) verknüpft sind.**
- **Der Kern der Herzmuskelzellen liegt zentral und wird von Myofibrillen umrahmt. Herzmuskelzellen sind mitochondrienreich.**
- **Herzmuskelzellen weisen in Höhe ihrer Z-Streifen relativ weite transversale (T-)Tubuli auf. Das sarkoplasmatische Retikulum (L-Tubuli) ist vergleichsweise spärlich entwickelt.**
- **Herzmuskelzellen werden vom vegetativen Nervensystem innerviert.**
- **Die Muskelzellen des Erregungsleitungssystems sind sarkoplasmareich aber myofibrillenarm.**

Der Herzmuskel besteht aus quer gestreifter
- **Arbeitsmuskulatur**
- **Muskulatur des Erregungsbildungs- und -leitungssystems.**

Besonderheiten der Arbeitsmuskulatur (◘ Abb. 2.41, 2.48).
- Die Herzmuskelzellen sind **unregelmäßig verzweigt** und etwa 100 µm lang. Ihr Durchmesser beträgt 10–20 µm.
- Die Herzmuskelzellen sind **hintereinander** angeordnet und haben eine gemeinsame Basallamina. Herzmuskelzellen bilden durch ihre Verzweigungen ein **Netzwerk.**
- Zwischen den Herzmuskelzellen befinden sich End-zu-End-Verbindungen mit Interzellularspalten und Zelladhäsionen. Unter Berücksichtigung ihrer Räumlichkeit werden sie als **Disci intercalares** (*Glanzstreifen*) bezeichnet.

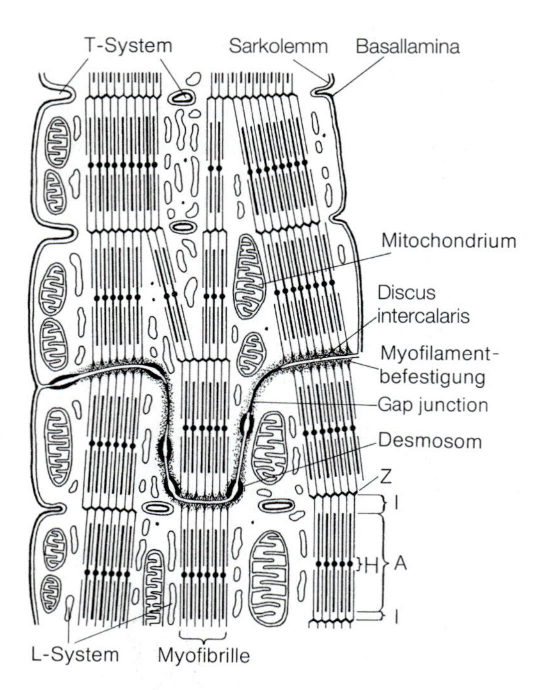

Abb. 2.48. Herzmuskelzelle mit Discus intercalaris

- Der **Kern** der Herzmuskelzelle liegt **zentral.** Gelegentlich kommen zwei bis drei Kerne in einer Herzmuskelzelle vor.
- An den oberen und unteren **Polen der Zellkerne** ist Sarkoplasma angereichert. Außer den Zellorganellen kommt braunes *Pigment* (Lipofuszin) vor, das mit fortschreitendem Alter zunimmt.
- Im Sarkoplasma kommen **neuroendokrine Granula** vor: in den Kardiomyozyten des Vorhofs mit **Cardionatrin** (atrial natriuretic factor = ANF, mit diuretischer und natriuretischer Wirkung) und **Cardiodilatin** (Angriffspunkt ist die glatte Gefäßmuskulatur), in der Ventrikelmuskulatur vorwiegend mit **BNP** (brain natriuretic peptide). Bei starker Vorhofdehnung werden dort Cardionatrin und Cardiodilatin abgegeben.

Klinischer Hinweis

Für BNP steht ein Schnelltest zur Verfügung. BNP im Blut steigt bei Vorliegen einer Herzinsuffizienz stark an und korreliert mit der Schwere der Insuffizienz.

- Der Feinbau der Myofibrillen des Herzmuskels entspricht dem des Skelettmuskels (▶ oben). Jedoch bilden die Myofibrillen größere Gruppen.
- Zwischen den Myofibrillen und unter der Zelloberfläche liegen sehr viele Mitochondrien in Reihenstellung.
- Das **transversale System** ist im Herzmuskel kräftiger entwickelt als im Skelettmuskel. Es liegt in **Höhe der Z-Streifen,** reicht aber auch mit längs orientierten Ausläufern zwischen die Myofibrillen. Durch Öffnung von Ca^{++}-Kanälen in den Membranen der T-Tubuli kommt es zum Einstrom von Ca^{++} ins Innere der Herzmuskelzelle. Dies leitet die Aktivierungsphase des Herzmuskels ein.
- Das **L-System** (sarkoplasmatisches Retikulum) ist vergleichsweise gering entwickelt. Es bildet mit T-Tubuli Diaden. Funktionell wirkt es als Kalziumspeicher, der zur Kontraktion der Myofibillen entleert wird und bei Relaxation Ca^{++}-Ionen zurücknimmt.
- **Satellitenzellen fehlen.** Dadurch ist eine Regeneration von Herzmuskulatur nicht möglich. Herzmuskelzellen können aber hypertrophieren.

Klinischer Hinweis

Treten Leckbildungen in den Membranen des sarkoplasmatischen Retikulums auf, ist die Rücknahme der Ca^{++}-Ionen gestört und es kann zu stark erhöhten Herzfrequenzen (Herzrasen) kommen. Außerdem werden durch die Überschwemmung der Herzmuskelzellen mit Ca^{++}-Ionen die Mitochondrien geschädigt, wodurch in den Zellen übermäßiger oxidativer Stress (▶ S. 28) entsteht. Gehen gar Mitochondrien zugrunde, sterben die Herzmuskelzellen ab.

- Jede Herzmuskelzelle wird von einer **Kapillare** begleitet.
- Die **Innervation** der Herzmuskulatur erfolgt durch das vegetative Nervensystem (Einzelheiten ▶ S. 290).

Disci intercalares (Abb. 2.48, 2.49) verzahnen die Herzmuskelzellen. Sie können gerade oder stufenförmig zwischen den Herzmuskelzellen verlaufen. Myofibrillen überschreiten die Zellgrenzen der Herzmuskelzellen nicht.

In den Disci intercalares treten auf
- **Maculae adhaerentes** (*Desmosomen*)
- **Fasciae adhaerentes**
- **Nexus** (*gap junctions*)

Maculae adhaerentes dienen insbesondere der Kraftübertragung zwischen den Herzmuskelzellen. Sie stehen mit intermediären Vimentinfilamenten des Sarkoplasmas der Herzmuskelzelle in Verbindung.

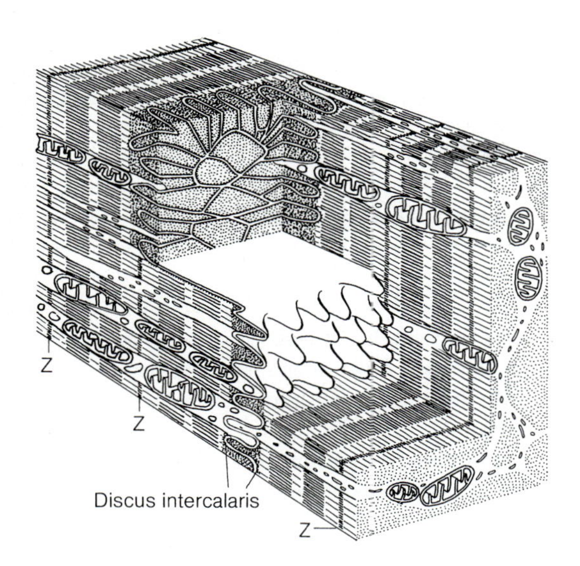

Abb. 2.49. Discus intercalaris. *Z* Z-Streifen der Myofibrillen

An den **Fasciae adhaerentes** befestigen sich Aktinfilamente der Myofibrillen. Die Fasciae adhaerentes aufeinander folgender Herzmuskelzellen liegen sich gegenüber und sind durch Zelladhäsionsmoleküle verbunden.

Die **Nexus** (*gap junctions*) befinden sich vor allem am Rand der Disci intercalares. Sie dienen der Erregungsübertragung von einer Zelle zur anderen. Sie vermitteln die **Synchronisation** der Kontraktion der Herzmuskelzellen.

Muskulatur des Erregungsbildungs- und -leitungssystems. Die Muskelzellen sind in der Regel größer als die der Arbeitsmuskulatur. Sie sind sarkoplasmareich aber myofibrillenarm. Die Myofibrillen liegen überwiegend randständig. In der Fasermitte kommen in der Regel mehrere Zellkerne vor. Die Muskelzellen des Erregungsleitungssystems sind glykogenreich und haben einen geringen oxidativen Stoffwechsel. Die Zellgrenzen sind kaum miteinander verzahnt (Einzelheiten über dieses System ▶ S. 289).

In Kürze

Die Muskelzellen der Arbeitsmuskulatur des Herzens stehen an Disci intercalares (mit gap junctions) mit einander in Verbindung und bilden ein Netzwerk. Herzmuskelzellen sind quer gestreift, haben in der Regel einen zentral gelegenen Zellkern. Die transversalen Tubuli liegen in Höhe von Z und haben längs orientierte Anteile. Die Muskelzellen des Erregungsbildungs- und -leitungssystems sind relativ myofibrillenarm und haben einen verminderten oxidativen Stoffwechsel.

2.3.4 Myoepithelzellen, Myofibroblasten, Perizyten ⓔ H42, 84

Kernaussagen

Myoepithelzellen, Myofibroblasten und Perizyten sind kontraktile Zellen, die jedoch genetisch nicht aus Myoblasten hervorgegangen sind.

Myoepithelzellen sind lang gestreckt oder sternförmig mit einem zentral gelegenen Zellkern und langen Zytoplasmafortsätzen. Sie verfügen über Aktin- und Myosinfilamente und ähneln glatten Muskelzellen.

Myoepithelzellen kommen an den Endstücken einiger Drüsen vor, z.B. Speicheldrüsen, Schweißdrüsen, Brustdrüse. Dort liegen sie zwischen der Basallamina und dem basalen Pol der Drüsenzellen, mit dem sie durch Desmosomen verbunden sind. Es wird angenommen, dass Myoepithelzellen die Sekretion der Drüsenzellen durch Kompression der sezernierenden Abschnitte beeinflussen können.

Myoepithelzellen werden vom autonomen Nervensystem innerviert.

Myofibroblasten sind spindelförmige Zellen mit langen Fortsätzen, einem länglichen Zellkern mit dunklem Nukleolus. In der Kernumgebung kommen viele Mitochondrien, ein deutlicher Golgiapparat, viel RER und zahlreiche freie Ribosomen vor. Außerdem verfügen sie über viel Aktin und Desmin. Untereinander sind Myofibroblasten durch zahlreiche Nexus verbunden.

Myofibroblasten kommen u.a. in der Lamina propria der Hodenkanälchen, wo sie durch rhythmische

Kontraktionen den Spermientransport unterstützen sollen, in der Theca externa der Ovarialfollikel und in den Zotten des Darms vor. Insgesamt handelt es sich um eine unauffällige Zellpopulation, die aber bei Wundheilung und auch Erkrankungen (Leberzirrhose, Lungenfibrose) aktiv wird und dann in großer Menge Kollagen bilden kann.

Perizyten befinden sich in den Wänden von Kapillaren und Venulen, sind sternförmig und durch Nexus mit den Endothelzellen verbunden. Sie sind organellenarm und ihr Zellkern ist relativ groß. Auffällig ist das Vorkommen von Aktin und Myosin sowie von Desmin in ihrem Zytoplasma. Sie können als mesenchymale Stammzellen fungieren. Nach Gewebeverletzungen sprossen Perizyten aus und können sich zu Myofibroblasten differenzieren.

In Kürze

Myoepithelzellen, Myofibroblasten und Perizyten sind kontraktile Zellen. Myoepithelzellen befinden sich am basalen Pol von Drüsenzellen, Myofibroblasten an Hodenkanälchen und an Ovarialfollikeln, Perizyten an Gefäßen.

2.4 Nervengewebe e H26–30, 90, 92

Zur Information

Nervengewebe ist ubiquitär im Körper vorhanden. Es dient der Aufnahme, Weiterleitung und Verarbeitung von Signalen sowie der Zuleitung von Signalen zu Erfolgsorganen. Signale können erregend und hemmend wirken. Nervengewebe besteht aus einem Netzwerk von Nervenfasern (Axone von Nervenzellen), die mit Synapsen an andere Nervenzellen herantreten. Durch Gliazellen wird die Funktion der Nervenzellen sichergestellt.

Bausteine des Nervensystems sind:

- **Nervenzellen** mit Fortsätzen
- **Gliazellen**

Nervenzellfortsätze bilden in Gehirn und Rückenmark (zentrales Nervensystem = ZNS) **Nervenbahnen** (*Tractus*), im peripheren Nervensystem **Nerven.**

Zur Entwicklung

Alle Nervenzellen stammen aus dem Ektoderm. Die Neuroglia ist teilweise neuroektodermaler, teilweise mesenchymaler Herkunft (Einzelheiten ► S. 724).

2.4.1 Neuron, Nervenzelle e H26–28, 90, 92

Kernaussagen

- **Jede Nervenzelle ist eine genetische, morphologische, funktionelle und trophische Einheit. Sie dient der Informationsübertragung.**
- **Das trophische Zentrum einer Nervenzelle ist der Zellleib (Perikaryon).**
- **Dendriten sind verzweigte Fortsätze der Nervenzellen und Signalempfänger.**
- **Das Axon leitet Signale vom Perikaryon zum Signalempfänger. Im Axon erfolgt außerdem ein Stofftransport.**
- **Nervenzellen sind vielgestaltig und unterscheiden sich funktionell.**

Im menschlichen Gehirn kommen etwa 10^{10} bis 10^{12} Nervenzellen vor. Sie können

- durch Veränderungen in ihrer Umgebung erregt werden (als Reiz bezeichnet),
- Erregungen über sehr weite Strecken leiten,
- die durch Erregungen übermittelten Informationen »verarbeiten« und
- Erregungen auf andere Nervenzellen bzw. Erfolgsorgane, z. B. Muskeln, Drüsenzellen, übertragen.

Nervenzellen bestehen aus (Abb. 2.50)

- **Perikaryon** (*Zellleib*), das den **Zellkern** enthält, und
- **Fortsätzen**
  - **Dendriten** (in der Regel mehrere) und
  - **einem Axon.**

Untereinander stehen Nervenzellen durch **Synapsen** in Verbindung, die der Erregungsübertragung dienen.

Methodischer Hinweis

Zur histologischen Darstellung von Nervenzellen in ihrer Gesamtheit sind *Silberverfahren* geeignet, z. B. nach Golgi, nach Cajal. Mit anderen Methoden werden *Teilstrukturen* erfasst, z. B. die Nissl-Substanz (► unten), Markscheiden (► unten) oder Synapsen. Schließlich gibt es experimentelle Verfahren, die mit markierenden Stoffen arbeiten. e H26, 92

Perikaryon e H26, 92

Sehr auffällig ist im Perikaryon der **Zellkern** (Abb. 2.50). Er ist in der Regel groß, besitzt einen deutlichen Nukleolus und liegt zentral im Zellleib.

Zur Information

Nervenzellen befinden sich in der G_0-Phase des Zellzyklus. Offen ist, ob es Umstände gibt, unter denen sie wieder mitotisch aktiv werden können. Experimentell ist das Vorkommen von neuronalen Stammzellen subventrikulär, im Gyrus dentatus des Hippocampus und Bulbus olfactorius gesichert.

Für das Zytoplasma sind charakteristisch:
- **Nissl-Substanz** (benannt nach ihrem Entdecker, dem deutschen Psychiater Franz Nissl) e H26
- **auffälliger Golgiapparat** (benannt nach dem italienischen Histologen Camillo Golgi, Nobelpreis 1906)
- **Neurofibrillen.**

Bei der Nissl-Substanz (Abb. 2.50) handelt es sich um **basophile Schollen**, die sich elektronenmikroskopisch als lokale **Anhäufungen** von **RER** und **freien Ribosomen** erweisen. Größe und Anzahl der Nissl-Schollen sind funktionsabhängig. – Die Nissl-Substanz ist der Ort der Synthese von Struktur- und Transportproteinen.

Golgiapparat und Nissl-Substanz arbeiten bei der Proteinsynthese eng zusammen (► S. 26). Ein Golgiapparat ist in jeder Nervenzelle vorhanden und in manchen besonders stark entwickelt. Dann erscheint er netzförmig in der Umgebung des Kerns.

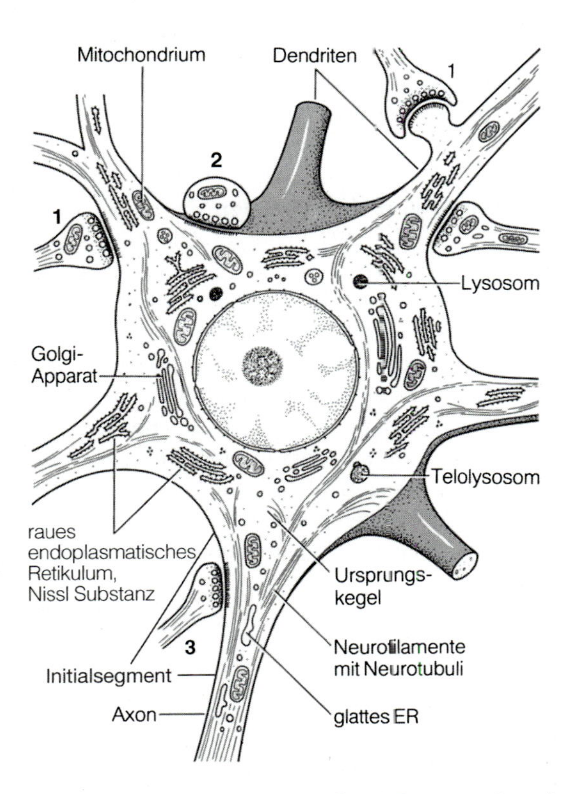

Abb. 2.50. Multipolare Nervenzelle mit Synapsen. 1 axodendritische Synapse; 2 axosomatische Synapse; 3 axoaxonale Synapse

Zur Information

Nach übermäßiger Beanspruchung einer Nervenzelle, z. B. durch gesteigerte Muskeltätigkeit oder in der Regenerationsphase nach Durchtrennung von Fortsätzen (► S. 83), kommt es zu Veränderungen der Nissl-Substanz und des Golgiapparats. Insbesondere vermindert sich die Anzahl der Nissl-Schollen, sie diversifiziert sich. Dieser Vorgang wird als *Chromatolyse* bezeichnet (► unten). Gleichzeitig vergrößert sich der Golgiapparat. Verbunden sind diese Veränderungen mit stark erhöhtem Proteinumsatz in der Nervenzelle.

Neurofilamente und Neurotubuli. Beide Strukturen gehören zum Zytoskelett (► S. 17). Neurofilamente sind intermediäre Filamente (► S. 18). Sie bilden entweder Bündel, die lichtmikroskopisch sichtbar sein können und dann als **Neurofibrillen** bezeichnet werden, oder sie sind so angeordnet, dass sie die basophilen Strukturen zu Nissl-Schollen zusammenfassen. – Mikrotubuli (hier Neurotubuli) kommen vor allem in *Axonen* vor und stehen im Dienst des Vesikeltransports.

Weitere Bestandteile des Neuroplasmas. **Mitochondrien** sind in der Regel zahlreich, da der *Energiebedarf* der Nervenzellen hoch ist. Er wird fast ausschließlich *durch Glukose gedeckt*. Zahlreich sind auch **Lysosomen**, die dem Abbau z. B. des aus dem Axon herangeführten Materials dienen. Schließlich besitzen viele Nervenzellen **Pigment**, weshalb z. B. im Gehirn eine charakteristische *Pigmentarchitektonik* entsteht. Besonders auffällig ist in der Substantia nigra (► S. 766) das Vorkommen von *Melanin*, einem dunkelbraunen bzw. schwarzen Pigment oder im Nucleus ruber des Mittelhirns eines *eisenhaltigen roten Pigments*.

Dendriten e H92

Dendriten sind baumartig verzweigte Fortsätze der Nervenzellen. Anzahl und Verzweigungen sind sehr unterschiedlich.

Dendriten enthalten Zytoplasma mit einem Feinbau ähnlich dem des Perikaryons. Nissl-Schollen werden jedoch nur perikaryonnah gefunden. Mit jeder Aufzweigung wird der Durchmesser der Dendriten kleiner. In sehr dünnen Dendriten fehlen Mitochondrien.

Dendriten haben an ihrer Oberfläche viele kleine dorn- oder knospenförmige Fortsätze (*Spines*), an die die Fortsätze (Axone) anderer Nervenzellen mit Synapsen (▶ unten) herantreten (axodendritische Synapsen) und ihre Signale übertragen. Spines sind polysomenreich, haben viele Aktinfilamente und tubuläre Zisternen. Von den Spines werden die Signale in Richtung Perikaryon und von dort zum Axon weitergeleitet. Synapsen finden sich auch an der Oberfläche der Perikarya.

Axon e H92

Das Axon dient der efferenten Erregungsleitung.

Jede Nervenzelle besitzt nur ein Axon. Es kann bis zu 1 m lang sein. Die meisten Axone sind von einer Hülle umgeben (Nervenfaser, ▶ unten).

Folgende Abschnitte lassen sich unterscheiden:

- **Ursprungskegel**
- **Initialsegment**
- **Hauptverlaufsstrecke**
- **Endverzweigung**

Ursprungskegel. Der Ursprungskegel (Axonhügel, ◘ Abb. 2.50) gehört zum Perikaryon. Er befindet sich dort, wo das Axon das Perikaryon verlässt, und ist **frei von Nissl-Substanz.**

Initialsegment (◘ Abb. 2.50). Das kurze Initialsegment des Axons ist stets **ohne Hülle.** Da die Erregungsschwelle des Plasmalemms des Anfangssegments extrem niedrig ist, nimmt hier die Fortleitung der Erregung ihren Ausgang.

Hauptverlaufsstrecke (▶ unten). Die Hauptverlaufsstrecke des Axons kann Abzweigungen aufweisen, die als **Kollaterale** bezeichnet werden. Sofern es sich um Kollaterale von markhaltigen Nervenfasern handelt, erfolgt die Abzweigung an einem Ranvier-Schnürring (▶ S. 81). Kollaterale können das Axon begleiten und das gleiche Ziel erreichen, an andere, auch weit entfernt gelegene Nervenzellen – evtl. der Gegenseite –, oder rückläufig an das eigene Perikaryon herantreten, weshalb sie dann **rekurrente Kollaterale** genannt werden.

Endverzweigungen. Sie werden als **Telodendron** bezeichnet. Durch sie kann eine Nervenzelle mit mehreren anderen Nervenzellen bzw. Effektoren, z. B. Skelettmuskelfasern, in Verbindung stehen. An den Kontaktstellen mit der Folgestruktur sind die Axonenden häufig leicht aufgetrieben; sie bilden ein **Bouton.**

Feinbau des Axons. Die Oberflächenmembran des Axons wird als **Axolemm** bezeichnet. Das Zytoplasma in den Axonen (**Axoplasma**) ist organellenarm (nur wenige Mitochondrien und wenig GER). Hauptbestandteile sind **Neurofilamente** und **Neurotubuli.** Außerdem kommen zahlreiche Bläschen vor.

Das Axoplasma ist dauernd im Fluss (**axoplasmatischer Fluss**). Überwiegend ist die Strömung nach distal gerichtet (**anterograd**), in geringerem Umfang zum Perikaryon hin (**retrograd**).

Anterograd erfolgen ein

- **schneller Transport**, 50–400 mm/Tag, und ein
- **langsamer Transport**, 0,2–8 mm/Tag.

Der schnelle Transport findet im Zentrum des Axons statt, der **langsame** oberflächennah. **Schnell transportiert** wird alles, was im Axon benötigt wird, z. B. Membranproteine oder Vesikel mit Neuropeptiden. Dabei dienen die Mikrotubuli als Leitstrukturen. **Langsamer** wird transportiert, was dem Axoplasmaaustausch dient. Er ist unabhängig von Mikrotubuli.

Der retrograde Transport ist relativ langsam. Er bringt Produkte aus der Peripherie des Axons zum Abbau durch Lysosomen ins Perikaryon.

Klassifizierung von Nervenzellen

Zwischen Nervenzellen bestehen hinsichtlich Größe, Form und Feinbau der Perikarya sowie hinsichtlich Zahl und Art der Verzweigungen der Fortsätze und auch in funktioneller Hinsicht Unterschiede. Die **größten Perikarya** haben Durchmesser bis zu 120 μm (Motoneurone des Rückenmarks), die *kleinsten* von 4–5 μm (Körnerzellen des Kleinhirns). Dadurch, dass viele Nervenzellen gleichen Aussehens zusammenliegen und sich von denen der Nachbarschaft unterscheiden, entsteht in Gehirn und Rückenmark eine **zytoarchitektonische Gliederung.**

Klassifizierung unter Berücksichtigung der Fortsätze. Es lassen sich unterscheiden (◘ Abb. 2.51):

- **unipolare Nervenzellen**
- **pseudounipolare Nervenzellen**
- **bipolare Nervenzellen**
- **multipolare Nervenzellen**

Eine Sonderform sind

- **anaxonische Nervenzellen**

Unipolare Nervenzellen. Sie haben nur *ein Axon*, aber *keine Dendriten*, z. B. modifizierte Nervenzellen in der *Netzhaut des Auges* (▶ S. 694).

Pseudounipolare Nervenzellen (Abb. 2.51 b). Bei pseudounipolaren Nervenzellen, z. B. im Spinalganglion (▶ S. 201), waren *ursprünglich zwei Fortsätze* vorhanden, die sich dann aber perikaryonnah zu einem Fortsatz *vereinigt* haben. Der Fortsatz teilt sich nach kurzem Verlauf T-förmig, wobei der eine Ast in die Peripherie, der andere zum Zentralnervensystem zieht. Beide Fortsätze sind von einer Myelinscheide (▶ unten) umgeben und sind Axone.

Bipolare Nervenzellen (Abb. 2.51 a). Bipolar ist eine Nervenzelle dann, wenn außer dem *Axon* noch ein *Dendrit* vorhanden ist, z. B. im Ganglion cochleare des Gehörorgans (▶ S. 715).

Multipolare Nervenzellen (Abb. 2.51 c–f). Die meisten Nervenzellen sind multipolar, d. h. sie haben *viele Fortsätze*. Ein typisches Beispiel sind die motorischen Vorderhornzellen des Rückenmarks (*Motoneurone*, Abb. 2.51 c). Diese Nervenzellen haben zahlreiche Dendriten, die sich in der Umgebung des Perikaryons verzweigen, und *ein langes Axon*, das in die Peripherie zieht und sich dort verzweigt.

Im Einzelnen

Es lassen sich verschiedene **Typen von multipolaren Nervenzellen** unterscheiden.

Auffällig sind:

- **Golgi-Typ-I-Nervenzellen**
- **Golgi-Typ-II-Nervenzellen**

Golgi-Typ-I-Nervenzellen. Diese multipolaren Nervenzellen haben *ein langes Axon* und nur *1–2 dicke Dendriten*, die sich stark verzweigen. Besonders auffällige Beispiele sind die *Pyramidenzellen der Großhirnrinde* (Abb. 2.51 e) sowie die *Stern-* und *Purkinje-Zellen des Kleinhirns* (Abb. 2.51 f). Die Dendriten der Purkinje-Zellen verzweigen sich wie Spalierobst in einer Ebene.

Golgi-Typ-II-Nervenzellen. Sie treten in zahlreichen Unterformen auf. Gemeinsam ist allen Golgi-Typ-II-Nervenzellen *ein kurzes Axon*, das in unmittelbarer Nachbarschaft des Perikaryons bleibt (Abb. 2.51 d). Sowohl die Axone als auch die *Dendriten* können sich stark verzweigen. Golgi-Typ-II-Nervenzellen sind Interneurone (▶ unten, Relaiszellen) und dienen der Integration von Signalen. Sie haben vorzugsweise hemmende Funktion.

Anaxonische Nervenzellen kommen nur an wenigen Stellen vor: in der **Netzhaut des Auges** als **amakrine Zellen** (Abb. 2.51 g) und im **Bulbus olfactorius.**

Funktionelle Klassifizierung. Hierbei wird die Richtung der Erregungsleitung berücksichtigt.

Es liegen vor:

- **efferente Neurone** (▶ S. 200), die die Erregung **vom Zentralnervensystem weg** in die Peripherie, z. B. zu quer gestreifter oder glatter Muskulatur, leiten,
- **afferente Neurone** (▶ S. 200), die der Erregungsleitung von Reizen aus der inneren und äußeren Körperperipherie zum **Zentralnervensystem** dienen, und
- **Interneurone** (▶ S. 722), die **Zwischenglieder** neuronaler Ketten oder Kreise sind.

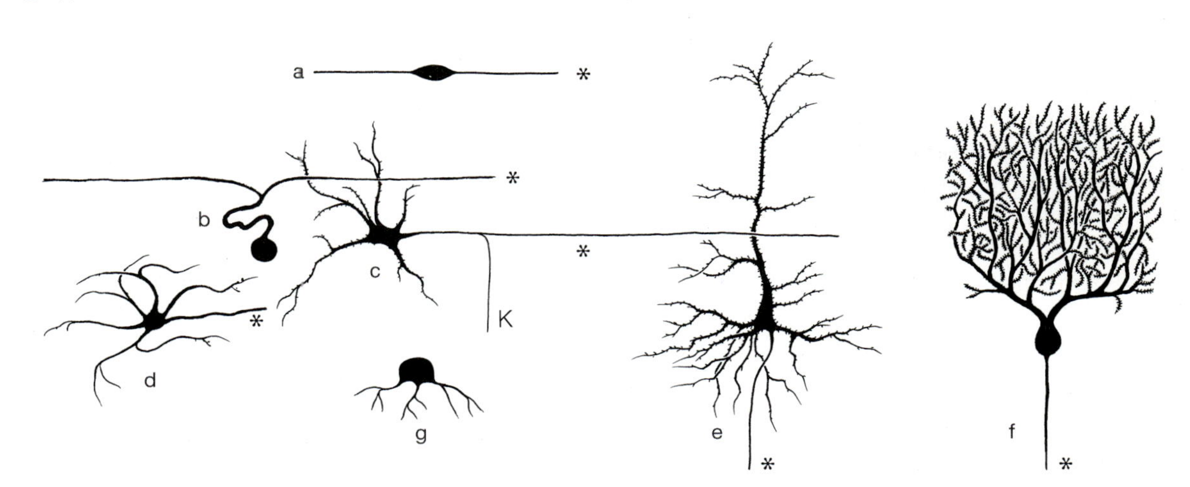

Abb. 2.51 a–g. Nervenzelltypen. * Axon; *K* Kollaterale. **a** Bipolare Nervenzelle. **b** Pseudounipolare Nervenzelle. **c, d** Multipolare Nervenzellen: **c** multipolare Vorderhornzelle, **d** multipolare Nervenzelle vom Golgi-Typ II. **e, f** Nervenzellen vom Golgi-Typ I: **e** Pyramidenzellen der Hirnrinde, **f** Purkinje-Zellen des Kleinhirns. **g** Amakrine Zelle H92

Klassifizierung nach Transmitter an Synapsen (▶ unten). Transmitter sind Überträgerstoffe von Signalen an Kontaktstellen (Synapsen) zwischen Nervenzellen (◘ Tabelle 2.8). Es werden unterschieden:

- **Nervenzellen mit erregend wirkenden Transmittern:** der häufigste erregend wirkende Transmitter im Zentralnervensystem ist Glutamat (glutamaterge Neurone)
- **Nervenzellen mit hemmend wirkenden Transmittern,** vor allem γ-Aminobuttersäure (GABA)

Endokrine Neurone sind Nervenzellen, die zur Synthese und Abgabe von **Hormonen** bzw. **endokrin wirksamen Stoffen** befähigt sind. Ein charakteristisches Beispiel sind spezielle multipolare Nervenzellen im Zwischenhirn, die die Peptidhormone Oxytozin und Vasopressin bilden (▶ S. 756). Endokrine Neurone im Gehirn können auch Peptide bilden, die **außerhalb des Nervensystems** als Hormone vorkommen (◘ Tabelle 15.12). Sie werden dort in endokrinen Zellen synthetisiert und abgegeben, die unter der Bezeichnung **disseminiertes neuroendokrines System** zusammengefasst sind (▶ S. 841).

In Kürze

Das Perikaryon ist das trophische Zentrum der Nervenzelle. Charakteristisch sind insbesondere der große Zellkern, die Nissl-Substanz, der auffällige Golgiapparat. Die Dendriten sind überwiegend rezeptiv. Sie können dornartige Fortsätzen besitzen. Der Signalleitung vom Perikaryon weg dient das stets in Einzahl vorhandene Axon. Im Axon erfolgt gleichzeitig eine Zytoplasmaströmung, die bidirektional, jedoch überwiegend distal (anterograd) gerichtet ist. Dem Vesikeltransport dienen Neurotubuli. Nervenzellen lassen sich unter Berücksichtigung ihrer Fortsätze klassifizieren.

2.4.2 Synapsen

Kernaussagen

- **Synapsen sind Orte der Signalübertragung.**
- **An chemischen Synapsen vermitteln Überträgerstoffe (Transmitter) die Signalweitergabe.**
- **Chemische Synapsen sind durch prä- und postsynaptische Membranspezialisierungen sowie einen synaptischen Spalt gekennzeichnet.**
- **An elektrischen Synapsen erfolgt die Signalweitergabe an gap junctions.**

An Synapsen werden Signale von einem Neuron auf das nächste oder auf ein Erfolgsgewebe (Muskulatur, Drüsenzellen u. andere) übertragen. Es handelt sich um umschriebene Kontaktstellen zwischen den beteiligten Zellen.

Zur Information

Lichtmikroskopisch können Synapsen durch *Versilberung* nach Golgi (im »Golgipräparat«) als knopfförmige Verdickung an der Oberfläche von Nervenzellen und Dendriten dargestellt werden. *Immunhistochemisch* lassen sich Synapsen durch Darstellung der Transmitter, *enzymhistochemisch* durch Nachweis von Enzymen, die die Transmitter auf- bzw. abbauen, erfassen. Die strukturellen Einzelheiten der Synapse zeigen sich im *Elektronenmikroskop*.

Nach **Art der Erregungsübertragung** lassen sich unterscheiden:

- **chemische Synapsen**
- **elektrische Synapsen**

Chemische Synapsen bedienen sich zur Signalweitergabe Überträgerstoffen (**Transmitter**). Beim Menschen überwiegt dieser Synapsentyp.

Bei **elektrischen Synapsen** sind die gegenüberliegenden Membranen durch gap junctions verknüpft, an denen die Erregung direkt von einem Neuron auf das nächste überspringt. Die Erregungsrichtung kann auch rückläufig sein. Verwirklicht ist dieser Synapsentyp bei einigen Sinneszellen, z. B. zwischen den Photorezeptorzellen der Retina.

Funktionell lassen sich unterscheiden:

- **erregende, exzitatorische Synapsen**
- **hemmende, inhibitorische Synapsen**

Zur Entwicklung

Die meisten Synapsen des Zentralnervensystems bilden sich erst nach der Geburt. Ihre Entstehung wird erheblich durch Sinneseindrücke und Aktivierung des Bewegungsapparats gefördert. Synapsen können sich aber auch noch im Nervensystem Erwachsener bilden und sie können sich auch wieder lösen.

Bau chemischer Synapsen. Eine Synapse besteht aus

- **präsynaptischer Membran**
- **synaptischem Spalt**
- **subsynaptischer Membran**

Präsynaptische und subsynaptische Membran liegen sich gegenüber und sind durch den synaptischen Spalt voneinander getrennt (Abb. 2.52). Sofern eine Axonscheide (▶ unten) vorhanden ist, gibt diese im Bereich der Synapse das Axonende frei.

Präsynaptische Membran. Sie ist ein Teil des Plasmalemms des innervierenden Axons und befindet sich in der Regel im Bereich eines aufgetriebenen Axonendes (**Synapsenkolben, Bouton,** ▶ oben; Durchmesser etwa 0,5 µm). Zu erkennen ist die präsynaptische Membran an einer Verdichtung aus proteinreichem Material an der Innenseite der Plasmamembran. Die Verdichtung lässt hexagonale Räume frei, in die synaptische Bläschen (▶ unten) eintreten und mit der Oberfläche Kon-

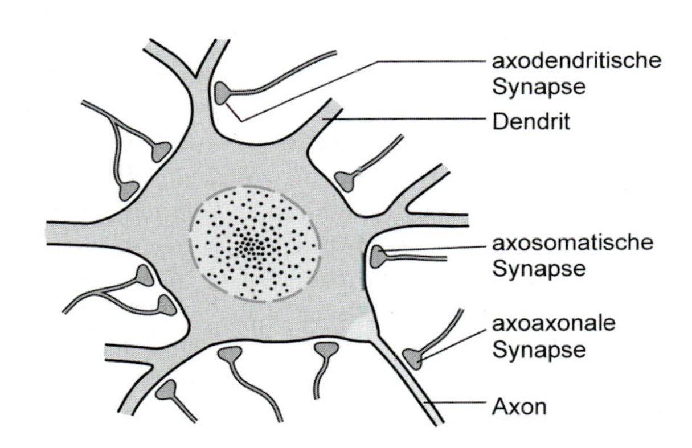

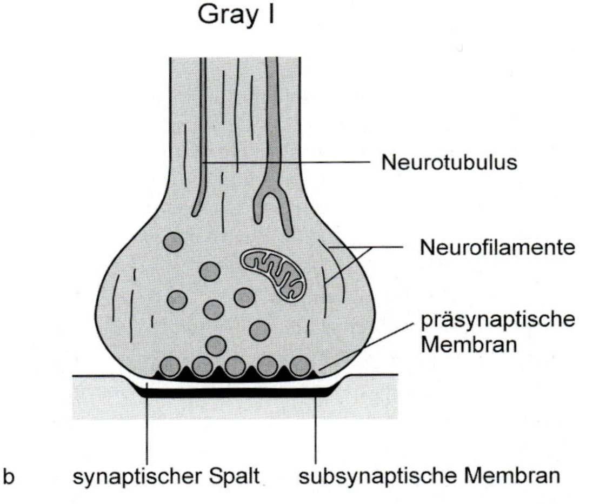

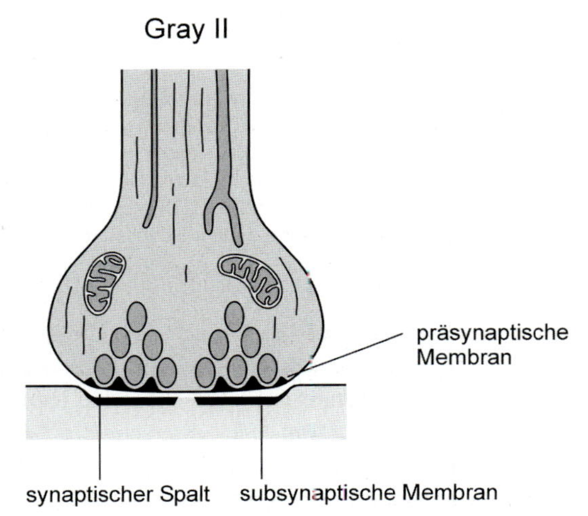

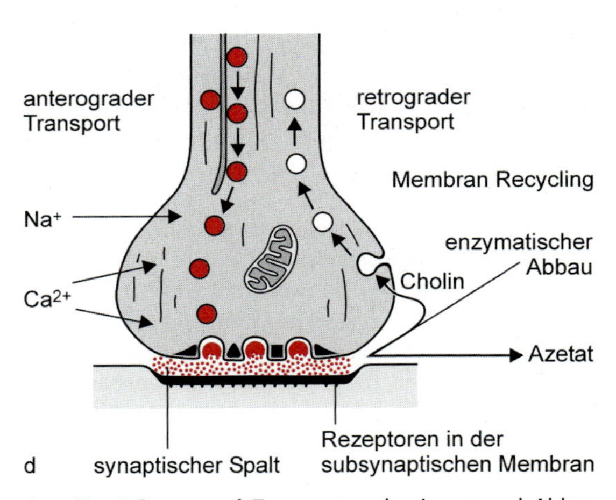

Abb. 2.52 a–d. Synapsen. a Axodendritische, axosomatische und axoaxonale Synapsen. **b** Feinbau einer Typ-I-Synapse. **c** Feinbau einer Typ-II-Synapse. **d** Transportmechanismus und Abbau des Überträgerstoffes Azetylcholin

takt aufnehmen können. Hier werden **Transmitter** freigesetzt.

Der **synaptische Spalt** ist etwa 20 nm breit. Er wird von Zelladhäsionsmolekülen zwischen prä- und postsynaptischer Membran durchquert. Seitlich kommuniziert der Spalt mit dem extrazellulären Raum, ist aber vielfach von Astrozytenfortsätzen (► unten) bedeckt.

Subsynaptische Membran. Sie gehört zum Plasmalemm der innervierten Nervenzelle. Die subsynaptische Membran ist der Teil der **postsynaptischen Membran**, der der präsynaptischen Membran gegenüberliegt. Die subsynaptische Membran weist in unterschiedlicher Dichte **Rezeptoren** für präsynaptisch freigesetzte Neurotransmitter auf. Außerdem ist die postsynaptische Membran meist durch Substanzanlagerungen verdickt, in die Aktinfilamente einstrahlen.

Zur Information

Transmitter können nach Freisetzung auch auf den präsynaptischen Bereich wirken, da sich auch hier Rezeptoren befinden. Dabei handelt es sich um Autorezeptoren, wenn sie die eigenen, im Bouton gebildeten Transmitter binden, um Heterorezeptoren, wenn sie mit anderen Wirkstoffen, z. B. Transmittervorläufern oder Pharmaka, reagieren.

Einzelheiten zu Synapsenformen

Morphologisch werden nach der **Breite des synaptischen Spalts** und dem Aussehen der **Verdichtungszonen** an den gegenüberliegenden Synapsenmembranen **in der Großhirnrinde die Synapsentypen I und II** (nach Gray 1959) unterschieden. Außerdem gibt es Zwischentypen.

Beim **Typ I** (■ Abb. 2.51 b) ist der synaptische Spalt etwas breiter (30 nm) und die prä- und subsynaptischen Membranverdichtungen sind an den ganzen Synapsenflächen vorhanden, jedoch subsynaptisch dicker als präsynaptisch (deswegen **asymmetrische Synapse**). Die synaptischen Bläschen sind rund und hell. Dieser Synapsentyp (I) soll **erregende Funktionen** haben.

Beim **Typ II** (■ Abb. 2.51 c) ist der Synapsenspalt schmal (20 nm) und die Membranverdichtungen sind nur stellenweise vorhanden, dann aber **symmetrisch**. Dieser Synapsentyp (II) soll **hemmend** wirken.

Weitere Unterscheidungen betreffen die Synapsenformen. Von einer **Dornsynapse** wird gesprochen, wenn eine Synapse an einer dornartigen Vorwölbung eines Dendriten sitzt (► oben). Ist der Dorn unterteilt und trägt er mehrere Synapsen, handelt es sich um eine **komplexe Synapse**. Schließen sich mehrere Axone und Dendriten zu einem Komplex mit vielen Synapsen zusammen, liegen **synaptische Glomeruli** vor (z. B. in der Kleinhirnrinde, ► S. 790). Schließlich gibt es noch **reziproke Synapsen**, an denen die Signalübermittlung teils axodendritisch, teils in umgekehrter Richtung erfolgt (**Synapsen en distance** ► S. 78).

Information zur Synapsenfunktion

Bei der Weitergabe der Signale von einer Nervenzelle an die nächste entsteht bei chemischen Synapsen postsynaptisch ein Aktionspotenzial, das zum Erfolgsorgan weitergeleitet wird. Eingeleitet wird die Signalübermittlung durch Transmitterfreisetzung aus synaptischen Bläschen. Von der Art des Transmitters und den Rezeptoren auf der postsynaptischen Membran hängt ab, ob eine Nervenzelle auf die folgende erregend oder hemmend wirkt.

Transmitter gibt es in reicher Zahl. ■ Tabelle 2.8 fasst Neurotransmitter zusammen, die histochemisch nachgewiesen werden können. Der **häufigste exzitatorische Neurotransmitter** ist **Glutamat**, der **häufigste inhibitorische** γ**-Aminobuttersäure** (GABA). Transmitter geben auch gleichzeitig den Synapsen, an denen sie vorkommen, den Namen, z. B. cholinerge Synapse, glutamaterge Synapse usw.

Gemeinsam ist allen Transmittern, dass sie in den jeweiligen Nervenzellen synthetisiert, gespeichert und bei Bedarf sezerniert werden können. Ein Unterschied ist jedoch, dass Azetylcholin, Transmitteraminosäuren und Monoamine im präsynaptischen Bouton synthetisiert und dort in synaptischen Bläschen gespeichert werden, während **Neuropeptide** im Perikaryon entstehen und von dort in Bläschen mit dem axoplasmatischen Fluss zur Synapse gelangen.

Zur Information

Was die Zuordnung der Transmitter und neuroaktiven Substanzen zu den Synapsen angeht, so scheinen mehrere Möglichkeiten zu bestehen, nämlich dass Synapsen

- nur einen Transmitter haben,
- über mehr als einen Neurotransmitter bzw. Neuromodulator verfügen und
- ihre Transmitter ändern.

Bei gleichzeitigem *Vorkommen mehrerer Transmitter* kann der eine Transmitter die Wirkung des anderen modulieren. Modulierend wirken insbesondere Neuropeptide.

Änderung des Transmittergehaltes. Möglicherweise spielen extrazelluläre Faktoren eine Rolle. Dies spielt bei der *synaptischen Plastiziät* eine Rolle. Sie gilt als zelluläre Grundlage kognitiver Leistungen.

Transmitterorganellen. Es handelt sich um **synaptische Bläschen.** Sie speichern die Transmitter und geben sie bei Bedarf frei. Synaptische Bläschen sind jedoch keine einheitliche Population. Sie unterscheiden sich nach Größe, Form und Inhalt. Gemeinsam ist ihnen, dass ihre Membran spezielle Glykoproteine aufweist, u. a. **Synaptophysin,** die ein Andocken an das Plasmalemm der präsynaptischen Membran ermöglichen.

Tabelle 2.8. Histochemisch nachweisbare Transmitter, deren Wirkung, Vorkommen und Nachweise

Überträgerstoffe/Wirkung	Vorkommen	Nachweise
Azetylcholin überwiegend exzitatorisch	motorische Endplatten, vegetatives Nervensystem, in zahlreichen Neuronen des ZNS, cholinerges System	Cholinazetyltransferase (CAT, immunhistochemisch), Azetylcholinesterase (AChE, enzymhistochemisch)
Aminosäuren γ-Aminobuttersäure (GABA) inhibitorisch	in zahlreichen Neuronen, v.a. im Groß- und Kleinhirn	immunhistochemisch, Glutamat-decarboxylase (GAD, immunhistochemisch)
Glycin inhibitorisch	Hirnstamm, Rückenmark	lektinhistochemisch
Glutamat exzitatorisch	ubiquitär	Glutamatdehydrogenase (immunhistochemisch)
Monoamine (biogene Amine) Histamin exzitatorisch inhibitorisch	Hypothalamus (Nucl. tuberomammillaris)	immunhistochemisch Histidindecarboxylase
Dopamin inhibitorisch	ZNS, z.B. Hirnstamm, Hypothalamus, Corpus striatum, dopaminerges System	Tyrosinhydroxylase (immunhistochemisch)
Noradrenalin teils exzitatorisch teils inhibitorisch	2. Neuron im efferenten Teil des Sympathikus; ZNS, z.B. noradrenerges System, Hypothalamus	Dopamin-β-Hydroxylase (immunhistochemisch)
Adrenalin	ZNS, z.B. Hirnstamm	Phenylethanolamin-N-methyltransferase (immunhistochemisch)
Serotonin inhibitorisch	ZNS, z.B. Hirnstamm, serotoninerges System	Tryptophanhydroxylase (immunhistochemisch)
gasförmige Transmitter Stickoxid (NO)	ZNS, z.B. Zerebellum PNS, z.B. Plexus myentericus	Stickoxidsynthase (immunhistochemisch)
Kohlenmonoxid (CO)	ZNS, z.B. Hippocampus PNS, z.B. Plexus myentericus, Ganglien	Hämoxygenase-2 (immunhistochemisch)
Neuropeptide (▶ S. 842)	ZNS und PNS	immunhistochemisch

Einzelheiten zu synaptischen Bläschen

Synaptische Bläschen treten auf:
- *rund oder abgeflacht*
- *hell oder mit dichtem Zentrum*

Diese Unterschiede stehen zu dem jeweilig gespeicherten Transmitter in Beziehung. Es können **helle runde Transmitterbläschen** (40–60 nm) Glutamat, Azetylcholin oder γ-Aminobuttersäure führen. Bläschen mit »**dunklem Kern**«, der einen hellen Hof unter der Bläschenmembran freilässt, enthalten biogene Amine, z. B. Noradrenalin, Adrenalin oder Dopamin. Große synaptische Vesikel mit »**dichtem Kern**« (Durchmesser 60–150 nm) führen **Neuropeptide** als Transmitter.

Zur Information zu Transmitterfreisetzung und Wirkung

Eingeleitet wird der Transmittermechanismus nach Eintreffen eines Aktionspotenzials durch Öffnung von Ca^{++}-Kanälen an der präsynaptischen Membran und den Einstrom von Kalzium. Es folgt die Fusion synaptischer Bläschen mit der präsynaptischen Membran und eine Exozytose des Transmitters (Abb. 2.52 d).

An der subsynaptischen Membran wird das chemische Signal wieder in ein elektrisches Signal verwandelt. Erreicht wird dies dadurch, dass die Transmitter an zugehörige Rezeptoren der subsynaptischen Membran binden (*Liganden-gesteuerte Rezeptoren*) und Kanäle für die Passage bestimmter Ionen öffnen. Im Fall exzitatorischer Transmitter, z. B. Glutamat, handelt es sich um Na^{+}- und Ca^{++}-Ionen. Die Permeabilitätszunahme v.a. für Na^+ führt zu einer Depolarisation der subsynaptischen Membran (Zunahme der positiven Ladungen auf der Innenseite der Membran) und damit zur Ausbildung eines exzitatorischen postsynaptischen Potenzials (EPSP). Durch Summation mehrerer EPSP kann ein fortleitbares Aktionspotenzial entstehen.

Es gibt jedoch auch hemmende und modulierende Transmitter. Hemmende Transmitter, z.B. GABA, öffnen ihre Rezeptoren für den Einstrom von Chloridionen und führen zur Ausbildung eines inhibitorischen postsynaptischen Signals (IPSP). – Die modulierenden Transmitter, z.B. Peptidüberträgerstoffe, wirken auf *G-Protein-gekoppelte Rezeptoren*, die über intrazelluläre Signalketten Einfluss auf die Empfindlichkeit der Zelle gegenüber der Depolarisation nehmen.

Der *Abbau der Neurotransmitter* findet extrazellulär statt. Er erfolgt nach Wirkungseintritt. Der Abbau kann sehr schnell, aber auch sehr langsam erfolgen. Schnell, d.h. innerhalb von Millisekunden, erfolgt er z.B. bei Azetylcholin (enzymatisch durch Azetylcholinesterase) und Noradrenalin, langsam dagegen bei Neuropeptiden, die bis zu Minuten im Interzellularraum verweilen können. Teile der schnell abgebauten Transmitter bzw. ihre Metaboliten werden vom Nervenfaserende resorbiert und zur Synthese neuer Transmitter wiederverwendet. Glutamat wird teilweise von Astrozyten aufgenommen (► S. 86). Neuropeptide dagegen werden extrazellulär abgebaut und ihre Spaltprodukte von der Glia durch Phagozytose beseitigt. Bestimmte Neurotransmitter (z.B. Noradrenalin, Serotonin) können wieder in die präsynaptische Endigung aufgenommen werden („re-uptake").

Synapsen verbinden verschiedene Partner. Nach Lokalisation der Synapsen können u.a. unterschieden werden:
- **interneuronale Synapsen**
- **neuromuskuläre Synapsen**
- **Synapsen en distance**
- **Synapsen en passant**
- **neuroglanduläre Synapsen**

Interneuronale Synapsen (Abb. 2.52a). Es gibt
- **axodendritische Synapsen:** Dies ist die häufigste Form der interneuronalen Synapse;
- **axosomatische Synapsen:** Sie befinden sich zwischen Axon und Perikaryon. Axodendritische und axosomatische Synapsen sind überwiegend asymmetrische, erregende Synapsen;
- **axoaxonale Synapsen:** häufig am Initialsegment des Axons (Anfangssegmentsynapse) oder am Axonende. Sie sind symmetrisch und wirken hemmend.

An jeder Nervenzelle sind praktisch alle Synapsentypen vorhanden (Ausnahme: Perikaryon der pseudounipolaren Nervenzellen im Spinalganglion, ► S. 201; hier fehlen axosomatische Synapsen). Die Zahl der Synapsen an einem Neuron schwankt stark, von einzelnen bis zu vielen tausenden (etwa 60000 bei Purkinje-Zellen des Kleinhirns, ► S. 789).

Zur Information

Zur *Konvergenz* der Erregungsleitung kommt es, wenn Axone zahlreicher Nervenzellen mit einer Nervenzelle Synasen bilden. Eine *Divergenz* der Erregungsleitung erfolgt, wenn das Axon einer Nervenzelle durch Endverzweigungen mit zahlreichen anderen Nervenzellen Synapsen bildet.

Neuromuskuläre (myoneurale) Synapsen (Abb. 2.46) befinden sich zwischen Axonende und dem Plasmalemm quer gestreifter Muskelfasern. Sie dienen der Signalgebung zur Muskelzellkontraktion (Einzelheiten ► S. 63).

Synapsen en distance treten vor allem zwischen Axonen vegetativer Nerven und glatten Muskelzellen, z.B. in der Gefäßwand, aber auch an Herzmuskelzellen auf. In der Regel sind sie gleichzeitig **Synapsen en passant.** Die Axone der vegetativen Nerven bilden nämlich perlschnurartig angeordnete, spindelförmige Verdickungen (**Varikositäten**), in denen gehäuft Transmitterorganellen vorkommen. An den Varikositäten wird Transmitter (typisch ist Noradrenalin) abgegeben. Der synaptische Spalt beträgt bis zu 500 nm.

Neuroglanduläre Synapsen bestehen zwischen Axonende und der Plasmamembran exokriner und endokriner Drüsenzellen.

In Kürze

Überwiegend kommen chemische Synapsen mit Transmittern als Überträgersubstanz vor. Präsynaptisch befinden sich die Transmitter in synaptischen Bläschen, die nach Eintreffen eines Signals an die präsynaptische Membran binden und ihren Inhalt in den synaptischen Spalt (Durchmesser 20 nm) freisetzen. Postsynaptisch werden an subsynaptischen Membranen durch Transmitter Ionenkanäle geöffnet (oder geschlossen) und exzitatorische oder inhibitorische Potenziale ausgelöst.

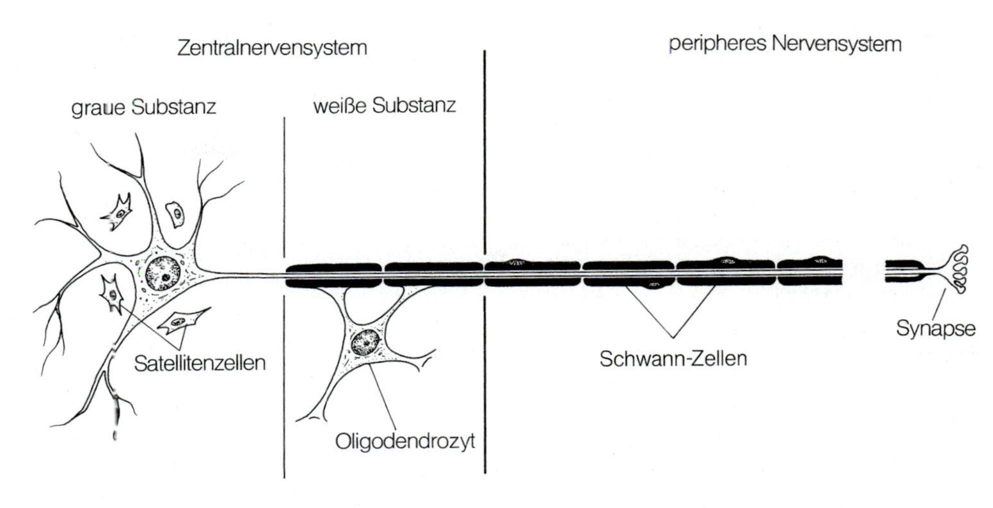

Abb. 2.53. Nervenfaser, zentral und peripher, einer multipolaren Nervenzelle

2.4.3 Nervenfasern und Nerven H29, 30

Kernaussagen

- **Nervenfasern bestehen aus Axon und Myelinscheide.**
- **Die Durchmesser der Nervenfasern und die Dicke der Myelinscheiden variieren.**
- **Nervenfasern mit Myelinscheide haben Ranvier-Schnürringe, auf die die saltatorische Erregungsleitung zurückgeht.**
- **Nerven bestehen aus vielen Nervenfasern, die durch Bindegewebe gebündelt werden.**

Nervenfasern

Nervenfasern bestehen aus einem
- **Axon** und seiner
- **Axonscheide/Myelinscheide**).

Das **Axon** ist der efferent leitende Fortsatz der Nervenzelle. Die Besprechung ist oben erfolgt (▶ S. 72).

Die **Myelinscheide** besteht aus Hüllzellen (Abb. 2.53):
- im **Zentralnervensystem** (Gehirn und Rückenmark) aus **Oligodendrozyten**
- im **peripheren Nervensystem** aus **Schwann-Zellen**

Oligodendrozyten und Schwann-Zellen gehören zur Neuroglia (▶ unten). Sie sind neuroektodermaler Herkunft und in der Lage **Lamellen** zu bilden, die als **Mark-** oder **Myelinscheide** das Axon umhüllen (Abb. 2.56).

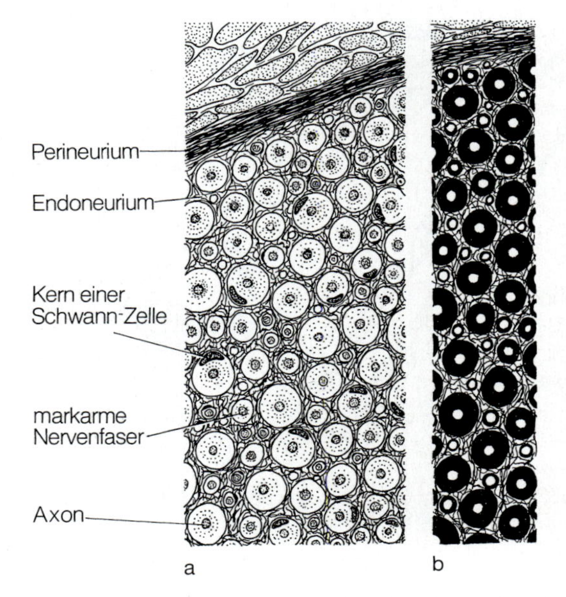

Abb. 2.54. Nervenfaserbündel mit markreichen und markarmen Nervenfasern. **a** Markscheiden sind ungefärbt (z. B. bei Hämatoxylin-Eosin-Färbung), im Zentrum jeder Nervenfaser ist der Querschnitt durch das Axon deutlich zu erkennen. **b** Markscheiden sind mit einem Fettfarbstoff (z. B. Sudanschwarz) intensiv angefärbt H29, 30

Die Anzahl der Lamellen variiert stark. Danach lassen sich unterscheiden:
- **markhaltige Nervenfasern** (Abb. 2.54)
  - **markreich** oder
  - **markarm**

- **marklose Nervenfasern**
- **markscheidenfreie Nervenfasern** ohne jede Hülle (nur in der grauen Substanz des Nervensystems)

Zur Information
Myelin hat einen sehr hohen Lipidanteil. Daher sind zur färberisch-histologischen Darstellung markhaltiger Nervenfasern Gefrierschnitte und Fettfarbstoffe besonders (Abb. 2.54), aber auch die Markscheidenfärbung nach Weigert (mit Osmiumsäure) geeignet.

Markscheiden im Zentralnervensystem bestehen aus Lamellen, die aus Plasmamembranen von Zellfortsätzen der **Oligodendrozyten** (▶ S. 86) hervorgegangen sind (Abb. 2.55). Da der einzelne Oligodendrozyt nur einen Abschnitt eines Axons umgreift, ist die Axonhülle eine Aufeinanderfolge von Myelinsegmenten verschiedener Oligodendrozyten. Eine Basallamina fehlt.

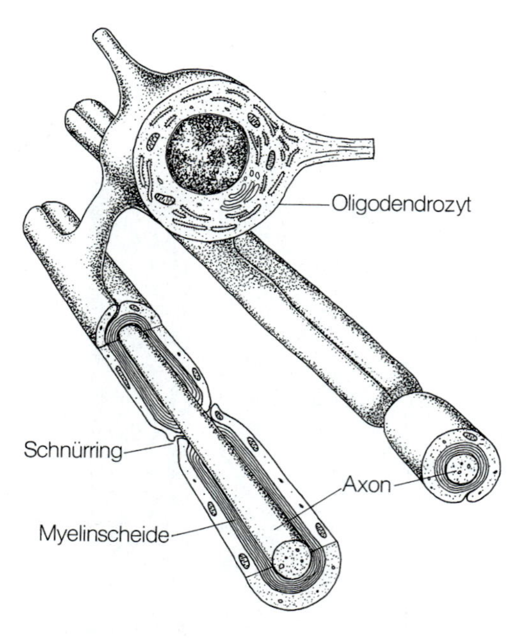

Abb. 2.55. Ein Oligodendrozyt bildet die Markscheide von mehreren Axonen

Markhaltige Nervenfasern des peripheren Nervensystems. Zu besprechen sind

- **Markscheide**
- **zytoplasmatischer Anteil der umhüllenden Schwann-Zellen**
- **Ranvier-Schnürringe** e H30

Markscheide. Es handelt sich um Lipidlamellen, die ringförmig um das Axon angeordnet sind. Sie sind im peripheren Nervensystem aus dem Plasmalemm der **Schwann-Zellen** hervorgegangen.

Zur Entwicklung
Markhaltige Nervenfasern entstehen dadurch, dass sich während der Entwicklung das Axon in eine flache Einbuchtung einer **Schwann-Zelle** legt. Durch Vertiefung der Einbuchtung entsteht eine Einfaltung, in deren Bereich sich die Membranen der Schwann-Zelle aneinander legen und das **Mesaxon** bilden (Abb. 2.56).

In der *Folgezeit* verlängern sich die Berührungsstellen zwischen den Oberflächenmembranen der Schwann-Zelle und wickeln sich um das Axon (**Myelogenese**). Dabei verschmelzen die Außenschichten der gegenüberliegenden Membranen und bilden zusammen mit ihrer Glykokalix die **Intermediärlinie** der späteren Axonscheide. Durch die Zusammenlagerung der inneren Blätter der trilaminären Oberflächenmembran entstehen die dichten **Hauptlinien** (Abb. 2.56). Von der Anzahl der entstandenen Lamellen hängt ab, ob die Nervenfaser markreich oder markarm ist.

Abgeschlossen wird die Myelogenese erst im zweiten Lebensjahrzehnt.

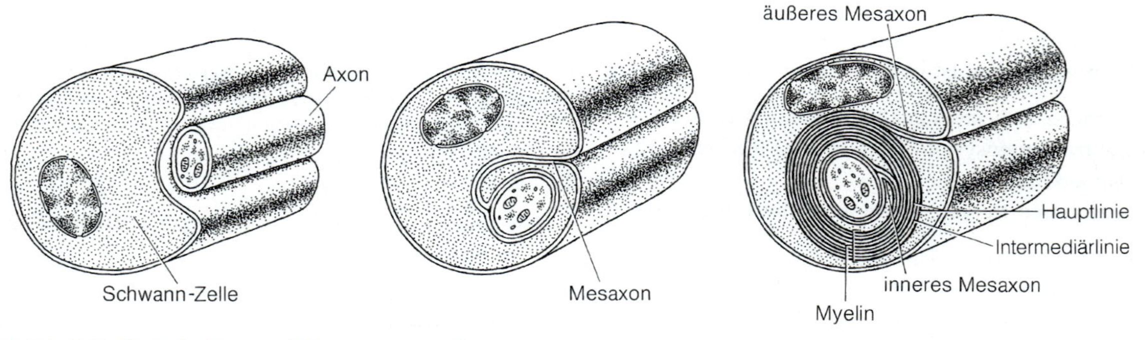

Abb. 2.56. Markscheidenentwicklung eines peripheren Nerven

Zytoplasmatische Abschnitte der Schwann-Zellen (■ Abb. 2.57) befinden sich
- unter dem Plasmalemm als schmale oberflächliche und tiefe Zytoplasmaschicht,
- als Zytoplasmabrücken zwischen oberflächlicher und tiefer Zytoplasmaschicht – früher aufgrund des färberisch-lichtmikroskopischen Erscheinungsbilds als **Schmidt-Lanterman-Einkerbung** bezeichnet,
- in der paranodalen Region am Ranvier-Schnürring.

Ranvier-Schnürringe sind Unterbrechungen der Markscheide. Es handelt sich um erweiterte **Interzellularräume** zwischen aufeinander folgenden Schwann-Zellen, von denen jede ein Axon maximal auf einer Länge von 0,08 bis 1 mm umhüllt. Der Abschnitt einer Nervenfaser von einem Ranvier-Schnürring zum nächsten wird als **Internodium** bezeichnet. e H30

Den Aufbau eines Ranvier-Schnürringes zeigt ■ Abb. 2.57. Zu erkennen ist, dass die Enden der Schwann-Zellen feine Ausläufer haben, die locker miteinander verzahnt sind bzw. füßchenförmig an das Axolemm herantreten. Im Bereich des Schnürrings ist das Axon leicht erweitert.

Zur Information

Das Plasmalemm des Axons (*Axolemm*) ist im Bereich des Ranvier-Schnürrings durch viele spannungsabhängige Na^+-Kanäle gekennzeichnet. Ihre Öffnung führt zu einer Depolarisation. Die übrigen Abschnitte des Axons (Internodien) haben keine entsprechenden Kanäle und sind außerdem durch die Myelinscheide isoliert. Die Folge ist, dass die Depolarisation von einem Ranvier-Schnürring zum anderen springt (*saltatorische Erregungsleitung*).

Durchmesser von Axon und Myelinscheide beeinflussen die Geschwindigkeit der axonalen Erregungsleitung. Sie ist umso größer, je größer der Durchmesser des Axons, je dicker die Markscheide und je länger die Internodien sind. ■ Tabelle 2.9 zeigt, dass sich Nervenfasern entsprechend klassifizieren lassen.

In **marklosen Nervenfasern** werden mehrere Axone von einer Schwann-Zelle umfasst (■ Abb. 2.58). Marklos sind sie, da während der Entwicklung die auch bei ihnen vorhandenen Mesaxone von Hüllzellen nicht auswachsen und sich dadurch keine Myelinscheiden bilden. Gleichzeitig fehlen Ranvier-Schnürringe. Dadurch gibt es keine saltatorische Erregungsleitung. Vielmehr wird die Erregung wegen einer kontinuierlich fortschreitenden Änderung der Membranpermeabilität wie eine sich ausbreitende Welle fortgeleitet. Da außerdem die Axone sehr dünn sind, ist die Leitungsgeschwindigkeit gering.

Im peripheren Nervensystem gehören marklose Nervenfasern meist zum autonomen (vegetativen) Nervensystem (▶ S. 205). Häufig werden dort mehrere Axone von einer Hüllzelle umfasst (■ Abb. 2.58). Sie bilden **Leitstränge**. Dabei können häufig einzelne Axone

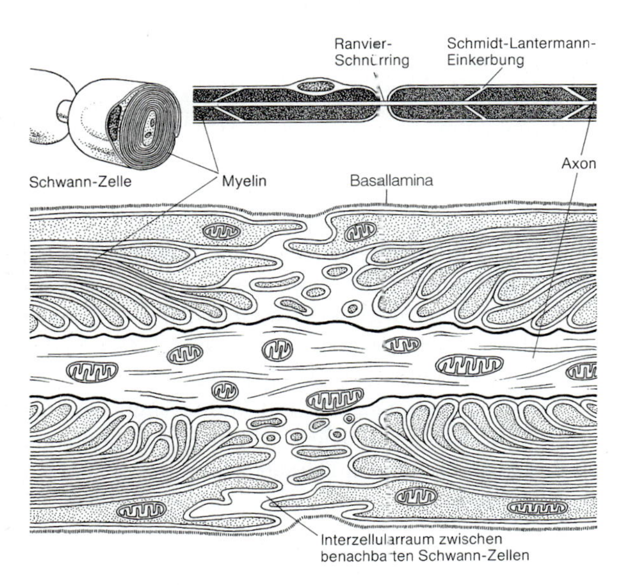

■ **Abb. 2.57.** Ranvier-Schnürring. *Oben rechts* lichtmikroskopisch, *sonst* elektronenmikroskopisch

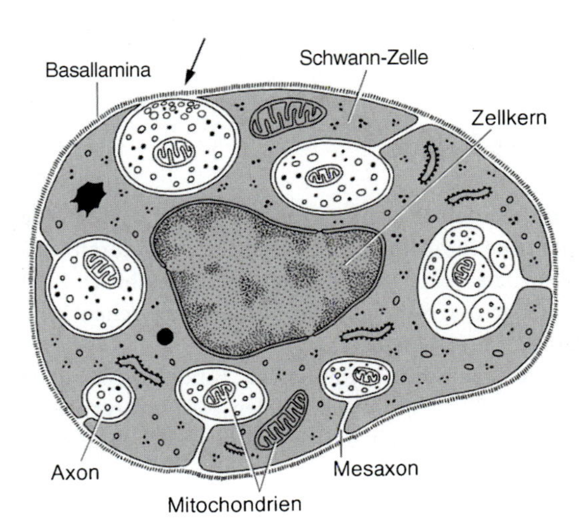

■ **Abb. 2.58.** Marklose Nervenfaser. Mehrere Axone werden von einer Schwann-Zelle umhüllt. Der *Pfeil* weist auf das Gebiet einer Synapse en distance

Tabelle 2.9. Klassifizierung von Nervenfasern nach ihrem Durchmesser

Gruppe	Nervenfaser-durchmesser	Leitungsgeschwindigkeit (Warmblüter)	Beispiele
markhaltige Nervenfasern			
Aα	10–20 µm	60–120 m/s	Efferenzen zu quer gestreiften Muskelfasern (Skelettmusulatur Afferenzen aus Muskelspindeln, auch als Ia-Afferenzen bezeichnet
Aβ	6–12 µm	30–70 m/s	Afferenzen aus der Haut für Berührung und Druck
Aγ	4–8 µm	15–30 m/s	Efferenzen zu intrafusalen Muskelfasern von Muskelspindeln
Aδ	3–5 µm	12–30 m/s	Afferenzen aus der Haut für Temperatur und Schmerz
B	1–3 µm	3–15 m/s	präganglionäre sympathische Nervenfasern
marklose Nervenfasern			
C	0,3–1 µm	0,5–2 m/s	postganglionäre sympathische Nervenfasern Afferenzen aus der Haut für Schmerz

aus einem Leitstrang in einen anderen überwechseln; dadurch können Vernetzungen entstehen. Nie verlieren dabei die einzelnen Axone ihre Integrität.

Nerven e H29

Nerven befinden sich im peripheren Nervensystem. Sie bestehen aus Bündeln von Nervenfasern, die durch Bindegewebe zusammengehalten werden. Hinsichtlich Zahl und Kaliber der Nervenfasern bestehen zwischen Nerven große Unterschiede.

Die Nervenfasern verlaufen im Bindegewebe eines Nerven gewellt. Dies verschafft den Nervenfasern eine Reservelänge, wodurch bei Bewegungen Überdehnungen verhindert werden.

Das Bindegewebe eines Nerven gliedert sich in (Abb. 2.59)
- **Endoneurium**
- **Perineurium**
- **Epineurium**

Endoneurium nennt man das zarte kollagene und retikuläre Fasern führende Bindegewebe, das jede einzelne Nervenfaser umgibt. Die Fasern sind an der Basallamina der Schwann-Zellen befestigt und stehen mit denen benachbarter Nervenfasern im Austausch. Das Endoneurium führt Blut- und Lymphkapillaren.

Zwischen Endoneurium und Perineurium befindet sich der mit wenig Flüssigkeit gefüllte **Endoneuralraum**. Im Endoneuralraum soll Flüssigkeit von proximal nach distal strömen.

Perineurium besteht aus mehreren Schichten konzentrisch angeordneter Fibroblasten. Dadurch bildet es eine Diffusionsbarriere zwischen Endoneuralraum und epi-

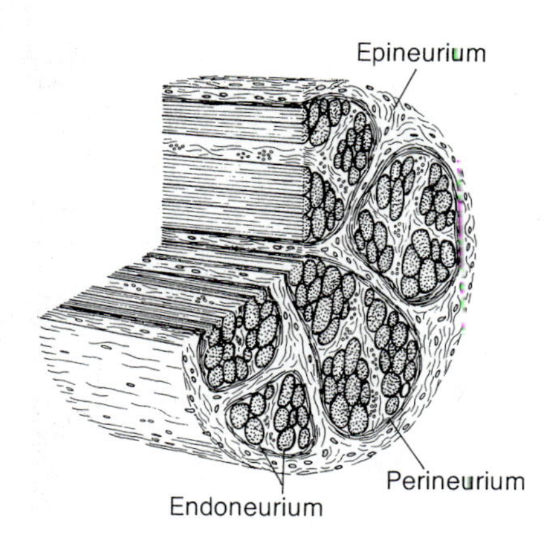

Abb. 2.59. Nerv mit seinen Bindegewebshüllen H29

neuralem Bindegewebe. Zwischen den Zellen des Perineuriums liegen viele Kollagenfasern, die spiralig verlaufen und dadurch eine geringe Verlängerung des Nerven zulassen.

Das Perineurium fasst jeweils wenige bis zu einigen 100 Nervenfasern mit dem dazugehörigen Endoneurium zu **Nervenfaserbündel** zusammen. Es begleitet den Nerven bis zu seinen feinsten Ausläufern und setzt sich an der Grenze zum Zentralnervensystem in das subdurale Neurothel fort.

Das **Epineurium** ist die äußere Bindegewebshülle des Nerven. Es besteht aus lockerem Bindegewebe und fasst die von Perineurium umgebenen Nervenfaserbündel zum Nerven zusammen. Gleichzeitig dient es mit seiner äußersten Schicht (**Paraneurium**) dem beweglichen Einbau des Nerven in das umgebende Gewebe. Auch lässt es eine gegenseitige Verschiebung der Nervenfaserbündel zu. Durch längs verlaufende Kollagenfaserzüge verhindert es eine Überdehnung des Nerven.

Regeneration von Nervenfasern

Wichtig

Nervenfasern im peripheren Nervensystem können regenerieren. Die Regeneration geht an der Durchtrennungsstelle vom Axonstumpf aus. Das auswachsende Axon benutzt verbliebene Schwann-Zellen als Leitschienen.

Nach einer Nervenfaserdurchtrennung (Abb. 2.60) treten sowohl proximal als auch distal der Durchtrennungsstelle Veränderungen auf.

Veränderungen des proximalen Segments (Abb. 2.60 b) werden als **aufsteigende (retrograde) Degeneration** bezeichnet. Sie wirken sich auch am zugehörigen Perikaryon aus. Es rundet sich ab, schwillt an, der Kern tritt an den Rand der Zelle, die Nissl-Substanz verschwindet weitgehend (**Chromatolyse**).

Veränderungen am distalen Segment (Abb. 2.60 b) nennt man **absteigende (sekundäre, Waller-) Degeneration.** Dabei geht das distale Axonfragment einschließlich seiner Synapsenkolben zugrunde. Die Axonscheide, sofern sie markhaltig ist, zerfällt in **Markballen.** Diese können in den ersten 2 Wochen mit Osmiumsäure geschwärzt (**Marchi-Stadium**), später nach Abbau der Lipide zu Neutralfetten mit Scharlachrot angefärbt werden (**Scharlachrot-Stadium**). Das zerfallende Material wird durch Makrophagen abgeräumt.

Regeneration (Abb. 2.60 c–e). In nennenswertem Umfang erfolgt sie nur bei Nervenfasern des peripheren Nervensystems. Eingeleitet wird sie durch eine vermehrte Proteinsynthese im Perikaryon. Dort kommt es zu Zunahme der Nissl-Substanz und Vergrößerung des Golgiapparats. Außerdem gewinnt der Zellkern seine zentrale Lage im Perikaryon zurück.

Das Wachstum selbst geht vom proximalen Axonstumpf aus, dessen Ende sich zu einem **Wachstumskolben** erweitert. Er entsteht durch das aus dem Perikaryon axoplasmatisch antransportierte Zellmaterial.

Distal der Durchtrennungsstelle bildet sich durch Proliferation **verbliebener Schwann-Zellen** eine **Leitschiene** für das auswachsende Axon. Bei der Leitschiene handelt es sich um eine geschlossene Zellsäule, **Büngner-Bänder,** mit zusammenhängender Basallamina.

Den Anreiz zum Aussprossen erhalten die Axone durch Wachstumsfaktoren, die u.a. von den Schwann-Zellen (NGF = nerve growth factor) sowie von den umliegenden Bindegewebszellen (FGF = fibroblast growth factor) gebildet werden. Ferner wirkt von den Schwann-Zellen abgegebenes Laminin mit.

Das tägliche Wachstum eines aussprossenden Axons beträgt 0,5–3 mm. Ist das Erfolgsorgan erreicht, entstehen dort wieder Synapsenkolben. Schließlich bilden die Schwann-Zellen um das regenerierte Axon erneut eine – wenn auch dünnere – Axonscheide.

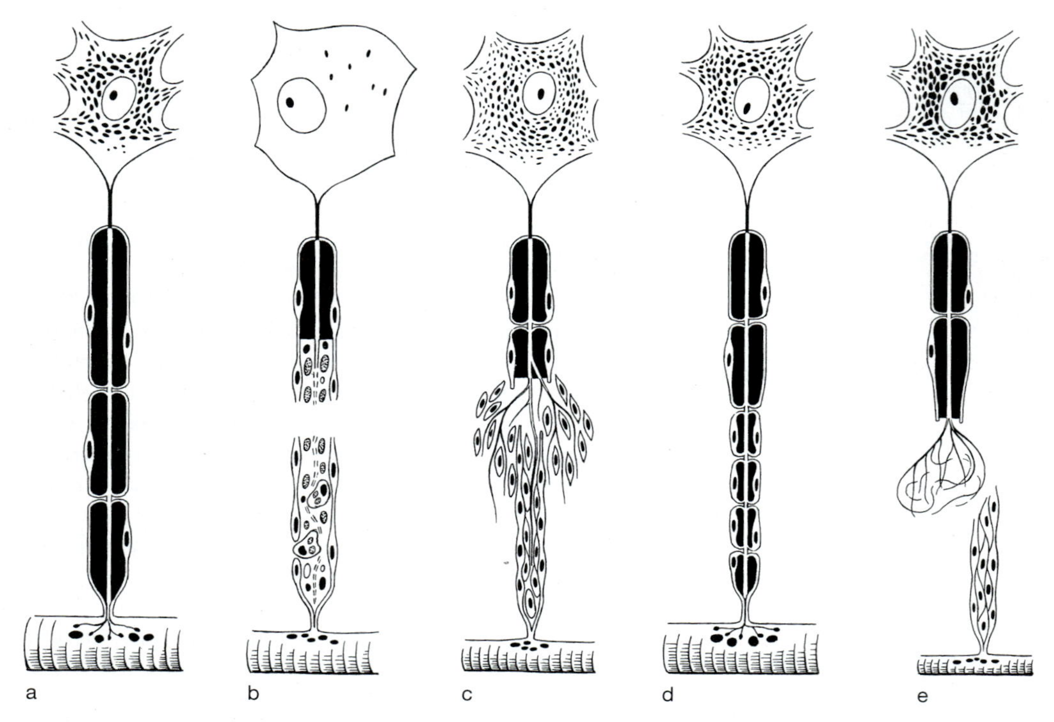

Abb. 2.60 a–e. Regeneration einer Nervenfaser nach Durchtrennung. **a** Normale Verhältnisse. **b** Aufsteigende und absteigende Degeneration. **c** Etwa nach 3 Wochen Ausbildung einer Leitschiene durch Proliferation von Schwann-Zellen und Beginn des Aussprossens des Axons. **d** Erfolgreiche Regeneration. **e** Amputationsneurom, Muskelfaserdegeneration

Zur Information

Der Erfolg einer Regeneration, d. h. die Reinnervation des Erfolgsgewebes, hängt hauptsächlich von der Ausbildung der Leitschienen ab. Entstehen dagegen an der Durchtrennungsstelle des Nerven durch zwischengelagertes Bindegewebe Narben oder sind die Abstände zum distalen Segment zu groß, verirrt sich das auswachsende Axon und bildet am proximalen Axonende einen makroskopisch sichtbaren Knoten (*Neurom*) (Abb. 2.60 e).

Problematisch wird es, wenn in die Leitschiene ehemals motorischer Nerven sensible Nervenfasern einwachsen. Dann wird die Muskelfunktion nicht oder nur ungenügend wiederhergestellt.

In jedem Fall ist eine Reinnervation ein sehr langsamer Vorgang. Ein Erfolg lässt oft mehr als ein Jahr auf sich warten.

In Kürze

Axone außerhalb des Zentralnervensystems werden von Schwann-Zellen umhüllt. Gemeinsam bilden Axon und Schwann-Zelle eine Nervenfaser. Aus dem Plasmalemm der Schwann-Zelle geht während der Entwicklung die lamellenförmige Myelinscheide hervor. Von der Anzahl der Lamellen hängt ab, ob die Nervenfaser markreich oder markarm ist. Unterbrochen wird die Myelinscheide durch Ranvier-Schnürringe, die Internodien begrenzen. Nervenfasern werden durch ein Bindegewebssystem aus Endoneurium, Perineurium und Epineurium zum Nerven zusammengefasst. Zum Perineurium gehören mehrere Schichten konzentrisch angeordneter Zellen. Nervenfaserdurchtrennung führt zu einer aufsteigenden (retrograden) und einer absteigenden (sekundären) Degeneration. Eine Regeneration der Nervenfasern geht von einem Wachstumskolben des proximalen Faserstumpfes aus. Das auswachsende Axon bedient sich einer Leitschiene aus verbliebenen Schwann-Zellen.

2.4.4 Gliazellen

Kernaussagen

- **Gliazellen sind eine Population sehr unterschiedlicher Zellen.**
- **Gliazellen können proliferieren.**
- **Astrozyten sind am Informationsaustausch der Nervenzellen des Zentralnervensystems beteiligt.**
- **Oligodendrozyten bilden die Markscheiden der Axone des Zentralnervensystems.**

Die Glia ist ein wichtiger Bestandteil des Nervensystems. Sie wirkt eng mit Nervenzellen zusammen.

Gliazellen behalten auch nach Abschluss der Entwicklung ihre Teilungsfähigkeit. Dadurch können sie nach Reizungen und nach Verletzungen proliferieren und Narben bilden.

Zur Information
Gliazellen haben vor allem metabolische Aufgaben. Sie resorbieren, transportieren, sezernieren, dienen der Abwehr, der Isolierung und damit der Ausrichtung der Erregungsleitung. Sie haben auch mechanische Aufgaben.

Zu unterscheiden sind
- **Glia des Zentralnervensystems**
- **Glia des peripheren Nervensystems**

Glia des Zentralnervensystems. Sie füllt die Räume zwischen den Nervenzellen und ihren Fortsätzen, weshalb dort nur schmale, etwa 20 nm breite Interzellularspalten übrig bleiben, die in ihrer Gesamtheit 5–7% – nach Berechnungen von Physiologen 14–15% – des Hirnvolumens einnehmen. Obgleich etwa 10 Gliazellen auf 1 Nervenzelle kommen, beansprucht die Glia nur die Hälfte des Gesamtvolumens des Nervensystems, da Gliazellen viel kleiner als Nervenzellen sind.

Zur Entwicklung
Die Neuroglia des Zentralnervensystems geht überwiegend aus den Matrixzellen der Neuralanlage hervor (Entwicklung des Nervensystems, ► S. 725), ist also wie Nervenzellen ektodermaler Herkunft. Eine Ausnahme macht die Mikroglia, die ab dem fünften Entwicklungsmonat aus dem Mesenchym in die Anlage des Nervensystems einwächst.

Zu unterscheiden sind (▫ Abb. 2.61)
- **Astrozyten**
- **Oligodendrozyten**
- **Mikroglia**

In umschriebenen Gebieten des Gehirns kommen als spezielle Formen hinzu:
- **Ependymzellen** und **Tanyzyten**
- **Zellen des Plexus choroideus**
- **Pituizyten der Neurohypophyse** (► S. 758).

Astrozyten sind die größten Gliazellen. Sie haben viele, z. T. sehr lange Fortsätze, die einerseits enge Beziehungen zu den Kapillaren, andererseits zu Nervenzellen haben, insbesondere zur Umgebung der Synapsen. Dort kommen im Zytoplasma der Astrozyten Vesikel vor, die denen der Boutons von Axonen ähneln. An der Oberfläche der Kapillaren enden Astrozytenfortsätze mit Verbreiterungen, sog. **Füßchen**, und bilden perikapillär eine dichte **Membrana limitans gliae vascularis** (▫ Abb. 2.62). Eine ähnliche Grenzmembran besteht auch unter der äußeren Oberfläche von Gehirn und Rückenmark (**Membrana limitans gliae superficialis**).

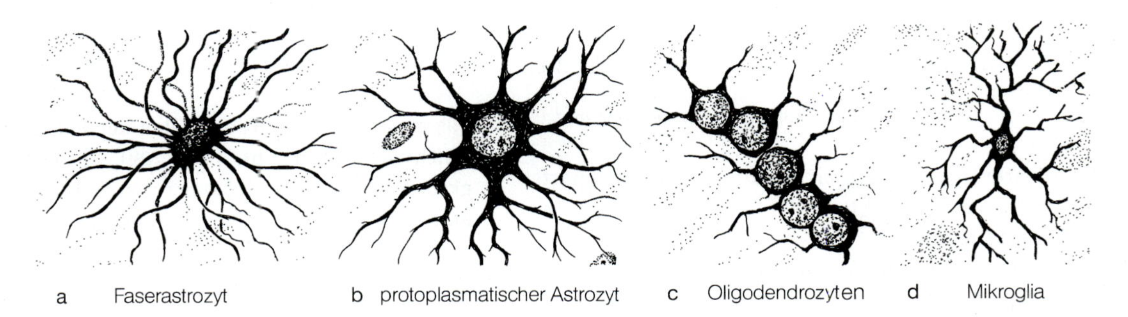

▫ **Abb. 2.61 a–d.** Gliazellen. **a** Faserastrozyten. **b** Protoplasmatische Astrozyten. **c** Oligodendrozyten. **d** Mikroglia

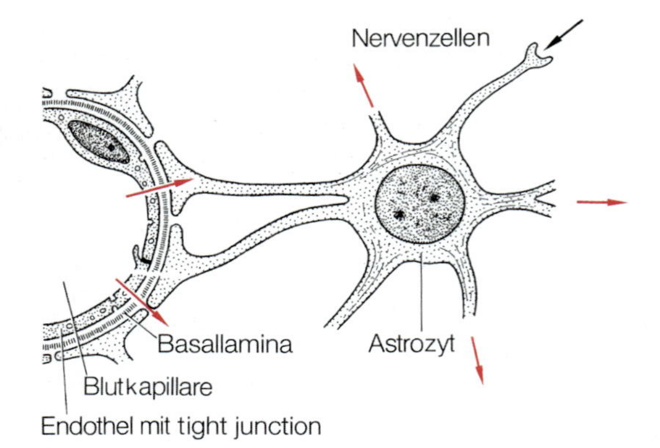

Abb. 2.62. Astrozyt. Nach links Astrozytfüßchen an der Oberfläche einer Gehirnkapillare. Die *Pfeile* geben die Richtung eines transzellulären Stofftransports an

Zur Information

In der Umgebung der Synapsen nehmen Astrozytenausläufer überschüssig freigesetzte Aminosäuretransmitter (Glutamat, GABA, Tabelle 2.8) sowie Abbauprodukte von Neuropeptiden auf.

Astrozyten interagieren mit Nervenzellen. So sind sie durch Aufnahme von Glutamat und GABA aus dem synaptischen Spalt am Transmitterstoffwechsel beteiligt. Im Astrozyten wird durch Glutamat die Kalziumkonzentration verändert. Steigt sie, z. B. nach Aktivierung der Nervenzellen, wird in den Astrozytenfüßchen vermehrt Kalzium ausgeschüttet. Dies führt in der Regel zu einer Erweiterung der zugehörigen Gefäße und einer Steigerung der Durchblutung in betroffenen Gebieten, die mit der Kernspintomographie sichtbar gemacht werden können.

Die Abbauprodukte von Neuropeptiden dagegen finden keine Wiederverwendung.

Weitere Aufgaben der Astrozyten sind:
- Kontrolle des extrazellulären Milieus, z. B. der Kaliumkonzentration durch Aufnahme von K^+-Ionen
- Aufnahme von Glukose und Abbau zu Laktat, das zur Energiegewinnung an Nervenzellen weitergegeben wird
- Bildung von Wachstumsfaktoren
- Bildung von gasförmigem Stickoxid, das die Neurone aktiviert
- Ausbildung von »Kanälen« für Nervenzellen und deren Isolierung
- Proliferation und Narbenbildung bei Verletzungen

Nach ihrer Form lassen sich mehrere Astrozytenarten unterscheiden:
- **Faserastrozyten**
- **protoplasmatische Astrozyten**
- **radiäre Glia**

Faserastrozyten (Abb. 2.61 a). Sie haben lange dünne, sehr schmale Fortsätze. Ihr Zytoplasma enthält Bündel spezieller intermediärer Filamente mit einem sauren Protein (GFAP = *glial fibrillary acidic protein*). Faserastrozyten kommen insbesondere in der weißen Substanz von Gehirn und Rückenmark vor (▶ S. 721).

Protoplasmatische Astrozyten (Abb. 2.61 b). Sie sind sehr viel stärker verzweigt, haben relativ dicke, aber kürzere Fortsätze. Protoplasmatische Astrozyten sind vor allem in der grauen Substanz des Nervensystems (▶ S. 721) zu finden und können sich der Oberfläche der Nervenzellkörper anlegen.

Zur Diagnostik

Im Gegensatz zu Nervenzellen haben Gliazellen keine Nissl-Substanz. Außerdem ist bei den Astrozyten das Zytoplasma verhältnismäßig schmal und der Kern teilweise sehr chromatinreich. Schwieriger ist es, die beiden Astrozytentypen voneinander zu unterscheiden, da es zahlreiche Übergangsformen gibt.

Radiäre Glia. Hierbei handelt es sich um eine Frühform der Glia, die jedoch auch noch in Teilen des reifen Gehirns (z. B. Kleinhirn) vorkommt. Die Zellen haben sehr lange Fortsätze, an denen junge Nervenzellen aus ihrer Bildungszone an ihren endgültigen Platz wandern können.

Oligodendrozyten (Abb. 2.55, 2.61 c) sind kleiner als Astrozyten, haben meist ein dunkles, sehr schmales Zytoplasma mit vielen Ribosomen und Mitochondrien und einen kleinen, runden, dichten Zellkern. Ihre Fortsätze sind weniger zahlreich und kürzer als die von Astrozyten. Sie kommen in der grauen und weißen Substanz von Gehirn und Rückenmark vor. Oligodendrozyten bilden die Markscheiden der Axone des Zentralnervensystems (▶ oben). Dabei kann ein Oligodendrozyt mehrere Nervenfasern umfassen. Bei Reizung bewegen sich die Oligodendrozyten und umschließen die Nervenzellen; sie erscheinen dann als Satellitenzellen.

Mikroglia (Abb. 2.61 d). Zellen der Mikroglia sind mesenchymaler Herkunft (▶ S. 109). Sie kommen in der grauen und weißen Substanz von Gehirn und Rückenmark vor. Im Ruhezustand sind die Zellen klein, ihr Zellkörper ist schmal und dicht, der Zellkern lang gestreckt und dunkel gefärbt – dadurch unterscheidet er sich deutlich von den runden Zellkernen der anderen Gliazellen. Die Mikroglia hat zahlreiche verzweigte, wie mit Dornen besetzte Fortsätze. Aktivierte Mikrogliazellen runden sich ab und ziehen ihre Fortsätze ein. – Mikrogliazellen sind umgewandelte Makrophagen und gehören damit zu den Abwehrzellen.

Die **Ependymzellen** bilden die Oberflächen der Ventrikel des Gehirns (▶ S. 849) bzw. des Zentralkanals im Rückenmark (▶ S. 849). Sie sind epithelial angeordnet. Apikal haben sie Mikrovilli und stellenweise Kinozilien. Ependymzellen stehen durch Nexus und Desmosomen miteinander in Verbindung. Ein Stoffaustausch zwischen dem Liquor cerebrospinalis und dem Nervengewebe durch das Ependym hindurch wird diskutiert.

Zwischen den Ependymzellen der verschiedenen Regionen bestehen Unterschiede: z.B. isoprismatisch in den Seitenventrikeln, hochprismatisch mit langen Fortsätzen, die weit ins Nervengewebe hineinragen, am Boden des 3. Ventrikels (**Tanyzyten**).

Die **Plexus choroidei** sind Auffaltungen in der Wand der Hirnventrikel (▶ S. 852). Sie bilden den Liquor cerebrospinalis. Die die Plexus choroidei bekleidenden Zellen haben apikal zahlreiche, an ihren Enden aufgetriebene Mikrovilli sowie Kinozilien. Das Zytoplasma ist mitochondrienreich und basolateral ist die Zellmembran stark eingefaltet. Subepithelial liegt ein zellreiches lockeres Bindegewebe und zahlreiche Kapillaren.

Glia des peripheren Nervensystems. Es handelt sich um
- **Schwann-Zellen** (▶ S. 80)
- **Mantelzellen der Ganglien** (▶ S. 201)

In Kürze

Die Neuroglia des Zentralnervensystems besteht aus Astrozyten, Oligodendrozyten und Mikroglia. Astrozyten sind die größten Gliazellen und je nach Astrozytentyp unterschiedlich fortsatzreich. Sie bilden unter Verbreiterung ihrer Fortsatzenden perikapillär und unter der Oberfläche des Gehirns Grenzmembranen. Faserastrozyten zeichnen sich durch intermediäre Filamente aus. Sie liegen insbesondere in der weißen Substanz des Zentralnervensystems. Protoplasmatische Astrozyten kommen vor allem in der grauen Substanz und dort an Oberflächen von Perikarya vor. Oligodendrozyten bilden Markscheiden um Axone im ZNS. Mikroglia gehört zum Abwehrsystem. Sonderformen der Glia des ZNS sind Ependymzellen und Zellen des Plexus choroideus. Gliazellen des peripheren Nervensystems sind Schwannzellen und Mantelzellen in Ganglien.

2.5 Grundzüge histologischer Techniken

e H Allgemeines

Kernaussagen

- **Zur Anwendung histologischer Techniken werden Gewebe in der Regel fixiert.**
- **Die Fixierung dient der Konservierung und Härtung des Gewebes unter Erhaltung eines lebensnächsten Zustandes.**
- **Zur mikroskopischen Untersuchung werden Gewebeschnitte hergestellt (Schnittdicke für die Lichtmikroskopie 5–10 µm) und gefärbt.**
- **Mit spezifischen histochemischen Verfahren können in Gewebeschnitten nicht nur Strukturen, sondern auch deren molekulare Bausteine erfasst werden.**

Standardinstrumente für histologische Untersuchungen sind
- **Lichtmikroskop**
- **Fluoreszenzmikroskop**
- **konfokales Laserscanning-Mikroskop**
- **Elektronenmikroskop**

Im Lichtmikroskop können Strukturen im Mikrometerbereich (µm) beurteilt werden ($1\ \mu m = 10^{-3}$ mm). Die Auflösungsgrenze des Lichtmikroskops liegt bei 0,5 µm. Das Elektronenmikroskop gestattet Aussagen im Nanometerbereich ($1\ nm = 10^{-3}\ \mu m$). Die Auflösungsgrenze eines Elektronenmikroskops liegt etwa bei 0,3 nm; die meisten elektronenmikroskopischen Untersuchungen werden jedoch bei einer weit geringeren Auflösung (2–3 nm) durchgeführt.

2.5.1 Untersuchungen an lebenden Zellen und Geweben

Zur Untersuchung lebender Zellen und Gewebe sind
- **Gewebekulturen** geeignet.

Hinzu kommen Verfahren, bei denen Intravitalbehandlungen vorgenommen werden, die Untersuchungen selbst aber postmortal erfolgen. Es handelt sich um
- **Vitalfärbungen**
- **Autoradiographie**

Gewebekulturen. Um sie herzustellen, werden kleine Gewebsstückchen oder Zellen nach der Entnahme aus dem lebenden Organismus in speziellen Medien gezüchtet. Hierbei ist zu bedenken, dass kultivierte Gewebe durch Wegfall ihrer intravitalen Umgebung ihre spezifischen Strukturen verlieren können.

Eingesetzt werden Gewebekulturen besonders bei **zytogenetischen Untersuchungen**, z. B. bei der **Chromosomenanalyse** in gezüchteten Fetalzellen zur Diagnostik genetischer Störungen.

Vitalfärbungen. **Vor der Gewebeentnahme** werden intravital Farbstoffe oder Substanzen injiziert, die im lebenden Organismus spezifisch gebunden werden. Es handelt sich also um Markierungsverfahren. **Nach der Gewebeentnahme** werden dann die vitale Substanz- bzw. Farbstoffbindung, aber auch das Verhalten der markierten Strukturen untersucht.

Es kann aber auch auf eine Gewebeentnahme verzichtet und die Untersuchung mit bildanalytischen Verfahren (u. a. Magnetresonanztomographie, Positronenemissionstomographie intravital) durchgeführt werden. Jedoch erreicht die Bildauflösung gegenwärtig noch nicht jene der Mikroskopie.

Autoradiographie dient vor allem dem Studium von **Stoffumsätzen**. Hierzu werden intravital radioaktiv markierte Substanzen injiziert, die von den Zellen im Laufe ihres normalen Stoffwechsels eingebaut werden, z. B. markierte Aminosäuren in Membranrezeptoren.

Nach Gewebeentnahme und Herstellung von Geweschnitten (▶ unten) können unter Verwendung von Photoemulsionen die Orte der radioaktiven Strahlung mikroskopisch nachgewiesen werden.

2.5.2 Untersuchungen an toten oder abgetöteten Zellen und Geweben

Hierbei handelt es sich um die am häufigsten gebrauchten Methoden zur histologischen Untersuchung von Zell- und Gewebsstrukturen.

Zur Information
Anwendung finden diese Verfahren vor allem an Biopsien, d. h. an Gewebestückchen, die Patienten zur Diagnosestellung (z. B. bei Krebsverdacht) intravital entnommen wurden.

Alle einschlägigen Verfahren haben die **Herstellung von Schnitten**, d. h. von dünnen Gewebsscheiben, und deren Anfärbung zum Ziel.

Folgende Schritte sind zur Präparatherstellung erforderlich:
- **Fixierung**
- **Weiterbehandlung**
- **Herstellung von Schnitten**
- **Anfärben**
- **Nachbehandlung**

Ergänzend gibt es optische Verfahren, die an
- **ungefärbten Schnitten** anwendbar sind.

Fixierung. Sie dient der
- **Konservierung** und
- **Härtung** des Gewebes.

Beide Vorgänge sind miteinander verknüpft.

Konservierung. Sie kann durch
- **Kältefixierung** und
- **chemische Fixierung** erfolgen.

Zur **Kältefixierung** werden in der Regel **flüssiger Stickstoff** oder Kohlensäureschnee verwendet. Die Kältefixierung geht schnell. Sie ist daher für sog. Schnellschnitte, z. B. zur Gewebebeurteilung während einer Operation, und zur Untersuchung des Vorkommens leicht löslicher und solcher Substanzen geeignet, die gegen jede andere Vorbehandlung empfindlich sind.

Chemische Fixierung. Sie erfolgt durch
- **Immersionsfixierung** (Einbringen von Gewebe in eine Fixierungsflüssigkeit)
- **Perfusionsfixierung** (Injektion eines Fixierungsmittels in ein Blutgefäß)

Das verbreitetste, jedoch nicht einzige Fixierungsmittel ist **Formalin.**

Zur Information

Jede Fixierung ist ein erheblicher Eingriff in das Gefüge der Zell- und Gewebsstrukturen und führt oft zu groben *Artefaktbildungen.* So können z.B. Bestandteile bei der Fixierung herausgelöst werden, u.a. Fette und Lipide durch Alkohol. Außerdem verhalten sich die Strukturen unterschiedlich gegenüber Fixierungsmittel. Es gibt Strukturen, die ausgesprochen *fixationslabil* sind, und solche, die in gewissen Grenzen die Naturtreue von Zell- und Gewebsstrukturen bewahren, also *fixationsstabil* sind.

Fixierungsmittel im Einzelnen

Schnell wirken **Proteinkoagulatoren**, u.a. Alkohol, Sublimat, Essigsäure, Pikrinsäure. Sie werden jedoch nur in Ausnahmefällen als alleiniges Fixierungsmittel verwendet, da sie strukturzerstörend wirken.

Besser werden Strukturen durch **Lipoidstabilisatoren** erhalten, z.B. Osmiumsäure, Chromsäure, Kaliumbichromat und in gewissen Grenzen auch durch das vielbenutzte **Formalin.**

In der Regel werden Fixierungsgemische verwendet.

Besonders kritisch ist die Fixierung in der **Elektronenmikroskopie**, da sie jede Gewebsveränderung sofort sichtbar macht. Deswegen werden in der Elektronenmikroskopie nur Lipoidstabilisatoren verwendet, bevorzugt **Osmiumsäure** oder **Glutaraldehyd.**

Weiterbehandlung. Für die Herstellung üblicher **lichtmikroskopischer Dauerpräparate** wird das fixierte Gewebe in der Regel durch Alkohol **entwässert** und **gehärtet.** Es folgt eine **Einbettung** in erstarrende Massen, z.B. Paraffin, Celloidin, Kunstharz (speziell in der Elektronenmikroskopie).

Herstellung von Gewebeschnitten. Für die Lichtmikroskopie müssen die Schnittdicken um 10 µm, in der Elektronenmikroskopie um 20 nm liegen.

Verwendet werden zur Schnittherstellung **Mikrotome** (Feinhobel), die in der Elektronenmikroskopie mit Diamantmessern arbeiten.

Schnitte aus unfixierten oder fixiert eingefrorenen Geweben werden im **Kryostaten** (Kältekammer) oder mit dem **Gefriermikrotom** hergestellt.

Anfärben. Zur Färbung wird das Einbettmittel entfernt. Danach erfolgt die Behandlung der Schnitte mit den Farblösungen. Die Färbung selbst hat zum Prinzip, dass gleichartige Zell- und Gewebsbestandteile gleich, unterschiedliche jedoch verschieden gefärbt werden. Der Farbton selbst, ob blau, rot oder grün, ist ohne Belang.

Zur Information

Auf das Ergebnis der Färbungen nehmen die submikroskopischen Strukturen und der chemische Aufbau der Gewebsbestandteile sowie die physikochemischen Eigenschaften der Farblösungen Einfluss. Nach der *chemischen Theorie der Färbung von Paul Ehrlich* kommt es zu einer salzartigen, also physikochemischen Bindung der Farbstoffe an die jeweiligen Gewebsstrukturen. Danach werden *azidophile, basophile* und *neutrophile Strukturen* unterschieden, je nachdem, ob ein saurer oder ein basischer Farbstoff oder beide zugleich gebunden werden. Zusätzlich spielen bei der Färbung aber auch andere Umstände eine Rolle, z.B. Lipidlöslichkeit und Teilchengröße des Farbstoffs oder die Strukturdichte des Gewebes.

Basische Farbstoffe, die in der Histologie viel verwendet werden, sind Methylenblau, Toluidinblau, Hämatoxylin- und Karmin-Lacke, Azokarmin. Einige basische Farbstoffe, z.B. Toluidinblau, haben unter bestimmten Bedingungen die Fähigkeit, ihre Farbe zu wechseln; sie sind **metachromatisch.** Der Farbwechsel selbst wird als Metachromasie bezeichnet.

Saure Farbstoffe sind u.a. Eosin, Anilinblau, Säurefuchsin, Pikrinsäure.

Färbevorschriften gibt es in großer Zahl. Am bekanntesten ist die **Hämatoxylin-Eosin(HE)-Färbung.** Hierbei treten basophile Zell- und Gewebsstrukturen (z.B. das Chromatin der Zellkerne, manche Zytoplasmabestandteile, Knorpelgrundsubstanz) blau hervor. Das Eosin wird zur Gegenfärbung für die im fixierten Präparat azidophilen Zell- und Gewebebestandteile (Zytoplasma, die meisten Interzellularsubstanzen) verwendet.

Andere Methoden benutzen die Erfahrung, dass einzelne Gewebsteile nach Vorbehandlung (Beizung) mit Schwermetallsalzen oder Phosphorwolfram- bzw. Phosphormolybdänsäure mit bestimmten Farbstoffen färberisch hervorgehoben werden können, z.B. Bindegewebsfasern mit Azokarmin-Anilinblau: **Azan-Färbung** oder mit Hämatoxylin-Säurefuchsin-Pikrinsäure: **Van-Gieson-Färbung** usw.

Nachbehandlung. Nach der Färbung werden die Schnitte gewöhnlich mit Alkohol entwässert, in Xylol aufgehellt und mit Harz (Kanadabalsam oder Kunstharze) sowie einem dünnen Deckglas **eingedeckt.**

In der **Elektronenmikroskopie** werden keine im lichtmikroskopischen Sinne gefärbten Präparate benutzt.

Durch Anlagerung von Schwermetallionen an bestimmte Strukturen wird jedoch deren Elektronendichte erhöht (Kontrastierung). Dies bedeutet, dass die auf das Präparat auftreffenden Elektronen verstärkt gestreut werden und diese Strukturen auf dem Bildschirm dunkler erscheinen.

Ungefärbte Präparate. Ihre Untersuchung ist mit speziellen optischen Verfahren möglich, z. B. der **Phasenkontrastmikroskopie** (Hervorheben von Brechungsunterschieden), **Polarisationsmikroskopie** (Bestimmung der Doppelbrechung), **Fluoreszenzmikroskopie** (Nachweis einer Eigenfluoreszenz), **Ultrarot-**, **Ultraviolett-** und **Röntgenmikroskopie.**

2.5.3 Zytochemie, Histochemie

Das Ziel dieser Methoden ist der topographisch einwandfreie, also **ortsrichtige Nachweis von kleinsten Substanzmengen bzw. Enzymen** in Zellen und Geweben. Sie übertragen chemisch-analytische Verfahren auf Mikrotomschnitte. Es werden hierbei höchste Anforderungen an Empfindlichkeit und Spezifität der Methoden gestellt, da die in Mikrotomschnitten nachzuweisenden Substanzmengen sehr klein sind.

Zyto- und histochemische Methoden (für Licht- und Elektronenmikroskopie) stehen für alle wichtigen Stoffklassen (**Baustoffhistochemie**) sowie für den Nachweis von etwa 80 Enzymen (**Enzymhistochemie**) zur Verfügung. Sehr große Bedeutung haben die **Feulgen-Reaktion** zum DNA-Nachweis, **immunhistochemische Verfahren** zur Darstellung spezifischer Proteine und **Lektinmethoden**, mit denen bestimmte Zuckerreste erfasst werden können.

Histochemische Verfahren im Einzelnen

Bei immunhistochemischen Verfahren wird das konventionell vorbereitete Präparat mit einer Lösung beschichtet, die einen Antikörper gegen ein im Gewebe vorhandenes Protein enthält. Der am Ort des Proteins entstehende Antigen-Antikörperkomplex wird anschließend visualisiert.

Die Perjodsäure-Schiff-(PAS-)Reaktion ist eine sehr häufig gebrauchte histochemische Methode zum Nachweis von 1,2-Diolen, die unter den Bedingungen des Paraffinschnitts vor allem in Kohlenhydraten vorkommen.

In-Situ-Hybridisation. Hierbei werden durch entsprechende Gewebevorbehandlung getrennte DNA- oder RNA-Stränge mit einer eingeführten markierten Nukleotidsequenz (sog. Sonden) gekoppelt. Der Nachweis erfolgt je nach Art der Markierung autoradiographisch oder immunhistochemisch. Erfasst werden damit einzelne Gene, Gensequenzen oder RNA-Spezies.

2.5.4 Verfahren zur Gewinnung räumlicher Bilder

Licht- und Elektronenmikroskopie liefern zweidimensionale Bilder. Zusätzliche Aussagen über räumliche Verhältnisse in Zellen und Geweben ermöglichen

- **Stereologie**
- **konfokale Lasermikroskopie**
- **Rasterelektronenmikroskopie**

Bei der Stereologie wird unter Verwendung von Formeln, die aus der geometrischen Statistik abgeleitet werden, die räumlichen Oberflächen von Organellen aus der Länge ihrer Konturen auf dem Schnitt oder ihr Volumen aus ihrer Anschnittsfläche berechnet.

Bei der konfokalen Lasermikroskopie entsteht ein räumliches Bild dadurch, dass durch feinst fokussiertes Laserlicht Signale aus verschiedenen Schichten eines Präparats aufgenommen und im Computer zu einem dreidimensionalen Bild zusammengefügt werden.

Die Raster-(Scanning-)Elektronenmikroskopie liefert unmittelbar räumliche Bilder von Oberflächen.

In Kürze

Alle histologischen Techniken zielen auf eine lebensnahe Erhaltung der Zell- und Gewebsstrukturen. Obgleich auch lebende oder intravital markierte Gewebe untersucht werden können, werden in der Regel fixierte (konservierte) Gewebe verwendet. Die Fixierung kann durch Einfrieren oder chemisch erfolgen. Das bekannteste Fixierungsmittel ist Formalin. Nach der Fixierung wird das Gewebe eingebettet, geschnitten (für die Lichtmikroskopie etwa 10 µm, für die Elektronenmikroskopie etwa 20 nm dick) und anschließend gefärbt. Dabei sollen jeweils gleiche Strukturen in gleicher Farbe erscheinen. Unter den vielen Färbungen sind HE-, Azan- und Van-Gieson-Färbung die gebräuchlichsten. Spezifisch sind histochemische Verfahren zum ortsrichtigen Substanznachweis (Baustoffe, Enzyme).

Allgemeine Entwicklungsgeschichte

3.1 Befruchtung – 92

3.2 Entwicklung des Keims vor der Implantation – 94
3.2.1 Furchung und Blastozystenentwicklung – 94
3.2.2 Tuben- und Uteruswanderung – 95

3.3 Implantation – 95

3.4 Plazenta und Eihäute – 97
3.4.1 Entwicklung – 97
3.4.2 Reife Plazenta und Eihäute, Amnion – 100

3.5 Frühentwicklung – 106

3.6 Embryonalperiode – 111
3.6.1 Ektoderm – 111
3.6.2 Mesoderm – 115
3.6.3 Entoderm – 116
3.6.4 Ausbildung der Körperform – 116

3.7 Fetalperiode – 119

3.8 Neugeborenes – 121

3.9 Mehrlinge – 122

3.10 Fehlbildungen – 122

3 Allgemeine Entwicklungsgeschichte

3

Zur Information

Die Entwicklungsgeschichte (*Embryologie*) beschäftigt sich mit allen Vorgängen von der Befruchtung bis zur Bildung eines ausgewachsenen Organismus. Die Entwicklung ist also keineswegs mit der Geburt abgeschlossen. Der Zeitpunkt der Geburt wird nicht vom Entwicklungszustand des Feten, sondern durch Umstände bei der Mutter bestimmt.

Alle Vorgänge der Entwicklung basieren auf einer zeitlich abgestuften Umsetzung genetischer Informationen. Dabei finden Grundvorgänge in den ersten zwei Entwicklungsmonaten statt, der *Embryonalperiode*. In dieser Zeit werden alle Organe und Organsysteme angelegt. Es folgt die *Fetalperiode* (bis zur Geburt), in der die Differenzierung weiter fortschreitet und sich spezielle Funktionen herauszubilden beginnen.

Die Entstehung der verschiedenen Körpergewebe wird als *Histogenese*, die der Organe als *Organogenese* und die der Gestalt als *Morphogenese* bezeichnet. Sie erfolgen bei jeder Art nach gleichem Muster – die Entstehung der Art ist die *Phylogenese* – jedoch bei jedem Individuum in eigener Form (*Ontogenese*). Der Entwicklung liegen genetische und molekulare Mechanismen zugrunde, mit denen sich die *Entwicklungsbiologie* beschäftigt, eine Domäne der Molekularbiologie.

Während der Entwicklung sind Störungen möglich. Dadurch kann es zu Fehlbildungen kommen. Mit Fehlbildungen beschäftigt sich die *Teratologie*.

3.1 Befruchtung

Kernaussagen

- **Die Befruchtung erfolgt in der Ampulla tubae uterinae.**
- **Der Imprägnation (Eindringen eines Spermiums in die Oozyte) folgt die Vereinigung von mütterlichem und väterlichem Zellkern.**
- **Die neu entstandene Zelle mit mütterlichen und väterlichen Chromosomen ist die Zygote.**

Die Entwicklung beginnt mit der Befruchtung. Sie erfolgt unter natürlichen Umständen in der Ampulla tubae uterinae. Voraussetzung hierfür sind befruchtungsfähige Keimzellen: **Oozyten** (▶ S. 424) und **Spermatozoen** (▶ S. 409).

Die Befruchtung selbst besteht aus zahlreichen Teilprozessen, die in ihrer Gesamtheit als **Befruchtungskaskade** bezeichnet werden.

Herausragende Ereignisse sind (Abb. 3.1):
- **Auftreten und Vereinigung der Vorkerne**
- **Imprägnation**

Imprägnation nennt man das Eindringen von Spermien in eine Oozyte. Sie findet nach der *Insemination* statt, d.h. nachdem männliche Keimzellen in den weiblichen Genitaltrakt gelangt sind.

Die Vorgänge bei Insemination und Imprägnation sind auf ▶ S. 435 dargestellt.

Klinischer Hinweis

Etwa 15–20% verheirateter Paare stehen vor ungewollter Kinderlosigkeit. Die am häufigsten eingesetzte Infertilitätstherapie ist gegenwärtig die *In-vitro-Fertilisation* (*IVF*). Hierzu werden durch Punktion des Ovars gewonnene Oozyten (nach Hormonstimulation) und Spermatozoen in vitro kultiviert. Dort erfolgt eine Spontanfertilisation. Es ist aber auch eine *assistierte Fertilisation* durch Mikroinjektion eines Spermatozoon in die Eizelle möglich (*intrazytoplasmatische Spermieninjektion = ICSI*). Im 4- bis 8-Zellstadium wird dann der Keim ins Cavum uteri übertragen, wo es zur Implantation in die Uterusschleimhaut kommt bzw. kommen kann. Den rechtlichen Rahmen zur Durchführung einer *IVF* gibt das Embryonenschutzgesetz vom 13.12.1990.

Vorkerne und ihre Vereinigung. Vorkerne sind die nach der Imprägnation in der Oozyte gleichzeitig vorhandenen Kerne der Oozyte und des Spermienkopfes. Jeder Kern ist haploid, hat also einen halben Chromosomensatz. Der Vorkern der Oozyte ist erst nach der Imprägnation entstanden, da erst zu dieser Zeit ihre zweite Reifeteilung vollendet wurde.

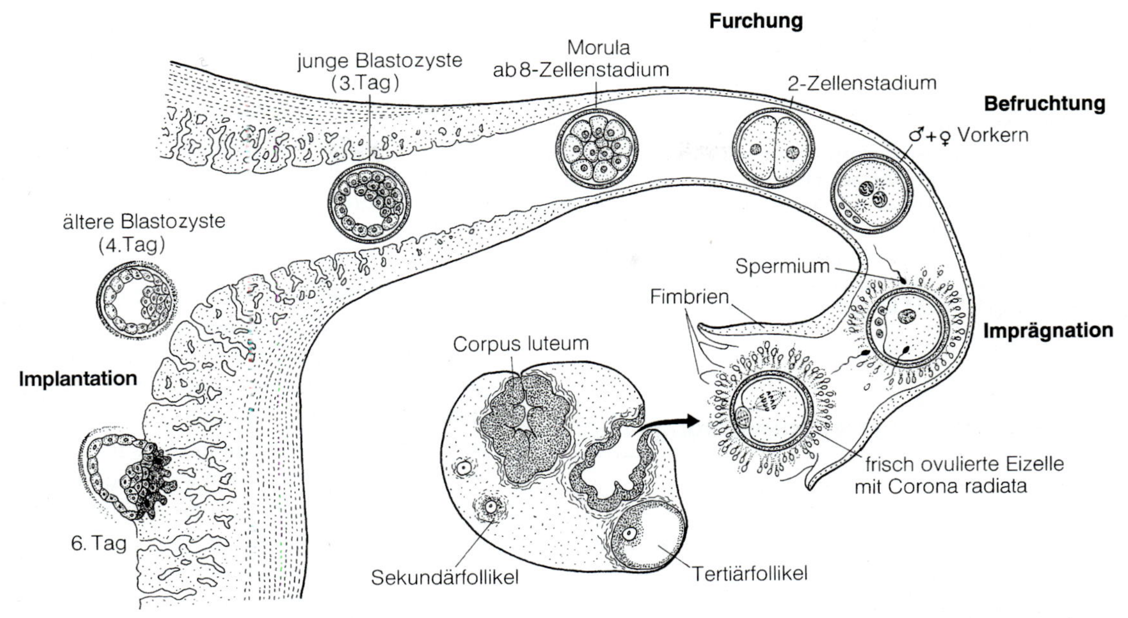

Abb. 3.1. Synoptische Darstellung von Follikelsprung, Befruchtung, Furchung und Implantation der Blastozyste. Die Keimstadien sind in einem wesentlich größeren Maßstab gezeichnet als Tube und Uterus. Die Tube ist ebenso wie der Uterus mit einer stark proliferierten Schleimhaut ausgekleidet, welche hier nur schematisch angedeutet ist

Nach der Imprägnation durchläuft jeder Vorkern getrennt eine S-Phase und verdoppelt damit seine DNA-Menge. Danach bilden sich die Chromosomen. Es folgt die Auflösung der Kernmembran der Vorkerne und die homologen Chromosomen von Ei- und Samenzellen vereinigen sich zu Paaren (**Karyogamie** oder **Syngamie**). Damit ist die **Konzeption** erfolgt und die Befruchtungskaskade abgeschlossen. Die neue Zelle ist die **Zygote.**

Sobald die Zygote entstanden ist, kommt es zu einer normalen Mitose. Damit ist die erste Zellteilung des neuen Organismus eingeleitet. Gleichzeitig beginnen die transkriptorischen Tätigkeiten der neu entstandenen Zellen.

Zur Information

Durch *geschlechtliche Befruchtung,* d. h. durch Vereinigung geschlechtsdifferenter Keimzellen entsteht ein Individuum mit einem Genotyp, der durch die Vermischung der halbierten mütterlichen und väterlichen Chromosomensätze unberechenbar ist. Auch unter Geschwistern – eineiige Zwillinge weitgehend ausgenommen – gleicht kein Individuum dem anderen (Variabilität).

Bei der geschlechtlichen Befruchtung wird auch das Geschlecht des neuen Lebewesens festgelegt, *genetisches* (chromosomales) *Geschlecht.* Die Geschlechtsfestlegung ist zufällig und hängt von der Chromosomenausstattung des befruchtenden Spermatozoons mit einem X- oder einem Y-Chromosom ab. Die Oozyten verfügen stets über ein X-Chromosom, weshalb die Kombination entweder XX (weiblich) oder XY (männlich) ist.

Eine *ungeschlechtliche Befruchtung* findet beim Klonieren statt. Sie ist nur experimentell (extrakorporal) möglich. Unter »Klon« wird eine identische Kopie eines Organismus verstanden. Zu diesem Zweck wird durch Mikromanipulation der Zellkern einer befruchteten Eizelle durch den Kern einer somatischen Zelle des zu klonierenden Organismus ersetzt. Dabei müssen die zu transplantierenden Zellkerne aus Zellen in der G_0-Phase stammen. Anschließend wird die hybride Zygote in den Uterus eines weiblichen Organismus implantiert, um sich dort zu entwickeln.

In Kürze

Die Befruchtung führt zu einer neuen Zelle (Zygote) mit mütterlichen und väterlichen Chromosomen.

3.2 Entwicklung des Keims vor der Implantation

Zur Information

Die frühsten Entwicklungsstadien durchläuft der Keim in der Tuba uterina, ohne Kontakt mit der Mutter. Seine Versorgung erfolgt durch Tubensekrete. Das Uteruslumen wird etwa am 4. Tag nach der Befruchtung erreicht. An embryonalen Stammzellen, die von den Frühstadien gewonnen werden, kann eine Präimplantationsdiagnostik (PID) durchgeführt werden (in Deutschland nur in Einzelfällen zugelassen).

3.2.1 Furchung und Blastozystenentwicklung

Kernaussagen

- **Durch Furchungen, die im Lumen der Tuba uterina erfolgen, entstehen Morula und Blastozyste.**
- **Die Blastozyste gliedert sich in Embryoblast, Trophoblast und Blastozystenhöhle.**

Die ersten Zellteilungen der Zygote (**Furchungen**) laufen in schneller Folge ab. Die Tochterzellen erreichen jedoch nicht die Größe der Mutterzelle. Sie werden vielmehr bei jeder Zellteilung kleiner, da die Zona pellucida (► S. 423), solange sie erhalten bleibt (bis zum 5. Tag), jede Vergrößerung des Keims verhindert (Abb. 3.1).

Die frühen Entwicklungsstadien werden *Furchungsstadien* oder, wenn sie ab dem 8-Zellenstadium wie eine Maulbeere aussehen, **Morula** genannt (Durchmesser 150 μm). Die einzelnen Zellen, die durch die Furchungsteilungen entstehen, heißen **Blastomeren.**

Die Blastomeren der frühen Furchungsstadien gleichen einander morphologisch und offenbar auch funktionell völlig. Eine jede dieser Blastomeren hat bis zum dritten Teilungsschritt die Fähigkeit, wie die befruchtete Eizelle einen ganzen Embryo samt Fruchthüllen zu bilden. Die Zellen sind **totipotent.**

Das 2-Zellenstadium wird beim Menschen in der Regel etwa 30 h nach der Befruchtung erreicht, das 4-Zellenstadium nach 40–50 h. Die weiteren Zellteilungen verlaufen nicht synchron, sodass häufig Furchungsstadien mit ungeraden Zellzahlen gefunden werden. Nach dem 16-Zellenstadium ordnen sich die Blastomeren so an, dass eine Gruppe »innen« und eine andere »außen« liegt. Hiermit ist die zukünftige Entwicklung festgelegt, d. h. determiniert. Die Zellen sind nun nicht mehr totipotent, sondern **pluripotent.** Die inneren Zellen bilden den *Embryo*. Sie fügen sich zum **Embryoblast** zusammen. Die äußeren Zellen dagegen liefern das Ernährungsorgan des Kindes, die *Plazenta*, und einen Teil der *Fruchthüllen*. Sie werden als **Trophoblast** bezeichnet (Abb. 3.2).

Etwa am 4. Tag entsteht im Inneren der Morula eine flüssigkeitsgefüllte Höhle. Ihre Wand ist der Trophoblast. Ihm liegt als Vorwölbung der Embryoblast an. Der Trophoblast ist zunächst einschichtig, bekommt aber bald eine weitere Zelllage. Aus der Morula ist eine **Blastozyste** mit der **Blastozystenhöhle** geworden (Abb. 3.2). Die Flüssigkeit stammt aus Eileiter und Uteruslumen.

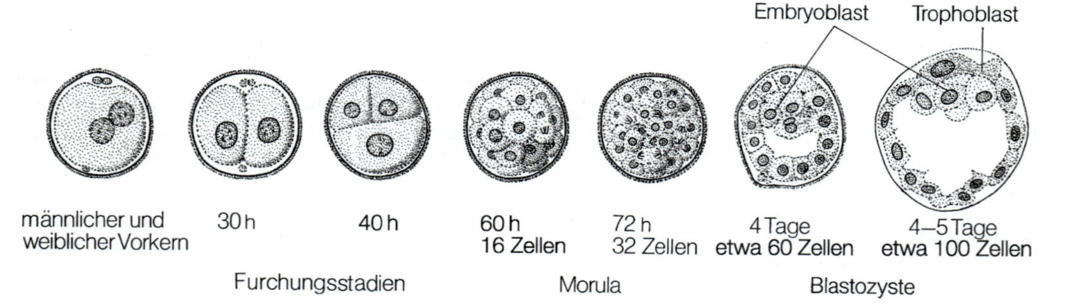

Abb. 3.2. Halbschematische Darstellung der Furchungsteilungen und Blastozystenentwicklung des Menschen. Nach der Befruchtung wird ungefähr 30 h später das 2-Zellstadium erreicht. Die Blastomeren teilen sich asynchron weiter, sodass ein Zellhaufen, die Morula, entsteht. Im Alter von 3–4 Tagen beginnt sich die Blastozystenhöhle durch Konfluieren von Interzellularräumen zu bilden. Während die Zona pellucida sich ausdünnt (ihr Material wird aufgelöst), vergrößert sich die Blastozyste langsam und hat 5 Tage nach der Befruchtung meist mehr als 100 Zellen

Trophoblast. Bei der Flüssigkeitsaufnahme wirkt der Trophoblast als selektives Stoffwechselorgan. Er regelt den Flüssigkeits- und Stoffaustausch vom und zum mütterlichen Milieu. Deswegen sind die Zellen des Trophoblasten früher differenziert als die des Embryoblasten. Aufgenommen werden in die Blastozystenhöhle aus dem mütterlichen Organismus Sauerstoff, Ionen, Aminosäuren, Kohlenhydrate und Proteine. Außerdem vermag der Trophoblast Hormone zu bilden, speziell hCG (human chorionic gonadotropin = humanes Chorion-Gonadotropin), das dem Organismus das Vorliegen einer Schwangerschaft signalisiert. Morphologisch zeichnen sich die Trophoblastzellen durch Mikrovilli, durch zahlreiche Zellhaften (tight and gap junctions) und Verzahnungen (Interdigitationen) aus.

Embryoblast. Die Zellen des Embryoblasten sind morphologisch wenig differenziert; Zellkontakte fehlen. Dadurch lassen sie sich zur Durchführung zytogenetischer Untersuchungen (Präimplantationsdiagnostik = PID) bei Verdacht auf genetische Defekte relativ einfach gewinnen (► s. oben).

Zur Information

Die Zellen des Embryoblasten werden auch als *embryonale Stammzellen* bezeichnet. Aus ihnen gehen durch fortschreitende Differenzierung die etwa 300 Zellarten des neuen Organismus hervor. Embryonale Stammzellen sind im Gegensatz zu den früheren Blastomeren der ersten Furchungsstadien nicht mehr totipotent, sondern pluripotent.

3.2.2 Tuben- und Uteruswanderung

Der Transport der Blastozyste durch die Tube dauert 2 bis 3 Tage. Dabei gehen etwa 25% der Blastozysten zugrunde. Für den Transport sorgen der Zilienschlag der Flimmerzellen des Tubenepithels, der Flüssigkeitsstrom in der Tube und möglicherweise Kontraktionen der Tubenmuskulatur. Erreicht wird das Uteruslumen in der Regel am 4. Tag nach der Befruchtung. Zu dieser Zeit hat die Blastozyste einen Durchmesser von 2–3 mm. Am 6. Tag nach der Befruchtung kommt es zur Einnistung (Implantation) in die Uterusschleimhaut.

In Kürze

Während der Tubenwanderung, die 2–3 Tage dauert, entwickelt sich durch Furchungen aus der Zygote die Blastozyste, die aus umhüllendem Trophoblast, aus Embryoblast mit wenig differenzierten embryonalen Stammzellen, die keine Zellkontakte haben, und der Blastozystenhöhle besteht. Aus dem Trophoblast geht die Plazenta hervor.

3.3 Implantation

Kernaussagen

- **Bei der Implantation dringt die Blastozyste invasiv unter Auflösung mütterlichen Gewebes in die Uterusschleimhaut ein.**
- **Der Trophoblast differenziert sich in Synzytiotrophoblast und Zytotrophoblast.**
- **Die Uterusschleimhaut wird zur Decidua graviditatis.**

Die Implantation (*Nidation, Einnistung*) beginnt um den 6. Tag nach der Befruchtung, meist im oberen Drittel der Hinterwand oder gelegentlich auch der Vorderwand des Uterus. Zu diesem Zeitpunkt befindet sich das Endometrium in der Sekretionsphase (Lutealphase ► S. 430).

Klinischer Hinweis

Nur die ausgewogene Östrogen- und Progesteronsekretion des Ovars macht den Uterus während der Sekretionsphase »reif« für die Implantation. Daher ist die Erhöhung des Östrogen- und Progesteronblutspiegels, z.B. durch »Pilleneinnahme«, ebenso implantationshemmend wie die drastische Erniedrigung oder der Entzug der Ovarialhormone, z.B. nach Ovarektomie oder bei Corpus-luteum-Insuffizienz.

Die **Implantation** verläuft in drei Schritten:

- **Apposition.** Die Blastozyste »schlüpft« aus der sich auflösenden Zona pellucida und lagert sich dem Uterusepithel an.
- **Adhäsion.** Die Blastozyste bindet am **Implantationspol** fest an die Epithelzellen der Uterusschleimhaut. Die dafür erforderlichen Adhäsionsmoleküle (Integrine und deren Liganden) werden nur in einer etwa

24-stündigen rezeptiven Phase des Zyklus (»Implantationsfenster«) vom Epithel der Uterusschleimhaut exprimiert. Diese rezeptive Phase muss auch bei In-vitro-Fertilisationen getroffen werden, um eine Implantation gelingen zu lassen.

- **Invasion.** Die Trophoblastzellen am Implantationspol verdrängen und zerstören durch Freisetzung proteolytischer Enzyme das Uterusepithel. Die Blastozyste gelangt dadurch ins Stroma des Endometriums. Es kommt zur **interstitiellen Implantation** (Abb. 3.1), die in der Regel am 11. Tag nach der Konzeption abgeschlossen ist. Der Epitheldefekt am Eintrittsort der Blastozyste wird durch ein Fibringerinnsel verschlossen. Dort zeigt die Uterusschleimhaut einen **Implantationskegel.**

Zur Information

Überwacht wird die Einnistung des Embryos durch NK-Zellen (natürliche Killerzellen, ▶ S. 139) des mütterlichen Immunsystems, die sich zu dieser Zeit in großen Mengen in der Uterusschleimhaut aufhalten. Außerdem dürften regulatorische Lymphozyten (▶ S. 145) mitwirken, die die Angriffe des mütterlichen Immunsystems auf väterliche Antigene blockieren.

Während der Invasion verlieren die oberflächlichen Trophoblastzellen ihre Zellgrenzen und verschmelzen synzytial zum **Synzytiotrophoblast.** Sie verlieren dabei auch ihre Fähigkeit zur DNA-Synthese und damit zur Teilung.

Die Trophoblastzellen, die den Synzytiotrophoblast als zweite Schicht unterlagern, verschmelzen jedoch nicht. Sie werden als **Zytotrophoblast** bezeichnet (Abb. 3.3). Zytotrophoblastzellen sind weiterhin in der Lage, sich zu teilen. Sie können mit dem Synzytiotrophoblast verschmelzen. Die Zellen des Zytotrophoblastes sind daher Stammzellen für den Synzytiotrophoblast.

Mit der Implantation beginnt sich die Uterusschleimhaut unter Volumenzunahme ihrer Stromazellen in die **Decidua graviditatis** umzuwandeln.

Zur Information

Ermöglicht wird eine Schwangerschaft dadurch, dass das mütterliche Immunsystem vorübergehend die vom Vater mitgegebenen Fremdmerkmale des Embryos toleriert. Erreicht wird dies durch Hemmung mütterlicher Abwehrzellen, vor allem der T-Lymphozyten, durch Proteine von Trophoblastzellen, z.B. das Enzym Indolaminooxygenase, das Tryptophan abbaut. Tryptophan benötigen T-Lymphozyten für ihr Wachstum. Ein weiteres Schutzprotein der Trophoblastzellen bindet an aktivierte Immunzellen der Mutter und startet bei diesen ein Selbstmordprogramm (Apoptose).

Implantation in deziduafreien Zonen, z.B. intrauterin über Narben in der Uteruswand (nach Kaiserschnitt) oder extrauterin in der Tubenschleimhaut, führt zu überschießender, ungebremster Trophoblastinvasion mit destruktiver Wirkung (Blutungen, Rupturen).

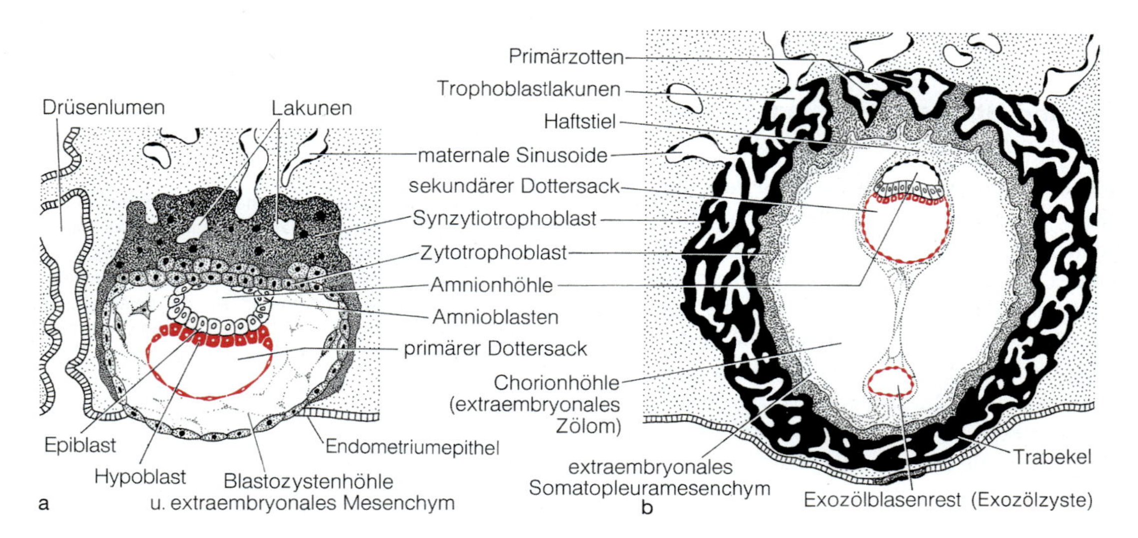

Abb. 3.3 a, b. Implantation und Invasion. **a** 8 Tage alter Keim während der Implantation. Aus dem Zytotrophoblast entsteht durch Auflösung der Zellgrenzen der Synzytiotrophoblast. Ferner entstehen die Amnionhöhle und der primäre Dottersack. Der Anschluss an die mütterlichen Blutgefäße beginnt. **b** 13 Tage alter menschlicher Keim. Synzytiotrophoblast dunkel. In einige Trabekel (*oben*) ist Zytotrophoblast eingedrungen (Primärzotten). *Unten* primäre Trophoblastschale

Mit der Implantation kommt der Gelbkörper im mütterlichen Ovar unter den Einfluss von hCG, das der Trophoblast sezerniert. Der Gelbkörper wird zum Corpus luteum graviditatis (► S. 424). Dadurch werden weitere Eireifungen und Menstruationen verhindert.

Klinischer Hinweis

Blastozysten können sich grundsätzlich an allen epithelialen Oberflächen implantieren. Fehlimplantationen sind deswegen auch außerhalb des Uterus (*Extrauteringravidität* oder ektopische Schwangerschaft) sowie an weniger geeigneten Stellen im Uterus möglich.

- Eine *Ovarialgravidität* liegt vor, wenn die Eizelle während der Ovulation die Follikelhöhle nicht verlässt und es dort zu Befruchtung und Embryonalentwicklung kommt.
- Eine *Tubenschwangerschaft* kann eintreten, wenn der Transport des befruchteten Keims durch hormonelle Störungen oder durch Verwachsungen der Tubenschleimhaut nach entzündlichen Erkrankungen gestört ist.
- Eine *Bauchhöhlenschwangerschaft* entsteht, wenn die befruchtete Eizelle aus dem Infundibulum der Tube herausgespült wird und der Keim an der Oberfläche der Bauchorgane implantiert.
- Zu einer *Placenta praevia* kommt es, wenn sich die Blastozyste in der Nähe des inneren Muttermundes einnistet. Dabei verlegt die Plazenta bei der Geburt den Weg des Kindes durch den inneren Muttermund und führt so zu schwangerschafts- oder geburtsgefährdenden Blutungen.

In Kürze

Die Implantation der Blastozyste in die Uterusschleimhaut ist nur in einer etwa 24-stündigen Phase um den 6. Tag nach der Befruchtung möglich. Beendet ist sie um den 11. Tag. Während der Implantation wird das Endometrium proteolytisch aufgelöst. Der Trophoblast gliedert sich in Synzytiotrophoblast und Zytotrophoblast.

3.4 Plazenta und Eihäute

Zur Information

Die Plazenta (Mutterkuchen) ist ein temporäres Organ für den Stoffaustausch zwischen Mutter und Kind. Der Stoffaustauch erfolgt durch die Oberfläche von Plazentazotten (Plazentabarriere), die vom mütterlichen Blut des intervillösen Raums bespült werden. Der intervillöse Raum ist mütterlicherseits eine offene Strombahn zwischen Arterien und Venen der Uterusschleimhaut.

3.4.1 Entwicklung

Kernaussagen

- **Nach der Implantation des Keims in die Uterusschleimhaut wird mütterliches Gewebe durch proteolytische Aktivität des Synzytiotrophoblasts abgebaut und dient so der Ernährung des Keims (histiotrophe Phase).**
- **Es folgt die hämatotrophe Phase, in der ein Lakunensystem im Synzytiotrophoblast entsteht, das sich durch Gefäßarodierung mit mütterlichem Blut füllt. Versorgung und Entsorgung des Keims erfolgen nun durch die Plazentabarriere hindurch mittels mütterlichen Bluts.**
- **Um den 12. Tag nach der Befruchtung beginnen sich aus Synzytiotrophoblast und Zytotrophoblast Primärzotten zu entwickeln, die durch Einwachsen von embryonalem Bindegewebe zu Sekundärzotten, und durch Eindringung embryonaler Gefäße zu Tertiärzotten werden. Die Tertiärzotten entwickeln sich zu Zottenbäumen.**
- **Die Zottenbäume sind am Chorion befestigt.**
- **Die Basalplatte besteht aus kindlichem und mütterlichem Gewebe.**
- **Ab der vierten Woche nach der Befruchtung gliedert sich das Chorion in einen zottentragenden villösen Abschnitt (plazentarer Bereich) und einen extravillösen Abschnitt.**
- **Durch das Wachstum des Keims verödet das Uteruslumen.**

Die Entwicklung der Plazenta erfolgt schrittweise. Sie durchläuft mehrere sich überlappende Stadien und ist eng mit der Umgestaltung der Dezidua verbunden. Im Vordergrund der Veränderungen steht eine Vergrößerung der fetomaternalen Austauschfläche, sodass die Versorgung des wachsenden Kindes den jeweiligen Bedürfnissen optimal angepasst ist.

Bei der **Plazentaentwicklung** (Abb. 3.4) folgen aufeinander

- **Trabekelstadium**, Tag 8–13 p.c. (post conceptionem)
- **Zottenstadien:**
  - **Primärzottenstadium**, Tag 12–15 p.c.
  - **Sekundärzottenstadium**, Tag 15–21 p.c.
  - **Tertiärzottenstadium**, Tag 18 p.c. bis zur Geburt

Trabekelstadium. Die Entwicklung der Plazenta beginnt an der *gesamten Oberfläche des Trophoblasten*, hat jedoch im Bereich des Implantationspols einen Vorsprung.

Im ersten Schritt kommt es zu einer **Verdickung des Synzytiotrophoblasten.** Dann folgen aufeinander

- ab 8. Tag p.c. die Entstehung von Hohlräumen (**Lakunen**) innerhalb der zunächst kompakten Synzytiotrophoblasthülle,
- fast gleichzeitig eine Vergrößerung und Verschmelzung der Lakunen, sodass ein zusammenhängendes **Lakunensystem** entsteht (◘ Abb. 3.3, 3.4). Die Lakunen sind zunächst mit Absonderungen des Synzytiotrophoblasten gefüllt,
- Sichtbarwerden von radiär orientierten **Trabekeln.** Die Trabekel sind die zwischen den Lakunen verbliebenen Anteile des Synzytiotrophoblasten.

Durch die Entwicklung des Lakunensystems hat sich die Synzytiotrophoblasthülle des Keims gespalten. Der fetalwärts gerichtete Teil wird als **primäre Chorionplatte** bezeichnet. Er ist vom Zytotrophoblast unterlagert. Der zum Endometrium hin gerichtete Teil wird zur **Basalplatte.**

In dieser Phase der Entwicklung erfolgt die Ernährung des Embryos ausschließlich durch Diffusion. Der Diffusionsweg ist lang: von der Dezidua durch die Plazentaanlage, durch die Frucht(Blastozysten)höhle zur Anlage des Keims. Verwendet wird zur Ernährung u. a. das während der Implantation durch den Gewebsabbau freigewordene Material, deswegen wird dieser Zeitraum als **histiotrophe Phase** (◘ Abb. 3.4 a) bezeichnet.

Es folgt die **hämatotrophe Phase**, die bis zur Geburt des Kindes währt. Eingeleitet wird diese Phase dadurch, dass an der Invasionsfront des Keims durch die proteolytische Aktivität des Trophoblasten endometriale Gefäße arrodiert werden (◘ Abb. 3.3, 3.4 b). Dieser Vorgang ist bis zum 12. Tag p.c. soweit fortgeschritten, dass mütterliches Blut aus den Gefäßen austritt und durch Öffnungen in der Basalplatte in das Lakunensystem zwischen die Trabekel gelangt. Dort werden nun die zur Ernährung des Embryos erforderlichen Stoffe direkt von

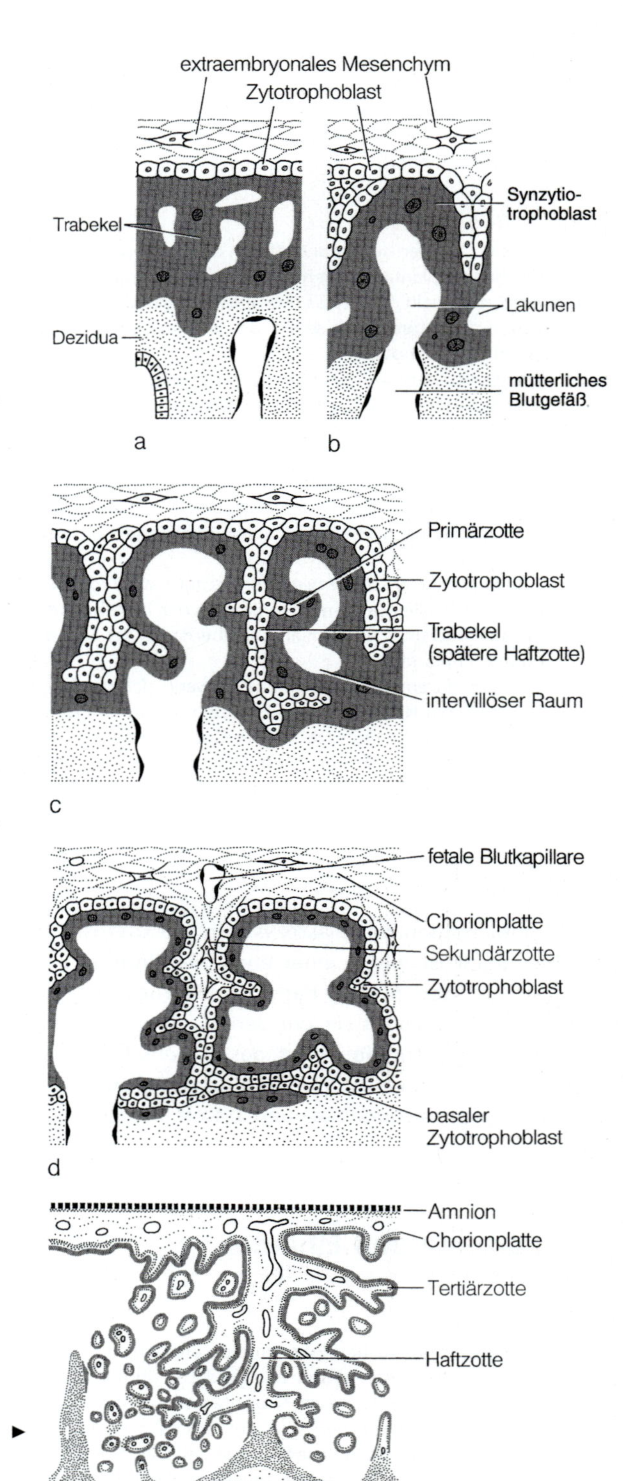

◘ **Abb. 3.4 a–e.** Stadien der Plazentabildung. **a, b** Stadien mit Lakunen und Trabekeln im primären Chorion. **c** Primärzotten. **d** Sekundärzotten; die Haftzotten bestehen noch aus Zellsäulen. **e** Tertiärzotten mit Blutgefäßen und zunehmender Verzweigung der Zottenbäume

der kindlichen Oberfläche aus dem zirkulierenden mütterlichen Blut aufgenommen. Der Abfluss des Blutes aus den Lakunen erfolgt durch gleichzeitig eröffnete Venen. Dadurch entsteht ein **uteroplazentarer Kreislauf**, dessen Stromrichtung sich aus der arteriovenösen Druckdifferenz ergibt.

Zur Information
Eine Plazenta, in der die Oberfläche des Synzytiotrophoblasten unmittelbar von mütterlichem Blut bespült wird, wird als *hämochorial* bezeichnet. Sie existiert lediglich beim Menschen, bei höheren Primaten und Nagetieren.

Zottenstadien. Sie sind durch seitliches Aussprossen von fingerförmigen Zotten aus den Trabekeln gekennzeichnet.

Primärzotten. Etwa am 12. Tag beginnt, ausgehend von der primären Chorionplatte, Zytotrophoblast in die Trabekel einzudringen. Dort erreicht der Zytotrophoblast am 13. Tag den äußeren Teil der Basalplatte (Abb. 3.4 b). Ferner kommt es durch Proliferation des Zytotrophoblasten zu Aussprossungen der Trabekel in die Lakunen hinein (Abb. 3.4 c). Diese Aussprossungen sind Primärzotten. Sie sind teilweise noch synzytial, teilweise enthalten sie Zytotrophoblast.

Sekundärzotten. Ab dem 15. Tag p.c. dringt extraembryonales Bindegewebe in das sprossende Zottensystem ein. Dadurch bekommen alle Anteile des Systems einen Bindegewebskern und sind zu Sekundärzotten geworden (Abb. 3.4 d). Das Bindegewebe stammt aus der primären Chorionplatte, der sich ab dem 14. Tag p.c. extraembryonales Mesenchym angelagert hat.

Tertiärzotten (Abb. 3.4 e). Ihre Entwicklung beginnt am 18. Tag p.c. mit der Entstehung zunächst noch blind endender Kapillaren im Zottenkern. In der Folgezeit bekommen die Zottengefäße jedoch Anschluss an Gefäße in der Chorionplatte, die mit Nabelschnurgefäßen in Verbindung stehen.

Mit der Umwandlung des ehemaligen Trabekelsystems in Tertiärzotten sind ein starkes Wachstum und die Entfaltung von Zottenbäumen verbunden. Das Wachstum verläuft zunächst stürmisch, verlangsamt sich dann aber, ohne jedoch aufzuhören. Auch in der reifen Plazenta wachsen die Zottenbäume noch weiter.

Bis zur vierten Woche p.c. ist die gesamte Oberfläche der Fruchtblase – hervorgegangen aus der Blastozyste – recht einheitlich mit Tertiärzotten besetzt. Dann jedoch werden Unterschiede sichtbar: Am ehemaligen Implantationspol wachsen die Zotten stärker und werden gefäßreicher, während sich die Plazentazotten in den übrigen Gebieten zurückbilden (Abb. 3.5 a). Abgeschlossen ist die Umgestaltung Ende der 12. Woche p.c. Nun wird die ehemalige Trophoblasthülle, verstärkt durch Mesenchym, als Chorion bezeichnet. Das Chorion besteht zu dieser Zeit aus Synzytiotrophoblast, Zytotrophoblast und extraembryonalem Mesenchym. Hinzu kommt auf der der Keimblase zugewandten Seite das Amnionepithel als äußere Begrenzung der Amnionhöhle (► S. 108).

Chorion. Nach der teilweisen Rückbildung der Zotten **gliedert sich das Chorion** in einen
- **villösen Abschnitt** (etwa 30%). Dieser Teil des Chorions wird als **Chorion frondosum** bezeichnet. In diesem Bereich entsteht die definitive Plazenta;
- **extravillösen Abschnitt** (etwa 70%), das **Chorion laeve**. Hieraus werden die Eihäute.

Villöser Abschnitt (Chorion frondosum). Im Vordergrund stehen hier Wachstum, Differenzierung und Entfaltung der **Zottenbäume**. Dabei vergrößert sich die Zottenoberfläche – also die fetomaternale Austauschfläche –, sodass sie zum Geburtstermin etwa 14 m beträgt. Die Zottenoberfläche selbst verändert sich dadurch, dass der unter dem Synzytiotrophoblast gelegene Zytotrophoblast lückenhaft wird, ohne jedoch zu verschwinden. Ferner expandiert das Kapillarnetz in den Zotten und es entsteht ein **Mikrozirkulationssystem**. Im Zottenstroma treten in großer Zahl Makrophagen (Hofbauer-Zellen) auf.

Veränderungen erfahren auch die den Zottenbereich umgebenden Strukturen. Aus der primären Chorionplatte wird die definitive Chorionplatte und basal entsteht eine Durchdringungszone, in der sich Gewebeanteile kindlicher und mütterlicher Herkunft vermischen.

Extravillöser Abschnitt (Chorion laeve). Die Rückbildung der Zotten steht im Zusammenhang mit dem Wachstum des Keims, der sich zunehmend in das Uteruslumen vorwölbt, der Umgestaltung des Chorions dieses Bereiches und der Dezidua.

Im Bereich des Chorion laeve verliert das Chorion seinen Synzytiotrophoblast. Erhalten bleibt jedoch Zytotrophoblast. Verstärkt wird das Bindegewebe, das teilweise zum Chorion, teilweise zum Amnion gehört.

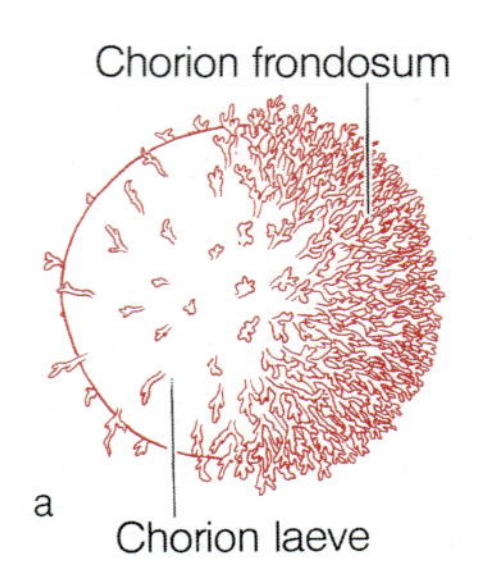

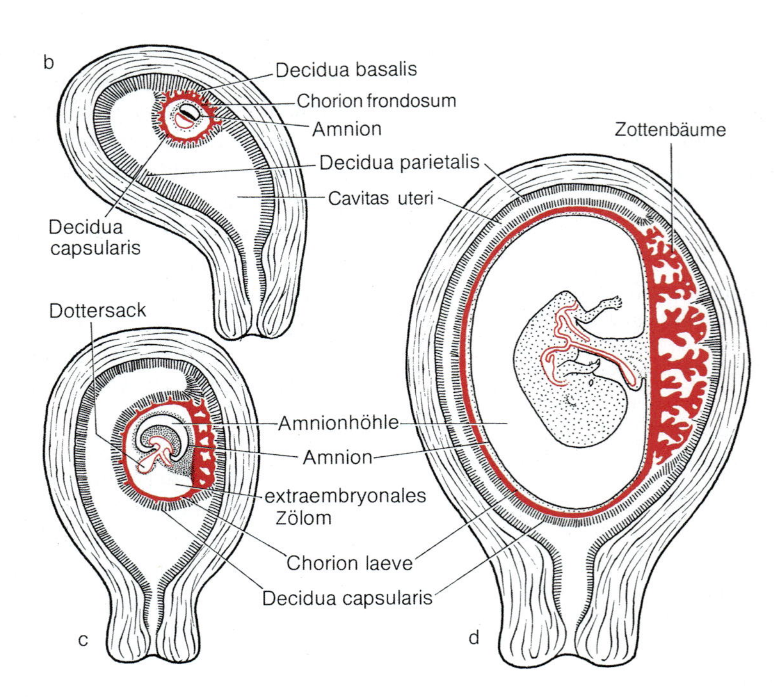

Abb. 3.5 a–d. Plazentation, Eihautbildung und Ausweitung der Amnionhöhle. **a** Fruchtblase gegen Ende des ersten Monats. Zu unterscheiden sind das zottentragende Chorion frondosum und das zottenarme Chorion laeve. **b** Uterus zu Beginn des zweiten, **c** am Ende des zweiten und **d** des vierten Schwangerschaftsmonats mit Obliteration des Uteruslumens. Das extraembryonale Zölom ist durch die Verwachsung des Amnions mit dem Chorion bereits obliteriert. *Rot* Entoderm, Chorion und Derivate

Dezidua. Mit Implantation und Entwicklung des Keims verändert sich die Schleimhaut im Corpus uteri, jedoch kaum die der Cervix uteri. Im Corpus uteri kommt es durch die Vergrößerung des Keims zu einer Gliederung der Dezidua. Sie wird ab dem vierten Monat nach der Befruchtung evident, wenn der Keim einen Durchmesser von etwa 90 mm erreicht hat. Der Embryo hat dann eine Scheitel-Steiß-Länge (SSL) von 80 mm.

Zu dieser Zeit lassen sich unterscheiden (Abb. 3.5):
- **Decidua basalis,** die Uterusschleimhaut, die basal von der Plazenta liegt
- **Decidua capsularis,** die die sich vorwölbende Fruchtblase bedeckt und von der Uterushöhle trennt
- **Decidua parietalis,** die Dezidua im übrigen Teil des Uterus, seitlich und gegenüber dem Implantationsort

Durch die weitere Vergrößerung des Keims bekommt die Decidua capsularis Kontakt mit der Decidua parietalis der gegenüberliegenden Uteruswand (Abb. 3.5 d). Dabei verschmelzen Deciduae capsularis und parietalis ab Mitte der Schwangerschaft unter weitgehender **Verödung der Gebärmutterlichtung.**

In Kürze

Die Plazentaentwicklung beginnt an der gesamten Oberfläche des Keims. Zunächst entstehen Trabekel und ein Lakunensystem, das ab dem 12. Tag p.c. von mütterlichem Blut durchströmt wird. Aus den Trabekeln entwickeln sich Zottenbäume, die ab dem 18. Tag p.c. kapillarisiert sind (Tertiärzotten). Die Zottenoberfläche besteht aus Synzytiotrophoblast, der von Zytotrophoblast (Langhans-Zellen) unterlagert ist. Bis zur 12. Woche p.c. werden die Zotten im Bereich des Chorion laeve zurückgebildet. Es verbleiben die Eihäute. Der Teil, der seine Zotten behält (Chorion frondosum), wird zur definitiven Plazenta – die Schleimhaut im Corpus uteri wird zur Dezidua. Deciduae capsularis und parietalis verschmelzen. Damit verödet in der Mitte der Schwangerschaft das Uteruslumen.

3.4.2 Reife Plazenta und Eihäute, Amnion

Kernaussagen

- **Die Chorionplatte besteht aus Amnionepithel, Chorionbindegewebe mit Choriongefäßen und zum intervillösen Blutraum hin aus Zytotrophoblast, der von Langerhans-Fibrinoid bedeckt ist.**
- **Die Zottenbäume sind vielfach verzweigt. Sie gehen von der Chorionplatte aus und sind in der Basalplatte verankert. Ihre Oberfläche bedeckt Synzytiotrophoblast, der von Zytotrophoblast (Langhans-Zellen) unterlagert ist.**
- **Im Zottenbindegewebe befinden sich Zottengefäße, die ein Mikrozirkulationssystem bilden, und Hofbauer-Zellen.**
- **Die Gefäße der Basalplatte öffnen sich zum intervillösen Raum. Dort befinden sich Strömungseinheiten.**
- **Auffaltungen der Basalplatte bilden Plazentasepten.**
- **Im Synzytiotrophoblast der Zotten werden Plazentahormone gebildet.**
- **Die extraplazentaren Anteile des Chorions sind die Eihäute.**

Die reife menschliche Plazenta (e H85, Abb. 3.6) ist ein scheibenförmiges Organ. Sie hat einen Durchmesser von etwa 20 cm, ist etwa 3 cm dick und wiegt um 500 g. An der dem Kind zugewandten Oberfläche inseriert die Nabelschnur (Abb. 3.6 a). In der Regel liegt der Nabelschnuransatz etwa in der Mitte der Plazenta, gelegentlich, ohne funktionelle Beeinträchtigung, exzentrisch. Bei der geborenen Plazenta sind auf der Seite, die dem Endometrium zugewandt ist, unterschiedlich tiefe, unregelmäßig angeordnete Furchen zu erkennen (Abb. 3.6 b). Sie markieren undeutlich die Grenzen von Plazentalappen (maternale Kotyledonen).

Die Plazenta besteht aus (Abb. 3.6 c):
- der **Chorionplatte**, die zum Fetus weist und eine glänzende Oberfläche hat
- der **Basalplatte**, die zur Mutter zeigt, bei der Plazentalösung entsteht und deren Oberfläche dann matt erscheint
- den **Zottenbäumen** (fetale Kotyledonen), die von der Chorionplatte aus in den Raum zwischen Chorion- und Basalplatte hinein hängen und fetale Gefäße führen
- **Sonderstrukturen**
- **intervillösem Raum** mit mütterlichem Blut. Er befindet sich zwischen den Verzweigungen der Zottenbäume

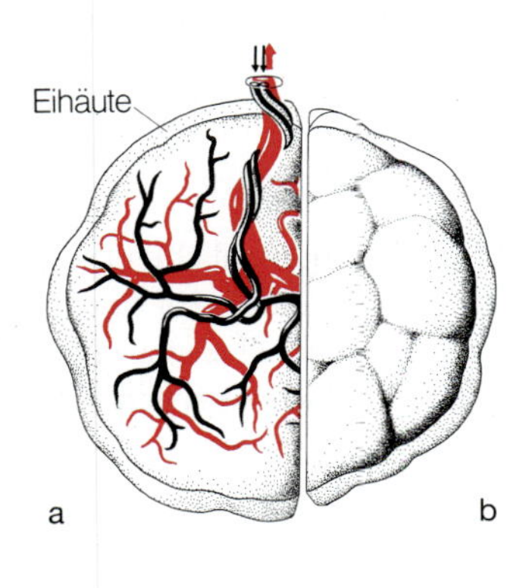

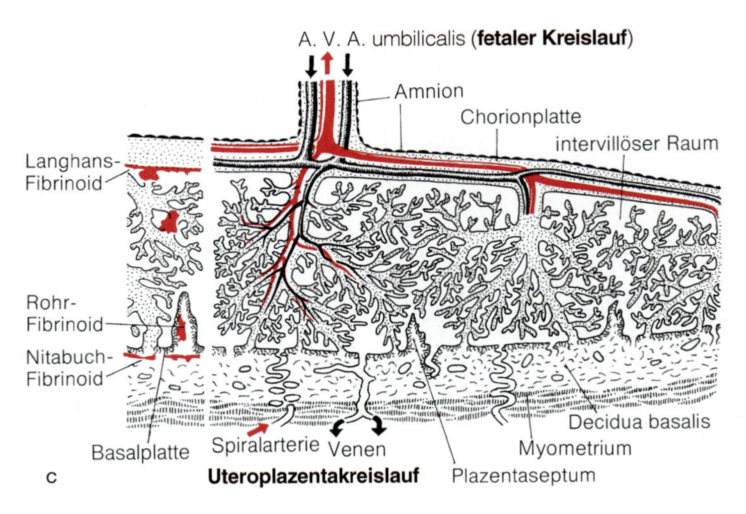

Abb. 3.6 a–c. Oberflächenbeschaffenheit und Feinbau der Plazenta am Ende der Schwangerschaft. **a** Fetale Seite der Plazenta mit Nabelschnurgefäßen und deren Verzweigungen. **b** Maternale Seite mit unregelmäßig angeordneter Furchen. **c** Schematische Darstellung des Feinbaus der Plazenta mit Zottenbäumen, Plazentasepten, Dezidua basalis und Blutgefäßen. *Rot* markiert sind in **a** und **c** die Vena umbilicalis und im linken Sektor von **c** Fibrinoid

Chorionplatte und Basalplatte verschmelzen am Rand der Plazenta miteinander. Ihre Fortsetzung sind die **Eihäute**, die Frucht und Fruchtwasser umgeben.

Die Chorionplatte (e) H85 ist der Teil des Chorions (Fruchthüllen), der zur Plazenta gehört. Sie besteht aus (Abb. 3.7):

- einschichtigem prismatischen **Amnionepithel** mit einer dünnen Schicht **Amnionbindegewebe**
- **Chorionbindegewebe**, das dem Amnionbindegewebe locker anhaftet und die *Choriongefäße* führt, die Äste der Nabelschnurgefäße sind
- einer am Plazentarand meist mehrschichtigen, zentralwärts sich auflockernden Lage aus **Zytotrophoblast**; im Zentrum kann Zytotrophoblast fehlen
- einer unterschiedlich dicken Schicht aus **Langhans-Fibrinoid**, das den intervillösen Raum begrenzt

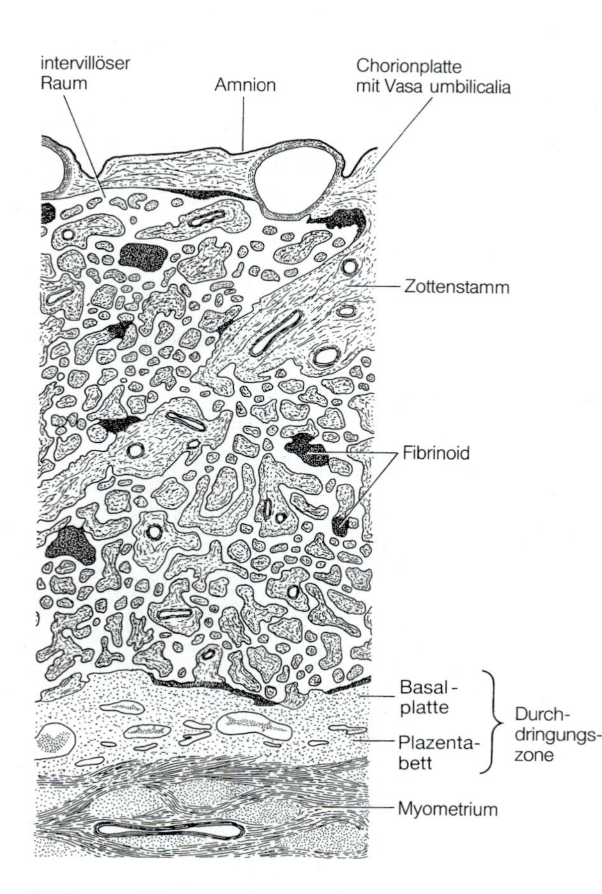

Abb. 3.7. Schnitt durch eine reife Plazenta

Die Basalplatte ist der Boden des intervillösen Raums. Sie ist ein Teil der während der Entwicklung entstandenen Durchdringungszone aus fetalem und maternem Gewebe (▶ oben). Sichtbar wird die Basalplatte erst nach der postnatalen Plazentalösung, wenn sie sich vom basalen Teil der Durchdringungszone, dem **Plazentabett**, trennt.

Die Basalplatte (e) H185 ist nur wenige 100 µm dick und besteht aus einer bunten Mischung verschiedener Komponenten:

- **invasive Trophoblastzellen**, die durch Größe, polygonale Form und basophile Anfärbbarkeit auffallen
- **Deziduazellen** mit ovalen, blass angefärbten Zellleibern, die meist in Gruppen liegen
- **vielkernige trophoblastische Riesenzellen**, die durch Fusion von invasiven Trophoblastzellen entstehen
- **Fibrinoid** (▶ unten), eine dichte extrazelluläre Matrix, die diese bunte Zellpopulation einbettet
- **uteroplazentare Arterien und Venen**, die das mütterliche Gefäßsystem mit dem intervillösen Raum verbinden

Das **Plazentabett** (Abb. 3.7) ist der Teil der materno-fetalen Durchdringungszone, der nach der Geburt im Uterus bleibt. Es ähnelt im Aufbau der Basalplatte und wird in den der Geburt folgenden Tagen („Wochenbett") durch Blutungen (*Lochien*) ausgestoßen.

Klinischer Hinweis

Die Rechtsmedizin kann bei der Beurteilung von Abrasionsmaterial (durch Ausschabung gewonnene Uterusschleimhaut) vor der Frage stehen, ob eine Schwangerschaft vorgelegen hat. Kommen Deziduazellen oder invasive Trophoblastzellen vor, ist die Frage zu bejahen.

Zottenbäume. Die reife menschliche Plazenta hat 60 bis 70 Zottenbäume (Abb. 3.6c). Sie sind die funktionstragenden Strukturen der Plazenta. Ihre Oberfläche, durch die der Stoffaustausch zwischen Mutter und Kind erfolgt, beträgt zur Zeit der Geburt 10–14 m^2.

Jeder Zottenbaum besteht aus

- **Stammzotten**, stark fibrosierten großkalibrigen Zotten mit fetalen Arterien und Venen. Sie dienen u. a. dem mechanischen Halt des jeweiligen Zottenbaums. Einem Baum mit seinen Verzweigungen vergleichbar folgen aufeinander
  - ein **Truncus chorii** (Durchmesser 1–2 mm)
  - mehrere **Rami chorii** (Durchmesser 0,5–1 mm)
  - viele **Ramuli chorii** (Durchmesser 100–500 µm)

- **peripheren Zottenästen** mit vielen fetalen Kapillaren. Hier erfolgt der Gas- und der größere Teil des Stoffaustausches zwischen Mutter und Kind. Zu unterscheiden sind
  - **Intermediärzotten** (Durchmesser 70–200 µm)
  - **Endzotten** (*Terminalzotten*, Durchmesser 60–80 µm). Die Endzotten machen am Geburtstermin 40–50% des Zottenvolumens von insgesamt 250–300 cm³ aus

Der *Truncus chorii* ist etwa 1–5 mm lang und teilt sich wie jeder folgende Abschnitt – mit Ausnahme der Endzotten – mehrfach dichotomisch. Insgesamt finden sich zwischen Truncus chorii und Endzotten 15 bis 25 Aufzweigungen. Bei jeder Aufteilung verlieren die Zotten an Durchmesser. In Analogie zu einem Baum entsprechen die Stammzotten dem Stamm, die Rami und Ramuli chorii seinen verholzten Ästen, die Intermediärzotten den Grünholzästen und die Endzotten den Blättern.

Die **Verankerung der Zottenbäume** erfolgt jeweils durch:
- **Truncus chorii** an der Chorionplatte
- **Haftzotten** an der Basalplatte (Abb. 3.4e, 3.6c) Hierbei handelt es sich um Ramuli chorii
- nachträglich entstandene, **durch Fibrinoid vermittelte Verklebungen** zwischen peripheren Zottenästen und Chorionplatte, Inseln (▶ unten), Septen (▶ unten) und Basalplatte

Insgesamt haben die Zottenbäume ein festes Gefüge. Erhalten bleibt jedoch eine gewisse Beweglichkeit der Endzotten im mütterlichen Blutstrom.

Bauplan der Zotten e H85. Alle Zottentypen haben den gleichen Bauplan (Abb. 3.8). Am deutlichsten ist er an den Endzotten zu erkennen. Beteiligt sind:
- **Synzytiotrophoblast**
  - **Epithelplatten**
  - **dickere Zonen**
  - **Synzytialknoten**
- **Zytotrophoblast** (*Langhans-Zellen*)
- **Bindegewebe mit fetalen Makrophagen** (*Hofbauer-Zellen*)
- **fetale Blutgefäße**

Synzytiotrophoblast. Er bildet eine kontinuierliche, vielkernige, synzytiale, nicht durch laterale Zellgrenzen unterbrochene Epithellage, die mütterlichen und kindlichen Kreislauf voneinander trennt. Er lässt jedoch einen

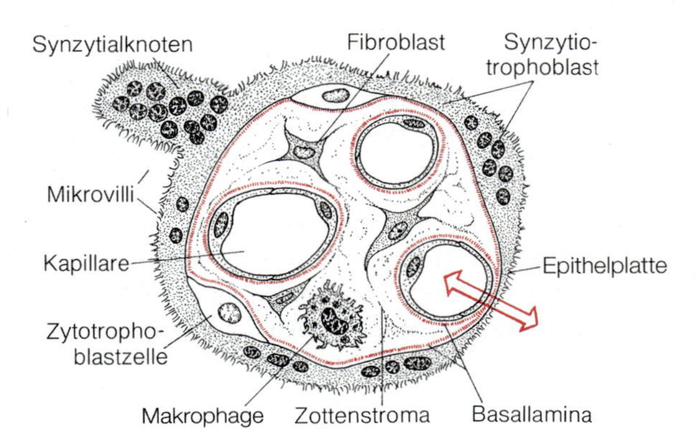

Abb. 3.8. Querschnitt durch eine Plazentazotte am Ende der Schwangerschaft. Der *Pfeil* symbolisiert den Weg des Stoff- und Gasaustausches

Stoffaustausch zwischen Mutter und Kind zu. Dabei vermag das Synzytium aktiv zu selektieren und in den Transport einzugreifen.

Epithelplatten sind 0,5–1 µm dicke Abschnitte des Synzytiums, die in der Regel über sinusoidal erweiterten Kapillaren liegen. Je nach Zottentyp nehmen sie bis zu 40% der Zottenoberfläche ein. Sie dienen vorwiegend der Diffusion von Atemgasen (O_2, CO_2), Wasser und dem Carriertransport von Glukose.

Dickeres Synzytium. Es ist 2–6 µm dick, organellenreich und hat viele Mikrovilli. Es kommen kernfreie, aber auch kernhaltige Abschnitte vor. Im dicken Synzytiotrophoblast finden bevorzugt energieverbrauchende Transportvorgänge (aktiver Transport) mit Ab- und Umbauvorgängen sowie endokrine und metabolische Syntheseleistungen statt.

Vor allem werden folgende Hormone in der Plazenta gebildet:
- **humanes Chorion-Gonadotropin (hCG)** zum Erhalt des Gelbkörpers im Ovar
- **Plazenta-Laktogen (hPL)**, ein wachstums- und brustdrüsenstimulierendes Hormon
- **Progesteron und Östrogene**, die den Gesamtorganismus, speziell den Uterus an die Schwangerschaft adaptieren und weitere Eireifung blockieren

Hinzu kommen Releasinghormone (▶ S. 757), welche die Hormonsekretion regulieren. Sie werden im Zytotrophoblast gebildet.

Klinischer Hinweis
Das humane Chorion-Gonadotropin (hCG) wird in größerer Menge mit dem Harn ausgeschieden. Wird hCG im Harn nachgewiesen, liegt eine Schwangerschaft vor (Schwangerschaftsnachweis).

Synzytialknoten sind Ansammlungen alter, genetisch toter Kerne des Synzytiotrophoblast. Sie sind von Plasmalemm umgeben, können abgeschnürt und von mütterlichem Blut weggeschwemmt werden, im letzten Schwangerschaftsmonat täglich bis zu 3 g. Abgebaut und phagozytiert werden die Synzytialknoten in der Lunge.

Zytotrophoblast (aus **Langhans-Zellen**) ist auch noch zum Geburtstermin vorhanden. Die Zellen unterlagern an 20–25% der Zottenoberfläche den Synzytiotrophoblast. Synzytiotrophoblast und Zytotrophoblast sind gemeinsam durch eine Basallamina vom Zottenbindegewebe getrennt.

Der Zytotrophoblast ist bis zur Beendigung der Schwangerschaft mitotisch aktiv und kann mit Synzytiotrophoblast fusionieren. Dadurch wird kompensiert, dass der Synzytiotrophoblast die Fähigkeit zur DNA-Reduplikation und damit zu eigenem Wachstum und zur Transkription seiner Gene verloren hat. Dies übernehmen die Zytotrophoblastzellen, die nach ihrer synzytialen Fusion kontinuierlich mRNA und Proteine von Enzymen, Rezeptoren und Transportermoleküle ins Synzytium einbringen.

Zur Information
Um ausreichend mRNA in das Synzytium zu transferieren, wird kontinuierlich mehr Zytotrophoblast in den Synzytiotrophoblast einbezogen als für sein Wachstum erforderlich ist. Dadurch entsteht überschüssiges Synzytium, das laufend in Form von Synzytialknoten in das mütterliche Blut abgegeben wird. Unterbleibt jedoch die Fusion von Zyto- und Synzytiotrophoblast auch nur wenige Tage, wird der Synzytiotrophoblast durch Fehlen von mRNA und Proteinen wichtiger Enzyme sowie Rezeptoren nekrotisch.

Klinischer Hinweis
Gelangen größere Mengen von nekrotischem Trophoblast ins mütterliche Blut, kann es in mütterlichen Gefäßen zu Entzündungsreaktionen kommen. Hiermit wird die Präeklampsie in Zusammenhang gebracht, die verbunden mit Ödemen, Proteinurie und Hypertonie bei etwa 5–10% der Schwangerschaften auftritt.

Zottenbindegewebe. Das Zottenbindegewebe besteht aus einem Netzwerk ortsständiger Bindegewebszellen (Mesenchymzellen, Fibroblasten, Myofibroblasten), aus ungeformter Interzellularsubstanz sowie aus retikulären Fasern und Kollagenfasern. Außerdem kommen Makrophagen (**Hofbauer-Zellen**) vor. Das Zottenbindegewebe ist in den Stammzotten dicht und kollagenreich, in den Endzotten locker gepackt.

Zur Information
Die Hofbauer-Zellen sind für den Proteinaustausch zwischen Mutter und Kind eine zweite, dem Synzytiotrophoblast folgende, mobile Barriere. Außerdem produzieren sie viele Wachstumsfaktoren, die Zottenwachstum und Zottendifferenzierung steuern. Die Aktivität der Hofbauer-Zellen wird durch Umgebungsbedingungen, z.B. den Sauerstoffpartialdruck, reguliert.

Zottengefäße. Die Zottengefäße gehören zum fetoplazentaren Gefäßsystem. Es besteht aus
- **Nabelschnurgefäßen** (▶ S. 118)
- **Arterien und Venen von Chorionplatte und Stammzotten**
- **Mikrozirkulationssystem** in den peripheren Zottenästen

Das **Mikrozirkulationssystem** setzt sich aus Arteriolen bzw. Venulen sowie Kapillaren mit sinusoidal dilatierten Kapillarabschnitten zusammen. Die Sinusoide befinden sich vor allem in den Endzotten und können Durchmesser von 20–40 µm erreichen. Dort, wo sie sich dem Trophoblast unmittelbar anlegen, verschmelzen die Basallaminae von Trophoblast und Kapillaren miteinander (◘ Abb. 3.8). Dadurch sind die Diffusionsstrecken zwischen mütterlichem und kindlichem Blut kurz (minimal 1–2 µm).

Sonderstrukturen:
- **Plazentasepten**
- **Zellsäulen**
- **Zellinseln**
- **Fibrinoid**

Plazentasepten (◘ Abb. 3.6c). Hierbei handelt es sich um säulen-, platten- und segelförmige **Auffaltungen der Basalplatte** in den intervillösen Raum. Sie beginnen sich im Verlauf des vierten Monats p.c. zu entwickeln. Bei der geborenen Plazenta liegen Plazentasepten in der Regel dort, wo an der Unterseite Furchen zu erkennen sind. Histologisch gleichen sie der Basalplatte. Plazentasepten sind rudimentäre Strukturen ohne Giederungsfunktionen für den intervillösen Raum.

Zellsäulen befinden sich an den Anheftungsstellen der großen Stammzotten an der Basalplatte. Es handelt sich um die Endabschnitte der Haftzotten (▶ oben), die weder Bindegewebe noch Gefäße enthalten. Sie gehen auf die trophoblastischen Primärzotten zurück (▶ oben) und enthalten die Stammzellen von invasiven Trophoblastzellen in Basalplatte und Plazentabett (▶ oben).

Zellinseln. Auch die Zellinseln stehen mit der Frühentwicklung der Plazenta in Zusammenhang. Es sind persistierende Endabschnitte frei endender Primärzotten. Sie hängen als kugelförmige Ansammlungen von Zytotrophoblast peripher am Zottenbaum und sind in große Mengen Fibrinoid eingebettet, das an den meisten Stellen die ursprüngliche Bedeckung von Synzytiotrophoblast ersetzt hat.

Fibrinoid (◘ Abb. 3.6c, 3.7). Es entsteht als Sekretionsprodukt des Trophoblasten und durch Blutgerinnung an der intervillösen Oberfläche des Synzytiums. Das Fibrinoid hat eine mechanisch sehr derbe, intensiv anfärbbare Matrix, die im Laufe der Schwangerschaft zu einem internen Stützskelett der Plazenta wird.

Nach ihrer Lokalisation werden unterschieden:
- **Langhans-Fibrinoid** an der intervillösen Oberfläche der Chorionplatte
- **Rohr-Fibrinoid** an der intervillösen Oberfläche von Zotten und Basalplatte, dort wo bedeckender Synzytiotrophoblast verloren gegangen ist
- **Nitabuch-Fibrinoid** im Bereich der maternofetalen Durchdringungszone, das als eine Art »Klebstoff« die mütterlichen und fetalen Gewebe miteinander verankert

Zur Barrierefunktion der Plazenta

Unter normalen Bedingungen ist Immunglobulin G das einzige Protein, das die gemeinsam von Synzytiotrophoblast und Makrophagen gebildete Plazentabarriere von der Mutter zum Kind passieren kann. Dadurch wird dem Kind eine mehrmonatige Immunität gegen alle jene Keime verliehen, gegen die die Mutter immun ist.

Die Plazentaschranke ist aber auch für manche Medikamente, lipidlösliche Stoffe, u.a. Alkohol, durchlässig. Für Blutzellen dagegen ist die Plazentaschranke im Prinzip undurchlässig. Jedoch kann während der Geburt oder bei einer Fehlgeburt die Zottenoberfläche einreißen und dadurch kindliches Blut in den mütterlichen Kreislauf gelangen. Dann bildet die Mutter bei Blutgruppenunterschieden (Rh-positives Kind, Rh-negative Mutter) gegen das kindliche Blut Antikörper. Diese können bei einer erneuten Schwangerschaft durch die Zottenoberfläche hindurch in den neuen kindlichen Organismus gelangen und dort bei entsprechender Blutgruppenkonstellation das Krankheitsbild der Rh-Inkompatibilität (*Erythroblastose*) hervorrufen.

Intervillöser Raum. Der intervillöse Raum wird von mütterlichem Blut durchströmt. Er befindet sich zwischen den Zotten – seine Spaltbreite entspricht dort vielfach einem Erythrozytendurchmesser – und wird von der Chorion- und Basalplatte begrenzt. Im intervillösen Raum tritt mütterliches Blut direkt an die fetalen Austauschflächen heran. Bei der reifen Plazenta enthält der intervillöse Raum etwa 150 ml Blut. Die Durchblutungsrate beträgt etwa 150 ml/min/kg Fetus.

Der intervillöse Raum kann hämodynamisch in **Strömungseinheiten** unterteilt werden. Die Strömungseinheiten, bei der reifen Plazenta etwa 40 bis 70, entstehen dadurch, dass mütterliches Blut an der Oberfläche der Basalplatte aus *Spiralarterien* (uteroplazentare Arterien) unter Druck in den intervillösen Raum eintritt, in einem eiförmigen zottenarmen Bereich (*zentrale Kavität*) zwischen den Verzweigungen eines Zottenbaums sehr schnell zur Chorionplatte aufsteigt und von dort langsam durch die engen Spalträume zwischen den umgebenden, dichtgepackten Zotten zur Basalplatte zurückfließt. Dort wird es von uteroplazentaren Venen der Mutter aufgenommen. Eine derartige Strömungseinheit wird als **Plazenton** bezeichnet.

Eihäute. Sie befestigen sich allseitig an der Plazenta und sind aus dem Chorion frondosum zusammen mit dem Amnion hervorgegangen. Die Eihäute, auch *Fruchthüllen*, sind weniger als 1 mm dick aber derb, sodass sie den Feten einschließlich der Fruchtblase (Amnionhöhle) mechanisch schützen.

Die Eihäute bestehen aus:
- **Amnionepithel**
- **Bindegewebe**
- verbliebenen **Zytotrophoblastzellen** in lockerer Verbindung mit der Decidua parietalis

Die Eihäute zerreißen bei Geburtsbeginn (sog. **Blasensprung**) und werden zusammen mit der Plazenta nach der Geburt ausgestoßen.

Plazentalösung. Sie wird bereits pränatal vorbereitet. Durch Apoptose von Trophoblastzellen und durch Abbau dezidualer Kollagenfasern entsteht in der maternofetalen Durchdringungszone ein Demarkationsbereich.

Unter der Geburt kommt es dort durch die Wehen zu Gefäßverletzungen und es entwickelt sich ein retroplazentäres Hämatom. Schließlich löst sich die Plazenta zusammen mit der Basalplatte und den Eihäuten (*Nachgeburt*).

Einzelheiten zum Wochenbett mit seinen **Lochien** ► S. 438.

In Kürze

Die reife Plazenta besteht aus der Chorionplatte, 60–70 Zottenbäumen, dem intervillösen Raum und der Basalplatte. Die Zottenbäume sind an der Chorionplatte und durch Haftzotten an der Basalplatte befestigt. Die Endzotten flottieren im vorbeiströmenden mütterlichen Blut. Die Zottenoberfläche besteht aus dünnen Epithelplatten – vor allem für Gasaustausch sowie Glukosetransport –, dicken Abschnitten mit metabolischen Leistungen und Synzytialknoten mit toten Zellkernen. Zytotrophoblast unter dem Synzytium ist auch in der reifen Plazenta vorhanden. Er fusioniert laufend mit dem Synzytium. Im Zottenkern stellen Makrophagen (Hofbauer-Zellen) eine zweite Barriere zur Verhinderung eines schädigenden Proteinaustausches dar. In der Trophoblastschale der Zotten werden Hormone gebildet. – Eihäute haben weitgehend mechanische Aufgaben. Sie werden mit der Nachgeburt ausgestoßen.

3.5 Frühentwicklung

Überblick

Bis zum Ende der 3. Entwicklungswoche entstehen als Primitivorgane die

- **Keimscheibe mit**
  - **Primitivstreifen**
  - **Primitivrinne**
  - **Primitivknoten**
  - **intraembryonalem Mesoderm**
  - **Chordafortsatz**
- **Embryonalanhänge:**
  - **Amnion**
  - **Dottersack**
  - **Allantois**
  - **extraembryonales Mesoderm**

Die Entstehung dieser Strukturen ist die Voraussetzung für den geregelten Ablauf der anschließenden Organogenese.

Kernaussagen

- **In der 1. Entwicklungswoche entsteht aus dem Embryoblast der Blastozyste die Keimscheibe, die zwei Zelllagen aufweist: Epiblast und Hypoblast.**
- **In der 2. Entwicklungswoche bilden sich zwischen Epiblast und Trophoblast 1. die Amnionhöhle, 2. durch Auswandern von Hypoblastzellen der Dottersack, 3. zwischen Dottersackepithel und Trophoblast das extraembryonale Zölom, entstanden aus erweiterten Spalten zwischen extraembryonalen Mesenchymzellen, die aus ausgewanderten Hypoblastzellen hervorgegangen sind, und 4. der Haftstiel als eine mesenchymale Verbindung zwischen Keimscheibe und Trophoblastschale.**
- **In der 3. Entwicklungswoche treten in der Mittellinie der Keimscheibe der Primitivstreifen mit Primitivrinne und rostralem Primitivknoten auf, von dem der Chordafortsatz auswächst. Vom Primitivstreifen wandern seitlich Mesenchymzellen aus und schieben sich zwischen Epi- und Hypoblast. Sie bilden das Mesoderm. Vom Chordafortsatz wachsen seitliche Zellen aus, verdrängen den Hypoblast und werden zum Entoderm.**
- **Der Dottersack bekommt eine Aussackung (Allantois).**

Ausgangspunkt der Entwicklung sowohl des *Embryos* als auch der *Embryonalanhänge* ist der Embryoblast (s. oben). Dort beginnen sich die Zellen kurz vor bzw. während der Implantation – um den **7. Tag p.c.** – in zwei Lagen anzuordnen. Die Zellen, die auf der der Blastozystenhöhle zugewandten Seite liegen, flachen sich ab und formieren den **Hypoblast** (◘ Abb. 3.3 a). Darüber entsteht eine Schicht aus etwas größeren prismatischen Zellen, der **Epiblast**. Beide Zelllagen zusammen bilden die runde **Keimscheibe**.

Zu den Grundlagen der Entwicklung

Alle Entwicklungsvorgänge sind komplex. Sie basieren auf einem **Zusammenwirken von genetischen, intra- und extrazellulären Faktoren.** Der Start erfolgt durch **Induktion.**

Die **genetischen Faktoren** sind bereits in der DNA der Zygote kodiert. Sie bewirken, dass zu einem gegebenen Zeitpunkt Entwicklungskontroll(Regulator)gene aktiviert werden und exprimieren. Sie können später auch wieder blockiert (»abgeschaltet«) werden.

Die Regulatorgene kodieren Transkriptionsfaktoren, die sich an Zielgene anlagern und diese wirksam werden lassen. Ein Regulatorgen steuert jeweils eine Gruppe von Zielgenen.

Zu den Regulatorgenen, die während der Frühentwicklung tätig werden, gehören insbesondere **homeotische Gene (Homeobox = HOX).** Sie kodieren jeweils für eine homologe Region von ungefähr 60 zusammenhängenden Aminosäuren. Durch HOX wird der Grundriss des Organismus mit seinen Hauptabschnitten (Kopf, Rumpf, Extremitäten) festgelegt. Bei Mutationen der Homeobox können Körperregionen fehlen oder ineinander umgewandelt sein (homeotische Transformation). Zurzeit sind mehr als 30 HOX-Gene bekannt. Ihre Genorte befinden sich beim Menschen in 4 Clustern (HOX A – HOX D) auf den Chromosomen 7, 17, 12, 2.

HOX-Gene sind phylogenetisch sehr konstant, weshalb innerhalb einer Klasse, hier der Wirbeltiere, bei allen zugehörigen Organismen gleichartige Grundstrukturen entstehen. Danach erfolgt dann die artspezifische Differenzierung. Hierbei wirken für die Organogenese als weitere Regulatorgene **Paired-box-Gene (= PAX)** sowie **Zinkfingergene** mit. Bisher sind acht PAX-Gene beim Menschen identifiziert.

Eine fehlerfreie Entwicklung hängt jedoch auch vom richtigen Zeitpunkt des Einsetzens der verschiedenen Entwicklungsschritte und deren Koordination ab. Nach gegenwärtigem Wissen spielt hierbei der Methylierungsgrad der DNA eine entscheidende Rolle. Methylierung der DNA führt nämlich zu einer Blockade der Genorte. Nicht benötigte Genorte bleiben permanent blockiert, andere werden nach Bedarf freigegeben bzw. wieder besetzt.

Intra- und extrazelluläre Signalketten. Die Regulatorgene ihrerseits stehen unter dem Einfluss intra- und extrazellulärer Signalketten. Extrazelluläre Signale gehen z. B. von der ionalen Zusammensetzung des äußeren Milieus, aber auch von parakrinen oder endokrinen Faktoren aus, z. B. Wachstumsfaktoren (u. a. fibroblast-growth factors, transforming growth-factors), Hormonen (u. a. Thyroxin, Androgene) und Zytokinen. Ferner können Signalmoleküle aus Nachbarzellen stammen, die vermittels Konnexinen an gap junctions übertragen werden. Alle Signale wirken über Rezeptoren, die sich an der Zelloberfläche oder intrazellulär befinden. Da sehr viele extrazelluläre Faktoren und unterschiedliche Rezeptoren existieren, hängt die Richtung einer Zelldifferenzierung sehr von der Kombination der beteiligten Substrate ab. Auch spielen die quantitativen Verhältnisse eine Rolle. Schließlich können Signalmoleküle auch mehrere Gene aktivieren.

Für die Signalübertragung selbst stehen teils antagonistisch wirkende intrazelluläre Mechanismen zur Verfügung, deren Balance das Hintanhalten bzw. die Freigabe der Tätigkeit der Regulatorgene bewirkt.

Induktion. Das Auslösen von Entwicklungs- bzw. Differenzierungsvorgängen wird als **Induktion** bezeichnet. Gemeint ist damit die Freisetzung von Entwicklungspotenzen, die aufgrund des genetischen Programms in den Zellen zur Verfügung stehen. Die Induktion selbst geht von *primären Induktoren* (**Organisatoren**) durch Freisetzung von Induktionsstoffen aus. So induziert z. B. Chordagewebe die Ausbildung des Neuralrohrs (► unten). Jede Induktion leitet eine Kettenreaktion aufeinander folgender Induktionsschritte ein.

Induktionen werden jedoch nur innerhalb einer bestimmten Periode wirksam, der **Determinationsperiode.**

In dieser Zeit wird der Rahmen festgelegt, in dem sich die Zelle bzw. Zellgruppe differenzieren kann. Determination bedeutet aber auch gleichzeitig irreversible Einschränkung ursprünglicher Entwicklungsmöglichkeiten, der prospektiven Potenzen. In Fortführung der Determination entwickeln sich schließlich in den jeweiligen Zellen spezifische strukturelle und funktionell-biochemische Merkmale, die unter normalen Umständen zu einem stabilen Differenzierungszustand führen. Bei weiteren Zellteilungen entstehen dann nur noch Zellen gleicher Art. Die Zellen haben ihre Pluripotenz verloren.

Allerdings sind Modulationen möglich, jedoch nur innerhalb einer Zelllinie. So können sich Abkömmlinge mesenchymaler Stammzellen in Abhängigkeit von den Umständen in bestimmte Zellen des Zentralnervensystems, der Leber, in Osteoblasten oder Muskelzellen umwandeln.

Stammzellen. Hierunter werden Zellen verstanden, die ihre Entwicklungspotenz noch nicht bzw. noch nicht vollständig verloren haben. Sie können totipotent sein, z. B. die Furchungszellen der Morula, bzw. pluripotent, z. B. die Zellen des Embryoblastes. Bei Stammzellen kann also das gesamte genetische Programm noch mehr oder weniger uneingeschränkt abgerufen werden. Gekennzeichnet sind Stammzellen dadurch, dass sie langfristig in der Ruhephase des Zellzyklus, also der G_0-Phase, verweilen können, dass sie sich unbegrenzt teilen können, ohne sich sofort zu differenzieren – dadurch entstehen Zelllinien –, dass sie sich, wenn sie zur Differenzierung anstehen, differenziell teilen, d. h. ungleichmäßig. Von den Tochterzellen bleibt eine als Stammzelle im Zellzyklus, die andere schert aus und differenziert sich.

Stammzellen gibt es in jeder Phase des Lebens und in allen Geweben (Organen) des Organismus, sowohl beim Embryo (*embryonale Stammzellen*) als auch später (*adulte Stammzellen*). Während aus der embryonalen Stammzelle alle etwa 300 Gewebearten des neuen Organismus hervorgehen können, ist der Umfang der Differenzierungsmöglichkeiten bei adulten Stammzellen begrenzt.

Klinischer Hinweis

Von den Differenzierungsmöglichkeiten, die auch noch adulte Stammzellen haben, wird in der Klinik bereits bei der Behandlung der *Leukämie* Gebrauch gemacht, einer bösartigen Tumorerkrankung der Leukozyten. Nach vollständiger chemotherapeutischer Zerstörung des erkrankten Knochenmarks werden dem Patienten suspendierte Blutstammzellen injiziert, die zur Neubesiedlung des Knochenmarks und damit zur tumorfreien Blutbildung führen.

Zweite Entwicklungswoche. In der 2. Entwicklungswoche werden

- die zukünftige **Kranialregion** markiert,
- die **Embryonalanhänge** angelegt:
  - **Amnionhöhle**
  - **Dottersack**
  - **extraembryonales Zälon**
  - **extraembryonales Mesenchym**

Die **Markierung der Kranialregion** erfolgt durch Ausbildung eines **Randbogens.** Sie geht auf eine Verdichtung der Hypoblastzellen im späteren vorderen Bereich des Embryos zurück.

Amnionhöhle. Sie entsteht über der Keimscheibe. Dort bilden sich zwischen Epiblast und Zytotrophoblast Spalträume, die zur **primären Amnionhöhle** konfluieren. Sie enthält Interzellularflüssigkeit. In der Folgezeit vergrößert sich der Raum und wird bis zum 9. Entwicklungstag von einer Schicht flacher polygonaler Zellen (**Amnioblasten**) ausgekleidet, die aus dem Epiblast der Keimscheibe auswandern. Dann ist aus der primären die definitive **Amnionhöhle** geworden (Abb. 3.3). Die Amnionhöhle wird sich weiter um den Embryo herum vergrößern und Fruchtwasser enthalten (▶ unten).

Der **Dottersack** ist ein temporäres Gebilde mit induktiven Funktionen (▶ unten). Der Dottersack entsteht durch Auswandern von Hypoblastzellen der Keimscheibe, die entlang der Innenwand der Blastozyste wachsen und die **Heuser-Membran** bilden. Hierdurch entsteht als zweite Höhle des Embryoblastes der **primäre Dottersack.** In der Folgezeit zerfällt der primäre Dottersack in kleine bläschenförmige Teilabschnitte. Der Rest davon wird auch als **sekundärer Dottersack** bezeichnet (Abb. 3.3).

Extraembryonales Zölom, extraembryonales Mesenchym (Abb. 3.3). Zwischen Dottersackepithel und Trophoblast befindet sich zunächst ein schmaler Spaltraum, der sich durch verstärktes Wachstum der Trophoblasthülle der Blastozyste vergrößert. Er wird von verzweigten Zellen gefüllt, die vom *Hypoblast* auswandern. Zwischen diesen Zellen verbleiben weite Räume mit einer sol- bis gelartigen Grundsubstanz. Bei dem neu entstandenen Gewebe handelt es sich um **extraembryonales Mesenchym** (▶ unten). Es drängt sich auch zwischen Amnionepithel und Trophoblast.

Mit fortschreitender Entwicklung fließen die Interzellularräume des extraembryonalen Mesenchyms zusammen und es entsteht das **extraembryonale Zölom** (auch *Chorionhöhle*). Neben Amnion und Dottersack ist die Chorionhöhle die dritte Höhle des Keims. Mit Erweiterung der Interzellularräume im extraembryonalen Zölom wird das extraembryonale Mesenchym an den Rand gedrängt. Dort liegt es vor als:

- **extraembryonales Splanchnopleuramesenchym** (*extraembryonales viszerales Mesenchym*), das dem Dottersack anliegt
- **extraembryonales Somatopleuramesenchym** (*extraembryonales parietales Mesenchym*), das dem Zytotrophoblast anliegt (Abb. 3.3 b)

Haftmesenchym. Zwischen Trophoblast und Amnion unterbleibt die Ausbildung des extraembryonalen Zöloms. Dadurch entsteht der **Haftstiel** als mesenchymale Befestigung der Embryonalanlage (mit Amnionhöhle) am Chorion (Abb. 3.3 b). Der Haftstiel ist der Vorläufer der Nabelschnur.

Dritte Embryonalwoche. In der 3. Embryonalwoche werden als *Primitivorgane* angelegt:

- **Primitivstreifen, Primitivrinne, Primitivknoten**
- **intraembryonales Mesoderm**
- **Chorda dorsalis**
- **Allantois**

Die Entwicklung der Primitivorgane bewirkt die Ausbildung von drei Keimblättern:

- **Ektoderm**
- **Mesoderm**
- **Entoderm**

Aus den drei Keimblättern entstehen alle Gewebe und Organe des Embryos (▶ unten). Schließlich ändert sich in der 3. Entwicklungswoche **Länge und Form der Embryonalanlage.**

Primitivstreifen, Primitivrinne, Primitivknoten. Anfang der 3. Entwicklungswoche erscheint im Epiblast ein unscharf konturierter Streifen, der vom spitz-oval gewordenen kaudalen Ende der Keimscheibe bis fast zur Mitte reicht; es handelt sich um den **Primitivstreifen,** der sehr bald eine rinnenförmige Einsenkung, die **Primitivrinne,** bekommt (◘ Abb. 3.9, 3.10 a). An seinem vorderen Ende bildet sich durch Verlängerung und Verdickung der **Primitivknoten** (*Hensen-Knoten*).

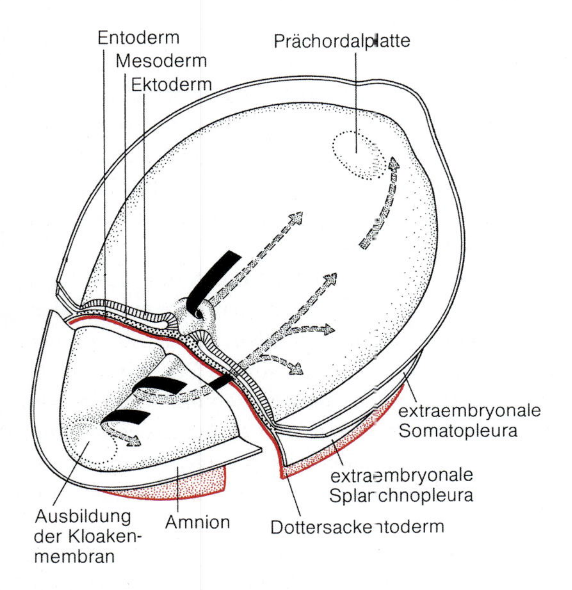

◘ **Abb. 3.9.** Weg der Zellen (*Pfeilrichtung*), die im Epiblast in die Primitivrinne einwandern und dann zwischen Epiblast und Hypoblast gelangen. Vor dem Transversalschnitt Zellen, die im Bereich des Primitivknotens in die Primitivgrube einwandern und den Chordafortsatz bilden

Primitivstreifen und Primitivknoten sind Verdickungen im Epiblast. Sie entstehen durch Proliferation und Umwandlung der hier gelegenen Zellen.

Intraembryonales Mesoderm. Mit der Ausbildung des Primitivstreifens beginnen lateral gelegene Epiblastzellen nach medial zu wandern (◘ Abb. 3.9). Sie bewegen sich auf den Primitivstreifen zu, runden sich ab, »versinken« in der Primitivrinne und wandern aus. Dabei verlieren sie ihre Zellhaftungen und bekommen Fortsätze. Sie verändern ihre Form und werden zu **Mesenchymzellen.** Die so veränderten Zellen schieben sich zwischen Epiblast und Hypoblast und bilden eine neue Zelllage, das zunächst ungegliederte **primäre** (intraembryonale) **Mesoderm.** Dieser Vorgang wird in Anlehnung an ähnliche bei niederen Tieren als **Gastrulation** bezeichnet. Am Rand der Keimscheibe gehen intra- und extraembryonales Mesenchym ineinander über.

Klinischer Hinweis

In der Regel degeneriert der Primitivstreifen vollständig. Aus Resten des Primitivstreifens können jedoch Tumoren hervorgehen, sog. *Teratome*, am häufigsten sakrokokzygeale Teratome bei Neugeborenen.

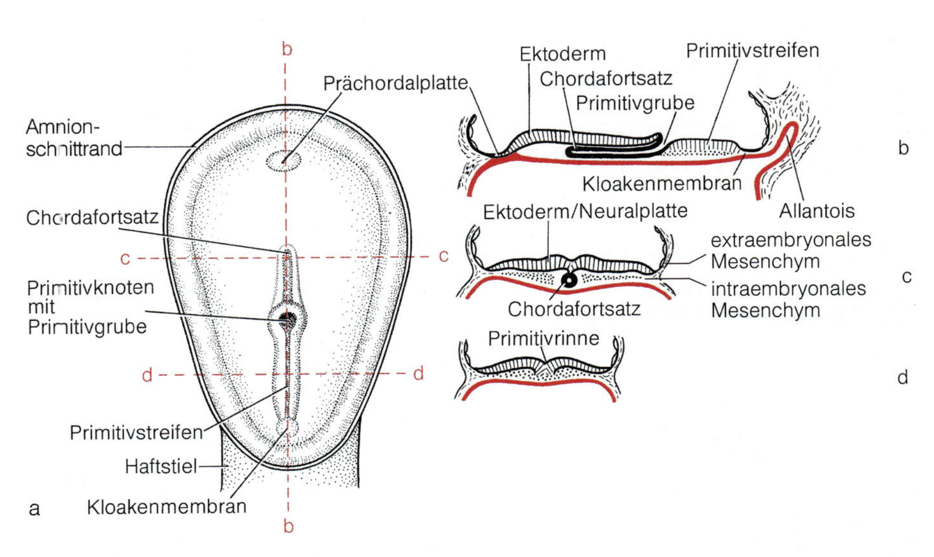

◘ **Abb. 3.10 a–d.** 17 Tage alter menschlicher Keim. **a** Ansicht von oben (nach Wegnahme des Amnions, Schnittrand). **b** Medianschnitt. **c** Querschnitt im Bereich des Chordafortsatzes. **d** Schnitt im Bereich des Primitivstreifens. *Rot* Entoderm; *schraffiert* Ektoderm; *punktiert* Mesoderm

Zur Information

Die Begriffe »Mesoderm« und »Mesenchym« sind nicht gleichbedeutend. *Mesoderm* ist ein entwicklungsgeschichtlicher Begriff und bezeichnet das mittlere Keimblatt. *Mesenchym* dagegen ist ein histologischer Begriff. Es bezeichnet ein primitives, pluripotentes Bindegewebe, aus dem das Mesoderm besteht. Das Mesenchym ist das frühe nichtepitheliale Gewebe des Keims. Es formiert sich zum *embryonalen Bindegewebe* (Abb. 2.26). Verdichtungen von Mesenchymzellen, die als erste Anlage von Organen entstehen, werden als **Blasteme** bezeichnet.

Chorda dorsalis. Anders als beim Primitivstreifen verhält sich die Gewebsinvagination im Bereich des Primitivknotens. Dort entsteht zunächst eine seichte Einsenkung (**Primitivgrube**), die sich zunehmend vertieft. Dann erfolgt auch hier eine Invagination von Epiblastzellen. Jedoch bilden sie einen in sich geschlossenen epithelialen Zellstrang, der sich zwischen die Zellen des Hypoblastes drängt und zunächst als **Chordaplatte**, dann als **Chordafortsatz** bezeichnet wird (Abb. 3.10). Der am weitesten vorn gelegene Abschnitt ist der **Kopffortsatz**; der kaudal folgende Teil wird zur **Chorda dorsalis.** Gelegentlich kann der Chordafortsatz röhrenförmig sein, weshalb eine offene Verbindung zwischen Amnionhöhle und Dottersack entsteht (**Canalis neurentericus**) (Abb. 3.11). Vor dem Kopffortsatz befindet sich ein umgrenzter Bezirk von Mesodermzellen, die vor Beginn der Entstehung des Chordafortsatzes aus dem Primitivknoten ausgewandert sind (**prächordales Mesoderm**). Es wird ins Entoderm integriert und bildet die **Prächordalplatte.**

In der Folgezeit vermehren sich die lateralen Zellen des Chordafortsatzes stark und verdrängen die Hypoblastzellen. Sie bilden das **Entoderm.** Aber auch der verbliebene Epiblast verändert sich. Unter dem Einfluss von Wachstumsfaktoren aus benachbarten Zellverbänden entsteht hier das **Ektoderm.**

Ektoderm und Entoderm sind durch das Mesoderm voneinander getrennt. Jedoch sind sowohl am kranialen als auch am kaudalen Pol umschriebene Bezirke von der Trennung ausgespart. Kranial – vor der Prächordalplatte – handelt es sich um die **Rachenmembran**, kaudal um die **Kloakenmembran** (Abb. 3.11 a). Beide Gebiete sind mesodermfrei, weil Ektoderm und Entoderm miteinander verklebt sind und das Einwandern von Mesenchymzellen verhindern.

Mit der Entwicklung des Primitivstreifens sind die Richtungen im zukünftigen Körper abschließend festgelegt. Es lassen sich eine ventrale und dorsale Seite,

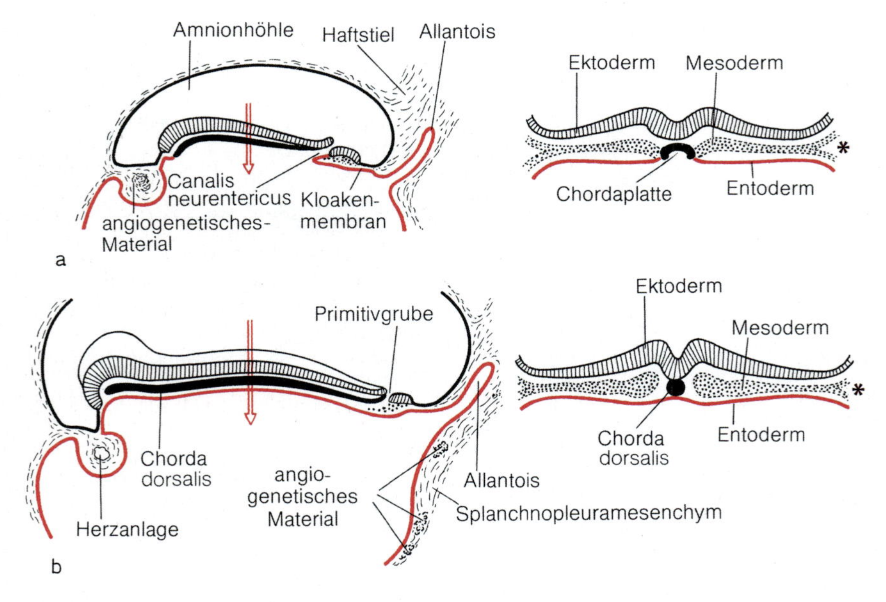

Abb. 3.11 a, b. Entwicklung der Chorda (*massiv schwarz*) und Differenzierung des Mesoderms (*punktiert*). **a** Der Chordafortsatz wird in den Hypoblast integriert. **b** Ausbildung der Chorda dorsalis. Inzwischen hat sich das Entoderm (*rot*) als geschlossene Schicht gebildet. – Am kranialen Pol des Keims beginnt die Abfaltung. Dabei ändert sich die Stellung der Rachenmembran. – Die *Pfeile* kennzeichnen die Stelle der Querschnitte (*rechts im Bild*). * Extraembryonales Zölom

ein kranialer und kaudaler Pol und eine rechte und linke Körperseite unterscheiden. Gleichzeitig kommt es in der 3. Embryonalwoche zu einem verstärkten Wachstum des vorderen Teils der Keimscheibe mit starker Verlängerung des Chordafortsatzes. Dadurch scheint sich der Primitivstreifen, der im kaudalen Teil liegt, zu verkürzen. Aus der Keimscheibe ist nun ein länglich-ovaler **Keimschild** geworden.

Infolge des starken Wachstums des vorderen Teils der Keimscheibe verlagert sich der Haftstiel in den kaudalen Bereich der Anlage. Damit wird programmiert, dass sich die zukünftige Kopfregion im Uterus nach unten wendet und bei der Geburt der Kopf vorausgeht.

Allantois. Am kaudalen Embryonalpol entsteht eine Aussackung des Dottersacks, die von Hypoblastzellen ausgekleidet ist. Sie ragt in den Haftstiel hinein und wird als **Allantois** bezeichnet (Abb. 3.10b, 3.11a). Die Rückbildung erfolgt nach kurzer Zeit. Die Allantois induziert jedoch die extraembryonale Gefäßentwicklung und Blutbildung (► S. 180).

Zur Information

Besonders bei der Frühentwicklung spielt die Wanderung von Zellen (*Zellmigration*) eine große Rolle. Die zur Wanderung befähigten Zellen lösen sich aus ihrem Verband, verlieren ihre Zellhaftungen, bilden Pseudopodien und bewegen sich zum Ort ihrer späteren Bestimmung. Für die Wanderung spielen Wachstumsfaktoren eine Rolle, die von den Zellen des Zielgebietes exprimiert werden, sowie spezifische Rezeptoren an der Spitze der Pseudopodien, welche die Zielgebiete und auch gleichartig differenzierte Zellen erkennen. Die Wanderung der Zellen selbst kommt durch Interaktionen von Aktin- und Myosinfilamenten in den Pseudopodien zustande. Leitstrukturen für die Wanderung sind Fibronektinstraßen. Am Ziel treten gleichartig differenzierte Zellen in Kontakt und bilden Kontaktstrukturen (Desmosomen). Durch sie kommt es zur Kontaktinhibition und Einstellung der Pseudopodienbildung. Auf diese Weise entsteht ein Gewebe als Verband gleichartig differenzierter Zellen.

In Kürze

Am Ende der 1. Entwicklungswoche ist der Embryoblast in Epiblast und Hypoblast gegliedert. In der 2. Entwicklungswoche wird die Kranialregion durch eine Randleiste im Hypoblast markiert. Es entstehen die Amnionhöhle zwischen Epiblast und Trophoblast, der Dottersack durch Auswachsen von Zellen des Hypoblastes und das extraembryonale Zölom als dritte Höhle zwischen Dottersack und Trophoblast. Das extraembryonale Zölom geht auf Erweiterungen von Interzellularräumen im extraembryonalen Mesenchym zurück. Der Haftstiel ist ein extraembryonaler Mesenchymsockel zwischen Amnionhöhle und Trophoblast. In der 3. Entwicklungswoche entstehen die Primitivorgane. Führend ist der Epiblast, aus dem durch aufeinander folgende Induktionen alle drei Keimblätter entstehen: Ektoderm, Mesoderm, Entoderm. Gleichzeitig werden die Körperrichtungen festgelegt.

3.6 Embryonalperiode

Überblick

Zwischen der 4. und 8. Entwicklungswoche entstehen die Anlagen aller bleibenden Organe durch Differenzierung von Ektoderm, Mesoderm und Entoderm (Tabelle 3.1). Außerdem bildet sich die Körperform.

Alle Differenzierungs- und Wachstumsvorgänge verlaufen in kraniokaudaler Richtung. Infolgedessen ist der Differenzierungsgrad im kranialen Bereich des Keims weiter fortgeschritten als kaudal. Kaudal verbleibt als Rest des Primitivstreifens noch einige Zeit ein pluripotentes Gewebsareal, die **Rumpfschwanzknospe**.

3.6.1 Ektoderm

Kernaussagen

- **Das neurale Ektoderm liegt dorsal der Chorda dorsalis und differenziert sich zu allen Anteilen des Nervensystems.**
- **Das epidermale Ektoderm liefert Anteile der Sinnesorgane.**

Das Ektoderm ist kein einheitliches Keimblatt. Es gliedert sich vielmehr (Abb. 3.11b,c) in:
- neurales Ektoderm
- epidermales Ektoderm

Die Gliederung geht auf Inhibitoren zurück, die die Chorda dorsalis während der Differenzierung des Epiblastes exprimiert. Sie behindern die Wirkung von Wachstumsfaktoren, die die Entstehung des epidermalen Ektoderms bewirken.

Tabelle 3.1. Übersicht über die wichtigsten Abkömmlinge der Keimblätter

Ektoderm	Mesoderm	Entoderm
zentrales und peripheres Nervensystem	Bindegewebe	epitheliale Bestandteile des Verdauungskanals und seiner Anhangsdrüsen
Augenlinse	Stützgewebe	Thymus
Sinnesepithel (Innenohr, Riechorgan)	Muskelgewebe	Nebenschilddrüsen
Hypophysenvorderlappen	Blut- und Abwehrapparat	Schilddrüse
Zahnschmelz	Blut- und Lymphgefäßsystem	Epithel des Respirationstraktes
Epidermis mit Anhangsgebilden	Nebennierenrinde und Auskleidung seröser Höhlen	epitheliale Bildungen der harnableitenden Wege
Nebennierenmark	große Teile des Urogenitalsystems	Prostata distaler Teil der Vagina

Neurales Ektoderm. Aufeinander folgend entwickeln sich (Abb. 3.12):
- **Neuralplatte**
- **Neuralrinne**
- **Neuralfalten** (Neuralwülste)
- **Neuralrohr**

  Hinzu kommt die
- **Neuralleiste**

Die **Neuralplatte** befindet sich in der Mittellinie dorsal der Chorda dorsalis. Sie ist scharf vom epidermalen Ektoderm der Umgebung abgesetzt und besteht aus einem mehrreihigen, verdickten, sich lebhaft teilenden Epithel. Am 18. Tag beginnen sich dann die Mitte der Neuralplatte zur **Neuralrinne** abzusenken und die Ränder beidseitig zu **Neuralfalten** aufzuwulsten (Abb. 3.12). Anschließend entsteht das **Neuralrohr** durch Verschmelzung der Neuralfalten zunächst in Höhe einer taillenförmigen Einziehung des Embryos. Von dort schreitet die Verschmelzung nach kranial und kaudal fort. Gleichzeitig wird das Neuralrohr in die Tiefe verlagert und das epidermale Ektoderm schließt sich über ihm. Jedoch verbleiben am Kopf- und Schwanzende für kurze Zeit Öffnungen des Neuralrohrs:

- **Neuroporus rostralis**
- **Neuroporus caudalis** (Abb. 3.13 d, e)

  Der Neuroporus rostralis schließt sich am 25., der Neuroporus caudalis am 27. Embryonaltag.

Klinischer Hinweis

Bei Störungen der induktiven Wirkung des Chordagewebes kann der Verschluss der Neuralrinne beeinträchtigt werden. Es entstehen *Dysraphien*, u.a. eine *Spina bifida* (Wirbelsäulenspaltung, ► S. 232).

Bereits am 20. Embryonaltag wird die Neuralplatte im vorderen Bereich breiter und markiert damit die **Gehirnanlage** (Abb. 3.13, 3.14). Nach dem Verschluss des Neuroporus rostralis weitet sich dieser Bereich zu zwei primären Gehirnbläschen aus und gliedert sich in:
- **Prosencephalon** (*Vorderhirn*)
- **Rhombencephalon** (*Rautenhirn*)
- **Mesencephalon** (*Zwischenbereich*)

Weitere Differenzierungen folgen, wobei im Bereich des Prosencephalon die Anlage des **Telencephalons** (*Großhirn*) und des **Diencephalons** (*Zwischenhirn*) entstehen. Am Ende der Embryonalperiode sind bereits die meisten Strukturmerkmale des zukünftigen Gehirns vorhanden.

Der sehr viel längere Teil des Neuralrohrs dagegen wird zum **Rückenmark**, das gleich dem rostralen Abschnitt bis zur 8. Entwicklungswoche seine Formentwicklung abgeschlossen und seine innere Gliederung entworfen hat (► S. 726).

Neuralleiste (◘ Abb. 3.12, 3.14 a). Die Neuralleiste ist ein Abkömmling der Neuralanlage.

Am Anfang der 4. Embryonalwoche wandern vom Rand der Neuralfalten Zellen aus und ordnen sich über oder beiderseits der Neuralanlage vom Mesencephalon bis zum kaudalen Spinalbereich an. Sie bilden kranial gesonderte Zellgruppen und anschließend eine zusammenhängende Leiste, zusammen als *Neuralleiste* bezeichnet.

Neuralleistenzellen zeichnen sich durch ihre Fähigkeit zur Wanderschaft aus. Ihr Schicksal ist vielfältig (► S. 733).

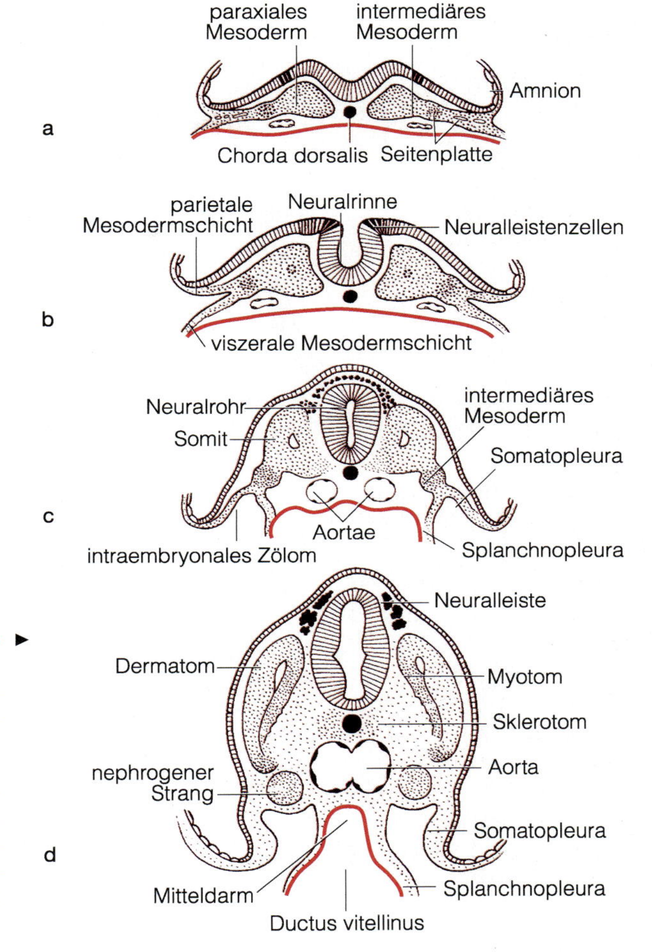

◘ **Abb. 3.12 a–d.** Entwicklungsreihe verschieden alter Embryonen im Querschnitt (nach Langman 1985). **a–c** entsprechen einem Querschnitt in den korrespondierenden Entwicklungsstadien der Abb. 3.13 a–c (18., 20. und 22. Tag) und der Querschnitt in **d** einer Schnittführung durch das Stadium in Abb. 3.13 e (25. Tag). Bearbeiten Sie nacheinander: 1. Die Entstehung des Neuralrohrs, 2. die Bildung der Neuralleiste (*schwarz* Neuralleistenzellen, zunächst im Ektoderm), 3. die Differenzierung des Mesoderms: in **a** treten in den Seitenplatten Spalten auf, die in **b–d** zum intraembryonalen Zölom konfluiert sind, in **c** wandern erste Sklerotomzellen aus und es treten zwei Aorten auf, die in **d** konfluiert sind. *Rot* Entoderm ►

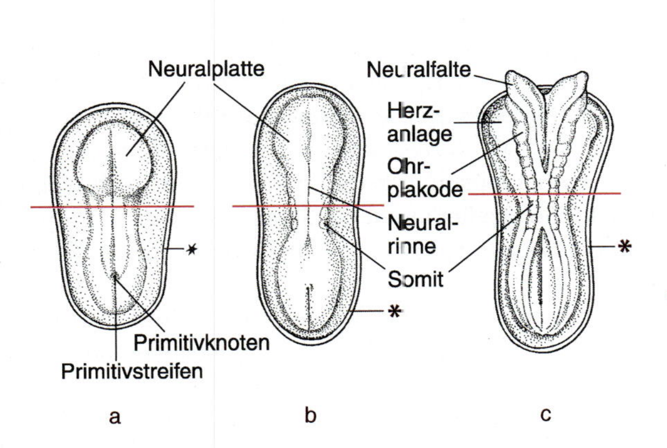

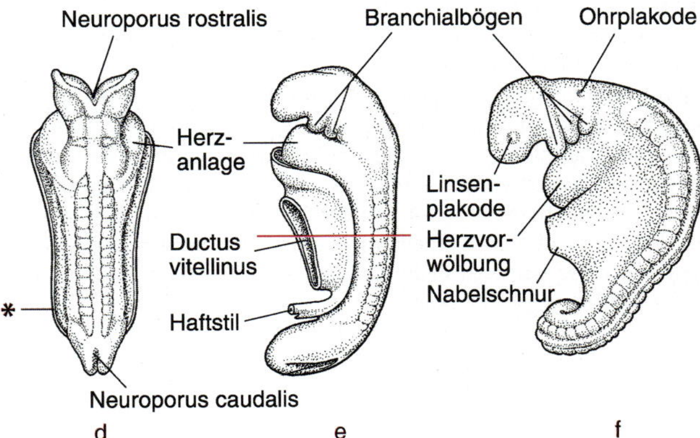

◘ **Abb. 3.13 a–f.** Verschiedene Stadien der Embryonalentwicklung. **a–d** Dorsalansicht; Amnion abgeschnitten. * Schnittrand. **a** Am 18., **b** am 20., **c** am 22. und **d** am 23. Tag. **e, f** Seitenansicht des Keims am 25. und am 28. Tag der Entwicklung nach der kraniokaudalen Krümmung. *Rot* Schnittführungen durch den Embryo entsprechend der Querschnitte in Abb. 3.12 a–d

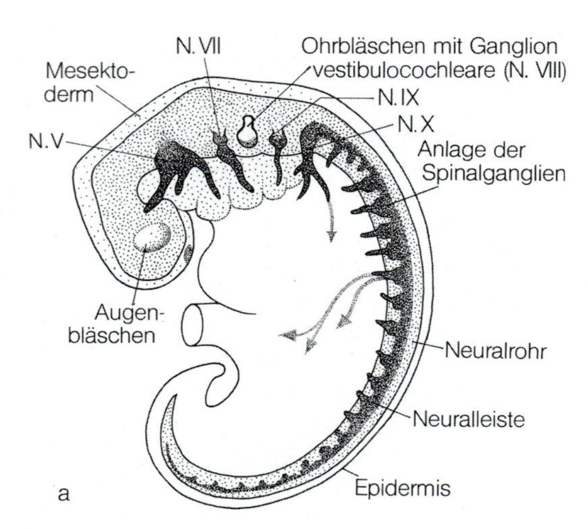

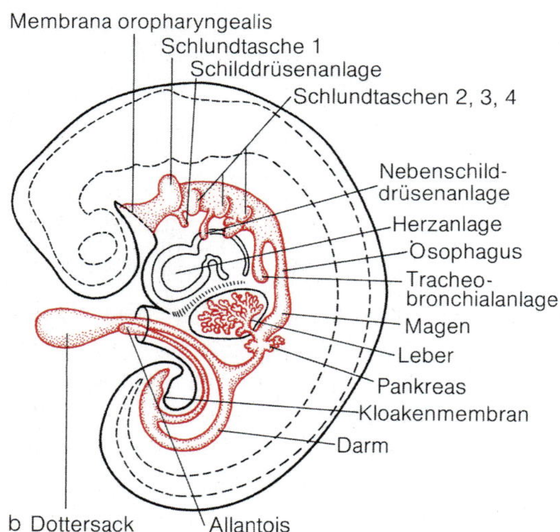

Abb. 3.14 a, b. Darstellung ektodermaler und entodermaler Bildungen eines ungefähr 1 Monat alten Embryos. **a** Ektodermale Bildungen: Neuralrohr, Neuralleiste, Spinalganglien, Augen- und Ohrbläschen (nach Forssmann u. Heym 1985). **b** Entodermale Bildungen (*rot*): Darmrohr, Schlundtaschen, Leber- und Pankreasanlagen. Allantois und Dottersack sind aus dem Hypoblast hervorgegangen. Zwischen Herz- und Leberanlage liegt das Septum transversum, unterhalb der 4. Schlundtasche die Anlage des Thymus und des oberen Epithelkörperchens. – Nicht berücksichtigt sind die mesodermalen Bildungen; s. hierzu Abb. 6.2, Blutgefäße und Herz beim Embryo

Neuralleistenzellen

- tragen zum **Aufbau des peripheren Nervensystems** bei. Sie differenzieren sich zu:
  - **Neuronen der Spinalganglien,**
  - **Neuronen der Ganglien des III., V., VII., IX. und X. Hirnnerven,**
  - **Neuronen vegetativer Ganglien,**
  - **chromaffinen Zellen des Nebennierenmarks,**
  - **Glia des peripheren Nervensystems (Mantelzellen, Schwann-Zellen),**
- werden zu **Melanozyten** des gesamten Organismus (mit Ausnahme der Pigmentzellen der Retina und des Zentralnervensystems) und **ausgewählten endo- bzw. parakrinen Zellen** und
- bilden das **Mesektoderm** des Kopfbereichs.

Die Ausführungen über die aus der Neuralleiste hervorgehenden Strukturen finden Sie bei den jeweiligen Organen (Zugang über das Sachregister).

Epidermales Ektoderm. Hieraus gehen die Epidermis und ihre Anhangsgebilde hervor (► S. 214).

Außerdem kommt es an umschriebenen Stellen zur **Plakodenbildung.** Gemeint sind hiermit Verdickungen im Ektoderm. Nach Lage und Herkunft werden unterschieden:

- **dorsolaterale Plakoden** für die Anlagen von Sinnesorganen:
  - **Linsenplakoden**
  - **Ohrplakoden**
  - **Riechplakoden**
- **epipharyngeale Plakoden** für die Ausbildung von
  - **Geschmacksknospen**

Die **Linsenplakoden** entstehen dort, wo sich die *Augenbläschen* als Ausstülpungen des Prosencephalons dem Oberflächenektoderm nähern. Sie liefern die Epithelzellen der Augenlinse. Die **Ohrplakoden** (Abb. 3.13f) senken sich als *Ohrbläschen* in die Tiefe und verlieren den Zusammenhang mit der Epidermis. Aus den Ohr- und **Riechplakoden** gehen die Sinneszellen für das Hör- und Gleichgewichtsorgan sowie das Geruchsorgan hervor.

Die **Geschmacksknospen** werden von Neuronen induziert, die aus den epipharyngealen Plakoden hervorgehen. Gemeinsam ist allen Plakoden, dass sie Potenzen wie die Neuralleisten haben. Sie können auch Mesenchym bilden.

Zusammenfassung ► S. 119.

3.6.2 Mesoderm

Kernaussagen

- **Aus dem paraxialen Mesoderm seitlich der Chorda dorsalis gehen blockförmige Somiten hervor, deren ventromediale Abschnitte, Sklerotome, die Hartsubstanzen des Axenskeletts bilden. Dorsolaterale Anteile liefern als Dermomyotome das Bindegewebe von Haut und Muskulatur.**
- **Aus dem intermediären Mesoderm seitlich der Sklerotome entstehen große Anteile des Urogenitalsystems.**
- **Das Seitenplattenmesoderm entwickelt das intraembryonale Zölom mit der Splanchnopleura, u.a. für Bindegewebe und Muskulatur des Magen-Darm-Kanals und mit der Somatopleura für die Leibeswand.**

Das Mesoderm wird zuerst als unsegmentierte Zellschicht zwischen Ektoderm und Entoderm angelegt. Aus dieser Stammplatte (**primäres Mesoderm**) entstehen durch Induktion seitens der Chorda dorsalis (Abb. 3.12a):
- **paraxiales Mesoderm**
- **intermediäres Mesoderm**
- **Seitenplatten**

Paraxiales Mesoderm. Das seitlich der Chorda dorsalis gelegene paraxiale Mesoderm formiert sich unter den Neuralfalten zu blockförmigen Zellaggregaten, den
- **Somiten** (Abb. 3.12)

Somiten sind paarig. Die Somitenbildung beginnt dort, wo die Neuralfalten anfangen sich zum Neuralrohr zu vereinigen. Von dort aus bilden sich mit fortschreitendem Längenwachstum des Embryos sowohl nach kranial als auch nach kaudal weitere Somitenpaare. Insgesamt entstehen 42–44 Somitenpaare: 4 okzipitale, 8 zervikale, 12 thorakale, 5 lumbale, 5 sakrale und 8–10 kokzygeale. Allerdings sind nie alle Somiten gleichzeitig vorhanden: während die letzten angelegt werden, lösen sich die ersten bereits wieder auf. Durch die Somitenbildung kommt es zu einer segmentalen Gliederung (**Metamerie**) des Embryos.

Die Somiten wölben das Ektoderm etwas vor und schimmern durch die Oberfläche des Embryonalkörpers durch (Abb. 3.13). Dadurch sind die Somiten leicht zu erkennen, und es ist üblich, zwischen dem 20. und 30. Tag der Entwicklung das Alter des Keims nach der Zahl der Somiten anzugeben.

Auf Querschnitten erscheinen Somiten dreieckig, wobei die Basis der Neuralanlage zugewandt ist (Abb. 3.12a,b). Seitlich haben sie an das intermediäre Mesoderm Anschluss gefunden. Anfangs sind die Somiten zelldicht, dann jedoch entstehen im Inneren größere Interzellularräume.

In der Folgezeit kommt es unter dem Einfluss von Signalmolekülen und Wachstumsfaktoren aus der Umgebung zu Gestaltwandel und Umstrukturierung der Somiten (Abb. 3.12c,d). Sie betreffen:
- **ventromediale Abschnitte**
- **dorsolaterale Abschnitte**

Der **ventromediale Abschnitt** verliert seine epitheliale Struktur. Der Zellverband löst sich auf und es entsteht ein Verband von Mesenchymzellen (**Sklerotom**), der zusammen mit dem der Gegenseite die Chorda dorsalis umgibt. Hieraus gehen die Hartsubstanzen des Achsenskeletts hervor.

Der **dorsolaterale Abschnitt** bleibt zunächst epithelial. Er bekommt eine zweite epitheliale Schicht. Beide Schichten zusammen werden als **Dermomyotom** bezeichnet. Aus der zum Oberflächenektoderm hin gelegenen Schicht geht das Bindegewebe der Haut hervor, deswegen **Dermatom**, aus der zum Sklerotom hin gelegenen Seiten die Skelettmuskulatur, deswegen **Myotom.**

Myotom. Bei Weiterdifferenzierung unterteilt sich das Myotom in:
- **Epimer** (dorsaler Anteil)
- **Hypomer** (ventraler Anteil)

Die Zellen des **Epimer** bleiben am Ort ihrer Entstehung und liefern das Material für die autochthone Rückenmuskulatur. Die Zellen des **Hypomer** bilden die seitliche und vordere Rumpfwand. Dort, wo später Extremitätenknospen entstehen, verlassen myogene Zellen das Hypomer und bilden die Muskulatur der Gliedmaßen.

Kopfmesoderm. Eine Sonderstellung hat die zukünftige Kopfregion. Hier entstehen keine Somiten. Das Mesenchym geht hier vielmehr überwiegend aus der Neuralleiste hervor. Es wird als **Mesektoderm** bezeichnet. Zusätzlich wandern Mesenchymzellen aus der Prächordalplatte in die Kopfregion ein.

Aus dem Mesektoderm gehen Bindegewebszellen, die sich auch an der Bildung der weichen und harten Hirnhäute beteiligen, Knorpel- bzw. Knochenzellen für das Viszeralskelett und die Deckknochen des Schädels sowie Odontoblasten für das Zahndentin und auch Muskulatur hervor.

Intermediäres Mesoderm (◘ Abb. 3.12a). Es verbindet die Somiten nach lateral mit den Seitenplatten und liefert das Material für große Teile des Urogenitalsystems (◘ Abb. 11.67).

Seitenplattenmesoderm (◘ Abb. 3.12). Dies ist der am weitesten lateral gelegene Teil des Mesoderms. Es stammt aus dem mittleren Abschnitt des Primitivstreifens. Die Seitenplatten sind unsegmentiert. Sie setzen sich ohne scharfe Grenze am Rand des Embryonalschildes in das extraembryonale Splanchnopleura- und Somatopleuramesenchym fort.

In den Seitenplatten treten bereits gegen Ende der 3. Entwicklungswoche erweiterte Interzellularräume auf. Sie konfluieren zu einem gemeinsamen Spalt, dem **intraembryonalen Zölom** (◘ Abb. 3.12c), das zunächst in offener Verbindung mit dem extraembryonalen Zölom steht. Erst später, wenn es zur Abfaltung des Keimschildes kommt (► unten), wird das intraembryonale Zölom zur Leibeshöhle.

Bei der Entstehung des intraembryonalen Zöloms wird das Mesenchym des Seitenplattenmesoderms zum Entoderm bzw. Ektoderm hin randständig.

Dadurch lassen sich unterscheiden das
- dem *Entoderm anliegende* **viszerale Mesoderm: Splanchnopleura** und das
- dem *Ektoderm anliegende* **parietale Mesoderm: Somatopleura.**

Aus der **Splanchnopleura** gehen das Bindegewebe und die Muskulatur des Magen-Darm-Kanals und außerdem intraembryonale Blut- und Gefäßanlagen hervor. Die intraembryonalen Gefäßanlagen bekommen Anschluss an die extraembryonalen Dottersackgefäße. Kranial bildet sich in der Splanchnopleura die Herzanlage. Sie wird durch eine Mesenchymplatte, die Splanchnopleura und Somatopleura verbindet (**Septum transversum**), vom distalen Teil des intraembryonalen Zöloms getrennt.

Aus der **Somatopleura** gehen Anteile der Leibeswand hervor. Somato- und Splanchnopleura gemeinsam bilden die serösen Häute der Leibeshöhlen (► S. 330).

Zusammenfassung ► S. 119.

3.6.3 Entoderm

Kernaussage

- **Das Entoderm ist an der Bildung des Darmrohrs beteiligt.**

Das Entoderm (hervorgegangen aus dem Hypoblast) unterfüttert zunächst die ektodermale Schicht der Embryonalanlage und steht mit dem mit Hypoblastzellen ausgekleideten Dottersack in Verbindung. Die weitere Entwicklung des Entoderms – im Wesentlichen in Zusammenhang mit der **Bildung des Darmrohres** – erfolgt erst mit der Abfaltung des Keims (► unten).

Von speziellem Interesse sind die **Urkeimzellen.** Sie können im Verlauf der Entwicklung erstmals Ende der 3. Woche in der Dottersackwand geortet werden. Vermutlich entstehen sie im hinteren Bereich des Primitivstreifens. Von dort gelangen sie zur Darmanlage und wandern dann in die Anlagen der Gonaden ein.

Zusammenfassung ► S. 119.

3.6.4 Ausbildung der Körperform

Kernaussagen

- **Grundvorgänge zur Ausbildung der Körperform sind**
  - **Abfaltung und kraniokaudale Krümmung,**
  - **Schädel- und Kopfentwicklung und**
  - **Entstehung der Extremitätenanlagen.**
- **Durch die Abfaltung entsteht die Nabelschnur.**
- **Die Abfaltung führt zu einer Vergrößerung der Amnionhöhle.**

Abfaltung und kraniokaudale Krümmung. Die Keimscheibe ist zunächst flach. Zu Beginn der 4. Woche vergrößern sich die rostralen Abschnitte des Neuralrohrs (Anlage des Gehirns) stark und überwachsen die vor ihnen gelegene Herzanlage und die Rachenmembran

(Oropharyngealmembran). Gleichzeitig erfolgt ein starkes Längenwachstum des Keims. Dies führt zu einer starken **kraniokaudalen Krümmung** des frühembryonalen Körpers, sodass er in der Seitenansicht C-Form hat (◘ Abb. 3.13 f, 3.15). Dabei gelangen kranial Herzanlage und Rachenmembran sowie kaudal die Kloakenmembran nach ventral. Zu ähnlichen Faltenbildungen kommt es lateral, vor allem durch verstärktes Wachstum der Somatopleura. Wegen dieser allseitigen Faltenbildung am Rand der Keimscheibe, die einem Einrollen ihrer Ränder gleicht, werden diese Vorgänge als **Abfaltung** bezeichnet.

Durch die Abfaltung des Keims wird das zunächst nur leicht gewölbte Entoderm in den Embryonalkörper einbezogen. Im vorderen Rumpfabschnitt entsteht die **vordere Darmbucht**, später *Vorderdarm* (◘ Abb. 3.15), und im hinteren Körperabschnitt die **hintere Darmbucht**, später der *End- oder Schwanzdarmabschnitt*. Das Verbindungsstück zwischen Anlage von Vorderdarm und Hinterdarm ist der **Mitteldarm**. Die vordere Darmbucht wird durch die Rachenmembran begrenzt, die hintere Darmbucht durch die Kloakenmembran.

Durch die Ventralverlagerung und das fortschreitend starke Wachstum der Gehirnanlage vertieft sich von der Oberfläche her die Einsenkung des Ektoderms über der Rachenmembran; es entsteht die Mundbucht (**Stomatodeum**) (◘ Abb. 3.15 d unterer Pfeil). In der 3. Woche wird die Rachenmembran, da sie keine mesenchymale Unterlage enthält, dehiszent und die Mundbucht tritt mit dem Vorderdarm in offene Verbindung. Kaudal kommt es durch Mesenchymproliferationen in der Umgebung der Kloakenmembran gleichfalls zu einer Einsenkung der Körperoberfläche. Dort entsteht die Afterbucht (**Proktodeum**).

Vorderdarm und Mitteldarm gehen unscharf an der **vorderen Darmpforte**, Mitteldarm und Hinterdarm an der **hinteren Darmpforte** ineinander über.

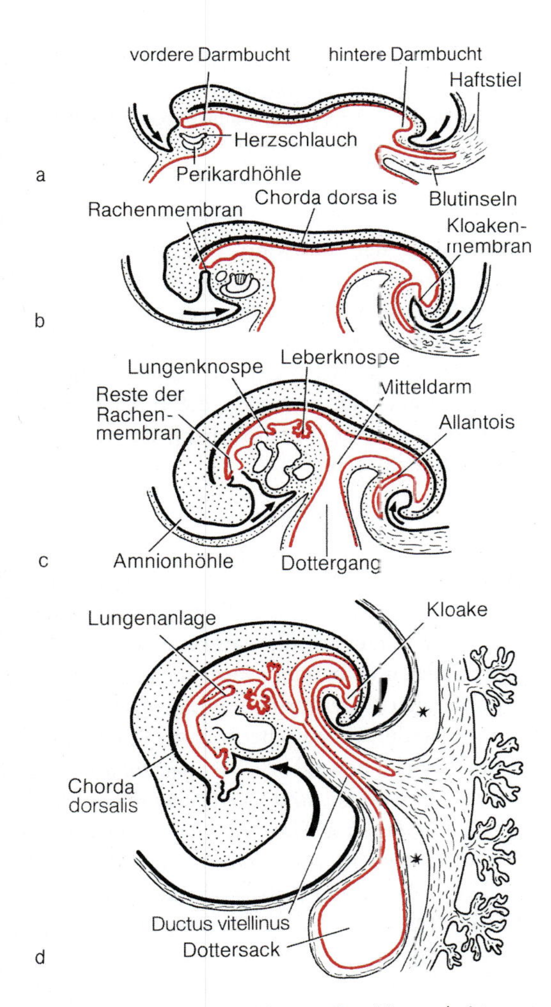

◘ **Abb. 3.15 a–d.** Entwicklungsreihe. Längsschnitte: **a** am 19., **b** am 25., **c** am 28. und **d** am 35. Tag. Dargestellt ist die Abfaltung des Embryos (*Pfeilrichtung*), die Bildung des Ductus vitellinus und die Hereinnahme der Herzanlage, die Bildung der Nabelschnur nach einer Drehung des Keims, verbunden mit der Aneinanderlagerung von Haftstiel und Dottersackstiel, sowie die Bildung des Amnionüberzugs. * Extraembryonales Zölom

Schädel- und Kopfentwicklung. Sie geht in der Umgebung der Gehirnanlage vom Mesektoderm der Neuralleiste und dem Mesoderm der Prächordalplatte aus. Das Kopfmesenchym liefert das Material für die Bildung der Schädelknochen und der Umhüllungen der Gehirnanlage (*Meninx primitiva*).

Extremitätenanlagen. Die Entwicklung der Extremitäten beginnt mit der Ausbildung von paddelförmigen Extremitätenknospen an der Seite der vorderen Rumpfwand in der 4. Entwicklungswoche. Die Anlagen befinden sich in Höhe der unteren Halssomiten bzw. der Lumbal- und oberen Sakralsomiten. Sie werden vom paraxialen Mesoderm induziert (weitere Einzelheiten ▶ S. 450).

Nabelschnur (Funiculus umbilicalis). Die Nabelschnur entsteht (◘ Abb. 3.15, 3.16) nach der Abfaltung durch Vereinigung von

- **Haftstiel mit Gefäßen**
- **Dottersackstiel**
- **Resten des Zöloms**

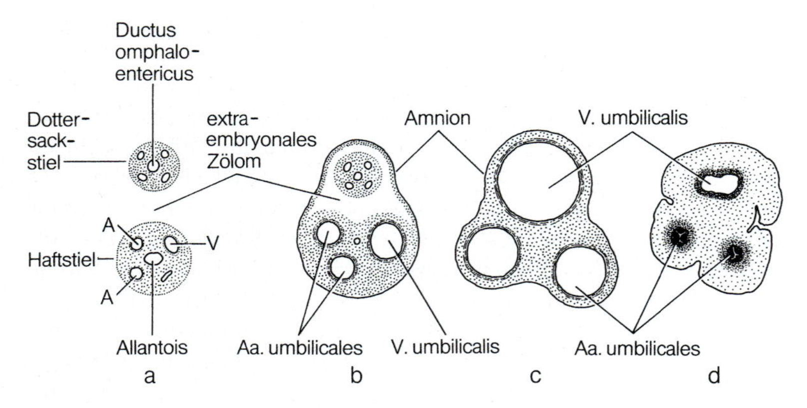

Abb. 3.16 a–d. Querschnitt durch die Nabelschnur und ihre Gefäße. **a** *Unten* Haftstiel mit den Allantois-Begleitgefäßen, *A* A. umbilicalis, *V* Vena umbilicalis; die 2. Vene in Rückbildung und nicht bezeichnet. *Darüber* Dottersackstiel mit dem Ductus omphaloentericus (= Ductus vitellinus) und den Vasa vitellina (2 Arterien, 2 Venen). **b** Frühe Nabelschnur; **c** Nabelschnur in späteren Stadien; **d** nach der Geburt. Blutgefäße kontrahiert

Der **Haftstiel** ist die ursprüngliche, mesenchymale Verbindung zwischen extraembryonalem Splanchnopleura- und Somatopleuramesenchym (▶ oben, Abb. 3.15 b). Vor der Abfaltung befindet sich der Haftstiel am kaudalen Pol der Keimscheibe und umschließt Allantois sowie Gefäßanlagen. Dann gelangt er jedoch durch die Faltenbildung am kaudalen Abschnitt der Keimscheibe auf die ventrale Seite des Embryonalkörpers. Dort kommt er in unmittelbarer Nachbarschaft zum Dottergang.

Auch der **Dottersackstiel** entsteht durch die Abfaltung. Er beinhaltet den **Dottergang** (*Ductus omphaloentericus*) und begleitende Gefäße. Beim Dottergang handelt es sich um einen englumigen Gang, der den Teil des Dottersacks, der zur Darmanlage geworden ist, und den extraembryonalen Dottersackrest verbindet. Der Dottersackrest, der zunächst noch als Bläschen neben dem Nabelstrang im extraembryonalen Zölom liegt, bildet sich sehr bald zurück.

Reste des Zöloms. Vor der Abfaltung besteht eine breite Verbindung zwischen intra- und extraembryonalem Zölom (▶ oben). Diese Verbindung bleibt auch bei der Abfaltung erhalten, wird jedoch stark eingeengt. Am Embryonalkörper kommt sie in unmittelbarer Nachbarschaft zu Haftstiel und Dottergang zu liegen. Dadurch wird die vordere Bauchwand gemeinsam von ehemaligem Haftstiel, Dottergang und Zölomresten erreicht.

Dort bildet sich der **Nabelring**. Durch die Bauchwand hindurch treten die Gefäße des ehemaligen Haftstiels, der Dottersack und die Zölomreste. Die Zölomreste im Bereich des Nabelringes werden bei der Darmentwicklung wichtig, da sie in der Lage sind, vorübergehend Darmschlingen aufzunehmen, die in der Leibeshöhle keinen Platz finden. Am Nabelring entsteht der **physiologische Nabelbruch**.

Die **Nabelschnur am Ende der Schwangerschaft** ist ungefähr 50–70 cm lang und 12 mm dick. Da die Gefäße stärker gewachsen sind als die Nabelschnur selbst und die Umbilikalvene kürzer als die Arterien ist, sind die Nabelschnurgefäße umeinander verdrillt und bilden häufig Krümmungen oder Verschlingungen. Derartige Gefäßschlingen werden als »falsche Knoten« bezeichnet; sie sind funktionell belanglos. *Die Aa. umbilicales führen kohlensäurehaltiges und schlackenreiches Blut (Mischblut) vom Embryo zur Plazenta, die V. umbilicalis sauerstoff- und nährstoffreiches Blut von der Plazenta zum Keim.* Die Nabelschnur hat durch das mukosubstanzreiche Bindegewebe, das die Gefäße umgibt, ein weißliches Aussehen.

Histologisch (Abb. 3.16 c, d, e H9) ist für die reife Nabelschnur das Bindegewebe in der Gefäßumgebung charakteristisch. Es besteht aus Fibroblasten mit langen Fortsätzen. Sie bilden ein dreidimensionales Netzwerk. Die Interzellularsubstanz ist weitgehend amorph und besteht aus sauren Glykosaminoglykanen, die das gallertige Aussehen der Nabelschnur hervorrufen (**Gallert-**

gewebe, *Warthon-Sulze*). Vereinzelt kommen Kollagenfasern vor. Die *Nabelarterien* haben eine dicke, muskelreiche Media aus sich kreuzenden, in Spiraltouren verlaufenden Fasern. Eine Elastica interna fehlt. Die *Vene* hat dagegen dünne Muskelschichten, jedoch eine kräftige Elastica interna. Bedeckt wird die Nabelschnur von Amnionepithel.

Zur Information

Nach der Geburt führt die Abkühlung zur Kontraktion der Muskulatur der Nabelschnurgefäße und damit zur Unterbrechung des Blutzu- und -abflusses zur Plazenta. Dadurch wird ein größerer Blutverlust nach dem »Abnabeln« verhindert. Auch nach dem Abbinden der Nabelschnur befindet sich in den Vasa umbilicalia noch kindliches Blut mit fetalen Stammzellen. Auf sie wird zur Stammzelltherapie zurückgegriffen.

Amnionhöhle. Das Amnion wölbt sich wie eine Kuppel über den Embryo. Bei der Abfaltung vergrößert sich die Amnionhöhle dadurch, dass sie auch auf die ventrale Seite des Embryonalkörpers gelangt. Dort schlägt das Amnion auf die Nabelschnur über (Abb. 3.15 d). Von diesem Zeitpunkt an »schwimmt« der Embryo im Fruchtwasser, dem Inhalt der Amnionhöhle. Dies sichert die ungehemmte Entwicklung des Keims und schützt ihn vor Austrocknung und Schäden von außen.

Durch die Vergrößerung der Amnionhöhle wird das extraembryonale Zölom mehr und mehr eingeengt, bis schließlich Splanchnopleuramesenchym und Somatopleuramesenchym miteinander verkleben. Schließlich bilden Amnion und Chorion mit ihrem Mesenchym gemeinsam wichtige Anteile der Eihäute (▶ S. 105).

Fruchtwasser (Liquor amnii). Am Ende der Schwangerschaft beinhaltet die Amnionhöhle 800–1000 ml Fruchtwasser. Es entsteht vor allem durch Flüssigkeitsabgabe aus der Harnblase des Feten. Das Fruchtwasser wird alle 2–3 h erneuert. An dem Austausch beteiligt sich außer dem Amnionepithel der Fetus, indem er, besonders im letzten Drittel der Schwangerschaft, Fruchtwasser »trinkt«. Epidermiszellen und Zellen der Mundschleimhaut werden in das Fruchtwasser abgestoßen.

Klinischer Hinweis

Bei Verdacht auf Chromosomenschäden des Keims kann durch Punktion der Amnionhöhle (*Amniozentese*) Fruchtwasser gewonnen und untersucht werden. Bei schweren Entwicklungsschäden des ZNS ist die Konzentration von α-Fetoprotein, einem speziellen Fruchtwasserprotein, erhöht.

In Kürze

Das Ektoderm gliedert sich in ein neurales und epidermales Ektoderm. Aus dem neuralen Ektoderm entsteht über Zwischenschritte (Neuralplatte, Neuralrinne, Neuralfalten) das Neuralrohr als Vorläufer von Gehirn und Rückenmark. Ein weiterer Abkömmling ist die Neuralleiste als Muttergewebe für große Teile des peripheren Nervensystem sowie für die Melanozyten und das Mesektoderms zur Schädelbildung. Aus dem epidermalen Ektoderm geht die Epidermis hervor. Außerdem bilden sich Plakoden für Anteile von Sinnesorganen. Das Mesoderm gliedert sich in Somiten, intermediäres Mesoderm, Seitenplatten. Aus den Somiten gehen Sklerotome für die Bildung des Achsenskeletts, Myotome und Dermatome hervor. Das intermediäre Mesoderm liefert Anteile des Urogenitalsystems und in den Seitenplatten entwickelt sich das intraembryonale Zölom sowie Splanchnopleura und Somatopleura. Das Entoderm liefert das Epithel des Darmrohrs. – Die Körperform entsteht durch Faltenbildung an allen Rändern der Embryonalanlage. Am kranialen Pol kommt es durch starkes Wachstum und Differenzierung zu Kopf- und Schädelbildung, lateral entstehen die Extremitätenanlagen. Ventral bildet sich die Nabelschnur aus Haftstiel, Dottersackstiel und Zölomresten. Die Amnionhöhle umgreift den ganzen Embryo.

3.7 Fetalperiode

Kernaussagen

- **Die Fetalperiode umfasst die Zeit vom 3. Entwicklungsmonat bis zur Geburt.**
- **In der Fetalperiode wächst das Kind stark und nimmt an Gewicht zu. Es finden die organspezifischen Differenzierungsprozesse statt und die Körperproportionen ändern sich.**

Längen- und Gewichtsentwicklung (Abb. 3.17). Die intrauterine Längen- und Gewichtszunahme des heranwachsenden Kindes zeigt einen starken Anstieg besonders in der Fetalperiode. Als Längenmaße werden die **Scheitel-Steiß-Länge (SSL)** und die **Scheitel-Fersen-Länge (SFL)** verwendet.

Die **SSL** gibt die Körperlänge von der Scheitelbeuge bis zur Schwanzkrümmung an. Da die Krümmungen sehr verschieden sind, können die SSL-Maße nur ungefähre Anhaltspunkte liefern. Die **SFL** dagegen bezieht sich auf die Gesamtlänge des Fetus. Sie gilt besonders für die Zeit nach dem 3. Entwicklungsmonat, wenn sich der Fetus gestreckt hat und die untere Extremität weiter entwickelt ist.

Rückschluss auf das Alter des Feten. Als *Faustregel* für den Rückschluss von der Scheitel-Fersen-Länge (SFL) auf das Alter gilt: Im 3. bis 5. Lunarmonat lässt sich durch Quadrieren der Anzahl der Monate die SFL in cm errechnen; sie beträgt z. B. im 4. Monat $4 \times 4 = 16$ cm. Ab dem 6. Monat erfolgt die Bestimmung durch Multiplikation der Zahl der Monate mit dem Faktor 5; sie beträgt z. B. im 7. Monat $7 \times 5 = 35$ cm. Um aus der SFL den Monat zu errechnen, müsste man die Wurzel ziehen bzw. den Wert durch den Faktor 5 dividieren.

Erheblichen Veränderungen unterliegen in der Fetalperiode auch die **Körperproportionen** (Abb. 3.18). Dies geht auf ein **heterogenes Wachstum** der einzelnen Teile des Organismus zurück. So nimmt zu Beginn des 3. Monats der Kopf etwa die Hälfte der SSL ein, zu Beginn des 5. Monats ein Drittel, kurz vor der Geburt aber nur noch ein Viertel. Durch seine Größe ist der Kopf bei der Geburt der Wegbereiter, dem alle übrigen Körperteile relativ leicht durch den Geburtskanal folgen können. Weitere Proportionsveränderungen erfolgen während des postnatalen Wachstums.

Abgesehen von der Länge kann auch aus dem äußerlich erkennbaren **Differenzierungszustand** des Embryos und dem Entwicklungsstand einiger Organe auf das Alter geschlossen werden. So haben z. B. gegen Ende der Fetalzeit die *Gliedmaßen typische Stellungen:*

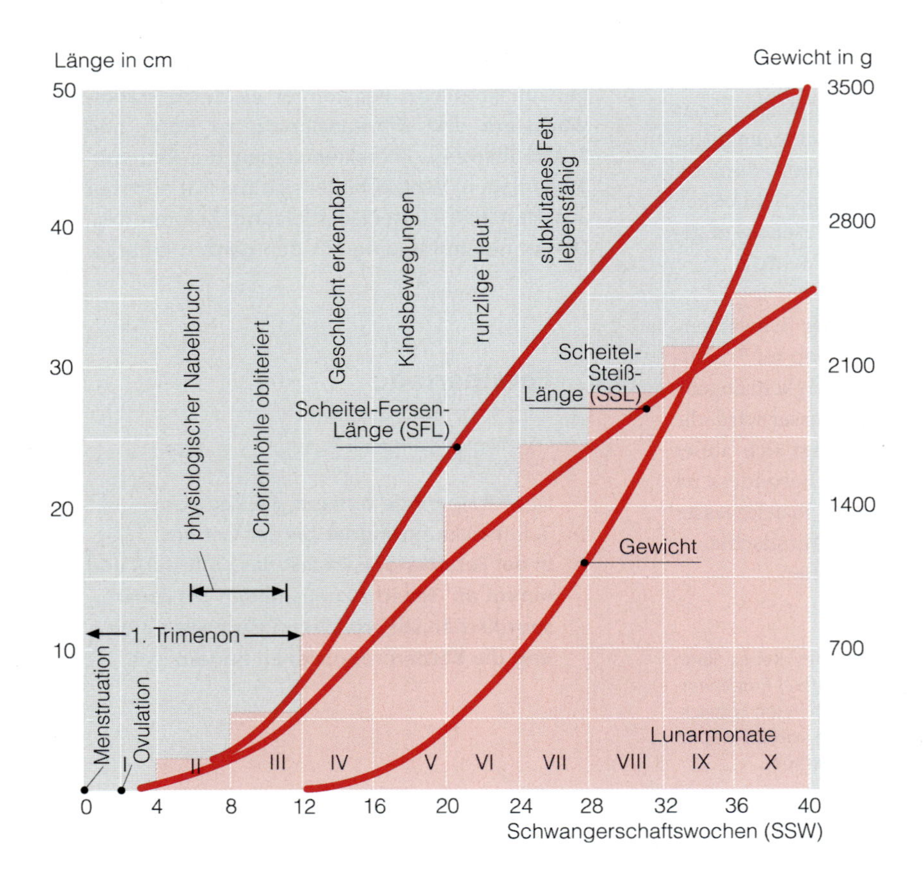

Abb. 3.17. Wachstumskurven in der Fetalzeit (nach Drews 1993)

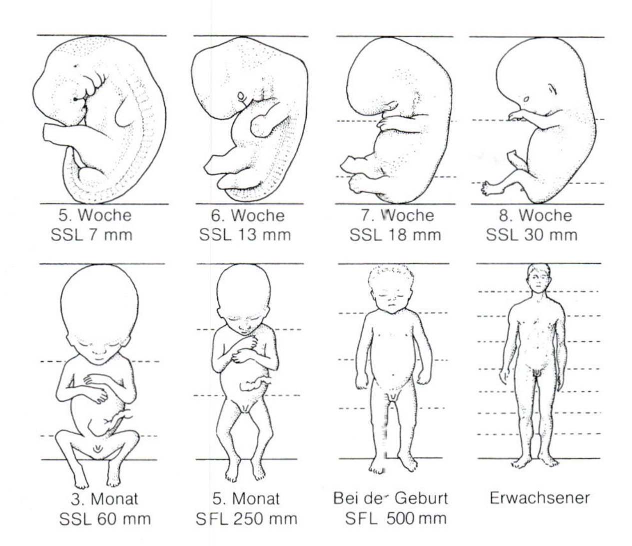

Abb. 3.18. Gestalt, Gestaltänderung und Proportionsverschiebungen in der Embryonal- und Fetalperiode. Zum Vergleich Proportionen des Erwachsenen

- Unterarm und Hände in Pronationsstellung
- Daumen in Opposition
- Füße in Supination
- Großzehe in Abduktion

Organentwicklung. Sie beginnt mit Ausbildung der Organanlage, in der Regel während der Embryonalperiode, und ist meist erst postnatal beendet. Sie verläuft organspezifisch und ist mit einer bereits pränatal beginnenden Funktionsaufnahme verbunden. Aus diesem Grund erfolgt die Besprechung der Entwicklung der Organe im Rahmen der einzelnen Kapitel.

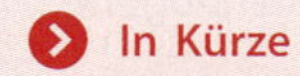

In Kürze

In der Fetalperiode ändern sich die Körperproportionen, da das Wachstum zwar stark, jedoch heterogen ist. Von der Körpergröße kann auf das Alter geschlossen werden. Die Organogenese ist bis zur 28. Entwicklungswoche soweit fortgeschritten, dass prinzipielle Lebensfähigkeit besteht.

3.8 Neugeborenes

Kernaussagen

- **Die Geburt erfolgt in der Regel etwa 38 Wochen nach der Befruchtung.**
- **Das Neugeborene zeigt Reifezeichen.**
- **Die Entwicklung ist mit der Geburt nicht abgeschlossen.**

Die Geburt eines Kindes erfolgt in der Regel zwischen dem 240. und 335. Tag nach dem 1. Tag der letzten Regelblutung der Mutter. 280 Tage = 40 Wochen p.m. (post menstruationem) sind die Norm. Das tatsächliche Alter des Kindes ist jedoch geringer. Es ergibt sich aus dem Termin der Ovulation (p.o.) durch Abzug von 14 Tagen vom P.-m.-Termin. Es liegt bei ungefähr 266 Tagen = 38 Wochen.

Reifezeichen. Das Gewicht des reifen Neugeborenen beträgt 3000–3500 g, die Scheitel-Fersen-Länge ungefähr 50–52 cm, der Schulterumfang 33–35 cm, der frontookzipitale Kopfumfang 35 cm. Finger- und Zehennägel überragen die Kuppen der Finger und Zehen. Die Hoden haben den Deszensus ins Skrotum vollzogen. Bei Mädchen bedecken die großen Labien die kleinen. Proximale Tibia- und distale Femurepiphyse haben einen röntgenologisch nachweisbaren Knochenkern. Durch die Ausbildung des subkutanen Fettgewebes erscheint die Haut rosig (bei einer Frühgeburt »krebsrot«). Sie trägt Härchen, die *Lanugobehaarung*, und ist mit einer weißen fettigen »Schmiere« (*Vernix caseosa*) überzogen. Es handelt sich um das Sekret der Talgdrüsen, das sich mit Lipiden des Fruchtwassers und abgestoßenen Epidermiszellen vermischt hat.

In Kürze

Das Neugeborene befindet sich etwa in der 38. Entwicklungswoche. Es ist zwar lebensfähig, aber nicht reif. Sog. Reifezeichen markieren lediglich einen Entwicklungszustand.

3.9 Mehrlinge

Kernaussage

- **Zu Mehrlingen kann es durch Befruchtung von mehreren Oozyten oder durch atypische Trennung des Keims während der Entwicklung kommen.**

Zwillingsgeburten kommen in 1%, Drillingsgeburten in 0,01% und Vierlingsgeburten in 0,0001% vor. Auch über Fünf- bis Siebenlinge wird berichtet. **Zweieiige Zwillinge** machen 75% aller Zwillingsgeburten aus. Sie entstehen *aus zwei verschiedenen Eizellen*, die annähernd gleichzeitig aus zwei verschiedenen Follikeln freigesetzt und befruchtet wurden. Bisweilen enthält ein Follikel auch zwei Oozyten. Die beiden Blastozysten implantieren sich getrennt. Jede bildet ihre eigene Plazenta, ihr eigenes Amnion und ihr eigenes Chorion. Liegen die Implantationsstellen dicht beieinander, können die Plazenten und anscheinend auch die Chorionhöhlen konfluieren. Die Amnionhöhlen bleiben jedoch stets getrennt.

Die Ähnlichkeit zwischen zweieiigen Zwillingen ist nicht größer als unter Geschwistern. Sie können also auch verschiedengeschlechtlich sein.

Eineiige Zwillinge entstehen aus *einer* Zygote. Dadurch sind eineiige Zwillinge genetisch identisch. Die Trennung in zwei Individuen erfolgt meist im frühen Blastozystenstadium oder bei der Bildung des Primitivknotens. Im Übrigen kann auf die verschiedenen Möglichkeiten der Entstehung eineiiger Zwillinge aus Eihautbefunden geschlossen werden (Abb. 3.19).

Eineiige Drillinge kommen wohl dadurch zustande, dass sich die Embryonalanlage im 3-Zellstadium in drei Blastomeren geteilt hat.

In Kürze

Mehrlinge sind selten. Sie können eineiig – hervorgegangen aus einer Zygote – oder zweieiig sein – durch Befruchtung von zwei Eizellen.

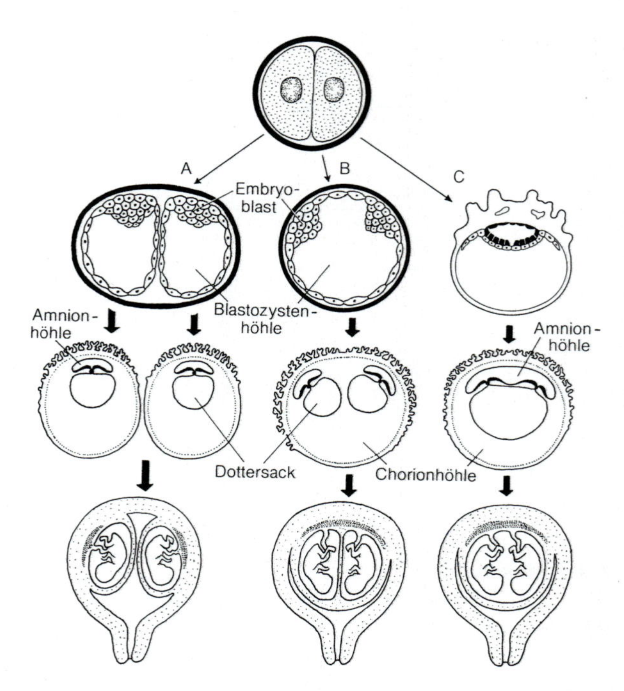

Abb. 3.19. Entstehung eineiiger Zwillinge. Die beiden Blastomeren haben sich voneinander getrennt und bilden zwei Blastozysten (*A*). In der Blastozyste hat sich der Embryoblast geteilt (*B*). Im Blastozystenstadium (*C*) zeigt das Ektoderm der Keimscheibe eine Längsspaltenbildung

3.10 Fehlbildungen

Kernaussagen

- **Fehlbildungen können auf genetische Störungen zurückgehen.**
- **Für die Entstehung von Fehlbildungen durch exogene Schäden gibt es häufig teratogene Determinationsperioden.**
- **Fehlbildungen können einzelne Organe betreffen, aber auch Mehrfachbildungen oder ein Situs inversus sein.**

Etwa 2–3% aller Lebendgeborenen weisen eine, oft mehrere Fehlbildungen auf. Manche Fehlbildungen sind mit dem Leben unvereinbar, andere sind unauffällige Anomalien. Bemerkenswert ist, dass 50–60% aller Frühaborte Chromosomenstörungen aufweisen.

Fehlbildungen können hervorgerufen werden durch
- **endogene Faktoren**
- **exogene Faktoren**

Sonderfälle sind
- **Mehrfachbildungen**
- **Situs inversus**

Endogene Faktoren sind vor allem Chromosomenstörungen, Chromosomenaberrationen. Sie sind entweder
- **nummerisch** oder
- **strukturell**

Nummerische Störungen gehen auf eine fehlerhafte Verteilung von Chromosomen während der Meiose zurück. Durch non-disjunction gelangen jeweils zwei homologe Chromosomen in eine Keimzelle. Bei der Befruchtung entsteht dadurch eine Zygote, bei der statt eines Chromosomenpaares drei Chromosomen vorhanden sind (**Trisomie**). Andererseits gibt es nummerische Störungen, bei denen einem Chromosomenpaar ein Chromosom fehlt (**Monosomie**).

Nummerische Störungen können auftreten bei der Verteilung der
- **Autosomen** (Autosomen sind die 22 Chromosomenpaare, die beiden Geschlechtern gemeinsam sind) und
- **Gonosomen** (Geschlechtschromosomen).

Autosomal-bedingte Fehlbildungen. Am häufigsten ist die Trisomie von **Chromosom 21**. Sie führt zum **Down-Syndrom** (überholte Bezeichnung: Mongolismus). Hierbei kommt es zu erheblichen Intelligenzdefekten. Die Fehlbildung entsteht vermehrt bei Kindern von Eltern höheren Lebensalters.

Gonosomal-bedingte Fehlbildungen. Eine **gonosomale Trisomie** oder Polysomie liegt beim **Klinefelter-Syndrom** vor. Die Chromosomenkombination lautet 44+XXY oder 44+XXXY. Sie führt zu einem Individuum männlichen Geschlechts mit weiblichem Habitus. Beim »**double-male-syndrom**« liegt die Kombination 44+XXYY vor.

Die häufigste gonosomale Chromosomenaberration beim weiblichen Geschlecht ist das »**triple-x-syndrom**« (»*super-femal-syndrom*«) mit der Chromosomenkombination 44+XXX.

Ein Beispiel für eine gonosomale **Monosomie** ist das **Ullrich-Turner-Syndrom**. Hier ist nur das mütterliche X-Chromosom vorhanden. Es kommt zu Dysplasie der Gonaden und Minderwuchs. Ein wesentlich erhöhtes Risiko für weitere Fehlbildungen besteht jedoch nicht. Es treten auch keine Intelligenzdefekte auf.

Strukturelle Chromosomenaberrationen. Sie können zu vielfältigen Fehlbildungen mit schweren Krankheitsbildern führen. Auch hierbei können Autosomen und Gonosomen betroffen sein (Einzelheiten ► Lehrbücher der Humangenetik).

Exogene Schäden. Die Liste exogener Faktoren – als **Teratogene** bezeichnet –, die Fehlbildungen hervorrufen, ist lang. Hierzu gehören der Alkohol (zur Zeit in Deutschland das häufigste Teratogen), körpereigene und körperfremde Giftstoffe (z.B. manche Medikamente), Erreger von Infektionskrankheiten (z.B. Rötelviren), Röntgenstrahlen und manches andere. Vielfach spielt die Art der Teratogene für die Entstehung der Fehlbildung eine nachgeordnete Rolle. Entscheidend ist in jedem Fall, dass sich die betroffene Organanlage in einer gegenüber Teratogenen sensiblen Phase, in der **teratogenetischen Determinationsperiode**, befindet. Diese liegt zeitlich vor der Manifestation der Fehlbildung, überwiegend in der Embryonalperiode. Deswegen werden die Missbildungen, die durch exogene Teratogene bis zur 12. Woche der Embryonalentwicklung hervorgerufen werden, auch als **Embryopathien** bezeichnet. Fehlbildungen, die durch Teratogene hervorgerufen werden, die in der Fetalzeit wirken (z.B. am Gehirn), sind **Fetopathien**.

Mehrfachbildungen entstehen bei eineiigen Zwillingen durch unvollständige Trennung der Individuen während der Entwicklung. Das Ausmaß der Gewebebrücken zwischen den Zwillingen ist sehr unterschiedlich.

Es kommen vor
- **Kraniopagus** (Verbindung im Kopfbereich),
- **Thorakopagus** (Verbindung im Brustbereich, Siamesische Zwillinge),
- **Pygopagus** (Verbindung im Kreuz-/Steißbeinbereich),
- **Dizephalus**, ein Individuum mit zwei Köpfen; eine Spaltbildung, die nur den Kopf betrifft,
- **Teratom**: Es handelt sich um einen völlig unförmigen »inkorporierten Zwilling«, der nur aus einigen Knochenanlagen, Muskeln, Haaren, Zähnen und Epidermis besteht.

Als **Situs inversus** wird die spiegelbildliche Verlagerung von Eingeweiden bezeichnet. Er entsteht durch eine genetisch bedingte Störung bei der Festlegung der Lateralität. Ein Situs inversus tritt gelegentlich bei einem von den beiden eineiigen Zwillingen, aber auch bei Einzelkindern auf.

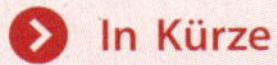

In Kürze

Die Mehrzahl fehlgebildeter Kinder wird nicht lebend geboren. Von allen lebendgeborenen Kindern haben 2–3% Fehlbildungen. Fehlbildungen entstehen durch Chromosomenaberrationen, aber auch durch exogene Faktoren. Chromosomenaberrationen können autosomal oder gonosomal bedingt sein. Manche rufen schwere Krankheitsbilder hervor, u.a. Down-Syndrom, Klinefelter-Syndrom, Ullrich-Turner-Syndrom. Andere führen lediglich zu Anomalien. – Mehrfachbildungen betreffen eineiige Zwillinge. Ein Situs inversus kann sowohl bei eineiigen Zwillingen als auch bei Einzelkindern auftreten.

Blut und Immunsystem

4.1 Blut – 126
4.1.1 Blutplasma – 127
4.1.2 Erythrozyten – 128
4.1.3 Leukozyten – 129
4.1.4 Thrombozyten – 133
4.2 Blutbildung – 133
4.3 Abwehr-/Immunsystem – 136
4.3.1 Überblick – 137
4.3.2 Angeborene Immunität – 138
4.3.3 Erworbene Immunität – 140
4.3.4 Allergie – 149
4.4 Lymphknoten – 150

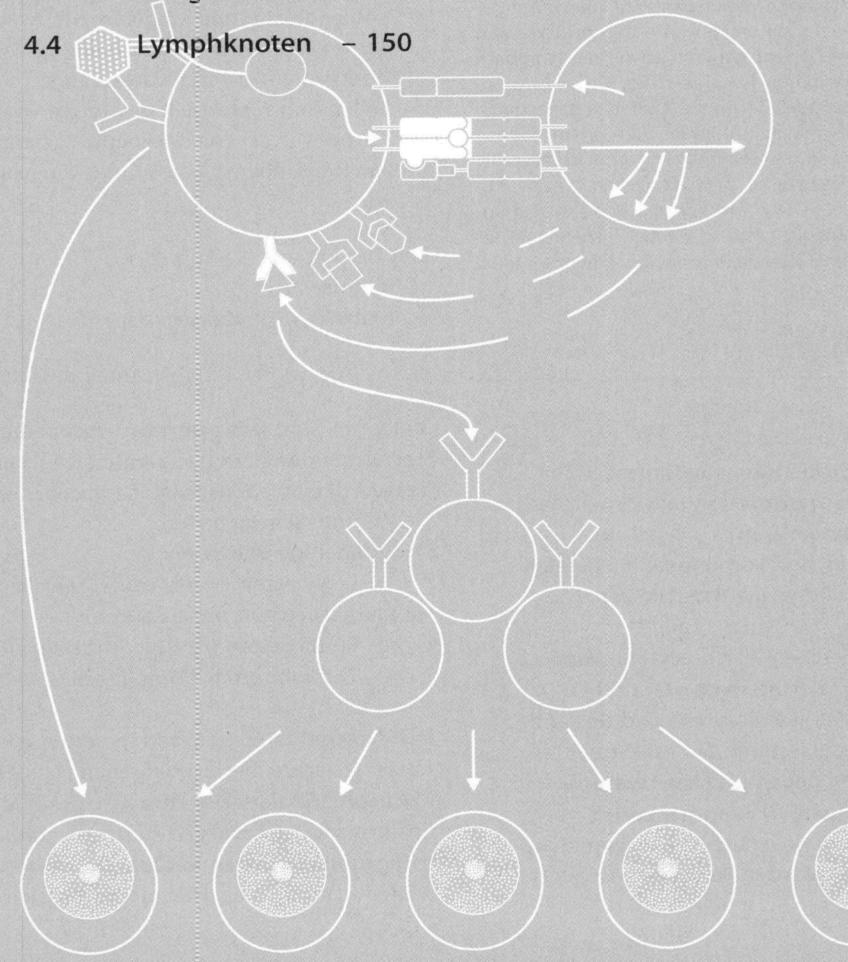

4 Blut und Immunsystem

Zur Information

Blut und Abwehr-/Immunsystem sind eine untrennbare Einheit, weil im Blut alle zum Abwehrsystem gehörenden Zellen, **Leukozyten** (*weiße Blutzellen*), und **extrazelluläre humorale Abwehrstoffe** vorhanden sind. Quantitativ überwiegen im Blut jedoch **Erythrozyten** (*rote Blutzellen*), die dem Transport der Atemgase dienen. Erythrozyten und Leukozyten haben nur eine begrenzte Lebenszeit und werden laufend im roten Knochenmark aus **hämatopoetischen Stammzellen** neu gebildet. Ein wesentlicher Unterschied zwischen Erythrozyten und Leukozyten ist, dass Erythrozyten mit Ausnahme derer in der Milz an die Blutbahn gebunden sind, Leukozyten jedoch die Blutbahn verlassen und auch dorthin zurückkehren können. Zum Abwehrsystem gehören ferner die **lymphatischen Organe**. In **primären lymphatischen Organen** (Knochenmark, Thymus) werden Zellen des Abwehrsystems gebildet. Sie verlassen die primären lymphatischen Organe jedoch in inaktivem Zustand. In den **sekundären lymphatischen Organen** reifen die Abwehrzellen zu Effektorzellen, d. h. zu aktiven Abwehrzellen heran. Der Transport der Abwehr-/Immunzellen zum Ort ihrer Tätigkeit in den Geweben, in denen sie der Vernichtung von Krankheitserregern dienen, erfolgt im Blut.

4.1 Blut e H31

Kernaussagen

- **Blut ist eine Suspension von Blutzellen im Blutplasma. Es transportiert und verteilt, was in die Blutbahn gelangt.**
- **45% des Blutes sind korpuskulär. Es handelt sich um rote und weiße Blutzellen sowie Blutplättchen.**
- **Rote Blutkörperchen (Erythrozyten) dienen dem Transport der Atemgase O_2 und CO_2.**
- **Weiße Blutzellen (Leukozyten) sind Bestandteile des Abwehrsystems. Sie vermitteln Immunreaktionen gegen krankheitsverursachende Pathogene (Mikroorganismen, körperfremde bzw. veränderte körpereigene Zellen) und Substanzen verschiedenster Art.**
- **Blutplättchen (Thrombozyten) dienen der Blutgerinnung z. B. nach Verletzungen.**

Blut ist ein Abkömmling des Mesenchyms (► S. 116). Es strömt von wenigen Ausnahmen abgesehen (Milz, Plazenta) in einer geschlossenen Strombahn und dient dem Transport von:

- Nährstoffen und Sauerstoff zur Versorgung der Körperzellen
- Kohlendioxid und anderen Stoffwechselprodukten der Gewebe zu den Ausscheidungssorganen
- Wirkstoffen zu ihren Zielorganen
- Zellen und Molekülen des Immunsystems
- Körperwärme von wärmeproduzierenden Organen zur Haut, über die sie an die Umgebung abgegeben wird

Blut besteht aus (Abb. 4.1)

- **Blutplasma**
- **Blutzellen** (Blutkörperchen)

Blutplasma ist der flüssige Anteil des Blutes.

Blutzellen sind die geformten Bestandteile des Blutes. Ihre Neubildung erfolgt im roten Knochenmark. Sie gehen aus hämatopoetischen Stammzellen hervor. e H32

Zu unterscheiden sind:

- **kernhaltige Blutzellen:**
  - **Leukozyten** (*weiße Blutkörperchen*)
- **Blutkörperchen ohne Zellkern:**
  - **Erythrozyten** (*rote Blutkörperchen*)
  - **Thrombozyten** (*Blutplättchen*)

Die Gesamtblutmenge beträgt etwa ein Zwölftel des Körpergewichts, bei Erwachsenen ca. 5 Liter. Blutzellen machen normalerweise etwa 45% des Blutvolumens aus. Erythrozyten überwiegen stark. Sie können durch Zentrifugation gewonnen werden. Die messbare Menge des Zentrifugats wird als **Hämatokrit** bezeichnet.

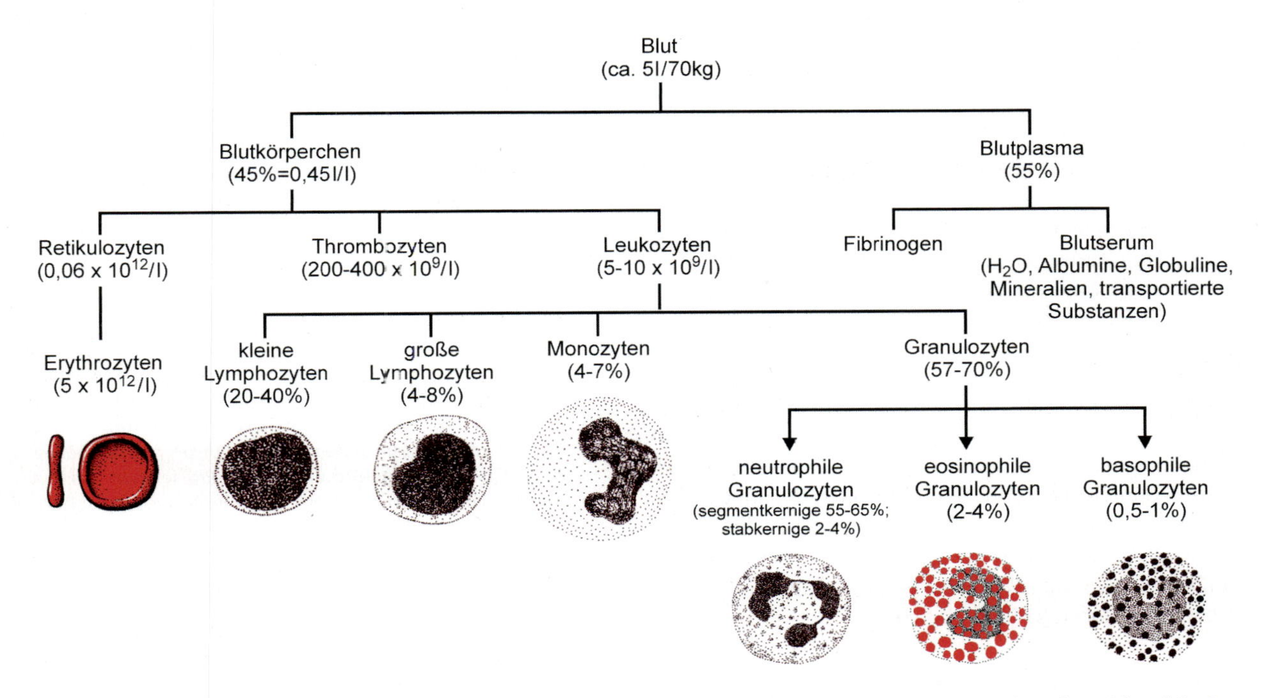

Abb. 4.1. Bestandteile des Blutes. Die absoluten Zahlen der Blutkörperchen beziehen sich jeweils auf 1 Liter Blut; die Prozentangaben der einzelnen Leukozytenarten beziehen sich auf die Gesamtzahl der Leukozyten

4.1.1 Blutplasma

Kernaussage

- **Das Blutplasma ist der zellfreie Anteil des Blutes. Er macht 54–56% des Blutvolumens aus.**

Blutplasma ist eine wässrige Lösung mit 6,5–8% Proteinen und 1% niedermolekularen Bestandteilen. Etwa 60% der Proteine sind **Albumine**, die im Wesentlichen den kolloidosmotischen Druck des Blutplasmas bestimmen. Die restlichen 40% sind **Globuline**, zu denen als Gerinnungsfaktor Fibrinogen gehört. **Fibrinogen** ist die Vorstufe des hochmolekularen wasserunlöslichen **Fibrins** (▶ Kapitel 4.1.4, ◘ Abb. 4.2). Andere Globuline (α, β) haben spezielle Transportaufgaben, γ-Globuline (lösliche Antikörper) spezifische Abwehrfunktionen.

Die nach der Gerinnung übrigbleibende Flüssigkeit des Blutplasmas ist das **Blutserum** (▶ Einzelheiten Lehrbücher der Physiologie).

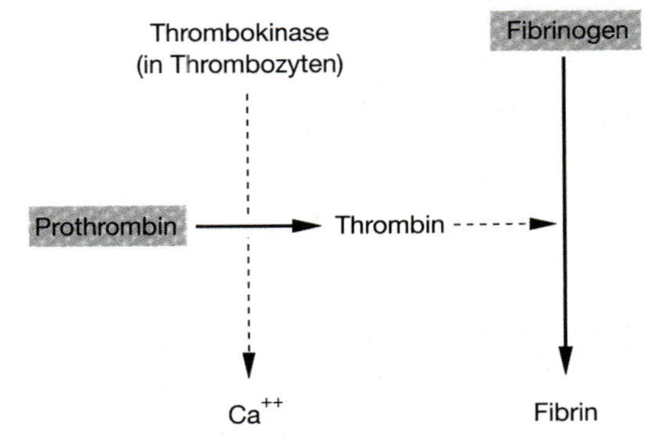

Abb. 4.2. Schema der grundlegenden Faktoren der Blutgerinnungskaskade. Die mit *Raster* unterlegten Faktoren sind stets gelöst im Blutplasma vorhanden. Die anderen werden primär oder sekundär durch Thrombozytenzerfall freigesetzt

Klinischer Hinweis

Das Mengenverhältnis von Albuminen zu Globulinen bestimmt die Stabilität der Suspension der Blutkörperchen im Blutplasma. Nehmen die Albumine ab, z.B. bei schwerem Hunger oder bei proteinverbrauchenden Tumorerkrankungen, bzw. die Globuline zu, z.B. bei Entzündungen und Allergien, reduziert sich die Stabilität der Suspension und es erhöht sich die Senkungsgeschwindigkeit der Blutkörperchen im ungerinnbar gemachten Blut: Bestimmung der *Blutsenkungsgeschwindigkeit* (BSG) in graduierten Glasröhrchen.

4.1.2 Erythrozyten e H31

Kernaussagen

- **Erythrozyten sind kernlos und organellenfrei.**
- **95% des Trockengewichts der Erythrozyten besteht aus Hämoglobin, das dem Transport der Atemgase O_2, CO_2 dient.**
- **Die Lebensdauer von Erythrozyten beträgt 100–120 Tage.**

1 mm³ (µl) Blut enthält beim Mann 5–6, bei der Frau etwa 4,5 Mio. Erythrozyten ($4{,}5–5{,}0 \times 10^{12}$/l). Geringe Abweichungen fallen in die normale Variationsbreite, stärkere Vermehrung (*Polyzythämie*) oder Verminderung, (*Anämie*) sind pathologisch. Bei einer Gesamtblutmenge von 5 Litern verfügt der menschliche Körper über 25 Billionen (25×10^{12}) Erythrozyten, die eine Gesamtoberfläche von 3000–4000 m² haben.

Mikroskopische Anatomie. Die roten Blutkörperchen des Menschen sind kernlose, runde, bikonkave Scheiben (Abb. 4.1). Ihre starke elastische Verformbarkeit, hervorgerufen durch ein Membranskelett aus Spektrin- und Aktinfilamenten, ermöglicht ihre Passage durch sehr enge Kapillaren. Der mittlere Durchmesser eines menschlichen Erythrozyten beträgt 7,5 µm. Stärkere Größenabweichungen (*Poikilozytose*) sind krankhaft. Am Rand ist der Erythrozyt etwa 2,5 µm, im Zentrum etwa 1 µm dick. Daher erscheint in der Aufsicht das Zentrum heller als der Rand. Der ausgereifte Erythrozyt enthält keine Zellorganellen. Die Glykokalix der Plasmamembran beherbergt Blutgruppenantigene, die die Blutgruppen charakterisieren (AB0-System, Rhesusfaktor u. a.).

Der Inhalt des Erythrozyten besteht, bezogen auf das Trockengewicht, zu 95% aus dem eisenhaltigen Blutfarbstoff **Hämoglobin** (Hb), der dem Transport der Atemgase O_2 und CO_2 dient. 100 ml Blut enthalten normalerweise 12–17 g Hb, im Mittel 16 g/100 ml (= Hb-Wert). Dies entspricht 30–32 pg Hb je Erythrozyt (= normaler MCH-Wert = mean corpuscular hemoglobin).

Im ungefärbten Präparat hat der Erythrozyt eine gelblich-grüne Farbe. In dickerer Schicht ruft das Hämoglobin dagegen die Rotfärbung des Blutes hervor. Dabei gibt sauerstoffreiches Hämoglobin (Oxyhämoglobin) dem Blut eine hellrote, sauerstoffarmes (desoxygeniertes) Hämoglobin eine dunkle blaurote Farbe.

Klinischer Hinweis

Bei *Anämien* (Blutarmut) ist der Hb-Wert (Hämoglobin in 100 ml Blut) erniedrigt. Nach *Blutverlust* ist der Hämoglobingehalt jedes einzelnen Erythrozyten normal, die Anzahl der Erythrozyten jedoch reduziert (*normochrome Anämie*). Bei *Eisenmangel*, der zu einer reduzierten Hämoglobinsynthese bei normaler Proliferation der Knochenmarkstammzellen führt, ist der Hb- Gehalt der Erythrozyten reduziert (*hypochrome Anämie*). Bei Vitamin-B12-Mangel, durch den die Proliferation von Blutstammzellen bei normaler Hämoglobinsynthese beeinträchtigt wird, ist die Erythrozytenzahl erniedrigt, der Hb-Gehalt des einzelnen Erythrozyten aber erhöht (*hyperchrome Anämie*).

In hypotonen Lösungen schwellen die roten Blutkörperchen durch osmotische Wasseraufnahme. Sie platzen und geben das Hämoglobin an das Medium ab (*Hämolyse*). In hypertonen Lösungen schrumpfen die Erythrozyten zur *»Stechapfelform«*.

Die **Lebensdauer** der menschlichen Erythrozyten beträgt 100 bis 120 Tage. Sie werden von Makrophagen in Milz, Leber und Knochenmark abgebaut. Aus den Abbauprodukten des Hämoglobins wird in der Leber Gallenfarbstoff gebildet; das Eisen wird für die Neubildung von Erythrozyten im roten Knochenmark verwendet. Zum Ausgleich für die abgebauten Erythrozyten werden täglich 200–250 Mrd., etwa 1% aller Erythrozyten, neu gebildet (*»Blutmauserung«*). Dies entspricht dem Erythrozytenanteil von 45 ml Blut.

In Kürze

Erythrozyten bilden die größte Fraktion der Blutzellen. Sie sind kernlos, flexibel und haben Scheibenform (Durchmesser 7,5 µm). Die Lebensdauer der Erythrozyten beträgt 100 bis 120 Tage. Der rote Blutfarbstoff ist das Hämoglobin, das O_2 bzw. CO_2 bindet.

4.1.3 Leukozyten  H31

Kernaussagen

- **Leukozyten (weiße Blutzellen) sind Zellen des Immunsystems. Sie wechseln zwischen intravasalem und extravasalem Aufenthalt.**
- **Bei Leukozyten wird zwischen einer myeloischen und einer lymphatischen Zelllinie unterschieden.**
- **Zur myeloischen Zelllinie gehören neutrophile, eosinophile und basophile Leukozyten, die zusammenfassend als Granulozyten bezeichnet werden, Monozyten und dendritische Vorläuferzellen. Die Zellen dieser Zelllinie sind insbesondere an der angeborenen Immunität beteiligt.**
- **Lymphozyten als Zellen der lymphatischen Zelllinie kommen gehäuft in den lymphatischen Organen vor. Sie dienen teils der erworbenen (B- und T-Lymphozyten), teils der angeborenen Immunität (NK-Zellen).**

Leukozyten sind kernhaltige Blutzellen.

Die Zahl der Leukozyten beträgt im Blut des Erwachsenen 5000–10000 pro μl ($=5\text{–}10 \times 10^9$/l). Die Zahl variiert innerhalb dieser physiologischen Werte unter den Einflüssen von Tageszeit, Verdauungstätigkeit, körperlicher Arbeit, Gravidität u. a.

Klinischer Hinweis

Bei zahlreichen Erkrankungen kommt es zu einer Vermehrung (*Leukozytose*) oder Verminderung (*Leukopenie*) der Leukozytenzahl bzw. zum Fehlen von Leukozyten (*Agranulozytose*). Eine Leukozytose tritt z. B. bei akuten Entzündungen und bei Leukämien, das sind Tumorerkrankungen des Knochenmarks, auf; eine Leukopenie z. B. nach Verabreichung von Zytostatika, durch radioaktive Strahlen und als Nebenwirkung von Medikamenten.

Nur ein kleiner Teil der Leukozyten hält sich im strömenden Blut auf. Die meisten Leukozyten befinden sich außerhalb der Blutbahn in den Geweben, Lymphozyten vor allem in lymphatischen Organen. Leukozyten sind amöboid beweglich. Sie können die Wand postkapillärer Venolen durchwandern, sich im Gewebe fortbewegen und in die Blutbahn zurückkehren. Die Lebensdauer der weißen Blutkörperchen beträgt je nach Art und Funktion einige Tage bis zu mehreren Jahren.

Tabelle 4.1. Normalwerte des weißen Differenzialblutbildes in Prozent

Granulozyten		
neutrophile	60%	(55–65%)
eosinophile	3,4%	(2–4%)
basophile	0,5%	(0,5–1%)
Lymphozyten	30%	(20–40%)
Monozyten	6%	(4–7%)

* Mittelwert und Streuung

Im **Blutausstrich** lassen sich lichtmikroskopisch unterscheiden (Abb. 4.1):
- **Granulozyten**
- **Lymphozyten**
- **Monozyten**

Ihr jeweiliger prozentualer Anteil an der Gesamtzahl der Leukozyten ist trotz physiologischer Schwankungen recht charakteristisch (Tabelle 4.1). Bei Erkrankungen können sich die Zahlenverhältnisse erheblich verschieben.

Zur Information

Blutausstriche dienen der Ermittlung des quantitativen Vorkommens der verschiedenen Leukozytenarten. Sie werden durch Ausstreichen eines nativen Bluttropfens auf einem Objektträger hergestellt, der nach Lufttrocknung, Fixierung und Färbung mit einem Deckglas eingedeckt wird. Die Unterscheidung der verschiedenen Blutzellformen erfolgt nach strukturellen und färberischen Gegebenheiten.

Granulozyten

Wichtig

Granulozyten verweilen im Blut bis sie aktiviert werden. Dann gelangen sie ins Gewebe und sind an der Abwehr von Mikroorganismen beteiligt.

Granulozyten sind runde Zellen mit einem Durchmesser von 10–15 μm.

Das Zytoplasma der Granulozyten enthält typische Granula, die sich in reifen Granulozyten durch ihre Affinität zu sauren bzw. basischen Farbstoffen unterscheiden.

Zur Information
Zur Darstellung dieser färberischen Unterschiede eignet sich am besten eine Farbmischung aus Methylenblau und Eosin bzw. Azur. Von ihren verschiedenen Modifikationen wird in der Hämatologie am häufigsten die von Pappenheim eingeführte Kombination der May-Grünwald- mit der Giemsa-Färbung verwendet.

Nach Art der Anfärbung der Granula werden unterschieden:
- **neutrophile Granulozyten**
- **eosinophile Granulozyten**
- **basophile Granulozyten**

Granulozyten unterscheiden sich jedoch nicht nur in ihrer Granulierung sondern auch durch ihre Kernformen.

Gemeinsam sind die Granulozyten Träger einer angeborenen Immunität (► S. 138). Die einzelnen Granulozytentypen sind funktionell unterschiedlich.

Neutrophile Granulozyten

Wichtig

Neutrophile Granulozyten sind unspezifisch phagozytierende Zellen. Aktiviert nehmen sie in den Körper eingedrungene Bakterien auf und bauen diese ab. Die Neutrophilen sind die wichtigsten Komponenten der angeborenen Immunität.

Neutrophile Granulozyten bilden die häufigste Leukozytenpopulation des Blutes. Im Blutbild machen sie 55–65% aller Leukozyten aus. Der Durchmesser eines Neutrophilen beträgt etwa 12 µm.

Die Granula im Zytoplasma der Neutrophilen sind sehr fein und färben sich mit den üblichen Farbstoffgemischen leicht violett an (Abb. 4.1). Der kräftig gefärbte Zellkern zeigt 2–4 miteinander verbundene Segmente: **segmentkernige neutrophile Granulozyten.**

Bei noch nicht ausgereiften Jugendformen der Neutrophilen fehlt die Segmentierung. Man spricht hier von **stabkernigen Granulozyten**, etwa 2–4% im Blutausstrich.

Klinischer Hinweis
Bei Erkrankungen kann sich das Mengenverhältnis von unreifen zu reifen Neutrophilen ändern. Treten mehr Stabkernige auf, z. B. bei Infektionskrankheiten, spricht man von *Linksverschiebung*; treten mehr Hypersegmentierte auf von *Rechtsverschiebung*.

Neutrophile Granulozyten verlassen in der Region einer Entzündung unter dem Einfluss von Zytokinen und anderen Mediatoren die Blutbahn. Zytokine sind von Zellen gebildete Proteine, die das Verhalten anderer Zellen beeinflussen. Zunächst kommt es zu einer Anheftung der Neutrophilen an die Kapillarwand. Anschließend passieren sie das Endothel (Diapedese) und wandern amöboid ins entzündete Gewebe. Dort können sie Pathogene binden, da sie über Rezeptoren verfügen, die in der Lage sind, zwischen Oberflächenmolekülen von Pathogenen, z. B. bakteriellen Lipopolysacchariden, und körpereigenen Zellen zu unterscheiden. Bei der Bindung eines Pathogens können auch Komplemente mitwirken, d. h. Plasmaproteine, die das Pathogen umhüllt (opsoniert) haben (► S. 148). Kennzeichnend ist, dass Neutrophile aktiv werden, ohne vorher dem zu bindenden Pathogen begegnet zu sein. Außerdem nehmen sie unspezifisch jedes Pathogen auf, deswegen angeborene unspezifische Immunität.

Die Aufnahme des an den Rezeptor gebundenen Pathogens erfolgt aktiv durch Phagozytose (► S. 19). Intrazellulär entstehen Phagosomen, die mit Granula der Neutrophilen verschmelzen. Die Granula der Neutrophilen enthalten Lysozym, das Bakterienwände andaut, außerdem toxische Sauerstoff- und Stickstoffderivate, antimikrobielle Peptide und Laktoferrin, das freies Eisen bindet und damit den Bakterien Nährstoff entzieht. Es kommt zum Bakterienabbau.

Kurz nach der Phagozytose gehen die Neutrophilen zugrunde. Die toten und absterbenden Neutrophilen sind Hauptbestandteil des **Eiters.**

Zusätzlich vermögen Neutrophile Substanzen, die intrazellulär toxisch wirken, in die Umgebung abzugeben. Dadurch kann es zu Gewebeschäden mit Einschmelzungsherden kommen, so dass **Furunkel** entstehen.

Zur Information
Kürzlich wurde entdeckt, dass sich 5–8% der Neutrophilen ähnlich wie T-Lymphozyten verhalten (► S. 141). Aktiviert schütten sie den Botenstoff Interleukin 8 aus, der andere Neutrophile zu einem Infektionsherd lockt.

Klinischer Hinweis
Erhöhte Zahlen von neutrophilen Granulozyten im Blut (> 9000 je mm³ Blut) sind in der Regel Anzeichen einer akuten bakteriellen Entzündung.

Eosinophile Granulozyten

Wichtig
Eosinophile Granulozyten sezernieren Substanzen, die für Parasiten zytotoxisch sind, und können sich an allergischen Reaktionen beteiligen.

Eosinophile Granulozyten machen im peripheren Blut 2–4% der Leukozyten aus. Ihre Lebensdauer beträgt 10 Tage, ihre Verweildauer im Blut 4–10 Stunden. Eosinophile sind etwas größer (Durchmesser über 12 µm) als die Neutrophilen und enthalten grobe Zytoplasmagranula, die sich mit dem sauren Farbstoff Eosin intensiv rot anfärben (**Azidophilie**) (Abb. 4.1). Dies geht auf argininreiches basisches Protein in den Granula zurück. Die Granula liegen in der Regel sehr dicht und verdecken teilweise den Kern, der meist aus zwei Segmenten besteht. Ultrastrukturell zeigen die von einer Membran umgebenen, ovalen Granula zahlreiche längsorientierte elektronendichte Kristalloide.

Die **Granula** eosinophiler Granulozyten enthalten lysosomale Enzyme sowie hochtoxische kationische Proteine, aber kein Lysozym (im Gegensatz zu neutrophilen Granula).

Im Blut sind die Eosinophilen inaktiv. Jedoch verlassen sie die Blutbahn bei Befall des Organismus mit vielzelligen Parasiten, z.B. Würmern, oder Allergenen, z.B. Pollen, unter dem Einfluss spezifischer Zytokine und gelangen ins Gewebe. Dort kommt es unter Vermittlung von Antikörpern (Immunglobuline, ► S. 147) und anderen Mediatoren zur Degranulierung. Freigesetzte toxische Granulaproteine (*major basic protein*) und freie Radikale sind in der Lage, Parasiten und Fremdzellen abzutöten. Außerdem synthetisieren Eosinophile Entzündungsmediatoren, Prostaglandine, Leukotriene, plättchen-aktivierenden Faktor, die weitere Eosinophile sowie andere Entzündungszellen anlocken und Entzündungen bzw. allergische Reaktionen einleiten (► S. 149).

Eosinophile Leukozyten können ebenfalls phagozytieren, jedoch langsamer und selektiver als Neutrophile. Aufgenommen und in Lysosomen abgebaut werden Mikroorganismen und Antigen-Antikörperkomplexe.

Klinischer Hinweis
Bei chronischem Parasitenbefall, z.B. durch Würmer, werden im Knochenmark vermehrt Eosinophile gebildet und es kommt zu einer Zunahme der Eosinophilen im Blut, die dann bis zu 10% der Leukozyten ausmachen können (normal 2–4%) (*Eosinophilie*).

Basophile Granulozyten

Wichtig
Basophile Granulozyten und die ihnen nahe verwandten Mastzellen können auf entsprechende Reize hin durch parakrine Sekretion aktiver Botenstoffe eine unspezifische Entzündungsreaktion auslösen.

Basophile Granulozyten sind selten, < 1% der Leukozyten. Sie sind die kleinsten Granulozyten (Durchmesser 10 µm). Ihre sehr groben Granula färben sich mit basischen Farbstoffen tief **blauschwarz** und verdecken meist den glatten Zellkern. Die basophilen Granulozyten haben nur kurze Überlebenszeiten: Stunden bis Tage. Überwiegend kommen sie im Blut vor, können aber ins Gewebe gelangen. Sie treten im Bereich von Entzündungen auf.

Klinischer Hinweis
Basophile sind bei allergischen Erkrankungen, z.B. *Heuschnupfen*, im Blut vermehrt.

Zur Information
Strukturelle, molekulare und funktionelle Gemeinsamkeiten bestehen zwischen basophilen Leukozyten und Mastzellen. Beide Zellen verfügen über basophile Granula, die bei allergischer Reizung Mediatoren für lokale Entzündungen freisetzen (► S. 139). Weiter werden von aktivierten Basophilen und Mastzellen chemotaktische Faktoren ausgeschüttet, die die aus den Gefäßen austretenden Granulozyten und Makrophagen gezielt anlocken und aktivieren. Jedoch kommen Mastzellen nur im Gewebe (nicht im Blut) vor, haben eine andere Stammzellherkunft und sind langlebiger als Basophile. Mastzellen sind freie Bindegewebszellen (Einzelheiten ► S. 34).

Ausführungen zur Granulopoese ► S. 136.

Lymphozyten

Wichtig

Lymphozyten können die Blutbahn verlassen und ins Gewebe wandern. Wenn sie dort auf ein Antigen treffen, werden sie aktiviert. Sie proliferieren und entwickeln ihre Funktionsmerkmale. Anschließend können Lymphozyten erneut in die Blutbahn gelangen, d.h. sie rezirkulieren.

20–40% der Leukozyten des Blutes sind Lymphozyten. Sie stammen hauptsächlich aus dem Thymus und den peripheren lymphatischen Organen. Die Lymphozytenstammzellen befinden sich dagegen im Knochenmark. Knochenmark und Thymus sind **primäre lymphatische Organe**. Kennzeichnend für Lymphozyten ist ein häufiger Wechsel des Aufenthaltsortes.

Im Blutausstrich werden unterschieden:
- **kleine Lymphozyten**
- **große Lymphozyten**

Kleine Lymphozyten (Durchmesser 6–8 µm) sind kaum größer als Erythrozyten und erscheinen lichtmikroskopisch ungranuliert. Der runde, sehr dichte Zellkern mit kondensiertem Chromatin ist von einem dünnen, durch viele freie Ribosomen basophilen Zytoplasma umgeben. Lichtmikroskopisch kann der Eindruck »nackter« Kerne entstehen.

Kleine Lymphozyten sind keine einheitliche Population. Teilweise gehören sie zu Antikörper-produzierenden B-Lymphozyten, teilweise zu zytotoxischen T-Lymphozyten (► unten). Sie sind Träger der erworbenen Immunität. Kleine Lymphozyten sind im Blut inaktive Zellen.

Große Lymphozyten sind im Blut selten. Ihr Durchmesser liegt zwischen 8–12 µm. Der Zellkern ist oval oder leicht eingebuchtet. Im Zytoplasma kommen sehr feine azurophile Granula vor, bei denen es sich um primäre Lysosomen handelt. In aktivierter Form sind die großen Lymphozyten natürliche Killerzellen, NK-Zellen, die u.a. Tumorzellen und virusinfizierte Zellen erkennen können. NK-Zellen gehören zu den Leukozyten mit angeborener Immunität (► S. 138).

Zur Information

Die Klassifizierung in kleine und große Lymphozyten basiert auf färberisch-lichtmikroskopischen Kriterien. Sie geben jedoch nicht die funktionellen Unterschiede zwischen den verschiedenen Lymphozytenklassen wider (► Ausführungen über B- und T-Lymphozyten S. 145 und S. 141).

Monozyten

Wichtig

Monozyten befinden sich nur kurzfristig im Blut. Danach wandern sie aus und differenzieren sich im Gewebe zu Makrophagen.

Monozyten (4–7% der Leukozyten im Blutausstrich) sind mit 10–18 µm Durchmesser die größten Leukozyten. Der mäßig chromatinreiche, häufig exzentrisch gelegene Zellkern ist oval bis nierenförmig, seltener gelappt (wichtiges Kriterium zur Unterscheidung von großen Lymphozyten). Im Zytoplasma kommen viele Mitochondrien, ein umfangreicher Golgiapparat und zahlreiche Lysosomen vor, jedoch nur wenig RER und wenig Ribosomen. Lichtmikroskopisch erscheint das Zytoplasma daher nur schwach basophil und mit feinen Azurgranula übersät.

Monozyten halten sich im Blut nur kurzfristig auf (Halbwertzeit 12–100 h). Dann wandern sie dank ihrer amöboiden Beweglichkeit durch die Wände der postkapillären Venolen ins Gewebe, wo sie mehrere Monate überleben und sich mehrheitlich in Abhängigkeit von ihrer Umgebung zu verschiedenen Typen von **Makrophagen** differenzieren (► S. 138).

Monozyten haben auf ihrer Oberfläche Rezeptoren, die Fremdmaterial binden können, z.B. Immunglobuline, Komplementkomponenten, Fibronectin. Mit Hilfe dieser Rezeptoren wirken Monozyten bei der Abwehr von Mikroorganismen durch Phagozytose und intrazellulärem Abbau mit.

Dendritische Zellen

Wichtig

Dendritische Zellen reifen erst in Lymphknoten, wenn sie auf ein Pathogen getroffen sind.

Dendritische Zellen liegen im Blut nur als Vorläuferzellen in unreifer Form vor.

In Kürze

Leukozyten erfüllen Abwehraufgaben. Nach strukturellen und funktionellen Kriterien werden sie unterteilt in neutrophile, eosinophile und basophile Granulozyten, große bzw. kleine Lymphozyten und Monozyten. Jede dieser Zellarten spielt eine spezielle Rolle bei der Bekämpfung von Fremdorganismen.

4.1.4 Thrombozyten  H31

Kernaussage

- **Thrombozyten (Blutplättchen) leiten bei Zerfall durch Freisetzung von Thrombokinase die Blutgerinnung ein.**

Thrombozyten sind kernlose und äußerst fragile Platten. Ihr Durchmesser beträgt etwa 2 µm. Mit konventionellen Methoden lassen sie sich kaum anfärben. Im Blutausstrich liegen sie meist gruppenförmig zusammen. Ihre Zahl schwankt unter normalen Bedingungen zwischen 200 000 und 300 000 je mm^3 Blut ($2–3 \times 10^{11}$/l).

Thrombozyten zirkulieren nur kurzfristig, 5–10 Tage, im Blut und werden dann hauptsächlich in der Milz phagozytiert.

Elektronenmikroskopisch lassen sich ein granuliertes Zentrum (**Granulomer**), eine mit Filamenten ausgestattete Außenzone (**Hyalomer**) und eine unregelmäßige **Oberfläche mit filopodienartigen Fortsätzen** unterscheiden. Die Granula des Granulomers sind teils kleine Mitochondrien, teils Vakuolen und Vesikel.

Das Granulomer enthält zahlreiche Signalmoleküle, u.a. Serotonin und das Enzym Thrombokinase, die beim Plättchenzerfall freigesetzt werden. Die Thrombokinase aktiviert in Gegenwart weiterer Gerinnungsfaktoren, beispielsweise Faktor VIII und Kalziumionen, das in der Leber gebildete Prothrombin zum Thrombin. Letzteres wandelt das im Blutplasma gelöste Fibrinogen (▶ S. 127) in das fibrilläre Polymerisat Fibrin um (Abb. 4.2). Fibrinnetze verfestigen das Blut zu einem Blutgerinnsel.

Klinischer Hinweis

Jede Schädigung oder Verletzung des Gefäßendothels, aber auch eine längerfristige Stase (Stillstand) von Blut führt zu Verklumpen und Zerfall der Blutplättchen. Es bildet sich bei Zerstörung der Gefäßwand zunächst ein Thrombozytenpfropf, der an das freigelegte Kollagen der Gefäßwand bindet und durch Fibrinogen verfestigt wird. Durch Gerinnung des Blutplasmas kann eine Blutung aus kleinen Gefäßen zum Stehen gebracht werden. Da die Thrombozyten außerdem große Mengen Serotonin enthalten, das glatte Muskelzellen zur Kontraktion veranlasst, fördert ihr Zerfall die Stillung der Blutung durch Gefäßverengung. Es können aber auch ohne Gefäßverletzung Blutgerinnsel entstehen (*Thromben*). Werden Blutgerinnsel verschleppt, kann es an anderer Stelle zum Gefäßverschluss (*Embolie*) kommen. Mangel an Gerinnungsfaktoren, z.B. genetisch bedingter Mangel an Faktor VIII, als *Hämophilie A* bezeichnet, oder Leberschäden mit mangelhafter Produktion von Prothrombin und Fibrinogen oder Leukämien mit gestörter Produktion von Thrombozyten führen zu einer gesteigerten, z.T. fatalen Blutungsneigung.

In Kürze

Thrombozyten sind kleine unregelmäßig gestaltete kernlose Scheiben (Durchmesser 2 µm). Im zentralen Granulomer kommen kleine Mitochondrien, Vakuolen und Vesikel u.a. mit Thrombokinase vor, die bei Zerfall der Thrombozyten freigesetzt wird und die Blutgerinnung einleitet.

4.2 Blutbildung H32

Kernaussagen

- **Pränatal lassen sich eine megaloblastische, eine hepatolienale und eine medulläre Phase der Blutbildung unterscheiden.**
- **Die Blutbildung im roten Knochenmark geht von hämatopoetischen Stammzellen aus.**
- **Hämatopoetische Stammzellen differenzieren sich zu determinierten Stammzellen, aus denen Erythroblasten und Vorläuferzellen für die myeloische und lymphatische Zelllinie der Leukozyten hervorgehen.**
- **Zur myeloischen Zelllinie gehören Granulozyten und Monozyten, zur lymphatischen Zelllinie B-Lymphozyten, T-Lymphozyten und NK-Zellen. Dendritische Zellen gehen aus beiden Zelllinien hervor.**

- **Die Differenzierung der B-Lymphozyten erfolgt im Knochenmark, die der T-Lymphozyten im Thymus.**

Alle Blutzellen haben eine begrenzte Lebenszeit (► oben). Überwiegend beträgt sie Tage bis Wochen. Deshalb müssen alle Blutzellarten fortlaufend ersetzt werden. Postnatal erfolgt dieser Ersatz im Knochenmark. Pränatal beginnt die Blutbildung extraembryonal in der 2. Entwicklungswoche und intraembryonal ab der 4. Embryonalwoche.

Zur pränatalen Blutbildung

Zu unterscheiden sind
- **megaloblastische Periode**
- **hepatolienale Periode**
- **medulläre Periode**

Megaloblastische Periode. Im 1. Entwicklungsmonat beginnt die Blutbildung in der mesenchymalen Hülle des Dottersacks (► S. 108). Aus kompakten Mesenchyminseln entstehen Zellstränge, die sich oberflächlich zu einem Endothelschlauch aus Angioblasten zusammenlagern. Sie bilden die ersten Gefäßanlagen (► S. 180). Die zentral gelegenen Zellen (**Hämozytoblasten**) differenzieren sich zu auffallend großen, kernhaltigen *Erythrozytenvorstufen*, die als **Megaloblasten** bezeichnet werden.

Hepatolienale Periode. Im 3. Entwicklungsmonat wird das Mesenchym der **Leberanlage** zur wichtigsten Blutbildungsstätte. Etwas später und in geringem Umfang beteiligt sich auch die **Milz.** In dieser Phase erscheinen erstmalig weiße Blutkörperchen. Die Erythrozyten sind in dieser Periode bereits überwiegend kernlos und normal groß; nur noch vereinzelt, meist als Zeichen eines Sauerstoffmangels, gelangen kernhaltige Erythrozyten (**Normoblasten**) ins Blut.

Medulläre Periode. Während Leber und Milz bis zur Geburt für die Blutbildung an Bedeutung verlieren, übernimmt mit dem 6. Entwicklungsmonat das **Knochenmark** die Bildung von Erythrozyten und myeloischen Leukozyten. Auch lymphatische Vorläuferzellen proliferieren im Knochenmark, wo B-Lymphozyten zu naiven B-Lymphozyten heranreifen. Unreife T-Lymphozyten wandern dagegen mit dem Blut zum Thymus, reifen dort, werden vermehrt und selektioniert.

Postnatale Blutbildung (◘ Abb. 4.3). Auch postnatal werden im roten Knochenmark während des ganzen Lebens Erythrozyten, myeloische Leukozyten, B-Lymphozyten, Megakaryozyten (Vorläufer der Thrombozyten) und dendritische Vorläuferzellen gebildet. Der Ersatz von T-Lymphozyten erfolgt in den lymphatischen Organen.

Die **Blutbildung im roten Knochenmark** geht von pluripotenten hämatopoetischen Stammzellen aus. Sie sind sehr teilungsfreudig und entwickeln sich nach mehreren differenziellen Teilungschritten zu determinierten Stammzellen. Sofern Stammzellen erkennbar sind, ähneln sie mit ihren dichten, runden Zellkernen und einem basophilen Zytoplasma strukturell kleinen Lymphozyten. Aus diesen determinierten Stammzellen gehen unter dem Einfluss von Zytokinen durch differenzielle Zellteilung Vorläuferzellen für die verschiedenen Zelllinien hervor, die als Charakteristikum das Oberflächenmolekül CD34 aufweisen (CD = Differenzierungscluster).

Klinischer Hinweis

Eine heute bei manchen Formen der Leukämie (bösartige Tumorerkrankung der weißen Blutstammzellen) eingesetzte Therapie besteht in der vollständigen medikamentösen Tötung aller Knochenmarksstammzellen durch Chemotherapie. Danach wird das Knochenmark durch Injektion von gesunden Knochenmarkstammzellen von geeigneten Spendern wieder besiedelt. Diese Knochenmarktransplantation ist die am besten etablierte Form der so genannten Stammzelltherapie.

Erythropoese. Sie nimmt ihren Ausgang von schnell proliferierenden **Proerythroblasten**, die über **Erythroblasten** durch Einlagerung von viel Hämoglobin und durch Verlust der Ribosomen (Verlust der Basophilie) zu **Normoblasten** werden. Diese stoßen durch Zytoplasmakontraktion den apoptotischen Zellkern aus. Dieser Prozess dauert 2–3 Tage. Die resultierenden kernlosen Scheiben (**Retikulozyten**) werden in das Blut abgegeben; sie enthalten mit Spezialfärbungen darstellbare RNS-haltige Reste von Zellorganellen. Voll ausgereift und organellenfrei sind die Erythrozyten nach 1–2 Tagen. Im peripheren Blut sind durchschnittlich 0,5–1,5% Retikulozyten zu finden. Eine Vermehrung weist auf eine verstärkte Erythropoese hin, z. B. bei chronischem Sauerstoffmangel. Bei größeren Blutverlusten kann die Erythropoese maximal auf das 7fache gesteigert werden, so dass ein Blutverlust von etwa 300 ml in etwa 1 Tag kompensiert werden kann.

Die Erythropoese steht unter dem Einfluss des Hormons **Erythropoetin**, das in der Niere gebildet wird. Chronischer Sauerstoffmangel stimuliert die Erythropoese.

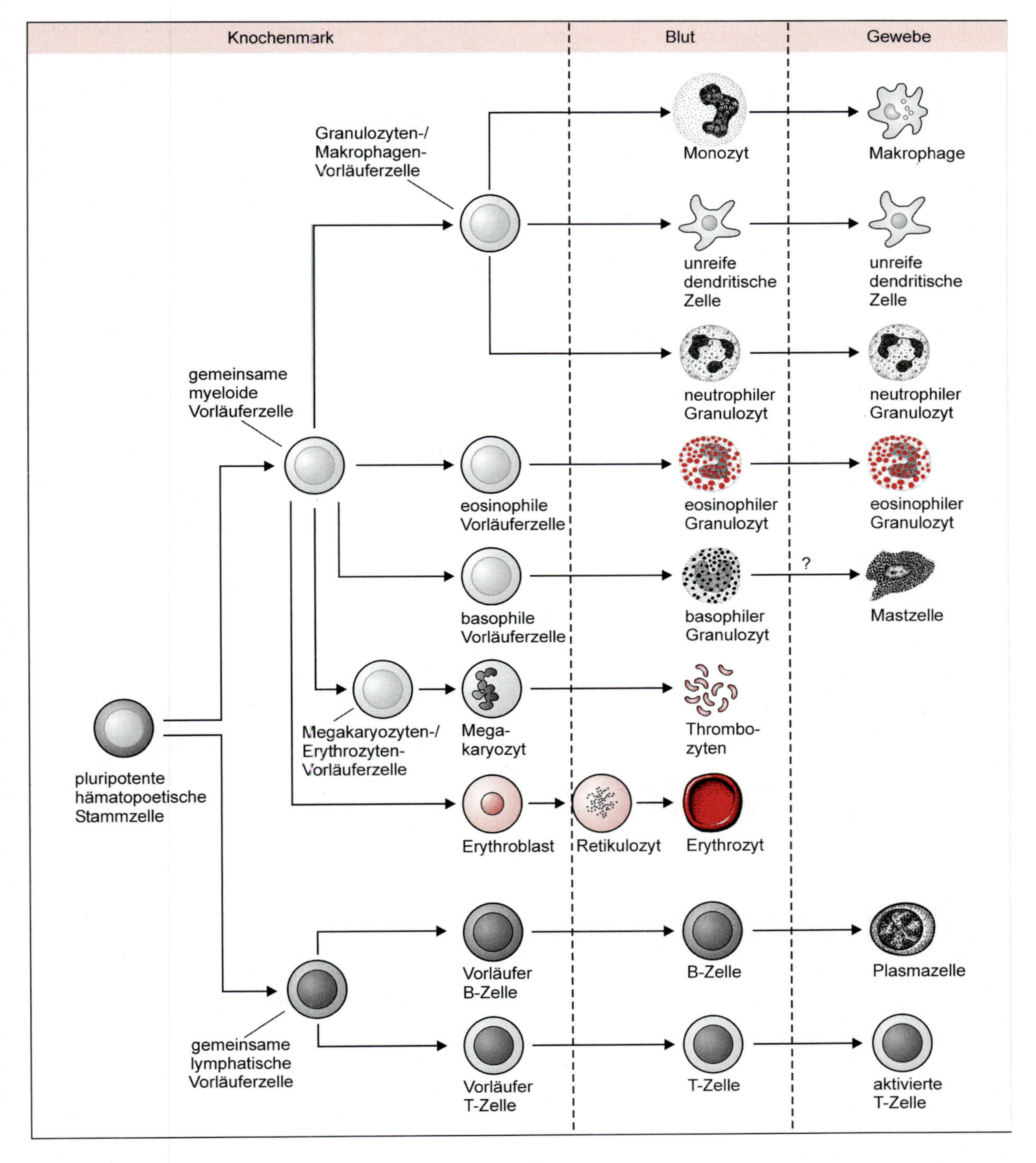

Abb. 4.3. Blutzellbildung im Knochenmark. Schematische Übersicht e H31, 32

Klinischer Hinweis
Erythropoetin steht als pharmakologisches Präparat zur Verfügung. Missbräuchlich wird es von Sportlern zum Doping verwendet, da es durch Steigerung der Erythrozytenbildung und damit verbundener Erhöhung des Sauerstofftransports Stoffwechsel und Leistungsfähigkeit der Muskulatur steigert.

Granulopoese. Die Vorläufer der Granulozyten (*Promyelozyt, Myelozyt, Metamyelozyt*) entstehen ortsständig im Knochenmark. Der anfangs rundliche Zellkern basophiler Vorläuferzellen streckt sich allmählich. Es entstehen die zunächst noch einheitlichen stabkernigen oder jugendlichen Granulozyten, die in diesem Stadium ins Blut gelangen und dort 2–3% aller Leukozyten ausmachen. Pro Tag gelangen etwa 12×10^9 Granulozyten aus dem Knochenmark in die Blutbahn.

Lymphopoese. Sie verläuft unterschiedlich für B-Zellen, T-Zellen und NK-Zellen. B- und NK-Zellen werden im Knochenmark laufend neu gebildet. Zur Ausbildung von T-Lymphozyten verlässt ein Teil der lymphatischen Vorläuferzellen den Ort ihrer Entstehung und gelangt auf dem Blutweg zum Thymus. Unter dem Einfluss lokaler Zytokine vermehren sich dort die Vorläuferzellen stark, entwickeln sich zu naiven T-Lymphozyten, werden selektioniert und ins Blut abgegeben (▶ S. 142). B- und T-Lymphozyten sind die wesentlichen Vertreter der spezifischen Abwehr (▶ unten).

Thrombopoese. Pro Tag werden etwa 500×10^9 Thrombozyten im Knochenmark gebildet. Sie schnüren sich von Pseudopodien der **Megakaryozyten** ab, die durch ihre Größe (Durchmesser 50–100 µm) und ihren unregelmäßig gelappten, polyploiden Zellkern in Knochenmarkausstrichen auffallen (e) H32.

Freisetzung neugebildeter Blutzellen aus dem Knochenmark. Sie erfolgt in die venösen Sinus des Knochenmarks.

Das Knochenmarkstroma besteht aus retikulärem Bindegewebe mit reichlich entwickelten retikulären Fasergespinsten, Fibroblasten, Makrophagen und vielen Fettzellen. Versorgt wird das Knochenmarkstroma von Kapillaren, die aus den Aa. nutriciae der Knochen hervorgehen und sich in ein Geflecht aus 50–70 µm weiten venösen Sinus fortsetzen. Diese Sinus nehmen die reifen Blutzellen auf, um sie – in der Regel schubweise – in die nachfolgenden Gefäßabschnitte abzugeben.

Reife Erythrozyten und Monozyten werden im Knochenmark nicht gespeichert, sondern nach Ausreifung in die Sinus abgegeben. Im Gegensatz dazu werden **stabkernige Granulozyten** auf Vorrat gebildet und zunächst in den Maschen des retikulären Knochenmarkbindegewebes eingelagert, bevor sie durch die Sinuswände ins Blut gelangen. Bei erhöhtem Bedarf, z. B. akuten Entzündungen, stehen sie daher unmittelbar zur Verfügung. Erst wenn der Speicher entleert ist, werden weitere Granulozyten neu gebildet und als stabkörnige neutrophile Granulozyten in die Blutbahn abgegeben (▶ Linksverschiebung S. 130).

In Kürze

Blutbildung (Hämatopoese) findet während des vor- und nachgeburtlichen Lebens an verschiedenen Orten statt. In den ersten beiden Entwicklungsmonaten werden Erythrozytenvorstufen im Dottersack gebildet (megaloblastische Periode). In der folgenden hepatolienalen Periode verlagert sich die Bildung von roten und ersten weißen Blutkörperchen in Leber und Milz. Ab dem letzten Drittel der Fetalzeit übernimmt das rote Knochenmark die Hämatopoese (medulläre Periode). Im roten, blutbildenden Knochenmark werden die Stammzellen aller Blutkörperchen aus mesenchymalen Vorläufern gebildet. Sie differenzieren sich über Zwischenstufen zu definitiven Blutzellen, die in den Sinus des Knochenmarks in die Blutbahn gelangen. – Nach der Geburt verfettet das Knochenmark zunehmend. Rotes Knochenmark bleibt nur in platten und kurzen Knochen sowie in den Epiphysen der Röhrenknochen erhalten.

4.3 Abwehr-/Immunsystem

Zur Information
Das Abwehr- oder Immunsystem hat die Aufgabe, den Körper vor Schäden durch pathogene Organismen, die von außen eingedrungen sind, und vor eigenen entarteten Zellen zu schützen. Hierzu muss die schädigende Substanz (*Antigen*) erkannt und beseitigt werden. Die Vorgänge, die sich hierbei abspielen, werden als **Immunantwort** bezeichnet. Beteiligt sind **immunkompetente Zellen,** die ihren Ursprung in pluripotenten Zellen des Knochenmarks haben (▶ oben), lösliche

humorale Faktoren, z. B. *Antikörper* und *Komplemente*, sowie **lymphatische Gewebe**. Eine enge Kooperation besteht zwischen einer **angeborenen Immunität**, die bereits existiert, bevor der Organismus mit dem jeweiligen Pathogen in Berührung gekommen ist, und einer **erworbenen Immunität**, die nach Pathogenkontakt entsteht und hohe Spezifität hat.

Als **Antigene** werden Moleküle bezeichnet, die von spezifischen Zellrezeptoren bzw. einem Antikörper erkannt und gebunden werden. Bei Antigenen handelt es sich meist um körperfremde Proteine oder Peptide, gelegentlich um Zucker oder Lipide, z. B. an der Oberfläche von Parasiten. Auch anorganische Substanzen, beispielsweise Metalle, können in Verbindung mit Proteinen/Peptiden als Antigene wirken.

Antikörper sind Proteine, die spezifisch an ihr Antigen binden. Alle Antikörper werden unter der Bezeichnung Immunglobuline (Ig) zusammengefasst. Sie haben eine identische Grundstruktur. Immunglobuline binden, neutralisieren und eliminieren Krankheitserreger. Antikörper werden von Plasmazellen gebildet und in die Blutbahn abgegeben (humorale Abwehr).

Kernaussagen

- **Immunantworten werden durch pathogene Organismen oder durch entartete Zellen ausgelöst.**
- **Als Sofortreaktion leiten durch Phagozytose von Pathogenen aktivierte Makrophagen sowohl angeborene als auch erworbene Immunantworten ein.**
- **Zellen der angeborenen Immunantwort sind neben Makrophagen vor allem neutrophile Granulozyten. Außerdem geben zytotoxische natürliche Killer(NK)zellen eine angeborene Immunantwort.**
- **Zur angeborenen Keimabwehr steht als löslicher humoraler Faktor das Komplementsystem zur Verfügung.**
- **Die erworbene Immunantwort erfolgt durch aktivierte T- und B-Lymphozyten.**
- **Zur Aktivierung naiver Lymphozyten sind antigenpräsentierende Zellen erforderlich, insbesondere dendritische Zellen in lymphatischen Organen.**
- **Aktivierte T-Zellen wandern zum Infektionsherd und wirken zytotoxisch.**
- **B-Zellen werden durch T-Helferzellen aktiviert und differenzieren zu Plasmazellen, die lösliche Antikörper zur Antigenentfernung freisetzen.**
- **T- und B-Zellen können sich zu Gedächtniszellen entwickeln.**

4.3.1 Überblick

Pathogene Organismen sind Bakterien, Viren, Protozoen, Pilze und Würmer. Teilweise bilden sie Toxine, d. h. Gifte, die dem Körper gleichfalls schaden.

Gegen das Eindringen von Krankheitserregern schützt das Epithel an der äußeren und inneren Oberfläche des Körpers. Hinzu kommen bei der Haut ein Säureschutzmantel, bei Schleimhäuten ein Oberflächenfilm aus Schleimstoffen sowie Sekrete mit Peptiden antibakterieller Wirkung (*Defensine*), z. B. das Lysozym der Panethzellen im Dünndarm (▶ S. 356), oder *Opsonine* an der Oberfläche der Lungenalveolen, sowie im Darm eine Bakterienflora, die Krankheitserregern Platz für Nährstoffe streitig macht, und Antikörper.

Haben Pathogene dennoch die Oberflächenbarriere durchbrochen, steht ihnen eine Schar von **Abwehrzellen** gegenüber, die entweder im Gewebe vorhanden sind oder durch Freisetzung von löslichen Proteinen (*Zytokinen*) angelockt werden. Im Blut treten zusätzlich **Komplementproteine** auf.

Für die Wirksamkeit der Abwehrzellen sind das Erkennen des Pathogens und seine Bindung wesentlich. Dies erfolgt durch Rezeptoren an der Oberfläche der Abwehrzellen bzw. durch humorale Faktoren. Zur Vernichtung des Pathogens kommt es durch Phagozytose bzw. durch Freisetzung toxischer Substanzen seitens der Abwehrzellen.

In einer Sofortreaktion können Pathogene durch Makrophagen mit **angeborener Immunität** innerhalb von 5 Stunden beseitigt werden. Gelingt dies nicht oder nur unvollständig, erfolgt eine akute Entzündungsreaktion, bei der weitere Abwehrzellen mobilisiert und aktiviert werden. Dieser Vorgang dauert bis zu 4 Tagen. Ist dieser Vorgang unwirksam, erfolgt eine **erworbene Immunantwort** durch antigenspezifische Lymphozyten.

4.3.2 Angeborene Immunität

Wichtig

Die angeborenen Immunantworten sind nicht antigenspezifisch. Die Abwehrzellen können jedoch »körperfremd« von »körpereigen« unterscheiden. Hierfür stehen Rezeptoren zur Verfügung, mit deren Hilfe die Abwehrzellen Molekülmuster von Krankheitserregern erkennen, die Erreger an ihre Oberfläche binden und Phagozytose mit anschließendem Abbau einleiten.

Angeborene Immunität steht mit Lebensbeginn zur Verfügung und richtet sich gegen jedes erkannte Pathogen.

Bei der angeborenen Immunität werden vor allem wirksam:

- **phagozytierende Zellen**
  - **Makrophagen**
  - **neutrophile Granulozyten**
- **natürliche Killerzellen (NK-Zellen)**
- **humorale Faktoren**

Makrophagen sind die aktive, im Gewebe vorhandene Form ihrer im Blut zirkulierenden inaktiven Vorstufe, den **Monozyten** (▶ S. 132).

Monozyten (◘ Abb. 4.1) verlassen die Blutbahn ständig, um die subepithelialen, subserösen und perivaskulären Bindegewebe mit einer Sicherheitsreserve von Makrophagen zu versorgen. Bei Entzündungen werden sie durch verschiedene chemotaktische Substanzen und aktivierte Komplementkomponenten (▶ S. 140) sowie durch Produkte von Mastzellen (▶ S. 149) angelockt.

Makrophagen sind morphologisch vielgestaltig. Ihr Aussehen hängt vom Ort ihres Vorkommens und ihrer Tätigkeit ab. Makrophagen liegen in verschiedenen Subtypen vor. Überwiegend ist der Zellkern der Makrophagen oval oder rund sowie chromatinreich. Das Zytoplasma hat viele Lysosomen und zahlreiche Vakuolen. Oft ist die Oberfläche der Makrophagen irregulär und zeigt Pseudopodien, Fältelungen, Protrusionen und Einstülpungen. Kennzeichnend für Makrophagen ist ihre Fähigkeit zu Phagozytose und Wanderung.

Unter bestimmten Umständen, z. B. bei andauernder Stimulierung, können sich Makrophagen **in epitheloide Zellen umwandeln**, die in einer geschlossenen Formation zusammenliegen. Die epitheloiden Zellen können verschmelzen und große Zellen mit 100 oder mehr Kernen bilden, die als **Fremdkörperriesenzellen** bezeichnet werden.

Die **Lebensdauer** der Makrophagen beträgt Tage bis Monate. Danach werden sie meist durch nachrückende Blutmonozyten ersetzt. In einzelnen Organen können sich Makrophagen durch Mitose vermehren und sind dann mehr oder weniger unabhängig vom Pool der Blutmonozyten.

Zur Information

Subtypen von Makrophagen sind:

- Makrophagen des lockeren Bindegewebes (in der älteren Literatur auch Histiozyten genannt)
- Makrophagen der Milz, der Lymphknoten und des Knochenmarks
- Makrophagen der serösen Häute: Serosamakrophagen des Peritoneums, der Pleura usw.
- Kupffer-Zellen der Lebersinusoide (▶ S. 367)
- Alveolarmakrophagen in der Alveolarwand der Lunge (▶ S. 278)
- Mikroglia im Gehirn (▶ S. 86)
- Hofbauerzellen in der Plazenta (▶ S. 104)
- Chondroklasten und Osteoklasten der Knochen (▶ S. 53).

Tätigkeiten. Makrophagen bilden die erste Verteidigungslinie gegen in den Körper eingedrungene Erreger. Ihre Rezeptoren erkennen jeweils die Strukturmuster einer Klasse von Krankheitserregern; spezifisch für spezielle Erreger sind sie aber nicht. Ihre Mustererkennungsrezeptoren entstehen embryonal. In einer Sofortreaktion binden Makrophagen schädigende Mikroorganismen und **phagozytieren** sie. Dadurch werden die **Makrophagen aktiviert** und **zerlegen die Erreger in Phagolysosomen**, in die der Inhalt von Lysosomen abgegeben wird. Die Makrophagen überleben. Bei einigen Infektionen ist eine spezielle Stimulierung der Makrophagen durch T-Helferzellen erforderlich (▶ S. 144).

Anders ist es, wenn sich Erreger (Viren) im Zytoplasma von Makrophagen befinden. Dann werden zytotoxische T-Lymphozyten angelockt, die die **Makrophagen vernichten** (▶ unten).

Zur Information

Die Rezeptoren auf der Oberfläche von Makrophagen sind unterschiedlicher Art. Die wichtigsten werden als TOLL-like-Rezeptoren bezeichnet (TOLL steht für »toll« als Ausdruck der Überraschung ihrer Entdecker, dass diese Rezeptoren einem Gen der Fliege Drosophila ähneln). TOLL-like-Rezeptoren kommen in mindestens 10 verschiedenen Formen vor.

Aktivierte Makrophagen erfüllen weitere Aufgaben. Sie bilden und sezernieren nämlich Mediatoren, z. B. Zytokine, Chemokine, Adhäsionsmoleküle **zur Aktivierung anderer Zellen.** Aktivierte Makrophagen sind also **sekretorisch tätig.** Sie können durch Leukotriene und Prostaglandine unspezifische Entzündungsreaktionen einleiten (▶ unten). Induziert wird die Bildung der Mediatoren durch Aktivierung der TOLL-like-Rezeptoren.

Makrophagen produzieren aber auch toxische Substanzen, z. B. freie Radikale und Stickoxid, die Gewebeschäden hervorrufen können.

Zur Information

Zytokine sind Zellproteine, die das Verhalten anderer Zellen beeinflussen. Sie wirken autokrin und parakrin. Zu Zytokinen gehören u. a. die Familie der Interleukine (IL) und Interferone (IFN). Zytokine aktivieren u. a. Entzündungszellen, vor allem Makrophagen und neutrophile Granulozyten.

Chemokine sind niedrig molekulare Zytokine, die eine gerichtete Bewegung von Leukozyten stimulieren. Sie locken u.a. neutrophile Leukozyten und andere Granulozyten aus dem Blut in erregerbesiedelte Gebiete.

Adhäsionsmoleküle bewirken u. a., dass im Blut befindliche Leukozyten, bevor sie ins Gewebe gelangen, an die Oberfläche von Endothelzellen gebunden werden. Sie vermitteln außerdem die Bindung von Zellen untereinander oder an Proteine der zellulären Matrix.

Nicht in allen Fällen bauen Makrophagen aufgenommene Mikroorganismen vollständig ab. Dann entstehen Proteinfragmente, die mit MHC-II-Molekülen an die Zelloberfläche transportiert und dort anderen Zellen (T-Lymphozyten) als **Antigen präsentiert** werden (▶ S. 140). Dadurch können Makrophagen auch eine erworbene Immunantwort auslösen. Sie wirken dann als nicht-professionelle antigenpräsentierende Zellen.

Makrophagen entfalten ihre Fähigkeit zur Phagozytose jedoch nicht nur gegenüber Erregern. Sie phagozytieren z. B. in Entzündungsgebieten körpereigene zelluläre Zerfallsprodukte, Trümmer abgestorbener neutrophiler Leukozyten und an anderen Orten überalterte und degenerierte körpereigene Zellen, z. B. Erythrozyten in der Milz, sowie anorganische Partikel, die Epithelien passiert haben (z. B. Kohlenstaub, Eisenoxid u. a.).

Neutrophile Granulozyten (▶ S. 130) sind die häufigsten Zellen der angeborenen Immunität. Ihre Hauptaufgabe ist die Phagozytose. Sie können bereits im Blut tätig werden und dort **Erreger phagozytieren** und **abbauen.** Überwiegend treten sie jedoch, angelockt durch Zytokine u. a. als Mediatoren in infizierten und entzündeten Gebieten in Funktion.

Entzündung

Werden Sofortreaktionen auf Erregerbefall nicht oder ungenügend wirksam, kommt es zu Entzündungsreaktionen. Dadurch wird die Ausbreitung der Infektion behindert.

Bei Entzündungen kommt es zu

- **Erweiterung lokaler Blutgefäße.** Dies führt zu einer Verstärkung der Durchblutung, die mit **Rötung** (*Rubor*) und **lokaler Temperaturerhöhung** (*Calor*) verbunden ist.
- **Extravasation von neutrophilen Granulozyten** und anschließend von **Monozyten.** Diese Mobilisierung ist eine wesentliche Effektorfunktion der angeborenen Immunantwort.
- Zunahme der **Durchlässigkeit der Gefäßwände** für Flüssigkeiten und Proteine. Die Folge sind Schwellungen des Gewebes durch ein **Ödem** (*Tumor*) und **Schmerzen** (*Dolor*) durch Reizung von Schmerzrezeptoren.

Für diese Veränderungen sind eine Reihe von **Entzündungsmediatoren** verantwortlich, insbesondere Zytokine, unter denen der Tumornekrosefaktor α (TNFα) der Makrophagen besondere Bedeutung hat. Er ist ein Schlüsselmolekül zur Eindämmung einer Infektion, da er u. a. Makrophagen und Granulozyten aktiviert, die Produktion von Neutrophilen stimuliert und die Wanderung von dendritischen Zellen in Lymphknoten verstärkt.

Natürliche Killerzellen (*NK-Zellen*). Während Makrophagen und neutrophile Granulozyten bei der Abwehr extrazellulärer Krankheitserreger führend sind, setzen sich NK-Zellen vor allem mit von Viren befallenen Zellen auseinander (Abb. 4.4).

NK-Zellen entwickeln sich aus lymphatischen Vorläuferzellen im Knochenmark. Sie gehören zur lymphatischen Zelllinie (▶ S. 132). Jedoch haben sie keine Antigenrezeptoren wie T- und B-Lymphozyten. Sie sind deswegen Zellen der angeborenen Immunantwort.

NK-Zellen können durch Makrophagen-Zytokine aktiviert werden und umgekehrt durch ihre Zytokine Makrophagen aktivieren. Ferner werden NK-Zellen durch virusinfizierte Zellen und auch Tumorzellen aktiviert. Mit Viren infizierte Zellen exprimieren nämlich Proteine, an die Antikörper binden. An diese Antikörper binden dann wiederum NK-Zellen (Abb. 4.4). Aktivierte NK-Zellen setzen **Granula mit zytotoxischen Stoffen** frei, die Apoptose der infizierten Zellen auslösen.

Nicht infizierte Körperzellen sind dagegen vor NK-Zellen geschützt. NK-Zellen besitzen nämlich killerzellhemmende Rezeptoren, die an MHC-I-Moleküle binden (▶ unten), die jede kernhaltige Zelle bildet. Je mehr

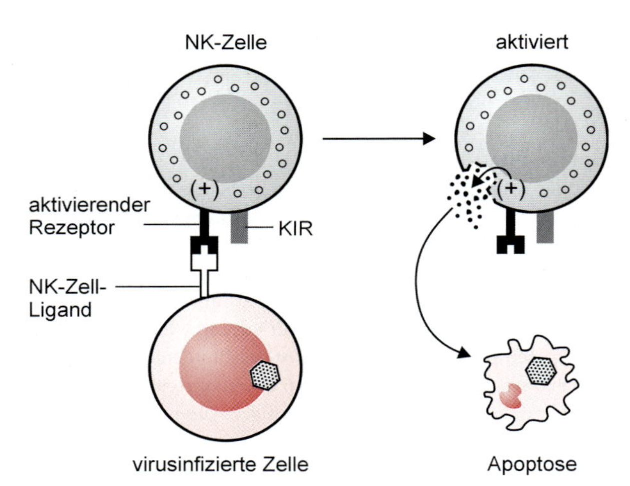

Abb. 4.4. Wirkung natürlicher Killerzellen (NK-Zellen). Wird eine NK-Zelle durch einen Liganden einer virusinfizierten Zelle aktiviert, setzt sie apoptoseinduzierende Faktoren frei, die die geschädigte Zelle töten. Voraussetzung ist, dass ein killerzellhemmender Rezeptor (KIR) auf der Oberfläche der NK-Zelle nicht an die infizierte Zelle bindet. Geschieht dies, ist die Zelle vor der Wirkung der NK-Zelle geschützt (in Anlehnung an Vollmar et al. 2005)

MHC-I-Moleküle auf der Oberfläche einer Zelle vorhanden sind, umso besser ist der Schutz vor der toxischen Wirkung von NK-Zellen.

Lösliche Faktoren bilden ein eigenständiges humorales Abwehrsystem, das **Komplementsystem.** Wirkt es selbständig, ist es ein Teil der angeborenen Immunantwort, komplementiert es Antikörper, die von Plasmazellen gebildet werden (▶ S. 147), ist es der erworbenen Immunantwort zuzurechnen.

Komplemente sind Proteine, die in der Leber gebildet werden und im Blut in größerer Menge vorkommen. Sie tragen zur Beseitigung von Krankheitserregern bei.

Aktiviert werden die Komplemente durch ihre proteolytische Spaltung, sodass Effektormoleküle entstehen. Diese werden an die Oberfläche von Erregern gebunden und hüllen sie ein (Opsonierung). Phagozyten erkennen dann die Komplementfaktoren auf opsonierten Pathogenen. Durch Phagozytose werden die Komplemente entfernt und die lysosomalen Enzyme in den Phagolysosomen führen zum Erregerabbau. Komplemente können aber auch direkt auf Erreger einwirken und eine Lyse herbeiführen.

Eine weitere Aufgabe der Komplemente ist, durch Abspaltung von Anaphylatoxinen inflammatorische Zellen anzulocken, zu mobilisieren und Entzündungsreaktionen durch Degranulierung von Mastzellen und Eosinophilen zu induzieren.

4.3.3 Erworbene Immunität

Wichtig

Erworbene Immunantworten sind hochspezifisch. Sie kommen von aktivierten Lymphozyten. Die Aktivierung erfolgt durch antigenpräsentierende Zellen in sekundären lymphatischen Organen. Lymphozyten liegen als T- und B-Zellen vor. Aktivierte T-Zellen spielen die führende Rolle. Sie vernichten als zytotoxische Tc-Zellen infizierte Zellen und tragen als T-Helferzellen wesentlich zur Aktivierung von B-Zellen bei. B-Zellen werden zu Plasmazellen, die Antikörper zur Beseitigung extrazellulärer Pathogene sezernieren.

Zu erworbenen Immunantworten kommt es, wenn angeborene Immunantworten zur Erregerabwehr erfolglos waren. Im Gegensatz zur angeborenen Immunantwort sind erworbene Immunantworten sehr spezifisch, d.h. sie richten sich jeweils gegen ein spezielles Antigen.

Bei der erworbenen Immunität werden tätig:
- **antigenpräsentierende Zellen**
- **Lymphozyten**

Antigenpräsentierende Zellen (Abb. 4.5) sind erforderlich, um T-Lymphozyten zu aktivieren. Hierzu müssen Lymphozyten durch ihre Rezeptoren die von den antigenpräsentierenden Zellen angebotenen Antigene erkennen.

Zur Information

Bei den Antigenen, die antigenpräsentierende Zellen auf ihren Oberflächen anbieten, handelt es sich um Peptide, die durch Abbau von Erregerproteinen in den antigenpräsentierenden Zellen entstanden sind. Die Peptide werden mit MHC-Molekülen an die Zelloberfläche gebracht.

MHC (major histocompatibility complex) ist eine Gruppe von unterschiedlichen spezifischen Membranglykoproteinen, die von stark polymorphen Genen auf Chromosom 6 des Menschen kodiert werden. Sie kommen als MHC-I-Moleküle in allen kernhaltigen Zellen und als MHC-II-Moleküle ausschließlich in antigenspezifischen Zellen vor.

Die genetisch bedingte hohe Variabilität der MHC-Moleküle sowie die Diversität der Proteine und Rezeptoren (▶ unten) an der Oberfläche der Lymphozyten führen zur Spezifiät der erworbenen Immunantwort.

Die **Lymphozyten** liegen vor als:

- **T-Lymphozyten**
- **B-Lymphozyten**

T- und B-Lymphozyten gehen gemeinsam aus **Knochenmarkstammzellen** hervor. Hieraus entwickeln sich determinierte T- bzw. B-Vorläuferzellen.

Die weitere Entwicklung der **B-Zellen** erfolgt im **Knochenmark**, die der **T-Zellen** im **Thymus.** Knochenmark und Thymus werden als **primäre lymphatische Organe** bezeichnet e H32, 37.

Die weitere Entwicklung der Lymphozyten besteht in einer **Proliferation der Vorläuferzellen**, der **Expression von Antigenrezeptoren** und einer **Selektion** der herangereiften Zellen. Anschließend verlassen die Lymphozyten ihre Bildungsstätten. Ihre Aktivierung und Umwandlung zu **Effektorzellen** erfolgt in **sekundären lymphatischen Organen**, u.a. Lymphknoten, Milz, Tonsillen, mucosaassoziierten lymphatischen Geweben, z.B. des Darms, GALT (▶ S. 358), und der Luftwege, MALT e H33–36.

Einzelheiten

T steht für **thymus**abhängig. Gemeint ist damit, dass alle T-Zellen auf die im Thymus herangereiften Lymphozyten zurückgehen, obgleich der Thymus nach der Pupertät einer Involution unterliegt (▶ S. 294) e H13.

B stand ursprünglich für Bursa fabricii des Vogeldarms, in der die als B-Zellen bezeichneten Lymphozyten entdeckt wurden. Dem Menschen fehlt dieses Organ, B steht hier für »bone marrow« (Knochenmark).

Die **Proliferation** von **T-** und **B-Vorläuferzellen** wird durch einen von Stromazellen des Knochenmarks bzw. des Thymus freigesetzten Mediator (Interleukin 7) induziert.

Bei T- und B-Zellen kommt es zunächst zur Expression von **Präantigenrezeptoren.** Anschließend differenzieren **komplette Antigenrezeptoren,** die jedoch bei T- und B-Zellen unterschiedlich sind. Die hohe Spezifität der erworbenen Immunantwort ist dadurch bedingt, dass die Aminosäurefrequenzen im Antigenbindungsbereich der Rezeptoren von Lymphozyt zu Lymphozyt unterschiedlich sind.

Dann folgt eine **Selektion,** bei der nur T- bzw. B-Lymphozyten mit schwacher Erkennungsfähigkeit körpereigener Proteine übrigbleiben. Dadurch wird erreicht, dass körpereigene Zellen vor Schädigungen durch Immunzellen geschützt sind.

Es gibt jedoch Erkrankungen, bei denen sich Immunreaktionen auch gegen körpereigene Gewebsantigene richten und charakteristische Gewebsschäden hervorrufen (*Autoimmunerkrankungen*). Sie treten auf, wenn im Organismus die Fähigkeit, zwischen »selbst« und »nicht-selbst« zu unterscheiden, verloren gegangen ist, z.B. beim Diabetes Typ I (Schädigung der B-Zellen im Pankreas) und vermutlich auch bei multipler Sklerose (Schädigung von Gliazellen).

Am Ende der Lymphozytenentwicklung in den primären lymphatischen Organen stehen **reife naive T-Lymphozyten** bzw. **B-Lymphozyten.** »Naiv« bedeutet, dass die Zellen noch keinen Antigenkontakt hatten, aber darauf vorbereitet sind. Sie sind immunologisch inaktiv.

T-Lymphozyten

Wichtig

T-Lymphozyten sind die führenden Immunzellen. Sie werden durch antigenpräsentierende Zellen, insbesondere von interdigitierenden dendritischen Zellen in lymphatischen Geweben, aktiviert. Als zytotoxische Zellen (Tc-Zellen) erkennen sie Zellen mit intrazellulären Krankheitserregern, die sie vernichten. Als Helferzellen (TH-Zellen) stimulieren sie B-Lymphozyten, deren weiterentwickelte Form (Plasmazellen) Antikörper freisetzen, die extrazellulär wirken. Zytotoxische T-Zellen erkennen Peptidfragmente intrazellulärer Krankheitserreger, die mit MHC-I-Molekülen an die Zelloberfläche gebracht wurden. T-Helferzellen sind auf das Erkennen von Antigenen auf MHC-II-Molekülen spezialisiert. Ein Teil der T-Lymphozyten wird zu Gedächtniszellen.

T-Lymphozyten erreichen sekundäre lymphatische Organe als reife naive Zellen, die noch keinen Antigenkontakt hatten. Bevor sie als Abwehrzellen effektiv werden können, müssen sie aktiviert werden.

Zur **Aktivierung** in Lymphknoten verlassen reife naive T-Lymphozyten die Blutbahn in Venolen, die sich durch ein spezielles, hohes isoprismatisches Endothel auszeichnen (*hochendotheliale Venolen* = HEV, ▶ S. 152). Im Gewebe der Lymphknoten kommt es dann zu einer *Aktivierungskaskade* zwischen reifen antigenpräsentierenden dendritischen Zellen – sie werden als professionelle antigenpräsentierende Zellen bezeichnet – und naiven Lymphozyten. Allerdings können auch Makrophagen und B-Lymphozyten als nicht-professionelle antigenpräsentierende Zellen wirken.

Das Ergebnis der Aktivierung sind zwei Arten von T-Effektorzellen, die sich durch ihre Korezeptoren funktionell unterscheiden:

- **CD8-T-Zellen, zytotoxische T-Zellen** (*Tc-Zellen*)
- **CD4-T-Zellen, T-Helferzellen** (*TH-Zellen*)

Als mögliche gesonderte Gruppen kommen **regulatorische T-Zellen** sowie der **Subtyp CD56-bright-CD16 in der Gebärmutterschleimhaut** hinzu.

Zur Information

CD bedeutet **C**luster of **D**ifferentiation und meint spezielle Zellmembranmoleküle. Die Ziffer bezeichnet lediglich die Reihenfolge ihrer Entdeckung. Die Cluster ermöglichen die Unterscheidung von Leukozytenpopulationen des Immunsystems und deren Untergruppen, die morphologisch nicht möglich ist.

Im Einzelnen

Interdigitierende dendritische Zellen gehen aus Vorläuferzellen im Knochenmark hervor, aus denen auch Monozyten entstehen (◘ Abb. 4.3). Als unreife dendritische Zellen gelangen sie ins Blut und von dort in die verschiedensten Organe, in denen sie sich weiter entwickeln. In der Epidermis der Haut liegen sie als **Langerhans-Zellen** vor (▶ S. 217).

In der Peripherie und auch im Blut können die noch unreifen dendritischen Zellen durch Endozytose Mikroorganismen aufnehmen, in Phagolysosomen abbauen und antigene Peptide freisetzen (◘ Abb. 4.5). Peptidfragmente werden dann im rauen endoplasmatischen Retikulum an **MHC-II-Moleküle** gebunden. MHC-II-Moleküle kommen in der Regel nur in antigenpräsentierenden Zellen vor. In diesem Zustand wandern die dendritischen Zellen in lokale Lymphgewebe. Dort werden sie zu reifen interdigitierenden dendritischen Zellen, die die MHC-II-Antigen beladenen Moleküle in Vakuolen an die Zelloberfläche transportieren und die Antigene dort **CD4-positive Lymphozyten (Helferzellen)** präsentieren (◘ Abb. 4.5 a). Außerdem exprimieren sie Adhäsionsmoleküle und kostimulatorische Proteine. Die MHC-II-positiven dendritischen Zellen sind die effektivsten antigenpräsentierenden Zellen. Als Helferzellen aktivieren CD4-positive Lymphozyten B-Lymphozyten (▶ unten).

In dendritischen Zellen kommen auch **MHC-I-Moleküle** vor. Sie treten praktisch in allen kernhaltigen Zellen auf und binden dort zelleigene Proteine. In antigenpräsentierenden Zellen werden Peptide an MHC-I-Moleküle gebunden, die im Zytoplasma u. a. nach Virusinfektion freigesetzt werden (◘ Abb. 4.5 b). Mit Antigen beladene MHC-I-Moleküle reifer interdigitierender Zellen werden von CD8-positiven T-Lymphozyten erkannt. CD8-positive Zellen sind **zytotoxisch.**

Aktivierung von T-Zellen (*Aktivierungskaskade*). Der **erste Schritt** ist eine Bindung naiver T-Lymphozyten an antigenpräsentierende Zellen durch **Adhäsionsmoleküle.**

Der darauf **folgende Schritt** ist die **Antigenerkennung** durch die **Rezeptoren** der T-Lymphozyten. Sie ist spezifisch: jeder Lymphozyt bzw. jedes Lymphozytenklon erkennt ein spezifisches Antigen. Hervorgerufen wird diese Spezifität durch die Diversität der antigenerkennenden Domänen der Rezeptoren an der Oberfläche der T-Lymphozyten und dadurch, dass der Rezeptor nur an bestimmte Aminosäuresequenzen von Peptidfragmenten bindet (◘ Abb. 4.5, 4.6).

Benachbart sind den Rezeptoren **Korezeptoren**, die an die MHC-Moleküle binden. Korezeptoren sind die Oberflächenmoleküle CD4 bzw. CD8. Sie sorgen für das Zusammenkommen der jeweils spezifischen Zellen. CD4 erkennt nur MHC-II- und CD8 nur MHC-I-Moleküle.

Die dann **folgende Aktivierung** des T-Lymphozyten hängt von der Signalübertragung durch **Kofaktoren der T-Zellrezeptoren** ab. Die Signale bewirken in den T-Zellen die Expression verschiedener Proteine, die für Proliferation und Differenzierung der Zellen erforderlich sind.

Zur Aktivierung der T-Zellen bedarf es schließlich eines 2. kostimulatorischen Signals. Es ist unspezifisch, d. h. es wird von Oberflächenmolekülen abgegeben, die sowohl bei CD8 als auch bei CD4 vorkommen. Das Signal entsteht, wenn eine Bindung zwischen dem Molekül B7 an der Oberfläche der antigenpräsentierenden Zellen und CD28 an der Oberfläche des T-Lymphozyten erfolgt ist.

Es gibt den Sonderfall, dass CD8-positive Zellen kostimulatorische Proteine fehlen. Dann sollen CD4-positive (Helfer) Zellen Zytokine freisetzen, die die Aktivierung der CD8-Zellen übernehmen.

Die Aktivierung von T-Zellen dauert Stunden bis Tage.

Effektormechanismus. Nach ihrer Aktivierung proliferieren T-Lymphozyten. Dies geschieht in T-Zellarealen der sekundären lymphatischen Organe in Nachbarschaft der Lymphfollikel (▶ S. 152). Ausgelöst wird die Proliferation durch Zytokine (Interleukin 2), die sowohl von den CD8- als auch von den CD4-Lymphozyten gebildet und autokrin gebunden werden (◘ Abb. 4.6). Die Proliferationsrate ist bei den CD8-Zellen sehr viel höher als bei CD4-Zellen. Dies geht darauf zurück, dass CD8-Zellen als zytotoxische Zellen selbst aktiv und in großen Mengen gebraucht werden. CD4-Zellen wirken dagegen durch Zytokine aktivierend auf andere Effektorzellen.

Nach der Proliferation verlassen die aktivierten T-Lymphozyten das lymphatische Gewebe und gelangen

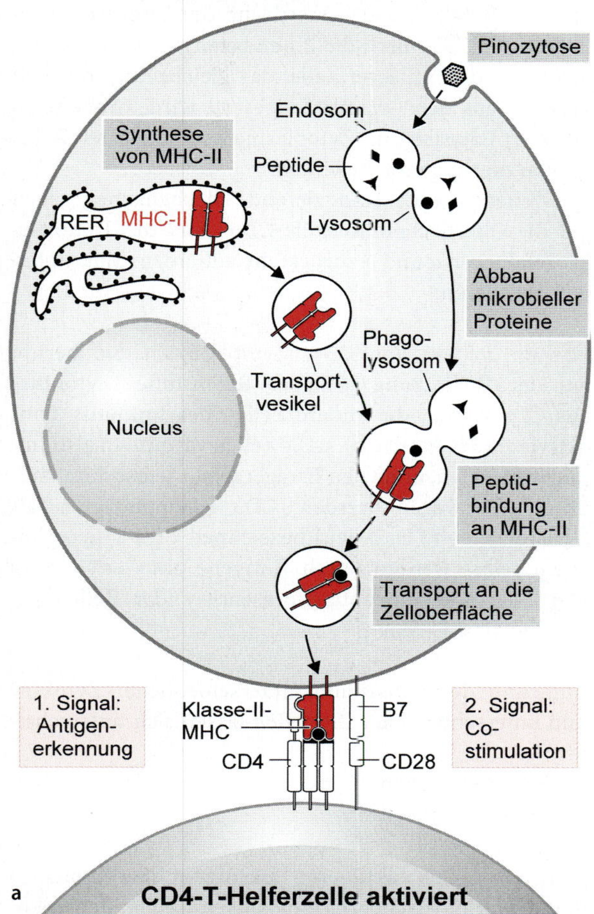

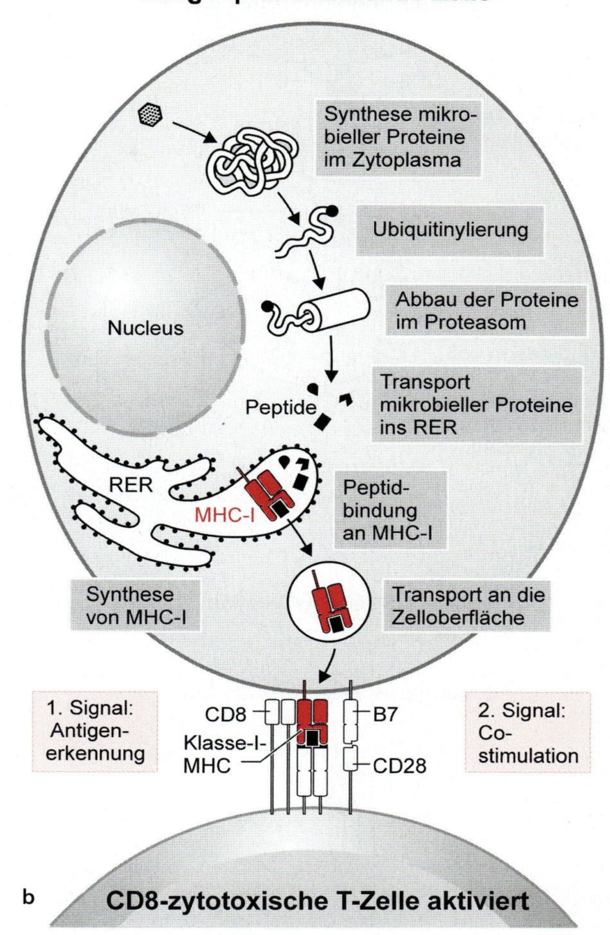

Abb. 4.5. Antigenpräsentation und Aktivierung von T-Lymphozyten. **a** *Aktivierung von CD4-T-Helferzellen durch MHC-II/Peptidkomplexe.* In antigenpräsentierenden Zellen gelangen Erreger nach Phagozytose in Endosomen, die mit Lysosomen zu Phagolysosomen verschmelzen. Durch Abbau mikrobieller Proteine werden Peptidfragmente freigesetzt und an MHC-II-Moleküle gebunden, die im rauen endoplasmatischen Retikulum synthetisiert werden. Die MHC-II/Peptidkomplexe werden an die Zellmembranen transportiert und dort von einem T-Zellrezeptor erkannt, der einen CD4-Korezeptor hat (1. Signal). Für die Aktivierung des T-Lymphozyten ist ein 2. Signal durch kostimulatorisches B7 erforderlich, das an CD28 der T-Zelle bindet. **b** *Aktivierung von CD8-zytotoxischen T-Zellen durch MHC-I/Peptidkomplexe.* Manche Antigene befinden sich im Zytoplasma, besonders solche, die von Viren synthetisiert sind. Nach Bindung von mehreren Ubiquitinmolekülen werden sie in Proteasomen durch Proteolyse gespalten. Die so entstandenen Peptidfragmente werden im rauen endoplasmatischen Retikulum an MHC-I-Moleküle gebunden und an die Zelloberfläche transportiert. Dort werden sie von CD8-positiven T-Zellen erkannt. Das zweite kostimulatorische Signal für die Aktivierung entspricht dem von CD4-Zellen (in Anlehnung an Vollmar et al. 2005)

auf dem Blutweg zum infizierten Gewebe. Dort durchwandern sie das Endothel, das vorher aktiviert wurde. Die aktivierten T-Zellen werden, um zu wirken, in der extrazellulären Matrix festgehalten.

Effektorfunktion von CD8-T-Lymphozyten. Sie führt zur Apoptose (Zelltod) infizierter Zellen. Deswegen sind CD8-positive Zellen **zytotoxisch** (Tc-Zellen, T-Killerzellen; nicht zu verwechseln mit NK-Zellen = natürliche Killerzellen, ▶ S. 139). Tc-Zellen können jede infizierte Zelle in jedem Gewebe töten. Hierzu setzen sie den Inhalt ihrer Granula durch Exozytose frei.

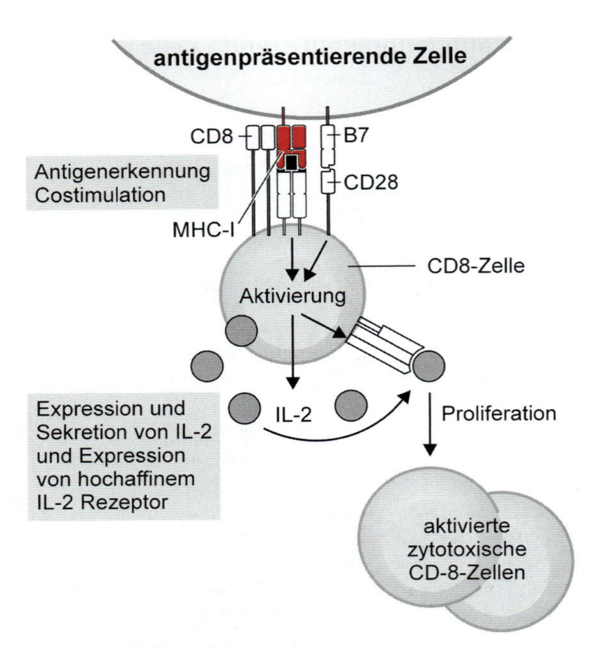

a **IL-2-induzierte T-Zell-Profileration**

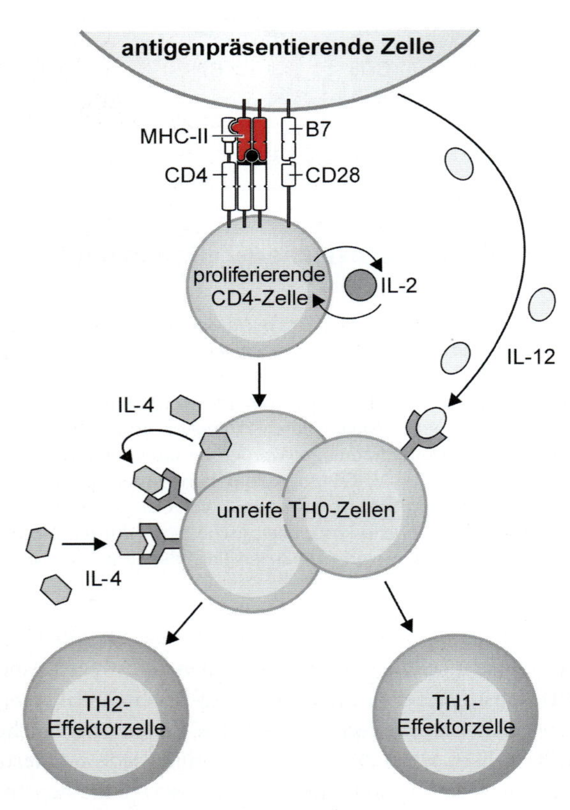

b **Ausdifferenzierung von TH-Zellen**

Die Granula enthalten ein porenproduzierendes Protein (**Perforin**), das die Oberfläche der erregerhaltigen Zelle aufbricht. Durch die Poren gelangt dann ein **Granenzym** in die infizierte Zelle, das gleichzeitig mit dem Perforin aus den Granula freigesetzt wird. Granenzym aktiviert **Caspasen** im Zytoplasma der infizierten Zelle, welche die *Apoptose* bewirken.

Weitere apoptoseinduzierende Mechanismen gehen auf die Oberflächenmoleküle CD95 und die Tumornekrosefaktoren α und β zurück, die außerdem Makrophagen aktivieren.

Effektorfunktion von CD4-T-Lymphozyten. Sie beruht auf der Freisetzung löslicher Botenstoffe (Zytokine) aus CD4-Zellen, die andere Zellen des Immunsystems aktivieren (■ Abb.4.6 b). CD4-Zellen vermitteln also Immunantworten, ohne den Erregerabbau selbst durchzuführen. Deswegen werden CD4-T-Lymphozyten als **T-Helferzellen** (TH-Zellen) bezeichnet. CD4-T-Lymphozyten selbst werden durch Antigene aktiviert, die an MHC-II- Moleküle antigenpräsentierender Zellen gebunden sind (▶ oben).

Aufgrund der Freisetzung unterschiedlicher Zytokine und unterschiedlicher Zielzellen lassen sich unterscheiden:
- **TH1-Helferzellen**
- **TH2-Helferzellen**

TH1-Helferzellen aktivieren bevorzugt Makrophagen und die zytotoxischen CD8-positiven Zellen, denen kostimulatorische Proteine fehlen (▶ oben), aber auch B-Zellen (▶ unten). Als Zytokin wird bevorzugt Interferon γ freigesetzt. TH1-Zellen vermitteln auf diesem Weg also eine zelluläre Immunantwort.

■ **Abb. 4.6. Aktivierung von zytotoxischen CD8-Zellen und CD4-Helferzellen.** **a** Nach Antigenbindung und Kostimulation sezernieren aktivierte zytotoxische CD8-Zellen Interleukin 2, das autokrin Proliferation der T-Zellen und ihre Differenzierung zu Effektorzellen bewirkt. **b** Naive CD4-T-Zellen proliferieren und entwickeln sich nach autokriner Stimulation zu unreifen TH0-Helferzellen. Durch Interleukin 12, das von antigenpräsentierenden Zellen nach Aufnahme von Bakterien oder Viren freigesetzt wird, differenzieren sich TH0-Zellen zu TH1-Effektorzellen. Setzen antigenpräsentierende Zellen kein Interleukin 12 frei, z.B. nach Infektion mit Parasiten, bilden sich unter Einfluss von Interleukin 4 TH2-Zellen (angelehnt an Vollmar et al. 2005)

TH2-Helferzellen nehmen mit freigesetztem Interleukin 4 Einfluss auf die Ausreifung von B-Zellen zu Plasmazellen und deren Antigenproduktion (s. unten) sowie mit Interleukin 5 auf die Funktion von eosinophilen Leukozyten, die beim Abbau von Parasiten, z. B. Würmern, mitwirken (► S. 131). TH2-Zellen vermitteln also humorale Immunantworten.

Zur Information

Zur Differenzierung zu TH1-Zellen kommt es durch Il12, das von antigenpräsentierenden Zellen nach Aufnahme von Bakterien oder Viren sezerniert wird (Abb. 4.6 b). Liegt eine Parasiteninfektion vor, wird kein Interleukin 12 gebildet. Dann entstehen unter Einfluss von Interleukin 4 TH2-Zellen.

Die Abgabe von Zytokinen aus TH1-Zellen erfolgt, wenn Makrophagen Antigene von aufgenommenen Mikroorganismen freisetzen. Diese werden von TH1-Zellen erkannt, die ihrerseits Zytokine mit Wirkung auf TH1-Zellen sezernieren. Es besteht also eine gegenseitige Aktivierung, zunächst von TH1-Zellen durch Antigene von Makrophagen, dann von Makrophagen durch Zytokine der TH1-Zellen. Vergleichbares geschieht zwischen TH2-Helferzellen und B-Zellen.

Klinischer Hinweis

Bei *HIV-Infektion* (AIDS) bindet das HIV-Virus u. a. an CD4 von T-Helferzellen, das den Viren den Eintritt in die Zelle ermöglicht. Diese werden somit infiziert und schließlich vernichtet. Durch die fehlende Stimulation von T-Killerzellen und antikörperbildenden B-Lymphozyten kommt es zur HIV-typischen Immunschwäche.

Gedächtniszellen. Die meisten T-Effektorzellen sterben sehr bald nach Beseitigung einer Infektion durch Apoptose. Jedoch überleben einige Zellen und kommen in einen Ruhezustand. Sie werden zu **Gedächtniszellen**, die sehr langlebig sind. Gedächtniszellen sind ausdifferenzierte T-Lymphozyten, die auf eine erneute Infektion mit dem spezifischen Erreger warten. Sie wandeln sich dann sehr rasch in Effektorzellen um.

Regulatorische Zellen sind eine weitere funktionelle Klasse von T-Lymphozyten. Sie sind durch CD4- und CD25-Oberflächenmoleküle gekennzeichnet. Regulatorische Zellen wirken auf die gleichen Teile des Immunsystems wie die T-Helferzellen, jedoch durch immunsuppressive Zytokine hemmend. Sie verhindern eine unbegrenzte Stimulierung. Den regulatorischen Zellen wird eine Kontrollfunktion bei Immunantworten zugeschrieben. Sie sind in der Lage, autoreaktive T-Zellantworten zu unterdrücken und Autoimmunreaktionen zu verhindern.

Der **Subtyp CD56-bright-CD16 in der Gebärmutterschleimhaut** (*Endometrium*) bildet auffällig viele Wachstumsfaktoren wie VEGF (vascular endothelial growth factor) und PLGF (placental growth factor). Über jene Mediatoren fördert dieser Subtyp der Killerzellen eine Invasion von Trophoblastzellen. Darüber hinaus begünstigt er die Entstehung von Blutgefäßen. Für diese expansionsfördernden Produkte besitzen die embryonalen Trophoblastzellen besondere Rezeptoren. Wesentlich ist, dass dieser Subtyp von Killerzellen keine zerstörende Wirkung entfaltet.

B-Lymphozyten

Wichtig

B-Lymphozyten binden extrazelluläre Antigene ihrer Umgebung. Ihre Rezeptoren sind Immunglobuline. Zur Aktivierung von B-Lymphozyten bedarf es T2-Helferzellen, die Zytokine freisetzen. Aktivierte B-Lymphozyten proliferieren im Zentrum von Lymphfollikeln zu Zentroblasten, aus denen Zentrozyten und schließlich am Ort ihrer Wirksamkeit Plasmazellen hervorgehen. Plasmazellen sind die Effektorzellen der B-Lymphozyten. Plasmazellen sezernieren verschiedene Immunglobuline, die zu Neutralisierung und Eliminierung von Erregern und ihren Toxinen extrazellulär Antigen-Antigenkörperkomplexe bilden.

B-Lymphozyten verlassen das Knochenmark als reife naive Zellen und gelangen in lymphatische Gewebe. Dort durchwandern sie Lymphfollikel und können, wenn ihre Rezeptoren Antigene gebunden haben, von TH2-Zellen und follikulären dendritischen Zellen aktiviert werden. Die Rezeptoren der B-Lymphozyten sind Immunglobuline (Ig) der Typen IgM und IgD (► unten).

Aktivierung von B-Lymphozyten (Abb. 4.7). Sie beginnt mit der Bindung eines Antigens an B-Zellrezeptoren (**1. Signal**). Die Antigene kommen aus der extrazellulären Umgebung der B-Lymphozyten und werden direkt wahrgenommen. Antigenpräsentierende Zellen, wie sie T-Lymphozyten benötigen, sind nicht erforderlich. Bei den Antigenen für B-Lymphozyten handelt es sich um mikrobielle Proteine, aber auch um Polysaccharide (z. B. als Kapsel von Pneumokokken), Glykolipide

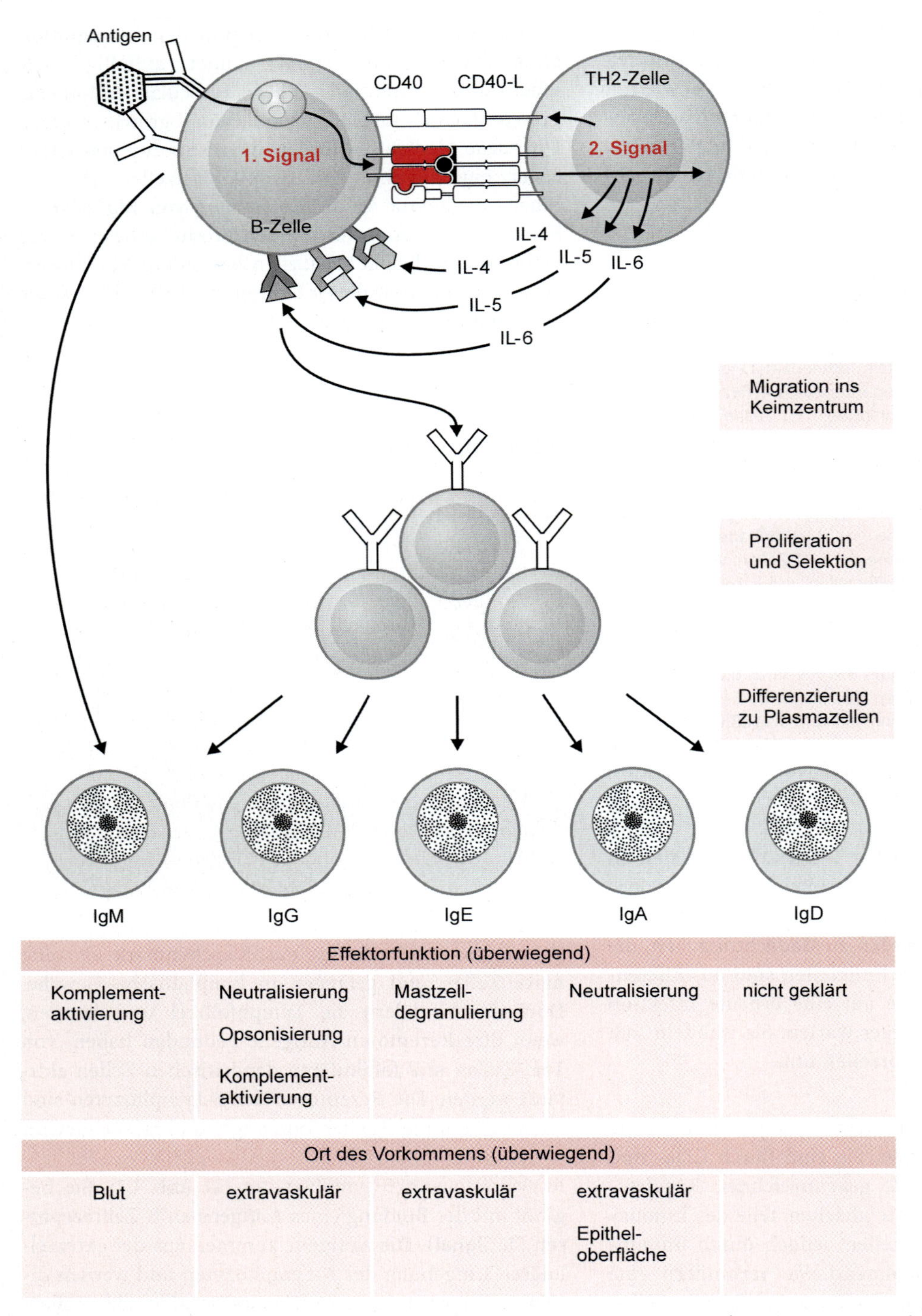

	IgM	IgG	IgE	IgA	IgD
Effektorfunktion (überwiegend)	Komplement-aktivierung	Neutralisierung Opsonisierung Komplement-aktivierung	Mastzell-degranulierung	Neutralisierung	nicht geklärt
Ort des Vorkommens (überwiegend)	Blut	extravaskulär	extravaskulär	extravaskulär Epithel-oberfläche	

Abb. 4.7. Aktivierung von B-Zellen durch TH2-Helferzellen und Differenzierung zu Plasmazellen. B-Zellen werden durch extrazelluläre Antigene, die an Immunglobuline der Zelloberfläche binden (1. Signal), und durch Zytokine von TH2-Zellen (2. Signal) aktiviert, deren Freisetzung wiederum von B-Zellen induziert wird. Nach Migration in die Keimzentren von Lymphfollikeln kommt es zu Proliferation und Selektion hochaffiner B-Zellen, die sich zu antigenproduzierenden Plasmazellen differenzieren. Freigesetzte Immunoglobuline haben unterschiedliche Effektorfunktionen (in Anlehnung an Vollmar et al. 2005)

(z. B. Zellwände von gramnegativen Bakterien) oder Nukleinsäuren. Die Ig-Rezeptoren erkennen und binden die Antigene, veranlassen aber weder Proliferation noch Differenzierung der B-Zellen. Hierfür stehen rezeptorassoziierte Signalmoleküle zur Verfügung.

Die Bindung zwischen Antigen und Immunglobulin ist sehr spezifisch. Sie erfolgt an einer variablen Domäne des Ig-Rezeptors der B-Zelle. Durch diese Spezifität wird erreicht, dass ein Antigen nur passende B-Zellen aktiviert.

Ferner bedarf es zur Aktivierung der B-Lymphozyten eines **2. Signals** (vgl. T-Zellaktivierung ▶ S. 142). Es kommt von T2-Helferzellen (▣ Abb. 4.7).

Das 2. Signal kann aber auch T-zellunabhängig sein, wenn B-Zellen polymere Antigene, z. B. Polysaccharide, gebunden haben. Das Signal entsteht vor allem durch Quervernetzung der Ig-Rezeptoren.

Zur Aktivierung von B-Zellen durch T2-Helferzellen (2. Signal)

T2-Helferzellen bedürfen, um aktivierend wirken zu können, zunächst selbst der Aktivierung. Diese erfolgt im Lymphfollikel. Dort treten T2-Helferzellen mit B-Zellen in Wechselwirkung (▣ Abb. 4.7), nachdem die T2-Helferzelle auf ein Antigen gestoßen war, das ihr von einer antigenpräsentierenden Zelle angeboten wurde (▶ oben). Zur Wechselwirkung von T-Helferzelle und B-Zelle kommt es, wenn die B-Zelle der T-Helferzelle ein Antigen anbietet, das diese erkennen kann. Dann bildet die T-Helferzelle Zytokine, die auf die B-Zelle zurückwirken und sie aktivieren.

Das Angebot eines Antigens durch die B-Zellen an die T-Zelle geht darauf zurück, dass die B-Zelle ihren IgM-Rezeptor mit dem gebundenen Antigen internalisiert. Anschließend werden der Komplex in den B-Zellen in Phagolysosomen abgebaut, die Peptidfragmente an MHC-II-Moleküle gebunden und ein neuer Komplex an die Oberfläche der B-Zelle transportiert. Dort erkennen T2-Helferzellen mit ihren Rezeptoren das körperfremde Peptid.

Je nach Subtyp der T-Helferzelle werden unterschiedliche Zytokine sezerniert. Diese legen fest, welcher Immunglobulintyp in den empfangenden B-Zellen und den aus ihnen hervorgehenden Plasmazellen gebildet werden (▶ unten).

Die aktivierten B-Lymphozyten gelangen vom Rand der Lymphfollikel in deren zentralen Bereich, das Keimzentrum der Follikel (▶ unten, ▣ Abb. 4.8 a). Dort proliferieren die aktivierten B-Lymphozyten.

Während der Proliferation kommt es zu einer Affinitätsreifung ihrer Immunglobuline. Die B-Lymphozyten mit Antikörpern höchster Affinität werden durch **follikuläre dendritische Zellen** selektioniert. Die übrigen B-Lymphozyten gehen zugrunde.

Follikuläre dendritische Zellen dürften aus dem Bindegewebe der Lymphfollikel hervorgehen. Da sie ortsständig sind und nicht wandern, kommen sie nur in Lymphfollikeln vor (▣ Abb. 4.8 b). Sie sind langlebig. Follikuläre dendritische Zellen haben verzweigte Ausläufer, die mit Nachbarzellen durch Desmosomen verknüpft sind. Ihre Zellkerne sind irregulär und in ihrem Zytoplasma sind alle Zellorganellen für Phagozytose und Sekretion vorhanden. Follikuläre dendritische Zellen präsentieren Antigene in Form von Immunkomplexen oder Komplementkomplexen auf ihrer Oberflächen, an die B-Zellen mit passenden Oberflächenglobulinen binden. Nur diese B-Zellen überleben.

Die überlebenden hochaffinen B-Zellen werden **Zentroblasten** genannt. Ihre Tochterzellen sind **Zentrozyten** (▣ Abb. 4.8 b), die zur weiteren Reifung die Lymphfollikel verlassen. Aus ihnen gehen **Plasmazellen** bzw. **Gedächtniszellen** hervor.

Plasmazellen sind die Effektorzellen der B-Lymphozyten. Sie produzieren die verschiedenen Immunglobuline, die als Antikörper sezerniert werden und mit dem Blut jeden beliebigen Infektionsherd im Körper erreichen.

Plasmazellen kommen in geringer Zahl im Bindegewebe der meisten Gebiete des Körpers vor. Im Knochenmark können sie lange verweilen und laufend geringe Mengen Immunglobuline abgeben. Zahlreich sind Plasmazellen an den Stellen, an denen Bakterien oder Fremdkörperproteine bevorzugt in den Körper eindringen, z. B. der Darmschleimhaut, und in Gebieten mit chronischer Entzündung.

Plasmazellen sind groß, oval und haben einen runden Zellkern. Dessen Heterochromatin ist dicht und zeigt eine typische **Radspeichenstruktur**. Charakteristisch für das Zytoplasma ist ein kräftig entwickeltes, raues endoplasmatisches Retikulum, in dessen Zisternen die speziellen Antikörper nachgewiesen werden können. In Kernnähe kommen Zentriolen und ein auffälliger Golgiapparat vor.

Effektorfunktion von Antikörpern. Wesentliche Aufgaben der Antikörper sind:

- **Neutralisierung** von Erregern und Toxinen durch Antikörperbindung an deren Proteinfragmente; es entstehen neutrale Antigen-Antikörperkomplexe

- **Opsonisierung** und **Phagozytose**. Opsonisierung bedeutet das Umhüllen von Erregern mit Antikörpern, durch die eine nachfolgende Phagozytose, insbesondere durch aktivierte Makrophagen, erleichtert wird
- antikörpervermittelte **Abtötung von Zellen**; Antikörper erkennen infizierte Zellen und binden an deren Oberfläche, so dass NK-Zellen an die markierten Zellen binden und sie unter Freisetzung zytotoxischer Granula abtöten
- **Aktivierung von Mastzellen und Eosinophilen**, vor allem zur Abwehr von Parasiten
- **Komplementaktivierung**

Im Einzelnen

Beim Menschen gibt es fünf Haupttypen von Immunglobulinen: IgM, IgD, IgG, IgA, IgE (Abb. 4.7). Sie sind so ausgelegt, dass alle Bereiche des Körpers geschützt werden.

IgM und **IgD** sind vorherrschende Immunglobuline an der Oberfläche von B-Lymphozyten. Dort bilden sie B-Zellrezeptoren und initiieren die unmittelbare erste Immunantwort, wenn der Organismus zum ersten Mal von einem bestimmten Erreger befallen wird. Sie kommen bei Erregerbefall, aber auch im Serum in löslicher Form als Sekrete von Plasmazellen bzw. von T-zellunabhängigen B-Lymphozyten vor. Dem IgM, das von Plasmazellen sezerniert wird, fehlt die transmembranöse Domäne, die IgM-Rezeptormoleküle an der Oberfläche der B-Zellen zur Befestigung aufweisen. Die wesentliche Effektorfunktion von IgM ist die Komplementaktivierung (► S. 140). IgM befindet sich überwiegend im Blut.

IgG ist der wichtigste Antikörper der Sekundärantwort. Er kommt sowohl im Blut als auch extravaskulär vor. Zur Sekundärantwort kommt es durch Aktivierung von Gedächtniszellen (► unten). Die wichtigsten Effektorfunktionen von IgG sind Neutralisierung, Opsonisierung und Phagozytose mit anschließendem Abbau von Erregern und ihren Toxinen sowie die Komplementaktivierung. Außerdem ist IgG das einzige plazentagängige Immunglobulin; es gewährt Neugeborenen in den ersten Lebenstagen Schutz vor verschiedenen Infektionen.

IgE hat große Affinität zu Rezeptoren an der Oberfläche von Mastzellen und Eosinophilen. Es ist für allergische Reaktionen verantwortlich (► unten).

IgA wird vor allem von Plasmazellen synthetisiert, die sich unter dem Schleimhautepithel befinden. An die Schleimhautoberfläche gelangt schützt es gegen dort vorhandene Erreger. Außerdem ist IgA das Hauptimmunglobulin in Sekreten, z. B. der Tränendrüsen, Nasendrüsen, Speicheldrüsen, Bronchialdrüsen, Darmdrüsen usw.

IgD. Dessen Funktion ist nicht genau geklärt.

Gedächtniszellen. Die Mehrzahl der aktivierten B-Zellen stirbt nach überstandener Infektion ab. Ein kleiner Teil wird jedoch zu Gedächtniszellen. Gedächtniszellen geben, solange sie nicht aktiviert sind, keine Antikörper ab, zirkulieren jedoch im Blut oder überleben im Knochenmark. Hat ein erneuter Antigenkontakt stattgefunden, werden sie zu antikörperproduzierenden Zellen. Gedächtniszellen sind die Zellen der Sekundärantwort. Sind sie aktiviert, bilden sie mehr Antikörper mit höherer Aktivität als die Zellen der Primärantwort. Außerdem reagieren sie schneller. Ausgelöst werden Sekundärantworten vor allem von Proteinantigenen (► unten).

Klinischer Hinweis

Aktive Immunisierung. Nach einer Impfung mit toten oder abgeschwächten Krankheitserregern entstehen spezifische Gedächtniszellen, die eingedrungene Erreger vor der Krankheitsauslösung eliminieren.

Passive Immunisierung. Werden dem Körper exogen (von außen) spezifische Antikörper zugeführt, entsteht der Impfschutz zwar unmittelbar, wirkt aber nur für Wochen oder Monate, da die körperfremden Antikörper wieder eliminiert werden.

In Kürze

Zum erworbenen Immunsystem gehören T- und B-Lymphozyten sowie antigenpräsentierende Zellen. T- und B-Lymphozyten werden unterschiedlichen Systemen zugerechnet. Antigenpräsentierende Zellen sind vor allem interdigitierende dendritische Zellen, aber auch Makrophagen und B-Lymphozyten. Sie können Erreger durch Phagozytose bzw. unspezifische Rezeptoren aufnehmen, zerlegen und ihre Peptide durch MHC-Moleküle T-Lymphozyten präsentieren und diese dadurch aktivieren. T-CD8-Lymphozyten richten sich als zytotoxische Zellen gegen infizierte Zellen und vernichten diese. T-CD4-Lymphozyten wirken als T-Helferzellen. T1-Helferzellen sind für die Aktivierung von Makrophagen wichtig. T2-Helferzellen wirken durch Zytokine bei Aktivierung, Proliferation und Differenzierung von B-Lymphozyten mit. Die Immunantwort von B-Lymphozyten wird durch extrazelluläre Proteine oder polyvalente Antigene ausgelöst. Die Rezeptoren von B-Zellen sind Immunglobuline (IgM, IgD). Hervorgerufen wird die Immunantwort von Plasmazellen, die aus aktivierten B-Lymphozyten hervorgehen. Plasmazellen bilden Antikörper, die sich extrazellulär im Blut bzw. extravasal befinden. Einige aktivierte T- und

B-Zellen verbleiben als Gedächtniszellen und stehen beim Wiederauftreten eines Antigens der Immunabwehr sofort zur Verfügung.

4.3.4 Allergie

Kernaussagen

- **Allergien gehen vor allem auf eine Aktivierung von Mastzellen durch IgE nach Allergenkontakt zurück.**
- **Mastzellen setzen Entzündungsmediatoren aus ihren Granula und ihrem Zytoplasma frei.**
- **Allergiesymptome treten nach einem zweiten Allergenkontakt auf.**
- **Bei Allergien kommt es zu einer Sofort- und einer systemischen Spätreaktion.**

Allergien gehören zu den überschießenden Immunantworten. Zentral ist die Aktivierung von **Mastzellen** durch allergiespezifische IgE-Antikörper, die von Plasmazellen produziert werden (▶ oben). Die Vorgänge spielen sich bevorzugt dort ab, wo Allergene die Oberflächen des Körpers überwunden haben. Zu allergischen Symptomen kommt es jedoch erst ab dem zweiten Kontakt mit dem Allergen.

Zur Information

Allergene sind nichtinfektiöse Antigene, in der Regel kleine lösliche Proteine, die in geringer Dosis in der Luft oder in der Nahrung vorkommen, oder Polysaccharide, z. B. in Erdbeeren.

Die Allergenwirkung beginnt mit der Aktivierung von TH2-Zellen (◻ Abb. 4.6 b). Sie erfolgt durch antigenpräsentierende dendritische Zellen am Ort des Eindringens des Allergens. Aktivierte TH2-Zellen stimulieren B-Zellen, sich zu IgE-produzierenden Plasmazellen zu differenzieren (◻ Abb. 4.7).

In einer Sensibilisierungsphase binden dann IgE-Moleküle an hochaffine Bindungsstellen auf der Oberfläche von Mastzellen, in geringerem Umfang auch von eosinophilen und basophilen Granulozyten. Beim zweiten und allen weiteren Kontakten mit demselben Allergen setzen Mastzellen Mediatoren frei, die zu allergischen Reaktionen führen.

Mastzellen sind lang oder oval, oft polymorph und haben gelegentlich Protrusionen. Der Zellkern ist rund und liegt zentral. Oft wird er von zytoplasmatischen Granula verdeckt. Mastzellen kommen bevorzugt in der Subkutis, unter den Oberflächenepithelien der Atemwege und des Darms sowie in der Nähe kleiner Gefäße vor. Mastzellen können sich teilen und gehen auf eigene Stammzellen im Knochenmark zurück.

Funktion von Mastzellen. Nach Bindung eines Allergens an zellständige IgE-Antikörper kommt es bei Mastzellen zu Degranulierung und Freisetzung von Entzündungsmediatoren:

- **Histamin**, das die Gefäßpermeabilität steigert, eine Kontraktion der glatten Muskulatur, speziell der Bronchien, bewirkt und eine Schleimsekretion hervorruft
- **Leukotriene** mit langsam einsetzender bronchokonstriktorischer Wirkung; sie dürften die Symptome des Asthma bronchiale mithervorrufen
- **Plättchenaktivierungsfaktor**, der auf Thrombozyten wirkt und eine Gefäßpermeabilität und Plättchenaggregation anregt
- **Prostaglandine**, die die Gefäßpermeabilität steigern
- **Bradykinin**, das Schmerzrezeptoren aktiviert

Eosinophile Granulozyten setzen nach Aktivierung hochtoxische Proteine (major basic protein u. a.) aus ihren Granula, freie Radikale und weitere Entzündungsmediatoren frei, die beträchtliche Zellschäden in ihrer Umgebung hervorrufen.

Allergische Reaktionen treten in zwei Phasen auf. Die **Sofortphase** erfolgt innerhalb von Minuten nach dem Allergenkontakt und geht auf die Histaminwirkung zurück. Die **Spätphase** (systemische Phase) beginnt etwa nach fünf Stunden und geht auf die Wirkung der Prostaglandine und Leukotriene zurück. Als Folge kommt es zu lokaler oder systemischer Anaphylaxie.

Klinischer Hinweis

Als Sofortreaktion kann es zu Rötung und Schwellung der Haut und Schleimhaut mit Quaddelbildung kommen (*Urtikaria, Nesselsucht*). Auch sind *Heuschnupfen* oder ein *Asthmaanfall* möglich.

Systemisch sind häufig die Lunge oder die Kreislaufperipherie betroffen.

Allergische Reaktionen können auch tödlich verlaufen (*anaphylaktischer Schock*).

Zur Ergänzung

Weitere Typen von Überempfindlichkeitsreaktionen kommen vor. Sie spielen bei *Autoimmunerkrankungen* eine Rolle, bei denen sich Antikörper gegen körpereigene Strukturen richten, z. B. rheumatoide Arthritis durch Zerstörung der Synovia.

In Kürze

Allergien werden häufig von niedermolekularen Proteinen oder Polysacchariden ausgelöst. Es kommt nach Allergenbindung an IgE-Rezeptoren von Mastzellen, eosinophilen und basophilen Granulozyten zur Freisetzung von Entzündungsmediatoren aus Granula bzw. dem Zytoplasma der betreffenden Zellen. Es folgen Sofort- und systemische Reaktionen.

4.4 Lymphknoten e H33

Zur Information

Lymphknoten sind sekundäre lymphatische Organe. Sie dienen Reifung, Aktivierung und Vermehrung von Lymphozyten. In Lymphknoten können schädigende Mikroorganismen, Toxine u.a. Schadstoffe sowie Tumorzellen abgefangen werden. Charakteristisch für Lymphknoten, aber auch für andere sekundäre lymphatische Organe sind **Lymphfollikel**, die auch einzeln im Bindegewebe als **Solitärfollikel** vorkommen können.

Im Folgenden wird der Lymphknoten als Beispiel für sekundäre lymphatische Organe besprochen. Die Darstellung der übrigen lymphatischen Organe erfolgt jeweils im topographischen Zusammenhang ihres Vorkommens: Milz ▶ S. 376, Tonsillen ▶ S. 618, Thymus ▶ S. 294, darmassoziiertes Lymphsystem = GALT ▶ S. 358.

Kernaussagen

- **Lymphknoten sind meist bohnenförmig und werden an ihrer konvexen Oberfläche von lymphatischen Vasa afferentia erreicht, die sich in den Randsinus ergießen und in die Rinden-, Intermediär- und Marksinus fortsetzen.**
- **Lymphknoten filtrieren Lymphe und befreien sie von Antigenen.**
- **Am Hilum an der konkaven Seite verlassen lymphatische Vasa efferentia den Lymphknoten. Ihre Lymphe ist mit zytotoxischen T-Lymphozyten und Zentrozyten angereichert.**
- **Die freien Zellen der Lymphknoten (T-Lymphozyten, B-Lymphozyten, Makrophagen, interdigitierende dendritische Zellen) gelangen in hochendothelialen Venolen aus dem Blut in das Maschenwerk des lymphoretikulären Gewebes.**
- **B-Lymphozyten wandern durch die überwiegend von T-Lymphozyten besiedelte parakortikale Zone des Lymphknotens zum Kortex.**
- **Im Kortex des Lymphknotens überwiegen die B-Lymphozyten.**
- **In den Keimzentren der Lymphfollikel des Kortex werden B-Lymphozyten aktiviert, selektioniert und zur Proliferation gebracht. Sie liegen dort als Zentroblasten und Zentrozyten vor.**
- **Ansammlungen von Abwehrzellen, insbesondere von Plasmazellen, setzen sich als Markstränge in das Innere des Lymphknotens (Mark) fort.**

Lymphknoten (Durchmesser 2–20 mm) sind im Körper weit verbreitete Filterstationen der Lymphe und Orte der Auseinandersetzung mit Krankheitserregern oder Tumorzellen. In Lymphknoten werden T- und B-Lymphozyten aktiviert, gespeichert, können proliferieren und werden Antikörper gebildet.

Lymphknoten sind in den Verlauf von Lymphgefäßen eingeschaltet. Als **regionäre Lymphknoten** sammeln sie die Lymphgefäße aus einer Körperregion, z.B. des Arms (▶ S. 505), oder eines Organs, z.B. des Magens (▶ S. 352). Sie treten immer als Lymphknotengruppen auf. Nach Passage dieser regionären Lymphknoten gelangt die Lymphe in Gruppen von **Sammellymphknoten** und schließlich über den Ductus thoracicus bzw. Ductus lymphaticus dexter in das Venensystem (linker und rechter Venenwinkel, ▶ S. 304).

Klinischer Hinweis

Regionäre Lymphknoten schwellen bei *Entzündungen* innerhalb ihres Einzugsgebietes an, sind tastbar und schmerzhaft. Bei bösartigen Tumoren können Tumorzellen durch Lymphgefäße in regionäre Lymphknoten gelangen und *Lymphknotenmetastasen* hervorrufen.

Lymphknoten sind meist bohnenförmig mit eingezogenem Hilum (▪ Abb. 4.8 a). Dort verlässt das ableitende Lymphgefäß (lymphatisches Vas efferens) den Lymphknoten. Am Hilum befinden sich außerdem eine zuführende Arterie und eine ableitende Vene. Im Lymphknoten verlaufen die Blutgefäße in Bindegewebsbalken (**Trabekel**), die von der Bindegewebskapsel des Lymphknotens ausgehen und das Organ unvollständig kompartimentieren.

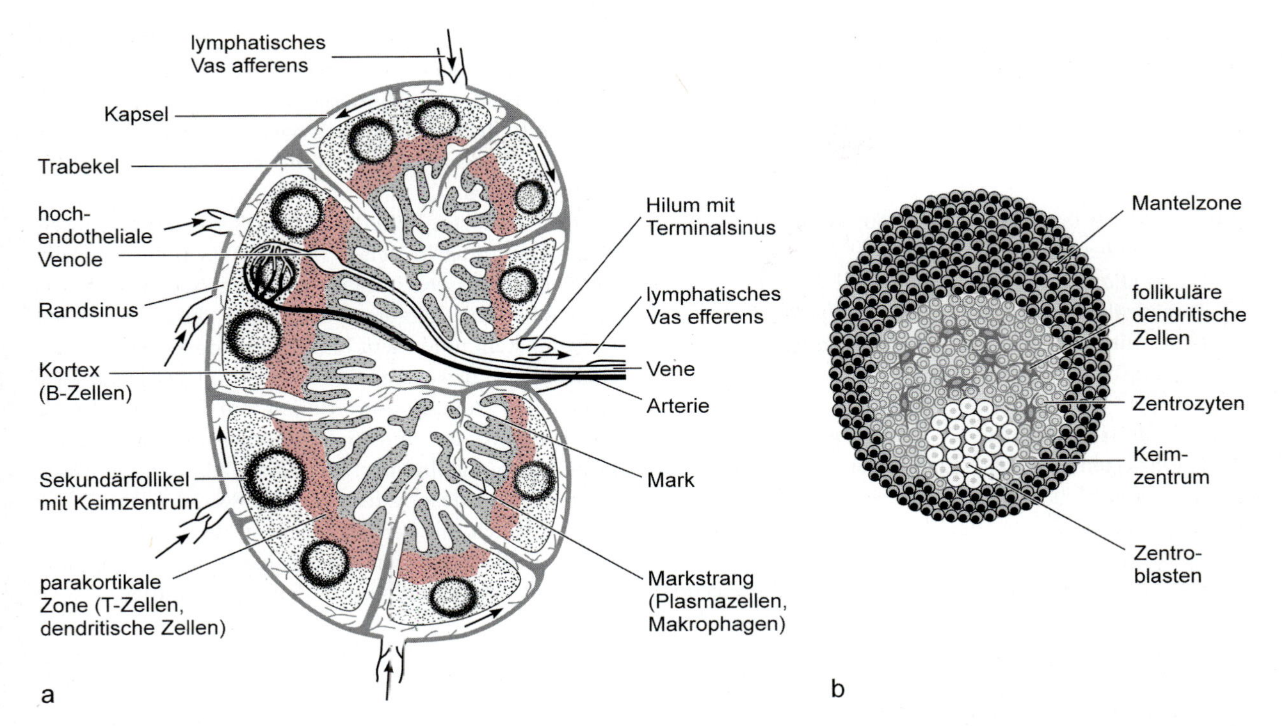

Abb. 4.8. Lymphknoten. **a** *Schematische Übersicht.* Gliederung in Rinde (B-Zellregion) mit Sekundärfollikeln, Parakortex (T-Zellregion) mit hochendothelialen Venolen, Markstränge, Marksinus. Die Pfeile geben die Richtung des Lymphflusses an: Vasa afferentia, Randsinus, Vas efferens. **b** *Sekundärfollikel.* Die Mantelzone wird von reifen inaktiven B-Lymphozyten gebildet. In der Nachbarschaft liegen T-Helferzellen. Das Keimzentrum gliedert sich in eine dunkle Zone mit Zentroblasten und eine helle Zone mit Zentrozyten. Im Keimzentrum kommen follikuläre dendritische Zellen, T-Helferzellen und Makrophagen vor

Anders als die Blutgefäße erreichen die **zuführenden Lymphgefäße** (*Vasa afferentia*) die Lymphknoten an ihrer konkaven Oberfläche. Im Lymphknoten fließt die Lymphe in einem System weitmaschiger Lymphsinus. Sie liegen vor als:

- **Randsinus**, der sich unmittelbar unter der Bindegewebskapsel befindet (Abb. 4.8 a),
- **intermediäre Sinus** in der Tiefe der Lymphknotenrinde und in der Parakortikalzone; sie verlaufen paratrabekulär
- **Marksinus**, die weitlumig sind, die Intermediärsinus sammeln und am Hilum des Lymphknotens in **Vasa efferentia** münden; am Übergang zum Vas efferens bestimmen Klappen die Flussrichtung der Lymphe e H33

Begrenzt werden die Lymphsinus von Fibroblasten (**Uferzellen**), zwischen denen Makrophagen bzw. deren Fortsätze liegen, die auch innerhalb des Sinus ein lockeres Schwammwerk bilden. Der Sinus gleicht einem Reusensystem, durch das die Lymphe sehr langsam fließt und großflächig mit Makrophagen und Fibroblasten in Berührung kommt.

Zur Information

In Lymphknoten wird die Lymphe nahezu vollständig durch phagozytierende Makrophagen und dendritische Zellen von Antigenen befreit.

Lymphknoten bestehen aus:

- **stationärem Grundgerüst**
- **wandernden freien Zellen**

Stationär ist das lymphoretikuläre Bindegewebe, das aus mesenchymalem Bindegewebe hervorgegangen ist. Es besteht aus Fibroblasten oder Fibrozyten sowie retikulären Fasern.

Die **freien Zellen** befinden sich in den Maschen des lymphoretikulären Bindegewebes. Sie liegen stellenweise so dicht, dass die Fibroblasten nicht zu erkennen sind. Bei den freien Zellen handelt es sich überwiegend um die verschiedenen Arten von Lymphozyten. Hinzu kommen Makrophagen und interdigitierende dendritische Zellen, die in der Umgebung der Lymphsinus vermehrt sind.

Gliederung der Lymphknoten (Abb. 4.8 a). Von außen nach innen werden unterschieden:

- **Rinde** (*Kortex*), ein *B-Lymphozyten-Areal*
- **Parakortikalzone**, das *T-Lymphozyten-Areal*
- **Mark** mit plasmazellreichen *Marksträngen* zwischen weitmaschigem Marksinus

Rinde. Sie ist zelldicht. Es überwiegen reife, naive B-Lymphozyten (▶ S. 145). Charakteristisch für die Rinde sind **Lymphfollikel**. Sie setzen sich von der übrigen Rinde durch die dichte Lage ihrer B-Lymphozyten ab.

Lymphfollikel können vorliegen als

- **Primärfollikel**, die vor allem bei Feten und Neugeborenen, seltener bei Erwachsenen vorkommen; Proliferationen kommen im Primärfollikel nicht vor, da die Zellen noch keinen Antigenkontakt hatten
- **Sekundärfollikel** (Abb. 4.8 b) mit
  - **Keimzentrum** als zentrale Aufhellung
  - **Mantelzone** als dichte Lymphozytenkappe

Keimzentren entstehen, wenn aktivierte B-Lymphozyten in den primären Lymphfollikel eindringen. Die B-Lymphozyten haben zuvor die T-Zellregion des Parakortex (▶ unten) durchwandert und wurden durch CD4-T-Helferzellen vorstimuliert. Im Keimzentrum treffen die B-Lymphozyten erneut auf **CD4-T-Helferzellen** und auf **follikuläre dendritische Zellen** (▶ S. 147). Sie reifen, werden selektioniert und beginnen sich zu teilen. Sie werden zu **Zentroblasten**. Hieraus werden **Zentrozyten**, die innerhalb des Keimzentrums eine eigene **helle Zone** bilden, die sich von der **dunklen Zone** mit Zentroblasten absetzt. In der hellen Zone entscheidet sich, ob aus den Zentrozyten Plasmazellen oder Gedächtniszellen werden. Anschließend verlassen die Zentrozyten das Keimzentrum und wandern in die Peripherie.

Umgeben wird das Keimzentrum von einer **Mantelzone** (Korona) aus B-Lymphozyten, die kein passendes Antigen auf der Oberfläche der follikulären dendritischen Zellen gefunden haben. Die Mantelzone ist ungleichmäßig dick, zur parakortikalen Zone hin schmäler als zur Gegenseite (Abb. 4.8).

In der **Parakortikalzone** überwiegen T-Lymphozyten mit allen ihren Formen (▶ S. 141). Hinzu kommen antigenpräsentierende interdigitierende dendritische Zellen sowie Makrophagen. B-Lymphozyten kommen in geringer Zahl vor. Sie sind auf der Wanderung zum Kortex des Lymphknotens.

Im Parakortex befinden sich außerdem die venösen Gefäßabschnitte, in denen B- und T-Lymphozyten die Blutbahn verlassen. Es handelt sich um **hochendotheliale Venolen.** Die Lymphozytenpassage durch die Venolenwand steht unter dem Einfluss chemotaktischer Substanzen. Sie bewirken eine Interaktion zwischen verschiedenen Adhäsionsmolekülen auf der Oberfläche von Lymphozyten und Endothelzellen (Selektine, Integrine, immunglobulinartige Moleküle), der die Wanderung (Diapedese) durch die Gefäßwand folgt.

Verglichen mit der Diapedese in den hochendothelialen Venolen gelangen nur wenige B- und T-Lymphozyten auf dem Lymphweg in den Lymphknoten.

Bei den Lymphozyten, die in die Lymphknoten eintreten, handelt es sich vielfach um **rezirkulierende Zellen**, die zu einem früheren Zeitpunkt den Lymphknoten nach ihrer Aktivierung durch das efferente Lymphsystem verlassen hatten. Solange keine antigene Stimulierung vorliegt, ist die Zahl der auswandernden Lymphozyten relativ klein. Dies ändert sich bei Antigenbefall. Die ausgewanderten aktivierten B- und T-Lymphozyten verteilen sich in den Geweben des Körpers.

B-Lymphozyten können dort zu Plasmazellen werden (▶ S. 147). Einige Zellen gelangen dann wieder über den Ductus thoracicus ins Blut und kehren in den Lymphknoten zurück, von dem aus sie erneut auf Wanderschaft gehen können. In den Lymphknoten ist daher ein ständiges Kommen und Gehen von Lymphozyten, ohne dass sich die mikroskopisch erkennbare Gliederung der Lymphknoten ändert.

Die **Markstränge** weisen in einer Matrix aus Fibroblasten vor allem B-Lymphozyten und Plasmazellen auf. Die Plasmazellen sezernieren Antikörper, die in die Lymphe gelangen. Außerdem gibt es in der Nachbarschaft der Marksinus viele Makrophagen.

In Kürze

Lymphknoten liegen entweder als regionäre oder als Sammellymphknoten vor. Regionäre Lymphknoten filtern die Lymphe eines bestimmten Körpergebietes oder Organs. Sammellymphknoten sind den regionären Lymphknoten nachgeschaltet. Die Lymphe erreicht die Lymphknoten über mehrere lymphatische Vasa afferentia, die in den Randsinus münden. Von dort fließt die Lymphe in Rinden-, Intermediär- und Marksinus durch den Lymphknoten. In der Umgebung der Sinus befinden sich viele Makrophagen und interdigitierende dendritische Zellen, die zu Phagozytose und Antigenpräsentation befähigt sind. Die Antigene stammen aus der Lymphe. Überwiegend sind die Lymphknoten mit Lymphozyten besiedelt, die Rinde (Kortex) mit B-Lymphozyten, die parakortikale Zone mit verschiedenen T-Lymphozyten. Die Lymphozyten gelangen hauptsächlich über die Blutbahn in den Lymphknoten und verlassen das Blut im Bereich der hochendothelialen Venolen im Parakortex. Die B-Lymphozyten wandern durch den Parakortex zum Kortex. Dort befinden sich die charakteristischen Lymphfollikel. Im Keimzentrum des Sekundärfollikels werden B-Lymphozyten aktiviert, selektioniert und sie proliferieren. Sie werden zu Zentroblasten und Zentrozyten, die zusammen mit zytotoxischen T-Lymphozyten die Lymphknoten in einem lymphatischen Vas efferens verlassen. Plasmazellen liegen im Mark der Lymphknoten in Marksträngen. Sie reichern die Lymphe mit Antikörpern an.

Allgemeine Anatomie des Bewegungsapparates

5.1 Knochen – 156

5.1.1 Knochenformen – 156

5.1.2 Periost – 157

5.1.3 Leichtbau der Knochen – 157

5.1.4 Funktionelle Anpassung – 159

5.1.5 Kalziumstoffwechsel und Blutbildung – 159

5.2 Gelenke und Bänder – 160

5.2.1 Synarthrose – 160

5.2.2 Diarthrose – 161

5.2.3 Sonderstrukturen und Hilfseinrichtungen – 162

5.2.4 Gefäße und Innervation – 162

3.2.5 Bewegungsführung von Gelenken – 162

5.2.6 Gelenktypen – 163

5.2.7 Funktionelle Anpassung und Alterung – 165

5.3 Muskeln, Sehnen und Muskelgruppen – 166

5.3.1 Muskeln als Individuen – 167

5.3.2 Bindegewebige Hüllsysteme – 168

5.3.3 Sehnen – 168

5.3.4 Hilfseinrichtungen von Muskeln und Sehnen – 169

5.3.5 Muskelmechanik, Muskelwirkung auf Gelenke – 170

5.3.6 Innervation – 172

5.3.7 Muskelgruppen – 173

5.3.8 Anpassung – 174

5.4 Allgemeine Aspekte der Biomechanik – 175

5 Allgemeine Anatomie des Bewegungsapparates

Der Bewegungsapparat setzt sich aus einem passiven und einem aktiven Anteil zusammen. Zum **passiven Bewegungsapparat** gehören die **Knochen**, die zum **Skelett** zusammengefasst und durch **Gelenke** und **Bänder** miteinander verbunden sind. Der **aktive Bewegungsapparat** umfasst die **Skelettmuskulatur,** die die einzelnen Skelettteile gegeneinander bewegt oder in einer bestimmten Stellung fixiert.

Eine Teilaufgabe des Bewegungsapparates ist entsprechend die Ausführung von **Bewegungen**, die andere die **Haltefunktion.**

5.1 Knochen e Osteologie

Kernaussagen

- **Knochen haben einen gemeinsamen Bau, aber unterschiedliche Formen.**
- **An ihrer äußeren Oberfläche werden Knochen von einer strumpfartigen Hülle aus Bindegewebe überzogen, dem Periost.**
- **Knochen haben eine Leichtbauweise.**
- **Die Knochenstrukturen passen sich Druck-, Zug- und Biegebeanspruchungen an.**
- **Knochen haben neben mechanischen auch metabolische Aufgaben.**

5.1.1 Knochenformen

Allen Knochen gemeinsam ist eine dünne oberflächliche Schicht kompakten Knochens (**Substantia corticalis**). Im Inneren befindet sich ein Schwammwerk aus feinen Knochenbälkchen (**Substantia spongiosa**).

Nach der äußeren Form lassen sich unterscheiden:
- **lange Knochen**
- **kurze Knochen**
- **platte Knochen**

Lange Knochen oder *Röhrenknochen* finden sich in den Extremitäten. Sie zeigen von allen Knochen am deutlichsten den Aufbau aus funktionell unterschiedlichen Abschnitten (Abb. 5.1):
- Die **Diaphyse** (*Schaft*) ist das röhrenförmige Mittelstück. Dessen Kortikalis ist massiv (**Substantia compacta**). Sie umschließt einen mit **gelbem Knochenmark** gefüllten Hohlraum, die *Markhöhle* (**Cavitas medullaris**).

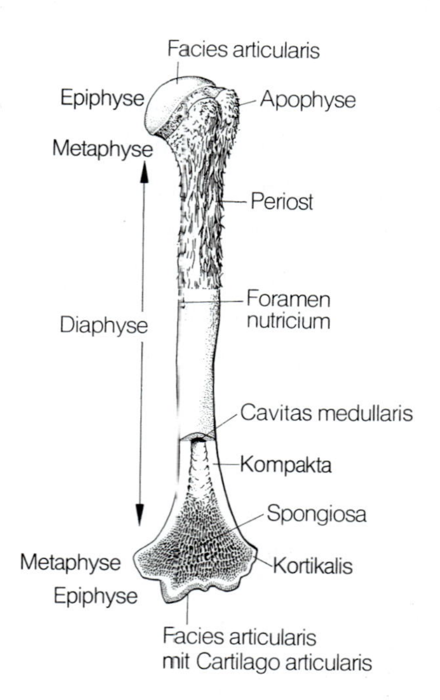

Abb. 5.1. Schematische Darstellung eines Röhrenknochens (Humerus). Der distale Knochenabschnitt ist in der Länge halbiert, um Kompakta, Kortikalis und Spongiosa zu veranschaulichen

- **2 Epiphysen;** es handelt sich um die meist verdickten Endstücke der Röhrenknochen, die am Aufbau der Gelenke beteiligt sind (▶ S. 161). Sie haben eine relativ dünne Kortikalis, aber eine dichte Spongiosa. Zwischen den Spongiosabälkchen befindet sich **rotes Knochenmark.**
- **2 Epiphysenfugen** kommen nur während des Wachstums vor. Sie bestehen aus hyalinem Knorpel und befinden sich zwischen den Epiphysen und der Diaphyse. Epiphysenfugen stehen im Dienst des Längenwachstums des Knochens (▶ S. 57). Mit Abschluss des Wachstums sind sie noch einige Zeit als Epiphysenlinien zu erkennen, verschwinden dann aber.
- **2 Metaphysen** sind die an die Epiphysen angrenzenden verdickten Anteile der Diaphyse.
- **Apophysen** sind Knochenvorsprünge für den Ansatz von Muskeln und Bändern.

Kurze Knochen (Hand- und Fußwurzelknochen, Wirbelkörper) sind vielgestaltig und haben keine allgemeingültige Gliederung.

Platte Knochen (Brustbein, Rippen, Schulterblatt, Hüftbein, Knochen des Schädeldachs) haben an ihrer Oberfläche eine unterschiedlich dicke Kompakta, welche die Spongiosa mit rotem, blutbildendem Knochenmark umgibt. Bei sehr flachen Knochen kann die Spongiosa fehlen, z. B. im dünnen Teil des Schulterblatts. In den Knochen des Schädeldachs wird die Spongiosa als Diploë bezeichnet.

Nicht alle Knochen sind in dieses Schema einzuordnen. Einige haben Strukturmerkmale verschiedener Knochenformen in unterschiedlicher Mischung. Dazu gehören die **pneumatisierten Knochen** des Schädels. Sie enthalten luftgefüllte, mit Schleimhaut ausgekleidete Hohlräume.

5.1.2 Periost

Das **Periost** (Knochenhaut) (Abb. 5.1) ist mit dem Knochen verwachsen. Es besteht aus zwei funktionell unterschiedlichen Schichten:
- **Stratum fibrosum**, einer derben äußeren Schicht
- **Stratum osteogenicum**, einer zell-, gefäß- und nervenreichen inneren Schicht

Das **Stratum fibrosum** besteht aus straff angeordneten Kollagenfaserbündeln, von denen einige als **Sharpey-Fasern** in die Substantia corticalis des Knochens eindringen und dadurch das Periost am Knochen befestigen. Andererseits stehen die Kollagenfasern des Stratum fibrosum mit Sehnen und Bändern in Verbindung, die sich am Knochen befestigen (▶ S. 168). Dadurch gehört das Periost zum Bindegewebssystem des Bewegungsapparates.

Das **Stratum osteogenicum**, auch als *Kambiumschicht* bezeichnet, dient der Knochenneubildung, z. B. bei der Knochenbruchheilung (▶ S. 53). Es enthält Stammzellen, die sich zu Osteoblasten und Osteoklasten differenzieren können. Außerdem führt es zahlreiche kleine Gefäße und Kapillaren, die mit den Volkmann- und Havers-Gefäßen der Substantia compacta (▶ S. 51) in Verbindung stehen und die Ernährung des Knochens sicherstellen. Ferner kommen viele freie Nervenendigungen vor, die die Schmerzempfindlichkeit des Periosts erklären.

5.1.3 Leichtbauweise der Knochen

Leichtbau meint, dass mit einem Minimum an Material ein Maximum an Stabilität erreicht wird. Dies führt beim Knochen zu einer Absenkung von Gewicht und Energiebedarf und ermöglicht eine relativ grazile Skelettmuskulatur; beides ein Selektionsvorteil. Beim Menschen entfallen nur etwa 10% des Körpergewichts – etwa 7 kg – auf das Skelett und 30% auf die Muskulatur.

Der **Leichtbau** wird beim Knochen realisiert durch
- Verwendung von **Lamellenknochen** (▶ S. 51), einem Baumaterial mit hochwertigen mechanischen Eigenschaften,
- Verstärkung des Baumaterials jeweils im Bereich der größten Druck- und Zugspannungen sowie der Biegebeanspruchung – bei gleichzeitiger Einsparung von Material an weniger belasteten Stellen. Diese Anordnung wird als **trajektorielle Bauweise** bezeichnet. *Trajektorien* sind in der Technik Linien, die die Richtung des größten Drucks oder Zuges bzw. der Biegung angeben, z. B. die Verstrebungen eines Baukrans (Abb. 5.2 a–c). Sichtbar werden Trajektorien besonders in der Spongiosa (Abb. 5.2 e), sie sind aber auch in der Substantia compacta vorhanden.

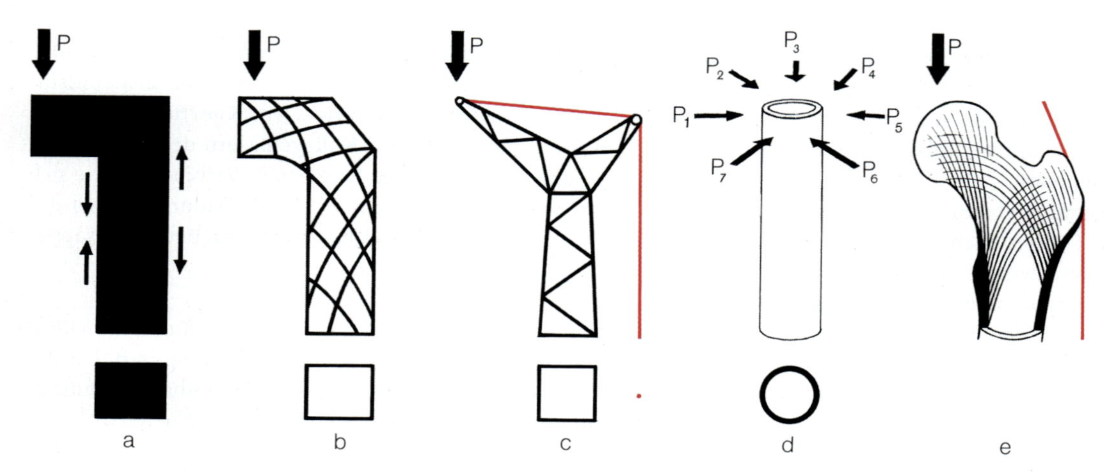

Abb. 5.2. Materialeinsparung durch Leichtbauweise am Beispiel eines Krans. Die exzentrisch angreifende Kraft P erzeugt links Druckbelastung und rechts Biegebelastung. **a** Massivbauweise. Verteilung der Druck- und Zugspannungen (*Pfeile*); **b** Leichtbauweise durch Anordnung des Materials in Richtung der Druck- und Zugspannungen; **c** Zuggurte vermindern die Biegebeanspruchung und führen zu weiterer Materialeinsparung; **d** bei Biegebeanspruchung in verschiedenen Richtungen (Kräfte P1–P7) ist die Rohrform am günstigsten; hier wirken Muskeln als Zuggurte; **e** Leichtbauweise des proximalen Femurendes. Die schwarzen Striche innerhalb des Knochens symbolisieren die Verstärkung der Spongiosa (Trajektorien) (vgl. **b**). Die roten Striche außerhalb des Knochens zeigen die Zuggurtung durch Muskeln und Faszien analog **c**

Zur Erläuterung

Wird ein massiver Rundstab (Abb. 5.3) gebogen, so treten an der Konkavität Druckspannungen und an der Konvexität Zugspannungen auf. Sowohl die Druckspannungen als auch die Zugspannungen sind in der äußersten Zone des Rundstabs am größten und nehmen nach innen ab (Länge der Pfeile in Abb. 5.3). In der Mitte des Stabs befindet sich dann eine »neutrale Zone«, in der weder Druck- noch Zugspannungen bestehen. Hier kann Material eingespart werden.

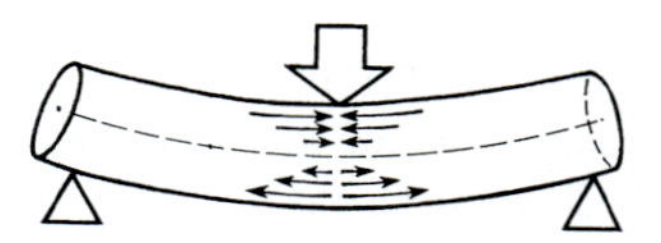

Abb. 5.3. Verteilung der Zug- und Druckspannungen bei Biegung eines Rundstabes

Beispiele für trajektorielle Bauweisen der Knochen

Beim **Wirbelkörper** verlaufen die Spongiosabälkchen entsprechend der Druckbelastung durch das Körpergewicht senkrecht von der oberen zur unteren Deckplatte. Gleichzeitig treten in allen Richtungen senkrecht zur Druckrichtung Zugspannungen auf. Entsprechend durchziehen die Wirbelkörper zusätzliche Bälkchen von vorn nach hinten und von rechts nach links (Abb. 5.4).

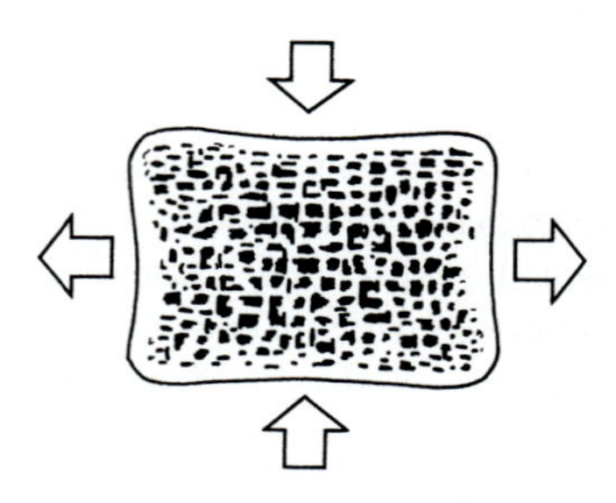

Abb. 5.4. Spongiosaarchitektur eines Wirbelkörpers. Die Pfeile bezeichnen die Richtung der Druck- und Zugspannungen

Proximales Femurende. Infolge der abgewinkelten Form des Oberschenkelknochens (► S. 518) werden die Druckkräfte, die durch das Körpergewicht entstehen, von Biege- und Scherkräften überlagert. Daher nehmen die Spongiosabälkchen hier einen bogenförmigen Verlauf, wobei sich die Bogensysteme entsprechend den Druck- und Zugspannungstrajektorien rechtwinklig kreuzen (Abb. 5.2e).

Am **Ober- und Unterarm** lässt sich zeigen, dass Diaphysen langer Knochen vornehmlich einer Biegebeanspruchung unterliegen und die Rohrform hier am besten für den Leichtbau geeignet ist. Abb. 5.5a macht dies am Unterarm deutlich, der durch einen Muskel am Oberarm fixiert und mit einem Gewicht belastet ist. Gleiches gilt für den Oberarmknochen, wenn die Beugestellung durch einen Unterarmmuskel fixiert wird (Abb. 5.5b). Minimiert wird die Belastung erst durch den gleichzeitigen Einsatz beider Muskeln (Abb. 5.5c).

Zugfestigkeit, Druckfestigkeit, Biegebeanspruchung. Festigkeitsuntersuchungen der Knochenkompakta ha-

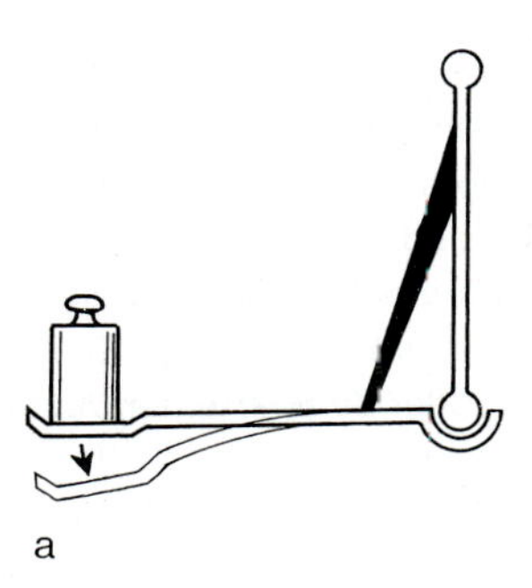

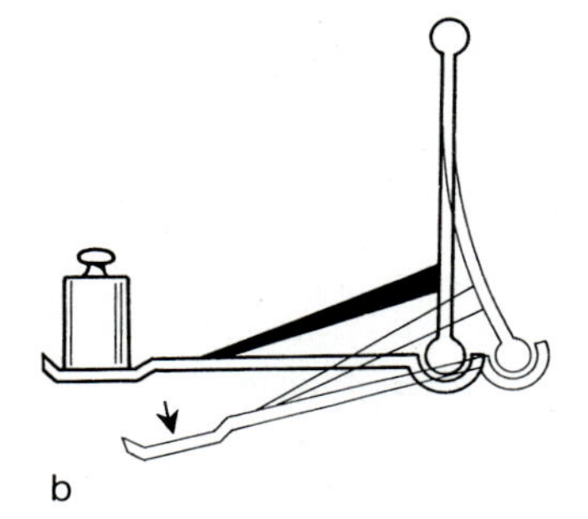

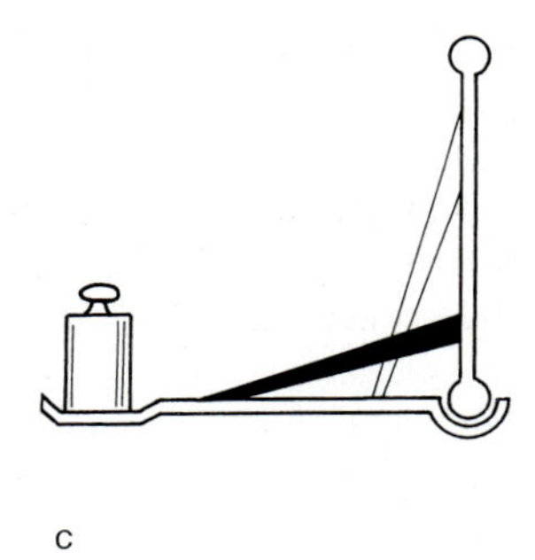

Abb. 5.5. Schema der Biegebeanspruchung bei gleicher Gewichtsbelastung. Bei der Muskelanordnung in **a** wird vorwiegend der Unterarmknochen, in **b** vorwiegend der Oberarmknochen auf Biegung beansprucht. Das gleichzeitige Vorkommen beider Muskeln in **c** reduziert die auf beide Knochen einwirkenden Biegekräfte auf ein Minimum

ben ergeben, dass deren **Zugfestigkeit** (bis zur Reißgrenze) erheblich geringer ist als ihre **Druckfestigkeit**. Am empfindlichsten ist Knochen jedoch gegen **Biegebeanspruchung**. Sie erreicht bei dynamischer Belastung (Sprung, Sturz) hohe Werte und führt häufig zu Brüchen. Brüche kämen noch viel häufiger vor, würde die Biegebeanspruchung nicht erheblich durch Muskelzug reduziert. Die Muskeln wirken als **Zuggurte** (z. B. Abb. 5.2 d, e).

Zuggurtung (ein Begriff aus der Statik; Abb. 5.2 c) bedeutet, dass Biegebeanspruchung durch Zugspannungen von Muskeln aufgefangen wird, die an einer Seite des Knochens ansetzen. Dieses Prinzip ist bei den Extremitäten überall verwirklicht.

Klinischer Hinweis

Bei Knochenbrüchen hängt der Verlauf der Rissflächen von der Richtung der Gewalteinwirkung ab. Quere und schräge Rissflächen gehen bei Diaphysen der Röhrenknochen in der Regel auf Stauchungen oder seitliche Gewalteinwirkung zurück.

Biegungsbrüche. Frakturen mit schraubiger Rissfläche (*Skiunfälle*) treten durch überhöhte Zugspannungen bei gewaltsamer Torsion des Knochens auf. Einbrüche der Bälkchenstruktur der Spongiosa kommen durch *Kompression* bei Knochen mit dünner Korikalis vor, z. B. beim Wirbel. Sie sind in der Regel irreversibel.

5.1.4 Funktionelle Anpassung

Obwohl Knochengewebe aus widerstandsfähiger Hartsubstanz besteht, kommt es beim Erwachsenen – unter Aufrechterhaltung der äußeren Knochenform – zu einem ständigen inneren Umbau, insbesondere bei Veränderung der Beanspruchung. Dieses Verhalten wird als **funktionelle Anpassung** bezeichnet. Möglich wird dies, weil Knochengewebe einen vergleichsweise hohen Stoffwechsel hat.

Aktivitätshypertrophie. Verstärkte systemgerechte, d. h. über die Gelenkenden wirkende Belastungen können z. B. bei Röhrenknochen zu einer Verdickung von Kompakta und Spongiosabälkchen führen. Umgekehrt schwindet Knochenmaterial bei Muskellähmung oder längerer Ruhigstellung (Gipsverband).

Inaktivitätsatrophie. Sie ist im Röntgenbild an kontrastarmer Spongiosazeichnung zu erkennen. Knochenatrophie ist im Übrigen eine typische Altersveränderung und geht mit erhöhter Bruchgefährdung einher. Zum Knochenabbau kommt es auch, wenn konstanter lokaler Druck auf Knochen ausgeübt wird, z. B. durch Tumoren.

Besonders deutlich zeigt sich die funktionelle Anpassung der Spongiosaarchitektur, wenn sich bei einer winklig verheilten Fraktur eines Röhrenknochens neue Spannungsverteilungen ergeben. In Richtung der geänderten Druck- und Zugspannungstrajektorien werden neue Spongiosabälkchen auf- und an nunmehr unbelasteten Stellen alte abgebaut.

5.1.5 Kalziumstoffwechsel und Blutbildung

Kalziumspeicher. Das Skelett ist der wichtigste **Kalziumspeicher** des Körpers. Es enthält 99% des gesamten Kalziums, das mit der Nahrung aufgenommen wird. Kalzium wird aber nicht nur im Knochen abgelagert, sondern bei Bedarf auch wieder mobilisiert. Dadurch wird ein konstanter Kalziumspiegel aufrechterhalten, der für den Ablauf zahlreicher Lebensprozesse erforderlich ist, z. B. bei Muskelkontraktion, Signalübertragung in Zellen und Blutgerinnung. Die Kalziummobilisierung erfolgt u. a. durch Hormone, z. B. dem der Nebenschilddrüse (Parathormon) (weitere Einzelheiten ► S. 652).

Die Blutbildung im Knochen findet im **roten Knochenmark** statt. Es befindet sich zwischen den Spongiosabälkchen und besteht aus einer Matrix aus Fibroblasten und retikulären Fasern, die von sinusoidalen Kapillaren durchzogen wird. Die zu- und abführenden Gefäße erreichen bzw. verlassen das Knochenmark durch **Foramina nutricia** der Kompakta des Knochens (Abb. 5.1) (Ausführungen über das Knochenmark ► S. 134).

In Kürze

Zu unterscheiden sind lange, kurze und platte Knochen. Lange Knochen gliedern sich in Epiphysen, Metaphysen und Diaphyse. Apophysen sind Knochenvorsprünge. An der Knochenoberfläche befindet sich Periost, von dem Blutversorgung und Knochenbruchheilung ausgehen. Knochen haben einen Leichtbau mit Verstärkungen (Trajektorien) im Bereich der größten Druck- und Zugspannungen sowie der Biegebeanspruchung: Kompakta, Spongiosa. Knochen passt sich funktionellen Ansprüchen an und kann umgebaut werden. Knochen ist der wichtigste Kalziumspeicher des Körpers und enthält Knochenmark.

5.2 Gelenke und Bänder

Kernaussagen

- Gelenke sind Verbindungen zwischen Knochen.
- Sie liegen als Synarthrosen und Diarthrosen vor.
- Synarthrosen besitzen keinen Gelenkspalt, weshalb ihre Beweglichkeit gering ist oder ganz fehlt.
- Diarthrosen sind echte Gelenke mit einem Gelenkspalt und Gelenkflächen, die mit hyalinem Knorpel (Gelenkknorpel) überzogen sind. Sie sind in der Regel sehr beweglich.
- Der Zusammenschluss der Gelenkflächen erfolgt durch äußere Kräfte (z. B. das Körpergewicht) oder Zugkräfte der über das Gelenk ziehenden Muskeln.
- Manche Gelenke haben Hilfseinrichtungen (Disci, Menisci), die bei allen Gelenkstellungen eine gleichmäßige Belastung der Gelenkflächen sicher stellen.
- Gelenke haben unterschiedliche Freiheitsgrade.
- Die Beweglichkeit eines Gelenkes ist trainingsabhängig.

5.2.1 Synarthrosen

Synarthrosen besitzen keinen **Gelenkspalt.** Hier sind deshalb kaum Bewegungen zwischen den beteiligten Knochen möglich.

Synarthrosen treten auf als:
- **Syndesmosen** (*Bandhaft*)
- **Synchondrosen** (*Knorpelhaft*)
- **Synostosen** (*Knochenhaft*)

Eine Zwischenform von Syn- und Diarthrose ist die
- **Hemiarthrose.**

Syndesmose. Die Knochenverbindung wird durch straffes kollagenes Bindegewebe hergestellt. Eine besondere Form der Syndesmose sind die **Fontanellen** und Nähte (**Suturae**) zwischen Schädelknochen von Säuglingen und Kleinkindern (Abb. 584).

Synchondrose. Diese Knochenverbindung vermittelt hyaliner Knorpel oder Faserknorpel (Beispiel: Zwischenwirbelscheiben).

Synostose. Die Knochenverbindung besteht aus Knochengewebe. Sie hat jede Beweglichkeit verloren, z. B. durch Verknöcherung der Schädelnähte.

Hemiarthrose. Eine Hemiarthrose liegt vor, wenn in einer Synarthrose ein flüssigkeitsgefüllter Spalt vorhanden ist. Dies kann z. B. in der Symphysis pubica, in der Regel eine Synchondrose, der Fall sein.

5.2.2 Diarthrosen

Diarthrosen haben einen **Gelenkspalt** zwischen mit Hyalinknorpel überzogenen Gelenkenden des Knochens. Dadurch können in Diarthrosen Bewegungen zwischen den beteiligten Knochen stattfinden.

Jedoch variiert der Bewegungsspielraum der Diarthrosen je nach Gelenkkonstruktion erheblich. Ist er stark eingeschränkt, z. B. bei den kleinen Fußwurzelgelenken, spricht man von *straffen Gelenken* (**Amphiarthrosen**).

Zu unterscheiden ist ferner zwischen Gelenken, an denen nur zwei Skeletteile beteiligt sind (**Articulatio simplex**), z. B. Schultergelenk, und solchen mit mehreren Skeletteilen (**Articulatio composita**), z. B. Ellenbogengelenk.

Diarthrosen weisen auf (Abb. 5.6):
- **Gelenkflächen** (*Facies articulares*) überzogen mit
- **Gelenkknorpel**
- **Gelenkkapsel**
- **Gelenkbändern**
- **Gelenkhöhle**

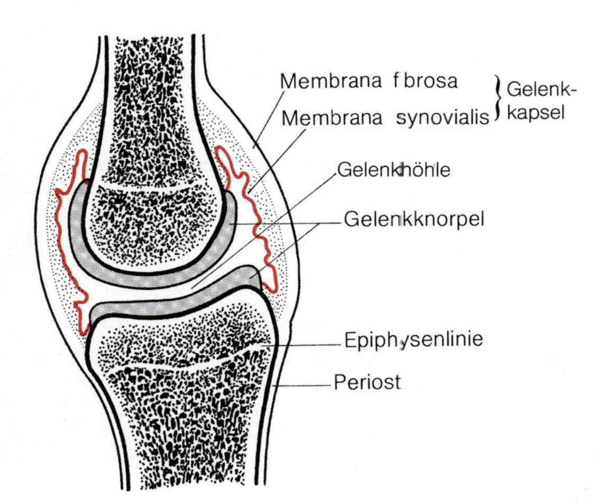

Abb. 5.6. Schema eines echten Gelenks (Diarthrose, Articulatio synovialis). Zu beachten sind die Ausdehnung der Gelenkhöhle und ihre Begrenzung durch Gelenkknorpel und Membrana synovialis

Gelenkknorpel (*Cartilagines articulares*) sind je nach Bewegungserfordernissen unterschiedlich geformt. Sie bestehen bei Knochen mit chondraler Ossifikation (► S. 55) aus **hyalinem Knorpel**, bei Knochen mit desmaler Ossifikation aus **Faserknorpel**, z. B. im Kiefergelenk. In allen Fällen fehlt dem Gelenkknorpel ein Perichondrium. Seine Oberfläche ist spiegelnd glatt.

Gelenkknorpel steht bei vielen Gelenken unter erheblichem Druck, wird aber auch durch Dreh-Gleit-Bewegungen belastet, z. B. im Kniegelenk beim Laufen. Dort ist der Knorpelbelag besonders dick, bis zu 5 mm. Eine wichtige Rolle spielt außerdem die Verformbarkeit des Gelenkknorpels, insbesondere bei inkongruenten Gelenkflächen. Hier wird mit steigendem Druck die Kontaktfläche der Gelenkflächen größer und die Druckverteilung entsprechend besser. Außerdem passt sich der Feinbau der Gelenkknorpel den unterschiedlichen Belastungen an (► S. 48).

Gelenkkapsel (*Capsula articularis*). Die Gelenkkapsel umschließt das Gelenk allseitig und kann als Fortsetzung des Periostschlauchs aufgefasst werden (Abb. 5.6). Dementsprechend besteht die Gelenkkapsel aus:
- *äußerer straffer Kollagenfaserschicht* (**Membrana fibrosa**)
- *innerer Schicht*, die als **Membrana synovialis** das Stratum osteogenicum des Periosts fortsetzt

Die **Membrana fibrosa** ist bei den einzelnen Gelenken sehr unterschiedlich dick. Örtliche Verstärkungen aus kräftigen Bündeln oder Züge von Kollagenfasern, die teilweise aus einstrahlenden Sehnenausläufern hervorgehen, werden als **Gelenkbänder** bezeichnet (► unten).

Die **Membrana synovialis** stellt die *Gelenkinnenhaut* dar und besteht aus lockerem Bindegewebe mit einzelnen Fettzellen. An der inneren Oberfläche sind die sonst verzweigten Fibrozyten flächenhaft ausgebreitet und bieten somit histologisch das Bild eines einschichtigen, zuweilen auch mehrschichtigen Epithels. Die Membrana synovialis bildet gefäßreiche Falten (**Plicae synoviales**) und fettzellhaltige, auch vaskularisierte Zotten (**Villi synoviales**). Die Membrana synovialis enthält zahlreiche Nervenfasern und Rezeptoren; sie ist deswegen äußerst schmerzempfindlich.

Gelenkbänder sind bei allen Gelenken wichtige Bestandteile. Sie bestehen wie Sehnen aus weitgehend parallel verlaufenden Kollagenfasern. Meist sind sie als

Verstärkungsbänder in die Membrana fibrosa der Gelenkkapsel eingewebt (► oben), können aber auch ohne engere Beziehung zur Kapsel die artikulierenden Knochen miteinander verbinden, z. B. Ligamentum collaterale fibulare des Kniegelenks.

Gelenkbänder haben zwei Aufgaben:

- Sie dienen der **Gelenkführung**, in dem sie Bewegungen in unerwünschte Richtungen verhindern.
- Sie **begrenzen die Gelenkexkursionen** durch Hemmung übermäßiger Gelenkausschläge in bestimmten Richtungen.

Gelenkbänder dienen jedoch nicht dem Zusammenschluss der Gelenkflächen. Dieser wird vielmehr durch äußere Kräfte bewirkt, z. B. das Körpergewicht oder Zugkräfte der Muskeln, die über das Gelenk hinweg ziehen.

Die **Gelenkhöhle** (*Cavitas articularis*) ist keine eigentliche Höhle, sondern ein kapillärer Spalt mit einer geringen Menge **Synovia.** Synovia ist ein Gleitmittel und dient der Ernährung des gefäßlosen Gelenkknorpels. An der Bildung dieser proteoglykanhaltigen, hyaluronsäurereichen, schleimartigen Flüssigkeit sind die Fibrozyten der Membrana synovialis beteiligt.

In der Nachbarschaft vieler Gelenke kommen **Schleimbeutel** vor. Viele kommunizieren mit der Gelenkhöhle.

5.2.3 Sonderstrukturen und Hilfseinrichtungen

Sonderstrukturen und Hilfseinrichtungen der Gelenke sorgen in erster Linie für eine gleichmäßige Belastung der Gelenkoberfläche bei allen Gelenkstellungen. Sie sind erforderlich, weil biologische Gelenke – im Gegensatz zu technischen – keinen optimalen Gelenkschluss haben. Dafür kann ein biologisches Gelenk in unterschiedlichen Stellungen unterschiedliche Freiheitsgrade aufweisen.

Hilfseinrichtungen von Gelenken sind:

- **Disci articulares** (*Zwischenscheiben*), die den Gelenkspalt in ganzer Länge durchziehen
- **Menisci articulares**, die in den Gelenkspalt hineinragen, ihn aber nicht komplett füllen
- **Labra articularia** (*Pfannenlippen*)

Hilfseinrichtungen der Gelenke bestehen aus Faserknorpel oder kollagenem Bindegewebe.

Ein **Discus articularis** findet sich u. a. im Kiefergelenk. Er ist an seiner Zirkumferenz mit der Gelenkkapsel verwachsen und teilt somit das Gelenk in zwei Abteilungen. Er dient als Druckverteiler und hat Polsterfunktion zum Ausgleich inkongruenter Gelenkflächen.

Menisci articulares sind eine Sonderform des Discus articularis. Sie unterteilen das Gelenk unvollständig, kommen nur im Kniegelenk vor und haben C-förmige Gestalt.

Labra articularia kommen im Schultergelenk als **Labrum glenoidale** und im Hüftgelenk als **Labrum acetabuli** vor. Sie vergrößern als verformbare Ringwülste den äußeren Umfang der Gelenkpfanne und damit die Kontaktfläche der artikulierenden Skelettteile. Außerdem setzen sie den am Pfannenrand entstehenden Druck herab.

5.2.4 Gefäße und Innervation

Gelenke werden reichlich mit Blut versorgt, insbesondere die stark kapillarisierte Synovialmembran. Die Gefäße bilden Gefäßringe am Übergang vom Periost zur Gelenkkapsel.

Gelenke sind schmerzempfindlich. Sie werden von zahlreichen afferenten Nervenfasern mit freien Nervenendigungen erreicht, die im Stratum fibrosum der Gelenkkapsel und ihrer Nachbarschaft verlaufen.

5.2.5 Bewegungsführung von Gelenken

Wichtig

Für die Funktionstüchtigkeit eines Gelenks sind eine geordnete Bewegungsführung und eine Hemmung von Extrembewegungen unerlässlich. Ein Schlottergelenk mit einem zu schlaffen Bandapparat ist funktionell minderwertig.

Führung sowie Hemmung eines Gelenks können erfolgen durch:
- **Knochenführung – Knochenhemmung**
- **Bänderführung – Bänderhemmung**
- **Muskelführung – Muskelhemmung**
- **Weichteil-** oder **Massenhemmung**

Das Ausmaß von Führung bzw. Hemmung ist bei Gelenken sehr unterschiedlich.

Eine **Knochenführung** existiert nur bei wenigen Gelenken mit besonders geformten Gelenkflächen, z.B. beim Humeroulnargelenk im Ellenbogen (► S. 474).

Knochenhemmung wird bei gewaltsamer Überstreckung im Ellenbogengelenk wirksam.

Bänderführung hat insbesondere Bedeutung bei
- stark inkongruenten Gelenkflächen (z.B. Kniegelenk)
- planen Gelenkflächen (z.B. Hand- und Fußwurzelgelenke)
- Scharniergelenken (z.B. Mittel- und Endgelenke der Finger)

Bei diesen Gelenken fehlt eine Knochenführung. Stattdessen wird der Bandapparat wirksam. Er gibt Bewegungen nur in bestimmter Richtung frei.

Bänderhemmung, z.B. bei Hüft-, Knie- und Ellenbogengelenk, Finger- und Zehengelenken. In diesen Gelenken wird die Streckung durch Bänder gehemmt.

Muskelführung ist bei Gelenken erforderlich, deren Bewegungen weder durch Knochen- noch durch Bänderführung hinreichend gesichert sind, z.B. Schultergelenk. Die Muskeln wirken hierbei als verstellbare Bänder. Sie unterliegen der Regelung durch das Nervensystem.

Muskelhemmung liegt vor, wenn bei bestimmten Gelenkstellungen die Dehnbarkeit eines mehrgelenkigen Muskels bzw. einer Muskelgruppe erschöpft ist, z.B. Vorbeugung im Hüftgelenk bei gestrecktem Kniegelenk.

Weichteil- oder Massenhemmung tritt z.B. beim Kiefergelenk und bei extremer Beugung in Ellenbogen- oder Kniegelenk in Erscheinung.

5.2.6 Gelenktypen

Wichtig

Gelenke haben unterschiedliche Freiheitsgrade.

Der Begriff des Freiheitsgrades ist aus der Physik übernommen. Er beschreibt die Bewegungsmöglichkeiten zwischen zwei Körpern in den drei Richtungen des Raums. In der Gelenkmechanik wird dabei von den Bewegungsachsen (Hauptachsen) ausgegangen. Die Bewegungsmöglichkeiten selbst hängen vor allem von der Form der Gelenkflächen und der Muskelwirkung ab.
Zu unterscheiden sind (Abb. 5.7)
- **dreiachsige Gelenke** mit drei Freiheitsgraden (**Kugelgelenk**)
- **zweiachsige Gelenke** mit zwei Freiheitsgraden (**Eigelenk, Sattelgelenk**)
- **einachsige Gelenke** mit einem Freiheitsgrad (**Scharniergelenk, Radgelenk**)
- **ebene Gelenke (flaches Gelenk)**

Kugelgelenk (*Articulatio sphaeroidea*) (Abb. 5.7 a). Dreiachsige Gelenke besitzen einen kugelförmigen Gelenkkopf, der mit einer entsprechend gehöhlten Gelenkpfanne artikuliert, z.B. Schultergelenk, Hüftgelenk. Das Gelenk erlaubt Bewegungen in beliebig viele Richtungen, die aber im Prinzip auf drei Hauptrichtungen (Freiheitsgrade) reduziert sind.

Die entscheidenden Bewegungen erfolgen um drei Hauptachsen, die senkrecht aufeinander stehen und sich im Kugelmittelpunkt treffen:
- **Innenrotation – Außenrotation:** Drehung um die Längsachse des Knochens (1. Hauptachse)
- **Flexion** (*Beugung*) – **Extension** (*Streckung*): Bewegung um eine transversale Achse (quer gelegen, 2. Hauptachse)
- **Abduktion** (*Abspreizen*) – **Adduktion** (*Heranführen*): Bewegung um eine sagittale Achse (3. Hauptachse)
- **Zirkumduktion:** kombinierte Bewegung um die 2. und 3. Hauptachse, z.B. das Kreisen des Beines im Hüftgelenk. e Grundlagen: Bewegungen

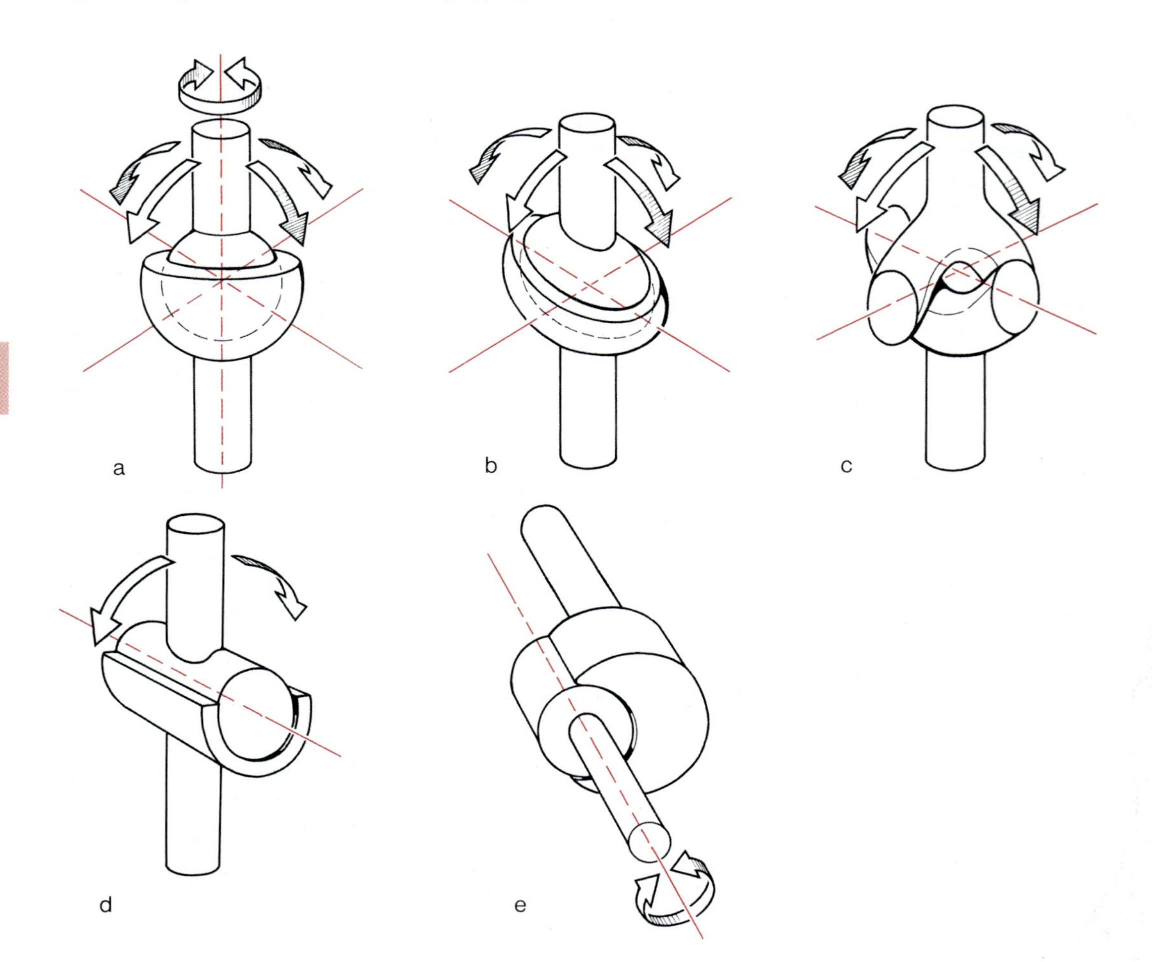

Abb. 5.7. Formen der Diarthrosen. **a** Prinzip eines dreiachsigen Gelenks: Kugelgelenk oder Nussgelenk; **b** zweiachsiges Gelenk: Eigelenk; **c** zweiachsiges Gelenk: Sattelgelenk; **d** einachsiges Gelenk: Scharniergelenk mit querliegender Achse; **e** einachsiges Gelenk: Scharniergelenk mit längsverlaufender Achse (Radgelenk). Die Pfeile zeigen die Bewegungsmöglichkeiten an

Zur Information

Das Ausmaß der Bewegungen in Kugelgelenken ist unterschiedlich. Wenn die Gelenkpfanne den Gelenkkopf um mehr als die Hälfte umfasst, z. B. beim Hüftgelenk, ist die Beweglichkeit eingeschränkt. Diese Gelenkform wird auch als *Nussgelenk* (Articulatio cotylica, Enarthrosis) bezeichnet.

Beim **Eigelenk** (*Articulatio ellipsoidea*) verhindern im Unterschied zum Kugelgelenk der quer liegende eiförmige Gelenkkopf und die entsprechend geformte Pfanne eine Rotation um die Längsachse. Bewegungen um die beiden anderen Achsen sind frei, z. B. proximales Handgelenk (Abb. 5.7 b).

Beim **Sattelgelenk** (*Articulatio sellaris*) besitzen beide Gelenkflächen die Form eines Reitsattels (Abb. 5.7 c). Die Rotation um die Längsachse ist bei dieser Gelenkart eingeschränkt, die Bewegung um die beiden anderen Achsen (Beugung und Streckung; Ab- und Adduktion) ist möglich, z. B. Grund(Karpometakarpal)gelenk des Daumens (► S. 481). Die Kombination beider erlaubt eine *Zirkumduktion.*

Scharniergelenk (*Ginglymus*). Die meisten einachsigen Gelenke sind Scharniergelenke. Ihre Achse verläuft transversal (Abb. 5.7 d). Die Bewegung besteht in Beugung und Streckung, z. B. Mittel- und Endgelenke der Finger (► S. 484). Sie wird durch Seitenbänder (Kollateralbänder) geführt.

Das **Radgelenk** (*Articulatio trochoidea*) hat eine in der Längsrichtung der artikulierenden Knochen verlaufende Achse (◘ Abb. 5.7e), z. B. Gelenk zwischen Atlas und Axiszahn (Articulatio atlantoaxialis mediana) (► S. 238). e Osteologie: Atlas und Axis

Ebenes Gelenk (*Articulatio plana*). Ein ebenes Gelenk mit planen Gelenkflächen erlaubt seitliche Verschiebungen, z. B. Articulationes zygapophysiales (► S. 233). Die Bewegungsmöglichkeiten sind in der Regel durch straffe Bänder stark eingeengt (z. B. in der oberen Brustwirbelsäule), können bei lockerem Bandapparat aber auch erheblich sein (z. B. Hals- und Lendenwirbelsäule).

Zur Information

Gemessen (in Grad) werden die Gelenkbewegungen mit der *Neutral-Null-Methode.* Ausgangspunkt (Null- oder Neutralstellung) ist der aufrecht stehende Mensch mit parallel stehenden Füßen und gerade herabhängenden Armen, Daumen nach vorn. Ein Beispiel ist das Ellenbogengelenk: Flexion 150°, Extension 10°.

5.2.7 Funktionelle Anpassung und Alterung

Wichtig

Die Beweglichkeit eines Gelenks ist trainingsabhängig. Traumatische und altersbedingte Schäden sind nur begrenzt reparabel.

Funktionelle Anpassung. Die Grundform der Gelenke ist genetisch festgelegt. Sie kann aber durch Training in gewissem Ausmaß modifiziert werden. Es kommt dann zu Verbreiterung der überknorpelten Gelenkflächen bei gleichzeitiger Ausweitung von Gelenkkapselabschnitten und Verlängerung der Hemmungsbänder. Dadurch steigert sich der Bewegungsumfang des Gelenkes.

Längerdauernde **Ruhigstellung** führt zu einer Schrumpfung von Kapsel und Bandapparat und dadurch zur Bewegungseinschränkung. Sofern größere Reservefalten der Gelenkkapsel existieren, verklebt deren Synovialmembran. Die verklebenden Oberflächen bestehen aus Fibrozyten, die sich aus ihrem epithelartigen Verband lösen und unter Neubildung von Kollagenfibrillen eine Verschmelzung der synovialen Oberflächen herbeiführen.

Eine **Regeneration** des hyalinen Gelenkknorpels ist nicht möglich, da das Perichondrium fehlt. Knorpeldefekte werden durch Bildung von Faserknorpel repariert. Gelenkbänder, fibröse Kapsel, Disken und Menisken sind bradytrophe Gewebe. Ihre Wiederherstellung nach Verletzungen dauert oft Monate.

Alterung. Als Folge mangelnder Übung wird im Alter der Bewegungsumfang von Gelenken eingeschränkt. Regressive Veränderungen des gefäßfreien Gelenkknorpels führen zu einer Abflachung und zur Asbestdegeneration (► S. 48). An den Randpartien des Gelenkknorpels kommt es zuweilen zu Knorpelproliferationen, die verkalken und später durch Knochengewebe ersetzt werden können (*Arthrose*). Diese degenerativen Veränderungen können bei ständiger Über- oder Fehlbelastung der Gelenke selbst in jüngerem Lebensalter auftreten.

Klinischer Hinweis

Kapselverletzungen. Bei Verstauchung und Zerrung (*Distorsion*) oder bei Prellung (*Kontusion*) ist vorwiegend die Gelenkkapsel betroffen. Je nach Stärke der Gewalteinwirkung reagiert sie mit Schwellung, mit vermehrter Flüssigkeitsabsonderung (*Erguss*) oder, falls Kapselgefäße zerreißen, mit Blutungen in die Gelenkhöhle (*Bluterguss*).

Bänderverletzungen. An den genannten Traumen sind häufig die Gelenkbänder beteiligt, da sie bei den meisten Gelenken in die Kapsel eingelassen sind. Eine Bänderläsion entsteht vor allem dann, wenn äußere Kräfte eine durch Bänder gehemmte Gelenkbewegung forcieren, z. B. Überstreckung im Finger- oder Kniegelenk. Es resultieren verschiedene Verletzungsgrade von der einfachen Zerrung bis zum kompletten Riss.

Knochenverletzungen. Wegen der großen Zugfestigkeit der Kollagenfasern kann die Kontinuität kräftiger Bänder erhalten bleiben und statt dessen ein Abriss des Knochenabschnitts erfolgen, an dem das Band inseriert, z. B. *Abrissfraktur* des lateralen Fußknöchels (Malleolus fibularis).

Beim *Schultergelenk,* einem Gelenk mit Muskelführung, kann es z. B. durch Insuffizienz der Haltemuskeln oder infolge Unterentwicklung der Pfannenlippe zur *habituellen Luxation* (Verrenkung, Auskugelung) kommen. Bei den Gelenken mit Bänderführung haben Luxationen gewöhnlich Kapsel- und Bänderrisse zur Folge.

In Kürze

In Synarthrosen sind Knochen bindegewebig (Syndesmose), knorpelig (Synchondrose) oder knöchern (Synostose) ohne zwischengeschalteten Gelenkspalt miteinander verbunden. Die Knochen sind nur sehr gering oder gar nicht gegeneinander beweglich. Dagegen sind Diarthrosen echte Gelenke, mit knorpelüberzogenen artikulierenden Gelenkflächen, einem zwischengeschalteten Gelenkspalt und einer umgebenden Gelenkkapsel. Sie haben zahlreiche Bewegungsmöglichkeiten. Ergänzt wird der Aufbau mancher Diarthrosen durch Disci bzw. Menisci articulares oder Gelenkpfannenlippen. Die Bewegungsmöglichkeit des einzelnen Gelenkes hängt von der Form der Gelenkfläche, den Bändern, Muskeln und Weichteilen ab. Je nach Form der Gelenkflächen und Struktur der umgebenden Gelenkkapsel resultieren verschiedene Gelenktypen mit unterschiedlichen Freiheitsgraden: Das Kugelgelenk ermöglicht Extension/Flexion, Abduktion/Adduktion und Innen-/Außenrotation. Eigelenk und Sattelgelenk lassen nur Extension/Flexion sowie Abduktion/Adduktion zu. Im Radgelenk ist Innen-/Außenrotation möglich und im Scharniergelenk Extension/Flexion. Flache Gelenke erlauben nur leichte Verschiebebewegungen. Gelenke können sich funktionellen Anforderungen anpassen und unterliegen in erheblichem Umfang der Alterung.

5

5.3 Muskeln und Sehnen

Kernaussagen

- **Die meisten Muskeln haben ihren Ursprung und ihren Ansatz am Skelett (Ausnahme Hautmuskeln).**
- **Nach Anordnung der Muskelfasern und Zahl, Form und Verzweigung der Muskelbäuche lassen sich verschiedene Muskelformen unterscheiden.**
- **Muskeln werden durch ein ineinander geschachteltes bindegewebiges Hüllsystem in Muskelfasergruppen steigender Größenordnung untergliedert.**
- **Sehnen gehen aus den bindegewebigen Hüllsystemen der Muskeln hervor und sind unter Vermittlung des Periosts in Knochen verankert.**
- **Hilfseinrichtungen von Muskeln und Sehnen sind Faszien, Schleimbeutel und Sehnenscheiden. Sie haben Schutzfunktion und ermöglichen ein Gleiten der Strukturen gegeneinander.**
- **Die Muskelkraft hängt von physiologischem Querschnitt und Fiederungswinkel ab. Sie kann ohne Faserverkürzung durch Tonuserhöhung (isometrische Kontraktion) oder mit Faserverkürzung ohne Tonuserhöhung (isotonische Kontraktion) entwickelt werden.**
- **Die Muskelwirkung wird von der Sehnenkraft (die auf die Sehne übertragene Muskelkraft) und dem wirksamen Hebelarm bestimmt.**
- **Muskeln können gleichsinnig (synergistisch) oder gegensinnig (antagonistisch) zusammenwirken.**
- **In der Regel werden zahlreiche Muskelfasern von einem Neuron innerviert. Sie bilden eine motorische Einheit.**
- **Muskeln passen sich funktionellen Anforderungen an.**

Die Skelettmuskulatur besteht anatomisch aus **Einzelmuskeln**, die in der Regel gut voneinander trennbar sind und auch einzeln benannt werden. Funktionell bilden Muskeln jedoch meist **Muskelgruppen.** Durch Zusammenspiel der verschiedenen Muskeln bzw. Muskelgruppen, die teils gleichsinnig, teils gegensinnig wirken, werden ausgewogene Bewegungen möglich. Muskeln haben nicht nur **Bewegungs-**, sondern auch **Haltefunktion,** z. B. beim Aufrechtstehen.

5.3.1 Muskeln als Individuen

Nach Übereinkunft wird die rumpfnahe (proximale) Anheftungsstelle eines Muskels als **Ursprung** (*Origo*) und die rumpfferne (distale) Befestigungsstelle als **Ansatz** (*Insertio*) bezeichnet.

Zur Information

In der Regel ist bei einer Muskelkontraktion der Ursprung des Muskels das *Punctum fixum*, der Ansatz das *Punctum mobile*, das zum Ursprung hin bewegt wird, z. B. beim Beugen des Beins (Bewegung im Hüftgelenk). Es kann jedoch zu einer Umkehr kommen, z. B. bei der Rumpfbeugung nach vorne im Stand.

Bei Muskeln lässt sich ein aus kontraktilen Muskelfasern bestehender Mittelteil, **Muskelbauch** (*Venter*), von den endständigen, sehr verschieden langen **Sehnen** (*Tendines*), welche die Muskelkraft auf das Skelett übertragen, unterscheiden.

Einteilung der Muskeln nach äußerlich sichtbarer Anordnung der Muskelfasern (Abb. 5.8):

- **spindelförmige Muskeln** (*Mm. fusiformes*) (Abb. 5.8 a). Der Muskelbauch endet beiderseits unter Verjüngung an Sehnen. Die Muskelfasern selbst verlaufen fast parallel in Längsrichtung, z. B. M. biceps brachii (▶ S. 477). Dieses äußere Bild bedeutet nicht, dass die Muskelfasern genauso lang sind wie der ganze Muskelbauch. Vielmehr sind sie oft deutlich kürzer und stehen über lange Bindegewebszüge mit den Sehnen in Verbindung;
- **einfach gefiederte Muskeln** (*Mm. unipennati*) (Abb. 5.8 f). Die Muskelfasern befestigen sich einseitig unter spitzen Fiederungswinkeln an der Ansatzsehne, z. B. M. extensor hallucis longus (▶ Tabelle 12.24);
- **doppelt gefiederte Muskeln** (*Mm. bipennati*) (Abb. 5.8 e). Die Muskelfasern erreichen unter verschiedenen Fiederungswinkeln von zwei Seiten die Ansatzsehne. Die Ursprungssehne ist meist als Sehnenblatt ausgebildet, z. B. M. flexor hallucis longus (▶ Tabelle 12.25);
- **mehrfach gefiederte Muskeln** (*Mm. multipennati*). Zahlreiche Muskelbündel setzen an einer sich fächerförmig in Einzelbündel aufzweigenden Sehne an, z. B. M. deltoideus (▶ S. 470);
- **platte Muskeln** (*Mm. plani*) (Abb. 5.8 h). Diese flächig ausgebreiteten Muskeln kommen in der Bauchwand und am Rücken vor. Die Muskelfasern verlaufen entweder parallel oder konvergierend.

Einteilung der Muskeln nach Zahl, Form und Verzweigung der Muskelbäuche (Abb. 5.8):

- **mehrköpfige Muskeln** (Abb. 5.8 d). Muskeln dieser Art haben mehrere selbständige Ursprünge (*Köpfe*), die in eine gemeinsame *Ansatzsehne* auslaufen: M. biceps, M. triceps, M. quadriceps;
- **zwei- und mehrbäuchige Muskeln** (Abb. 5.8 g, i). Mehrere Muskelbäuche liegen hintereinander und sind durch Zwischensehnen verbunden. Zweibäuchig ist der M. digastricus (▶ Tabelle 13.9), mehrbäuchig z. B. der M. rectus abdominis (▶ S. 310);

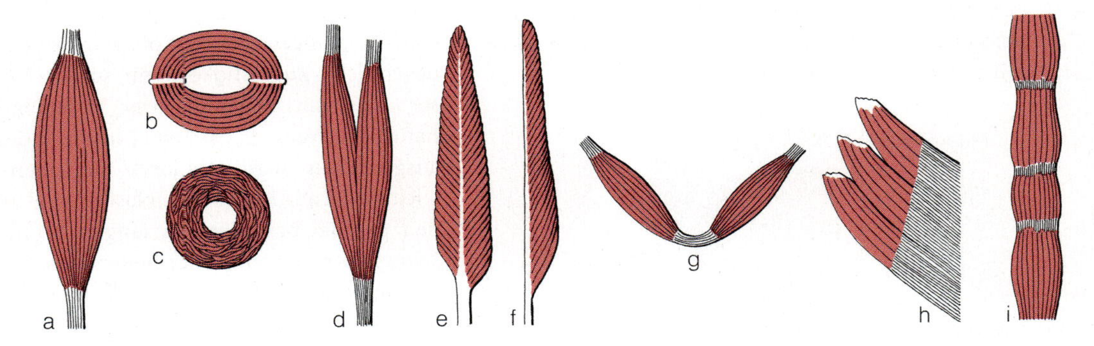

Abb. 5.8. Verschiedene Muskelformen. **a** Spindelförmiger Muskel (M. fusiformis); **b** ringförmiger Muskel (M. orbicularis); **c** ringförmiger Muskel als Schließmuskel (M. sphincter); **d** zweiköpfiger Muskel (M. biceps); **e** doppelt gefiederter Muskel (M. bipennatus); **f** einfach gefiederter Muskel (M. unipennatus); **g** zweibäuchiger Muskel (M. digastricus); **h** platter Muskel (M. planus), dessen platte Sehne als Aponeurose bezeichnet wird; **i** mehrbäuchiger Muskel, z. B. M. rectus abdominis

- **ringförmige Muskeln** (*Mm. orbiculares*) (Abb. 5.8 b, c). Die Muskelfasern umkreisen eine Öffnung und verschließen sie, z. B. M. orbicularis oculi, M. orbicularis oris, M. sphincter ani externus. Zwischensehnen unterteilen sie mehr oder weniger deutlich in zwei muskuläre Halbringe.

5.3.2 Bindegewebige Hüllsysteme

Wichtig

Jeder Muskel besteht aus Muskelfasern, die durch ein hierarchisch gegliedertes bindegewebiges Hüllsystem zu Bündeln steigender Größenordnung zusammengefasst werden.

Das Bindegewebe gewährleistet die Verschieblichkeit der Muskelfasern und Muskelfaserbündel gegeneinander, ist Leitstruktur für intramuskuläre Gefäße und Nerven und enthält Muskelspindeln als Registriereinrichtungen für den Dehnungsgrad der Muskelfasern.

Zum **bindegewebigen Hüllsystem** eines Muskels gehören (Abb. 5.9):

- **Endomysium**, ein zartes Bindegewebe, das benachbarte Muskelfasern locker miteinander verbindet. Im Endomysium verlaufen Blutkapillaren, die ein dichtes, längs gerichtetes Netzwerk bilden.
- **Perimysium internum**, das jeweils ein Primärbündel von 10–20 Muskelfasern umhüllt und zugleich eine Verschiebeschicht zwischen den Primärbündeln darstellt.
- **Perimysium externum**, ein etwas kräftigeres Bindegewebsseptum, das mehrere Primärbündel gruppenweise zu Sekundärbündeln, sog. Fleischfasern mit 1–2 mm Durchmesser, zusammenfasst.

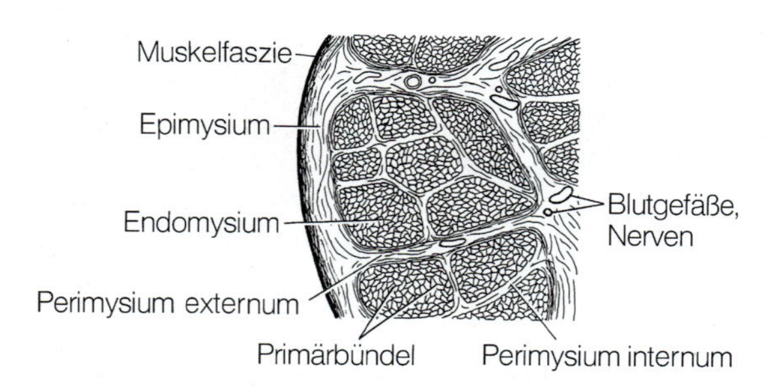

Abb. 5.9. Muskelquerschnitt mit bindegewebigen Hüllsystemen

- **Epimysium**, das eine lockere Hülle um mehrere Sekundärbündel bildet und größere Bündel von Muskelfasern oder kleine eigenständige Muskeln entstehen lässt und sie verschieblich von der Umgebung abgrenzt. In diesem Fall ist das Epimysium mit der Faszie des Muskels identisch.
- **Faszie**, die äußerste Hülle eines Muskels oder auch einer Muskelgruppe. Sie besteht aus faserreichem, straffen kollagenen Bindegewebe (▶ unten).

Klinischer Hinweis

Blutungen in den bindegewebigen Hüllsystemen, z. B. nach Knochenbrüchen oder Sportverletzungen, können zu neuromuskulären Ausfällen und Muskelnekrosen führen (*Kompartmentsyndrom*).

5.3.3 Sehnen

Sehnen (**Tendines**; Singular: **Tendo**) sind strangartige Fortsetzungen der bindegewebigen Hüllsysteme des Muskels über das äußerste Ende der Muskelfasern hinaus. Sie sind damit der zentrale Abschnitt eines Kollagenfasersystems, das von den bindegewebigen Muskelhüllen bis zum Periost und zu den Kollagenfasern der Knochenhartsubstanz reicht. Beim Eindringen in Periost und Knochen spalten sich Sehnen pinselförmig in sog. **Sharpey-Fasern** auf (▶ oben).

Klinischer Hinweis

Durch die Kontinuität der Fasersysteme reißt auch bei Überlastung die Sehne nur selten von Muskel oder Knochen ab. In der Regel erfolgt die Kontinuitätstrennung im Muskel (*Muskelfaserriss*) oder durch einen Knochenbruch.

Die Sehnen bestehen aus parallel gebündelten, in Zugrichtung angeordneten Kollagenfasern und haben die beachtliche **Zugfestigkeit** von 50–100 N/mm². Die Fasern besitzen aufgrund ihrer Molekularstruktur eine natürliche Wellung, die beim Einsetzen des Muskelzuges ausgeglichen wird. Dadurch beginnen Bewegungen leicht federnd. Die Kollagenfasern sind in kurzen Sehnen parallel orientiert, in langen Sehnen können sie schraubig verlaufen (Einzelheiten zum mikroskopischen Aufbau von Sehnen ▶ S. 43). e H17

Peritendineum. Ähnlich wie der Muskel besitzt auch die Sehne ineinander geschachtelte, bindegewebige Hüllen, die Sehnenfaserbündel verschiedener Ordnung umschließen. Zu unterscheiden sind:

- **Peritendineum externum**, eine äußere lockere Bindegewebshülle
- **Peritendineum internum**, das aus Bindegewebssepten besteht, die in die Sehne eindringen und dort größere und kleinere Sehnenbündel umfassen

Die **Gefäßversorgung** von Sehnen ist spärlich. **Nervenfasern** verlaufen im Peritendineum zu Spannungsrezeptoren, den Golgi-Sehnenorganen (▶ S. 67).

Sehnenformen. Länge und Kaliber der Sehnen wechseln stark. Die Kraft eines Muskels sowie Dicke und Form seiner Sehne sind so aufeinander abgestimmt, dass der Muskel auch bei ruckartiger Kontraktion seiner Sehne nicht zerreißen kann (▶ oben).

Sehnen können im Querschnitt rundlich, flachoval oder flächig sein. Flächenhaft ausgebreitete Sehnen heißen **Aponeurosen** (◘ Abb. 5.8h). Sie kommen entweder als Sehnen platter Muskeln vor (z. B. Bauchmuskeln) oder auch als Ursprungssehnen bauchiger Muskeln (z. B. M. gluteus medius) (▶ Tabelle 12.19).

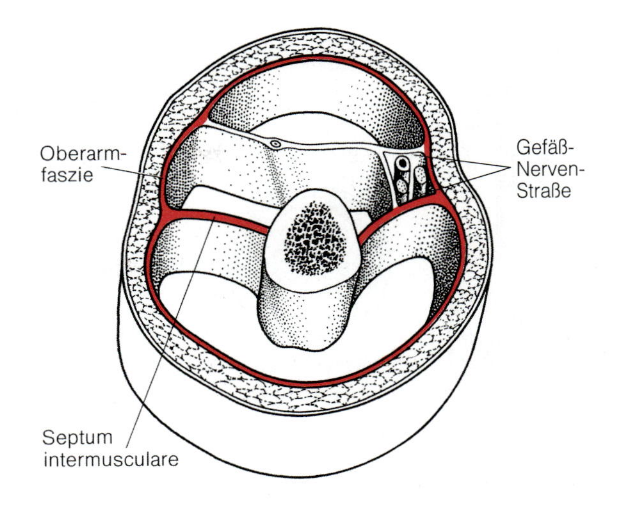

◘ **Abb. 5.10.** Faszienverhältnisse am Oberarm (Muskellogen)

5.3.4 Hilfseinrichtungen von Muskeln und Sehnen

Muskeln und ihre Sehnen benötigen Gleitstrukturen, die ihnen einerseits ungehinderte, widerstandsarme Verschieblichkeit gegenüber der Umgebung ermöglichen und andererseits der Umgebung mechanischen Schutz vor allzu intensiven Bewegungen gewähren. Hierzu gehören

- **Faszien**
- **Schleimbeutel**
- **Sehnenscheiden**

Faszien sind Lamellen aus straffem Bindegewebe und damit Teile des bindegewebigen Hüllsystems der Muskeln. Sie umschließen einzelne Muskeln oder Muskelgruppen. Zusätzlich bilden sie auch Ursprungs- oder Ansatzfelder für Muskelfasern und bekommen dadurch Aponeurosenfunktion. Im Gegensatz zum Epi- und Perimysium sind Sehnen von Längenänderungen der Muskeln weitgehend ausgeschlossen. Oft sind Faszien auch nur Grenzschichten lockeren Bindegewebes. Nur die mimischen Gesichtsmuskeln haben keine Faszien; sie sind als Hautmuskeln direkt in die Subkutis eingelagert.

Zu unterscheiden sind:

- **Einzelfaszien**, auch Führungsschläuche für längere Muskeln mit nichtlinearem Verlauf, z. B. M. sartorius (▶ S. 543). Derartige Faszienscheiden sichern Form und Lage des Muskels.
- **Gruppenfaszien.** Sie umgeben Muskeln mit gleicher Funktion. An den Extremitäten senken sie sich zwischen Muskelgruppen in die Tiefe und sind am Periost der Knochen befestigt. Als **Septa intermuscularia** trennen sie gegensinnig wirkende Muskelgruppen (◘ Abb. 5.10) und bilden gemeinsam mit der oberflächlichen Extremitätenfaszie eigene Muskellogen, z. B. Beuger- und Streckerloge am Oberarm.
- **Oberflächliche Körperfaszie.** Sie überzieht alle Muskeln des Rumpfes und der Gliedmaßen. Sie grenzt die Subkutis gegen die Muskulatur ab.

Schleimbeutel (*Bursae synoviales*) sind von einer Synovialmembran und einem Stratum fibrosum begrenzt und enthalten wie Gelenke **Synovia.** Vielfach kommunizieren die Schleimbeutel mit nahe gelegenen Gelenkhöhlen. Ohne Gelenkbezug treten Schleimbeutel dort auf, wo Muskeln bzw. Sehnen über einen vorspringenden Knochen hinwegziehen. In allen Fällen erleichtern Schleimbeutel die Verschieblichkeit von Muskeln und Sehnen und dienen der Druckverteilung.

Sehnenscheiden (*Vaginae tendines*) (◘ Abb. 5.11), sind bindegewebige Führungsröhren langer Extremitätensehnen. Sie sind analog zu Gelenkkapseln und Bursen aufgebaut und bestehen aus zwei Schichten:

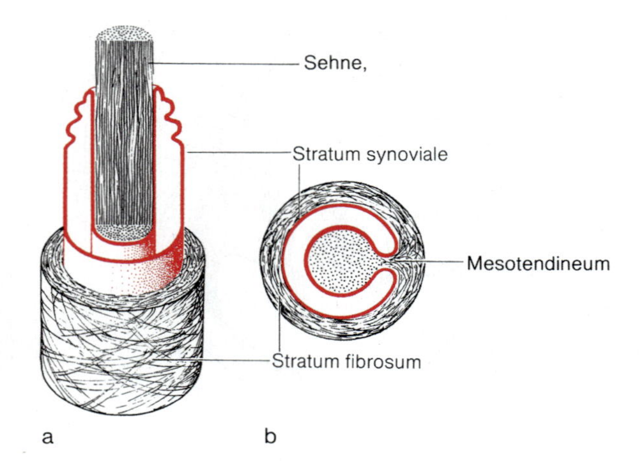

Abb. 5.11 a, b. Schema einer Sehnenscheide. **a** im Längsschnitt, **b** im Querschnitt

- **Stratum fibrosum,** das außen liegt, faserstark und in der Umgebung fest verankert ist; es hält die Sehne in ihrer Lage
- **Stratum synoviale,** das der Sehne fest anliegt

Zwischen den beiden Schichten der Sehnenscheide bestehen Verbindungen (**Mesotendineum**), die Gefäße und Nerven zur Sehne leiten. Außerdem befindet sich zwischen den beiden Schichten **Synovia**, die das Gleiten der Sehne ermöglicht. Das Auslaufen der Synovia wird durch Faltenbildungen am Ende der Sehnenscheide verhindert.

Sehnenscheiden dienen der Reibungsminderung und kommen an allen Stellen vor, an denen Sehnen durch vorspringende Knochen oder Haltebänder (**Retinacula**) umgelenkt werden oder in der Nähe von Knochen oder Gelenken durch osteofibröse Kanäle geführt werden, z. B. bei den langen Sehnen der Hand und des Fußes.

5.3.5 Muskelmechanik, Muskelwirkung an Gelenken

Muskeln haben mechanische Eigenschaften und wirken in unterschiedlicher Weise auf Gelenke. Relevant sind:
- Fiederungswinkel der Muskeln
- Muskelkraft
- Hub- oder Sehnenkraft
- Hubhöhe
- Hebelwirkung des jeweiligen Muskels
- Richtung des Muskelzuges

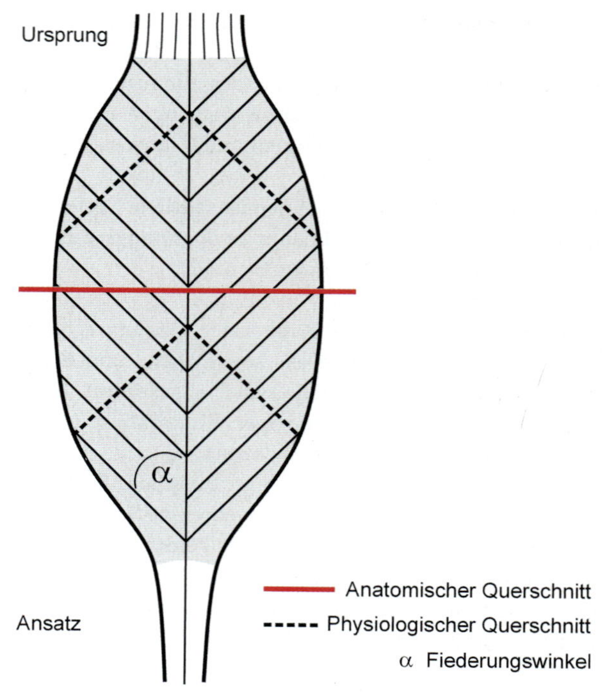

Abb. 5.12. Muskelquerschnitte. *Rot*: anatomischer Muskelquerschnitt; *schwarz:* physiologischer Muskelquerschnitt

Der **Fiederungswinkel** beschreibt die Richtung der Anheftung der Muskelfasern an ihrer Sehne. Er ist bei parallelfasrigen Muskeln gering, bei gefiederten Muskeln groß. Dabei setzen an einer Sehne umso mehr Muskelfasern an, je größer der Fiederungswinkel ist.

Zu einer Veränderung des Fiederungswinkels kommt es bei der Muskelkontraktion. Hervorgerufen wird dies durch Verdickung und Verkürzung der Muskelfasern. Das Muskelfaservolumen bleibt jedoch gleich, während sich der Abstand zwischen den Muskelfasern vergrößert. Dadurch wird eine Verengung der Blutkapillaren vermieden und es kommt sogar zur Verbesserung der Blutversorgung.

Muskelkraft. Die Kraft eines Muskels hängt von der Gesamtquerschnittsfläche aller Muskelfasern eines Muskels ab. Sie beträgt etwa 60 N/mm^2.

Unterschieden wird zwischen (Abb. 5.12)
- **physiologischem Querschnitt** und
- **anatomischem Querschnitt.**

Der **physiologische Querschnitt** ist die Summe der Querschnittsflächen, die quer zur Längsachse der einzelnen Muskelfasern verlaufen. Der **anatomische Querschnitt** liegt dagegen in der Mitte des Muskels rechtwinklig zu seiner Längsachse ohne Berücksichtigung der Muskelfaserrichtung. Nur bei parallelfasrigen Muskeln stimmen physiologischer und anatomischer Querschnitt überein.

Die **Hub- oder Sehnenkraft** ist die auf die Sehne übertragene Muskel(Kontraktions)kraft der Muskelfasern. Sie entspricht bei *parallelfasrigen Muskeln* mit minimalem Fiederungswinkel etwa der Muskelkraft. Dagegen ist beim *gefiederten Muskel* die Sehnenkraft im Vergleich zur Muskelkraft umso geringer, je größer der Fiederungswinkel ist.

Hubhöhe (▣ Abb. 5.13). Der Hub bezeichnet die absolute Verkürzungsgröße eines Muskels. Diese hängt in erster Linie von der mittleren Länge der einzelnen Muskelfasern ab. Verlaufen die Muskelfasern in Richtung der Endsehne, z. B. beim parallelfasrigen Muskel, entspricht die Hubhöhe direkt der Faserverkürzung. Sie beträgt von der gedehnten Stellung ausgehend maximal 50% der Faserlänge. Beim gefiederten Muskel ist die Hubhöhe geringer je größer der Fiederungswinkel ist.

Das **Produkt aus Hubhöhe und Sehnenkraft** bestimmt die maximale Arbeitsleistung eines Muskels. Sie hängt letztlich von Faserzahl, Fiederungswinkel und Verkürzungsfähigkeit der Muskelfasern ab.

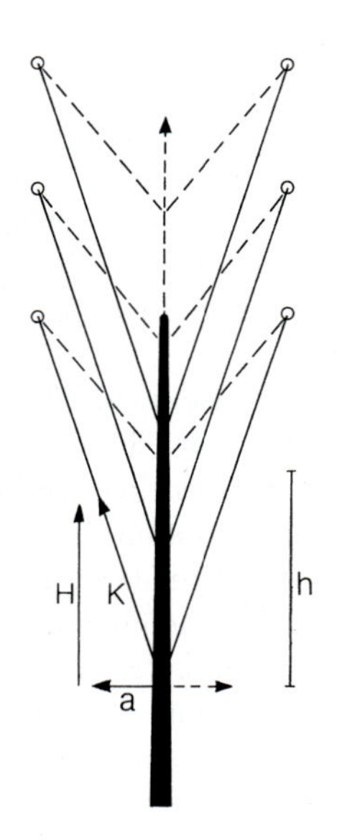

▣ **Abb. 5.13.** Verlauf der Muskelfasern eines doppelt gefiederten Muskels in gedehntem Zustand und bei maximaler Kontraktion. Die Fasern haben sich um die Hälfte der Ausgangslänge verkürzt (gestrichelt). Die dabei erzielte Hubhöhe ist mit h bezeichnet. Die Kontraktionskraft einer Muskelfaser (K) wird infolge der Fiederung in die Komponenten H und a zerlegt. H ist die Komponente, die zur Hubkraft in Sehnenrichtung beiträgt; die Teilkraft a wird durch eine gleichgroße Teilkraft kompensiert, die bei Kontraktion der entsprechenden gegenüberstehenden Muskelfaser auftritt

Hebelwirkung eines Muskels. Ein Muskel kann über ein oder mehrere Gelenke hinwegziehen. Dementsprechend werden **ein-, zwei-** und **mehrgelenkige Muskeln** unterschieden. Für die Beschreibung der Muskelwirkung gilt, dass ein Muskel potenziell an allen Gelenken wirkt, über die er hinweg zieht. Das Ausmaß der Wirkung auf die einzelnen Gelenke (*Drehmoment*) kann jedoch unterschiedlich sein. Es hängt von der Hebelwirkung des Muskels ab.

Für ein Scharniergelenk gelten folgende Beziehungen (▣ Abb. 5.14):

- Bei gleicher Sehnenkraft ist die Muskelwirkung umso größer, je größer der Abstand zwischen Ansatz (Insertion) des Muskels und Gelenkachse ist (Hebelarm).
- Je länger der Hebelarm ist, umso stärker muss sich der Muskel verkürzen, also eine größere Hubhöhe haben, um maximale Gelenkexkursionen zu erzielen.

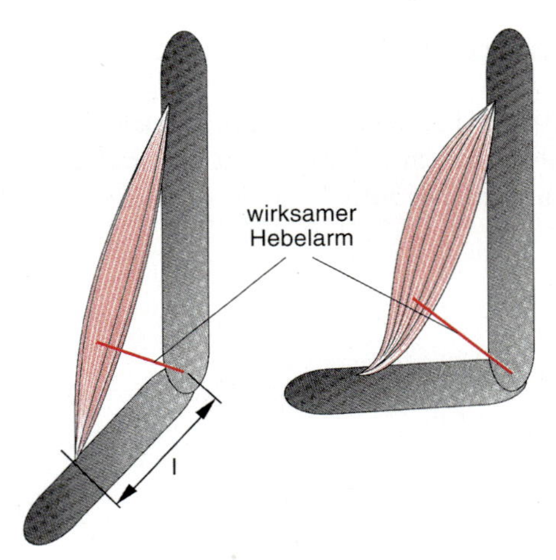

▣ **Abb. 5.14.** Knochenpaar in Streck- und Beugestellung. Der Hebelarm zwischen Insertion des Muskels und der Gelenkachse (l) ist vom wirksamen Hebelarm, der dem Lot vom Drehzentrum des Gelenks auf den Muskel entspricht, zu unterscheiden. Der wirksame Hebelarm ändert sich in Abhängigkeit von der Gelenkstellung

- Der wirksame Hebelarm (Lot vom Drehzentrum auf den Muskel) ändert sich mit der Gelenkstellung und ist in Streckhaltung minimal. Die Hubkraft des Muskels wirkt dann im Wesentlichen als Druckkraft, die Gelenkflächen werden aufeinander gepresst. Mit zunehmender Beugung wird der wirksame Hebelarm größer. Das Maximum ist bei einer 90°-Stellung des Gelenkes erreicht. Bei weiterer Beugung wird der wirksame Hebelarm wieder kleiner.

Die **Richtung des Muskelzuges** wird von der *wirksamen Endstrecke* der Sehne bestimmt. Liegen Muskelbauch, Ursprungs- und Ansatzsehne in einer Linie, so entspricht die Zugrichtung des Muskels einer Geraden zwischen der Mitte des Muskelursprungs und der Mitte des Muskelansatzes. Wird jedoch die Sehne durch ein **Hypomochlion**, beispielsweise Knochenvorsprung oder Sesambein (▶ unten), und/oder von Rückhaltebändern (**Retinacula**) aus dem geraden Verlauf umgelenkt, ändert sich die Richtung des Muskelzuges. Sie entspricht dann dem Verlauf der Sehnenstrecke zwischen Umlenkungspunkt und Ansatz des Muskels (Abb. 5.15). – Je weiter der Umlenkungspunkt vom Muskelansatz entfernt ist, umso wirksamer ist der Muskel (weil er einen längeren Hebelarm hat).

Sesambeine (*Ossa sesamoidea*) sind in Sehnen eingelagerte erbsen- oder scheibenförmige Knochen (u.a. die Kniescheibe). Sie gleiten mit einer überknorpelten Gelenkfläche auf ihrer Unterlage und können die Zugrichtung ihres zugehörigen Muskels ändern.

Aktive Insuffizienz. Bei mehrgelenkigen Muskeln reicht meist die Hubhöhe nicht aus, um in allen übersprungenen Gelenken maximale Ausschläge zu erzielen.

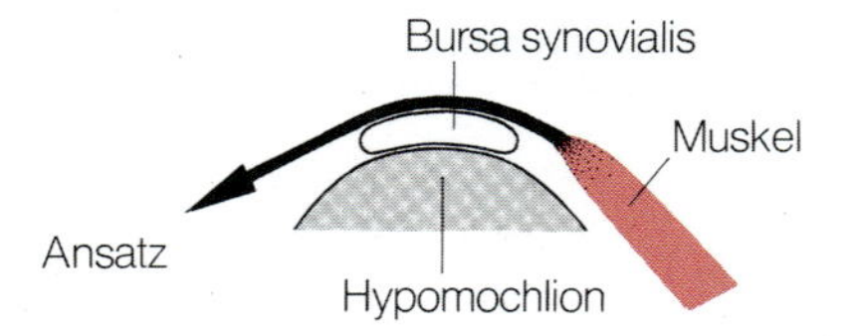

Abb. 5.15. Umlenkung einer Sehne durch ein Hypomochlion, das zum Schutz der Sehne durch eine Bursa synovialis gepolstert wird. Die Zugrichtung des Muskels entspricht der wirksamen Sehnenstrecke zwischen Hypomochlion und knöcherner Ansatzstelle der Sehne (*Pfeilkopf*)

Beispiel
Die zweigelenkigen Beuger am Oberschenkel (ischiokrurale Muskeln) (▶ S. 545) beugen im Kniegelenk und strecken im Hüftgelenk. Wenn sie eine maximale Streckung im Hüftgelenk erzielt haben, können sie das Kniegelenk nicht mehr maximal beugen, d.h. die Ferse kann das Gesäß nicht berühren.

Passive Insuffizienz. Andererseits reicht bei mehrgelenkigen Muskeln die physiologisch noch tolerable Dehnungsfähigkeit häufig nicht aus, um in den übersprungenen Gelenken Extremstellungen zuzulassen.

Beispiel
Die Dehnungsfähigkeit der ischiokruralen Muskeln ist meist nicht groß genug, um im Stand bei gestreckten Kniegelenken »Teildehnung der Muskeln« durch starke Rumpfbeugung in den Hüftgelenken »Volldehnung der Muskeln« mit den Handflächen den Boden berühren zu können (Muskelhemmung ▶ S. 163).

5.3.6 Innervation

Die Tätigkeit der Skelettmuskulatur wird vom somatomotorischen Nervensystem gesteuert. Hierzu bedarf es der Innervation jeder einzelnen Muskelfaser, aber auch der Rückmeldung über den jeweiligen Spannungszustand des Muskels an das Nervensystem. Die Rückmeldung geht von Dehnungsrezeptoren (Muskelspindeln, Abb. 2.47) und Spannungsrezeptoren (Sehnenorganen (▶ S. 67) aus.

Die Innervation der Skelettmuskelfasern erfolgt durch α-Motoneurone, die im Vorderhorn des Rückenmarks (▶ S. 796) bzw. in den motorischen Hirnnervenkernen (▶ S. 776) liegen. Die Axone der α-Motoneurone verzweigen sich nach Eintritt in den Muskel vielfach. Jeder Ast bildet schließlich über eine motorische Endplatte (▶ S. 65) eine Synapse mit einer Muskelfaser. Ein Motoneuron, das zugehörige verzweigte Axon und die von diesen Axonverzweigungen innervierten Skelettmuskelfasern werden als **motorische Einheit** bezeichnet. Alle zu einer motorischen Einheit gehörenden Muskelfasern treten stets gleichzeitig in Aktion. Die Muskelfasern einer motorischen Einheit liegen jedoch nicht gebündelt zusammen, sondern sind diffus im jeweiligen Muskelbauch verteilt.

Die Zahl der Muskelfasern einer motorischen Einheit ist unterschiedlich. In Muskeln für Feinbewegungen, z.B. den äußeren Augenmuskeln, gehören 5–10

Muskelfasern zu einer Einheit, in gröber arbeitenden Muskeln, die eine größere Kraft entfalten müssen, z. B. der M. pectoralis major, 500–2000.

Die α-Motoneurone senden ihre Signale (Aktionspotenziale) nicht nur bei sichtbarer Muskelkontraktion an die Muskelfasern, sondern auch in vermeintlichem Ruhezustand. Dadurch stehen die Muskeln permanent unter Spannung, was als **Ruhetonus** bezeichnet wird. Dieser Tonus ist individuell verschieden, variiert bei den einzelnen Muskeln und Muskelgruppen und kann bei bestimmten Erkrankungen des Nervensystems abgeschwächt oder gesteigert sein. Wird das den Muskel versorgende α-Motoneuron zerstört, z. B. bei Axondurchtrennung nach Ausriss peripherer Nerven, erlischt der Tonus (*schlaffe Lähmung*).

Steigert sich die Frequenz der Aktionspotenziale im Axon des α-Motoneurons, kommt es zur Verkürzung und/oder Spannungszunahme des Muskels. In der Regel sind beide Komponenten in verschiedenem Ausmaß an der Muskelkontraktion beteiligt. Funktionell sind zwei Grenzfälle zu unterscheiden: die isotonische bzw. die isometrische Kontraktion. Bei **isotonischer Kontraktion** verkürzt sich der Muskel bei gleichbleibender Spannung (Tonus). Bei der **isometrischen Kontraktion** steigt die Spannung, ohne dass der Muskel sich verkürzt. Hierauf beruht die Haltefunktion der Muskulatur.

Beide Kontraktionsformen wirken im normalen Bewegungsablauf zusammen. Soll z. B. ein Gewicht gehoben werden, spannt sich der Muskel zunächst ohne Verkürzung an (**isometrische Phase**). Sobald die Kontraktionskraft so stark gestiegen ist, dass das Gewicht angehoben werden kann, verkürzt sich der Muskel ohne weitere Zunahme der Spannung (**isotonische Phase**).

Umgekehrt ist es beim **Kauakt**. Die Kaumuskulatur schließt den Mund initial in isotonischer Phase, bis sich die Zahnreihen berühren und keine weitere Muskelverkürzung möglich ist. Anschließend wird der Kaudruck durch isometrische Kontraktion erhöht.

5.3.7 Muskelgruppen

Die um ein Gelenk gruppierten Muskeln wirken in der Regel nicht als Individuen, sondern werden durch ihre Innervation zu **funktionellen Muskelgruppen** zusammengefasst. Solche Muskelgruppen können gleichsinnig, aber auch gegensinnig wirken. Muskeln mit gleichsinniger Funktion werden **Synergisten** genannt, beispielsweise M. biceps brachii und M. brachialis als Beuger im Ellenbogengelenk. Während des Bewegungsablaufs ändert sich aber auch der Aktivitätszustand der gegensinnig wirkenden Muskeln (**Antagonisten**), z. B. wird der Tonus des Streckers im Ellenbogengelenk (M. triceps brachii) herabgesetzt. Die Antagonisten sorgen durch abgestufte kontrollierte Verringerung ihrer Spannung dafür, dass die von den Synergisten ausgeführte Bewegung nicht überschießt, sondern genau dosiert und harmonisch abläuft.

Beim **einachsigen Gelenk** erlaubt die anatomische Anordnung der Muskeln eine eindeutige Gliederung in Synergisten und Antagonisten. Der Bewegungsablauf ist entsprechend einfach.

Beim **Kugelgelenk** ist der Bewegungsaufbau komplexer. Im Prinzip bewegt jeder Muskel das Gelenk in allen drei Hauptrichtungen, wenn auch mit unterschiedlichem Drehmoment. So bewirkt z. B. der M. pectoralis major bei herabhängendem Arm eine Innenrotation, Adduktion und Anteversion. Um eine reine Anteversion des Arms zu erzielen, muss die Innenrotations- und Adduktionswirkung dieses Muskels durch entsprechende Antagonisten verhindert werden.

Besteht ein Muskel aus mehreren Teilen mit unterschiedlichem Faserverlauf zur Gelenkachse, z. B. M. deltoideus (► S. 470), können die unterschiedlichen Teile antagonistisch wirken. Synergisten und Antagonisten müssen also nicht zwangsläufig getrennte Muskelindividuen sein.

Bei **mehrachsigen Gelenken** werden Muskeln oder Muskelportionen jeweils für eine bestimmte Bewegung funktionell gruppiert. Auswahl und Koordination werden durch die Innervationsmuster bestimmt.

Funktionelle Muskelgruppen müssen von **genetischen Muskelgruppen** unterschieden werden, da Letztere zwar gemeinsamer entwicklungsgeschichtlicher Herkunft sind und vielfach auch eine gemeinsame Nervenversorgung haben, jedoch nicht zwangsläufig synergistisch wirken müssen.

Eine **Sonderform** der Muskulatur ist die **Branchialmuskulatur.** Sie ist aus dem Mesenchym der Branchialbögen hervorgegangen (► Tabelle 13.13) und findet sich nur im Kopfbereich. Ihr Baustein ist – wie bei der Skelettmuskulatur – die quergestreifte Skelettmuskelfaser. Kiemenbogenmuskeln werden von branchiomotorischen Nerven versorgt, die ebenfalls motorische Endplatten an den Skelettmuskelfasern ausbilden.

5.3.8 Anpassung

Muskeln passen sich funktionellen Anforderungen jeder Art an.

Durch Krafttraining unter kurzzeitigem Einsatz der maximalen Muskelkraft (Klimmzüge) entwickelt der Muskel eine **Aktivitätshypertrophie:** Jede einzelne Muskelfaser verdickt sich, behält jedoch ihre ursprüngliche Länge bei, wodurch der Muskelbauch an Volumen gewinnt. Eine Aktivitätshypertrophie entsteht auch durch Übungen, bei denen sich der Muskel nur isometrisch kontrahiert, z. B. Hypertrophie der Fingerbeuger durch kraftvolles rhythmisches Umspannen einer Kugel.

Dauerarbeit eines Muskels, bei der nicht die maximale Muskelkraft gefordert wird, führt **nicht zur Hypertrophie**. Vielmehr wird durch Expansion des Kapillarsystems die Durchblutung und damit die Stoffwechselleistung gesteigert (Langstreckenläufer).

Dehnungsübungen führen zunächst zu einer besseren Nachgiebigkeit des bindegewebigen Hüllsystems des Muskels, dann auch zu einer Verlängerung der Muskelfasern und damit zu einer **größeren Hubhöhe.**

Intensives, vielseitiges Bewegungstraining führt nicht nur zu Effekten im Muskel, z. B. Hypertrophie, besserer Durchblutung und Verlängerung der Muskelfasern, sondern auch durch verbesserte zentralnervöse Verschaltung zu einer **besseren Koordination von Synergisten und Antagonisten**. Die resultierenden Bewegungen werden dadurch geschmeidiger, ökonomischer und ggf. eleganter (Spitzensportler, Balletttänzer).

Mangelnde Betätigung eines Muskels, längere Ruhigstellung (Gipsverband) oder Ausfall seiner Nervenversorgung haben eine **Inaktivitätsatrophie** zur Folge. Die einzelnen Muskelfasern werden dünner und der Muskelbauch insgesamt schlanker.

Bewegungseinschränkung in einem Gelenk führt zur **Faserverkürzung** in den entsprechenden Muskeln; die Enden der Muskelfasern werden dann teilweise sehnig umgewandelt.

Regeneration. Skelettmuskeln des Menschen besitzen eine **geringe Regenerationsfähigkeit**. Nach Muskelrissen bildet sich meist eine bindegewebige Narbe. Ist der Narbenkomplex nicht zu ausgedehnt, sind Hubhöhe und Hubkraft nur unwesentlich beeinträchtigt.

Auch Sehnen passen sich an geänderte Beanspruchung mit **Hypertrophie** oder **Atrophie** an. Als Bindegewebsformation regenerieren sie relativ gut.

In Kürze

Skelettmuskeln haben unterschiedliche Formen. Sie werden durch ein geschachteltes bindegewebiges Hüllsystem (Endomysium, Perimysium internum und externum, Epimysium) zusammengehalten, das sich zur Sehne fortsetzt. Muskel, Sehne, Periost, Knochen und Gelenkkapsel sind ein zusammenhängendes System. – Hilfseinrichtungen von Muskeln und Sehnen (Faszien, Bursen, Sehnenscheiden) tragen zu deren Verschieblichkeit gegenüber der Umgebung bei. – Der Fiederungswinkel eines Muskels beeinflusst die Sehnenkraft, d. h. die auf die Sehne übertragene Muskelkraft, und die Hubhöhe eines Muskels. Die Hebelwirkung eines Muskels steht zum Hebelarm in Beziehung. – Die Richtung des Muskelzuges wird von der wirksamen Endstrecke bestimmt. – Alle Muskelfasern, die von einem α-Motoneuron innerviert werden, gehören zu einer motorischen Einheit. – Muskelfasern erhalten ständig Signale von den α-Motoneuronen, die den Ruhetonus aufrechterhalten. Steigert sich die Frequenz dieser Signale, kommt es zu isometrischen oder isotonischen Kontraktionen. – Muskeln wirken stets als Teil einer funktionellen Muskelgruppe. Zu unterscheiden sind synergistisch und antagonistisch wirkende Muskeln (Muskelgruppen). – Muskeln passen sich funktionellen Anforderungen an.

5.4 Allgemeine Aspekte der Biomechanik

Kernaussagen

- Mechanische Einflüsse bestimmen Entstehung sowie Umbau und Heilung des Binde- und Stützgewebes.
- Dehnungskräfte bewirken die Bildung von Bindegewebsfasern.
- Kompressionskräfte induzieren die Bildung von Knorpelgrundsubstanz.
- Die Kombination von Dehnung und Kompression lässt unterschiedliche Bindegewebs- und Knorpelarten entstehen.
- Bewegungsruhe in dehnungsbelasteten Geweben führt zur desmalen Knochenbildung.
- Bewegungsruhe in einem kompressionsbelasteten Gewebe bewirkt enchondrale Ossifikation.
- Kurzfristige Formveränderungen sind umkehrbar.

Die Biomechanik beschäftigt sich mit Auswirkungen mechanischer Kräfte auf die Binde- und Stützgewebe des Körpers. Sie zeigt, dass während der Entwicklung die Differenzierung von Mesenchym in Bindegewebe, Knorpel und Knochen nicht genetisch determiniert ist, sondern insbesondere von mechanischer Belastung abhängt. Im späteren Leben sorgen mechanische Kräfte für die Aufrechterhaltung gegebener funktionsgerechter Strukturen des Binde- und Stützgewebes trotz fortwährenden Ab- und Umbaus und nehmen Einfluss auf Heilungsvorgänge.

Während der Entwicklung wirken nach der Theorie der **kausalen Histogenese** von Pauwels mechanische Kräfte, die die Frucht selbst erzeugt, z. B. Wachstumsdruck, Zug durch Eigenbewegungen, oder welche ihr von der Umgebung aufgezwungen werden, z. B. Schwerkraft, Lage im Uterus.

Wirksam sind:

- **Dehnungskräfte**
- **Kompressionskräfte**
- **Kombinationen von Dehnung und Kompression**

Sie wirken mit **Bewegungsruhe** zusammen.

Dehnungskräfte stimulieren die Genese von Bindegewebsfasern. Dehnung wird jedoch nicht nur durch Zug, sondern auch durch Druck in Längs- und Zugrichtung erzeugt, solange dieser Druck nicht zu allseitiger Kompression führt. Auch Schub (exzentrischer Druck auf einen Teil der Oberfläche) hat durch Scherbewegungen schräg zur Schubrichtung eine Dehnungskomponente.

Kompressionskräfte (allseitiger Druck) induzieren im Mesenchym die Bildung von Knorpelgrundsubstanz.

Kombinationen von Dehnung und Kompression unterschiedlichen Ausmaßes erklären die Entstehung der verschiedenen Bindegewebe- und Knorpelarten.

Es induzieren:

- schwache Dehnungskräfte faserarmes Bindegewebe
- starke Dehnungskräfte faserreiches Bindegewebe: Sehnen, Gelenkkapseln, Organkapseln
- Dehnungskräfte kombiniert mit Kompression je nach Wechselhaftigkeit oder Konstanz der Kräfte entweder elastischen oder Faserknorpel
- starke Kompression hyalinen Knorpel

Bewegungsruhe in dehnungsbelastetem Gewebe ist für die Entstehung von Knochen durch **desmale Ossifikation** erforderlich.

Bewegungsruhe in kompressionsbelastetem Gewebe führt zur Knochenbildung durch **enchondrale Ossifikation** (► S. 56).

Während des postnatalen Lebens sind ähnliche Kräfte wie in der pränatalen Zeit wirksam. Jedoch spielen Einflüsse aus der Umwelt eine zusätzliche Rolle. Außerdem unterliegt der Körper laufend ausgeprägten Ab- und Umbauvorgängen, die Umstände erforderlich machen, durch die das Binde- und Stützgewebe funktionsgerecht erhalten bleibt, insbesondere wenn es zu Schäden kommt.

Klinischer Hinweis

Bei der **Knochenbruchbildung** erfolgt Neubildung von Knochen. Dies erfordert Bewegungsruhe. Anderenfalls wird der Bruchspalt von Bindegewebe überbrückt (*Pseudarthrose*). Es werden Dehnungskräfte wirksam. Unterstützt wird die Knochenbruchheilung jedoch durch Kompressionsbelastung des Bruchspaltes durch Muskelzug oder durch statische Belastung – bei strikter Vermeidung von Scher- und Biegekräften. Hierdurch erfolgt eine Umwandlung des Bindegewebes in Knorpel und anschließend in knöchernen Kallus. Der Kallus wird im Laufe der Zeit dort wieder abgebaut, wo er nicht benötigt wird, weil er nicht in der Belastungsachse liegt. Schräg zusammengewachsene Knochenbruchenden bauen die verbleibenden Stufen oder die Achsabweidung solange um, bis eine neue, optimale Belastungsachse entstanden ist.

Viskoelastizität. Eine weitere Komponente der Biomechanik ist die **Viskoelastizität** der Binde- und Stützgewebe.

Viskoelastizität besitzt eine vollreversible elastische und eine aus eigener Kraft nur begrenzt reversible visköse Komponente. Mit welcher der Komponenten ein Gewebe auf Druck oder Zug reagiert, hängt weniger vom Ausmaß der Kraft als vielmehr von der Dauer ihrer Einwirkung ab.

Bei *kurzfristiger Einwirkung* kommt es zu einer Gestaltänderung, die nach Belastungsende innerhalb von Sekunden elastisch voll reversibel ist, z. B. Abheben einer Hautfalte vom Handrücken. Diese Reaktion wird entscheidend durch das Bindegewebsfasergerüst, seine Faseranordnung und den spezifischen Einbau elastischer Fasern bestimmt.

Längerfristige Belastung führt zu »visköser« Verformung, die sich erst im Verlauf von Minuten oder Stunden zurückbildet, z. B. Schnürfurchen in der Haut durch zu engen Gummibund. Entscheidend für diese visköse Komponente der Viskoelastizität ist die Fließfähigkeit der Bindegewebsgrundsubstanz. Viskosität ist die geschwindigkeitsabhängige Verformung eines Körpers oder einer Flüssigkeit.

Bei Überschreitung bestimmter Grenzwerte wird die visköse Verformung *irreversibel*; das Gewebe hat sich plastisch verformt. Ein überdehntes Band oder eine überdehnte Sehne verbleiben in diesem verlängerten und dünneren Zustand und sind künftig vermehrt rissgefährdet.

In Kürze

Mechanische Belastungen führen sowohl während der Entwicklung als auch postnatal zu gerichteten Differenzierungsvorgängen im Binde- und Stützgewebe. Während der Entwicklung bilden diese Vorgänge die Grundlage der Histogenese. Postnatal, wenn die Binde- und Stützgewebe des passiven Bewegungsapparates kontinuierlichen Auf- und Abbauvorgängen unterworfen sind, werden die untergegangenen Gewebe in Abhängigkeit von biomechanischen Kräften spezifisch ersetzt: wechselnder Druck führt zur Bildung von Knorpel, konstanter Druck bei Bewegungsruhe zu Ersatzknochen. Angewendet wird dieses Prinzip bei der Behandlung von Knochenbrüchen. – Gewebsverformungen können bis zu einem Grenzwert durch die Viskoelastizität der Gewebe ausgeglichen werden.

Blutkreislauf und Herz, Lymphgefäße – Allgemeine Organisation

6.1 Überblick über den Blutkreislauf – 178

6.2 Entwicklung des Blutkreislaufs – 180

6.2.1 Herzentwicklung und Entwicklung der herznahen Gefäße – 181

6.3 Fetaler Kreislauf und seine Umstellung auf den postnatalen, bleibenden Kreislauf – 186

6.4 Fehlbildungen am Herzen und im Kreislauf – 188

6.5 Blutgefäße – 190

6.5.1 Wandbau – 190

6.5.2 Arterien – 191

6.5.3 Mikrozirkulation – 191

6.5.4 Venen – 194

6.5.5 Sonderstrukturen – 194

6.5.6 Regulation der Durchblutung – 195

6.6 Lymphgefäße – 196

6.6.1 Systematik der Lymphgefäße – 197

6 Blutkreislauf und Herz, Lymphgefäße – Allgemeine Organisation

In diesem Kapitel werden dargestellt:

- Organisation des Blutkreislaufs mit dem Herzen als Funktionszentrum
- Entwicklung und mögliche Fehlbildung von Blutkreislauf und Herz
- Bau der Blutgefäße in ihren Teilabschnitten
- Lymphzirkulation

6.1 Überblick über den Blutkreislauf

Kernaussagen

- Der Blutkreislauf ist ein geschlossenes System, das nur in Milz und Plazenta Öffnungen aufweist.
- In der terminalen Strombahn sind Gefäßwände für Gase, Nährstoffe und auch für korpuskuläre Blutbestandteile durchlässig.

Der Blutkreislauf besteht aus (Abb. 6.1) e Angiologie

- **Herz**
- **Arterien** (*Schlagadern*),
- **Venen**
- **Mikrozirkulationssystem**

Arterien, Venen und die Gefäße der Mikrozirkulation werden zusammenfassend als **Blutgefäße** (*Vasa sanguinea*) bezeichnet. Sie dienen der Versorgung der Zellen, Gewebe und Organe des Körpers mit O_2, Nährstoffen, Botenstoffen u. a. sowie dem Abtransport von Stoffwechselendprodukten einschließlich CO_2.

Das Herz ist der Motor der Blutbewegung. Es ist ein muskuläres Hohlorgan. Durch Kontraktionen pumpt es das Blut in die Gefäße. Gleichzeitig legt es die Blutstromrichtung fest.

Arterien heißen alle großen Gefäße, die das Blut vom Herzen fortleiten.

Venen sind alle großen Gefäße, die das Blut zum Herzen zurückführen.

Die Bezeichnung Arterie bzw. Vene hängt also ausschließlich von der Richtung des Blutstroms vom und zum Herzen ab. Ob in den Gefäßen sauerstoff- oder kohlendioxidreiches Blut fließt, spielt für die Terminologie keine Rolle. Trotzdem wird sauerstoffreiches Blut als arterialisiertes Blut und sauerstoffarmes, kohlendioxidreiches Blut als venöses Blut bezeichnet.

Die Gefäße der Mikrozirkulation liegen zwischen dem arteriellen und dem venösen Schenkel der Blutbahn. Dazu gehören die **Arteriolen**, welche die Arterien fortsetzen, das Netzwerk der **Kapillaren**, welche die *terminale Strombahn* bilden, und die anschließenden **Venolen.** In den Kapillaren findet der Stoff- und Gasaustausch zwischen Blut und Gewebe bzw. Atemluft statt.

Wichtig

Der Blutkreislauf hat zwei getrennte Abschnitte, den kleinen oder Lungenkreislauf und den großen oder Körperkreislauf. Das Koordinationszentrum ist das Herz. Es besteht aus zwei Hälften, einer linken und einer rechten, die jeweils in einen Vorhof und eine Kammer unterteilt sind.

Der Lungenkreislauf ist der sauerstoffaufnehmende Teil des Blutkreislaufs. Abgegeben wird CO_2 und gelangt in die Atemluft. Der Gaswechsel erfolgt in den Kapillaren der Lunge, die kohlendioxidreiches Blut über Arterien aus der rechten Herzkammer erhalten. Nach Aufnahme von O_2 fließt das Blut über Venen aus der Lunge zum linken Herzvorhof.

Der Körperkreislauf ist der sauerstoffverbrauchende Teil des Blutkreislaufs. Sauerstoffreiches Blut gelangt aus der

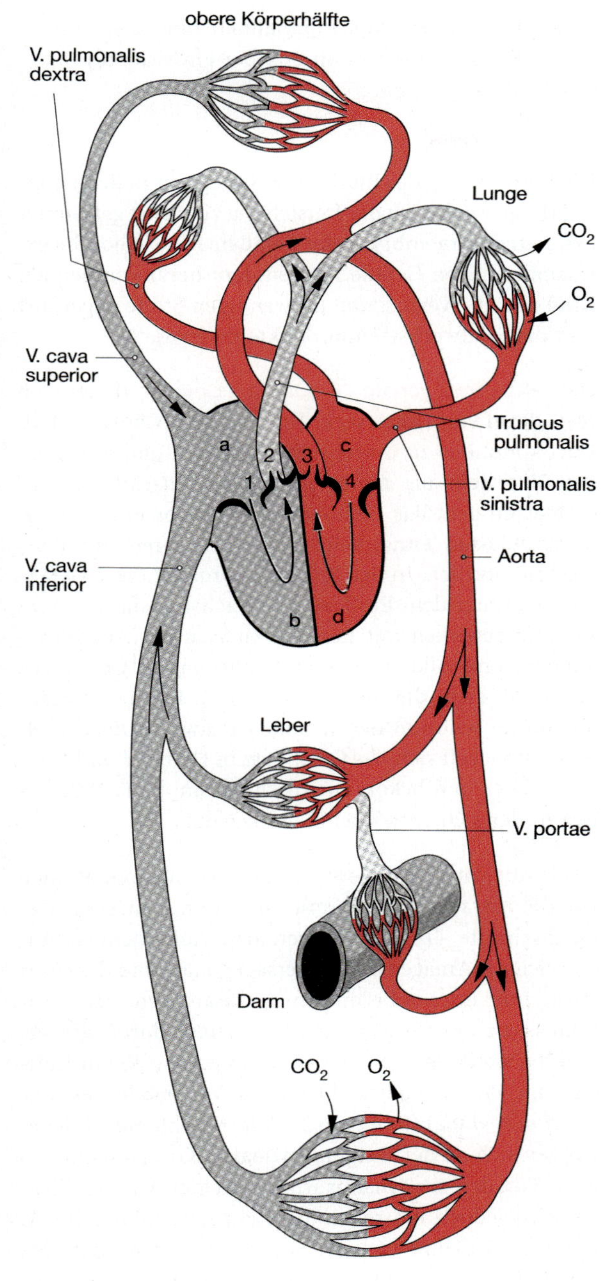

Abb. 6.1. Vereinfachtes Schema des Blutkreislaufs mit Darstellung der großen Gefäßstämme. *Rot* sauerstoffreiches Blut; *grau* sauerstoffarmes Blut. *a* rechter Vorhof; *b* rechte Kammer; *c* linker Vorhof; *d* linke Kammer. *1* rechte Atrioventrikularklappe (Trikuspidalklappe); *2* Pulmonalklappe; *3* Aortenklappe; *4* linke Atrioventrikularklappe (Mitral- oder Bikuspidalklappe) e Angiologie: Kreislaufsystem

linken Herzkammer in die großen Körperarterien und von dort in die Gefäße der Mikrozirkulation, insbesondere in die Kapillaren. Hier wird O_2 abgegeben und CO_2 aufgenommen. Über Venolen und Venen fließt dann kohlendioxidreiches Blut zum rechten Herzvorhof zurück. e Angiologie: Kreislaufsystem

Herz. Linke und rechte Herzhälfte gliedern sich jeweils in einen *Vorhof* (**Atrium cordis**), in den Blut einströmt, und in eine *Kammer* (**Ventriculus cordis**), die Blut auswirft. An Eingang und Ausgang von linkem und rechtem Ventrikel befinden sich **Klappen:** am Eingang jeweils eine *Vorhof-Kammer-Klappe* (**Valva atrioventricularis**), am Ausgang jeweils eine *Kammer-Gefäß-Klappe* (**Taschenklappen**).

Die Herzklappen bewirken, dass bei Kontraktion und Erschlaffung des Herzens das Blut nur in eine Richtung weitertransportiert wird. Sie öffnen und schließen sich. Die Erschlaffung des Herzmuskels heißt **Diastole,** die Kontraktion **Systole.** Die Diastole führt zur Füllung der Vorhöfe, dann der Kammern, die Systole zur Blutentleerung.

Einzelheiten des Blutkreislaufs (Abb. 6.1)
Das venöse Blut aus der Körperperipherie wird über die *obere* und *untere Hohlven* (**V. cava superior, V. cava inferior**) dem **rechten Vorhof** zugeleitet. Von dort gelangt es bei geöffneter rechter Vorhof-Kammer-Klappe (**rechter Atrioventrikularklappe** = AV-Klappe) in die **rechte Kammer.** In der Systole wird die AV-Klappe geschlossen, die Kammermuskulatur kontrahiert sich und das Blut wird durch die *Lungenarterien* (**Aa. pulmonales**) in die Lunge gepumpt. Den Rückstrom des Blutes aus den Lungenarterien in den rechten Ventrikel verhindert die **Pulmonalklappe** an der Kammer-Arterien-Grenze, die in der Diastole geschlossen ist.

Das in der Lunge »arterialisierte« Blut gelangt in der Diastole über die Lungenvenen (**Vv. pulmonales**) in den **linken Vorhof** und von dort durch die **linke Atrioventrikularklappe** in die **linke Kammer.** In der Systole schließt sich die linke AV-Klappe und der linke Ventrikel pumpt das Blut in die **Aorta.** Linke Kammer und Aorta sind durch die **Aortenklappe** getrennt, die sich während der Systole öffnet und sich mit Beginn der Diastole schließt. Hierdurch wird der Blutrückstrom ins Herz verhindert.

Die **Aorta** verteilt das Blut in die Arterien der verschiedenen Regionen und Organe des **Körperkreislaufs.** Funktionell kommt den Endabschnitten der Arterien (**Arteriolen**) besondere Bedeutung zu. Sie regulieren durch Verengung oder Erweiterung den Blutzufluss zu den Kapillarsystemen der verschiedenen Organe und den Blutdruck (»Widerstandsgefäße«).

Körpervenen. Nachdem das Blut in den Kapillaren des Körperkreislaufs Sauerstoff und Nährstoffe an die Gewebe abgegeben und Kohlendioxid und Stoffwechselprodukte aufgenommen hat, fließt es durch die Körpervenen, die sich zur oberen und unteren Hohlvene vereinigen, wieder zum rechten Vorhof zurück.

Kleiner Kreislauf – Großer Kreislauf. Im **kleinen Kreislauf** (=**Lungenkreislauf**) liegt als einziges Organ die Lunge. Sie wird deshalb vom gesamten zirkulierenden Blut durchströmt. Dagegen sind im **großen Kreislauf** die Gefäßsysteme der einzelnen Körperregionen und Organe parallel geschaltet. Dadurch wird das Blut unterschiedlich auf die Organe verteilt und die Durchblutung organspezifisch reguliert. e Angiologie: Kreislaufsystem

Klinischer Hinweis

Bei starken Blutverlusten (»*Kreislaufschock*«) wird nur die Durchblutung des Gehirns und der Niere aufrechterhalten: *Zentralisierung des Kreislaufs*.

Pfortadersysteme. In Pfortadersystemen sind **zwei Kapillarsysteme** über venöse Gefäße hintereinander geschaltet. Dies ist in den Verdauungsorganen der Fall. Hier liegt das **erste Kapillarsystem** in den Wänden von Magen und Darm, in Bauchspeicheldrüse und Milz. Von dort sammelt sich das venöse Blut in der *Pfortader* (**V. portae hepatis**) und gelangt in die Leber, wo ein weiteres Kapillarsystem besteht. Anschließend wird das Blut in Lebervenen gesammelt, die in die untere Hohlvene münden. e Angiologie, Besonderheiten

In Kürze

Großer und kleiner Blutkreislauf sind zwei getrennte Strombahnen, die durch das Herz koordiniert werden. Im kleinen Kreislauf befindet sich als einziges Organ die Lunge. Vom großen Kreislauf werden mehrere Organe versorgt; sie sind parallel geschaltet. In Pfortadersystemen liegen zwei Kapillarsysteme hintereinander.

6.2 Entwicklung des Blutkreislaufs

Kernaussagen

- **Die Entwicklung des Blutkreislaufs beginnt sowohl extra- als auch intraembryonal.**
- **Von den extraembryonal angelegten Anteilen des Blutkreislaufs bleibt die Verbindung mit der Plazenta bis zur Geburt erhalten (Plazentakreislauf).**
- **Intraembryonal ist bei der Entwicklung des Blutkreislaufs die Herzentwicklung führend.**
- **Die Ein- und Ausstrombahnen zum bzw. vom Herzen werden während der Entwicklung stark verändert.**

Die Entwicklung des Blutkreislaufs beginnt in der 3. Entwicklungswoche mit der Entstehung zunächst getrennter **extra- und intraembryonaler Gefäßanlagen.** Über die extraembryonalen Gefäße werden dem heranwachsenden Kind alle zur Versorgung notwendigen Stoffe zugeführt und die Stoffwechselendprodukte entfernt.

Die **extraembryonale Gefäßentwicklung** findet im Mesoderm von Dottersack, Haftstiel und Chorion statt. Dort kommt es zu Gewebsverdichtungen und es entstehen **Blutinseln** aus *angiogenetischem Material*. Aus **Angioblasten** geht das Gefäßendothel hervor und aus **Hämozytoblasten** entwickeln sich im Inneren der Blutinseln Blutzellen. In der Folgezeit sprossen diese Gefäßanlagen unter dem Einfluss von Wachstumsfaktoren im Zusammenwirken mit Rezeptorkinasen der Angioblasten aus und bilden ein extraembryonales Gefäßnetz. Während sich die im Dottersack gelegenen Gefäßabschnitte schon in der 4. Embryonalwoche zurückbilden, entwickelt sich das Gefäßnetz in Haftstiel und Chorion weiter und bekommt Anschluss an die Gefäßanlagen in der sich entwickelnden Plazenta.

Intraembryonale Gefäßentwicklung. Sie beginnt ähnlich wie die extraembryonale mit Entstehung einzelner Gefäßabschnitte, die sich bald vereinen. Außerdem verbinden sich die Anlagen der Dottersackgefäße und des Haftstiels mit intraembryonalen Gefäßanlagen. Der Anschluss an die Dottersackgefäße erfolgt durch die **Aa.** und **Vv. vitellinae**, der Anschluss an die Gefäße in Haftstiel und Plazenta durch die **Aa.** und **Vv. umbilicales** (*Nabelschnurgefäße*) (Abb. 6.2). Alle Anschlussgefäße beteiligen sich an der intraembryonalen Kreislaufentwicklung. Von den zunächst paarig angelegten Vv. umbilicales wird jedoch die rechte bald zurückgebildet. Die V. umbilicalis bringt das mit Sauerstoff und Nährstoffen angereicherte Blut aus der Plazenta zum Embryo. Die Aa. umbilicales leiten dagegen mit CO_2 und Stoffwechselendprodukten angereichertes Blut aus den Gefäßen des kindlichen Kreislaufs zur Abgabe in die Plazenta.

Alle intraembryonalen Gefäßabschnitte unterliegen während der Entwicklung starken Veränderungen. In Tabelle 6.1 ist zusammengestellt, welche bleibenden Gefäße sich aus embryonalen Vorläufern entwickeln.

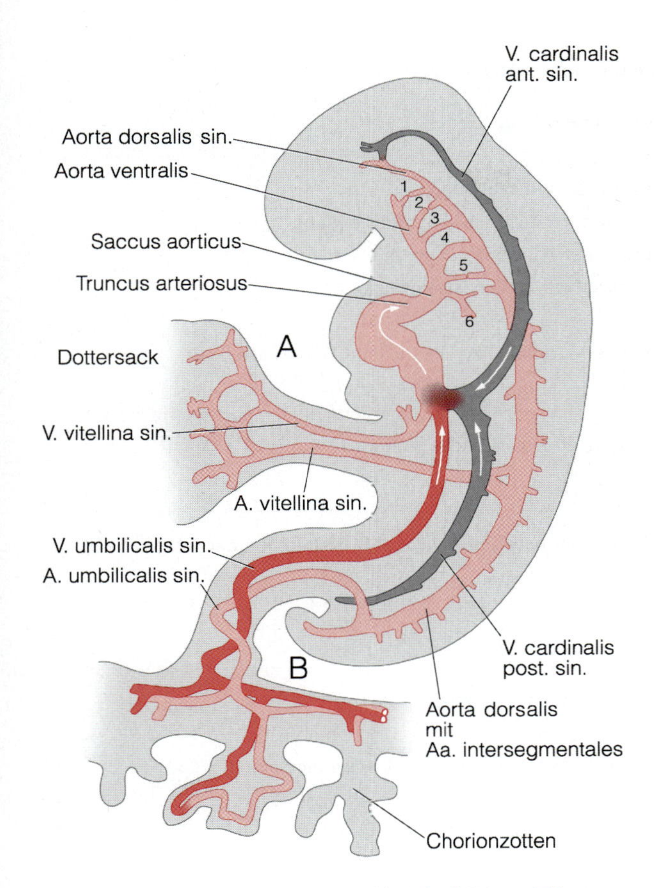

Abb. 6.2. Synopsis von Dottersackkreislauf (A) und Plazentakreislauf (B). In situ sind beide Kreisläufe in diesem Umfang nie gleichzeitig vorhanden. Seitenansicht von links. Die Intensität der roten Farbe entspricht dem Sauerstoffgehalt des Blutes, kennzeichnet jedoch nicht (!) Arterien oder Venen. Aortenbogen *1* und *2* in Rückbildung, *5* und *6* im Entstehen, Verbindungen noch nicht geschlossen, Gefäßplexus am Ende des 6. Bogens nur angedeutet (vgl. Abb. 6.5)

Bemerkenswert ist, dass anders als in den Dottersackgefäßen die intraembryonale Blutbildung außerhalb der Gefäßanlagen erfolgt.

6.2.1 Herzentwicklung und Entwicklung der herznahen Gefäße

Wichtig

Die Herzentwicklung beginnt extraembryonal. Sie setzt sich nach einem Descensus cordis intraembryonal fort. Aus einem zunächst angelegten Herzschlauch entsteht eine Herzschleife, die sich in verschiedene Abschnitte unterschiedlicher Wandstärke gliedert. Durch Septierung entstehen zwei Strombahnen. Verbunden mit der Herzentwicklung ist eine Umgestaltung der Ein- und Ausstrombahn des Herzens. Zur Einstrombahn gehören die Vv. cardinales, Vv. umbilicales, Vv. vitellinae. Die Ausstrombahn ist der Truncus arteriosus, der mit den Anlagen der Aorten Verbindung bekommt.

Die Herzentwicklung (Abb. 6.3) steht im Mittelpunkt der Entwicklung des Blutkreislaufs. Sie beginnt in der 3. Entwicklungswoche mit der Ausbildung von **Herzbläschen** in der **kardiogenen Zone** der Splanchnopleura, also mesodermal und extraembryonal (▶ S. 116). Die Herzbläschen sind von Angioblasten ausgekleidet, aus denen das spätere **Endokard** hervorgeht. Bald wird aus den Herzbläschen der unpaare **Herzschlauch.** In seiner Umgebung entwickelt sich dann unter dem Einfluss von Signalmolekülen ein **Prämyokard,** das durch eine **Gallerte** vom **Endokard** getrennt ist. Unter den Zellen der Myokardanlage (Anlage der Herzmuskelwand) treten sehr frühzeitig modifizierte Muskelzellen als Vorläufer des **Erregungsbildungs- und -leitungssystems** auf (▶ S. 289).

Am 23. bis 24. Tag beginnt die Herzmuskulatur mit rhythmischen Kontraktionen. Zu dieser Zeit ist die Herzanlage noch gestreckt, hat aber bereits Verbindungen mit zu- und abführenden Gefäßen.

In der Folgezeit kommt es zu einem Deszensus des Herzens (**Descensus cordis**) und damit zu einer Verlagerung von extra- nach intraembryonal (Abb. 3.14, 3.15) von der Halsregion (am 24. Tag) in die Anlage des Thorax (ab 44. Tag). Seine definitive Lage bekommt das Herz jedoch erst nach der Geburt.

Die weitere Entwicklung der Herzanlage steht in engem Zusammenhang mit Veränderungen der Ein- und Ausstrombahn.

Die Einstrombahn in die Herzanlage ist zunächst paarig (Abb. 6.3). Auf jeder Seite befinden sich

- **V. cardinalis communis** (nimmt **V. cardinalis superior** und **V. cardinalis inferior** auf)
- **V. umbilicalis** (*Nabelvene*)
- **V. vitellina** (*Dottervene*).

Tabelle 6.1. Zusammenfassung embryonal angelegter Gefäße und ihrer späteren Strecken

Embryonale Anlage	Ergebnis nach abgeschlossener Entwicklung
Arcus aorticus I	kleiner Abschnitt der A. maxillaris; sonst Rückbildung
Arcus aorticus II	aus dem dorsalen Abschnitt entsteht A. stapedia; sonst Rückbildung
Arcus aorticus III	Aa. carotis communes, Anfangsteil der Aa. carotis internae
Arcus aorticus IV	links Arcus aortae, rechts Anfangsteil der A. subclavia dextra
Arcus aorticus V	zurückgebildet; oft nicht angelegt
Arcus aorticus VI	Truncus pulmonalis, Anfangsteil der A. pulmonalis dextra, links Ductus arteriosus (Lig. arteriosum)
Saccus aorticus	Truncus brachiocephalicus, Aorta ascendens, Truncus pulmonalis (z.T.)
Aortae ventrales	Aa. carotis externae (?)
Aortae dorsales	Aa. carotis internae (?), nach Fusion der paarigen Anlage und Obliteration der rechten Seite Aorta descendens
Aa. intersegmentales	Aa. intercostales
Aa. vitellinae	Truncus coeliacus, Aa. mesenterica superior et inferior
Aa. umbilicales	Aa. iliacae internae (Stamm), A. vesicalis superior (Lig. umbilicale mediale)
Aa. segmentales laterales (hier Arterien der Urniere)	Aa. testiculares/ovaricae, Aa. suprarenales, Aa. renales
Vv. vitellinae	V. portae, Lebersinusoide, Vv. hepaticae, hepatisches Teilstück der V. cava inferior
V. umbilicalis	Ductus venosus (Lig. teres hepatis und Lig. venosum)
Vv. cardinales anteriores	Vv. jugulares internae, Vv. brachiocephalicae, Vv. subclaviae, V. cava superior, V. obliqua atrii sinistri
Vv. cardinales communes	V. cava superior, links Sinus coronarius
Vv. cardinales posteriores	unterster Abschnitt der V. cava inferior und Vv. iliacae
Vv. subcardinales	mittlerer Abschnitt der V. cava inferior, Vv. renales, Vv. gonadales
Vv. supracardinales	V. azygos et hemiazygos, oberer Abschnitt der V. cava inferior

Die Vv. cardinales beider Seiten verbinden sich zum **Sinus venosus** des Herzens.

Die **V. cardinalis superior** sammelt das Blut aus den Anlagen von Kopf, Hals und oberen Extremitäten, die **V. cardinalis inferior** aus der unteren Körperhälfte. Aus Teilen der **V. cardinalis communis** geht später die *V. cava superior* hervor. Die *V. cava inferior* entsteht erst durch Entwicklung weiterer Venensysteme (*Subkardinalvenen*) und deren Umgestaltung.

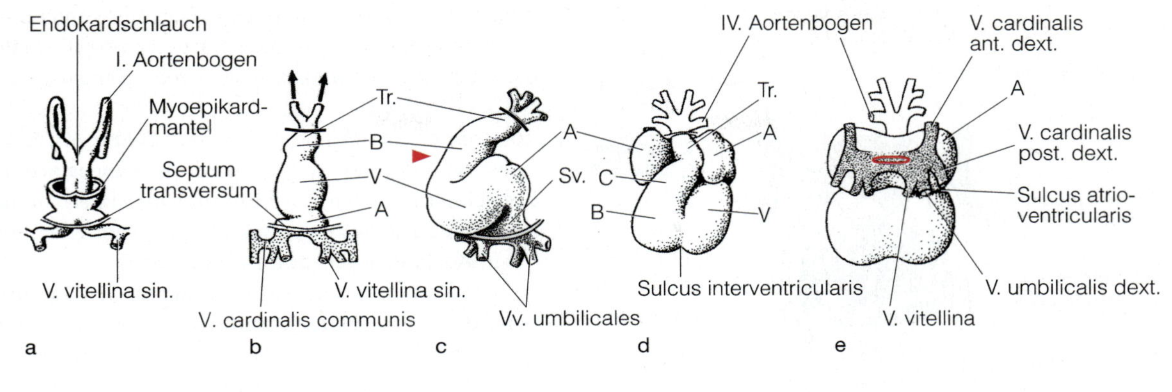

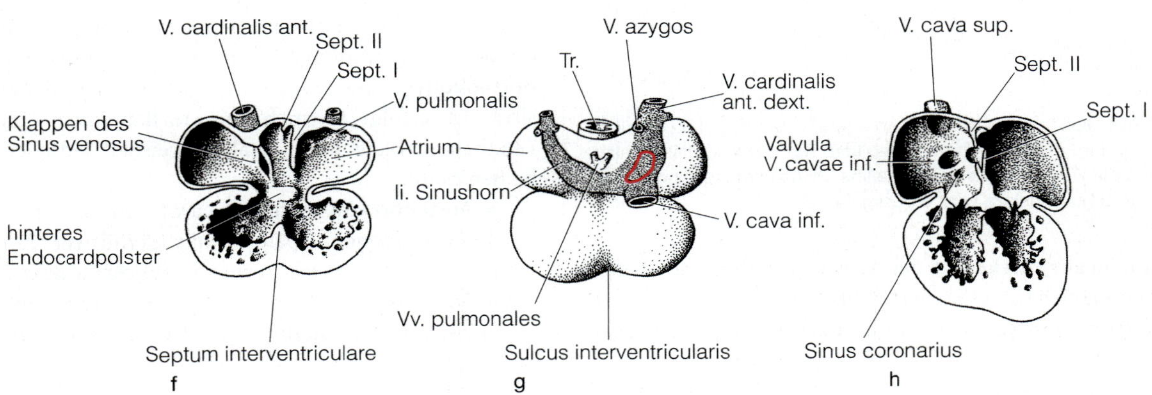

Abb. 6.3 a–h. Herzentwicklung nach Vereinigung der Endokardschläuche zum 4-kammrigen Herz. *Sv* Sinus venosus (fein punktiert); *A* Atrium primitivum; *V* Ventriculus primitivus; *B* Bulbus cordis primitivus; *C* Conus arteriosus; *Tr* Truncus arteriosus. **a, b, d** Ansicht von vorn. **c** Ansicht von der Seite. **e** und **g** Ansicht von hinten. **f** und **h** Frontalschnitte. Bitte die Stellungsänderung der Einmündung des Sinus venosus in das Atrium beachten (rote Kontur). – **b–d** Die kraniale Begrenzung des Herzbeutels ist durch eine einfache Linie quer über den Truncus arteriosus markiert, die kaudale fällt mit dem Septum transversum zusammen und ist durch eine doppelte Linie markiert (**b–c**). **g** Truncus arteriosus mit Septum aorticopulmonale. **h** Zustand nach der Septierung: Der Sinus venosus ist unterteilt in die Mündung der V. cava superior und inferior. Außerdem entstand die Öffnung für den Sinus coronarius. Die Öffnung zwischen Septum I und Septum II ist das Foramen ovale, Septum I die Klappe. *Roter Pfeilkopf* in **c** kennzeichnet die Stelle, die nach Verlängerung des Ausflussteils zum Sulcus interventricularis wird

Die Veränderungen im Bereich der **Vv. vitellinae** und der **Vv. umbilicales** führen zur Entwicklung der **Lebergefäße.**

Lebergefäße und Ductus venosus als Umgehungsgefäß der Leber (Abb. 6.4). Die Entwicklung beginnt mit der Entstehung von Aufzweigungen der **Vv. vitellinae** im Septum transversum (► S. 264). Diese werden von Leberzellen in Form von Leberzellbalken umwachsen. Die in die Leberanlage hineinführenden Abschnitte der Dottervenen werden als **Vv. advehentes,** die das Blut abführenden Gefäße als **Vv. revehentes** bezeichnet. Die Vv. advehentes beider Seiten stehen untereinander in Verbindung. Außerdem bilden die Dottervenen einen Gefäßplexus um das Duodenum. In der Folgezeit werden alle Gefäßanteile im Bereich der Vv. advehentes bis auf einen einheitlichen Gefäßstamm zurückgebildet, der zur **V. portae hepatis** wird. Die aus den Vv. revehentes entstehende Strombahn leitet das Blut dem Herzen zu.

An die Dottervenen der Leber finden die paarig angelegten Nabelvenen (**Vv. umbilicales**) Anschluss. Während sich die rechte Nabelvene frühzeitig zurückbildet, bleibt die linke erhalten und gibt ihr Blut mit in die Lebersinusoide (► S. 367) ab. So erreicht sauerstoffreiches Plazentablut die Leber. Der Blutzufluss zur Leber wird dadurch sehr groß. Da jedoch in der Leber ein hoher intrahepatischer Strömungswiderstand besteht, bildet sich ein Umgehungsgefäß, der **Ductus venosus** (Arantius). Er verbindet (unter Umgehung der Leber) die V.

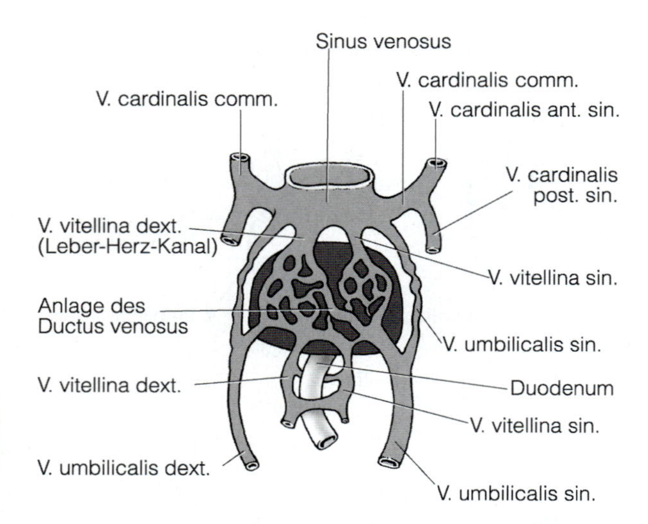

Abb. 6.4. Entwicklung der Lebergefäße. Die V. umbilicalis sinistra wird im oberen Teil zurückgebildet. Aus der V. vitellina sinistra wird die V. lienalis. Aus der V. vitellina dextra wird die V. portae. Die V. umbilicalis dextra wird zurückgebildet

umbilicalis direkt mit der V. cava inferior. Auf diesem Weg erreicht arterialisiertes Plazentablut das Herz. Da aber das embryonale Herz gleichzeitig durch die Vv. cardinales bzw. deren Nachfolger ebenfalls kohlendioxidangereichertes Blut aus dem Körperkreislauf erhält, ist das *Blut im embryonalen bzw. fetalen Herzen gemischt.*

Ausstrombahn, Aortenentwicklung (Abb. 6.3, 6.5). Die Ausstrombahn des Herzens wird als **Truncus arteriosus** bezeichnet (▶ unten). Er bekommt Anschluss an paarig angelegte Abschnitte der zukünftigen arteriellen Strombahn: **Aorta ventralis** und **Aorta dorsalis.**

Der Truncus arteriosus setzt sich in den **Saccus aorticus**, dem gemeinsamen Stamm der rechten und linken **Aorta ventralis,** fort. Die Aorta ventralis steht auf jeder Seite im Bereich der Branchialbögen (▶ S. 633) durch bogenförmige Gefäßabschnitte mit der Anlage der **Aorta dorsalis** in Verbindung. Es handelt sich um insgesamt **6 Aortenbögen**, die jedoch nie gleichzeitig vorhanden sind. Es erfolgt vielmehr ein fortlaufender Umbau. Letztlich verbleiben im fetalen Kreislauf lediglich auf beiden Seiten:

- **3. Aortenbogen,** später: A. carotis communis
- **4. Aortenbogen**, später: links definitiver Aortenbogen, Arcus aortae, rechts A. subclavia dextra
- **6. Aortenbogen**, Pulmonalbogen für die Aa. pulmonales; links besteht durch den **Ductus arteriosus** (Bo-

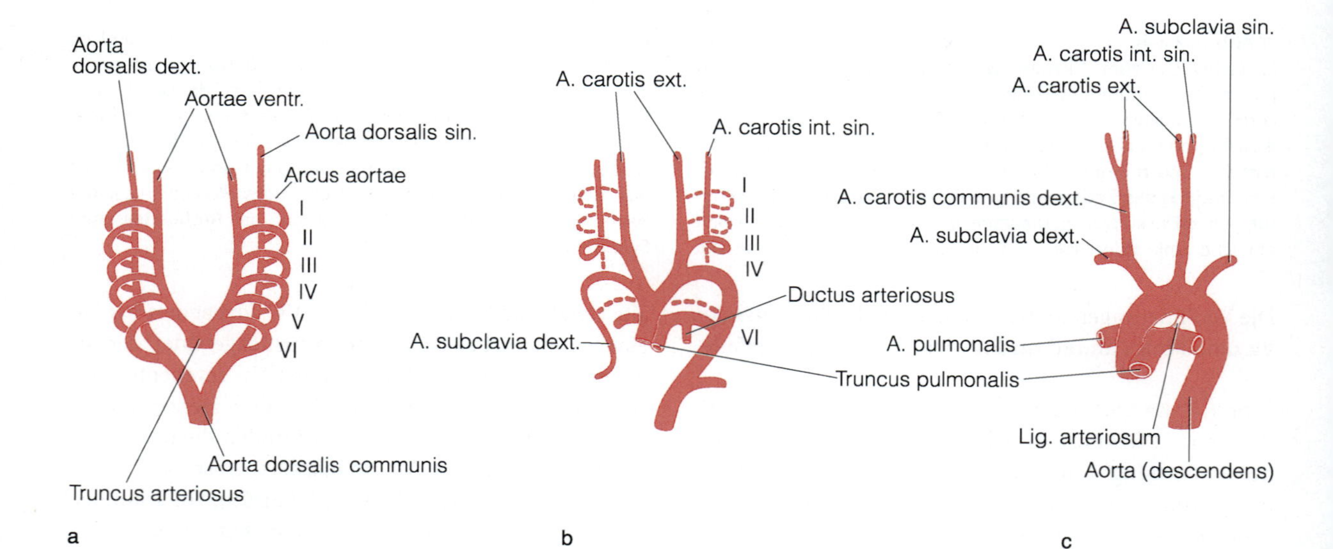

Abb. 6.5. Branchialarterien und ihre Derivate (Ventralansicht). **a** Ausgangssituation. Auf jeder Seite verbinden 6 Aortenbögen die ventrale und dorsale Aorta, ohne jemals gleichzeitig vorhanden zu sein. **b** Umbildung. Von den 6 Aortenbögen entstehen aus dem 3. Aortenbogen die A. carotis communis und Anfangsteile der A. carotis interna, aus dem 4. Aortenbogen links ein Teil des Arcus aortae, rechts der Anfang der A. subclavia dextra, aus dem 6. Aortenbogen, sog. Pulmonalbogen, die Anfangsteile der Pulmonalarterien. Die distalen Teile des 6. Aortenbogens bilden sich zurück. Ein Rest ist links der Ductus arteriosus. **c** Zustand nach der Geburt

talli) eine vorgeburtliche Verbindung zwischen linker A. pulmonalis und definitivem Aortenbogen.

Weitere Herzentwicklung (Abb. 6.3). Der Herzschlauch (▶ oben) ist anfangs annähernd gestreckt. Er gliedert sich von kaudal nach kranial in **Sinus venosus** mit zuführenden Gefäßen (▶ oben), **Atrium primitivum, Ventriculus primitivus, Bulbus cordis primitivus,** dessen distaler Abschnitt als **Conus arteriosus** bezeichnet wird, und den Ausströmungsteil **Truncus arteriosus** mit anschließendem **Saccus aorticus** (▶ oben).

Die weitere Entwicklung ist gekennzeichnet durch:
- Entstehung einer **Herzschleife (Cor sigmoideum)**
- **Umgestaltungen** und **Septierungen** aller Herzteile
- **Teilung des Blutstroms in zwei Bahnen**

Alle Vorgänge der Umgestaltung und Septierung des Herzens finden mit geringen zeitlichen Verschiebungen parallel zueinander statt. Dabei entstehen aus dem
- *Sinus venosus* und *Atrium primitivum* der **rechte** und **linke Vorhof**
- *Ventriculus primitivus* (absteigender Abschnitt der Herzschleife) der **linke Ventrikel**
- *Bulbus cordis primitivus* (anschließender aufsteigender Abschnitt des Herzschlauches) der **rechte Ventrikel**
- *Truncus arteriosus* der **Truncus pulmonalis** und die **Aorta**

Einzelheiten zur Entwicklung der Herzabschnitte

Cor sigmoideum. Am 21. Entwicklungstag erfährt der Herzschlauch durch schnelles Längenwachstum in begrenztem Raum eine nach rechts gerichtete S-förmige Biegung (Abb. 6.3). Dadurch kommt es zu erheblichen Verlagerungen, wodurch der Einstromteil des Herzens (Sinus venosus, Atrium primitivum) hinter dem Ventriculus primitivus, dem Bulbus und der Ausstrombahn zu liegen kommt. In der Folgezeit vergrößert sich der Bulbus cordis erheblich und wird vor allem zum rechten Ventrikel. Durch weiteres Wachstum der Herzanlage wird der zukünftige linke Ventrikel zu großen Teilen auf die Rückseite des Herzens verlagert und die Herzspitze weist nach links.

Klinischer Hinweis

Für die Seitenrichtigkeit der Herzschleife sorgt der geregelte Antransport von Induktoren aus Zellen des Primitivknotens (▶ S. 109). Ist dieser Mechanismus gestört, kann es zur Dextrokardie (*Situs inversus*) kommen.

Septierungen an der Vorhof-Kammer-Grenze (Abb. 6.3f). An der Oberfläche der Herzanlage entsteht an der Grenze zwischen Vorhof- und Kammerbereich ein **Sulcus atrioventricularis**, dem innen **Endokardkissen** entsprechen, die die Verbindung zwischen Atrium primitivum und Ventriculus primitivus zu einem H-förmigen Lumen einengen. Dorsales und ventrales Endokardpolster verwachsen in der Mitte, so dass die atrioventrikuläre Verbindung in *zwei Ostien* geteilt wird. Durch Umgestaltung des Gewebes um die Ostien entstehen **Segelklappen**, die als Ventile wirken. Am **Ostium atrioventriculare dextrum** bestehen sie aus drei Segeln (*Trikuspidalklappe*) am **Ostium atrioventriculare sinistrum** aus zwei Segeln (*Bikuspidal-* oder *Mitralklappe*). Später wird im Bereich des Sulcus atrioventricularis die Muskulatur durch straffes Bindegewebe ersetzt, welches das **Herzskelett** bildet.

Umgestaltungen und Septierungen im Vorhofbereich (Abb. 6.3f, h). In der Einstrombahn wird der Sinus venosus ins Atrium primitivum integriert. Die Zweiteilung des primitiven Vorhofs in rechts und links beginnt mit der Bildung von sichelförmigen Falten, die sich zu **Septum primum** und **Septum secundum** entwickeln. Zwischen beiden verbleibt ein Schlitz: **Foramen ovale** (Abb. 6.6).

Beim Zusammenschluss von Sinus venosus und Atrium primitivum trennen sich die verschiedenen Gefäßmündungen der Einstrombahn. Dabei entsteht aus dem Sinus venosus rechts der Anfangsteil der **V. cava inferior,** aus Teilen der V. cardinalis anterior die **V. cava superior** und aus dem zentralen, querverlaufenden Abschnitt des Sinus venosus der größere Teil des **Sinus coronarius.** Links bildet sich der Sinus venosus weitgehend zurück. Er liefert kleinere Teile des Sinus coronarius und einen distalen Abschnitt der **V. obliqua atrii sinistri.** Auf der dorsalen Seite des Atrium primitivum entstehen Aussprossungen, aus denen sich die **Vv. pulmonales** mit getrennten Einmündungen in den linken Vorhof entwickeln.

Umgestaltungen und Septierungen im Kammerbereich (Abb. 6.3f, h). Die Herzkammern gehen aus dem Ventriculus

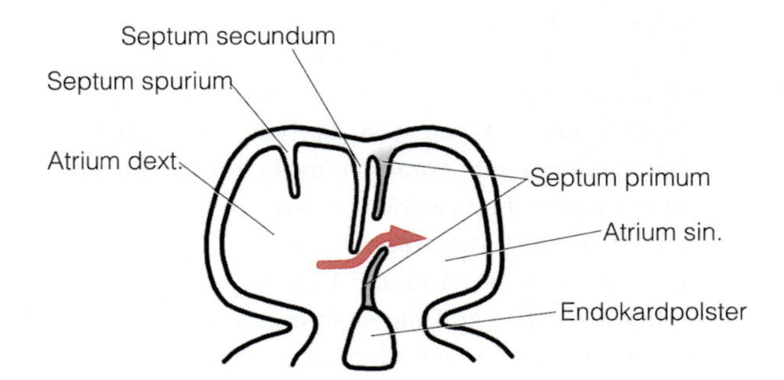

Abb. 6.6. Das Foramen ovale der Vorhofscheidewand befindet sich zwischen dem unteren Rand des Septum secundum und dem oberen Rand des unteren Teils des Septum primum. Bei der Umstellung auf den bleibenden Kreislauf schließt sich das Foramen ovale durch Überlappung der Ränder. Der *Pfeil* gibt die Richtung des intraembryonalen Blutstroms an, durch den der untere Abschnitt des Septums zur Seite gebogen wird

primitivus (Vorläufer von Teilen der linken Kammer) und dem Bulbus cordis (für Teile der rechten Kammer) hervor. Oberflächlich wird am Bulbus dort, wo sich rechter und linker Ventrikel trennen werden, ein **Sulcus interventricularis** sichtbar, dem im Inneren die Anlage eines **Septum interventriculare** entspricht. Es verbleibt jedoch zunächst ein **Foramen interventriculare,** das in der 7. Entwicklungswoche verschlossen wird.

Bereits vor der Septierung kommt es durch Asymmetrien während der Herzentwicklung zu einer Teilung des ursprünglich einheitlichen Blutstroms im Herzschlauch in zwei Hauptstrombahnen mit unterschiedlichen Zielrichtungen: dem kleinen Kreislauf und dem großen Kreislauf. Die Teilung der Strombahn fördert die Bildung des Septum interventriculare.

Umgestaltungen und Septierungen der Ausstrombahn. Der Ausstrombereich wird durch die Entstehung einer schraubenförmigen Scheidewand (**Septum aorticopulmonale**) in einen Teil für den Truncus pulmonalis, in den anderen für die Aorta unterteilt. Verbunden ist der Septierungsvorgang durch die Bildung von Ausstromventilen an der Grenze zwischen Conus und Truncus arteriosus, der **Aorten-** und **Pulmonalklappen** (=**Taschenklappen** ► S. 179). Sie verhindern den Rückstrom des Blutes während der Diastole.

In Kürze

Die Gefäßentwicklung geht von extra- und intraembryonalen Blutinseln aus. Von den extraembryonalen Anteilen verbleiben die Gefäße des Plazentakreislaufs. Intraembryonal entsteht am 21. Entwicklungstag durch Längenwachstum in begrenztem Raum aus einem Herzschlauch die Herzschleife. Sinus venosus und Atrium primitivum verlagern sich als Einstrombahn auf die Rückseite von Truncus arteriosus und Saccus aorticus, die die Ausstrombahn bilden. Zwischen den Anlagen von Vorhof und Kammer gehen aus Endokardkissen Vorhof-Kammer-Ostien mit Segelklappen hervor. Die Vorhofscheidewand lässt zunächst ein Foramen ovale offen. Auch die Kammerscheidewand ist zunächst unvollständig. In der Ausstrombahn trennt das Septum aorticopulmonale Aorta und Truncus pulmonalis. Ferner kommt es zu Umgestaltungen im Bereich der Einstrombahn, vor allem durch Entwicklung des Ductus venosus als Umgehung der Leberanlage. In der Ausstrombahn werden die Aorten angelegt. Von den primitiven Aortenbögen verbleiben der 3. als Aa. carotes communes, der 4. als definitiver Aortenbogen, der 6. als Pulmonalbogen (Aa. pulmonales und Ductus arteriosus).

6.3 Fetaler Kreislauf und seine Umstellung auf den postnatalen, bleibenden Kreislauf

Das Ergebnis der Entwicklung des Blutkreislaufs ist der fetale Kreislauf.

Kernaussagen

- **Der fetale Kreislauf entspricht bereits grundsätzlich dem des Neugeborenen.**
- **Fetal wird der kleine Kreislauf weitgehend durch Kurzschlüsse umgangen.**
- **Bei der Geburt werden durch Wegfall der Versorgung des Kindes aus der Plazenta alle Umgehungswege verschlossen, sowohl im Bereich der Lunge (kleiner Kreislauf) als auch der Leber (Ductus venosus).**

Im fetalen Kreislauf (Abb. 6.7) gelangt nährstoff- und sauerstoffreiches Blut aus der Plazenta durch die V. umbilicalis zur Leber, die jedoch zu großen Teilen durch den Ductus venosus umgangen wird. Anschließend sammelt sich das Blut in der V. cava inferior, wo es sich mit dem kohlendioxidhaltigen Blut **aus der unteren Körperhälfte** mischt und in den **rechten Vorhof** gelangt. Von hier kommt das Blut durch das offene **Foramen ovale** in den **linken Vorhof**, erreicht durch das **Ostium atrioventriculare sinistrum** die **linke Kammer** und wird von dort in die **Aorta** gepumpt.

Einen anderen Weg nimmt das Blut **aus dem Hals-/Kopfbereich**. Es ist kohlendioxidhaltig, also nicht gemischt. Das Blut fließt durch die **V. cava superior** in den rechten Vorhof und durch das **Ostium atrioventriculare dextrum** in die **rechte Kammer**. Diese pumpt das Blut in den **Truncus pulmonalis** und die **Aa. pulmonales**. Da die Lungen noch nicht belüftet sind und in den Lungengefäßen ein hoher Widerstand besteht, wird das Blut zu großen Teilen durch den **Ductus arteriosus** (Botalli) in die Aorta geleitet. Der Ductus arteriosus liefert also einen Rechts-links-Shunt vom Truncus pulmonalis zur Aorta (Tabelle 6.1, Abb. 6.5 b). Der Sauerstoffgehalt des Blutes in der Aorta mindert sich dadurch weiter. Am Ende der **Aa. iliacae communes** zweigen die **Aa. umbilicales** nach ventral ab, gelangen zur Nabelschnur und erreichen die Plazenta. Die Aa. umbilicales leiten das kohlendioxidreiche Blut des Fetus zum Gasaustausch zur Plazenta.

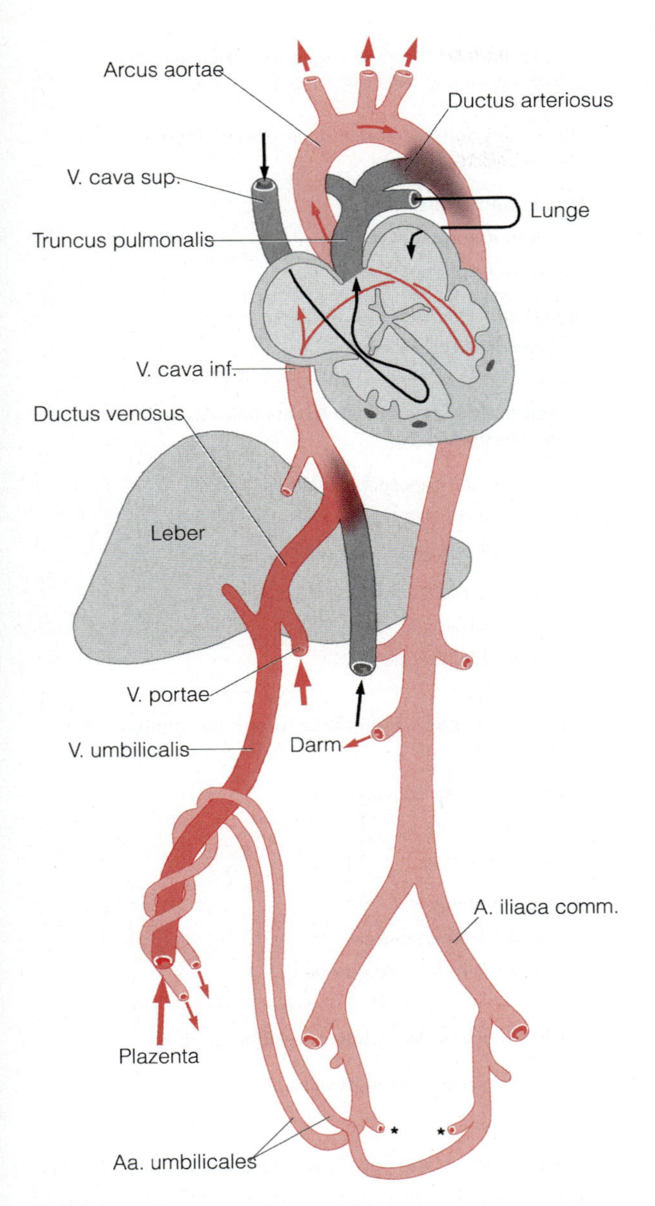

Abb. 6.7. Fetaler Kreislauf. Farbe wie in Abb. 6.2. Erklärung siehe Text. * Stelle, an der die A. vesicalis superior abzweigt

Der **bleibende Kreislauf** nimmt seine Tätigkeit mit der Unterbrechung des Plazentakreislaufs bei der Geburt und dem Beginn der Lungenatmung auf (»erster Schrei«). Lungen und kleiner Kreislauf entfalten sich. Dies führt zu:

- **Verschluss des Ductus arteriosus**, dem Kurzschluss zwischen Truncus pulmonalis und Aorta, von dem als Rest das **Lig. arteriosum** verbleibt (▶ S. 293)
- zunächst funktionellem **Verschluss** des **Foramen ovale** durch eine Druckerhöhung im linken Vorhof infolge des gesteigerten Blutzuflusses aus den Lungen: die unteren Teile des Septum secundum überlagern klappenartig den ventralen Rand des Septum primum (Abb. 6.6), in der Regel wird das Foramen ovale nicht nur funktionell, sondern auch durch Verwachsungen strukturell verschlossen; es verbleibt im rechten Vorhof eine **Fossa ovalis** (▶ S. 286)
- **Unterbrechung** des **Ductus venosus** an der Leber und Umwandlung in das **Lig. venosum** (▶ S. 336)
- Umwandlung der intraabdominalen Verlaufsstrecke der **V. umbilicalis** in das **Lig. teres hepatis** (▶ S. 336); ihr prähepatischer Abschnitt bleibt meist zeitlebens durchgängig
- Umwandlung des proximalen Abschnitts der **Nabelarterie zur A. iliaca interna** und **A. vesicalis superior**

In Kürze

Fetaler und bleibender Kreislauf sind grundsätzlich ähnlich. Jedoch werden bei der Geburt das Foramen ovale im Vorhof, der Ductus arteriosus zwischen Pulmonalarterie und Aorta, der Ductus venosus an der Leber und die größten Abschnitte von Nabelarterien und Nabelvene verschlossen.

6

6.4 Fehlbildungen am Herzen und im Kreislauf

Kernaussagen

- **Fehlbildungen am Herzen entstehen, wenn die Trennung zwischen rechter und linker Herzhälfte unvollständig erfolgt. Dadurch kommt es zu einem Shunt (Kurzschluss).**
- **Klinisch ist ein Rechts-links-Shunt mit einer Zyanose (bläuliche Verfärbung der Haut und Schleimhaut des Kindes) verbunden, nicht jedoch ein Links-rechts-Shunt.**
- **Fehlbildungen können Herzklappen oder Gefäßabgänge betreffen.**
- **Fehlbildungen an den herznahen großen Gefäßen gehen vielfach auf ungenügende Rückbildung von ursprünglich angelegten Gefäßabschnitten zurück.**
- **Fehlbildungen an Herzklappen und großen Gefäßen sind azyanotische Herzfehler.**

Am Herzen können auftreten (Tabelle 6.2):

- **Vorhofseptumdefekte mit offenem Foramen ovale** (atrial septal defect = ASD). Der Verschluss des Foramen ovale unterbleibt durch Störungen bei der Ausbildung der Vorhofsepten bzw. deren Verschmelzungen, ca. 10% aller angeborenen Herzfehler. Bei völligem Fehlen des Septums (**Aplasie**) bleibt ein **Atrium commune** bestehen. In beiden Fällen gelangt im bleibenden Kreislauf sauerstoffreiches Blut vom linken (höherer Druck) in den rechten Vorhof (geringerer Druck): **azyanotischer Links-rechts-Shunt.** In der Folge kann es zu Hypertrophie von rechtem Vorhof und Kammer sowie zu einer Erweiterung des Truncus pulmonalis durch Druckerhöhung kommen.
- **Kammerseptumdefekt** (ventriculoseptal defect = VSD) infolge eines unvollständigen Verschlusses des Foramen interventriculare. Er ist die *häufigste Herzfehlbildung* und stellt ca. ein Drittel aller angeborenen Herzfehler. Blut gelangt dann vom linken (höherer Druck) in den rechten Ventrikel (geringerer Druck): **azyanotischer Links-rechts-Shunt.** Dadurch kann es zur Hypertrophie des rechten Ventrikels und Druckerhöhung in den Aa. pulmonales kommen.

Tabelle 6.2. Häufigere angeborene Herzfehler (Vitien) (in Anlehnung an Remmele 1984)

Vitien mit dominierendem Links-rechts-Shunt (azyanotische Vitien)
Shunt auf Vorhofebene
– Vorhofseptumdefekt
– Vorhofseptumaplasie
Shunt auf Ventrikelebene
– Ventrikelseptumdefekt
Vitien mit dominierendem Rechts-links-Shunt (zyanotische Vitien)
mit vermehrter Lungendurchblutung
– Transposition der großen Arterien
– Truncus arteriosus communis
mit verminderter Lungendurchblutung
– Fallot-Tetralogie
– Tricuspidalisatresie
Vitien der Kammerausstrombahn und der großen Gefäße ohne Shunt
Stenosen der Semilunarklappen
– Pulmonalstenose
– Aortenstenose
Aortenanomalien
– Aortenisthmusstenose
– Anomalien des Aortenbogens
Vitien zwischen den großen Gefäßen mit Shunt
– offener Ductus arteriosus (Botalli)

- **Transposition der großen Arterien** (TGA). Unterbleibt die Torsion des Septum aorticopulmonale, entspringt die Aorta aus dem rechten Ventrikel und der Truncus pulmonalis aus dem linken. Diese Fehlbildung führt zu einem **Rechts-links-Shunt**, zu vermehrter Lungendurchblutung und zur **Zyanose.** Diese Transposition ist oft mit einem Kammerscheidewanddefekt und offenem Ductus venosus vergesellschaftet. Das Neugeborene hat nur eine kurze Überlebenschance.

- **Truncus arteriosus communis** (TAC). Trennt das Septum aorticopulmonale Aorta und Truncus pulmonalis nicht oder nur unzulänglich, resultiert ein *persistierender Truncus arteriosus*: Diese Fehlbildung geht immer mit einem *Kammerscheidewanddefekt* einher, weil der untere, im Bulbus cordis gelegene Anteil des Septum aorticopulmonale zum Verschluss des Foramen interventriculare fehlt. Es besteht ein **zyanotischer Rechts-links-Shunt** mit vermehrter Lungendurchblutung.
- **Fallot-Tetralogie** (FT). Vier Phänomene bestimmen das relativ häufige Syndrom, das ca. 8% der angeborenen Herzfehler ausmacht: **Pulmonalstenose, Ventrikelseptumdefekt, »reitende« Aorta** und **Hypertrophie des rechten Ventrikels.** Die Fehlbildung beruht vermutlich auf einer Verschiebung des Septum aorticopulmonale nach ventrolateral. Dadurch bekommt es keinen Anschluss an das Ventrikelseptum (Septumdefekt). Die Verschiebung nach rechts führt außerdem zur Ausbildung eines zu gering kalibrierten Truncus pulmonalis (Pulmonalstenose: deswegen **Zyanose** als führendes Symptom). Die Strömungsbeeinträchtigung zieht eine Aktivitätshypertrophie der Muskulatur des rechten Ventrikels nach sich. Die relativ weite Aorta liegt über dem Septum interventriculare (reitet auf ihm) und erhält Blut aus beiden Kammern.
- **Tricuspidalatresie** (TA). Das angestaute venöse Blut gelangt dann rückläufig in den rechten Vorhof, durch ein persistierendes Foramen ovale in den linken Vorhof und durch den Ductus arteriosus, der dann gleichfalls offen bleibt, in die Lunge, die dadurch vermehrt durchblutet wird.

Fehlbildungen an der Kammerausstrombahn und den großen Gefäßen:

- **Fehlbildungen der Semilunar(Taschen)klappen** können durch ungenügende Ausweitung des Ostium zu **Pulmonal-** oder **Aortenstenose** führen
- ein **offener Ductus arteriosus** (persistent ductus arteriosus = PDA) ist relativ häufig (ca. 9% der angeborenen Herzfehler) und kommt vorwiegend beim weiblichen Geschlecht vor, es entsteht ein **azyanotischer Links-rechts-Shunt;** da in den Aa. pulmonales der Blutdruck niedriger ist als in der Aorta, kann es zu einem Hochdruck in den Pulmonalarterien kommen
- **Aortenisthmusstenose:** die Aorta ist oberhalb oder unterhalb der Mündung des Ductus arteriosus eingeengt
- **rechtsseitiger Arcus aortae,** wenn sich der linke 4. Aortenbogen zurückbildet
- ein **doppelter Aortenbogen** entsteht bei einer mangelhaften Rückbildung der rechten dorsalen Aorta; die Aorten umschließen Trachea und Ösophagus ringförmig
- **abnormer Gefäßabgang der A. subclavia dextra:** sie zweigt direkt aus der Aorta ab, oft nach der A. subclavia sinistra, zieht meist hinter dem Ösophagus zur rechten Extremität und führt dann zur Kompression der Speiseröhre mit Schluckbeschwerden
- eine **linke V. cava superior** oder eine **Verdoppelung dieses Gefäßes** infolge einer irregulären Rückbildung der Kardinalvenen

In Kürze

Die häufigsten Fehlbildungen während der Herzentwicklung sind Scheidewanddefekte mit Links-rechts-Shunt: Vorhofseptumdefekt mit ca. 10%, Ventrikelseptumdefekt mit ca. einem Drittel aller angeborenen Herzfehler. Ein Rechts-links-Shunt liegt bei der Fallot-Tetralogie vor (9%): Pulmonalstenose, Ventrikelseptumdefekt, reitende Aorta, Hypertrophie des rechten Ventrikels. Störungen bei der Entwicklung der Herzklappen können zu Pulmonal- und Aortenstenose führen. Transposition der großen Gefäße bzw. ein Truncus arteriosus communis gehen auf Störungen in der Entwicklung des Septum aorticopulmonale zurück. Die häufigsten Fehlbildungen bei der Kreislaufentwicklung sind die Persistenz des Ductus arteriosus (9%) und die Aortenisthmusstenose.

6.5 Blutgefäße e Angiologie, H38–41

Kernaussagen

- **Alle Blutgefäße werden von biologisch hochaktivem Endothel ausgekleidet.**
- **Die Wände von Arterien und Venen bestehen aus glatter Muskulatur und Bindegewebe mit elastischen und kollagenen Fasern.**
- **In den Arterien ist die glatte Muskulatur dichter und regelmäßiger angeordnet als in den Venen.**
- **Herznahe Arterien sind vom elastischen Typ mit vielen elastischen Fasern.**
- **Periphere Arterien sind vom muskulären Typ.**
- **Die Lumenweite der Arteriolen bestimmt den Blutzufluss zu den Kapillaren.**
- **Das Kapillarsystem bildet die terminale Strombahn und dient Stoff- und Gasaustausch.**
- **Die Regulation der Durchblutung erfolgt durch neuronale, humorale und lokale Signale.**

6.5.1 Wandbau e Angiologie: Gefäßbau

Arterien und Venen haben drei Wandschichten (Abb. 6.8):
- **Tunica intima** (kurz: Intima)
- **Tunica media** (kurz: Media)
- **Tunica externa** oder **adventitia** (kurz: Adventitia)

Intima. Die Intima besteht aus **Endothel,** ein geschlossener einschichtiger Verband sehr flacher Zellen, die in der Regel auf einer **Basallamina** ruhen, und aus **subendothelialem Bindegewebe** mit zarten Kollagenfasern und feinen elastischen Netzen. Die Faserzüge und die länglichen Endothelzellen sind vornehmlich parallel zur Richtung des Blutstroms angeordnet. – Die Intima kontrolliert den Stoff- und Gasaustausch zwischen Blut, Gefäßwand und Umgebung.

Endothelzellen sind biologisch hochaktiv. Sie hemmen im Normalfall die intravasale Blutgerinnung. Nach Verletzungen aktivieren sie jedoch die Blutgerinnung. Ferner bilden Endothelzellen bei Verletzungen und Entzündungen Rezeptoren für Leukozyten und fördern dadurch deren Wanderung durch die Gefäßwand in

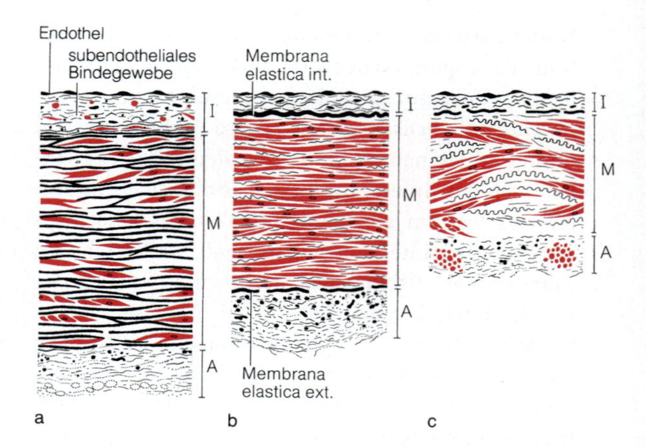

Abb. 6.8 a–c. Querschnitte durch Gefäßwände. **a** Arterie vom elastischen Typ (Aorta). **b** Arterie vom muskulären Typ. **c** Mittelgroße Vene. *I* Tunica intima, *M* Tunica media, *A* Tunica adventitia, *rot* glatte Muskelzellen; *schwarz* elastische Netze e H39–41

das umgebende Gewebe. Endothelzellen synthetisieren auch Faktoren, die die Gefäße verengen (Vasokonstriktoren, z. B. Angiotensin) oder erweitern (Vasodilatatoren). Deswegen ist die Hemmung der Bildung von Angiotensin durch ACE-Hemmer (ACE = angiotensin converting enzyme) heute eine wichtige Behandlung des hohen Blutdrucks. Weiterhin können Endothelzellen Rezeptoren für vaskuläre Wachstumsfaktoren zur Förderung der Angiogenese bilden, die bei der Wundheilung erwünscht, bei der Tumorbildung aber unerwünscht ist (für weitere Einzelheiten ► Lehrbücher der Physiologie).

Media. Diese Wandschicht besteht aus glatten Muskelzellen, Kollagenfasern und elastischen Fasern in überwiegend ringförmiger Anordnung. Mengenanteil und Dichte richten sich nach der Beanspruchung und sind in den verschiedenen Gefäßabschnitten unterschiedlich. Die elastischen Fasern können an der Grenze zwischen Intima und Media sowie zwischen Media und Adventitia eine **Membrana elastica interna** und eine **Membrana elastica externa** bilden.

Die Media fängt die Ring- und Längsspannungen, die durch Blutdruck und Pulswelle in der Gefäßwand entstehen, auf und reguliert die Gefäßweite durch Muskelkontraktionen.

Adventitia. Die Adventitia ist ein Geflecht aus Kollagenfasern mit unterschiedlich umfangreichen elastischen Netzen. Die Geflechte verankern die Gefäße in ihrer

Umgebung. Da die Fasern im Wesentlichen in Längsrichtung orientiert sind, kann die Adventitia äußere Längsdehnungskräfte aufnehmen, z. B. bei Extremitäten- und Eingeweidegefäßen.

Ernährung der Gefäße. Die Wand kleiner Gefäße wird durch Diffusion vom Gefäßlumen her ernährt. Bei größeren Arterien und Venen dringen zusätzlich Versorgungsgefäße (**Vasa vasorum**) aus der Adventitia in das äußere Drittel der Media ein. e H40

Innervation. Die Gefäßmuskulatur wird durch Fasern des vegetativen Nervensystems (**Vasomotoren**) innerviert, die Weitstellung und Wandspannung regulieren.

Spannungsrezeptoren liegen in der Adventitia.

6.5.2 Arterien e H39, 40; Angiologie: Gefäßbau

Wichtig

Arterien dienen der Blutzufuhr zur terminalen Strombahn. Herznah sind sie Arterien vom elastischen Typ, die einen kontinuierlichen Blutfluss auch während der Erschlaffung des Ventrikels (Diastole) gewährleisten. Periphere Arterien sind vom muskulären Typ. Hier beginnt die Regulierung des Blutzuflusses zu den Organen.

Arterien vom elastischen Typ (Abb. 6.8 a). Zu ihnen gehören die großen herznahen Gefäße: Aorta, A. carotis communis, A. subclavia, A. iliaca communis, ferner Truncus pulmonalis und Aa. pulmonales.

Intima. Die Intima ist entsprechend der mechanischen Beanspruchung relativ dick. Unter dem **Endothel** kommen neben **Kollagen-** und **elastischen Fasern** in Längsrichtung orientierte **glatte Muskelzellen** vor.

Media. Die Media ist unscharf gegen Intima und Adventitia abgegrenzt und zeichnet sich durch eine Vielzahl konzentrisch angeordneter **elastischer Membranen** aus, die untereinander anastomosieren und für den Stoffdurchtritt gefenstert sind. An den Membranen inserieren verzweigte **glatte Muskelzellen,** die den Dehnungswiderstand der Gefäßwand beeinflussen. Die Bindegewebegrundsubstanz zwischen den Membranen enthält größere Mengen von Proteoglykanen, in die spärliche Kollagenfasern eingelagert sind.

Adventitia. In der Adventitia verlaufen **Vasa vasorum** und **Nervenfasern.**

Zur Information

Die Arterien des elastischen Typs, insbesondere der Anfangsteil der Aorta, besitzen eine sog. *Windkesselfunktion.* Das in der Systole des Herzens ausgeworfene Blutvolumen wird von den elastischen Arterien unter Wanddehnung aufgenommen und in der Diastole durch die elastischen Rückstellkräfte der Arterienwand weiterbefördert. Dadurch wird der diskontinuierliche Ausstrom des Blutes aus den Ventrikeln in einen kontinuierlichen Blutfluss umgewandelt.

Arterien vom muskulären Typ (Abb. 6.8 b). Zu ihnen zählen die mittleren und kleinen Arterien des großen Kreislaufs. Sie zeigen den Dreischichtenbau am deutlichsten. e H39

Intima. Die Intima bildet an der Grenze zur Media eine deutliche **Membrana elastica interna,** die aus stark vernetzten elastischen Strukturen besteht. Im histologischen Präparat erscheint sie geschlängelt, intravital wird sie durch den Blutdruck gespannt.

Media. Die Media besteht aus Schichten zirkulär oder flach schraubenförmig angeordnete **glatter Muskelzellen.** Zwischen ihnen finden sich zarte elastische Membranen. An der Grenze zur Adventitia verdichten sich die elastischen Strukturen zu einer multilamellären **Membrana elastica externa.** Unabhängig von der Menge des elastischen Materials ist die Media-Adventitia-Grenze der Arterien, im Gegensatz zu der der Venen, durch eine scharfe Grenze zwischen der Schicht der glatten Muskelzellen und der bindegewebigen **Adventitia** gekennzeichnet.

Klinischer Hinweis

Eine typische Veränderung der Arterienwand ist die *Arteriosklerose.* Durch vermehrte Bildung von kollagenen Fasern und Proteoglykanen begleitet von zunehmenden Kalksalz- und Lipidablagerungen kommt es zu Verhärtungen und Veränderungen in Intima und Media.

6.5.3 Mikrozirkulation
e H38; Angiologie: Gefäßbau

Wichtig

Im Bereich der Mikrozirkulation spielen sich alle Austauschvorgänge zwischen Blut und Gewebe ab. Störungen in diesem System haben daher große klinische Relevanz.

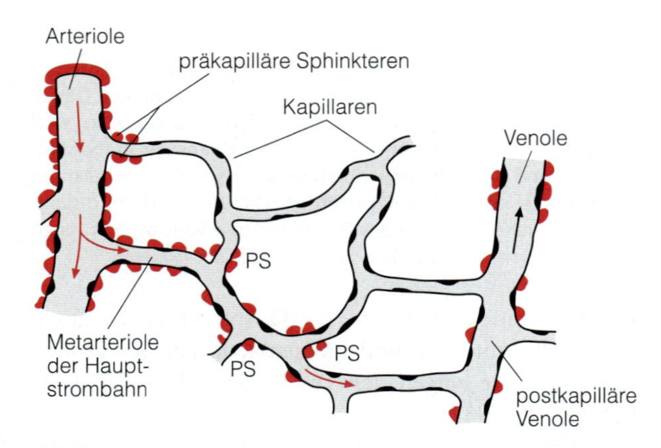

Abb. 6.9. Mikrozirkulationssystem zwischen Arteriole und Venole. Metarteriolen können den Kapillaren vorgeschaltet sein. Kapillaren können Schlingen bilden oder als Hauptstrombahn Arteriolen mit Venolen verbinden. Am Übergang von Arteriolen oder von Metarteriolen in Kapillaren befinden sich präkapilläre Sphinkteren (PS); *rote Pfeile:* Stromrichtung des O_2-reichen Blutes; *schwarzer Pfeil:* Stromrichtung des O_2-armen Blutes

Gefäße der Mikrozirkulation sind (Abb. 6.9)
- **Arteriolen**
- **Metarteriolen**
- **Kapillaren**
- **postkapilläre Venolen**
- **Venolen**

Arteriolen sind Widerstandsgefäße

Arteriolen schließen sich an Arterien an. Der Durchmesser ihres Lumens liegt zwischen 20 und 130 µm. Sie verzweigen sich stark. Durch Vasokonstriktion und Vasodilatation regulieren sie die Durchblutung des nachgeschalteten Kapillarbettes und den systemischen Blutdruck.

In ihrem Wandbau gleichen die Arteriolen prinzipiell den Arterien vom muskulären Typ, ihre Media ist jedoch dünner und weist nur 1–4 zirkulär angeordnete Schichten glatter Muskelzellen auf.

Klinischer Hinweis

Bei Erweiterung der Arteriolen kommt es zu einem Blutdruckabfall bei gleichzeitiger Füllung der zugehörigen Kapillaren. Das Gegenteil ist bei Verengung von Arteriolen der Fall, z.B. kalte Füße. Ist die Erweiterung der Arteriolen generell und ungeregelt, z.B. bei allergischen Reaktionen, kann Blut in der Peripherie »versacken« und ein *Kollaps* resultiert. Andererseits führt eine generelle Kontraktion der Arteriolen zum *Bluthochdruck*. Um dann die Duchblutung in der Peripherie gegen den erhöhten Widerstand sicherzustellen, muss der linke Ventrikel eine erhöhte Pumpleistung erbringen.

Metarteriolen sind Gefäßsegmente im Anschluss an die Arteriolen. Ihr Lumendurchmesser liegt zwischen 8 und 20 µm. Metarteriolen gehören zur **terminalen Strombahn.** Ihre Häufigkeit wechselt; den geringsten Bestand an Metarteriolen hat die Skelettmuskulatur.

Metarteriolen sind an der lokalen Regulierung der Kapillardurchblutung beteiligt. Am Übergang von Metarteriolen in die Kapillaren finden sich einfache Ringe aus glatter Muskulatur (**präkapilläre Sphinkteren**). Ihre Kontraktion kann die Blutzufuhr zu den Kapillaren vollständig unterbinden. Arteriolen und Metarteriolen setzen sich in das Netzwerk der **Kapillaren** fort.

Kapillaren sind Austauschgefäße

Wichtig

In den Kapillaren erfolgt der Gas- und Stoffaustausch mit dem umgebenden Gewebe. Ermöglicht wird dieser Austausch durch die große Gesamtoberfläche der Kapillarwände – mobilisierbar sind im menschlichen Organismus bis zu 1000 m^2 – und die geringe Strömungsgeschwindigkeit des Blutes infolge des großen Querschnitts des Kapillarbettes.

Durchschnittlich sind Kapillaren 0,5–1 mm lang und haben Durchmesser zwischen 5 und 15 **µm**. Vielfach bilden sie Schlingen. Einige Organe, z.B. Leber, Plazenta oder endokrine Drüsen, haben sehr weite Kapillaren. Sie werden als **Sinusoide** oder **Sinus** bezeichnet.

Der Wandbau der Kapillaren ist organspezifisch und funktionsbezogen. Dennoch sind den meisten Kapillaren drei Komponenten gemeinsam (Abb. 6.10):
- **Endothel**
- **Basallamina**
- **Perizyten**

Endothel. Zu unterscheiden sind Kapillaren mit **dünnen** Endothelzellen (0,1–0,2 µm) von solchen mit **dicken Endothelzellen** (0,3–1,0 µm), die häufig viele Caveolae und Mikropinozytosebläschen aufweisen. In allen Fällen wölbt der Zellkern die Endothelzelloberfläche ins Kapillarlumen vor. Untereinander sind die Endothelzellen durch Zonulae occludentes und Nexus verbunden. En-

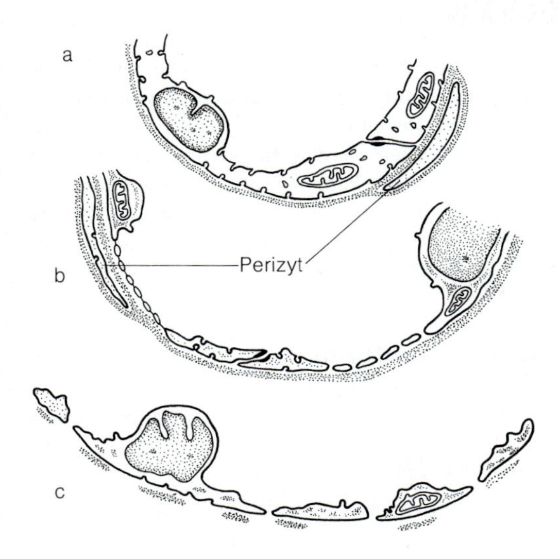

Abb. 6.10 a–c. Kapillartypen, schematisiert nach elektronenmikroskopischen Befunden. Die Basallamina ist punktiert. **a** geschlossene Endothelschicht; die Basallamina ist nicht unterbrochen und umschließt einen Zytoplasmafortsatz eines Perizyten z. B. im Skelettmuskel. **b** links Endothelzelle mit intrazellulärer Fenestrierung; die Fenster sind durch Diaphragmen geschlossen, z. B. Niere, Darmzotten; rechts Endothelzelle mit intrazellulären Poren, z. B. im Nierenglomerulum. **c** Endothelzellen mit interzellulären Lücken (Stomata); die Basallamina ist unterbrochen, z. B. Milzsinus, Lebersinus

dothel kann auch Poren haben (fenestriertes Endothel) (▶ unten).

Die **Basallamina** bildet bei den meisten Kapillaren eine geschlossene Schicht und ist 30–60 nm dick. Ausnahmen kommen vor z. B. bei den Lebersinusoiden (▶ S. 367) und in den Nierenglomerula (▶ S. 391). Die Basallamina ist in hohem Maße reversibel dehnbar und beeinflusst die Stoffpassage.

Perizyten. Sie beteiligen sich am Wandbau der meisten Kapillaren. Die flachen Zellen haben stark verzweigte Fortsätze, die fingerartig das Endothelrohr umgreifen. Perizyten werden von der Basallamina umschlossen. Ihre Beteiligung an der Weiterregulation der Kapillaren oder von Kapillarporen und damit an der Kapillarpermeabilität wird diskutiert.

Kapillartypen. Es lassen sich unterscheiden Kapillaren mit (◘ Abb. 6.10):
- **kontinuierlichem Endothel**
- **fenestriertem Endothel**
- **diskontinuierlichem Endothel und unterbrochener Basallamina**

Kapillaren mit kontinuierlichem Endothel sind u. a. charakteristisch für Muskeln, Lunge und Retina. Sie erlauben Austausch und Transport von Gasen, Wasser, Glukose und lipophilen Molekülen. Austausch bzw. Transport erfolgen parazellulär (Wasser) oder transzellulär durch Diffusion (Gase), Transportsysteme oder Transzytose mittels Caveolae, Vesikel oder zelluläre Kanälchen.

Kapillaren mit fenestriertem Endothel (*fenestrierte Kapillaren*) kommen vor allem in Geweben mit Austausch hydrophiler Moleküle vor, z. B. exokrine Drüsen, Darmschleimhaut. Charakteristisch sind **intrazelluläre Poren** im Endothel (Durchmesser 10–100 nm). Die Basallamina ist kontinuierlich.

Die Poren besitzen in der Regel **perforierte Diaphragmen**, an deren Aufbau Glykoproteine beteiligt sind. Sie sind durchlässig für Wasser und hydrophile Moleküle (u. a. auch Proteine). – Fenestrierte Kapillaren **ohne Diaphragmen** finden sich in den Nierenglomerula (▶ S. 391).

Diskontinuierliche Kapillaren haben große intra- und interendotheliale **Lücken** (bis zu 1 µm) und eine **diskontinuierliche Basallamina.** Durch die Lücken können große Moleküle ungehindert hindurchtreten. In der Milz sind die Öffnungen so weit, dass Erythrozyten die Blutbahn verlassen können: offene Strombahn.

Postkapilläre Venolen und Venulae folgen den Kapillaren

Postkapilläre Venolen. Hier beginnt das Venensystem. Strukturell ähneln postkapilläre Venolen den Kapillaren, haben jedoch ein erweitertes Lumen (Innendurchmesser 8–30 µm). Kennzeichnend für postkapilläre Venolen ist der Durchtritt von Leukozyten aus dem Blut in die Umgebung (**Leukodiapedese**). Hierzu lösen sich zeitweise die Zellkontakte zwischen den Endothelzellen.

Venolen. Das Blut, das die postkapillären Venolen verlässt, wird von Venolen aufgenommen. Ihr Durchmesser ist kaum größer als der der Kapillaren bzw. postkapillären Venolen. Allerdings treten in der Wand bereits vereinzelt glatte Muskelzellen auf, die das Gefäßlumen verändern können. Stellenweise können diese venösen Gefäßstrecken auch zu **venösen Sinus** erweitert sein.

6.5.4 Venen e H39, 41

Wichtig

Venen führen das Blut zum Herzen zurück. Hierzu tragen Skelettmuskeln in der Umgebung der Venen wesentlich bei (Muskelpumpe). Die Venen enthalten zwei Drittel des gesamten Blutes.

Durchschnittlich sind Venen weitlumiger und dünnwandiger als entsprechende Arterien. Vor allem kommen in der Media mittelgroßer Venen anstelle einer kompakten Muskulatur viele Kollagenfaserbündel vor (Abb. 6.8c). Charakteristisch sind außerdem **Venenklappen.** Im Einzelnen variiert jedoch der Aufbau der Venenwand je nach Kaliber und Körperregion erheblich.

6

Funktionell bedeutet der geringe Anteil an glatter Muskulatur bei hohem Bindegewebsvorkommen, dass Venen eine bemerkenswerte elastische Dehnbarkeit haben. Sie sind daher der Blutspeicher des Körpers: zwei Drittel des Blutvolumens befindet sich regelmäßig in den Venen. Wegen der schwach ausgeprägten Muskulatur in der Media können die Venen das Blut kaum aktiv zum Herzen zurück befördern. Einen entscheidenden Beitrag zum Rücktransport des Blutes liefert jedoch die Skelettmuskulatur der Venenumgebung, besonders in den Beinen (**Muskelpumpe**). Außerdem verhindern Venenklappen den Blutrückstrom. Insbesondere in Hals und Thorax kommen Sogkräfte während der Diastole hinzu (► Lehrbücher der Physiologie).

Einzelheiten zum Bau der Venenwand

Die **Intima** entspricht im Wesentlichen der der Arterien, bei kleinen Venen kann jedoch das subendotheliale Bindegewebe fehlen. Variabel ist auch die *Elastica interna*. Überwiegend ist sie unvollständig ausgebildet, erscheint aber in großen Venen ähnlich kräftig wie in den Arterien.

Für die **Media** ist die Auflockerung der glatten Muskulatur durch kollagenes und elastisches Bindegewebe typisch. Es geht kontinuierlich in die meist kräftig entwickelten Faserbündel der Adventitia über. Die Muskulatur selbst bildet flach-schraubig verlaufende Züge.

Die **Adventitia** ist bei manchen Venen (im Bauchraum) die dickste Schicht. Sie weist neben Geflechten aus kollagenen und elastischen Fasern längsgerichtete Muskelbündel auf.

Venenklappen sind endothelbedeckte Intimafalten, die taschenartig ins Lumen vorspringen und sich paarweise gegenüberliegen. Sie kommen vor allem in den Venen der Rumpfwand und der Extremitäten vor, besonders zahlreich am Bein. Sie verhindern durch Klappenschluss den Rückfluss des Blutes. Bei übermäßiger Dehnung der Venenwand werden die Klappen jedoch insuffizient. Der Rückfluss des Blutes zum Herzen stagniert und die Venen werden ausgeweitet: es entstehen Krampfadern (**Varizen**). Sie kommen vor allem bei epifaszialen Venen der unteren Extremität vor. Durch Verlangsamung des Blutflusses in diesen Gebieten kann es zur intravasalen Blutgerinnung kommen (**Thrombose**).

6.5.5 Sonderstrukturen

e Angiologie: Besonderheiten

Wichtig

Sonderstrukturen des Blutkreislaufs sind lokale Einrichtungen, die örtlichen Gegebenheiten Rechnung tragen oder der Anpassung dienen.

Sonderstrukturen des Blutkreislaufs sind:
- **Kollateralen**
- **arterielle Anastomosen**
- **Endarterien**
- **Sperrarterien** und **Drosselvenen**
- **arteriovenöse (AV) Anastomosen**

Kollateralen kommen sowohl im arteriellen als auch im venösen Strombereich vor.

Arterielle Kollateralen sind anastomosierende Gefäßverzweigungen meist kleineren Kalibers, die parallel zu großen Gefäßen deren Versorgungsgebiet erreichen. Bei Verschluss der Hauptgefäße können sie z.T. beträchtlich erweitert werden und die Blutversorgung übernehmen. Kollateralen können einen **Umgehungs-** oder **Kollateralkreislauf** bilden.

Venöse Kollateralwege entstehen durch venöse Plexus (**Plexus venosi**) im Verlauf peripherer Venen. Dadurch ist der venöse Abfluss aus peripheren Gebieten auch bei Unterbrechung einzelner Venen in der Regel gesichert.

Anastomosen sind direkte arterielle Verbindungen kleinen und mittleren Kalibers zwischen benachbarten arteriellen Versorgungsgebieten.

Endarterien sind Arterien, denen Kollateralen oder Anastomosen zu Nachbararterien fehlen. Werden sie verschlossen, z. B. durch ein Blutgerinnsel, kommt es zur Nekrose des nachgeschalteten Organgebiets, beispielsweise nach einem Herzinfarkt.

Funktionelle Endarterien liegen dann vor, wenn zwar Anastomosen zu anderen Arterien bestehen, z. B. bei den Koronararterien des Herzens, diese aber funktionell unzureichend sind, da sie nur ungenügend Blut führen.

Sperrarterien und **Drosselvenen** sind kleine Gefäße mit kräftigen Intimapolstern, die durch glatte Muskelzellen oder epitheloide Zellen aufgeworfen werden. Wenn sich die Muskelzellen der Media kontrahieren, kann das Gefäßlumen infolge zusammengestauchter Polster vollständig verschlossen werden. Dadurch können Sperrarterien ganze Kapillargebiete von der Durchblutung ausschließen bzw. Drosselvenen Blut aufstauen.

Sperrarterien und Drosselvenen sind auf einige endokrine Drüsen und die Schwellkörper der Genitalien beschränkt.

Arteriovenöse (AV) Anastomosen (Abb. 6.11) sind Kurzschlussverbindungen zwischen Arteriolen und postkapillären Venen. Sie besitzen als Sperrvorrichtungen **Intimapolster.** Bei Verschluss der AV-Anastomosen wird das nachgeschaltete Kapillargebiet durchströmt, bei Öffnung des Kurzschlussweges wird es umgangen. Die AV-Anastomosen finden sich vor allem in gipfelnden Körperteilen (*Akren*) an Händen, Füßen, Nase, aber auch in den genitalen Schwellkörpern.

Arteriovenöse Anastomosen liegen vor als:
- **Brückenanastomosen**
- **Knäuelanastomosen**

Brückenanastomosen (Abb. 6.11 a) sind direkte Kurzschlüsse durch ein gestrecktes Gefäß zwischen arteriellem und venösem Gefäßabschnitt.

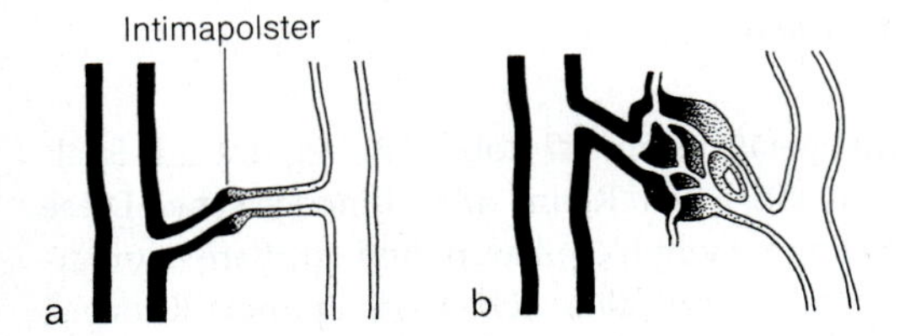

Abb. 6.11 a, b. Arteriovenöse Anastomosen. **a** Einfache Gefäßbrücke zwischen einer Arteriole und einer kleinen Vene. **b** Knäuelanastomose mit verzweigten Gefäßen, die vegetativ innerviert sind

Knäuelanastomosen (Abb. 6.11 b) bestehen aus langen, teils aufgeknäulten, teils verzweigten Gefäßstrecken, die von einer Bindegewebskapsel umgeben sind. Sie bilden kleine Organe (**Glomusorgane**) z. B. an Finger- und Zehenspitzen (**Hoyer-Grosser-Organe**). Typisch sind hier helle epitheloide Zellen der Gefäßmedia, die möglicherweise umgewandelte glatte Muskelzellen sein könnten.

6.5.6 Regulation der Durchblutung

Wichtig

Die Regulation der Durchblutung erfolgt durch neuronale, hormonelle und lokale (parakrine) Signale, die zu Vasokonstriktion bzw. Vasodilatation führen.

Gefäßnerven. Sie gehören zum vegetativen Nervensystem (► S. 205), sowohl zum **Sympathikus** als auch zum **Parasympathikus.** Sie führen **efferente** und **afferente** Fasern.

Die **efferenten Fasern** der meisten Gefäße sind **adrenerg** und Anteile des **Sympathikus.** Sie verlaufen in den Arterien an der Grenze zwischen Adventitia und Media. In den Venen erreichen sie jedoch auch tiefere Schichten der Media. Die Innervationsdichte nimmt in den Arterien zu den Kapillaren hin ab und ist auf der venösen Seite deutlich schwächer als auf der arteriellen. Die Nervenfasern stellen keinen direkten Kontakt mit der Muskulatur her, sondern bilden Auftreibungen, die bis zu 200 nm von den Muskelzellen entfernt sein können (»Synapsen« en distance).

Adrenerge sympathische Nervenfasern können sowohl vasokonstriktorisch als auch vasodilatatorisch wirken. Vasokonstriktion wird durch Aktivierung **α-adrenerger Rezeptoren, Dilatation** durch Aktivierung **β-adrenerger Rezeptoren** ausgelöst. Das Verhältnis von α- zu β-Rezeptoren ist unterschiedlich und bestimmt das Reaktionsmuster.

An präkapillären Gefäßen der Skelettmuskulatur besteht außerdem eine **sympathisch-cholinerge vasodilatatorische Innervation**, die bei psychischen bzw. emotionalen Reaktionen aktiviert wird.

Parasympathisch-cholinerge vasodilatatorische Fasern innervieren die Gefäße der äußeren Genitalorgane und der Koronararterien.

Afferente parasympathische (vagale) Nervenfasern nehmen ihren Ursprung in umschriebenen **Rezeptorgebieten** der Gefäße und des Herzens. Sie dienen der Regulation von Blutdruck, Blutvolumen und Atmung.

Die entsprechenden Gebiete befinden sich

- in der Adventitia des **Arcus aortae** und der **Abzweigung der A. carotis interna** von der A. carotis communis (**Sinus caroticus**); sie führen **Dehnungsrezeptoren**, die das Kreislaufzentrum im Stammhirn über die Druckverhältnisse im arteriellen System informieren
- im **Glomus caroticum** und **Glomus aorticum** mit **Chemorezeptoren**, die durch niedrigen Sauerstoffpartialdruck, hohen Kohlendioxidpartialdruck bzw. durch erhöhte Wasserstoffionenkonzentration des Blutes erregt werden
- in den **Vorhöfen** bzw. im **linken Ventrikel des Herzens** mit **Dehnungs(B)-** und **Spannungs(A)rezeptoren;** sie bewirken depressorische Reaktionen bzw. Änderungen des Blutvolumens

Afferente sympathische Nervenfasern leiten vor allem Schmerzimpulse, die bei mangelhafter Myokarddurchblutung ausgelöst werden. Spezifische sympathische Kreislaufreflexe sind nicht bekannt.

Lokal wirkende Modulatoren werden entweder im Endothel oder in der Umgebung der Gefäße gebildet und beeinflussen die örtliche Muskulatur der Media.

Lokal dilatatorisch wirken: Stickoxid (NO), verringerter Sauerstoff- und erhöhter Kohlendioxidpartialdruck im Gewebe, pH-Wert-Minderung durch Anstieg der Laktatkonzentration bei Muskeltätigkeit. Auch eine lokale Temperaturerhöhung oder die Freisetzung von Histamin führen zu Gefäßerweiterungen.

Lokal konstriktorisch wirken Endotheline und – in Grenzen – Temperaturerniedrigungen.

Allgemeine Gefäßverengung bzw. **-erweiterung** bewirken im Blut zirkulierende Hormone: Verengung Noradrenalin und Angiotensin II, Erweiterung Adrenalin (Einzelheiten ► Lehrbücher der Physiologie).

In Kürze

Alle Blutgefäße sind mit biologisch hochaktivem Endothel ausgekleidet. Die Wände der Arterien und Venen bestehen aus Intima, Media und Adventitia. Begrenzt wird die Media durch eine Membrana elastica interna und eine Membrana elastica externa. In der Media befinden sich glatte Muskelzellen: bei Arterien liegen sie dichter und sind kompakter angeordnet als bei Venen. Arterien vom elastischen Typ haben außerdem elastisches Material in der Media – bei der Aorta elastische Membranen. Arteriolen sind Widerstandsgefäße. Metarteriolen sind mit muskulären Sphinkteren ausgestattet. Die Wände von Kapillaren sind muskelfrei, ihre Endothelzellen besitzen stellenweise Diaphragmen, Fenestrierung oder Poren. Venen haben Venenklappen. Sonderstrukturen von Gefäßen sind Endarterien, Sperrarterien, arteriovenöse Anastomosen, Drosselvenen. Die Regulation der Durchblutung erfolgt durch neuronale, hormonelle und lokale (parakrine) Signale.

6.6 Lymphgefäße

e Angiologie: Kreislaufsystem

Kernaussagen

- **Lymphgefäße verlaufen parallel zu den Venen des Körperkreislaufs.**
- **Lymphgefäße dienen der Rückführung von Flüssigkeit und Proteinen ins Blut. Sie enthalten keine Erythrozyten.**
- **Lymphgefäße vereinen sich zu Sammelgefäßen (Ductus thoracicus, Ductus lymphaticus dexter), die herznahe in Venenwinkel münden.**

Das Lymphgefäßsystem (Abb. 6.12) beginnt mit Spalten im interstitiellen Raum aller Bindegewebe. Diese setzen sich in Lymphkapillaren und größere Lymphgefäße fort. Lymphgefäße fehlen in Epithel, Knorpel, Knochen, Knochenmark und Plazenta.

Bei **Lymphkapillaren** handelt es sich um Endothelrohre, tight junctions fehlen. Filamente befestigen die Lymphkapillaren im umgebenden Bindegewebe. Passa-

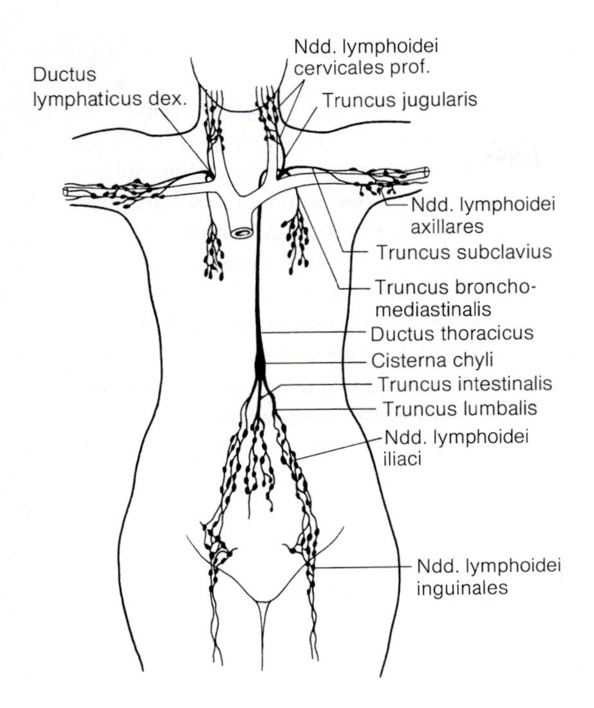

Abb. 6.12. Übersicht über das Lymphgefäßsystem

gere Spalten zwischen den Endothelzellen ermöglichen den Durchtritt von Gewebsflüssigkeit, Proteinen, aber auch von Leuko- und Lymphozyten, Fremdkörpern und Tumorzellen. Die Lymphproduktion pro Tag beträgt 2–3 l.

Lymphgefäße. Den Lymphkapillaren folgen **Lymphgefäße** (*Vasa lymphoidea*), die vielfach untereinander anastomosieren. Sie sind dünnwandig und weitlumig. Ihr Wandbau ähnelt dem der Venen. Der Anteil an glatter Muskulatur ist jedoch geringer. Schließlich vereinigen sich Lymphkapillaren zu **größeren Gebilden**, die die Lymphe **Lymphknoten** zuführen (▶ S. 150). Hier werden Fremdkörper, z. B. Pigmente von Tätowierungen, verschleppte Tumorzellen und Keime, herausgefiltert und Lymphozyten in die Lymphe abgegeben. Lymphknoten dienen als Infektionsbarrieren.

Die ersten Lymphknoten, die von den Lymphgefäßen einer bestimmten Körperregion oder eines Organs erreicht werden, sind die **regionären Lymphknoten.** Sie sind klinisch von größter Bedeutung, da es bei Ausbreitung von Tumorzellen auf dem Lymphweg als erstes in den regionalen Lymphknoten zu Metastasen kommt.

Lymphstämme. Nach Passage mehrerer hintereinander geschalteter Lymphknoten entstehen größere **Lymphstämme**, die in ihrer Wandung glatte Muskelzellen sowie zahlreiche Klappen, den Venenklappen vergleichbar, aufweisen. Dies ermöglicht einen gerichteten Lymphstrom. Die zwischen je zwei Klappen liegenden Gefäßabschnitte kontrahieren nacheinander (metachron) und pumpen die Lymphe von Segment zu Segment weiter, unterstützt von der Skelettmuskulatur der Umgebung.

Klinischer Hinweis

Gelangen Bakterien, z. B. durch Wunden, in die Lymphbahn, kann es zu einer Entzündung der Lymphgefäße (*Lymphangitis*) kommen, im Volksmund fälschlich »Blutvergiftung« genannt. Das entzündete Lymphgefäß schimmert oft als schmerzhafter, roter Strich proximal der Wunde durch die Haut.

6.6.1 Systematik der Lymphgefäße

Die großen Lymphgefäße der Extremitäten und des Halses verlaufen meist oberflächlich unter der Haut. Erst in Rumpfnähe begleiten sie die Blutgefäße zentralwärts.

Die Lymphgefäße der unteren Extremitäten, des Beckens und der Beckenorgane (Abb. 6.12) bilden

- paarige **Trunci lumbales**, die prävertebral in Höhe des 1. oder 2. Lendenwirbels in einen erweiterten Sammelraum
- die **Cisterna chyli**, münden; sie liegt unterhalb des Zwerchfells in Höhe von Th12/L1, ist allerdings nicht konstant ausgebildet. In die Cisterna mündet außerdem der
- unpaare **Truncus intestinalis.** Dieser entsteht aus Lymphgefäßen, aus den Versorgungsgebieten der Aa. mesentericae sup. et inf. – Intestinale Lymphgefäße werden auch als *Chylusgefäße* bezeichnet (Chylus ist die nach einer fettreichen Nahrung durch Chylomikronen milchig getrübte Lymphe)

Aus der Cisterna chyli wird die Lymphe durch den

- **Ductus thoracicus** abgeleitet. Dieser große Lymphstamm zieht zusammen mit der Aorta vor den Wirbelkörpern durch den Hiatus aorticus des Zwerchfells und mündet nach bogenförmigem Verlauf in den linken Venenwinkel (**Angulus venosus sinister** = Vereinigung von linker V. subclavia und linker V. jugularis interna (▶ S. 662). Kurz vor seiner Mündung wird der Ductus thoracicus erreicht von

- **Truncus subclavius sinister** mit Lymphe aus dem linken Arm
- **Truncus jugularis sinister** mit Lymphe aus der linken Hälfte von Kopf und Hals
- **Truncus bronchomediastinalis sinister** mit Lymphe aus der linken Hälfte des Brustraums

Der Ductus thoracicus sammelt somit die Lymphe aus der gesamten unteren Körperhälfte und der linken oberen Körperregion.

Die Lymphstämme der rechten oberen Körperregion vereinigen sich zum

- **Ductus lymphaticus dexter**, der in den rechten Venenwinkel mündet, gebildet aus rechter V. subclavia und rechter V. jugularis interna. Er nimmt nur Lymphe aus dem rechten Oberkörper auf:
  - **Truncus subclavius dexter**
  - **Truncus jugularis dexter**
  - **Truncus bronchomediastinalis dexter**

 **In Kürze**

Das Lymphgefäßsystem beginnt blind mit Lymphkapillaren, die vor allem Gewebsflüssigkeit mit Proteinen aus dem Interstitium aufnehmen. Lymphkapillaren sammeln sich zu Lymphgefäßen mit eingeschalteten Lymphknoten als Filterstation. Die Lymphe der unteren Körperhälfte gelangt in die Cisterna chyli und von dort durch den Ductus thoracicus in den linken Venenwinkel. Die Lymphe aus der rechten oberen Körperhälfte fließt durch den Ductus lymphaticus dexter in den rechten Venenwinkel.

Organisation des peripheren Nervensystems

7.1 Nn. spinales – 201

7.2 Nn. craniales – 203

7.3 Autonome Nerven – 205

7.3.1 Sympathikus – 206

7.3.2 Parasympathikus – 209

7.3.3 Afferenzen und autonome Geflechte – 210

7.3.4 Darmnervensystem – 211

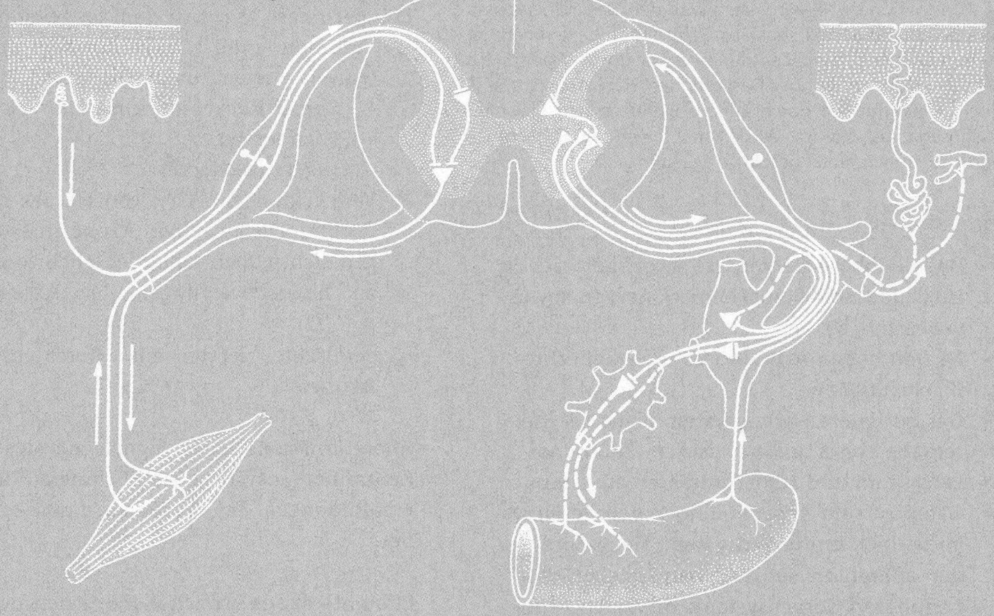

7 Organisation des peripheren Nervensystems

Zur Information

Kenntnisse über die Organisation des peripheren Nervensystems sind für das Präparieren unerlässlich. Es geht darum zu erfahren, was Nerven sind, wo sie herkommen, wie sie untereinander in Beziehung stehen und welche Ziele und Aufgaben sie haben (Ausführungen über die Entwicklung des peripheren Nervensystems ▶ S. 732).

Das periphere Nervensystem wird dem Zentralnervensystem gegenübergestellt, das aus Gehirn und Rückenmark besteht. Funktionell sind Zentralnervensystem und peripheres Nervensystem untrennbar. Das periphere Nervensystem ist jedoch Schädigungen durch äußere Einflüsse sehr viel mehr ausgesetzt als das im Wirbelkanal gelegene Rückenmark und das vom Schädel geschützte Gehirn.

Kernaussagen

- **Das periphere Nervensystem gliedert sich in Hirn- und Spinal(Rückenmark)nerven sowie vegetative Nerven.**
- **Nerven haben Äste und können Geflechte (Plexus) bilden.**
- **Das periphere Nervensystem dient der Weitergabe von Signalen aus dem Zentralnervensystem und zum Zentralnervensystem.**
- **Ganglien sind Ansammlungen von Perikarya im peripheren Nervensystem. Sie gehören zu den afferenten, sensorischen Anteilen des peripheren Nervensystems bzw. zum vegetativen viszeromotorischen Nervensystem.**

Sie haben gelernt, dass Nerven Bündel von Axonen sind, die außerhalb des Zentralnervensystems liegen und durch Bindegewebe zusammen gehalten werden (▶ S. 82). Alle Nerven zusammen bilden das periphere Nervensystem. Die Axone in den peripheren Nerven dienen der Erregungsleitung, also der Weitergabe von Signalen aus dem Zentralnervensystem zu den Organsystemen (Efferenzen) bzw. von den Organsystemen zum Zentralnervensystem (Afferenzen).

Klinischer Hinweis

Wird die Erregungsleitung unterbrochen, z. B. durch Verletzungen von Nerven, kommt es zu Lähmungen bzw. zu Störungen von Schmerz- und Berührungsempfindungen (*Sensibilitätsstörungen*) oder zu Störungen von Organfunktionen.

Das periphere Nervensystem ist gekennzeichnet durch:

- Verbindung der Nerven mit dem Zentralnervensystem. Es werden unterschieden:
  - Spinal(Rückenmark)nerven
  - Hirnnerven
  - vegetative Nerven
- Verzweigungen, Äste, von Nerven und Plexus (Geflechte). Die einzelnen Axone eines Nerven verzweigen sich jedoch nicht, lediglich terminal kommt es zu Endverzweigungen der Axone (Telodendron ▶ S. 72)
- gemischte Nerven mit afferenten und efferenten Axonen

Afferente Axone leiten Signale aus der Peripherie zum Zentralnervensystem, z. B. Schmerz- und Berührungsempfindungen. Sie werden auch als **sensorisch** bezeichnet.

Efferente Axone erreichen die Skelettmuskulatur (**somatomotorische Axone**) oder sind dem vegetativen Nervensystem zuzuordnen und erreichen periphere vegetative Ganglien, Drüsen oder glatte Muskulatur (**viszeromotorische Axone**).

7.1 Nn. spinales

Wichtig

Die Nn. spinales (Rückenmarknerven) entstehen im Foramen intervertebrale durch Vereinigung der vorderen und hinteren Wurzelfasern des Rückenmarks. Ihre Rami anteriores bilden im zervikalen und lumbosakralen Bereich Nervengeflechte (Plexus) zur Versorgung der Extremitäten (Arm, Bein).

Spinalnerven entstehen durch Bündelung von Nervenfasern, die das Rückenmark als *vordere Wurzel* verlassen und als *hintere Wurzel* in das Rückenmark eintreten (◘ Abb. 7.1).

Die **hintere Wurzel (Radix posterior)** wird auch als *sensorische Wurzel* bezeichnet. Sie besteht aus afferenten Fasern, die dem Rückenmark Signale aus der Peripherie zuleiten. Die Perikaryen der zugehörigen Nervenzellen liegen im jeweiligen **Ganglion spinale**, das sich im Foramen intervertebrale der Wirbelsäule befindet (► S. 235) und von Rückenmarkhäuten umschlossen wird.

Die **vordere Wurzel (Radix anterior)** verlässt das Rückenmark vorn und besteht aus efferenten Axonen, deren Nervenzellen in Vorder- oder Seitenhorn der grauen Rückenmarksubstanz liegen (► S. 794, ◘ Abb. 15.47). ⓔ H26

Zur Histologie der Ganglia spinalia ⓔ H28

Die Ganglia spinalia enthalten **pseudounipolare Nervenzellen** (◘ Abb. 7.2a). Diese haben nur einen axonalen Fortsatz, der in Schlingen um den Zellkörper verläuft und sich dann in einen peripheren und einen zentralen Fortsatz teilt. Der periphere Fortsatz ist mit Sensoren in der Peripherie, z. T. in Rezeptororganen, verbunden, der zentrale zieht über die Hinterwurzel in das Rückenmark.

Die Perikarya sind zytoplasmareich, oval oder rund. Die Nissl-Substanz ist lichtmikroskopisch in der Regel staubförmig; sie fehlt im Ursprungskegel. Im Alter kommen Lipofuszingranula hinzu.

Umschlossen werden die pseudounipolaren Nervenzellen von **Mantelzellen** (Gliazellen, ◘ Abb. 7.2b), einer nur elektronenmikroskopisch sichtbaren Basallamina und einem argyro-

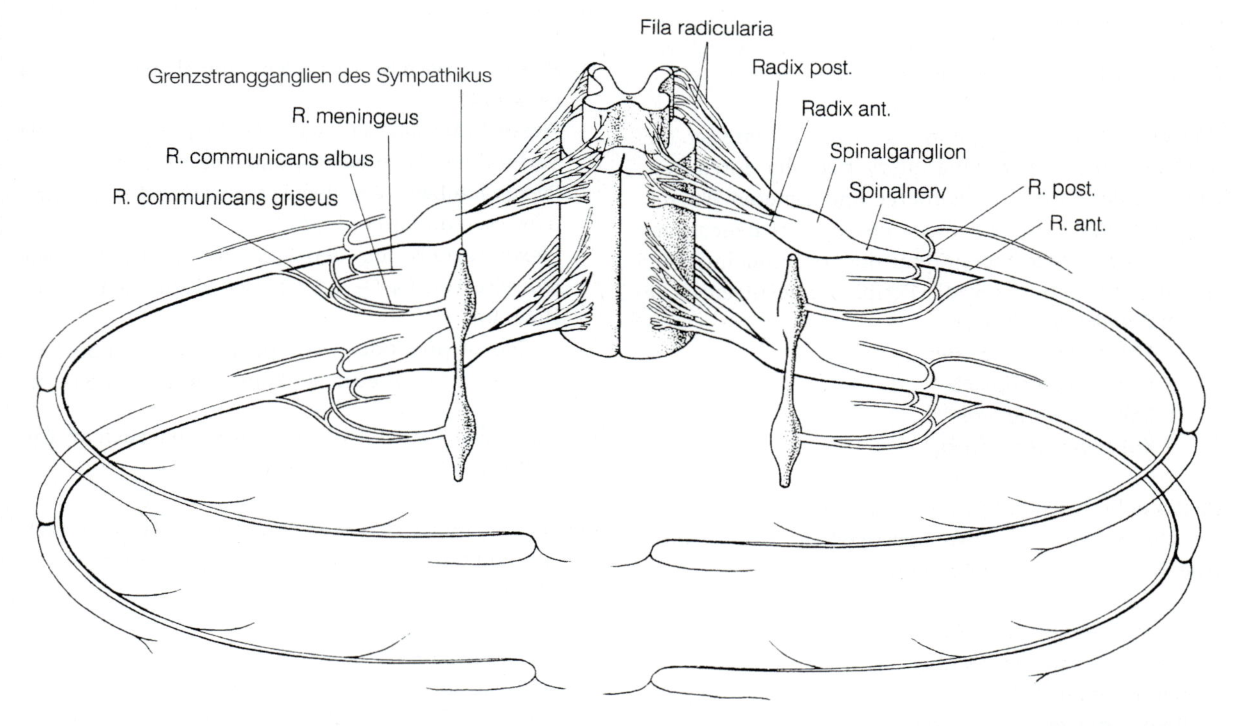

◘ **Abb. 7.1.** Spinales peripheres Nervensystem. Die hintere und vordere Wurzel (Radix posterior, Radix anterior) vereinen sich zu einem Stamm (Spinalnerv), der sich in mehrere Äste teilt: R. anterior, R. posterior, Rr. communicantes albus et griseus und R. meningeus

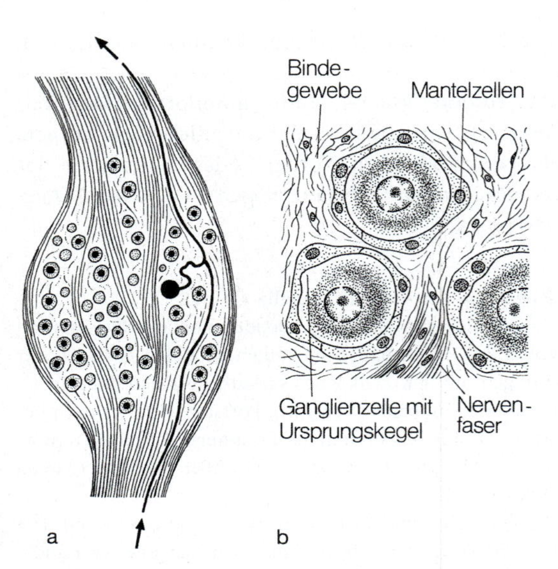

Abb. 7.2. Spinalganglion. **a** Übersicht. Die *Pfeile* geben die Richtung der Erregungsleitung in den pseudounipolaren Nervenzellen an. **b** Spinalganglienzellen mit Mantelzellen e H28

philen Fasergitter (*Endoneuralscheide*). Die Mantelzellen vermitteln den Stoffaustausch zwischen Kapillaren und Nervenzellen. Die Teilung des Axons in zentralen und peripheren Fortsatz erfolgt noch innerhalb der Mantelzellkapsel.

Nn. spinales sind paarig und segmental angeordnet. Sie entstehen in den Foramina intervertebralia durch Vereinigung der Fasern der vorderen und hinteren Wurzel. Insgesamt gibt es 31 Spinalnervenpaare. Ihre Benennung bezieht sich auf die Topographie der Foramina intervertebralia, durch die sie in die Peripherie gelangen:

- **8 Zervikalnervenpaare**
- **12 Thorakalnervenpaare**
- **5 Lumbalnervenpaare**
- **5 Sakralnervenpaare**
- **1 Kokzygealnervenpaar**

Die Spinalnerven sind gemischt. Sie führen sowohl motorische Fasern aus der Vorderwurzel als auch sensorische Fasern für die Hinterwurzel.

Etwa 1 cm jenseits der Foramina intervertebralia teilt sich jeder N. spinalis (Abb. 7.1) in

- **Ramus anterior**
- **Ramus posterior**
- **Rami communicantes** (*griseus et albus*)
- **Ramus meningeus**

Der **Ramus anterior** ist der stärkste Ast jedes N. spinalis. Die Rami anteriores der thorakalen Anteile des Rückenmarks (Th1–Th12) ziehen als 12 individuelle Nn. intercostales zu lateraler und ventraler Rumpfwand. Die aus den zervikalen (C1–C8) und lumbosakralen Anteilen (L1–S5, Co) bilden Nervengeflechte (**Plexus**), aus denen die **peripheren Nerven** für den Halsbereich und die Extremitäten hervorgehen. Alle Innervationsgebiete werden motorisch und sensorisch versorgt.

Der **Ramus posterior** zieht zum Rücken. Dort versorgt er die zugehörigen Hautgebiete und die autochthone Rückenmuskulatur (▶ S. 245). Er teilt sich in einen **Ramus medialis** und einen **Ramus lateralis.** Die Rami posteriores bilden keine Plexus und behalten die ursprüngliche, segmentale Anordnung der Spinalnerven.

Die **Rami communicantes** verbinden die Spinalnerven mit dem Grenzstrang des Sympathikus und sind damit Anteile des vegetativen Nervensystems (▶ S. 205).

Der **Ramus meningeus** besteht aus afferenten Fasern. Sie kommen von den Rückenmarkhäuten, die sie sensorisch versorgen.

Nervengeflechte (*Plexus*). Sie entstehen *ausschließlich* aus den ventralen (anterioren) Ästen der Spinalnerven und liegen vor als

- **Plexus cervicalis:** aus den Spinalnerven C1–C4 (▶ S. 674)
- **Plexus brachialis:** aus den Spinalnerven C5–Th1 mit Verbindungsästen aus C4 und Th2 (▶ S. 505)
- **Plexus lumbalis:** aus den Spinalnerven L1–L3 sowie teilweise von L4 (▶ S. 570)
- **Plexus sacralis:** aus den Spinalnerven L5–S5 sowie teilweise von L4 (▶ S. 571). Der Plexus sacralis besteht aus:
  - **Plexus pudendus:** aus Spinalnerven von S2–S4
  - **Plexus coccygeus:** aus Spinalnerven von S4–Co

Plexus lumbalis und Plexus sacralis werden auch als **Plexus lumbosacralis** zusammengefasst.

Benennung und Beschreibung des Verlaufs der einzelnen peripheren Nerven erfolgen bei der Besprechung der jeweiligen Erfolgsorgane.

Zur Information

Durch die Wirbelsäule werden die Spinalnerven segmental angeordnet. Dies führt zu einer sekundären Segmentierung des Rückenmarks.

Periphere Nerven, die aus Plexus entspringen, führen Axone (Nervenfasern) aus mehreren Segmenten. Die segmental angeordneten Interkostalnerven und sämtliche Rami posteriores haben nur Axone aus einem Segment.

Für die *Skelettmuskulatur der Extremitäten* gilt, dass jeder Muskel von motorischen Nervenfasern aus mehreren Segmenten innerviert wird (multisegmentale Innervation der Muskeln) und jedes Segment mehrere Muskeln innerviert (■ Abb. 7.3).

Die sensorische Innervation der *Haut* zeigt hingegen ein segmentales Innervationsmuster: einzelne Hautfelder (*Dermatome* (▶ S. 794, ■ Abb. 15.48) lassen sich einzelnen Spinalnerven und somit einzelnen Rückenmarksegmenten zuordnen (*radikuläre Innervation*), obwohl sich in den Dermatomen die Innervationsgebiete mehrerer peripherer Nerven überlappen. Hautgebiete, die nur von Hautästen eines einzigen peripheren Nerven versorgt werden, werden als *Autonomiegebiete* bezeichnet.

Klinischer Hinweis

Die Plexusbildung bedingt, dass die Läsion eines Spinalnerven oder eines Rückenmarksegmentes zu völlig anderen Lähmungs(Ausfalls)erscheinungen führt als die Unterbrechung eines peripheren Nerven, der aus einem Plexus hervorgeht. Bei Schädigung des Spinalnerven ist die Kontraktion des von ihm innervierten Skelettmuskels – wegen der multisegmentalen Innervation – lediglich abgeschwächt und die Sensibilitätsausfälle bleiben auf ein Dermatom beschränkt. Hingegen ist bei Läsion eines peripheren Nerven aus einem Plexus die Kontraktionsfähigkeit des von ihm innervierten Skelettmuskels komplett aufgehoben (»schlaffe« Lähmung) und die Sensibilitätsstörungen umfassen mehrere Dermatome.

7.2 Nn. craniales

Wichtig

Alle 12 Nn. craniales (Hirnnerven) haben Verlaufsstrecken innerhalb und außerhalb des Cavum cranii, das sie durch Öffnungen verlassen. Sie innervieren Kopf und Hals. Der N. vagus besitzt außerdem viszeromotorische Fasern für Herz, Bronchien und Verdauungskanal.

Nn. craniales (*Hirnnerven*):

N. olfactorius	N. I
N. opticus	N. II
N. oculomotorius	N. III
N. trochlearis	N. IV
N. trigeminus	N. V
N. abducens	N. VI
N. facialis	N. VII
N. vestibulocochlearis	N. VIII
N. glossopharyngeus	N. IX
N. vagus	N. X
N. accessorius	N. XI
N. hypoglossus	N. XII

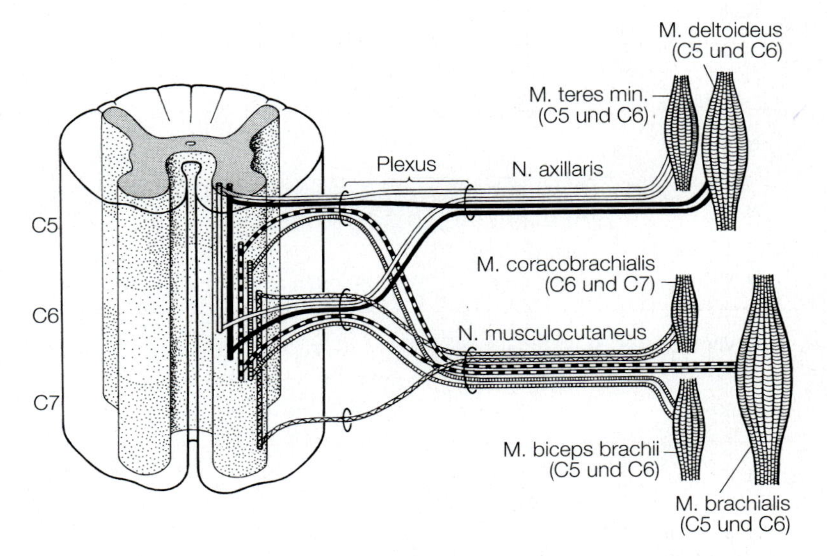

■ **Abb. 7.3.** Segmentale und periphere Innervation der Skelettmuskulatur (nach Clara 1953). Jeder Nerv führt Fasern aus mehreren Rückenmarksegmenten. Dadurch wird jeder Muskel multisegmental innerviert. Gleichzeitig erreichen in der Regel Fasern aus einem Segment mehrere Nerven

Die Nummerierung der 12 Hirnnerven entspricht der Reihenfolge ihres Aus- bzw. Eintritts am Gehirn von rostral nach kaudal.

Im Gegensatz zu den Spinalnerven sind die Gehirnnerven **nicht segmental** angeordnet und entstehen **nicht** aus einer Vorder- und Hinterwurzel. Efferente und afferente Fasern verlaufen in einem gemeinsamen Stamm. Die Hirnnerven treten an der basalen bzw. anterioren Oberfläche des Gehirns ein oder aus. Hierbei gibt es nur eine Ausnahme: der N. trochlearis tritt posterior aus.

Die Hirnnerven sind heterogen. Sie unterscheiden sich in Entstehung, Zusammensetzung und Funktion (Tabelle 7.1).

Hirnnerven lassen sich gruppieren in:

- **Sinnesnerven**
  - **N. olfactorius** (N. I) besteht aus den Fortsätzen der Sinneszellen des Riechepithels der Nasenschleimhaut
  - **N. opticus** (N. II) geht aus der Retina hervor, die ein in die Peripherie verlagerter Teil des Zwischenhirns ist, weshalb er also kein peripherer Nerv, sondern eine zentralnervöse Bahnverbindung ist
  - **N. vestibulocochlearis** (N.VIII) ist ein peripherer Hirnnerv. Er besteht aus den zentralen Fortsätzen der Nervenzellen im *Ganglion spirale cochleae* und im *Ganglion vestibulare* (die einzigen sensorischen Ganglien mit bipolaren Nervenzellen. In den übrigen sensorischen Ganglien sind

Tabelle 7.1. Funktionelle Organisation der Hirnnerven

	somatomotorisch	branchiomotorisch	viszeromotorisch/parasympathisch	viszerosensorisch	somatosensorisch	speziell sensorisch
N. I						×
N. II						×
N. III	×		×			
N. IV	×					
N. V		× V_3			×	
N. VI	×					
N. VII		×	×	×		×
N. VIII						×
N. IX		×	×	×	×	
N. X		×	×	×	×	
N. XI	× ?	× ?				
N. XII	×					

sie pseudounipolar). Im N. vestibulocochlearis verlaufen auch efferente, auf das Gehörorgan inhibitorisch wirkende Fasern aus der oberen Olive des Tractus olivocochlearis (▶ S. 829)
- **somatoefferente, motorische Nerven**
  - **N. trochlearis** (N. IV)
  - **N. abducens** (N. VI). N. IV und VI sind **Augenmuskelnerven**; hinzu kommen die motorischen Anteile des gemischten N. oculomotorius (N. III)
  - **N. accessorius** (N. XI)
  - **N. hypoglossus** (N. XII)
- **gemischte Nerven** haben sensorische, motorische und z. T. parasympathische Anteile. Gemeinsam ist ihnen, dass in ihren Verlauf Ganglien mit Perikarya für ihre sensorischen und viszeromotorischen Anteile eingeschaltet sind (**Hirnnervenganglien**). Gemischt sind:
  - **N. oculomotorius** (N. III)
  - **N. trigeminus** (N. V)
  - **N. facialis** (N. VII)
  - **N. glossopharyngeus** (N. IX)
  - **N. vagus** (N. X)
- **Branchialnerven** (Innervation der Muskelderivate der Branchialbögen sowie der äußeren Haut bzw. Schleimhaut des Kopfdarms) sind:
  - **N. trigeminus**
  - **N. facialis**
  - **N. glossopharyngeus**
  - **N. accessorius** (teilweise)
  - **N. vagus**

Einzelheiten zum intrakraniellen Verlauf der Hirnnerven finden sich ▶ S. 776, zum Ort der Durchtritte durch den Schädel ▶ S. 665f, zu extrakraniellem Verlauf und den Zielorganen ▶ Tabelle 13.22.

In Kürze

Das periphere Nervensystem ist die Summe aller Nerven. Es gliedert sich in Rückenmarknerven, Hirnnerven und vegetative Nerven. Die Rückenmarknerven (Nn. spinales) entstehen durch Bündelung der Fasern der hinteren und vorderen Wurzel. Die hintere Wurzel führt afferent leitende Axone der Neurone der Spinalganglien, die vordere Wurzel efferent leitende Axone der motorischen Nervenzellen des Rückenmarks. Die Nn. spinales haben 5 Äste. Die vorderen Äste (R. anteriores) der zervikalen und lumbosakralen Spinalnerven bilden Nervengeflechte (Plexus), so dass die Nerven der Plexus Axone aus mehreren Segmenten enthalten. Die Innervation der Muskeln ist multisegmental. Bei der sensorischen Innervation der Haut ist ein Segmentbezug nachweisbar. Die Hautsegmente werden als Dermatome bezeichnet. Die Nerven des Gehirns sind nicht segmental angeordnet. Einige sind gemischt (N. III, N. V, N. VII, N. IX, N. X), die anderen motorisch (N. IV, N. VI, N. XI, N. XII) oder sensorisch (Sinnesnerven, N. I, N. II, N. VIII). Getrennte Wurzeln wie beim Rückenmark gibt es nicht. Nur der N. trochlearis (N. IV) verlässt das Gehirn posterior, alle anderen anterior.

7.3 Autonome Nerven

Kernaussagen

- **Zum autonomen (vegetativen) Nervensystem gehören zwei sich ausbalancierende Anteile, Sympathikus und Parasympathikus, sowie das Darmnervensystem.**
- **Bei Sympathikus und Parasympathikus besteht die efferente Strecke aus zwei hintereinander geschalteten Neuronen.**
- **Das erste Neuron liegt im Zentralnervensystem, das zweite in peripheren autonomen (viszeromotorischen) Ganglien.**
- **Die Lage der Neurone ist bei Sympathikus und Parasympathikus verschieden.**
- **Die afferente Strecke von Sympathikus und Parasympathikus gleicht der des somatischen Nervensystems. Die Perikarya liegen in Spinalganglien.**

Das autonome Nervensystem gliedert sich in
- **Sympathikus**
- **Parasympathikus**
  Hinzu kommt das
- **Darmnervensystem**

Sympathikus und Parasympathikus unterscheiden sich voneinander durch
- ihre Aufgaben
- die Lokalisation ihrer Zentren im ZNS
- die Anordnung ihrer Efferenzen

Bei den Afferenzen besteht kein prinzipieller Unterschied zwischen Sympathikus, Parasympathikus und somatischem System.

7.3.1 Sympathikus

Zur Information

Durch den Sympathikus wird die Leistungsfähigkeit des Körpers gesteigert. Der Sympathikus beschleunigt u.a. den Herzschlag, erhöht Blutdruck, Atemfrequenz, Schweißabsonderung und vermindert alle Tätigkeiten des Magen-Darm-Kanals. Der Sympathikus bewirkt schnelle vegetative Reaktionen bei Notfällen.

Wichtig

Das erste Neuron des Sympathikus liegt im thorakolumbalen Teil des Rückenmarks. Das zweite sympathische Neuron befindet sich in den Ganglien des Truncus sympathicus bzw. in prävertebralen Ganglien. Präganglionäre Axone verwenden Azetylcholin, postganglionäre Fasern Noradrenalin als Transmitter.

Efferenter Anteil. Die Zentren, **erste Neurone** des Sympathikus, liegen in den *thorakalen* und *lumbalen Segmenten des Rückenmarks* (C8–L2, ◘ Abb. 7.4). Deswegen wird der Sympathikus auch als **thorakolumbaler Teil** des autonomen Nervensystems bezeichnet.

Ihre Axone verlassen das Rückenmark mit den Vorderwurzeln und gelangen als **Rr. communicantes albi** (◘ Abb. 7.1) zu den sympathischen Ganglien in der Peripherie (**Grenzstrangganglien**). Sie werden deshalb auch als **präganglionäre Nervenfasern** bezeichnet (◘ Abb. 7.5).

Präganglionäre Nervenfasern sind markhaltig (myelinisiert) und gehören zur Kaliberklasse B (Durchmesser 1–3 µm, ◘ Tabelle 2.9). Sie bilden in den Grenzstrangganglien Synapsen mit den zweiten sympathischen Neuronen. Primärer Neurotransmitter der präganglionären sympathischen Axone ist **Azetylcholin.**

Die Perikarya der **zweiten sympathischen Neurone** (◘ Abb. 7.6) liegen in
- **paravertebralen Ganglien.** Sie bilden gemeinsam den *Grenzstrang* **Truncus sympathicus.**
- **prävertebralen Ganglien**
- **Zielgebieten**

Die Axone der zweiten sympathischen Neurone werden als **postganglionäre Fasern** bezeichnet. Diesen fehlt eine Myelinscheide. Ihr Transmitter ist in der Regel **Noradrenalin** (deswegen auch *noradrenerge Fasern*). Zusammen mit Noradrenalin können verschiedene Neuropeptide, z.B. Neuropeptid Y, als Botenstoffe auftreten.

Zur Information

Als Besonderheit weisen die postganglionären sympathischen Fasern zu den Schweißdrüsen Azetylcholin und nicht Noradrenalin als Transmitter auf.

Da Noradrenalin sehr viel langsamer abgebaut wird als der Transmitter des Parasympathikus (Azetylcholin), hält die Wirkung des Sympathikus sehr viel länger an als die des Parasympathikus.

An den Zielgebieten der postganglionären sympathischen Nervenfasern wirkt außer Noradrenalin auch Adrenalin. Das Adrenalin stammt jedoch nicht von den Nervenenden, sondern aus dem Nebennierenmark (▶ S. 386) bzw. den Paraganglien (▶ unten).

Truncus sympathicus (*Grenzstrang*, ◘ Abb. 7.7). Es handelt sich um eine paravertebral gelegene Ganglienkette aus 22–23 **Ganglia trunci sympathici,** die durch **Rami interganglionares** verbunden sind. Sie reicht von der Schädelbasis bis zum Os coccygis.

Grenzstrangganglien sind:
- **Ganglion cervicale superius**
- **Ganglion cervicale medium** (inkonstant)
- **Ganglion cervicothoracicum** (auch *Ganglion stellatum*)
- **Ganglia thoracica**
- **Ganglia lumbalia**
- **Ganglia sacralia**

Das Ende beider Grenzstränge bildet das unpaare
- **Ganglion impar**

Die Nervenzellen der Grenzstrangganglien sind überwiegend multipolar. Kleinere Nervenzellen sind möglicherweise Interneurone. e H27

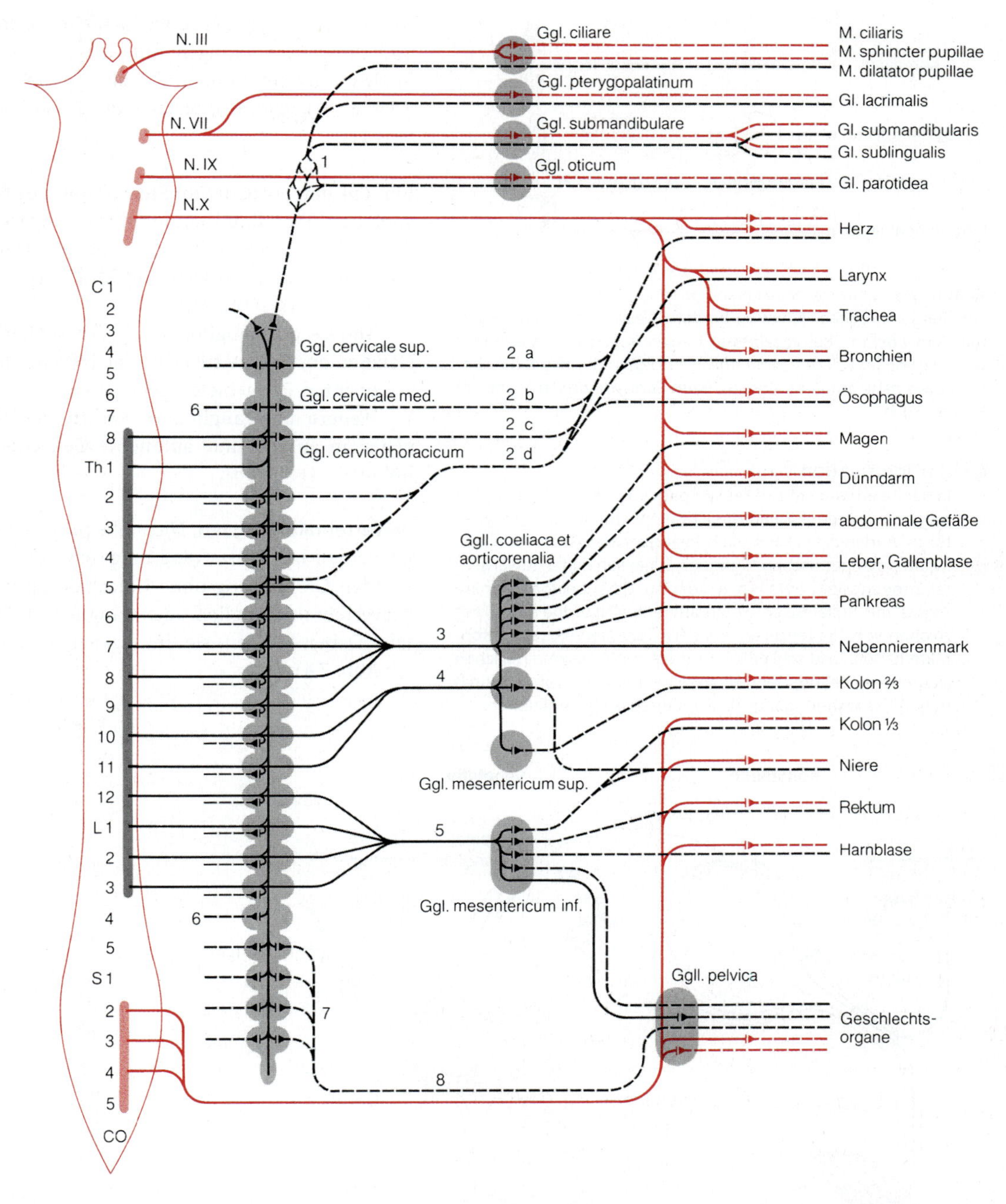

Abb. 7.4. Vegetatives Nervensystem, Übersicht. *Rote Linie durchgezogen*: präganglionäre Axone des Parasympathikus; *rote Linie unterbrochen*: postganglionäre Neurone des Parasympathikus; *schwarze Linie durchgezogen*: präganglionäre Neurone des Sympathikus; *schwarze Linie unterbrochen*: postganglionäre Neurone des Sympathikus. 1 Plexus caroticus, 2 a–d Nn. cardiaci, 3, 4 Nn. splanchnici majores et minores, 5 Nn. splanchnici lumbales, 6 Fasern zu Spinalnerven, 7 Nn. splanchnici sacrales, 8 Nn. splanchnici pelvici (Nn. erigentes)

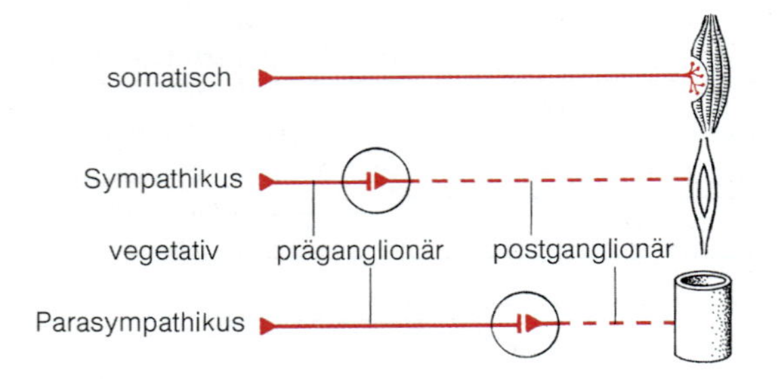

Abb. 7.5. Efferente Strecke somatischer und vegetativer Nerven. Bei *somatischen Nerven* verbindet *1 Neuron* das Zentralorgan mit dem Effektor. Bei *vegetativen Nerven* liegen überwiegend *2 Neurone* vor. Im Fall des *Sympathikus* erfolgt in der Regel die Umschaltung nahe am Zentralorgan, beim *Parasympathikus* nahe am Erfolgsorgan

Zur Information

In der Regel wird ein zweites sympathisches Neuron von vielen präganglionären Axonen erreicht (konvergente Erregungsleitung). Andererseits kann ein präganglionäres Axon mit vielen zweiten sympathischen Neuronen Synapsen bilden (divergente Erregungsleitung). Hinzu kommt, dass postganglionäre Axone mit Kollateralen viszeroafferenter Neurone sowie mit Axonen von Nervenzellen aus dem Darmnervensystem Kontakte haben. Und schließlich sind die zweiten sympathischen Neurone durch Interneurone miteinander verknüpft. Dadurch haben Grenzstrangganglien auch integrative Funktionen.

Die Besprechung der einzelnen Grenzstrangganglien und ihrer Verbindungen mit den Zielgebieten erfolgt in den Kapiteln Kopf und Hals (▶ Kapitel 13), Brustorgane (▶ Kapitel 10), Bauch- und Beckenorgane (▶ Kapitel 11).

Ein Teil der postganglionären Axone des Grenzstrangs verlaufen über Rami communicantes grisei zurück zu den Spinalnerven, mit denen sie die Haut erreichen und dort Gefäße, Drüsen und Mm. arrectores pilorum innervieren (Abb. 7.6).

Andere postganglionäre Fasern schließen sich den Gefäßen an, um die sie Geflechte bilden, und mit denen sie zu ihren Zielgebieten gelangen.

Weitere postganglionäre Fasern des Grenzstrangs gehen in ausgedehnte autonome Geflechte der Leibeshöhle ein (▶ unten).

Prävertebrale Ganglien. Nicht alle präganglionären Axone werden im Grenzstrang umgeschaltet. Einige passieren den Grenzstrang ohne Umschaltung und erreichen prävertebrale Ganglien oder Ganglien in den Zielgebieten. Dabei können sie in eigenen Nerven verlaufen (Abb. 7.4):

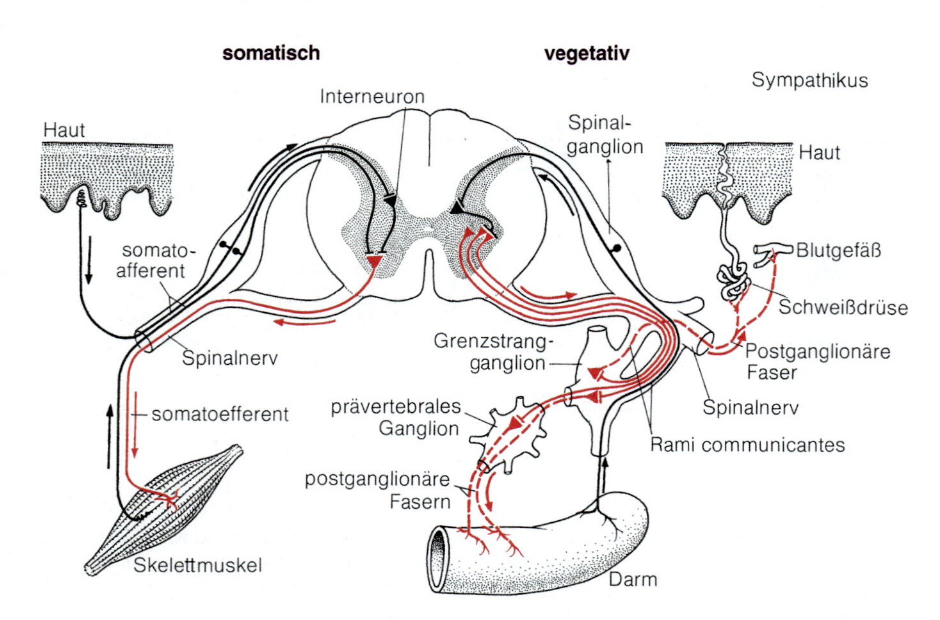

Abb. 7.6. Organisation von somatischem und vegetativem Nervensystem. Im somatischen Anteil (*links*) sind die somatoefferenten Fasern *rot*, die somatoafferenten Fasern *schwarz* gezeichnet. Im vegetativen Anteil (*rechts*) sind präganglionäre Strecken der viszeroefferenten Fasern *durchgezogen rot*, die postganglionären Strecken *rot durchbrochen*, die viszeroafferenten Fasern *schwarz* gezeichnet

- **Nn. cardiaci** aus den Ganglia cervicalia (zusammen mit postganglionären Fasern des Grenzstrangs)
- **N. splanchnicus major** (▶ S. 447) aus dem 5.–9. Grenzstrangganglion
- **N. splanchnicus minor** (▶ S. 447) aus dem 9.–11. Grenzstrangganglion

In den prävertebralen Ganglien erfolgt dann die Umschaltung von präganglionären auf postganglionäre Neurone.

Größere prävertebrale Ganglien sind (◘ Abb. 7.4, 7.7):
- **Ganglia coeliaca**, häufig verschmolzen mit
- **Ganglion mesentericum superius**
- **Ganglia aorticorenalia**
- **Ganglion mesentericum inferius**

Die Besprechung der prävertebralen Ganglien erfolgt im Kapitel Bauchorgane (▶ Kapitel 11, S. 447).

Zielgebiete. In einigen Fällen befinden sich die zweiten sympathischen Neurone in den Zielgebieten, z. B. der Darmwand. Dann sind ihre Axone kurz. In der Regel sind die Axone der zweiten sympathischen Neurone jedoch lang.

In den Zielgebieten (◘ Abb. 7.4) innervieren die postganglionären sympathischen Fasern glatte Muskel- und Drüsenzellen. Die Transmitter werden an Varikositäten der Axone freigesetzt und aktivieren die Rezeptoren der Erfolgsorgane.

Afferente Anteile ▶ unten.

Paraganglien. Sie werden aus entwicklungsgeschichtlicher Sicht dem Sympathikus zugerechnet. Es handelt sich um Epithelzellhaufen, die aus Sympathikoblasten der Neuralleiste (▶ S. 734) hervorgegangen sind und sich sympathischen Nervenfasern anlagern. Sie produzieren Adrenalin und Noradrenalin. Paraganglien kommen an verschiedenen Stellen des Körpers vor, z. B. *Glomus caroticum* (▶ S. 658), *Paraganglia supracardialia*, *Paraganglion aorticum abdominale*. In die Gruppe der Paraganglien gehört auch das *Nebennierenmark* (▶ S. 386).

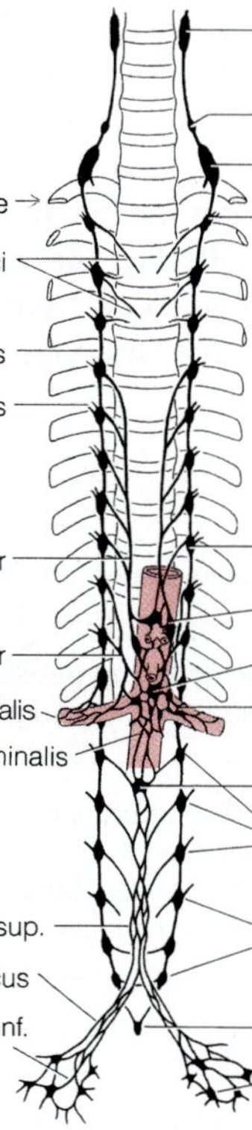

◘ **Abb. 7.7.** Grenzstrang mit den wichtigsten Ästen, Ganglien und Geflechten

7.3.2 Parasympathikus

Zur Information

Der Parasympathikus hat vielfach eine dem Sympathikus entgegengesetzte Wirkung. Es kommt u. a. zu einer Abnahme der Herz- und Atemfrequenz sowie einer Förderung aller Tätigkeiten des Magen-Darmkanals. Jedoch hängen Sympathikus und Parasympathikus voneinander ab. Die Zunahme der Aktivität des einen Systems bedeutet ein (dosiertes) Nachlassen des anderen. In der Regel überwiegt der Parasympathikus als das die Körpertätigkeit schonende System.

Wichtig

Der Parasympathikus ist der kraniosakrale Teil des autonomen Nervensystems. Die Perikarya der efferenten präganglionären Neurone liegen in Kernen der Hirnnerven III, VII, IX und X bzw. der grauen Substanz sakraler Rückenmarksegmente. Die postganglionären Neurone befinden sich in Nähe der Erfolgsorgane. Neurotransmitter sowohl der prä- als auch postganglionären Neurone ist Acetylcholin. Afferente Axone von Sympathikus und Parasympathikus unterscheiden sich nicht. Ihre Perikarya liegen in Spinalganglien bzw. in entsprechenden Ganglien der Hirnnerven.

Der Parasympathikus (Abb. 7.4) hat einen **kranialen Teil** im Stammhirn und einen **sakralen Teil** im 2.–5. Sakralsegment des Rückenmarks. Deswegen wird der Parasympathikus auch als **kraniosakraler Teil** des autonomen Nervensystems bezeichnet.

Kranialer Teil des Parasympathikus (**Efferenzen**). Die Perikarya der ersten Neurone liegen in den Kernen der Hirnnerven III (N. occulomotorius), VII (N. facialis), IX (N. glossopharyngeus) und X (N. vagus). Ihre präganglionären Axone verlaufen auf ganzer Strecke mit den jeweiligen Hirnnerven. Etwa 75% dieser präganglionären Fasern gehören zum N. vagus. Die verbleibenden 25% verteilen sich auf die Hirnnerven III, VII und IX.

Die präganglionären Axone erreichen Ganglien bzw. Geflechte, in denen sich die **zweiten Neurone** befinden, deren Axone die postganglionäre Strecke bilden und die zugehörigen Zielgebiete erreichen.

Die Perikarya der zweiten Neurone liegen in der Nähe der Zielorgane, weshalb die präganglionären Axone länger sind als die postganglionären. Der Transmitter sowohl der prä- als auch der postganglionären Neurone ist **Acetylcholin.** Zusätzlich kommen Neuropeptide vor.

Ganglien, Geflechte und **Zielgebiete des kranialen Teils des Parasympathikus** sind in Tabelle 7.2 zusammengestellt.

Die Lage der Ganglien ist auf ► S. 675 und die der Geflechte des N. vagus auf ► S. 672 beschrieben.

Sakraler Teil des Parasympathikus. Die **ersten Neurone** liegen in den sakralen Rückenmarksegmenten und entsenden präganglionäre Axone, die das Rückenmark durch die vordere Wurzel verlassen und anschließend die Nn. splanchnici pelvici bilden. Die **zweiten Neurone** liegen im Plexus hypogastricus (► S. 447), in den Ganglia pelvica und dem intramuralen Plexus der Zielorgane, dem distalen Drittel des Kolons, dem Rektum und Urogenitalsystem.

7.3.3 Afferenzen und autonome Geflechte

Afferente Neurone. Unterschiede zwischen Sympathikus und Parasympathikus bestehen in der afferenten Strecke nicht. Die viszerosensiblen Perikarya für die afferenten autonomen Fasern, die das Rückenmark erreichen, liegen in den Spinalganglien, die des Gehirns in den Ganglien der Gehirnnerven. Beim N. vagus befinden sich die Perikarya im Ganglion inferius (nodosum ► S. 72).

Die afferenten autonomen Nervenfasern sind nicht myelinisiert. Sie beginnen in der Regel mit freien Nervenendigungen und verlaufen weitgehend mit den efferenten Strecken. Das Rückenmark erreichen sie durch die hintere Wurzel.

Autonome Geflechte. Um Gefäße und in der Leibeshöhle liegen autonome Geflechte. Sie sind Sammelpunkte aller Arten von autonomen Nervenfasern, sowohl des Sympathikus als auch des Parasympathikus sowie effe-

Tabelle 7.2. Zielgebiete des kranialen Teils des Parasympathikus

Nerv	Ganglion/Plexus	Zielgebiete
N. oculomotorius (N. III)	Ganglion ciliare	M. sphincter pupillae M. ciliaris des Auges
N. facialis (N. VII)	Ganglion pterygopalatinum Ganglion submandibulare	Tränendrüsen, Nasendrüsen, Gaumendrüsen Gl. submandibularis Gl. sublingualis
N. glossopharyngeus (N. IX)	Ganglion oticum	Gl. parotidea
N. vagus (N. X)	Plexus cardiacus Plexus submucosus Plexus myentericus	Herz, Ösophagus, Magen, Leber, Gallenblase, Dünndarm, Kolon (proximale 2/3), Ureter (oberer Anteil)

renter und afferenter Erregungsleitung. Eine Trennung der verschiedenen Teile ist nicht möglich.

Große autonome Geflechte in der Brust-, Bauch- und Beckenhöhle sind:
- **Plexus aorticus thoracicus**
- **Plexus pulmonalis**
- **Plexus cardiacus**
- **Plexus oesophageus**
- **Plexus aorticus abdominalis**
- **Plexus coeliacus**
- **Plexus hypogastricus superior**
- **Plexus hypogastricus inferior**

Die Besprechung der Plexus erfolgt im Zusammenhang der einzelnen Körperregionen.

In der Regel setzen sich die Geflechte bis zu den Erfolgsorganen fort. An einigen Stellen lassen sich autonome Nervenfaserbündel nachweisen, die aus den Geflechten hervorgehen, u. a. Nn. hypogastrici (► S. 447), Nn. anales, Nn. vaginales, Nn. cavernosi.

Durch die Geflechtbildung kommt es, dass die Erfolgsorgane in der Regel gleichzeitig von Fasern aus allen Teilen des autonomen Systems innerviert werden. Jedoch können die Gewichte der beiden Teile des autonomen Systems unterschiedlich sein. So wird z. B. die Entleerung der Harnblase überwiegend parasympathisch bewirkt. Ausnahmsweise kommt es vor, dass ein Zielgebiet lediglich von einem Teil des vegetativen Systems innerviert wird, z. B. Arteriolen nur von postganglionären sympathischen Fasern.

Zur Information

Die Tätigkeit des autonomen Nervensystems erfolgt reflektorisch. Es lassen sich unterscheiden
- *viszeroviszerale Reflexe*: es können z. B. von Eingeweiderezeptoren – meist büschelartige Aufzweigungen der Enden afferenter Neurone – Gefäßreaktionen ausgelöst werden
- *viszerosomatische Reflexe*: sie kommen dadurch zustande, dass Kollateralen viszeroafferente Neurone motorische Vorderhornzellen erreichen, deren Axone Skelettmuskulatur innervieren; auf diese Weise entsteht z. B. die Abwehrspannung der Bauchdecke bei entzündlichen Erkrankungen der Bauchorgane
- *kutiviszerale Reflexe*: hierbei werden Erregungen aus den Schmerz-, Temperatur- und Druckrezeptoren der Haut auf viszeromotorische Neurone für die Eingeweide umgeschaltet; auf diesem Wege kann es z. B. zur Entspannung der Eingeweidemuskulatur nach Erwärmung der Haut kommen (daher die wohltuende Wirkung der Wärmflasche). Auch erfolgt ein Teil der Genitalreflexe auf diesem Wege
- *»übertragener Schmerz«*: bei Erkrankungen innerer Organe können bestimmte Hautzonen schmerzhaft überempfindlich werden (sog. Head-Zonen), z. B. bei Herzerkrankungen die Haut an der Innenseite des linken Ober- und Unterarms; hierbei treten vegetative und somatische Afferenzen der zugehörigen Rückenmarksegmente miteinander und mit weiteren Neuronen in Beziehung, die die Erregung dem Gehirn zuleiten, dort entsteht die subjektive Empfindung eines schmerzhaften Hautsegments

7.3.4 Darmnervensystem

Zur Information

Das Darmnervensystem (enterisches Nervensystem) ist ein unabhängiges autonomes System, das aber von Sympathikus und Parasympathikus beeinflusst werden kann. Entsprechende afferente und efferente Fasern sind vorhanden. Das Darmnervensystem steuert die Darmbewegungen zu Durchmischung und Fortbewegung des Darminhaltes sowie die Sekretion der Darmwanddrüsen.

Wichtig

Das Darmnervensystem besteht aus Neuronen, die den Plexus submucosus und Plexus myentericus in den Wänden des Verdauungskanals bilden.

Das Darmnervensystem verfügt über:
- *sensorische Neurone*; sie werden bei Dehnung oder Kontraktion der Darmwand erregt
- *viszeromotorische Neurone* zur Innervation von glatter Ring- und Längsmuskulatur, Drüsen- und endokrinen Zellen
- *Interneurone* zwischen sensorischen und effektorischen Neuronen
- *interstitielle Zellen* (Cajal); sie haben möglicherweise Schrittmacherfunktion

Diese Neurone befinden sich in:
- **Plexus submucosus** (*Meißner-Plexus*)
- **Plexus myentericus** (*Auerbach-Plexus*)

Der **Plexus submucosus** liegt in der Tunica submucosa der Darmwand (► S. 360). Er besteht aus mehreren Teilgeflechten, in die Nervenzellen eingelagert sind. Sie liegen teils einzeln, teils in Gruppen. Die Nervenzellen sind in der Regel multipolar und noradrenerg. Die Nervenzellfortsätze stehen untereinander und mit denen des Plexus myentericus in Beziehung. Funktionell kann ein Teil der Nervenzellen des Plexus submucosus als erstes Neuron eines autonomen Reflexsystems aufgefasst werden. Das zugehörige zweite Neuron befindet sich entweder im Plexus myentericus oder im Plexus submucosus selbst.

Der **Plexus myentericus** befindet sich im Bindegewebe der Tunica muscularis der Darmwand (zwischen Stratum circulare und Stratum longitudinale ▶ S. 360). Er bildet ein dichtes Geflecht vielfach verknüpfter Neurone, deren Perikarya kleine Ganglien bilden. Viele Perikarya sind relativ groß und haben sehr kurze Dendriten und Axone, die in die umgebende Muskulatur eindringen. Als Überträgerstoff treten verschiedene Neuropeptide auf. Hinzu kommen kleinere serotoninerge Interneurone, die Verknüpfungen innerhalb des Plexus myentericus, aber auch zum Plexus submucosus herstellen. Zu den Nervenzellen des Plexus myentericus gehören ferner inhibitorische GABAerge Neurone, die möglicherweise eine Schrittmacherfunktion haben.

In Kürze

Der Sympathikus ist der thorakolumbale Teil des autonomen Nervensystems. Die präganglionären ersten sympathischen Neurone bilden in den paravertebralen Ganglien des Grenzstrangs bzw. in prävertebralen Ganglien Synapsen mit zweiten sympathischen Neuronen. Diese entsenden postganglionäre Axone. Der Grenzstrang ist eine Ganglienkette von der Schädelbasis bis zum Os coccygis. Transmitter in den präganglionären Axonen ist Azetylcholin, in den postganglionären Noradrenalin, deswegen noradrenerge Neurone. Der Parasympathikus ist der kraniosakrale Teil des autonomen Nervensystems. Die Umschaltung von prä- auf postganglionäre Neurone erfolgt in Ganglien oder Geflechten, die in der Peripherie liegen. Vom kranialen Teil werden insbesondere die Kopfdrüsen sowie vom N. vagus die Organe der Leibeshöhlen bis einschließlich der proximalen zwei Drittel des Kolons, vom sakralen Teil die Organe im Beckenraum innerviert. Die afferente Strecke von Sympathikus und Parasympathicus gleicht der des somatischen Nervensystems. Gemeinsam bilden alle Teile des autonomen Nervensystems Geflechte um Gefäße sowie in den Leibeshöhlen. Von hier aus werden die Zielgebiete erreicht und vor allem glatte Muskulatur und Drüsen innerviert. – Das Darmnervensystem arbeitet autonom, wird aber von Sympathikus und Parasympathikus beeinflusst.

Haut und Hautanhangsorgane

8.1 Epidermis – 214

8.2 Dermis – 217

8.3 Tela subcutanea – 219

8.4 Blut- und Lymphgefäße – 219

8.5 Nerven und Rezeptororgane – 221

8.6 Drüsen der Haut – 222

8.7 Pili – 224

8.8 Ungues – 226

8 Haut und Hautanhangsorgane

Kernaussagen

- **Die Haut schützt vor schädigenden Einflüssen aus der Umwelt und hat Barrierefunktion.**
- **Die Haut gliedert sich in Oberhaut, Lederhaut und Unterhaut.**
- **Die Oberhaut regeneriert sich fortlaufend.**
- **Die Haut beherbergt Zellen des Abwehrsystems und Rezeptororgane.**
- **Hautanhangsgebilde sind Hautdrüsen, Haare und Nägel.**

Die Haut ist das größte Organ des Menschen. Ihre Oberfläche beträgt in Abhängigkeit von der Körpergröße bis zu 2 m^2, ihr Gewicht etwa 3 kg (mit Subkutis bis zu 20 kg).

Die Haut besteht aus (Abb. 8.1)
- **Epidermis** (*Oberhaut*)
- **Dermis, Corium** (*Lederhaut*)
- **Subkutis** (*Unterhaut*)

Hinzu kommen
- **Hautanhangsgebilde**

Epidermis und Dermis sind fest verzahnt. Die Subkutis ist Druckpolster und Verschiebeschicht aus lockerem Binde- und Fettgewebe. Die Haut ist je nach Beanspruchung an verschiedenen Körperstellen unterschiedlich beschaffen.

Zur Entwicklung

Die Epidermis ist ein Abkömmling des äußeren Keimblatts und damit ektodermaler Herkunft. Aus dem einschichtigen Epithel entwickelt sich eine Lage abgeplatteter Zellen (Periderm), unter der sich die Zellen vermehren und ein mehrschichtiges Epithel bilden.

Dermis und Subkutis entstammen dagegen dem mittleren Keimblatt und sind damit mesodermaler Herkunft (Dermatome der Somiten, ▶ S. 115).

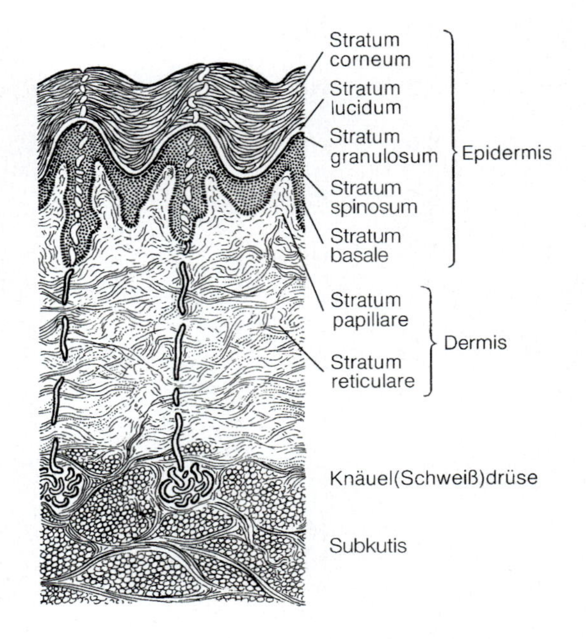

Abb. 8.1. Querschnitt durch die Haut (e) H4, 96

8.1 Epidermis (e) H4, 96

Kernaussagen

- **Die Epidermis besteht überwiegend aus Keratinozyten.**
- **Keratinozyten werden fortlaufend im Stratum basale der Epidermis neu gebildet.**
- **Neu gebildete Keratinozyten wandern unter Differenzierung zu Hornzellen zur Hautoberfläche und schilfern dort ab.**
- **Melanozyten sorgen für eine Hautpigmentierung.**
- **Langerhans-Zellen gehören zum Abwehrsystem.**
- **Merkel-Zellen sind Mechanorezeptoren.**

Die **Epidermis** (Oberhaut) (■ Abb. 8.2) ist durchschnittlich 50 μm, stellenweise jedoch 0,2 mm und an Handteller und Fußsohle etwa 1 mm dick. Schwielen sind Epidermisverdickungen infolge erhöhter Beanspruchung. Dort kann der Durchmesser 2 mm und mehr betragen.

Die Epidermis besteht aus mehrschichtigem verhornten Plattenepithel mit großem Regenerationsvermögen. Sie gliedert sich in mehrere Schichten, die den Differenzierungsstadien ihrer Epithelzellen (**Keratinozyten**) entsprechen.

Schichten der Epidermis:
- **Stratum basale** (*Basalzellschicht*)
- **Stratum spinosum** (*Stachelzellschicht*)
- **Stratum granulosum** (*Körnerzellschicht*)
- **Stratum lucidum** (inkonstant)
- **Stratum corneum** (*Hornschicht*).

Stratum basale. Das Stratum basale ist einschichtig und besteht aus hochprismatischen Epithelzellen. Es kommen viele Mitosen vor. Deswegen wird diese Schicht auch als **Stratum germinativum** bezeichnet.

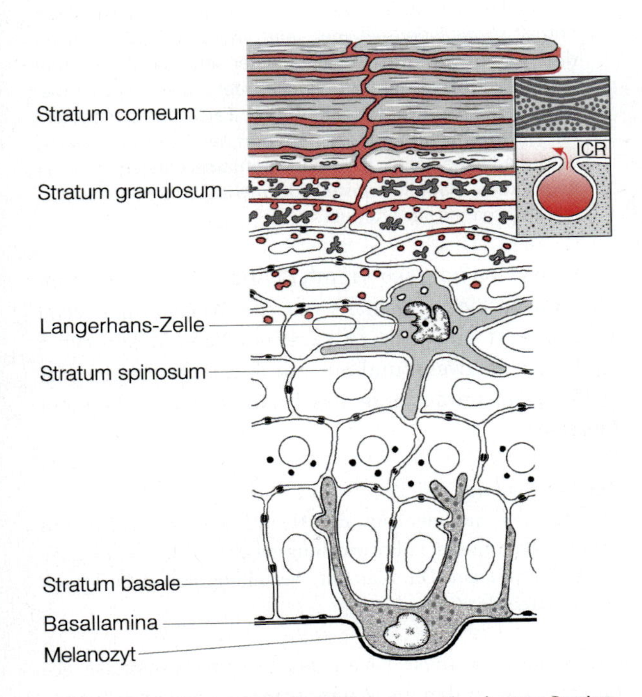

■ Abb. 8.2. Epidermis. Schichtenfolge. *Inset:* Abgabe von Barrierelipiden aus Keratinozyten des Stratum granulosum in den Interzellularraum (ICR)

Stratum spinosum. Die Zellen dieser Schicht sind in der Regel groß, polyedrisch, horizontal orientiert und hängen durch viele Desmosomen zusammen. Die Schicht besteht in der Regel aus 2–5 Zelllagen.

Zur Information
Die Bezeichnung Stachelzellschicht geht auf die Schrumpfung der Keratinozyten während der histotechnischen Gewebevorbereitung und die dadurch dornartig hervortretenden Abschnitte des Plasmalemms mit Desmosomen zurück.

Stratum granulosum. Sofern es aus mehreren Zelllagen besteht (bis zu 3) geht die regellose Anordnung der Epithelzellen in eine regelmäßigere Säulenstruktur über. Die Zellen dieser Schicht enthalten basophile Granula. Sie sind Vorboten der im oberen Stratum granulosum fast schlagartig ablaufenden Verhornungsvorgänge.

Stratum lucidum und **Stratum corneum.** Das Stratum lucidum ist nur in dicker Epidermis vorhanden (Handfläche und Fußsohle). Es erscheint lichtmikroskopisch homogen. Das Stratum corneum, Hornschicht, besteht dagegen aus 10–20 Lagen fest zusammenhängender, kernloser polygonaler Platten – bis zu 30 μm lang –, die Säulen mit Überlappungen und Verzahnungen bilden. Oberflächlich kommt es durch Abbau von Dichtungssubstanzen zu einer Abschilferung von Einzelplatten und Plattenaggregaten.

Zellen der Epidermis:
- **Keratinozyten**
- **Melanozyten**
- **Langerhans-Zellen**
- **Merkel-Zellen**

Keratinozyten. Die Keratinozyten der Epidermis, etwa 90% der Epidermiszellen, sind eine sich kontinuierlich erneuernde Zellpopulation. Sie geht von **Stammzellen** im Stratum basale aus. Nach differenzieller Zellteilung der Stammzellen entstehen jeweils aus einer der Tochterzellen **Amplifikationszellen**, von denen sich ein Teil in 3–4 folgenden Mitosen in **basale Keratinozyten** umwandelt.

Kennzeichnend für Keratinozyten sind **Keratin-** und **Aktinfilamente**, die zwei unabhängige Fasernetze bilden und sich an unterschiedlichen Adhäsionsstellen der Zellmembran befestigen, die Keratinfilamente an **Desmosomen**, die Aktinfilamente an **Cadherinen** (► S. 14).

Außerdem bestehen zwischen Keratinozyten **Gap junctions** (► S. 16). Die Fasernetze haben in den Keratinozyten einen von der Belastung abhängigen trajektoriellen Verlauf.

Durch Migration gelangen basale Keratinozyten in das Stratum spinosum. Dort werden die niedermolekularen basalen Zytokeratine durch hochmolekulare Keratine ersetzt. Die Wanderung der Keratinozyten erfolgt einzeln, wobei die Zelladhäsionen jeweils gelöst und neu gebildet werden. Die Transitzeit eines Keratinozyten durch das Stratum spinosum beträgt etwa 14 Tage. Dann wird das Stratum granulosum erreicht.

Zur Information

Die Proliferation der Keratinozyten steht unter dem Einfluss von Wachstumsstimulatoren. Die Induktion geht u.a. von Traumen, UV-Licht aber auch von Zytokinen der Keratinozyten selbst aus, die autokrin und parakrin wirken. Darüber hinaus produzieren Keratinozyten viele biologisch aktive Moleküle.

Stratum granulosum. Hier erfolgt die terminale Differenzierung der Keratinozyten. Gleichzeitig endet ihre Individualität. Die terminale Differenzierung und der weitere Aufstieg erfolgt in Verbänden.

Die terminale Differenzierung der Keratinozyten setzt die Synthese von

- **Filaggrin,**
- **Cornified envelope** und
- **Barrierlipids** voraus.

Ihre Synthese beginnt teilweise im Stratum spinosum.

Filaggrine sind eine Gruppe basischer Proteine, die mit Keratinfilamenten **Keratohyalingranula** bilden. Ferner vernetzen sich bei der Enddifferenzierung der Keratinozyten die Keratinfilamente unter dem Einfluss von hochreaktivem Filaggrin und es entstehen unlösliche filamentäre Komplexe.

Cornified envelope. Es handelt sich um ein unlösliches Protein, das sich an der Innenseite der Zellmembran ablagert und für die Versteifung der Zelle sorgt.

Barrierlipids. Sie entstehen in Form paralleler Plättchen in speziellen Zellorganellen und werden durch Exozytose in den Interzellularraum abgegeben (Abb. 8.2, Inset). Sie sorgen für einen wasserunlöslichen Verschluss des Interzellularraums.

Stratum corneum. Mit dem Ende der epidermalen Differenzierung verlieren die Keratinozyten sämtliche Zellorganellen und es bildet sich die Hornschicht. Sie besteht aus Bausteinen (**Keratozyten**) die mit hochmolekularem Keratin in einer dichten Filaggrinmatrix sowie versteifendem Cornified envelope gefüllt sind. Untereinander sind die Bausteine durch Lipide verbunden. Im Stratum corneum rücken die Keratinozyten innerhalb von zwei Wochen an die Oberfläche, wo sie abschilfern.

Zur Information

Das Stratum corneum ist für Wasser und wasserlösliche Substanzen fast undurchlässig. Dennoch lässt es einen minimalen Flüssigkeits- und Stoffaustausch zwischen Organismus und Umwelt zu (*Perspiratio insensibilis*). Außerdem kann fast jeder niedermolekulare Stoff in geringem Umfang durch die Haut eindringen, wobei es regionale Unterschiede gibt. Beeinträchtigt wird die Barrierefunktion bei längerer Wasserexposition und durch organische Lösungsmittel (Grundlage der Wirkung von sog. »Okklusionsverbänden« z.B. zur Hormonbehandlung).

Klinischer Hinweis

Bei Verletzungen des Epithels (*Erosion*) allein, heilt die Haut spurenlos. Sind jedoch Dermis und Subkutis ebenfalls verletzt, entsteht eine Narbe. Zunächst bildet sich im Wundbereich ein sehr zellreiches Bindegewebe, das zahlreiche Gefäßsprossen enthält (*Granulationsgewebe*). Vom Wundrand wächst dann das Stratum germinativum vor. Später setzt die Verhornung ein. Zunächst hat die Narbe wegen der starken Kapillarisierung des Bindegewebes eine rötliche Farbe. Mit zunehmender Ausbildung von Kollagenfasern in der Dermis der Narbe wird die Narbe weißlich. In der Hautnarbe entstehen in der Regel keine Hautanhangsgebilde mehr. Die Regenerationsfähigkeit nimmt im Alter ab.

Melanozyten ($1100–1500/mm^2$, Abb. 8.2). Sie liegen im Stratum basale in Kontakt mit der Basallamina: etwa 1 Melanozyt auf etwa 35 Keratinozyten. Melanozyten sind stark verzweigt und nur mit Spezialfärbungen darstellbar. Sie produzieren das braun-schwarze Pigment **Melanin.**

Zur Entwicklung

Melanozyten stammen aus der Neuralleiste (► S. 733) und dringen etwa in der 12. Entwicklungswoche in die basale Lage der Epidermis ein. Die regionale Verteilung der Melanozyten erfolgt nach der Geburt.

Die Melaninsynthese ist an das Enzym Tyrosinase gebunden, das in den als **Melanosomen** bezeichneten spezifischen Granula dieser Zellen reichlich vorkommt. Die Melanosomen werden von den Melanozyten abgegeben und von den umgebenden Keratinozyten durch Endozytose aufgenommen. Das von den Keratinozyten gespeicherte Melanin bewirkt die Hautfarbe. Letztlich werden die Melanosomen im Stratum spinosum abgebaut.

Information zur Hautfarbe

Die Hautfarbe hängt weitgehend von der Melaninpigmentierung, allerdings auch von der Hautdurchblutung ab. Dabei ist auch bei dunkler Haut die Zahl der Melanozyten nicht erhöht, wohl aber die Melaninproduktion. Dies hat zur Folge, dass bei dunkler Haut alle Schichten der Epidermis viele Melaningranula aufweisen. Auch Bräunung der Haut durch vermehrte UV-Strahlen führt zu einer temporären Zunahme der Melaninproduktion.

Die Melaninverteilung weist jedoch regionale Unterschiede auf. So sind bei Farbigen Palma manus und Planta pedis weniger pigmentiert als die übrige Haut. Dagegen sind bei »Weißen« die Haut des Gesichts, der Achselhöhle, die Genitalhaut, die Haut der Leistenbeuge, die perianale Haut, die Haut an der Innenseite der Oberschenkel und vor allem der Brustwarze mit Warzenhof verstärkt pigmentiert.

Bei Albinos dagegen ist die Haut pigmentlos, obgleich auch dort Melanozyten vorhanden sind. Jedoch ist wegen eines Gendefekts die Melaninsynthese gestört.

Langerhans-Zellen (durchschnittlich 700/mm², Abb. 8.2) gehören zum Immunsystem (► S. 142). Es handelt sich um professionell antigenpräsentierende Zellen, die im Rahmen ihrer Wanderschaft in die Haut gelangen und sie auch wieder verlassen. Sie können sich in der Haut teilen. Langhans-Zellen liegen als verzweigte Zellen über dem Stratum basale (suprabasal). Sie können mit histochemischen und immunhistologischen Methoden sowie elektronenmikroskopisch identifiziert werden.

Langhans-Zellen haben ein helles fibrillenarmes Zytoplasma, einen deutlichen Golgi-Apparat und meist eine spezielle Art von Organellen, die tennisschlägerförmigen Birbeck-Granula. Sie stehen mit der Endozytose von Fremdmaterial im Zusammenhang. Desmosomen kommen nicht vor.

Außer Langhans-Zellen kommen in der Epidermis **dermale dendritische Zellen** vor, die gleichfalls zum Immunsystem gehören.

Merkel-Zellen (20–300/mm²) liegen im Stratum basale. Sie gelten als Mechanorezeptoren (► unten). Merkel-Zellen gehen aus den Stammzellen der Haut hervor. Vor allem kommen sie in der Haut der Handflächen und Fußsohlen vor.

In Kürze

Das Stratum basale enthält Stammzellen, aus denen Keratinozyten hervorgehen. In den Keratinozyten des Stratum spinosum wird niedermolekulares durch hochmolekulares Keratin ersetzt. Ferner beginnt die Filaggrinsynthese und es bilden sich lipidhaltige Körperchen. Im Stratum granulosum werden Keratohyalinkörner sichtbar und es erfolgt die terminale Differenzierung der Keratinozyten. Das Stratum corneum besteht aus organellenlosen geschichteten, verzahnten Platten, die durch Lipide verbunden sind. – Die Melanozyten bilden Melanosomen, die in die Keratinozyten gelangen und zur Hautfärbung beitragen. – Langhans-Zellen verweilen nur temporär in der Epidermis. – Merkel-Zellen sind Mechanorezeptoren.

8.2 Dermis e H4, 96

Kernaussagen

- **Die Dermis ist fast unzerreißbar mit der Epidermis verbunden.**
- **Die Dermis gliedert sich in ein lockeres kapillarreiches Stratum papillare und ein sehr viel festeres Stratum reticulare.**

Die Dermis (Corium, Lederhaut) (Abb. 8.1) ist das bindegewebige Gerüst der Haut und Versorgungsteil. Sie ist gefäß- und nervenfaserreich. Mit der Epidermis ist die Dermis durch die **dermoepidermale Verbindungszone** verbunden.

Dermoepidermale Verbindung. Der Befestigung der Epidermis an der Dermis dient die Basallamina, die dicht unter den basalen Epithelzellen liegt. Auf der Seite der Epidermis geht die Befestigung von **Adhäsionsmolekülen** der basalen Plasmamembran der Epithelzellen aus. Die Adhäsionsmoleküle stehen mit **Laminin** bzw. im Bereich von **Hemidesmosomen** mit **Ankerfilamenten** in Verbindung. Laminin und Ankerfilamente befestigen sich in der Basallamina an Typ-IV-Kollagen und anderen adhäsiven Proteinen. Von der zur Dermis gewandten Seite der Basallamina gehen dann **Ankerfibrillen** aus, die entweder rückläufig Schleifen bilden oder mit **Ankerplatten** in Verbindung stehen. Ankerfibrillen bestehen aus Kollagen TypVII. Durch die Maschen der Ankerfibrillen verlaufen Kollagenfasern der Dermis. Außerdem befestigen sich an den Basallaminae noch **Oxytalanfasern**, die die Verbindung zum Netzwerk der elastischen Fasern der Dermis herstellen. Insgesamt ist die Verbindung der Epidermiszellen mit ihrer Unterlage so fest, dass es bei Abhebungsversuchen eher zu Zerreißungen innerhalb des Epithels kommt, als dass sich die Zellen des Stratum basale von ihrer Unterlage lösen.

Gliederung der Dermis. Die Dermis gliedert sich in zwei nach Dichte und Anordnung der Fasern unterscheidbare Schichten (Abb. 8.1):
- **Stratum papillare**
- **Stratum reticulare**

Beide Schichten bestehen aus
- **Kollagenfaserbündeln**
- **elastischen Fasern**
- **Grundsubstanzen**

  Hinzu kommen die
- **Zellen der Dermis**

Kollagenfaserbündel. Beim Kollagen der Dermis überwiegt TypI. Er bildet mit Kollagen Typ III und VI lange Fasern, die sich bündeln und lose miteinander vernetzt sind.

Die Kollagenfaserbündel verlaufen nicht regellos, sondern in örtlich unterschiedlicher Ausrichtung. Dadurch ruft ein Einstich in die Haut kein rundes Loch, sondern einen Spalt hervor. Spalten ordnen sich in Spaltlinienan. Hierauf wird bei Operationen aus kosmetischen Gründen Rücksicht genommen. Werden Hautschnitte nämlich senkrecht zur Verlaufsrichtung der Spaltlinien gelegt, klafft die Haut.

Zur Information

Dehnung und Straffung der Haut gehen vor allem auf die Ausrichtung der Kollagenfaserbündel zurück. Je stärker der Zug, umso mehr Faserbündel werden betroffen, bis ein Maximum erreicht ist. Danach wird die Haut überdehnt, z. B. die Bauchhaut in der Schwangerschaft, und es entstehen durch die Epidermis hindurch erkennbare Streifen *Striae distensae*.

Die **elastischen Fasern** bringen nach Dehnung der Haut die Kollagenfasergeflechte wieder in die Ausgangsstellung zurück. Lässt die Elastizität nach, wird die Haut schlaff, z. B. im Alter.

Die **Grundsubstanzen** bestehen aus Proteoglykanen und Glykosaminoglykanen, in die die Fasersysteme und die Zellen der Dermis eingelagert sind. Durch ihr hohes Wasserbindungsvermögen spielen die Interzellularsubstanzen für die Regulierung des Hautturgors eine wichtige Rolle (▶ S. 40).

Zellen der Dermis. Vor allem handelt es sich um Fibroblasten. Sie sind wie in allen Bindegeweben an der Kollagensynthese beteiligt. Sie nehmen jedoch durch ihre Wachstumsfaktoren auch Einfluss auf das Haar- und Melanozytenwachstum. Außerdem wird in den Fibroblasten der Dermis unter Mitwirkung von 5α-Reduktase aus Testosteron 5α-Dehydrotestosteron, die effektivste Form der Androgene, gebildet.

Weiter kommen in der Dermis in großer Zahl Abwehrzellen vor, z. B. Granulozyten, Lymphozyten, Monozyten, Plasmazellen und Mastzellen.

Stratum papillare. Der Papillarkörper liegt unmittelbar unter der Epidermis. Er bildet Zapfen, die senkrecht in Vertiefungen der Epidermis hineinragen. Das Stratum papillare ist kapillarreich und enthält zahlreiche Rezeptororgane sowie Melanozyten und auffällig viele Mastzellen. Der Papillarkörper dient vor allem der Oberflächenvergrößerung zur Ernährung der Epidermis, weniger der Befestigung. Er ist sehr kapillarreich.

Der Umfang der Verzapfungen zwischen Epidermis und Dermis wechselt regional. Dadurch bilden sich typische Muster, die an der Oberfläche der Haut in Form von Aufwerfungen bzw. Einsenkungen der Epidermis in Erscheinung treten. Unterschieden werden **Felderhaut** und **Leistenhaut**.

Einzelheiten zu Felderhaut und Leistenhaut

Felderhaut. Sie macht den weitaus größten Teil der Haut aus. Felderhaut zeichnet sich durch feine Rinnen aus, die die Haut in polygonale Felder teilen. In den Rinnen liegen Haare und Talgdrüsen, auf der Höhe münden Schweiß- und in einigen Gebieten Duftdrüsen.

Die Felderhaut hat unterschiedliche Epidermisverzahnungen. Am höchsten und zahlreichsten sind die Bindegewebspapillen in Gebieten starker mechanischer Beanspruchung, z. B. über Knie und Ellenbogen, am schwächsten in der Haut des Augenlids. Stellenweise können Papillen ganz fehlen.

Bei der **Leistenhaut** ragen jeweils zwei Reihen hoher Bindegewebspapillen in eine Epidermisleiste hinein. Auf jeder zweiten Leiste münden Ausführungsgänge von Schweißdrüsen. Haare, Talg- und Duftdrüsen fehlen.

Besonders deutliche Leisten kommen an den Finger- und Zehenspitzen sowie an Handflächen und Fußsohlen vor. Dort bilden sie Schleifen, Bögen, Wirbel oder Kombinationen davon. Sie sind genetisch festgelegt und so typisch, dass jedes Individuum hieran erkannt werden kann (**Fingerabdruck**).

Das **Stratum reticulare** ist die tiefere und dickere Dermisschicht. Sie besteht vor allem aus kräftigen fest gewebten Kollagenfaserbündeln. Dadurch verleiht das Stratum reticulare der Haut eine hohe Zerreißfestigkeit.

Zur Information

Im Alter verändern sich alle Schichten der Haut. Die Epidermis wird atrophisch und gewinnt ein »papierartiges« Aussehen. Es kommt zu unregelmäßiger Pigmentierung. In der Dermis wird der Papillarkörper flacher. Die Proteoglykane vermindern sich und der Hautturgor lässt nach. Gleichzeitig wird das Bindegewebe atrophisch und die elastischen Fasern büßen ihre Elastizität ein. – Beschleunigt werden die Altersveränderungen, insbesondere der Verlust der Elastizität, durch jahrelange Sonnenbestrahlung.

In Kürze

Die dermoepithelialen Verbindungen gehen auf Verknüpfungen der Basallamina durch Ankerfilamente mit Hemidesmosomen der basalen Epithelzellen und Ankerfibrillen mit dem Stratum papillare der Dermis zurück. Das Stratum papillare ist kapillarreich und vergrößert durch Zapfen die ernährende innere Oberfläche der Epidermis. Sehr viel bindegewebsreicher ist das Stratum reticulare der Dermis.

8.3 Tela subcutanea e H4, 96

Kernaussage

- **Die Tela subcutanea ist eine lockere Verschiebeschicht mit unterschiedlicher Fettgewebeeinlagerung.**

Die Tela subcutanea (Subcutis, Unterhaut) (Abb. 8.1) ist eine Schicht meist lockeren Bindegewebes. Sie verbindet die Haut durch bindegewebige Scheidewände (*Retinacula*) mit den unter ihr liegenden Strukturen (Faszien, Knochenhaut). Im Wesentlichen ist die Subkutis jedoch eine Verschiebeschicht. In der Subkutis liegen Nerven, Gefäße, Haarwurzeln, Drüsen und stellenweise glatte Muskelzellen (Tunica dartos des Skrotums, große Schamlippen, Brustwarze). Außerdem ist die Subkutis ein Fettspeicher und wirkt dadurch als Wärmeisolator.

Fettgewebe der Subkutis:
- **Baufett**, z. B. an der Fußsohle, oder
- **Depotfett** (*Panniculus adiposus*), z. B. in der Bauchhaut. Das Fettgewebe wird durch die Retinacula steppkissenartig unterteilt.

Baufett. Die Bedeutung des Baufetts wird besonders am Fersenpolster deutlich. Dort fängt es beim Aufsetzen des Fußes in Kombination mit einem Fachwerk aus Kollagenfasermatten den Druck des gesamten Körpergewichts auf.

Depotfett. Die Einlagerung erfolgt in bevorzugten Regionen geschlechtsspezifisch, beim Mann vor allem in der Bauchhaut, bei der Frau an Hüften, am Gesäß und im Brustbereich. Gering ist sie im Bereich der mimischen Muskulatur und der Kopfschwarte. Besonders arm an Fettgewebe sind Augenlid, Lippe, Penis und Skrotum.

In Kürze

Die Tela subcutanea ist durch Retinacula steppkissenartig unterteilt. Sie ist ein großes Fettreservoir, wobei Depotfett mobilisierbar ist, Baufett aber Struktureigenschaften hat.

8.4 Blut- und Lymphgefäße

Kernaussage

- **Die Blutversorgung der Haut erfolgt durch drei Gefäßplexus, die sich in Dermis und Subkutis befinden.**

In der Haut lassen sich drei Gefäßbereiche unterscheiden (Abb. 8.3):
- **Zu- und Ableitungssystems** in der Subkutis nahe der Grenze zur Dermis
- **tiefe horizontale Plexus** im Stratum reticulare nahe der Grenze zur Subkutis

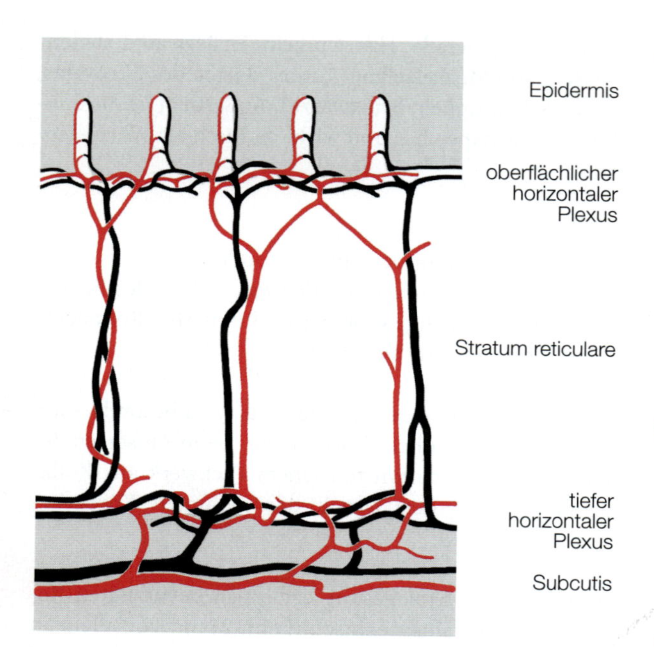

Abb. 8.3. Gefäßplexus der Haut

- **oberflächlicher horizontaler Plexus** an der Grenze zwischen Stratum papillare und reticulare

Das **Zu- und Ableitungssystem** verfügt über größere Arterien (Durchmesser bis zu 100 mm) mit Muskulatur und Sammelvenen mit Venenklappen. Die Arterien versorgen jeweils kreisrunde Hautbezirke.

Der **tiefe horizontale Plexus** besitzt größere Arteriolen (Durchmesser 20–30 µm), die sich in vertikale Verbindungsgefäße zum oberflächlichen Plexus fortsetzen. Sie werden von entsprechenden Venen begleitet.Hier wird die Durchblutungsgröße der Haut reguliert.

Der **oberflächliche horizontale Plexus** ist am dichtesten. Von hier entspringen Kapillarschlingen, die in die Papillen der Dermis gelangen. Sie entsprechen arteriellen Kapillaren. Im Plexus selbst überwiegen postkapilläre Venulen (Durchmesser 20–30 µm), die den größten kummulativen Querschnitt der Hautgefäße haben. Sie können als Blutreservoir fungieren. Außerdem erfolgt hier die Wärmeabstrahlung. Da die Wände der Venolen dünn sind, kann es hier leicht zur Lücken- und Ödembildung kommen, z. B. bei Entzündungen.

Zur Information

Die Gefäße der Haut haben ernährende Funktion, dienen aber auch der Regulation der Körpertemperatur. Während im »Körperkern« (zentrale Anteile von Rumpf und Kopf) die hauptsächlich in Muskulatur und Leber erzeugte Temperatur konstant ist (das Leberblut hat 40°–42°), ändert sie sich in der »Körperschale« (periphere und distale Anteile von Rumpf und Extremitäten) in Abhängigkeit vom Ausmaß der Wärmeabgabe durch die Haut.

Für das Ausmaß der Wärmeabgabe spielt die Durchblutungssteuerung der Haut die entscheidende Rolle. Sie erfolgt im Wesentlichen mittels der Muskulatur der Arteriolen im tiefen horizontalen Plexus (Widerstandsgefäße, ► S. 192).

Klinischer Hinweis

Kurz dauernder Verschluss der Hautkapillaren hat keine Folgen. Länger dauernder Verschluss, z. B. beim bewegungslosen Liegen, führt zum Dekubitus. – Verletzungen von Hautgefäßen führen zu »blauen Flecken«, Blutergüssen (*Hämatomen*) die sich in Dermis und Subkutis ausbreiten können. Besonders umfangreich werden sie an Stellen mit lockerer Subkutis.

Lymphgefäße. Auch Lymphgefäße bilden Netze in den Schichten von Haut und Unterhaut. Sie gehen aus Lymphspalten im Stratum papillare hervor. Die Lymphe fließt größtenteils über subkutane Lymphbahnen ab.

Klinischer Hinweis

Verletzungen von Lymphgefäßen der oberen Dermis, z. B. durch Abscherbewegungen, erzeugen »Wasserblasen« der Haut. Die Lymphe hebt die Epidermis ab.

In Kürze

Vom oberflächlichen horizontalen Gefäßplexus steigen arterielle Kapillaren in die Zapfen des Stratum papillare auf und ernähren die Epidermis. Es folgen postkapilläre Venolen vor allem zur Wärmeabstrahlung. Die Verbindung zum tiefen horizontalen Gefäßplexus für die Regulierung der Hautdurchblutung wird durch vertikale Verbindungsgefäße hergestellt. Schließlich gibt es in der Subkutis einen Plexus zu- und ableitender großer Arterien und Venen. – Lymphgefäße beginnen mit Lymphspalten im Stratum papillare.

8.5 Nerven und Rezeptororgane

Kernaussagen

- **Die Haut ist auch ein Sinnesorgan.**
- **In der Haut kommen freie Nervenendigungen und Rezeptororgane vor.**

Die Haut ist reich innerviert und zwar von:
- **afferenten sensorischen Nerven**
- **efferenten autonomen Nerven**

Sensorische Fasern beginnen als
- **freie Nervenendigungen** oder haben
- **Verbindung mit Rezeptororganen** (Endkörperchen).

Freie Nervenendigungen kommen im Stratum papillare der Dermis sowie intraepithelial vor. Sie bestehen aus blind endenden Axonen (meist C- oder Aδ-Fasern, Tabelle 2.9), die von einer oft durchbrochenen Hülle aus Schwann-Zellen umgeben sind. In der Dermis werden die Nervenfasern dann komplett von Schwann-Zellen umkleidet. – Freie Nervenendigungen vermitteln mechanische, thermische und Schmerzempfindungen.

Freie Nervenendigungen kommen ferner an den Haaren vor, deren Wurzelscheide sie mit zirkulären und longitudinalen Fasern (Aδ-Fasern) umgeben. Die Nervenendigungen wirken hierbei als Mechanorezeptoren, weil sich bei Abwinklung des Haares die Bewegung hebelartig auf die Wurzelscheide überträgt.

Nervenfasern in Verbindung mit Rezeptororganen. Hierbei handelt es sich um Aβ-Fasern (Tabelle 2.9). Die Faserendigungen können sich aufteilen und in mehrere Rezeptororgane eindringen, aber immer nur in solche des gleichen Typs.

Rezeptororgane treten in der Haut in verschiedenen Formen auf. Gemeinsam bestehen sie aus einem neuronalen und aus einem nichtneuronalen Anteil.

Die wichtigsten Endkörperchen der Haut sind:
- **Merkel-Zellen**
- **Meißner-Tastkörperchen**
- **Vater-Pacini-Lamellenkörperchen**
- **Ruffini-Körperchen**

Merkel-Zellen (► oben) sind **Druckrezeptoren.** Sie liegen einzeln oder in Gruppen **im Stratum basale der Epidermis.** An sie treten basal plattenartige Ausläufer afferenter Neurone heran. Die mechanischen Reize selbst werden von den Merkel-Zellen wahrgenommen und an das afferente Neuron transduziert. Histologisch fallen die Merkel-Zellen durch ihre geringe Anfärbbarkeit auf.

Meißner-Tastkörperchen (Abb. 8.4) sind **Berührungsrezeptoren** (häufigstes Vorkommen: Finger- und Zehenspitzen). Sie liegen **im Bindegewebe des Stratum papillare** unmittelbar unter der Epidermis, mit deren Basallamina sie durch Kollagenfibrillen verbunden sind. Sie sind etwa 100 µm lang, 40 µm dick, und bestehen aus mehreren epithelähnlich geschichteten Schwann-Zellen, zwischen denen bis zu sieben marklos gewordene Nervenfasern spiralig gewunden verlaufen. Im basalen Drittel werden die Meißner-Tastkörperchen von einer Perineuralkapsel umgeben. Erregt werden die Meißner-Tastkörperchen durch Bewegungen der epidermalen Basallamina, die durch die Kollagenfibrillen auf die Schwann-Zellen bzw. Axonenden übertragen werden.

Vater-Pacini-Lamellenkörperchen (Abb. 8.5) dienen der **Vibrationsempfindung.** Sie sind knorpelharte, makroskopisch sichtbare, bis zu 4 mm lange birnenförmige Gebilde. Die Körperchen bestehen aus zahlreichen (50 oder mehr) zwiebelschalenförmig angeordneten **Schichten aus Bindegewebszellen** (Lamellen), die

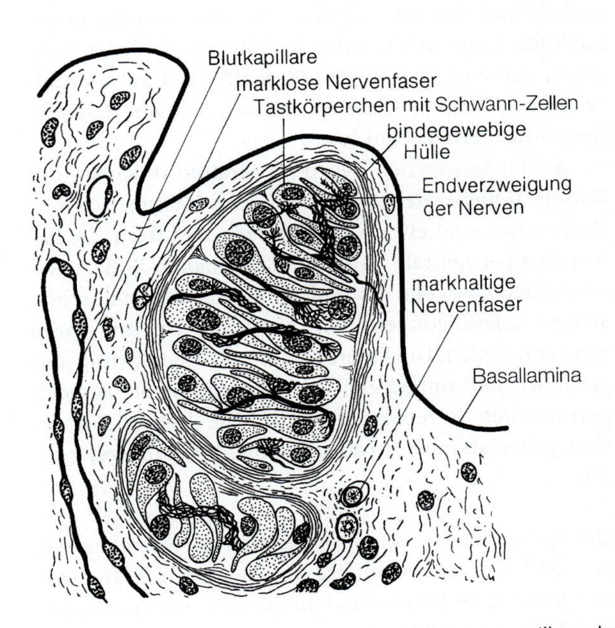

Abb. 8.4. Meißner-Tastkörperchen. Im Stratum papillare der Dermis e H4, 96

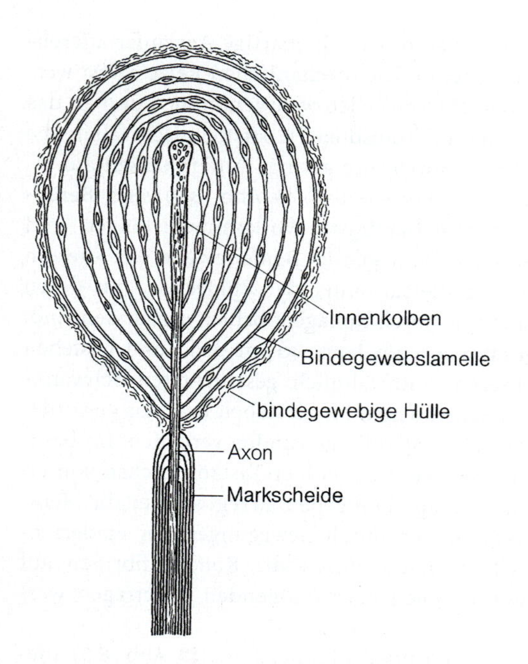

Abb. 8.5. Vater-Pacini-Körperchen e H4, 96

einen zentralen Innenkolbenumgeben. Die Innenkolben entsprechen den Nervenendigungen (Rezeptorterminal), die dicht von Schwann- und Perineuralzellen umwickelt sind. Die Vater-Pacini-Körperchen liegen **in der Subkutis** hauptsächlich des Handtellers und der Fußsohle, kommen aber auch außerhalb der Haut an zahlreichen Stellen vor (Faszien, Periost, Sehnen, Blutgefäßen, Mesenterien, Pankreas).

Ruffini-Körperchen liegen **im Stratum reticulare der Dermis** unbehaarter Haut sowie an Haaren. Ruffini-Körperchen sind etwa 0,5–2 mm lang und flach. Sie haben eine perineurale Kapsel und beinhalten Kollagenfaserbündel. Zwischen den Kollagenfasern liegen büschelartige Aufzweigungen von Nervenfasern mit ihren Schwann-Zellen. Die Faserenden sind kolbenförmig aufgetrieben und unbedeckt. Sie nehmen Signale aus den perineuralen Rezeptorzellen auf. Die Ruffini-Körperchen gelten als langsam adaptierende Dehnungsrezeptoren.

Die efferenten Nervenfasern der Haut gehören zum vegetativen Nervensystem. Sie treten an die Wand von Blutgefäßen, an Drüsen und an die Mm. arrectores pilorum (► unten) mit für das vegetative Nervensystem charakteristischen freien Nervenendungen heran. Die efferenten Fasern für Schweißdrüsen sind cholinerg, die für die Gefäße und Haarmuskeln überwiegend adrenerg. Die efferenten Fasern bewirken u. a. das Erröten, Erblassen, Haarsträuben, den Angstschweiß und stehen damit im Dienst vitaler Funktionen (z. B. Wärmeregulation) und der zwischenmenschlichen Kommunikation.

In Kürze

Freie Nervenendigungen, meist C- oder Aδ-Fasern, liegen vor allem im Stratum papillare, aber auch intraepithelial. An Rezeptororgane gebundene Nervenendigungen finden sich an Merkel-Zellen (im Stratum basale der Epidermis), in Meißner-Tastkörperchen (im Stratum papillare der Dermis), im Innenkolben von Vater-Pacini-Lamellenkörperchen, in Ruffini-Körperchen (im Stratum reticulare der Dermis) zwischen Kollagen faserbündeln. – Autonome efferente Nervenfasern erreichen Hautmuskeln, Drüsen und Gefäße der Haut.

8.6 Drüsen der Haut e H84, 96

Kernaussagen

- **Die Haut besitzt Schweiß-, Duft- und Talgdrüsen.**
- **Die Sekrete der Hautdrüsen bilden an der Hautoberfläche einen Schutzmantel.**

Die Drüsen der Haut sind Abkömmlinge der Epidermis. Jede von ihnen bildet ein spezifisches Sekret.

Hautdrüsen sind (Abb. 8.6):
- **Gll. sudoriferae eccrinae** (*Schweißdrüsen*)
- **Gll. sudoriferae apocrinae** (*Duftdrüsen*)
- **Gll. sebaceae** (*Talgdrüsen*)
- **Gll. mammariae** (*Brustdrüsen*, ► S. 256)

Gll. sudoriferae eccrinae (*Schweißdrüsen*) (Abb. 8.6) e H96. Ihre Gesamtzahl beträgt etwa 2–4 Mio. Sie kommen in unterschiedlicher Dichte in allen Hautbezirken vor, vermehrt in der Haut der Stirn, des Handtellers und der Fußsohle (600/cm). Schweißdrüsen fehlen im Lippenrot und im inneren Blatt des Preputium penis.

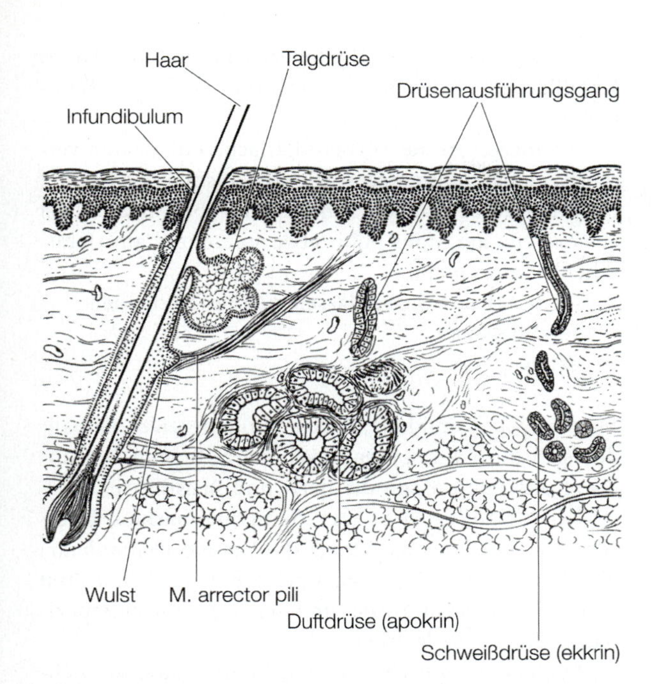

Abb. 8.6. Haut mit Hautanhangsorganen: Haare, Talgdrüsen, Schweißdrüsen, Duftdrüsen H96–98

Mikroskopische Anatomie. Schweißdrüsen sind unverzweigte tubulöse Drüsen, die bis an die Grenze von Dermis und Subkutis reichen und deren Enden zu einem etwa 0,4 mm großen Knäuel aufgewickelt sind (»Knäueldrüse«, Abb. 8.6). Ihr Lumen ist eng, die Epithelien sind im Knäuel einschichtig isoprismatisch. Zwischen Basallamina und Drüsenzellen liegen Myoepithelzellen.

In den **Endstücken** kommen zwei Arten von Zellen vor:

- **dunkle Zellen** (ekkriner Sekretionsmodus)
- **helle Zellen** (vor allem für den Ionen- und Wassertransport; ihre Zellmembran ist stark gefaltet)

Die **Wand der Ausführungsgänge** besteht aus einem zweischichtigen isoprismatischen Epithel mit intensiv färbbaren Zellen, die im Dienst der Natriumrückresorption stehen. Die an das sehr enge Lumen grenzenden Zellen sind an ihrer Oberfläche mit einer Kutikula versehen. Die Endstrecke des Ausführungsganges in der Epidermis ist korkenzieherartig geschlängelt und ohne eigene Wandzellen.

Die **Innervation** der Schweißdrüsen ist cholinerg, obgleich sie durch postganglionäre sympathische Nervenfasern erfolgt.

Zur Information

In den Endstücken wird der Primärschweiß als Ultrafiltrat des Blutes gebildet. Er ist daher gegenüber dem Plasma isoton. Nach Passage durch den Ausführungsgang wird der Schweiß dann jedoch hypoton und sauer (pH 4,5). Er enthält gelöste Substanzen mit einem Kochsalzgehalt von etwa 0,4%. Auf der Oberfläche des Körpers bildet Schweiß einen bakteriziden »Säureschutzmantel« und dient durch Verdunstung der Wärmeregulation. Unter Extrembedingungen können bis zu 10 Liter Schweiß pro Tag abgesondert werden.

Gll. sudoriferae apocrinae (*Duftdrüsen*) (Abb. 8.6 H96) treten nur an wenigen Stellen, meist zusammen mit Haaren auf (Achselhöhle, Genitalbereich, perianale Haut = *Gll. circumanales*). Ihre alveolären Endstücke liegen in der Subkutis.

Die Sekretion der Duftdrüsen setzt mit der Pubertät ein. Sie kann bei der Frau zyklusabhängigen Schwankungen unterliegen. – Zum Typ der Duftdrüsen zählen auch *Gll. mammariae* und *Gll. areolares* des Warzenhofs (► S. 256). Sonderformen der Duftdrüsen sind die *Gll. ceruminosae* im äußeren Gehörgang (► S. 705) und die *Gll. ciliares* (Moll-Drüsen) im Augenlid (► S. 697) H99.

Mikroskopische Anatomie. Die Duftdrüsen sind verzweigt. Ihre Endstücke sind weitlumig und haben ein einschichtiges Epithel unterschiedlicher Höhe. Häufig finden sich an der luminalen Zelloberfläche kuppenförmige Vorstülpungen. Die Sekretabgabe erfolgt jedoch durch Exozytose. Der Ausführungsgang mündet in einen Haartrichter. Die Innervation der Duftdrüsen ist adrenerg.

Das Sekret der Duftdrüsen ist leicht alkalisch. Dadurch fehlt im Absonderungsgebiet der Duftdrüsen der Säureschutzmantel und es kann leicht zu Infektionen mit Abszessen kommen.

Zur Information

Die Sekretion beider Typen der Gll. sudoriferae wird zentralnervös gesteuert. Dadurch kann es sofort nach Flüssigkeitsaufnahme oder bei Erregungen zum Schwitzen und auch zur Duftdrüsensekretion kommen.

Gll. sebaceae (*Talgdrüsen*) (Abb. 8.6 H96) sind in der Regel an Haarbälge gebunden (**Gll. sebaceae pilorum**). Ausnahmen sind **Gll. sebaceae liberae** im Lippenrot, im Augenlid (Gll. tarsales ► S. 706), an der Brustwarze, in den Labia minora und am Anus.

Das Sekret der Talgdrüsen (**Sebum**, *Haartalg*) macht Haut und Haare geschmeidig. Dadurch trägt es zum Glanz der Haare bei. Talg ist aber auch am Säureschutzmantel der Haut beteiligt, da durch bakterielle Spaltung von Triglyzeriden des Haartalgs Fettsäuren entstehen. Die Talgproduktion wird durch Wärme gesteigert; »raue Haut« kommt im Sommer selten vor.

Mikroskopische Anatomie. Die Talgdrüsen sind beeren- oder knollenförmige mehrlappige Einzeldrüsen (100–1000/cm²) sehr unterschiedlicher Größe. Sie bestehen aus vielschichtigem Epithel. Es wird laufend durch neue Zellen (**Sebozyten**) von der Peripherie der Drüsenbeere aus ersetzt. Dabei wirken Androgene stimulierend. Die neu gebildeten Zellen gelangen zum Drüsenzentrum und wandeln sich hier und zum Haarschaft hin in Talg um: **holokrine Sekretion** (▶ S. 29). Der Talg wird dann in den Haartrichter abgeschoben (▶ unten).

Klinischer Hinweis

Durch Retension von Talg entstehen sog. »Mitesser« (*Comedones*). Vermehrte Talgproduktion führt zur *Seborrhö*. Wird ein veränderter Talg produziert, die Talgabgabe behindert und kommt es gleichzeitig zu bakterieller Besiedlung sowie Entzündung in der Umgebung, entsteht eine *Akne*.

In Kürze

Schweißdrüsen kommen nahezu ubiquitär vor. Ihre englumigen, aufgeknäuelten Endstücke liegen an der Grenze von Dermis und Subkutis. An der Bildung von Primärschweiß sind helle und dunkle Zellen beteiligt. Durch Rückresorption im Ausführungsgang entsteht der hypotone saure Sekundärschweiß. – Duftdrüsen treten nur lokalisiert auf. Ihre Endstücke sind weitlumig. Ihre Sekretion erfolgt durch Exozytose. – Talgdrüsen sind überwiegend an Haare gebunden. Ihre Sekretion ist holokrin.

8.7 Pili e H97, 98

Kernaussagen

- **Haare (Pili) kommen in der Haut nahezu ubiquitär vor.**
- **Der Haarschaft ist verhornt.**
- **Im Bereich der Haarwurzel ist der Haarschaft nur zum Teil verhornt. Auf ganzer Länge ist er von einer epithelialen Wurzelscheide umgeben.**

Nur wenige Bezirke der Hautoberfläche sind unbehaart: Handflächen, Fußsohlen, Lippenrot, Teile der Genitalien.

Ansonsten ist die Körperoberfläche mit Haaren versehen, jedoch in unterschiedlichem Ausmaß. So beträgt z. B. der Haarbestand am Scheitel etwa 300/cm, am Kinn etwa 45/cm, am Mons pubis etwa 30/cm und am Unterschenkel etwa 9/cm.

Nach Art des Haares lassen sich unterscheiden
- **Terminalhaare**
- **Vellus**

Terminalhaare sind lang, dick und pigmentiert. Es handelt sich um die Kopfhaare, Wimpern, Brauen, Schamhaare und beim Mann die Bart- und Brusthaare.

Vellus (*Wollhaar*) ist kurz, dünn und marklos. Es ersetzt ab 6. postnatalen Monat die **Lanugo** (*Flaumhaar*) die ab 4. Entwicklungsmonat gebildet wird. Vellus lässt regionale, dispositionelle und auch geschlechtsspezifische Unterschiede erkennen.

Regionenspezifisch kommen **Kräuselhaare** als Achselhaare (*Hirci*) und Schamhaare (*Pubes*) sowie **Borstenhaare** als Wimpern (*Cilia*), Haare der Augenbrauen (*Supercilia*), Nasenhaare (*Vibrissae*) und Haare des äußeren Gehörgangs (*Tragi*) vor.

Geschlechtsspezifisch ist der horizontale Abschluss der Schambehaarung bei der Frau, ihr rautenförmiger Aufstieg zum Nabel beim Mann. Hinzu kommen beim Mann eine Behaarung an der Innenfläche der Oberschenkel und eine starke Behaarung an der Brust.

Anordnung der Haare. Die Haare sind regelmäßig in Linien und Dreiergruppen angeordnet. Sie stecken schräg in der Hautoberfläche. Haarstrich und Haarwirbel entstehen dadurch, dass Gruppen von Haaren eine gleichartige Schrägstellung haben, die sich von der der Umgebung unterscheidet.

Aufbau der Haare (▣ Abb. 8.6):
- **ein Abschnitt, der über die Epidermis hinausragt**
- **ein Abschnitt in der Haut**

Die Grenze zwischen beiden Abschnitten entspricht dem Boden einer trichterförmigen Einsenkung der Epidermis am Ort des Haarvorkommens (**Infundibulum**). Die Gesamtheit der Oberflächeneinsenkung mit der Befestigung des Haares wird als **Haarfollikel** bezeichnet.

Im Bodenbereich des Infundibulums münden Ausführungsgänge von Talgdrüsen und darüber gelegen eventuell von Schweißdrüsen. Unmittelbar unter dem Infundibulum setzt der glatte **M. arrector pili** an, der das Haar aufrichten kann (**Haarsträuben**, z. B. bei Emotionen). Auch können die Mm.arrectores pilorum die Haut dort einziehen, wo sie am Stratum papillare ansetzen (»Gänsehaut« bei Kälte).

Gemeinsam ist beiden Abschnitten des Haares der

- **Haarschaft.**

Der Haarschaft ist der vollständig verhornte Teil des Haares. Bei langen Haaren hat er eine zentrale fadenförmige **Medulla** (*Mark*) mit Hohlräumen. Im Wesentlichen besteht der Haarschaft jedoch aus einem **Cortex** (*Rinde*), der aus langen verhornten Zellen mit dicht gepackten Keratinfilamenten aufgebaut ist.

In der Haut folgt dem vollständig verhornten Teil des Haarschafts eine

- **keratogene Zone**, die sich bis in die
- **Haarwurzel** mit dem **Haarbulbus** fortsetzt.

Umgeben wird der Haarschaft innerhalb der Haut (◘ Abb. 8.7) von:

- **Cuticula**
- **innerer epithelialer Wurzelscheide**
- **äußerer epithelialer Wurzelscheide**
- **bindegewebiger Wurzelscheide**

Haarschaft, Kutikula und epitheliale Wurzelscheide sind aus den Zellen des Haarbulbus (Haarzwiebel) hervorgegangen.

Der Haarbulbus (*Bulbus pili*) ist glockenförmig und umfasst die bindegewebige **Haarpapille.** Vom Bulbus geht das Haarwachstum aus. Induziert wird es von den Fibroblasten der Haarpapille.

Klinischer Hinweis
Eine Zerstörung des Haarbulbus, z. B. durch Elektrokoagulation, verhindert jede Neubildung von Haaren.

Im Einzelnen
Der Haarbulbus besteht aus **Matrixzellen**, die aus Stammzellen hervorgegangen sind. Die Matrixzellen ihrerseits entwickeln sich zu undifferenzierten und kaum geordneten Keratinozyten, die nach oben geschoben werden, sich ordnen und zu den Zellen aller Haaranteile werden.

Zwischen den Matrixzellen des Haarbulbus liegen **Melanozyten**, die ihre Melanosomen an die umgebenen Keratinozyten abgeben und die Haarfarbe hervorrufen. Grauen Haaren fehlt das Pigment, weil die Melaninproduktion erloschen ist oder

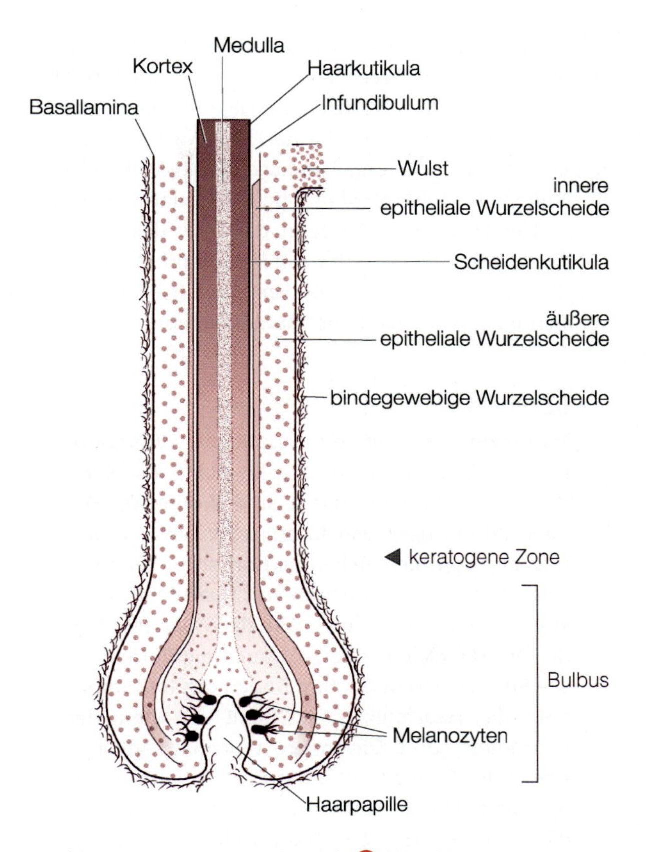

◘ **Abb. 8.7.** Haar im Wurzelbereich e H97, 98

die Melanozyten zugrundegegangen sind. Meistens besteht eine Erbanlage hierfür. Ergrauen dicker Haare kann auch durch Einlagerung von Luftbläschen ins Haarmark zustandekommen.

Die Kutikula ist eine Schicht dachziegelförmig angeordneter Hornzellen. Sie verzahnen sich mit gegen sie gerichteten Hornzellen der inneren epithelialen Wurzelscheide. Dadurch ist die Kutikula für die Befestigung des Haares im Haarfollikel verantwortlich.

Die innere epitheliale Wurzelscheide ist zweischichtig (Huxley-Schicht, Henle-Schicht). Sie reicht bis zur Einmündung der Talgdrüse. Dort werden ihre Zellen abgestoßen.

Die äußere epitheliale Wurzelscheide setzt sich nach oben hin kontinuierlich in die Epidermis fort. In der äußeren epithelialen Wurzelscheide befindet sich ein **Wulst**, an dem der zugehörige M.arrector pili ansetzt. Der Wulst enthält Stammzellen, die während des Haarwechsels die Matrixzellen liefern.

Die bindegewebige Wurzelscheide wird als *Haarbalg* bezeichnet. Sie ist durch eine dicke Basalmembran von der epithelialen Wurzelscheide getrennt. Haarbalg und Haarpapille sind gefäß- und nervenreich. Sie tragen zur Versorgung des Haares bei.

Haarwechsel. Haare haben eine begrenzte Lebensdauer (Kopfhaare 2–6 Jahre, Wimpern 3–6 Monate). Den größten Teil der Zeit wachsen die Haare (*Anagenphase*), durchschnittlich 1 cm pro Monat. Der Wachstumsphase folgen eine kurze Übergangsphase (*Katagenphase*) und die Ruhepause (*Telogenphase*, bei Kopfhaaren 2–4 Monate). Der Haarwechsel erfolgt dadurch, dass ein neu gebildetes Haar das von der ernährenden bindegewebigen Papille abgelöste alte »*Kolbenhaar*« (wegen des besenförmigen Wurzelkolbens) herausschiebt.

In Kürze

Terminalhaare sind die Kopfhaare, Wimpern, Brauen, Schamhaare und beim Mann die Barthaare. Alle übrigen Haare sind Wollhaare. Die Haarbildung geht von Matrixzellen im Haarbulbus aus. Von hier rücken verhornende Keratinozyten in alle Haarschichten vor: Haarschaft, Kutikula, innere und äußere epitheliale Wurzelscheide. Der Haarschaft überragt auch die Epidermis. Die Kutikula reicht bis zum Boden des Infundibulums des Haarfollikels. Sie dient vor allem der Haarbefestigung. Die innere Wurzelscheide löst sich in der Tiefe des Infundibulums auf. Die äußere Wurzelscheide setzt sich dagegen nahtlos in die Epidermis fort. Die Stammzellen für die Matrixzellen des Haarbulbus befinden sich im Wulst, der zur äußeren epithelialen Wurzelscheide gehört. Dort setzt auch der M. arrector pili an. Die Versorgung des Haares erfolgt von der bindegewebigen Wurzelscheide aus. In das Infundibulum münden die Talgdrüsen. Der Haarwechsel erfolgt in mehreren Stufen sehr unterschiedlicher Dauer.

8.8 Ungues

Kernaussagen

- **Fuß- und Zehennägel (Ungues) gehen aus einer keratogenen Matrixzone des Nagelbettes hervor.**
- **Die Nagelplatte ist eine dicke Hornplatte aus dachziegelartig verklebten Hornschuppen.**

Die Nägel sind Schutzeinrichtungen für die Endglieder der Finger und Zehen. Sie bilden gleichzeitig ein Widerlager für den Druck auf den Tastballen des Nagelglieds. Geht ein Nagel verloren, ist die Tastempfindung in dem betroffenen Endglied eingeschränkt.

Nagelplatte. Es handelt sich um eine etwa 0,5 mm dicke Hornplatte der Epidermis, die mit dem Nagelbett verbacken ist. Der Nagel wird aus polygonalen, dachziegelartig verklebten Hornschuppen (Keratozyten) aufgebaut. Die Festigkeit des Nagels geht auf Zytokeratine zurück, die wie im Stratum corneum die Hornschuppen versteifen.

Nagelwall. Der Nagel wird seitlich und hinten vom Nagelwall, einer Hautfalte, umrahmt. Im Bereich der Nagelwurzel bildet der Nagelwall die etwa 0,5 cm tiefe **Nageltasche.** Vom vorderen Rand der Nageltasche wächst ein epitheliales Häutchen, das **Eponychium,** auf die Oberfläche des Nagels. Es kann ohne Schaden bei der Nagelkosmetik entfernt werden.

Nagelbett (*Lectulus*) ist der Hautbereich unter der Nagelplatte. Dort hat die Dermis (**Hyponychium**) längs gestellte Leisten. Die Blutkapillaren dieser Leisten schimmern durch die Nagelplatte hindurch und verursachen die natürliche Nagelfarbe. Das Epithel besteht nur aus Stratum basale und Stratum spinosum. Jedoch befindet sich proximal, z.T. vom Nagelwall bedeckt, eine keratogene Zone (**Nagelmatrix**). Sie schimmert halbmondförmig, hell durch den Nagel hindurch (**Lunula**). Sie ist nach vorne konvex begrenzt. Ist die Nagelmatrix zerstört, kann kein Nagel mehr gebildet werden.

Wachstum. Die Fingernägel wachsen in der Größenordnung von 1,5 mm pro Woche, sodass in etwa 3 Monaten ein Fingernagel ersetzt ist. Zehennägel wachsen wesentlich langsamer.

 **In Kürze**

Die Nagelplatte besteht aus dachziegelartig verklebten Hornschuppen. Sie werden in einer keratogenen, hell durchschimmernden Matrixzone des Nagelbettes (Lunula) gebildet. Die Nagelplatte ist mit der darunter gelegenen Epidermis verbunden. Die Dermis bildet hier längs gestellte, stark kapillarisierte Leisten (Nagelfarbe).

Rücken

9.1 Wirbelsäule, allgemein – 228

9.1.1 Osteologie der Wirbel – 228

9.1.2 Wirbelgruppen – 229

9.1.3 Entwicklung der Wirbelsäule und der Rückenmuskulatur, Entwicklungsstörungen – 229

9.1.4 Verbund der Wirbelsäule – 232

9.2 Wirbelsäule, speziell – 236

9.2.1 Halswirbelsäule – 236

9.2.2 Brustwirbelsäule – 238

9.2.3 Lendenwirbelsäule – 238

9.2.4 Kreuzbein – 240

9.2.5 Steißbein – 241

9.2.6 Eigenform und Beweglichkeit der Wirbelsäule – 241

9.3 Rückenmuskeln – 242

9.3.1 Oberflächliche Rückenmuskeln – 242

9.3.2 Tiefe Rückenmuskeln – 243

9.3.3 Nackenmuskeln – 249

9.4 Faszien des Rückens – 249

9.5 Topographie und angewandte Anatomie des Rückens – 250

9 Rücken

Kernaussagen

- **Das Skelett des Rückens (Dorsum) besteht aus der Wirbelsäule mit 33 Wirbeln, den proximalen Anteilen der Rippen und dem oberen Beckenbereich. Es stützt zusammen mit der Rückenmuskulatur den Stamm.**
- **Im Wirbelkanal liegt das Rückenmark.**
- **Zwischen den Wirbelkörpern befinden sich Bandscheiben (Disci intervertebrales).**
- **Wirbel sind durch Zwischenwirbelgelenke beweglich miteinander verbunden. Jeweils zwei Wirbel bilden ein Bewegungssegment.**
- **Die Wirbelsäule weist nach ventral und dorsal gerichtete Krümmungen auf: Lordosen, Kyphosen.**
- **Die Rückenmuskulatur trägt zur Stabilisierung des Rückens bei und ermöglicht Bewegungen: Beugung, Streckung, Seitwärtsbewegungen, Rotationen.**
- **Die oberflächliche Rückenmuskulatur steht mit der oberen Extremität und dem Rücken in Verbindung.**
- **Die tiefe Rückenmuskulatur wird durch die Fascia thoracolumbalis zusammengehalten.**

Der Bau des menschlichen Rückens steht in engem Zusammenhang mit dem aufrechten Gang. Er gewährleistet gleichzeitig **Stabilität** und **Beweglichkeit.** Erreicht wird dies durch Zusammenarbeit der beiden wesentlichen Bauelemente des Rückens:

- der Wirbelsäule (**Columna vertebralis**) ergänzt durch die *proximalen Anteile der Rippen* und den *oberen Bereich des Beckens*
- der Rückenmuskulatur (**Mm. dorsi**)

9.1 Wirbelsäule, allgemein

e Ostelogie: Wirbelsäule

Wichtig

Die Wirbelsäule besteht in der Regel aus 33 Wirbeln, die durch zahlreiche Gelenke und Bänder miteinander verbunden sind und Wirbelgruppen bilden. Zwischen den Wirbeln befinden sich Foramina intervertebralia. Die Länge der Wirbelsäule beträgt etwa zwei Drittel der Körperlänge.

9.1.1 Osteologie der Wirbel

e Osteologie: Wirbelbauplan

Zu jedem Wirbel gehören (Abb. 9.1)

- **Corpus vertebrae** (*Wirbelkörper*) (Ausnahme: 1. Halswirbel)
- **Arcus vertebrae** (*Wirbelbogen*), der das **Foramen vertebrale** umschließt

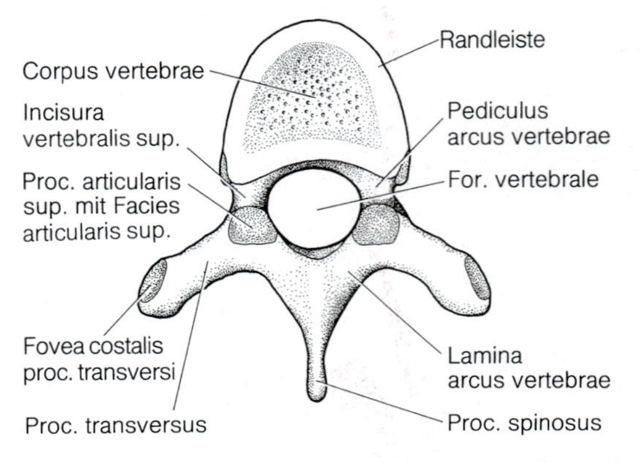

Abb. 9.1. Brustwirbel in der Ansicht von oben e Osteologie: einzelne Wirbel

- **Processus vertebrae** (*Wirbelfortsätze*)
- nach hinten **Processus spinosus** (*Dornfortsatz*)
- zur Seite **Processus transversi** (*Querfortsätze*)
- nach oben **Processus articulares superiores** (*obere Gelenkfortsätze*)
- nach unten **Processus articulares inferiores** (*untere Gelenkfortsätze*)

Jeder Wirbelkörper hat eine sehr dünne obere und untere *Deck- bzw. Grundplatte* mit verdickten *Randleisten*, die Epiphysen entsprechen (*Epiphysis anularis*).

Klinischer Hinweis
Altersbedingt kann es an den Deckplatten zu Sklerosierungen kommen (*Osteochondrose*) bei gleichzeitiger Bandscheibenverschmälerung und Verdickung der Randleisten.

Die Spongiosabälkchen der Wirbelkörper haben einen charakteristischen senkrechten und horizontalen Verlauf, der dem Belastungsdruck entspricht (Abb. 5.2).

Klinischer Hinweis
Ist der Bestand der Spongiosa vermindert und ihre Anordnung gestört, wie bei der *Osteoporose*, können die Wirbelkörper einbrechen und es kann zur »Buckelbildung« kommen, besonders im Bereich der unteren Brustwirbelsäule.

Die **Gelenkfortsätze** benachbarter Wirbel bilden mit ihren Facies articulares jeweils die Zwischenwirbelgelenke, sog. »kleine« Wirbelgelenke (► S. 233).

Klinischer Hinweis
Durch mechanische Überlastungen im Entwicklungsalter (Leistungssport) können in Gelenkfortsätzen der unteren Lendenwirbelsäule Spalten auftreten (*Spondylolyse*), in deren Folge es zu einem Gleiten der Wirbelkörper (*Spondylolisthesis*) mit Nervenkompressionen kommen kann.

Die **Foramina vertebralia** der Wirbelsäule fügen sich zum Wirbelkanal (**Canalis vertebralis**) zusammen, der das Rückenmark mit seinen Hüllen, die Wurzeln der Spinalnerven und Blutgefäße, eingebettet in Fettgewebe, enthält. Der Canalis vertebralis ist unterschiedlich weit. Die Spinalnerven verlassen den Wirbelkanal durch die **Foramina intervertebralia.**

Am deutlichsten ist dieser allgemeine Aufbau der Wirbel an den mittleren Brustwirbeln zu erkennen (Abb. 9.1, 9.2d, dort weitere osteologische Einzelheiten).

9.1.2 Wirbelgruppen

e Osteologie: einzelne Wirbel

Wichtig

Wirbel haben eine gemeinsame Grundstruktur, unterscheiden sich aber in ihrer Form und bilden Wirbelgruppen.

Das allgemeine Bauprinzip der Wirbel ist bei den einzelnen Wirbeln bzw. Wirbelgruppen unterschiedlich umgesetzt. Dies steht mit den jeweiligen Aufgabenstellungen im Zusammenhang. So werden nach unten hin die Wirbel fortlaufend massiver, da die zu tragende Last größer wird. Durch ihre unterschiedliche Gestaltung kann letztlich jeder einzelne Wirbel identifiziert und einer Wirbelgruppe zugeordnet werden (Abb. 9.2).

Es lassen sich fünf Wirbelgruppen unterscheiden:

- **7 Halswirbel** (*Vertebrae cervicales*) (C1–C7) = **Halswirbelsäule (HWS)**
- **12 Brustwirbel** (*Vertebrae thoracicae*) (Th1–Th12) = **Brustwirbelsäule (BWS)**
- **5 Lendenwirbel** (*Vertebrae lumbales*) (L1–L5) = **Lendenwirbelsäule (LWS)**
- **5 Kreuzbeinwirbel** (*Vertebrae sacrales*), die miteinander verschmolzen sind zum **Kreuzbein (KB, Os sacrum)**
- **4 rudimentäre Steißwirbel** (*Vertebrae coccygeae*) = **Steißbein (Os coccygis)**

Die Zahl von 24 präsakralen Wirbeln ist relativ konstant, die Gesamtzahl unterliegt jedoch Schwankungen (vgl. hierzu Lumbalisation, Sakralisation usw. ► unten).

9.1.3 Entwicklung der Wirbelsäule und der Rückenmuskulatur, Entwickungsstörungen

Wichtig

Die Wirbel entwickeln sich aus jeweils einer unteren und einer oberen Hälfte benachbarter Mesenchymsegmente. Die Zwischenwirbelscheibe geht jeweils aus der oberen Hälfte der Wirbelanlage hervor. Die autochthone (tiefe) Rückenmuskulatur behält ihre ursprüngliche segmentale Anordnung.

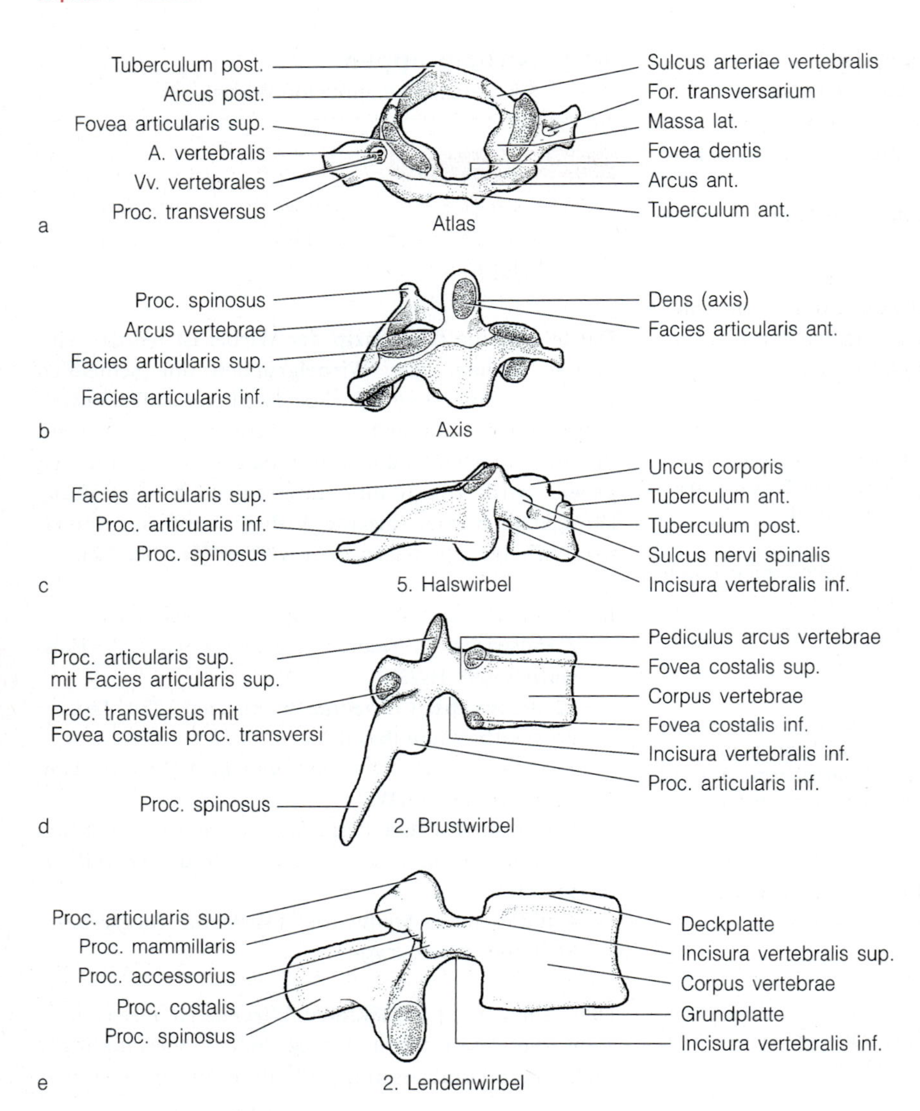

Abb. 9.2 a–e. Wirbelformen. **a** Atlas von oben; **b** Axis von schräg vorne; **c** 5. Halswirbel von der rechten Seite; **d** 2. Brustwirbel von der rechten Seite; **e** 2. Lendenwirbel von der rechten Seite
Osteologie: einzelne Wirbel, Atlas und Axis

Die Wirbelsäule entwickelt sich aus einer Mesenchymscheide um die **Chorda dorsalis.**

Wirbel, Zwischenwirbelscheiben. Etwa in der 4. Embryonalwoche entsteht um die Chorda dorsalis (► S. 110) durch Auswandern von Mesenchymzellen aus den Sklerotomen (mediale Somitenabschnitte ► S. 115), eine Mesenchymscheide, die, wenn auch nicht deutlich erkennbar, segmental (metamer ► S. 115) in Somiten gegliedert ist. Sehr bald lässt jedes Mesenchymsegment einen kranialen Abschnitt mit locker angeordneten und einen kaudalen Abschnitt mit dicht zusammenliegenden Zellen unterscheiden. Zwischen den Segmenten liegen Intersegmentalarterien (Abb. 9.3 a).

Während der weiteren Entwicklung verbindet sich jeweils ein kaudaler (dichterer) Segmentabschnitt mit einem lockerer gebauten kranialen Abschnitt des folgenden Segmentes; beide Abschnitte gemeinsam liefern das Ausgangsmaterial für den jeweiligen **Wirbelkörper.** Durch diese Umlagerung wird bei den Wirbeln die ursprüngliche Metamerie der Sklerotome um eine Segmenthälfte verschoben (Abb. 9.3 a, b, 9.4 a, b). Das Material für die spätere **Zwischenwirbelscheibe** (► S. 232)

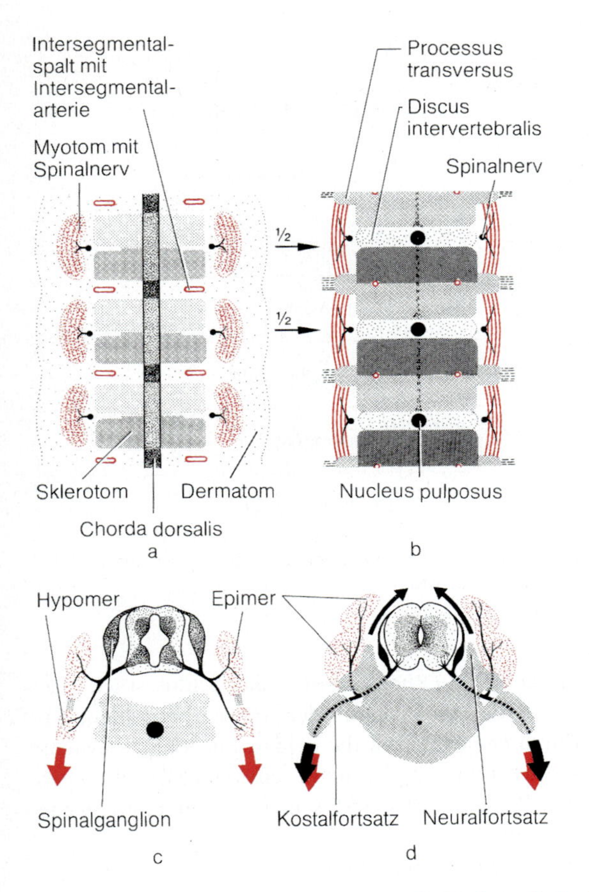

Abb. 9.3 a–d. Frühentwicklung der Wirbelsäule und der Rückenmuskulatur. **a** Um die Chorda dorsalis ist die Mesenchymscheide segmental gegliedert (Metamerie der Myotome). **b** Nach Verschiebung der Segmentabschnitte der Wirbelsäulenanlage überbrücken die Muskeln das Gebiet der Anlage des Discus intervertebralis; sie setzen an aufeinander folgenden Wirbeln an. Jeder Wirbel ist um eine Segmenthälfte gegenüber der Muskulatur verschoben. **c, d** Querschnitte durch Teile der Rückenanlage. Die Myotome sind in Epimer und Hypomer gegliedert. Die *Pfeile* in **c, d** deuten die Wachstumsrichtung der Anlage der Wirbelfortsätze bzw. der ventralen Myotomabschnitte und der Rami anteriores der Spinalnerven an

geht aus dem dichteren, jetzt oberen Segmentabschnitt hervor (Abb. 9.4 a, b).

Im Bereich des jeweiligen neuen Grenzgebietes zwischen den Wirbelanlagen entsteht auch ein **Foramen intervertebrale** (▶ oben), durch das die Spinalnerven (▶ S. 201) die ihnen zugeordnete Muskelanlage erreichen (Abb. 9.3).

Die **Wirbelbögen** gehen aus dorsal gerichteten Neuralfortsätzen der Wirbelanlage hervor (Abb. 9.3 d). Noch im blastomatösen Stadium vereinen sich die Neuralfortsätze beider Seiten und umschließen die Anlagen des Rückenmarks.

Schließlich wächst die laterale, myotomnahe, nach ventral gerichtete »Ecke« der Wirbelanlage zum **Rippenfortsatz** aus (Abb. 9.3 d).

Alle Anteile der Wirbelsäule sind bis zur 2. Hälfte des 3. Entwicklungsmonats (SSL 5 cm) angelegt. Sie bestehen aus hyalinem Knorpel.

Rückenmuskulatur. Im Gegensatz zu den Wirbeln ändert sich die segmentale Anordnung der Rückenmuskulatur, die aus den lateralen Anteilen der Somiten, den Myotomen, hervorgeht (▶ S. 115) während der Entwicklung nicht. Dadurch setzt jeder Segmentmuskel an Querfortsätzen von zwei aufeinander folgenden Wirbeln an (Abb. 9.3 b). Dies schafft die Voraussetzungen für die Bewegungen der Wirbelsäule.

Besonderheiten. Das aus den obersten vier Somiten hervorgegangene Sklerotommaterial wird nicht in die Wirbelsäule einbezogen. Dieses wird vielmehr bei der *Anlage der Pars basilaris ossis occipitalis* verwendet (▶ S. 592). Ferner wird Sklerotommaterial für den 1. Halswirbel (Atlas) an den 2. Halswirbel (Axis) zur Bildung des *Dens axis* (▶ S. 236) abgegeben.

Die *Chorda dorsalis* wird im Bereich der Bandscheiben bis auf Reste abgebaut. Dort dienen diese als Platzhalter für das gallertige Bindegewebe der *Nuclei pulposi* (▶ unten). Auch das *Lig. apicis dentis* (▶ S. 238) kann als Rest der Chorda aufgefasst werden.

Verknorpelung und Verknöcherung der Wirbelsäule (Tabelle 9.1). Sie erfolgen in kraniokaudaler Richtung. Dabei entwickeln sich im 3. Monat in jeder Wirbelanlage drei **Ossifikationszentren:** ein unpaares enchondrales im Wirbelkörper und ein paariges perichondrales am Wirbelbogen. Jedoch bleiben auch noch lange nach der Geburt – etwa bis zum 20. Lebensjahr – an der oberen und unteren Oberfläche der Wirbelkörper knorpelige Deckplatten als Wachstumszonen erhalten.

Noch länger zieht sich der Abschluss der Verknöcherung hin. Zwar ist der knöcherne Schluss des Wirbelbogens schon nach dem 1. Lebensjahr erreicht, die knöchernen **Randleisten** (▶ S. 229) an der Ober- und Unterseite der Wirbelkörper treten aber erst um das 10. Lebensjahr auf. Zu gleicher Zeit bilden sich auch an den Spitzen der Querfortsätze und des Dornfortsatzes sekundäre Ossifikationszentren. Erst um das 25. Lebensjahr entsteht ein einheitlicher Knochen.

Tabelle 9.1. Ossifikationstermine des Rumpfskeletts

	Beginn der Ossifikation	Abschluss der Ossifikation
Wirbelkörper	3. Fetalmonat	16.–25. Lebensjahr
Randleisten	ab 12. Lebensjahr	
Arcus	3. Fetalmonat	1. Lebensjahr
Os sacrum	ab 4. Fetalmonat	20.–25. Lebensjahr
Rippen	Ende 2. Fetalmonat	4. Fetalmonat*
Sternum	ab 4. Fetalmonat	20.–25. Lebensjahr

* Zu diesem Zeitpunkt stoppt die Ossifikation. Die sternumnahen knorpeligen Abschnitte bleiben als spätere Cartilago costalis erhalten. Es folgen aber die üblichen Vorgänge für das Längen- und Dickenwachstum

Das **Os sacrum** entsteht durch Verschmelzung von fünf Wirbelanlagen mit allen Anteilen. Die Knochenkerne (jeweils drei) treten in den fünf Wirbelkörperanteilen im 4., in den Rippenanlagen (später Partes laterales) im 5.–7. Entwicklungsmonat auf. Die Verschmelzung der verschiedenen Verknöcherungszentren zu einem gemeinsamen Knochen erfolgt im 4.–5. Lebensjahr. Die *Lineae transversae* werden erst ab dem 20. Lebensjahr ossifiziert.

Entwicklungsstörungen. Sie können zu Variabilitäten der Wirbelsäule und Spaltbildungen führen:
- **Bildung eines 6. Lendenwirbels**, als Beispiel für eine Vermehrung der Wirbelzahl
- **Atlasassimilation** als Fortsetzung der Verschmelzung des Sklerotommaterials der vier oberen Somiten (► oben); Atlas und Os occipitale sind mehr oder weniger verwachsen
- **Sakralisation:** der 5. Lendenwirbel wird ins Kreuzbein aufgenommen
- **Lumbosakraler Übergangswirbel:** einseitige Verschmelzung des 5. Lendenwirbels mit dem Kreuzbein; diese Asymmetrie kann eine *Skoliose* (► S. 242) bedingen
- **Lumbalisation:** der oberste Sakralwirbel ist in die Lendenwirbelsäule eingegliedert
- **Spaltbildungen:** Wirbelbogenspalten entstehen durch mangelhaften Verschluss der Neuralfortsätze
- **Spina bifida** (*Rhachischisis*): das Schlussstück (Lamina) des Os sacrum oder der Wirbel fehlen; dadurch verschmelzen die beiden Bogenhälften nicht; diese Fehlbildung kann mit schweren Missbildungen des Rückenmarks und seiner Hüllen einhergehen (Abb. 728)
- **Blockwirbelbildung** infolge unterschiedlicher Trennung der Sklerotome; es resultieren miteinander verschmolzene Wirbelkörper
- **Chordome:** Geschwülste an der Schädelbasis aus Resten der Chorda dorsalis

9.1.4 Verbund der Wirbelsäule

Wichtig

Die Wirbel sind durch Disci intervertebrales, Gelenke und Bänder miteinander verbunden.

Disci intervertebrales

Bandscheiben (Disci intervertebrales, Zwischenwirbelscheiben) befinden sich zwischen den Wirbelkörpern, mit deren Deckplatten sie verwachsen sind. Sie machen ein Viertel der Gesamtlänge der Wirbelsäule aus. Die Form der Bandscheiben ist abschnittsweise verschieden.

Insbesondere nehmen die Bandscheiben in kraniokaudaler Richtung an Umfang und Höhe zu und in den Krümmungen der Wirbelsäule haben sie Keilform. Die Bandscheiben tragen wesentlich zur Eigenform und durch ihre Komprimierbarkeit zur Federung der Wirbelsäule bei. Immer stehen die Bandscheiben unter Belastungsdruck, der im Liegen etwa 70 N beträgt, beim Stehen, Sitzen, Heben und Tragen aber erheblich zunimmt.

Bandscheiben bestehen aus
- einem festen Faserring (**Anulus fibrosus**)
- einem druckfesten Gallertkern im Zentrum (**Nucleus pulposus**)

Der **Anulus fibrosus** ist ein Ring aus Faserknorpel e H19. Seine Kollagenfasern strahlen in die Randleisten und Deckplatten der Wirbelkörper ein.

Der **Nucleus pulposus** ist ein Relikt der Chorda dorsalis (▶ S. 110), wobei Chordagewebe durch gallertiges Bindegewebe ersetzt wurde.

Die Bandscheiben sind ab dem 4. Lebensjahr gefäßfrei und werden durch Diffusion ernährt. Bei nachlassendem Druck, z. B. beim Liegen, kommt es zu einem Einstrom von Wasser und Nährstoffen. Dabei erhöht sich der Wassergehalt vor allem in den Nuclei pulposi und die Bandscheiben werden höher. Bei Belastung wird Flüssigkeit mit Stoffwechselendprodukten aus den Bandscheiben abgegeben, die Nuclei pulposi verlieren Wasser und die Bandscheiben werden niedriger.

Klinischer Hinweis

Bandscheibenveränderungen beginnen bereits in frühen Lebensjahren, zunächst ohne Auswirkungen. Übermäßiger Druck sowie mangelnde Bewegungen führen jedoch zur Beschleunigung degenerativer Veränderungen mit Rissen und evtl. Spaltbildungen im Anulus fibrosus, der dadurch dem Druck des Nucleus pulposus nachgibt. In der Folge kann es zu einer begrenzten, evtl. reversiblen Vorwölbung (*Protrusion*) oder einem irreversiblen Vorfall (*Prolaps*) von Bandscheibenmaterial kommen. Diese können durch Reizung der Nervenwurzeln zu Taubheitsgefühl, Schmerzen und Lähmungen führen. Die Schmerzen erhöhen die Muskelspannung, dadurch wird der Reiz verstärkt.

Noch stärker als Protrusionen oder Prolaps fallen *Bandscheibenlockerungen* ins Gewicht, da es dabei zu Verschiebungen der Wirbel in den Wirbelgelenken kommen kann. Bevorzugt sind der Hals- und Lendenbereich.

Zwischenwirbelgelenke

Articulationes zygapophysiales (*Zwischenwirbelgelenke*), auch **kleine Wirbelgelenke** oder, da sie die Wirbelbögen verbinden, *Wirbelbogengelenke* genannt. Sie befinden sich jeweils zwischen einem oberen und einem unteren Gelenkfortsatz (Processus articularis superior et inferior, ▶ oben). Sie sind Anteile der Bewegungssegmente (▶ unten). Die Bewegungen in den Einzelgelenken sind relativ gering. Sie wirken durch Summation.

Die Bewegungsrichtung hängt von der Stellung der Gelenke ab (▶ unten, Abb. 9.2).

Klinischer Hinweis

Beim *Morbus Bechterew* (Spondylarthritis ankylopoetica) kommt es zur Verknöcherung der kleinen Wirbelgelenke und der Zwischenwirbelscheiben mit schmerzhafter Versteifung der Wirbelsäule.

Bewegungssegmente

Wichtig

Die Bewegungssegmente sind die Funktionseinheiten der Wirbelsäule. Sie bestehen jeweils aus zwei benachbarten Wirbeln mit der dazugehörigen Bandscheibe (ventral gelegen) und den dazugehörigen Wirbelbogengelenken (dorsal gelegen).

Die Wirbelsäule hat 25 Bewegungssegmente, nämlich zwischen den 24 präsakralen Wirbeln und dem Os sacrum.

Zur Information

Die Bewegungssegmente gehen auf die Somiten des paraxialen Mesoderms zurück (▶ S. 115). Abbildung 9.4 erläutert die Zusammenhänge. Sie zeigt, dass der untere Teil des oberen und der obere Teil des unteren Wirbels einschließlich der Bandscheibe ursprünglich Anteil eines Somiten sind. Die Umlagerungen haben dann aber die Wirbelkörper hälftig aus benachbarten Somiten entstehen lassen.

Die Bewegungen in den Segmenten erfolgen jeweils um den Nucleus pulposus der Bandscheibe als Drehpunkt (Abb. 9.5). Ein Abgleiten der Wirbel nach vorne wird durch das zugehörige Wirbelbogengelenk verhindert. Unterstützend wirken die Bänder zwischen den Dornfortsätzen (▶ unten).

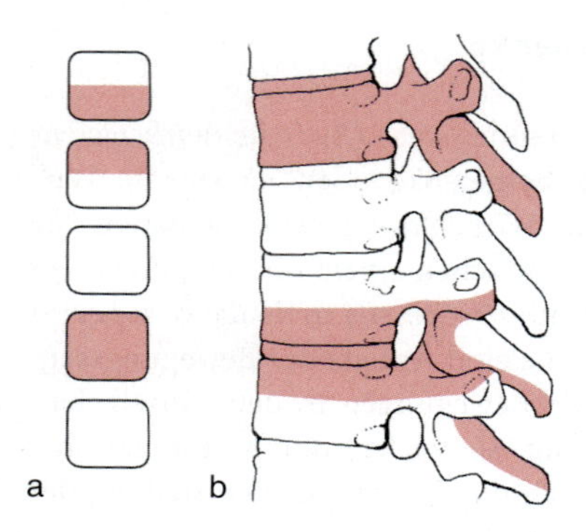

Abb. 9.4 a, b. Wirbelentwicklung. **a** Jeder Wirbel einschließlich der kranialen Zwischenwirbelscheibe geht aus Anteilen von zwei Somiten hervor. **b** Die aus einem Somiten hervorgegangenen Wirbelanteile sind die Grundlage eines Bewegungssegmentes

Ein Bewegungssegment ist jedoch keine isolierte Einheit. Stets wirken benachbarte Bewegungssegmente zusammen, da der einzelne Wirbel sowohl Bestandteil des nach oben als auch nach unten benachbarten Bewegungssegmentes ist.

Bandapparat

Wichtig

Erst durch den Bandapparat wird die Wirbelsäule zu einer geschlossenen Einheit. Er verbindet die Wirbel untereinander, schränkt aber auch gleichzeitig ihre Bewegungsmöglichkeiten ein.

Der Bandapparat (Abb. 9.6) besteht aus:
- **Längsbändern** an der Vorder- und Rückseite der Wirbelkörper
- **elastischen Bändern** zwischen benachbarten Wirbelbögen (ihrer Farbe wegen als **Ligamenta flava** bezeichnet)
- **Einzelbändern** zwischen den verschiedenen Fortsätzen der Wirbel

Eine Sonderstellung nimmt der Bandapparat zwischen Wirbelsäule und Schädel ein.

Längsbänder. Im Einzelnen handelt es sich um
- **Lig. longitudinale posterius.** Es ist mit der dorsalen oberen und unteren Kante der Wirbelkörper, hauptsächlich aber mit den Bandscheiben verwachsen und liegt somit an der Vorderwand des Wirbelkanals. Das Band beginnt am Clivus (► S. 592) und endet im Canalis sacralis. Es hemmt eine übermäßige Beugung und sichert die Zwischenwirbelscheiben.
- **Lig. longitudinale anterius.** Es beginnt an der Pars basilaris des Os occipitale (► S. 592), befestigt sich am Tuberculum anterius des Atlas, dann an der Vorderfläche der Wirbelkörper, setzt sich auf die Facies pelvica des Os sacrum fort und endet als **Lig. sacrococcygeum anterius** vorne am Steißbein. Das sehr kräftige Band verhindert eine übermäßige Dorsalflexion.

Die beiden Longitudinalbänder stehen mit dem Quellungsdruck der Bandscheiben im Gleichgewicht und dienen der Erhaltung der Eigenform des Wirbelkörpers.

Elastische Bänder. Zwischen den Wirbelbögen spannen sich die
- **Ligg. flava** aus. Da sie hinter der Flexions-Extensionsachse liegen, sind sie in jeder Stellung der Wirbelsäule gespannt, insbesondere bei der Beugung

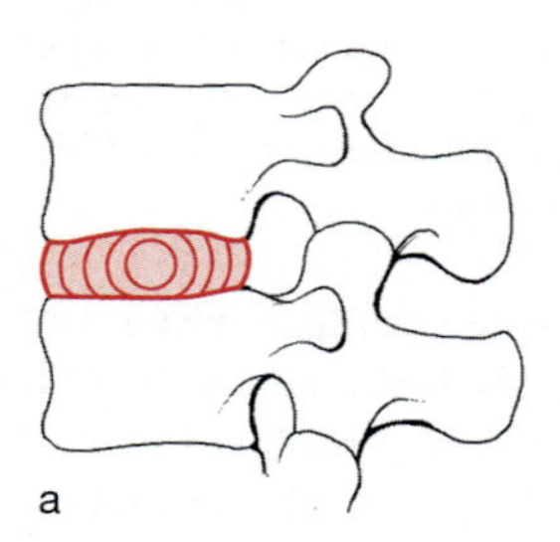

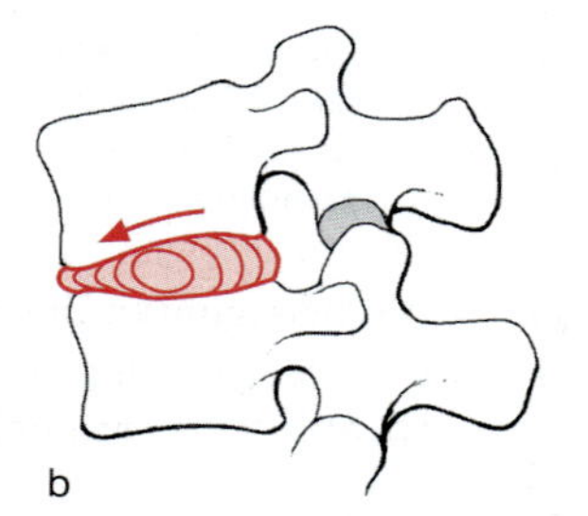

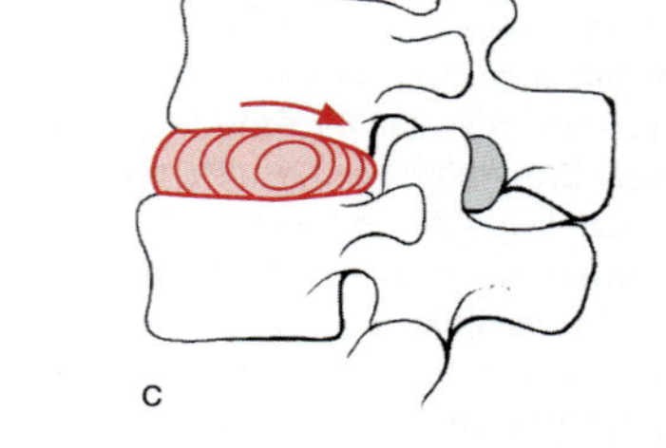

Abb. 9.5 a–c. An den Bewegungen in den Bewegungssegmenten sind die Zwischenwirbelscheiben und die kleinen Wirbelgelenke beteiligt. Der Drehpunkt ist der Nucleus pulposus der Bandscheibe. **a** Ruhestellung; **b** Kippung nach vorne; **c** Kippung nach hinten

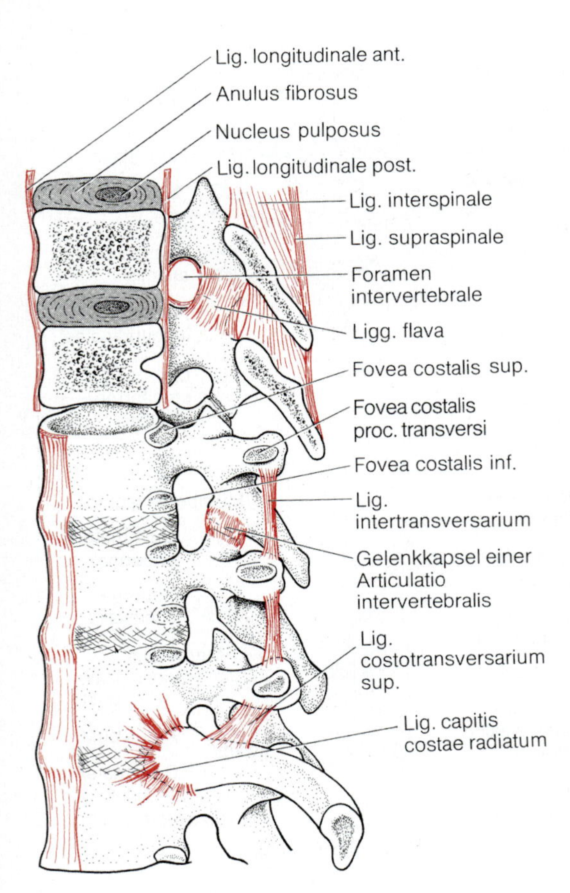

Abb. 9.6. Bänder der Brustwirbelsäule. Die beiden oberen Wirbel der Zeichnung sind mediosagittal geschnitten. Eingetragen sind die Bänder zwischen Wirbelbögen und Dornfortsätzen. Die unteren Wirbel sind in Oberflächenansicht von lateral gezeichnet, am untersten ist eine Rippe und deren Bandapparat zur Befestigung an der Wirbelsäule dargestellt

nach vorne. Ihre elastische Rückstellkraft wirkt streckend und damit der nach vorne beugenden Schwerkraft des Rumpfes entgegen.

Klinischer Hinweis

Die Wand des Wirbelkanals wird also ventral vom Lig. longitudinale posterius, dorsal und lateral von den Ligg. flava und den dorsalen Flächen der Bandscheiben gebildet.

Einzelbänder sind:

- **Ligg. intertransversaria** (zwischen den Querfortsätzen)
- **Ligg. interspinalia** (zwischen den Dornfortsätzen)
- **Ligg. supraspinalia** (zwischen den Spitzen der Dornfortsätze); sie laufen über die Ligg. interspinalia hinweg, alle Bandzüge zwischen Quer- und Dornfortsätzen wirken einer übermäßigen Ventralflexion der Wirbelsäule entgegen
- **Lig. nuchae** (Nackenband); es verbindet das Hinterhaupt (Protuberantia und Crista occipitalis externa) mit dem Lig. supraspinale der Halswirbel, es steht mediosagittal und besteht aus Kollagen- und elastischen Fasern; mit ihm sind Muskeln des Nackens verwachsen
- **Ligg. sacrococcygea** (zwischen Kreuzbein und Steißbein)

Foramina intervertebralia

Wichtig

Foramina intervertebralia liegen zwischen benachbarten Wirbeln und sind Öffnungen der Wirbelsäule für Spinalnerven.

Die Foramina intervertebralia (Abb. 9.6) befinden sich zwischen den Incisurae vertebralis superior et inferior benachbarter Wirbel und werden durch hintere Anteile der Wirbelkörper und Bandscheiben, den Pediculi arcus vertebrae, den Processus articularis superior et inferior sowie den Gelenkkapseln der kleinen Wirbelgelenke und den Ligg. flava begrenzt. Jedoch variiert die Lage der Foramina intervertebralia: In der Brustwirbelsäule befinden sie sich mehr in Höhe der Wirbelkörper – dadurch wirken sich Bandscheibenschäden hier weniger aus –, in der Lendenwirbelsäule vor allem in Höhe der Bandscheiben. Die Foramina intervertebralia sind im Halswirbelbereich besonders eng, im Lendenwirbelbereich besonders weit.

Durch die Foramina – eher kleine Kanäle – verlaufen Spinalnerven, die aus den vorderen und hinteren Wurzeln des Rückenmarks hervorgehen (▶ S. 201). Außerdem liegen in jedem Foramen intervertebrale ein Ganglion spinale, Fett- und Bindegewebe, Lymphgefäße, eine Arterie und Venengeflechte für das Rückenmark und seine Hüllen sowie ein R. meningeus mit sensiblen und vegetativen Fasern für die Rückenmarkhüllen.

Klinischer Hinweis

An den Foramina intervertebralia kann es durch Exostosen, Wirbelverschiebungen oder im Alter durch degenerative Veränderungen der Wirbel mit Verkalkung der Bänder, besonders der Ligg. flava in der Halswirbelsäule, zu Nervenläsionen kommen. Die Folge können Schmerzen und Lähmungen sein.

9.2 Wirbelsäule, speziell

9.2.1 Halswirbelsäule

e Osteologie: einzelne Wirbel

Wichtig

Die Halswirbelsäule ist der beweglichste Teil der Wirbelsäule. Sie verbindet Kopf und Rumpf.

Klinischer Hinweis

Durch Bandscheibenprotrusion bzw. -prolaps, Wirbelverschiebungen oder überschießende Knochenbildung kann es in der Halswirbelsäule zu Gefäßeinengungen und Durchblutungsstörungen mit Kopfschmerzen und Schwindelerscheinungen sowie schmerzhaften Nervenreizungen (Schulter- und Nackenschmerzen, Muskelverspannungen, sogar Lähmungen) kommen. Die Symptome werden unter der Bezeichnung *Zervikalsyndrom* zusammengefasst.

Osteologie der Halswirbel

Gemeinsames Kennzeichen aller sieben Halswirbel (HW) sind **Foramina transversaria** (Abb. 9.2 a, 9.7 c, dargestellt am Beispiel des 1. HW).

Klinischer Hinweis

Durch die Foramina transversaria des 1.–6. HW verläuft die A. vertebralis, umsponnen von sympathischen Nervenfasern (Plexus vertebralis) und begleitet von zwei Vv. vertebrales. Durch das sehr kleine Foramen transversarium des 7. HW ziehen nur Vv. vertebrales.

1. Halswirbel (Atlas) (Abb. 9.2 a). Der Atlas hat keinen Wirbelkörper. Er ist der Träger des Kopfes, mit dem er durch die **Articulatio atlantooccipitalis** verbunden ist. Die Gelenkflächen des Atlas liegen jeweils auf einer **Massa lateralis.** Dorsal benachbart befindet sich der **Sulcus arteriae vertebralis** (Verlauf der A. vertebralis Abb. 9.7 c und ► S. 657) – Statt eines Dornfortsatzes hat der Atlas lediglich ein **Tuberculum posterius.** e Osteologie: Atlas und Axis

2. Halswirbel (Axis) (Abb. 9.2 b). Er ist durch einen Zapfen (**Dens axis**) gekennzeichnet, der nach oben in den Ring des Atlas ragt. Dort befinden sich Gelenkflächen (Abb. 9.2 a, b): **Facies articularis anterior** am Dens, **Fovea dentis** innen am Arcus anterior des Atlasbogens.

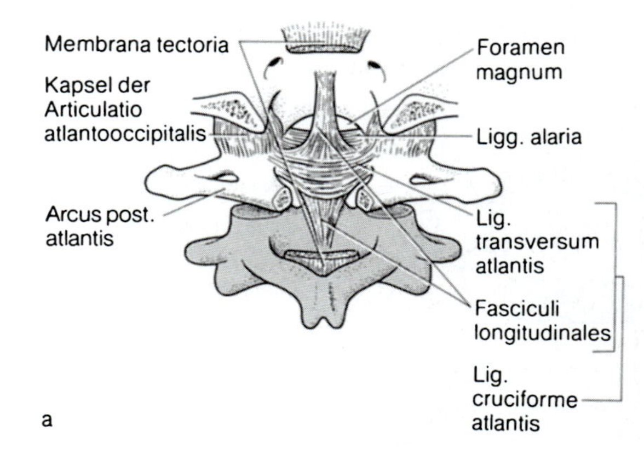

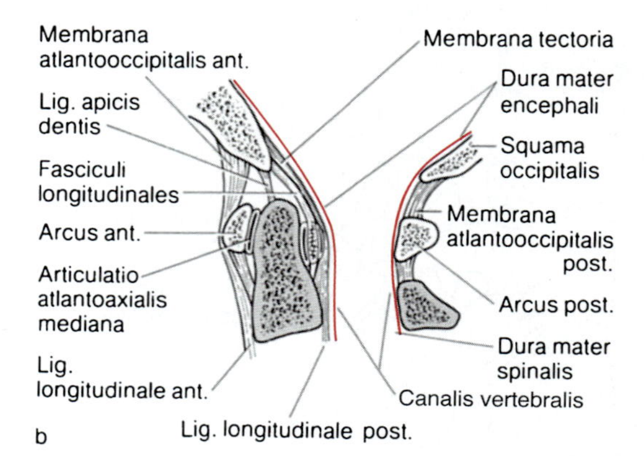

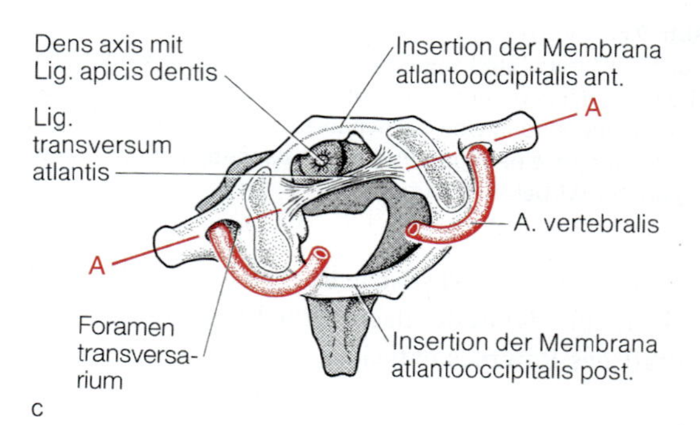

Abb. 9.7 a–c. Bandapparate der Articulatio atlantooccipitalis (a, b) und der Articulatio atlantoaxialis mediana (c). **a** Ansicht von dorsal. Der Arcus posterior des Atlas ist teilweise abgetragen, das Rückenmark entfernt und die Membrana tectoria unterbrochen. Dadurch liegt das Lig. cruciforme atlantis frei. In der Tiefe sind die Ligg. alaria sichtbar. **b** Ansicht von lateral (Median-Sagittalschnitt). **c** Aufsicht auf den Atlas, in der Tiefe der Axis. Der Dens axis wird durch das Lig. transversum atlantis in der Lage gehalten. A-A-Achse für Beuge- und Streckbewegungen im Atlantookzipitalgelenk. Die A. vertebralis verlässt das Foramen transversarium des Atlas und legt sich in den Sulcus arteriae vertebralis e Osteologie: Atlas und Axis

Halswirbel 3–7 (Abb. 9.2c). Ihre Foramina vertebralia sind dreieckig. Die Deckplatten ihrer Wirbelkörper haben hinten und seitlich Erhabenheiten (**Uncus corporis vertebrae**), die fortsatzartig ausgezogen sein können. Sie können bei Bandscheibendegenerationen mit denen der Nachbarwirbel in Kontakt treten (fälschlich Unkovertebralgelenk).

Die Querfortsätze dieser Halswirbel enden mit einem **Tuberculum anterius** (Rippenrudiment) und mit einem **Tuberculum posterius** (Rest des eigentlichen Processus transversus). Zwischen beiden liegt eine Rinne (**Sulcus nervi spinalis**) für den entsprechenden Spinalnerven.

Der **7. Halswirbel** wird auch als **Vertebra prominens** bezeichnet, weil der Dornfortsatz häufig von außen gut tastbar ist. Er projiziert sich auf den unteren Rand des eigenen Wirbelkörpers bzw. auf das obere Drittel des 1. Brustwirbels. Von der Vertebra prominens aus können beim Lebenden die Wirbel bis zum 5. Lendenwirbel abgezählt werden. Allerdings können auch der Processus spinosus des 6. Hals- oder des 1. Brustwirbels deutlich tastbar vorspringen.

Der Dornfortsatz des 7. Halswirbels ist ungespalten, im Gegensatz zu denen der anderen Halswirbel. Das Tuberculum anterius kann gelegentlich zu einer Halsrippe ausgewachsen sein, die auch gelenkig mit dem Wirbel verbunden sein kann.

Abbildung 9.2a–c zeigt weitere osteologische Einzelheiten der Halswirbel.

Gelenke der Halswirbelsäule

Gemeinsam ermöglichen sie die Bewegungen des Kopfes: beugen nach vorne = *Flexion* (auch als Ventralflexion bezeichnet), seitwärts neigen = *Lateralflexion*, rückwärts neigen = *Dorsalflexion* (auch Strecken, *Dorsalextension*, genannt), drehen = *Rotation* oder Torsion. Diese Bewegungsbezeichnungen gelten auch für die Wirbelsäule als Ganzes.

Die Gelenke befinden sich jeweils zwischen den Gelenkflächen der Processus articulares. Sie stehen im Wesentlichen horizontal (Tabelle 9.2). Dadurch sind in der Halswirbelsäule die Ventral- und Dorsalflexionen am ausgiebigsten.

Eine Sonderstellung nehmen die **Kopfgelenke** ein:

- **Articulatio atlantooccipitalis** (verbindet Wirbelsäule und Schädel)
- **Articulationes atlantoaxiales** zwischen 1. und 2. Halswirbel; die (6) Gelenke bilden eine funktionelle Einheit und dienen der Kopfbewegung (Tabelle 9.2).

Die **Articulatio atlantooccipitalis** (Abb. 9.7) ist paarig. Beidseitig befindet sich das Gelenk zwischen Facies articularis superior des Atlas und dem Condylus occipitalis des Hinterhauptbeins (▶ S. 594). Es handelt sich um Eigelenke mit schlaffer Gelenkkapsel, die jeweils durch ein *Lig. atlantooccipitale laterale* verstärkt werden. Das Gelenk lässt relativ ausgedehnte Bewegungen zu

Tabelle 9.2. Beweglichkeit der Wirbelsäule

Abschnitt	Ventralflexion	Dorsalflexion	Lateralflexion	Rotation
Atlantookzipitalgelenk	++	++	+	–
Atlantoaxialgelenke	–	–	–	+++
Halswirbelsäule	+++	+++	+	++
Brustwirbelsäule	+	+	+	++
Lendenwirbelsäule	+	++	+	(+)

+ gering; ++ mittelmäßig; +++ ausgiebig

- um eine transversale Achse (=Nicken): Beugung (20°) und Streckung (30°) des Kopfes
- um eine sagittale Achse: Seitwärtsneigung des Kopfes (10°–15°)

Articulationes atlantoaxiales. Sie bestehen aus
- **Articulatio atlantoaxialis mediana**
- **Articulatio atlantoaxialis lateralis**

Die **Articulatio atlantoaxialis mediana** (◘ Abb. 9.7 c) ist ein Radgelenk. Es hat eine vordere und hintere Abteilung, die dadurch entstehen, dass der Dens axis in den Atlasbogen eingefügt ist. Die vordere Abteilung befindet sich zwischen Dens axis und Fovea dentis des Atlas, die hintere zwischen Dens axis und Knorpelanteilen des Lig. transversum (▶ unten).

Die Drehbewegung in der Articulatio atlantoaxialis beträgt aus der Mittelstellung nach jeder Seite 20°–30°. Dabei drehen sich Kopf und Atlas gemeinsam.

> **Klinischer Hinweis**
> Werden die Drehbewegungen übersteigert, kann es zu Durchflussstörungen in der A.vertebralis und dadurch zu Schwindelerscheinungen und Kopfschmerzen kommen.

Zur **Führung** und **Befestigung des Axis** dienen
- **Ligg. alaria**
- **Lig. cruciforme atlantis**

Ligg. alaria (◘ Abb. 9.7 a). Sie sind paarig, entspringen seitlich am Dens, weichen nach oben auseinander und inserieren seitlich vorne am Foramen magnum des Hinterhauptbeins (▶ S. 592). Sie verhindern eine extreme Dorsalflexion, Rotation und Lateralflexion in den Kopfgelenken.

Lig. cruciforme atlantis (◘ Abb. 9.7 a). Es besteht aus Fasciculi longitudinales und Lig. transversum atlantis.
- Die **Fasciculi longitudinales** ziehen vom 2. Halswirbelkörper zum Vorderrand des Foramen magnum. Sie hemmen die Überstreckung im Atlantookzipitalgelenk und schützen dadurch die Medulla oblongata vor Läsionen durch den Dens.
- Das **Lig. transversum atlantis** ist sehr kräftig, spannt sich zwischen rechter und linker Massa lateralis aus und hält den Dens in seiner Lage.

> **Klinischer Hinweis**
> Beim Schleudertrauma (Autounfall) kann es zum Einriss im Lig. transversum atlantis kommen. Beim Erhängen reißt das Band durch das Körpergewicht aus, sodass sich der Dens axis tödlich in die Medulla oblongata des Gehirns eingräbt.

> **Zur Information**
> Ein entwicklungsgeschichtlicher Rest der Chorda dorsalis ist das **Lig. apicis dentis** von der Spitze des Dens zum Vorderrand des Foramen magnum.

Articulatio atlantoaxialis lateralis hat ergänzende Funktion. Es befindet sich zwischen den lateralen Gelenkflächen des 1. und 2. Halswirbels (◘ Abb. 9.2 b).

Zum **Bandapparat der Kopfgelenke** gehören schließlich (◘ Abb. 9.7)
- **Membrana atlantooccipitalis anterior**
- **Membrana atlantooccipitalis posterior**
- **Membrana tectoria**

Die **Membrana atlantooccipitalis anterior** entspringt vor dem Foramen magnum an der Pars basilaris des Os occipitale. Sie setzt am vorderen Atlasbogen an und verhindert eine übermäßige Dorsalflexion.

Die **Membrana atlantooccipitalis posterior** erstreckt sich vom dorsalen Rand des Foramen magnum zum dorsalen Atlasbogen. Sie wird von der A. vertebralis mit ihren Begleitvenen und dem 1. Spinalnerv durchbrochen.

Die **Membrana tectoria** (◘ Abb. 9.7 a, b), ein derbfaseriger Sehnenstreifen, entspringt an der dorsalen Fläche des 2. Halswirbelkörpers und zieht zum Vorderrand des Foramen magnum. Sie setzt sich nach unten in das hintere Längsband fort (▶ S. 234). Die Membrana tectoria liegt also »innen«, d.h. auf der dem Wirbelkanal zugewandten Seite. Sie dient der Sicherung der Medulla oblongata vor Verletzungen durch den Dens bei zunehmenden Gelenkexkursionen. Ihr aufgelagert ist innen die harte Hirnhaut (Dura mater).

Subokzipitalpunktion ▶ S. 250.

9.2.2 Brustwirbelsäule

Wichtig

In der Brustwirbelsäule sind vor allem Rotationsbewegungen, aber auch ventrale, dorsale und laterale Flexionen möglich (Tabelle 9.2). Außerdem haben Brustwirbel gelenkige Verbindungen mit den Rippen.

Osteologie der Brustwirbel (Abb. 9.1, 9.2c)

e Osteologie: einzelne Wirbel, Vertebrae throacicae

Zu erkennen sind die oberen Brustwirbel (BW) an den nach unten gerichteten Spitzen der **Dornfortsätze.** Die der 11. und 12. BW sind dagegen kurz und fast horizontal gestellt. Besonders der 12. BW ähnelt bereits weitgehend den Lendenwirbeln. Die Processus articulares der Brustwirbel stehen fast senkrecht frontal.

Gelenkflächen an Wirbelkörpern und Querfortsätzen dienen der Artikulation mit den Rippenköpfen..

Das Foramen vertebrale der Brustwirbel ist fast rund.

Articulationes costovertebrales

Die Rippenwirbelverbindungen (Abb. 9.8) sind das Spezifikum der Brustwirbelsäule. Sie bestehen aus 2 Gelenken:

- **Articulatio capitis costae**
- **Articulatio costotransversaria**

Einzelheiten zu den Rippenwirbelgelenken

Articulatio capitis costae. Das Caput costae der 2.–10. Rippe ist zweigeteilt (► S. 260) und bildet jeweils mit der *Fovea costalis superior* und der *Fovea costalis inferior* der benachbarten Wirbelkörper sowie dem Discus intervertebralis das Rippenkopfgelenk. Es ist zweikammerig, da es durch das *Lig. capitis costae intraarticulare* unterteilt ist. Die Verbindungen der 1., 11. und 12. Rippe mit dem Wirbelkörper haben dagegen nur eine Gelenkpfanne; diese Gelenke sind einkammerig.

Hieraus ergibt sich, dass der 1. Brustwirbel eine vollständige obere Gelenkfläche und eine halbe untere, der 10. Brustwirbel nur eine halbe obere und 11. und 12. jeweils eine vollständige haben.

Articulatio costotransversaria zwischen Tuberculum costae und Querfortsatz. Befestigt werden diese Gelenke durch *Ligg. costotransversaria* (Abb. 9.8) und das *Lig. lumbocostale*, einem bandartigen Streifen der Fascia thoracolumbalis (► S. 249), der sich an der 12. Rippe anheftet.

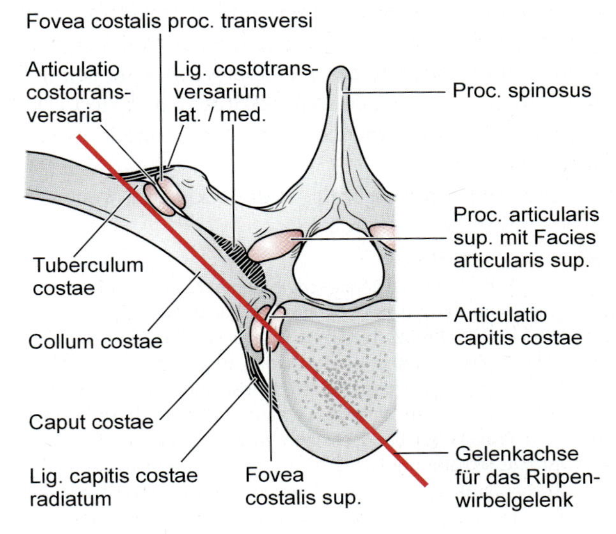

Abb. 9.8. Rippenwirbelgelenke (Articulationes costovertebrales). Sie setzen sich aus der Articulatio costotransversaria und der Articulatio capitis costae zusammen. In den meisten Rippenwirbelgelenken finden Drehbewegungen der Rippen um die eingezeichnete Achse statt

Bewegungen in den Kostovertebralgelenken. Beide Kostovertebralgelenke sind für die 2.–5./6. Rippe Drehgelenke. Die Achse verläuft durch den Rippenhals (Abb. 9.8). Die Bewegungen in diesen Gelenken führen infolge der Rippenkrümmung zu Hebung und Senkung der ventralen Abschnitte der Rippen. Ab der 7. Rippe erfolgen in den Articulationes costotransversariae auf planen Gelenkflächen kraniokaudale Verschiebungen.

9.2.3 Lendenwirbelsäule

e Osteologie: einzelne Wirbel

Wichtig

Die Lendenwirbelsäule hat in erster Linie tragende Funktionen. Außerdem sind Vorwärts- und Rückwärtsbeugung möglich.

Osteologie der Lendenwirbel (Abb. 9.2e). Die Wirbelkörper der Lendenwirbel sind deutlich größer als die der Brustwirbel. Die seitlichen Fortsätze heißen hier **Processus costales**, da es sich um Rippenrudimente handelt. Von den Processus transversi bleiben nur noch die kleinen **Processus accessorii** übrig. Der Processus articularis superior wird durch den **Processus mammillaris**

verstärkt. Die **Processus spinosi** sind plattenförmig und fast horizontal nach hinten gerichtet, sodass sich z.B. die Dornfortsatzspitze des 4. Lendenwirbels auf den unteren Rand des eigenen Wirbelkörpers projiziert. Die Gelenkflächen der **Processus articulares superiores** stehen nahezu sagittal.

Das Foramen vertebrale ist dreieckig und weit.

Klinischer Hinweis

Zwei Drittel aller Rückenbeschwerden gehen von der Lendenwirbelsäule aus (*Lumbalsyndrome*). Ausgangspunkt der Beschwerden (»Kreuzschmerzen« durch Verspannung der lumbalen Rückenmuskeln) sind Schäden in den unteren lumbalen Bewegungssegmenten: an den Bandscheiben, an den Wirbelgelenken, an den Wirbeln. Es kann z.B. durch Protrusionen oder Prolaps der Bandscheiben zu Einengung der Foramina intervertebralia und Beeinträchtigung der Wurzelfasern des Rückenmarks und der Spinalnerven kommen. Als Folge treten Beschwerden in den Versorgungsgebieten der ventralen oder dorsalen Spinalnervenäste auf.

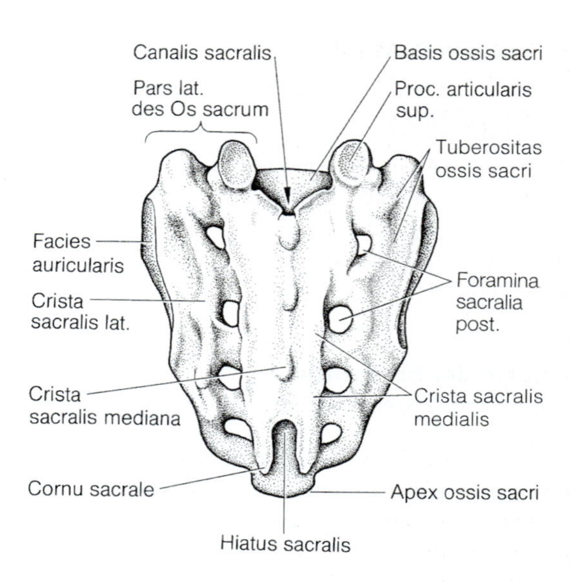

Abb. 9.9. Kreuzbein (männlich). Facies dorsalis

Lumbalpunktion ► S. 251.

9.2.4 Kreuzbein

Wichtig

Das Os sacrum (Kreuzbein) ist ein Teil der Wirbelsäule und des Beckenrings. Es ist gegenüber der Lendenwirbelsäule um 50°–70° gekippt.

Das Os sacrum ist, obgleich es aus fünf Kreuzbeinwirbeln hervorgegangen ist, ein einheitlicher Knochen (Abb. 9.9). In der Ansicht von vorne ist es dreieckig schaufelförmig.

Basis ossis sacri. Sie liegt kranial und ist durch eine keilförmige Bandscheibe sowie gelenkig durch die **Processus articulares superiores** mit dem 5. Lendenwirbel verbunden.

Apex ossis sacri. Die nach kaudal gerichtete Kreuzbeinspitze trägt entweder eine kleine Bandscheibe zur Verbindung mit dem Steißbein oder ist mit diesem synostosiert.

Facies pelvica ist die Vorderfläche des Os sacrum. Sie dient Muskeln zum Ursprung. Zu erkennen sind **Lineae transversae**, Reste der Verschmelzungszonen zwischen den Sakralwirbeln (► S. 232), und seitlich davon **Foramina sacralia anteriora.**

Facies dorsalis. Auch hier entspringen Muskeln. Ihre **Crista sacralis mediana** entspricht den Processus spinosi, ihre **Crista sacralis medialis** den Processus articulares und ihre **Crista sacralis lateralis** den Processus transversi. Zwischen Crista sacralis medialis und Crista sacralis lateralis liegen die **Foramina sacralia posteriora.** Seitlich der Crista sacralis lateralis befindet sich die **Tuberositas ossis sacri**, an der die kräftigen Verstärkungsbänder für die Articulatio sacroiliaca (► S. 322) entspringen.

Pars lateralis. Sie ist aus Rippenanlagen hervorgegangen und wird im Bereich der Basis auch als **Ala ossis sacri** bezeichnet. Die auffälligste Struktur der Pars lateralis ist die **Facies auricularis,** die mit der gleichnamigen Gelenkfläche des Darmbeins (Teil des Os coxae, Hüftbein ► S. 321) die Articulatio sacroiliaca bildet.

Canalis sacralis ist der Wirbelkanal im Bereich des Os sacrum. Er öffnet sich als **Hiatus sacralis** meist in Höhe des 3. oder 4. Kreuzbeinwirbels nach unten und wird beiderseits von den **Cornua sacralia** flankiert. Jedoch wird die Öffnung durch Bänder verschlossen, sodass hier der Wirbelkanal endet (Beginn des Wirbelkanals am Foramen magnum des Schädels ► S. 592). Dem Austritt sakraler Spinalnerven aus dem Wirbelkanal dienen

Foramina intervertebralia, die jedoch nur auf Querschnitten durch den Knochen zu erkennen sind. Ihre vorderen Äste verlassen den Knochen durch die **Foramina sacralia anteriora**, die hinteren durch die **Foramina sacralia posteriora**.

Promontorium ist der besonders weit in den Beckenring vorspringende Vorderrand des 1. Kreuzbeinwirbelkörpers. Das Promontorium ist ein Bezugspunkt zur Bestimmung der Beckenmaße (▶ S. 324).

Geschlechtsunterschiede. Das Os sacrum ist bei der Frau breiter, kürzer und weniger stark gekrümmt als beim Mann.

9.2.5 Steißbein

Das Steißbein (Os coccygis) ist durch Synostosierung aus vier (drei bis fünf) rudimentären *Vertebrae coccygiae* entstanden. Nach oben läuft das Steißbein in die **Cornua coccygea** aus.

9.2.6 Eigenform und Beweglichkeit der Wirbelsäule (e) Osteologie: Wirbelsäule

Wichtig

Durch ihre doppelt gekrümmte Eigenform federt die Wirbelsäule.

Am stehenden *Erwachsenen* erkennt man, dass die Wirbelsäule Krümmungen hat, die teils nach vorne, teils nach hinten gerichtet sind (◘ Abb. 9.10). Sie werden durch die Form der Wirbelkörper, der Bandscheiben und durch den Bandapparat bedingt.

Es handelt sich um

- **Lordosen:** im Hals- und Lendenbereich; die Krümmung ist nach vorne gerichtet: ventral konvex vom 1. bis 6. Halswirbel und vom 9. Brust- bis 5. Lendenwirbel
- **Kyphosen:** im Brust- und Sakralbereich; die Krümmung ist nach hinten gerichtet: ventral konkav vom 6. Hals- bis 9. Brustwirbel, beim Kreuz- und Steißbein

Dadurch hat die Wirbelsäule doppelte S-Form und kann im Zusammenwirken mit den Disci intervertebrales Stöße abfangen.

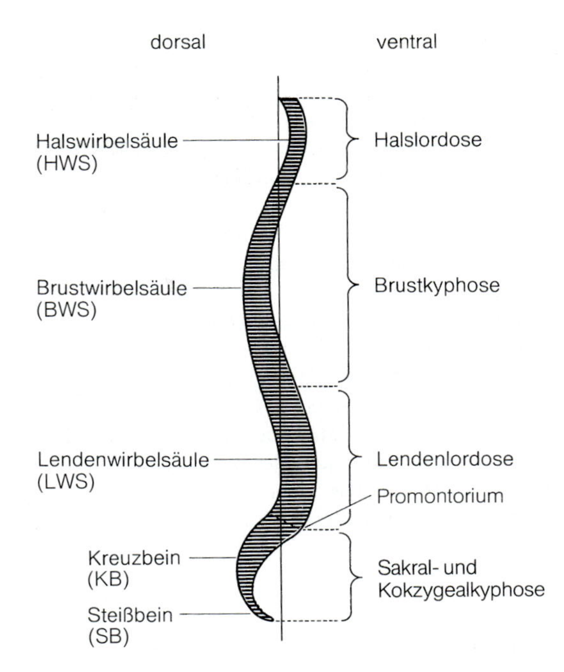

◘ **Abb. 9.10.** Darstellung der Abschnitte und Krümmungen der Wirbelsäule mit in der Klinik üblichen Abkürzungen

Zur Information

Krümmungen der Wirbelsäule können innerhalb der Norm verstärkt oder verringert sein. Dies führt zu unterschiedlichen Haltungstypen, dem *Flachrücken* mit verminderten Krümmungen, dem *Hohlrücken* bei verstärkter Brustkyphose und Lendenlordose, dem *Rundrücken* bei verstärkter Brustkyphose.

Durch Wachstumsstörungen entstehen krankhafte Krümmungen der Wirbelsäule. Beim *Morbus Scheuermann* kommt es durch Erniedrigung der Ventralseite der Wirbelkörper im unteren Brust- oder oberen Lendenwirbelsäulenbereich zur Keilwirbelbildung und zu verstärkter Kyphose (Adoleszentenkyphose).

Anders als der Erwachsene hat das **Neugeborene** nur eine einheitlich nach hinten gerichtete Krümmung der Wirbelsäule, sie ist kyphosiert. Sobald das Kind aber anfängt zu sitzen, zu stehen und zu laufen, bilden sich durch enges Zusammenwirken von Wirbelsäule, Gelenken, Bandapparat und Muskulatur die bleibenden Wirbelsäulenkrümmungen aus: zuerst die **Halslordose**, wenn das Kind lernt den Kopf zu heben, und am Ende des **1. Lebensjahres** die **Lendenlordose**, wenn das Kind beginnt zu laufen und aufrecht zu sitzen. Das volle Ausmaß der Brustkyphose ist mit dem **6. Lebensjahr** erreicht.

> **Klinischer Hinweis**
> Es kann zu seitlichen Abweichungen der Wirbelsäulenkrümmung kommen, die als **Skoliosen** bezeichnet werden. Während fast jeder Mensch eine geringe Skoliose hat, rufen stärkere Skoliosen eine behandlungsbedürftige Rückgratverkrümmung (»Buckel«) hervor.

Beweglichkeit der Wirbelsäule. Sie ändert sich im Laufe des Lebens oder krankheitsbedingt.

Methoden zur Ermittlung der Beweglichkeit der Wirbelsäule
Die Beweglichkeit der Wirbelsäule ist regelhaft, wenn sich bei Rumpfbeugung eine 30 cm lange Messstrecke über dem Brustwirbel um 3 cm verlängert (Methode nach Schober). – Eine weitere Methode zur Bestimmung der Beweglichkeit der Wirbelsäule ist das Messen des Fingerspitzen-Bodenabstandes beim Beugen nach vorne bei gestreckten Knien.

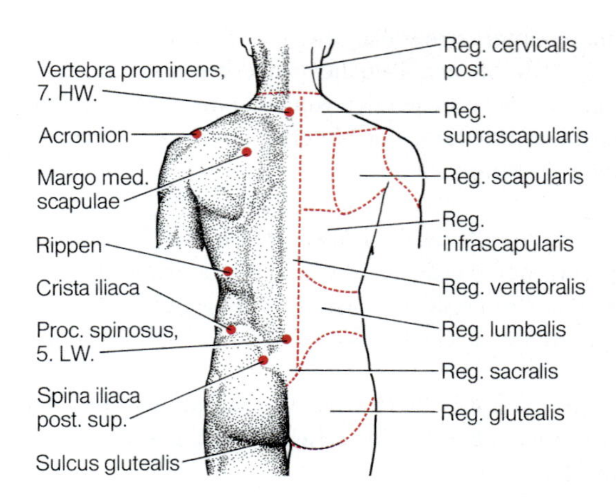

Abb. 9.11. Körperoberfläche von dorsal. *Links* Oberflächenrelief und tastbare Knochenpunkte. *Rechts* Regionengliederung; die Regio sacralis entspricht der *Michaelis-Raute*

> **Klinischer Hinweis**
> Die oberflächliche Rückenmuskulatur ist der Physiotherapie gut zugängig, die z.B. bei Muskelverspannungen, bei Bandscheibenveränderungen oder beim Halswirbelsyndrom erforderlich ist.

Wichtig

Die oberflächliche Rückenmuskulatur ist während der Evolution eingewandert.

9.3 Rückenmuskeln

Bereits das **Oberflächenrelief des Rückens** gibt Hinweise auf die Gliederung der Rückenmuskulatur (Abb. 9.11): beim Stehenden treten im mittleren Rückenbereich neben einer Rinne über den Dornfortsätzen der Wirbel Muskelwülste hervor – hervorgerufen durch den **M. erector spinae** (▶ unten) –, die jedoch im oberen Rückenbereich vom Schulterblatt und seiner Muskulatur verdeckt sind. Ferner tritt im unteren Rückenbereich – besonders bei der Frau – ein rautenförmiges Gebiet zwischen den Hauteinziehungen über dem 5. Lendenwirbeldornfortsatz, beiderseitig über der Spina iliaca posterior superior des Hüftbeins (▶ S. 321) und über dem letzten Steißbeinwirbel hervor (**Michaelis-Raute**). Es ist von Teilen des oberflächlichen Blattes der Fascia thoracolumbalis (▶ S. 249) unterlagert.

Die Rückenmuskulatur gliedert sich in
- **oberflächliche Muskeln**
- **paravertebrale Muskeln**

9.3.1 Oberflächliche Rückenmuskeln

Die **oberflächliche Rückenmuskulatur** (Mm. dorsi) besteht aus platten Muskeln. Am auffälligsten sind der *M. trapezius* und der *M. latissimus dorsi.*

Die oberflächliche Rückenmuskulatur ist zusammen mit einigen weiteren Muskeln nicht ortsständig entstanden. Sie ist vielmehr während der stammesgeschichtlichen Entwicklung der oberen Extremität durch Umgestaltung des Schultergürtels auf den Rücken gelangt. Darauf weist noch die Innervation der oberflächlichen Rückenmuskeln durch Rr. anteriores der Nn. spinales bzw. den von ihnen gebildeten Plexus hin.

> **Zur Information**
> Genetisch stammen die oberflächlichen Rückenmuskeln vermutlich z.T. aus dem Branchialbogenbereich (M. trapezius), z.T. aus dem Blastem der seitlichen Leibeswand.

Die nach dorsal gewanderten Muskeln wirken nur mittelbar auf den Rücken. Sie verknüpfen
- Wirbelsäule und Thorax (deswegen **spinokostale Muskeln,** Tabelle 9.3)
- Wirbelsäule und Schultergürtel bzw. Oberarm (deswegen **spinoskapuläre** bzw. **spinohumerale Muskeln**).

Tabelle 9.3. Spinokostale Muskeln

Muskel	Ursprung	Ansatz	Funktion	Innervation
M. serratus posterior superior	Dornfortsätze der beiden untersten Hals- und beiden obersten Brustwirbel	2. oder 3.–5. Rippe jeweils lateral vom Angulus costae	Mitwirkung bei der Inspiration	Rr. anteriores der Spinalnerven
M. serratus posterior inferior	Dornfortsätze der unteren Brust- und oberen Lendenwirbel; mit der Fascia thoracolumbalis verwachsen	Untere Ränder der 9.–12. Rippe	Mitwirkung bei der Inspiration	Rr. anteriores der Spinalnerven

Sonderstellung kleiner Muskeln

Eine Sonderstellung nehmen kleine Muskeln ein, die sich dort befinden, wo Rippenanlagen in andere Strukturen, z. B. Wirbel, einbezogen wurden. Sie können als *modifizierte Interkostalmuskulatur* aufgefasst werden:

- **Mm. intertransversarii anteriores cervicis** zwischen den Tubercula anteriora der Querfortsätze der HWS
- **Mm. intertransversarii laterales lumborum** zwischen den Processus costales der LWS
- **M. rectus capitis lateralis** zwischen dem vorderen Anteil des Querfortsatzes des Atlas und der Schädelbasis seitlich vom Condylus occipitalis

Da alle auf den Rücken gewanderten Muskeln ihre Wirkung im Wesentlichen dort entfalten, wo sie ansetzen, werden sie im Zusammenhang mit dem Thorax bzw. dem Schultergürtel besprochen (► S. 466).

9.3.2 Tiefe Rückenmuskeln

Die tiefen paravertebralen Muskeln (Mm. dorsi proprii) entspringen im Wesentlichen an der Facies dorsalis des Os sacrum und an der Crista iliaca des Hüftbeins, außerdem an der Fascia thoracolumbalis. Sie erstrecken sich bis zum Hinterhaupt.

Wichtig

Die tiefen Rückenmuskeln sind die eigentlichen, ortsständigen Muskeln. Sie haben vor allem haltende Funktionen.

Unter Berücksichtigung ihrer Aufgaben werden die tiefen Muskeln auch unter der Bezeichnung *M. erector spinae* zusammengefasst.

Zur Information

Eine weitere Benennung für ortsständige Rückenmuskeln ist *autochthone Rückenmuskulatur.* Damit wird ausgedrückt, dass sich diese Muskeln ortsständig entwickelt haben. Sie gehen aus den dorsalen Anteilen der Myotome (Epimer ► S. 115) hervor. Diese gliedern sich in einen medialen und einen lateralen Abschnitt. Hierauf geht die unterschiedliche Innervation der beiden Anteile der paravertebralen Rückenmuskulatur zurück: sie erfolgt für den späteren medialen Trakt durch mediale Äste der Rr. posteriores der Spinalnerven, für den lateralen Trakt durch laterale Äste. – Die ursprünglich segmentale Gliederung der autochthonen Rückenmuskulatur bleibt jedoch nur in der tiefer gelegenen Muskelschicht erhalten, z. B. bei den Mm. interspinales, Mm. intertransversarii, Mm. rotatores und den tiefen Nackenmuskeln. In den oberflächlichen Schichten verschmelzen die Myotomanteile zu langen plurisegmentalen Systemen, z. B. M. longissimus.

Die tiefe paravertebrale, autochthone Rückenmuskulatur (Abb. 9.12) besteht aus

- einem in der Tiefe gelegenen medialen Trakt, der sich in die Rinne zwischen den Procc. spinosi und den Querfortsätzen einfügt (Sulcus dorsalis) mit mehreren Anteilen, die eigene Systeme bilden:
  - **interspinales** und **spinales System** (zwischen Dornfortsätzen, Tabelle 9.4)
  - **transversospinales System** (zwischen Quer- und Dornfortsätzen, Tabelle 9.5)
- einem oberflächlich gelegenen **lateralen Trakt** seitlich der Dornfortsätze; seine Anteile sind
  - **spinotransversales System** (Tabelle 9.6)
  - **intertransversales System** (Tabelle 9.7)
  - **sakrospinales System** (Tabelle 9.8)

Jedes der aufgeführten Systeme besteht aus einzelnen Muskeln (Tabellen 9.3 bis 9.8), die teils **kürzere Muskelzüge** haben, die die Fortsätze benachbarter Wirbel

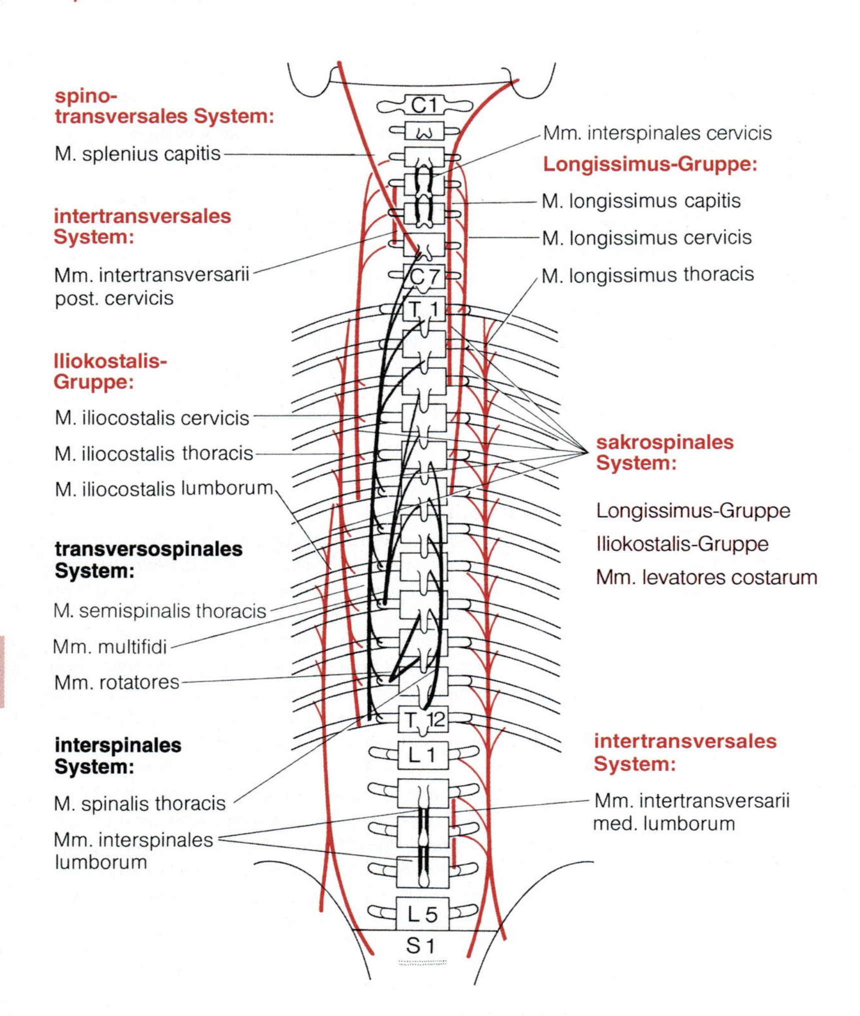

Abb. 9.12. Systeme der tiefen autochthonen Rückenmuskulatur. *Rot* lateraler Trakt (Longissimusgruppe, Iliokostalisgruppe und M. splenius), *schwarz* medialer Trakt. Die Zeichnung stellt nur das Prinzip der einzelnen Systeme dar, jedoch nicht alle Muskeln

verbinden, teils **längere**, die mehrere Wirbel überspringen und im Wesentlichen gerade aufwärts ziehen.

Letztlich wirken aber alle paravertebralen Muskeln – direkt oder indirekt – auf die Zwischenwirbelgelenke, die sie entweder durch einen ausgewogenen Tonus in Ruhelage halten und damit die Wirbelsäule bzw. den Rücken stabilisieren oder bei einer Änderung des Tonus (Kontraktion, Erschlaffung) bewegen.

Klinischer Hinweis

Häufig wird die autochthone Rückenmuskulatur mit den Seilzügen einer Schiffstakelage verglichen, bei der jede Veränderung an einer Stelle an einer anderen ausgeglichen werden muss.

Auf die Beschreibung der einzelnen autochthonen Rückenmuskeln wird verzichtet. Jedoch geben die Tabellen 9.3 bis 9.8 Auskunft über Ursprünge, Ansätze und Funktionen aller einschlägigen Muskeln einschließlich ihrer Innervation. Im Folgenden werden die Zusammenhänge dargestellt.

Medialer Trakt. Die größte Muskelmasse findet sich im Bereich der Lendenwirbelsäule. Sie besteht aus den in der Tiefe gelegenen Anteilen des **M. multifidus** (Tabelle 9.5), der in mehreren Schichten schräg von der Seite nach medial verläuft. Weitere Anteile des M. multifidus finden sich im Brust- und Halsbereich des

Tabelle 9.4. Autochthone Rückenmuskeln, interspinales und spinales System

Muskel	Ursprung	Ansatz	Funktion	Innervation
Mm. interspinales lumborum	Dornfortsätze der Lendenwirbel	Dornfortsätze der Lendenwirbel	Streckung der LWS, äußerst geringe Wirkung	Rr. posteriores der lumbalen Spinalnerven
Mm. interspinales thoracis (fehlen oft)	Dornfortsätze der Brustwirbel	Dornfortsätze der Brustwirbel	Streckung der BWS, äußerst geringe Wirkung	Rr. posteriores der thorakalen Spinalnerven
Mm. interspinales cervicis	Dornfortsätze der Halswirbel, doppelt	Dornfortsätze der Halswirbel, doppelt	Streckung der HWS	Rr. posteriores der zervikalen Spinalnerven
Mm. spinalis thoracis	Dornfortsätze der unteren Brustwirbel, 1. u. 2. Lendenwirbel	Dornfortsätze der oberen Brustwirbel	Streckung der BWS	Rr. posteriores der thorakalen Spinalnerven
M. spinalis cervicis	Dornfortsätze des 4.–7. Halswirbels	Dornfortsätze des 2. und 3. Halswirbels	Streckung der HWS	Rr. posteriores der zervikalen Spinalnerven
M. spinalis capitis (fehlt meistens)	Dornfortsätze der unteren Hals- und oberen Brustwirbelsäule	zwischen Lineae nuchales superior et inferior zusammen mit dem M. semispinalis capitis	*einseitig:* Drehung des Kopfes zur selben Seite *doppelseitig:* Streckung im Atlantookzipitalgelenk und in der HWS	Rr. posteriores der zervikalen Spinalnerven
M. rectus capitis posterior major	Processus spinosus des Axis	mittleres Drittel der Linea nuchalis inferior	*einseitig:* Drehung und Neigung des Kopfes zur selben Seite *doppelseitig:* Streckung im Atlantookzipitalgelenk	Äste aus dem N. suboccipitalis
M. rectus capitis posterior minor	Tuberculum posterius des Arcus posterior des Atlas	medial unterhalb der Linea nuchalis inferior	*einseitig:* Neigung des Kopfes zur selben Seite *doppelseitig:* Streckung im Atlantookzipitalgelenk	Äste aus dem N. suboccipitalis

Rückens, sind jedoch weniger kräftig. Die Muskulatur im Lendenbereich dient vor allem der Sicherung des aufrechten Gangs beim Stehen und beim Gehen. Sie gleicht auch kleinste Schwankungen aus.

Klinischer Hinweis

Antagonistisch zu den Rückenmuskeln wirken der M. iliopsoas und der M. quadratus lumborum. Der sehr kräftige M. iliopsoas (S. 530, Abb. 12.48) gehört zu den inneren Hüftmuskeln. Durch ihn wird der Verbund zwischen Wirbelsäule, Becken und oberer Extremität hergestellt.

Tabelle 9.5. Autochthone Rückenmuskeln, transversospinales System

Muskel	Ursprung	Ansatz	Funktion	Innervation
M. semispinalis thoracis (seine Fasern überspringen 4–7 Wirbel)	Querfortsätze des 6.–12. Brustwirbels	Dornfortsätze des 6. Hals- bis 3. Brustwirbels	*einseitig:* Drehung der Wirbelsäule zur Gegenseite *doppelseitig:* Streckung	Rr. posteriores der Spinalnerven
M. semispinalis cervicis (seine Fasern überspringen 4–6 Wirbel)	Querfortsätze des 1.–6. Brustwirbels	Dornfortsätze des 2.–7. Halswirbels	ähnlich wie der M. semispinalis thoracis	Rr. posteriores der Spinalnerven
M. semispinalis capitis (seine Fasern überspringen 4–6 Wirbel)	Querfortsätze des 3. Hals- bis 6. Brustwirbels	zwischen Linea nuchalis superior und Linea nuchalis inferior am Hinterhaupt	*einseitig:* Drehung des Kopfes zur Gegenseite, Neigung des Kopfes zur gleichen Seite *doppelseitig:* Streckung im Atlantookzipitalgelenk und der HWS	Rr. posteriores der Spinalnerven
Mm. multifidi (ihre Fasern überspringen 2–3 Wirbel)	Facies dorsalis des Os sacrum, Processus mamillares der Lendenwirbel, Querfortsätze der Brustwirbel, Processus articulares der 4 unteren Halswirbel	Dornfortsätze der Lenden- und Brustwirbel sowie des 2.–7. Halswirbels	*einseitig:* Drehung der Wirbelsäule zur Gegenseite (nicht in der LWS) *doppelseitig:* Streckung	Rr. posteriores der Spinalnerven
Mm. rotatores lumborum (ziehen zum nächsthöheren Wirbel)	Processus mamillares der Lendenwirbel	Basis der Dornfortsätze, Wirbelbögen	Streckung in der LWS; sehr geringe Wirkung (in der LWS sind kaum Drehungen möglich)	Rr. posteriores der lumbalen Spinalnerven
Mm. rotatores thoracis (ziehen zum nächst- oder übernächsthöheren Wirbel)	Querfortsätze der Brustwirbel	Basis der Dornfortsätze, Wirbelbögen	Streckung und Rotation der BWS	Rr. posteriores der thorakalen Spinalnerven
Mm. rotatores cervicis (ziehen zum nächsthöheren Wirbel)	Quer- und Gelenkfortsätze der Halswirbel	Basis der Dornfortsätze, Wirbelbögen	Streckung und Rotation der HWS; sehr geringe Wirkung	Rr. posteriores der zervikalen Spinalnerven

Zum medialen Trakt gehören ferner die kürzesten und am tiefsten gelegenen Muskeln des Rückens, die besonders im Brustwirbelbereich ausgebildeten Drehmuskeln (**Mm. rotatores**) (Tabelle 9.5), wo stärkere Drehbewegungen möglich sind. Im Lendenwirbelbereich ist dagegen die Rotation durch das Fehlen eines gemeinsamen Krümmungsradius der Gelenkflächen der beiden Processus articulares sehr stark eingeschränkt.

Tabelle 9.6. Autochthone Rückenmuskeln, spinotransversales System

Muskel	Ursprung	Ansatz	Funktion	Innervation
M. splenius cervicis	Processus spinosus des 3.–6. Brustwirbels und Lig. supraspinale	Tuberculum posterius des 1.–3. Halswirbels	*einseitig:* Drehung der HWS zur selben Seite *doppelseitig:* Streckung der HWS	Rr. posteriores der Spinalnerven
M. splenius capitis	Processus spinosus des 3. Hals- bis 3. Brustwirbels	laterale Hälfte der Linea nuchalis superior bis zum Processus mastoideus	*einseitig:* Drehung und Neigung zur selben Seite im Atlantookzipitalgelenk und der HWS *doppelseitig:* Streckung im Atlantookzipitalgelenk und der HWS	Rr. posteriores der Spinalnerven
M. obliquus capitis inferior	Processus spinosus des Axis	Processus transversus des Atlas	Drehung in der Articulatio atlantoaxialis mediana et lateralis	Äste aus dem N. suboccipitalis

Tabelle 9.7. Autochthone Rückenmuskeln, intertransversales System

Muskel	Ursprung	Ansatz	Funktion	Innervation
Mm. intertransversarii mediales lumborum	Processus mamillares und Processus accessorii der Lendenwirbel	Processus mamillares und Processus accessorii der Lendenwirbel	*einseitig:* Seitwärtsneigung der LWS	Rr. posteriores der lumbalen Spinalnerven
Mm. intertransversarii thoracis (inkonstant)	Processus transversus der Brustwirbel	Processus transversus der Brustwirbel	*einseitig:* Seitwärtsneigung der BWS	Rr. posteriores der thorakalen Spinalnerven
Mm. intertransversarii posteriores mediales cervicis	Tubercula posteriora der Querfortsätze der Halswirbel	Tubercula posteriora der Querfortsätze der Halswirbel	Seitwärtsneigung der HWS	Rr. posteriores der zervikalen Spinalnerven
M. obliquus capitis superior	Processus transversus des Atlas	seitlich an der Linea nuchalis inferior	Streckung und Seitwärtsneigung des Kopfes im Atlantookzipitalgelenk, Drehung des Kopfes zur Gegenseite	N. suboccipitalis

Lateraler Trakt. Er hat die längsten Muskelzüge. Vom Becken ausgehend erreichen sie die Querfortsätze der Wirbel bzw. die Rippen. Sie wirken vor allem bei Streckung und tragen bei einseitiger Innervation zur Seitenneigung der Wirbelsäule (des Rumpfes) bei.

Tabelle 9.8. Autochthone Rückenmuskeln, sakrospinales System und Mm. levatores costarum

Muskel	Ursprung	Ansatz	Funktion	Innervation
M. iliocostalis lumborum	Labium externum der Crista iliaca, Facies dorsalis des Os sacrum u. Fascia thoracolumbalis	Angulus costae der 5. oder 6.–12. Rippe	Streckung und Seitwärtsneigung der BWS und LWS; Exspiration	Rr. posteriores der Spinalnerven
M. iliocostalis thoracis	Angulus costae der 6 kaudalen Rippen	Angulus costae der 6 kranialen Rippen	Streckung und Seitwärtsneigung der BWS; Exspiration	Rr. posteriores der thorakalen Spinalnerven
M. iliocostalis cervicis	Angulus costae der 3.–6. Rippe	Tuberculum posterius des 3.–6. Halswirbels	Streckung und Seitwärtsneigung der HWS; Inspiration	Rr. posteriores der Spinalnerven
M. longissimus thoracis	Facies dorsalis des Os sacrum, Dornfortsätze der Lendenwirbel, Querfortsätze der unteren BWS	Querfortsätze der Brust- und Lendenwirbel an der 2.–12. Rippe Angulus costae und Tuberculum costae	Streckung und Seitwärtsneigung der BWS und LWS; Exspiration	Rr. posteriores der Spinalnerven
M. longissimus cervicis	Querfortsätze des 1.–6. Brustwirbels	Tubercula posteriora des 2.–7. Halswirbels	Streckung und Seitwärtsneigung der HWS und oberen BWS	Rr. posteriores der Spinalnerven
M. longissiumus capitis	Querfortsätze des 3. Hals- bis 3. Brustwirbels	Processus mastoideus	Streckung, Seitwärtsneigung und Drehung des Kopfes und der HWS	Rr. posteriores der Spinalnerven
Mm. levatores costarum breves et longi	Querfortsätze des 7. Hals- bis 11. Brustwirbels	*breves:* nächst tiefere Rippe; *longi:* übernächst tiefere Rippe	Streckung und Seitwärtsneigung der Wirbelsäule, geringfügige Drehwirkung in der unteren BWS	Rr. posteriores der Spinalnerven

Wichtig

Sofern die tiefen Rückenmuskeln für Bewegungen des Rumpfes eingesetzt werden, wirken sie stets mit Bauchmuskeln zusammen.

Da tiefe Rücken- und Bauchmuskulatur zu einem funktionellen System zusammengefasst sind, erfolgt die Besprechung der Rumpfbewegungen für Bauch- und Rückenmuskeln gemeinsam (▶ S. 315).

Klinischer Hinweis

Erkrankungen der Wirbelsäule führen häufig zu Fehlhaltungen und schmerzhaften Verspannungen der Rückenmuskulatur. Dem kann physiotherapeutisch durch Muskeldehnungen, die die Wirbelgelenke entlasten, sowie durch Erlernen einer richtigen Körperhaltung und zweckmäßiger Bewegungsabläufe entgegengewirkt werden, die die erkrankten Bewegungssegmente in einer Mittelstellung belastbar machen (*Rückenschule*).

9.3.3 Nackenmuskeln

Die Nackenmuskulatur bedarf der besonderen Besprechung, da sie wesentlich dazu beiträgt, den Kopf in einer gewünschten Stellung zu halten. Ihre Muskelmasse ist groß.

Klinischer Hinweis
Obgleich die Kopfgelenke (zwischen Hinterhaupt und den oberen zwei Halswirbeln) so angeordnet sind, dass das Kopfgewicht auf die Wirbelsäule übertragen wird, sinkt der Kopf doch beim Nachlassen des Tonus der Nackenmuskulatur nach vorne, z.B. beim Einschlafen im Sitzen.

Charakteristisch für die Nackenmuskulatur ist ein angedeuteter Schichtenbau, wobei die Schichten jedoch nicht in sich geschlossen sind.

Schichten der Nackenmuskulatur
- Oberflächlich **M. trapezius** (eingewanderter sekundärer Rückenmuskel, ◘ Tabelle 12.2)
- **Mm. splenius cervicis et capitis** (◘ Tabelle 9.6)
- **M. semispinalis capitis** (◘ Tabelle 9.5), der teilweise den **M. semispinalis cervicis** überlagert
- **M. iliocostalis cervicis** (◘ Tabelle 9.8)
- **Mm. longissimus cervicis et capitis** (◘ Tabelle 9.8)
- **kurze Nackenmuskulatur** (▶ unten)
- in der Tiefe des Nackens obere **Anteile des M. multifidus** (◘ Tabelle 9.5) sowie
  Mm. rotatores cervicis (◘ Tabelle 9.5) und
  Mm. spinalis cervicis et capitis (◘ Tabelle 9.4)

Kurze Nackenmuskeln (◘ Abb. 9.13). Folgende vier Muskeln, die alle zur autochthonen Rückenmuskulatur gehören, bilden eine Funktionsgruppe:
- **M. rectus capitis posterior minor** (◘ Tabelle 9.4)
- **M. rectus capitis posterior major** (◘ Tabelle 9.4)
- **M. obliquus capitis superior** (◘ Tabelle 9.7)
- **M. obliquus capitis inferior** (◘ Tabelle 9.6)

Funktionell kommen noch der **M. rectus capitis lateralis** (▶ S. 243) und der prävertebrale **M. rectus capitis anterior** hinzu.

Die kurzen Nackenmuskeln dienen vor allem der Feinsteuerung der Bewegungen in den Kopfgelenken: bei Rückwärtsneigen, Seitneigen und Drehung des Kopfes. Gemeinsam wirken sie bei der Streckung mit, da sie hinter der Beuge- und Streckachse der Kopfgelenke liegen. Im Übrigen beteiligen sie sich an den Drehbewegungen des Kopfes. Die Wirkung ist umso kräftiger, je weiter sie von der Rotationsachse durch den Dens axis entfernt sind. Bei der Seitwärtsneigung des Kopfes im Atlantookzipitalgelenk wirken sie mit Antagonisten zusammen.

9.4 Faszien des Rückens

Wichtig
Die Faszien des Rückens umhüllen die tiefe Muskulatur und führen sie.

Das tiefe paravertebrale Muskelsystem setzt sich deutlich von seiner Umgebung ab, im Brust- und Lendenbereich durch die **Fascia thoracolumbalis** und im Halsbereich durch die **Fascia nuchae.** Dadurch befindet sich die paravertebrale Muskulatur in einer eigenen Loge, osteofibröser Kanal. Aufgelagert sind den Faszien die sekundär eingewanderten Muskeln (M. trapezius, Mm. rhomboidei, M. latissimus dorsi).

Fascia thoracolumbalis. Sie befestigt sich mit ihrem **tiefen Blatt** an der 12. Rippe, an den Processus costales der Lendenwirbel und an der Crista iliaca, mit ihrem **oberflächlichen Blatt** an den Dornfortsätzen. Beide Blätter vereinigen sich lateral vom M. iliocostalis. Das oberflächliche Blatt dient außerdem als Ursprungsaponeurose für den M. latissimus dorsi (◘ Tabelle 12.3) und für den M. serratus posterior inferior (◘ Tabelle 9.3). Am tiefen Blatt entspringt der M. obliquus internus abdominis (▶ S. 310) und teilweise der M. transversus abdominis (▶ S. 311). Die Festigkeit der Fascia thoracolumbalis nimmt von unten nach oben ab; im Brustbereich ist sie nur noch sehr dünn.

Klinischer Hinweis
Durch die Fascia thoracolumbalis wird ein Verbund zwischen Rücken- und Bauchmuskulatur hergestellt, dem große physiotherapeutische Bedeutung zukommt. So wirkt z.B. eine kräftige Bauchmuskulatur einer übermäßigen Lendenlordose und damit einer zu starken Beckenkippung entgegen und kann dadurch eine »schlechte Haltung« und »Rückenschmerzen« verhindern. Ferner steigert eine trainierte Bauchmuskulatur den intraabdominalen Druck und wirkt dadurch stabilisierend und entlastend auf die Wirbelsäule.

Fascia nuchae. Sie ist die kraniale Fortsetzung der Fascia thoracolumbalis. Medial ist sie mit dem Lig. nuchae verwachsen und nach lateral durch die Faszie des M. levator scapulae (◘ Tabelle 12.2) mit der Lamina praevertebralis der Halsfaszie verbunden.

9.5 Topographie und angewandte Anatomie des Rückens

Taststellen. Protuberantia occipitalis externa, Processus spinosus des 7. Halswirbels (▶ S. 237) und Processus spinosi von Brust- und Lendenwirbeln, Crista sacralis mediana bis Os coccygis. Hinzu kommen die Taststellen am Schulterblatt (Abb. 12.2) und am Becken (▶ S. 322).

Trigonum suboccipitale. Es liegt in der Tiefe der Regio cervicalis posterior. Begrenzt wird das Trigonum durch den M. rectus capitis posterior major, M. obliquus capitis superior und M. obliquus capitis inferior (Abb. 9.13). Seinen Boden bilden die Membrana atlantooccipitalis posterior und der hintere Atlasbogen.

Im Trigonum suboccipitale liegen die **A. vertebralis** (▶ S. 657), die **Vv. vertebrales**, der **N. suboccipitalis** und ein Teil des **Plexus venosus suboccipitalis**, der mit den Vv. vertebrales und mit dem Plexus venosus vertebralis externus in Verbindung steht.

Wichtig

Die dorsalen Äste der 3 ersten Spinalnerven zeigen ein besonderes topographisches Verhalten (Abb. 9.13 a). Sie gehören zu den Rr. dorsales der Halsnerven.

Der **1. Zervikalnerv** verlässt zwischen Hinterhaupt und Arcus posterior des Atlas den Wirbelkanal. Er verläuft dann gemeinsam mit der A. vertebralis und ihren Begleitvenen im Sulcus arteriae vertebralis. Am hinteren Rand des Wirbelbogens teilt er sich in einen R. anterior und R. posterior. Der R. anterior beteiligt sich an der Bildung des Plexus cervicalis. Der R. posterior wird **N. suboccipitalis** genannt. Er ist motorisch und versorgt die kurzen Nackenmuskeln und gibt Äste an den M. semispinalis capitis und den M. longissimus capitis ab.

Der **R. posterior des 2. Zervikalnerven** ist der überwiegend sensible **N. occipitalis major.** Er schlingt sich unten um den M. obliquus capitis inferior. Dann durchbohrt er den M. semispinalis capitis, den er innerviert, und anschließend durchbohrt er den M. trapezius. Seine Endverzweigungen versorgen sensibel die Haut der Nacken- und Hinterhauptsgegend.

Der **R. posterior des 3. Zervikalnerven** heißt **N. occipitalis tertius.** Er ist sensibel und durchbricht den M. semispinalis capitis und den M. trapezius. Anschließend versorgt er einen kleinen Teil der Nackenhaut nahe der Mittellinie.

Subokzipitalpunktion (selten ausgeführt). Sie dient der Gewinnung von Liquor cerebrospinalis aus der Cisterna cerebellomedullaris (▶ S. 849). Zwischen Arcus atlantis posterior und hinterem Rand des Os occipitale wird in der Medianebene die Membrana atlantooccipitalis posterior durchstochen, die hier mit der Dura mater verwachsen ist und der von innen die Arachnoidea mater direkt anliegt. Damit ist die Cisterna cerebellomedullaris erreicht. Die Stichtiefe beträgt nie mehr als 5 cm, davon 4 cm bis zur Membrana atlantooccipitalis.

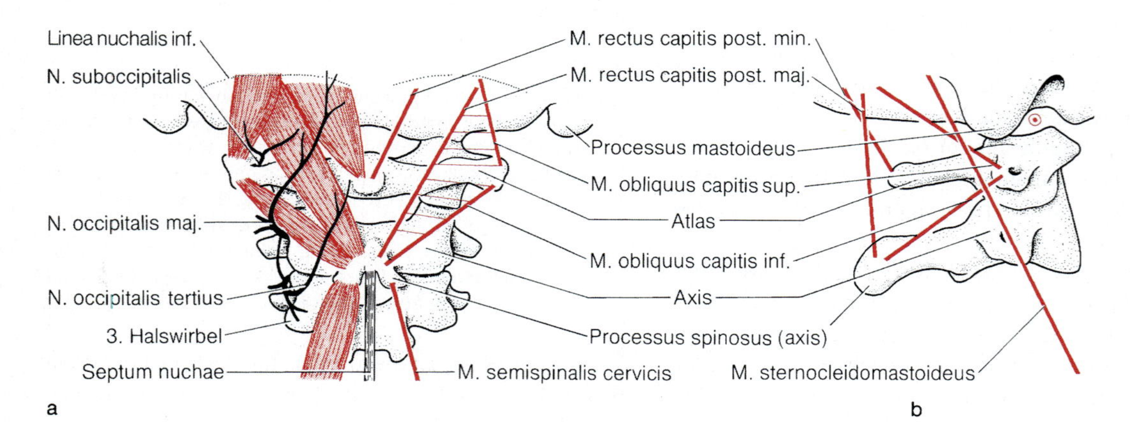

Abb. 9.13 a, b. Kurze Nackenmuskeln und Nerven des Nackens. **a** Ansicht von dorsal. **b** Ansicht von lateral. ⊙ Transversale Achse für das Atlantookzipitalgelenk

Lumbalpunktion. Dabei wird die Punktionsnadel in den Subarachnoidalraum unterhalb des Rückenmarks eingeführt. Bei gekrümmtem Rücken wird in der Medianebene **oberhalb des Wirbelbogens von L5** eingestochen. Die Nadel durchdringt das Lig. supraspinale und Lig. interspinale. Die Ligg. flava lassen dagegen in der Medianebene einen 2–3 mm breiten Spalt frei. Dann gelangt die Nadel in den mit Fettgewebe und Plexus venosus vertebralis internus gefüllten spaltförmigen Epiduralraum und anschließend nach Durchstoßen der Dura mater und der Arachnoidea in den Liquorraum (■ Abb. 15.70). Durch Liquorentnahme sinkt der Druck im gesamten Liquorraum, was zu Kopfschmerzen und Übelkeit führen kann.

Epiduralanästhesie. Sie wird als Leitungsanästhesie für die Plexus lumbalis et sacralis (▶ S. 569) an gleicher Stelle wie die Lumbalpunktion durchgeführt. Die Nadel durchdringt dabei das äußere Blatt der Dura (= Periost), nicht jedoch das innere Blatt (▶ S. 848).

Trigonum lumbale. Es liegt im Bereich der hinteren Bauchwand zwischen den Rändern des M. latissimus dorsi und des M. obliquus externus abdominis.

In Kürze

Angelpunkt für das Verständnis der Wirbelsäule und die Funktion des Rückens sind die Bewegungssegmente. Sie haben ihren Drehpunkt in den Nuclei pulposi der Disci intervertebrales. Die Bewegungen selbst werden in den »kleinen« Wirbelgelenken zwischen den Processus articulares ausgeführt. Durch die Stellung der Gelenkflächen werden die in den verschiedenen Wirbelsäulenabschnitten unterschiedlichen Bewegungsrichtungen und durch den Bandapparat der Wirbelsäule der Bewegungsumfang festgelegt. Am umfangreichsten sind die Bewegungen in der Halswirbelsäule. – Die Rückenmuskulatur gehört z.T. zum Schultergürtel (oberflächliche Rückenmuskeln). Sie ist eingewandert. Die tiefen, autochthonen Rückenmuskeln sind ortsständig entstanden. Sie sind überwiegend Halte-, nur zum kleineren Teil Bewegungsmuskeln (Mm. rotatores). Autochthone Rückenmuskeln werden von dorsalen Ästen der Spinalnerven innerviert.

Thorax

10.1 Gliederung des Thorax – 254

10.2 Brustdrüse – 256

10.3 Oberflächliche Thoraxmuskulatur – 258

10.4 Thoraxwand – 259

10.4.1 Knöcherner Thorax, Bänderthorax – 260

10.4.2 Tiefe Thoraxmuskulatur und Faszien des Thorax – 262

10.4.3 Gefäße und Nerven der Thoraxwand – 263

10.5 Zwerchfell – 264

10.6 Thorax als Ganzes und Atemmechanik – 267

10.7 Brusthöhle – 269

10.7.1 Pleura und Pleurahöhle – 269

10.7.2 Atmungsorgane – 271

10.8 Mediastinum – 280

10.8.1 Herzbeutel, Herz und große Gefäßstämme – 280

10.8.2 Oberes, hinteres und vorderes Mediastinum – 293

10 Thorax

In diesem Kapitel wird dargestellt,

wie
- die Brustdrüse (Mamma) gebaut ist und funktioniert,
- der Thorax seinen inneren Organen Schutz gewährt und durch seine Beweglichkeit der Atmung dient,
- die Lungen im Cavum thoracis von zwei getrennten Pleurasäcken umschlossen werden, zwischen denen sich das Mediastinum befindet,
- die Lunge gebaut ist, um den Austausch der Atemgase zu ermöglichen,
- das Herz den Blutkreislauf in Gang hält,
- Herz, große Leitungsbahnen, Trachea und Bronchien, Ösophagus und Thymus im Mediastinum untergebracht sind.

10.1 Gliederung des Thorax 

Der **Thorax** (*Brustkorb*) (◘ Abb. 10.1) gleicht einem ungleichmäßigen Kegel mit abgetragener Spitze: ungleichmäßig ist er, weil sein transversaler Durchmesser größer ist als sein sagittaler. Nach kranial tritt der Thorax durch die **Apertura thoracis superior** mit dem Hals in Verbindung. Die kaudale Öffnung (**Apertura thoracis inferior**) ist durch das *Zwerchfell* (**Diaphragma**) verschlossen.

Die Oberfläche des Thorax bildet die *Brust* (**Pecten**). Zu ihr gehören die *Brustdrüsen* (**Gll. mammariae**) und die oberflächlichen **Brustmuskeln.**

Die Wand des Thorax stabilisieren die *Rippen* (**Costae**) und das *Brustbein* (**Sternum**). Der Thorax kann durch die autochthone, d.h. am Ort entstandene Brustmuskulatur bewegt werden.

Die Brusthöhle (Cavitas thoracis) gliedert sich in zwei getrennte **Pleurasäcke**, die die *Lungen* (**Pulmones**; Singular: Pulmo) umschließen, und ein Gebiet dazwischen (**Mediastinum**) (◘ Abb. 10.2).

Zur Anschaulichkeit
Die Pleurasäcke sind bildlich gesehen von außen durch die Lungen – wie von einer Faust – eingestülpt. Hierdurch lagern sich die Hüllen der Säcke eng aneinander und lassen lediglich einen schmalen Spalt zwischen sich frei. Die Hülle, die unmittelbar der Lunge anliegt, ist das *Lungenfell* (*Pleura pulmonalis/visceralis*), die Hülle am Thorax ist das *Rippenfell* (*Pleura parietalis*) (► unten). Der Spalt dazwischen wird als Pleura»höhle« bezeichnet.

Im Mediastinum (◘ Abb. 10.2) liegen das *Herz* (**Cor**), das vom **Pericard** umschlossen wird, und zahlreiche Nerven und Gefäße, z.B. **Aorta,** *obere und untere Hohlvene* (**V. cava superior, V. cava inferior**). Im oberen Bereich des Mediastinum befinden sich die **Trachea** (*Luftröhre*) mit ihren beiden Ästen, den **Hauptbronchien** (*Bronchi principales*), der **Thymus** (*Bries*) und im hinteren Bereich, unmittelbar vor der Wirbelsäule, der **Ösophagus** (*Speiseröhre*).

Klinischer Hinweis
Das Mediastinum kann operativ ohne Eröffnung der Pleurahöhlen erreicht werden. – Eine Erkrankung der einen Pleurahöhle muss nicht auf die andere übergreifen.

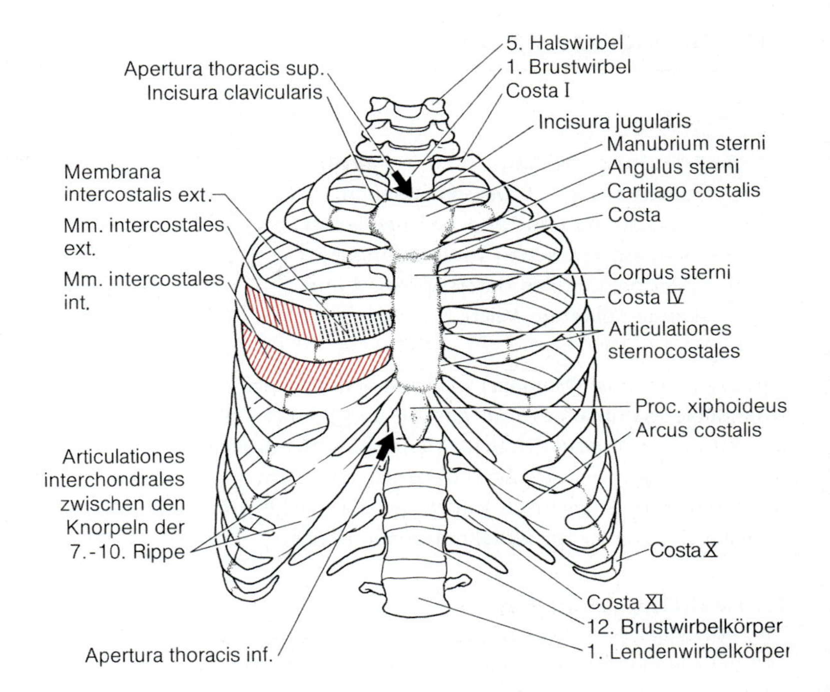

Abb. 10.1. Knöcherner Thorax mit Interkostalmuskeln und Membrana intercostalis externa

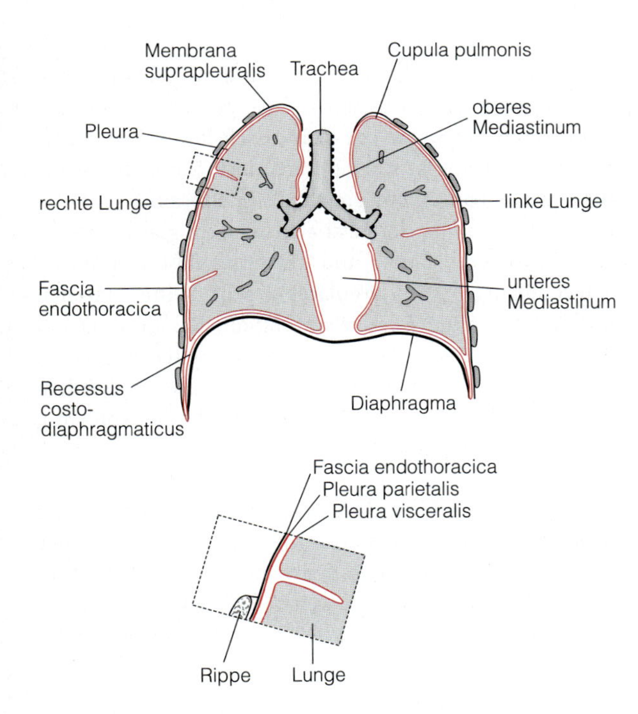

Abb. 10.2. Cavitas thoracis. Übersicht. Inset: Pleura mit der spaltförmigen Cavitas pleuralis (in Anlehnung an Dauber 2004)

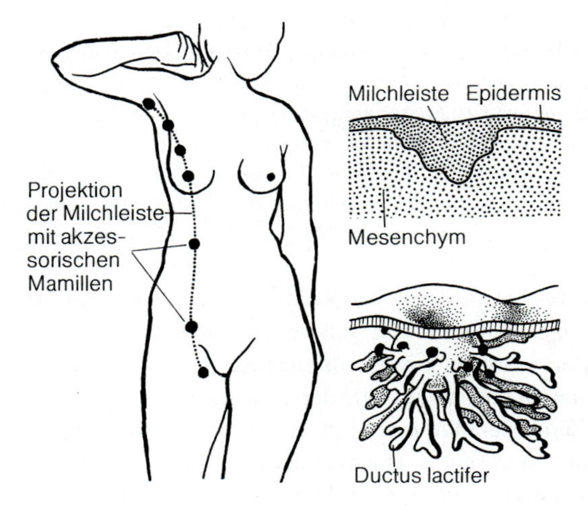

Abb. 10.3. Stadien der Brustdrüsenentwicklung. Die beidseitig angelegten Milchleisten werden bis auf eine Brustdrüse jederseits zurückgebildet. Ist die Rückbildung unvollkommen, können auch an anderen umschriebenen Stellen der Milchleiste Drüsenanlagen und akzessorische Mammae entstehen

10.2 Brustdrüse e H84

Kernaussagen

Die Brustdrüse der Frau
- **besteht aus 15–20 Drüseneinheiten,**
- **ist in Lappen und Läppchen gegliedert,**
- **unterliegt zyklischen Veränderungen,**
- **bildet beim Stillen durch apokrine und ekkrine Sekretion Milch.**

Die *weibliche Brust* (**Mamma**) wird von den *Brustdrüsen* (**Glandulae mammariae**) und das sie umgebende Fett- und Bindegewebe gestaltet. Beim Mann sind Brustdrüsen und umgebendes Fettgewebe rudimentär und nicht profilbestimmend. Ändert sich jedoch der männliche Hormonstatus, kann es zur **Gynäkomastie** kommen.

Zur Entwicklung der Brustdrüse

Die Entwicklung der Brustdrüse beginnt bei beiden Geschlechtern mit einer Epithelverdickung im Bereich einer *Milchleiste* (Abb. 10.3), die sich jedoch bis auf den Bereich der zukünftigen Drüse zurückbildet. Bei gestörter Rückbildung können zusätzliche, akzessorische Mammae entstehen.

Die geschlechtsspezifische Entwicklung der weiblichen Brust beginnt in der Pubertät unter dem Einfluss der Ovarialhormone. Zunächst kommt es zur *Knospenbrust*, die kegelförmig hervortritt. Später vergrößert sich die Mamma, wobei sich die untere Hälfte stärker rundet als die obere. Dadurch tritt die Brustwarze deutlicher hervor. Bestimmt wird die Brustform insbesondere vom Binde- und Fettgewebe. Sobald die Bindegewebsspannung nachlässt, senkt sich die Mamma.

Glandulae mammariae. Die weibliche Brustdrüse (Abb. 10.4, e H84) besteht aus 15–20 einzelnen **tubuloalveolären Drüsen** mit jeweils eigenem Ausführungsgang (**Ductus lactifer colligens**), der in seinem Endabschnitt zum **Sinus lactifer** erweitert ist. In die Sammelgänge münden zahlreiche **Ductus lactiferi** mit Endstücken. Durch Binde- und Fettgewebe werden die Drüsen in irreguläre Lappen (**Lobi**) geteilt. Eine weitere Untergliederung in Drüsenläppchen (**Lobuli**) (Abb. 10.4) erfolgt durch bindegewebige **Septa interlobularia.** Straffe Kollagenfaserzüge (**Retinacula**) erreichen die Fascia pectoralis, gegen die die Brust beweglich ist.

Klinischer Hinweis

Das Mammakarzinom ist der häufigste Tumor der Frau. Im Spätstadium ist eine Verschiebung der Brustdrüse auf ihrer Unterlage nicht mehr möglich.

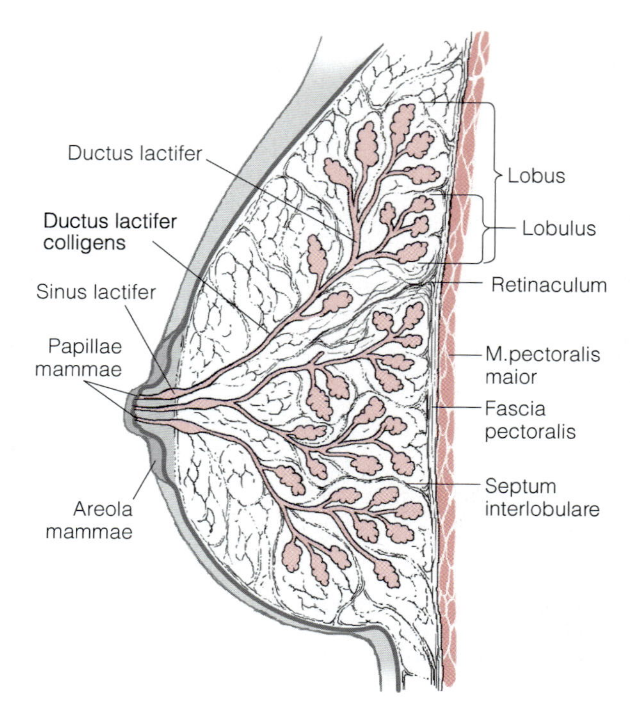

Abb. 10.4. Weibliche Brustdrüse e H84

Papilla mammaria (*Brustwarze*) und **Areola mammae** (*Warzenhof*). Alle Ausführungsgänge der Brustdrüse münden an der Spitze der zylindrisch-konischen Brustwarze. Ihre Haut ist stark pigmentiert. Umgeben ist die Brustwarze von einem gleichfalls (hellbraun) pigmentierten *Warzenhof*, der elastische Fasern, glatte Muskulatur, Nerven, Blut- und Lymphgefäße, apokrine Schweißdrüsen (**Gll. areolares**), sehr feine Härchen und einige kleine Talgdrüsen enthält. Bei Kontraktion der glatten Muskulatur, z. B. bei sexueller Erregung, kommt es zur Erektion der Brustwarze. Außerdem springen die Drüsen des Warzenhofes knötchenförmig vor (**Tubercula areolae**).

Prämenstruell, d. h. vor jeder Regelblutung, kommt es zu reversibler Sprossung und zum Längenwachstum der Ductus lactiferi. Während der **Schwangerschaft** proliferieren die Ductus lactiferi weiter und bekommen weitlumige tubuloalveoläre Endstücke mit sezernierendem Epithel.

Die **Milchsekretion** beginnt gegen Ende der Schwangerschaft. Zunächst wird eine fettarme, eiweißreiche Vormilch (**Colostrum**) abgesondert. Etwa am 3. Tag nach

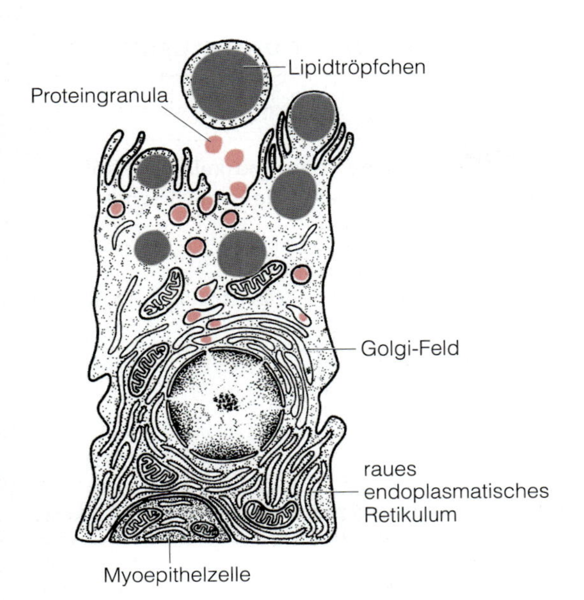

Abb. 10.5. Milchsekretion elektronenmikroskopisch. Die verschiedenen Stadien sind in einem Bild zusammengezogen

der Geburt »schießt Milch ein«, die eigentliche Milchbildung beginnt. Das Milchfett wird durch apokrine Sekretion, das Milcheiweiß durch ekkrine Sekretion abgegeben (Abb. 10.5). Gesteuert wird die Proliferation des Gangsystems durch Östrogene. Die Milchbildung (-produktion) wird durch Prolactin des Hypophysenvorderlappens (Tabelle 15.3) angeregt. Die Ejektion der Milch fördert Oxytocin, das durch den Saugreiz des Kindes aus dem Hypophysenhinterlappen (Abb. 15.29) in die Blutbahn freigesetzt wird und an kontraktilen Myoepithelzellen der Milchdrüsen angreift.

Beim Abstillen des Kindes kommt es zu einem Sekretstau, durch den die Wände der Alveolen einreißen und Milchreste abgebaut werden. Die Brustdrüse kehrt zum Zustand der ruhenden Mamma zurück.

Im Alter werden alle Anteile der Mamma zurückgebildet und atrophisch (Involution der Mamma).

Gefäßversorgung (Abb. 10.6). Die **arterielle Versorgung** der Mamma erfolgt
- medial durch Äste der *A. thoracica interna* (▶ S. 304)
- lateral durch Äste der *Aa. axillaris* (▶ S. 500), *thoracica lateralis* sowie *thoracoacromialis*
- in der Tiefe durch perforierende Äste der 2.–4. *Aa. intercostales*

Die ableitenden **Venen** verlaufen parallel zu den Arterien und bringen das Blut letztlich zu *V. axillaris, V. thoracica interna* und den *Vv. intercostales.* Auf diesem Weg können sich Metastasen eines Mammakarzinoms hämatogen ausbreiten (zu etwa 70% in die Knochen und etwa 15% in die Lungen).

Lymphknoten. Die Lymphe erreicht (Abb. 10.6)
- die lateralen und oberen **Nodi lymphoidei axillares** (ca. 75%)
- **parasternale Lymphknoten** in der Nachbarschaft der A. thoracica interna
- **interkostale Lymphknoten** in der Nähe von Kopf und Hals der Rippen

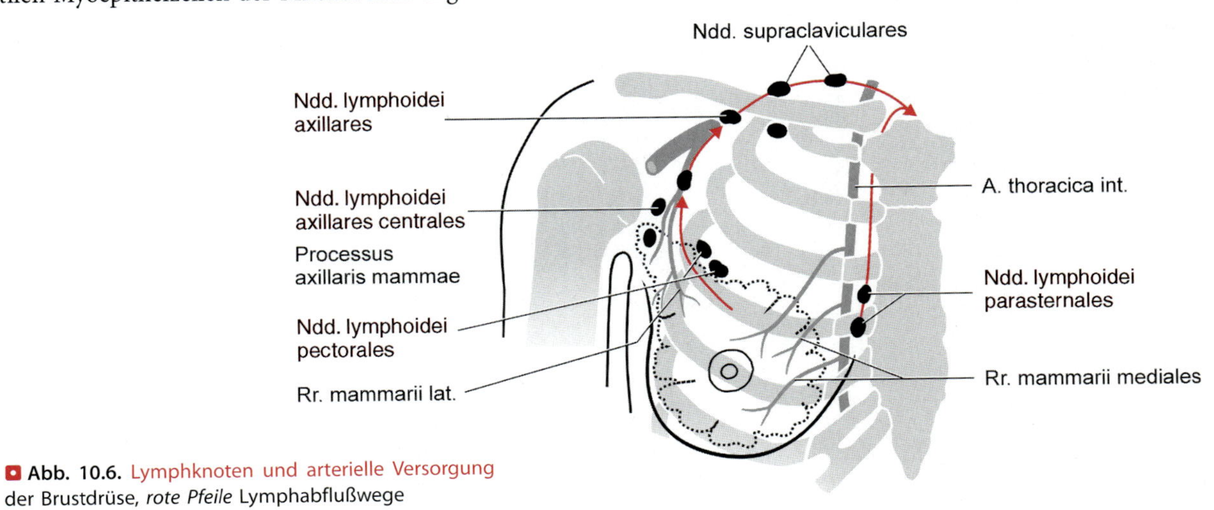

Abb. 10.6. Lymphknoten und arterielle Versorgung der Brustdrüse, *rote Pfeile* Lymphabflußwege

Auch auf dem Lymphweg kann es beim Mammakarzinom zu Metastasen kommen, zunächst in den regionären Lymphknoten (▶ oben).

> **In Kürze**
>
> **Die Mamma besteht aus 15–20 tubuloalveolären Drüsen, die durch umgebendes Binde- und Fettgewebe in Lobi und Lobuli gegliedert werden. Die Drüsenausführungsgänge münden auf der Brustwarze. Auch die ruhende Mamma unterliegt zyklischen Veränderungen mit Sprossung, Längenwachstum und Rückbildung von Ductus lactiferi und Endstücken. Während des Stillens kommt es hormonell geregelt zur apokrinen Sekretion der Fettanteile und zur ekkrinen Abgabe der Proteine der Milch. Der Lymphabfluss erfolgt überwiegend zu den regionären Lymphknoten der Axilla.**

10.3 Oberflächliche Thoraxmuskulatur

Kernaussagen

- **Die oberflächliche Thoraxmuskulatur gehört zur Schultermuskulatur. Sie ist nicht ortsständig entstanden.**

Oberflächliche Thoraxmuskeln (Abb. 10.7, Tabelle 10.1) sind:
- **M. pectoralis major**
- **M. pectoralis minor**
- **M. subclavius**

> **Hinweis**
>
> Die Muskeln entspringen zwar an der vorderen Thoraxwand, gehören aber hinsichtlich Herkunft, Funktion und Innervation (durch Äste aus dem Plexus brachialis) zur Muskulatur des Schultergürtels (Tabelle 12.2). Auf den Thorax wirken sie lediglich bei aufgestütztem Arm als Atemhilfsmuskeln (Tabelle 10.3).

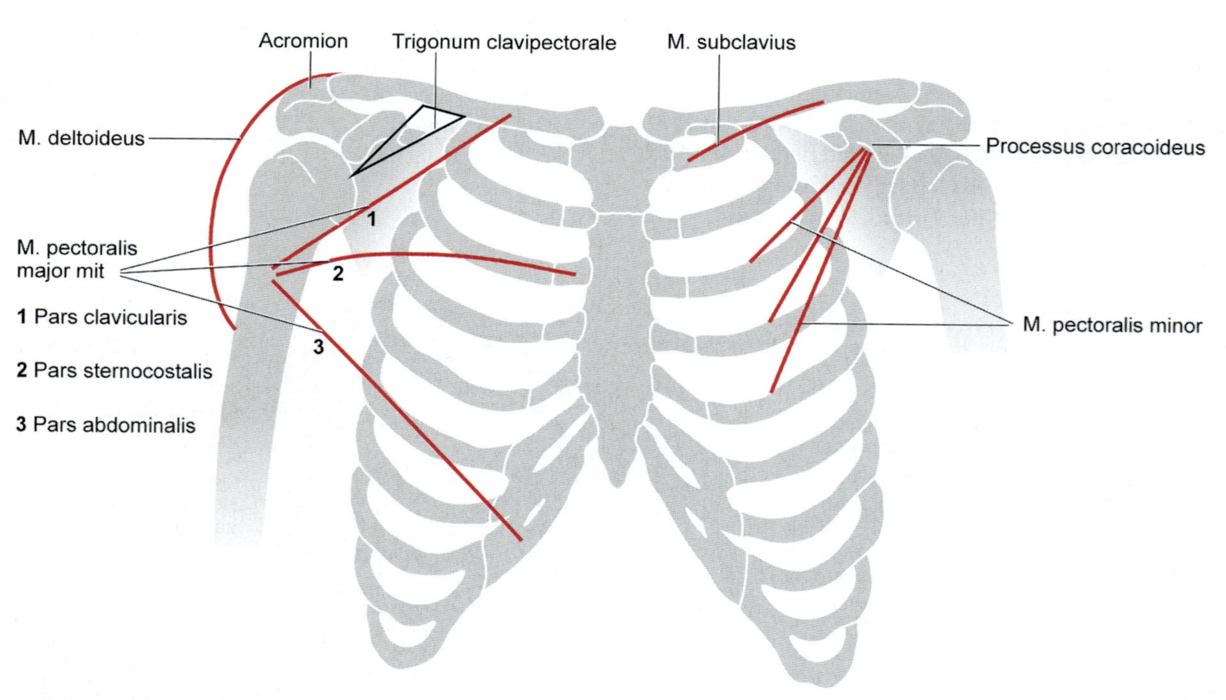

Abb. 10.7 Oberflächliche Thoraxmuskulatur

Tabelle 10.1. Oberflächliche Thoraxmuskulatur

Muskel	Ursprung	Ansatz	Funktion	Innervation
M. pectoralis major				
Pars clavicularis	Mediale Hälfte der Klavikula	Crista tuberculi majoris humeri	Innenrotation, Adduktion, Anteversion, Inspiration bei aufgestützten Armen	N. pectoralis medialis und N. pectoralis lateralis
Pars sternocostalis	Manubrium sterni, Corpus sterni, 2.–7. Rippenknorpel			
Pars abdominalis	vorderes Blatt der Rektusscheide		Senkung der Schulter	
M. pectoralis minor	2. oder 3.–5. Rippe 1–2 cm seitlich der Knorpel-Knochen-Grenze	Processus coracoideus scapulae	zieht das Schulterblatt nach vorn unten, bei aufgestützten Armen wirkt er inspiratorisch	N. pectoralis medialis und N. pectoralis lateralis
M. subclavius	vordere Fläche der 1. Rippe an der Knorpel-Knochen-Grenze	untere Fläche der Extremitas acromialis der Klavikula	hält die Klavikula im Sternoklavikulargelenk, polstert die Vasa subclavia	N. subclavius (Plexus brachialis)

Der M. pectoralis major bedeckt M. pectoralis minor und M. subclavius.

Faszien. Die **Fascia pectoralis** liegt an der Oberfläche des M. pectoralis major und setzt sich in die Tiefe als **Fascia clavipectoralis** fort, die M. pectoralis minor und M. subclavius umhüllt. Die Fascia clavipectoralis befestigt sich an Schlüsselbein (Clavicula, ► S. 455) und Processus coracoideus des Schulterblatts (Scapula, ► S. 455). Sie setzt sich in die Fascia axillaris (► S. 472) fort.

Zwischen dem Oberrand des M. pectoralis minor und der Klavikula liegt das **Trigonum clavipectorale** (Abb. 10.7), das von der **Fascia clavipectoralis** bedeckt ist. Das Trigonum ist ein Durchgangsweg für Leitungsbahnen zur oberen Extremität: **V. axillaris, A. axillaris, Plexus brachialis.** Unter der Haut (Mohrenheim-Grube) liegt die **V. cephalica**, die in die V. axillaris mündet.

Klinischer Hinweis

Alle Leitungsbahnen, die unter der Klavikula ins Trigonum clavipectorale gelangen, sind durch den M. subclavius so gut gepolstert, dass sie bei Schlüsselbeinbrüchen nur selten verletzt werden.

In Kürze

Die oberflächliche Thoraxmuskulatur bewegt den Thorax als Atemhilfsmuskulatur nur bei aufgestütztem Arm.

10.4 Thoraxwand

Osteologie: Thorax; Thoraxraum

Kernaussagen

- **Der Thorax ist eine funktionelle Einheit aus Rippen, Wirbelsäule und Brustbein.**
- **Der Thorax kann durch Drehbewegungen in den Rippenwirbelgelenken gehoben (erweitert) und gesenkt (verengt) werden (Einatmung, Ausatmung). Die Erweiterung erfolgt in transversaler, sagittaler und vertikaler Richtung.**
- **Der Thorax wird durch ortsständig entstandene, autochthone Brustmuskulatur bewegt.**
- **Der wichtigste Atemmuskel ist das Diaphragma.**

Die Wand des Thorax besteht aus (Abb. 10.1)
- Anteilen des Skeletts (**knöcherner Thorax**)
- Bandapparat (**Bänderthorax**)
- autochthonen **tiefen Brustmuskeln**

Der Thorax ist als Ganzes beweglich.

10.4.1 Knöcherner Thorax, Bänderthorax

e Osteologie: Thorax

Wichtig

Die Grundlage des Thorax ist ein bewegliches Gerüst aus Knochen, Gelenken und Bändern.

Zu knöchernem Thorax und Bänderthorax gehören:
- 12 Rippenpaare (**Costae**)
- Brustbein (**Sternum**)
- Brustwirbel (**Vertebrae thoracicae**)
- **Bandapparat**

Zwischen den Rippen befinden sich **Interkostalräume** (*Zwischenrippenräume*).

Alle knöchernen Teile des Thorax sind durch Gelenke miteinander verbunden:
- die Rippen mit den Brustwirbeln durch **Articulationes costovertebrales**
- die Rippen mit dem Brustbein durch straffe **Articulationes sternocostales**
- die Rippen 8–10 untereinander durch **Articulationes interchondrales**

Diese Konstruktion verleiht dem Thorax eine beträchtliche Festigkeit bei hoher Viskoelastizität. So kann der Thorax seine inneren Organe, insbesondere Herz und Lungen, schützen und sich bei der Atmung bewegen.

Zur Entwicklung der Rippen und des Sternums

Die **Rippen** entwickeln sich aus Kostalfortsätzen der Wirbelanlagen im Bereich des späteren Thorax (▶ S. 231). Es entstehen lange Knorpelspangen, die gegen Ende des 2. Monats zu verknöchern beginnen. Ventral verbleiben jedoch Rippenknorpel (**Cartilagines costales**). Die Knorpel-Knochen-Grenze verschiebt sich im Laufe des Lebens immer weiter zum Sternum hin.

Kostalfortsätze der Hals- und Lendenwirbel können überzählige Rippen bilden, besonders beim 7. Halswirbel (**Halsrippe**) oder beim 1. Lendenwirbel (**Lendenrippe**). Andererseits kann die 12. Rippe fehlen.

Das **Sternum** geht an den ventralen Enden der Rippenanlagen aus der Somatopleura hervor. Dort entstehen **zwei Sternalleisten**, die zunächst die Knorpelanlage des Sternums bilden. Die folgende Verknöcherung ist erst im 20. bis 25. Lebensjahr abgeschlossen.

Rippen

Wichtig

Die 2.–11. Rippe (Costa) weist jeweils eine Flächenkrümmung, eine Kantenkrümmung und eine Torsion um ihre Längsachse auf.

Gemeinsam ist allen Rippen ein längerer knöcherner hinterer Teil und ein kürzerer knorpeliger ventraler Teil (**Cartilago costalis**) (Abb. 10.1).

Unterschiedlich angeordnet ist der ventrale Bereich der Rippen. Dort stehen die Rippen 1–7 direkt mit dem Sternum in Verbindung (**Costae verae**), die 8.–10. Rippe jedoch jeweils mit der darüber gelegenen (**Costae affixae**). Die Rippen 11–12 enden frei (**Costae fluctuantes**). Die Costae affixae bilden den knorpeligen Rippenbogen (**Arcus costalis**) (Abb. 10.1).

Bau der Rippen. Der Rippenkopf (**Caput costae**) der 2.–10. Rippe hat zwei Gelenkflächen, die durch eine Leiste getrennt sind. Sie artikulieren mit zwei benachbarten Wirbeln. Anders die 1., 11. und 12. Rippe; sie haben jeweils nur eine Gelenkfläche für den entsprechenden Brustwirbel.

Einem kurzen Halsabschnitt (**Collum costae**) folgt von einem Rippenhöcker (**Tuberculum costae**) an der Rippenkörper (**Corpus costae**).

Das Tuberculum costae artikuliert mit dem Brustwirbelquerfortsatz (**Articulatio costotransversaria**) (▶ unten).

Das Corpus costae ist gekrümmt. Der Knick liegt im dorsalen Teil (**Angulus costae**).

Am Unterrand des Corpus costae jeder Rippe befindet sich innen der **Sulcus costae**. In ihm verlaufen von oben nach unten aufeinanderfolgend *V. intercostalis*, *A. intercostalis* und *N. intercostalis* (Abb. 10.8).

Klinischer Hinweis

Wegen der Lage von Gefäßen und Nerven ist bei Punktion der Pleurahöhle die Nadel stets am oberen Rippenrand einzuführen.

Der **Rippenknorpel** (hyaliner Knorpel) ist in der Kante gebogen oder abgewinkelt.

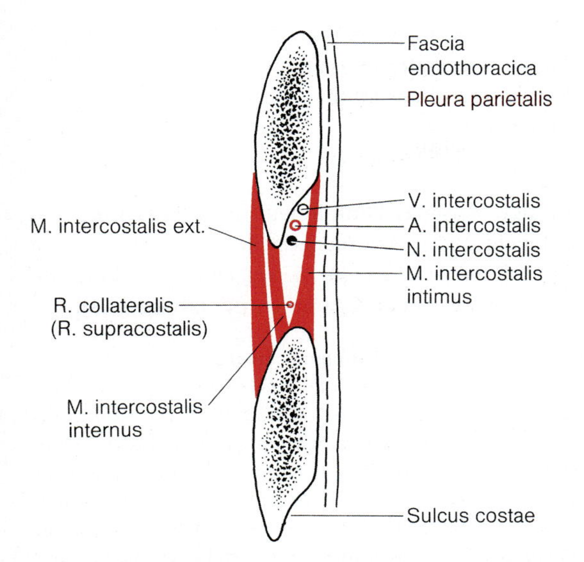

Abb. 10.8. Interkostalmuskeln. Zu beachten ist die Lage der Leitungsbahnen im Interkostalraum

Klinischer Hinweis

Bei *Rachitis* kommt es zu Störungen der enchondralen Ossifikation an den Knorpel-Knochen-Grenzen der Rippen und zu perlschnurartigen Auftreibungen: *rachitischer Rosenkranz.*

Einzelheiten zu den Rippen

Die **1. Rippe** ist kurz und nur über die Kante gekrümmt. Ihre Verbindung mit dem Sternum liegt in Höhe des 3. Brustwirbels. Sie ist schwer tastbar, da ihr sternales Ende unter dem Schlüsselbein verborgen ist. Auf ihrer Oberseite liegt das **Tuberculum musculi scaleni anterioris,** an dem der M. scalenus anterior ansetzt. Vor dem Tuberculum liegt der **Sulcus venae subclaviae** für die V. subclavia, dahinter (dorsolateral) der **Sulcus arteriae subclaviae** für die A. subclavia.

Die **7. Rippe** ist die längste Rippe.

Brustbein

Wichtig

Das Brustbein (Sternum) ist ein platter Knochen mit rotem, blutbildenden Knochenmark. Es ist unmittelbar unter der Haut tastbar und – besonders in seinem oberen Bereich – einer Knochenmarkpunktion gut zugängig.

Das Sternum besteht aus (Abb. 10.1):

- **Manubrium sterni** (*Brustbeinhandgriff*)
- **Corpus sterni** (*Brustbeinkörper*)
- **Processus xiphoideus** (*Schwertfortsatz*)

Manubrium sterni. Das Manubrium sterni ist der verbreiterte obere Teil des Sternums. Der obere Rand ist eingebuchtet (**Incisura jugularis**). Oberhalb davon liegt die **Fossa jugularis** (*Drosselgrube*). Seitliche Einkerbungen (**Incisurae**) dienen der gelenkigen Verbindung mit dem Schlüsselbein und einer Knorpelhaft mit der 1. Rippe (*Synchondrosis costosternalis*).

Es folgt das **Corpus sterni.** Der Übergang zwischen Manubrium und Corpus ist nach dorsal abgewinkelt und vorn zu einer tastbaren Querleiste verdickt (**Angulus sterni**, *Synchondrosis manubriosternalis*). Er liegt in Höhe des 4.–5. Brustwirbels. Am Angulus sterni befindet sich die Incisura für die 2. Rippe. Von hieraus können die Rippen gezählt und die Zwischenrippenräume bestimmt werden. Das Corpus sterni hat weitere seitliche **Incisurae costales** für die 3.–7. Rippe.

Processus xiphoideus. Der Schwertfortsatz ist durch eine Fuge mit dem Brustbeinkörper verbunden und kann gegabelt oder perforiert sein.

Gelenke und Bänder des Thorax

Wichtig

Die Bewegungen in den Gelenken des Thorax ermöglichen die Atembewegungen. Führend sind die Kostovertebralgelenke.

Articulationes costovertebrales (Abb. 9.8). Sie sind als **Articulatio capitis costae** zwischen Rippenkopf und benachbarten Wirbelkörpern überwiegend zweikammrig (Ausnahme 1., 11., 12. Rippe) (▶ oben). Die **Articulatio costotransversaria** zwischen Tuberculum costae und Processus transversus der Brustwirbel ist ein Radgelenk.

Durch Drehbewegungen in diesen Gelenken können die ventralen Rippenenden nach oben und unten schwenken, sodass sich Rippen, Rippenbögen und Sternum heben bzw. senken können (▶ unten). Dies führt zu Erweiterung bzw. Verengung des Thoraxraums in transversaler, sagittaler und vertikaler Richtung.

Articulationes sternocostales befinden sich zwischen der 2.–7. Rippe und dem Sternum. Bei der 1., gelegentlich der 6. und 7. Rippe handelt es sich in der Regel um Synchondrosen.

Articulationes interchondrales. Zwischen den Cartilagines costales, hauptsächlich der 7.–8. Rippe, befinden sich Gelenke mit schmalem Gelenkspalt und dünner Kapsel.

10.4.2 Tiefe Thoraxmuskulatur und Faszien des Thorax

Wichtig

Die tiefe Thoraxmuskulatur gehört zur Atemmuskulatur. Sie hat sich ortsständig (autochthon) entwickelt und ist mit ihren Ursprüngen und Ansätzen auf den Thorax beschränkt.

Die tiefen Thoraxmuskeln sind **Atemmuskeln.** Es handelt sich um:

- **Mm. intercostales externi**
- **Mm. intercostales interni**
- **Mm. intercostales intimi**
- **Mm. subcostales**
- **M. transversus thoracis**

Ursprünge, Ansätze, Funktionen und Innervation sind in Tabelle 10.2 zusammengestellt.

Funktionell wirken die tiefen Thoraxmuskeln mit den **Atemhilfsmuskeln** zusammen (Tabelle 10.3).

Einzelheiten zur tiefen Thoraxmuskulatur

Mm. intercostales externi et interni verspannen die Zwischenrippenräume nicht vollständig (Abb. 10.1). Die Externi liegen oberflächlich und werden vorn, parasternal bis zur Knorpel-Knochen-Grenze der Rippen von der **Membrana intercostalis externa** ersetzt. Die *Interni* liegen unter den Externi. Hinten, zwischen Angulus costae und Rippenkopf, fehlen die Interni; dort befindet sich die **Membrana intercostalis interna.** Verlaufs-

Tabelle 10.2. Autochthone Thoraxmuskeln

Muskel	Ursprung	Ansatz	Funktion	Innervation
Mm. intercostales externi	unten am äußeren Rand des Sulcus costae (Crista costae)	oberer Rand der nächst tieferen Rippe	verspannen die Interkostalräume, verhindern Einziehungen der Interkostalräume; Inspiration	Rr. anteriores (Nn. intercostales) der Nn. thoracici (thorakale Spinalnerven)
Mm. intercostales interni	oberer Rand der Rippen	unterer Rand der nächsthöheren Rippe (im Sulcus costae)	verspannen die Interkostalräume; Exspiration	Rr. anteriores (Nn. intercostales) der thorakalen Spinalnerven
Mm. intercostales intimi (inkonstant)	oberer Rand der Rippen	unten am inneren Rand der nächsthöheren Rippe (hinterer Rand des Sulcus costae)	verspannen die Interkostalräume	Rr. anteriores (Nn. intercostales) der thorakalen Spinalnerven
Mm. subcostales	sehnig am oberen Rand der kaudalen Rippen zwischen Tuberculum und Angulus costae	dorsale Fläche der übernächsten oder höherer Rippen	verspannen die Thoraxwand, exspiratorische Wirkung	Rr. anteriores (Nn. intercostales) der thorakalen Spinalnerven
M. transversus thoracis	dorsal am Processus xiphoideus und unteren Bereich des Corpus sterni	mit 5 Zacken am unteren Rand des 2.–6. Rippenknorpels	verspannt die Thoraxwand, exspiratorische Wirkung	Rr. anteriores (Nn. intercostales) der thorakalen Spinalnerven

Tabelle 10.3. Atem- und Atemhilfsmuskeln

Inspiratorisch wirkende Muskeln
Atemmuskeln
Zwerchfell
Mm. intercostales externi
Atemhilfsmuskeln
Mm. scaleni (Tabelle 13.14)
M. serratus posterior superior (Tabelle 9.3)
M. serratus posterior inferior (Tabelle 9.3)
M. serratus anterior bei festgestellter Skapula (Tabelle 12.2)
M. sternocleidomastoideus (Tabelle 13.14)
M. pectoralis major et minor (Tabelle 10.1)
Exspiratorisch wirkende Muskeln
Mm. intercostales interni
Mm. subcostales
M. transversus thoracis
Bauchmuskeln
M. latissimus dorsi

richtung und Funktion der Externi und Interni sind gegensinnig (Abb. 10.1): Die *Externi* ziehen von außen oben nach innen unten und bewirken die *Inspiration.* Die *Interni* ziehen von innen oben nach außen unten und unterstützen die *Exspiration*, die jedoch überwiegend passiv erfolgt.

Zur Inspiration kommt es, weil sich die Kontraktion aller Externi summiert und der Thorax in seiner Gesamtheit bewegt: Rippenbögen und Sternum heben sich. Dabei wird besonders der untere Bereich der Cavitas thoracis erweitert.

Mm. intercostales intimi sind Abspaltungen der Mm. intercostales interni – beginnend am Angulus costae. Durch die Abspaltung entsteht ein Kanal für die Interkostalgefäße und -nerven (▶ oben, Abb. 10.8). Zwischen Wirbelsäule und Angulus costae verlaufen diese Leitungsbahnen in der Fascia endothoracica.

Faszien. Die **Fascia thoracica externa** ist die äußere Brustwandfaszie. Sie bedeckt die Mm. intercostales externi und die Rippen. Sie ist von der Fascia pectoralis abzugrenzen, die zur oberflächlichen Körperfaszie gehört.

Die **Fascia endothoracica** liegt dem Thorax innen an und besteht aus lockerem subpleuralen Bindegewebe. Sie setzt sich als verstärkte **Membrana suprapleuralis** über die Pleurakuppe und als **Fascia phrenicopleuralis** über dem Zwerchfell fort.

10.4.3 Gefäße und Nerven der Thoraxwand

Wichtig

Gefäße und Nerven der Thoraxwand sind segmental angeordnet.

Die Arterien (Abb. 10.9) gehen hervor:
- **dorsal** überwiegend aus dem thorakalen Teil der Aorta, die im hinteren Mediastinum liegt (▶ S. 302): **Aa. intercostales posteriores,**
- **ventral** aus der A. thoracica interna, die im vorderen Mediastinum verläuft (▶ S. 304), bzw. deren Endast A. musculophrenica: meist zwei **Rr. intercostales anteriores.**

In jedem Interkostalraum anastomosieren die A. intercostalis posterior und Rr. intercostales anteriores miteinander.

Einzelheiten zu den Aa. intercostales posteriores

Die Aa. intercostales posteriores I und II entspringen aus der A. intercostalis suprema, einem Ast des Truncus costocervicalis (▶ S. ●), die übrigen aus der Aorta, wobei die rechten Aa. intercostales posteriores die Wirbelsäule überqueren, da die Aorta links von der Wirbelsäule liegt (Abb. 10.9). Die Aa. intercostales posteriores geben Rr. spinales zur Versorgung des Rückenmarks ab.

Klinischer Hinweis

Bei Operationen an der thorakalen Aorta kann es bei Beeinträchtigung der Rr. spinales zu Rückenmarkschädigungen mit Querschnittslähmungen kommen.

Venen. Der venöse Abfluss erfolgt durch Begleitvenen der Arterien, links über Vv. hemiazygos und hemiazygos accessoria letzlich zur V. brachiocephalica, rechts über V. azygos zur V. cava sup. (▶ unten).

Lymphgefäße. Ventral gelangt die Lymphe der oberflächlichen Schicht zu Nodi lymphoidei axillares, der tiefen zu den Nodi lymphoidei parasternales.

Innervation. Sie erfolgt durch Nn. intercostales. Diese sind die Rr. anteriores der 12 thorakalen Spinalnerven.

Nn. intercostales I-VI. Sie verlaufen zunächst in der Fascia endothoracica, dann zwischen den Interkostal-

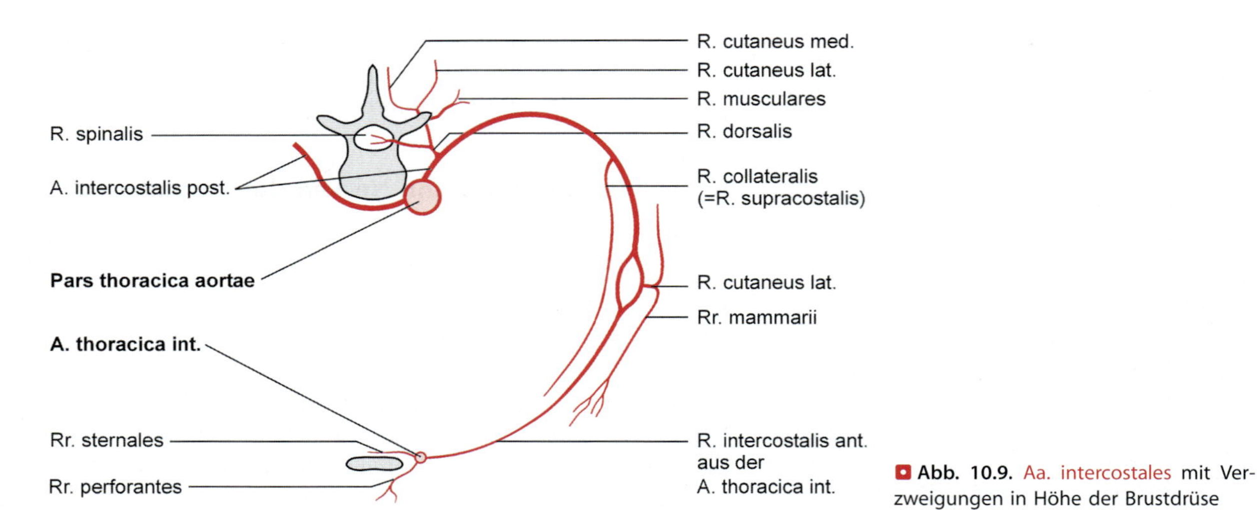

Abb. 10.9. Aa. intercostales mit Verzweigungen in Höhe der Brustdrüse

muskeln (Abb. 10.8). Sie haben motorische (Rr. musculares) und sensorische Anteile (Rr. cutanei). Die beiden ersten Interkostalnerven bilden Nn. intercostobrachiales, die sich mit zwei Hautnerven des Armes verbinden.

Nn. intercostales VII-XI und der 12. Interkostalnerv als **N. subcostalis.** Sie versorgen motorisch und sensorisch große Teile der Bauchwand.

> **In Kürze**
> **Die Thoraxwand besteht aus einem beweglichen Gerüst aus Rippen und dem Brustbein. Heben und Senken des Thorax erfolgt durch Drehbewegungen in den Kostovertebralgelenken. Dies führt – gemeinsam mit der Kontraktion des Zwerchfells – zur Erweiterung des Thoraxinnenraums. Veranlasst werden die Bewegungen vor allem durch die tiefen Thoraxmuskeln, die zu den Atemmuskeln gehören. Die Mm. intercostales externi wirken als »Rippenheber« und dienen der Inspiration. Die Exspiration ist durch Rückstellkräfte überwiegend passiv, kann aber durch die Mm. intercostales interni forciert werden. Bei extremen Thoraxbewegungen wirken die Atemhilfsmuskeln mit. Die Leitungsbahnen der Thoraxwand sind als Aa., Vv. und Nn. intercostales segmental angeordnet. Sie verlaufen über weite Strecken gemeinsam im Sulcus costae am Unterrand der Rippen.**

10.5 Zwerchfell

e Thoraxraum, Zwerchfell

> **Kernaussagen**
> **Das Zwerchfell (Diaphragma)**
> - **ist der wichtigste Atemmuskel,**
> - **hat Öffnungen für Gefäße, Nerven und den Ösophagus.**

Das Zwerchfell ist ein platter, 3–5 mm dicker, quergestreifter Muskel, der ein Gewölbe bildet (Abb. 10.10), in dessen Kuppel eine Sehnenplatte liegt (**Centrum tendineum**). Das Zwerchfell begrenzt die untere Thoraxapertur und trennt Brust- und Bauchhöhle. Bei Einatmung flacht sich das Gewölbe des Zwerchfells durch Kontraktion der Muskulatur ab (▶ unten).

Zur Entwicklung des Zwerchfells
Das Zwerchfell entwickelt sich aus den Myoblasten des 3.–5. Zervikalsegmentes. Sie wandern in sichelförmige Falten (*Plicae pleuroperitoneales*) ein, die zum *Septum transversum* gehören, einer Mesenchymplatte zwischen Herzanlage und Anlage der Leber. Mit fortschreitendem Wachstum kommt es zu einem **Deszensus des Zwerchfells.** Hierauf geht die Innervation des Zwerchfells durch den N. phrenicus aus dem Plexus cervicalis (hauptsächlich C4) zurück.

Das Zwerchfell entspringt auf der Innenseite des unteren Thoraxrandes (Sternum, Rippen) und dorsal an der Lendenwirbelsäule. Entsprechend lassen sich unterscheiden (Tabelle 10.4):

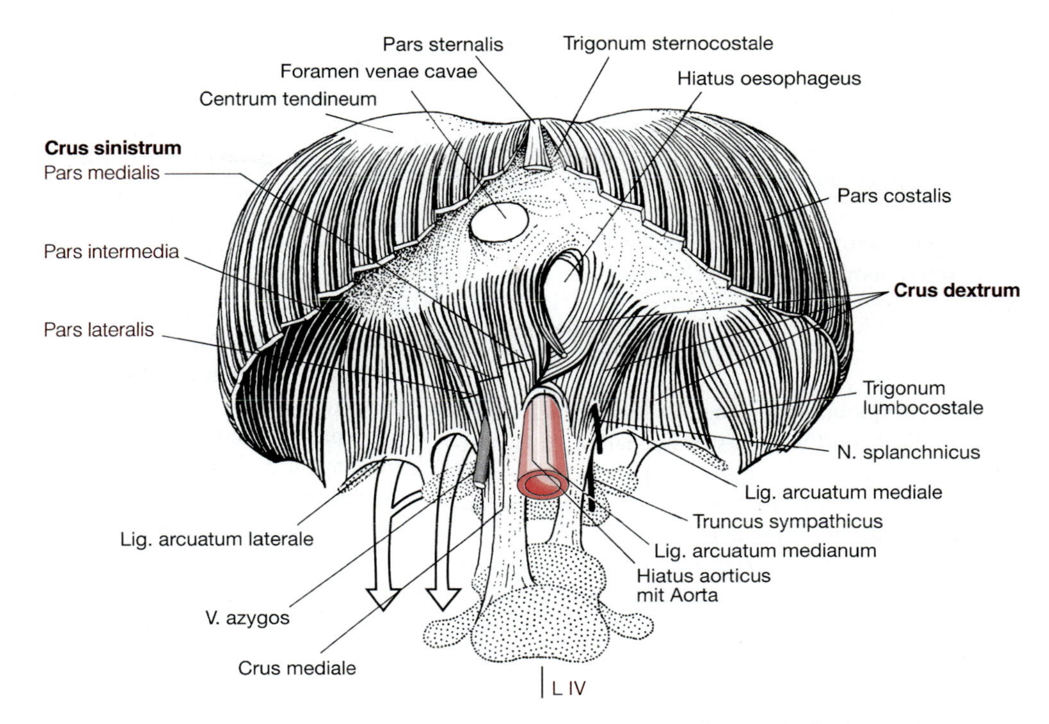

Abb. 10.10. Zwerchfell in der Ansicht von vorne unten. Der *Pfeil unter dem Lig. arcuatum laterale dextrum* bezeichnet die Verlaufsrichtung des M. quadratus lumborum, der *Pfeil unter dem Lig. arcuatum mediale dextrum* die Verlaufsrichtung des M. psoas
e Thoraxraum: Zwerchfell

Tabelle 10.4. Zwerchfellöffnungen e Thoraxraum: Zwerchfelldurchtritte

Öffnung	Lage	Durchtritt
Foramen venae cavae	Centrum tendineum	V. cava inf., R. phrenicoabdominalis des rechten N. phrenicus
Hiatus oesophageus	überwiegend umgeben von Fasern der Pars medialis des Crus dextrum	Ösophagus, Trunci vagales, linker N. phrenicus
Hiatus aorticus	zwischen den Partes mediales des Crus dextrum et sinistrum in Höhe des 1. LW	Pars descendens aortae, Ductus thoracicus
in der Pars intermedia der Pars lumbalis	beiderseits	N. splanchnicus major rechts mit der V. azygos, links mit der V. hemiazygos
zwischen Pars intermedia und lateralis der Pars lumbalis	beiderseits	Truncus sympathicus mit N. splanchnicus minor
Trigonum sternocostale oder seitlich davon	beiderseits	A./V. epigastrica sup. als Fortsetzung der A./V. thoracica interna

- **Pars sternalis**
- **Pars costalis**
- **Pars lumbalis**

Ventral und dorsal der Pars costalis befinden sich mit wenig Bindegewebe gefüllte, muskelfreie Dreiecke (Abb. 10.10):
- **Trigonum sternocostale** (*Larrey-Spalte*)
- **Trigonum lumbocostale** (*Bochdalek-Dreieck*)

Das Zwerchfell hat Öffnungen für Leitungsbahnen und Ösophagus (Tabelle 10.4, Abb. 10.10).

Durch das **Trigonum sternocostale** oder seitlich davon verlaufen die **A. und V. epigastrica superior** als Fortsetzung der A. und V. thoracica interna (► S. 304).

Größere Öffnungen finden sich jedoch im Zusammenhang mit der **Pars lumbalis.**

Die Pars lumbalis des Zwerchfells besteht aus rechtem und linkem Schenkel (*Crus sinistrum, Crus dextrum*), an denen jeweils eine *Pars medialis, Pars intermedia* und *Pars lateralis* zu unterscheiden sind (Abb. 10.10, Tabelle 10.5).

Die *Partes mediales* entspringen vom 1.–4. Lendenwirbelkörper und bilden vor der Wirbelsäule einen Schlitz für die **Aorta** (**Hiatus aorticus**), der vom *Ligamentum arcuatum medianum* begrenzt wird. Begleitet wird die Aorta von einem großen **Lymphgefäß**, das sich in den Ductus thoracicus fortsetzt (► S. 304).

Tabelle 10.5. Diaphragma: Teile und Ursprünge
Thoraxraum: Zwerchfell

Pars sternalis	Proc. xiphoideus des Sternums
Pars costalis	6.–12. Rippenknorpel, Innenseite
Pars lumbalis Crus dextrum Crus sinistrum	*Pars lateralis* am Lig. arcuatum laterale zwischen Proc. costalis des 1. (2.) Lendenwirbels und der 12. Rippe und am Lig. arcuatum mediale zwischen Proc. costalis des 2. Lendenwirbels und Lendenwirbelkörper 2 *Pars intermedia* am Lendenwirbelkörper 2 *Pars medialis* an den Lendenwirbelkörpern 1–4, am Lig. arcuatum medianum

Durch die *Pars intermedia* verläuft der **N. splanchnicus major,** rechts mit der **V. azygos,** links mit der **V. hemiazygos.**

Zwischen Pars intermedia und Pars lateralis zieht der **Truncus sympathicus** mit **N. splanchnicus minor.**

Die *Partes laterales* bilden **Schlitze** für **M. psoas** und **M. quadratus lumborum.** Die Begrenzungen erfolgen durch das *Ligamentum arcuatum mediale* (Psoasarkade) und das *Ligamentum arcuatum laterale* (Quadratusarkade).

Eine Öffnung für den **Ösophagus** mit dem **N. vagus** (**Hiatus oesophageus**) wird überwiegend von Fasern der *Pars medialis des Crus dextrum* umfasst. Hier befindet sich eine empfindliche Schwachstelle des Diaphragma. Sie entsteht dadurch, dass die Speiseröhre durch lockeres Bindegewebe mit vielen elastischen Fasern umfasst wird, die am umgebenden schlingenförmigen Muskelrahmen des Zwerchfells befestigt sind. Der Ösophagus kann hier durch Zwerchfellkontraktionen eingeengt werden. Abgedichtet wird der Hiatus oesophageus kranial durch Pleura und kaudal durch Peritoneum.

Das **Centrum tendineum** wird durch das **Foramen venae cavae** durchbrochen, eine nach rechts verlagerte Öffnung für den Durchtritt der **V. cava inferior** und des Endasts des **rechten N. phrenicus.**

Klinischer Hinweis

Zwerchfelldefekte können angeboren oder erworben sein und dazu führen, dass sich Baucheingeweide, umhüllt von Peritoneum, in den Brustraum verlagern (*Zwerchfellhernien*).

Angeborene Zwerchfellhernien befinden sich meist im Trigonum lumbocostale (Bochdalek-Hernie), links häufiger als rechts, seltener im Trigonum sternocostale (rechts Morgagni-Hernie, links Larrey-Hernie).

Erworbene Zwerchfellhernien liegen im Hiatus oesophageus und sind durch Verlagerung von Teilen des Magens ins Mediastinum gekennzeichnet. Sie entstehen durch Erhöhung des intraabdominalen Drucks. Erworben sind auch *Zwerchfellrupturen* nach grober Gewalteinwirkung.

Faszien. An der Oberseite des Zwerchfells befinden sich die **Fascia phrenicopleuralis** (Teil der Fascia endothoracica ► S. 263), der sich die *Pleura diaphragmatica* auflagert. Die Unterseite bedeckt die **innere Bauchfellfaszie** (► S. 314) und das *Peritoneum parietale* mit Ausnahme der Anheftungsstelle der Leber am Centrum tendineum.

Topographie. Das Centrum tendineum projiziert sich beim stehenden Menschen in mittlerer Respirationslage vorn auf die Grenze zwischen Processus xiphoideus und Corpus sterni und seitlich auf den 4. Interkostalraum.

Meist steht die linke Zwerchfellkuppel tiefer als die rechte.

Bei verstärkter Atmung ändert sich jedoch der Zwerchfellstand (◼ Abb. 10.11). Die rechte Zwerchfellkuppel steht bei

- **tiefer Inspiration** in Höhe der 7. Rippe (=10. Brustwirbel)
- **tiefer Exspiration** in Höhe der 4. Rippe (=8. Brustwirbel). Die Verschiebung beträgt 6–7 cm.

Nachbarschaftsbeziehungen. Unter der rechten Zwerchfellkuppel befindet sich die Leber, deren Area nuda dorsal fest mit dem Centrum tendineum verwachsen ist. Auf der rechten Kuppel liegt der Lobus inferior der rechten Lunge. An die Unterseite der linken Zwerchfellkuppel grenzen Magenfundus (hinter dem linken Leberlappen) und Milz. Der linken Zwerchfellkuppel aufgelagert ist der Lobus inferior der linken Lunge. Auf dem Herzsattel liegt das Herz, dessen Pericardium fibrosum mit dem Centrum tendineum verwachsen ist (▶ S. 264). Dadurch wirken sich Lageveränderungen des Zwerchfells auf die Herzlage aus (▶ S. 284). Schließlich erreicht im Trigonum lumbocostale die Niere mit ihrem oberen Pol das Diaphragma (▶ S. 381).

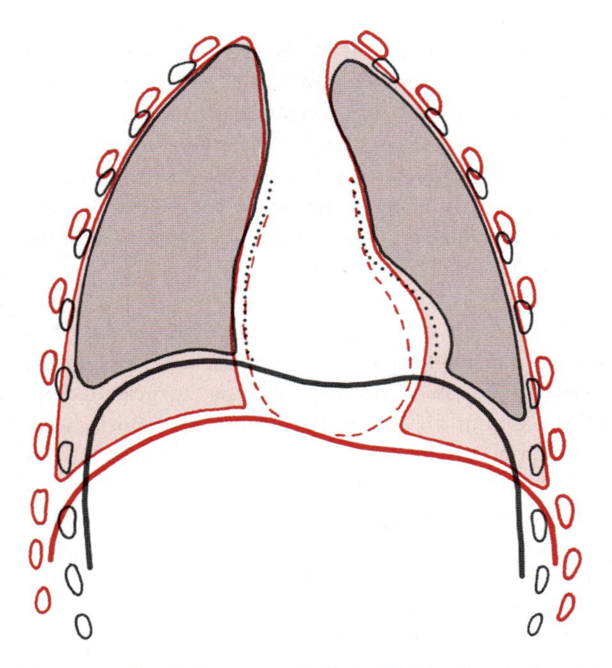

◼ **Abb. 10.11.** Veränderungen des Zwerchfellstandes, der Lungengrenzen und der Herzlage bei Ein- bzw. Ausatmung

Arterielle Gefäßversorgung erfolgt durch Äste aus der

- A. thoracica interna: **A. pericardiacophrenica, A. musculophrenica**
- Brustaorta: **A. phrenica superior**
- oberen Bauchaorta: **A. phrenica inferior**

Der **venöse Abfluss** durch gleichnamige Begleitvenen erfolgt zur V. brachiocephalica, zum Azygossystem und zur V. cava inferior.

Innervation. Das Zwerchfell wird motorisch durch den **N. phrenicus** (C4) und ggf. zusätzlich durch den **Nebenphrenicus** (aus C3–C5) (▶ S. 298) innerviert. Die **Rr. phrenicoabdominales** des N. phrenicus führen sensorische Fasern. Sie erreichen auch das Peritoneum parietale des Oberbauchs.

 **In Kürze**

Das Diaphragma bildet ein Gewölbe, in dessen Kuppeln das Centrum tendineum liegt. Die Muskulatur des Zwerchfells entspringt von der Innenseite des Thoraxrandes und der Lendenwirbelsäule und gliedert sich in Pars sternalis, Pars costalis und Pars lumbalis. Die größten Öffnungen im Diaphragma sind der Hiatus oesophageus, Hiatus aorticus und das Foramen venae cavae. Bei Zwerchfellkontraktionen (Einatmung) flacht sich die Zwerchfellkuppel ab.

10.6 Thorax als Ganzes und Atemmechanik

Kernaussagen

- **Die Gestalt des Thorax variiert individuell.**
- **Bei der Brustatmung wird die Brusthöhle vor allem in transversaler und sagittaler Richtung erweitert.**
- **Bei der Bauchatmung kommt es durch Abflachung des Zwerchfells zu einer Erweiterung der Brusthöhle vor allem in vertikaler Richtung.**

Größe, Form und Elastizität des Thorax hängen von Alter, Geschlecht und Konstitution ab.

Beim Kind ist der Thorax in der Ansicht von vorne glockenförmig. Im Gegensatz zum Erwachsenen ist der sagittale Durchmesser größer als der transversale. Dies geht auf die fehlende Brustkyphose zurück. Dadurch stehen beim Kind die Rippen annähernd horizontal; die Zwerchfellatmung überwiegt. Erst durch das Längenwachstum des Rumpfes kommt es **beim Erwachsenen** zur Steilstellung der Rippen und einer effektiveren Thoraxatmung (▶ unten).

Beim Greis sind die Rippen noch steiler abwärts gerichtet und nur gering beweglich.

Frauen haben meist einen schmäleren Thorax als Männer. Der Thorax des **Pyknikers** ist fassförmig, der des **Leptosomen** flach und schmal (»schmalbrüstig«).

Klinischer Hinweis

Erkrankungen können die Form des Thorax verändern. So ist bei der *Rachitis* der Thorax unten übermäßig erweitert. Beim *Emphysematiker* (Emphysem: krankhafte Erweiterung der respiratorischen Anteile der Lunge) wird der Thorax fassförmig.

Variabilitäten. Die **Trichterbrust** ist eine angeborene Anomalie unbekannter Ursache, bei der Corpus sterni und Rippenknorpel muldenförmig nach unten eingesunken sind.

Bei der **Kielbrust** (*Hühnerbrust*) springen das Brustbein und vordere Anteile der Rippen kielartig vor, z.B. bei *Rachitis*.

Atemmechanik (Abb. 10.12). Bei der **Inspiration** (*Einatmung*) kommt es durch Bewegungen des Thorax zur Erweiterung, bei der **Exspiration** (*Ausatmung*) zur Verengung des Cavum thoracis.

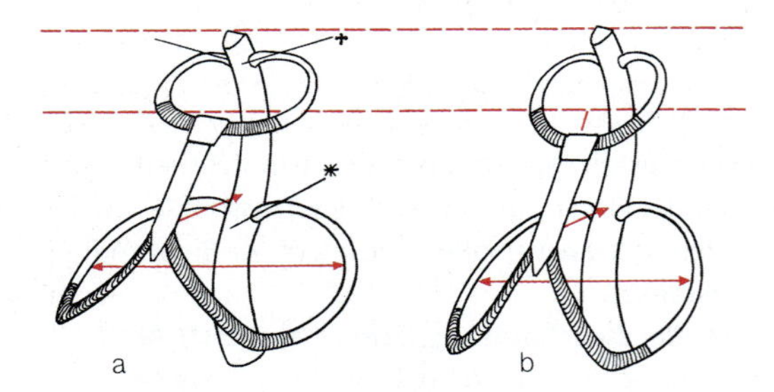

Abb. 10.12 a, b. Verstellung des Thorax. **a** Bei Inspiration, **b** bei Exspiration. Drehachse der 1. (+) und der 7. Rippe (*). Bei Inspiration kommt es zum Höhertreten des Sternums, zur Vergrößerung des Abstandes Sternum – Wirbelsäule, zur transversalen Erweiterung der unteren Thoraxapertur und zur Veränderung des Angulus costalis. *Schraffiert* Rippenknorpel

Zu unterscheiden sind:
- **Brustatmung** (*thorakale Atmung*)
- **Bauchatmung** (*abdominale Atmung*)

Inspiration. Bei der Atmung kommt es vor allem zu Bewegungen in den Kostovertebralgelenken, zu Veränderungen der Rippenstellung und zu Kontraktion bzw. Erschlaffung des Zwerchfells. Da die Fixpunkte der Rippen dorsal liegen und höher als die ventralen Rippenenden stehen, und die Bewegungen in den Kostovertebralgelenken zu Drehbewegungen der Rippen um eine Achse im Collum costae führen (Abb. 9.8), werden bei der Einatmung die vorderen Rippenenden angehoben. Dabei wandert das Brustbein nach vorn und oben und der Brustraum erweitert sich in sagittaler Richtung. Hebt sich der vordere Teil des Brustkorbs, erweitert sich der Brustraum auch in transversaler Richtung, da der mittlere Bereich jeder Rippe sowohl unterhalb des vorderen als auch des hinteren Rippenendes liegt. Diese Bewegungen sind für die **Brustatmung** charakteristisch. Die vertikale Erweiterung des Brustraums erfolgt durch Kontraktion und Abflachung des Zwerchfells. Sie ist charakteristisch für die **Bauchatmung.** In der Regel ergänzen sich Brust- und Bauchatmung zur **gemischten Atmung.**

Forcierte Inspiration. Bei vertiefter Inspiration wirkt die Atemhilfsmuskulatur mit (Tabelle 10.3). Beteiligt sind die *Mm. sternocleidomastoidei* (▶ S. 637, Halsmuskulatur), wenn der Kopf zurückgenommen und die Halswirbelsäule gestreckt werden, die *oberflächlichen Brustmuskeln* (Mm. pectorales ▶ oben), wenn der Schultergürtel durch Aufstützen der Arme festgestellt ist, und die *Mm. serrati posteriores inferiores*, wenn die unteren Abschnitte des Thorax erweitert werden sollen.

Exspiration. Sie erfolgt vorwiegend passiv, da der Thorax bei Erschlaffung der inspiratorischen Muskeln die Tendenz hat, in seine Mittelstellung zurückzufedern. Hinzu kommt die Rückstellkraft der inspiratorisch gedehnten elastischen Anteile der Lunge (▶ S. 278). Außerdem verkleinert sich der Brustraum, besonders sein unterer Abschnitt, durch Erschlaffung des Zwerchfells und das dadurch bedingte Höhertreten der Zwerchfellkuppeln. Schließlich wirkt die Kontraktion exspiratorischer Muskeln mit.

Forcierte Exspiration. Hierbei wird die Bauchpresse eingesetzt. Sie lässt sich durch Zusammenpressen der

Bauchwand mit den Armen und Zusammenkrümmung des Rumpfes wirkungsvoll verstärken. Bei aufgestützten Armen beteiligt sich an der forcierten Exspiration auch der M. latissimus dorsi (Hustenmuskel).

Die Atmung unterliegt einer unwillkürlichen Steuerung, ist aber willkürlich beeinflussbar.

In Kürze

Die Thoraxform ist alters-, konstitutions- und geschlechtsspezifisch. Im unteren Bereich hat das Cavum thoracis sowohl transversal als auch sagittal die größte Ausdehnung. Zu einer Erweiterung des Brustraums (bei der Einatmung) kommt es durch Drehbewegungen in den Rippen-Wirbel-Gelenken, hervorgerufen durch gleichzeitige Kontraktion aller Mm. intercostales externi, evtl. unter Mitwirkung von Atemhilfsmuskulatur (sekundäre, eingewanderte, oberflächliche Thoraxmuskulatur). Dadurch heben sich die vorderen Enden der Rippen und die Rippenbögen und das Brustbein wandert schräg nach oben. Diese Vorgänge überwiegen bei der Brustatmung. Bei der Bauchatmung kommt es vor allem zu einer Abflachung des Zwerchfells. Die Ausatmung ist in erster Linie ein passiver Vorgang, da die Spannung der inspiratorischen Atemmuskulatur nachlässt und elastische Rückstellkräfte des Thorax überwiegen. Sie wird evtl. durch die Bauchmuskulatur und den M. latissimus unterstützt, die dann exspiratorische Atemhilfsmuskeln sind.

10.7 Brusthöhle

Den größeren Teil der Brusthöhle (Cavitas thoracis) nehmen die beiden voneinander getrennten *Lungen* (**Pulmones**) ein. Sowohl die rechte als auch die linke Lunge sind jeweils von einer **Pleura** umschlossen, die lediglich das **Hilum pulmonis** als Ein- bzw. Austrittsstelle für Bronchien, Gefäße und Nerven freilässt.

10.7.1 Pleura und Pleurahöhle

Kernaussagen

- **Die Pleura besteht aus zwei Blättern: Pleura pulmonis (Lungenfell) und Pleura parietalis (Rippenfell).**
- **Zwischen den beiden Blättern der Pleura befindet sich ein kapillärer Spalt (Cavitas pleuralis, Pleurahöhle) mit seröser Flüssigkeit.**
- **Pleura und Pleurahöhlen sind paarig.**

Die **Pleura** gehört zu den serösen Häuten.

Zur Information

Unter serösen Häuten werden Auskleidungen von Spalträumen verstanden (Bauchhöhle, Pleurahöhle, Herzbeutelhöhle), die an ihrer Oberfläche ein einschichtiges, transportierendes, flüssigkeitabsonderndes Plattenepithel (*Mesothel*) auf einem Netzwerk von elastischen und Kollagenfasern haben (**Tunica serosa**, kurz *Serosa*). Getragen wird die Tunica serosa von einer **Tela subserosa** aus Bindegewebe mit vielen elastischen Fasern, Blut- und Lymphgefäßen.

Die Pleura besteht aus zwei Blättern:

- **Pleura parietalis** (*Rippenfell*), das mit der Innenwand des Thorax verwachsen ist
- **Pleura pulmonalis/visceralis** (*Lungenfell*), das mit der Oberfläche der Lunge fest verbunden ist

Einzelheiten zur Pleura

Jedes Blatt der Pleura besteht an seiner der Pleurahöhle zugewandten Oberfläche aus einer **Tunica serosa,** die zeitweise Lücken (*Stomata*) für hindurchtretende Zellen aufweist. Die folgende **Tela subserosa** verbindet sich an der inneren Oberfläche der Brustwand mit der **Fascia endothoracica** (► S. 263), an der Lungenoberfläche mit dem Bindegewebe der Lunge.

Die **Pleura parietalis** wird über dem Zwerchfell als **Pars diaphragmatica,** zum Mediastinum hin als **Pars mediastinalis,** über Rippen, Wirbelsäule und Sternum als **Pars costalis** (*Rippenfell*) und über der Lungenspitze im Halsbereich als **Cupula pleurae** bezeichnet.

Die Pleura parietalis ist schmerzempfindlich. Sie wird im Bereich der Rippen durch sensorische Äste der Nn. intercostales, im Bereich von Mediastinum und Diaphragma durch sensorische Äste des N. phrenicus innerviert.

Pleura parietalis und Pleura visceralis gehen am **Hilum pulmonis** ineinander über. Dabei entsteht eine Umschlagsfalte, die als **Lig. pulmonale** vom Hilum aus abwärts zieht.

Cavitas pleuralis. Zwischen den beiden Pleurablättern befindet sich ein mit seröser Flüssigkeit gefüllter Spaltraum, die *Pleurahöhle* (**Cavitas pleuralis**).

Zur Information

Die **Cavitas pleuralis** enthält etwa 5 ml einer viskösen, inkompressiblen Flüssigkeit, die gleichzeitig Haftung und Verschieblichkeit der Pleurablätter ermöglicht. In der Pleurahöhle herrscht ein Unterdruck, der durch die Oberflächenspannung in den Lungenalveolen und durch elastische Fasernetze im Lungengewebe hervorgerufen wird. Durch den Unterdruck im Pleuraraum wird die Lunge an die parietale Wand der Pleurahöhle gezogen, so dass sie den Bewegungen der Brustwand bei der Ein- und Ausatmung folgen kann.

Klinischer Hinweis

Eine Vermehrung der serösen Flüssigkeit im Pleuraraum (*Pleuraerguss*) liegt bei einer *feuchten Rippenfellentzündung* (*Pleuritis*) vor. In der Folge kann es zu Verwachsungen (*Adhäsionen*) zwischen Pleura parietalis und Pleura pulmonalis kommen, die die Lungenbewegungen beeinträchtigen können. – Bei Eröffnung der Pleurahöhle, z. B. durch Messerstiche, wird die inkompressible Pleuraflüssigkeit durch Luft ersetzt und die Kapillarattraktion zwischen den Pleurablättern aufgehoben (*Pneumothorax*): die Lunge kollabiert durch Zug der elastischen Fasern in Richtung auf das Hilum auf ein Drittel ihres ursprünglichen Volumens.

Reserve- bzw. Komplementärräume (Abb. 10.13). Im medialen und kaudalen Bereich der Pleurahöhle befinden sich tiefe Buchten (**Recessus**), in die sich bei tiefer Einatmung die Lunge ausdehnen kann, ohne sie jedoch vollständig zu füllen. Wichtig sind:

- **Recessus costodiaphragmaticus** (in der Axillarlinie 6–7 cm tief)
- **Recessus costomediastinalis** (besonders im Bereich der Incisura cardiaca)
- **Recessus phrenicomediastinalis** (dorsal zwischen Zwerchfell und Mediastinum)

Projektion der Pleuragrenzen auf die Thoraxoberfläche (Abb. 10.13, Tabelle 10.6). Die Pleuraspitze befindet sich 3–4 cm oberhalb des 1. Rippenknorpels. Von hier aus lässt sich die Pleuragrenze an der Hinterfläche des Manubrium sterni bis zum Ansatz der 4. Rippe verfolgen. In der rechten Sternallinie liegt sie in Höhe der 7. Rippe, der sie bis zur Medioklavikularlinie folgt. In der Axillarlinie schneidet sie die 10. (9.), in der Skapularlinie die 11. Rippe und zieht dann mehr oder weniger steil zum 12. Brustwirbel. In der Axillarlinie besteht durch den Recessus costodiaphragmaticus eine deutliche Differenz zwischen der unteren Lungengrenze und der unteren Grenze der Pleura parietalis. Sie beträgt

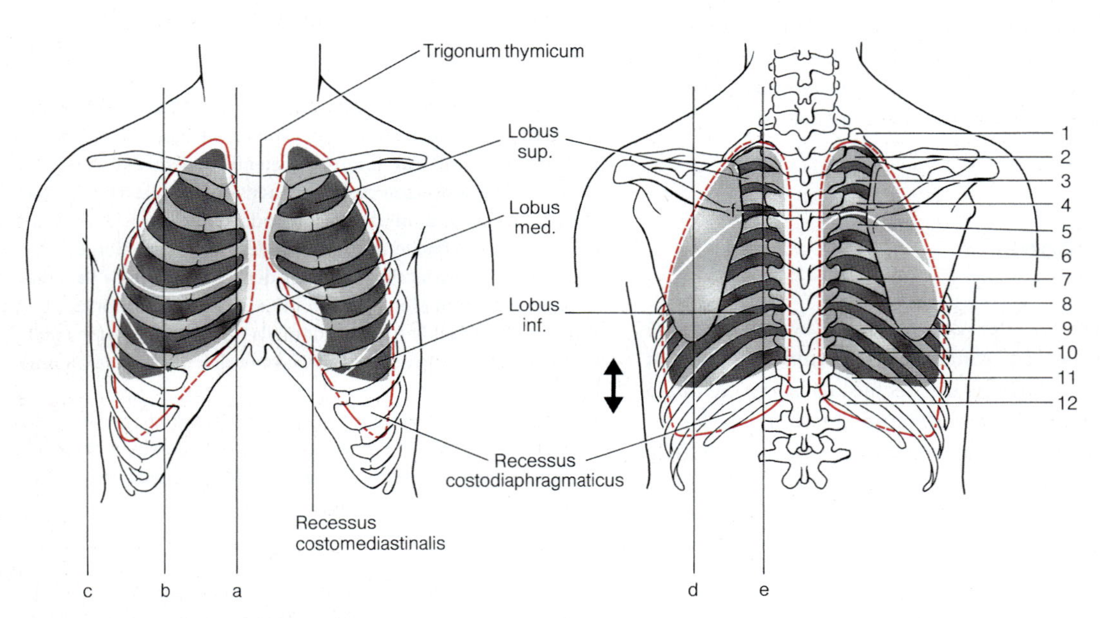

Abb. 10.13. Lungen- und Pleuragrenzen (*rot*) in der Ansicht von vorne (*links*) und von hinten (*rechts*); außerdem sind eingetragen: Sternal- (*a*), Medioklavikular- (*b*), Axillar- (*c*), Skapular- (*d*), Paravertebrallinie (*e*). *Pfeil*, Verschiebung der Lungengrenze bei forcierter Atmung. Parallel zur 4. Rippe verläuft die Fissura horizontalis. Zwischen Lungen- und Pleuragrenzen liegen die Komplementärräume

bei mittlerer Respirationslage ca. 5 cm (Abb. 10.13, Tabelle 10.6).

In Kürze

Die Pleura gehört zu den serösen Häuten. Sie besteht aus einem wandständigen parietalen und einem viszeralen Blatt an der Lungenoberfläche. Zwischen den Pleurablättern befindet sich ein kapillärer Spalt mit visköser inkompressibler Flüssigkeit: die Pleurahöhle. Bei Inspiration folgt durch Adhäsion die Pleura pulmonalis und damit die Lunge der Pleura parietalis. Auch bei tiefer Inspiration füllt die Lunge die Komplementärräume, Recessus, der Pleura nie vollständig.

10.7.2 Atmungsorgane

Zu den Atmungsorganen gehören:
- **luftleitende Abschnitte**
- **respiratorische, gasaustauschende Abschnitte**

Die luftleitenden Abschnitte werden eingeteilt in
- **obere Atemwege** im Kopf (*Nasen- und Nasennebenhöhlen, Mundhöhle*) und im oberen Halsbereich (*oberer und mittlerer Teil des Pharynx = Rachen, Larynx = Kehlkopf*)
- **untere Atemwege** im unteren Halsbereich (*Trachea pars cervicalis*), im oberen Mediastinum (*Trachea pars thoracica, Bronchi principales*) und in den Lungen (*Verzweigungen des Bronchialbaums*)

Die respiratorischen Abschnitte machen die Endabschnitte des Bronchialbaums in den Lungen aus.

Zur Entwicklung der unteren Atemwege (Abb. 10.14)
Die Entwicklung der unteren Atemwege geht von einer **Laryngotrachealrinne** aus, die beim 3 Wochen alten Embryo kaudal vom Kiemendarm entsteht. Endständig entwickeln sich **paarige Lungenknospen**, die in das umgebende Mesenchym einsprossen und sich zum Bronchialbaum differenzieren.

Als erstes entstehen (bis zum 4. Monat) die Bronchi und Bronchioli. Die Anlage der Lunge gleicht in dieser Zeit einer tubuloazinären Drüse (**pseudoglanduläres Stadium**). Anschließend streckt sich der Vorderdarm und die Ösophagotrachealrinne schließt sich Schritt für Schritt durch das Vorwachsen einer **Crista oesophagotrachealis**, aus der ein **Septum oesophagotracheale** wird. Oberhalb des späteren Kehlkopfes bleibt jedoch die Verbindung mit dem Verdauungskanal bestehen.

Klinischer Hinweis

Bei unvollständiger Trennung von Ösophagus und Trachea entsteht eine *Ösophagotrachealfistel*, durch die das Neugeborene beim Trinken Milch aspiriert.

In der Folgezeit kommt es zu dichotomen Teilungen im Bronchialbaum, d.h. die proximalen Abschnitte teilen sich jeweils in zwei distale Äste. Bis zur Geburt erfolgen 17 Teilungsschritte, nach der Geburt sechs weitere. Außerdem lassen sich bald auf der rechten Seite drei, auf der linken Seite zwei Vorläufer der späteren Lungenlappen erkennen.

Zwischen dem 4. und 6. Monat erweitern sich die Endabschnitte der Bronchioli (**kanalikuläres Stadium**) und ab 6. Monat entstehen terminale Endsäckchen, an die Blutkapillaren herantreten (**alveoläres Stadium**). Bis zum 7. Entwicklungsmonat haben sich die kapillarisierten Endsäckchen stark vermehrt, und größtenteils zu Alveolen für den Gasaustausch der Atemgase entwickelt, sodass eine Frühgeburt überleben kann.

Tabelle 10.6. Lungen- und Pleuragrenzen, Schnittpunkte

Grenze der	In der Sternallinie	Medioklavikularlinie	mittlere Axillarlinie	Skapularlinie	Paravertebrallinie
rechten Lunge Pleura parietalis	+ 6. Rippe + 7. Rippe	= 6. Rippe = 7. Rippe	+ 8. Rippe + 9. Rippe	+ 10. Rippe + 11. Rippe	+ 11. Rippe → 12. Brustwirbel
linken Lunge Pleura parietalis	+ 4. Rippe + 4. Rippe	+ 6. Rippe + 7. Rippe	+ 8. Rippe + 9. Rippe	+ 10. Rippe + 11. Rippe	+ 11. Rippe → 12. Brustwirbel

Symbole: + schneidet; = läuft parallel; → erreicht

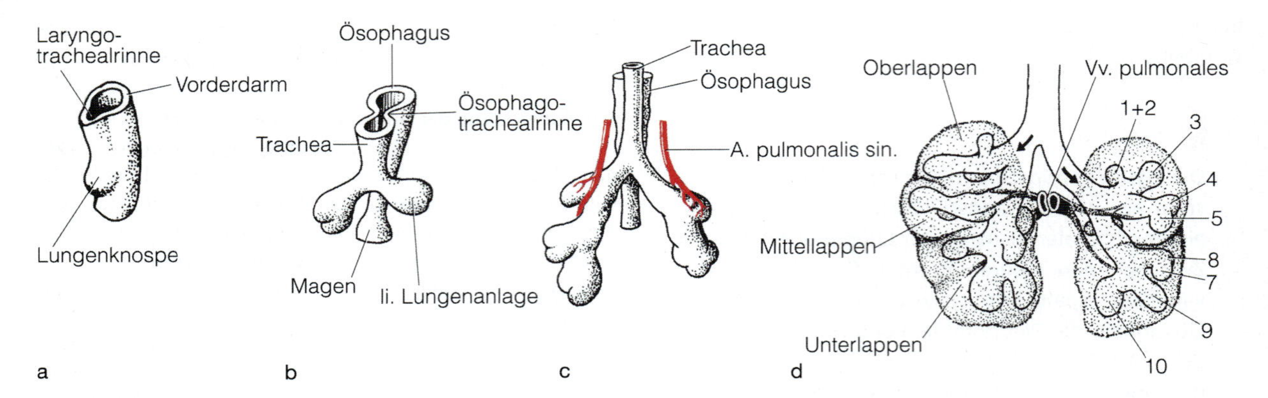

Abb. 10.14 a–d. Entwicklung der Lungenanlage. **a** Bildung der Laryngotrachealrinne, **b** Zustand der Abschnürung vom Verdauungsrohr (5 mm SSL). **c** Die Abschnürung ist erfolgt; Trachea und Ösophagus sind getrennt. Rechts sind 3 Lungenknospen, links 2 entstanden. Sie beginnen sich bereits wieder zu teilen (9 mm SSL). **d** Entodermaler und mesenchymaler Anteil der Lunge (Embryo von 14 mm SSL); Lappenbildung bereits erkennbar; bronchopulmonale Segmente angelegt (*arabische Ziffern*), Segment 6 z.T. verdeckt. *Pfeile* weisen auf die Stellen, an denen der Splanchnopleuramantel vom Mediastinum abgetrennt wurde, also die Stellen des Umschlags vom viszeralen auf das parietale Blatt der Pleura. Aa. pulmonales in **c** *rot* eingezeichnet

Trachea und Bronchi e H6, 69

Kernaussagen

- **Luftröhre und Hauptbronchien gehören zu den extrapulmonalen Luftwegen.**
- **Die Luftröhre (*Trachea*) endet in Höhe des 4. Brustwirbels und teilt sich dann in einen rechten und linken Hauptbronchus.**
- **Trachea und Hauptbronchien werden durch Knorpelringe offen gehalten.**
- **Die inneren Oberflächen von Trachea und Bronchien sind von einer Schleimhaut mit Flimmerepithel, Becherzellen und neuroendokrinen Zellen bedeckt.**

Trachea (*Luftröhre*) (Abb. 10.15). Die Trachea ist 10–12 cm lang und hat einen mittleren Durchmesser von 12 mm. Sie gliedert sich in:

- **Pars cervicalis**
- **Pars thoracica**

Die Pars cervicalis beginnt in Höhe des 6./7. Halswirbels am Ringknorpel des Kehlkopfs (Abb. 13.44 a) und reicht bis zur Apertura thoracica superior.

Die Pars thoracica erstreckt sich bis zur **Bifurcatio tracheae** in Höhe des 4. Brustwirbels. Dort teilt sie sich in die beiden Hauptbronchien (**Bronchus principalis sinister et dexter**). Ins Lumen der Bifurcatio ragt eine knorpelunterlegte Leiste vor (**Carina tracheae**).

Charakteristisch für die Wand der Trachea sind 10–20 hufeisenförmige, nach hinten offene **Cartilagines tracheales** aus hyalinem Knorpel, die durch Kollagenfasern (**Ligg. anularia**) sowie elastische Geflechte miteinander verbunden sind. Dorsalwärts sind die Knorpelspangen offen. Dort befindet sich ein System aus Bindegewebe und glatter Muskulatur (**M. trachealis**). Dieses System bildet die Rückwand der Trachea (**Paries membranaceus**) (Abb. 10.16).

Klinischer Hinweis

Bei einer Stenose im Kehlkopf kann die Vorderwand der Luftröhre zwischen 3. und 4. Trachealknorpel eröffnet werden, um eine Kanüle einzuführen (*Tracheotomie*).

Die Bronchi principales (Abb. 10.15) bilden die Fortsetzung der Trachea und liegen extrapulmonal im oberen Mediastinum (▶ S. 298). Sie verzweigen sich auf beiden Seiten baumartig (**Arbor bronchialis**).

Der **Bronchus principalis dexter** ist weitlumiger, steht steiler und setzt damit die Verlaufsrichtung der Trachea fort. Er gibt bereits nach einem Verlauf von 1–2 cm, noch vor Erreichen des Lungenhilums den Bronchus lobaris für den rechten Lungenoberlappen ab (Abb. 10.15). Der **Bronchus principalis sinister** ist mit 4–5 cm doppelt so lang und verläuft horizontaler. Die Hauptbronchien bilden einen Winkel von ungefähr 70°. Der Wandknorpel besteht teilweise aus Halbringen, teilweise aus Knorpelplatten.

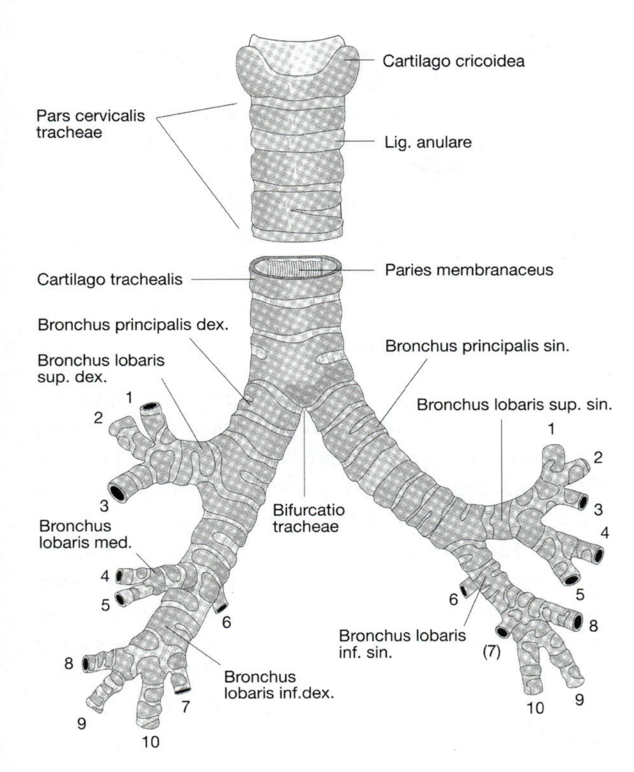

Abb. 10.15. Trachea, Haupt-, Lappen- und Segmentbronchien. Der mittlere Abschnitt der Trachea ist entfernt, um den Paries membranaceus darzustellen. Die arabischen Ziffern kennzeichnen die zugehörigen bronchopulmonalen Segmente (▶ Abb. 10.17)

Ausführungen zur Topographie und zu den Nachbarschaftsbeziehungen von Trachea und Bronchien ▶ S. 298.

Klinischer Hinweis

Durch den Verlauf der Hauptbronchien gelangen *Fremdkörper* häufiger in den rechten als in den linken Hauptbronchus. Auch treten *Bronchopneumonien* häufiger in der rechten Lunge auf.

Wandbau. Trachea und Bronchien haben einen gemeinsamen Wandbau. Es lassen sich unterscheiden (Abb. 10.16, H6):

- **Tunica mucosa**
  - **Lamina epithelialis** aus mehrreihigem Flimmerepithel, Becherzellen und neuroendokrinen Zellen. Der Flimmerschlag der Epithelzellen ist rachenwärts gerichtet, ihre Oberfläche mit Schleim bedeckt

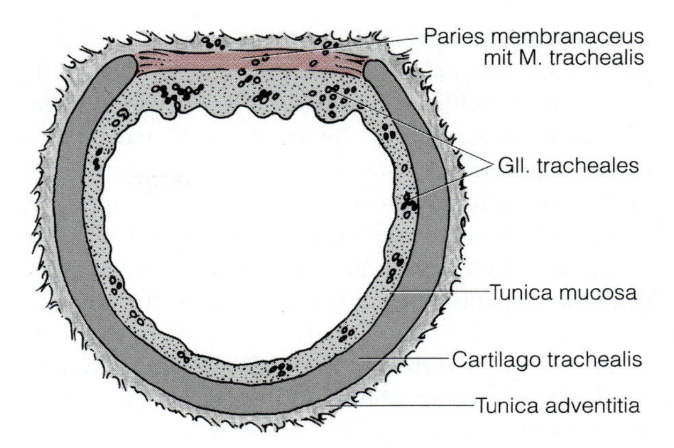

Abb. 10.16. Querschnitt durch die Trachea H6

  - **Lamina propria mucosae** mit seromukösen Drüsen: **Glandulae tracheales** bzw. **bronchiales,** vor allem im Bereich des Paries membranaceus, sowie **Lymphfollikel** und **mukosaassoziiertes lymphatisches Gewebe** (hier BALT = bronchus-associated lymphoid tissue) für die immunologische Abwehr
- **Tunica fibromusculocartilaginea**
  - **M. trachealis** im Bereich des Paries membranaceus
  - **Tunica fibrocartilaginea** mit hyalinen Knorpelspangen und Bindegewebe
- **Tunica adventitia** aus lockerem Bindegewebe zur Verbindung mit der Umgebung. Sie ermöglicht die Verschiebung der Trachea gegen die Umgebung beim Schlucken und Husten. Außerdem wird die Tunica adventitia des linken Hauptbronchus von glatter Muskulatur erreicht, die vom Ösophagus ausgeschert ist (M. bronchooesophageus)

Klinischer Hinweis

Häufig ist bei starken Rauchern die Schleimbildung vermehrt, die Zahl der kinozilientragenden Zellen aber vermindert. Dadurch kann es besonders in den Abschnitten mit geringer Lumenweite zu Schleimansammlungen und Metaplasien evtl. mit Krebsfolge kommen.

Durch diesen Wandbau ist gesichert, dass Trachea und Bronchien offen gehalten, ihre Durchmesser und ihre Länge jedoch in gewissen Grenzen verändert werden können. Gebunden ist die Stabilität der Wand primär an den Knorpel, ihre Beweglichkeit an die glatte Muskulatur und die elastischen Fasern. Bei Verengung der Wand können über der Paries membranaceus Reservefalten entstehen. Ferner kann es zu Längenveränderungen der Trachea und der Hauptbronchien kommen, z. B. beim Husten. Schließlich sorgen die elastischen Fasern für das Zurückholen des Kehlkopfs nach dem Schlucken. Funktionell ist wichtig, dass die eingeatmete Luft in Trachea und Bronchien angewärmt und durch die Sekrete der seromukösen Drüsen angefeuchtet und gereinigt wird und dass in den Luftwegen Antikörper gegen Mikroorganismen zur Verfügung gestellt werden.

Gefäßversorgung. **Arterien:** Rr. tracheales der A. thyroidea inferior. **Venöser** Abfluss in den Plexus thyroideus impar. **Lymphabflüsse** in den Truncus bronchomediastinalis.

Innervation. Rr. tracheales des N. laryngeus recurrens und Äste aus dem Brustgrenzstrang.

In Kürze

Trachea und Bronchien gehören zu den unteren Atemwegen. Die Trachea teilt sich in der Bifurcatio tracheae in zwei Hauptbronchien. Trachea und Hauptbronchien sind gleichartig gebaut und dienen der Luftleitung. Ihre Wand wird durch hyalinknorpelige Halbringe verstärkt, die durch den Paries membranaceus verbunden sind. Becherzellen in der Schleimhaut und seromuköse Drüsen bilden einen inneren Schleimfilm mit reinigender Funktion. Lymphgewebe dient der immunologischen Abwehr.

10

Lunge e H69–71

Kernaussagen

- **Lungen sind paarige Organe: Pulmo dexter, Pulmo sinister.**
- **Rechte und linke Lunge sind unterschiedlich gegliedert.**
- **Lungen bestehen aus Verästelungen des Bronchialbaums mit luftleitenden und respiratorischen Abschnitten.**
- **Die Endabschnitte des Bronchialbaums sind die Lungenalveolen, in denen der Gasaustausch zwischen Atemluft und Blut durch die Blut-Luft-Schranke erfolgt.**
- **Ausgekleidet sind die Alveolen mit Alveolarepithelzellen Typ I und II.**
- **Im interstitiellen Lungengewebe wirken elastische Fasern bei der Retraktion der Lunge während der Atmung, Makrophagen und Mastzellen bei der Abwehr mit.**
- **Die Lungen werden von Gefäßen des großen und kleinen Kreislaufs erreicht.**

Gliederung, Lungengrenzen

Makroskopisch lassen beide Lungen **Basis** und **Apex** unterscheiden (Abb. 10.17). Die Basis liegt mit der **Facies diaphragmatica** der Zwerchfellkuppe auf. Die Lungenspitzen einschließlich der Pleurakuppel überragen die obere Thoraxapertur um 3–4 cm. Zur Brustwand hin liegt die **Facies costalis** und zum Mediastinum hin die **Facies mediastinalis.** An der Facies mediastinalis treten im **Hilum pulmonale** sämtliche Leitungsbahnen in die Lunge ein bzw. aus. In ihrer Gesamtheit bilden sie die **Radix pulmonis.** Außerdem schlägt am Hilum pulmonale das viszerale Blatt der Pleura auf das parietale um (► oben).

Hilum pulmonis (Abb. 10.17 b). Im Prinzip ist die Lage der Gebilde im Hilum pulmonale beider Seiten ähnlich: die Bronchien liegen im dorsalen mittleren, die A. pulmonalis im ventralen oberen und die Vv. pulmonales im ventralen unteren Bereich. Im Hilum der rechten Lunge überlagert jedoch der Bronchus lobaris superior dexter die A. pulmonalis, da er den Hauptbronchus bereits extrapulmonal verlassen hat. Er liegt »epiarteriell«.

Die rechte Lunge hat drei Lappen und zwei Fissuren (Abb. 10.17). In die Fissuren setzt sich die Pleura pulmonalis bis zum Hilum pulmonale fort. Zu unterscheiden sind

- **Fissura obliqua:** trennt auf der Dorsalseite den **Lobus superior** vom **Lobus inferior** und auf der Ventralseite den Lobus inferior vom **Lobus medius.** In Projektion auf die Körperoberfläche folgt die Fissura obliqua in Ruhelage vom 4. Brustwirbel in einer gebogenen Linie zunächst der 4. Rippe, verläuft dann schräg abwärts, kreuzt den 5. ICR und erreicht die 6. Rippe in der Medioklavikularlinie
- **Fissura horizontalis** zwischen Lobus superior und Lobus medius folgt ventral der 4. Rippe bis lateral zur Axillarlinie

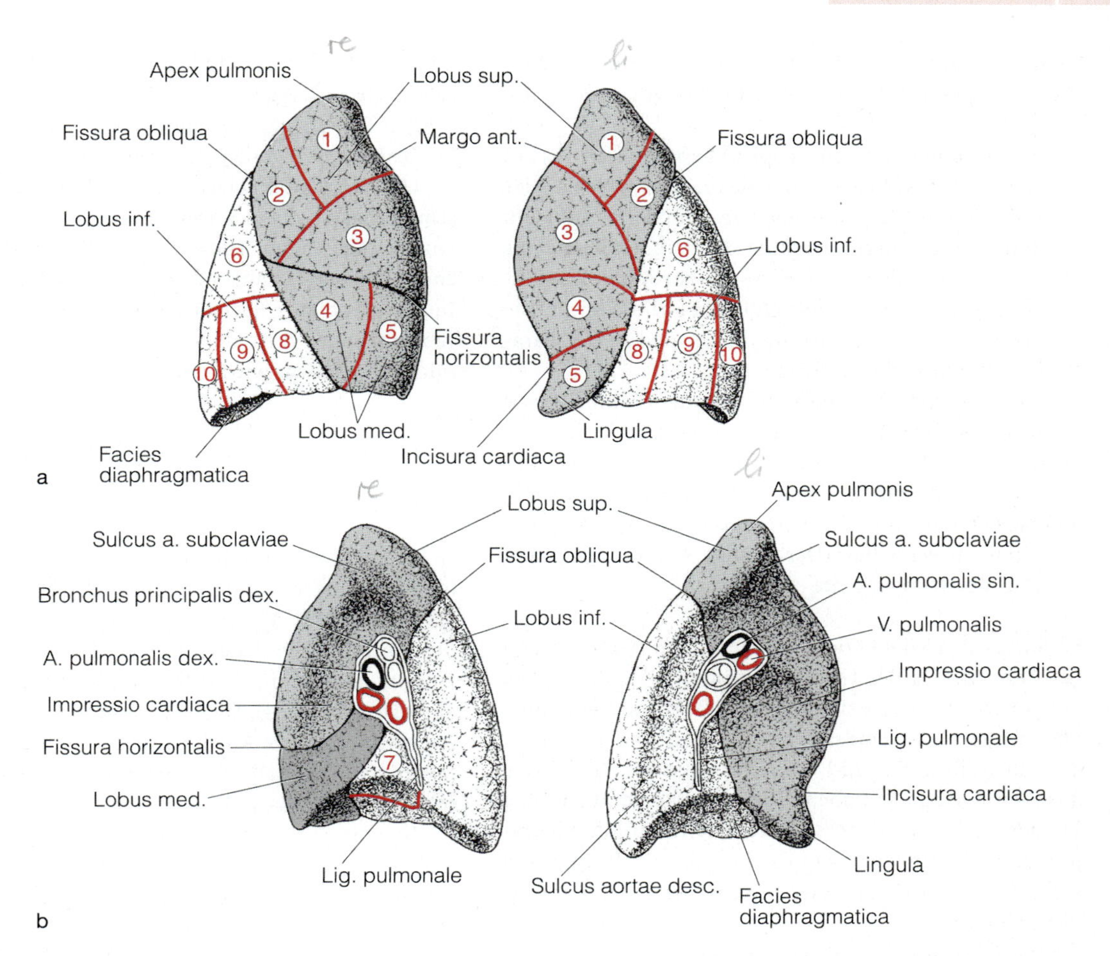

Abb. 10.17 a, b. Lungen. **a** Rechte und linke Lunge von lateral: Facies costalis. Segmentgrenzen *rot*, Lungensegmente durch *Ziffern* gekennzeichnet (vgl. Abb. 10.15); Segment 7 ist nur auf der mediastinalen Seite (b) der rechten Lunge zu sehen. Die Felderung der Lungenoberfläche entspricht Lungenlobuli. **b** Rechte und linke Lunge von medial: Facies mediastinalis. Dargestellt ist das Lungenhilum mit Arterien (*schwarz*), Venen (*rot*) und Bronchien (Bronchus principalis sinister nicht bezeichnet). Die Lobi sind durch unterschiedliche Tönung voneinander abgegrenzt (in Anlehnung an Feneis 1993)

Durch die Anordnung der Fissuren liegt der Lobus superior vor allem dem oberen ventrolateralen Bereich, der Lobus medius dem unteren ventrolateralen und der Lobus inferior dem dorsalen unteren Bereich der Brustwand an (Abb. 10.13). Entsprechend können die Lungenlappen auskultiert werden.

Die mediale Oberfläche der rechten Lunge hat Kontakt mit Herzbeutel und Herz, V. cava inferior, V. cava superior, V. azygos und Ösophagus, die im Mediastinum liegen. Die Lungenspitze steht in Verbindung mit der rechten A. und V. subclavia.

Die linke Lunge hat ein geringeres Volumen (1400 cm^3) als die rechte (1500 cm^3). Sie hat zwei Lappen, die durch die **Fissura obliqua** getrennt sind. Der Verlauf der Fissura obliqua links entspricht etwa dem der rechten Seite (▶ oben). Der **Lobus superior** grenzt vor allem an den oberen ventrolateralen Bereich der Brustwand, der **Lobus inferior** an den dorsalen unteren (Abb. 10.13).

Medial hat die linke Lunge Kontakt mit Herzbeutel und Herz, Aortenbogen, thorakaler Aorta und Ösophagus. Das Herz ruft in der linken Lunge eine tiefe **Impressio cardiaca** hervor und wird teilweise von einem zungenartigen Fortsatz des Lobus superior (**Lingula pulmonis**) überdeckt.

Lungengrenzen in der Projektion auf die Körperoberfläche bei respiratorischer Mittelstellung (Abb. 10.13, Tabelle 10.6):

- **rechte Lunge:** die Lungenspitze befindet sich 3–5 cm über der Klavikula in Höhe des 1. Brustwirbels: hier Auskultation der Lungenspitze. Hinter Manubrium und Corpus sterni verläuft die Lungengrenze bis zur 6. Rippe abwärts, der sie bis zur Medioklavikularlinie folgt; in der mittleren Axillarlinie kreuzt sie die 8., in der Skapularlinie die 10. und in der Paravertebrallinie die 11. Rippe
- **linke Lunge:** die Grenzen verlaufen ähnlich wie rechts, sie weichen nur in der Incisura cardiaca ab; dadurch folgt die Lungengrenze links der Sternallinie nur bis zur 4. Rippe, zieht dann bogenförmig nach unten, um in der Medioklavikularlinie die 6. Rippe zu erreichen. Der weitere Verlauf entspricht dem der rechten Seite

Veränderungen der Lungengrenze während der Atmung (Abb. 10.11). Bei tiefer Einatmung tritt die untere Lungengrenze aus der mittleren Respirationsstellung (Tabelle 10.6) ventral 2–3 cm, lateral und dorsal ca. 3–4 cm nach unten und bei tiefer Ausatmung um den gleichen Betrag nach oben. Dadurch erreicht die untere Lungengrenze selbst bei tiefster Inspiration die Pleuragrenze nicht (in der Skapularlinie die 12. Rippe). Oft steht die untere Grenze der linken Lunge tiefer als die der rechten.

Bronchialbaum e H69

Wichtig

Durch die starke Aufzweigung des Bronchialbaums (Arbor bronchialis) entsteht in den respiratorischen Endabschnitten eine große Oberfläche für den Austausch der Atemgase.

Die Bronchi principales (► S. 272) teilen sich in sekundäre und tertiäre Bronchien (**Bronchi lobares, Bronchi segmentales**) (Abb. 10.15). Die Bronchi lobares versorgen die Lungenlappen. Durch Verzweigung der Bronchi segmentales entstehen **bronchopulmonale Segmente** (rechts 10, links 9; Abb. 10.17). Bronchien und Äste der Lungenarterien verlaufen durch das Zentrum dieser Segmente (»zentrosegmental«). Die Äste der V. pulmonalis verlaufen im Bindegewebe der Segmentgrenzen (»intersegmental«). Die bronchopulmonalen Segmente sind funktionelle Einheiten und können operativ einzeln entfernt werden.

Die Bronchi segmentales teilen sich jeweils in 6–12 **Bronchioli** mit eigenen Ausbreitungsgebieten.

Die Bronchioli setzen sich in **Bronchioli terminales** (Durchmesser 0,5–0,8 mm) fort. Bis hierher reicht das Luftleitungssystem. Diesem folgen die **respiratorischen Endabschnitte** (Abb. 10.18) mit **Bronchioli respiratorii, Ductus alveolares, Sacculi alveolares** und **Alveoli.** Die Alveolengruppe, die von einem Bronchiolus terminalis mit Luft versorgt wird, wird als **Azinus** bezeichnet.

Klinischer Hinweis

Mittels *Bronchoskopie* kann die Schleimhaut des Bronchialbaums untersucht werden. Mit Spezialinstrumenten lassen sich Biopsien und therapeutische Eingriffe durchführen.

Wandbau. Die einzelnen Abschnitte des Bronchialbaums zeigen einen unterschiedlichen Aufbau (Tabelle 10.7, e H69). Vor allem nimmt die Höhe des Epithels nach distal ab, es wird immer flacher. Hinzu kommt, dass in den Bronchioli sowohl Knorpel als auch Drüsen fehlen. Dagegen nimmt die in Spiraltouren angeordnete glatte Muskulatur zu. Sie kontrahiert sich postmortal, weshalb das Lumen der Bronchioli im histologischen Präparat häufig sternförmig erscheint.

In den **Bronchioli terminales** treten sezernierende Zellen, so genannte **Clara-Zellen** auf, die jedoch keinen Schleim bilden. Sie geben Proteine ab, die vermutlich im Dienst der Abwehr stehen.

Der Gasaustausch zwischen Atemluft und Blut findet schließlich in den **Alveolen** statt. Vereinzelt gehen sie von den **Bronchioli respiratorii** ab, finden sich aber überwiegend als Aussackungen der **Ductus alveolares** und **Sacculi alveolares** (Abb. 10.18, e H69).

Lungenalveolen

Alveolen haben einen Durchmesser von 250–300 µm. Ihre Wand wird von Alveolarepithel und Bindegewebe gebildet, in dem sich zahlreiche Kapillaren und elastische Fasern befinden (e H71). Voneinander sind die Alveolen durch **Septa interalveolaria** mit vereinzelten Poren getrennt (Abb. 10.18). Bei mittlerer Atemtiefe beträgt die innere Oberfläche aller Alveolen etwa 140 m^2.

Das **Alveolarepithel** besteht aus (Abb. 10.18b, e H69):

- **Alveolarepithelzellen Typ I**
- **Alveolarepithelzellen Typ II**

Tabelle 10.7. Wandbau der luftleitenden Abschnitte der unteren Atemwege

	Trachea und Hauptbronchien	große Bronchien, Segmentbronchien	Bronchiolen und Bronchioli terminales	Bronchioli respiratorii
Epithel	mehrreihiges Flimmerepithel, Becherzellen	mehrreihiges Flimmerepithel, Becherzellen	einschichtiges prismatisches Flimmerepithel, spärlich Becherzellen; sie fehlen im Bronchiolus terminalis	isoprismatisches Epithel, distal ohne Zilien, Becherzellen fehlen
Knorpel	hufeisenförmige Knorpelspangen	einzelne Knorpelplättchen	fehlt	fehlt
Muskulatur	nur im Paries membranaceus	konzentrisch angeordnet	schraubig, scherengitterartig	scherengitterartig
Drüsen	Glandulae tracheales u. bronchiales	Glandulae bronchiales in der Tunica fibrocartilaginea	fehlen	fehlen

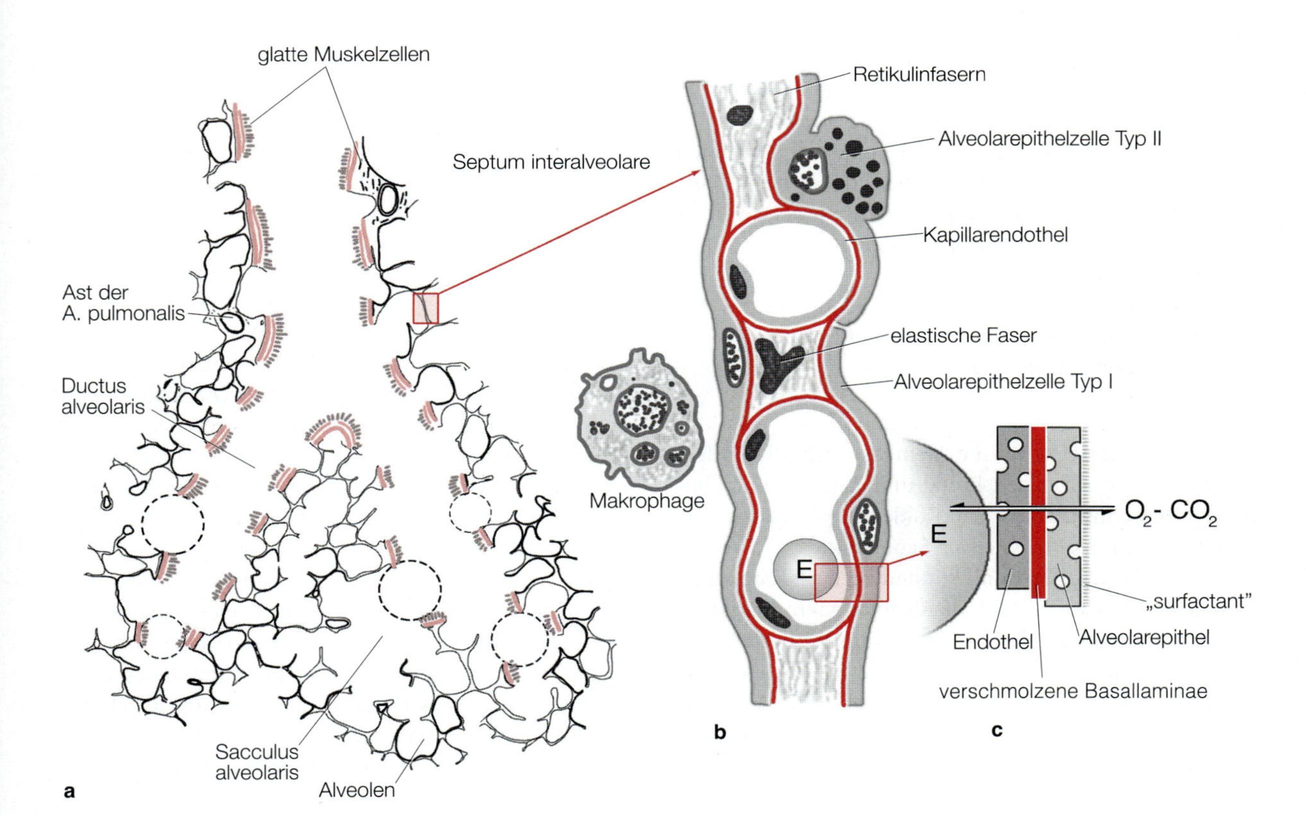

Abb. 10.18 a–c. Lunge, respiratorischer Abschnitt. **a** Ein Bronchiolus respiratorius setzt sich in zwei Ductus alveolares fort. Von hier gehen Sacculi alveolares und Alveolen aus e H69. **b** Interalveolarseptum. Im Bindegewebe zwei Kapillarquerschnitte. Die Basallaminae (*rot*) von Kapillaren und Alveolarepithelzellen verschmelzen an der Kontaktstelle zu einer gemeinsamen Basallamina. *E* Erythrozyt. **c** Blut-Luft-Schranke. Die *Pfeile* zeigen den Weg des Gasaustauschs

Alveolarepithelzellen Typ I sind flach ausgezogene, dünne (50–150 nm) Plattenepithelzellen, die eine kontinuierliche Zelllage bilden und deshalb als *Deckzellen* bezeichnet werden.

Alveolarepithelzellen Typ II sind größer und weniger zahlreich, teilen sich lebhaft und liefern den Ersatz für zugrunde gegangene Typ-I-Zellen. Typ-II-Zellen bilden ein Sekret, das an der gesamten Oberfläche der Alveolen einen Protein-Phospholipid-Flüssigkeitsfilm (**surfactant**) entstehen lässt. Er setzt die Oberflächenspannung der Alveolarwände herab.

Der surfactant wird laufend von Alveolarepithelzellen Typ I und Makrophagen resorbiert und entsprechend von Typ-II-Zellen neu gebildet.

Zur Entwicklung des surfactant
Die Produktion des surfactant beginnt in der 24. Entwicklungswoche. Er spielt für die Entfaltung der Alveolen während der ersten Atemzüge nach der Geburt eine wichtige Rolle. Ist die Ausbildung des surfactant mangelhaft, kann es zur *Atelektase* kommen, einer unvollständigen Entfaltung der Lunge. Dies führt bei Frühgeborenen zum *Atemnotsyndrom Neugeborener.*

Blut-Luft-Schranke. Zwischen dem Lumen der Alveolen und dem Blut in den Kapillaren befindet sich die Blut-Luft-Schranke, die beim Gasaustausch passiert werden muss. Sie wird gebildet von (Abb. 10.18c):
- **Endothelzellen der Kapillare**
- **miteinander verschmolzenen Basallaminae des Kapillarendothels und des Alveolarepithels**
- **Alveolarepithelzellen Typ I**
- **surfactant**

Die Diffusionsstrecke für die Atemgase, d.h. die Entfernung zwischen Alveolarlichtung und Kapillarlumen beträgt durchschnittlich 0,5 µm. Kohlendioxid passiert die Blut-Luft-Schranke leichter als Sauerstoff.

Durch die Alveolarwand können auch Makrophagen (Monozyten) aus dem Blut als **Alveolarmakrophagen** in das Alveolarlumen gelangen. Ihre Aufgabe besteht darin, schädliche Partikel, die bis in die Alveolen gelangt sind, zu phagozytieren und zu speichern. Die Alveolarmakrophagen wandern ins Bronchialsystem und werden schließlich ausgehustet.

Interstitium e H71

Im Bindegewebe zwischen den Alveolen befindet sich ein dichtes **elastisches Fasernetz** (e H71), das für die Elastizität des Lungengewebes verantwortlich ist. Es trägt nach der Einatmung wesentlich zur Retraktion der Lunge und damit zur Ausatmung bei. Außerdem kommen im Bindegewebe der Alveolen Makrophagen, Mastzellen und Leukozyten vor, die bei der immunologischen Abwehr mitwirken.

Klinischer Hinweis
Bei starken Rauchern kann es zum Verlust der elastischen Fasern im Bindegewebe und damit zu nachlassender Retraktionskraft der Lunge bei der Ausatmung kommen. Dies kann zur Aufblähung der Alveolen führen (*Lungenemphysem*). Außerdem können Bindegewebsveränderungen in der Lunge eine *Lungenfibrose* verursachen, in deren Folgen der Blutrückfluss aus der Lunge zum Herzen erschwert ist (*Stauungslunge*). Tritt Flüssigkeit aus den Kapillaren ins Alveolarlumen, kommt es zum *Lungenödem*.

Gefäße und Nerven

Wichtig
In den Lungen bestehen zwei Gefäßsysteme nebeneinander: das eine im Dienst des Gesamtorganismus (Vasa publica), das andere zur Eigenversorgung des Lungengewebes (Vasa privata).

Vasa publica transportieren kohlendioxidreiches Blut aus dem Körperkreislauf in die Lunge (**Aa. pulmonales**) und nach Oxigenierung in den Kapillaren der Alveolen zum Herzen zurück (**Vv. pulmonales**). Aa. und Vv. pulmonales bilden mit den zwischengeschalteten Kapillaren den kleinen Kreislauf (► S. 180). e Angiologie: Kreislaufsystem

Aa. pulmonales sind weitlumige Gefäße, die aus einem gemeinsamen Stamm, dem **Truncus pulmonalis**, aus der rechten Herzkammer hervorgehen (Abb. 10.20). Beidseits gelangen die Aa. pulmonales durch das Hilum pulmonis in die Lungen und teilen sich dort auf. Ihre Äste verlaufen zusammen mit Bronchien und Bronchioli im **peribronchialen Bindegewebe.** Da sie keine weiteren Äste abgeben, sind sie *funktionelle Endarterien.*

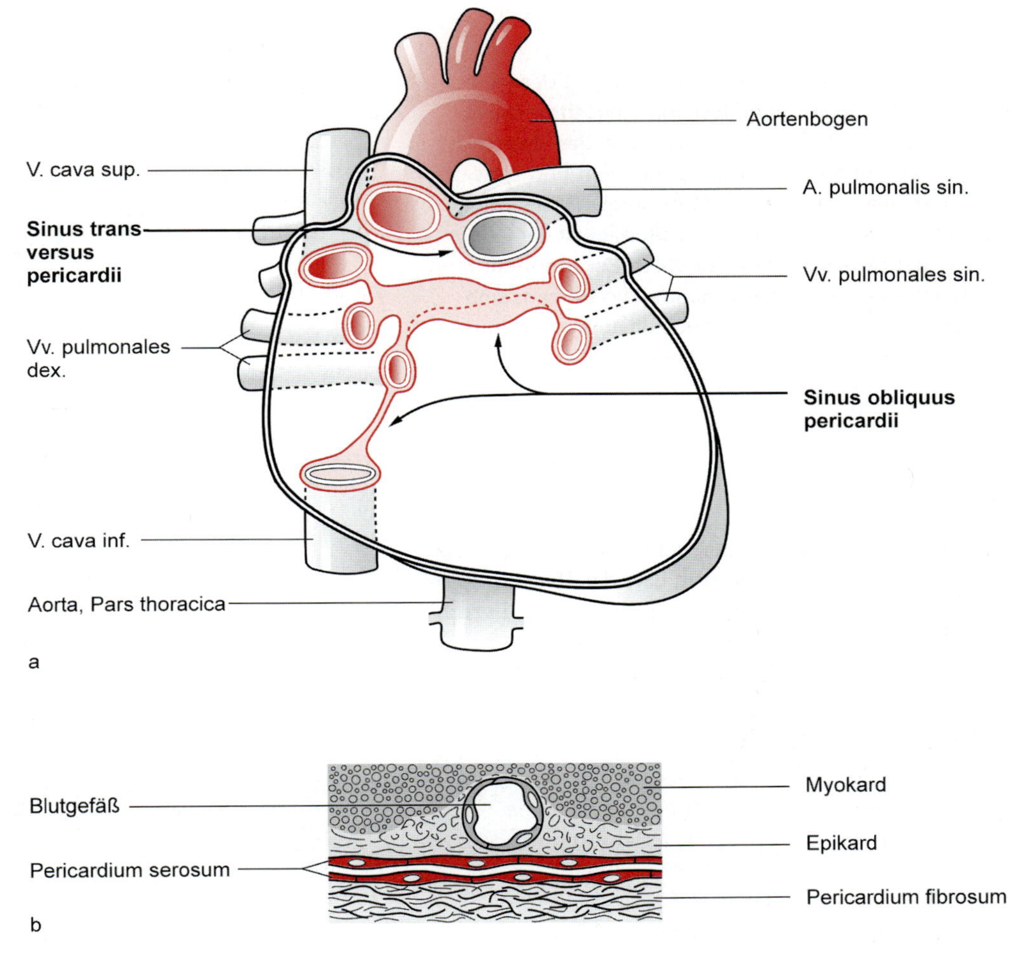

Abb. 10.19 a, b. Perikard. **a** Nach Eröffnung des Herzbeutels und Entfernung des Herzens Blick auf das Perikard mit Sinus obliquus und Sinus transversus. **b** Schichten des Herzbeutels

cava superior, V. cava inferior, Vv. pulmonales (= Einstrombahnen). Durch diese Trennung entsteht in der Perikardhöhle an der Umschlagsstelle zur Lamina visceralis (Epikard) der **Sinus transversus pericardii** (Abb. 10.19). Ferner entsteht an den Umschlagstellen der Lamina visceralis von der Oberfläche der Venen auf das Perikard der **Sinus obliquus pericardii** (Abb. 10.19).

Hinsichtlich des Pericardium fibrosum ist zu beachten, dass es lediglich der Lamina parietalis des Pericardium serosum folgt. Es endet also an der Oberfläche der Gefäße, an denen es befestigt ist.

Gefäßversorgung. A. pericardiacophrenica aus der A. thoracica interna. Das gleichlautende venöse Gefäß mündet in die V. brachiocephalica.

Innervation. R. pericardiacus der Nn. phrenici, Äste des N. vagus und des Sympathikus.

Klinischer Hinweis

Bei der *Perikarditis* kann die Herzfunktion durch Verwachsungen im Herzbeutel beeinträchtigt sein. Blutergüsse in den Herzbeutel, z. B. nach Stichverletzungen, führen zu einer *Herzbeuteltamponade*. Bei Reizung des parietalen Perikards können via N. phrenicus Schmerzen in die supraklavikuläre Region der Schulter ausstrahlen.

> **In Kürze**
>
> **Das Pericardium fibrosum ist locker mit der Pleura mediastinalis, aber fest mit Hauptbronchien, Sternum und Centrum tendineum des Zwerchfells verbunden. Zwischen parietalem und viszeralem Blatt des Pericardium serosum befindet sich als Spalt mit seröser Gleitflüssigkeit die Cavitas pericardiaca (Perikardhöhle). Bei eröffnetem Herzbeutel und nach Entnahme des Herzens sind der Sinus transversus pericardii und der Sinus obliquus percardii zu erkennen.**

Herz

Im einführenden Kapitel über Herz (Cor) und Blutkreislauf (► S. 179) haben Sie gelernt, dass das Herz ein autonom gesteuertes muskuläres Organ ist, das sich in rechte und linke Herzhälfte gliedert. Jede Herzhälfte hat einen Vorhof und eine Kammer.

In diesem Kapitel wird dargestellt:

- Lage des Herzen im Thorax
- Gestaltung der äußeren Herzoberflächen
- Projektion des Herzen auf die Körperoberfläche
- Bau der Herzwände
- Innenrelief in Herzvorhöfen und -kammern
- Entstehung und Beeinflussung der Herzautonomie
- Ernährung und Innervation des Herzmuskels

Herzlage, Herzoberfläche, Herzprojektion, Nachbarschaft

> **Wichtig**
>
> Das Herz ist in situ etwa 40° gegen die Frontal-, Sagittal-, und Horizontalebene geneigt. Seine Vorderseite wird im Wesentlichen vom rechten Ventrikel gebildet. Dem Zwerchfell zugewandt ist dagegen vor allem der linke Ventrikel. Dieser bildet die Herzspitze, deren Bewegungen als »Herzspitzenstoß« im 5. ICR in bzw. medial von der Medioklavikularlinie von außen tastbar sind.

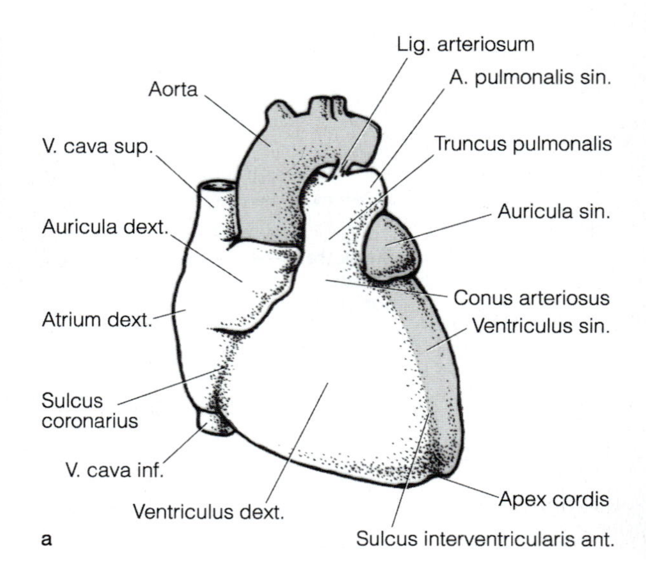

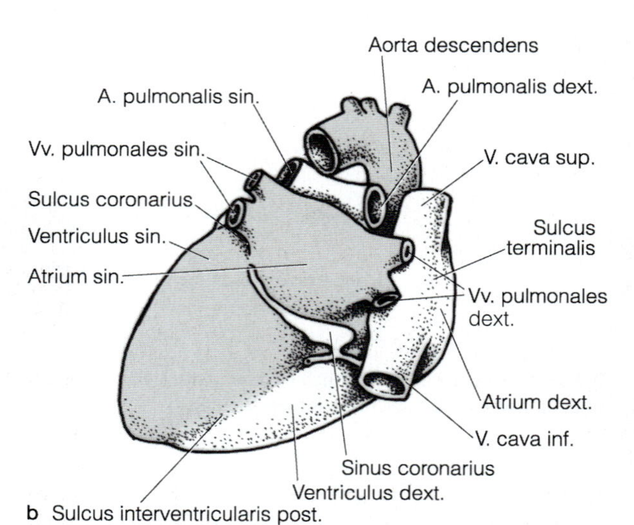

Abb. 10.20 a, b. Ansicht des Herzens **a** von vorn (Facies sternocostalis) und **b** Facies diaphragmatica. Die linke Herzhälfte mit zugehörigen Gefäßen ist durch *grauen Raster* hervorgehoben. In der unteren Abb. ist das Lig. arteriosum nicht gezeichnet

Herzoberflächen. Durch die Drehung des Herzens während der Entwicklung wird die **Vorderseite des Herzens** (*Facies sternocostalis*) (Abb. 10.20 a) überwiegend vom **rechten Ventrikel** und nur zu einem kleinen Teil vom **linken Ventrikel** gebildet. Der linke Ventrikel bildet den **linken Herzrand** und die **Herzspitze** (*Apex cordis*).

Zwischen rechtem und linkem Ventrikel verläuft fast senkrecht der **Sulcus interventricularis anterior**, der mit reichlich subendokardialem Fett gefüllt ist und die **A. interventricularis anterior** führt. Ferner sind auf der Herzvorderseite im Bereich der **Herzbasis**, die der Herzspitze gegenüberliegt, *Herzohren* (**Auriculae atriales**) erkennbar. Diese gehören zu den Vorhöfen und umgreifen die Ursprünge der Aorta und des Truncus pulmonalis nach vorn. Der Austritt des Truncus pulmonalis am Herzen liegt ventral und links von dem der Aorta. Die Vorhof-Kammer-Grenze wird oberflächlich durch den **Sulcus coronarius** für die Koronargefäße markiert.

Die **Dorsalseite des Herzens** ist die *Facies pulmonalis* und die **kaudale untere Seite** die *Facies diaphragmatica* (Abb. 10.20 b). Sie werden zum größten Teil von linker Kammer und linkem Vorhof gebildet. Zwischen linker und rechter Kammer befindet sich der **Sulcus interventricularis posterior** und zwischen linkem Vorhof und linker Kammer ebenfalls dorsal der **Sulcus coronarius.** In den linken Vorhof münden dorsokaudal vier Vv. pulmonales. Am rechten Vorhof ist der **Sulcus terminalis** zu erkennen: eine seichte Furche als Abgrenzung des rechten Herzohrs. In den rechten Vorhof münden fast senkrecht die Endstrecken der **Vv. cavae superior et inferior.** Mit der Facies diaphragmatica liegt das Herz dem Zwerchfell auf.

Das **Herzgewicht** beträgt etwa 300 g, die Größe des Herzens eines Menschen entspricht etwa der seiner geschlossenen Faust.

Im Regelfall projizieren sich vier Fünftel des Herzens links der Medianebene auf die Körperoberfläche, ein Fünftel rechts.

Klinischer Hinweis

Lage und Größe des Herzens können am Lebenden durch Perkussion ermittelt werden (Herzdämpfung). Die Herzkontur wird bei Röntgenaufnahmen im anterior-posterioren (ap) Strahlengang erfasst.

Herzränder (Abb. 10.21). Der **rechte Herzrand** wird von der V. cava superior und vom rechten Vorhof gebildet. Er verläuft in der rechten Parasternallinie 2 cm vom rechten Sternalrand vom 3. zum 6. Rippenknorpel.

Am **linken Herzrand** sind Aortenbogen, Pulmonalisbogen, linkes Herzohr und linke Kammer zu erkennen. Die Projektion des linken Herzrandes verläuft vom 2. linken Interkostalraum parasternal in einem Bogen zum 5. Interkostalraum etwa 1 cm medial der Medioklavikularlinie.

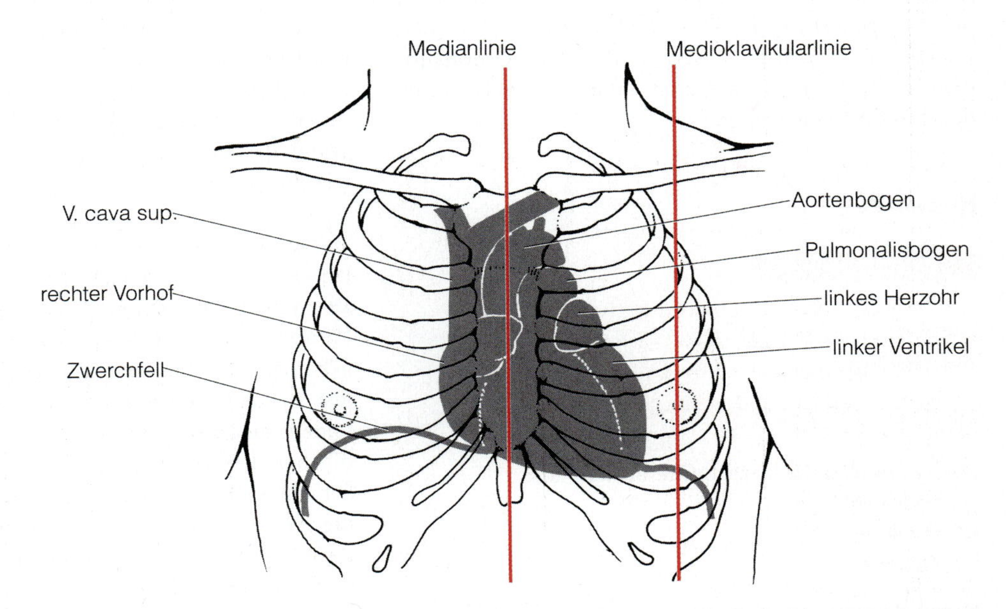

Abb. 10.21. Projektion der linken und rechten Herzränder auf die Körperoberfläche. Die Projektion des rechten Herzrandes (Vena cava superior, rechter Vorhof) verläuft 2 cm vom rechten Sternalrand. Der linke Herzrand projiziert sich als Bogen vom 2. linken ICR parasternal zum 5. ICR 1 cm medial der Medioklavikularlinie und wird von Aortenbogen, Pulmonalisbogen, linkem Herzohr und linker Kammer gebildet

vikularlinie, wo der **Herzspitzenstoß getastet wird. Der Herzspitzenstoß** entsteht dadurch, dass der linke Ventrikel bei Dilatation (Diastole) die innere Brustwand berührt.

Der untere Herzrand bildet einen kurzen, konvexen Bogen vom Projektionspunkt der Herzspitze bis zum Ansatz der 6. Rippe rechts.

Der obere Herzrand ergibt sich aus der Projektion der großen Gefäße. Er liegt etwa zwischen dem Oberrand des 3. Rippenknorpels rechts und dem 2. Interkostalraum links.

Klinischer Hinweis

Aus der Ermittlung der Herzgrenzen an der Thoraxoberfläche kann auf eine Veränderung von Lage und Größe des Herzens geschlossen werden. Die Projektion des Herzens ist allerdings auch von Körperlage, Stellung des Zwerchfells, Konstitution und Lebensalter abhängig. So steht z.B. die Längsachse des Herzens beim Astheniker senkrechter (*Tropfenherz*) als beim Pykniker, die eher quer gestellt ist. Der Herzspitzenstoß liegt beim Kind im 4., beim Greis infolge altersbedingter Senkung der Organe im 6. Interkostalraum.

Nachbarschaft. Das Herz liegt in der **Incisura cardiaca der linken Lunge** und wird dadurch auf der Vorderseite teilweise von lufthaltigem Lungengewebe mit dazugehöriger Pleura bedeckt (»relative Herzdämpfung«). Die Lungenränder verlaufen dabei über die Vorderwand des rechten Ventrikels. Sie verändert sich bei Ein- und Ausatmung. Wichtig ist ferner, dass der **Ösophagus** dem linken Vorhof von hinten anliegt, lediglich durch den Herzbeutel getrennt.

Herzwände

Wichtig

Die Wand aller Herzabschnitte ist gleichartig gebaut, die Muskelschicht ist jedoch unterschiedlich dick. Sie ist im linken Ventrikel besonders kräftig und besonders störanfällig.

Die Wand aller Herzabschnitte besteht aus:
- **Endokard**
- **Myokard**
- **Epikard**

Hinzu kommt an den Vorhof-Kammer-Grenzen das **Herzskelett** (Faserringe aus straffem Bindegewebe).

Das Endokard kleidet alle Hohlräume des Herzens mit einschichtigem **Endothel** aus, das von subendokardialem Bindegewebe mit elastischen Fasern und verzweigten glatten Muskelzellen getragen wird. Hierdurch entsteht ein elastisch-muskulöses System, das das Endokard den Volumenänderungen des Herzens anpasst. Ferner verlaufen im subendokardialen Bindegewebe die Verzweigungen des Erregungsleitungssystems (▶ unten). Blutgefäße fehlen.

Das Myokard besteht aus **Herzmuskelzellen** (◘ Abb. 2.41 c, ⓔ H25). Sie bilden die Arbeitsmuskulatur des Herzens (Einzelheiten ▶ S. 67).

Ortsständige Unterschiede. Die **Vorhöfe** sind dünnwandig und ihre Herzmuskelzellen wesentlich kleiner (Durchmesser 5–6 µm, Länge 20 µm) als die der Ventrikel (Durchmesser 17–25 µm, Länge 60–140 µm). Außerdem haben sie weniger T-Tubuli (▶ S. 67). Ferner kommen im Sarkoplasma des Vorhofmyokards **neuroendokrine Granula** mit atrialem natriuretischem Peptid (**ANP**) vor, das bei starker Vorhofdehnung abgegeben wird. Es steigert die renale Ausschüttung von Natrium (natriuretische Wirkung) und Wasser (diuretische Wirkung) und mindert dadurch Blutdruck und Blutvolumen. Außerdem besitzen die Vorhöfe Dehnungsrezeptoren.

Die Wände der **Ventrikel** (Ventriculi cordis) sind viel muskelzellreicher und daher dicker als die der Vorhöfe, da die Ventrikel einen hohen Druck zur Überwindung der Widerstände in den ableitenden Gefäßen aufzubringen haben. Dies gilt besonders für den linken Ventrikel, der das Blut in den großen Kreislauf befördert. Die Wand des linken Ventrikels ist etwa dreimal so dick wie die des rechten.

Verlauf der Ventrikelmuskulatur. In den Kammerwänden lagern sich die Herzmuskelzellen zu Muskelzellsträngen zusammen, die einen schraubigen Verlauf nehmen (◘ Abb. 10.22). Von einer äußeren, beide Kammern umgebenden Schicht scheren Muskelfaserbündel aus, die fast zirkulär jede Herzhälfte getrennt umfassen. Diese bilden die mittlere Schicht der Kammermuskulatur, die bei der Systole bevorzugt tätig wird. Die innere Schicht enthält steil aufwärts ziehende Muskelbündel, die z. T. in den Papillarmuskeln und den Trabeculae carneae (▶ unten) enden. An der Herzspitze bilden oberflächlich sehr steil verlaufende Fasern, die in die Tiefe umbiegen, den **Vortex cordis.** Die Schichtenbildung des Myokards ist am linken Ventrikel am deutlichsten. Die einzelnen Muskelschichten sind durch lockeres Bindegewebe voneinander getrennt.

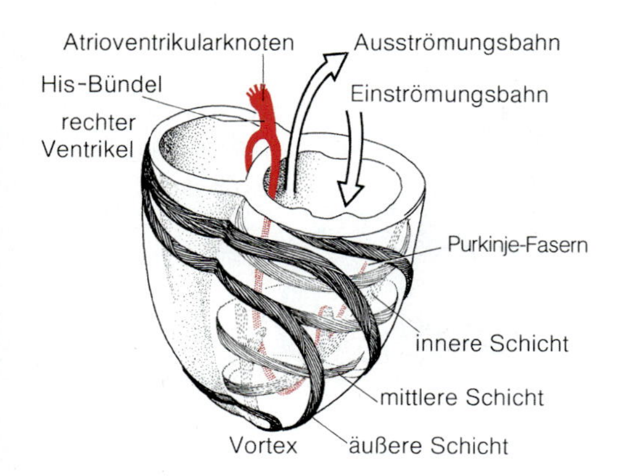

Abb. 10.22. Verlaufsrichtung der Herzmuskulatur (Arbeitsmyokard). Die Schichtenbildung entsteht durch den unterschiedlichen Steigungswinkel spiralig verlaufender Bündel der Herzmuskelzellen. *Rot*, Erregungsleitungssystem. Sinusknoten nicht dargestellt

> **Klinischer Hinweis**
> *Infarkte* treten häufig am linken Ventrikel auf. Dies geht auf die ungünstige Blutversorgung der Muskulatur des linken Ventrikels infolge geringer Kapillardichte durch Wanddicke und enger Packungsdichte der Herzmuskelzellen zurück.

Auch in der Ventrikelmuskulatur kommen Neuropeptide vor, und zwar das brain natriuretic peptide (**BNP**) mit ähnlicher Wirkung wie ANP.

> **Klinischer Hinweis**
> Für BNP steht ein Schnelltest zur Verfügung. BNP im Blut steigt bei Vorliegen einer Herzinsuffizienz stark an und korreliert mit deren Schwere.

Das **Herzskelett** besteht aus vier Ringen straffen Bindegewebes an den Vorhofkammergrenzen (Abb. 10.23). Sie umgreifen die Öffnungen zwischen Vorhöfen und Kammern (**Anulus fibrosus dexter, Anulus fibrosus sinister**) und ziehen links um die Öffnung der Aorta und rechts um die des Truncus pulmonalis herum. Räumlich sind Anulus fibrosus dexter und Anulus fibrosus sinister gegeneinander versetzt. Dadurch wird von der Pars membranacea des Septum interventriculare ein atrioventrikulärer Teil abgeteilt (Abb. 10.24). Zwischen den Ringen um Ostia atrioventricularia und Aorta bestehen Bindegewebszwickel (**Trigonum fibrosum dextrum et sinistrum**) (Abb. 10.23).

Am Herzskelett sind alle Herzklappen befestigt. Dadurch liegt das Herzskelett in der **Ventilebene** (▶ unten). Gleichzeitig trennen die Anuli fibrosi die Arbeitsmuskulatur von Vorhof und Ventrikel und isolieren sie

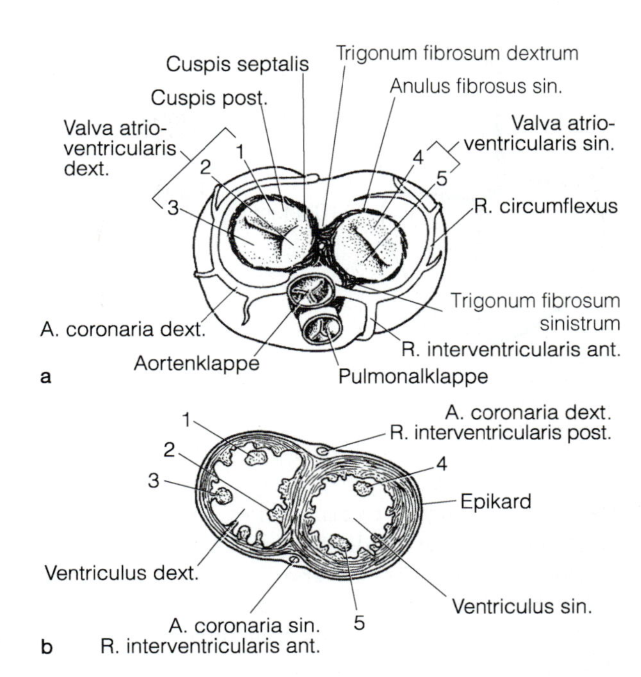

Abb. 10.23 a, b. Herzquerschnitte. **a** Ventilebene mit Herzskelett, Klappen und Koronargefäßen; Vorhofmuskulatur abpräpariert, Ansicht von oben. *Valva atrioventricularis dextra* (Trikuspidalklappe) mit *1* Cuspis posterior; *2* Cuspis septalis; *3* Cuspis anterior. *Valva atrioventricularis sinistra* (Mitralklappe) mit *4* Cuspis posterior; *5* Cuspis anterior. **b** Querschnitt durch die beiden Kammern. Die Ziffern bezeichnen die Papillarmuskeln, die zu den in **a** benannten Klappen gehören. Wenn **a** auf **b** projiziert wird, wird die innere Torsion des Herzens sichtbar

elektrisch gegeneinander. Die einzige Verbindung, die das Trigonum fibrosum dextrum durchbricht, ist das Atrioventrikularbündel des Erregungsleitungssystems (**His-Bündel**) (▶ S. 289).

Herzinnenräume, Ventilebene, Herzgeräusche

> **Wichtig**
> **Im Herzen befinden sich vier Herzklappen. Zwischen den Vorhöfen und Kammern liegen die Segelklappen, zwischen Kammern und den austretenden Arterienstämmen die Taschenklappen. Alle Klappen wirken als Ventile. Die Segelklappen sind bei der Erschlaffung des Herzen (Diastole) offen, die Taschenklappen werden bei Kontraktion des Herzens (Systole) geöffnet. Dadurch fließt das Blut in eine Richtung.**

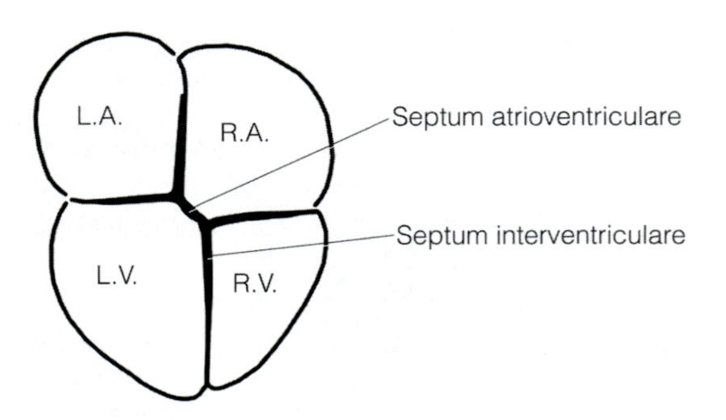

Abb. 10.24. Anordnung der bindgewebigen, verdickt gezeichneten, und muskulären Trennstrukturen zwischen den Herzabschnitten

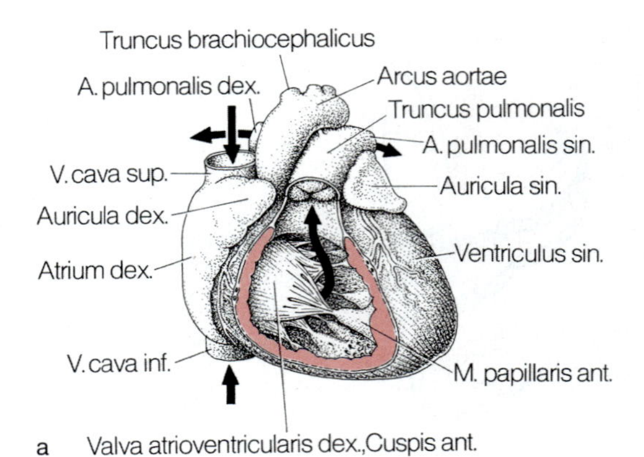

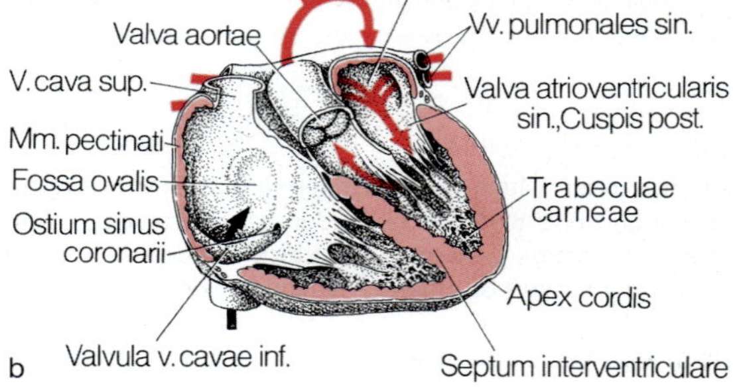

Abb. 10.25 a, b. Binnenräume des Herzens und Richtung des Blutstroms. **a** Durch einen Frontalschnitt ist die rechte Kammer bis zum Truncus pulmonalis eröffnet. **b** Durch einen weiter dorsal geführten Schnitt liegen zusätzlich der rechte Vorhof, die linke Kammer und der linke Vorhof offen. Außerdem sind die linke Ausstrombahn und der Anfangsteil der Aorta (Pars ascendens) freigelegt und das Herz so gedreht, dass die Aortenklappe (Taschenklappe) sichtbar wird. Die Kammermuskulatur ist *rot* unterlegt. Strömungsrichtung des sauerstoffarmen (venösen) Blutes *schwarze Pfeile*, des sauerstoffreichen (arterialisierten) Blutes *rote Pfeile*

Das **Atrium dextrum cordis** (*rechter Vorhof*) (Abb. 10.25 a) nimmt Blut aus der oberen und unteren Hohlvene (**Vv. cavae superior et inferior**) und aus dem Herzen selbst durch den **Sinus coronarius** auf. Hinzu kommen die kleinen **Vv. minimae**, deren Mündungen in der Wand des ganzen Vorhofs verteilt sind.

Der rechte Vorhof gliedert sich durch eine Muskelleiste (**Crista terminalis**) in einen hinteren und vorderen Bereich. Die Crista terminalis verläuft vom Vorderrand der Mündung der oberen Hohlvene über die Seitenwand des Vorhofs zum Seitenrand der unteren Hohlvene. Im **hinteren Vorhofbereich** mischt sich das Blut aus den Hohlvenen in dem als **Sinus venarum cavarum** bezeichneten glattwandigen Raum des Vorhofs, der entwicklungsgeschichtlich aus dem rechten Horn des Sinus venosus stammt (▶ S. 185). An der vorderen Zirkumferenz der V. cava inferior liegt eine kleine Falte, die **Valvula venae cavae inferioris** (*Valvula Eustachii*). Sie leitet in der Fetalzeit das Blut in Richtung des Foramen ovale der Vorhofscheidewand (▶ S. 185). Im hinteren Vorhofbereich mündet auch der Sinus coronarius. An seinem Eintritt findet sich eine sichelförmige Leiste (**Valvula sinus coronarii**, auch *Valvula Thebesii*).

Der **vordere Bereich** des rechten Vorhofs hat kammartige Muskelbälkchen (*Mm. pectinati*), die sich in das rechte Herzohr (**Auricula cordis dextra**) fortsetzen. Entwicklungsgeschichtlich ist dies das Atrium primitivum (▶ S. 185).

Getrennt sind rechter und linker Vorhof durch das **Septum interatriale** mit einer seichten **Fossa ovalis**, die einen prominenten Rand hat (**Limbus fossae ovalis**). Die Fossa ovalis kennzeichnet den Ort des embryonalen **Foramen ovale**, durch das vor Geburt und erstem Atemzug sauerstoffreiches Blut aus der Vena cava inferior direkt – unter Umgehung der Lunge – in den linken Vorhof gelangt.

Ostium atrioventriculare dextrum. Es ist mit einer Segelklappe, der **Valva atrioventricularis dextra**, bestückt (Abb. 10.25 a), die aus drei sog. Segeln (**Cuspes**) besteht und deshalb auch als **Valva tricuspidalis** bezeichnet wird. Die Segel sind membranartige Auffaltungen des Endokards, die am Anulus fibrosus entspringen.

Jedes Segel ist über Sehnenfäden (**Chordae tendineae**) mit einem Papillarmuskel verbunden (▶ unten). Segelklappen sind im Normalzustand gefäßfrei, enthalten aber viele Nervenfasern. Nach ihrer Lage werden unterschieden: **Cuspis septalis, Cuspis anterior, Cuspis**

posterior. Die Cuspis septalis entspringt z. T. an der Pars membranacea des Septum interventriculare.

Während der Füllung des rechten Ventrikels mit Blut (Diastole) ist die Trikuspidalklappe geöffnet und ihre Segel ragen in den rechten Ventrikel hinein. Bei der folgenden Ventrikelkontraktion (Systole) wird die Klappe geschlossen (▪ Abb. 10.26). Die Segel sind mittels Sehnenfäden an den Papillarmuskeln befestigt, die zu Beginn der Systole kontrahieren. Hierdurch wird verhindert, dass die Segel nach oben in den Vorhof schlagen. Vielmehr kommt es zum Verschluss der Segelklappe. Gleichzeitig öffnet sich die Taschenklappe im Truncus pulmonalis und das Blut wird aus dem rechten Ventrikel in die Lungenarterien gepumpt.

Ventriculus cordis dexter (▪ Abb. 10.25 a). In der *rechten Kammer* lassen sich Einstrom- und Ausstrombahn unterscheiden. Die Wand der **Einstrombahn** besteht aus einem Schwammwerk einzelner Muskelbälkchen (**Trabeculae carneae**) sowie den drei Papillarmuskeln (**M. papillaris anterior, M. papillaris posterior** und **Mm. papillares septales**). Der vordere Papillarmuskel ist der größte, die septalen sind inkonstant. An den Papillarmuskeln sind die Sehnenfäden der Sehnenklappen befestigt.

Im Gegensatz zur Einstrombahn ist die **Ausstrombahn** glattwandig. Sie ist trichterförmig (**Conus arteriosus**) und setzt sich in den Truncus pulmonalis fort. Am Übergang befindet sich die *Pulmonalklappe* (**Valva trunci pulmonalis**), eine Taschenklappe.

Einstrom- und Ausstrombahn haben eine torartige Verbindung. Das Dach bildet ein kräftiger Muskelbalken: **Crista supraventricularis.** Ihr gegenüber zieht von der Scheidewand die **Trabecula septomarginalis** (Modoratorband) zum M. papillaris anterior am Boden des Ventrikels.

Die *Kammerscheidewand* (**Septum interventriculare**) ist muskulär, zeigt aber am Ostium atrioventriculare eine dünne fibröse **Pars membranacea.**

Valva trunci pulmonalis (*Pulmonalklappe*) (▪ Abb. 10.25 a). Sie befindet sich am Übergang des rechten Ventrikels in den Truncus pulmonalis. Sie bestehen aus drei halbmondförmigen membranartigen Taschen, die wie Schwalbennester ins Lumen ragen (▪ Abb. 10.27). Der freie Rand ist durch Kollagenfasern verstärkt, ihre Mitte knötchenförmig verdickt (*Nodulus valvulae semilunaris*). Die Pulmonalklappe besteht aus den **Valvulae semilunares anterior, dextra** und **sinistra.** Sie verhindert während der Diastole den Rückfluss des Blutes aus dem Truncus pulmonalis in den rechten Ventrikel (▪ Abb. 10.26).

Atrium sinistrum cordis. In den linken Vorhof münden rechts und links an den **Ostia venarum pulmonalium** jeweils zwei rechte und zwei linke Vv. pulmonales. Sie liegen im hinteren Vorhofbereich und wurden während

Systole
Diastole
Verschluss der Segelklappen (Mitral- und Trikuspidalklappe)
Verschluss der Taschenklappen in Aorta und Tr. pulmonalis
Vorhofverengung
Ventrikulardruck
Herztöne
1.
2.
1.
„ku"
„dipp"
„ku"
systolisch
diastolisch
systolisch

▪ **Abb. 10.26.** Bewegungen der Herzklappen bei der Herztätigkeit. In der Systole sind die Segelklappen (Mitral- und Trikuspidalklappe = Atrioventrikularklappen) geschlossen, die Taschenklappen an Aorta und A. pulmonalis geöffnet. In der Diastole sind die Segelklappen geöffnet und die Taschenklappen geschlossen

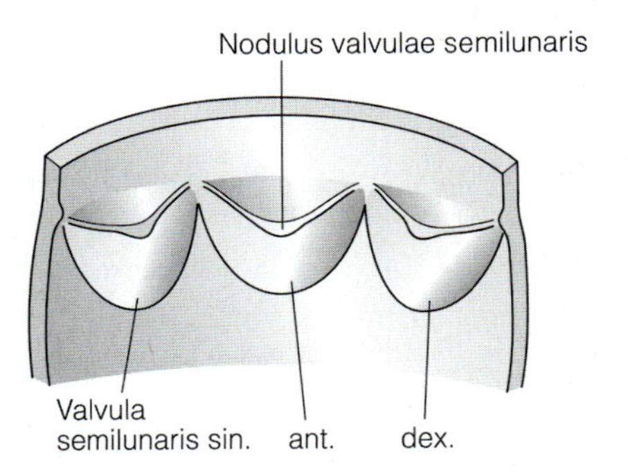

▪ **Abb. 10.27.** Pulmonalklappe mit 3 Taschen. Das Gefäß ist eröffnet (in Anlehnung an Drake et al. 2005)

der Entwicklung in den Vorhof einbezogen. Die Vorhofwand ist hier relativ dünn und glattwandig. Im vorderen Bereich befindet sich das linke Herzohr (**Auricula sinistra**), dessen Innenrelief mit *Mm. pectinati* versehen ist. – Als **Valvula foraminis ovalis** wird am Vorhofseptum ein Rest des Septum primitivum bezeichnet. Es kann vorkommen, dass der ehemals offene Bereich zwar funktionell, jedoch sondierbar und morphologisch nicht vollständig geschlossen ist.

Valva atrioventricularis sinistra (Abb. 10.25 b). Sie ist – wie die Valva atrioventricularis dextra – eine Segelklappe, besteht jedoch nur aus zwei Segeln und wird daher als **Valva bicuspidalis** oder **Mitralklappe** bezeichnet. Die Stellung von **Cuspis anterior** und **Cuspis posterior** ist aus Abb.10.23 ersichtlich. Auch hier sind die Segel jeweils über Chordae tendineae mit einem Papillarmuskel verbunden. Bei geöffneter Mitralklappe strömt in der Diastole das sauerstoffangereicherte Blut vom linken Vorhof in den linken Ventrikel (Abb. 10.26).

Ventriculus cordis sinister (Abb. 10.23 b, 10.25 b). Die Wand der linken Kammer ist muskelstark. Das Innenrelief bilden **Trabeculae carneae** und die **Mm. papillares anterior et posterior.** An beiden sind die Chordae tendineae der Mitralklappe befestigt. Die Einstrombahn biegt an der Herzspitze in die Ausstrombahn um und leitet das Blut zum Ostium aortae.

Valva aortae. Am Übergang zur Aorta befindet sich im **Ostium aortae** die *Aortenklappe* (**Valva aortae**) (Abb. 10.23 a). Sie ist eine Taschenklappe mit kräftigen **Valvulae semilunares dextra, sinistra et posterior.** Kurz oberhalb der Anheftungsstelle der Taschenklappen buchtet sich die Aortenwand zum **Sinus aortae** (Valsalvae) aus. Hier entspringen die **Aa. coronariae** zur Versorgung des Myokards.

Dem Sinus entspricht außen eine Anschwellung der Aorta (**Bulbus aortae**). Ihm schließt sich die *Pars ascendens aortae* an, durch die das Blut in den Körperkreislauf gelangt.

Klinischer Hinweis

Bei Herzklappenfehlern werden die Klappen entweder unvollständig verschlossen (*Insuffizienz*) oder sie werden beispielsweise durch Verklebungen nur unvollständig geöffnet (*Stenosen*). Als Folge einer Mitralklappeninsuffizienz kann es zu Erweiterung des linken Vorhofs, Hypertrophie des linken Ventrikels, Druckerhöhung in den Vv. pulmonales und Lungenödem kommen. Herzklappenfehler können nach bakteriellen Infektionen und entzündlichen Prozessen am Endokard (*Endocarditis*) auftreten.

Der Begriff **Ventilebene** drückt aus, dass sich die Basis der vier großen Herzklappen in einer Ebene befindet. Die Pulmonalklappe liegt ventral, dahinter gestaffelt die Aortenklappe und nahezu parallel die Atrioventrikularklappen (Abb. 10.23 a). In Projektion auf die Körperoberfläche verläuft die Ventilebene rechtwinklig zur anatomischen Herzachse, also schräg vom Ansatz der linken 3. Rippe am Sternum nach rechts unten zum Sternum in Höhe der 5. Rippe. Die Ventilebene verlagert sich mit der Herzaktion: bei der Kammersystole zur Herzspitze, bei der Diastole zur Herzbasis hin.

Herzgeräusche. Bei der Tätigkeit der Herzklappen entstehen durch den Blutdurchfluss sog. Herzgeräusche (Abb. 10.26). Sie können durch Auskultation wahrgenommen werden. Die Auskultationsstellen für die verschiedenen Herzklappen befinden sich jedoch nicht unmittelbar dort, wo die Klappen liegen, sondern an Fort-

Tabelle 10.8. Projektion der Herzklappen auf die vordere Rumpfwand

Herzklappe	Projektion auf	Auskultationsstellen
rechte Atrioventrikularklappe	Sternum in Höhe des 5. Rippenknorpels	4./5. ICR[a] rechts/5. Rippenknorpel
linke Atrioventrikularklappe	4./5. Rippenknorpel	5. ICR[a] links/Herzspitze
Pulmonalklappe	linker Sternalrand in Höhe der 3. Rippe	2. ICR[a] links
Aortenklappe	linker Sternalrand in Höhe des 3. ICR	2. ICR[a] rechts

[a] *ICR* Interkostalraum

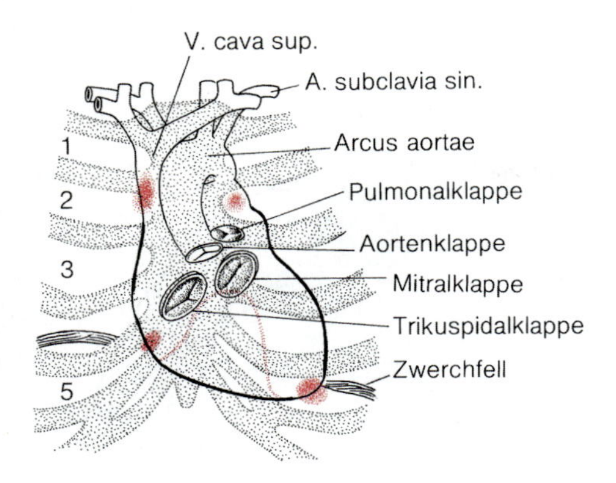

Abb. 10.28. Topographischer Bezug des Herzens und der großen Gefäßstämme (*dünne Linien*) zur vorderen Thoraxwand in mittlerer Respirationslage. Zu beachten ist die Stellung der Herzklappen. *Rot punktiert*, Auskultationsstellen. Die *rot punktierte Linie* begrenzt das Feld der absoluten Herzdämpfung, das auch bei maximaler Inspiration niemals von Lungengewebe überlagert wird

leitungsstellen der Klappengeräusche (Tabelle 10.8, Abb. 10.28). Unterschieden wird ein systolisches und ein diastolisches Geräusch (Abb. 10.26).

Erregungsleitungssystem und Herzinnervation

Wichtig

Die Funktion des Herzens wird autonom durch das Erregungsbildungs- und -leitungssystem gesteuert und durch das autonome Nervensystem moduliert.

Das Erregungsbildungs- und -leitungssystem besteht aus modifiziertem, sog. spezifischem Herzmuskelgewebe, das durch Bindegewebe von der Umgebung isoliert ist. Es induziert die rhythmischen Kontraktionen der Arbeitsmuskulatur des Herzens und arbeitet autonom. Das System setzt sich aus Zentren für die Erregungsbildung und aus schnell leitenden, unidirektionalen Muskelbündeln für die Erregungsausbreitung zusammen. An seinen Endstrecken steht das Erregungsleitungssystem mit Arbeitsmuskelzellen in Verbindung.

Das System besteht aus (Abb. 10.22):

- **Sinusknoten**
- **Atrioventrikularknoten**
- **Atrioventrikularsystem**

Der Sinusknoten (**Nodus sinuatrialis**, auch *Keith-Flack-Knoten*) gibt den Anstoß zur Erregungsbildung. Er hat die höchste Erregungs(Depolarisations)frequenz und bestimmt den Eigenrhythmus der Herztätigkeit mit 60–90 Schlägen/min in Ruhe. Der Sinusknoten liegt in der Wand des rechten Vorhofs im Sulcus terminalis, im Winkel zwischen rechtem Herzohr und V. cava superior. Die Erregung des Sinusknotens wird an die Arbeitsmuskulatur des Vorhofs weitergegeben und gelangt von dort zum nächsten Abschnitt des Erregungsleitungssystems, dem Atrioventrikular(AV)knoten. Zwischen Sinusknoten und AV-Knoten gibt es kein spezifisches Erregungsleitungssystem.

Gefäßversorgung des Sinusknotens: R. nodi sinuatrialis aus der A. coronaria dextra.

Der Atrioventrikularknoten (**Nodus atrioventricularis**, auch *Aschoff-Tawara-Knoten*, AV-Knoten) liegt am Boden des rechten Vorhofs dicht neben der Mündung des Sinus coronarius. Im AV-Knoten erfolgt eine Verzögerung der Erregungsleitung um 0,1 s, um dann im anschließenden AV-System beschleunigt (ca. 2 m/s) weitergeleitet zu werden. Bei Ausfall des Sinusknotens kann der AV-Knoten Schrittmacherfunktion übernehmen, jedoch lediglich mit einer Frequenz von 40–60 Schlägen/min. Fällt auch der AV-Knoten aus, sinkt die Schlagfrequenz auf 20/min.

Gefäßversorgung des AV-Knotens: R. nodi atrioventricularis aus der A. coronaria dextra über den R. interventricularis posterior.

Atrioventrikularsystem (*AV-System*). Das spezifische Gewebe des AV-Knotens setzt sich kontinuierlich in den **Fasciculus atrioventricularis** (*His-Bündel*) fort, der das Trigonum fibrosum dextrum durchbricht.

Gefäßversorgung des AV-Systems: R. interventricularis septalis der A. coronaria dextra.

Hinter der Membrana septi teilt sich das His-Bündel in die *Kammerschenkel* (**Crus dextrum, Crus sinistrum**). Die Crura ziehen zu beiden Seiten des Septum interventriculare herzspitzenwärts und zweigen sich in *Rr. subendocardiales* auf. Einige biegen in Richtung Herzbasis um. Diese und die Endverzweigungen des Kammerschenkels bilden das Netz der **Purkinje-Fasern,** die an der Arbeitsmuskulatur, bevorzugt den Papillarmuskeln, enden. Einzelne Purkinje-Fasern können als sog. falsche Sehnenfäden den Ventrikelraum durchqueren. Die Muskelzellen der Purkinje-Fasern sind größer als die der Arbeitsmuskulatur. Sie sind sarkoplasmareich aber myofibrillenarm. Die Myofibrillen liegen überwiegend randständig. In der Fasermitte kommen mehrere Zellkerne vor.

Klinischer Hinweis

Störungen der Erregungsbildung im Sinusknoten können zu supraventrikulären Arrhythmien führen. Sie können auch darauf zurückgehen, dass störende Erregungsbildungen an anderen Stellen, z.B. in den Wänden der Vv. pulmonales, stattfinden. Andere (ventrikuläre) Arrhythmien können entstehen, wenn außer dem His-Bündel muskuläre Nebenverbindungen zwischen Vorhof und Kammer vorhanden sind. Dies kann zum *Wolff-Parkinson-White-Syndrom* führen. – Herzrhythmusstörungen lassen sich durch externe Schrittmacher beheben.

Herzinnervation. Herznerven passen die Herztätigkeit der Körpertätigkeit an, in dem sie Frequenz- und Kontraktionskraft des Herzens beeinflussen. Sie gehören zum vegetativen Nervensystem. Die **Nn. cardiaci** des Sympathikus wirken beschleunigend, die **Rr. cardiaci** des Parasympathikus (N. vagus) verlangsamend.

Es handelt sich beim **Sympathikus** (► S. 678) um:
- **Nn. cardiaci cervicales superiores, medii et inferiores**
- **Nn. cardiaci thoracici**

beim **N. vagus** (► S. 673) um:
- **Rr. cardiaci cervicales superiores et inferiores**
- **Rr. cardiaci thoracici**

Die Äste von Sympathikus und Parasympathikus bilden zwischen Aorta und Truncus pulmonalis, also außerhalb des Herzbeutels, den **Plexus cardiacus.** Hier vermischen sie sich. In ihrem Verlauf schließen sich die Fasern den Herzkranzgefäßen an, die sie innervieren. Während die sympathischen Nervenfasern postganglionär sind und Erregungsbildungssystem und Arbeitsmuskulatur direkt beeinflussen, werden die parasympathischen Nervenfasern auf die postganglionäre Strecke von Nervenzellen umgeschaltet, die im Gebiet der Herzbasis und der Vorhöfe in den **Ganglia cardiaca** liegen (Abb. 10.29).

Die Endverzweigungen des Plexus cardiacus erreichen die Arbeitsmuskulatur, vor allem aber Sinus- und AV-Knoten. Die Beeinflussung des Sinusknotens besteht in einer Beschleunigung (Sympathikus) oder Verlangsamung (Parasympathikus) der Signalbildung, die Beeinflussung des AV-Knotens dagegen in einer Veränderung der Verzögerungsdauer der Signalübertragung.

Nervenfasern des Plexus cardiacus erreichen auch das Epikard. Sie führen afferente sensorische Fasern für die Leitung von Schmerzreizen, die z.B. beim Herzinfarkt auftreten.

Afferente Fasern des N. vagus vermitteln Reize von Volumenrezeptoren im Vorhof an das Stammhirn und

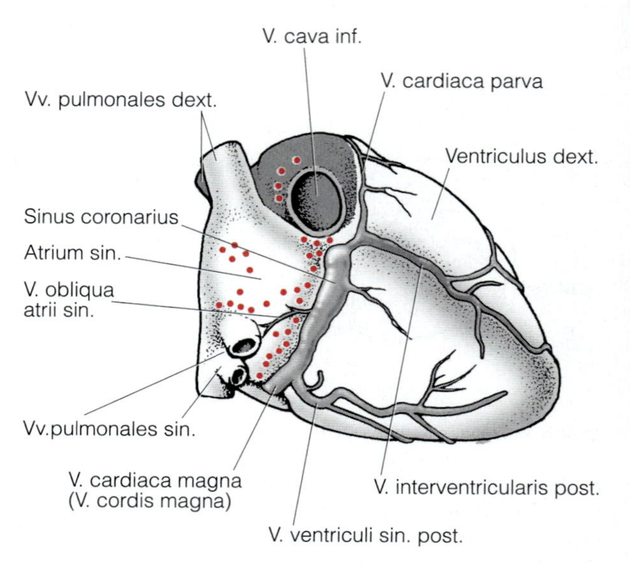

Abb. 10.29. Facies diaphragmatica des Herzens mit den großen Venen und den an der Herzbasis gelegenen vegetativen Ganglien (*rot*)

beeinflussen den Blutdruck. Afferente Fasern des Sympathikus leiten Erregungen zum 4./5. Thorakalsegment.

Herzgefäße

Wichtig

Das Herz ist ein den jeweiligen Ansprüchen anpassbares Dauerleistungsorgan und wird von einem engmaschigen Blutgefäßsystem versorgt.

Die Gefäßversorgung des Herzens erfolgt in der Regel gleichwertig (50%) durch die (Abb. 10.30):
- **A. coronaria sinistra**
- **A. coronaria dextra**

Es kommen jedoch **Abweichungen** vor. Die Blutversorgung erfolgt beim
- **Rechtstyp** überwiegend durch die A. coronaria dextra (Abb. 10.30b),
- **Linkstyp** überwiegend durch die A. coronaria sinistra (Abb. 10.30c).

Die Koronararterien und die zurückführenden Venenstämme verlaufen im Fettgewebe der Sulci der Herzoberfläche und werden von Epikard bedeckt.

A. coronaria sinistra (Abb. 10.31). Sie entspringt im Sinus aortae sinister oberhalb des freien Randes der lin-

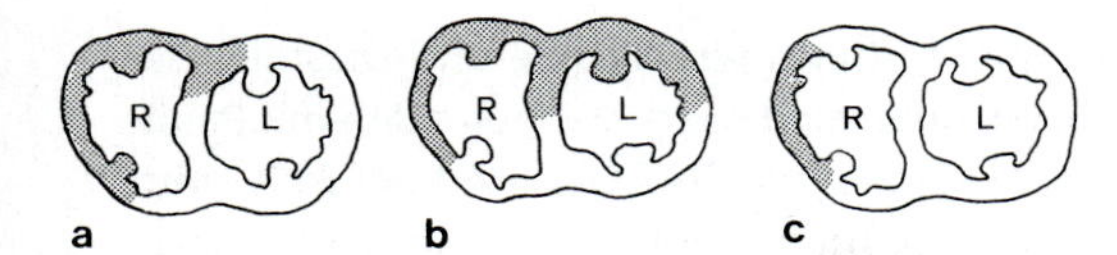

Abb. 10.30 a–c. Versorgungsgebiet der A. coronaria sinistra (*hell*) und der A. coronaria dextra (*dunkel*) im Bereich der Ventrikel. **a** Versorgungsgebiet beim ausgeglichenen Typ. **b** Rechtstyp beim Überwiegen der A. coronaria dextra. **c** Linkstyp beim Überwiegen der A. coronaria sinistra. *R* rechter Ventrikel, *L* linker Ventrikel

ken Aortenklappe, er verläuft zwischen linkem Herzohr und Truncus pulmonalis nach vorn und links und teilt sich mehrfach:

- **R. interventricularis anterior** (left anterior descendens artery = LAD): er verläuft im Sulcus interventricularis anterior bis zur Herzspitze
  - **R. lateralis** zur Vorderwand der linken Kammer
  - **Rr. interventriculares septales** für die vorderen zwei Drittel der Kammerscheidewand
- **R. circumflexus:** er verläuft im Sulcus coronarius sinister bis zur Facies diaphragmatica
  - **Rr. atrioventriculares** zu Vorhof und Kammer
  - **R. marginalis sinister** zur Kammer

Versorgungsgebiete: linker Vorhof, Wand des linken Ventrikels einschließlich eines Großteils des Septum interventriculare und eines kleinen Anteils der Vorderwand der rechten Kammer.

A. coronaria dextra (Abb. 10.31). Sie entspringt im Sinus aortae dexter, verläuft zunächst auf der Vorderseite unter dem rechten Herzohr im Sulcus coronarius dexter bis auf die Facies diaphragmatica und biegt in den Sulcus interventricularis posterior ein, dem sie als **R. interventricularis posterior** (posterior descendens artery = PDA) bis zur Herzspitze folgt.

Auf der **Facies sternocostalis** gibt die A. coronaria dextra ab:

- **R. nodi sinuatrialis** zum Vorhof
- **R. marginalis dexter** zur Versorgung von Vorder- und Seitenwand der Kammer

Auf der **Facies diaphragmatica** werden abgegeben:

- **Rr. atrioventriculares** mit dem **R. nodi atrioventricularis**

Versorgungsgebiete: rechter Vorhof, rechte Kammer, hinterer Abschnitt des Septum interventriculare, Sinus- und AV-Knoten.

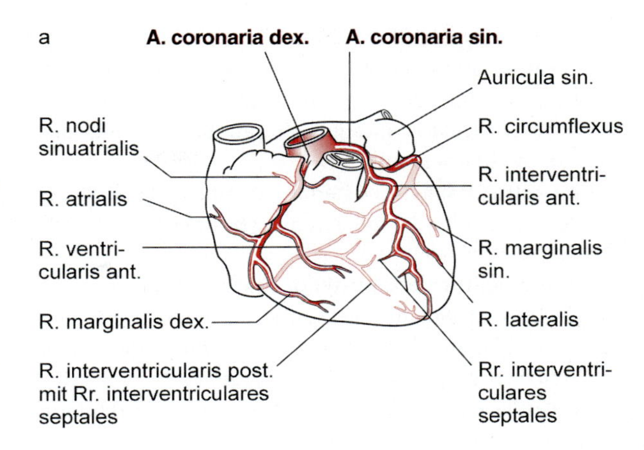

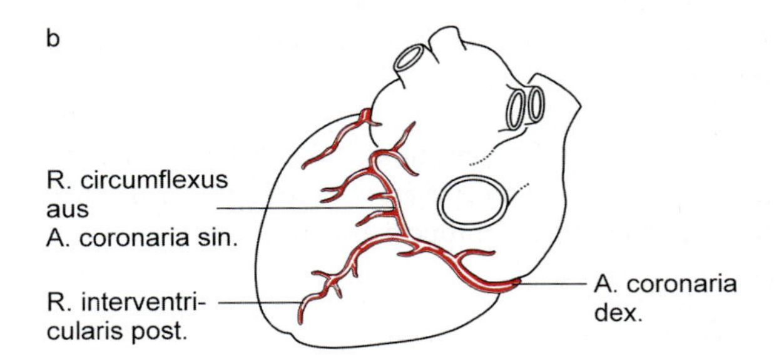

Abb. 10.31 a, b. Äste der Aa. coronaria sinistra et dextra. **a** Ansicht von ventral. **b** Ansicht von dorsal

Anastomosen. Obwohl zwischen den Endverzweigungen der beiden Koronararterien Anastomosen bestehen, reichen sie in der Regel für einen funktionierenden Kollateralkreislauf nicht aus. Deswegen sind die Koronarien **funktionelle Endarterien.**

Klinischer Hinweis

Durch Einengung oder Verlegung der Lumina der Koronararterien kann es zu einer Mangeldurchblutung der Herzmuskulatur kommen (*Angina pectoris*). Kommt es zu einem Missverhältnis zwischen Sauerstoffbedarf und -angebot, beispielsweise durch Verschluss eines Koronararterienastes, entsteht ein *Myokardinfarkt* mit Untergang von Herzmuskelgewebe in den nicht versorgten Gebieten sowie *Narbenbildung*.

Herzvenen (Abb. 10.29). Sammelgefäß für den größten Anteil des venösen Blutes aus dem Herzen ist der **Sinus coronarius.** Er liegt an der Rückwand des linken Vorhofs im Sulcus coronarius und mündet in den rechten Vorhof.

Regelmäßige Zuflüsse sind:
- **V. cardiaca magna** (auch V. cordis magna): Fortsetzung der im Sulcus ventralis anterior gelegenen **V. interventricularis anterior**; sie sammelt das Blut aus der Herzvorderwand
- **V. ventriculi sinistri posterior**: sie nimmt das Blut aus der Seiten- und Hinterwand des linken Ventrikels auf
- **V. interventricularis posterior** (auch V. cordis media): sie liegt im Sulcus interventricularis posterior und erhält Blut aus dem Myokard der Hinterwand beider Ventrikel und dem Vertrikelseptum
- **V. cardiaca parva** (auch V. cordis parva): Verlauf am rechten Herzrand jedoch variabel

Direkt in den rechten Vorhof, aber auch in andere Räume des Herzens münden zahlreiche **Vv. cardiacae minimae.**

Lymphgefäße. Aus einem subendokardialen, myokardialen und subepikardialen Netz wird die Lymphe den **Nodi lymphoidei tracheobronchiales** zugeleitet.

In Kürze

In Projektion auf die Körperoberfläche stellen sich die Herzgrenzen links bogenförmig vom Sternalrand im 2. ICR bis zum 5. ICR in der Medioklavikularlinie (Herzspitze) und rechts vom Oberrand des 3. Rippenknorpels bis zum Ansatz der 6. Rippe dar. Die Herzachse verläuft schräg von der Herzbasis nach vorn links unten zur Herzspitze. Die Herzränder werden rechts von V. cava sup. und rechten Vorhof, links von Aortenbogen, Pulmonalisbogen, linkem Vorhof und linker Kammer gebildet. Teile des Herzens werden atmungsabhängig von der linken Lunge überlagert. Die Herzwände sind im Bereich des linken Ventrikels am dicksten, da hier das Myokard am kräftigsten ist. Das Herz wird in zwei Vorhöfe und zwei Kammern geteilt. Am Übergang von Vorhof und Kammer finden sich Segelklappen: Trikuspidalklappe rechts, Mitralklappe links. Taschenklappen liegen am Übergang der Kammern in die großen arteriellen Gefäße (Aorta, Truncus pulmonalis). Alle Herzklappen sind am straffen Bindegewebe des Herzskeletts befestigt. Die Herzklappen funktionieren als Ventile und sorgen dafür, dass das Blut in eine Richtung fließt. Sie öffnen und schließen sich im Rhythmus von Systole und Diastole. Die Segelklappen sind durch Sehnenfäden mit Papillarmuskeln verbunden. Die Herztätigkeit wird durch das Erregungsbildungs- und -leitungssystem autonom gesteuert und durch vegetative Herznerven an die Aktivität des Körpers angepasst. Die Blutversorgung des Herzmuskels erfolgt durch Aa. coronariae. Sie ist rechts günstiger als links. Sammelgefäß für das venöse Blut ist der Sinus coronarius.

Große Gefäßstämme am Herzen

In diesem Kapitel wird dargestellt,

welche großen Gefäße
- dem Herzen Blut zuführen,
- Blut vom Herzen wegführen.

Große Gefäßstämme am Herzen sind (Abb. 10.20)
- für das zuströmende sauerstoffarme, venöse Blut aus dem großen Kreislauf:
  - **V. cava superior**
  - **V. cava inferior**
- für das zuströmende sauerstoffreiche, arterialisierte Blut aus dem kleinen Kreislauf:
  - **Vv. pulmonales,**
- für das abströmende sauerstoffreiche, arterialisierte Blut in den großen Kreislauf:
  - **Aorta ascendens**
- für das abströmende sauerstoffarme, venöse Blut in den kleinen Kreislauf:
  - **Truncus pulmonalis**

Alle in der Nachbarschaft des Herzens gelegenen großen Gefäßabschnitte befinden sich im Mediastinum medium.

Die **V. cava superior** (Abb. 10.20 a) sammelt das Blut aus Kopf und Hals, oberer Extremität, Brustwand und Mediastinum. Die V. cava superior geht aus der Vereinigung der beiden Vv. brachiocephalicae hinter dem Knorpel der rechten 1. Rippe hervor (▶ unten). Beginnend in Höhe des 2. Rippenknorpels wird sie von Pericardium fibrosum bedeckt (▶ oben). Ihre Einmündung in den rechten Vorhof des Herzens liegt in Höhe des 3. Rippenknorpels im *Ostium venae cavae superioris.*

V. cava inferior (■ Abb. 10.20b). Die Länge der V. cava inferior im mittleren Mediastinum beträgt etwa 1 cm. Nach Durchtritt durch das Zwerchfell (im Foramen venae cavae) legen sich dem Gefäß vorn das Perikard sowie seitlich und dorsal die Pleura mediastinalis an. Die V. cava inferior mündet im *Ostium venae cavae inferioris* in den rechten Vorhof.

Vv. pulmonales (■ Abb. 10.29). Sie bringen sauerstoffreiches Blut aus den Lungen zum linken Vorhof. Auf jeder Seite gibt es zwei Lungenvenen (■ Abb. 10.20b): *V. pulmonalis dextra superior, V. pulmonalis dextra inferior, V. pulmonalis sinistra superior, V. pulmonalis sinistra inferior.* Die Einmündungen liegen jeweils auf der Vorhofrückseite. Kurz zuvor werden sie von Perikard umfasst.

Pars ascendens aortae. Die Aorta verlässt das Herz zentral in der Ventilebene. Der Anfangsteil ist zum *Bulbus aortae* erweitert (▶ oben). Die Aorta ascendens liegt innerhalb des Herzbeutels.

Truncus pulmonalis (■ Abb. 10.20). Er geht aus dem Conus arteriosus des rechten Ventrikels hervor und führt sauerstoffarmes, venöses Blut. Unter dem Aortenbogen teilt er sich außerhalb des Herzbeutels in der **Bifurcatio trunci pulmonalis** in:
- **A. pulmonalis dextra**
- **A. pulmonalis sinistra**

Die **A. pulmonalis dextra** besitzt der größeren Kapazität der rechten Lunge wegen ein weiteres Lumen. Sie biegt nach der Teilungsstelle rechtwinklig nach rechts ab und erreicht hinter der Pars ascendens aortae und hinter der V. cava superior das Lungenhilum (▶ S. 274).

Die **A. pulmonalis sinistra** ist kürzer, ihr Lumen enger. Sie setzt die Verlaufsrichtung des Truncus pulmonalis fort. Sie verläuft unter dem Arcus aortae, mit dem sie durch das **Lig. arteriosum** (ehemaliger Ductus arteriosus ▶ S. 184) verbunden ist, und vor der Aorta descendens zum linken Lungenhilum (▶ S. 274).

Während der **Verläufe** ändern V. cava superior, Truncus pulmonalis und Aorta ihre Lage zueinander. Dicht über dem Herzen, in Höhe des 6. Brustwirbelkörpers, liegt der Truncus pulmonalis am weitesten ventral. Ihm folgt rechts und hinten die Aorta; am weitesten dorsal und gleichzeitig am meisten rechts liegt die V. cava superior. In Höhe des 4. Brustwirbelkörpers ist die Aorta ascendens weiter nach vorne gekommen, rechts neben ihr liegt die V. cava superior, die ebenfalls nach oben und vorne verläuft. Der Truncus pulmonalis ist hier nicht mehr vorhanden.

 **In Kürze**

Als große Gefäßstämme münden in den rechten Vorhof: die Vv. cavae superior et inferior mit sauerstoffarmem Blut aus dem Körperkreislauf und in den linken Vorhof vier Vv. pulmonales mit sauerstoffreichem Blut aus der Lunge. Große Gefäßstämme, die das Herz verlassen, sind der Truncus pulmonalis aus dem rechten Ventrikel mit sauerstoffarmem Blut zur Lunge und die Aorta aus dem linken Ventrikel mit sauerstoffreichem Blut für den Körperkreislauf.

10.8.2 Oberes, hinteres und vorderes Mediastinum

Kernaussagen

- Das Mediastinum gliedert sich in einen oberen, hinteren und unteren Bereich.
- Alle Bereiche des Mediastinums stehen in Verbindung.
- Im Mediastinum befinden sich Herz und Thymus.
- Durch das Mediastinum ziehen Ösophagus, Trachea, Gefäße und Nerven.

Didaktischer Hinweis für den Erstleser
Lassen Sie sich nicht entmutigen. Das Mediastinum ist topographisch schwierig. Es lässt sich bei der Darstellung nicht vermeiden, auf Aussagen Bezug zu nehmen, die erst später verständlich werden. Überlesen Sie daher beim ersten Durchgang Unverständliches, um zunächst eine räumliche Vorstellung zu bekommen. Hilfreich ist von Beginn an die Benutzung eines Atlas. Gänzlich verstehen können Sie das Mediastinum erst durch Anschauung im Präpariersaal.

Oberes Mediastinum

Das obere Mediastinum umfasst einen Bereich zwischen 1. und 4./5. Thorakalwirbel. Seine auffälligsten Gebilde sind:

- **Thymus**
- **Vv. brachiocephalica dextra et sinistra**
- **V. cava superior**
- **Arcus aortae mit drei großen Ästen**
- **Trachea und Ösophagus**
- **N. phrenicus**
- **N. vagus**
- **Ductus thoracicus**

Die Abbildungen 10.32a und b zeigen die Lagebeziehungen der verschiedenen Gebilde im oberen Mediastinum zueinander.

Thymus e H13, 37

Kernaussagen

- **Der Thymus gehört zu den lymphatischen Organen.**
- **Im Thymus reifen T-Lymphozyten.**
- **Nach der Pubertät verbleibt vom Thymus lediglich ein Restkörper.**

Der Thymus befindet sich unmittelbar hinter dem Manubrium sterni zwischen den beiden Pleurasäcken (**Trigonum thymicum**) (Abb. 10.13). Beim Jugendlichen ist der Thymus am größten (Gewicht 40 g). Zu dieser Zeit reicht das Organ von den oberen Abschnitten des Herzbeutels über die Apertura thoracis superior hinaus bis zur Schilddrüse. Nach der Pubertät beginnt eine unvollständige physiologische Rückbildung (Involution). Auch der Thymusrestkörper bleibt begrenzt funktionsfähig, jedoch ist das lymphatische Gewebe weitgehend durch weißes Fettgewebe ersetzt (e H3).

Zur Entwicklung des Thymus

Der Thymus ist ein Abkömmling der 3. Schlundtasche (▶ S. 635). Aus deren ventralen Anteil gehen entodermale Thymusepithelzellen hervor. Weitere Thymusepithelzellen leiten sich vom Ektoderm der 3. Schlundfurche ab. Die Thymusanlage wandert nach der 4. Embryonalwoche abwärts. Ab der 9. Embryonalwoche treten lymphoide Vorläuferzellen in die Anlage ein.

Im Thymus (Abb. 10.33) erfolgt die Reifung von T-Lymphozyten, die der zellvermittelten spezifischen, d.h. erworbenen Immunabwehr dienen. Gebunden ist dieser Vorgang an das Zusammenwirken von

- **Thymusepithelzellen** und den
- **Vorläuferzellen der T-Lymphozyten**

Hinzu kommen **dendritische Zellen** und **Makrophagen.**

Die **Thymusepithelzellen** bilden unter einer bindegewebigen Organkapsel eine geschlossene Zellschicht. Sie grenzen dadurch den Binnenraum des Thymus gegenüber der Umgebung ab. Von der Kapsel reichen Bindegewebsfalten (**Septen**) in die Organtiefe, ohne jedoch das Organinnere zu erreichen. Dadurch gliedert sich der Thymus in **Rinde** mit unvollständigen Lappen und einem zusammenhängenden **Mark** (*Medulla thymi*). An der Rinden-Mark-Grenze verlaufen Gefäße, deren Äste und Kapillaren sowohl zur Rinde als auch zum Mark ziehen. Umgeben werden die Kapillaren von einer dichten Hülle aus Thymusepithelzellen, die im Organinneren ein dreidimensionales Netz bilden. Die Kapillarhülle schützt den Innenraum des Thymus gegen Schadstoffe (Antigene) aus dem Blut. Gemeinsam mit dem Kapillarendothel und der Basalmembran bilden die anliegenden Thymusepithelzellen die **Blut-Thymus-Schranke.** Im Mark legen sich Thymusepithelzellen zwiebelschalenartig zu so genannten **Hassall-Körperchen** zusammen.

T-Lymphozyten. Eingelagert in das Maschenwerk aus Thymusepithelzellen sind aus dem Knochenmark eingewanderte **Vorläuferzellen der T-Lymphozyten.** Sie unterliegen einer Reifung, die von der Rindenoberfläche zum Mark fortschreitet. Dabei entwickeln sich unter dem Einfluss von Signalstoffen (Hormonen) aus den Thymusepithelzellen in den T-Lymphozyten T-Zellrezeptoren zur spezifischen Immunabwehr. Jedoch reifen nur etwa 5% aller Vorläuferzellen aus. Die Mehrzahl geht zugrunde und wird durch Makrophagen abgeräumt. Dadurch ist die Rinde des Thymus sehr zellreich, das Mark dagegen zellärmer. Reife T-Lymphozyten gelangen in den venösen Schenkeln der Kapillaren ins Blut.

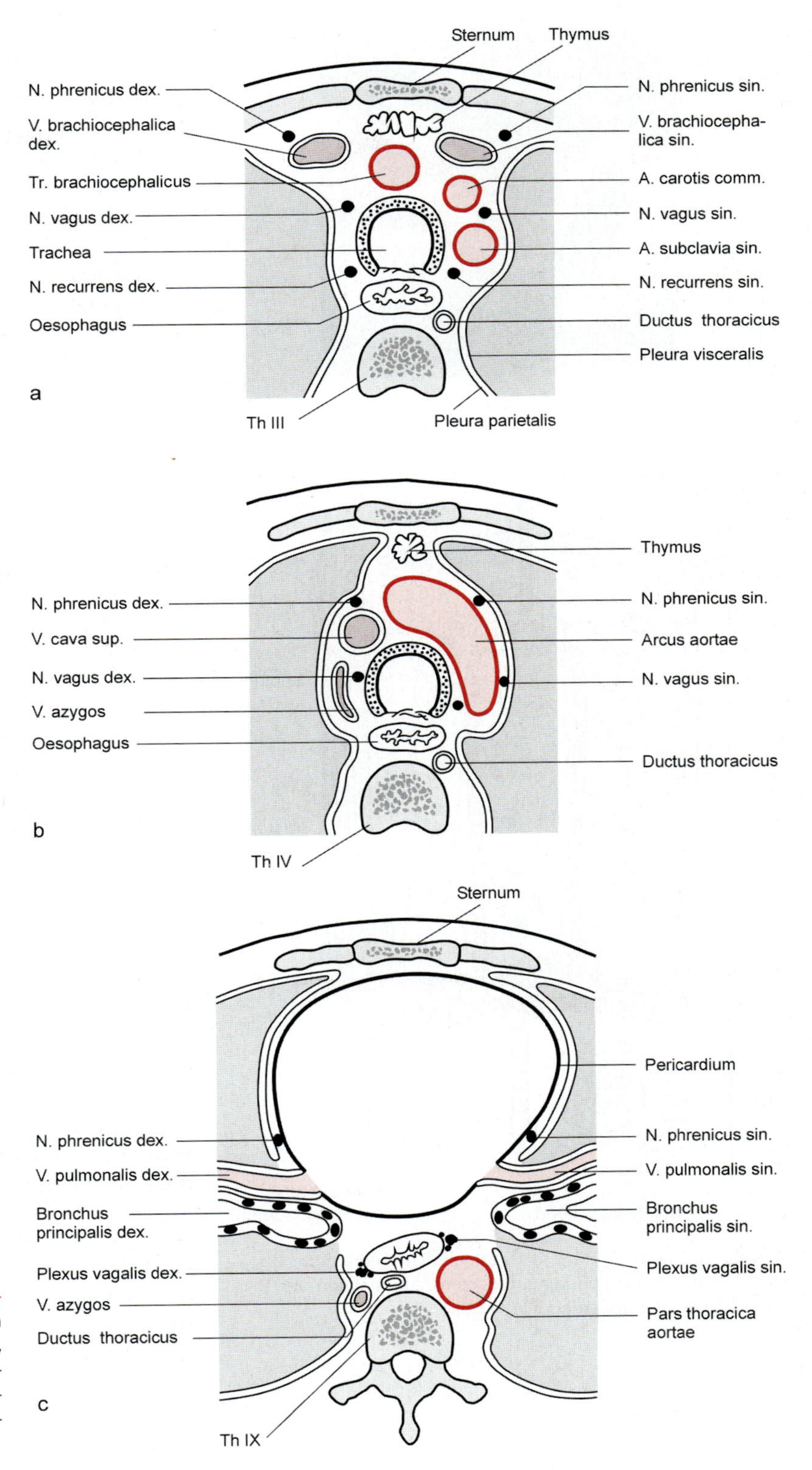

Abb. 10.32 a–c. Schematische Horizontalschnitte durch das Mediastinum **a** in Höhe von Th 3, **b** in Höhe von Th 4/5, **c** in Höhe von Th 9. In **c** ist das Herz entfernt. *Rot* Arterien, *rosa* Venen, *grau* Lungenparenchym. In Begleitung der Hauptbronchien Lymphknoten

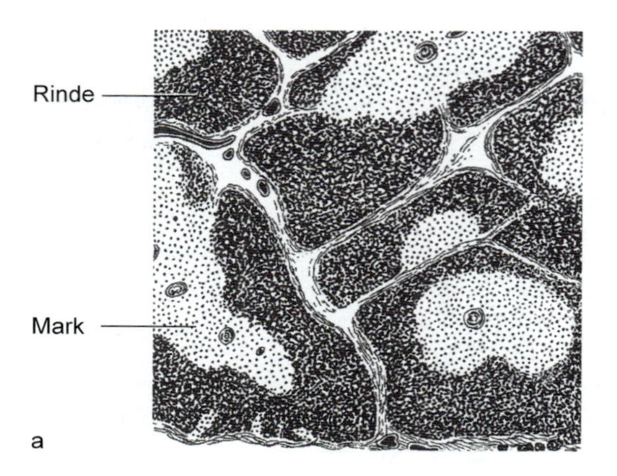

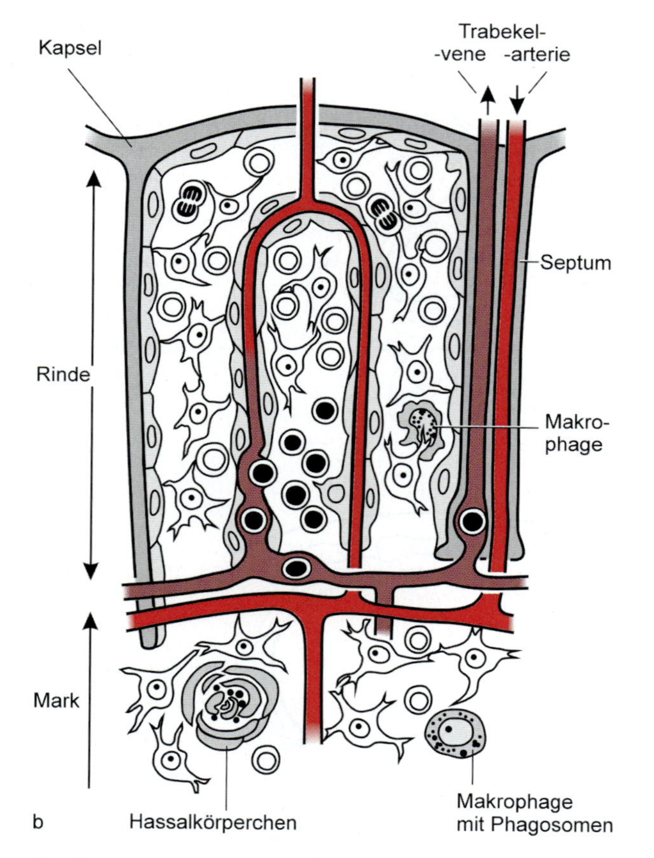

Abb. 10.33 a, b. Thymus. **a** Histologischer Querschnitt, Übersicht bei kleiner Vergrößerung. **b** Schema zur Funktion des Thymus in hoher Vergrößerung H13, 37

In Kürze

Im jugendlichen Thymus reifen aus dem Knochenmark eingewanderte Vorläuferzellen unter dem Einfluss von Signalstoffen aus Thymusepithelzellen zu T-Lymphozyten. Die Reifung schreitet von der Organoberfläche zum -inneren fort. Dort gelangen reife T-Lymphozyten ins Blut. Der Rest der Zellen (95%) wird abgebaut. Der Innenraum des Thymus ist durch Thymusepithelzellen unter der Organoberfläche und an der Thymus-Blut-Schranke gegen Schadstoffe aus der Umgebung geschützt.

Vena brachiocephalica dextra, Vena brachiocephalica sinistra, Vena cava superior

Wichtig

Die großen Venen des oberen Mediastinums sammeln das Blut aus der oberen Körperhälfte und liegen am weitesten ventral.

Linke und rechte V. brachiocephalica liegen unmittelbar hinter dem Thymus (Abb. 10.32 a). Sie entstehen auf beiden Seiten durch Vereinigung der V. jugularis interna mit der V. subclavia (Abb. 10.34 a). An den Vereinigungsstellen befindet sich jeweils ein **Venenwinkel**, in den Lymphgänge einmünden: links Ductus thoracicus, rechts Ductus lymphaticus dexter (inkonstant).

Die V. brachiocephalica sinistra ist länger als die V. brachiocephalica dextra. Sie verläuft zunächst über dem Scheitel des Aortenbogens (▶ unten), dann hinter dem Manubrium sterni schräg abwärts. Von dorsal mündet die **V. intercostalis superior sinistra** ein, die aus den Vv. intercostales posteriores des 2. und 3. Interkostalraums hervorgegangen ist. Außerdem mündet die **V. thyroidea inferior** in die V. brachiocephalica sinistra.

Die V. brachiocephalica dextra verläuft fast senkrecht an der medialen Seite der rechten Pleurakuppel abwärts. Sie vereinigt sich im Bereich des 1. Interkostalraums rechts mit der V. brachiocephalica sinistra zur V. cava superior (Abb. 10.34 a).

Die Vena cava superior ist etwa 4–5 cm lang und projiziert sich in ihrem Verlauf auf den rechten Sternalrand.

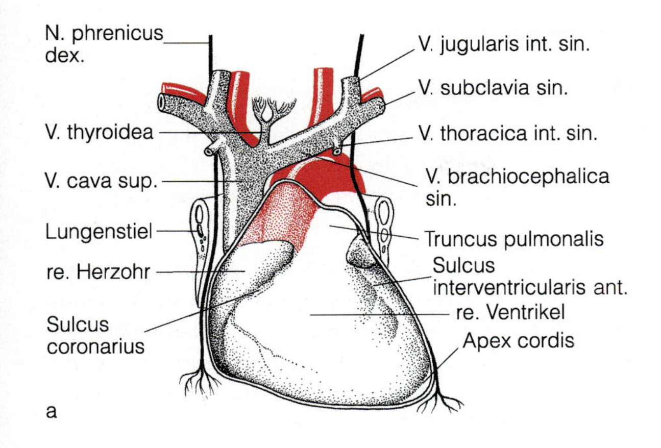

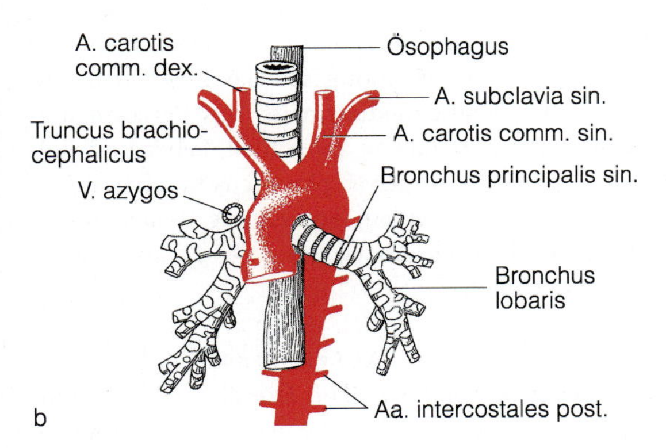

Abb. 10.34 a, b. Lage und Verlauf großer Gefäßstämme im Mediastinum. **a** Herzbeutel eröffnet; Lunge am Lungenstiel abgetrennt; Zwerchfell nicht gezeichnet. *Rot punktiert*, der vom Pericardium serosum überzogene Abschnitt der Pars ascendens aortae. **b** Lagebeziehung zwischen Aorta, Trachea mit Bronchien und Ösophagus

Sie befindet sich ventral der Trachea in Nachbarschaft zu Aorta ascendens bzw. Aortenbogen. Vor Eintritt in den Herzbeutel nimmt die V. cava superior die V. azygos auf (▶ S. 303) und mündet dann in Höhe des 3. Rippenknorpels im *Ostium venae cavae superius* in den rechten Vorhof des Herzens.

Aorta ascendens, Arcus aortae

Wichtig

Die Aorta steigt neben der V. cava superior ins obere Mediastinum auf, um dann durch den Aortenbogen, der nahezu sagittal steht, vor die Wirbelsäule zu gelangen. Drei große Äste des Aortenbogens versorgen Kopf, Hals und obere Extremität mit Blut.

Der Ursprung der **Aorta ascendens** liegt in Höhe der Unterseite des 3. linken Rippenknorpels und hinter der linken Hälfte des Sternums. Sie zieht leicht nach rechts geneigt aufwärts zum Niveau des 2. Rippenknorpels rechts, um sich in den Aortenbogen fortzusetzen. Die Aorta ascendens befindet sich im Perikard (Abb. 10.34 a).

Arcus aortae. Der Arcus aortae steht senkrecht bis leicht schräg im Körper. Er beginnt in Höhe der 2. Rippe hinter dem Manubrium sterni, verläuft bogenförmig und erreicht die Wirbelsäule am linken Umfang des 4. Brustwirbelkörpers. Der Scheitel des Arcus aortae reicht bis in die Höhe des 2. Brustwirbelkörpers. In seinem Verlauf (Abb. 10.34 b) berührt der Aortenbogen den unteren Teil der Trachea. Unter ihm liegt der linke Hauptbronchus. In Höhe des 3. Brustwirbels erreicht die Aorta den linken Umfang des Ösophagus (mittlere Ösophagusenge). An der Konkavität des Aortenbogens findet sich das **Lig. arteriosum**, der obliterierte Ductus arteriosus zwischen A. pulmonalis sinistra und Aorta. Gegenüber liegt der Abgang der A. subclavia sinistra (▶ unten). An der Befestigungsstelle des Lig. arteriosum ist der Aortenbogen geringfügig eingezogen (**Isthmus aortae**).

Klinischer Hinweis

Kommt es am Isthmus der Aorta zu einer stärkeren Einengung, resultiert das Krankheitsbild der *Aortenisthmusstenose*.

Äste. Aus dem **Aortenbogen** entspringen in der Reihenfolge von rechts nach links hinten (Abb. 10.34 b):

- **Truncus brachiocephalicus:** er ist etwa 3 cm lang, verläuft zunächst hinter der gleichnamigen Vene und teilt sich hinter dem rechten Sternoklavikulargelenk in
  - **A. subclavia dextra;** Versorgungsgebiete: rechter Schultergürtel, rechte obere Extremität, Teile der rechten vorderen Brustwand und des Halses
  - **A. carotis communis dextra;** Versorgungsgebiet: rechte Hälfte von Hals und Kopf
- **A. carotis communis sinistra;** Versorgungsgebiet: linke Hälfte von Hals und Kopf
- **A. subclavia sinistra;** Versorgungsgebiete: linker Schultergürtel, linke obere Extremität, Teile der linken vorderen Brustwand und des Halses
- **A. thyroidea ima,** ein inkonstantes Gefäß, das zwischen Truncus brachiocephalicus und A. carotis communis sinistra entspringt

Trachea und Ösophagus

Wichtig

Im oberen Mediastinum verlaufen eng benachbart Trachea – mehr ventral gelegen – und Ösophagus, prävertebral gelegen. Die Bifurcatio tracheae befindet sich in Höhe des 4. Brustwirbels.

Trachea und Ösophagus gelangen gemeinsam durch die Apertura thoracis superior ins Mediastinum: die Trachea liegt ventral vom Ösophagus, der Ösophagus unmittelbar vor der Wirbelsäule, beide sind untereinander durch lockeres Bindegewebe verbunden. In ihrem Verlauf entfernt sich die Trachea immer weiter von der vorderen Thoraxwand; ihre Längsachse ist also schräg nach hinten gerichtet. In der Rinne zwischen Trachea und Ösophagus zieht auf beiden Seiten der **N. laryngeus recurrens** nach oben. Links an der Trachea läuft der Aortenbogen vorbei und drängt sie etwas nach rechts (◘ Abb. 10.34 b). Die Pulsationen der Aorta sind an dieser Stelle im Bronchoskop sichtbar. Vorn wird die Trachea vom Truncus brachiocephalicus gekreuzt (◘ Abb. 10.34 b). Seitlich liegen der Trachea *Nodi lymphoidei paratracheales* an.

In Höhe des 4. Brustwirbels, unmittelbar über der höchsten Stelle des linken Vorhofs, befindet sich die **Bifurcatio tracheae.** Vorn entspricht dies einer Verbindungslinie zwischen linker und rechter 3. Rippe. In der Bifurcatio befinden sich größere Lymphknotenpakete (*Nodi lymphoidei tracheobronchiales inferiores*).

In der Bifurcatio tracheae, bereits im hinteren Mediastinum gelegen, teilt sich die Trachea in die beiden Hauptbronchien (◘ Abb. 10.15). Der **rechte Bronchus** wird am oberen Ende (ventral) von der V. cava superior gekreuzt. Um ihn herum schlingt sich von dorsal her die V. azygos. Dem distalen Teil des rechten Bronchus lagert sich die A. pulmonalis dextra an, vor der ventral die Vv. pulmonales verlaufen.

Über den Anfang des **linken Bronchus** zieht der Aortenbogen (◘ Abb. 10.34 b) und über den distalen Teil die A. pulmonalis sinistra hinweg.

N. phrenicus

Wichtig

Der N. phrenicus innerviert das Diaphragma. Er verläuft im Mediastinum hinter den großen Venenstämmen, jedoch vor den Lungenwurzeln.

Der N. phrenicus (◘ Abb. 10.34 a) entspringt als gemischter Nerv aus dem Plexus cervicalis, im Wesentlichen aus C4. Aus dem Halsbereich gelangt er **rechts** zwischen V. brachiocephalica dextra und Truncus brachiocephalicus, **links** zwischen V. brachiocephalica sinistra und V. subclavia sinistra durch die obere Thoraxapertur, vorbei am Vorderrand der Pleurakuppel in das Mediastinum entlang der Herzkontur zum Zwerchfell. Der N. phrenicus innerviert motorisch das Zwerchfell und sensorisch die Pleura mediastinalis, das Perikard und das Peritoneum parietale an Zwerchfell, Leber und Gallenblase. – Häufig wird der N. phrenicus im oberen Mediastinum vom **N. phrenicus accessorius** (*Nebenphrenicus* aus C5 und C6 als Abzweigung des N. subclavius) (► S. 505) begleitet.

Verläufe im Mediastinum (◘ Abb. 10.34 a):

- Der **rechte N. phrenicus** läuft lateral der V. brachiocephalica dextra und der V. cava superior, dann im mittleren Mediastinum **vor der Lungenwurzel**, anschließend entlang der Herzkontur zwischen Pleura mediastinalis und Perikard begleitet von der *A. pericardiacophrenica* zum Zwerchfell. Nahe dem Foramen venae cavae tritt er in die Bauchhöhle (► S. 266).
- Der **linke N. phrenicus** unterkreuzt die V. subclavia sinistra und die Einmündungsstelle des Ductus thoracicus in den linken Venenwinkel. An der linken Seite des Aortenbogens gelangt er ins mittlere Mediastinum. Dabei überkreuzt er den N. vagus, verläuft dann **vor dem Lungenhilum** und zieht in der Nähe der Herzspitze durch das Zwerchfell.

N. vagus

Wichtig

Der N. vagus innerviert alle Brusteingeweide parasympathisch. Er verläuft im Mediastinum links vor dem Arcus aortae, beiderseits hinter den Hauptbronchien bzw. der Lungenwurzel und bildet am Ösophagus den Plexus oesophageus. Ein rückläufiger Ast ist der N. laryngeus recurrens zum Kehlkopf.

Der N. vagus (N. X, Abb. 10.35) gelangt auf jeder Seite nach zervikalem Verlauf (► S. 672) etwas medial von N. phrenicus, ins Mediastinum. Er dient der parasympathischen Innervation der Brusteingeweide, übermittelt aber keine Schmerzreize.

Verläufe im Mediastinum:

- Der **rechte N. vagus** begleitet im oberen Mediastinum die Trachea. Dann gelangt er **hinter dem Bronchus principalis dexter** ins hintere Mediastinum und erreicht die **dorsale Oberfläche des Ösophagus.** Bei seinem Verlauf durch das obere Mediastinum gibt er Äste zum Ösophagus, zum Plexus cardiacus am Aortenbogen, an der Wurzel des Truncus pulmonalis und den Koronargefäßen sowie zum Plexus pulmonalis am Lungenhilum ab.
- Der **linke N. vagus** verläuft vor dem Arcus aortae und im hinteren Mediastinum **hinter dem Bronchus principalis sinister** und **hinter der linken Lungenwurzel,** um dann zur **ventralen Fläche des Ösophagus** zu gelangen. Auch der linke N. vagus gibt im oberen Mediastinum Äste zum oberen Ösophagus, Plexus cardiacus und pulmonalis ab.
- **Plexus oesophageus** (Abb. 10.35). Es handelt sich um ein Nervenfasergeflecht an der Oberfläche des Ösophagus, das überwiegend aus Ästen beider Nn. vagi hervorgeht, jedoch auch sympathische Fasern aus dem Brustgrenzstrang enthält. In Zwerchfellnähe geht aus dem Plexus oesophageus der **Truncus vagalis anterior** (überwiegend Fasern aus dem linken N. vagus) und der **Truncus vagalis posterior** (überwiegend Fasern aus dem rechten N. vagus) hervor. Beide Vagusstämme gelangen durch den Hiatus oesophageus in die Bauchhöhle.

Der **N. laryngeus recurrens** (Abb. 10.35) ist beidseitig ein rückläufiger aufsteigender Ast des N. vagus aus dem

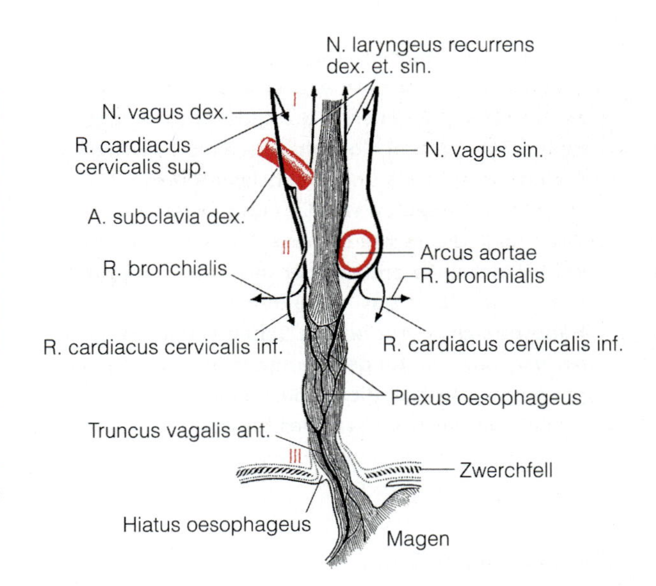

Abb. 10.35. Ösophagus mit benachbarten Gefäßen und Nerven. Die römischen Ziffern kennzeichnen die Engen. Zur übersichtlicheren Darstellung sind im oberen Bereich die beiden Nn. vagi zur Seite gezogen

oberen Mediastinum. Bei seinem Verlauf umschlingt er **links den Aortenbogen** links vom Lig. arteriosum, **rechts die A. subclavia.** Beide Nerven steigen zwischen Trachea und Ösophagus zum Kehlkopf auf, den sie innervieren.

In Kürze

Im oberen Mediastinum des Erwachsenen dominieren die großen Gefäße. Es handelt sich um die Stämme der großen Venen aus Kopf, Hals und oberen Extremitäten sowie die Aorta ascendens und der folgende Aortenbogen. Die Vv. brachiocephalicae gehen rechts wie links aus der V. jugularis interna und der V. subclavia hervor. Die längere V. brachiocephalica sinistra, die schräg über dem Aortenbogen verläuft, bildet mit der mehr senkrecht stehenden V. brachiocephalica dextra die V. cava superior. Der Aortenbogen steht annähernd sagittal im Körper und zieht dann in die Tiefe des oberen Mediastinums. Dabei tritt er mit der Trachea in Beziehung. Äste des Aortenbogens: Truncus brachiocephalicus, A. carotis communis sinistra, A. subclavia sinistra. Durch die obere Thoraxapertur wird das obere Media-

stinum von Trachea, Ösophagus, beiden Nn. phrenici und beiden Nn. vagi erreicht: die Nerven ziehen rechts zwischen V. brachiocephalica dextra und Truncus brachiocephalicus, links zwischen V. brachiocephalica und V. subclavia sinistra. Die N. phrenici verlaufen vor der Lungenwurzel zum Zwerchfell, der rechte entlang der rechten Herzkontur, der linke entlang der linken Herzkontur. Der rechte N. vagus unterkreuzt den rechten Hauptbronchus. Auf beiden Seiten verlaufen die Nn. vagi dann hinter dem Lungenhilum zum Ösophagus, wo sie den Plexus oesophageus und anschließend die Trunci vagales bilden.

Hinteres Mediastinum

Das hintere Mediastinum befindet sich zwischen der Rückseite des Perikards und den mittleren sowie unteren Brustwirbeln. Kaudal wird es vom Zwerchfell und seitlich von den Partes mediastinales der Pleura begrenzt. Nach kranial setzt sich das hintere Mediastinum ins obere Mediastinum fort.

10

Bestandteile des hinteren Mediastinums sind (Abb. 10.32):
- **Ösophagus mit seinen Nervenplexus**
- **Aorta thoracica und ihre Äste**
- **venöses Azygossystem**
- **Ductus thoracicus, Ductus lymphaticus dexter**
- **Truncus sympathicus, Nn. splanchnici**

Ösophagus e H3

Kernaussagen

- **Der Ösophagus (Speiseröhre) verbindet den Rachen mit dem Magen.**
- **Der Ösophagus ist ein zur Peristaltik befähigter Muskelschlauch.**
- **Der Ösophagus hat drei Engen.**
- **Die Wand des Ösophagus ist dreischichtig, hat zahlreiche muköse Drüsen und ein intrinsisches Nervensystem.**

Die **Länge des Ösophagus** beträgt etwa 25–30 cm. Davon gehören ca. 16 cm zur **Pars thoracica**, die sich im hinteren Mediastinum befindet. Hinzu kommen ca. 8 cm für die **Pars cervicalis**, die in Fortsetzung des Pharynx am Ösophagusmund beginnt, und 2–4 cm für die **Pars abdominalis**, die sich unterhalb des Zwerchfells befindet und in Höhe des 11. Brustwirbels am Magenmund endet. Der Abstand zwischen Schneidezähnen und Mageneingang beträgt ca. 40 cm (wichtige Information für die Magensondierung).

Verlauf. Der Ösophagus hat im Halsbereich und auch nach Eintritt in das obere Mediastinum ventral enge Beziehungen zur **Trachea** (► oben) und dorsal zur **Wirbelsäule.** In Höhe der Bifurcatio tracheae – vor dem 4. Brustwirbel – weicht der Ösophagus dann etwas nach links aus und entfernt sich in seinem weiteren Verlauf von der Wirbelsäule in gleichem Maße, wie sich die **Aorta** etwa in Höhe des 7.–8. Brustwirbels von links her – begleitet vom **Ductus thoracicus** – hinter den Ösophagus schiebt. Der untere Abschnitt der Pars thoracica oesophagei wölbt die dorsale Wand des Herzbeutels etwas vor und hat dort enge **Beziehungen zum linken Vorhof des Herzens.** Rechtsseitig wird der Ösophagus von der **V. azygos** begleitet und legt sich der *Pleura mediastinalis dextra* und oberhalb des Zwerchfells der *Pleura mediastinalis sinistra* an. Links vom Ösophagus verläuft etwa unterhalb des 8. Brustwirbels die **V. hemiazygos.** An der Oberfläche des Ösophagus befinden sich die beidseitigen **Nn. vagi** und bilden gemeinsam den Plexus oesophageus (► oben).

Ösophagusengen. Charakteristisch für den Ösophagus (Abb. 10.35) sind drei Einengungen:
- Die **1. Enge** (*Ösophagusmund*) liegt hinter der Cartilago cricoidea des Kehlkopfs. Durch einen erhöhten Tonus der Muskulatur des Ösophagus entsteht hier der **obere Ösophagussphinkter.** Hier befinden sich außerdem Venenpolster. Die 1. Enge ist die engste und am wenigsten erweiterungsfähige Stelle des Ösophagus (Lumendurchmesser 13 mm).
- Die **2. Enge** (auch *Aortenenge*) liegt in Höhe des 4. Brustwirbels und wird durch den Aortenbogen hervorgerufen, der gemeinsam mit dem Bronchus principalis sinister den Ösophagus komprimiert.
- Die **3. Enge** entspricht der *Zwerchfellpassage* des Ösophagus durch den Hiatus oesophageus (► S. 266). Hier befindet sich der **untere Ösophagussphinkter** und gleichzeitig ein ausgedehnter Venen-

plexus in der Schleimhaut. Geöffnet wird dieser Verschluss reflektorisch. – Oberhalb der 3. Enge wird der Ösophagus durch den Unterdruck im Pleuraraum in der Regel offen gehalten.

Klinischer Hinweis

Ist die Peristaltik im unteren Ösophagusdrittel gestört, kann der Öffnungsreflex an der 3. Enge unterbleiben (*Kardiospasmus*). Die Folge kann eine Ösophagusdilatation sein (*Achalasie*). Ist andererseits der Verschluss unvollständig, entsteht durch abnormalen Reflux von Magensaft eine *Refluxösophagitis*. – Ferner kann es bei venösen Abflussbehinderungen besonders in den unteren Ösophagusabschnitten zu *Ösophagusvarizen* kommen (portokavale Anastomosen ▶ S. 445).

Wichtig

Durch den Ösophagus wird die Nahrung vermittels peristaltischer Wellen in den Magen befördert. Verantwortlich hierfür ist die Ösophagusmuskulatur mit ihrer Innervation.

Die Wand des Ösophagus hat, wie alle Abschnitte des Verdauungskanals, mehrere Schichten (Abb. 10.36, Tabelle 10.9, e H3):

- **Tunica mucosa**
- **Tela submucosa**
- **Tunica muscularis**
- **Adventitia**

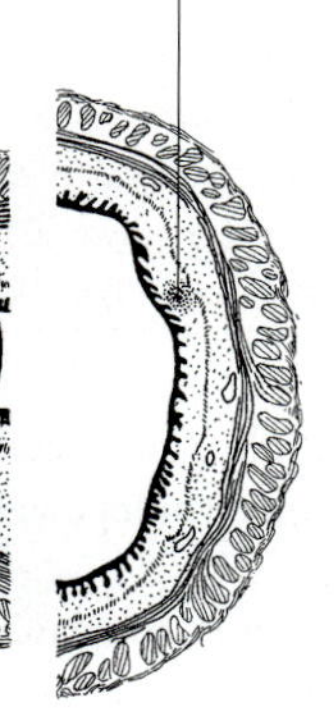

Abb. 10.36. Wandbau des Ösophagus in kontrahiertem (*links*) und dilatiertem Zustand (*rechts*). Der Faltenausgleich erfolgt durch die Tela submucosa. *Schwarz*, Lamina epithelialis e H3

Die Tunica mucosa (*Schleimhaut*) besteht oberflächlich aus **mehrschichtigem unverhornten Plattenepithel** (*Lamina epithelialis*), das von einem Schleimfilm bedeckt ist. Der Schleim wird von mukösen **Gl. oesophageae propriae** der Submukosa und in der Nähe des Magens durch **Gl. oesophageae cardiacae** gebildet.

Die Epithelschicht sitzt auf der **Lamina propria** aus lockerem Bindegewebe. Der Lamina propria folgt die **Lamina muscularis mucosae.** Durch sie wird das Schleimhautrelief dem Füllungszustand des Ösophagus angepasst.

Tabelle 10.9. Schichtenfolge des Verdauungsrohres von innen nach außen e H3

Tunica mucosa	Lamina epithelialis mucosae (indifferent, resorbierend oder sezernierend) Lamina propria mucosae, Bindegewebsschicht Lamina muscularis mucosae, zirkulärschraubig angeordnete Schicht glatter Muskulatur zur Feinanpassung an den Inhalt
Tela submucosa	locker gebaute Bindegewebsverschiebeschicht, die Blutgefäße und Nervengeflechte (Plexus submucosus) enthält
Tunica muscularis	dient der Motorik, aus zwei Schichten aufgebaut: ringförmig verlaufende innere Schicht: *Stratum circulare* in Bündeln längs verlaufende äußere Schicht: *Stratum longitudinale* zwischen beiden eine Bindegewebslamelle mit Nervengeflecht (Plexus myentericus)
Tunica adventitia **Tunica serosa**	Bindegewebe zum Einbau oder Serosaüberzug mit subserösem Bindegewebe an frei in der Bauchhöhle liegenden Abschnitten

Wichtig

Eine Lamina muscularis mucosae kommt in der Schleimhaut aller Abschnitte des Verdauungskanals vor. In der Schleimhaut aller anderen Hohlorgane, z. B. Harnleiter, Samenleiter, Eileiter, Trachea, fehlt sie.

Die **Tela submucosa** ist eine Verschiebeschicht aus lockerem Bindegewebe.

Die **Tunica muscularis** hat eine innere Ring- und eine äußere Längsmuskulatur. Im oberen Drittel des Ösophagus besteht die Tunica muscularis aus quergestreifter Muskulatur (Fortsetzung der quergestreiften Pharynxmuskulatur), im unteren Drittel aus glatter Muskulatur. Im mittleren Drittel des Ösophagus kommen beide Muskelgewebe überlappend vor. Die Kontraktion der Muskulatur ist proximal schnell, wenn auch weniger schnell als im Pharynx, distal verlangsamt.

Die **Adventitia** stellt die Verbindung zum mediastinalen Bindegewebe her. Sie ermöglicht die Erweiterung des Ösophagus bei der Nahrungspassage oder während der Peristaltik.

Innervation. Sie reguliert vor allem die Peristaltik der Muskulatur, die Durchblutung sowie die Drüsensekretion und erfolgt über extrinsische Nerven (Äste des N. vagus und des Truncus sympathicus) und intrinsische Nervengeflechte (Plexus myentericus Auerbach des enterischen Nervensystems; ein nennenswerter Plexus submucosus Meissner existiert in der Speiseröhre nicht). Der Plexus myentericus liegt zwischen Ring- und Längsmuskulatur, sowohl im quergestreiften als auch im glattmuskulären Abschnitt.

Einzelheiten

Die **motorische Innervation der quergestreiften Muskulatur** erfolgt aus branchiomotorischen Anteilen des N. vagus. Die motorischen Endplatten erhalten eine Koinnervation aus Neuronen des Plexus myentericus. – Die **glatte Muskulatur** wird motorisch unter Zwischenschaltung von interstitiellen Zellen durch motorische Neurone des Plexus myentericus innerviert. Diese sind zwar letztes Glied intrinsischer Reflexbögen, stehen aber unter dem dominierenden Einfluss präganglionärer parasympathischer Fasern des N. vagus. – **Postganglionäre sympathische Fasern** beeinflussen sowohl die motorischen myenterischen Neurone als auch direkt und indirekt Blutgefäße und Schleimdrüsen der Speiseröhre.

Blutgefäße. Die **arterielle Versorgung** erfolgt durch Äste aus der A. thyroidea inferior (Pars cervicalis), der Aorta thoracica (Pars thoracica), A. gastrica sinistra (Pars abdominalis).

Das **venöse Blut** gelangt aus Vv. oesophageales zu den Vv. brachiocephalicae (Pars cervicalis), V. azygos und V. hemiazygos (Pars thoracica), V. gastrica sinistra (Pars abdominalis).

Lymphgefäße. Die Lymphe gelangt zu den regionären Lymphknoten des hinteren Mediastinums, die aus der Pars thoracica zu denen in der Nachbarschaft der Trachea.

In Kürze

Der Ösophagus ist durch seine Adventitia insbesondere in seiner Pars thoracica beweglich ins hintere Mediastinum eingefügt. Enge räumliche Beziehungen hat der Ösophagus zum linken Herzvorhof. Kaudal des 8. Brustwirbels gelangt die Aorta hinter den Ösophagus. Am Ösophagus finden sich drei Engen. Die 3. Enge liegt am Durchtritt des Ösophagus durch das Zwerchfell. Sie öffnet sich reflektorisch. Die teils quergestreifte, teils glatte Muskulatur des Ösophagus ermöglicht die Anpassung des Ösophaguslumens an die passierende Nahrung bzw. ihren Transport durch peristaltische Wellen, gesteuert vom vegetativen Nervensystem.

Aorta thoracica

Wichtig

Die Aorta thoracica liegt im hinteren Mediastinum, zunächst links neben, dann etwa ab 8. Brustwirbel hinter dem Ösophagus. Teils paarige, teils unpaare Äste der Aorta versorgen Thoraxwand und Organe des Thorax mit Blut.

Die **Pars thoracica aortae** beginnt in Höhe des 4. Brustwirbels und zieht in Höhe des 11. bis 12. Brustwirbels im Hiatus aorticus durch das Zwerchfell. Unterhalb des Zwerchfells liegt die Pars abdominalis aortae. Im oberen Brustbereich liegt die Aorta thoracica zunächst links seitlich der Wirbelsäule, gelangt dann aber immer mehr vor die Wirbelkörper und schiebt sich ab 8. Brustwirbel hinter den Ösophagus (◘ Abb. 10.32c). Sie hat außerdem enge Lagebeziehungen zum Ductus thoracicus und zur linken Lunge.

Äste. Zu unterscheiden sind segmentale parietale und viszerale Äste:

- **parietale Äste:**
  - **Aa. intercostales posteriores III–XI;** sie ziehen auf der rechten Seite wegen des linksseitigen Verlaufs der Aorta über die Wirbelsäule hinweg
  - **A. subcostalis** an der Unterseite der 12. Rippe
  - **Aa. phrenicae superiores;** sie versorgen die Oberseite der Pars lumbalis des Zwerchfells
- **viszerale Äste:**
  - **Rr. bronchiales** zur Eigenversorgung der Lunge (»Vasa privata«) (► S. 279)
  - **Rr. oesophageales**
  - **Rr. pericardiaci** für die Hinterwand des Herzbeutels
  - **Rr. mediastinales** für die Organe des hinteren Mediastinums

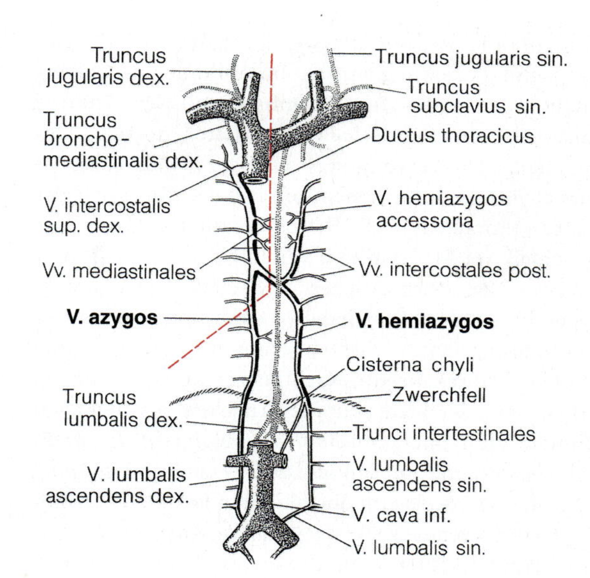

◘ **Abb. 10.37.** V. azygos und V. hemiazygos mit Abflüssen. Ductus thoracicus und große Lymphstämme punktiert. Die *rot gestrichelte Linie* markiert die Grenze des Zuflussgebietes des Ductus thoracicus (*links*) und des Ductus lymphaticus dexter (*rechts*)

Venöses Azygos-System

Wichtig

Das Azygos-System sammelt das venöse Blut der dorsalen Körperwand und leitet es der V. cava superior zu. Es beginnt auf jeder Seite mit einer V. lumbalis ascendens und tritt zusammen mit dem N. splanchnicus major durch das Crus mediale des Zwerchfells ins hintere Mediastinum.

Rechts entsteht die **V. azygos** (◘ Abb. 10.37) durch das Zusammentreffen von V. lumbalis ascendens und V. subcostalis. Die V. azygos verläuft im Mediastinum auf der rechten Vorderseite der Brustwirbelkörper zwischen N. splanchnicus major (lateral) und Ductus thoracicus sowie Aorta (medial) bis zur Höhe des 4. Brustwirbels nach oben, biegt dann als *Arcus venae azygos* nach vorne um, überquert den Bronchus principalis dexter und mündet in die V. cava superior.

Links findet sich die **V. hemiazygos** (◘ Abb. 10.37). Sie verläuft an der linken Seitenfläche der Brustwirbelsäule und gibt ihr Blut dann durch eine, manchmal zwei Anastomosen in Höhe des 7., 8. oder 9. Brustwirbels in die V. azygos ab. Sie kann Blut aus einer absteigenden **V. hemiazygos accessoria** aufnehmen, die aber auch in die V. azygos münden kann.

Hauptzuflüsse zur V. azygos sind:

- **Vv. mediastinales** mit Blut aus den **Vv. oesophageales**
- **Vv. bronchiales, Vv. pericardiacae**
- **Vv. intercostales posteriores;** nehmen die Rr. spinales (Blut von Rückenmark und Dura) sowie Zuflüsse aus den **Plexus venosi vertebrales internus et externus** auf

Klinischer Hinweis

Bei Verlegung oder Einengung der V. portae (portale Hypertension z. B. bei Lebererkrankungen) kann rückgestautes Blut u. a. über Vv. gastricae, Vv. oesophageales (dort evtl. *Ösophagusvarizen*) zur V. azygos und dann zur V. cava superior gelangen (► portokavale Anastomosen, ◘ Abb. 11.110).

Ductus thoracicus, Ductus lymphaticus dexter

Wichtig

In Ductus thoracicus und Ductus lymphaticus dexter sammelt sich die Lymphe aller Körperregionen.

Ductus thoracicus (*Milchbrustgang*) (Abb. 10.37). Der etwa 7 mm dicke Gang entsteht im Abdomen durch Vereinigung der beiden **Trunci lumbales** mit dem **Truncus intestinalis** etwas unterhalb des Hiatus aorticus des Zwerchfells. Die Vereinigungsstelle ist bisweilen zur **Cisterna chyli** erweitert. Gemeinsam mit der Aorta tritt der Ductus thoracicus im Hiatus aorticus durch das Zwerchfell. Im Mediastinum verläuft der Ductus thoracicus vor den Wirbelkörpern zwischen Aorta und V. azygos hinter dem Ösophagus. Den Thorax verlässt er in Begleitung der A. carotis communis sinistra durch die obere Thoraxapertur. Nach kurzem, bogenförmigen Verlauf über der Pleurakuppel (*Arcus ductus thoracici*) nimmt er die *Trunci bronchomediastinalis sinister, jugularis sinister* und *subclavius sinister* auf und mündet hinter der Klavikula von dorsal **in den linken Venenwinkel** (Angulus venosus sinister), die Vereinigung der linken V. jugularis interna mit der linken V. subclavia (▶ S. 197). Der Wandbau des Ductus thoracicus ähnelt dem der Venen (▶ S. 194). e H39

Ductus lymphaticus dexter. Der kurze Stamm des Ductus lymphaticus dexter entsteht durch die Vereinigung der Trunci bronchomediastinalis, subclavius et jugularis der rechten oberen Körperhälfte. Er mündet in den **rechten Angulus venosus.**

Truncus sympathicus, Nn. splanchnici

Wichtig

Der Truncus sympathicus (Grenzstrang) gehört zum vegetativen Nervensystem und erstreckt sich vom Hals- bis zum Sakralbereich. Es handelt sich um eine Kette von Ganglien, die beiderseits der Wirbelsäule liegt.

Die **Pars thoracica des Truncus sympathicus** befindet sich im hinteren Mediastinum. Von seinen insgesamt 11–12 Ganglien liegen die oberen fünf vor den Rippenköpfchen, die restlichen unteren seitlich von den Wirbelkörpern. Die oberen fünf Ganglia thoracica entlassen **Rr. viscerales** zu Nervengeflechten an Herz, Lungen und Ösophagus. Die präganglionären Nervenfasern aus den 6.–9. thorakalen Grenzstrangganglien bilden den **N. splanchnicus major**, die aus dem 10. und 11. den **N. splanchnicus minor.** Beide Nn. splanchnici erreichen die prävertebralen Ganglien im Abdomen (▶ S. 447). Auf seinem Weg durchs Zwerchfell begleitet der N. splanchnicus major die V. azygos bzw. V. hemiazygos (Tabelle 10.4).

Vorderes Mediastinum

Wichtig

Das vordere Mediastinum ist sehr schmal. Es enthält in oberflächlicher Lage die A. thoracica interna.

Das Mediastinum anterius befindet sich zwischen Perikard und Sternum (Abb. 10.32c). Es ist schmal und weitgehend mit Fettgewebe gefüllt. Wichtig sind:
- **A. thoracica interna**
- **Nodi lymphoidei parasternales**

Die **A. thoracica interna** (Abb. 10.38) entspringt an der konkaven Seite der A. subclavia (▶ S. 656). Sie verläuft zunächst hinter der V. subclavia und der Klavikula, dann 1–2 cm seitlich vom Brustbeinrand, zunächst hinter den Rippenknorpeln und den Interkostalmuskeln. Ab dem 3. Interkostalraum schiebt sich der M. transversus thoracis zwischen Gefäß und Pleura.

Mit ihren Ästen versorgt die A. thoracica interna die Muskulatur des 1.–6. ICR (Aa. intercostales ant. I–VI), den vorderen Bereich der Brustwand einschließlich des medialen Teils der Brustdrüse (▶ S. 257, Abb. 10.6), das vordere Mediastinum sowie durch die **A. pericardiacophrenica**, die unter der Pleura mediastinalis den N. phrenicus begleitet, Teile des Perikards, der Pleura und des Zwerchfells.

Im 6. Interkostalraum teilt sich die A. thoracica interna in ihre beiden Endäste: die **A. musculophrenica**, die *Rr. intercostales anteriores VII–IX* abgibt und Teile des Zwerchfells und der Bauchmuskulatur versorgt, sowie die **A. epigastrica superior**, die durch das Trigonum sternocostale nach kaudal zieht.

Die **Nodi lymphoidei parasternales** bilden eine Kette parallel zu den Vasa thoracica interna. Ihre Zuflüsse kommen u.a. aus den medialen Abschnitten der Mamma (▶ S. 257) und aus den Interkostalräumen. Abgeleitet wird die Lymphe durch den Truncus parasternalis, der entweder in den Truncus subclavius oder direkt in den Venenwinkel mündet.

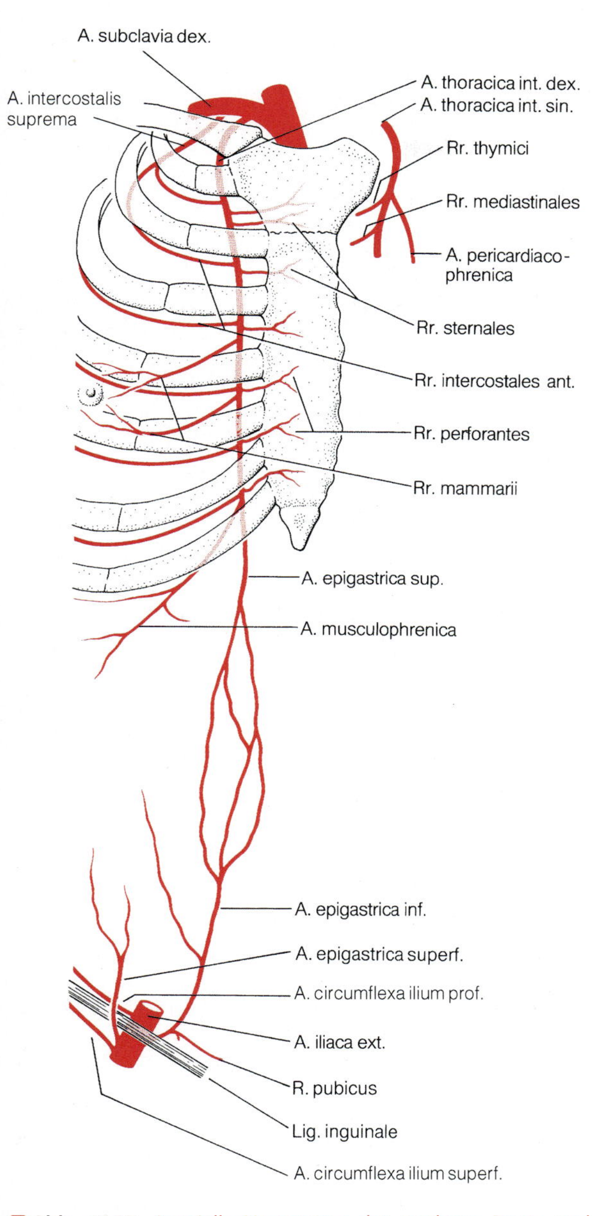

Abb. 10.38. Arterielle Versorgung der vorderen Brust- und Bauchwand

In Kürze

Im hinteren Mediastinum liegen Ösophagus und Aorta. Hinzu kommen der N. vagus mit seinem Plexus oesophageus sowie in Nachbarschaft zur Aorta thoracica das venöse Azygos-System, das aus V. azygos, V. hemiazygos und V. hemiazygos accessoria besteht, und der Ductus thoracicus. Vor den Rippenköpfchen liegen die fünf oberen Ganglien der Pars thoracica des Truncus sympathicus, die folgenden seitlich der Wirbelkörper. Die Ganglien 5–9 entlassen den N. splanchnicus major, 10 und 11 den N. splanchnicus minor. – Im Mediastinum anterius befinden sich die A. thoracica interna und Nodi lymphoidei parasternalis.

Abdomen und Pelvis

11.1 Übersicht – 308

11.2 Oberflächen – 308

11.2.1 Bauchoberfläche – 308

11.2.2 Beckenoberfläche – 309

11.3 Bauchwand – 309

11.3.1 Bauchmuskeln und Faszien – 310

11.3.2 Aufgaben der Bauchwand – 314

11.3.3 Regio inguinalis – 316

11.4 Becken und Beckenwände – 320

11.4.1 Hüftbein – 321

11.4.2 Articulatio sacroiliaca – 322

11.4.3 Becken als Ganzes – 323

11.4.4 Beckenraum – 324

11.4.5 Beckenmuskeln und Faszien – 326

11.5 Cavitas abdominalis et pelvis – 329

11.5.1 Gliederung – 329

11.5.2 Peritoneum und Peritonealhöhle – 330

11.5.3 Bauchsitus – 332

11.5.4 Organe des Verdauungssystems – 347

11.5.5 Milz – 376

11.5.6 Spatium extraperitoneale – 379

11.5.7 Nebenniere – 385

11.5.8 Harnorgane – 387

11.5.9 Männliche Geschlechtsorgane – 404

11.5.10 Weibliche Geschlechtsorgane – 420

11.6 Leitungsbahnen in Abdomen und Pelvis – 439

11.6.1 Arterien – 439

11.6.2 Venen – 442

11.6.3 Lymphgefäße – 445

11.6.4 Nerven – 446

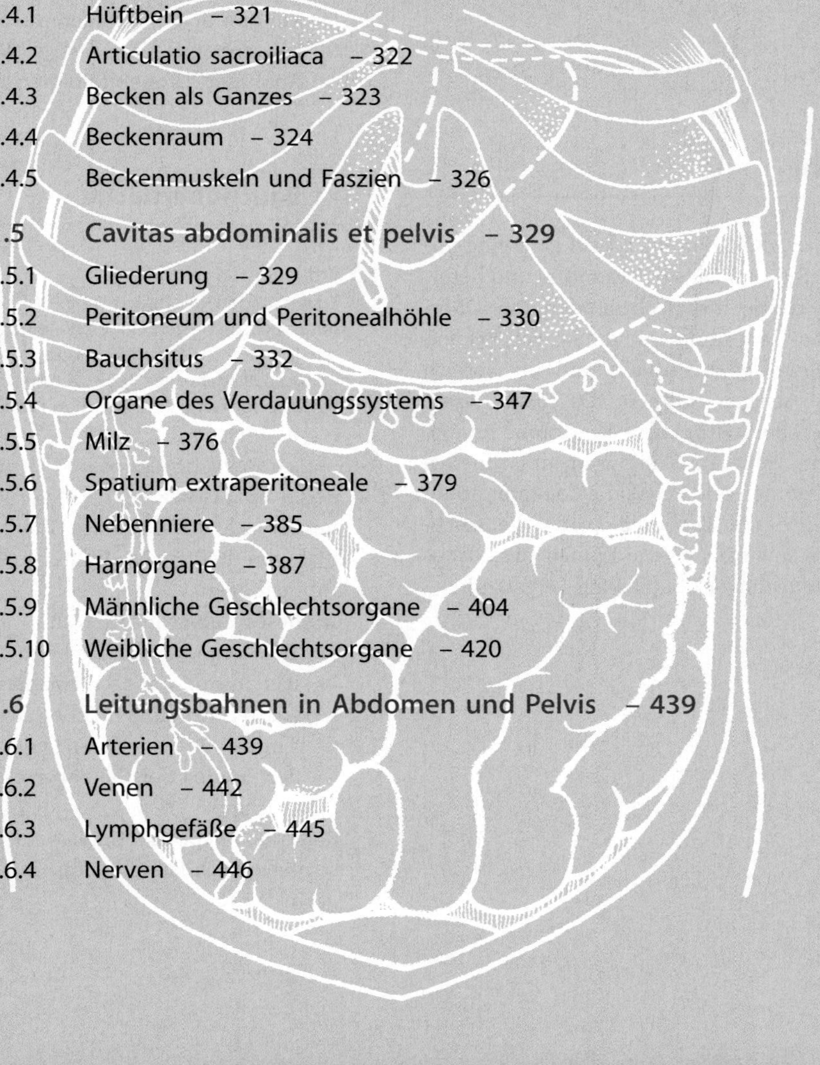

11 Abdomen und Pelvis

In diesem Kapitel wird dargestellt:

- Bau der Wände von Bauch und Becken
- Gliederung des Innenraums von Bauch und Becken in Cavitas peritonealis und Spatium retro/extraperitoneale durch das Bauchfell (Peritoneum)
- Entwicklung, Topographie und Feinbau der in Bauch- und Beckenraum gelegenen Organe des Verdauungssystems, Urogenitalsystems, Abwehrsystems und des endokrinen Systems

11.1 Übersicht

Abdomen und Pelvis (*Bauch und Becken*) sind eine untrennbare Einheit. Sie sind Teile des Rumpfes und befinden sich zwischen Thorax und Beckenboden. Ihre Oberflächen werden von Haut und subkutanem Fett (**Panniculus adiposus**, *Bauchfett*), Muskeln und im Bereich des Beckens vom paarigen *Hüftbein* (**Os coxae**) sowie dorsal von Anteilen der Wirbelsäule (**Vertebrae lumbales** und **Os sacrum**) gebildet. Gemeinsam umschließen die Wände von Abdomen und Pelvis die **Cavitates abdominis et pelvis** (*Bauch- und Beckenhöhle*), die die **Bauch- und Beckenorgane** sowie als eigene Einheit die **Cavitas peritonealis** (*Peritonealhöhle*) beinhalten (▶ S. 329).

11.2 Oberflächen

Kernaussagen

- **Die Bauchoberfläche gliedert sich in neun Regionen, zu denen Bauch- und z.T. Beckeneingeweide in Beziehung stehen.**
- **Vom Becken sind oberflächliche Hauteinziehungen und Taststellen des Hüftbeins, des Leistenbandes und auf der Unterseite die Anal- und Urogenitalregion zu erkennen.**

11.2.1 Bauchoberfläche

Klinischer Hinweis

Erkrankungen der Bauch- und Beckenorgane gehen häufig mit Bauchschmerzen einher, die diffus oder lokalisiert auftreten können. Zu Befunderhebung und ärztlicher Verständigung spielt daher die regionale Gliederung der Bauch- und Beckenoberfläche eine wichtige Rolle.

Die Bauchoberfläche gliedert sich in (Abb. 11.1):

- **Regio epigastrica** (*Epigastrium*); sie entspricht den mittleren Abschnitten des Oberbauchs und liegt medial von beiden Medioklavikularlinien unter den Rippenbögen
  In dieses Gebiet projizieren
  - Teile des Magens, die beim Stehen der vorderen Bauchwand anliegen (**Magenfeld**)
  - ein Teil des linken Leberlappens, der unter dem Angulus infrasternalis liegt (**Leberfeld**)
  - der **Fundus der Gallenblase** unter die Spitze der 9. Rippe
- **Regiones hypochondriacae** (*Hypochondrium*); sie schließen sich lateral rechts und links der Regio epigastrica an

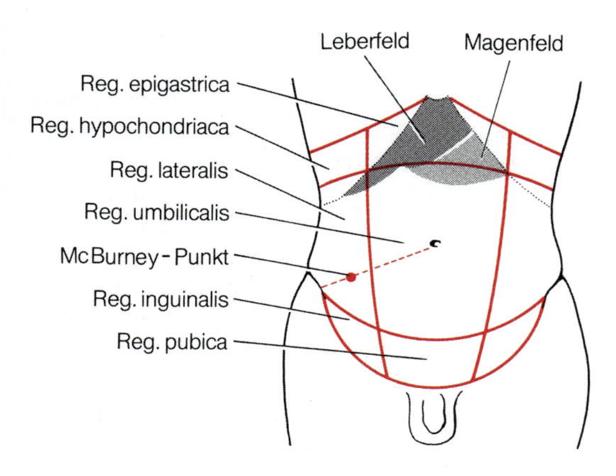

Abb. 11.1. Regiones abdominales. Im epigastrischen Winkel befinden sich Leber- und Magenfeld, in der Regio lateralis der McBurney-Punkt

- **Regio umbilicalis:** in deren Mitte befindet sich der Nabel (Höhe L3); in diese Region projizieren bevorzugt Beschwerden aus dem Bereich des Dünndarms
- **Regio pubica** in Fortsetzung der Regio umbilicalis; hierhin projizieren Beschwerden aus dem Endabschnitt des Dickdarms
- **Regiones laterales dextra et sinistra**; sie liegen seitlich der Regio umbilicalis; rechts befindet sich ein Punkt, der bei Appendizitis druckschmerzhaft ist (McBurney Punkt ▶ S. 345)
- **Regiones inguinales dextra et sinistra:** befinden sich seitlich der Regio pubica und sind Orte von Beschwerden bei Leistenbrüchen

11.2.2 Beckenoberflächen

e Osteologie: Os coxae

Vom Becken sind an der vorderen Oberfläche lediglich Konturen der Beckenschaufeln und Hautfalten als Einziehung durch das Leistenband sowie die Symphyse als Verbindung zwischen den beiden Hüftbeinen zu erkennen bzw. zu tasten.

Unterhalb der Symphyse, eingerahmt von den Schambeinästen, befindet sich die **Regio perinealis.** Sie unterteilt sich in (Abb. 11.2)

- **Regio urogenitalis**
- **Regio analis**

Zur **Regio urogenitalis** gehören die äußeren Geschlechtsteile: beim *Mann* Skrotum und Penis, bei der *Frau* große

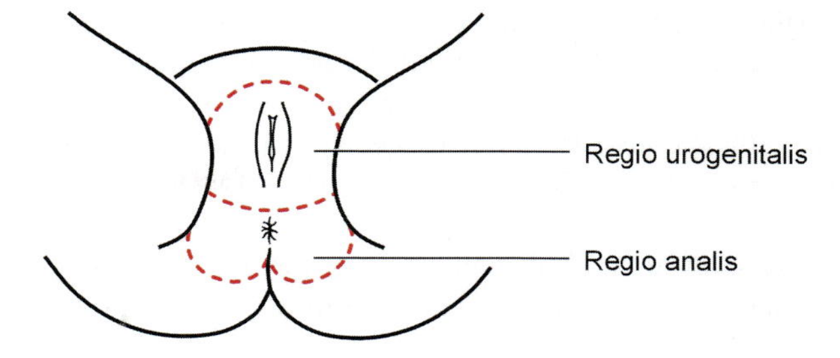

Abb. 11.2. Regio perinealis

und kleine Schamlippen, Klitoris, Vestibulum vaginae mit Anhangsdrüsen.

Die **Regio analis** ist das Gebiet um den Anus und reicht von der Steißbeinspitze bis zu einer Querlinie zwischen beiden Sitzbeinhöckern. Die Haut in dieser Region ist zart und weich und kann pigmentiert sein.

Der Bereich zwischen Genitale und Anus wird als **Perineum** (*Damm*) bezeichnet.

11.3 Bauchwand

Kernaussagen

- **Die Bauchwand wird von einem muskulären Verspannungssystem gebildet, das von Haut mit Unterhautbinde- und -fettgewebe bedeckt ist.**
- **Die Muskulatur der Bauchwand besteht auf jeder Seite aus einem medial gelegenen M. rectus abdominis und lateral aus Mm. obliquus externus et internus und M. transversus abdominis, die in drei Schichten angeordnet sind.**
- **Die Aponeurosen der lateralen Bauchmuskeln bilden um den M. rectus abdominis jeder Seite eine Bindegewebsscheide (Rektusscheide).**
- **Auf der Innenseite der Bauchmuskeln liegt die Fascia transversalis.**

Die Bauchwand wird von einem knöchernen Rahmen umgeben, den kranial die Rippenbögen mit dem Sternum, kaudal die Ränder der Hüftbeine mit der Symphyse bilden. Seitlich erreicht die Muskulatur der Bauchwand die Fascia thoracolumbalis (▶ S. 249).

Die Bauchwand besteht aus drei Schichten:
- Haut mit Unterhautbinde- und -fettgewebe und oberflächlicher Bauchfaszie
- Bauchmuskulatur mit ausgedehnten Aponeurosen
- innere Bauchfaszie mit Bauchfell

Gemeinsam umschließen sie das Cavum abdominis. Bauchhöhle und Bauchwand zusammen bilden das **Abdomen.**

11.3.1 Bauchmuskeln und Faszien

Die *Bauchmuskeln* (Mm. abdomines) mit ihren Aponeurosen (Abb. 11.3 und 11.4) fügen sich aufgrund ihrer Muskelfaseranordnung zu einem außerordentlich anpassungsfähigen Verspannungssystem zusammen.

Die Beschreibung der einzelnen Bauchmuskeln mit Ursprüngen, Ansätzen, Funktionen und Innervationen ist Tabelle 11.1 zu entnehmen.

Einzelheiten zu den Bauchmuskeln (Abb. 11.3 und 11.4)
Der M. rectus abdominis (Abb. 11.3 b) besitzt meist drei bis vier unvollständige Zwischensehnen (*Intersectiones tendineae*). Da diese mit dem vorderen Blatt der Rektusscheide (▸ unten) verwachsen sind, sind sie bei athletischen Menschen im Oberflächenrelief erkennbar. In der Regel befindet sich die 3. Intersectio in Höhe des Nabels. – Durch ihren Verlauf bedingen M. rectus abdominis und M. quadratus lumborum (▸ unten) eine *Längsgurtung* der Leibeswand.

M. obliquus externus abdominis (oberflächliche Schicht der Bauchmuskulatur, Abb. 11.3 a und 11.4). Seine Verlaufsrichtung entspricht der der Mm. intercostales externi. Die Ursprungszacken an den Rippen verzahnen sich mit den Ursprüngen des M. serratus anterior und M. latissimus dorsi (Linea serrata). Im oberen Teil wirkt der Muskel über die Linea alba mit dem M. obliquus internus der Gegenseite zusammen (*Schräggurtung*, Abb. 11.5), im unteren über das Tuberculum pubicum des Beckens mit den Adduktoren (*Obliquus-externus-Adduktoren-Schlinge*, Abb. 11.5).

Klinischer Hinweis
Selten kommt es zwischen dem hinteren Rand des M. obliquus externus abdominis und dem M. latissimus dorsi oberhalb des Darmbeinkamms zu Durchbrüchen von Abszessen aus dem Bauchraum, da die Bauchwand hier nur vom M. obliquus internus abdominis gebildet wird (**Trigonum lumbale**).

M. obliquus internus abdominis (mittlere Schicht, Abb. 11.3 a und 11.4). Seine Fasern verlaufen fächerförmig in drei Hauptrichtungen, die hinteren mit Ursprung an der Crista iliaca ziehen steil aufwärts bis zu den vier unteren Rippen – ihre Verlaufsrichtung entspricht der der Mm. intercostales interni. Fasern mit Ursprüngen von der Spina iliaca anterior superior verlaufen fast horizontal und Fasern, die am Leistenband entspringen, ziehen schräg nach unten. Die unteren Partien sind nicht vom M. transversus abdominis zu trennen. – Die Faseranteile, die an der Spina iliaca anterior superior entspringen,

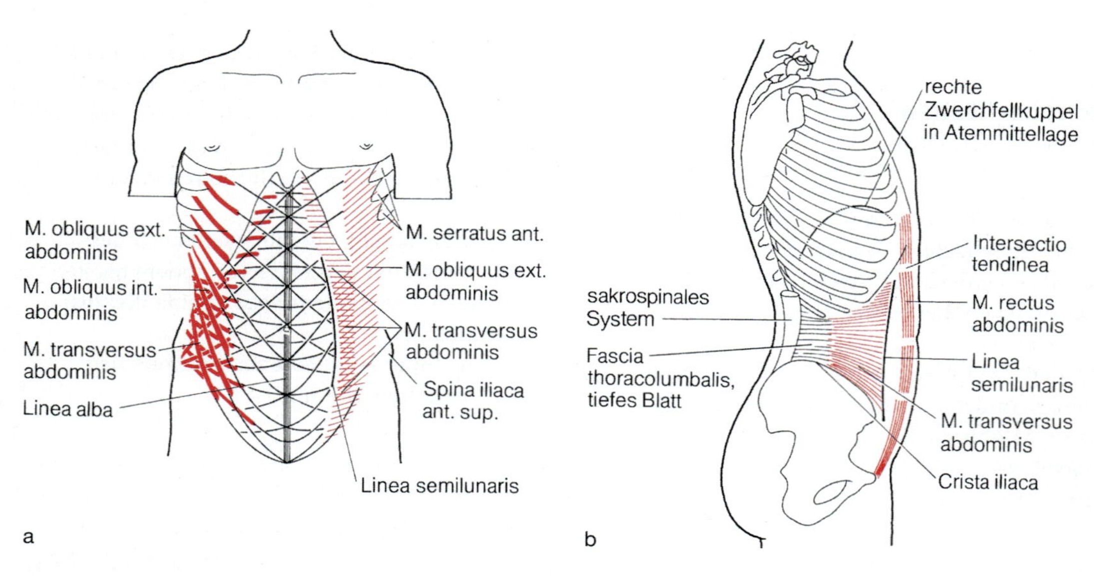

Abb. 11.3 a, b. Bauchmuskeln **a** von vorne, **b** von der Seite

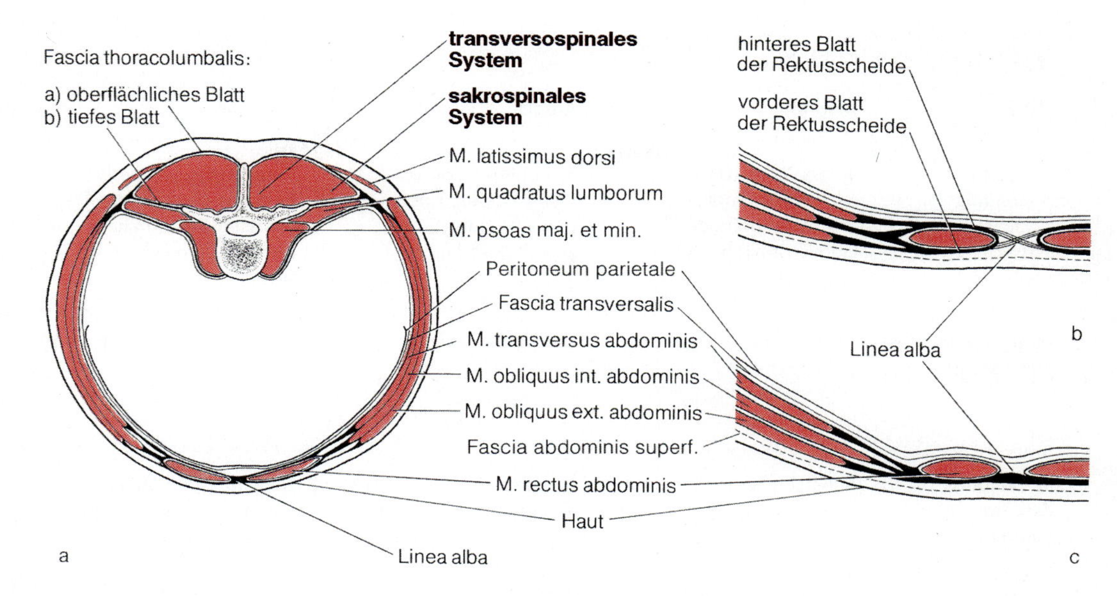

Abb. 11.4 a–c. Bauchwand. **a** Querschnitt durch den Stamm etwa in Höhe des 1. Lendenwirbels. **b** Teile der vorderen Bauchwand oberhalb, **c** unterhalb der Linea arcuata (in Anlehnung an Lippert 1975)

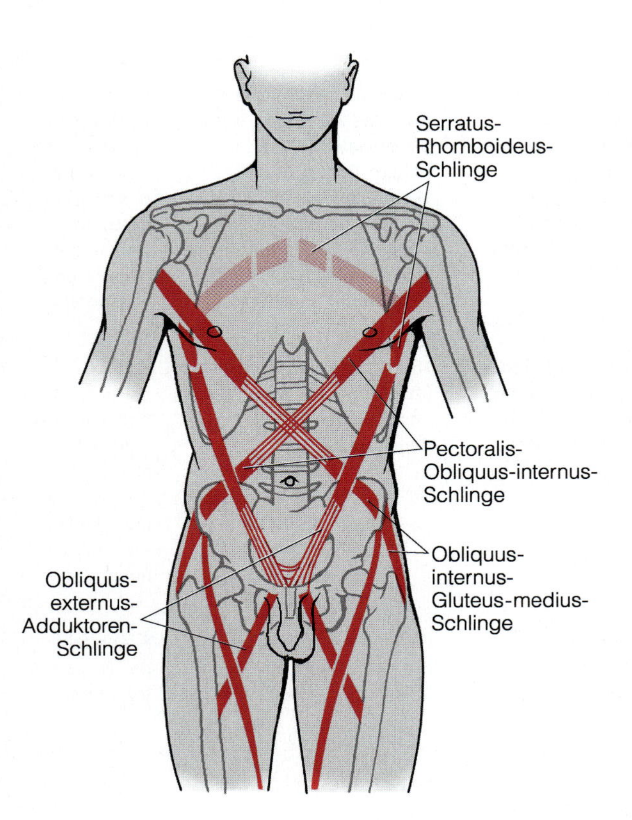

Abb. 11.5. Gurtungen und Schlingen der Bauchmuskulatur (in Anlehnung an Benninghoff 1985)

sind an der *Obliquus-internus-Gluteus-medius-Schlinge* beteiligt (Abb. 11.5).

Der **M. cremaster** ist eine Abspaltung der Mm. obliquus internus et transversus abdominis. Seine Muskelfasern gehören zu den Hüllen des Samenstrangs und des Hodens (Tabelle 11.9). Der Kremasterreflex wird durch Berührung der inneren Oberfläche des Oberschenkels ausgelöst (Tabelle 15.10).

M. transversus abdominis (tiefste Schicht der Bauchmuskulatur Abb. 11.3a und 11.4b). Seine Muskelfasern laufen annähernd horizontal. Gemeinsam mit dem Muskel der Gegenseite bedingt er die *Quergurtung* der Bauchwand. Das transverse Muskelsystem setzt sich im Thorax als M. transversus thoracis fort.

Der **M. quadratus lumborum** ist der einzige dorsal gelegene Bauchmuskel. Von der Rückenmuskulatur (Abb. 11.4a) wird er durch das tiefe Blatt der Fascia thoracolumbalis getrennt.

Der **M. psoas major** (Abb. 11.4a) liegt medial vor dem M. quadratus lumborum, gehört aber zu den Hüftmuskeln (Tabelle 12.19).

Zur Innervation. Die Bauchmuskeln gehen aus dem Hypomer, d.h. dem ventralen Anteil der Myotome (▶ S. 115), hervor und werden daher von Rr. anteriores der Spinalnerven innerviert. Jedoch hat sich die ursprüngliche metamere Gliederung weitgehend zurückgebildet.

Die **Aponeurosen der Bauchwand** sind die Sehnen der schrägen und queren Bauchmuskeln. Sie beginnen weit von der Mittellinie entfernt an der **Linea semilunaris**,

Tabelle 11.1. Bauchmuskeln

Muskel	Ursprung	Ansatz	Funktion	Innervation
M. rectus abdominis	Vorderfläche des 5.–7. Rippenknorpels, Processus xiphoideus, Ligg. costoxiphoidea	Symphysis pubica, Ramus superior ossis, pubis bis zum Tuberculum pubicum	Vorwärtsbeugen des Rumpfes, Hebung des vorderen Beckenrandes (bei fixiertem Oberkörper)	Rami ventrales der Spinalnerven Th7–Th12 (Th5, Th6, L1)
M. pyramidalis (inkonstant)	Ramus superior ossis pubis, Symphysis pubica, liegt vor dem M. rectus abdominis	Linea alba	Anspannung Linea alba	Rami ventrales der Spinalnerven Th12 (L1, L2)
M. obliquus externus abdominis	Außenfläche der 5. oder 6.–12. Rippe	vorderes Blatt der Rektusscheide und Linea alba, Labium externum der Crista iliaca, im Lig. inguinale an der Spina iliaca anterior superior und dem Tuberculum pubicum	*einseitig:* Drehung des Rumpfes zur Gegenseite (obere Fasern); nähert Thorax und Becken einander auf derselben Seite (seitliche Fasern); *doppelseitig:* Beugung der BWS und LWS, Exspiration, Bauchpresse	Rami ventrales der Spinalnerven Th5–Th12 (L1)
M. obliquus internus abdominis	laterale Hälfte des Lig. inguinale, Spina iliaca anterior superior, Linea intermedia der Crista iliaca, tiefes Blatt der Fascia thoracolumbalis	unterer Rand der 9.–12. Rippe, vorderes und hinteres Blatt der Rektusscheide, Linea alba (unterhalb der Linea arcuata liegen beide Blätter vor dem M. rectus abdominis)	*einseitig:* Drehung des Rumpfes zur selben Seite, die dorsalen Muskelfasern nähern Thorax und Becken einander, Seitwärtsneigung der Wirbelsäule; *doppelseitig:* Beugung in BWS und LWS, Exspiration, Bauchpresse	Rami ventrales der Spinalnerven Th8–L1 (L2), N. iliohypogastricus, N. ilioinguinalis, N. genitofemoralis
M. transversus abdominis	Innenfläche der 6 kaudalen Rippenknorpel, am tiefen Blatt der Fascia thoracolumbalis und den Processus costarii, Labium internum der Crista iliaca, Spina iliaca anterior superior, laterale Hälfte des Lig. inguinale	hinteres Blatt der Rektusscheide, unterhalb der Linea arcuata vorderes Blatt der Rektusscheide, Linea alba	»Einziehen« des Bauches, Steigerung des intraabdominalen Druckes, Bauchpresse	Rami ventrales der Spinalnerven Th5–Th12, N. iliohypogastricus, N. ilioinguinalis (N. genitofemoralis)
M. cremaster	Abspaltung aus dem M. obliquus internus abdominis und M. transversus abdominis	umgreift den Hoden, bei Frauen schließen sich die Fasern dem Lig. teres uteri an	Hodenheber, bildet eine der Hüllen von Samenstrang und Hoden	R. genitalis des N. genitofemoralis
M. quadratus lumborum	Labium internum der Crista iliaca, Lig. iliolumbale	12. Rippe, Processus costales der 1.–4. Lendenwirbel	Seitwärtsneigen der LWS	N. subcostalis Th12 Plexus lumbalis L1–L3

streben dem lateralen Rand des M. rectus abdominis zu und bilden gemeinsam die **Rektusscheide.** Die Aponeurosen verknüpfen die Bauchmuskeln zu gemeinsamer Wirkung.

Der untere Rand der Aponeurose des M. obliquus externus abdominis, der sich zwischen Spina iliaca anterior superior und Tuberculum pubicum des Beckens ausspannt, ist verstärkt und wird als **Lig. inguinale** (Pouparti, ◘ Abb. 11.6 und 11.7) bezeichnet, obgleich es sich im strikten Sinne nicht um ein Ligamentum handelt. In das Lig. inguinale strahlt von lateral die Fascia iliopsoas (► unten) ein. Ein abzweigender Teil der Fascia iliopsoas, der zur Eminentia iliopubica zieht, bildet den Arcus iliopectineus (◘ Abb. 11.7). Am medialen Ansatz des Lig. inguinale zieht das Lig. lacunare zum Os pubicum (◘ Abb. 11.7). Außerdem ist das Lig. inguinale mit der oberflächlichen Bauchfaszie verbunden, die sich unterhalb des Leistenbandes in die Fascia lata fortsetzt. Durch eine feste Verbindung mit der Bauchhaut entsteht über dem Lig. inguinale die **Leistenfurche.**

Die **Rektusscheide** (*Vagina musculi recti abdominis*) (◘ Abb. 11.4b, c) umhüllt und führt den *M. rectus abdominis.* Außerdem verlaufen in der Rektusscheide die *Aa. epigastrica superior et inferior* (◘ Abb. 10.38) und Endäste der *N. intercostalis* XI und *N. subcostalis* (► S. 264).

Die Rektusscheide besteht aus einem vorderen Blatt (**Lamina anterior**) und oberhalb des Nabels aus einem hinteren Blatt (**Lamina posterior**). Beide Blätter sind oberhalb bzw. unterhalb der Linea arcuata (unterhalb des Nabels) unterschiedlich aufgebaut (◘ Abb. 11.4c).

Oberhalb der Linea arcuata besteht das **vordere Blatt** der Rektusscheide aus der Aponeurose des M. obliquus externus abdominis und dem vorderen Teil der Internusaponeurose; das **hintere Blatt** ist aus dem hinteren Teil der Internusaponeurose und der Transversusaponeurose zusammengesetzt. Das hintere Blatt endet in der bogenförmigen Linea arcuata.

Unterhalb der Linea arcuata ist der M. rectus abdominis dorsal nur von der Fascia transversalis bedeckt (◘ Abb. 11.4c). Für die Transversusaponeurose ergibt sich also eine Lageänderung: kranial der Linea arcuata liegt sie im hinteren Blatt, kaudal im vorderen Blatt der Rektusscheide.

Am medialen Rand des M. rectus abdominis kreuzen und durchflechten sich die Sehnenfasern aller drei Bauchmuskeln mit denen der Gegenseite und lassen in der Mittellinie die **Linea alba** entstehen.

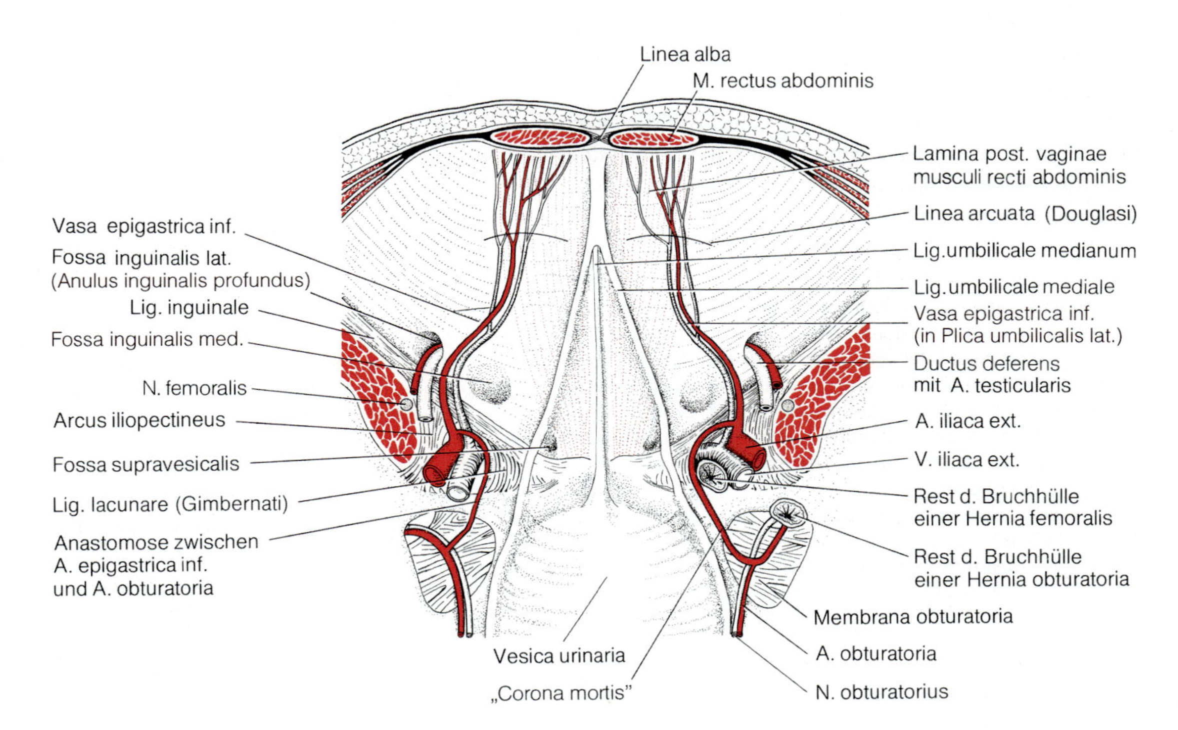

◘ **Abb. 11.6.** Vordere Bauchwand. Ansicht von innen; das Peritoneum ist nicht dargestellt. »Corona mortis« = Ramus obturatorius zwischen R. pubicus der A. epigastrica inferior und R. pubicus der A. obturatoria (► S. 441)

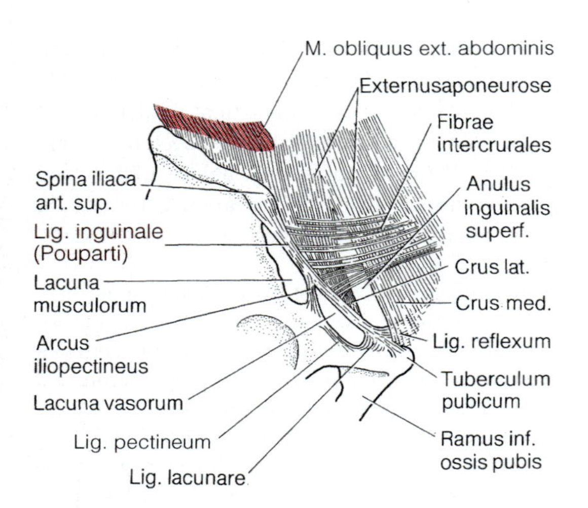

Abb. 11.7. Bänder und Aponeurosen der Regio inguinalis

Die **Linea alba** (Abb. 11.3a und 11.4) reicht vom Processus xiphoideus bis zum Oberrand der Symphyse. Die kaudale Fortsetzung der Linea alba ist das **Lig. suspensorium penis** bzw. **clitoridis** (▶ S. 417), das an der Symphyse entspringt.

Ungefähr in der Mitte zwischen Schwertfortsatz und Symphyse befindet sich der **Nabel.** Dort hat die Linea alba eine Aussparung, deren Rand als Nabelring (**Anulus umbilicalis**) zu tasten ist. Durch den Nabelring verlaufen beim Fötus die Nabelschnurgefäße. Sie veröden nach der Geburt und Bindegewebe füllt den Raum; es bildet sich die **Papilla umbilicalis.** Oberflächlich kommt es zu einer tiefen Einziehung der Bauchhaut.

Klinischer Hinweis

Die Bauchwand hat Stellen verminderten Widerstands (*Loci minoris resistentiae*) insbesondere dort, wo Muskulatur fehlt und nur Bindegewebe vorhanden ist. Hier kann es bei abdominaler Druckerhöhung (u.a. durch Bauchpresse bei schwerem Heben) zu *Hernien* (umgangssprachlich: Brüchen) kommen. Durch diese Bruchpforten wird ggf. Peritoneum mit Bauchinhalt, z.B. Anteilen des Darms, vorgewölbt.

Man unterscheidet
- *innere Hernien,* z.B. am Zwerchfell (▶ S. 266)
- *äußere Hernien*
  - *epigastrische Hernien,* wenn sich in der Linea alba Lücken bilden, z.B. während der Schwangerschaft durch Nachgeben des Bindegewebes (*Rektusdiastase*)
  - *Nabelhernien,* wenn der Verschluss des Nabelringes unvollständig ist
  - *Leistenhernien* (▶ S. 319).

Nicht zu verwechseln ist der nachgeburtliche Nabelbruch mit dem (embryonalen) *physiologischen Nabelbruch* (▶ S. 343), der sich bis zur Geburt zurückbildet. Sofern dies nicht geschieht, liegt als Hemmungsmissbildung eine *Omphalozele* vor.

Fascia abdominis superficialis. Sie ist ein Teil der Körperfaszie. Nach oben setzt sie sich in die Fascia pectoralis, nach unten in die Oberschenkelfaszie fort. Die untere (kaudale) Grenze ist das Lig. inguinale (▶ oben).

Fascia transversalis (*innere Bauchfaszie*) (Abb. 11.4). Sie bekleidet die gesamte innere Wand des Bauchraums einschließlich des M. quadratus lumborum und M. iliopsoas – dort als Fascia iliopsoas – sowie die abdominale Oberfläche des Zwerchfells und die Wand des Beckens – dort Fascia pelvis parietalis und Fascia superior diaphragmatis pelvis (▶ S. 328). Kaudal ist sie mit dem Leistenband verwachsen. Durch den Descensus testis (▶ S. 318) ist sie ab dem inneren Leistenring zur Fascia spermatica interna ausgezogen. Mit der Fascia transversalis ist das Peritoneum parietale (wandständiges Bauchfell ▶ S. 331) fest verbunden.

11.3.2 Aufgaben der Bauchwand

Wichtig

Die Bauchmuskulatur verfügt über große Elastizität. Sie passt sich einerseits Ausweitungen im Bereich der Bauch- und Beckenorgane an, z.B. bei übermäßiger Füllung des Magen-Darm-Kanals oder in der Schwangerschaft, vermag aber auch durch Kontraktion Druck auf Bauch- und Beckenorgane auszuüben: Bauchpresse bei der Darm- und Blasenentleerung oder während der Niederkunft.

Die **Bauchwand** (Bauchmuskulatur)
- dient dem **Schutz der Baucheingeweide**
- passt sich dem **Füllungszustand** der inneren Organe an
- beeinflusst den **intraabdominalen Druck**
- wirkt bei **Rumpfbewegungen** mit

Alle Bauchmuskeln wirken stets zusammen.

Schutz der Baucheingeweide. Der Tonus der Bauchmuskulatur ist so eingerichtet, dass er dazu beiträgt die Organe der Bauchhöhle in ihrer Lage zu halten ohne sie einzuengen. Die Bauchmuskulatur kann durch reflektorische Tonuserhöhung aber bis zu einem gewissen Grad Schläge auffangen.

Anpassung an Füllungszustand der inneren Organe. Bei übermäßiger Füllung von Magen und Darm, z. B. durch Luft (*Meteorismus*) oder in der *Schwangerschaft* durch Ausdehnung des Uterus in den Bauchraum, aber auch durch wachsende *Tumoren* oder Flüssigkeitsansammlungen in der Peritonealhöhle (*Aszites*) wird der Tonus der Bauchmuskulatur überwunden und der Bauchraum weitet sich unter starker Vorwölbung der Bauchoberfläche aus. Der intraabdominelle Druck steigt und der Tonus der Bauchmuskulatur erhöht sich reflektorisch. Hierdurch entsteht Bauchspannung.

Zur Information

Im Gegensatz zur Elastizität von Bauchwand und Zwerchfell hat der Beckenboden, der dem Verschluss der Bauchhöhle nach unten dient, hohe Stabilität, wenn er auch Öffnungen für Enddarm und Urogenitalsystem freilässt.

Der **intraabdominale Druck** wird durch Tonus und Kontraktionen der Bauchmuskulatur geregelt. Er trägt dazu bei, die Baucheingeweide in ihrer Lage zu halten. Starke Kontraktionen der Bauchmuskulatur führen zur Bauchpresse bei Darm- und Blasenentleerung, Erbrechen, Husten und bei der Niederkunft.

Bauchpresse. Hier wirken die Kontraktionen der Bauchmuskeln und des Zwerchfells zusammen. Zunächst tritt durch tiefe Inspiration das Zwerchfell tiefer und wird angespannt. Dann wird die Stimmritze geschlossen, so dass keine Luft aus der Lunge entweichen kann. Dadurch werden Zwerchfell und luftgefüllte Lungen zum Widerlager. Durch anschließende Kontraktion der Bauchmuskulatur wird der intraabdominale Druck erhöht und auf die Baucheingeweide übertragen. Nach Öffnung der Verschlüsse, z. B. an Blase und Darm, wird deren Inhalt ausgepresst. Die Wirkung der muskulären Bauchpresse wird durch Ventralflexion der Wirbelsäule und durch Druck von außen, z. B. Anpressen der Arme, erhöht.

Mitwirkung bei Rumpfbewegungen. Sie geht auf die synergistisch-antagonistische Wirkung von Rücken- und Bauchmuskulatur zurück.

Die **Ventralflexion des Rumpfes** erfolgt überwiegend in der Lendenwirbelsäule. Sie kommt vor allem unter dem Einfluss der Schwerkraft mit kontrollierter Tonusverminderung im M. erector spinae zustande. M. rectus abdominis, die schrägen Bauchmuskeln und der M. iliopsoas werden dann eingesetzt, wenn der Rumpf gegen Widerstand gebeugt oder aus der Rückenlage aufgerichtet bzw. das Becken gehoben werden soll.

Die **Dorsalextension** wird durch den M. erector spinae eingeleitet und unter kontrollierter Tonusverminderung der Mm. recti abdominis durchgeführt.

Bei der **Lateralflexion** des Rumpfes wirken auf der jeweiligen Seite der M. erector spinae mit den schrägen Bauchmuskeln, dem M. quadratus lumborum und dem M. iliocostalis zusammen.

Bei der **Rotation** des Rumpfes – sie erfolgt fast ausschließlich in der Brustwirbelsäule – sind die schrägen Bauchmuskeln beider Seiten synergistisch miteinander verknüpft (▫ Abb. 11.5). So bilden bei einer Drehung des Rumpfes nach rechts die absteigenden Fasern des M. obliquus externus abdominis sinister und die aufsteigenden Fasern des M. obliquus internus abdominis dexter eine Wirkkette, die sich auf dem Rücken zu den spinotransversalen und transversospinalen Muskelsystemen (▫ Tabellen 9.5 und 9.6) fortsetzt.

Die Baumuskeln wirken nicht nur auf die Bauchwand, sondern auch auf die Wirbelsäule und die Extremitäten, da sie Bestandteile funktioneller Muskel„schlingen" sind (▫ Abb. 11.5).

In Kürze

Die Bauchwand besteht aus einer Muskel-Sehnen-Platte, die alle beteiligten Muskeln (M. rectus abdominis, Mm. obliquus externus et internus abdominis, M. transversus abdominis) zu einem dynamischen Verspannungssystem zusammenfasst. Die seitlichen Bauchmuskeln derselben Seite haben einen sich überkreuzenden Verlauf. Ihre Aponeurosen bilden die Rektusscheide, in der sich der M. rectus abdominis begleitet von Aa. epigastrica superior et inferior sowie Endästen des N. intercostalis XI und N. subcostalis befindet. Die seitlichen Bauchmuskeln beider Seiten werden funktionell verbunden durch die Linea alba, in der ihre Sehnenfasern die Seite kreuzen. Die Bauchmuskulatur kann sich dem Füllungszustand der inneren Organe anpassen, ist aber auch an Rumpfbewegungen beteiligt und in Muskelketten integriert, die Rumpf und Extremitäten verbinden. Auf der Innenseite wird die Bauchmuskulatur von der Fascia transversalis überzogen.

11.3.3 Regio inguinalis (e) Osteologie: Os coxae; Topographie der Regio inguinalis

In der Regio inguinalis befindet sich eine Schwachstelle der Bauchwand. Dadurch kann es hier zu *Leistenbrüchen* (**Herniae inguinales**) kommen.

Besonderheiten im Aufbau der Bauchwand in der Regio inguinalis:

- **Falten und Gruben auf der Innenseite**
- **Leistenkanal** (*Canalis inguinalis*)

Falten und Gruben auf der Innenseite der vorderen Bauchwand

Kernaussagen

- **Falten auf der Innenseite der Bauchwand in der Regio inguinalis gehen als Plicae umbilicalis mediana et medialis auf entwicklungsgeschichtliche Residualstrukturen und als Plica inguinalis lateralis auf die A. et V. epigastricae inferiores zurück.**
- **Die Gruben befinden sich zwischen den Falten.**
- **Im Bereich der Fossa inguinalis medialis besteht die Bauchwand nur aus der Fascia transversalis mit Peritoneum.**

Plica umbilicalis mediana (Abb. 11.6 und 11.8). Sie zieht vom Scheitel der Harnblase zum Nabel, hervorgerufen durch das **Lig. umbilicale medianum**, einem bindegewebigen *Rest des Urachus/Allantois* (▶ S. 111).

Plica umbilicalis medialis. Unter dieser Bauchfellfalte verbirgt sich beiderseits ein strangartiger, *obliterierter Rest der Nabelarterie* (▶ S. 187).

Plica umbilicalis lateralis. Sie wird durch die **A. epigastrica inferior** mit ihren Begleitvenen aufgeworfen. Die Gefäße liegen auf dem Lig. interfoveolare, einer zum Bauchraum hin gerichteten Verstärkung der Fascia transversalis. Sie verlaufen annähernd parallel zum M. rectus abdominis.

Fossa supravesicalis. Sie liegt oberhalb der Harnblase zwischen Plica umbilicalis mediana und medialis (innere Bruchpforte der seltenen Hernia supravesicalis).

Fossa inguinalis medialis. Die Fossa inguinalis medialis ist eine grubenförmige Vertiefung zwischen Plica umbilicalis medialis und lateralis. Sie *projiziert sich auf den Anulus inguinalis superficialis* (▶ unten).

Im Bereich der Fossa inguinalis medialis besteht die *Bauchwand nur aus der Fascia transversalis mit Peritoneum*; Muskulatur fehlt. Deswegen befindet sich hier die schwächste Stelle der Bauchwand. Es ist der Ort der medialen (= direkten) Leistenbrüche (▶ unten).

Der mediale Rand der Fossa inguinalis medialis wird durch die **Falx inguinalis** verstärkt. Ihre Fasern spalten sich von Rektusscheide und Fascia transversalis ab.

Fossa inguinalis lateralis. Diese seichte Grube liegt seitlich von der Plica umbilicalis lateralis und entspricht dem **inneren Leistenring** (▶ unten, laterale = indirekte Leistenhernie).

Leistenkanal

Kernaussagen

- **Der Leistenkanal (Canalis inguinalis) befindet sich oberhalb des Leistenbandes und verläuft schräg von dorsolaterokranial nach ventromediokaudal.**
- **Der Leistenkanal hat eine innere und eine äußere Öffnung.**
- **Beim Mann enthält der Leistenkanal den Funiculus spermaticus (Samenstrang), bei der Frau das Lig. teres uteri (rundes Mutterband).**

Der **Leistenkanal** (Abb. 11.8a) ist 4–6 cm lang und durchzieht die Bauchwand in schräger Richtung von innen, oben, lateral nach außen, unten, medial. Seine innere Öffnung ist der lateral liegende **Anulus inguinalis profundus** (*innerer Leistenring*), seine äußere Öffnung der medial gelegene **Anulus inguinalis superficialis** (*äußerer Leistenring*). Durch den *Leistenkanal verlaufen* beim **Mann** der Samenstrang (**Funiculus spermaticus**) (Tabelle 11.3), begleitet von **N. ilioinguinalis** (Tabelle 11.9) und **R. genitalis des N. genitofemoralis** (Tabelle 11.9), bei der **Frau** das **Lig. teres uteri** (rundes Mutterband) (▶ S. 385).

Anulus inguinalis profundus. Die innere Öffnung des Leistenkanals liegt ungefähr 1,5 cm oberhalb der Mitte des Leistenbandes und befindet sich in der Fossa inguinalis lateralis der inneren Bauchwand.

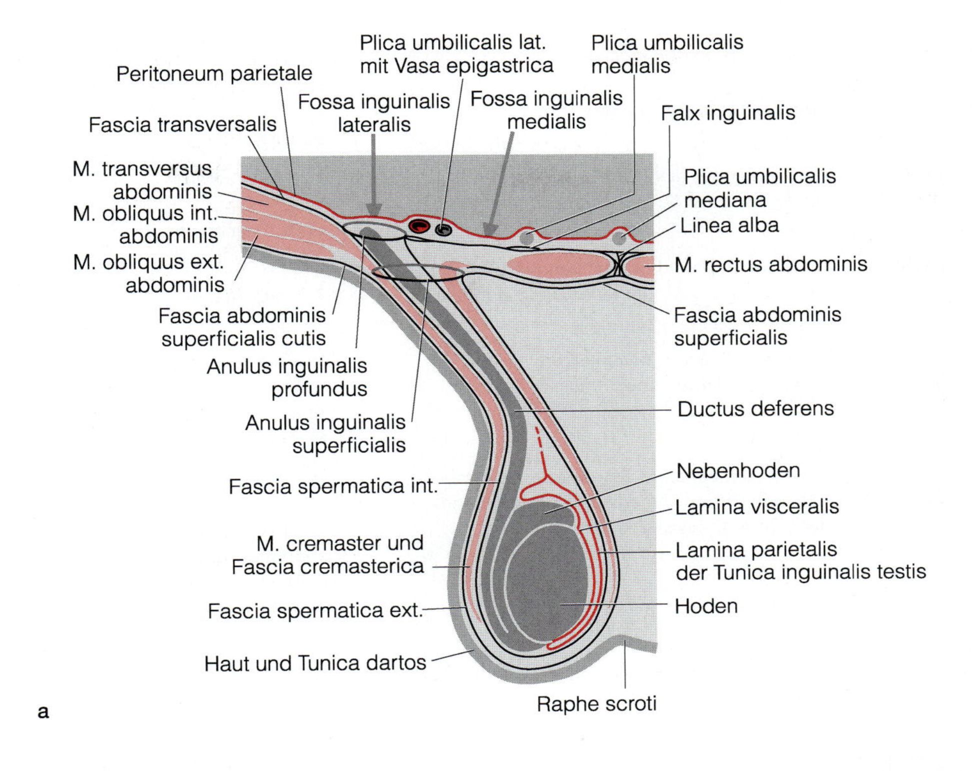

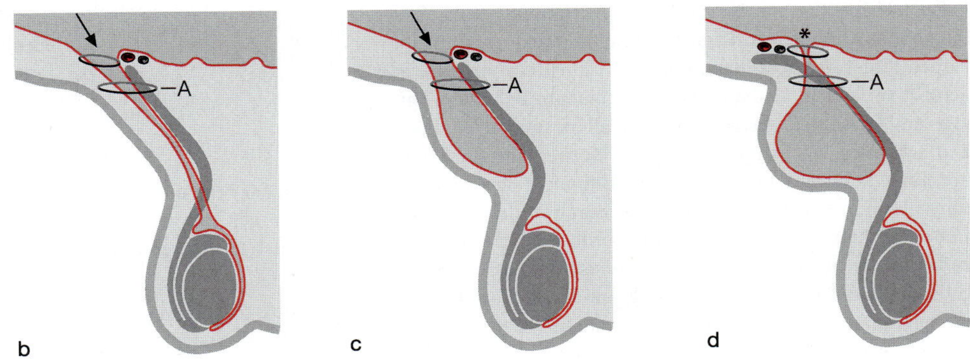

Abb. 11.8 a–d. Regio inguinalis (**a**) und Leistenbrüche. **b** Hernia inguinalis lateralis congenita. **c** Hernia inguinalis lateralis acquisita. **d** Hernia inguinalis medialis. Pfeile: Fossa inguinalis lateralis mit Anulus inguinalis profundus. *Stern:* Fossa inguinalis medialis, A = Anulus inguinalis superficialis

Anulus inguinalis superficialis. Er entsteht durch eine Aufspaltung der Externusaponeurose am Leistenband. Die Lücke wird von einem **Crus mediale,** einem **Crus laterale** und im oberen Bereich durch **Fibrae intercrurales** begrenzt (Abb. 11.7). Vom Crus laterale ziehen Fasern als **Lig. reflexum** zur Linea alba. Die Fasern bilden eine Rinne am Oberrand des Leistenbandes, in der der Samenstrang verläuft. Topographisch liegt der Anulus inguinalis superficialis lateral vom Tuberculum pubicum.

Klinischer Hinweis

Der Anulus inguinalis superficialis ist tastbar, wenn man mit dem kleinen Finger die Haut neben dem Samenstrang etwas einstülpt.

Die Wände und Begrenzungen des Leistenkanals sind in Tabelle 11.2 zusammengestellt.

Tabelle 11.2. Wände des Leistenkanals

Wände	wichtigste Begrenzungen
Dach	untere Ränder des *M. obliquus internus abdominis* und *M. transversus abdominis*
Boden	nach innen umgebogener kaudaler Teil des *Lig. inguinale*, Lig. reflexum (nur medial)
vordere Wand (breit)	*Aponeurose des M. obliquus externus abdominis*, Fibrae intercrurales
hintere Wand (breit)	*Peritoneum parietale, Fascia transversalis*, Lig. reflexum (nur medial), Lig. interfoveolare, Plica umbilicalis lateralis mit Inhalt

Tabelle 11.3. Homologe Schichten von Bauchwand, Funiculus spermaticus und Skrotum

Bauchwand	Funiculus spermaticus und Skrotum
Cutis (Bauchhaut)	Cutis (Skrotalhaut)
Tela subcutanea	Tunica dartos
Fascia abdominalis superficialis (und Aponeurose des M. obliquus externus abdominis)	Fascia spermatica externa
M. obliquus internus abdominis und M. transversus abdominis mit Faszien	M. cremaster und Fascia cremasterica
Fascia transversalis	Fascia spermatica interna (Tunica vaginalis communis)
Peritoneum parietale	Tunica vaginalis testis (Cavum serosum testis, Rest des Processus vaginalis peritonei) Lamina parietalis (Periorchium) Lamina visceralis (Epiorchium)

Zur Entwicklung

Aus der Entwicklung des Leistenkanals ergibt sich das Verständnis für die verschiedenen Formen der Leistenbrüche. Ausgangspunkt ist der **Descensus testis.**

Die Hoden werden in der Lendenregion an der dorsalen Leibeswand in der von Peritoneum überzogenen Genitalleiste (Abb. 11.67) angelegt. Beginnend im 3. Monat wandern die Hoden hinter dem Peritoneum in zwei Schritten kaudalwärts, geführt von einem Leitband (**Gubernaculum testis**). Diese Verlagerung (Descensus testis) beruht vor allem auf dem zu dieser Zeit schnellen Wachstum der unteren Körperhälfte und wird hormonal kontrolliert (Schritt 1 transabdominal durch Wachstumsfaktoren, Schritt 2 inguinoskrotal durch Androgene). Das Gubernaculum testis durchsetzt die vordere Bauchwand und endet in der Skrotalanlage (Tuber labioscrotalium). Um das gallertige Band formieren sich Bindegewebszellen und bilden die begrenzenden Wände des Leistenkanals. Am Gubernaculum testis entlang schiebt sich Anfang des 3. Monats durch den primitiven Leistenkanal eine handschuhfingerförmige Ausstülpung des Peritoneum parietale (**Processus vaginalis peritonei**) bis in die Skrotalwülste hinein. Im 7. Entwicklungsmonat beginnen dann die Hoden die Wanderung durch den Leistenkanal, außerhalb des Processus vaginalis, geführt vom Gubernaculum testis. Kurz vor der Geburt sind die Hoden im Skrotum angekommen. Beim Deszensus nehmen die Hoden Samenleiter, Blutgefäße, Nerven, Muskulatur und Faszien mit, die dann gemeinsam den Samenstrang bilden (Tabelle 11.3). Nach Abschluss des Deszensus verödet der Processus vaginalis peritonei im Bereich des Samenstrangs. Es verbleibt jedoch ein nicht verödeter Abschnitt in der Umgebung des Hodens, (**Vestigium processus vaginalis**) mit der **Tunica vaginalis testis** (► S. 405).

Bei der Frau unterbleibt die Bildung des Processus vaginalis peritonei. Der sehr enge Kanal enthält das **Lig. teres uteri,** das aus dem unteren Keimdrüsenligament hervorging.

Klinischer Hinweis

Bei jedem neugeborenen Knaben ist zu prüfen, ob die Testes im Skrotum angekommen sind. Ist dies nicht der Fall, liegen die Hoden an atypischer Stelle. Man spricht von *Kryptorchismus,* je nach Lage von *Bauchhoden*, *Leistenhoden* usw. Auch völlig atypische Lagen (*Dysplasien*) kommen vor, z. B. im subkutanen Bindegewebe des Oberschenkels oder des Dammes. Bleibt der Processus vaginalis peritonei offen, kann sich hier seröse Flüssigkeit ansammeln; es liegt eine angeborene *Hydrozele* (Wasserbruch) vor.

Leistenbrüche

Kernaussagen

- **Leistenbrüche (Herniae inguinales) gelangen stets am äußeren Leistenring (äußere Bruchpforte) in das subkutane Bindegewebe und können sich beim Mann bis ins Skrotum absenken.**
- **Indirekte Leistenbrüche nehmen ihren Weg durch den schräg verlaufenden Leistenkanal.**
- **Direkte Leistenbrüche durchsetzen die Bauchwand direkt (dorsoventral). Sie gehen überwiegend von der Fossa inguinalis medialis (innere Bruchpforte) aus.**

Unterschieden werden (Abb. 11.8 b, c, Tabelle 11.4):
- *indirekter (lateraler, schräger) Leistenbruch* entweder
  - angeboren: **Hernia inguinalis lateralis congenita** oder
  - erworben: **Hernia inguinalis lateralis acquisita**
- *direkter (medialer, gerader), stets erworbener Leistenbruch*: **Hernia inguinalis medialis**

Zur Information

Die Bezeichnungen lateraler bzw. medialer Leistenbruch beziehen sich auf die innere Bruchpforte, entweder im Bereich der Fossa inguinalis lateralis oder der Fossa inguinalis medialis (Abb. 11.8 a, ► oben). Die äußere Bruchpforte ist in jedem Fall der Anulus inguinalis superficialis.

Angeborene Leistenhernie. *Alle angeborenen Leistenbrüche sind laterale Leistenbrüche.* Bei ihnen bleibt der Processus vaginalis peritonei offen, sodass sich Darmschlingen bzw. Teile des Omentum majus in ihn verlagern können.

Tabelle 11.4. Leisten- und typische Schenkelhernien

Kennzeichen	Hernia inguinalis lateralis congenita	Hernia inguinalis lateralis acquisita	Hernia inguinalis medialis (directa)	Hernia femoralis medialis (typica)
Ausgangsstelle der Hernie	Fossa inguinalis lateralis	Fossa inguinalis lateralis	Fossa inguinalis medialis	innen medial von der V. femoralis
Bruchkanal	Leistenkanal (schräg)	Leistenkanal (schräg)	Bauchwand (gerade)	Schenkelkanal (gerade)
innere Bruchpforte	Anulus inguinalis profundus	Anulus inguinalis profundus	Fossa inguinalis medialis	Anulus femoralis (Schenkelring)
Austrittsstelle	Anulus inguinalis superficialis oberhalb des Leistenbandes	Anulus inguinalis superficialis oberhalb des Leistenbandes	Anulus inguinalis superficialis oberhalb des Leistenbandes	unterhalb des Leistenbandes Hiatus saphenus
Bruchsack	offener Processus vaginalis peritonei	Ausstülpung des Peritoneum	Ausstülpung von Peritoneum und Fascia transversalis	Ausstülpung von Peritoneum und Fascia lata
Beziehung zu Leitungsbahnen	lateral von den Vasa epigastrica inferiora	lateral von den Vasa epigastrica inferiora	medial von den Vasa epigastrica inferiora	medial von der V. femoralis, lateral vom Lig. lacunare
Lage des Bruchsacks im Endstadium	innerhalb des Processus vaginalis peritonei im Skrotum	innerhalb der Fascia spermatica interna im Skrotum	außerhalb der Fascia spermatica interna, meistens vor dem äußeren Leistenring	vor dem Hiatus saphenus im subkutanen Gewebe

Erworbene laterale Leistenhernie, z. B. als Folge einer (angeborenen) »Bindegewebsschwäche«. Je nachdem wie weit sich Peritoneum vorwölbt, besteht eine

- **Hernia interstitialis** (Peritonealvorwölbung verbleibt im Leistenkanal)
- **Hernia completa** (Vorwölbung erreicht den äußeren Leistenring)
- **Hernia scrotalis** (*Hodenbruch*) (Vorwölbung erstreckt sich in den Hodensack)

Erworbene mediale Leistenhernie. Die innere Bruchpforte liegt in der Fossa inguinalis medialis (Tabelle 11.4). Die Wand des Bruchsacks besteht aus Peritoneum und Fascia transversalis.

Klinischer Hinweis

Das Risiko aller Leistenbrüche ist, dass Darmschlingen in den Bruchsack gelangen und durch Kontraktionen der Bauchwandmuskulatur abgeschnürt werden. Ein solcher »eingeklemmter« Leistenbruch kann zum lebensbedrohlichen Darmverschluss (*Ileus*) führen. Deswegen sollte die Bruchpforte stets operativ verschlossen werden. Dabei wird das Leistenband dauerhaft mit dem M. obliquus internus abdominis, M. transversus und der Fascia transversalis vernäht (Operation nach Bassini).

In Kürze

In der Regio inguinalis befinden sich – besonders beim Mann – die auffälligsten Schwachstellen der vorderen Bauchwand. Eine liegt im Bereich der Fossa inguinalis medialis. Dort besteht die Bauchwand lediglich aus der Fascia transversalis mit Peritoneum. Hier können mediale (direkte) Leistenbrüche entstehen. Eine andere liegt am inneren Eingang des Leistenkanals im Bereich der Fossa inguinalis lateralis. Der Leistenkanal durchsetzt die Bauchwand schräg nach medial zum Anulus inguinalis superficialis. Bei Männern wurde der Hoden während der Fetalzeit durch den Leistenkanal ins Skrotum verlagert und nahm eine Ausstülpung des parietalen Peritoneums (Processus vaginalis peritonei) mit. Bei offen gebliebenem Processus vaginalis peritonei kann es zu einem angeborenen (lateralen) Leistenbruch kommen.

11.4 Becken und Beckenwände

Kernaussagen

- **Das Becken besteht aus drei Knochen: rechtem und linkem Hüftbein (Os coxae) und dem dorsalen Kreuzbein (Os sacrum). Sie bilden gemeinsam den nahezu unbeweglichen Beckenring.**
- **Das Becken gliedert sich in großes und kleines Becken.**
- **Das kleine Becken bildet bei der Frau den trichterförmigen Geburtskanal. Er hat Weiten und Engen.**
- **Der Abschluss des Beckenraums nach unten erfolgt durch die mehrschichtige Beckenbodenmuskulatur mit Faszien.**

Das *Becken* (**Pelvis**) wird von drei Knochen gebildet, die zu einer stabilen, nahezu unbeweglichen Einheit zusammengefügt sind, dem **Beckenring.** Bei den Knochen handelt es sich um:

- paarige **Ossa coxae** (*Hüftbeine*), ventral durch eine **Symphyse** verbunden
- **Os sacrum** (*Kreuzbein* = Anteil der Wirbelsäule) (► S. 240), beidseits mit jedem Os coxae durch eine Amphiarthrose (**Articulatio sacroiliaca**) straff gelenkig verbunden

Aufgaben. Das Becken hat eine Doppelfunktion. Einerseits dient es der Übertragung der Körperlast auf die untere Extremität. Hier wirken innere und äußere Hüftmuskeln mit, die vom Becken zur unteren Extremität ziehen. Die innere Hüftmuskulatur beteiligt sich außerdem an der Wandbildung des Beckenraums. Andererseits beherbergt das Becken in der Beckenhöhle innere Organe, insbesondere des Urogenitalsystems, und bildet bei der Frau den Geburtskanal.

Im Folgenden werden die knöcherne Grundlage des Beckenrings und die Gestaltung des Beckeninnenraums besprochen. Die Anbindung der unteren Extremität an das Becken wird im Kapitel der unteren Extremität besprochen (► S. 526).

11.4.1 Hüftbein Osteologie: Os coxae

Wichtig

Biomechanisch ist die Hüftgelenkspfanne (Acetabulum) das Zentrum des Hüftbeins (Os coxae). Hier wird der Druck der Körperlast auf den Oberschenkel übertragen.

Das Hüftbein (Abb. 11.9) besteht aus:
- **Os ilium** (*Darmbein*)
- **Os ischii** (*Sitzbein*)
- **Os pubis** (*Schambein*)

Os ilium. Kennzeichnend ist die breite **Ala ossis ilii** (*Darmbeinschaufel*), deren Innenfläche (**Fossa iliaca**) vom **Corpus ossis ilii** durch die wulstförmige **Linea arcuata** abgegrenzt ist. Sie ist ein Teil der **Linea terminalis**, die die Grenze zwischen großem und kleinem Becken bildet (▶ unten). Dorsal der Darmbeinschaufel befindet sich die **Facies auricularis** als Gelenkfläche für das Iliosakralgelenk (▶ unten).

Der kraniale Rand der Darmbeinschaufel ist zur **Crista iliaca** verdickt. Sie endet ventral an der **Spina iliaca anterior superior**, der in Fortsetzung des Knochenrandes nach einer leichten Einziehung die **Spina iliaca anterior inferior** folgt. Dorsal befindet sich entsprechend die **Spina iliaca posterior superior** und die **Spina iliaca posterior inferior**, gefolgt von der **Incisura ischiadica major** (weitere Einzelheiten in Abb. 11.9).

Os ischii. Prominente Knochenvorsprünge sind der Sitzbeinhöcker (**Tuber ischiadicum**) und die **Spina ischiadica**, die die tiefe **Incisura ischiadica major** von der seichteren **Incisura ischiadica minor** trennt.

Os pubis. Es trägt die **Facies symphysialis** zur Verbindung mit dem Os pubis der Gegenseite. Lateral von ihr liegt das **Tuberculum pubicum**, von dem eine scharfe Kante (**Pecten ossis pubis**) zur **Eminentia iliopubica** verläuft.

Gemeinsam sind alle drei Knochen des Hüftbeins am Aufbau des **Acetabulum** beteiligt; Sitz- und Schambein begrenzen das **Foramen obturatum** (Abb. 11.9).

Das **Acetabulum** (Abb. 11.9b) ist die knöcherne *Hüftgelenkpfanne*. Ihren Rand bildet ein fast ringförmi-

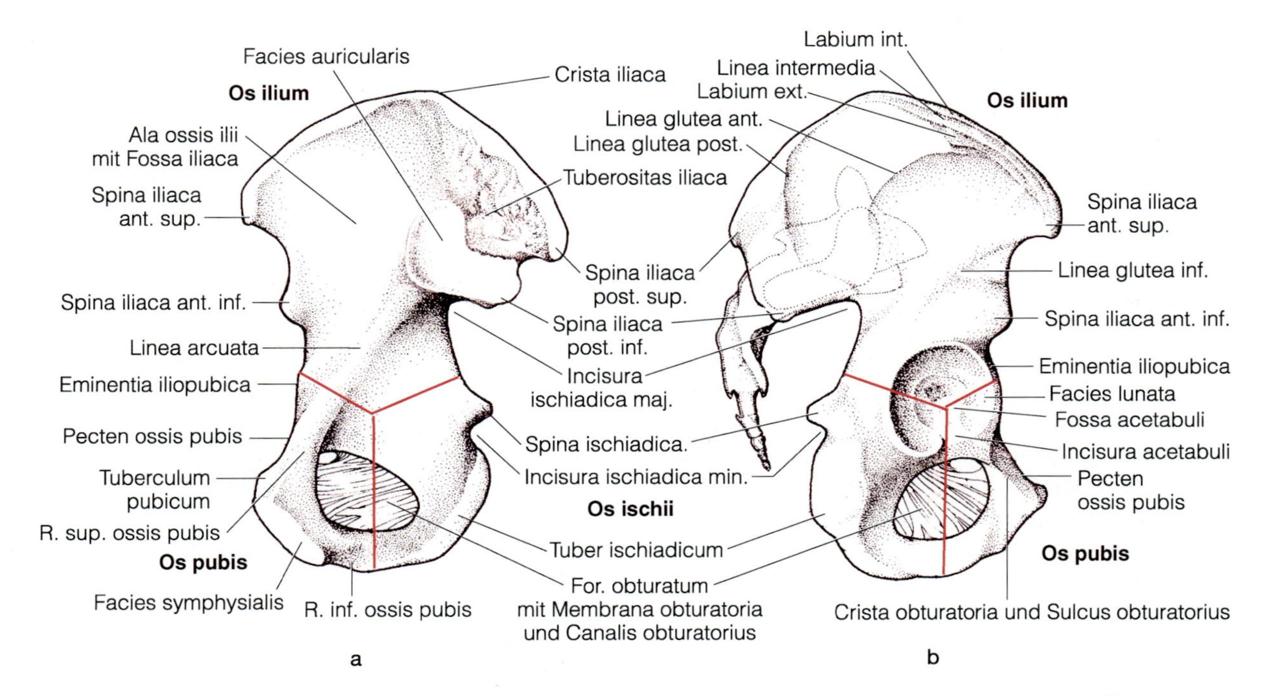

Abb. 11.9 a, b. Rechtes Hüftbein, **a** von innen, **b** von außen. Die *roten Linien* deuten die Begrenzungen von Os ilium, Os pubis und Os ischii an. Sie treffen sich in der Fossa acetabuli Osteologie: Os coxae

ger Knochenwulst (**Limbus acetabuli**). In der Tiefe der Pfanne liegt die **Fossa acetabuli**, die sich nach unten vorn in der **Incisura acetabuli** öffnet. Diese ist jedoch in situ durch das **Lig. transversum acetabuli** verschlossen. In der Fossa acetabuli befindet sich die sichelförmige, mit hyalinem Knorpel bedeckte **Facies lunata**, über die das Körpergewicht auf den Femurkopf übertragen wird. Der Boden der Fossa acetabuli ist dünnwandig und wird von Fettgewebe ausgefüllt.

Zur Entwicklung

Das Acetabulum verändert sich während Entwicklung und Wachstum. Zur Zeit der Geburt ist das Acetabulum verhältnismäßig flach; der Femurkopf kann daher aus der Pfanne verlagert werden (*Luxation*). Später vertieft sich das Acetabulum und unterliegt einer Stellungsänderung. Zur Beurteilung einer evtl. Störung wird im Röntgenbild (bzw. Ultraschallscreening) der sog. Acetabulum(AC)winkel bestimmt: zwischen Pfannendachtangente und querer Beckenachse. Er vermindert sich von maximal 35° beim Säugling bis auf maximal 25° beim Kleinkind.

Foramen obturatum (Abb. 11.9). Es entspricht dem Gebiet der geringsten Druckbeanspruchung des Hüftbeins. Es wird von Ästen der Ossa pubis und ischii umfasst und von der **Membrana obturatoria** verschlossen, einer Fortsetzung des Periosts der umgebenden Knochen. Ventrokranial hat die Membrana obturatoria eine Öffnung (**Canalis obturatorius**), die sich außen in den **Sulcus obturatorius** des Os pubis fortsetzt. Hier verlaufen die Vasa obturatoria, der N. obturatorius und Lymphgefäße.

Taststellen des Hüftbeins: Crista iliaca, Spina iliaca anterior superior und Spina iliaca posterior superior, Tuberculum pubicum, Tuber ischiadicum, Spina ischiadica (nur vaginal oder rektal zu tasten).

Symphysis pubica. Die Symphysis pubica ist eine Synarthrose, die durch eine Faserknorpelplatte (**Discus interpubicus**), gelegentlich mit einem Spalt, verschlossen ist und durch straffes Bindegewebe gesichert wird: **Lig. pubicum superius** am Oberrand und **Lig. pubicum inferius** am Unterrand. Der Diskus kompensiert die Druck- und Zugkräfte, die beim Gehen und Stehen auf die Symphyse wirken.

Klinischer Hinweis

Während der Schwangerschaft kommt es zu einer hormonabhängigen Lockerung der Symphyse, so dass sie sich unter der Geburt dehnen kann. Durch Überdehnung kann es zur *Symphysensprengung* kommen.

11.4.2 Articulatio sacroiliaca

Wichtig

Die Articulationes sacroiliacae sind Amphiarthrosen, die Os sacrum und Ossa coxae zum Beckenring zusammenfassen.

Die geringe Beweglichkeit (Federung) der Articulationes sacroiliacae beruht auf der keilförmigen Verzahnung des Os sacrum mit den beiden Ossa iliaca. Außerdem ist die Gelenkkapsel straff und das Gelenk durch kräftige extra- und intraartikuläre Bänder gesichert (Abb. 11.10):

- **Lig. sacroiliacum anterius** an der Vorderseite
- **Lig. sacroiliacum interosseum** von der Tuberositas sacralis zur Tuberositas iliaca
- **Lig. sacroiliacum posterius** auf der Rückseite des Beckens von der Seitenfläche des Os sacrum zu den Spinae iliacae posterior superior und inferior

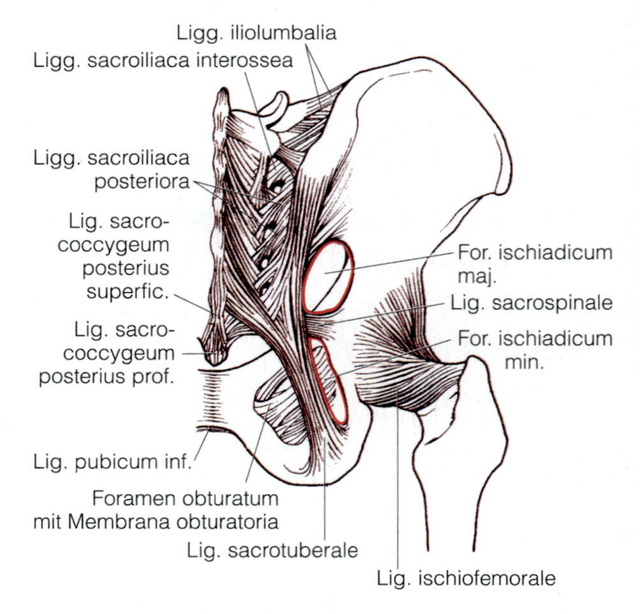

Abb. 11.10. Hüftbänder von dorsal. *Rot umrandet*: Foramen ischiadicum majus und Foramen ischiadicum minus

- **Lig. iliolumbale** vom 4. und 5. Lendenwirbel zum Os ilium

Durch die vom Os sacrum zum Os ilium aufsteigenden Ligg. sacroiliaca posteriora et interossea werden bei Druck auf den kranialen Teil des Kreuzbeins die beiden Hüftbeine zum Os sacrum hingezogen. Dadurch wird das Os sacrum zwischen die beiden Hüftbeine wie die Nuss in einen Nussknacker geklemmt.

Weitere Bänder zur Stabilisierung des Beckenrings sind:
- **Lig. sacrospinale**, eine fast dreieckige Faserplatte von Os sacrum und Os coccygis zur Spina ischiadica
- **Lig. sacrotuberale** zwischen Os sacrum und Tuber ischiadicum; es überdeckt von außen teilweise das Lig. sacrospinale und ist mit diesem verwoben

Beide Bänder verhindern Drehbewegungen in der Articulatio sacroiliaca und ein Ventralkippen des Os sacrum. Außerdem ergänzen sie die Incisura ischiadica major zum **Foramen ischiadicum majus** und die Incisura ischiadica minor zum **Foramen ischiadicum minus.**

11.4.3 Becken als Ganzes

Wichtig

Das Becken als Ganzes ist nach vorne geneigt und ändert seinen Neigungswinkel in Abhängigkeit vom Stehen oder Sitzen. Die Beckenform ist variabel und zeigt deutliche Geschlechtsunterschiede.

Das Becken übernimmt als Ganzes die Last des Rumpfes und der mit ihm verbundenen Körperteile Kopf, Hals und obere Extremitäten, aber auch die der Eingeweide. An den Stellen, an denen die Körperlast auf das Becken drückt, wird der Knochen verstärkt. Außerdem sind die Ränder der Darmbeinschaufeln und die Äste von Scham- und Sitzbein verdickt.

Beckenneigung. Das Becken als Ganzes ist gegenüber der Körperachse nach vorne geneigt. Dies geht auf die Stellung des Os sacrum (Sakralkyphose ▶ S. 241) zurück, das mit den Ossa coxae einen Verbund bildet.

Die Beckenneigung wird als **Neigungswinkel** angegeben. Er wird ermittelt zwischen der Beckeneingangsebene (▶ unten, Abb. 11.11) und der Horizontalen,

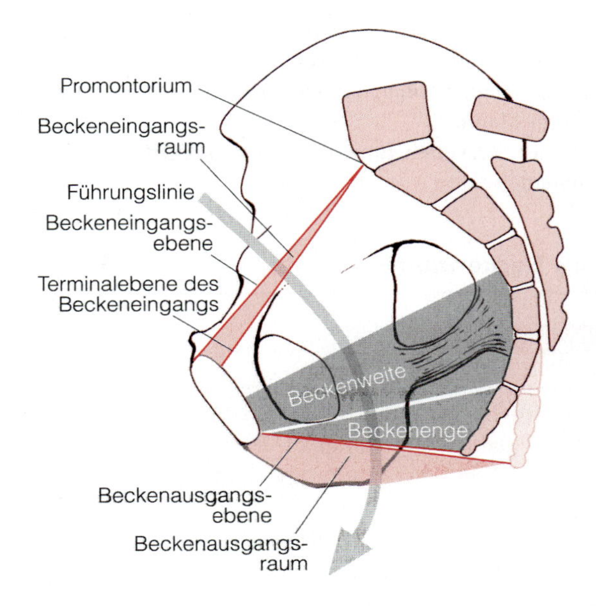

Abb. 11.11. Beckenräume

hängt von der Körperstellung ab und ist in der Regel bei Frauen größer als bei Männern.

Der Beckenneigungswinkel beträgt **beim Stehen** durchschnittlich 60°. Dabei befinden sich die beiden Spinae iliacae anteriores superiores und die Tubercula pubica annähernd in einer Frontalebene. Die Körperlast wird hauptsächlich zur Articulatio sacroiliaca und von dort zu Symphyse und Außenfläche des Acetabulum und schließlich zum Femurkopf weitergeleitet. **Beim Sitzen** mindert sich der Neigungswinkel um 30°, die Körperlast ruht vermehrt auf den Iliosakralgelenken und wird von dort zu den Tubera ischiadica weitergeleitet.

Die Hauptlast der **Baucheingeweide** verschiebt sich beim Wechsel vom Stehen zum Sitzen von der Rückseite der Symphyse auf die Muskulatur des Beckenbodens.

Beckenform. Die Form des Beckens ist variabel und geschlechtsunterschiedlich. Das Becken bei der Frau ist niedriger und breiter als beim Mann. Dies geht darauf zurück, dass das Becken bei der Frau den Geburtskanal bildet.

Im Einzelnen betreffen die Unterschiede
- den *Winkel zwischen den Rami inferiores beider Schambeine*: bei der Frau als Arcus pubis größer als beim Mann (Angulus pubis)

- den *Abstand zwischen den beiden Tubera ischiadica*: bei der Frau größer als beim Mann
- die *Darmbeinschaufeln*: bei der Frau ausladender als beim Mann

Auch der Beckeneingang ist unterschiedlich gestaltet (► unten).

11.4.4 Beckenraum

Wichtig

Der Beckenraum hat Trichterform mit einer weiten Öffnung des großen Beckens nach oben und zunehmender Verengung im kleinen Becken, das bei der Frau den Geburtskanal bildet.

Durch die Gestaltung des Beckenrings mit weit nach kranial auslaufenden Beckenschaufeln und einem sich kaudal verengenden Abschnitt gliedert sich der Beckenraum in:

- **Pelvis major** (*großes Becken*)
- **Pelvis minor** (*kleines Becken*)

Zum Pelvis minor gehört die **Beckenhöhle** (**Cavitas pelvis**).

Die Grenze zwischen großem und kleinem Becken bildet die **Linea terminalis.** Sie beginnt am Oberrand der Symphyse, setzt sich über das Pecten ossis pubis über die Linea arcuata des Os ischii fort und erreicht schließlich das Promontorium. Die Linea terminalis umfasst die **Apertura pelvis superior** (*Beckeneingang*). In der Geburtshilfe wird von der sich hier befindenden **oberen Schoßfugenrandebene** (*Beckeneingangsebene*) gesprochen.

Der Beckeneingang ist geschlechtsspezifisch gestaltet.

Beim **Mann** ist der Beckeneingang kartenherzförmig, da das Promontorium weit in den Beckenraum vorspringt.

Bei der **Frau** ist der Beckeneingang konstitutionsabhängig

- leicht queroval (50–65%)
- herzförmig bis dreieckig (15–20%)
- längsoval mit großem anterioposterioren Abstand (15–20%).

Die Beckenhöhle gliedert sich in (■ Abb. 11.11)

- **Beckeneingangsraum**
- **Beckenmitte**
- **Beckenausgangsraum**

Der Beckeneingangsraum befindet sich zwischen **Beckeneingangsebene** und einer etwa 1 cm darunter gelegenen **Terminalebene des Beckeneingangs**, die an der am weitesten nach innen vorspringenden Stelle der Symphyse beginnt. Zum Beckeneingangsraum gehört der kleinste sagittale Durchmesser: **Conjugata vera.** Er befindet sich zwischen Hinterrand von Symphyse und Promontorium und beträgt normal mindestens 11 cm (■ Abb. 11.12). Der Querdurchmesser (**Diameter transversa**) beträgt bei Regelform des weiblichen Beckeneingangs 13,5 cm und ist als Abstand zwischen den am weitesten lateral gelegenen Punkten der Lineae terminales beider Seiten definiert.

Klinischer Hinweis

Die Conjugata vera ist für die Passage des kindlichen Kopfes bei der Geburt kritisch. Exakte Messungen sind sonographisch und tomographisch möglich. Als Faustregel für eine unbehinderte Geburt gilt, dass das Promontorium bei vaginaler Untersuchung digital nicht erreichbar sein soll. Hierbei wird allerdings die Conjugata diagonalis (vom Unterrand der Symphyse zum Promontorium) untersucht, die etwa 1,5 cm länger ist als die Conjugata vera (■ Abb. 11.12). Unter der Geburt kann es durch Auflockerung des Beckenrings im Bereich der Symphyse und der Articulationes sacroiliacae zu einer Erweiterung der Conjugata vera um 0,5–1 cm kommen.

Weitere Durchmesser des Beckeneingangsraums sind die **Diametrae obliquae** mit 12,5 cm. Sie verlaufen zwischen der Eminentia iliopubica und der Articulatio sacroiliaca der Gegenseite: von links vorne nach rechts hinten **I. schräger Durchmesser** und von rechts vorn nach links hinten **II. schräger Durchmesser** (■ Abb. 11.12).

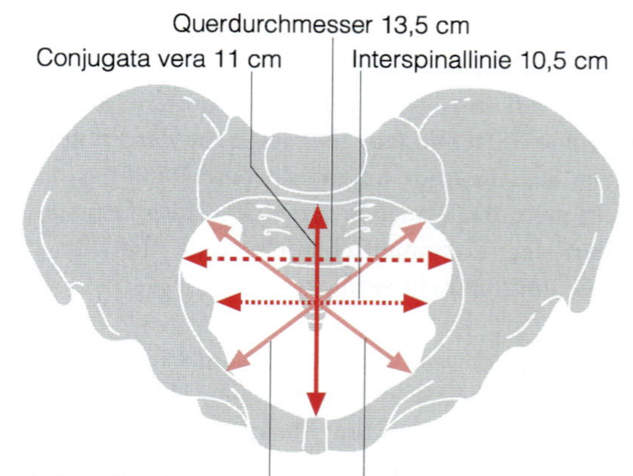

■ **Abb. 11.12.** Beckenmaße der Frau

Beckenmitte. Die Beckenmitte befindet sich zwischen der Terminalebene des Beckeneingangs und der Beckenausgangsebene: vom Unterrand der Symphyse zur Steißbeinspitze. Der Raum ist weit (**Beckenweite**, Abb. 11.11), verjüngt sich jedoch kaudalwärts bis zu einer knöchernen Engstelle in Höhe der Spinae ischiadicae (**Beckenenge**, Abb. 11.11). Die dort quer verlaufende **Interspinallinie** beträgt 10,5 cm.

Beckenausgangsraum (Abb. 11.11). Der Beckenausgangsraum folgt der Beckenmitte und wird kaudal seitlich durch die Tubera ischiadica und die Ligg. sacrotuberalia, dorsal durch die Steißbeinspitze und ventral durch den Schambogen begrenzt. Der Form nach entspricht die kaudale Öffnung des Beckenraums zwei Dreiecken, deren gemeinsame Basis eine Verbindungslinie zwischen den Tubera ischiadica bildet. Die Spitze des vorderen Dreiecks erreicht den unteren Symphysenrand, die Spitze des hinteren die Steißbeinspitze. Die Entfernung zwischen Unterrand der Symphyse und der Steißbeinspitze beträgt 9 cm, ist jedoch unter der Geburt durch Bewegung im Sakrokokzygealgelenk auf 11,5 cm erweiterbar (Abb. 11.11). Abgeschlossen wird der Beckenausgangsraum durch die Beckenbodenmuskulatur.

Eine Zusammenstellung wichtiger Beckenmaße findet sich in Tabelle 11.5.

Tabelle 11.5. Wichtige Beckenmaße

		Regelentfernung	Orientierungspunkte	Bemerkungen
äußere Beckenmaße	Distantia interspinosa	25–26 cm	Spina iliaca anterior superior	Differenz zwischen Distantia spinarum
	Distantia intercristalis	28–29 cm	Crista iliaca, größte Entfernung	und Distantia cristarum ca. 3 cm
	Distantia intertrochanterica	31–32 cm	Trochanter major	
	Conjugata externa	21 cm	Symphysenoberrand – Dornfortsatz 5. Lumbalwirbel	durch Abzug von 10 cm Schätzung der Conjugata vera
innere Beckenmaße Beckeneingang	Conjugata vera (obstetrica)	11 cm	Symphysenhinterfläche – Promontorium	kleinster sagittaler Durchmesser des Beckeneingangs
	Diameter transversa	13,5 cm	Linea terminalis	
	Diameter obliqua	12,5 cm	Articulatio sacroiliaca – Eminentia iliopubica der Gegenseite	1. schräger Durchmesser von rechts hinten nach links vorn 2. schräger Durchmesser von links hinten nach rechts vorn
Beckenweite Schoßfugenrandebene, »parallele Beckenweite«	Durchmesser	12,5 cm	Hinterrand der Symphyse – Linea transversa zwischen 2. und 3. Sakralwirbel	
Interspinalebene, ‚»parallele Beckenenge« (nach ventral nicht begrenzt)	Diameter transversa = »Interspinallinie«	10,5 cm	Spina ischiadica	

Klinischer Hinweis

Der Beckenraum ist gleichzeitig der **Geburtskanal**. Seine Achse, die Führungslinie durch das Becken (Axis pelvis) (Abb. 11.11), verläuft im Bereich des großen Beckens gestreckt, folgt im kleinen Becken aber der Wölbung des Os sacrum und ist gebogen. Der Scheitelpunkt der Beckenachse befindet sich zwischen unterer Schoßfugenrand- und Interspinalebene.

11.4.5 Beckenmuskeln und Faszien

Wichtig

Von den Muskeln, die den Beckenraum umgeben, hat die Beckenbodenmuskulatur tragende Funktion. Sie ist dreischichtig und bildet zusammen mit Beckenfaszien den unteren (kaudalen) trichterförmigen Abschluss des Bauch- und Beckenraums.

Beckenmuskeln sind
- **innere und äußere Hüftmuskeln**
- **Beckenbodenmuskeln**

Innere und äußere Hüftmuskeln stehen vor allem im Dienst der Stabilisierung bzw. der Bewegungen des Hüftgelenks. Sie werden deshalb im dortigen Zusammenhang besprochen (▶ S. 529).

Die inneren Hüftmuskeln bilden gleichzeitig die Wände des Beckenraums:
- **M. obturatorius internus**
- **M. piriformis**

Der M. obturatorius internus entspringt an der Innenseite der Membrana obturatoria (▶ S. 322) und ihrer Umgebung, bedeckt breitflächig die seitliche Beckeninnenwand und verlässt mit gebündelten Fasern den Beckenraum durch das Foramen ischiadicum minus (weiterer Verlauf ▶ S. 532).

Der M. piriformis hat seinen Ursprung breitflächig an der Kreuzbeinvorderfläche. Er liegt an der Rückwand des Beckenraums, den er durch das Foramen ischiadicum majus verlässt (▶ S. 532).

Beckenboden

Wichtig

Der Beckenboden ist trichterförmig und besteht aus Muskeln und Faszien, die der Lagesicherung der Beckenorgane dienen und die Beckenhöhle nach unten verschließen. Sie lassen jedoch Öffnungen für den Enddarm und das Urogenitalsystem frei. Die Muskeln können durch Kontraktion und Erschlaffung die Weite der Öffnungen von Darm, Harnröhre und Vagina beeinflussen.

Muskeln des Beckenbodens

Die **Muskeln des Beckenbodens** sind in Schichten angeordnet (Abb. 11.13 und 11.14):
- **M. levator ani** (tiefe Schicht)
- **M. transversus perinei profundus** (mittlere Schicht, jedoch nur im ventralen Bereich zwischen den Schambeinästen vorhanden)
- **Dammmuskulatur** (oberflächliche Schicht)

Zu allen Schichten gehören umhüllende Faszien.

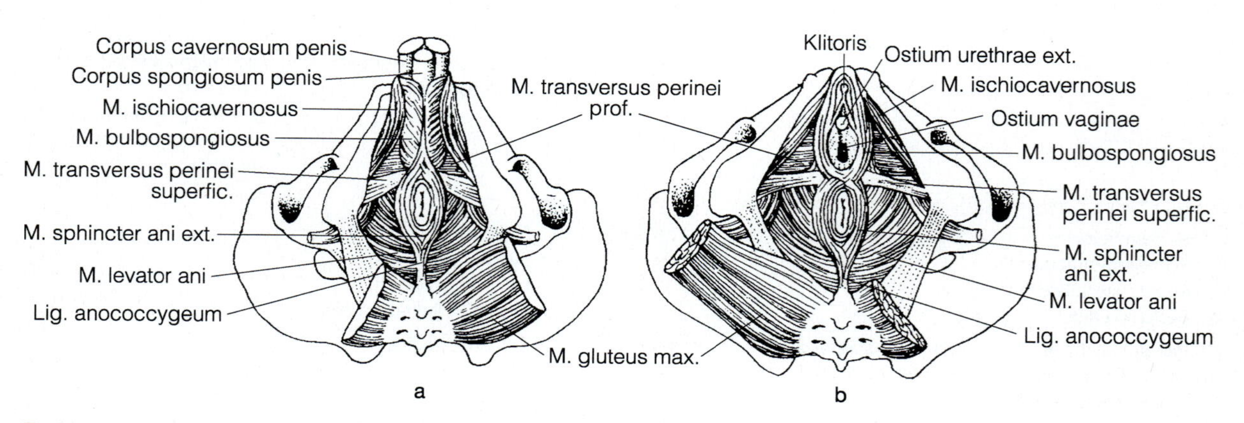

Abb. 11.13 a, b. Beckenboden. Ansichten von kaudal, **a** männlich, **b** weiblich

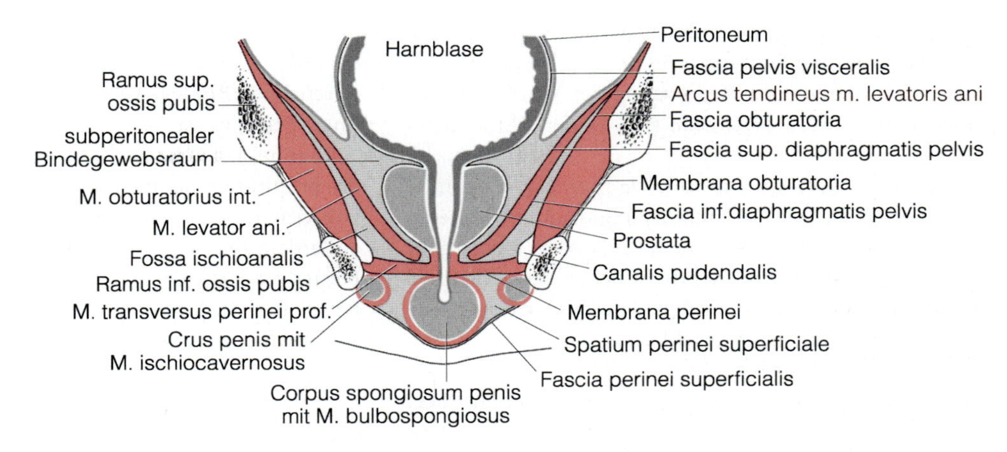

Abb. 11.14. Männliches Becken, Frontalschnitt. Beckenboden, Beckenräume

Zur Nomenklatur
Vormals wurden die Teile des Beckenbodens im Bereich der Regio urogenitalis (M. transversus perinei profundus, Lig. transversum perinei, Membrana perinei) unter der Bezeichnung Diaphragma urogenitalis zusammengefasst.

Der M. levator ani, seitlich ergänzt durch den **M. coccygeus** (inkonstant), hat tragende Funktion. Die Muskeln bilden zusammen mit zugehörigen Faszien das **Diaphragma pelvis.**

Der M. levator ani (Abb. 11.13 und 11.14) gleicht einem nach kaudal gerichteten, ventral geschlitzten **Trichter.** In der Tülle umfasst er schlingenförmig die Öffnung des Enddarms (Rectum) und gesondert die Urogenitalöffnungen: beim Mann den Beginn der Harnröhre, bei der Frau Harnröhre und Vagina. Der Bereich der Urogenitalöffnung(en) (**Levatortor**) ist spaltförmig und bei der Frau weiter als beim Mann.

Einzelheiten zu M. levator ani und M. coccygeus
Der Ursprung des **M. levator ani** – oberer Trichterrand – verläuft an der Beckenwand vom Os pubis, entlang eines Verstärkungsstreifens der Faszie des M. obturatorius internus (► S. 532) (*Arcus tendineus musculi levatoris ani*) zur Spina ischiadica. Der M. levator ani hat einen *medialen* und einen *lateralen* Teil.

Der *mediale Teil* besteht aus dem *M. puborectalis*, dessen Fasern das Levatortor umschließen. Bei der Frau bilden einige Fasern den *M. pubovaginalis*. Weitere Fasern bilden als Fibrae praerectales den *M. puboperinealis*, der die Darmöffnung von der Urogenitalöffnung trennt.

Der *laterale Teil* besteht aus *M. pubococcygeus* und *M. iliococcygeus*. Beide setzen am Lig. anococcygeum an.

Der **M. coccygeus**, sofern isolierbar, verläuft an der Innenfläche der Spina ischiadica zum Steißbein.

Klinischer Hinweis
Verletzungen des M. levator ani unter der Niederkunft können zu Beckenbodenhernien mit Deszensus bzw. Prolaps des Uterus und zur Inkontinenz führen.

M. transversus perinei profundus (Abb. 11.13 und 11.14). In Wirklichkeit handelt es sich um eine derbe Bindegewebsplatte zwischen Ramus ossis ischii und Ramus inferior ossis pubis beider Seiten mit Gruppen von Muskelfasern. Die Platte wird hinter der Symphyse durch das *Lig. transversum perinei* ergänzt.

Dammmuskulatur (Abb. 11.13). Hierzu gehören die Muskeln, die sich im *Damm* (**Perineum**) treffen:
- **M. sphincter ani externus**
- **M. bulbospongiosus**
- **M. transversus perinei superficialis** (rudimentär)

Das Perineum ist das auch äußerlich erkennbare Gebiet zwischen Anus und Genitale, das vom **Centrum perinei** aus durch straffes Bindegewebe mit einzelnen glatten Muskelzellen unterlegt ist.

Der M. sphincter ani externus umgreift die Darmöffnung und ist besonders mit seiner tiefen Schicht am Verschlussapparat des Anus beteiligt (► S. 365). Seine oberflächlichen Fasern verbinden sich im Centrum tendineum mit denen des M. bulbospongiosus, wodurch beide Muskeln gemeinsam eine Achterschlinge bilden.

M. bulbospongiosus. Seine Fasern umgreifen **beim Mann** den Schwellkörper (► S. 419) und erreichen teilweise den Penisrücken. Durch reflektorische Kontraktion komprimieren sie den Bulbus penis und wirken auf die Harnröhre. **Bei der Frau** umgreift der Muskel den Bulbus vestibuli und bildet die Begrenzung des Vestibulum vaginae. Seine Fasern befestigen sich an der Klitoris.

Der **M. ischiocavernosus** ist kein Dammmuskel, befindet sich aber seitlich des M. bulbospongiosus in der Regio urogenitalis. Er verläuft vom Ramus ossis ischii über das Crus penis/clitoridis auf den Rücken des Penis bzw. der Klitoris, wo er sich mit dem Muskel der Gegenseite trifft. Er wirkt auf die Schwellkörper.

Der **M. transversus perinei superficialis**, sofern isolierbar, verläuft vom Tuber ischiadicum zum Centrum tendineum. Seine Fasern beteiligen sich an der Spannung des Damms.

Faszien des Beckenbodens

Die Muskulatur des Beckenbodens wird an ihrer Ober- und Unterseite von Faszien bedeckt (▣ Abb. 11.14):

im Bereich des Diaphragma pelvis
- **Fascia superior diaphragmatis pelvis**
- **Fascia inferior diaphragmatis pelvis**

im Bereich des M. transversus perinei profundus
- **Membrana perinei**

unter der Haut
- **Fascia perinei superficialis**

Die **Fascia superior diaphragmatis pelvis** bedeckt zur Beckenhöhle hin den M. levator ani mit seinen Teilen. Sie ist ein Teil der Fascia pelvis parietalis.

Die **Fascia inferior diaphragmatis pelvis** (▣ Abb. 11.14) liegt auf der Außenseite des M. levator ani und des M. sphincter ani externus. Lateral erreicht sie die **Fascia obturatoria**, die hier einen sehnenartigen Faserring bildet (**Arcus tendineus musculi levatoris ani**), an dem der M. levator ani entspringt. Unterhalb beider Faszien befindet sich ein Bindegewebsraum, der bis zur Haut reicht. Er wird als **Fossa ischioanalis** bezeichnet und ist mit dem **Corpus adiposum fossae analis** gefüllt (▣ Abb. 11.14). Die Fossa ischioanalis reicht medial bis an die Muskulatur, nach vorne bildet sie unter dem M. transversus perinei profundus eine Tasche. An der lateralen Wand der Fossa ischioanalis verlaufen in einer Duplikatur der Fascia obturatoria (**Canalis pudendalis**) der N. pudendus internus sowie die A. und V. pudenda interna zur Versorgung der Regio analis und urogenitalis.

Membrana perinei. Sie befindet sich an der Unterseite des M. transversus perinei profundus, von dem sie durch einen Bindegewebsraum (**Spatium profundum perinei**) getrennt ist.

Bei beiden Geschlechtern verlaufen durch das **Spatium profundum perinei** die *Urethra*, **beim Mann** begleitet von den *Gll. bulbourethrales*. **Bei der Frau** liegen hier außerdem die *Vagina* und die *Gll. vestibulares majores.* Ferner finden sich hier die *A. urethralis*, die *A. bulbi penis*, die *A. profunda penis* bzw. *clitoridis* und die *A. dorsalis penis* bzw. *clitoridis.*

Fascia perinei (superficialis). Sie ist die Fortsetzung der oberflächlichen Körperfaszie und begrenzt den Bindegewebsraum unter der Membrana perinei (**Spatium superficiale perinei**).

Im **Spatium superficiale perinei** liegen der *M. ischiocavernosus* und der *M. bulbospongiosus* in geschlechtsspezifischer Anordnung, außerdem *beim Mann* Bulbus penis und Crura penis, bei *der Frau* Venengeflechte des Bulbus vestibuli, Corpora cavernosa clitoridis und Crura clitoridis. Ferner verlaufen im Spatium perinei superficiale Gefäße und Nerven für Skrotum, Labien und Perineum.

Die genannten Muskeln umschlingen beim **Mann** den Penis und bei der **Frau** die Klitoris; sie fixieren beide Strukturen an der Schambeinfuge. Bei der Frau legen sich die Labia minora von medial her den Mm. bulbospongiosi an. Die Fasern der Mm. bulbospongiosi setzen sich in die Fasern des M. sphincter ani externus fort.

> **Klinischer Hinweis**
> Abszesse in der Umgebung des Anus treten *oberhalb* des M. levator ani oder innerhalb des M. sphincter ani auf und setzen sich nach Durchbruch in die Fossa ischioanalis fort.

▣ Tabelle 11.6 stellt die Unterschiede von männlichem und weiblichem Beckenboden unter Berücksichtigung der äußeren Geschlechtsorgane gegenüber.

11

Tabelle 11.6. Geschlechtsspezifische Unterschiede zwischen männlichem und weiblichem Beckenboden unter Berücksichtigung der äußeren Geschlechtsorgane

	Mann	Frau
Durch den Levatorspalt treten	Urethra	Urethra Vagina
An die Mm. transversi perinei legen sich kaudal an	Bulbus penis Crura penis	Venenplexus des Bulbus vestibuli Corpora cavernosa clitoridis (mit den Crura clidoridis am Schambein angeheftet)
An Schambein und Diaphragma sind durch Mm. ischiocavernosi befestigt	Crura penis	Crura clitoridis
An den Mm. bulbospongiosi sind befestigt	Bulbus penis	Venenplexus des Bulbus vesibuli

In Kürze

Das Becken besteht aus den beiden Ossa coxae, die durch Verschmelzung von Os ilium, Os ischii und Os pubis entstanden sind. Ventral sind die Ossa coxae durch die Symphysis pubica miteinander verbunden. Dorsal sind sie mit dem Os sacrum durch Amphiarthrosen (Articulationes sacroiliacae) verbunden.

Das Becken ist beim stehenden Menschen um etwa 60° gegenüber der Körperachse nach vorne unten geneigt. Dadurch lastet der Druck des Bauchinhalts im Wesentlichen auf der Rückseite der Symphyse.

Der Binnenraum des Beckens gliedert sich in Beckeneingangsraum (Conjugata vera, ca. 11 cm), Beckenmitte und Beckenausgang und ist trichterförmig durch M. levator ani (Diaphragma pelvis) und ventral durch den M. transversus perinei profundus, die den muskulären Beckenboden bilden, und Faszien verschlossen. Die Öffnungen im Beckenboden für Enddarm, Harnröhre und Vagina sind durch Muskelringe gesichert: M. sphincter ani externus, M. bulbocavernosus.

11.5 Cavitas abdominis et pelvis

11.5.1 Gliederung

e Thoraxraum: Situs

Kernaussagen

- **Die Bauch- und Beckenhöhle gliedert sich in eine Peritonealhöhle und ein Spatium extraperitoneale.**
- **Das Spatium extraperitoneale besteht aus Spatium retroperitoneale, Spatium subperitoneale und Spatium retropubicum.**
- **Die Organe in der Bauch- und Beckenhöhle können intraperitoneal, primär retroperitoneal, sekundär retroperitoneal oder extraperitoneal liegen.**

Die **Cavitas abdominis et pelvis** (*Bauch- und Beckenhöhle*) ist ein zusammenhängender Raum, der als »Höhle« nur dann vorliegt, wenn sein Inhalt entfernt ist.

In situ enthält der Bauchraum die **Cavitas peritonealis** (*Peritonealhöhle*) als seröse Höhle, die sich bis in den Beckenraum ausdehnt. Dadurch gliedert sich der Bauch- und Beckenraum in einen **intraperitonealen Bereich**, der innerhalb der Peritonealhöhle liegt und von *Bauchfell* (**Peritoneum**) umschlossen ist, und einen **extraperitonealen Bereich** (*Spatium extraperitoneale*). Das **Spatium extraperitoneale** ist ein Bindegewebsraum zwischen Peritoneum und den Wänden der Bauch- und Beckenhöhle. Der Extraperitonealraum ist in der Cavitas abdominalis dorsal zum **Spatium retroperitoneale** erweitert, das sich kaudal in die Cavitas pelvis fortsetzt. Dort besteht der Bindegewebsraum aus dem **Spatium subperitoneale** und **Spatium retropubicum** hinter der Schambeinfuge und vor der Harnblase. Das Spatium subperitoneale hat durch das Foramen ischiadicum majus und den Canalis obturatorius im Foramen obturatum des Beckens (▶ S. 322) Verbindung mit den Bindegewebsräumen des Oberschenkels.

Im Bauch- und Beckenraum liegen Organe, die zu verschiedenen Systemen gehören: das Verdauungs-

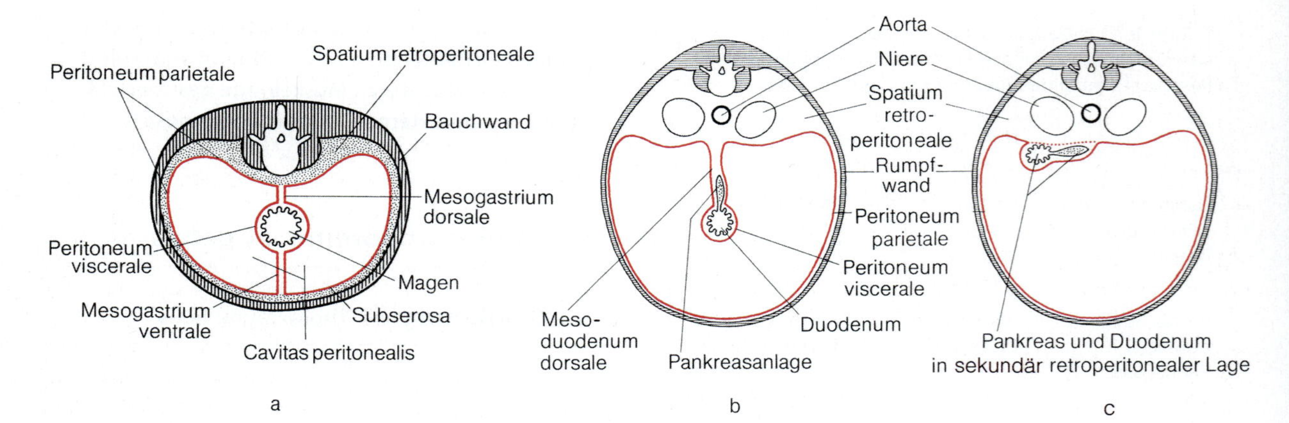

Abb. 11.15 a–c. Beziehungen der Baucheingeweide zum Bauchfell während der Entwicklung. Schematische Darstellung. Querschnitte durch den Rumpf eines Embryo. **a** und **b** Intraperitoneale Lage, **c** sekundär retroperitoneale Lage. Bei der intraperitonealen Lage bestehen Unterschiede zwischen Oberbauch und Unterbauch. **a** Der Magen hat ein Mesogastrium ventrale und ein Mesogastrium dorsale. **b** Für die Organe des Unterbauchs (Duodenum und alle folgenden Dünndarmabschnitte) besteht nur ein Meso dorsale. Während der Entwicklung werden Duodenum, Colon ascendens und descendens und Pankreas zunächst intraperitoneal angelegt (**b**), später kommen sie in sekundär retroperitoneale Lage (**c**)

system, Urogenitalsystem, endokrine System, lymphatische System. Hinzu kommen Gefäße und Nerven. Sie lassen sich nach ihren Beziehungen zur Peritonealhöhle gliedern in:

- **intraperitoneal gelegene Organe** (große Teile des Verdauungssystems)
- **retroperitoneal gelegene Organe** (Bauchspeicheldrüse, Niere, Nebenniere)
- **subperitoneal gelegene Organe** (vor allem des Urogenitalsystems)
- **extraperitoneal gelegene Organe** (ohne Beziehung zum Peritoneum, z. B. unteres Rektum, Urethra)

Bei den **retroperitoneal gelegenen Organen** sind zu unterscheiden:

- **sekundär retroperitoneal gelegene Organe**, die embryonal intraperitoneal gelegen haben, dann aber sekundär in die retroperitoneale Lage gelangt sind, z. B. die Bauchspeicheldrüse (Abb. 11.15) oder Teile des Dickdarms
- **primär retroperitoneal gelegene Organe**, z. B. Niere, Nebenniere, Ureter; sie liegen hinter dem Peritoneum und haben niemals ein Meso (▶ unten) gehabt

11.5.2 Peritoneum und Peritonealhöhle

Kernaussagen

- **Das Peritoneum (Bauchfell) kleidet als seröse Haut die Peritonealhöhle aus.**
- **Das Peritoneum besteht aus zwei Abschnitten: Peritoneum parietale an der Bauchwand und Peritoneum viscerale um die Eingeweide herum.**
- **Duplikaturen des Peritoneums parietale bilden Mesos (Auffaltungen). Die Stellen, an denen die Auffaltungen beginnen, werden als Radices bezeichnet.**

Das Peritoneum (*Bauchfell*) ist eine seröse Haut. Seine Oberfläche beträgt etwa 2 m², ist spiegelglatt und feucht.

Das Bauchfell besteht aus

- **Tunica serosa** (kurz **Serosa**)
- **Tela subserosa**

Die Tunica serosa wird von einem einschichtigen, als Mesothel bezeichneten Plattenepithel (▶ S. 10) mit seiner Basallamina und einer dünnen *Lamina propria* mit Nerven, Blut- und Lymphgefäßen sowie Zellen des Abwehrsystems gebildet. Das Mesothel lässt einen Austausch von Flüssigkeiten und Elektrolyten durch Sekretion und Resorption zu und ermöglicht den Abwehrzellen, in die Peritonealhöhle zu gelangen. Die Flüssigkeit, die in die Peritonealhöhle abgegeben wird, ist ein Transsudat, d.h. ein eiweißarmes Filtrat aus den versorgenden Blutgefäßen. Es hält die Oberflächen der Serosa feucht und ermöglicht eine Verschiebung der von Peritoneum umfassten Organen gegeneinander.

Die **Tela subserosa** besteht aus Bindegewebe und kann viele Fettzellen enthalten. Sie verankert das Peritoneum mit einer gewissen Verschieblichkeit in der Umgebung.

Klinischer Hinweis

Bei vermehrter Transsudation durch das Peritonealepithel kann es zu erheblichen Flüssigkeitsansammlungen in der Peritonealhöhle kommen (*Aszites*). Bei Keimbefall der Peritonealhöhle besteht durch die hohe Resorptionsfähigkeit der Serosa die Gefahr einer sich ausbreitenden Infektion, die zur *Sepsis* führen kann. Entzündungen des Peritoneums (*Peritonitis*) können Verklebungen und Verwachsungen evtl. mit Strangulierungen des Darms (*Ileus*) hervorrufen. Therapeutisch kann die Transportfähigkeit des Peritonealepithels bei Nierenversagen genutzt werden. Bei der *Peritonealdialyse* wird über einen Katheter Flüssigkeit in die Peritonealhöhle gebracht, die die harnpflichtigen Substanzen aufnimmt, und anschließend über den Katheter wieder aus der Peritonealhöhle abgelassen.

Das **Peritoneum** gliedert sich in
- **Peritoneum parietale**
- **Peritoneum viscerale**

Das **Peritoneum parietale** liegt auf weiten Strecken der vorderen und seitlichen Bauchwand an. Auf der Rückseite der Bauchhöhle und im Beckenbereich überzieht es die Organe des Retro- bzw. Extraperitonealraums.

Als **Peritoneum viscerale** wird der Anteil (das Blatt) des Peritoneum bezeichnet, der den intraperitoneal gelegenen Eingeweiden direkt anliegt. Das Peritoneum viscerale steht über Peritonealduplikaturen, sog. **Mesos**, mit dem Peritoneum parietale in Verbindung. Die Mesos entstehen dadurch, dass während der Entwicklung die Anlagen von Magen und Darm von der Rückwand des Bauchraums abrücken und die Mesos mehr oder weniger weit in die Anlage der Bauch- bzw. Beckenhöhle hineinziehen (Abb. 11.15 a). Die Mesos enthalten Binde- und Fettgewebe sowie die Arterien, Venen, Lymphgefäße und vegetativen Nervengeflechte, die die intraperitoneal gelegenen Organe versorgen.

Zur Nomenklatur

Der Begriff „Meso" bezeichnet eine Peritonealduplikatur, die vom Peritoneum parietale ausgeht. Je nach Abgang vom Peritoneum parietale werden ventrale und dorsale Mesos unterschieden. Die organspezifischen Mesos werden durch Anhängen des Namens des jeweiligen Organs charakterisiert, zu denen sie ziehen, z. B. *Mesogastrium* für den Magen, *Mesenterium* für den Dünndarm, *Mesocolon* für den Dickdarm, usw. Die Stellen, an denen die Mesos an der Rumpfwand vom Peritoneum parietale abgehen, also der Umschlag vom parietalen auf das viszerale Peritoneum, werden als **Radix** bezeichnet. Dort treten Gefäße und Nerven aus dem Retroperitonealraum in die Mesos zur Versorgung der intraperitoneal gelegenen Organe ein. Für einige Mesos ist seit altersher die Bezeichnung **Ligamentum** gebräuchlich, z. B. *Lig. hepatoduodenale, Lig. hepatogastricum*.

Aus den Mesos des Magens entwickeln sich netzförmige Ausziehungen, Omentum majus und Omentum minus. Das **Omentum minus** spannt sich zwischen Magen und Leber aus, das **Omentum majus** zieht vom Magen schürzenförmig über die Darmschlingen bis in den Beckenbereich (Abb. 11.16). In das Omentum majus ist Fettgewebe eingelagert. Das Ausmaß dieser Fetteinlagerung ist vom Ernährungszustand abhängig.

Durch die intraperitoneale Lage der verschiedenen Organe wird der Bauchfellsack zu einem System schmaler **Spalten** mit seröser Gleitflüssigkeit sowie **Recessus** (Ausbuchtungen) und **Bursae** (Taschen). Mesos und seröse Flüssigkeit geben den intraperitoneal gelegenen Organen Beweglichkeit, Ausdehnungsfähigkeit und Verschieblichkeit. In der Bauchhöhle herrscht daher insbesondere durch Eigenbewegungen des Darms, z. B. Peristaltik und Pendelbewegungen, eine große Dynamik.

Innervation. Parietales und viszerales Peritoneum werden unterschiedlich innerviert:
- **parietales Peritoneum** somatosensorisch von Spinalnerven: Äste der Nn. intercostales, des N. iliohypogastricus und N. ilioinguinalis
- **viszerales Peritoneum** von vegetativen Eingeweidenerven

Dadurch ist das parietale Blatt des Bauchfells außerordentlich schmerzempfindlich, das viszerale Blatt jedoch kaum.

> **In Kürze**
>
> **Die Cavitas peritonealis ist ein System von Spalten mit einer geringen Menge seröser Flüssigkeit zwischen Peritoneum parietale und Peritoneum viscerale. Das Bauchfell besteht aus Mesothel mit einer Lamina propria und einer Tela subserosa. Es wird durch Transsudate feucht gehalten. Mesos entwickeln sich aus Mesenchymplatten zwischen den Anlagen der primitiven Leibeshöhle. Im späteren Oberbauch gibt es ein Meso ventrale und ein Meso dorsale, im Unterbauch lediglich ein Meso dorsale.**

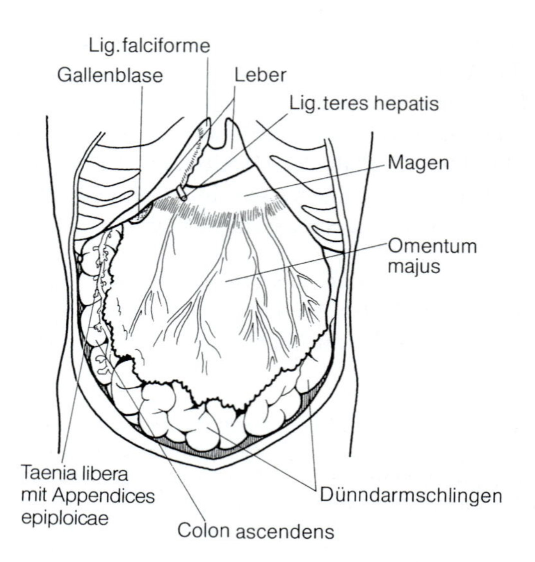

Abb. 11.16. Eröffnete Bauchhöhle. Blick auf das schürzenförmige Omentum majus

11.5.3 Bauchsitus

e Thoraxraum: Situs; Angiologie: Besonderheiten

> **Wichtig**
>
> **Unter Bauchsitus werden die Lage der Organe und die Peritonealverhältnisse in der Bauchhöhle verstanden. Kenntnisse hierüber haben große Bedeutung für das ärztliche Handeln.**

Bei Eröffnung der Bauchhöhle wird als erstes das **Omentum majus** (*großes Netz*) sichtbar (Abb. 11.16). Es entspringt an der großen Kurvatur des Magens und bedeckt schürzenförmig alle Darmteile. Fest verbunden ist das Omentum majus mit dem Quercolon, das den Bauchraum in zwei Etagen gliedert (Abb. 11.17):
- **Oberbauch**
- **Unterbauch**

Im Oberbauch liegen
- **Leber** mit **Gallenblase**
- **Magen**
- **Milz**
- **obere Teile des Zwölffingerdarms** (*Duodenum*)
- **Bauchspeicheldrüse** (*Pankreas*)

Zum Unterbauch gehören
- **untere Teile des Duodenum**
- **Jejunum** und **Ileum** (Duodenum, Jejunum und Ileum bilden den *Dünndarm*)
- **Colon** (*Dickdarm*)

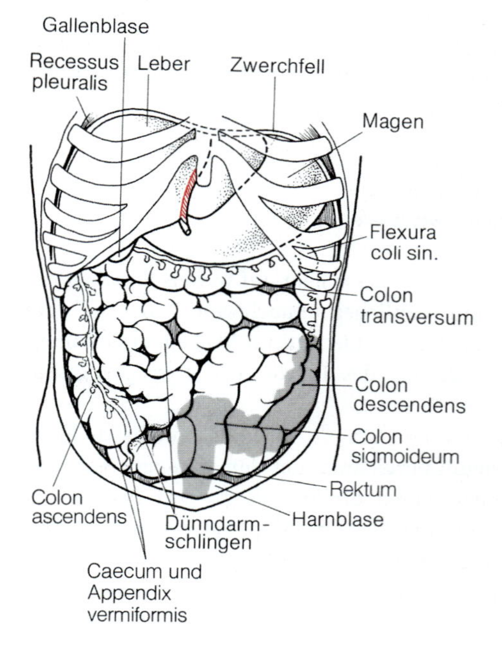

Abb. 11.17. Gliederung der Cavitas abdominalis durch das Colon transversum in eine Pars supracolica (Oberbauch) und eine Pars infracolica (Unterbauch). Das Omentum majus ist entfernt. Die Dünndarmschlingen sind teilweise verlagert, sie überdecken normalerweise das Colon ascendens. Colon descendens, Colon sigmoideum und Rektum schraffiert

Oberbauch

Kernaussagen

- Die endgültige Lage bekommen die Organe im Oberbauch durch die Rotation der Magenanlage und eine Schleifenbildung des zukünftigen Duodenum während der Entwicklung.
- Die Leber ist das beherrschende Organ im Oberbauch. Sie überdeckt den rechten Magenrand (Curvatura minor).
- Die Leber ist an der Area nuda mit dem Zwerchfell verwachsen, durch das Lig. falciforme mit der vorderen Bauchwand und durch das Omentum minus mit Magen und Anfangsabschnitt des Duodenum verbunden.
- Der Fundus der Gallenblase projiziert sich auf die Spitze der 9. Rippe.
- Das Omentum majus, das den gesamten Darm schürzenförmig bedeckt, ist ein Derivat des Mesogastrium dorsale. Es ist an der Curvatura major des Magens befestigt.
- Die Milz liegt unter dem linken Rippenbogen und ist von außen nicht tastbar.
- Die Bursa omentalis liegt hinter dem Magen.
- Bauchspeicheldrüse sowie Mittel- und Endabschnitte des Duodenum liegen sekundär retroperitoneal.

Zur Entwicklung
Im Frühstadium besteht die Magen-Darm-Anlage aus einem annähernd gestreckten Rohr in der Medianebene des Körpers. Die Anlage befindet sich in einer Mesodermplatte zwischen der rechten und linken primitiven Leibeshöhle. Im zukünftigen Oberbauch hat die Mesodermplatte sowohl eine Verbindung mit der dorsalen (dorsales Meso) als auch mit der ventralen Leibeswand (ventrales Meso) (◘ Abb. 11.15 und 11.18a).

Mit fortschreitender Entwicklung kommt es zu einem starken Längenwachstum der Magen-Darm-Anlage (◘ Abb. 11.18b–d). Sie gliedert sich in Vorderdarm, Mitteldarm und Hinterdarm. Außerdem führt das Wachstum in dem nur begrenzten Raum der Abdominalhöhle zu Rotationen einzelner Teile der Baucheingeweide und zu sekundären Fusionen ihrer zugehörigen Mesos mit der Leibeshöhlenwand.

Der **Magen** entsteht als spindelförmige Erweiterung des Darmrohres im Anschluss an das kaudale Ende der Speiseröhre. Seine dorsale Wand wächst schneller und stärker als seine ventrale, so dass eine große dorsale und eine kleinere ventrale Kurvatur (**Curvatura major** und **Curvatura minor**) entstehen. Die dorsale Kurvatur ist durch das **Mesogastrium dorsale** mit der hinteren, die ventrale durch das **Mesogastrium ventrale** mit der vorderen Leibeswand verbunden (◘ Abb. 11.18a).

Während des Wachstums kommt es zu einer **Rotation** der Magenanlage um die Längsachse im Uhrzeigersinn um 90° (◘ Abb. 11.18b). Dadurch dreht sich die ehemalige linke Magenseite nach ventral, die ehemalige rechte Seite nach dorsal. Gleichzeitig verlagert sich der Magen aus der Medianebene nach links und das **Mesogastrium ventrale** wird **nach rechts**, das **Mesogastrium dorsale nach links** ausgezogen. In das Mesogastrium ventrale hinein entwickelt sich die Leber (◘ Abb. 11.19) nach Abschluss der Entwicklung.

Starke Veränderung erfährt das **Mesogastrium dorsale**. An seinem Ursprung an der großen Magenkurvatur entwickelt sich als breite Auffaltung das *große Netz* (**Omentum majus**) (◘ Abb. 11.20). Ferner treten im Mesogastrium dorsale Mesenchymproliferationen auf, aus denen die **Milz** hervorgeht. Die Milz teilt das dorsale Mesogastrium in zwei Abschnitte. Der eine verbindet die Milz mit der hinteren Bauchwand (später **Lig. splenorenale**), der andere mit dem Magen (**Lig. gastrosplenicum**) (► unten).

Als weitere Besonderheit entstehen im Meso hinter dem Magen Spalten, die zu einer Höhle verschmelzen. Diese wird durch die Magendrehung zu einer nach links gerichteten Aussackung, der **Bursa omentalis** (◘ Abb. 11.19 und 11.20). Die Bursa omentalis ist über das **Foramen omentale** mit der Peritonealhöhle verbunden. Das Foramen omentale liegt dorsal unter dem freien Teil des Mesogastrium ventrale.

Duodenum. Der dem Magen folgende Endabschnitt des Vorderdarms wird zusammen mit dem oberen Teil des Mitteldarms zum **Duodenum.** Es wird mit der Drehung des Magens in Form einer C-förmigen Schlinge aus der Medianebene heraus nach rechts gezogen, rückt an die hintere Bauchwand und bekommt teilweise eine sekundär retroperitoneale Lage. Im mittleren Teil der Duodenalanlage bilden sich die **Leberbucht** und **zwei Pankreasanlagen** (◘ Abb. 11.21).

Aus der **Leberbucht** entwickeln sich
- *oberes Leberdivertikel* (**Pars hepatis**), aus dem die Leber hervorgeht
- *unteres Leberdivertikel* (**Pars cystica**) als Vorläufer der Gallenblase und ihres Ausführungsgangs

Die **Pars hepatis** wächst stark. Es entstehen zunächst Zellstränge, die sich dann zu Zellbalken formieren (► S. 367). Diese wachsen in das Mesenchym des ventralen Mesogastrium hinein, das dadurch zunehmend auftreibt. Die Leberanlage teilt das ventrale Mesogastrium in ein *Mesohepaticum ventrale* (später **Lig. falciforme**) und ein *Mesohepaticum dorsale* (später **Omentum minus**).

Von den **beiden Pankreasanlagen** (◘ Abb. 11.21b–d) entwickelt sich erst die dorsale und kurz darauf die ventrale. Durch die Drehungen von Magen und Duodenum verschmelzen beide

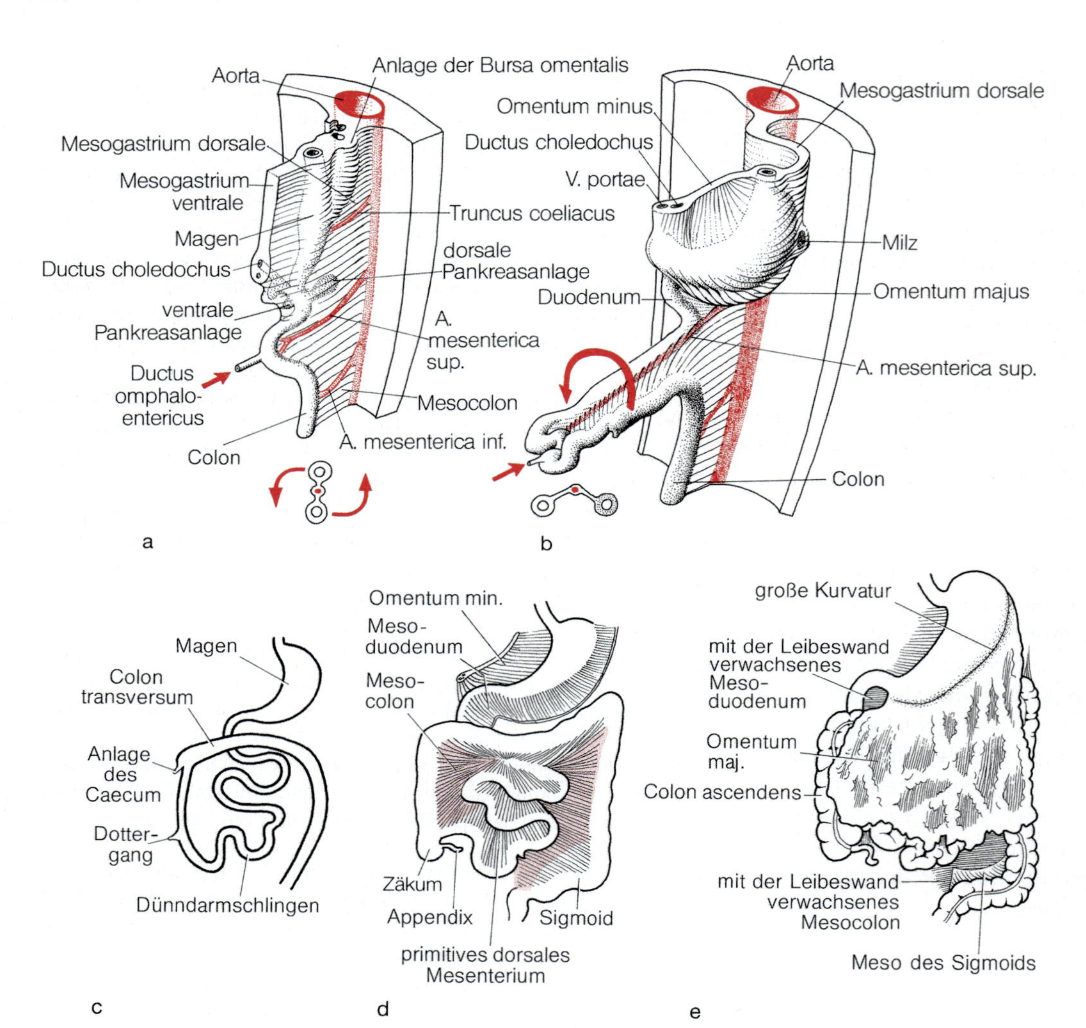

Abb. 11.18a–e. Form- und Lageentwicklung des Darmkanals. **a** Der Darmkanal hat in seiner ganzen Länge ein dorsales Meso. Im Magenbereich ist darüber hinaus ein ventrales Meso ausgebildet. Bildung der primären Nabelschleife. Die A. mesenterica superior bildet die Achse. **b** Die Nabelschleife ist zu einer langen, sagittal gestellten Schlinge ausgewachsen. Am Scheitel der Nabelschleife befindet sich der Ductus vitellinus (omphaloentericus) (*Pfeil*). Ungleiche Wachstumsprozesse führen zu Lageveränderungen des gesamten Magen-Darm-Traktes. Der *gebogene Pfeil* gibt die Richtung der Darmdrehung an (auch in **a**). **c** Starkes Längenwachstum des Dünndarms, die Schlingenbildung ist angedeutet. **d** Zustand nach Drehung der Nabelschleife. Das Zäkum hat einen Deszensus durchgeführt und seine endgültige Lage in der Fossa iliaca dextra erreicht. *Rot* unterlegt sind die Abschnitte des Mesokolons, die mit der dorsalen Bauchwand verkleben und dadurch die zugehörigen Kolonteile in eine sekundär retroperitoneale Lage bringen. **e** Situs nach Abschluss der Entwicklung. Das Omentum majus bedeckt die Dünndarmschlingen. Es ist an der großen Kurvatur des Magens befestigt (**c–e** nach Langman 1985)

Anlagen und gelangen hinter den Magen an die dorsale Leibeswand und so mit Teilen des Duodenum in eine sekundär retroperitoneale Lage.

Übersicht über die Organe im Oberbauch. Im Oberbauch ist auf der rechten Seite die **Leber** das dominierende Organ (Abb. 11.17). Sie überdeckt die kleine Kurvatur des **Magens.** Der übrige Teil des Magens berührt Brust- und Bauchwand; dort befindet sich oberflächlich das Magenfeld, das überwiegend links liegt (Abb. 11.1). Am linken Rand des Magens (Curvatura major) befestigt sich das **Omentum majus.** Die **Milz** und die dem Oberbauch zugerechneten Teile des **Duodenum** sind bei Eröffnung der Bauchhöhle nicht sichtbar.

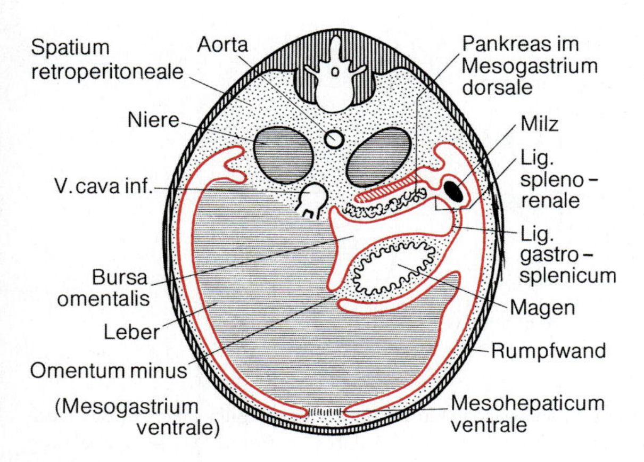

Abb. 11.19. Bauchfell- und Mesenterialverhältnisse im Oberbauch nach Abschluss der Entwicklung, Querschnitt. schraffiert: ein ursprünglich vorhandener Spalt hinter dem Pankreas hat sich zurückgebildet, so dass das Pankreas sekundär retroperitoneal liegt

Leber (*Hepar*). Die Leber ist die größte Drüse des Körpers. Sie wiegt ca. 1500 g. Ihr Sekret ist die Galle. Die Oberfläche der Leber ist von Peritoneum viscerale bekleidet und spiegelnd glatt. Intravital ist die Leber weich, verformbar, hat eine dunkelbraune Farbe und passt sich den Nachbarorganen an.

Die Leber besteht aus vier Lappen: **Lobus dexter, Lobus sinister, Lobus quadratus, Lobus caudatus** (Abb. 11.22a). Die Gliederung kommt durch Bindegewebssepten zustande, die von einer oberflächlichen Bindegewebskapsel (**Tunica fibrosa**, auch *Glisson-Kapsel*) ausgehen. Hinzu kommt eine Gliederung in acht keilförmige Segmente (Abb. 11.22b), die durch die Aufzweigung der intrahepatischen Gefäße entstehen (▶ S. 367). Die Lebersegmente können einzeln reseziert werden.

Projektion auf die Oberfläche (Abb. 11.17). Der untere Leberrand folgt dem rechten Rippenbogen bis zur rechten Medioklavikularlinie und zieht durch die Regio epigastrica bis etwa zur linken Parasternallinie. Beim gesunden Erwachsenen ist der Leberrand nicht unter dem Rippenbogen tastbar. Beim Kind jedoch überragt die Leber stets den rechten Rippenbogen um mehrere Zentimeter.

Nach oben legt sich die Leber in die rechte Zwerchfellkuppel und ist mit dem Centrum tendineum des Zwerchfells verwachsen. Dieser Bereich (**Area nuda**) der *Facies diaphragmatica* der Leber ist nicht von Peritoneum überzogen (Abb. 11.23).

Die **Unterseite der Leber** ist die Eingeweidefläche (*Facies visceralis*) (Abb. 11.22a). Sie berührt zahlreiche Nachbarorgane: Ösophagus, Gallenblase, Magen, Duodenum, rechte Colonflexur, rechte Niere und Nebenniere. Außerdem befindet sich an der viszeralen Seite der Leber die *Leberpforte* (**Porta hepatis**) mit ein- und austretenden Leitungsbahnen (A. hepatica propria, V. portae, in der Regel am weitesten dorsal, Ductus hepaticus dexter et sinister, Nerven). Ferner trennt die **Fissura ligamenti teretis**, die sagittal verläuft, den Lobus sinister von den übrigen Lappen (Abb. 11.22a). An die-

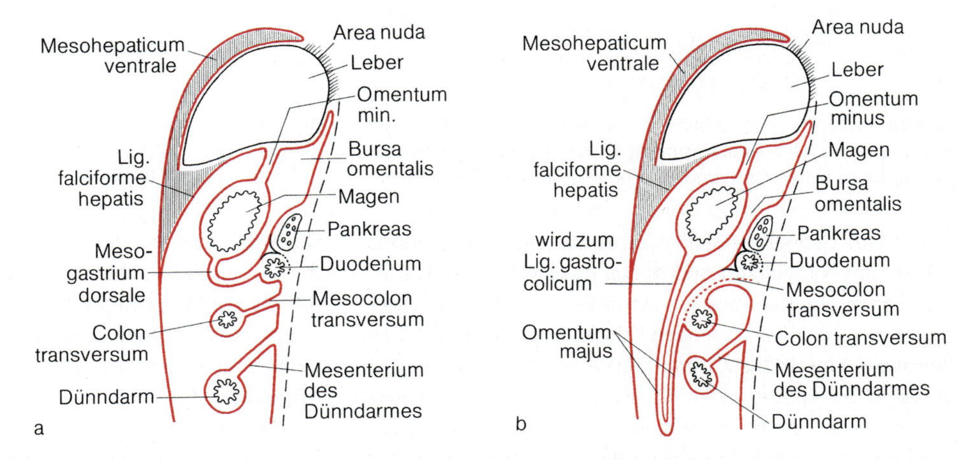

Abb. 11.20a, b. Entstehung von Omentum majus und Bursa omentalis. **a** Pankreas und Duodenum befinden sich in retroperitonealer Position. Das Mesogastrium dorsale wölbt sich zur Bildung des Omentum majus vor. **b** Das Omentum majus ist ausgewachsen und liegt schürzenförmig vor den Dünndarmschlingen. Das rücklaufende Blatt des Omentum majus ist mit Querkolon und Mesocolon transversum verwachsen

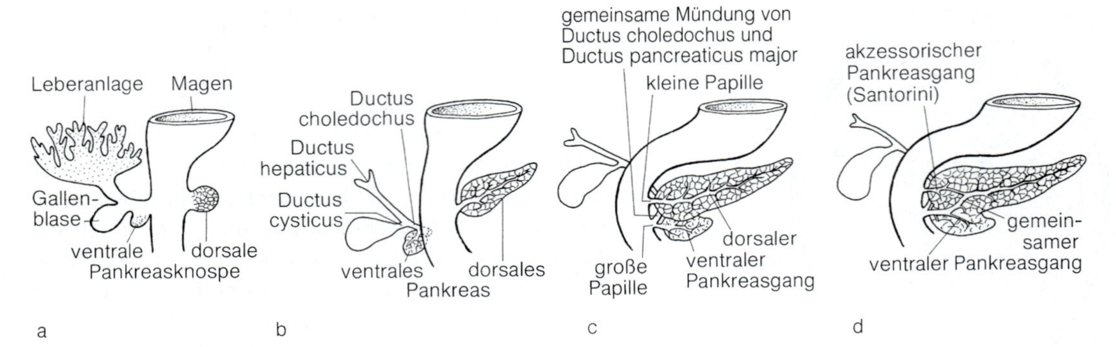

Abb. 11.21 a–d. Entwicklung von Leber und Pankreas. **a** Embryo vom 30. Tag, **b** vom 35. Tag. Die ventrale Pankreasknospe liegt neben der Anlage von Gallenblase und Leber. **c** Embryo vom 40. Tag, **d** vom 45. Tag. Die ventrale Pankreasanlage ist um das Duodenum herum gewandert und liegt nun dicht neben der dorsalen. Der dorsale Pankreasgang mündet auf der Papilla minor in das Duodenum, der ventrale auf der Papilla major. **d** Die Verschmelzung der Pankreasgänge ist erfolgt. Sie münden gemeinsam mit dem Ductus choledochus ins Duodenum (nach Langman 1985)

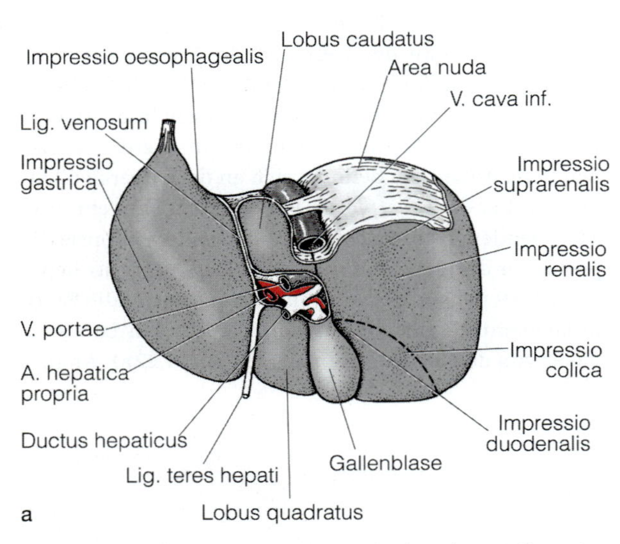

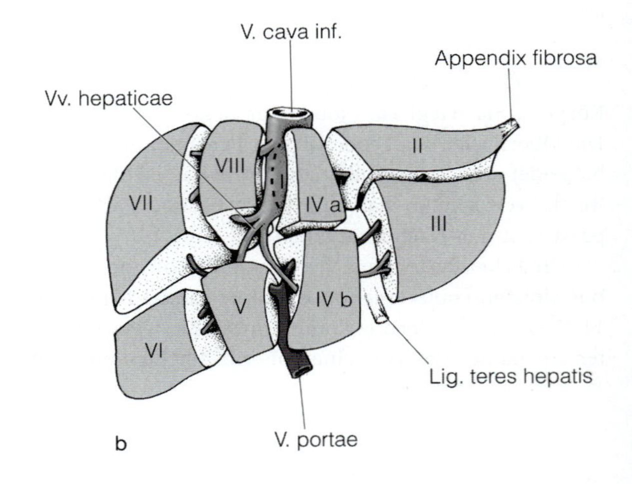

Abb. 11.22 a, b. Leber. **a** Facies visceralis der Leber mit ihren vier Lappen: Lobus dexter, Lobus sinister, Lobus quadratus, Lobus caudatus, sowie Leberpforte und Gallenblase. Zu beachten sind von den Nachbarorganen hervorgerufene Impressionen. **b** Lebersegmente in der Ansicht von der Facies diaphragmatica (in Anlehnung an Siewert 2001)

ser Fissur befestigen sich ventral das **Lig. teres hepatis** (Reste der Nabelvene) und dorsal das **Lig. venosum** (obliterierter Ductus venosus Arantii ► S. 183). In einer rechten sagittal verlaufenden Furche liegt vorne die **Gallenblase,** hinten die **V. cava inferior.** Rechts davon befindet sich der *Lobus dexter.* Die Facies visceralis der Leber steigt schräg von vorn (ventral) nach hinten (dorsal) auf und wird nur nach Anhebung des unteren Leberrandes sichtbar.

Peritonealverhältnisse an der Leber. Die Leber liegt intraperitoneal (Abb. 11.19) – bis auf den kleinen Bereich der **Area nuda** (► oben, Abb. 11.23). Am Rand der Area nuda schlägt das Peritoneum viscerale von der Facies diaphragmatica der Leber auf das Peritoneum parietale der Zwerchfellunterseite und der vorderen Bauchwand um. Den Umschlag bildet das **Lig. coronarium.**

Das Lig. coronarium setzt sich nach rechts und links in die **Ligg. triangulare dextrum et sinistrum** fort. Das Lig. triangulare sinistrum läuft in die **Appendix fibrosa hepatis** aus. Das Lig. triangulare dextrum setzt sich zur rechten Niere als **Lig. hepatorenale** fort.

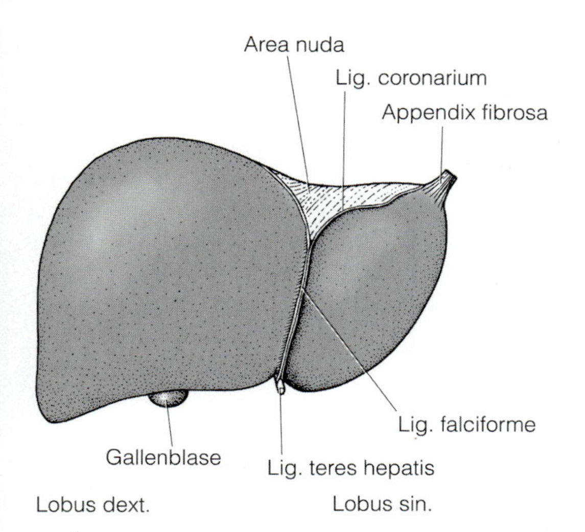

Abb. 11.23. Facies diaphragmatica der Leber mit der Area nuda, die vom Lig. coronarium umfasst wird. Das Ligamentum coronarium setzt sich ventral in das Lig. falciforme fort, dessen freier Rand vom Lig. teres hepatis gebildet wird

Nach ventral geht der Umschlag des Lig. coronarium in das **Lig. falciforme** über (Abb. 11.23). Das Lig. falciforme verläuft über die Facies diaphragmatica der Leber, teilt dort die Oberfläche in eine rechte und linke Hälfte und erreicht als Bauchfellduplikatur die Zwerchfellunterseite und die vordere Bauchwand. Hier reicht das Lig. falciforme bis zum Nabelring. Den Unterrand des Lig. falciforme bildet das **Lig. teres hepatis** mit der weitgehend obliterierten Nabelvene (► S. 187). Das Lig. teres hepatis zieht zur Leberpforte an der viszeralen Leberseite.

Zwischen der Leberoberfläche mit der Lamina visceralis des Peritoneum und dem Zwerchfell mit seiner Lamina parietalis verbleiben die **Recessus subphrenici** als Spalten des Peritonealraums. Unter der Leber, d.h. zwischen Leber und Colon transversum, finden sich als Peritonealspalten die **Recessus subhepatici,** die sich nach hinten in den **Recessus hepatorenalis** fortsetzen.

Das **Omentum minus** (*kleines Netz*) (Abb. 11.19 und 11.24) geht entwicklungsgeschichtlich auf Teile des Mesogastrium ventrale (= Mesohepaticum dorsale ► oben) zurück (Abb. 11.20). Es zieht von der Eingeweidefläche der Leber nahezu frontal zur kleinen Kurvatur des Magens und dem Anfangsteil des Duodenum. Das Omentum minus ist nur sichtbar, wenn der untere Leberrand angehoben wird.

Das Omentum minus gliedert sich in (Abb. 11.24)
- **Ligamentum hepatogastricum**
- **Ligamentum hepatoduodenale**

Das **Lig. hepatogastricum** (Abb. 11.24) besteht in seinem oberen Teil aus kräftigen Faserzügen (*Portio densa*), im unteren ist es dünn und leicht zerreißbar (*Portio flaccida*). Dort, wo sich das Bauchfell des Lig. hepatogastricum auf die Magenoberfläche fortsetzt, verlaufen größere Magengefäße: Aa. gastricae dextra et sinistra (► S. 352).

Das **Lig. hepatoduodenale** endet rechts mit einem verstärkten freien Rand, in dem der **Ductus choledochus** (*Gallenausführungsgang*) (► S. 371) verläuft. Etwas nach links versetzt verlaufen im Lig. hepatoduodenale ferner die **V. portae hepatis** und die **A. hepatica propria.** Dorsal vom Lig. hepatoduodenale liegt der Eingang in die Bursa omentalis, das **Foramen omentale** (► unten).

Gallenblase (*Vesica fellea*) (Abb. 11.22 und 11.24). Sie liegt in der *Fossa vesicae felleae* an der Unterseite der Leber, mit der sie verwachsen ist. Im Übrigen wird die Gallenblase von Peritoneum viscerale bedeckt. Der Fundus der Gallenblase überragt den vorderen Leberrand und berührt die rechte Kolonflexur (Flexura coli dextra) (► unten). Hier kann es bei Entzündungen zu Verwachsungen kommen. Der Gallenblasenhals steht mit der Pars superior duodeni in Verbindung (► unten).

Magen (*Gaster*). Der Magen liegt im linken Oberbauch. Seine mittlere Länge beträgt bei mäßiger Füllung 25–30 cm; er kann etwa 1200–1600 cm^3 fassen. Form und Größe des Magens hängen jedoch von Füllungszustand, Tonus der Magenmuskulatur, Lebensalter, Konstitutionstyp und Körperlage ab. Relativ konstant ist die Lage des *Mageneingangs* (**Cardia**) in Höhe des 10. BW und des *Magenausgangs* (**Pylorus**) vor dem 1.–2. LW. Der tiefste Punkt des Magens, der vom **Antrum pyloricum** gebildet wird, kann bei starker Füllung bis in Höhe des 3.–4. LW absinken.

Nachbarschaft. Große Teile der *Vorderwand des Magens* und der rechte Magenrand (**Curvatura minor**) einschließlich des **Pylorus** werden vom **linken Leberlappen** bedeckt. Unter dem linken Rippenbogen liegt der **Fundus gastricus**, eine Aussackung des Magens nach oben. Der Magenfundus berührt das **Centrum tendineum** des Zwerchfells und liegt unter dem Herzen. Die übrigen Teile der Vorderwand des Magens berühren Brust- und Bauchwand (► oben).

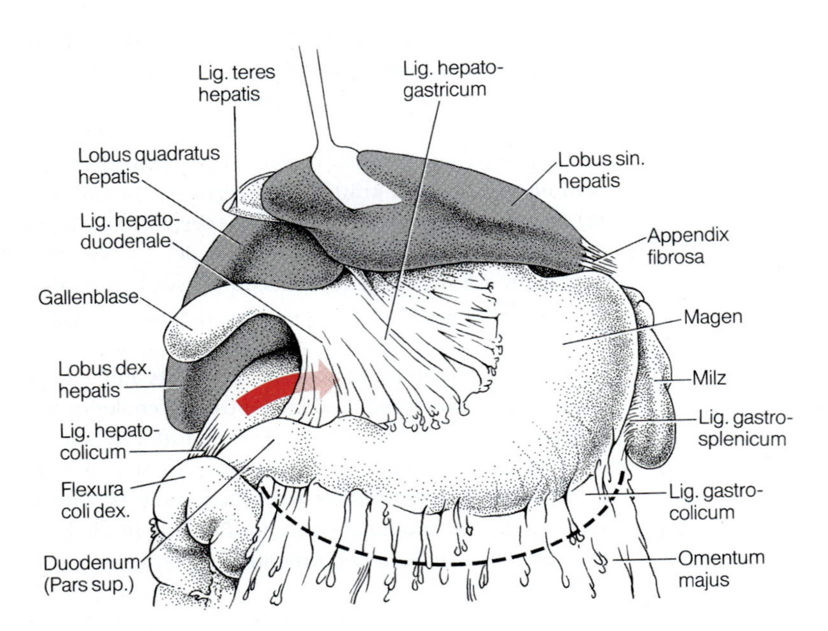

Abb. 11.24. Magen, Omentum minus und Leber von vorne. Der untere Leberrand ist hochgezogen. Durch einen Schnitt in der *gestrichelten Linie* wird die Bursa omentalis (Abb. 11.25) eröffnet. Massiver *roter Pfeil:* Zugang zur Bursa omentalis durch das Foramen omentale (in Anlehnung an Platzer 1982)

11

Die **Hinterwand des Magens** grenzt an die Bursa omentalis und an das hinter der Bursa gelegene Pankreas. Von der **kleinen Kurvatur** entspringt das kleine Netz (**Omentum minus**) (▶ S. 337, Abb. 11.24).

Der linke Magenrand (**Curvatura major**) hat ein wechselnd großes Berührungsfeld mit dem **Colon transversum** (Abb. 11.17); links schiebt sich die Milz zwischen Magen und Zwerchfell. Ferner befestigt sich an der großen Kurvatur das **Lig. gastrosplenicum** (Abb. 11.19), am Fundus das **Lig. gastrophrenicum** sowie als Teil des Omentum majus das **Lig. gastrocolicum** (Abb. 11.24).

Magengefäße. An der Curvatura minor verlaufen die A. gastrica sinistra und die A. gastrica dextra. An der Curvatura major liegen die Aa. gastroomentales dextra und sinistra und am Magenfundus die Aa. gastricae breves. Alle Gefäße stehen untereinander in Verbindung. Die Venen begleiten die Arterien (Einzelheiten über alle Leitungsbahnen des Magens ▶ S 352).

Das **Omentum majus** (Abb. 11.16 und 11.24) geht von der Curvatura major des Magens aus. Es ist der ventrale Teil des embryonalen Mesogastrium dorsale, der breitflächig abwärts gewachsen und dann umgeschlagen ist. Rückläufig hat es sich am Colon transversum und seinem Meso befestigt. Das Omentum majus ist ein Meso, das ursprünglich einen vorderen und hinteren Anteil (Blatt, Abb. 11.20 b) mit jeweils zwei Oberflächen hat. Die Oberflächen verkleben jedoch in der Regel miteinander. Das Omentum majus verwächst meist mit dem Colon transversum. Der Abschnitt des Omentum majus zwischen Magen und Colon transversum wird als **Lig. gastrocolicum** bezeichnet.

Milz (*Splen, Lien*). Die Milz befindet sich in der linken Regio hypochondriaca hinter dem Magen und projiziert sich zwischen der 9. und 11. Rippe auf die Oberfläche der linken Körperseite. Die Milzachse folgt etwa dem Verlauf der 10. Rippe. Durchschnittlich ist die Milz 10–12 cm lang, 6–8 cm breit, 3–4 cm dick und wiegt ca. 150 g. Sie überragt den Rippenbogen nicht und ist bei gesunden Menschen von der Oberfläche her nicht tastbar.

Die Milz liegt intraperitoneal und ist durch das **Lig. gastrosplenicum** (Abb. 11.19 und 11.24) am Zwerchfell und das **Lig. splenorenale** an der Rückseite der Bauchwand befestigt. Beide Ligamenta sind aus dem Mesogastrium dorsale hervorgegangen (▶ oben). Sie treffen am **Hilum lienale** auf der ventralen Milzseite zusammen.

Untergebracht ist die Milz in der so genannten *Milznische*, die unten (kaudal) vom **Lig. phrenicocolicum,** einer Bauchfellduplikatur zwischen Zwerchfell und Colon descendens, und lateral und dorsal vom Zwerchfell begrenzt wird.

Nachbarbeziehungen. Die Milz berührt mit ihrer **Facies diaphragmatica** das Zwerchfell. Dort kommt sie in Nachbarschaft zur linken Pleurahöhle. Ihre **Facies visceralis** hat Kontakt mit dem Magenfundus, dem Colon transversum bzw. der Flexura coli sinistra, sowie der linken Niere (Abb. 11.64). Ferner erreicht die Cauda pancreatis das **Hilum splenicum.**

Die **Blutversorgung** der Milz erfolgt durch die A. splenica (► S. 440).

Bursa omentalis (*Netzbeutel*) (Abb. 11.25). Die Bursa omentalis ist ein spaltförmiger Nebenraum der Cavitas peritonealis. Sie ist während der Entwicklung durch Spaltbildungen im Mesogastrium dorsale entstanden (► oben).

An der Bursa omentalis lassen sich unterscheiden:
- **Foramen omentale**
- **Vestibulum bursae omentalis**
- **Hauptraum**
- **Recessus**

Das **Foramen omentale** ist für etwa zwei Finger durchgängig und wird vom freien rechten Rand des Ligamentum hepatoduodenale des Omentum minus (Abb. 11.24), kaudal von der Pars superior duodeni, dorsal von der V. cava inferior und kranial von der Leber begrenzt.

Das **Vestibulum bursae omentalis** hat oben den Lobus caudatus der Leber, unten die Bauchspeicheldrüse, dorsal V. cava inferior und Aorta, ventral das Omentum minus zur Nachbarschaft. Ferner steht der **Recessus superior bursae omentalis** mit dem Vorraum in Verbindung, der eine Nische zwischen V. cava inferior und Ösophagus bzw. Kardia bildet.

Der Übergang vom Vor- zum Hauptraum wird von dorsal durch die **Plicae gastropancreaticae** (mit der A. gastrica sinistra und A. hepatica communis) eingeengt.

Hauptraum der Bursa omentalis. Ein Überblick ist erst nach Durchtrennung des Ligamentum gastrocolicum zu gewinnen (Abb. 11.25). Der Hauptraum liegt hinter Magen und Omentum minus. Die dorsale Wand bildet das Peritoneum parietale, das Zwerchfell, linke Nebenniere und Pankreas überzieht. Die Bursa omentalis endet nach links im **Recessus splenicus** (lienalis), der durch die Milzbänder begrenzt wird. Nach unten weist ein **Recessus inferior bursae omentalis** zwischen Magen

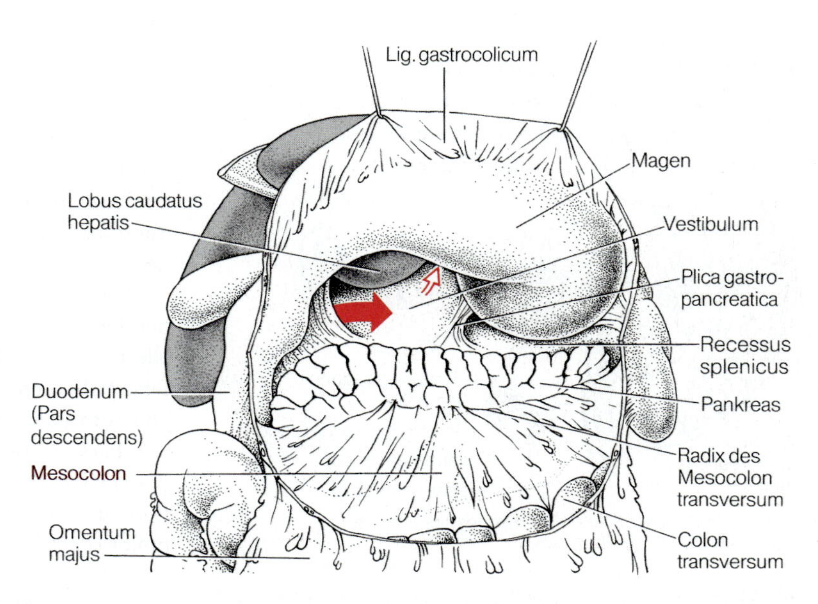

Abb. 11.25. Blick in die Bursa omentalis nach Durchtrennung des Omentum majus und Hochschlagen des Magens. Der massive *rote Pfeil* liegt in der Bursa omentalis. Kleiner *heller roter Pfeil* weist in den Recessus superior omentalis (in Anlehnung an Sobotta 1972)

und Colon transversum; gelegentlich kann sich der Recessus inferior zwischen die beiden Blätter des Omentum majus fortsetzen.

Klinischer Hinweis

Operativ ist das Vestibulum bursae omentalis suprakolisch durch das *Omentum minus* hindurch zu erreichen. Damit wird der Truncus coeliacus zugängig (▶ S. 439). Breit wird die Bursa omentalis – unter Durchtrennung des Ligamentum gastrocolicum – eröffnet, um operativ an das Pankreas zu gelangen. Dabei ist auf die Gefäße der großen Magenkurvatur zu achten. Ein weiterer chirurgischer Zugang zum Pankreas ist infrakolisch durch das *Mesocolon transversum* möglich (Abb. 11.25). Hierbei müssen die Gefäße, die das Colon transversum (Querkolon) versorgen, geschont werden.

Duodenum (*Zwölffingerdarm*). Das Duodenum ist der Anfangsteil des Dünndarms. Entwicklungsgeschichtlich gehört der proximale Teil zum Vorderdarm, der folgende zum Mitteldarm (▶ unten).

Das Duodenum ist 25–30 cm lang und erstreckt sich vom 1. bis 3./4. LW. Es umkreist hufeisenförmig mit einer nach rechts gerichteten Schleife den 2. LW.

Die Teilabschnitte des Duodenum sind (Abb. 11.26)

- **Pars superior**
- **Pars descendens**
- **Pars horizontalis**
- **Pars ascendens**
- **Flexura duodenojejunalis** (an dieser Krümmung setzt sich das Duodenum in das Jejunum fort)

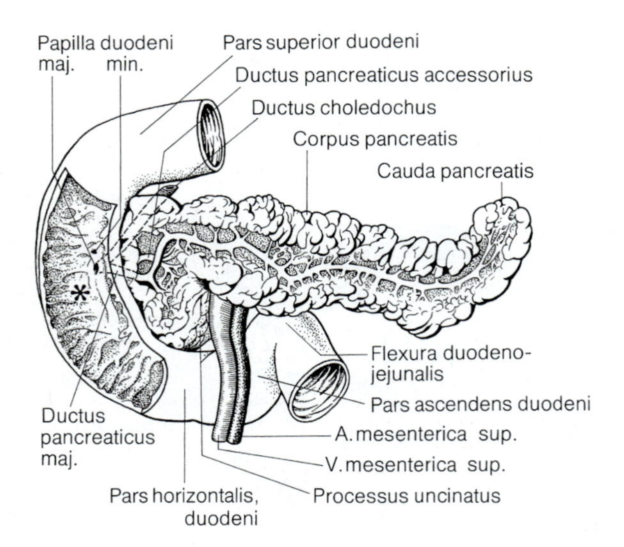

Abb. 11.26. Duodenum und Pankreas, gefenstert. *Pars descendens duodeni mit Blick auf Schleimhautfalten und Papilla duodeni major et minor. Im Pankreas Darstellung des Ductus pancreaticus (nach Benninghoff 1979)

Pars superior duodeni. Sie ist 4–5 cm lang, beginnt am Pylorus, liegt in Höhe des 1. LW, ist nach dorsolateral gerichtet und verläuft leicht ansteigend. Dadurch gelangt das Duodenum in die rechte Paravertebralrinne. Der Anfangsteil ist beweglich (intraperitoneale Lage) und kann sich den Exkursionen des Pylorus anpassen. Dann jedoch, unmittelbar bevor sich die Pars superior in die **Flexura duodeni superior** fortsetzt, wird sie an der hinteren Leibeswand fixiert.

Außerdem ist die Pars superior des Duodenum durch das **Lig. hepatoduodenale** (Teil des Omentum minus) mit der Leber verbunden. Dieser erste Duodenalabschnitt ist etwas erweitert und wird deshalb auch **Ampulla**, im klinischen Sprachgebrauch **Bulbus duodeni**, genannt. Nach Kontrastmittelfüllung stellt sich die Pars superior im Röntgenbild haubenförmig dar.

Die Pars superior wird vom rechten Leberlappen überlagert und berührt den Lobus quadratus der Leber und den Gallenblasenhals. Hinter der Pars superior duodeni zieht der Ductus choledochus abwärts, ihm folgen links die V. portae hepatis und pylorusnah die A. gastroduodenalis.

Die **Pars descendens** ist etwa 10 cm lang, beginnt mit der Flexura duodeni superior und verläuft rechts neben der Wirbelsäule bis in Höhe des 3. oder 4. LW abwärts. Sie ist der direkten Sicht entzogen, weil sie *sekundär retroperitoneal* liegt. Die Pars descendens wird vom rechten Anfangsteil des *Mesocolon transversum* (Radix) überquert und seitlich von der rechten Kolonflexur bedeckt.

Die Pars descendens berührt dorsal die rechte Nebenniere und bedeckt die medialen Teile der rechten Niere einschließlich Nierenbecken und Anfang des Ureters. Außerdem hat die Pars descendens enge Beziehungen zum Pankreaskopf, der ihre Konkavität ausfüllt. In die Pars descendens münden die Ausführungsgänge der Leber (Ductus choledochus) und des Pankreas (Ductus pancreaticus major) mit der **Papilla duodeni major** (Papilla Vateri, Abb. 11.26). Etwas oberhalb davon öffnet sich ein evtl. vorhandener Ductus pancreaticus accessorius mit der **Papilla duodeni minor**. Beide Papillen befinden sich auf einer etwa 2 cm langen Längsfalte (**Plica longitudinalis duodeni**).

Klinischer Hinweis

Die Pars descendens duodeni wird besonders bei Pankreaskopftumoren und Verschluss des Ductus choledochus in Mitleidenschaft gezogen.

Pars horizontalis. Sie ist kurz, beginnt mit der **Flexura duodeni inferior**, verläuft quer von rechts nach links über die Wirbelsäule und lagert sich dem Pankreaskopf von unten her an. Unter dem Pankreaskopf erscheinen die A. und V. mesenterica superior, die über die Vorderfläche der Pars horizontalis abwärts ziehen und in die Radix mesenterii gelangen. Hinter der Pars horizontalis verläuft die V. cava inferior.

Pars ascendens. Sie geht ohne scharfe Grenze aus der Pars horizontalis hervor. Die Pars ascendens steigt nach kranial an und erreicht etwa 5 cm links des 2. LW die **Flexura duodenojejunalis**, eine scharfe Biegung, an der das sekundär retroperitoneal gelegene Duodenum in das intraperitoneale Jejunum übergeht. Die Pars ascendens ist durch den glatten *M. suspensorius duodeni* mit der *A. mesenterica superior* verbunden. Nach kranial legt sich die Pars ascendens dem Pankreas an. Dorsal von ihr liegt die Aorta.

Pankreas (*Bauchspeicheldrüse*) (Abb. 11.26). Die Bauchspeicheldrüse gliedert sich in **Caput, Corpus** und **Cauda.** Sie ist 13–18 cm lang und leicht S-förmig gekrümmt. Der Kopf der Bauchspeicheldrüse liegt in der Konkavität des Duodenums. Dann überquert die Drüse den 2. LW und wölbt sich dort vor (**Tuber omentale**). Nach unten zeigt ein hakenförmiger **Processus uncinatus.** Mit ihrem Schwanz erreicht die Bauchspeicheldrüse das Milzhilum. Insgesamt ist die Achse der Bauchspeicheldrüse nach links oben gerichtet.

Die Bauchspeicheldrüse liegt **sekundär retroperitoneal.** An ihrer Vorderseite bildet das Peritoneum die Rückwand der Bursa omentalis (► oben).

Hinter dem Pankreaskopf entsteht aus dem Zusammenfluss der V. mesenterica superior, der V. mesenterica inferior und der V. splenica die **V. portae hepatis** (► S. 444). Ferner verläuft hinter dem Pankreaskopf die A. mesenterica superior kaudalwärts (Abb. 11.55), überquert die Pars horizontalis duodeni und tritt in die Wurzel des Mesenterium ein. Weiterhin befindet sich hinter dem Pankreaskopf der **Ductus choledochus**, der häufig in einem eigenen Kanal aus Pankreasgewebe liegt. Am Oberrand der Drüse verläuft die **A. splenica,** ein Ast des Truncus coeliacus. Die **V. splenica** befindet sich kaudal davon in einer Rinne hinter dem Pankreas.

Die **Gefäßversorgung** des Pankreas erfolgt durch Äste der A. splenica, A. gastroduodenalis und der A. mesenterica superior (► S. 375).

In Kürze

Das größte Organ des Oberbauchs ist die Leber. Tastbar ist sie jedoch nur in der Regio epigastrica. Auf die Spitze der 9. Rippe projiziert der Fundus der Gallenblase. Mit dem Zwerchfell ist die Leber an der Area nuda fest verwachsen. Von der Leber ziehen Peritonealduplikaturen als Lig. falciforme zu vorderer Bauchwand und als Omentum minus zu Magen und Anfangsteil des Duodenum. Die Leber überdeckt die Curvatura minor des Magens. Von der Curvatura major des Magens zieht das Omentum majus mit seinem Anfangsteil (Lig. gastrocolicum) abwärts. Die Milz liegt intraperitoneal in der Milznische. Vom Milzhilum ziehen Peritonealduplikaturen als Lig. gastrosplenicum zum Magen und als Lig. splenorenale zur hinteren Bauchwand. Hinter dem Magen befindet sich die Bursa omentalis. Bis auf die Pars superior liegt das Duodenum genau wie das Pankreas sekundär retroperitoneal. Nachfolgend eine Zusammenfassung der Peritonealverhältnisse.

Bauchfellduplikaturen und -falten, Recessus in der Cavitas abdominalis

Oberbauch

- Lig. falciforme – als ventrale Bauchfellduplikatur – mit am Unterrand gelegenem Lig. teres hepatis
- Lig. coronarium als Umschlag des Peritoneum viscerale der Leber auf das Peritoneum parietale in der Umgebung der Area nuda und dessen seitliche Fortsetzung als
- Lig. triangulare dextrum und Lig. triangulare sinistrum
- Lig. hepatorenale
- Recessus subphrenici
- Recessus subhepatici
- Recessus hepatorenalis

am Omentum minus

- Lig. hepatogastricum
- Lig. hepatoduodenale; in dessen freiem Rand verlaufen Ductus choledochus, V. portae hepatis und A. hepatica propria
- Lig. hepatocolicum (inkonstant)

am Magen
- Teile des Omentum minus (► oben)
- Lig. gastrosplenicum
- Lig. gastrocolicum als Teile des Omentum majus

an der Milz
- Lig. gastrosplenicum
- Lig. phrenicosplenicum
- Lig. splenorenale (synonym Lig. lienorenale)
- Lig. pancreaticosplenicum

am Omentum majus
(hervorgegangen aus dem Mesogastrium dorsale)
- Lig. gastrocolicum
- Lig. gastrosplenicum
- freier schürzenförmiger Teil

Bursa omentalis
- Vestibulum mit Recessus superior bursae omentalis
- Hauptraum und Recessus splenicus
- Recessus inferior bursae omentalis

Unterbauch

an der Flexura duodenojejunalis
- Plica duodenalis superior
- Plica duodenalis inferior
- Recessus duodenalis superior
- Recessus duodenalis inferior
- Recessus paraduodenalis

am Jejunum und Ileum
- Mesenterium mit der Radix mesenterii

an der Verbindung zwischen Ileum und Colon
- Plica caecalis vascularis
- Recessus ileocaecalis superior
- Plica ileocaecalis
- Recessus ileocaecalis inferior

am Caecum
- Recessus retrocaecalis

an der Appendix vermiformis
- Mesoappendix

am Colon transversum
- Mesocolon transversum (dessen Radix schräg aufwärts über die Pars descendens duodeni verläuft; die Fortsetzung an der Flexura coli sinistra bzw. dem oberen Abschnitt des Colon descendens ist das Lig. phrenicocolicum)
- Lig. hepatocolicum
- Lig. gastrocolicum
- freier Teil des Omentum majus

am Colon descendens
- Sulci paracolici

am Colon sigmoideum
- Mesocolon sigmoideum
- Recessus intersigmoideus

Unterbauch

Kernaussagen

- **Im Unterbauch existiert nur ein dorsales Meso.**
- **Kennzeichnend für die Darmentwicklung im Unterbauch ist die Entstehung einer Nabelschleife mit einer folgenden Darmdrehung.**
- **Nach Abschluss der Entwicklung wird der Unterbauch vom Dünndarmkonvolut aus Jejunum und Ileum gefüllt, das vom Colon umrahmt wird.**
- **Jejunum und Ileum sind durch das Mesenterium an der hinteren Bauchwand aufgehängt, dessen Radix von der Flexura duodenojejunalis bis zum Zäkum in der Fossa iliaca dextra verläuft.**
- **Die Appendix vermiformis liegt intraperitoneal und hat ein Mesoappendix.**
- **Colon ascendens und descendens liegen sekundär retroperitoneal, Colon transversum und Colon sigmoideum jedoch intraperitoneal. Sie sind durch das Mesocolon transversum bzw. das Mesosigmoideum an der hinteren Bauchwand aufgehängt.**

Zur Entwicklung

Die Anteile des Verdauungskanals im Unterbauch gehen aus dem embryonalen **Mittel-** und **Hinterdarm** hervor.

Der **Mitteldarm** zeichnet sich durch ein besonders starkes Längenwachstum aus. Dies führt zu einer nach ventral gerichteten **Nabelschleife** mit einer lang ausgezogenen dorsalen Bauchfellduplikatur (dorsales Meso); ein ventrales Meso existiert im Unterbauch nicht (◘ Abb. 11.15b). Die Nabelschleife hat einen oberen und einen unteren Schenkel (◘ Abb. 11.18b). Aus dem oberen Schenkel der Nabelschleife gehen der distale Anteil des Duodenum, das Jejunum und der größte Teil des Ileum hervor, während der untere Schenkel den distalen Abschnitt des Ileum, das Zäkum mit der Appendix vermiformis, das Colon ascendens und die proximalen zwei Drittel des Colon transversum liefert. Im Scheitelpunkt der Schleife befindet sich ein Rest des frühembryonalen Dottergangs (**Ductus vitellinus**, auch Ductus omphaloentericus) zur Verbindung mit dem Dottersack. Der Ansatz kann als **Diverticulum ilei** (*Meckel Divertikel*) erhalten bleiben (◘ Abb. 11.18b).

Die weitere Entwicklung ist durch fortgesetztes Längenwachstum des Darms, vor allem aber durch asymmetrische Verlagerungen der einzelnen Darmabschnitte gekennzeichnet, die mit der **Darmdrehung** ihren Abschluss finden (◘ Abb. 11.18c). Die Drehung erfolgt gegen den Uhrzeigersinn um 270°. Durch Verlängerung gelangt der Teil, der zum Colon ascendens wird, in den unteren Teil der Abdominalhöhle (◘ Abb. 11.18d). Dabei verschmilzt das Meso des **Colon ascendens** mit der hinteren Bauchwand. Das **Zäkum** kann jedoch als blindes Ende des Colon ascendens intraperitoneal verbleiben. Intraperitoneal bleibt auch das **Colon transversum**; es behält das Meso (**Mesocolon transversum**). Das große Netz zieht über das Colon transversum und verwächst mit ihm und dem Mesocolon.

Das Wachstum der Dünndarmschlingen erfolgt so schnell, dass der Raum in der Bauchhöhle nicht ausreicht und sich deshalb Dünndarmschlingen durch den Nabelring in den Zölomrest der Nabelschnur schieben. Dieser Vorgang führt zu einer **physiologischen Nabelhernie.** Am Ende des 3. Entwicklungsmonats werden die Darmschlingen in die Bauchhöhle zurückverlagert. Bleiben die Schlingen jedoch im extraembryonalen Zölom, rufen sie eine Auftreibung der Nabelschnur und eine Ausweitung des Nabelrings hervor: *Omphalozele* (angeborene Nabelhernie).

Hinterdarm. Als Hinterdarm werden das distale Drittel des Colon transversum, das Colon descendens, Colon sigmoideum und der obere Teil des Rektum bezeichnet.

Die größeren Teile des Hinterdarms bewegen sich nach links und werden zu **Colon descendens** und **Colon sigmoideum.** Das Colon descendens und sein Meso verschmelzen mit der dorsalen Körperwand, es liegt also sekundär retroperitoneal. Das Sigmoid dagegen behält sein Meso und damit seine intraperitoneale Lage. Das Colon sigmoideum setzt sich in Höhe von S2–S3 in das Rektum fort, dessen kaudale Abschnitte extraperitoneal liegen.

Übersicht. Die Eingeweide des Unterbauchs befinden sich zwischen Kolon bzw. Mesocolon transversum und der Eingangsebene in das kleine Becken (► S. 324). Sie werden vom Omentum majus bedeckt (► oben). Der Dickdarm rahmt die Dünndarmschlingen ein (◘ Abb. 11.17).

Jejunum und Ileum bilden gemeinsam das **Dünndarmkonvolut.** Es liegt intraperitoneal und ist je nach Kontraktion der Muskulatur der Darmwand bis zu 5 m lang.

Das Jejunum nimmt etwa zwei Fünftel der Gesamtlänge des Dünndarms ein, eine deutlich erkennbare Grenze zum Ileum besteht jedoch nicht. Die Schlingen des Jejunum liegen im Wesentlichen im oberen und linken Teil des Unterbauchs, die des Ileum im rechten und unteren. Im Bereich der Fossa iliaca dextra mündet der Dünndarm in den Dickdarm.

Peritonealverhältnisse. Das **Meso des Dünndarms** ist das **Mesenterium.** Es verbindet Jejunum und Ileum mit der hinteren Bauchwand. Dort liegt die **Radix mesenterii** (*Mesenterialwurzel*), die 15–18 cm lang ist (◘ Abb. 11.27).

Die Mesenterialwurzel zieht von der *Flexura duodenojejunalis* zur *Fossa iliaca dextra,* wo das Ileum in das Caecum mündet. Im Anfang des Jejunum und am Ende des Ileum ist das Mesenterium sehr kurz, so dass diese Stellen Fixpunkten gleichen. Die größte Entfernung von der Radix zum Darm beträgt etwa 15 cm. Der Ansatz des Mesenterium am Darm ist so lang wie der Dünndarm.

Durch die sehr unterschiedlichen Längen von Mesenterialwurzel (15–18 cm) und Mesenterialansatz (mehrere Meter) bildet das Mesenterium halskrausenartige Falten (Gekröse), die sich bei Verkürzung des Dünndarms durch Kontraktion (Peristaltik) verändern. Am Mesenterium pendelnd besitzen Jejunum und Ileum eine hohe Verschieblichkeit.

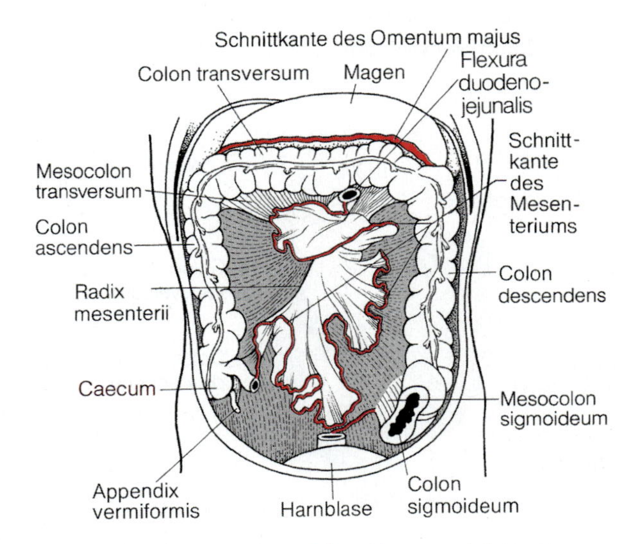

◘ **Abb. 11.27.** Mesenterium, Colon. Magen und Colon transversum sind in die Höhe geschlagen, der Dünndarm ist am Mesenterium abgetragen. *Dunkelgraues Raster*: Peritoneum parietale

Besondere Verhältnisse liegen am Anfang des Jejunum und am Ende des Ileum vor. Das Jejunum beginnt an der Flexura duodenojejunalis. Hier setzt sich das retroperitoneal gelegene Duodenum in das intraperitoneale Jejunum fort. An dieser Stelle entstehen durch **Plicae duodenalis superior et inferior** jeweils kleine Bauchfelltaschen (**Recessus duodenalis superior et inferior**). In diese Recessus können Dünndarmschlingen gelangen (innere oder *Treitz-Hernie*).

Am Übergang des intraperitoneal gelegenen Ileum in den sekundär retroperitoneal gelegenen Anfang des Kolons befindet sich der **Recessus ileocaecalis superior** mit der **Plica caecalis vascularis**, die einen Ast der A. ileocaecalis einschließt, und der **Recessus ileocaecalis inferior** zwischen Ileum und Appendix vermiformis.

Gefäße. Die versorgenden Arterien sind Aa. jejunales et ileales. Sie erreichen den Dünndarm durch das Mesenterium und bilden Arkaden. Die Aa. jejunales und ileales sind Äste der A. mesenterica superior. Die Venen begleiten die Arterien.

Der **Dickdarm** (*Intestinum crassum*) (Abb. 11.28) ist 1,3–1,5 m lang und besteht aus

- **Caecum** (*Blinddarm*) mit
  - **Appendix vermiformis** (*Wurmfortsatz*)
- **Colon** (*Grimmdarm*)
  - **Colon ascendens**
  - **Colon transversum**
  - **Colon descendens**
  - **Colon sigmoideum**

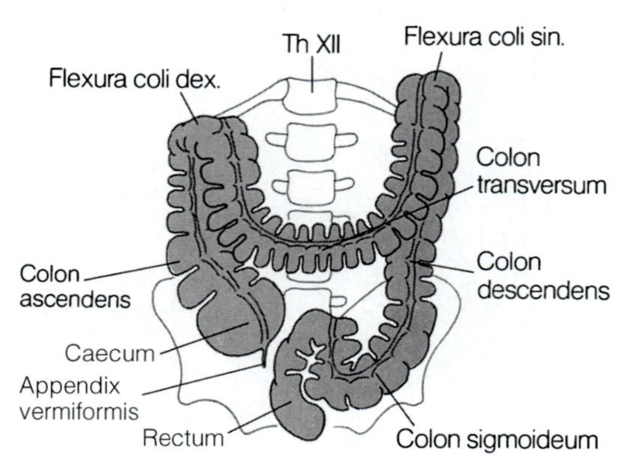

Abb. 11.28. Dickdarm von vorne gesehen. Die Flexura coli dexter liegt in situ ventral, die Flexura coli sinister mit Colon descendens dorsal im Oberbauch. Darstellung nach Röntgenbildern

Die nachfolgenden Darmabschnitte **Rectum** (*Mastdarm*) und **Canalis analis** (*Analkanal*) liegen sub- bzw. extraperitoneal.

Das **Caecum** (Zäkum) befindet sich in der Fossa iliaca dextra auf dem M. iliacus unterhalb der Einmündung des Dünndarms in den Dickdarm (**Ostium ileale**). Es ist etwa 7 cm lang. Falls das Zäkum während der Entwicklung nicht nach kaudal gewandert ist, liegt es unter der Leber (*Hochstand des Zäkum*).

Das Ostium ileale (Abb. 11.29) wird von zwei Schleimhautlippen begrenzt (**Labra ileocaecales**), die sich seitlich in ein **Frenulum ostii ilealis** fortsetzen. Durch diese Lippen wird ein Reflux von Dickdarminhalt in den Dünndarm verhindert.

Peritonealverhältnisse. Das Zäkum weist unterschiedliche Peritonealverhältnisse auf. Es kann vorliegen als

- **Caecum fixum**, wenn es breit mit der Rückwand des Bauchraums verwachsen ist (sekundär retroperitoneale Lage)
- **Caecum mobile**, wenn eine mesoartige Verbindung zwischen Peritoneum viscerale des Zäkum und Peritoneum parietale gering oder unvollständig ist
- **Caecum liberum**, wenn ein vollständiges Meso (*Mesocaecum*) ausgebildet ist

Sowohl beim Caecum mobile als auch beim Caecum liberum befindet sich hinter dem Blinddarm ein **Reces-**

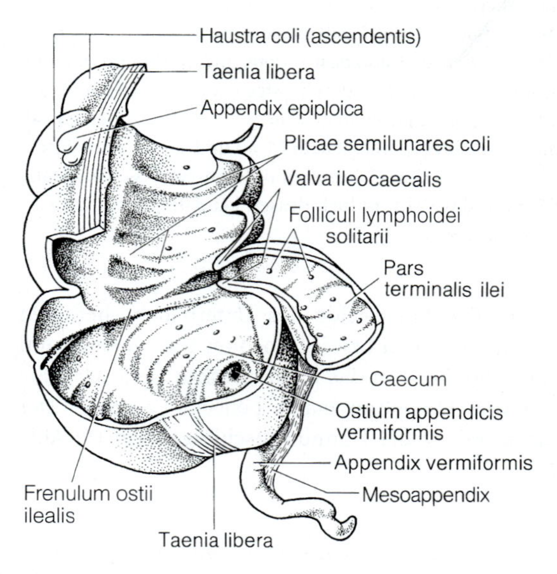

Abb. 11.29. Ileum, Caecum und Colon ascendens sind eröffnet. Zu beachten ist die Abgangsstelle des Wurmfortsatzes

sus retrocaecalis, in den sich die Appendix vermiformis hineinlegen kann.

Appendix vermiformis (*Wurmfortsatz*). Die Appendix vermiformis ist durchschnittlich 8–9 cm lang und durch ihre intraperitoneale Lage frei beweglich. Sie hat ein eigenes Meso (**Mesoappendix**, auch Mesenteriolum). Durch ihre Beweglichkeit kann die Appendix verschiedene Positionen zum Zäkum einnehmen. In der Mesoappendix verlaufen die versorgenden Blutgefäße, A. und V. appendicularis, und werden hier bei der Appendektomie (operative Entfernung der Appendix) unterbunden.

Lagevarianten der Appendix vermiformis
- **Kaudalposition:** ragt in das kleine Becken hinein: absteigender Typ (30%) (bei der Frau liegt sie dann in enger Nachbarschaft zum Ovar)
- **Medialposition:** nach medial verlagert zwischen den Dünndarmschlingen
- **Lateralposition:** zwischen lateraler Bauchwand und Zäkum
- **retrozäkale Kranialposition:** hinter dem Zäkum nach oben geschlagen im Recessus retrocaecalis (65%)
- **anterozäkale Kranialposition:** vor dem Zäkum nach oben geschlagen

Klinischer Hinweis

Druckpunkte auf der vorderen Bauchwand haben für die Diagnose von Entzündungen der Appendix vermiformis (*Appendicitis*) große klinische Bedeutung. Der *McBurney-Punkt* gilt als Projektionsstelle der Basis der Appendix auf die Bauchwand (Abb. 11.1). Er liegt auf der Verbindungslinie zwischen Spina iliaca anterior superior und Nabel am Übergang zwischen lateralem und mittlerem Drittel. Der *Lanz-Punkt* entspricht der Spitze der Appendix beim absteigendem Typ. Er befindet sich am Übergang vom rechten und mittleren Drittel einer Verbindungslinie zwischen den beiden Spinae iliacae anteriores superiores. Es bestehen jedoch große Variabilitäten.

Colon ascendens. Es schließt kontinuierlich an das Zäkum an, liegt im Normalfall sekundär retroperitoneal und verläuft seitlich auf dem M. quadratus lumborum bzw. M. transversus abdominis bis zur Unterfläche des rechten Leberlappens. Dort ruft es die Impressio colica hervor. Vor dem unteren Pol bzw. dem Hilum der rechten Niere befindet sich die **Flexura coli dextra**, der Übergang ins Colon transversum. Vorn wird das Colon ascendens von Dünndarmschlingen überlagert.

Colon transversum (Abb. 11.27). Das Colon transversum liegt intraperitoneal und ist durch ein unterschiedlich langes **Mesocolon transversum** beweglich befestigt. Dadurch ist die Lage des Colon transversum variabel; im Extremfall kann das Colon transversum bis ins kleine Becken durchhängen. In der Regel jedoch legt sich das Colon transversum der Facies visceralis der Leber, der Gallenblase, bei größerer Füllung dem Magen und der Facies visceralis der Milz an.

Mesocolon transversum. Es verbindet das Colon transversum mit der hinteren Bauchwand. Die **Wurzel des Mesocolon transversum** (Abb. 11.30) an der hinteren

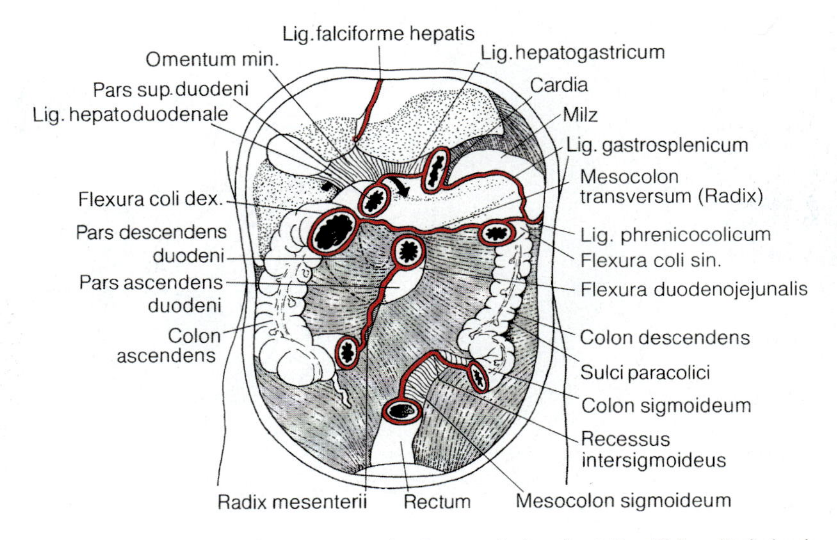

Abb. 11.30. Peritoneum parietale mit Radix mesenterii (*rote Linien*). Die intraperitonealen Organe sind entfernt. Der Pfeil verläuft durch das Foramen omentale (epiploicum) in die Bursa omentalis

Bauchwand verläuft leicht schräg aufsteigend von der Flexura coli dextra zur Flexura coli sinistra. Sie beginnt über der Pars descendens duodeni, folgt dem Unterrand des Pankreas und erreicht in unterschiedlicher Höhe die linke Niere, an deren Fascia praerenalis das Kolon ohne Bauchfellduplikatur fixiert ist. Das Mesocolon transversum setzt sich von der Flexura coli sinistra und dem Anfangsteil des Colon descendens zum Zwerchfell als **Ligamentum phrenicocolicum** fort, das die Milznische nach unten begrenzt (► oben).

Weitere peritoneale Verbindungen hat das Colon tansversum zur Leber (**Ligamentum hepatocolicum**) und mit dem Magen (**Ligamentum gastrocolicum**). Außerdem zieht das schürzenförmige Omentum majus vom Colon transversum bis ins Becken.

Im Mesocolon transversum verlaufen die versorgenden Gefäße A. und V. colica media.

Colon descendens (◼ Abb. 11.27). Es beginnt an der **Flexura coli sinistra**, die stets höher liegt als die rechte Flexur und bis zum Zwerchfell aufsteigen kann. Im Extremfall kann die Flexura coli sinistra einen aufsteigenden und einen absteigenden Schenkel besitzen (*Doppelflintenform*). Das Colon descendens liegt sekundär retroperitoneal und ist mit der hinteren Bauchwand verwachsen. Es verläuft lateral der linken Niere bis in die Fossa iliaca sinistra, wo es sich in das Colon sigmoideum fortsetzt. Häufig befinden sich seitlich an der Befestigung des Colon descendens kleine **Sulci paracolici.**

Das **Colon sigmoideum** (◼ Abb. 11.17, 11.28) ist etwa 45 cm lang und verläuft S-förmig. Durch seine Schleife gelangt es vor S2–S3. Dort setzt es sich in den Mastdarm (*Rectum*) fort. Es liegt intraperitoneal und ist über das Mesocolon sigmoideum beweglich an der hinteren Bauchwand befestigt.

Das **Mesocolon sigmoideum** (◼ Abb. 11.30) ist unterschiedlich lang. Entsprechend dem S-förmigen Verlauf des Mesencolon hat seine Haftlinie an der Bauchrückwand einen gebogenen Verlauf (◼ Abb. 11.30). Dadurch entsteht ein **Recessus intersigmoideus,** in dessen Bereich retroperitoneal der *linke Ureter* verläuft. Ferner überquert die Wurzel des Mesocolon sigmoideum den M. psoas und die Vasa iliaca.

Gefäße. Die versorgenden Gefäße, Arterien und Venen verlaufen retroperitoneal sofern die Dickdarmabschnitte sekundär retroperitoneal liegen: A. und V. caecalis anterior et posterior zum Zäkum, A. und V. colica dextra zum Colon ascendens, A. colica sinistra für das Colon descendens, im Meso sofern die Abschnitte intraperitoneal liegen: A. und V. appendicularis im Mesoappendix,

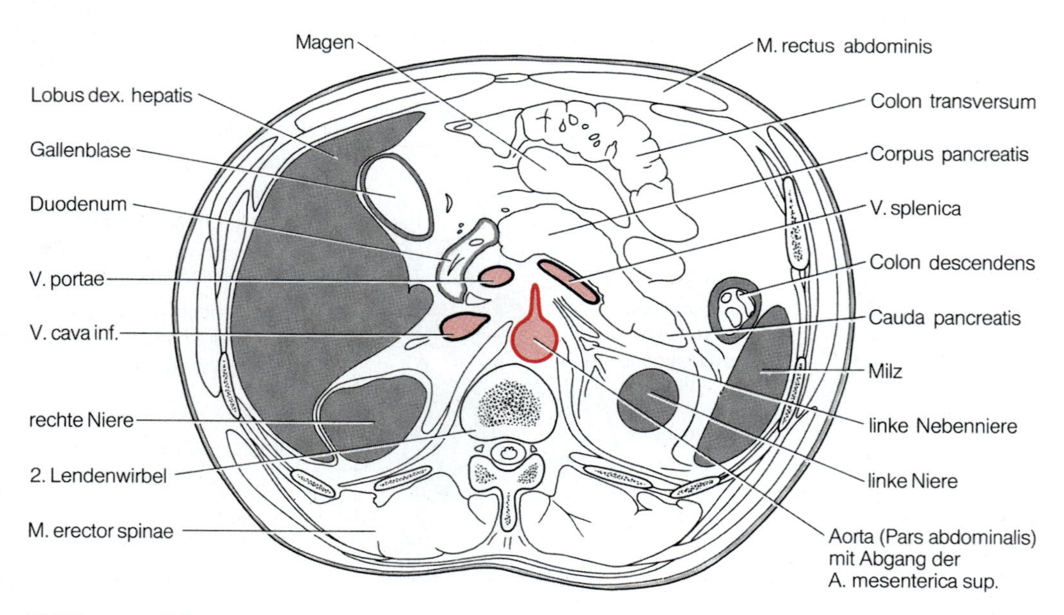

◼ **Abb. 11.31.** Schematisiertes Computertomogramm der Bauchhöhle in Höhe des Pankreas; dies entspricht der des 2. LW. Blick von unten (kaudal) (nach Takahashi 1983)

A. und V. colica media im Mesocolon transversum, Aa. und Vv. sigmoideae im Mesosigmoideum. Die Gefäße gehen etwa bis zur Flexura coli sinistra aus der A. mesenterica superior, dann aus der A. mesenterica inferior hervor (▶ S. 440). Sie werden von vegetativen Nervengeflechten begleitet.

Rectum (*Mastdarm*). Der Endabschnitt des Darms befindet sich bereits außerhalb der Cavitas peritonealis im subperitonealen Bindegewebsraum der Beckenhöhle (▶ S. 329).

Klinischer Hinweis

Einen noninvasiven Überblick über die Bauchhöhle verschaffen bildgebende Verfahren. Den gewohnten anatomischen Querschnittsbildern am nächsten kommen dabei Computertomogramme. Abbildung 11.31 entspricht einem Röntgencomputertomogramm (CT) in Höhe des 2. LW.

In Kürze

Im Unterbauch umrahmen Colon ascendens, transversum und descendens das Dünndarmkonvolut aus Jejunum und Ileum. Zäkum und Appendix vermiformis liegen in der Fossa iliaca dextra. Das Colon sigmoideum ist S-förmig gekrümmt und gelangt vor S2–S3. Jejunum und Ileum, Colon transversum und sigmoideum liegen intraperitoneal.

11.5.4 Organe des Verdauungssystems

Zur Information

In diesem Kapitel werden die Gliederung, der Bau, die mikroskopische Anatomie und die Leitungsbahnen der Organe des Verdauungssystems besprochen, die sich in der Bauch- und z.T. in der Beckenhöhle befinden: Magen, Dünndarm, Dickdarm, Mastdarm, Leber, Gallenblase und Bauchspeicheldrüse. Ihre Lage, Nachbarschaftsbeziehungen und Peritonealverhältnisse wurden in den Kapiteln Bauch- bzw. Beckensitus dargestellt.

Magen e H52–55

Kernaussagen

- **Der Magen (Gaster, Ventriculus) gliedert sich in Cardia, Fundus, Corpus und Pars pylorica.**
- **Parallel zur kleinen Kurvatur verläuft die Magenstraße.**
- **Die Oberfläche der Magenschleimhaut ist von Schleim bedeckt, der von Isthmuszellen und Nebenzellen der Magendrüsen gebildet wird.**
- **Hauptzellen sezernieren Pepsinogen und weitere Proteasen, Parietalzellen vor allem Wasserstoffionen zur Bildung des sauren Magensaftes.**
- **Endokrine Zellen nehmen Einfluss auf die Magensekretion.**
- **Die mehrschichtige Muskulatur der Magenwand durchmischt den Mageninhalt und sorgt für die Magenentleerung.**

Der **Magen** hat eine vorgegebene, jedoch veränderliche Form. Dadurch sind verschiedene Magenformen möglich (Abb. 11.32).

Außerdem vergrößert sich der Magen bei Füllung und schrumpft nach längerem Hungern. Während der Verdauung laufen Kontraktionswellen der Magenmuskulatur über die Oberfläche des Magens und führen zu wandernden Einschnürungen.

Konstant sind folgende **Magenabschnitte** zu unterscheiden (Abb. 11.33):

- **Curvatura major:** längerer Bogen des linken Magenrandes

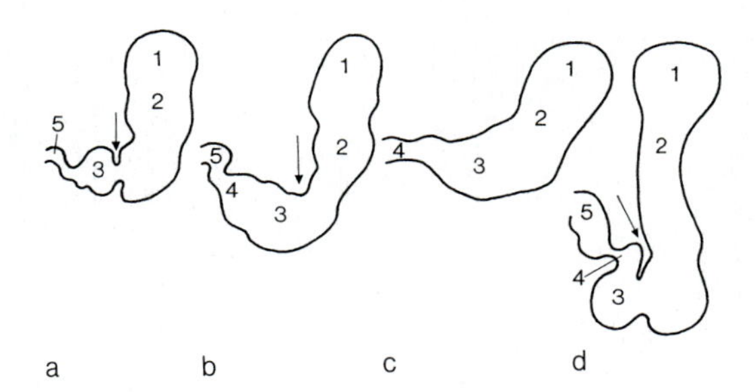

Abb. 11.32 a–d. Magenformen im Stehen. **a** Hakenmagen. **b** Langmagen. **c** Stierhornmagen. **d** Hypotonischer Langmagen. *1* Fundus gastricus, *2* Corpus gastricum, *3* Pars pylorica, *4* Pylorus, *5* Pars superior duodeni (Bulbus duodeni); Pfeil: Incisura angularis (nach Töndury 1970)

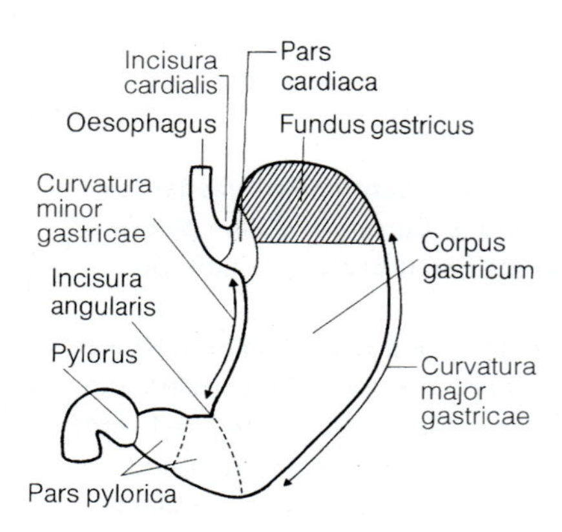

Abb. 11.33. Magen mit Magenabschnitten

- **Curvatura minor:** kürzerer Bogen des rechten Magenrandes
- **Pars cardiaca** (*Cardia*)
- **Fundus gastricus**
- **Corpus gastricum**
- **Pars pylorica**

Die Pars cardiaca befindet sich am Mageneingang (**Ostium cardiacum**). Sie zeigt innen einen 1–3 cm breiten, ringförmigen Schleimhautstreifen, der sich histologisch und gastroskopisch scharf von der Pars abdominalis oesophagi absetzt.

Der Fundus gastricus erhebt sich kuppelförmig links von der Kardia. Er lässt zusammen mit einem Teil der Pars cardiaca den **Fornix gastricus** entstehen. Zwischen Fornix und Ösophagus befindet sich die **Incisura cardialis** (Abb. 11.33 und 11.34b). Dort beginnt die große Kurvatur. Beim stehenden Menschen ist der Fundus die höchste Stelle des Magens, hier sammelt sich verschluckte Luft und bildet die so genannte *Magenblase*. Sie liegt dicht unter der linken Zwerchfellkuppel und ist bei Röntgenuntersuchungen auch ohne Verwendung eines Kontrastmittels sichtbar.

Das Corpus gastricum ist der Hauptteil des Magens. Hier ist das Magenlumen am weitesten.

Die Pars pylorica beginnt an einem Knick an der kleinen Kurvatur (**Incisura angularis**) (Abb. 11.33), an der das Magenlumen verengt wird. Es schließen sich das **Antrum pyloricum** und der enge **Canalis pyloricus** an, der sich am **Ostium pyloricum** in das Duodenum öffnet. Im Bereich des Canalis pyloricus besteht die Magenwand aus Ringmuskulatur, die am **Pylorus** verstärkt ist und wie ein Schließmuskel wirkt.

Das Innenrelief der Magenwand (Abb. 11.35) wird gebildet von
- **Plicae gastricae**
- **Areae gastricae**
- **Plicae villosae**
- **Foveolae gastricae**

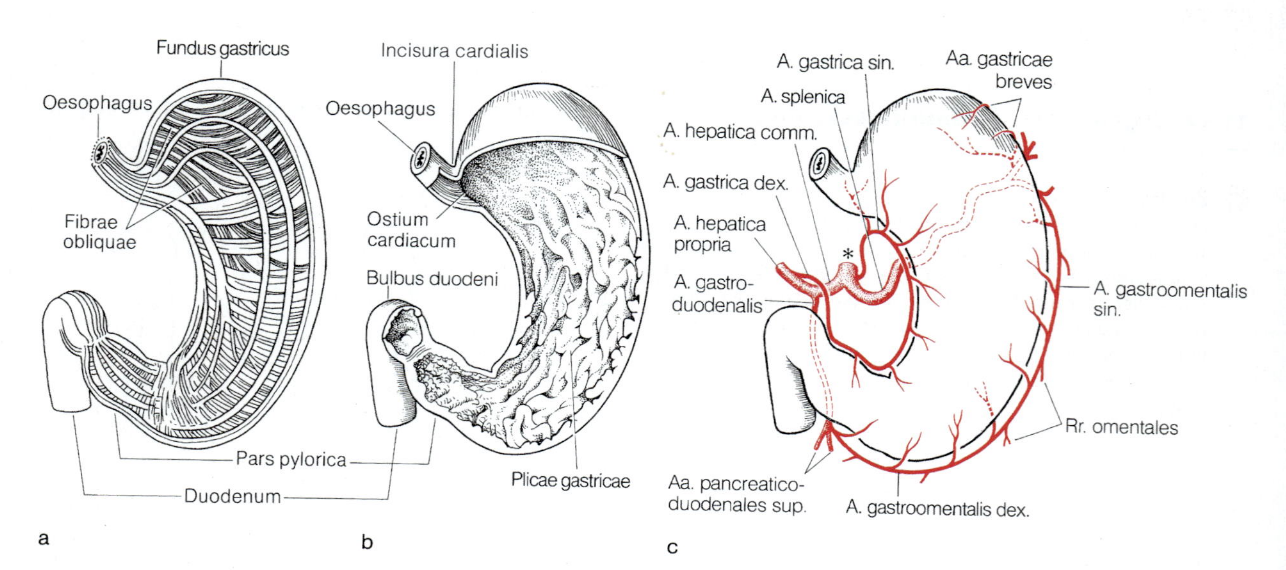

Abb. 11.34a–c. Magen. **a** Schematische Darstellung der Magenmuskulatur mit Fibrae obliquae. **b** Schleimhautrelief des Magens. **c** Magenarterien. *Truncus coeliacus

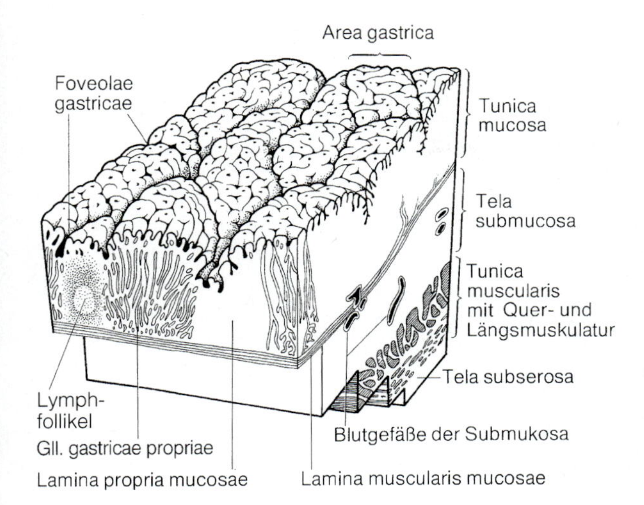

Abb. 11.35. Magenwand. Schleimhautrelief und Schichtung im Korpusbereich. Nicht berücksichtigt sind die Plicae gastricae (nach Braus-Elze 1956)

Plicae gastricae sind grobe Falten. Sie lassen das **Hochrelief** des Magens entstehen. Die Falten sind an der Curvatura minor am deutlichsten. Hier verlaufen sie in Längsrichtung und bilden die **Magenstraße.** In den übrigen Anteilen des Magens sind sie unregelmäßig angeordnet. Die Plicae gastricae entstehen durch Aufwerfung der Lamina muscularis mucosae und Tela submucosa.

Areae gastricae machen das **Flachrelief** der Magenoberfläche aus. Es handelt sich um millimetergroße beetartige Felder, die der Schleimhautoberfläche ein feinhöckriges Aussehen verleihen.

Plicae villosae sind nur bei Lupenvergrößerung als kleine gewundene Leisten innerhalb der Areae gastricae zu erkennen. Sie rufen das **Mikrorelief** hervor.

Foveolae gastricae (*Magengrübchen*) sind rundliche oder rinnenförmige Öffnungen der Magendrüsen zwischen den Plicae villosae.

Bau der Magenwand (e H52–55). Die Magenwand besteht wie alle Abschnitte des Verdauungskanals aus
- **Tunica mucosa**
- **Tela submucosa**
- **Tunica muscularis**
- **Tela subserosa**
- **Tunica serosa**

Tunica mucosa (Abb. 11.36). Die Tunica mucosa gastrica gliedert sich in
- **Lamina epithelialis mucosae**
- **Lamina propria mucosae** (mit *Magendrüsen*)
- **Lamina muscularis mucosae**

Lamina epithelialis mucosae. Die Oberfläche der Schleimhaut aller Magenabschnitte, einschließlich der Foveolae gastricae, wird von einem einschichtigen hochprismatischen Epithel ohne Bürstensaum gebildet. Sezerniert wird ein hochvisköser neutraler Schleim, der reich an Glykanen, Proteinen und Mukoitinschwefelsäure ist und nicht von der Magensäure aufgelöst werden kann. Überlagert wird der Schleim der Epithelzellen von löslichem Schleim aus den Nebenzellen der Magendrüsen (▶ unten). Der Schleim schützt die Magenwand vor mechanischen, thermischen und enzymatischen Schädigungen.

Klinischer Hinweis

Werden Schutzfilm und Schleimhaut geschädigt, z. B. durch Alkoholabusus, entzündungshemmende Arzneimittel oder Infektion mit Helicobacter pylori, können peptische Geschwüre entstehen (*Ulcera ventriculi*). Ihre Prädilektionsstellen liegen entlang der Magenstraße im Bereich der Curvatura gastrica minor und an der Hinterwand des Magens.

Lamina propria mucosae. Sie umgibt die **Magendrüsen** (▶ unten), besteht aus lockerem Bindegewebe und beherbergt Zellen des Immunsystems (Lymphozyten, Plasmazellen, eosinophile Granulozyten, Makrophagen). An einzelnen Stellen, bevorzugt im Pylorusbereich, kommen Lymphfollikel mit Reaktionszentren vor. Ferner enthält das Bindegewebe der Lamina propria ein Kapillarnetz, das von Arteriolen eines submukösen Netzes gespeist wird, sowie Lymphgefäße und Nerven.

Lamina muscularis mucosae. Sie grenzt die Mukosa von der Submukosa ab. Einzelne glatte Muskelzellen gelangen in das Bindegewebe der Schleimhaut. Die Muskelzellen der Lamina muscularis mucosae können das Relief der Magenoberfläche verändern.

Tela submucosa. Der Magenschleimhaut folgt eine breite Tela submucosa, die aus lockerem Bindegewebe besteht. Sie ist eine Gefäß- und Verschiebeschicht. Außer Blut- und Lymphgefäßen kommen Nervenfaserbündel und kleine Gruppen von Nervenzellen vor (**Plexus submucosus** auch: *Meißner-Plexus*).

Tunica muscularis. Sie besteht aus drei Schichten glatter Muskelzellen (Abb. 11.34a), von innen nach außen:
- **Stratum circulare** ergänzt durch

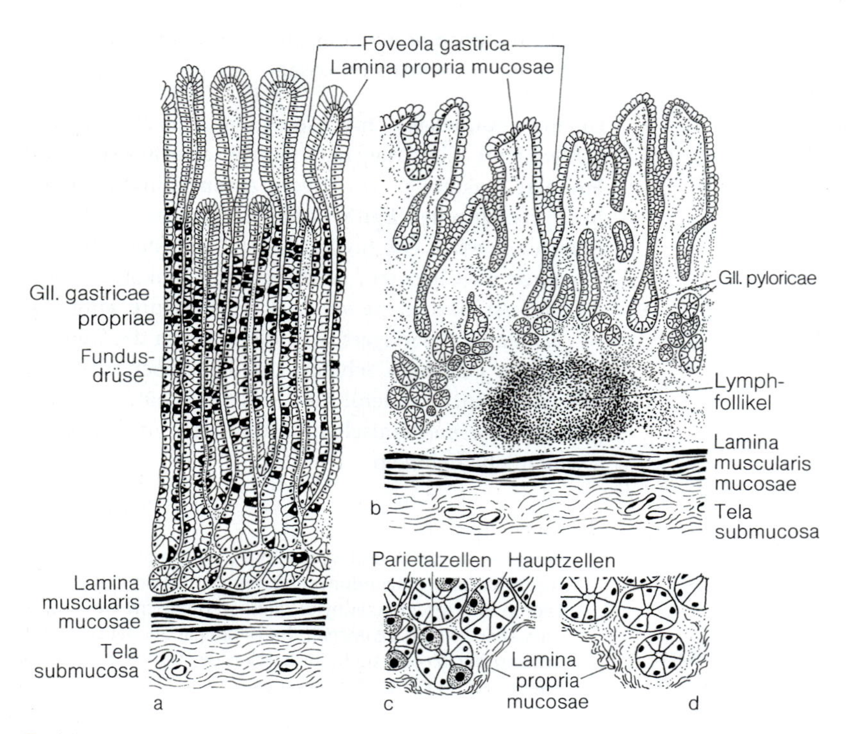

Abb. 11.36 a–d. Magendrüsen. **a** Senkrechter Schnitt durch die Magenschleimhaut im Fundusgebiet. Die Parietalzellen sind *schwarz* dargestellt. **b** Senkrechter Schnitt durch die Schleimhaut der Regio pylorica. **c** Querschnitte durch Fundusdrüsen. **d** Querschnitte durch Pylorusdrüsen H52–55

- **Fibrae obliquae**
- **Stratum longitudinale**

Das **Stratum circulare** ist die kräftigste Schicht der Magenwand. Sie hängt mit dem Stratum circulare des Ösophagus zusammen. Im Bereich des Canalis pyloricus bildet die Muskelschicht den **M. sphincter pyloricus.**

Die **Fibrae obliquae** gehen aus dem Stratum circulare hervor und sind die innerste Schicht der Tunica muscularis. Die Fasern verlaufen schräg. Diese Schicht ist auf das Corpus gastricum beschränkt, lässt aber die kleine Kurvatur frei.

Das **Stratum longitudinale** ist die äußere Schicht. Sie ist eine kontinuierliche Fortsetzung des Stratum longitudinale der Speiseröhre. Die Schicht ist an den beiden Kurvaturen des Magens besonders kräftig. Im Bereich der Incisura angularis ist sie unterbrochen und beginnt erst wieder in der Pars pylorica.

Zwischen Ring- und Längsmuskulatur befindet sich eine dünne Bindegewebsschicht mit dem vegetativen **Plexus myentericus** (*Auerbach-Plexus*) (▶ unten).

Funktion. Bevor die Speise den Magen erreicht hat erschlafft die Magenmuskulatur. Wird jedoch die Magenwand durch die Speise bzw. den Speisebrei weiter gedehnt, beginnen rhythmische, zum Magenausgang hin gerichtete Kontraktionen. Solange der Pylorus geschlossen bleibt, wird der Mageninhalt durch die Peristaltik gemischt. Die Magenentleerung erfolgt sobald der Pylorus unter dem Einfluss des vegetativen Nervensystems und gastrointestinaler Hormone erschlafft.

Magendrüsen (H53). Zu unterscheiden sind:
- **Glandulae gastricae propriae**
- **Glandulae cardiacae**
- **Glandulae pyloricae**

Glandulae gastricae propriae (Abb. 11.36 a). Sie befinden sich in der Schleimhaut von Fundus und Korpus, etwa 100 pro mm². Ihre Drüsenschläuche sind etwa 6 mm lang, dann verzweigen sie sich in 2–3 kurze Endabschnitte. Mehrere Drüsen münden gemeinsam mit schmalen Halsstücken in die etwa 1,5 mm tiefen **Foveolae gastricae.**

Die Wand der Drüsenschläuche besteht aus
- **Schleimzellen**
- **Nebenzellen**
- **Hauptzellen**
- **Parietalzellen** (*Belegzellen*)
- **gastrointestinalen endokrinen Zellen**

Die Zellen treten gebündelt auf und sind folgendermaßen auf die Drüsenabschnitte verteilt:
- **Isthmus:** nur *Schleimzellen*
- **Cervix** (*grübchennaher Drüsenhals*): vorzugsweise **Nebenzellen** und **Parietalzellen**
- **Pars principalis:** im *Mittelstück* viele **Parietal-** und **Hauptzellen,** im *Drüsengrund* vor allem **Haupt-** und **endokrine** (enterochromaffine) **Zellen**

Schleimzellen (*Isthmuszellen*). Sie produzieren wie die Zellen der Schleimhautoberfläche einen neutralen Schleim. Wahrscheinlich gehen die Isthmuszellen durch Mitose aus undifferenzierten Zellen der Halsregion hervor. Außerdem befinden sich im Isthmus Stammzellen zur Erneuerung des Oberflächenepithels.

Nebenzellen ähneln morphologisch den Zellen des Oberflächenepithels und denen der Pylorus- und Kardiadrüsen (► unten). Sie produzieren jedoch saure Mukosubstanzen, die sich als Schleimfilm an der inneren Magenoberfläche ausbreiten. Die Schleimgranula liegen in den apikalen Zytoplasmaabschnitten. Ihre Kerne sind an die Basis gedrängt und vielfach gebuchtet. Nebenzellen weisen häufig Mitosen auf. Von ihnen geht der Nachschub für das Oberflächenepithel und die Hauptzellen aus. Nebenzellen reagieren PAS-positiv (► S. 90).

Hauptzellen sind reich an basal angehäuftem, basophilen *Ergastoplasma*. Die Hauptzellen produzieren das Proenzym *Pepsinogen*, das bei einem pH von 1,5–2,0 durch Abspaltung eines Polypeptids in das aktive Enzym *Pepsin* überführt wird. Als weitere Protease enthalten die Hauptzellen *Kathepsin*.

Klinischer Hinweis
Bei Magenerkrankungen (*Gastritis, Ulkus, Karzinom*) können sich Hauptzellen in schleimproduzierende Nebenzellen umwandeln.

Parietalzellen (Abb. 11.37) sind groß, von rundlicher oder eckiger Gestalt, dabei häufig vom Lumen abgedrängt und so geformt, dass sie mit einem Teil ihres Zellleibs den Hauptzellen außen aufliegen (»Belegzellen«). Sie sind mitochondrienreich (Cristatyp) und färben sich mit sauren Farbstoffen (Eosin, Kongorot) kräf-

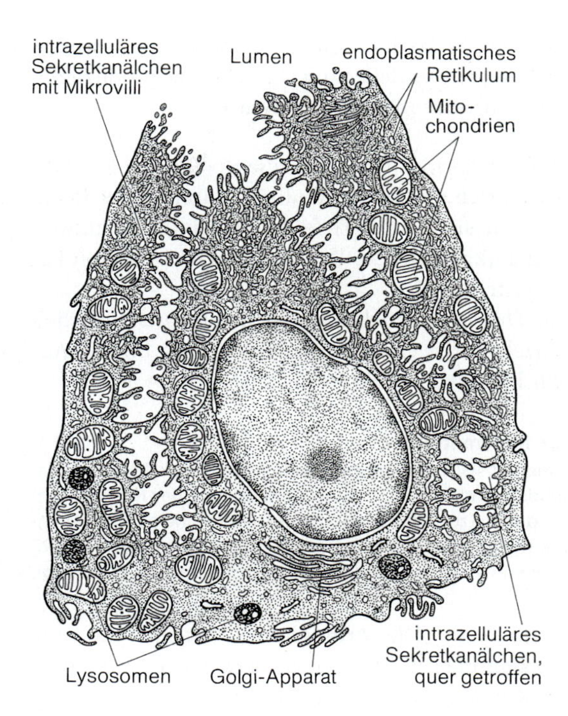

Abb. 11.37. Parietalzelle, elektronenmikroskopisch. Zu beachten sind der Mitochondrienreichtum und die intrazellulären Sekretkanälchen

tig an. Charakteristisch sind tiefe Einstülpungen der apikalen Plasmamembran (**intrazelluläre Sekretkanälchen**), die mit dem Drüsenlumen in Verbindung stehen.

Die Parietalzellen sondern *Protonen* (Wasserstoffionen) ab. Sie sind Protonenpumpen, die sehr viel Energie benötigen und daher zahlreiche Mitochondrien enthalten. Die Wasserstoffionen führen zu starker Ansäuerung des Magensafes (pH $\approx$ 1,5). Außerdem wird in den Parietalzellen der »*intrinsic factor*« gebildet, der die Resorption von Vitamin B_{12} ermöglicht. Vitamin B_{12} ist für die Blutbildung unentbehrlich.

Endokrine Zellen. In den Glandulae gastricae propriae treten vor allem **enterochromaffine Zellen** (*EC-Zellen*) auf, die zwischen den Hauptzellen in den basalen Drüsenabschnitten liegen, und **gastrinbildende G-Zellen**, die die Magensaftsekretion anregen (► unten).

Glandulae cardiacae (*Kardiadrüsen*) sind wie die anderen Magendrüsen schlauchförmig, aber stärker verzweigt als die Gl. gastricae propriae und unregelmäßig gestaltet. Sie kommen nur in der Pars cardiaca der Magenwand vor. Vielfach haben die Kardiadrüsen zystische Erweiterungen. Die Zellen der Gl. cardiacae produzieren *Schleim* und vermutlich das Enzym *Lysozym*.

Glandulae pyloricae (*Pylorusdrüsen*) (Abb. 11.36b). Es handelt sich um kurze tubulöse Drüsen in der Regio pylorica, die sich in der Tiefe der Schleimhaut verzweigen und aufknäueln. Die Drüsen münden in langen Foveolae gastricae.

Die Drüsenschläuche bestehen aus prismatischen Drüsenzellen, die einen neutralen Schleim bilden. Außerdem kommen endokrine *G-Zellen* vor (► S. 356).

Zur Information

Angeregt wird die Gastrinsekretion durch lokale Reize (Magendehnung, aber auch durch Inhaltsstoffe der Nahrung) sowie durch Azetylcholin, das in der Magenwand aus Nervenendigungen freigesetzt wird. Gehemmt wird die Gastrinsekretion, wenn im Antrum des Magens der pH-Wert unter 2,5 liegt.

Leitungsbahnen. Die **Arterien** des Magens (Abb. 11.34c) stammen aus dem Truncus coeliacus und bilden an den Kurvaturen einen Gefäßkranz.

An der **Curvatura minor** liegen
- **A. gastrica sinistra** aus dem Truncus coeliacus (► S. 439)
- **A. gastrica dextra** aus der A. hepatica propria (► S. 439).

Die **A. gastrica sinistra** tritt in der Plica gastropancreatica in Höhe der Kardia an den Magen heran, biegt nach abwärts um und folgt dann der kleinen Kurvatur, wobei sie Äste an die Vorder- und Hinterfläche des Magens abgibt. Sie anastomosiert mit der **A. gastrica dextra**, die vom Pylorus her der A. gastrica sinistra entgegenkommt (Arterienbogen der kleinen Kurvatur) und in der Regel aus der A. hepatica propria, gelegentlich auch aus der A. hepatica communis entspringt.

An der **Curvatura major** verlaufen
- **A. gastroomentalis dextra** aus der A. gastroduodenalis
- **A. gastroomentalis sinistra** aus der A. splenica (A. lienalis)

Beide Gefäße verlaufen etwa fingerbreit von der großen Kurvatur des Magens entfernt im Lig. gastrocolicum des großen Netzes. Sie anastomosieren und bilden an der großen Kurvatur einen Arterienbogen. Sie geben *Rr. gastrici* zu Vorder- und Hinterfläche des Magens sowie *Rr. omentales* zum Omentum majus ab.

Der **Magenfundus** wird außerdem von mehreren
- **Aa. gastricae breves,** Ästen der A. splenica, versorgt.

Venen. Die Venen des Magens münden in die V. portae hepatis. Sie begleiten die Magenarterien.

Klinischer Hinweis

Bei Rückstau in der V. portae hepatis kann es zur Umkehr der Blutstromrichtung kommen, so dass das Blut aus dem Vv. gastricae zum Venenplexus des Ösophagus abfließt und dort *Ösophagusvarizen* hervorruft.

Lymphgefäße. Die Lymphgefäße beginnen in der Lamina propria der Magenwand. Der größte Lymphgefäßplexus befindet sich jedoch in der Tiefe der Submukosa. Von dort gelangt die Lymphe in ein dichtes Lymphgefäßnetz an der Magenoberfläche. Die größeren abführenden Lymphgefäße folgen in der Regel den großen Venen, verlaufen also an den Kurvaturen, wo sich auch die regionären Lymphknoten befinden.

Folgende **drei Lymphabflussgebiete** der Magenwand lassen sich unterscheiden:
- aus der Pars cardiaca und großen Teilen der Vorder- und Rückseite des Magens an der Curvatura minor zu den **Nodi lymphoidei gastrici** an der kleinen Kurvatur
- aus den milznahen Gebieten der großen Kurvatur einschließlich der Fundusteile zu den **Nodi lymphoidei splenici**
- aus der Pars pylorica und dem Pylorus in die **Nodi lymphoidei pylorici et gastroomentales**

Alle genannten Lymphknoten sind *regionäre Lymphknoten*. Von hier gelangt die Lymphe in die *Nodi lymphoidei coeliaci* als zweite Filterstation und in den Truncus intestinalis, der schließlich in den Ductus thoracicus mündet (► S. 304).

Nerven. Der Magen wird extrinsisch von Sympathikus bzw. Parasympathikus und intrinsisch vom enterischen Nervensystem (Plexus myentericus Auerbach; ein nennenswerter Plexus submucosus existiert im Magen nicht) innerviert.

Die **sympathischen Fasern** entstammen dem *Plexus coeliacus* (► S. 447) und gelangen mit den Arterien zum Magen. Der Sympathikus hemmt die Peristaltik des Magens.

Die **parasympathischen Fasern** sind Äste der **Nn. vagi**. Sie gelangen mit dem Ösophagus in die Bauchhöhle. Die Fasern des **linken N. vagus**, die im Truncus vagalis anterior die Bauchhöhle erreichen, bilden auf der Vorderfläche des Magens den ventralen Anteil des **Plexus gastricus** (einige Fasern ziehen weiter zum Plexus hepaticus). Fasern des **rechten N. vagus** im Truncus vagalis posterior versorgen vorwiegend die Rückseite des Magens (einige Fasern ziehen weiter zum Plexus coeliacus). In beide Geflechte strahlen auch sympathische Fasern ein. Der N. vagus beschleunigt die Magenmotorik und fördert die Sekretion (Sekretomotorik).

Intrinsisches Nervensystem. Das enterische Nervensystem des Magens besteht im Wesentlichen aus dem Plexus myentericus mit zahlreichen Ganglien, der zwischen Ring- und Längsmuskulatur liegt. Submuköse Ganglien sind spärlich. Obwohl im Plexus myentericus lokale Reflexbögen existieren, wird die dominierende reflektorische Kontrolle der Magentätigkeit vom Hirnstamm (über den N. vagus) ausgeübt. Postganglionäre Fasern des Sympathikus hemmen indirekt durch Zwischenschaltung myenterischer Neurone, Magenmotorik sowie Drüsensekretion und bewirken direkt Vasokonstriktion.

In Kürze

Die Magenabschnitte sind: Cardia, Fundus, Corpus, Pars pylorica. Die Magenkontur entsteht durch die Curvaturae major et minor, an denen die versorgenden Gefäße verlaufen. Die Innenwände des Magens zeigen ein Hochrelief aus Falten, die an der Curvatura minor die Magenstraße bilden. Areae gastricae sorgen für ein Flachrelief und Plicae villosae für ein Mikrorelief. Glandulae gastricae sind von der Lamina propria mucosae umgeben. Sie bestehen aus Schleimzellen, Neben-, Haupt- und Parietalzellen sowie endokrinen Zellen. Die Zellen sind in den Drüsen der verschiedenen Magenregionen (Kardia-, Fundus- und Pylorusdrüsen) unterschiedlich zusammengesetzt und angeordnet. Die Muskulatur der Magenwand ist im Stratum circulare am kräftigsten und am Pylorus verstärkt.

Dünndarm  H7, 56, 57

Kernaussagen

- **Die innere Oberfläche des Dünndarms (Intestinum tenue) wird durch Plicae circulares, Zotten und Krypten sowie durch Mikrovilli der Epithelzellen (Enterozyten) vergrößert.**
- **Das Oberflächenepithel weist außer resorbierenden Enterozyten Becherzellen, Paneth-Zellen, enteroendokrine Zellen und M-Zellen auf.**
- **In der Lamina propria mucosae befinden sich Lymphfollikel als Anteile des darmassoziierten lymphatischen Systems.**
- **Als Besonderheit des Duodenums liegen in der Tela submucosa Glandulae duodenales (Brunner-Drüsen).**
- **Die Muskulatur der Tunica muscularis bewirkt Pendel- und Segmentierungsbewegungen zur Durchmischung und peristaltische Bewegungen zum Transport von Darminhalt.**

Zur Information

Im Dünndarm wird die in der Mundhöhle begonnene, im Magen fortgesetzte Verdauung der Nahrung weitergeführt und zum Abschluss gebracht. Hierfür stehen Verdauungssekrete zur Verfügung, die von den großen Anhangsdrüsen von Darm, Leber und Bauchspeicheldrüse gebildet und ins Duodenum und von den Drüsen der Darmschleimhaut in alle Dünndarmabschnitte ins Dünndarmlumen abgesondert werden. Ferner erfolgen Durchmischung und Transport des Darminhalts durch Peristaltik und Pendelbewegungen des Dünndarms. Sie werden durch die Muskulatur der Darmwand hervorgerufen. Schließlich werden die abgebauten Nahrungsbestandteile von den Darmepithelzellen resorbiert und gelangen in die Blut- und Lymphkapillaren der Darmwand. Dem Schutz vor Schadstoffen dienen Anteile des Abwehrsystems, die in der Darmwand untergebracht sind, MALT (Mucosa associated lympoid tissue).

Der **Bau der Dünndarmwand** entspricht im Prinzip dem aller Abschnitte des Magen-Darm-Kanals (► S. 301). Von innen nach außen folgen aufeinander: Tunica mucosa mit Oberflächenepithel, Lamina propria und Lamina muscularis mucosae, die Tela submucosa und die Tunica muscularis mit innerer Ring- und äußerer Längsmuskulatur. Jedoch weist die Dünndarmwand zahlreiche Besonderheiten auf, die sie von der des Magens und dem Dickdarm unterscheidet. Außerdem bestehen Unterschiede zwischen den Dünndarmabschnitten.

Oberflächenvergrößerungen

Kennzeichnend für den gesamten Dünndarm ist eine Oberflächenvergrößerung auf etwa 100 m^2. Hierdurch wird die Resorptionsfläche vergrößert.

Der **Oberflächenvergrößerung** dienen

- **Plicae circulares** (*Ringfalten*)
- **Villi intestinales** (*Dünndarmzotten*)
- **Mikrovilli** (*Bürstensaum* der Enterozyten des *Oberflächenepithels*) e H7

Plicae circulares (*Kerckring-Falten*) (Abb. 11.38 und 11.39a, b). Es handelt sich um Ringfalten, die in die Darmlichtung vorspringen und ein *Grobrelief* hervorrufen. Sie vergrößern die Dünndarmoberfläche um das 1,5fache. Plicae circulares entstehen durch *Auffaltung der Tunica mucosa* und der *Tela submucosa*. Die höchsten Plicae ragen etwa 1 cm in die Darmlichtung vor und verstreichen auch bei starker Darmfüllung nie vollständig. Die Falten beginnen 2–5 cm vom Pylorus entfernt, stehen im Duodenum und im Anfangsteil des Jejunum sehr eng, rücken dann weiter auseinander, werden allmählich niedriger und fehlen etwa ab Ileummitte.

Villi intestinales (*Dünndarmzotten*) (Abb. 11.39a, b und 11.40a). In allen Abschnitten des Dünndarms zeigt die Schleimhaut 0,5–1,5 mm hohe, finger- oder blattförmige Fortsätze (*Villi intestinales*), die ihr ein samtartiges Aussehen verleihen. Die Dünndarmzotten bilden das *Feinrelief* der Schleimhautoberfläche. Sie stehen dicht wie ein Rasen und vergrößern die Resorptionsfläche um das 5fache.

Strukturell sind Dünndarmzotten Aufwerfungen des Oberflächenepithels gemeinsam mit der Lamina propria (▶ unten).

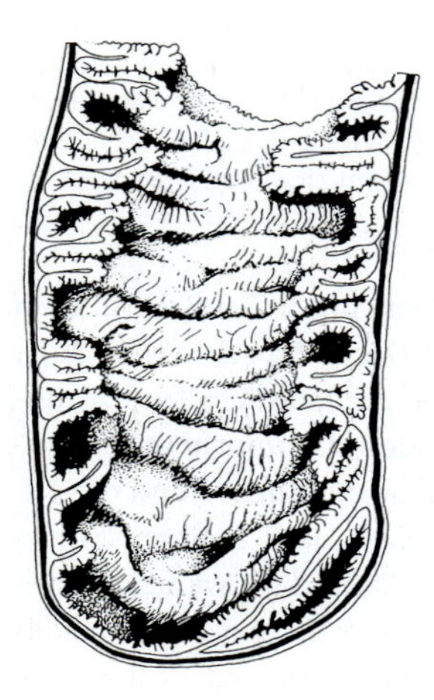

Abb. 11.38. Oberes Jejunum mit hohen Plicae circulares (nach Benninghoff 1979)

In den Tälern **zwischen den Zotten** öffnen sich schlauchförmige **Gll. intestinales** (*Lieberkühn Krypten*) (Abb. 11.39b), die bis zur Lamina muscularis mucosae reichen (▶ unten).

Als Besonderheit des **Duodenum** finden sich in den Krypten die Mündungen der Ausführungsgänge von **Gll. duodenales** (*Brunner-Drüsen*), deren Drüsenkörper sich in der Tela submucosa befinden (▶ unten).

Mikrovilli (lichtmikroskopisch: Bürstensaum) der Enterozyten. Sie bilden ein *Mikrorelief* und vergrößern die Oberfläche um das 10fache.

Schichten der Dünndarmwand

Oberflächenepithel. Das Oberflächenepithel der Dünndarmschleimhaut enthält

- **Enterozyten**
- **Becherzellen**
- **Paneth-Zellen**
- **enteroendokrine Zellen**
- **M-Zellen**

Enterozyten (*Saumzellen*). Diese Zellen überwiegen im Oberflächenepithel des Dünndarms (Abb. 11.40). Sie sind hochprismatisch, etwa 20–25 µm hoch und dienen der Resorption. Untereinander sind die Enterozyten durch Schlussleisten verbunden, die den Interzellularraum zwischen benachbarten Enterozyten abdichten (▶ S. 16).

Die apikale Oberfläche der Enterozyten besteht aus vielen dicht stehenden Mikrovilli (etwa 3000 pro Zelloberfläche), die in ihrer Gesamtheit einen Bürstensaum bilden. Die Mikrovilli dienen der Resorption. Sie sind von einer Glykokalix bedeckt, die PAS-positiv reagiert.

Zur Information

Eine Resorption erfolgt nur in der oberen Hälfte jeder Zotte und nicht in allen Dünndarmabschnitten zu gleicher Zeit, da Enterozyten unterschiedlich resorptionsbereit sind.

Die **Mikrovilli** des Dünndarms haben eine mittlere Länge von 1,2–1,5 µm und einen Durchmesser von 0,1 µm. Sie

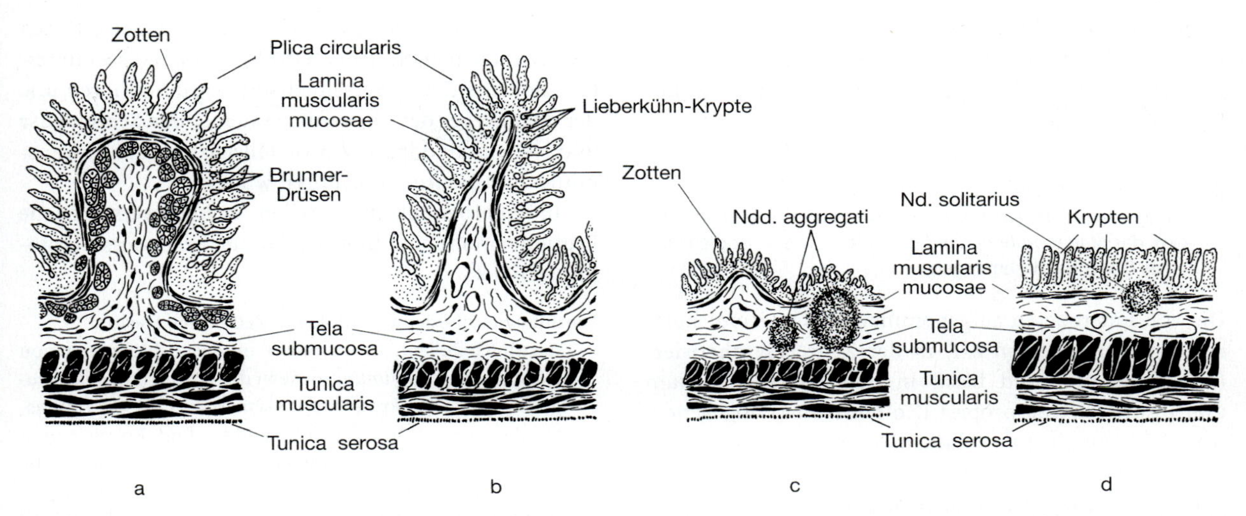

Abb. 11.39 a–d. Darmwände in Längsschnitten. **a** Duodenum: breite Plica circularis mit Zotten und Krypten. In der Tela submucosa charakteristische Gll. duodenales (Brunner-Drüsen). **b** Jejunum: schlanke Plica circularis mit fingerförmigen Zotten und Krypten. **c** Ileum: niedrige und flache Plicae circulares. **d** Colon: Zotten fehlen, nur Krypten e H7, 56–59

werden von längs gerichteten **Aktinfilamenten** durchzogen, die untereinander und mit der Plasmamembran durch spezielle Proteine verbunden sind (▶ S. 12). Verankert sind die Aktinfilamente im sog. »terminal web« (**Terminalgespinst**) des Zytoskeletts des Enterozyten, das außer Aktin auch Myosin enthält. Übertragene Verkürzungen des terminal webs können zu geringen Kontraktionsbewegungen der Mikrovilli führen. Die

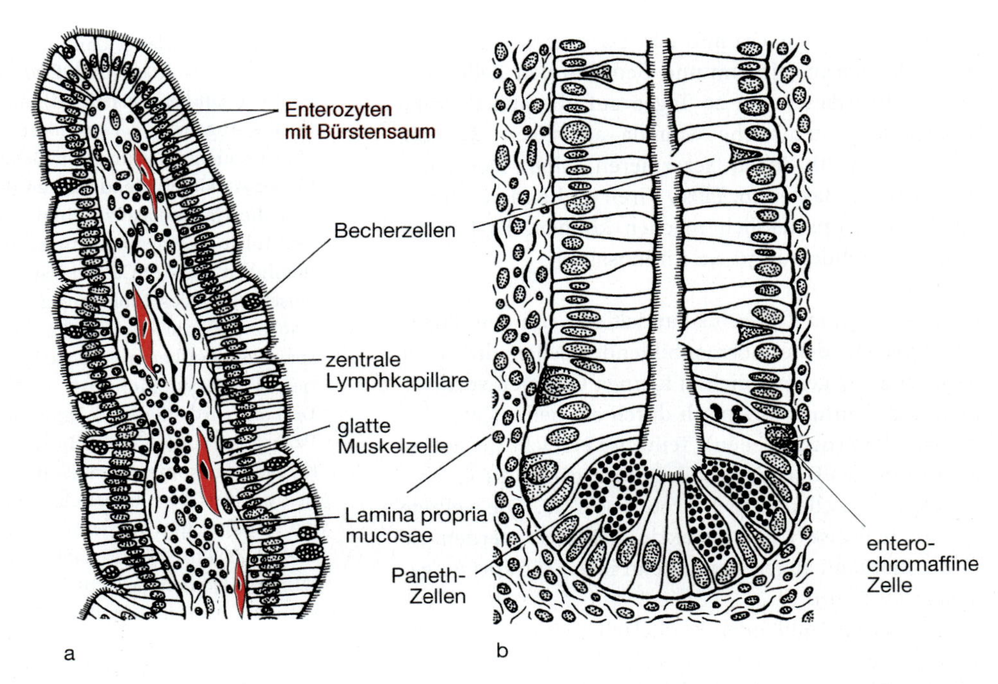

Abb. 11.40 a, b. Zotte und Krypte des Dünndarms (unterschiedliche Vergrößerung). **a** Längsschnitt durch eine Dünndarmzotte. **b** Lieberkühn-Krypte mit Paneth-Körner- und basalgekörnten Zellen (enterochromaffine Zellen) e H7

Oberfläche der Mikrovilli ist reich an hydrolytischen Enzymen (Bürstensaumenzymen), die zur Verdauung beitragen und der Resorption dienen. Enzyme mit hoher Aktivität sind u. a. Disaccharidasen und Peptidasen.

Klinischer Hinweis

Mangel an Bürstensaumenzymen führt zu Resorptionsstörungen; das *Malabsorptions-Syndrom* beispielsweise ist die Folge eines Disaccharidasemangels.

Die von Enterozyten aufgenommenen, niedermolekularen Bausteine werden z. T. in der Zelle resynthetisiert (z. B. Fettstoffe) und basal in den Interzellularraum und in die Lamina propria (Zottenstroma) abgegeben, wo sie in Lymph- bzw. Blutkapillaren gelangen.

Becherzellen liegen zwischen den Saumzellen (Abb. 11.40). Sie werden analwärts häufiger. Das Sekret der Becherzellen überzieht die Darmoberfläche mit einer *schützenden Schleimschicht*, erhöht die Gleitfähigkeit des Darminhalts und stellt das Bindemittel des Kots dar.

Klinischer Hinweis

Bei entzündlichen Reizungen der Darmschleimhaut können die Becherzellen große Mengen Schleim bilden (*Schleimstühle*).

Paneth-Zellen. Am Grunde der Darmkrypten, besonders reichlich in Jejunum und Ileum, treten Zellen mit einer Lebensdauer von 20 Tagen auf, die apikal große azidophile proteinreiche Granula aufweisen (Abb. 11.40 b). Paneth-Zellen sezernieren Alpha-Defensine, die im Darm Bakterien, Pilze, Viren und andere Mikroorganismen unschädlich machen können. Es handelt sich um Peptide aus 30–42 Aminosäuren.

Enteroendokrine Zellen. Es handelt sich um eine Population verschiedener hormonbildender Zellen, die in der Regel einzeln, gelegentlich in kleinen Gruppen vorkommen und lichtmikroskopisch durch ein helles Zytoplasma auffallen (helle Zellen). Teilweise erreicht ihr apikaler Zellpol das Darmlumen. Dennoch geben die enteroendokrinen Zellen ihre Sekrete basal ab. Die Sekrete wirken teilweise lokal, parakrin, teilweise werden sie in die Blutbahn abgegeben, um an ihren Wirkort zu gelangen (► S. 30).

Die hormonbildenden Epithelzellen des Dünndarms gehören zusammen mit entsprechenden Zellen des Magens (► S. 351), der Langerhans-Inseln (► S. 374) und des Kolons zum **gastroenteropankreatisch(GEP)-endokrinen System** (► S. 374) und sind Teile des diffusen neuroendokrinen Systems (DNES), zu dem disseminierte endokrine Zellen verschiedener Organe gehören u. a. der Atemwege, des Urogenitalsystems, der Schilddrüse und Nebenschilddrüse, wo sie teilweise als Neurotransmitter und Neuromodulatoren wirken.

In enteroendokrinen Zellen werden verschiedene Peptidhormone und biogene Amine, besonders Serotonin gebildet.

Peptidhormonbildende endokrine Zellen des Darms:

- **Gastrin(G)-Zellen.** Sie kommen in der Schleimhaut von *Duodenum* und *Jejunum* sowie in der *Pars pylorica* des Magens und im *Pankreas* vor. – Gastrin regt die Sekretionstätigkeit der Drüsen in der Fundus- und Korpusregion des Magens an und stimuliert wahrscheinlich auch die Sekretion der Duodenalschleimhaut und der Bauchspeicheldrüse. Gastrin wirkt im ganzen Dünndarm hemmend auf die Wasserresorption.
- **Entero-Glukagon(A)-Zellen.** Sie kommen *in der Schleimhaut des ganzen Magen-Darm-Trakts* vor. Entdeckt wurden die glukagonbildenden Zellen in den Langerhans-Inseln des Pankreas (A-Zellen ► S. 375). Glukagon führt zur Erhöhung des Blutzuckers.
- **Sekretin(S)-Zellen.** Sie sind besonders zahlreich im *Duodenum*, kommen aber auch in *Jejunum* und *Dickdarm* vor. Wird der saure Speisebrei aus dem Magen in das Duodenum befördert, löst er dort die Freisetzung von Sekretin aus. Sekretin gelangt dann über den Blutweg, also endokrin, zum Pankreas und fördert die Ausscheidung von Pankreassaft (Bauchspeichel). Außerdem stimuliert Sekretin die Abgabe von Pepsinogen aus den Hauptzellen der Magenschleimhaut und von Gallensekret.
- **Cholezystokininbildende Zellen (I-Zellen).** Cholezystokinin regt die Gallenblase zu rhythmischen Kontraktionen an und führt zu einer maximalen Ausschüttung von Gallenflüssigkeit aus der Gallenblase. Gleichzeitig wird die Gallensekretion der Leber angeregt. Im Pankreas stimuliert Cholezystokinin die Abgabe eines enzymreichen Bauchspeichels und hemmt die gastrale Phase der Magensekretion. Cholezystokinin ist mit Pankreozymin identisch. Deshalb wird dieses Hormon auch als Cholezystokinin-Pankreozymin (CCK-PZ) bezeichnet.
- **K-Zellen.** Sie kommen im gesamten Dünndarm vor und bilden das gastroinhibitorische Peptid (GIP), das hemmend auf Motilität und Sekretion des Magens wirkt.
- **Motilin-Zellen.** Sie sind zahlreich in Duodenum und Jejunum und werden durch niedrigen pH-Wert und Fettsäuren aktiviert. Motilin stimuliert die Motilität von Magen und Dünndarm.
- **D-Zellen.** Sie bilden Somatostatin, das hemmend auf Magensekretion und peptidhormonbildende Zellen im Dünndarm wirkt (Generalhemmung).

- **D1-Zellen.** Ihr Hormon ist das vasoaktive intestinale Polypeptid (VIP), das die Darmsekretion steigert. Sie werden in der Schleimhaut von Magen und allen Darmteilen gefunden. In ihrem Aussehen ähneln sie enterochromaffinen Zellen.
- **P-Zellen.** Sie bilden Ghrelin, ein hochwirksames Peptidhormon, das Nahrungsaufnahme und Wachstum steuert und u.a. die Freisetzung des Wachstumshormons GH aus dem Hypophysen-Vorderlappen stimuliert.

Serotoninbildende Zellen lassen sich mit Chromsalzen anfärben und werden daher auch als **enterochromaffine Zellen (EC-Zellen)** bezeichnet. Sie sind hochprismatisch, teils dreieckig und haben chromatinarme, rundliche Kerne. Das apikale Zytoplasma der Zellen erscheint hell. Basal findet sich feine chromaffine Granulierung (◘ Abb. 11.40). Die EC-Zellen kommen vor allem am Grund der Krypten von Dünn- und Dickdarm vor und sind in Duodenum und Appendix vermiformis besonders zahlreich. Serotonin wirkt auf die glatte Muskulatur von Darmwand und Blutgefäßen.

> **Klinischer Hinweis**
> Aus den enteroendokrinen Zellen können spezifische Tumoren (*Karzinoide*) entstehen, die Serotonin und Peptidhormone bilden. Symptome sind Durchfälle sowie Hitzegefühl und fleckige Rötung in Gesicht und Oberkörper (»flush«).

M-Zellen sind antigentransportierende Zellen. Sie gehören zum **darmassoziierten lymphatischen System**, das der immunologischen Abwehr dient (▶ unten).

M-Zellen kommen nur über Lymphozytenansammlungen der Lamina propria vor, z. B. über Peyer-Plaques (▶ unten). Sie haben nur wenige Mikrovilli und eine verdünnte Glykokalix. In ihrer Nähe liegen viele intraepitheliale Lymphozyten (überwiegend T Lymphozyten) und Makrophagen.

Glandulae intestinales. Es handelt sich um 200–400 µm tiefe Einsenkungen des Epithels der Dünndarmschleimhaut (**Krypten**) (◘ Abb. 11.39b). In der Tiefe der Krypten flacht sich das Epithel ab und der Mikrovillisaum wird niedriger. Hier befinden sich viele Stammzellen, die dem Zellersatz dienen. Die neu gebildeten Zellen wandern innerhalb von 36 Stunden aus der Kryptentiefe an die Zottenspitze, wo sie nach 48 Stunden abgestoßen werden. Sie machen einen großen Teil des Kots aus. Alle Zelltypen werden von den gleichen Stammzellen regeneriert.

Lamina propria mucosae. Sie trägt das Oberflächenepithel und bildet das Zottenstroma. Es besteht aus *lockerem Bindegewebe.*

Im Zottenstroma kommen außer lockerem Bindegewebe vor:
- **glatte Muskelzellen**
- **engmaschiges Blut-** und **Lymphkapillarnetz**
- **Zellen des Abwehrsystems**

Die **glatten Muskelzellen** zweigen von der Lamina muscularis mucosae ab und ziehen zur Zottenkuppe. Ihre Kontraktion bewirkt eine rhythmische Verkürzung der Zotten (*Zottenpumpe*). Die folgende Zottenstreckung kommt durch verstärkte Blutfüllung der Zottenkapillaren zustande.

Blutkapillaren. Sie werden von ein oder zwei *Arteriolen* gespeist, die von der Zottenbasis ohne Astabgabe zur Zottenspitze verlaufen (◘ Abb. 11.41). Die Kapillaren an der Zottenspitze nehmen vor allem die resorbierten Bausteine von Kohlenhydraten und Proteinen auf. Die Kapillardichte an der Zottenspitze ist der Resorptionsleistung jedes Darmabschnitts angepasst. Der Blutabfluss erfolgt über eine in der Regel zentral gelegene Venole. Das venöse Blut aus dem Organ gelangt über die Pfortader in die Leber. Zwischen den zuführenden Arteriolen und den abführenden Venolen existieren direkte Verbindungen im Sinne von arteriovenösen Anastomosen, so dass bei Resorptionsruhe arterielles Blut unmittelbar in die Vene gelangen kann.

Lymphkapillaren nehmen 60% der resorbierten Fette auf. Von den Lymphkapillaren der Zotten fließt die

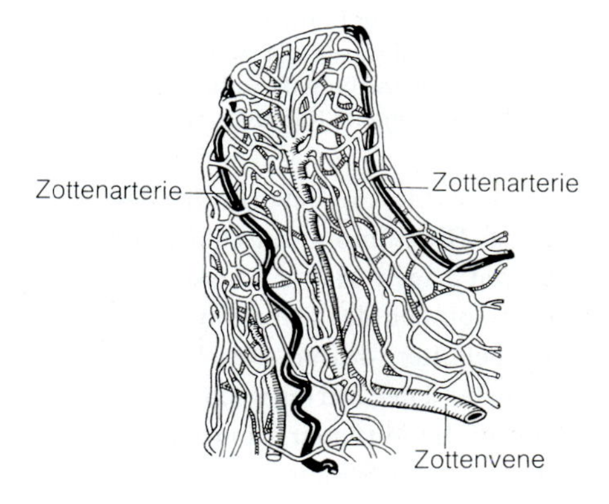

◘ **Abb. 11.41.** Gefäßsystem einer Dünndarmzotte. Die Arterien erreichen die Zottenspitze und stehen über Randschlingen mit Venenwurzeln in direkter Verbindung (nach Ferner u. Staubesand 1975)

Darmlymphe in ein submuköses Lymphgefäßnetz, das mit den mesenterialen Chylusgefäßen in Verbindung steht.

Darmassoziiertes lymphatisches System (GALT). Auffälligster Anteil des darmassoziierten lymphatischen Systems sind *Lymphfollikel* (▶ S. 150), die als **Solitärfollikel** (*Nodi lymphoidei solitarii*) meist in der Lamina propria mucosae liegen oder als **aggregierte Lymphfollikel** (*Nodi lymphoidei aggregati*, auch *Peyer-Plaques*) die Lamina muscularis mucosae durchbrechen und bis in die Tela submucosa reichen (◘ Abb. 11.39c). Hinzu kommen *diffus verteilte* Lymphozyten und Makrophagen in den Laminae propria und epithelialis sowie die *M-Zellen* (▶ oben) im Epithel über den Peyer-Plaques und über den Solitärfollikeln. Alle Anteile wirken zusammen.

Zur Information

Die Antigene aus dem Darm erreichen nach transepithelialem Transport durch die M-Zellen das spezialisierte darmassoziierte lymphatische Gewebe, wo die primäre Immunreaktion erfolgt. Bei dieser Reaktion werden Antikörper gebildet, die sich mit dem Antigen zu Antigen-Antikörper-Komplexen zusammenlagern. Diese Komplexe werden anschließend von follikulären dendritischen Zellen in den Keimzentren der Peyer-Plaques und Solitärfollikel gebunden. Bei einer Sekundärreaktion, d. h. nach erneutem Eindringen von Antigen oder anhaltendem Antigenkontakt, helfen die gebundenen Antigen-Antikörper-Komplexe auf den follikulären dendritischen Zellen antigenspezifische B-Lymphozyten zu stimulieren. Die stimulierten B-Lymphozyten teilen sich, reifen weiter, verlassen das Keimzentrum und werden im ganzen Körper verteilt. Viele der stimulierten B-Lymphozyten kehren in die Lamina propria des Darms zurück. Dort proliferieren sie und wandeln sich zu immunglobulinsezernierenden Plasmazellen um. Diese setzen IgA frei, das von Enterozyten gebunden und schließlich als sekretorisches IgA (SIgA) an der Darmoberfläche abgegeben wird. Dort nimmt SIgA Einfluss auf die Agglutination großmolekularer Antigene, beeinträchtigt die Adhärenz von Bakterien und die Aufnahme antigener Nahrungsanteile.

Lamina muscularis mucosae. Sie bewirkt die Bewegungen der Schleimhaut. Die Lamina muscularis mucosae besteht aus mehreren Lagen glatter Muskelzellen, die in Links- und Rechtsspiralen das Darmrohr umkreisen. Sie bilden ein Muskelgitter, dessen Maschenweite mit dem Kontraktionszustand des Darms wechselt. Bei Dehnung des Darms sorgt die Muscularis mucosae für eine gleichmäßige Entfaltung der Schleimhaut.

Tela submucosa (◘ Abb. 11.39b). Sie gewährleistet die Verschieblichkeit zwischen Tunica mucosa und Tunica muscularis. Die Submukosa besteht aus lockerem Bindegewebe mit scherengitterartig angeordneten Kollagenfaserbündeln und elastischen Netzen. Sie enthält zahlreiche Lymphozyten, Blutgefäße, Lymphgefäße und das Nervengeflecht des **Plexus submucosus.** Im Duodenum enthält die Tela submucosa als Besonderheit **Gll. duodenales** (*Brunner-Drüsen*) (▶ unten).

Tunica muscularis (◘ Abb. 11.39). Sie stabilisiert das Darmrohr und bewegt es gleichzeitig. Die Tunica muscularis hat eine *innere Ring-* und eine *äußere Längsschicht* glatter Muskelzellen (**Stratum circulare, Stratum longitudinale**). Dazwischen liegt dünnes Bindegewebe mit Gefäßen und dem *Plexus myentericus.* Das Stratum longitudinale ist wesentlich schwächer als das Stratum circulare.

Bei Kontraktion der Ringmuskelschicht wird die Darmlichtung enger, während eine Kontraktion des Stratum longitudinale zu Verkürzung und Erweiterung des Darmrohrs führt.

Zur Information

Stratum circulare und longitudinale bewirken gemeinsam die Peristaltik des Darms. Unter Peristaltik werden rhythmische Kontraktionswellen mit einer Geschwindigkeit von 2–15 cm/s verstanden, die den Darminhalt analwärts bewegen.

Daneben treten rhythmische Pendel- und Segmentationsbewegungen auf, die zur Durchmischung des Darminhalts führen. Bei den Pendelbewegungen ändert sich die Länge, bei den Segmentierungsbewegungen die Weite einzelner Darmabschnitte.

Tela subserosa und Tunica serosa (= Peritoneum viscerale ▶ S. 331). Die Tunica subserosa besteht aus lockerem Bindegewebe und verbindet die Tunica muscularis mit der Tunica serosa.

Tunica adventitia. Sie gehört zum Bindegewebslager der sekundär retroperitoneal gelegenen Dünndarmabschnitte.

◘ Tabelle 11.7 fasst die Unterschiede im Wandbau der verschiedenen Dünndarmabschnitte zusammen.

Duodenum. Der Zwölffingerdarm besitzt **sehr hohe Plicae circulares**, von denen sich **plumpe**, teilweise **blattförmige Zotten** erheben. Das kennzeichnende Merkmal des Duodenum sind jedoch die **Gll. duodenales** (*Brunner-Drüsen*) (◘ Abb. 11.39a). Sie liegen in der Tela submucosa und bestehen aus gewundenen und verzweigten Schläuchen, die mit einer beeren-, teils bläschenförmigen Auftreibung enden. Die Ausführungsgänge der

Tabelle 11.7. Histologische Merkmale von Magen, Dünn- und Dickdarm e H7, 52–59

	Tunica mucosa	Tunica mucosa und Tela submucosa	Tela submucosa	Tunica muscularis
Magen Pars cardiaca	unregelmäßige Foveolae gastricae, gewundene Tubuli, Schleimzellen			drei Schichten: Fibrae obliquae, Stratum circulare, Stratum longitudinale (außen)
Fundus	langgestreckte, wenig verzweigte Tubuli, Hauptzellen, Parietalzellen, Nebenzellen, Schleimzellen, endokrine Zellen			
Pars pylorica	tiefe Foveolae gastricae, kurze am Ende verzweigte Tubuli, Schleimzellen, endokrine Zellen			
Dünndarm Duodenum	Zotten und Krypten plumpe, blattförmige Zotten Folliculi lymphoidei	Falten, hohe Plicae circulares	Gll. duodenales	zwei Schichten: Stratum circulare, Stratum longitudinale (außen)
Jejunum	lange, fingerförmige Zotten Folliculi lymphoidei	Plicae circulares		
Ileum	kürzer werdende Zotten, Krypten	niedrige Plicae circulares, Folliculi lymphoidei		
Dickdarm	nur Krypten, keine Zotten	Folliculi lymphoidei		zwei Schichten: Stratum circulare, Stratum longitudinale nur als 3 Taenien (außen)

Drüsen durchbrechen die Lamina muscularis mucosae und münden entweder in Darmkrypten oder zwischen den Zotten. Die Gll. duodenales sind muköse Drüsen und beteiligen sich an der Bildung des Darmsaftes. Ihr schleimiges Sekret enthält *proteolytische Enzyme* (*Maltase* und *Amylase*).

Jejunum. Die **Plicae circulares** werden von der Mitte dieses Darmabschnitts niedriger und stehen weiter auseinander. Die **Zotten** sind **lang** und **fingerförmig**, ihre Dichte nimmt ileumwärts ab. Brunner-Drüsen gibt es nicht.

Ileum. Das Ileum unterscheidet sich von den oberen Dünndarmabschnitten durch **sehr niedrige Plicae circulares**, die in weiten Abständen voneinander auftreten und im unteren Ileum sogar ganz fehlen. Auch die **Zotten** werden allmählich **kürzer** und **seltener**. Die Krypten vertiefen sich gegen Ende des Ileum und die **Anzahl der Becherzellen nimmt zu.**

Das Ileum enthält als charakteristisches Merkmal zahlreiche **Folliculi lymhoidei aggregati** (*Peyer-Plaques*). Sie können bis zu 400 Sekundär- oder Primärfollikel enthalten und liegen gegenüber dem Mesenterialansatz.

Leitungsbahnen des Dünndarms

Arterielle Versorgung. Der Anfang des Duodenum (bis zur Pars descendens) wird vom **Truncus coeliacus** aus versorgt. Alle übrigen Teile des Dünndarms von der **A. mesenterica superior.**

Truncus coeliacus:

- **Rr. duodenales** (▶ S. 349) sind Äste der Aa. pancreaticoduodenales superior posterior und superior an-

terior; beide Arterien gehen aus der A. gastroduodenalis, einem Ast der A. hepatica communis, hervor, die ihr Blut aus dem Truncus coeliacus erhält
- **Aa. retroduodenales** aus der A. gastroduodenalis ziehen zur Rückfläche des Duodenum

Äste der A. mesenterica superior sind
- **A. pancreaticoduodenalis inferior:** sie verlässt die A. mesenterica superior hinter dem Pankreas als erster Ast und versorgt den Pankreaskopf einschließlich Processus uncinatus und die unteren Duodenalabschnitte. Anastomosen bestehen zu den Aa. pancreaticoduodenales superior anterior und posterior.
- **Aa. jejunales et ileales.** Sie entspringen dem Stamm der A. mesenterica superior auf der linken Seite. In Darmnähe bilden sie *Arkaden,* die verhindern, dass die Gefäße bei wechselnder Lage und Länge des Dünndarms gestaucht oder gedehnt werden. Die Darmarterien versorgen alle Schichten der Darmwand und sind *funktionelle Endarterien*

Venen. Die Venen des Dünndarms verlaufen mit den Arterien und werden wie diese bezeichnet. Der Stamm der *V. mesenterica superior* liegt rechts von der Arterie und vereinigt sich hinter dem Pankreaskopf mit *V. splenica* und *V. mesenterica inferior* zur *V. portae hepatis* (▶ S. 444).

Lymphgefäße. Die Lymphgefäße des Dünndarms beginnen als *Lymphkapillaren der Darmzotten,* verlaufen mit den Venen und erreichen zahlreiche Lymphknoten, die teils direkt am Mesenterialansatz, teils in der Nähe der Radix mesenterii liegen (*Nodi lymphoidei mesenterici superiores* und *ileocolici*). Anschließend fließt die Lymphe in den *Truncus intestinalis,* der in den *Truncus lumbalis sinister* oder direkt in die *Cisterna chyli* (▶ S. 446) mündet.

Nerven. Der Dünndarm wird innerviert durch:
- **sympathisches Nervensystem**
- **N. vagus**
- **intrinsisches Nervensystem**

Die **sympathischen Nervenfasern** sind postganglionär und entspringen aus den zweiten efferenten Sympathikusneuronen im *Ganglion coeliacum* bzw. im *Ganglion mesentericum superius.* Sie gelangen als periarterielle Geflechte zum Darm. Der klassische Neurotransmitter dieser Fasern (*Noradrenalin*) hemmt Darmsekretion und Peristaltik.

Der **parasympathische N. vagus** enthält präganglionäre Fasern, die teils im Ganglion coeliacum/Ganglion mesentericum superius, teils in den intramuralen Ganglien auf das zweite parasympathische Neuron umgeschaltet werden. Der N. vagus innerviert den gesamten Dünndarm und große Teile des Dickdarms bis zur Flexura coli sinistra. Der klassische Neurotransmitter des Parasympathikus (*Acetylcholin*) fördert Darmsekretion und Peristaltik.

Intrinsisches (enterisches) Nervensystem. Das enterische Nervensystem des Dünndarms besteht aus miteinander verbundenen Nervenfasergeflechten (Plexus entericus), die in verschiedenen Schichten der Darmwand liegen. Einige dieser Geflechte enthalten zahlreiche Ganglien mit enterischen Nervenzellen (Plexus myentericus Auerbach, Plexus submucosus Meissner), andere sind überwiegend nervenzellfrei, z. B. Plexus subserosus, Plexus muscularis, Plexus mucosus.

Der **Plexus myentericus** (Auerbach-Plexus) liegt zwischen Ring- und Längsmuskelschicht, der **Plexus submucosus** (Meißner-Plexus) in der Tela submucosa; letzterer besteht aus drei Teilgeflechten. Obwohl an die enterischen Ganglien sympathische und parasympathische Nervenfasern herantreten, dominieren zur Regulation von Peristaltik und Schleimhautmotorik lokale, enterische Reflexbögen. Wichtig ist für den Wasserhaushalt des Organismus, dass der Sympathikus teils direkt, teils indirekt (über enterische Neurone) Sekretion und Resorption in der Schleimhaut entscheidend beeinflusst.

> **In Kürze**
>
> **Der Dünndarm dient der Resorption abgebauter Fette, Kohlenhydrate und Proteine der Nahrung. Der Abbau erfolgt durch Sekrete aus Darmdrüsen, der Bauchspeicheldrüse und der Leber (Galle). Zur Resorption wird die Oberfläche des Dünndarms durch Plicae circulares, Zotten und Mikrovilli auf 100 m^2 vergrößert. Vom Duodenum zum Ileum hin nimmt die Höhe der Zotten und der Plicae circulares ab. Die Resorption erfolgt durch Enterozyten unter Beteiligung von Bürstensaumenzymen. Die Darmtätigkeit wird durch Sympathikus, N. vagus, intrinsisches (intramurales) Nervensystem und das enteroendokrine System gesteuert. Der Abwehr dient das GALT, das im Ileum in Form der Peyer-Plaques besonders ausgeprägt ist.**

Dickdarm  H58, 59

Kernaussagen

- Der Dickdarm (Intestinum crassum) ist in allen Teilabschnitten, Caecum und Colon, gleichartig gebaut.
- Kennzeichnend für den Dickdarm sind Aussackungen (Haustren) und drei längsorientierte Taenien, die von der äußeren Längsmuskulatur gebildet werden.
- Die Schleimhaut der Dickdarmwand hat Krypten mit dichtstehenden Becherzellen.
- In der Wand der Appendix vermiformis liegen dichte Lymphozytenansammlungen.

Zur Information

Im Dickdarm werden aus dem Darminhalt Wasser und Elektrolyte resorbiert. Dadurch wird der Kot auf ca. 100–200 ml pro Tag eingedickt. Prinzipiell kann das Dickdarmepithel nach rektaler Zufuhr aber auch Monosaccharide, Aminosäuren und Fettsäuren sowie Pharmaka resorbieren. Hinzu kommen sekretorische Funktionen. Insbesondere produzieren Becherzellen Schleim, der als Schutz- und Gleitmittel dient. Besiedelt ist das Colon von Darmflora. Diese bewirkt einen weiteren Abbau von Kohlenhydraten (durch Gärung) und Eiweißen (durch Fäulnis).

Der **Dickdarm** besteht aus mehreren Abschnitten:
- **Caecum** (*Blinddarm*) mit der **Appendix vermiformis** (*Wurmfortsatz*)
- **Colon** von der Einmündung des Ileum ins Caecum bis zum Rektum (Mastdarm)
  - **Colon ascendens**
  - **Colon transversum**
  - **Colon descendens**
  - **Colon sigmoideum**

Gemeinsame Kennzeichen aller Dickdarmabschnitte sind:
- **drei Taenien**
- **Haustra coli**
- **Appendices epiploicae**

Taenien sind etwa 1 cm breite Bündel der äußeren Längsmuskulatur der Darmwand. Zwischen den Taenien ist die übrige Längsmuskulatur sehr schwach. Von den drei Taenien ist an allen Kolonabschnitten nur die vordere sichtbar, **Taenia libera**, die beiden anderen sind der hinteren Bauchwand zugekehrt. Am **Colon transversum** ist eine dieser hinteren Taenien mit dem Mesokolon verwachsen (**Taenia mesocolica**), die andere mit dem großen Netz (**Taenia omentalis**).

Haustra coli sind Aussackungen der Dickdarmwand, die durch quer gestellte Einschnürungen der Darmwand zustande kommen. Es handelt sich um Kontraktionsfalten, die wandern und auch verstreichen können. Ihnen entsprechen **Plicae semilunares coli** auf der Innenseite der Dickdarmwand (Abb. 11.29). Sie springen ins Lumen vor und sehen halbmondförmig aus, da die Einschnürungen durch die längs verlaufenden Taenien unterbrochen werden. An den Aufwerfungen der Dickdarmfalten ist die gesamte Darmwand beteiligt.

Appendices epiploicae sind zipfelförmige Anhängsel des subserösen Bindegewebes, vorwiegend entlang der Taenia libera. Sie bestehen im Wesentlichen aus Fettgewebe.

Dickdarmwand (e H59). Die Schleimhaut des Dickdarms ist einheitlicher gebaut als die des Dünndarms. Sie besitzt keine Zotten, sondern lediglich **Krypten**. Die Krypten sind etwa 0,5 mm tief und stehen dicht nebeneinander (Abb. 11.42).

Im Übrigen entspricht der prinzipielle Wandbau dem der anderen Teile des Verdauungskanals (▶ S. 359, Tabelle 10.7, Abb. 11.39d).

Lamina epithelialis mucosae. Das Epithel ist hochprismatisch und besteht aus Enterozyten und zahlreichen Becherzellen (Abb. 11.42). Die Enterozyten tragen längere Mikrovilli als jene des Dünndarms.

Lamina propria mucosae. Sie enthält zahlreiche Lymphozyten und stellenweise Lymphfollikel.

Lamina muscularis mucosae. Sie ist kräftig entwickelt und besteht aus mehreren Muskelzelllagen unterschiedlicher Verlaufsrichtungen.

Tela submucosa. In der breiten Submukosa kommen reichlich Fettzellen und Fettgewebsläppchen vor. Stellenweise sind Lymphfollikel vorhanden.

Tunica muscularis. Die *Ringmuskelschicht* ist überall gleichmäßig stark. Ihre umschriebenen Kontraktionen führen zu quer gestellten, wandernden Falten (*Plicae semilunares*) (▶ oben), die beim Transport des Dickdarminhalts mitwirken. Die *Längsmuskelschicht* ist auf die *drei Taenien* zusammengedrängt (▶ oben). Die Kontraktion der Taenien führt zur Verkürzung des Dickdarms. Insgesamt wird der Speisebrei im Dickdarm langsamer als im Dünndarm transportiert.

Appendix vermiformis (▶ S. 345). Der Wurmfortsatz (Abb. 11.43, e H58) unterscheidet sich von den

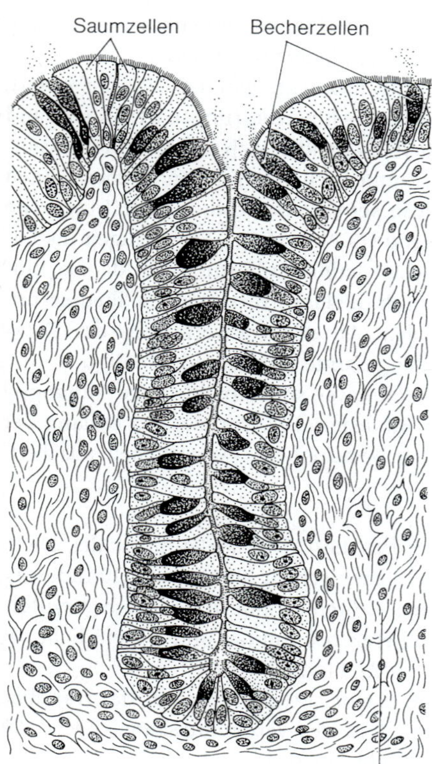

Abb. 11.42. Dickdarmkrypte mit Saum- und zahlreichen Becherzellen H59

übrigen Dickdarmteilen durch kurze und unregelmäßig verteilte Krypten. In der Schleimhaut kommen dichte *Lymphozytenansammlungen* vor, die Sekundärfollikel bilden, vielfach die Lamina muscularis mucosae durchbrechen und große Teile der Submukosa einnehmen (Abb. 11.43). Der Wurmfortsatz ist ein wichtiger Teil des Immunsystems (»Tonsille des Darms«).

Die arterielle Versorgung des Dickdarms (Abb. 11.44) erfolgt bis etwa zur Flexura coli sinistra durch Äste der **A. mesenterica superior** und anschließend durch Äste der **A. mesenterica inferior** (► S. 440).

Im Einzelnen

Zäkum und **Appendix vermiformis** werden von Ästen der **A. ileocolica**, einem Ast der **A. mesenterica superior** (Abb. 11.44), versorgt

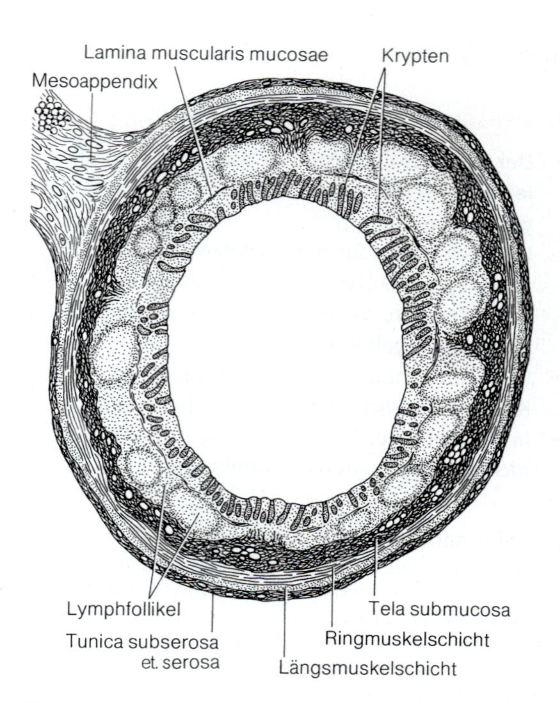

Abb. 11.43. Appendix vermiformis (Querschnitt). Die Lymphfollikel liegen in der Submukosa H58

Äste der A. ileocolica:
- **A. appendicularis:** sie verläuft im Mesoappendix (wird bei einer Appendektomie unterbunden)
- **A. caecalis anterior:** versorgt die vordere Wand des Blinddarms und wirft das Bauchfell zur Plica caecalis vascularis auf, die sich über den Recessus ileocaecalis spannt (► S. 344)
- **A. caecalis posterior:** befindet sich an der hinteren Wand des Zäkums
- **Aa. ileales:** laufen zum terminalen Ileum

Colon ascendens und **Colon transversum** werden versorgt durch (Abb. 11.44):
- **A. ileocolica**
- **A. colica dextra:** sie ist in der Regel ein eigener Ast der A. mesenterica superior, kann aber auch als Ast der A. colica media auftreten (Abb. 11.44); am Kolon teilt sie sich in einen auf- und einen absteigenden Ast
- **A. colica media:** entspringt aus der A. mesenterica superior oberhalb der A. colica dextra, breitet sich *innerhalb des Mesocolon transversum* aus und verbindet sich nach rechts mit einem Ast der A.colica dextra und nach links mit einem Ast der A. colica sinistra (► unten)

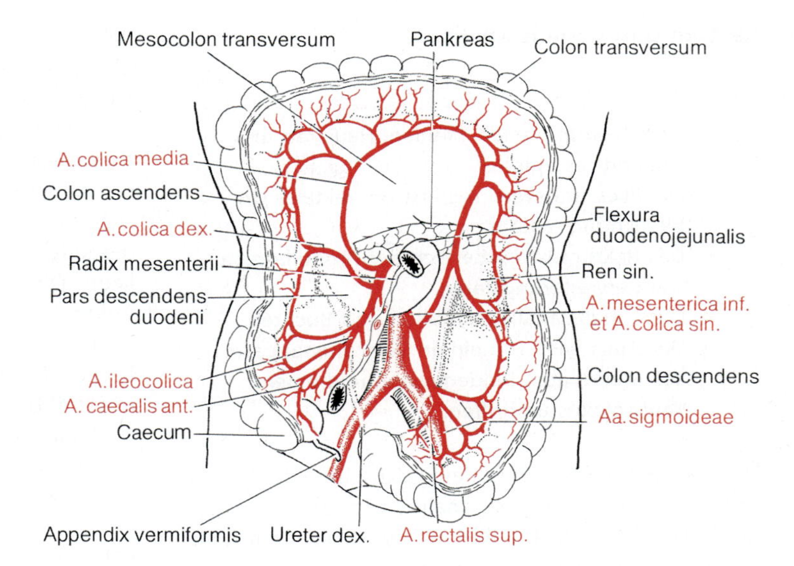

Abb. 11.44. Gefäßversorgung des Dickdarms. Das Querkolon ist nach oben geschlagen (nach Benninghoff 1979)

Colon descendens, Colon sigmoideum und **oberer Teil des Rektums** erhalten ihr arterielles Blut durch die **A. mesenterica inferior** (Abb. 11.43).

Äste sind:

- **A. colica sinistra:** sie verläuft im Retroperitonealraum und geht aus einem Ast der A. mesenterica inferior hervor, welcher auch eine der Aa. sigmoideae bildet
- **Aa. sigmoideae:** bestehen aus zwei oder mehreren Ästen, die in das Mesosigmoideum eintreten und durch breite Arkaden mit dem Gefäßgebiet der A. colica sinistra in Verbindung stehen
- **A. rectalis superior:** ist der Endast der A. mesenterica inferior und zieht hinter dem Rektum in die Beckenhöhle; Verbindungen bestehen zur A. rectalis media aus der A. iliaca interna und zur *A. rectalis inferior* aus der *A. pudenda interna* (► S. 441)

Venen. Die Venen verlaufen mit den Arterien und werden wie diese bezeichnet. Das venöse Blut aus dem Dickdarm gelangt über die V. mesenterica superior und inferior in die **V. portae hepatis** (► S. 444).

Lymphgefäße. Die Lymphe aus Appendix vermiformis und Zäkum fließt zu Lymphknoten, die unmittelbar neben und hinter dem Zäkum liegen, und von hier aus zu den *Nodi lymphoidei ileocolici*, die im Winkel zwischen Ileum und Kolon lokalisiert sind.

Die Lymphgefäße des Kolon ziehen zu Lymphknoten, die den Stämmen der Aa. colica dextra media und sinistra angelagert sind (*Nodi lymphoidei colici dextri, medii* und *sinistri*). Von hier aus gelangt die Lymphe über die Mesenteriallymphknoten entlang der V. mesenterica superior und inferior in den *Truncus intestinalis* (► S. 446).

Nerven. Die nervöse Versorgung erfolgt durch den *Plexus mesentericus superior*, der sympathische Fasern aus den *Nn. splanchnici* und parasympathische Fasern des *N. vagus* erhält. Das Versorgungsgebiet des N. vagus reicht etwa bis zum letzten Drittel des Colon transversum (Cannon-Böhm-Punkt).

Colon descendens et sigmoideum beziehen ihre sympathischen Nervenfasern aus dem *Plexus mesentericus inferior*. Die *parasympathischen* Fasern stammen aus dem *Plexus hypogastricus inferior*.

Intramural weist der Dickdarm – ähnlich dem Dünndarm – ganglienzellhaltige Nervengeflechte zwischen Ring- und Längsmuskulatur (Plexus myentericus Auerbach) sowie in der Tela submucosa (Plexus submucosus Meissner mit drei Teilgeflechten) auf.

In Kürze

Das Kolon ist durch Taenien und Haustren gekennzeichnet. Seine Schleimhaut ist krypten- und becherzellreich. Die Wand der Appendix vermiformis wird von Lymphozytenansammlungen beherrscht.

Rectum und Canalis analis

Kernaussagen

- **Dem Rektum fehlen Taenien, Haustren und Appendices epiploici.**
- **Die Plica transversi recti ist bei rektaler Untersuchung tastbar.**
- **Das Rektum ist im Bereich der Ampulla recti stark erweiterungsfähig.**
- **Der Canalis analis hat Falten und Buchten.**
- **Der Anus wird von einem Verschlussapparat aus Muskulatur, Bindegewebe und einem Venusplexus umgriffen.**

Das **Rektum** (*Mastdarm*) ist der Endabschnitt des Darms. Er setzt sich in den **Canalis analis** (*Analkanal*) mit dem Anus als Öffnung fort. Beide Abschnitte gehören funktionell zum Verdauungssystem. Sie liegen jedoch retro- bzw. extraperitoneal und befinden sich in der Cavitas pelvis. Die Besprechung von Lage und Peritonealverhältnissen erfolgt daher im Zusammenhang der retro- bzw. extraperitoneal gelegenen Organe (► S. 382).

Zur Entwicklung

Rektum und Canalis analis sind unterschiedlicher Herkunft. Das Rectum geht im Wesentlichen aus dem embryonalen Enddarm, der Analkanal aus der Kloake (► S. 399) hervor.

Rektum. Gegenüber dem Kolon fehlen dem Rektum Taenien und Haustren sowie Appendices epiploici. Die Längsmuskulatur ist vielmehr breitflächig. Eine relativ konstante, tastbare halbmondförmige Querfalte (**Plica transversa recti**, auch *Kohlrausch-Falte*) liegt etwa 6–7 cm oberhalb des Anus. Distal dieser Falte befindet sich ein als **Ampulla recti** bezeichneter Abschnitt, der besonders erweiterungsfähig ist und Kot speichern kann. Die Schleimhaut des Rektum entspricht der des Kolon.

Der **Canalis analis** ist 3–4 cm lang, tritt durch den Beckenboden und endet mit dem Anus. Er gliedert sich in (Abb. 11.45):

- **Zona columnaris**
- **Pecten analis**
- **Zona cutanea**

Zona columnaris. Die Schleimhaut zeigt 6–10 Längsfalten (**Columnae anales**) (Abb. 11.45), die durch Bündel glatter Muskulatur, Venenkonvolute und Lymphgefäße aufgeworfen werden. Zwischen den Columnae anales finden sich Vertiefungen (**Sinus anales**), die kaudal durch kleine Querfalten (**Valvulae anales**) abgeschlossen werden. Dadurch haben die Sinus anales flache Taschen (**Analkrypten**), die in der Tiefe der seitlichen Rektumwand den M. sphincter ani internus durchdringen. Die Columnae anales tragen Platten-

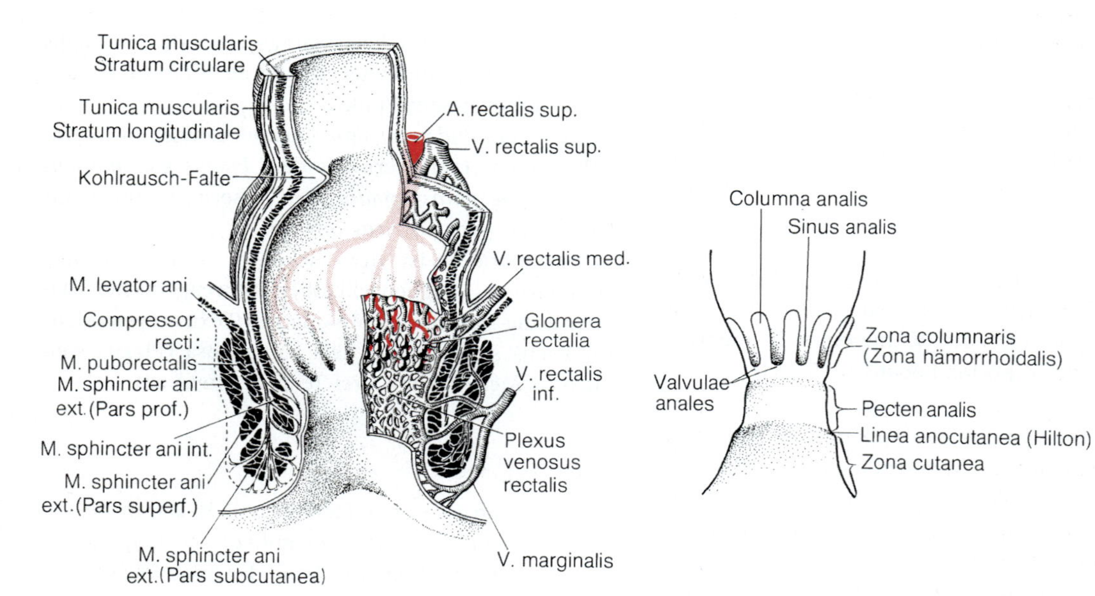

Abb. 11.45. Rektum und Analkanal mit Sphinktern, venösen Geflechten und der A. rectalis sup. (*rot*). *Rechts*: Zonierung der Analschleimhaut (nach Töndury 1970)

epithel, die Sinus anales haben einschichtiges hochprismatisches Epithel.

Pecten analis. Dieses Gebiet ist sehr schmerzempfindlich. Die Schleimhautoberfläche ist glatt und mit nicht verhornendem Plattenepithel bedeckt. Die kaudale Grenze bildet eine helle Linie (**Linea anocutanea**). Hier strahlen longitudinale Muskelfasern, die die Ringmuskelschicht durchbrochen haben, in die Darmschleimhaut ein.

Zona cutanea. Sie umgreift den Anus und weist das verhornte Plattenepithel der Haut auf. Hinzu kommen Schweißdrüsen und apokrine **Gll. circumanales.** Durch Bindegewebsfasern wird die Haut in feine radiäre Falten gelegt. Die Zona cutanea ist stark pigmentiert und gleichfalls schmerzempfindlich.

Verschlussapparat des Anus:
- **Muskulatur**
- **Bindegewebe**
- **Venenplexus**

Muskulatur. Sie befindet sich in einem Dauertonus.

Den muskulären Verschluss bilden (Abb. 11.45 a):
- **M. sphincter ani internus**
- **M. puborectalis**
- **M. sphincter ani externus**

Der **M. sphincter ani internus** ist eine Verstärkung der glatten Ringmuskulatur der Tunica muscularis der Wand des Analkanals.

Der **M. puborectalis** ist der randbildende Teil des quer gestreiften M. levator ani (► S. 327), der den Darm beim Durchtritt durch das Diaphragma pelvis schlingenförmig umgreift. Er verschließt den oberen Teil des Analkanals dadurch, dass er das Analrohr nach vorne zieht.

Der **M. sphincter ani externus** liegt dem Trichter des M. levator ani außen auf. Er ist mehrschichtig und bildet eine Manschette um den Analkanal.
- Die **Pars profunda** ist der funktionell wichtigste Teil des Muskels. Er wirkt mit dem M. puborectalis zusammen.
- Die **Pars superficialis** besteht aus Muskelfasern, die vom Lig. anococcygeum zum Centrum tendineum perinei ziehen und die Analöffnung von der Seite her abklemmen.
- Die **Pars subcutanea** ist ein Ringmuskel dicht unter der Haut.

Bindegewebsfasern und **submuköser Venenplexus.** Unterstützt wird der Verschluss des Canalis analis passiv durch Bindegewebsfasern, die den M. sphincter ani externus durchsetzen, in die perianale Haut einstrahlen und bei forcierter Kontraktion die Haut in den Analkanal hineinziehen. Ferner wirken der **Plexus venosus rectalis** der Analkanalschleimhaut und der subkutane Plexus im Bereich der Zona cutanea mit (Abb. 11.45).

Zur Information

Die Defäkation erfolgt reflektorisch, kann aber willkürlich beherrscht werden. Ausgelöst wird der Reflex durch Dehnung der Rektumwand von großen Kotmassen. Die Dehnung löst viszeroefferente Impulse aus, die sympathische (Th11–L3) und parasympathische (S2–S5) Reflexzentren im Rückenmark erreichen. Die Viszeroefferenzen bewirken Kontraktion der glatten Muskulatur des Rektum. Gleichzeitig führen sie zu einer Erschlaffung des quer gestreiften M. sphincter ani externus, der jedoch auch über den N. pudendus willkürlich innerviert wird und dadurch auch bei Kotfüllung der Ampulla recti den Anus geschlossen hält. Die Entleerung erfolgt dann unterstützt von der Bauchpresse durch peristaltische Wellen, die über das Rektum hinweglaufen und den Kot austreiben.

Klinischer Hinweis

Eine willkürliche Beherrschung der Stuhlentleerung gelingt nicht, wenn die Sphinktermuskulatur ausfällt (*Incontinentia ani*).

Leitungsbahnen des Rektum. Die versorgenden **Arterien** sind:
- **A. rectalis superior** (Abb. 11.46), ein unpaarer Ast der A. mesenterica inferior. Sie gibt eine Anastomose zu den Aa. sigmoidei ab; distal dieser Abzwei-

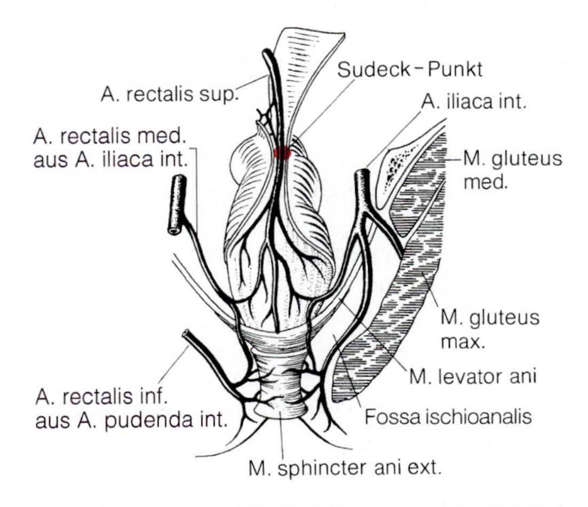

Abb. 11.46. Arterielle Gefäßversorgung des Rektums von dorsal

gung (*Sudeck-Punkt*) ist sie als Endarterie anzusehen
- **A. rectalis media** aus der A. iliaca interna
- **A. rectalis inferior** aus der A. pudenda interna

Aa. rectales media et inferior sind paarig und versorgen die mittleren und kaudalen Rektumabschnitte.

Venen. Aus dem **Plexus venosus rectalis** sammelt sich das Blut in der unpaaren *V. rectalis superior* und den paarigen *Vv. rectales mediae et inferiores*. Die erste führt ihr Blut dem Pfortaderkreislauf zu, mit den letzteren gelangt das Blut über die *Vv. iliacae interni* zur *V. cava inferior* (► S. 445, portokavale Anastomosen).

Lymphgefäße. Der Lymphabfluss der **Ampulla recti** (► S. 464) erfolgt zu den *Nodi lymphoidei pararectales* sowie zu den *Nodi lymphoidei sacrales, Nodi lymphatici colici sinistri, Nodi lymphoidei mesenterici inferiores* und dann über weitere Zwischenstationen zur Cysterna chyli.

Aus dem **Canalis analis** erreicht die Lymphe die *Nodi lymphoidei iliaci interni*, aus dem Bereich des Afters die *Nodi lymphoidei inguinales superficiales*.

Nerven. Die **viszeroefferenten Fasern** für das Rektum
- gelangen aus dem sakralen Anteil des **Parasympathikus** (S2–S5) zu den Beckengeflechten; die Umschaltung auf postganglionäre Neurone erfolgt in den intramuralen Ganglien
- **sympathische Zuflüsse** stammen aus dem Plexus hypogastricus und dem sympathischen Reflexzentrum (Th11–L3); die Umschaltung auf postganglionäre Neurone erfolgt im Ganglion mesentericum inferius

Viszeroafferente (sensible) Fasern gelangen durch Nn. splanchnici sacrales ins Sakralmark.

Somatische Innervation. Der M. sphincter ani externus erhält Fasern aus S2–S4 durch den N. pudendus.

Das **enterische Nervensystem** reicht bis in die Höhe des M. sphincter ani internus.

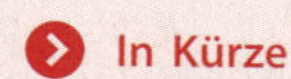
In Kürze

Das Rektum ist ein Derivat des Enddarms. Ihm fehlen Taenien, Haustren und Appendices epiploici. Eine auffällige Querfalte (Plica transversa recti) ist bei rektaler Untersuchung tastbar. Unterhalb befindet sich die Ampulla recti. Der Canalis analis entwickelt sich aus der Kloake. Er gliedert sich in Zona columnaris, Pecten analis und Zona cutanea. Der Verschluss des Canalis analis erfolgt durch glatte Muskulatur der Darmwand (M. sphincter ani internus), quer gestreifte Muskulatur des Beckenbodens (M. puborectalis, M. sphincter ani externus) und Venenplexus. Der Verschluss wird sowohl unwillkürlich (Reflexzentren in Th11–S3) als auch willkürlich (N. pudendus) geregelt.

Anhangsdrüsen

Zur Information

Die großen Anhangsdrüsen der abdominalen Teile des Verdauungssystems sind Leber und Bauchspeicheldrüse. Sie geben ihre Sekrete durch Ausführungsgänge in die Pars descendens des Duodenum ab, die Leber durch den Ductus choledochus, die Bauchspeicheldrüse durch den Ductus pancreaticus major evtl. minor. Im Dünndarm beteiligen sich die Sekrete der Anhangsdrüsen an der Spaltung der Nahrung in resorbierbare Bestandteile. Die Sekrete der Bauchspeicheldrüse dienen nach Aktivierung vor allem dem enzymatischen Abbau von Proteinen, Kohlenhydraten und Fetten, außerdem regulieren sie den pH-Wert der Verdauungssäfte. Die Galle als Sekret der Leber emulgiert die Fette und lässt so aus den Produkten der Lipolyse absorbierbare Mizellen entstehen. Schließlich werden die Bausteine der Nahrung unter Beteiligung der Bürstensaumenzyme von den Enterozyten aufgenommen und gelangen in Blut- und Lymphgefäße. Die Anhangsdrüsen haben weitere Aufgaben: das Pankreas reguliert den Kohlenhydratstoffwechsel durch endokrine Zellgruppen, das Inselorgan; die Leber als größtes Stoffwechselsorgan des Körpers dient dem Energiestoffwechsel, der Hormonsynthese, der Entgiftung von Stoffwechselprodukten und als Speicherorgan (► Lehrbücher der Physiologie).

Leber (e) H60–65

Kernaussagen

- **Der Stoffaustausch zwischen Blut und Leberzellen erfolgt in den Lebersinusoiden.**
- **Die Lebersinusoide werden mit Blut aus der V. portae und A. hepatica versorgt.**
- **Die Äste von V. portae und A. hepatica verlaufen in der Leber gemeinsam mit Gallenwegen in Bindegewebsstraßen.**

- **Die Wand der Lebersinusoide besteht aus gefenstertem Porenendothel, Kupffer-Zellen, leberspezifischen Lymphozyten und wird von Sternzellen umfasst.**
- **Das Leberparenchym ist in Leberläppchen mit Stoffwechselzonen gegliedert.**
- **Leberzellen sind organellenreich. Sie geben Produkte ins Blut und Galle in Gallenkanälchen ab.**

Die Leber (Hepar) ist durch die enge funktionelle Verknüpfung von intrahepatischem Gefäßsystem und Leberzellen gekennzeichnet. Das intrahepatische **Gefäßsystem** geht aus der **V. portae** (▶ S. 444) und der **A. hepatica propria** (▶ S. 439) hervor, die ihr Blut **Lebersinusoiden** zuführen, die von Leberzellbalken aus einer, höchstens zwei Zelllage(n) umgeben sind. Die *V. portae* führt Blut mit resorbierten Nährstoffen aus den Kapillargebieten aller unpaaren Bauchorgane: Magen, Darm, Milz; die *A. hepatica propria* führt sauerstoffreiches Blut aus dem Truncus coeliacus, der von der Aorta abdominalis gespeist wird. Die *Lebersinusoide* sind erweiterte Kapillaren, die von gemischtem Blut durchströmt werden. Aus den Lebersinusoiden gelangen die der Leber über das Blut zugeführten Inhaltsstoffe zu den Leberzellen. Abgeleitet wird das Blut aus den Lebersinusoiden durch **Vv. centrales** und in deren Fortsetzung zu **sublobulären Sammelvenen** und schließlich zu **Vv. hepaticae**, die in die V. cava inferior münden.

Einen anderen Weg nimmt die von den Leberzellen sezernierte Galle. Sie gelangt in **Gallenkanälchen**, die als **Gallenkapillaren** zwischen den Leberzellen beginnen und sich als **Gallenwege** fortsetzen. Schließlich entsteht der **Ductus hepaticus communis**. Die Leberzellen sind also polar gegliedert.

Intrahepatisches Pfortadersystem. In der Leberpforte (▶ S. 335) teilt sich die V. portae in

- **Ramus dexter** für den rechten Leberlappen
- **Ramus sinister** für den linken Leberlappen

Aus ihnen gehen Äste für Lobus caudatus und Lobus quadratus (■ Abb. 11.22) hervor.

Alle Äste verzweigen sich weiter, um schließlich die Lebersegmente und letztlich die Leberläppchen zu erreichen. Ihre Endäste sind die Vv. interlobulares, deren Äste in Bindegewebsstraßen verlaufen (*Capsula fibrosa perivascularis*, **Periportalfelder**) und sich immer weiter verzweigen. Die Bindegewebsstraßen gehen von der oberflächlichen Bindegewebskapsel (Tunica fibrosa, auch Glisson-Kapsel) aus, die die ganze Leber umgibt.

A. hepatica propria. Begleitet werden die Pfortaderäste in ihrem gesamten Verlauf von Ästen der A. hepatica propria, die sich zu **Aa. interlobulares** aufzweigen. Äste der Pfortader und der A. hepatica propria verlaufen also innerhalb der Leber gemeinsam, umgeben von Bindegewebe. In den Bindegewebsstraßen befinden sich außerdem Gallenwege (Ductus biliferi), wodurch dort eine Trias (Glisson-Trias) aus Ästen der V. portae, A. hepatica propria und den Ductus biliferi entsteht. Die Aa. interlobulares öffnen sich gemeinsam mit den Vv. interlobulares in die **Lebersinusoide** ⓔ H61.

Lebersinusoide. Die Lebersinusoide eines Leberläppchens verlaufen radiär zu einer zugehörigen V. centralis. Lebersinusoide sind 0,5 mm lang; ihre lichte Weite variiert zwischen 5 und 16 µm. Ausgekleidet sind die Lebersinusoide (■ Abb. 11.47a) von einem sehr dünnen diskontinuierlichen **Endothel mit interzellulären Öffnungen** (Durchmesser 0,2–0,6 µm). Außerdem haben die Endothelzellen etwa 100 nm große **Poren** (*Porenendothel*). Das Endothel der Lebersinusoide hat keine Basallamina. Im Endothelverband befinden sich in das Lumen der Sinus hineinragende **Kupffer-Zellen**, antigenpräsentierende Makrophagen, die Fremdkörper (Zelltrümmer, Bakterien, Vitalfarbstoffe) speichern und alte und geschädigte Erythrozyten abbauen können. Die Kupffer-Zellen sind der monozytären Zelllinie zuzuordnen, können sich abrunden, aus dem Epithelverband lösen und mit dem Blutstrom die Leber verlassen. Ferner kommen intravasal **leberspezifische Lymphozyten** vor, die an den Wandzellen haften und dort bis zu zwei Wochen verweilen können. Es handelt sich um natürliche Killerzellen (▶ S. 139), die als **Pit-Zellen** bezeichnet werden.

Um die Lebersinusoide herum befindet sich ein schmaler **perikapillärer** (perisinusoider) **Raum** (*Disse-Raum*) (Durchmesser 0,5–3 µm), in den Mikrovilli der Hepatozyten hineinragen und der die Vitamin A-speichernden Stern-Zellen (= Ito-Zellen) enthält. Der Disse-Raum wird außerdem von *Gitterfasern* durchzogen und enthält *Blutplasma* aus den Lebersinusoiden. Die Vitamin A-speichernden Stern-Zellen umfassen mit zytoplasmatischen Ausläufern das Endothel. Kennzeichnend sind Vitamin-A-haltige Fetttropfen. Die Zellen exprimieren zahlreiche Zytokine, Wachstumsfaktoren u. a.

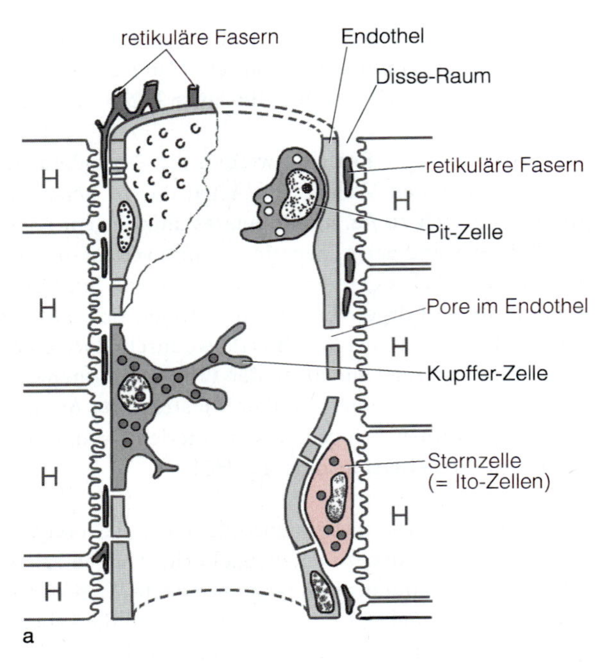

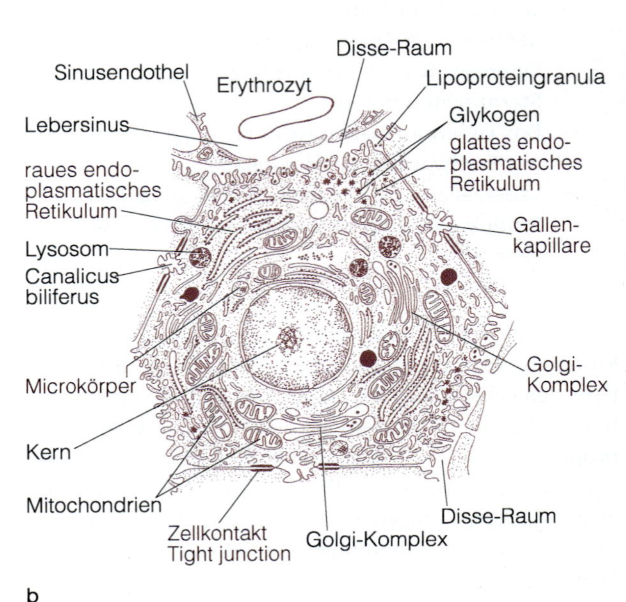

Abb. 11.47 a, b. Leber, Feinbau. **a** Lebersinusoid mit Endothelzellen, Kupffer-Zellen, Pit-Zellen und Vit. A speichernde Stern-Zellen, H Hepatozyten. **b** Leberzelle. Zu beachten ist der Organellenreichtum. Mikrovilli an der dem Disse-Raum zugewandten Oberfläche

Substanzen. Unter pathologischen Bedingungen proliferieren sie und sollen für die starke Bindegewebsproliferation bei Untergang der Hepatozyten, z. B. bei Leberzirrhose, verantwortlich sein.

Alle Zellen der Lebersinusoide stehen im Dienst der Abwehr.

Die **Vv. centrales** sammeln das Blut aus den Lebersinusoiden eines Leberläppchens. Im Gegensatz zu der Gallenwegs- und Gefäß-Trias in den Bindegewebsstraßen verlaufen die Vv. centrales allein. Aus Vv. centrales gehen größere **sublobuläre Venen** hervor, die die Leber in sagittaler Richtung durchziehen. Schließlich entstehen in der Regel drei **Vv. hepaticae**: aus Lobus dexter, Lobus sinister und Lobus caudatus. Sie münden in die V. cava inferior.

Mikroskopische und funktionelle Gliederung der Leber. Im Hinblick auf die Anordnung der Leberzellen bzw. Leberzellbalken und ihre Beziehung zu den Verlaufsstrecken der Gefäße sind verschiedene Betrachtungsweisen möglich.

Es werden unterschieden (Abb. 11.48):
- **klassische Läppchen**
- **periportale Läppchen**
- **Leberazini**

Hinzu kommt eine Gliederung in **Stoffwechselzonen.**

Klassisches Läppchen (Lobulus hepatis) (Abb. 11.48b bis 11.50 e H60). Beim Lobulus hepatis wird die **V. centralis** als **Läppchenmittelpunkt** angesehen. Räumlich sind Lobuli hepatis unregelmäßig geformte, meist längliche Gebilde mit Kanten und Flächen; ihr Durchmesser beträgt etwa 1 mm, ihre Höhe 1,5–2 mm. Benachbarte Läppchen sind durch spärliche Bindegewebszüge voneinander getrennt. Dort, wo mehrere Läppchen mit ihren Kanten zusammenstoßen, entstehen aus den Ausläufern der Bindegewebsstraßen Periportalfelder mit der Trias aus Gallenweg, A. und V. interlobularis (Abb. 11.48c).

Portales Läppchen. Beim portalen Läppchen befindet sich das **Periportalfeld im Mittelpunkt** eines im Schnitt dreieckigen Gebietes. In den Ecken des portalen Läppchens liegen die Vv. centrales (Abb. 11.48a). An der

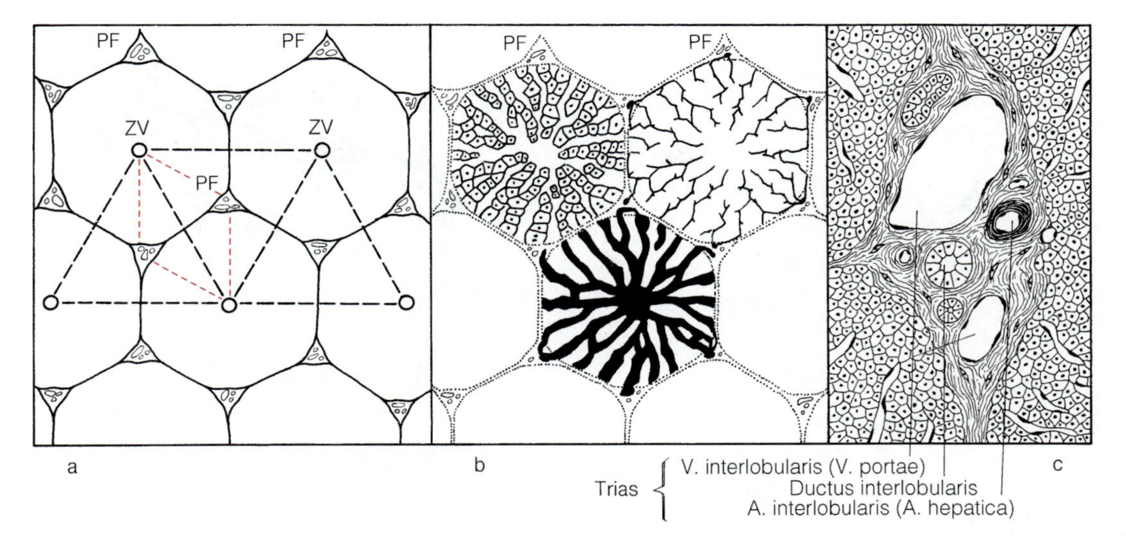

Abb. 11.48 a–c. Schemata von Leberläppchen. **a** Die *polygonalen Felder* stellen die Zentralvenenläppchen, die *schwarz eingezeichneten Dreiecke* die Portalläppchen und der *rot eingezeichnete Rhombus* einen Leberazinus dar. Der Mittelpunkt des klassischen Leberläppchens ist die Zentralvene (*ZV*), der Mittelpunkt des portalen Leberläppchens das Periportalfeld (*PF*). **b** Klassisches Leberläppchen: *links oben* sind die Leberzellbalken (räumlich gesehen = Leberzellplatten) eingezeichnet, *rechts oben* die nach Silberimprägnation dargestellten Gallenkapillaren. Im Leberläppchen *unten* sind die Gefäße (Sinusoide) durch eine Farbstoffinjektion hervorgehoben. **c** Periportales Feld. Bindegewebszwickel mit Trias: V. interlobularis, A. interlobularis, Ductus interlobularis

Bildung eines portalen Läppchens sind Teile von drei angrenzenden »klassischen« Leberläppchen beteiligt.

Leberazinus. Ein Leberazinus hat die Form eines Rhombus, bei dem die Ecken jeweils von zwei gegenüberliegenden Zentralvenen und zwei gegenüberliegenden periportalen Feldern gebildet werden (Abb. 11.48 a, rote Markierung). In der Achse des Rhombus verlaufen die Endäste der A. und V. interlobulares. An einem Leberazinus sind Teile von zwei benachbarten »klassischen« Läppchen beteiligt.

Stoffwechselzonen. Bei jeder Gliederung der Leber ist zu berücksichtigen, dass die Sauerstoffkonzentration in der Umgebung der Äste der A. interlobularis am höchsten ist und in Richtung auf die Zentralvene hin abnimmt. Parallel dazu ändert sich die Stoffwechselaktivität der Leberzellen in der Gefäßnachbarschaft. Es entstehen verschiedene Stoffwechselzonen, die unterschiedlich auf Schädigungen reagieren.

Leberzellen (*Hepatozyten*) (Abb. 11.47 b e H60) sind polyedrisch. Sie bilden lückenhafte, einschichtige, gelegentlich mehrschichtige untereinander verbundene Platten, die in einem klassischen Läppchen strahlenförmig auf die V. centralis zulaufen. Um das periportale Bindegewebe herum fügen sich die Leberzellen zu **Grenzplatten** zusammen, die von Zugangsgefäßen zu den Lebersinusoiden und von Gallenkanälchen durchbrochen werden.

Leberzellen sind sehr organellenreich und enthalten einen, häufig auch zwei locker strukturierte Kerne mit deutlichen Nukleoli. Ihr Zytoplasma enthält viele **Mitochondrien** vom Cristatyp, viel raues und glattes endoplasmatisches Retikulum sowie freie Ribosomen. Während das **glatte endoplasmatische Retikulum** diffus in der Leberzelle verteilt ist, tritt das **raue endoplasmatische Retikulum** eher schollenförmig auf. Der **Golgiapparat** ist an der Produktion der Galle beteiligt und liegt stets zwischen Zellkern und Gallenkapillare. Unmittelbar benachbart befinden sich **Lysosomen.** Die vielseitigen Stoffwechselfunktionen der Leberzelle spiegeln sich auch an zahlreichen **Einschlüssen** wider: Glykogen, Lipide, Proteingranula und Pigmente. Die Leberzellen stehen in lebhaftem Stoffaustausch mit dem langsam die Lebersinusoide durchströmenden Blut bzw. mit dem Blutplasma im perisinusoidalen Raum.

Untereinander sind die Leberzellen durch Nexus, die 4% der Zelloberfläche einnehmen können, sowie durch Desmosomen und Zonulae occludentes (tight junctions) verbunden. Mit ihren einander zugewandten Oberflä-

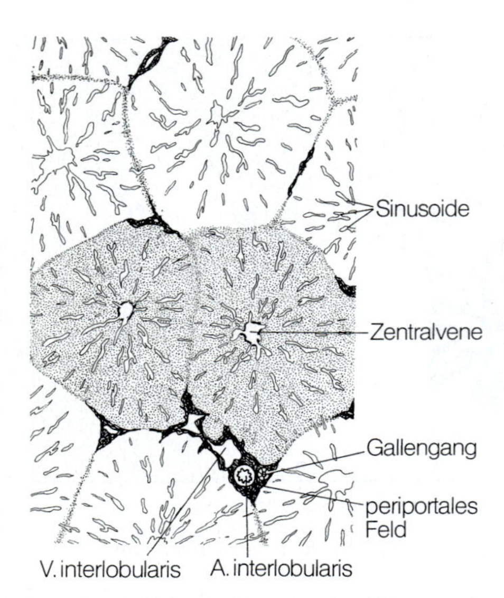

Abb. 11.49. Leber, lichtmikroskopisch. 2 Läppchen hervorgehoben. Bindegewebe *dunkel* (in Anlehnung an Bucher 1980) H60

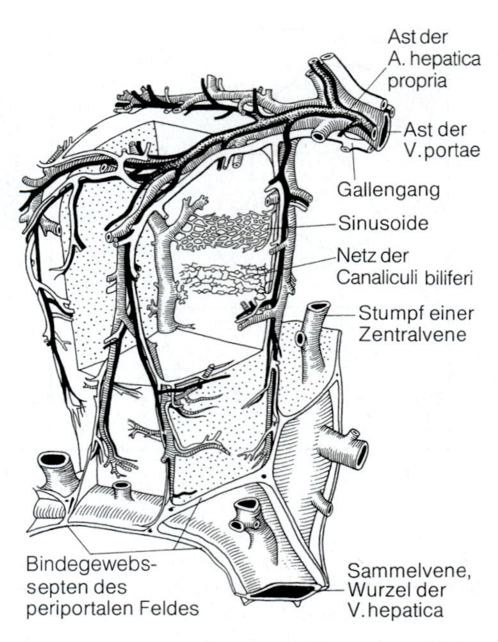

Abb. 11.50. Klassisches Leberläppchen mit umgebenden Gefäßen, räumliche Darstellung. Im Inneren des Läppchens befinden sich die Gallenkapillaren und Blutsinusoide (nach Braus u. Elze 1956)

chen und tight junctions begrenzen die Leberzellen rinnenförmige Spalträume, die **Gallenkapillaren** (*Canaliculi biliferi*, Abb. 11.47 b, H64).

Leberzellen regenerieren leicht.

11

Zur Funktion der Leberzellen

Die wichtigsten von Leberzellen synthetisierten und sezernierten Substanzen sind Plasmaproteine, Glukose, Lipoproteine und Galle. Während Plasmaproteine, Glukose und Lipoproteine ins Blut abgegeben werden, gelangt Galle in die Canaliculi biliferi und von dort in das intrahepatische Ausführungsgangsystem.

Bei den Plasmaproteinen handelt es sich vor allem um Plasmaalbumin, Globuline, Enzyme und Proteine der Blutgerinnungskaskade. Der wichtigste Syntheseort hierfür sind das RER und der Golgiapparat der Leberzellen.

Glykogen und Lipide können in der Leber gespeichert werden. Glykogen wird unter dem Einfluss von Insulin in der Leberzelle aufgebaut und unter dem Einfluss von Glukagon zu Glukose abgebaut. Beim Abbau wirken Enzyme des GER mit. Lipide werden im Golgiapparat der Leberzelle zu Lipoproteinen umgesetzt.

Das GER der Hepatozyten wirkt auch bei der Bildung der Galle mit. Dort werden Gallensäuren gebildet und mit Taurin und Glycin zu Gallensalzen konjugiert. Im GER wird auch das der Leberzelle zugeführte, an Albumin gebundene Bilirubin als Gallenfarbstoff in eine wasserlösliche Form gebracht. Die Galle wirkt bei der Fettverdauung mit.

Schließlich vermag die Leberzelle Substanzen verschiedener Art zu metabolisieren, z. B. wird durch Desaminierung von Aminosäuren Harnstoff gebildet, oder zu entgiften (z. B. Arzneimittel).

In Kürze

Im Mittelpunkt eines Leberläppchens befindet sich je nach Betrachtungsweise eine V. centralis, ein periportales Feld oder eine Achse, gebildet von Ästen der A. und V. interlobulares. Die Leberzellen bilden Platten, zwischen denen die Lebersinusoide mit gemischtem Blut (aus der V. portae hepatis und der A. hepatica) verlaufen. Die Wände der Lebersinusoide bestehen aus Endothelzellen, Kupffer-Zellen und weisen leberspezifische Lymphozyten auf. Zwischen den Sinusoiden und den Leberzellen befindet sich ein perisinusoidaler Raum mit Vitamin A-speichernden Stern-Zellen. Leberzellen geben synthetisierte Proteine, Lipide und Glukose ins Blut der Lebersinusoide ab und sezernieren Galle in die Gallenkanälchen. Die Lebersinusoide münden in Vv. centrales, die sich in sublobuläre Venen fortsetzen. Schließlich verlassen drei Vv. hepaticae die Leber.

Gallenwege und Gallenblase  H66

Kernaussagen

- **Die Gallenwege beginnen mit Canaliculi biliferi zwischen den Leberzellen.**
- **Es folgen intrahepatische Schaltstücke mit isoprismatischem Epithel, Ductuli und Ductus biliferi interlobulares sowie Ductus hepaticus dexter bzw. sinister.**
- **Die intrahepatischen vereinigen sich zu extrahepatischen Gallenwegen (Ductus hepaticus communis, Ductus choledochus).**
- **Im Nebenschluss liegt die Gallenblase.**
- **In der Gallenblase wird die Galle durch Flüssigkeitsresorption eingedickt und gespeichert.**
- **Die Gallenblase wird unter dem Einfluss des vegetativen Nervensystems und von Darmhormonen durch Kontraktion ihrer glatten Wandmuskulatur entleert.**

Gallenwege. Zu unterscheiden sind:
- **intrahepatische Gallenwege**
- **extrahepatische Gallenwege**

Intrahepatische Gallenwege. Sie beginnen als **Canaliculi biliferi** (*Gallenkanälchen*) zwischen benachbarten Leberepithelzellen (▶ oben). Die Hepatozyten sind also das Epithel dieser Kanälchen (◘ Abb. 11.47 b e H64).

Die Gallenkanälchen setzen sich am Rand der Leberläppchen in kurze, von einschichtigem Epithel ausgekleidete **Schalt-** oder **Zwischenstücke** (*Hering-Kanälchen*) fort (Durchmesser 15–25 µm). Sie durchbrechen die Grenzplatte und münden in die *interlobulären Gallenwege* (**Ductuli biliferi interlobulares**), die zusammen mit den Gefäßen in den periportalen Feldern verlaufen. Sie haben ein einschichtiges isoprismatisches Epithel.

Die folgenden Abschnitte der intrahepatischen Gallenwege sind die **Ductus biliferi interlobulares**, die schließlich die **Ductus hepaticus dexter et sinister** bilden.

Extrahepatische Gallenwege. In der Leberpforte vereinigen sich Ductus hepaticus dexter und sinister zum **Ductus hepaticus communis**. In ihn mündet der **Ductus cysticus** der *Gallenblase* (◘ Abb. 11.51). Nach der Vereinigung von Ductus hepaticus und Ductus cysticus heißt der gemeinsame Ausführungsgang von Leber und Gallenblase **Ductus choledochus**.

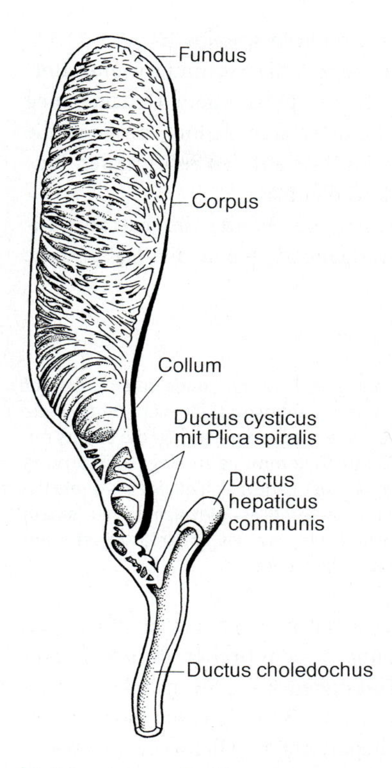

◘ **Abb. 11.51.** Gallenblase und Gallengänge, durch einen Längsschnitt eröffnet (nach Benninghoff 1979)

Der **Ductus choledochus** liegt im Lig. hepatoduodenale (▶ S. 337) und vereinigt sich in der Darmwand mit dem Ductus pancreaticus major zur **Ampulla hepatopancreatica.** Die Mündung bildet die **Papilla duodeni major** in der Pars descendens duodeni (▶ S. 340). Der Ductus choledochus ist 6–8 cm lang und verläuft dorsal der Pars superior duodeni, dann zwischen Pankreaskopf und Duodenalschlinge. Vor Einmündung in die Ampulla hepatopancreatica hat er einen eigenen Verschlussapparat (**M. sphincter ductus choledochi**) aus verstärkter Ringmuskulatur. Die Ampulla hepatopancreatica wird vom **M. sphincter ampullae hepaticopancreaticae** (*Sphincter Oddi*) umfasst. Kontrahiert dieser Muskel, kommt es zu einem Rückstau der Galle, die sich dann „retrograd“ in der Gallenblase sammelt.

Klinischer Hinweis

Die periodische Tätigkeit des Sphinkters reicht aus, um auch nach operativer Entfernung der Gallenblase den Abfluss der Lebergalle zu regulieren.

Die Schleimhaut der extrahepatischen Gallengänge hat nur wenige Falten. Eine Ausnahme macht die erste Hälfte des **Ductus cysticus**, wo **Plicae spirales** (Abb. 11.51) als Verschlussapparat dienen. Sie verhindern eine Entleerung der Gallenblase bei plötzlichem Druckanstieg im Bauchraum, z. B. beim Husten. Jedoch nehmen die Plicae spirales keinen Einfluss auf den retrograden Einstrom der Galle in die Gallenblase.

Histologisch gleichen die Wände der extrahepatischen Gallengänge weitgehend denen der Gallenblase (▶ unten).

Klinischer Hinweis

Sind die Gallenabflusswege z. B. durch Steine verstopft, staut sich die Galle bis zur Leber. Dann wird Galle nicht mehr in die Gallenkanälchen sezerniert, sondern gelangt in die Lebersinusoide, also ins Blut. Dadurch kommt es zu einer Gelbfärbung aller Organe (*Stauungsikterus*). Lagert sich ein Stein vor die Papilla duodenalis major, kommt es gleichzeitig zu einem Rückstau des Bauchspeichels, der das Pankreasgewebe angreift. Die Folge ist eine *Pankreatitis*.

Die **Gallenblase** (Vesica fellea) ist ein birnenförmiger, etwa 8–12 cm langer und 4–5 cm breiter, dünnwandiger Sack, der 40–50 ml Flüssigkeit fasst. Sie speichert Galle, dickt sie ein und gibt sie bei Bedarf ab. Sie liegt im Nebenschluss der extrahepatischen Gallenwege (▶ oben).

Die Gallenblase gliedert sich in **Collum** (*Hals*), **Corpus** (*Körper*) und **Fundus** (*Gallenblasengrund*) (Abb. 11.51). Sie liegt in einer Mulde an der viszeralen Leberfläche, mit der sie durch feine Bindegewebszüge verbunden ist, und ist außen von Peritoneum viscerale überzogen.

Die **Gallenblasenwand** (Abb. 11.52, e H66) besteht aus:

- **Tunica mucosa:** Epithel und subepitheliales Bindegewebe
- **Lamina propria/Tela submucosa**
- **Tunica muscularis**
- **Tunica serosa:** Peritonealepithel und Tela subserosa

Tunica mucosa. Die Schleimhaut bildet hohe Falten, die an ihren Kämmen häufig miteinander in Verbindung stehen. Dadurch entstehen Schleimhautnischen und tunnelartige Aushöhlungen. Das **Oberflächenepithel** ist **einschichtig**, auf den Falten hochprismatisch, in den Nischen und Buchten meistens isoprismatisch. Stellenweise dringen unterschiedlich lange Epithelschläuche bis in die Lamina propria vor. Die Epithelzellen besitzen einen niedrigen Mikrovillisaum, einen basalständigen längsovalen Kern und ein lockeres, leicht granuliertes Zyto-

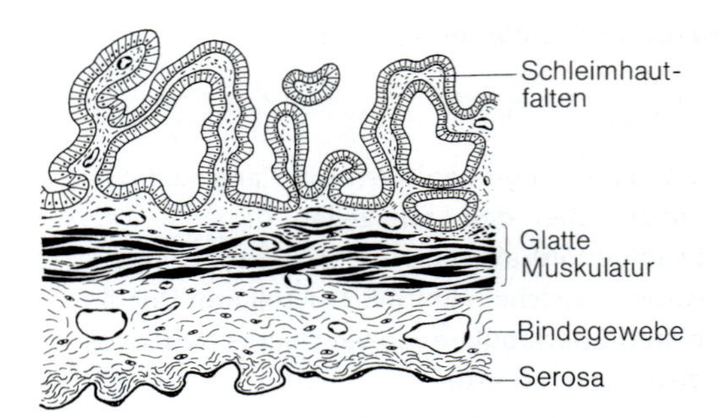

Abb. 11.52. Gallenblasenwand mit typischer Schleimhautfaltung

plasma. Die apikalen Abschnitte der seitlichen Zellmembranen werden durch Schlussleisten miteinander verbunden. Die Mikrovilli dürften der **Resorption** dienen, denn die Blasengalle kann 20–30-mal konzentrierter als die Lebergalle sein. Das Gallenblasenepithel ist auch **sekretorisch** tätig; es sezerniert ein Glykoprotein, das die Epitheloberfläche möglicherweise vor der mazerierenden Wirkung der Galle schützt. In der Nähe des Gallenblasenhalses kommen Becherzellen und muköse Drüsen vor.

Lamina propria. Die subepitheliale lockere Bindegewebsschicht enthält retikuläre, kollagene und elastische Fasern. Neben den ortsständigen Fibrozyten kommen freie Zellen (Lymphozyten, Histiozyten und Mastzellen), zahlreiche sympathische und parasympathische Nervenfasern sowie ein dichtes Gefäßnetz vor.

Tunica muscularis. Die Muskelschicht ist scherengitterartig angeordnet. Die Steighöhe der Schrauben ist am Blasenhals flach und wird zum Blasengrund hin steiler.

Tunica serosa. Sie bildet das Peritonealepithel, das die Gallenblase bedeckt. Die bindegewebsreiche Tela subserosa verankert die Gallenblase an der Glisson-Kapsel der Leber.

Zur Funktion der Gallenblasenmuskulatur

Die Entleerung der Gallenblase erfolgt durch Kontraktion der Muskulatur der Gallenblasenwand, die durch Cholezystokinin, einem Hormon der Dünndarmschleimhaut, ausgelöst wird. Gleichzeitig erweitern sich Ductus cysticus und Ductus choledochus; der Sphinkter am Duodenum öffnet sich.

Klinischer Hinweis

Überdehnungen der Gallenblasenwand oder Spasmen der glatten Muskulatur führen zu heftigen krampfartigen Schmerzen im rechten Oberbauch (*Gallenblasenkoliken*). Entzündungen der Gallenblase können Schmerzempfindungen unter dem rechten Schulterblatt hervorrufen (*Headsche Zone*).

Leitungsbahnen. Die zuführende **Arterie** ist die *A. cystica* aus dem *R. dexter* der *A. hepatica propria.*

Venen. Die Venen, meist mehrere *Vv. cysticae*, münden im Lig. hepatoduodenale direkt in die Pfortader.

Lymphgefäße. Die Lymphgefäße der Gallenblasenwand gelangen über die Leberpforte zu Lymphknoten in unmittelbarer Umgebung des Truncus coeliacus.

Nerven. Die vegetativen Nervenfasern (*Plexus hepaticus*) stammen vom *Plexus coeliacus* und erreichen die Gallenblase mit den Blutgefäßen. Der Bauchfellüberzug von Gallenblase und Leber wird außerdem von sensorischen Zweigen des *N. phrenicus* versorgt.

In Kürze

Die Gallenwege beginnen mit Canaliculi biliferi, die durch die Leberzellen selbst begrenzt werden. Erst im Bereich der Grenzplatten um die periportalen Felder bekommen die intrahepatischen Gallenausführungsgänge ein eigenes Epithel, das zunächst flach und später isoprismatisch ist. Die folgenden intrahepatischen Abschnitte der Gallenwege (Ductuli und Ductus biliferi interlobulares) verlaufen zusammen mit Ästen der V. portae und A. hepatica propria in Bindegewebsstraßen, die die Leber durchziehen. Den intrahepatischen Gallenwegen schließen sich die extrahepatischen Gallenwege an: Ductus hepaticus communis und im Lig. hepatoduodenale der Ductus choledochus. In den Ductus hepaticus mündet der Ductus cysticus zur und von der Gallenblase. Das Epithel der Gallenblase ist sowohl resorptiv als auch sekretorisch tätig. Die Muskulatur ist schraubenförmig angeordnet und kann das Lumen der Gallenblase verändern.

Bauchspeicheldrüse  H67, 68

Kernaussagen

- **Die Bauchspeicheldrüse hat exokrine und endokrine Anteile.**
- **Der exokrine Anteil der Bauchspeicheldrüse besteht aus serösen Endstücken, Schaltstücken und Ausführungsgängen.**
- **Der Hauptausführungsgang der Drüse vereinigt sich vor Mündung in die Pars descendens des Duodenum mit dem Ductus choledochus.**
- **Der endokrine Anteil der Bauchspeicheldrüse wird von den Langerhans-Inseln gebildet.**
- **In den Langerhans-Inseln überwiegen B-Zellen, die Insulin bilden, gegenüber A-Zellen, Bildner von Glukagon, D-Zellen, Bildner von Somatostatin, und PP-Zellen, Bildner von pankreatischem Polypeptid.**

Die *Bauchspeicheldrüse* (**Pankreas**) hat einen
- **exokrinen Anteil** für die Verdauung und zum *gastroenteropankreatischen Regelkreis* gehörend
- **endokrinen Anteil** im Dienst des *Glukosestoffwechsels*

Exokriner Anteil der Bauchspeicheldrüse (e H67). Die Bauchspeicheldrüse ist eine tubuloazinöse Drüse. Sie ist rein serös und produziert täglich bis zu 2 l Sekret mit Verdauungsenzymen: Endopeptidasen, Exopeptidasen, lipidspaltenden Enzymen, kohlenhydratspaltenden Enzymen, Ribonukleasen.

Wie die Gl. parotidea gliedert sich das Pankreas in viele, schon äußerlich sichtbare **Läppchen**, die von spärlichem lockeren interlobulären Bindegewebe mit Blutgefäßen, Lymphgefäßen und Nerven umhüllt werden.

Jedes Drüsenläppchen besteht aus zahlreichen unregelmäßig geformten Drüsenendstücken (**Azini**), die den Beginn des Ausführungsgangsystems (**Schaltstücke**) umfassen (Abb. 11.53). Die flachen Endothelzellen der Schaltstücke schieben sich in die Lumina der Azini vor und werden als **zentroazinäre Zellen** bezeichnet.

Die **Drüsenzellen** selbst sind prismatisch oder pyramidenförmig. Sie sind polar differenziert: im basalen Zytoplasma liegen der kugelige Zellkern mit deutlichem Nukleolus und ein umfangreiches RER (basophiles Ergastoplasma). Der apikale Zellteil ist reich an stark lichtbrechenden, azidophilen **Zymogengranula.** Diese enthalten Vorstufen von Enzymen (Prosekret), die erst im Darm aktiviert werden.

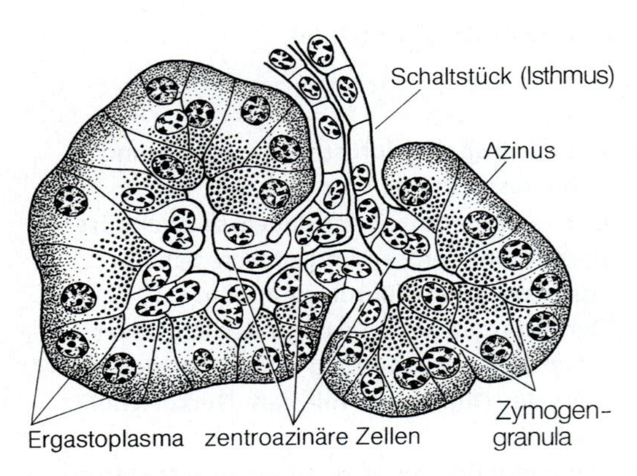

Abb. 11.53. Pankreas. Endverzweigung eines Schaltstücks mit serösen Azini und zentroazinären Zellen (nach Neubert 1927) H67

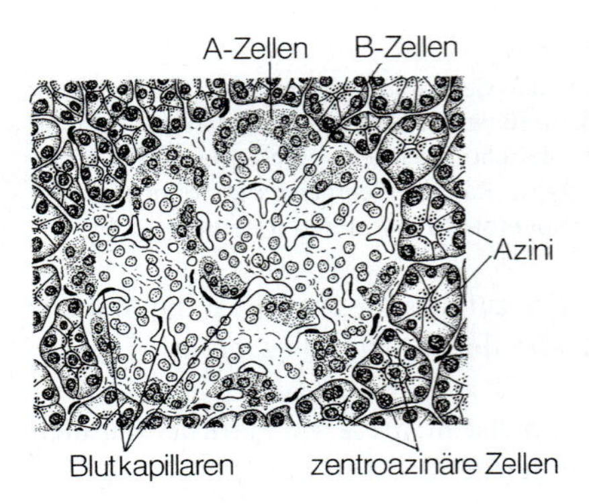

Abb. 11.54. Langerhans-Insel, umgeben von serösen Azini des exokrinen Pankreas. Die Relation von A-Zellen zu B-Zellen beträgt etwa 1:4. Zu beachten ist die starke Kapillarisierung der Insel (nach Leonhardt 1977)

Die **Schaltstücke** sind lang und eng. Sie werden von einem einschichtigen platten bis isoprismatischen Epithel ausgekleidet. Sie münden in **intralobuläre Ausführungsgänge**, die zu **interlobulären Ausführungsgängen** mit hochprismatischem Epithel, Becherzellen und vereinzelten *enterochromaffinen Zellen* werden. Die Epithelzellen der Ausführungsgänge geben Bikarbonationen ab, die dazu beitragen, den saueren Speisebrei aus dem Magen im Duodenum zu neutralisieren und die Pankreasenzyme zu aktivieren. Schließlich münden alle Ausführungsgänge in den **Hauptausführungsgang**, der in seinem Aufbau weitgehend den interlobulären Gangabschnitten gleicht.

Der *Hauptausführungsgang* (**Ductus pancreaticus major**) ist 2 mm dick und verläuft durch die ganze Länge der Bauchspeicheldrüse (Abb. 11.26). Er liegt näher an der Hinterfläche des Pankreas als an der Vorderfläche. Schließlich vereinigt sich der Ductus pancreaticus major mit dem Ductus choledochus. Die Mündung liegt auf der Papilla duodeni major der Pars descendens duodeni (▶ S. 340).

Zum gastroenteropankreatischen Regelkreis

Die Bauchspeicheldrüse bildet mit Magen und Dünndarm einen Funktionskreis. Er steuert die Tätigkeit des exokrinen Pankreas dadurch, dass Cholezystokinin und Sekretin aus der Dünndarmschleimhaut, aber auch Insulin starke Sekretogene sind. Hemmend wirken dagegen verschiedene Neuropeptide, Glukagon, Somatostatin und pankreatisches Polypeptid der Langerhans-Inseln. Die Sekrete der Bauchspeicheldrüse ihrerseits sind für die Verdauung von Proteinen, Kohlenhydraten und Fetten unerlässlich.

Endokriner Anteil des Pankreas. Er besteht aus der Gesamtheit der Langerhans-Inseln, dem **Inselorgan.** Hier werden hauptsächlich **Insulin, Glukagon** und **Somatostatin** gebildet.

Bei den **Langerhans-Inseln** (*Insulae pancreaticae*) (Abb. 11.54, H68) handelt es sich um 1–2 Millionen rundliche, seltene längliche Epithelzellkomplexe, die sich im Schnittpräparat als *hell gefärbte Bezirke* (Inseln) sehr deutlich vom exokrinen Pankreasgewebe abheben. Sie liegen inmitten der Drüsenläppchen, gelegentlich auch im interlobulären Bindegewebe und in unmittelbarer Umgebung von Ausführungsgängen. Ihre Zahl ist im Schwanz der Bauchspeicheldrüse am größten. Die Durchmesser der Inseln schwanken zwischen 50 und 500 µm.

Die Langerhans-Inseln bestehen aus:
- **A-Zellen**
- **B-Zellen**
- **D-Zellen**
- **PP-Zellen**

B-Zellen sind die häufigsten Inselzellen (80%). Sie produzieren **Insulin**, das den Blutzuckerspiegel senkt und die Aufnahme von Glukose in verschiedenen Zellen (z. B. Leberzellen) fördert. Glukose hat für den Energiehaushalt der Zellen und Gewebe zentrale Bedeutung. Lichtmikroskopisch sind B-Zellen an rundlichen, locker gebauten Zellkernen und an einem zart gekörnten Zytoplasma zu erkennen. Elektronenmikroskopisch fallen zahlreiche stäbchenförmige Mitochondrien und elektronendichte Elementargranula auf, die einen breiten hellen Saum zwischen ihrer Matrix und ihrer Membran aufweisen.

Klinischer Hinweis

Bei gestörter Funktion der B-Zellen kann es zu einer Erhöhung des Blutzuckerspiegels durch Insulinmangel kommen (Diabetes Typ I). Aber auch eine Verminderung der Insulinempfindlichkeit der Zellen in den Zielgebieten kann zum Diabetes führen (Diabetes Typ II).

A-Zellen. Sie liegen vor allem am Inselrand. A-Zellen produzieren **Glukagon**, das durch Aktivierung der Glykogenolyse in der Leber den Blutzucker erhöht. Die oft zipfelartig ausgezogenen A-Zellen enthalten azidophile Granula, die sich mit Silbersalzen schwärzen und sich deshalb selektiv darstellen lassen. Elektronenmikroskopisch erweist sich die Matrix der Granula als dicht strukturiert. Sie ist durch einen schmalen hellen Randsaum von der Hüllmembran getrennt.

D-Zellen. Sie bilden **Somatostatin**, das die Insulin- und Glukagonsekretion hemmt. D-Zellen haben einen dichten Zellkern und ein fein granuliertes Zytoplasma. Die Körnelung des Zellleibs lässt sich färberisch mit Anilinblau hervorheben. Die Granula der D-Zellen sind homogen und von geringer Elektronendichte. Sie haben keinen hellen Hof.

PP-Zellen. Die das **pankreatische Polypeptid** bildenden Zellen enthalten kleine, runde oder ovale Granula von unterschiedlicher Osmiophilie. Pankreatisches Polypeptid hemmt die durch Sekretin stimulierte Sekretion des exokrinen Pankreas. Ferner schränkt es die durch Gastrin stimulierte Magensäureproduktion ein.

Gefäß- und Nervenversorgung der Inseln. Jede Insel wird von einem dichten Kapillarnetz umgeben, das vermutlich von mehreren Arteriolen gespeist wird. In den Inseln erweitern sich die Blutkapillaren zu Sinusoiden und haben engen Kontakt mit den endokrinen Zellen. Die Hormone der Langerhans-Inseln gelangen über die Venen des Pankreas in Pfortaderkreislauf und Leber. Von hier aus erreichen sie ihre Zielgebiete.

Eine Sonderstellung nehmen die exokrinen Anteile des Pankreas ein, da sie von Venen aus den Inseln erreicht werden, die sich erneut kapillarisieren (Typ eines »Pfortaderkreislaufs«). Dadurch können Inselhormone direkt auf die Azini des exokrinen Pankreas wirken.

Auch *marklose Nervenfasern* dringen in die Inseln ein und enden mit Verdickungen in der Nähe der endokrinen Zellen. Ihre Wirkungsweise ist noch nicht hinlänglich geklärt.

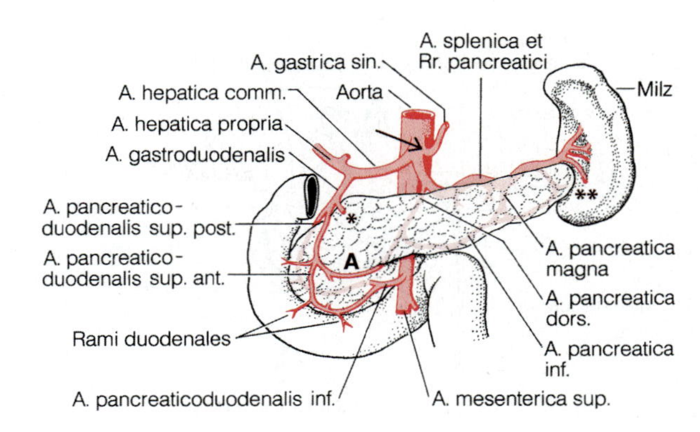

Abb. 11.55. Arterielle Gefäßversorgung des Pankreas. Die A. gastroomentalis dextra (*) und die A. gastroomentalis sinistra (**) sind durchtrennt. *A* Anastomose zwischen A. pancreaticoduodenalis superior anterior und A. pancreatica dorsalis (aus der A. splenica). Zu beachten ist die Aorta mit Truncus coeliacus (Tripus Halleri) (*Pfeil*)

Leitungsbahnen der Bauchspeicheldrüse. Die Bauchspeicheldrüse wird arteriell versorgt von (Abb. 11.55)

Ästen aus der A. gastroduodenalis:

- **A. pancreaticoduodenalis superior anterior** auf der Vorderseite des Pankreaskopfes; sie anastomosiert mit dem R. anterior der A. pancreaticoduodenalis inferior sowie mit der A. pancreatica dorsalis.
- **A. pancreaticoduodenalis superior posterior**
- **Aa. retroduodenales**; A. pancreaticoduodenalis superior posterior und die Aa. retroduodenales verlaufen hinter dem Pankreaskopf und stehen mit dem R. posterior der A. pancreatica inferior in Verbindung

Ästen aus der A. splenica:

- **A. pancreatica dorsalis,** die sich in die **A. pancreatica inferior** fortsetzt
- **Rr. pancreatici, A. pancreatica magna, A. caudae pancreatis**

Ästen aus der A. mesenterica superior:

- **A. pancreaticoduodenalis inferior** (► S. 440) mit einem R. anterior und einem R. posterior.

Insgesamt bilden die Arterien des Pankreas durch ihre Anastomosen untereinander Gefäßkränze, insbesondere um den Pankreaskopf.

Venen (Abb. 11.56). Das venöse Blut des Pankreas gelangt in die *V. portae hepatis* und damit zur Leber.

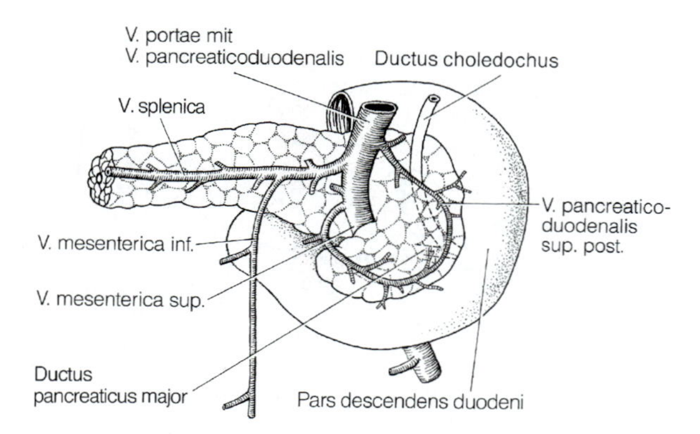

Abb. 11.56. Pankreasvenen. Zusammenfluss von V. splenica, V. pancreaticoduodenalis und Vv. mesentericae zur V. portae hepatis an der Hinterseite des Caput pancreatis (in Anlehnung an Töndury 1970)

Lymphgefäße. Die Lymphgefäße verlassen die Drüse an verschiedenen Stellen ihrer Oberfläche und münden in benachbarte Lymphknoten. Klinisch bedeutsam sind Verbindungen zwischen den Lymphgefäßen von Pankreas und Duodenum.

Nerven. Die Innervation erfolgt durch Äste des *N. vagus* und des *Sympathikus*. Die Nervenfasern gelangen teils direkt aus dem *Plexus coeliacus* in das Drüsengewebe, teils über periarterielle Geflechte (Plexus pancreaticus).

In Kürze

Der exokrine Anteil des Pankreas besteht aus Drüsenazini, deren Drüsenzellen Zymogengranula mit Vorstufen von Verdauungsenzymen enthalten. Das Sekret wird in Schaltstücke abgegeben und gelangt über intra- und interlobuläre Ausführungsgänge und den Ductus pancreaticus major ins Duodenum. Das Sekret enthält Enzyme zum Abbau von Proteinen, Kohlenhydraten und Fetten. Es ist reich an Bikarbonationen, die den pH im Duodenum erhöhen und Enzyme aktivieren. Die endokrinen Anteile des Pankreas sind die Langerhans-Inseln (etwa 2% des Organvolumens). Hier wird in B-Zellen Insulin, in A-Zellen Glukagon gebildet. Diese Hormone steuern den Kohlenhydratstoffwechsel. In den D-Zellen der Inseln wird Somatostatin gebildet, das eine generell hemmende Wirkung hat. Eine Direktwirkung des Inselapparates auf das exokrine Pankreas ermöglicht der insuloazinäre Pfortaderkreislauf.

11.5.5 Milz  H34, 35

Kernaussagen

- **Die Milz ist durch Lymphozytenansammlungen um die Milzgefäße gekennzeichnet: periarterioläre lymphatische Scheide und Milzfollikel.**
- **Die Durchblutung der Milz erfolgt durch ein geschlossenes und ein offenes System.**
- **Im offenen System der Milz kommt es durch Makrophagen zum Abbau überalterter Erythrozyten, Entfernung von Fremdkörpern und immunologischen Reaktionen.**

Die Milz (Lien, Splen) dient der immunologischen Überwachung des Blutes. Lebensfrisch ist die Milz blaurot und weich und deswegen formveränderlich (Abb. 11.57). Außerdem hängen Größe und Gewicht vom Bestand gespeicherten Blutes ab.

Milzkapsel und Milztrabekel. Die Milz umhüllt eine dehnungsfähige, von Peritoneum viscerale bedeckte Kapsel. Sie besteht aus einem Kollagenfasergeflecht mit wenigen glatten Muskelzellen und einem dichten Netz elastischer Fasern. Von der Kapsel ziehen **Trabeculae splenicae** (*Milzbalken*) mit größeren Blutgefäßen ins Organinnere.

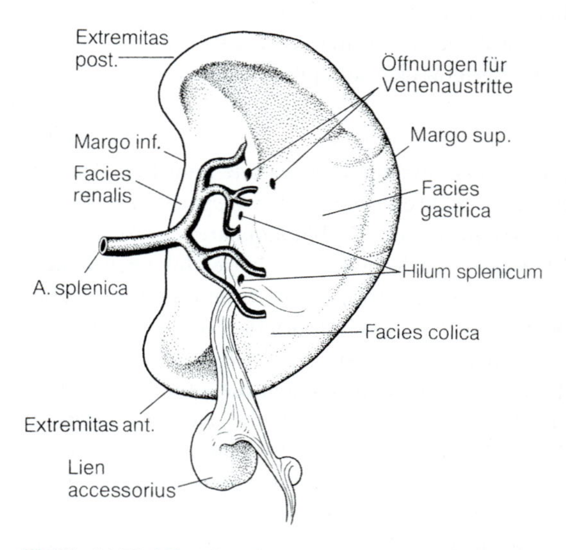

Abb. 11.57. Milz mit Nebenmilz. Facies visceralis mit Hilum lienale und Berührungsfeldern von Nachbarorganen. Am Milzhilum sind nur die Verästelungen der A. splenica dargestellt (nach Benninghoff 1985)

Gliederung der Milz (Abb. 11.58, e H35). Die Milz gliedert sich in
- **rote Milzpulpa**
- **weiße Milzpulpa**

Zur Information
Die Begriffe „rote" und „weiße Milzpulpa" kommen ursprünglich aus der makroskopischen Anatomie, werden aber zunehmend auch in der mikroskopischen Anatomie und Histologie verwendet.

Die **rote Milzpulpa** besteht aus einer weichen, dunkelroten, bei unfixierter Milz mit dem Messer abstreifbaren Masse. Die rote Milzpulpa enthält alle Bestandteile des strömenden Blutes. Sie befinden sich im Kapillarsystem der Milz, vor allem in ihren erweiterten Anteilen, den **Milzsinus**, und in den **Milzsträngen**, die aus retikulärem Bindegewebe bestehen (e H34). Außerdem kommen in der roten Pulpa Makrophagen und Plasmazellen vor; hier wird das Blut gefiltert.

Die **weiße Pulpa** ist in die rote Pulpa eingebettet. Sie besteht aus einer Summe strangförmiger und stecknadelkopfgroßer Lymphozytenansammlungen um Milzgefäße herum. Die weiße Pulpa übt immunologische Funktionen aus.

Anteile der weißen Milzpulpa sind:
- **periarterioläre lymphatische Scheiden (PALS)**
- **T-Zellareale**
- **Milzfollikel** (Ansammlungen von B-Lymphozyten)

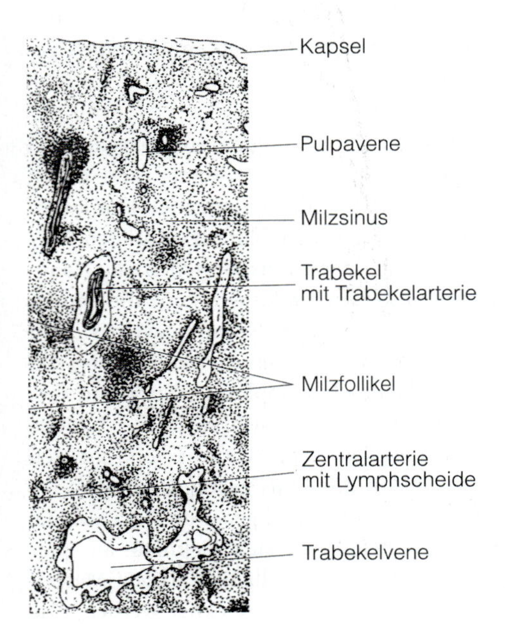

Abb. 11.58. Milz, mikroskopische Übersicht. Die dunklen Gebiete sind Lymphozytenansammlungen und bilden die weiße Milzpulpa. Dazwischen liegt die rote Pulpa (in Anlehnung an Bucher 1980) e H35

Funktionell sind rote und weiße Pulpa eine untrennbare Einheit.

Als **Besonderheit** der Milz erfolgt der Blutdurchfluss im Gegensatz zu nahezu allen anderen Organen gleichzeitig und parallel zueinander in
- **geschlossenem Kreislauf**
- **offenem Kreislauf**

Das **geschlossene System** wird von Gefäßen mit einer Endothelauskleidung gebildet:
- **Trabekelarterien**
- **Zentralarterien** (Pulpaarterien) und **-arteriolen**
- **Pinselarteriolen**
- **Hülsenkapillaren**
- **Milzsinus**
- **Pulpavenen, Trabekelvenen**

Das **offene System** besteht aus einem Labyrinth blutgefüllter Räume in den retikulären Milzsträngen der roten Pulpa. Der Zufluss erfolgt direkt aus Arteriolen, der Abfluss entweder in die Milzsinus mit durchlässigen Wänden oder direkt in die Pulpavenen. Im offenen System der Milz kommt das Blut in unmittelbaren Kontakt mit Makrophagen, die Fremdkörper sowie antikörperbesetzte Bakterien und Viren sowie veränderte bzw. überalterte Erythrozyten phagozytieren und abbauen.

Geschlossenes System (Abb. 11.59). **Trabekelarterien** gehen aus den Ästen der A. splenica hervor, haben eine relativ dicke Muskelwand und verlaufen in den Milzbalken. Die Äste der A. splenica sind Endarterien ohne Anastomosen.

Zentralarterien und **-arteriolen** sind Äste der Trabekelarterien. Sie werden, sobald sie die Trabekel verlassen haben, von Lymphozytenansammlungen umgeben, den **periarteriolären lymphatischen Scheiden** (=PALS, Abb. 11.59), in deren Mitte sie verlaufen – deswegen Zentralarterie bzw. -arteriole. Die PALS bestehen überwiegend aus T-Helferzellen. Hinzu kommen antigenpräsentierende interdigitierende dendritische Zellen, die aus dem Blut eingewandert sind, sowie wenige zytotoxische T-Zellen. Randständig befinden sich wandernde

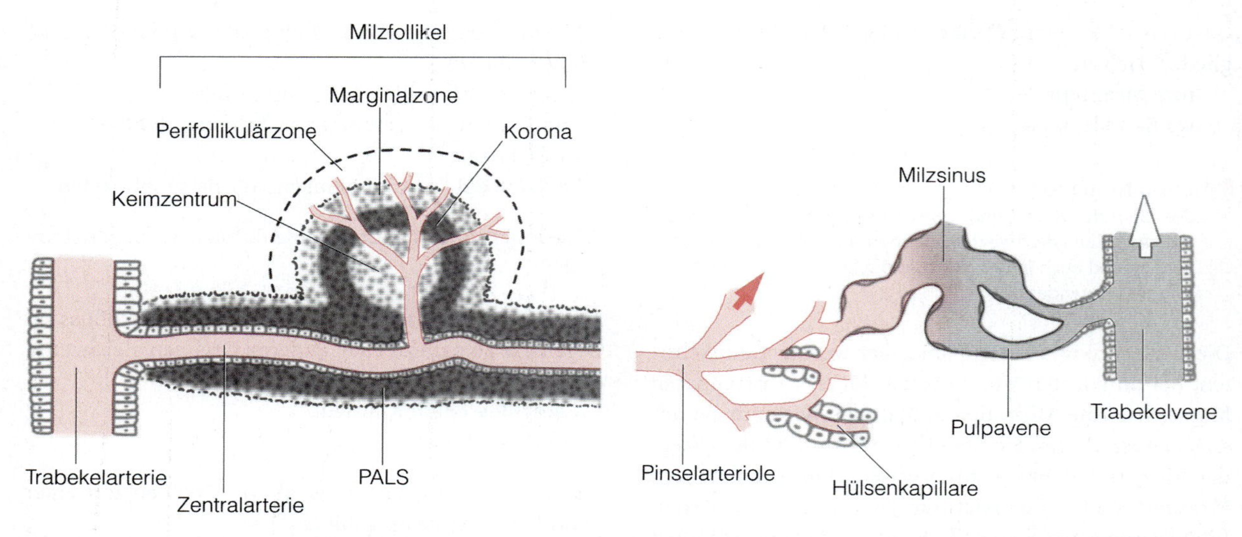

Abb. 11.59. Milzgefäße mit ihren verschiedenen Abschnitten. PALS = periarterioläre lymphatische Scheide. Milzfollikel (in Anlehnung an Steiniger 2000)

B-Lymphozyten. Sie bilden eine Schicht, die mit einer inneren Marginalzone in den Follikeln in Verbindung steht.

Angeheftet an die PALS oder in ihr befinden sich stellenweise Ansammlungen von B-Lymphozyten. Diese werden als **Milzfollikel** bezeichnet. In den Milzfollikeln verlaufen die Zentralarterien häufig exzentrisch. Sie geben radiär Arteriolen ab, die den Follikelrand erreichen. Milzfollikel können aber auch um Seitenäste der Zentralarterie liegen.

Milzfollikel können als Primärfollikel ohne spezielle Innenstruktur oder als Sekundärfollikel auftreten. Die Sekundärfollikel der Milz (Abb. 11.59) haben wie die anderer lymphatischer Organe ein helles **Keimzentrum** und eine umgebende **Korona** (Mantelzone) mit allen jeweils typischen Zellen (▶ S. 152). Anders als bei den Follikeln der Lymphknoten erreichen die Antigene die Milzfollikel jedoch auf dem Blut- und nicht auf dem Lymphweg.

Umgeben wird die Korona von einer **Marginalzone**, der eine **perifollikuläre Zone** folgt. Die Marginalzone beherbergt wandernde B-Lymphozyten und B-Gedächtniszellen. Beide Zonen stellen die Verbindung zur roten Milzpulpa her; in der perifollikulären Zone befinden sich bereits extravasale Blutzellen.

Pinselarteriolen. Am Follikelrand oder kurz danach können sich Zentralarteriolen pinselartig aufzweigen. Hieraus gehen Kapillaren hervor.

Hülsenkapillaren. Die Kapillaren werden von einer ein- bis zweischichtigen Hülle aus Makrophagen umgeben, auch als **Schweigger-Seidel-Hülsen** bezeichnet. Für die menschliche Milz ist noch nicht abschließend geklärt, wie das Blut aus den Hülsenkapillaren in die Milzsinus bzw. in die Interzellularräume der roten Milzpulpa gelangt.

Die **Milzsinus** (Abb. 11.60) bilden ein ausgedehntes Netz teils langer und weiter, teils kurzer und enger, buchtenreicher Röhrchen, die miteinander kommunizieren (histologisch nur in der blutleer-gespülten Milz sichtbar). Die Wände der Sinus bestehen aus langgestreckten spezialisierten Endothelzellen, die in der Regel nicht phagozytieren. Ihre Kerne buckeln sich in die Lichtung der Sinus vor. Die **Sinusendothelzellen** stehen durch quer verlaufende Zytoplasmafortsätze in Verbindung und lassen zwischen sich längliche Schlitze frei, durch die Blutzellen, z. B. Erythrozyten, aus den Milzsträngen wieder in die Sinus gelangen können.

Milzsinus haben keine durchgehende Basallamina. Die Endothelzellen befestigen sich vielmehr an quer verlaufenden Streifen eines basallaminaartigen Materials, die auch als **Reifenfasern** bezeichnet werden. Die Streifen werden von retikulären Fasern umsponnen, die mit dem retikulären Bindegewebe der Milzstränge in Verbindung stehen (Abb. 11.60). Umgeben werden die Milzsinus von einer Ansammlung von Makrophagen und Plasmazellen.

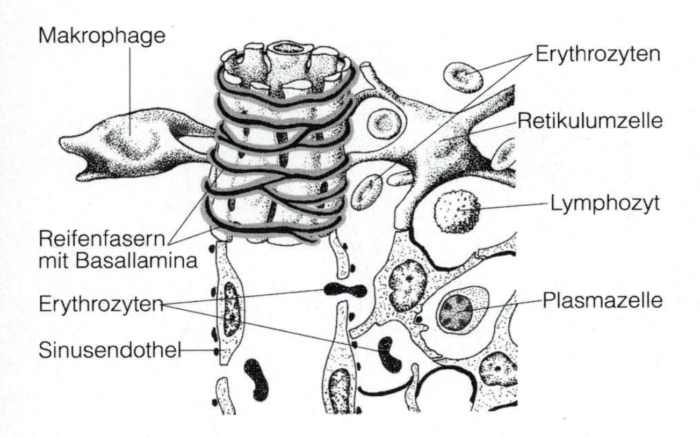

Abb. 11.60. Gefensterter Milzsinus umgeben von Ringfasern (*oben in räumlicher Darstellung*). Im Milzretikulum (*rechte Bildhälfte*) liegen Blutzellen

Pulpavenen, Trabekelvenen. Die Sinus setzen sich in wahrscheinlich nur kurze Pulpavenen fort, die schließlich in die Milztrabekel gelangen und zu Balkenvenen zusammenfließen. Sie streben dem Milzhilum zu. Die Balkenvenen haben keine eigene Muskelschicht.

Leitungsbahnen der Milz. Die zuführende **Arterie** ist die **A. splenica** (lienalis), der voluminöse linke Ast des Truncus coeliacus (► S. 439). Die A. splenica hält sich in ihrem auffällig geschlängelten Verlauf von rechts nach links an den oberen Rand des Pankreas und gelangt im Lig. splenorenale des Mesogastrium dorsale in die Nähe des Milzhilum, wo sie sich in mehrere **Rr. splenici** aufteilt (Abb. 11.57).

Vene. Der Blutabfluss erfolgt durch die **V. splenica.** Sie entsteht in Hilumnähe aus mehreren Wurzelvenen, verläuft anfangs mit der Arterie, liegt dann aber hinter dem Pankreas (Abb. 11.56), nimmt in der Regel die V. mesenterica inferior auf und bildet mit der V. mesenterica superior die V. portae hepatis.

Die **Lymphgefäße** der Milz stammen aus dem Parenchym und der Peritonealumhüllung. Sie erreichen Lymphknoten, die am oberen Rand des Pankreas liegen. Von hier aus gelangt die Lymphe zu den Nodi lymphoidei coeliaci.

Nerven. Die Milz wird sympathisch und parasympathisch innerviert. Die vegetativen Fasern (**Plexus splenicus**) erreichen die Milz mit den Gefäßen.

In Kürze

Die Milz besteht aus einer weißen und einer roten Pulpa. Die weiße Pulpa ist die Summe der periarteriolären Lymphozytenscheiden (PALS) und der Milzfollikel. Die rote Pulpa ist das blutgefüllte Maschenwerk zwischen der weißen Pulpa. Dort kommt das Blut mit antigenpräsentierenden Zellen in Berührung und alternde Erythrozyten werden abgebaut. Außerdem durchqueren Blutgefäße die rote Pulpa: Pinselarteriolen, Hülsenkapillaren, Milzsinus, Pulpavenen.

11.5.6 Spatium extraperitoneale

In der Übersicht über die Bauch- und Beckenhöhle (► S. 329) wurde dargestellt, dass das Spatium extraperitoneale ein zusammenhängender Bindegewebsraum zwischen Peritoneum parietale und den Wänden der Cavitas abdominalis et pelvis ist. In der Cavitas abdominalis ist dieser Raum dorsal zum **Spatium retroperitoneale** erweitert. Im kleinen Becken gliedert sich das Spatium extraperitoneale in das **Spatium subperitoneale** und **Spatium retropubicum.** Im Spatium extraperitoneale liegen Organe des Urogenitalsystems, Nebennieren, Rektum, Leitungssysteme.

Spatium retroperitoneale, Retrositus

Kernaussagen

- **Die Organe des Retrositus (Niere, Nebenniere und Pars abdominalis des Harnleiters) befinden sich in einer tiefen Rinne neben der Wirbelsäule.**
- **Niere und Nebenniere werden von einer Fettkapsel und einem nach medial und kaudal offenen Fasziensack umgeben.**
- **Das Nierenhilum liegt in Höhe des 2. Lendenwirbels.**
- **Die Pars abdominalis des Harnleiters verläuft auf der Faszie des M. psoas.**

Retrositus meint Lage und Faszienverhältnisse der Organe und Leitungsbahnen im Spatium retroperitoneale, das durch eine tiefe Rinne beiderseits der Wirbelsäule bestimmt wird. Die dorsale Begrenzung bildet der M.

psoas mit seiner Faszie, die sich seitlich in die Fascia transversalis fortsetzt.

Das **Spatium retroperitoneale** beinhaltet auf jeder Seite
- **Binde- und Fettgewebe**
- **Niere** (*Ren*)
- **Nebenniere** (*Glandula suprarenalis*)
- **Pars abdominalis des Harnleiters**

Das **Binde- und Fettgewebe** des Spatium retroperitoneale dient der Befestigung der Organe, ermöglicht aber gleichzeitig in gewissen Grenzen deren Verschiebung. So steht der untere Nierenpol während der Einatmung und bei aufrechter Körperhaltung bis zu 3 cm tiefer als bei der Ausatmung und im Liegen (Abb. 11.61).

Um Niere und Nebenniere herum sind Fett- und Bindegewebe verdichtet. Das Fettgewebe umrahmt beide Organe als **Capsula adiposa,** insbesondere seitlich. Am medialen Nierenrand füllt es die Lücken zwischen den dort ein- bzw. austretenden Gefäßen und dem Ureter. Der Umfang des Fettlagers hängt vom Ernährungszustand ab.

Klinischer Hinweis

Bei Schwund der Capsula adiposa kann sich die Niere zur Beckenhöhle hin verlagern (*Senkniere*); häufiger rechts als links und häufiger bei der Frau als beim Mann. Bei der Nierensenkung können der Harnleiter abknicken und Harn im Nierenbecken gestaut werden.

Die Bindegewebsverdichtungen lassen Faszien entstehen, die als **Fasziensack** Niere und Nebenniere einschließlich der Capsula adiposa umhüllen (Abb. 11.62). Er besteht aus zwei Blättern, der prärenalen und der retrorenalen Faszie.

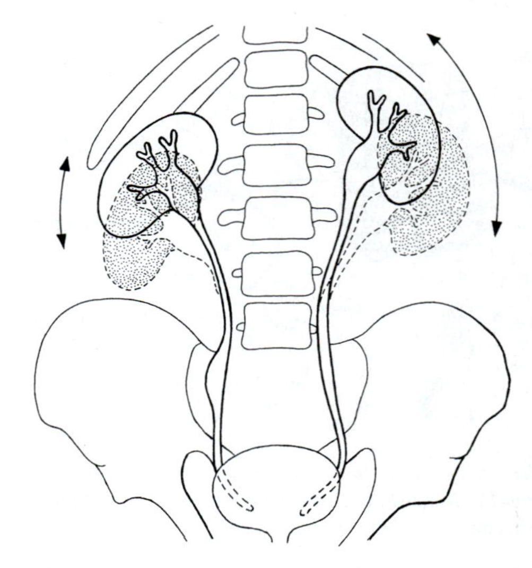

Abb. 11.61. Verlagerung der Nieren (*Pfeile*) bei tiefer Inspiration und Exspiration im Liegen, hervorgerufen durch Zwerchfellbewegungen (nach Benninghoff 1979)

Die **Fascia retrorenalis** ist derb, die **Fascia praerenalis** vergleichsweise zart. Beide Faszien erreichen oben das Diaphragma und unten den Darmbeinkamm. Nach medial erstrecken sich die Faszien bis an die Wirbelsäule. Lateral und oben ist der Fasziensack geschlossen, nach medial und unten spaltförmig offen. Dadurch haben Gefäße und Nerven freien Zutritt zur Niere.

Die **Niere** des Erwachsenen wiegt 120–200 g, ist etwa 10–12 cm lang, 6 cm breit und 4 cm dick. Sie wird von einer derben bindegewebigen Kapsel (**Capsula fibrosa**) überzogen, die sich vom gesunden Organ leicht abziehen lässt.

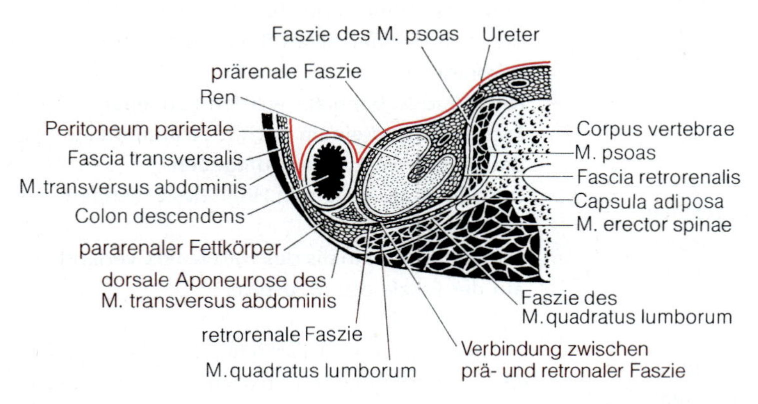

Abb. 11.62. Nieren, Nierenfaszien, Capsula adiposa. Querschnitt durch die dorsale Rumpfwand in Höhe der linken Niere. Von der lateralen Rumpfwand ist nur der M. transversus abdominis berücksichtigt

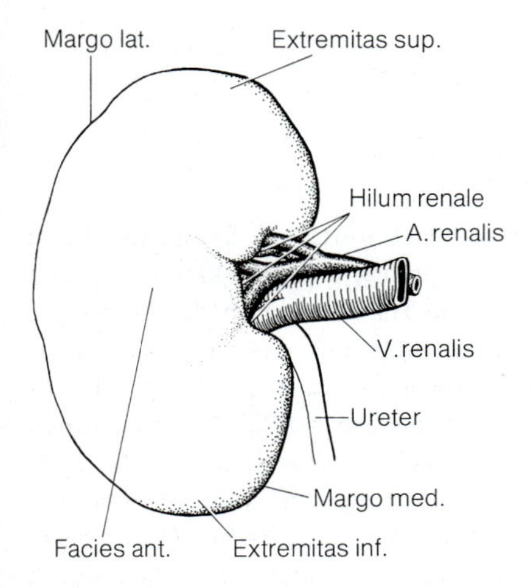

Abb. 11.63. Rechte Niere, ventrale Oberfläche

An jeder Niere lassen sich ein oberer und ein unterer Pol (*Extremitas superior, Extremitas inferior*), eine vordere und eine hintere Fläche (*Facies anterior, Facies posterior*) sowie ein medialer und ein lateraler Rand (*Margo medialis, Margo lateralis*) unterscheiden (Abb. 11.63). Der mediale Rand ist an der Ein- bzw. Austrittspforte für die Nierengefäße (A. und V. renalis) und den Harnleiter eingezogen (**Hilum renale**). Das Hilum renale setzt sich in den **Sinus renalis** fort, der das Nierenbecken (**Pelvis renalis**) eingebettet in Fettgewebe enthält.

Der obere Pol der Niere liegt in Höhe des Oberrandes des 12. BW, der untere in Höhe des 3. LW und das Hilum renale des 2. LW. Die rechte Niere steht eine halbe Wirbelkörperhöhe tiefer als die linke. Auf beiden Seiten überquert die 12. Rippe die Niere im oberen Drittel. Die Nieren schmiegen sich M. psoas und M. quadratus lumborum sowie kranial dem Zwerchfell an. Durch die Verlaufsrichtung der Muskeln konvergieren die Längsachsen der Nieren nach oben, die Querachsen nach vorne medial. Auf der Nierenrückseite verlaufen dorsal der Fascia retrorenalis schräg abwärts gerichtet der N. subcostalis (12. Interkostalnerv), der N. iliohypogastricus und der N. ilioinguinalis.

Dem oberen Nierenpol liegt die Nebenniere auf. Die linke Niere hat weitere Berührungsflächen mit Magen, Milz und Colon descendens, die rechte mit Leber, Pars descendens duodeni und Colon ascendens (Abb. 11.64).

Die **Nebennieren** sind endokrine Drüsen. Sie sind 4–6 cm lang, 1–2 cm breit und 4–6 cm dick. Der Form nach ist die rechte Nebenniere abgeplattet und dreieckig. Sie berührt außer der Niere die Facies visceralis der Leber und hat Kontakt mit dem Duodenum (jedoch nicht mit der Aorta abdominalis). Die linke Nebenniere ist abgerundet. Beide Nebennieren legen sich nach oben der Pars lumbalis des Zwerchfells an.

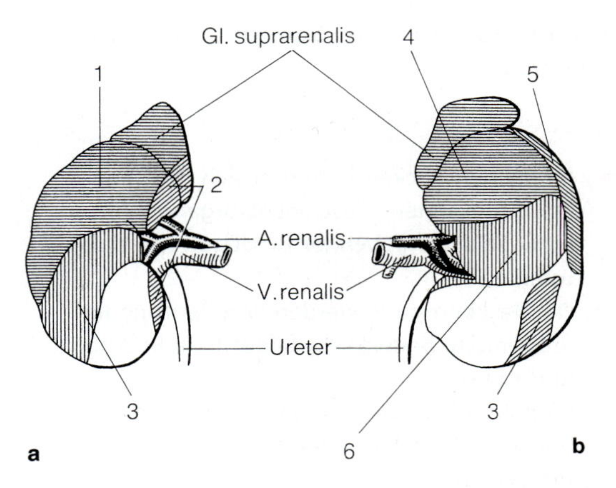

Abb. 11.64 a, b. Berührungsfelder an der ventralen Nierenoberfläche. **a** rechte Niere, **b** linke Niere. Berührungsfelder mit *1* Leber, *2* Pars descendens duodeni, *3* Colon (rechts Colon ascendens, links Colon descendens), *4* Magen, *5* Milz, *6* Cauda pancreatis (nach Rauber-Kopsch 1955)

Der **Ureter** liegt mit seiner Pars abdominalis dorsal der Psoasfaszie auf und wird ventral vom Peritoneum parietale bedeckt. Er hat nach dorsal enge topographische Beziehung zum N. genitofemoralis. Ventral überqueren auf beiden Seiten die A. und V. testicularis bzw. ovarica den Ureter. Hinzu kommen links die A. mesenterica inferior und das Mesosigmoideum und rechts das Duodenum (im oberen Ureterverlauf), weiter unten die A. ileocolica sowie die Radix mesenterii. Vor dem Ileosakralgelenk gelangt der Ureter ins kleine Becken.

In Kürze

Der nach medial offene Fasziensack der Niere wird von der Fascia retrorenalis und der Fascia praerenalis gebildet. Er lässt geringe Verlagerungen der Niere bei tiefer Ein- und Ausatmung zu. Die rechte Niere berührt die Leber, die Pars descendens duodeni und das Colon ascendens, die linke Niere den Magen, die Milz und das Colon descendens. Die Nebennieren liegen dem oberen Nierenpol auf. Die Pars abdominalis des Ureters verläuft auf der Psoasfaszie in enger Nachbarschaft zum N. genitofemoralis.

Spatium subperitoneale, Spatium retropubicum, Beckensitus

Kernaussagen

- Im kleinen Becken befinden sich Rektum, Blase und innere Geschlechtsorgane einschließlich umgebender Bindegewebsstrukturen.
- Die Beckenorgane werden von Peritoneum urogenitale bedeckt. Es bildet tiefe Buchten und Falten.
- Im männlichen Becken ist die tiefste Ausbuchtung des Peritoneum die Excavatio rectovesicalis.
- Im weiblichen Becken bestehen zwei Ausbuchtungen des Peritoneum: Excavatio vesicouterina zwischen Harnblase und Vagina und Excavatio rectouterina zwischen Rektum und Uterus. Die Excavatio rectouterina ist besonders tief (Douglas-Raum).
- Nach beiden Seiten ist der Uterus durch das Lig. latum befestigt, eine mit Peritoneum überzogene Bindegewebsplatte, an deren oberen Rand der Eileiter verläuft und an deren Rückseite das Ovar liegt.

Unter **Beckensitus** wird Lage, Form und Anordnung aller Strukturen verstanden, die sich im kleinen Becken (**Cavitas pelvis**) befinden. Dies sind
- **Peritoneum urogenitale**
- **Beckenorgane** und das begleitende Bindegewebe des subperitonealen Raums
- **Wände der Beckenhöhle** (innere Hüftmuskeln, ▶ S. 530)

Das **Peritoneum urogenitale** als Teil des Peritoneum parietale bedeckt die im kleinen Becken gelegenen Anteile des Urogenitalsystems und bildet tiefe Buchten und Falten zwischen Vorwölbungen der Beckenorgane (◘ Abb. 11.65):
- **Fossa paravesicalis** (seitlich der Blase)
- **Plica vesicalis transversa** (Peritonealfalte quer über der Blase)
- **Excavatio rectovesicalis** beim Mann
- **Excavatio vesicouterina** und **Excavatio rectouterina** bei der Frau
- **Peritonealduplikaturen** an Tuba ovarii (**Mesosalpinx**) und Ovar (**Mesovar**)
- **Fossa ovarica** am Ovar
- **Ligamentum latum**

Beckenorgane sind
- **Harnblase** (*Vesica urinaria*)
- **Rektum**
- **innere Geschlechtsorgane**

Die **Harnblase** befindet sich hinter der Symphyse. Beim Neugeborenen ragt sie jedoch aus dem kleinen Becken heraus. Getrennt ist die Harnblase von der Symphyse durch das **Spatium retropubicum**, das nach kranial bis zum Nabel, nach kaudal bis zum Blasenhals reicht. Es ist mit lockerem Bindegewebe gefüllt, das zusammen mit dem der Blasenumgebung (**Paracystium**) die Ausdehnung der Blase bei Füllung ermöglicht (▶ S. 400).

Die Harnblase öffnet sich zur **Urethra** (*Harnröhre*) hin, die den Beckenraum nach kurzem Verlauf durch das Levatortor verlässt.

Das **Rektum** ist mehrfach gekrümmt (◘ Abb. 11.66) Sein kranialer Teil legt sich in die Konkavität des Os sacrum (**Flexura sacralis**), dann krümmt es sich nach ventral (**Flexura perinealis**). Hinzu kommt zwischen beiden Flexuren eine Ausbiegung nach links. Mit dem **Canalis analis** verlässt das Rektum den Beckenraum.

An der Flexura sacralis ist das Rektum ventral noch teilweise von Peritoneum bedeckt; dieser Teil liegt also **retroperitoneal**. Alle folgenden Abschnitte befinden sich **extraperitoneal**, sie haben keine Beziehung zum Peritoneum und sind von der Fascia pelvis visceralis umfasst.

Zwischen **Rückwand des Rektum** und der **Facies pelvica** des Kreuzbeins sowie seitlich befindet sich bei beiden Geschlechtern lockeres Bindegewebe, das bei Kotfüllung eine erhebliche Erweiterung des Rektum zulässt.

An der **Vorderseite** tritt das Rektum mit anderen Beckenorganen in Beziehung. Beim **Mann** grenzt der extraperitoneale Teil des Rektum an die Unterseite von Harnblase und Prostata. Dort verdichtet sich das subperitoneale Bindegewebe zum **Septum rectovesicale**. Es steht frontal und erreicht das Centrum tendineum perinei. Außerdem werden Blasenhals und proximaler Abschnitt der Harnröhre von glatten Muskelzellen erreicht, die aus der Längsmuskulatur des Rektum ausscheren (**M. rectovesicalis** und **M. rectourethralis**). Der Übergangsbereich vom retro- zum extraperitonealen Teil des Rektum entspricht dem Boden der spaltförmigen **Excavatio rectovesicalis** der Cavitas peritonealis.

Bei der **Frau** hat das Rektum topographische Beziehung mit der Vagina. Dort befindet sich als Bindegewebsverdichtung das **Septum rectovaginale**. Es enthält glatte Muskulatur und ist ausgespannt zwischen Excava-

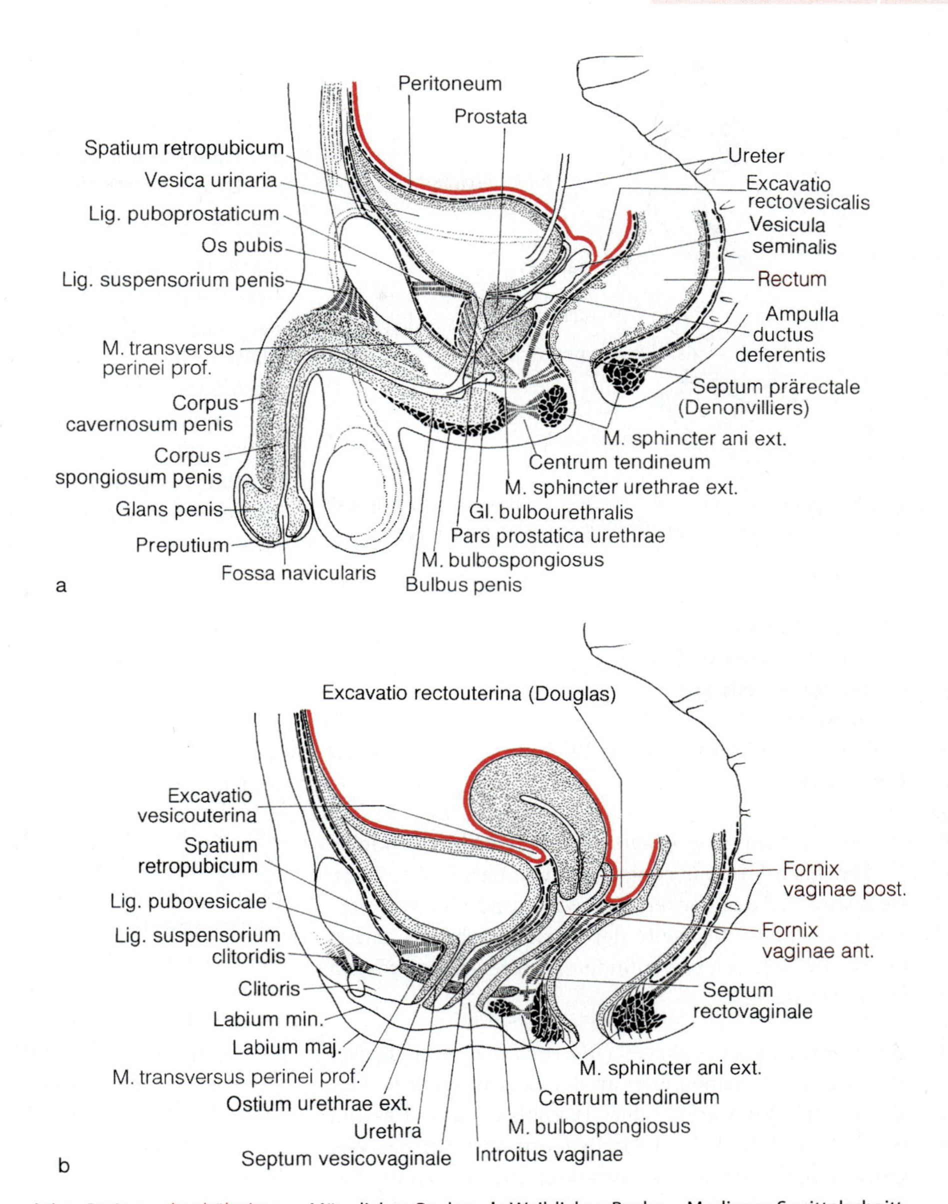

Abb. 11.65 a, b. Beckenorgane und ihre Peritonealverhältnisse. **a** Männliches Becken. **b** Weibliches Becken. Medianer Sagittalschnitt

tio rectouterina und Centrum tendineum perinei. Die **Excavatio rectouterina** (in der Klinik: *Douglas-Raum*) wird von **Plicae rectouterinae** begrenzt. Ihr Boden erreicht das hintere Scheidengewölbe (Fornix vaginalis post.) (Abb. 11.65 b), das nur aus einer dünnen, muskelschwachen Wand besteht. Am hinteren Scheidengewölbe schlägt das Peritoneum urogenitale auf die Oberfläche des Rektum über. Dadurch kann sowohl das hintere Scheidengewölbe als auch der Muttermund (Öffnung des Uterus in die Scheide unterhalb des Scheidengewölbes) von rektal ertastet werden.

Klinischer Hinweis

Die Excavatio rectovesicalis beim Mann und die Excavatio rectouterina bei der Frau sind jeweils die tiefsten Stellen des Cavum peritoneale. Dort kann es zu Eiter- oder Flüssigkeitsansammlungen kommen. Bei der Frau ist eine Punktion durch das hintere Scheidengewölbe möglich. Auf diesem Weg können auch Eizellen bei der In-vitro-Fertilisation gewonnen werden.

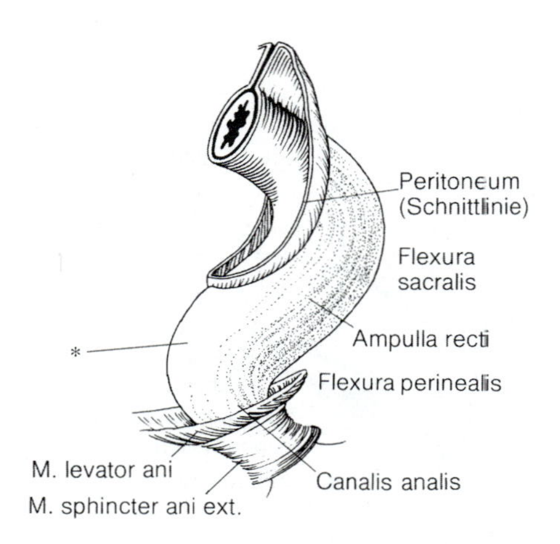

Abb. 11.66. Rektum und Analkanal. Peritonealverhältnisse (nach Corning 1949). * Gebiet des Septum rectovesicale

Innere Geschlechtsorgane im Beckensitus des Mannes (Abb. 11.65a):
- **Teile des Ductus deferens**
- **Glandula vesiculosa**
- **Prostata**

Sie haben Verbindung mit der Rück- bzw. Unterseite der Harnblase.

Der **Ductus deferens** (*Samenleiter*) erreicht das kleine Becken nach Überquerung der Linea terminalis. Dann verläuft er an der Beckenseitenwand und tritt von dorsolateral an die Rückseite der Harnblase heran, unterkreuzt die Ureteren und mündet im Bereich der Prostata in die Harnröhre.

Die **Glandulae vesiculosae** (*Bläschendrüsen*) befinden sich lateral der Samenleiter an der Blasenrückseite. Obgleich die Rückwand der Harnblase das Rektum berührt, sind die Samenbläschen von dort nur bei Vergrößerung tastbar. Kranial berühren die Spitzen der Samenbläschen das Peritoneum urogenitale.

Die **Prostata** liegt unter der Harnblase auf dem Beckenboden. Sie umgreift die Harnröhre (*Urethra*). Dorsal berührt die Prostata die Flexura perinealis des Rektum und kann dort bei rektaler Untersuchung getastet werden. Nach vorn ist die Prostata durch Bindegewebsverdichtungen an der Symphyse befestigt (**Lig. puboprostaticum**), die glatte Muskelfasern enthalten (**M. puboprostaticus**).

Innere Geschlechtsorgane der Frau:
- **Vagina** (*Scheide*)
- **Uterus** (*Gebärmutter*)
- **Tuba uterina** (*Eileiter*)
- **Ovar** (*Eierstock*)

Vagina und **Uterus** befinden sich zwischen Rektum und Harnblase mit Harnröhre (Abb. 11.65b). Gemeinsam liegen diese Organe im subperitonealen Bindegewebe, das durch Züge straffen Bindegewebes zum Teil mit glatten Muskelfasern verstärkt ist. Für den **Bereich** von **Harnröhre, Vagina** und **Rektum** handelt es sich um das **Lig. mediale pubovesicale**, das den Hinterrand der Symphyse mit dem unteren Blasenpol verbindet, und das **Septum rectovaginale** (▶ oben). Sie halten zusammen mit lockerem Bindegewebe die Organe in ihrer Position. Getragen werden die Organe des Beckensitus vom Beckenboden.

Anders als die Endabschnitte des Urogenitalsystems und das Rektum ist der **Uterus** flexibel untergebracht. Dadurch hat das Corpus uteri Spielraum für Bewegungen und Wachstum während der Schwangerschaft. Im Regelfall ist der Uterus nach ventral geneigt und liegt mit seiner Vorderseite der Blasenkuppel auf (Anteflexio und Anteversio) (▶ S. 428).

Uterus, Tuba uterina und **Ovar** haben als gemeinsame Halterung das **Lig. latum**, eine von Peritoneum überzogene Bindegewebsplatte zwischen den Seitenflächen des Uterus und der lateralen Beckenwand. Sie steht frontal. Der Peritonealüberzug des Uterus wird als **Perimetrium** bezeichnet. Das **Lig. latum** hat einen basalen bindegewebsreichen Teil (**Mesometrium**), der eine Fortsetzung des subperitonealen Bindegewebes zu beiden Seiten des Uterus (**Parametrium**) ist, und einen kranialen bindegewebsärmeren Teil (**Mesosalpinx**), an dessen oberer Kante auf beiden Seiten die **Tuba uterina** (*Eileiter*) verläuft.

An der Grenze zwischen den beiden Abschnitten des Lig. latum befindet sich auf der dorsalen Seite als weitere Peritonealfalte das **Mesovarium,** das das Ovar umschließt und die seitliche Beckenwand erreicht. Das **Ovar** selbst liegt in der Fossa ovarica der lateralen Beckenwand in der Gabelung der Vasa iliacae. Im Mesovar befindet sich als Bindegewebsverdichtung mit elastischen Fasern und glatten Muskelzellen das **Lig. ovarii proprium.** Es verbindet den unteren Pol des Ovars mit der Einmündungsstelle der Tuben in den Uterus (*Tubenwinkel*). Am oberen Pol des Ovars bildet das Bindegewebe das **Lig. suspensorium ovarii.** Es leitet Gefäße und Nerven zum und vom Ovar. Eine weitere Verdichtung im subperitonealen Bindegewebe ist auf der ventralen Seite der Plica lata das **Lig. teres uteri**, das vom Tubenwinkel des Uterus zum Leistenkanal und dann weiter zu den großen Schamlippen zieht.

> **In Kürze**
>
> **Die Harnblase ist durch das Spatium retropubicum von der Symphyse getrennt. Beim Mann ist die Excavatio rectovesicalis die tiefste Bucht der Cavitas peritonealis. Prostata und Endabschnitte des Rektum liegen extraperitoneal. Die Glandulae vesiculosae befinden sich auf der Blasenrückseite. Ureter und Ductus deferens erreichen den Beckenraum nach Überquerung der Linea terminalis.**
>
> **Im weiblichen Becken wölben der Uterus und das Lig. latum an jeder Seite das Peritoneum urogenitale stark vor und lassen die Excavatio vesicouterina und die Excavatio rectouterina entstehen. Der Boden der Excavatio rectouterina erreicht das hintere Scheidengewölbe. Die Tuba uterina befindet sich am oberen Rand des bindegewebsarmen Teils des Lig. latum. Das Ovar ist durch das Mesovar an der Dorsalseite des Lig. latum befestigt.**

11.5.7 Nebenniere H88

Kernaussagen

- **Die Nebennieren sind endokrine Organe, die den Nieren kappenartig aufliegen.**
- **Nebennierenrinde und Nebennierenmark sind verschiedener Herkunft.**
- **Die Nebennierenrinde ist dreischichtig. Dort werden Steroidhormone gebildet: Mineralokortikoide, Glukokortikoide, Androgene.**
- **Das Nebennierenmark ist ein Derivat der Neuralleiste. Es sezerniert Adrenalin und Noradrenalin.**

Die paarigen **Nebennieren** (Glandulae suprarenales) sind lebenswichtige endokrine Organe. Sie werden von einer zellreichen, gefäßführenden Kapsel umgeben, mit der ein zartes retikuläres Bindegewebsstroma im Organ zusammenhängt.

Werden die Nebennieren aufgeschnitten, ist bereits makroskopisch eine Gliederung zu erkennen in

- **Nebennierenrinde** (*Cortex glandulae suprarenalis*)
- **Nebennierenmark** (*Medulla glandulae suprarenalis*)

Zur Entwicklung

Sie erklärt die Gliederung der Nebenniere in Rinde und Mark.

Rinde. Früher als das Mark entsteht die Rinde *aus einer Verdickung des Zölomepithels* beiderseits der Radix mesenterii in Nachbarschaft der Gonadenanlage (Abb. 11.67). Die Rindenanlage löst sich frühzeitig von der Zölomwand und gelangt in das retroperitoneale Bindegewebe. Schließlich entsteht dort ein kompaktes Organ mit großen azidophilen Zellen. Die Ausbildung der definitiven Rindenschichten beginnt im 7. Entwicklungsmonat.

Mark. In die Anlage der Nebennierenrinde wandern aus der benachbarten Sympathikusanlage (Neuralleistenderivat) ektodermale *Sympathikoblasten* ein. Etwa ab 3. Embryonalmonat entwickeln sich hier aus Sympathikoblasten spezifische Markzellen und sympathische Nervenzellen.

Nebennierenrinde (Abb. 11.68, H88). Ihr Parenchym besteht aus soliden, miteinander zusammenhän-

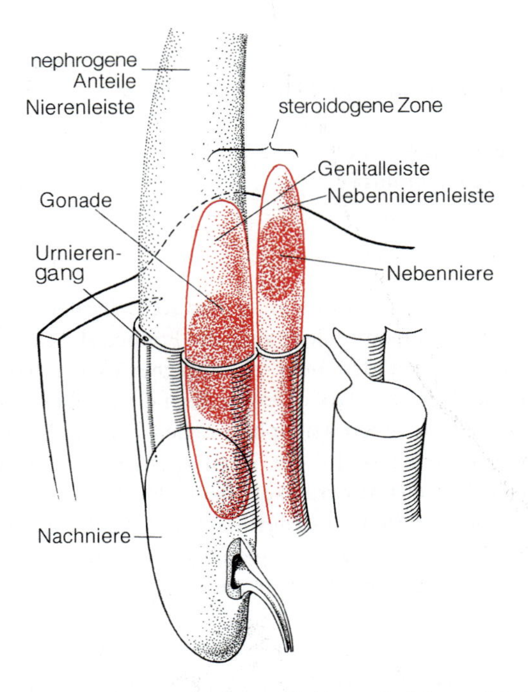

Abb. 11.67. Urogenitalleiste. Die Urogenitalleiste beinhaltet einen nephrogenen Anteil (Nierenleiste), eine Genitalleiste und eine Nebennierenleiste. Innerhalb dieser Gebiete besteht eine »steroidogene« Zone, in der sich die Steroide bildenden Gonaden und die Nebenniere entwickeln

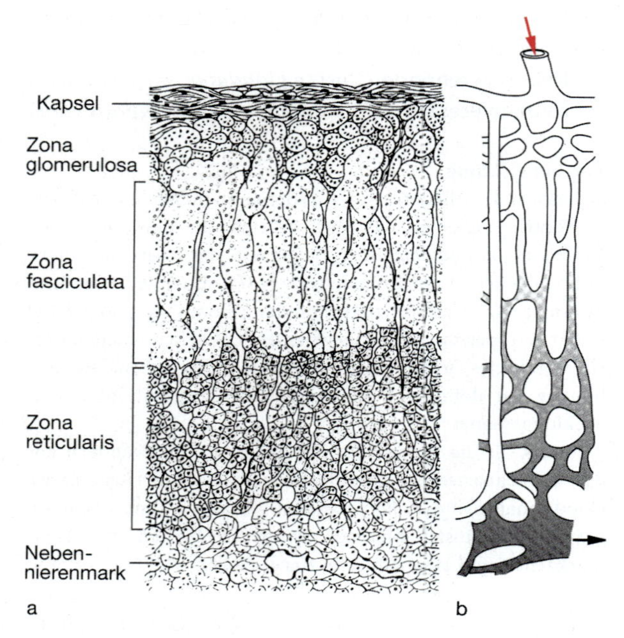

Abb. 11.68 a, b. Nebenniere. **a** Mikroskopisch. **b** Gefäßsystem
H88

genden Epithelsträngen, die infolge ihres Lipidgehalts makroskopisch eine gelbliche Farbe haben.

Zu unterscheiden sind:
- **Zona glomerulosa**
- **Zona fasciculata**
- **Zona reticularis**

Zona glomerulosa. In der unter der Kapsel gelegenen schmalen Zona glomerulosa sind die Epithelzellstränge *knäuelartig* gewunden oder zu unregelmäßigen, von zartem Bindegewebe umfassten Nestern oder Ballen zusammengefasst, deren azidophile Zellen chromatinreiche Kerne besitzen. In der Zona glomerulosa wird hauptsächlich das Mineralokortikoid **Aldosteron** gebildet, das bei der Steuerung des Elektrolyt- und Wasserhaushalts mitwirkt: Renin-Angiotensin-Aldosteron-Mechanismus (▶ Lehrbücher der Physiologie).

Zona fasciculata. Diese Zone ist breit. Sie besteht aus *Zellsäulen*, die parallel zueinander und senkrecht zur Organoberfläche verlaufen. Meistens sind 2–3 Zellstränge zusammengeschlossen. Die großen polygonalen Zellen dieser Schicht besitzen locker strukturierte Kerne. Ihr helles Zytoplasma ist reich an *Lipoiden*. Da die Lipoide bei den histologischen Routinefärbungen an Paraffinschnitten herausgelöst werden, kommt die typische Wabenstruktur des Zytoplasmas der Faszikulatazellen zustande (»Spongiozyten«). Die Faszikulatazellen sind mitochondrienreich (Tubulustyp) und haben viel glattes endoplasmatisches Retikulum. In der Zona fasciculata werden hauptsächlich **Glukokortikoide** (u. a. Kortison, Kortisol) sowie geringe Mengen weiblicher und männlicher **Geschlechtshormone** (Östrogene und Androgene) gebildet.

Zona reticularis. In der Zona reticularis sind schmale *Zellstränge netzartig* miteinander verbunden. Ihre azidophilen Epithelzellen sind kleiner als die der Zona fasciculata und enthalten häufig Pigmentgranula, die mit dem Alter zunehmen. In der Zona reticularis werden bevorzugt Androgene gebildet.

Funktionelle Anpassung der Nebennierenrinde

Die zonale Gliederung der Nebennierenrinde ist nicht konstant, vielmehr führt die *wechselnde funktionelle Beanspruchung* zu Verbreiterung oder Verschmälerung der Zona fasciculata. In der äußeren und inneren Schicht der Rinde spielen sich bei solchen Anpassungsvorgängen Entfaltungs- und Rückbildungsprozesse ab. Deshalb bezeichnet man diese Rindenbezirke als *äußeres und inneres Transformationsfeld*.

Auch *ändern sich die Breiten der Rindenzonen während des Lebens*. Die Nebennierenrinde ist beim Feten besonders breit. Nach der Geburt erfolgt eine umfangreiche Rindeninvolution. Bis zur Pubertät überwiegt die Zona fasciculata. Danach verbreitern sich, etwa bis zum 50. Lebensjahr, Zona glomerulosa und Zona reticularis, die sich später wieder verkleinern.

Zur Information

Funktionell steht die Zona glomerulosa unter dem Einfluss von Angiotensin II (▶ S. 393); die Zona fasciculata wird durch das adrenokortikotrope Hormon (ACTH) des Hypophysenvorderlappens gesteuert. Zwischen Hypophysenvorderlappen und Nebennierenrinde besteht ein Rückkopplungsmechanismus, in den der Hypothalamus mit seinem Corticoliberin (=CRF, Tabelle 15.3) eingeschaltet ist. Die Tätigkeit der Rinde wird auch von sympathischen Nerven kontrolliert, die mit Rindenzellen in Kontakt treten. Die Nerven entstammen den Ganglia coeliaca, dem Plexus renalis und suprarenalis.

Das Nebennierenmark (H88) besteht aus Nestern und Strängen polygonaler Zellen mit unterschiedlich großen chromatinarmen Kernen. Sie werden von weiten gefensterten Kapillaren umgeben. Die Mehrzahl der Zellen (80%) besitzt in ihrem Zytoplasma kleine Granula, die **Adrenalin** enthalten (*A-Zellen*). Die anderen Zellen (*N-Zellen*) verfügen über Granula mit **Noradrenalin.** Einige Granula enthalten beide Hormone. Neben Adrenalin und Noradrenalin bilden die Zellen des Nebennierenmarks verschiedene Neuropeptide.

Histologischer Hinweis
Die Unterscheidung zwischen den beiden Zellarten des Nebennierenmarks ist nur fluoreszenzmikroskopisch, histochemisch oder elektronenmikroskopisch möglich. Das gesamte Nebennierenmark nimmt aber nach Behandlung mit Kaliumbichromat eine braune Farbe an. Deshalb werden die Markzellen auch chromaffine oder phäochrome Zellen genannt.

Klinischer Hinweis
Die Tumoren des Nebennierenmarks werden als *Phäochromozytome* bezeichnet. Die Patienten haben krisenhafte Blutdruckanstiege.

Im Nebennierenmark kommen multipolare sympathische Ganglienzellen vor, an denen präganglionäre cholinerge Fasern des *N. splanchnicus* enden.

Leitungsbahnen. Die **arterielle Versorgung** der Nebennieren erfolgt durch drei Gefäße (Abb. 11.106):
- **A. suprarenalis superior** aus A. phrenica inferior
- **A. suprarenalis media** aus Aorta abdominalis
- **A. suprarenalis inferior** aus A. renalis

Die Arterien treten von verschiedenen Seiten an das Organ heran und bilden subkapsulär einen Gefäßplexus. Von hier aus ziehen Äste in die Nebennierenrinde und bilden Kapillaren mit vergrößertem Durchmesser (**Sinusoide**). An der inneren Grenze der Rinde folgt ein Kapillarnetzwerk, das sich ins Mark fortsetzt. Andere Äste des subkapsulären Plexus ziehen unmittelbar in das Mark. Dadurch hat das Nebennierenmark eine doppelte Blutversorgung (Abb. 11.68b), einerseits durch Blut, das mit den Hormonen der Nebennierenrinde angereichert ist, andererseits eine direkte für eine beschleunigte Stressantwort.

Venen gibt es in der Nebennierenrinde nicht. Sie beginnen erst im Nebennierenmark und sammeln sich zu größeren muskelstarken Venen (*Drosselvenen*), aus denen schließlich die V. suprarenalis hervorgeht. Die linke **V. suprarenalis** mündet in die linke V. renalis, die rechte zieht zur V. cava inferior.

Nerven. Die Nebenniere erhält zahlreiche Nerven, die von *N. splanchnicus major, N. phrenicus* und *N. vagus* stammen.

In Kürze

Die Nebenniere gliedert sich in Mark und Rinde. Die Rinde hat drei Schichten, die breiteste ist die Zona fasciculata (Kortisolbildung). Sie bildet mit der innen gelegenen Zona reticularis (Androgenbildung) eine funktionelle Einheit. Beide Zonen stehen unter dem Einfluss von ACTH aus dem Hypophysenvorderlappen. In der oberflächlichen Zona glomerulosa wird Aldosteron gebildet. Sie ist Angiotensin-II-abhängig. Im Nebennierenmark werden Katecholamine gebildet: in A-Zellen Adrenalin, in N-Zellen Noradrenalin. Das Nebennierenmark hat eine doppelte Gefäßversorgung: direkt aus dem subkapsulären Gefäßplexus und außerdem aus Kapillaren der Rinde. Die Nebennierenrinde ist frei von Venen.

11.5.8 Harnorgane

Zur Information
Zu den Harnorganen gehören die **Nieren** (*Renes*, Singular: Ren), in denen Harn gebildet wird, und die ableitenden **Harnwege: Pelvis renalis** (*Nierenbecken*), **Ureter** (*Harnleiter*), **Vesica urinaria** (*Harnblase*), **Urethra** (*Harnröhre*). In den Nieren werden mit dem Harn zahlreiche Endprodukte des Stoffwechsels ausgeschieden. Außerdem regeln die Nieren den Wasser- und Elektrolythaushalt und das Säure-Basen-Gleichgewicht des Körpers. Sie halten das innere Milieu in Blutplasma und Extrazellularraum konstant. Ferner werden in der Niere Wirkstoffe gebildet, z. B. Renin und Kallikrein sowie die Hormone Erythropoetin, Calcitriol und Prostaglandine. In den Harnwegen wird der Harn nicht mehr verändert.

Die harnbereitenden und harnableitenden Abschnitte der Harnorgane sind unterschiedlicher Herkunft. Die harnproduzierenden Abschnitte der bleibenden Niere entwickeln sich aus mesodermalem metanephrogenem Gewebe, Pelvis renalis und Ureter aus der Ureterknospe, einem Abkömmling des Ausführungsgangs der Urniere. Die Harnblase hat ihren Ursprung in der Kloake, aus der auch der Enddarm entsteht. Entwicklungsgeschichtlich bestehen außerdem enge Zusammenhänge zwischen Harn- und Geschlechtsorganen, weshalb beide Organsysteme unter der Bezeichnung **Urogenitalsystem** zusammengefasst werden.

Niere  H72

Kernaussagen

- **Die bleibende Niere entwickelt sich aus der Nachniere, die zwei Vorläufer hat: Vorniere, Urniere.**
- **Die Niere gliedert sich in Rinde und Mark mit Nierenpyramiden.**
- **Die funktionelle Einheit der Niere ist das Nephron. Es besteht aus dem Corpusculum renale (Nierenkörperchen) mit Glomerulus und Tubulussystem.**
- **Die Tubuli münden in Sammelrohre, die sich ins Nierenbecken öffnen.**
- **Die Harnbildung erfolgt durch Filtration, Sekretion und Reabsorption.**
- **Zum juxtaglomerulären Apparat gehören die Macula densa als Sensor zur Ermittlung der Natriumkonzentration des Harns, juxtaglomeruläre Zellen (Bildungsort von Renin, das für die Blutdruckregulierung Bedeutung hat) und extraglomeruläre Mesangiumzellen.**
- **Im Niereninterstitium befinden sich interstitielle Zellen, die Prostaglandine, Erythropoetin und Thrombopoetin u.a. Wirkstoffe bilden.**

Zur Entwicklung
Nierenanlagen entstehen an der dorsalen Leibeswand in einem **nephrogenen Strang**, einem Anteil der **Urogenitalleiste** (Abb. 11.67). Die Leiste ist eine Mesodermvorwölbung in Nachbarschaft der Mesenterialwurzel. In zeitlicher Überlappung bilden sich von kranial nach kaudal fortschreitend drei Nierengenerationen (Abb. 11.69), die jedoch niemals gleichzeitig vorhanden sind:

- **Pronephros** (*Vorniere*)
- **Mesonephros** (*Urniere*)
- **Metanephros** (*Nachniere*)

Die **Vorniere** bleibt funktionslos und wird zurückgebildet. Erhalten bleibt jedoch der **Vornierengang**, der sich in den **Urnierengang** (*Wolff-Gang*) fortsetzt.

Urniere (Abb. 11.70a). Der Urnierengang induziert in Höhe des 8.–14. Somiten im umgebenden Mesoderm harnproduzierende **Urnierenkanälchen.** Der Harn gelangt in den **Urnierengang**, der in der 4. Embryonalwoche nach kaudal Anschluss an die Kloake bekommt. Von dort wird Harn ins Fruchtwasser ausgeschieden. Die Urniere selbst bildet sich jedoch bis auf Kanälchenabschnitte zurück, die beim **Mann** zu Ausführungsgängen des Hodens in den Nebenhoden werden (**Ductuli efferentes**) (► S. 412). Bei der **Frau** findet das Urnierensystem keine Verwendung.

Kurz vor Einmündung in die Kloake bekommt der Urnierengang bei beiden Geschlechtern eine epitheliale Knospe (**Ureterknospe**). Sie entsteht unter dem Einfluss von Botenstoffen aus dem umgebenden Mesenchym. Die vorwachsende Ureterknospe induziert im umgebenden **metanephrogenen Gewebe** die Differenzierung des **Nachnierenblastems.**

Nachniere (Abb. 11.70). Sie differenziert sich im Bereich des 13. bis 27./28. Somiten. Aus dem **Nachnierenblastem** gehen die harnproduzierenden Anteile der **bleibenden Niere** (Nierenkörperchen, Nierenkanälchen) hervor. Die **Nierenkörperchen** entstehen durch Einsprossen von Blutgefäßen in die hakenförmigen Enden der Nierenkanälchen. Aus den Gefäßen werden **Glomeruli**, in denen der Primärharn durch Filtration aus dem Blut gebildet wird.

Die **harnableitenden Anteile** der Niere entstehen an der Spitze der Ureterknospe. Dort wird das Nierenbecken (**Pelvis renalis**) angelegt. Durch Unterteilung gehen hieraus vier Nierenkelche hervor (**Calices renales majores**). Weitere Aussprossungen teilen sich jeweils dichotom (2fach) bis zur 12. Generation. Davon werden acht ins spätere Nierenparenchym einbezogen. Die ersten bilden **Calices renales minores.**

Nierenaszensus. Durch Wachstum der fetalen Lumbal- und Sakralregion verlagern sich die Nieren in ihre endgültige Position. Dieser Vorgang wird als **Aszensus** bezeichnet (Abb. 11.70b,c).

Fehlbildungen. Es können auftreten:

- **Nierenagenesie**: durch Wegfall der induzierenden Wirkung des Mesenchyms unterbleibt die Entstehung der Ureterknospe (nicht mit dem Leben vereinbar)

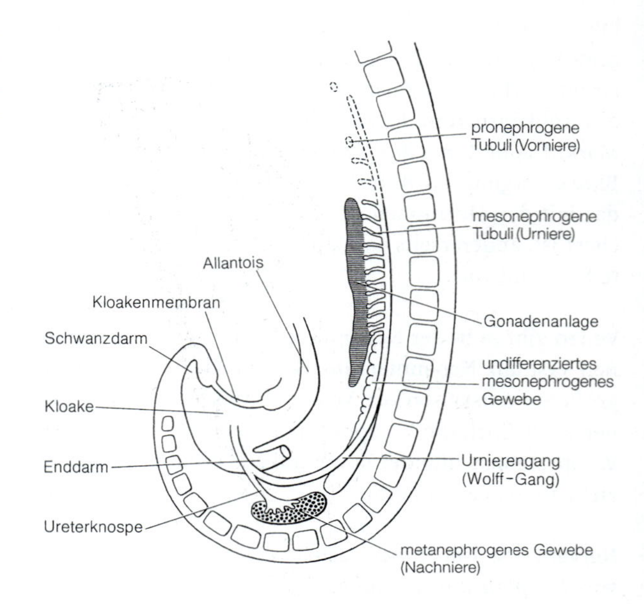

Abb. 11.69. Nierenentwicklung. Schema, Sagittalschnitt

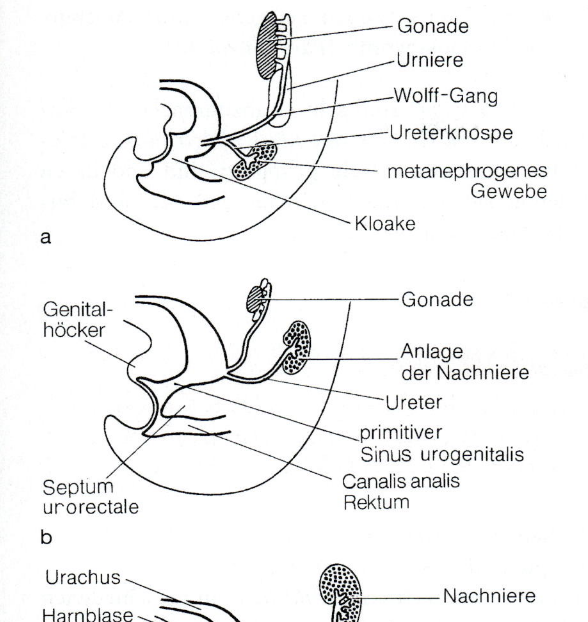

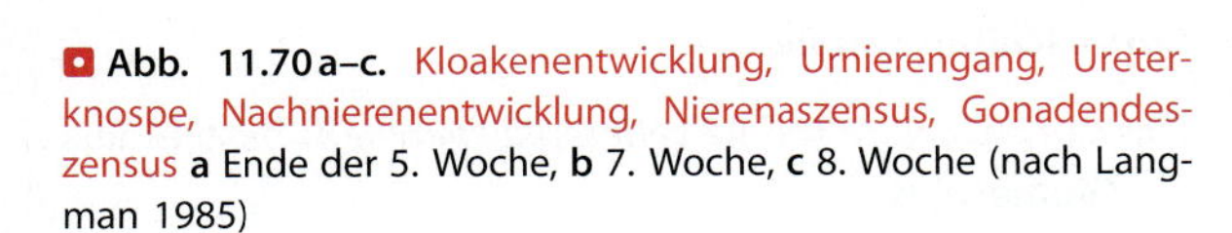

Abb. 11.70 a–c. Kloakenentwicklung, Urnierengang, Ureterknospe, Nachnierenentwicklung, Nierenaszensus, Gonadendeszensus **a** Ende der 5. Woche, **b** 7. Woche, **c** 8. Woche (nach Langman 1985)

- **zystische Nierendysplasie:** die induktiven Wechselwirkungen zwischen Ureterknospe und Mesenchym während der Bildung der Nierenkanälchen sind gestört, es kommt zu Nierenzysten durch Abflussbehinderung des Harns aus den harnbildenden Abschnitten
- **Nephroblastome** (*Wilms-Tumoren*) gehen auf postnatale Reste metanephrogenen Blastems zurück, das im Normalfall bei der Geburt verbraucht ist
- **Beckenniere, Hufeisenniere** liegen vor, wenn der Aszensus der Niere durch die Gefäße der Umgebung behindert wird; bei der *Hufeisenniere* sind die beiden Nieren an ihren unteren Polen verwachsen, gelegentlich besteht nur ein Ureter

Gliederung der Niere

Das Nierenparenchym gliedert sich in (Abb. 11.71):

- **Nierenmark** (*Medulla renalis*)
- **Nierenrinde** (*Cortex renalis*)
- **Nierenlappen** (*Lobi renales, Renculi*)
- **Nierenläppchen** (*Lobuli corticales*)

Das Nierenparenchym umgreift den **Sinus renalis** halbmondförmig (Abb. 11.71). Im Sinus renalis liegt in Fettgewebe eingebettet das *Nierenbecken* (**Pelvis renalis**) begleitet von den Nierengefäßen (A. und V. renales).

Medulla renalis. Das Nierenmark besteht aus 12–18 kegelförmigen Pyramiden (**Pyramides renales**), die keilartig um den Nierensinus angeordnet sind (Abb. 11.71). Die Basis der Pyramiden richtet sich gegen die Nierenoberfläche, während ihre zugespitzten Enden (*Markpapillen*, **Papillae renales**) in das Nierenbecken hineinragen. Das Nierenmark zeigt eine feine Längsstreifung. Sie wird durch parallel angeordnete Nierenkanälchen hervorgerufen. Auf Längsschnitten sind im Nierenmark eine rötlich gefärbte **Außenzone** und eine helle **Innenzone** zu erkennen. Die **Außenzone** gliedert sich in einen **Außen-** und einen **Innenstreifen** (Abb. 11.72). Die **Papillen** der Nierenpyramiden sind stumpf kegelförmig oder, wenn mehrere Markpyramiden verwachsen sind, leistenförmig. Die Papillen haben zahlreiche Öffnungen (**Foramina papillaria**) durch die der Harn aus **Ductus papillares** in die Nierenkelche gelangt. Die wie eine Siebplatte gelochte Oberfläche der Papillenspitze ist die **Area cribrosa**.

Cortex renalis. Die Nierenrinde liegt dem Nierenmark wie eine Kappe auf. Sie befindet sich nicht nur zwischen

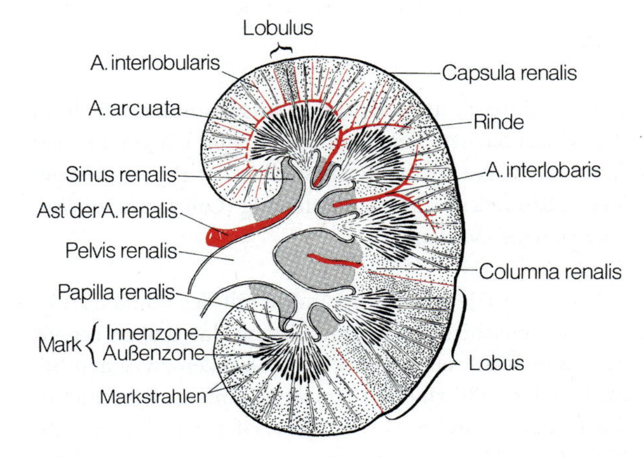

Abb. 11.71. Niere, Frontalschnitt mit Rinden- und Markzone, Lobus, Nierenkelchen, Nierenbecken und Ureter. Der Sinus renalis ist mit Fettgewebe gefüllt (*graues Raster*), in dem die Aa. interlobares verlaufen, bevor sie in die Columnae renales eintreten

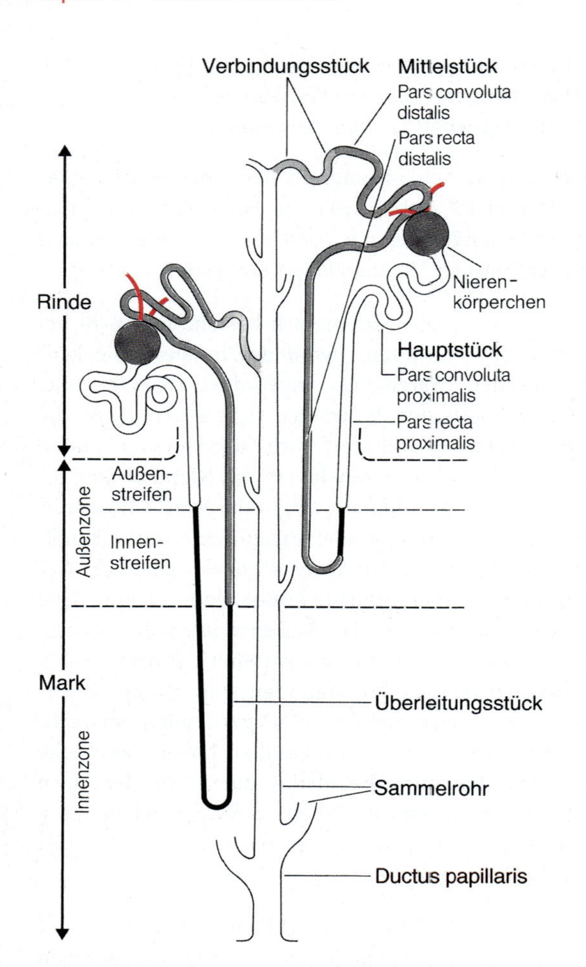

Abb. 11.72. Juxtamedulläres und midkortikales Nephron mit Sammelrohr. Zu beachten sind die Zuordnungen zu den verschiedenen Nierenzonen

Pyramidenbasis und Capsula fibrosa, sondern auch an den Seitenflächen der Pyramiden. Auf Längsschnitten durch die Niere erscheint die seitlich der Pyramiden gelegene Rindensubstanz säulenförmig (**Columnae renales**, auch *Bertini-Säulen*).

Lobus renalis. Jede Markpyramide mit der mantelförmigen Rindenschicht stellt eine Einheit dar (**Lobus renalis** oder **Renculus**), auch wenn keine Grenzen zwischen benachbarten Lobi zu erkennen sind. Von der Pyramidenbasis gehen Büschel von Längsstreifen aus (**Markstrahlen**), die als radiäre Fortsetzung der Marksubstanz kapselwärts durch die Rindenzone verlaufen. Die Markstrahlen bestehen aus den geraden Anteilen proximaler und distaler Tubuli sowie Sammelrohren (► unten). Die zwischen den Markstrahlen gelegene Rindensubstanz bildet das **Rindenlabyrinth** (*Pars convoluta*).

Lobuli corticales. Sie sind schwer abzugrenzen. Es handelt sich um die Gebiete des *Rindenlabyrinths*, die jeweils um einen Markstrahl gruppiert sind und deren Grenzen gedachten Linien zwischen den Aa. interlobulares (► unten) entsprechen.

Nephron (e) H72

Wichtig

Nephrone sind die harnbildenden funktionellen Einheiten der Niere. Beide Nieren zusammen enthalten etwa 2–2,5 Millionen Nephrone.

Jedes Nephron besteht aus (Tabelle 11.8):
- **Corpusculum renale** (*Nierenkörperchen*)
- **Tubulus renalis** (*Nierenkanälchen* mit verschiedenen Abschnitten)

Die Nephrone finden Anschluss an Sammelrohre, die entwicklungsgeschichtlich aus der Ureterknospe entstanden sind (► oben). Jeweils mehrere Nephrone münden in ein **Sammelrohr.**

Corpusculum renale

Das Corpusculum renale (*Nierenkörperchen*) besteht aus
- **Glomerulus**
- **Capsula glomeruli** (*Bowman-Kapsel*)

Im Bereich des Corpusculum renale liegt der
- **juxtaglomeruläre Apparat**

Der Glomerulus ist ein Kapillarknäuel zwischen einer zuführenden Arteriole (**Arteriola afferens**) und einer wegführenden **Arteriola efferens** (Abb. 11.73). Zu- und wegführende Arteriole liegen in der Regel dicht beisammen und bilden den **Gefäßpol** des Nierenkörperchens. Im Nierenkörperchen teilt sich die Arteriola afferens in 2–5 Äste, aus denen jeweils etwa 30–40 anastomosierende Kapillarschlingen hervorgehen.

Umschlossen wird der Glomerulus von einer **Kapsel**, deren inneres (viszerales) Blatt den Kapillaren aufliegt; ihr äußeres (parietales) Blatt (**Bowman-Kapsel**) grenzt das Nierenkörperchen von der Umgebung ab. In den Raum zwischen den beiden Blättern der Glomerulus-

Tabelle 11.8. Gliederung eines Nephrons

		Lokalisation
Corpusculum renalis (Nierenkörperchen): – *Glomerulus* (Gefäßknäuel) – *Capsula glomeruli* (Bowman-Kapsel)		Rindenlabyrinth
Tubulus nephronis, Nierenkanälchen: – *Tubulus proximalis* (proximaler Tubulus) – Pars convoluta proximalis		Rindenlabyrinth

– Pars recta proximalis
  dicker absteigender Schleifenschenkel
– *Tubulus intermedius* (intermediärer Tubulus)
  – Pars descendens
  dünner absteigender Schleifenschenkel
  – Pars ascendens
  dünner aufsteigender Schleifenschenkel
– *Tubulus distalis* (distaler Tubulus)
  – Pars recta distalis
  dicker aufsteigender Schleifenschenkel
	Henle-Schleife	Außenstreifen
		Innenstreifen und Innenzone
		
		Außenzone,
		Markstrahl

– Pars convoluta distalis – *Tubulus reuniens* (Verbindungstubulus*)		Rindenlabyrinth

* Die Verbindungstubuli schließen die Nephrone an die Sammelrohre an

kapsel wird der **Primärharn** als proteinfreies Ultrafiltrat des Blutplasmas abgegeben. Von hier gelangt der Primärharn am **Harnpol**, der dem Gefäßpol gegenüberliegt, in das Kanälchensystem.

Die **Wand der Glomeruluskapillaren** besteht aus einem dünnen **Endothel** mit 70–90 nm großen Poren ohne Diaphragmen (*Fenestrationen*) und einer geschlossenen, relativ dicken (0,24–0,34 µm) **Basallamina,** deren effektive Porenweite ungefähr 2–3 nm beträgt und die für Moleküle mit einem Molekulargewicht von 20–30 kD durchlässig ist. Größere Moleküle, z.B. Plasmaalbumin (69 kD) werden zurückgehalten. Der Basallamina liegen außen, gefäßabgewandt *Deckzellen* (**Podozyten**) auf.

Die **glomeruläre Basallamina** ist dreischichtig; sie besteht aus einer Lamina densa, die auf jeder Seite von einer Lamina rara flankiert wird. Die **Lamina densa** enthält Kollagen Typ IV, Laminin und Fibronektin. Sie soll als mechanischer Filter wirken. Die elektronenoptisch hellen **Laminae rarae** weisen negativ geladenes Heparansulfat auf, das polyanionische Plasmaproteine abstößt und so eine Blockade des Filters verhindert.

Die **Podozyten** (*Füßchenzellen*) (Abb. 11.73b), sind stark verzweigte und fortsatzreiche Deckzellen, die das viszerale Blatt des Corpusculum renale bilden (▶ oben). Die Podozyten besitzen primäre Fortsätze, von denen zahlreiche sekundäre Fortsätze ausgehen. Diese erreichen mit verbreiterten Füßchen die Basallamina, wo sie in der Lamina rara externa verankert sind. Zwischen den Fußfortsätzen bestehen Schlitze, deren Weite funktionsbedingt wechselt, im Mittel aber etwa 40 nm beträgt (**Filtrationsschlitze**). Diese Schlitzporen, welche die letzte Barriere für den Durchtritt harnpflichtiger Substanzen darstellen, werden von etwa 6 nm dünnen Membranen (**Schlitzmembranen**) überbrückt (Abb. 11.73c): sie ähneln den Diaphragmen von gefensterten Kapillaren.

Zwischen unmittelbar benachbarten Kapillaren kommen **Mesangiumzellen** vor. Sie bilden das **intraglomeruläre Mesangium.** Es handelt sich um fortsatzreiche Zellen, die von der Basallamina der Kapillaren eingeschlossen sind. Sie sind zur Phagozytose befähigt. Sie sollen in der Lage sein, Anteile der Basallamina, die laufend von Podozyten neugebildet wird, abzuräumen. Außerdem werden ihnen mechanische Aufgaben zum Ausgleich des hohen hydrostatischen Drucks in den Glomeruluskapillaren zugeschrieben. Durch ihre Kontraktionsfähigkeit können sie die glomeruläre Filtrationsrate beeinflussen.

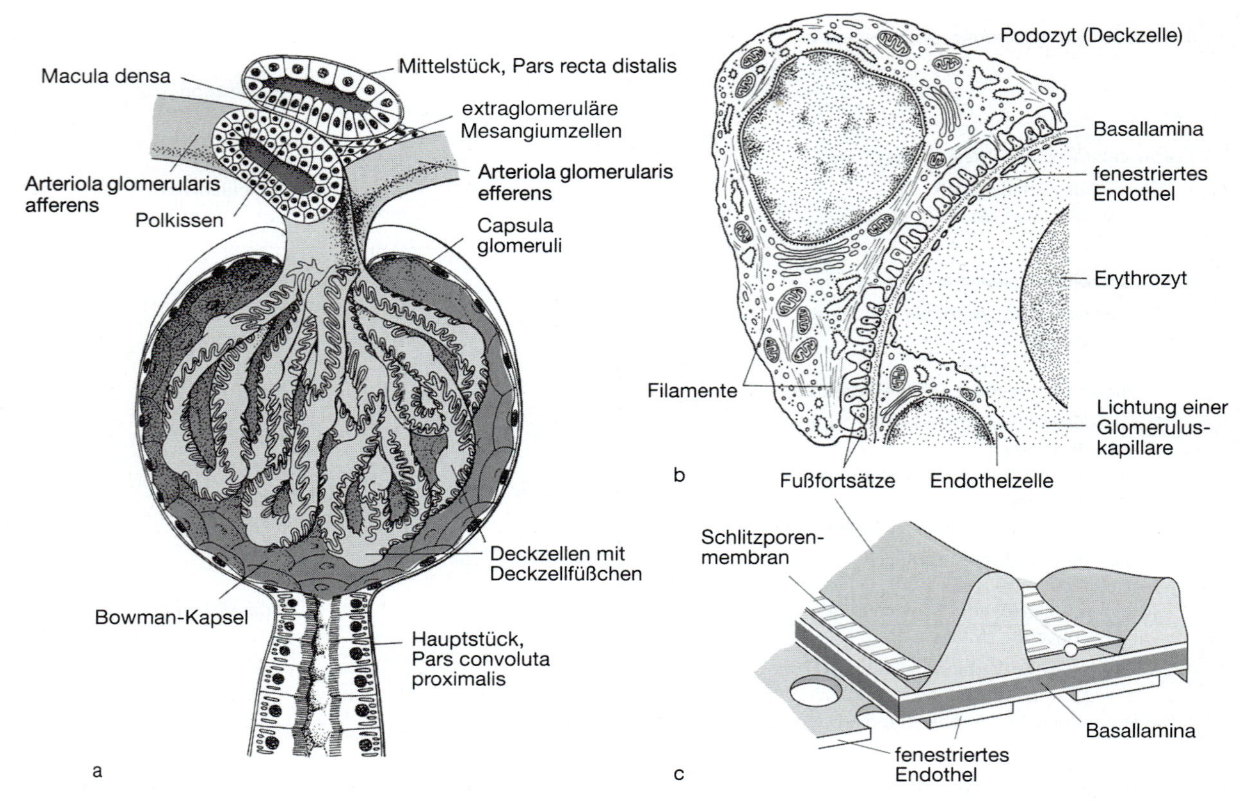

11

Abb. 11.73 a–c. Nierenkörperchen. **a** Plastische Rekonstruktion. **b** Wand eines Glomerulus, elektronenmikroskopisch. **c** Räumliche Darstellung der Füßchen von Podozyten mit Schlitzporenmembran

Capsula glomeruli (*Bowman-Kapsel*). Am Gefäßpol gehen die Podozyten in das einschichtige Plattenepithel des äußeren Blatts der Bowman-Kapsel über. Außen wird das Nierenkörperchen von einer Gitterfaserhülle umgeben, die mit den retikulären Fasern der benachbarten Harnkanälchen in Verbindung steht. Am Harnpol setzt sich das parietale Kapselepithel ins Epithel des anschließenden Tubulus proximalis fort.

Zur Information

Im Glomerulus werden harnpflichtige Substanzen aus dem Blut filtriert. Die glomeruläre Filtrationsrate beträgt etwa 120–125 ml/min aus 1,2–1,3 l Blut. Pro Tag entstehen auf diese Weise etwa 180 l Primärharn, von denen etwa 178 l wieder reabsorbiert werden, sodass die Endharnmenge etwa 1,5–2 l pro Tag beträgt.

Juxtaglomerulärer Apparat (Abb. 11.73 a). Er liegt am Gefäßpol des Corpusculum renale. Der juxtaglomeruläre Apparat dient der Autoregulation der Niere, steuert aber auch extrarenale Vorgänge. Der juxtaglomeruläre Apparat ist reich innerviert.

Zum juxtaglomerulären Apparat gehören
- **Macula densa**
- **epitheloide, juxtaglomeruläre Zellen** (*Polkissen*)
- **extraglomeruläre Mesangiumzellen**

Macula densa. In der Gefäßgabel zwischen Vas afferens und Vas efferens legt sich die Pars recta distalis des Nierentubulus (▶ unten) dem Nierenkörperchen unmittelbar an. An der Berührungsstelle ist das Tubulusepithel höher und die Zellen stehen dichter, deswegen Macula densa. Die Zellen enthalten nur wenige kurze Mitochondrien, der Golgiapparat liegt basal.

In der Macula densa wird die Natriumionenkonzentration des Tubulusharns ermittelt.

Polkissen. Im präglomerulären Abschnitt der Arteriola afferens sind die glatten Muskelzellen der Tunica media teilweise durch relativ große, **epitheloide juxtaglomeruläre Myoepithelzellen** ersetzt. Diese Zellen sind schwach basophil und enthalten Speichergranula, aus denen das Enzym **Renin**, eine Protease, freigesetzt und ins Blut abgegeben werden kann. Die Reninabgabe wird bei Abfall der Na^+-Konzentration im Harn des distalen Tubulus aktiviert. Renin setzt den Angiotensinmechanismus in Gang, der u.a. der Blutdruckregulierung dient (▶ Lehrbuch der Physiologie).

Extraglomeruläre Mesangiumzellen. Zwischen Macula densa und der Gefäßgabel liegen etwa 30 fortsatzreiche extraglomeruläre Mesangiumzellen, die mit den Endothelzellen der Arteriola afferens in Verbindung stehen und sich ins intraglomeruläre Mesangium fortsetzen. Möglicherweise sind sie an der Regulation der Nierendurchblutung beteiligt.

Zur Lage der Nierenkörperchen
Alle Nierenkörperchen liegen in der Nierenrinde, sind dort jedoch unterschiedlich verteilt. Sie liegen teilweise in der äußeren Rindenzone, teilweise in tieferen Lagen: midkortikal, juxtamedullär. Die anschließenden Kanälchensysteme sind unterschiedlich lang (▶ unten).

Tubulussystem

Das **Tubulussystem** (◘ Abb. 11.72) der Niere besteht aus mehreren Abschnitten, die sich morphologisch und funktionell unterscheiden. Im Tubulussystem wird der Primärharn verändert.

Tubulusabschnitte sind:

- **proximaler Tubulus** (*Hauptstück*) mit
  - gewundenem Teil (**Pars convoluta proximalis**)
  - gestrecktem Teil (**Pars recta proximalis**; dicker absteigender Schleifenschenkel)
- **intermediärer Tubulus** (*Überleitungsstück*) mit
  - **Pars descendens** (dünner absteigender Schleifenschenkel)
  - **Pars ascendens** (dünner aufsteigender Schleifenschenkel)
- **distaler Tubulus** (*Mittelstück*) mit
  - gestrecktem Teil (**Pars recta distalis**, dicker aufsteigender Schleifenschenkel)
  - gewundenem Teil (**Pars convoluta distalis**)
- **Tubulus reuniens** (*Verbindungstubulus*) mündet in ein Sammelrohr.

Aus der Aufstellung wird ersichtlich, dass jeder Tubulusteil aus gewundenen und gestreckten Abschnitten besteht.

Die gestreckten Teile des Nephrons (◘ Tabelle 11.8) bilden eine mehr oder weniger lange Schleife (**Henle-Schleife**), deren Scheitel zum Mark gerichtet ist. Die Henle-Schleife reicht unterschiedlich weit ins Mark (◘ Abb. 11.72): die Tubulussysteme von kortikal gelegenen Nierenkörperchen sind kurz und liegen in der Rinde, die von midkortikalen erreichen den Innenstreifen der Außenzone des Marks und die von juxtamedullären sind lang und ziehen bis in die Markinnenzone.

Proximaler Tubulus, Hauptstück. Am Harnpol beginnt der proximale Tubulus des Nierenkanälchens. Er kann je nach Lage des Nierenkörperchens bis zu 14 mm lang sein.

Sein Anfangsteil ist stark geschlängelt: **Pars convoluta proximalis.**

Ausgekleidet wird dieser Kanälchenabschnitt von iso- bis hochprismatischem Epithel (◘ Abb. 11.74a), das sowohl apikal als auch basal erhebliche Oberflächenvergrößerungen aufweist.

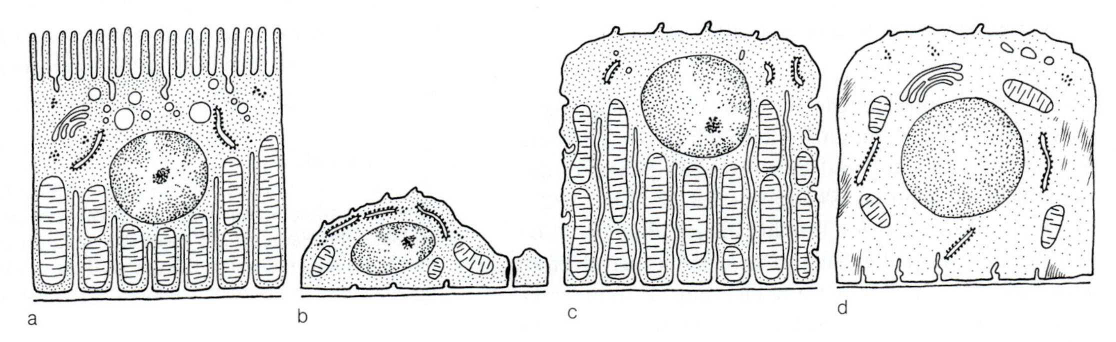

◘ **Abb. 11.74a–d.** Nierenkanälchen. Feinstruktur der Epithelzellen verschiedener Abschnitte eines Nierenkanälchens. **a** Tubulus proximalis, Pars convoluta. **b** Tubulus intermedius. **c** Tubulus distalis, Pars recta. **d** Sammelrohr, helle Zelle

Apikal handelt es sich um Mikrovilli, die einen **Bürstensaum** bilden und von einer PAS-positiven **Glykokalix** mit zahlreichen Bürstensaumenzymen u. a. für den Peptidabbau (Peptidasen, γ-Glutamyltransferase) bedeckt sind. Charakteristisch ist ferner das Vorkommen von alkalischer Phosphatase. Zwischen den Mikrovilli befinden sich tubuläre Zellinvaginationen, die pinozytotische Bläschen abschnüren. Zusammen mit apikalen Vakuolen bilden sie den **tubulovakuolären Apparat**, der der Reabsorption von Bestandteilen des Primärharns dient. Mit gleichzeitig vorhandenen zahlreichen Lysosomen beteiligt er sich an einer intrazellulären Digestion.

Die **basale Oberfläche** ist durch Einfaltungen der Plasmamembran vergrößert. Sie bilden ein **basales Labyrinth.** An den basolateralen Zellmembranen ist histochemisch Na^+-K^+-ATPase nachzuweisen, die dem aktiven Membrantransport dient. Zwischen den Einfaltungen liegen zahlreiche, säulenförmig angeordnete Mitochondrien für die Energiegewinnung. Einfaltungen und Mitochondrien rufen eine **basale Streifung** hervor.

Untereinander sind die Epithelzellen durch Zonulae occludentes und basolateral durch zahlreiche interdigitierende Zellfortsätze verbunden.

An die Pars convoluta proximalis schließt sich die **Pars recta proximalis** an. Sie gehört bereits zur Henle-Schleife. Die Epithelzellen sind niedriger, die Mikrovilli dagegen häufig länger als in der Pars convoluta proximalis.

Zur Information

Im proximalen Tubulus werden etwa 70% des Primärharns reabsorbiert. Dieser Tubulusabschnitt hat außerdem eine Schlüsselstellung bei der Rückresorption von Bikarbonat und damit bei der Regulation des Säure-Basen-Haushalts. Die treibende Kraft ist der von der Na^+-K^+-ATPase in den Tubuluszellen aufgebaute Na^+-K^+-Gradient (Einzelheiten ► Lehrbücher der Physiologie). Der Rückresorption steht eine Sekretion von Anionen gegenüber, die in der Zelle akkumuliert sind.

Intermediärer Tubulus. Die Fortsetzung der Pars recta proximalis ist der Tubulus intermedius, zu dem die dünnen Teile der ab- und aufsteigenden Schenkel der Henle-Schleife gehören (◘ Tabelle 11.8, ◘ Abb. 11.72).

Die Epithelzellen des Tubulus intermedius (◘ Abb. 11.74b) sind stark abgeflacht. Die kernhaltigen Bezirke buckeln sich in die relativ weite Lichtung (Durchmesser etwa 10–12 µm) vor. Die abgeplatteten Epithelzellen sind mitochondrienarm. Ein Bürstensaum fehlt. Es kommen lediglich vereinzelt kurze Mikrovilli vor.

Zur Information

Intermediäre Tubuli sind wasserpermeabel, sodass Wasser das Tubuluslumen – angetrieben durch eine viel höhere Osmolalität des umgebenden Interstitiums – verlassen kann, besonders in den langen Henle-Schleifen im Nierenmark. Die Osmolalität des Harns steigt dadurch.

Distaler Tubulus. Die **Pars recta** des distalen Tubulus bildet den dicken aufsteigenden Schenkel der Henle-Schleife (◘ Abb. 11.72). Dieser zieht aufwärts in die Nierenrinde und legt sich dem Gefäßpol des eigenen Nierenkörperchens an. In diesem Bereich ist das Epithel höher und dichter: **Macula densa** (► oben). Im übrigen Teil der Pars recta distalis sind die Epithelzellen flacher (◘ Abb. 11.74c). Sie zeichnen sich durch apikale und basale Oberflächenvergrößerungen und hohe Mitochondriendichte aus. Apikal kommen Mikrovilli und Mikrofalten vor. Ein lichtmikroskopisch sichtbarer Bürstensaum ist jedoch nicht vorhanden. Basal finden sich Membraneinfaltungen und eine basale Streifung.

Zur Information

Im dicken Teil der Henle-Schleifen werden Na^+- und Cl^-–Ionen aktiv ins Interstitium transportiert, ohne dass Wasser folgt. Dieser Tubulusabschnitt ist wasserundurchlässig. Der Leittransporter ist der Na^+-K^+-$2Cl^-$–Transporter. Durch die Zurückhaltung des Wassers vermindert sich die Osmolalität des Harns, die des Interstitiums aber ist erhöht (mit Auswirkungen auf die Wasserbewegungen im dünnen Teil der Henle-Schleife ► oben, in der Pars convoluta des distalen Tubulus sowie im Sammelrohr ► unten).

Klinischer Hinweis

Die am stärksten wirkenden Diuretika hemmen den Na^+-K^+-$2Cl^-$–Transporter. Prototyp dieser Verbindungen ist das Furosemid (Lasix).

Die **Pars convoluta** des Tubulus distalis setzt sich deutlich von der Pars recta ab. Es handelt sich um einen verhältnismäßig kurzen Nephronabschnitt mit Tubuluszellen, die weniger Mitochondrien und geringere Oberflächenvergrößerungen haben.

Zur Information

Die Pars convoluta des distalen Tubulus ist bei Na^+- und Cl^--Ionenresorption wieder wasserpermeabel, weshalb die Osmolalität des Harns erneut steigt. Die Reabsorption von Na^+- und Cl^--Ionen im distalen Tubulus wird durch Aldosteron, einem Hormon der Nebennierenrinde (► S. 386) stimuliert.

Verbindungstubulus. Der Verbindungstubulus gilt als Endabschnitt des aus metanephrogenen Gewebe entstandenen Nephrons – allerdings wird auch diskutiert, dass der Verbindungstubulus aus der Ureterknospe entsteht. Der Verbindungstubulus ist geschlängelt und von unterschiedlicher Länge. Er kann mehrere distale Tubuli aufnehmen und arkaden(bogen)förmig in die Sammelrohre einmünden. Das Epithel des Verbindungstubulus ähnelt dem Sammelrohrepithel.

Sammelrohr

Wichtig

Die Sammelrohre sind aus den Endverzweigungen der Ureterknospe hervorgegangen. Die in der Rinde gelegenen Abschnitte bilden die Markstrahlen. Die längeren Teile der Sammelrohre liegen jedoch in den Markpyramiden.

Die Sammelrohre sind verzweigte Epithelkanälchen (Durchmesser etwa 40 µm). Ihr Epithel besteht aus **hellen Hauptzellen** mit deutlichen Zellgrenzen (◘ Abb. 11.74d) und dunkler gefärbten **Schaltzellen** mit besonderer Enzymausstattung. Charakteristisch für das Sammelrohrepithel sind funktionsbedingt unterschiedlich weite Interzellularspalten. Die Epithelhöhe nimmt papillenwärts zu.

Die Sammelrohre münden in die **Ductus papillares** (Durchmesser bis zu 200 µm), deren Epithel sich kontinuierlich in das der Nierenpapille fortsetzt. Auf jeder Papille münden etwa 15–20 Ductus papillares, aus denen sich der Endharn in die Nierenkelche ergießt.

Zur Information
Im Sammelrohr wird dem Harn Wasser entzogen. Dies geschieht unter dem Einfluss von ADH, das im Hypothalamus gebildet und in der Neurohypohyse in die Blutbahn abgegeben wird (► S. 756). ADH bewirkt den Einbau von Aquaporinen in die Zellmembran der Sammelrohrepithelien.

Klinischer Hinweis
Mangelnde hypophysäre ADH-Freisetzung oder Mutation des ADH-Rezeptors in den Sammelrohren der Niere führen zum seltenen Krankheitsbild des *Diabetes insipidus centralis bzw. renalis.* Die Patienten scheiden täglich bis zu 25 l eines hypoosmolaren Urins aus.

Interstitium

Wichtig

Das Interstitium ist ein Passageraum für Ionen und Wasser, enthält die intrarenalen Gefäße und weist Zellen spezifischer Funktion auf.

Das Interstitium der Niere besteht aus lockerem Bindegewebe und beherbergt in enger Nachbarschaft die auf- und absteigenden Abschnitte der Henle-Schleife, die Vasa recta der Gefäße und die Sammelrohre. In jedem dieser Gebilde besteht ein Gegenstrom: gegengerichteter Harnfluss im absteigenden und aufsteigenden Schenkel der Henle-Schleife sowie Sammelrohr, gegengerichteter Blutfluss im arteriellen und venösen Schenkel der Vasa recta.

Zur Information
Für die Vorgänge, die sich bei der Bereitung des endgültigen Harns im Zusammenwirken von Henle-Schleife, Interstitium, Gefäßen und Sammelrohren abspielen, ist die enge Nachbarschaft der beteiligten Strukturen Voraussetzung. Die Vorgänge selbst haben kein morphologisches Korrelat (Einzelheiten ► Lehrbücher der Physiologie).

Im Interstitium kommen außer Fibrozyten vor allem in der Innenzone des Nierenmarks **lipidhaltige interstitielle Zellen** vor, die wie die Sprossen einer Leiter zwischen den zur Papillenspitze hin verlaufenden Tubuli und Gefäßen ausgespannt sind. Sie sollen zur Bildung von **Prostaglandinen** und **Mediatoren** befähigt sein, die u. a. bei der Blutdruckregulierung (antihypertensiv) mitwirken. Möglicherweise haben die Zellen auch eine Bedeutung für die Erschwerung der Diffusionsprozesse im Interstitium.

Die Fibroblasten in Nierenrinde und äußerem Mark dürften für die Bildung von **Erythropoetin** (stimuliert im Knochenmark die Erythropoese) sowie von **Thrombopoetin** verantwortlich sein.

Leitungsbahnen

Arterien und Venen. Jede Niere wird arteriell in der Regel von einer **A. renalis** versorgt, die aus der Aorta entspringt. Der venöse Abfluss erfolgt über die **V. renalis**, die in die V. cava inferior mündet (► S. 443). Im typischen Fall entspringen die Aa. renales dextra et sinistra in Höhe von L2 aus der Aorta, die rechte in der Regel etwas tiefer als die linke. Die gesamte zirkulierende Blutmenge des Körpers durchströmt die Nieren alle 4–5 Minuten.

Die **A. renalis dextra** ist 3–5 cm lang und zieht *hinter* der V. cava inferior zum Nierenhilum. Die sie begleitende **V. renalis dextra** liegt vor und etwas unterhalb der Arterie. Beide Gefäße werden ventral vom Caput pancreatis und der Pars descendens duodeni überlagert.

Die **A. renalis sinistra** ist nur 1–3 cm lang. Ihre topographischen Beziehungen zur Vene sind variabler. Die **V. renalis sinistra** ist 6–7 cm lang. Sie *überkreuzt* die Aorta unterhalb des Ursprungs der A. mesenterica superior.

Die Nierenarterien geben Äste zur Nebenniere (*A. suprarenalis inferior*), zu Ureter und Fettkapsel ab. – An der Oberfläche der Niere gelegene Kapselarterien bilden in der Regel ein Gefäßnetz, von dem feine Äste in die oberflächlichen Schichten der Nierenrinde eindringen. – Die abfließenden Venen bilden unter der Kapsel **Vv. stellatae.**

Variationen

Hervorgerufen durch den Nierenaszensus während der Entwicklung weisen die Nierenarterien *zahlreiche Varianten* hinsichtlich Anzahl, Ursprung und Verlauf auf. Häufig sind aberrierende Arterien, die nicht am Nierenhilum, sondern in der Nähe der beiden Pole in das Parenchym eindringen (Polarterien). *Untere akzessorische Arterien* können Ursache einer *Harnleiterobstruktion* sein.

Die **A. renalis** teilt sich, bevor sie das Hilum renale erreicht, in:

- **Ramus anterior**: verläuft im Sinus renalis vor dem Nierenbecken
- **Ramus posterior**: verläuft hinter dem Nierenbecken
- **Ramus inferior** (optional)

Der **Ramus anterior** versorgt den gesamten vorderen Nierenbereich, den lateralen Rand und den unteren Pol (Versorgungstyp 1). Der **Ramus posterior** versorgt die Nierenhinterfläche. Beim Versorgungstyp 2 versorgt ein **Ramus inferior** den unteren Nierenpol.

In der Regel teilt sich jeder Ramus in vier bis fünf Äste (Segmentarterien), die ins Nierenparenchym eintreten und dort etwa keilförmige Parenchymbezirke (**Nierensegmente**) versorgen. Es handelt sich stets um Endarterien.

Verlauf der Anschlussstrecken (Abb. 11.75):

- **Aa. interlobares** befinden sich jeweils zwischen zwei Pyramiden und ziehen rindenwärts. In Höhe der Rinden-Mark-Grenze biegen sie um, verzweigen sich strauchförmig und bilden

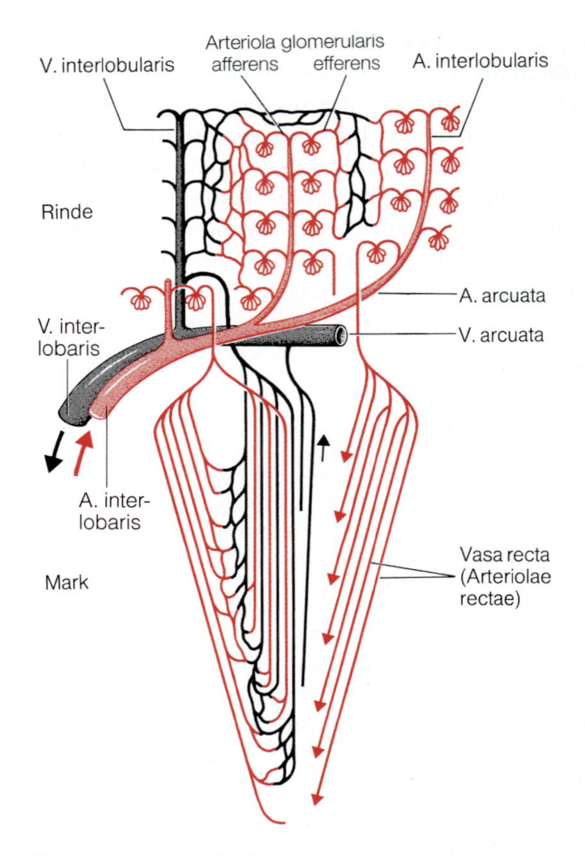

Abb. 11.75. Gefäßarchitektur der Niere. Die *Pfeile* geben die Richtung des Blutstroms an (in Anlehnung an Benninghoff 1985)

- **Aa. arcuatae**, die zwischen Rinde und Mark leicht bogenförmig verlaufen. Aus ihnen geht eine große Zahl von radiär gestellten
- **Aa. interlobulares** (Aa. corticales radiatae renis) hervor, die kapselwärts ziehen und die
- **Arteriolae glomerulares afferentes** (Arteriolae afferentes) abgeben. Diese speisen die
- **Kapillarknäuel** (*Glomeruli*) der Nierenkörperchen. Nach Durchströmung der Glomeruli sammelt sich das noch sauerstoffhaltige Blut in den
- **Arteriolae glomerulares efferentes** (Arteriolae efferentes):
  - die Arteriolae efferentes der **kortikalen Glomeruli** treten in das Kapillarnetz der *Rinde* ein, wo sie die Tubuli netzartig umspinnen. Der Abfluss erfolgt in **Vv. interlobulares** (Vv. corticales radiatae renis). Diese münden an der Mark-Rinden-Grenze in Vv. arcuatae und schließlich in **Vv. in-**

terlobares, die mit den entsprechenden Arterien verlaufen und am Hilum die **V. renalis** bilden.
- Die Arteriolae efferentes der **marknahen Glomeruli** versorgen das *Nierenmark*. Sie bilden nach Aufteilung lange Arteriolae rectae, die absteigend ins Mark ziehen und dort in Kapillarplexus einmünden. Den **absteigenden Arteriolae rectae** legen sich lange **aufsteigende Venulae rectae** an (Gegenstromprinzip), die in die **Vv. interlobulares** (Vv. corticales radiatae renis) einmünden. Die Venulae rectae aus der Außenzone des Marks gelangen direkt in die zugehörige **V. arcuata**.

Lymphgefäße verlaufen mit den größeren Blutgefäßen und treten am Hilum aus. Ferner kommen Lymphgefäße in Capsula fibrosa und Capsula adiposa vor.

Nerven. Die sympathischen Nerven stammen von den Ganglia coeliaca, gelangen mit der A. renalis als **Plexus renalis** in die Niere und versorgen vornehmlich die Gefäße. Außerdem wird der juxtaglomeruläre Apparat reichlich sympathisch innerviert.

In Kürze

Die Niere besteht aus 12–18 Nierenpyramiden und lässt Nierenmark und Nierenrinde unterscheiden. Die Harnbereitung erfolgt in mehr als 2 Millionen Nephronen, die jeweils aus Nierenkörperchen (Glomeruli und Kapsel) und einem Tubulussystem bestehen, das in ein Sammelrohr mündet. Glomeruli sind arterielle Gefäßknäuel, deren Oberfläche von einer glomerulären Basallamina und Podozyten bedeckt ist. Den Nierenkörperchen angelagert ist der juxtaglomeruläre Apparat. Das Tubulussystem beginnt mit dem Hauptstück. Sein Epithel dient Reabsorption und Sekretion. Es folgt die Henle-Schleife, an der Teile des Hauptstücks, das Überleitungsstück und Teile des distalen Tubulus beteiligt sind. Schlüssel für die Regulierung der Osmolalität in Interstitium und Harn ist der dicke Teil des distalen Tubulus. Auch das Sammelrohr mit unterschiedlichen Zellen nimmt Einfluss auf die Harnzusammensetzung. Die Harnbereitung ist an den Verbund von Tubulussystem, Interstitium und Gefäßen gebunden.

Ableitende Harnwege  H5, 73

Kernaussagen

- **In den harnableitenden Wegen bleibt der Urin unverändert.**
- **Die harnableitenden Wege beginnen mit dem Nierenbecken, Pelvis renalis, im Sinus renalis.**
- **Der Harntransport im Harnleiter erfolgt durch peristaltische Wellen der schraubenförmig angeordneten glatten Wandmuskulatur.**
- **Die glatte Muskulatur des Blasenhalses bewirkt die Kontinenz.**
- **In die männliche Harnröhre münden Samenleiter, Ausführungsgänge der Prostata und schleimbildende Drüsen.**

Ableitende Harnwege:
- **Nierenbecken** (*Pelvis renalis*)
- **Harnleiter** (*Ureter*)
- **Harnblase** (*Vesica urinaria*)
- **Harnröhre** (*Urethra*)

Nierenbecken

Zur Entwicklung

Pelvis renalis (Nierenbecken) und Ureter entwickeln sich aus der Ureterknospe des Urnierenganges (► S. 388).

Das Nierenbecken liegt im Sinus renalis und entsteht aus der Entwicklung von 8–12 trichterförmigen Nierenkelchen (**Calices renales**, Singular: Calyx), die die Nierenpapillen einzeln umfassen und den Endharn auffangen. Je nach Anordnung der Calices renales (Abb. 11.76) werden unterschieden:
- **ampulläres Kelchsystem** mit kurzen Schläuchen und weitem Nierenbecken
- **dendritisches Kelchsystem** mit langen, eventuell verzweigten Schlauchstücken und kleinem Nierenbecken

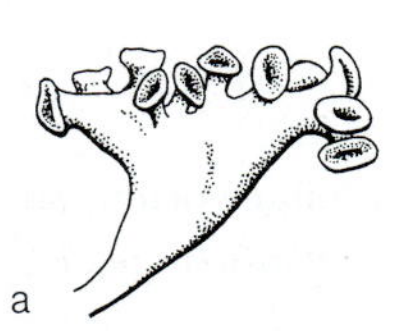

Abb. 11.76. Ausgüsse von Nierenbecken. **a** Ampullärer Typ. **b** Dendritischer Typ (in Anlehnung an Benninghoff 1979)

Calices renales und Pelvis renalis werden von einem gefäßreichen Bindegewebe mit einem Geflecht glatter Muskelzellen umgeben, die die Weite des Hohlraumsystems regulieren.

Harnleiter ⓔ H73

Wichtig

Der Ureter (Harnleiter) ist 25–30 cm lang, hat drei Engstellen und leitet den Harn vom Nierenbecken in die Blase. Er wird von Übergangsepithel ausgekleidet.

Der Ureter ist unterteilt in
- **Pars abdominalis**
- **Pars pelvica**

Pars abdominalis. Sie liegt auf der Psoasfaszie, wird ventral vom Peritoneum parietale bedeckt und von A. ovarica bzw. A. testicularis überkreuzt (▶ S. 440).

Pars pelvica. Nach Überquerung der Linea terminalis folgt der Ureter der Wand des kleinen Beckens. Der *rechte* Ureter *überkreuzt* die *A. iliaca externa*, der *linke* die *Aufteilungsstelle der A. iliaca communis.* Im kleinen Becken der Frau *unterkreuzt* der Ureter die *A. uterina*, beim Mann den *Samenleiter.* Bei der Frau verläuft der Ureter 1–2 cm seitlich an der Cervix uteri vorbei. Beide Harnleiter durchsetzen in schrägem Verlauf die hintere untere Wand der Harnblase.

Der Ureter hat **drei Engstellen:**
- am Übergang vom Nierenbecken in den Ureter
- an der Überkreuzung der A. iliaca communis bzw. A. iliaca externa
- beim Durchtritt des Ureters durch die Blasenwand

Die Wand des Ureters (Abb. 11.77, ⓔ H 73) besteht aus
- **Tunica mucosa** (mit *Lamina propria*)
- **Tunica muscularis**
- **Tunica adventitia**

Die **Tunica mucosa** ist zu Längsfalten aufgeworfen, sodass der Ureter auf Querschnitten ein sternförmiges Lumen hat.

Die Tunica mucosa hat ein spezielles Oberflächenepithel (*Urothel*), auch als **Übergangsepithel** bezeichnet.

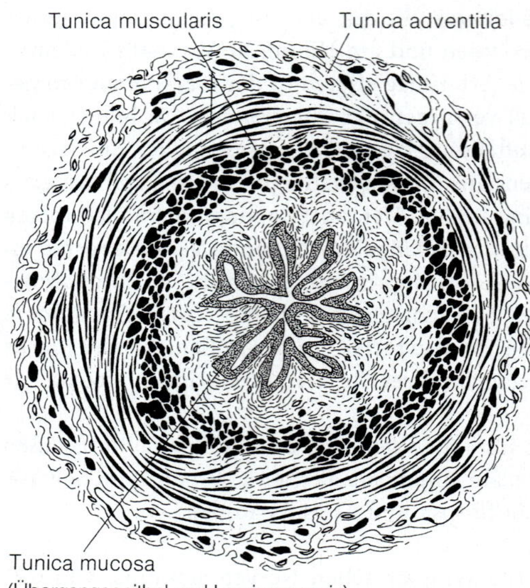

Abb. 11.77. Ureter, mikroskopisch. Die Tunica muscularis besteht aus einer inneren longitudinalen und einer kräftigen, äußeren, annähernd kreisförmig angeordneten Schicht glatter Muskelzellen ⓔ H73

Es besteht im kontrahierten Zustand aus 5–7 Zelllagen. Die Zahl dieser Lagen wird jedoch bei Dehnung geringer. Auch die Zellen der oberflächlichen Schicht (**Deckzellen**) verändern ihr Aussehen je nach Füllung. Sie sind im ungedehnten Zustand hochprismatisch, bei Dehnung platt. Stets überdeckt eine Oberflächenzelle mehrere Zellen der darunter gelegenen Schicht. Trotz der Umlagerung verändert sich der sehr wirksame Verschluss des Interzellularraums durch tight junctions nicht. Die Oberfläche des Urothels wird von einer **Glykokalix** bedeckt. Als Besonderheit weisen die Epithelzellen der oberflächlichen Schicht unter der lumenwärtigen Plasmamembran dichte Filamentbündel auf. Plasmamembran und Filamentbündel zusammen machen die lichtmikroskopische **Crusta** des Übergangsepithels aus.

Lamina propria. Die subepitheliale Schicht besteht aus lockerem Bindegewebe und ist lamellär gebaut. Sie verfügt über elastische Fasernetze und ein engmaschiges Kapillarnetz, dessen Schlingen die Epithelbasis vorwölben. Größere Gefäße verlaufen in einer weiter außen gelegenen, lockerer gebauten Faserschicht.

Tunica muscularis. Es lassen sich, wenn auch undeutlich, ein *Stratum longitudinale internum* und ein *Stratum cir-*

culare unterscheiden. Im distalen Drittel kommt ein *Stratum longitudinale externum* hinzu. Die glatten Muskelzellen sind schraubenförmig angeordnet und am Harnleiterbeginn sphinkterartig verstärkt. Die Muskulatur ist für die peristaltischen Wellen verantwortlich, durch die der Harn in die Harnblase transportiert wird.

Leitungsbahnen. Die **arterielle Blutversorgung** erfolgt durch *Äste der A. renalis, A. testicularis* bzw. *ovarica, A. vesicalis superior* und *A. pudenda interna*. Sie bilden in der Ureterwand ein dichtes anastomosierendes Geflecht.

Venen. Die Venen verlaufen mit den Arterien.

Lymphgefäße gelangen zu den *Nodi lymphoidei lumbales*.

Nerven. In allen Schichten der Ureterwand kommen *autonome Nervengeflechte* vor. Sensorische Nerven erreichen die Nn. splanchnici.

Klinischer Hinweis

Gelegentlich existiert ein *doppelter Harnleiter*, der distal in ein gemeinsames Endstück übergehen kann. – *Nierenkoliken* gehen auf äußerst schmerzhafte Kontraktionen der glatten Muskulatur der ableitenden Harnwege zurück, u.a. hervorgerufen durch Nierenbeckenentzündungen (*Pyelitis*) oder *Steine* in Nierenbecken oder Ureter.

Harnblase

Zur Entwicklung von Harnblase (Vesica urinaria) und Harnröhre

Harnblase und Harnröhre gehen aus dem **Sinus urogenitalis,** dem ventralen Abschnitt der **Kloake** hervor.

Die **Kloake** bildet im Frühstadium den gemeinsamen Endabschnitt von Darmkanal und Urogenitalsystem und ist nach außen durch die **Kloakenmembran** verschlossen, in deren Bereich sich Entoderm und Ektoderm berühren (▶ S. 110, ◘ Abb. 11.70a).

Zwischen der 4. und 7. Embryonalwoche wird die Kloake durch eine transversale, mesenchymunterfütterte Falte (**Septum urorectale**) in einen ventralen **primitiven Sinus urogenitalis** und einen dorsalen **Canalis analis** unterteilt (◘ Abb. 11.70). Aus dem **Canalis analis** gehen der obere Abschnitt des Analkanals und das Rektum hervor. Dabei reißt der zugehörige Teil der Kloakenmembran (**Analmembran**) ein. Das Rektum bekommt eine offene Verbindung nach außen, d.h. zur Fruchtwasserhöhle.

Der **Sinus urogenitalis** (◘ Abb. 11.70) wird bald nach seiner Entstehung gestreckt und gliedert sich in drei Teile.

- Der **obere Teil** wird bei beiden Geschlechtern zur **Harnblase.** Eine zunächst offene Verbindung zur Allantois (**Urachus**) (▶ S. 111) obliteriert später und wird zu einem dicken fibrösen Strang (Lig. umbilicale medianum).
- Der **mittlere Teil** (*Pars pelvica*) wird beim Mann zum proximalen Abschnitt der Harnröhre (bis zum Colliculus seminalis ▶ S. 403), bei der **Frau** zur Harnröhre insgesamt. Beim Mann geht aus Knospen dieses Teils der Urethra die **Prostata** hervor.
- Der **untere Teil** (*Pars phallica*) bleibt zunächst als **definitiver Sinus urogenitalis** erhalten. Aus ihm gehen beim **Mann** der distale Abschnitt der Urethra, bei der **Frau** das Vestibulum vaginae hervor. Bei beiden Geschlechtern entwickeln sich aus den begrenzenden Falten die **äußeren Geschlechtsteile.**

Eingeleitet wird die Gliederung des Sinus urogenitalis dadurch, dass der Urnierengang Anschluss an den Sinus bekommt und nahe der Einmündung des Urnierengangs die **Ureterknospe** entsteht (▶ S. 388). In der Folgezeit trennt sich die aus der Ureterknospe hervorgehende Ureteranlage vom Urnierengang. Dadurch münden beide Gänge getrennt in den Sinus urogenitalis ein: kranial der Urnierengang, weiter kaudal der Ureter. Anschließend wandert die Ureteröffnung nach oben in den zukünftigen Harnblasenbereich. Der **Urnierengang,** der nur beim Mann erhalten bleibt und aus dem der **Samenleiter** entsteht, gelangt dagegen nach unten in den Bereich der zukünftigen Urethra. Aus den Knospen der Samenleiter beider Seiten werden die **Gll. vesiculosae.**

Klinischer Hinweis

Unterbleibt das Einreißen der Analmembran, liegt eine *Atresia ani* vor. Fehlt der Endabschnitt des Rektums (*Atresia recti*) können *Analfisteln* zu Harnblase, Harnröhre oder Vagina entstehen.

An der **Harnblase** lassen sich unterscheiden:

- **Apex vesicae** (*Blasenspitze*); dort ist der obliterierte Urachus befestigt
- **Corpus vesicae** (*Blasenkörper*)
- **Fundus vesicae** (*Blasengrund*) mit den Einmündungen der Ureteren (**Ostium ureteris**) und dem **Trigonum vesicae**
- **Collum** (Cervix) **vesicae** (*Blasenhals*); er beginnt mit dem Ostium urethrae internum. An die Ureteröffnung tritt von hinten her ein Wulst heran (**Uvula vesicae**), in dessen Bereich beim Mann der Mittellappen der Prostata die Schleimhaut vorwölbt. Die Schleimhautfalte der Uvula ist muskelzell- und gefäßreich (Venenplexus). Die Uvula setzt sich nach unten in die **Crista urethralis** fort

Befestigt ist die Harnblase vor allem am Blasenhals, der in den Levatorspalt hineinragt. Dort wird er von einem Muskelbindegewebsapparat umfasst: nach ventral vom **Lig. puboprostaticum** beim Mann bzw. vom **Lig. pubovesicale** bei der Frau (jeweils mit glatten Muskelfasern), nach dorsal durch Verbindungen mit Rektum bzw. Vagina und Rektum (▶ S. 382). Außerdem bestehen seitlich feste Verbindungen zwischen der Fascia vesicalis und der Fascia diaphragmatis pelvis superior. Die übrigen Teile der Harnblase sind gut verschieblich, weshalb sie sich bei Füllung ausdehnen können.

Zur Information
Die entleerte Harnblase liegt dem Beckenboden breitflächig und schüsselförmig auf. Bei Füllung wird die breite Form zunächst beibehalten, dann jedoch tritt die Harnblase entlang der vorderen Bauchwand aus dem kleinen Becken heraus und schiebt gleichzeitig das Peritoneum von der vorderen Bauchwand ab. Bei noch stärkerer Füllung wird die Symphysenlinie überschritten. Die Blase steigt aber normalerweise nicht über Nabelhöhe auf. Eine maximale Füllung ist bei 1500 ml erreicht, Harndrang tritt jedoch bereits bei einem Inhalt von 250–500 ml ein.

Die **Wand der Harnblase** besteht aus:
- **Tunica mucosa**
- **Tunica muscularis**
- **Tunica serosa/adventitia**

Die Wanddicke mindert sich von 5–7 mm bei leerer Harnblase auf 1,5–2 mm bei Füllung.

Die **Tunica mucosa** gleicht in ihrem Aufbau der des Ureters (▶ oben). Mit Ausnahme des Trigonum vesicae (▶ unten) ist sie gegen die Tunica muscularis verschieblich und bildet bei entleerter Blase Falten.

Tunica muscularis. Die Tunica muscularis besteht aus drei verflochtenen Schichten glatter Muskulatur: einer äußeren und einer inneren mit longitudinalen und einer mittleren mit zirkulären Fasern. Gemeinsam werden sie als **M. detrusor vesicae** bezeichnet. Aus der dorsalen äußeren Längsmuskulatur gehen hervor: **M. vesicoprostaticus** bzw. **M. vesicovaginalis** zwischen Blase und Prostata bzw. Vagina, aus der ventralen **M. pubovesicalis** (im Lig. pubovesicale) zwischen Blasenhals und Symphyse.

Zur Information
Die Endabschnitte des Ureters verlaufen schräg durch die Muskulatur der Blasenwand (Abb. 11.78). Deswegen sind ihre Öffnungen durch den Innendruck der Blase in der Regel verschlossen. Sie öffnen sich jedoch beim Eintreffen von Kontraktionswellen des Ureters.

Eine **Sonderstellung** nimmt das **Trigonum vesicae** ein (Abb. 11.78). Es handelt sich um ein faltenfreies dreieckiges Gebiet zwischen den Einmündungen der Ureteren und dem Beginn der Urethra. Es fällt durch weißliche Farbe auf. Dort ist die Schleimhaut unverschieblich mit der Muskulatur verbunden, die hier keine Schichtenanordnung aufweist.

Collum vesicae. Funktionell gehören zum Blasenhals beim Mann alle Abschnitte der Urethra zwischen Ostium urethrae internum und Bulbus penis (unterhalb des Beckenbodens). Bei der Frau entspricht das Collum vesicae dem Ostium urethrae internum.

Die Muskulatur in diesem Bereich besteht aus:
- **M. sphincter urethrae internus**
- **Längsmuskulatur**
- **M. sphincter urethrae externus**

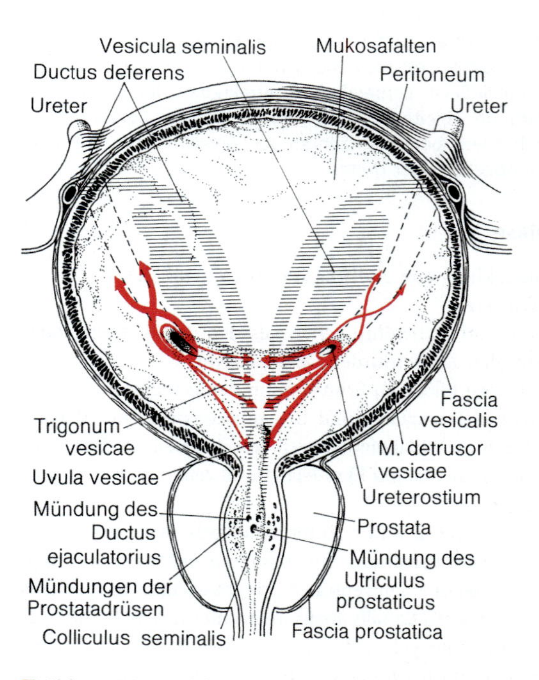

Abb. 11.78. Harnblase. *Rot* eingezeichnet sind die Muskelschlingen zum Öffnen (*links*) und Schließen (*rechts*) der Ureterostien. Die *grauen Schatten* kennzeichnen die Lage von Ureter, Vesicula seminalis und Ductus deferens an der Blasenrückwand. Das Trigonum vesicae liegt zwischen den Öffnungen der Ureteren und der Urethra

Die Muskulatur dient dem Harnblasenverschluss (Kontinenz) sowie der Blasenentleerung (Miktion) und verhindert bei Ejakulationen das Eindringen von Sperma in die Harnblase.

Der **M. sphincter urethrae internus** ist ein glatter Muskel in eliptischer Anordnung um das Ostium urethrae internum. Dorsal hat er Anschluss an die Muskulatur der Harnröhre. Gleichzeitig enden am Ostium urethrae internum auch alle Schichten des M. detrusor in Art einer Halskrause.

Die **Längsmuskulatur des Collum vesicae** begleitet die Pars praeprostatica, Pars prostatica und die Pars membranacea der Urethra. Sie besteht aus ventralen und dorsalen Anteilen. Die ventralen gehen von der Symphyse aus und wirken dilatierend auf die Urethra, die dorsalen entspringen von der Öffnung des Ductus ejaculatorius und setzen sich bis zum Bulbus penis fort. Sie sind nur beim Mann vorhanden und wirken bei der Ejakulation mit.

Der **M. sphincter urethrae externus** besteht aus glatter und quer gestreifter Muskulatur, die die Urethra vor allem im Bereich der Pars membranacea von dorsal her hufeisenförmig umgreifen. Er unterliegt einer willkürlichen Innervation.

Peritonealbedeckung. Peritonealbedeckung befindet sich im oberen und hinteren Bereich des Corpus vesicae. Bei leerer Harnblase bildet das Peritoneum zwischen Facies superior und Facies posterior Falten (**Plicae vesicales transversae**), die sich seitlich in die Plica rectovesicalis fortsetzen. Die Plica rectovesicalis lässt dorsal beim **Mann** die **Excavatio rectovesicalis,** bei der **Frau** die **Excavatio vesicouterina** und lateral von der Harnblase die **Fossae paravesicales** entstehen (▶ S. 382). Im unteren Bereich wird die Harnblase über eine Tunica adventitia in das Bindegewebe des kleinen Beckens eingebaut.

Zur Information

Normalerweise ist das Ostium urethrae internum und der Bereich des Collum urethrae geschlossen. Bei der Miktion kommt es jedoch zur Öffnung. Reflektorisch werden zunächst durch Muskelkontraktion die Mündungen von Ureteren und Urethra einander genähert. Dabei werden die Ureteren geschlossen, die Uvula vesicae aus der inneren Harnröhrenöffnung herausgezogen und ihr Venengeflecht entleert. Zur Öffnung des Ostium urethrae internum kommt es durch Auseinanderweichen der Muskelschlingen des Detrusorsystems nach lateral und Nachlassen des Tonus des M. sphincter urethrae internus. Außerdem unterstützen das ventrale Längssystem der Urethra und die Fasern des M. pubovesicalis die trichterförmige Öffnung des Ostium durch Zug nach vorne unten. Ferner erschlafft der M. sphincter urethrae externus im Bereich der Pars membranacea der Harnröhre und die Miktion wird durch Kontraktion der Blasenwandmuskulatur möglich. – Die Miktion ist ein Rückenmarkreflex, der unter dem Einfluss des Miktionszentrums in der Formatio reticularis des Hirnstamms steht. Darüber hinaus kann die Blasenentleerung willkürlich durch Einfluss des Frontalhirns sowie des extrapyramidalen Systems eingeleitet, aber auch unterbrochen werden.

Leitungsbahnen. Die **arterielle Blutversorgung** der Harnblase (Abb. 11.79) erfolgt durch Äste der A. iliaca interna:
- **A. vesicalis superior** (nichtobliterierter Anteil der A. umbilicalis) zu lateraler Blasenwand und Blasenoberfläche
- **A. vesicalis inferior** zum Blasengrund, bei der Frau kommt die A. vesicalis inferior aus der A. vaginalis
- **Kleinere Blutgefäße** kommen aus *A. obturatoria*, *A. rectalis media* und *A. pudenda interna*

Venen. Das Blut aus submukösen und intramuskulären Venennetzen (Abb. 11.80) wird im **Plexus venosus vesicalis** am Fundus der Harnblase gesammelt und direkt zu den Vv. iliacae internae, aber auch über die Vv. rectales, Vv. obturatoriae und Vv. pudendae internae abgeleitet.

In den Plexus venosus vesicalis mündet die V. dorsalis profunda penis/clitoridis.

Lymphgefäße. Die Lymphgefäße aus oberer und unterer Blasenwand gelangen zu den *Nodi lymphoidei iliaci externi*, aus Blasenvorderwand, Blasenfundus und Trigonum vesicae zu den *Nodi lymphoidei iliaci interni* bzw. *Nodi lymphoidei sacrales*.

Nerven. Zu unterscheiden sind ein intrinsischer Nervenplexus und extrinsische Nerven. Der **intrinsische Plexus** in der Blasenwand passt den Tonus des M. detrusor dem Füllungszustand an.

Die **extrinsische Innervation** des M. detrusor erfolgt durch Sympathikus und Parasympathikus. Die Fasern beider Systeme verlaufen über den *Plexus hypogastricus inferior* und *Plexus vesicalis*. Die *parasympathischen Fasern* stammen aus S2–S4 und führen zu Öffnung des Blasensphinkters und Kontraktion der Blasenmuskula-

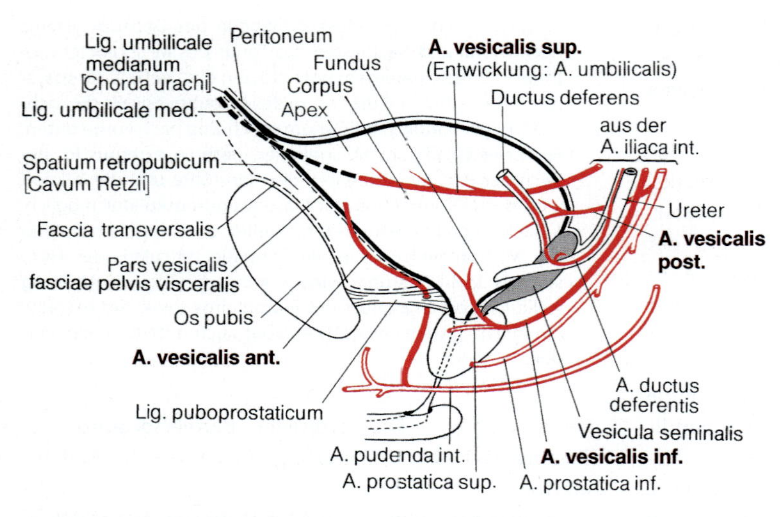

Abb. 11.79. Arterielle Gefäßversorgung der Harnblase beim Mann

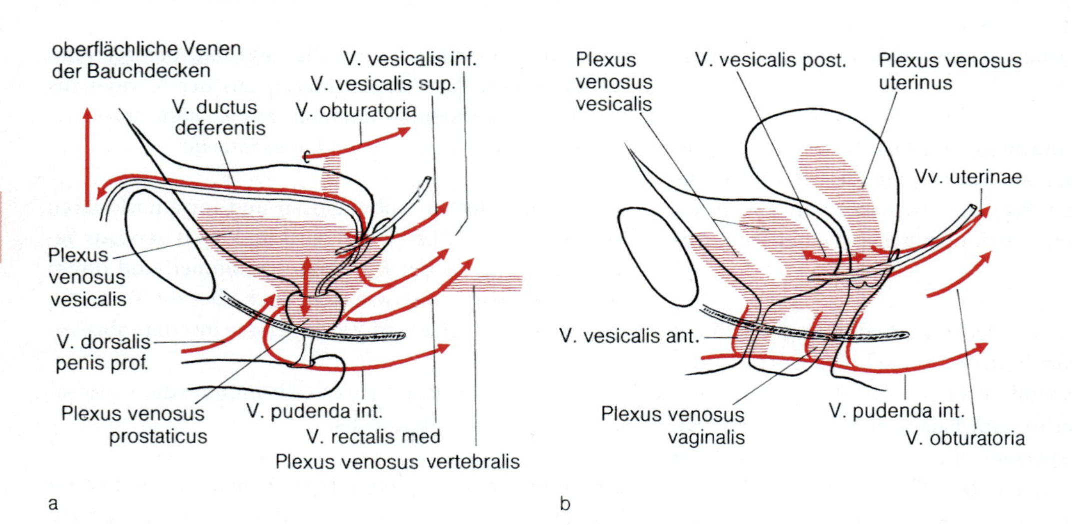

Abb. 11.80a, b. Venen der Harnblase **a** beim Mann, **b** bei der Frau

tur. Die Sympathikusfasern kommen aus den Segmenten L1–L3 und führen zur Kontraktion der Verschlussmuskulatur am Blasenausgang.

Somatische Fasern. Die quer gestreifte Muskulatur des M. sphincter urethrae externus erhält ihre motorischen Impulse über den N. pudendus.

Harnröhre

Wichtig

Die Harnröhre (Urethra) weist geschlechtsspezifische Unterschiede auf. Beim Mann dient sie außer dem Harnfluss zu größeren Teilen gleichzeitig dem Samentransport, deswegen Harn-Samen-Röhre. Ihre Länge beträgt etwa 20 cm. Bei der Frau ist die Harnröhre etwa 4 cm lang.

Urethra masculina. Beim Mann ist lediglich der proximale, etwa 2–3 cm lange Teil der Urethra Harnröhre im engeren Sinne. Dann münden die *Samenleiter* (**Ductus ejaculatorii**) in die Urethra.

Die männliche Harnröhre (◘ Abb. 11.81) gliedert sich in

- **Pars praeprostatica**
- **Pars prostatica**
- **Pars membranacea**
- **Pars spongiosa**

Die **Pars praeprostatica** beginnt noch in der Harnblasenwand und wird hier vom M. sphincter urethrae internus umfasst (▶ oben). Sie setzt sich in den Blasenhals fort und reicht bis zur Spitze der Prostata. Ihre Länge beträgt 1–1,5 cm.

Die **Pars prostatica** ist etwa 3,5 cm lang und wird von der Prostata umfasst. Von zahlreichen längs verlaufenden Falten der Wand bleibt bei Harndurchfluss nur an der Rückwand eine leistenartige Vorwölbung bestehen (**Crista urethralis**).

Sie ist die Fortsetzung der Uvula vesicae und bildet in der Mitte der Pars prostatica den Samenhügel (**Colliculus seminalis**). Hier münden auf der Kuppe seitlich eines kleinen Blindsacks (**Utriculus prostaticus**) die **Ductus ejaculatorii.** Der Utriculus prostaticus ist eine entwicklungsgeschichtliche Residualstruktur unklarer Herkunft (mesodermal oder entodermal). Beiderseits des Colliculus seminalis befindet sich eine Rinne, **Sinus prostaticus,** in die zahlreiche Ausführungsgänge der Prostata münden.

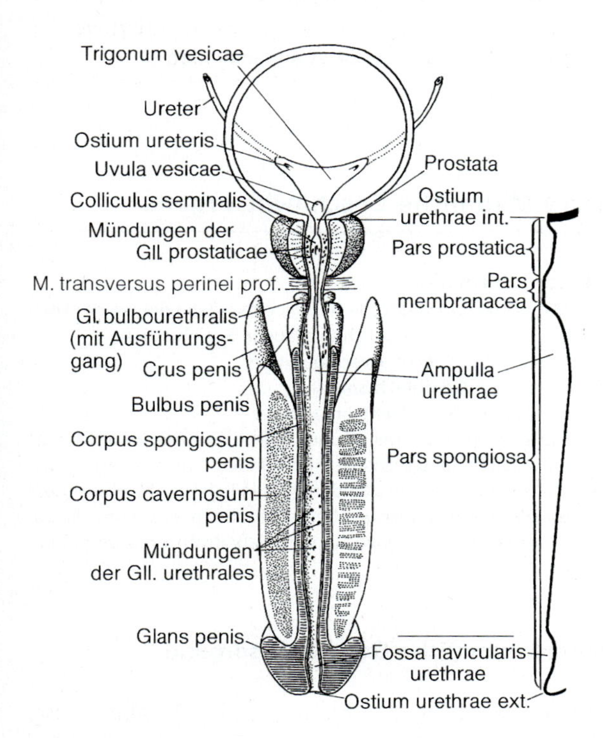

◘ **Abb. 11.81.** Männliche Harnröhre. *Rechts* schematische Darstellung ihrer Weiten und Engen (nach Hafferl 1969)

Die **Pars membranacea** ist etwa 1–2 cm lang und der am wenigsten dehnbare und engste Teil der Urethra. Sie beginnt am unteren Pol der Prostata und endet im Bereich des Bulbus penis. Mit der Pars membranacea tritt die Urethra durch den Levatorspalt und wird gleichzeitig gut fixiert. Umschlossen wird die Pars membranacea vom **M. sphincter urethrae externus.**

Der distale Abschnitt der Pars membranacea, der nach dem Durchtritt durch den Levatorspalt folgt, hat eine sehr dünne und leicht dehnbare Wand. Dieser als **Ampulla urethrae** bezeichnete Abschnitt ist am unteren Symphysenrand nach vorne gebogen. In die Ampulla urethrae münden die **GlI. bulbourethrales.**

Die **Pars spongiosa** ist mit 15 cm der längste Abschnitt der männlichen Urethra und von erektilem Gewebe des Corpus spongiosum urethrae umgeben. Der Anfangsteil der Pars spongiosa ist an Bindegewebsapparat des Beckenbodens und Symphyse angeheftet und dadurch weitgehend unbeweglich. Der folgende, im Penis gelegene distale Teil der Pars spongiosa ist dagegen nicht fixiert. Die Grenze zwischen beiden Abschnitten entspricht dem Ansatz des Lig. suspensorium penis. Das Lumen der Pars spongiosa ist nur bei Durchtritt von Flüssigkeit geöffnet. Die Urethra endet mit der Harnröhrenmündung (**Ostium urethrae externum**), davor ist sie zur **Fossa navicularis urethrae** erweitert.

Zur Information

Beim Einlegen eines Katheters sind Engstellen, Erweiterungen und Biegungen der Urethra zu berücksichtigen (◘ Abb. 11.65 a, 11.81):

- Engstellen: Ostium urethrae internum, Pars membranacea, Ostium urethrae externum
- Erweiterungen: im Bereich von Pars prostatica, Ampulla urethrae, Fossa navicularis
- Biegungen: zwischen Pars membranacea und Pars spongiosa sowie zwischen proximalem und distalem Teil der Pars spongiosa

Mikroskopische Anatomie. Bis zur Mitte der Pars prostatica ist die Urethra mit Übergangsepithel ausgekleidet. Anschließend ist das Epithel mehrschichtig hochprismatisch, in der Fossa navicularis mehrschichtig platt.

Einige Epithelzellen vor und in der Fossa navicularis sind auffällig glykogenreich. Das Lumen der Fossa ist – wie die Vagina – mit schützenden apathogenen Milchsäurebakterien besiedelt.

Drüsen der Harn-Samen-Röhre sind:
- **Glandulae bulbourethrales**
- **Glandulae urethrales**
- **Lacunae urethrales**

Die Glandulae bulbourethrales (*Cowper-Drüsen*) (Abb. 11.65 a) befinden sich am hinteren Ende des Bulbus penis im Bindegewebe oder in der Muskulatur des Beckenbodens. In der Regel handelt es sich um zwei erbsengroße Drüsen, deren etwa 5 mm lange Ausführungsgänge zunächst parallel zur Harnröhre verlaufen. Sie münden von unten in die Ampulla urethrae. Auch akzessorische Drüsenmündungen kommen vor. Vor der Ejakulation wird durch die umgebenden Muskeln ein schleimartiges Sekret ausgepresst. Es unterstützt die Lubrikation (Gleitfähigkeit) der Urethra.

Glandulae urethrales (*Littré-Drüsen*). Sie sind mukös und befinden sich vorwiegend in der oberen Wand der Pars spongiosa, aber auch häufig in der Pars membranacea. Die Drüsenkörper liegen im Gewebe um die Harnröhre und münden mit langen geschlängelten und verzweigten Ausführungsgängen in die Urethra.

Lacunae urethrales (*Morgagni*) sind kleine Buchten der Schleimhaut der Pars spongiosa.

Urethra feminina (Abb. 11.65 b). Bei der Frau ist die Harnröhre nur 3–5 cm lang und verläuft in leicht nach vorn konvexem Bogen unter dem Schambein und zwischen den Crura clitoridis. Ihr **Ostium urethrae externum** befindet sich im Vestibulum vaginae 2–3 cm hinter der Glans clitoridis am vorderen Rand des Ostium vaginae (► S. 433). Hier ist gleichzeitig die engste Stelle der weiblichen Harnröhre.

Der Verschluss der Harnblase entspricht dem des Mannes und nimmt die proximalen zwei Drittel der weiblichen Harnröhre ein. Das Lumen der Harnröhre ist durch Falten sternförmig verengt, kann aber auf 7–8 mm Durchmesser erweitert werden.

Mikroskopische Anatomie. Die Auskleidung der weiblichen Harnröhre besteht im kranialen Teil aus Übergangsepithel, im mittleren Teil aus mehrreihigem hochprismatischem Epithel und kaudal aus mehrschichtigem unverhorntem Plattenepithel. *Lacunae urethrales* kommen vor. Das Bindegewebe der Lamina propria hat zahlreiche elastische Fasern und außerdem ein venöses Gefäßgeflecht sowie im distalen Teil zahlreiche tubulöse Schleimdrüsen (**Gll. urethrales**). Beiderseits vom Ostium urethrae externum münden größere Gruppen dieser Drüsen mit je einem Ausführungsgang (**Ductus paraurethrales**, auch *Skene-Gänge*).

Die ableitenden Harnwege bestehen aus Pelvis renalis, Ureter, Vesica urinaria, Urethra. Der Ureter ist 25–30 cm lang, hat drei Engen, durchquert die Muskulatur der Harnblase und mündet an der Basis des Trigonum vesicae. – Die Harnblase ist im Bereich des Levatorspalts sowohl nach ventral als auch nach dorsal durch Ligamenta mit glatten Muskelzellen stabilisiert. Bei Verschluss und Öffnen der Harnblase wirken M. detrusor vesicae, M. sphincter urethrae internus und M. sphincter urethrae externus zusammen. – Die Urethra des Mannes ist etwa 20 cm lang und hat Biegungen, Engen und Erweiterungen; die der Frau verläuft nahezu gestreckt, ist etwa 4 cm lang und mündet in das Vestibulum vaginae. Bis auf die distalen Anteile der Urethra sind die ableitenden Harnwege mit Übergangsepithel ausgekleidet.

11.5.9 Männliche Geschlechtsorgane

Zur Information

Männliche und weibliche Geschlechtsorgane dienen der Fortpflanzung und ermöglichen sexuelle Beziehungen.

Beide Geschlechter verfügen über
- **innere Geschlechtsorgane**
- **äußere Geschlechtsorgane**

Die Einteilung in innere und äußere Geschlechtsorgane ist entwicklungsgeschichtlich begründet: die *inneren Geschlechtsorgane* sind aus der Urogenitalleiste (Abb. 11.67) und ihren Abkömmlingen hervorgegangen (► S. 406), die *äußeren Geschlechtsorgane* aus dem definitiven Sinus urogenitalis (► S. 415).

Innere männliche Geschlechtsorgane

Innere männliche Geschlechtsorgane (Abb. 11.82) sind **Hoden**, **Nebenhoden**, **Samenleiter**, **Bläschendrüse** und **Prostata**. Die Hoden gelangen am Ende der Fetalzeit

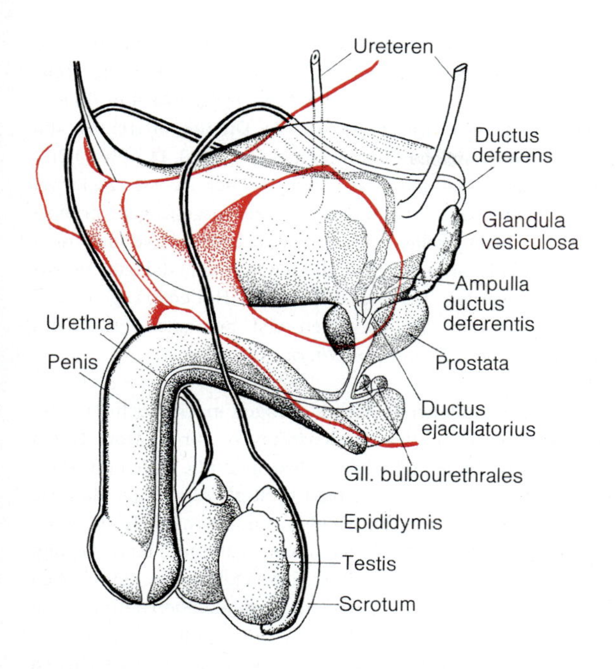

Abb. 11.82. Männliche Geschlechtsorgane (*schwarz*) und ihre Beziehungen zum knöchernen Becken (*rot*)

aus der Leibeshöhle durch den Leistenkanal in den Hodensack (▶ S. 318).

- In den *Hoden* (**Testes**) werden *Geschlechtszellen* (**Spermatozoen**) gebildet,
- in den **ableitenden Geschlechtswegen** *Nebenhoden* (**Epididymis**), *Samenleiter* (**Ductus deferens**), *Harn-Samen-Röhre* (**Urethra**) transportiert und durch Sekrete **akzessorischer Geschlechtsdrüsen** – *Bläschendrüse* (**Glandula vesiculosa**) und *Vorsteherdrüse* (**Prostata**) – aktiviert.

Hoden (e) H74

Kernaussagen

- **Der Hoden (Testis) hat ein großes Tubuluskompartiment (90%) mit Tubuli seminiferi zur Spermiogenese.**
- **Im Interstitium des Hodens befindet sich ein kleines endokrines Leydig-Zellen-Kompartiment.**

Hoden sind paarige, pflaumenförmige Organe mit einem Längsdurchmesser von etwa 5 cm. Sie werden von einer derben, undehnbaren **Tunica albuginea** umgeben und an der freien Oberfläche von Serosa bedeckt (**Lamina visceralis tunicae vaginalis testis**) (Abb. 11.83 a). Am unteren Pol befinden sich Reste des Gubernaculum testis (▶ unten). Der linke Hoden ist meist etwas größer als der rechte und steht im Skrotum (Hodensack) tiefer.

Der Hoden wird durch feine, häufig durchbrochene bindegewebige *Scheidewände* (**Septula testis**) in *Hodenläppchen* (**Lobuli testis**) unterteilt (Abb. 11.83 a). Die Septula testis verlaufen von der Tunica albuginea radiär zum **Mediastinum testis**, einer Bindegewebsverdichtung am Hinterrand des Hodens. Die Lobuli testis beinhalten ein oder mehrere stark gewundene *Samenkanälchen* (**Tubuli seminiferi contorti**) mit umgebendem interstitiellem Bindegewebe. Die Samenkanälchen erreichen über **Tubuli seminiferi recti** das **Rete testis**, das im Mediastinum testis liegt. Das Rete testis bekommt durch **Ductuli efferentes** Verbindung mit dem **Nebenhoden** (*Epididymis*) und damit Anschluss an die ableitenden Samenwege.

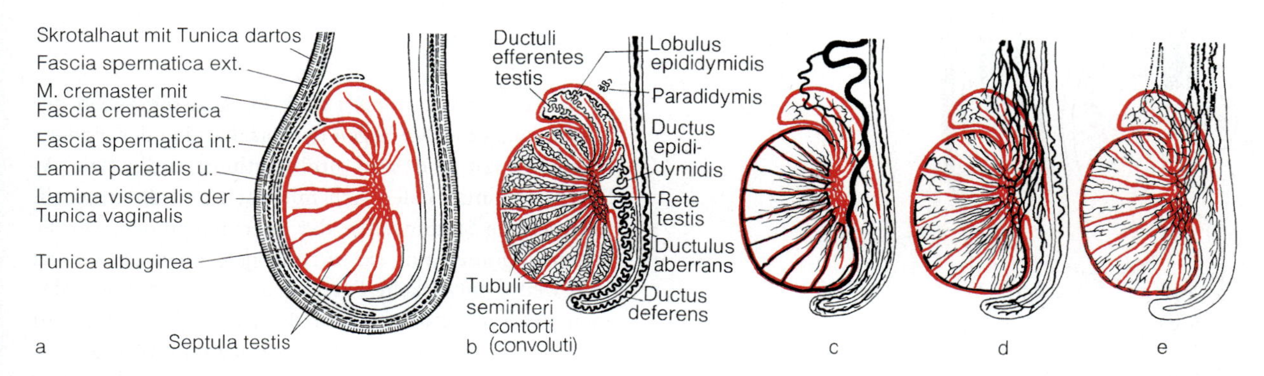

Abb. 11.83 a–e. Hoden und Nebenhoden. **a** Hodenhüllen. **b** Samenbereitende und -leitende Anteile. **c** Arterien. **d** Venen. **e** Lymphgefäße. Jeweils sind eingezeichnet: die Tunica albuginea, die Septula testis, das Bindegewebe des Rete testis (in Anlehnung an Johnson et al. 1970)

Zur Entwicklung

Die geschlechtsspezifische Entwicklung der Gonaden beginnt in der 6. Entwicklungswoche mit dem Einwandern von **Urkeimzellen** in zunächst geschlechtsunspezifische Mesenchymverdichtungen der Genitalleiste (◘ Abb. 11.84). Dort sind **primäre Keimstränge** als Epithelzapfen entstanden, die vom Zölomepithel ausgehen. Die Einwanderung von Urgeschlechtszellen beginnt nach Absonderung eines chemotaktischen Faktors durch das Zölomepithel.

Urkeimzellen gehen aus embryonalen Stammzellen (▶ S. ●) hervor. Sie treten zuerst im Ektoderm der Wand des Dottersacks über dem Allantoisgang auf (◘ Abb. 11.84). Von hier wandern sie über das dorsale Mesenterium in das Epithel des Enddarms und von dort in der 6. Entwicklungswoche in die Keimstränge der Genitalleiste ein. Erreichen die Urkeimzellen die Genitalleisten nicht, unterbleibt die Entwicklung von Hoden und Ovar.

Die **geschlechtsspezifische Entwicklung** wird von männlich determinierten Urkeimzellen durch einen Testis-determinierenden Faktor (TDF) ausgelöst, der vom SRY-Gen des Y-Chromosoms transkribiert wird. Fehlt ein Y-Chromosom, entsteht aus der indifferenten Gonade ein Ovar.

Am Anfang der Hodenentwicklung steht das Wachstum der primären Keimstränge. Sie integrieren die eingewanderten Urkeimzellen und dringen in das Mark der Keimdrüsenanlage vor (◘ Abb. 11.85). Gleichzeitig bildet sich zu den Tubuli des Urnierenganges hin ein feines Netzwerk, aus dem später das Kanälchennetz des **Rete testis** wird. Unter dem Zölomepithel entsteht eine Schicht dichten fibrösen Bindegewebes, das zur Hodenkapsel (**Tunica albuginea**) wird.

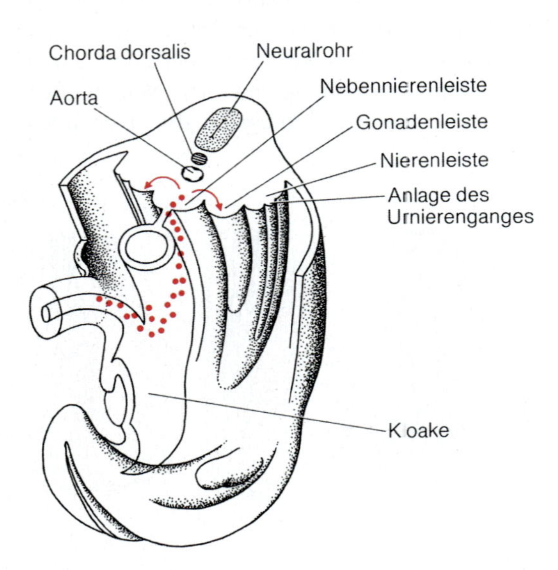

◘ **Abb. 11.84.** Einwanderung von Urgeschlechtszellen in die Gonadenleiste über die Keimbahn etwa in der 6. Embryonalwoche (nach Langman 1985)

Im 4. Entwicklungsmonat wachsen die Hodenstränge zu Schlingen aus, deren freie Enden mit dem Netzwerk der Zellstränge des Rete testis in Verbindung treten (◘ Abb. 11.85). Diese bekommen Anschluss an die Ductuli efferentes, die aus Urnierenkanälchen hervorgehen (▶ S. 388, ◘ Abb. 11.86). In den **Hodensträngen** lassen sich nun bereits zwei Zellarten unterscheiden, aus den Urkeimzellen hervorgegangene **primordiale Geschlechtszellen** (Prospermatogonien) und aus dem Zölomepithel stammende randbildende Zellen, die bald zu **Sertoli-Zellen** werden. Lumina sind in den Hodensträngen noch nicht vorhanden. Sie entstehen erst postnatal. Erst dann spricht man von *Tubuli seminiferi*.

Mesenchym. Auffallende Veränderungen macht auch das Mesenchym zwischen den Hodensträngen durch. Dort treten nämlich etwa in der 8. Embryonalwoche große Zellen mit stark gefaltetem Zellkern auf, die bald so stark zunehmen, dass sie zwischen dem 3. und 5. Entwicklungsmonat in der Hodenanlage dominieren. Es handelt sich um testosteronbildende **Leydig-Zellen**, deren Inkret die weitere Entwicklung des männlichen Genitale stark fördert. Diese **1. Leydig-Zellgeneration** zeigt im 5. Entwicklungsmonat deutliche Rückbildungserscheinungen und stellt bald nach Geburt mit Wegfall des mütterlichen Choriongonadotropins ihre Androgenproduktion ein. Die Zellen werden unscheinbar bindegewebig, sind aber durch Zufuhr von Gonadotropinen zu aktivieren. Zu Beginn der Pubertät entfalten sie sich dann wieder, um erneut Androgene zu bilden. Es handelt sich dann um die **2. Leydig-Zellgeneration.**

Tubuli seminiferi (*Samenkanälchen*) (e H74). Die Tubuli seminiferi werden von **Keimepithel** ausgekleidet (◘ Abb. 11.87). Es besteht aus **Zellen der Spermatogenese:**

- **A- und B-Spermatogonien**
- **Spermatozyten I. und II. Ordnung**
- **Spermatiden**
- **Spermatozoen**
- **Sertoli-Zellen**

A- und B-Spermatogonien sind die Ausgangszellen der Spermatogenese. Sie liegen der Basallamina der Hodenkanälchen an und sind proliferationsfreudig. Die A-Spermatogonien teilen sich mitotisch und differenziell. Sie sind die Stammzellen der Spermatogonien. Die B-Spermatogonien mit exzentrisch gelegenen Zellkernen sind weiter entwickelte Formen. Sie erfahren eine Volumenzunahme und treten in die Reifeteilung (Meiose) ein. Damit werden sie zu **Spermatozyten I. Ordnung.**

Spermatozyten I. und II. Ordnung. Die Spermatozyten I. Ordnung durchlaufen alle Phasen der meiotischen Zell-

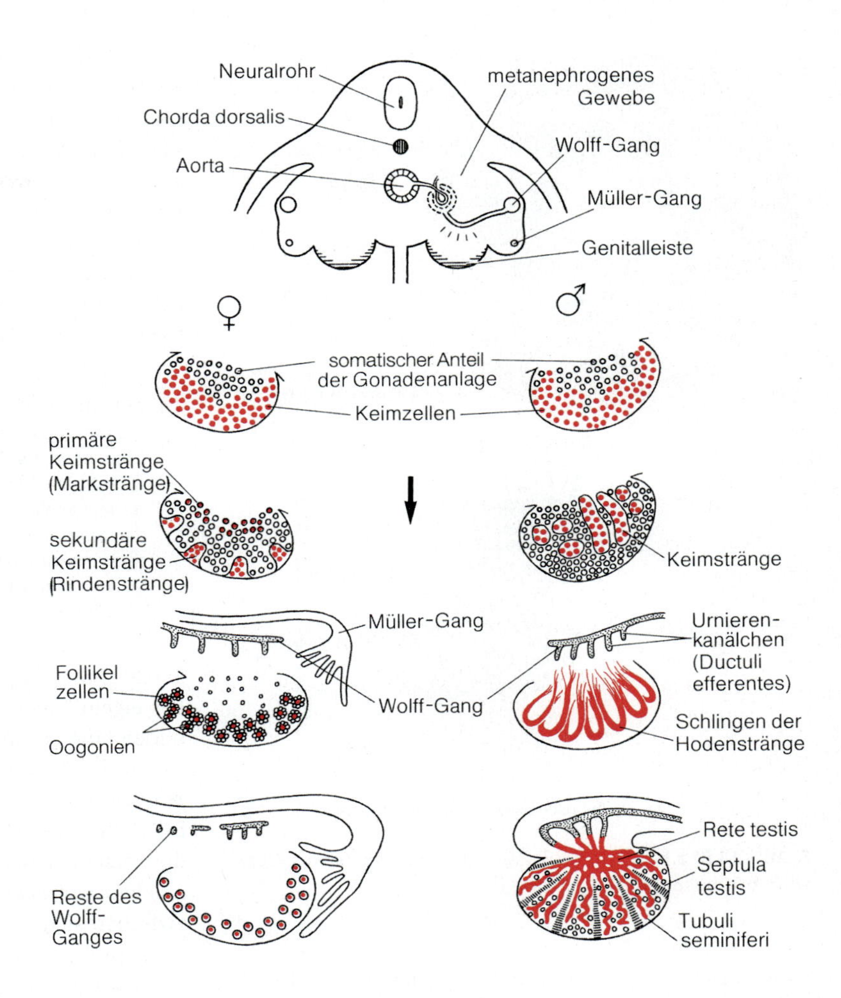

Abb. 11.85. Entwicklung der männlichen und weiblichen Gonaden

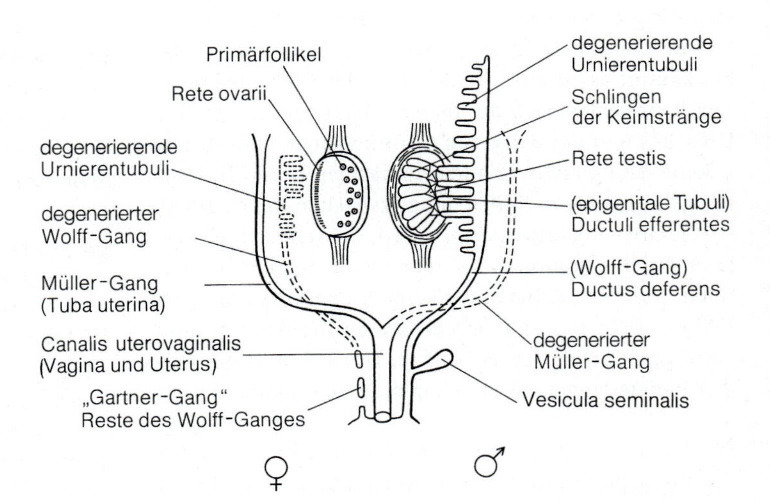

Abb. 11.86. Entwicklung der Gonaden sowie von Wolff- und Müller-Gang bei Mann und Frau (nach Becker et al. 1971)

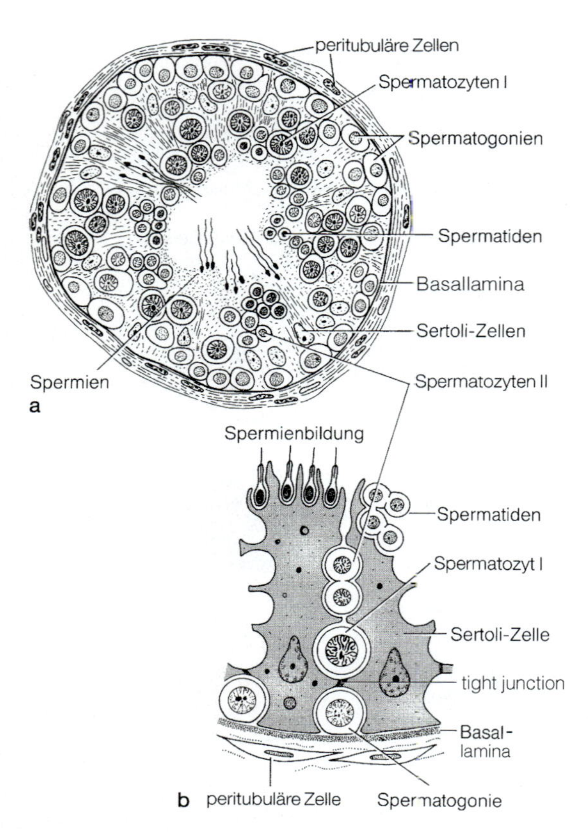

Abb. 11.87 a, b. Spermatogenese. **a** Tubulus seminiferus, Übersicht. **b** Tubulusepithel H74

teilung. Dabei rücken sie von der Basallamina ab. Durch eine lange Dauer der Prophase (22 Tage) sind im Keimepithel viele Spermatozyten I. Ordnung sichtbar. Sie sind die größten Zellen des Keimepithels. Die folgenden Phasen und die Zellteilung selbst verlaufen schnell. Dabei kommt es zu einer Halbierung des Chromosomensatzes, ohne dass sich der in der S-Phase auf 2n erhöhte DNA-Bestand der einzelnen Chromosomen ändert. Der 1. Reifeteilung (zwischen Spermatozyten I. und II. Ordnung) folgt eine 2. Reifeteilung (zwischen Spermatozyten II. Ordnung und Spermatiden), die sehr schnell verläuft. Hierbei kommt es zu einer Trennung der Chromatiden. Da die 2. Reifeteilung keine S-Phase hat, mindert sich der DNA-Bestand der einzelnen Chromatiden (nun väterliche Chromosomen) auf 1n. Das Ergebnis der beiden Reifeteilungen ist eine **haploide Spermatide.**

Spermatiden. Die Spermatiden sind die kleinsten Zellen des Keimepithels und liegen lumennah. Sie unterliegen einer Zytodifferenzierung und Umwandlung zu Spermatozoen (**Spermiohistogenese**). Dabei entsteht als Charakteristikum des späteren Spermienkopfes das **Akrosom.** Akrosomen sind Abkömmlinge des Golgiapparates (▶ unten). Ferner verdichtet sich der Zellkern und die Zentriolen wandern an die der späteren Kopfspitze entgegengesetzten Seite. Dort wird der Spermienschwanz gebildet. Ein Teil des Zytoplasmas der Spermatiden wird abgeschnürt. Schließlich lösen sich die fertigen Spermien von den Sertoli-Zellen (**Spermiation**).

Zur Information

Die Dauer der Spermatogenese und Spermiohistogenese beträgt etwa 64 Tage. In dieser Zeit wandern die sich entwickelnden Keimzellen schraubenförmig von der Basis der Hodenkanälchen zum Tubuluslumen. Da Gruppen von Zellen der Spermiogenese durch **Zytoplasmabrücken** verbunden sind – sie bilden Keimzellklone – kommt eine schraubenförmige Architektur im Keimepithel zustande. Die Zytoplasmabrücken lösen sich erst während der Spermiation.

Sertoli-Zellen (Abb. 11.87 b). Die Sertoli-Zellen sind die eigentlichen Wandzellen der Hodenkanälchen. Sie bilden eine zusammenhängende Schicht. Basal grenzen sie an die Basallamina der Hodenkanälchen, apikal erreichen sie in der Regel das Kanälchenlumen. Die Sertoli-Zellen fassen in lokal erweiterten Interzellularräumen die verschiedenen, langsam zum Lumen der Samenkanälchen vorrückenden Keimzellen bzw. Keimzellklone zwischen sich.

Zwischen benachbarten Sertoli-Zellen bestehen oberhalb der Spermatogonien und den frühen Stadien der Spermatozyten I. Ordnung abdichtende Verbindungskomplexe. Dadurch wird der Interzellularraum zwischen Sertoli-Zellen in ein **basales** und ein **adluminales Kompartiment** gegliedert, das jedoch für Zellen der Spermiogenese schleusenartig durchlässig ist.

Sonst aber verhindern die Verbindungskomplexe jeden parazellulären Transport. Sie bilden die **Blut-Hoden-Schranke.**

Zur Information

Sertoli-Zellen versorgen die heranreifenden Keimzellen im adluminalen Kompartiment mit allen erforderlichen Stoffen. Außerdem synthetisieren sie zahlreiche spezifische Substanzen, u.a. *Transportproteine, Hormone, Wachstumsfaktoren.* Weiter sind sie zur *Phagozytose* befähigt, z.B. von abgeschnürtem Zytoplasma der Spermatide oder absterbenden Spermien. Schließlich sezernieren die Sertoli-Zellen eine Flüssigkeit (*Spermplasma*), die dem Transport der Spermatozoen aus den Tubuli seminiferi in den Nebenhoden dient.

Spermatozoen. Fertige Spermien sind etwa 60 µm lang und bestehen aus (Abb. 11.88)

- **Kopf** (*Caput*)
- **Schwanz** (*Flagellum*)
  - **Hals** (*Pars conjugens*):
  - **Mittelstück** (*Pars intermedia*)
  - **Hauptstück** (*Pars principalis*)
  - **Endstück** (*Pars terminalis*)

Kopf. Der Kopf ist abgeplattet (4–5 µm lang, 2–3 µm dick), von der Seite keilförmig, in der Aufsicht oval (Tennisschlägerform). Er besteht fast vollständig aus dichter **Kernsubstanz**, die stellenweise hellere Bezirke (Kernvakuolen) aufweist. Die vorderen zwei Drittel des Kerns werden von der Kopfkappe (**Akrosom**) bedeckt. Das Akrosom beinhaltet zwischen zwei Membranen, die am Äquator des Kopfes ineinander übergehen, granuläres Material, das vom Golgiapparat gebildet wird, sowie zahlreiche Enzyme, u.a. die Protease Akrosin (▶ S. 436).

Schwanz (*Cauda, Flagellum*). Er setzt sich aus Hals, Mittel-, Haupt- und Endstück zusammen. Gemeinsam ist allen Abschnitten der zentral gelegene **Achsenfaden** (*Axonema*) aus Tubuli in typischer »9×2+2«-Anordnung (▶ S. 13). Die übrigen Bestandteile sind in den verschiedenen Schwanzabschnitten unterschiedlich.

Hals. Im Hals (0,3 µm lang) sind Kopf und Schwanz beweglich miteinander verbunden. In einer Einbuchtung des Kerns befindet sich die **Basalplatte** und ein sog. »*Gelenkkopf*«, bei dem es sich um ein Gebilde aus

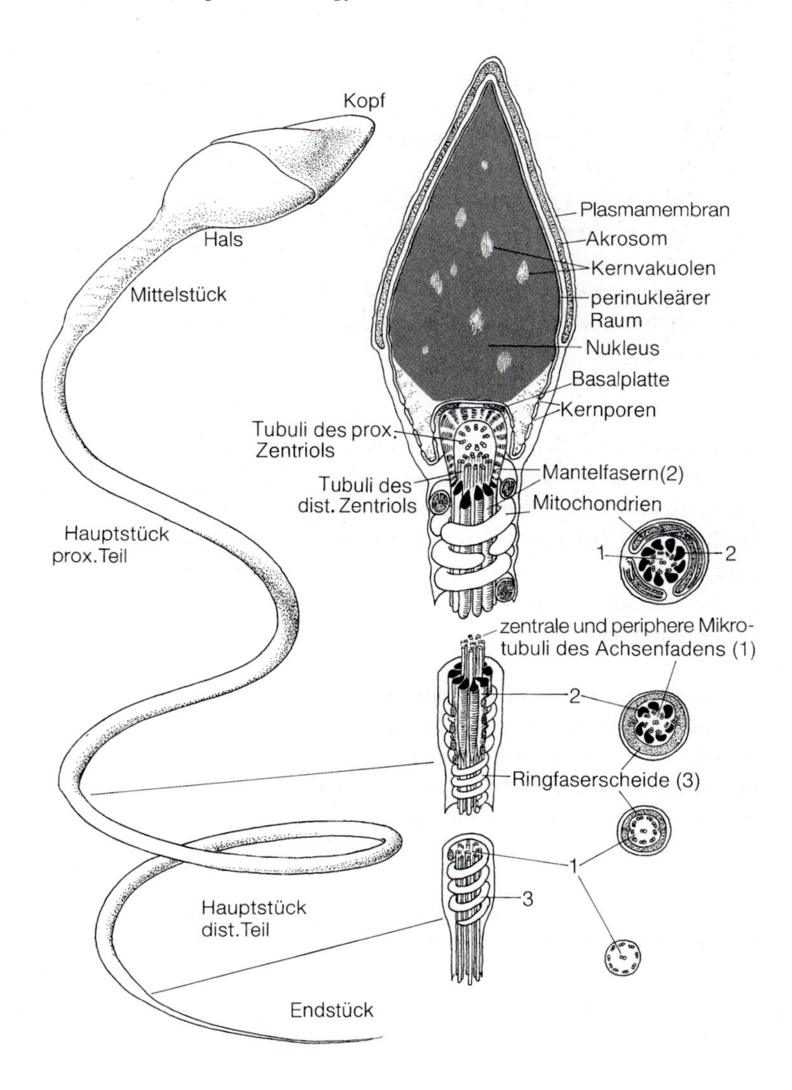

Abb. 11.88. Spermium (nach Krstic 1976)

elektronendichtem Material handelt (Streifenkörper). Es ist ein Abkömmling des distalen Zentriols. Von hier gehen nach distal **neun Außenfibrillen** (Fibrae densae externae, Mantelfasern) aus, die bis ins Hauptstück reichen. Im Inneren des »Gelenkkopfes« liegt das *proximale Zentriol* der Samenzelle. Außerdem beginnt im Hals der Achsenfaden (Axonema ▶ oben).

Mittelstück (5 µm lang, 0,8 µm dick). Dem zentral gelegenen Axonema legen sich neun dickere Außenfibrillen (▶ oben) an. Um die Fibrillenstruktur herum sind **Mitochondrien** in Art einer Helix (10–14 Windungen) angeordnet. Am Übergang zum Hauptstück befindet sich der *Schlussring* (**Anulus**), der aus elektronendichtem Material besteht.

Hauptstück (45 µm lang, 0,5 µm dick). Im Hauptstück enden in unterschiedlicher Höhe die Außenfibrillen. Charakteristisch für das Hauptstück ist die **Ringfaserscheide**. Hierbei handelt es sich um ringförmig verlaufende, untereinander verflochtene Fibrillen, die durch zwei längs verlaufende Seitenleisten miteinander verbunden sind.

Endstück. Etwa 5–7 µm vor der Schwanzspitze endet die Ringfaserscheide. Die Mikrotubuli verlieren ihre regelrechte Anordnung.

Kernsubstanz, Akrosom und alle anderen Anteile der Spermatozoen werden von der Zellmembran eng umschlossen.

Interstitium, Leydig-Zellen-Kompartiment. Zwischen den Tubuli seminiferi befinden sich lockeres Bindegewebe, mit Fibroblasten, undifferenzierten Bindegewebszellen, Mastzellen, Makrophagen und Nerven sowie peritubulär Blut- und (wenige) Lymphgefäße. Außerdem kommen vor

- **peritubuläre Zellen**
- **Leydig-Zellen**

Peritubuläre Zellen sind Myofibroblasten. Sie liegen in 5–7 Schichten der Basallamina der Hodenkanälchen an. Die Zellen sind kontraktil und tragen zum Transport der Spermatozoen bei. Außerdem sind sie Mediatorzellen für die Androgenwirkung auf die Spermiogenese (▶ unten).

Leydig-Zellen befinden sich in den Maschen des intertubulären Bindegewebes. Sie sind groß, liegen einzeln oder in Gruppen, in enger Nachbarschaft zu Gefäßen, gelegentlich in den inneren Lagen der Tunica albuginea und im Bindegewebe des Mediastinum testis. Leydig-Zellen zeigen alle Charakteristika steroidproduzierender Zellen. Zusätzlich kommen im Zytoplasma sog. Reinke-Kristalle vor. Leydig-Zellen bilden **Androgene,** besonders *Testosteron*, das sowohl parakrin als auch endokrin wirkt. – Ein Ersatz zugrunde gegangener postmitotischer Leydig-Zellen geht offenbar von Gefäßwandzellen des Interstitium (glatte Muskelzellen, Perizyten) aus.

Zur hormonalen Kontrolle der Spermatogenese
Sie erfolgt **lokal** und **überregional.**

Lokale Steuerung. Hierbei wirken zusammen

- **Leydig-Zellen.** Sie synthetisieren Androgene (u. a. Testosteron), die parakrin auf die peritubulären Zellen, aber außerdem endokrin über die Blutbahn systemisch wirken. Unter anderem prägen sie das männliche Erscheinungsbild.
- **Peritubuläre Zellen.** Unter Testosteronwirkung produzieren sie den Faktor P-Mod-S, der die Sertoli-Zellen stimuliert, mehr androgenbindendes Protein (ABP) zu produzieren und entsprechend mehr Testosteron zu binden.
- **Sertoli-Zellen** bilden u. a. ABP, Transferrin, Inhibin, Anti-Müller-Hormon (nur während der Entwicklung), Plasminogenaktivator. Einige der von Leydig-Zellen, peritubulären und Sertoli-Zellen gebildeten Substanzen wirken autokrin und dienen der Selbstkontrolle der jeweiligen Zellart.

Androgenbindendes Protein bindet Testosteron und transportiert es zu den Keimzellen und mit dem Spermplasma zu den ableitenden Samenwegen. Dort wird Testosteron in seine wirksame aktive Form, 5α-Dihydrotestosteron, umgewandelt.

Transferrin ist ein Transportprotein für Eisenionen zu den Keimzellen im adluminalen Kompartiment.

Inhibin unterdrückt einerseits Bildung und Freisetzung von Follitropin (FSH) in der Hypophyse, stimuliert aber andererseits die Testosteronsynthese in den Leydig-Zellen. Inhibin bewirkt also eine Rückkopplung zwischen Sertoli-Zellen und Leydig-Zellen.

Der **Plasminogenaktivator** ist eine Protease, die mit einem Plasminogeninhibitor zusammenwirkt. Gemeinsam sorgen Plasminogenaktivator und -inhibitor für ein Gleichgewicht im Auf- und Abbau der Basallamina um die Hodenkanälchen. Dies sichert den Ablauf des intratestikulären Regelkreises.

Überregionale Steuerung. Hierbei wirken Zentren im Hypothalamus (◘ Tabelle 15.3) und in der Adenohypophyse mit dem intratestikulären System zusammen:

- **Lutropin** (LH) der Hypophyse stimuliert die Testosteronbiosynthese in den Leydig-Zellen.
- **Testosteron** beeinflusst (bei Erhöhung im Blutspiegel) die Bildung und Freisetzung von Luliberin (synonym GnRH) im Hypothalamus negativ – dadurch wird die Lutropinsekretion der Adenohypophyse gehemmt –, wirkt aber auch direkt hemmend auf die Lutropinsekretion.

- **Follitropin** (FSH), das auch unter dem Einfluss von Luliberin steht, wirkt auf die Sertoli-Zellen. Es stimuliert vor allem die frühen Stufen der Keimzellentwicklung.
- **Inhibin** als Produkt der Sertoli-Zellen hat eine negative Rückkopplung auf das Hypothalamus-Hypophysen-System.

Auf die Spermatogenese nehmen jedoch nicht nur endokrine Faktoren Einfluss, sondern auch Pharmaka, Drogen, psychisch bedingte nervöse Reaktionen u.a. Besondere Bedeutung hat hierbei die Blut-Hoden-Schranke. Sie schützt Teile der Spermatogenese vor schädigenden Substanzen, für die sie impermeabel ist, aber auch gleichzeitig den Organismus vor einer Autoimmunwirkung der Keimzellen.

Leitungsbahnen. Die **arterielle Versorgung** des Hodens erfolgt durch die **A. testicularis** (► S. 440). Sie entspringt aus der Aorta abdominalis und verläuft nach Durchtritt durch den Leistenkanal stark geschlängelt im Samenstrang. Am Mediastinum testis treten in der Regel zwei größere Äste in den Hoden ein und verbreitern sich dort flächenhaft.

Venen. Am Mediastinum testis vereinen sich Sammelvenen aus den Bindegewebssystemen des Hodens und bilden ein dichtes Anastomosennetz um die A. testicularis (**Plexus pampiniformis**). Die Fortsetzung, *V. testicularis*, mündet *rechts* in die *V. cava inferior*, *links* in die *V. renalis sinistra*.

Lymphgefäße. Die im Zwischengewebe des Hodens beginnenden Lymphgefäße führen die Lymphe über das Mediastinum am Samenstrang entlang zu den *Nodi lymphoidei lumbales* in der Bauchhöhle, die paraaortal liegen.

Nerven. Mit den Arterien kommen die Nerven aus dem *Plexus coeliacus*. Sie erreichen über den *Plexus renalis* mit der A. testicularis den Hoden.

In Kürze

Das Tubuluskompartiment der Hoden besteht aus stark gewundenen Tubuli seminiferi, die jeweils durch Septula testis zu Lobuli testis zusammengefasst sind. Durch das Rete testis im Mediastinum testis sind sie mit den Ductuli efferentes verbunden. Die Tubuli seminiferi werden von Sertoli-Zellen ausgekleidet, die alle Stadien der Spermiogenese und Spermiohistogenese zwischen sich fassen (Spermatogonien, Spermatozyten, Spermatiden). Freigesetzt werden fertige Spermatozoen. Die Sertoli-Zellen synthetisieren zahlreiche spezifische Substanzen. Der Interzellularraum zwischen den Sertoli-Zellen gliedert sich in basales und adluminales Kompartiment. Die Grenze bildet die Blut-Hoden-Schranke. – Die wesentlichen Strukturen des Leydig-Zellen-Kompartiment sind peritubuläre Zellen und endokrine Leydig-Zellen (Testosteronbildner). Die peritubulären Zellen bilden u.a. Mediatorsubstanzen zur Produktion von androgenbindendem Protein in den Sertoli-Zellen. Die Funktion des Hodens unterliegt lokalen und überregionalen Regelkreisen.

Ductuli efferentes, Epididymis, Ductus deferens, Glandula vesiculosa, Prostata e H75–78

Kernaussagen

- Die Ductuli efferentes sind Verbindungskanälchen zwischen Hoden und Nebenhoden.
- Der Nebenhoden besteht aus einem aufgeknäuelten 3–6 m langen Gang und ist Spermatozoenspeicher.
- Den Samenleiter kennzeichnet eine dicke Tunica muscularis, die bei der Ejakulation durch Kontraktionswellen die Entleerung des Samenspeichers bewirkt.
- Das Ende des Samenleiters ist der Ductus ejaculatorius (Spritzkanal), der in der Pars prostatica der Urethra mündet.
- Ausführungsgänge der Glandula vesiculosa (Bläschendrüse) münden in den Ductus ejaculatorius. Ihr Sekret macht 60% des Ejakulationsvolumens aus und ist fruktosereich.
- Die Prostata (Vorsteherdrüse) umgreift die Pars prostatica der Urethra, in die sie mit zahlreichen Ausführungsgängen mündet. Ihr Sekret ist enzymreich, besonders an saurer Phosphatase. Es macht 30% des Ejakulationsvolumens aus.

Zur Entwicklung

Ductuli efferentes, Epididymis, Ductus deferens, Glandula vesiculosa sind **mesodermaler Herkunft.** Sie sind aus dem Urnierensystem hervorgegangen (▶ S. 388, ◘ Abb. 11.89). Residualstrukturen sind *Appendix testis* am oberen Pol des Hodens (Rest des Müller-Gangs), *Appendix epididymidis* und *Paradidymis* im Bereich des Nebenhodens (Urnierenrest). Die Prostata dagegen ist **entodermaler Herkunft.** Sie ist in der Pars pelvica des Sinus urogenitalis entstanden (◘ Abb. 11.89).

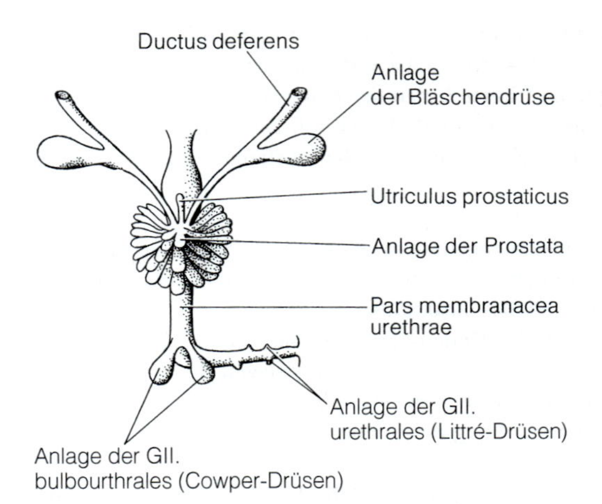

◘ **Abb. 11.89.** Entwicklung der Drüsen ableitender männlicher Geschlechtsorgane (nach Becker, Wilson u. Gehweiler 1971)

Ductuli efferentes verbinden das Rete testis mit dem Nebenhodenkopf. Es handelt sich um 8–10 jeweils 10–12 cm lange Kanälchen mit gefaltetem Lumen. Auf der Kuppe der Falten kommen hochprismatische Zellen mit Kinozilien vor, die zum Spermientransport beitragen (◘ Abb. 11.90 a). Außerdem sind Zellen mit Mikrovilli vorhanden. In der Tiefe der Einfaltungen ist das Epithel niedrig. Das Epithel der Ductuli efferentes ist vor allem resorptiv, aber auch sekretorisch tätig. – Die Wand hat wenige glatte Muskelzellen.

Epididymis (*Nebenhoden*) (e H75). Aus dem obersten Ductulus efferens geht ein vielfach gewundener, 3–6 m langer, 200 µm breiter, von Bindegewebe umgebener Gang hervor: **Ductus epididymidis** (*Nebenhodengang*). Durch Aufknäuelung des Ductus epididymidis auf engem Raum entsteht der Nebenhoden.

Der Nebenhoden hat einen dicken oberen Anteil (**Caput epididymidis**), ein schmales langgezogenes **Corpus epididymidis** und die unten gelegene **Cauda epididymidis** (◘ Abb. 11.82). Der Nebenhodenkopf sitzt auf dem oberen Pol des Hodens, die übrigen Teile liegen dem Hoden dorsal an. Der Nebenhoden liegt außerhalb der Tunica albuginea des Hodens.

Der Nebenhoden hat ein zweireihiges hochprismatisches **Epithel mit Stereovilli** (◘ Abb. 11.90 b). Abschnittsweise treten Zellen mit sekretorischen Vakuolen auf. Die Sekrete bewirken eine Verfestigung der Membranstrukturen der Spermatozoen, die Bindung von Adhäsinen an die Spermienoberfläche und Ausbildung von Rezeptoren zu Eierkennung sowie Bindung an die Zona pellucida und Eizellmembran. In anderen Abschnitten sind die Nebenhodenzellen reich an Lysosomen. Hier erfolgen Resorption und Phagozytose, z. B. von testikulärer Flüssigkeit und abgestorbenen Spermien.

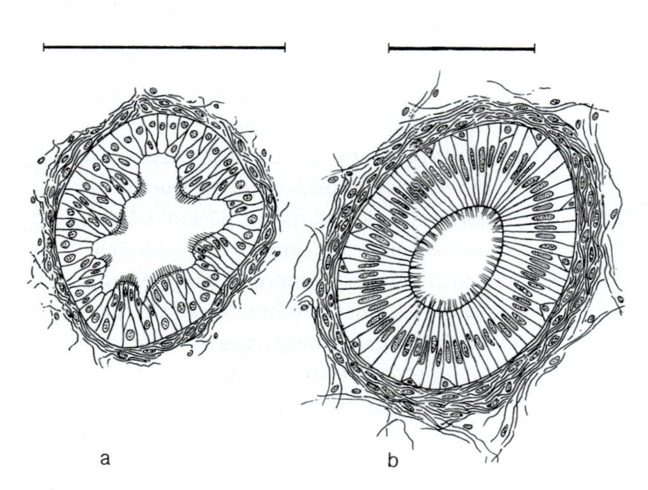

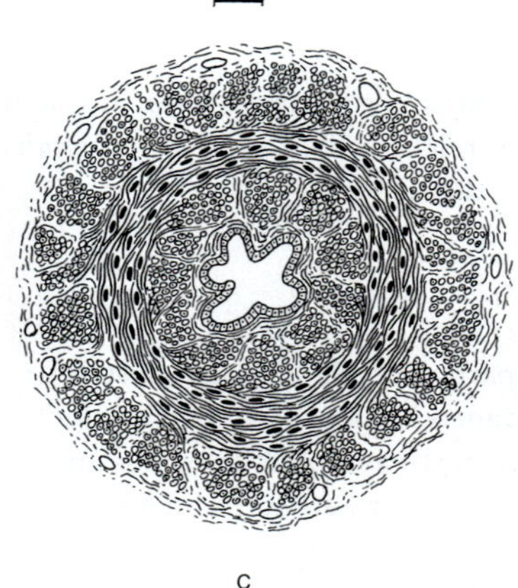

◘ **Abb. 11.90 a–c.** Ableitende Geschlechtswege beim Mann, Querschnitte. **a** Ductulus efferens. **b** Ductus epididymidis. **c** Ductus deferens. Zu beachten ist die Anordnung der Muskulatur. Über den Abbildungen Vergrößerungsmaßstäbe e H74–78

Zur Nebenhodenwand gehört ferner eine ringförmig angeordnete, kräftige glatte Muskulatur, die in peristaltischen Wellen den Transport von Spermatozoen bewirkt.

Die Tätigkeit des Nebenhodens ist androgenabhängig. Sie beginnt erst im Laufe der Pubertät.

Zur Information

Die Spermatozoen verweilen nach neuen Ergebnissen nur 3 Tage im Nebenhoden, bis sie anschließend im Nebenhodenschwanz und nebenhodennahen Teil des Ductus deferens bis zur Ejakulation gespeichert werden. Im Nebenhoden gewinnen die Spermatozoen ihre volle Befruchtungsfähigkeit.

Leitungsbahnen. Die **arterielle Versorgung** des Nebenhodens erfolgt durch einen *Endast der A. testicularis* und einen damit anastomosierenden Ast der *A. ductus deferentis*.

Die abführenden **Venen** erreichen den *Plexus pampiniformis*.

Lymphgefäßabflüsse und **Nervenversorgung** entsprechen denen des Hodens.

Ductus deferens (*Samenleiter*) (Abb. 11.82, e H78). Der *Ductus deferens* ist 35–40 cm lang, 3–4 mm dick und sein Lumen hat einen Durchmesser von 0,5–1 mm. Der Ductus deferens beginnt am unteren Ende des Nebenhodens, zieht dann aufsteigend an seiner medialen Seite entlang, zunächst gewunden, später gestreckt, und erreicht im Verbund des Samenstranges den Leistenkanal und anschließend den Bauchraum. Dort verläuft er unter dem Peritoneum an der Wand des kleinen Beckens und tritt von lateral an die Harnblase heran. Schließlich legt er sich dem Blasengrund – nun frei von Peritoneum – von dorsal her an (Abb. 11.91). An dieser Stelle findet sich eine Auftreibung: **Ampulla ductus deferentis.** Der Endabschnitt des Ductus deferens ist der **Ductus ejaculatorius.**

Das Lumen des Ductus deferens wird von einem zweireihigen hochprismatischen Epithel ausgekleidet (Abb. 11.90c). Es trägt im Anfangsteil Stereovilli. Ungedehnt bildet die Schleimhaut des Samenleiters Längsfalten, die bei Erweiterung des Lumens verstreichen. In der Ampulla ductus deferentis werden die Schleimhautfalten zahlreicher. In den Buchten dazwischen enthält das einschichtige isoprismatische Epithel zahlreiche Sekretgranula.

Die *Tunica muscularis* des Ductus deferens ist auffallend dick. Eine Minderung ist ein Zeichen von Androgenmangel. Die glatte Muskulatur ist dreischichtig

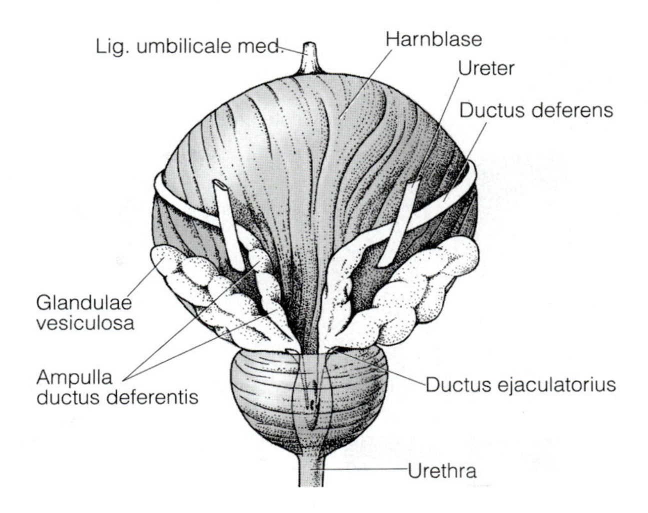

Abb. 11.91. Ductus deferens, Glandula vesiculosa und Prostata an der Harnblase (Ansicht von dorsal)

(Abb. 11.90c). In Ruhelage verlaufen die Muskelzellen im inneren und äußeren Bereich stärker längs, in der mittleren Schicht stärker spiralförmig. Zur Entleerung der Samenspeicher laufen 3–4 Kontraktionen der Muskulatur über den Samenleiter hinweg.

Der **Ductus ejaculatorius** (*Spritzkanal*) ist der letzte Teil des Ductus deferens. Er ist etwa 2 cm lang und durchsetzt die Prostata (Abb. 11.91). Seine Lichtung verengt sich dabei trichterförmig auf 0,2 mm. In den Ductus ejaculatorius mündet die Glandula vesiculosa (▶ unten). Der Ductus ejaculatorius selbst mündet in die Pars prostatica der Urethra (▶ S. 403). Die Öffnung befindet sich auf dem Samenhügel (**Colliculus seminalis**) beiderseits des Utriculus prostaticus (Abb. 11.92a). Sie wird von Venengeflechten, elastischen Fasern und glatter Muskulatur nach Art eines Sphinkters umgeben. Die Muskelfasern, die von den dorsalen Längsmuskelbündeln der Urethra (▶ S. 401) an den Ductus ejaculatorius herantreten, wirken beim Öffnen, die des M. vesicoprostaticus beim Verschluss mit und verhindern das Eindringen von Harn in die Samenwege.

Leitungsbahnen. Die **zuführende Arterie** zu Ductus deferens und Ductus ejaculatorius ist die **A. ductus deferentis,** die als Ast aus der durchgängig gebliebenen Strecke der A. umbilicalis, der A. vesicalis superior bzw. inferior oder aus der A. iliaca interna entspringt.

Der **venöse Abfluss** erfolgt über den Plexus pampiniformis und über den Plexus vesicoprostaticus.

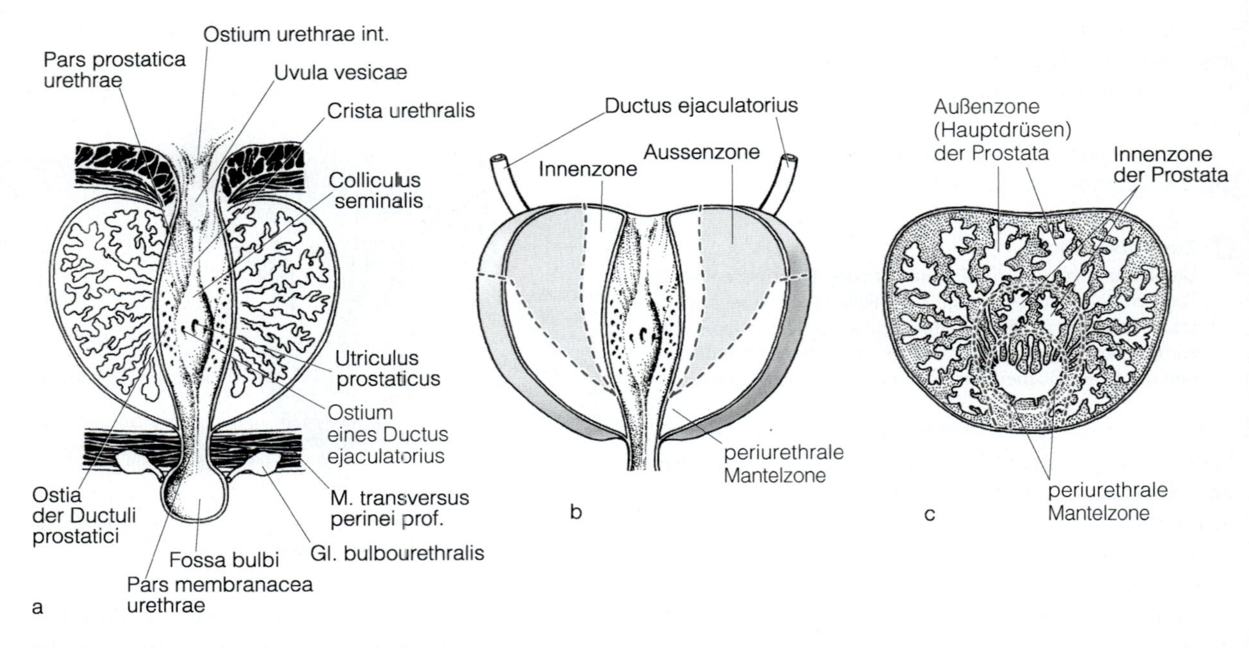

Abb. 11.92a–c. Prostata. **a** Frontalschnitt. **b** Zonengliederung. **c** Transversalschnitt

11

Die **vegetativen Nervenäste** stammen aus den Beckengeflechten mit überwiegend α-adrenergen und weniger mit cholinergen Rezeptoren an den Rezeptororganen.

Glandula vesiculosa (*Bläschendrüse*) (Abb. 11.91, H76). Die 4–5 cm lange Bläschendrüse liegt lateral der Ampulla ductus deferentis dem Blasenfundus an. Ihr Ausführungsgang (**Ductus excretorius**) liegt innerhalb der Prostata (► oben).

Die Bläschendrüse besteht aus einem unregelmäßig gewundenen, etwa 5–12 cm langen, mit Schleimhaut ausgekleideten Gang. Dadurch entstehen Schleimhautfalten. Das Epithel ist einschichtig, gelegentlich zwei- oder mehrreihig. Es zeigt apokrine und ekkrine Sekretion. Die Wand der Bläschendrüse ist muskelzellreich. Muskelzellen fehlen jedoch in den Schleimhautfalten. Das Sekret der Bläschendrüsen macht etwa 60% des Ejakulatvolumens aus, ist alkalisch und enthält u. a. viel Fruktose, Prostaglandine, Laktoferrin. Während der Ejakulation werden die Bläschendrüsen weitgehend entleert. Die Tätigkeit der Bläschendrüsen ist androgenabhängig.

Die **arterielle Versorgung** erfolgt aus Ästen der A. vesicalis inferior sowie der A. ductus deferentis.

Prostata (*Vorsteherdrüse*) (Abb. 11.91, H77). Die Prostata ist eine etwa kastaniengroße tubuloalveoläre exokrine Drüse (sagittaler Durchmesser 2,5– 3,7 cm, transversaler 4,5–5,7 cm, longitudinaler 2,8–4 cm). Sie liegt extraperitoneal und umgreift die Pars prostatica der Urethra. Ihre Basis berührt die Harnblase, mit ihrer Spitze ragt sie durch den Levatorspalt. Die abgeplattete Hinterfläche der Prostata ist dem Rektum zugewandt. Von dort ist sie tastbar. Umgeben wird die Prostata von einer derben Kapsel, deren innere Schicht viele Muskelzellen enthält.

Es lassen sich **drei Prostatazonen** unterscheiden (Abb. 11.92b, c):
- **periurethrale Zone:** sie umgreift die Urethra und besteht aus Drüsen, die aus Divertikeln der Harnröhre hervorgegangen sind (Schleimhautdrüsen)
- **Innenzone:** macht 25% der Prostata aus und umschließt die Ductus ejaculatorii; sie besteht aus verzweigten Drüsen; ihr Stroma ist sehr dicht und enthält glatte Muskelzellen
- **Außenzone** (75% der Prostata): besteht aus etwa 30–50 tubuloalveolären Drüsen, die in einen Drüsenkörper mit ausgedehnten elastischen Fasernetzen und glatten Muskelzellen eingebettet sind; das Drüsenepithel ist je nach Funktionszustand wech-

selnd hochprismatisch, stellenweise mehrreihig; gelegentlich, besonders im Alter, kommen in den Drüsenlumina *Prostatasteine* vor, die aus eingedicktem Sekret bestehen

Während der Ejakulation kontrahiert die Muskulatur und entleert die Prostata durch 15–20 Ausführungsgänge, die seitlich vom Colliculus seminalis in die Urethra münden (Abb. 11.92a). Das Sekret der Prostata hat einen pH-Wert von 6,4 und ist reich an Enzymen, vor allem an saurer Phosphatase. Außerdem enthält es viele andere Bestandteile, die u.a. die Bewegungsfähigkeit der Spermatozoen beeinflussen (z.B. Spermin, das auch den typischen Geruch des Ejakulates hervorruft) oder das Ejakulat verflüssigen (Proteasen). Das Prostatasekret macht etwa 30% des Seminalplasmas aus.

Klinischer Hinweis

Periurethrale Zone und Innenzone der Prostata beginnen sich jenseits des 40.Lebensjahres zu vergrößern (*benigne Prostatahyperplasie*). Dadurch kann es zu Miktionsbeschwerden kommen. *Prostatakarzinome* entstehen meist in der Außenzone. Bei Prostatakarzinomen steigt die Konzentration der sauren Prostataphosphatase im Blut stark an (diagnostischer Marker).

Zur Information

Während der Ejakulation kommt es zur Vermischung der spermienhaltigen Nebenhodensekrete mit den Sekreten der akzessorischen Geschlechtsdrüsen. Dies führt zu einer Koagulation des Spermas, bei der große Mengen von Spermatozoen in ein Proteinnetz aus Spermafibrin eingeschlossen werden, das aus den Bläschendrüsen stammt. Nach wenigen Minuten beginnt unter Einwirkung des Prostatasekretes eine Verflüssigung. – Durch den Kontakt der Spermatozoen mit dem Seminalplasma wird die Spermatozoenoberfläche mit dem »Sperm-coating-Antigen« überzogen, das einen Faktor enthält, der den ejakulierten Spermatozoen ihre Befruchtungspotenz nimmt. Erst im weiblichen Genitaltrakt wird dieser Faktor wieder abgelöst und die Samenzelle erneut befruchtungsfähig (► S. 435).

Leitungsbahnen. Die **arterielle Gefäßversorgung** der Prostata erfolgt durch *Äste der* **A. vesicalis inferior** und der **A. rectalis media.**

Die **Venen** bilden einen *Plexus prostaticus*, der in engem Zusammenhang mit dem Plexus venosus vesicalis steht. Es bestehen mehrere Verbindungen zu den Vv. iliacae internae.

Die **Lymphgefäße** ziehen überwiegend zu den Lymphknoten an der Teilungsstelle der A. iliaca communis, außerdem bestehen Verbindungen zu den Lymphgefäßen des Rektum und zu den Nodi lymphoidei sacrales.

Die **Nerven** stammen aus dem Plexus prostaticus.

In Kürze

Die ableitenden Geschlechtswege (Ductuli efferentes, Nebenhoden, Samenleiter) und die Anhangsdrüsen (Glandula vesiculosa, Prostata) werden von sezernierendem Epithel ausgekleidet. Durch die Sekrete werden die Spermatozoen auf die Befruchtung vorbereitet. Die Muskulatur des Nebenhodens dient dem Transport von Spermien und Sekreten zum Nebenhodenschwanz, wo eine Speicherung erfolgt. Die Muskulatur von Ductus deferens, Ductus ejaculatorius und Anhangsdrüsen wird bei der Ejakulation tätig.

Äußere männliche Geschlechtsorgane

Kernaussagen

- **Der Hodensack umschließt Hoden, Nebenhoden und Samenstränge. Samenstränge werden von Hodenhüllen umgeben.**
- **Der Penis verfügt als Kopulationsorgan über Schwellkörper: Corpus cavernosum penis und Corpus spongiosum penis. Füllen sie sich, kommt es zur Erektion.**

Äußere männliche Geschlechtsorgane

- **Scrotum** (*Hodensack*)
- **Penis** (*Glied*)

Zur Entwicklung

Die äußeren Geschlechtsorgane gehen **bei beiden Geschlechtern** aus dem definitiven Sinus urogenitalis (► S. 399) hervor. Im indifferenten Stadium (vor der 9. Entwicklungswoche) ist der Sinus urogenitalis von **Urogenitalfalten** umgeben, die sich an ihrer Spitze zum **Genitalhöcker** vereinen (Abb. 11.93). In den Genitalhöcker wächst aus dem Sinus urogenitalis als solider entodermaler Strang die **Urethralplatte** ein. Seitlich von den Genitalfalten entstehen **Genitalwülste.**

Nach der 9. Entwicklungswoche wächst **beim männlich determinierten Keim** der Genitalhöcker zum **Phallus** aus (Abb. 11.93). Dabei werden die Urogenitalfalten nach ventral ausgezogen. Ferner entsteht durch Einreißen der Urogenitalmembran und Vertiefung der Urogenitalplatte die Urogenitalrinne,

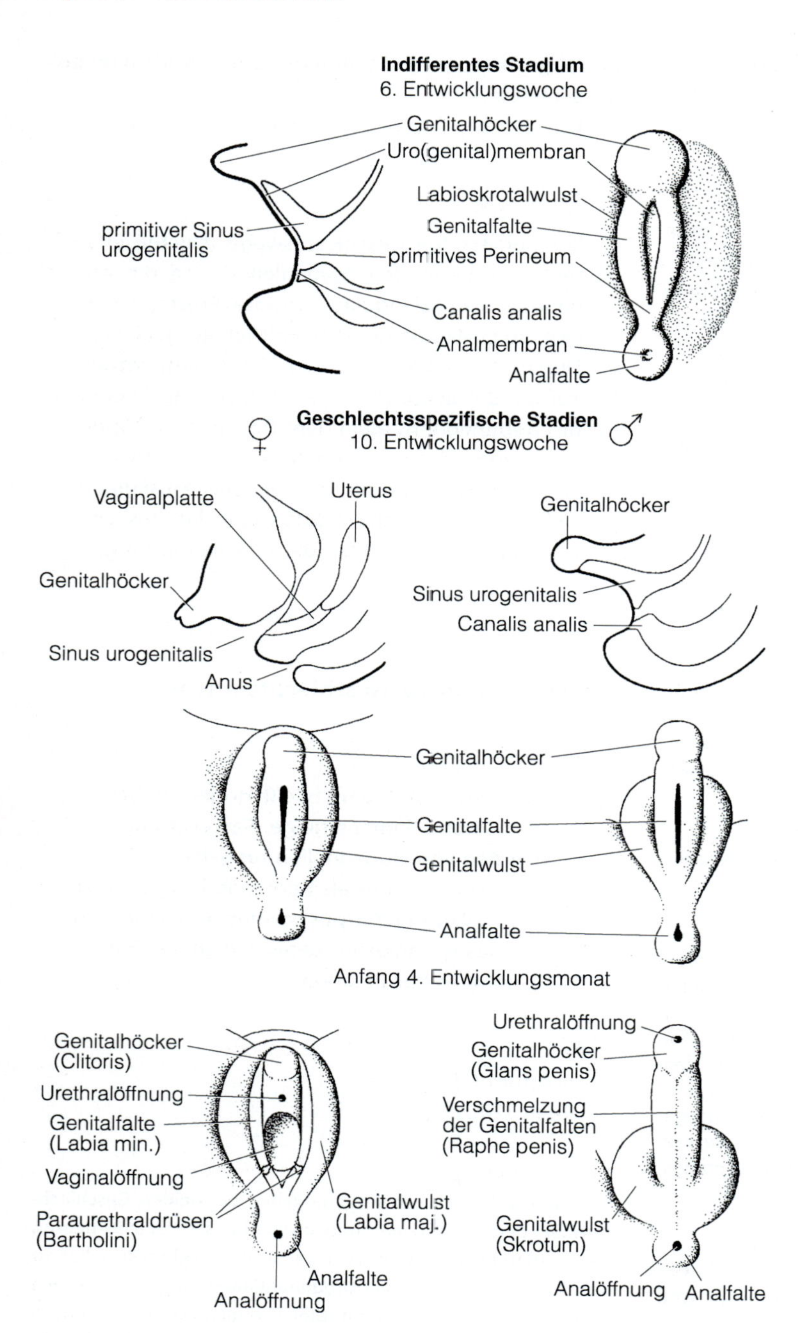

Abb. 11.93. Entwicklung des äußeren Genitale. Oben: indifferentes Stadium (6. Entwicklungswoche). Darunter: geschlechtsspezifische Stadien in der 10. Entwicklungswoche, im 4. Entwicklungsmonat und später (nach Langman 1985)

die zwischen den beiden Genitalfalten liegt. Am Ende des 3. Embryonalmonats schließen sich die Genitalfalten und es entsteht der Urethraanteil des Penis.

Die Öffnung der Urethra befindet sich zunächst nicht auf der Spitze der Glans penis. Es sprosst jedoch von der Spitze des Penis ein Strang ektodermalen Gewebes in die Tiefe, der mit dem Urethralumen Kontakt aufnimmt. Später wird dieser Epithelstrang kanalisiert, woraufhin sich das definitive Ostium urethrae externum an der Spitze des Penis befindet.

Mit der Verschmelzung der Urogenitalfalten vereinigen sich unter Vergrößerung auch die Genitalwülste. Sie werden zum **Skrotum**, in das die Hoden unter Ausbildung des Processus vaginalis peritonei einwandern (Descensus testis). Dabei werden ihre Leitungsbahnen und Teile der Bauchwand mitgezogen.

Klinischer Hinweis

Unterbleibt der Verschluss der Urogenitalrinne, öffnet sich die Urethra auf der Unterseite des Penis (*Hypospadie*). Öffnet sich durch Fehlanlage des Genitalhöckers die Urethra auf der Oberseite des Penis, liegt eine *Epispadie* vor.

Scrotum

Das Skrotum (Hodensack) ist durch das **Septum scroti**, dem oberflächlich die **Raphe scroti** entspricht, in zwei Kammern geteilt.

Hodenhüllen (Abb. 11.83, Tabelle 11.9):

- fettfreie **Skrotalhaut** mit **Tunica dartos** (eine Schicht glatter Muskulatur)
- **Fascia spermatica externa**; aus der Fascia abdominis superficialis abgeleitet
- **M. cremaster**; Abkömmling des M. obliquus internus abdominis und/oder des M. transversus abdominis
- **Fascia cremasterica** (Bindegewebe in oder auf dem M. cremaster)
- **Fascia spermatica interna**: entstammt der Fascia transversalis und umhüllt den **Funiculus spermaticus**

Nur an Hoden und Nebenhoden befindet sich ein Rest der ehemaligen Peritonealaussackung (▶ S. 318) (**Tunica vaginalis testis**) (Abb. 11.83) mit

- **Lamina parietalis** (*Periorchium*)
- **Lamina visceralis** (*Epiorchium*)

Zwischen beiden Laminae befindet sich um die Vorderseite des Hodens ein kapillärer Spalt: **Cavum serosum testis**

Der **Funiculus spermaticus** (Samenstrang) (Tabelle 11.9) enthält:

- **Ductus deferens**
- **A. und V. testicularis**
- **A. ductus deferentis**
- **Plexus pampiniformis**
- **vegetative Nerven**

Er reicht vom inneren Leistenring bis zum Schwanz des Nebenhodens. Im Samenstrang ist der Ductus deferens aufgrund seiner festen Konsistenz gut tastbar.

Leitungsbahnen. Versorgt wird die Skrotalhaut von Ästen der *A. pudenda interna*, *Vv. pudendae internae und externae* und *N. pudendus*. Die Lymphgefäße fließen zu den Nodi lymphoidei inguinales superficiales (horizontaler Trakt) ab.

Penis

Am **Penis** (Glied) sind zu unterscheiden (Abb. 11.81):

- **Radix penis** (*Pars affixa*)
- **Corpus penis** (frei beweglich, *Pars pendulans*)

Radix penis. Der Penis ist durch Bandzüge mit zahlreichen elastischen Fasern an Bauchwand und Symphyse befestigt. Das **Lig. fundiforme penis** entspringt an der Bauchwandfaszie und der Linea alba. Es umschlingt mit seinen beiden Schenkeln das Corpus penis. Das **Lig. suspensorium penis** zieht vom Unterrand der Symphyse zum Dorsum penis (Fascia penis profunda).

Corpus penis (Abb. 11.94). Das Corpus penis besteht aus **Penisschaft** und *Eichel* (**Glans penis**). Abgesetzt wird die Eichel vom Schaft durch eine ringförmige Furche (*Collum glandis*), der ein vorspringender Rand (*Corona glandis*) folgt.

Umhüllt wird der Penis von einer dünnen, fettfreien, gut verschieblichen Haut, die am Collum glandis eine

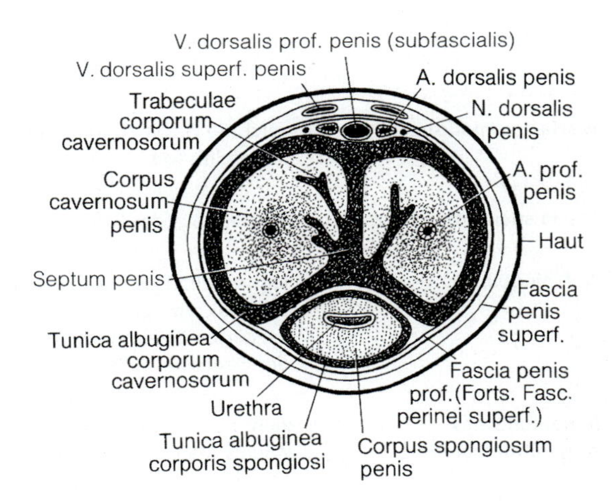

Abb. 11.94. Penisschaft (Querschnitt)

Tabelle 11.9. Funiculus spermaticus. Samenstrang und Hodenhüllen

Ductus deferens (Samenleiter)	setzt den Ductus epididymidis fort, mündet als Ductus ejaculatorius in die Pars prostatica der Urethra und ist 45–60 cm lang; Tastbefund: der Ductus deferens ist so dick wie eine Kugelschreibermine und sehr hart (glatte Muskulatur)
A. ductus deferentis	kommt aus dem durchgängig gebliebenen Abschnitt der A. umbilicalis (Regelfall) oder aus den Aa. vesicales oder der A. iliaca interna. Ein Zweig begleitet den Ductus deferens durch den Leistenkanal; ein anderer zieht zur Vesicula seminalis
V. ductus deferentis	entspricht der gleichnamigen Arterie
M. cremaster	spaltet sich aus dem M. obliquus internus abdominis und M. transversus abdominis ab; der Muskel wird innerviert vom R. genitalis des N. genitofemoralis
Fascia cremasterica	ist die Muskelfaszie auf und im M. cremaster
A. cremasterica (bei Frauen *A. ligamenti teretis uteri*)	stammt aus der A. epigastrica inferior
V. cremasterica	entspricht der gleichnamigen Arterie
A. testicularis	kommt aus der Pars abdominalis aortae; anastomosiert mit der A. cremasterica und A. ductus deferentis
Plexus paminiformis, V. testicularis	ist das Venengeflecht in Samenstrang und Hoden; fließt ab durch die V. testicularis rechts in die V. cava inferior, links in die V. renalis; anastomisiert mit der V. ductus deferentis und V. cremasterica
Vasa lymphatica	fließen in die Nodi lymphoidei iliaci interni ab
Vestigium processus vaginalis (inkonstant)	ist der Rest eines im Bereich des Funiculus spermaticus unvollständig verödeten Processus vaginalis peritonei
Plexus deferentialis	ist ein Nervengeflecht des autonomen Nervensystems um den Ductus deferens
Plexus testicularis	wird gebildet von autonomen Fasern um die A. testicularis aus dem Plexus aorticus abdominalis für Hoden und Nebenhoden
Fascia spermatica externa	setzt die Fascia abdominis superficialis und die Aponeurose des M. obliquus externus abdominis fort
Fascia spermatica interna	entsteht aus der Fascia transversalis
N. ilioinguinalis	legt sich im Leistenkanal an den Samenstrang; am äußeren Leistenring liegt er anterolateral am Funiculus spermaticus; seine Äste (Nn. scrotales anteriores bzw. Nn. labiales anteriores) versorgen die vordere Skrotalhaut bzw. die Labia majora, den Mons pubis und einen Teil der Oberschenkelhaut
R. genitalis des N. genitofemoralis	zieht durch den Anulus inguinalis profundus, liegt medial am Samenstrang, läuft durch den Anulus inguinalis superficialis und innerviert motorisch den M. cremaster, sensibel die Skrotalhaut bzw. Labia majora

Reservefalte (**Preputium penis**, *Vorhaut*) bildet. Die Vorhaut umschließt die Eichel weitgehend, verstreicht jedoch bei der Erektion und gibt die Glans penis frei. Ein zu starkes Zurückweichen der Vorhaut wird durch das vom inneren Blatt gebildete *Vorhautbändchen* (**Frenulum preputii**) verhindert.

Am Frenulum befinden sich Talgdrüsen. Ihr Sekret vermischt sich mit dem Detritus aus abgeschilferten Zellen des mehrschichtigen Plattenepithels der Glans penis und Bakterien und bildet das **Smegma preputii.**

Unter dem subkutanen Bindegewebe des Penisschaftes befindet sich eine zarte Faszie mit glatten Muskelzellen (**Fascia penis superficialis**). Haut und oberflächliche Faszie können sich der wechselnden Größe des Penis anpassen.

Der oberflächlichen Faszie folgt die tiefere, derbe **Fascia penis profunda**, die die Schwellkörper gemeinsam umfasst.

Schwellkörper (◘ Abb. 11.81, 11.94):
- **Corpus cavernosum penis**
- **Corpus spongiosum penis**

Corpora cavernosa penis. Sie liegen in Radix und Corpus penis und werden von einer gemeinsamen derben Hülle (**Tunica albuginea corporum cavernosorum**) umhüllt.

Die Corpora cavernosa penis werden durch eine kammförmige, mediane Scheidewand (**Septum penis**), die distal unvollständig ist, in zwei Teile geteilt (◘ Abb. 11.94). Nach proximal setzen sich die Corpora cavernosa penis in die **Crura penis** (*Schwellkörperschenkel*) fort (◘ Abb. 11.81), die auf jeder Seite an der Knochenhaut der unteren Schambeinäste angeheftet sind. Umfasst werden die Crura penis von den **Mm. ischiocavernosi** (► S. 328).

Die Schwellkörper selbst bestehen aus **Blutkavernen**, die mit Endothel ausgekleidet und von einem dicken Muskelmantel umgeben sind. Sie füllen sich bei der Erektion (► unten). In der Umgebung finden sich elastische Netze, Bindegewebe und Geflechte glatter Muskelzellen.

Corpus spongiosum penis. Es ist ein gesonderter unpaarer Schwellkörper, der die Harn-Samen-Röhre umhüllt und den Corpora cavernosa penis von unten anliegt. Das Corpus spongiosum penis wird von einer eigenen **Tunica albuginea corporis spongiosi** umhüllt.

Proximal ist das Corpus spongiosum penis aufgetrieben, **Bulbus penis**, an den Faszien des Beckenbodens (► S. 328) befestigt und auf beiden Seiten vom *M. bulbospongiosus* umgeben (► S. 327). Distal setzt sich der Schwellkörper in die Eichel fort, wo er über das zugespitzte Ende der Corpora cavernosa penis gestülpt ist.

Das Corpus spongiosum penis besteht aus unregelmäßig erweiterten venösen Gefäßabschnitten, die anastomosieren. Ihr Abfluss wird auch während der Erektion nicht gedrosselt, weshalb der Harnröhrenschwellkörper kompressibel bleibt und sich nicht sehr versteift. Damit bleibt die Harn-Samen-Röhre zur Passage des Ejakulats offen.

Blutgefäße des Penis. Sie ermöglichen die Erektion.

Arterien. Sie sind Äste der *A. pudenda interna*, die im Spatium superficiale perinei abgegeben werden (► S. 328):
- **A. profunda penis:** sie durchbricht an der Innenseite der Crura penis die Tunica albuginea corporum cavernosorum und verläuft dann in den Corpora cavernosa penis (◘ Abb. 11.94) zur Penisspitze; ihre Äste sind gewundene
  - **Aa. helicinae**, die in die Kaverne am Corpus cavernosum münden
- **A. dorsalis penis:** sie verläuft *unter der Fascia penis profunda* zur Glans penis; Äste von ihr gelangen in die Corpora cavernosa, wo sie mit der A. profunda penis anastomosieren
- **A. bulbi penis** (zum *Bulbus penis*)
- **A. urethralis** zu Bulbus penis und Corpus spongiosum sowie zu dem im Penis gelegenen Teil der Urethra (Anastomose mit der A. dorsalis penis)

Venen. Der venöse Abfluss aus dem Penis erfolgt durch
- **Vv. profundae penis** aus den Wurzeln der Corpora cavernosa und des Corpus spongiosum zur V. dorsalis profunda penis
- **V. bulbi penis** aus dem Bulbus penis zur V. dorsalis profunda penis
- **V. dorsalis profunda penis** unter der Fascia profunda penis aus der Glans penis. Sie wird dann zum Sammelgefäß: Hauptabfluss zum Plexus venosus prostaticus, Zweige zur V. pudenda interna
- **Vv. dorsales superficiales penis** aus der Penishaut: verläuft epifaszial (außerhalb der Fascia penis profunda), Abfluss zur V. saphena magna oder zur V. femoralis

Erektion. Sie beginnt nach sexueller Erregung, ausgelöst durch taktile genitale Reizung oder psychogen über zentrale Zentren. Vermittelnd wirken ein **parasympathisches Erektionszentrum im Sakralmark (S2–S4)** bzw. **sympathische Fasern der thorakolumbalen Rückenmarksegmente Th11–L2**. Bei den Afferenzen zum Erektionszentrum handelt es sich um sensorische Fasern des N. dorsalis penis, einem Ast des N. pudendus. Die efferenten Fasern verlaufen mit den Nn. pelvici splanchnici (Nn. erigentes) zum Plexus hypogastricus inferior und erreichen dann die Gefäße im Penis. Die sympathischen Fasern verlaufen über den Grenzstrang zum N. hypogastricus und dann gleichfalls zum Plexus hypogastricus inferior.

Die Erektion selbst kommt durch Weiterstellung der zuführenden Penisgefäße und eine Vermehrung der Blutfüllung in den Kavernen der Schwellkörper bei Relaxation der glatten Muskulatur zustande. Bewirkt wird die Relaxation durch Freisetzung von NO (Stickstoffmonoxid) aus den Endothelzellen unter Einfluss von vasoaktivem intestinalem Polypeptid als Transmitter aus den Nervenendigungen. Die mit Blut gefüllten Kavernen pressen sich gegen die feste Tunica albuginea der Schwellkörper und komprimieren dabei die mit Klappen versehenen abführenden Venen, sodass sich der Blutabfluss stark vermindert. Dadurch versteift sich der Penis.

Zum Abschwellen des Gliedes werden die Vorgänge rückgängig gemacht. Der Tonus der Gefäßmuskulatur nimmt wieder zu und der Blutzufluss vermindert sich. Schließlich entleeren sich die Kavernen.

Zur **Ejakulation** kommt es durch Erregung der **sympathischen Efferenzen** aus dem **unteren Thorakalmark** mit folgender Kontraktion der glatten Muskulatur in den ableitenden Samenwegen einschließlich der Anhangsdrüsen (Orgasmus). Beteiligt ist auch die Beckenmuskulatur. Die Afferenzen gehen von den zahlreichen Rezeptoren des Penis aus: viele freie Nervenendigungen, Meißner-Körperchen (► S. 221), Vater-Pacini-Körperchen (► S. 221) und speziellen Genitalnervenkörperchen.

Zur Information

Vor der Ejakulation werden einige Tropfen einer wasserklaren, alkalischen und mäßig viskösen Flüssigkeit abgesondert, die fadenziehend ist und aus den Urethraldrüsen (Littré-Drüsen) und den Bulbourethraldrüsen (Cowper-Drüsen) stammt. In enger zeitlicher Koordination folgen die Entleerung der Samenspeicher im Nebenhodenschwanz (Samenemission) mit Samentransport, eine Blasenhalskontraktion (Verhinderung des Samenrückflusses in die Harnblase) und – sobald das Ejakulat in die Pars prostatica urethrae gelangt ist – die anterograde Ejakulation durch klonische Kontraktionen der Beckenbodenmuskulatur und der quer gestreiften Mm. ischiocavernosi und bulbocavernosi.

Das Ejakulat selbst ist milchig-trübe, opaleszent, von weißlich-gelblicher Farbe. Es besitzt einen charakteristischen kastanienartigen Geruch. Die Durchschnittsmenge beträgt 2–5 ml. 1 ml Ejakulat enthält 60–120 Millionen Spermien.

In Kürze

Das Corpus cavernosum penis ist der Träger der Erektion. Es füllt den Penisschaft und läuft proximal in die Crura penis aus. Umfasst wird der Schwellkörper von einer festen Tunica albuginea, die bei Blutfüllung der arteriellen Schwellkörperkavernen der Drucksteigerung standhält. Der Blutzufluss erfolgt durch die A. profunda penis. – Das Corpus spongiosum penis umschließt die Urethra. Es besteht aus erweiterten venösen Gefäßabschnitten und bleibt auch bei Erektion komprimierbar. Proximal ist das Corpus spongiosum penis zum Bulbus penis aufgetrieben. Distal füllt es die Glans penis. – Erektion und Ejakulation erfolgen reflektorisch.

11.5.10 Weibliche Geschlechtsorgane

e H80–83

Zur Information

Kennzeichnend für die weiblichen Geschlechtsorgane sind ihre zyklischen Veränderungen während der fortpflanzungsfähigen Lebenszeit der Frau. Die Veränderungen betreffen die primären und sekundären inneren Geschlechtsorgane, nicht jedoch die äußeren Geschlechtsteile.

Innere weibliche Geschlechtsorgane

Innere weibliche Geschlechtsorgane (Abb. 11.65b, 11.95):

- **Ovar** (*Eierstock*) e H80
- **Tuba uterina** (*Eileiter*) e H81
- **Uterus** (*Gebärmutter*) e H82
- **Vagina** (*Scheide*) e H83

Die Grenze zu den äußeren weiblichen Geschlechtsorganen ist durch das Jungfernhäutchen (*Hymen*) markiert, das die Vagina vom Scheidenvorhof (*Vestibulum vaginae*) trennt.

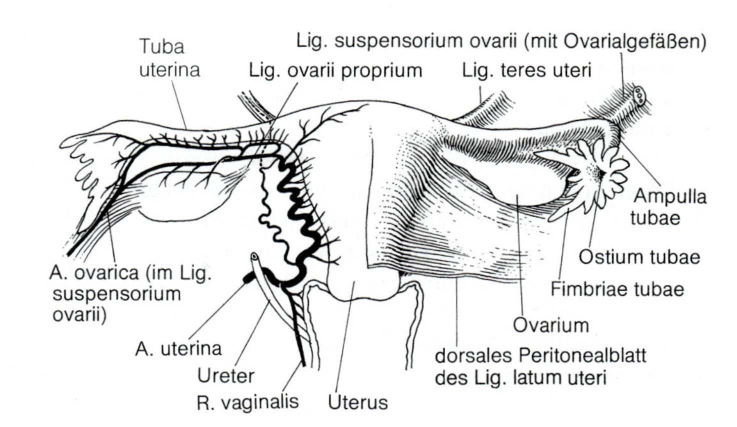

Abb. 11.95. Ovar, Tuben und Uterus, Peritonealverhältnisse und Gefäßversorgung (Ansicht von dorsal)

Ovar e H80

Kernaussagen

- **Das Ovar beherbergt Eizellen in Ovarialfollikeln.**
- **Eizellen und Follikel durchlaufen Reifungsvorgänge vom Primordialfollikel über Primär-, Sekundär-, Tertiärfollikel zum eisprungbereiten Follikel.**
- **Im Ovar der geschlechtsreifen Frau sind alle Stadien der Follikulogenese und Oogenese anzutreffen.**
- **Die Mehrzahl ursprünglich vorhandener Follikel und Eizellen geht zugrunde. Das Endstadium der Follikelreifung erreichen 400 bis 500 Follikel.**
- **Die Freisetzung von befruchtungsfähigen Eizellen erfolgt durch den Eisprung (Ovulation).**
- **Postovulatorisch wird aus dem Follikel zunächst ein Corpus rubrum, dann ein Corpus luteum und schließlich ein Corpus albicans.**
- **In Follikeln und ihren Folgestadien werden Ovarialhormone gebildet.**

Das Ovar (*Eierstock*) ist bei der fortpflanzungsfähigen Frau ein plattovaler Körper. Es hat eine durchschnittliche Größe von 4×2×1 cm und wiegt 7–14 g. Das Ovar ist mit einer eigenen Bauchfellduplikatur (**Mesovarium**) an der Dorsalseite des Lig. latum uteri befestigt (▶ S. 384). Von dieser Seite her gelangen alle Leitungsbahnen zum **Hilum ovarii.**

Das Ovar (e H80) lässt eine Rindenschicht (**Cortex ovarii**) und eine Markzone (**Medulla ovarii**) unterscheiden. Das Stroma des Ovars (**Stroma ovarii**) besteht aus dichtem spinozellulären Bindegewebe, mit Myofibroblasten. Eingelagert sind **Ovarialfollikel** aller Stadien mit **Eizellen** sowie die **postovulatorischen Strukturen** (▶ unten). Sie liegen vor allem in den Rindenbezirken. Ferner finden sich lipidreiche, androgenbildende **interstitielle Drüsenzellen,** die sich von zugrundegegangenen Follikeln ableiten (▶ unten). Die Oberfläche des Ovars bildet eine **Tunica albuginea** aus dichtem Bindegewebe, das von **Peritonealepithel** bedeckt ist.

Zur Entwicklung (Abb. 11.85)
Mit dem Einwandern der weiblich determinierten Urkeimzellen in die Gonadenanlage (▶ S. 406, 6. Entwicklungswoche) werden ihre **primären Keimstränge** in unregelmäßige Zellhaufen unterteilt, die Gruppen von Urkeimzellen enthalten. Die Zellhaufen befinden sich hauptsächlich im Markanteil der Gonadenanlage. Sie gehen weitgehend zugrunde und werden durch gefäßhaltiges bindegewebiges Stroma ersetzt (**Medulla ovarii**). Gelegentlich können Reste eines ursprünglich angelegten Rete ovarii verbleiben.

Unabhängig davon proliferiert das Zölomepithel auch über der weiblichen Gonadenanlage und bildet gemeinsam mit weiter eingewanderten **Urkeimzellen** (Abb. 11.85) eine 2. Generation von Keimsträngen (**sekundäre Keimstränge**, *Rindenstränge*). Diese bleiben in der Nähe der Organoberfläche, zerfallen aber in Zellhaufen. Sie werden als **Eiballen** bezeichnet.

Aus nicht zum Aufbau der Gonaden verwendeten Anteilen der Genitalleiste entstehen **Lig. suspensorium ovarii, Lig. ovarii proprium, Lig. teres uteri.** Ferner wandert das Ovar aus seiner primären in seine definitive Lage ins kleine Becken.

Klinischer Hinweis
Aus Resten von Zölomepithel können **Ovarialzysten**, aber auch **maligne Tumoren** entstehen.

Im Ovar wirken zusammen:
- **Eizellen**
- **Ovarialfollikel**
- **Stroma ovarii.**

Sie bilden eine untrennbare Einheit. Funktionell stehen die Follikel im Vordergrund. Sie umschließen die Eizellen, bereiten sie auf die Befruchtung vor und bewirken, dass bei der geschlechtsreifen Frau im Regelfall pro Zyklus jeweils (nur) eine Eizelle freigesetzt wird, Ausnahme: zweieiige Zwillinge, Mehrlinge. Danach bilden sie sich zurück. Die Follikulogenese beginnt pränatal und dauert bis zur Menopause (letzte Regelblutung) an.

Oogenese, Follikulogenese. Urkeimzellen, die in die Genitalleiste eingewandert sind (6. Entwicklungswoche), vermehren sich stark. Sie teilen sich durch Mitose. Die jeweils neu entstandenen Zellen werden als **Oogonien** bezeichnet. Im 6. Entwicklungsmonat finden sich im Ovar etwa 7 Millionen Oogonien. Eine Neubildung von Geschlechtszellen erfolgt danach nicht mehr.

Überlappend mit der fortlaufenden Oogonienbildung beginnen bereits im 3. Entwicklungsmonat (ab der 12. Woche) Oogoniengruppen, zunächst in den tieferen Schichten der Ovarialanlage, unter dem Einfluss eines *mitoseinduzierenden Faktors (MIF)* in die 1. Reifeteilung der Meiose einzutreten. Die Zellen in diesem Zustand werden als **primäre Oozyten** bezeichnet. Zu dieser Zeit hört die Einwanderung von Urgeschlechtszellen in die Gonadenanlage auf. Im 5. Entwicklungsmonat (ab 20. Woche) werden die primären Oozyten von einem flachen Epithel umgeben, das als **Follikelepithel** bezeichnet wird. Die Einheit aus Oozyte und Follikelepithel ist der **Primordialfollikel.** Das mesenchymale Gewebe um die Primordialfollikel wird später zum spinozellulären Bindegewebe des Ovars.

Die Follikelepithelzellen exprimieren einen *Oozyten-Meiose-Inhibitor (OMI)*, der die Meiose der Oozyten nach der S-Phase im Stadium der homologen Chromosomenpaarung (Diktiotän) arretiert **(1. meiotischer Arrest).** In diesem Zustand verweilen die Oozyten bis kurz vor der Ovulation. Erst dann vollenden die primären Oozyten ihre 1. Reifeteilung.

Nach dem 6. bis 7. Entwicklungsmonat (24.–28. Woche) werden in der Ovarialanlage nur noch Primordialfollikel angetroffen. Die nicht vom Follikelepithel umschlossenen Oozyten gehen zugrunde. Aber auch Primordialfollikel unterliegen einer Atresie, sodass ihr Bestand zur Zeit der Geburt lediglich etwa 1 Million beträgt.

Die **Primordialfollikel entwickeln sich weiter.** Nacheinander entstehen (Abb. 11.96)
- **Primärfollikel**
- **Sekundärfollikel**
- **Tertiärfollikel**

Die **Ovulation** (*Eisprung*) erfolgt in der Regel aus einem Tertiärfollikel (Graaf-Follikel). In der anschließenden **Rückbildungsphase** gehen aus dem Follikel hervor:
- **Corpus rubrum**
- **Corpus luteum**
- **Corpus albicans**

Das **Heranwachsen der Follikel** erfolgt auf breiter Front jedoch nicht gleichmäßig. Einer sehr langsamen postnatalen und präpubertären Entwicklungsperiode folgt die **zyklische Phase**, in der ca. alle 28 Tage jeweils *ein* sprungbereiter Follikel entsteht. Ausnahmen kommen vor; dann können zweieiige Zwillinge oder Mehrlinge entstehen.

Klinischer Hinweis

Zur Vorbereitung auf eine In-vitro-Fertilisation wird durch Gabe von Gonadotropinen erreicht, dass mehrere sprungbereite Follikel entstehen und mehrere befruchtungsfähige Eizellen gewonnen werden können.

Die **Follikelreifung** erfolgt gruppenweise dadurch, dass aus einem Pool jeweils **Follikelkohorten** in eine folgende Phase überführt werden. Daher sind in jedem Ovar jeweils Follikel in allen Stadien anzutreffen. Unter den zur Weiterentwicklung anstehenden bzw. weiterentwickelten Follikeln erfolgt eine Selektion; alle Follikel, die nicht das folgende Stadium erreichen, gehen zugrunde. Dies betrifft besonders die Primordialfollikel, von denen bis zum Abschluss der Pubertät nur noch etwa 50 000 verbleiben. Die letzten Primordialfollikel gehen allerdings erst nach der Menopause zugrunde. Das Endstadium der Follikelreifung erreichen jedoch während des Lebens der Frau nur 400–500 der ursprünglichen Follikel, aus denen die entsprechende Anzahl von Eizellen freigesetzt wird.

Die **Umwandlung** von **Primordialfollikeln** in **Primärfollikel** beginnt bereits pränatal und bleibt bis zur Menopause bestehen. Sie wird durch lokale Faktoren, u.a. vasoaktives intestinales Polypeptid gesteuert. Unter dem Einfluss mütterlicher Gonadotropine entstehen aber auch schon pränatal Sekundärfollikel. Sie gehen jedoch nach der Geburt durch den Wegfall der Stimulation durch mütterliche Hormone wieder zugrunde.

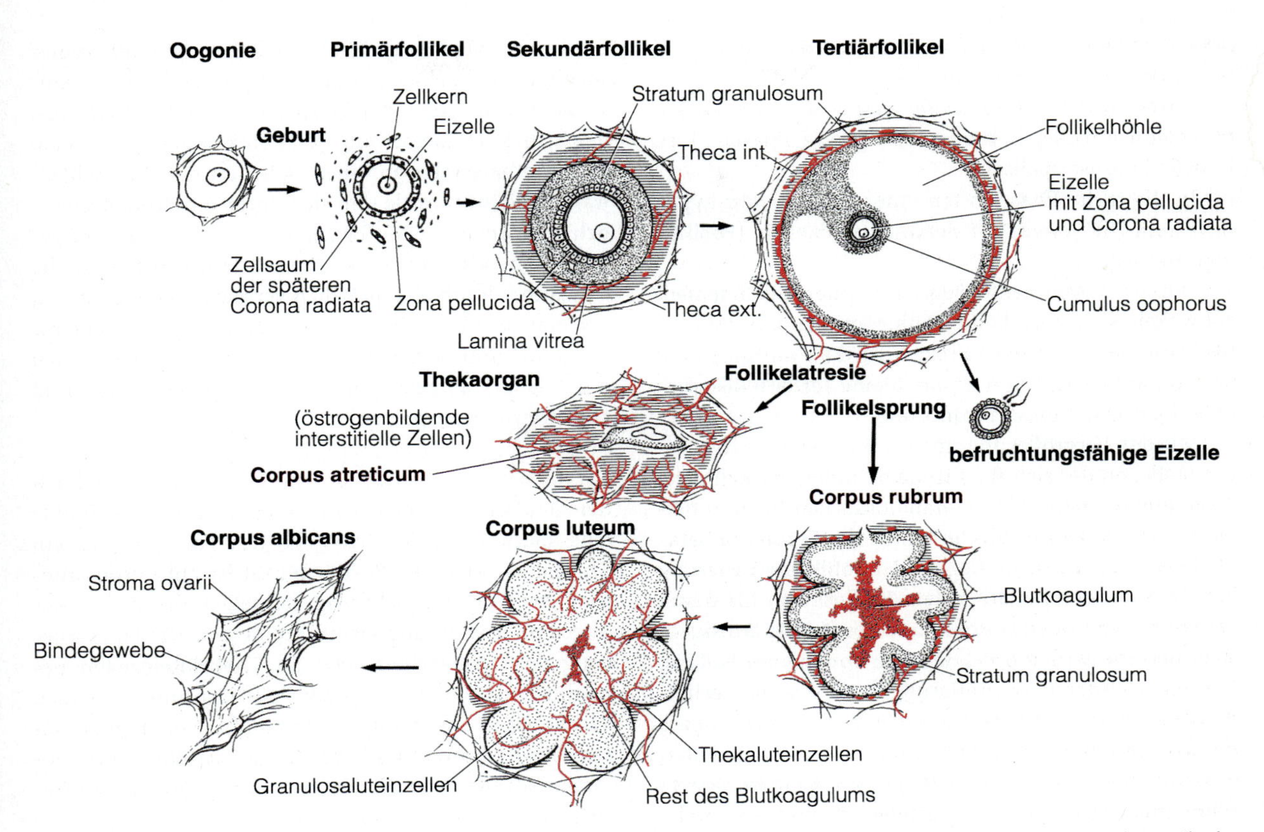

Abb. 11.96. Follikelentwicklung bis zur Follikelatresie. *Schraffiert* sind die verschiedenen einander entsprechenden Gewebsanteile des Follikels (e) H80

Primärfollikel haben sich **gegenüber den Primordialfollikeln vergrößert** (Durchmesser jetzt 50 µm). Der Durchmesser der zugehörigen Eizellen beträgt etwa 20 µm. Das Follikelepithel ist einschichtig iso- bis hochprismatisch. Es setzt sich durch einen Spaltraum von der Oozyte ab, in den sich eine amorphe Substanz einlagert.

Sekundärfollikel (Abb. 11.96) gehen kontinuierlich aus dem Pool der Primärfollikel hervor. Dies erfolgt wie alle weiteren Follikelentwicklungen im Zusammenwirken von lokalen und überregionalen Regelkreisen (▶ unten). In nennenswertem Umfang beginnen diese Vorgänge erst präpubertär. Von dieser Zeit an liegen Sekundärfollikel in verschiedenen Entwicklungsstadien vor, bis sie schließlich Durchmesser von etwa 400 µm (Oozyten bis zu 80 µm) bei acht Follikelepithelschichten erreichen. Um die Oozyte entsteht als homogene Schicht die **Zona pellucida.**

Durchbrochen wird die Zona pellucida von Fortsätzen des Follikelepithels, die an die Oberfläche der Oozyten herantreten und dem Substanzaustausch dienen, u. a. von OMI (Oozyten-Meiose-Inhibitor). Die Follikelepithelzellen werden nun ihrer Granulierung wegen als **Granulosazellen** bezeichnet. Vermutlich durch Signale aus der Umgebung bilden sich in den Granulosazellen Rezeptoren für das hypophysäre FSH (follikelstimulierendes Hormon), das die Proliferation der Granulosazellen fördert und einen Enzymkomplex (Aromatasekomplex) zur **Östrogensynthese** aus Androgenen induziert. **Androgene** stammen aus der **Theca folliculi,** einer Schicht modifizierter Stromazellen, die in der Umgebung der Sekundärfollikel entstanden ist. Die Interzellularräume zwischen den Follikelepithelzellen erweitern sich und werden mit einer als **Liquor folliculi** bezeichneten Flüssigkeit gefüllt.

Die Follikelepithelzellen exprimieren Rezeptoren für hypophysäres LH (luteinisierendes Hormon), das die Induktion von androgensynthetisierenden Enzymen bewirkt. Viele der ursprünglich vorhandenen Primär- und Sekundärfollikel gehen in allen Stadien der Follikulogenese zugrunde. Es verbleiben lediglich Reste der Zona pellucida, Corpus atreticum.

Tertiärfollikel (*Bläschenfollikel*) (Abb. 11.96) durchlaufen frühe, mittlere und spätere Phasen. Ihre Entwicklung ist zyklisch.

In die frühe Phase treten unter Einfluss von hypophysärem FSH jeweils 6–8 Sekundärfollikel ein (**Follikelrekrutierung**).

Durch Zusammenfließen der Interzellularspalten entwickelt sich eine Follikelhöhle mit Liquor folliculi (**Antrum folliculi**). Dieser Prozess wird als *antrale Phase* der Follikulogenese bezeichnet. **Kleine Tertiärfollikel** haben einen Durchmesser von 1 mm.

Mit der Vergrößerung der Follikelhöhle entsteht an der Stelle, an der sich die Eizelle befindet, ein Zellhügel (**Cumulus oophorus**). Die Granulosazellen in unmittelbarer Umgebung der Eizelle bilden die **Corona radiata**.

Etwa am 7. Tag nach Beginn der Follikelrekrutierung hat einer der Follikel unter dem Einfluss von LH durch vermehrte **Androgensynthese** und gesteigerte **Östrogensekretion** die Vorhand bekommen: **dominanter Follikel**. Bei seiner weiteren Vergrößerung lösen sich die Verbindungen zwischen Granulosazellen und Oozyt, sodass die Meioseinhibition entfällt. Nun wird die 1. Reifeteilung vollendet. Es entsteht **eine große sekundäre Oozyte** (Durchmesser auf 110 μm ansteigend) und als zweite Zelle ein kleines **erstes Polkörperchen**. Die sekundäre Oozyte tritt sogleich in die Metaphase der 2. meiotischen Teilung ein. Sie ist kurz vor der Ovulation erreicht. Dann erfolgt ein erneuter, **2. meiotischer Arrest**. In diesem Zustand ist die Oozyte befruchtungsfähig und kann als **Ovum** bezeichnet werden.

In den Eizellen treten zahlreiche Golgikomplexe auf und unter der Zellmembran entstehen **Rindengranula** mit dichtem Material, das im Fall des Eindringens eines Spermiums (Imprägnation) nach außen abgegeben wird (▶ S. 436).

Dieses Stadium ist am 12. Tag nach Beginn der Rekrutierung erreicht. Es liegt nun ein präovulatorischer, sprungreifer Follikel (**Graaf-Follikel**) vor (Durchmesser 2–2,5 cm). Die anderen zur Entwicklung angetretenen Tertiärfollikel gehen zugrunde.

In der Umgebung des Tertiärfollikels gliedert sich die Theca folliculi in eine **Theca interna** mit endokrinen Zellen in epitheloider Anordnung und eine **Theca externa** aus Myofibroblasten. Von den zugrunde gegangenen Tertiärfollikeln verbleiben lediglich Theca-interna-Zellen als interstitielle Zellen.

Ovulation (*Follikelsprung*) bedeutet Ruptur eines sprungreifen Follikels mit Freigabe des Ovum einschließlich umgebender Zellen des Cumulus oophorus, der sich kurz zuvor von der Follikelwand gelöst hat. Die Ruptur erfolgt an einer Stelle, an der die Follikelwand verdünnt wurde und sich durch ein diskontinuierlich gewordenes Oberflächenepithel des Ovars vorgewölbt hat, als *Stigma* bezeichnet. Ausgelöst wird die Ovulation durch eine plötzlich vermehrte Ausschüttung der gonadotropen Hormone der Hypophyse (▶ unten).

Ovum und Corona radiata werden von den Fimbrien des Eileiters aufgefangen, in die Ampulle geleitet und zum Uterus transportiert.

Corpus rubrum, Corpus luteum, Corpus albicans. Nach der Ovulation entstehen im Inneren der Follikelhöhle eine Blutung an der Rissstelle des Follikels und ein Thrombus. Aus dem Tertiärfollikel ist ein **Corpus rubrum** geworden. Gleichzeitig schwellen die Zellen der Theca interna an und lagern Lipide ein. Die Luteinisierung der Thekazellen, jetzt als **Thekaluteinzellen** bezeichnet, ist 6–8 h nach dem Follikelsprung vollendet. Parallel dazu erfolgt unter dem Einfluss von hypophysärem LH die Umwandlung der Granulosazellen in **Granulosaluteinzellen.** Sie produzieren neben Östrogenen Gestagene, besonders **Progesteron.**

Die Granulosaluteinzellen vermehren sich stark, werden größer und bilden Falten, in die strangförmig Thekaluteinzellen hineinragen. Durch die Einlagerung gelblich gefärbter Lipide in die Granulosaluteinzellen bekommt das Gebilde eine gelbliche Farbe und wird deswegen als **Corpus luteum** (Gelbkörper) bezeichnet (Abb. 11.96).

Sofern keine Befruchtung erfolgt ist, bildet sich der Gelbkörper zurück – wegen des Abfalls des LH-Spiegels – und hinterlässt nach 4–6 Wochen eine weißliche bindegewebige Narbe (**Corpus albicans).** Der Gelbkörper, der sich nach der Menstruation zurückbildet, wird als **Corpus luteum menstruationis** bezeichnet.

Tritt jedoch eine Schwangerschaft ein, entwickelt sich der Gelbkörper unter dem Einfluss von HCG (humanes Choriongonadotropin), das im Keim gebildet wird, zum **Corpus luteum graviditatis** weiter und erreicht einen Durchmesser bis zu 3 cm. In dieser Größe bleibt er unter dem Einfluss von HCG, das später von der Plazenta gebildet wird, 6 Monate erhalten; dann wird er kleiner, ohne während der Schwangerschaft vollständig zu verschwinden.

Zur hormonalen Kontrolle der Follikulogenese und des Corpus luteum

Es wirken zusammen:

- **neuroendokrine Neurone im Hypothalamus**
- **gonadotrope Zellen in der Adenohypophyse**
- **Granulosa- und Thekazellen der Follikel**
- **Granulosa- und Thekaluteinzellen des Corpus luteum**

Der **Hypothalamus** ist das übergeordnete Zentrum. Hier wird in verstreuten Neuronen das Hormon **Gonadoliberin** (GnRH, ◘ Tabelle 15.3) gebildet und pulsatorisch im Minutenabstand in den portalen Kreislauf der Hypophyse (► S. 757) freigesetzt. Es stimuliert die Synthese gonadotroper Hormone in der Adenohypophyse.

Die Hormonfreisetzung im Hypothalamus wird durch eine Rückkopplungsschleife von der Konzentration der Ovarialhormone im Blut gesteuert. Außerdem wird sie durch übergeordnete zerebrale (limbische) Zentren beeinflusst.

In der **Adenohypophyse** wird in basophilen gonadotropen Zellen **Follitropin** (FSH = *follicle stimulatory hormone*) und **Lutropin** (LH = *luteinizing hormone*) gebildet und sezerniert. LH bindet an Rezeptoren in den Thekazellen, FSH an Rezeptoren in den Granulosazellen. FSH bewirkt die Follikelreifung.

Als weiteres hypophysäres Hormon kommt **Prolaktin** hinzu, das zyklische Veränderungen in der Brustdrüse hervorruft.

Pubertät. Sie beginnt mit einer stetig zunehmenden Produktion und Freisetzung von Gonadotropinen, nachdem die pulsative Ausschüttung von GnRH im Hypothalamus in Gang gekommen ist. Unter Einfluss der Gonadotropine wird im Ovar die Follikulogenese stimuliert, sodass Sekundärfollikel und erste Stadien von Tertiärfollikeln entstehen. Die Pubertät dauert 3 bis 6 Jahre, etwa ab dem 8. bis 10. Lebensjahr.

Granulosa- und **Thekazellen** der **Ovarialfollikel.** In den Theca-interna-Zellen werden Androgene gebildet, die in den Granulosazellen enzymatisch durch einen Aromatasekomplex in Östrogene umgewandelt werden. LH verstärkt die Androgenbildung in den Thekazellen, FSH fördert die Expression von Umwandlungsenzymen in den Granulosazellen und aktiviert die Östrogenrezeptoren, wirkt also steigernd auf Östrogenbildung und -ausschüttung.

Östrogene selbst fördern das Follikelwachstum. Darüber hinaus nehmen sie auf die Schleimhäute von Tube, Uterus und Vagina Einfluss und haben breite systemische Wirkung einschließlich der Rückkopplung auf Hypothalamus und Hypophyse.

Zwischen Theka- und Granulosazellen bestehen außerdem vermittels verschiedener Zytokine intraovarielle Regelkreise. Das Zytokin **Aktivin** hemmt die Androgensekretion, **Inhibin** aktiviert sie und steigert damit die Östrogenbildung. Außerdem wirkt Inhibin hemmend auf die Freisetzung von Gonadotropin in der Adenohypophyse. Dadurch unterbindet es in der antralen Phase der Follikulogenese die Reifung weiterer Follikel. Diese Hemmung wird jedoch überwunden, wenn mit fortschreitender Follikelreifung die Östrogen- und damit die GnRH-Ausschüttung steigt. Dann kommt es zu einem plötzlich starken Anstieg der gonadotropen Hypophysenhormone (◘ Abb. 11.97). Bei hohen FSH-Werten werden in den Granulosazellen LH-Rezeptoren gebildet, unter deren Einfluss die Vorbereitung zur Ovulation erfolgt. Die **Ovulation** selbst ist die Folge von Spitzenwerten besonders von LH, in geringerem Maß von FSH. Eine Ovulationshemmung ist durch Hemmung der GnRH- und Gonadotropinausschüttung möglich (»Pille«).

Granulosa- und **Thekaluteinzellen** des **Corpus luteum** bilden **Progesteron,** das rückkoppelnd über den Hypothalamus die Gonadotropinbildung in der Hypophyse hemmt. Progesteron bereitet das Endometrium des Uterus auf die Aufnahme der Blastozyste vor und dient außerdem der Erhaltung der Schwangerschaft. Tritt keine Schwangerschaft ein, verfällt der Gelbkörper und löst durch Absinken der Östrogen- und Gestagenausschüttung die Regelblutung (**Menstruation**) aus.

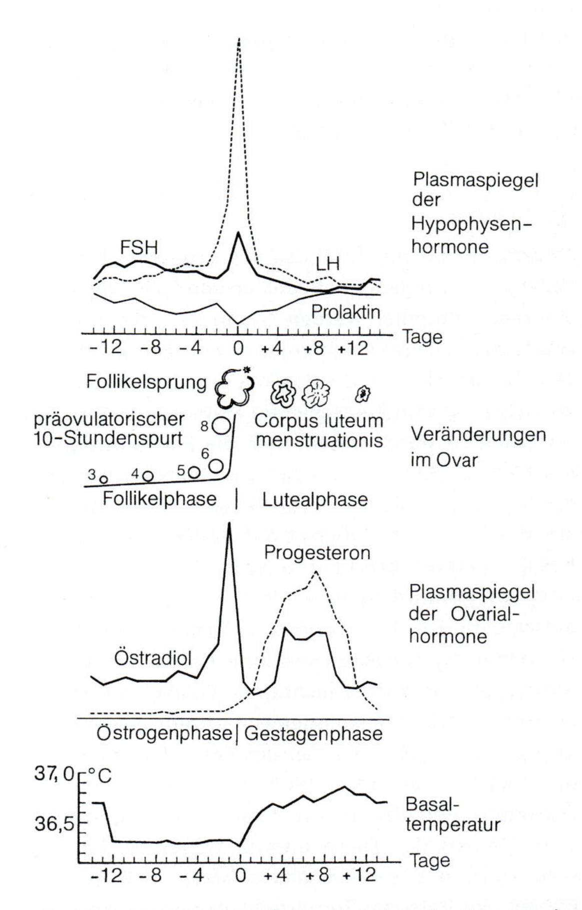

◘ **Abb. 11.97.** Zusammenhänge zwischen der Hormonsekretion der Hypophyse, den morphologischen Veränderungen im Ovar, der Sekretion der Ovarialhormone und der Basaltemperatur (0 ist der Tag des Follikelsprungs)

Klinischer Hinweis
Progesteron bewirkt eine Erhöhung der basalen Körpertemperatur durch seinen Einfluss auf Temperaturregulationszentren im Hypothalamus. Daher kommt es nach der Ovulation durch Erhöhung des Progesteronspiegels zu einem Anstieg der Körpertemperatur (Basaltemperatur) um 0,5–1,5°C (Abb. 11.97). Sie bleibt bis zum Beginn der folgenden Menstruation in etwa 14 Tagen erhöht (Lutealphase).

Leitungsbahnen. Die **A. ovarica** entspringt aus der Aorta und erreicht das Hilum ovarii über das Lig. suspensorium ovarii. Sie bildet mit dem *R. ovaricus* der A. uterina eine Anastomose.

Die **Venen** sammeln sich zur **V. ovarica**, die rechts in die V. cava inferior und links im Regelfall in die V. renalis sinistra mündet.

Die **Lymphgefäße** ziehen zu den *Nodi lymphoidei lumbales* (paraaortal).

Nerven. Sympathische und parasympathische Nerven stammen aus *Plexus mesentericus superior*, *Plexus renalis* sowie *Plexus rectalis*. Sie gelangen mit den Gefäßen bis in die Rinde des Ovars.

In Kürze

Oogonien sind durch Mitose aus Urgeschlechtszellen hervorgegangen. Bevor sie von Follikelepithelzellen umgeben werden, treten sie in die Prophase der 1. Reifeteilung ein und werden nun als Oozyten bezeichnet. Die Follikelepithelzellen, die zunächst flach und einschichtig angeordnet sind, unterbinden durch Inhibitoren die Fortführung der Meiose. Oozyten und einschichtiges Follikelepithel bilden die Primordialfollikel, deren Bestand sich bis zur Pubertät auf 50 000 mindert. Lokale Faktoren bewirken jeweils die Umwandlung von Primordialfollikeln in Primärfollikel mit einschichtig iso- bis hochprismatischem Epithel. Vor allem hypophysäre Hormone lassen Sekundärfollikel mit mehrschichtigem Follikelepithel entstehen. Die Follikulogenese erfolgt jeweils gruppenweise. Nur ein Teil der Follikel erreicht das nächste Stadium. Im Follikelepithel werden Östrogene gebildet, deren Vorstufe Androgene sind, die aus der Theca interna stammen. Aus Gruppen von Sekundärfollikeln bilden sich mit Beginn der Pubertät Tertiärfollikelkohorten, unter denen einer dominant wird. Kennzeichnend für Tertiärfollikel ist die Ausbildung eines Antrum folliculi. Präovulatorisch wird die 1. Reifeteilung vollendet, ein Polkörperchen abgesondert und die 2. Reifeteilung begonnen. Bei der Ovulation wird die Oozyte mit umgebenden Zellen des Cumulus oophorus freigesetzt.

Tuba uterina  H81

Kernaussage

- **Die Tuba uterina (Eileiter) ist Befruchtungsort für die Eizelle und Transportweg zum Uterus.**

Die Tuba uterina (auch **Salpinx**) (Abb. 11.95) ist ein 10–18 cm langer mit Schleimhaut ausgekleideter muskulöser Schlauch mit einer freien Öffnung zur Bauchhöhle. Das Lumen der Tube ist stets mit Sekret gefüllt. Die Tuba uterina hat sich aus dem Müller-Gang (▶ unten) entwickelt.

Der Eileiter verläuft am kranialen Rand einer vom Lig. latum aufgeworfenen Peritonealduplikatur (**Mesosalpinx**) (▶ S. 384).

Abschnitte der Tuba uterina:
- **Pars uterina tubae**, eingebettet in die obere Ecke des Uterus; sie ist die engste Stelle der Tube: Durchmesser 0,1–1 mm
- **Isthmus tubae uterinae** (Lumendurchmesser 2–3 mm)
- **Ampulla tubae uterinae**, entspricht zwei Drittel der Eileiterlänge (Lumendurchmesser 4–10 mm)
- **Infundibulum tubae uterinae**: trichterförmiges distales Eileiterende mit fransenförmigen beweglichen Fortsätzen (**Fimbriae tubae**); eine besonders lange Fimbrie (**Fimbria ovarica**) erreicht das Ovar, durch die Fimbrien wird bei der Ovulation das Ei mit Cumulus oophorus in die Tube geleitet, wo evtl. eine Befruchtung stattfindet

Die Wand der Tuba uterina hat drei Schichten (Abb. 11.98):
- **Tunica mucosa**
- **Tunica muscularis**
- **Tunica serosa**

Die Tunica mucosa ist stark gefaltet mit deutlichen Längsfalten, die in der Ampulla tubae uterinae am höchsten sind. Das Epithel ist einschichtig iso- bis hochprismatisch und besteht aus **kinozilientragenden**

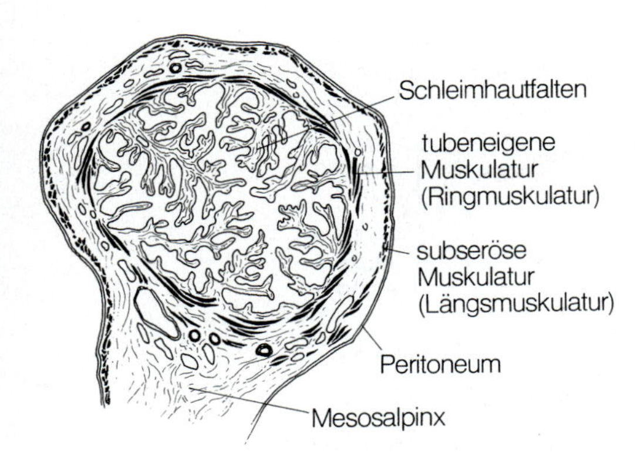

Abb. 11.98. Tuba uterina (Querschnitt) e H81

Flimmerepithel- und **sezernierenden Zellen** (Abb. 11.99). Hinzu kommen **Stiftchenzellen,** vermutlich untergehende Epithelzellen. Flimmerepithelzellen kommen hauptsächlich im Infundibulum vor und nehmen zum Uterus hin kontinuierlich an Zahl ab. In der Zyklusmitte – kurz vor und nach der Ovulation – ist das Epithel am höchsten und die Sekretion am stärksten. Der Sekretfluss und der Kinozilienschlag sind uteruswärts gerichtet.

Tunica muscularis. Sie ist mehrschichtig. Am kräftigsten ist die innere Schicht am Isthmus, wo sie in sich geschichtet ist. Kontraktionen der Muskulatur nehmen Einfluss auf den Eitransport.

Tunica serosa und **Tela subserosa.** Sie bestehen aus Peritonealepithel (einschichtigem Mesothel) und einer darunter gelegenen Schicht lockeren Bindegewebes.

Klinischer Hinweis

Infolge von Entzündungen kann es zu Verklebung der Falten der Tunica mucosa der Tuba uterina und zur Einnistung des Embryos in die Tubenschleimhaut kommen (*Tubargravidität*).

Leitungsbahnen (Abb. 11.95). Die **arterielle Gefäßversorgung** erfolgt durch den *R. tubarius* der A. uterina. Das Infundibulum wird aus der *A. ovarica* versorgt.

Venen und **Lymphgefäße.** Die ableitenden *Venen* münden in den venösen Plexus des Uterus. Die *Lymphgefäße* ziehen zu den aortalen Lymphknoten und zu Nodi lymphoidei iliaci interni.

Nerven. Sympathische und parasympathische Nervenfasern kommen aus dem Plexus hypogastricus inferior.

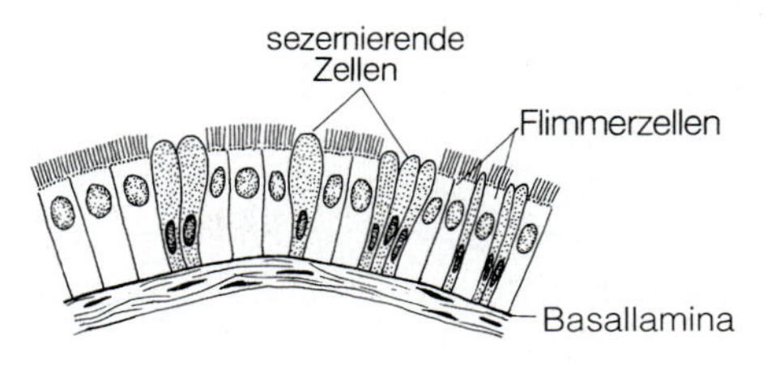

Abb. 11.99. Schleimhaut der Tuba uterina e H81

In Kürze

Das distale Ende der Tuba uterina berührt mit beweglichen Fimbrien die Oberfläche des Ovars. Durch sie wird bei der Ovulation das Ei zur evtl. Befruchtung ins Lumen der Tube geleitet. Das Epithel der Tube besteht aus Flimmerepithelzellen mit Kinozilien und sezernierenden Zellen, die zyklischen Veränderungen unterliegen. Der Sekretfluss in der Tuba uterina ist uteruswärts gerichtet.

Uterus e H82

Kernaussagen

- **Der Uterus (Gebärmutter) ist ein nach ventral doppelt abgewinkeltes muskuläres Hohlorgan.**
- **Die Schleimhaut des Uterus unterliegt zyklischen Veränderungen: Proliferationsphase, Sekretionsphase, ischämische Phase, Desquamationsphase.**
- **Die Cervix uteri hat eine Sonderstellung und ragt mit der Portio vaginalis cervicis in die Vagina.**

Der Uterus (Abb. 11.100) ist ein 7–8 cm langes, vorn und hinten abgeplattetes, schleimhauttragendes muskuläres Hohlorgan birnenförmiger Gestalt. Die oberen zwei Drittel werden als Körper (**Corpus uteri**), abgeschlossen durch den **Fundus uteri**, das untere Drittel als *Gebärmutterhals* (**Cervix uteri**, *unteres Uterinsegment*) bezeichnet. Zwischen Corpus uteri und Cervix uteri befindet sich der **Isthmus uteri** (etwa 0,5–1 cm breit). Ein Teil der Cervix uteri ragt in die Vagina hinein (**Portio vaginalis cervicis**), der andere Teil liegt oberhalb der Vagina (**Portio supravaginalis cervicis**).

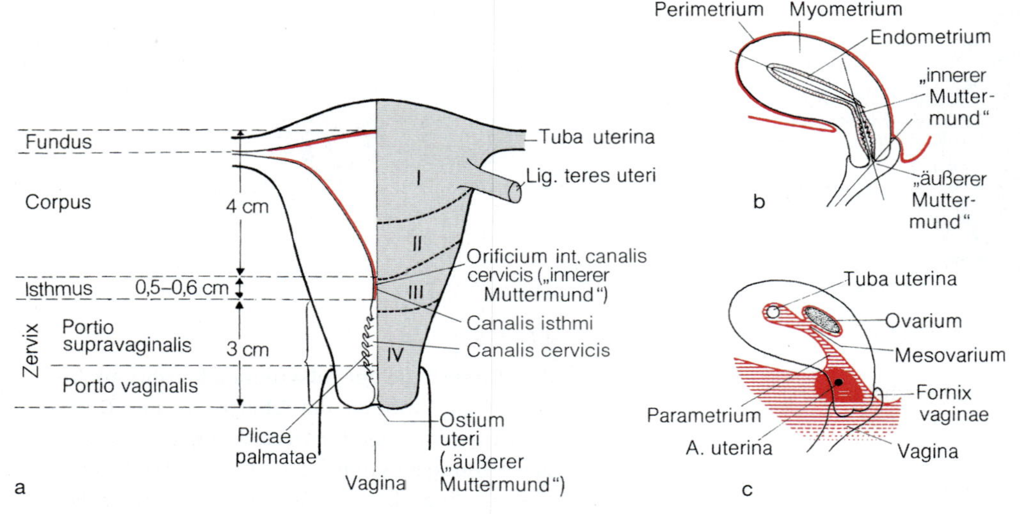

Abb. 11.100 a–c. Uterus. **a** Uterus mit seinen verschiedenen Abschnitten. *Linke Hälfte*: die rote Linie bezeichnet diejenigen Gebiete im Cavum uteri, die zyklischen Veränderungen unterliegen. *Rechte Hälfte*: Peritonealverhältnisse: *I* Peritcneum nicht abtrennbar, *II* Peritoneum mit dem Messer abtrennbar, *III* zurückschiebbar, *IV* kein Peritonealüberzug. **b** Längsschnitt durch den Uterus mit seinen Schichten. Der Uterus befindet sich in Anteflexio-/Anteversiostellung. **c** Sagittalschnitt durch die Plica lata, *dick schraffiert* die Haltebänder an der Cervix uteri

Die Längsachse des Uterus bildet mit der Längsachse der Vagina einen nach vorne offenen stumpfen Winkel (**Anteversio uteri**). Das Korpus ist gegen die Zervix ebenfalls nach vorne abgeknickt (**Anteflexio uteri**). Dadurch legt sich der Uterus auf die Blase (Abb. 11.65 b). Varianten sind **Retroflexio/Retroversio uteri,** die Kreuzschmerzen hervorrufen können, sowie **Dextro-** und **Sinistropositio.**

Die Wand des Corpus uteri umschließt den dreieckigen Spalt der **Cavitas uteri.** In die beiden seitlichen oberen Zipfel münden die Tuben. Die Fortsetzung der Cavitas uteri ist ein spindelförmiger Kanal, der am **inneren Muttermund** als **Canalis isthmi** beginnt. Im Bereich der Cervix uteri wird er als **Canalis cervicis uteri** bezeichnet. Dort weist die Schleimhaut palmenblattartige Falten (**Plicae palmatae**) auf. Der Canalis cervicis mündet am **äußeren Muttermund** (*Ostium uteri*) im Bereich der *Portio vaginalis cervicis* in die Vagina. Die vordere Begrenzung des äußeren Muttermundes ist das **Labium anterius,** die hintere das **Labium posterius.** Die Gesamtlänge von Cavum uteri, Canalis isthmi und Canalis cervicis beträgt 6–7 cm. Überkleidet ist der Uterus ventral und dorsal von Peritoneum (*Perimetrium*). Seitlich ist er in Bindegewebe eingebettet (*Parametrium*) (▶ S. 384).

Zur Entwicklung
Der Uterus entwickelt sich zusammen mit der Tuba uterina aus den **Müller-Gängen** (Abb. 11.86). Möglich ist dies, weil beim weiblich determinierten Keim Androgene und Anti-Müller-Hormon fehlen. Andererseits wird die Differenzierung des Wolff-Ganges unterdrückt. Es verbleiben davon lediglich Residualstrukturen: *Epoophoron* neben dem Ovar und *Appendix vesiculosa* nahe dem Fimbrienende der Tuba uterina. Im Lig. latum bleibt als Rest vom kaudalen Urnierenkanälchen das *Paroophoron*.

Aus dem trichterförmigen Beginn der Müller-Gänge gehen die Fimbrien der Pars ampullaris der Tube hervor. Der nächste Abschnitt der Müller-Gänge liegt im ersten Teil lateral des Wolff-Ganges (▶ S. 388), der folgende ist nach medial gerichtet und überkreuzt den Wolff-Gang ventral. Beide Abschnitte werden muskelstark und bilden die Tubae uterinae. Der dann folgende Abschnitt der Müller-Gänge beider Seiten verschmilzt mit dem der Gegenseite. Hieraus gehen Corpus und Cervix uteri hervor. Das umgebende Mesenchym bildet das Lig. latum. Das Ende der vereinigten Müller-Gänge tritt zum Sinus urogenitalis in Beziehung.

Am Uterus lassen sich folgende Wandschichten unterscheiden:

- **Myometrium** (*Tunica muscularis*); es ist am Fundus uteri und im oberen Korpusabschnitt dicker als in der Cervix uteri
- **Endometrium** (*Tunica mucosa*, Schleimhaut): unterliegt im Corpus uteri zyklischen Veränderungen, die

jeweils der Vorbereitung auf die Implantation einer Blastozyste nach einer Befruchtung dienen (► S. 95)

Das **Myometrium** besteht aus glatter Muskulatur, die in mehreren Schichten angeordnet ist. Die Faserzüge verlaufen im **Corpus uteri** außen und innen hauptsächlich longitudinal, in der am stärksten ausgebildeten und besonders gefäßreichen Zwischenschicht (**Stratum vasculare**) in allen Richtungen. Im **Isthmus** nimmt die Muskulatur ab, die **Zervixwand** besteht vor allem aus kollagenen und elastischen Fasern.

Zur Kontraktion der Uterusmuskulatur kommt es bei der Menstruation, evtl. von krampfartigen Schmerzen begleitet, bei der sexuellen Erregung (Orgasmus) und unter der Geburt (Wehen).

Klinischer Hinweis

Bereits zu Beginn einer Schwangerschaft kommt es in Isthmus und Cervix uteri zu einer geringen Kollagenolyse. Dadurch fühlt sich dieser sonst so harte Uterusabschnitt weicher an (**Hegar-Schwangerschaftszeichen**). Kurz vor der Geburt erfolgt eine weitere Auflockerung.

Das **Endometrium** im **Corpus uteri** besteht aus einschichtigem hochprismatischem Oberflächenepithel, tubulösen Drüsen (**Glandulae uterinae**) und einem als **Stroma uteri** bezeichneten spinozellulären Bindegewebe mit progesteronempfindlichen interstitiellen Zellen.

Das Endometrium gliedert sich in (Abb. 11.101)
- **Stratum functionale** (kurz: Funktionalis): es unterliegt Zyklusveränderungen und wird in der Desquamationsphase abgestoßen

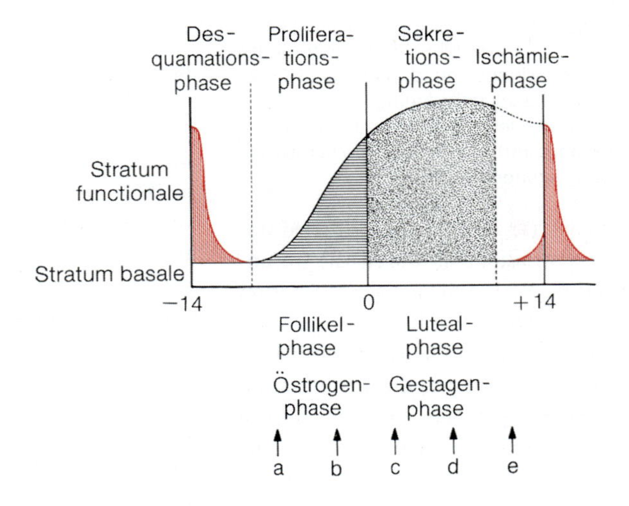

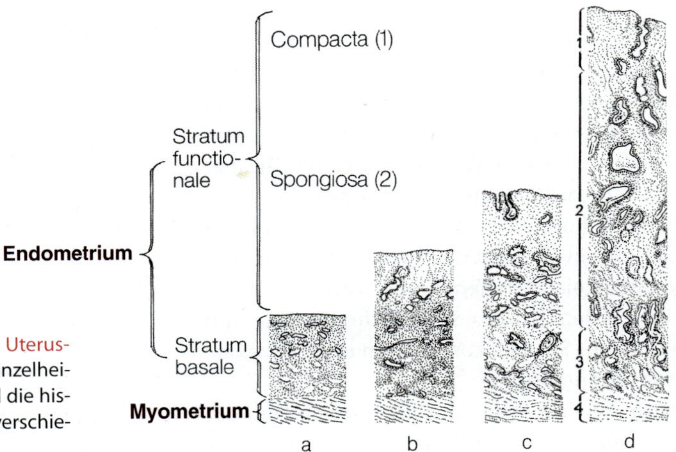

Abb. 11.101. Zyklische Veränderungen der Uterusschleimhaut. 0 ist der Tag des Follikelsprungs (Einzelheiten im Text). Im unteren Teil der Abbildung sind die histologischen Merkmale des Endometriums den verschiedenen Zykluszeiten a–e zugeordnet

- **Stratum basale** (kurz: Basalis): hiervon geht die Schleimhautregeneration nach der Menstruation aus

Klinischer Hinweis
Endometrium kann ektopisch gebildet werden (*Endometriose*) sowohl im Bereich der inneren Geschlechtsorgane als auch an anderen Stellen des kleinen Beckens (z. B. im Douglas-Raum, ▶ S. 383).

Folgende **Zyklusphasen** sind zu unterscheiden (◘ Abb. 11.101):
- **Proliferationsphase:** etwa vom 5.–14. Tag des Zyklus
- **Sekretionsphase:** etwa vom 15.–28. Tag des Zyklus,
- **ischämische Phase:** einige Stunden,
- **Desquamationsphase:** etwa vom 1.–4. Tag des Zyklus (Menstruation)

Klinischer Hinweis
Zwar dauert der Zyklus im Durchschnitt 28 Tage, jedoch sind erhebliche Schwankungen möglich. Eine Zykluslänge von 24 bis 31 Tagen gilt noch als physiologisch. Zyklusstörungen können hormonell, aber auch entzündlich oder durch Tumoren bedingt sein. Es kann u.a. zu Veränderungen in Regeltempo, d.h. in den Regelabständen, Regeltypus (verstärkt, vermindert, verkürzt, verlangsamt) sowie zu azyklischen Dauerblutungen oder Zusatzblutungen kommen.

In der **Proliferationsphase** (◘ Abb. 11.101 a, b) wird unter dem Einfluss von Östradiol das durch die vorangegangene Menstruation verlorengegangene Stratum functionale wieder aufgebaut. Zunächst geht aus dem Epithel der Drüsenreste im Stratum basale neues Oberflächenepithel hervor. Dann beginnt die Proliferation des Bindegewebes. Gefäße sprossen ein. Gleichzeitig wachsen Drüsen aus und strecken sich in die Länge. Da in dieser Zeit im Ovar die Follikel heranwachsen, wird für die Uterusschleimhaut von **Follikelphase** gesprochen.

Die **Sekretionsphase** (◘ Abb. 11.101 c, d) beginnt nach dem Follikelsprung. Sie steht unter dem Einfluss von Progesteron und Östrogenen aus dem Corpus luteum und wird deswegen als **Lutealphase** bezeichnet. In dieser Phase wird die Schleimhaut 5–8 mm dick.

Als Früheffekt kommt es in den Epithelzellen basal vom Zellkern und in den Stromazellen des Endometriums zu **Glykogeneinlagerungen.** Ferner vermehren sich die Zellen im basalen Teil des Stratum functionale und unterteilen es in ein **Stratum compactum** und ein zellärmeres **Stratum spongiosum.**

Progesteron bewirkt auch ein starkes Wachstum der Drüsenschläuche, die sich schlängeln und zu sezernieren beginnen. Im histologischen Schnitt zeigen sie eine »*Sägeblattstruktur*«. In den Epithelzellen liegt das Glykogen jetzt apikal. Mit fortschreitender Reifung der Schleimhaut vergrößern sich einige Stromazellen und lagern Proteine, Lipide und vermehrt Glykogen ein. Sie werden als **Prädeziduazellen** bezeichnet. Kommt es zu einer Implantation, wandeln sie sich in Deziduazellen um (▶ S. 96). Schließlich verlaufen in der späten Sekretionsphase die Arterien der Uterusschleimhaut in Spiralen (**Spiralarterien**).

Klinischer Hinweis
Durch Blockierung von Progesteronrezeptoren im Endometrium kann die sekretorische Tätigkeit der Uterusschleimhaut unterbunden und damit die Implantation eines Embryos verhindert werden (»Pille danach«, Mifepriston).

Ischämische Phase (◘ Abb. 11.101 e). Geht die Eizelle zugrunde, bildet sich das Corpus luteum zurück. Durch Versiegen der Progesteron- und Öströgensekretion kommt es zu einer »Hormonentzugsblutung« (**Menstruation**).

Eingeleitet wird die Ischämiephase durch parakrine Wirkung von Endothelin, einem hochaktiven Vasokonstriktor des Uterusepithels. Dies führt u. a. zu Spasmen der Spiralarterien an der Grenze zwischen Zona basalis und functionalis und damit zu einer Minderdurchblutung (*Ischämie*) der Zona functionalis. Die Schleimhaut schrumpft und geht oberhalb der Drosselungsstelle der Gefäße zugrunde.

Desquamationsphase. Durch Blutung aus rupturierten Gefäßen werden die nekrotischen Bezirke der Zona functionalis abgehoben und gelangen samt Blut ins Uteruslumen. Von dort werden sie ausgeschwemmt. Das Blut ist durch Enzyme aus dem Zelldetritus ungerinnbar. Der durchschnittliche Blutverlust bei einer Menstruation beträgt etwa 50 ml.

Klinischer Hinweis
Unter *Kürettage* wird Gewinnung bzw. Entfernung von Gewebe der Innenfläche eines Hohlorgans verstanden. Eine Uteruskürettage (Ausschabung) wird für Diagnosezwecke oder therapeutisch, z. B. nach einem Abort, durchgeführt.

Zur Information
Die erste Regelblutung ist die **Menarche** (statistisch gegenwärtig bei 12,5 Jahren mit breiten Schwankungen). Meist ist sie anovulatorisch, d. h. ohne Eisprung. Bald folgen aber regelmäßig Ovulationen. Sie halten bis in die 1. oder 2. Hälfte des 5. Lebensjahrzehntes an. Die Menstruation nach dem letzten Zyklus ist die **Menopause.** Kurz zuvor wird der Blutungs-

ablauf bereits unregelmäßig (Prämenopause, Wechseljahre) und danach dominieren die Ausfallerscheinungen (Postmenopause). Es folgt das Senium mit einer Atrophie der hormonabhängigen Geschlechtsorgane.

Cervix uteri. Die Zervixschleimhaut nimmt nur in beschränktem Umfang an den zyklischen Veränderungen teil und wird nicht abgestoßen. Das Epithel der Cervix uteri ist hochprismatisch und setzt sich auf den äußeren Muttermund fort. Dort grenzt es sich scharf, auch makroskopisch sichtbar, vom mehrschichtigen unverhornten Plattenepithel der Vagina ab. An dieser Grenzzone finden laufend Regenerationsprozesse statt, weil das Drüsenepithel der Zervix den Umgebungsbedingungen der Scheide nicht gewachsen ist (Transformationszone).

Die **Glandulae cervicales uteri** sind stark verzweigt und sezernieren einen hochviskösen Schleim, der jedoch in der Zyklusmitte dünnflüssig und leichter von Spermien durchwandert werden kann als die zähe Schleimformation in der übrigen Zeit.

Klinischer Hinweis

Im Bereich der Transformationszone der Portio uteri kommt es häufig zu Läsionen und Veränderungen, die zu Neoplasmen (*Zervixkarzinom*) führen können.

Leitungsbahnen. Die **arterielle Versorgung** des Uterus erfolgt durch:

- **A. uterina** (aus der A. iliaca interna); sie tritt in Höhe der Zervix an die Seitenwand des Uterus heran (Abb. 11.95), verläuft und verzweigt sich im Lig. latum; der nach oben führende Hauptast ist stark geschlängelt, im Bereich des Fundus anastomosiert er mit dem der Gegenseite
- **Äste** der A. uterina:
  - **R. ovaricus:** er verläuft im Lig. ovarii proprium und bildet eine Anastomose mit der A. ovarica aus der Aorta abdominalis
  - **R. tubarius** für die Tuba uterina
  - **Rr. vaginales** zur Vagina

Venen. Der venöse Abfluss erfolgt über die sehr ausgeprägten *Plexus venosus uterinus* und *Plexus venosus vaginalis* zu den *Vv. iliacae internae*. Die Mitte des Uterus ist weitgehend gefäßfrei, sodass bei operativen Eingriffen am Uterus hier mit nur geringen Blutungen zu rechnen ist.

Lymphgefäße der Cervix uteri ziehen entlang der A. iliaca interna zu den *Nodi lymphoidei iliaci interni* und *Nodi lymphoidei sacrales*. Die Lymphe des Corpus uteri gelangt direkt in die *Nodi lymphoidei lumbales*. Lymphgefäße entlang des Lig. teres uteri stellen eine Verbindung mit den *Nodi lymphoidei inguinales superficiales* her.

Nerven. Die vegetative Innervation erfolgt über den *Plexus uterovaginalis* (Frankenhäuser-Plexus) zwischen Cervix uteri und Scheidengewölbe. Die *parasympathischen* Fasern stammen aus S3 und S4.

In Kürze

Funktionsträger des Uterus ist das Corpus uteri. Hier ist die Wandmuskulatur kräftig und die Schleimhaut (Funktionalis) unterliegt bei der fortpflanzungsfähigen Frau zyklischen Veränderungen. Es folgen aufeinander: Desquamationsphase vom 1.–4. Tag des Zyklus, Proliferationsphase vom 5.–14. Tag, Sekretionsphase vom 15.–28. Tag, ischämische Phase von wenigen Stunden. Nach der ischämischen Phase kommt es zur Menstruation. Das Stratum basale der Schleimhaut bleibt auch während der Desquamationsphase erhalten. Die Veränderungen spielen sich im Stratum functionale ab. Am auffälligsten ist der Auf- und Abbau umfangreicher tubulöser Drüsen. – Die Schleimhaut von Isthmus und Cervix uteri macht nur geringe zyklische Änderungen durch, da dort in der Wand kollagene und elastische Fasern überwiegen. Mit der Portio vaginalis cervicis ragt der Uterus in die Vagina. Hier befindet sich der äußere Muttermund.

Vagina e H83

Kernaussagen

- **Die Vagina (Scheide) ist durch elastische und scherengitterartig angeordnete Bindegewebsfasern in ihrer Wand stark erweiterungsfähig.**
- **Im Vaginalabstrich ist die Häufigkeit des Vorkommens von Zellen aus den verschiedenen Schichten des Vaginalepithels zyklusabhängig.**

Die Vagina (Abb. 11.65b) ist 6–8 cm lang und etwa 2–3 cm breit. Ihr Lumen wird bei der Kohabitation erweitert und kann sich als Teil des Geburtskanals dem Umfang des kindlichen Kopfes anpassen. Normalerweise liegen jedoch Vorder- und Hinterwand aneinander. Der Abschnitt unterhalb des Levatorspalts ist verhältnismäßig eng. Ihre größte Weite hat die Vagina im Bereich der *Portio vaginalis cervicis*, die der Hinterwand anliegt. Das hintere Scheidengewölbe (**Fornix vaginae post.**) ragt über die Einmündung der Cervix uteri beckenwärts. Hinten grenzt es in die Excavatio rectouterina (Douglas-Raum), hat also direkten Kontakt mit dem Peritoneum (▶ S. 383).

Zur Entwicklung

Sie ist noch Gegenstand der Diskussion. Gegenwärtig überwiegt die Vorstellung, dass die Wände der Vagina auf die Endabschnitte der Müller-Gänge zurückgehen, das Epithel, das das Lumen der Vagina auskleidet, jedoch aus dem Sinus urogenitalis stammt.

Die Wand der Vagina hat nur wenige glatte Muskelfaserbündel, weist aber ein enges Maschenwerk elastischer Fasern sowie scherengitterartig angeordnete kollagene Fasern auf. Dadurch ist sie passiv dehnbar, z. B. während der Geburt. Sowohl an der Vorder- als auch an der Hinterwand ist die Innenseite der Vagina zu **Columnae rugarum** aufgeworfen, die mit Venengeflechten unterpolstert sind. Querfalten sind **Rugae vaginales.** In Verlängerung der Columna rugarum anterior wölbt die Harnröhre die **Carina urethralis vaginae** vor.

Ausgekleidet ist die Vagina mit mehrschichtigem nichtverhorntem Plattenepithel, das auch die Portio vaginalis bis zum scharf abgesetzten Rand der Zervixschleimhaut bedeckt. Das *Stratum basale* besteht aus kubischen bis zylindrischen Zellen (**Basalzellen**). Die folgenden Schichten sind das *Stratum spinosum profundum*), ihre Zellen werden als **Parabasalzellen** bezeichnet, das *Stratum spinosum superficiale* mit **kleinen Intermediärzellen** und das *Stratum superficiale* mit **großen Intermediärzellen** sowie oberflächlichen **Superfizialzellen.**

Drüsen fehlen in der Vaginalwand. Die Vagina wird aber durch Transsudation aus den Gefäßen feucht gehalten. Bedingt durch eine Bakterienflora besteht ein saueres Milieu (pH 4,0).

Zur Information

Die Zellen der verschiedenen Schichten der Vagina treten im Vaginalabstrich in den Zyklusphasen in unterschiedlicher Häufigkeit auf:

- **Basalzellen** fehlen
- **Parabasalzellen** überwiegen in Abstrichen bei Kindern und Frauen nach der Menopause
- **große Intermediärzellen** herrschen bei der fortpflanzungsfähigen Frau mit Ausnahme der präovulatorischen Phase vor, die Zellen haben einen bläschenförmigen Kern. Ihr Zytoplasma erscheint bei der Färbung nach Papanicolaou blau, außerdem weisen alle Intermediärzellen Glykogeneinlagerungen auf – dadurch werden sie im Vaginallumen von Laktobakterien zersetzt.
- **Superfizialzellen** beherrschen den Abstrich um die Zeit der Ovulation. Charakteristisch ist ihr pyknotischer Kern. Bei hohem Östrogenspiegel ist ihr Zytoplasma eosinophil.

Leitungsbahnen (Abb. 11.95). Die **arterielle Gefäßversorgung** erfolgt durch den *R. vaginalis* aus der A. uterina sowie durch *Rr. vaginales* aus der A. pudenda interna und der A. vesicalis inferior.

Venen und Lymphgefäße. Die *Venen* bilden den *Plexus venosus vaginalis*, der in enger Verbindung mit dem Plexus venosus vesicalis steht. Der Abfluss erfolgt zu den Vv. iliacae internae. Die *Lymphabflüsse* gehen zu den *Nodi lymphoidei iliaci interni.*

Nerven. Die nervöse Versorgung erfolgt über den Plexus uterovaginalis.

In Kürze

Durch elastische Fasernetze und scherengitterartig angeordnete kollagene Fasern bei nur wenig glatter Muskulatur ist die Vaginalwand erheblich dehnbar. Das Epithel zur Auskleidung der Vagina lässt Basalzellen, Intermediärzellen und Superfizialzellen unterscheiden, die je nach Zykluszeitpunkt in unterschiedlicher Kombination im Vaginalausstrich nachweisbar sind. Die Feuchtigkeit in der Vagina wird durch Transsudation aufrechterhalten.

Äußere weibliche Geschlechtsteile

Kernaussagen

- **Die Rima pudendi wird von den großen und kleinen Schamlippen umfasst.**
- **Gll. vestibulares minores et majores münden in den Scheidenvorhof.**
- **Genitalreflexe werden vor allem von Genitalnervenkörperchen in der Schleimhaut der Clitoris ausgelöst.**

Das **äußere weibliche Genitale** (Abb. 11.102) besteht aus:

- **Labia majora pudendi** (*große Schamlippen*)
- **Labia minora pudendi** (*kleine Schamlippen*)
- **Clitoris** (*Kitzler*)
- **Glandulae vestibulares majores et minores**

Rima pudendi, Vestibulum vaginae. Die *großen Schamlippen* fassen die **Rima pudendi** zwischen sich. Sie bedecken die *kleinen Schamlippen*, an deren vorderem Ende die **Clitoris** liegt. Zwischen den Labia minora befindet sich der Scheidenvorhof (**Vestibulum vaginae**), in den Harnröhre und Vagina einmünden. Die Harnröhrenmündung (**Ostium urethrae externum**) liegt im vorderen Teil. Sie tritt durch eine Vorwölbung ihrer dorsalen Wand (**Carina urethralis vaginae**) etwas stärker hervor.

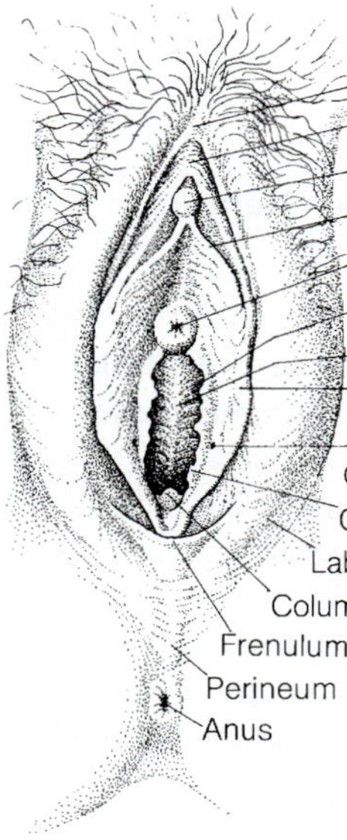

Abb. 11.102. Äußeres weibliches Genitale

Dahinter befindet sich die äußere Vaginalöffnung (**Ostium vaginae**). Der dorsale Rand des Ostium vaginae wird durch das **Hymen** begrenzt. Dieses kann unterschiedlich ausgebildet sein und unter Umständen als Schleimhautlamelle das Ostium vaginae vollständig verschließen (*Hymen imperforatus*). Reste des Jungfernhäutchens werden als **Carunculae hymenales** bezeichnet.

In das untere Drittel des Vestibulum vaginae münden an der Innenseite jeder kleinen Schamlippe die **Glandula vestibularis major** und um das Ostium urethrae externum die **Glandulae vestibulares minores.** Alle Glandulae vestibulares sind Schleimdrüsen.

Klinischer Hinweis

In der Klinik werden alle Anteile des äußeren weiblichen Genitale einschließlich Mons pubis, Ostium vaginae und Ostium urethrae externum zusammenfassend als **Vulva** bezeichnet.

Zur Entwicklung

Dem indifferenten Stadium (Abb. 11.93) folgt ab der 10. Entwicklungswoche die Umgestaltung der Urogenitalfalten zu den Labia minora und der Genitalwülste zu den Labia majora (Abb. 11.93). Beide verschmelzen nicht – anders als beim männlichen Geschlecht – und lassen die Urogenitalspalte offen, aus der das Vestibulum vaginae hervorgeht. Der Genitalhöcker wächst nur wenig und wird zur Klitoris.

Labia majora pudendi. Die großen Schamlippen sind zwei behaarte Hautfalten. Die Behaarung setzt sich auf den Schamberg (**Mons pubis**) fort. Im Korium der großen Schamlippen kommen zahlreiche glatte Muskelzellen, straffe Fettpolster und Venenplexus vor, die sich wie Schwellkörper verhalten.

Die Labia majora pudendi beider Seiten treffen ventral in der *Commissura labiorum anterior* und dorsal in der *Commissura labiorum posterior* zusammen. An der Commissura labiorum posterior ist ein feines verbindendes Häutchen ausgebildet, das als *Frenulum labiorum pudendi* bezeichnet wird.

Unter den großen Schamlippen liegt ein von einer bindegewebigen Faszie abgegrenztes dickes Venengeflecht (**Bulbus vestibuli**). Es grenzt medial an die Schleimhaut des Vestibulum. Diese Venennetze entsprechen dem Schwellkörper der männlichen Harnröhre. Sie werden auch bei der Frau vom M. bulbospongiosus umfasst.

Labia minora pudendi. Die kleinen Schamlippen sind Hautlappen, die lockeres, fettarmes Bindegewebe mit vielen elastischen Fasern und zahlreichen Venen enthalten. Sie werden von Schleimhaut bedeckt. Innen bestehen sie aus mehrschichtigem unverhornten und außen aus schwach verhorntem Plattenepithel.

Glandula vestibularis major (Bartholin-Drüse). Diese paarige erbsengroße Drüse liegt am stumpfen Ende des Bulbus vestibuli unter dem M. transversus perinei profundus in den kleinen Schamlippen. Es handelt sich um eine tubuloalveoläre Drüse, die ein schleimartiges alkalisches Sekret liefert.

Glandulae vestibulares minores. Es sind zahlreiche kleine Drüsen. Sie ähneln der Gl. vestibularis major.

Die **Clitoris** (*Kitzler*) ist ein erektiler Schwellkörper, der durch die **Crura clitoridis**, in die das **Corpus cavernosum clitoridis** ausläuft, und durch ein Aufhängeband (**Lig. suspensorium clitoridis**) am Ramus inferior ossis pubis befestigt ist.

Der Bau des Schwellkörpers entspricht dem des Corpus cavernosum penis. Umhüllt wird der Schwellkörper von den Mm. ischiocavernosi, die ebenfalls der Befestigung der Schwellkörper an Schambein und Diaphragma urogenitale dienen.

Das abgerundete, mit Schleimhaut überzogene Ende der Klitoris (**Glans clitoridis**) wird von den Schleimhautfalten der kleinen Schamlippen umschlossen. Von vorn überzieht sie eine Schleimhautfalte (**Preputium clitoridis**). Der dorsale Ansatz der kleinen Schamlippen wird als **Frenulum clitoridis** bezeichnet. Das abschuppende Epithel der Glans und des Präputium bildet mit dem Sekret der Talgdrüsen der kleinen Schamlippen das **Smegma clitoridis.** Die Glans clitoridis enthält Venengeflechte, die mit dem Bulbus vestibuli in Verbindung stehen.

In der Schleimhaut der Klitoris kommen viele sensible **Nervenendigungen** vor: *Meißner-Tastkörperchen, Vater-Pacini-Körperchen* und vor allem *Genitalnervenkörperchen*. Durch sie werden die Genitalreflexe ausgelöst.

Leitungsbahnen. Die **arterielle Blutversorgung** erfolgt durch

- **Äste der A. pudenda interna** (▶ S. 441): *A. bulbi vestibuli, A. dorsalis clitoridis, A. profunda clitoridis, A. perinealis* mit den *Rr. labiales posteriores*
- **Äste der A. femoralis:** *Rr. labiales anteriores*

Der **venöse Abfluss** geht zur

- **V. pudenda interna** von
  - **Vv. labiales posteriores** aus den kleinen Schamlippen
  - **Vv. profundae clitoridis** aus dem Crus clitoridis
  - **Vv. bulbi vestibuli** aus dem Bulbus vestibuli
- **V. dorsalis clitoridis profunda** aus Corpus und Glans clitoridis zum *Plexus venosus vesicalis*

Nerven. Sie erreichen als

- **Nn. labiales posteriores** als Äste des N. pudendus die hintere Region der Schamlippen
- **N. dorsalis clitoridis** aus dem N. pudendus die Klitoris
- **Nn. labiales anteriores** aus dem N. ilioinguinalis den vorderen Anteil der Labia majora und das Praeputium clitoridis
- **R. genitalis/N. genitofemoralis** zusätzlich die Labia majora

In Kürze

Labia majora pudendi umrahmen die Rima pudendi sowie die Labia minora pudendi, die die Klitoris umfassen, das Vestibulum vaginae mit den Öffnungen von Harnröhre und Vagina. Außerdem münden Gll. vestibulares an den kleinen Schamlippen. Schwellkörper befinden sich in der Klitoris und als Bulbus vestibuli im Bereich der großen Schamlippen.

Kohabitation und Spermienwanderung

Kernaussagen

- **Bei der Kohabitation finden sexuelle Reaktionszyklen statt, die bei Mann und Frau unterschiedlich verlaufen.**
- **Nach der Ejakulation kommt es zur Spermienwanderung vom Receptaculum seminis der Vagina zur Tuba uterina.**
- **Im weiblichen Genitale unterliegen die Spermatozoen einer Akrosomreaktion, durch die Penetrationsenzyme zum Eindringen in die Eizelle freigesetzt werden.**

Der **sexuelle Reaktionszyklus** durchläuft
- **Erregungsphase**
- **Plateauphase**
- **Orgasmusphase**
- **Rückbildungsphase**

In der **Erregungsphase** löst der sakrale Parasympathikus (Nn. erigentes) beim **Mann** eine Verlängerung, Verdickung und Versteifung des Penis (*Erektion*) aus (▶ S. 420).

Bei der **Frau** dauert die Erregungsphase in der Regel länger als beim Mann. Sie dient der Vorbereitung der Aufnahme des männlichen Gliedes in die Vagina. In der Erregungsphase kommt es zur Erweiterung und Verlängerung der Scheide. Gleichzeitig wird der Uterus nach oben und hinten gezogen. Dadurch entsteht im oberen Teil der Vagina freier Raum für die Aufnahme des Ejakulats (*Receptaculum seminis*). Ferner erfolgt eine Lubrikation, d.h. eine vermehrte Abgabe eines tröpfchenförmigen Transsudats aus der Vaginalwand und, wenn der Östrogenspiegel hoch ist, von Sekret aus der Cervix uteri. Dadurch entsteht in der Vagina ein geschlossener Film aus Gleitflüssigkeit. Eine Immission des Penis in die Vagina ist möglich.

Plateauphase. Beim **Mann** kommt es zu einer deutlichen Anschwellung der Corona glandis. Die Hoden werden durch Kontraktion des M. cremaster und der Tunica dartos des Skrotum angehoben. Dabei wird der Funiculus spermaticus verkürzt. Es werden Tropfen wasserklaren Sekrets aus den paraurethralen (Littré-)Drüsen und den Gll. bulbourethrales (Cowper-Drüsen) abgegeben.

Bei der **Frau** tritt während der Plateauphase, die länger dauert als beim Mann, eine Blutstauung in den subepithelialen Venengeflechten der distalen Hälfte der Vaginalwand ein. Dadurch entsteht dort bei zunehmender Erregung die sog. orgastische Manschette. Auch der Schwellkörper des Bulbus vestibuli und die Labia minora werden größer.

Orgasmusphase. Beim **Mann** entspricht die Ejakulation der Orgasmusphase. Kennzeichnend für die bevorstehende Ejakulation ist die Anhebung des Hodens an den Damm. Die Ejakulation wird durch Muskelkontraktion der samenleitenden Wege, beginnend an den Ductuli efferentes testis ausgelöst. Es folgen dann mehrere unwillkürliche Kontraktionen der Mm. bulbospongiosi, Mm. ischiocavernosi und der Beckenbodenmuskulatur sowie der Muskulatur von Urethra, Samenleiter, Bläschendrüse und Prostata. Durch Kontraktion der kaudalen Blasenmuskulatur vor Beginn der Ejakulation wird eine Beimischung von Harn zum Samen und das Eindringen von Samen in die Harnblase verhindert.

Bei der **Frau** erfolgen im Orgasmus Kontraktionen der Muskulatur der Vaginalwand, der Mm. bulbospongiosi und der Dammmuskulatur. Ferner kontrahiert die Muskulatur des Uterus wellenförmig vom Fundus zum Isthmus. Bei der Frau sind mehrere aufeinander folgende Orgasmen möglich, beim Mann erst nach jeweils längerer Refraktärzeit.

Rückbildungsphase. Beim **Mann** wird in der Rückbildungsphase das Blut aus dem Penis über die V. dorsalis penis abgeleitet. Die Erektion klingt ab und die Ruhelage der Hoden wird wieder hergestellt.

Bei der **Frau** dauert die Rückbildungsphase länger. Dabei senkt sich die Cervix uteri gegen die Dorsalwand der Vagina und taucht die Portio mit dem äußeren Muttermund in das Receptaculum seminis ein und verbessert so die Spermienaufnahme. Die Erweiterung der Vagina klingt ab.

Spermienwanderung. Sie ist nur dann möglich, wenn periovulatorisch der Zervixschleim dünnflüssiger geworden ist. Der Schleim selbst ist ein Spermienresevoir, aus dem eine kontinuierliche Abgabe von Samenzellen erfolgen kann. Insgesamt erreicht nur jede 1000000ste Samenzelle die Tube. Dort müssen 100 bis 200 Spermatozoen anwesend sein, damit schließlich eine Eizelle durch ein Spermium befruchtet werden kann.

Die **Spermienwanderung** erfolgt gegen den Flüssigkeitsstrom des Uterus- und Tubensekrets. Die Samenzellen bewegen sich durchschnittlich 3–3,6 mm/min, der Weg vom Muttermund bis zur Ampulle beträgt 12–15 cm. Dort bleiben sie 2–4 Tage befruchtungsfähig. Die Eizelle ist es nur 6 (maximal 24) Stunden nach der Ovulation.

Während der Wanderung im weiblichen Genitale müssen die Spermien einen Reifungsprozess durchlaufen, der als **Kapazitation** bezeichnet wird. Dazu gehören die Ablösung des Dekapazitationsfaktors von der Spermatozoenmembran und die Akrosomreaktion.

Die **Akrosomreaktion** (◻ Abb. 11.103) erfolgt nur bei den Spermatozoen, die mit der bei der Ovulation freigesetzten Eizelle und ihrem Cumulus oophorus Kontakt aufnehmen. Es kommt zu einer Verschmelzung der äußeren Akrosommembran (▶ S. 409) mit der Plasma-

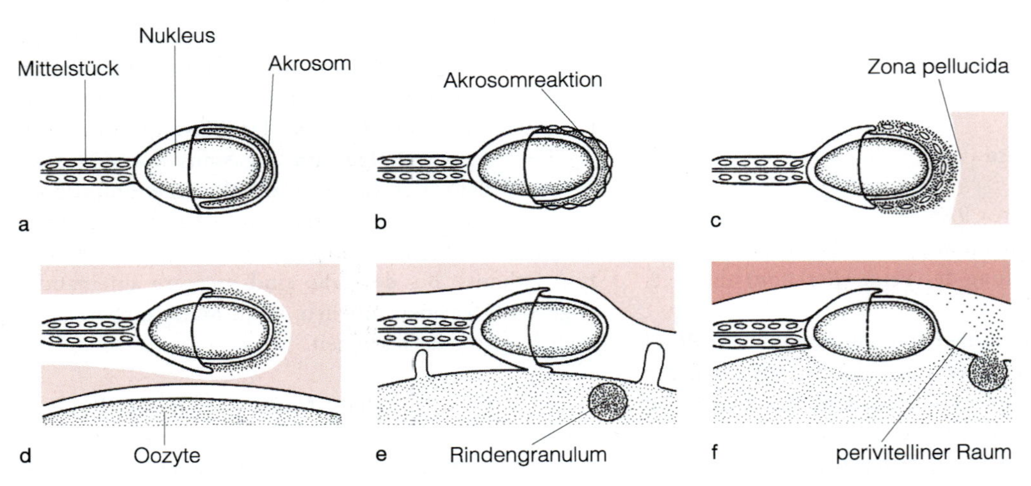

Abb. 11.103 a–f. Akrosomreaktion und Eindringen des Spermiums in die Eizelle (Einzelheiten im Text)

membran des Spermiums. Dabei entstehen in der äußeren Akrosommembran und in der Plasmamembran Öffnungen, die sich verbreitern und schließlich zum Abbau der Membranen führen. Dadurch wird die innere Akrosommembran ein Teil der Oberfläche des rostralen Spermienabschnitts. Freigesetzt werden aus dem Akrosom zahlreiche Penetrationsenzyme. Dazu gehören Hyaluronidase, die die Zellkontakte im Cumulus oophorus löst, ein »corona penetrating enzyme« für die Auflösung der Corona radiata und schließlich Akrosin, eine trypsinähnliche Proteinase, die dem Spermium das Durchdringen der Zona pellucida ermöglicht. Stimuliert wird der Vorgang durch ein Protein der Zona pellucida, ZP3. Dadurch kann das Spermatozoon mit Kopf, Hals und Schwanzteilen in die Eizelle eindringen (Imprägnation).

Das Eindringen weiterer Spermien wird durch Freisetzung des Inhalts der Rindengranula der Oozyte in den perivitellinen Raum verhindert. Er bewirkt eine Veränderung der Zona pellucida. Aber auch die Plasmamembran sperrt sich gegen weitere Fusionierungen. In der Oozyte selbst wird nun die 2. Reifeteilung vollendet und ein 2. Polkörperchen in den perivitellinen Raum abgegeben.

In Kürze

Die Kohabitation beginnt mit der Erregungsphase. Dabei erfolgt bei beiden Geschlechtern die Vorbereitung der Kopulationsorgane: Erektion, Ausbildung eines Receptaculum seminis. Kopulation: Immissio penis. Es folgt die Plateauphase, in der beim Mann Sekrettropfen abgegeben werden und bei der Frau die orgastische Manschette entsteht. In der Orgasmusphase erfolgt beim Mann die Ejakulation. Bei der Frau sind mehrere Orgasmen nacheinander möglich. Rückbildungsphase. Die Spermatozoen können den periovulatorisch dünnflüssig gewordenen Zervixschleim durchwandern. In der Tuba ovarii findet die Kapazitation statt. Dazu gehört bei Kontaktaufnahme mit den Zellen des Cumulus oophorus und der Eizelle die Akrosomreaktion. Dabei werden Penetrationsenzyme freigesetzt und es finden Imprägnation und dann die Befruchtung statt.

Schwangerschaft und Geburt

Kernaussagen

- **Von der Vergrößerung des Uterus während der Schwangerschaft ist die Cervix uteri als Verschlusssegment nicht betroffen.**
- **In der Eröffnungsperiode der Geburt kommt es nach Erweiterung der Cervix uteri und vollständiger Öffnung des Muttermundes zum Blasensprung.**
- **Unter der Geburt dreht sich in der Austreibungsperiode das Kind so, dass der Kopf zur Passage des Beckeneingangs quer und später**

zur Passage des Beckenausgangs sagittal steht.
- **Zur Nachgeburt der Plazenta entsteht ein retroplazentares Hämatom.**
- **Im Wochenbett kommt es zunächst zum Wochenfluss (Lochien), bis das Endometrium epithelialisiert ist.**

Die **Schwangerschaft** beginnt mit der Implantation des Embryos im Endometrium (▶ S. 96), das sich zur Dezidua umwandelt. Gleichzeitig sezerniert die Blastozyste HCG (human chorionic gonadotropin), das im mütterlichen Organismus Anpassungsprozesse auslöst. Sie betreffen zur Sicherung der Schwangerschaft zunächst das Ovar (▶ S. 424). Darüber hinaus werden Hypophyse, Schilddrüse, Nebenschilddrüse und Nebennierenrinde zu vermehrter Tätigkeit veranlasst. Dadurch kommt es zu Stoffwechselsteigerungen, Änderungen im Wasser- und Elektrolythaushalt mit erhöhter Wassereinlagerung in den Geweben, Aktivierung der Osteoklasten zum Zweck der Kalziumfreisetzung, Vergrößerung der Brustdrüse mit Vorbereitung auf die Laktation u. a.

Die **Vergrößerung des Uterus** (▣ Abb. 11.104) steht vor allem unter Östrogeneinfluss. Gleichzeitig hemmt Progesteron eine mögliche Wehentätigkeit.

Der Uterus vergrößert sich ausschließlich in den Bauchraum hinein. Betroffen ist das Corpus uteri. Keine Veränderungen zeigt die Cervix uteri, die dem Uterusverschluss dient.

Bis zum 2. Monat der Schwangerschaft vergrößert sich der Uterus nur wenig. Erst gegen Ende des 4. Monats tritt der Uterusfundus aus dem kleinen Becken heraus und steht im 5. Monat mitten zwischen Nabel und Symphyse. Dann ist auch der Isthmus uteri in den Brutraum einbezogen und der innere Muttermund befindet sich nicht mehr am oberen Rand des Isthmus, sondern an der Cervix uteri. Im 6. Monat erreicht der Uterusfundus die Höhe des Nabels oder einen Querfinger darunter. Im 7. Monat liegt er drei Querfinger über dem Nabel. In dieser Zeit entstehen in der Bauchhaut sog. »Schwangerschaftsstreifen« (**Striae gravidarum**), die durch Überdehnung des subkutanen kollagenen Bindegewebes zustande kommen. Im 8. Monat befindet sich der Fundus in der Mitte zwischen Nabel und Processus xiphoideus, im 9. Monat hat er seinen höchsten Stand dicht unter dem Schwertfortsatz. Im letzten Schwangerschaftsmonat, wenn der kindliche Kopf Kontakt zum mütterlichen Becken aufnimmt und tiefer tritt, neigt sich der Fundus uteri nach vorn; er steht dann ungefähr in gleicher Höhe wie im 8. Monat.

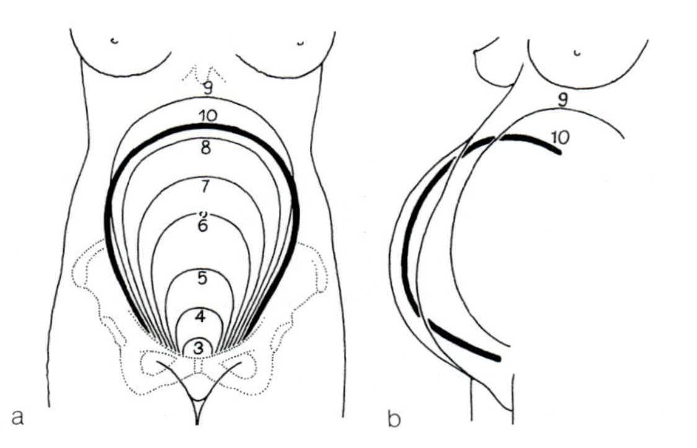

▣ **Abb. 11.104 a, b.** Schwangerschaft. Stand des Fundus uteri in verschiedenen Schwangerschaftsmonaten: im 6. Lunarmonat in Nabelhöhle, im 9. Lunarmonat Höchststand des Fundus, im 10. Lunarmonat senkt sich der Leib (*dick* ausgezogene Kontur). **a** Ventralansicht der Schwangeren. **b** Seitenansicht mens 9 und 10

In den neun Monaten der Schwangerschaft nimmt das Gewicht des Uterus von 50 g auf ca. 1000 g zu. Die einzelnen Muskelzellen können das 7- bis 10fache ihrer ursprünglichen Länge erreichen.

Geburt. Die Geburt beginnt mit dem Einsetzen regelmäßiger Wehen. Sie leiten die **Eröffnungsperiode** ein.

Ausgelöst werden die Wehen durch plötzliches starkes Ansteigen der Östrogenwerte, sodass die inhibitorische Wirkung des Progesterons auf die Uterusmuskulatur aufgehoben wird. Außerdem wird Oxytocin aus der Neurohypophyse wirksam.

In der Eröffnungsperiode wird der Geburtskanal zu einem gleichmäßig weiten Schlauch, der vom inneren Muttermund (▶ S. 428) bis zum äußeren Genitale reicht. Dabei wird der Zervixkanal schrittweise von innen nach außen eröffnet. Schrittmacher ist die gefüllte Fruchtblase, die sich während der Wehen langsam vorschiebt. Zur Erweiterung des Zervikalkanals kommt es dadurch, dass sich die Spirale der zirkulären Muskelbündel der Cervix uteri dem Zug der Korpusmuskulatur folgend in Längsrichtung entfaltet. Ist dann der Muttermund vollständig eröffnet, erfolgt der »rechtzeitige« **Blasensprung.**

Umgeformt werden auch die Muskelschichten des aufgelockerten Beckenbodens. Sie bilden das muskuläre Ansatzrohr des Geburtskanals.

Es folgt die **Austreibungsperiode**, die von der völligen Eröffnung des äußeren Muttermundes bis zur Geburt des Kindes andauert. In dieser Zeit verkürzt sich die Uterusmuskulatur. Sie zieht sich während der Wehen funduswärts zusammen. Ihr Fixum ist die Verankerung der Zervix im Beckenbindegewebe. Die Austreibung der Frucht wird durch die Betätigung der Bauchpresse aktiv unterstützt.

Unter dem Einfluss der Wehen wird das Kind zu einer *Fruchtwalze* zusammengedrückt. Außerdem passt es sich bei der Passage durch das Becken den Krümmungen sowie den Engen und Weiten des Geburtsweges an. Dabei macht es Drehungen durch, weil der Beckeneingang in der Transversalrichtung, der Beckenausgang in der Sagittalrichtung oval geformt sind. Im Beckeneingang stellt sich der kindliche Kopf zunächst quer ein (ovale Kopfform: Durchmesser transversal 9 cm, sagittal 12 cm). Sobald der Kopf diesen Bereich passiert hat und tiefer tritt, dreht sich das Kind um 90° so, dass der Kopf im Beckenausgang sagittal steht. Dann stehen die Schultern mit ihrem längsten Durchmesser in der Beckeneingangsebene.

Anschließend drängt der Kopf des Kindes die Muskulatur des Beckenbodens auseinander (Abb. 11.105). Dabei bildet der M. levator ani eine große Schlinge. Kontraktionen der Beckenbodenmuskulatur fördern die Austreibung.

Nachgeburtsphase. Der Geburt folgen weitere Retraktionen der Uterusmuskulatur und es kommt an präformierten Stellen der Plazenta zu Einrissen und Blutung. Es entsteht ein **retroplazentares Hämatom**, das unter andauernden Kontraktionen des sich verkleinernden Uterus die Ausstoßung von Plazenta und Eihäuten fördert. Sie erfolgt etwa 30 Minuten nach der Geburt des Kindes.

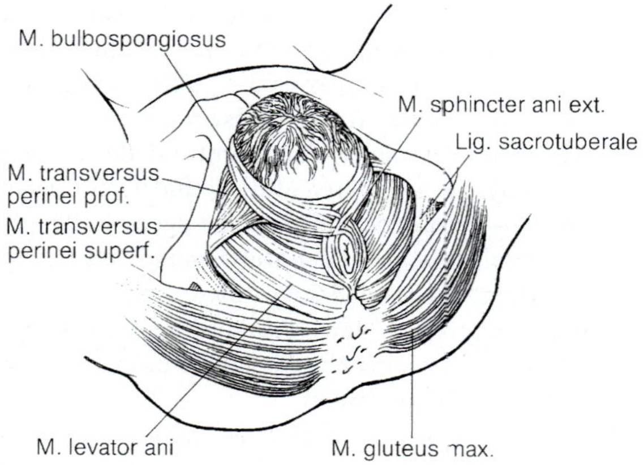

Abb. 11.105. Geburt. Beckenboden in der Austreibungsperiode der Geburt

Das **Wochenbett** (*Puerperium*) dauert 6–8 Wochen. In dieser Zeit verschwinden alle Schwangerschafts- und Geburtsveränderungen.

Zunächst wird nach Abstoßung der Plazenta durch die Retraktion des Uterus die Blutung zum Stillstand gebracht. Eine große Wunde verbleibt und es kommt zum Wochenfluss (**Lochien**). Etwa am 10. postpartalen Tag beginnt wie in der Proliferationsphase die Epithelialisierung der Oberfläche des Endometrium, die nach wenigen Tagen abgeschlossen ist.

Noch schneller regeneriert sich die *Zervixschleimhaut*, die an der Deziduabildung nicht beteiligt war. Der innere Muttermund ist ab 10.–12. Tag geschlossen, der äußere Muttermund wird oft zu einem queren Spalt umgeformt.

Mit der Nachgeburt entfallen die in der Plazenta gebildeten großen Mengen von Östrogen, Progesteron und HCG. Dadurch sinken die Östrogen- und Progesteronspiegel abrupt. Durch den Wegfall der Östrogenbildung wird die Abgabe von Prolaktin aus der Adenohypophyse stimuliert. Damit wird die Milchsekretion in Gang gesetzt. Dieses erfolgt nicht unmittelbar nach der Geburt, sondern erst in den ersten Tagen danach. Die Milch ist daher zunächst fettarm (Kolostrum).

Die *1. postpartalen Zyklen* treten meist erst gegen Ende der Stilltätigkeit auf; trotzdem ist schon vorher eine Befruchtung möglich.

Klinischer Hinweis

Jede Geburt ist für Mutter und Kind eine große Belastung. Sie wird riskant, wenn es zu Verzögerungen kommt. Dafür gibt es mütterliche Ursachen (z. B. *Beckenanomalien*), kindliche Ursachen (z. B. *Lage- und Einstellungsanomalien*, u. a. Vorfall eines Arms) oder Ursachen seitens der Plazenta, der Nabelschnur oder des Amnions.

In Kürze

Die Anpassung des mütterlichen Organismus an die Schwangerschaft erfolgt hormonell. Ausgelöst wird sie durch das HCG (human chorionic gonadotropin) der Blastozyste nach der Implantation. Der Uterus steigt bis zum 9. Schwangerschaftsmonat bis in Höhe des Processus xiphoideus des Sternums auf. Die Geburt beginnt mit starken Wehen. Einer Eröffnungsperiode folgt die Austreibungsperiode, in der das Kind schraubenförmig durch die Beckenengen und -weiten gepresst wird. Durch die Lösung der Plazenta

entsteht im Uterus eine große Wunde, die nach etwa zwei Wochen geschlossen ist.

11.6 Leitungsbahnen in Abdomen und Pelvis

11.6.1 Arterien

Kernaussagen

- **Die beherrschenden Arterien der Bauch- und Beckenhöhle sind die Pars abdominalis aortae und die paarigen Aa. iliacae communes.**

Die Pars abdominalis aortae setzt die Pars thoracica aortae fort. Die Pars abdominalis aortae beginnt in Höhe von Th12 nach Durchtritt der Aorta durch das Zwerchfell im Hiatus aorticus. Die Pars abdominalis aortae verläuft im Retroperitoneum vor der Wirbelsäule. Ihr Anfangsteil wird von Pankreas und Pars ascendens duodeni überlagert. Am unteren Rand des 4. LW teilt sich die Aorta in die beiden **Aa. iliacae communes.**

Während ihres Verlaufes entlässt die **Bauchaorta** (Abb. 11.106)

- unpaare Äste, die unpaare Bauchorgane versorgen und in Mesos eintreten können
- paarige Äste, die die paarigen Bauchorgane versorgen und in die seitlichen Bindegewebsräume des Spatium retroperitoneale gelangen. Nach der Teilung der Bauchaorta in die gemeinsamen Beckenarterien setzt sie sich in die
- A. sacralis mediana (kleine Schwanzarterie) fort, deren Ende in das Steißknötchen (*Corpus coccygeum*) übergeht

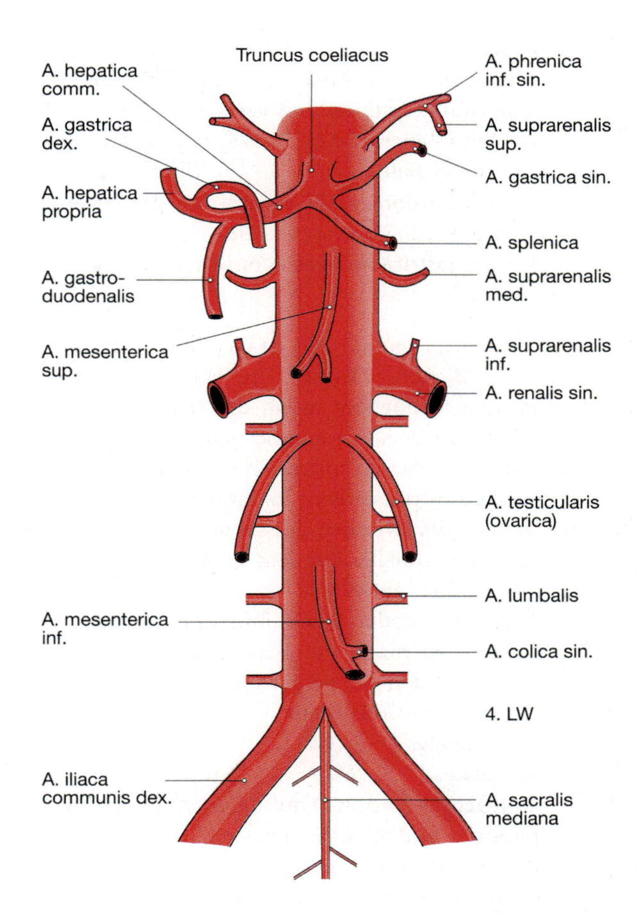

Abb. 11.106. Pars abdominalis aortae mit ihren Ästen

Unpaare Aortenäste (Abb. 11.106). Die unpaaren ventralen viszeralen Aortenäste sind der

- Truncus coeliacus (Tripus Halleri): er geht unmittelbar unter dem *Hiatus aorticus* des Zwerchfells aus der Aorta hervor, ist 1–2 cm lang, vom Peritoneum parietale der dorsalen Wand der Bursa omentalis bedeckt und gibt drei Äste ab:
  - **A. gastrica sinistra** (▶ S. 352) zur Pars cardiaca des Magens, dort gehen die *Rr. oesophageales* zu den abdominalen Ösophagusabschnitten ab
  - **A. hepatica communis**; im Bereich des Pylorus setzt sie sich aufsteigend in die **A. hepatica propria** und absteigend in die **A. gastroduodenalis** fort

Äste der A. hepatica propria:

- A. gastrica dextra (▶ S. 352)
- Ramus dexter mit der A. cystica (▶ S. 373) zum rechten Leberlappen und zur Gallenblase
- Ramus sinister zum linken Leberlappen
- Ramus intermedius zum Lobus quadratus

Die wichtigsten Äste der **A. gastroduodenalis** (▶ S. 375):

- A. pancreaticoduodenalis superior posterior mit Rr. pancreatici und Rr. duodenales
- Aa. retroduodenales
- A. pancreaticoduodenalis superior anterior
- A. gastroomentalis dextra (▶ S. 352)

- A. **splenica** (lienalis). Sie verläuft hinter dem Oberrand des Pankreas durch das Lig. splenorenale zum Milzhilum und verzweigt sich:
  - **Rami pancreatici** (▶ S. 375) und andere Pankreasgefäße
  - **A. gastroomentalis sinistra** zur großen Kurvatur des Magens (▶ S. 352)
  - **Aa. gastricae breves** zum Magenfundus (▶ S. 352)

- **A. mesenterica superior.** Sie ist das Gefäß der Nabelschleife (◘ Abb. 11.18a). Ihr Versorgungsgebiet reicht vom Duodenum bis in die Nähe der linken Kolonflexur. Die A. mesenterica superior entspringt in Höhe von Th12–L1 unterhalb des Truncus coeliacus aus der Aorta, verläuft hinter dem Pankreas abwärts und tritt zwischen dessen unterem Rand und der Pars horizontalis duodeni in das Mesenterium ein, wo sie sich aufteilt in:
  - **A. pancreaticoduodenalis inferior** (◘ Abb. 11.55); sie beginnt hinter der Bauchspeicheldrüse und bildet mit den Aa. pancreaticoduodenales superiores einen Gefäßkranz
  - **Aa. jejunales** (▶ S. 360)
  - **Aa. ileales** (▶ S. 360)
  - **A. ileocolica** (▶ S. 362) mit *Aa. caecalis anterior et posterior* und *A. appendicularis*
  - **A. colica dextra** (▶ S. 362)
  - **A. colica media** (▶ S. 362); sie verlässt die A. mesenterica superior in ihrem Anfangsteil, verläuft im Mesocolon transversum zum Colon transversum und steht mit der A. colica sinistra (▶ unten) in Verbindung

- **A. mesenterica inferior.** Sie entspringt aus der Aorta, etwa 5 cm oberhalb ihrer Bifurkation in Höhe des 3. LW und liegt in weiten Teilen *retroperitoneal.* Äste der A. mesenterica inferior:
  - **A. colica sinistra**
  - **Aa. sigmoideae**
  - **A. rectalis superior**

Paarige Aortenäste. Die paarigen Aortenäste ziehen zu den paarigen Eingeweiden (Nebennieren, Nieren, Keimdrüsen) sowie als paarige dorsale Äste zur Bauchwand:

- **A. phrenica inferior** entspringt beiderseits dicht unter dem Zwerchfell und versorgt dessen Unterfläche; sie gibt die
  - **A. suprarenalis superior** zur Nebenniere ab
- **A. suprarenalis media** geht tiefer aus der Bauchaorta hervor und verläuft lateralwärts zur Nebenniere
- **A. renalis** entspringt zwischen dem 1. und 2. LW unterhalb der A. mesenterica superior rechtwinklig aus der Bauchaorta. Jede A. renalis gibt eine
  - **A. suprarenalis inferior** (▶ S. 396) ab
- **A. testicularis** bzw. **ovarica** entspringt unterhalb der Nierenarterien aus dem ventrolateralen Umfang der Bauchaorta; bei beiden Geschlechtern zieht die Arterie auf dem M. psoas abwärts und überkreuzt den Ureter; die A. testicularis tritt an den inneren Leistenring heran und zieht dann als Bestandteil des Samenstrangs (◘ Tabelle 11.9) zum Mediastinum des Hodens, die A. ovarica tritt am Rand des kleinen Beckens in das *Lig. suspensorium ovarii* ein (▶ S. 384).
- **Aa. lumbales** sind paarige dorsale Äste der Bauchaorta und entsprechen den Interkostalarterien; beiderseits entspringen 4 Lumbalarterien zur Versorgung der Bauchwand; sie geben Äste zur Rückenmuskulatur und feine Zweige zur arteriellen Versorgung des Wirbelkanals ab; sie *anastomosieren* mit anderen Bauchwandarterien: mit den *Aa. epigastricae superiores et inferiores, iliolumbales* und *circumflexae ilium profundae.*

A. iliaca communis (◘ Abb. 11.107). Sie ist 4–6 cm lang, verläuft medial am M. psoas major und teilt sich vor der Articulatio sacroiliaca in:
- **A. iliaca externa**
- **A. iliaca interna**

Die **A. iliaca externa** gelangt im lockeren retroperitonealen Bindegewebe parallel zur Linea terminalis zur Lacuna vasorum (▶ S. 575). Hier unterkreuzt sie das Leistenband in der Lacuna vasorum und wird zur A. femoralis. Zuvor gibt sie im Beckenbereich die *A. circumflexa ilium profunda* und *A. epigastrica inferior* ab (◘ Abb. 10.38).

Die **A. iliaca interna** dient der Versorgung der Eingeweide und Wände des Beckens. Sie folgt der Gelenklinie der Articulatio sacroiliaca ins kleine Becken. Sie hat dort
- **parietale dorsale Äste**
- **einen parietalen ventralen Ast**
- **viszerale Äste**

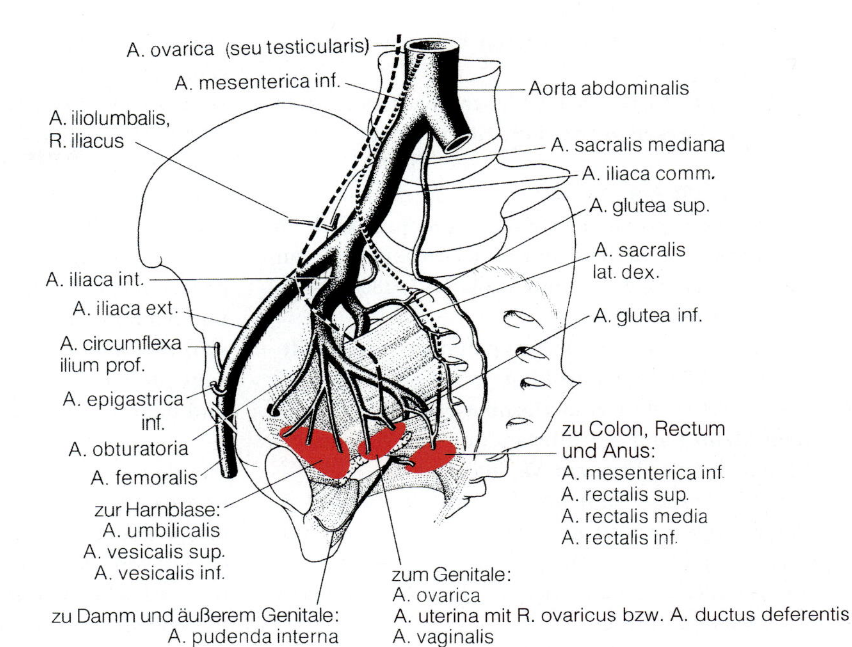

Abb. 11.107. Arterien im subperitonealen Bindegewebe des Beckens. Die *roten Felder* zeigen die terminalen Gefäßnetze an

Parietale dorsale Äste (Abb. 11.107):

- **A. iliolumbalis**; sie gelangt nach einem Verlauf hinter der A. iliaca interna und unter dem M. psoas major in die Fossa iliaca. Ihre Äste sind:
  - *R. lumbalis* zum M. psoas und M. quadratus lumborum
  - *R. iliacus* in der Fossa iliaca
- **Aa. sacrales laterales** (gelegentlich aus der A. glutea superior) ziehen zu den Foramina sacralia pelvina und in den Sakralkanal
- **A. glutea superior:** verlässt den Beckenraum durch das Foramen suprapiriforme (► S. 574). Dann versorgt sie mit
  - *R. superficialis* die M. gluteus maximus und M. gluteus medius (oberer Teil) sowie mit
  - *R. profundus* die Mm. gluteus medius (unterer Teil) et minimus
- **A. glutea inferior;** sie verlässt den Beckenraum durch das Foramen infrapiriforme (► S. 574), beteiligt sich an der Versorgung des M. gluteus maximus und der kleinen Hüftmuskeln und bildet zahlreiche Anastomosen mit der A. glutea superior, A. obturatoria und A. circumflexa femoris
- **A. pudenda interna:** verlässt den Beckenraum durch das Foramen infrapiriforme, schlingt sich um das Lig. sacrospinale und gelangt so durch das Foramen ischiadicum minus in die Fossa ischioanalis; dort legt sich das Gefäß eng dem unteren Schambeinast an, verläuft im *Canalis pudendalis* (Alcock-Kanal), einer Duplikatur der Faszie des M. obturatorius internus, zur Regio urogenitalis und verzweigt in:
  - **A. rectalis inferior** zum Canalis analis
  - **tiefere Äste** (Verlauf im Spatium perinei profundum); sie versorgen beim **Mann** als A. bulbi penis, A. urethralis, A. dorsalis penis und A. profunda penis Penis und Harnröhre, bei der **Frau** als A. bulbi vestibuli, A. dorsalis clitoridis und A. profunda clitoridis die Vulva
  - **oberflächliche Äste** (im Spatium perinei superficiale): A. perinealis, die den M. bulbospongiosus und den M. ischiocavernosus versorgt, und Rr. scrotales/labiales

Parietaler ventraler Ast (Abb. 11.107):

- **A. obturatoria.** Das Gefäß läuft nach ventral und gibt Äste an den M. obturatorius internus und den M. iliopsoas ab, verlässt das kleine Becken durch den Canalis obturatorius; vorher gibt sie ab:
  - *R. pubicus*, der mit dem R. pubicus der A. epigastrica inferior anastomosiert (Abb. 10.38); danach:
  - *R. anterior*, im Wesentlichen für die Adduktorengruppe

  - *R. posterior* für die tieferen äußeren Hüftmuskeln
  - *R. acetabularis*, der im Lig. capitis femoris zum Oberschenkelkopf verläuft (oft verödet)

Viszerale Äste (Abb. 11.107):
- A. umbilicalis: proximaler Rest einer ursprünglich im Lig. umbilicale mediale und in der Nabelschnur zur Plazenta ziehenden A. umbilicalis (▶ S. 180); Äste:
  - *A. ductus deferentis*
  - *Aa. vesicales superiores* zu den oberen und mittleren Teilen der Harnblase
- A. vesicalis inferior zum Harnblasengrund; sie gibt beim Mann Rami zur Prostata und zur Vesicula seminalis, bei der Frau zur Vagina ab
- A. rectalis media zum Rektum, wo sie mit der A. rectalis superior und A. rectalis inferior anastomosiert; sie gibt beim Mann Äste zur Prostata und zur Vesicula seminalis, bei der Frau zum unteren Scheidenabschnitt ab
- A. uterina (entspricht der A. ductus deferentis des Mannes); sie verläuft im Ligamentum latum über den Ureter hinweg zur Cervix uteri und dann geschlängelt seitlich am Uterus aufwärts; Äste:
  - *Rr. vaginales* absteigend zur Scheide (Abb. 11.95)
  - *R. ovaricus* im Lig. ovarii proprium (▶ unten) zum Ovar; dieser bildet eine Anastomose mit der A. ovarica
  - *R. tubarius* zur Tuba uterina
- A. vaginalis zum oberen Scheidenabschnitt

Klinischer Hinweis

Folge und Verlauf der von den Hauptstämmen abzweigenden Arterien variieren erheblich. Die hier geschilderten Verhältnisse treffen in 60% der Fälle zu.

11.6.2 Venen

Kernaussagen

- **Die sammelnde Vene des Blutes aus Beinen, Becken, Beckenorganen, Bauchwand und paarigen Organen der Bauchhöhle ist die V. cava inferior.**
- **Das Blut aus den unpaaren Bauchorganen gelangt in die V. portae hepatis.**

Der venöse Abfluss aus der Dammregion erfolgt im Wesentlichen durch Venen, die den Arterien gleichnamig sind, zur *V. pudenda interna*. Außerdem bilden oberflächliche Venen dieser Gegend durch ausgiebige Anastomosen einen Plexus, der über die *Vv. pudendae externae* zur V. femoralis abfließt und auch noch Verbindungen zur V. obturatoria hat. Besonderheiten liegen insofern vor, als der Blutrückfluss aus den *Vv. dorsales superficiales penis/clitoridis* zu den Vv. pudendae externae und dann in die V. saphena magna (▶ S. 567), der *V. dorsalis profunda penis* zum Plexus prostaticus, der *V. dorsalis profunda clitoridis* teilweise zum Plexus vesicalis und dann in die V. pudenda interna erfolgt.

Für den Blutabfluss aus dem Becken stehen *viszerale* und *parietale Äste* zur Verfügung (Abb. 11.108), die entsprechende Arterien begleiten. Die *viszeralen Äste* gehen von ausgedehnten Geflechten (*Plexus venosi*) um die Beckenorgane aus: *Plexus venosus sacralis, rectalis, vesicalis, prostaticus, uterinus, vaginalis.*

Schließlich sammeln sich alle Venen in der **V. iliaca interna**, die dorsal von der A. iliaca interna und näher an der Beckenwand als diese liegt. V. iliaca interna und V. iliaca externa, die aus der V. femoralis hervorgehen, bilden die **V. iliaca communis.**

Klinischer Hinweis

Lungenembolien gehen häufig auf ausgeschwemmte Thromben der Beckenvenen zurück, z. B. bei längerer Bettruhe.

V. cava inferior (Abb. 11.109). Sie entsteht rechts von der Wirbelsäule zwischen dem 4. und 5. LW durch Vereinigung der beiden Vv. iliacae communes. Der Zusammenfluss wird von der A. iliaca communis dextra überdeckt. Der Stamm der V. cava inf. steigt dann im Retroperitoneum rechts von der Aorta an der hinteren Bauchwand aufwärts zum Centrum tendineum des Zwerchfells, um durch das Foramen venae cavae zum rechten Vorhof des Herzens zu gelangen. Im sehnigen Anteil des Zwerchfells ist sie fest fixiert und hat einen Durchmesser von 3 cm. Die Vorderfläche der V. cava inferior wird im kaudalen Bereich von Peritoneum bedeckt, kranial ist sie von Radix mesenterii, Pars horizontalis duodeni und Pankreaskopf überlagert.

Dicht unterhalb des Zwerchfells nimmt die V. cava inferior die *Vv. phrenicae inferiores* und die *Vv. hepaticae* (in der Regel drei) auf. Im Übrigen entsprechen ihre paarigen Wurzeln den paarigen Ästen der Aorta.

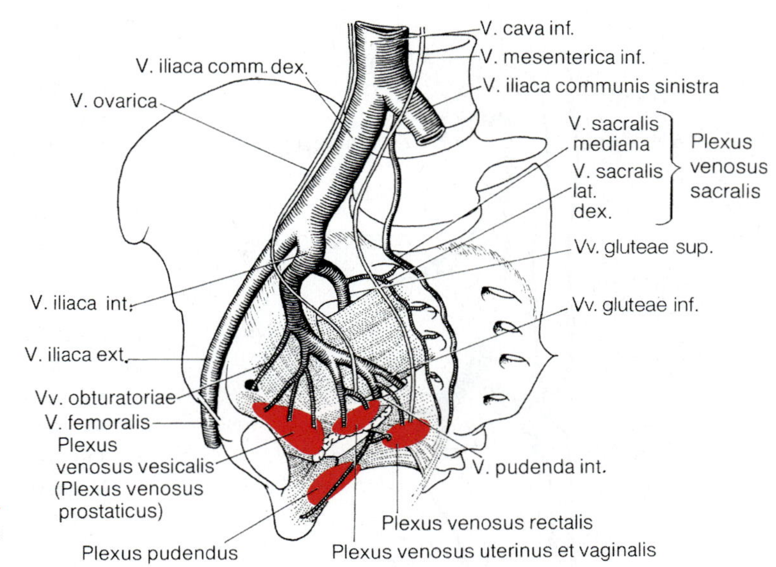

Abb. 11.108. Venen im subperitonealen Bindegewebe des Beckens. Die *roten Felder* zeigen die peripheren Gefäßnetze an

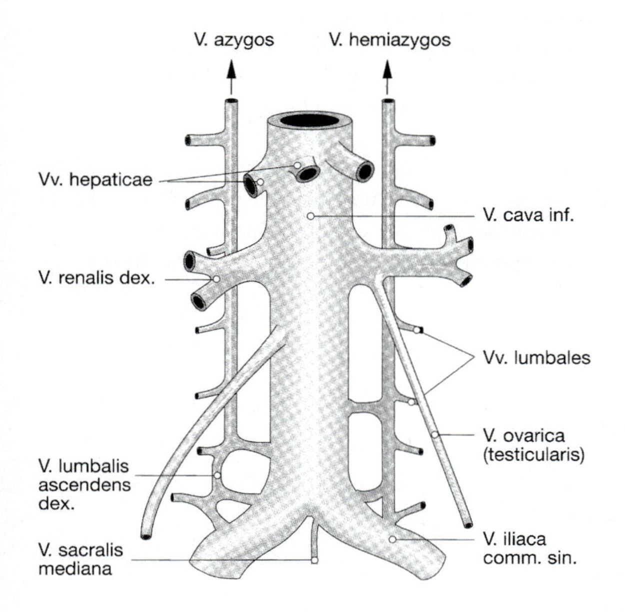

Abb. 11.109. V. cava inferior mit ihren Zuflüssen

Cava-Cava-Anastomosen. Zwischen V. cava inferior und V. cava superior bestehen zahlreiche Verbindungen (relevant bei Stauungen in der V. cava inferior, z. B. bei Leberzirrhose):

- V. lumbalis ascendens (▶ unten)
- Anastomosen zwischen V. epigastrica inferior und Vv. epigastricae superiores (Abb. 11.110)
- Anastomosen zwischen V. epigastrica superficialis und Vv. thoracoepigastricae (Abb. 11.110)

Besonderheiten

- Die **Vv. lumbales** sind vor den Rippenfortsätzen der Lumbalwirbel durch Längsanastomosen, *V. lumbalis ascendens*, verbunden. Diese die V. iliaca communis und die Vv. lumbales verbindende Anastomose mündet *rechts* in die *V. azygos*, *links* in die *V. hemiazygos*. Da die V. azygos in die V. cava superior mündet, ist durch diese Anastomose eine seitlich von der Wirbelsäule gelegene Verbindung zwischen oberer und unterer Hohlvene hergestellt, ein Parallelkreislauf, der bei Obstruktionen der V. cava inferior Bedeutung erlangt.
- Die **Vv. testiculares** gehen aus dem jederseitigen *Plexus pampiniformis* hervor. Die *rechte* V. testicularis mündet in die *V. cava inferior*, die *linke* gelangt unter dem Sigmoid zur *V. renalis sinistra*.
- Die **Vv. ovaricae** verhalten sich in ihrem Verlauf wie die Vv. testiculares.
- Die **Vv. renales** liegen vor den gleichnamigen Arterien und münden unterhalb des Ursprungs der A. mesenterica superior in die V. cava inferior. Die rechte ist nur kurz und wird von der Pars descendens duodeni bedeckt. Die linke ist länger und sehr viel dicker, verläuft ventral von der Bauchaorta nach rechts und ist vom Pankreas verdeckt.

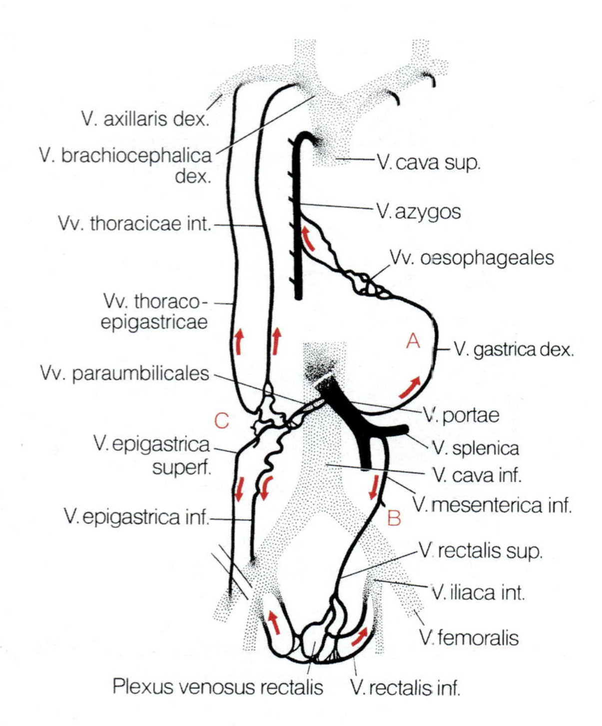

Abb. 11.110. Pfortader und portokavale Anastomosen. Die *Pfeile* geben die Strömungsrichtung des Pfortaderbluts bei einer Stauung in der V. portae an. *A* zu den Ösophagusvenen; *B* zu den Venen des Rektum; *C* zu den Beckenvenen und zur V. subclavia

11

Vena portae hepatis (*Pfortader*) (Abb. 11.111). Die V. portae hepatis sammelt das mit Nährstoffen angereicherte Blut aus den unpaaren Bauchorganen und transportiert es zur Leber.

Die Pfortader entsteht hinter dem Pankreaskopf (in Höhe des 2. LW) durch Zusammenfluss der
- **V. splenica** (lienalis)
- **V. mesenterica superior**

V. splenica. Sie bildet sich aus 5–6 Ästen am Milzhilum und verläuft kaudal der A. splenica an der Hinterfläche des Pankreas. Sie nimmt auf:
- **Vv. pancreaticae** aus der Bauchspeicheldrüse
- **Vv. gastricae breves** vom Magenfundus (Verlauf im Lig. gastrosplenicum)
- **V. gastroomentalis sinistra** von der großen Kurvatur des Magens

V. mesenterica inferior. Sie mündet in der Regel in die V. splenica. Zuvor nimmt sie auf:
- **V. colica sinistra** vom Colon descendens
- **Vv. sigmoideae** vom Colon sigmoideum
- **V. rectalis superior** vom oberen Rektum

V. mesenterica superior. Sie verläuft lateral von der gleichnamigen Arterie im Mesenterium und dann hinter dem Pankreaskopf. Sie erhält Zuflüsse durch
- **Vv. jejunales et ileales** von Jejunum und Ileum

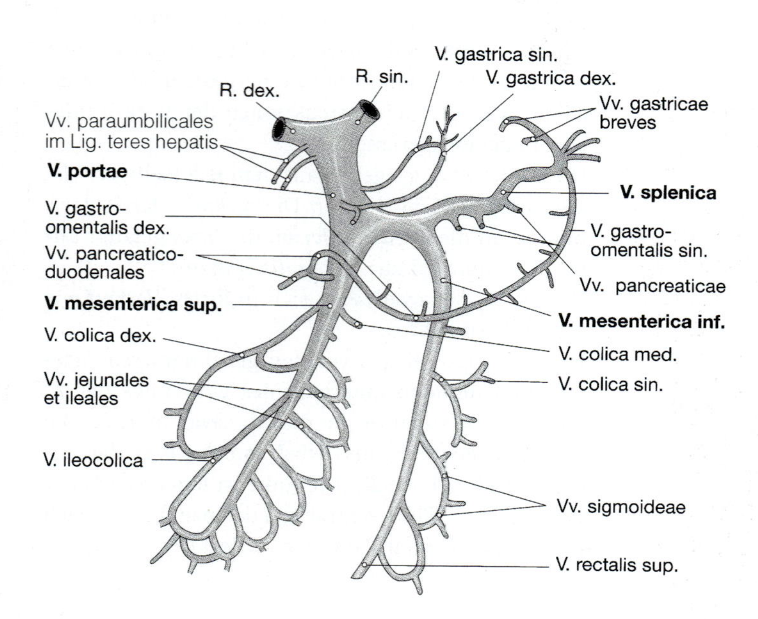

Abb. 11.111. V. portae hepatis mit ihren Zuflüssen

- **V. gastroomentalis dextra** von der großen Kurvatur des Magens
- **Vv. pancreaticae** aus der Bauchspeicheldrüse
- **Vv. pancreaticoduodenales** von Pankreaskopf und Duodenum
- **V. ileocolica** vom Dünndarm-Dickdarm-Übergang, die die **V. appendicularis** aufnimmt
- **V. colica dextra** vom Colon ascendens
- **V. colica media** vom Colon transversum (proximale zwei Drittel)

Die Pfortader verläuft hinter der Pars superior duodeni dorsal im Lig. hepatoduodenale zwischen Ductus choledochus (rechts) und A. hepatica propria (links) und zieht zur Leberpforte. Während dieses Verlaufs treten in die V. portae ein:

- **V. praepylorica** von der Vorderseite des Pylorus
- **Vv. gastricae sinistra et dextra** von der kleinen Kurvatur des Magens
- **Vv. paraumbilicales**; kleine Venen, die mit dem Lig. teres hepatis verlaufen und Verbindungen zu oberflächlichen Bauchwandvenen herstellen
- **V. cystica** von der Gallenblase

Portokavale Anastomosen

Kernaussagen

- **Zwischen Pfortader und V. cava superior und inferior bestehen portokavale Anastomosen. Sie werden klinisch relevant bei Hochdruck in der V. portae (portale Hypertension, z. B. bei Leberzirrhose).**

Die portokavalen Anastomosen können bei Stauungen in der V. portae hepatis bis zu einem gewissen Grad das Blut von dort in die obere oder untere Hohlvene ableiten. Portokavale Anastomosen (Umgehungskreisläufe, ◘ Abb. 11.110) bestehen über:

- **Vv. paraumbilicales** zu den Venen der Bauchwand
- **V. coronaria gastri** (= V. gastrica dextra et sinistra, V. praepylorica) und die **Vv. gastricae breves** zu Ösophagusvenen
- **Venen des Rektum**
- **retroperitoneale Anastomosen**

Klinischer Hinweis

In Kapillargebieten bzw. kleineren Venen der portokavalen Anastomosen kann es bei portaler Hypertension zu Varizenbildungen und durch Gefäßrupturen zu Blutungen kommen. Besonders gefährlich und häufig sind bei portaler Hypertension *Ösophagusvarizen*. – Füllen sich die Venen der vorderen Bauchwand durch Erweiterung und Umkehr der Blutstromrichtung in den Vv. paraumbilicales (◘ Abb. 11.110), entsteht im Umkreis des Nabels das *Caput medusae* (sehr selten). – Schließlich kann es zu Varizenbildungen im Gebiet des *Plexus venosus rectalis* (► S. 366) kommen.

11.6.3 Lymphgefäße

Kernaussagen

- **Die Lymphgefäße der unteren Extremität und der Beckeneingeweide sammeln sich in den paarigen Trunci lumbales.**
- **Die Lymphgefäße aus den unpaaren Baucheingeweiden bilden den unpaaren Truncus intestinalis.**
- **Sammelpunkt der Lymphbahnen ist die Cysterna chyli.**
- **Eingeschaltet in die Lymphwege sind zahlreiche Lymphknoten.**

Die Lymphgefäße des kleinen Beckens verlaufen im Wesentlichen in Begleitung der Venen (◘ Abb. 11.112). Eingeschaltete Lymphknoten liegen vor allem an den großen Beckengefäßen: *Nodi lymphoidei iliaci externi, interni et communes* und präsakral die *Nodi lymphoidei sacrales*. Der weitere Abfluss erfolgt zum Truncus lumbalis.

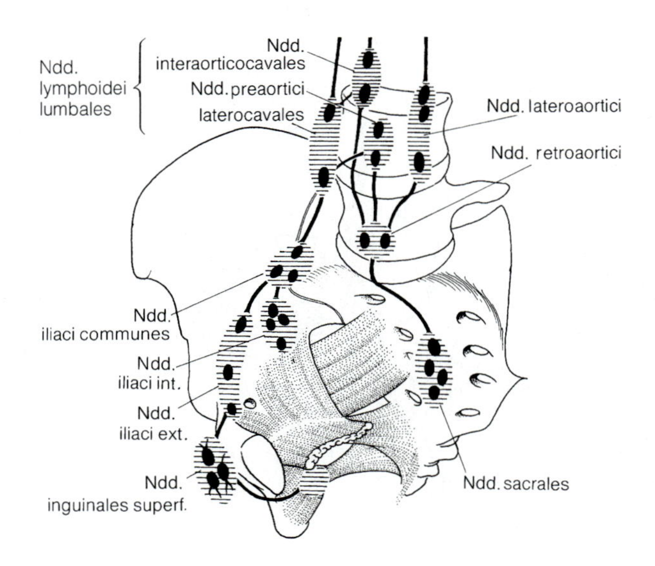

◘ **Abb. 11.112.** Regionäre Lymphknoten und Lymphbahnen im subperitonealen Bindegewebe des Beckens

Die **Lymphgefäße der Baucheingeweide** nehmen ihren Ausgang in den jeweiligen Organen. Mit jedem eingeschalteten Lymphknoten vermindert sich jedoch die Zahl der Lymphgefäße. Schließlich sammeln sie sich zum **Truncus intestinalis**, der die gesamte Darmlymphe der Cysterna chyli zuführt (▶ S. 197).

Lymphknoten der Bauchhöhle (Abb. 11.113). Sie sind zahlreich und bilden in der Regel Gruppen bzw. Ketten. Wichtig sind:

- **Nodi lymphoidei iliaci externi** entlang der Vasa iliaca externa; ihre Vasa efferentia ziehen zu den
- **Nodi lymphoidei lumbales**, die links und rechts von den großen Gefäßen kettenartig angeordnet sind und außerdem die Lymphe der paarigen Organe aufnehmen
- **Nodi lymphoidei mesenterici**, etwa 200–300 Lymphknoten, im Mesenterium
- **Nodi lymphoidei mesenterici inferiores, ileocolici, colici dextri, colici medii et colici sinistri** in den mit dem Dickdarm verbundenen Bauchfellfalten
- **Nodi lymphoidei gastrici dextri et sinistri** für den Lymphabfluss des Magens
- **Nodi lymphoidei pancreaticolienales** bilden eine Lymphknotenkette, die am Hilum der Milz beginnt und am Rand des oberen Pankreas die Vasa splenicae begleitet
- **Nodi lymphoidei hepatici** im Lig. hepatoduodenale des Omentum minus; sie stehen mit Lymphknoten der Brusthöhle in Verbindung

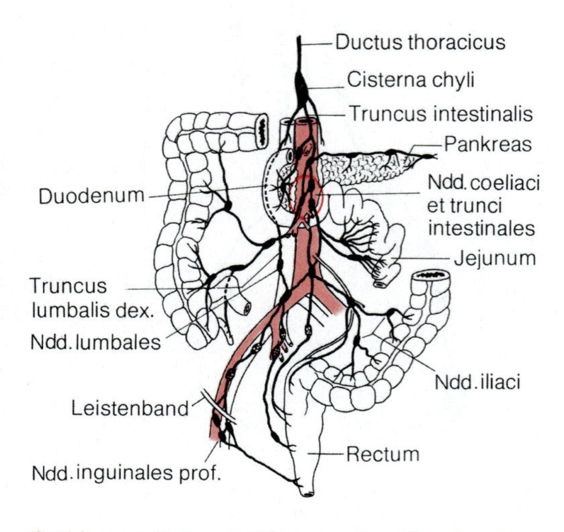

Abb. 11.113. Lymphabfluss aus dem Darmkanal

11.6.4 Nerven

Kernaussagen

- **Der Beckenraum dient der Passage peripherer Nerven des Plexus lumbosacralis zu Hüfte und unterer Extremität.**
- **Die vegetative Innervation der Bauch- und Beckenorgane erfolgt durch vegetative Nervengeflechte, die teilweise Gefäße begleiten: Plexus coeliacus, Plexus aorticus abdominalis mit eingefügten Ganglien.**
- **Die zuführenden sympathischen Nerven entstammen dem Truncus sympathicus, die parasympathischen dem N. vagus bzw. den Sakralsegmenten S2–S5 des Rückenmarks.**

Spinalnerven. Erreicht wird die Bauchhöhle von *Rr. phrenicoabdominales* der Nn. phrenici. Sie verlaufen rechts durch das Foramen venae cavae, links ventrolateral der Herzspitze durch eine eigene Spalte im Diaphragma. Sie versorgen das Peritoneum parietale an der Unterfläche des Zwerchfells, auf der Facies visceralis der Leber, auf Duodenum und Pankreaskopf.

Im retro- und subperitonealen Bindegewebe befinden sich:

- **Plexus lumbalis** (L1–L4)
- **Plexus sacralis** (L4–S5) – beide gemeinsam bilden den *Plexus lumbosacralis* (Abb. 12.74)
- **Plexus coccygeus** (S4–Co)

Plexus lumbalis (▶ S. 569). Die in ventraler Richtung verlaufenden Nerven des Plexus lumbalis liegen im Wesentlichen der dorsalen Rumpfwand und der Wand des großen Beckens an. Nur der *N. obturatorius* (L2–L4) gelangt ins kleine Becken. Er läuft parallel zur Linea terminalis, am medialen Rand des M. psoas entlang zum Canalis obturatorius.

Plexus sacralis (▶ S. 571). Die Wurzeln des Plexus sacralis und der Truncus lumbosacralis befinden sich im subperitonealen Bindegewebe vor dem M. piriformis. Die Fasern liegen der Beckenwand an. Die Äste verlassen das kleine Becken überwiegend in dorsaler Richtung (Abb. 12.78) durch:

- Foramen suprapiriforme des Foramen ischiadicum majus der *N. gluteus superior*

- Foramen infrapiriforme des Foramen ischiadicum majus die *N. gluteus inferior, N. cutaneus femoris posterior, N. ischiadicus* sowie *N. pudendus* (S2–S4, ► S. 574)

Der **N. pudendus** (S2–S4) zieht in Begleitung der Vasa pudenda interna durch das Foramen infrapiriforme, dann bogenförmig um die Spina ischiadica und das Lig. sacrospinale durch das Foramen ischiadicum minus hindurch in die *Fossa ischioanalis*. Hier liegt das Gefäß-Nerven-Bündel in einer Duplikatur der Fascia obturatoria auf dem M. obturatorius internus. Die Faszienduplikatur begrenzt den *Canalis pudendalis* (Alcock-Kanal).

Äste des N. pudendus sind:
- **Nn. anales inferiores:** sie versorgen sensibel die *Haut um den Anus* und motorisch den quer gestreiften *M. sphincter ani externus*
- **Nn. perineales:** sie versorgen *Haut und Muskulatur des Damms* (nicht M. levator ani). Von ihnen zweigen ab:
  - *Nn. scrotales posteriores* zur sensiblen Innervation der *Skrotalhaut* von dorsal bzw. *Nn. labiales posteriores* zur Innervation der *Labia majora* von dorsal
- **N. dorsalis penis/clitoridis** als Endast des N. pudendus, nachdem er den M. transversus perinei profundus dicht unter der Symphyse durchbohrt hat. Der Nerv versorgt die dorsalen Abschnitte der Haut des *Penis* bzw. der *Clitoris*

Vegetative Nerven. Sie innervieren alle Eingeweide der Bauch- und Beckenhöhle. Zuvor bilden die vegetativen Nerven ausgedehnte Geflechte (Plexus) meist in Anlehnung an Blutgefäße. Eingeschlossen sind vegetative Ganglien. Die Innervation der Eingeweide erfolgt sowohl durch Anteile des Sympathikus als auch des Parasympathikus.

Zum **Sympathikus** gehört der **Truncus sympathicus** (Grenzstrang). Sein Bauchteil beginnt nach seiner Passage zwischen dem lateralen und medialen Schenkel des Zwerchfells. Er besteht auf jeder Seite aus einer Kette von etwa *vier Ganglien*, die jeweils am ventrolateralen Umfang der Lendenwirbelkörper liegen. Sie besitzen lange *Rr. communicantes*, die unter den sehnigen Ursprüngen des M. psoas hindurchziehen und den Spinalnerven Fasern zuführen. Die Grenzstrangganglien stehen ferner durch Rr. communicantes sowohl untereinander als auch mit prävertebralen Ganglien in Verbindung. Diese liegen auf der ventralen Fläche der Aorta und sind durch ein schwer entwirrbares Nervenfasergeflecht (*Plexus aorticus abdominalis*) miteinander verbunden.

Plexus coeliacus und **prävertebrale vegetative Ganglien.** Der Plexus coeliacus ist ein mächtiges Geflecht vegetativer Nerven, das die Ursprünge des Truncus coeliacus, der A. mesenterica superior und der Nierenarterien umgibt. Nach kaudal setzt sich das Geflecht in den **Plexus aorticus abdominalis** auf der ventralen Fläche der Aorta fort.

Zu diesen Geflechten gehören in der Umgebung der großen Bauchgefäße die **Ganglia coeliaca:**
- *Ganglion coeliacum dextrum* hinter der V. cava inferior und dem Pankreaskopf
- *Ganglion coeliacum sinistrum* oberhalb des Pankreaskörpers in der Hinterwand der Bursa omentalis
- *Ganglion mesentericum superius* an der Wurzel der A. mesenterica superior
- *Ganglia aorticorenalia* beidseits auf der Aorta an der Abgangsstelle der Nierenarterien
- *Ganglion mesentericum inferius* um den Anfang der A. mesenterica inferior

Diese prävertebralen sympathischen Ganglien empfangen *präganglionäre Fasern* aus den Brustsegmenten 5 bis 11 des Rückenmarks in Gestalt der **Nn. splanchnici major et minor.** Diese durchdringen das Zwerchfell, spalten sich in mehrere Äste auf und gelangen in die prävertebralen Ganglien. Das Ganglion mesentericum inferius erhält zusätzlich Signale über den lumbalen Teil des Grenzstranges.

Die *postganglionären Fasern* sind für die Bauchorgane bestimmt und erreichen ihre Versorgungsgebiete unter weiterer Geflechtbildung in Begleitung der Arterien, z. B. als Plexus suprarenalis, Plexus renalis, Plexus hepaticus, Plexus lienalis, Plexus gastricus. Aus ihnen gehen weitere Organgeflechte hervor.

Der **Plexus aorticus abdominalis** teilt sich am Ende der Bauchaorta in drei Geflechte auf:
- **zwei Plexus iliaci**, die mit den Aa. iliacae communes verlaufen
- **Plexus hypogastricus superior**; dieser setzt sich als breites Geflecht in das kleine Becken hinein fort, wo er sich in die paarigen *Nn. hypogastrici* (eigentlich langgezogene Plexus) teilt; sie strahlen beiderseits in den **Plexus hypogastricus inferior** (Plexus

pelvicus) ein, in den Plexus sind zahlreiche Ganglien (*Ganglia pelvica*) eingestreut

Vom Plexus hypogastricus inferior aus werden weitere, nicht an den Verlauf der Blutgefäße gebundene sekundäre Gangliengeflechte um die von ihnen versorgten Organe (Rektum, Harnblase, Prostata, Uterus, Vagina) gebildet.

Zum **Parasympathikus** gehören die **Nn. vagi**. Sie bilden am thorakalen Ösophagus den *Plexus oesophageus* (► S. 299). Dieser setzt sich als *Truncus vagalis anterior et posterior* in die Bauchhöhle hinein fort. Der dorsale Truncus führt seine Fasern zum Plexus coeliacus, der vordere endet im Plexus gastricus.

Die **parasympathischen Fasern** für die Beckenorgane stammen aus S2–S5. Sie verlaufen z. T. im N. pudendus. Alle parasympathischen Fasern erreichen den Plexus hypogastricus inferior.

In Kürze

Unpaare Aortenäste sind Truncus coeliacus, A. mesenterica superior, A. mesenterica inferior; paarige Aortenäste sind A. phrenica inferior, A. suprarenalis media, A. renalis, A. testicularis/ovarica, A. lumbalis. Die A. iliaca communis teilt sich in A. iliaca interna mit parietalen dorsalen und ventralen sowie viszeralen Ästen und A. iliaca externa. Die Vena cava inferior sammelt das Blut der Vv. iliaca communis dextra et sinistra, Vv. renalis dextra et sinistra, Vv. hepaticae, Vv. phrenicae inferiores. Die V. portae hepatis entsteht aus V. splenica, V. mesenterica superior und V. mesenterica inferior. Cava-Cava-Anastomosen bestehen zwischen V. cava inferior und superior, portokavale Anastomosen zwischen V. portae und V. cava superior und inferior. Die Lmyphgefäße der Beckeneingeweide sammeln sich zu den Trunci lumbales, die der Baucheingeweide zum Truncus intestinalis. Gemeinsam erreichen sie die Cisterna chyli. Retro- bzw. subperitoneal verlaufen die Plexus lumbalis, sacralis und coccygeus. Die vegetative Innervation der Bauch- und Beckeneingeweide geht von Truncus sympathicus, Plexus aorticus abdominalis sowie N. vagus und Sakralsegmenten aus.

Extremitäten

12.1 Entwicklung – 450

12.2 Schultergürtel und obere Extremität – 454
12.2.1 Osteologie – 454
12.2.2 Schultergürtel und Schulter – 461
12.2.3 Oberarm und Ellenbogen – 473
12.2.4 Unterarm und Hand – 478
12.2.5 Leitungsbahnen im Schulter-/Armbereich – 500
12.2.6 Topographie und angewandte Anatomie – 511

12.3 Untere Extremität – 517
12.3.1 Osteologie – 517
12.3.2 Hüfte – 526
12.3.3 Oberschenkel und Knie – 536
12.3.4 Unterschenkel und Fuß – 547
12.3.5 Stehen und Gehen – 562
12.3.6 Leitungsbahnen der unteren Extremität – 564
12.3.7 Topographie und angewandte Anatomie – 574

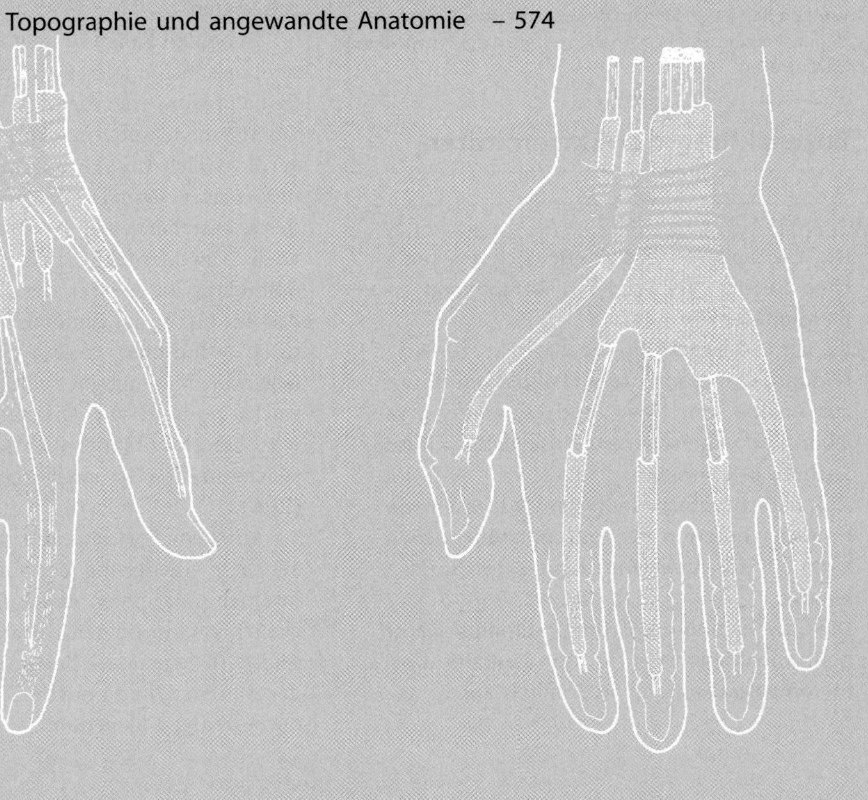

12 Extremitäten

Zur Information

Zwischen oberer und unterer Extremität bestehen erhebliche Unterschiede; freie Beweglichkeit steht gegen tragende Funktion. Es gibt aber auch Gemeinsamkeiten. Beide Extremitäten sind über einen Extremitätengürtel mit dem Rumpf verbunden, die obere Extremität durch den Schultergürtel, die untere durch den Beckenring. Hergestellt werden die Verbindungen durch Gelenke, Bänder und Muskeln. Allerdings ist der Schultergürtel nicht fest am Rumpf verankert, sondern außerordentlich beweglich mit dem Brustkorb verbunden. Er hängt in einer Muskelschlinge. Der Beckengürtel ist dagegen in die Rumpfwand eingefügt und nahezu unbeweglich. Entsprechend hat die obere Extremität einen großen Verkehrsraum und die untere Extremität ist hingegen eine Tragsäule und dient der Fortbewegung. Gemeinsam ist beiden Extremitäten dann wiederum, dass mit zunehmendem Abstand vom Rumpf ihre Muskelmasse ab-, dafür aber die Anzahl der Gelenke zunimmt. Bei beiden Extremitäten werden die Endabschnitte durch lange Sehnen bewegt, die über Gelenke hinwegziehen. Ferner bestehen Ähnlichkeiten in der Entwicklung der Extremitäten.

12.1 Entwicklung der Extremitäten

Kernaussagen

- **Die Extremitäten entwickeln sich im seitlichen Bereich der vorderen Rumpfwand als Extremitätenknospen.**
- **Bis zur 6. Entwicklungswoche ist es zur Ausbildung von Hand- bzw. Fußplatten sowie zur Anlage von Ober- und Unterarm bzw. Ober- und Unterschenkel einschließlich ihres Skeletts gekommen.**
- **Aus zeitlich unterschiedlichem Auftreten von Knochenkernen in den Extremitätenknochen kann auf das Alter eines Kindes geschlossen werden.**
- **Die Entwicklung der Extremitätenmuskulatur geht von Myoblasten an den lateralen Dermatomyotomkanten von Somiten aus.**
- **Die Extremitäten werden durch Nervenplexus innerviert, die aus den vorderen Ästen der Spinalnerven entstanden sind.**
- **Fehlentwicklungen führen zu Extremitätenverstümmelungen.**

Die Entwicklung der Extremitäten beginnt mit der Ausbildung einer falten-, dann paddelförmigen **Extremitätenknospe** an der Seite der vorderen Rumpfwand. Sie wird vom paraxialen Mesoderm induziert. Die Anlage der oberen Extremität erscheint am 26./27. Entwicklungstag (4. Woche, Scheitel-Steiß-Länge 4 mm) in Höhe der unteren Halssomiten, die der unteren Extremität 1 bis 2 Tage später in Höhe der Lumbal- und oberen Sakralsomiten.

In beiden Fällen besteht die Anlage zunächst aus einem mesenchymalen Kern, der im Wesentlichen aus der Somatopleura hervorgeht, und einem Überzug aus Oberflächenektoderm. Am distalen Ende der Knospe verdickt sich das Ektoderm zur **Randleiste.** Zwischen dem mesenchymalen Kern und dem Randleistenektoderm bestehen enge Wechselwirkungen. Während zunächst das Mesenchym die Information zur Extremitätenbildung an das Ektoderm weitergibt, induziert dann das Ektoderm der Randleiste vermittels Wachstumsfaktoren (»fibroblast growth factor«, FGF8) das darunter liegende Mesenchym zum appositionellen Längenwachstum und zur Differenzierung. Aufrechterhalten wird die Aktivität des Randleistenektoderms durch Mesenchymzellen in einer »*zone of polarizing activity*« (ZPA).

Mit dem Fortschreiten der Entwicklung kommt es zu einer Gliederung der Extremitätenknospen jeweils in einen proximalen Abschnitt – für Schulter- bzw. Beckenring – und einen distalen für die freie Extremität selbst. In jedem der beiden Abschnitte verdichtet sich das Mesenchym zu einem Blastem für die Entwicklung der jeweiligen Skeletteile.

Bis zur 6. Woche haben die Längen der Extremitätenanlagen deutlich zugenommen und es sind zu erkennen:

- **Hand- und Fußplatten**
- **Unterteilung** in Ober- und Unterarm bzw. Ober- und Unterschenkel
- **Skelettanlagen**

Hand- und Fußplatte. Sie entwickeln sich durch das Auftreten von interdigitalen Nekrosezonen (INZ) weiter, in denen Ektodermzellen durch Apoptose zugrunde gehen. Dadurch sind am 48. bzw. 50. Embryonaltag die Anlagen der 5 Finger- bzw. Zehenstrahlen zu erkennen. Die verbliebenen Randleistenanteile bewirken das weitere Längenwachstum der Phalangen sowie die Entstehung von Blastemen.

Aufgliederungen der Extremitätenanlagen. Sie führen zur Formentwicklung der Extremitäten. Zunächst sitzen die Hand- und Fußplatten auf stielförmigen Anlagen, die sich dann jedoch durch Abwinkelung in Unter- und Oberarm bzw. Unter- und Oberschenkel gliedern. An den Knickstellen entstehen der Ellenbogen bzw. das Knie. Außerdem drehen sich die Anlagen so, dass die Hand aus ihrer ursprünglichen Stellung (Daumen nach oben) in Pronationsstellung (▶ S. 479) kommt. Der Fuß bleibt jedoch in Supinationsstellung (▶ S. 479). Sie ändert sich erst beim Laufenlernen.

Skelettanlagen. Während der Formentwicklung entstehen im Mesenchym der Extremitätenanlagen in chondrogenen Zonen Vorknorpelblasteme. Jedoch verbleibt unter der oberflächlichen Ektodermschicht eine knorpelfreie Zone, in die Myoblasten einwandern. Im Vorknorpelblastem treten zunächst proximal, dann nach distal fortschreitend Chondroblasten auf, aus denen schrittweise die Knorpelmatrizen der Knochen entstehen. Am Ende der 8. Entwicklungswoche ist mit Ausnahme der Endphalangen das Hyalinskelett ausgebildet. Zu dieser Zeit beginnt bereits bei einigen Knochen die Ossifikation (▶ unten).

Gelenke gehen aus Mesenchymverdichtungen zwischen den knorpeligen Skelettanlagen hervor. Die Gelenkspalten entstehen durch Apoptose in einer Zone zwischen der Anlage der Gelenkknorpel und des Bandapparates der Gelenke.

Ossifikation der Knochenanlagen. Sie erstreckt sich über einen langen Zeitraum und ist knochenspezifisch. In ◘ Tabelle 12.1 ist das Auftreten der Knochenkerne in den Epiphysen der einzelnen Knochen und der Abschluss der Ossifikation durch Schluss der Epiphysenfugen zusammengestellt.

◘ **Tabelle 12.1.** Ossifikationstermine

	Beginn der Ossifikation		Schluss der Epiphysenfugen
Obere Extremität			
Klavikula	Diaphyse 6.–7. Embr. Wo.	Epiphyse 16.–18. Leb. Jahr	20.–24. Leb. Jahr
Skapula	Kollum-Knochenkern Proc.-coracoideus-Kern akzessorische Knochenkerne	8. Embr. Wo. 1. Leb. Jahr 12.–18. Leb. Jahr	19.–21. Leb. Jahr
Humerus	Diaphyse 7.–8. Embr. Wo.	Epiphysen 2. Leb. Wo.– 12. Leb. Jahr	20.–25. Leb. Jahr (prox.) 15.–18. Leb. Jahr (distal)
Radius	Diaphyse 7.–8. Embr. Wo.	Epiphysen 1.–2. Leb. Jahr Processus styloideus 12. Leb. Jahr	15.–20. Leb. Jahr 20.–25. Leb. Jahr
Ulna	Diaphyse 7.–8. Embr. Wo.	Epiphysen 8.–12. Leb. Jahr 5.–7. Leb. Jahr	14.–18. Leb. Jahr 20.-24. Leb. Jahr

Tabelle 12.1 (Fortsetzung)

	Beginn der Ossifikation		Schluss der Epiphysenfugen
Ossa carpi	Knochenkerne zwischen 1.–12. Leb. Jahr		
Ossa metacarpi	Diaphyse 9.–10. Embr. Wo.	Epiphysen 2.–3. Leb. Jahr	15.–20. Leb. Jahr
Grundphalanx	Diaphyse 9. Embr. Wo.		
Mittelphalanx	Diaphyse 11.–12. Embr. Wo.	Epiphysen 2.–3. Leb. Jahr	20.–24. Leb. Jahr
Endphalanx	Diaphyse 7.–8. Embr. Wo.		
Untere Extremität			
Os coxae	Os ilium 2.–3. Entw. Wo. Os ischii 4. Entw. Mo. Os pubis 5.–6. Entw. Mo.	Nebenkerne 10.–13. Leb. Jahr	14.–18. Leb. Jahr Nebenkerne 20.–24. Leb. Jahr
Femur	Diaphyse 7.–8. Entw. Wo.	Epiphysen 1. Leb. Jahr 10. Entw. Mo.	17.–19. Leb. Jahr 19.–20. Leb. Jahr
Tibia	Diaphyse 7.–8. Entw. Wo.	Epiphysen 10. Entw. Mo. 2. Leb. Jahr	19.–21. Leb. Jahr 17.–20. Leb. Jahr
Fibula	Diaphyse 8. Entw. Wo.	Epiphysen 4.–5. Leb. Jahr 2. Leb. Jahr	17.–20. Leb. Jahr
Ossa tarsi	Knochenkerne im Talus, Kalkaneus, Os cuboideum 5.–7. Entw. Mo. Naviculare und Cuneiformia 2.–3. Leb. Jahr		
Ossa metatarsi	Diaphyse 2.–3. Entw. Mo.	Epiphysen 3.–4. Leb. Jahr	15.–20. Leb. Jahr
Grundphalanx	Diaphyse 5. Entw. Mo.		
Mittelphalanx	Diaphyse 8. Entw. Mo.	Epiphysen 1.–5. Leb. Jahr	15.–20. Leb. Jahr
Endphalanx	Diaphyse 9. Entw. Mo.		

Entw. Wo. und *Entw. Mo.*, Entwicklungswoche oder -monat; *Leb. Jahr*, Lebensjahr; *Leb. Wo.*, Lebenswoche nach der Geburt. Bei den Terminangaben zum Schluss der Epiphysenfugen beziehen sich die ersten beiden Zahlenwerte auf die proximale, die folgenden auf die distale Epiphyse. Durch die zeitliche Differenz zwischen Schluss der proximalen und distalen Epiphysenlinie wächst der Humerus vor allem proximal. Der Radius dagegen wächst mehr distal

Zum Zeitplan der Entwicklung

Obere Extremität. Die Ossifikation der oberen Extremität beginnt etwa in der 6.–7. Entwicklungswoche bei der Klavikula. Besonders ist hier, dass die Verknöcherung der Klavikula am Schaft ohne vorherige Knorpelmatritze desmal erfolgt.

Als Letztes bilden sich zwischen 1. und 12. Lebensjahr Knochenkerne in den Ossa carpi.

Für den **Beckengürtel** ist charakteristisch, dass die Verknöcherung im Bereich der Hüftgelenkpfanne mit Bildung einer breiten *Y-förmigen Knorpelfuge* stehen bleibt. In ihr treten im 10.–13. Lebensjahr und zu gleicher Zeit auch in der knorpeligen Crista iliaca sowie in den Apophysen (14.–16. Lebensjahr) Nebenkerne auf. Erst kurz vor oder zum Zeitpunkt der Pubertät vereinigen sich Os ilium, Os pubis und Os ischii zu einem einheitlichen Knochen.

Bei der **unteren Extremität** ist bemerkenswert, dass z. Z. der Geburt je ein *Knochenkern* in der *distalen Femurepiphyse* und (meist) in der *proximalen Tibiaepiphyse* vorhanden ist. Das Auftreten dieser Knochenkerne ist so konstant, dass sie als *Reifezeichen* (▶ S. 121) gewertet werden.

Entwicklung der Extremitätenmuskulatur. Sie beginnt in der 7. bzw. 8. Entwicklungswoche und geht bei beiden Extremitäten von Myoblasten der lateralen Dermatomyotomkante der jeweiligen Somiten aus (Abb. 115): für die obere Extremität von denen der Halssomiten, für die untere Extremität von denen der Lendensomiten. Von hier aus wandern Myoblasten unter dem Einfluss verschiedener Wachstumsfaktoren, die der Weg- und Zielfindung dienen, in die oberflächlichen Schichten der Extremitätenanlagen. Sie ziehen die Fortsätze der zugehörigen Nervenzellen mit. In der Peripherie fügen sich die Myoblasten zu einer Vormuskelmasse zusammen, aus der unter dem Einfluss von myogenen Determinationsfaktoren (MDF) über mehrere Zwischenstufen Muskelfasern und Satellitenzellen entstehen. Demgegenüber entsteht der Bindegewebsapparat der Muskeln einschließlich der Sehnen örtlich.

Obere Extremität. Bei der Einwanderung ordnen sich die myogenen Zellen sogleich auf der Beuge- und Streckseite an. An den Schultergürtel bekommen außerdem Muskelblasteme aus dem Branchialbereich Anschluss.

Untere Extremität. Die Muskelblasteme gliedern sich frühzeitig in Flexoren, Adduktoren und Extensoren. Am Oberschenkel spaltet sich von den Streckern die Glutealmuskulatur und am Unterschenkel die Fibularisgruppe ab.

Zur Information

Bei beiden Extremitäten ist primär die Beugeseite der Leibeswand zugekehrt. Dann drehen sich jedoch die Extremitäten. Bei der oberen Extremität kommt die Beugeseite ventral und die Streckseite mit den Extensoren dorsal zu liegen. Entsprechend ist die Beugung im Ellenbogengelenk nach ventral gerichtet. Bei der unteren Extremität ist die Drehung invers. Die Streckseite gelangt nach vorne und die Beugeseite nach hinten. Dadurch ist die Beugung im Knie nach hinten gerichtet.

Die mit dem Auswandern der Muskelanlagen in die Anlagen der Extremitäten mitgezogenen Rr. anteriores der Spinalnerven verflechten sich an der jeweiligen Basis der Anlage zum Plexus brachialis bzw. Plexus lumbosacralis. Dadurch wird der Segmentbezug undeutlich. Erhalten bleibt er jedoch bei der sensiblen Hautinnervation.

Postnatale Entwicklung der unteren Extremität. Das Kleinkind kann die Kniegelenke nicht durchdrücken, weil die proximale Gelenkfläche der Tibia noch stark nach hinten geneigt ist. Auch ist die Torsion von Femur und Tibia noch nicht erfolgt. Dadurch sind die Füße gerade nach vorne gerichtet. Erst allmählich stellt sich eine Auswärtsrichtung der Fußspitzen ein. Schließlich sind bis zum 2. Lebensjahr ein leichtes O-Bein und etwa bis zum 6. Lebensjahr ein leichtes X-Bein physiologisch. Beides korrigiert sich in der Regel zum Abschluss des Wachstums.

Fehlbildungen. Folgende Fehlbildungen treten sowohl bei den oberen als auch bei den unteren Extremitäten auf:

- **Amelie:** völliges Fehlen einer oder mehrerer Extremitäten, die schwerste Form der angeborenen Fehlbildungen der Extremitäten
- **Meromelie** (auch Peromelie): einzelne Skelettteile fehlen
- **Syndaktylie:** einzelne Finger bzw. Zehen sind unvollständig getrennt
- **Polydaktylie:** überzählige Finger bzw. Zehen
- **Spalthand** (Hummerscherenhand) bzw. **Spaltfuß:** Spaltbildungen zwischen den Hand- bzw. Fußwurzelknochen

Sonderformen von Fehlbildungen an der **oberen Extremität:**

- **Phokomelie** (Sonderform der Meromelie): Hand sitzt direkt am Rumpf oder an einem kurzen Extremitätenstummel

- **Dysostosis cleidocranialis:** infolge einer Verknöcherungsstörung fehlt das Corpus claviculae (meist verbunden mit Schädeldefekten und Fehlentwicklungen der Zähne)

Klinischer Hinweis
Amelie, Meromelie oder Phokomelie wurden bei Kindern beobachtet, deren Mütter während des 1. Trimenons der Schwangerschaft das Schlafmittel Thalidomid eingenommen hatten (*Thalidomid-Embryopathien*).

Sonderformen von Fehlbildungen an der **unteren Extremität:**

- **Sympodie** (Sirenenbildung): durch eine Blastemstörung am kaudalen Ende des Embryos (sog. Rumpfschwanzknospe) sind die unteren Extremitäten miteinander verwachsen
- **Angeborene Hüftgelenkluxation**, beim weiblichen Geschlecht 6-mal häufiger als beim männlichen: sie entwickelt sich in den ersten Lebensmonaten, die Hüftgelenkpfanne ist zu flach und steht zu steil, dadurch verschiebt sich der Femurkopf nach oben, unbehandelt tritt er beim Stehen- und Laufenlernen des Kindes vollends aus der Pfanne
- **Angeborener Klumpfuß** (*Pes equinovarus*) bevorzugt beim männlichen Geschlecht: er geht auf eine Deformation der Tarsalknochen zurück, die eine normale Pronation des Fußes verhindert; das Kind läuft auf der lateralen Fußkante

12

In Kürze

Die Entwicklung der Extremitäten verläuft über die Stufen einer Extremitätenknospe, der Aufgliederung der Anlage in verschiedene Abschnitte, der lokalen Ausbildung eines Knorpelskeletts und des Einwanderns von Myoblasten bis zur Ausbildung der Muskulatur. Die Vorgänge sind terminiert, sodass insbesondere am Auftreten von Knochenkernen der Reifegrad von Fetus bzw. Neugeborenen bestimmt werden kann.

12.2 Schultergürtel und obere Extremität

Schultergürtel und obere Extremität sind eine morphologische und funktionelle Einheit hoher Beweglichkeit. Sie sind durch ein einziges Gelenk mit dem Rumpf verbunden, das sich zwischen Brust- und Schlüsselbein befindet: **Articulatio sternoclavicularis.** Befestigt sind Schultergürtel und obere Extremität jedoch vor allem durch Muskulatur, die sowohl ventral als auch dorsal am Rumpf entspringt und teils am Schultergürtel, teils an der oberen Extremität ansetzt.

12.2.1 Osteologie

e Grundlagen: Osteologie

Zum Schultergürtel gehören:

- **Clavicula** (Schlüsselbein)
- **Scapula** (Schulterblatt)

und zur oberen Extremität (*Membrum superius*):

- **Humerus** (Oberarmknochen) als Skelettanteil des *Brachium* (Oberarm)
- **Ulna** (Elle) und **Radius** (Speiche) für das *Antebrachium* (Unterarm)
- **Carpi** (Handwurzelknochen), **Metacarpi** (Mittelhandknochen) und **Digiti manus** (Finger) als Teile der *Manus* (Hand)

Kernaussagen

- **Die Klavikula (Schlüsselbein) ist die Führungsstange für alle Bewegungen des Arms gegen den Rumpf. Sie hat Gelenkflächen zur Verbindung mit Brustbein und Schulterblatt.**
- **Das Schulterblatt hat als weitere Gelenkfläche die Pfanne für das Schultergelenk.**
- **Der Humerus ist der größte Knochen der oberen Extremität. Seine Gelenkflächen dienen der Verbindung mit dem Schulterblatt und den beiden Unterarmknochen.**
- **Die Unterarmknochen sind Ulna (Elle), die medial dem Radius (Speiche) anliegt.**
- **Die Hand besteht aus 8 Handwurzel-, 5 Mittelhand- und 12 Fingerknochen.**

Schlüsselbein

Die **Klavikula** (Clavicula) ist leicht S-förmig gebogen (▣ Abb. 12.1 b). Sie hat ein sternales und ein abgeplattetes akromiales Ende (*Extremitas sternalis* und *Extremitas acromialis*) mit je einer Gelenkfläche.

Die Extremitas acromialis ist in situ nach dorsolateral gerichtet. An der Unterseite des Knochens dienen die *Linea trapezoidea*, medial von ihr das *Tuberculum conoideum* und nahe dem sternalen Ende die *Impressio ligamenti costoclavicularis* der Befestigung gleichnamiger Bänder. An der Unterseite befindet sich im Bereich des Mittelstücks (*Corpus claviculae*) eine Rinne (*Sulcus musculi subclavii*).

Taststellen (▣ Abb. 12.2). Vorderer Rand und obere Fläche des Corpus claviculae, Extremitas sternalis, Extremitas acromialis. Die Konvexität des Schlüsselbeins liegt medial.

Schulterblatt

Wichtig

Die Skapula bietet allen Gruppen der Schultermuskeln breite Ursprungs- und Ansatzflächen und ist das Stellglied für die Bewegungen des Arms im Schultergelenk.

Die **Skapula** (Scapula, Schulterblatt) (▣ Abb. 12.1 a) ist ein dreieckiger platter Knochen, an dessen Flächen und rahmenartig verdickten Kanten Muskeln entspringen bzw. ansetzen.

Markante Strukturen:

- am lateralen Winkel (*Angulus lateralis*) das *Collum scapulae* mit der verbreiterten ovalen Schultergelenkpfanne (*Cavitas glenoidalis*); das oberhalb der Pfanne gelegene *Tuberculum supraglenoidale* ist die Ursprungsstelle für den langen Bizepskopf, das

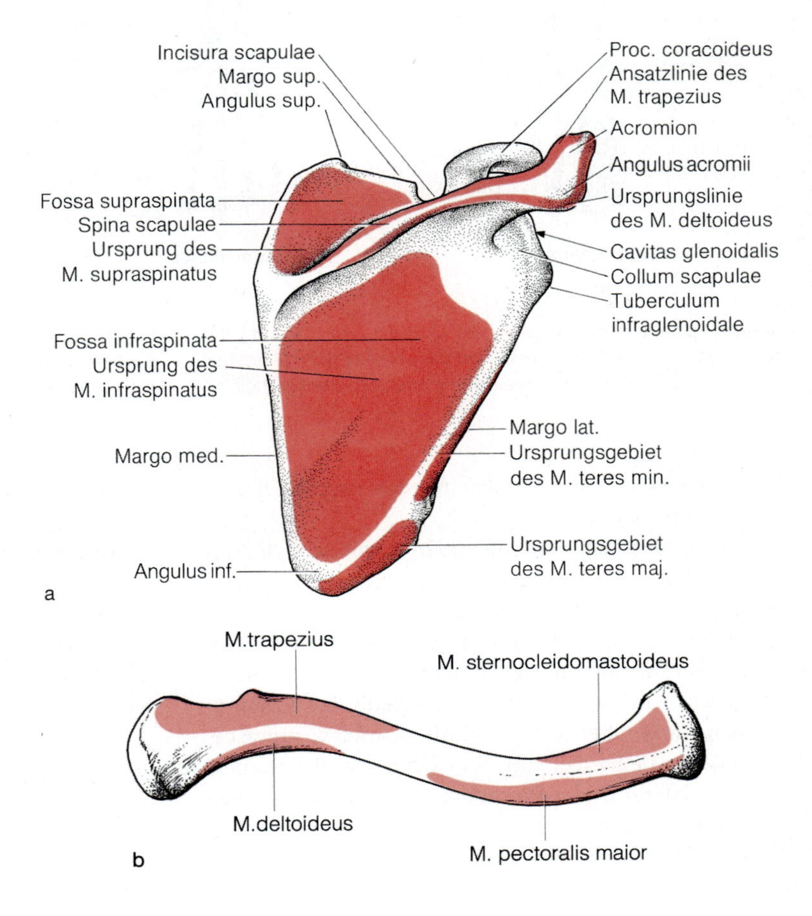

▣ **Abb. 12.1 a, b.** Skapula und Klavikula.
a Rechte Skapula in der Ansicht von dorsal;
b rechte Klavikula, kraniale Fläche.
Rot wichtige Muskelursprünge und -ansätze

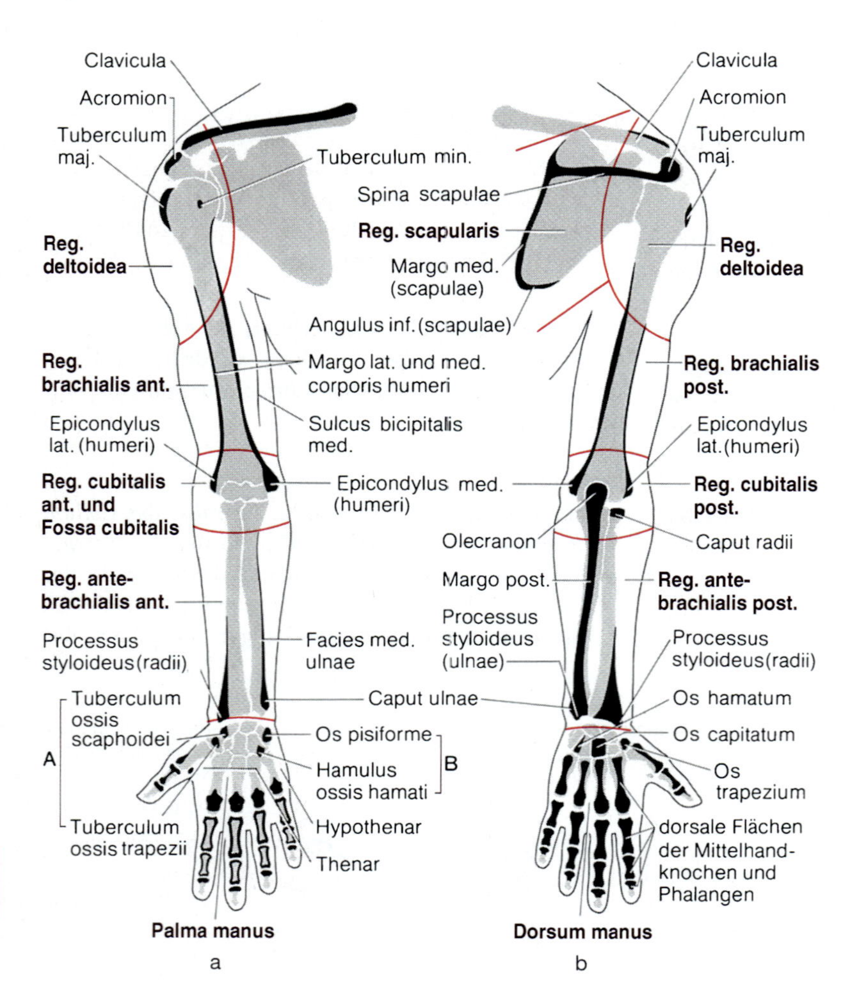

Abb. 12.2 a, b. Schultergürtel und obere Extremität **a** von ventral, **b** von dorsal. In die Umrisse sind die oberflächlich gelegenen Regionen sowie die Knochen eingezeichnet. Die dunkel gehaltenen Skelettabschnitte sind unter der Haut tastbar; hinzu kommt bei herabhängendem Arm der Proc. coracoideus. *A* Eminentia carpalis radialis; *B* Eminentia carpalis ulnaris

Tuberculum infraglenoidale für den langen Trizepskopf (Tabelle 12.5)

- an der dorsalen Seite die *Spina scapulae* (Schulterblattgräte), die lateral mit dem *Acromion* (Akromion, Schulterblatthöhe) endet
- am Oberrand die *Incisura scapulae*, die vom bisweilen verknöcherten *Lig. transversum scapulae* überbrückt wird, unter dem Band verläuft der N. suprascapularis, über dem Band die A. und V. suprascapularis, die Fortsetzung des Oberrandes der Skapula nach lateral ist der **Processus coracoideus**, zwischen Processus coracoideus und Akromion spannt sich das Lig.coracoacromiale aus, das in beiden knöchernen Fortsätzen der Skapula über dem Schultergelenk ein Dach bildet (Schultergelenkdach)
- an der ventralen Fläche (*Facies costalis*) die seichte *Fossa scapularis*, als Ursprungsfläche für den M. subscapularis

Weitere osteologische Einzelheiten und die jeweiligen Muskelursprünge bzw. -ansätze an der Skapula finden Sie in Abb. 12.1 a.

Taststellen (Abb. 12.2). Akromion mit Angulus acromialis, Margo medialis, Angulus inferior und Spina scapulae. Der Processus coracoideus ist bei abduziertem Arm in der Tiefe des Trigonum clavipectorale zu tasten.

Oberarmknochen

e Osteologie: Röhrenknochen, Humerus

Wichtig

Der Humerus ist das Schulbeispiel eines langen Röhrenknochens.

Der Humerus (Oberarmknochen) (Abb. 12.3) besteht aus dem *Corpus humeri* und der *Extremitas proximalis et distalis*.

An den halbkugelförmigen Oberarmkopf (**Caput humeri**) schließt sich das *Collum anatomicum* an. Das unterhalb von ihm liegende **Tuberculum majus** ist nach lateral, das **Tuberculum minus** nach ventral gerichtet. Beide Tubercula setzen sich distalwärts in Leisten fort (*Crista tuberculi majoris* und *Crista tuberculi minoris*). Zwischen beiden liegt eine Rinne (*Sulcus intertubercularis*), in der die Sehne des langen Bizepskopfs gleitet. Knapp unterhalb von Tuberculum majus et minus liegt eine besonders bruchgefährdete Stelle: **Collum chirurgicum.**

An der Diaphyse (**Corpus humeri**, Humerusschaft) ist der Knochen seitlich in Höhe der Crista tuberculi majoris zur *Tuberositas deltoidea* aufgeraut (Ansatz des M. deltoideus Tabelle 12.3). Auf der Rück- und Außenseite des Schaftes befindet sich eine flache, schräg nach ventral verlaufende Rinne (*Sulcus nervi radialis*), der sich der N. radialis und die A. und V. profunda brachii anlagern.

Der **distale Abschnitt** des Humerus ist abgeplattet und die Ränder des Schaftes gehen in die *Cristae supracondylares* über. Das distale Ende des Condylus humeri bilden die **Trochlea humeri** (Gelenkfläche für die Ulna) und lateral von ihr das **Capitulum humeri** (Gelenkfläche für den Radius). Die Vertiefung auf der Vorderseite oberhalb des Capitulums ist die *Fossa radialis*, oberhalb der Trochlea die *Fossa coronoidea*. Ihr entspricht auf der Rückseite die *Fossa olecrani*. Die *Crista supracondylaris lateralis* läuft distal unter Verbreiterung des Schaftendes in den **Epicondylus lateralis** aus und die *Crista supracondylaris medialis* in den weiter vorspringenden **Epicondylus medialis.** An seiner Unterseite liegt der **Sulcus nervi ulnaris** für den N. ulnaris.

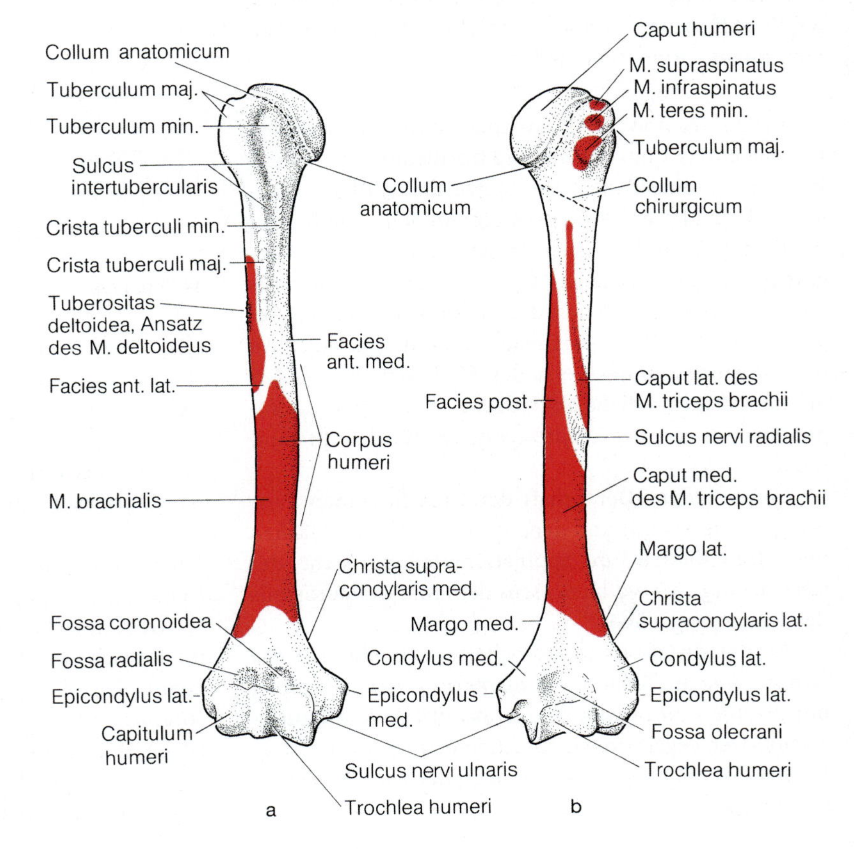

Abb. 12.3 a, b. Rechter Humerus.
a Ansicht von ventral,
b von dorsal.
Rot Ursprünge und Ansätze von Muskeln

Der Winkel zwischen Schaftachse und Mittelachse durch das Caput humeri beträgt ungefähr 130°. In sich hat der Humerus von proximal nach distal eine Außendrehung von ungefähr 20°.

Taststellen (Abb. 12.2). Tuberculum majus und ggf. bei Rotationsbewegungen Tuberculum minus, Caput von der Achselhöhle aus bei adduziertem Arm, Seitenfläche des Humerusschaftes, Margo und Crista supracondylaris medialis et lateralis, Epicondylus medialis et lateralis, Sulcus nervi ulnaris.

Unterarmknochen e Osteologie: Röhrenknochen

Wichtig

Es gibt zwei Unterarmknochen: *Ulna* (Elle) und *Radius* (Speiche).

Wenn Ulna und Radius parallel liegen – die Ulna medial, der Radius lateral –, ist die Hand so gedreht, dass der Daumen nach lateral weist; dann spricht man von **Supinationsstellung**. Wenn jedoch der Radius – als der bewegliche Knochen – die Ulna überkreuzt, liegt der Daumen medial: **Pronationsstellung**.

12

Ulna (Elle) (Abb. 12.4). Proximal ist die Ulna verbreitert. Sie umfasst mit der **Incisura trochlearis** die Trochlea humeri wie eine Zange. Die Spitze der vorderen Zangenbacke bildet der **Processus coronoideus**, die hintere verdickt sich zu dem nach dorsal vorspringenden **Olecranon** (beides Muskelansätze). Seitlich des Processus coronoideus befindet sich die *Incisura radialis* als Gelenkfläche für das proximale Radioulnargelenk. An der *Tuberositas ulnae* setzt der M. brachialis an. Die an die Incisura radialis angrenzende *Crista musculi supinatoris* ist eine der Ursprungsstellen für den M. supinator.

Corpus ulnae. Der Schaft der Ulna hat einen dreieckigen Querschnitt und dementsprechend drei Flächen und drei Kanten. In Supinationsstellung steht der scharfkantige *Margo interosseus* dem Margo interosseus des Radius gegenüber.

An das distale Ende des Schaftes schließt sich das *Caput ulnae* an. Seine *Circumferentia articularis* bildet mit der *Incisura ulnaris* (radii) das distale Radioulnargelenk. Der kegelförmige Knochenfortsatz an der Dorsalseite des Ellenkopfes ist der Griffelfortsatz (**Processus styloideus**).

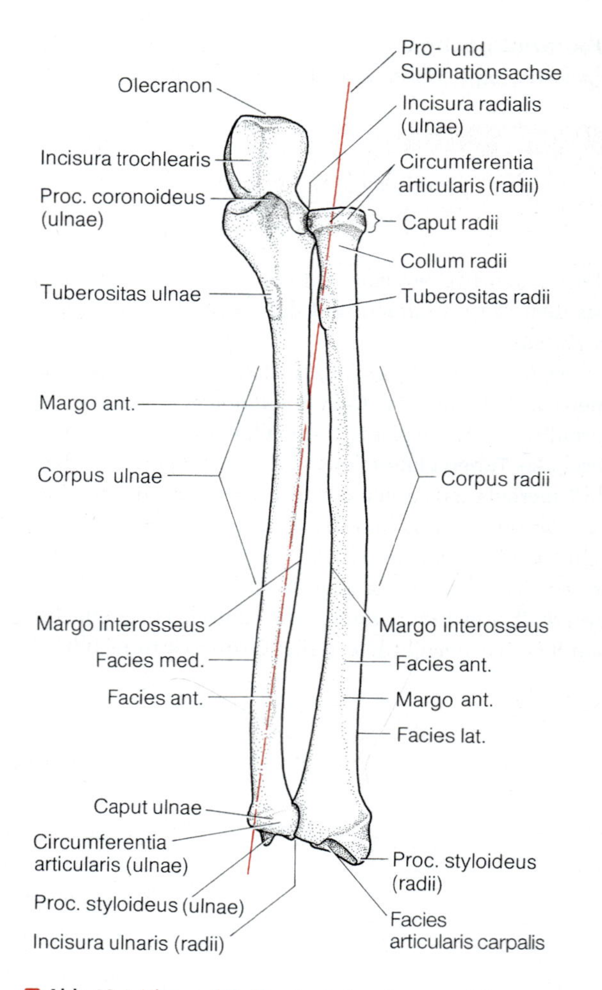

Abb. 12.4. Ulna und Radius des linken Arms. Ansicht von ventral

Taststellen (Abb. 12.2). Von dorsal: Olekranon, Margo posterior bis Processus styloideus (ulnae) – also die Ulna über ihre ganze Länge –, ein Teil des Caput ulnae.

Radius (Speiche) (Abb. 12.4). Proximal befindet sich das **Caput radii** mit der *Fovea articularis* zur Artikulation mit dem Capitulum humeri. Seitlich liegt die *Circumferentia articularis radii*, die sich in der Incisura radialis (ulnae) dreht (proximales Radioulnargelenk).

Dem Speichenkopf folgt das **Collum radii**, das sich im Bereich der *Tuberositas radii* (Ansatzstelle für die Sehne des M. biceps brachii) in den Speichenschaft (*Corpus radii*) fortsetzt. Auch das Corpus des Radius ist im Querschnitt dreieckig.

Distal verbreitert sich der Radius zur knorpelüberzogenen *Facies articularis carpalis* zum Kontakt mit dem Handwurzelskelett. Ihre laterale Begrenzung bildet der **Processus styloideus.** An ihrer medialen Begrenzung senkt sich die *Incisura ulnaris* (radii) als Gelenkfläche für die Circumferentia articularis ulnae ein (distales Radioulnargelenk). Auf der Dorsalseite des Knochens erhebt sich am distalen Ende das *Tuberculum dorsale*, eine Knochenleiste, die die Sehnen des M. extensor pollicis longus und der Mm. extensores carpi radialis longus et brevis trennt.

Taststellen (Abb. 12.2). Caput radii (von dorsal), Processus styloideus (radii) und von ihm aus nach proximal die Facies lateralis und ein Teil der Facies anterior.

Klinischer Hinweis

Ellenbogen. Zur Beurteilung von Luxation oder Fraktur im Ellenbogen wird davon ausgegangen, dass beim Unverletzten bei gestrecktem Ellenbogen Olekranon, Epicondylus lateralis und medialis auf einer Linie liegen, bei Ellenbogenbeugung um 90° jedoch zwischen diesen Knochenpunkten ein gleichseitiges Dreieck entsteht (Hueter-Dreieck).

Distale Radiusfraktur. Sie ist die häufigste Fraktur überhaupt. Sie entsteht beim Sturz mit gestreckter Hand und befindet sich knapp vor dem Handgelenk. Die Hand weicht dann nach radial ab. Bei schlechter Heilung kann es zur Kompression des N. medianus im Karpaltunnel kommen (*Karpaltunnelsyndrom* ► S. 496).

Handwurzelknochen e Osteologie: Hand

Wichtig

Die Handwurzelknochen (Ossa carpi) bilden eine proximale und eine distale Reihe. Jede besteht aus vier Knochen. Überzählige Handwurzelknochen kommen vor.

Proximale Reihe (Abb. 12.5):
- **Os scaphoideum** (Kahnbein), liegt am weitesten lateral in Verlängerung des Radius, auf seiner palmaren Seite erhebt sich das **Tuberculum ossis scaphoidei**
- **Os lunatum** (Mondbein), auch in Verlängerung des Radius
- **Os triquetrum** (Dreiecksbein)
- **Os pisiforme** (Erbsenbein), ein Sesambein in der Sehne des M. flexor carpi ulnaris und ist mit der palmaren Fläche des Os triquetrum gelenkig verbunden. Es beteiligt sich also nicht am proximalen Handgelenk.

Klinischer Hinweis

Alle kleinen Handwurzelknochen sind gegen Durchblutungsstörungen sehr empfindlich, da sie ringsum knorpelige Gelenkflächen tragen. Besonders betroffen sind Os scaphoideum und Os lunatum. Dort kann es bei Überlastung, z.B. Arbeit mit Pressluftbohrern, zu aseptischen Knochennekrosen kommen.

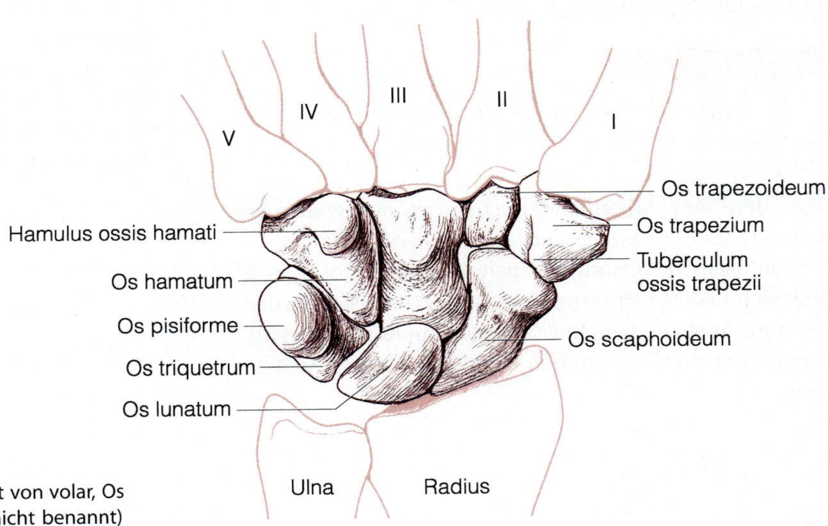

Abb. 12.5. Handwurzelknochen. Ansicht von volar, Os capitatum als Zentrum der Handwurzel (nicht benannt)

Distale Reihe (■ Abb. 12.5):
- **Os trapezium** (großes Vieleckbein) mit einem nach palmar gerichteten *Tuberculum ossis trapezii* und einer distalen *sattelförmigen Gelenkfläche* für die Basis des Os metacarpale I
- **Os trapezoideum** (kleines Vieleckbein)
- **Os capitatum** (Kopfbein) bildet das Zentrum der Handwurzel, ist der größte Handwurzelknochen und grenzt distal an das Os metacarpale III
- **Os hamatum** (Hakenbein); kennzeichnend ist der hakenförmige, palmar gelegene Fortsatz (*Hamulus ossis hamati*)

Die Knochen sind so angeordnet, dass die proximale Reihe eine ovoide (ellipsoide) Gelenkfläche bildet, die mit der Facies articularis carpi des Radius korrespondiert, während die Grenzfläche zwischen ihr und der distalen Reihe wellenförmig verläuft (■ Abb. 12.5). Den »Wellenberg« bilden Os capitatum und Os hamatum. Auch liegen die Knochen nicht in einer Ebene, sondern bilden eine nach palmar konkave Wölbung. Dadurch entsteht eine tiefe Rinne (**Sulcus carpi**), die durch ein Querband zum **Karpaltunnel** wird. Die radiale Begrenzung bilden Tuberculum ossis scaphoidei und Tuberculum ossis trapezii, die ulnare der Hamulus ossis hamati.

Taststellen (■ Abb. 12.2). Tuberculum ossis scaphoidei palmar, dorsolateral Fläche des Os scaphoideum in der Tiefe der Foveola radialis (anatomische Tabatière ▶ S. 517), Eminentia carpalis ulnaris, Os pisiforme.

12

Mittelhandknochen

Osteologie: Hand

Wichtig

Es gibt fünf Mittelhandknochen (Ossa metacarpi).

Von den fünf Mittelhandknochen ist der erste der kürzeste und der zweite der längste (■ Abb. 12.15).

Die Basis des Os metacarpale I ist sattelförmig und fügt sich in die entsprechend gestaltete Gelenkfläche des Os trapezium ein. Regelmäßig liegen am Kopf des 1. Mittelhandknochens ein *radiales* und ein *ulnares* Sesambein.

Fingerknochen

Osteologie: Hand

Der Daumen (*Pollex*) besitzt zwei, jeder der übrigen Finger (Digiti mani) drei Fingerknochen (Phalanges, Ossa digitorum manus). Die jeweils distale Phalanx wird auch Nagelphalanx genannt. Palmar verbinden sich straffe Bindegewebszüge mit der Haut. Sie verhindern eine zu starke Hautverschiebung an den Fingerbeeren beim Tasten und Greifen.

Taststellen (■ Abb. 12.2). Von den Metakarpal- und Phalangealknochen sind die Dorsalflächen über die ganze Länge tastbar, von der Palmarseite nur die Köpfe und Basen der Ossa metacarpi und bei den Phalangen auch noch die Ränder.

In Kürze

Die Klavikula ist S-förmig gekrümmt und endet mit Extremitates sternalis et acromialis. Die Skapula ist ein platter Knochen mit breiten Ursprungs- und Ansatzflächen für Schultermuskeln. Kennzeichnende Strukturen sind die Spina scapulae, das Acromion und der Processus coracoideus. Beim Humerus ist das Caput humeri gegenüber dem Schaft nach medial geneigt. Distal befindet sich die Trochlea humeri und das Capitulum humeri. Die Ulna umfasst proximal mit der Incisura trochlearis die Trochlea humeri. Nach dorsal weist das Olecranon. Distal befindet sich das Caput ulnae. Beim Radius liegt der Kopf (Caput radii) proximal und hat Gelenkflächen zur Artikulation mit dem Capitulum humeri und der Incisura radialis ulnae. Distal ist eine Gelenkfläche für das distale Radioulnargelenk vorhanden. Der größte Handwurzelknochen ist das Os capitatum. Der längste Mittelhandknochen ist der zweite. Der Daumen hat zwei, die übrigen Finger haben drei Fingerknochen.

12.2.2 Schultergürtel und Schulter

Kernaussagen

- **Schultergürtel und Schulter sind eine untrennbare Einheit. Sie befestigen die obere Extremität am Rumpf und ermöglichen die Bewegungen des Arms als Ganzes.**
- **Die Leitstruktur von Schultergürtel und Schulter ist die Skapula mit ihren Muskelansätzen bzw. Muskelursprüngen und Gelenken.**
- **Die Führungsstange der Skapula ist die Klavikula, die durch das mediale Schlüsselbeingelenk mit dem Sternum und das laterale Schlüsselbeingelenk mit der Skapula verbunden ist.**
- **Alle Bewegungen des Schultergürtels sind mit einem Gleiten der Skapula auf der dorsalen Rumpfwand verbunden.**
- **Mit Änderung der Stellung der Skapula ändert sich die Stellung der Gelenkpfanne des Schultergelenks. Dies ermöglicht umfangreiche Bewegungen des Arms.**
- **Das Schultergelenk ist sehr störanfällig. Es wird durch die Rotatorenmanschette gesichert.**

Gelenke

Die Gelenke des Schultergürtels und des Oberarms sind:

- **Articulatio sternoclavicularis** (mediales Schlüsselbeingelenk)
- **Articulatio acromioclavicularis** (laterales Schlüsselbeingelenk)
- **Articulatio humeri** (Schultergelenk)

Hinzu kommen Gleitschichten, die zwar keine Gelenke, aber für die Bewegungen von Schultergürtel und Schulter unerlässlich sind:

- **skapulothorakale Gleitschicht** zwischen Skapula und Thoraxwand
- **akromiohumerale Gleitschicht**, auch als Schulternebengelenk bezeichnet

Schlüsselbeingelenke

Wichtig

Das einzige Gelenk zwischen Rumpf und Schultergürtel ist die Articulatio sternoclavicularis. Die Articulatio acromioclavicularis dagegen dient der Einstellung der Skapula für die Bewegungen im Schultergelenk.

Articulatio sternoclavicularis. Es verbindet das sternale Ende des Schlüsselbeins (Gelenkkopf) mit der *Incisura clavicularis* des Manubrium sterni (und einem Teil des 1. Rippenknorpels) als Gelenkpfanne. Die Gelenkflächen sind annähernd sattelförmig. Sie bestehen aus Faserknorpel. Außerdem teilt ein **Discus articularis** die Gelenkhöhle. Die Gelenkkapsel ist schlaff.

Bänder mit Einfluss auf die Bewegungen im Schlüsselbein

- *Ligg. sternoclaviculare anterius und posterius* (Verstärkung der Gelenkkapsel) verhindern bei seitlichem Zug eine Distraktion des Gelenks und begrenzen die Vor- und Rückwärtsbewegungen des Schlüsselbeins
- *Lig. interclaviculare* verbindet die sternalen Enden beider Schlüsselbeine. Das Band hemmt die Absenkung des distalen Schlüsselbeinendes
- *Lig. costoclaviculare* zwischen dem Knorpelteil der 1. Rippe und dem Schlüsselbein; es wird bei Aufwärtsbewegung und Hebung der Klavikula angespannt

Gelenkmechanik. Das Sternoklavikulargelenk verhält sich funktionell wie ein *Kugelgelenk mit eingeschränkter Drehbewegung*. Es erlaubt eine Vor- und Rückwärtsführung des distalen Klavikulaendes um je 30°, eine Senkung um 5° und eine Hebung um 55°. Kreiselbewegungen um die longitudinale Achse der Klavikula (Voraussetzung für die Schwenkung des Schulterblatts) sind um etwa 35° möglich. Bei der Zirkumduktion bewegt sich das Schlüsselbein auf einem Kegelmantel. Sein akromiales Ende beschreibt eine Ellipse.

Articulatio acromioclavicularis (Schultereckgelenk) zwischen Akromion und Schlüsselbein. Bisweilen kommt ein Diskus aus Faserknorpel vor. Die ovalen Gelenkflächen sind annähernd plan und mit Faserknorpel überzogen. Die Gelenkkapsel wird durch das **Lig. acromioclaviculare** verstärkt.

Gelenkmechanik. Funktionell verhält sich auch das Akromioklavikulargelenk wie ein *Kugelgelenk mit ein-*

geschränkter Drehbewegung. In ihm dreht sich die Skapula gegen die Klavikula. Die Einschränkung der Drehbewegung wird vor allem durch das **Lig. coracoclaviculare** bewirkt, das Schulterblatt und Schlüsselbein zusammenhält und Luxationen in diesem Gelenk entgegenwirkt.

Das Lig. coracoclaviculare besteht aus einem lateralen, vorderen Teil (*Lig. trapezoideum*) vom Processus coracoideus zur Linea trapezoidea des Schlüsselbeins, und einem medialen, hinteren Teil (*Lig. conoideum*) vom Processus coracoideus zum Tuberculum conoideum des Schlüsselbeins.

Klinischer Hinweis

Kommt es z.B. durch einen Sturz auf die Schulter zu Luxation oder Subluxation im lateralen Schlüsselbeingelenk, evtl. mit Riss des Lig. acromioclaviculare, so kann das äußere Schlüsselbeinende durch den M. sternocleidomastoideus und M. trapezius gegenüber dem übrigen Schultergürtel nach oben gezogen werden. Dann ändert sich die Kontur der Schulter.

Skapulothorakale Gleitschicht. Sie besteht aus lockerem Bindegewebe und befindet sich zwischen M. subscapularis und M. serratus anterior. Sie ermöglicht die Bewegungen des Schulterblatts beim Heben und Senken, beim Vor- und Zurücknehmen der Schulter sowie bei den Drehungen der Skapula.

12

Schultergelenk

Wichtig

Das Schultergelenk (Articulatio humeri) wird von einem Muskel-Sehnen-Mantel geführt. Das Ausmaß der Bewegungen im Schultergelenk hängt jedoch weitgehend von der Stellung der Skapula ab.

Das Schultergelenk (Abb. 12.6) zeichnet sich durch einen großen Gelenkkopf (*Caput humeri*) bei einer wesentlich kleineren Gelenkpfanne (*Cavitas glenoidalis*) der Skapula aus. Die Größenverhältnisse verhalten sich wie 4:1. Jedoch wird die Kontaktfläche durch eine Gelenklippe (*Labrum glenoidale*) aus Faserknorpel vergrößert, die den Rand der Cavitas glenoidalis umfasst.

Klinischer Hinweis

Bei *Luxation* durch grobe Gewalteinwirkung z.B. auf den abduzierten oder abduzierten, außenrotierten Arm kann der ventrale Pfannenrand zerbrechen und die Gelenkkapsel zerreißen.

Gelenkkapsel. Die Gelenkkapsel des Schultergelenks ist weit und dünn. Sie wird von einstrahlenden Sehnen benachbarter Muskeln verstärkt. Ihre Sicherung durch Bänder ist dagegen gering.

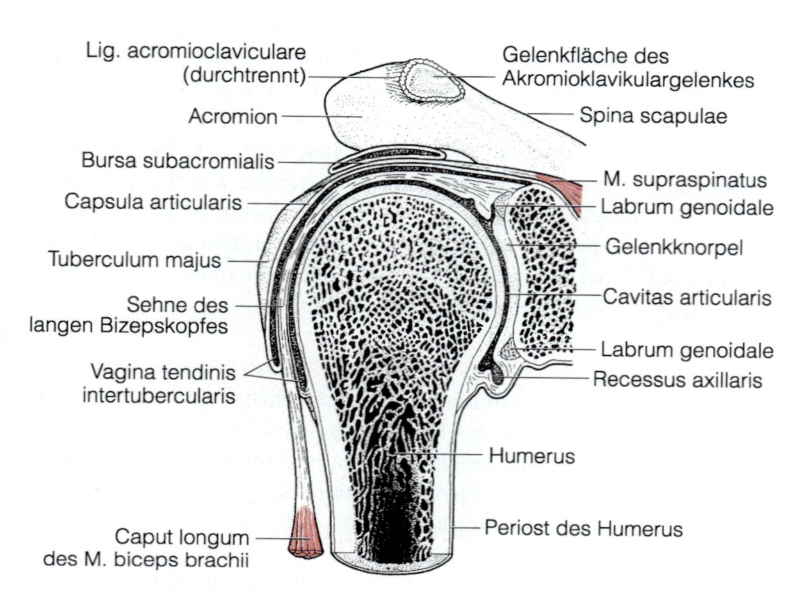

Abb. 12.6. Frontalschnitt durch das rechte Schultergelenk. Ansicht der dorsalen Hälfte von vorne

Einzelheiten zu Gelenkkapsel und Bändern des Schultergelenks

Befestigt ist die Gelenkkapsel an Collum scapulae und Labrum glenoidale und distal am Collum anatomicum humeri. Dadurch bleiben Tuberculum majus und Tuberculum minus extrakapsulär, wogegen die Epiphysenfuge intrakapsulär liegt. Bei herabhängendem Arm hat die Gelenkkapsel medial unterhalb des Labrum glenoidale eine Reservefalte (*Recessus axillaris*).

Die in die Gelenkkapsel eingefügten **Bänder** befinden sich ventral. Sie wirken dem Herausgleiten des Humeruskopfes sowie einer Außenrotation entgegen. Es handelt sich um:

- *Lig. coracohumerale* von der Basis des Processus coracoideus zur Oberkante des Tuberculum majus et minus
- *Ligg. glenohumeralia superius, medium, inferius* (Abb. 12.7a) vom Labrum glenoidale zum Collum anatomicum

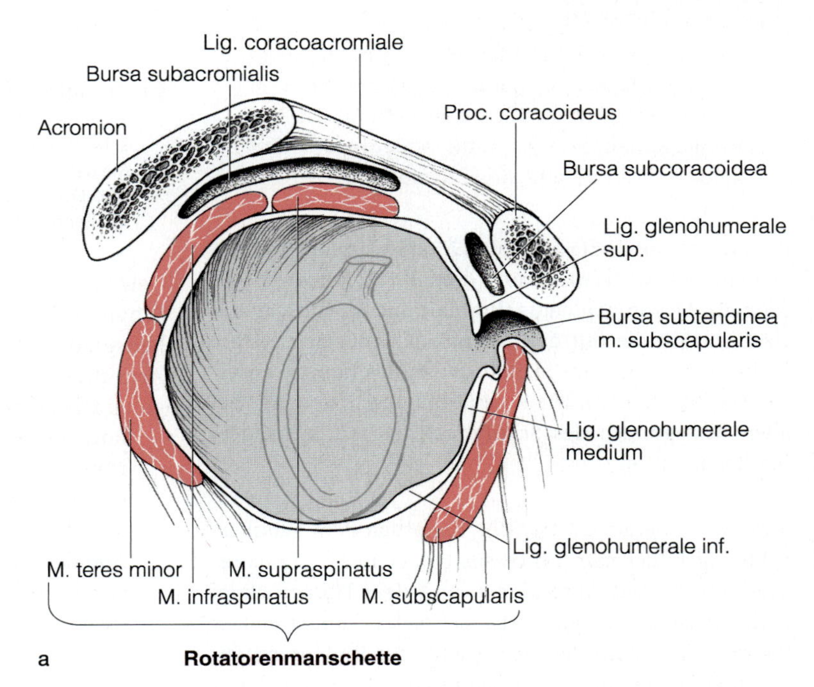

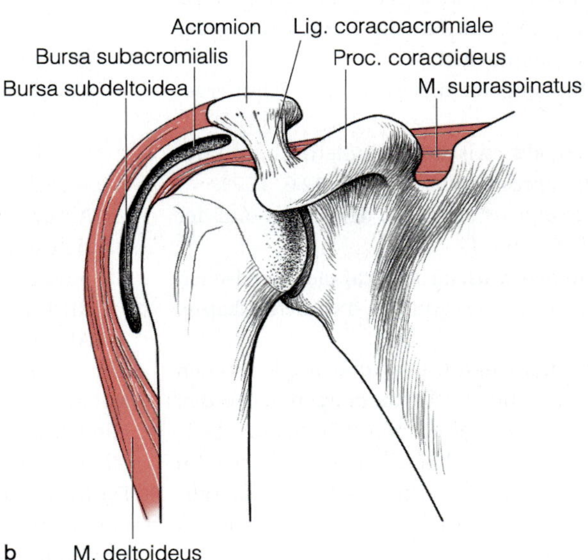

Abb. 12.7 a, b. Rotatorenmanschette. Muskeln, Bänder und Schleimbeutel des Schultergelenks.
a Querschnitt, **b** Längsschnitt

Innerhalb der Gelenkkapsel verläuft die Sehne des langen *Bizepskopfes* (Abb. 12.6). Sie entspringt an Tuberculum supraglenoidale und Labrum glenoidale, zieht dann frei durch die Gelenkhöhle über das Caput humeri hinweg und verlässt sie im Bereich des Sulcus intertubercularis umhüllt von der **Vagina tendinis intertubercularis.**

Wichtig

Die Sicherheit des Schultergelenks garantieren in die Gelenkkapsel einstrahlende Sehnen. Sie sind die gelenknächsten Führungsstrukturen. Sie bilden die Rotatorenmanschette. Außerdem sichern Gleitschichten reibungsfreie Bewegungen.

Rotatorenmanschette (Abb. 12.7). Sie besteht aus den Sehnen des M. teres minor (dorsal), M. infraspinatus (dorsal), M. supraspinatus (kranial) und M. subscapularis (ventral), die mit der Gelenkkapsel des Schultergelenks am Tuberculum majus bzw. minus humeri ansetzen (Tabelle 12.2). Die Rotatorenmanschette wirkt bei allen Bewegungen des Schultergelenks mit, besonders bei der Rotation.

Akromiohumerale Gleitschicht. Zwischen dem Schulterdach – gebildet vom Processus coracoideus, Lig. coracoacromiale und Akromion – und dem Humeruskopf befindet sich ein nur sehr schmaler **subakromialer Raum.** In ihm befinden sich Anteile der Rotatorenmanschette, die bei jeder Bewegung des Schultergelenks Gleitbewegungen ausführen. Für die Herabsetzung der Reibung sorgen Schleimbeutel.

Folgende Schleimbeutel umgeben das Schultergelenk:
- **Bursa subacromialis** zwischen Schulterdach und der Sehne des M. supraspinatus (Abb. 12.6, 12.7),
- **Bursa subdeltoidea** zwischen M. deltoideus und der Gelenkkapsel (Abb. 12.7 b)
- **Bursa subtendinea musculi subscapularis** zwischen Ansatzsehne des M. subscapularis und Gelenkkapsel (Abb. 12.7 a)

Bursa subacromialis und Bursa subdeltoidea stehen in der Regel miteinander in Verbindung und werden auch als *Schulternebengelenk* (akromiohumerale Gleitschiene) bezeichnet, da sie bei allen Bewegungen im Schultergelenk beansprucht werden. – Die Bursa subtendinea musculi subscapularis kommuniziert meistens mit der Gelenkhöhle.

Klinischer Hinweis

Schmerzhafte degenerative Veränderungen im subakromialen Raum sind häufig (*Periarthropathia humeroscapularis = PHS*). Sie können durch Einklemmungen (*Impingement*) der Sehnen der Rotatorenmanschette unter dem Schulterdach, besonders der des M. supraspinatus, zustande kommen und reichen von entzündlichen Erkrankungen an den Schleimbeuteln und Sehnen bis zu Verkalkungen und Rupturen. Bei längerer Ruhigstellung des Armes schrumpft der Recessus axillaris, das Schultergelenk ist deshalb in Abduktionsstellung ruhig zu stellen.

Zur Information

Trotz der Verstärkung der Gelenkkapsel durch Rotatorenmanschette und ventrale Bänder verbleiben »*schwache Stellen*«. Sie befinden sich insbesondere zwischen Lig. coracohumerale und Oberrand des M. subscapularis sowie am unteren muskelfreien Teil der Gelenkkapsel.

Gelenkmechanik e Grundlagen: Bewegungen. Das Schultergelenk hat als typisches Kugelgelenk drei Freiheitsgrade. Daher lassen sich bei herabhängendem Arm drei senkrecht aufeinander stehende Hauptbewegungsachsen beschreiben:
- **Rotationsachse:** sie verläuft vertikal durch das Zentrum des Humeruskopfes parallel mit der Schaftachse (Longitudinalachse); um diese Achse erfolgen Innen- und Außenrotationen
- **Abduktions- und Adduktionsachse:** sie verläuft sagittal durch das Zentrum des Humeruskopfes; auf sie beziehen sich das Abspreizen – bis etwa 90° möglich (Abduktion) – und das Heranführen des Arms an den Rumpf (Adduktion). Ein Heben des Arms über die Horizontale (Elevation) erfordert das Drehen der Skapula mit Stellungsänderung der Cavitas glenoidalis, das allerdings schon bei einer Abduktion von 60° beginnt; einer Abduktion im Schultergelenk über 90° steht das Dach des Schultergelenks im Wege. Gleiches gilt für die Anteversion
- **Anteversions- und Retroversionsachse.** Es handelt sich um eine transversale Achse durch den Mittelpunkt des Humeruskopfes, um die Vor- und Rückwärtsbewegungen des Arms ausgeführt werden

Als weitere Bewegung kommt die **Zirkumduktion** hinzu, eine kreisförmige Bewegung des Arms als eine Kombination aller Bewegungen im Schultergelenk. Hierbei beschreibt die freie Extremität einen Kegelmantel und die Fingerspitzen annähernd eine Kreisfigur. Deshalb wird die Bewegung auch »Armkreisen« genannt (nicht zu verwechseln mit »Armkreiseln«, identisch mit der Rotation).

Tabelle 12.2. Schultergürtelmuskeln

Muskel	Ursprung	Ansatz	Funktion	Innervation
dorsale Gruppe				
M. trapezius				
Pars descendens	Protuberantia occipitalis externa zwischen Linea nuchalis superior und suprema	laterales Drittel der Klavikula und des Akromions	zieht das Schulterblatt nach oben medial	
Pars transversa	von einem rautenförmigen Sehnenspiegel um den 7. HW	mittleres Drittel der Spina scapulae	zieht das Schulterblatt nach medial	
Pars ascendens	von den Proc. spinosi der Brustwirbel	Spina scapulae am weitesten medial	zieht das Schulterblatt nach unten medial, gemeinsam mit anderen Muskeln dreht er das Schulterblatt oder hält es fest; Drehung des Kopfes und der Wirbelsäule; Dorsalflexion des Kopfes und der HWS	hauptsächlich N. accessorius, außerdem Zweige aus den Rr. anteriores der zervikalen Spinalnerven (Plexus cervicalis)
M. levator scapulae	Tubercula posteriora der 4 oberen Halswirbelquerfortsätze	Angulus superior des Schulterblatts und oben am Margo medialis	zieht das Schulterblatt nach medial oben	N. dorsalis scapulae (Plexus brachialis), zusätzlich Plexus cervicalis
M. rhomboideus minor	Processus spinosi des 6. und 7. Halswirbels	Margo medialis des Schulterblatts oberhalb der Spina scapulae	zieht das Schulterblatt nach mediokranial, hält das Schulterblatt am Rumpf fest	N. dorsalis scapulae (Plexus brachialis)
M. rhomboideus major	Processus spinosi der 4 oberen Brustwirbel	Margo medialis des Schulterblatts unterhalb der Spina scapulae	zieht das Schulterblatt nach mediokranial, hält das Schulterblatt am Rumpf fest	N. dorsalis scapulae (Plexus brachialis)
M. serratus anterior	seitlich mit Ursprungszacken von der 1.–9. Rippe	Margo medialis, Angulus superior, Angulus inferior scapulae	unterer Teil dreht die Skapula beim Erheben des Arms über die Horizontale, hält die Skapula am Thorax; untere Teile wirken als Atemhilfsmuskeln	N. thoracicus longus (Plexus brachialis)

Tabelle 12.2 (Fortsetzung)

Muskel	Ursprung	Ansatz	Funktion	Innervation
ventrale Gruppe				
M. subclavius	vordere Fläche der 1. Rippe an der Knorpel-Knochen-Grenze	untere Fläche der Extremitas acromialis der Klavikula	hält die Klavikula im Sternoklavikulargelenk, polstert die Vasa subclavia, hält Lumen der V. subclavia offen	N. subclavius (Plexus brachialis)
M. pectoralis minor	2. oder 3.–5. Rippe 1–2 cm seitlich der Knorpel-Knochen-Grenze	Processus coracoideus scapulae	zieht das Schulterblatt nach vorn unten, bei aufgestützten Armen wirkt er inspiratorisch	N. pectoralis medialis und N. pectoralis lateralis

Letztlich sind alle Bewegungen im Schultergelenk Mischbewegungen. Am deutlichsten wird dies, wenn der Arm auf den Rücken geführt wird oder vom abduzierten, retrovertierten und außenrotierten Arm durch gleichzeitige Adduktion, Anteversion und Innenrotation ein kraftvoller Wurf ausgeführt wird.

Bewegungswinkel des Schultergelenks

Folgende Bewegungswinkel lassen sich für das Schultergelenk mit der Neutral-Null-Methode ermitteln (► S. 165):

- bei festgestellter Skapula
  - Abduktion-Adduktion: 90°–0°–10°
  - Anteversion-Retroversion: 90°–0°–90°
  - Außenrotation-Innenrotation: 7°–0°–70°
- bei beweglicher Skapula (Gesamtbewegungen von Schultergelenk und beiden Schlüsselbeingelenken)
  - Abduktion-Adduktion: 180°–0°–40°
  - Anteversion-Retroversion: 180°–0°–40°
  - Außenrotation-Innenrotation: 90°–0°–90°

Muskulatur

Ohne funktionell getrennt zu sein, sind bezogen auf ihre Lage zu unterscheiden:

- **Schultergürtelmuskulatur** (Tabelle 12.2)
  - **dorsale Gruppe** (Abb. 12.8), Ursprünge am Os occipitale des Schädels, an den Hals- und Brustwirbeln sowie seitlich an den Rippen, Ansätze fast ausschließlich an der Skapula
  - **ventrale Gruppe**, Ursprünge mit wenigen Ausnahmen an den Rippen, Ansätze im Bereich der Schulterhöhe teils an der Klavikula, teils an der Skapula
- **Schultermuskulatur** (Tabelle 12.3), Ursprünge überwiegend an der Skapula und nur zum geringen Teil an der Klavikula, Ansätze allein im proximalen Bereich des Humerus
  - **dorsale Gruppe**
  - **ventrale Gruppe**

Skapula und Klavikula sind also Verbindungsglieder zwischen Rumpfgürtelmuskulatur und Schultermuskulatur. Sonderfälle sind die M. latissimus dorsi und M. pectoralis major.

Zur Information

Phylogenetisch ist es möglich, zwischen autochthonen Muskeln und solchen zu unterscheiden, die während der stammesgeschichtlichen Entwicklung der oberen Extremität aus dem Branchialbogenbereich und aus der ventrolateralen Leibeswand eingewandert sind und so das »Aufhängen« der oberen Extremität am Rumpf bewirkt haben.

Muskeln des Schultergürtels

Wichtig

Die Schultergürtelmuskeln befestigen die obere Extremität am Rumpf. Der größte Teil dieser Muskeln umrahmt die Skapula und bringt sie in die jeweils geeignete Stellung für Haltung und Bewegung des Arms. Nur wenige Muskeln haben Verbindung mit der Klavikula.

Tabelle 12.3. Schultermuskeln

Muskel	Ursprung	Ansatz	Funktion	Innervation
dorsale Gruppe				
M. supraspinatus	Fossa supraspinata, Fascia supraspinata	obere Facette des Tuberculum majus, Gelenkkapsel	Abduktion (Außenrotation)	N. suprascapularis aus dem Plexus brachialis (Pars supraclavicularis)
M. infraspinatus	Fossa infraspinata, Fascia infraspinata	mittlere Facette des Tuberculum majus, Gelenkkapsel	wichtigster Außenrotator	N. suprascapularis
M. teres minor	Margo lateralis der Skapula	untere Facette des Tuberculum majus	Außenrotation, Adduktion	N. axillaris aus dem Fasciculus posterior
M. teres major	Angulus inferior der Skapula	Crista tuberculi minoris	Innenrotation, Adduktion, Retroversion nach medial	N. thoracodorsalis (oder ein Ast des N. subscapularis)
M. subscapularis	Fossa subscapularis	Tuberculum minus, Gelenkkapsel	Innenrotation	N. subscapularis (meistens 2)
M. deltoideus	laterales Drittel der Klavikula	Tuberositas deltoidea	Innenrotation, Adduktion, Anteversion (Abduktion bei über 60° Stellung)	N. axillaris aus dem Fasciculus posterior
	Akromion	Tuberositas deltoidea	Abduktion, Anteversion	N. axillaris aus dem Fasciculus posterior
	Spina scapulae	Tuberositas deltoidea	Außenrotation, Adduktion, Retroversion (Abduktion bei über 60° Stellung)	N. axillaris aus dem Fasciculus posterior
M. latissimus dorsi	Processus spinosi der sechs unteren Brustwirbel und aller Lendenwirbel, Facies dorsalis des Os sacrum, Labium externum der Crista iliaca, 9.–12. Rippe und meistens auch vom Angulus inferior der Skapula. Ursprungsaponeurose: oberflächliches Blatt der Fascia thoracolumbalis	an der Crista tuberculi minoris vor dem Ansatz des M. teres major	Innenrotation, Adduktion und Retroversion des Arms (Schürzenbindermuskel), zieht den erhobenen Arm herab, spannt sich beim Aufschwung am Reck und bei Klimmzügen, wirkt exspiratorisch (»Hustenmuskel«)	N. thoracodorsalis (Plexus brachialis)

Tabelle 12.3 (Fortsetzung)

Muskel	Ursprung	Ansatz	Funktion	Innervation
ventrale Gruppe				
M. pectoralis major				
Pars clavicularis	mediale Hälfte der Klavikula	Crista tuberculi majoris humeri	Innenrotation, Adduktion, Anteversion, Inspiration bei aufgestützten Armen	N. pectoralis medialis und N. pectoralis lateralis
Pars sternocostalis	Manubrium sterni, Corpus sterni, 2.–7. Rippenknorpel			
Pars abdominalis	vorderes Blatt der Rektusscheide		Senkung der Schulter	

Schultergürtelmuskeln sind (Tabelle 12.2, Abb. 12.8):
- **M. trapezius**
- **M. levator scapulae**
- **Mm. rhomboidei major et minor**
- **M. serratus anterior**
- **M. subclavius**
- **M. pectoralis minor**
- **M. sternocleidomastoideus**
- **M. omohyoideus**

Von diesen Muskeln erreichen M. subclavius, M. sternocleidomastoideus und M. omohyoideus die Klavikula. Die beiden letztgenannten Muskeln werden bei der Halsmuskulatur besprochen (Tabelle 13.14). Die übrigen Muskeln befestigen sich an der Skapula und bilden Muskelschlingen um diesen Knochen.

Wichtig

Auch in Ruhehaltung des Schultergürtels sind die beteiligten Muskeln tonisch aktiv.

Das Verharren des Schultergürtels in Ruhe setzt einen ausgewogenen, sich gegenseitig kompensierenden Tonus aller beteiligten Muskeln voraus, der auch das Eigengewicht der Extremität kompensieren muss. Weiterhin vermögen die Muskeln zusätzliche Belastungen beim Tragen von Lasten auf der Schulter oder in der Hand auszugleichen, vor allem der M. levator scapulae und die Pars descendens des M. trapezius. Ferner sorgt die Schultergürtelmuskulatur dafür, dass die Skapula dem Rumpf (verschieblich) anliegt. Erreicht wird dies vor allem durch Synergismus von M. serratus anterior und die Mm. rhomboidei (Abb. 12.8). Zusätzlich wirken Teile des M. latissimus dorsi mit.

Klinischer Hinweis

Bei Lähmungen des M. serratus anterior hebt sich der mediale Rand der Skapula flügelartig ab (*Scapula alata*).

Wichtig

Die Bewegungen im Schultergürtel werden nie von einzelnen Muskeln, sondern stets durch Muskelgruppen ausgeführt, die Schlingen bilden.

Abbildung 12.8 zeigt, welche Muskeln bzw. Muskelteile auf die jeweilige Bewegungsrichtung der Skapula Einfluss nehmen und Abb. 12.9 den Verlauf eines Teils dieser Muskeln. Im Wesentlichen bewegt sich die Skapula, der das akromiale Ende der Klavikula folgt, in
- kraniokaudaler Richtung: **Heben und Senken** der Schulter
- transversaler Richtung: **Vor- und Rückwärtsführen** der Schulter
- **Drehbewegungen**

Funktionell führt jede Bewegung im Schultergürtel zu einer Stellungsänderung der Gelenkpfanne der Articulatio humeri und schafft dadurch die Voraussetzungen für die Bewegungen des Arms, besonders für die Elevation über die Horizontale durch Drehung des Schulterblatts (▶ oben, Abb. 12.10). Bei der Drehung des Schulterblatts schwenkt der Angulus inferior der Skapula nach lateral und die Cavitas glenoidalis richtet sich nach oben.

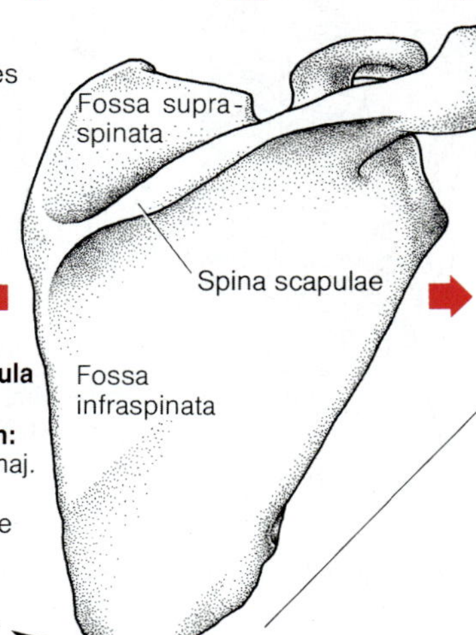

Abb. 12.8. Wirkungen von Muskeln zur Bewegung der Skapula

Klinischer Hinweis

Bei Drehung des Schulterblatts kontrahieren synergistisch die oberen Abschnitte der Mm. rhomboidei und die unteren des M. serratus anterior sowie die Pars descendens und Pars ascendens des M. trapezius unter Mitwirkung des M. levator scapulae.

Muskeln des Schultergelenks

Wichtig

Die Muskeln des Schultergelenks entspringen am Schultergürtel oder am Rumpf (M. latissimus dorsi, M. pectoralis major) und setzen am Humerus an. Selten bewirkt ein Muskel allein eine bestimmte Bewegung, vielmehr wirken in der Regel Teile der Muskeln bald agonistisch, bald antagonistisch zusammen. Eine große Rolle spielt die Ausgangsstellung des Humerus (außen- oder innenrotiert). Der M. deltoideus bestimmt die Kontur der Schulter.

Muskeln des Schultergelenks (Schultermuskeln, Tabelle 12.3)

- **dorsal** gelegen (Abb. 12.11)
  - **M. deltoideus** (Pars spinalis)
  - **M. supraspinatus**
  - **M. infraspinatus**
  - **M. teres minor**
  - **M. teres major**

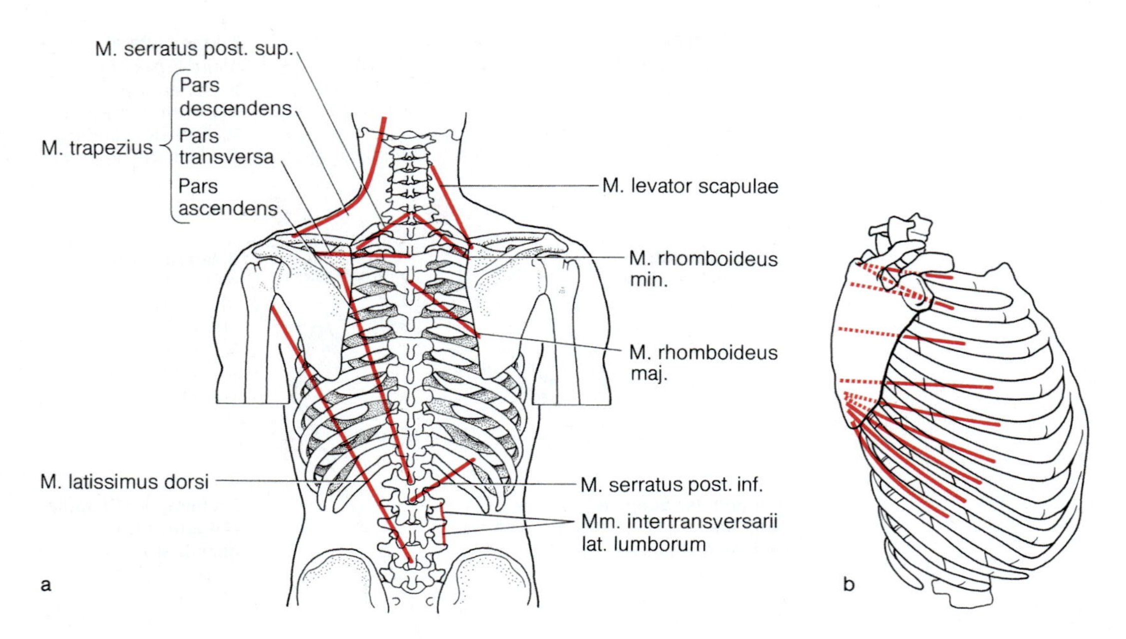

Abb. 12.9 a, b. Rückenmuskeln. **a** Sekundäre Rückenmuskeln und ihre Beziehungen zur Skapula, **b** M. serratus anterior

  - **M. subscapularis**
  - **M. latissimus dorsi**
- **ventral** gelegen (Abb. 12.12)
  - **M. pectoralis major**
  - **M. deltoideus, Pars clavicularis**

Einzelheiten über Ursprung, Ansatz und Innervation der aufgeführten Muskeln sind in Tabelle 12.3 zusammengestellt.

M. biceps brachii, M. coracobrachialis, Caput longum musculi tricipitis brachii haben lediglich geringe Wirkung auf das Schultergelenk.

In Tabelle 12.4 ist zusammengestellt, welche Muskeln bei welchen Bewegungen wirksam werden.

Einzelheiten zu den Muskeln des Schultergelenks

Die Erläuterungen betreffen vor allem die Muskelfunktionen, die wesentlich von ihrer bzw. der Lage ihrer Teile zu den Hauptbewegungsachsen abhängen.

M. deltoideus. Er ist jeweils mit Teilen an allen Bewegungen des Schultergelenks beteiligt. Die *Pars acromialis* abduziert, weil sie über die sagittale Achse des Schultergelenks hinwegzieht.

Die *Pars clavicularis* dreht den Humerus nach innen und antevertiert ihn, da sie sich vor der Rotationsachse und vor der transversalen Achse befindet.

Die *Pars spinalis* läuft hinter der Rotationsachse und hinter der Transversalachse. Sie rotiert nach außen und retrovertiert den Arm.

Klinischer Hinweis

Bei Oberarmbrüchen verlagern die Abduktoren (M. supraspinatus, M. deltoideus) die Bruchstücke entsprechend der Lage des Bruchs. Bei einem Bruch proximal der Tuberositas deltoidea wird das distale Bruchstück nach lateral verlagert, beim Bruch distal der Tuberositas deltoidea wird umgekehrt das proximale Fragment nach lateral und ventral gezogen.

M. supraspinatus. Der Muskelbauch verläuft oberhalb der sagittalen und je nach Stellung des Humerus hinter der longitudinalen Bewegungsachse des Schultergelenks. Er ist ein starker Abduktor und kann bei adduziertem und retrovertiertem Arm auch nach außen rotieren.

M. infraspinatus. Der Muskel liegt unterhalb der sagittalen und dorsal von der longitudinalen Achse. Er ist der **wichtigste Außenrotator** und wirkt als Kapselspanner.

M. teres minor. Er verläuft unterhalb der Sagittal- und dorsal der Longitudinalachse. Dadurch wirkt er bei Adduktion und Außenrotation mit.

M. teres major. Der Muskelansatz liegt vor der Longitudinal- und unterhalb der Sagittalachse des Schultergelenks. Deswegen beteiligt er sich an Innenrotation, Adduktion und Rückführung des Arms.

M. subscapularis. Die Endstrecke des Muskels liegt vor der Rotationsachse. Er ist ein Innenrotator.

M. latissimus dorsi. Der Muskel bewirkt Innenrotation, Retroversion und Adduktion (Schürzenbindermuskel). Bei aufgestütztem Arm ist er ein exspiratorischer Atemhilfsmuskel. Die größte Wirkung entfaltet der Muskel bei eleviertem Arm

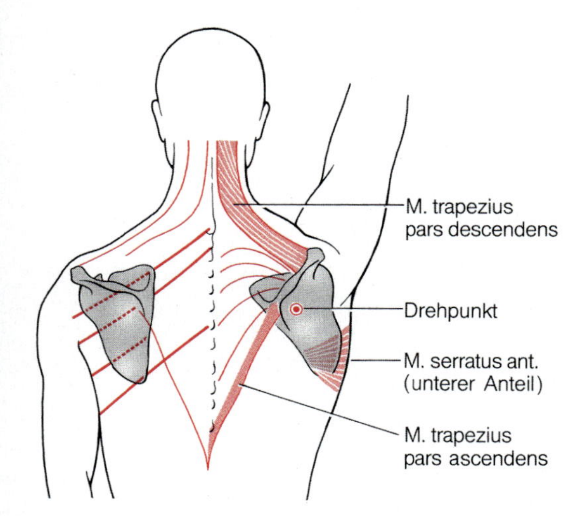

Abb. 12.10. Elevation des Arms über die Horizontale (*rechte Seite*) und Serratus-Rhomboideus-Schlinge (*linke Seite*)

(Ausholen zum Hieb), weil er, wie auch der M. pectoralis major, in einem großen Abstand vom Drehpunkt des Humerus ansetzt. Dadurch wird ein günstigeres Drehmoment erreicht.

Klinischer Hinweis

Bei *Lähmungen des M. deltoideus* (N.axillaris) kann der Arm gegen einen größeren Widerstand nicht mehr vollständig abduziert werden. Eine Kompensation durch die gleichsinnig wirkenden M. supraspinatus und das Caput longum des M. biceps brachii (► unten) ist nicht möglich, weil die Kraft dieser Muskeln nur ausreicht, den Arm gegen die Schwerkraft und in einem geringeren Umfang abzuspreizen. Ist neben dem M. deltoideus auch noch der M. supraspinatus gelähmt (N. suprascapularis), hat das Caput humeri die Tendenz zur Subluxation. In einem solchen Fall wird eine *Arthrodese* (Schultergelenksversteifung) herbeigeführt, weil dann durch Drehung des Schulterblatts der Arm doch wieder gehoben werden kann.

Räumliche Anordnung der Muskulatur des Schultergelenks. Sie lässt die

- **Achselhöhle (Fossa axillaris)** und
- **Achsellücken** entstehen

Die Ausführungen hierzu finden Sie ► S. 512f.

Faszien des Schultergürtels und der Schulter

Die Faszien des Schultergürtels und der Schulter hängen untrennbar zusammen. Jedoch lassen sich nach ihrer Lage beschreiben:

Tabelle 12.4. Bewegungen im Schultergelenk. Herausgehoben sind jeweils die Muskeln, die bei den einzelnen Bewegungen führend sind

Bewegung	Muskel oder Teil eines Muskels
Abduktion	*Pars acromialis des M. deltoideus* *M. supraspinatus* Caput longum des M. biceps brachii Pars clavicularis und Pars spinalis des M. deltoideus bei Abduktionsstellung größer als 60°
Adduktion	*M. pectoralis major* *M. latissimus dorsi* *M. coracobrachialis* M. teres major Pars clavicularis und Pars spinalis des M. deltoideus, bei Abduktionsstellung kleiner als 60° M. teres minor Caput longum des M. triceps brachii
Anteversion	*Pars clavicularis des M. deltoideus* *Pars clavicularis des M. pectoralis major* M. coracobrachialis M. biceps brachii
Retroversion	*M. latissimus dorsi* *Pars spinalis des M. deltoideus* M. teres major
Innenrotation	*M. subscapularis* *M. pectoralis major* Pars clavicularis des M. deltoideus M. latissimus dorsi M. teres major M. coracobrachialis
Außenrotation	*M. infraspinatus* *M. teres minor* *Pars spinalis des M. deltoideus* M. supraspinatus

- **Fascia pectoralis** (oberflächliche Brustfaszie)
- **Fascia clavipectoralis** (tiefe Brustfaszie)
- **Fascia axillaris**

Fascia pectoralis. Sie ist mit der Oberfläche des M. pectoralis major, der Klavikula und dem Sternum fest verwachsen, jedoch verschieblich mit der Haut bzw.

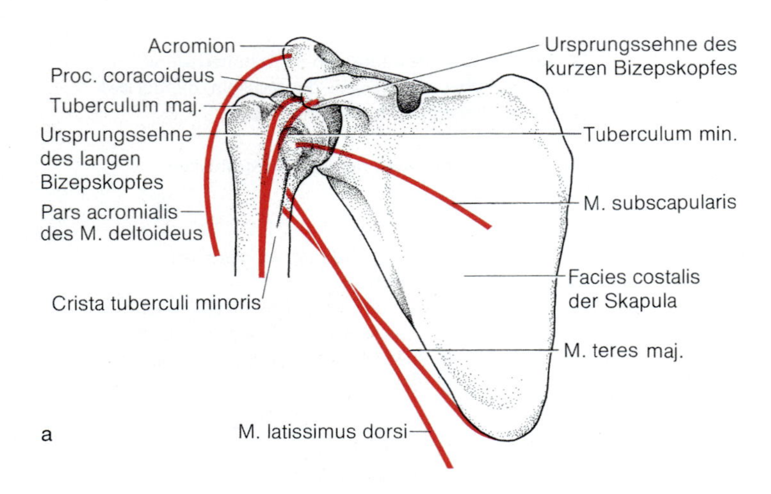

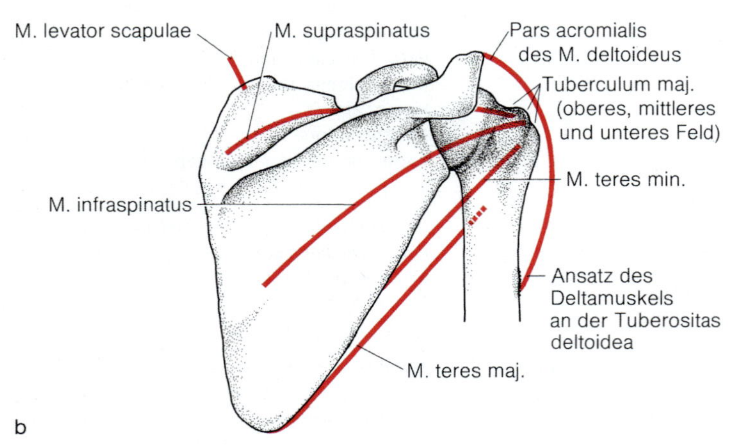

Abb. 12.11 a, b. Muskeln des Schultergelenks, dorsale Gruppe. **a** Ansicht von ventral (Muskeln auf der Innenseite der Skapula), **b** Ansicht von dorsal (Muskeln auf der Außenseite der Skapula)

bei der Frau mit der Brustdrüse (► S. 256) verbunden. Die Fascia pectoralis setzt sich in Lamina superficialis der Fascia colli, Fascia abdominis superficialis und Fascia axillaris fort und steht lateral mit der Fascia clavipectoralis in Verbindung, sodass sich der M. pectoralis major in einer Faszienloge befindet.

Fascia clavipectoralis. Sie ist das tiefe Blatt der Fascia pectoralis und umfasst ihrerseits M. pectoralis minor und M. subclavius. Oben ist die Fascia clavipectoralis mit dem Periost der Klavikula und dem Processus coracoideus verwachsen, wo sie eine Lücke zwischen dem Oberrand des M. pectoralis minor, dem Schlüsselbeinanteil des M. deltoideus und der Klavikula abdeckt (*Trigonum clavipectorale*). Über den Inhalt des Trigonum clavipectorale ► S. 511.

Fascia axillaris. Sie spannt sich zwischen den Rändern des M. pectoralis major und des M. latissimus dorsi aus. Vorne geht sie in die Fascia pectoralis, hinten in die Rückenfaszie, unten in die Fascia abdominis superficialis und lateral in die Fascia brachii über. Medial oben in der Tiefe steht die Fascia axillaris mit der Fascia clavipectoralis in Verbindung. Die Fascia axillaris hat zahlreiche kleine Öffnungen für den Durchtritt von Lymph- und Blutgefäßen sowie Nerven. Bogenförmige Bindegewebszüge verstärken sie (sog. Achselbögen). Bei Abduktion des Arms ist die Faszie gespannt, bei Adduktion entspannt. Sie lässt dann die palpatorische Untersuchung des Inhalts der Achselhöhle zu (► S. 513).

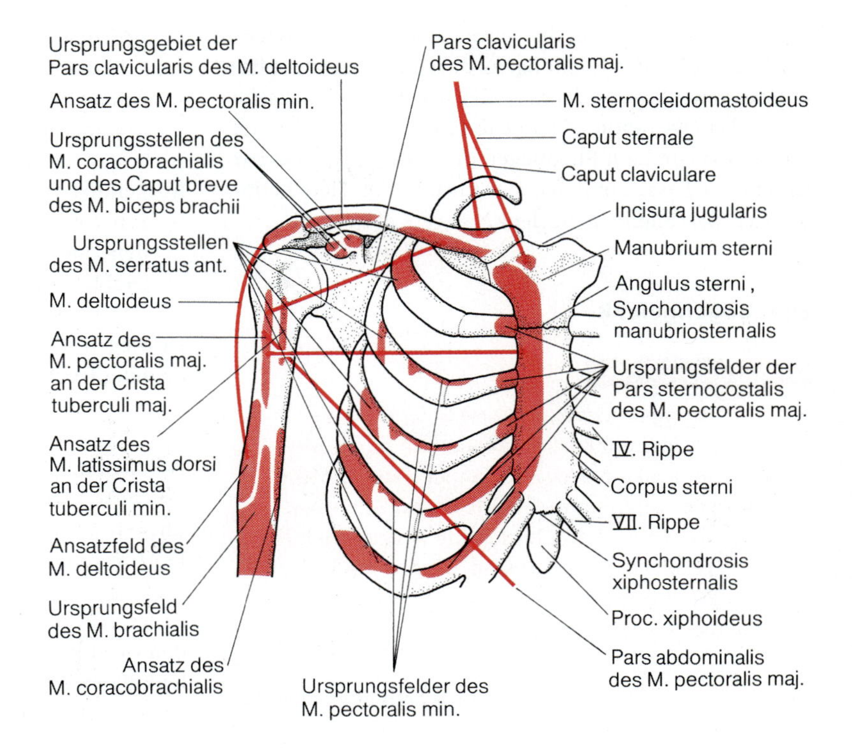

Abb. 12.12. Ventrale Schultermuskulatur mit Ursprüngen und Ansatzfeldern, dazu Ursprungsfelder des M. brachialis (Oberarmmuskel)

In Kürze

Bau und Funktion von Schultergürtel und Schulter sind auf freie Beweglichkeit des Arms hin gerichtet. Dabei ist die Muskelführung sowohl für die Befestigung der oberen Extremität am Rumpf als auch für die Stabilisierung des Schultergelenks ausschlaggebend. Die Muskelführung bewirken Muskeln der ventrolateralen Leibeswand, die überwiegend zum Schultergürtel gehören, und die autochthonen Schultermuskeln. Beide Systeme arbeiten zusammen, sodass die Schulter gehoben und gesenkt, vor- und zurückgenommen, das Schulterblatt gedreht, der Arm ab- und adduziert, ante- und retrovertiert, rotiert und zirkumduziert werden kann.

12.2.3 Oberarm und Ellenbogen

Kernaussagen

- **Im Ellenbogengelenk artikulieren Humerus, Radius und Ulna.**
- **Das Ellenbogengelenk besteht aus drei Einzelgelenken: Articulatio humeroulnaris, Articulatio humeroradialis, Articulatio radioulnaris proximalis.**
- **Im Ellenbogengelenk können Scharnierbewegungen zwischen Ober- und Unterarm und Wendebewegungen des Unterarms ausgeführt werden.**
- **Auf das Ellenbogengelenk wirken sowohl Oberarmmuskeln, vor allem bei Beugung und Streckung des Unterarms, als auch Unterarmmuskeln, vor allem bei Wendebewegungen des Unterarms.**

Der Knochen des Oberarms ist der **Humerus** (► S. 457). Am Humerus setzen Schultermuskeln an (Tabelle 12.3) und entspringen Muskeln für den Unterarm (Tabellen

12.5, 12.9 bis 12.11). Auf der Vorderseite des Ellenbogens wird das Relief des Ellenbogens durch die **Fossa cubitalis** bestimmt (*Regio cubitalis anterior*), auf der Rückseite durch das **Olecranon** (*Regio cubitalis posterior*). Lateral und medial sind am Ellenbogen die Epikondylen tastbar (Inhalt der Fossa cubitalis, ▶ S. 514). In der Tiefe befindet sich das Ellenbogengelenk.

Ellenbogengelenk

Wichtig

Im Ellenbogengelenk sind drei Gelenke von einer gemeinsamen Kapsel umgeben, die durch Bänder und muskuläre Kapselspanner gesichert sind. Die Articulatio humeroulnaris ist ein Scharniergelenk mit Knochenführung, die Articulatio humeroradialis ein Kugelgelenk, dessen Ab- und Adduktion durch Bänder gehemmt wird, die Articulatio radioulnaris proximalis ein Drehgelenk.

Im Ellenbogengelenk (Abb. 12.13) artikuliert der Humerus mit Ulna und Radius. Bei gestrecktem Arm bildet die Humerusschaftachse gegenüber den Unterarmknochen einen nach außen offenen Winkel von ungefähr 170° auf (*Armaußenwinkel*).

Die drei Einzelgelenke des Ellenbogengelenks, die jedoch eine gemeinsame Gelenkkapsel besitzen, sind:

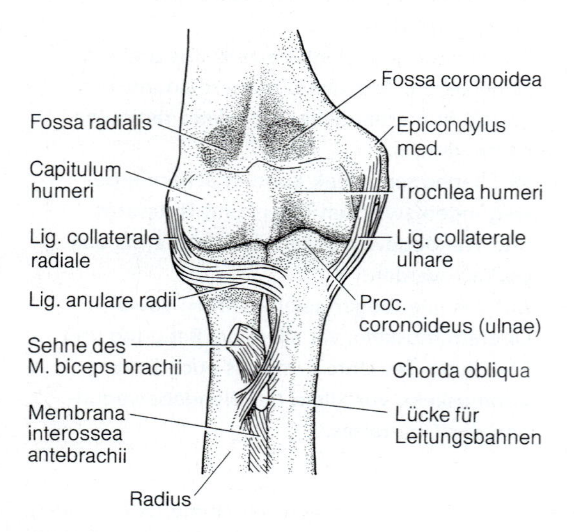

Abb. 12.13. Rechtes Ellenbogengelenk. Ansicht von vorne, ohne Gelenkkapsel

- **Articulatio humeroulnaris** (Humeroulnargelenk)
- **Articulatio humeroradialis** (Humeroradialgelenk)
- **Articulatio radioulnaris proximalis** (proximales Radioulnargelenk)

Ausgeführt werden in diesen Gelenken
- **Scharnierbewegungen** zwischen Humerus und beiden Unterarmknochen
- **Drehbewegungen** zwischen Radius und Ulna sowie Radius und Humerus

Deswegen ist das Ellenbogengelenk ein **Drehscharniergelenk (Trochoginglymus)**.

Articulatio humeroulnaris. In diesem Gelenk gleitet die Hohlkehlung der Incisura trochlearis (ulnae) um die Trochlea humeri (Abb. 12.3, 12.4), weshalb es sich um ein *Scharniergelenk* mit Knochenführung handelt. Es lässt nur Beugung und Streckung zu.

Articulatio humeroradialis. Das Capitulum humeri bildet den Gelenkkopf und die Fovea articularis (radii) die Gelenkpfanne. Der Form nach handelt es sich um ein Kugelgelenk, jedoch fehlt ein Freiheitsgrad (Abduktion/Adduktion). Der Radius ist nämlich mit dem Ringband (**Lig. anulare radii**) und einer straffen Bindegewebsmembran (**Membrana interossea antebrachii**) an der Elle befestigt und wird zwangsläufig von ihr mitgeführt. In der Articulatio humeroradialis sind *Beugung* und *Streckung* sowie *Rotation* (Supination, Pronation) möglich.

Articulatio radioulnaris proximalis. Die Circumferentia articularis des Speichenkopfes bildet mit der Incisura radialis der Elle ein *Drehgelenk*. Der Zusammenhalt erfolgt durch das *Lig. anulare radii* (▶ unten). Dieses Gelenk ist an den *Wendebewegungen* (Supination, Pronation) *des Unterarms* beteiligt (▶ unten).

Scharnierbewegungen. Die Scharnierbewegungen (Beugung und Streckung) im Ellenbogengelenk werden um eine Achse ausgeführt, die quer durch Capitulum und Trochlea humeri verläuft. Sie beträgt von einer Neutral-Null-Stellung aus (Ober- und Unterarm entsprechen einer Geraden = 0°) 150°. Die Bewegung erfolgt jedoch nicht genau in einer Ebene; die Bahnkurve der Unterarmknochen weicht geringfügig zur Seite ab (Schraubung). – Alle Muskeln, deren Sehnen vor der Querachse des Ellenbogengelenks liegen, sind Flexoren, alle dahinter gelegenen Extensoren.

Zur Information

Frauen und Kinder können das Ellenbogengelenk oft um 5°–10° überstrecken (10°–0°–150°). Bei weiterer Streckung drückt die Spitze des Olekranons in die Fossa olecrani. Dabei werden die in die Kapsel eingewebten Kollagenfaserzüge bremsend angespannt. Einer zu ausgedehnten Beugung im Ellenbogengelenk wirkt die Weichteilhemmung entgegen bis bei weiterer, gewaltsamer Beugung der Processus coronoideus in die Fossa coronoidea hineingedrückt und abgesprengt werden kann.

Gelenkkapsel. Sie entspringt am Humerus vorne oberhalb der Fossa coronoidea und der Fossa radialis, hinten im obersten Bereich der Fossa olecrani. Epicondylus medialis und lateralis liegen als Ursprungsfelder für Unterarmmuskeln extrakapsulär. An der Elle heftet sich die Kapsel am Rand der Incisura trochlearis und an der Speiche am Collum radii an. Die Gelenkkapsel ist relativ weit und dünn. Sie wird gesichert durch:

- **Bänder**
- **muskuläre Kapselspanner**

Bänder. In die weite und relativ dünne Gelenkkapsel sind zur Verstärkung kräftige Bänder eingefügt:

- **Lig. collaterale ulnare** (Abb. 12.13); es entspringt am Epicondylus medialis (humeri); nach distal verbreitert sich das Band fächerförmig und befestigt sich an der Elle; in jeder Gelenkstellung sind Teile des Bandes gespannt
- **Lig. collaterale radiale** kommt vom Epicondylus lateralis (humeri) und strahlt in das Lig. anulare radii ein. Es behindert die Drehbewegung des Radius nicht
- **Lig. anulare radii** (Abb. 12.13) entspringt vorne an der Ulna, umfasst die Circumferentia articularis des Caput radii ringförmig und heftet sich hinten an der Ulna an. Es gehört zur Gelenkkapsel und bildet einen innen mit Knorpel versehenen osteofibrösen Ring, in dem sich der Radiuskopf dreht. Unterhalb des Lig. anulare ist die Gelenkkapsel dünn und weitet sich zum *Recessus sacciformis*. Das Lig. anulare radi verhindert die Abduktion des Radius von der Ulna

Klinischer Hinweis

Bei Kleinkindern ist der Speichenkopf klein. Er kann durch ruckartiges Hochziehen des Arms aus dem Lig. anulare radii herausrutschen (*radioanuläre Luxation*), wenn z. B. das Hinfallen des Kindes durch Festhalten der Hand verhindert werden soll.

Muskuläre Kapselspanner. Auf der Vorderseite verhindern Faserzüge des **M. brachialis**, dass sich bei der Beugung Teile der hier weiten Gelenkkapsel einklemmen. Auf der Rückseite zweigen Fasern vom M. triceps brachii als **M. articularis cubiti** ab.

Durch Bänder- und Kapselspanner ist das Gelenk zuverlässig gesichert und abgedichtet. Gleichzeitig sind ausgiebige Drehbewegungen der Speiche möglich.

Bursen am Ellenbogen. Sie ermöglichen der Muskulatur reibungsfreies Gleiten und schützen dadurch das Gelenk:

- **Bursa subtendinea musculi tricipitis brachii** zwischen Trizepssehne und Olekranon
- **Bursa bicipitoradialis** zwischen Bizepssehne und Speiche; sie setzt bei Bewegungen auftretende Scherspannungen herab
- **Bursa subcutanea olecrani** zwischen Haut und Olekranon

Klinischer Hinweis

Die Bursen können sich bei chronischer Entzündung mit gallertiger Flüssigkeit füllen. Außerdem können schmerzhafte Überlastungsschäden der Sehnen und Muskelansätze am Ellenbogen auftreten, insbesondere an den Epikondylen (*Epikondylopathien*), z. B. als sog. *Tennisellenbogen* am Epicondylus lateralis humeri.

Oberarmmuskeln

Wichtig

Alle Oberarmmuskeln wirken auf das Ellenbogengelenk, einige jedoch auch als zweigelenkige Muskeln auf das Schultergelenk. Diese haben ihren Ursprung an der Skapula.

Die **Oberarmmuskeln** bestimmen das Profil des Oberarms, besonders bei athletischen Menschen. Auf der ventral gelegenen Beugerseite des Oberarms ist es der *M. biceps brachii*, dorsal auf der Streckerseite der *M. triceps brachii*. Medial vom Bizeps ist die Haut als **Sulcus bicipitalis medialis** eingezogen. Weniger deutlich ist der **Sulcus bicipitalis lateralis**. Topographisch gliedern sich die Oberarmmuskeln in eine ventral und eine dorsal gelegene Gruppe (Tabelle 12.5, Abb. 12.14). Die Trennung erfolgt durch ein **Septum intermusculare** (▶ unten). Der topographischen entspricht eine funktionelle Gliederung insofern als die ventrale Gruppe beugend, die dorsale Gruppe streckend auf das Ellenbo-

Tabelle 12.5. Oberarmmuskeln

Muskel	Ursprung	Ansatz	Funktion	Innervation
ventrale Gruppe: Flexoren				
M. biceps brachii				
Caput longum	Tuberculum supraglenoidale	Tuberositas radii; mit der Aponeurosis musculi bicipitis brachii an der Fascia antebrachii	*Schultergelenk:* Abduktion, Anteversion *Ellenbogengelenk:* Flexion und Supination	N. musculocutaneus aus dem Fasciculus lateralis des Plexus brachialis (Der M. biceps brachii kann zusätzliche Äste aus dem N. medianus erhalten)
Caput breve	Processus coracoideus		*Schultergelenk:* Adduktion, Anteversion, Innenrotation *Ellenbogengelenk:* Flexion und Supination	
M. coracobrachialis	Processus coracoideus	anteromedial am mittleren Humerusdrittel	Anteversion, Adduktion, Innenrotation, Haltefunktion	N. musculocutaneus
M. brachialis	distale Hälfte bis zwei Drittel der Vorderfläche des Humerus; Septum intermusculare brachii mediale et laterale	Tuberositas ulnae, mit wenigen Fasern an der Gelenkkapsel	beugt im Ellenbogengelenk, spannt die Gelenkkapsel	N. musculocutaneus
dorsale Gruppe: Extensoren				
M. triceps brachii				
Caput longum	Tuberculum infraglenoidale	Olekranon	*Schultergelenk:* Adduktion, Retroversion *Ellenbogengelenk:* Streckung	N. radialis
Caput laterale	dorsale Fläche des Humerus proximal und lateral des Sulcus nervi radialis, proximale zwei Drittel des Septum intermusculare brachii laterale	Olekranon	Streckung im Ellenbogengelenk	N. radialis
Caput mediale	dorsale Fläche des Humerus distal und medial vom Sulcus nervi radialis, ganze Länge des Septum intermusculare brachii mediale, distales Drittel des Septum intermusculare brachii laterale	Olekranon	Streckung im Ellenbogengelenk	N. radialis
M. articularis cubiti	dorsale Fläche des Humerus	dorsal an der Gelenkkapsel der Articulatio humeri	Kapselspanner	N. radialis
M. anconeus	dorsal vom Epicondylus lateralis	Olekranon, Facies posterior der Elle	Streckung im Ellenbogengelenk	N. radialis

12

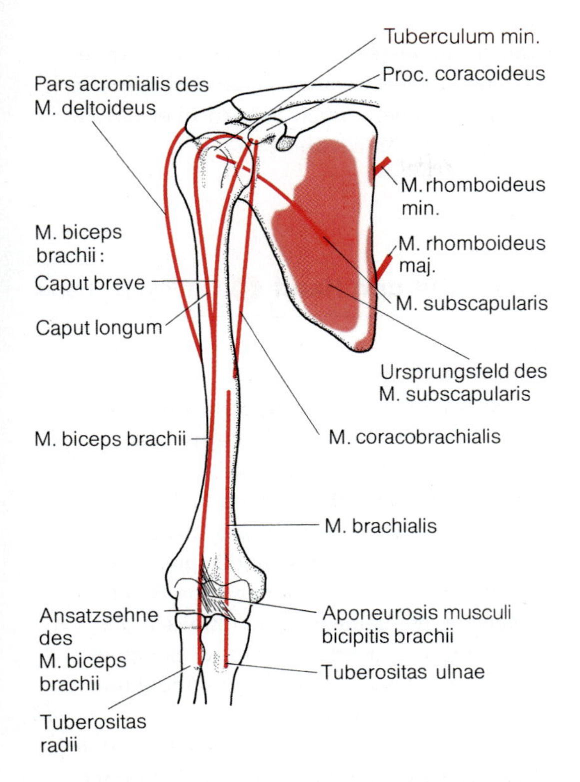

◘ Abb. 12.14. Muskeln der Schulter und des Oberarms. Rechte Seite; Ansicht von vorne

gengelenk wirkt. Jedoch beteiligen sich einige Oberarmmuskeln, die am Radius ansetzen, auch an den Wendebewegungen des Unterarms.

Oberarmmuskeln der ventralen Gruppe sind **Flexoren:**

- **M. biceps brachii:** zweigelenkig mit geringer Wirkung auf das Schultergelenk und kräftiger Wirkung auf das Ellenbogengelenk; dort wirkt der Bizeps auch als Supinator
- **M. coracobrachialis:** eingelenkig mit alleiniger Wirkung auf das Schultergelenk
- **M. brachialis:** eingelenkig. Er wirkt als Beuger im Ellenbogengelenk

Oberarmmuskeln der dorsalen Gruppe sind **Extensoren:**

- **M. triceps:** sein Caput longum ist zweigelenkig, die beiden anderen Köpfe sind eingelenkig; er ist mit Abstand der wichtigste Strecker im Ellenbogengelenk
- **M. articularis cubiti:** eingelagert in Sehnenfasern der Mm. brachialis und triceps
- **M. anconeus:** eine Abspaltung vom medialen Kopf des M. triceps

Zur Information

Die physiologischen Querschnitte der Flexoren verhalten sich zu denen der Extensoren im Verhältnis 3:2. Dies macht verständlich, dass in Ruhe die Wirkung der Flexoren etwas überwiegt und der Arm leicht gebeugt ist.

Einzelheiten zu den Oberarmmuskeln

(◘ Abb. 12.14, ◘ Tabelle 12.5)

M. biceps. Die Sehne des Caput longum musculi bicipitis läuft durch die Gelenkhöhle des Schultergelenks über das Caput humeri, das die Sehne wie ein Hypomochlion ablenkt, und weiter in der *Vagina tendinis intertubercularis* im Sulcus intertubercularis. Kurzer und langer Kopf des Bizeps vereinigen sich im proximalen Drittel des Oberarms zu einem einheitlichen Muskelbauch. Die Insertion der Bizepssehne an der *Tuberositas radii* ist gut tastbar. Außerdem befestigt sich der Bizeps mit der *Aponeurosis musculi bicipitis brachii* (auch Lacertus fibrosus) an der Fascia antebrachii. Durch seine Ansätze ist der M. biceps nicht nur ein wichtiger Beuger, sondern bei proniertem Unterarm der stärkste Supinator. Seine Beugekraft nimmt dagegen bei Pronation ab.

M. coracobrachialis. Bei abduziertem Arm ist der längs verlaufende Muskel in der Axilla tastbar.

M. brachialis (◘ Abb. 12.3 a, 12.14). Zu beachten ist seine ausgedehnte Ursprungsfläche. Der eingelenkige Muskel wirkt mit dem Bizeps zusammen, dem er ein günstigeres Drehmoment verschafft, weil er die Beugung einleitet. Dadurch wird der wirksame Hebelarm des Bizeps größer. Die Flexoren arbeiten also wirkungsvoller, wenn der Arm bereits gebeugt ist.

M. triceps brachii, dorsal gelegen. Durch sein Caput longum wirkt er auf das Schultergelenk adduzierend, auf das Ellenbogengelenk streckend. Zwischen den Ursprungsfeldern des Caput laterale und Caput mediale befindet sich der Sulcus nervi radialis (◘ Abb. 12.3 b). Am Muskelansatz, der durch eine breite kräftige Sehnenplatte erfolgt, spalten sich medial Muskelfasern ab, die als *M. articularis cubiti* in die Gelenkkapsel einstrahlen. Ferner spalten sich einige Sehnenfasern von der Endsehne ab, laufen am Olekranon vorbei und strahlen in die Unterarmfaszie ein. Sie bilden einen Reservestreckapparat.

Alle an Beugung und Streckung im Ellenbogengelenk beteiligten Muskeln sind in ◘ Tabelle 12.6 zusammengestellt. Die Unterarmmuskeln, die beugend auf das Ellenbogengelenk wirken, werden im Zusammenhang mit dem Unterarm besprochen (◘ Tabelle 12.9, 12.11). Gleiches gilt für die Muskeln, die die Rotation des Radius bei den Wendebewegungen des Unterarms bewirken: vor allem M. brachioradialis, M. pronator teres, M. supinator.

Tabelle 12.6. Beugung und Streckung im Ellenbogengelenk (Auswahl)

Beugung	Streckung
M. biceps brachii M. brachialis M. brachioradialis	M. triceps brachii M. anconeus
in geringem Umfang: M. flexor carpi radialis M. palmaris longus M. pronator teres, Caput humerale	
aus der Flexionsstellung: M. extensor carpi radialis longus	
unerheblich: M. extensor carpi radialis brevis	

Faszien des Oberarms

Die gesamte Oberarmmuskulatur wird von der gemeinsamen **Fascia brachii** (Oberarmfaszie) umhüllt. Von ihr zieht zu medialer und lateraler Kante des Humerus das **Septum intermusculare brachii mediale et laterale.** Im Bindegewebe am medialen Septum verlaufen periphere Leitungsbahnen (Abb. 12.35). Die Verbindungsstellen der Septen mit der Oberarmfaszie bilden die *Sulci bicipitalis medialis et lateralis* (▶ oben).

In Kürze

Oberarm und Ellenbogen bilden den mittleren Bereich der Gliederkette des Arms. Funktionell wirken sie auf die Hand, nämlich durch Beugung und Streckung sowie durch Wendebewegungen im Ellenbogengelenk, die die umfassenden Bewegungen des Schultergelenks spezialisieren. Im Ellenbogengelenk wirken Muskeln des Oberarms mit denen des Unterarms zusammen. Da die Muskeln des Oberarms ihren längeren Hebel am Oberarm haben, wirken sie bevorzugt auf Beugung und Streckung des Unterarms. Die Unterarmmuskeln haben dort den kürzeren Hebel, sie wirken deswegen bevorzugt auf die Wendebewegungen des Unterarms. Letztlich wirken alle Muskeln zusammen, deren Sehnen über das Ellenbogengelenk hinwegziehen.

12.2.4 Unterarm und Hand  Osteologie: Hand

Kernaussagen

- **Im distalen Bereich der oberen Extremität nimmt die Anzahl der Gelenke zu. Dies schafft die große Beweglichkeit der Hand.**
- **Es folgen aufeinander: distales Radioulnargelenk, das zusammen mit proximalem Radioulnargelenk Pronation und Supination der Hand ermöglicht, eine Summe von Handgelenken, die gemeinsam ein Kreiseln der Hand zulassen, Fingergelenke für Beugung und Streckung sowie begrenzte Abduktion und Adduktion der Finger.**
- **Die Muskeln des Unterarms wirken vermittels langer Sehnen, die in Sehnenscheiden über die Gelenke von Hand und Fingern verlaufen und sie bewegen.**
- **Die Muskelbäuche der Handmuskeln befinden sich in der Mittelhand. Finger sind frei von Muskelbäuchen.**
- **Durch das Zusammenwirken von Unterarm- und Handmuskeln wird die Hand zu einem fein regulierten Bewegungs- und Tastorgan.**

Das **Profil des Unterarms** wird proximal durch Muskelgruppen, distal durch Elle und Speiche sowie durch die langen Sehnen der Unterarmmuskeln bestimmt. Proximal radial liegen die *Muskelbäuche der Extensoren* (▶ S. 491), proximal ulnar die der *Flexoren* (▶ S. 488). Distal volar ist in der Längsachse des Unterarms die Sehne des **M. palmaris longus** zu erkennen und radial benachbart bei leicht gebeugter Hand die des **M. flexor carpi radialis**, in dessen Nachbarschaft der Radialispuls tastbar ist.

Das **Profil der Hand** bestimmt ihr Gewölbe mit einem Quer- und einem Längsbogen. Ihre Anteile sind Hohlhand (**Palma manus**), Daumenballen (**Thenar**), Kleinfingerballen (**Hypothenar**) sowie Handrücken (**Dorsum manus**) und die Finger (**Digiti**). Der Scheitel des Gewölbes liegt im Bereich der Metakarpalköpfe II und III.

Klinischer Hinweis
Knickt das Gewölbe ein, wie etwa bei Polyarthritis, nach Verletzung oder Ulnarislähmung, wird die Hand weitgehend unbrauchbar.

Für die **Hohlhand** sind Handlinien charakteristisch. Es handelt sich um Hautfalten, die besonders beim Faustschluss hervortreten.

Auf dem **Handrücken** sind bei starker Streckung die vier Sehnen der langen Fingerstrecker zu erkennen. Auf der **Daumenseite** sind es bei maximaler Streckung die Sehnen der Mm. extensores pollicis longus und brevis – zwischen beiden liegt die anatomische Tabatière – sowie am weitesten lateral die des M. abductor pollicis longus (► S. 491).

Auf die **Gestalt der Hände** als Ganzes nehmen zahlreiche Umstände Einfluss, insbesondere die Arbeit. Darüber hinaus gibt es große individuelle Unterschiede: schmale Hände, plumpe Hände, schlanke Finger usw.

Die Hand ist aber auch ein **Sinnesorgan**. Insbesondere dienen die Fingerspitzen der taktilen Gnosis (Fingerspitzengefühl). Auch die volaren und seitlichen Flächen der Finger haben hohe taktile Empfindlichkeit.

Zur Information
Differenziertes Fingerspitzengefühl und Feinmotorik der Hand finden ihre Repräsentation in der Ausdehnung der zugehörigen sensiblen und motorischen Rindenfelder im Großhirn. Dies gilt besonders für die des Daumens.

Gelenke

Zu besprechen sind:
- Gelenke des Unterarms (**Articulationes radioulnares**)
- Handgelenke (**Articulationes manus**)
- **Fingergelenke**

Radioulnargelenke

Wichtig

Radius und Ulna artikulieren im proximalen und distalen Radioulnargelenk. Beide Gelenke wirken zusammen und ermöglichen Pronation und Supination der Hand.

Die charakteristische Bewegung des Unterarms ist die Wendebewegung, bei der sich Radius um Ulna dreht. Stehen Ulna und Radius parallel, weist die Handfläche je nach Stellung des Unterarms – ob gebeugt oder gestreckt – nach oben oder vorne: **Supination.** Überkreuzt der Radius die Ulna, sieht die Handfläche nach unten oder hinten: **Pronation.** In Ruhestellung allerdings, z. B. bei herabhängendem Arm, stellt sich eine **Mittelstellung** ein: leichte Pronation, der Daumen weist nach vorne oder oben. Dies entspricht der Gebrauchsstellung der Hand, bei der die meisten handwerklichen Arbeiten durchgeführt werden.

An den Wendebewegungen des Unterarms beteiligen sich als funktionell zusammengehörige Gelenke:
- **Articulatio radioulnaris proximalis** einschließlich Articulatio humeroradialis
- **Articulatio radioulnaris distalis**
- **Membrana interossea antebrachii** als Führungsstruktur

Zur Information
Wendebewegungen im Unterarm werden vor allem beim Schrauben sowie beim Drehen von Schlüsseln oder Türknöpfen ausgeführt.

Articulatio radioulnaris proximalis ► Ellenbogengelenk S. 474.

Articulatio radioulnaris distalis. In der Articulatio radioulnaris distalis artikulieren die Circumferentia articularis des Caput ulnae mit der Incisura ulnaris des Radius (■ Abb. 12.4). Die Gelenkkapsel ist schlaff und weit. Proximal ist sie zu einem *Recessus sacciformis* (*distalis*) erweitert. Verbunden ist die Gelenkkapsel mit einem **Discus articularis**, der am Processus styloideus ulnae einerseits und am Radius andererseits befestigt ist. Er ist unverschieblich und füllt den Spalt zwischen Caput ulnae, Os triquetrum und einem Teil des Os lunatum, weshalb die Ulna keinen direkten Anteil am Handgelenk hat.

Membrana interossea antebrachii. Sie spannt sich zwischen den Margines interossei von Ulna und Radius aus. Ihre Fasern verlaufen vorwiegend vom Radius schräg nach distal medial zur Ulna. Sie sind gespannt, wenn beide Unterarmknochen parallel stehen. Die Membrana verhindert vor allem Längsverschiebungen der beiden Unterarmknochen gegeneinander und dient außerdem Unterarmmuskeln als Ursprungsfläche.

Ergänzt wird die Membrana interossea durch ein strangförmiges Band (*Chorda obliqua*), das an der Tuberositas ulnae entspringt (Abb. 12.13) und nach distal zum Radius zieht. Das Band bremst übermäßige Supination. Durch eine Aussparung zwischen Membrana interossea und Chorda obliqua ziehen Leitungsbahnen (► S. 502).

Gelenkmechanik. Die Bewegungen in den Articulationes radioulnaris proximalis und distalis sind gekoppelt. Sie ermöglichen das Wenden der Hand. Die Achse für diese Bewegung verläuft schräg vom Mittelpunkt des Caput radii zum Caput ulnae in die Gegend der Basis des Processus styloideus. Der Bewegungsumfang beträgt aus der Mittelstellung heraus (Neutral-Null-Stellung) 90° für die Supination und 85° für die Pronation, insgesamt annähernd 180° (90°–0°–90°). Sie kann durch zusätzliche Rotation des Humerus bis auf 360° erweitert werden.

Handgelenke

Wichtig

Die Handgelenke bestehen aus den Handwurzelgelenken und den Gelenken der Mittelhand.

Am Aufbau der Handgelenke sind 15 Knochen beteiligt (Abb. 12.15). Sie bilden die:
- **Articulatio radiocarpalis** (proximales Handgelenk)
- **Articulatio mediocarpalis** (distales Handgelenk)
- **Articulationes intercarpales**
- **Articulationes carpometacarpales**
- **Articulationes intermetacarpales**

Klinischer Hinweis

Articulatio mediocarpalis und Articulationes intercarpales heißen zusammen auch *Articulationes carpi*.

Die **Beweglichkeit** ist in den verschiedenen Handgelenken unterschiedlich, am größten in der Articulatio radiocarpalis. Gleich groß ist sie im Sattelgelenk der Articulatio carpometacarpalis pollicis, gering jedoch in den Articulationes intercarpales. Unterschiedlich sind die Bewegungsmöglichkeiten in den Karpometakarpalgelenken. In den mittleren Gelenken (II und III) sind sie gering – dadurch wird die Hand stabilisiert – werden aber zur Seite hin zunehmend größer. Durch das Zusammenwirken aller Gelenke, besonders mit dem Daumengrundgelenk, wird die Hand zu einem Greifwerkzeug. Im täglichen Leben werden jedoch nur 40% der Bewegungsmöglichkeiten der Handgelenke ausgenutzt.

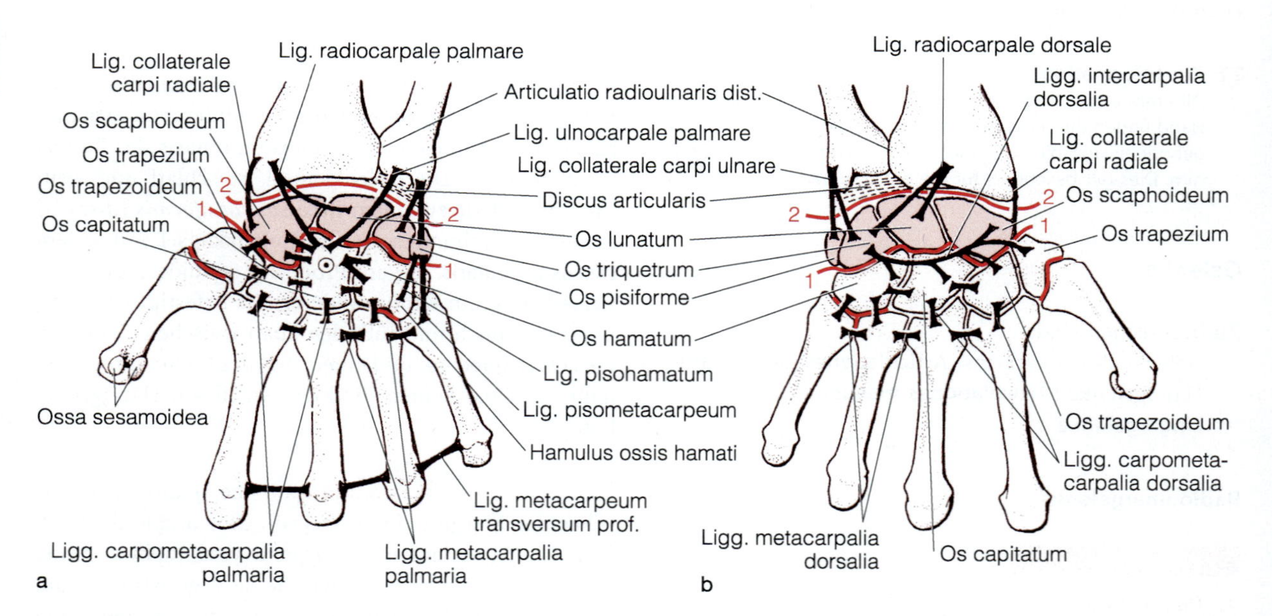

Abb. 12.15 a, b. Bänder der Handwurzelknochen. a Palmare Seite, **b** dorsale Seite (vgl. Tabelle 12.7). Die *rote Linie 1* entspricht dem Verlauf des Gelenkspalts des distalen Handgelenks, das an der Beugung und Streckung der Handgelenke beteiligt ist. Die *rote Linie 2* entspricht dem Verlauf des Gelenkspalts im proximalen Handgelenk. Der *Punkt* in **a** kennzeichnet die dorsopalmare Achse für Radial- und Ulnarabduktion im Os capitatum

Articulatio radiocarpalis (proximales Handgelenk). Die Facies articularis carpalis des Radius und der dem Ulnakopf aufliegende **Discus articularis** bilden die Gelenkpfanne, die proximale Reihe der Handwurzelknochen den Gelenkkopf (Os scaphoideum, Os lunatum, Os triquetrum, nicht das Os pisiforme). Durch die bogenförmige Anordnung der proximalen Reihe der Handwurzelknochen handelt es sich um ein *Ellipsoidgelenk* mit zwei Freiheitsgraden (▶ unten).

Die Gelenkkapsel ist an der Knorpelgrenze der beteiligten Knochen befestigt und mit dem Diskus verwachsen. Sie wird durch straffe Bänder an der palmaren, dorsalen, ulnaren und radialen Seite verstärkt (◘ Abb. 12.15).

Articulatio mediocarpalis (distales Handgelenk). Es liegt *zwischen* der *proximalen* und der *distalen Reihe* der *Handwurzelknochen*. Der Gelenkspalt verläuft wellenförmig (◘ Abb. 12.5) und steht mit dem der Interkarpalgelenke in Verbindung. Die Gelenkkapsel ist auf der Palmarseite straff, auf der Dorsalseite weit. Man kann ein solches Gelenk auch als verzahntes Scharniergelenk bezeichnen. Seine Bewegungsachse verläuft quer durch das Zentrum des Os capitatum. Um diese Achse werden als mögliche Bewegungen Dorsalextension und Palmarflexion ausgeführt.

Articulationes intercarpales. Diese Bezeichnung führen die Gelenke zwischen den Handwurzelknochen der proximalen und der distalen Reihe (mit Ausnahme des Os pisiforme). Alle Gelenkspalten kommunizieren. Gesichert werden die Verbindungen durch *Ligg. intercarpalia interossea*. Besonders straff sind sie in der *distalen Reihe* (*Amphiarthrosen*), weniger straff in der proximalen Reihe, sodass sich dort die Knochen etwas gegeneinander verschieben können. – Ein eigenes Gelenk bildet die *Articulatio ossis pisiformis* zwischen Os triquetrum und Os pisiforme.

Articulationes carpometacarpales. Die Ossa trapezoideum, capitatum und hamatum bilden mit den Basen der Ossa metacarpi II–V *Amphiarthrosen* mit einem straffen Bandapparat. Die Gelenkhöhlen dieser Gelenke kommunizieren untereinander und mit denen der benachbarten Interkarpal- und Intermetakarpalgelenke.

Articulatio carpometacarpalis pollicis (Karpometakarpalgelenk I). Es handelt sich um ein eigenes Gelenk. Es nimmt unter allen Gelenken der Hand eine Sonderstellung ein, da es den Daumen frei beweglich und durch Kombination seiner Bewegungsmöglichkeiten die Hand zu einer Greifzange macht. Es rückt den Daumen aus der Ebene der übrigen Finger heraus.

Im Karpometakarpalgelenk I artikulieren das Os trapezium mit der Basis des Os metacarpale I. Dem Bau nach handelt es sich um ein **Sattelgelenk**, das eine feste Gelenkführung hat, sodass es nicht abgleitet. Möglich sind:

- **Abduktion** und **Adduktion** um eine Achse durch die Basis des Os metacarpale I, die von radiodorsal nach ulnopalmar verläuft (◘ Abb. 12.23). Sie steht in einem Winkel von etwa 45° zur Ebene der gestreckten Hand.
- **Flexion** und **Extension.** Die Achse für diese Bewegung geht durch das Os trapezium von radiopalmar nach ulnodorsal. Projiziert man diese Achse auf die Abduktions-Adduktions-Achse, dann stehen beide in einem Winkel von 90° aufeinander.
- **Rotation** ist nur bei Aufhebung des Gelenkflächenkontakts und lediglich geringfügig möglich; sie ist zwangsläufig mit den anderen Bewegungen gekoppelt.
- **Opposition** und **Reposition** sind die typischen Daumenbewegungen. Bei der Oppositionsbewegung wird der Daumen und mit ihm der 1. Mittelhandknochen den anderen Fingern gegenübergestellt. Die Rückbewegung ist die Reposition.
- **Zirkumduktion** als Kombination von Adduktion-Opposition und Abduktion-Reposition. Hierbei beschreiben 1. Mittelhandknochen und Daumen einen Kegelmantel, dessen Spitze im Sattelgelenk liegt.

Klinischer Hinweis

Das Sattelgelenk des Daumens ist sehr störanfällig. Starke Stöße, z.B. beim Boxen, können zu Brüchen an der Basis des Os metacarpale I führen. Im Alter kommt es häufig zu einer Arthrose in diesem Gelenk (*Rhizarthrose*). Dann ist die Funktion der Hand als Greifwerkzeug erheblich eingeschränkt.

Articulationes intermetacarpales sind die Gelenke zwischen den Mittelhandknochen (◘ Abb. 12.15). Die Basen der einander zugekehrten Gelenkflächen des (2.) 3.–5. Mittelhandknochens bilden *Amphiarthrosen*.

Bänder der Hand (◘ Tabelle 12.7, ◘ Abb. 12.15a,b). Die einzelnen Bänder der Hand sind z. T. nur durch gezielte Präparation zu isolieren. Es lassen sich vier Hauptgruppen unterscheiden:

Tabelle 12.7. Bänder der Handwurzelknochen

Gruppe	Band	Ursprung	Ansatz
von den Ossa antebrachii zu den Ossa carpi	Lig. collaterale carpi radiale	Processus styloideus (radii)	Os scaphoideum
	Lig. collaterale carpi ulnare	Processus styloideus (ulnae)	Os triquetrum und Os pisiforme
	Lig. radiocarpale palmare	Radius	Os lunatum und Os capitatum
	Lig. radiocarpale dorsale	Radius	Os lunatum und Os triquetrum
	Lig. ulnocarpale palmare	Ulna	Os capitatum
zwischen den Ossa carpi	Ligg. intercarpalia dorsalia	Verbindung benachbarter Ossa carpi auf der Streckseite (Lig. arcuatum)	
	Ligg. intercarpalia palmaria	Verbindung benachbarter Ossa carpi palmar	
	Ligg. intercarpalia interossea	Verbindung einander zugewandter Flächen der Ossa carpi derselben Reihe	
	Lig. carpi radiatum	palmar am Caput ossis capitati	strahlenförmig an den benachbarten Ossa carpi
	Lig. pisohamatum	Os pisiforme	Hamulus ossis hamati
zwischen Ossa carpi und Ossa metacarpi	Ligg. carpometacarpalia palmaria	Ossa carpi der distalen Reihe	palmar an den Basen der Ossa metacarpi
	Ligg. carpometacarpalia dorsalia	Ossa carpi der distalen Reihe	dorsal an den Basen der Ossa metacarpi
	Lig. pisometacarpale	Os pisiforme	palmar an der Basis der Ossis metacarpi V
zwischen den Basen der Ossa metacarpi	Ligg. metacarpalia palmaria	Verbindung der Basen der Ossa metacarpi II–V palmar	
	Ligg. metacarpalia dorsalia	Verbindung der Basen der Ossa metacarpi II–V dorsal	
	Ligg. metacarpalia interossea	Verbindung der einander zugewandten Flächen der Basen II–V	

- von den Ossa antebrachii zu den Ossa carpi
- zwischen den Ossa carpi
- zwischen Ossa carpi und Ossa metacarpi
- zwischen den Ossa metacarpi

Bei den Bändern handelt es sich jeweils um *beidseitige Kollateralbänder* sowie um palmare und dorsale, die Gelenkkapsel *verstärkende Bandzüge*, von denen die palmaren stärker sind als die dorsalen. Hinzu kommen die derben Faserzüge des Retinaculum musculorum flexorum, die den Sulcus carpi zum **Canalis carpi** (▶ S. 460) ergänzen.

Bewegungen in den Handgelenken

Wichtig

Durch Zusammenwirken aller Handgelenke kann die Hand als Ganzes gebeugt und gestreckt, nach radial und ulnar abduziert und zirkumduziert werden.

Beugung und Streckung. Die Beugung der Hand aus der Mittelstellung (Neutral-Null-Stellung) nennt man Palmarflexion, oft auch nur *Flexion*, die Streckung Dorsalextension oder nur *Extension*. An der Palmarflexion ist vorwiegend das proximale, an der Dorsalextension das distale Handgelenk beteiligt. Da die Bewegungen in den beiden Gelenken erfolgen, kann man vereinfachend eine kombinierte Achse (Summationsachse) annehmen, die transversal durch das Zentrum des Os capitatum verläuft. Bei Beteiligung beider Gelenke beträgt die Dorsalextension 70°, die Palmarflexion ungefähr 80°.

Radial- und Ulnarabduktion, auch Radial- und Ulnardeviation, sind die Bewegungen der Hand aus der Mittelstellung zu der entsprechenden Seite des Unterarms. Sie erfolgen um eine dorsopalmare Achse, die gleichfalls durch das Zentrum des Os capitatum verläuft. Die Radial-/Ulnarbewegung erfolgt überwiegend in der Articulatio radiocarpalis. Aus der Mittelstellung (Unterarmachse und Längsachse des Mittelfingers bilden eine Gerade) beträgt der Umfang der Ulnarabduktion 40°, der Umfang der Radialabduktion nur 15°.

Zirkumduktion. Durch die Kombination der vier Bewegungen ist die Zirkumduktion der Hand möglich.

Zu diesen Bewegungen kommen die Wendebewegungen hinzu (Supination und Pronation) (▶ oben).

Klinischer Hinweis

Die geschilderten »reinen« Bewegungsvorgänge, die sich auf Achsen beziehen lassen, gehen von der Annahme einer starren Knochenkette aus. Röntgenaufnahmen zeigen jedoch, dass die Bewegungen im Handgelenk sehr komplex sind und durch Zusammendrängen der einzelnen Knochen und Kippbewegungen vor sich gehen. Bei der Ulnar-/Radialabduktion finden in nicht geringem Ausmaß Verschiebungen der Ossa carpi gegeneinander statt, die auch eine Seitbiegung der Hand in sich zulassen. Die Dorsalextension geht mit einer Kippbewegung der proximalen Reihe der Handwurzelknochen nach palmar einher. Dadurch wird die Tuberositas ossis scaphoidei deutlich tastbar.

Fingergelenke

Wichtig

Fingergelenke sind die Articulationes metacarpophalangeae und die Articulationes interphalangeae manus.

Articulationes metacarpophalangeae (Fingergrundgelenke) (Abb. 12.22). An den Articulationes metacarpophalangeae II–V sind die Köpfe der Mittelhandknochen und die Basen der Phalangen beteiligt. Es sind *Kugelgelenke* (der Form nach Ellipsoidgelenke), deren Bewegungsumfang durch die *Ligg. collateralia* begrenzt wird. Die relativ weiten Gelenkkapseln sind an der Knorpel-Knochen-Grenze befestigt. Auf der Palmarseite werden sie durch Platten derber Faserzüge (*Ligg. palmaria*) verstärkt. Die Köpfe der einzelnen Knochen verbindet das *Lig. metacarpale transversum profundum*.

Gelenkmechanik. In den Metakarpophalangealgelenken ist eine *Beugung* der Finger um 80°–90° und eine *Streckung* um 10°–30° möglich. Das Spreizen der Finger, das man *Abduktion* nennt, erfolgt wie die *Adduktion* um eine dorsopalmare Achse. Bezogen wird die Bewegung auf den Mittelfinger, d. h. man adduziert zum Mittelfinger hin und spreizt vom Mittelfinger weg. Spreizen ist nur bei gestreckten Fingern möglich. Die Zirkumduktion ist mit dem Zeigefinger besonders gut ausführbar. Die *Rotation* kann in den Fingergrundgelenken nicht aktiv ausgeführt werden. In gestrecktem Zustand besteht jedoch die Möglichkeit, die Finger passiv in einem geringen Umfang zu beiden Seiten um ihre Längsachse zu drehen. Dies misslingt jedoch am gebeugten Finger, da die Ligg. collateralia dorsal von der transversal verlaufenden Bewegungsachse liegen. Sie sind deshalb in Beugestellung gespannt, zumal sich der Krümmungsradius des Kopfes nach palmar vergrößert. Dadurch ist die Hand bei Greifbewegungen stabilisiert (Intrinsic-plus-Stellung). In Streckstellung sind die Seitenbänder dagegen relativ locker.

Articulatio metacarpophalangea pollicis. Das Daumengrundgelenk – nicht zu verwechseln mit der Articulatio carpometacarpalis I – ist im Gegensatz zu den vier anderen Fingergrundgelenken ein *reines Scharniergelenk* mit kräftigen Kollateralbändern. In die Gelenkkapsel ist medial und lateral je ein *Sesambein* eingelagert, an dem Thenarmuskeln inserieren. Das **Lig. palmare** ist eine verstärkende Faserplatte der Membrana fibrosa der Gelenkkapsel.

Articulationes interphalangeae manus (Mittel- und Endgelenke der Finger) (Abb. 12.22). Das Caput phalangis bildet den Gelenkkopf. Er besitzt die Form einer Rolle mit einer in der Mitte gelegenen Führungsnut. Die Basis phalangis bildet die Gelenkpfanne. Sie ist in der Mitte zu einer Knorpelleiste verdickt, die sich in der Führungsnut des Kopfes bewegt. Infolge dieser Konstruktion handelt es sich um *reine Scharniergelenke*. Ihre Achse verläuft quer (Abb. 12.23) durch den Gelenkkopf.

In die Gelenkkapsel sind auch hier auf der Palmarseite *Ligg. palmaria* eingebaut. Die *Ligg. collateralia* verlaufen z. T. dorsal, z. T. palmar von der Bewegungsachse. Infolgedessen sind bei Beugung (bis 90°) die dorsalen Anteile und bei Streckung der Fingerglieder die palmaren gespannt. Dadurch bekommen die Fingergelenke in jeder Stellung eine beträchtliche Bewegungssicherheit.

Die **Sesambeine** sind an den Kontaktflächen mit Knorpel überzogen. Es handelt sich somit um echte Gelenke (*Articulationes sesamoideae*).

12

Muskeln und Faszien

Wichtig

Die Muskulatur von Unterarm und Hand dient gemeinsam den Hand- und Fingerbewegungen. Die Unterarmmuskeln wirken über lange Sehnen. Viele der Unterarmmuskeln sind daher mehrgelenkig. Durch Zusammenwirken aller Bauelemente ist die Hand das am höchsten differenzierte Bewegungsorgan.

Unterarmmuskeln

Die **Unterarmmuskeln** lassen sich nach verschiedenen Gesichtspunkten zusammenfassen (Tabelle 12.8):
- **nach ihrer Lage** am Unterarm und der ihrer Sehnen an den Gelenken
- **nach ihrer Insertion**

In beiden Fällen ergeben sich Aussagen über die Muskelfunktionen.

Nach der Lage am Unterarm und an den Gelenken sind zu unterscheiden (Tabelle 12.8):
- ventral gelegene **Flexoren**
- dorsal gelegene **Extensoren**

Beide weisen eine tiefe und eine oberflächliche Schicht auf, wobei sich von der oberflächlichen Schicht der Extensoren eine **radiale Gruppe** abgrenzt.

Die dargestellte Gliederung lässt sich am einfachsten an einem Querschnittsschema durch den Unterarm erkennen (Abb. 12.16). Die Grenze zwischen Beugern und Streckern des Unterarms sind die Ossa antebrachii und die Membrana interossea antebrachii.

Der Gliederung in Flexoren und Extensoren entspricht auch das **Innervationsschema** der Unterarmmuskulatur, das sich aus der Embryonalentwicklung ergibt, unbeschadet späterer Muskelfunktionen:
- **Flexoren** werden vom **N. medianus** und vom **N. ulnaris**
- **Extensoren** und die von ihnen abgeleitete radiale Gruppe werden vom **N. radialis** innerviert

Nach den Ansätzen der Unterarmmuskeln lassen sich unterscheiden (Tabelle 12.8):
- Ansatz **am Radius**; sie wirken als **Pronatoren und Supinatoren**
- Ansatz an den **Ossa metacarpi**; sie ermöglichen **Beugung und Streckung** sowie **Radial- und Ulnarabduktion in den Handgelenken**
- Ansatz **an den Fingern:** Fingerbewegungen

Ursprung, Ansatz, Funktion und Innervation der Unterarmmuskeln sind in den Tabellen 12.9–12.11 zusammengestellt.

Unterarmmuskeln für Supination und Pronation. Gesondert sind in Tabelle 12.12 diejenigen Muskeln aufgeführt, die Supination und Pronation dienen. Abbildung 12.17 zeigt, dass bei Pronation und Supination der Hand sowohl Muskeln aus der Gruppe der

Tabelle 12.8. Klassifizierung der Unterarmmuskeln nach verschiedenen Kriterien – Gliederung nach Lage

	Flexoren (F)	Extensoren (E)	Radiale Gruppe (R)
oberflächliche Schicht (O)	M. flexor carpi radialis	M. extensor digitorum	M. brachioradialis
	M. palmaris longus	M. extensor digiti minimi	M. extensor carpi radialis longus
	M. flexor digitorum superficialis	M. extensor carpi ulnaris	M. extensor carpi radialis brevis
	M. pronator teres		
	M. flexor carpi ulnaris		
tiefe Schicht (T)	M. flexor pollicis longus	M. supinator	
	M. flexor digitorum profundus	M. abductor pollicis longus	
	M. pronator quadratus	M. extensor pollicis brevis	
		M. extensor pollicis longus	
		M. extensor indicis	

Gliederung nach Insertionen und Lage

Insertion am Radius	Lage	Insertion an den Ossa metacarpi	Lage	Insertion am Finger	Lage
M. brachioradialis	R	M. flexor carpi radialis	FO	M. flexor digitorum superficialis	FO
M. supinator	ET	M. palmaris longus	FO	M. flexor digitorum profundus	FT
M. pronator teres	FO	M. flexor carpi ulnaris	FO	M. flexor pollicis longus	FT
M. pronator quadratus	FT	M. extensor carpi radialis longus	R	M. extensor pollicis brevis	ET
		M. extensor carpi radialis brevis	R	M. extensor pollicis longus	ET
		M. abductor pollicis longus	ET	M. extensor digitorum	EO
		M. extensor carpi ulnaris	EO	M. extensor indicis	ET
				M. extensor digiti minimi	E

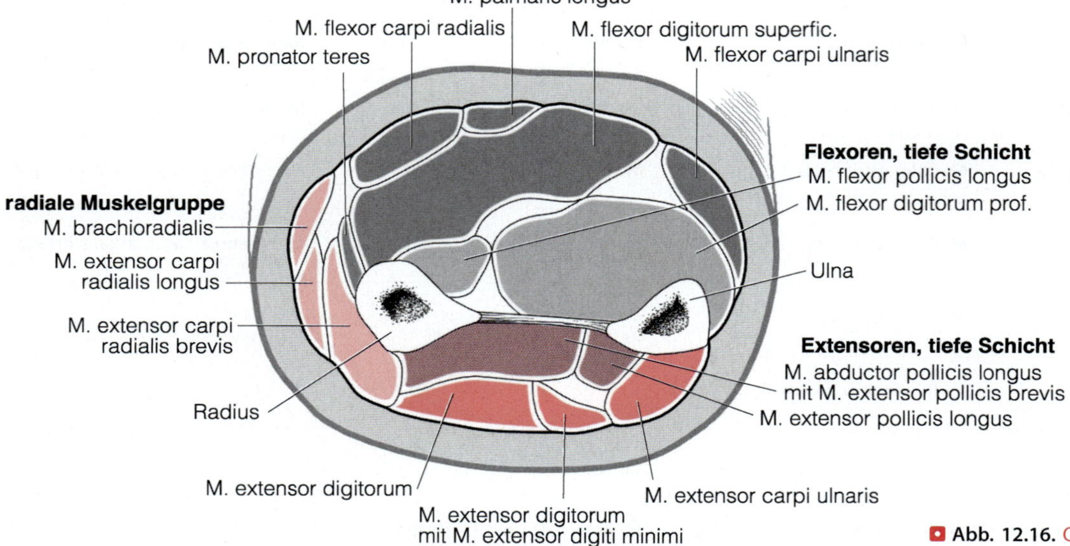

Abb. 12.16. Querschnitt durch den Unterarm

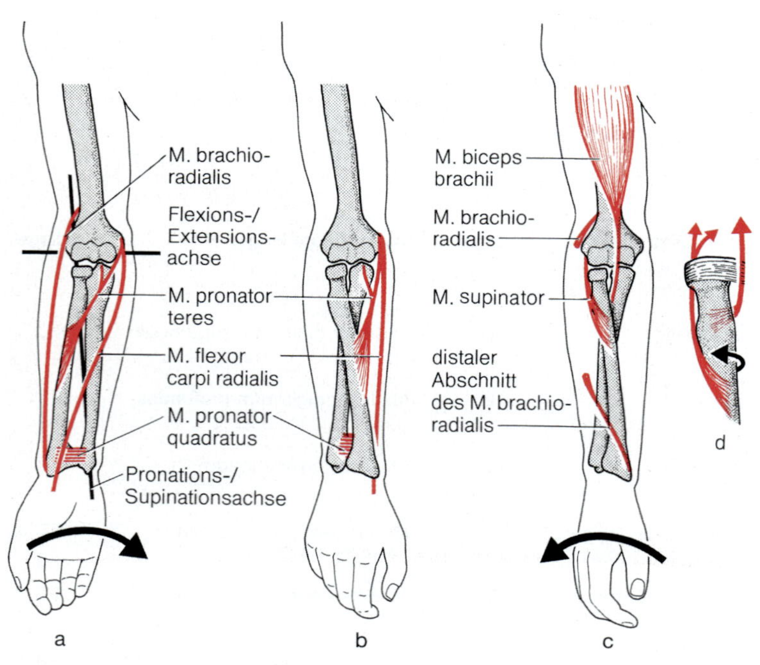

Abb. 12.17 a–d. Supination und Pronation des Unterarms. **a** Supinationsstellung des Unterarms: Ulna und Radius liegen nebeneinander. Eingezeichnet sind Querachse durch das Humeroulnar- und Humeroradialgelenk, um die Flexion und Extension im Ellenbogengelenk erfolgen, und Pronations-/Supinationsachse, die durch Caput radii zum Caput ulnae verläuft, sowie die der Pronation dienenden Beuger der Unterarmmuskeln. **b** Pronationsstellung. Der Radius überkreuzt die Ulna. **c** Supinationsbewegung (*Pfeilrichtung*). Eingezeichnet sind bei der Supination aus der Pronationsstellung mitwirkende Muskeln. **d** Der *Pfeil* gibt die Richtung an, in der sich der Radius beim Wechsel von der Pronations- in die Supinationsstellung dreht. Dabei wirken M. supinator (links) und M. biceps brachii (rechts) mit

Tabelle 12.9. Unterarmmuskeln, Flexoren

Muskel	Ursprung	Ansatz	Funktion	Innervation
oberflächliche Schicht				
M. pronator teres				
Caput humerale	Epicondylus medialis (humeri)	laterale und dorsale Fläche des mittleren Radiusdrittels	Beugung im Ellenbogengelenk, Pronation	N. medianus
Caput ulnare	Processus coronoideus der Ulna	laterale und dorsale Fläche des mittleren Radiusdrittels	Pronation	N. medianus
M. flexor carpi radialis	Epicondylus medialis (humeri) mit Unterarmfaszie	palmar an der Basis des Os metacarpale II	Beugung in den Handgelenken, Pronation aus extremer Supination, Radialabduktion	N. medianus
M. palmaris longus	Epicondylus medialis (humeri)	Aponeurosis palmaris, Corium der Hohlhand	Beugung im Handgelenk, spannt die Palmaraponeurose	N. medianus
M. flexor carpi ulnaris		Os pisiforme	Beugung in den Handgelenken; Ulnarabduktion zusammen mit dem M. extensor carpi ulnaris	N. ulnaris
Caput humerale	Epicondylus medialis, Olekranon	Hamulus ossis hamati		
Caput ulnare	proximale zwei Drittel der Ulna, Unterarmfaszie	Basis des Os metacarpale V		
M. flexor digitorum superficialis		seitlich an den Mittelphalangen des 2.–5. Fingers	Beugung in den Handgelenken sowie den Grund- und Mittelgelenken des 2.–5. Fingers *humeraler Anteil:* geringfügige Beugung im Ellenbogengelenk	N. medianus
Caput humeroulnare	Epicondylus medialis, Processus coronoideus ulnae			
Caput radiale	Vorderfläche des Radius			

Tabelle 12.9 (Fortsetzung)

Muskel	Ursprung	Ansatz	Funktion	Innervation
tiefe Schicht				
M. flexor digitorum profundus				
ulnarer Teil	Vorderfläche der Ulna	palmar an der Basis der Endphalangen des 2.–5. Fingers	Beugung in den Handgelenken und allen Fingergelenken des 2.–5. Fingers; der ulnare Teil ist an der Ulnarabduktion im Handgelenk beteiligt	N. ulnaris
radialer Teil (interossärer Teil)	Membrana interossea antebrachii			N. medianus
M. flexor pollicis longus	Vorderfläche des Radius, Membrana interossea antebrachii	palmar an Basis der Endphalanx des Daumens	Beugung in den Hand- und Daumengelenken, Beugung und Adduktion im Sattelgelenk, geringe Radialabduktion im proximalen Handgelenk	N. medianus
M. pronator quadratus	distal an der Vorderfläche der Ulna	distal an der Vorderkante des Radius	Pronation	N. interosseus antebrachii anterior aus dem N. medianus

Flexoren als auch der Extensoren des Unterarms beteiligt sind. Wesentlich wirkt bei dieser Bewegung außer den **Mm. pronatores teres et quadratus und supinator** der **M. biceps brachii** mit, dessen Endsehne bei der Pronation um den Hals des Radius gewickelt wird. Bei Kontraktion des Muskels wickelt sie sich wieder ab und dreht dabei den Knochen zurück. Bei rechtwinklig gebeugtem Ellenbogengelenk ist der M. biceps brachii der stärkste Supinator. Auf gleichem Prinzip beruht die Wirkung des **M. supinator**, der gleichfalls bei Pronation um den Schaft des Radius gewickelt ist, sich bei Kontraktion wieder abwickelt und dabei den Radius in die Supinationsstellung dreht.

Einzelheiten zu den Unterarmmuskeln

Flexoren, oberflächliche Schicht (Tabelle 12.9, Abb. 12.18a). Sie entspringen überwiegend am Epicondylus medialis (humeri).

M. pronator teres (Abb. 12.17a). Er überquert schräg die Längs- und damit die Pronations- und Supinationsachse des Unterarms und ist dadurch ein kräftiger Pronator. Zwischen Caput humerale und ulnare verläuft der N. medianus.

M. flexor carpi radialis ist mehrgelenkig. Er wirkt auf das Ellenbogengelenk, auf die Radioulnargelenke, da er gleichfalls die Pro- und Supinationsachse überquert, und die Handgelenke. Kurz vor seinem Ansatz bekommt er eine eigene Sehnenscheide.

M. palmaris longus. Er fehlt in 20% der Fälle. Sofern er vorhanden ist, verläuft er in der Längsachse des Unterarms, zieht dann *über* das Retinaculum flexorum hinweg und verbreitert sich in der Hohlhand fächerförmig zur *Aponeurosis palmaris*. Fehlt er, ist dennoch eine Palmaraponeurose vorhanden.

M. flexor carpi ulnaris. Der Muskel liegt von allen Beugern am weitesten medial. Er ist mehrgelenkig und wirkt auf Ellenbogengelenk (nicht das Caput ulnare) und Karpalgelenke. Zwischen Caput ulnare und Caput humerale spannt sich ein Sehnenbogen aus, unter dem der N. ulnaris in die Tiefe zieht.

M. flexor digitorum superficialis. Er ist vielgelenkig und verläuft an allen betroffenen Gelenken ventral der Beugeachsen. Ein arkadenförmiger Sehnenstreifen verbindet sein *Caput humeroulnare* und sein *Caput radiale*, unter dem N. medianus und A. ulnaris mit ihren Begleitvenen in die Tiefe treten. Seine

Tabelle 12.10. Unterarmmuskeln, Extensoren

Muskel	Ursprung	Ansatz	Funktion	Innervation
oberflächliche Schicht				
M. extensor digitorum (communis)	Epicondylus lateralis (humeri) und Fascia antebrachii	Dorsalaponeurose des 2.–5. Fingers	Streckung in Hand- und Fingergelenken des 2.–5. Fingers, Spreizung des 2., 4. und 5. Fingers	R. profundus des N. radialis
M. extensor digiti minimi (proprius)	Epicondylus lateralis (humeri) und Fascia antebrachii	Dorsalaponeurose des 5. Fingers	Streckung in Handgelenken und Gelenken des 5. Fingers. Ulnarabduktion, Abspreizen des 5. Fingers	R. profundus des N. radialis
M. extensor carpi ulnaris		dorsal an der Basis des Os metacarpale V	Streckung und Ulnarabduktion im Handgelenk	R. profundus des N. radialis
Caput humerale	Epicondylus lateralis (humeri)			
Caput ulnare	Olekranon sowie proximal der Facies posterior und am Margo posterior der Ulna			
tiefe Schicht				
M. supinator	Epicondylus lateralis (humeri), Lig. collaterale radiale, Lig. anulare radii, Crista musculi supinatoris	proximal an der Vorder- und Seitenfläche des Radius	Supination	R. profundus des N. radialis
M. abductor pollicis longus	Membrana interossea antebrachii, dorsale Fläche von Ulna und Radius	radial an der Basis des Os metacarpale I und Os trapezium	Abspreizung des 1. Mittelhandknochens, Radialabduktion im proximalen Handgelenk	R. profundus des N. radialis
M. extensor pollicis brevis	dorsale Fläche des Radius distal des Vorigen, Membrana interossea antebrachii	dorsal an der Basis der Grundphalanx des Daumens	Streckung um Daumengrundgelenk, Radialabduktion im proximalen Handgelenk und 1. Karpometakarpalgelenk	R. profundus des N. radialis
M. extensor pollicis longus	Facies posterior der Ulna, Membrana interossea antebrachii	dorsal an der Basis der Endphalanx des Daumens	Streckung im Grund- und Endgelenk des Daumens, Adduktion und Reposition im Sattelgelenk, Streckung in den Handgelenken	R. profundus des N. radialis
M. extensor indicis	distal an der dorsalen Fläche der Ulna und der Membrana interossea antebrachii	Dorsalaponeurose des 2. Fingers	Streckung in den Zeigefingergelenken, Adduktionsbewegung des Zeigefingers an den Mittelfinger, Streckung in den Handgelenken	R. profundus des N. radialis

Tabelle 12.11. Unterarmmuskeln, radiale Muskelgruppe

Muskel	Ursprung	Ansatz	Funktion	Innervation
M. brachioradialis	Crista supracondylaris lateralis und Margo lateralis des Humerus, Septum intermusculare brachii laterale	distal an der seitlichen Fläche des Radius, proximal von der Basis des Processus styloideus	Beugung im Ellenbogengelenk, je nach Stellung Pro- oder Supination	N. radialis
M. extensor carpi radialis longus	Crista supracondylaris lateralis am Übergang zum Epicondylus lateralis	dorsal an der Basis des Os metacarpale II	Beugung im Ellenbogengelenk, Streckung in den Handgelenken, zusammen mit dem M. flexor carpi radialis Radialabduktion, Pronation aus extremer Supination	N. radialis
M. extensor carpi radialis brevis	Epicondylus lateralis (humeri)	dorsal an der Basis des Os metacarpale III	Streckung in den Handgelenken	R. profundus des N. radialis

Tabelle 12.12. Muskeln mit pro- und supinatorischer Wirkung

Supination aus extremer Pronation	Pronation aus extremer Supination
M. biceps brachii	M. pronator teres
M. supinator	M. pronator quadratus
M. brachioradialis	M. brachioradialis
M. extensor indicis	M. flexor carpi radialis
M. extensor pollicis longus	M. palmaris longus
M. extensor pollicis brevis	M. extensor carpi radialis longus
M. abductor pollicis longus	

Bemerkung: M. brachioradialis wirkt je nach Ausgangsstellung sowohl bei Pronation als auch bei Supination mit

Endsehnen ziehen in Sehnenscheiden durch den Karpalkanal und inserieren an der palmaren Seite der Mittelphalangen – wiederum in Sehnenscheiden –, nachdem sich ihre Enden gespalten haben.

Flexoren, tiefe Schicht (Abb. 12.18b, Tabelle 12.9). Die Muskeln entspringen an der Vorderseite der Ulna und an der Membrana interossea antebrachii. Sie haben keinen Einfluss auf das Ellenbogengelenk.

M. flexor digitorum profundus. Ein vielgelenkiger Muskel. Seine Sehnen verlaufen im Canalis carpi und an den Fingern in einer gemeinsamen Sehnenscheide mit den vier Endsehnen der oberflächlichen Fingerbeuger. An den Fingern durchbrechen die Sehnen der tiefen Fingerbeuger im Bereich der Grundphalanx die der oberflächlichen, um am 2.–5. Finger die Basis der Endphalanx zu erreichen.

M. flexor pollicis longus (Abb. 12.18b). Er wirkt auf den Daumen beugend und beteiligt sich an der Oppositionsbewegung. – Am Unterarm liegt der M. flexor pollicis longus lateral vom M. flexor digitorum profundus. An der Hand befindet sich seine Sehne nach Verlassen des Canalis carpi im Bereich des 1. Mittelhandknochens zwischen oberflächlichem und tiefem Kopf des M. flexor pollicis brevis. Schließlich inseriert der Muskel an der Basis der Endphalanx des Daumens. Die Sehne des Muskels liegt in ihrer ganzen Länge in einer eigenen Sehnenscheide.

M. pronator quadratus (Abb. 12.17). Er verbindet im distalen Abschnitt des Unterarms Elle und Speiche auf der Facies anterior.

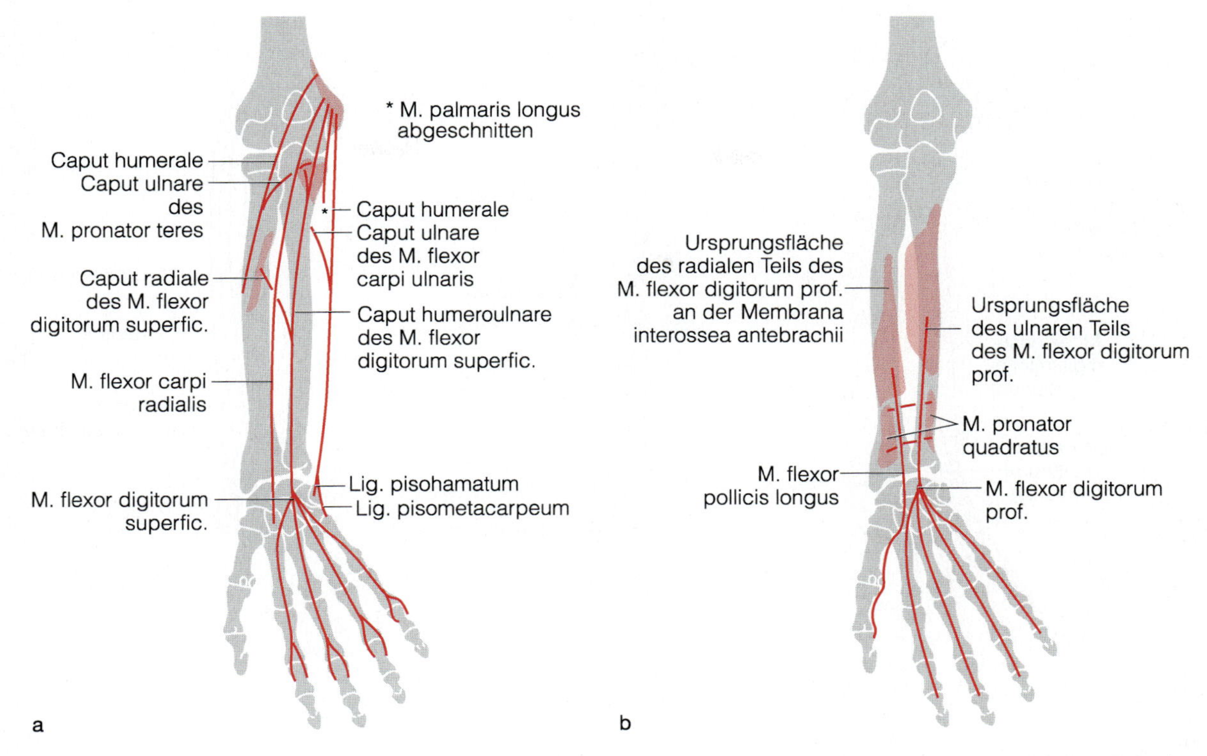

Abb. 12.18 a, b. Flexoren des Unterarms. **a** Oberflächliche und **b** tiefe Flexoren am Unterarm. Ansicht der palmaren (volaren) Fläche des rechten Unterarms

Extensoren des Unterarms. Viele entspringen am Epicondylus lateralis (humeri) und seiner Umgebung, andere am Unterarm. Viele wirken streckend (dorsalflexierend) auf das Handgelenk und streckend auf die Finger, sofern sie sie erreichen.

Extensoren oberflächliche Schicht (Tabelle 12.10, Abb. 12.19 a). Alle Muskeln sind mehrgelenkig.

M. extensor digitorum. Er ist der wichtigste Fingerstrecker. Seine Sehnen ziehen durch das 4. Sehnenfach unter dem Retinaculum musculorum extensorum zu den Dorsalaponeurosen des 2.–4. Fingers. Auf dem Handrücken sind sie durch sehnige Querzüge (*Connexus intertendinei*) verbunden, die die unabhängige Beweglichkeit der einzelnen Finger einschränken.

Klinischer Hinweis

Die Faust kann mit Gewalt geöffnet werden, wenn man die Handgelenke in eine maximale Beugestellung drückt, da in dieser Stellung die Sehnen des Fingerstreckers »zu kurz« sind (*passive Insuffizienz*). Sie verhindern deshalb einen wirkungsvollen Faustschluss, da sie die Finger etwas strecken. Andererseits ist in Dorsalextension der Hand ein kräftiger Faustschluss möglich, weil die in Dorsalextension bestehende Vordehnung der langen Fingerbeuger ihre aktive Insuffizienz verhindert (► S. 172).

M. extensor digiti minimi. Seine Sehne zieht durch das 5. Fach des Retinaculum musculorum extensorum und erreicht dann gemeinsam mit der 4. Sehne des M. extensor digitorum die Dorsalaponeurose des kleinen Fingers.

M. extensor carpi ulnaris. Von den Muskeln der oberflächlichen Schicht liegt er am weitesten medial. Er ist der kräftigste Ulnarabduktor im Handgelenk, wirkt aber gleichzeitig bei der Dorsalextension mit. Seine Sehne zieht durch das 6. Fach des Retinaculum musculorum extensorum und inseriert dorsal an der Basis ossis metacarpalis V.

Extensoren tiefe Schicht (Abb. 12.19 b, Tabelle 12.10).

M. supinator. Er liegt versteckt in der Tiefe auf der Kapsel des Ellenbogengelenks. Der platte Muskel windet sich von lateral dorsal um den Radius und setzt mittels einer kurzen Endsehne an der Vorder- und Seitenfläche des Radius zwischen Tuberositas radii und dem Ansatz des M. pronator teres an. Zwischen einer oberflächlichen und tiefen Portion durchsetzt der R. profundus des N. radialis den Muskel (*Supinatorenschlitz*). Muskelfunktionen ► oben.

M. abductor pollicis longus und **M. extensor pollicis brevis.** Oft sind die Muskeln miteinander verwachsen. Die Sehnen beider Muskeln überkreuzen die Sehnen des M. extensor carpi radialis brevis et longus sowie die A. radialis mit ihren Begleit-

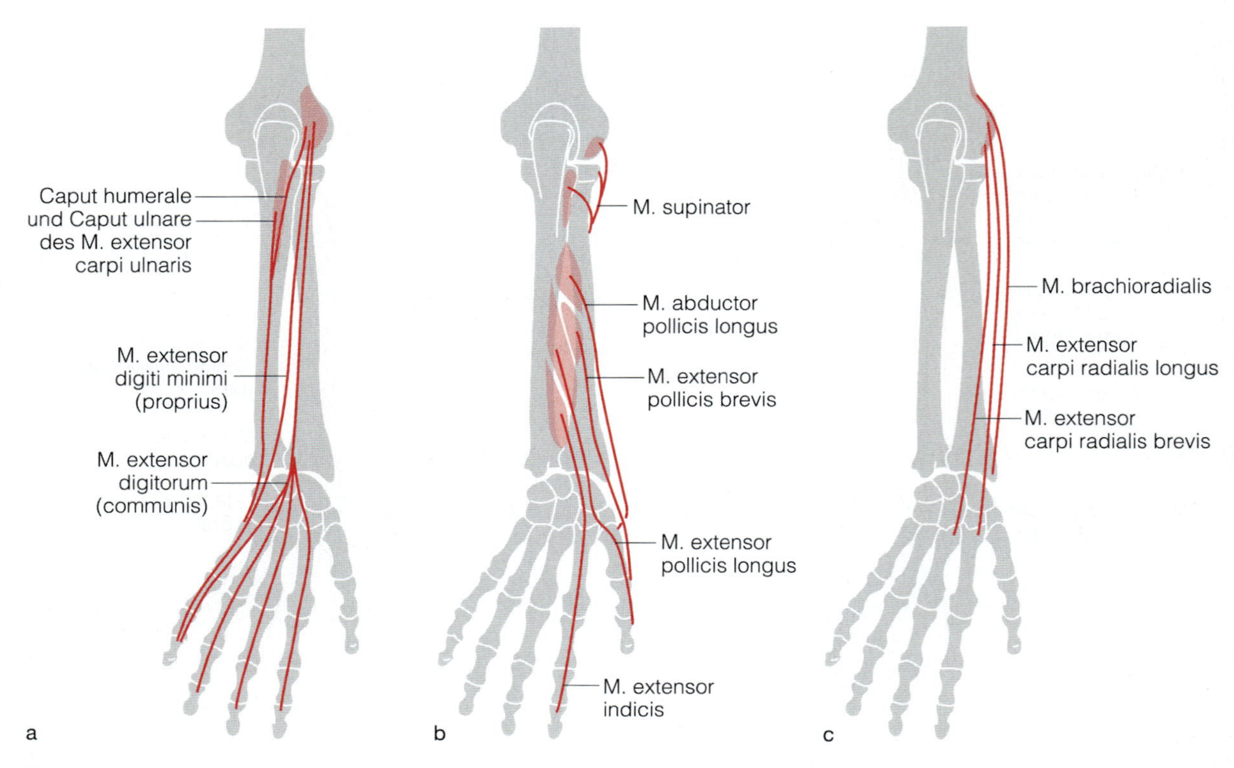

Abb. 12.19 a–c. Unterarmmuskeln. **a** Extensoren, oberflächliche Schicht; **b** Extensoren, tiefe Schicht; **c** radiale Gruppe. Ansicht von dorsal, rechter Arm

venen und ziehen durch das 1. Fach unter dem Retinaculum musculorum extensorum.

M. extensor pollicis longus. Der Muskel verläuft von der ulnaren Seite des Unterarms auf die radiale. Seine Sehne zieht durch das 3. Fach, überkreuzt dann die Sehnen der Mm. extensor carpi radialis brevis et longus und zieht zur Endphalanx I.

M. extensor indicis. Die Sehne verläuft durch das 4. Fach unter dem Retinaculum musculorum extensorum und dann gemeinsam mit der 1. Sehne des M. extensorum digitorum zur Dorsalaponeurose des Zeigefingers.

Radiale Muskelgruppe (Tabelle 12.11, Abb. 12.19c). Sie ist eine Abspaltung der oberflächlichen Schicht der dorsalen Unterarmmuskeln und während der Entwicklung so verlagert, dass die Muskeln vor der Flexions-/Extensionsachse des Ellenbogengelenks nach distal ziehen. Dadurch wurden sie dort zu Flexoren. Auf das Handgelenk, sofern sie es erreichen, wirken sie jedoch als Extensoren.

M. brachioradialis. Der Muskel ist eingelenkig. Er ist Leitmuskel für die radiale Gefäß-Nerven-Straße (Tabelle 12.17). Seine wichtigste Aufgabe ist die Flexion im Ellenbogengelenk. Dabei entwickelt er seine größte Beugekraft in Supinationsstellung. Bei gebeugtem Arm vermag er aus der Supinationsstellung zu pronieren.

M. extensor carpi radialis longus und M. extensor carpi radialis brevis. Beide Muskeln wirken auf die Handgelenke. Ihre Endsehnen verlaufen unter dem Retinaculum musculorum extensorum im 2. Sehnenfach und inserieren dorsal an der Basis ossis metacarpalis II (longus) bzw. des 3. Mittelhandknochens (brevis).

Wichtig

Die Bewegungen im Handgelenk gehen stets auf ein ausgewogenes Zusammenspiel der Muskeln zurück, die an der Handwurzel und an den Mittelhandknochen ansetzen.

Bei der **Palmarflexion** wirken gleichsinnig Mm. flexor carpi ulnaris und radialis, der M. palmaris longus, die Mm. flexores digitorum superficialis et profundus und der M. flexor pollicis longus. An der **Dorsalextension** sind synergistisch beteiligt der M. extensor carpi ulnaris und die Mm. extensores carpi radialis longus et brevis, der M. extensor digitorum mit dem M. extensor digiti minimi und der M. extensor indicis.

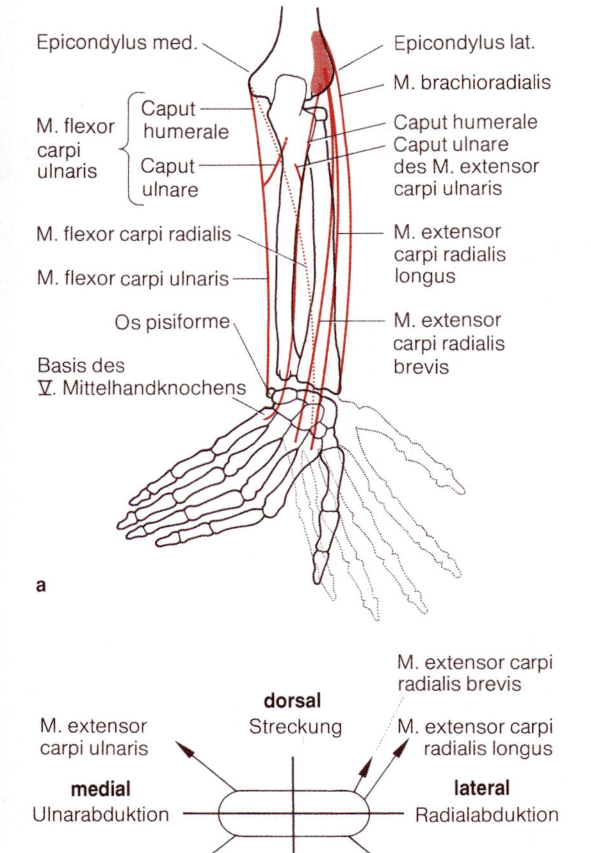

Abb. 12.20 a, b. **a** Unterarmmuskeln und **b** ihre Wirkung

Über das Zusammenspiel der Muskeln bei der Ulnar-/Radialabduktion der Hand gibt Abb. 12.20 Auskunft. Im entspannten Zustand steht die Hand leicht ulnar abduziert.

Faszien und Sehnenscheiden des Unterarms

Faszien. Für die Führung der Unterarmmuskeln spielen die Faszien eine große Rolle.

Gemeinsam werden alle Unterarmmuskeln von der **Fascia antebrachii** umhüllt, die vielen oberflächlich gelegenen Beugern und Streckern als zusätzlicher Ursprung dient. Proximal ist die Fascia antebrachii an den Epikondylen des Humerus und am Olekranon befestigt, weiter distal am Margo posterior der Ulna.

Von der Fascia antebrachii gehen im proximalen Bereich des Unterarms Bindegewebssepten aus, die die Muskelgruppen (Beuger, Strecker und radiale Gruppe) jeweils in eigenen Muskellogen führen. Sie bilden Gruppenfaszien. Im Bindegewebe zwischen den Muskeln verlaufen Gefäß-Nerven-Straßen. Weiter distal fehlt die bindegewebige Trennung der Muskelgruppen.

Verstärkungen. An den Handgelenken ist die Fascia antebrachii verstärkt, sowohl dorsal als auch volar:
- dorsal durch das **Retinaculum musculorum extensorum** (Abb. 12.21 a); durch das Retinaculum musculorum extensorum verlaufen die Sehnen der Extensoren in sechs Fächern (► S. 494)
- volar durch das **Retinaculum musculorum flexorum** (Abb. 12.21 b), das den Sulcus carpi überdacht und zum **Canalis carpi (Karpaltunnel)** ergänzt (► S. 460); durch den Kanal verlaufen die Sehnen der langen Fingerbeuger und der N. medianus

Klinischer Hinweis

Wird der Karpaltunnel eingeengt, z. B. durch Sehnenscheidenentzündungen, kann es zur Schädigung des N. medianus mit entsprechenden Ausfallserscheinungen kommen (*Karpaltunnelsyndrom* ► S. 496).

Wichtig

An Hand- und Fingergelenken wird das reibungsfreie Gleiten der Sehnen durch Sehnenscheiden ermöglicht. Volar befinden sich im Bereich der Handwurzel karpale Sehnenscheiden, an den Fingern digitale Sehnenscheiden. Karpale und digitale Sehnenscheiden für den 2.–4. Finger sind getrennt, für den Daumen und den kleinen Finger häufig verbunden.

Klinischer Hinweis

Vereiternde Entzündungen der Sehnenscheiden des kleinen Fingers können sich über die karpalen Sehnenscheiden bis zu der des Daumens bzw. vom Daumen bis zum kleinen Finger ausbreiten (*V-Phlegmone*).

Sehnenscheiden auf der volaren Seite der Hand (Abb. 12.21 b)
- **Vagina communis tendinum musculorum flexorum:** gemeinsame Sehnenscheide für die Sehnen des tiefen und des oberflächlichen Fingerbeugers; sie umhüllt nur eine Strecke weit die Sehnen für den 2., 3. und 4. Finger, jedoch vollständig die für den 5. Finger

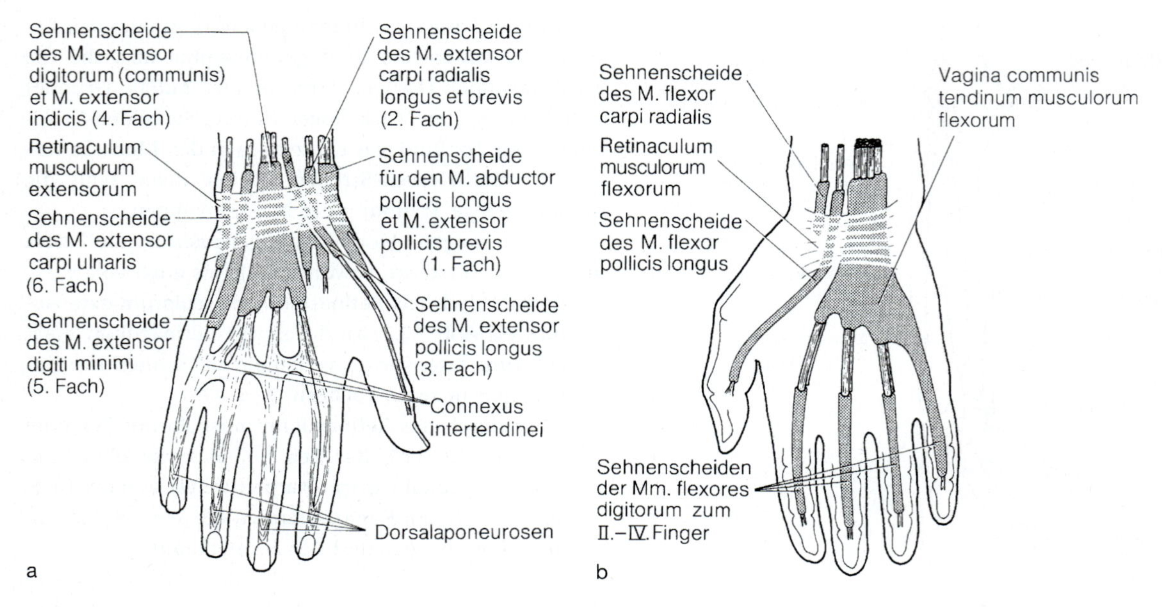

Abb. 12.21 a, b. Sehnenscheiden der Hand. **a** Streck- und **b** Beugeseite

- **Vagina tendinis musculi flexoris pollicis longi:** sie umhüllt die Sehne des langen Daumenbeugers und verläuft ohne Unterbrechung durch den Karpalkanal bis zur Anheftungsstelle der Sehne an der Basis des Daumenendgliedes
- **Vagina tendinum digitorum manus:** Sehnenscheiden am 2., 3. und 4. Finger für die Endstrecken der zugehörigen oberflächlichen und tiefen Fingerbeuger
- **Vagina tendinis musculi flexoris carpi radialis:** kurze Sehnenscheide für den Endabschnitt der Sehne des M. flexor carpi radialis

Zur Information

Die Sehnenscheiden bestehen jeweils aus einer fibrösen Führungsröhre (*Stratum fibrosum vaginae tendinis*), an den Fingern auch als osteofibröser Kanal bezeichnet, und einem inneren *Stratum synoviale* (► S. 170). Befestigt ist die Vagina fibrosa an den Fingergelenken durch kreuzförmige Kollagenfasern (*Pars cruciformis*), an den Diaphysen durch halbringförmige Fasern (*Pars anularis*).

Klinischer Hinweis

Bei degenerativen Verdickungen der Befestigungsfasern der Sehnenscheiden an den Fingergrundgelenken kann das Gleiten der Sehnen behindert sein. Wird die Behinderung durch starken Sehnenzug überwunden, schnellt der Finger plötzlich vor (*schnellender Finger, Tendovaginitis stenosa*), besonders am Daumen.

Wichtig

Auch auf dem Handrücken gibt es Sehnenscheiden. Sie verlaufen durch das Retinaculum musculorum extensorum. Anders als auf der Volarseite sind die Sehnenscheiden für die Sehnen der Extensoren jedoch getrennt, sie bilden Sehnenfächer.

Es werden **sechs Sehnenfächer** unterschieden (Abb. 12.21 a):

- *1. Fach:* M. abductor pollicis longus, M. extensor pollicis brevis in einer gemeinsamen Vagina tendinis

Zur Information

Sehr häufig ist das 1. Sehnenfach unterteilt und noch häufiger hat der M. abductor pollicis longus mehr als eine Sehne.

- *2. Fach:* M. extensor carpi radialis longus, M. extensor carpi radialis brevis in der Vagina tendinis musculorum extensorum carpi radialium
- *3. Fach:* M. extensor pollicis longus in der Vagina tendinis musculi extensoris pollicis longi
- *4. Fach:* M. extensor digitorum (4 Sehnen) und M. extensor indicis in der gemeinsamen Vagina tendinis musculi extensoris digitorum et extensoris indicis

- *5. Fach:* M. extensor digiti minimi in der Vagina tendinis musculi extensoris digiti minimi
- *6. Fach:* M. extensor carpi ulnaris in der Vagina tendinis musculi extensoris carpi ulnaris

Klinischer Hinweis
Bei einer Sehnenscheidenentzündung der Strecksehnen kann es über dem Retinaculum musculorum extensorum zu Knirschen und Reiben kommen.

Muskeln der Hand

Wichtig

Die Muskeln der Hand bilden drei Gruppen: Muskeln des Daumenballens, tiefe Hohlhandmuskeln, Muskeln des Kleinfingerballens.

Zur Entwicklungsgeschichte
Alle kurzen Handmuskeln stammen von ventralen Muskeln der oberen Extremität ab. Sie werden infolgedessen sämtlich von N. medianus und N. ulnaris versorgt.

Thenargruppe (Muskeln des Daumenballens). Sie stehen im Dienst einer abgestuft-feinen Oppositionsbewegung des 1. Mittelhandknochens mit dem Daumen (Tabelle 12.13, Abb. 12.22, 12.23). Jedoch beteiligt sich an der Oppositionsbewegung des Daumens auch der M. flexor pollicis longus. Die Reposition wird durch die Mm. extensores pollicis longus et brevis und durch den M. abductor pollicis longus ausgeführt. Die Bewegungen finden im 1. Karpometakarpalgelenk statt.

Tabelle 12.13. Handmuskeln, Thenargruppe

Muskel	Ursprung	Ansatz	Funktion	Innervation
M. abductor pollicis brevis	Retinaculum flexorum, Tuberculum ossis scaphoidei	Grundphalanx des Daumens, laterales Sesambein	Abduktion, Innenkreiselung während der Oppositionsbewegung	N. medianus
M. flexor pollicis brevis				
Caput superficiale	Retinaculum flexorum	Grundphalanx des Daumens, laterales Sesambein	Abduktion, Innenkreiselung während der Oppositionsbewegung	N. medianus
Caput profundum	Os trapezium, Os trapezoideum, Os capitatum	Grundphalanx des Daumens, laterales Sesambein	Beugung im Grundgelenk, Adduktion, Opposition	N. ulnaris (R. profundus)
M. opponens pollicis	Retinaculum flexorum, Tuberculum ossis trapezii	Vorderfläche und radiale Kante des Os metacarpale I	Beugung, Opposition und Einwärtskreiselung im Sattelgelenk	N. medianus
M. adductor pollicis				
Caput obliquum	Basis des Os metacarpale II, Os capitatum, Os hamatum	mediales Sesambein, Grundphalanx des Daumens	Adduktion, Opposition, Beugung im Daumengrundgelenk	N. ulnaris (R. profundus)
Caput transversum	palmare Fläche des Os metacarpale III	mediales Sesambein, Grundphalanx des Daumens	Adduktion, Opposition	N. ulnaris (R. profundus)

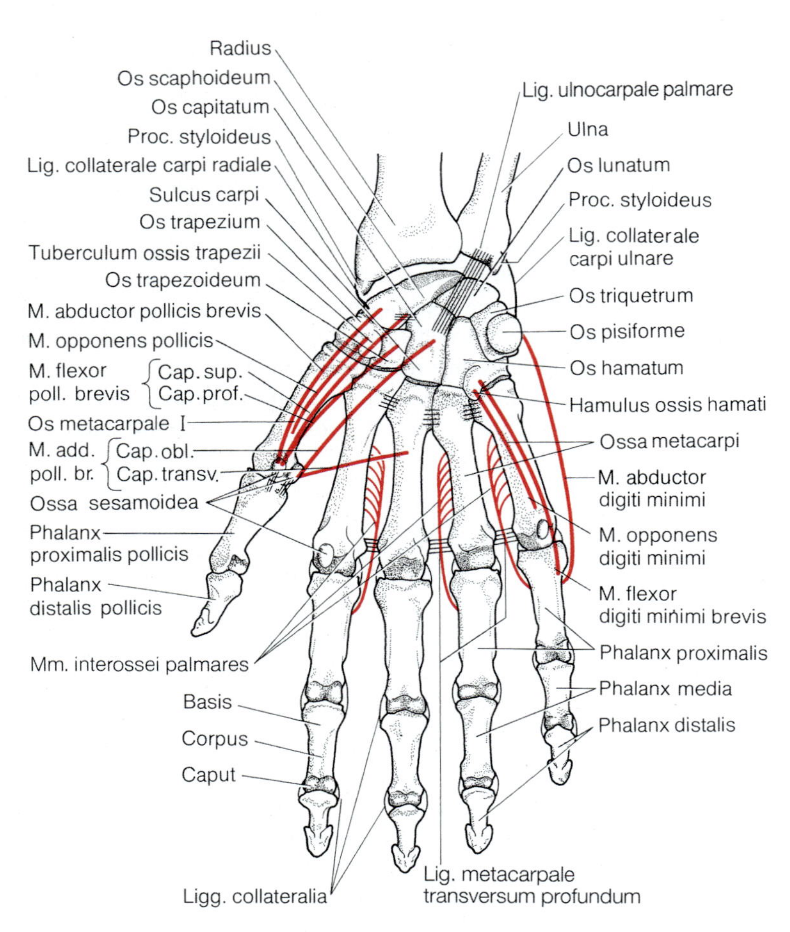

Abb. 12.22. Handmuskeln der rechten Hand von palmar. Die Ansatzsehnen der drei Mm. interossei palmares laufen vor dem Lig. metacarpeum transversum profundum

12

Einzelheiten zu den Muskeln des Daumenballens (Abb. 12.23)

M. abductor pollicis brevis. Er ist der oberflächlich gelegene Daumenballenmuskel. Er hat mit dem M. flexor pollicis brevis eine gemeinsame Endsehne.

M. flexor pollicis brevis. Zwischen seinem oberflächlichen und seinem tiefen Kopf verläuft die Sehne des M. flexor pollicis longus. Die beiden Köpfe sind verschiedener Herkunft, daher weisen sie unterschiedliche Innervationen auf (Tabelle 12.13).

M. opponens pollicis. Er liegt unter dem M. abductor pollicis brevis in der Tiefe des Daumenballens.

M. adductor pollicis. Er entspringt unter der Palmaraponeurose mit einem Caput transversum und einem Caput obliquum.

> **Klinischer Hinweis**
> Beim *Karpaltunnelsyndrom* – Läsion des N. medianus im Canalis carpi, z. B. durch Einengung – kann es neben Sensibilitätsstörungen zu Atrophien des M. abductor pollicis brevis (besonders) und des M. opponens pollicis im Daumenballen kommen (*Daumenballenatrophie*).

Tiefe Hohlhandmuskeln (mittlere Muskelgruppe) (Tabelle 12.14). Alle Muskeln dieser Gruppe beugen die Finger im Grundgelenk und strecken sie in den Mittel- und Endgelenken. Hinzu kommt ein Adduzieren auf den Mittelfinger und das Fingerspreizen. Die Muskeln wirken mit denen des Unterarms zusammen.

Einzelheiten zu den tiefen Hohlhandmuskeln

Mm. lumbricales. Sie entspringen breit gefächert an der lateralen Seite der Sehnen des M. flexor digitorum profundus. Dann

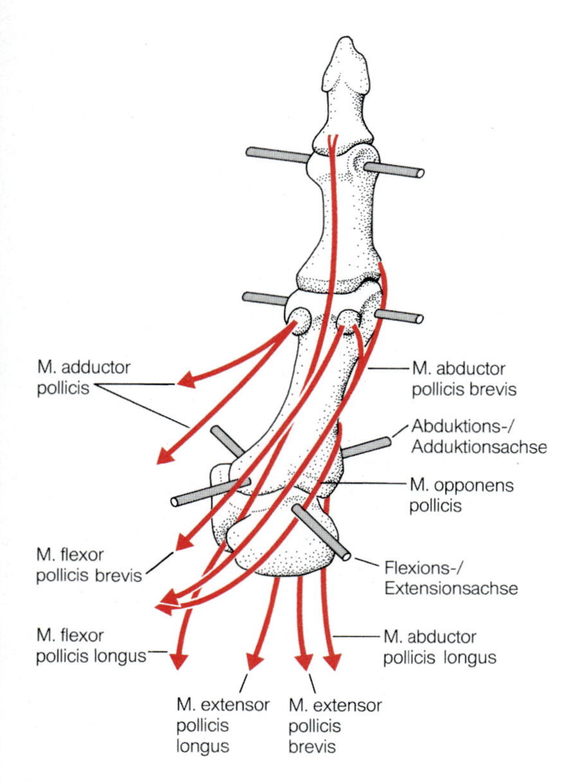

Abb. 12.23. Verlauf der Thenarmuskeln zu den Achsen der Daumengelenke der rechten Hand. Ansätze der Extensoren nicht sichtbar; sie liegen auf der Dorsalseite

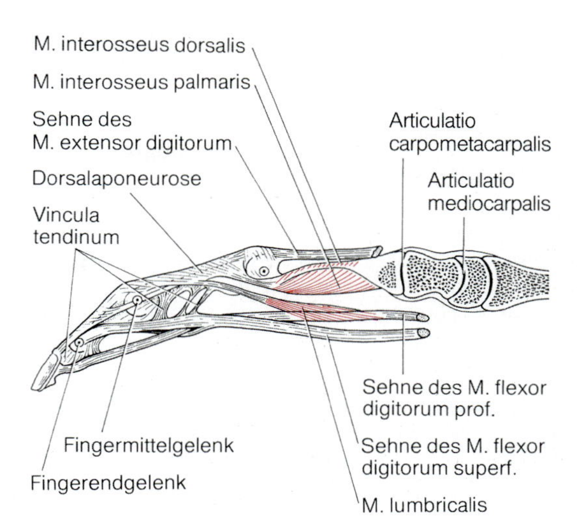

Abb. 12.24. Mm. lumbricales, Mm. interossei dorsales und Mm. interossei palmares. Die Achsen der Fingergelenke stehen senkrecht auf der Papierebene. Sie sind durch einen Punkt mit Kreis gekennzeichnet

verlaufen ihre Sehnen palmar der Flexions-/Extensionsachse der Metakarpophalangealgelenke (Abb. 12.24) und gelangen von der Seite her in die Dorsalaponeurose des 2.–5. Fingers. Dies erklärt, dass die Lumbrikales im Grundgelenk beugen und mittels der Dorsalaponeurose im Mittel- und Endgelenk strecken können. Ihre vielen Muskelspindeln machen verständlich, dass die Mm. lumbricales der Feineinstellung bei der Fingerbewegung dienen.

Mm. interossei palmares (Abb. 12.22). Ihr Verlauf und ihre Wirkung entsprechen denen der Mm. lumbricales. Außerdem können sie gespreizte Finger adduzieren.

Mm. interossei dorsales (Abb. 12.25). Die Muskeln sind zweiköpfig. Zusätzlich zum Beugen im Grund- bzw. Strecken im Mittel- und Endgelenk der Finger vermögen sie den 2. und 4. Finger abzuspreizen. Für den kleinen Finger ist hierfür der M. abductor digiti minimi verantwortlich.

Klinischer Hinweis

Bei einer als Geburtsschaden vorkommenden Lähmung durch Schädigung des unteren Anteils des Plexus brachialis (aus den Segmenten C8 und Th1, Klumpke-Lähmung) sind die Muskeln des Daumens und die Mittelhand betroffen.

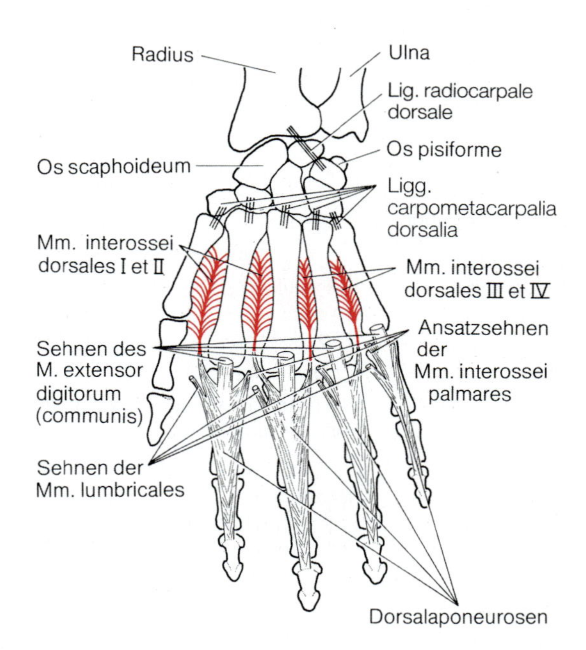

Abb. 12.25. Linke Hand von dorsal. Eingetragen sind die Mm. interossei dorsales und die Dorsalaponeurosen. Die Mm. interossei dorsales sind zweiköpfig und entspringen an den einander zugewandten Flächen der Mittelhandknochen

Tabelle 12.14. Handmuskeln, mittlere Gruppe und Hypothenargruppe

Muskel	Ursprung	Ansatz	Funktion	Innervation
mittlere Gruppe (tiefe Hohlhandmuskeln)				
Mm. lumbricales I–IV *(Nr. I und II einköpfig, Nr. III u. IV zweiköpfig)*	radial an den Sehnen des M. flexor digitorum profundus	Dorsalaponeurose des 2.–5. Fingers	**Beugen** in den Grundgelenken **Strecken** in den Mittel- und Endgelenken der Langfinger	I und II vom *N. medianus,* III und IV vom *N. ulnaris* (R. profundus)
Mm. interossei palmares I–III *(einköpfig)*	ulnare Seite des Os metacarpale II sowie radiale Seite der Ossa metacarpalia IV et V	Dorsalaponeurose des 2., 4. und 5. Fingers	**Beugen** in den Grundgelenken **Strecken** in den Mittel- und Endgelenken der entsprechenden Finger **Adduzieren** in Richtung auf den Mittelfinger	N. ulnaris (R. profundus)
Mm. interossei dorsales I–IV *(zweiköpfig)*	einander zugekehrte Flächen der Ossa metacarpalia I–V	Dorsalaponeurose des 2., 3. und 4. Fingers	**Beugen** in den Grundgelenken **Strecken** in den Mittel- und Endgelenken des 2., 3. und 4. Fingers **Abduzieren** des Zeigefingers nach radial, des Ringfingers nach ulnar, des Mittelfingers nach radial und ulnar	N. ulnaris (R. profundus)
Hypothenargruppe				
M. abductor digiti minimi	Retinaculum flexorum, Os pisiforme	ulnarer Rand der Basis der Grundphalanx des 5. Fingers	Abduktion im Grundgelenk des 5. Fingers	R. profundus des N. ulnaris
M. flexor digiti minimi brevis	Retinaculum flexorum, Hamulus ossis hamati	Basis der Grundphalanx des 5. Fingers	beugt im Grundgelenk des Kleinfingers	R. profundus des N. ulnaris
M. opponens digiti minimi	Retinaculum flexorum, Hamulus ossis hamati	ulnarer Rand des Os metacarpale V	zieht den 5. Mittelhandknochen nach vorne (palmar)	R. profundus des N. ulnaris
M. palmaris brevis	Palmaraponeurose	Haut über dem Kleinfingerballen	schützt die ulnaren Leitungsbahnen, spannt die Haut	R. superficialis des N. ulnaris

Hypothenargruppe (Muskeln des Kleinfingerballens) (▣ Abb. 12.22, ▣ Tabelle 12.13). Sie ermöglichen eigene Bewegungen des kleinen Fingers.

Einzelheiten zu den Muskeln des Kleinfingerballens

M. abductor digiti minimi. Er liegt oberflächlich im palmoulnaren Bereich des Kleinfingerballens.

M. flexor digiti minimi brevis. Er ist an seinem Ursprung mit dem M. abductor digiti minimi verwachsen.

M. opponens digiti minimi. Er liegt in der Tiefe des Kleinfingerballens.

M. palmaris brevis. Einzelne Muskelbündel strahlen seitlich am Kleinfingerballen in das Corium der Haut. Dort rufen sie bei Ulnarabduktion der Hand Runzeln hervor. Fehlt der M. palmaris longus, ist der M. palmaris brevis besonders kräftig ausgebildet.

Faszien und Aponeurosen der Hand

Wichtig

Die Hand ist durch Faszien und Septen in Bindegewebslogen gekammert.

Zu unterscheiden sind
- **oberflächliche Faszien**; umfassen die Hand
- **Aponeurosis palmaris**; Verstärkung der Hohlhandfaszie
- **Bindegewebssepten** für die Muskelgruppen des Thenars und Hypothenars
- **tiefe Faszien**

Durch die Faszien und Septen entstehen
- **Thenarloge**
- **mittlere Loge**
- **Hypothenarloge**

Klinischer Hinweis

Entzündungen und Infektionen der Mittelloge können sich zum Karpaltunnel hin und entlang von Gefäßen auf den Handrücken ausbreiten. Dort kann es dann zu Schwellungen kommen. Der Handteller selbst bleibt durch die straffe Aponeurosis palmaris frei davon.

Oberflächenfaszien. Die *Fascia dorsum manus* und die oberflächliche Hohlhandfaszie, die am Os metacarpale I befestigt ist, sind miteinander verbunden.

Aponeurosis manus. Sie gibt dem Handteller ein festes Widerlager. Sie ist deltaförmig. Proximal ist die Palmaraponeurose mit dem Retinaculum musculorum flexorum verbunden. Dann strahlt sie mit longitudinalen Bindegewebsfasern (*Fibrae longitudinales*) fächerförmig zu den Köpfen des 2.–5. Os metacarpale. Hinzu kommen *Fibrae transversae*, die distal Grundlage der interdigitalen Hautfalten (Schwimmhäute) sind.

Klinischer Hinweis

Eine fortschreitende Schrumpfung der Palmaraponeurose führt zur *Dupuytren-Beugekontraktur* der Finger. Betroffen sind besonders der 4. und 5. Finger.

Bindegewebssepten sind Fortsetzungen der Oberflächenfaszie in die Tiefe. Sie erreichen das Os metacarpale I bzw. V.

Tiefe Hohlhandfaszien. Die tiefe Hohlhand- und die tiefe Handrückenfaszie, die sich beide an den Ossa metacarpi befestigen, fassen die Mm. interossei zwischen sich.

In Kürze

Aufbau und Funktion der oberen Extremität sind auf die Hand hin gerichtet, wodurch sie schwerste und subtilste Arbeiten ausführen kann. Außerdem ist die Hand ein Ausdrucksmittel. Die Wendebewegungen der Hand gehen auf das proximale und distale Radioulnargelenk zurück. Die wirksamen Muskeln entspringen zum größeren Teil am Humerus. Die Bewegungen der Hand selbst ergeben sich aus Summation der Bewegungen in den verschiedenen Handgelenken. Möglich sind Beugung und Streckung, Radial- und Ulnarabduktion und Zirkumduktion. Die Motoren für die Handbewegungen sind Unterarmmuskeln, die an den Handwurzel- und Mittelhandknochen ansetzen. Eine Sonderstellung hat das Karpometakarpalgelenk I. Es lässt Ab- und Adduktion sowie Opposition und Reposition des Daumens zu. Die zugehörigen Muskeln bilden den Daumenballen. Die Muskeln des Kleinfingerballens dienen der Bewegung des 5. Fingers. Die Muskeln, die Beugung und Streckung der Finger ermöglichen, befinden sich überwiegend am Unterarm, für das Spreizen der Finger II bis V in der Mittelhand.

12.2.5 Leitungsbahnen im Schulter-/Armbereich

e Angiolosie: arterielle Stämme – Pulsmann

Möchten Sie sich zunächst einen Überblick über die Organisation der Leitungsbahnen des menschlichen Körpers verschaffen, lesen Sie für die Blutgefäße ► S. 178, für die Lymphbahnen ► S. 196, für die Nerven ► S. 200.

Im Folgenden werden die großen Leitungsbahnen und deren Äste, die eine besondere Bedeutung haben, mit einem + gekennzeichnet.

Arterien

Kernaussagen

- **Arteriell werden Schulter und Arm von A. subclavia, A. axillaris, A. brachialis, A. radialis, A. ulnaris und ihren Ästen versorgt.**

A. subclavia +. Die A. subclavia ist an der arteriellen Versorgung von Brustwand, Schultergürtel, Nackenmuskulatur, Hals und okzipitalen Teilen des Gehirns sowie des zervikalen und thorakalen Rückenmarks beteiligt (► S. 657). Ihr wichtigster Ast zur Versorgung von Schlüsselbein und Schultergelenk mit umgebenden Muskeln ist die **A. suprascapularis** (◘ Abb. 12.26).

A. axillaris +. Die Fortsetzung der A. subclavia wird vom Unterrand der Klavikula bis zum Unterrand des M. pectoralis major als A. axillaris bezeichnet (◘ Abb. 12.26). Die A. axillaris verläuft entlang dem M. coracobrachialis unter den Mm. pectorales vorn in der Achselhöhle. Dabei fügt sie sich zwischen die beiden Zinken der Medianusgabel (◘ Abb. 12.30) ein. Der Puls der A. axillaris kann im distalen Teil der Achselhöhle gefühlt werden.

Äste der A. axillaris

Rr. subscapulares. Sie versorgen den M. subscapularis.

A. thoracica superior, ein variables Gefäß zu Muskeln der vorderen Thoraxwand.

A. thoracoacromialis entspringt unter dem M. pectoralis minor und verzweigt sich im Trigonum clavipectorale. Ihre Äste versorgen M. subclavius, M. deltoideus, die Mm. pectoralis major et minor und erreichen das *Rete acromiale* auf dem Akromion.

A. thoracica lateralis läuft am Seitenrand des M. pectoralis minor im Bereich der vorderen Achsellinie auf dem M. serratus anterior, den sie versorgt, nach unten. Ihre *Rr. mammarii laterales* ziehen zur Brustdrüse.

A. subscapularis +. Das kurze, starke Gefäß läuft hinter der V. axillaris und spaltet sich in die

- *A. thoracodorsalis*, die die Richtung der A. subscapularis fortsetzt und sich zur Versorgung von M. latissimus dorsi, M. teres major und M. serratus anterior verzweigt. Die A. thoracodorsalis liegt dorsal vom N. thoracicus longus. Ihre distalen Zweige können den Nerv begleiten.
- *A. circumflexa scapulae*, die durch die mediale Achsellücke zusammen mit begleitenden Venen zur Fossa infraspinata zieht. Sie bildet eine wichtige Anastomose mit der A. suprascapularis.

A. circumflexa humeri anterior, ein dünnes Gefäß, das vorn um das Collum chirurgicum zum Schultergelenk und zum M. deltoideus zieht.

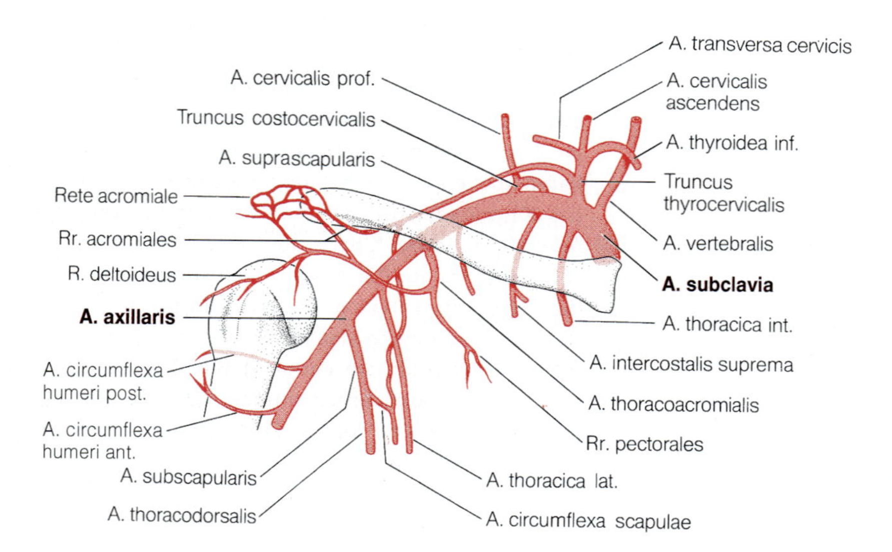

◘ **Abb. 12.26.** A. subclavia dextra und A. axillaris mit ihren Ästen. Nicht bezeichnet A. thoracica superior (entspringt hinter der Klavikula)

A. circumflexa humeri posterior+. Gemeinsam mit den begleitenden Vv. circumflexae posteriores humeri und dem N. axillaris läuft sie durch die laterale Achsellücke. Sie entsendet Zweige an den M. deltoideus, zum Caput longum des M. triceps brachii und zur Gelenkkapsel.

Anastomosen im Bereich der Schulter bestehen über das *Rete acromiale* zwischen A. suprascapularis und R. profundus der A. transversa cervicis, zwischen der A. circumflexa scapulae und A. suprascapularis, zwischen A. thoracoacromialis und A. suprascapularis sowie zwischen A. circumflexa anterior humeri und A. circumflexa posterior humeri.

A. brachialis+ (Abb. 12.27). So wird die Gefäßstrecke vom unteren Rand des M. pectoralis major bis zur Aufzweigung in A. radialis und A. ulnaris in der Ellenbeuge bezeichnet. Die A. brachialis läuft unter der Oberarmfaszie im Sulcus bicipitalis medialis – hier kann ihr Puls gefühlt werden – und wird vom N. medianus, von den Vv. brachiales und Lymphgefäßen begleitet. Knapp oberhalb der Ellenbeuge liegt sie oberflächlich direkt unter der Oberarmfaszie.

Varianten der A. brachialis

In der Achselhöhle und am Oberarm gibt es zahlreiche Varianten der Arterien. Davon sind wichtig:

- eine *persistierende A. brachialis superficialis*, eine embryonal angelegte, in der Regel zurückgebildete oberflächliche Gabel der A. brachialis; sofern dieses Gefäß vorhanden ist, liegt es vor der Medianusgabel, am Oberarm ventral vom N. medianus und mündet meistens in die A. radialis; da die Arterie in der Ellenbeuge oberflächlich liegt, kann sie bei einer Venenpunktion versehentlich getroffen werden
- eine *hohe Teilung der A. brachialis* (ein Sonderfall der erstgenannten Variante); in diesem Fall zweigt die A. radialis bereits am Oberarm ab (hohe Abzweigung der A. radialis): es ist entwicklungsgeschichtlich der distale Abschnitt der A. brachialis superficialis erhalten geblieben

Klinischer Hinweis

Bei distalen Verletzungen des Arms mit starken Blutungen kann kurzfristig die A. brachialis durch Anpressen an den Humerus im Sulcus bicipitalis medialis unterbunden werden.

Äste der A. brachialis

A. profunda brachii+. Sie läuft gemeinsam mit dem N. radialis und Begleitvenen zwischen Caput mediale et laterale des M. triceps brachii dorsal um den Humerusschaft (Abb. 12.27) im Sulcus nervi radialis. Ihre Äste versorgen Humerus, M. deltoideus und erreichen das *Rete articulare cubiti*, ein arterielles Gefäßnetz am Olekranon.

- *A. collateralis radialis* ist der Endast der A. profunda brachii; sie teilt sich in einen R. anterior und R. posterior: der *R. anterior* durchbricht das Septum intermusculare brachii laterale und verbindet sich mit der A. recurrens radialis, der *R. posterior* anastomosiert mit der A. interossea recurrens

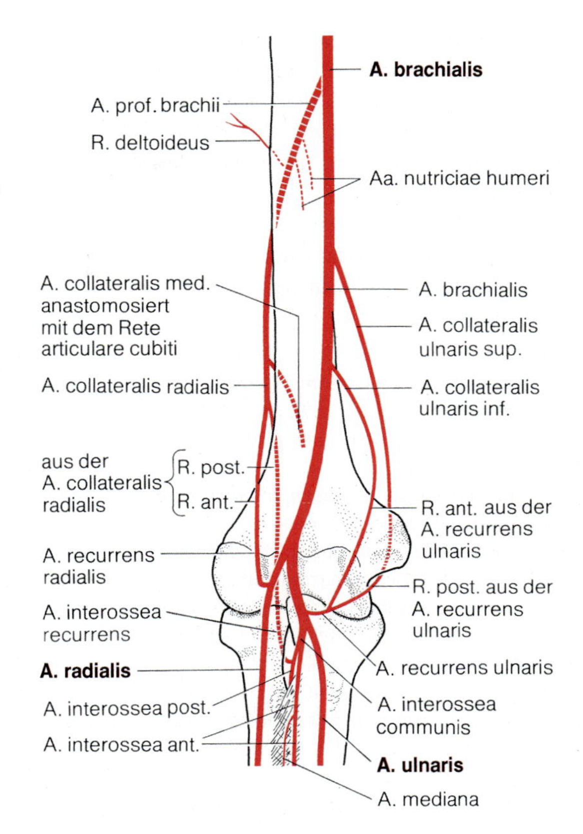

Abb. 12.27. Arterien am Oberarm und in der Ellenbogengegend

A. collateralis ulnaris superior: sie entspringt distal vom Abgang der A. profunda brachii aus der A. brachialis, begleitet den N. ulnaris, anastomosiert mit dem R. posterior der A. recurrens ulnaris und steht mit dem *Rete articulare cubiti* in Verbindung.

A. collateralis ulnaris inferior: sie bildet eine *Anastomose* mit dem R. anterior der A. recurrens ulnaris (Abb. 12.27), ein *dorsaler Ast* durchbricht das Septum intermusculare brachii mediale und nimmt Verbindung mit dem *Rete articulare cubiti* auf.

A. radialis+. Die A. brachialis teilt sich in der Ellenbeuge unter der Aponeurosis musculi bicipitis in A. radialis und A. ulnaris. Die A. radialis setzt die Verlaufsrichtung der A. brachialis fort (Abb. 12.27). Sie zieht zunächst über den M. pronator teres hinweg und gelangt dann in den Raum zwischen M. flexor carpi radialis und M. brachioradialis (radiale Gefäß-Nerven-Straße, Tabelle

12.17). Zwischen den Endsehnen der beiden Muskeln unmittelbar oberhalb des Radiokarpalgelenks liegt sie dann so oberflächlich, dass hier der Puls getastet werden kann. Dann biegt sie von der radialen Seite der Handwurzel nach dorsal in die Tabatière und gelangt unter der Sehne des M. extensor pollicis longus durch den M. interosseus zwischen 1. und 2. Mittelhandknochen wieder auf die Palmarseite der Hand, wo sie in den tiefen Hohlhandbogen übergeht.

Äste der A. radialis (Abb. 12.27, 12.28)

A. recurrens radialis. Das rückläufige Gefäß aus der Fossa cubiti bildet eine Anastomose mit dem R. anterior der A. collateralis radialis und gibt Muskeläste und Äste zum Rete articulare cubiti ab.

R. carpalis palmaris zum *Rete carpale palmare*, einem Gefäßnetz vorn auf den Handwurzelknochen.

R. palmaris superficialis zum oberflächlichen Hohlhandbogen, indem der Ast durch die Thenarmuskulatur hindurchzieht.

R. carpalis dorsalis zum *Rete carpale dorsale*, einem Gefäßnetz dorsal auf der Handwurzel unter den Extensorsehnen.

- *Aa. metacarpales dorsales*: Nr. I zweigt dorsal aus der A. radialis ab, Nr. II–V aus dem Rete carpale dorsale.
- *Aa. digitales dorsales*: sie gehen aus den Aa. metacarpales hervor, am Daumen aus der A. radialis.

A. princeps pollicis kommt als kurzer Ast aus der A. radialis zwischen M. interosseus dorsalis I und M. adductor pollicis und spaltet sich in die beiden *Aa. digitales palmares* für die mediale und laterale Seite des Daumens.

A. radialis indicis: sie stammt aus der A. princeps pollicis oder aus dem tiefen Hohlhandbogen und geht zur radialen Seite des Zeigefingers.

Arcus palmaris profundus + (Abb. 12.28) (*tiefer Hohlhandbogen*). Er entsteht aus der Fortsetzung der A. radialis, die ihn überwiegend speist, und der Anastomose mit dem schwächeren R. palmaris profundus aus der A. ulnaris. Der tiefe Hohlhandbogen liegt in Begleitung des tiefen Astes des N. ulnaris unter den langen Flexorsehnen auf den Basen der Ossa metacarpalia. Von ihm gehen ab:

- *Aa. metacarpales palmares*, 3–4 dünne Gefäße aus dem tiefen Hohlhandbogen zur Muskulatur zwischen den Mittelhandknochen
- *Rr. perforantes*, Verbindung der Aa. metacarpales palmares mit den Aa. metacarpales dorsales

A. ulnaris +. Leitmuskel der A. ulnaris (Abb. 12.27, 12.28) ist der M. flexor carpi ulnaris, unter dem sie gemeinsam mit Begleitvenen und dem N. ulnaris verläuft. Der Puls der A. ulnaris kann in der Nähe der Handwurzel neben der Sehne des M. flexor carpi ulnaris gefühlt werden. Dann überquert die A. ulnaris das Retinaculum flexorum. Unter der Palmaraponeurose setzt sie sich in den oberflächlichen Hohlhandbogen fort, der durch eine Anastomose mit dem R. palmaris superficialis der A. radialis entsteht.

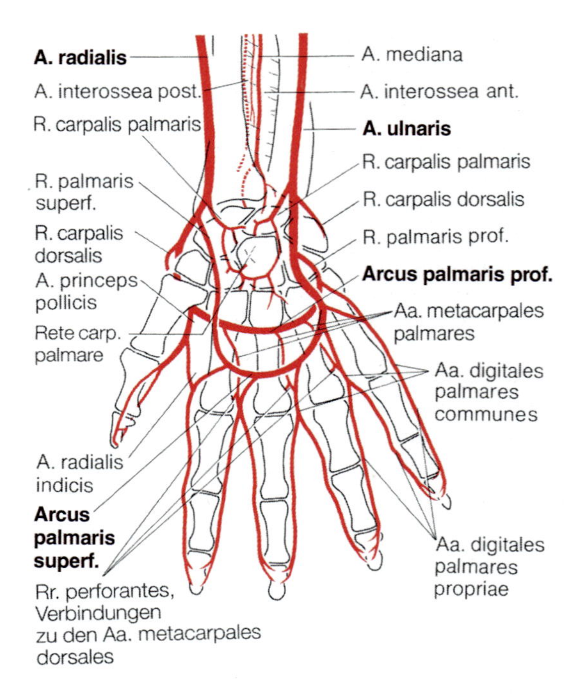

Abb. 12.28. Arterien der Hand, palmare Seite

Äste der A. ulnaris

A. recurrens ulnaris. Sie spaltet sich unter dem M. pronator teres in einen vorderen und in einen hinteren Zweig:

- *R. anterior* bildet eine Anastomose mit der A. collateralis ulnaris inferior
- *R. posterior* gewinnt Anschluss an das *Rete articulare cubiti* und die A. collateralis ulnaris superior

A. interossea communis. Das kurze Gefäß teilt sich in die A. interossea anterior et posterior:

- *A. interossea anterior*; sie verläuft auf der Membrana interossea antebrachii zwischen M. flexor digitorum profundus und M. flexor pollicis longus nach distal und versorgt den M. pronator quadratus; ihr *Endast* zieht zum *Rete carpale palmare*; ein anderer *distaler Ast* durchbricht die Membrana interossea antebrachii und gelangt zum *Rete carpale dorsale.* Ein längerer *dünner Seitenast* begleitet den N. medianus (*A. comitans nervi mediani*)
- *A. interossea posterior*; sie zieht durch eine proximale Lücke zwischen Membrana interossea antebrachii und Chorda obliqua, dann zwischen oberflächlicher und tiefer Strecker-

schicht, die sie auch mit Blut versorgt, bis zum *Rete carpale dorsale*; ein rückläufiger Seitenast, die *A. interossea recurrens*, zieht unter dem M. anconeus nach oben zum Rete articulare cubiti

R. carpalis palmaris ist ein Ast der A. ulnaris zum Rete carpale palmare, einem Gefäßnetz auf den Handwurzelknochen.
R. carpalis dorsalis erreicht das Rete carpale dorsale.
R. palmaris profundus setzt sich in den tiefen Hohlhandbogen (Arcus palmaris profundus) fort.

Arcus palmaris superficialis+ (Abb. 12.28). Der *oberflächliche Hohlhandbogen* wird überwiegend von der A. ulnaris gespeist, aus der er hervorgeht. Er bildet eine (inkonstante) Anastomose mit dem R. palmaris superficialis aus der A. radialis. Der unterschiedlich ausgebildete oberflächliche Hohlhandbogen liegt zwischen Palmaraponeurose und den langen Flexorsehnen auf den Nn. digitales palmares communes etwas weiter distal als der tiefe Bogen. Der Arcus palmaris superficialis gibt folgende Äste ab:

- *A. digitalis propria* für die ulnopalmare Kante des 5. Fingers
- *3 Aa. digitales palmares communes*
- *Aa. digitales palmares propriae*: sie gabeln sich und laufen zu den radialen und ulnaren Kanten der palmaren Fingerflächen. Der 2.–5. Finger werden letztlich von vier Aa. digitales versorgt

Klinischer Hinweis

Die Funktion eines ausreichend kollateralisierten Palmarkreislaufs wird vor dem Legen eines Dialyseshunts für die Blutentnahme bei der Hämodialyse oder vor der Punktion der A. radialis zur kontinuierlichen direkten Blutdruckmessung geprüft (Allen-Test). Hierbei werden zuerst die Aa. radialis und ulnaris unter Faustschluss bis zum Abblassen der Hand manuell komprimiert. Nach Freigabe der A. ulnaris muss die Wiederdurchblutung der Hand in weniger als 15 Sekunden erfolgen. Sonst ist keine ausreichende Ausbildung des Arcus palmaris anzunehmen. Die A. radialis kann dann nicht vom Palmarkreislauf abgekoppelt werden.

Rete articulare cubiti+. Es handelt sich um ein arterielles Gefäßnetz in der Region des Ellenbogengelenks. Hier besteht die Möglichkeit der Ausbildung von Kollateralkreisläufen, die nach einer Notfallunterbindung der A. brachialis distal vom Abgang der A. profunda brachii wichtig werden. Das Netz wird gebildet von

- *absteigenden Ästen:* A. collateralis radialis, A. collateralis media, A. collateralis ulnaris superior und inferior
- *rückläufig aufsteigenden Ästen:* A. recurrens radialis, A. recurrens ulnaris und A. interossea recurrens

Rete carpale dorsale. Es liegt auf der Dorsalseite des Karpus. Kollateralkreisläufe sind möglich durch die Zuflüsse aus der A. interossea anterior und posterior, aus dem R. carpalis dorsalis (aus der A. radialis) und dem R. carpalis dorsalis (aus der A. ulnaris). Die Unterbindung einer der beiden Unterarmarterien bleibt deshalb meist ohne Folgen.

Zur Information

Sowohl die Hohlhandbögen als auch die Gefäßnetze sind sehr variabel. Dargestellt ist hier der Regelfall.

In Kürze

Von den Ästen der A. subclavia ist vor allem die A. suprascapularis an der Versorgung von Schlüsselbein und Schultergelenk beteiligt. Die A. axillaris mit ihren Ästen ist das wichtigste Gefäß für die Versorgung von Schulter und Schultergelenk mit ihren Muskeln. Die A. brachialis versorgt Humerus, M. deltoideus und Rete articulare cubiti. Versorgungsgebiete der A. radialis sind die radialen Extensoren und die radial gelegenen Flexoren des Unterarms sowie Daumenballen und Handrücken. Versorgungsgebiete der A. ulnaris sind die ulnare Seite der oberflächlichen Beuger, die tiefen Beuger des Unterarms und über die A. interossea posterior die Strecker des Kleinfingerballens. Die Finger werden über den oberflächlichen und tiefen Hohlhandbogen versorgt.

Venen

e Angiologie: Gefäßbau

Kernaussagen

- **Der Blutabfluss aus dem Arm erfolgt in Abhängigkeit vom Dränagegebiet durch oberflächliche oder tiefe Venen.**

Die **oberflächlichen Venen** (Hautvenen) liegen vorwiegend epifaszial, d.h. über den Armfaszien im subkutanen Bindegewebe. Sie verlaufen unabhängig von den Arterien, bilden Netze und stehen mit den tiefen Venen durch zahlreiche Anastomosen in Verbindung. Im Gegensatz zu den oberflächlichen Venen laufen die **tiefen Venen** zusammen mit den Arterien (Vv. comitantes, Begleitvenen). Größere Arterien werden von zwei Venen flankiert. Die beiden Begleitvenen stehen untereinander durch quer oder schräg verlaufende Anastomosen in Verbindung. Der Zufluss erfolgt aus Muskeln, Bindegewebe und Skelettteilen.

Oberflächliche Venen (Abb. 12.29)

Rete venosum dorsale manus, venöses Netz auf der Streckseite des Handrückens mit zahlreichen Verbindungen zu tiefen und anderen oberflächlichen Armvenen, insbesondere zu V. cephalica und V. basilica. In einem Arcus venosus palmaris superficialis wird das Blut aus der Hohlhand gesammelt.

V. cephalica+. Sie beginnt an der Dorsalfläche des Daumens, gelangt dann auf die radiale Seite des Unterarms, durchläuft die Ellenbeuge auf der lateralen Seite, zieht im Sulcus bicipitalis lateralis und anschließend im Sulcus deltoideopectoralis zum Trigonum clavipectorale, wo sie in die V. axillaris mündet. Die V. cephalica steht mit tiefen Armvenen sowie mit anderen oberflächlichen Venen und venösen Netzen an vielen Stellen in Verbindung. Eine inkonstante V. cephalica accessoria kann vom Rete venosum über die Streckseite des Unterarms proximal Anschluss an die V. cephalica gewinnen.

V. basilica+. Sie beginnt in der ulnaren Gegend des Handrückens, läuft auf der medialen Beugeseite des Unterarms zur Ellenbeuge, durchbricht am Hiatus basilicus die Fascia brachii etwa am Übergang vom distalen zum mittleren Oberarmdrittel und mündet in die mediale V. brachialis.

V. mediana antebrachii, eine inkonstante Vene am Unterarm zwischen V. cephalica und V. basilica.

V. mediana cubiti. Sie verbindet die V. cephalica mit der V. basilica in der Ellenbeuge.

V. mediana basilica, inkonstante Vene in der Ellenbeuge.

V. mediana cephalica, inkonstanter Zufluss zur V. cephalica in der Ellenbeuge.

Tiefe Venen (Begleitvenen)

Ihr Verlauf und ihre Bezeichnungen entsprechen den Arterien. Dem oberflächlichen und tiefen arteriellen Hohlhandbogen entspricht ein **Arcus venosus palmaris superficialis** und **profundus**.

Die **Vv. radiales** und die **Vv. ulnares** sind im Vergleich zu den Arterien auffallend dünne Gefäße. Sie münden in die **Vv. brachiales+**, die sich weiter proximal in unterschiedlicher Höhe zur **V. axillaris** vereinigen.

In die **V. axillaris+** mündet außer den Begleitvenen die *V. thoracoepigastrica*. Sie steht netzartig mit den epigastrischen Venen in Verbindung. Hierdurch bestehen Anastomosen zwischen oberer und unterer Hohlvene. Bei portaler Hypertension können sie sich zu einem Umgehungskreislauf ausbilden (Abb. 11.110).

Die **V. subclavia+** läuft als Fortsetzung der V. axillaris unter der Klavikula und dem M. subclavius auf der 1. Rippe vor dem M. scalenus anterior. Hier ist sie mit der Fascia clavipectoralis fest verbunden.

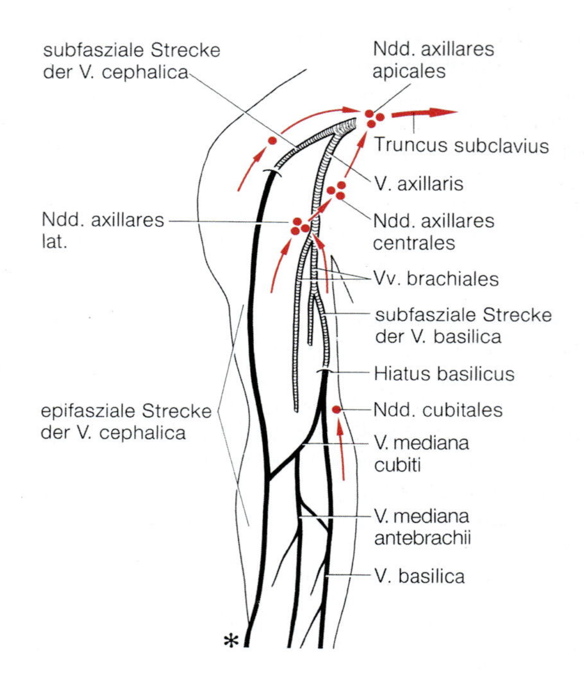

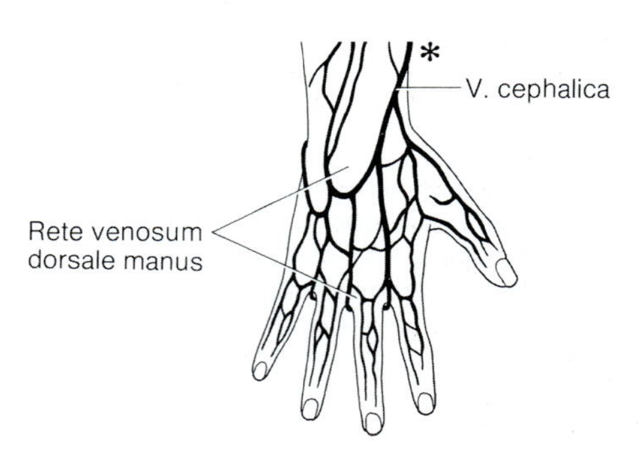

Abb. 12.29. Oberflächliche Venen an der Vorderseite von Unter- und Oberarm und am Handrücken. Die *schraffierten* Verlaufsstrecken liegen subfaszial. *Sterne* Anschlussstellen der V. cephalica. Am Oberarm sind die wichtigsten Lymphknotengruppen dargestellt

Klinischer Hinweis

Die oberflächlichen Armvenen eignen sich zu *Venenpunktion* und *Venensektion*. Hierbei ist zu beachten, dass Stärke, Verlauf und Anordnung der oberflächlichen Venen sehr variabel sind. Bei Injektionen in der Ellenbogengegend ist auf den »hohen Abgang« der A. brachialis und eine oberflächliche Lage der A. brachialis superficialis bzw. A. radialis an atypischer Stelle auf der Aponeurosis musculi bicipitis brachii zu achten. Bei einer Verletzung der V. subclavia besteht Gefahr einer Luftembolie. Die V. subclavia wird häufig als Zugang für zentrale Venenkatheter benutzt (z. B. bei langfristiger Infusion von Zytostatika).

> **In Kürze**
>
> **Die oberflächlichen, epifaszialen Venen verlaufen unabhängig von den Arterien. Sie können relativ leicht punktiert werden (Handrücken, Fossa cubiti). Die tiefen Venen begleiten die Arterien.**

Lymphsystem

Kernaussagen

- **Lymphbahnen und Lymphknoten lassen wie die Venen ein oberflächliches und ein tiefes System unterscheiden.**

Die **oberflächlichen Lymphbahnen** laufen vorwiegend in Begleitung der oberflächlichen Venen (V. cephalica, V. basilica) und die **tiefen** befinden sich in den tiefen Gefäßstraßen. Zwischen beiden Anteilen bestehen Verbindungen. In beide Lymphbahnen sind Lymphknoten eingeschaltet. Einige sind auffällig (Abb. 12.29). Sie werden z. B. bei einer Lymphangitis tastbar (Lymphgefäßentzündung nach Eindringen von Erregern in Lymphkapillaren).

Oberflächliche Lymphknoten

Nodi lymphoidei cubitales et supratrochleares, Zuflüsse aus dem Unter- und z. T. dem Oberarm.

Nodi lymphoidei axillares laterales (Abb. 12.16), epifaszial in der Axilla gelegen. Einzugsgebiet: Arm.

Tiefe Lymphknoten (Abb. 12.29)

Nodi lymphoidei brachiales. Sie liegen der A. brachialis an, Zufluss aus dem Arm.

Nodi lymphoidei axillares centrales an der Rückseite des M. pectoralis minor, Zufluss aus oberflächlichen Lymphknoten.

Nodi lymphoidei deltopectorales, unter dem M. deltoideus.

Nodi lymphoidei axillares apicales, oberhalb des Ansatzes des M. pectoralis minor und hinter der Klavikula. Sie haben Verbindung zu supraklavikulären Lymphknoten, Zufluss aus dem Arm und der Mamma.

Nodi lymphoidei subscapulares. Zufluss aus der Schulterregion und der dorsalen Thoraxwand.

Die Lymphe gelangt schließlich in den Truncus subclavius (► S. 198).

Nerven

Kernaussagen

- **Schulter und obere Extremität werden vom Plexus brachialis innerviert.**

Der Plexus brachialis (Armgeflecht) (Abb. 12.30) wird von den Rr. anteriores der Spinalnerven aus den Segmenten C5 bis Th1, mit kleineren Bündeln aus C4 und Th2 gebildet.

Nach kurzem Verlauf formieren sich die Rr. anteriores der Spinalnerven zu drei Trunci:
- **Truncus superior** mit Fasern aus C5 und C6 mit kleinen Bündeln aus C4
- **Truncus medius** aus C7
- **Truncus inferior** aus C8 und Th1 mit kleinen Bündeln aus Th2

Die Trunci gelangen durch die Skalenuslücke (► S. 511) zusammen mit der A. subclavia in den Bereich der Klavikula. Dort schließen sie sich zu drei Fasciculi zusammen:, die lateral, medial und hinter der A. axillaris liegen:
- **Fasciculus lateralis** aus dem Truncus superior und Truncus medius
- **Fasciculus medialis** aus dem Truncus inferior
- **Fasciculus posterior** aus den dorsalen Anteilen aller drei Trunci

Topographisch wird die Verlaufsstrecke aller Anteile des Plexus brachialis zwischen Wirbelsäule und unterer Fläche der Klavikula als **Pars supraclavicularis**, der folgende Abschnitt bis zur Achselhöhle als **Pars infraclavicularis** bezeichnet. Aus beiden Abschnitten gehen Nerven für Schulter und Arm hervor.

Pars supraclavicularis. Aus der Pars supraclavicularis zweigen ab:
- **N. dorsalis scapulae** (C4–5): er durchbohrt den M. scalenus medius und versorgt den *M. levator scapulae, M. rhomboideus major* und *M. rhomboideus minor*
- **N. thoracicus longus** (C5–7) durchsetzt den M. scalenus medius unterhalb vom N. dorsalis scapulae, läuft dann in der mittleren Achsellinie auf dem *M. serratus anterior*, den er auch innerviert, nach distal
- **N. subclavius** (C5–6) zieht zum *M. subclavius*. Gelegentlich gibt er einen Ast an den N. phrenicus ab (Nebenphrenicus)

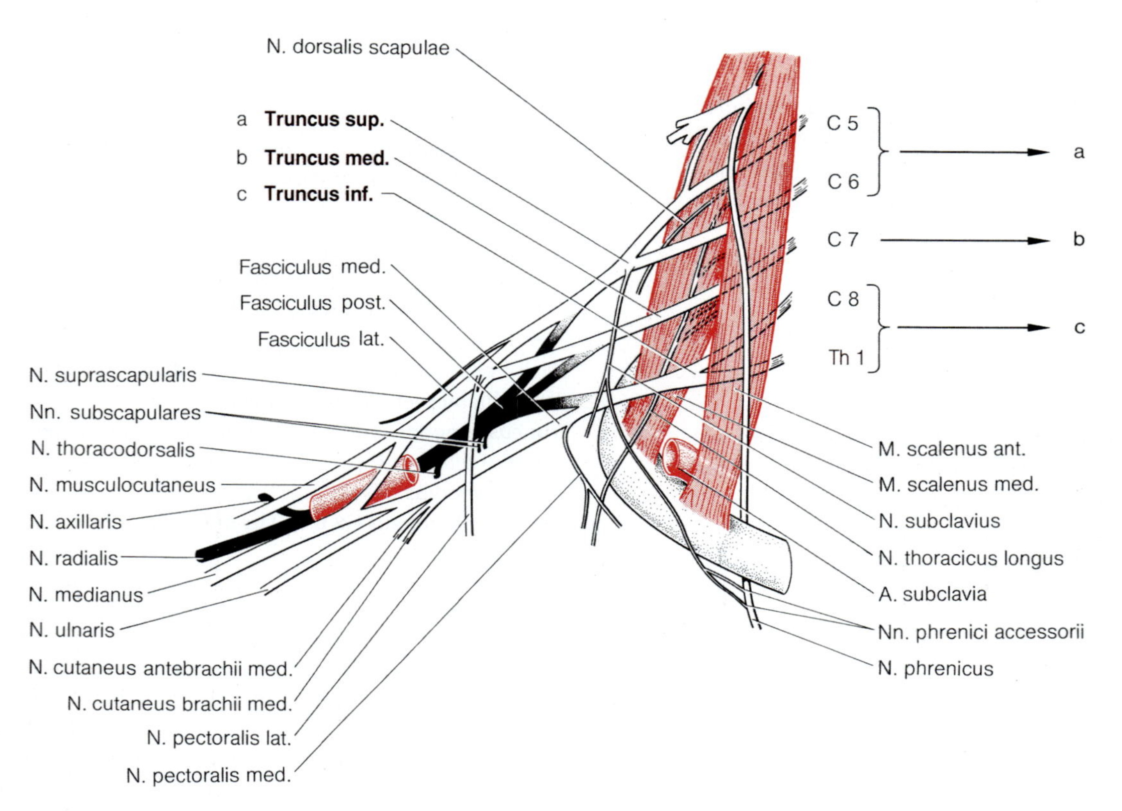

Abb. 12.30. Der Plexus brachialis bildet sich aus den vorderen Ästen von C5–Th1. Aus dem Truncus superior und medius entsteht der Fasciculus lateralis, aus dem Truncus inferior der Fasciculus medialis. Der Fasciculus posterior erhält Zugänge aus allen drei Trunci. (In Anlehnung an Feneis 1982)

- **N. suprascapularis** läuft durch die Incisura scapulae unterhalb des Lig. transversum scapulae zu *M. supraspinatus* und *M. infraspinatus*
- **N. pectoralis medialis** und **N. pectoralis lateralis** laufen ventralwärts und versorgen den *M. pectoralis major et minor*
- **N. subscapularis** besteht meistens aus mehreren Ästen und versorgt den *M. subscapularis*, gelegentlich auch den *M. teres major*
- **N. thoracodorsalis** geht bisweilen auch aus dem Fasciculus posterior hervor, in seinem weiteren Verlauf zieht er am seitlichen Rand der Skapula entlang und versorgt *M. latissimus dorsi* sowie *M. teres major* (wird gelegentlich auch vom N. subscapularis innerviert)

Pars infraclavicularis. Sie besteht nun bereits aus den drei Faszikeln, die Teile der Schulter und den Arm versorgen. Am Arm innervieren *Fasciculus posterior* die Strecker, *Fasciculi medialis et lateralis* die Beuger.

Übersicht über die Haupttäste der Fasciculi plexus brachialis (Abb. 12.30)

Fasciculus lateralis
- N. musculocutaneus
- Radix lateralis des N. medianus

Fasciculus medialis
- N. cutaneus brachii medialis
- N. cutaneus antebrachii medialis
- N. ulnaris
- Radix medialis des N. medianus

Fasciculus posterior
- N. axillaris
- N. radialis

Fasciculus lateralis +

- **N. musculocutaneus** + (aus C5 und C7). Er durchbohrt den M. coracobrachialis.
  - *Rr. musculares* innervieren *alle Flexoren des Oberarms*
  - *N. cutaneus antebrachii lateralis* (Endast) läuft zwischen M. biceps brachii und M. brachialis nach distolateral, erscheint dann oberhalb des Ellenbogengelenks an den seitlichen Rändern beider Muskeln und versorgt die *radiale Unterarmgegend sensibel* (Abb. 12.34)

Klinischer Hinweis

Lähmungen. Nach Ausfall des N. musculocutaneus ist die Beugefähigkeit im Ellenbogengelenk merklich eingeschränkt, jedoch nicht vollständig aufgehoben, da der M. brachialis auch einige Fasern vom N. medianus erhält und eine Reihe von Unterarmmuskeln im Ellenbogengelenk beugen können.

- **N. medianus** + (aus C6–Th1, Abb. 12.30, 12.31). Er entsteht mit einer lateralen Wurzel (*Radix lateralis*) aus dem Fasciculus lateralis und einer medialen Wurzel (*Radix medialis*) aus dem Fasciculus medialis. Beide Wurzeln liegen jeweils lateral bzw. medial der A. axillaris an. Im weiteren Verlauf vereinigen sie sich vor der A. axillaris und bilden die **Medianusgabel.**

Variationen. Sie sind zahlreich, sei es, dass die Wurzeln des Medianus gespalten sind und dadurch die Medianusgabel gedoppelt ist oder überhaupt fehlt, sei es, dass sich Medianusfasern dem N. musculocutaneus anschließen, bevor sie in der Oberarmmitte zum N. medianus zurückkehren.

Verlauf. In der Regel verläuft der N. medianus mit der A. brachialis medial am Septum intermusculare brachii (mediale Gefäß-Nerven-Straße Abb. 12.35) zur Ellenbeuge. Dann gelangt er unter der Aponeurosis musculi bicipitis brachii zum Unterarm. Hier durchbohrt er den M. pronator teres und erreicht zwischen oberflächlichen und tiefen Flexoren und medial der Sehne des M. flexor carpi radialis gelegen den **Canalis carpi** und zieht dann zur Hohlhand.

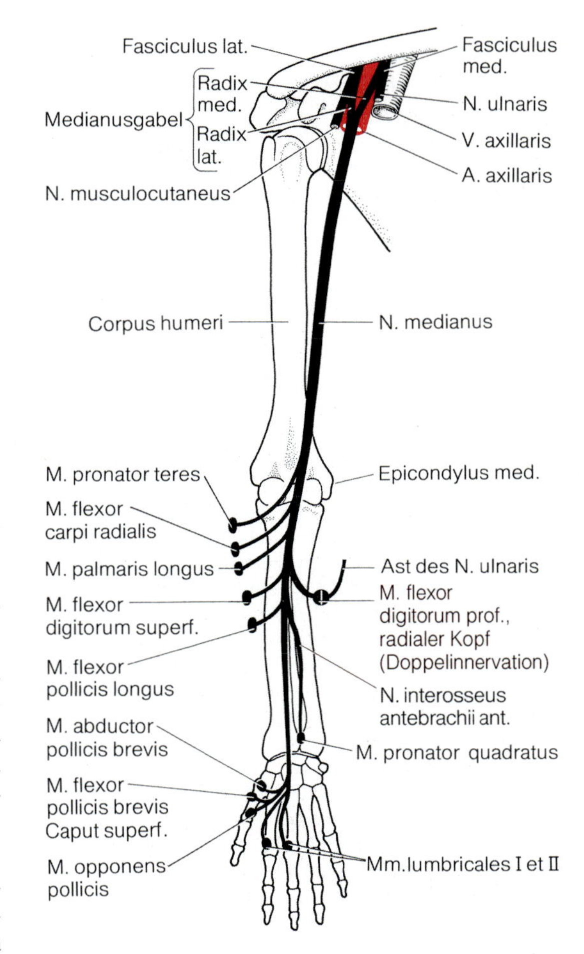

Abb. 12.31. N. medianus und sein motorisches Innervationsgebiet

Äste des N. medianus

Rr. musculares innervieren die Muskeln der *Beugergruppen am Unterarm* mit *Ausnahme des M. flexor carpi ulnaris* und des *ulnaren Kopfes des M. flexor digitorum profundus.*

N. interosseus antebrachii anterior läuft auf der Membrana interossea antebrachii und versorgt *M. flexor pollicis longus, M. flexor digitorum profundus (radialer Anteil), M. pronator quadratus.* Weitere Äste ziehen zu tiefen Schichten der Beuger sowie sensible Äste zu Periost und Handgelenken.

R. palmaris nervi mediani, kleiner sensibler Ast aus dem unteren Drittel des N. medianus zur *Haut über der Handwurzel und dem Daumenballen* (Abb. 12.34).

R. communicans cum nervo ulnari verbindet den N. medianus oder seine Zweige mit dem R. superficialis des N. ulnaris auf den langen Beugesehnen in der Hohlhand.

Nn. digitales palmares communes I–III+. Aus N. medianus oder erstem (radialen) N. digitalis palmaris communis zweigen motorische Äste ab für die *Mm. lumbricales I et II* und die *Daumenballenmuskulatur* (ausgenommen den M. adductor pollicis und Caput profundum des M. flexor pollicis brevis). Die Nn. digitales palmares communes spalten sich in die sensiblen Fingernerven auf:

- *Nn. digitales palmares proprii*+. Sie versorgen *palmar die Haut der radialen dreieinhalb* Finger und *dorsal die Haut der Endglieder* dieser Finger (Abb. 12.34).

Sensible Autonomgebiete des N. medianus an der Hand sind die Endglieder des Zeige- und Mittelfingers (Abb. 12.34). Der N. medianus führt viele vegetative Nerven.

Klinischer Hinweis

Lähmungen. *Schädigungen des N. medianus* unterschiedlichen Grades kommen u.a. nach suprakondylären Humerusfrakturen (dann auch Lähmung des M. pronator teres und des M. pronator quadratus), Schnittverletzungen oberhalb des Handgelenks und am häufigsten durch Kompression im Canalis carpi (vgl. Karpaltunnelsyndrom ► S. 496) vor.

Symptome. Infolge des Ausfalls der oben aufgeführten Muskeln ist der *Faustschluss unvollständig*; Zeigefinger und z.T. auch der Mittelfinger können in Mittel- und Endgelenk nicht mehr gebeugt werden; die Beugefähigkeit des Daumens in Grund- und Endgelenk ist aufgehoben (»*Schwurhand*«). Hingegen besteht noch die Möglichkeit, Ring- und Kleinfinger zu beugen, da die Sehnen dieser Finger aus dem ulnaren Teil des M. flexor digitorum profundus hervorgehen, der vom N. ulnaris versorgt wird. Der *Daumen steht in Adduktionsstellung* (»*Affenhand*«, da der M. adductor pollicis vom N. ulnaris motorisch innerviert wird). Die Daumengelenke sind überstreckt, weil die Extensoren vom N. radialis versorgt werden und die Beuger, insbesondere der M. flexor pollicis longus, gelähmt sind. Da der M. opponens pollicis ausfällt, können Daumen- und Kleinfingerkuppe nicht zur Berührung gebracht werden (*Daumen-Kleinfinger-Probe nicht möglich*). Die Thenarmuskeln atrophieren.

Sensible Ausfälle. Die Sensibilität ist in den sensiblen Autonomgebieten herabgesetzt oder aufgehoben.

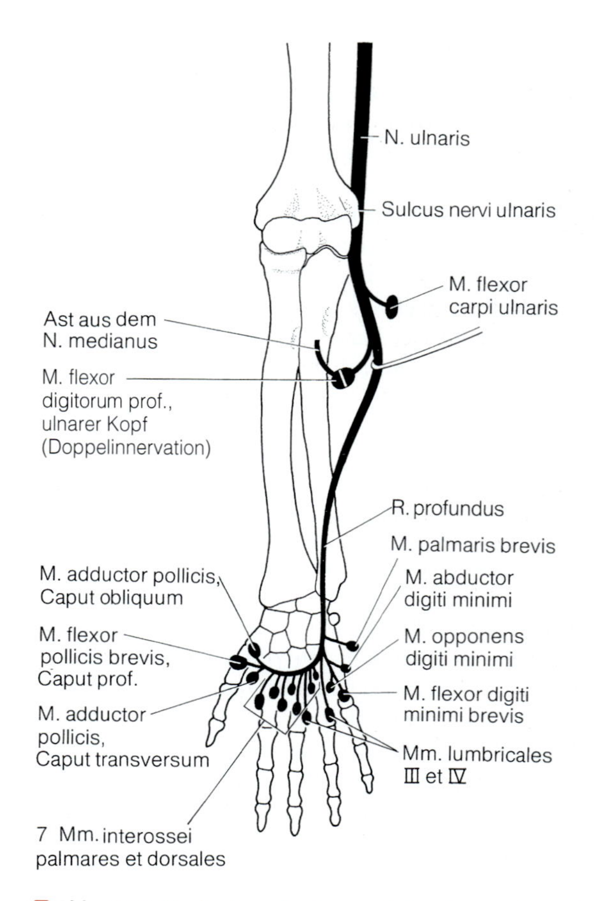

Abb. 12.32. N. ulnaris und sein motorisches Innervationsgebiet

Fasciculus medialis +

- **N. cutaneus brachii medialis** (Abb. 12.30). Er zieht mit den Vv. brachiales nach distal, durchbricht die Oberarmfaszie und versorgt sensibel die *Haut an der medialen Seite des Oberarms* (Abb. 12.34). Er bildet Anastomosen mit den Nn. intercostobrachiales aus dem 2. und 3. Interkostalnerven.
- **N. cutaneus antebrachii medialis.** Er schließt sich der V. basilica an und teilt sich am Hiatus basilicus in zwei Äste. Der *R. anterior* versorgt *sensibel* die *mediale Hälfte* der *Beugeseite des Unterarms*, der *R. ulnaris* die *ventroulnare Hautzone des Unterarms* (Abb. 12.34a).
- **Radix medialis des N. medianus** (► oben).
- **N. ulnaris** + (aus C8 und Th1, Abb. 12.30, 12.32). Er läuft auf der medialen Seite des Oberarms hinter dem Septum intermusculare brachii mediale zum Sulcus nervi ulnaris an der Unterseite des Epicondylus medialis, wo er dicht unter der Haut liegt (sog. Musikantenknochen). Im Oberarm gibt der N. ulnaris keine Äste ab. Anschließend dringt er zwischen Caput humerale und Caput ulnare des M. flexor carpi ulnaris zur Beugeseite des Unterarms vor und zieht unter diesem Muskel mit der A. ulnaris (ulnare Gefäß-Nerven-Straße) über das Retinaculum musculorum flexorum hinweg zur Hand.

Äste des N. ulnaris zum Unterarm

Rr. musculares für den *M. flexor carpi ulnaris* und den *ulnaren Teil des M. flexor digitorum profundus*.

R. dorsalis nervi ulnaris. Er zweigt etwa am Übergang vom mittleren zum distalen Unterarmdrittel ab, läuft unter dem M. flexor carpi ulnaris zum Handrücken, anastomosiert mit dem R. superficialis des N. radialis und gibt die **Nn. digitales dorsales**+ zur *sensiblen Innervation* der *ulnaren zweieinhalb Finger* im Bereich des jeweiligen Grund- und Mittelgliedes ab; die Endglieder werden von palmar aus versorgt.

R. palmaris nervi ulnaris +. Er zweigt am Unterarm ab und versorgt die *Haut* an der *ulnaren Seite* der *Hohlhand* (Kleinfingerballen).

R. superficialis. Er liegt unter der Palmaraponeurose, anastomosiert mit dem N. medianus, gibt einen Ast für den *M. palmaris brevis* ab und spaltet sich in die folgenden Nerven:

- *Nn. digitales palmares communes*, aus dem N. ulnaris, meistens nur in der Einzahl
- *Nn. digitales palmares proprii* + für die Haut der *ulnaren anderthalb Finger* einschließlich der der Dorsalseite der Endglieder

R. profundus +. Er ist der motorische Ast für *alle Hypothenarmuskeln* (M. flexor digiti minimi brevis, M. abductor digiti minimi, M. opponens digiti minimi), für *alle Mm. interossei palmares et dorsales*, die *Mm. lumbricales III et IV* sowie für den *M. adductor pollicis* und das *Caput profundum des M. flexor pollicis brevis*.

Das **Autonomgebiet** des N. ulnaris liegt am Endglied des Kleinfingers.

Klinischer Hinweis

Lähmungen des N. ulnaris entstehen z. B. durch Druckschädigung am Sulcus nervi ulnaris am Epicondylus medialis des Humerus (z. B. unzureichende Polsterung des Arms, wenn der Patient in Narkose auf dem Operationstisch liegt) sowie bei Schnittverletzungen und Brüchen des Epicondylus medialis.

Symptome. Kennzeichnend ist die »*Krallenhand*«, d. h. *Überstreckung in den Fingergrundgelenken bei gleichzeitiger Beugung in den Mittel- und Endgelenken*, insbesondere des 4. und 5. Fingers. Dies kommt durch Lähmung der Mm. lumbricales und Mm. interossei zustande. Die Muskeln beugen in der Grundphalanx und strecken in der Mittel- und Endphalanx des 2.–5. Fingers. Außerdem ist die Fähigkeit weitgehend aufgehoben, die Finger in den Grundgelenken zu abduzieren und zu adduzieren. Ferner *atrophiert* die Muskulatur des *Daumen- und Kleinfingerballens* und die *Zwischenräume zwischen den Ossa metacarpalia sinken ein*. Darüber hinaus ist die Ulnarabduktion der Hand eingeschränkt und der Faustschluss unvollständig, weil durch Ausfall des ulnaren Teils des M. flexor digitorum profundus der 4. und 5. Finger kaum gebeugt werden kann. Schließlich kann der Daumen nicht mehr adduziert werden, da der M. adductor pollicis ausfällt. Damit ist auch die *Daumen-Kleinfinger-Probe negativ*, bei der versucht wird, mit dem Daumen das Endglied des kleinen Fingers zu erreichen.

Fasciculus posterior + (Abb. 12.30)

- **N. axillaris** +. Er läuft durch die laterale Achsellücke, dann unter dem M. deltoideus um das Collum chirurgicum des Humerus begleitet von der A. circumflexa humeri posterior und zwei gleichnamigen Venen.

Äste des N. axillaris

Rr. musculares für den *M. deltoideus* und *M. teres minor* und **N. cutaneus brachii lateralis superior.** Dieser Endast erscheint am hinteren Rand des Deltamuskels, versorgt *sensibel die oberen seitlichen und dorsalen Hautgebiete des Oberarms.*

Klinischer Hinweis

Lähmungen des N. axillaris. Ursache für motorische Lähmungen des N. axillaris (Topographie ▶ S. 513).

Symptome. Die Abduktionsfähigkeit im Schultergelenk ist herabgesetzt. Wenn auch der sensible Ast des N. axillaris betroffen ist, entstehen *Sensibilitätsstörungen seitlich über dem Deltamuskel.*

- **N. radialis** + (aus C5–Th1, Abb. 12.33). Er läuft dorsal am Humerus in einer steilen Schraubentour im Sulcus nervi radialis mit der A. profunda brachii zwischen Caput mediale et laterale des M. triceps

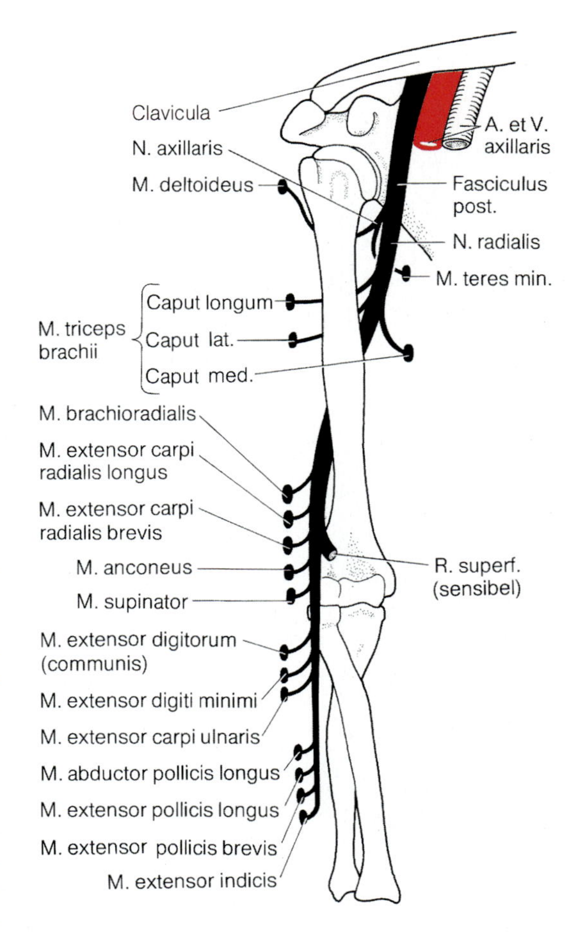

Abb. 12.33. N. radialis und sein motorisches Innervationsgebiet

brachii nach unten. Zwischen Nerv und Knochen befindet sich nur eine 1–3 mm dicke Bindegewebsschicht. Distal durchbricht er das Septum intermusculare brachii laterale und gelangt in der Tiefe zwischen M. brachioradialis und M. brachialis in die Ellenbeuge. Hier spaltet er sich vor dem Speichenkopf in einen oberflächlichen und einen tiefen Ast.

Äste des N. radialis

N. cutaneus brachii posterior zur Haut der Dorsalseite des Oberarms (Abb. 12.34).

N. cutaneus brachii lateralis inferior für den unteren seitlichen Hautbezirk am Oberarm (Abb. 12.34).

N. cutaneus antebrachii posterior zur Haut der Unterarmstreckseite.

Rr. musculares+ zum M. triceps brachii, M. anconeus, M. articularis cubiti, M. brachioradialis und zum M. extensor carpi radialis longus.

R. profundus+. Er durchbohrt den M. supinator, läuft dann zwischen oberflächlicher und tiefer Schicht der Streckergruppe und versorgt die Streckergruppe des Unterarms.

N. interosseus antebrachii posterior. Als Endast des R. profundus erreicht er auf der Membrana interossea antebrachii die Handgelenke, die er sensibel versorgt.

R. superficialis. Er begleitet die A. radialis (radiale Gefäß-Nerven-Straße), läuft am Übergang des mittleren zum unteren Radiusdrittel unter dem M. brachioradialis zur Streckseite und zum Handrücken und innerviert dort die Haut (Abb. 12.34).

R. communicans cum nervo ulnari. Er verbindet den R. superficialis mit dem R. dorsalis nervi ulnaris.

Nn. digitales dorsales + sind sensible Endäste des R. superficialis für die Grund- und Mittelglieder der radialen zweieinhalb Finger im dorsalen Bereich (Abb. 12.34). Die Endglieder werden von palmar aus erreicht.

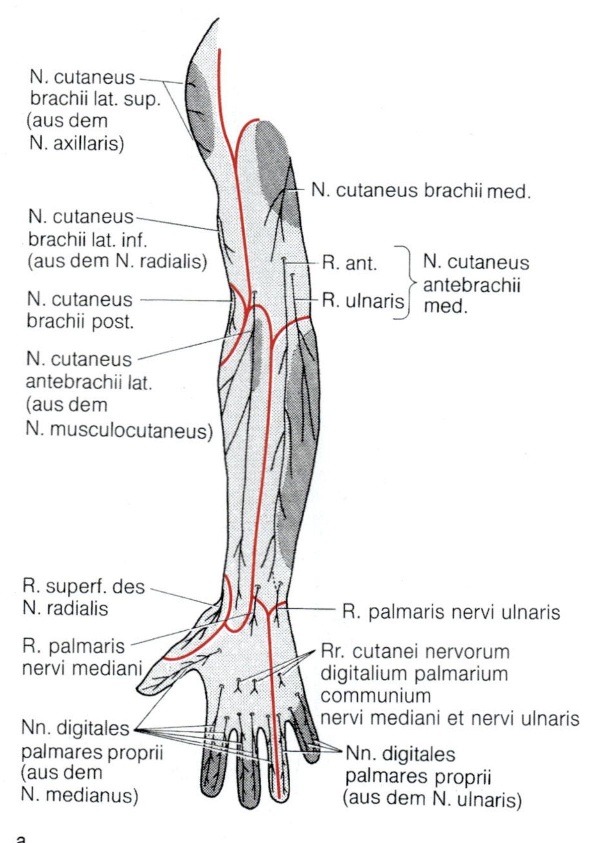

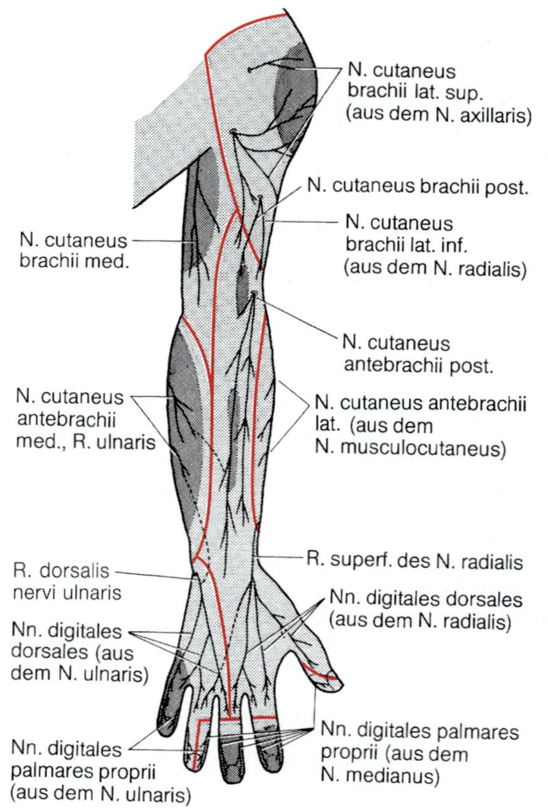

Abb. 12.34 a, b. Sensorische Innervation des Arms. **a** Beugeseite; **b** Streckseite. Sensible Autonomgebiete *dunkel*

Klinischer Hinweis

Lähmungen des N. radialis können auftreten bei Nervenunterbrechung im Bereich der Axilla (Krückenlähmung), bei Oberarmschaftbrüchen, Frakturen und Luxationen des proximalen Speichenendes, auch nach chronischen Bleivergiftungen.

Symptome. Wenn die Streckergruppe des Unterarms ausfällt, kann die Dorsalextension im Handgelenk nicht mehr aktiv ausgeführt werden. Es entsteht durch das Überwiegen der Flexoren eine »*Fallhand*«. Dadurch ist ein Faustschluss nicht mehr in voller Stärke möglich, da die volle Kraft hierfür nur bei gestreckter oder dorsalflektierter Hand entfaltet werden kann.

Beim Ausfall des M. triceps brachii ist der Patient nicht mehr in der Lage, im Ellenbogengelenk aktiv zu strecken. Bei *gestrecktem Arm* kann infolge der Lähmung des M. supinator *nicht mehr supiniert* werden (der M. biceps brachii kann nur bei gebeugtem Ellenbogengelenk supinieren).

Schließlich sind auch Trizeps-Brachii-Reflex und Brachioradialis-Reflex abgeschwächt.

Segmentzuordnung. Über die Zuordnung der Dermatome ► S. 795.

In Kürze

Der Plexus brachialis entsteht aus den vorderen Ästen der Spinalnerven C5–Th1 des Rückenmarks. Er teilt sich in Fasciculus lateralis (wichtigste Äste: Radix lateralis des N. medianus, N. musculocutaneus), Fasciculus medialis (wichtigste Äste: N. ulnaris, Radix medialis des N. medianus) und Fasciculus posterior (wichtigste Äste: N. axillaris, N. radialis). Der N. medianus versorgt am Unterarm alle Flexoren (Abb. 12.31**) mit Ausnahme des M. flexor carpi ulnaris und des ulnaren Teils des M. flexor digitorum profundus, an der Hand die Mm. lumbricales I et II sowie von den Thenarmuskeln M. abductor pollicis brevis, M. opponens pollicis und den oberflächlichen Kopf des M. flexor pollicis brevis. – Der N. ulnaris versorgt motorisch den M. flexor carpi ulnaris und den ulnaren Teil des M. flexor digitorum profundus, der R. profundus alle Hypothenarmuskeln, einen Teil der Thenarmuskeln, alle Mm. interossei und die Mm. lumbricales III et IV (**Abb. 12.32**), sensorisch palmar anderthalb, dorsal zweieinhalb Finger (**Abb. 12.34**). – Der N. radialis versorgt motorisch die Streckergruppe von Ober- und Unterarm (**Abb. 12.33**), sensorisch die Haut auf der Streckseite von Ober- und Unterarm, sowie dorsal die Haut der Grund- und Mittelglieder der radialen zweieinhalb Finger.**

12.2.6 Topographie und angewandte Anatomie

Kernaussagen

- **Die großen Leitungsbahnen verlaufen in Schultergürtel und obere Extremität gebündelt in Gefäß-Nerven-Straßen, die insbesondere in Gelenknähe topographisch definierte Regionen passieren (**Tabelle 12.15**).**

Schultergürtel

Skalenuslücke. Sie gehört topographisch zum Hals, wird jedoch hier besprochen, da die Leitungsbahnen hindurchtreten, die den Schultergürtel und die obere Extremität versorgen. Die dreieckige Skalenuslücke wird von M. scalenus medius, M. scalenus anterior und der 1. Rippe begrenzt. Durch den oberen Teil der Lücke tritt der **Plexus brachialis** und durch den unteren die **A. subclavia** (sie überquert die 1. Rippe im Sulcus arteriae subclaviae). Im Gegensatz zur A. subclavia verläuft die V. subclavia vor dem M. scalenus anterior und hinter dem M. sternocleidomastoideus.

Klinischer Hinweis

In der Skalenuslücke kann durch Muskelwirkung oder Bindegewebsstränge Druck auf den Plexus brachialis ausgeübt werden und zu Schmerzen im Arm führen: *Skalenussyndrom*. Ähnliche Beschwerden können durch eine Halsrippe ausgelöst werden. Dann wird nämlich beim Tragen von Lasten der Plexus auf die Halsrippe gedrückt, auf der er liegt.

Trigonum clavipectorale (hierzu ► S. 472). Das Trigonum clavipectorale wird von M. deltoideus, M. pectoralis major und der Klavikula begrenzt. Oberflächlich besteht eine kleine Grube (*Fossa infraclavicularis*, Mohrenheim-Grube). Unter der Haut befindet sich die **V. cephalica**, die hier die Fascia clavipectoralis durchbricht und in die Tiefe zieht. Die V. cephalica ist an der unteren Spitze des Dreiecks, das sich in den Sulcus deltoideopectoralis fortsetzt, leicht aufzufinden.

Gleichfalls wird hier die Fascia clavipectoralis von Leitungsbahnen durchbrochen, die unter ihr liegen (mittlere Schicht): Nn. pectorales für die Mm. pectorales. In der tiefen Schicht (4–5 cm unter der Haut) findet man von medial nach lateral **V. axillaris, A. axillaris** und **Plexus brachialis.** Alle Leitungsbahnen werden bei ihrem

Tabelle 12.15. Topographische Regionen im Bereich des Schultergürtels und der oberen Extremität mit ihren Leitungsbahnen

Topographische Region	Leitungsbahnen
Skalenuslücke	Plexus brachialis A. subclavia
Trigonum clavipectorale	*oberflächlich* *V. cephalica* *tief* V. axillaris A. axillaris Plexus brachialis
Spatium subdeltoideum	Bursa subdeltoidea A. circumflexa posterior humeri N. axillaris
Fossa axillaris	*in der Gefäß-Nerven-Straße* A. axillaris V. axillaris Plexus brachialis, infraklavikulärer Anteil Nodi lymphoidei axillares
laterale Achsellücke	N. axillaris A. et Vv. circumflexae post. humeri
mediale Achsellücke	A. et Vv. circumflexae scapulae
Fossa cubitalis	*epifaszial* Hautvenen (u.a. V. mediana cubiti) N. cutaneus antebrachii medialis, R. anterior, R. ulnaris N. cutaneus antebrachii lateralis *subfaszial* A. brachialis A. radialis
Canalis carpi	N. medianus Mm. flexores digitorum superficiales et profundi M. flexor pollicis longus M. flexor carpi radialis
Foveola radialis	A. radialis
Palma manus	*oberflächlich* Arcus palmaris superficialis R. superficialis n. ulnaris N. medianus *tief* Arcus palmaris profundus R. profundus n. ulnaris
Finger	zwei palmare Gefäß-Nerven-Straßen zwei dorsale Gefäß-Nerven-Straßen

Verlauf unter der Klavikula so gut vom M. subclavius gepolstert, dass sie bei Schlüsselbeinbrüchen nur sehr selten verletzt werden.

Klinischer Hinweis

Auch bei einem Kreislaufkollaps kann die V. subclavia im Trigonum subclaviculare punktiert bzw. infundiert werden, weil sie durch den M. subclavius am Periost der Klavikula befestigt ist und nicht kollabiert. Andererseits droht bei Verletzungen der V. subclavia an dieser Stelle die Gefahr der Luftembolie (Saugwirkung des Herzens in der Diastole reicht bis hierher).

Schulter

Spatium subdeltoideum. Es befindet sich unter dem M. deltoideus und wird im Wesentlichen von der **Bursa subdeltoidea** gefüllt. Die seitlich davon gelegenen Bindegewebsräume stehen mit der Axilla und entlang den Sehnen der Muskeln mit Fossa supraspinata und Fossa infraspinata in Verbindung. Im Bindegewebe des Spatium subdeltoideum liegen die **A. circumflexa posterior humeri** und der **N. axillaris.**

Fossa axillaris (Axilla, Achselhöhle). Die Achselhöhle begrenzen an der Oberfläche die Achselfalten (*Plicae axillares*). Sie werden ventral vom vorderen Rand des M. pectoralis major, dorsal vom hinteren der M. latissimus dorsi gebildet. Umrahmt wird die Axelhöhle

- ventral vom M. pectoralis major und minor sowie von der Fascia clavipectoralis
- kranial vom Schultergelenk
- medial vom M. serratus anterior

- lateral von Humerus, M. coracobrachialis und kurzem Bizepskopf
- dorsal von M. latissimus dorsi, M. teres minor
- am weitesten medial vom M. subscapularis

Ihren oberflächlichen Abschluss findet die Achselhöhle durch die Fascia axillaris.

Die Fossa axillaris ist von einem pyramidenförmigen, plastisch verformbaren Bindegewebsfettkörper gefüllt und enthält einen **Gefäß-Nerven-Strang**, der sich zum Oberarm fortsetzt sowie **Lymphknoten.** Das Bindegewebe der Fossa axillaris setzt sich nach oben entlang der Venen und des Plexus brachialis bis in den Hals, nach unten medial in den Sulcus bicipitalis medialis und in die vordere und seitliche Brustwand fort. Durch die seitliche Achsellücke besteht eine Verbindung zum Spatium subdeltoideum und durch die mediale Achsellücke zum Bindegewebsraum unter der Skapula. Auf diesen Wegen können sich Blutungen und eitrige Entzündungen ausbreiten.

Die Haut der Axilla ist behaart und enthält an der Grenze zur Subkutis kleine und große Schweißdrüsen.

Gefäß-Nerven-Strang. Er besteht aus A. axillaris, V. axillaris mit begleitenden Lymphgefäßen und dem infraklavikulären Abschnitt des Plexus brachialis mit den abzweigenden großen Nerven. Leitmuskel ist der M. coracobrachialis.

Die **A. axillaris**, die am weitesten lateral liegt, gibt in der Fossa axillaris ab (vgl. ► S. 500): A. thoracica superior, A. thoracoacromialis, A. thoracica lateralis, A. subscapularis, A. circumflexa anterior humeri und A. circumflexa posterior humeri.

Die **V. axillaris** befindet sich ventromedial. In sie münden die beiden Vv. brachiales ein. Offen gehalten werden alle Venen durch verspannende Bindegewebsfasern.

Der **infraklavikuläre Anteil des Plexus brachialis** (vgl. ► S. 506) besteht aus den drei Faszikeln des Plexus brachialis, die sich der Arterie anlagern und weiter distal die Medianusgabel bilden. Aus ihnen gehen noch in der Fossa axillaris die Armnerven hervor, wobei bereits eine Zuordnung zu den ventralen und dorsalen Muskelgruppen erfolgt. Äste: Nn. pectorales, N. subscapularis, N. thoracodorsalis, N. musculocutaneus, N. cutaneus brachii medialis und N. cutaneus antebrachii medialis.

Zur Information

Die Faszikel lassen sich präparatorisch am leichtesten aufsuchen, wenn man den Anteilen der Medianusgabel (Abb. 12.30) oder dem N. musculocutaneus folgt, der den M. coracobrachialis durchbohrt. Nach oben hin gelangt man zum Fasciculus lateralis.

Nodi lymphoidei axillares (Abb. 12.29). Oberflächlich liegen die Gruppen der Nodi lymphoidei axillares laterales, in der Tiefe die der Nodi lymphoidei axillares centrales und apicales.

Klinischer Hinweis

Zu jeder gründlichen klinischen Untersuchung gehört eine Tastkontrolle der Achselhöhle, insbesondere der Lymphknoten. Sie muss bei adduziertem Arm vorgenommen werden, da sonst die Fascia axillaris gespannt ist.

Achsellücken. Sie befinden sich zwischen M. teres minor und M. teres major (hierzu Tabelle 12.2). Dadurch, dass der lange Kopf des M. triceps brachii vor dem M. teres minor und hinter dem M. teres major absteigt, wird der Spalt in eine *dreieckige mediale* und eine mehr *viereckige laterale* Achsellücke geteilt. Während sich die mediale Achsellücke lediglich zwischen Muskeln befindet, ist die laterale Achsellücke lateral vom Collum chirurgicum des Humerus begrenzt.

Durch die **laterale Achsellücke** verlaufen N. axillaris, A. und Vv. circumflexae posteriores humeri. Die mehr dreieckige **mediale Achsellücke** dient A. und Vv. circumflexae scapulae als Durchtrittsstelle.

Klinischer Hinweis

Von klinischem Interesse ist die *Beziehung* des *Schultergelenks* zur *A. circumflexa posterior humeri* und zum *N. axillaris*, der sich nach Verlassen der Achsellücke um das Collum chirurgicum des Humerus schlingt. Bei Frakturen mit Verschiebungen der Knochenbruchstücke oder bei Luxationen im Schultergelenk kann es zu Schädigung der Gefäße und/oder des Nerven kommen, die beide hinter und etwas unterhalb der Gelenkkapsel liegen. Anhaltspunkte über eine Schädigung des Nerven gibt die Prüfung seines Autonomgebiets mit Sensibilitätsausfall seines Hautastes (N. cutaneus brachii lateralis superior) über dem M. deltoideus (Abb. 12.34).

Oberarm und Ellenbogen

Oberarm (Tabelle 12.16, Abb. 12.35).

Klinischer Hinweis
Bei Humerusschaftbrüchen kann es wegen der engen Lagebeziehung von N. radialis und Knochen zu Verletzungen von Nerven und auch Gefäßen kommen.

Ellenbogen. Fossa cubitalis. Sie wird *proximal* vom M. biceps brachii, *lateral* vom M. brachioradialis und *medial* vom M. pronator teres begrenzt. Den *Boden* bilden M. brachialis und weiter distal M. supinator. *Bedeckt* wird die Grube von der Fascia brachii/antebrachii, die durch die Aponeurosis musculi bicipitis verstärkt wird. Dieser derbe Sehnenstreifen ist durch die Haut palpabel und kann u. U. mit einer Vene verwechselt werden. Epifaszial liegen die Hautvenen (Abb. 12.29), R. anterior und R. ulnaris des N. cutaneus antebrachii medialis sowie der N. cutaneus antebrachii lateralis gemeinsam mit Lymphgefäßen.

In der Fossa cubitalis ordnen sich die peripheren Leitungsbahnen aus der Oberarmgefäß-Nerven-Straße zu *fünf Strängen für den Unterarm* um. Sie liegen im Bindegewebe so zwischen Muskeln, dass die Leitungsbahnen bei normalen Bewegungen im Ellenbogengelenk keinen Schaden nehmen. Dennoch wird bei einer maximalen Flexion die A. radialis zusammengedrückt, sodass der Radialispuls verschwindet.

Einzelheiten zum Verlauf der Gefäße und Nerven
e Angiologie: Arterielle Stämme – Pulsmann

A. brachialis. Sie verläuft nach Eintritt in die Fossa cubitalis schräg zur Mitte der Grube und teilt sich unter der Aponeurosis musculi bicipitis in A. radialis und A. ulnaris.

A. radialis. Sie liegt dicht unter der Faszie, gibt die *A. recurrens radialis* ab, zieht dann über den M. pronator teres hinweg und gelangt in die radiale Gefäß-Nerven-Straße unter dem M. brachioradialis.

Tabelle 12.16. Gefäß-Nervenverlauf am Oberarm (vgl. Abb. 12.35)

Lage	Leitstruktur	Leitungsbahnen
epifaszial (Abb. 12.34, 12.35)		N. cutaneus brachii lateralis superior (aus dem N. axillaris) N. cutaneus brachii lateralis inferior (aus dem N. radialis) N. cutaneus brachii posterior (aus dem N. radialis) N. cutaneus brachii medialis (aus dem medialen Faszikel) N. cutaneus antebrachii medialis (aus dem medialen Faszikel) V. cephalica N. cutaneus antebrachii lateralis (aus dem N. musculocutaneus)
Gefäß-Nerven-Straße **vor** dem Septum intermusculare brachii mediale *	Flexorenloge	A. brachialis Vv. brachiales N. medianus N. musculocutaneus N. cutaneus antebrachii medialis
Gefäß-Nerven-Straße **hinter** dem Septum intermusculare brachii mediale	Extensorenloge Leitmuskel: M. triceps brachii caput mediale	N. ulnaris A. collateralis ulnaris superior mit Begleitvenen
Dorsalseite des Humerus	Sulcus n. radialis Leitmuskeln: zwischen Caput mediale et laterale des M. triceps brachii	N. radialis A. profunda brachii A. collateralis radialis und media mit Begleitvenen

* Im Verlauf der vorderen Gefäß-Nerven-Straße kommt es zu Verlagerungen: im oberen Abschnitt liegt der N. medianus vor der Arterie, überkreuzt sie und liegt dann weiter distal an der ulnaren Seite

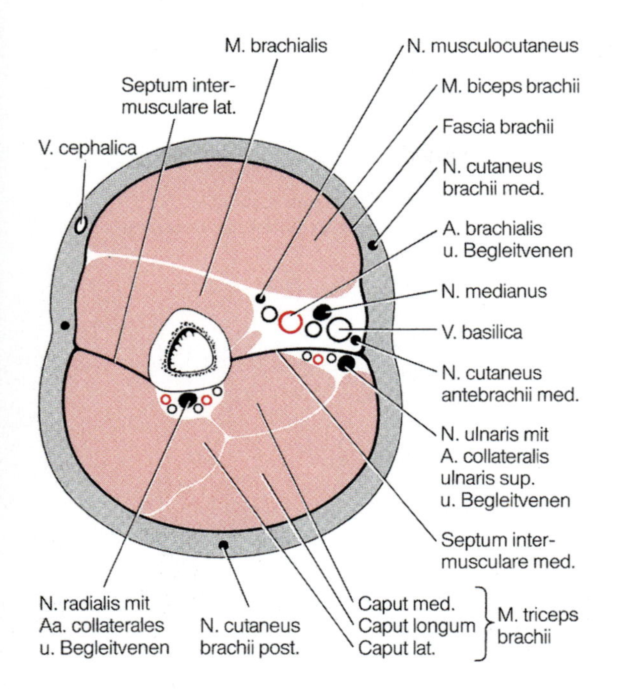

Abb. 12.35. Querschnitt durch den rechten Oberarm im mittleren Drittel, Ansicht von distal. *Oben* Flexorenloge, *unten* Extensorenloge. Beachte die Gefäß-Nerven-Straßen. Die Abbildung entspricht der Standardansicht in Computer- bzw. Kernspintomogramm

A. ulnaris. Sie gibt die *A. recurrens ulnaris* ab und zieht unter dem M. pronator teres in die ulnare Gefäß-Nerven-Straße. Die gleichnamigen Begleitvenen vereinigen sich in der Grube zu den *Vv. brachiales.*

N. medianus. Er liegt zunächst medial der A. brachialis und A. ulnaris, senkt sich dann meist zwischen humeralen und ulnaren Kopf des M. pronator teres in die Tiefe und erreicht am Unterarm die mittlere Gefäß-Nerven-Straße.

N. radialis. Er befindet sich in der Bindegewebsschicht zwischen M. brachioradialis und M. brachialis. Etwas weiter distal teilt er sich in R. superficialis und R. profundus.

Unterarm und Hand

Unterarm (Abb. 12.36). **Epifaszial** verlaufen Lymphbahnen und in der Reihenfolge von radial nach ulnar: V. cephalica, V. mediana antebrachii und V. basilica (antebrachii). Hautnerven sind N. cutaneus antebrachii lateralis, R. superficialis des N. radialis, N. cutaneus antebrachii medialis.

Gefäß-Nerven-Straßen. Nach Verlassen der Fossa cubitalis verlaufen Gefäße und Nerven in fünf Gefäß-Ner-

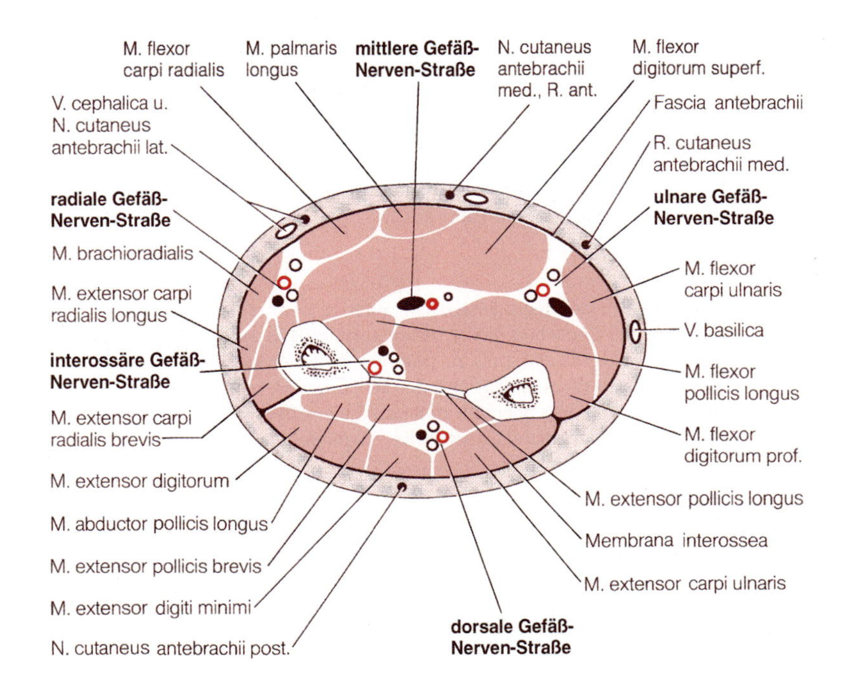

Abb. 12.36. Querschnitt durch den rechten Unterarm, mittleres Drittel, Ansicht von distal (s. auch Abb. 12.16). Anordnung der Flexoren, der Extensoren und der radialen Muskelgruppe mit den fünf Gefäß-Nerven-Straßen (vgl. hierzu Tabelle 12.17)

Tabelle 12.17. Gefäß-Nerven-Straßen des Unterarms

Gefäß-Nerven-Straßen	Leitmuskeln	Leitungsbahnen
radiale Gefäß-Nerven-Straße	M. brachioradialis	R. superficialis des N. radialis (proximale zwei Drittel des Unterarms) A. radialis Vv. radiales
ulnare Gefäß-Nerven-Straße	M. flexor carpi ulnaris	N. ulnaris A. ulnaris Vv. ulnares
mittlere Gefäß-Nerven-Straße	zwischen oberflächlicher und tiefer Beugerschicht; am distalen Unterarmende zwischen den Sehnen der M. flexor carpi radialis und M. palmaris longus bzw. M. flexor digitorum superficialis	N. medianus A. comitans nervi mediani und Begleitvene
interossäre Gefäß-Nerven-Straße	auf der Membrana interossea antebrachii zwischen M. flexor digitorum profundus und M. flexor pollicis longus	N. interosseus antebrachii anterior A. interossea antebrachii anterior Vv. interosseae antebrachii anteriores
dorsale Gefäß-Nerven-Straße	zwischen oberflächlicher und tiefer Schicht der Streckergruppe; distal auf der Membrana interossea antebrachii	R. profundus des N. radialis, distaler Endast N. interosseus antebrachii posterior A. interossea antebrachii posterior Vv. interosseae antebrachii posteriores

ven-Straßen, die in Tabelle 12.17 zusammengestellt und in Abb. 12.36 in ihrer Lokalisation im mittleren Drittel des Unterarms zu erkennen sind.

Klinischer Hinweis

Im distalen Bereich der Regio antebrachii anterior ist an der lateralen Seite der Endsehne des M. flexor carpi radialis auf der Vorderfläche der Radialispuls zu tasten. – Zwischen der Sehne des M. flexor carpi radialis und der Sehne des M. palmaris longus liegt knapp oberhalb des Handgelenks in nur geringer Tiefe der N. medianus, der hier bei Schnittverletzungen leicht betroffen sein kann.

Hand e Osteologie: Hand. Die markanteste Struktur der Handwurzel ist der Canalis carpi. Den Boden des Canalis carpi bilden die Handwurzelknochen, die seitlichen Wände die Eminentia carpi ulnaris (medialis) und die Eminentia carpi radialis (lateralis).

Bedeckt wird der Canalis carpi vom Retinaculum musculorum flexorum. Auf engstem Raum liegen im **Canalis carpi** der N. medianus, in einer gemeinsamen Sehnenscheide die Sehnen der Mm. flexores digitorum superficiales et profundi und in eigenen Sehnenscheiden die Sehnen der M. flexor pollicis longus und M. flexor carpi radialis.

Über das **Retinaculum musculorum flexorum** hinweg, jedoch unter einer eigenen Bindegewebsbrücke, ziehen N. ulnaris und A. ulnaris mit ihren Begleitvenen (sog. Ulnariskanal, Guyon-Loge). Außerdem liegen über dem Retinaculum die Sehne des M. palmaris longus, der R. palmaris medianus und der R. palmaris n. ulnaris.

Foveola radialis. Ist der Daumen maximal gestreckt, entsteht zwischen der auffällig vorspringenden Sehne des M. extensor pollicis longus und der lateral von ihr gelegenen Sehne des M. extensor pollicis brevis ein Grübchen (*Foveola radialis*, anatomische Tabatière), das proximal vom Retinaculum extensorum begrenzt wird. In der Foveola radialis verläuft die **A. radialis** mit ihren Begleitvenen. Hier zweigt der R. carpalis dorsalis von der Arterie ab. Die Endverzweigungen des R. superficialis n. radialis überqueren hier die beiden das Grübchen flankierenden Sehnen.

Klinischer Hinweis

Den Boden der Foveola radialis bilden Os scaphoideum und Os trapezium. Bei einer Fraktur des Os scaphoideum lässt sich an dieser Stelle gezielt ein Druckschmerz auslösen.

Palma manus. Unter der Palmaraponeurose befindet sich der **Arcus palmaris superficialis.** Die ihn versorgende A. ulnaris und der R. palmaris superficialis der A. radialis liegen auf den Sehnen der langen Fingerbeuger. Lateral von der A. ulnaris verläuft der R. superficialis nervi ulnaris mit seinen Aufzweigungen und direkt unter dem Arcus superficialis der N. medianus mit den Nn. digitales palmares communes.

Tiefer und unmittelbar unter den kurzen Fingermuskeln und stärker proximal liegt der **Arcus palmaris profundus** (wird versorgt aus A. radialis und R. palmaris profundus der A. ulnaris). Muskeln und Leitungsbahnen befinden sich in der mittleren Loge.

Finger. Jeder Finger hat zwei palmare und zwei dorsale Gefäß-Nerven-Stränge jeweils mit einer Arterie, einem Nerv und einer Vene. Die palmar zu beiden Seiten der Finger gelegenen Stränge erreichen die Nagelphalanx und versorgen auch deren Dorsalseite. Die beiden dorsalen Gefäß-Nerven-Bündel enden bereits an der Mittelphalanx.

Klinischer Hinweis

Bei einer Anästhesie der Finger wird das Anästhetikum beidseits lateral der Grundphalanx injiziert, sodass sowohl der palmare als auch der dorsale Strang umflossen werden.

In Kürze

Die Erkenntnisse zu Topographie und angewandter Topographie von Schultergürtel und oberer Extremität sind in den ◘ Tabellen 12.15 **bis** 12.17 **zusammengefasst.**

12.3 Untere Extremität

Zur Information

Die untere Extremität hat tragende Funktion und dient gleichzeitig der Fortbewegung. Die Bewegungsrichtung ist vor allem nach vorne gerichtet. Skelett und Muskulatur der unteren Extremität sind besonders kräftig. Sie betragen etwa 18% des Körpergewichtes.

Die untere Extremität ist im Hüftgelenk mit dem Becken verbunden. Durch Bewegungen und Belastungen werden Hüft-, aber auch Knie- und Sprunggelenke mechanisch besonders beansprucht und sind deshalb sehr störempfindlich.

12.3.1 Osteologie  Osteologie: Röhrenknochen

Zur unteren Extremität (*Membrum inferius*) gehören
- **Os femoris** (Oberschenkelknochen) als Skelettteil des *Femur* (Oberschenkel)
- **Patella** (Kniescheibe) als Teil des *Genu* (Knie)
- **Tibia** (Schienbein), **Fibula** (Wadenbein) als Teile des *Crus* (Unterschenkel)
- **Ossa tarsi** (Fußwurzelknochen), **Ossa metatarsi** (Mittelfußknochen), **Ossa digitorum pedis** (Zehenknochen) als Teile des *Pes* (Fuß).

Oberschenkelknochen

Kernaussagen

- **Das Os femoris (kurz Femur) ist der längste Knochen des Körpers. Seine Länge bestimmt weitgehend die Körpergröße.**
- **Der Femur ist in sich torquiert und mehrfach gewinkelt.**
- **Nur bei optimalem Bau und optimaler Stellung im Körper wird der Femur den statischen Anforderungen gerecht.**

Das **Femur** (◘ Abb. 12.37) besteht aus:
- **Caput** (Kopf)
- **Collum** (Hals)
- **Corpus** (Schaft)
- **Condyli** (Gelenkknorren)

Das **Caput femoris** ist kugelförmig. An seiner Kuppe befestigt sich in der *Fovea capitis femoris* das *Lig. capitis femoris*. Am Rand des Caput liegt die proximale Epiphysenfuge des Femurs.

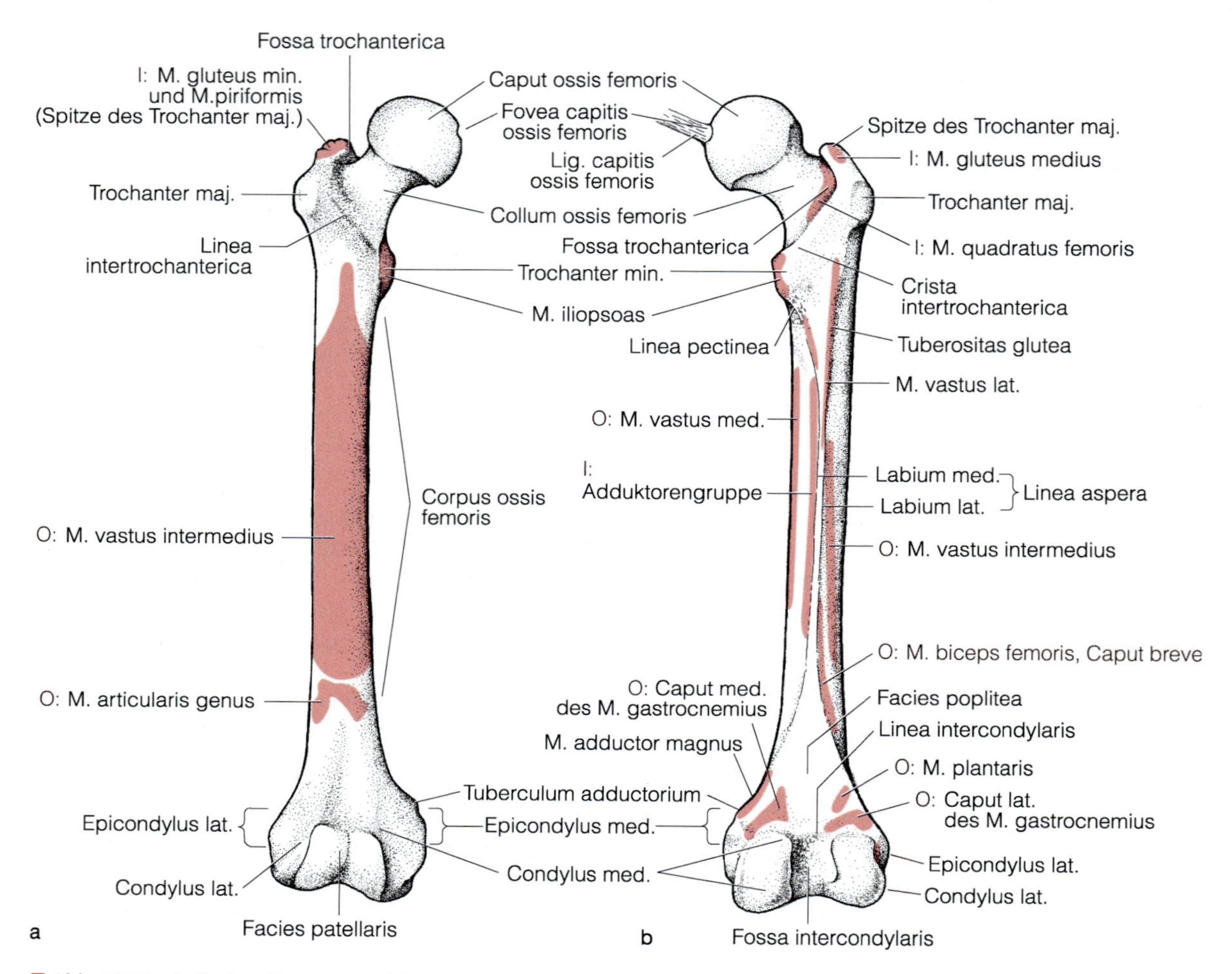

Abb. 12.37 a, b. Rechtes Femur. **a** Ansicht von vorne, **b** Ansicht von hinten. *Rot* Muskelursprünge (O = Origo) und -ansätze (I = Insertio)

Klinischer Hinweis

Im Fall eines deformierten Caput femoris ist das Bein verkürzt.

Das **Collum femoris** ist ein Teil der Diaphyse des Femurs. Vom Korpus setzt sich das Collum durch den **Trochanter major** mit der *Fossa trochanterica*, ventral durch die *Linea intertrochanterica*, dorsal durch die *Crista intertrochanterica* und den **Trochanter minor** ab.

Corpus und Collum femoris sind abgewinkelt: **Kollum-Korpus-Winkel** (Abb. 12.38).

Klinischer Hinweis

Statt Kollum-Korpus-Winkel wird häufig von *Kollodiaphysenwinkel* gesprochen. Die Bezeichnung ist jedoch unrichtig, weil das Kollum zur Diaphyse gehört. In der Röntgenologie wird die Bezeichnung *CCD* (Centrum-Collum-Diaphysenwinkel) verwendet. Mit Centrum ist das Zentrum des Femurkopfes gemeint.

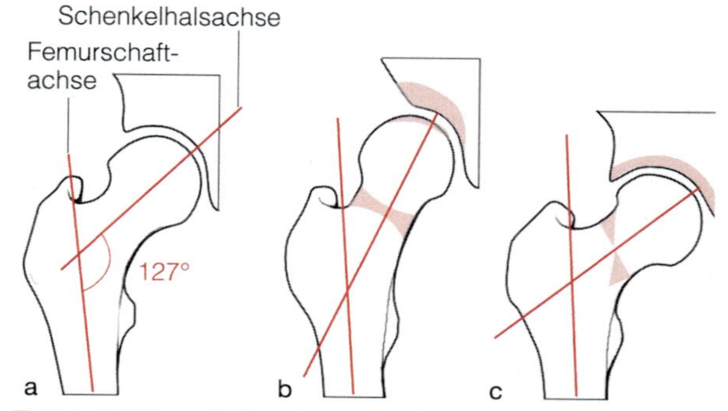

Abb. 12.38 a–c. Kollum-Korpus-Winkel. **a** Normal; **b** Coxa valga, die Belastung ist auf den Pfannenerker konzentriert; **c** Coxa vara, die Belastung liegt auf dem Schenkelhals

Der Kollum-Korpus-Winkel wird gemessen zwischen der Achse des Schenkelhalses und der Femurschaftachse. Durchschnittlich beträgt er 127° (■ Abb. 12.38 a) mit Abweichungen zwischen 120° und 140°. Er ändert sich während des Lebens von 150° am Ende des 2. Lebensjahres bis 120° im hohen Lebensalter.

In Abhängigkeit vom Korpus-Kollum-Winkel werden Hüftgelenk und Schenkelhals unterschiedlich belastet. Je steiler der Schenkelhals steht, umso größer ist die Belastung der Gelenkpfanne, aber die des Schenkelhalses geringer. Umgekehrt verhält es sich bei einem flachen Korpus-Kollum-Winkel (■ Abb. 12.38).

Klinischer Hinweis
Vergrößerung oder Verkleinerung des Kollum-Korpus-Winkels führen zu pathologischen Veränderungen sowohl in Hüft- als auch Kniegelenk. Ist der Kollum-Korpus-Winkel über die Grenzwerte erhöht (Steilstellung des Kollum), liegt eine **Coxa valga**, ist er vermindert, eine **Coxa vara** vor (■ Abb. 12.38 b, c). Je geringer der Kollum-Korpus-Winkel ist, umso größer ist die Gefahr von *Schenkelhalsbrüchen*, besonders im Alter.

Das Collum femoris ist gegenüber dem Schaft, aber auch nach ventral gedreht (**Antetorsion**). Der Winkel beträgt etwa 12°, wenn auch mit großer Streubreite. Er beträgt bei der Geburt 30°–50°. Der Winkel ergibt sich, wenn die Querachse durch die (distalen) Femurkondylen auf die Kollumachse projiziert wird.

Klinischer Hinweis
Bei falscher Torsion des Schenkelhalses sind Rotation und Flexion im Hüftgelenk gestört. Die Antetorsion ermöglicht nämlich die Beugung im Hüftgelenk, z. B. beim Sitzen, ohne dass der Schenkelhals an den Rand des Azetabulum stößt, das seinerseits nach ventral gerichtet ist.

Das **Corpus femoris** zeigt breite Ursprungs- und Ansatzflächen für Muskeln (■ Abb. 12.37 a, b), an der Dorsalseite z. T. an Knochenleisten (*Linea aspera* mit *Labium mediale et laterale*), die distal die *Facies poplitea* zwischen sich fassen. Proximal verbreitert sich das Labium laterale zur *Tuberositas glutea*.

Der Femurschaft ist als Ganzes leicht nach vorne gebogen. Seine Achse verläuft in situ nach distomedial. Der Femurschaft steht also schräg im Körper. Der Winkel zwischen der Femurschaftachse und einer Linie, die von der Mitte des Femurkopfes zur Eminentia intercondylaris der Tibia und damit zur Mitte des Kniegelenks verläuft und ein Teil der Traglinie des Beins ist, beträgt etwa 8°.

Condyli. Durch die Schrägstellung des Femurschaftes befinden sich im Körper die Kondylen des Femurs in der Horizontalen.

Die Kondylen des Femurs, der breitere **Condylus lateralis** und der schmalere **Condylus medialis**, tragen eine gemeinsame vordere Gelenkfläche zur Artikulation mit der Patella (*Facies patellaris*) und zwei getrennte hintere für die Artikulation mit den Kondylen der Tibia.

Auf der Rückseite liegt zwischen den Kondylen des Femurs die **Fossa intercondylaris**, die nach oben durch die *Linea intercondylaris* begrenzt ist. Die Gelenkflächen beider Kondylen sind hinten stärker gekrümmt als vorne.

Oberhalb der Kondylen befinden sich weit vorspringend die **Epicondylus medialis** bzw. **lateralis**. Als Variante kann der Epicondylus medialis ein *Tuberculum adductorium* ausbilden.

Klinischer Hinweis
Weichen Bau oder Stellung des Femurs im Körper von der Norm und ihren Schwankungen ab, treten Veränderungen im Knochen selbst auf: Änderung des Widerstands gegen Druck-, Zug- und Biegungsbeanspruchungen sowie Fehlbelastungen in den zugehörigen Gelenken mit degenerativen Veränderungen. Ursächlich kann es sich bei den Abweichungen um angeborene Fehlbildungen, Wachstumsdeformitäten oder Knochenerkrankungen handeln.

Taststellen (■ Abb. 12.39). Trochanter major, Epicondylus medialis und lateralis, Knochenkanten medial und lateral am Kniegelenkspalt. Beim Stehen in Normalstellung sind die Trochanteren beider Seiten in gleicher Höhe tastbar.

Kniescheibe

Die **Patella** (Kniescheibe) ist das größte Sesambein des Körpers. Der dreiseitige Knochen ist so in die Quadrizepssehne eingefügt, dass die *Basis patellae* nach oben, der *Apex patellae* nach unten gerichtet sind. Die dorsale Seite (*Facies articularis*) ist mit hyalinem Knorpel überzogen und artikuliert mit den Femurkondylen.

Taststellen (■ Abb. 12.39). Vorderfläche, seitlicher Rand und z. T. die Basis patellae sind gut tastbar. – Sind die Oberschenkelmuskeln entspannt, lässt sich die Kniescheibe etwas nach medial und lateral verschieben.

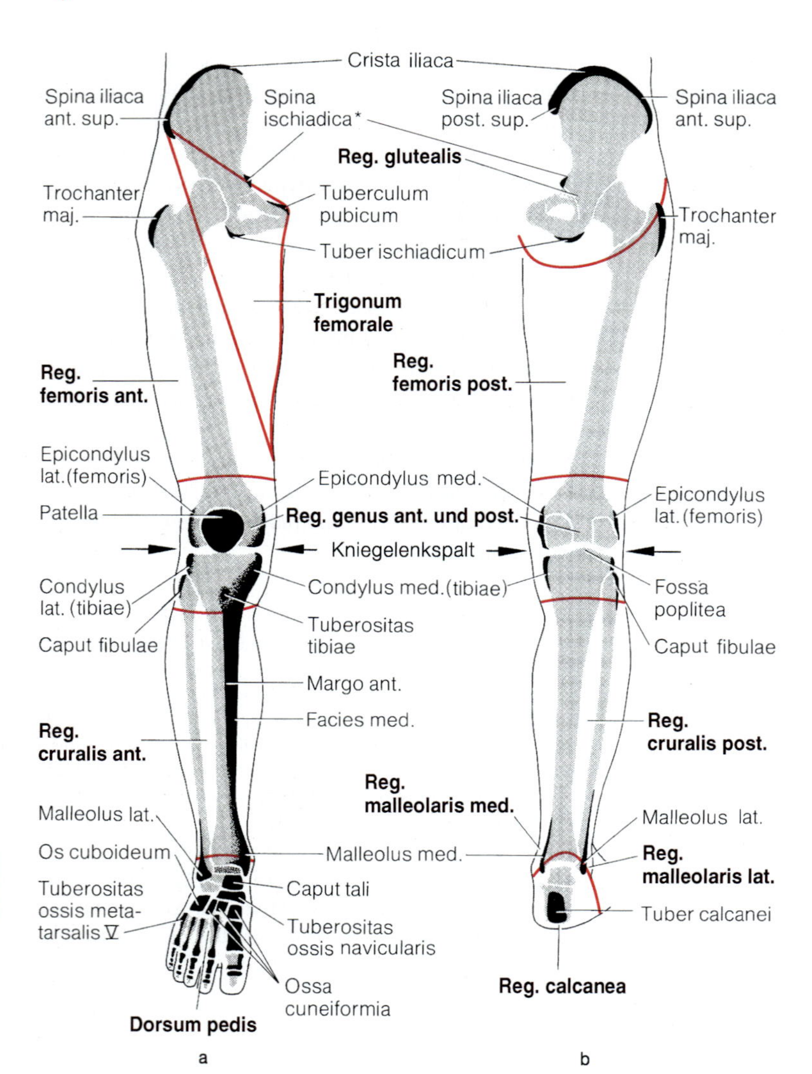

Abb. 12.39 a, b. Rechtes Hüftbein und untere Extremität. **a** Ansicht von vorne; **b** Ansicht von hinten. In die Umrisse sind die oberflächlich gelegenen Regionen sowie die Knochen eingezeichnet. Die *dunkel* gehaltenen Skeletteile sind unter der Haut tastbar:

- *Becken:* Crista iliaca mit Spina iliaca anterior superior und posterior superior, Tuberculum pubicum, Tuber ischiadicum von dorsal (besonders im Sitzen), Spina ischiadica (nur vaginal*)
- *Oberschenkel und Knie:* seitlich der Trochanter major; im Bereich der Regio genus Vorderfläche, Seiten- und Oberkante der Patella; Epicondylus medialis und lateralis von Tibia und Femur; medial und lateral die Grenzen des Gelenkspaltes
- *Unterschenkel:* am Tibiakopf Tuberositas tibiae, Facies medialis und Margo anterior tibiae bis zum Malleolus medialis; Caput fibulae und Malleolus lateralis
- *Fuß:* Tuber calcanei; auf der Dorsalseite des Fußes Caput tali; Dorsalseiten der Ossa metatarsi; Tuberositas ossis navicularis; Dorsalseiten der Phalangen

Unterschenkelknochen

Kernaussagen

- **Unterschenkelknochen sind Tibia (Schienbein) und Fibula (Wadenbein). Die Fibula liegt der Tibia lateral an.**
- **Nur die Tibia artikuliert mit dem Femur. Sie allein hat tragende Funktion.**
- **Distal bilden beide Unterschenkelknochen gemeinsam eine Gelenkgabel für die Aufnahme der Sprungbeinrolle.**

Tibia (Abb. 12.40). Proximal weist die Tibia zwei getrennte Gelenkknorren auf: **Condylus medialis** und **Condylus lateralis.** Sie sind nach dorsal verschoben und nach hinten geneigt (*Retroversio tibiae*). Zwischen den Kondylen erhebt sich die nicht überknorpelte **Eminentia intercondylaris** mit einem *Tuberculum intercondylare mediale et laterale*. Vor den Tubercula liegt die *Area intercondylaris anterior*, hinter ihnen die *Area intercondylaris posterior*. Laterodorsal am Tibiakopf befindet sich die **Facies articularis fibularis.**

Das *Corpus tibiae* ist im Querschnitt dreieckig. Die vordere, scharfe Schienbeinkante (**Margo anterior**) verbreitert sich proximal zu der dicht unter dem Tibiakopf gelegenen *Tuberositas tibiae* als Ansatz des Lig. patellae. An der Facies posterior befindet sich die *Linea musculi solei* für den Ursprung des gleichnamigen Muskels. Am *Margo interosseus* befestigt sich die *Membrana interossea*.

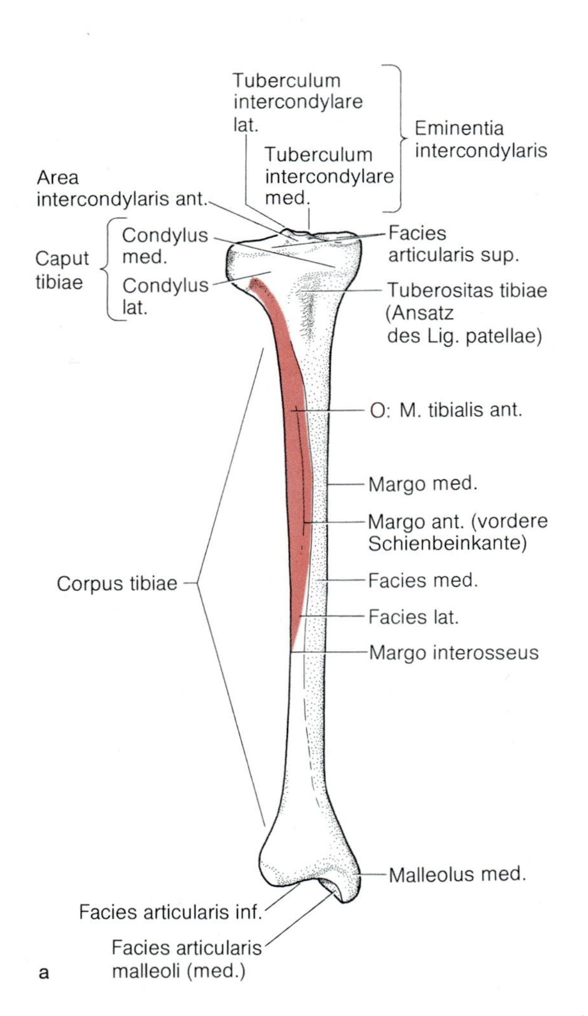

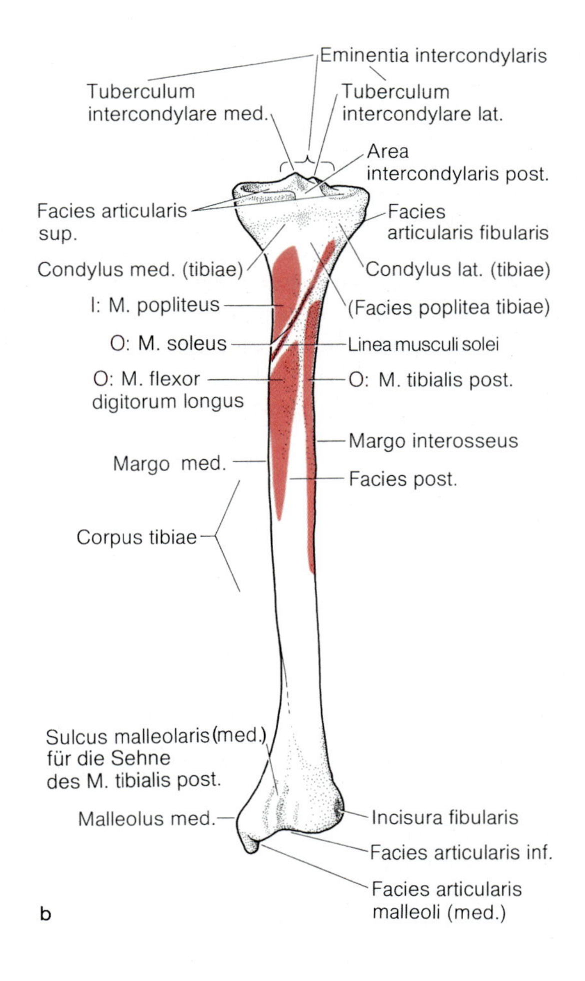

Abb. 12.40 a, b. Rechte Tibia. **a** Ansicht von vorne, **b** Ansicht von hinten. *Rot* Muskelursprünge (O = Origo) und -ansätze (I = Insertio)

Distal ist die Tibia zum **Malleolus medialis** (medialer Knöchel) verlängert, der an seiner Innenseite die **Facies articularis malleoli** trägt. Sie verbindet sich mit der *Facies articularis inferior.* Beide Gelenkflächen beteiligen sich an der Bildung des oberen Sprunggelenks. Distolateral liegt die rinnenförmige *Incisura fibularis* zur Anlagerung der Fibula. An der Dorsalseite des medialen Knöchels befindet sich der **Sulcus malleolaris,** eine Furche zur Führung der Sehne des M. tibialis posterior und M. flexor digitorum longus. Die Achse der Malleolengabel ist um etwa 15–20° gegen die Transversalachse des Kniegelenks nach außen gedreht (*Tibiatorsion*).

Taststellen (Abb. 12.39). Margo anterior bis zur Tuberositas tibiae; Facies medialis und Malleolus medialis; Seitenflächen der Condyli lateralis et medialis. Bei gestrecktem Knie ist die Tuberositas tibiae leicht nach lateral gerichtet (Tibiatorsion).

Fibula (Abb. 12.39). Ihr Kopf legt sich lateral mit der *Facies articularis capitis fibulae* der Tibea an. Apikal befindet sich die *Apex capitis fibulae.* Das *Corpus fibulae* ist drei-, distal vierkantig, wobei sich am *Margo interosseus* die Membrana interossea befestigt. Das distale Ende der Fibula verbreitert sich zum **Malleolus lateralis** (Außenknöchel). An seiner Unterseite liegt der **Sulcus malleolaris** für die Sehnen der Fibularismuskeln. Der medial gelegenen *Facies articularis malleoli* fügt sich die Sprungbeinrolle ein und dorsal liegt die *Fossa malleoli lateralis* zur Befestigung des Lig. talofibulare posterius.

Taststellen. Caput fibulae und Malleolus lateralis. Der Malleolus lateralis steht tiefer als der Malleolus medialis. Das Corpus fibulae ist unter der Muskulatur der Wade verborgen.

Fußknochen

Der Fuß hat Gewölbeform und gliedert sich in:
- **Fußwurzel** mit *7 Fußwurzelknochen*
- **Rückfuß** mit den Fußwurzelknochen *Talus und Calcaneus*
- **distale Reihe** der Fußwurzelknochen
- **Mittelfuß** mit den *Mittelfußknochen*
- **Zehen** mit den *Zehenknochen*
- **Vorfuß** aus Mittelfuß und Zehen

Fußwurzelknochen

Kernaussagen

- **Von den Fußwurzelknochen übernimmt der Talus (Sprungbein) die gesamte Körperlast, da nur er mit Tibia und Fibula verbunden ist.**
- **Vom Talus aus wird die Last über einen hinteren Tragstrahl auf den Calcaneus (Fersenbein) über einen medialen (tibialen) und einen lateralen (fibularen) Strahl auf die nachfolgenden Fußwurzel-, Mittelfuß- und Zehenknochen übertragen.**

Fußwurzelknochen (Ossa tarsi, Tarsalia) sind (Abb. 12.41):
- **Talus** (Sprungbein)
- **Calcaneus** (Fersenbein)
- **Os naviculare** (Kahnbein)
- **Ossa cuneiformia** (3 Keilbeine)
- **Os cuboideum** (Würfelbein)

Im Gegensatz zur Hand übernimmt nur ein Knochen, der Talus, die gelenkige Verbindung mit den proximalen Skelettteilen.

Zur Information

Die Fußwurzelknochen sind Teile der Gewölbestruktur des Fußskeletts. Unter statischem Gesichtspunkt gehören zum *hinteren Tragstrahl:* Talus – Calcaneus, zum *medialen Tragstrahl* (tibiale Hauptstrecke): Calcaneus – Os naviculare – Ossa cuneiformia I, II, III – Ossa metatarsalia I, II, III – Digiti I, II, III und zum *lateralen Tragstrahl* (fibulare Nebenstrecke): Calcaneus – Os cuboideum – Ossa metatarsalia IV, V – Digiti IV, V. Auf den Tragstrahlen ruht das Körpergewicht.

Talus (Abb. 12.41, 12.42). Der Talus ist der Schlussstein des Fußgewölbes. Er fügt sich mit der **Trochlea tali** in die Malleolengabel von Tibia und Fibula ein.

Die Trochlea tali ist fast vollständig mit hyalinem Knorpel überzogen und hinten schmaler als vorne. Weitere drei Gelenkflächen befinden sich an der Unterseite des Talus zur Artikulation mit dem Kalkaneus: *Facies articulares calcanea anterior, media* und *posterior* sowie eine weitere am Kopf als *Facies articularis navicularis* zur Verbindung mit dem Os naviculare und dem Lig. calcaneonaviculare plantare. Zwischen hinterer und mittlerer Gelenkfläche befindet sich der **Sulcus tali.** Er bildet zusammen mit dem Sulcus calcanei den schräg zwischen Sprung- und Fersenbein verlaufenden **Canalis tarsi.** Seine seitliche trichterförmige Öffnung nennt man *Sinus tarsi.*

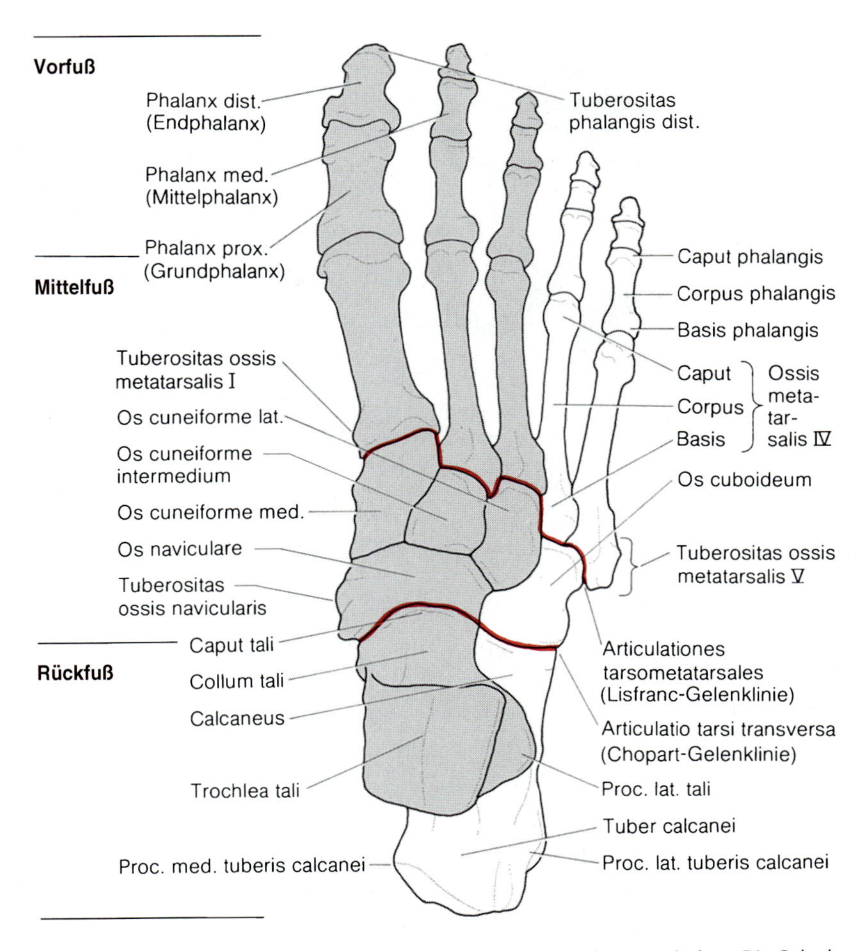

Abb. 12.41. Fußskelett, rechter Fuß. Ansicht von dorsal. Die tibiale Hauptstrebe ist durch *hellgrauen Raster* hervorgehoben. Die Gelenklinien sind *rot* gekennzeichnet

Am Rand der Trochlea befinden sich *Processus lateralis tali* und *Processus posterior tali* mit einer Rinne (**Sulcus tendinis musculi flexoris hallucis longi**) für die Sehne des langen großen Zehenbeugers. Sie wird von *Tubercula mediale et laterale* begrenzt.

Taststellen (Abb. 12.39). Ränder des Sinus tarsi, bei Plantarflexion Teile des Caput tali, Collum tali und Trochlea tali.

Calcaneus (Abb. 12.41, 12.42). Der Kalkaneus steht als Teil des Rückfußes mit der Unterfläche des **Tuber calcanei** (Fersenbeinhöcker), einem der drei Stützpunkte des Fußes, auf dem Boden (▶ unten). Am Tuber calcanei befestigen sich die Achillessehne und an der Unterseite das Lig. calcaneocuboideum. Der Verbindung mit den Nachbarknochen dienen die dem Talus korrespondierenden Gelenkflächen *Facies articulares talaris posterior, media* und *anterior* sowie ventral die *Facies articularis cuboidea*. An der medialen Seite des Kalkaneus befindet sich unter einem breiten Knochenvorsprung (**Sustentaculum tali**) der *Sulcus tendinis musculi flexoris hallucis longi*. An der lateralen Seite dient ein kleiner Knochenvorsprung, *Trochlea fibularis* mit dem *Sulcus tendinis musculi fibularis longi*, der Sehne des M. fibularis longus als Hypomochlion.

Talus und Kalkaneus grenzen sich von den ventral gelegenen Fußwurzelknochen durch die *Chopart-Gelenklinie* ab.

Taststellen (Abb. 12.39). Tuber calcanei, medialer Rand des Sustentaculum tali, Trochlea fibularis.

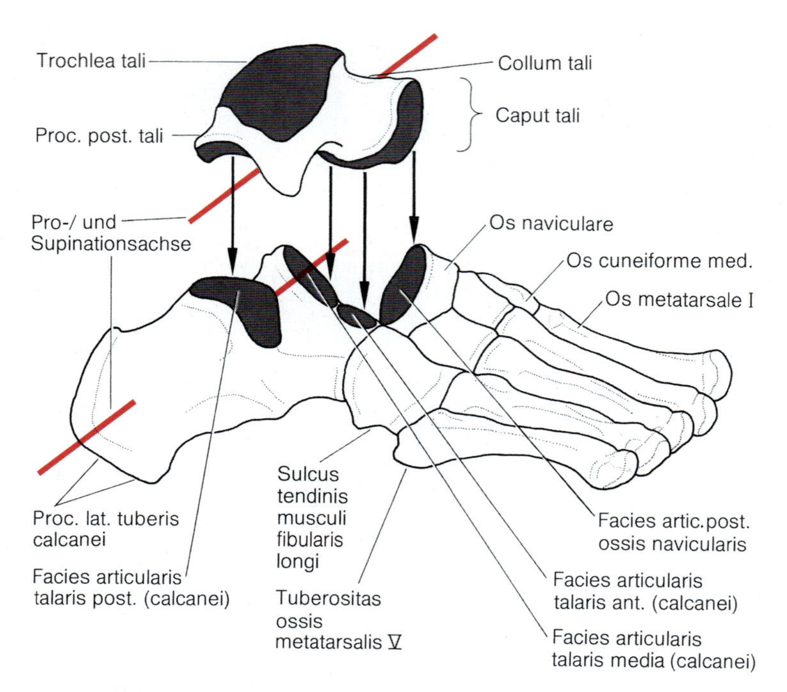

Abb. 12.42. Fußwurzelknochen. Gelenkflächen (*schwarz*) und Bewegungsachse durch Talus und Calcaneus (*rot*) des unteren Sprunggelenks

Os naviculare (Abb. 12.41). Proximal befindet sich die Gelenkpfanne für den Taluskopf und distal liegen die drei Gelenkflächen für die Ossa cuneiformia. Medial springt deutlich die **Tuberositas ossis navicularis** vor.

Taststellen. Tuberositas ossis navicularis.

Os cuboideum (Abb. 12.41, 12.42). Es trägt Gelenkflächen zur Verbindung mit den Ossa metatarsalia IV und V sowie zum benachbarten Os cuneiforme laterale und gelegentlich zum Os naviculare. An seiner Unterseite befindet sich der *Sulcus tendinis musculi fibularis longi*.

Ossa cuneiformia mediale, intermedium, laterale. Alle drei Keilbeine haben proximal Gelenkflächen zur Verbindung mit dem Os naviculare und distal mit dem Metatarsalknochen (Abb. 12.41).

Gemeinsam setzen sich die Ossa cuneiformia und das Os cuboideum durch die *Lisfranc-Gelenklinie* von den Mittelfußknochen ab.

Mittelfußknochen

Die **Mittelfußknochen** (Ossa metatarsi I–V, Metatarsalia) liegen zwar parallel nebeneinander, jedoch nicht in einer Ebene. Vielmehr besteht eine Verwindungsstruktur, da der mediale (tibiale) Tragstrahl über den lateralen geschoben ist. Dadurch zeigt das Fußskelett zwei Längsbögen (Abb. 12.43), von denen der mediale erhöht ist (**mediale Längswölbung**). Er ist der eigentliche Lastträger des Fußes. Außerdem zeigt das Fußskelett einen **Querbogen** zwischen den Metatarsalköpfchen (*Caput ossis metatarsi I* und *V*) (Abb. 12.44). Die beiden Metatarsalköpfchen sind die vorderen Stützpunkte des Fußes beim Stehen und Gehen (Abb. 12.43).

Die Mittelfußknochen I und V zeigen jeweils an ihrer Außenseite eine *Tuberositas ossis metatarsi I* bzw. *V* zur Insertion von Sehnen.

Taststellen. Teilbereiche aller Mittelfußknochen, insbesondere die Tuberositas ossis metatarsalis V, Dorsalflächen und Caput ossis metatarsalis I.

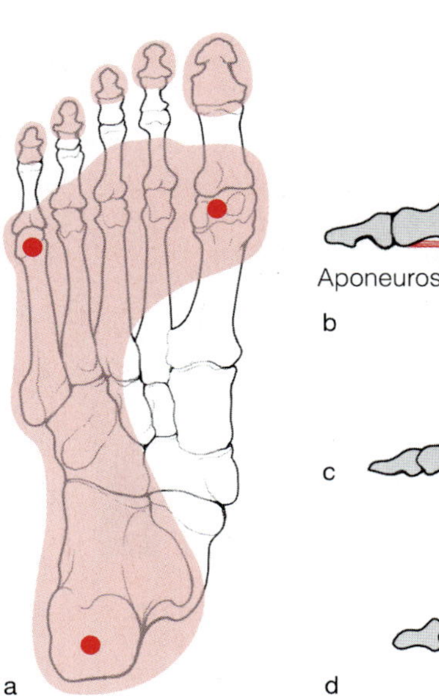

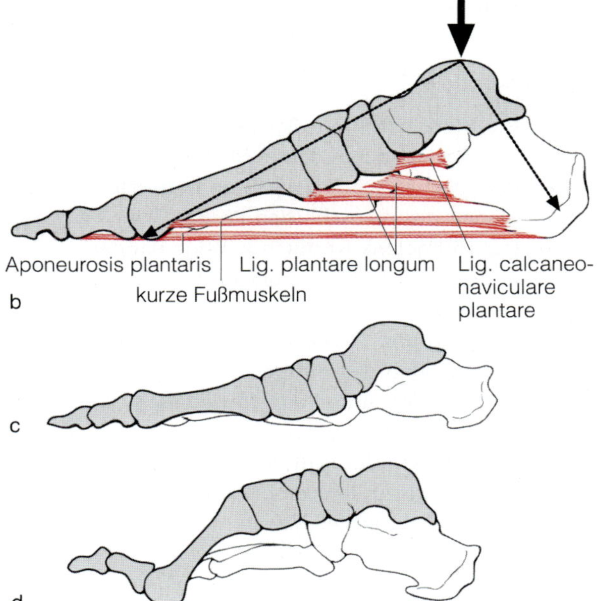

Abb. 12.43 a–d. Fußskelett. **a** Ansicht von plantar, *rotes Raster:* Druckverteilung auf die Fußsohle beim Stehen, *rote Punkte:* Stützpunkte beim Stehen und Gehen; **b** Fußgewölbe von medial, die *Pfeile* markieren die Körperlast und ihre Verteilung auf die Stützpunkte an der Fußsohle; **c** Senk- und Plattfuß, das mediale Längsgewölbe ist abgeflacht und eingeknickt; **d** Hohlfuß, das mediale Längsgewölbe ist überhöht, das Os metatarsale I steht steil, sein Köpfchen ist überlastet

Zehenknochen

Die Zehen (Digiti pedis) bestehen aus Zehenknochen (Ossa digitorum pedis). Die Zehen 2–5 haben eine *Phalanx proximalis, media* et *distalis* (Abb. 12.41), die Großzehe (**Hallux**) jedoch nur zwei. Alle Zehenendglieder werden im Normalfall beim Laufen aufgesetzt, wobei die Großzehe als letzte vom Boden abgehoben wird.

Taststellen. Dorsal- und Seitenflächen der Phalangen.

> **In Kürze**
>
> **Das Femur ist im Kollumbereich gewinkelt und steht schräg im Körper. Dadurch überträgt sich die Last des Rumpfes zunächst auf den Schenkelhals und wird im Knie auf die Tragachse des Beins weitergeleitet. Im Unterschenkel ist allein die Tibia der Lastträger. Der eigentliche Lastempfänger ist der Talus, der die Last auf ein bodenberührendes Dreieck überträgt, das aus Kalkaneus und den Metatarsalköpfchen I und V besteht.**

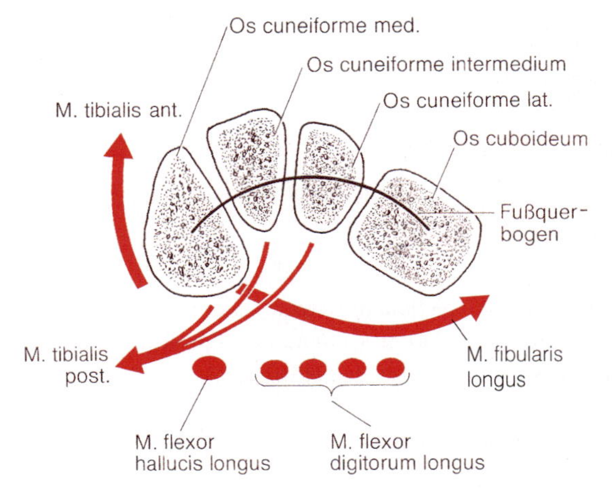

Abb. 12.44. Distaler Fußwurzelknochen, Querschnitt. Eingezeichnet sind Verlauf und Wirkungsrichtung von Muskeln

12.3.2 Hüfte e Grundlagen: Bewegungen

Kernaussagen

- **Die Hüfte mit ihrem Gelenk und ihren Muskeln gehört durch den aufrechten Gang zu den mechanisch am stärksten belasteten Regionen des menschlichen Körpers.**
- **Das Hüftgelenk ist durch kräftige Bänder gesichert, die den Femurkopf spiralförmig umfassen.**
- **Beugung und Streckung sind bevorzugte Bewegungen des Hüftgelenks. Außerdem sind Ab- und Adduktion sowie Innen- und Außenrotation möglich.**
- **Die Funktion der Hüftmuskeln hängt von deren Lage zu den drei Hauptbewegungsachsen des Hüftgelenks ab.**

Zur Information

Im Sprachgebrauch werden unter Hüfte (Coxa) das *Hüftgelenk* (**Articulatio coxae**) und die auf das Hüftgelenk wirkende Muskulatur verstanden, **innere und äußere Hüftmuskeln**, sowie die **Adduktorengruppe**. Hinzu kommen zweigelenkige Muskeln, die gleichzeitig das Kniegelenk bewegen. Sie gehören zu den Oberschenkelmuskeln (▶ S. 543).

Hüftgelenk

Wichtig

Das Hüftgelenk ist ein Kugelgelenk mit eingeschränkter Beweglichkeit.

Das Hüftgelenk (Articulatio coxae) dient der Bewegung der unteren Extremität gegenüber dem Rumpf. Beim Gehen und Stehen trägt das Hüftgelenk des *Standbeins* die ganze Körperlast (▶ S. 563). Das Hüftgelenk ist tief in Weichteile eingebettet und dadurch einer Inspektion unzugänglich.

Gelenkkörper (Abb. 12.45). Er besteht aus dem kugelförmigen **Caput femoris** als Gelenkkopf und dem **Azetabulum** mit dem Lig. transversum acetabuli als Gelenkpfanne. Ergänzt wird das Azetabulum durch eine ringförmige Gelenklippe aus Faserknorpel (*Labrum acetabuli*). Dadurch liegt mehr als die Hälfte des Oberschenkelkopfes innerhalb der Pfanne.

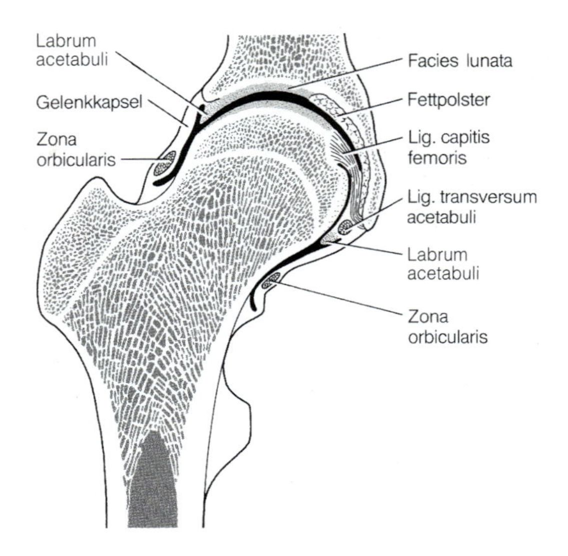

Abb. 12.45. Rechtes Hüftgelenk. Frontalschnitt

Der Femurkopf ist konzentrisch in das Azetabulum eingepasst. Die artikulierende Gelenkfläche ist jedoch allein die knorpelbedeckte Facies lunata. Hier erfolgt die Kraftübertragung. Das *Lig. capitis femoris* (▶ S. 517), das zur Incisura acetabuli zieht, leitet – zumindest in der Jugend – Blutgefäße zum Oberschenkelkopf (R. acetabularis aus der A. circumflexa femoris medialis und A. obturatoria), hat aber keine Haltefunktion.

Das Hüftgelenk ist ein Nussgelenk, eine Sonderform des Kugelgelenks (▶ S. 164). Der Drehpunkt liegt im Zentrum des Caput femoris.

Gelenkkapsel und Gelenkbänder (Abb. 12.46, Tabelle 12.18). Die **Gelenkkapsel** entspringt am Pfannenrand. Am Femur ist sie vorn an der Linea intertrochanterica, hinten etwa 1,5 cm proximal von der Crista intertrochanterica am Schenkelhals befestigt (Abb. 12.37). Die Epiphysenfuge liegt also intrakapsulär, wichtig z. B. bei der Behandlung einer jugendlichen Hüftkopf-Epiphysenlösung und beim Morbus Perthes (spontane aseptische Osteonekrose des Hüftkopfes).

Bänder des Hüftgelenks (Abb. 12.46, Tabelle 12.18):
- **Lig. iliofemorale**
- **Lig. ischiofemorale**
- **Lig. pubofemorale**

Sie sind die widerstandsfähigsten Bänder des Körpers. Sie entspringen an den durch die Namen gekennzeichneten Anteilen des Os coxae (Os ilium, Os ischii,

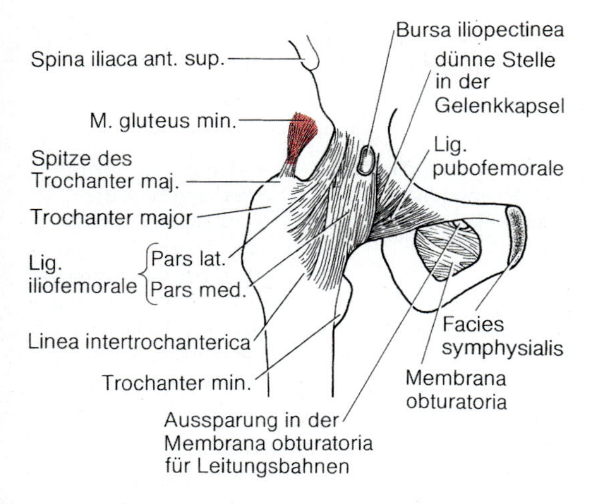

Abb. 12.46. Bandapparat des rechten Hüftgelenks. Ansicht von vorne

Os pubis) und befestigen sich an der Linea intertrochanterica des Femurs. Die Bänder sind in die Gelenkkapsel eingewebt: Ligg. iliofemorale et pubofemorale in die Kapselvorderseite, das Lig. ischiofemorale in die Kapselhinterseite. Die Bänder umfassen Femurkopf und -hals (Abb. 12.46) in einer mehr oder weniger deutlichen, gleichsinnigen Spirale. Sie wird vor allem bei der Streckung (Retroversion) im Hüftgelenk wirksam. Je ausgedehnter das Bein retrovertiert wird, desto stärker presst die Bänderschraube den Oberschenkelkopf in das Azetabulum. Zusammengehalten werden die Bänder durch die ringförmig um den Schenkelhals gelegene **Zona orbicularis**, mit der sie fest verwachsen sind (Einzelheiten Tabelle 12.18).

Schwache Stellen der Gelenkkapsel liegen zwischen Lig. pubofemorale und Lig. iliofemorale. Hier liegt der Kapselwand die der Sehne des M. iliopsoas unterlagerte *Bursa iliopectinea* an, die an dieser Stelle gelegentlich mit dem Gelenkraum kommuniziert.

Klinischer Hinweis

Die Gelenkkapsel ist entspannt, wenn der Oberschenkel leicht gebeugt, geringfügig abduziert und etwas außenrotiert ist. Entsprechend wird das Bein bei Ergüssen im Hüftgelenk in dieser Schonstellung gehalten.

Bewegungen im Hüftgelenk Grundlagen: Bewegungen. Sie werden vor allem vom Bandapparat geführt, aber auch eingeschränkt. Möglich sind folgende Bewegungen:

- **Ante- und Retroversion**, auch als Beugung (*Flexion*) und Streckung (*Extension*) des Beins bezeichnet. Sie

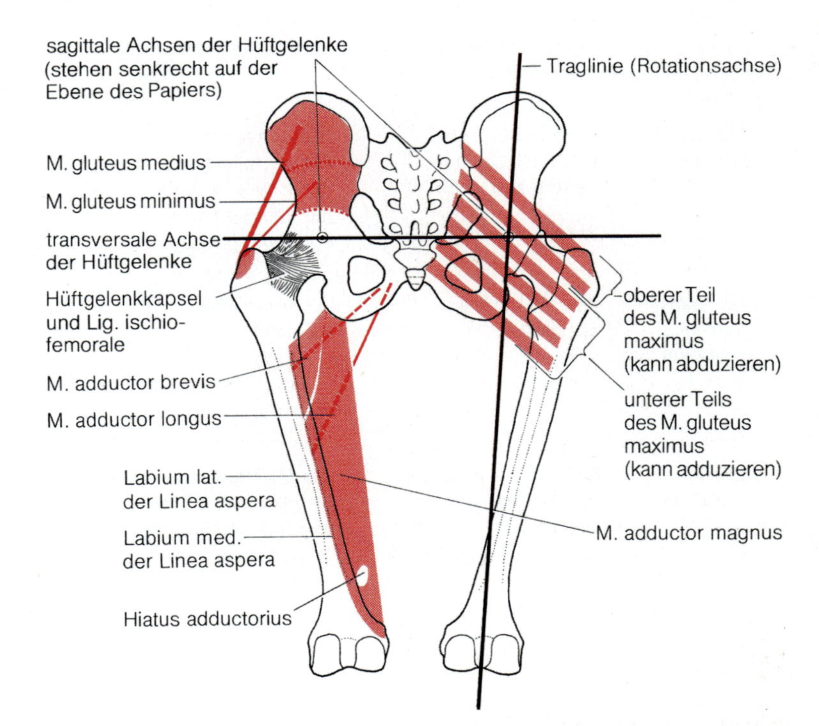

Abb. 12.47. Adduktoren und Mm. gluteus maximus

Tabelle 12.18. Bänder des Hüftgelenks

Band	Ursprung	Verlauf	Ansatz	Funktion
Lig. iliofemorale	Spina iliaca anterior inferior	fächerförmig mit verstärkten Flanken; Pars medialis et lateralis (umgekehrtes »V«), schraubenförmiger Verlauf	Linea intertrochanterica, Trochanter major, Zone orbicularis	verhindert die Überstreckung bzw. das Zurückkippen des Beckens über 10–15° hinaus; der starke laterale Teil hemmt Außenrotation und Adduktion, der mediale Teil die übermäßige Innenrotation
Lig. ischiofemorale	Corpus ossis ischii	schraubenförmig dorsal und kranial um Caput et Collum femoris	seitlich oben an der Linea intertrochanterica, Fossa trochanterica, Zona orbicularis	verstärkt die dorsale Kapselwand, hemmt Innenrotation und Beugung sowie geringfügig die Adduktion
Lig. pubofemorale	Ramus superior ossis pubis	ventromedial	Zona orbicularis, unten medial an der Linea intertrochanterica und dem Trochanter minor	verstärkt die mediale Kapselwand, hemmt eine zu ausgedehnte Abduktion und Außenrotation
Zona orbicularis	Bindegewebsfasern, die aus den drei erstgenannten Bändern abzweigen	zirkulär die Gelenkkapsel verstärkend um Schenkelhals und -kopf	in sich geschlossener Faserring	hält den Kopf in der Pfanne; ist mit der Gelenkkapsel verwachsen
Lig. capitis femoris	Rand der Incisura acetabuli, Lig. transversum acetabuli	läuft intraartikulär, Anfangsteil eingebettet in das Fett- u. Bindegewebe der Fossa acetabuli	Fovea capitis femoris	enthält den R. acetabularis aus der A. oburatoria; angespannt nur bei extremer Adduktion und Außenrotation
Lig. transversum acetabuli	Rand der Incisura acetabuli	in der Incisura acetabuli	Rand der Incisura acetabuli	verschließt die Incisura acetabuli bis auf Lücken für Gefäße; Mitbeteiligung an der Gelenkfläche
Labrum acetabuli	Rand von Acetabulum und Lig. transversum acetabuli	kreisförmig, mit der Gelenkkapsel größtenteils nicht verwachsen	–	vergrößert als Faserknorpelring die Gelenkfläche

erfolgt um eine *Transversalachse* (Abb. 12.47). Im Stand, also bei festgestelltem Femur, kann um diese Achse der Rumpf nach vorne und hinten gebeugt werden, z.B. um etwas vom Boden aufzuheben.

Die *Anteversion* entspricht der Fortbewegungsrichtung. Sie ist lediglich durch Weichteile (bei gebeugtem Knie) oder bei passiver Insuffizienz der dorsal gelegenen Muskeln (bei gestrecktem Knie) eingeschränkt.

Bei der *Retroversion* sind dagegen alle drei Bänder durch Spiralisierung gespannt. Sie wickeln sich um den Femurhals, besonders der vordere Anteil des Lig. iliofemorale, der fast vertikal verläuft. Die Bänder verhindern eine Überstreckung im Hüftgelenk und damit im Stehen ein Kippen des Beckens nach hinten.

- **Adduktion und Abduktion** um eine Sagittalachse. Um diese Achse kann außerdem auf der Seite des Standbeins in geringen Umfang eine *Seitneigung des Rumpfes* erfolgen.

Einzelheiten zu Adduktion und Abduktion

Bei *Adduktion* wird der obere horizontale Anteil des Lig. iliofemorale deutlich, der mittlere und untere Anteil gering angespannt; das Lig. pubofemorale ist entspannt. Bei *Abduktion* spannt sich umgekehrt das Lig. pubofemorale an, das Lig. iliofemorale entspannt sich. Das *Lig. ischiofemorale* wird durch Adduktion entspannt, durch Abduktion gespannt. Dadurch sind die *Abduktion* vor allem durch das Lig. pubofemorale und die *Adduktion*, z.B. beim Überkreuzen der Beine, durch den lateralen Anteil des Lig. iliofemorale und durch das Lig. ischiofemorale begrenzt.

- **Innen- und Außenrotation** um eine Vertikalachse. Die Achse geht senkrecht durch den Mittelpunkt des Femurkopfes und die Eminentia intercondylaris des Schienbeinkopfes. Sie ist identisch mit der Traglinie des Beins (Abb. 12.47).

Bei der *Innenrotation* sind das Lig. ischiofemorale und der mediale Anteil des Lig. iliofemorale gespannt. Bei der *Außenrotation* ist es umgekehrt.

Ausmaße von Rotations- und Abduktionsbewegungen erweitern sich bei gebeugtem Hüftgelenk. Das Lig. iliofemorale ist dann entspannt und die Beine können bis 180° gespreizt werden.

Der **Bewegungsumfang** im Hüftgelenk beträgt nach der Neutral-Null-Methode (► S. 165):

- Strecken-Beugen 10°–0°–130°
- Abduktion-Adduktion 40°–0°–30°
- Außenrotation-Innenrotation 50°–0°–40°

Als Bewegungskombination ergibt sich eine **Zirkumduktion**, die eine Ellipse beschreibt. Durch Training lässt sich der physiologische Bewegungsumfang beträchtlich erweitern (Artisten).

Klinischer Hinweis

Hüftgelenkserkrankungen sind häufig. Sie treten in allen Lebensphasen auf. Beispiele sind

- *Luxatio congenita* (angeborene Hüftgelenksluxation): die Gelenkpfanne ist unzureichend tief, sodass das Caput femoris heraustritt
- *Hüftgelenksdysplasien* im Wachstumsalter durch Störungen im Gestaltwandel des Hüftgelenks
- schmerzhafte *Koxarthrosen* mit Bewegungseinschränkungen als degenerative Erkrankung im späteren Lebensalter, z.B. durch pathologische Überbeanspruchungen nach Frakturen, Entzündungen u.a.; dabei kann es zu unregelmäßigen Druckverteilungen im Gelenk mit Knorpelverschleiß, Nekrosen und Verlagerungen des Hüftgelenks kommen. Der Behandlung dienen *Hüftgelenkendoprothesen*, bei der eine Schale als künstliche Pfanne im Acetabulum verankert und ein künstlicher Hüftkopf mit einem Stiel im proximalen Femurende fixiert werden

Hüftmuskulatur und Adduktoren

Wichtig

Auf das Hüftgelenk wirken Muskeln, die an Becken oder Wirbelsäule entspringen und mit wenigen Ausnahmen am proximalen Ende des Femurs ansetzen. Hinzu kommen zweigelenkige Oberschenkelmuskeln, die jedoch am Hüftgelenk den kürzeren Hebelarm haben.

Hüftmuskeln und Adduktoren stabilisieren das Hüftgelenk und bewegen es. Sie bewirken aber auch bei feststehendem Bein Stellungsänderungen des Beckens und damit Haltungsänderungen des Rumpfes.

Die **Funktion der einzelnen Muskeln** hängt von ihrer Lage zu den drei Hauptbewegungsachsen des Hüftgelenks ab:

- **vor der Transversalachse** gelegene Muskeln beugen im Hüftgelenk (antevertieren das Bein)
- **dorsal von der Transversalachse** gelegene Muskeln strecken (retrovertieren) das Bein
- **lateral von der Sagittalachse** gelegene Muskeln abduzieren
- **medial von der Sagittalachse** gelegene Muskeln adduzieren das Bein
- **vor der Rotationsachse** gelegene Muskeln drehen das Bein nach innen

- **hinter der Rotationsachse** gelegene Muskeln drehen nach außen

Die Funktion der einzelnen Muskeln hängt von der Ausgangsstellung des Beins ab. Dadurch wirken sie sehr unterschiedlich. Hinzu kommt, dass innerhalb eines Muskels Teile antagonistisch wirken können.

Nach **topographischen Gesichtspunkten** lassen sich unterscheiden:

- **innere Hüftmuskeln:** Ursprung an der Wirbelsäule, vor allem aber an der inneren Beckenwand
- **äußere Hüftmuskeln:** Ursprung an der äußeren Beckenwand
- **mediale Muskeln** (Adduktoren): Ursprung am Knochenrahmen des Foramen obturatum

Innere Hüftmuskeln (Tabelle 12.19):

- **M. iliopsoas** (Abb. 12.48) mit seinen Anteilen, die unterhalb des Leistenbandes vereinigt sind:
  - **M. iliacus**
  - **M. psoas major**
  - **M. psoas minor**
- **M. piriformis**
- **M. obturatorius internus**

Einzelheiten zu den inneren Hüftmuskeln

Der **M. iliopsoas** zieht unter dem Leistenband durch die *Lacuna musculorum* (Abb. 12.48). Danach liegt er vor dem Hüftgelenk und dessen Transversalachse. Er ist (mit dem M. rectus femoris) der effizienteste *Beuger*, da die langfaserige Psoaskomponente mit großer Hubhöhe gemeinsam mit der breitflächigen Iliakuskomponente mit ihrem großen physiologischen Querschnitt einen optimalen Wirkungsgrad ermöglicht. Ist das Bein so eingestellt, dass die Fußspitze nach vorne gerichtet ist (die Füße also parallel stehen), dann verläuft die wirksame Endstrecke zu dem dorsal gelegenen Trochanter minor, dreht bei Kontraktion diesen nach vorne und *rotiert* das Bein *nach außen*. In Normalstellung läuft die wirksame Endstrecke dagegen lateral von der Rotationsachse. Infolgedessen kann aus dieser Ausgangsstellung das Bein *nach innen rotiert* werden. Da der M. psoas an der Wirbelsäule entspringt, wirkt er auf der Seite des Standbeins auf die Lendenwirbelsäule im Sinne einer Lateral-Ventral-Flexion. – Die *Bursa iliopectinea* (▶ S. 527) ermöglicht ein reibungsloses Gleiten des Muskels auf dem Lig. iliofemorale und über dem knöchernen Beckenrand.

Faszien des M. iliopsoas. Sie sind im distalen Abschnitt des M. psoas besonders derb, über dem M. iliacus (*Fascia iliaca*) hingegen dünn. Die Fascia iliopsoas beteiligt sich am Aufbau des Arcus iliopectineus zur Abgrenzung der Lacuna musculorum von der Lacuna vasorum.

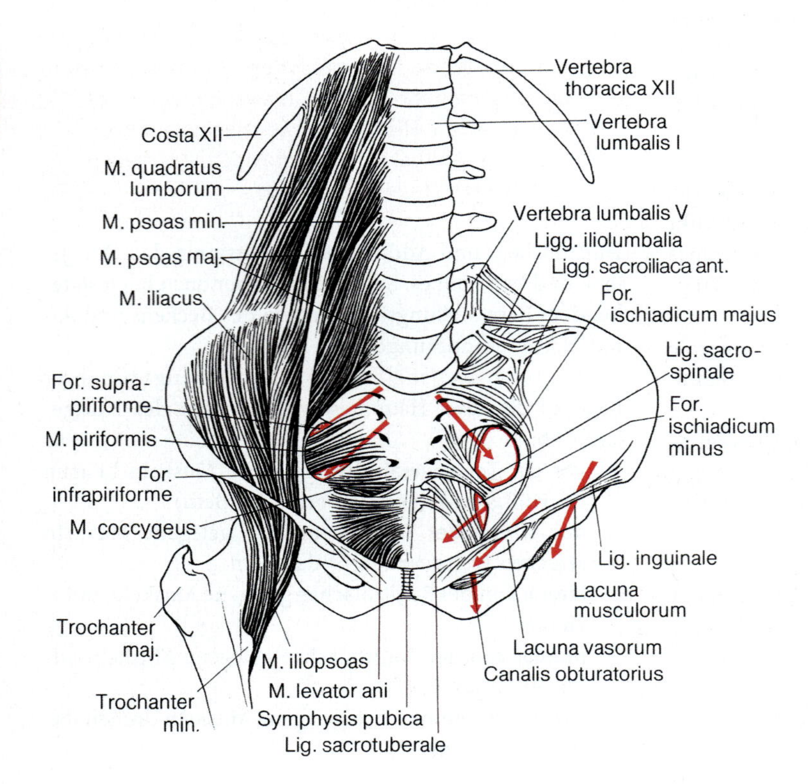

Abb. 12.48. Beckenwand. Einsicht ins Becken von vorne. In die rechte Beckenhälfte sind der M. quadratus lumborum, die parietalen Beckenmuskeln und das Diaphragma pelvis eingezeichnet, in die linke die durch Bandzüge begrenzten Öffnungen. Die *Pfeile* geben die Verlaufsrichtung der Strukturen an, die durch die Öffnungen der Beckenwand treten

Tabelle 12.19. Hüftmuskeln

Muskel	Ursprung	Ansatz	Funktion	Innervation
innere Hüftmuskeln				
M. psoas major	*ventrale Schicht:* 12. BWK und 1.–4. LWK mit zugehörigen Zwischenwirbelscheiben *dorsale Schicht:* Processus costales d. LW	Trochanter minor	Lateralflexion der LWS, Beugung im Hüftgelenk, Innenrotation aus Normalstellung, sonst Außenrotation	Plexus lumbalis (N. femoralis)
M. psoas minor (inkonstant)	12. BWK und 1. LWK	Fascia iliaca, Arcus iliopectineus	Lateralflexion der Wirbelsäule	Plexus lumbalis
M. iliacus	Fossa iliaca	Trochanter minor	Beugung und Rotation im Hüftgelenk; Innenrotation aus Normalstellung, sonst Außenrotation, Abduktion	Plexus lumbalis (N. femoralis)
M. piriformis	Facies pelvica des Os sacrum	Spitze des Trochanter major	Abduktion, Außenrotation	Plexus sacralis (N. piriformis)
M. obturatorius internus	Membrana obturatoria, Rand des Foramen obturatum	Fossa trochanterica	Außenrotation	Plexus sacralis
äußere Hüftmuskeln				
M. gluteus maximus	dorsale Fläche des Kreuzbeins; Darmbein dorsal der Linea glutea posterior; Fascia thoracolumbalis, Lig. sacrotuberale	Tuberositas glutea, Fascia lata, Septum intermusculare femoris laterale, Tractus iliotibialis	Streckung, Außenrotation; der obere Teil abduziert, der untere adduziert; verhindert das Kippen des Beckens nach vorn beim Gehen	N. gluteus inferior
M. gluteus medius	dreieckiges Feld zwischen Labium externum der Crista iliaca, Linea glutea anterior und Linea glutea posterior	lateraler Umfang des Trochanter major	Abduktion, Innenrotation, Außenrotation, Beugung und Streckung; verhindert das Kippen des Beckens beim Gehen zur Spielbeinseite	N. gluteus superior
M. gluteus minimus	zwischen Linea glutea anterior et inferior	innen an der Spitze des Trochanter major	wie M. gluteus medius	N. gluteus superior
M. tensor fasciae latae	Spina iliaca anterior superior	Tractus iliotibialis	Beugung und Innenrotation im Hüftgelenk, spannt die Fascia lata	N. gluteus superior

Tabelle 12.19 (Fortsetzung)

Muskel	Ursprung	Ansatz	Funktion	Innervation
M. gemellus superior	Spina ischiadica	Sehne des M. obturatorius internus	Außenrotation	Plexus sacralis
M. gemellus inferior	Tuber ischiadicum	Sehne des M. obturatorius internus	Außenrotation	Plexus sacralis
M. quadratus femoris	Tuber ischiadicum	Crista intertrochanterica	Außenrotation, Adduktion	N. musculi quadrati femoris oder N. ischiadicus
M. obturatorius externus	Außenfläche der Membrana obturatoria, Rand des Foramen obturatum	Fossa trochanterica	Außenrotation, Adduktion	N. obturatorius

Klinischer Hinweis
Retroperitoneale Abszesse z.B. durch Pyelonephritis oder retrozäkale Appendizitis können im Schlauch der Fascia iliopsoica bis zur Leistenregion absteigen. Dabei kann es zu einer Reizung des M. iliopsoas kommen. Zu seiner Entlastung wird dann das Bein gebeugt und außenrotiert.

12

M. piriformis. Er verlässt das kleine Becken durch das *Foramen ischiadicum majus* und unterteilt es in das Foramen suprapiriforme und infrapiriforme.

M. obturatorius internus (Tabelle 12.19). Er verlässt das kleine Becken durch das *Foramen ischiadicum minus*, biegt dann am Sitzbeinkörper als Hypomochlion scharf um – dort eine Bursa – und setzt gemeinsam mit dem M. obturatorius externus in der Fossa trochanterica an. Innerhalb des kleinen Beckens wird der Muskel von der *Fascia obturatoria* bedeckt, die sich nach hinten auf das Lig. sacrotuberale fortsetzt.

Äußere Hüftmuskeln (Tabelle 12.19). Zu dieser Gruppe gehören:
- **Mm. glutei maximus, medius et minimus**
- **Mm. gemelli superior et inferior**
- **M. quadratus femoris**
- **M. obturatorius externus**

Die Muskulatur gruppiert sich insgesamt fächerartig in Schichten hinten und seitlich um das Hüftgelenk. Sie inseriert am Trochanter major und seiner Umgebung.

Einzelheiten zu den äußeren Hüftmuskeln

M. gluteus maximus (Abb. 12.47). Der große und außerordentlich kräftige Muskel bestimmt die Kontur des Gesäßes. Zwischen rechtem und linkem Muskel liegt die *Crena* (Rima) *interglutealis* (ani). Der untere Muskelrand verläuft auf jeder Seite im *Stehen* schräg nach lateral unten und bedeckt das Tuber ischiadicum. Im *Sitzen* rutscht der Rand nach oben und der Sitzbeinhöcker liegt nur von subkutanem Fettgewebe gepolstert direkt unter der Haut.

Zwischen Muskelfleisch und Tuber ischiadicum liegt die *Bursa ischiadica musculi glutei maximi* und zwischen seiner Endsehne und dem Trochanter major die *Bursa trochanterica musculi glutei maximi*. Die *Bursa subcutanea trochanterica* befindet sich zwischen Sehne und Haut über dem Trochanter major.

Der M. gluteus maximus ist der *kräftigste Strecker im Hüftgelenk*. Er entfaltet seinen höchsten Wirkungsgrad, wenn das Hüftgelenk etwas gebeugt ist (z.B. beim Aufstehen aus dem Sitzen). Vorwiegend hat er jedoch *Haltefunktion*, indem er das Vornüberkippen des Beckens im Stehen verhindert.

Klinischer Hinweis

Bei *doppelseitiger Lähmung* des M. gluteus maximus wird durch Verlagerung des Körperschwerpunktes nach hinten die Lendenlordose verstärkt, um das Vornüberkippen zu vermeiden. Treppensteigen ist unmöglich.

Mm. glutei medius et minimus (Abb. 12.47, 12.49). Sie liegen unter dem M. gluteus maximus, teilweise bedeckt der Medius den Minimus. Gemeinsam verhindern sie beim Gehen das Absinken des Beckens zur Seite des Spielbeins. Auf der Spielbeinseite ergeben sich je nach innervierten Anteilen und deren Lage zu den Bewegungsachsen unterschiedliche Funktionen (Tabelle 12.19): die dorsal gelegenen Partien strecken und rotieren nach außen, die ventralen beugen und rotieren nach innen; die mittleren abduzieren das Spielbein.

Klinischer Hinweis

Sind nach Schädigung des N. gluteus superior (► S. 571), z. B. nach fehlerhafter intramuskulärer Injektion, die beiden Muskeln insuffizient, tritt das Phänomen des »*Watschelgangs*« auf, d. h. das Becken kippt bei jedem Schritt auf die Seite des Spielbeins (*Trendelenburg-Zeichen*).

Adduktoren (Tabelle 12.20, Abb. 12.47, 12.49). Sie entspringen in der Reihenfolge der Aufzählung am Knochenrahmen um das Foramen obturatum (Abb. 12.79):

- **M. pectineus**
- **M. adductor longus**
- **M. gracilis**
- **M. adductor brevis**
- **M. adductor magnus**
- **M. adductor minimus**

Alle Adduktoren setzen mit Ausnahme des M. gracilis, der zweigelenkig ist und sich an der Tibia befestigt,

Tabelle 12.20. Adduktoren

Muskel	Ursprung	Ansatz	Funktion	Innervation
M. pectineus	Pecten ossis pubis	Linea pectinea	Beugung, Außenrotation, Adduktion	N. femoralis und N. obturatorius (Doppelinnervation)
M. adductor longus	Corpus ossis pubis, Symphysis pubica	Labium mediale der Linea aspera des mittleren Femurdrittels	Adduktion, Außenrotation und je nach Ausgangsstellung Beugung und Innenrotation	N. obturatorius
M. gracilis	Ramus inferior ossis pubis	mittels Pes anserinus am Condylus medialis der Tibia	*Hüftgelenk:* Adduktion *Kniegelenk:* Beugung und Innenrotation	N. obturatorius
M. adductor brevis	Ramus inferior ossis pubis	Labium mediale der Linea aspera des oberen Femurdrittels	Adduktion, Außenrotation	N. obturatorius
M. adductor magnus	Ramus ossis ischii, Ramus inferior ossis pubis, Tuber ischiadicum	Labium mediale der Linea aspera des oberen und mittleren Femurdrittels, Epicondylus medialis des Femurs und Septum intermusculare vastoadductorium	Adduktion, Außenrotation, Innenrotation des nach außen rotierten Beins (über Septum intermusculare vastoadductorium, Epicondylus medialis), Streckung	N. obturatorius und N. tibialis oder N.-tibialis-Anteil des N. ischiadicus (Doppelinnervation)

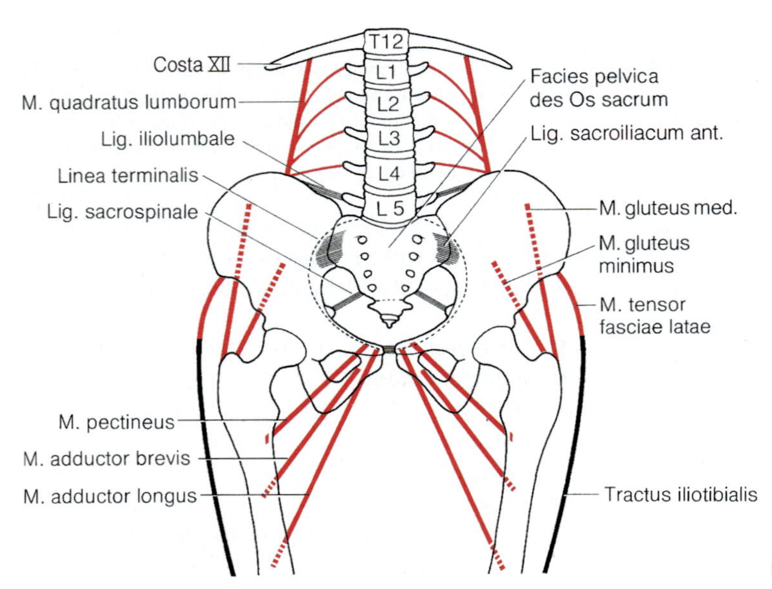

Abb. 12.49. Muskeln, die am Becken entspringen

an der Rückseite des Femurs an. Der M. adductor longus liegt oberflächlich und der M. adductor magnus am weitesten hinten (Abb. 12.47). Dazwischen schieben sich die anderen Adduktoren. M. pectineus, M. adductor longus und M. gracilis bilden die Hinterwand des *Trigonum femorale* (► S. 576). Ferner sind die Adduktoren am Aufbau von *Canalis adductorius* und *Hiatus adductorius* beteiligt (► unten).

Klinischer Hinweis

Bei starkem Spreizen der Beine ist die Ursprungssehne des M. adductor longus von medial her tastbar.

Adduktoren stabilisieren die Lage des Beckens und beteiligen sich an der Aufrechterhaltung des Körpergleichgewichts. So verhindern sie beim Stand auf beiden Beinen das Kippen des Beckens nach vorne, beim Stand auf einem Bein das Kippen zur Spielbeinseite. Ferner halten die Adduktoren die Beine zusammen und verhindern, dass das Spielbein beim Aufsetzen auf den Boden nach außen rutscht. Darüber hinaus beteiligen sich die einzelnen Muskeln je nach Bewegungsablauf und Lage zur Longitudinal- bzw. Transversalachse des Hüftgelenks unterschiedlich an Flexion, Extension und Rotation des Beins (vgl. Tabelle 12.21). Schließlich wirken sie einer Verbiegung des Femurschaftes nach außen entgegen.

Zur Information

Wichtiger als die Wirkung der einzelnen Adduktoren ist deren Zusammenwirken, z.T. mit Oberschenkelmuskeln (Tabelle 12.21).

Canalis adductorius (*Adduktorenkanal*), **Hiatus adductorius** (*Adduktorenschlitz*). M. adductor longus, M. adductor magnus und M. vastus medialis begrenzen den *Canalis adductorius* mit seinen Leitungsbahnen (► S. 577). Die vordere Wand des Kanals wird von einer bindegewebigen Membran gebildet, die sich zwischen M. vastus medialis und M. adductor magnus ausspannt (**Septum intermusculare vastoadductorium**). Die distale Öffnung des Canalis adductorius ist der *Hiatus adductorius*. Er befindet sich zwischen den beiden Anteilen der Endsehne des M. adductor magnus und dem Femur. Der Hiatus adductorius führt in die Kniekehle.

Tabelle 12.21. Muskelwirkung auf das Hüftgelenk aus der Normalstellung. Muskeln mit hohem Drehmoment stehen jeweils am Anfang

Anteversion (Flexion) (120°)	Retroversion (Extension) (12°)
M. rectus femoris M. iliopsoas M. tensor fasciae latae M. sartorius M. gluteus medius, vorderer Teil M. gluteus minimus, vorderer Teil M. pectineus M. adductor longus	M. gluteus maximus M. adductor magnus M. semimembranosus M. gluteus medius, dorsaler Teil M. semitendinosus M. biceps femoris, Caput longum M. quadratus femoris M. gluteus minimus, dorsaler Teil
Abduktion (40–50°)	**Adduktion (–15°)**
M. gluteus medius M. tensor fasciae latae M. gluteus maximus, oberer Teil M. rectus femoris M. gluteus minimus M. piriformis M. sartorius	M. adductor magnus M. gluteus maximus, unterer Teil M. adductor longus M. adductor brevis M. semimembranosus M. iliopsoas M. biceps femoris, Caput longum M. semitendinosus M. pectineus M. obturatorius externus M. gracilis
Innenrotation (35°)	**Außenrotation (15°)**
M. tensor fasciae latae M. gluteus minimus, vorderer Teil M. gluteus medius, vorderer Teil M. adductor magnus, an Epicondylus medialis und Septum intermusculare vastoadductorium ansetzender Teil M. iliopsoas (s. Text)	M. gluteus maximus M. gluteus medius, dorsaler Teil M. obturatorius internus gemeinsam mit Mm. gemelli M. iliopsoas (siehe Text)* M. gluteus minimus, dorsaler Teil M. piriformis M. rectus femoris M. obturatorius externus M. adductor brevis M. pectineus M. biceps femoris, Caput longum M. quadratus femoris M. adductor longus, M. adductor magnus M. sartorius

* Funktion stellungsabhängig

In Kürze

Das Hüftgelenk (Articulatio coxae) ist ein Kugelgelenk mit eingeschränkter Beweglichkeit (Nussgelenk). Die Ausführung der Bewegungen hängt von einem vielfältigen Zusammenwirken von Bandapparat, der vor allem der Gelenksicherung dient, und den in unterschiedlichen Kombinationen tätig werdenden Muskeln ab. Die Bewegung des Hüftgelenks ist in Fortbewegungsrichtung am weitesten freigegeben (Anteversion, Flexion, Beugung 130°). Dagegen ist die Streckung (Retroversion) durch Festziehen der Bänderschraube, die aus den Lig. iliofemorale, Lig. ischiofemorale, Lig. pubofemorale besteht, am stärksten eingeschränkt (10°). Dabei wird unter Mitwirken des M. gluteus maximus als Haltemuskel das Kippen des Beckens nach hinten verhindert. Dem Kippen nach vorne wirken vor allem der M. gluteus maximus und die Adduktoren entgegen. Der M. gluteus maximus ist bei gebeugter Hüfte der stärkste Strecker (beim Aufstehen). Der kräftigste Beuger im Hüftgelenk ist der M. iliopsoas im Zusammenwirken mit ischiocruralen Muskeln. Bei der Abduktion (40°) stehen die Wirkungen der Mm. glutei medius et minimus sowie des M. piriformis im Vordergrund. Adduzierend (30°) wirkt vor allem der M. adductor longus. Von den Rotationsbewegungen ist die Außenrotation (50°) deutlich kräftiger als die Innenrotation (40°).

12.3.3 Oberschenkel und Knie

Kernaussagen

- Zweigelenkige Oberschenkelmuskeln wirken auf Hüft- und Kniegelenk oder auf Knie- und oberes Sprunggelenk. Eingelenkige Oberschenkelmuskeln wirken lediglich auf das Kniegelenk.
- Im Kniegelenk artikulieren Femurkondylen und die Kondylen des Tibiakopfes.
- Zum Ausgleich unregelmäßiger (inkongruenter) Gelenkflächen dienen zwei intraartikuläre halbrunde Menisci.
- Die Kniegelenkssicherung erfolgt durch beidseitige Kollateralbänder und zwei Kreuzbänder, die von den Innenflächen der Femurkondylen zur Area intercondylaris der Tibia verlaufen.
- Die Kreuzbänder schränken die Innenrotation des Kniegelenks ein.

Oberschenkel und Knie sind profilbestimmend für das Bein. Funktionell besonders wichtig ist die Lage der Tragachse zum Mittelpunkt des Kniegelenks.

Ein **gerades Bein** liegt dann vor, wenn die Tragachse in der Frontalebene durch das Zentrum von Femurkopf, Knie- und oberem Sprunggelenk verläuft (Mikulicz-Linie, Abb. 12.50, 12.51 a). Im Stand bei nach vorne ge-

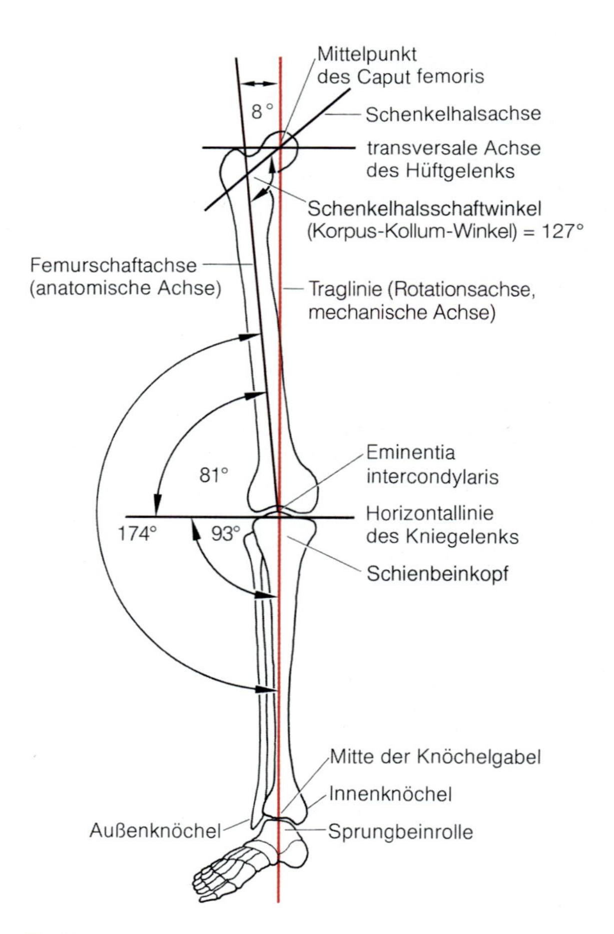

Abb. 12.50. Beinachsen. *Schwarz* Oberschenkelschaftachse; *rot* Traglinie (Rotationsachse, in der Orthopädie *Mikulicz-Linie*)

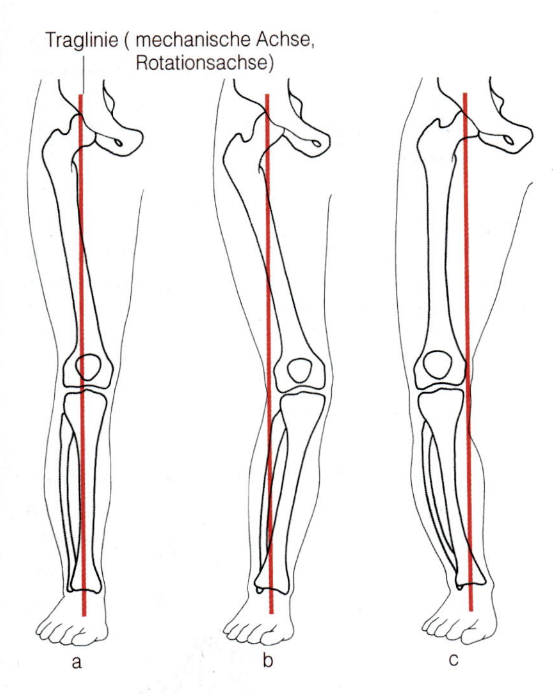

Abb. 12.51 a–c. Traglinie des Beins. **a** Normal, **b** bei Genu valgum; **c** bei Genu varum. Die Traglinie ist mit der mechanischen Achse = Rotationsachse des Beins identisch. Um die Rotationsachse erfolgt die Drehung des Beins im Hüftgelenk. (Nach Frick et al. 1980)

richteten Füßen berühren sich die medialen Femurkondylen.

Beim X-Bein liegt die Mitte des Kniegelenks medial der Traglinie (**Genu valgum**) (Abb. 12.51 b); das Knie ist nach innen gebogen. So stehen die Beine nach dem 2. Lebensjahr, hervorgerufen durch die Stellungsänderung in der Hüfte während des Wachstums (▶ S. 519). Zwischenzeitlich, in einer Übergangsphase, stehen die Beine gerade. Endgültig wird die Geradestellung der Beine im 2. Lebensjahrzehnt erreicht.

Beim O-Bein liegt die Mitte des Kniegelenks lateral der Traglinie (**Genu varum**) (Abb. 12.51 c); das Bein ist nach außen gebogen. Diese Abweichung steht mit der Stellung des Collum femoris in Zusammenhang (▶ S. 518). Sie ist für das Neugeborene charakteristisch.

Klinischer Hinweis

Bei gestörtem Wachstum, z. B. bei *Rachitis* oder nach *Verletzungen*, können sowohl Genu varum als auch Genu valgum lebenslang erhalten bleiben. Beim Erwachsenen können O- oder X-Bein Folge von *Frakturen* oder *Arthrosen* sein.

Der Oberschenkel gleicht einem nach distal gerichteten Kegel. Seine Basis ist dorsal die Gesäßfalte (*Sulcus glutealis*), die jedoch nicht dem unteren Rand des M. gluteus maximus entspricht, sondern ihn überquert. Auf der Vorderseite liegt die Grenze zwischen Unterbauch und Oberschenkel im *Sulcus inguinalis*. Der Oberschenkel beherbergt vor allem die Muskulatur für das Kniegelenk und ist ein Durchgangsgebiet für Leitungsbahnen. Auf seiner Oberfläche (*Regio femoris anterior* und *posterior*) zeichnen sich deutlich Muskel- und Sehnenfelder ab. Seine Innenseite ist durch die Adduktoren leicht eingezogen.

Das Knie (*Genu*) umfasst die Regiones genu anterior et posterior. Im Oberflächenrelief heben sich ventral die **Patella**, das **Lig. patellae** und die **Tuberositas tibiae** und dorsal die **Fossa poplitea** (Kniekehle) ab. Die die Kniekehle seitlich begrenzenden Sehnen sind besonders bei gebeugtem Knie deutlich tastbar. Der Kniegelenkspalt ist medial und lateral tastbar.

Kniegelenk

Wichtig

Das Kniegelenk ist das größte und verletzungsempfindlichste Gelenk des Körpers. Es lässt Beugung und Streckung sowie bei gebeugtem Knie begrenzte Innen- und Außenrotation zu.

Im Kniegelenk (Articulatio genu) artikulieren Femur, Tibia und Patella. Im Normalfall bilden die Längsachsen des Femur- und Tibiaschaftes bei gestrecktem Bein einen Winkel von 174° (wegen der Schrägstellung des Femurschaftes). Wichtig ist, dass die Traglinie des Beins – Verbindungslinie zwischen dem Zentrum des Caput femoris und Mitte des Kalkaneus – senkrecht durch die Mitte des Kniegelenks verläuft, da so der Druck im Kniegelenk gleichmäßig verteilt wird.

Klinischer Hinweis

Achsenfehlstellungen führen zu asymmetrischer Druckverteilung im Kniegelenk und dadurch zu *Gonarthrosen*. Asymmetrische Gonarthrosen können Achsenabweichungen hervorrufen und damit die Gonarthrose verstärken, ein häufiger, schmerzhafter Circulus vitiosus.

Das Kniegelenk unterteilt sich bei **gemeinsamer Gelenkkapsel** in:
- **tibiofemuraler Anteil**
- **patellofemuraler Anteil**

Tibiofemuraler Anteil (Kniegelenk im engeren Sinne). Kennzeichnend sind ein lateraler und ein medialer Meniskus (**Meniscus lateralis, Meniscus medialis**) (Abb. 12.52 a). Sie umfassen beiderseits halbmondförmig die Gelenkflächen und vergrößern dadurch die Kontaktfläche zwischen den stark gekrümmten Femurkondylen und der flachen Gelenkpfanne des Tibiakopfes. Im Querschnitt sind die Menisken keilförmig. Sie bestehen aus Faserknorpel und sind (nur) an ihrem äußeren Rand mit der Membrana synovialis der Gelenkkapsel verwachsen. Von hier aus werden sie mit Nährstoffen versorgt. Zusätzlich ist der hintere Anteil des medialen Meniskus mit dem medialen Kreuzband verwachsen. Untereinander sind die Menisken durch ein *Lig. transversum genus* verbunden. Insgesamt sind die Menisken verschieblich und fungieren als transportable Gelenkflächen. Sie fangen unter Normalbedingungen 30–35% der Druckbelastung im Kniegelenk auf.

Der **Meniscus medialis** sieht in der Aufsicht C-förmig aus. Sein vorderer Anteil ist dünner als sein hinterer und dadurch leichter verletzlich (Abriss möglich). Der Meniscus medialis ist mit dem medialen Kollateralband **verwachsen.** Außerdem ist er im Bereich der Area intercondylaris anterior und posterior befestigt und dadurch nur wenig verschieblich.

Der **Meniscus lateralis** gleicht einem Dreiviertelring. Seine medialen Befestigungen liegen nahe beieinander. Eine Bandbefestigung fehlt. Der laterale Meniskus ist beweglicher als der mediale und kann Belastungen leichter ausweichen (Abb. 12.52 b).

Klinischer Hinweis

Meniskusverletzungen sind häufig, vor allem durch eine zu starke Drehbewegung nach innen unter Belastung, z. B. beim Fußball, Skilaufen. Bei einem *Abriss von Teilen*, besonders des medialen Meniskus, kommt es zu einer federnden Bewegungssperre im Kniegelenk in leichter Beugestellung.

Gelenkkapsel. Sie lässt die Epikondylen extrakapsulär. Kennzeichnend ist eine bemerkenswerte Oberflächenvergrößerung ihrer Membrana synovialis. Sie dient einem verbesserten Stoffaustausch mit der Synovia und füllt bei Bewegungen die unterschiedlich weiten Gelenkräume. Es handelt sich um Faltenbildungen: *Plicae alares* – sie ragen vorne seitlich in den Raum zwischen den beiden Kondylen – und die dünne in der Medialebene gelegene *Plica synovialis infrapatellaris.* Sie liegen über einem Fettkörper, der sich zwischen Membrana fibrosa und Membrana synovialis der Gelenkkapsel befindet (*Corpus adiposum infrapatellare*).

Recessus. Die Gelenkhöhle hat Aussackungen:
- **Recessus superior** (Recessus oder Bursa suprapatellaris); er liegt oberhalb der Kniescheibe zwischen Quadrizepssehne und Femur; in Streckstellung ragt er meist 5–6 cm über die Basis der Patella hinaus

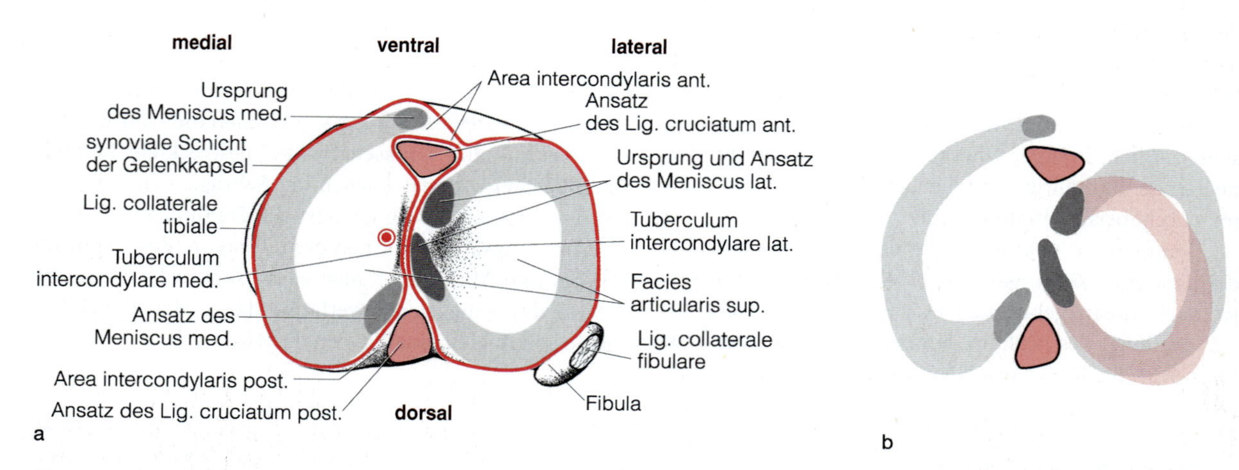

Abb. 12.52 a, b. Facies articularis superior der rechten Tibia. **a** Menisken angedeutet. *Rot und schwarz umrandet* Befestigungsstellen der Kreuzbänder; *Punkt im Kreis* markiert die Rotationsachse. **b** Verschiebungen des lateralen Meniskus bei Rotationsbewegungen im Kniegelenk

- **Recessus subpopliteus**; er ist klein und befindet sich an der Rückseite des Kniegelenks, er steht mit der Bursa musculi poplitei in Verbindung und kann auch mit der Articulatio tibiofibularis (▶ unten) kommunizieren.

Patellofemuraler Gelenkanteil. Er befindet sich zwischen Patella und Femurkondylen. Die Patella ist in die Membrana fibrosa der Gelenkkapsel eingelagert und liegt gleichzeitig als Sesambein in der Sehne des M. quadriceps femoris und deren Fortsetzung, dem Lig. patellae. Bei Bewegungen im Kniegelenk gleiten die Femurkondylen bis zu 10 cm an der Patella vorbei. Dabei steigert sich bei Beugung der Druck der Patella auf das Gelenk, sodass nach langem Sitzen Gelenkschmerzen auftreten können (*Patellarsyndrom*). Bei gestrecktem Knie liegt die Patella auf dem Recessus suprapatellaris und lässt sich verschieben.

Klinischer Hinweis

Zum »*Tanzen*« *der Patella*, d.h. zur lateralen Verschieblichkeit der Patella auf Fingerdruck bei gestrecktem Knie, kommt es bei vermehrter Flüssigkeit im Kniegelenk. Zu *Luxationen der Patella* kommt es häufiger beim X-Bein. Die Patella verschiebt sich nach lateral.

Gelenkbänder (Abb. 12.53) sichern die Gelenkfunktion. Es bestehen:
- **Außenbänder**
- **Binnenbänder**

Außenbänder. Sie liegen außerhalb der Gelenkkapsel:
- **Lig. collaterale tibiale** zwischen Epicondylus medialis (femoris) und Condylus medialis (tibiae). Die Befestigungsstelle am Femur liegt oberhalb und hinter dem Krümmungsmittelpunkt des Gelenks. Von dort verläuft es schräg nach vorne unten. Das Band ist breit und mit der **Gelenkkapsel** sowie dem **Meniscus medialis** verwachsen. Es hat einen vorderen und hinteren Anteil.
- **Lig. collaterale fibulare.** Es verbindet Epicondylus lateralis und Caput fibulae. Das Band hat einen runden Querschnitt und ist *nicht* mit der Gelenkkapsel verwachsen.

Beide Bänder gemeinsam verhindern eine Ab- und Adduktion im Kniegelenk. Außerdem sind sie in Streckstellung gespannt. Bei gebeugtem Knie ist nur die hintere Portion des medialen Kollateralbandes gespannt. Dadurch ist bei Beugung eine begrenzte Außenrotation möglich.

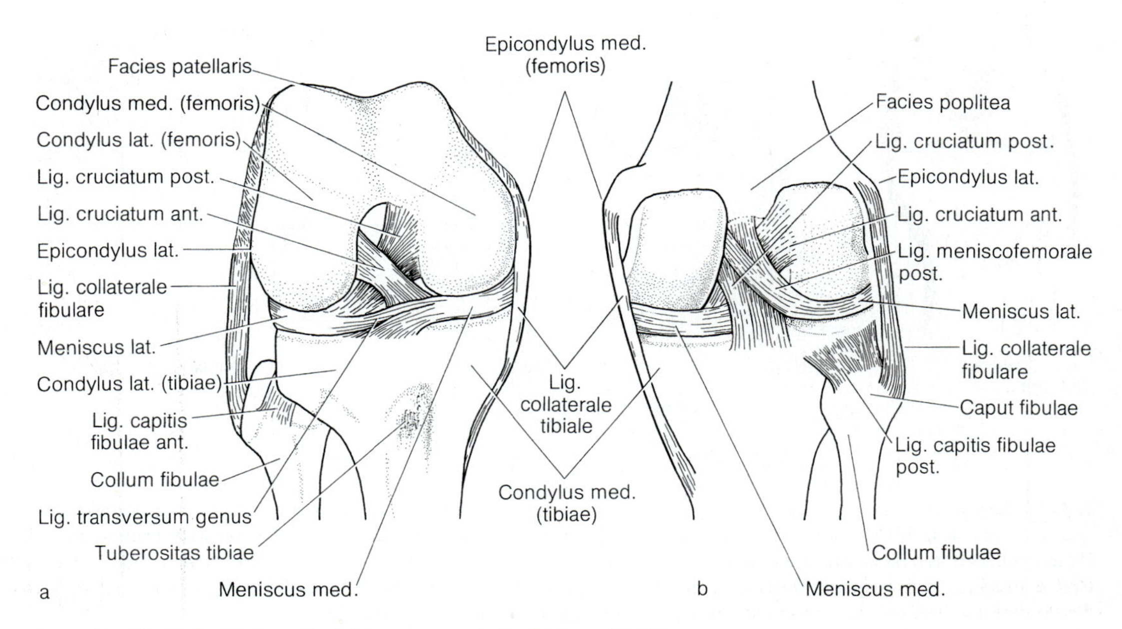

Abb. 12.53 a, b. Bänder des Kniegelenks. **a** Ansicht von vorne; **b** Ansicht von hinten

Klinischer Hinweis

Sind die Kollateralbänder (häufiger das mediale als das laterale) gerissen (Sportverletzungen), dann lässt sich bei gestrecktem Kniegelenk der Unterschenkel schmerzhaft gegen den Oberschenkel zur unverletzten Seite hin ad- oder abduzieren. Bei einem unbehandelten Kollateralbandschaden kommt es zum »*Wackelknie*«.

- **Lig. patellae** von der Patella zur Tuberositas tibiae.
- **Retinaculum patellae mediale** und **Retinaculum patellae laterale** liegen beiderseits der Patella und strahlen in das Periost des Tibiakopfes ein. Sie verstärken die Kniegelenkkapsel und werden als *Reservestreckapparat* bezeichnet, da bei quer gebrochener Patella das Kniegelenk noch (in sehr geringem Umfang) gestreckt werden kann.
- **Lig. popliteum obliquum.** Das Band ist eine Abspaltung der Sehne des M. semimembranosus (▶ S. 545). Es verstärkt die Rückseite der Kapselwand. Seine Verlaufsrichtung ist ähnlich wie die des Lig. cruciatum anterius (▶ unten).
- **Lig. popliteum arcuatum.** Das Band überbrückt bogenförmig den M. popliteus. Es verstärkt ebenfalls die rückseitige Kapselwand.

Binnenbänder (Abb. 12.53, 12.54). Sie befinden sich *innerhalb* der Gelenkkapsel, aber *außerhalb* der von der Membrana synovialis ausgekleideten Gelenkhöhle. Es handelt sich um die **Kreuzbänder** (**Ligg. cruciata genus**).

- **Lig. cruciatum anterius.** Das vordere Kreuzband zieht von der medialen Fläche des Condylus lateralis (Abb. 12.53) zur Area intercondylaris anterior der Tibia (Verlaufsrichtung gleich den Mm. intercostales externi). Der *vordere mediale Teil* des Bandes *spannt sich bei Streckung und Innenrotation* (Abb. 12.54a), der *hintere laterale bei Beugung im Kniegelenk* (Abb. 12.54b).

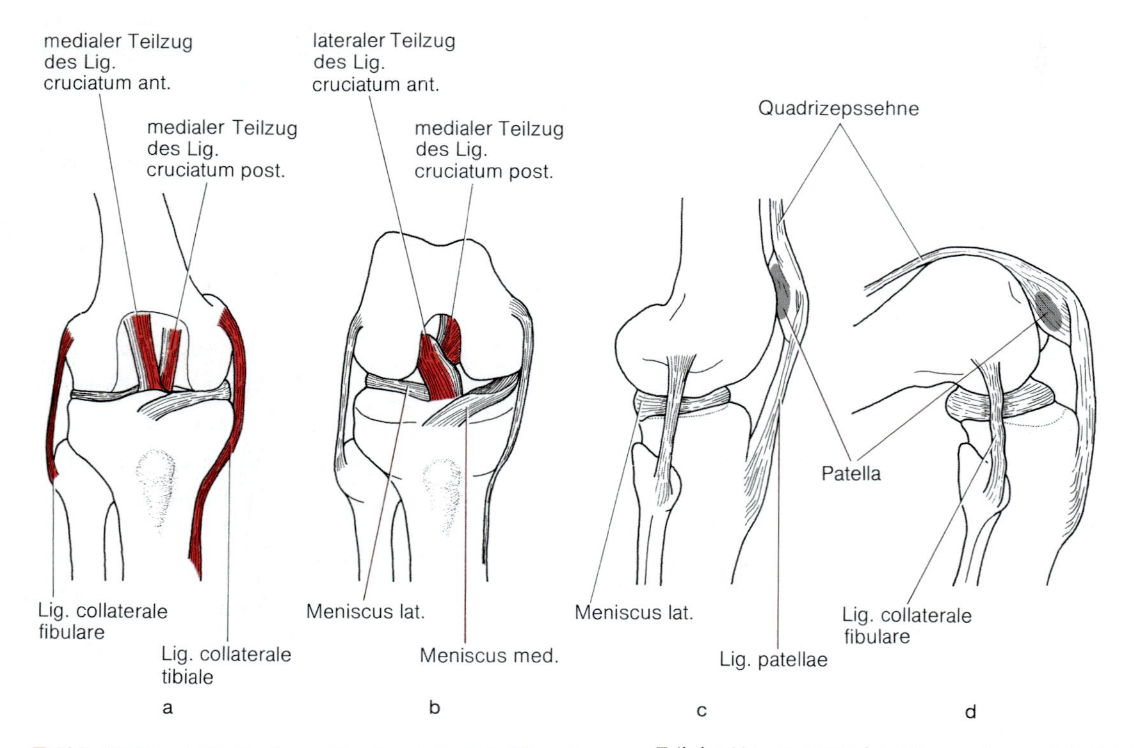

Abb. 12.54a–d. Bänder des rechten Kniegelenks bei Streckung und Beugung. **a, b** Ansicht von vorne. *Rot* die in der jeweiligen Stellung gespannten Bänder bzw. Bandanteile. **c, d** Ansicht von lateral. **a** Streckstellung: gespannt sind die beiden Kollateralbänder, der vordere mediale Teil des Lig. cruciatum laterale und des Lig. cruciatum posterius. **b** Beugestellung: gespannt sind der laterale Teil des Lig. cruciatum laterale und der mediale Teil des Lig. cruciatum posterius. **c, d** Veranschaulichung der Gleitbewegungen der Patella auf den Femurkondylen und die Verschiebung des Meniscus lateralis bei Beugung des Kniegelenks. (Nach v. Lanz u. Wachsmuth 1972)

- **Lig. cruciatum posterius.** Das hintere Kreuzband nimmt einen entgegengesetzten Verlauf: von der lateralen Fläche des Condylus medialis zur Area intercondylaris posterior. Der *hintere mediale Teil* des Bandes *spannt sich bei maximaler Beugung und extremer Streckung*. Beide Teile des hinteren Kreuzbandes stehen bei *Innenrotation unter Spannung* (◘ Abb. 12.54 a, b).

Die Kreuzbänder dienen dem Zusammenhalt der Gelenkkörper. Sie verhindern das Abgleiten der Oberschenkelkondylen von den flachen Gelenkpfannen des Schienbeinkopfes. Bei *Außenrotation* haben sie die Tendenz, sich voneinander *abzuwickeln*. Bei *Innenrotation wickeln sie sich umeinander* und begrenzen dadurch diese Bewegung. Neben mechanischen Funktionen haben die Kreuzbänder wichtige Sinnesfunktionen (Propriozeption).

Klinischer Hinweis

Bei Verletzungen der Kreuzbänder (Dehnung, Riss) kann bei rechtwinklig gebeugtem Knie der Unterschenkel in dorsoventraler Richtung passiv verschoben werden (*Schubladenphänomen*).

- **Lig. transversum genus.** Das Band verbindet vorne den medialen mit dem lateralen Meniskus (► oben).
- **Lig. meniscofemorale anterius** (inkonstant) von der Rückseite des Meniscus lateralis zum vorderen Kreuzband.
- **Lig. meniscofemorale posterius** dorsal vom Meniscus lateralis zur Innenfläche des Condylus medialis (femoris).

Bursae. In der Umgebung des Kniegelenks kommen bis zu 30 Bursen vor. Einige sind von klinischer Bedeutung:
- *Bursa (Recessus) suprapatellaris* kommuniziert mit dem Kniegelenk (► oben)
- *Bursae prae- und infrapatellares*, sowohl im subkutanen Bindegewebe als auch in tieferen Schichten
- *Bursa subcutanea tuberositatis tibiae* unter der Haut vor der Tuberositas tibiae
- *Bursae musculi poplitei* unter dem Muskel in Verbindung mit der Gelenkhöhle (► oben)
- *Bursae subtendineae musculi gastrocnemii medialis et lateralis* zwischen Gelenkkapsel und den beiden Köpfen des M. gastrocnemius

Gelenksicherung (◘ Abb. 12.55). In Streckstellung ist das Kniegelenk gesichert durch
- *ventral:* Quadrizepsgruppe mit Patella und Lig. patellae
- *dorsal:* Lig. popliteum obliquum et arcuatum, Caput mediale und laterale des M. gastrocnemius, M. popliteus

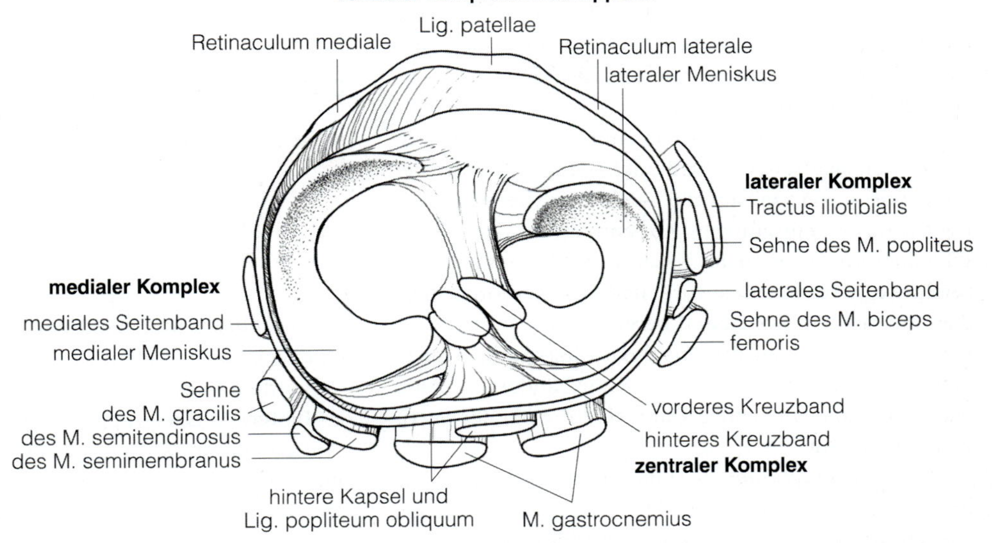

◘ **Abb. 12.55.** Stabilisierung des Kniegelenks durch Muskeln und Bänder

- *medial:* Lig. collaterale tibiale, Retinaculum patellae mediale, Sehnen des M. semitendinosus, M. gracilis und M. sartorius (Pes anserinus ► S. 545) und Sehne des M. semimembranosus
- *lateral:* Tractus iliotibialis, Lig. collaterale fibulare, Retinaculum patellae laterale, Sehne des M. biceps femoris
- *zentral:* Ligg. cruciata

Die Stabilität des Kniegelenks ist in Beugestellung durch Nachlassen von Bänderspannungen (► oben) geringer als in Streckstellung.

Gelenkbewegungen. Möglich sind:

- **Streckung und Beugung**
- **Innen- und Außenrotation** (jedoch *nur in Beugestellung*)

Die Bewegungen im Kniegelenk erfolgen um keine starren Achsen, da die Femurkondylen auf der tibialen Gelenkfläche Roll-Gleit-Bewegungen ausführen. Dadurch wandern Drehzentrum und Achsen während der Bewegungen auf Bahnkurven. Außerdem verschieben sich die Menisken. Dennoch wird als »Kompromissachse« für Beugung und Streckung eine quer durch die Femurkondylen verlaufende Linie angenommen.

Demgegenüber steht die Rotationsachse senkrecht auf der medialen Gelenkfläche des Schienbeinkopfes am Abhang des Tuberculum intercondylare mediale (Abb. 12.50). Sie ist mit der Tragachse des Beins identisch.

12

Streckung (Abb. 12.54c). In Streckstellung sind die Kontaktflächen zwischen Gelenkpfanne und Kondylenfläche am größten. Gleichzeitig sind die Ligg. collateralia maximal gespannt.

Gestreckt werden kann das Kniegelenk bis zu 180° (0° in der Neutral-Null-Methode). Die letzten 10° der Streckung – von 170° auf 180° – sind nur bei gleichzeitiger und zwangsläufiger Außenrotation des Unterschenkels um 5° möglich. Dieser als **Schlussrotation** bezeichnete Mechanismus wird dadurch hervorgerufen, dass das vordere Kreuzband bereits angespannt ist, bevor alle Seitenbänder ihre maximale Spannung erreicht haben. Durch Abwicklung der Kreuzbänder (► oben) wird der Vorgang beendet. Dann sind die Bänder maximal angespannt.

Eine *Überstreckung im Kniegelenk* verhindern die hinteren Anteile der Bänder in der Kapselwand (Ligg. collateralia) und das hintere Kreuzband.

Klinischer Hinweis

Wenn das Kniegelenk mehr als 10° überstreckbar ist, spricht man von *Genu recurvatum*.

Beugung. Sie beginnt mit einem Abrollvorgang zwischen Femurkondylen und Tibiakopf (20°), dem eine Gleitbewegung folgt. Dabei werden die Kontaktflächen zwischen den Kondylen des Femurs und der Tibia kleiner. Die Stabilität des Gelenks nimmt ab. Dies schafft die Voraussetzung für die Rotation. Die Menisken werden passiv nach hinten mitverschoben (Abb. 12.54d).

Aktiv kann man (bei gestrecktem Hüftgelenk) das Kniegelenk bis ungefähr 130° beugen. Dann werden die Beugemuskeln (aktiv) insuffizient. Unter Zuhilfenahme der Hände gelingt es jedoch, das Kniegelenk bis zum Anschlag der Ferse am Gesäß um weitere 30° zu beugen.

Rotation. Bei rechtwinklig gebeugtem Kniegelenk lässt der Bandapparat eine *Außenrotation* bis etwa zu 30° und eine Innenrotation von 10° zu. Sie erfolgt vorwiegend durch Verschiebung der Menisken auf dem Tibiakopf. Die *Innenrotation* wird vor allem durch die Kreuzbänder, die Außenrotation durch die Kollateralbänder begrenzt.

Klinischer Hinweis

Nach der Neutral-Null-Methode ergibt sich für das Kniegelenk:

- Strecken-Beugen: 0°–0°–150°
- Außenrotation-Innenrotation: 30°–0°–10°

Oberschenkelmuskulatur

Wichtig

Oberschenkelmuskeln haben Ursprungsfelder an Beckengürtel und Femur. Sie nehmen daher Einfluss auf Bewegungen in Hüft- und Kniegelenk.

Topographisch und funktionell gliedert sich die Oberschenkelmuskulatur in:

- **vordere Muskelgruppe** (*Extensoren*)
- **hintere Muskelgruppe** (*Flexoren*)

Gemeinsam wirken sie auf das Kniegelenk, wenn auch in unterschiedlicher Weise, z. T. in Abhängigkeit von der Stellung des Kniegelenks. Sie wirken mit dem M. gastrocnemius des Unterschenkels zusammen, der am Femur entspringt. In Tabelle 12.22 ist die Wirkung aller Kniegelenksmuskeln zusammengestellt.

Tabelle 12.22. Wirkung von Muskeln auf das Kniegelenk, geordnet nach Bewegungsrichtung und Kraft (Größe ihres Drehmomentes). (Nach v. Lanz u. Wachsmuth 1972)

Bewegung	Muskel
Streckung (Extension)	M. quadriceps femoris (Quadrizepsgruppe) M. tensor faciae latae
Beugung (Flexion)	M. semimembranosus M. semitendinosus M. biceps femoris Caput longum Caput breve M. gracilis M. sartorius M. gastrocnemius M. popliteus M. plantaris
Innenrotation (nur bei gebeugtem Kniegelenk möglich)	M. semimembranosus M. semitendinosus M. popliteus M. sartorius M. gastrocnemius Caput laterale M. gracilis
Außenrotation (nur bei gebeugtem Kniegelenk möglich)	M. biceps femoris Caput longum Caput breve M. gastrocnemius Caput mediale M. tensor fasciae latae

Vordere Muskelgruppe, Extensoren (Tabelle 12.23, Abb. 12.56). Die vordere Muskelgruppe des Oberschenkels besteht aus:

- **M. sartorius**
- **M. quadriceps femoris**
  - **M. rectus femoris**
  - **M. vastus lateralis**
  - **M. vastus intermedius**
  - **M. vastus medialis**

Die Muskeln werden gemeinsam vom N. femoralis innerviert und sind durch das *Septum intermusculare femoris mediale et laterale* von den dorsal gelegenen Muskeln getrennt (Abb. 12.80). Die Extensoren sind kräftiger als die Flexoren. Beim Stehen stabilisieren die Extensoren das Kniegelenk.

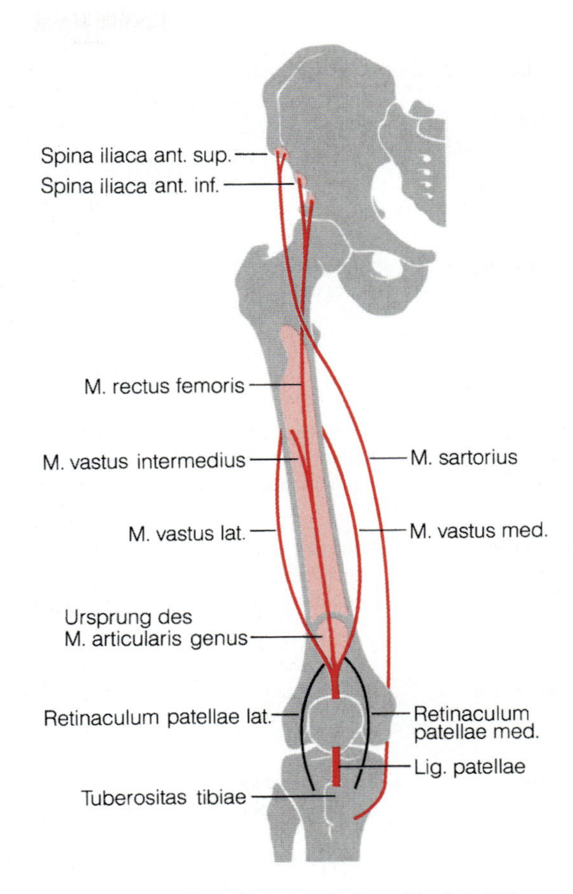

Abb. 12.56. Oberschenkelmuskulatur (Vorderseite)

Einzelheiten zu den Extensoren

M. sartorius. Er läuft in einer eigenen Loge der Fascia lata diagonal über die Oberschenkelmuskeln hinweg. Da er zweigelenkig ist, wirkt er sowohl auf das Hüft- als auch auf das Kniegelenk. Er ist der einzige Muskel der vorderen Gruppe, der im Kniegelenk beugt.

M. rectus femoris. Er ist der einzige zweigelenkige Muskel der Quadrizepsgruppe und wirkt auf Hüft- und Kniegelenk.

Mm. vasti lateralis und **medialis** machen die Hauptmasse der Oberschenkelmuskulatur aus.

M. vastus intermedius (Ursprungsfeld Abb. 12.37). Er ist ventral vom M. rectus femoris bedeckt. Dorsal hüllen die Mm. vasti den Femurschaft bis auf das Gebiet um die Linea aspera ein.

M. quadriceps femoris. Er entsteht dadurch, dass sich der M. rectus femoris und die Mm. vasti in einer gemeinsamen Endsehne treffen. In diese Sehne ist als Sesambein die **Patella**

Tabelle 12.23. Oberschenkelmuskeln

Muskel	Ursprung	Ansatz	Funktion	Innervation
Extensoren				
M. sartorius	Spina iliaca anterior superior	Pes anserinus, Condylus medialis der Tibia, proximaler Teil der medialen Tibiafläche	*Hüftgelenk:* Beugung, Außenrotation und Abduktion *Kniegelenk:* in Abhängigkeit von der Stellung/ Beugung und Innenrotation	N. femoralis
M. rectus femoris	Spina iliaca anterior inferior und oben am Acetabulum	Patella, Lig. patellae, Tuberositas tibiae	*Hüftgelenk:* Beugung, *Kniegelenk:* Streckung	N. femoralis
M. vastus lateralis	Basis des Trochanter major, Labium laterale der Linea aspera	Patella, Lig. patellae, Tuberositas tibiae	*Kniegelenk:* Streckung	N. femoralis
M. vastus intermedius	Vorderseite Femurschaft	Patella, Lig. patellae, Tuberositas tibiae	*Kniegelenk:* Streckung	N. femoralis
M. vastus medialis	Labium mediale der Linea aspera	Patella, Lig. patellae, Tuberositas tibiae	*Kniegelenk:* Streckung	N. femoralis
M. articularis genus	distal an der Vorderfläche des Femur	Kniegelenkkapsel	Spannung der Kniegelenkkapsel	N. femoralis
Flexoren				
M. biceps femoris				
Caput longum (zweigelenkig)	Tuber ischiadicum	Caput fibulae	*Hüftgelenk:* Streckung, Außenrotation, Adduktion *Kniegelenk:* Beugung, Außenrotation	N. tibialis oder N. tibialis-Anteil des N. ischiadicus
Caput breve (eingelenkig)	Labium laterale der Linea aspera des mittleren Femurdrittels	Caput fibulae	*Kniegelenk:* Beugung, Außenrotation	N. fibularis communis oder N.-peroneus-Anteil des N. ischiadicus
M. semitendinosus	Tuber ischiadicum	mittels des Pes anserinus am Condylus medialis der Tibia	*Hüftgelenk:* Streckung, Adduktion *Kniegelenk:* Beugung, Innenrotation	N. tibialis

Tabelle 12.23 (Fortsetzung)

Muskel	Ursprung	Ansatz	Funktion	Innervation
M. semimembranosus	Tuber ischiadicum	Condylus medialis der Tibia, Lig. popliteum obliquum, Faszie des M. popliteus	*Hüftgelenk:* Streckung, Adduktion *Kniegelenk:* Beugung, Innenrotation	N. tibialis

eingefügt. Vom Unterrand des Apex patellae bis zur Befestigungsstelle an der Tuberositas tibiae heißt die Fortsetzung der Quadrizepssehne **Lig. patellae.** Vermittels dieser Endstrecke, die vor der Transversalachse des Kniegelenks liegt, wird die Muskelkraft auf die Tibia übertragen.

Hinweis auf die Funktion der Patella
Sie dient der Führung der Quadrizepssehne, der Reibungsminderung zwischen Quadrizepssehne und Knochen sowie durch Wirkung als Umlenkrolle der Steigerung des Drehmoments des M. quadriceps femoris.

Anatomie am Lebenden. Bei trainierten Sportlern, besonders Fußballspielern, wird das Relief des Oberschenkels von den Extensoren bis auf den M. vastus intermedius bestimmt.

Hintere Muskelgruppe (Flexoren) (Tabelle 12.23, Abb. 12.57). Die Muskeln entspringen mit Ausnahme des Caput breve des M. biceps femoris am Tuber ischiadicum. Ausnahmslos inserieren sie an den Ossa cruris. Sie werden auch als **ischiokrurale Muskelgruppe** bezeichnet. Zu ihr gehören
- **M. biceps femoris** (Caput longum)
- **M. semitendinosus**
- **M. semimembranosus**

Die Muskeln sind zweigelenkig und wirken auf Hüft- und Kniegelenk. Da sie an beiden Gelenken hinter der Transversalachse verlaufen, können sie *im Hüftgelenk strecken* und *im Kniegelenk beugen*. Hinzu kommt, dass Muskeln dieser Gruppe, die mit ihren Sehnen medial an der Tibia ansetzen, bei gebeugtem Knie nach *innen*, die lateral ansetzen, nach *außen rotieren* können (Tabelle 12.22).

Einzelheiten zu den Flexoren der Oberschenkelmuskulatur
M. biceps femoris (Abb. 12.57). Er liegt am weitesten lateral und entspringt mit einem Caput longum vom Tuber ischiadicum und mit einem Caput breve im distalen Femurdrittel. Distal begrenzt er zusammen mit seiner Ansatzsehne den seitlichen Rand der Kniekehle.

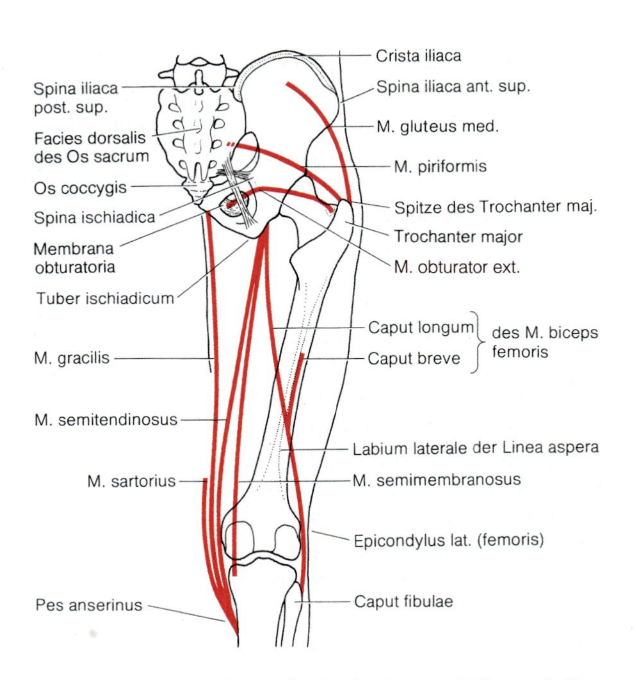

Abb. 12.57. Muskeln an der Rückseite von Hüfte und Oberschenkel

M. semitendinosus (Abb. 12.57). Der oberflächlich medial gelegene Muskel verfügt über eine sehr lange Endsehne, die in den *Pes anserinus* einstrahlt. Bei gebeugtem Knie tritt sie als medialer Rand der Kniekehle hervor.

Zur Information
Unter **Pes anserinus** (Gänsefuß) wird eine flächenhafte, fächerförmig divergierende *Sehnenplatte* am Condylus medialis tibiae verstanden. In ihr vereinigen sich die Endsehnen von M. sartorius, M. semitendinosus und M. gracilis, bevor sie in die Tibia einstrahlen.

M. semimembranosus (Abb. 12.57). Er liegt unter dem M. semitendinosus und bildet für ihn ein Gleitlager. Seine Ansatzsehne gabelt sich in drei Zinken, von denen eine am Condylus medialis tibiae, eine am Lig. popliteum obliquum (seine Fortsetzung) und eine an der Faszie des M. popliteus befestigt ist.

Zur Information
Zwischen vorderer und hinterer Muskelgruppe des Oberschenkels schiebt sich von der Seite her die Adduktorengruppe ein. Sie ist von der vorderen Gruppe durch das Septum intermusculare mediale, von der hinteren Gruppe durch eine Schicht lockeren Bindegewebes getrennt. Die Adduktoren gehören zu den Muskeln des Hüftgelenks (► S. 533).

Faszien des Oberschenkels

Die Oberschenkelmuskulatur ist von der derben **Fascia lata** umgeben, die an Leistenband und Labium externum der Crista iliaca befestigt ist. Distal heftet sie an Condylus lateralis femoris, Patella und Caput fibulae an und setzt sich in die **Fascia cruris** fort. Von der Fascia lata ziehen die **Septa intermuscularia femoris laterale, mediale** und **posterius** in die Tiefe, wo sie entlang der Linea aspera ansetzen.

Die Faszien unterteilen den Oberschenkel in getrennte **Kammern**. Während die vordere Kammer für die Extensoren weitgehend abgeschlossen ist, stehen die hintere Kammer (mit den Flexoren) durch das Foramen infrapiriforme und der Adduktorenraum durch den Canalis obturatorius im Foramen obturatum mit dem Bindegewebsraum des kleinen Beckens in Verbindung. Die hintere Kammer setzt sich in die Kniekehle fort. Ferner begrenzt das Septum intermusculare femoris mediale die **Bindegewebsstraße** für die *Vasa femoralia* und den *N. saphenus* (Abb. 12.80).

Über **eigene Faszienlogen** verfügen M. sartorius, M. gracilis und M. tensor fasciae latae.

Tractus iliotibialis. Es handelt sich um eine seitliche Verstärkung der Fascia lata. Oben strahlen in den Tractus Sehnenfasern des M. gluteus maximus und des **M. tensor fasciae latae** – während der Evolution von der kleinen Glutealmuskulatur abgespalten – ein. Insbesondere der M. tensor fasciae latae spannt den Tractus iliotibialis.

Klinischer Hinweis
Da der Muskel bei Leichtathleten oft hypertrophiert, wird er auch als »Sprintermuskel« bezeichnet.

Distal befestigt sich der Tractus iliotibialis am Condylus lateralis tibiae. Mit einigen Faserzügen setzt er sich in das Retinaculum patellae laterale fort.

Der Tractus iliotibialis sichert das Kniegelenk, dem eine Knochensicherung fast völlig fehlt, und erhöht die Belastbarkeit des Femurs, da er die bei Belastung lateral am Femurschaft auftretende Zugspannung herabsetzt (Zuggurtung ► S. 159).

Hiatus saphenus. In der Fascia lata liegt knapp unterhalb des Leistenbandes eine große Öffnung für V. saphena magna, Lymphgefäße und kleine Nerven. Der laterale Rand des Hiatus ist durch Kollagenfaserzüge scharf begrenzt (*Margo falciformis*). An der Oberfläche ist der Hiatus saphenus durch eine dünne durchlöcherte Bindegewebsplatte (*Fascia cribrosa*) verschlossen.

 **In Kürze**

Das Kniegelenk ist das größte und störanfälligste Gelenk des Körpers. Es ist vor allem durch Kreuzbänder (Ligg. cruciata anterius et posterius) und Kollateralbänder (Ligg. collateralia tibiale et fibulare), aber auch durch die Sehnen der Oberschenkelmuskulatur gesichert. Alle sind bei gestrecktem Knie, also beim Stehen, gespannt. Die Sicherung lässt bei Beugung nach. Neben Beugung und Streckung sind weitere Bewegungen möglich: begrenzte Außenrotation, stark eingeschränkte Innenrotation, aber keine Ab- und Adduktion.

Bei den Bewegungen im Kniegelenk finden Roll-Gleit-Bewegungen zwischen den artikulierenden Gelenkflächen von Femur und Tibia statt. Dabei bewegen sich auch die Menisken, vor allem der laterale.

Bei Beugung haben die Kreuzbänder die Tendenz sich abzuwickeln. Da dann nur der hintere Teil des medialen Kreuzbandes gespannt ist, ist eine begrenzte Außenrotation möglich. Gefährlich ist gewaltsame Innenrotation, da es zu Verletzungen des medialen Meniskus kommen kann. Bei Streckung im Kniegelenk erfolgt eine Schlussrotation.

Das Kniegelenk hat Recessus und in seiner Umgebung zahlreiche Schleimbeutel. Beim Kniegelenkerguss kann die Patella durch Druck auf den Recessus (Bursa) suprapatellaris zum »Tanzen« gebracht werden.

Von der Oberschenkelmuskulatur wirken die vordere Gruppe streckend, die hintere, ischiokrurale Muskelgruppe beugend auf das Kniegelenk. Bei gebeugtem Knie rotieren die medial an der Tibia ansetzenden Beuger nach innen, die lateral ansetzenden nach außen.

12.3.4 Unterschenkel und Fuß

Kernaussagen

- **Unterschenkel und Fuß sind durch das obere Sprunggelenk miteinander verbunden. Es dient beim Laufen dem Abrollen des Fußes.**
- **Im unteren Sprunggelenk erfolgen Supination (Heben des medialen Fußrandes) und Pronation des Fußes (Heben des lateralen Fußrandes).**
- **Die Zehengrundgelenke sind Kugelgelenke mit eingeschränkter Beweglichkeit; es überwiegt die Dorsalextension. Die übrigen Zehengelenke sind Scharniergelenke, vor allem für die Plantarflexion.**
- **Die Unterschenkelmuskeln bilden Gruppen: ventrolateral Extensoren, lateral Mm. fibulares, dorsal oberflächliche und tiefe Flexoren.**
- **Die Unterschenkelmuskeln passen den Fuß zusammen mit den Fußmuskeln beim Stehen und Gehen den jeweiligen Anforderungen sowie den Unebenheiten des Bodens an.**
- **Die Gewölbekonstruktion des Fußes wird durch Bänder (in drei Schichten) und Muskeln (in vier Schichten, ergänzt durch Sehnen der Flexoren des Unterschenkels) aufrechterhalten.**

Das **Profil des Unterschenkels** wird durch die exzentrische Lage von Tibia und Fibula sowie dadurch bestimmt, dass viele Sehnen der Unterschenkelmuskulatur weit proximal beginnen. Dadurch sind die Schienbeinkante (Margo anterior tibiae) und die Facies medialis tibiae auf ganzer Länge tastbar und die Muskelbäuche, insbesondere die des mächtigen M. gastrocnemius, lassen die Wade (**Sura**) entstehen. Sie macht einen Teil der *Regio cruris posterior* aus. Gemeinsam setzt sich diese mit der *Regio cruris anterior* in die *Regiones malleolaris lateralis et medialis* fort, die gekennzeichnet sind durch **Malleolus lateralis** und **Malleolus medialis**, Hypomochlia für Unterschenkelmuskeln.

Das **Profil des Fußes** zeigt auf der Dorsalseite (*Dorsum pedis*) über den distalen Fußwurzel- und den Mittelfußknochen die Sehnen der Zehenstrecker. Medialer und lateraler Fußrand leiten zur **Planta pedis** (Fußsohle) über, das unterpolstert von Fettgewebe und Fußmuskulatur das **Längs- und Quergewölbe** erkennen lässt. Aufgesetzt wird der Fuß beim Stehen und Gehen auf die Ferse (*Regio calcanea*) und die beiden Metatarsalköpfchen I und V. Von den Zehen (*Digiti pedis*) ragt bei erhaltenen Fußgewölben der zweite am weitesten vor.

Gelenke

Zu besprechen sind:
- **Gelenke des Unterschenkels**
- **Fußgelenke** (*Articulationes pedis*)
  - im Bereich der Fußwurzel
  - im Bereich des Mittelfußes
- **Zehengelenke**

Gelenke des Unterschenkels

Wichtig

Schien- und Wadenbein sind durch eine proximale Amphiarthrose, eine Membrana interossea und eine distale Syndesmose unbeweglich miteinander verbunden.

Die **Articulatio tibiofibularis** ist eine Amphiarthrose zwischen Condylus lateralis tibiae und Caput fibulae. Die straffe Gelenkkapsel wird durch *Ligg. capitis fibulae anterius et posterius* verstärkt.

Die **Membrana interossea cruris** ist eine straffe bindegewebige Verbindung zwischen den Margines interossei beider Unterschenkelknochen. Proximal und distal bestehen Lücken für Blutgefäße.

Die **Syndesmosis tibiofibularis** wird durch *Ligg. tibiofibularia anterius et posterius* verstärkt und fixiert die Malleolengabel.

Malleolengabel. Ihre Gelenkflächen bilden die Pfanne des oberen Sprunggelenks. Sie bestehen aus *Facies articularis medialis malleoli, Facies articularis inferior tibiae* und *Facies articularis malleoli fibulae.*

Fußgelenke

Wichtig

Die Beweglichkeit des Fußes wird durch das obere und untere Sprunggelenk ermöglicht. Bei den übrigen Fußgelenken handelt es sich um straffe, durch zahlreiche Bänder gesicherte Gelenke (Articulationes pedis), die den Fuß zu einer Einheit zusammenfügen.

Oberes Sprunggelenk (*Articulatio talocruralis*). Es dient dem Heben und Senken der Fußspitze (Dorsalextension 20°–30°), Plantarflexion (30°–50°) bzw. dem Abrollen des Fußes beim Laufen. Es handelt sich um ein Scharniergelenk mit einem Freiheitsgrad.

Im oberen Sprunggelenk artikulieren die Rolle des Talus und die Gelenkflächen der Malleolengabel, die von beiden Seiten und von oben die Trochlea tali umfasst. Die Gelenkachse verläuft quer durch Malleolengabel und Sprungbeinrolle. Besonders fest ist der Gelenkschluss bei maximaler Dorsalextension, weil die Trochlea tali vorne breiter ist als hinten und in die Gabel hineingepresst wird.

Gelenkkapsel und Bänder (Abb. 12.58). Die Gelenkkapsel wird zur Sicherung der Gelenkführung durch kräftige Kollateralbänder verstärkt. Die Bänder verhindern u.a. beim Gehen den Rückschub der Tibia gegen den Talus. Außerdem verhüten sie ein seitliches Verkanten des Fußes. Es handelt sich um:

- **Lig. collaterale mediale** (*deltoideum*): vom Innenknöchel aus strahlt es mit vier Anteilen fächerförmig zu Talus, Os naviculare und Kalkaneus: *Pars tibionavicularis, Partes tibiotalaris anterior et posterior, Pars tibiocalcanea zum Sustentaculum tali*
- **Lig. collaterale laterale** mit *Ligg. talofibulare anterius et posterius* und *Lig. calcaneofibulare*

Klinischer Hinweis
Beim Umknicken des Fußes nach medial oder lateral kann es zu Bänderrissen oder durch die Hebelwirkung zur Absprengung der Malleolen kommen. Hierbei ist wichtig, ob der Bruch oberhalb oder unterhalb der Syndesmosis tibiofibularis liegt.

Unteres Sprunggelenk (Abb. 12.42). Es besteht aus zwei durch das *Lig. talocalcaneum interosseum* (► unten) getrennten Anteilen, die jedoch funktionell miteinander gekoppelt sind:

- **Articulatio subtalaris** (hintere Kammer)
- **Articulatio talocalcaneonavicularis** (vordere Kammer); wichtigster Bestandteil ist das **Lig. calcaneonaviculare plantare** (*Pfannenband*)

Im unteren Sprunggelenk kann der Fuß proniert und supiniert werden. Die **Pronation** (Heben des lateralen Fußrandes) ist mit einer Abduktion des Fußes, die **Supination** (Heben des medialen Fußrandes) mit einer Adduktion verbunden. An diesen Bewegungen sind in

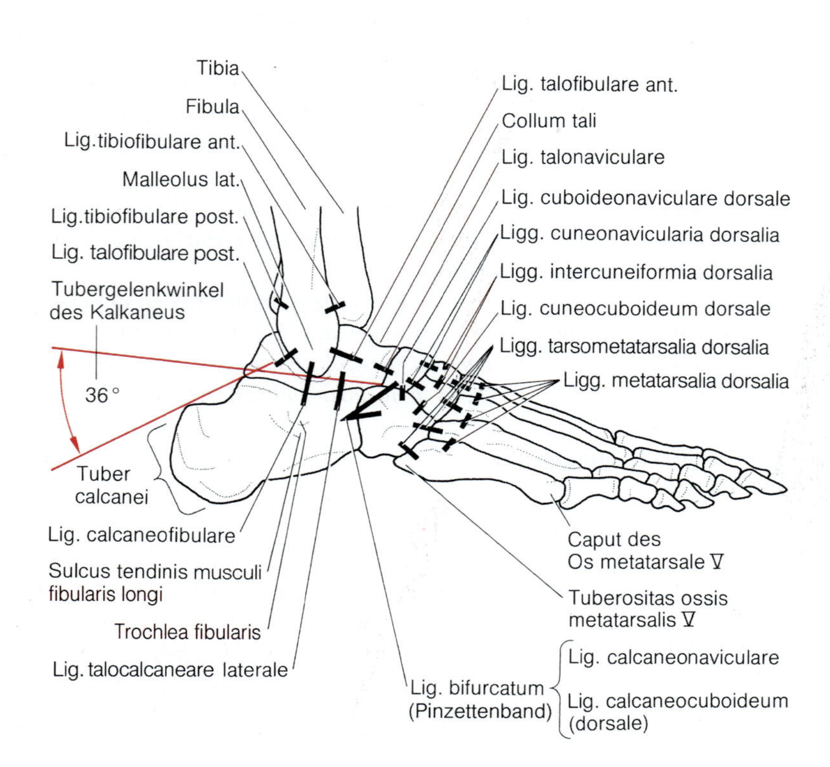

Abb. 12.58. Bänder der Fußgelenke. Ansicht von lateral

unterschiedlichem Ausmaß auch die übrigen Fußgelenke (▶ unten) beteiligt.

Das untere Sprunggelenk wird als atypisches einachsiges Drehgelenk aufgefasst. Da sich seine Achse während der Bewegungen verändert, hat man sich vereinfachend auf eine mittlere Pro- und Supinationsachse geeinigt. Sie verläuft schräg von medial vorne oben (medioproximale Kante des Caput tali) nach lateral hinten unten (seitliche Fläche des Tuber calcanei ◘ Abb. 12.42).

Der Bewegungsumfang von Pronation und Supination des Fußes ist letztlich ein Summationseffekt. Er beträgt in Abhängigkeit von Alter und Übung für die Pronation bis zu 30°, für die Supination 50°–60° (Neutral-Null-Methode: Gesamtbewegungsumfang Pronation-Supination 30°–0°–60°).

Klinischer Hinweis

Der Gesamtbewegungsumfang kann aufgegliedert werden in
- Pronation-Supination des unteren Sprunggelenks selbst: 10°–0°–40°; zur Ermittlung wird bei festgehaltenem Unterschenkel das Fersenbein hin- und herbewegt.
- Pronation-Supination der Nebengelenke des Fußes: 20°–0°–40°; zu ermitteln durch Festhalten des Fersenbeins und Rotieren des Vorfußes.

Oberes und unteres Sprunggelenk sorgen gemeinsam für die Einstellung des Fußes beim Gehen in unwegsamem Gelände oder auf abschüssigem Untergrund sowie für das Ausbalancieren des Körpers, wenn der Fuß auf den Boden aufgesetzt ist. Dann resultiert als Kombination der Bewegungen in oberem und unterem Sprunggelenk eine *Zirkumduktion* des Fußes. Dabei beschreibt die Fußspitze eine kreis- bis ellipsenförmige Bahn (*Fußkreisen*).

Einzelheiten zum unteren Sprunggelenk

Articulatio subtalaris zwischen Facies articularis talaris posterior des Kalkaneus und Facies articularis calcanea posterior des Talus. Die Gelenkkapsel ist an den Rändern der Gelenkfläche befestigt und wird verstärkt durch:
- *Ligg. talocalcanea mediale et laterale*
- *Lig. talocalcaneum interosseum*; dieses kräftige, schräg gestellte Band befindet sich im Sinus und Canalis tarsi und trennt die beiden Kammern des unteren Sprunggelenks
- *Lig. calcaneofibulare*
- *Pars tibiocalcanea* als Teil des *Lig. collaterale mediale* (▶ unten); es sichert somit das obere sowie das untere Sprunggelenk (◘ Abb. 12.42).

Articulatio talocalcaneonavicularis (◘ Abb. 12.42) ist die vordere Kammer des unteren Sprunggelenks. Es verbindet den Talus sowie das Os naviculare mit dem Kalkaneus. Die Lücke zwischen Os naviculare und Kalkaneus füllt das *Lig. calcaneonaviculare plantare (Pfannenband)*.
- **Lig. calcaneonaviculare plantare** (◘ Abb. 12.59). *Es ist das wichtigste Band der Fußwurzelknochen*, weil es wesentlich zur Aufrechterhaltung des Fußlängsgewölbes beiträgt (▶ S. 561). Das Band zieht vom Sustentaculum tali des Kalkaneus und dem Corpus tali zur plantaren und medialen Fläche des Kahnbeins, wo es einen Teil der Gelenkpfanne für den Taluskopf bildet. Es verhindert, dass der Talus nach medial unten abgleitet. Beansprucht wird das Band beim Stehen und Abrollen des Fußes auf Zug und auch auf Druck von oben durch den Taluskopf. Unterfangen wird es von der Sehne des M. tibialis posterior (▶ unten).
- *Lig. talonaviculare.* Es verstärkt die Gelenkkapsel dorsal.

Weitere Fußwurzelgelenke. Alle Fußwurzelgelenke außer den Sprunggelenken sind Amphiarthrosen:
- **Articulatio calcaneocuboidea**
- **Articulatio tarsi transversa** (auch *Chopart-Gelenklinie*) (▶ S. 523)
- **Articulatio cuneonavicularis**
- **Articulatio cuneocuboidea**
- **Articulationes intercuneiformes**

Bänder dieser Gelenke sind in ◘ Abb. 12.58 dargestellt.

Hervorzuheben ist das **Lig. plantare longum** (◘ Abb. 12.59). Es ist die zweite große Stütze für die Aufrechterhaltung des Fußlängsgewölbes (▶ S. 524). Das Band zieht von der plantaren Fläche des Kalkaneus zur Tuberositas ossis cuboidei und zu den Basen der Ossa metatarsi II–V.

Gelenke der Mittelfußknochen. Der Mittelfuß ist durch straffe Gelenke in den Fuß eingebunden:
- **Articulationes tarsometatarsales**
- **Articulationes intermetatarsales**

Articulationes tarsometatarsales (Fußwurzelmittelfußgelenke). Sie sind durch straffe Bänder verstärkt (◘ Abb. 12.58). Nur die beiden lateralen Tarsometatarsalgelenke verfügen über eine geringfügige Beweglichkeit.

Klinischer Hinweis

Die Reihe der Gelenkspalten der Tarsometatarsalgelenke bildet die *Lisfranc-Gelenklinie*. Zum Aufsuchen dieser Linie orientiert man sich an der Tuberositas ossis metatarsalis V.

Articulationes intermetatarsales, Amphiarthrosen zwischen den Basen der 2.–5. Mittelfußknochen. Sie sind

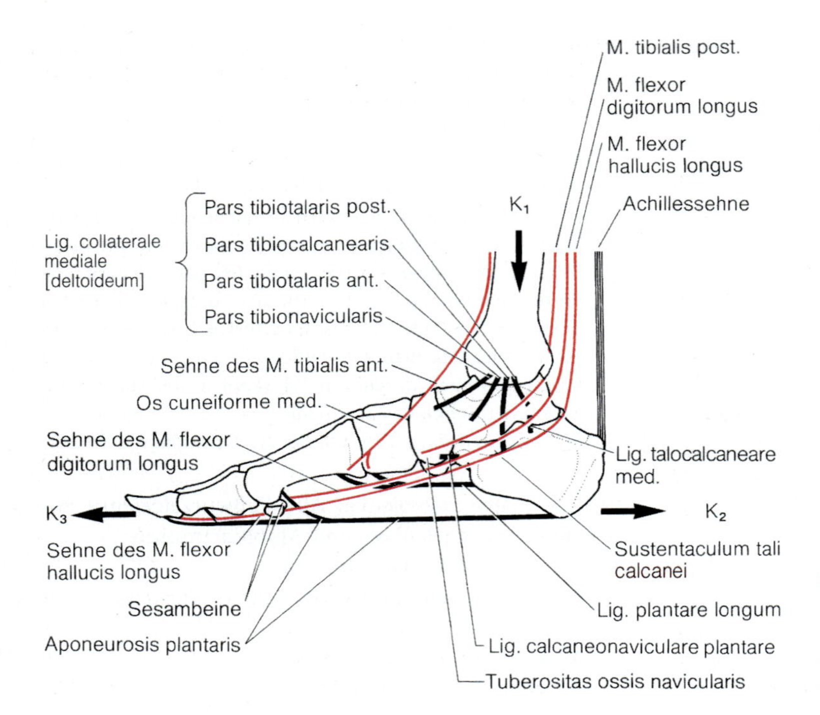

Abb. 12.59. Fuß, Ansicht von medial. Bänder und Muskeln (Endsehnen) sind Verspannungseinrichtung für den Fußlängsbogen. Die *Pfeile* markieren die auf den Fuß wirkenden Kräfte: K_1 als Druck-, K_2 und K_3 als Zugkräfte

gleichfalls durch straffe Bänder gesichert. Zwischen den Köpfen der Mittelfußknochen befindet sich das *Lig. metatarsale transversum profundum.*

Zehengelenke

Es handelt sich um Diarthrosen:
- **Articulationes metatarsophalangeae** (*Zehengrundgelenke*) zwischen Mittelfuß und Zehen
- **Articulationes interphalangeae pedis** zwischen Mittel- und Endgelenken der Zehen

Articulationes metatarsophalangeae. Die Zehengrundgelenke sind *Kugelgelenke*, deren Bewegungsspielraum durch konzentrisch angeordnete Kollateralbänder auf zwei Freiheitsgrade *eingeschränkt* ist. In den Zehengrundgelenken sind Plantarflexion und vor allem Dorsalextension, Abduktions- und Adduktionsbewegungen jedoch nur in geringem Ausmaß möglich. Unten verstärken die *Ligg. plantaria* die Gelenkkapsel. Am Großzehengrundgelenk sind in das Lig. plantare medial und lateral je ein *Sesambein* eingebaut, die mit dem Kopf des 1. Mittelfußknochens eigene Gelenke bilden.

Articulationes interphalangeae sind Scharniergelenke.

Klinischer Hinweis

Wenn der Kopf des 1. Mittelfußknochens und die Basis der Grundphalanx nach medial verlagert sind, liegt ein *Hallux valgus* vor. Die Abweichung wird durch Zug der Sehnen zur Großzehe verstärkt.

Bei der *Hammerzehe*, einer erworbenen Deformität, stehen das Zehengrundgelenk in Dorsalextension und das Endgelenk in fixierter Beugestellung.

Unterschenkelmuskulatur

Wichtig

Die Muskulatur des Unterschenkels wirkt auf die Sprunggelenke. Die Art der Wirkung hängt von ihrer Lage zu den Gelenkachsen ab.

Die Unterschenkelmuskulatur (Abb. 12.60) gliedert sich in
- **vordere Gruppe** (*Extensoren*)
- **hintere Gruppe** (*Flexoren*)
  - **oberflächliche Schicht**
  - **tiefe Schicht**
- **seitliche Gruppe** (*Fibularisgruppe*)

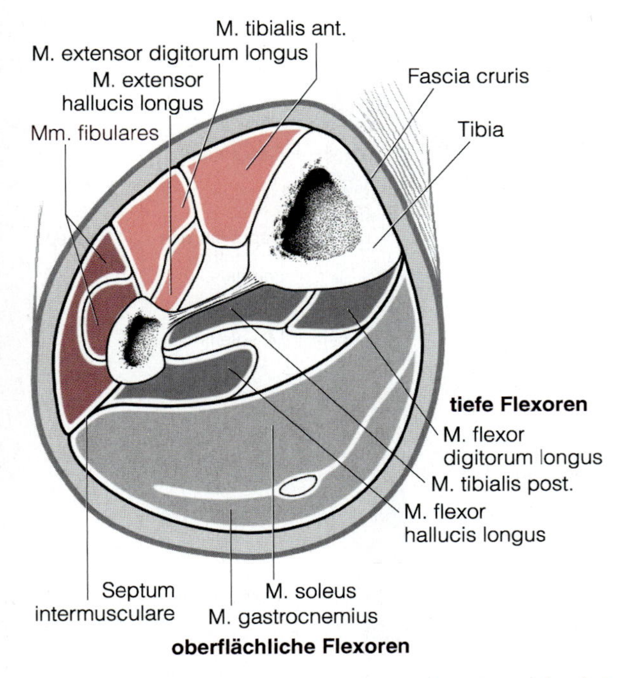

Abb. 12.60. Querschnitt durch den rechten Unterschenkel. Durch unterschiedliche Markierung sind zu unterscheiden: Extensoren, Fibularisgruppe, tiefe Flexoren, oberflächliche Flexoren

Zur Information

Genetisch gehört die Fibularisgruppe zu den Extensoren, wie die gemeinsame Innervation durch den N. fibularis (N. peroneus) erkennen lässt: Extensoren durch den N. fibularis profundus, Fibularisgruppe durch den N. fibularis superficialis. Die Flexoren versorgt der N. tibialis.

Die Muskelgruppen des Unterschenkels liegen jeweils in eigenen *Muskellogen*, die durch Septen getrennt werden (Abb. 12.60):
- **Septum intermusculare cruris anterius** zwischen Extensoren und Fibularisgruppe
- **Septum intermusculare cruris posterius** zwischen Fibularisgruppe und Flexoren
- **tiefes Blatt der Fascia cruris** als Abspaltung der Fascia cruris (► S. 556) zwischen oberflächlichen und tiefen Flexoren

Klinischer Hinweis

In den Faszienlogen können sich Entzündungen, Blutungen oder ödematöse Schwellungen ausbreiten (*Kompartment-Syndrom*). Durch erhöhten Druck in den Logen können Blutversorgung und Innervation der Muskulatur gestört werden, sodass es zu Muskelnekrosen kommt, insbesondere beim M. tibialis anterior (*Tibialis-anterior-Syndrom*).

Tabelle 12.24. Unterschenkelmuskeln: Extensorengruppe

Muskel	Ursprung	Ansatz	Funktion	Innervation
M. tibialis anterior	Condylus lateralis und Facies lateralis der Tibia, Membrana interossea cruris, Fascia cruris	mediale und plantare Fläche des Os cuneiforme mediale und Basis des Os metatarsale I	Dorsalextension, geringfügige Supination oder Pronation	N. fibularis profundus
M. extensor hallucis longus	Facies medialis der Fibula, Membrana interossea cruris	dorsal an der Basis der Phalanx distalis hallucis	Dorsalextension in oberem Sprunggelenk sowie Grund- und Endgelenken der Großzehe, geringe Pronationswirkung	N. fibularis profundus
M. extensor digitorum longus	Condylus lateralis der Tibia, Margo anterior der Fibula, Membrana interossea cruris, Fascia cruris	Dorsalaponeurose der 2.–5. Zehe	Dorsalextension im oberen Sprunggelenk sowie in den Gelenken der 2.–5. Zehe, Pronation	N. fibularis profundus
M. fibularis tertius (variabel)	Margo anterior der Fibula	Basis und seitliche Fläche des Os metatarsale V	Dorsalextension im oberen Sprunggelenk, Pronation	N. fibularis profundus

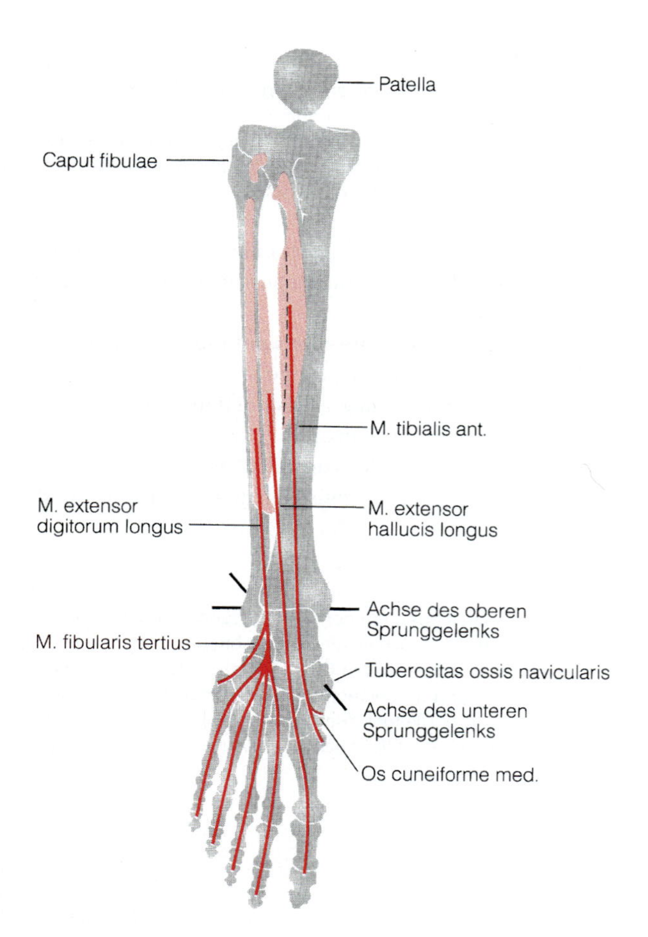

Abb. 12.61. Unterschenkelmuskulatur, Extensoren

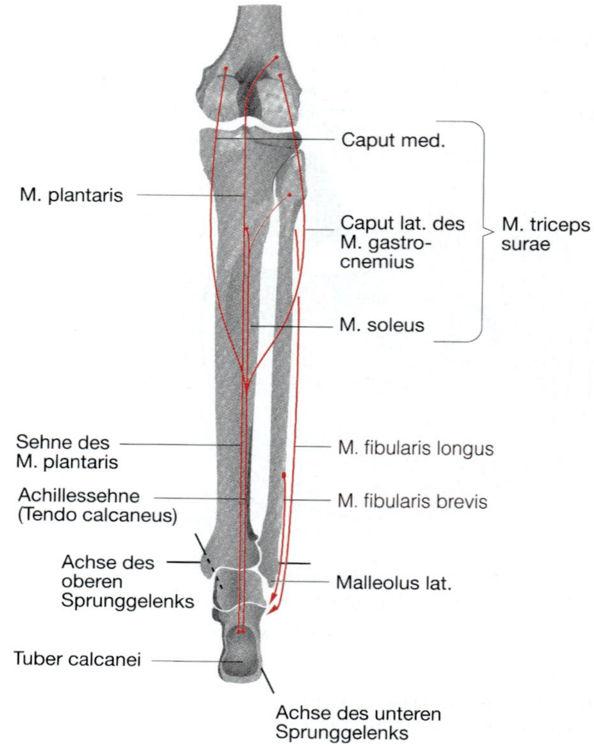

Abb. 12.62. Unterschenkelmuskulatur, oberflächliche Schicht der Flexoren und Mm. fibulares

Extensoren (vordere Muskelgruppe) (Tabelle 12.24, ► S. 554, Abb. 12.61):
- **M. tibialis anterior**
- **M. extensor hallucis longus**
- **M. extensor digitorum longus**
- **M. fibularis tertius**

Flexoren (hintere Muskelgruppe), oberflächliche Schicht (Tabelle 12.25, ► S. 554, Abb. 12.62):
- **M. triceps surae** mit seinen beiden Anteilen
  - **M. gastrocnemius**
  - **M. soleus**
- **M. plantaris**

Flexoren, tiefe Schicht (Tabelle 12.25, ► S. 554, Abb. 12.63):
- **M. flexor digitorum longus**
- **M. tibialis posterior**
- **M. flexor hallucis longus**
- **M. popliteus**

Fibularisgruppe (Tabelle 12.26, ► S. 555, Abb. 12.62):
- **M. fibularis longus** (M. peroneus longus)
- **M. fibularis brevis** (M. peroneus brevis)

Die Wirkung der Unterschenkelmuskeln auf die Sprunggelenke ist in Tabelle 12.27 zusammengestellt. Sie zeigt, dass Muskeln aus verschiedenen gegensätzlichen Gruppen auch synergistisch wirken können.

Verallgemeinernd gilt, dass die Muskeln der oberflächlichen und tiefen Beugergruppe des Unterschenkels *supinieren*, die Muskeln der Extensoren- und Fibularisgruppe **pronieren**. Der **M. tibialis anterior** nimmt eine Sonderstellung ein. In Abhängigkeit von der Stellung der unteren Sprunggelenke kann er *supinieren* oder *pronieren*.

Tabelle 12.25. Unterschenkelmuskeln; oberflächliche und tiefe Flexorengruppe

Muskel	Ursprung	Ansatz	Funktion	Innervation
oberflächeliche Flexoren				
M. gastrocnemius				
Caput mediale	oben medial vom Condylus medialis (femoris)	mit der Achillessehne am Tuber calcanei	Beugung im Kniegelenk, Plantarflexion im oberen Sprunggelenk, Supination im unteren Sprunggelenk	N. tibialis
Caput laterale	seitlich vom Condylus lateralis (femoris)	mit der Achillessehne am Tuber calcanei	Beugung im Kniegelenk, Plantarflexion im oberen Sprunggelenk, Supination im unteren Sprunggelenk	N. tibialis
M. soleus	Caput et Collum fibulae, Linea musculi solei tibiae	mit der Achillessehne am Tuber calcanei	Plantarflexion im oberen Sprunggelenk, Supination im unteren Sprunggelenk	N. tibialis
M. plantaris (inkonstant)	proximaler Bereich des Condylus lateralis (femoris)	medial am Tuber calcanei meistens zusammen mit der Achillessehne	Innenrotation und Beugung im Kniegelenk, Plantarflexion im oberen Sprunggelenk, Supination im unteren Sprunggelenk	N. tibialis
tiefe Flexoren				
M. flexor digitorum longus	Facies posterior der Tibia und mit einem Sehnenbogen von der Fibula	Basis der Endphalangen II–V	Plantarflexion im oberen Sprunggelenk, Supination im unteren Sprunggelenk, Verspannung des Fußlängsbogens, Beugung in den Zehengelenken 2–5	N. tibialis
M. tibialis posterior	Tibia, Fibula, Membrana interossea cruris	Tuberositas ossis navicularis, zusätzlich plantar an den Ossa cuneiformia und den Ossa metatarsalia II–III	Plantarflexion im oberen Sprunggelenk, Supination im unteren Sprunggelenk, Verspannung des Fußlängs- und Querbogens, Antivalguswirkung	N. tibialis
M. flexor hallucis longus	distale zwei Drittel der Facies posterior der Fibula, Membrana interossea cruris	Endphalanx der Großzehe, über abzweigende Faserbündel zu Sehnen des M. flexor digitorum longus an den Endphalangen der 2. und 3. Zehe	Plantarflexion im oberen Sprunggelenk, Supination im unteren Sprunggelenk, Verspannung des Fußlängsbogens, Beugung in den Großzehengelenken, zusätzlich Beugung der 2. und 3. Zehe	N. tibialis
M. popliteus	am Übergang des Condylus lateralis femoris und Hinterhorn des Außenmeniskus sowie der Kniegelenkkapsel	an der Tibia oberhalb der Linea musculi solei	Beugung und Innenrotation im Kniegelenk, verhindert die Einklemmung der Kniegelenkkapsel bei Beugung, zieht das Hinterhorn des Meniscus lateralis bei der Beugung im Kniegelenk nach hinten	N. tibialis

Tabelle 12.26 Unterschenkelmuskeln; Fibularsigruppe

Muskel	Ursprung	Ansatz	Funktion	Innervation
M. fibularis longus	oberes (und mittleres) Drittel der Seitenfläche der Fibula, Caput fibulae, Septum intermusculare anterius et posterius cruris, Fascia cruris	Os cuneiforme mediale, Basis des Os metatarsale I	Plantarflexion, Pronation, Verspannung des Fußlängs- und Querbogens	N. fibularis superficialis
M. fibularis brevis	mittleres und unteres Drittel (untere Hälfte) der seitlichen Fläche des Wadenbeins, Septum intermusculare anterius et posterius cruris	Tuberositas ossis metatarsalis V	Plantarflexion, Pronation	N. fibularis superficialis

Einzelheiten zu den Unterschenkelmuskeln

Extensoren

M. tibialis anterior (Abb. 12.60, 12.65, 12.66). Der Muskelbauch liegt lateral der vorderen Schienbeinkante und ist dort zu tasten. Der Muskel bewirkt im oberen Sprunggelenk, da er vor der Bewegungsachse liegt, eine Dorsalextension des Fußes, z. B. beim Laufen. Im unteren Sprunggelenk kann er, da seine Sehne fast in der Pro- und Supinationsachse verläuft, aus Supinationsstellung heraus pronieren, aus der Pronationsstellung heraus supinieren.

M. extensor hallucis longus. Sein Ursprung liegt in der Tiefe zwischen M. tibialis anterior und M. extensor digitorum longus.

M. extensor digitorum longus. Da die Sehnen der Zehenstrecker vor der Achse des oberen Sprunggelenks und seitlich oberhalb der Achse des unteren Sprunggelenks liegen, bewirken sie im oberen Sprunggelenk Dorsalextension, im unteren Sprunggelenk Pronation.

Anatomie am Lebenden. Von den Extensoren sind auf der Vorderseite des Unterschenkels der M. tibialis anterior sowie im Bereich des oberen Sprunggelenks die Sehnen von M. tibialis anterior, M. extensor hallucis longus und M. extensor digitorum bei Dorsalflexion des Fußes tastbar.

Flexoren, oberflächliche Schicht (Tabelle 12.25, Abb. 12.62)

M. triceps surae. Er besteht aus dem **M. gastrocnemius**, der zweiköpfig und zweigelenkig ist, und dem unter ihm gelegenen flachen **M. soleus.** Zwischen den beiden Ursprüngen des M. soleus befindet sich ein bogenförmiger Sehnenstreifen (**Arcus tendineus**) als Durchtrittsstelle für Leitungsbahnen. Die Endsehne des Trizeps surae ist die **Achillessehne (Tendo calcaneus)**, die am Tuber calcanei befestigt ist. Ihr Verlauf ist oberflächlich sichtbar.

Der M. triceps surae wirkt auf das obere Sprunggelenk als Plantarflektor, da er hinter der Bewegungsachse verläuft, und als Supinator auf das untere Sprunggelenk, da die Achillessehne medial von der Pro- und Supinationsachse ansetzt (Abb. 12.42). Auf der Seite des Standbeins verhindert er das Einknicken im oberen Sprunggelenk beim Gehen.

> **Klinischer Hinweis**
> Plötzliche maximale Anspannung des M. triceps surae kann zu einem Riss der Achillessehne etwa 3–5 cm oberhalb ihrer Befestigung am Tuber calcanei führen. Degenerative Vorschädigungen der Sehne sind fast immer vorhanden.

Flexoren, tiefe Schicht (Tabelle 12.25, Abb. 12.63)

Ihre Sehnen verlaufen hinter der Bewegungsachse des oberen Sprunggelenks und medial der Pronations-/Supinationsachse des unteren Sprunggelenks (Abb. 12.65). Hieraus erklären sich ihre Funktionen (Tabelle 12.25). Außerdem tragen sie zur Verspannung des Fußlängsgewölbes (▶ unten) bei.

M. flexor digitorum longus. An seinem Ursprung (Abb. 12.40 b) bildet er eine kleine *Sehnenarkade*, unter der der N. tibialis verläuft. Seine Sehne überkreuzt (Ansicht von dorsal) am Unterschenkel die des M. tibialis posterior im **Chiasma crurale** (Abb. 12.63), auf der plantaren Seite des Fußes die des M. flexor hallucis longus (**Chiasma plantare**) (▶ S. 558). Seine vier Endsehnen durchdringen im Bereich der Zehen in Schlitzen die der Mm. flexores digitorum breves.

M. tibialis posterior (Abb. 12.63). Im proximalen und mittleren Drittel des Unterschenkels liegt er zwischen M. flexor digitorum longus und M. flexor hallucis longus. Dann gelangt seine Sehne um den medialen Knöchel herum auf die Planta pedis. Dort unterfängt sie das Lig. calcaneonaviculare plantare (▶ oben) und trägt dadurch dazu bei, das *Fußlängsgewölbe zu stabilisieren.*

M. flexor hallucis longus. Innerhalb der tiefen Flexorengruppe liegt er am weitesten lateral, gelangt aber im weiteren Verlauf ganz nach medial. Auf die Plantarseite des Fußes zieht er im Sulcus tendinis musculi flexoris hallucis longi des Sus-

Tabelle 12.27. Wirkung der wichtigsten Muskeln auf die Sprunggelenke

Bewegung	Muskel
oberes Sprunggelenk	
Plantarflexion	M. gastrocnemius M. soleus M. flexor hallucis longus M. tibialis posterior M. flexor digitorum longus M. fibularis longus M. fibularis brevis
Dorsalextension	M. tibialis anterior M. extensor digitorum longus M. extensor hallucis longus M. fibularis tertius
unteres Sprunggelenk	
Supination	M. gastrocnemius M. soleus M. tibialis posterior M. tibialis anterior M. flexor digitorum longus M. flexor hallucis longus
Pronation	M. fibularis longus M. fibularis brevis M. extensor digitorum longus M. fibularis tertius M. tibialis anterior* M. extensor hallucis longus

* M. tibialis anterior kann in Abhängigkeit von der Stellung supinieren und pronieren; in Normalstellung überwiegt seine Supinationswirkung

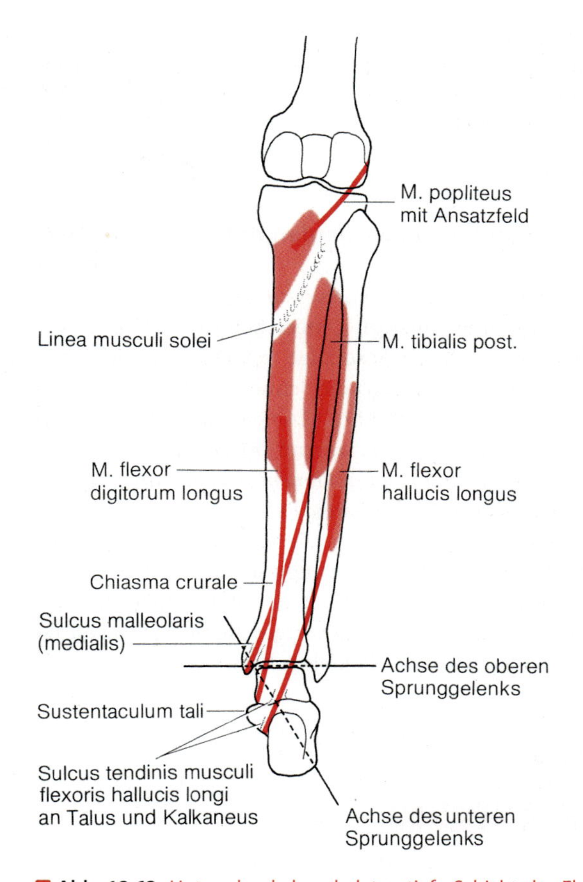

Abb. 12.63. Unterschenkelmuskulatur, tiefe Schicht der Flexoren

tentaculum tali und setzt sich zur Endphalanx der Großzehe fort. Der Muskel trägt zur Aufrechterhaltung des *Fußlängsbogens* bei und ist maßgeblich am *Abrollvorgang* beim Gehen (► S. 563) beteiligt.

M. popliteus. Er liegt in der Tiefe der Kniekehle und wirkt nur leicht beugend auf das Kniegelenk.

Fibularisgruppe (Tabelle 12.26, Abb. 12.62). Die beiden Muskeln dieser Gruppe liegen in der Wade lateral und verlaufen zunächst gemeinsam um das distale Ende des Malleolus lateralis herum. Dann trennen sie sich an der Seite des Kalkaneus. Sie wirken *plantarflektierend*, weil sie hinter der transversalen Achse des oberen Sprunggelenks liegen, und *pronierend*, weil sie vor der Pro- und Supinationsachse des unteren Sprunggelenks verlaufen.

M. fibularis longus. Seine Sehne biegt um den seitlichen Fußrand nach medial (Abb. 12.65), läuft dann in einer Knochenrinne des Würfelbeins (Sulcus tendinis musculi fibularis longi) schräg durch die Tiefe der Fußsohle und erreicht den medialen Fußrand. Hier inseriert sie an der Basis von Os metatarsale I und Os cuneiforme mediale (Abb. 12.66). An der gleichen Stelle setzt der M. tibialis anterior an. Die Sehnen beider Muskeln bilden eine Art Steigbügel. Der M. fibularis longus trägt wesentlich zur *Verspannung der Querwölbung des Fußes* bei.

M. fibularis brevis. Er setzt am 5. Mittelfußknochen an der weit vorspringenden Tuberositas ossis metatarsi V an. Hierdurch verfügt er über ein günstiges Drehmoment für die Pronation.

Klinischer Hinweis
Bei einer Lähmung der Mm. fibulares überwiegen die Supinatoren, außerdem fällt die unterstützende Wirkung für das Fußgewölbe weg (vgl. hierzu Symptome der Fibularis-Lähmung ► S. 572).

Faszien und Sehnenscheiden des Unterschenkels

Fascia cruris. Sie ist die Fortsetzung der Fascia lata (► S. 546). Am Übergang von Unterschenkel zu Fuß ist die Fascia cruris durch Faserzüge verstärkt, unter denen in Gruppen aufgegliedert die Sehnen der Unterschenkelmuskeln verlaufen (Abb. 12.64): *Retinaculum musculorum extensorum superius* und *inferius* für die Extensoren, *Retinaculum musculorum fibularium superius* und *inferius* für die Fibulares, *Retinaculum musculorum flexorum* für die Flexoren. Die Retinacula fixieren die Sehnen im Bereich der Sprunggelenke und verhindern eine Dislokation. Im Bereich der Retinacula sind die Sehnen durch *Sehnenscheiden* geschützt. Sie liegen jeweils nebeneinander (Sehnenfächer).

Fußmuskulatur

Wichtig

Die Fußmuskeln dienen den Zehenbewegungen, die der Fußsohle haben darüber hinaus Haltefunktionen.

Am Fuß lassen sich unterscheiden:
- **Muskeln des Fußrückens** (schwächer)
- **Muskeln der Fußsohle** (sehr kräftig)

Muskeln und Sehnen des Fußrückens (*Extensoren*) (Abb. 12.65 , Tabelle 12.28)
- **M. extensor hallucis brevis**
- **M. extensor digitorum brevis**

Muskeln der Fußsohle. Gemeinsam mit Bändern und Sehnen der Flexoren des Unterschenkels verspannen sie den Längs- und Querbogen des Fußes. Bei Belastung erhöhen sie ihren Tonus und verhindern dadurch die Abflachung des Fußgewölbes.

Einzelheiten zu den Muskeln der Fußsohle
Die Muskeln der Fußsohle bilden drei Gruppen und vier Schichten:

Mediale Gruppe (*Muskeln der Großzehe*) (Tabelle 12.29)
- **M. abductor hallucis**
- **M. flexor hallucis brevis**; nach gemeinsamem Ursprung gespalten in:
  - *Caput mediale*
  - *Caput laterale*
- **M. adductor hallucis;** zwei Ursprünge:
  - *Caput obliquum*
  - *Caput transversum*

Mittlere Gruppe (Tabelle 12.30)
- **M. flexor digitorum brevis** (M. perforatus); er wird von der Sehne des langen Beugers durchbohrt
- **M. quadratus plantae**; er korrigiert die Zugrichtung der Sehne des langen Zehenbeugers
- **Mm. lumbricales** (4 Muskeln)

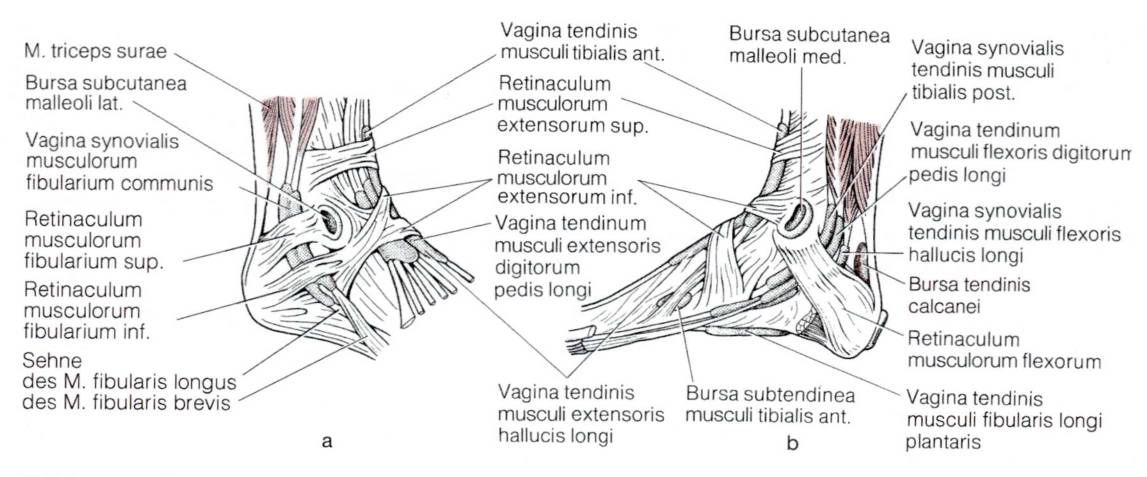

Abb. 12.64 a, b. Retinacula und Sehnenscheiden im Bereich der Sprunggelenke. **a** Ansicht von lateral, **b** Ansicht von medial

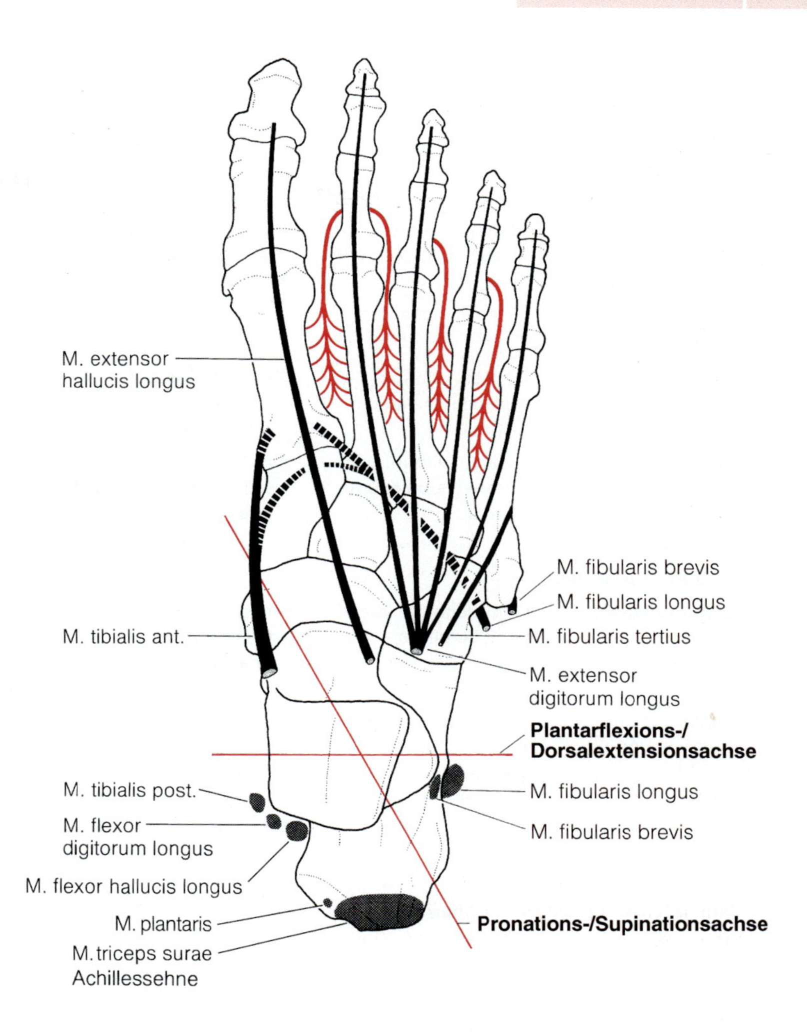

Abb. 12.65. Fuß mit Sehnen, dorsal. *Rot* eingezeichnet sind die Mm. interossei dorsales

Tabelle 12.28. Muskeln des Fußrückens

Muskel	Ursprung	Ansatz	Funktion	Innervation
M. extensor hallucis brevis	dorsale Fläche des Kalkaneus, Lig. talocalcaneum interosseum	Grundphalanx der Großzehe	Dorsalextension im Großzehengrundgelenk	N. fibularis profundus
M. extensor digitorum brevis	dorsale Fläche des Kalkaneus	Dorsalaponeurose der 2.–4. Zehe	Dorsalextension der 2.–4. Zehe	N. fibularis profundus

Tabelle 12.29. Muskeln der Fußsohle, mediale Gruppe

Muskel	Ursprung	Ansatz	Funktion	Innervation
M. abductor hallucis	Processus medialis tuberis calcanei, Aponeurosis plantaris	mediales Sesambein, Gelenkkapsel des Großzehengrundgelenks, Grundphalanx I	Plantarflexion und Abduktion im Großzehengrundgelenk, Verspannung des medialen Fußlängsbogens	N. plantaris medialis
M. flexor hallucis brevis				
Caput mediale	Ossa cuneiformia, Lig. calcaneocuboideum plantare	über das mediale Sesambein an der Grundphalanx der Großzehe	Beugung im Großzehengrundgelenk	N. plantaris medialis
Caput laterale	Ossa cuneiformia, Lig. calcaneocuboideum plantare	über das laterale Sesambein an der Grundphalanx der Großzehe	Beugung im Großzehengrundgelenk	N. plantaris lateralis
M. adductor hallucis				
Caput obliquum	Os cuneiforme laterale, Os cuboideum, plantare Bänder	laterales Sesambein, Großzehengrundphalanx	Adduktion und Beugung im Großzehengrundgelenk, verspannt den Fußlängsbogen	N. plantaris lateralis
Caput transversum	Gelenkkapseln des 2.–5. Zehengrundgelenks. Lig. metatarsale transversum profundum	laterales Sesambein und Großzehengrundphalanx	Adduktion im Großzehengrundgelenk, verspannt den Fußquerbogen	N. plantaris lateralis

- **Mm. interossei plantares** (3 Muskeln)
- **Mm. interossei dorsales** (4 Muskeln, Abb. 12.65)

Laterale Gruppe (*Muskeln der Kleinzehe*) (Tabelle 12.30)

- **M. abductor digiti minimi**
- **M. flexor digiti minimi brevis**
- **M. opponens digiti minimi** (inkonstant)

Schichten:

- **oberflächliche (1.) Schicht:** M. abductor hallucis, M. flexor digitorum brevis und M. abductor digiti minimi
- **2. Schicht:** Sehne des M. flexor hallucis longus, die von der Sehne des M. flexor digitorum longus mit den Mm. lumbricales und M. quadratus plantae überkreuzt wird: **Chiasma plantare** (Abb. 12.66)
- **3. Schicht:** M. flexor hallucis brevis, M. adductor hallucis, M. flexor digiti minimi brevis und M. opponens digiti minimi
- **4. Schicht:** Mm. interossei plantares et dorsales, Sehnen des M. tibialis posterior und M. fibularis longus; im Hinterfuß kommen dazu Lig. plantare longum und darunter das Lig. calcaneocuboideum plantare und Lig. calcaneonaviculare plantare

Faszien und Sehnenscheiden des Fußes

Die Faszien des Fußes sind die Fortsetzung der Unterschenkelfaszie. Sie bestehen aus einem dorsalen über dem Fußrücken gelegenen Blatt (*Fascia dorsalis pedis*) und einem plantaren an der Fußsohle gelegenen Blatt. Im dorsalen ist der distale Anteil des *Retinaculum musculorum extensorum* eingefügt. Das plantare Blatt wird zur *Aponeurosis plantaris* verstärkt.

Aponeurosis plantaris (Plantaraponeurose) (Abb. 12.43 b, 12.59). Es handelt sich um eine derbe Bindegewebsplatte, die am Kalkaneus und distal mit fünf Zipfeln an den Kapseln der Zehengrundgelenke I–V befestigt ist.

Wichtig

Die Aponeurosis plantaris ist das oberflächlichste der drei großen Bänder, die das Fußgewölbe halten. Es folgen in der Tiefe das Lig. plantare longum und das Lig. calcaneonaviculare.

Tabelle 12.30. Muskeln der Fußsohle, mittlere und laterale Gruppe

Muskel	Ursprung	Ansatz	Funktion	Innervation
mittlere Gruppe				
M. flexor digitorum brevis	Tuber calcanei, proximal an der Aponeurosis plantaris	plantare Basis der Mittelphalanx der 2.–5. Zehe	Plantarflexion in den Grund- und Mittelgelenken der 2.–5. Zehe, Verspannung des Fußlängsbogens	N. plantaris medialis
M. quadratus plantae	Kalkaneus, Lig. plantare longum	seitlich an der Sehne des M. flexor digitorum longus	Spannung der Sehne des M. flexor digitorum longus	N. plantaris lateralis
Mm. lumbricales (vier Muskeln)	Sehnen des M. flexor digitorum longus, M. lumbricalis I einköpfig, II–IV zweiköpfig	ziehen von medial her zur medialen Fläche der Grundphalangen II–V bzw. zur Dorsalaponeurose der 2.–5. Zehe	Beugung im Grundgelenk der 2.–5. Zehe bzw. Streckung im Mittel- und Endgelenk der 2.–5. Zehe, Medialadduktion der 2.–5. Zehe	I u. II vom N. plantaris medialis, III u. IV vom N. plantaris lateralis
Mm. interossei plantares (drei Muskeln, einköpfig)	medioplantare Fläche des 3.–5. Mittelfußknochens, Lig. plantare longum	mediale Fläche der Grundphalangen III–V bzw. Dorsalaponeurosen III–V	Beugung im Grundgelenk der 3.–5. Zehe bzw. Streckung im Mittel- und Endgelenk der 3.–5. Zehe, Medialadduktion im Grundgelenk der 3.–5. Zehe	N. plantaris lateralis
Mm. interossei dorsales (vier Muskeln, zweiköpfig)	einander zugekehrte Flächen der Ossa metatarsalia I–V	I: medial an der Grundphalanx bzw. Dorsalaponeurose der 2. Zehe, II, III und IV: lat. an der Grundphalanx bzw. Dorsalaponeurose der 2., 3. und 4. Zehe	Beugung im Grundgelenk sowie Streckung im Mittel- und Endgelenk der 2.–4. Zehe, je nach Verlauf Lateralabduktion (II, III u. IV) oder Medialadduktion (I)	N. plantaris lateralis
laterale Gruppe				
M. abductor digiti minimi	Processus lateralis tuberis calcanei, Plantaraponeurose	Tuberositas ossis metatarsalis V, Grundphalanx der Kleinzehe	Beugung und Abduktion im Grundgelenk der Kleinzehe, Verspannung des Fußlängsbogens	N. plantaris lateralis
M. flexor digiti minimi brevis	Basis des Os metatarsale V, Lig. plantare longum	plantare Basis der Grundphalanx der Kleinzehe	Beugung im Grundgelenk der Kleinzehe, Verspannung des Fußlängsbogens	N. plantaris lateralis
M. opponens digiti minimi (inkonstant)	Lig. plantare longum, am Ursprung mit dem Vorigen verwachsen	plantare und seitliche Fläche des Os metatarsale V	Verspannung des Fußlängsbogens	N. plantaris lateralis

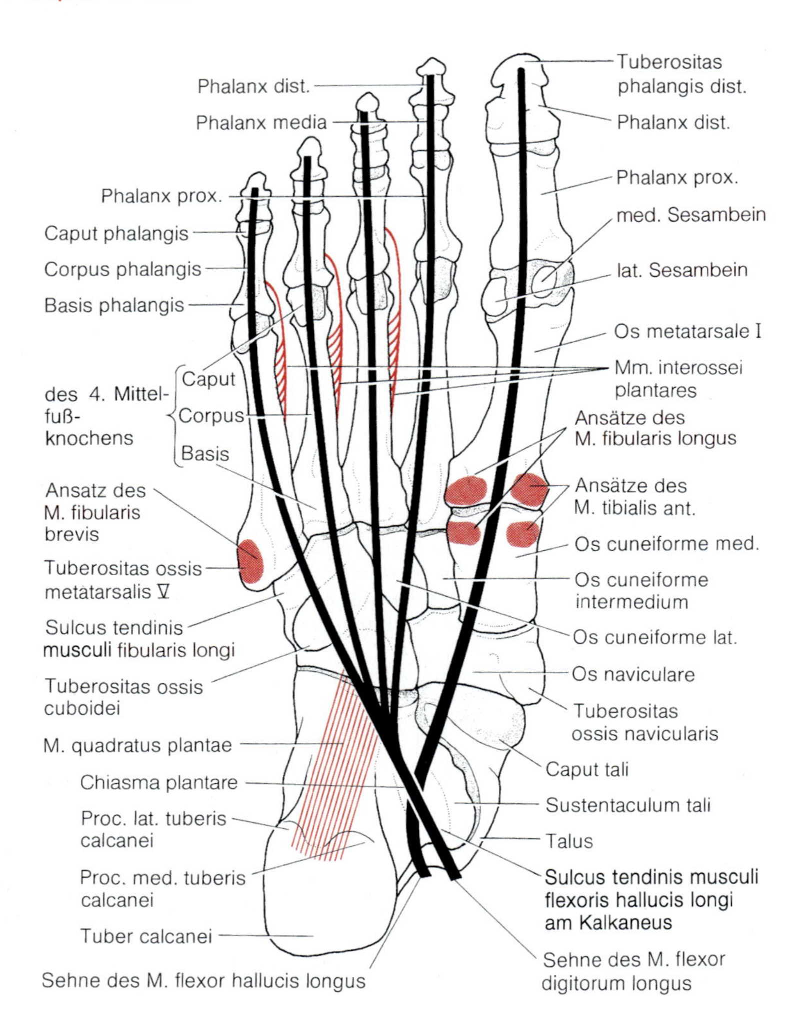

Abb. 12.66. Fuß, plantar mit Sehnen (*schwarz*) und Insertionsstellen (*rot*). Zu beachten ist das Chiasma plantare

Von der Plantaraponeurose strahlen *Retinacula cutis* in das Corium ein. Sie verhindern Verschiebungen zwischen Haut und Aponeurose beim Gehen. Zwischen den Retinacula liegt Fettgewebe, das als viskoelastisches Druckpolster beim Abrollen des Fußes wirkt. Von der Bindegewebsplatte senken sich Bindegewebssepten (Septa plantaria mediale et laterale) in die Tiefe bis zu den Skeletteilen ein, heften sich dort an und grenzen getrennte Räume (Muskellogen) für die drei Muskelgruppen ab.

Sehnenscheiden auf der Planta pedis. Die langen Sehnen des M. flexor hallucis longus und M. flexor digitorum longus verlaufen im Bereich des Chiasma plantare und distal im Bereich ihrer digitalen Abschnitte in Sehnenscheiden. Im Zehenbereich liegen die Endsehnen des M. flexor digitorum longus in einer gemeinsamen Sehnenscheide mit den Endsehnen des M. flexor digitorum brevis. Eine eigene Sehnenscheide umhüllt die Endsehne des M.fibularis longus.

Fuß als Ganzes

Während der Evolution ist der Greiffuß zum Gehfuß geworden. Er besteht aus einer komplizierten federnd-dämpfend wirkenden Gewölbekonstruktion aus den Ossa tarsi und Ossa metatarsi mit ihren Knorpelüberzügen und Bändern. Die Kuppel bildet der Talus. Die Gewölbe bestehen aus einem Längsbogen und einem Querbogen, die von den straffen, in drei Etagen angeordneten Lig. calcaneonaviculare plantare, Lig. plantare longum und der Aponeurosis plantaris getragen werden. Gemeinsam fangen Knochen und Bänder die Last des Körpers auf, die zunächst von der Tibia auf den Talus übertragen wird (Abb. 12.43). Von hier pflanzt sich die Last dann einerseits zum Kalkaneus (Tuber calcanei), andererseits über die tibiale Hauptstrecke, namentlich das mediale Längsgewölbe, und die fibulare Nebenstrecke, die beim Podogramm einen Abdruck hinterlässt, auf die Metatarsalköpfchen I und V fort. Zwischen diesen beiden Metatarsalköpfchen befindet sich das Quergewölbe des Fußes. Durch diese Lastverteilung stützt sich der Fuß beim Stehen auf nur drei Punkte, das Tuber calcanei und die zwei Metatarsalköpfchen. An allen drei Stützpunkten zeigt der Fuß dicke Druckpolster aus Baufett; es kann zu Schwielenbildung kommen.

Knochen und Bänder reichen jedoch nicht aus, die Gewölbekonstruktion aufrechtzuerhalten. Bänder geben nämlich bei Dauerbelastung nach. Wesentlich ist daher ein aktives Verspannungssystem, das aus langen und kurzen Fußmuskeln besteht. Sie wirken der Abflachung beider Bögen entgegen.

Beim **Längsbogen** werden wirksam:

- **passive Verspannung durch Bänder** (Abb. 12.59):
  - Lig. plantare longum
  - Lig. calcaneonaviculare plantare (Pfannenband)
  - Lig. calcaneocuboideum plantare
  - interossäre Bänder
- **aktive Verspannung durch Sehnen** (Abb. 12.59, 12.65, 12.66) von
  - M. flexor hallucis longus
  - M. flexor digitorum longus
  - M. tibialis posterior
  - kurzen Muskeln der Fußsohle
  - M. abductor hallucis

Der **Querbogen** wird verspannt durch die Sehne des M. fibularis longus, M. tibialis anterior (Abb. 12.44) und kurze Muskeln der Fußsohle (M. adductor hallucis, Mm. interossei), außerdem durch das Lig. metatarsale transversum profundum und durch andere plantare Bänder.

Klinischer Hinweis

Zu Fehlstellungen des Fußes kommt es, wenn sich die Verspannung durch erhöhte Belastung ändert, z.B. nach Lähmungen oder aus anderen Ursachen.

Pes calcaneus (Hackenfuß). Wenn die oberflächliche und tiefe Flexorengruppe des Unterschenkels ausfällt, überwiegen die Extensoren. Die Ferse ist nach unten, die Fußspitze nach oben gerichtet. Zehenstand ist nicht möglich.

Pes valgus (Knickfuß). Der Talus verschiebt sich gegen den Kalkaneus nach medial und das Fersenbein steht in Valgusstellung, übersteigerte Pronationsstellung. Beim Kind, das Laufen lernt, ist eine Valgusstellung physiologisch.

Pes equinus (Spitzfuß). Der Fuß steht in Plantarflexion und kann nicht in die Mittelstellung bewegt werden. Ursache ist oft eine spastische Lähmung des N. fibularis profundus (► dort).

Pes planus (Plattfuß). Der Fußlängsbogen flacht ab, weil die Bänder nachgeben oder der M. tibialis posterior gelähmt ist.

Pes planovalgus (Knick-Platt-Fuß). Er ist die Folge einer Kombination des Pes valgus mit einer Abflachung des Fußlängsbogens unter Belastung. Os naviculare und Taluskopf treten nach medial und plantar vor. Die Ferse ist nach außen geknickt.

Pes equinovarus (Klumpfuß). Der Fuß befindet sich in Varus-, d.h. in extremer Supinationsstellung, die seitliche Fußkante sieht nach unten, die mediale nach oben (Pes equinovarus excavatus et adductus). Ein Klumpfuß kann angeboren oder erworben sein.

Pes transversus (Spreizfuß). Der Querbogen des Fußgewölbes flacht sich ab. Dadurch vergrößern sich die Abstände zwischen den Mittelfußköpfen. Oft ist er mit einem Hallux valgus kombiniert.

Pes excavatus (Hohlfuß). Das Fußlängsgewölbe ist übermäßig hoch.

In Kürze

Bewegungsmittelpunkt von Unterschenkel und Fuß sind die Sprunggelenke. Das obere Sprunggelenk befindet sich zwischen der Malleolengabel aus Tibia und Fibula und der Talusrolle, das untere Sprunggelenk zwischen Talus, Kalkaneus und Os naviculare. Beide Gelenke haben starke Bändersicherungen. Bewegt werden die Gelenke durch Unterschenkelmuskeln, die in Gruppen zusammenliegen: Extensoren ventrolateral, Fibularisgruppe lateral, Flexoren, oberflächliche und tiefe Schicht, dorsal. Jede Gruppe liegt in einer eigenen Faszienloge. Im oberen Sprunggelenk bewirken die Muskeln Plantarflexion bzw. Dorsalextension, im unteren Sprunggelenk in verschiedenen Kombinationen Supination und Pronation. Außerdem beugen und strecken die Unterschenkelmuskeln vermittels langer Sehnen die Zehen.

Der Aufrechterhaltung des Fußgewölbes dienen die in drei Schichten angeordneten Bänder Lig. calcaneonaviculare plantare, Lig. plantare longum, Aponeurosis plantare sowie drei in vier Schichten angeordnete Gruppen der Fußmuskeln. Durch die starke Belastung oder durch Ermüdung des Stützapparates des Fußes kann es zum Nachgeben der Fußgewölbe und zu Fehlstellungen kommen.

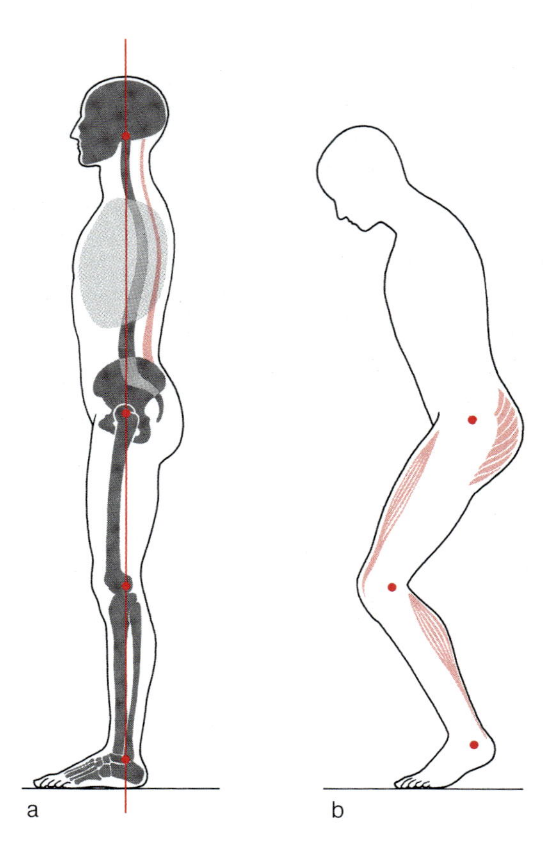

Abb. 12.67 a, b. Bedeutung der Muskulatur für Statik und Dynamik der unteren Extremität. **a** Normalstellung. **b** Muskelgruppen, die Vornüberkippen (M. gluteus maximus), Einknicken im Kniegelenk (Quadrizepsgruppe) und Einknicken im oberen Sprunggelenk (M. triceps surae) verhindern; rote Punkte: Oberflächenprojektion der queren Gelenkachsen

12.3.5 Stehen und Gehen

Kernaussagen

- **Beim Stehen in Normalstellung sind beide Beine gleichmäßig belastet.**
- **Bei entspannter Haltung ist der Körperschwerpunkt nach hinten, bei straffer Haltung nach vorne verlagert.**
- **Beim Gehen wechseln für jedes Bein Standphase und Schwungphase ab.**

12

Stehen, Normalstellung. Beide Beine sind gleichmäßig belastet. Ihre Bänder sind überall gespannt. Die Knie sind »durchgedrückt«. Das Körpergewicht wirkt als statische Kraft. Das Lot (»Traglinie«) durch den Schwerpunkt des Körpers schneidet die Mitte der transversalen Achse des Hüft-, Knie- und oberen Sprunggelenks. Gleichzeitig ist aber die Muskulatur entlastet. Sie ist nur mäßig gespannt (»amuskulärer Stand«). Jedoch ist sie bereit, bei geringster Änderung der Gleichgewichtslage regulierend einzuspringen, vor allem der M. gluteus maximus (Abb. 12.67).

Entspannte Haltung. Der Körperschwerpunkt ist nach hinten verlagert und der Beckengürtel etwas nach hinten gekippt. Das Lot durch den Körperschwerpunkt verläuft nun hinter der Transversalachse des Hüftgelenks. Die Muskulatur der unteren Extremität ist völlig entspannt. Sie ermüdet weniger als in anderen Körperhaltungen. Angespannt sind jedoch die Bänder, u.a. Lig. iliofemorale, Kollateral- und Kreuzbänder des Kniegelenks. Trotz der lässigen, bequemen Haltung hat der Körper jedoch hohe Standfestigkeit.

Straffe Haltung. Der Körperschwerpunkt ist jetzt nach vorne verlagert. Das Lot durch den Schwerpunkt verläuft vor der Transversalachse von Hüft- und Kniegelenk. Der M. gluteus maximus und die anderen im Hüftgelenk streckenden Muskeln, die oberflächlichen und die tiefen Flexoren des Unterschenkels sowie die Rückenmuskeln sind angespannt (»stramme Haltung«), um ein Vornüberfallen des Körpers zu verhindern.

Kontrapoststellung (*zwangloses Stehen*). Das Körpergewicht ist mehr oder weniger auf ein Bein verlagert (Standbein). Dort erhöht sich die Belastung in der Facies lunata des Hüftgelenks punktuell bis auf das 3fache des Körpergewichtes. Gleichzeitig kontrahiert auf der belasteten Seite die äußere Hüftmuskulatur reflektorisch

(Mm. glutei medius et minimus und M. tensor fasciae latae) und verhindert das Abkippen des Körpers zur Gegenseite (Spielbeinseite). Ferner ist auf der Seite des Standbeins das Kniegelenk maximal gestreckt; die Bänder sind gespannt; die Quadrizepsgruppe verhindert ein Einknicken.

Gehen. Beim Gehen wird abwechselnd jedes Bein einmal zum *Standbein*, einmal zum Spiel- oder *Schwungbein*. Dabei entsteht ein Schrittzyklus, der sich aus *zwei Standphasen* (des einen, dann des anderen Beins) und aus *zwei Schwungphasen* zusammensetzt (Abb. 12.68).

In der **Standphase** ist bzw. wird das Körpergewicht vollständig auf das *Standbein* verlagert (▶ oben). Dabei wird zur Wahrung des Gleichgewichts der Rumpf geringfügig zur Seite des Standbeins geneigt. Beim Übergang zur Spielbeinphase werden dann die Adduktoren tätig. Sie verhindern auf der Standbeinseite, dass das Bein zur Seite wegrutscht. Menschen mit einer Lähmung der Adduktoren gehen deshalb sehr unsicher.

In der **Schwungphase** wird das Spielbein nach vorne bewegt (M. iliopsoas, M. rectus femoris), die Fußspitze leicht gehoben (M. tibialis anterior) und das Kniegelenk etwas gebeugt, damit der Boden nicht gestreift wird (M. semitendinosus, M. semimembranosus, Caput longum des M. biceps). Das Spielbein sucht einen neuen Stand. Es setzt bei nun gestrecktem Knie (M. quadriceps femoris) und bei gehobener Fußspitze mit der Ferse auf – dies ist für das Hüftgelenk der Moment der größten Belastung – und wird zum Standbein. Ermüdet der M. tibialis anterior, z. B. nach langen Märschen, kommt es zu häufigem Stolpern, da die Fußspitze nicht mehr ausreichend gehoben wird. Während der Schwungphase wird der Schwerpunkt des Körpers nach vorne verlagert. Anschließend rollt der Fuß über den seitlichen Fußrand und über die große Zehe ab. Dabei wird das Einknicken im oberen Sprunggelenk durch den M. triceps surae verhindert, der mittels der Achillessehne an dem relativ langen Hebelarm des Kalkaneus ansetzt. Beim Abrollen leistet der kräftig ausgebildete M. flexor hallucis longus Widerstand und verhindert ein passives Überstrecken der großen Zehe.

Beim **schnellen Laufen** (*Rennen*) verändert sich der Bewegungsablauf dadurch, dass Phasen ohne Bodenberührung zwischengeschaltet sind.

Beim **Treppensteigen** oder beim **Aufstehen** aus dem Sitzen werden fast ausschließlich der M. iliopsoas, M. rectus femoris und der M. gluteus maximus eingesetzt, um die Körperlast in die Höhe zu stemmen. Menschen mit einer Lähmung dieser Muskeln sind ohne Zuhilfenahme der oberen Extremität dazu nicht mehr in der Lage.

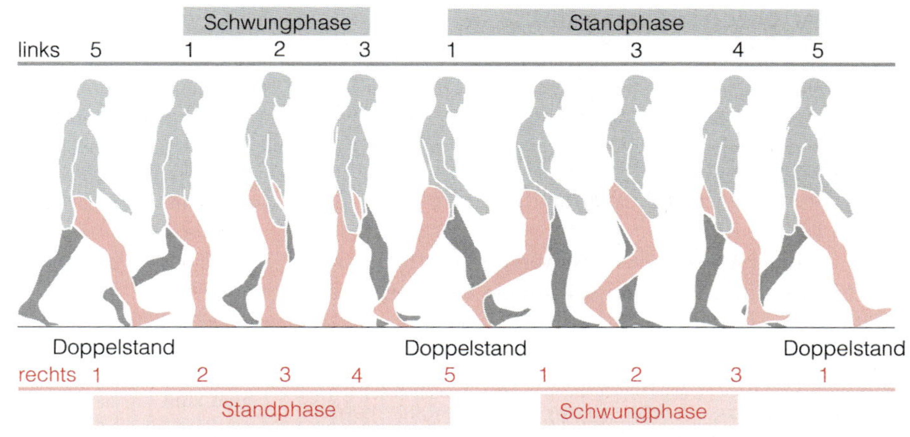

Abb. 12.68. Gehphasen für das rechte Bein

Zur Information

Menschen haben einen charakteristischen Gang. In nicht geringem Umfang ist dies wie die Körperhaltung Ausdruck von Persönlichkeit und Emotion, da jede Bewegung unwillkürliche, automatische und halbautomatische Komponenten hat. Dazu gehört auch die pendelnde Mitbewegung der Arme. Welch hoher Grad an Spezialisierung durch Übung erreicht werden kann, zeigen Tänzer und Akrobaten.

Klinischer Hinweis

Hinken, z.B. wegen einer Koxarthrose (▶ S. 529), dient der Herabsetzung der Gelenkbelastung auf der kranken Seite. Dazu wird das Hüftgelenk der kranken Seite unter den Schwerpunkt des Körpers gebracht, sodass sich das Becken beim Gehen zur kranken Seite neigt. Gleichzeitig kommt es im Knie zur X-Bein-Stellung.

In Kürze

Beim Stehen und Gehen ergänzen sich die Spannungen der Gelenkbänder und der Tonus der Muskulatur so, dass das Gleichgewicht des Körpers stets gesichert ist. In der Normalstellung und bei entspannter Haltung überwiegt die Spannung der Bänder, bei der Kontrapoststellung und beim Gehen kommt es vor allem auf das Zusammenwirken antagonistischer Muskelgruppen an, wobei beim Gehen beide Beine phasenhaft unterschiedlich belastet werden.

12.3.6 Leitungsbahnen der unteren Extremität

Angiologie: Arterienstämme – Pulsmann

Kernaussagen

- **Arteriell wird das Bein von A. femoralis mit ihren Ästen und A. obturatoria versorgt.**

A. femoralis + (Abb. 12.69). Sie versorgt das Bein sowie Hüft- und Genitalregion sowie tiefe Schichten der Gefäßregion.

Die A. femoralis ist die Fortsetzung der A. iliaca externa. Sie erreicht den Oberschenkel durch die *Lacuna vasorum* (▶ S. 575, Abb. 12.79). Anschließend läuft sie medial am Hüftgelenk vorbei in die *Fossa iliopectinea* (▶ S. 576). Hinter dem M. sartorius tritt sie in den *Adduktorenkanal* (▶ S. 577) ein und gelangt durch den *Hiatus adductorius* in die *Fossa poplitea*, wo das Gefäß als A. poplitea bezeichnet wird. – Die Taststelle für

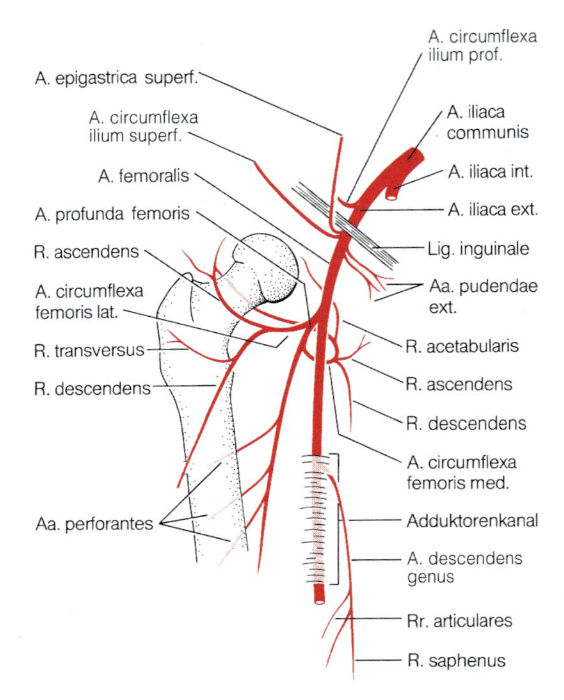

Abb. 12.69. A. femoralis mit Ästen. R. profundus der A. circumflexa femoris medialis, der in ihrer Fortsetzung hinter dem Schenkelhals verläuft, ist in der Abbildung nicht bezeichnet

den Puls der A. femoralis liegt unter der Mitte des Leistenbandes.

Äste der A. femoralis

Kleinere Äste zur Versorgung der Haut des Unterbauchs einschließlich der Leistenregion und des Skrotums bzw. der Labia majora: *A. epigastrica superficialis, A. circumflexa ilium superficialis, Aa. pudendae externae.*

A. profunda femoris + als stärkster Ast, entspringt 3–6 cm unterhalb des Leistenbandes, zieht nach laterodorsal zur Versorgung der Oberschenkelmuskulatur. Abgang und Verzweigungen sind variabel. Ihre Äste sind:

- *A. circumflexa femoris lateralis* zum Hüftgelenk einschließlich Caput femoris und zur Quadrizepsgruppe (*R. descendens*)
- *A. circumflexa femoris medialis*, die sich zunächst nach medial, dann nach dorsal wendet; von ihr zweigen (4) Äste zur Adduktorengruppe, zur ischiokruralen Muskulatur und zum Caput femoris ab; sie hat Anastomosen mit der *A. circumflexa femoris lateralis, mit Ästen der A. obturatoria* und der *A. perforans I*, dadurch entsteht ein Arteriennetz zur Versorgung von Femurkopf und Hüftgelenk
- drei bis fünf *Aa. perforantes*, die die Adduktoren durchdringen, sie versorgen und zu den dorsalen Oberschenkelmuskeln gelangen

Klinischer Hinweis

Nach intraartikulären Schenkelhalsfrakturen, bei denen die im Periost verlaufenden Gefäße durchtrennt wurden, oder nach Epiphysenlösung des koxalen Femurendes im Kindesalter kann es infolge mangelhafter Blutversorgung zur Nekrose des Femurkopfes kommen.

A. poplitea + (Abb. 12.70). Sie setzt die A. femoralis nach Durchtritt durch den Hiatus adductorius fort und verläuft in der Tiefe der Fossa poplitea (▶ S. 577) in unmittelbarer Nähe der Gelenkkapsel. Ihre Versorgungsgebiete sind das Kniegelenk und die umliegenden Muskeln. Vor allem liefert sie Zuflüsse zum **Rete articulare genus**, einem feinen arteriellen Gefäßnetz auf der Vorderseitedes Kniegelenks. Die Äste der A. poplitea sind *A. superior lateralis genus, A. superior medialis genus, A. media genus, A. inferior lateralis genus, A. inferior medialis genus.* Weitere Zuflüsse zum Rete articulare genus kommen aus A. femoralis, A. tibialis anterior und A. tibialis posterior.

Klinischer Hinweis

Trotz der zahlreichen Zuflüsse reicht das Rete articulare genus bei plötzlicher Unterbrechung der A. poplitea nicht aus, um als Kollateralkreislauf den Unterschenkel mit Blut zu versorgen. Deswegen darf die A. poplitea nicht unterbunden werden.

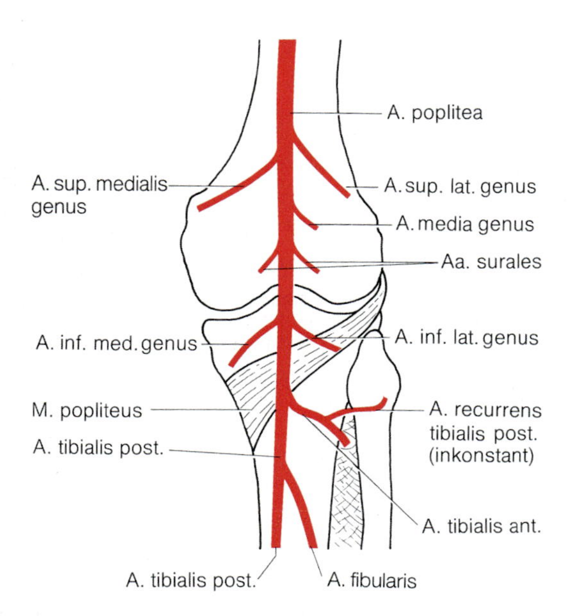

Abb. 12.70. A. poplitea mit Ästen

Am Unterrand des M. popliteus, meist oberhalb des Arcus tendineus musculi solei, setzt sich die A. poplitea durch Aufteilung fort in:
- **A. tibialis anterior**
- **A. tibialis posterior**, die etwas weiter distal
- **A. fibularis** als 3. großes Gefäß am Unterschenkel abgibt

A. tibialis anterior + (Abb. 12.71 a). Sie gelangt gemeinsam mit ihren beiden Begleitvenen durch eine proximal gelegene Öffnung der Membrana interossea cruris in die Extensorenloge, wo sie an der lateralen Seite des M. tibialis anterior verläuft. Sie versorgt die Extensoren am Unterschenkel, gibt proximal rückläufige Äste zum Rete articulare genus und distal Äste zu Gefäßnetzen am medialen und lateralen Knöchel ab.

Äste der A. tibialis anterior

A. dorsalis pedis+ (Abb. 12.71 a, 12.72 a). Sie ist die Fortsetzung der A. tibialis anterior auf den Fußrücken, wo sie *zwischen* der *Sehne des M. extensor hallucis longus* und *M. extensor digitorum longus* proximal zu tasten ist (*Arterienpuls*). Sie liegt subfaszial.

Über den Basen des 2.–5. Mittelfußknochens – unter den Sehnen der Zehenstrecker – bildet sie die bogenförmige **A. arcuata** für die *Aa. metatarsales dorsales* und deren Fortsetzung als *Aa. digitales dorsales*. Die Aa. metatarsales haben Äste, die als Rr. perforantes durch die Metatarsalräume auf die Plantarseite gelangen. Der stärkste Ast ist die *A. plantaris profunda* im 1. Metatarsalraum zum Arcus plantaris.

A. tibialis posterior + (Abb. 12.71 b). Sie gelangt in direkter Fortsetzung der A. poplitea durch den Arcus tendineus musculi solei zusammen mit den beiden Begleitvenen und dem N. tibialis in die tiefe Flexorenloge. Ihr *Puls* kann dorsokaudal am Malleolus medialis getastet werden. Sie versorgt die Flexoren des Unterschenkels und steht mit dem Rete articulare genus sowie den Gefäßnetzen an den Malleolen in Verbindung. Aus ihr geht die *A. fibularis* hervor.

A. fibularis + (Abb. 12.71 b). Die A. fibularis zweigt dicht unterhalb des Arcus tendineus musculi solei aus der A. tibialis posterior ab und läuft an der medialen Kante der Fibula auf der Rückseite der Membrana interossea cruris in Nachbarschaft des M. flexor hallucis longus abwärts zum lateralen Knöchel. Sie versorgt durch Rr. musculares die tiefen Flexoren und die Mm. fibulares. Ferner steht sie mit den Gefäßnetzen an

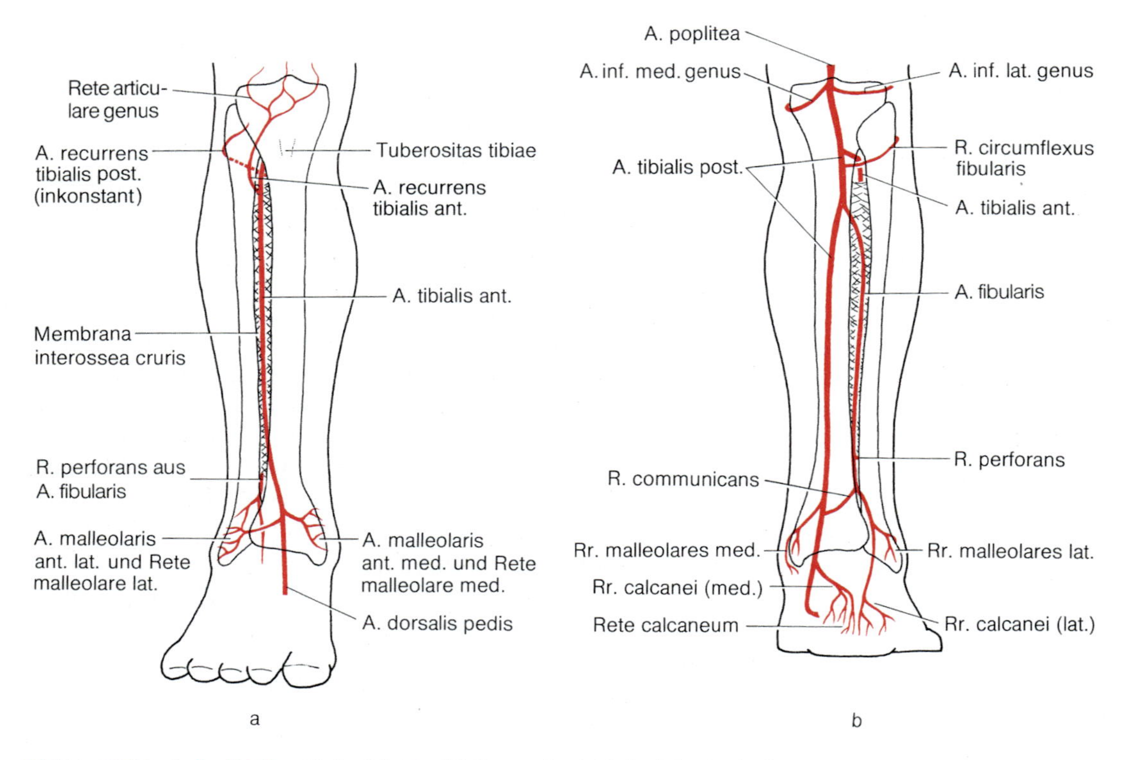

Abb. 12.71 a, b. A. tibialis. **a** Verlauf der A. tibialis anterior, **b** Verlauf der A. tibialis posterior. (Nach Lippert 1975)

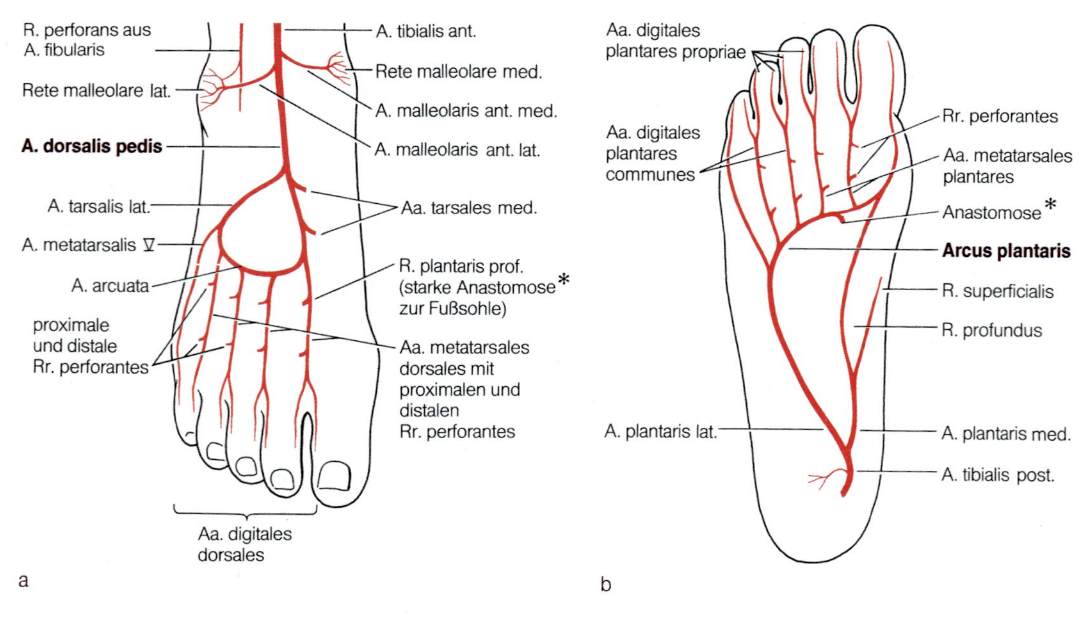

Abb. 12.72 a, b. Arterien des Fußes. **a** Dorsal, **b** plantar

Malleolen und Kalkaneus und durch einen *R. communicans* mit der A. tibialis posterior in Verbindung.

R. perforans gelangt als Ast der A. fibularis oberhalb des oberen Sprunggelenks durch eine Öffnung in der Membrana interossea cruris zum Fußrücken. Als Variante kann die A. dorsalis pedis aus ihr hervorgehen.

Plantare Aufteilung der A. tibialis posterior
Auf der Fußsohle oder bereits unterhalb des Innenknöchels teilt sich die A. tibialis posterior in die *A. plantaris medialis* und die *A. plantaris lateralis* (◻ Abb. 12.72b).

A. plantaris medialis. Sie ist das schwächere der beiden großen Plantargefäße und läuft zwischen M. abductor hallucis und M. flexor digitorum brevis zum medialen Fußrand. Dort teilt sie sich in den *R. profundus*, der meist distal mit dem Arcus plantaris profundus anastomosiert, und den *R. superficialis*, der oberflächlich verläuft und sich distal mit einem oberflächlichen Ast der A. plantaris lateralis zum **Arcus plantaris superficialis+** verbinden kann (nur 25% der Fälle).

A. plantaris lateralis. Sie verläuft zwischen M. flexor digitorum brevis und M. quadratus plantae in die Tiefe der seitlichen Fußregion und bildet den **Arcus plantaris profundus+** (◻ Abb. 12.72b), von dem *Aa. metatarsales plantares I–IV* abzweigen, die sich in *Aa. digitales plantares communes* und *Aa. digitales plantares propriae* fortsetzen.

> **In Kürze**
>
> **Die A. femoralis ist unterhalb des Leistenbands ventral in der Fossa iliopectinea erreichbar, z.B. für Punktionen oder Einführung eines Herzkatheters. Auf die Dorsalseite des Oberschenkels gelangt sie durch den Adduktorenkanal. Am Unterrand der Kniekehle teilt sich ihre Fortsetzung (A. poplitea) in die A. tibialis anterior, die durch die Membrana interossea in die Extensorenloge gelangt, und A. tibialis posterior, die ihrerseits die A. fibularis abgibt.**

Venen e Angiologie: Gefäßbau

Kernaussagen

- **Der venöse Abfluss aus dem Bein erfolgt durch ein oberflächliches Venensystem und durch tiefe Beinvenen. Beide stehen durch perforierende Äste in Verbindung.**

Zu unterscheiden sind
- **oberflächliche Beinvenen**
- **tiefe Beinvenen**

Die **oberflächlichen Beinvenen** laufen unabhängig von Arterien epifaszial im subkutanen Fettgewebe. Sie bestehen aus einigen großen Stämmen und flächenhaft ausgebreiteten venösen Netzen. Ihr Zuflussgebiet ist die Haut.

Es handelt sich um (◻ Abb. 12.73)
- **V. saphena magna**
- **Vv. saphenae accessoriae**
- **V. saphena parva**

Einzelheiten zu den oberflächlichen Beinvenen
V. saphena magna +. Sie beginnt am *medialen Rand des Fußrückens* mit Zuflüssen aus Fußsohle, dichtem *Rete venosum dorsale* und *Arcus venosus dorsalis pedis*. Die V. saphena magna läuft dann *vor dem Innenknöchel* zur medialen Seite des Unterschenkels. Hier steht sie durch Anastomosen mit der V. saphena parva und durch perforierende Äste, die die Fascia cruris durchbrechen, mit den tiefen Beinvenen in Verbindung. Dann gelangt sie mit dem N. saphenus hinter dem medialen Kondylus zur Vorderseitenfläche des Oberschenkels. Dort tritt

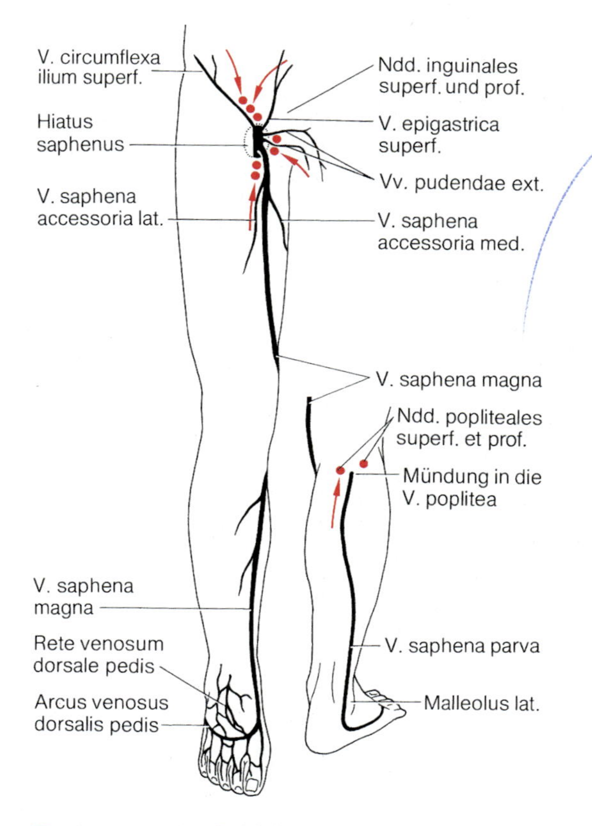

◻ **Abb. 12.73.** Oberflächliche Venen und oberflächliche Lymphknoten der unteren Extremität

sie proximal durch den Hiatus saphenus in die Fossa iliopectinea ein und mündet in die V. femoralis.

In der Gegend des Hiatus saphenus entsteht ein **Venenstern** durch Zuflüsse zur V. saphena magna bzw. zur V. femoralis aus dem Genitalbereich (*Vv. pudendae externae*) sowie der Haut um das Leistenband.

Vv. saphenae accessoriae: inkonstante Seitenäste der V. saphena magna an der Vorderseitenfläche des Oberschenkels, die gelegentlich mit der V. saphena parva anastomosieren.

V. saphena parva +. Die Vene beginnt am *lateralen Fußrand*. Sie ist schwächer als die V. saphena magna. Die V. saphena parva läuft *hinter dem Außenknöchel* zur Beugeseite des Unterschenkels, durchbricht unterhalb oder in der Kniekehle die Faszie und mündet zwischen den beiden Ursprungsköpfen des M. gastrocnemius in die V. poplitea. Die V. saphena parva steht am Unterschenkel mit tiefen Beinvenen in Verbindung. Sie bildet oberflächliche netzartige Anastomosen mit der V. saphena magna.

Klinischer Hinweis

Durch ungenügenden Schluss der Venenklappen, insbesondere in den Vv. saphenae magna et parva kann es zu einer Umkehr der Blutstromrichtung und infolge der Rückstauung zu Erweiterungen und Verlagerungen der oberflächlichen Beinvenen kommen (*Varikosen*, Krampfadern). Dabei können *Thrombosen* entstehen (wandständige Blutgerinnsel). Durch eine Störung im venösen Reflux kann außerdem am Unterschenkel ein *Ulcus cruris* auftreten. Bei einer operativen Entfernung der oberflächlichen Beinvenen (Stripping-Operation) muss der Chirurg auf insuffiziente Perforansvenen achten. Die wichtigsten sind die Vv. perforantes zwischen V. saphena magna und V. tibialis posterior (Cockett Gruppe) und zwischen V. saphena accessoria und V. femoralis.

Die **tiefen Beinvenen** laufen gemeinsam mit den Arterien in einer gemeinsamen Bindegewebshülle als Begleitvenen (*Vv. comitantes*) zwischen der Muskulatur. In der Regel werden die Arterien von zwei Vv. comitantes begleitet, die oft durch Querbrücken strickleiterartig verbunden oder geflechtartig um die Arterie angeordnet sind. Ausnahmen machen die A. femoralis und A. poplitea, die in der Regel nur eine Begleitvene haben.

Tiefe Beinvenen sind:

- **tiefe Unterschenkelvenen**
- **V. poplitea**
- **V. femoralis**

Einzelheiten zu den tiefen Beinvenen

Zuflussgebiete der tiefen Beinvenen sind Muskulatur, Knochen und Gelenke.

Tiefe Unterschenkelvenen sind *Vv. tibiales anteriores, Vv. tibiales posteriores, Vv. fibulares.*

V. poplitea +. Sie ist das Sammelgefäß aller Venen aus dem Unterschenkel einschließlich der V. saphena parva und aus dem Bereich des Kniegelenks. Die V. poplitea liegt in der Tiefe der Kniekehle und gelangt dann in den Adduktorenkanal.

V. femoralis +. Sie ist die Fortsetzung der V. poplitea. Proximal zum Hiatus adductorius nimmt sie die *V. profunda femoris* mit Blut aus der ischiokruralen Muskulatur auf. Letztlich sammelt die V. femoralis das venöse Blut aus dem Bein. Sie verläuft durch die Lacuna vasorum (▶ S. 575), wo sie unter dem Leistenband zur V. iliaca externa wird.

Zur Information

Oberflächliche und tiefe Beinvenen stehen durch zahlreiche Anastomosen untereinander in Verbindung. Die klinisch wichtigsten befinden sich an der medialen Seite 7, 14 und 18 cm oberhalb der Fußsohle, unterhalb des Kniegelenks und in Höhe des Adduktorenkanals. Der Blutstrom geht von den oberflächlichen zu den tiefen Venen.

Klinischer Hinweis

In den tiefen Beinvenen können Thrombosen entstehen, besonders wenn strenge Bettruhe eingehalten werden muss. Dabei können sich Thromben lösen und zu Lungenembolien führen.

In Kürze

Die oberflächliche V. saphena magna mündet in der Fossa iliopectinea des Oberschenkels in die V. femoralis, die oberflächliche V. saphena parva in der Kniekehle in die V. poplitea. Beide Gefäße stehen an mehreren Stellen mit tiefen Beinvenen in enger Verbindung.

Lymphsystem

Kernaussagen

- **Lymphbahnen und Lymphknoten lassen ähnlich wie die Venen ein oberflächliches und ein tiefes System unterscheiden.**

Oberflächliches und tiefes Lymphgefäßsystem stehen miteinander in Verbindung. Die *oberflächlichen Lymphbahnen* verlaufen im subkutanen Fettgewebe, insbesondere in Begleitung der Vv. saphenae magna et parva, die *tiefen Bahnen* gemeinsam mit den tiefen Beinvenen.

In die Lymphbahnen sind regionäre Lymphknoten eingeschaltet (■ Abb. 12.73):

- **Nodi lymphoidei poplitei** in der Fossa poplitea. *Nodi lymphoidei poplitei superficiales* erhalten ihre Zuflüsse aus den oberflächlichen Lymphbahnen entlang der V. saphena parva und aus tiefen Bahnen in Begleitung der Unterschenkelvenen. Ihr Abfluss erfolgt zu *Nodi lymphoidei poplitei profundi* (neben der A. poplitea) und von hier weiter in die tiefen Leistenlymphknoten.
- **Nodi lymphoidei inguinales** (*Leistenlymphknoten*). Sie setzen sich aus einer oberflächlichen und einer tiefen Gruppe zusammen:
  - **Nodi lymphoidei inguinales superficiales** liegen epifaszial, sowohl oberhalb als auch unterhalb des Leistenbandes; ihr Einzugsgebiet ist die vordere Bauchwand, der Damm, das äußere Genitale und die Oberfläche des Beins, der Abfluss erfolgt in die *Nodi lymphoidei iliaci externi*
  - **Nodi lymphoidei inguinales profundi** breiten sich entlang der V. femoralis im Hiatus saphenus der Fascia lata aus; zu ihnen wird auch der *Rosenmüller-Lymphknoten* (*Nodus lymphoideus anuli femoralis*) im Canalis femoralis gerechnet. Einzugsgebiet: tiefe Lymphbahnen der unteren Extremität, Abfluss in die *Nodi lymphoidei iliaci externi*

Klinischer Hinweis

Bei entzündlichen Prozessen an Bein oder Genitale kann es zur Lymphangitis (rötlicher Streifen) und Schwellung der regionalen Lymphknoten kommen.

Nerven

Kernaussagen

- **Die untere Extremität wird vom Plexus lumbosacralis (aus den Rückenmarkssegmenten L1–S3) innerviert.**

Der **Plexus lumbosacralis** entsteht aus den Rr. anteriores der
- **Nn. lumbales**
- **Nn. sacrales**
- **Nn. coccygei**

Nn. lumbales aus den Segmenten L1–L5 teilen sich wie alle Spinalnerven in einen R. posterior und in einen R. anterior. Die *Rr. posteriores* spalten sich in einen motorischen R. medialis für die autochthone Rückenmuskulatur (► S. 243) und einen überwiegend sensiblen R. lateralis für die Rückenhaut. Einige der Rr. dorsales (aus L1 bis L3) ziehen als sensible *Rr. clunium superiores* über die Crista iliaca hinweg zur Gesäßhaut (Abb. 12.77 b). Die *Rr. anteriores* bilden den kranialen Teil des Plexus lumbosacralis.

Nn. sacrales aus S1 bis S3. Bei gleicher Aufteilung wie die Nn. lumbales durchdringen einige Fasern des R. dorsales den M. gluteus maximus und versorgen sensibel als *Rr. clunium medii* die Haut der medialen Gesäßgegend (Abb. 12.77 b). Die Rr. anteriores bilden den kaudalen Teil des Plexus lumbosacralis.

Nn. coccygei. Sie sind vorwiegend sensibel und geben Zweige an den Plexus coccygeus ab.

Der **Plexus lumbosacralis** (Abb. 12.74) gliedert sich in:
- **Plexus lumbalis** aus Rr. anteriores von L1 bis L3 mit kleinen Bündeln aus Th12 und L4
- **Plexus sacralis,** Rr. anteriores aus L5–S3 mit Zuflüssen aus L4 (mittels des Truncus lumbosacralis) und S4

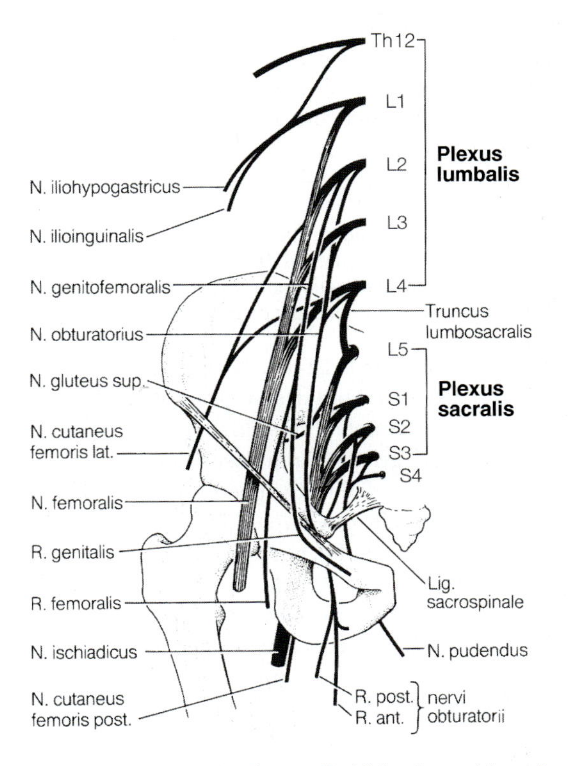

Abb. 12.74. Plexus lumbosacralis. Nicht eingezeichnet Rr. musculares und N. gluteus inferior

Der **Plexus lumbalis** liegt vorwiegend zwischen der ventralen und dorsalen Ursprungsschicht des M. psoas major. Von L4 und L5 zieht ein kräftiger Stamm (*Truncus lumbosacralis*) zu S1 und stellt die Verbindung zum Plexus sacralis her. Aus dem Plexus lumbalis gehen hervor:

- **Rr. musculares** (sie können auch direkt aus den Rr. anteriores abzweigen) zur Versorgung des M. quadratus lumborum, Mm. psoas major et minor
- **N. iliohypogastricus** +
- **N. ilioinguinalis** +
- **N. genitofemoralis** +: durchbohrt den M. psoas major, läuft auf seiner Vorderfläche nach unten und spaltet sich in zwei Äste, der Stamm oder die Äste unterkreuzen den Ureter (Schmerzausstrahlungen bei Uretersteinkoliken)
  - **R. genitalis:** läuft im Funiculus spermaticus durch den Leistenkanal, versorgt motorisch den M. cremaster, die Tunica dartos und sensibel die Haut des Skrotums bzw. der Labia majora
  - **R. femoralis:** zieht lateral von der A. femoralis durch die Lacuna vasorum (▶ S. 575) und versorgt die Oberschenkelhaut in der Umgebung des Hiatus saphenus
- **N. cutaneus femoris lateralis** +. Er liegt in der Fossa iliaca auf dem M. iliacus, zieht dann etwa 1 cm medial von der Spina iliaca anterior superior durch die Lacuna musculorum zur Haut seitlich am Oberschenkel (Abb. 12.77 a).

Klinischer Hinweis

Beim Inguinaltunnelsyndrom (Kompression unter dem Leistenband) wird der N. cutaneus femoris lateralis isoliert geschädigt. Es treten Empfindungsstörungen an der Außenseite des Oberschenkels auf (*Meralgia paraesthetica*).

- **N. obturatorius** + (aus L2–L4, Abb. 12.75). Er verläuft am medialen Rand des M. psoas major seitlich vom Ureter nach unten, unterkreuzt die Vasa iliaca communis und gelangt dann durch den Canalis obturatorius zur medialen Gruppe der Oberschenkelmuskeln. Oberhalb des M. adductor brevis teilt er sich in **R. anterior** und **R. posterior.** Beide haben motorische und sensible Anteile.

Motorisch versorgt der N. obturatorius die Adduktoren (Tabelle 12.20), jedoch wird der M. pectineus gleichzeitig vom N. femoralis und der M. adductor magnus gleichzeitig vom N. ischiadicus versorgt (Doppelinnervationen).

Sensibel versorgt der R. anterior die Haut der Innenfläche des Oberschenkels und das Kniegelenk (Abb. 12.77 a) (Schmerzausstrahlungen bei Prozessen am Ovar und bei Obturatoriushernien), der R. posterior die Kniegelenkkapsel.

Autonomgebiet: medial oberhalb des Kniegelenks.

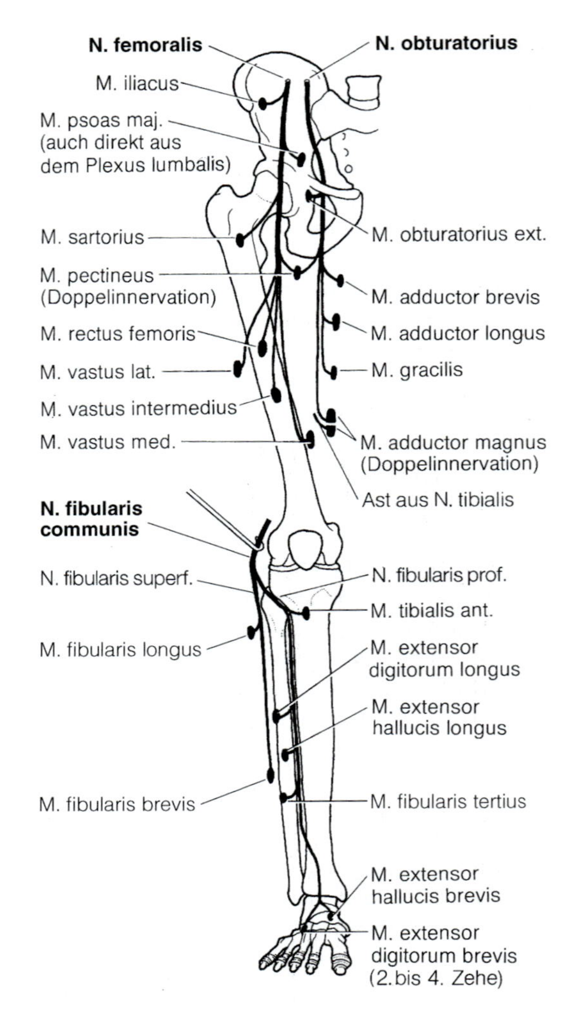

Abb. 12.75. Motorische Innervationsgebiete des N. femoralis, N. obturatorius und N. fibularis communis

Lähmungen. Bei einer Schädigung des N. obturatorius fallen die Adduktoren aus (▶ S. 533). Auf der medialen Seite des Oberschenkels und medial am Knie treten Sensibilitätsstörungen auf, z. B. bei entzündlichen Prozessen im kleinen Becken (Ovar).

- **N. femoralis** + (aus L1–L4, Abb. 12.75). Er ist der stärkste Nerv des Plexus lumbalis. Seine retroperitoneale Verlaufsstrecke befindet sich zwischen M. psoas major und M. iliacus unter der Fascia iliopsoica. Dann gelangt er durch die Lacuna musculorum (Abb. 12.79) lateral der Vasa femoralia in die Fossa iliopectinea. Hier oder schon etwas höher spaltet er sich fächerförmig auf.

Äste des N. femoralis

Rr. musculares. Obere Teile ziehen retroperitoneal zu M. psoas major und M. iliacus (evtl. auch direkt aus dem Plexus lumbalis), unterhalb des Leistenbandes zu M. quadriceps femoris und M. sartorius. Den M. pectineus versorgen sie gemeinsam mit dem N. obturatorius (Doppelinnervation).

Rr. cutanei anteriores (Abb. 12.77 a). Sie durchbrechen die Fascia lata, versorgen die Haut des Oberschenkels vorne medial und die Haut des Knies.

N. saphenus +. Der einzige Unterschenkelast ist rein sensibel. Vor der A. femoralis gelegen zieht er mit den Femoralgefäßen in den Adduktorenkanal, verlässt ihn durch das Septum intermusculare vastoadductorium und gelangt dann zwischen M. sartorius und M. vastus medialis zur medialen Gegend des Kniegelenks. In Begleitung der V. saphena magna erreicht er den medialen Rand des Fußes.

R. infrapatellaris des N. saphenus durchsetzt den M. sartorius, läuft dann bogenförmig *unterhalb der Kniescheibe* (Abb. 12.77 a) und versorgt hier die Haut. Weitere Äste des N. saphenus sind die **Rr. cutanei cruris mediales** zur *medialen Fläche* von *Unterschenkel* und *Fuß*.

Lähmungen. Bei Schädigungen des N. femoralis entstehen auf der Beugeseite des Oberschenkels und Innenseite des Unterschenkels Sensibilitätsstörungen. Im Kniegelenk kann nicht mehr aktiv gestreckt werden, da die Extensoren ausfallen. Dadurch ist das Aufstehen aus dem Sitzen oder beim Steigen das Heben des Beins erschwert. Der Patellarsehnenreflex fehlt.

Der **Plexus sacralis** liegt bedeckt von der Fascia pelvis auf dem M. piriformis im kleinen Becken.

Die Äste, die aus dem Plexus sacralis hervorgehen, wenden sich konvergierend zum Foramen ischiadicum majus und seinen beiden durch den M. piriformis unterteilten Durchtrittsöffnungen (Foramen suprapiriforme und Foramen infrapiriforme). Zum Plexus sacralis gehören

- **N. gluteus superior** +. Er zieht durch das Foramen suprapiriforme zwischen Mm. glutei medius et minimus zum M. tensor fasciae latae und innerviert diese drei Muskeln (Folgen einer Nervenschädigung ► S. 533).
- **N. gluteus inferior** +. Durch das Foramen infrapiriforme gelangt er zum M. gluteus maximus, den er motorisch versorgt (Folgen einer Nervenschädigung ► S. 533).
- **N. cutaneus femoris posterior** + (Abb. 12.78). Gemeinsam mit dem N. ischiadicus und anderen Leitungsbahnen läuft er durch das Foramen infrapiriforme. Am Unterrand des M. gluteus maximus tritt er unter die Fascia lata. Der Stamm des N. cutaneus femoris posterior läuft weiter unter der Fascia lata. Seine Äste durchbrechen sie dann und versorgen die Haut auf der Rückseite des Oberschenkels und in der Kniekehle. Weitere Äste des N. cutaneus femoris posterior sind:
  - *Nn. clunium inferiores* (Abb. 12.77 b), die um den kaudalen Rand des N. gluteus maximus zur Gesäßhaut ziehen
  - *Rr. perineales*, die die Haut der Dammgegend innervieren

Zur Information

Von einigen Autoren wird vom Plexus sacralis der Plexus pudendus (aus S2–S4) und der Plexus coccygeus (aus S4–Co) abgetrennt.

- **N. ischiadicus** + (Abb. 12.76). Der stärkste Nerv des Organismus (aus L4–S3). Er fasst Faserbündel zusammen, die zu N. fibularis bzw. N. tibialis gehören. Der N. ischiadicus verlässt das kleine Becken durch das Foramen infrapiriforme und läuft anschließend bedeckt vom M. gluteus maximus über M. obturatorius internus, Mm. gemelli und M. quadratus femoris hinweg. Zwischen den tibialen und den fibularen Flexoren des Oberschenkels unter dem langen Kopf des M. biceps femoris zieht er nach distal. Er versorgt – meist aus seinem Tibialisteil – an der Hüfte Mm. gemelli superior et inferior, M. quadratus femoris und M. obturatorius internus sowie am Oberschenkel die hintere Muskelgruppe mit Ausnahme des Caput breve des M. biceps femoris (N. fibularis communis) und gemeinsam mit dem N. obturatorius den M. adductor magnus.

Klinischer Hinweis

Der Druckpunkt des N. ischiadicus liegt etwas medial vom Mittelpunkt der Verbindungslinie zwischen Trochanter major und Tuber ischiadicum.

Lähmungen. Das gesamte Bein ist mit Ausnahme der Adduktoren (N. obturatorius) und der Strecker (N. femoralis) bei Unterbrechung des N. ischiadicus gelähmt. Die Berührungsempfindlichkeit fehlt auf der Rückseite des Ober- und Unterschenkels sowie an der Fußsohle.

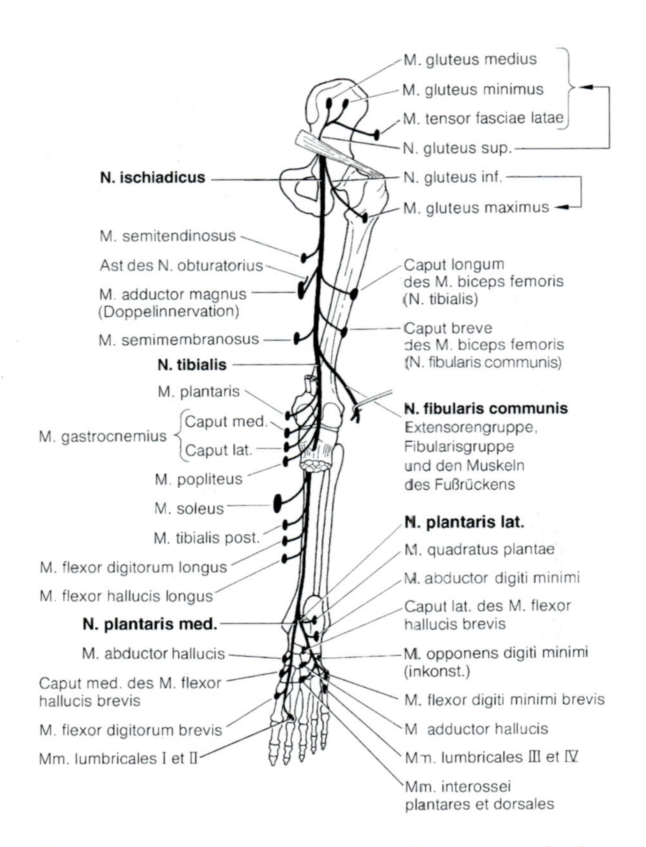

Abb. 12.76. Motorische Innervationsgebiete von N. ischiadicus und N. tibialis

Aufteilung des N. ischiadicus. Am Übergang vom mittleren zum distalen Drittel des Oberschenkels teilen sich die Fasergruppen des N. ischiadicus zu

- **N. fibularis communis**
- **N. tibialis**

Die Höhe der Teilungsstelle unterliegt großen Schwankungen.

N. fibularis (synonym peroneus) communis + (Abb. 12.75). Am Oberschenkel liegt er lateral vom N. tibialis unter dem M. biceps femoris. In der Kniekehle befindet er sich an der medialen Seite der Bizepssehne. Nachdem er das Caput laterale des M. gastrocnemius gekreuzt hat, wendet er sich um das Wadenbein knapp unterhalb oder in Höhe des Caput fibulae nach vorne und tritt in die Fibularisloge ein. Hier teilt er sich in

- **N. fibularis superficialis**
- **N. fibularis profundus**

Der N. fibularis communis gibt in seinem Verlauf *motorische Äste* zum Caput breve des M. biceps femoris, *sensible* zu den proximalen zwei Dritteln der Haut der dorsolateralen Seite am Unterschenkel (Abb. 12.77b) sowie den *R. communicans fibularis* zur Verbindung mit einem sensiblen Ast des N. tibialis ab. Aus dieser Verbindung geht der sensible *N. suralis* hervor (▶ unten).

N. fibularis superficialis +. Der Stamm des Nerven liegt in der Fibularisloge. Distal durchbricht er die Fascia cruris. Motorische Äste versorgen die Mm. fibularis longus et brevis, sensible die fibulare Seite am distalen Unterschenkel sowie mit *Nn. cutanei dorsalis medialis et dorsalis intermedius* die Haut des Fußrückens und des medialen Fußrandes. Sensible Endäste sind die *Nn. digitales dorsales* für die einander zugekehrten Seiten der 2.–5. Zehe (Abb. 12.77a).

N. fibularis profundus +. Dieser Ast des N. fibularis communis durchbricht das Septum intermusculare cruris anterius und gelangt in die Extensorenloge, wo er unmittelbar lateral vom M. tibialis anterior zu finden ist. *Motorische Äste* versorgen die Extensorengruppe und die Muskeln des Fußrückens, *sensible* die einander zugekehrten Seiten der 1. und 2. Zehe.

Lähmungen. Der N. fibularis communis ist besonders im Bereich von Caput und Collum fibulae gefährdet, denn hier liegt er tastbar dicht unter der Haut. Frakturen oder unsachgemäß angelegte Gipsverbände können die Ursache einer Schädigung (Fibularislähmung) sein.

Symptome. Bei einem vollständigen *Ausfall des N. fibularis communis* ist die Dorsalextension des Fußes unmöglich; die Fußspitze kann also nicht mehr gehoben werden. Außerdem ist der Patient nicht mehr in der Lage, die Zehen zu strecken. Der Fuß gerät in Plantarflexion und Supinationsstellung. Es entwickelt sich ein Spitzfuß in Varusstellung (*Pes equinovarus*). Beim Gehen schleift die Fußspitze am Boden, was der Patient durch übermäßiges Anheben des Fußes beim Gehen auszugleichen sucht (*Steppergang*). Die Haut von Unterschenkel und Fußrücken ist unempfindlich, ausgenommen äußerer Fußrand (versorgt vom N. suralis) und mediale Seite des Unterschenkels (N. saphenus).

Ist nur der *N. fibularis superficialis* betroffen, fallen die Mm. fibulares longus et brevis aus. Der Fuß steht in *Supinationsstellung*. Die Extensoren sind noch funktionsfähig, da sie vom N. fibularis profundus versorgt werden.

Eine isolierte Schädigung des *N. fibularis profundus* hat den Ausfall der Extensoren zur Folge. In der Haut der einander zugekehrten Seiten der 1. und 2. Zehe treten Sensibilitätsausfälle auf. Sie sind ein zuverlässiges Unterscheidungsmerkmal für die Diagnosestellung, ob der N. fibularis profundus oder der N. fibularis superficialis (medialer Anteil der Haut zwischen 2. und 3. Zehe, lateraler Anteil der einander zugekehrten Seiten der 3.–5. Zehe) betroffen ist.

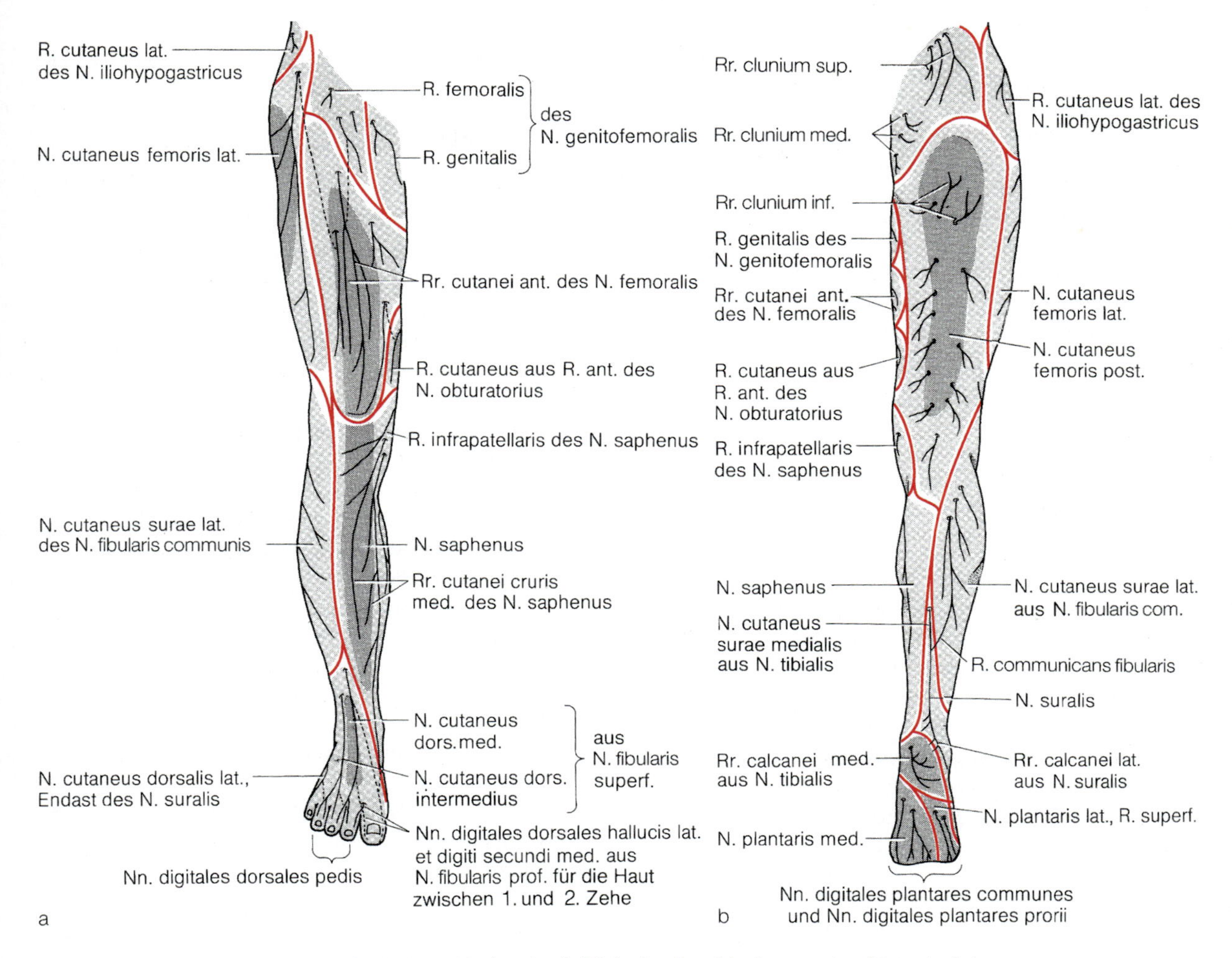

Abb. 12.77 a, b. Hautinnervation des Beins. **a** Vorderseite, **b** Rückseite. Sensible Autonomiegebiete *dunkel*

N. tibialis (Abb. 12.76). Er setzt den Verlauf des N. ischiadicus fort. Aus der Kniekehle gelangt er unter dem Arcus tendineus musculi solei zwischen die oberflächliche und tiefe Flexorengruppe des Unterschenkels. Dann zieht er hinter dem Malleolus medialis und unter dem Retinaculum musculorum flexorum im Malleolarkanal (▶ S. 579) auf die Fußsohle. Hier oder etwas oberhalb teilt er sich in

- **N. plantaris medialis**
- **N. plantaris lateralis**

Motorische Äste des N. tibialis erreichen M. gastrocnemius, M. plantaris, M. soleus, M. popliteus, M. tibialis posterior, M. flexor digitorum longus, M. flexor hallucis longus, *sensible Äste* das Periost der Ossa cruris, die Syndesmosis tibiofibularis, das obere Sprunggelenk und die mediale Fersengegend.

Die laterale Unterschenkelseite einschließlich der lateralen Knöchelregion und in Fortsetzung die laterale Fußseite versorgen Nervenfasern, die aus dem N. tibialis (als N. cutaneus surae medialis) und N. fibularis communis (als R. communicans fibularis) stammen und den **N. suralis** bilden.

Endäste des N. tibialis

N. plantaris medialis (Abb. 12.76) ist der mediale Endast des N. tibialis auf der Fußsohle und teilt sich auf in:

- *Rr. musculares* für den M. abductor hallucis, das Caput mediale des M. flexor hallucis brevis, den M. flexor digitorum brevis und die Mm. lumbricales I et II

- *Nn. digitales plantares communes et plantares proprii*, sensible Äste für die medialen dreieinhalb Zehen; sie versorgen die plantaren Flächen dieser Zehen und die Dorsalseite ihrer Endglieder

N. plantaris lateralis (▪ Abb. 12.76). Er ist der schwächere fibulare Endast des N. tibialis. Seine Endverzweigungen sind:
- *R. superficialis:* spaltet sich in die *Nn. digitales plantares communes* und dann in die *Nn. digitales plantares proprii* für die sensible Versorgung der lateralen anderthalb Zehen (kleine Zehe und laterale Seite der 4. Zehe)
- *R. profundus:* innerviert die Mm. interossei, Mm. lumbricales III und IV und den M. adductor hallucis

Lähmungen. Bei einer Schädigung des N. tibialis fallen die Wadenmuskeln – Ausfall des Achillessehnenreflexes – und Zehenbeuger aus.

Symptome. Der Zehenstand ist nicht mehr möglich. Es entwickelt sich ein *Krallen- und Hackenfuß*, d.h. der Fuß ist stark dorsal extendiert. Die Sensibilität fehlt auf der Innenseite des Unterschenkels und an der Fußsohle.

N. pudendus + (aus S2–S4). Er gehört systematisch zum Plexus sacralis. Seine Innervationsgebiete liegen jedoch im Bereich des Beckenbodens: Anus, äußere männliche und weibliche Geschlechtsorgane. Er wird in diesem Zusammenhang besprochen (► S. 447).

Plexus coccygeus. Er entsteht aus den Rr. ventrales von S4 und S5 sowie aus den vorderen Ästen einer variablen Anzahl von Kokzygealnerven (meist nur ein Kokzygealsegment). Er versorgt die Haut über dem Steißbein bis zum Anus.

Zusammenfassend ist die Hautsensibilität der unteren Extremitäten in ▪ Abb. 12.77 dargestellt. Auskunft über die segmentale Zuordnung der sensiblen Hautgebiete (Dermatome) gibt ▪ Abb. 15.48.

In Kürze

Die Innervation des Beins erfolgt durch Äste der Plexus lumbalis und sacralis. Die Hauptäste des Plexus lumbalis sind N. obturatorius (für die Adduktorengruppe und die Haut der medialen Seite des Oberschenkels) und N. femoralis (für die Extensoren des Oberschenkels, die Haut auf der Vorderseite des Oberschenkels sowie der Innenseite des Unterschenkels). Der Plexus sacralis entlässt als größten Nerven den N. ischiadicus, auf der Rückseite des Oberschenkels gelegen, mit Anteilen für den N. fibularis und N. tibialis. Alle nicht von N. obturatorius und N. femoralis versorgten Anteile des Beins werden vom Plexus sacralis innerviert.

12.3.7 Topographie und angewandte Anatomie (▪ Tabelle 12.31)

ⓔ Grundlagen: Regionen
Osteologie: Os coxae

Kernaussagen

- **Große Leitungsbahnen gelangen aus dem Becken durch das Foramen ischiadicum majus in die tiefe Gesäßgegend, durch den Canalis obturatorius in die mediale und unter dem Leistenband in die ventrale Hüftgegend.**
- **Am Oberschenkel befinden sich proximal eine ventrale, im mittleren Drittel eine mediale sowie auf ganzer Länge eine dorsale Gefäß-Nerven-Straße.**
- **Alle großen Leitungsbahnen zum Unterschenkel verlaufen durch die Kniekehle.**
- **Im Unterschenkel liegen Gefäß-Nerven-Straßen in der Flexoren- und Extensorenloge mit Leitungsbahnen zum Fußrücken und in der Fibularisloge mit Leitungsbahnen zur Fußsohle. In der Fibularisloge verläuft der N. fibularis superficialis.**
- **Die Fußsohle hat eine mediale und eine laterale Gefäß-Nerven-Straße.**

Regio glutealis. Subkutan liegen die Rr. clunium superiores, mediales et inferiores und die Rr. cutanei des N. iliohypogastricus, subfaszial der M. gluteus maximus. In der Tiefe befinden sich:
- **Foramen ischiadicum majus** (▪ Abb. 12.78) vom hindurchtretenden M. piriformis unterteilt in:
  - **Foramen suprapiriforme**, durch das A. und V. glutea superior, N. gluteus superior und N. musculi quadratus femoris aus dem Becken zur Glutealmuskulatur gelangen
  - **Foramen infrapiriforme** für N. ischiadicus mit A. comitans nervi ischiadici, A. und V. glutea inferior, N. gluteus inferior, N. cutaneus femoris posterior, Rr. musculares aus dem Plexus sacralis sowie der N. pudendus und die A. und V. pudenda interna
- **Foramen ischiadicum minus** (▪ Abb. 12.78), durch das, auf einem Schleimbeutel gleitend, der M. obturatorius internus hindurchtritt; durch den freibleibenden Spalt zwischen Lig. sacrospinale und Lig. sacrotuberale ziehen A. und V. pudenda interna mit dem N. pudendus wieder ins Becken (Fossa ischioanalis), sie schlingen sich dabei um das Lig. sacrospinale

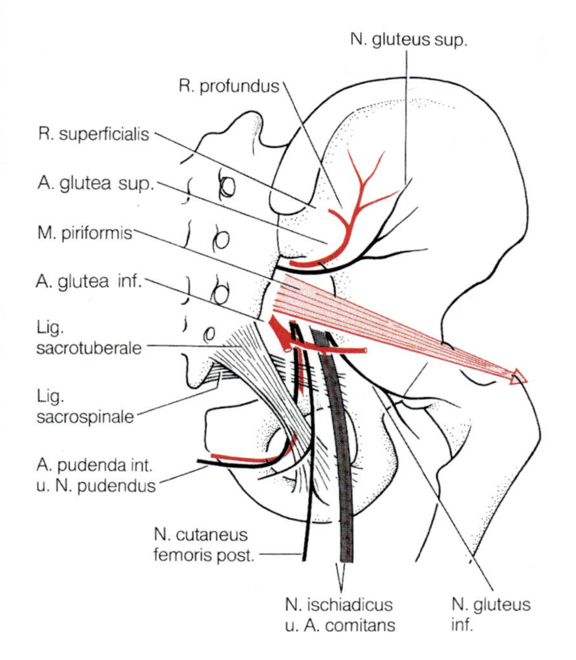

Abb. 12.78. Regio glutealis. Tiefe Schicht, in der die Leitungsbahnen die Foramina suprapiriforme und infrapiriforme verlassen

Klinischer Hinweis

Intramuskuläre Injektionen in die Gesäßmuskulatur erfolgen am sichersten in den M. gluteus medius. Sie werden aber auch in den oberen äußeren Quadranten des M. gluteus maximus im lateralen Drittelpunkt einer Linie zwischen Spina iliaca anterior superior und Os coccygis vorgenommen. Bei unsachgemäßem Vorgehen können der N. gluteus superior oder bei Varianten sogar der N. ischiadicus geschädigt werden.

Canalis obturatorius und mediale Gefäß-Nerven-Straße. Der nur 2–3 cm lange Kanal liegt im Sulcus obturatorius und reicht bis zu der ovalen Öffnung in der Membrana obturatoria.

Er stellt die Verbindung zwischen dem Spatium subperitoneale des kleinen Beckens und den Bindegewebsräumen zwischen der medialen Oberschenkelmuskulatur her. Durch den Kanal laufen die **A. obturatoria**, die **Vv. obturatoriae** mit Lymphgefäßen und der **N. obturatorius.** Im Canalis obturatorius teilt sich die A. obturatoria in einen R. anterior, der zu den Mm. adductorii und zur Haut in der Genitalregion zieht und in einen R. posterior (▶ Versorgung Hüftgelenk).

Klinischer Hinweis

Bei einer Obturatoriushernie schiebt sich der Bruchsack neben den Vasa obturatoria im Canalis obturatorius vor. Durch Druck auf den N. obturatorius können Sensibilitätsstörungen und Schmerzen medial an Oberschenkel und Knie auftreten (sensibles Endgebiet des N. obturatorius).

Reithosenanästhesie. Druck auf den Conus medullaris des Rückenmarks oder raumfordernde Prozesse im Bereich von S4, S5 und Co1 können zu Sensibilitätsausfällen der zugehörigen Dermatome am Oberschenkel führen.

Regio subinguinalis. In ihr liegen der M. iliopsoas und Leitungsbahnen, die an dieser Stelle aus der Tiefe des Rumpfes an die Oberfläche gelangen und das Bein erreichen. Sie benützen hierzu Öffnungen unterhalb des Leistenbandes:

- **Lacuna musculorum**, lateral
- **Lacuna vasorum**, medial

Lacuna musculorum. Ihre Begrenzungen sind das Leistenband, der Arcus iliopectineus und der Oberrand des Beckens (Abb. 12.79). Durch die Lacuna musculorum ziehen am weitesten lateral neben der Spina iliaca anterior superior der **N. cutaneus femoris lateralis** und getrennt durch Bindegewebe weiter medial der **M. iliopsoas** mit dem **N. femoralis.** Gelegentlich durchsetzt der N. cutaneus femoris lateralis auch direkt das Leistenband.

Lacuna vasorum und Anulus femoralis. Die Begrenzungen der Lacuna vasorum sind ventral das Leistenband, medial das Lig. lacunare, dorsal der Pecten ossis pubis mit dem Lig. pectineum und lateral der Arcus iliopectineus. Das Lig. lacunare begrenzt bogenförmig den medialen Winkel der Lacuna vasorum zwischen Leistenband und oberem Schambeinast, wo es in das Lig. pectineum einstrahlt (Abb. 12.79).

Die Lacuna vasorum verlassen die **A. femoralis** und **medial** von ihr die **V. femoralis.** Beide Gefäße sind von einer gemeinsamen bindegewebigen Gefäßscheide umhüllt. Zwischen A. femoralis und Arcus iliopectineus zieht der **R. femoralis des N. genitofemoralis** durch die Lacuna vasorum zum Oberschenkel und versorgt, nachdem er den Hiatus saphenus durchsetzt hat, die Haut am Oberschenkel. Zwischen V. femoralis und dem Lig. lacunare befindet sich ein Bereich der Lakune mit geringer Widerstandsfähigkeit. Er ist mit Fettgewebe ausgefüllt und an der Vorderseite durch das bindegewebige *Septum femorale* verschlossen. Die Stelle entspricht nach dem Auftreten einer Schenkelhernie (▶ unten) dem *Anulus femoralis* (Schenkelring). Seine Begrenzun-

Tabelle 12.31. Zur Topographie der Regionen der unteren Extremität mit ihren Leitungsbahnen

Topographische Regionen	Leitungsbahnen
Foramen ischiadicum majus	M. piriformis
– Foramen suprapiriforme (Abb. 12.78)	A.V. glutea superior N. gluteus superior
– Foramen infrapiriforme (Abb. 12.78)	N. ischiadicus A.V. glutea inferior N. gluteus inferior N. cutaneus femoris posterior N. pudendus A.V. pudenda interna
Foramen ischiadicum minus	M. obturatorius internus A.V. pudenda interna N. pudendus
Canalis obturatorius	A.V. obturatoria N. obturatorius
Lacuna musculorum (Abb. 12.79)	M. iliopsoas N. femoralis N. cutaneus femoris lateralis
Lacuna vasorum (Abb. 12.79)	A.V. femoralis R. femoralis des N. genitofemoralis
Trigonum femorale, Fossa iliopectina, ventrale Gefäß-Nerven-Straße (Tabelle 12.32)	A.V. femoralis N. femoralis
Hiatus saphenus	V. saphena magna
Canalis adductorius	A.V. femoralis N. saphenus
Fossa poplitea	A.V. poplitea mit Ästen N. tibialis N. fibularis communis
Regio cruralis anterior	► Tabelle 12.33
Regio cruralis posterior	► Tabelle 12.33
Regio malleolaris lateralis	V. saphena parva N. cutaneus dorsalis lateralis des N. suralis
Regio malleolaris medialis	N. saphenus V. saphena magna A. tibialis posterior N. tibialis

gen sind medial das Lig. lacunare, lateral die V. femoralis, oben das Leistenband und unten der Ramus superior ossis pubis.

Klinischer Hinweis

Im Bereich der Leistenbeuge können A. und V. femoralis punktiert werden. Außerdem kann hier in die A. femoralis ein Herzkatheter für die linke Herzkammer eingeführt werden. Dem Auffinden der richtigen Stelle dient der Femoralispuls. Er fehlt jedoch bei Gefäßverschluss, z. B. infolge arterieller Embolie oder arterieller Verschlusskrankheit.

Bei lebensbedrohlichen Blutungen aus der A. femoralis muss man mit dem Daumen oder der Faust mit großer Kraft die A. femoralis gegen den oberen Schambeinast drücken.

Canalis femoralis (*Schenkelkanal*). Ein Kanal im engeren Sinne bildet sich erst bei einer Schenkelhernie, indem der Bruchsack Fett- und Bindegewebe in der Lacuna vasorum beiseite drängt. Er erstreckt sich je nach Ausmaß der Hernie von der Innenfläche der vorderen Bauchwand unterhalb des Leistenbandes bis in die Fossa iliopectinea (► unten).

Klinischer Hinweis

Die typische Schenkelhernie (*Hernia femoralis medialis*) ist eine Bauchfellausstülpung mit großem Netz oder Darmschlingen als Bruchinhalt, die in den Schenkelkanal vordringt. Der (innere) Bruchring ist der Anulus femoralis (► oben). Je nach Ausmaß erscheint die Hernie unterhalb des Leistenbandes, dann in der Fossa iliopectinea. Schließlich kann sie durch den Hiatus saphenus in das subkutane Gewebe des Oberschenkels vordringen und eine sichtbare Vorwölbung hervorrufen. Der kritische Engpass liegt zwischen dem Rand des Lig. lacunare und der V. femoralis. Hier besteht die Gefahr der Brucheinklemmung. Schenkelhernien sind im Gegensatz zu Leistenbrüchen bei Frauen häufiger als bei Männern.

Senkungsabszesse. Unter der derben Fascia iliaca (► S. 530) können Abszesse (meist bei Wirbelsäulentuberkulose) nach kaudal wandern und in der Lacuna musculorum zutage treten.

Trigonum femorale. Es wird vom Lig. inguinale und den einander zugewandten Rändern von M. sartorius und M. gracilis begrenzt. Direkt unterhalb des Leistenbandes liegt im proximalen Abschnitt des Trigonum femorale die **Fossa iliopectinea.**

Fossa iliopectinea (Fossa subinguinalis) und ventrale Gefäß-Nerven-Straße. M. iliopsoas und M. pectineus bilden die Hinterwand der Grube, der M. adductor longus die mediale Begrenzung. Bedeckt wird sie von der Fascia lata. In der Fossa iliopectinea liegen in Fett- und Bindegewebe eingebettet in der Reihenfolge von medial

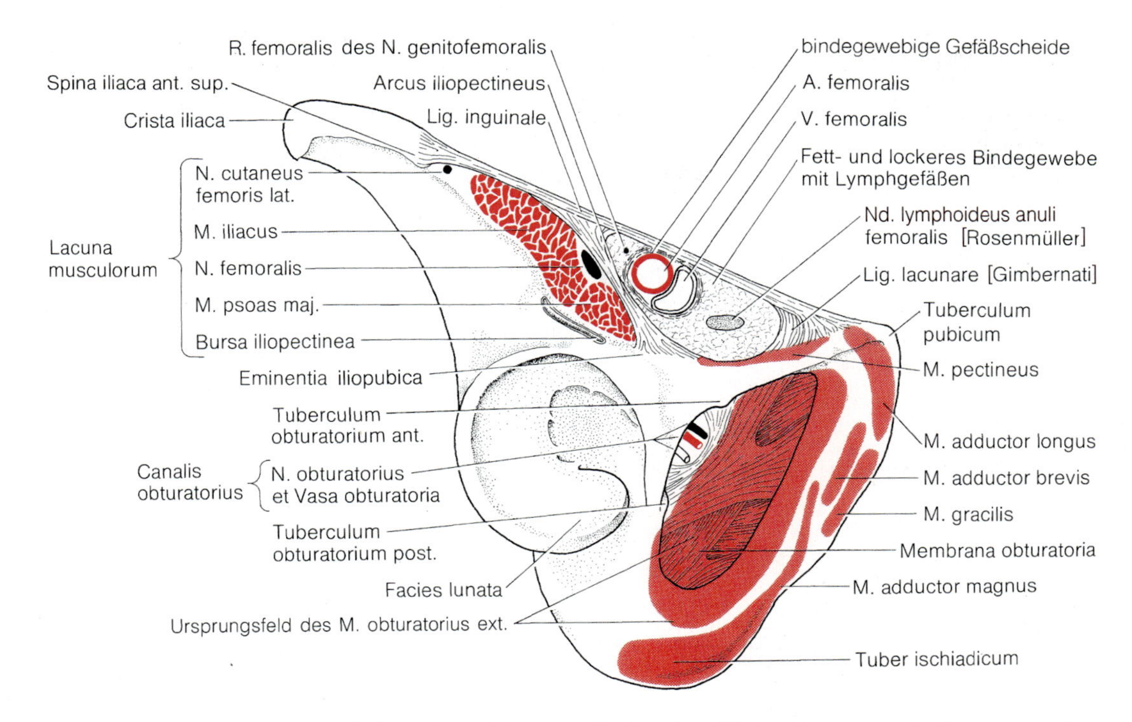

Abb. 12.79. Topographie der ventralen und medialen Leitungsbahnen am Becken. *Rote Flächen:* Muskelquerschnitte und -ursprünge

nach lateral: **V. femoralis, A. femoralis** und der sich hier fächerartig aufzweigende **N. femoralis**; außerdem Lymphknoten und Lymphgefäße.

Hiatus saphenus, eine ovale dünne Stelle in der Fascia lata (▶ S. 546). Sie liegt über der Fossa iliopectinea. Durch die zahlreichen kleinen Öffnungen in der dünnen Fascia cribrosa laufen Lymphgefäße und Hautnerven. Durch den Hiatus saphenus tritt die **V. saphena magna** aus ihrer epifaszialen Verlaufsstrecke in die Tiefe, wo sie in die V. femoralis einmündet.

Canalis adductorius (*Adduktorenkanal*). Zwischen M. vastus medialis (lateral), M. adductor magnus (medial) und M. adductor longus (dorsal) spannt sich das Septum intermusculare vastoadductorium aus. Es begrenzt vorne gemeinsam mit den drei genannten Muskeln den etwa 7 cm langen Adduktorenkanal. Das distale Ende des Kanals ist der **Hiatus adductorius.**

Durch den Adduktorenkanal gelangen **A. und V. femoralis** aus der Fossa iliopectinea von der Vorderseite des Oberschenkels auf seine Rückseite in die Kniekehle. Im oberen Drittel begleitet der **N. saphenus** die beiden Gefäße, durchbricht jedoch bald gemeinsam mit der A. descendens genus das Septum intermusculare vastoadductorium und verlässt damit den Kanal.

Eine zusammenhängende Information über die Gefäß-Nerven-Straßen am Oberschenkel findet sich in ◘ Tabelle 12.32 und ◘ Abb. 12.80.

Regio genus anterior. Von hier aus kann das Kniegelenk untersucht werden (▶ S. 537).

Regio genus posterior, Fossa poplitea. Als Fossa poplitea wird ein rhombenförmiges Feld der Regio genus posterior (*Kniekehle*) bezeichnet, das oben medial durch M. semimembranosus und M. semitendinosus, oben lateral durch M. biceps femoris, unten medial durch Caput mediale und unten lateral durch Caput laterale des M. gastrocnemius begrenzt wird. Bedeckt wird die Fossa durch die Fascia poplitea, wie der Abschnitt zwischen Fascia lata und Fascia cruris heißt. Alle wichtigen Leitungsbahnen, die vom Oberschenkel zum Unterschenkel ziehen, durchlaufen diesen Raum. Sie sind hier in einen verformbaren Bindegewebsfettkörper in typischer Reihenfolge eingebaut.

A. und V. femoralis gelangen aus dem Canalis adductorius in die Fossa poplitea, wo sie als **A. und V. poplitea** bezeichnet werden. Der **N. tibialis** zieht entlang seinem Leitmuskel (Caput longum musculi bicipitis femoris) in die Kniekehle. Er verlässt sie gemeinsam mit der

Tabelle 12.32. Absteigende Gefäß-Nerven-Straßen am Oberschenkel (Abb. 12.80)

Gefäß-Nerven-Straßen	Leitmuskeln	Leitungsbahnen
ventral (nur proximal)	Begrenzungen der Fossa iliopectinea	A.V. femoralis N. femoralis mit Ästen tiefe Lymphgefäße
medial (in Fortsetzung der ventralen Straße; Flexorenloge)	M. sartorius Begrenzungen des Adduktorenkanals	A.V. femoralis N. saphenus
dorsal (Flexorenloge)	M. biceps caput longum	N. ischiadicus A.V. profunda femoris Lymphgefäße

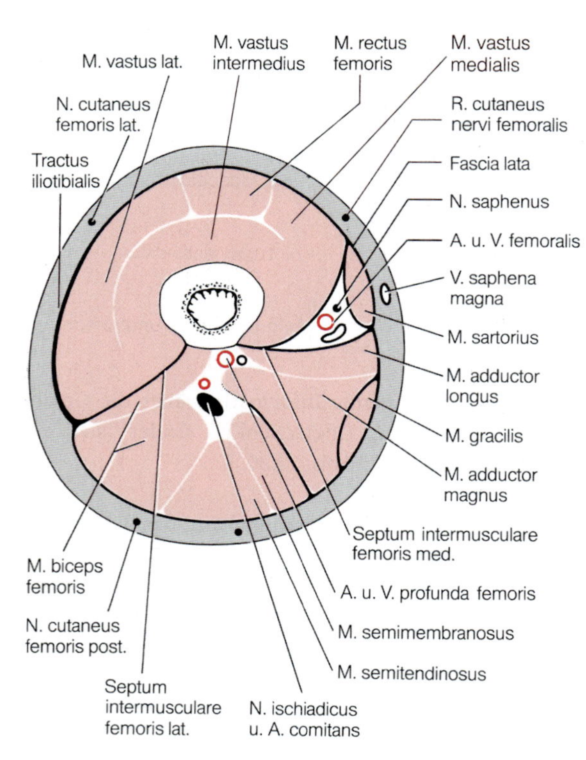

Abb. 12.80. Querschnitt durch den rechten Oberschenkel, mittleres Drittel, Ansicht von distal. Durch die Septa intermuscularis femoris werden die Extensorenloge (*oben*), die Flexorenloge (*unten*) und die Adduktorenloge (*rechts unten* im Bild) abgegrenzt. Zu beachten sind die Gefäß-Nerven-Straßen

A. und V. poplitea zwischen Caput mediale und laterale des M. gastrocnemius und gelangt mit ihnen unter dem Arcus tendineus musculi solei in die Beugerloge. Der **N. fibularis communis** tritt am dorsomedialen Rand des Caput longum musculi bicipitis femoris in die Kniekehle ein, verlässt sie am Caput fibulae und senkt sich dann in die Fibularisloge ein.

In der Fossa poplitea haben Nerven und Gefäße folgende **Lagebeziehungen** zueinander: Der N. fibularis communis läuft am dorsomedialen Rand des M. biceps femoris und seiner Endsehne. Es folgen nach medial und etwas tiefer gelegen der N. tibialis, dann die V. poplitea und schließlich am tiefsten und am weitesten medial in unmittelbarer Nachbarschaft der Kniegelenkkapsel die A. poplitea. Sie ist in der Tiefe der Kniekehle bei gebeugtem Knie zu tasten. Zwischen den beiden Ursprungsköpfen des M. gastrocnemius mündet außerdem die V. saphena parva in die V. poplitea.

Klinischer Hinweis

Entlang den Leitungsbahnen können sich entzündliche Prozesse aus der Kniekehle in Ober- oder Unterschenkel ausbreiten. Bei Frakturen des distalen Femurendes ist die A. poplitea besonders gefährdet.

Regio cruralis anterior. Leitmuskel für die Gefäße ist der M. tibialis anterior. Im proximalen Drittel des Unterschenkels liegt die **A. tibialis anterior** mit ihren Begleitvenen zwischen M. tibialis anterior und M. extensor digitorum longus auf der Membrana interossea cruris. Im distalen Drittel gelangen die Gefäße und der Endast des N. fibularis profundus allmählich in die oberflächliche Schicht. Zur Darstellung des Gefäß-Nerven-Stranges geht man zwischen M. tibialis anterior und M. extensor hallucis longus ein (Tabelle 12.33).

Regio cruralis posterior. Epifaszial liegen die V. saphena parva und die Nn. cutanei surae medialis et lateralis. Der subfasziale Bereich wird nach den in zwei Muskellogen verlaufenden Flexoren in eine oberflächliche und eine tiefe Schicht unterteilt. **A. tibialis posterior** mit **Begleitvenen, N. tibialis** und die **Vasa lymphoidea** tibialia posteriora bilden das starke Gefäß-Nerven-Bündel des Unterschenkels (Tabelle 12.33, Abb. 12.81). Es liegt in einer Rinne zwischen den tiefen Fle-

Tabelle 12.33. Gefäß-Nerven-Straßen des Unterschenkels (Abb. 12.81)

Gefäß-Nerven-Straßen	Leitmuskeln	Leitungsbahnen
in der Extensorenloge, Regio cruralis anterior	M. tibialis anterior	A. tibialis ant. Vv. tibiales ant. N. fibularis prof. N. interosseus cruri
in der Flexorenloge, Regio cruralis posterior	tiefe Flexoren	A. tibialis post. Vv. tibiales post. N. tibialis Vasa lymphoidea
	im distalen Drittel des Unterschenkels M. flexor hallucis	A. fibularis
Fibularisloge	Mm. fibulares	N. fibularis superficialis

xoren unter dem tiefen Blatt der Unterschenkelfaszie bedeckt vom M. triceps surae. Distal läuft das Gefäß-Nerven-Bündel hinter und unterhalb des Innenknöchels zur Fußsohle. Die **A. fibularis** zieht in der tiefen Flexorenloge zwischen M. tibialis posterior und M. flexor hallucis longus distalwärts.

Regio malleolaris medialis. Vorn am Innenknöchel liegen subkutan die Endverzweigungen des **N. saphenus** und die **V. saphena magna.** Hinter dem Knöchel sind Leitungsbahnen und Sehnen in einer bestimmten Schichten- und Reihenfolge angeordnet: Das Retinaculum musculorum flexorum überbrückt in einem oberflächlich gelegenen Fach die **A. tibialis posterior** – flankiert von ihren beiden Begleitvenen – und dorsal davon den **N. tibialis.** Unter der tiefen Schicht des Retinaculums (früher Lig. laciniatum) liegen in einem gemeinsamen Raum (früher Canalis malleolaris, Malleolarkanal) in je einer eigenen **Sehnenscheide** die Sehne des M. tibialis posterior (vorne), dann die Sehne des M. flexor digitorum longus und am weitesten dorsal die Sehne des M. flexor hallucis longus. Der **Puls** der **A. tibialis posterior** ist etwa 2 cm dorsokaudal des Malleolus medialis zu tasten. Hier teilt sich die Arterie in die Aa. plantares medialis et lateralis.

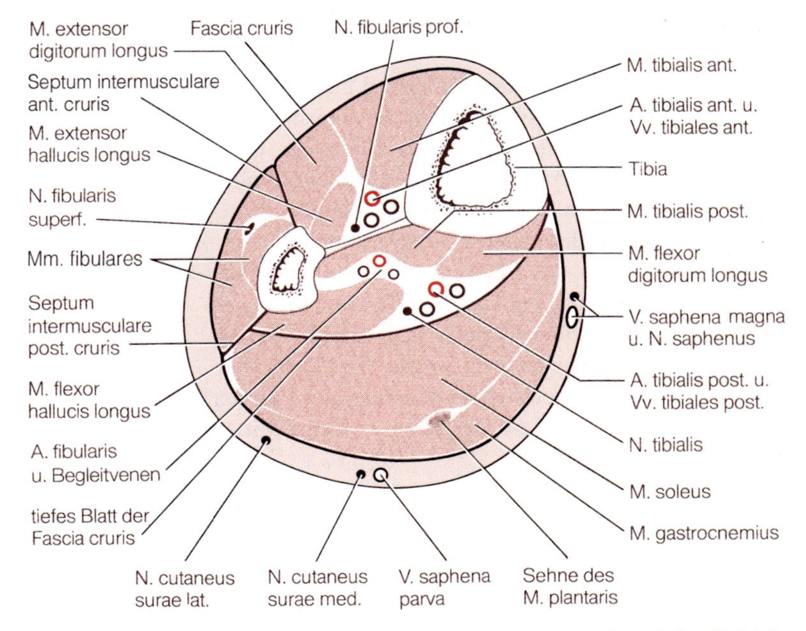

Abb. 12.81. Querschnitt durch den rechten Unterschenkel, Ansicht von distal. Durch die Septa intermuscularia cruris und die Membrana interossea werden die Extensorenloge (*oben*), die Fibularisloge (*links* von der Fibula) und die tiefe und oberflächliche Flexorenloge abgegrenzt. Zu beachten sind die Gefäß-Nerven-Straßen (► Tabelle 12.34)

Tabelle 12.34. Gefäß-Nerven-Straßen am Fuß

Gefäß-Nerven-Straße	Leitungsbahnen	Lage, Verlauf
dorsale Gefäß-Nerven-Straße	A. dorsalis pedis Vv. dorsales pedis N. fibularis profundus Lymphgefäße	meist unmittelbar seitlich neben der Sehne des M. extensor hallucis longus am Fußrücken, subfaszial
medioplantare Gefäß-Nerven-Straße	A. plantaris medialis Vv. plantares mediales N. plantaris medialis Lymphgefäße	anfangs zwischen M. abductor hallucis brevis und M. flexor digitorum brevis, später trennt sich der Nerv von den Gefäßen
lateroplantare Gefäß-Nerven-Straße	A. plantaris lateralis Vv. plantares laterales N. plantaris lateralis Lymphgefäße	Gefäß-Nerven-Bündel läuft anfangs zwischen M. flexor digitorum brevis und M. quadratus plantae, später begleitet der R. prof. des Nerven den Arcus plantaris, beide liegen zwischen dem Caput obliquum des M. adductor hallucis und den Mm. interossei

Regio malleolaris lateralis. Hinter dem Außenknöchel läuft bogenförmig auf der Faszie die **V. saphena parva** in Begleitung des **N. cutaneus dorsalis lateralis** (Endstrecke des N. suralis). Unter dem Retinaculum musculorum fibularium superius et inferius liegen in einer gemeinsamen Sehnenscheide die Sehnen beider Mm. fibulares.

Dorsum pedis (*Fußrücken*). Epifaszial liegen das Rete venosum dorsale pedis und der Arcus venosus dorsalis pedis, die durch die Haut durchschimmern. Unter dem Venengeflecht breiten sich die Endverzweigungen des N. cutaneus dorsalis medialis, intermedius und lateralis aus. In der nächst tieferen Schicht folgen die Sehnen der Extensoren des Unterschenkels und die Muskeln des Fußrückens, die das Oberflächenrelief mitbestimmen. Die **A. dorsalis pedis** liegt lateral von der Sehne des M. extensor hallucis longus. Ihr **Puls** ist hier zu tasten. Gleichfalls getastet werden kann der **Puls** der **A. metatarsalis dorsalis I** zwischen dem 1. und 2. Mittelfußknochen.

Klinischer Hinweis

Bei arteriellen Verschlusskrankheiten der A. femoralis fehlt der Arterienpuls an den genannten Stellen.

Planta pedis (*Fußsohle*). Die unter der Aponeurosis plantaris gelegenen Gefäße und Nerven teilen sich in einen medialen und in einen lateralen Strang. Über die beiden Gefäß-Nerven-Straßen gibt Tabelle 12.34 Auskunft.

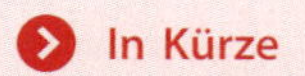

In Kürze

Die Darstellungen sind in den Tabellen 12.31–12.34 **zusammengefasst**

Kopf und Hals

13.1 Kopf – 582

13.1.1 Schädel – 582

13.1.2 Gesicht – 601

13.1.3 Mundhöhle und Kauapparat – 605

13.1.4 Nase, Nasenhöhle und Nasennebenhöhlen – 626

13.1.5 Topographie des Kopfes – 629

13.2 Hals – 632

13.2.1 Gliederung – 632

13.2.2 Zungenbein, Zungenbeinmuskulatur, weitere Halsmuskeln – 636

13.2.3 Fascia cervicalis, Spatien – 639

13.2.4 Organe des Halses – 640

13.2.5 Topographie des Halses – 654

13.3 Leitungsbahnen an Kopf und Hals, systematische Darstellung – 656

13.3.1 Arterien – 656

13.3.2 Venen – 661

13.3.3 Lymphgefäßsystem – 663

13.3.4 Nerven – 665

13 Kopf und Hals

In diesem Kapitel wird dargestellt,

dass Kopf und Hals
- entwicklungsgeschichtlich zusammengehören,
- Anteile des Verdauungssystems, des respiratorischen Systems und des Zentralnervensystems beherbergen,
- topographisch eigene Entitäten sind, die durch Kopfgelenke zwischen Wirbelsäule und Schädel sowie durch Muskulatur verbunden sind.

13.1 Kopf

Zum **Kopf** (Caput) gehören
- **Cranium** (*Schädel*)
- **Mandibula** (*Unterkiefer*) mit **Articulatio temporomandibularis** (*Kiefergelenk*)
- **Kopfmuskulatur**
- **Anteile des Verdauungssystems:** *Mundhöhle mit ihren Organen*
- **Anteile des respiratorischen Systems:** *Nase, Nasennebenhöhlen*

Entwicklungsgeschichtlicher Hinweis
Die Kopfentwicklung geht auf die Differenzierung des Mesenchyms um die Neuralanlage zurück. Im Gegensatz zum Rumpf (► S. 230) liegt dem Kopf keine metamere (segmentale) Gliederung zu Grunde. Hervorgegangen ist das Mesenchym der Kopfregion aus der Neuralleiste (► S. 733). Wichtig für die Kopfentwicklung sind die Branchialbögen. Außerdem wirkt die wachsende Gehirnanlage formgestaltend bei der Kopfentwicklung mit. Die Branchialbögen befinden sich in der Übergangsregion zwischen Kopf- und Rumpfanlage. Es handelt sich um 4 (6) bogenförmige Abschnitte, in denen Mesenchym aneinander liegendes Ekto- und Entoderm auseinander gedrängt hat. Aus den Branchialbögen gehen Bestandteile der knöchernen Schädelbasis (Hörknöchelchen, Proc. styloideus), Kopfmuskulatur und im Halsbereich Zungenbein und Anteile des Skeletts des Kehlkopfs hervor. Ergänzt wird die knorpelig präformierte Schädelbasis zur Schädelkapsel durch desmal sich entwickelnde Knochen (Deckknochen).

13.1.1 Schädel

Kernaussagen

- Der Schädel (Cranium) ist der knöcherne Anteil des Kopfes.
- Er umschließt und schützt Gehirn, Augen und Ohren.
- Der Schädel besteht aus 17 Einzelknochen, die durch Synostosen zu Neurokranium und Viszerokranium zusammengeschlossen sind.
- Die Schädelbasis hat zahlreiche Öffnungen für Gehirnnerven bzw. deren Äste und versorgende Gefäße.
- Zum Viszerokranium gehören Nasen- und Nasennebenhöhlen sowie die Mundhöhle.
- Der Unterkiefer ist der einzige Schädelknochen mit gelenkiger Verbindung zum übrigen Schädel.

Die 17 Einzelknochen des Schädels (Tabelle 13.1) sind durch mehr oder weniger deutliche Nähte (**Suturae**) verbunden. Nach ihrer Lage und ihrer Beziehung zu den Organen, die sie umfassen, lassen sich die Schädelknochen zusammenfassen zu:
- **Neurocranium** (*Gehirnschädel*)
- **Viszerocranium** (*Splanchnocranium, Gesichtsschädel*).

Die Grenze folgt einer Linie von der Nasenwurzel zum Oberrand der Augenhöhle bis zum äußeren Gehörgang.

Die Schädelknochen gehören in die Gruppe der platten bzw. der pneumatisierten Knochen (▶ S. 157). Bei den platten Schädelknochen befindet sich zwischen einer *Lamina externa* und einer *Lamina interna* die **Diploë** mit Knochenmark. Die Lamina externa ist von Periost (**Pericranium**) bedeckt. An der Lamina interna übernimmt die harte Hirnhaut (Dura mater cranialis ▶ S. 846) Periostfunktion. Die pneumatisierten Knochen beinhalten mit Schleimhaut ausgekleidete Hohlräume.

Das **Neurokranium** besteht aus:
- **Calvaria** (*Schädeldach*)
- **Basis cranii** (*Schädelbasis*)

  Sie umschließen das Gehirn mit den Meningen (Gehirnhäute).

Das **Viszerokranium** bildet die knöcherne Grundlage des Gesichtes. Im Viszerokranium befinden sich die Augenhöhlen, die Nasen- und mehrere Nasennebenhöhlen. Außerdem bildet es das Dach der Mundhöhle.

Zur Entwicklung des knöchernen Schädels
Die Schädelknochen entstehen (▫ Tabelle 13.1) teils
- auf *knorpeliger Grundlage* (Chondrocranium) durch chondrale Ossifikation (**Ersatzknochen**), teils
- auf *bindegewebiger Grundlage* (Desmocranium) durch desmale Ossifikation (**Deckknochen**). Hierzu gehören die meisten Knochen des Viszerokraniums, aber auch einige des Neurokraniums (▶ unten)
- teils auf *knorpeliger*, teils auf *bindegewebiger Grundlage* (**Mischknochen**).

Die Entwicklung des Schädels beginnt in der 7. Entwicklungswoche mit der Anlage der Schädelbasis. Die Entwicklung des Schädeldaches erfolgt später und ist erst weit nach der Geburt abgeschlossen.

Während der Entwicklung ändern sich die Proportionen des Schädels. Zunächst steht das Wachstum des Neurokranium im Vordergrund; das Viszerokranium (Gesichtsschädel) bleibt zurück. Mit der postnatalen Entwicklung des Kauapparates ändern sich jedoch die Verhältnisse, bis schließlich die bleibenden Proportionen zwischen Neuro- und Viszerokranium entstehen (▫ Abb. 13.1, 13.7).

Auch verändern sich die Proportionen zwischen Gesamtschädel und Körper. Durch das starke pränatale Wachstum des Gehirns ist auch noch beim Neugeborenen der Kopf überproportional groß.

Schädeldach

Wichtig

Verbunden sind die Knochen des Schädeldachs (Calvaria) durch Nähte: Sutura coronalis, Sutura sagittalis, Sutura lambdoidea. In den ersten zwei Lebensjahren befinden sich an ihren Treffpunkten Fontanellen: Fonticulus anterior, Fonticulus posterior, Fonticulus sphenoidalis, Fonticulus mastoideus.

▫ **Tabelle 13.1.** Schädelknochen

Neurokranium			Viszerokranium		
Os frontale	Stirnbein	D	Maxilla	Oberkiefer	D
Os sphenoidale	Keilbein, Wespenbein	M	Os palatinum	Gaumenbein	D
Os temporale	Schläfenbein	M	Os zygomaticum	Jochbein	D
Os parietale	Scheitelbein	D	Os lacrimale	Tränenbein	D
Os occipitale	Hinterhauptbein	M	Os nasale	Nasenbein	D
Os ethmoidale	Siebbein	E	Concha nasalis inferior	untere Nasenmuschel	E
			Vomer	Pflugscharbein	D
			Mandibula	Unterkiefer	D
			3 Ossicula auditoria	Gehörknöchelchen	
			Malleus	Hammer	E
			Incus	Amboss	E
			Stapes	Steigbügel	E

E Ersatzknochen; *D* Deckknochen; *M* Mischknochen

Eine scharfe oder festgelegte Grenze zwischen Schädeldach und Schädelbasis besteht nicht. Dennoch werden beide Anteile unterschieden. Die Trennlinie entspricht etwa einer Horizontalen durch die Squama frontalis, den unteren Teil des Os parietale und der Squama occipitalis. Dementsprechend sind **Os occipitale**, die beiden **Ossa parietalia** und das **Os frontale** sowohl am Aufbau der Schädelkalotte als auch der Schädelbasis beteiligt.

Zur Entwicklung des Schädeldachs

Die Knochen des Schädeldachs entstehen rein desmal. An den Stellen, an denen zwei benachbarte Knochenanlagen aneinander stoßen, entstehen Knochennähte (**Suturae**) (Abb. 13.1) und an den Stellen, an denen mehrere Knochen zusammentreffen, zunächst größere, von bindegewebigen Membranen bedeckte Lücken, die als **Fonticuli cranii** (*Fontanellen*) bezeichnet werden und beim Kleinkind auch noch vorhanden sind. Der Verschluss geht von randständigen Proliferationszonen der benachbarten Knochen aus.

Die Verknöcherung von Suturae und Fontanellen erfolgt nach Abschluss des Wachstums.

Größere Fontanellen sind (Abb. 13.1):

- **Fonticulus anterior:** groß und viereckig; sie befindet sich zwischen den noch nicht verschmolzenen Ossa frontalia und den beiden Ossa parietalia; der Verschluss erfolgt im 2. Lebens*jahr*
- **Fonticulus posterior**, kleine dreieckige Fontanelle; sie liegt zwischen den Ossa parietalia und dem unpaaren Os occipitale; der Verschluss erfolgt im 3. Lebens*monat*
- **Fonticulus sphenoidalis** zwischen Stirnbein, Scheitelbein, Schläfenbein und Keilbein
- **Fonticulus mastoideus** zwischen Scheitelbein, Hinterhauptsbein und Schläfenbein; Fonticuli sphenoidalis et mastoideus schließen sich bald nach der Geburt

Bei der Geburt können sich die Schädelknochen in Nähten und Fontanellen zusammenschieben, sodass sich der Kopf bis zu einem gewissen Grade den Raumverhältnissen des Geburtskanals anpassen kann.

Fehlbildungen. Die ausgedehnteste Fehlbildung ist die **Akranie.** Hierbei fehlen die Schädelkalotte und gelegentlich Teile der Schädelbasisknochen. In der Regel sind damit schwere Missbildungen des Gehirns verbunden (**Anenzephalie**). Weitere Fehlentwicklungen entstehen, wenn sich Schädelnähte vorzeitig schließen (**Kraniosynostosen**).

Schädelnähte. Zwischen den Knochen der Calvaria sind auch noch beim Erwachsenen zu erkennen (Abb. 13.7):

- **Sutura coronalis** (Kranznaht); sie liegt zwischen dem verschmolzenen Os frontale und den beiden Ossa parietalia
- **Sutura sagittalis** (Pfeilnaht); sie liegt median zwischen den beiden Ossa parietalia und kann sich bei ausgebliebener Synostose des Os frontale bis in das Nasenbein erstrecken (*Sutura frontalis persistens* oder *Sutura metopica*)
- **Sutura lambdoidea** (Lambdanaht) bildet sich zwischen der Schuppe (Squama) des Os occipitale und den beiden Ossa parietalia aus

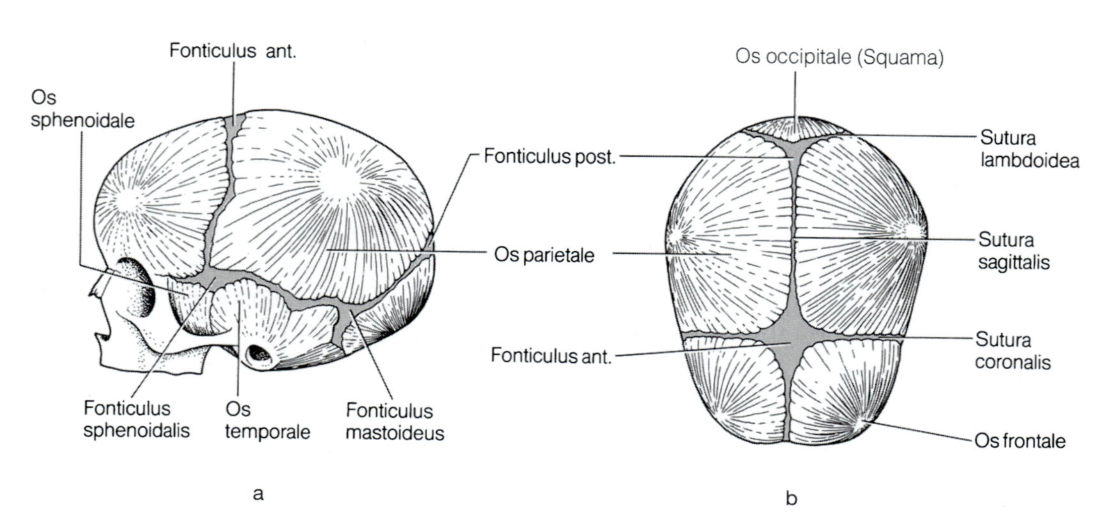

Abb. 13.1 a, b. Fontanellen des kindlichen Schädels. **a** Ansicht von der linken Seite; **b** Ansicht von oben

Ferner sind am Schädeldach zu erkennen:

- **von außen**
  - am **Os frontale:** Tubera frontalia
  - am **Os parietale:** Tuber parietale, Lineae temporales superior et inferior (► S. 594)
- **von innen**
  - am **Os frontale:** Crista frontalis
  - am **Os parietale** und **Os occipitale:** Sulci arteriosi, *Foveolae granulares* für Granulationes arachnoidales (► S. 847)

Schädelbasis

Wichtig

Die Schädelbasis (Basis cranii) lässt auf der Innenseite drei von vorn nach hinten stufenförmig abgesetzte Schädelgruben erkennen: Fossa cranii anterior, media und posterior. Die mittlere Schädelgrube ist paarig. Die Trennung erfolgt durch das Corpus ossis sphenoidalis mit der Fossa hypophysialis. Die Grenze zwischen der hinteren und den beiden mittleren Schädelgruben befindet sich an der Oberkante des Felsenbeins, das das Innenohr umschließt. Die hintere Grenze der vorderen Schädelgrube bildet der kleine Keilbeinflügel. Auf der Außenseite gliedert sich die Schädelbasis in einen vorderen viszeralen und einen davon stufenartig abgesetzten hinteren neuralen Abschnitt. An der Stufe liegen die hinteren Öffnungen der Nasenhöhlen (Choanen). Die Schädelbasis hat zahlreiche Öffnungen für den Durchtritt von Hirnnerven und Gefäßen. Im neuralen Abschnitt dient das Foramen magnum für die Verbindung von Hirnstamm und Rückenmark.

Die Schädelbasis erscheint in der Ansicht von innen anders als in der von außen. Hervorgerufen wird dies dadurch, dass nur ein Teil der Innenseite des Schädels eine unmittelbare Korrespondenz zur Außenseite hat, nämlich in der hinteren Hälfte. In der vorderen Hälfte entspricht die Innenseite der Schädelbasis einem Dach über dem Viszerokranium mit seinen Augen-, Nasen- und Nasennebenhöhlen. Die Unterseite wird vom Boden der Nasen- sowie der Kieferhöhlen gebildet.

Zur Entwicklung der Schädelbasis

Die Entwicklung der Schädelbasis geht von Zentren mit Knorpelbildung aus. Sie liegen (■ Abb. 13.2):

- **parachordal,** in enger Beziehung zum Kopfanteil der Chorda dorsalis (► S. 110)
- **prächordal** in einer trabekulären Region vor der Chorda dorsalis
- **lateral und rostral** als knorpelige Sinnesorgankapseln, für Hörorgan, Geruchsorgan und Sehorgan

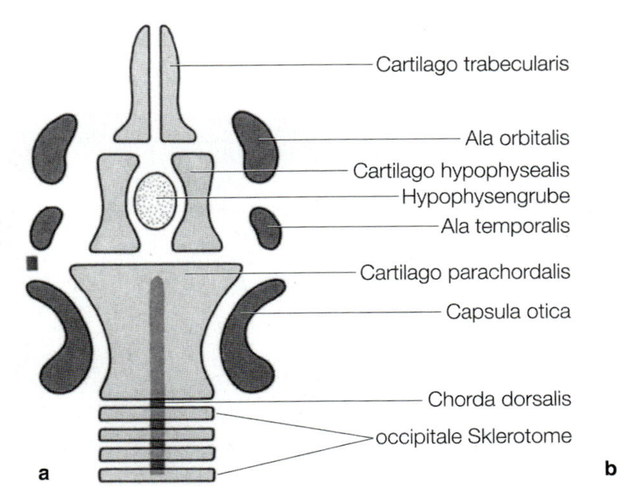

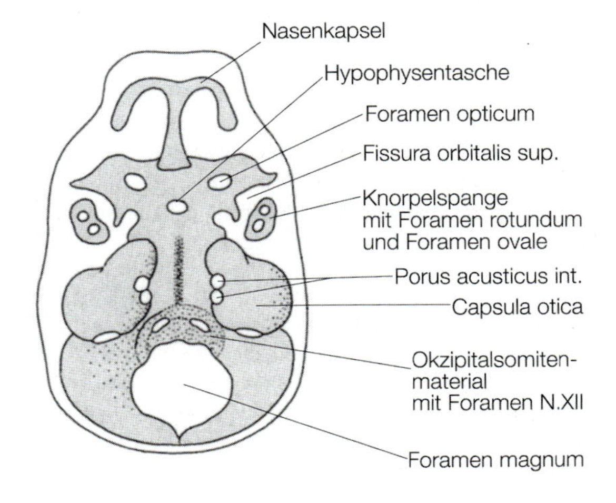

■ **Abb. 13.2 a, b.** Entwicklung der Schädelbasis. **a** Anfang des 2. Entwicklungsmonats (nach Langman 1985); **b** Mitte des 2. Entwicklungsmonats

Parachordales Gebiet. Um den kranialen Abschnitt der Chorda dorsalis entsteht im Kopfmesenchym ein unpaarer plattenartiger Knorpel (**Cartilago parachordalis**, *Basalplatte*). Unmittelbar kaudal befinden sich die vier am weitesten kranial gelegenen okzipitalen Somiten. Von diesen verschwindet der oberste, die restlichen bleiben erhalten, verlieren jedoch ihre Segmentierung. Ihr Sklerotomanteil verschmilzt mit dem parachordalen Zentrum und verknorpelt, sodass ein einheitliches Knorpelgebiet entsteht, das von der Spitze der Chorda dorsalis, die etwa dem Hinterrand der späteren Hypophysengrube entspricht, bis an das spätere Foramen magnum reicht. Es ist dies die Anlage der **Pars basilaris ossis occipitalis.** Von der Basalplatte gehen zwei Fortsätze aus, die das obere Ende der Rückenmarkanlage umwachsen und das **Foramen magnum** bilden. Durch die Knorpelbildung werden die kranialen Spinalnerven zum N. hypoglossus vereinigt, der, jetzt in die Schädelkapsel einbezogen, zu einem Hirnnerven wird. Er verlässt den Schädel durch den Canalis nervi hypoglossi des Os occipitale (► S. 594).

Prächordales Gebiet. Vor dem vorderen Ende der Chorda dorsalis entstehen zwei Paare von später ossifizierenden Zentren: die **Cartilagines hypophyseales** und davor die **Cartilagines trabeculares.** Diese vier Anlagen verschmelzen während der Entwicklung und bilden die **Körper von Keilbein und Siebbein.** Jedoch verbleibt median ein breiter Spalt, die spätere **Hypophysengrube.** Auch verschmelzen die prächordalen und parachordalen Knorpel, wodurch eine längliche, bizzar geformte Knorpelplatte entsteht, die von der Vorderseite des Schädels bis zum vorderen Rand des Foramen magnum reicht. Auf dieser Knorpelplatte ruht das sich entwickelnde Gehirn wie in einer Mulde.

In der Folgezeit treten in der Umgebung des vorderen Teils der Gehirnanlage zwei Knorpel in Erscheinung (*Ala orbitalis* und *Ala temporalis*) (Abb. 13.2a); sie verschmelzen bald mit der basalen Knorpelplatte. Die **Ala orbitalis** umgreift dabei den N. opticus und es entsteht das **Foramen opticum** (Abb. 13.2b). Aus der Ala orbitalis wird letztlich der **kleine Keilbeinflügel.** Aus der **Ala temporalis** geht der **große Keilbeinflügel** hervor, der mehrere Gehirnnerven umwächst und dadurch Öffnungen aufweist (z. B. **Foramen rotundum, Foramen ovale;** Abb. 13.2b). Zwischen großem und kleinem Keilbeinflügel bleibt bei der späteren Verknöcherung die **Fissura orbitalis superior** für Gefäße und Nerven frei.

Kapseln für Sinnesorgane. Beidseits der Basalplatte entstehen als eigenständige Gebilde die knorpeligen **Ohrkapseln** (► S. 711, Abb. 13.2), die später mit dem lateralen Rand der Basalplatte verschmelzen. Diese Verschmelzung ist jedoch unvollständig; dadurch entsteht das **Foramen jugulare.** Aber auch die Ohrkapsel selbst weist Öffnungen für Hirnnerven auf (**Porus acusticus internus** für Nn. VII, VIII, Abb. 13.2b). – Ferner bildet sich eine Knorpelkapsel um jede Riechgrube (**Capsula nasalis**) (Abb. 13.2b). Auch hier verschmelzen die Knorpelkapseln miteinander und später mit den Cartilagines trabeculares.

Umwandlung der knorpeligen Anlage der Schädelbasis in Knochen. Sie beginnt mit dem Auftreten von Knochenkernen in der Knorpelplatte (Bildung von Ersatzknochen). Es folgen seitlich davon desmale Ossifikationen (Deckknochenbildung), sodass letztlich Mischknochen entstehen.

Die **Basis cranii interna** (Abb. 13.3) lässt drei Schädelgruben unterscheiden, die von vorn nach hinten stufenförmig abgesetzt sind:
- **Fossa cranii anterior**
- **Fossa cranii media**
- **Fossa cranii posterior**

Fossa cranii anterior. Ihr liegt der Lobus frontalis des Großhirns auf.

Gebildet wird die vordere Schädelgrube durch:
- **Partes orbitales ossis frontalis**
- **Lamina cribrosa ossis ethmoidalis**
- **Corpus ossis sphenoidalis** und **Alae minores ossis sphenoidalis**

Die Fossa cranii anterior weist wie alle Schädelgruben Öffnungen zur Passage von Gefäßen und Nerven auf. Eine Zusammenstellung aller Öffnungen der Schädelbasis finden Sie in Tabelle 13.2.

Einzelheiten (Abb. 13.4)
Die **Partes orbitales ossis frontalis** bilden das Dach der Augenhöhle. Sie sind durch **Impressiones gyrorum** modelliert, die durch Auffaltungen (Gyri) des Gehirns hervorgerufen werden.

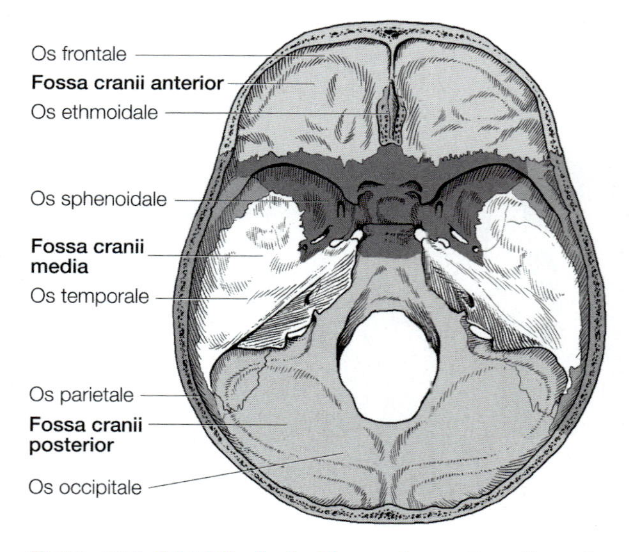

Abb. 13.3. Schädelbasis, Ansicht von innen. Darstellung der Knochen

13

Tabelle 13.2. Foramina des Schädels

Foramen	Lokalisation	Verbindung zwischen	Hindurchtretende Strukturen
Lamina cribrosa	Os ethmoidale	vordere Schädelgrube – Nasenhöhle	Fila olfactoria (N. I), A. u. N. ethmoidalis ant.
Canalis opticus	Os sphenoidale	mittlere Schädelgrube – Orbita	N. opticus (N. II), A. ophthalmica (aus A. carotis int.)
Fissura orbitalis superior	zwischen Ala major und minor ossis sphenoidalis	mittlere Schädelgrube – Orbita	N. oculomotorius (N. III), N. trochlearis (N. IV), N. ophthalmicus (N. V1), N. abducens (N. VI), V. ophthalmica superior
For. rotundum	Ala major ossis sphenoidalis	mittlere Schädelgrube – Fossa pterygopalatina	N. maxillaris (N. V2)
For. ovale	Ala major ossis sphenoidalis	mittlere Schädelgrube – Fossa infratemporalis	N. mandibularis (N. V3), Plexus venosus foraminis ovalis
For. spinosum	Ala major ossis sphenoidalis	mittlere Schädelgrube – Fossa infratemporalis	A. meningea media (aus A. maxillaris), R. meningeus nervi mandibularis (N. V3)
For. lacerum	Spalte zwischen Ala major ossis sphenoidalis und Spitze der Pars petrosa ossis temporalis	mit Faserknorpel verschlossenes Foramen in der mittleren Schädelgrube gewährt den Zugang zum Canalis pterygoideus	N. petrosus major und N. petrosus prof. durchziehen den Faserknorpel und gelangen in den Canalis pterygoideus
Canalis caroticus	gebogener Kanal durch die Pars petrosa ossis temporalis	Apertura externa vor der Fossa jugularis – Apertura interna an der Spitze der Pars petrosa	A. carotis interna, Plexus caroticus
Canaliculi caroticotympanici	Pars petrosa ossis temporalis	vom Genu des Canalis caroticus zum Cavum tympani	sympathische Nn. caroticotympanici
Porus acusticus internus – Meatus acusticus internus	Facies posterior partis petrosae ossis temporalis	hintere Schädelgrube – Innenohr bzw. For. stylomastoideum	N. facialis (N. VII), N. vestibulocochlearis (N. VIII), A. u. V. labyrinthi
Apertura canaliculi vestibuli	lateral des Porus acusticus internus unter einem knöchernen Dach	hintere Schädelgrube – Innenohr	unter dem Dach liegt der Saccus endolymphaticus, das subdurale Ende des Ductus endolymphaticus

Tabelle 13.2 (Fortsetzung)

Foramen	Lokalisation	Verbindung zwischen	Hindurchtretende Strukturen
For. jugulare	Spalte zwischen Pars petrosa ossis temporalis und der Pars lateralis ossis occipitalis	hintere Schädelgrube (Fossa jugularis) und Spatium latero(para)pharyngeum	im vorderen, kleinen Abschnitt: Sinus petrosus inf. und N. glossopharyngeus (N. IX); im hinteren, größeren Abschnitt: V. jugularis interna, N. vagus (N. X) und N. accessorius (N. XI), A. pharyngea ascendens
Canaliculus mastoideus	am Boden der Fossa jugularis in der Pars petrosa ossis temporalis	Fossa jugularis – Meatus acusticus externus	R. auricularis nervi vagi (sensibler Ast des N. X)
Canaliculus tympanicus	beginnt in der Fossa petrosa am lateralen Rand der Knochenleiste zwischen Fossa jugularis und Apertura externa canalis carotici	äußere Schädelbasis – Cavum tympani	N. tympanicus (sekretorischer Ast des N. glossopharyngeus) (► Jacobson-Anastomose, Abb. 13.29 und ► S. 676)
Apertura canaliculi cochleae	am medialen Rand der Knochenleiste zwischen Fossa jugularis und äußerer Öffnung des Canalis caroticus	äußere Schädelbasis – Innenohr	Aqueductus cochleae
Canalis musculotubarius	horizontal verlaufender Kanal, dessen knöcherner Anteil vor der Apertura externa canalis carotici beginnt	Pharynx – Cavitas tympanica	M. tensor tympani im kranial gelegenen Semicanalis musculi tensoris tympani, Tuba auditiva im kaudal gelegenen Semicanalis tubae auditivae
Canalis nervi hypoglossi	durchzieht die Basis der Kondylen	hintere Schädelgrube – äußere Schädelbasis	N. hypoglossus (N. XII)
For. magnum	Os occipitale	hintere Schädelgrube – Rückenmarkkanal	Medulla oblongata, Radix spinalis nervi accessorii (N. XI), Aa. vertebrales, A. spinalis ant., A. spinalis post., R. meningeus der A. vertebralis
Foramina incisiva	zwischen Os incisivum und Proc. palatinus maxillae	Nasenhöhle – Gaumen	Nn. nasopalatini (aus N. maxillaris = N. V2)
For. palatinum majus (et minus)	zwischen Proc. palatinus maxillae und Lamina horizontalis ossis palatini	Flügelgaumengrube – Gaumen	N. palatinus major et minor (aus N. maxillaris = N. V2) und gleichnamige Gefäße

Tabelle 13.2 (Fortsetzung)

Foramen	Lokalisation	Verbindung zwischen	Hindurchtretende Strukturen
Canalis pterygoideus	zieht horizontal durch die Wurzeln des Proc. pterygoideus	Foramen lacerum – Fossa pterygopalatina	N. petrosus major (sekret. Nerv des N. intermedius), N. petrosus profundus (sympathische Fasern aus dem Plexus caroticus)
For. stylomastoideum	Os temporale zwischen Proc. mastoideus und Proc. styloideus	äußere Öffnung des Canalis nervi facialis, der am Porus acusticus internus beginnt	N. facialis (N. VII), A. stylomastoidea
For. sphenopalatinum	zwischen Lamina perpendicularis ossis palatini und Os sphenoidale	Fossa pterygopalatina – Nasenhöhle	Aa. nasales post. (aus A. maxillaris), Rr. nasales post. sup. et inf. (aus N. V2)
Fissura orbitalis inf.	zwischen Ala major ossis sphenoidalis und Pars orbitalis maxillae	Fossa pterygopalatina – Orbita	A. u. V. infraorbitalis (aus A. maxillaris), V. ophthalmica inf., N. infraorbitalis, N. zygomaticus (beide aus N. V2)
For. (Canalis) infraorbitale	Corpus maxillae	Orbita – Haut über der Maxilla	A. u.V. infraorbitalis, N. infraorbitalis
Sulcus lacrimalis (Canalis nasolacrimalis)	Os lacrimale	Orbita – Meatus nasi inferior	Tränennasenkanal
Fissura sphenopetrosa	am hinteren Rand des For. lacerum, mediale Fortsetzung der Fissura petrosquamosa	mittlere Schädelgrube – Fossa infratemporalis	N. petrosus minor (sekretorischer Ast des N. glossopharyngeus) (► Jacobson-Anastomose, Abb. 13.29 und ► S. 676)
Fissura petrotympanica	am Hinterrand der Fossa mandibularis	Cavum tympani – Regio infratemporalis	Chorda tympani (sekretorischer Ast des N. intermedius zur Innervation der Gll. submandibularis et sublingualis, Geschmacksfasern der vorderen zwei Drittel der Zunge)
For. ethmoidale ant.	zwischen Facies orbitalis ossis frontalis und Lamina orbitalis ossis ethmoidalis	Orbita – vordere Schädelgrube	A., V. und N. ethmoidalis ant. (aus N. V1) ziehen extradural durch vordere Schädelgrube und durch Lamina cribrosa zur Nasenhöhle
For. ethmoidale post.	zwischen Facies orbitalis ossis frontalis und Lamina orbitalis ossis ethmoidalis	Orbita – hintere Siebbeinzellen und Sinus sphenoidalis	A., V. und N. ethmoidalis post. (aus N. V1) ziehen zu hinteren Siebbeinzellen und Sinus sphenoidalis

Tabelle 13.2 (Fortsetzung)

Foramen	Lokalisation	Verbindung zwischen	Hindurchtretende Strukturen
For. zygomatico-faciale	Os zygomaticum	laterale Orbitalwand – äußere Gesichtsregion	R. zygomaticofacialis des N. zygomaticus (aus N. V2)
For. zygomatico-temporale	Os zygomaticum	laterale Orbitalwand – Schläfengegend	R. zygomaticotemporalis des N. zygomaticus (aus N. V2)
For. (Canales) alveolaria	Facies infratemporalis maxillae	Fossa infratemporalis – hintere Oberkieferzähne	Rr. alveolares sup. post. aus N. infraorbitalis (Ast des N. V2), Vasa alveolaria sup. post.
For. (Canalis) mandibulae	Unterkiefer	von Mitte des Ramus mandibulae bis zur Öffnung außen an der Mandibula	N. alveolaris inf. (aus N. V3) für Unterkieferzähne und Haut des Unterkiefers, A. u. V. alveolaris inf.
For. mentale	Unterkiefer	Canalis mandibulae und Unterhaut	N. mentalis, A. mentalis
Fissura pterygo-maxillaris	zwischen Proc. pterygoideus ossis sphenoidalis und Tuber maxillae	Fossa infratemporalis – Fossa pterygopalatina	A. maxillaris; Nn. alveolares sup. post. treten aus der Fissur in die Canales alveolares maxillae ein
Hiatus semilunaris	Meatus nasi medius	Sinus maxillaris, Sinus frontalis, vordere Siebbeinzellen und Meatus nasi medius	

Lamina cribrosa ossis ethmoidalis befindet sich zwischen den Partes orbitales ossis frontalis. Sie bedeckt die Nasenhöhle. In der Mitte der Lamina cribrosa steht als solide Leiste die **Crista galli**, an der sich die Durasichel (Falx cerebri) befestigt.

Die Crista galli des Os ethmoidale setzt sich als **Crista frontalis** auf das Os frontale fort. Am Übergang der Crista galli zur Crista frontalis liegt das kleine **Foramen caecum** mit einem Durazapfen.

Corpus ossis sphenoidalis, Alae minores ossis sphenoidalis. Sie bilden die Grenze zur mittleren Schädelgrube. Beidseits seitlich des Corpus ossis sphenoidalis liegt die Öffnung des **Canalis opticus** für den N. opticus und die A. ophthalmica. Die Öffnungen sind durch den **Sulcus prechiasmaticus** verbunden. Die Alae minores ossis sphenoidalis laufen medial in den **Processus clinoideus anterior** aus.

Fossa cranii media (Abb. 13.3, 13.4). Sie ist paarig. Auf jeder Seite sind an ihrem Aufbau beteiligt:
- **Os sphenoidale** mit
  - **Corpus ossis sphenoidalis**
  - **Ala minor**
  - **Ala major**
- **Os temporale** mit
  - **Vorderfläche der Pars petrosa**
  - **Pars squamosa**

Die Grenze zur vorderen Schädelgrube bildet jeweils die Ala minor ossis sphenoidalis, zur hinteren Schädelgrube die Oberkante der Pars petrosa ossis temporalis. Getrennt sind die beiden Schädelgruben durch das Corpus ossis sphenoidalis. Den Boden der Schädelgrube bilden die Ala major ossis sphenoidalis und die Pars squamosa ossis temporalis.

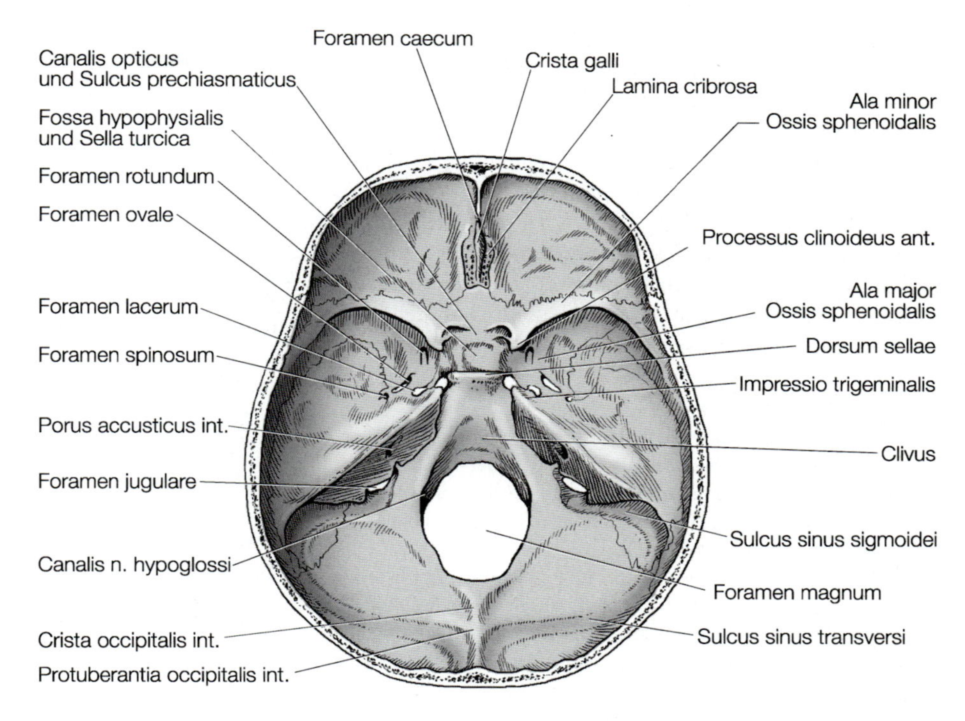

Abb. 13.4. Schädelbasis von innen mit ihren Foramina

Einzelheiten (Abb. 13.4)

Corpus ossis sphenoidalis. In der Mitte liegt die **Sella turcica** mit der **Fossa hypophysialis** und seitlich der **Sulcus caroticus.**

Die Fossa hypophysialis wird vorne durch das **Tuberculum sellae**, hinten durch das **Dorsum sellae** begrenzt. Das Dorsum sellae läuft auf jeder Seite in einen **Processus clinoideus posterior** aus.

Unten seitlich vom Sulcus caroticus befindet sich die **Lingula sphenoidalis** als spitzer Knochenfortsatz.

Das Corpus sphenoidalis enthält als Hohlraum den **Sinus sphenoidalis.**

Zwischen Ala minor und Ala major ossis sphenoidalis befindet sich als breiter Spalt die **Fissura orbitalis superior** zur Passage der Hirnnerven III, IV, V1, VI sowie der V. ophthalmica superior.

Ala major ossis sphenoidalis zeigt aufeinander folgend von medial vorn nach lateral hinten

- **Foramen rotundum** zur Verbindung mit der Flügelgaumengrube, Fossa pterygopalatina; hindurch treten der N. maxillaris (V2) sowie kleinere Blutgefäße
- **Foramen ovale** zum Durchtritt des N. mandibularis (V3)
- **Foramen spinosum** zum Durchtritt von A. und V. meningea media, Ramus meningeus recurrens aus N. V3

Zwischen Ala major und Pars petrosa ossis temporalis liegt als Spalte das **Foramen lacerum.** Es ist unvollständig mit Faserknorpel gefüllt und wird von N. petrosus major und N. petrosus profundus durchzogen.

An der Spitze der Pars petrosa ossis temporalis zum Corpus ossis sphenoidalis hin öffnet sich der **Canalis caroticus** für die A. carotis interna.

Vorderseite der Pars petrosa ossis temporalis. Sie lässt als kleine Vorwölbung die **Eminentia arcuata** erkennen, die durch den oberen Bogengang des Gleichtgewichtsorgans hervorgerufen wird. Seitlich davon befindet sich das Dach der Paukenhöhle (**Tegmen tympani**).

Als **Impressio trigeminalis** liegt nahe der Apex partis petrosae eine kleine Vertiefung für das Ganglion trigeminale.

Im vorderen Teil der Facies anterior partis petrosae öffnen sich:

- **Hiatus canalis nervi petrosi majoris** mit Fortsetzung in den **Sulcus nervi petrosi majoris** für den N. petrosus major (▶ S. 676 und 710)
- **Hiatus canalis nervi petrosi minoris** mit Fortsetzung in den **Sulcus nervi petrosi minoris** für den N. petrosus minor mit sekretorischen Fasern aus dem Plexus tympanicus (N. IX)

Die Oberkante der Pars petrosa bildet der **Margo superior partis petrosae.** In diesem Bereich liegt der **Sulcus sinus petrosi superioris**, der einen gleichnamigen venösen Blutleiter enthält.

Fossa cranii posterior (Abb. 13.3, 13.4). Am Aufbau der hinteren Schädelgrube sind beteiligt:
- **Os occipitale** mit *Pars basilaris, Pars lateralis* und *Squama occipitalis*
- **Os sphenoidale** mit *Corpus ossis sphenoidalis*
- **Os temporale** mit der *Facies posterior partis petrosae*

Beherrschend sind das **Foramen magnum** des Os occipitale und die von dort zum Dorsum sellae turcicae aufsteigende Knochenfläche (**Clivus**). Der Clivus gehört zur **Pars basilaris** des Os occipitale.

Einzelheiten (Abb. 13.4)
Os occipitale. Auf der Innenseite der **Squama occipitalis** befindet sich die **Protuberantia occipitalis interna,** an der von beiden Seiten her ein **Sulcus sinus transversus** sowie der senkrechte **Sulcus sinus sagittalis superior** zusammentreffen. Die Sulci enthalten venöse Blutleiter (► S. 853).

Zwischen Partes laterales ossis occipitalis und **Facies posterior ossis temporalis** liegt als Aussparung das **Foramen jugulare,** das gelegentlich durch einen **Processus intrajugularis** in einen vorderen und hinteren Teil untergliedert ist. Von der Seite her verläuft der **Sulcus sinus sigmoideus** zum Foramen jugulare.

Facies posterior des Felsenbeins. In der Mitte der hinteren Pyramidenfläche fällt der **Porus acusticus internus** als Eingang in den **Meatus acusticus internus** auf. Lateral oben davon befindet sich unter der Pyramidenoberkante eine kleine **Fossa subarcuata** sowie lateral von ihr, unter einem kleinen Knochenvorsprung, die **Apertura canaliculi vestibuli,** die Öffnung des **Aqueductus vestibuli.**

Basis cranii externa (Abb. 13.5). Sie gliedert sich in:
- **viszeralen** (*vorderen*) **Anteil**
- **neuralen** (*hinteren*) **Anteil**

Viszeraler, vorderer Anteil. Er ist stufenförmig vom hinteren Anteil abgesetzt. Die Stufe entsteht durch die hinteren Öffnungen (**Choanen**) der paarigen Nasenhöhle.

Von basal her liegen im Bereich der vorderen Schädelunterfläche Anteile von:
- **Maxilla:** *Processus palatinus, Processus alveolaris*
- **Os palatinum:** *Lamina horizontalis*
- **Vomer**

Beherrschend sind der knöcherne Gaumen und der Zahnbogen.

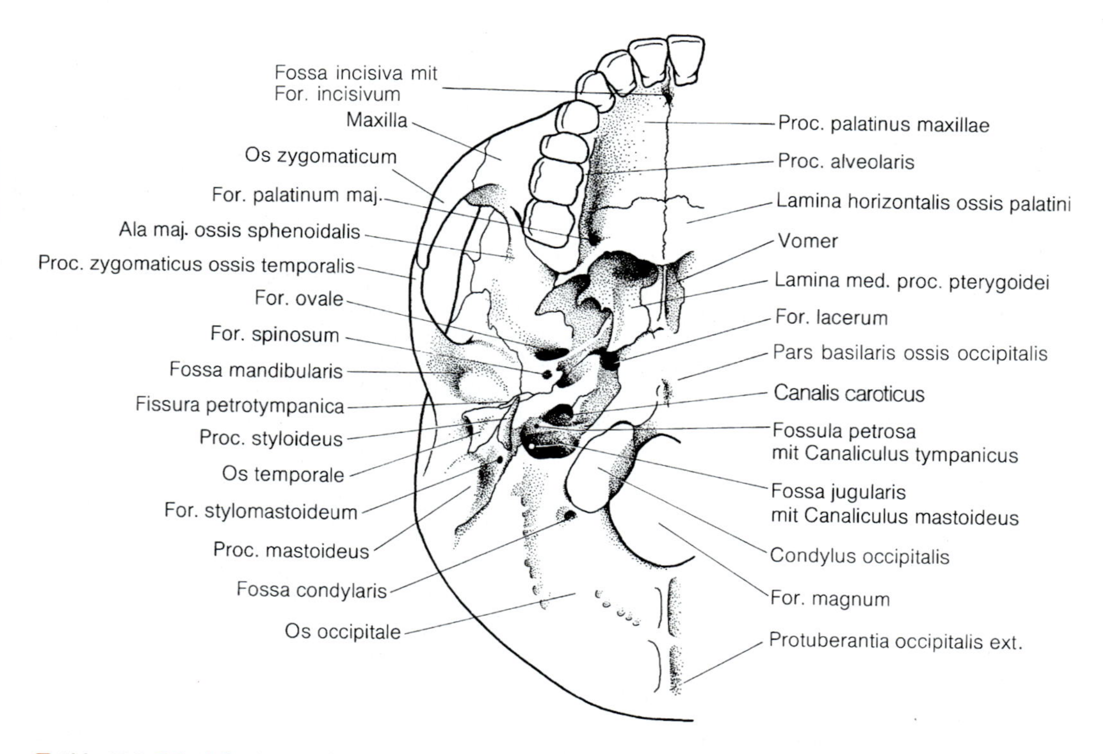

Abb. 13.5. Schädelbasis, Ansicht von unten. Die linke Schädelhälfte ist nicht dargestellt, die Suturen sind nicht bezeichnet

Einzelheiten

Der knöcherne Gaumen besteht aus den beidseitigen **Processus palatini maxillae** und **Laminae horizontales** des Os palatinum. Sie stehen durch Nähte in Verbindung. Am vorderen Ende der **Sutura palatina mediana** zwischen den Processus palatini maxillae liegt die **Fossa incisiva** mit der Öffnung (Foramen incisivum) des paarigen **Canalis incisivus.** Die **Lamina horizontalis** des Os palatinum weist hinten seitlich das **Foramen palatinum majus** und **Foramina palatina minora** auf und endet hinten mit der **Spina nasalis posterior.** Hier ist der Vomer verzapft.

Die Processus alveolares maxillae tragen auf jeder Seite acht **Alveoli dentales** für die Zähne des Oberkiefers.

Neuraler, hinterer Anteil. Am Aufbau sind beteiligt Anteile von

- **Os sphenoidale** mit *Corpus, Processus pterygoidei, Alae majores*
- **Os temporale** mit *Facies inferior partis petrosae, Processus mastoideus, Pars squamosa*
- **Os occipitale** mit *Pars basilaris, Partes laterales, Squama occipitalis*

Kennzeichnend für den hinteren Bereich der Schädelunterseite sind die **Processus pterygoidei** des Keilbeins als vordere Begrenzung, die **Condyli occipitales** lateral vom **Foramen magnum** und die Facies inferior des Felsenbeins, u.a. mit dem **Processus styloideus** auf jeder Seite.

Einzelheiten

Os sphenoidale. In der Mitte befindet sich das Corpus mit dem **Tuberculum pterygoideum** zur Befestigung der **Raphe pharyngis** (► S. 642). Auf jeder Seite gehen vom Corpus der Processus pterygoideus und die Ala major aus.

Die **Processus pterygoidei** ragen nach unten und begrenzen die Choanen lateral. Jeder Fortsatz wird an seiner Wurzel von einem horizontal verlaufenden Kanal (**Canalis pterygoideus**) durchbohrt. Ferner besteht jeder Processus pterygoideus aus zwei spitzwinkelig abstehenden Knochenplatten (**Lamina lateralis** und **Lamina medialis**). Zwischen beiden Laminae liegt die **Fossa pterygoidea.**

Die *Lamina medialis* weist an der Wurzel die längliche **Fossa scaphoidea** auf, in der der M. tensor veli palatini entspringt. Die Sehne dieses Muskels läuft um einen kleinen, hakenförmigen Fortsatz der Lamina medialis (**Hamulus pterygoideus**) herum.

Die Ala major weist als Grenze ihrer horizontalen Unterfläche die **Crista infratemporalis** auf. Sie läuft in die **Spina ossis sphenoidalis** mit **Foramen spinosum** aus. Medial davon befindet sich das **Foramen ovale,** sowie zwischen Ala major und Spitze des Felsenbeins das **Foramen lacerum** (vgl. mittlere Schädelgrube, ► oben).

Os temporale. Die **Facies inferior partis petrosae** ist unregelmäßig gestaltet (◘ Abb. 13.6). Ventral befindet sich der Proc. zygomaticus und dahinter die Fossa mandibularis (Pfanne des Kiefergelenks). Am lateralen Rand ragt der **Processus styloideus** nach kaudal. Unmittelbar dorsal liegt das **Foramen stylomastoideum** für N. facialis (N. VII) und Gefäße.

Ventromedial vom Processus styloideus befindet sich die **Fossa jugularis,** die den Bulbus superior venae jugularis internae beherbergt. Sie setzt sich nach ventral in das **Foramen jugulare** fort. Am Boden der **Fossa jugularis** liegt der kleine **Canaliculus mastoideus.**

Ventromedial der Fossa jugularis liegt der Eingang in den bogenförmigen **Canalis caroticus** für die A. carotis interna, der sich nahe der Spitze der Pars petrosa in die mittlere Schädelgrube öffnet (► oben).

Vom Canalis caroticus ziehen die kleinen **Canaliculi caroticotympanici** zur Paukenhöhle (◘ Abb. 13.6).

Zwischen Fossa jugularis und äußerer Öffnung des Canalis caroticus befinden sich die **Fossula petrosa** und daneben die **Apertura canaliculi cochleae** (◘ Abb. 13.6). In der Tiefe der Fossula petrosa öffnet sich der **Canaliculus tympanicus,** der zur Paukenhöhle zieht.

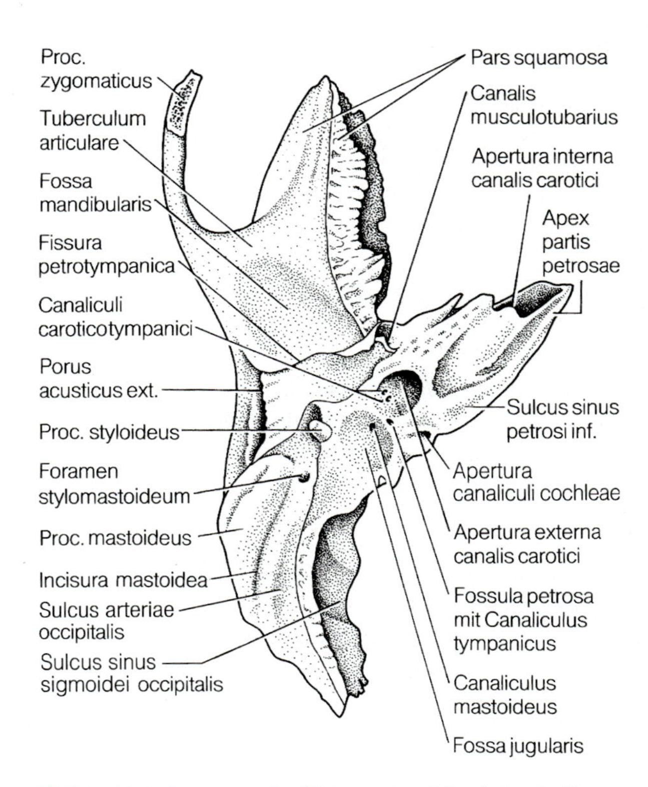

◘ **Abb. 13.6.** Os temporale. Blick von kaudal auf den isolierten Knochen

Lateral vom Canalis caroticus liegt der **Canalis musculotubarius**, der den Pharynx mit dem vorderen Teil der Paukenhöhle verbindet (► S. 707).

Zur Seite hin ist die Unterseite des Felsenbeins durch die **Incisura mastoidea** vom **Processus mastoideus** abgesetzt (► unten).

Os occipitale. Die **Partes laterales** tragen auf der Außenseite die kräftigen **Condyli occipitales** als Gelenkflächen für das Atlantookzipitalgelenk (► S. 237). Hinter den Kondylen liegt die **Fossa condylaris** mit dem inkonstanten **Canalis condylaris.** In Höhe der Kondylen werden die Partes laterales vom **Canalis nervi hypoglossi** (für den XII. Hirnnerv) durchbohrt. Darüber liegt auf der Innenseite das **Tuberculum jugulare.**

Squama occipitalis. An der Außenseite der Squama befindet sich die tastbare **Protuberantia occipitalis externa.**

Von ihrem oberen Rand zieht nach beiden Seiten die **Linea nuchalis suprema** über die Außenfläche der Squama occipitalis. Sie dient dem Ursprung des M. trapezius. Parallel zu dieser Linie verläuft etwas tiefer die **Linea nuchalis superior** (Ansatz des M. semispinalis capitis). Die unterste Querleiste (**Linea nuchalis inferior**) liegt zwischen Linea nuchalis superior und Foramen magnum und dient dem Ansatz der tiefen Nackenmuskeln.

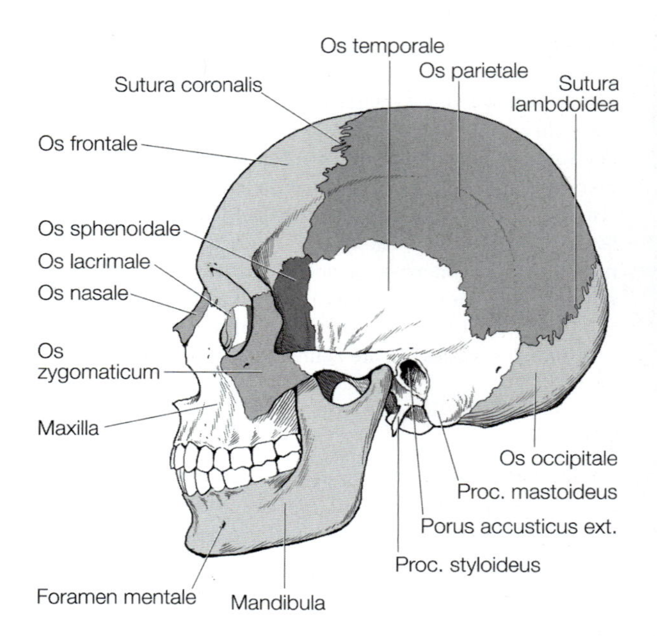

Abb. 13.7. Schädel von lateral

Schädel von der Seite

Wichtig

Die Seitenwände des Schädels sind gekennzeichnet durch Jochbogen mit der Grube für das Kiefergelenk und Fossa temporalis, Fossa infratemporalis und Fossa pterygopalatina.

Die Seitenwand des Schädels wird gebildet von Anteilen der (Abb. 13.7):

- **Os parietale**
- **Os frontale:** *Facies temporalis*
- **Os temporale:** *Pars squamosa, Processus mastoideus*
- **Os sphenoidale:** *Facies temporalis alae majoris, Processus pterygoideus*
- **Os zygomaticum**

Die auffälligsten Strukturen an der Seitenfläche des Schädels sind:

- **Arcus zygomaticus** (*Jochbogen*) und in der Tiefe medial des Jochbogens
- **Fossa temporalis**
- **Fossa infratemporalis**
- **Fossa pterygopalatina**

Besprechung der Gruben ► S. 629.

Einzelheiten

Der **Arcus zygomaticus** wird vom **Processus temporalis** des **Os zygomaticum** sowie dem langen **Processus zygomaticus** des **Os temporale** gebildet. Der Processus zygomaticus des Os temporale trägt an seiner Unterseite die **Fossa mandibularis** mit der **Facies articularis** für das Kiefergelenk (► unten). Nach vorne wird die Fossa mandibularis vom **Tuberculum articulare** begrenzt.

In der Fossa mandibularis verbindet sich die Pars squamosa mit der Pars petrosa ossis temporalis. Dadurch sind die *Fissura petrosquamosa* und *Fissura petrotympanica* (Glaser-Spalte ► unten) entstanden. Durch letztere verlässt die Chorda tympani den Schädel (► S. 677).

Unterhalb der hinteren Wurzel des Jochbogens befindet sich der **Porus acusticus externus,** der in den **Meatus acusticus externus** führt.

Hinter dem äußeren Gehörgang liegt der **Processus mastoideus.**

An der **Oberfläche** von **Os parietale** und **Facies temporalis ossis frontalis** verlaufen **Linea temporalis superior** und **Linea temporalis inferior.** Oberhalb der Linea temporalis superior befindet sich das **Tuber parietale.**

13

Gesichtsschädel

Wichtig

Das Viszerokranium wird von den sich nach vorn öffnenden pyramidenförmigen Augenhöhlen (Orbitae) und den Nasenhöhlen mit einmündenden Nasennebenhöhlen beherrscht. Die Maxilla trägt die Oberkieferzähne und bildet das Dach der Mundhöhle. Der Unterkiefer trägt die Unterkieferzähne und bildet mit dem Processus condylaris das Kiefergelenk.

Die Vorderfläche des Schädels gehört zum Viszerokranium (Gesichtsschädel). An ihrem Aufbau sind beteiligt Anteile von (Abb. 13.8):

- **Os frontale:** *Squama frontalis, Pars nasalis*
- **Maxilla:** *Corpus maxillae, Processus frontalis, Processus zygomaticus*
- **Os nasale**
- **Os zygomaticum:** *Facies lateralis, Processus temporalis, Processus frontalis*

Ferner umschließen Knochen des Viszerokranium (Abb. 13.9):

- **Orbita** (*Augenhöhle*)
- **Cavitas nasalis** (*Nasenhöhle*) und **Sinus paranasales** (*Nasennebenhöhlen*)

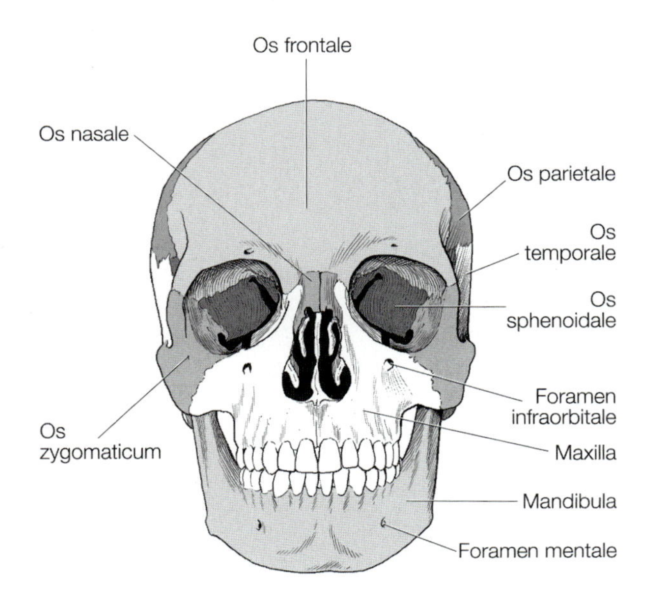

Abb. 13.8. Schädel von vorne

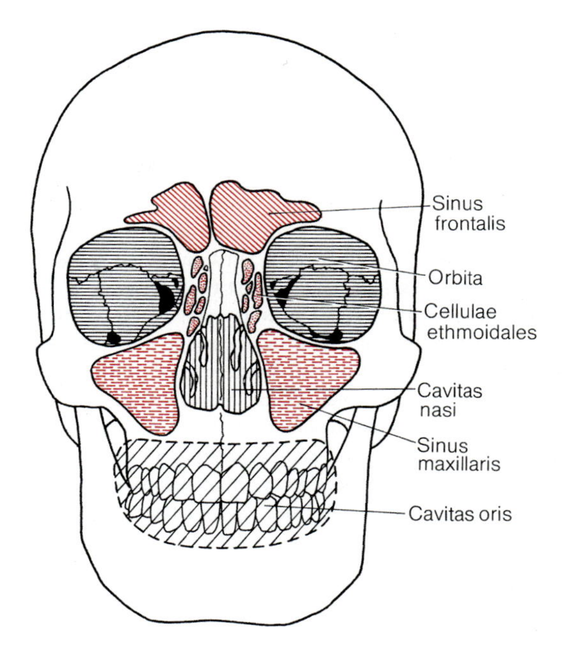

Abb. 13.9. Nasennebenhöhlen. Das Dach der Mundhöhle ist Boden der Kieferhöhle, das Dach der Kieferhöhle ist Boden der Orbita, das Dach der Orbita ist Boden der Stirnbeinhöhle, das Dach der Stirnbeinhöhle ist z.T. Boden der vorderen Schädelgrube

Als gesonderter Knochen gehört zum Gesichtsschädel die

- **Mandibula** (Unterkiefer) (► S. 599)

Die auffälligsten Strukturen der Vorderfläche des Gesichtsschädels sind die Öffnungen zur Augenhöhle (**Aditus orbitalis**) und zur Nasenhöhle (**Apertura piriformis**).

Einzelheiten

Os frontale. Beherrschend ist die **Squama frontalis.** Sie lässt beiderseits je einen Stirnbeinhöcker (**Tuber frontale**) und unterhalb davon einen **Arcus superciliaris** (*Augenbrauenbogen*) erkennen. Zwischen beiden Augenbrauenbögen liegt die **Glabella** (*Stirnglatze*), ein abgeflachtes Knochenfeld. Die Grenze zur Augenhöhle bildet der **Margo supraorbitalis.** In der medialen Hälfte dieses Randes befinden sich das **Foramen supraorbitale** bzw. die **Incisura supraorbitalis** und medial davon das **Foramen frontale** bzw. die **Incisura frontalis.** Dem Arcus superciliaris folgt nach lateral der **Processus zygomaticus ossis frontalis.** Dieser steht in syndesmalem Kontakt mit dem Os zygomaticum.

Maxilla. Der zentrale Teil ist das **Corpus maxillae.** In seiner Facies anterior liegt etwa 0,5 cm unter dem unteren Rand der Orbita das **Foramen infraorbitale.** Unterhalb davon befindet sich die **Fossa canina.** Medial davon bildet die **Incisura nasalis** den Rand der knöchernen Nasenöffnung. Sie läuft nach vorne unten in die **Spina nasalis anterior** aus.

Vom Corpus maxillae geht der **Processus frontalis** aus. Er verbindet sich vorne mit dem Os nasale, hinten mit dem Os lacrimale und oben mit der Pars nasalis des Os frontale.

Am lateralen Rand des Processus frontalis liegt der **Sulcus lacrimalis,** der nach vorne durch die **Crista lacrimalis anterior** begrenzt wird. Der Sulcus lacrimalis wird durch das Os lacrimale zum **Canalis nasolacrimalis** ergänzt (► S. 699).

Ferner entlässt das Corpus maxillae den **Processus zygomaticus** zur Verbindung mit dem Jochbein und den **Processus alveolaris maxillae** mit den **Alveoli dentales** für die Oberkieferzähne. Die Zahnwurzeln rufen kleine Aufwulstungen auf der Außenseite des Kiefers hervor (**Juga alveolaria**).

Das **Os zygomaticum** (*Jochbein*) ergänzt den Processus zygomaticus maxillae und Processus zygomaticus ossis temporalis zum **Arcus zygomaticus.** Auf der Facies lateralis des Jochbeins öffnet sich das **Foramen zygomaticofaciale.**

Orbita, Augenhöhle (Abb. 13.10). Sie hat etwa die Form einer Pyramide, deren Basis vom **Aditus orbitalis** gebildet wird und dessen Spitze nach hinten medial weist.

Den Oberrand des Aditus orbitalis bildet der **Margo supraorbitalis,** der sich nach medial zur **Crista lacrimalis anterior** des Processus frontalis maxillae fortsetzt. Der Unterrand ist der **Margo infraorbitalis** der Maxilla und des Os zygomaticum.

Am **Aufbau der Orbitawände** sind beteiligt (Abb. 13.10):
- **Os frontale:** Dach der Orbita
- **Os zygomaticum:** laterale Wand
- **Os zygomaticum** und **Maxilla:** Boden der Orbita
- **Os lacrimale** und **Os ethmoidale:** mediale Wand
- **Os palatinum** und **Os sphenoidale** (mit großem und kleinem Keilbeinflügel): die stumpfe Spitze der Orbitapyramide

Öffnungen verbinden die Orbita mit:
- **mittlerer Schädelgrube:**
  - **Canalis opticus;** durchbohrt die Ala minor ossis sphenoidalis

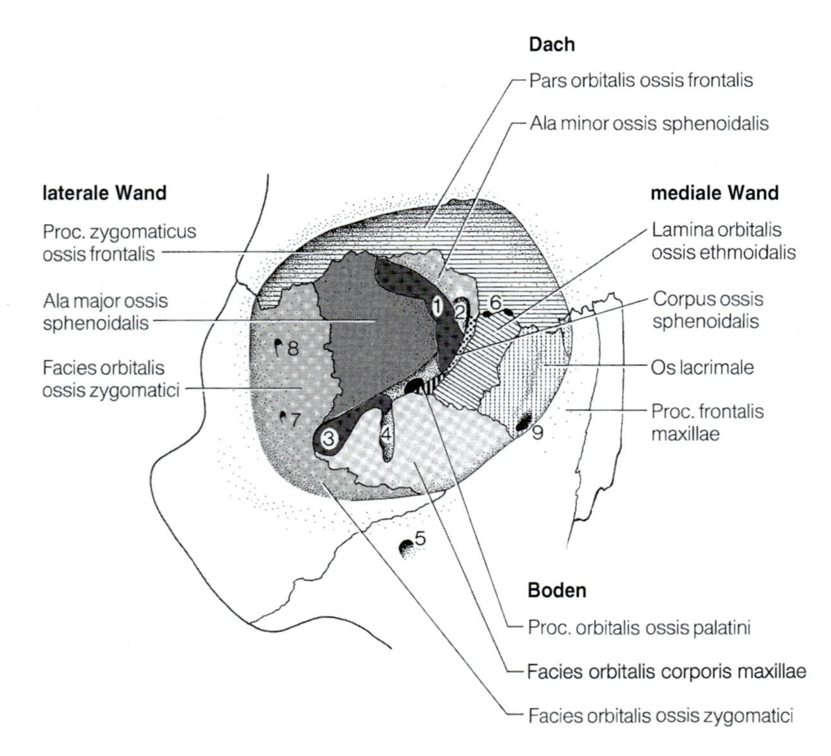

Abb. 13.10. Rechte Orbita. *1* Fissura orbitalis superior; *2* Canalis opticus; *3* Fissura orbitalis inferior; *4* Canalis infraorbitalis; *5* Foramen infraorbitale; *6* Foramen ethmoidale ant. et post.; *7* Foramen zygomaticoorbitale; *8* Foramen zygomaticotemporale; *9* Eingang zum Canalis nasolacrimalis

- Fissura orbitalis superior; liegt zwischen Ala major und Ala minor ossis sphenoidalis
- **Fossa pterygopalatina:**
  - **Fissura orbitalis inferior** zwischen Maxilla und großem Keilbeinflügel am Boden der Orbita
- **Nasenhöhle:**
  - **Canalis nasolacrimalis**; beginnt an der medialen Seite der **Fossa sacci lacrimalis** der Augenhöhle; begrenzt wird die Fossa lacrimalis von der **Crista lacrimalis anterior** des Os frontale und der **Crista lacrimalis posterior** des Os lacrimale
- **Gesicht:**
  - **Foramen frontale** und **Foramen supraorbitale** des Os frontale
  - **Foramina zygomaticoorbitale, zygomaticotemporale et zygomaticofaciale** des Os zygomaticum
  - **Sulcus und Canalis infraorbitalis** der Facies orbitalis des Corpus maxillae
- **vorderer Schädelgrube:**
  - **Foramen ethmoidale anterius** des **Os frontale**, an der medialen Wand der Orbita
- **hinteren Siebbeinzellen:**
  - **Foramen ethmoidale posterius** zwischen Os frontale und Os ethmoidale an der medialen Wand der Orbita

Cavitas nasalis ossea. Die *Nasenhöhlen* (Abb. 13.9, 13.11) sind paarig durch das **Septum nasi** (*Nasenscheidewand*) getrennt. Gemeinsam ist jedoch der Zugang von vorne durch die **Apertura piriformis**, die die beiden Maxillahälften und Ossa nasalia begrenzen. Die hinteren Öffnungen (**Choanae**) zwischen Nasenhöhle und Rachenraum sind dagegen wieder getrennt.

In Tabelle 13.3 sind die am Aufbau der Nasenwände beteiligten Knochen bzw. Knochenabschnitte zusammengestellt.

Einzelheiten

Septum nasi (*Nasenscheidewand*). Es wird gebildet durch den **Vomer**, die **Lamina perpendicularis ossis ethmoidalis** und die **Cartilago septi nasi**. Der Vomer ist am Boden der Nasenhöhle mit der Crista nasalis des Processus palatinus der Maxilla und der Lamina horizontalis des Os palatinum verbunden.

Dach. Das Dach der Nasenhöhle bilden die **Lamina cribrosa** des Siebbeins sowie vorne die **Pars nasalis** des Stirnbeins und des Nasenbeins und hinten die abfallende Vorderfläche des **Corpus ossis sphenoidalis.**

Boden. Der Boden der Nasenhöhle besteht vorne aus den **Processus palatini** der Maxilla, hinten aus den **Laminae horizontales** der Gaumenbeine. Vorne durchbricht der **Canalis incisivus** (meist mehrere Kanäle) den Boden der Nasenhöhle (N. nasopalatinus ► S. 669).

Seitenwand (Abb. 13.11). Die knöcherne Seitenwand jeder Nasenhöhle wird von der **medialen Wand des Labyrinthus ethmoidalis** mit der **oberen und mittleren Nasenmuschel** aufgebaut. Außerdem beteiligen sich die **Facies nasalis der Maxilla** und die **Lamina perpendicularis des Os palatinum** sowie das **Tränenbein** und als eigener Knochen die **untere Nasenmuschel** daran. Oberhalb der oberen Nasenmuschel befindet sich der spaltförmige **Recessus sphenoethmoidalis.**

Tabelle 13.3. Knöcherne Nasenwände

Dach	Boden (= Gaumen)
Lamina cribrosa ossis ethmoidalis Os nasale Pars nasalis ossis frontalis Teil des Corpus ossis sphenoidalis	Proc. palatinus maxillae Lamina horizontalis ossis palatini
laterale Wand	**mediale Wand (= Nasenseptum)**
Processus frontalis maxillae Os lacrimale Labyrinth des Os ethmoidale mit Conchae nasales sup. und inf. Lamina perpendicularis ossis palatini Concha nasalis inf.	Lamina perpendicularis ossis ethmoidalis Vomer Crista nasalis des Proc. palatinus maxillae Crista nasalis der Lamina horizontalis ossis palatini

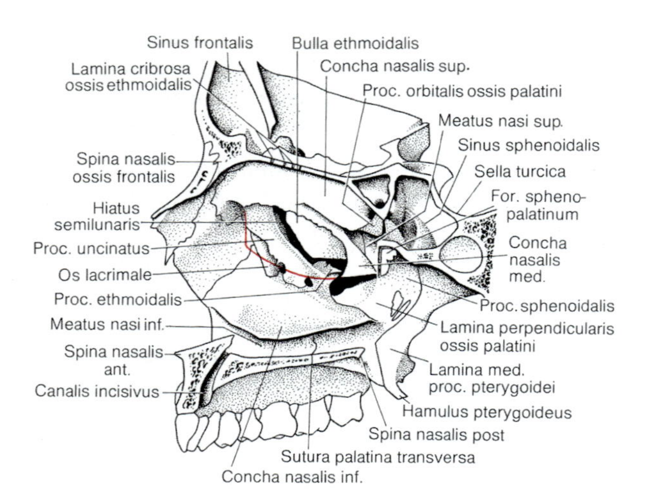

Abb. 13.11. Laterale Nasenwand. Die Concha nasalis media ist z.T. abgetragen, ihre natürliche Grenze mit einer *roten Linie* markiert

Meatus nasi. Unter jeder Nasenmuschel liegt ein Meatus nasi:
- **Meatus nasi superior** (*oberer Nasengang*) unter der oberen Nasenmuschel
- **Meatus nasi medius** (*mittlerer Nasengang*) unter der mittleren Muschel
- **Meatus nasi inferior** (*unterer Nasengang*) unter der unteren Nasenmuschel
- **Meatus nasi communis** zwischen Nasenseptum und Nasenmuscheln

Das Gebiet vom Hinterrand der Nasenmuscheln bis zu den Choanen wird als **Meatus nasopharyngeus** bezeichnet. In seinem oberen Bereich, hinter der mittleren Nasenmuschel, liegt das **Foramen sphenopalatinum**, eine Öffnung zwischen Nasenhöhle und Flügelgaumengrube (Fossa pterygopalatina) (▶ oben).

Unter der mittleren Nasenmuschel stellt der **Hiatus semilunaris** die Verbindung zu Sinus frontalis, Sinus maxillaris und zu den Cellulae ethmoidales anteriores her. Der Hiatus semilunaris wird durch den **Processus uncinatus** des Os ethmoidale, der mit dem **Processus ethmoidalis** der unteren Nasenmuschel verbunden ist, sowie durch die Knochenwand der **Bulla ethmoidalis** eingeengt (▶ unten). Unter dem Processus uncinatus befindet sich die Verbindung von Os lacrimale, Maxilla und Processus lacrimalis ossis conchae nasalis inferioris zum **Tränennasengang**, der unter der unteren Nasenmuschel mündet.

Sinus paranasales. Die *Nasennebenhöhlen* sind (Abb. 13.9):
- **Sinus maxillaris** (*Kieferhöhle*)
- **Sinus sphenoidalis** (*Keilbeinhöhle*)
- **Sinus frontalis** (*Stirnhöhle*)
- **Cellulae ethmoidales**
  - **anteriores** (*vordere Siebbeinzellen*)
  - **mediae** (*mittlere Siebbeinzellen*)
  - **posteriores** (*hintere Siebbeinzellen*)

Alle Nasennebenhöhlen sind paarig und stehen mit der Nasenhöhle in Verbindung. Die Ausdehnung der Nebenhöhlen unterliegt starken individuellen Schwankungen und ist oft seitenungleich.

Zur Entwicklung
Die Entwicklung der am Ende der Fetalzeit angelegten Nebenhöhlen vollzieht sich durch Ausstülpung des Epithels der Nasenschleimhaut nach der Geburt. Ein stärkeres Wachstum setzt im Anschluss an das Durchbrechen der bleibenden Zähne ein. Die endgültige Ausdehnung erreichen die Nebenhöhlen erst nach der Pubertät.

Einzelheiten
Sinus maxillaris (Abb. 13.9). Die Kieferhöhle ist die geräumigste Nebenhöhle der Nase. Sie grenzt, nur durch eine dünne Knochenlamelle getrennt, oben an die Orbita, medial an die Nasenhöhle, unten an die Oberkieferzähne bzw. an den harten Gaumen und dorsal an die Fossa pterygopalatina. Der tiefste Punkt der Kieferhöhle liegt über dem 2. Prämolaren und 1. Molaren, jedoch unter dem Niveau des Nasenbodens. Die Öffnung der Kieferhöhle zur Nasenhöhle liegt nahe ihrem Dach und befindet sich im mittleren Nasengang im sichelförmigen Hiatus semilunaris (▶ oben). Durch diese Anordnung kann Eiter aus der Kieferhöhle nicht abfließen.

Cellulae ethmoidales (Abb. 13.9). Die Siebbeinzellen grenzen medial an die Nasenhöhle, lateral an die Augenhöhle, kaudal an die Kieferhöhle, kranial an die vordere Schädelgrube bzw. die Stirnbeinhöhle. Bei den Siebbeinzellen handelt es sich um ein differenziertes System unvollständig getrennter Kammern, die sich nach ihrer Lage in vordere, mittlere und hintere Zellen unterteilen. Die größte Siebbeinzelle ist die **Bulla ethmoidalis.** Ihre Wand bildet den hinteren Abschluss des Hiatus semilunaris (Abb. 13.11). Die vorderen und mittleren Siebbeinzellen münden in den Hiatus semilunaris des mittleren Nasengangs, die hinteren Siebbeinzellen in den Meatus nasi superior.

Sinus frontalis (Abb. 13.9, 13.11). Er ist nur durch eine dünne Knochenlamelle von der Orbita getrennt. Zwischen den Sinus frontales beider Seiten liegt das **Septum sinuum frontalium,** in der Regel paramedian. Der Sinus frontalis mündet im Bereich des Hiatus semilunaris in den mittleren Nasengang.

Sinus sphenoidalis (Abb. 13.11). Die Keilbeinhöhle liegt im Corpus ossis sphenoidalis. Das **Septum sinuum sphenoidalium** trennt paramedian zwei ungleich große Höhlen voneinander. Der knöcherne Boden der Keilbeinhöhle bildet das Dach des *Meatus nasopharyngeus*. Das Dach der Keilbeinhöhle erscheint durch Ausbildung der *Fossa hypophysialis* konvex. Die Seitenwand hat topographische Beziehung zu Sinus cavernosus und A. carotis interna, die Vorderwand zu den hinteren Siebbeinzellen sowie dem hinteren Abschnitt der medialen Orbitalwand und zum N. opticus. Die Keilbeinhöhle öffnet sich in den **Recessus sphenoethmoidalis**.

Klinischer Hinweis

Infolge der engen Nachbarschaft können einerseits die Nasennebenhöhlen von Erkrankungen der Umgebung in Mitleidenschaft gezogen werden, andererseits Erkrankungen der Nebenhöhle auf die Umgebung übergreifen. So können Entzündungen der Nasenschleimhaut zu einer *Nasennebenhöhlenvereiterung* (*Sinusitis*) oder Granulome an der Wurzel des 2. Prämolaren und 1. Molaren zu einer Entzündung der Kieferhöhle führen. Eine Entzündung der Kieferhöhle kann sich über die Cellulae ethmoidales bis zum Sinus frontalis ausbreiten. Entzündungen der Siebbeinzellen können zu retrobulbären Abszessen und zur Meningitis führen.

Mandibula. Der *Unterkiefer* (Abb. 13.7, 13.8) gliedert sich in:

- **Corpus mandibulae**
- **Ramus mandibulae**

Corpus und Ramus sind durch den **Angulus mandibulae** gegeneinander abgeknickt. Der Winkel beträgt beim Erwachsenen etwa 120°; beim Neugeborenen ist er größer (150°) und nähert sich diesem Wert wieder im Greisenalter.

Zur Entwicklung

Angelegt wird der Unterkiefer als paariger Belegknochen. Er liegt den Resten des 1. Branchialbogens (**Meckel-Knorpel**) lateral auf (▶ S. 634). Die beiden Unterkieferkörper verschmelzen im Kinnbereich und bilden eine Symphyse. Diese synostosiert am Ende des 1. Lebensjahres. Die Verschmelzungsstelle (Symphysis mentalis) bildet den Kinnvorsprung, die **Protuberantia mentalis.** Hierbei handelt es sich um ein dreieckiges Feld, dessen untere Ecken beidseits ein Tuberculum mentale bilden.

Klinischer Hinweis

Eine Vergrößerung des Unterkiefers mit Vortreten des Kinn (*Progenie*) ist ein Kardinalsymptom der Akromegalie. Bei dieser Erkrankung wird trotz Abschluss der Wachstumsperiode vermehrt Wachstumshormon gebildet, z. B. bei einem Hypophysenvorderlappentumor.

Auffällige Strukturen am **Corpus mandibulae** sind die **Alveoli dentales** (Zahnfächer), außen das **Foramen mentale**, innen die aufsteigende **Linea mylohyoidea**, am **Ramus mandibulae** außen die **Tuberositas masseterica**, innen das **Foramen mandibulae** mit der **Lingula mandibulae**, kranial **Processus coronoideus** und **Processus condylaris** sowie dazwischen die **Incisura mandibulae**.

Einzelheiten

Corpus mandibulae. Die Alveolen sind bogenförmig angeordnet und bilden den **Arcus alveolaris.** Die **Septa interalveolaria** werden im Alter abgebaut, sodass sich die Zähne lockern.

An der **Außenfläche** befindet sich unter den Alveoli des 1. oder 2. Prämolaren das **Foramen mentale** (für N. und A. mentalis). Vom Corpus zieht die **Linea obliqua** zum Ramus mandibulae.

An der **Innenfläche** des Corpus mandibulae befinden sich zur Muskelbefestigung in der Mitte die **Spinae mentales** und die **Fossa digastrica** sowie seitlich schräg aufsteigend die **Linea mylohyoidea.** Oberhalb der Linea mylohyoidea befindet sich vorn die **Fovea sublingualis** für die Gl. sublingualis und unterhalb der Linea weiter hinten die **Fovea submandibularis** für die Gl. submandibularis.

Der **Ramus mandibulae** weist an seinem **Angulus** als Muskelansätze außen die **Tuberositas masseterica** und korrespondierend innen die **Tuberositas pterygoidea** auf. In der Mitte des Ramus befindet sich auf der Innenseite das **Foramen mandibulae** (Eingang in den **Canalis mandibulae** für A., V. und N. alveolaris inferior; letzterer innerviert die Unterkieferzähne) mit der **Lingula mandibulae.** Das Foramen mandibulae liegt ca. 2 cm hinter und 1 cm oberhalb der Krone des 3. Dens molaris.

Der Canalis mandibulae zieht von lateral hinten nach medial vorn durch Ramus und Corpus mandibulae.

Ferner befindet sich an der Innenseite des Ramus der **Sulcus mylohyoideus** für den gleichnamigen Nerven.

Am kranialen Ende des Ramus befindet sich der **Processus condylaris**, ein Gelenkfortsatz. Er trägt auf dem **Collum mandibulae** den walzenförmigen Gelenkkopf des Kiefergelenks (**Caput mandibulae**). Medial am Collum mandibulae liegt die **Fovea pterygoidea.**

Getrennt durch die **Incisura mandibulae** folgt dem Processus condylaris nach ventral der **Processus coronoideus** für den Ansatz des M. temporalis.

Schädel als Ganzes

Wichtig

Der Schädel wird durch Verstrebungen stabilisiert.

Der Schädel kann sehr unterschiedliche Formen haben, von lang bis kurz, von niedrig bis hoch. Hinzu kommen Unterschiede des Gesichtsschädels: von breit bis schmal. Diese Unterschiede sind zum Teil genetisch bedingt, andererseits passt sich der Schädel bis zur Verknöcherung der Schädelnähte den Raumanforderungen seines Inhalts an, insbesondere denen des Gehirns. Bei gestörter Schädelentwicklung kann allerdings auch die Entwicklung des Gehirns beeinträchtigt werden, z. B. bei vorzeitiger Nahtverknöcherung. Einfluss auf die Schädelform hat auch der Kauapparat (Zähne und Kaumuskulatur). Schließlich ist die Schädelform geschlechtsabhängig: Frauen haben in der Regel eine grazilere Schädelform.

Trotz aller Elastizität, vieler Öffnungen und Hohlräume im Viszerokranium hat der Schädel eine hohe Stabilität. Sie geht auf Verstrebungen sowohl im Gesichtsschädel als auch an der Schädelbasis zurück. Hinzu kommt eine innere Verspannung durch die Falx cerebri und das Tentorium cerebelli (▶ S. 847).

Verstrebungen im Gesichtsschädel sind
- **Stirnnasenpfeiler** für die Ableitung des Kaudrucks von den Schneide- und Eckzähnen über den Processus frontalis maxillae zur Glabella des Os frontale
- **senkrechter Jochpfeiler** für die Ableitung des Kaudrucks der Prämolaren über den Processus zygomaticus des Os frontale in die seitliche Stirnregion
- **horizontaler Jochpfeiler** für die Ableitung des Kaudrucks von den Molaren über das Corpus maxillae und den Processus zygomaticus maxillae.

Verstrebungen an der Schädelbasis sind
- **Längsverstrebungen** von der Wurzel der Ala minor ossis sphenoidalis durch das Corpus ossis sphenoidalis und den Clivus zu den Partes laterales des Os occipitale um das Foramen magnum herum
- **Querverstrebungen** an den Begrenzungen der Schädelgruben: im Bereich der Ala minor ossis sphenoidalis und der Pars petrosa ossis temporalis

Schwachstellen hat der Schädel vor allem an den Squamae: Squama occipitalis, Pars squamosa ossis temporalis. Hier kann es bei umschriebenen Gewalteinwirkungen leicht zu **Impressionsfrakturen** kommen.

Klinischer Hinweis

Brüche der Schädelbasis entstehen in der Regel bei breitflächigen Gewalteinwirkungen (Sturz auf den Kopf) (*Berstungsbrüche*). Sie können je nach Richtung der Gewalteinwirkung die Schädelgruben einzeln oder in Mehrzahl betreffen.

Brüche im Bereich der *vorderen Schädelgrube* können Liquor- und Blutaustritte aus der Nasenhöhle, sowie Blutungen in die Orbita mit *Brillenhämatom* hervorrufen. Die *mittlere Schädelgrube* ist besonders bei sehr starken Gewalteinwirkungen betroffen. Dabei bersten die Verstrebepfeiler der Ala minor ossis sphenoidalis. Einbezogen sind dann auch die Foramina der mittleren Schädelgrube, wodurch durchtretende Nerven verletzt werden. Bei Frakturen in der *hinteren Schädelgrube* kann es oft zu subkutanen Blutungen im Bereich des Processus mastoideus kommen.

In Kürze

Mit Ausnahme der Mandibula sind alle anderen (insgesamt 17) Schädelknochen durch Nähte untrennbar verbunden. Die Ossa parietalia und Teile des Os occipitale, der Ossa temporalia und des Os frontale bilden die Schädelkalotte. Die Schädelbasis gehört zum Neurokranium. Das Viszerokranium bildet die knöcherne Grundlage des Gesichts. Die Schädelbasis lässt auf ihrer Innenseite drei stufenförmig angeordnete Schädelgruben erkennen. Größter Knochen der vorderen Schädelgrube ist das Os frontale. Die mittlere Schädelgrube besteht aus Teilen des Os sphenoidale und Os temporale und die hintere Schädelgrube vor allem aus dem Os occipitale. Die auffälligsten Knochen des Viszerokraniums sind die Maxilla und die Ossa zygomatica. Zum Viszerokranium gehören die Orbita, die Nasen- und Nasennebenhöhlen mit ihren begrenzenden Knochen. Die Stabilität des Schädels beruht auf Verstrebungen, zwischen denen sich zahlreiche Öffnungen für Gefäße und Nerven befinden.

13.1.2 Gesicht

Kernaussagen

- **Den Gesichtsausdruck bestimmt die mimische Muskulatur. Sie wird vom N. facialis innerviert.**
- **Die Gesichtshaut innerviert der N. trigeminus.**
- **Die Gesichtsentwicklung geht von Wulstbildungen um die Anlagen der Mundbucht, der Riechplakoden und der Augenanlage aus: Oberkieferwülste, Unterkieferwülste, medialer und lateraler Nasenwulst, Stirnwulst.**
- **Die Oberlippe entsteht aus Anteilen der Oberkiefer- und medialen Nasenwülste.**
- **Die Mundspalte kommt durch Verschmelzung von Oberkiefer- und Unterkieferwülsten zustande.**
- **Die Entstehung der Nase geht auf die Umgestaltung der medialen und lateralen Nasenwülste zurück.**
- **Die Augenanlage liegt zunächst lateral, wird dann aber nach medial verlagert.**

Das Gesicht ist der ausdrucksstärkste Teil des Körpers. Dies geht auf die **mimische Muskulatur** und deren Innervation zurück. Sie umgreift die großen Öffnungen des Gesichts: die Augen- und Nasenhöhle sowie den Mund.

Entwicklung

Die Gesichtsentwicklung beginnt im 10-Somitenstadium (Anfang des 2. Monats nach der Befruchtung) durch Ausbildung des **Stomatodeum** (*Mundbucht*) (▶ S. 117). Hierbei handelt es sich um eine Einsenkung des Ektoderms zwischen den Vorwölbungen der kranialen Anteile der Hirnanlage, der Herzanlage und dem 1. der sich seitlich entwickelnden Branchialbögen (▶ unten).

Das Stomatodeum wird von verschiedenen Mesenchymverdichtungen begrenzt (Abb. 13.12):

- **Stirnwulst** (eher eine Konkavität) kranial
- **paarigen Oberkieferwülsten** lateral
- **paarigen Unterkieferwülsten** kaudal

In der Tiefe des Stomatodeums befindet sich die **Rachenmembran** (▶ S. 117).

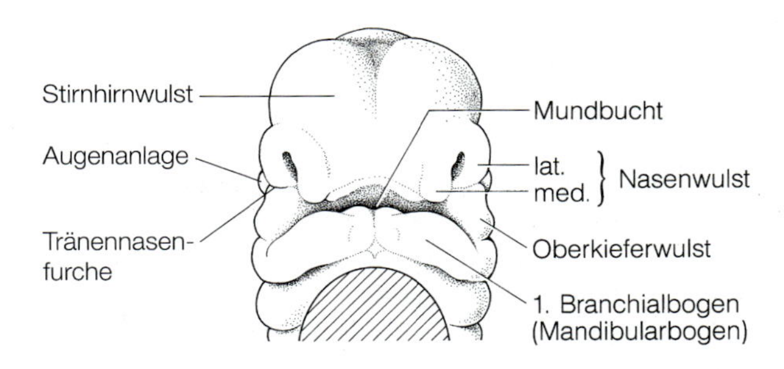

Abb. 13.12. Gesichtsentwicklung. 4.–5. Entwicklungswoche

Weiter spielt für die Entwicklung dieser Region die Ausbildung der **Riechplakoden** an beiden Seiten des Stirnfortsatzes eine wichtige Rolle. Bei den Riechplakoden handelt es sich um Epithelverdickungen, aus denen in der Folgezeit in jeder Nasenhöhle die Regio olfactoria (▶ S. 627) hervorgeht. Die Riechplakoden werden von Mesenchymverdickungen umschlossen, die schnell proliferieren. Aus ihnen entstehen:

- **mediale Nasenwülste**
- **laterale Nasenwülste**

Die Wulstbildungen in der Umgebung der Riechplakoden und unterschiedliche Wachstumsvorgänge führen dazu, dass die Riechplakoden im Laufe der Entwicklung von der Oberfläche abgesenkt werden und Riechgruben entstehen.

Ferner nimmt das außerordentlich schnelle Wachstum der Hirnanlage, insbesondere des Endhirns, Einfluss auf die Gesichtsentwicklung.

Lippen und Wangen. Der Eingang ins Stomatodeum wird unten vom **Unterkieferwulst** und oben seitlich von **Oberkieferwülsten** begrenzt. Mit fortschreitender Entwicklung kommen unter Zusammenrücken der Riechgruben die medialen Nasenwülste zwischen die beiden Oberkieferwülste zu liegen. Später stoßen die medialen Nasenwülste aneinander und bilden, nachdem die Einsenkung zwischen ihnen durch Mesenchymproliferation ausgeglichen wurde, das **Philtrum**. Die seitlichen Nasenwülste sind dagegen nicht unmittelbar an der Begrenzung des Eingangs ins Stomatodeum beteiligt; sie setzen sich jedoch vom Oberrand des Oberkieferwulstes durch eine Furche (**Tränennasenfurche**) ab (Abb. 13.12).

Bewegung kommt in die Gesichtsentwicklung durch weiteres starkes Proliferieren des Mesenchyms; dadurch werden vorhandene Furchen nivelliert und die Grenzen zwischen den Wülsten verwischt. Für das Verständnis von Hemmungsmissbildungen ist wichtig, dass die Oberlippe aus Anteilen der Oberkiefer- und mittleren Nasenwülsten entstanden ist. Zur seitlichen Einengung des Stomatodeums kommt es durch eine beiderseits nach medial fortschreitende Verschmelzung von Oberkiefer- und Unterkieferwulst (Abb. 13.12). Dabei bleibt die **Mundspalte** (relativ) im Wachstum zurück.

Lippen und Wangen entstehen schließlich dadurch, dass vor den sich ausbildenden Alveolarfortsätzen Epithelleisten in das daruntergelegene Mesenchym einwachsen und durch Auseinanderweichen der Zellen einen Spaltraum (**Vestibulum oris**) (▶ S. 615) bilden.

Nase. Die Ausbildung der Nase, die eng mit der Entstehung der Nasenhöhle (▶ unten) verknüpft ist, nimmt längere Zeit in Anspruch. Folgende Vorgänge sind wichtig:

- Die Orte der durch unterschiedliche Wachstumsvorgänge in die Tiefe verlagerten Riechplakoden entsprechen den äußeren **Nasenöffnungen**; sie rücken im Laufe der Entwicklung aus einer mehr seitlichen Position zur Mitte hin zusammen
- Die Nasenwülste sind so angeordnet, dass sie zwar gemeinsam die Riechplakode umgeben, der **mediale Nasenwulst** aber weiter nach unten (kaudal) reicht; an ihn tritt von der Seite her der **laterale Nasenwulst** heran; am Unterrand der Riechgrube verkleben die Epithelzellen des lateralen und medialen Nasenwulstes und bilden eine Epithelmauer, die sich vom Boden der Riechgrübchen bis zum Dach des Stomatodeums erstreckt; die Epithelmauer wird später durch Bindegewebe ersetzt; im Mesenchym der Nasenwülste bilden sich Knochen und Knorpel und gestalten die **äußere Nase**
- Die Furche zwischen dem seitlichen Nasenwulst und dem Oberkieferwulst vertieft sich, das Epithel der Furchentiefe löst sich von der Oberfläche ab, wird kanalisiert und zum **Ductus nasolacrimalis**

Augen, Ohren. Die Entwicklung dieser Organe wird im Kapitel 14 ausführlich besprochen. Sie spielt aber auch für die Gestaltung des Gesichts eine große Rolle. Die beiden Organanlagen werden im Laufe der Zeit erheblich verlagert: die Augenanlage nach medial, die des äußeren Gehörgangs, der im Bereich der 1. Kiemenfurche entsteht (▶ unten), nach lateral oben.

Fehlbildungen kommen im Bereich der Oberkiefer- und Nasenwülste nicht selten vor. Sie sind vielfach mit Spaltbildungen im Kiefer- und Gaumenbereich verbunden und werden deshalb im Zusammenhang der Kiefer- und Gaumenentwicklung besprochen (▶ S. 606).

Mimische Muskulatur

Die mimische Muskulatur inseriert anders als alle übrige Skelettmuskulatur direkt in der Haut. Dadurch kommt es bei ihrer Kontraktion zu Hautverschiebungen oder es entstehen Hautfalten. Hierauf beruht die menschliche Mimik. Einzelheiten sind Tabelle 13.4 und Abb. 13.13 zu entnehmen.

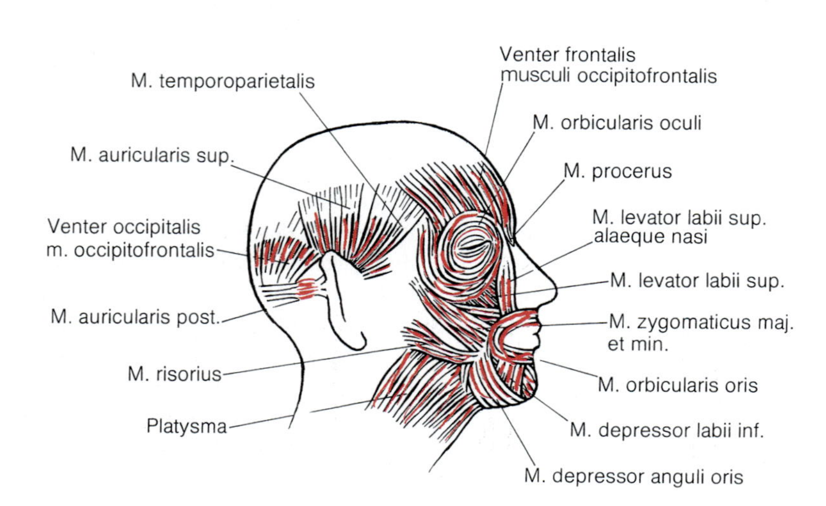

Abb. 13.13. Mimische Muskulatur. (Nach Feneis 1982)

Tabelle 13.4. Mimische Muskulatur

Muskel	Ursprung	Ansatz	Funktion
Mm. epicranii (Muskeln des Schädeldachs)			
Venter frontalis musculi occipitofrontalis	Haut der Augenbraue	Galea aponeurotica	runzelt die Stirn (Erstaunen) zieht Augenbraue aufwärts
Venter occipitalis musculi occipitofrontalis	Linea nuchalis suprema	Galea aponeurotica	zieht die Galea aponeurotica nach dorsal
M. temporoparietalis	kraniale Wurzel der Ohrmuschel	Galea aponeurotica	zieht die Ohren hoch (bedeutungslos)
M. corrugator supercilii	Pars nasalis des Os frontale	Haut über der Glabella	legt die Stirn in senkrechte Falten (Zornesfalten)
M. orbicularis oculi (Muskeln der Lidspalte)			
Pars palpebralis	Lig. palpebrale mediale	Lig. palpebrale laterale	bewirkt Lidschlag und Lidschluss
Pars orbitalis	Crista lacrimalis anterior	konzentrisch um Orbitalrand	kneift das Auge zu
Pars lacrimalis	Crista lacrimalis posterior, Saccus lacrimalis	Pars palpebralis	erweitert den Tränensack
M. levator palpebrae superioris	Ala minor ossis sphenoidalis Canalis opticus	Bindegewebe des Tarsus (► S. 697)	hebt das Lid
Mm. tarsales sup. et inf. (glatte Muskeln)	Sehnen der großen Augenmuskeln	Tarsus sup. Tarsus inf.	erweitert die Lidspalte
Muskeln der Nase			
M. procerus	Os nasale	Haut zwischen Augenbrauen	führt zu Querfalte des Nasenrückens: »Nasenrümpfen«
M. nasalis			
Pars transversa	Haut über Eckzahn	Nasenrücken	verengt das Nasenloch
Pars alaris	Haut über Schneidezahn	Nasenflügelrand	verengt das Nasenloch
Muskeln des Munds			
M. orbicularis oris **Pars marginalis** **Pars labialis**	umschließt ringförmig die Mundöffnung		bewirkt Schließen, Zuspitzen des Mundes
M. levator labii superioris	über For. infraorbitale	M. orbicularis oris	hebt den Mundwinkel
M. levator labii superioris alaeque nasi	medial der Orbitalwand	Nasenflügel und Unterlippe	hebt den Mundwinkel, erweitert die Nasenöffnung (»Nasenflügelatmen« bei Pneumonie)

Tabelle 13.4 (Fortsetzung)

Muskel	Ursprung	Ansatz	Funktion
M. zygomaticus major **M. zygomaticus minor**	Außenseite des Os zygomaticum	Mundwinkel	hebt Oberlippe und Mundwinkel »Lachmuskeln«
M. levator anguli oris	Fossa canina corporis maxillae	Mundwinkel	zieht Mundwinkel aufwärts
M. risorius	Fascia parotidea	Mundwinkel	zieht Mundwinkel zur Seite »Lächeln«
M. buccinator	Raphe pterygomandibularis, Maxilla, Mandibula	M. orbicularis oris	ist »Backenblaser« »Trompetenmuskel« »Saugmuskel«
M. depressor anguli oris	Unterrand der Mandibula	Mundwinkel	zieht Mundwinkel nach abwärts »Trauermuskel«
M. depressor labii inferioris	Unterrand der Mandibula, Platysma	Unterlippe	zieht Unterlippe abwärts »Trinkmuskel«
M. mentalis	Alveolenwand der Unterkieferschneidezähne	Haut des Kinns	runzelt die Kinnhaut
Muskeln des äußeren Ohrs (beim Menschen rudimentär)			
M. auricularis anterior	Fascia temporalis	Spina helicis	zieht Ohr nach vorne
M. auricularis superior	Galea aponeurotica	Ohrmuschelwurzel	zieht Ohr nach aufwärts
M. auricularis posterior	Proc. mastoideus	Ohrmuschelwurzel	zieht Ohr nach hinten

Ergänzt wird die mimische Muskulatur durch die **Mm. epicranii**, die gemeinsam an der **Galea aponeurotica**, einem Sehnenspiegel über der Schädelkalotte, ansetzen.

Innervation

Die **mimische Muskulatur** wird motorisch vom N. facialis (N. VII ▶ S. 670) innerviert, da sie dem 2. Branchialbogen entstammt (▶ S. 634).

Die **Gesichtshaut** und **Teile der Kopfhaut** werden sensorisch vom **N. trigeminus** (N. V) innerviert. Die drei Trigeminusäste versorgen jeweils scharf begrenzte Hautgebiete (Abb. 13.14) und treten an 3 Druckpunkten an die Oberfläche.

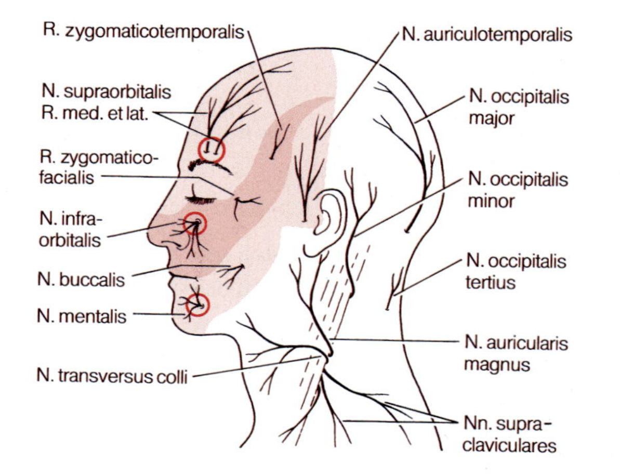

Abb. 13.14. Innervationsfelder der Kopf- und Gesichtshaut (*grau unterlegt*). Versorgungsgebiet des N. trigeminus (*von oben nach unten* 1., 2., 3. Ast). *Rote Kreise:* Trigeminusdruckpunkte

Ergänzt wird die Gesichtsinnervation durch Endäste des **N. auricularis magnus** für die Haut über dem Kieferwinkel. Die Haut der Regio retroauricularis wird vom **N. occipitalis minor** (▶ S. 675) und die der Regio occipitalis vom **N. occipitalis major** (▶ S. 250) versorgt.

An der **Gesichtsinnervation** sind beteiligt

- **N. ophthalmicus** (N. V1) mit
  - **N. supraorbitalis** (aus dem N. frontalis) mit einem *R. lateralis* und *R. medialis* für die Haut der Stirn und etwa die Hälfte des Schädeldachs
  - **N. supratrochlearis** (aus dem N. frontalis) und **N. infratrochlearis** (aus dem N. nasociliaris) zum medialen Augenwinkel
  - **R. nasalis externus** des N. ethmoidalis anterior für den Nasenrücken
  - **N. lacrimalis** für den lateralen Augenwinkel und das Oberlid
- **N. maxillaris** (N. V2) mit
  - **N. infraorbitalis** für das Unterlid, die Außenseite der Nasenflügel (*Rr. nasales externi*) und die Oberlippe (*Rr. labiales superiores*)
  - **R. zygomaticofacialis** und **R. zygomaticotemporalis** aus dem N. zygomaticus
- **N. mandibularis** (N. V3) mit
  - **N. auriculotemporalis** für die Haut vor dem Ohr und über der Schläfe (*Rr. temporales superficiales*)
  - **N. buccalis** für die Haut über der Wange
  - **N. mentalis** für die Haut an Kinn und Unterlippe
- **N. auricularis magnus** aus dem Plexus cervicalis am Kieferwinkel

In Kürze

Die Entwicklung des Gesichts geht von Stirn-, Nasen-, Oberkiefer- und Unterkieferwülsten aus. Nach Verlagerung der Riechplakoden in die Tiefe und der Augenanlagen nach ventral vereinigen sich die Wülste. Sie lassen die Mundöffnung frei. – Die mimische Muskulatur bestimmt den Gesichtsausdruck. Sie inseriert direkt in der Haut und wird vom N. facialis innerviert. Die Gesichtshaut versorgt sensorisch den N. trigeminus. Seine 3 Endäste treten an charakteristischen Druckpunkten an die Oberfläche des Gesichtsschädels.

13.1.3 Mundhöhle und Kauapparat

Zur Information

In der Mundhöhle beginnt die Verdauung mit der Zerkleinerung der Nahrung durch den Kauapparat und dem ersten enzymatischen Aufschluss von Kohlenhydraten durch Sekrete der Speicheldrüsen. Die Zunge beteiligt sich an der Durchmischung der zerkleinerten Nahrung und kontrolliert sie auf Verwendbarkeit mit Geschmacksorganen auf der Zungenoberfläche. Außerdem wirkt die Zunge beim Sprechen mit. Schließlich sind Mandeln (Tonsillen) als lymphatische Organe an der immunologischen Abwehr von Schadstoffen der Mundhöhle beteiligt.

Begrenzung und Gliederung

Begrenzungen. Die Mundhöhle im weiteren Sinn wird vom **Mundboden**, den **Labia oris** (*Lippen*) und **Buccae** (*Wangen*) sowie vom **Palatum** (*Gaumen*) begrenzt. Den Abschluss bildet der **Isthmus faucium** als Eingang in den mittleren Bereich des Pharynx (Mesopharynx).

Gliederung. Die Mundhöhle gliedert sich in

- **Vestibulum oris**
- **Cavitas oris propria**

Die Grenze zwischen Vestibulum oris und Cavitas oris propria bilden die **Zahnreihen** des Ober- und Unterkiefers als Teil des **Kauapparates.**

Entwicklung von Mundhöhle, Nasenhöhle und Gaumen

Wichtig

Klinisch wichtig sind die Fehlbildungen im Gesichts- und Gaumenbereich. Die laterale Lippenspalte (Hasenscharte) befindet sich zwischen medialen Nasenwülsten und Oberkieferwülsten, bei der Lippen-Kiefer-Spalte kommt eine Spalte zwischen den Anlagen des primären und sekundären Gaumens hinzu, bei der Lippen-Kiefer-Gaumenspalte (Wolfsrachen) zusätzlich eine Spaltbildung in der Gaumenplatte.

Die Entwicklung von Mundhöhle, Nasenhöhle und Gaumen sind untrennbar miteinander verbunden. Sie beginnt mit der Entstehung des Stomatodeums (▶ oben) und der Riechgruben (▶ oben). Dabei erreichen die beiden Riechgruben das Dach der primären Mundhöhle,

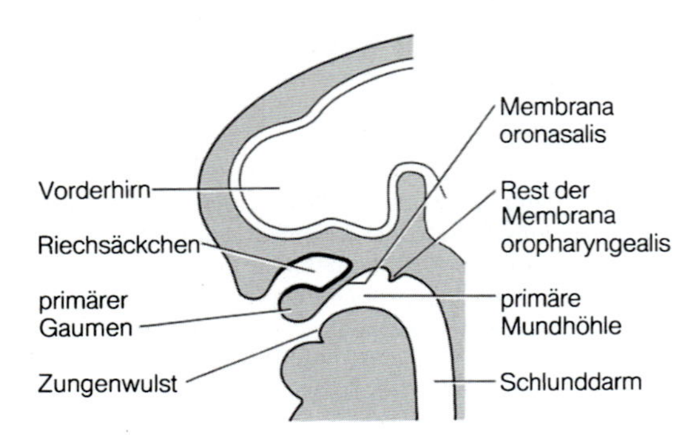

Abb. 13.15. Entwicklung von Mund- und Nasenhöhle. 5. Entwicklungswoche. Paramedianschnitt

von der sie jedoch zunächst durch die **Membrana oronasalis** getrennt bleiben (Abb. 13.15).

Zwischen den beiden Riechgruben befinden sich die medialen Nasenwülste (▶ oben), die sich in der Tiefe in einen mesenchymalen Gewebssockel fortsetzen. Er liefert den Bereich des Oberkiefers, der die vier Schneidezähne enthält, und einen unmittelbar anschließenden dreieckigen Gaumenabschnitt (**primärer Gaumen**). Beide Abschnitte zusammen bilden das *Zwischenkiefersegment* (Abb. 13.16).

In der Folgezeit beginnt sich hinter dem primären Gaumen die Membrana oronasalis aufzulösen, sodass eine Verbindung zwischen primärer Mundhöhle und den aus den Riechgruben hervorgegangenen primären Nasengängen entsteht. Die Verbindungen werden als **primäre Choanen** und die so entstandene gemeinsame Höhle als **Mund-Nasen-Höhle** bezeichnet.

Die Umgestaltung der primären Mundhöhle in die **definitive Mundhöhle** und die beiden **bleibenden Nasenhöhlen** beginnt mit der Gaumenbildung (Abb. 13.16). Zunächst wachsen von der Innenseite der Oberkieferwülste **Gaumenfortsätze** nach unten und umfassen beiderseits den Zungenwulst (Abb. 13.17). Mit der Ausweitung der Mundhöhle und einem Absenken der Zungenanlage (▶ unten) erfolgt eine Umlagerung der Gaumenfortsätze in die Horizontale. Die beiden Gaumenfortsätze verschmelzen dann miteinander zur **Gaumenplatte.** Rostral verbindet sich diese Platte mit dem dreieckigen primären Gaumen – an dieser Stelle entsteht der Canalis incisivus (▶ S. 593). An der entgegengesetzten Seite wird eine Verbindung mit dem sich nach dorsal unten verlängernden Nasenseptum hergestellt, das aus dem Stirnfortsatz (▶ oben) hervorgegangen ist. Damit ist der **sekundäre Gaumen** entstanden.

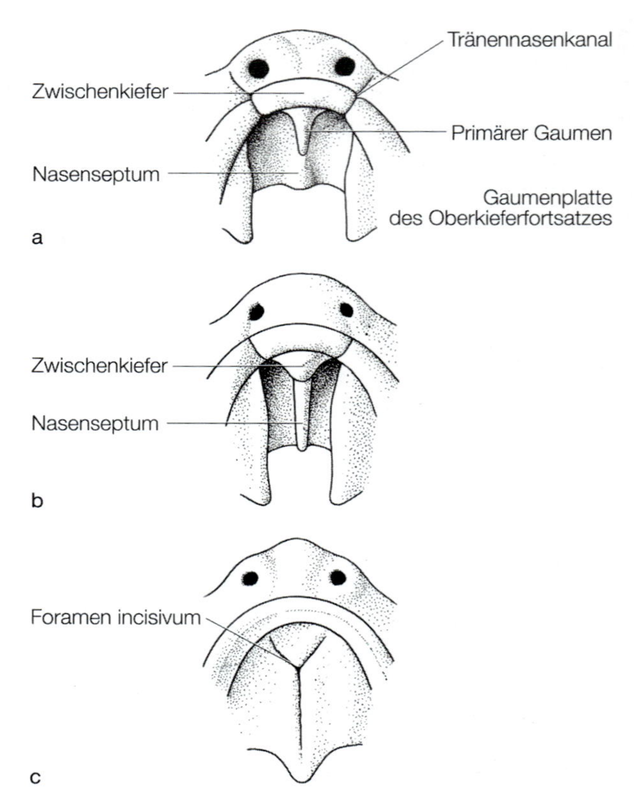

Abb. 13.16 a–c. Gaumenbildung. **a** 7. Entwicklungswoche; **b** Ende der 8. Woche; **c** 10. Woche

Fehlbildungen im Gesichts- und Gaumenbereich (s. hierzu die Wulstbildungen bei der Gesichtsentwicklung ▶ S. 601). Fehlbildungen gehen auf das Unterbleiben von Mesenchymeinwanderungen in den Bereich der Epithelmauer zwischen den verschiedenen Oberflächenwülsten während der Gesichtsentwicklung bzw. der Verschmelzung von Fortsätzen zurück. Dadurch entstehen **Spalten** sehr unterschiedlicher Ausdehnung und Tiefe.

Die häufigsten Spaltbildungen sind (Abb. 13.18):

- **laterale Lippenspalte (Cheiloschisis, Hasenscharte)** (Abb. 13.18 a); sie liegt oberflächlich zwischen medialen Nasenwülsten und Oberkieferwulst; in der Regel tritt sie einseitig auf, kann aber auch beidseitig vorliegen; im Extremfall reicht sie bis in die Nasenöffnung
- **Lippen-Kiefer-Spalte** (**Cheilognathoschisis**) (Abb. 13.18 b); im Bereich der Lippe entspricht die Dehiszenz der lateralen Lippenspalte; im Oberkieferbereich liegt die Spalte zwischen der Anlage des primären und sekundären Gaumens. Dadurch befindet

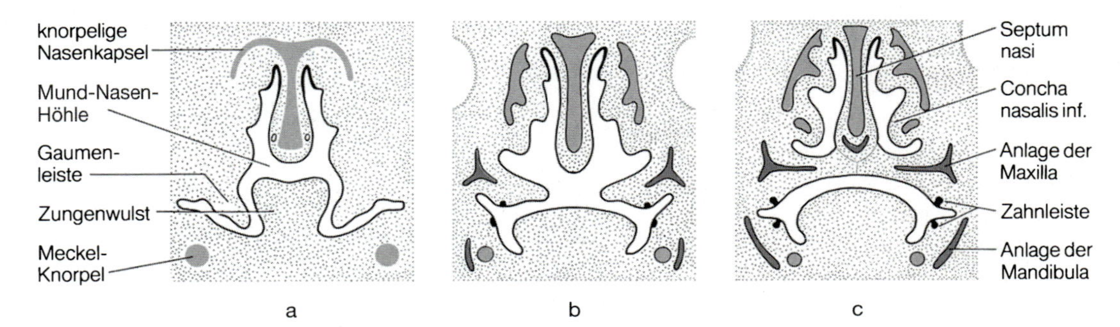

Abb. 13.17 a–c. Gaumenentwicklung. Bereich hinter dem primären Gaumen. **a** 7. Entwicklungswoche; **b** Ende der 8. Woche; **c** 10. Woche

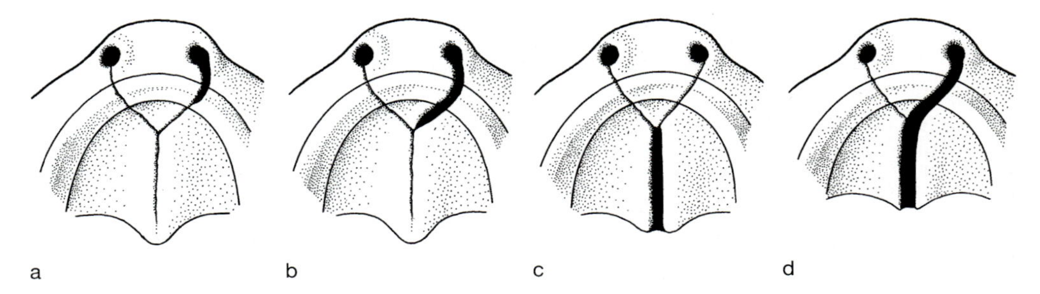

Abb. 13.18 a–d. Fehlbildungen im Gesichts- und Gaumenbereich. **a Cheiloschisis** = *Lippenspalte* (Hasenscharte), kann einseitig oder doppelseitig auftreten. **b Cheilognathoschisis** = *Lippen-Kiefer-Spalte.* Diese ein- oder doppelseitige Spalte reicht bis zum Foramen incisivum. **c Palatoschisis** = *Gaumenspalte*, tritt auf, wenn die beiden Gaumenfortsätze nicht miteinander verschmelzen. **d Cheilognathopalatoschisis** = *Lippen-Kiefer-Gaumen-Spalte.* Doppelseitig wird diese Missbildung Wolfsrachen genannt

sie sich zwischen lateralem Schneidezahn und Eckzahn; ist sie sehr tief, erreicht sie das Foramen incisivum am Hinterrand des primären Gaumens

- **Gaumenspalte (Palatoschisis)** (Abb. 13.18 c); kann bis zur Uvula reichen, die dann gespalten ist
- **Lippen-Kiefer-Gaumen-Spalte (Cheilognathopalatoschisis, Wolfsrachen)** (Abb. 13.18 d); ist eine Kombination von mehreren Spalten

Seltenere Missbildungen sind:

- **mediane Oberlippenspalte** durch unvollständige Vereinigung der beiden medialen Nasenwülste in der Mittellinie oder ungenügende Mesenchymunterfütterung
- **schräge Gesichtsspalte** durch ungenügende Vereinigung des Oberkieferwulstes mit dem lateralen Nasenwulst oder Störung bei der Bildung des Ductus nasolacrimalis
- **Makro-** bzw. **Mikrostomie** infolge ungenügender oder zu weit fortgeschrittener Vereinigung von Oberkiefer- und Unterkieferwulst

Kauapparat

Kernaussagen

- **Der Kauapparat umfasst Zähne (Dentes), Kiefergelenk (Articulatio temporomandibularis) und Kaumuskulatur.**
- **Der Kauapparat bewegt den Unterkiefer gegen den Oberkiefer. Er bewirkt Schneide- und Mahlbewegungen der Zähne.**

Zähne e H45–48

Wichtig

Während der Entwicklung entstehen zwei Zahngenerationen mit 20 Milchzähnen und 32 bleibenden Zähnen. Der Zahndurchbruch der Milchzähne beginnt postnatal zwischen dem 6. und 8. Lebensmonat mit den Schneidezähnen, der der bleibenden Zähne mit dem 1. Backenzahn etwa im 5. Lebensjahr. Die Zähne (Dentes) bestehen aus Hartsubstanzen, Schmelz, Dentin, Zement, die eine gefäß- und nervenreiche Zahnpulpa umschließen. Der Schmelz bildet die Zahnkrone und ist im ausgereiftem Zustand zellfrei. Er wird wie das Zement der Zahnwurzel von Dentin unterlegt. Die Zellen des Dentins (Odontoblasten) befinden sich an der Grenze zur Zahnpulpa und haben lange Fortsätze, die ins Dentin hineinreichen. Der Zahnhalteapparat besteht aus kollagenen Fasern, die im Zement und im Knochen der Alveolen verankert sind. Der Zahnhals ist von Saumepithel bedeckt.

Das menschliche Gebiss ist *heterodont* (verschiedene Zahnformen) und *diphydont* (einmaliger Zahnwechsel). Die Zähne vor dem Zahnwechsel, der etwa im 5. Lebensjahr beginnt, werden als **Dentes decidui** (*Milchzähne*), die späteren als **Dentes permanentes** (*bleibende Zähne*) bezeichnet. In beiden Fällen bilden die Zähne **Zahnbögen,** nämlich je einen in der Maxilla und einen in der Mandibula.

Der Zahnbogen in der Maxilla verläuft beim Erwachsenen wie eine halbe Ellipse, der der Mandibula wie eine Parabel. Dadurch überragen bei Okklusion die Frontzähne des Oberkiefers die des Unterkiefers geringfügig (**Überbiss**). Außerdem sind die Oberkieferzähne gegen die Unterkieferzähne in der Regel um eine halbe Zahnbreite verschoben, sodass beim Kauen stets drei Zähne zusammenarbeiten.

Milchzähne

Dentes decidui. Das *Milchgebiss* besteht aus 20 Zähnen: in jeder Kieferhälfte **2 Schneidezähne, 1 Eckzahn** und **2 Milchmolaren.**

Die Formel für das Milchgebiss lautet:

$$\frac{212}{212} = \frac{5}{5} \cdot 2 = 20 \textit{ Zähne}$$

Der Durchbruch der Milchzähne (Tabelle 13.5) beginnt etwa zwischen dem **6.** und **8. Lebensmonat** mit den Schneidezähnen. Es folgen der 1. Milchmolar, der Eckzahn, der 2. Milchmolar. Bei der 1. Dentition entsteht nie eine Wunde.

Der Zahnwechsel (Tabelle 13.5) beginnt etwa ab 5. Lebensjahr mit dem Durchbruch des **1. Molars.** Dann folgen der 1. Schneidezahn, 2. Schneidezahn, 1. Prämolar, Eckzahn, 2. Prämolar, 2. und 3. Molar. Der Zahnwechsel wird dadurch eingeleitet, dass die Zahnwurzeln der Milchzähne weitgehend resorbiert werden, sodass die bleibenden Zähne die Kronen der Milchzähne mit evtl. Wurzelresten hinausschieben.

Bleibende Zähne

Dentes permanentes. Das Gebiss des Erwachsenen besteht aus 32 Zähnen: in jeder Hälfte **2 Dentes incisivi** (*Schneidezähne*), **1 Dens caninus** (*Eckzahn*), **2 Dentes praemolares** (*Backenzähne*) und **3 Dentes molares** (*Mahlzähne*).

Die Zahnformel lautet:

$$\frac{2123}{2123} = \frac{8}{8} \cdot 2 = 32 \textit{ Zähne}$$

Die Zähne im Einzelnen

Dentes incisivi sind meißelförmig und haben eine einfache konische Wurzel.

Dentes canini tragen eine abgewinkelte dreikantige Schneidekrone. Die Zahnwurzel ist länger als die aller übrigen Zähne.

Dentes praemolares haben an ihrer Krone zwei Höcker (Wangen- und Zungenhöcker). Die Wurzel der oberen Prämolaren ist gefurcht. Die unteren Prämolaren sind einwurzelig.

Dentes molares. Ihre Kronen zeigen vier bis fünf Höcker. Die ersten beiden Molaren des Oberkiefers besitzen drei divergierende Wurzeln, die des Unterkiefers haben nur zwei Wurzeln. Die Wurzeln der 3. Mahlzähne (**Dentes serotini**, *Weisheitszähne*) sind sehr variabel.

Alle **Zähne** haben **drei Abschnitte** (Abb. 13.19):
- **Corona dentis** (*Zahnkrone*): sie ist der sichtbare Teil des Zahns mit Schneidekante bzw. Kaufläche
- **Collum dentis** (*Zahnhals*); er ist von Saumepithel bedeckt (► unten)
- **Radix dentis** (*Zahnwurzel*); er befindet sich in der zugehörigen Alveole und ist durch den **Zahnhalteapparat** mit dem Kiefer verbunden

Tabelle 13.5. Zahndurchbruch und Zahnwechsel

Zahn	Milchgebiss (Monate)	Definitives Gebiss (Jahre)
Dens incisivus 1	**6–8**	7–8
Dens incisivus 2	8–12	8–9
Dens caninus	16–20	11–13
Dens praemolaris 1	12–16 = 1. Milchmolar	9–11
Dens praemolaris 2	20–24 = 2. Milchmolar	11–13
Dens molaris 1	–	**6–7**
Dens molaris 2	–	12–14
Dens molaris 3	–	17–40

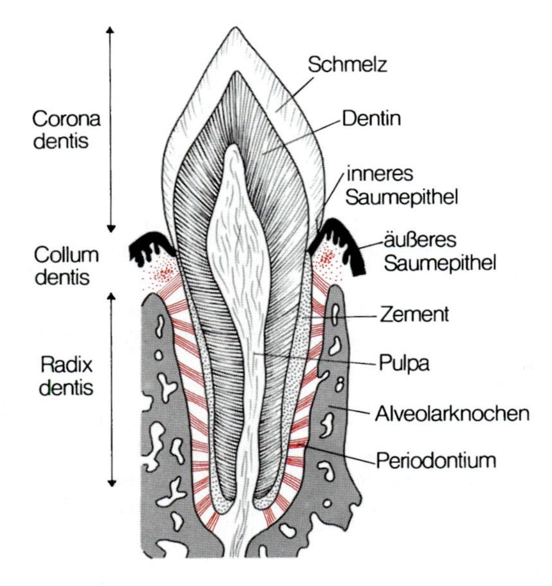

Abb. 13.19. Zahn und Zahnhalteapparat. Eckzahn

Jede **Zahnkrone** hat mehrere Flächen:
- **Facies occlusialis** (Kaufläche)
- **Facies vestibularis** (buccalis, labialis) (Außenfläche)
- **Facies lingualis** (Innenfläche)
- **Facies contactus** (dem Nachbarzahn zugekehrte Fläche) unterteilt in:
  - *Facies mesialis* (vordere vertikale Kontaktfläche)
  - *Facies distalis* (hintere vertikale Kontaktfläche)

Im Inneren des Zahns befindet sich die **Cavitas dentis** (*Pulpahöhle*), die sich in den **Canalis radicis dentis** (*Wurzelkanal*) fortsetzt. Beide beinhalten **Pulpa dentis** (▶ unten). Der Wurzelkanal öffnet sich an der **Apex radicis dentis** mit dem *Foramen apicis dentis*, durch das Nerven und Gefäße ins Zahninnere gelangen.

Umschlossen wird die Zahnpulpa von drei mineralisierten Anteilen:
- **Schmelz** (*Enamelum*); nur im Bereich der Zahnkrone vorhanden
- **Dentin** (*Dentinum*)
- **Zement** (*Cementum*); nur an der Zahnwurzel vorhanden

Zur Entwicklung e H45, 47

Die Zahnentwicklung beginnt im 2. Entwicklungsmonat. Beteiligt sind:
- **ektodermales Epithel** der Mundbucht, das den **Schmelz** liefert
- **Mesektoderm** des Kopfes (▶ S. 115), aus dem **Dentin** und **Zement** hervorgehen

Verlauf der Zahnentwicklung (Abb. 13.20). Im Bereich des zukünftigen Ober- und Unterkiefers entstehen aus dem mehrschichtigen unverhornten Plattenepithel der Mundbucht als Absenkung bogenförmige primäre **Zahnleisten.** Wenig später bilden sich an der labialen Fläche jeder Leiste 10 knotenförmige epitheliale Verdichtungen (**Zahnknospen**) (Abb. 13.20a). Es handelt sich um die Anlage der **Schmelzorgane.** Durch schnelleres Wachstum der Ränder bekommen die Zahnknospen **Kappen-**, dann **Glockenform** (Abb. 13.20b). Die Höhlung der Zahnkappe bzw. Zahnglocke enthält verdichtetes Mesenchym, das zur **Zahnpapille**, dem Vorläufer der **Zahnpulpa** wird. Der Innenraum der Zahnglocke ist zunächst lippenwärts gerichtet, kippt aber mit Vergrößerung des Schmelzorgans mundbodenwärts um, sodass die Achse der Zahnanlage später parallel zur Zahnleiste verläuft. Die Verbindung zur Zahnleiste geht etwa Mitte des 4. Entwicklungsmonats verloren. In der Umgebung des Schmelzorgans verdichtet sich das Mesenchym zum **Zahnsäckchen** (Abb. 13.20b). Die Zahnleiste bildet sich allmählich zurück. Nur ihr unterer Rand

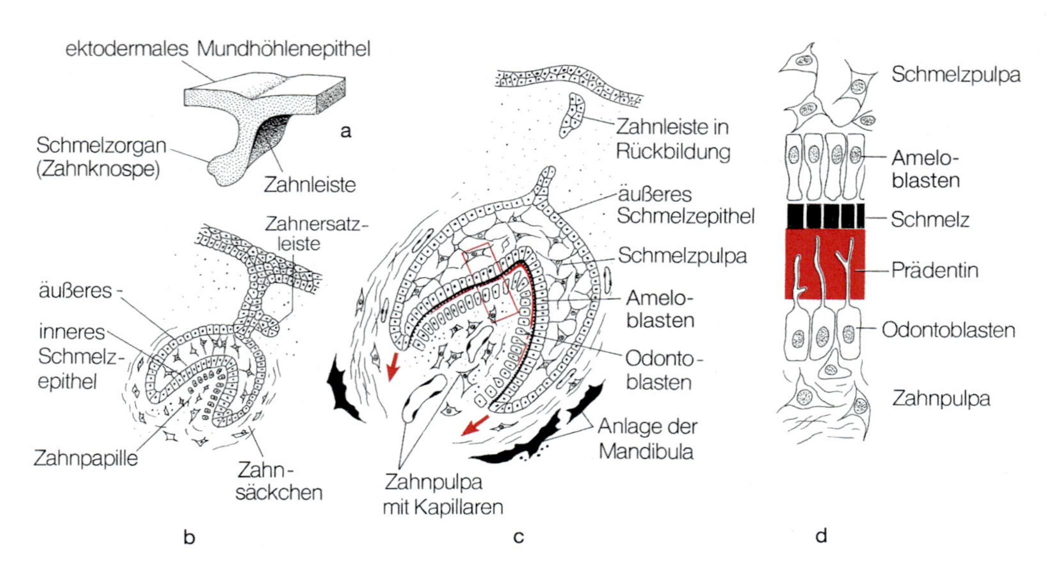

Abb. 13.20a–d. Zahnentwicklung. **a** Zahnleiste. Mitte des 2. Entwicklungsmonats. **b, c** Zahnglocke. **b** 3. Entwicklungsmonat. **c** 4. Entwicklungsmonat. Das *Rechteck* gibt einen Ausschnitt an, der in **d** stärker vergrößert dargestellt ist. **d** Bildung der Hartsubstanzen e H45

bleibt als **Ersatzleiste** erhalten, von der die Bildung der Dentes permanentes ausgeht. Reste der Zahnleiste werden gelegentlich als *Malassez-Epithelreste* beim Erwachsenen gefunden.

Schmelzorgan. Das Schmelzorgan erfährt durch Ansammlung proteinreicher Interzellularflüssigkeit im Inneren eine Gliederung in (Abb. 13.20c)

- **äußeres Schmelzepithel**, das die Grenze zum Zahnsäckchen bildet
- **Schmelzpulpa**, in der die Zellen durch Ansammlung der Interzellularflüssigkeit sternförmig sind
- **inneres Schmelzepithel**, das der Zahnpapille zugewandt ist

An der Grenze zwischen innerem Schmelzepithel und Zahnpapille entsteht eine dicke Basalmembran mit retikulären Fasern (**Membrana praeformativa**).

Durch weitere Induktionsvorgänge wandeln sich die Zellen des inneren Schmelzepithels in **Präameloblasten** und die Zellen, die der Membrana praeformativa auf der Seite der Zahnpapille anliegen, zu **Odontoblasten** (*Dentinbildnern*) um. Die Odontoblasten beginnen mit der Sekretion der Dentinmatrix und aus den Präameloblasten werden, etwas verzögert, **Ameloblasten** (*Schmelzbildner*), die anfangen, Schmelzmatrix abzuscheiden.

Schmelzbildung (Abb. 13.20d). Sie erfolgt durch die Tätigkeit der Ameloblasten. **Ameloblasten** sind hochprismatische, 60–70 μm hohe Zellen, die zunächst organische Schmelzmatrix und dann auch Kalzium und Phosphat sezernieren. Sehr bald bekommen die Ameloblasten lange in die Tiefe gerichtete Fortsätze (**Tomes-Fortsätze**), an deren Oberfläche **Schmelzprismen** (Apatitkristalle) abgegeben werden. Diese gewinnen im Laufe der Zeit eine charakteristische Anordnung.

Die Schmelzbildung beginnt im Bereich der späteren Kaufläche des Zahns und schreitet langsam seitlich bis in das Gebiet des zukünftigen Zahnhalses fort. Das Schmelzorgan selbst wächst aber weiter und bildet eine Epithelscheide (**Vagina radicularis epithelialis**), die bis in den Bereich der späteren Zahnwurzel nach unten reicht.

Im Laufe der weiteren Entwicklung wird das Schmelzorgan nahezu vollständig zurückgebildet. Lediglich Reste des Schmelzepithels bleiben als **Saumepithel** im Bereich des Zahnhalses erhalten. Es setzt sich kontinuierlich in das Epithel der Gingiva fort. Da auch die zugehörigen Basallaminae erhalten bleiben, erfolgt der Zahndurchbruch der Milchzähne unblutig (► oben).

Dentinbildung (Abb. 13.20d). Die Dentinbildung beginnt am Ende des 4. Entwicklungsmonats durch **Odontoblasten** der Zahnpapille (► oben). Sie bleiben während des ganzen Lebens erhalten und können zeitlebens *unverkalktes Prädentin* bilden.

Dentin geht durch Mineralisation aus Prädentin hervor. Eingeleitet wird die Dentinbildung durch Sekretion von Dentingrundsubstanz an dem dem inneren Schmelzepithel zugewandten apikalen Pol junger Odontoblasten. Charakteristisch für die weitere Entwicklung ist die Ausbildung eines langen apikalen, sich begrenzt verzweigenden **Odontoblastenfortsatzes** (**Tomes-Faser**) sowie eine fortschreitende Prädentinsekretion. Dabei bleibt der Zellleib der **Odontoblasten stets außerhalb des Dentins**; lediglich die Odontoblastenfortsätze werden von Dentin umgeben. Das zunächst gebildete, dem Schmelz anliegende Dentin wird als **Manteldentin** – gekennzeichnet durch das Vorkommen dicker Kollagenbündel (**Korff-Fasern**) –, die Hauptmasse als **zirkumpulpäres Dentin** bezeichnet.

Entwicklung von Zement, Periodontium und **Alveolarknochen.** Diese Strukturen zusammen bilden den **Zahnhalteapparat.** Sie befinden sich im Bereich der Zahnwurzel. Gemeinsam gehen sie aus dem Zahnsäckchen (▶ oben) hervor. Beendet wird die Entwicklung des Zahnhalteapparates erst nach Abschluss des Zahndurchbruchs.

Die **Bildung von Zement** erfolgt in der der Zahnanlage zugewandten Schicht des Zahnsäckchens nach Art der *desmalen Ossifikation.* Die zementbildenden Zellen sind die **Zementoblasten;** sie werden von Zement umschlossen und liegen daher *im* Zement.

Für die **Entstehung des Alveolarknochens** ist die äußere Schicht des Zahnsäckchens verantwortlich; die Ossifikation erfolgt desmal.

Der verbleibende intermediäre Teil des Zahnsäckchens schließlich wird zum **Periodontium** (Desmodont), das aus Kollagenfaserbündeln besteht.

Mikroskopische Anatomie der bleibenden Zähne e H46. Der **Schmelz** ist die härteste Substanz des menschlichen Körpers und enthält über 97% anorganische Substanzen, vorwiegend Hydroxylapatit.

Schmelz ist zellfrei und besteht aus *Schmelzprismen,* die durch interprismatische Kittsubstanz zusammengefügt sind. Ihr Verlauf ruft vor allem polarisationsmikroskopisch nachweisbare *Schräger-Hunter-Streifen* hervor. Quer hierzu lassen sich im Dentin zirkulär umgreifende Linien (*Retzius-Streifen*) erkennen, die auf rhythmisches Verkalken des Schmelzes während der Entwicklung zurückgehen.

Dentin. Dentin ist härter als Knochen, aber weniger hart als Schmelz; es besteht zu etwa 70% aus anorganischen Bestandteilen, 20% organischer Matrix, 10% Wasser. Unter den anorganischen Bestandteilen überwiegen Hydroxylapatitkristalle.

Charakteristisch für das Dentin sind **Dentinkanälchen.** Sie verlaufen radiär und enthalten **Odontoblastenfortsätze** sowie freie Nervenendigungen (Schmerzempfindungen). Der Zellleib der Odontoblasten liegt außerhalb des Dentins an der Pulpa-Dentin-Grenze (▶ Zahnentwicklung).

Umgeben werden die Dentinkanälchen von **peritubulärem Dentin,** das sehr dicht und fest ist. Dazwischen liegt weniger dichtes **intertubuläres Dentin** mit Kollagenfibrillen, die vorwiegend in Längsrichtung des Zahns angeordnet sind. Die dem Schmelz zugewandte Oberfläche des Dentins besteht aus relativ wenig stark mineralisiertem **Manteldentin.**

Zement gleicht Geflechtknochen. Wichtigste Bestandteile sind **Zementozyten,** die Osteozyten gleichen, Kollagenfibrillen und verkalkte Grundsubstanz.

Die **Pulpa dentis** füllt das Cavum dentis einschließlich der Wurzelkanäle und besteht aus *lockerem Bindegewebe.* Außer Fibrozyten kommen undifferenzierte Mesenchymzellen und freie Bindegewebszellen vor. An der Dentingrenze liegen pallisadenförmig die **Odontoblasten** (▶ oben). Die Pulpa ist reich *vaskularisiert* und *innerviert.* Vereinzelt können marklose Nervenfasern in Dentinkanälchen eindringen.

Zum **Zahnhalteapparat** (Abb. 13.19 e H48) gehören
- **Zement** (▶ oben)
- **Periodontium**
- **Alveolarknochen**

Das **Periodontium** ist der Bindegewebsapparat, der die Zähne befestigt und den Kaudruck auffängt. Es füllt den Raum zwischen der Oberfläche des Zements und den umgebenden Alveolarfortsätzen. Die Kollagenfasern (*Sharpey-Fasern*) verlaufen von der Alveolarwand zum Zement hin absteigend, im Bereich des Zahnhalses jedoch horizontal bzw. aufsteigend. Zwischen den Kollagenfaserbündeln liegen freie Nervenenedigungen, Vater-Pacini-Körperchen (▶ S. 221) und zahlreiche knäuelartige Gefäßschlingen und mit Flüssigkeit gefüllte Gewebespalten, die bei Belastung des Zahns eine Art hydraulische Pufferwirkung ausüben.

Alveolarknochen. Es handelt sich um die Processus alveolares maxillae bzw. mandibulae. Sie bestehen aus Lamellenknochen und dienen der Befestigung der Sharpey-Fasern.

Gefäße und Nerven der Zähne (▶ Kapitel 13.3, Leitungsbahnen).

Die **arterielle Versorgung** der oberen Mahlzähne erfolgt über die *Rr. dentales* der A. alveolaris superior posterior; die entsprechenden Äste für die übrigen Oberkieferzähne stammen aus den *Aa. alveolares superiores anteriores,* die aus der A. infraorbitalis abzweigen. Beide Versorgungsäste stammen aus der **A. maxillaris** (▶ S. 660).

Die Unterkieferzähne werden von den *Rr. dentales* der A. alveolaris inferior versorgt, die ebenfalls aus der A. maxillaris entspringt.

Lymphgefäße. Die Zahnpulpa enthält zarte Lymphgefäße. Die Lymphe der Unterkieferzähne gelangt über ein zentrales Gefäß im Canalis mandibulae in die *Nodi lymphoidei cervicales profundi.* Die dentalen Lymphgefäße des Oberkiefers laufen in den Canales alveolares superiores bzw. im Canalis infraorbitalis zu den *Nodi lymphoidei submandibulares.*

Die **Innervation der Oberkieferzähne** erfolgt durch einen *Plexus dentalis,* der Fasern aus den *Nn. alveolares superiores posteriores, medii* und *anteriores* erhält. Letztlich kommen die Fasern aus dem N. maxillaris (N. V2 ► S. 667). Der vordere Teil des Plexus erhält auch Fasern aus den Nn. nasales laterales (Äste des N. ethmoidalis anterior aus dem N. nasociliaris des N. ophthalmicus, V1 ► S. 665).

Unterkieferzähne. Die Rr. dentales inferiores der Unterkieferzähne entstammen dem *N. alveolaris inferior* (stärkster Ast des N. mandibularis, N. V3).

Zusammenfassung ► S. 615.

Kiefergelenk

Wichtig

Das Kiefergelenk befindet sich zwischen Mandibula und Os temporale und ist ein Schiebe- und Scharniergelenk für Bewegungen des Unterkiefers. Es enthält einen Discus articularis. Ausgeführt werden die Bewegungen durch die Kaumuskulatur, die Zungenbeinmuskultur und Muskeln, die das Atlantooccipitalgelenk bewegen.

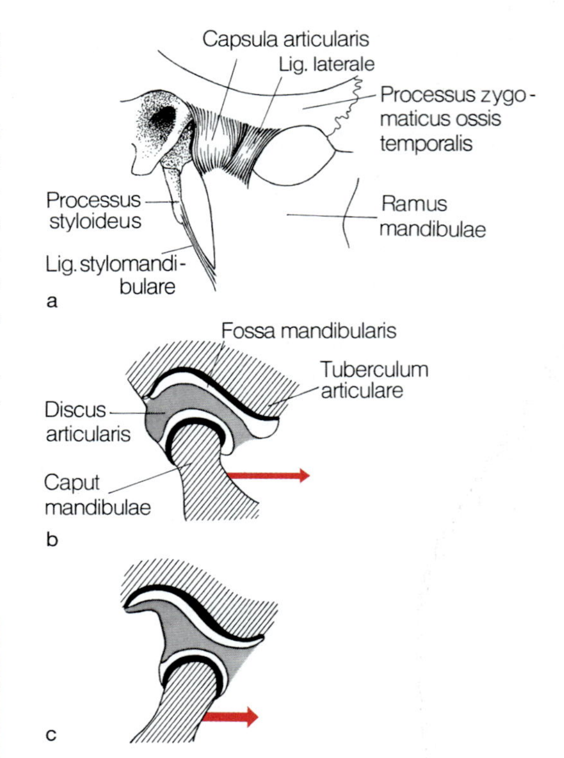

Abb. 13.21. Rechtes Kniegelenk. **a** Kapsel und Bandapparat. **b** Bei Kieferschluss liegen Caput mandibulae und der Discus articularis in der Fossa mandibularis. Der *Pfeil* gibt die Bewegungsrichtung bei einer zukünftigen Mundöffnung an. **c** Verschiebung des Discus articularis bei beginnender Mundöffnung

Im Kiefergelenk (Articulatio temporomandibularis) (Abb. 13.21) artikulieren das **Caput mandibulae** des Processus condylaris mit der Facies articularis der **Fossa mandibularis** und dem **Tuberculum articulare** des Os temporale (► S. 594). Außerdem weist das Gelenk einen **Discus articularis** auf, der ringsum mit der **Gelenkkapsel** verwachsen ist. Dadurch wird das Kiefergelenk in zwei getrennte Kammern unterteilt:
- **obere diskotemporale Kammer**
- **untere diskomandibulare Kammer**

Die obere Kammer kann isoliert als **Schiebegelenk** oder gemeinsam mit der unteren benutzt werden. Dann wirkt das Kiefergelenk als **Scharniergelenk.**

Der **Discus articularis** ist der funktionell wichtigste Teil des Kiefergelenks. Er besteht aus Faserknorpel, sein hinterer Teil, die bilaminäre Zone, aus kollagenen und elastischem Bindegewebe. Der Discus ermöglicht, dass bei Bewegungen im Kiefergelenk das Caput mandibulae ein- oder beidseitig aus der Fossa mandibularis auf das Tuberculum articulare vorverlagert wird (► unten).

Die **Gelenkkapsel** ist relativ weit und trichterförmig. Sie entspringt in der Fossa mandibularis vor der Fissura petrotympanica und schließt ventral das Tuberculum articulare ein. Sie setzt oberhalb der Fovea pterygoidea am Collum mandibulae an. Dorsal wird sie durch die kollagenen Fasern der bilaminären Zone ersetzt.

Bänder am Kiefergelenk

Bänder am Kiefergelenk sind:
- **Lig. laterale** (Abb. 13.21 a) vom Processus zygomaticus zum Collum mandibulae; es hemmt die Verschiebung des Caput mandibulae nach dorsal und lateral; Teile des Bandes gehören zur Gelenkkapsel
- **Lig. stylomandibulare** vom Processus styloideus zum Angulus mandibulae; dieses und die folgenden Bänder haben *keine Verbindung zur Gelenkkapsel*
- **Lig. sphenomandibulare** von der Spina ossis sphenoidalis (lateral des Foramen spinosum) zur Innenseite des Ramus

mandibulae; es liegt zwischen M. pterygoideus lateralis und M. pterygoideus medialis

- **Raphe pterygomandibularis** vom Hamulus des Processus pterygoideus zum Ramus mandibulae; an der Naht inseriert von lateral der M. buccinator; die Naht ist gleichzeitig Ursprung des M. constrictor pharyngis superior; beide Muskeln bilden mit der Raphe die ventrale Begrenzung des Spatium retro- und lateropharyngeum (◘ Abb. 13.40, ► S. 640).

Kaumuskulatur und Bewegungen im Kiefergelenk

Kaumuskeln sind (◘ Abb. 13.22, ◘ Tabelle 13.6)

- **M. temporalis**
- **M. masseter**
- **M. pterygoideus medialis**
- **M. pterygoideus lateralis**

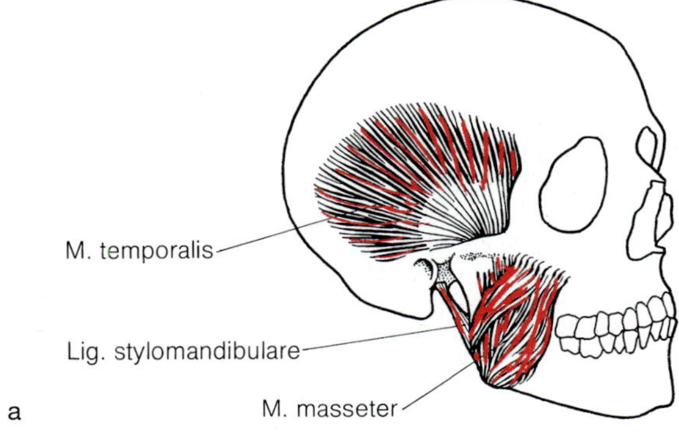

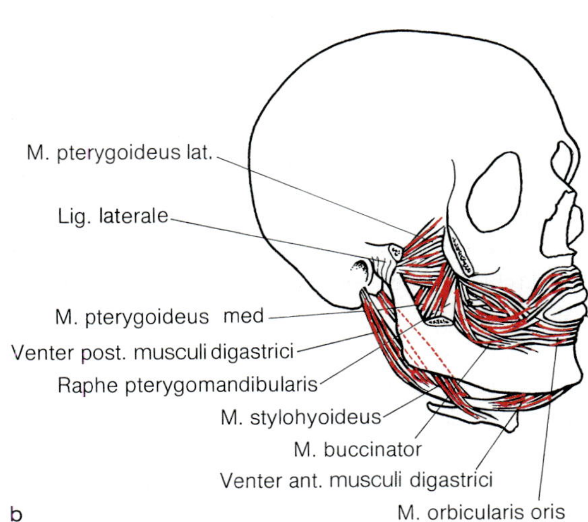

◘ **Abb. 13.22 a, b.** Kaumuskulatur und Muskeln des Lippen-Wangen-Bereichs. **a** Oberflächliche Kaumuskulatur; **b** tiefe Kaumuskulatur und Lippen- und Wangenmuskulatur. Der Proc. coronoideus ist entfernt

Einzelheiten

M. temporalis. Der Muskel verläuft wie ein Fächer (*Temporalisfächer*). Er füllt die Schläfengrube und gestaltet damit die Oberfläche des Kopfes. Der M. temporalis ist der Kaumuskel mit der größten Kraftentfaltung. Beim festen Zubeißen wölbt sich der Muskelbauch kräftig vor. Seine hinteren Fasern dienen dem Zurückziehen des Unterkiefers.

Fascia temporalis. Die Fascia temporalis bedeckt mit zwei Blättern den *M. temporalis*. Beide Blätter liegen an der oberen Anheftungsstelle (*Linea temporalis superior*) dicht aneinander, weichen jedoch kaudal auseinander. Die **Lamina superficialis** befestigt sich an der Außenseite des Arcus zygomaticus, die **Lamina profunda** an der Innenseite des Jochbogens. Zwischen beiden Blättern findet sich lockeres Binde- und Fettgewebe, ferner die A. und V. temporalis media.

M. masseter. Er ist der auffälligste Kaumuskel. Er besteht aus *zwei Portionen*, einer oberflächlich schrägen und einer tiefen, senkrecht absteigenden. Er wirkt stets mit M. temporalis und M. pterygoideus medialis zusammen.

Fascia masseterica. Auch die Fascia masseterica lässt eine **Lamina superficialis** und eine Lamina profunda erkennen. Die Lamina superficialis bedeckt den *M. masseter* bis zum Arcus zygomaticus und erreicht dorsal mit dem M. masseter die Gl. parotidea. Um den dorsalen Rand des Ramus mandibulae und um den unteren Rand des Angulus mandibulae geht die Lamina superficialis in die *Lamina profunda* über, die die mediale Fläche des *M. pterygoideus medialis* bedeckt.

Kranial erreicht sie die Schädelbasis.

M. pterygoideus medialis. Er liegt dem Ramus mandibulae von innen an und bildet zusammen mit dem M. masseter (dem Ramus mandibulae von außen angelagert) eine *Muskelschlinge*, die den Kieferwinkel umgreift. Die Kontraktionskraft von M. temporalis, M. masseter und M. pterygoideus medialis zusammen ist gewaltig, sodass Kauleistungen mit einem großen Druck erbracht werden können.

M. pterygoideus lateralis. Er zieht horizontal duch die Fossa infratemporalis. Zwischen seinen beiden Köpfen verläuft der N. buccalis. Zwischen M. pterygoideus lateralis und medialis verlaufen N. lingualis und N. alveolaris inferior. Der M. pterygoideus lateralis schafft dadurch, dass er den Unterkiefer nach vorne zieht, die Voraussetzung für das Öffnen des Mundes. Außerdem bewirkt er die Mahlbewegungen.

Außer den Kaumuskeln im engeren Sinne wirken weitere Muskeln beim Kauen mit, insbesondere die Muskeln von Zunge (► S. 620), Lippen, Wangen und Atlantooccipitalgelenk.

Bewegungen im Kiefergelenk hängen von Gelenkkonstruktion und Kaumuskulatur ab.

Öffnungs- und Schließbewegung (◘ Abb. 13.21 b, c). Beim **Öffnen** des Mundes treten die beiden Gelenkköpfe mit dem Discus articularis nach ventrokaudal auf das Tuberculum articulare. Die Scharnierbewegung ist also mit einer Gleitbewegung kombiniert. Die Achse dieser

Tabelle 13.6. Kaumuskulatur. Alle Kaumuskeln bis auf den M. pterygoideus lat. sind Schließmuskeln. Die motorische Innervation aller Kaumuskeln erfolgt durch Äste der Radix motoria nervi trigemini (N. V3)

Muskel	Ursprung	Ansatz	Funktion	Nerv (Radix motoria nervi trigemini N. V3)
M. masseter	Arcus zygomaticus	Tuberositas masseterica am Angulus mandibulae	schließt den Kiefer	N. massetericus
M. temporalis	Linea temporalis der Squama ossis temporalis u. des Os parietale	Proc. coronoideus mandibulae	schließt den Kiefer, der dorsale Teil zieht vorgeschobenen Unterkiefer zurück	Nn. temporales prof.
M. pterygoideus medius	Fossa pterygoidea	Tuberositas pterygoidea am Angulus mandibulae	schließt den Kiefer	N. pterygoideus med.
M. pterygoideus lateralis				
Pars superior	Crista infratemporalis ossis sphenoidalis	Discus articularis	zieht Discus articularis nach vorn, leitet damit Kieferöffnung ein	N. pterygoideus lat.
Pars inferior	Lamina lat. des Proc. pterygoideus	Proc. condylaris mandibulae	*einseitig:* verschiebt den Unterkiefer zur Gegenseite *doppelseitig:* zieht den Unterkiefer nach vorn	N. pterygoideus lat.

kombinierten Bewegung verläuft durch die Foramina mandibulae.

Mitwirkende Muskeln sind beim
- **Heben des Unterkiefers:** M. temporalis, M. masseter, M. pterygoideus medialis
- **Senken des Unterkiefers** die Mundbodenmuskulatur: M. digastricus (Venter ant.), M. mylohyoideus, M. geniohyoideus, vor allem ermöglicht aber bei Nachlassen des Tonus der Kaumuskulatur die Schwerkraft das Senken des Unterkiefers

Klinischer Hinweis

Bei übermäßigem Öffnen des Mundes, z. B. beim Gähnen, Singen oder beim Zahnarzt kann das Caput mandibulae vor das Tuberculum articulare gelangen und dort von der Kaumuskulatur arretiert werden (*Maulsperre*).

Schiebebewegung vor- und rückwärts. Die Bewegung findet ausschließlich **im oberen, diskotemporalen Gelenk** statt und ist stets mit einer geringgradigen Senkung der Mandibula und einem Gleiten des Discus articularis verbunden: nach vorne auf das Tuberculum articulare, zurück in die Fossa mandibularis.

Mitwirkende Muskeln beim
- **Vorschieben des Unterkiefers:** M. pterygoideus lateralis, vorderer Anteil des M. masseter
- **Rückschieben des Unterkiefers:** hinterer Anteil des M. temporalis

Mahlbewegung. Hierbei kommt es zu einer **Seitwärtsverschiebung** der Mandibula. Da die Capita mandibulae bei Mahlbewegungen nie zu gleicher Zeit in gleicher Höhe stehen, kommt es bei seitlicher Verschiebung zu einer Schräglagerung des Unterkiefers. Das Caput der Seite, zu der der Unterkiefer verschoben wird, dreht sich um die vertikale Achse, während das Köpfchen der Gegenseite gleichzeitig eine Bewegung nach ventrokaudal macht und auf das Tuberculum articulare rückt.

> **In Kürze**
>
> Die Zähne bestehen aus Zahnkrone, Zahnhals und Zahnwurzel. Die Zahnkrone geht aus dem ektodermalen Schmelzorgan hervor. Schmelz ist zellfrei und hat weder Gefäße noch Nerven. Dentin und Zement sind mesenchymaler Herkunft. Im Dentin befinden sich Dentinkanälchen mit Odontoblastenfortsätzen. Die zugehörigen Zellleiber liegen außerhalb des Dentins am Rand der Zahnpulpa. Die Zahnpulpa ist gefäß- und nervenreich. Das Zement der Zahnwurzel gleicht Geflechtknochen. Es gehört zum Zahnhalteapparat. Zement reicht bis zum Zahnhals. – Die Dentitionen (Milchgebiss mit 20 Zähnen, Dauergebiss mit 32 Zähnen) verlaufen in festgelegter Reihenfolge. – Zum Kauapparat gehört das Kiefergelenk. Es wird durch den Discus articularis in eine obere und untere Kammer geteilt. Bei Schiebebewegungen gleitet der Discus articularis auf das Tuberculum articulare des Os temporale und wieder zurück. Bei Heben und Senken des Unterkiefers, z. B. beim Öffnen und Schließen des Mundes, wird diese Bewegung mit einer Scharnierbewegung kombiniert. Mahlbewegungen sind Seitswärtsverschiebungen der Mandibula. Die Kaumuskulatur ist an allen Bewegungen des Kiefergelenks in unterschiedlichem Umfang beteiligt. Sie wird von der Radix motoria des N. trigeminus (N. V3) innerviert.

Mundhöhle

Kernaussagen

- Die Mundhöhle besteht aus dem Vestibulum oris und der Cavitas oris propria.
- Alle Teile der Mundhöhle sind mit mehrschichtigem unverhornten Plattenepithel ausgekleidet, das von Sekreten der Speicheldrüsen feucht gehalten wird.
- Die Cavitas oris propria umschließt die Zunge.
- Die Schlundenge (Isthmus faucium) zwischen Mundhöhle und Pharynx wird von den Schlundbögen und der Uvula als Fortsetzung des weichen Gaumens gebildet. Sie öffnet sich beim Schluckakt.
- Zwischen beiden Gaumenbögen liegt die Gaumenmandel (Tonsilla palatina).

Vestibulum oris

Wichtig

In das Vestibulum oris münden Glandulae labiales et buccales sowie beidseits gegenüber dem 2. oberen Molar der Ductus parotideus der jeweiligen Ohrspeicheldrüse (Glandula parotidea).

Der **Vorhof der Mundhöhle** ist der Raum zwischen Lippen, Wangen und äußeren Zahnflächen. Er vermag Luft, Flüssigkeit oder Nahrung aufzunehmen (Backentaschen), die durch die Backenmuskulatur in die Cavitas oris propria befördert werden können.

Das Vestibulum oris wird von mehrschichtigem unverhornten Plattenepithel der Mundschleimhaut mit gemischten Speicheldrüsen (**Gll. labiales** und **Gll. buccales**) ausgekleidet. Ins Vestibulum oris mündet in Höhe des 2. oberen Molaren auf einer kleinen Papille der **Ductus parotideus** (► S. 623).

Das **Lippenrot** (e H100) bildet an der **Rima oris** den Übergang von Oberhaut zur Schleimhaut. Hier fehlen Pigmentzellen und Pigmenteinlagerungen und die sehr kapillarreichen Bindegewebspapillen reichen so weit an die Oberfläche, dass die Farbe des Blutes durchschimmert.

Gingiva (*Zahnfleisch*). Die Schleimhaut von Wange und Lippe schlägt in einer oberen und unteren Aussackung (**Fornix vestibuli**) auf die Alveolarfortsätze des Ober- und Unterkiefers um und bildet dort die **Gingiva.** Zwischen Zahnfleisch und Ober- bzw. Unterlippe befindet sich jeweils eine mediane Schleimhautfalte (**Frenulum labii superioris** bzw. **inferioris**).

An jedem Zahn weist die Gingiva einen bis zu 0,5 mm tiefen, rinnenförmigen **Sulcus gingivalis** auf. Hier setzt sich das mehrschichtige unverhornte Plattenepithel der Mund- und Alveolarschleimhaut in papillenfreies Saumepithel (► Entwicklungsgeschichte) fort, das bis zum Oberrand des Zements reicht und sich am Zahnschmelz befestigt (■ Abb. 13.19).

> **Klinischer Hinweis**
>
> Durch Schwund des Saumepithels kann es am Zahnhals zur Taschenbildung und in den Taschen zur Ansammlung von Speiseresten und Bakterien mit folgender Entzündung kommen (*Parodontose*).

Innervation der Gingiva (► Kapitel 13.3, Leitungsbahnen). Sie erfolgt durch die Nerven, die die Zähne innervieren. Außerdem wird die linguale Gingiva des Unterkiefers von Endästen des N. lingualis erreicht. Die palatine Schleimhaut der oberen Schneidezähne innervieren Endäste des N. nasopalatinus, diejenige der oberen Prämolaren und Molaren Äste des N. palatinus major.

Cavitas oris propria

Wichtig

Die Cavitas oris propria ist der Hauptraum der Mundhöhle. Ihr Dach bildet der Gaumen mit einem knöchernen Palatum durum und einem muskulären Palatum molle. Der Übergang zum Schlund (Pharynx) ist die Schlundenge (Isthmus faucium). Bei geschlossener Zahnreihe wird die Cavitas oris propria bis auf einen Spaltraum von der sehr beweglichen Zunge gefüllt. Beim Essen erfolgt in der Cavitas oris propria die Durchmischung der zerkleinerten Nahrung, ihre Geschmackskontrolle und der Beginn der enzymatischen Verdauung.

Zur **Cavitas oris propria** gehören
- **Palatum** (*Gaumen*)
- **Fauces** (*Schlund*) mit **Isthmus faucium** (*Schlundenge*)
- **Tonsilla palatina** (*Gaumenmandel*)
- **Mundboden**
- **Lingua** (*Zunge*)

Gaumen

Der **Gaumen** (Palatum) gliedert sich in
- **Palatum durum**
- **Palatum molle**

Palatum durum. Der harte Gaumen nimmt die vorderen zwei Drittel des Gaumens ein. Seine knöcherne Grundlage sind die beidseitigen Processus palatini maxillae und die Lamina horizontalis der Ossa palatina (Abb. 13.5).

Palatum molle. Der weiche Gaumen ist das hintere, bewegliche Drittel des Gaumens, auch als **Velum palatinum** (Gaumensegel) bezeichnet. Die Grundlage ist eine derbe Bindegewebsplatte (**Aponeurosis palatina**) die am hinteren Rand des Palatum durum ansetzt und sich seitlich bis zu den Hamuli pterygoidei ausspannt. Nach hinten läuft das Gaumensegel in die **Uvula** (*Zäpfchen*) aus.

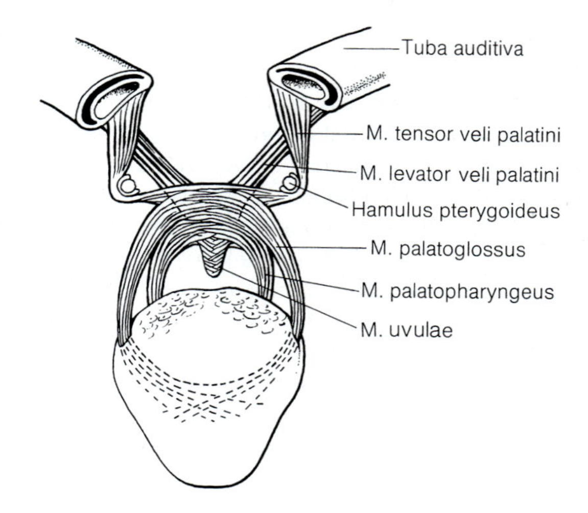

Abb. 13.23. Muskeln des weichen Gaumens

In die Aponeurosis palatina strahlen Sehnen von vier paarigen Muskeln und einem unpaaren Muskel ein (Abb. 13.23, Tabelle 13.7):
- **M. levator veli palatini**; er wirkt beim Spannen des weichen Gaumens mit, sein distaler Teil, der sich beidseitig an den Hamuli pterygoidei befestigt, kann auch das Gaumensegel anheben und gegen die hintere Pharynxwand drücken
- **M. tensor veli palatini**; er verläuft um den Hamulus pterygoideus herum, der als Hypomochlion wirkt; dadurch strahlt der Muskel horizontal in die Aponeurose ein und spannt sie. M. levator veli palatini und M. tensor veli palatini wirken außerdem auf die Tuba auditiva (► S. 707)
- **M. palatoglossus**
- **M. palatopharyngeus**
- **M. uvulae** (unpaar)

Mikroskopische Anatomie. Am harten Gaumen ist die Schleimhaut unverschieblich mit dem Periost verbunden.

Ihr mehrschichtiges Epithel hat ein Stratum corneum. Velum palatinum und Uvula werden dagegen oral von mehrschichtigem unverhornten Plattenepithel, pharyngeal von mehrreihigem Flimmerepithel (respiratorisches Epithel) bedeckt. Die Grenze zwischen den beiden Epithelien ist scharf. In der Schleimhaut des Gaumens einschließlich des Zäpfchens kommen zahlreiche muköse bzw. auf der pharyngealen Seite des Gaumensegels seromuköse **Gll. palatinae** vor.

Tabelle 13.7. Muskeln des weichen Gaumens

Muskel	Ursprung	Ansatz	Funktion	Innervation
M. levator veli palatini	Knorpel der Tuba auditiva, Facies inferior partis petrosae	Sehnen der Muskeln beider Seiten durchflechten sich und bilden Muskelschlingen zur Aponeurosis palatina	hebt Gaumensegel und drückt es gegen hintere Pharynxwand, öffnet das Ostium pharyngeum tubae auditivae	Plexus pharyngealis (N. IX, N. X, möglicherweise auch N. VII und Truncus sympathicus)
M. tensor veli palatini	Fossa scaphoidea der Ala major ossis sphenoidalis u. Lamina membranacea tubae auditivae	zieht um Hamulus pterygoideus herum zur Aponeurosis palatina	spannt Gaumensegel, öffnet Tuba auditiva	N. musculi tensoris veli palatini (aus N.V3)
M. uvulae	Aponeurosis palatina	Spitze der Uvula	schließt den Isthmus faucium ab	Plexus pharyngealis
M. palatoglossus	Aponeurosis palatina	Seitenrand der Radix linguae	verengt den Isthmus faucium	N. IX
M. palatopharyngeus	Aponeurosis palatina, Hamulus pterygoideus, Lam. med. processi pterygoidei	seitliche Pharynxwand und Seitenfläche der Cartilago thyroidea	verengt den Isthmus faucium	N. IX

Gefäße und Nerven des Gaumens (► Kapitel 13.3, Leitungsbahnen).

Die **arterielle Versorgung** des Gaumens erfolgt durch

- **A. palatina ascendens** aus der A. facialis
- **A. palatina descendens** aus der A. maxillaris
- **A. pharyngea ascendens** aus der A. carotis externa

Das **venöse Blut** wird in den *Plexus pterygoideus* abgeleitet.

Regionäre Lymphknoten sind die *Nodi lymphoidei submandibulares*. Überregionale Lymphknoten sind die Nodi lymphoidei cervicales profundi (auch für die Gingiva).

Die **Innervation** der Gaumenschleimhaut, sensibel und sekretorisch, erfolgt durch die *Nn. palatini major et minor* (aus N. maxillaris, N. V2) und Äste des *N. glossopharyngeus* (N. IX) und des N. intermedius (N. VII).

Fauces und Isthmus faucium

Als **Fauces** (*Schlund*) wird das Gebiet zwischen Gaumensegel, Zäpfchen und Zungenrücken bezeichnet. Der **Isthmus faucium** (*Schlundenge*) befindet sich zwischen den Gaumenbögen: **Arcus palatoglossus und Arcus palatopharyngeus.**

Der **Isthmus faucium** wird von drei Muskeln umrahmt. Der **M. uvulae** ist die muskuläre Grundlage der Uvula. Der **M. palatoglossus** wirft am Isthmus faucium den Arcus palatoglossus, der weiter dorsal gelegene **M. palatopharyngeus** den Arcus palatopharyngeus auf. Zwischen den beiden Gaumenbögen befindet sich die **Fossa tonsillaris.** Ihre muskuläre Grundlage bilden Teile des M. constrictor pharyngis superior sowie M. styloglossus und M. stylopharyngeus.

Schlundbogen und Uvula gemeinsam verschließen die Mundhöhle nach hinten, z. B. bei der Nasenatmung. Bei der Mundatmung und beim Schlucken öffnet sich der Isthmus faucium jedoch, wobei die Uvula verkürzt (Kontraktion des M. uvulae) und nach oben geschlagen wird und das Gaumensegel mit der vorgewölbten hinteren Pharynxwand (*Passavant-Wulst* ► S. 643) in Kontakt kommt.

Zu einer fast gewaltsamen Öffnung des Isthmus faucium kommt es beim **Würgen.** Verbunden ist dies mit einer seitlichen Erweiterung des Pharynx (Wirkung des M. palatopharyngeus und M. stylopharyngeus ◘ Tabelle 13.15).

Klinischer Hinweis
Die Entzündung der Schleimhaut des Schlundbogens führt in der Regel zu starken Schluckbeschwerden.

Tonsilla palatina e H36

Wichtig

Die Tonsilla palatina dient der Abwehr von Schadstoffen der Mundhöhle. Funktionell wichtig ist die subepitheliale Durchdringungszone mit T- und B-Lymphozyten.

Die Gaumenmandel liegt in der **Fossa tonsillaris** (▶ oben). Oberhalb befindet sich eine kleine **Fossa supratonsillaris.**

Zur Entwicklung
Das Gewebe der Gaumenmandel ist teilweise entodermaler, teilweise mesodermaler Herkunft. Die entodermalen Anteile leiten sich vom Epithel der 2. Schlundtasche ab (▶ S. 635). Sekundär wandern Lymphozyten in das aus dem Mesenchym hervorgegangene retikuläre Bindegewebe ein.

Mikroskopische Anatomie (◘ Abb. 13.24). Die Tonsilla palatina setzt sich durch eine zarte Bindegewebskapsel vom Gewebe der Umgebung ab. Die dem Isthmus faucium zugewandte Oberfläche zeigt zahlreiche Öffnungen (**Fossulae tonsillae**), von denen tiefe, verzweigte, mit mehrschichtigem unverhornten Plattenepithel ausgekleidete **Cryptae palatini** ausgehen. Unter dem Epithel und um die Krypten liegt lymphoretikuläres Bindegewebe mit zahlreichen **Folliculi lymphoidei** mit **Reaktionszentren** (Primär- und Sekundärfollikel, B-Zellzone). Sekundärfollikel zeigen auf der dem Oberflächenepithel zugewandten Seite eine kappenartige Verstärkung des Lymphozytenwalls, **Lymphozytenkappen.** In den Gebieten zwischen den Follikeln (interfollikuläre Zone) dominieren T-Zellen, die aus hier gelegenen Venolen auswandern.

Das Epithel über den Folliculi lymphoidei ist durch Abbau der Desmosomen netzartig aufgelockert. Außerdem besitzt es M-Zellen (▶ S. 357). In die Maschen des »entdifferenzierten« Epithelverbandes sind aus den Lymphozytenkappen *Lymphozyten* und *Makrophagen* eingewandert. Die Makrophagen gelangen im Bereich dieser **Durchdringungszone** mit Bakterienantigenen in Kontakt und geben ihre Antigeninformation an antigensensitive T- oder B-Lymphozyten weiter. Derart stimulierte Lymphozyten wandern in die Reaktionszentren

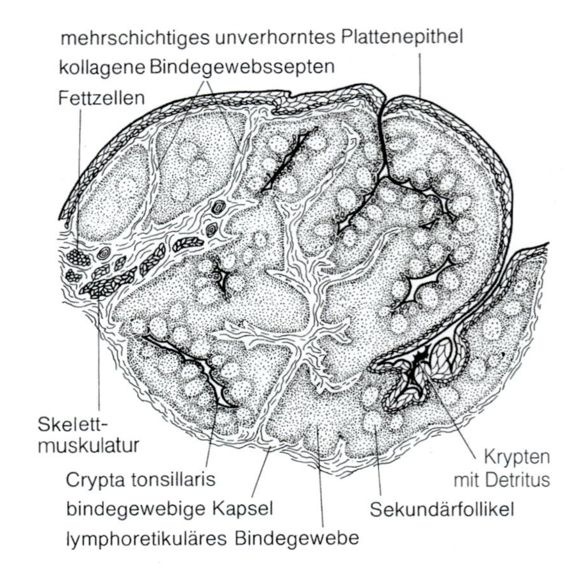

◘ **Abb. 13.24.** Tonsilla palatina e H36

der Lymphfollikel zurück, teilen sich und werden zu immunologisch kompetenten Lymphozyten, Lymphozyten mit immunologischem Gedächtnis bzw. antikörperproduzierenden Plasmazellen. Zur Differenzialdiagnose der Tonsillen ◘ Tabelle 13.8.

Klinischer Hinweis
Im Lumen der verzweigten Krypten befindet sich regelmäßig *Detritus*, der aus abgeschilferten Epithelzellen, Bakterien und Lymphozyten besteht. Bei übermäßigem Keimbefall kann es von hier aus zur *Tonsillitis* kommen.

Die **arterielle Gefäßversorgung** der Tonsilla palatina ist variabel (▶ Kapitel 13.3, Leitungsbahnen). Am konstantesten und stärksten ist der Blutzufluss durch den **R. tonsillaris**, einem Ast der *A. palatina ascendens*, der gelegentlich direkt aus der *A. facialis* hervorgehen kann. Das Gefäß tritt meist kaudal, seltener lateral an die Tonsille heran und kann sich schon vor der Kapsel in zahlreiche Äste aufspalten. Weitere kleinere an der Gefäßversorgung der Tonsille beteiligte Äste stammen aus *A. lingualis* und *A. pharyngea ascendens*.

Die **Venen** leiten ihr Blut in den Plexus pharyngeus.

Die **Lymphgefäße** fließen zu den Nodi lymphoidei submandibulares, von dort in die Nodi lymphoidei cervicales profundi ab, von denen der oberste (*Nodus jugulodigastricus*) bei Entzündungen der Tonsille von außen getastet werden kann.

Zusammenfassung ▶ S. 626.

13

Tabelle 13.8. Differenzialdiagnose der Tonsillen

Zu beachten	Tonsilla lingualis	Tonsilla palatina	Tonsilla pharyngea
Epithel	mehrschichtiges unverhorntes Plattenepithel	mehrschichtiges unverhorntes Plattenepithel	mehrreihiges Flimmerepithel mit Becherzellen
Epitheleinsenkungen	flache Krypten	tiefe verzweigte Krypten	Rinnen und Buchten
Drüsen	am Boden der Krypten münden die Ausführungsgänge rein muköser Drüsen	keine	am Boden der Buchten münden die Ausführungsgänge seromuköser Drüsen
Detritus	keiner	regelmäßig	selten
Bindegewebskapsel	keine	gut ausgeprägt	schwach ausgeprägt

Tabelle 13.9. Mundbodenmuskulatur (suprahyale Muskulatur)

Muskel	Ursprung	Ansatz	Funktion	Nerv
M. mylohyoideus (bildet Diaphragma oris)	Linea mylohyoidea der Mandibula	Raphe mylohyoidea u. Os hyoideum	öffnet den Kiefer, hebt das Zungenbein beim Schluckakt	N. mylohyoideus (aus N. V3)
M. geniohyoideus	Spina mentalis der Mandibula (oberhalb M. mylohyoideus)	Corpus ossis hyoidei	zieht Zungenbein nach vorne	Rr. anteriores aus C1,2
M. digastricus				
Venter posterior	Incisura mastoidea ossis temporalis	Zwischensehne zum Venter anterior	hebt das Zungenbein beim Schluckakt	N. VII
Venter anterior	Zwischensehne ist mit dem Cornu min. ossis hyoidei verbunden	Fossa digastrica	öffnet den Kiefer	N. mylohyoideus (aus N. V3)
M. stylohyoideus	Proc. styloideus	Cornu min. ossis hyoidei (der gespaltene Muskelbauch umfasst die Sehne des M. digastricus)	hebt das Zungenbein beim Schluckakt	N. VII

Mundboden

Wichtig

Den Mundboden bildet die Muskelplatte des M. mylohyoideus, Diaphragma oris.

Der Boden der Mundhöhle ist muskulär (Tabelle 13.9). Tragend ist der

- **M. mylohyoideus** (Abb. 13.39), der zusammen mit dem der Gegenseite eine Muskelplatte bildet, die beidseits an der Linea mylohyoidea der Mandibula entspringt; sie bildet das **Diaphragma oris**

Ferner gehören zu den Mundbodenmuskeln:
- **M. geniohyoideus**; er liegt mundhöhlenwärts vom M. mylohyoideus
- **M. digastricus** (Abb. 13.39); er verläuft durch die gespaltene Ansatzsehne des M. stylohyoideus und kommt an dieser Stelle in enge Nachbarschaft zum Zungenbein

Innervation Tabelle 13.9

Zusammenfassung ► S. 626.

Zunge e H49–51

Wichtig

Die Zunge ist ein von Schleimhaut bedeckter Muskelkörper. Ihre kraniale Oberfläche ist durch Zungenpapillen mit Geschmacksknospen aufgeworfen.

Die Zunge (Lingua) gliedert sich in:
- **Corpus linguae** (*Zungenkörper*) mit **Apex linguae** (*Zungenspitze*)
- **Radix linguae** (*Zungenwurzel*)

Zur Entwicklung

Die Gliederung der Zunge in Corpus und Radix geht auf Unterschiede in der Herkunft beider Abschnitte zurück. Das Corpus linguae geht auf den 1. Branchialbogen (Mandibularbogen), die Radix auf den 2. und 3. sowie teilweise den 4. zurück. Corpus und Radix verschmelzen dann, wobei die Verschmelzungsgrenze als **Sulcus terminalis** erhalten bleibt. Ihre endgültige Lage erhält die Zunge erst durch ein relatives Absenken ihrer Anlage während des starken Schädelwachstums (weitere Einzelheiten ► S. 634, Entwicklung der Branchialbögen).

Zungenmuskulatur. Gemeinsame Grundlage aller Anteile der Zunge ist die Zungenmuskulatur. Sie besteht aus Skelettmuskulatur, die teilweise aus der Umgebung in die Zunge einstrahlt (**Außenmuskulatur**) und solcher, die auf die Zunge beschränkt ist (**Binnenmuskulatur**). Gemeinsam bewirken die Muskeln eine außerordentliche Beweglichkeit und Verformbarkeit der Zunge.

Die Zungenmuskulatur inseriert überwiegend an der **Aponeurosis linguae**, einer derben Bindegewebsplatte unter der Schleimhaut des Zungenrückens. In der Medianebene trennt das **Septum linguale** die Zunge unvollständig in zwei Hälften.

Außenmuskulatur (Tabelle 13.10):
- **M. genioglossus**; er entspringt an der Spina mentalis mandibulae und verläuft fächerförmig; die vorderen Fasern ziehen nahezu senkrecht in die Zungenspitze, die hinteren nahezu horizontal zum Zungengrund
- **M. hyoglossus**; er strahlt vor allem in den seitlichen hinteren Zungenrand ein
- **M. styloglossus**; er verläuft im Wesentlichen am Zungenrand bis zur Zungenspitze

Binnenmuskulatur:
- **M. verticalis linguae**
- **M. longitudinalis superior**
- **M. longitudinalis inferior**
- **M. transversus linguae**

Die Fasern der Binnenmuskeln stehen in den drei Raumebenen senkrecht aufeinander und durchflechten

Tabelle 13.10. Außenmuskulatur der Zunge

Muskel	Ursprung	Ansatz	Funktion	Nerv
M. genioglossus	Spina mentalis mandibulae	Aponeurosis linguae	zieht die Zunge nach vorne und unten	N. XII
M. hyoglossus	Cornu majus et Corpus ossis hyoidei	Aponeurosis linguae am Zungenrand	zieht Zunge nach hinten u. unten, senkt Zunge zur gleichen Seite bei einseitiger Kontraktion	N. XII
M. styloglossus	Proc. styloideus	am Zungenrand bis zur Spitze	zieht Zunge nach hinten, oben und zur gleichen Seite bei einseitiger Kontraktion	N. XII

sich. Sie bewirken die starke Verformung der Zunge beim Kauen, Saugen, Singen, Sprechen und Pfeifen. Lang und schmal wird die Zunge bei Kontraktion der transversalen und vertikalen Muskelbündel, kurz und dick bei Kontraktion der longitudinalen und transversalen, kurz, breit und niedrig bei Kontraktion der longitudinalen und vertikalen.

Klinischer Hinweis

Außen- und Binnenmuskulatur der Zunge werden vom N. hypoglossus (N. XII) innerviert. Wird dieser Nerv einseitig gelähmt, weicht die Zunge beim Herausstrecken zur gelähmten Seite ab.

Corpus linguae. An der Oberfläche (**Dorsum linguae**, *Zungenrücken*) bildet der **Sulcus terminalis** die Grenze gegenüber der Radix linguae. Der Sulcus ist V-förmig, mit nach hinten gerichteter Spitze. Dorsal an der Spitze liegt als kleine Einsenkung das **Foramen caecum.** Es kennzeichnet den Ort, an dem sich die Gl. thyroidea aus dem ektodermalen Mundboden abgesenkt hat (▶ S. 650). Das Dorsum linguae ist durch die Zungenpapillen aufgeraut (▶ unten).

Am **Margo linguae** (*Zungenrand*) geht der Zungenrücken in die glatte Unterfläche der Zunge über. Dort befindet sich eine mediale Schleimhautfalte (**Frenulum linguae**). In den Zungenrand münden Ausführungsgänge der gemischten, teils serösen, teils mukösen **Glandula lingualis anterior** (*Nuhn-Drüse*), die zwischen der Zungenmuskulatur in der Apex linguae liegt.

Die **Schleimhaut** des Dorsum linguae bzw. des Margo linguae kennzeichnen die Zungenpapillen (**Papillae linguales**). e H49–51

Zu unterscheiden sind fünf verschiedene Arten:

- **Papillae filiformes** (Abb. 13.25) sind zahlenmäßig am häufigsten und bedecken den ganzen Zungenrücken. Grundlage der Papille ist eine Aufwerfung der Lamina propria zur **Primärpapille** (*Papillenstock*), die sich in **Sekundärpapillen** aufteilt; das Papillenepithel zeigt lokalisierte Verhornungsprozesse, wobei die Spitzen der Papillen mit ihren Hornschuppen rachenwärts geneigt sind; Papillae filiformes haben **mechanische** und **taktile Aufgaben.** Ihr Nervenapparat vermittelt eine um den Faktor 1,6 vergrößerte Wahrnehmung ertasteter Gegenstände
- **Papillae conicae** sind eine größere und längere Sonderform der Papillae filiformes
- **Papillae fungiformes** (Abb. 13.25) liegen ebenfalls am **Dorsum linguae**, vermehrt an **Zungenspitze** und **-rand**; sie sind viel spärlicher als die Papillae filiformes und pilzartig geformt, d.h. ihre Oberfläche ist breiter als ihre Basis; der Bindegewebsstock der Papillae fungiformes trägt seitlich Sekundärpapillen (Differenzialdiagnose zur Papilla vallata); das mehrschichtige Plattenepithel der Papillenoberfläche enthält **Geschmacksknospen** (▶ unten)
- **Papillae foliatae** sind nur undeutlich ausgebildet; sie liegen im hinteren Abschnitt des **Margo linguae**; in die seitlichen Wandungen der Papillen sind zahlreiche **Geschmacksknospen** eingelagert; in den Graben, der benachbarte Papillae foliatae trennt, münden Ausführungsgänge seröser Spüldrüsen
- **Papillae vallatae** (Abb. 13.26 e H50); 6–12 Papillae vallatae liegen unmittelbar vor dem Sulcus terminalis und sind mit 1–3 mm Durchmesser die größten Zungenpapillen; in den Boden der tiefen Gräben der Wallpapillen münden Ausführungsgänge seröser Spüldrüsen (**Glandulae gustatoriae**); in der seitlichen Papillenwand fehlen Sekundärpapillen; im Epithel beidseits des Papillengrabens befinden sich zahlreiche **Geschmacksknospen**

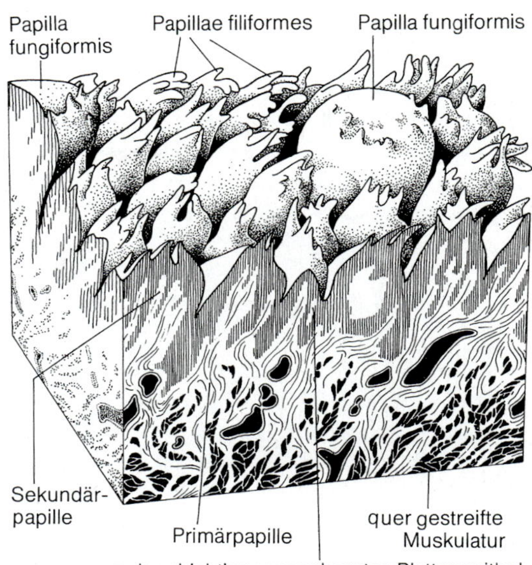

Abb. 13.25. Zungenrücken bei Lupenbetrachtung. Die Zungenspitze würde sich *links*, der Zungengrund *rechts* befinden e H49–51

Geschmacksknospen. In der Gesamtheit bilden sie zusammen mit freien Nervenendigungen in der Zungenschleimhaut das **Organum gustatorium** (*Geschmacksorgan*). Geschmacksknospen kommen gehäuft im Epithel

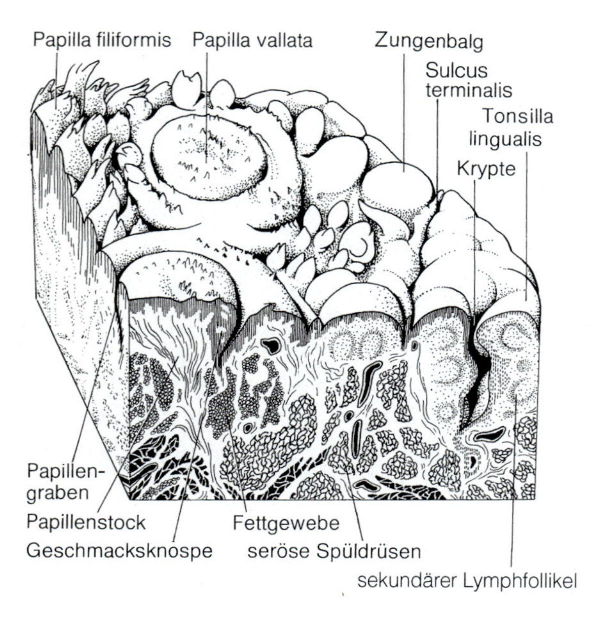

Abb. 13.26. Papilla vallata und Umgebung H50

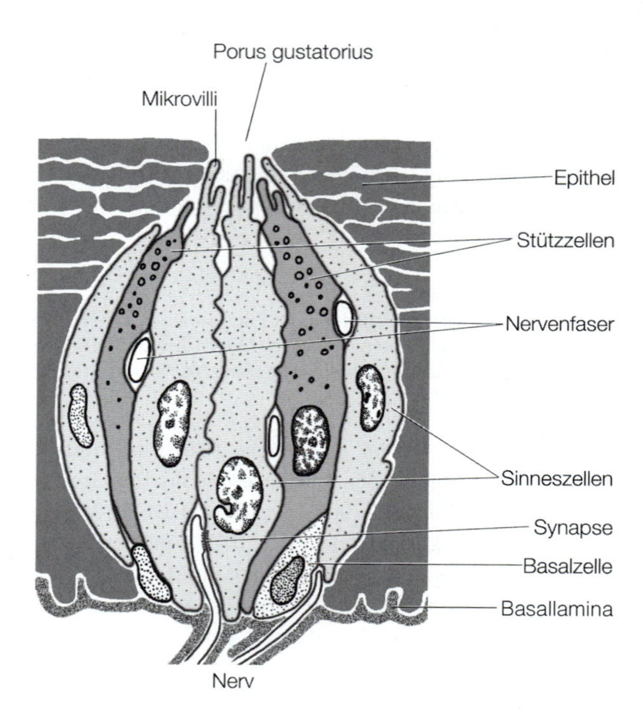

Abb. 13.27. Geschmacksknospe nach elektronenmikroskopischen Befunden

der Papillae vallatae und foliatae im hinteren Drittel der Zunge vor. – Geschmacksknospen sind bei Kleinkindern besonders zahlreich und nehmen mit dem Alter ab.

Zur Information

In der Regel ist jede Geschmacksknospe für alle vier Grundqualitäten des Geschmacks empfindlich: süß, sauer, salzig, bitter. Eine gewisse Bevorzugung für den Bittergeschmack findet sich am Zungengrund (Papillae vallatae).

13

Mikroskopische Anatomie (Abb. 13.27 H50). Die Höhe der Geschmacksknospen entspricht der des Epithels, in der sie liegen. Sie bestehen aus **Stütz- und Geschmackszellen,** die wie die Lamellen einer Zwiebel aneinander gelagert sind. Zur Mundhöhle hin zeigt jede Geschmacksknospe einen **Porus gustatorius,** in den Mikrovilli mit Chemorezeptoren hineinragen. Die Geschmackszellen sind sekundäre Sinneszellen. Sie werden korbgeflechtartig von Nervenfasern aus den sensorischen Geschmacksganglien umhüllt.

Die Lebensdauer der Geschmackszellen beträgt Stunden bis wenige Tage. Neue Geschmackszellen gehen aus basal gelegenen Stammzellen hervor (mehr zum gustatorischen System des Gehirns ▶ S. 821).

Radix linguae. Am *Zungengrund* ist die Oberfläche sehr höckrig. Dies wird durch die **Tonsilla lingualis** hervorgerufen (Abb. 13.26). Sie hat zahlreiche flache, weit auseinander liegende **Krypten,** die von lymphoretikulärem Bindegewebe mit vielen **Folliculi lymphoidei** umgeben sind (Tabelle 13.8). In die Krypten münden Ausführungsgänge von rein mukösen **Gll. linguales.** – Die Tonsilla lingualis ist ein Teil des **Waldeyer-Rachenrings.**

Gefäße und Nerven der Zunge (▶ Kapitel 13.3, Leitungsbahnen).

Die **arterielle Versorgung** der **Zunge** erfolgt durch die *A. lingualis,* dem 2. Ast der A. carotis externa.

Dem **Blutabfluss** dient die **V. lingualis,** die dem M. hyoglossus außen aufliegt und das Blut der Zunge in die V. jugularis interna leitet. – In der Schleimhaut unter der Zunge liegt ein Venenplexus, sodass hier z. B. Medikamente erleichtert resorbiert werden.

Regionäre Lymphknoten der Zunge sind die *Nodi lymphoidei submandibulares,* überregionäre Lymphknoten die *Nodi lymphoidei cervicales profundi.*

Die **motorische Innervation** erfolgt einheitlich durch den **N. hypoglossus** (N. XII).

Sensorisch wird die Schleimhaut im vorderen Bereich der Zunge durch den **N. lingualis** (Ast des N. mandibularis = N. V3), beiderseits des Sulcus terminalis vom **N. glossopharyngeus** (N. IX) und am Zungengrund vom **N. vagus** (N. X) innerviert.

Geschmacksfasern leiten Signale von den Geschmacksknospen von

- **Papillae fungiformes** über die **Chorda tympani** und den **N. intermedius** (afferenter Teil des N. facialis, N. VII) zum oberen Teil des Tractus solitarius; die Perikarya dieser Nerven liegen im Ganglion geniculi
- **Papillae vallatae et foliatae** über den **N. glossopharyngeus** (N. IX) zum unteren Teil des Tractus solitarius; die Perikarya dieser Nerven befinden sich im Ganglion inferius des N. glossopharyngeus (▶ S. 671)
- **Zungengrund** und **Pharynx** im **N. vagus** (N. X) zum unteren Abschnitt des Tractus solitarius; die Perikarya dieser Nervenbahnen liegen im Ganglion inferius des N. vagus (▶ S. 672)

Zusammenfassung ▶ S. 626.

Speicheldrüsen (e) H42–44

Wichtig

Große und kleine Speicheldrüsen dienen der Befeuchtung der Mundschleimhaut. Außerdem sezernieren sie Makromoleküle, u.a. Enzyme für den Beginn der Verdauung und Immunglobuline.

In der Umgebung der Mundhöhle befinden sich zahlreiche Speicheldrüsen (*Glandulae salivariae*):

- **Glandulae salivariae minores** (*kleine Mundspeicheldrüsen*), die in der Mundschleimhaut liegen:
  - **Glandulae labiales** in der Schleimhaut der Lippen: seromukös
  - **Glandulae buccales** in der Wangenschleimhaut: seromukös
  - **Glandulae palatinae** in der Schleimhaut des Gaumens (▶ S. 616): vorwiegend mukös
- **Glandulae salivariae majores** (*große Speicheldrüsen*)
  - **Glandula parotidea:** rein serös
  - **Glandula sublingualis:** mukoserös
  - **Glandula submandibularis:** seromukös

Große Mundspeicheldrüsen. Jede der großen Mundspeicheldrüsen wird von einer Bindegewebskapsel umgeben, von der Bindegewebssepten ins Innere ziehen und das Drüsenparenchym in Lappen und Läppchen untergliedern. Gemeinsam ist den großen Mundspeicheldrüsen ferner ihr Aufbau aus Endstücken mit sezernierenden Drüsenzellen, in denen Primärspeichel gebildet wird, und ableitenden Drüsengängen: intralobulär gelegenen Schaltstücken und Streifenstücken, sowie interlobulär gelegenen Ductus interlobulares und interlobares, die sich schließlich in einen Ductus excretorius fortsetzen. Während des Transports durch die Ausführungsgänge wird der in den Endstücken gebildete Primärspeichel verändert, insbesondere in seiner Elektrolytzusammensetzung im Streifenstück. Er wird hypoton.

Glandula parotidea (*Ohrspeicheldrüse*). Die Drüse breitet sich auf dem M. masseter aus, reicht kranial fast bis an den Arcus zygomaticus und dorsal bis an den Meatus acusticus externus. Kaudal überschreitet sie mit dem Lobus colli den Unterkieferrand und setzt sich mit ihrem größten Teil, einem Fortsatz (*Pars profunda*) tief in die Fossa retromandibularis fort; dort bildet sie mit ihrer Faszie die laterale Begrenzung des Spatium lateropharyngeum.

Klinischer Hinweis

Abszesse der Parotis können im Bereich der Pars profunda ins Spatium lateropharyngeum einbrechen (▶ S. 640).

Der größte Teil der Drüse wird kapselartig von der derben, undehnbaren **Fascia parotidea** umhüllt, einer Fortsetzung der Lamina superficialis fasciae cervicalis. Auf der Unterseite der Drüse sind Fascia parotidea und Fascia masseterica identisch.

Im Drüsenkörper verzweigt sich der *N. facialis* (N. VII) zum **Plexus intraparotideus** (▶ S. 670). Außerdem durchziehen die Gl. parotidea die **V. retromandibularis** (▶ S. 662) und im oberen Drüsenteil (oberhalb des Lig. stylomandibulare) die **A. carotis externa** mit dem Beginn ihrer Endäste (*A. maxillaris, A. temporalis superficialis* ▶ S. 661) sowie der *N. auriculotemporalis* aus N. V3 (▶ S. 669). Nirgends kommen dagegen A. carotis interna und V. jugularis interna mit der Drüse direkt in Kontakt.

Der Ausführungsgang der Gl. parotidea ist der **Ductus parotideus**. Er überquert den M. masseter, durchbohrt den M. buccinator und mündet in der Papilla parotidea seitlich des 2. oberen Molaren in das Vestibulum oris.

Mikroskopische Anatomie (■ Abb. 13.28, ■ Tabelle 13.11 (e) H42) **und Histophysiologie.** Die Glandula parotidea ist eine rein seröse, azinöse Drüse. Dementsprechend ist der Feinbau der Drüsenzellen gestaltet (▶ S. 25). Das Ausführungsgangsystem zeigt alle oben aufgeführten Abschnitte.

Der Speichel der Gl. parotidea ist dünnflüssig, protein- und enzymreich. Außerdem enthält er *Immunglo-*

Tabelle 13.11. Differenzialdiagnose der Speicheldrüsen

Drüse	Endstück	Schaltstück	Sekretrohr (Streifenstück)
Gl. parotidea	rein serös (azinös)	+++	+++
Gl. submandibularis	überwiegend serös (tubuloazinös)	++	+
Gl. sublingualis	überwiegend mukös (tubuloazinös)	(+)	(+)–∅

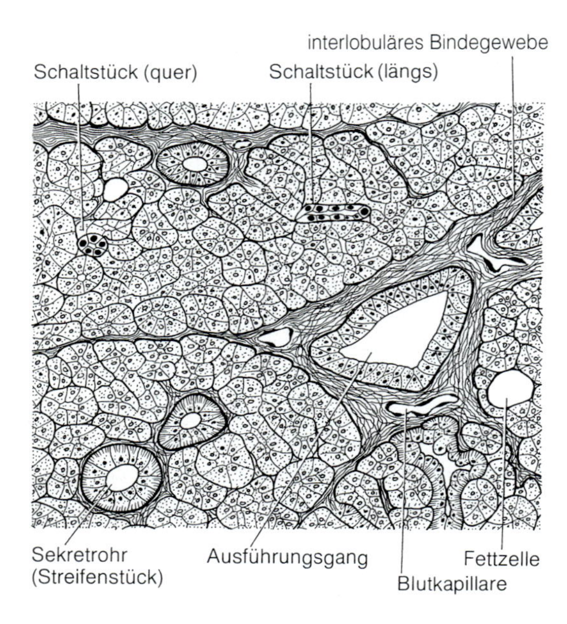

Abb. 13.28. Glandula parotidea H42

buline, die von Plasmazellen im interstitiellen Bindegewebe gebildet und als Immunglobulin-Sekret-Komplexe von den Drüsenzellen sezerniert werden; sie dienen der immunologischen Abwehr von Keimen in der Mundhöhle.

Gefäße und Nerven der Gl. parotidea (▶ Kapitel 13.3, Leitungsbahnen).

Die **arterielle Versorgung** erfolgt durch die *A. transversa faciei* und andere Äste der A. temporalis superficialis.

Dem **venösen Abfluss** dient die *V. retromandibularis.*

Die **Lymphe** gelangt über die *Nodi lymphoidei parotidei superficiales et profundi* in die Nodi lymphoidei cervicales superficiales.

Parasympathische Innervation (Abb. 13.29). Die präganglionären Fasern nehmen ihren Ursprung im Nucleus salivatorius inferior (▶ S. 773) und gelangen über N. glossopharyngeus (N. IX), N. tympanicus, Plexus tympanicus, N. petrosus minor zum **Ganglion oticum.** Hier beginnen die postganglionären Fasern, die sich dem **N. auriculotemporalis** anschließen und zur Gl. parotidea ziehen.

Sympathische Fasern. Sie stammen aus dem **Ganglion cervicale superius,** verlaufen im Plexus von A. carotis externa und A. maxillaris und verbinden sich mit den parasympathischen Fasern dort, wo der N. auriculotemporalis die A. meningea beiderseits umgreift.

Klinischer Hinweis

Bei Mumps (*Parotitis epidemica*) kommt es zur Schwellung der Drüse, die zu heftigen Schmerzen durch Spannung der undehnbaren Bindegewebskapsel der Gl. parotidea und dadurch Reizung des N. auriculotemporalis führt.

Glandula submandibularis (*Unterkieferdrüse*). Die Gl. submandibularis liegt in einer Loge zwischen Innenseite der Mandibula (oben lateral), M. mylohyoideus, dem sie von unten anliegt, M. hyoglossus (oben medial) und Lamina superficialis fasciae cervicalis (unten lateral) in enger Nachbarschaft zur A. und V. facialis und V. lingualis sowie zum N. hypoglossus. Mit einem hakenförmigen Fortsatz umgreift die Gl. submandibularis den hinteren Rand des M. mylohyoideus und setzt sich oberhalb des Muskels in den **Ductus submandibularis** fort. Dieser vereinigt sich auf dem M. hyoglossus innerhalb des Cavum osis proprium mit dem Ductus sublingualis major (▶ unten) und mündet auf der **Caruncula sublingualis** unmittelbar neben dem Frenulum linguae in das Cavitas oris.

Mikroskopische Anatomie (Abb. 13.30, Tabelle 13.11 H43). Die Gl. submandibularis ist eine gemischte, mukoseröse Drüse, mit überwiegend serösen Endstücken. Sofern muköse Tubuli vorliegen, sitzen diesen **halbmondförmige, seröse Endstücke** auf.

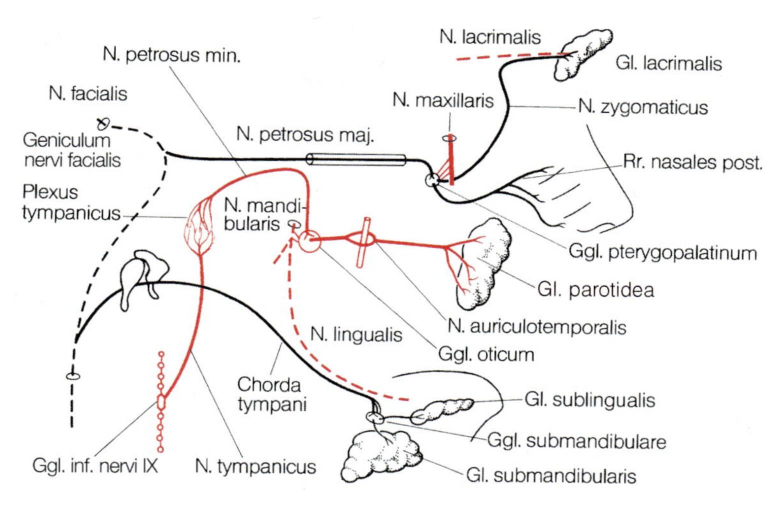

Abb. 13.29. Sekretorische Innervation der Kopfdrüsen. *Innervation der Gl. lacrimalis:* Nucl. salivatorius sup. – Pars intermedia nervi facialis – N. petrosus major – Ggl. pterygopalatinum – N. zygomaticofacialis – N. lacrimalis – Gl. lacrimalis. *Innervation der Gl. parotidea (Parotis):* Nucl. salivatorius inf. – N. glossopharyngeus – N. tympanicus – Plexus tympanicus – N. petrosus minor – Ggl. oticum – N. auriculotemporalis – Gl. parotidea (Jacobson-Anastomose). *Innervation der Gl. submandibularis und Gl. sublingualis:* Nucl. salivatorius sup. – N. intermedius nervi facialis – Chorda tympani – N. lingualis – Ggl. submandibulare – Gl. submandibularis und Gl. sublingualis

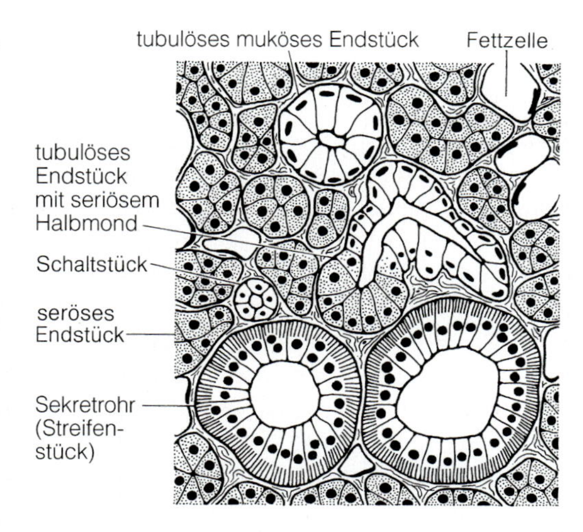

Abb. 13.30. Glandula submandibularis e H43

Glandula sublingualis (*Unterzungendrüse*). Die Drüse liegt im Cavum oris proprium lateral vom M. genioglossus auf dem M. mylohyoideus. Sie ist nicht selten in zahlreiche kleinere Drüsen aufgeteilt. Der Drüsenkörper wölbt die Schleimhaut des Mundbodens als **Plica sublingualis** vor, auf der mehrere **Ductus sublingualis minores** eigene Öffnungen besitzen. Der Hauptausführungsgang ist der **Ductus sublingualis major**, der gemeinsam mit dem Ductus submandibularis auf der **Caruncula sublingualis** beidseits des Frenulum linguae mündet (▶ oben).

Mikroskopische Anatomie (Tabelle 13.11 e H44). Die Gl. sublingualis ist eine gemischte, tubuloazinöse Drüse. Es überwiegen tubulöse Endstücke mit mukösen Zellen (Gleitspeichel). Seröse Zellen kommen fast nur als seröse Halbmonde vor. Schaltstücke fehlen fast vollständig.

Gefäße und Nerven von Glandula submandibularis und Glandula sublingualis (▶ Kapitel 13.3, Leitungsbahnen).

Die **arterielle Versorgung** beider Drüsen übernehmen die *A. facialis* und *A. submentalis*, die beide durch das Drüsengewebe der Gl. submandibularis ziehen.

Das **venöse Blut** fließt über *V. sublingualis* und *V. submentalis* in die V. facialis oder direkt in die V. jugularis interna ab.

Regionäre Lymphknoten sind die *Nodi lymphoidei submentales et submandibulares.*

Die **Innervation** (Abb. 13.29) erfolgt für beide Drüsen gleichartig:

- Die **parasympathische Bahn** zieht vom Nucleus salivarius superior über den N. intermedius (parasympathischer Anteil des N. facialis, N. VII), *Chorda*

tympani, *N. lingualis* (Ast des N. mandibularis, N. V3) zum Ganglion submandibulare, wo die Umschaltung auf die nur kurze postganglionäre Strecke erfolgt
- Die **sympathischen Fasern** stammen aus dem *Plexus* der *A. facialis* bzw. der *A. lingualis* und entspringen dem Ggl. cervicale superius (▶ S. 677)

In Kürze

In das Vestibulum oris mündet beidseits gegenüber dem 2. Molaren des Oberkiefers der Ductus parotideus. In der Cavitas oris propria folgt dem Palatum durum das Palatum molle, dessen Grundlage die Aponeurosis palatina ist. Sie wird von Muskeln gespannt. Das Palatum molle läuft in die Uvula aus, die zum Isthmus faucium gehört. Seitlich wird der Isthmus von den Gaumenbögen begrenzt: Arcus palatoglossus, Arcus palatopharyngeus. Die Gaumenbögen fassen die Tonsilla palatina zwischen sich. Die Tonsilla palatina ist ein lymphatisches Organ. – Den Mundboden bildet der M. mylohyoideus. – Die Zungenmuskulatur setzt überwiegend an der Aponeurosis linguae an. Die Zungenaußenmuskulatur ist vor allem für das Strecken und Zurückziehen sowie für das Heben und Senken der Zunge verantwortlich. Die Zungenbinnenmuskulatur verbreitert, verschmälert, verkürzt und verdickt sie. Der Zungenrücken trägt Zungenpapillen, von denen die Papillae filiformes vor allem mechanische und taktile, die Papillae fungiformes, foliatae und vallatae durch ihre Geschmacksknospen rezeptive Aufgaben haben. Die Radix linguae trägt die Tonsilla lingualis. – Die größte Speicheldrüse ist die Glandula parotidea. Sie liegt auf dem M. masseter und erstreckt sich bis tief in die Fossa retromandibularis. Sie wird von der Fascia parotidea umhüllt. Die Parotis ist eine rein seröse Drüse. Ihr Sekret ist dünnflüssig und reich an Makromolekülen. Die Glandula submandibularis liegt an der Innenseite der Mandibula unter (kaudal) dem M. mylohyoideus. Ihr Ausführungsgang vereinigt sich mit dem der Glandula sublingualis und mündet unter der Zunge. Beide Drüsen sind gemischt.

13.1.4 Nase, Nasenhöhle und Nasennebenhöhlen

Kernaussagen

- **Die äußere Nase hat einen knorpeligen und einen knöchernen Anteil.**
- **Nasen- und Nasennebenhöhlen sind ein kommunizierendes System von Hohlräumen im Dienst der Atmung.**
- **Die Regio olfactoria im oberen Drittel der Nasenhöhlen dient der Geruchswahrnehmung.**

Äußere Nase. An der äußeren Nase lassen sich **Radix nasi** (*Nasenwurzel*), **Dorsum nasi** (*Nasenrücken*), **Apex nasi** (*Nasenspitze*) und **Alae nasi** (*Nasenflügel*) unterscheiden. Die Nasenwurzel (Abb. 13.8) wird von Knochen gebildet (Os nasale, Pars nasalis ossis frontalis, Processus frontalis maxillae), die übrigen Teile von einer Reihe kleiner hyaliner Knorpel (**Cartilagines nasi**), die verformbar und gegeneinander verschieblich sind.

Nasenhöhle

Wichtig

Die Nasenhöhlen sind paarig. Die Trennung erfolgt durch das Septum nasi (Nasenscheidewand). Die vorderen Öffnungen sind die Nasenlöcher (Nares), die hinteren die Choanen. Dem Nasenvorhof folgt die Regio respiratoria mit Nasenmuscheln und respiratorischem Epithel mit Glandulae nasales. Die Regio olfactoria hat primäre Sinneszellen für die Geruchswahrnehmung.

Ein- und Ausgänge der Nasenhöhle. Der Zugang zu den paarigen Nasenhöhlen erfolgt von außen durch die **Nares** (*Nasenlöcher*). Nach hinten öffnet sich die Nasenhöhle mit den **Choanae** in die Pars nasalis des Pharynx. Getrennt werden die beiden Nasenhöhlen durch das **Septum nasi** (*Nasenscheidewand*) (▶ S. 597), mit einem knöchernen, knorpeligen und ganz vorne einem häutigen Anteil.

Weitergehende Informationen über die Osteologie von Nase und Nasenhöhle, insbesondere deren Wandgestaltung, sowie über die Mündungen der Nasennebenhöhlen und des Ductus nasolacrimalis ▶ S. 597 und 598.

Gliederung. Die Nasenhöhle gliedert sich in

- **Regio cutanea**
- **Regio respiratoria**
- **Regio olfactoria**

Regio cutanea. Sie umfasst im Wesentlichen das **Vestibulum nasi** (*Nasenvorhof*). Seitlich befindet sich eine Epithelleiste (**Limen nasi**), die etwa dem Übergang in die eigentliche Nasenhöhle entspricht. In der Pars cutanea finden sich besonders dicke Haare (**Vibrissen**) sowie zahlreiche, z. T. freie Talgdrüsen und apokrine Knäueldrüsen. Im hinteren Teil des Vestibulum verliert das Epithel der äußeren Haut seine Hornschicht und geht in respiratorisches Epithel über.

Regio respiratoria. Den größten Teil der Nasenhöhle nimmt die Regio respiratoria ein. Sie bedeckt vor allem die mittlere und untere Nasenmuschel und die entsprechenden Abschnitte der Nasenscheidewand. Unter dem typischen respiratorischen Epithel (► S. 10) liegen **mukoseröse Gll. nasales** (vermehrte Sekretabsonderung bei Schnupfen), sowie ein weitlumiger Venenplexus (**Plexus cavernosus concharum**), der im Bereich des knorpeligen Nasenseptums besonders dicht ist. Hier kann es zu starkem Nasenbluten kommen.

Regio olfactoria. Die Regio olfactoria besteht aus vier getrennten Feldern, die im mittleren Teil der oberen Nasenmuschel und in den gegenüberliegenden Abschnitten des Septum nasi liegen. Sie nehmen gemeinsam eine Fläche von 4–6 cm^2 ein und sind durch Einlagerung eines gelb-braunen Pigments gegen das respiratorische Epithel der Nasenschleimhaut abgegrenzt. Die Regio olfactoria beherbergt das **Organum olfactorium** (*Riechorgan*).

Mikroskopische Anatomie der Regio olfactoria. Histologisch lassen sich primäre Sinneszellen, Stützzellen und undifferenzierte Basal- oder Ersatzzellen unterscheiden (Abb. 13.31).

Die **Sinneszellen** haben einen gedrungenen Zellleib, mit einem langen, kolbenartig aufgetriebenen Fortsatz zur Oberfläche hin. Dort endet er mit einem Kölbchen, von dem einige Sinneshaare (Zilien mit Geruchsbindungsstellen) ihren Ursprung nehmen. Da jede Sinneszelle über nur einen Typ von Bindungsstellen verfügt, der jedoch auf mehr als einen Geruchsstoff anspricht, reagieren die einzelnen Sinneszellen auf eine begrenzte Zahl von Substanzen. Andererseits aktivieren die einzelnen Komponenten einer Duftnote verschiedene Sinneszellen, so dass jeder Duft ein charakteristisches Erregungsmuster in der Riechschleimhaut hervorruft.

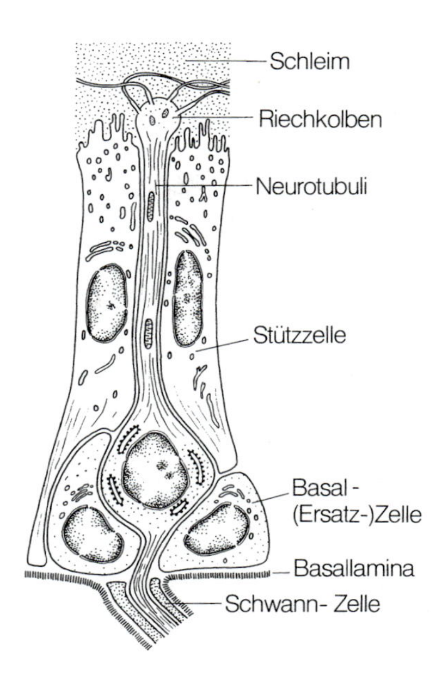

Abb. 13.31. Riechepithel mit primärer Sinnesepithelzelle nach elektronenmikroskopischer Aufnahme gezeichnet

Die Zilien der Sinneszellen liegen in einer Schleimschicht, dem Produkt alveolärer Drüsen in der Lamina propria der Regio olfactoria (**Gll. olfactoriae**). Wahrscheinlich sind die im Schleim durch Bindungsproteine festgehaltenen Duftstoffe der adäquate Reiz für die Sinnesepithelzellen. Die Drüsen der Regio olfactoria dürften auch als Spüldrüsen wirken.

Jede Sinneszelle hat ein zentripetales Axon, das durch die Lamina cribrosa des Siebbeins hindurch den Bulbus olfactorius, das primäre Riechzentrum, erreicht. Die Axone der Sinneszellen zusammen bilden die **Nn. olfactorii**. Im Bulbus olfactorius erfolgt die Umschaltung auf das 2. Neuron. Die Analyse des Duftstoffes erfolgt dann im Gehirn.

Weitere Informationen über das olfaktorische System des Gehirns ► S. 820.

Zur Information

In der Nasenhöhle wird eingeatmete Luft gereinigt, angefeuchtet, angewärmt und auf das Vorkommen von Riechstoffen geprüft. Die Reinigung erfolgt teilweise mechanisch durch die Vibrissen, teilweise durch Bindung von Partikeln an den Oberflächenschleim. Die Zilien des respiratorischen Epithels schlagen nach außen. Der Schwellungszustand der Nasenschleimhaut beeinflusst den Luftdurchlass.

Tabelle 13.12. Innervation der Nasenschleimhaut

Bezeichnung	Herkunft	Stammnerv	Funktion
Rr. nasales interni laterales et mediales	N. ethmoidalis ant.	N. nasociliaris aus N. ophthalmicus (N. V1)	sensibel, vordere laterale und mediale Nasenwand
Rr. nasales anteriores laterales	N. infraorbitalis	N. maxillaris (N. V2)	sensibel und sekretorisch, vordere laterale Nasenwand
Rr. nasales posteriores sup. lat. et med.	Ggl. pterygopalatinum	N. maxillaris (N. V2)	sensibel und sekretorisch, hintere lat. und med. Nasenwand
Rr. nasales posteriores inf. lat.	N. palatinus major	N. maxillaris (N. V2)	sensibel und sekretorisch, hintere lat. Nasenwand
Rr. septales nasi	N. nasopalatinus	N. maxillaris (N. V2)	sensibel, hinterer Anteil Nasenseptum

Gefäße und Nerven der Nasenschleimhaut (▶ Kapitel 13.3, Leitungsbahnen).

An der **arteriellen Versorgung** der Nasenschleimhaut beteiligen sich drei Arterien: *A. ethmoidalis anterior* und *A. ethmoidalis posterior*, beides Äste der A. ophthalmica, sowie die *A. nasalis posterior lateralis et septi*, aus der A. sphenopalatina, einem Ast der A. maxillaris (▶ S. 660).

Die **venösen Abflüsse** erfolgen sowohl über die *Vv. ethmoidales* und *V. ophthalmica superior* in den Sinus cavernosus, als auch über den *Plexus pterygoideus* in die äußeren Gesichtsvenen.

Die **Lymphe** der vorderen Nasenabschnitte wird in die *Nodi lymphoidei submandibulares*, die der hinteren Nasenabschnitte in die *Nodi lymphoidei retropharyngeales* drainiert. Überregionale Lymphknoten von allen Nasenabschnitten sind die *Nodi lymphoidei cervicales profundi*.

Die **Innervation** der Nasenschleimhaut ist Tabelle 13.12 zu entnehmen.

Nasennebenhöhlen

Wichtig

Die Nasennebenhöhlen sind mit respiratorischem Epithel ausgekleidet.

Die Nasennebenhöhlen (*Sinus paranasales*) erweitern durch ihr respiratorisches Epithel die Oberfläche der Regio respiratoria der Nasenhöhle erheblich. Sie sind mit in die Funktion der Nasenhöhle einbezogen.

Die Beschreibung von Osteologie und Topographie der Nasennebenhöhlen ▶ S. 598.

Die arterielle Versorgung der Schleimhaut des Sinus maxillaris erfolgt durch Äste der A. maxillaris, die von Cellulae ethmoidales, Sinus frontalis und sphenoidalis überwiegend durch Äste der A. ophthalmica.

Die Innervation der Schleimhaut des Sinus maxillaris übernehmen Äste des N. maxillaris (N. V2) vermittels des Plexus dentalis superior, die der übrigen Nasennebenhöhlen Äste des N. nasociliaris aus dem N. ophthalmicus (N. V1).

Die Lymphe aus allen Sinus paranasales wird in die *Nodi lymphoidei submandibulares*, *retropharyngeales* und schließlich in die *Nodi lymphoidei cervicales profundi* abgeleitet.

 **In Kürze**

Der größte Teil der Nasenhöhle und alle Nasennebenhöhlen werden von respiratorischem Epithel ausgekleidet. Vermittels mukoseröser Glandulae nasales wird die Atemluft angefeuchtet. Die Regio olfactoria liegt im mittleren Teil der oberen Nasenmuschel und ist vergleichsweise klein. Sie ist mit primären Sinneszellen ausgestattet. Die Sinneszellen werden von Duftstoffen erregt, die durch Bindungsproteine im Nasenschleim gebunden werden.

13.1.5 Topographie des Kopfes

Kernaussagen

- **Topographisch besonders wichtig ist der Seitenbereich des Kopfes. Die Regionen sind von der Kopfoberfläche her zugängig.**
- **Es handelt sich um grubenförmige Gebiete, die teils mit Muskulatur, teils mit Anteilen der Speicheldrüsen sowie Binde- und Fettgewebe gefüllt sind und der Passage von Leitungsbahnen dienen.**

Topographische Regionen des Kopfes sind
- **Fossa temporalis**
- **Fossa infratemporalis**
- **Fossa pterygopalatina**
- **Parotisloge**
- **Fossa retromandibularis**
- **Regio sublingualis**

Fossa temporalis. Die Fossa temporalis ist eine osteofibröse Kammer, die sich zur Fossa infratemporalis hin öffnet.

Wände:
- **lateral:** Fascia temporalis (► S. 613)
- **medial:** Pars squamosa ossis temporalis, Ala major ossis sphenoidalis, Os parietale, Os frontale
- **unten:** Übergang in die Fossa infratemporalis an der **Crista infratemporalis**
- **vorne:** Processus zygomaticus ossis frontalis, Processus frontalis ossis zygomatici
- **oben und hinten:** Ansatz der Fascia temporalis am Periost der Schädelkalotte in Höhe der Linea temporalis superior

Inhalt. Die Fossa temporalis enthält den **M. temporalis** mit seinen Faszien, seiner Gefäß- und Nervenversorgung sowie Fettgewebe. Subkutan, über der Fascia temporalis superficialis, verläuft die **A. temporalis superficialis** (Endast der A. carotis externa; Äste: A. temporalis media zum M. temporalis, R. frontalis, R. parietalis für die Kopfschwarte), **V. temporalis superficialis** und **N. auriculotemporalis.** Die **V. temporalis** media verläuft zwischen den beiden Blättern der Fascia temporalis (► S. 613) und kreuzt hier den **R. zygomaticotemporalis** (► S. 668).

 **Klinischer Hinweis**

Vereiterungen in der Fossa temporalis können sich in die Fossa infratemporalis ausdehnen und kommen erst am Vorderrand des M. masseter in die Subkutis. Vereiterungen der Kopfschwarte dringen jedoch nicht in die Fossa temporalis ein.

Fossa infratemporalis (Abb. 13.32). Die Fossa infratemporalis ist die Fortsetzung der Fossa temporalis. Sie dehnt sich kaudal bis an die mediale Seite des Ramus mandibulae aus und kommt damit in der Tiefe der Regio parotideomasseterica zu liegen; dadurch stellt sie den Hauptraum der tiefen lateralen Gesichtsregion dar.

Wände:
- **lateral:** Arcus zygomaticus und Ramus mandibulae
- **medial:** Lamina medialis processus pterygoidei, Eingang in die Fossa pterygopalatina
- **unten:** Ansatz des M. pterygoideus medialis und tiefes Blatt der Fascia masseterica
- **oben:** Planum infratemporale der Ala major ossis sphenoidalis, Öffnung in die Fossa temporalis
- **vorne:** Corpus maxillae
- **hinten:** Übergang in die Fossa retromandibularis

Zugänge. Die Fossa infratemporalis besitzt Zugang zu allen übrigen Räumen der tiefen lateralen Gesichtsregion:
- **nach oben** in die *Fossa temporalis*
- **nach medial** in die *Fossa pterygopalatina* (von hier aus in Orbita, Nasenhöhle, mittlere Schädelgrube)
- **nach hinten** in die *Fossa retromandibularis*
- **nach ventrolateral** stößt sie am vorderen Rand des M. masseter bis in die Subkutis der *Regio buccalis* vor

Inhalt. Der Raum wird im Wesentlichen vom **M. pterygoideus lateralis** ausgefüllt. Außerdem beherbergt er den **M. pterygoideus medialis** und das **Corpus adiposum**

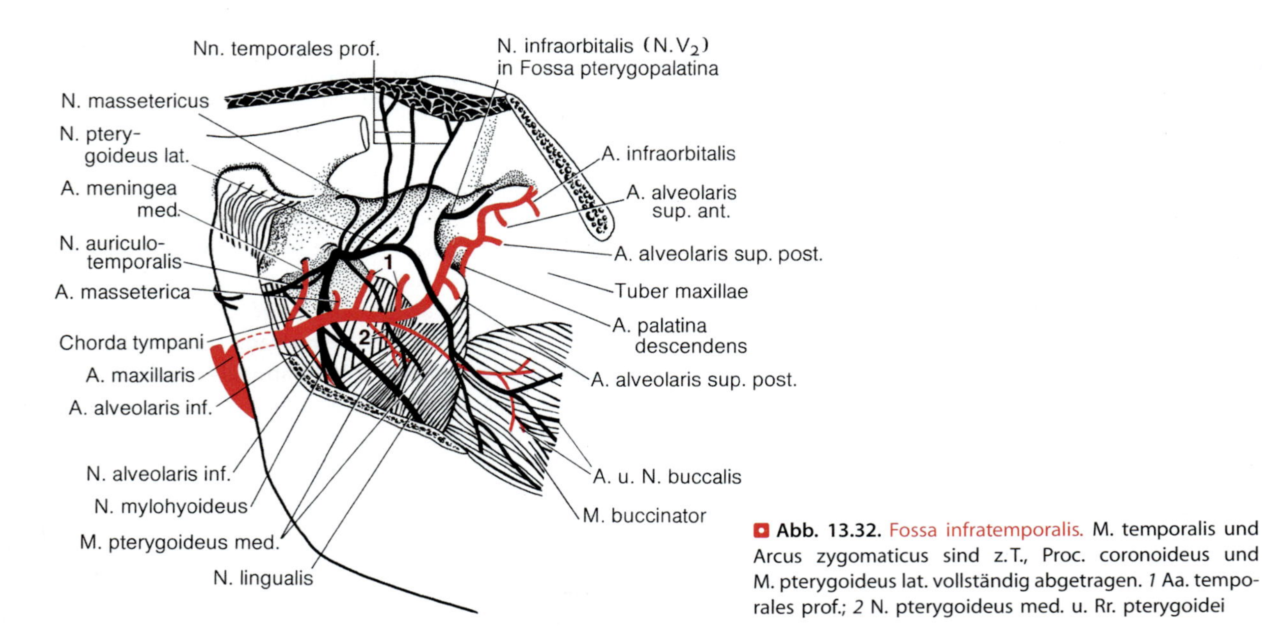

Abb. 13.32. Fossa infratemporalis. M. temporalis und Arcus zygomaticus sind z.T., Proc. coronoideus und M. pterygoideus lat. vollständig abgetragen. *1* Aa. temporales prof.; *2* N. pterygoideus med. u. Rr. pterygoidei

buccae (Bichat-Fettpfropf, in der Tasche zwischen M. buccinator und Ramus mandibulae). Von der Fossa retromandibularis her tritt die *A. maxillaris* in den Hauptraum der Fossa infratemporalis ein und durchzieht sie (Abb. 13.32). Sie verläuft in der Regel zwischen M. pterygoideus lateralis und M. pterygoideus medialis. Nicht selten tritt die A. maxillaris zwischen beiden Köpfen des M. pterygoideus lateralis hindurch. Über die Fossa infratemporalis, wo sie zahlreiche Äste abgibt, gelangt die A. maxillaris in die Fossa pterygopalatina, in welcher sie sich in ihre drei Endäste aufzweigt (▶ S. 660).

Medial und lateral des M. pterygoideus lateralis dehnt sich der **Plexus pterygoideus** aus, ein Venengeflecht, das nach vorne und unten Verbindungen mit der V. facialis, nach dorsal einen Abfluss zu V. maxillaris und V. retromandibularis, von oben einen Zufluss aus V. meningea media und V. ophthalmica inferior hat.

In der Fossa infratemporalis verzweigt sich auch der **N. mandibularis** (N. V3 ▶ S. 669). Von den Ästen des N. mandibularis verlaufen **N. buccalis, N. lingualis** und **N. alveolaris inferior** in dieser Reihenfolge von ventral nach dorsal auf dem M. pterygoideus medialis abwärts. Die Nerven werden in der Regel lateral von der A. maxillaris überkreuzt.

Medial hinter dem N. alveolaris inferior zieht die **Chorda tympani**, von der Fissura petrotympanica her, zum N. lingualis, mit dem sie in einer gemeinsamen Bindegewebsscheide in die Regio sublingualis gelangt.

Von der Fossa infratemporalis aus tritt der **N. auriculotemporalis** (aus N. V3) dorsal in die Fossa retromandibularis ein und umschlingt dabei mit seinen beiden Ursprungsarmen die A. meningea media.

Über die Crista infratemporalis der Ala major ossis sphenoidalis ziehen die beiden **Nn. temporales profundi** und die **Aa. und Vv. temporales profundae** zum M. temporalis.

Der **N. massetericus** gelangt durch die Incisura mandibulae aus der Fossa infratemporalis in den M. masseter.

Das **Ganglion oticum** (▶ S. 676) liegt in der Fossa infratemporalis medial des Hauptstammes des N. mandibularis, unmittelbar unter dem Foramen ovale.

Fossa pterygopalatina (*Flügelgaumengrube*) (Abb. 13.33). Sie kann als ein Teil der Fossa infratemporalis aufgefasst werden, mit der sie durch die **Fissura pterygomaxillaris** in Verbindung steht.

Wände:
- **Dach:** Corpus ossis sphenoidalis
- **mediale Wand:** Lamina perpendicularis des Os palatinum
- **hintere Wand:** Processus pterygoideus des Os sphenoidale, die Facies maxillaris alae majoris ossis sphenoidalis

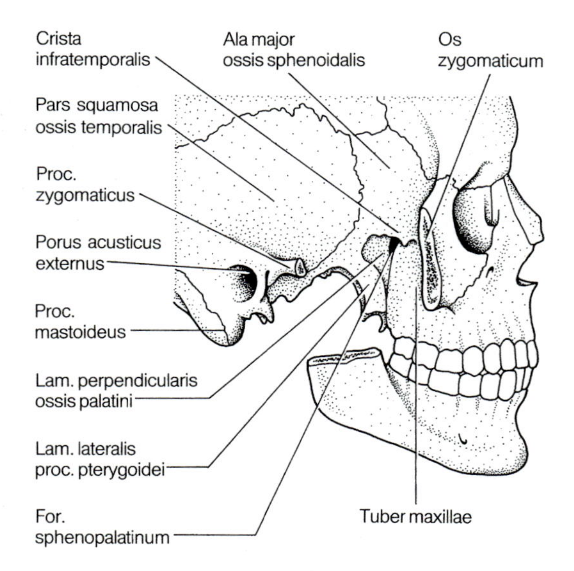

Abb. 13.33. Fossa pterygopalatina. Arcus zygomaticus und Ramus mandibulae z.T. entfernt

- **vordere Wand:** Processus orbitalis ossis palatini, Corpus maxillae

Öffnungen:
- **Foramen rotundum** in der Ala major des Os sphenoidale zur mittleren Schädelgrube
- **Canalis pterygoideus** in der Wurzel des Processus pterygoideus
- **Foramen sphenopalatinum:** Lücke zwischen Lamina perpendicularis des Os palatinum und Os sphenoidale; es verbindet die Fossa pterygopalatina mit der Nasenhöhle
- **Canales palatini major et minor:** abwärts gerichtete Kanäle; sie öffnen sich am Foramen palatinum majus et minus des Gaumens
- **Fissura orbitalis inferior:** Spalte zwischen Ala major des Os sphenoidale und Pars orbitalis maxillae (Abb. 13.10)
- **Fissura pterygomaxillaris:** breite, durch Bindegewebe verschlossene Spalte zwischen Tuber maxillae und Lamina lateralis des Processus pterygoideus; durch die Spalte gelangt die *A. maxillaris* aus der Fossa infratemporalis in die Flügelgaumengrube

Inhalt. Ganglion pterygopalatinum (▶ S. 676), Endäste von A., V. und N. maxillaris.

Parotisloge. Diese Loge besteht aus einem **Fasziensack,** der teils mit der Fascia masseterica in Verbindung steht und dessen tiefes Blatt sich in die Fossa retromandibularis fortsetzt. Der Fasziensack ist bis auf einen Zugang zum Spatium lateropharyngeum allseitig geschlossen. Er beinhaltet die Glandula parotidea.

Der **Fasziensack** besteht aus
- **oberflächlichem Blatt**
- **tiefem Blatt**

Das **oberflächliche Blatt** ist eine Fortsetzung der Lamina superficialis fasciae cervicalis (▶ unten). Es ist unten am Angulus mandibulae und oben am Arcus zygomaticus befestigt, ventral vereinigt es sich mit der Fascia masseterica. Dorsal heftet sich die Fascia parotidea an der ventralen Wand des Meatus acusticus externus an und geht hier, indem sie die *Fossa retromandibularis* auskleidet, in das tiefe Blatt über.

Das **tiefe Blatt** der Fascia parotidea überzieht ventral den Processus styloideus mit den hier entspringenden Muskeln (M. stylohyoideus, M. styloglossus, M. stylopharyngeus) und geht dann mit der derben, annähernd frontal gestellten *Aponeurosis stylopharyngea* in die *Fascia pharyngobasilaris* über. Die Fascia pharyngobasilaris befestigt sich an der Schädelbasis.

Inhalt. Die Parotisloge enthält neben der *Gl. parotidea* den *Plexus intraparotideus* des N. facialis (N. VII), Äste des *N. auriculotemporalis* (aus N. V3), die *V. retromandibularis, A. carotis externa* und die *Nodi lymphoidei parotidei.*

Von A. carotis interna und V. jugularis interna ist die Parotisloge durch das tiefe Blatt der *Fascia parotidea* und die *Aponeurosis stylopharyngea* getrennt.

Fossa retromandibularis. Sie liegt zwischen Ramus mandibulae und Meatus acusticus externus. Im Wesentlichen wird sie von der Gl. parotidea ausgefüllt, die hier A. carotis externa, V. retromandibularis und N. facialis umgreift.

Die **Regio sublingualis** befindet sich zwischen den Unterkieferbögen oberhalb des M. mylohyoideus. Dem Muskel aufgelagert ist der M. genioglossus. In der Regio sublingualis liegen die Gl. sublingualis, der hintere Teil der Gl. submandibularis mit dem Ductus submandibularis sowie Nerven und Gefäße. Dazu gehört der N. lingualis (aus V3), der in seinem Verlauf den Ductus submandibularis unterkreuzt. Dem *N. lingualis* ist das parasympathische *Ganglion submandibulare* angelagert. Ferner liegt in der Regio sublingualis der *N. hypoglossus* (N. XII), der am Hinterrand des M. mylohyoideus in die Region eintritt. Er liegt kaudal der Gl. sublingualis und spaltet sich in seine Endäste auf. In seinem Verlauf überquert der N. hypoglossus die *V. lingualis* sowie *A.* und *V. sublingualis*. Die A. lingualis läuft dagegen nicht durch die Regio sublingualis, sondern dringt medial des M. hypoglossus in die Zungenmuskulatur ein.

In Kürze

In der Fossa temporalis liegt der M. temporalis. Die Fossa infratemporalis enthält die Mm. pterygoideus lateralis et medialis, die A. maxillaris sowie Verzweigungen des N. mandibularis (V3). – Die Fossa pterygopalatina beinhaltet die Verzweigungen von N. maxillaris (V2) und A. maxillaris sowie das Ganglion pterygopalatinum. – Die Gl. parotidea liegt oberflächlich in der Parotisloge. In der Tiefe erreicht sie die Fossa retromandibularis. Durch die Fossa retromandibularis verlaufen A. carotis externa, V. retromandibularis und N. facialis. – In der Regio sublingualis liegen Gl. sublingualis, Teile der Gl. submandibularis und N. hypoglossus.

13.2 Hals

e Osteologie: Atlas und Axis

Kernaussagen

- **Der Hals (Collum) ist durch die Gelenke der Halswirbelsäule und die Halsmuskulatur sehr beweglich.**
- **Die Halsorgane und Leitungsbahnen liegen im Bindegewebe der mittleren, prävertebralen Halsschicht. Sie sind verschieblich untergebracht und können sich bei Bedarf erweitern.**
- **Umhüllt werden die Halsmuskeln und -eingeweide von Faszien.**

Der Hals verbindet Kopf und Rumpf. Als **obere Grenze** gilt eine Linie, die vom Unterkieferwinkel zur Spitze des Processus mastoideus, dann entlang der Linea nuchalis superior zur Protuberantia occipitalis externa verläuft. Die **untere Halsgrenze** folgt der Klavikula zum Akromion und zum Processus spinosus des 7. Halswirbels.

13.2.1 Gliederung und Entwicklung

Wichtig

Der Hals gliedert sich in mehrere Schichten. Im prävertebralen Eingeweideraum liegen der Pharynx, der sich in den Ösophagus fortsetzt, der Kehlkopf (Larynx) sowie Schilddrüse, Nebenschilddrüsen und eine Gefäß-Nerven-Straße. – Während der Entwicklung bilden sich im Übergangsgebiet zwischen Kopf und Rumpf vier (sechs) Branchialbögen, zwischen denen sich Schlundtaschen und Schlundfurchen befinden. Aus diesen Strukturen gehen Anteile des Schädels, des Kopfes und des Halses hervor.

Gliederung

Der Hals gliedert sich in (Abb. 13.34):

- **Gebiet der Halswirbelsäule** mit den dazugehörigen Muskeln (Tabelle 13.14)
- **prävertebralen Bereich** (*Hals im engeren Sinne*)

Der **prävertebrale Bereich** lässt unterscheiden:

- **Eingeweideraum**
- **drei Schichten**

Der Eingeweideraum befindet sich in der Halsmitte und wird von Muskeln umgeben. Er beinhaltet die Organe des Halses: **Pharynx, Larynx, Glandula thyroidea** und **Glandulae parathyroideae** mit begleitenden und versorgenden **Gefäßen und Nerven.** Außerdem liegt dorsal ein **Gefäß-Nerven-Strang** mit großen Leitungsbahnen (A. carotis communis, V. jugularis interna, N. vagus), der von einer Hülle (**Vagina carotica**) umgeben ist.

Schichten. Sie werden durch Faszienblätter abgegrenzt (▶ unten).

Es handelt sich um eine:

- **oberflächliche Schicht:** Leitstrukturen sind ventral der M. sternocleidomastoideus und dorsal der M. trapezius

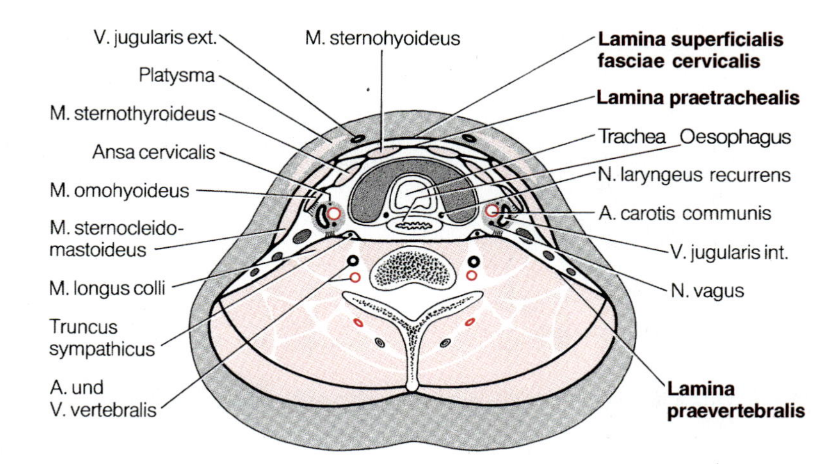

Abb. 13.34. Halsfaszien

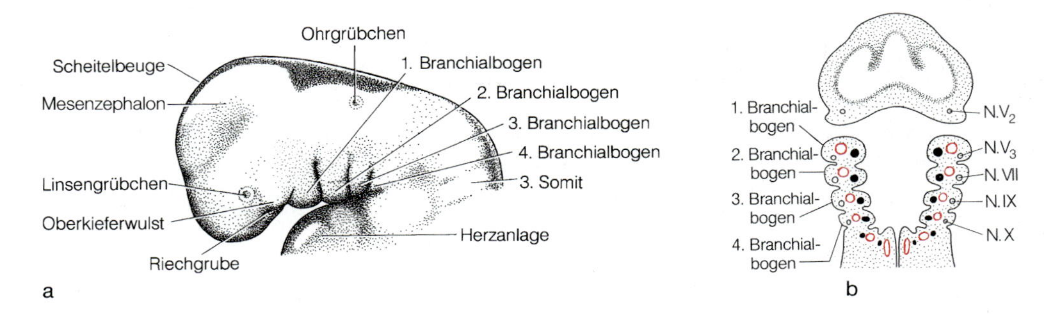

Abb. 13.35 a, b. Branchialbögen. 4. Entwicklungswoche. **a** Seitenansicht; **b** Querschnitt mit Branchialnerven, Knorpel (*schwarz*) und Arterien (*rot*)

- **mittlere Schicht mit infrahyalen Muskeln**; die Muskeln befestigen sich an dem einzigen Knochen des ventralen Halsbereichs, dem **Os hyoideum** (*Zungenbein*) (▶ S. 636)
- **tiefe Schicht**: hierzu gehören die langen prävertebralen Kopf- und Halsmuskeln sowie seitlich die Mm. scaleni

Weitere wichtige Strukturen des Halses sind **Spatien.** Hierbei handelt es sich um Bindegewebsräume, die die Organe und Leitungsbahnen des Halses umgeben und ihnen einerseits ein Polster gegen die Bewegungen des Halses bieten, andererseits Eigenbewegungen, z. B. beim Schluckakt ermöglichen. Die Spatien befinden sich zwischen den Blättern der Halsfaszien.

Entwicklung

Im Bereich zwischen Anlage von Kopf und Rumpf kommt es in der 4. Entwicklungswoche zu regionalen Mesenchymverdichtungen. Es entstehen vier Wülste (**Branchialbögen**, auch **Schlundbögen** genannt), denen kaudal zwei weitere, jedoch rudimentäre folgen (Abb. 13.35, 13.36 a). Die Branchialbögen werden außen von Ektoderm und innen von Entoderm bedeckt. Sie werden durch Einbuchtungen voneinander abgegrenzt: von außen durch **Schlundfurchen**, von innen durch **Schlundtaschen.**

Im Mesenchym der Branchialbögen – hervorgegangen aus Kopfmesoderm und Neuralleistenzellen – bilden sich Knorpel, die auf jeder Seite halbbogenförmig von vorne nach hinten verlaufen, sowie Muskulatur (Tabelle 13.13). Außerdem wachsen Nerven (Branchialnerven, Tabelle 13.13) ein und es bilden sich Blutgefäße (Branchialgefäße, Aortenbögen ▶ S. 184).

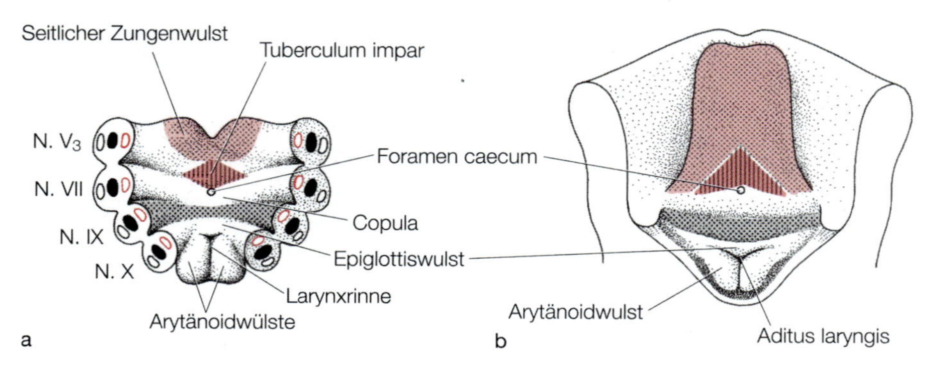

Abb. 13.36 a, b. Zungenentwicklung. **a** Boden der primitiven Mundhöhle und des Kiemendarms mit den Branchialbögen 1–4; **b** Zunge, frühes Stadium

Tabelle 13.13. Entwicklung der Branchialbögen

Branchialbögen	Skelettanteil	Muskulatur	Nerv (efferent)
1. Branchialbogen, Mandibularbogen	Meckel-Knorpel, Malleus, Incus Malleus	Kaumuskulatur, M. tensor tympani, M. tensor veli palatini, Venter ant. musculi digastrici	N. mandibularis (N. V3)
2. Branchialbogen, Hyoidbogen	Stapes, Proc. styloideus, Cornu minus ossis hyoidei, Lig. stylohyoideum	Mimische Muskulatur, M. stapedius, M. stylohyoideus, Venter post. musculi digastrici	N. facialis (N. VII)
3. Branchialbogen, Pharyngobranchialbogen	Corpus ossis hyoidei, Cornu majus ossis hyoidei	Pharynxmuskulatur	N. glossopharyngeus (N. IX)
4.–6. Branchialbogen	Cartilagines laryngis	Larynxmuskulatur	N. vagus (N. X) N. laryngeus sup. et inf.

1. Branchialbogen, häufig auch als **Mandibularbogen** bezeichnet. In seinem Bereich entstehen Oberkiefer- und Unterkieferwulst (Gesichtsentwicklung ► S. 601) sowie *Mandibula*, *Maxilla*, *Os palatinum*, *Squama ossis temporalis* und von den Gehörknöchelchen *Amboss* (*Incus*) *und Malleus (Hammer)*. Hinzu kommen als zugehörige Gelenke *das Kiefer-* und *Hammer-Amboss-Gelenk*.

Die Entwicklung der Knochen und Gelenke steht zu den knorpeligen Anteilen des Kiemenbogens in Beziehung: Mandibula und Hammer zu einem vorderen Anteil, dem **Meckel-Knorpel** (Abb. 13.37), die übrigen Knochen zu einem hinteren Anteil. Mit Ausnahme der Gehörknöchelchen ist die Entwicklung der Knochen jedoch desmal. Im Fall der Mandibula erfolgt sie auf der Oberfläche des Meckel-Knorpels, bei den anderen Knochen nach Knorpelrückbildung.

Aus dem ventralen Anteil des 1. Branchialbogens gehen außerdem ein **unpaarer Zungenwulst** (*Tuberculum impar*) und **zwei seitliche Zungenwülste** hervor (Abb. 13.36). Die drei Zungenwülste verschmelzen während der weiteren Entwicklung und bilden das **Corpus linguae.**

2. Branchialbogen (*Hyoidbogen*). Sein dorsaler knorpeliger Anteil bildet die Anlage des 3. Gehörknöchelchens (**Stapes**, *Steigbügel*) (Abb. 13.37) sowie den Knorpelring der Fenestra vestibuli (► S. 707). Der ventrale knorpelige Anteil des Hyoidbogens wird im We-

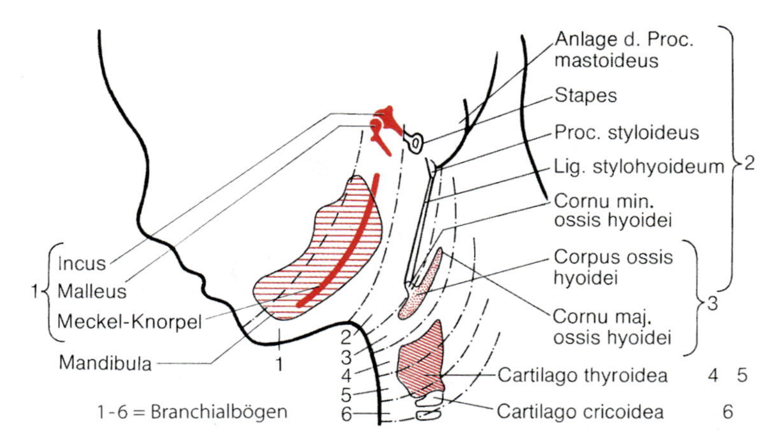

Abb. 13.37. Entwicklung der Branchialbögen. Die Abkömmlinge des 1. Branchialbogens sind *rot*, die des 2. Branchialbogens *transparent*) die des 3. Branchialbogens *rot punktiert*, die des 4. und 5. Branchialbogens *rot schraffiert*, die des 6. Branchialbogens *transparent* gezeichnet

sentlichen zum **Processus styloideus**, der mit dem Os temporale verschmilzt, ferner zu **Lig. stylohyoideum** und **Cornu minus ossis hyoidei.**

Beteiligt ist der vordere Anteil des 2. Branchialbogens ferner an der Entwicklung der **Radix linguae.** Der Zungengrund erhält sein Material allerdings auch aus dem 3. sowie teilweise aus dem 4. Branchialbogen. Sie bilden gemeinsam einen 2. medialen Zungenwulst (**Copula**) (Abb. 13.36). – Später verschmelzen die verschiedenen Zungenanteile zu einem einheitlichen Organ.

3. bis 6. Branchialbogen (Abb. 13.37). Vom *3. Branchialbogen* bleibt nur der vordere Abschnitt erhalten und liefert das **Cornu majus ossis hyoidei.** Die Verschmelzungsbrücke zwischen 2. und 3. Branchialbogen wird zum **Corpus ossis hyoidei.**

Der **4. und 5. Branchialbogen** werden nicht mehr als Knorpelspangen angelegt. Der 4. Branchialbogen liefert aber Material für die Anlage der **Epiglottis** (*Kehldeckel*) (Abb. 13.36) sowie der 4. und 5. Branchialbogen für die der **Cartilago thyroidea** (*Schildknorpel*). Seitlich hinter der Epiglottisanlage befinden sich die Arytänoidwülste, die die Anlage des Aditus laryngis zwischen sich fassen (Abb. 13.36).

Aus dem **6. Branchialbogen** entsteht wahrscheinlich die **Cartilago cricoidea** (*Ringknorpel*).

Die **1. Schlundtasche** (Abb. 13.38) bewahrt den Charakter einer Tasche (**Recessus tubotympanicus**). Sie bildet sich zur **Tuba auditiva** und ihr lateraler Endabschnitt zur **Cavitas tympanica** (*Paukenhöhle*) des Mittelohrs um (► S. 707).

Die **2. Schlundtasche** wird zum größeren Teil zurückgebildet. Der verbleibende Rest wird zur **Fossa supratonsillaris** (► S. 618). Ein Teil des Entoderms proliferiert jedoch und liefert **Oberflächen-** und **Kryptenepithel** der **Tonsilla palatina** (► S. 618). Das tonsilläre Lymphgewebe entsteht durch Differenzierung des umgebenden Mesenchyms und durch einwandernde Lymphozyten.

Die **3. Schlundtasche** lässt eine ventrale und eine dorsale Ausstülpung erkennen. Aus dem Entoderm der ventralen Anlage entsteht durch Zellproliferation der **epitheliale Anteil des Thymus** (► S. 294), aus dem der dorsalen Anlage die **Gll. parathyroideae inferiores.** Beide Anlagen wandern in mediokaudaler Richtung abwärts und verlieren dabei ihre Verbindung zum Mutterboden.

Die **Gll. parathyroideae inferiores** finden ihren endgültigen Platz an der Hinterfläche der Gl. thyroidea, nahe dem unteren Pol der beiden Schilddrüsenlappen (► S. 652).

Die **Thymusanlage** zieht sich dagegen lang aus. Die Schwanzanteile bilden sich in der Regel zurück. Reste können in der Gl. thyroidea persistieren. Der übrige Teil verschmilzt mit dem der Gegenseite zu einem einheitlichen Organ, das im oberen Mediastinum seine endgültige Lage findet (► S. 294).

Die **4. Schlundtasche** lässt auch eine ventrale und eine dorsale Ausstülpung erkennen. Aus dem Epithel der dorsalen Ausstülpung gehen die **Gll. parathyroideae superiores** hervor. Sie wandern zum dorsalen oberen Pol der Schilddrüsenlappen.

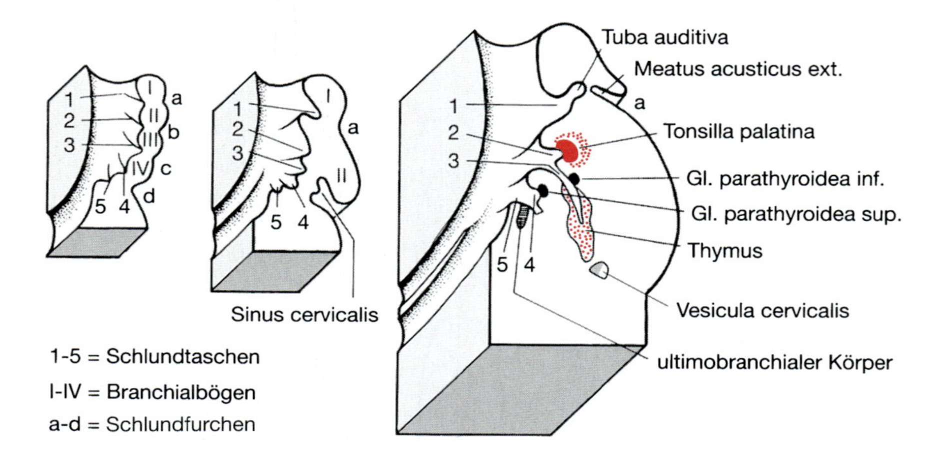

Abb. 13.38. Entwicklung der Schlundtaschen und Schlundfurchen. Aus der *1. Schlundfurche (a)* entsteht der Meatus acusticus externus. Die *folgenden Schlundfurchen (b–d)* vereinigen sich zum Sinus cervicalis. Die *1. Schlundtasche* vertieft sich zur Tuba auditiva. An der Bildung der *übrigen Schlundtaschenabkömmlinge* ist vor allem das Epithel der entsprechenden Tasche beteiligt

5. Schlundtasche. Ihr Epithel liefert den **ultimobranchialen Körper.** Dieser wandert in die Gl. thyroidea ein und bildet vermutlich die parafollikulären **C-Zellen.**

Die 1. Schlundfurche wird zum **Meatus acusticus externus** (Abb. 13.38).

Die übrigen Schlundfurchen (2.–4.) bilden sich im Laufe der Entwicklung zurück. Zunächst kommt es jedoch zur Ausbildung einer Halsbucht (**Sinus cervicalis**), in die hinein sich die 2.–4. Schlundfurche öffnen. In der weiteren Entwicklung schiebt sich der untere Rand des 2. Branchialbogens wie ein **Operculum** über den Sinus cervicalis und engt den Eingang zum **Ductus cervicalis** ein. Der Ductus wird schließlich verschlossen und es entsteht ein von ektodermalem Epithel ausgekleidetes Halsbläschen (**Vesicula cervicalis**). Auch die Vesicula cervicalis wird im Laufe der Entwicklung vollständig abgebaut.

Fehlbildungen. Reste des Sinus cervicalis können als *seitliche branchiogene Halsfistel* bestehen bleiben. Verbleibt eine Vesicula cervicalis, so ist diese häufig zystisch erweitert (*laterale branchiogene Halszyste*). Sie kann sich bis zur Aufteilungsstelle der A. carotis communis erstrecken.

Zusammenfassung ► S. 640.

13.2.2 Zungenbein, Zungenbeinmuskulatur, weitere Halsmuskeln

Wichtig

Das Zungenbein ist ein Stellglied für Bewegungen des Kehlkopfes. Es hat keine gelenkigen Verbindungen, wird aber von supra- und infrahyalen Muskeln bewegt. Weitere Halsmuskeln liegen oberflächlich bzw. prävertebral.

Das Os hyoideum ist hufeisenförmig und besteht aus einem vorderen unpaaren Abschnitt (**Corpus**) und auf jeder Seite einem großen und einem kleinen Zungenbeinhorn (**Cornu majus, Cornu minus**). Gelenkflächen fehlen.

Zungenbeinmuskulatur. Am Zungenbein befestigen sich zahlreiche Muskeln und Bindegewebsstrukturen:
- *von oben* die **suprahyale Muskulatur** (*Mundbodenmuskulatur*) (Tabelle 13.9, Abb. 13.39) und das **Lig. stylohyoideum** zum Processus styloideus (► S. 593),
- *von unten* die **infrahyale Muskulatur** (Tabelle 13.14) sowie die **Membrana thyrohyoidea** (► S. 647)

Die Zungenbeinmuskulatur bewegt das Zungenbein und gleichzeitig den Kehlkopf. Dies ist möglich, weil der Kehlkopf durch die Membrana thyrohyoidea mit dem Zungenbein verbunden ist.

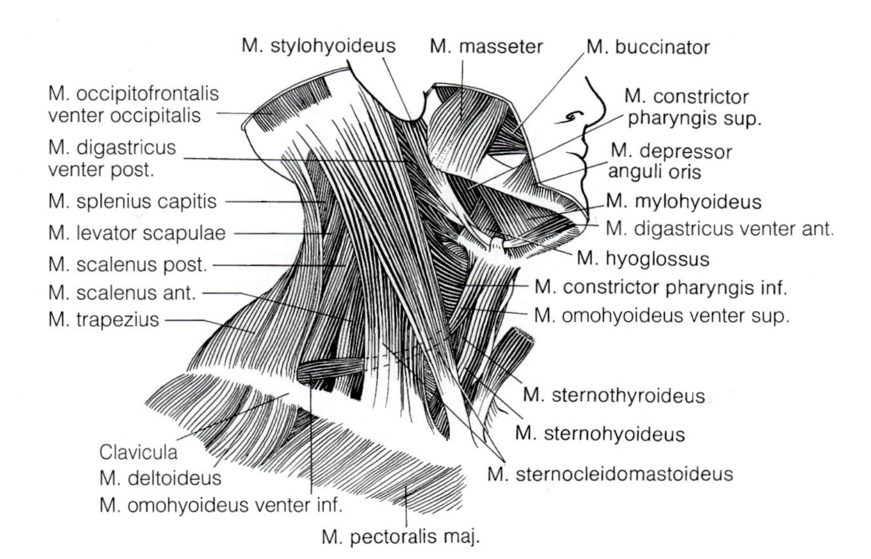

Abb. 13.39. Halsmuskulatur

Tabelle 13.14. Muskeln des Halses

Muskeln	Ursprung	Ansatz	Funktion	Nerv
Oberflächliche Halsmuskeln				
Platysma	Basis mandibulae, Fascia parotidea	Fascia pectoralis	Spannung der Haut des Halses	R. colli nervi facialis (N. VII)
M. sternocleido-mastoideus	Caput med.: Manubrium sterni, Caput lat.: Klavikula	Proc. mastoideus, Linea nuchalis sup.	*einseitig*: Beugung der HWS zur gleichen Seite, Drehung des Gesichts zur Gegenseite, Hebung des Gesichts *Doppelseitig*: Beugung der HWS nach vorne, Hebung des Gesichts, Atemhilfsmuskulatur	N. accessorius (N. XI), Plexus cervicalis
Infrahyale Muskulatur (untere Zungenbeinmuskulatur)				
M. sternohyoideus	Manubrium sterni	Corpus ossis hyoidei	Senkung des Zungenbeins	Ansa cervicalis (Nervenschlinge C1–C3)
M. sternothyroideus	Manubrium sterni, 1. Rippe	Linea obliqua der Cartilago thyroidea	Senkung des Kehlkopfs	Ansa cervicalis
M. thyrohyoideus	Linea obliqua der Cartilago thyroidea	Corpus ossis hyoidei	Senkung des Zungen-beins, Hebung des Kehl-kopfs	C2

Tabelle 13.14 (Fortsetzung)

Muskeln	Ursprung	Ansatz	Funktion	Nerv
M. omohyoideus	Venter sup.: Corpus ossis hyoidei Venter inf.: Lig. transversum scapulae	über eine Zwischensehne sind beide Bäuche vereinigt, diese ist über die mittlere Halsfaszie mit der Vagina carotica verbunden	Senkung des Zungenbeins, Anspannen der Lamina praetrachealis	Ansa cervicalis
Skalenusgruppe				
M. scalenus ant.	Proc. transversus 3.–6. HW	Tuberculum musculi scaleni der 1. Rippe	Hebung der 1. bzw. 2. Rippe (Atemhilfsmuskeln), Neigung der HWS nach lateral	Rr. ventrales der Nn. cervicales
M. scalenus med.	Proc. transversus 1.–7. HW	1. Rippe		
M. scalenus post.	Proc. transversus 5.–6. HW	2. Rippe		
Prävertebrale Muskulatur				
M. longus colli (sive cervicis)	Körper der unteren Hals- und oberen Brustwirbel, Tuberculum ant. Proc. transversi der oberen Halswirbel	Körper der oberen Halswirbel, Tuberculum ant. atlantis, Querfortsätze der unteren Halswirbel	Beugung der Halswirbelsäule bzw. des Kopfs nach ventral; *einseitig:* Neigen und Drehen des Kopfes zur gleichen Seite	Rr. ventrales der Nn. cervicales
M. longus capitis	Tuberculum ant., Proc. transversi des 3.–6. Halswirbels	Pars basilaris ossis occipitalis		
M. rectus capitis ant.	Proc. transversus atlantis			

Weitere Halsmuskeln (Abb. 13.39, Tabelle 13.14):

- **oberflächliche Halsmuskeln:**
  - **Platysma,**
  - **M. sternocleidomastoideus**
- **Muskeln der Skalenusgruppe**
- **prävertebrale Muskeln**

Einzelheiten

Das Platysma ist ein platter, dünner Hautmuskel. Er liegt der Halsfaszie auf und bedeckt die V. jugularis externa (► S. 662). Im Bereich des Kinns durchflechten sich Platysma und mimische Muskulatur. Nach unten breitet sich das Platysma bis zu den oberen Rippen aus.

Der M. sternocleidomastoideus bestimmt das Halsprofil. Er wird von der Lamina superficialis fasciae cervicalis umhüllt und nimmt Einfluss auf die Kopfhaltung. Zwischen seinen beiden Ursprüngen liegt die kleine **Fossa supraclavicularis minor.**

Zusammenfassung ► S. 640.

13.2.3 Fascia cervicalis, Spatien

Wichtig

Die Halsfaszien bestehen aus mehreren Blättern, die Bindegewebsräume, Spatien, zwischen sich fassen.

Die Fascia cervicalis (Abb. 13.34), auch **Fascia colli** genannt, besteht aus:

- **Lamina superficialis.** Sie liegt unter dem Platysma, umhüllt den M. sternocleidomastoideus und bedeckt als **Fascia nuchae** die dorsale Oberfläche des M. trapezius. Die Lamina superficialis ist an der Unterkante der Mandibula befestigt, setzt sich in die Fascia masseterica des Kopfes fort (▶ S. 613) und bildet eine Faszientasche für Gl. submandibularis und Gl. parotidea (▶ S. 623). Ferner befestigt sie sich am Zungenbein. Kaudal verbindet sie sich mit Klavikula und Fascia pectoralis.
- **Lamina praetrachealis** zwischen den kranialen Bäuchen der beiden Mm. omohyoidei. Sie hat dadurch die Form eines Dreiecks, dessen Spitze sich am Corpus ossis hyoidei und dessen Basis sich an Klavikula und Innenseite des Sternums befindet. Die Lamina praetrachealis umschließt die infrahyale Muskulatur und ist außerdem mit der **Vagina carotica** verbunden, einem Bindegewebsstrumpf um den Gefäß-Nerven-Strang des Halses. Kontraktionen der Mm. omohyoidei spannen die Faszie und üben einen Zug auf die Vaginae caroticae aus. Dadurch wird beidseitig das Lumen der V. jugularis interna offengehalten, in der als herznahe Vene der Venendruck während der Diastole des Herzens abnimmt.
- **Lamina praevertebralis.** Dieses Blatt überlagert die Mm. scaleni, M. longus capitis und M. longus colli. Sie ist am Lig. longitudinale anterius der Wirbelsäule fixiert. Die prävertebrale Halsfaszie erstreckt sich von der Schädelbasis bis in den Brustkorb, wo sie sich in die *Fascia endothoracica* fortsetzt. Sie bedeckt den Truncus sympathicus, den Plexus brachialis und die A. subclavia.

Spatien. Zwischen den Blättern der Halsfaszie verbleiben Gebiete lockeren Bindegewebes (*Spatia*), die teilweise mit Bindegewebsräumen von Kopf bzw. Thorax in Verbindung stehen. Besonders benannt sind:

- **Spatium peripharyngeum**
- **Spatium retropharyngeum**
- **Spatium lateropharyngeum**

Einzelheiten

Das Spatium peripharyngeum liegt vor der *Lamina praevertebralis fasciae cervicalis* und umgibt den Pharynx (Abb.

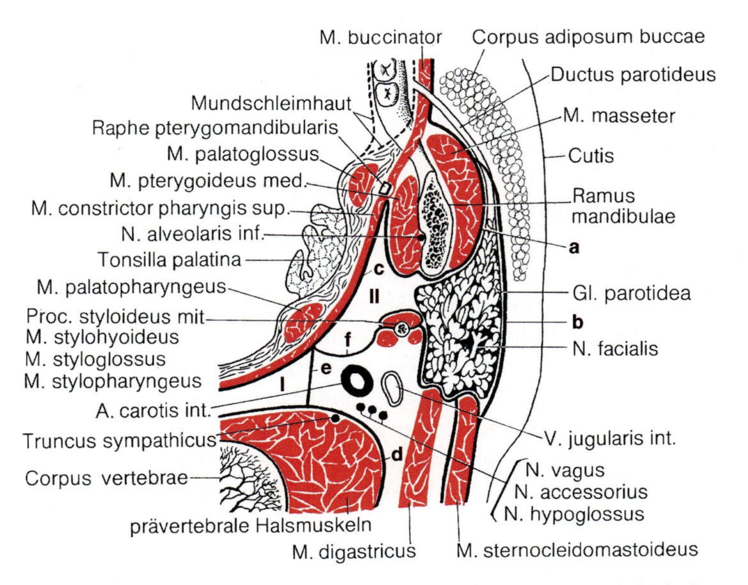

Abb. 13.40. Spatium retro- und lateropharyngeum. Horizontalschnitt in Höhe des Axis. *Spatien*: *I* Spatium retropharyngeum; *II* Spatium lateropharyngeum. *Faszien*: *a* Fascia masseterica; *b* Fascia parotidea; *c* Fascia buccopharyngea; *d* Lamina praevertebralis fasciae cervicalis; *e* Septum sagittale; *f* Aponeurosis stylopharyngea

13.40). Es setzt sich kaudal ins hintere Mediastinum fort und dehnt sich kranial bis an die Schädelbasis aus. – Senkungsabszesse können deswegen aus dem Spatium peripharyngeum ins Mediastinum, aber auch entlang der Mm. scaleni in die Achselhöhle gelangen.

Im oberen Bereich wird das Spatium peripharyngeum rechts und links durch ein derbes sagittal stehendes Septum unterteilt in

- **Spatium retropharyngeum**
- **Spatia lateropharyngea**

Das **Spatium retropharyngeum** ist unpaar. Es liegt unmittelbar hinter dem Pharynx.

Das **Spatium lateropharyngeum**, auch *Spatium parapharyngeum* genannt, ist paarig, d.h. rechts und links vorhanden. Es steht nach lateral mit der Parotisloge in offener Verbindung.

Im Spatium lateropharyngeum verlaufen *A. carotis interna*, *V. jugularis interna*, *N. glossopharyngeus* (N. IX), *N. vagus* (N. X), *N. accessorius* (N. XI) und *N. hypoglossus* (N. XII).

In Kürze

Der Hals gliedert sich in einen mittleren Eingeweideraum und in Schichten, die durch die Blätter der Halsfaszie gegeneinander abgesetzt sind. Während der Entwicklung bilden sich im Übergangsgebiet zwischen Kopf und Rumpf sechs, im Wesentlichen aber vier Branchialbögen. Sie liefern Material für Mandibula (an der Oberfläche des Meckel-Knorpels), Maxilla, Os palatinum, Squama ossis temporalis, Gehörknöchelchen, Zunge, Kehlkopfskelett. Zwischen den Branchialbögen befinden sich fünf Schlundtaschen (von innen) und Schlundfurchen (von außen). Aus den Schlundtaschen gehen die Tuba auditiva (Paukenhöhle), Anteile des Thymus, die Gll. parathyroideae und der Ultimobranchialkörper hervor. Von der 1. Schlundfurche verbleibt der Meatus acusticus externus. – Supra- und infrahyale Muskulatur sorgen für die Bewegungen des Zungenbeins, das seine Bewegungen an den Kehlkopf weitergibt. Der äußerlich auffälligste Halsmuskel ist der M. sternocleidomastoideus. Er wirkt bei Kopfbewegungen mit. Die tiefe Halsmuskulatur ist an den Bewegungen des Halses und die Skalenusgruppe zusätzlich an Atembewegungen beteiligt. – Lamina superficialis und Lamina praevertebralis der Fascia cervicalis treffen sich dorsal in der Fascia nuchae. Die Lamina praetrachealis umschließt die infrahyale Muskulatur und ist mit der Vagina carotica verbunden. Die bindegewebigen Verschiebeschichten des Halses (Spatien) befinden sich zwischen den Blättern der Halsfaszie (Spatium peripharyngeum). Das Spatium peripharyngeum erreicht die Schädelbasis, steht mit dem Mediastinum in offener Verbindung und gliedert sich durch ein sagittales Septum in Spatium retropharyngeum und Spatium lateropharyngeum. In den Spatien verlaufen z.T. in eigenen Hüllen Gefäße, Nerven und Halsmuskeln.

13.2.4 Organe des Halses

Organe des Halses sind:

- **Pharynx** (*Rachen*)
- **Larynx** (*Kehlkopf*)
- **Glandula thyroidea** (*Schilddrüse*)
- **Glandulae parathyroideae** (*Nebenschilddrüsen*)
- **Glomus caroticum** (► S. 658)

Pharynx

Wichtig

Der Pharynx verbindet Mundhöhle und Ösophagus – Weg für die Speise – sowie Nasenhöhle und Kehlkopf – Weg für die Atemluft. Im mittleren Bereich des Pharynx überschneiden sich die Wege. Der Pharynx ist am Schluckakt beteiligt und hat gleichzeitig durch lymphatisches Gewebe Schutzfunktion.

Der **Pharynx** (Abb. 13.41) ist ein 12–15 cm langer fibromuskulärer Schlauch, der sich von der Schädelbasis bis zum Beginn des Ösophagus in Höhe des Ringknorpels (6. Halswirbel) erstreckt. Er dient der Passage von Atemluft und Speise.

Der Pharynx gliedert sich in:

- **Pars nasalis pharyngis** (*Epipharynx*) durch die Choanen in Verbindung mit der Nasenhöhle
- **Pars oralis pharyngis** (*Mesopharynx*) durch den Isthmus faucium in Verbindung mit der Cavitas oris

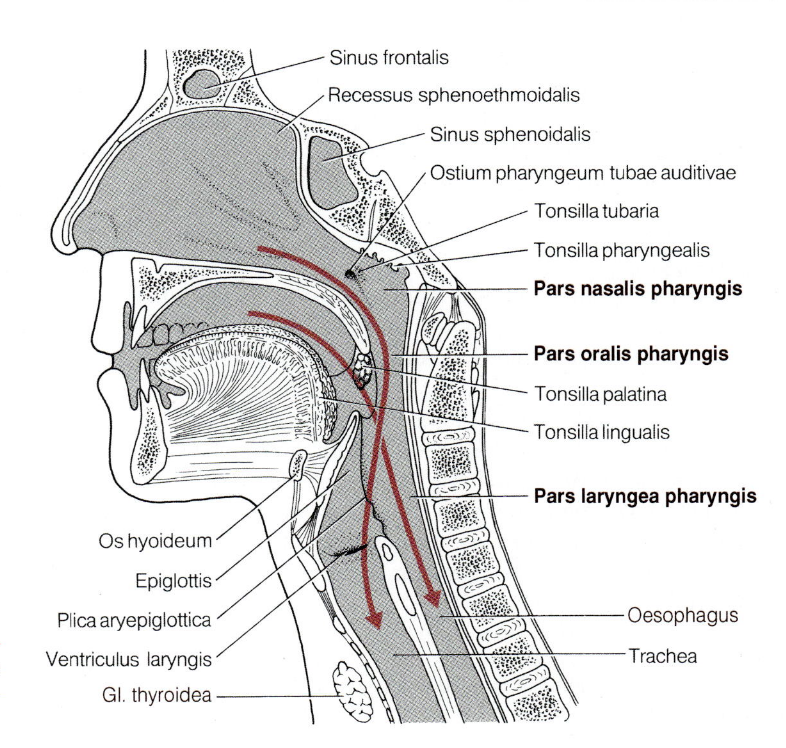

Abb. 13.41. Pharynx und seine topographischen Beziehungen. Medianer Sagittalschnitt. Die *roten Pfeile* markieren die Kreuzung von Luft- und Speisewegen

- **Pars laryngea pharyngis** (*Hypopharynx*) nach ventral durch den Aditus laryngis in Verbindung mit dem Kehlkopf und nach kaudal durch den Ösophagusmund mit der Speiseröhre.

Die **Pars nasalis pharyngis** endet kranial mit dem **Fornix pharyngis** (Dach des Pharynx). Hier liegt die unpaare **Tonsilla pharyngea.** Sie ist bei Kindern und Jugendlichen groß und kann bei Hypertrophie die Atmung behindern. Nach der Pubertät verkleinert sie sich.

An der lateralen Kante der Vorderwand der Pars nasalis pharyngis findet sich etwa in Verlängerung der unteren Nasenmuschel das **Ostium pharyngeum tubae auditivae,** die Öffnung der Ohrtrompete, die den Pharynx mit der Cavitas tympani verbindet (▶ S. 707). Der obere und hintere Rand des Ostium ist durch den freien Rand des Tubenknorpels (▶ S. 707) zum **Torus tubarius** (*Tubenwulst*) aufgeworfen. Von hier setzt sich die **Plica salpingopharyngea,** die über dem M. salpingopharyngeus liegt, nach unten fort. Hinter dem Torus tubarius liegt als Nische der **Recessus pharyngeus.** Als **Torus levatorius** (*Levatorwulst*) wird ein Schleimhautwulst am unteren Rand des Ostium pharyngeum bezeichnet, der durch den M. levator veli palatini hervorgerufen wird. Umgeben wird die Tubenöffnung insgesamt von der **Tonsilla tubaria,** die sich nach unten in die »**Seitenstränge**« fortsetzt.

Klinischer Hinweis

Bei Entzündung der Tonsilla tubaria und Schleimhautschwellung kann die Tubenöffnung verschlossen werden, sodass die Ventilation des Cavum tympani blockiert ist.

Mikroskopische Anatomie. Die Oberfläche der Pars nasalis pharyngis, einschließlich der der Tonsillen wird von mehrreihigem respiratorischem Epithel bedeckt. Zusätzlich kommen im Bereich der Tonsillen zahlreiche Lymphfollikel und flache Buchten vor, in die gemischte Drüsen münden.

Pars oralis pharyngis. Dieser Abschnitt wird gemeinsam von Speise und Atemluft benutzt (Abb. 13.41). Eine deutliche Grenze gegenüber den beiden benachbarten Pharynxteilen besteht nicht.

In die Pars oralis mündet die Mundhöhle. Den Eingang umgeben der Isthmus faucium mit der Tonsilla palatina und der Zungengrund.

Dem Unterrand des Zungengrundes folgt der Oberrand des Kehldeckels. Hier liegt eine Grube (**Vallecula epiglottica**), die durch die **Plica glossoepiglottica mediana** unterteilt und seitlich von der **Plica glossoepiglottica lateralis** begrenzt wird.

Pars laryngea pharyngis. Hier trennen sich Atem- und Speiseweg.

Ventral befindet sich der **Aditus laryngis.** Er wird vom oberen Rand der **Epiglottis** (*Kehldeckel*), von den **Plicae aryepiglotticae** und der **Incisura interarytaenoidea** umfasst.

Kehlkopfeingang und Rückseite des Kehlkopfs wölben sich ins Pharynxlumen vor. Dadurch entstehen seitliche Schleimhauttaschen (**Recessus piriformes**) (Abb. 13.43). Sie lassen eine kleine Falte (**Plica nervi laryngei superioris**) erkennen, die durch den R. internus des N. laryngeus superior (aus dem N. vagus, N. X) hervorgerufen wird.

Klinischer Hinweis

Fremdkörper, die in den Recessus piriformis geraten, können den sensorischen N. laryngeus superior reizen und damit heftige Würgereflexe auslösen.

Mikroskopische Anatomie. Die Schleimhautoberfläche von Pars oralis und Pars laryngea besteht aus mehrschichtigem unverhornten Plattenepithel. Die Lamina propria weist reichlich lymphoretikuläres Gewebe auf, das zusammen mit den zu Tonsillen verdichteten Abschnitten den sog. **Waldeyer-Rachenring** bildet. In der Schleimhaut kommen zahlreiche muköse **Glandulae pharyngeales** vor.

Zur Information

In der Regel ist der Luftweg offen, der Eingang in den Ösophagus dagegen verschlossen. Dies ändert sich beim Schluckakt. Dann wird der Luftweg kurzfristig verschlossen.

Faszien und Muskeln des Pharynx. Die hintere Pharynxwand wird oben von der **Fascia pharyngobasilaris**, einem muskelfreien Abschnitt, im Übrigen von Muskeln gebildet. Befestigt ist der Pharynx an der Schädelbasis. Auffällig ist an der Hinterwand des Pharynx die **Raphe pharyngis**, eine Bindegewebsnaht, an der die Schlundschnürer ansetzen und die sich ihrerseits am **Tuberculum pharyngeum** des Os occipitale befestigt.

Die **Muskulatur des Pharynx** (Abb. 13.42, Tabelle 13.15) besteht aus Skelettmuskulatur. Sie gliedert sich in
- **Schlundschnürer:**
  - **M. constrictor pharyngis superior**
  - **M. constrictor pharyngis medius**
  - **M. constrictor pharyngis inferior**
- **Schlundheber:**
  - **M. palatopharyngeus**
  - **M. stylopharyngeus**
  - **M. salpingopharyngeus**

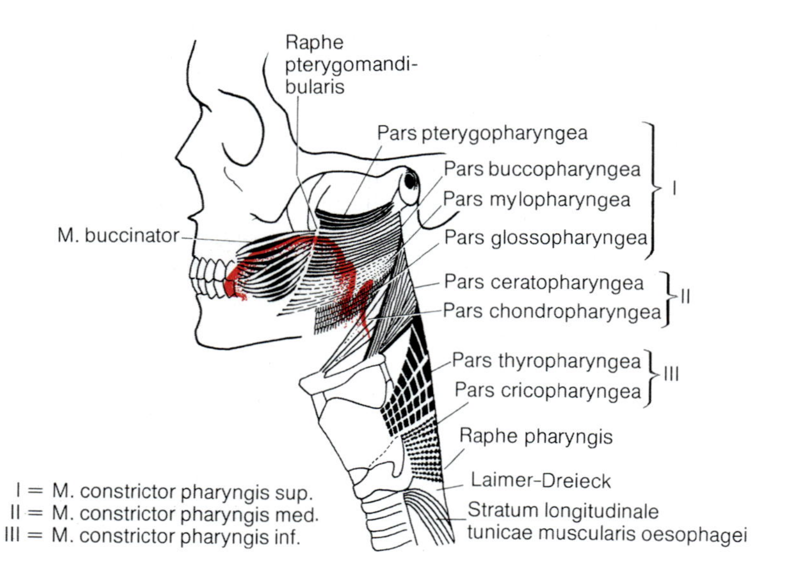

Abb. 13.42. Schlundmuskulatur. *Rote Hervorhebung:* Zungenoberfläche

Tabelle 13.15. Muskulatur des Pharynx

Muskel	Ursprung	Ansatz	Funktion	Nerv
Schlundschnürer				
M. constrictor pharyngis sup.			Verengung des Pharynx beim Schluckakt	
Pars pterygopharyngea	Lamina med. proc. pterygoidei u. Hamulus pterygoideus	Raphe pharyngis		
Pars buccopharyngea	Raphe pterygomandibularis	Raphe pharyngis		N. IX
Pars mylopharyngea	Linea mylohyoidea mandibulae	Raphe pharyngis		
Pars glossopharyngea	Radix linguae	Raphe pharyngis		
M. constrictor pharyngis med.				Plexus pharyngeus (N. IX u. N. X)
Pars chondropharyngea	Cornu min. ossis hyoidei	Raphe pharyngis		
Pars ceratopharyngea	Cornu. maj. ossis hyoidei	Raphe pharyngis		
M. constrictor pharyngis inf.				N. X
Pars thyropharyngea	Seitenfläche der Cartilago thyroidea	Durchflechten sich gegenseitig		
Pars cricopharyngea	Cartilago cricoidea	Durchflechten sich gegenseitig		
Schlundheber				
M. palatopharyngeus	Aponeurosis palatina, Hamulus	Cartilago thyroidea, Raphe pharyngea	Heben des Pharynx	N. IX
M. stylopharyngeus	Proc. styloideus	Cartilago thyroidea, Tunica submucosa pharyngis	Heben des Pharynx	N. IX
M. salpingopharynyeus	Cartilago tubae auditivae	Seitenwand des Pharynx	Heben des Pharyns	N .IX

Schlundschnürer. Bei Kontraktion verengen die Muskeln dieser Gruppe den Schlund, heben und verkürzen ihn aber auch.

Einzelheiten

Die Schlundschnürer verlaufen halbringartig von vorne (Ursprung) nach hinten (Ansatz an der Raphe pharyngis). Jeder einzelne Konstriktor ist jedoch fächerförmig angeordnet. Dadurch hat jeder Konstriktor in sich verschiedene Verlaufsrichtungen. Außerdem überlagern sich die Konstriktoren dachziegelförmig. Dies erklärt ihre Funktion als Schlundschnürer. Zusätzlich führen die zur Raphe pharyngis aufwärtsstrebenden Fasern der unteren Schlundschnürer bei Kontraktion zu einer Verkürzung des Pharynx und beteiligen sich am Heben von Zungenbein und Kehlkopf.

Besondere Bedeutung kommt dem oberen Konstriktor beim Schlucken zu. Er wölbt bei Kontraktion die Schleimhaut gegen das Rachenlumen vor, sodass ein Ringwulst (**Passavant-Wulst**) entsteht, der dem Gaumensegel zum Verschluss des Nasenrachenraums als Widerlager dient.

Schlundheber. Diese Muskeln sind ausschließlich Verkürzer und Heber des Schlundes. Der M. palatopharyngeus ruft eine Schleimhautfalte (**Plica palatopharyngea**) hervor. Beide Schlundheber befestigen sich am Kehlkopf und wirken deswegen auch als Kehlkopfheber.

Zur Information

Der *Schluckakt* ist ein kontinuierlicher Vorgang, bei dem zusammenwirken

- *Heben des Gaumensegels*; dabei öffnen sich die *Tubae auditivae* durch Kontraktion der Gaumensegelmuskeln
- *Kontraktion der Pars pterygopharyngea des M. constrictor pharyngis superior*; hierdurch entsteht der *Passavant-Ringwulst*, an den das hintere Gaumensegel gepresst wird und die Pars nasalis pharyngis von den übrigen Pharynxabschnitten abschließt
- *Kontraktion der Mundbodenmuskulatur*; dadurch wird der *Larynx angehoben* und nach vorne gezogen, sodass sich die Epiglottis über den Aditus laryngis legt und Kehlkopfeingang und Zugang zu den unteren Luftwegen verschließt
- *Kontraktion der Mm. styloglossi und Mm. hyoglossi* führt die Zunge nach hinten und drückt die Speise von der Mundhöhle in die Pars oralis pharyngis und dann in den Ösophagus
- *Kontraktion der unteren Pharynxmuskulatur*; nun verstärkt sich der Druck auf die zu transportierende Speise, wobei sich durch Kontraktion des M. constrictor pharyngis inferior die Rachenwand verkürzt und über die Speise kranialwärts hinweggezogen wird; hinter dem Isthmus faucium unterliegt der Weitertransport der Speise einer reflektorischen *Peristaltik*

13

Klinischer Hinweis

Verschlucken bedeutet, dass feste oder flüssige Bestandteile in den Larynx gelangt sind. Dies geschieht z.B. beim gleichzeitigen Atmen und Schlucken, besonders wenn gleichzeitig gelacht wird. In der Folge kommt es zu Husten oder Würgen.

Gefäße und Nerven des Pharynx (► Kapitel 13.3, Leitungsbahnen).

Arterien. Die arterielle Versorgung des Pharynx erfolgt durch die **A. pharyngea ascendens**, dem einzigen medialen Ast der A. carotis externa, sowie durch **Rr. pharyngei** der A. thyroidea inferior.

Venen. Das venöse Blut fließt in den dorsal der Mm. constrictores pharyngis gelegenen **Plexus pharyngeus** ab.

Lymphbahnen. Zwischen dem venösen Plexus pharyngeus liegen die regionären Lymphknoten des Pharynx, **Nodi lymphoidei retropharyngei**, von denen die Lymphe in die **Nodi lymphoidei cervicales laterales profundi** weitergeleitet werden.

Nerven. Die Innervation erfolgt durch einen nervösen *Plexus pharyngeus*, der von Ästen des N. glossopharyngeus (N. IX), N. vagus (N. X), Truncus sympathicus und möglicherweise auch des N. facialis (N. VII) gebildet wird. Der Plexus enthält motorische, sensorische, sekretorische und sympathische Fasern.

Zusammenfassung ► S. 653.

Kehlkopf

Wichtig

Der Kehlkopf (Larynx) besteht aus Schildknorpel, Ringknorpel, und Stellknorpeln, die durch Kehlkopfmuskeln gegeneinander bewegt werden. Hinzu kommt der Kehldeckel, durch den beim Schlucken der Zugang zum Larynx verschlossen wird. Die Bewegungen der Kehlkopfknorpel bewirken das Öffnen und Schließen der Stimmritze sowie die Spannungseinstellung der Stimmbänder, die bei der Tonerzeugung mitwirken.

Lage. Der Kehlkopf befindet sich am Eingang der dem Pharynx folgenden Luftwege. Er projiziert sich beim Erwachsenen mit seinem Oberrand auf die *Oberkante* des *5. Halswirbels*. Seine untere Grenze liegt vor dem *unteren Rand* des *6. Halswirbels*. Beim Schlucken, Sprechen usw., aber auch bei Bewegungen der Halswirbelsäule verschiebt sich der Kehlkopf nach oben bzw. unten, maximal in jede Richtung bis zu 2 cm.

Beim Neugeborenen steht der Kehlkopf höher (Oberkante 2., Unterrand 4. HW), im Alter tiefer als in mittleren Lebensjahren.

Gliederung. Der Kehlkopf gliedert sich in (Abb. 13.43):

- **Aditus laryngis**
- **Vestibulum laryngis,** bis zu den **Plicae vestibulares** (*Taschenbändern*); der Abstand zwischen Aditus laryngis und Plicae vestibulares beträgt 4–5 cm; die Plicae vestibulares fassen die **Rima vestibuli** zwischen sich
- **Ventriculus laryngis,** eine seitliche Aussackung mit Blindsack (**Sacculus laryngis**) unter der Plica vestibularis; der Ventriculus gehört zur **Glottis,** deren untere Begrenzung die **Plicae vocales** (*Stimmbänder*) sind; zwischen den Plicae vocales liegt die **Rima glot-**

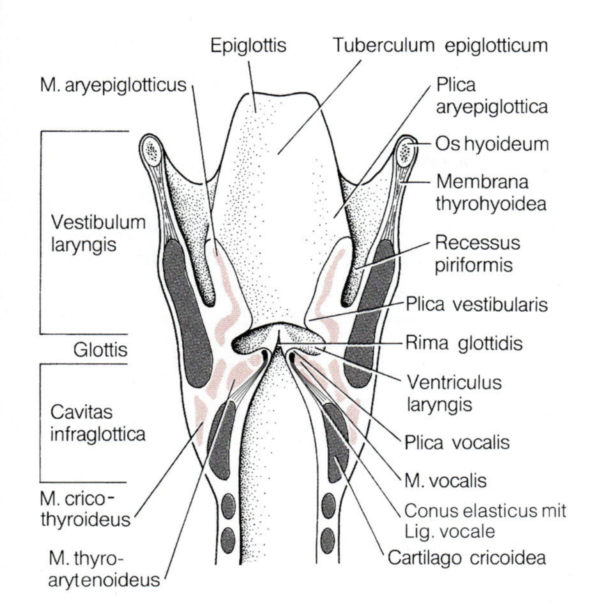

Abb. 13.43. Kehlkopf. Blick von dorsal. Frontalschnitt

tidis (*Stimmritze*); der Abstand zwischen Plicae vestibulares und Plicae vocales beträgt 0,5–1 cm
- **Cavitas infraglottica**

Bestandteile des Kehlkopfes sind:
- **Kehlkopfskelett** mit **Gelenken**
- **Bandapparat** (wirkt stabilisierend)
- **Kehlkopfmuskulatur**
- **Schleimhaut**

Zur Entwicklung
Der Kehlkopf entsteht aus zwei Anteilen:
- mesenchymaler Anteil für Skelett, Muskeln und Gefäße; sie stammen aus dem 4. und den folgenden Branchialbögen (▶ S. 635, Abb. 13.37); durch Mesenchymproliferation werden um den Y-förmigen Aditus laryngis ein Epiglottiswulst und zwei Arytänoidwülste aufgeworfen (Abb. 13.36)
- entodermal-epithelialer Anteil, der die Schleimhaut bildet; dieser Anteil leitet sich von der Laryngotrachealrinne ab, die sich von der Ventralseite des Vorderdarms vorbuchtet (▶ S. 271)

Das **Kehlkopfskelett** besteht aus (Abb. 13.44):
- **Cartilago epiglottica** (*Epiglottis, Kehldeckel*)
- **Cartilago thyroidea** (*Schildknorpel*)
- **Cartilago cricoidea** (*Ringknorpel*)
- **Cartilagines arytenoideae** (*Aryknorpel*)

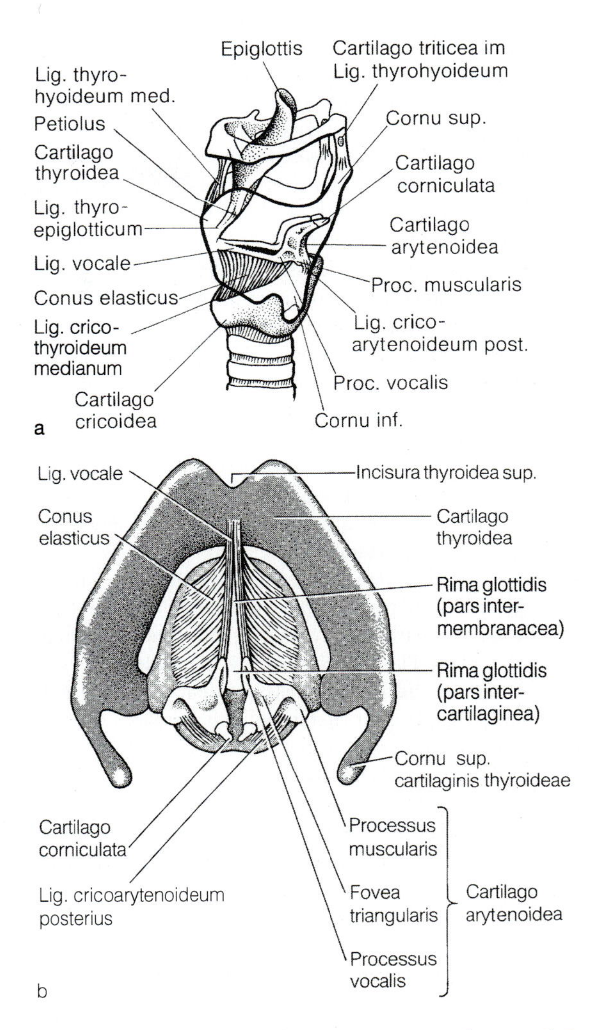

Abb. 13.44 a, b. Kehlkopfskelett mit Zungenbein und Bandapparat. **a** Die Cartilago thyroidea ist *transparent* gezeichnet; **b** Lig. vocale und Conus elasticus von oben

Die Kehlkopfknorpel wandeln sich im Laufe des Lebens mehr oder weniger in Knochen um.

Einzelheiten
Die Epiglottis ist ein elastischer Knorpel und hat die Form eines Tischtennisschlägers, dessen »Stiel« (**Petiolus**) nach unten gerichtet ist. Die Epiglottis hat keine gelenkigen Verbindungen, der Petiolus ist aber durch das **Lig. thyroepiglotticum** an der Innenfläche an Schildknorpel befestigt. An der rückwärtigen Schleimhaut des Kehldeckels ist beim Spiegeln des Kehlkopfs über dem Petiolus ein Höckerchen (**Tuberculum epiglotticum**) sichtbar.

Die Cartilago thyroidea (Abb. 13.44) setzt sich aus zwei großen Platten zusammen, die winkelig in der Medianebene zusammentreffen. Zwischen beiden Platten besteht kranial ein tiefer Einschnitt (**Incisura thyroidea superior**), der bis zu dem am weitesten vorspringenden Teil des Kehlkopfs, der **Prominentia laryngis** (*Adamsapfel*) reicht. Unten besteht nur eine kleine Einkerbung (**Incisura thyroidea inferior**). Der dorsale Rand beider Platten lässt je ein oberes und ein unteres Horn erkennen: **Cornu superius** zur Befestigung des Lig. thyrohyoideum laterale und **Cornu inferius**.

Die Cartilago cricoidea hat Siegelringform. Die dorsale »Siegelplatte« (**Lamina cartilaginis cricoideae**) liegt in der dorsalen Öffnung des Schildknorpels. Der Bogen (**Arcus cartilaginis cricoideae**) befindet sich unter der Schildplatte der Cartilago thyroidea. Am Übergang von Lamina in Arcus cartilaginis cricoideae liegt beiderseits eine Gelenkpfanne (**Facies articularis thyroidea**) für die Artikulation mit dem Cornu inferius des Schildknorpels. Am seitlichen Rand der Lamina cartilaginis cricoideae findet sich ebenfalls auf beiden Seiten eine Gelenkfläche für die Artikulation mit der Basis der beiden Stellknorpel (**Facies articulares arytenoideae**).

Cartilagines arytenoideae. Die beiden Stell- oder Giesbeckenknorpel reiten und bewegen sich auf dem Oberrand des Ringknorpels. Ihre Form ähnelt einer dreikantigen Pyramide. Die mediane, plane Fläche steht sagittal. Sie bildet mit einer unteren Kante den **Processus vocalis**, an dem das **Lig. vocale** (*Stimmband*) ansetzt. Nach lateral ragt von der Basis der **Processus muscularis** vor (Ansatz von M. cricoarytenoideus lateralis und M. cricoarytenoideus posterior).

Kleinere Knorpel. Weitere sehr kleine Knorpel sind die **Cartilagines cuneiformes** (in den Plicae aryepiglotticae, inkonstant) und die **Cartilagines triticeae**, beiderseits im Lig. thyrohyoideum.

Kehlkopfgelenke sind:
- **Articulatio cricothyroidea**
- **Articulatio cricoarytenoidea**

Die Achsen dieser beiden Gelenke stehen senkrecht aufeinander.

Die Articulatio cricothyroidea befindet sich zwischen der Innenseite jedes *Cornu inferius* der Cartilago thyroidea und der jeweilig korrespondierenden *Facies articularis thyroidea* der Cartilago cricoidea. In diesem Gebiet können um eine horizontal-transversale Achse **Scharnierbewegungen** und um eine sagittale Achse **geringe Schiebebewegungen** ausgeführt werden. Dadurch kann die Einheit der Cartilago cricoidea und Cartilagines arytenoideae gegen die Cartilago thyroidea (als Fixpunkt) bewegt werden und es kommt zu einer **Anspannung** bzw. **Erschlaffung** des **Lig. vocale**.

Articulatio cricoarytenoidea. Sie liegt zwischen der *Facies articularis cricoidea* beider Aryknorpel und den beiden *Facies articulares arytenoideae* der Lamina cartilaginis cricoideae. – Verstärkt wird die Gelenkkapsel durch das elastische **Lig. cricoarytenoideum.**

Die Articulatio cricoarytenoidea ist ein **Drehgelenk**, dessen Achse vertikal durch die Gelenkfläche zieht. In diesem Gelenk erfolgen gleichzeitig **Scharnier-** und **Gleitbewegungen**. Dabei können sich die beiden Aryknorpel aufeinander zu bewegen oder voneinander wegrücken. Dies ermöglicht eine **Erweiterung** bzw. **Verengung** der **Stimmritze** sowie eine **Spannung** der **Stimmfalten.**

Rima glottidis (*Stimmritze*). Sie gliedert sich in:
- **Pars intermembranacea**, vorderer Anteil der Stimmritze zwischen den Ligg. vocalia, auch als *Rima phonetica* bezeichnet
- **Pars intercartilaginea**, hinterer Anteil zwischen beiden Processus vocales der Aryknorpel (*Rima respiratoria*)

Bandapparat des Kehlkopfs. Es lassen sich unterscheiden:
- **innere Kehlkopfbänder** und **Membranen**
- **äußere Kehlkopfbänder**

Innere Kehlkopfbänder und Membranen sind zur **Membrana fibroelastica laryngis** zusammengefasst.

Sie untergliedern sich in:
- **Conus elasticus** (Abb. 13.44), der an der Innenseite des Ringknorpels beginnt, sich dann als
  - **Lig. cricothyroideum medianum** zwischen Arcus cartilaginis cricoideae und unterer Kante des Schildknorpels ausspannt und hier befestigt ist; es setzt sich dann nach oben fort und verengt sich derart, dass nur ein sagittal stehender Schlitz übrig bleibt; die freien Ränder des Schlitzes bilden die
  - **Ligg. vocalia** (Abb. 13.44b), die sich zwischen den Processus vocales der Aryknorpel und der Innenfläche der Cartilago thyroidea ausspannen, zusammen mit dem M. vocalis und der bedeckenden Schleimhaut die Stimmritze begrenzen und sich an der Tonerzeugung beteiligen
- **Membrana quadrangularis**; entspricht dem oberen Teil der Membrana fibroelastica laryngis im Bereich des Vestibulum laryngis; die Verstärkung der Membran in der Plica vestibularis ist das
  - **Lig. vestibulare** (*Taschenband*)

Äußere Kehlkopfbänder. Die äußeren Kehlkopfbänder dienen der Befestigung des Kehlkopfs am Zungenbein bzw. am oberen Trachealknorpel:

- **Membrana thyrohyoidea** (Abb. 13.46): flächenhaftes Band, das den oberen Rand der Cartilago thyroidea in seiner ganzen Ausdehnung mit dem Zungenbein verbindet; es zeigt Verstärkungen in der Mitte (**Lig. thyrohyoideum medianum**) und an den freien lateralen Rändern (**Ligg. thyrohyoidea lateralia**); mit der Membrana thyrohyoidea ist der Kehlkopf am Zungenbein aufgehängt; sie überträgt alle Verschiebungen des Zungenbeins auf den Larynx, z. B. beim Schlucken (▶ S. 644) und besitzt auf jeder Seite eine Öffnung für die A. und V. laryngea superior und den R. internus des N. laryngeus superior (aus dem N. vagus, N. X)
- **Lig. cricopharyngeum:** befindet sich auf der Rückseite der Cartilago cricoidea und zieht zur Pharynxwand

Muskulatur des Kehlkopfs. Zu unterscheiden sind:

- **Muskeln, die den Kehlkopf als Ganzes bewegen:** Infra- und suprahyale Muskeln einschließlich der Muskeln, die am Kehlkopf selbst ansetzen (M. sternothyroideus, M. thyrohyoideus, M. constrictor pharyngis inferior)
- **Kehlkopfmuskeln im engeren Sinne:**
  - **äußere Kehlkopfmuskeln** (*M. cricothyroideus*)
  - **innere Kehlkopfmuskeln**

Die Kehlkopfmuskeln im engeren Sinne (Tabelle 13.16) dienen den Bewegungen der Kehlkopfknorpel gegeneinander und beeinflussen Spannung und Stellung der Stimmbänder.

Einzelheiten zu den Kehlkopfmuskeln

Funktionell kommt es beim Kehlkopf auf das Öffnen und Schließen der Stimmritze sowie das Einstellen der Stimmlippenspannung an (Abb. 13.45). Hierzu dienen

- **Stellapparat**
- **Spannapparat**

Der **Stellapparat** umfasst

- **passive Anteile: Conus elasticus** einschließlich **Ligg. vocalia** als verstärkter oberer Rand, sowie **Lig. cricoarytenoideum** (Abb. 13.44)
- **aktive Anteile:**
  - **M. cricoarytenoideus posterior,** »Posticus« der Kliniker, der **einzige Öffner** der Stimmritze
  - **M. cricoarytenoideus lateralis, M. thyroarytenoideus, M. arytenoideus transversus** und **obliquus** als **Schließer,** die beiden letzten wirken auch auf die Pars intercartilaginea (▶ unten); die Muskeln insgesamt bewirken Phonationsbewegungen

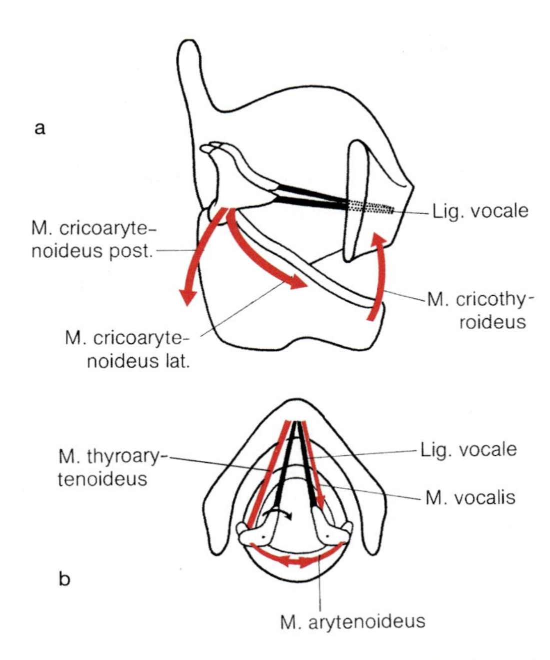

Abb. 13.45 a, b. Wirkungsrichtung der Kehlkopfmuskeln, *Pfeile.* **a** Blick von rechts, die Cartilago thyroidea ist teilweise entfernt. **b** Blick von oben auf das Kehlkopfskelett

Spannapparat. Wichtigste Bestandteile sind

- **M. cricothyroideus,** der den Ringknorpel gegen den durch die Zungenbeinmuskeln festgestellten Schildknorpel bewegt
- **M. vocalis,** der für die zur jeweiligen Tonerzeugung erforderliche Spannung der Stimmbänder sorgt

Klinischer Hinweis

Bei Schädigung des N. laryngeus recurrens kann es zur Lähmung des M. cricoarytenoideus posterior kommen, dem einzigen Öffner der Rima glottidis. Dadurch können Atmung und Stimmbildung beeinträchtigt sein. Ursächlich kommen Druckschädigungen bei Kropf oder Operationsfolgen in Frage. Das Krankheitsbild wird als *Rekurrensparese* bezeichnet; sein Leitsymptom ist Heiserkeit.

Schleimhaut des Kehlkopfs. Ausgekleidet sind die Binnenräume des Kehlkopfs mit mehrreihigem respiratorischem Flimmerepithel, das zu einer auf der Unterlage verschieblichen Schleimhaut mit überwiegend gemischten **Glandulae laryngeales** gehört.

Im **Bereich der Stimmbänder** (Plicae vocales) ist die Schleimhaut jedoch unverschieblich mit der Unterlage

Tabelle 13.16. Muskeln des Larynx

Muskel	Ursprung (*U*) Ansatz (*A*)	Funktion	Wirkung auf	
			Stimmritze	Stimmbänder
Äußere Kehlkopfmuskeln (Innervation: R. externus des N. laryngeus superior, aus N. X)				
M. cricothyroideus	*U*: Arcus cartilaginis cricoideae *A*: Lamina cartilaginis thyroideae	kippt Lamina cartilaginis cricoideae nach hinten Innervation N. laryngeus sup.	–	Anspannung
M. thyrohyoideus	*U*: Linea obliqua der Cartilago thyroidea *A*: Corp. ossis hyoidei	ist Gegenspieler des M. cricothyroideus, Innerv. Ansa cervicalis	–	Entspannung
Innere Kehlkopfmuskeln (Innervation: N. laryneus recurrens, aus N. X)				
M. cricoarytenoideus post. (»Posticus«)	*U*: Lamina cartilaginis cricoideae *A*: Proc. muscularis cartilaginis arytenoideae	zieht Proc. muscularis nach dorsal und damit Proc. vocalis nach lateral	Erweiterung	Anspannung
M. cricoarytenoideus lat.	*U*: Arcus cartilaginis cricoideae *A*: Proc. muscularis cartilaginis arytenoideae	zieht Proc. muscularis nach ventral und kaudal	Verschluss der Pars intermembranacea, Erweiterung der Pars intercartilaginea = Phonationsmuskel	Entspannung
M. thyroarytenoideus	*U*: Innenfläche der Cartilago thyroidea *A*: Fovea oblonga der Cartilago arytenoidea	ist Gegenspieler des »Posticus«	Verschluss der Pars intermembranacea	Anspannung
M. vocalis	*U*: Innenfläche der Cartilago thyroidea *A*: Proc. vocalis der Cartilago arytenoidea	nähert Cart. thyroidea dem Proc. vocalis des Aryknorpels	vollständiger Verschluss	Feinregulation der Spannung, isometrische Kontraktion
M. arytenoideus transversus	*U*: Proc. muscularis der Cartilago arytenoidea einer Seite *A:* Proc. muscularis der Cartilago arytenoidea der anderen Seite	bringt beide Aryknorpel aneinander	Verschluss der Pars intercartilaginea	Anspannung

Tabelle 13.16 (Fortsetzung)

Muskel	Ursprung (*U*) Ansatz (*A*)	Funktion	Wirkung auf	
			Stimmritze	Stimmbänder
M. arytenoideus obliquus	*U:* Proc. muscularis der Cartilago arytenoidea einer Seite *A:* Apex der Cartilago arytenoidea der anderen Seite	kippt Aryknorpel, sodass sie auf die abfallende Kante der Lamina cricoidea gelangen	Verschluss der Pars intercartilaginea	Anspannung
M. aryepiglotticus	*U:* Apex der Cartilago arytenoidea *A:* Seitenrand der Epiglottis	verengt Aditus laryngis und zieht Epiglottis nach dorsal	–	–
M. thyroepiglotticus	*U:* Innenseite der Cartilago thyroidea *A:* Seitenrand der Epiglottis	erweitert den Aditus laryngis und zieht Epiglottis nach ventral	–	–

verwachsen und zeigt ein mehrschichtiges, stellenweise verhorntes Plattenepithel.

Zur Information

Die wichtigste Aufgabe des Larynx ist der *Schutz der Atemwege*. Ihm dienen der Kehldeckel, der beim Schlucken den Aditus laryngis verschließt, und die Einengung der Atemwege durch die Rima glottidis.

Bei *ruhiger Atmung* ist von der Rima vocalis nur die Pars intercartilaginea geöffnet. Bei *Forcierung der Atmung* öffnen sich auch die vorderen Teile der Stimmritze. Beim *Eindringen* reizender Gase, kleiner Partikel, Flüssigkeiten oder fester Bestandteile in den Kehlkopf kommt es zu einem reflektorischen Glottisverschluss. Es folgt häufig reflektorisches Husten. Dabei öffnen sich die Stimmritzen explosionsartig.

Eine weitere Aufgabe ist die *Phonation* (Tonerzeugung) (nicht die Bildung von Sprachlauten). Bei der Tonerzeugung kommt es zu Schwingungen der Stimmlippen. Die Tonerzeugung wird dadurch eingeleitet, dass nach vorangehender Inspiration die Stimmritzen verschlossen werden und dann der Verschluss durch Exspiration gesprengt wird. Die Tonerzeugung selbst beginnt, sobald die Stimmlippen in Schwingung geraten. Ändert sich die Spannung des Stimmbandes – dadurch, dass sich der Tonus der Mm. vocales und Mm. cricothyroidei ändert –, ändert sich auch die Schwingungszahl (Tonhöhe). Eine Sonderstellung nimmt das Flüstern ein. Die Sprache wird dann durch das Ansatzrohr, d. h. durch den dem Kehlkopf kranial aufsitzenden Teil gestaltet.

Gefäße und Nerven des Kehlkopfs (► Kapitel 13.3, Leitungsbahnen).

Die **arterielle Versorgung** des Larynx erfolgt durch **A. laryngea superior** (aus der A. thyroidea superior) und **A. laryngea inferior** (aus der A. thyroidea inferior). Die obere Arterie durchbohrt in Begleitung des R. internus des N. laryngeus superior die Membrana thyrohyoidea. Die A. thyroidea inferior zieht dorsal der Trachea aufwärts und erreicht den Larynx, nachdem sie den M. constrictor pharyngis inferior durchbrochen hat. Beide Arterien anastomosieren untereinander.

Venen. Die **V. laryngea superior** leitet das Blut des kranialen Larynxanteils in die V. thyroidea superior ab. Das Blut der **V. laryngea inferior** ergießt sich in den Plexus thyroideus impar.

Lymphgefäße. Die Lymphe aus dem Larynx wird in die **Nodi lymphoidei cervicales anteriores profundi** drainiert.

Motorische Innervation. Von den äußeren Kehlkopfmuskel wird der M. cricothyroideus vom **R. externus** des **N. laryngeus superior**, alle inneren Kehlkopfmuskeln werden vom **N. laryngeus recurrens** innerviert. Beide Nn. laryngei (superior und inferior) sind Äste des N. vagus (N. X) und führen neben motorischen auch sensorische und sekretorische Fasern.

Die **sensorische Innervation** erfolgt bis zur Stimmritze durch den **N. laryngeus superior**, unterhalb der Stimmritze durch den **N. laryngeus recurrens.**

Zusammenfassung ► S. 653.

Schilddrüse e H87

Wichtig

Die Schilddrüse (Glandula thyroidea) wirkt bei der Regulierung des Stoffwechsels mit. Sie ist die einzige endokrine Drüse, die Hormone (Thyroxin und Trijodthyronin) extrazellulär in inaktiver Form im Kolloid von Schilddrüsenfollikeln speichert. Die Freisetzung der Hormone erfolgt nach Bedarf. Kalzitonin als weiteres Schilddrüsenhormon wird in parafollikulären C-Zellen gebildet.

Die Glandula thyroidea (Abb. 13.46) besteht aus einem **Lobus dexter** und einem **Lobus sinister** sowie einem verbindenden **Isthmus.** Nicht selten ist ein **Lobus pyramidalis** vorhanden (► unten). Der Isthmus bedeckt den 2.–4. Trachealknorpel. Die beiden Seitenlappen legen sich der Cartilago cricoidea und Cartilago thyroidea vorn an. Die Schilddrüse wiegt 25–30 g.

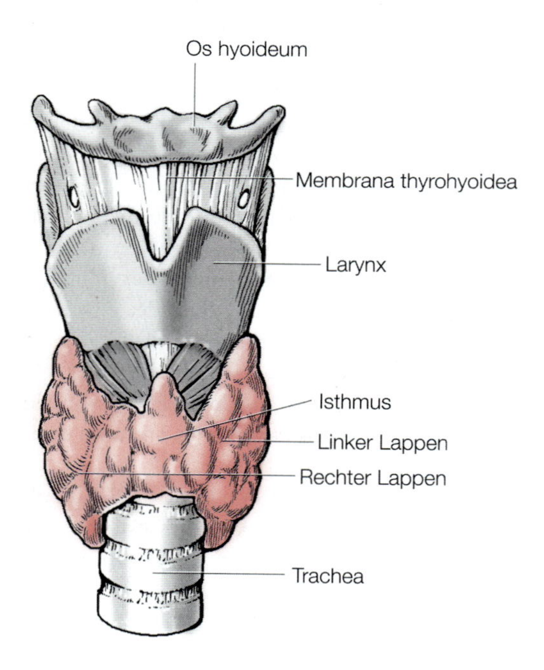

Abb. 13.46. Glandula thyroidea von ventral

Umgeben wird die Schilddrüse von zwei **Bindegewebskapseln:**
- **innere Kapsel;** sie ist äußerst zart und fest mit dem Bindegewebe der Drüse selbst verbunden
- **äußere Kapsel;** liegt der Lamina praetrachealis fasciae cervicalis an und steht vorn mit infrahyalen Muskeln und deren Faszien, dorsolateral mit der Gefäß-Nerven-Scheide und hinten mit der Trachea in Verbindung; durch die Verbindung mit dem Gefäß-Nerven-Strang legt sich die A. carotis communis der Schilddrüse an; außerdem steht der hintere mediokaudale Anteil der Drüse in Beziehung zum *N. laryngeus recurrens*
- **zwischen den Kapseln** befindet sich lockeres Bindegewebe mit zu- und abführenden Blutgefäßen sowie dorsal den **Epithelkörperchen** (► unten).

Klinischer Hinweis

Vergrößert sich die Schilddrüse, dehnt sie sich wegen der engen Faszienräume vorwiegend nach kaudal aus (*Senkkropf*) und kann die Trachea einengen (*Säbelscheidentrachea*). Ein Kropf (*Struma*) kann ferner den N. laryngeus recurrens schädigen, sodass es zur Heiserkeit, im Extremfall zur *Stimmbandlähmung* kommt.

Zur Entwicklung

Die Anlage der Schilddrüse geht auf eine Epithelknospe zwischen Tuberculum impar und Copula der Zungenanlage zurück (Abb. 13.36). Der Anlageort entspricht dem auch später erkennbaren **Foramen caecum.** Von hier aus wächst ein Epithelstrang in das daruntergelegene Mesenchym ein. Bald wird aus dem Strang ein Schlauch (**Ductus thyroglossalis**). Das solide Ende des Ductus entwickelt sich zur Schilddrüse. Wenn schließlich die Schilddrüsenanlage in der 17. Embryonalwoche ihre endgültige Position vor dem 3. Luftröhrenknorpel erreicht hat, bildet sich der Ductus thyroglossalis zurück. Als Rest kann der **Lobus pyramidalis** verbleiben.

Mikroskopische Anatomie (Abb. 13.47 e H87). Charakteristisch für den Feinbau der Schilddrüse sind rundliche oder langgestreckte **Schilddrüsenfollikel**, die erhebliche Größenunterschiede aufweisen (Durchmesser bis zu 0,9 mm). Sie werden von einem einschichtigen, in Abhängigkeit von der Funktion unterschiedlich hohen Epithel begrenzt (► unten) und enthalten ein homogenes, bald eosinophiles, bald basophiles **Kolloid.**

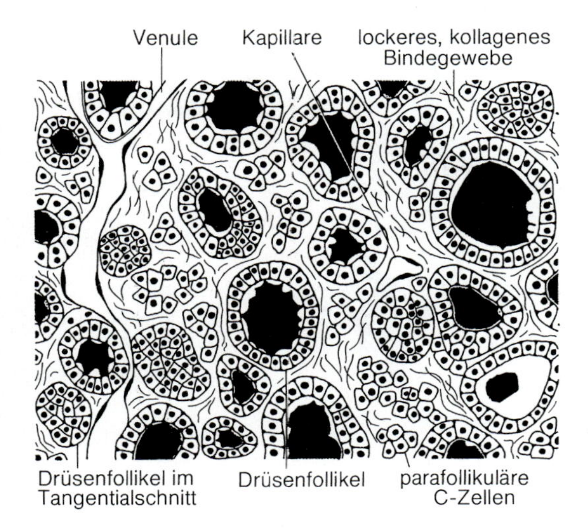

Abb. 13.47. Schilddrüsenfollikel mit parafollikulären C-Zellen
e H87

Follikelepithelzellen. Sie zeigen elektronenmikroskopisch alle Charakteristika von Zellen, die synthetisieren, reabsorbieren und Protein abbauen können. Die Epithelzellen sind bei einer den Bedarf des Körpers deckenden Hormonproduktion niedrig, bei Steigerung der Schilddrüsenaktivität höher.

Kolloid. Es besteht chemisch hauptsächlich aus **Thyroglobulin**, einem hochmolekularen Glykoprotein, an das die Hormone **Thyroxin** und **Trijodthyronin** in inaktiver Form gebunden sind. Die Schilddrüse kann dadurch in großer Menge Hormon extrazellulär speichern (Stapel oder Speicherdrüse).

C-Zellen. Zwischen den Follikelepithelzellen und interfollikulär kommen vereinzelt oder in Haufen helle **parafollikuläre C-Zellen** (clear cells) vor. Diese Zellen produzieren **Kalzitonin.** Sie können durch Silberimprägnation selektiv dargestellt werden. Die C-Zellen stammen aus der Neuralleiste und sind aus dem Ultimobranchialkörper in die Schilddrüse eingewandert.

Das **Bindegewebe** der Schilddrüse ist sehr gefäßreich und führt Nerven. Die Kapillaren haben ein gefenstertes Endothel.

Zur Information

Thyroxin und Trijodthyronin wirken bei der Regulierung von Stoffwechselprozessen mit; u.a. steigern sie bei stoffwechselaktiven Organen Sauerstoffaufnahme und -verbrauch – messbar am Grundumsatz – und die Erregbarkeit des vegetativen Nervensystems. Kalzitonin hemmt die Kalziumfreisetzung aus Knochen und senkt dadurch die Kalziumkonzentration des Blutplasmas.

Schilddrüsenfollikel zeigen einen charakteristischen Aktivitätszyklus. Es folgen aufeinander (Abb. 13.48)
- **Sekretionsphase**
- **Jodierung**
- **Speicherphase**
- **Resorptionsphase**

Sekretionsphase. In RER und Golgiapparat der prismatischen Follikelepithelzellen wird das **Thyroglobulin** synthetisiert und durch Sekretgranula ins Follikellumen abgegeben.

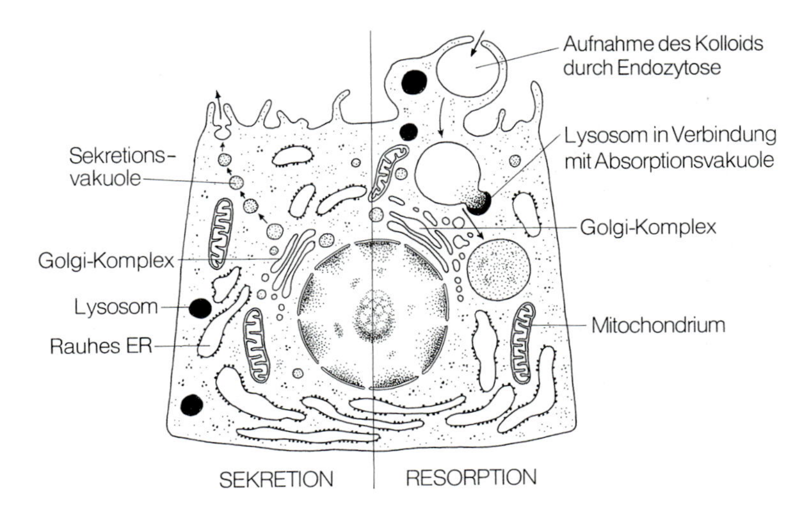

Abb. 13.48. Drüsenzelle der Gl. thyroidea.
Links Sekretionsphase, *rechts* Resorptionsphase

Jodierung. Parallel dazu wird von den Follikelepithelzellen aus dem Blut Jodid aufgenommen und durch eine Peroxidase zu J_2 oxidiert. J_2 wird zur extrazellulären Jodierung von Tyrosinresten des Thyroglobulins verwendet, vermutlich an der apikalen Zellmembran der Follikelepithelzellen. Bei der Fortsetzung der Synthese kommt es zur Bildung von Thyroxin und Trijodthyronin, die an Thyroglobulin gebunden in der Follikelhöhle gespeichert werden.

Speicherphase. Das Epithel flacht in der Regel ab. Durch Wasserresorption findet eine Eindickung des Sekrets statt.

Resorptionsphase. Durch Endozytose erfolgt – gesteuert durch das Hypophysenvorderlappenhormon Thyrotropin – Reabsorption des Hormon-Thyroglobulin-Komplexes durch die Follikelepithelzellen. Nach Fusion der endozytotischen Bläschen mit Lysosomen werden Thyroxin und Trijodthyronin proteolytisch vom Thyroglobulin abgespalten, durch die basale Plasmamembran ausgeschieden und in postkapilläre Venulen abgegeben.

Zur Information

Bei der Regulation der Schilddrüsentätigkeit wirken Schilddrüse, Hypothalamus und Adenohypophyse eng zusammen (Tabelle 15.3). Das Schilddrüsenhormon hat hemmende Wirkung auf die zentralen Steuerorgane, die ihrerseits die Schilddrüsentätigkeit fördern. Ferner wirken die Geschlechtshormone über das Hypothalamus-Hypophysen-System auf die Schilddrüse und nervöse Reize können die Schilddrüsenfunktion direkt beeinflussen.

Klinischer Hinweis

Überfunktion der Gl. thyroidea kann zum *Morbus Basedow* führen, der durch die *Merseburger Trias* (Struma, Exophthalmus, Tachykardie) gekennzeichnet ist. **Angeborene Unterfunktion** der Schilddrüse kann *hypothyreoten Zwergwuchs* (Kretinismus) hervorrufen. **Unterfunktion im Erwachsenenalter** erzeugt eine teigige Schwellung der Haut (*Myxödem*) bei geistiger und körperlicher Trägheit.

Gefäße und Nerven der Schilddrüse (▶ Kapitel 13.3, Leitungsbahnen).

Die **arterielle Blutversorgung** der Gl. thyroidea (Abb. 13.49) erfolgt durch die **A. thyroidea superior** aus der A. carotis externa und die **A. thyroidea inferior** aus dem Truncus thyrocervicalis. Zu 10% besteht eine unpaare **A. thyroidea ima**, die entweder direkt aus der Aorta oder aus dem Truncus brachiocephalicus entspringt.

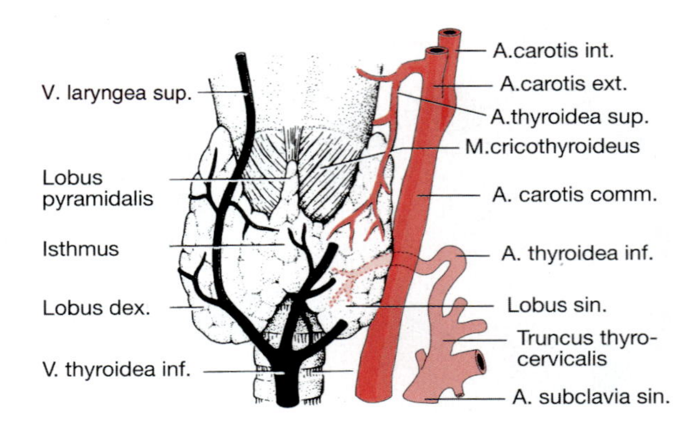

Abb. 13.49. Schilddrüse mit Blutgefäßen von vorne. *Rechts* Arterien, *links* Venen

Venen. Das venöse Blut fließt über **V. thyroidea superior** und **Vv. thyroideae mediae** in die V. jugularis interna sowie über **Plexus thyroideus impar** und **V. thyroidea inferior** in die V. brachiocephalica sinistra ab.

Lymphbahnen. *Regionäre* Lymphknoten sind die **Nodi lymphoidei thyroideae**, *überregionale* die **Nodi lymphoidei cervicales profundi.**

Nerven. Die Innervation erfolgt *parasympathisch und sensorisch* durch Äste des **N. laryngeus superior** und **N. laryngeus inferior** (Äste des N. vagus, N. X), *sympathisch* durch ein Geflecht, das die zuführenden Gefäße begleitet.

Zusammenfassung ▶ S. 653.

Nebenschilddrüsen e H86

Wichtig

Die Glandulae parathyroideae (Epithelkörperchen, Nebenschilddrüsen) bilden Parathormon (Parathyrin), das bei der Kontrolle des Kalzium- und Phosphatspiegels mitwirkt.

In der Regel handelt es sich bei den Nebenschilddrüsen um vier etwa linsengroße Organe auf der dorsalen Seite der Schilddrüse zwischen den Bindegewebskapseln. Ihre Lage ist variabel:

- **Gll. parathyroideae superiores** häufig in Höhe des Unterrandes der Cartilago cricoidea
- **Gll. parathyroideae inferiores** häufig in Höhe des 3.–4. Trachealknorpels

Zur Entwicklungsgeschichte ▶ S. 635.

13

Mikroskopische Anatomie e H86. Die Drüsenkörper sind von einer lockeren Bindegewebskapsel umgeben und bestehen aus Epithelsträngen.

Es lassen sich unterscheiden:

- **Hauptzellen**
- **oxyphile Zellen**

Die **Hauptzellen** gelten als **Bildner des Parathormons.** Sie enthalten basophile Granula, die häufig in der Zellperipherie angereichert sind. Je nach Funktionszustand erscheinen die Hauptzellen histologisch dunkel (aktiv) oder hell (glykogenreich, weniger aktiv).

Die **oxyphilen Zellen** sind weniger zahlreich. Sie enthalten nur wenig Glykogen, sind aber oft prall mit Mitochondrien gefüllt. Ihre Funktion ist bisher unbekannt.

Selten kommen in der Glandula parathyroidea **kolloidhaltige Follikel** vor. Beginnend im mittleren Lebensalter treten im Drüsengewebe vermehrt Fettzellen auf.

Zur Information

Parathormon ist lebenswichtig. Parathormon greift zunächst an Osteoblasten an, die Zytokine freisetzen. Die Zytokine aktivieren Osteoklasten, die Kalzium und Phosphat aus dem Knochen freisetzen. Ferner steigert Parathormon die Kalziumresorption im Dünndarm in Gegenwart von Vitamin D und die Kalziumreabsorption in der Niere. Insgesamt wird durch Parathormon der Kalziumspiegel im Blutplasma erhöht, die Phosphationenkonzentration durch Stimulierung der Phosphatausscheidung in der Niere erniedrigt. Antagonist des Parathormon hinsichtlich des Blutkalziumspiegels ist das Kalzitonin der Schilddrüse (▶ oben).

Klinischer Hinweis

Eine **Hypofunktion** der Epithelkörperchen führt durch Absinken des Kalziumspiegels im Blut zu einer Übererregbarkeit des Nervensystems bis zur *Tetanie.* Bei **Hyperfunktion** treten *Knochenerweichungsherde* durch vermehrte Mobilisation von Kalzium aus dem Knochen sowie *Kalkabscheidungen im Nierenparenchym* auf.

Die **Gefäßversorgung** der Nebenschilddrüsen erfolgt durch Äste der A. thyroidea inferior.

In Kürze

Der Pharynx besteht aus Epipharynx, Mesopharynx und Hypopharynx. Der Mesopharynx ist gleichzeitig Speise- und Luftweg. In der Regel steht beim Atmen der ganze Pharynx der Passage der Atemluft zur Verfügung; der Ösophagus ist verschlossen. Beim Schluckakt wird der Epipharynx durch Zusammenwirken von Gaumensegel und hinterer Pharynxwand (Schlundschnürer) gegen den Mesopharynx abgeschlossen. Gleichzeitig öffnet sich das Ostium pharyngeum tubae auditivae. Ferner wird der Eingang des Larynx durch Zusammenwirken von Zungenbeinmuskeln, Schlundschnürern und Schlundhebern des Pharynx durch die Epiglottis verschlossen. Umgeben wird der Pharynx von lymphatischem Gewebe, z.T. in Form von Tonsillen: Tonsilla pharyngea, Tonsilla tubaria. – Der Kehlkopf besteht aus dem Kehlkopfskelett, dessen Einzelteile (Cartilago thyroidea, Cartilago cricoidea, Cartilagines arytenoideae) durch Gelenke miteinander verbunden sind und durch Muskeln gegeneinander bewegt werden können, sowie aus Bindegewebsstrukturen, die u.a. Grundlage der Stimmlippen sind. Die Stimmlippen dienen der Tonerzeugung. Durch die Bewegungen in den Kehlkopfgelenken kann die Rima glottidis erweitert bzw. verengt und die Stimmlippenspannung eingestellt werden. Bei den Bewegungen handelt es sich in der Articulatio cricothyroidea um Scharnier- und geringe Schiebebewegungen und in der Articulatio cricoarytenoidea um Scharnier- und Gleitbewegungen. Von den Kehlkopfmuskeln ist der M. cricoarytenoideus posterior der einzige Öffner der Stimmritze. Eine weitere Einengung des Kehlkopflumens erfolgt durch das Lig. vestibulare. – Der Isthmus der Schilddrüse liegt vor dem 2.–4. Trachealknorpel, die Lobi jeweils seitlich von Ring- und Schildknorpel des Kehlkopfes. Umgeben wird die Schilddrüse von einer inneren und einer äußeren Kapsel. Funktionstragende Anteile der Schilddrüse sind die Schilddrüsenfollikel. Ihre Epithelzellen sezernieren Thyroglobulin, dessen Tyrosinreste extrazellulär jodiert und zu Thyroxin und Trijodthyronin umgebaut und als Hormon-Thyroglobulin-Komplex gespeichert werden. Die Hormonfreisetzung erfolgt nach Endozytose durch die Follikelepithelzellen. – Parafollikulär liegen C-Zellen, die Kalzitonin bilden. – In der Regel sind vier Epithelkörperchen vorhanden, die auf der Rückseite der Schilddrüse unter der äußeren Schilddrüsenkapsel liegen. Die Epithelkörperchen bilden in Hauptzellen Parathormon. Außerdem kommen mitochondrienreiche oxyphile Zellen vor.

13.2.5 Topographie des Halses

Klinischer Hinweis
Es empfiehlt sich, bei der Bearbeitung der Topographie des Halses die Ausführungen über die Leitungsbahnen von Kopf und Hals in Kapitel 13.3 mit heranzuziehen (ab ► S. 656). Dort sind Herkunft, Verlauf und Zielgebiete der großen Gefäße und Nerven dargestellt, die im vorliegenden Kapitel nur punktuell erwähnt sind. Ferner ist für die Erarbeitung der Topographie des Halses die Anschauung unersetzbar (Präpariersaal, anatomische Sammlung).

Die **Oberfläche** des Halses lässt sich topographisch durch den schräg von lateral oben nach medial unten verlaufenden **M. sternocleidomastoideus**, der bei mageren Personen und bei Drehungen des Kopfes mehr oder weniger deutlich hervortritt, unterteilen in

- unpaare **Regio cervicalis anterior** (*mittleres Halsdreieck*)
- **Regio sternocleidomastoidea** über dem Muskel
- **Regio cervicalis lateralis** (*seitliches Halsdreieck*) mit **Trigonum omoclaviculare**; hinzu kommt
- **Regio cervicalis posterior** als Nackenregion (■ Abb. 9.11).

Regio cervicalis anterior. Oberflächlich tritt beim Mann die **Prominentia laryngis** (*Adamsapfel*) deutlicher hervor als bei der Frau. Unterhalb des Larynx liegt die **Schilddrüse.** Sie wölbt sich jedoch nur bei Vergrößerung (*Struma*) vor. Oberhalb des Sternum liegt die **Drosselgrube** mit eingesunkener Haut.

Epi- bzw. intrafaszial liegt die in ihrem Verlauf variable **V. jugularis anterior.** Sie ist durch Vereinigung kleiner Kopfvenen evtl. mit der V. facialis entstanden. Distal in der Regio cervicalis anterior bildet sie mit der Vene der Gegenseite den **Arcus venosus jugularis.**

Ferner befindet sich kranial am Vorderrand des M. sternocleidomastoideus unmittelbar hinter dem Ramus mandibulae die **V. retromandibularis**, die sich am unteren Rand der Gl. parotidea mit der V. facialis verbunden hat. Sie setzt sich in die **V. jugularis externa** fort, die den M. sternocleidomastoideus überquert.

Schließlich verläuft epifaszial der **N. transversus colli.**

Die Regio cervicalis anterior ist unterteilt in:

- **Trigonum submandibulare**
- **Trigonum caroticum**
- **Trigonum musculare sive omotracheale**

Das **Trigonum submandibulare** befindet sich zwischen Mandibula und Os hyoideum und enthält vor allem die **Gl. submandibularis.** Sie liegt zusammen mit **Nodi lymphoidei submandibulares** in einer Tasche der Lamina superficialis der Halsfaszie. Außerdem verlaufen durch das Trigonum submandibulare **A.** und **V. facialis** (teilweise durch die Gl. submandibularis hindurch), **N. mylohyoideus** (motorischer Ast aus N. V3) und eine kurze Strecke **N. hypoglossus** unter M. stylohyoideus und Venter posterior musculi digastrici.

Das **Trigonum caroticum** umfasst ein Gebiet medial des M. sternocleidomastoideus. Gekennzeichnet ist es durch die **Aufteilung** der **A. carotis communis** in die **A. carotis interna** und **A. carotis externa.**

Die Teilungsstelle entspricht etwa dem Oberrand des Schildknorpels in Höhe des 4.–5. Halswirbels.

Die **A. carotis interna** liegt zunächst lateral, schiebt sich aber bald nach medial hinter die A. carotis externa, um dann auf der Lamina prävertebralis im Spatium latero(para-)pharyngeum aufwärts zu ziehen. Sie wird kranial von der A. carotis externa durch M. styloglossus, M. stylopharyngeus und N. glossopharyngeus getrennt. Begleitet wird die A. carotis interna von der **V. jugularis interna.** Zwischen Arterie und Vene liegt der **N. vagus** (► unten). Die **A. carotis externa** gibt noch im Trigonum caroticum vordere, mediale und dorsale Äste ab.

Weitere Leitungsbahnen im Trigonum caroticum sind am Oberrand für ein kurzes Stück der **N. hypoglossus**, der die **Radix superior** der Ansa cervicalis entlässt der **N. accessorius** unter dem hinteren Bauch des M. digastricus und ganz in der Tiefe an der lateralen Seite der A. carotis interna der **N. glossopharyngeus** sowie am tiefsten der **Truncus sympathicus.**

Im **Trigonum musculare** befinden sich **Larynx, Gl. thyroidea, Gll. parathyroideae** und in der Tiefe der **Pharynx.** In deren Umgebung liegt relativ oberflächlich die **A. thyroidea superior**, deren Äste innerhalb der Schilddrüsenkapsel Verbindung mit Ästen der **A. thyroidea inferior** eingehen, die von hinten die Schilddrüse erreicht. Hinzu kommt ein kräftiger Venenplexus. Von der Seite treten an die Membrana thyrohyoidea der **N. laryngeus superior** und die **A. laryngea superior** heran, deren Äste in den Kehlkopf eindringen. Von kaudal wird der Kehlkopf durch den **N. laryngeus inferior** erreicht, der in einer Rinne zwischen Trachea und Ösophagus verläuft. An die Schilddrüse legt sich hinten die **A. carotis communis** und an die Seitenwand des Pharynx die A. pharyngea ascendens an.

> **Klinischer Hinweis**
> Im Trigonum musculare können *Tracheotomien* durchgeführt werden, sei es bei mechanischer Atembehinderung durch Entzündungen, Tumoren, Allergien oder zur künstlichen Dauerbeatmung. Immer wird dabei der Luftweg unterhalb der Rima glottidis eröffnet. Eine relativ leichte und rasch durchführbare »Nottracheotomie« ist die *Koniotomie*. Hierbei wird das Lig. cricothyroideum medianum durchtrennt. Größere Gefäße können bei diesem Eingriff nicht verletzt werden.

Die **Regio sternocleidomastoidea** entspricht der Ausdehnung des M. sternocleidomastoideus. Der Muskel bedeckt weitgehend den großen Gefäß-Nerven-Strang des Halses, der von der **Vagina carotica** umfasst wird. Im Gefäß-Nerven-Strang liegen **A. carotis communis** medial, **V. jugularis interna** lateral – sie legt sich jedoch kaudal etwas vor die A. carotis communis – und zwischen beiden Gefäßen, eher dorsolateral der Arterien, **N. vagus** (N. X). In der bindegewebigen Hülle der Vagina carotica verläuft die **Radix superior ansae cervicalis** (Nervenschlinge aus C1–C3). Sie legt sich V. jugularis interna und A. carotis communis ventral auf. Begleitet wird der Gefäß-Nerven-Strang von **Nodi lymphoidei cervicales anteriores et laterales profundi.**

> **Klinischer Hinweis**
> In der Mitte des medialen Randes des M. sternocleidomastoideus ist der Puls der A. carotis communis tastbar: wichtig für Notfälle.

Die **Regio cervicalis lateralis** befindet sich zwischen dem hinteren Rand des M. sternocleidomastoideus und dem vorderen Rand des M. trapezius. Markant ist am Hinterrand des M. sternocleidomastoideus 3 cm oberhalb des Schlüsselbeins das **Punctum nervosum** (*Erb-Punkt*) (Einzelheiten ▶ S. 675, Abb. 13.50).

Auf der tiefen Halsfaszie über dem M. levator scapulae quert der **N. accessorius** (N. XI) die Regio cervicalis lateralis und zieht zum M. trapezius. Auch **A.** und **V. cervicalis superficialis** verzweigen sich in dieser Region.

Das **Trigonum omoclaviculare** (Abb. 13.51) wird begrenzt:
- *laterokranial* vom **Venter inferior musculi omohyoidei**
- *kaudal* von der **Klavikula**
- *medial* vom **hinteren Rand** des **M. sternocleidomastoideus**

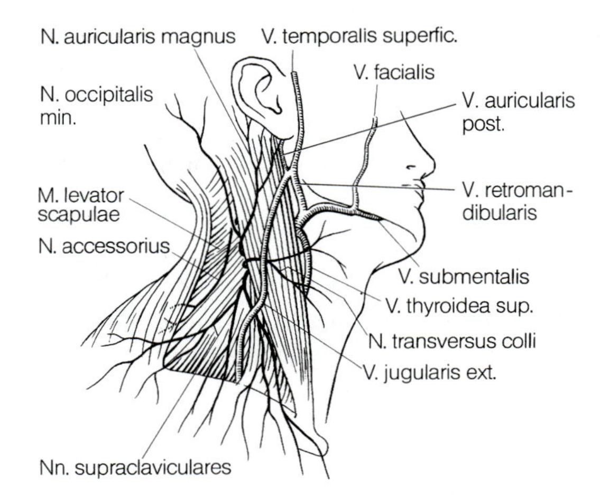

Abb. 13.50. Oberflächliche Halsnerven mit Punctum nervosum und Halsvenen

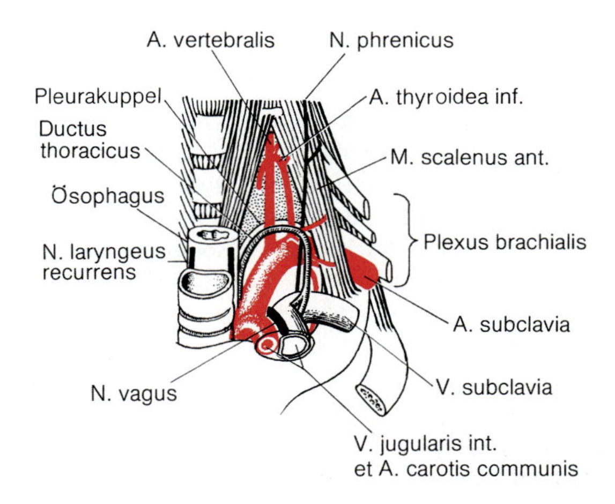

Abb. 13.51. Trigonum omoclaviculare

Oberflächlich ist das Trigonum omoclaviculare an der **Fossa supraclavicularis** erkennbar. In der Fossa supraclavicularis major liegen die **Nodi lymphoidei supraclaviculares** (Tabelle 13.21). Linksseitig sind sie ein bevorzugter Absiedlungsort von Frühmetastasen aus dem Magen.

Das Trigonum omoclaviculare ist durch eine Bindegewebsmembran (**Fascia omoclavicularis**) in zwei Etagen geteilt:
- **oberflächliche Etage;** zwischen Lamina superficialis fasciae cervicalis und Fascia omoclavicularis enthält sie neben Fett- und Bindegewebe vordere Äste der **Nn. supraclaviculares** und am medialen Rand die **V. jugularis externa**

- **tiefe Etage**; zwischen Fascia omoclavicularis und Lamina praevertebralis fasciae cervicalis liegen **A. subclavia, A.** und **V. cervicalis superficialis, Ductus thoracicus, N. phrenicus** und am laterodorsalen Rand Teile des **Plexus brachialis.** – Die *V. subclavia* bleibt hinter der Klavikula verborgen

In Kürze

Der M. sternocleidomastoideus gliedert den Hals in ein mittleres und ein seitliches Halsdreieck. Über dem M. sternocleidomastoideus verläuft die V. jugularis externa, unter dem Muskel in der Vagina carotica A. carotis communis, V. jugularis interna und N. vagus. Medial vom M. sternocleidomastoideus befindet sich im Trigonum caroticum die Aufteilung der A. carotis communis in A. carotis externa (Äste: A. thyroidea superior, A. facialis) und A. carotis interna begleitet von der V. jugularis interna. Am Oberrand des Trigonum caroticum verläuft der N. hypoglossus auf dem M. hypoglossus. Im mittleren Bereich liegt der Larynx mit Gl. thyroidea und Gll. parathyroideae. Dorsal befindet sich der Larynx und benachbart die A. thyroidea superior. In der Tiefe verläuft zwischen Trachea und Ösophagus der N. laryngeus inferior als Endast des N. laryngeus recurrens. Am hinteren Rand des M. sternocleidomastoideus befindet sich das Punctum nervosum mit N. transversus colli, Nn. supraclaviculares, N. auricularis magnus, N. occipitalis minor und in der Regio cervicalis lateralis der N. accessorius. Abgeteilt vom lateralen Halsdreieck durch den schräg verlaufenden M. omohyoideus ist das Trigonum omoclaviculare zu finden, in dessen Tiefe als große Leitungsbahnen A. subclavia, N. phrenicus und Plexus brachialis liegen.

13

13.3 Leitungsbahnen an Kopf und Hals, systematische Darstellung

Die systematische Darstellung der Leitungsbahnen in Kopf und Hals dient dem Aufzeigen von Zusammenhängen zwischen deren Ursprung, Verlauf und Zielgebieten. Die Ausführungen sind detailliert und vor allem zum Nachschlagen gedacht. Die Angaben über die großen Stämme und Äste müssen jedoch im Gedächtnis bleiben. Sie sind durch + gekennzeichnet.

13.3.1 Arterien

e Angiologie: Arterielle Stämme – Pulsmann

Wichtig

Die Blutversorgung von Kopf und Hals erfolgt durch Äste der A. subclavia und der A. carotis externa. Die A. carotis interna ist im Halsbereich astfrei.

Die großen, Kopf und Hals Blut zuführenden Gefäße sind:
- **A. subclavia**
- **A. carotis communis**
  - **A. carotis externa**
  - **A. carotis interna**

Die **A. subclavia +** ist an der arteriellen Versorgung von Brustwand, Schultergürtel, Nackenmuskulatur, Hals und okzipitalen Teilen des Gehirns sowie des zervikalen und thorakalen Rückenmarks beteiligt. Die **A. subclavia sinistra** + entspringt aus dem **Arcus aortae**, die **A. subclavia dextra** + geht hinter dem Sternoklavikulargelenk aus dem **Truncus brachiocephalicus** hervor. Auf beiden Seiten zieht die A. subclavia bogenförmig über die Pleurakuppel. Dann tritt sie zwischen M. scalenus anterior und M. scalenus medius (»hintere« **Skalenuslücke**) in den Bereich des Halses ein. Hier liegt die A. subclavia ventrokaudal der Wurzel des Plexus brachialis. Dann zieht die Arterie bogenförmig zwischen Klavikula und 1. Rippe in die Tiefe des *Trigonum clavipectorale* (► S. 511) weiter. Sie hinterlässt an der 1. Rippe eine flache Rinne (*Sulcus arteriae subclaviae*). Jenseits des Sulcus setzt sich die A. subclavia in die *A. axillaris* fort.

Klinischer Hinweis
Durch kräftigen Zug am Arm nach hinten unten kann die A. subclavia zwischen 1. Rippe und Klavikula bei lebensbedrohlichen Blutungen komprimiert werden.

Äste der A. subclavia (Abb. 12.26, Tabelle 13.17):

- **A. thoracica interna** +; sie entspringt an der konkaven Seite des Subklaviabogens und gelangt dann in den Thorax (Einzelheiten ▶ S. 304)
- **A. vertebralis** +; sie beteiligt sich an der Blutversorgung des Gehirns und ist der 1. Ast der A. subclavia auf der konvexen Seite; ihr 1. Abschnitt ist die *Pars praevertebralis*; dann tritt sie in das Foramen transversarium des 6. Halswirbels ein und zieht durch die gleichnamigen Foramina der übrigen kranialen Halswirbel (*Pars transversaria*); hinter der Massa lateralis des Atlas beschreibt sie einen Bogen (*Pars atlantis*, Abb. 9.7 c), dringt durch die Membrana atlantooccipitalis posterior in das Cavum subarachnoidale ein und gelangt durch das Foramen magnum in die hintere Schädelgrube (*Pars intracranialis*); auf dem Clivus, in Höhe des unteren Randes des Pons, vereinigen sich die Aa. vertebrales beider Seiten zur *A. basilaris* (Abb. 15.20).
- **Truncus thyrocervicalis** (Abb. 12.26); er entspringt am medialen Rand des M. scalenus anterior aus der A. subclavia und teilt sich in vier Äste:
  - **A. thyroidea inferior** +; sie kreuzt unter der Lamina praetrachealis fasciae cervicalis die Gefäß-Nerven-Straße des Halses und durchbohrt am unteren Pol die Schilddrüsenkapsel; sie versorgt die *Schilddrüse* sowie Teile des *Pharynx*, des *Ösophagus* und der *Trachea* mit gleichnamigen Ästen und gibt die **A. laryngea inferior** + zum *Kehlkopf* ab
  - **A. cervicalis ascendens**; sie zieht medial vom N. phrenicus auf dem M. scalenus anterior kranialwärts und versorgt mit *Rr. musculares* die *Mm. scaleni* sowie die *tiefe Nackenmuskulatur*, mit *Rr. spinales* Teile des *Rückenmarks* (Eintritt in den Wirbelkanal durch Foramina intervertebralia)
  - **A. suprascapularis** zur Versorgung von Schlüsselbein- und Schultergelenk sowie umgebender Muskeln; direkt hinter der Klavikula entsendet sie einen *R. acromialis* zum Rete acromiale, zieht dann über dem Lig. transversum scapulae weiter in die Fossa supraspinata und bildet am seitlichen Rand der Spina scapulae eine Anastomose mit der A. circumflexa scapulae aus der A. subscapularis; die A. suprascapularis kann auch direkt aus der A. subclavia entspringen
- **A. transversa cervicis/colli**; sie verläuft zwischen den Wurzeln des Plexus brachialis und teilt sich dann in einen *R. superficialis* zur Versorgung des *M. trapezius* und der *Nackenmuskeln* sowie einen *R. profundus* (wenn dieser Ast direkt aus der A. subclavia hervorgeht, wird er als *A. dorsalis scapulae* bezeichnet) zur Versorgung der *Mm. rhomboidei* und des *M. latissimus dorsi*; sie entsendet außerdem Äste zum *Rete scapulae*
- **Truncus costocervicalis**; er entspringt hinter dem M. scalenus anterior aus der dorsalen Wand der A. subclavia und teilt sich in zwei Äste:
  - **A. cervicalis profunda**; sie verläuft zwischen den Querfortsätzen des 7. Halswirbels und des 1.

Tabelle 13.17. Äste der A. subclavia

Hauptast	Verästelung
1. A. thoracica interna	Rr. mediastinales Rr. thymici A. pericardiacophrenica Rr. mammarii Rr. intercostales anteriores A. musculophrenica A. epigastrica superior
2. A. vertebralis	Rr. spinales R. meningeus Aa. spinales posteriores A. spinalis anterior A. inferior posterior cerebelli A. basilaris – A. inferior anterior cerebelli – Rr. ad pontem – A. superior cerebelli – A. cerebri posterior
3. Truncus thyrocervicalis	A. thyroidea A. cervicalis ascendens A. cervicalis superficialis A. suprascapularis
4. Truncus costocervicalis	A. cervicalis profunda A. intercostalis suprema
5. A. transversa cervicis	R. superficialis R. profundus (A. dorsalis scapulae)

Brustwirbels zur tiefen Nackenmuskulatur und gibt *Rr. spinales* zu den *Rückenmarkhäuten* ab
- **A. intercostalis suprema**; sie teilt sich auf in die beiden 1. Interkostalarterien: *A. intercostalis posterior I und II*

A. carotis communis +. Sie entspringt *rechts* aus dem *Truncus brachiocephalicus*, *links* aus dem *Aortenbogen*. Sie ist der Gefäßstamm für **A. carotis externa** und **A. carotis interna.**

Die A. carotis communis läuft bedeckt vom M. sternocleidomastoideus in der Gefäß-Nerven-Straße des Halses medial der V. jugularis interna und des N. vagus. Dann tritt sie in das Trigonum caroticum ein (▶ S. 654), wo sie sich in **A. carotis externa** und **A. carotis interna** teilt.

Sinus caroticus +, Glomus caroticum +. An der Teilungsstelle ist die A. carotis zum **Sinus caroticus** erweitert. In der Wand des Sinus caroticus liegen *Pressorezeptoren*. In der dorsalen Wand der Aufteilungsstelle findet sich ferner das **Glomus caroticum**, ein Chemorezeptor, der durch Verminderung des Sauerstoffgehaltes des Blutes erregt wird. Die pressorezeptiven und chemorezeptiven Reize werden über die *Rr. sinus carotici des N. glossopharyngeus* (N. IX), *N. laryngeus superior* und *Truncus sympathicus* dem Kreislauf- und Atemzentrum der Formatio reticularis myelencephali zugeleitet.

Die **A. carotis externa +** versorgt den größten Teil der *Kopfweichteile* und der *Dura mater*.

Die A. carotis externa (Abb. 13.52, Tabelle 13.18) liegt in ihrem Anfangsteil im oberen Abschnitt des Tri-

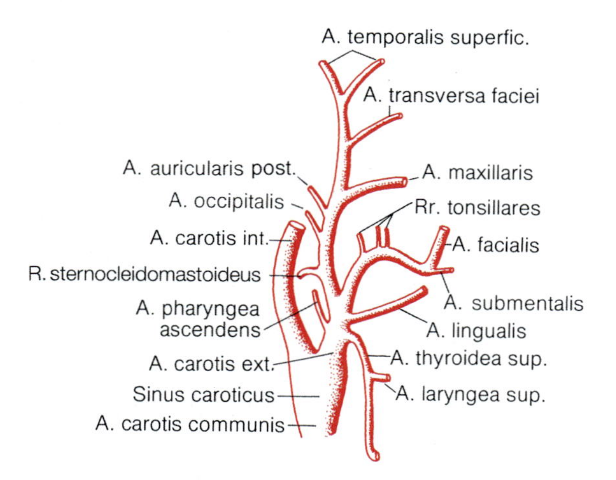

Abb. 13.52. A. carotis externa mit Ästen. Der R. sternocleidomastoideus kann auch aus der A. thyroidea hervorgehen

Tabelle 13.18. Äste der A. carotis externa

Hauptast	Verästelung
1. A. thyroidea superior	A. laryngea superior R. cricothyroideus R. sternocleidomastoideus
2. A. lingualis	A. sublingualis Rr. dorsales linguae A. profunda linguae
3. A. facialis	A. palatina ascendens Rr. tonsillares A. submentalis A. labialis inferior et superior A. angularis
4. A. pharyngea ascendens	Rr. pharyngei A. meningea posterior A. tympanica inferior Rr. sternocleidomastoidei
5. A. occipitalis	
6. A. auricularis posterior	A. stylomastoidea A. tympanica posterior R. auricularis Rr. occipitales
7. A. maxillaris	A. auricularis profunda A. tympanica anterior A. alveolaris inferior – R. mylohyoideus – A. mentalis A. meningea media A. masseterica Rr. pterygoidei Aa. temporales profundae A. buccalis A. alveolaris superior posterior A. palatina descendens A. canalis pterygoidei A. sphenopalatina A. infraorbitalis – Aa. alveolares superiores medii et anteriores
8. A. temporalis superficialis	A. transversa faciei Rr. parotidei A. zygomaticoorbitalis A. temporalis media Rr. auriculares anteriores R. frontalis R. parietalis

gonum caroticum ventral der A. carotis interna. Dann zieht sie unter dem Venter posterior des M. digastricus und dem M. stylohyoideus auf dem M. stylopharyngeus in die Fossa retromandibularis. Sie wird von N. hypoglossus überkreuzt, von N. laryngeus superior und N. glossopharyngeus unterkreuzt. Sie läuft durch das Drüsengewebe der Gl. parotidea, wo der Plexus intraparotideus des N. facialis (N. VII) über sie hinwegzieht. In Höhe des Collum mandibulae teilt sich die A. carotis externa in ihre beiden Endäste. Insgesamt gibt die A. carotis externa acht Äste (1–8) ab. Diese bilden

- **vordere Gruppe** (1–3)
- **mediale Gruppe** (4)
- **hintere Gruppe** (5 und 6)
- **Endäste** (7 und 8)

Vordere Astgruppe der A. carotis externa:

- **1. A. thyroidea superior** + entspringt im Trigonum caroticum. Ihre Äste sind
  - **A. laryngea superior** +; sie tritt gemeinsam mit dem R. internus des N. laryngeus superior durch die Membrana thyrohyoidea und versorgt den *Larynx bis zur Rima glottidis*
  - **R. sternocleidomastoideus** zur Innenfläche des *M. sternocleidomastoideus*, nachdem er den Arcus nervi hypoglossi überkreuzt hat
  - **R. cricothyroideus** zieht zum *M. cricothyroideus*
  - **Rr. glandulares** zur Schilddrüse
- **2. A. lingualis** + versorgt mit ihren Ästen die *Zunge* und *Gl. sublingualis*; sie entspringt im Trigonum caroticum, zieht kraniomedial zwischen M. hyoglossus und M. genioglossus bis zur Zungenspitze; ihr Verlauf ist stark geschlängelt, sodass sie sich den Zungenbewegungen anpassen kann
- **3. A. facialis** + entspringt auch noch im Bereich des Trigonum caroticum; bedeckt vom M. stylohyoideus und vom Venter posterior des M. digastricus sowie der Gl. submandibularis erreicht sie den Unterkiefer an der Insertionsstelle des M. masseter; im Bereich des Gesichts ist sie von Ausläufern des Platysmas sowie dem M. zygomaticus major bedeckt; zieht dicht an Mundwinkel und Nasenflügel vorbei und reicht mit ihrem Endast (*A. angularis*) in die Gegend des medialen Augenwinkels

  Die A. facialis hat **sechs Äste**; ihre Versorgungsgebiete gehen aus den Gefäßbezeichnungen hervor:
  - **A. palatina ascendens**; sie zieht an der Seitenwand des Pharynx nach kranial; ihr Leitmuskel ist der M. stylopharyngeus; es besteht eine Anastomose dieser Arterie mit der A. palatina descendens aus der A. maxillaris
  - **Rr. tonsillares** zur *Gaumenmandel*
  - **A. submentalis** zur *Gl. submandibularis* und den *suprahyalen Muskeln*; sie verläuft an der Außenfläche des M. mylohyoideus und wird von V. submentalis und N. mylohyoideus begleitet
  - **A. labialis inferior** und **A. labialis superior** zur Versorgung von *Unter- und Oberlippe*; beide Arterien anastomosieren im M. orbicularis oris mit Endästen von A. lingualis bzw. A. maxillaris sowie mit den gleichnamigen Ästen der Gegenseite
  - **A. angularis** als Endast der A. facialis; sie *anastomosiert mit der A. dorsalis nasi*, einem Endast der A. ophthalmica (aus der A. carotis interna)

Mediale Astgruppe der A. carotis externa:

- **4. A. pharyngea ascendens** +; sie verläuft zunächst zwischen A. carotis externa und interna, gelangt dann an die Seitenwand des Pharynx im Spatium lateropharyngeum und gibt ab:
  - **Rr. pharyngeales** in die *Pharynxmuskulatur*
  - **A. tympanica inferior** durch den Canaliculus tympanicus in die *Paukenhöhle*
  - **einen Endast**, der durch das Foramen jugulare in die hintere Schädelgrube zieht und dort die **A. meningea posterior** bildet; sie versorgt die Dura mater der hinteren Schädelgrube

Hintere Astgruppe der A. carotis externa:

- **5. A. occipitalis**; sie versorgt die seitliche und hintere Kopfoberfläche und außerdem mit Ästen, die die Schädelknochen durchbrechen, die Dura mater der hinteren Schädelgrube; sie verläuft hinter dem Venter posterior des M. digastricus über die V. jugularis interna, dann in einem Sulcus arteriae occipitalis des Os temporale, bedeckt vom M. sternocleidomastoideus, nach dorsal; sie durchbohrt den Ursprung des M. trapezius lateral von der Protuberantia occipitalis externa und erstreckt sich mit ihren Endästen, begleitet von der gleichnamigen Vene und dem N. occipitalis major, bis in die Gegend der Sutura coronalis
- **6. A. auricularis posterior**; sie zieht über den M. stylohyoideus und teilt sich vor dem Processus mastoideus in *Rr. auriculares* für die *Ohrmuschel*, *A. stylomastoidea* zum *Mittel- und Innenohr* und *Rr. occipitales*; *Rr. occipitales* treten in das Arteriennetz der *Kopfschwarte* ein, weitere Äste erreichen Pauken-

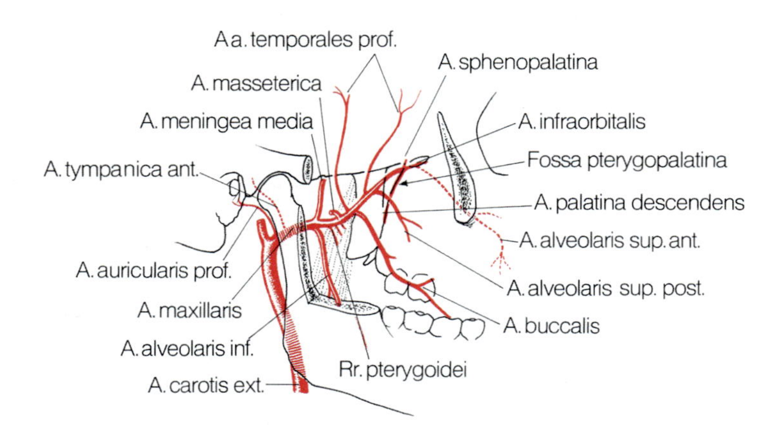

Abb. 13.53. A. maxillaris mit Ästen. Die A. maxillaris verzweigt sich in der Fossa infratemporalis und in der Fossa pterygopalatina

höhle (*A. tympanica posterior*), Cellulae mastoideae und M. stapedius

Endäste:

- **7. A. maxillaris** + (Abb. 13.53); sie versorgt als stärkerer Endast der A. carotis externa die *tiefe Gesichtsregion*; sie entsteht innerhalb der Gl. parotidea, läuft zwischen dem Collum mandibulae und dem Lig. sphenomandibulare und dann zwischen den beiden Köpfen des M. pterygoideus lateralis zur Fossa pterygopalatina. Die *13 Äste* der A. maxillaris lassen sich zu *vier Gruppen* zusammenfassen:
  - **1. Gruppe** versorgt die *Dura mater der mittleren Schädelgrube* und den *Unterkiefer*
  - **2. Gruppe** sendet Äste in *sämtliche Kaumuskeln*
  - **3. Gruppe** versorgt *Wange und Oberkiefer*
  - **4. Gruppe** versorgt *Gaumen und Nasenhöhle*
- **8. A. temporalis superficialis** ist der schwächere Endast der A. carotis externa; sie zieht zwischen Unterkieferköpfchen und äußerem Gehörgang über die Fascia temporalis in die *Regio temporalis*

Äste der A. maxillaris :

- **A. auricularis profunda** zu *Kiefergelenk, äußerem Gehörgang* und *Cavum tympani*
- **A. tympanica anterior**, die gleichfalls einen Ast an das Kiefergelenk abgibt und durch die Fissura petrotympanica in die *Paukenhöhle* gelangt, wo sie mit der A. tympanica posterior anastomosiert
- **A. alveolaris inferior** zu *Zähnen* und *Zahnfleisch des Unterkiefers*; sie läuft gemeinsam mit dem N. alveolaris inferior durch den Canalis mandibulae; vor dem Eintritt in den Canalis mandibulae gibt sie einen *R. mylohyoideus* zum gleichnamigen Muskel ab; ihr Endast ist die *A. mentalis*, die durch das Foramen mentale zu *Kinn* und *Unterlippe* zieht
- **A. meningea media** +; sie gelangt, begleitet vom R. meningeus des N. mandibularis, durch das *Foramen spinosum* in die *mittlere Schädelgrube* und versorgt mit einem vorderen und einem hinteren Ast die *Dura mater* dieser Schädelgrube; auf der Innenfläche des Os parietale hinterlässt sie tiefe Sulci arteriosi; in ihrem Anfangsteil wird die Arterie von den beiden Wurzeln des N. auriculotemporalis umschlungen, ein kleines Ästchen, das durch den *Porus acusticus internus* zieht, versorgt den *M. tensor tympani*
- **A. masseterica** zieht durch die Incisura mandibulae zum *M. masseter*
- **Aa. temporales profundae** gelangen auf dem Planum temporale zum *M. temporalis*
- **Rr. pterygoidei** zu beiden *Mm. pterygoidei*
- **A. buccalis** versorgt mit dem N. buccalis auf dem M. buccinator verlaufend Muskeln, Schleimhaut und äußere Haut der *Wange*; sie anastomosiert mit Ästen der A. facialis
- **A. alveolaris superior posterior** zweigt vor Eintritt in den Canalis infraorbitalis ab und zieht zu den *Molaren* und *Prämolaren*, zur *Gingiva des Oberkiefers* und zur *Schleimhaut der Kieferhöhlen*
- **A. palatina descendens** zur Versorgung des Gaumens; das Gefäß tritt von der Fossa pterygopalatina aus in den Canalis palatinus major ein und teilt sich hier in eine *A. palatina major*, die durch das Foramen palatinum majus zum harten Gaumen zieht, und die *Aa. palatinae minores*, die die Foramina palatina minora zum weichen Gaumen hin verlassen; sie bildet Anastomosen mit A. palatina ascendens und A. pharyngea ascendens
- **A. canalis pterygoidei** nach Verlauf im Canalis pterygoideus zu den kranialen Abschnitten des *Pharynx*
- **A. sphenopalatina** gelangt durch das Foramen sphenopalatinum in den hinteren Teil der *Nasenhöhle* und verzweigt sich dort in Gefäße für die Schleimhaut der Nasenhöhle und Nasennebenhöhlen: *Aa. nasales posteriores mediales et laterales*

- **A. infraorbitalis** geht in der Fossa pterygopalatina aus der A. maxillaris hervor, verläuft durch die Fissura orbitalis inferior in den Canalis infraorbitalis und gelangt durch das Foramen infraorbitale in die *Weichteile der Oberkieferregion*; innerhalb des Canalis infraorbitalis gibt die A. infraorbitalis *Aa. alveolares superiores medii et anteriores* ab, die die *vorderen Zähne* und die *Gingiva des Oberkiefers* versorgen

Äste der A. temporalis superficialis:

- **Rr. auriculares anteriores** zur Versorgung der *Ohrmuschel* und des *äußeren Gehörgangs*
- **A. transversa faciei** +, ein relativ starker Ast; er zieht durch die Gl. parotidea quer über den M. masseter und versorgt einen großen Teil der *mimischen Gesichtsmuskulatur*
- **A. zygomaticoorbitalis** zum *lateralen Augenwinkel*
- **A. temporalis media** zum *M. temporalis*
- **Rr. parotidei** zur *Ohrspeicheldrüse*
- **R. frontalis** und **R. parietalis** beteiligen sich an der Bildung des Arteriennetzes der *Kopfschwarte*

Die **A. carotis interna +** versorgt den größten Teil von *Gehirn*, *Orbita*, *Schleimhäuten* der *Siebbeinzellen*, *Stirnhöhle* und z. T. *Nasenhöhle*.

Die A. carotis interna ist an der Bildung des Circulus arteriosus cerebri (Willisi) beteiligt (▶ S. 746). Mit der A. vertebralis übernimmt sie die Versorgung des Gehirns und der Orbita.

Die A. carotis interna geht im Trigonum caroticum aus der A. carotis communis hervor (▶ S. 654) und gliedert sich in

- **Pars cervicalis**
- **Pars petrosa**
- **Pars cavernosa**
- **Pars cerebralis**

Pars cervicalis (Verlauf ▶ S. 658).

Pars petrosa. In den Schädel tritt die A. carotis interna durch den Canalis caroticus der Pars petrosa ossis temporalis ein. Im Kanal beschreibt sie einen nach frontomedial gerichteten Bogen. Innerhalb dieses Bogens gibt sie *Rr. caroticotympanici* zur Paukenhöhle ab.

Pars cavernosa. Über die Fibrocartilago des Foramen lacerum hinweg gelangt die A. carotis interna im Schädelinneren in den Sulcus caroticus an der Seitenfläche des Corpus ossis sphenoidalis und zieht hier durch den Sinus cavernosus hindurch (▶ S. 854).

Pars cerebralis zur Blutversorgung des Gehirns (▶ S. 746).

Zusammenfassung ▶ S. 679.

13.3.2 Venen

Wichtig

Das Sammelgefäß für das Blut aus dem Schädelinneren und den Weichteilen des Kopfes ist die Vena jugularis interna.

Die Venen von Kopf und Hals nehmen Blut auf aus

- **Schädelinneren**
- **Weichteilen von Kopf und Hals**

Das **Blut aus dem Schädelinneren** (▶ S. 852) gelangt zum größten Teil in die **V. jugularis interna** (▶ unten). Hinzu kommen als kleinere Abflüsse aus dem Schädelinneren:

- **Vv. diploicae**
- **Vv. emissariae**

Die **Vv. diploicae** sind dünnwandige Venen in der Spongiosa des Schädeldachs. Sie stehen mit den Sinus durae matris (▶ S. 852, ◘ Tabelle 13.19) in Verbindung und leiten Blut zu den oberen Kopfvenen ab. Sie nehmen auch Blut aus den Vv. diploicae der Knochen des Schädeldachs sowie der Dura mater selbst auf.

Die **Vv. emissariae** (◘ Tabelle 13.20) sind etwas größere Venen, die durch Öffnungen der Schädelknochen hindurchtreten. Auch sie verbinden venöse Sinus durae matris des Schädelinneren mit oberflächlichen Kopfvenen. Es wird angenommen, dass sie einen Überdruck in den Sinus verhindern.

Venen der Schädelweichteile und des Halses. Das venöse Blut der äußeren Schädelweichteile sammelt sich in **V. facialis**, **V. retromandibularis** und **V. jugularis externa.** Von dort wird es in **V. jugularis interna** oder direkt in **V. subclavia** abgeleitet.

Kopfvenen sind:

- **V. facialis** +; beginnt am medialen Augenwinkel als **V. angularis**; dann zieht die V. facialis unter der mimischen Gesichtsmuskulatur schräg über die Wange zur Mitte der Unterkante des Corpus mandibulae (◘ Abb. 13.50)
  - **V. angularis** + hat eine Anastomose zur V. ophthalmica superior und über V. supraorbitalis zur V. diploica frontalis

Tabelle 13.19. Verbindung der Diploëvenen zu intra- und extrakraniellen Abflüssen

V. diploica	Verbindung nach innen zum Sinus	Verbindung nach außen zu
V. diploica frontalis	S. sagittalis sup.	V. supraorbitalis
V. diploica temporalis anterior	S. sphenoparietalis	V. temporalis prof.
V. diploica temporalis posterior	S. transversus	V. auricularis post.
V. diploica occipitalis	S. transversus	V. occipitalis

Tabelle 13.20. Verbindungen der Vv. emissariae zu intra- und extrakraniellen Abflüssen

V. emissaria	Innere Verbindung zum Sinus	Durchtrittsstelle	Äußere Verbindung zu
V. emissaria parietalis	S. sagittalis sup.	For. parietale	V. temporalis superf.
V. emissaria mastoidea	S. sigmoideus	For. mastoideum	V. occipitalis
V. emissaria occipitalis	Confluens sinuum	durch die Squama occipitalis	V. occipitalis
V. emissaria condylaris	S. sigmoideus	Canalis condylaris	Plexus venous vertebralis ext.

Klinischer Hinweis

Beide Anastomosen können Entzündungen der äußeren Haut in die Sinus durae matris (*Sinus-cavernosus-Thrombose*) und in die Meningen (*Meningitis*) fortleiten. Voraussetzung ist, dass es zu einer Umkehr der Blutströmung kommt: in der Regel strömt das Blut zur V. facialis, bei Umkehr aber zentripetal.

- **Zuflüsse zur V. facialis** sind *Vv. palpebrales superiores et inferiores*, *Vv. nasales externae*, *Vv. labiales superiores et inferiores*, *V. profunda facialis*, *Rr. parotidei*, *V. palatina externa*, *V. submentalis* (Abb. 13.50), *V. thyroidea superior.*

- **V. retromandibularis**; sie entsteht durch *Zusammenfluss der Vv. temporales superficiales*, *V. temporalis media* und *V. transversa faciei*; außerdem erhält sie Blut aus dem *Plexus venosus pterygoideus* (▶ unten). Die V. retromandibularis verläuft vor dem Meatus acusticus externus, durchquert oft die Gl. parotidea und mündet entweder direkt oder nach Vereinigung mit der V. facialis zur *V. jugularis anterior* in die V. jugularis interna; häufig zieht ein kräftiger Ast über den M. sternocleidomastoideus zur V. auricularis posterior bzw. zur V. jugularis externa
- **Plexus venosus pterygoideus**; er breitet sich als Venengeflecht in der Fossa infratemporalis, vorwiegend unter dem M. pterygoideus lateralis, aus; er hat **Zuflüsse** aus den *Vv. meningeae mediae*, den *Vv. auriculares anteriores*, *Vv. tympanicae* aus der Paukenhöhle, den *Vv. parotideae* aus der Gl. parotidea und den *Vv. articulares temporomandibulares* vom Kiefergelenk
- **V. jugularis externa** +; sie entsteht durch *Zusammenfluss der V. occipitalis* und *V. auricularis posterior*, läuft am Hinterrand des M. sternocleidomastoideus und mündet gemeinsam mit der *V. transversa colli/cervicis* in die V. subclavia
- **V. jugularis anterior** +; sie entsteht aus der *Vereinigung* der *V. facialis* mit der *V. retromandibularis* und sammelt das Blut aus dem vorderen Halsabschnitt; rechte und linke V. jugularis anterior können durch den *Arcus venosus jugularis* im Bereich des Spatium suprasternale in Verbindung stehen
- **V. jugularis interna** +; sie geht aus dem *Sinus sigmoideus* (▶ S. 854), nach dessen Durchtritt durch das Foramen jugulare, hervor; ihr Beginn ist durch eine Auftreibung (*Bulbus superior venae jugularis*) gekennzeichnet, der die Fossa jugularis des Os tempo-

rale ausfüllt; der Bulbus soll strömungsmechanisch eine Wirbelbildung des Blutes erzeugen und damit verhindern, dass die in ihrer Weite nicht veränderbaren Sinus durae matris leer laufen; im Anfangsteil liegt die V. jugularis dorsal, dann lateral der A. carotis interna bzw. der A. carotis communis im Gefäß-Nerven-Strang des Halses; zwischen beiden Gefäßen verläuft der N. vagus (N. X)

Hinter der Articulatio sternoclavicularis vereinigt sich die *V. jugularis interna* im **Angulus venosus** mit der *V. subclavia* zur **V. brachiocephalica.** Kurz vor der Einmündung findet sich eine weitere Erweiterung, der **Bulbus inferior venae jugularis**, an dessen kranialem Ende die einzigen Klappen der V. jugularis interna liegen. Die Adventitia der V. jugularis interna ist über die Vagina carotica mit der Lamina praevertebralis fasciae cervicalis verbunden (▶ S. 639).

Zusammenfassung ▶ S. 679.

13.3.3 Lymphgefäßsystem

Wichtig

Die Lymphe aus Kopf und Hals erreicht Lymphknoten, die in Reihen um die großen Halsvenen liegen. Von dort gelangt die Lymphe in den Truncus jugularis, der links in den Ductus thoracicus, rechts in den Ductus lymphaticus dexter mündet.

Lymphknoten des Kopfes

Die Lymphgefäße der Kopfschwarte und der vorderen Gesichtsregion sammeln sich in vier Gruppen von Lymphknoten, die dicht oberhalb des Ramus mandibulae liegen (◘ Abb. 13.54, ◘ Tabelle 13.21):

- **Nodi lymphoidei buccinatorii** auf dem M. buccinator, ihr Einzugsgebiet ist das Gesicht
- **Nodi lymphoidei parotidei superficiales et profundi,** größtenteils unter der derben Fascia parotidea gelegen; eine Anschwellung dieser Lymphknoten ist daher sehr schmerzhaft (Druck auf den N. auriculotemporalis); ihr Einzugsgebiet liegt im Bereich der Wange und der vorderen Kopfschwarte bis in die Gegend des Ohres
- **Nodi lymphoidei mastoidei** auf dem Processus mastoideus; ihr Einzugsgebiet ist der hintere Teil der Kopfschwarte und die Haut hinter dem Ohr
- **Nodi lymphoidei occipitales** sammeln die Lymphe aus dem hinteren Bereich der Kopfschwarte

Lymphknoten des Halses (◘ Tabelle 13.21)

Ein Drittel aller Lymphknoten des Körpers liegen im Halsbereich. Zum einen sind es entlang der V. jugularis anterior die regionalen Lymphknoten aller im Hals- und Mundbodenbereich gelegenen Organe (*Nodi lymphoidei cervicales anteriores et laterales superficiales*), zum anderen handelt es sich um die überregionalen Lymphknoten von Kopf und Hals, die sich um die V. jugularis

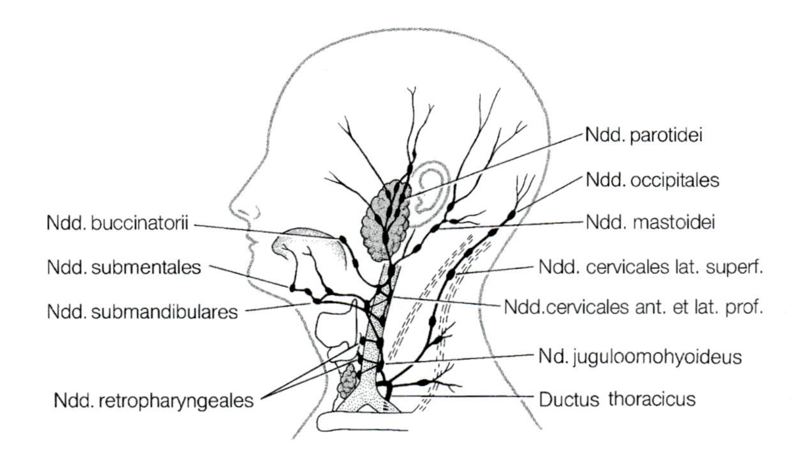

◘ **Abb. 13.54.** Lymphgefäße und Lymphknoten von Kopf und Hals. Dargestellt ist die linke Seite, auf der der Truncus jugularis in den Ductus thoracicus einmündet

Tabelle 13.21. Lymphknoten des Kopf- und Halsbereichs

Nodi lymphoidei (Ndd.)	Lokalisation	Zuflussregion	Abfluss
Ndd. occipitales (2–4)	in Höhe der Linea nuchalis inf.	Kopfschwarte	Ndd. cervicales prof.
Ndd. mastoidei	auf dem Proc. mastoideus	Kopfschwarte, Mandibularregion	Ndd. cervicales prof.
Ndd. parotidei superf. et prof.	vor dem äußeren Gehörgang	Wange, Parotis, Augenlider	Ndd. submandibulares
Ndd. buccinatorii	auf dem M. buccinator	Regio faciei	Ndd. submandibulares
Ndd. mandibulares	um die V. facialis	Wange	Ndd. cervicales prof.
Ndd. submentales	unter dem Kinn	Kinn und Unterlippe, Gingiva	Ndd. cervicales prof.
Ndd. submandibulares	im Bereich der Gl. submandibularis	Gesicht, Zunge,Tonsillen, Zähne	Ndd. cervicales prof.
Ndd. cervicales superf.	entlang der V. jugularis ant.	Oberfläche des Halses, Parotis	Ndd. cervicales prof.
Ndd. tracheales, oesophagei, retropharyngeales, thyroideae, linguales	regionale Ndd. der entsprechenden Organe		Ndd. cervicales prof.
Ndd. cervicales prof.	entlang der V. jugularis int.	} überregionale Lymphknotenkette der regionalen Ndd.	} die gesammelte Lymphe fließt über den Truncus jugularis in den Ductus lymphaticus dext. bzw. Ductus thoracicus und von dort in den Angulus venosus
Nd. jugulodigastricus	unter dem M. digastricus		
Nd. juguloomohyoideus	in der Kreuzung des M. omohyoideus und der V. jugularis int.		
Ndd. supraclaviculares	in der Fossa supraclavicularis		

interna gruppieren (**Nodi lymphoidei cervicales anteriores et laterales profundi**). Zu den Nodi lymphoidei cervicales laterales profundi zählen *Nodus lymphoideus jugulodigastricus* und *Nodus lymphoideus juguloomohyoideus*. Beide sind nach ihrer topographischen Lage benannt und sind wichtige überregionale Lymphknoten der Zunge.

Die Lymphe aus den überregionalen Lymphknoten des Halsbereichs fließt in den **Truncus jugularis**, der sich vor Einmündung in den Venenwinkel auf der linken Seite mit dem Ductus thoracicus, auf der rechten Seite mit dem Ductus lymphaticus dexter vereint.

Zusammenfassung ► S. 679.

13.3.4 Nerven

Wichtig

Motorische und sensorische Innervation von Kopf und Hals erfolgen durch Äste der Nn. craniales und des Plexus cervicalis. Hinzu kommt die vegetative Innervation.

Die Innervation von Kopf und Hals erfolgt durch
- **Nn. craniales** (*Hirnnerven*)
- **Plexus cervicalis**

  Einer gesonderten Besprechung bedarf die
- **vegetative Innervation**

Hirnnerven

Die 12 Hirnnerven (Nn. craniales) sind (Tabelle 13.22):

N. olfactorius	N. I	N. facialis	N. VII
N. opticus	N. II	N. vestibulo-cochlearis	N. VIII
N. oculomotorius	N. III	N. glosso-pharyngeus	N. IX
N. trochlearis	N. IV	N. vagus	N. X
N. trigeminus	N. V	N. accessorius	N. XI
N. abducens	N. VI	N. hypoglossus	N. XII

Zur Nomenklatur

Die Hirnnerven führen unterschiedliche Faserqualitäten. Entsprechend werden unter Berücksichtigung des klinischen Sprachgebrauches folgende Bezeichnungen verwendet (auch in Tabelle 13.22):

somatomotorisch	synonym:	motorisch, somatoefferent
somatoafferent	synonym:	sensorisch
parasympathisch	synonym:	viszeroefferent, sekretorisch
präganglionär sekretorisch postganglionär sympathisch		

Als branchiomotorisch werden die Nerven bezeichnet, welche die aus dem Kiemenbogen entstandene Muskulatur innervieren (Tabelle 13.13).

Außerdem lassen sich die Hirnnerven zu Gruppen zusammenfassen (▶ S. 204): Sinnesnerven, somatoefferente Nerven, gemischte Nerven, Branchialnerven.

Im Folgenden wird der Verlauf der N. III–N. VII sowie N. IX–N. XII nach Verlassen des Schädels besprochen. Sie innervieren die Weichteile des Kopfes bzw. sind an der Innervation des Halses beteiligt (N. XI, N. XII). Die Hirnnerven I, II und VIII sind Sinnesnerven und werden an anderer Stelle behandelt (▶ S. 696, 820, 828) (Beschreibung des intrakraniellen Verlaufs aller Hirnnerven ▶ S. 776).

Der **N. oculomotorius** + (**N. III**) führt somatomotorische und parasympathische Fasern. Die afferenten Fasern aus den Muskelspindeln der zugehörigen Augenmuskeln laufen in Ästen von N. V1 (▶ unten). Der N. oculomotorius verlässt die mittlere Schädelgrube durch die Fissura orbitalis superior und gelangt in die Orbita (Verlauf, Äste und Innervationen ▶ S. 702).

Der **N. trochlearis** + (**N. IV**) ist somatomotorisch. Er gelangt durch die Fissura orbitalis superior in die Orbita. (Einzelheiten ▶ S. 703).

Der **N. trigeminus** + (**N. V**, Abb. 13.55) hat somatoafferente (sensorische) und branchiomotorische Anteile (▶ S. 634, Tabelle 13.13). Die sensorischen Fasern (**Portio major**), die intrakraniell im *Ganglion trigeminale* ihre Perikarya haben, verlaufen in allen drei Ästen des N. trigeminus:
- **N. ophthalmicus (N. V1)**; tritt in die *Orbita* ein
- **N. maxillaris (N. V2)**, zweigt sich in der *Fossa pterygopalatina* auf
- **N. mandibularis (N. V3)**, gelangt in die *Fossa infratemporalis*

Der motorische Anteil schließt sich dem N. mandibularis als **Portio minor** an.

N. ophthalmicus + (**N. V1**, Abb. 13.55). Der rein *somatoafferente* (sensorische) N. ophthalmicus gelangt durch die Fissura orbitalis superior in die Orbita, wo er sich in vier Äste teilt. Die Besprechung erfolgt im Zusammenhang der Orbita (▶ S. 703).

Zur Information

Bei der Beschreibung des Verlaufs somatoafferenter Äste der Gehirnnerven wird von den Verhältnissen im Präpariersaal ausgegangen: Aufteilung der Äste von proximal nach distal. Die Erregungsleitung erfolgt jedoch in entgegengesetzter Richtung.

Tabelle 13.22. Hirnnerven und ihr Versorgungsgebiet

Hirnnerven	Versorgungsgebiet
N. I N. olfactorius	Regio olfactoria (Riechschleimhaut)
N. II N. ophthalmicus	Retina
N. III N. oculomotorius	somatomotorisch: äußere Augenmuskeln
R. superior	M. levator palpebrae sup., M. rectus bulbi sup.
R. inferior	M. obliquus bulbi inf., M. rectus bulbi inf., M. rectus bulbi med.
N. IV N. trochlearis	somatomotorisch: M. obliquus bulbi sup.
N. V N. trigeminus	vorwiegend sensorisch für Gesichtshaut, Auge, Schleimhäute von Nase, Mundhöhle, branchiomotorisch: Kaumuskulatur
R. meningeus recurrens (tentorius)	sensorisch: Falx cerebri, Tentorium cerebelli, Dura
N. V1 N. ophthalmicus	sensorisch: Auge, Gesichtshaut im Orbitalbereich, Nasenschleimhaut
N. lacrimalis	Oberlid, lateraler Augenwinkel, Konjunktiva, Tränendrüse
N. frontalis	Stirnhaut, Oberlid, Konjunktiva, Sinus frontalis; 1. Trigeminusdruckpunkt
N. nasociliaris	Cornea, Uvea, Stirnhaut, Schleimhaut von Nase, Sinus sphenoidalis, Cellulae ethmoidales post.
N. V2 N. maxillaris	sensorisch: Oberkieferbereich, Haut, Schleimhaut, Zähne
R. meningeus	Dura mater der mittleren Schädelgrube
Rr. nasales post. sup. med. et lat.	Nasenschleimhaut
R. pharyngeus	Tonsilla palatina, Rachenschleimhaut
N. palatinus major et minor	Schleimhaut des harten und weichen Gaumens
N. zygomaticus	Haut im Bereich Arcus zygomaticus
Nn. alveolares superiores post., med., ant.	Oberkieferzähne und zugehörige Gingiva, Kieferhöhle
N. infraorbitalis	Haut im Bereich Oberkiefer, Nasenflügel, Unterlid, 2. Trigeminusdruckpunkt
N. V3 N. mandibularis	sensorisch: Haut und Schleimhaut Unterkieferbereich, Unterkieferzähne, Zunge, branchiomotorisch: Kaumuskulatur
R. meningeus	sensorisch: Dura mater mittlere Schädelgrube
N. masticatorius	branchiomotorisch: M. temporalis, M. masseter, M. pterygoideus lat., M. pterygoideus med., M. tensor tympani, M. tensor veli palatini, M. mylohyoideus, Venter ant. musculi digastrici
N. buccalis	sensorisch: Haut, Schleimhaut Wange, Gingiva
N. lingualis	sensorisch: Zunge, Gingiva, Schlundenge,Tonsilla palatina
N. alveolaris inferior	sensorisch: Unterkieferzähne, Gingiva, Haut von Kinn, Unterlippe (Verbindung zur Chorda tympani), 3. Trigeminusdruckpunkt
N. mylohyoideus	branchiomotorisch: M. mylohyoideus, M. digastricus venter anterior
N. auriculotemporalis	sensorisch: Haut Schläfengegend, Ohrmuschel, äußerer Gehörgang, Trommelfell
N. VI N. abducens	somatomotorisch: M. rectus lat.

Tabelle 13.22 (Fortsetzung)

Hirnnerven		Versorgungsgebiet
N. VII	N. facialis	branchiomotorisch: Gesichtsmuskulatur, sensorisch: Geschmack, parasympathisch: Kopfdrüsen
	Pars motorica	mimische Gesichtsmuskulatur, Venter post. musculi digastrici, M. stylohyoideus
	Pars intermedia	sensorisch: Geschmack vordere zwei Drittel der Zunge, parasympathisch: Gll. submandibularis, sublingualis, lacrimalis, nasales, palatini
N. VIII	N. vestibulocochlearis	Gleichgewichts- und Gehörorgan
	N. vestibularis	Labyrinthorgan
	N. cochlearis	Corti-Organ
N. IX	N. glossopharyngeus	branchiomotorisch: Schlundmuskeln, sensorisch: hinteres Zungendrittel, Tonsillen, Geschmack, Paukenhöhle und Tuba auditiva, parasympathisch: Gl. parotidea
	Rr. pharyngei	M. stylopharyngeus, M. constrictor pharyngis sup.
	Rr. tonsillares	Tonsilla palatina
	R. sinus carotici	Sinus caroticus und Glomus caroticum
	Rr. linguales	Papillae vallatae, Schleimhaut hinteres Zungendrittel
	N. tympanicus	Schleimhaut d. Paukenhöhle, parasympathisch: Gl. parotis
N. X	N. vagus	Eingeweidenerv, branchiomotorisch, parasympathisch, sensorisch
	R. meningeus	sensorisch: Dura mater hintere Schädelgrube
	R. auricularis	sensorisch: Ohrmuschel, äußerer Gehörgang
	Rr. pharyngei	branchiomotorisch: M. uvulae, M. levator veli palatini, M. levator pharyngis, Mm. constrictores pharyngis med. et inf.
	N. laryngeus superior	branchiomotorisch: M. cricothyroideus (R. ext.), sensorisch: Kehlkopfschleimhaut oberhalb Stimmritze (R. int.)
	R. cardiacus cervicalis sup.	parasympathisch: Plexus cardiacus
	N. laryngeus inferior	branchiomotorisch: innere Kehlkopfmuskeln, sensorisch: Schleimhaut unterhalb Stimmritze
	R. cardiacus cervicalis inf.	parasympathisch: Plexus cardiacus
	Rr. oesophageales Plexus oesophagealis Trunci vagalis ant. et post.	parasympathisch: Ösophagus, Bronchien, Magen-Darm-Kanal bis Cannon-Böhm-Punkt (nahe der Flexura coli sinistra)
N. XI	N. accessorius	branchiomotorisch? somatosensorisch? M. sternocleidomastoideus, M. trapezius
N. XII	N. hypoglossus	somatomotorisch: M. genioglossus, M. hyoglossus, M. styloglossus, Binnenmuskulatur der Zunge

N. maxillaris + (**N. V2**, Abb. 13.55). Auch der N. maxillaris ist ein rein *somatoafferenter* (sensorischer) Nerv. Er tritt durch das Foramen rotundum aus der mittleren Schädelgrube in die Fossa pterygopalatina, wo er sich in seine Endäste aufteilt. In der Fossa pterygopalatina lagert sich dem N. maxillaris mediokaudal das parasympathische Ganglion pterygopalatinum des N. facialis (▶ unten) an. Die sekretorischen postganglionären Fasern des Ganglion begleiten dann die Äste des N. maxillaris zu Teilen der **Gesichtshaut** (Abb. 13.14), **Tränendrüse**, **Nasenschleimhaut**, **Mundschleimhaut** und **Oberkieferzähnen**.

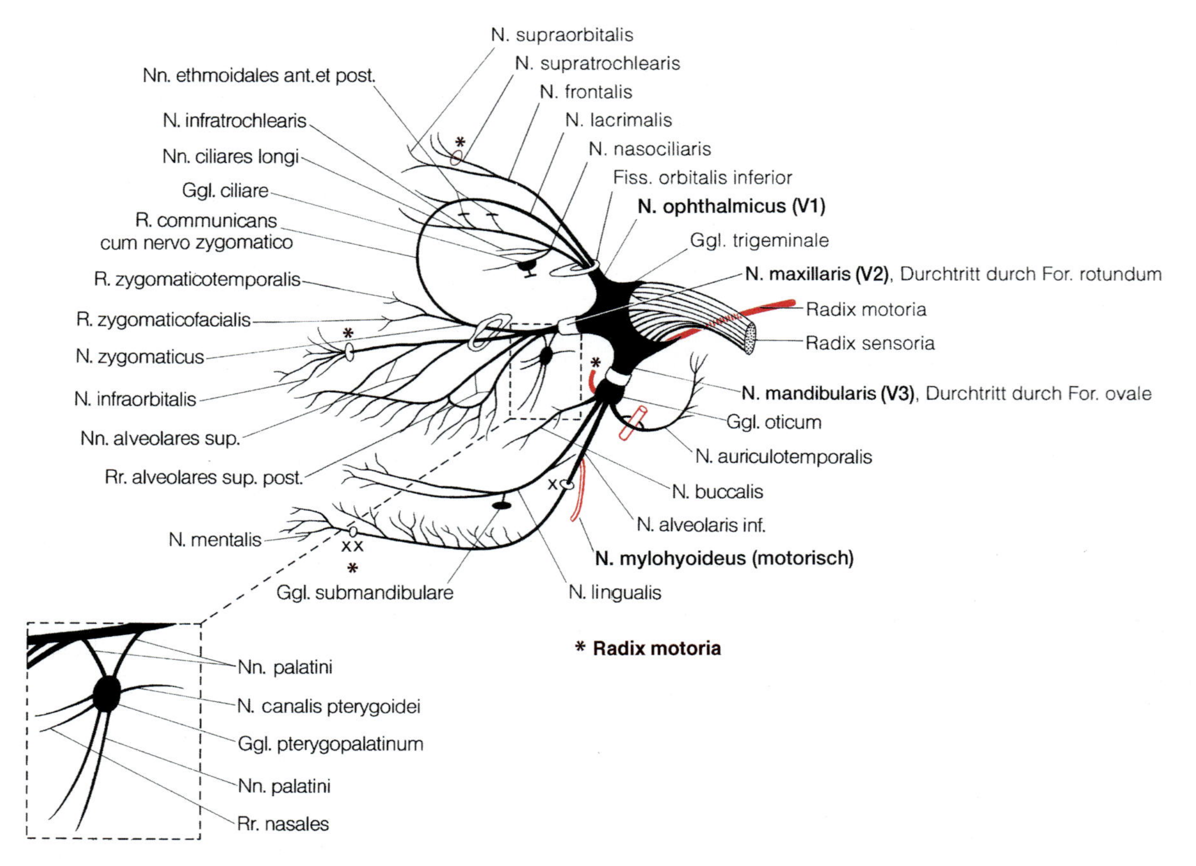

Abb. 13.55. N. trigeminus und Äste. Die branchiomotorischen Anteile des Nerven sind *rot* gezeichnet. Sie ziehen ohne Umschaltung am Ganglion oticum vorbei. Markiert sind die Durchtrittsforamina der drei großen Nervenäste durch die Schädelbasis. Es ist ebenfalls eingezeichnet, an welcher Stelle der N. infraorbitalis in den gleichnamigen Kanal eintritt und ihn verlässt, ebenso die Stelle, an der der N. alveolaris inf. in den Canalis mandibulae eintritt und ihn verlässt (x, xx). Der N. auriculotemporalis umgibt mit einer Schlinge die *rot* gezeichnete A. meningea media
* Trigeminusdruckpunkte

Die **Äste des N. maxillaris** sind:

- **R. meningeus**; er wird vor dem Durchtritt durch das Foramen rotundum zur **Dura mater der mittleren Schädelgrube** abgegeben
- **N. zygomaticus**; er tritt durch die Fissura orbitalis inferior in die Orbita ein; an der lateralen Wand der Orbita spaltet sich der Nerv in:
  - **R. zygomaticofacialis**; er zieht durch das Foramen zygomaticofaciale des Os zygomaticum zur *Haut über dem Jochbogen*; ihm lagern sich *postganglionäre parasympathische Fasern aus dem Ganglion pterygopalatinum* an, die über eine Anastomose mit dem N. lacrimalis (aus N. V1) zur *Tränendrüse* gelangen
  - **R. zygomaticotemporalis**; er tritt durch das Foramen zygomaticotemporale des Os temporale und versorgt die *Haut der Schläfengegend*
  - **Rr. ganglionares ad ganglion pterygopalatinum**; sie stellen die sensorische Wurzel des parasympathischen Ganglions dar
- **N. palatinus major**; er gibt *Rr. nasales posteriores inferiores* und **Nn. palatini minores** mit den *Rr. tonsillares* ab; die Nerven führen sensorische und postganglionäre sekretorische Fasern aus dem Ganglion pterygopalatinum zu Schleimhaut und Drüsen der *Nasenhöhle* und des *Gaumens*
- **Nn. alveolares superiores** +; spalten sich in *Rr. alveolares superiores posteriores, R. alveolaris medius* und *Rr. alveolares superiores anteriores*; über den *Plexus*

dentalis superior versorgen sie die *oberen Molaren, Prämolaren* und die **zugehörige Gingiva**

- **Rr. nasales posteriores superiores mediales et laterales** ziehen durch das Foramen sphenopalatinum und leiten sensorische und postganglionäre sekretorische Fasern für die Schleimhaut und die Drüsen der *oberen lateralen und septalen Nasenwand*
- **N. nasopalatinus**; er gelangt zwischen Periost und Schleimhaut des Nasenseptums in den Canalis incisivus und versorgt die *vordere Gaumenschleimhaut* sowie die *oberen Schneidezähne mit ihrer Gingiva*
- **N. infraorbitalis** +; der Hauptstamm des N. maxillaris tritt als N. infraorbitalis mit den zugehörigen Gefäßen durch die Fissura orbitalis inferior, dann in den Canalis infraorbitalis ein und gelangt durch das *Foramen infraorbitale* zur *Gesichtshaut seitlich der Nasenflügel*; innerhalb des Canalis infraorbitalis zweigen Äste zu den *Rr. alveolares superiores posteriores et anteriores* und dem *R. alveolaris superior medius* ab und ergänzen damit den *Plexus dentalis superior*

Klinischer Hinweis

Der Canalis infraorbitalis ist nur durch eine dünne Knochenlamelle von der Oberkieferhöhle getrennt. Eine Entzündung der Oberkieferhöhle kann daher zu einer schmerzhaften Reizung des N. infraorbitalis führen.

N. mandibularis + (**N. V3**, Abb. 13.55). Dem *somatoafferenten* (sensorischen) N. mandibularis schließt sich die **motorische Portio minor** des N. trigeminus an. Beide verlassen die mittlere Schädelgrube durch das *Foramen ovale*. Unmittelbar unter dem Foramen ovale legt sich dem Nerv das parasympathische Ganglion oticum des N. glossopharyngeus (► S. 676) medial an.

Die somatoafferente, **sensorische Portio major** + (*Radix sensoria*) hat fünf Äste zu Teilen der *Gesichtshaut, Unterkieferzähnen, Mund- und Zungenschleimhaut* (Ausnahme harter Gaumen):

- **R. meningeus**; er geht unmittelbar unter dem Foramen ovale aus dem Stamm des N. mandibularis hervor, zieht in Begleitung der A. meningea media durch das *Foramen spinosum* und innerviert sensibel die *Dura mater* der mittleren Schädelgrube, die Schleimhaut des *Sinus sphenoidalis* und der *Cellulae mastoideae*
- **N. buccalis**; er zieht zwischen den beiden Köpfen des M. pterygoideus lateralis und dann auf der Außenfläche des M. buccinator zur äußeren *Wangenhaut*, gibt auch Äste zur *Wangenschleimhaut* und zur buccalen *Gingiva des Unterkiefers* ab
- **N. auriculotemporalis**; er umschließt mit seinen beiden Wurzeln die A. meningea media, trifft hinter dem Collum mandibulae auf die A. temporalis superficialis, der er sich im weiteren Verlauf anlagert und die Haut in der *Schläfengegend* versorgt; kleinere Äste des N. auriculotemporalis dienen der sensorischen Versorgung der *Gl. parotidea* (*Rr. parotidei*), ferner des äußeren Gehörgangs (*N. meatus acustici externi*) sowie des Trommelfells (*Rr. membranae tympani*) und des Kiefergelenks (*Rr. articulares*); Endäste sind die *Rr. temporales superficiales*
- **N. alveolaris inferior** +; er verläuft zwischen den Mm. pterygoidei medialis et lateralis und tritt mit gleichnamigen Gefäßen durch das Foramen mandibulae in den Canalis mandibulae ein; im Mandibularkanal zweigen aus dem Nerven *Rr. dentales inferiores* und *Rr. gingivales inferiores* für die Unterkieferzähne und die Gingiva des Unterkiefers ab; die Äste für Zähne und Gingiva sind über den *Plexus dentalis inferior* miteinander verbunden; die Endäste des N. alveolaris inferior gelangen als **N. mentalis** aus dem Foramen mentale zur Haut des Kinns und der Unterlippe
- **N. lingualis** +; er zieht bogenförmig ventral vor dem N. alveolaris inferior, zwischen M. pterygoideus medialis und lateralis, nach kaudal; am Mundboden liegt er oberhalb der Gl. submandibularis unmittelbar unter der Mundbodenschleimhaut, unterkreuzt lateral den Ductus submandibularis und dringt unterhalb des Zungenseitenrands in den Zungenkörper ein; in seinem Verlauf gibt der Nerv Äste zum weichen Gaumen (**Rr. isthmi faucium**) und zur Schleimhaut des Mundbodens (**N. sublingualis**) ab; der N. lingualis versorgt sensorisch die *vorderen zwei Drittel des Zungenrückens*; während seines Verlaufs zwischen M. pterygoideus medialis und M. pterygoideus lateralis lagert sich dem N. lingualis die Chorda tympani von dorsal kommend an, sie enthält sekretorische Fasern und Geschmacksfasern (► unten)

Klinischer Hinweis

Bei operativen Eingriffen an den Unterkieferzähnen kann der N. alveolaris inferior kurz vor Eintritt in den Canalis mandibulae horizontal über und hinter den Unterkiefermolaren anästhesiert werden.

Die motorische **Portio minor** + (*Radix motoria*) innerviert sämtliche *Kaumuskeln* (Tabelle 13.6). Sie führt auch propriozeptive Fasern. Äste sind

- **N. massetericus**
- **Nn. temporales profundi**
- **N. pterygoideus lateralis**
- **N. pterygoideus medialis**; er versorgt mit entsprechenden Ästen auch den *M. tensor veli palatini* und den *M. tensor tympani*, da sich beide Muskeln aus dem M. pterygoideus medialis abgespalten haben,
- **N. mylohyoideus**; er innerviert den *M. mylohyoideus* und den *Venter anterior des M. digastricus*; in seinem Verlauf lagert sich der Nerv streckenweise dem N. alveolaris inferior (▶ oben) an; vor dem Foramen mandibulae verlässt er diesen Leitnerven und liegt dann im Sulcus mylohyoideus mandibulae

N. abducens + (N. VI, Abb. 14.14). Der N. abducens ist ein Augenmuskelnerv. Er gelangt durch die Fissura orbitalis superior in die Orbita, wo er den *M. rectus lateralis* innerviert (▶ S. 703).

Klinischer Hinweis

Der N. abducens kann bei einer Commotio cerebri (Gehirnerschütterung) schon am Duraeintritt geschädigt werden. Dadurch kann es zum *Strabismus convergens* (Einwärtsschielen) kommen.

N. facialis + (N. VII, Abb. 13.56). Der N. facialis ist ein **gemischter Nerv**; er führt branchiomotorische, *somatoafferente* (sensorische), *viszeroefferente* (sekretorische) Fasern und *Geschmacksfasern*. Die viszeroefferenten Fasern bilden zusammen mit den Geschmacksfasern einen eigenen Teil des N. facialis, den **N. intermedius**. Der N. facialis tritt (mit dem N. vestibulocochlearis) durch Porus und Meatus acusticus internus in das Os temporale ein (der Verlauf des N. facialis im Os temporale ist auf ▶ S. 710 geschildert). Schließlich verlässt der VII. Hirnnerv das Os temporale am *Foramen stylomastoideum* und tritt dann bogenförmig in die Gl. parotidea ein. Innerhalb der Gl. parotidea bildet er den **Plexus intraparotideus.** Seine Äste strahlen vom vorderen Rand der Drüse fächerförmig in die *mimische Gesichtsmuskulatur* aus.

Branchiomotorischer Teil + (Tabelle 13.13). Äste sind
- **N. stapedius**; er verlässt den N. facialis noch innerhalb des Canalis nervi facialis und innerviert den *M. stapedius*
- **N. auricularis posterior**; er zweigt kurz nach Austritt des N. facialis aus dem Foramen stylomastoideum

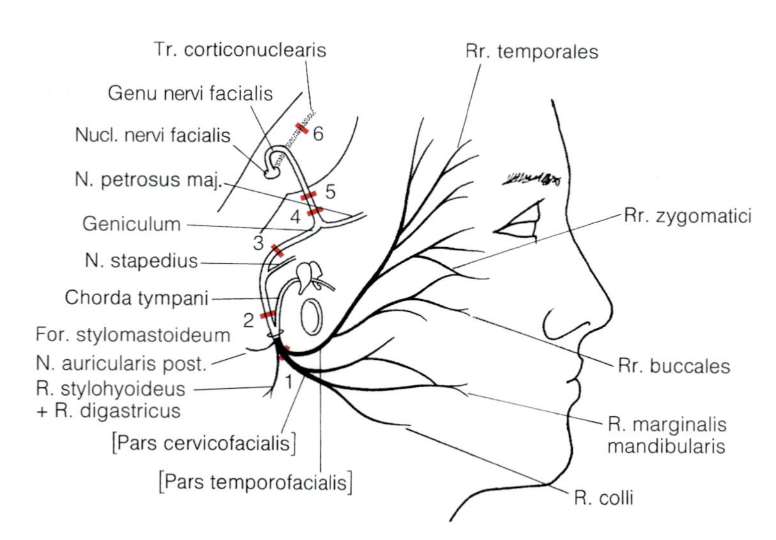

Abb. 13.56. N. facialis mit Ästen. Intrakranialer Verlauf *transparent* gezeichnet. Die bei 1–6 lokalisierten Schädigungen des Nerven führen zu charakteristischen Symptomen: *1* Periphere Fazialislähmung. Ausfall der gesamten mimischen Muskulatur der betroffenen Seite; *2* einseitige Lähmung der mimischen Gesichtsmuskulatur sowie Geschmacks- und Speichelsekretionsstörung; *3* zusätzlich zu den unter (*2*) genannten Störungen eine Hyperakusis; *4* zusätzlich zu den unter (*3*) genannten Störungen eine Verminderung der Tränendrüsensekretion; *5* Kleinhirnbrückenwinkelläsion, meist Akustikusneurinom, daher auch Störung des VIII. Hirnnerven; *6* zentrale Fazialisschädigung (▶ S. 806): Ausfall der Fibrae corticonucleares (Tractus corticobulbaris); in der Regel mit einer Hemiplegie verbunden. Der obere Fazialisast bleibt wegen der Versorgung seines Ursprungsgebiets aus beiden Hemisphären von der Lähmung verschont (Augenschluss, Stirnrunzeln intakt)

ab und zieht zwischen Processus mastoideus und Ohrmuschel zu den *Muskeln der Ohrmuschel* und zum *Venter occipitalis* des *M. occipitofrontalis*

- **R. digastricus** zum *hinteren Bauch des M. digastricus*
- **R. stylohyoideus** zum *M. stylohyoideus*
- **Plexus intraparotideus** + mit Ästen zur mimischen Gesichtsmuskulatur: **Rr. temporales, Rr. zygomatici, Rr. buccales, R. marginalis mandibulae**
- **R. colli**; der am weitesten kaudal gelegene Ast bildet mit einem Ast des N. transversus colli aus dem Plexus cervicalis eine Anastomose, über die er das Platysma versorgt

Somatoafferenter (sensorischer) **Teil.** Bei den somatoafferenten Anteilen handelt es sich um zwei kleine *Rr. communicantes*, die sensible Afferenzen aus dem R. auricularis cum nervo vago (▶ unten) und aus dem Plexus tympanicus des N. glossopharyngeus (▶ unten) übernehmen. Durch diese Äste ist der N. facialis an der sensiblen Innervation der *Haut des äußeren Gehörgangs* und der *Schleimhaut des Tympanons* beteiligt. Schließlich scheint auch die *Zungenspitze* sensible Fasern des N. facialis zu enthalten. Die *Perikarya* dieser somatoafferenten Fasern liegen im *Ganglion geniculi.* Ungeklärt ist noch, ob der N. facialis auch propriozeptive Fasern besitzt.

N. intermedius +. Der N. intermedius besteht aus **sekretorisch-parasympathischen** (viszeroefferenten) Ästen und **Geschmacksfasern.** Die Aufteilung in seine beiden Endäste erfolgt im **Geniculum nervi facialis:**

- **N. petrosus major** (◘ Abb. 13.61); er erreicht als präganglionärer parasympathischer Ast das **Ganglion pterygopalatinum** + (Einzelheiten dazu ▶ S. 676)
- **Chorda tympani** +; sie enthält *parasympathische Fasern* und *Geschmacksfasern* (Verlauf der Chorda tympani ▶ S. 677):
  - *parasympathische Fasern*; hierbei handelt es sich um *präganglionäre Fasern*; sie verlaufen am Ganglion geniculi vorbei, gelangen in die **Chorda tympani** und ziehen dann mit dem N. lingualis zum **Ganglion submandibulare** +, das über kleine Nervenbrücken dem N. lingualis an seinem kaudalen Punkt anhängt; die *postganglionären parasympathischen* Fasern erreichen die **Gl. submandibularis, Gl. sublingualis** und **Gll. linguales anteriores**
  - *Geschmacksfasern* + sind afferent und leiten die Empfindungen aus den Geschmacksknospen der *vorderen zwei Drittel* des Zungenrückens **über** den **N. lingualis** der **Chorda tympani** zu; sie besitzen im Bereich des Geniculum nervi facialis ein Ganglion, **Ganglion geniculi** +, mit pseudounipolaren Ganglienzellen (▶ S. 710), deren zentrale Fortsätze zum Nucleus solitarius ziehen
  - *somatoafferente Fasern* stammen von der Schleimhaut der Paukenhöhle und gelangen (vermutlich) zum **Ganglion geniculi**

N. glossopharyngeus + (**N. IX,** ◘ Abb. 13.57). Der N. glossopharyngeus führt *branchiomotorische* (◘ Tabelle 13.13), *viszeroefferente* (sekretorische), *somatoafferente* (sensorische) Fasern und *Geschmacksfasern.* Am Hirnstamm tritt er gemeinsam mit N. vagus (N. X) und N. accessorius (N. XI) im *Sulcus posterolateralis* (Sulcus retroolivaris) aus (◘ Abb. 13.38, ▶ S. 777). Die hintere Schädelgrube verlässt er durch den vorderen medialen Teil des *Foramen jugulare.* Im Foramen jugulare bildet der N. glossopharyngeus das **Ganglion superius,** unmittelbar unter dem Foramen das **Ganglion inferius** (◘ Abb. 13.57). In beiden Ganglien liegen die pseudounipolaren Perikarya viszerosensorischer und gustatorischer Fasern. Der Nerv verläuft zwischen A. carotis interna und V. jugularis interna und zieht zwischen M. stylopharyngeus und A. carotis interna weiter nach kaudal. Schließlich gelangt er zwischen M. stylopharyngeus und M. styloglossus zum Seitenrand der *Radix linguae* und zur *lateralen Pharynxwand.*

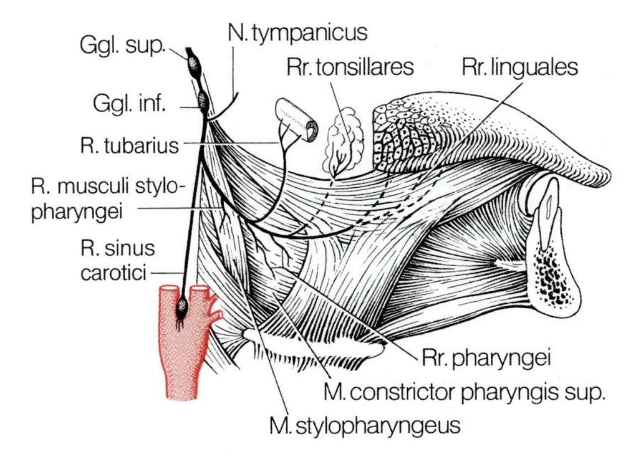

◘ **Abb. 13.57.** N. glossopharyngeus. Verlauf und Aufzweigungen. Leitmuskel ist der M. stylopharyngeus

Äste sind:

- **N. tympanicus** + (▪ Abb. 13.61) mit *somatoafferenten* (sensorischen) Fasern für die *Paukenhöhle* und mit *parasympathischen* (sekretorischen) Fasern für die *Gl. parotidea*; er verlässt den Stamm des N. glossopharyngeus unmittelbar unter dem Ganglion inferius, gelangt über den Canaliculus tympanicus, der in der *Fossula petrosa* an der basalen Fläche der Pars petrosa ossis temporalis beginnt, in die Cavitas (cavum) tympanica:
  - *sensorische Fasern* bilden auf dem Promontorium der Paukenhöhle dicht unter der Schleimhaut gemeinsam mit den sympathischen Nn. caroticotympanici den **Plexus tympanicus** (▪ Abb. 13.61); aus dem Plexus tympanicus zweigt ein **R. tubarius** ab, der sensorisch und sekretorisch die Schleimhaut der Tuba auditiva proximal innerviert
  - *sekretorische Fasern* für die Gl. parotidea ziehen nach Passieren des Plexus tympanicus als **N. petrosus minor** zum **Ganglion oticum** (Jacobson-Anastomose; ▪ Abb. 13.29) (weitere Einzelheiten dort ► S. 676)
- **Rr. pharyngei** innervieren *branchiomotorisch* den M. constrictor pharyngis superior und Teile der Muskulatur des weichen Gaumens (▪ Tabelle 13.9), versorgen ferner *sensorisch* die Pharynxschleimhaut und *sekretorisch* die Gll. pharyngei; Rr. pharyngei bilden mit den gleichnamigen Ästen des N. vagus (N. X) und des Truncus sympathicus den **Plexus pharyngeus**, der den M. constrictor pharyngis medius innerviert
- **R. musculi stylopharyngei** (▪ Abb. 15.57) innerviert den M. stylopharyngeus
- **R. tubarius** versorgt sensorisch die Tuba auditiva
- **Rr. tonsillares** (▪ Abb. 13.57) versorgen sensorisch Tonsilla palatina und das Palatum molle
- **parasympathische** und **afferente Fasern** ziehen als **R. sinus carotici** begleitet von sympathischen Fasern aus dem Plexus sympathicus der A. carotis interna (▪ Abb. 13.61) sowie von Fasern aus dem N. laryngeus superior (aus N. X) zum **Glomus caroticum** (Chemorezeptoren) und zum **Sinus caroticus** (Pressorezeptoren)
- **Rr. linguales** (▪ Abb. 13.57) enthalten *sensorische* und gustatorische (*Geschmacks-)Fasern* des hinteren Zungendrittels; die Neurone beider Faserqualitäten haben im Ganglion inferius bzw. superius nervi glossopharyngei ihre Perikarya

13

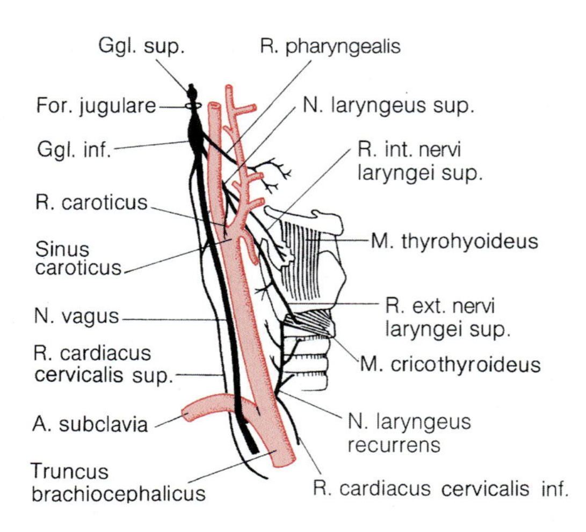

▪ **Abb. 13.58.** N. vagus dexter mit Ästen im Halsbereich. Der Nerv läuft mit der A. carotis communis und der V. jugularis interna (nicht dargestellt) in der Vagina carotica

N. vagus + (**N. X**, ▪ Abb. 13.58). Der N. vagus führt *branchiomotorische* (▪ Tabelle 13.13), parasympathische (*viszeroefferente* und sekretorische) und *somatoafferente* (sensorische) Fasern sowie *Geschmacksfasern*. Er tritt durch den hinteren Abschnitt des *Foramen jugulare* aus der hinteren Schädelgrube aus. Im Foramen jugulare bildet er ein kleines sensorisches **Ganglion superius** + (jugulare), unterhalb des Foramen ein spindelförmiges **Ganglion inferius** + (nodosum). Der Nerv verläuft am Hals im Gefäß-Nerven-Strang zwischen A. carotis interna und V. jugularis interna. Er besitzt *Rr. communicantes* zu allen großen Hirnnerven der Region (N. VII, IX, XI, XII) und zum Truncus sympathicus.

Auf der **linken Seite** + verläuft er, nach Eintritt durch die obere Thoraxapertur, vor dem Arcus aortae und hinter dem Bronchus principalis sinister, um dann zur ventralen Fläche des Ösophagus zu gelangen, auf der er mit dem rechten N. vagus den **Plexus oesophageus** bildet. Durch den Hiatus oesophageus des Zwerchfells gelangt er als **Truncus vagalis anterior** auf die Vorderfläche des Magens und gibt Äste in das **Ganglion coeliacum** ab.

Auf der **rechten Seite** + zieht der N. vagus über die A. subclavia dextra durch die obere Thoraxapertur, dann zwischen V. brachiocephalica dextra und Truncus brachiocephalicus, dicht an der Trachea hinter dem Bronchus principalis dexter zur dorsalen Fläche des Ösophagus. Nach dem Durchtritt durch den Hiatus oesophageus des Zwerchfells gelangt er als **Truncus vagalis posterior** auf die dorsale Magenfläche und gibt Äste in das **Ganglion coeliacum dextrum** ab (zum Verlauf des N. vagus im Thorax vgl. ▶ S. 299).

Äste sind

- **R. meningeus**; er zieht durch das Foramen jugulare zurück und übernimmt die sensorische Innervation der *Dura mater* der *hinteren Schädelgrube*
- **R. auricularis**; er zweigt als sensorischer Nerv vom Hauptstamm innerhalb des Ganglion superius ab, durchzieht den Canaliculus mastoideus, den er an der Fissura tympanomastoidea verlässt, um den *inneren Teil des äußeren Gehörgangs* und einen *Teil des Trommelfells* zu innervieren

Klinischer Hinweis

Berühren der Haut des Gehörgangs kann durch Reizung des R. auricularis nervi vagi Hustenreflexe auslösen. Das Spülen des äußeren Gehörgangs mit kaltem Wasser kann zu einer vagotonen Reaktion führen.

- **Rr. pharyngei** führen *sensorische*, *sekretorische* und *motorische* Fasern, mit gleichnamigen Ästen des N. glossopharyngeus (N. IX), des Truncus sympathicus und möglicherweise des N. facialis (N. VII) bilden sie den **Plexus pharyngeus**; über diesen Plexus werden branchiomotorisch M. levator veli palatini, M. uvulae und M. constrictor pharyngis medius innerviert
- **R. lingualis** enthält *Geschmacksfasern* aus der Radix linguae und der Regio epiglottica
- **N. laryngeus superior**; er zweigt unmittelbar unterhalb des Ganglion inferius nervi vagi ab und verläuft medial der A. carotis interna und den Verästelungen der A. carotis externa; schon bald danach teilt er sich in einen branchiomotorischen **R. externus** und einen sensiblen und sekretorischen **R. internus**
  - *R. externus*; er zieht mediokaudal der A. thyroidea superior zum M. cricothyroideus, den er innerviert; kleinere Äste gehen an den M. constrictor pharyngis inferior ab
  - *R. internus*; er ist stärker und verläuft kraniomedial der A. thyroidea superior und durchbricht mit der A. laryngea superior die Membrana thyrohyoidea, um sensibel die Kehlkopfschleimhaut oberhalb der Rima glottidis zu versorgen; am Boden des Recessus piriformis ruft der R. internus die *Plica nervi laryngei superioris* hervor
- **Rr. cardiaci cervicales superiores** + sind parasympathisch und ziehen zum **Plexus cardiacus** auf dem Arcus aortae; sie werden als **N. depressor** bezeichnet, weil sie eine negative (hemmende) chronotrope und inotrope Wirkung auf das Herz ausüben
- **N. laryngeus recurrens** +; er umschlingt links den Aortenbogen lateral vom Lig. arteriosum, rechts die A. subclavia, zieht zwischen Trachea und Ösophagus, die er in seinem Verlauf innerviert, aufwärts und liegt dorsal der Schilddrüse; mit seinem Endast innerviert er *branchiomotorisch* die *inneren Kehlkopfmuskeln*, *sensibel* und *sekretorisch* die *Kehlkopfschleimhaut unterhalb* der *Rima glottidis*
- **Rr. cardiaci cervicales inferiores** +, parasympathische Fasern zum **Plexus cardiacus**, die teilweise vom N. laryngeus recurrens abgehen
- **Rr. tracheales**, **Rr. bronchiales** und **Rr. oesophagei** enthalten für die genannten Organe sensible, viszeromotorische und sekretorische Fasern; Rr. tracheales und Rr. bronchiales bilden den **Plexus pulmonalis**
- **Plexus oesophageus** +; unterhalb der Bifurcatio tracheae löst sich der N. vagus beider Seiten in den Plexus oesophageus auf; im unteren Abschnitt des Ösophagus gruppiert sich der Plexus oesophageus in einen stärkeren
  - *Truncus vagalis posterior* auf der Rückseite der Speiseröhre und einen schwächeren
  - *Truncus vagalis anterior* auf der Vorderseite des Ösophagus (▶ oben); die beiden letztgenannten Stämme führen sensible, viszeromotorische und sekretorische Fasern
- **Rr. gastrici anteriores** + werden vom Truncus vagalis anterior
- **Rr. gastrici posteriores** + werden vom Truncus vagalis posterior gebildet; über das Ganglion coeliacum und das Ganglion mesentericum superius reichen die Fasern des N. vagus im Eingeweidesystem bis zum *Cannon-Böhm-Punkt*, der an der Grenze zum linken Drittel des Colon transversum (nahe der primären Kolonflexur) zu suchen ist; *Rr. hepatici* ziehen zur Leber

N. accessorius + (N. XI). Der N. accessorius führt motorische Fasern (▶ S. 776). Er hat *Radices spinales* und *Radices craniales*. Diese verlassen die Medulla spinalis (Abb. 15.31, ▶ S. 777) bzw. Medulla oblongata im Sulcus posterolateralis. Die **Radices spinales** ziehen, in Höhe von C6 beginnend,durch das Foramen magnum in die hintere Schädelgrube, um sich dort mit den **Radices craniales** zu vereinen. Der vereinigte Nerv verlässt die Schädelhöhle durch das Foramen jugulare, um dann im Halsbereich ein kurzes Stück gemeinsam mit N. vagus und N. hypoglossus zu verlaufen (◘ Abb. 13.40). Anschließend tritt der N. accessorius in die mediale Fläche des oberen Drittels des *M. sternocleidomastoideus* ein, den er mit *Rr. musculares* versorgt. In seinem weiteren Verlauf durchzieht der N. accessorius auf dem M. levator scapulae das seitliche Halsdreieck und gelangt an die Innenfläche des *M. trapezius*, den er gemeinsam mit Ästen des Plexus cervicalis motorisch innerviert (◘ Tabelle 13.22).

N. hypoglossus + (**N. XII**). Der *somatomotorische* N. hypoglossus ist ein zerebralisierter Spinalnerv, dessen Radices posteriores (sensorische Wurzeln) zurückgebildet wurden. Er verlässt die Schädelhöhle durch den *Canalis nervi hypoglossi*, verläuft lateral über die A. carotis interna und externa sowie über die V. jugularis interna, zieht bogenförmig unter den Venter posterior musculi digastrici in eine Spalte zwischen M. mylohyoideus und M. hyoglossus zur *Binnenmuskulatur der Zunge*, die er innerviert. Von den äußeren Zungenmuskeln innerviert er über *Rr. linguales* die *Mm. styloglossus, hyoglossus* und *genioglossus*. Der N. hypoglossus dient streckenweise als Leitbahn für Fasern aus C1 und C2 (◘ Abb. 13.59).

Plexus cervicalis

Der Hals wird zu großen Teilen von Ästen des Plexus cervicalis (◘ Abb. 13.59) innerviert. Dabei handelt es sich um **Rr. ventrales** der **Nn. spinales C1–C4.** Die Nerven treten zwischen dem M. scalenus anterior und M. scalenus medius in das seitliche Halsdreieck ein.

Der Plexus cervicalis umfasst
- **Radix sensoria**
- **Radix motoria**

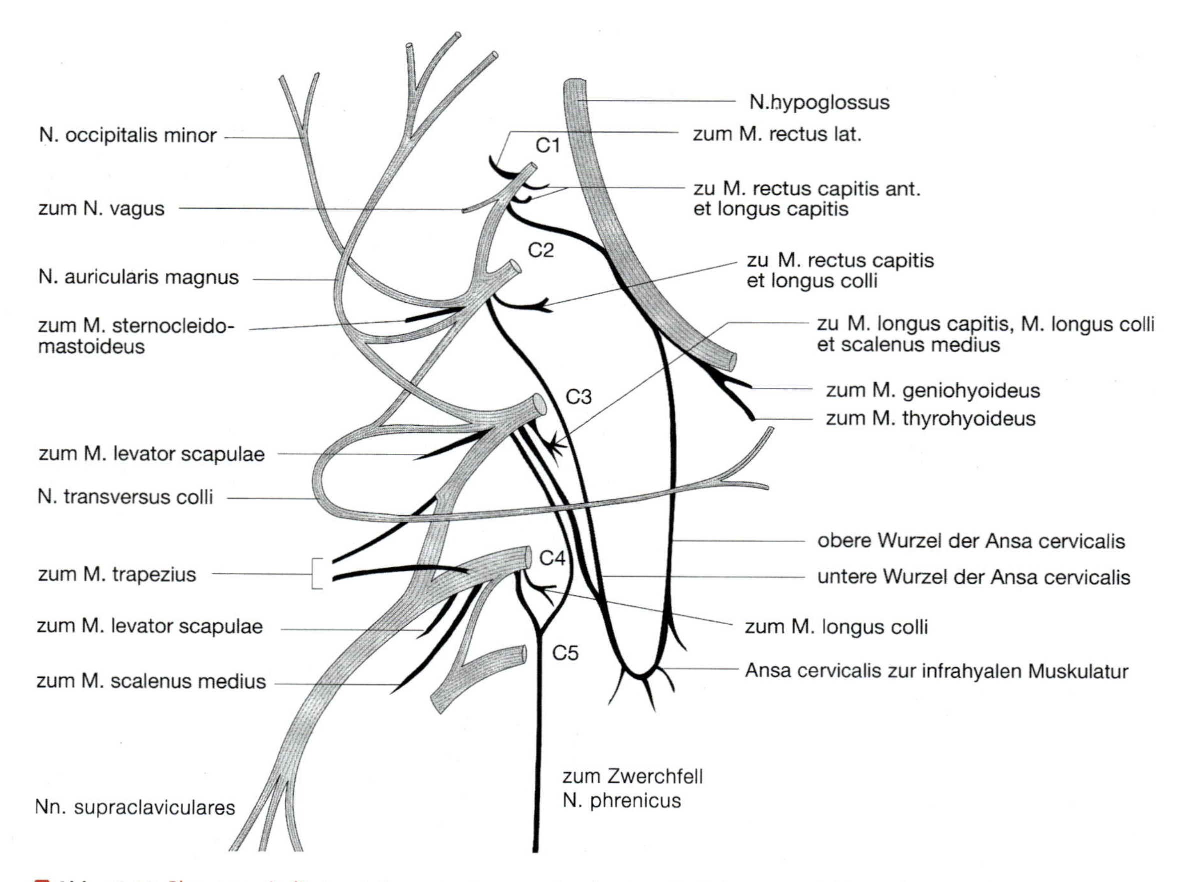

◘ **Abb. 13.59.** Plexus cervicalis. Er wird von der Rr. ventrales des 1.–4. Spinalnerven gebildet. *Schwarz* motorische Nerven; *transparent* sensorische Nerven

Radix sensoria. Die Radix sensoria des Plexus cervicalis versorgt sensibel die *Haut hinter dem Ohr*, die Gegend des *Kieferwinkels*, ferner die *Haut* des *vorderen* und *seitlichen Halsdreiecks* bis unterhalb der Klavikula. Sie tritt in der Mitte des hinteren Randes des M. sternocleidomastoideus aus den tiefen Muskelschichten in die Subkutis. Von diesem **Punctum nervosum** + (Erb-Punkt) aus streben die vier sensiblen Hauptstämme fächerförmig in ihr Versorgungsgebiet (◘ Abb. 13.50):

- **N. occipitalis minor** (C2,3); er steigt am hinteren Rand des M. sternocleidomastoideus auf dem M. splenius capitis aufwärts und versorgt die *Haut* der *seitlichen Hinterhauptgegend*; seine Endzweige stehen mit N. occipitalis major (dorsaler Ast aus C2,3) und dem N. auricularis magnus in Verbindung
- **N. auricularis magnus** (C3); dies ist der stärkste Ast des Plexus cervicalis; er steigt, anfangs vom Platysma bedeckt, auf dem M. sternocleidomastoideus aufwärts und überquert den Muskel; in Nähe des Kieferwinkels teilt er sich in einen *R. anterior* für die *Haut* der *unteren, lateralen Gesichtshälfte*, des *Ohrläppchens* und einen *Teil* der *Ohrmuschel* und einen *R. posterior* für den *hinteren Teil* der *Ohrmuschel*
- **N. transversus colli** (C2,3); nach Überquerung des M. sternocleidomastoideus zieht er in die vordere Halsregion; noch unter dem Platysma teilt er sich in seine zahlreichen Endäste auf; sein Versorgungsgebiet reicht vom *Unterkieferrand bis zum Oberrand des Sternums*; R. colli nervi facialis benutzt Aufsplitterungen des N. transversus colli, um in einer gemeinsamen Perineuralscheide mit diesen Ästen die unteren Abschnitte des Platysmas zu innervieren
- **Nn. supraclaviculares** (C3,4); zahlreiche kräftige Äste, die, bedeckt vom Platysma, abwärts in das seitliche Halsdreieck ziehen; sie überkreuzen den Plexus brachialis und den M. omohyoideus; die Endzweige überschreiten teilweise die Grenze des Halses und versorgen in drei Gruppen, *Nn. supraclaviculares mediales, intermedii, laterales*, die *Haut über* der *Pars clavicularis* des *M. pectoralis*, die Gegend des *Schlüsselbeins* und der *Schulter*

Radix motoria +. Die Radix motoria des Plexus cervicalis innerviert die *prävertebrale Halsmuskulatur*, die *Mm. scaleni*, die *untere Zungenbeinmuskulatur*, das *Zwerchfell* und einen Teil von *M. trapezius* (zusätzlich N. accessorius), *M. sternocleidomastoideus* (zusätzlich N. accessorius) und *M. levator scapulae* (zusätzlich N. dorsalis scapulae). Sie verfügt über *kurze* und *lange Äste*.

Kurze Äste. Sie dienen der Innervation des *M. rectus capitis anterior* (C1,2), *M. longus capitis* (C1–4), *M. longus colli* (C3,4), *Mm. scaleni* (C3,4) und *M. levator scapulae* (C3).

Lange Äste:

- **Ansa cervicalis** (◘ Abb. 13.59); mit dieser Nervenbrücke verbinden sich *Fasern aus C1*, die sich *streckenweise dem N. hypoglossus* (XII. Hirnnerv) anlagern, mit *Fasern aus C2–4* zur Innervation der *unteren Zungenbeinmuskeln*; die Ansa läuft streckenweise innerhalb der Vagina carotica (▶ S. 639)
- **R. sternocleidomastoideus** (C2,3)
- **R. trapezius** (C3,4)
- **N. phrenicus** + (C3 und C4, außerdem als »Nebenphrenikus« Fasern aus C5, die zunächst mit dem N. subclavius verlaufen); der N. phrenicus zieht auf dem M. scalenus anterior vor oder in der Lamina praevertebralis fasciae cervicalis zwischen A. und V. subclavia ins Mediastinum (weiterer Verlauf und Innervationsgebiete ▶ S. 298).

Zur Information

Anders als die Rr. ventrales bilden die Rr. dorsales der Halsnerven Einzelnerven. Sie ziehen um die Processus articulares der Halswirbel nach dorsal und spalten sich in überwiegend *sensible Rr. mediales*, die *Nackenhaut* und *Hinterhauptregion* versorgen, und in die vorwiegend *motorischen Rr. laterales*, für die Innervation der *Nackenmuskulatur* (▶ S. 249). Besonders benannt sind N. suboccipitalis (C1), N. occipitalis major (C2) und N. occipitalis tertius (C3) (Einzelheiten ▶ S. 250).

Vegetative Innervation

Die vegetative Innervation ist prinzipiell bineural. Dies bedeutet, dass die präganglionären Fasern vor Erreichen des Erfolgsorgans in Ganglien außerhalb des ZNS auf postganglionäre Neurone umgeschaltet werden (▶ S. 206).

Kopfganglien. Alle Kopfganglien besitzen drei Wurzeln, nämlich je eine parasympathische, eine sympathische und eine sensorische. Im Gegensatz zur parasympathischen Afferenz werden die Fasern der sympathischen und sensorischen Wurzeln in den Kopfganglien nicht umgeschaltet.

Kopfganglien sind:

- **Ganglion ciliare** +; es liegt im hinteren Teil der Orbita dem N. opticus lateral an, die präganglionären parasympathischen Fasern stammen aus den *Nucleus accessorius nervi oculomotori* (Westphal-Edinger-

Kern ► S. 773) und gelangen über den N. oculomotorius und die **Radix oculomotoria** *(Radix parasympathica)* zum Ganglion ciliare. Mit der **Radix nasociliaris** *(Radix sensoria)* durchlaufen sensorische Fasern das Ganglion. Die **Radix sympathica** geht aus dem postganglionären, sympathischen Plexus ophthalmicus hervor. Die aus dem Ganglion heraustretenden **Nn. ciliares breves** führen neben postganglionären parasympathischen Fasern auch sensorische und sympathische Axone. Sie durchbrechen die Sklera in Nähe der Austrittsstelle des N. opticus. Die *postganglionären* parasympathischen Fasern innervieren *M. ciliaris* und *M. sphincter pupillae*, die *sympathischen Fasern den M. dilatator pupillae.*

- **Ganglion pterygopalatinum** + (Abb. 13.60); es legt sich dem N. maxillaris (N. V2) kurz nach seinem Durchtritt durch das Foramen rotundum an und liegt damit in der Fossa pterygopalatina. Der N. maxillaris liefert auch die *sensorische Wurzel* für das Ganglion (*Rr. ganglionares* der Radix sensoria). Die präganglionäre parasympathische Wurzel (N. petrosus major) ist ein Ast des *N. intermedius* (Teil des N. VII). Der **N. petrosus major** zweigt am Ganglion geniculi aus dem N. facialis ab und zieht dann im Sulcus nervi petrosi majoris des Os temporale auf das Foramen lacerum zu. In der Vorderwand des Foramen lacerum erreicht der Nerv den Canalis pterygoideus, den er durchzieht, um als *Radix facialis* im Ganglion pterygopalatinum zu enden. Durch den Canalis pterygoideus zieht auch der **N. petrosus profundus**, der postganglionäre *Sympathikusfasern* aus dem Plexus caroticus internus zum Ganglion pterygopalatinum führt. Die **postganglionären** parasympathischen Fasern dienen der Innervation der *Tränendrüse* (über N. zygomaticus, N. zygomaticofacialis, R. communicans cum nervo lacrimali), der *Nasendrüsen* (über die Rr. nasales posteriores superiores laterales et mediales und die Rr. nasales posteriores inferiores) sowie der *Gaumendrüsen* (über N. nasopalatinus, N. palatinus major, Nn. palatini minores). Sympathische Fasern innervieren über *Rr. orbitales* den glatten M. orbitalis.
- **Ganglion oticum** +; es liegt unterhalb des Foramen ovale dem N. mandibularis (N. V3) medial an. Der dritte Trigeminusast liefert dann auch die *sensorische Wurzel* (**Radix sensoria**) für das Ganglion. Die *parasympathische Wurzel* beschreibt den langen Weg der **Jacobson-Anastomose** (Abb. 13.29, vom N. glossopharyngeus, N. IX, zum N. mandibularis, N. V3): vom *N. glossopharyngeus* (N. IX) zweigt der *N. tympanicus* ab. Er zieht durch den Canaliculus tympanicus und löst sich im *Plexus tympanicus* auf dem Promontorium ossis temporalis auf (Abb. 13.61). Ein Teil der präganglionären Fasern durchzieht den Plexus tympanicus und formiert sich zum *N. petrosus minor*, der im Sulcus nervi petrosi minoris der Pars petrosa ossis temporalis durch die mittlere Schädelgrube verläuft. Das Ganglion oticum erreicht er nach Durchtritt durch die Fissura sphenopetrosa. Die **sympathische Wurzel** für das Ganglion oticum entstammt dem postganglionären *sympathischen Plexus* der *A. meningea media*. Die postganglionären parasympathischen Fasern sind vor allem für die Gl. parotidea bestimmt. Sie errei-

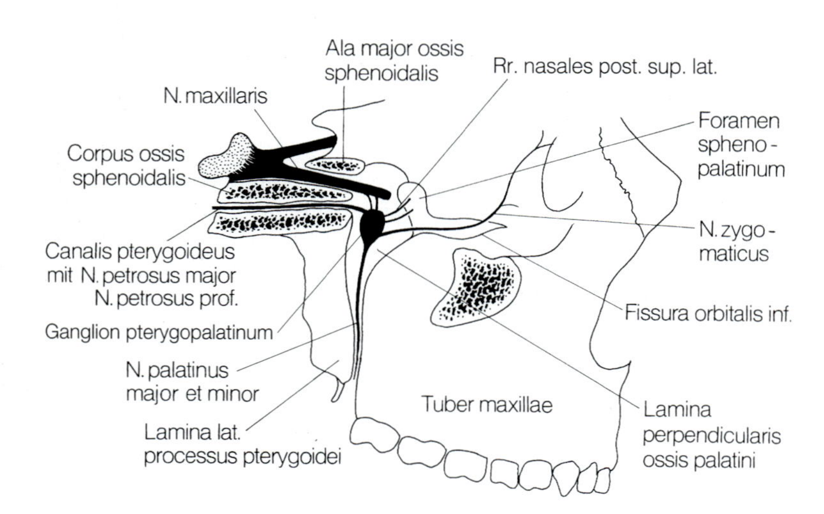

Abb. 13.60. Ganglion pterygopalatinum mit seinen Verbindungen

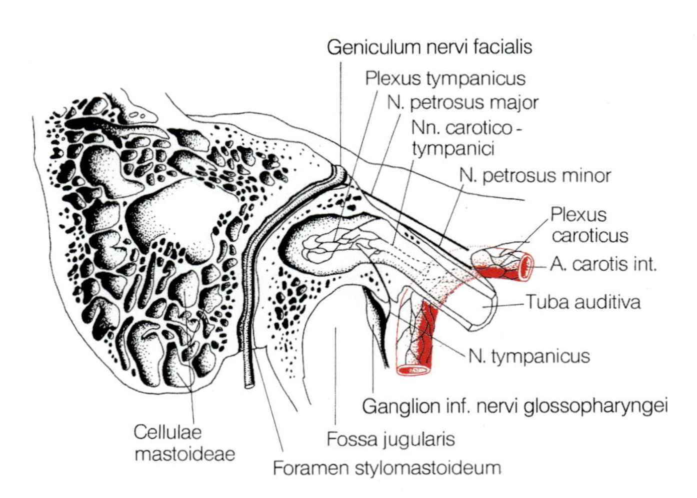

Abb. 13.61. Plexus tympanicus auf dem Promontorium der Paukenhöhle. Der Plexus erhält sekretorische Fasern über den N. tympanicus aus dem N. glossopharyngeus und sympathische Fasern über die Nn. caroticotympanici aus dem Plexus caroticus. Präganglionäre sekretorische Fasern durchlaufen den Plexus und ziehen als N. petrosus minor zum Ganglion oticum (Jacobson-Anastomose zur Innervation der Gl. parotidea)

chen diese über die Rr. parotidei des *N. auriculotemporalis* (N. III), dem sie sich über den R. communicans cum nervo auriculotemporale anschließen.

- **Ganglion submandibulare** +; es liegt am oberen Rand der Glandula submandibularis und ist über kleine *Rr. communicantes* mit dem *N. lingualis* (Ast des N. mandibularis, N. V3) verbunden. Der N. lingualis liefert sowohl die *sensorische Wurzel* als auch die *parasympathische präganglionäre Wurzel* für das Ganglion. Die parasympathischen Fasern stammen aus dem *N. intermedius* (Teil des N. VII). Sie verlassen als **Chorda tympani** den N. facialis im Canalis facialis, ziehen unter der Schleimhaut der Paukenhöhle durch die Fissura petrotympanica mediodorsal des Kiefergelenks. Nach Austritt aus dieser Spalte lagert sich die Chorda tympani dem N. lingualis an (die Chorda tympani führt neben parasympathischen Fasern auch Geschmacksfasern ▶ S. 822). Die *sympathische* postganglionäre Wurzel entstammt dem sympathischen Plexus der A. facialis. Die *postganglionären* parasympathischen Fasern erreichen über *Rr. glandulares* vorwiegend die *Gl. submandibularis* und *Gl. sublingualis*.

Halsganglien. Führend ist die **Pars cervicalis des Truncus sympathicus.** Hinzu kommt der **Plexus pharyngealis** für die parasympathische Innervation der Halsorgane.

Pars cervicalis des Truncus sympathicus + (Abb. 13.62). Der Halssympathicus erstreckt sich von der Schädelbasis bis zum 1. BW. Er liegt eingeschlossen zwischen den Bindegewebslamellen in der *Lamina praevertebralis fasciae cervicalis* vor den Processus transversi der Halswirbel. In der Regel bilden sich drei Ganglien aus: **Ganglion cervicale superius, medium** und **inferius.** Nicht selten fehlt das Ganglion cervicale medium; oft ist das Ganglion cervicale inferius mit dem 1. Brustganglion zum **Ganglion cervicothoracicum**, synonym **Ganglion stellatum**, verschmolzen. Die *Rr. interganglionares* zwischen den Ganglien sind oft kein einheitlicher Strang, sondern Geflechte, die die A. thyroidea inferior in Form der *Ansa thyroidea* und die A. subclavia in Form der *Ansa subclavia* umgeben (Abb. 13.62).

- **Ganglion cervicale superius** +; es liegt in Höhe des 2. und 3. HW und wird ventral von A. carotis interna und V. jugularis interna bedeckt; ventrolateral verläuft der N. vagus (N. X); vom Ganglion cervicale superius aus wird der gesamte Kopf mit postganglionären sympathischen Nervenfasern versorgt; das Ganglion verlassen efferente Nervenfasern:
  - **N. jugularis**; er ist dem R. communicans griseus der thorakalen Ganglien vergleichbar: er leitet postganglionäre Sympathikusfasern, die sich dem N. vagus und N. glossopharyngeus anschließen
  - **N. caroticus internus**, dessen Fasern um die A. carotis interna den Plexus caroticus internus bil-

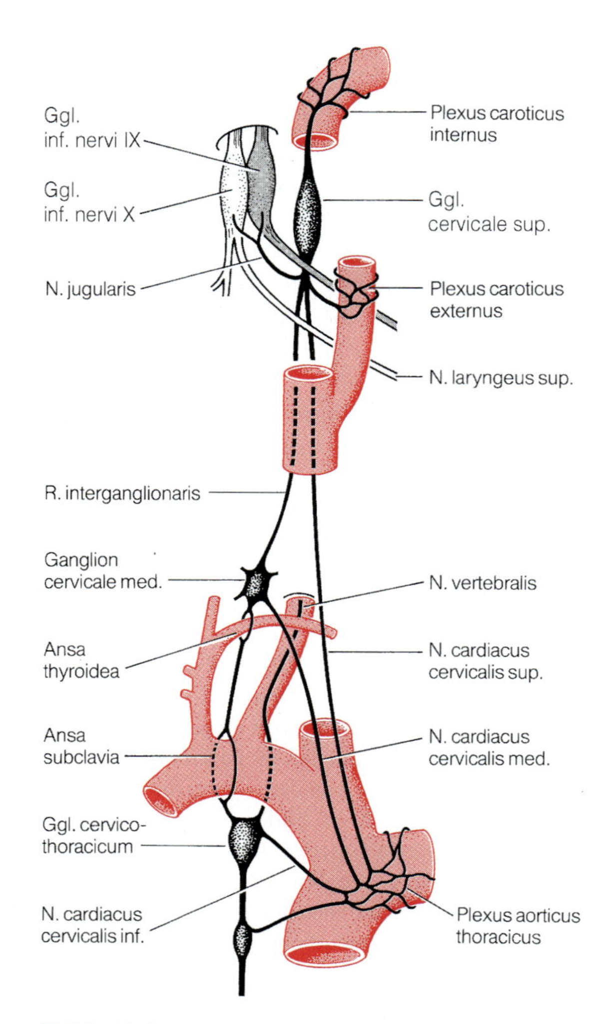

Abb. 13.62. Truncus sympathicus dexter, Pars cervicalis

den, von dem aus u. a. das Auge, die Tränendrüse und die Nasenschleimhaut mit Sympathikusfasern versorgt werden; die Fasern verlaufen, nachdem sie den Plexus caroticus internus verlassen haben, als N. petrosus profundus durch den Canalis pterygoideus (► S. 631)
  - **Nn. carotici externi**, die absteigend einen Plexus caroticus externus um die A. carotis externa bilden; von hier aus erreichen sympathische Fasern u. a. die großen Mundspeicheldrüsen und die Mundschleimhaut
  - **Rr. laryngopharyngei** zum Plexus pharyngeus
  - **N. cardiacus cervicalis superior**; er enthält neben postganglionären auch präganglionäre Sympathikusfasern, die erst im Plexus cardiacus umgeschaltet werden
- **Ganglion cervicale medium** +; es kann entweder ganz fehlen oder in mehrere kleine Ganglienzellgruppen aufgeteilt sein; das Ganglion liegt in Höhe des 6. HW in unmittelbarer Nachbarschaft zur A. thyroidea inferior und entlässt den **N. cardiacus cervicalis medius**
- **Ganglion cervicothoracicum** bzw. **Ganglion stellatum** +; es liegt auf dem Köpfchen der 1. Rippe, hat Kontakt zur Pleurakuppel und liegt in der Nähe der Abzweigung der A. vertebralis aus der A. subclavia; außer dem **N. cardiacus cervicalis inferior** geht aus diesem Ganglion auch der *N. vertebralis* hervor, der postganglionäre Sympathikusfasern zur A. vertebralis und über den *Plexus vertebralis* zu den Gefäßen der Hirnbasis bringt

Der **Plexus pharyngealis** befindet sich dorsal in der Wand des Pharynx und enthält branchiomotorische Fasern für den Pharynx sowie präganglionäre parasympathische Fasern des **N. glossopharyngeus** (N. IX) und **N. vagus** (N. X); im Plexus pharyngealis selbst erfolgt die Umschaltung auf postganglionäre parasympathische Fasern. Innerviert werden alle Halsorgane, u. a. die Glandulae pharyngeales, Glandulae laryngeales. Zum Plexus pharyngealis gelangen außerdem efferente Fasern aus dem **oberen Sympathikusgrenzstrang.**

In Kürze

Der wichtigste Ast der A. subclavia im Halsbereich ist die A. vertebralis, die in den Foramina transversaria der Halswirbel verläuft und sich an der Blutversorgung des Gehirns beteiligt. In der Aufteilung der A. carotis communis liegt das Glomus caroticum. Von den acht Ästen der A. carotis externa haben die A. lingualis, A. facialis und A. maxillaris mit 13 Ästen die größten Versorgungsgebiete. Ableitende Venen aus Kopf und Hals sind die V. facialis, V. retromandibularis, V. jugularis externa sowie die V. jugularis interna, die auch das Blut aus dem Schädelinneren aufnimmt. Die Lymphknoten an Kopf und Hals bilden Lymphknotenreihen um die großen Venen des Halses. Eine zusammenfassende Darstellung der Gehirnnerven mit ihren Versorgungsgebieten an Kopf und Hals liefert Tabelle 13.22. **Ergänzt wird die Halsinnervation durch Äste des Plexus cervicalis. Für die vegetative Innervation sorgen Äste der parasympathischen Kopfganglien (Ganglion ciliare, Ganglion pterygopalatinum, Ganglion submandibulare), parasympathische Äste des N. glossopharyngeus und N. vagus, und postganglionäre sympathische Fasern aus dem Ganglion cervicale superius.**

Sinnesorgane

14.1 Organe der somatischen und viszeralen Sensibilität – 682

14.2 Sehorgan – 683
14.2.1 Bulbus oculi – 683
14.2.2 Hilfsapparat – 697
14.2.3 Gefäße und Nerven der Orbita – 701

14.3 Hör- und Gleichgewichtsorgan – 704
14.3.1 Äußeres Ohr – 704
14.3.2 Mittelohr – 706
14.3.3 Innenohr – 711
14.3.4 Hörorgan – 712
14.3.5 Gleichgewichtsorgan – 716

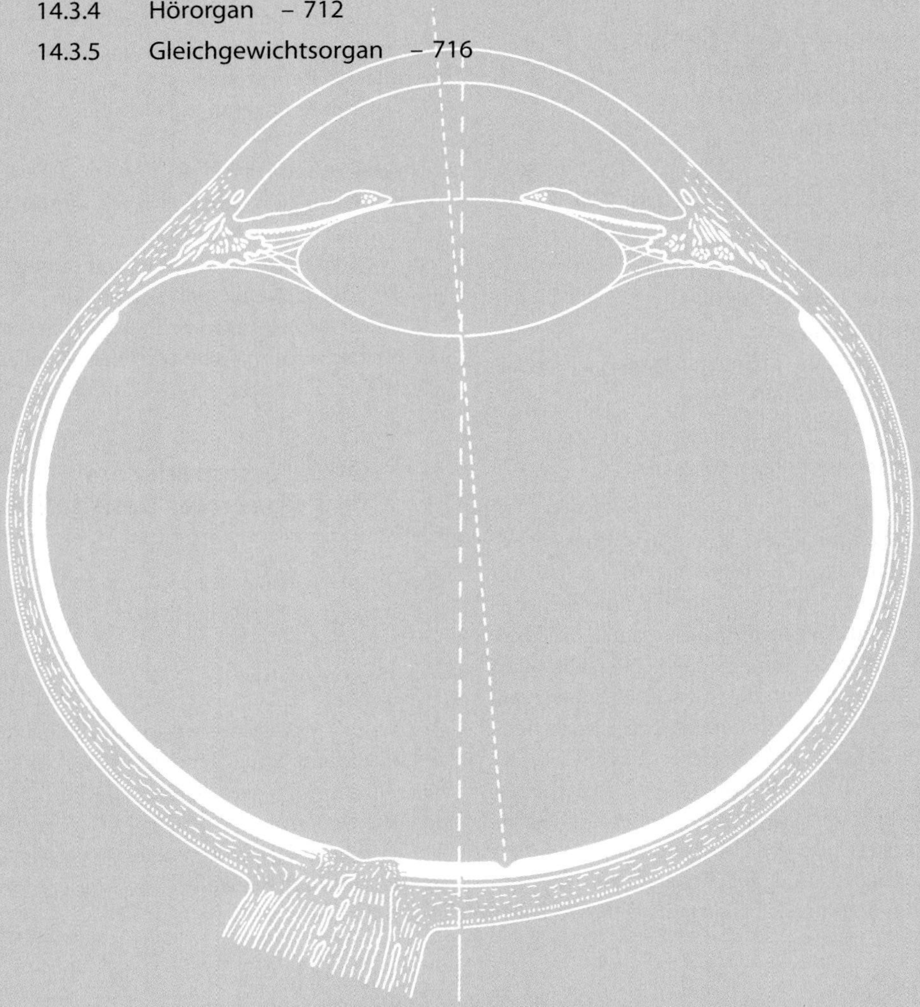

14 Sinnesorgane

In diesem Kapitel wird dargestellt,

- dass die inneren und äußeren Oberflächen des Körpers mit zahlreichen Sensoren versehen sind, die auf Sinnesreize reagieren
- dass Sensoren als freie bzw. eingekapselte Nervenendigungen (z.B. in der Haut) oder als Sinneszellen vorliegen, die Signale an Nervenendigungen weitergeben (z.B. im Auge oder Ohr)
- dass Sinnesorgane dazu beitragen, den Organismus den Bedingungen der äußeren und inneren Umwelt anzupassen sowie der Kommunikation dienen

Sinnesreize, die die äußere und innere Oberfläche des Körpers erreichen, führen zur Erregung afferenter sensorischer Nervenfasern. Sie liegen vor als

- **freie Nervenendigungen**
- **eingekapselte Nervenendigungen**
- **Nervenendigungen**, die in **Sinnesorganen** an spezialisierte Sinneszellen herantreten

Außerdem gibt es **primäre Rezeptorzellen.**

Freie Nervenendigungen. Freie Nervenendigungen bestehen aus blind endenden Nervenfasern (meist Aδ- oder C-Fasern ▶ S. 82), die von einer oft durchbrochenen Hülle aus Schwann-Zellen umgeben sind. Bindegewebsstrukturen (Perineurium) fehlen. Ortsabhängig dienen sie der Wahrnehmung von mechanischen und thermischen Reizen sowie Schmerzen. Freie Nervenendigungen treten auf als *Dehnungsrezeptoren* (z.B. an den Haaren) oder in den Wänden von Hohlorganen (z.B. den Herzvorhöfen), als *Pressorezeptoren* (Barorezeptoren, Druckrezeptoren) (z.B. in den Wänden der großen thorakalen und zervikalen Arterien), als *Thermorezeptoren* (z.B. in der Haut), als *Schmerzrezeptoren* (z.B. in Gelenkkapsel, Zahnpulpa, Periost, Haut u.a.).

Eingekapselte Nervenendigungen und Sinnesorgane sind

- **Organe der somatischen und viszeralen Sensibilität**
- **Sehorgan**
- **Hör- und Gleichgewichtsorgan**

Die Funktion der Sinnesorgane ist an Rezeptorzellen (Sensoren) gebunden. Sie liegen vor als

- **primäre Rezeptorzellen**
- **sekundäre Rezeptorzellen** (überwiegend)

Primäre Rezeptorzellen sind aus dem Neuroepithel hervorgegangen. Es handelt sich um modifizierte Nervenzellen, deren Fortsatz (»Axon«) das Zentralnervensystem erreicht. Dies ist z.B. bei den Sinneszellen des Auges und des Geruchsorgans der Fall.

Sekundäre Rezeptoren sind Sinneszellen, die mit (dendritischen) Axonen von Nervenzellen in synaptischen Kontakt treten.

14.1 Organe somatischer und viszeraler Sensibilität

Die Organe somatischer und viszeraler Sensibilität sind korpuskulär gebaut. Sie dienen:

- **Mechanorezeption**
- **Chemorezeption**

Organe der Mechanorezeption bestehen aus Perineuralzellen, die am Ende dendritischer Axone sensorischer Nervenzellen Kapseln bilden. Die Perineuralzellen wirken bei der Transduktion spezifischer Reize mit. Die Nervenfasern der Nervenendkörperchen selbst sind meist markscheidenführende Fasern vom Aβ-Typ (▶ S. 82).

Organe der Mechanorezeptoren sind Träger von
- **Oberflächensensibilität**
- **Viszerosensibilität**
- **Tiefensensibilität**

Oberflächensensibilität H4. Die Rezeptororgane liegen in der Haut:
- **Merkel-Zellen**
- **Ruffini-Körperchen**
- **Meissner-Tastkörperchen**
- **Genitalnervenkörperchen**
- **Vater-Pacini-Lamellenkörperchen**

Die Besprechung der Organe erfolgt in ▶ Kapitel 8 (▶ S. 221).

Viszerosensibilität. Überwiegend wird die Viszerosensibilität durch freie Nervenendigungen vermittelt (▶ oben). Hinzu kommen im Bereich der Eingeweide Vater-Pacini-Körperchen. Sie liegen im Bindegewebe der Organe bzw. deren Umgebung, z. B. im Pankreas oder in der Umgebung der Harnblase.

Tiefensensibilität. Gemeint sind damit Wahrnehmungen aus dem Bewegungsapparat, die nicht bewusst werden (Propriozeptoren). Sie erfolgen durch:
- **Muskelspindeln**
- **Golgi-Sehnenorgane**
- **Gelenkkapselorgane**

Die Besprechung der Organe der Tiefensensibilität und ihrer Wirkungsweise erfolgt auf ▶ S. 66.

Chemorezeptoren befinden sich in
- **Riechorgan** der Regio olfactoria der Nasenschleimhaut
- **Geschmacksorganen**, bevorzugt in der Schleimhaut der Zunge, aber auch der von Mund und Pharynx
- **Spezialorganen** zur Registrierung von Sauerstoff- sowie Kohlendioxidspannungen des Blutes (z. B. Glomus caroticum) (▶ S. 658).

Während in den Geschmacksknospen die Sinneszellen modifizierte Epithelzellen (sekundäre Sinneszellen) sind, handelt es sich bei den Zellen des Riechorgans um modifizierte Neuroepithelzellen (primäre Sinneszellen).

Die Besprechung des Riechorgans erfolgt im Zusammenhang der Nasenhöhle (▶ S. 627), die der Geschmacksknospen in dem der Zunge (▶ S. 621).

In Kürze

Die häufigsten Rezeptoren für Sinnesreize sind freie Nervenendigungen. Sie wirken vor allem als Mechanorezeptoren, dienen aber auch der Wahrnehmung von Schmerz und Temperatur. Daneben gibt es Rezeptororgane verschiedenster Art, in denen Nervenendigungen an (sekundäre) Sinneszellen bzw. Kapselzellen (Perineuralzellen) herantreten. Sie dienen der Chemo- oder Mechanorezeption. Chemorezeptorzellen befinden sich in den Geschmacksorganen, in Spezialorganen des Blutkreislaufs und als primäre Sinneszellen im Riechorgan.

14.2 Sehorgan  H94, 95

Das Sehorgan dient der Transformation von Lichtsignalen in Aktionspotenziale von Nervenzellen. Es befindet sich in der **Orbita** (*Augenhöhle*) (▶ S. 596).

Das Sehorgan besteht aus:
- **Bulbus oculi** (*Augapfel*)
- **Hilfsapparat**

14.2.1 Augapfel

Kernaussagen

- Der Bulbus oculi (Augapfel) wird von drei Augenhäuten umschlossen, den Tunicae bulbi, und durch Sklera und den Quelldruck des Glaskörpers formstabil gehalten.
- Der Bulbus oculi hat lichtdurchlässige Medien (Hornhaut, Kammerwasser, Linse, Glaskörper), die zusammen mit der Regenbogenhaut (Iris) und der Pupille das dioptrische System des Auges bilden.
- Der lichtempfindliche Teil des Auges ist die Pars optica der Netzhaut am Augenhintergrund.

Der Bulbus oculi besteht aus:
- **Tunicae bulbi** (*Augenhäuten*):
  - **Tunica fibrosa bulbi**
  - **Tunica vasculosa bulbi**
  - **Tunica interna bulbi** (*Retina*, *Netzhaut*)
- **dioptischen Systemen:**
  - **Cornea** (*Hornhaut*) als Teil der Tunica fibrosa bulbi
  - **Humor aquosa** (*Kammerwasser*) in der **vorderen und hinteren Augenkammer** (*Camera anterior*, *Camera posterior*)
  - **Iris** (*Regenbogenhaut*) mit **Pupille**
  - **Lens** (*Linse*)
  - **Corpus vitreum** (*Glaskörper*) im Glaskörperraum (*Camera postrema*)

Die Sensoren für Lichtsignale befinden sich in der **Pars optica** der **Retina** (*Netzhaut*).

Augenabschnitte. Unterschieden werden ein **vorderes Segment** (*Segmentum anterius*) mit Cornea und Linse und ein **hinteres Segment** (*Segmentum posterius*), dem Gebiet hinter Linse und Zonula ciliaris.

Aufrecht erhalten wird die Form des Bulbus oculi durch den Augeninnendruck (▶ unten) und die derbe Tunica fibrosa bulbi.

Der **Durchmesser des Augapfels** beträgt etwa 24 mm. Jedoch ist der Krümmungsindex der Kornea, die vorne wie ein Uhrglas in die Tunica fibrosa bulbi eingelassen ist, größer als der des übrigen Bulbus.

Augenachsen (Abb. 14.1). Unterschieden werden:
- **Axis bulbi**
- **Axis opticus**
- **Aequator bulbi oculi**

Der **Axis bulbi** (*Augenachse*) verbindet den vorderen und hinteren Augenpol.

Der **Axis opticus** (*Sehachse*) verläuft durch die Krümmungsmittelpunkte der im Strahlengang liegenden Grenzflächen der brechenden Medien (vordere und hintere Hornhaut- und Linsenflächen) und erreicht

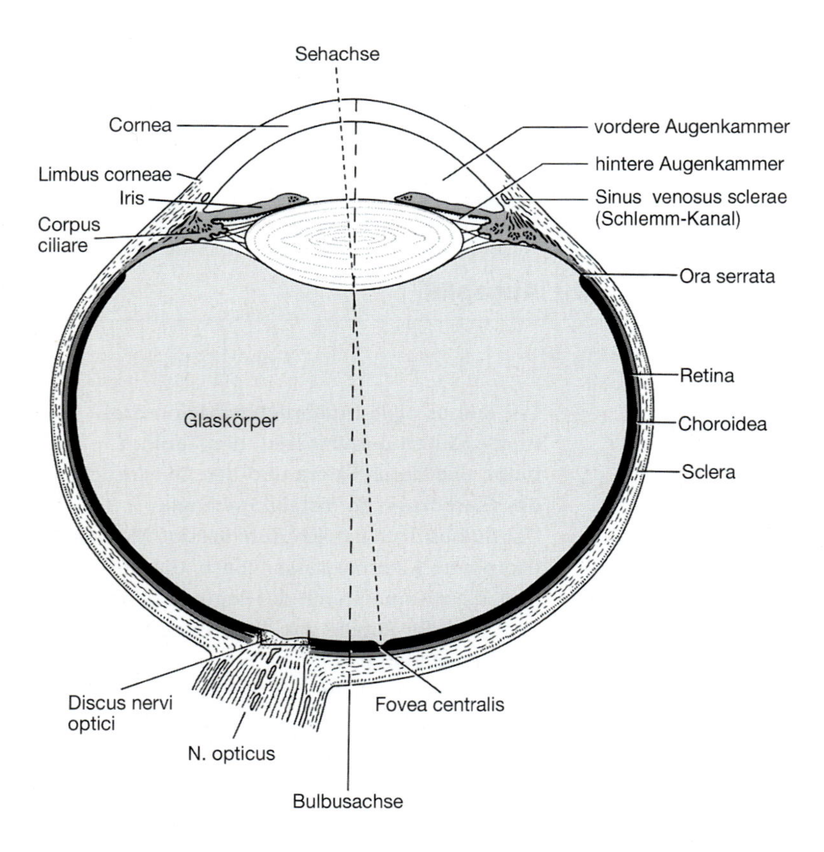

Abb. 14.1. Bulbus oculi, Übersicht

14

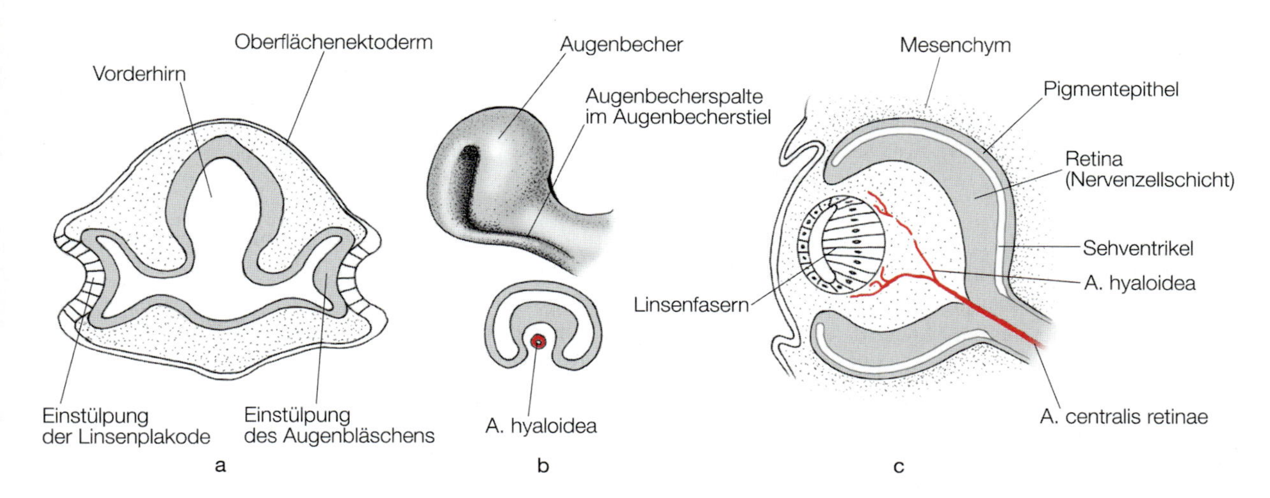

Abb. 14.2. Augenentwicklung. Neuroektoderm *grau*

die **Fovea centralis** der Tunica interna bulbi, den Ort des schärfsten Sehens (▶ unten). Er liegt lateral vom Discus nervi optici, dem Abgang des N. opticus.

Der Äquator kennzeichnet den größten Querdurchmesser des Augapfels; er teilt den Bulbus in eine annähernd gleich große vordere und hintere Hemisphäre.

Zur Entwicklung (Abb. 14.2)

Tunica interna bulbi. Am Ende des 1. Entwicklungsmonats treten seitlich am Vorderhirn zwei **Augenbläschen** auf, die direkten Kontakt mit dem Ektoderm der embryonalen Oberfläche bekommen. Dort wird die **Linsenanlage** induziert. Die Augenbläschen selbst werden in der Folgezeit eingebuchtet und zu **Augenbechern.** Durch die Einbuchtung bekommt der Augenbecher ein äußeres und ein inneres Blatt. Hieraus gehen die Schichten der Tunica interna bulbi (Retina) hervor. Auch bei weiterem Wachstum bleibt der Augenbecher durch den **Augenbecherstiel** mit der Anlage des Gehirns verbunden.

Bei der Entstehung des Augenbechers wird sein mittlerer unterer Rand eingestülpt und es entsteht die **Augenbecherspalte**, die bis in den Augenbecherstiel reicht. In der Augenbecherspalte verlaufen im Bindegewebe die *Vasa hyaloidea.*

Die Linse geht aus dem Oberflächenektoderm hervor (▶ oben). Ihre Anlage tritt zunächst als **Linsenplakode** auf, wird dann aber zum **Linsenbläschen**, das in der Folgezeit im Augenbecher versinkt und seinen Kontakt mit dem Ektoderm verliert.

Pupille. Die Augenpupille entsteht in der 7. Entwicklungswoche aus dem mesenchymalen Rand des Augenbechers, nachdem sich die Augenbecherspalte geschlossen hat. – Unterbleibt der Verschluss der Augenbecherspalte, entsteht ein *Kolobom.*

Tunica fibrosa bulbi, Tunica vasculosa bulbi. Sie gehen aus dem Mesenchym der Umgebung des Augenbechers hervor. Dabei ist die Schicht, die dem Augenbecher unmittelbar anliegt (später Tunica vasculosa bulbi), der Pia mater des Gehirns, die äußere Schicht (später Tunica fibrosa bulbi) der Dura mater vergleichbar.

Kornea und vordere Augenkammer. Das Epithel der Kornea geht – induziert vom Augenbecher – aus dem Oberflächenepithel, die übrigen Anteile aus dem Mesenchym der Umgebung des Augenbechers hervor. Die vordere Augenkammer entsteht durch Spaltbildungen im Mesenchym unter der Anlage des Korneaepithels. Dabei verbleibt zunächst eine Mesenchymscheide vor der Linse (*Membrana iridopupillaris*), die die Pupille anfangs komplett verschließt.

Der **Glaskörper** entsteht durch Umwandlung des Mesenchyms, das durch den Augenbecherspalt in das Augenbecherinnere gelangt ist.

Tunica fibrosa bulbi

Wichtig

Die Tunica fibrosa oculi ist die derbe schützende Hülle des Bulbus oculi. Sie besteht aus der Sclera und der am vorderen Pol uhrglasförmig eingelassenen lichtdurchlässigen Hornhaut (Cornea).

Sclera

Die **Sklera** (*weiße (harte) Augenhaut*) ist beim Erwachsenen weißlich, beim Säugling jedoch wegen geringerer Dicke bläulich. Sie überdeckt fünf Sechstel des Auges. Vorne bildet der **Limbus corneae** den *Hornhautrand* (Abb. 14.1).

Am dicksten ist die Sklera am Sehnervenaustritt (1–1,5 mm), am dünnsten am Äquator (0,4 mm). Im vorderen Bereich, der das Weiße des Auges ausmacht, ist sie von der **Conjunctiva bulbi** bedeckt (▶ S. 698).

Mikroskopische Anatomie. Die Sklera besteht aus dicht gepackten Kollagenfaserlamellen, die sich in verschiedenen Richtungen und Winkeln kreuzen, aber insgesamt parallel zur Organoberfläche verlaufen. In einer inneren Schicht lockeren Bindegewebes kommen vermehrt Melanozyten vor. Am Limbus corneae setzen sich die Fasern der Sklera kontinuierlich in die der Substantia propria corneae fort.

Cornea H2

Die **Cornea** (*Hornhaut*) (Abb. 14.1) befindet sich in einer Öffnung der Sklera, die einen Durchmesser von etwa 12 mm hat. Bei Ansicht von vorne hat die Kornea andeutungsweise die Kontur eines quer gestellten Ovals, weil die Sklera ihren oberen und unteren Rand von außen überzieht. Bei Ansicht von hinten erscheint die Kornea kreisrund.

Am Übergang von Kornea und Sklera befindet sich außen der **Sulcus sclerae.** Innen zur vorderen Augenkammer hin liegt im Winkel zwischen Hornhaut und Iris ein bindegewebiges Balkenwerk (**Retinaculum trabeculare**) (▶ S. 690).

Die Kornea hat wie die Sklera derbe Konsistenz und ist sehr zugstabil. Sie ist stark gekrümmt, an der Hinterfläche etwas stärker als an der Vorderfläche. Dadurch ist der Rand der Kornea leicht verdickt.

Die Kornea ist lichtdurchlässig, weil die Brechungsindices aller ihrer Bestandteile gleich sind – vorausgesetzt, das Korneaepithel des Auges ist vom Tränenfilm befeuchtet.

Zur Information

Die Hornhaut wirkt durch ihre starke Krümmung als Sammellinse von etwa 40 Dioptrien. Bei ungleichmäßiger Krümmung der Hornhaut kommt es zum *Astigmatismus* (Korrektur durch Zylindergläser); die Lichtstrahlen werden dann nicht zu einem Punkt (gr. Stigma), sondern zu einer Linie vereinigt.

Schichtenfolge (Abb. 14.3). Es folgen von außen nach innen aufeinander:

- **Tränenfilm**
- **mehrschichtiges unverhorntes Plattenepithel**
- **Lamina limitans anterior**
- **Substantia propria**
- **Lamina limitans posterior**
- **Hornhautendothel**

Der **Tränenfilm** setzt sich aus einer äußeren **Lipidschicht** (Herkunft: Meibom-Drüsen), einer **wässrigen Schicht** (Herkunft: Tränendrüse) und einer inneren **Muzinschicht** auf der Epitheloberfläche (Herkunft: Becherzellen der Bindehaut) zusammen.

Das **unverhornte Hornhautepithel** ist mehrschichtig (wäre es verhornt, wäre es nicht durchsichtig). Nach einer Verletzung regeneriert es schnell. Am Rand (**Anulus conjunctivae**) – etwa innerhalb des *Limbus corneae* –

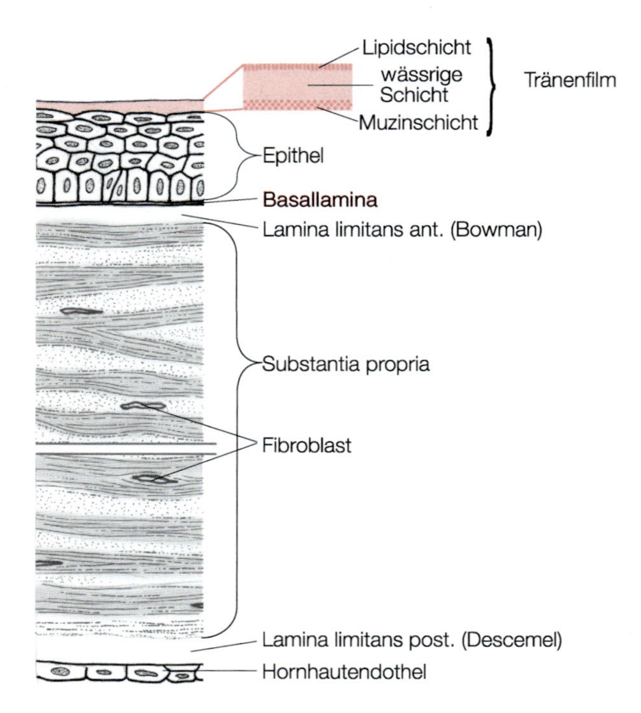

Abb. 14.3. Kornea

setzt sich das Hornhautepithel in das Epithel der Tunica conjunctivae bulbi fort.

Die **Lamina limitans anterior** (*Bowman-Membran*) liegt unter der Basallmina des Epithels und ist eine 10–20 µm dicke homogene Grenzschicht mit vereinzelten Tropokollagenfilamenten. Sie leitet sich von der Substantia propria ab.

Die **Substantia propria** besteht aus Lamellen regelmäßig geschichteter, parallel zueinander verlaufender Kollagenfibrillen, Fibrozyten und einer amorphen chondroitinsulfatreichen Grundsubstanz. Durch die Pumpwirkung des Hornhautendothels wird als Voraussetzung für die Transparenz der Kornea der Wassergehalt des Hornhautstromas konstant bei 78% gehalten.

Die **Lamina limitans posterior** (*Descemet-Membran*) ist 5–10 µm dick und enthält zarte Kollagenfibrillen.

Das **Hornhautendothel** bildet die Hinterwand der Kornea. Es ist einschichtig flach und kaum regenerationsfähig. Defekte des Endothels können daher nur durch Ausbreitung benachbarter Zellen gedeckt werden. Das Endothel bewirkt durch aktiven Transport von Natrium-, Kalium- und Hydrogenkarbonationen einen Wasseraustritt aus dem Hornhautstroma zur Vorderkammer.

Klinischer Hinweis

Schädigungen des Hornhautendothels bei Augenoperationen, z.B. bei Hornhauttransplantationen, müssen vermieden werden, da sie zu Hornhauttrübungen führen können.

Gefäße, Innervation. Die Hornhaut ist **gefäßfrei**. Dies geht auf ein Bindungsprotein zurück, das von den obersten Zellschichten der Hornhaut gebildet wird und die Wachstumsfaktoren von Gefäßen abfängt. Jedoch wird die Hornhaut sensorisch von Nn. ciliares longi aus dem N. nasociliaris (Äste des *N. V1*, ► S. 703) innerviert. Es handelt sich um freie Nervenendigungen im Hornhautepithel (Kornealreflex). Die Hornhaut ist sehr schmerzempfindlich.

Tunica vasculosa bulbi e H94, 95

Wichtig

Die Tunica vasculosa bulbi, Uvea, liegt der Sklera innen an. Sie besteht aus Choroidea, Corpus ciliare und Iris. Die Choroidea, Aderhaut, befindet sich zwischen Sklera und Netzhaut. Der größere gefäßreiche Anteil liegt der Sklera an. Zur Netzhaut hin befindet sich eine elastische Membran, Bruch-Membran. Nach vorne folgt der Choroidea das Corpus ciliare, Strahlenkörper, mit dem M. ciliaris und der Befestigung des Aufhängeapparates der Linse und dann die Iris, Regenbogenhaut. Die Iris passt wie eine Blende die Pupillenweite der Helligkeit an.

Die **Tunica vasculosa bulbi** (*mittlere Augenhaut*, **Uvea**) besteht aus (Abb. 14.1):

- **Choroidea** (*Aderhaut*)
- **Corpus ciliare** (*Strahlenkörper*)
- **Iris** (*Regenbogenhaut*)

Corpus ciliare und **Iris** gehören zusammen mit der **Linse** zum **Akkommodationsapparat**, der das Nah- und In-die-Ferne-Sehen ermöglicht.

Choroidea

Die **Choroidea** (*Aderhaut*) ist der Teil der mittleren Augenhaut, der der Pars optica der Retina anliegt (► unten). Die Choroidea ist dünn, führt viele Gefäße und ist relativ pigmentreich.

Die Choroidea gliedert sich in:

- **Lamina suprachoroidea**
- **Lamina vasculosa**
- **Lamina choroidocapillaris**

Die **Lamina suprachoroidea** liegt unter der Sklera. Sie ist eine lockere Verschiebeschicht. In ihr verlaufen größere Gefäße und Nerven zum Corpus ciliare und zur Iris: Aa. ciliares, Vv. vorticosae, Nn. ciliares (Einzelheiten ► S. 696, 702, 703).

Die **Lamina vasculosa** führt ausgedehnte Venengeflechte und die **Lamina choroidocapillaris** hat ein dichtes Kapillarnetz zur Versorgung der äußeren Retinaschicht (► unten), von der sie durch eine 2 µm dicke Membran (**Bruch-Membran**, Lamina basalis) getrennt ist. Sie liegt dem Pigmentepithel der Retina an (► unten).

Die **Bruch-Membran** (Abb. 14.6) besteht aus einer Schicht elastischer Fasern (Stratum elasticum), die beiderseits durch Kollagenfasern zuggesichert wird. Die Bruch-Membran endet vorne an der Ora serrata (vordere Grenze der Pars optica retinae ▶ unten). Dort setzt der M. ciliaris des Corpus ciliare an.

Corpus ciliare e H94

Das **Corpus ciliare** (*Strahlenkörper*) (Abb. 14.1, 14.4) setzt die Choroidea fort. Es ist durch glatte Muskulatur verdickt und radiärstrahlig gegliedert.

Das Corpus ciliare ist in zwei Zonen unterteilt, die wie eine Halskrause die Basis der Iris umgreifen (Abb. 14.5):

- **Orbiculus ciliaris** ist eine etwa 4 mm breite basale Ringzone mit direktem Anschluss an die Ora serrata und hat feine **Plicae ciliares**
- **Corona ciliaris** folgt ihrerseits nach vorne dem Orbiculus ciliaris, ist 2 mm breit und besteht aus 70–80 **Processus ciliares**, die zur Linse hin am höchsten sind und 0,5 cm vom Linsenrand entfernt enden

Aufgebaut ist das Corpus ciliare aus

- **Ziliarepithel**, aus dem **Fibrae zonulares** hervorgehen
- **Stroma** mit dem **M. ciliaris**

Das **Ziliarepithel** ist zweischichtig und liegt zwischen einer inneren Basallamina – zum subepithelialen Bindegewebe hin – und einer äußeren Basallamina an der freien Oberfläche. Die Zellschicht, die dem Bindegewebe aufliegt, ist pigmentiert.

Entwicklungsgeschichtlicher Hinweis
Das Epithel des Corpus ciliare geht auf den Augenbecher mit einem inneren und äußeren Blatt zurück (deswegen zweischichtig ▶ oben). Es ist daher Teil der Retina (Tunica interna bulbi ▶ unten).

Vom Corpus ciliare wird **Kammerwasser** abgegeben. Es entsteht durch Ultrafiltration aus den Gefäßen und durch Sekretion des Epithels.

Fibrae zonulares (Abb. 14.4). Sie entspringen von der inneren Basallamina der Pars ciliaris retinae und erreichen die Linse (▶ unten). Zu unterscheiden sind lange Fasern, die von den hinteren Processus ciliares, und kurze Fasern, die von den vorderen Processus ciliares ausgehen.

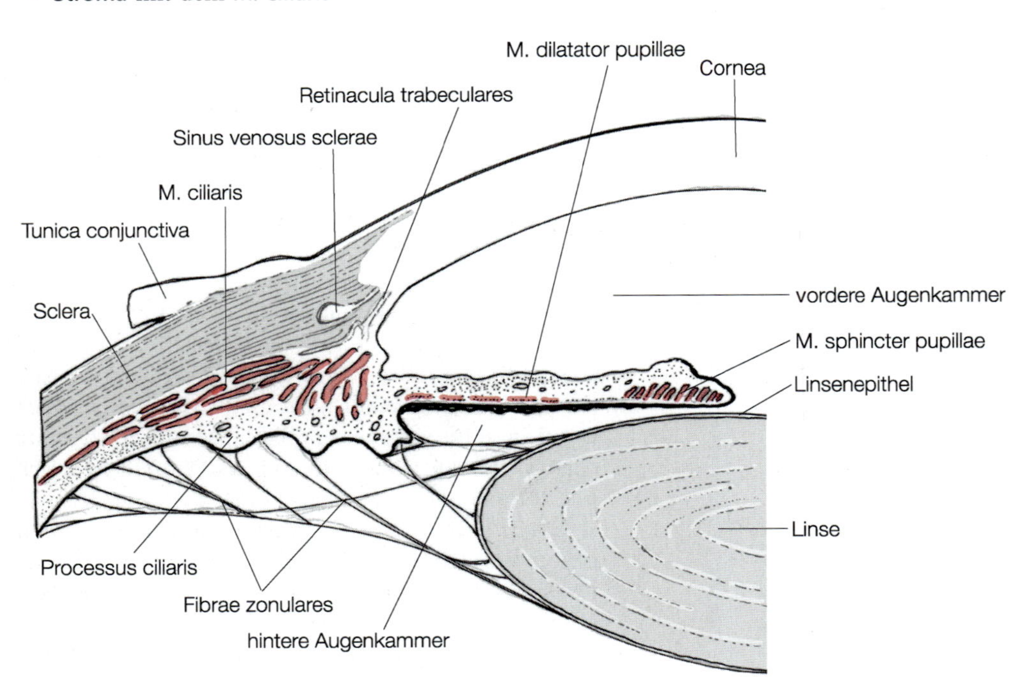

Abb. 14.4. Corpus ciliare, Iris, Linsenaufhängung, Augenkammern e H94

Der **M. ciliaris** besteht aus glatten Muskelfasern. Seine Faserzüge verlaufen in drei Richtungen:

- **Fibrae meridionales** (*äußere Meridionalfasern*, Brückemuskel) entspringen am Limbus corneae und ziehen zur Lamina basalis choroideae (Bruch-Membran); Kontraktion des Brückemuskels zieht den Ziliarkörper nach vorn, dabei entspannen sich im Wesentlichen die hinteren langen Zonulafasern
- **Fibrae circulares** (*zirkuläre Fasern*, Müller-Muskel) bilden eine Art Sphinkter an der Innenkante des Ziliarwulstes; Kontraktion dieser Fasern entspannt vor allem die vorderen Zonulafasern
- **radiäre Fasern** sind am wenigsten ausgebildet und verbinden meridionale und zirkuläre Muskelfasern

Innervation. Sie erfolgt durch parasympathische Fasern des N. oculomotorius nach Umschaltung im Ganglion ciliare und sympathische Fasern aus dem Ganglion cervicale superius.

Iris e H94

Iris (*Regenbogenhaut*) (Abb. 14.4, 14.5). Sie umgreift die Pupille, deren Durchmesser durch die **Irismuskulatur** verändert werden kann.

Die Iris weist auf:

- **Margo pupillaris** als Rand des Pupillarteils; er bildet den **Anulus iridis minor** (*Iriskrause*)
- **Margo ciliaris** als Rand des dickeren Ziliarteils an der Iriswurzel (**Anulus iridis major**)

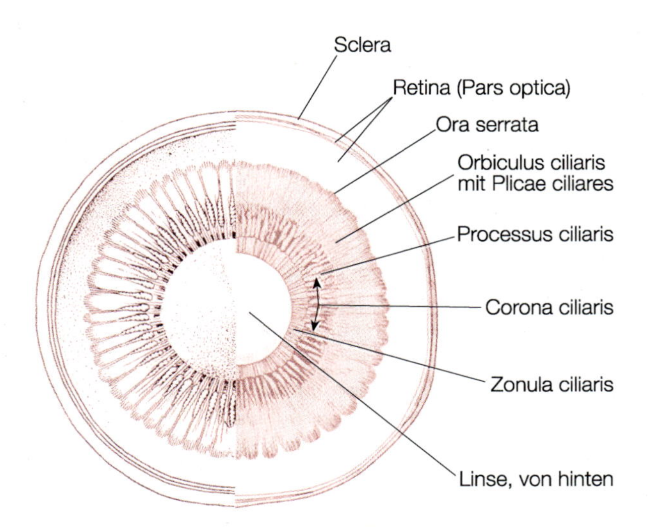

Abb. 14.5. Iris und Corpus ciliare. Hinterfläche (*links*), nach Entfernung der Linse (*rechts*)

An der Iriswurzel verläuft ein **Circulus arteriosus iridis major**, der einen unvollständigen **Circulus arteriosus minor** nahe am Pupillenrand speist.

Aufgebaut ist die Iris aus

- **Irisstroma** mit **Muskulatur**
- **Pigmentepithel**

Irisstroma. Zur vorderen Augenkammer hin hat die Regenbogenhaut *kein* bedeckendes Epithel, sondern lediglich verzweigte Mesothelzellen, die breite Lücken lassen. Dadurch fällt der Blick ins Auge direkt auf das Irisstroma.

Das Irisstroma ist ein Schwammwerk eines lockeren, faserarmen kollagenen Bindegewebes, das radiärstrahlig zum Margo pupillaris hin angeordnet ist. Es ist gefäßreich und weist Melanozyten in unterschiedlicher Menge auf (Irisfarbe).

Pigmentepithel. Es befindet sich auf der Hinterfläche der Iris und ist zweischichtig. Das Irisepithel ist aus dem Augenbecher hervorgegangen (▶ oben).

Muskulatur. Um die Pupille herum liegen

- **M. sphincter pupillae**
- **M. dilatator pupillae**

Der **M. sphincter pupillae** (nichtpigmentierte glatte Muskelzellen) umgreift die Pupille. Er vermag die Pupille zu verengen.

Der **M. dilatator pupillae** besteht aus grazilen Muskelbündeln, die radiär verlaufen. Seine Muskelzellen sind pigmentiert, da sie dem Pigmentepithel der Iris entstammen. Sie können die Pupille erweitern.

Innervation. Der M. sphincter pupillae wird *vorwiegend parasympathisch* (aus dem N. oculomotorius nach Umschaltung im Ganglion ciliare), der M. dilatator pupillae *vorwiegend sympathisch* (aus dem Ganglion cervicale superius) innerviert. Jeder Muskel wird aber auch von dem gegenteiligen Anteil des vegetativen Nervensystems erreicht; dabei bewirken die sympathischen Fasern im M. sphincter pupillae eine Kontraktionshemmung. Insgesamt führt ein hoher Tonus des Sympathikus zu einer Weitstellung der Pupille, ein geringer zu einer Verengung (z. B. bei Müdigkeit).

Klinischer Hinweis
Ist die Sympathikusinnervation des Auges gestört, tritt das *Horner-Syndrom* auf:
- *Miosis*, d.h. Engstellung der Pupille durch Überwiegen des M. sphincter pupillae
- *Ptosis*, d.h. hängendes Oberlid durch Ausfall des M. tarsalis superior (► S. 698)

Symptome des Horner-Syndroms können ein Frühzeichen eines Bronchialkarzinoms im Oberlappen der Lunge oder eines Schilddrüsentumors sein.

Optischer Apparat

Wichtig

Der optische Apparat projiziert von einem beobachteten Gegenstand ein verkleinertes umgekehrtes Bild auf die Netzhaut.

Der optische Apparat des Auges besteht aus (Abb. 14.1):
- **Cornea** mit **Tränenfilm** (► S. 686)
- **Kammerwasser**
- **Linse**
- **Pupille**
- **Glaskörper**

Kammerwasser, Augenkammern

Das Kammerwasser wird vom Epithel des Corpus ciliare sezerniert (► oben). Es füllt die **hintere** und **vordere** Augenkammer (Abb. 14.4).

Die hintere Augenkammer wird nach hinten vom Glaskörper, nach vorne von der Rückseite der Iris und nach medial von der Linse begrenzt. Durch sie verlaufen die Zonulafasern (► oben).

Die vordere Augenkammer steht mit der hinteren Augenkammer durch die Pupille in offener Verbindung. Die vordere Augenkammer liegt vor Linse und Iris. Nach vorne wird sie vom Endothel der Kornea begrenzt.

Das Kammerwasser gelangt in einem dauernden Fluss aus der hinteren Augenkammer am Pupillenrand vorbei in die vordere Augenkammer. Dort kommt es im **Angulus iridocornealis** (*Kammerwinkel*) in ein labyrinthartiges Maschenwerk aus Bindegewebsbälkchen (**Retinacula trabeculares**) mit dazwischen liegenden **Fontana-Räumen.** Von dort wird das Kammerwasser über den **Sinus venosus sclerae** (*Schlemm-Kanal*) durch Venen abgeleitet.

Klinischer Hinweis
Das Auge enthält 0,2–0,4 ml Kammerwasser, das etwa alle 1–2 h erneuert wird. Produziert werden 2,4 mm^3/min. Das Kammerwasser trägt zur Ernährung der angrenzenden Strukturen und zur Aufrechterhaltung des Augeninnendrucks bei, dadurch werden die Form des Bulbus und der Strahlengang des Lichtes gesichert. Steigt jedoch der Innendruck des Auges (normal 10–20 mmHg), z.B. durch Abflussbehinderung des Kammerwassers im Kammerwinkel, kommt es zum *Glaukom* (grüner Star) mit der Gefahr der Erblindung durch Druckatrophie des Sehnerven (Exkavation der Papille).

Linse e H94

Linse (Lens). Die Linse steht im Zentrum des optischen Apparats. Sie ist kristallklar und bikonvex (Durchmesser 10 mm, Dicke in der Mitte 4 mm). Ihre Vorderfläche ist weniger gewölbt als ihre Hinterfläche.

Die Linse ist elastisch. Dadurch sind Form und Brechkraft veränderlich. Sie kann den Strahlengang des Lichtes im Auge den unterschiedlichen Bedingungen beim Nah- und In-die-Ferne-Sehen anpassen (Akkommodation).

Die Linse besteht aus:
- **Capsula lentis** (*Linsenkapsel*)
- **Epithelium lentis** (*Linsenepithel*) nur an der Vorderseite
- **Fibrae lentis** (*Linsenfasern*)

  Hinzu kommen zur Halterung der Linse
- **Fibrae zonulares** (*Zonulafasern*)

Die Linsenkapsel ist eine dicke lichtbrechende Basalmembran, die die Linse allseitig umschließt.

Das Linsenepithel der Vorderseite ist einschichtig isoprismatisch. Aus dem Epithel der Rückseite sind dagegen während der Entwicklung aus elongierten Zellen Linsenfasern hervorgegangen. Deswegen fehlt der Linse hinten eine epitheliale Oberfläche.

Die Linsenfasern verlaufen lamellenförmig und treffen an **Linsensternen** zusammen. Sie werden laufend durch Linsenfasern ergänzt, die aus Epithelzellen am Linsenäquator hervorgehen und früher entstandene Fasern schalenförmig umgeben. Durch Wasserabgabe werden die zentral gelegenen Fasern im Laufe der Zeit dünner und bilden den **Linsenkern**.

14

Klinischer Hinweis

Mit zunehmendem Alter vergrößert und verhärtet sich der Linsenkern. Dadurch nimmt die Elastizität der Linse ab, sodass Schrift im üblichen Abstand von 35–40 cm nicht mehr mühelos gelesen werden kann (Alterssichtigkeit, *Presbyopie*). Kommt es durch weiteren Wasserverlust zur Linsentrübung, entsteht eine *Katarakt* (grauer Star).

Fibrae zonulares. Die Linse wird durch die radiär orientierten Fibrae zonulares (▶ oben) in ihrer Lage gehalten. Die Zonulafasern inserieren an der Linsenkapsel. Sie ermöglichen die Akkommodation. Die Fibrae zonulares bilden mit den zwischen ihnen gelegenen Plicae circulares die Zonula ciliaris (■ Abb. 14.5).

Zur Information

Die Brechkraft der von angespannten Zonulafasern gehaltenen Linse beträgt etwa 19 Dioptrien. Dabei werden parallel ins Auge fallende Strahlen im optischen Apparat so gebrochen, dass sich ihr Fokus auf der Netzhaut befindet. Dies ist der Fall, wenn die Gegenstände wenigstens 5 m entfernt sind. Unter diesen Umständen ist der M. ciliaris erschlafft und es überträgt sich die Spannung des elastischen Gewebes der Choroidea (Bruch-Membran) durch die Zonulafasern auf die Linse, sodass deren Krümmung gering ist. Um Gegenstände in der Nähe deutlich zu sehen, muss jedoch die Brechkraft des dioptrischen Apparates erhöht werden. Hierzu kontrahiert ein Teil der Ziliarmuskulatur. Dadurch wird der Ziliarkörper nach vorne gezogen und die elastische Spannung der Zonulafasern lässt nach. Als Folge rundet sich die Linse ab, besonders ihre Vorderfläche wölbt sich stärker vor und die Linse wird dicker.

Pupille

Die **Pupille** ist die Öffnung im Irisring. Durch ihre Weite wird der Lichteinfall auf die Netzhaut geregelt. Dies ist möglich, weil die Pupille reflektorisch durch die Irismuskeln unterschiedlichen Lichtverhältnissen angepasst wird. Insgesamt wirkt die Pupille wie die Blende eines Photoapparates: bei enger Pupille nimmt die Tiefenschärfe zu.

Glaskörper

Das **Corpus vitreum** (Glaskörper) füllt den Raum hinter der Linse (■ Abb. 14.1). Es besteht aus einem durchsichtigen Gel, mit hohem Wassergehalt (ungefähr 99%) und zarten kollagenhaltigen Fibrillen, die eine **Glaskörpergrenzmembran** bilden. Gelegentlich kommen Reste der embryonalen Vasa hyaloidea vor. Der Brechungsindex des Glaskörpers entspricht dem von Kornea und Kammerwasser.

Zur Information

Der Glaskörper trägt durch seinen Quelldruck zur Aufrechterhaltung der Form des Augapfels bei und legt sich der Retina an. Dadurch werden die Sinneszellen der Retina an das Pigmentepithel gepresst. Löst sich der Glaskörper von der Retina, z.B. nach Verletzungen oder altersbedingt durch Schrumpfung, kann es zur *Ablatio retinae* (*Netzhautablösung*) mit akuter Bedrohung des Sehvermögens kommen. Erhöht sich der Quelldruck des Glaskörpers kann ein *Glaukom, grüner Star*, mit Schäden an den Sinneszellen der Retina entstehen. Im Alter kann es zu Verdichtungen der kollagenen Fasern und zu Inhomogenitäten im Glaskörper kommen, die zu beweglichen Glaskörpertrübungen, *»mouches volant«* (fliegende Mücken), führen können.

Tunica interna bulbi e H95

Wichtig

Die Tunica interna bulbi (Retina) ist ein in die Peripherie verlagerter Anteil des Gehirns. In der Pars optica retinae erregen die Lichtsignale Stäbchen- und Zapfenzellen, die primäre Sinneszellen sind. Zunächst muss jedoch das Licht die übrigen Schichten der Retina passieren.

Die Tunica interna bulbi (innere Augenhaut) ist die **Retina** (*Netzhaut*) (■ Abb. 14.1). Sie gliedert sich in:

- **Pars optica retinae**
- **Pars caeca retinae**

Die Grenze zwischen den beiden Abschnitten bildet die **Ora serrata** (■ Abb. 14.1 und 14.5). Hier wechselt der Schichtenbau der Retina von einem Abschnitt mit Sinnes- und Nervenzellen (Pars optica retinae) in einen ohne diese Zellen (Pars caeca).

Die **Pars caeca** (»blinder« Teil der Retina) bedeckt mit zwei Epithellagen das Corpus ciliare und die Iris (▶ oben). Dieser Teil entbehrt direkter Lichteinstrahlung.

Die **Pars optica** nimmt die Lichtsignale aus dem optischen Apparat des Auges auf, zerlegt sie durch eine nachgeschaltete neuronale Bildverarbeitung in verschiedene Signale und gibt sie durch den N. opticus zum Gehirn weiter.

Die Pars optica besteht in einer Schichtenfolge von außen nach innen aus (■ Abb. 14.6):

- **Rezeptorzellen**
- **Bipolarzellen**

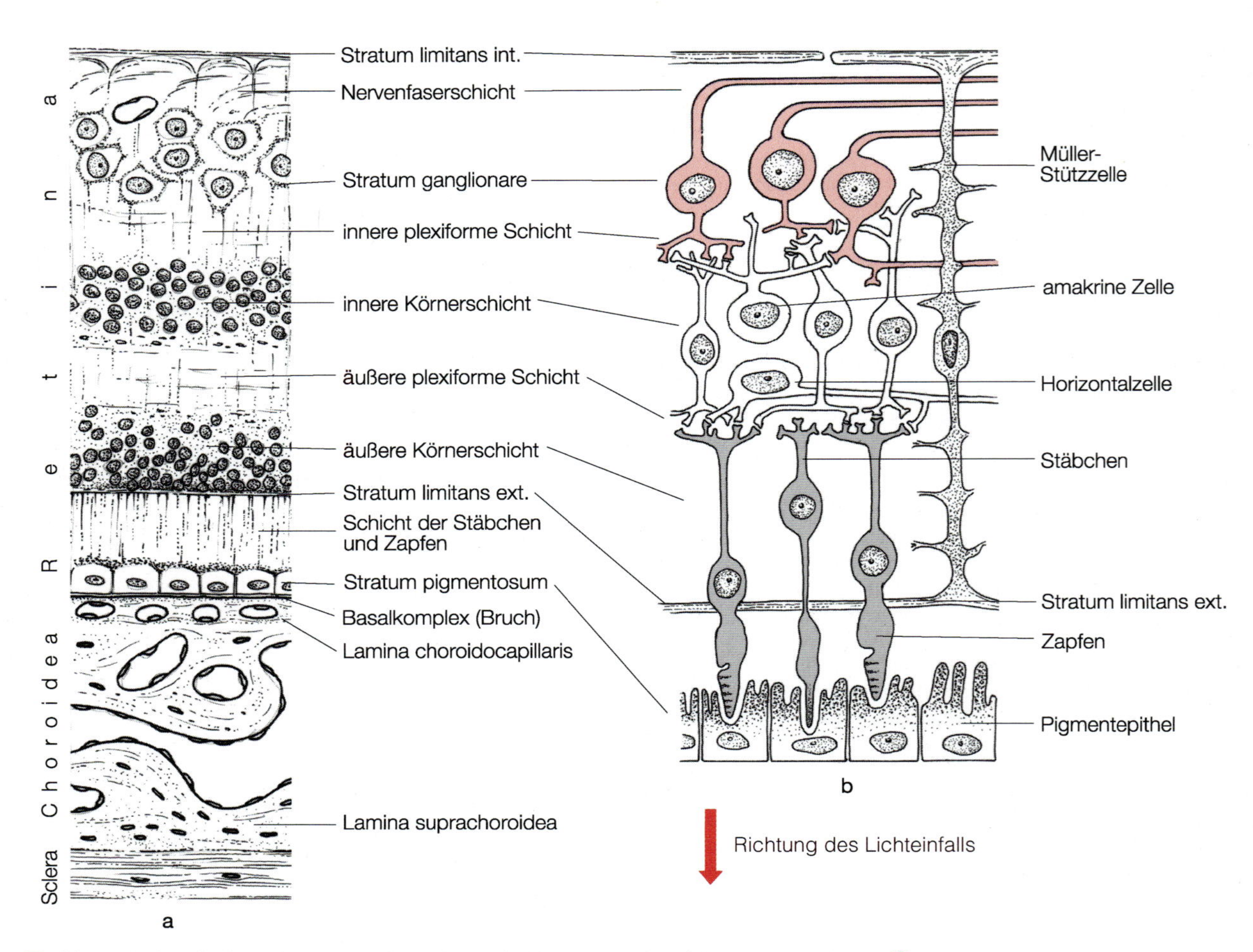

Abb. 14.6 a, b. Schichten der Retina, Choroidea und Sklera. **a** Schichtenfolge, **b** Schaltschema H95

- **Ganglienzellen**
- **Interneurone** regulieren die Signalübertragung
- **Pigmentepithel** befindet sich nach außen zur Choroidea hin
- **Müller-Zellen** als Glia

Zur Entwicklungsgeschichte
Die Netzhaut ist aus den beiden Schichten des Augenbechers hervorgegangen (▶ oben, Abb. 14.2). Während das äußere Blatt einschichtig bleibt und zum Pigmentepithel wird, wird das innere Blatt im Bereich der zukünftigen Pars optica zu einer vielschichtigen epithelialen Formation aus Neuroblasten. Erhalten bleibt jedoch zeitlebens der ursprüngliche kapilläre Spalt zwischen den beiden Blättern des Augenbechers. Lediglich an der Ora serrata und am Übergang zum Sehnerven, der Papille, sind die ehemaligen Blätter miteinander verbunden. Gelangt Flüssigkeit in diesen Spalt, kann es zur (seltenen) Netzhautablösung kommen.

Im histologischen Präparat lässt die Retina eine Schichtenfolge erkennen, die auf die Anordnung von gleichartigen Strukturen in einer Höhe zurückgeht, z. B. von Zellkernen, Fasern usw. (Abb. 14.6, Tabelle 14.1 H95).

Rezeptorzellen (Abb. 14.6). Sie befinden sich in der äußeren, peripheren Schicht der Retina. Dadurch muss das einfallende Licht alle anderen Schichten durchdringen, bevor es das Sinnesepithel erreicht (inverses Auge).

Die Transduktion von Licht in elektrochemische Signale erfolgt in
- **Stäbchen**
- **Zapfen**

Stäbchen (etwa 120 Millionen). Die Stäbchen besitzen apikale Fortsätze. Diese gliedern sich in ein *zylindri-*

Tabelle 14.1. Schichten der Netzhaut von außen (A) nach innen (I)

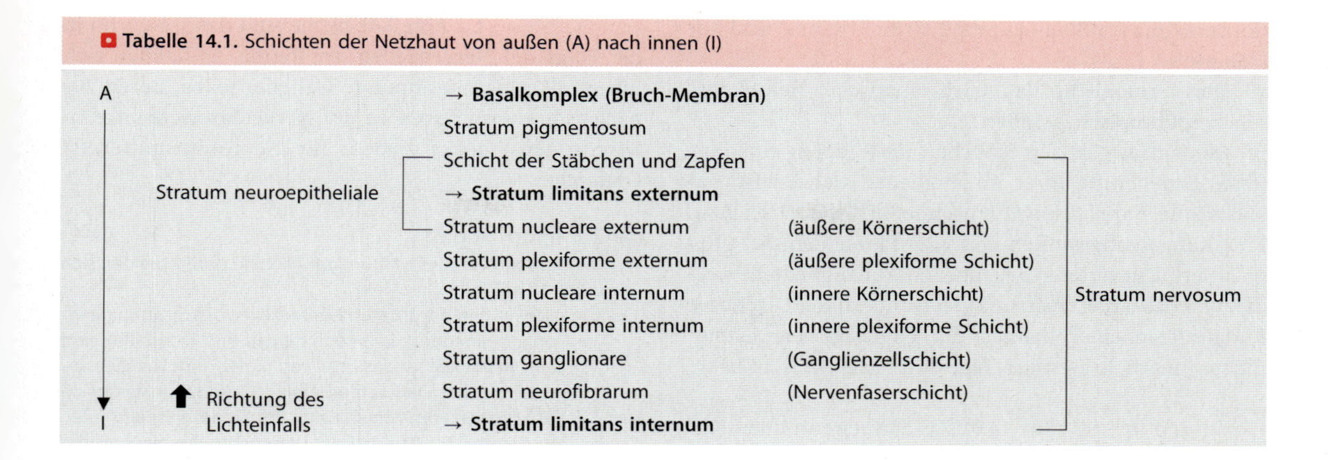

Richtung	Gruppe	Schicht	Deutsche Bezeichnung	Gruppe
A		→ **Basalkomplex (Bruch-Membran)**		
		Stratum pigmentosum		
	Stratum neuroepitheliale	Schicht der Stäbchen und Zapfen		Stratum nervosum
	Stratum neuroepitheliale	→ **Stratum limitans externum**		Stratum nervosum
	Stratum neuroepitheliale	Stratum nucleare externum	(äußere Körnerschicht)	Stratum nervosum
		Stratum plexiforme externum	(äußere plexiforme Schicht)	Stratum nervosum
		Stratum nucleare internum	(innere Körnerschicht)	Stratum nervosum
		Stratum plexiforme internum	(innere plexiforme Schicht)	Stratum nervosum
		Stratum ganglionare	(Ganglienzellschicht)	Stratum nervosum
	⬆ Richtung des Lichteinfalls	Stratum neurofibrarum	(Nervenfaserschicht)	Stratum nervosum
I		→ **Stratum limitans internum**		Stratum nervosum

sches Außenglied und ein *Innenglied* (Abb. 14.6). Es folgt der *Zellleib* mit dem Zellkern und schließlich als basaler Fortsatz das *Axon*, das mit einem breiten Endköpfchen (*Spherulus*) in der Folgeschicht endet.

Die **Außenglieder** der Stäbchen sind durch senkrecht zum einfallenden Licht hintereinander angeordnete, membranumhüllte Scheibchen (**Disci**) von 2 µm Durchmesser gekennzeichnet (Abstand der Disci etwa 10 nm). Es handelt sich um Abschnürungen der Zellmembran. Sie sind reich an Sehpigment (**Rhodopsin**), das unter Lichteinwirkung zerfällt.

Über ein kurzes Verbindungsstück mit Tubuli ist das Außenglied mit einem Innenglied verbunden. Im **Innenglied** befinden sich zahlreiche Mitochondrien. Es gehört mit dem folgenden **Zellleib** zum metabolischen Abschnitt des Stäbchens. Hier läuft eine Kaskade chemischer Prozesse ab. Schließlich entstehen Generatorpotenziale zur Weitergabe von Signalen an die Folgezellen. Die Weitergabe erfolgt an einem Endköpfchen (Spherulus).

Die Stäbchen dienen vor allem dem Schwarz-weiß-Sehen bei schwacher Beleuchtung (Dämmerungssehen, **skotopisches Sehen**). Bei Licht sind die Stäbchen durch Hemmung abgeschaltet. Neurotransmitter ist Glutamat.

Zapfen (etwa 6–7 Millionen, Abb. 14.7) sind im Grundsatz ähnlich wie Stäbchen gebaut. Jedoch ist der Zellleib der Zapfen schlanker und die Rezeptorfortsätze haben Flaschenform: das konische *Außenglied* entspricht dem Hals, das dicke *Innenglied* dem Bauch der Flasche. Die Außenglieder weisen stapelförmig angeordnete **Einfaltungen der Plasmamembran** auf. Sie verfügen über drei verschiedene Sehpigmente mit Absorp-

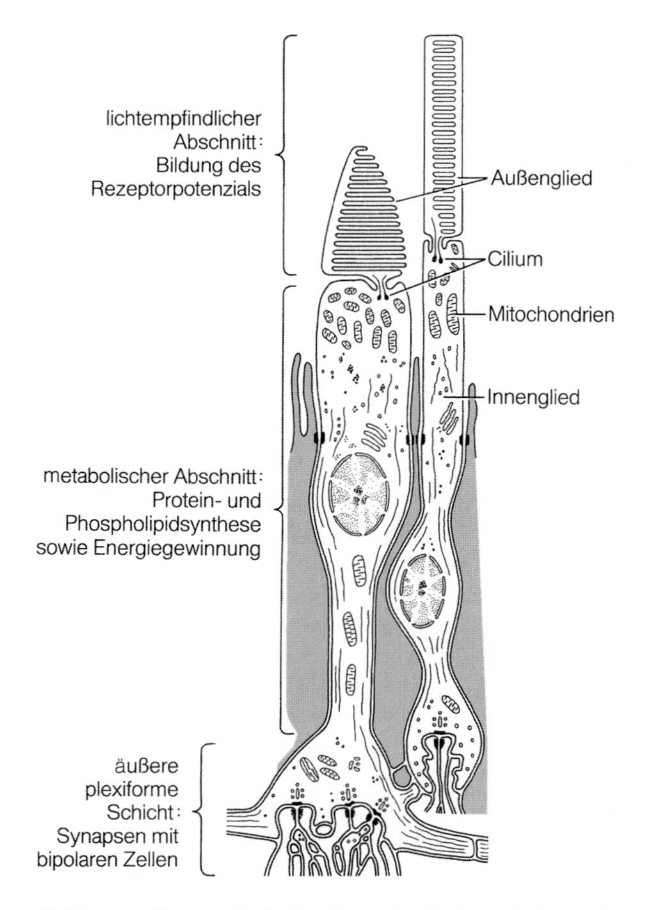

Abb. 14.7. Sinnesepithelzellen der Retina. *Rechts* Stäbchen, *links* Zapfen. Sie werden von Fortsätzen der Müller-Zellen (*grau*) umgeben, deren Zellverbindungen mit den Perikarya der Stäbchen und Zapfen das Stratum limitans externum bilden

tionsmaxima für Blau (420 nm), Grün (530 nm) und Rot (560 nm).

Dies ermöglicht das trichromatische Helligkeitssehen (**photopisches Sehen**).

Gemeinsam ist den Stäbchen und Zapfen eine laufende Erneuerung ihrer Außenglieder. Dabei wird zunächst die Fortsatzspitze einschließlich der Disci bzw. Einfaltungen abgestoßen und vom Pigmentepithel phagozytiert. Die verloren gegangenen Außengliedteile werden von basal her ersetzt. Dabei wandern die Disci bzw. Einfaltungen einschließlich der eingelagerten Sehpigmente innerhalb weniger Tage von basal nach apikal.

Pigmentepithel (Abb. 14.6). Zusammen mit den Stäbchen und Zapfen bildet es eine metabolische Einheit. Das Pigmentepithel ist einschichtig isoprismatisch und hat Fortsätze mit vielen Melaningranula. Die Fortsätze dringen je nach Beleuchtungsstärke unterschiedlich weit zwischen die Außenglieder der Stäbchen und Zapfen. Auf der Gegenseite ist das Pigmentepithel fest mit der Bruch-Membran verbunden.

Das Pigmentepithel dient der Phagozytose verbrauchter Teile der Außenglieder der Photorezeptoren und dem Stofftransport zur Ernährung des Sinnesepithels durch die Kapillaren der Lamina choroidocapillaris (► oben). Es baut das nach Lichteinfall zerfallene Photopigment wieder auf. Ferner fängt das Pigmentepithel durch sein Melanin Streulicht auf, verhindert Lichtreflektionen und beeinflusst dadurch die Bildauflösung und Sehschärfe.

Bipolarzellen (Abb. 14.6b) sind das 2. Neuron in der Kette der Nervenzellen der Retina (der Sehbahn). Ihre Dendriten haben synaptischen Kontakt mit den Axonen der Sinnesepithelzellen, ihre Axone mit dem 3. Neuron der Sehbahn, den Nervenzellen des Stratum ganglionare. Ihr Neurotransmitter ist Glutamat.

Zur Information

Die Bipolarzellen sind uneinheitlich. Sie liegen als »*Licht-an-*« (*On-center-*) oder als »*Licht-aus-*« (*Off-center-*) Neurone vor. Bei On-Bipolaren vermindert Licht ihre Hemmung; dadurch wirken sie exzitatorisch. Bei Off-Bipolaren wirkt Licht hemmend; dadurch inhibieren sie. Es gibt Stäbchen- und Zapfen-Bipolarzellen.

Ganglienzellen (Abb. 14.6b). Sie sind das 3. Neuron in der Folge der Nervenzellen der Retina. Es handelt sich um großkernige multipolare Ganglienzellen, deren zunächst marklose Axone in der Nervenfaserschicht zum Discus nervi optici ziehen. Ihr Neurotransmitter ist Glutamat.

Zur Information

Die Nervenzellen des Stratum ganglionare unterscheiden sich in ihrer Größe:

- *Y-Zellen* sind die größten Nervenzellen des Stratum ganglionare (»magnozelluläres System«). Ihre Dendriten sind stark verzweigt, sodass sie von vielen Bipolarzellen erreicht werden. Dadurch erhalten Y-Zellen Signale aus einem großen »rezeptiven Feld« des Sinnesepithels. Y-Zellen wirken vor allem bei der Wahrnehmung beweglicher Bilder mit, tragen aber wenig zur Strukturauflösung bei.
- *X-Zellen* sind mittelgroß und haben nur einen kleinen Dendritenbaum (»parvozelluläres System«), an den nur wenige Bipolarzellen herantreten. Dadurch stehen sie mit einem kleinen »rezeptiven Feld« in Verbindung. X-Zellen wirken insbesondere beim Farbsehen und bei der Auflösung von Strukturen im Sehfeld mit.

Jede der beiden Zellgruppen lässt außerdem On- und Off-Zellen unterscheiden, je nach ihren Synapsen mit On- oder Off-Bipolarzellen. Nach neuen Erkenntnissen sind bestimmte Ganglienzellen direkt lichtempfindlich, ohne ein Außenglied zu besitzen. Sie enthalten als Photopigment Melanopsin und als Neurotransmitter Glutamat und das Neuropeptid PACAP. Sie dienen der Zeitmessung.

Interneurone. Zu unterscheiden sind (Abb. 14.6b)

- **Horizontalzellen**
- **amakrine Zellen**

Die **Horizontalzellen** verbinden im Nebenschluss Zapfen und Stäbchen in der äußeren plexiformen Schicht polysynaptisch, z. T. über weite Strecken. Es treten immer zwei Fortsätze von zwei Horizontalzellen und ein Fortsatz einer Bipolarzelle an eine Invagination des Endköpfchens eines Stäbchens oder Zapfens heran. Dadurch entstehen synaptische Triaden. – Die Perikaryen der Horizontalzellen liegen im äußeren Drittel der inneren Körnerschicht (Tabelle 14.1).

Zur Information

Die Horizontalzellen werden durch erregende Synapsen von den Photosensoren erreicht, die sie retrograd über hemmende GABA-erge Synapsen beeinflussen (laterale Hemmung). Dies führt dazu, dass in der Retina um jedes lichtinduzierte Erregungszentrum (rezeptives Feld) ein hemmendes Umfeld liegt (Center-surround-Antagonismus). Dies führt zu einer Kontrastverstärkung.

Die **amakrinen Zellen** verbinden im Nebenschluss in der inneren plexiformen Schicht die bipolaren Zellen, die ihre Signale von Stäbchen und Zapfen erhalten, mit den Nervenzellen des Stratum ganglionare. Amakrine Zellen haben kein typisches Axon und enthalten verschiedene Neuropeptide und Serotonin.

Zur Information
Die amakrinen Zellen sind eine uneinheitliche Population. Gemeinsam ist ihnen eine hemmende Funktion, durch die sie modulierend auf Signalübertragungen in der Retina wirken können.

Müller-Zellen sind die Gliazellen der Netzhaut. Ihre Fortsätze enden mit breiter Auffächerung. Sie bilden das **Stratum limitans externum** und **internum.** Die Müller-Zellen spielen eine wichtige Rolle bei der Sicherung des Ionenaustausches in der Retina und bei der Wiederaufnahme von Glutamat und GABA an synaptischen Spalten.

Das **Stratum limitans externum** kommt durch Zellverbindungen zwischen Ausläufern der Müller-Zellen und Perikarya der Stäbchen und Zapfen zustande (Abb. 14.6). Die Außenglieder der Stäbchen und Zapfen liegen außerhalb der Gliagrenzschicht.

Das **Stratum limitans externum** bildet eine Gliagrenzschicht auf der Innenseite der Retina.

Gliederung der Retina. Die Retina lässt Bereiche unterschiedlicher Wirkungsweise unterscheiden:
- **Macula lutea** mit **Fovea centralis**
- **Discus nervi optici**
- **Randbereich**

Macula lutea und Fovea centralis (Abb. 14.1). Die Macula lutea (»gelber Fleck« durch Einlagerung protektiver Pigmente, z. B. Lutein in alle Schichten der Retina dieses Gebietes) hat einen Durchmesser von etwa 5 mm und ist der zentrale Netzhautbezirk, den die optische Achse schneidet. In ihrer Mitte befindet sich als gefäßfreie Einsenkung die **Fovea centralis** (Durchmesser 0,2 mm). Sie ist die Stelle des schärfsten Sehens. Hier kommen **nur Zapfen** vor, die besonders dicht stehen, da ihre Außenglieder einen geringeren Durchmesser haben als in der Peripherie der Netzhaut. Eine Besonderheit ist, dass die Zapfen der Fovea centralis jeweils nur mit *einer* Bipolarzelle und *einer* Ganglienzelle eine Kette bilden. Dadurch ist die Auflösung in der Fovea centralis am höchsten. Außerdem sind alle den Zapfen nachgeschalteten Neurone zur Seite verlagert, sodass einfallendes Licht nicht gestreut wird.

Im **Discus nervi optici** (Abb. 14.1) beginnt der Sehnerv (▶ unten). Die Stelle befindet sich etwa 1 cm medial der Macula. Im Bereich des Discus nervi optici fehlen Sinnes- und Nervenzellen, deswegen **blinder Fleck.** In der Mitte des Discus nervi optici befinden sich die A. und V. centralis retinae.

Randbezirke der Retina. Hier überwiegen die Stäbchenzellen. Deswegen ist dieser Bezirk bei Dämmerung aktiv. Außerdem vermitteln die Randbezirke der Retina die Wahrnehmung von Hindernissen und Bewegungen, ohne sie jedoch genau erkennen zu lassen. Reflektorisch erfolgen dann Augen- bzw. Kopfbewegungen. Und schließlich befinden sich im Randbezirk der Retina die Rezeptorzellen für den Pupillenreflex auf Licht.

Klinischer Hinweis
Fällt die Netzhautperipherie aus (z. B. bei *Retinitis pigmentosa*), wird das Gesichtsfeld stark eingeschränkt, röhrenförmig, und der Patient stößt an jedes Hindernis.

Zusammenfassung ▶ S. 696.

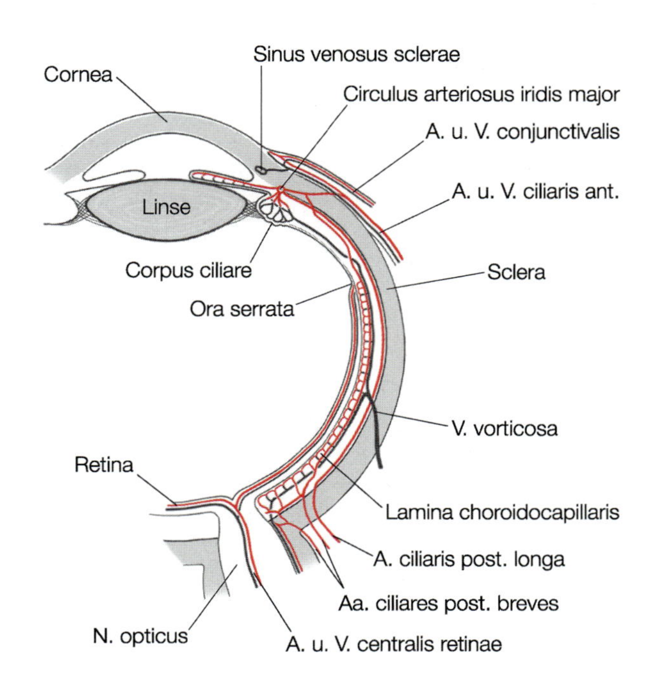

Abb. 14.8. Blutgefäße des Augapfels. Übersicht. *Rot:* Arterien, *schwarz:* Venen

Blutgefäße, N. opticus

Arterien (Abb. 14.8). Alle Arterien des Bulbus oculi gehen aus der **A. ophthalmica** hervor.

Erreicht wird der Bulbus oculi von
- **A. centralis retinae**
- **Aa. ciliares**

Die **A. centralis retinae** tritt 10–15 mm vor dem Bulbus von unten in den N. opticus ein. Dann bildet sie um den N. opticus am Eintritt in den Bulbus einen kleinen Gefäßkranz, der sich im Discus nervi optici in einen oberen und unteren Ast mit jeweils mehreren (variablen) Verzweigungen aufteilt. Die Äste bilden ein Endgefäßsystem ohne Kollateralen (Infarktgefahr mit folgender Erblindung). Begleitet wird die A. centralis retinae von der V. centralis retinae.

Aa. ciliares. Sie begleiten zunächst den N. opticus. Dann ziehen sie mit etwa 20 Ästen als **Aa. ciliares posteriores breves** zur Choroidea, wo sie in der Lamina choroidocapillaris ein dichtes Gefäßnetz zur Ernährung der gefäßlosen Sinneszellschicht bilden, und als **A. ciliaris posterior longa** zwischen Sklera und Choroidea zur Iris. Somit wird die Retina also von zwei Seiten mit Blut versorgt. Die Ernährung bis zur inneren Körnerzellschicht (2. und 3. Neuron) erfolgt aus den Ästen der A. centralis retinae, der äußere Rest der Retina (1. Neuron) wird aus der Lamina choroidocapillaris versorgt.

Venen. Als vier bis fünf strahlenförmige **Vv. vorticosae** in der Choroidea sammeln sie das venöse Blut aus der Retina sowie als **Vv. ciliares** aus dem Ziliarkörper und leiten es zur V. ophthalmica superior.

N. opticus (*Sehnerv*). Er sammelt die Axone (etwa 1 Million) aus dem Stratum ganglionare. Sein Beginn ist die **Lamina cribrosa sclerae**, der Durchtritt der Axone durch die Sklera. Nach Verlassen des Bulbus oculi bekommen die Axone eine Markscheide, die von *Oligodendroglia* gebildet wird. Umhüllt wird der N. opticus von einer derben Durascheide, die sich kontinuierlich in die Sclera bulbi fortsetzt. Auch Arachnoidea und Pia mater sind vorhanden, da der N. opticus nicht wie ein peripherer Nerv gebaut ist, sondern wie eine Bahn des Zentralnervensystems. Von der Pia dringen Septen in den N. opticus ein und teilen ihn in Bündel.

14

Zur Information

Mittels *Augenspiegel* kann der Augenhintergrund unmittelbar beobachtet werden. Dadurch ist der Augenhintergrund die einzige Stelle des Körpers, an der nichtinvasiv die Gefäßbeschaffenheit des Zentralnervensystems beurteilt werden kann. – Mit dem Augenspiegel sind Macula lutea und Discus nervi optici mit den dort austretenden Vasa centralia retinae und ihren Verzweigungen zu erkennen. Dagegen sind in der Regel die Gefäße der Choroidea nicht zu erkennen (Ausnahme: Albinos). Sie rufen jedoch die rote Farbe des Augenhintergrundes hervor. – Weitere optische Methoden (z. B. Spaltlampe) stehen zur Untersuchung von Kornea, Augenkammern, Linse und Glaskörper zur Verfügung.

In Kürze

Der Bulbus oculi beherbergt im Augenhintergrund die Sinneszellen der Retina (Stäbchen und Zapfen), auf die durch den optischen Apparat (Kornea, Kammerwasser, Linse, Glaskörper) das einfallende Licht fokussiert wird. Die äußere Augenhaut (Sklera) ist derb und fest (Tunica fibrosa bulbi). Uhrglasförmig ist die lichtdurchlässige Kornea eingelassen. Von der Tunica vasculosa bulbi aus wird im Bereich der Choroidea durch die Bruch-Membran und das Pigmentepithel hindurch das Sinnesepithel des Auges ernährt. Der vordere Abschnitt der Tunica vasculosa bulbi (Corpus ciliare, Iris) beherbergt u. a. Muskulatur. Der M. ciliaris bestimmt via Fibrae zonulares den Krümmungsgrad der Linse und stellt damit die Brennweite des Auges für Nah- und In-die-Ferne-Sehen ein. Außerdem wird vom Corpus ciliare Kammerwasser produziert, das in der vorderen Augenkammer im Iridokornealwinkel wieder in das venöse System abgeleitet wird. Die Iris regelt in Abhängigkeit von der Lichtintensität die Pupillenweite und funktioniert damit als Aperturblende.

Die Tunica interna bulbi (Retina) hat in ihrer hinter dem Aequator bulbi gelegenen Pars optica primäre Sinneszellen. Die Stäbchen dienen der Hell-dunkel-Wahrnehmung, die Zapfen vermitteln das Farbsehen. In zwei weiteren Nervenzellschichten (mit Bipolar- und Ganglienzellen sowie mit Horizontalzellen und amakrinen Zellen als Interneurone) werden die Lichtsignale verarbeitet und im N. opticus weitergeleitet. Die Stelle des schärfsten Sehens ist die Fovea centralis in der Macula lutea.

14.2.2 Hilfsapparat

Kernaussagen

- Der Hilfsapparat des Sehorgans dient vor allem dem Schutz des Auges und ermöglicht dessen Bewegungen.
- Die Augenlider werden durch Bindegewebsplatten gestützt und können durch die Lidmuskulatur willkürlich geöffnet und geschlossen werden.
- Die Sekrete der Tränendrüse (Gl. lacrimalis) und der Drüsen der Augenlider halten die vordere Augenoberfläche feucht und tragen zu ihrer Ernährung bei.
- Die Conjunctiva bulbi (Bindehaut) bedeckt die Augenlider von innen und den vordersten Abschnitt der Sklera bis zum Rand der Cornea.
- Die äußeren Augenmuskeln ermöglichen Bewegungen des Bulbus oculi in alle Richtungen. Die Bewegungen der Bulbi beider Seiten sind koordiniert.
- Umgeben wird der Bulbus oculi von der Vagina bulbi.
- Zwischen Vagina bulbi und dem Periost der Orbita (Periorbita) liegt das Corpus adiposum orbitae mit Gefäßen und Nerven für den Bulbus oculi und die Augenmuskeln.

Zum Hilfsapparat des Sehorgans gehören als
- **Schutzeinrichtungen** (Abb. 14.9)
  - **Palpebrae** (*Augenlider*)
  - **Tunica conjunctiva** (*Bindehaut*)
  - **Apparatus lacrimalis** (*Tränenapparat*)
- **Bewegungsapparat des Bulbus**
  - **Mm. bulbi** (*äußere Augenmuskeln*)

Ergänzt wird der Hilfsapparat des Auges durch:
- **Vagina bulbi**
- **Corpus adiposum bulbi**

Augenlider (e) H99

Ein größeres Oberlid und ein kleineres Unterlid begrenzen die Lidspalte (**Rima palpebrarum**).

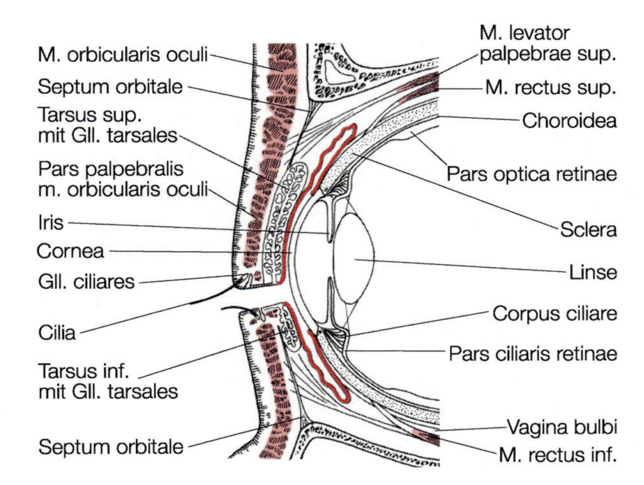

Abb. 14.9. Augenlider

Zur Entwicklung
Die Augenlider (Palpebrae) werden im 2. Entwicklungsmonat durch Ausbildung von Ringwülsten der Haut angelegt, deren freie Ränder zur Lidnaht verkleben. Die Naht löst sich zwischen 5. und 8. Entwicklungsmonat wieder.

Klinischer Hinweis
Mongolenfalte (Epicanthus) nennt man eine vom Oberlid schräg nach medial unten über den inneren Lidwinkel ziehende Hautfalte, die bei Asiaten verbreitet und bei *Trisomie 21* (Mongolismus) ein charakteristisches Symptom ist.

Bau der Augenlider (Abb. 14.9). Die Grundlage der Augenlider ist das **Septum orbitale**, zwei zarte Bindegewebsblätter, die am Margo supraorbitalis bzw. infraorbitalis vom Periost der Orbita (**Periorbita**) ausgehen und in die derben Lidplatten des **Tarsus superior** bzw. **inferior** einstrahlen. Diese sind zusätzlich durch kräftige **Ligg. palpebralia mediale et laterale** am inneren und äußeren Augenwinkel aufgehängt.

Klinischer Hinweis
Zur Fremdkörpersuche in der Konjunktiva lässt sich durch Zug an der Wimpernreihe das Oberlid hoch- und umklappen, wenn der Oberrand des Tarsus superior fixiert wird, z.B. mit einem Streichholz.

Cilia (*Wimpern*) sind leicht verdickte Haare, die in zwei bis drei Reihen an der vorderen Lidkante liegen. Sie fehlen am medialen Augenwinkel. In die Haarbälge der Zilien münden apokrine **Gll. ciliares** (*Moll-Drüsen*) – sie können auch frei münden – und holokrine **Gll. sebaceae** (*Zeis-Drüsen*). Die größten Drüsen der Augenlider sind jedoch die **Gll. tarsales** (*Meibom-Drüsen*). Sie liegen im Filzwerk des Bindegewebes der Lidplatten, sind nicht mit den Wimpern assoziiert, sezernieren holokrin und münden mit ihren Ausführungsgängen nah der hinteren Lidkante. Ihr Sekret enthält viele Lipide, die wesentlich dazu beitragen, dass die Tränenflüssigkeit gute Gleitfähigkeit aufweist, nicht zu schnell verdunstet und nicht über den Lidrand läuft.

Klinischer Hinweis
Eine Entzündung der Haarbalgdrüsen der Wimpern ist als *Gerstenkorn* (*Hordeolum*) häufig. Eine Entzündung der Meibom-Drüsen führt zum selteneren *Hagelkorn* (*Chalazion*).

Lidschluss und Öffnung. Beteiligt sind (Abb. 14.9):
- **M. orbicularis oculi** (Innervation: N. facialis); er verläuft vor allem zirkulär und bewirkt willkürlichen und – im Schlaf – unwillkürlichen Lidschluss sowie unwillkürlichen Lidschlag zur Verteilung und Fortbewegung der Tränenflüssigkeit
- **M. levator palpebrae superioris** (Innervation: N. oculomotorius) ein Lidheber
- **M. tarsalis superior** (kräftiger) und **M. tarsalis inferior** (Innervation: Halssympathikus); glatte Muskeln, die durch ihren Tonus die Lidspalte erweitern

Einzelheiten
Lidschluss. Beim Lidschluss werden Ober- und Unterlid zugleich nach medial gezogen, im Wesentlichen durch die Pars palpebralis und lacrimalis musculi orbicularis oculi. Dadurch verkürzt sich die Lidspalte um etwa 1–2 mm. – Der Lidschluss ist für das Schlafen unbedingte Voraussetzung.
Lidschlag. Kompliziert ist beim Lidschlag die Funktion der Pars lacrimalis musculi orbicularis. Zunächst wird der innere Lidrand nach innen verkantet; die Tränenpunkte (► ;unten) tauchen dadurch in den Tränensee. Dann wird der senkrechte Anfangsteil der Canaliculi lacrimales verschlossen, der horizontale Teil der Canaliculi lacrimales verkürzt und erweitert. Dadurch entstehen während des Lidschlags Über- und Unterdruck im Tränengangsystem und der gerichtete Abfluss der Tränenflüssigkeit wird gefördert, zumal der Saccus lacrimalis außerhalb der Periorbita liegt.

Gefäße und Nerven der Augenlider. Außer von Arterien und Venen der Orbita (► S. 702) werden die Lider von *Aa. et Vv. facialis, infraorbitalis* und *transversa faciei* versorgt.

Die sensible *Innervation* der Haut am *Oberlid* erfolgt durch Verzweigungen des 1. Astes des *N. trigeminus* (N. supratrochlearis), der Haut am *Unterlid* durch Verzweigungen des 2. Astes des N. trigeminus (Rr. palpebrales).

Bindehaut H99

Die **Tunica conjunctiva** (Bindehaut) (Abb. 14.9) bedeckt die Hinterfläche von Ober- und Unterlid sowie den vordersten Teil der Sklera. Sie besteht aus zwei- bis mehrschichtigem iso- bis hochprismatischen Epithel mit vereinzelten Becherzellen und im Fornix conjunctivae gelegentlichen endoepithelialen Becherzellkomplexen. Am oberen und unteren Fornix erfolgt der Umschlag in die Conjunctiva bulbi, die die Sklera des Augapfels bis etwas über den Hornhautrand hinweg bedeckt.

Die **Conjunctiva palpebrae** ist relativ fest mit der Unterlage verbunden, die **Conjunctiva bulbi** dagegen leicht gegen die Sklera verschieblich; im Fornix liegen Reservefalten für die Augenbewegungen.

Gefäße. Aa. conjunctivales anteriores (aus den Aa. ciliares anteriores, Äste der A. lacrimalis ► S. 702).

Innervation. Nn. ciliares longi (► S. 703). Bei Berührung der Konjunctiva erfolgt reflektorischer Lidschluss.

Klinischer Hinweis
Bei entzündlicher oder durch einen Fremdkörper verursachten Reizung der Bindehaut (*Konjunktivitis*) werden zahlreiche Blutgefäßschlingen sichtbar, die in der Lamina propria bis an den Hornhautrand heranziehen (*konjunktivale Injektion*).

Tränenapparat

Der **Tränenapparat** (Apparatus lacrimalis) besteht aus
- **Gl. lacrimalis** (*Tränendrüse*)
- **Tränenabflusswegen**

Die Tränenflüssigkeit hält Hornhaut und Bindegewebe feucht und ernährt sie.

Gl. lacrimalis (*Tränendrüse*). Sie liegt über dem lateralen Augenwinkel in der Fossa glandulae lacrimalis des Stirnbeins. Durch das Drüsenparenchym hindurch zieht die Aponeurose des M. levator palpebrae superioris (► oben) und teilt die Drüse in eine kleinere **Pars palpebralis** und eine größere **Pars orbitalis.** Am lateralen Rand der Sehne des Lidhebers stehen beide Drüsenteile miteinander in Verbindung.

Mikroskopische Anatomie. Die Tränendrüse ist eine **tubuloalveoläre Drüse**, die aus verschiedenen, getrennten Drüsenlappen besteht. Etwa 6–12 Ausführungsgänge münden oberhalb des lateralen Augenwinkels in den Fornix conjunctivae superior. Die Drüsenendstücke haben gewöhnlich weite Lumina und werden von hochprismatischen Zellen vom **serösen Typ** gebildet. **Schaltstücke** und **Sekretrohre fehlen.** Extralobulär ist das Epithel der Ausführungsgänge zwei- bis mehrreihig. Das interstitielle Bindegewebe weist mit dem Alter zunehmend Fettzellen sowie Lymphozyten und Plasmazellen auf. – Das Sekret der Tränendrüse, die Tränenflüssigkeit, ist dünnflüssig und eiweißarm.

Gefäßversorgung: A. lacrimalis

Innervation:
- *sekretorisch-parasympathisch* (Abb. 13.29) aus dem N. facialis (N. intermedius) via N. petrosus major– Ganglion pterygopalatinum – N. zygomaticus – R. communicans cum nervo lacrimale – N. lacrimalis
- *sympathisch* aus dem Halssympathikus (Abb. 7.4), der über den periarteriellen Gefäßplexus der A. lacrimalis die Drüse erreicht

Tränenfluss (Abb. 14.10). Die Tränenflüssigkeit gelangt im Bindehautsack durch den Lidschlag zum medialen Lidwinkel in den Tränensee (**Lacus lacrimalis**) und wird hier durch die Öffnung der beiden Tränenkanälchen (**Puncta lacrimalia**, *Tränenpunkte*) (auf den **Papillae lacrimales** des Ober- und Unterlids) in die beiden **Canaliculi lacrimales** gesaugt. Diese nehmen zunächst senkrechten, dann horizontalen Verlauf nach medial und münden hinter dem Lig. palpebrale mediale in den Tränensack.

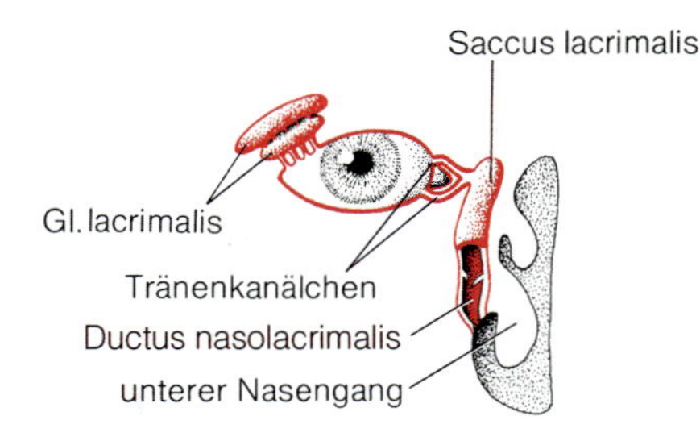

Abb. 14.10. Tränenapparat

Saccus lacrimalis (*Tränensack*). Er liegt in einer von der Periorbita überzogenen **Fossa sacci lacrimalis** des Os lacrimale (▶ S. 597) außerhalb der Periorbita. Seine dünne Wand ist mit Periost und Periorbita verwachsen, sein Lumen wird dadurch stets offen gehalten.

Der **Tränenabfluss** erfolgt durch den **Ductus nasolacrimalis**, der in den unteren Nasengang mündet (▶ S. 598).

Klinischer Hinweis
Bei versiegender Tränensekretion bzw. bei Ausbleiben des Lidschlages trübt sich die Kornea und kann ulzerieren.

Tabelle 14.2. Ursprung, Ansatz und Innervation der äußeren Augenmuskeln

	Ursprung	Ansatz	Innervation
gerade Augenmuskeln			
M. rectus superior	Anulus tendineus communis		N. oculomotorius
M. rectus inferior	Anulus tendineus communis	vor dem Aequator bulbi	N. oculomotorius
M. rectus medialis	Anuzlus tendineus communis		N. oculomotorius
M. rectus lateralis	Anulus tendineus communis und Ala min. ossis sphenoidalis		N. abducens
schräge Augenmuskeln			
M. obliquus inferior	mediale Orbitawand, nahe dem Eingang zum Canalis nasolacrimalis	dorsal und lateral der Ab- und Adduktionsachse des Bulbus	N. oculomotorius
M. obliquus superior	Anulus tendineus communis		N. trochlearis

Äußere Augenmuskeln (Mm. externi bulbi oculi)

Unterschieden werden
- **vier gerade Augenmuskeln**
- **zwei schräge Augenmuskeln**

Gerade Augenmuskeln sind die Mm. recti superior, inferior, medialis et lateralis (Tabelle 14.2). Ihr gemeinsamer Ursprung (Abb. 14.11) ist der **Anulus tendineus communis.** Hierbei handelt es sich um einen sehnigen Ring, der sich über die Öffnung des Canalis opticus und den mittleren Teil der Fissura orbitalis superior spannt. Er bildet die Spitze einer Muskelpyramide, in die N. opticus, A. ophthalmica, N. oculomotorius, N. nasociliaris und N. abducens eintreten.

Der *Ansatz* aller geraden Augenmuskeln befindet sich vor dem (ventral zum) Aequator bulbi, jedoch in unterschiedlicher Entfernung vom Hornhautrand (Abb. 14.12 a).

Funktion (Abb. 14.12 b). Der M. rectus medialis adduziert, der M. rectus lateralis abduziert, der M. rectus superior hebt, der M. rectus inferior senkt den Augapfel. Beide wirken zusätzlich synergistisch adduzierend, besonders bei Abduktionsstellung des Bulbus.

Schräge Augenmuskeln (Abb. 14.12, Tabelle 14.2). Die beiden schrägen Augenmuskeln setzen *hinter* (dorsal) und *lateral* von der Ab- und Adduktionsachse des Bulbus an:
- **M. obliquus inferior**; der untere Schrägmuskel verbindet Ursprung (am vorderen Rand der Orbita) und Ansatz auf kürzestem Weg miteinander
- **M. obliquus superior**; der obere Schrägmuskel zieht von seinem Ursprung am Corpus ossis sphenoidalis und der Durascheide des Sehnerven zunächst nach vorn, seine Sehne wird an der oberen medialen Wand der Orbita in der Fovea trochlearis durch einen diese Grube überziehenden knorpeligen Halbring (*Trochlea*) geführt, wendet sich dann in einem Winkel von etwa 50° zurück, zieht unter der Sehne des M. rectus superior hindurch und setzt am hinteren lateralen Quadranten gegenüber dem Ansatz des M. obliquus inferior am Bulbus an

Funktion. Beide Muskeln wirken synergistisch geringfügig abduzierend. Der M. obliquus superior senkt den Bulbus, der M. obliquus inferior hebt ihn.

Zur Information
Jede Augenbewegung erfolgt durch Kontraktion mehrerer Augenmuskeln bei gleichzeitiger – »reziproker« – Erschlaffung der Antagonisten. Außerdem sind die Kontraktionen der Augenmuskeln beider Bulbi zentral gekoppelt. Bei Lähmungen treten Doppelbilder auf (*Diplopie*).

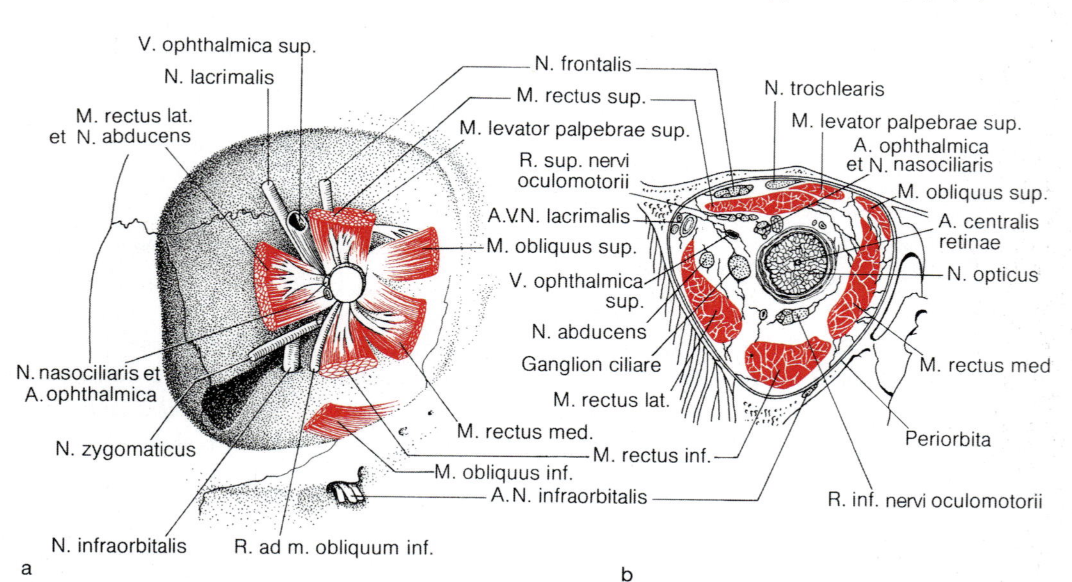

Abb. 14.11 a, b. Äußere Augenmuskeln. **a** Ursprünge. **b** Frontalschnitt durch die hintere Orbita etwa 1 cm hinter dem Bulbus. Zu beachten ist die Lage der Gefäße und Nerven zur Augenmuskelpyramide

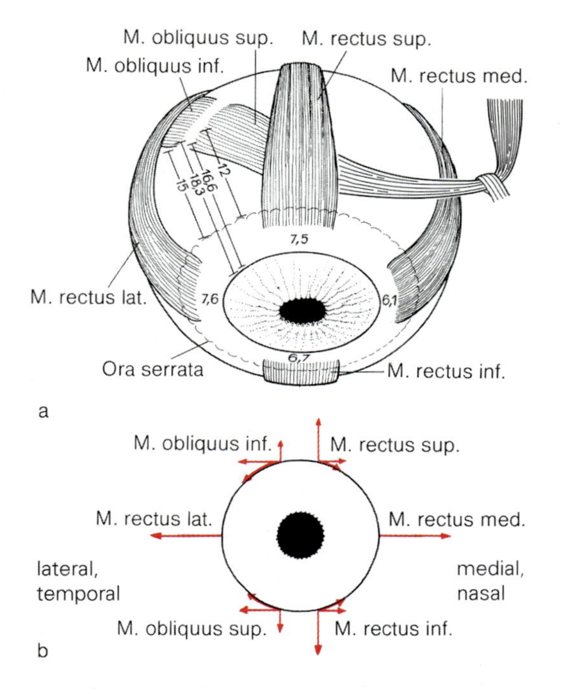

Abb. 14.12a,b. Äußere Augenmuskeln. **a** Ansätze. Die *Zahlen* geben die Entfernung (in Millimetern) der Muskelansätze vom Limbus corneae wieder (nach Rohen 1966). **b** Wirkung der äußeren Augenmuskeln. Die *roten Pfeile* geben die Richtung und durch ihre Länge die Kraft an, mit der die Muskeln den Bulbus bewegen. Die Richtungsänderung der Axis opticus bei Kontraktion des M. obliquus inf. ist deshalb oben, die des M. obliquus sup. unten in das Funktionsschema eingezeichnet worden

Augenmuskelsehnen. Die Sehnen der Augenmuskeln sind ein wichtiges Bauelement der Orbita. Sie verstärken den mittleren Teil der Vagina bulbi und sind durch **Retinacula mediale et laterale** mit der Periorbita verbunden. Dadurch fixieren sie den Augapfel in seiner Lage. – Verklebungen der Faszien der äußeren Augenmuskeln sind nicht selten die Ursache angeborenen *Schielens* (weitere Informationen zur Steuerung der Okulomotorik ► S. 812).

Vagina bulbi, Corpus adiposum orbitae, Periorbita

Der Augapfel liegt in einer Art Gelenkhöhle (**Vagina bulbi**, *Tenon-Kapsel*), die Drehbewegungen des Bulbus etwa wie in einem Kugelgelenk um drei Hauptachsen gestattet.

Bei der Vagina bulbi handelt es sich um eine derbe Bindegewebshülle, die nur an zwei Stellen, dem Optikus durchtritt und einer kreisförmigen Verwachsungszone in der Nähe des Limbus corneae, direkt mit dem Augapfel verbunden ist. Die Vagina bulbi trennt damit den Augapfel vom retrobulbären Fettkörper (**Corpus adiposum orbitae**), dessen bindegewebig verstärkte, formstabile vordere Wand sie bildet. Der schmale Spaltraum zwischen Vagina bulbi und Sklera (**Spatium episclerale**) ist durch zartes Bindegewebe ausgefüllt, das ein Gleiten der Sklera gegen die Vagina bulbi ermöglicht. Die Endsehnen der äußeren Augenmuskeln dringen durch schlitzförmige Spalten durch die Vagina bulbi hindurch, bevor sie am Bulbus ansetzen.

Die **Periorbita** ist der periostale Überzug der Augenhöhle. Ihr ein- bzw. angelagert sind glatte Muskelzellen, als **M. orbitalis** zusammengefasst.

Außerhalb der Periorbita, jedoch innerhalb der knöchernen Orbita liegen der Saccus lacrimalis und der N. infraorbitalis.

Klinischer Hinweis

Der in Verbindung mit einer Schilddrüsenüberfunktion häufig beobachtete *Exophthalmus* wird als entzündliche Schwellung des retrobulbären Fettkörpers im Gefolge eines Autoimmunprozesses gedeutet.

Zusammenfassung ► S. 703.

14.2.3 Gefäße und Nerven der Orbita

Kernaussagen

- **Die A. ophthalmica verläuft zusammen mit dem N. opticus durch den Canalis opticus, alle übrigen Leitungsbahnen (V. ophthalmica, N. oculomotorius (N. III), N. trochlearis (N. IV), N. ophthalmicus (N. V1), N. abducens (N. VI)) gelangen durch die Fissura orbitalis superior in die Orbita.**
- **Der N. trochlearis innerviert den M. obliquus superior, der N. abducens den M. rectus lateralis, der N. oculomotorius alle übrigen Augenmuskeln. Der N. oculomotorius führt außerdem präganglionäre parasympathische Fasern zum Ganglion ciliare.**
- **Der N. ophthalmicus ist somatoafferent, seine Innervationsgebiete sind die Orbita und die Gesichtshaut oberhalb der Lidspalte.**

Die Gefäße und Nerven der Orbita stehen in engem topographischen Bezug zum Sehorgan und seinen Anteilen, die sie auch gleichzeitig versorgen.

A. ophthalmica (◘ Abb. 14.11 b, 14.13). Die A. ophthalmica zweigt als ein Ast der *A. carotis interna* nach deren Austritt aus dem Sinus cavernosus ab. Die Orbita erreicht sie durch den Canalis opticus. Dann zieht sie durch den Anulus tendineus communis in die Augenmuskelpyramide hinein, liegt zunächst lateral, dann medial über dem N. opticus und verläuft mit dem M. obliquus superior nach vorn, wo sie in zwei kleinen Endästen endet, der *A. dorsalis nasi* und der *A. supratrochlearis.*

Äste der A. ophthalmica:
- **A. centralis retinae** (► oben)
- **Aa. ciliares posteriores breves** (► oben)
- **Aa. ciliares posteriores longae** (zwei, ► oben)
- **A. lacrimalis** zur Tränendrüse und zum lateralen Augenwinkel
- **A. supraorbitalis** für die Stirn
- **A. ethmoidalis posterior** durch das Foramen ethmoidale posterius zur Schleimhaut der Siebbeinzellen (► S. 628)
- **A. ethmoidalis anterior** durch das Foramen ethmoidale anterius zur vorderen Schädelgrube, wo sie den **R. meningeus anterior** abgibt; dann tritt sie durch die Lamina cribrosa in die Nasenhöhle (► S. 597)
- **Rr. musculares** für die äußere Augenmuskulatur nahe dem Hornhautrand geben zahlreiche **Aa. ciliares anteriores** ab, die durch die Sklera hindurch zu Corpus ciliare und Iris gelangen

V. ophthalmica superior (◘ Abb. 14.11b). Sie sammelt das Blut aus dem Bulbus und der oberen Orbita (sowie von oberem Augenlid und Siebbeinzellen). Anastomosen bestehen zur V. facialis und dem Sinus cavernosus. Sie mündet nach Verlassen der Orbita durch die Fissura orbitalis superior in den Sinus cavernosus.

V. ophthalmica inferior. Sie entsteht am Boden der Orbita, hat Zuflüsse aus Unterlid und Nasenhöhle, Anastomosen mit der V. facialis und mündet entweder in die V. ophthalmica superior oder – durch die Fissura orbitalis inferior – in den Plexus pterygoideus.

N. oculomotorius (N. III, ◘ Abb. 14.11b, 14.14). Er verläuft durch die Fissura orbitalis superior, den Anulus tendineus communis und in der Augenmuskelpyramide *unter* dem M. rectus superior.

Äste des N. oculomotorius:
- **R. superior**, ein schwächerer oberer Ast zum M. rectus superior und M. levator palpebrae superioris
- **R. inferior**, stärkerer unterer Ast, der sich aufteilt in
  - **Rr. musculares** zum M. rectus medialis, M. rectus inferior und M. obliquus inferior
  - **Radix oculomotoria** mit parasympathischen Fasern zum **Ganglion ciliare**, das lateral am N. opticus liegt; hier findet die Umschaltung auf die 2. Neurone statt, deren Axone über **Nn. ciliares breves** Augenbinnenmuskeln, M. sphincter pupillae und M. ciliaris innervieren

14

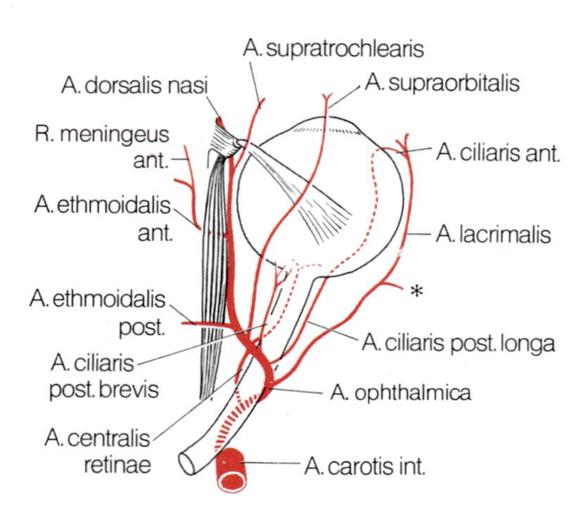

◘ **Abb. 14.13.** A. ophthalmica mit Ästen. Zu beachten sind die Lagebeziehungen der Arterien zum Bulbus oculi bzw. Fasciculus nervi optici sowie zum M. obliquus bulbi superior. * R. anastomoticus cum A. lacrimale

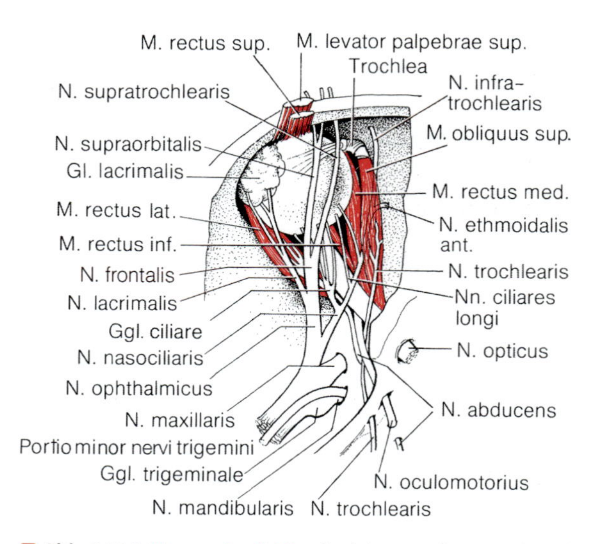

◘ **Abb. 14.14.** Nerven der Orbita. Ansicht von oben. Das knöcherne Orbitadach ist entfernt und das Ganglion trigeminale nach lateral verdrängt, um die Trigeminushauptäste sichtbar zu machen

N. trochlearis (N. IV, Abb. 14.14). Er zieht durch die Fissura orbitalis superior *über* dem Anulus tendineus communis, liegt damit *über* der Augenmuskelpyramide, und erreicht den M. obliquus superior.

N. ophthalmicus (N. V1, somatoafferent, Abb. 14.14). Er tritt durch die Fissura orbitalis superior in die Orbita ein. Jedoch teilt er sich bereits vor der Fissur in seine vier Hauptäste, von denen der 1. rückläufig ist (**R. tentorii**), die anderen an die laterale (**N. lacrimalis**), obere (**N. frontalis**) und nasale (**N. nasociliaris**) Wand der Orbita ziehen. Obgleich das Einzugsgebiet des N. ophthalmicus überwiegend außerhalb des Sehorgans liegt, wird er in diesem Zusammenhang besprochen.

Äste des N. ophthalmicus:

- **R. tentorii** zum Tentorium cerebelli und zur Falx
- **N. lacrimalis** läuft über den M. rectus lateralis durch die Tränendrüse zu Haut (**Rr. palpebrales**) und Bindehaut des lateralen Augenwinkels (**Rr. conjunctivales**); über eine Anastomose mit dem N. zygomaticofacialis (aus dem N. maxillaris, N. V2) lagern sich dem N. lacrimalis sekretorische Fasern für die Tränendrüse an (Abb. 13.29).
- **N. frontalis** liegt dem M. levator palpebrae superioris auf, wo er sich aufspaltet in
  - **N. supratrochlearis**, der die Haut des medialen Augenwinkels versorgt, nachdem er über die Trochlea des M. obliquus superior gezogen ist
  - **N. supraorbitalis**, der sich in einen stärkeren **R. lateralis** und einen schwächeren **R. medialis** teilt; beide Äste ziehen über Incisura (bzw. Foramen) supraorbitalis bzw. Incisura frontalis zur Stirnhaut
- **N. nasociliaris** (Abb. 14.11b) verläuft zunächst zwischen M. rectus superior und N. opticus, dann zwischen M. rectus medialis und M. obliquus superior; seine Äste sind
  - **N. infratrochlearis** zu Haut und Bindehaut des medialen Augenwinkels und zum Saccus lacrimalis
  - **Nn. ciliares longi**, meist dünne Äste zum Bulbus oculi, die sich dem N. opticus medial anlagern
  - **N. ethmoidalis anterior**, der die gleichnamige Arterie begleitet, durch das Foramen ethmoidale anterius in die vordere Schädelgrube gelangt (extradural) und diese durch die Lamina cribrosa ossis ethmoidalis wieder verlässt, um in die Nasenhöhle zu gelangen, dort teilt er sich in **Rr. nasales laterales et mediales** für die Nasenschleimhaut und einen **R. nasalis externus** für die Haut der Nase bis zur Nasenspitze
  - **N. ethmoidalis posterior** gelangt über das Foramen ethmoidale posterius zur Schleimhaut der Siebbeinzellen und der Keilbeinhöhle
  - **R. communicans cum ganglio ciliari** zieht ohne Unterbrechung durch das Ganglion ciliare hindurch und erreicht in den **Nn. ciliares breves** das Auge

N. abducens (N. VI, Abb. 14.11b, 14.14). Er zieht durch die Fissura orbitalis superior und den Anulus tendineus communis nach kurzem Verlauf in den M. rectus lateralis.

Autonome Nerven. *Parasympathische Nervenfasern* zu Gl. lacrimalis (► S. 676) und Augenbinnenmuskulatur, *sympathische* zu den Mm. tarsales superior et inferior, dem M. orbitalis und der Augenbinnenmuskulatur.

N. infraorbitalis (somatoafferent zu V2) liegt am Boden der Orbita *außerhalb* der Periorbita. Seine Besprechung erfolgt ► S. 669.

In Kürze

Die Conjunctiva bulbi ist eine wichtige Schutzeinrichtung an der Vorderfläche des Bulbus oculi. Sie bedeckt die Innenfläche der Augenlider und die Oberfläche des vorderen Teils der Sklera. Durch die Sekrete von Gl. lacrimalis und Drüsen der Augenlider werden ihre Oberflächen und die Kornea feucht gehalten. Die Augenlider werden durch den Tarsus superior et inferior gestützt. Die Augenlidmuskulatur bewirkt Lidschluss und Öffnung. Der Augapfel wird durch 2 schräge und 4 gerade äußere Augenmuskel bewegt. Die 4 geraden Augenmuskeln entspringen gemeinsam am Anulus tendineus communis und setzen vor dem Aequator bulbi an, die schrägen setzen hinter und lateral der Ab- und Adduktionsachse des Bulbus an. Die Muskeln bewirken Augenbewegungen in alle Richtungen. Zur beweglichen Unterbringung des Bulbus oculi in der Orbita tragen Vagina bulbi und Corpus adiposum bulbi bei. Die gesamte Gefäßversorgung geht von der A. ophthalmica und deren Ästen aus. An der Innervation sind N. oculomotorius, N. trochlearis, N. ophthalmicus, N. abducens sowie autonome Nerven beteiligt.

14.3 Hör- und Gleichgewichtsorgan

Zur Information
Hör- und Gleichgewichtsorgan liegen im Felsenbein des Os temporale. Gemeinsam bilden sie das Innenohr. Ihre Rezeptorfelder befinden sich im Innenohr. Funktionell sind Hör- und Gleichgewichtsorgan unabhängig voneinander. Der adäquate Reiz für das Hörorgan ist der Schall, der über das äußere Ohr aufgenommen und über die Gehörknöchelchenkette im Mittelohr an das Innenohr übertragen wird. Der Reiz für das Gleichgewichtsorgan sind Bewegungs- und Lageveränderungen des Kopfes/Körpers im Raum.

Das Ohr (**Auris**) besteht aus (Abb. 14.15)
- **Auris externa** (*äußeres Ohr*): **Schalltrichter für das Hörorgan**
- **Auris media** (*Mittelohr*) mit **Gehörknöchelchenkette**
- **Auris interna** (*Innenohr*) mit dem **Gehör- und Gleichgewichtsorgan (Organum vestibulocochleare)**

Das Mittelohr liegt im Os temporale, das Innenohr in dessen Pars petrosa (► S. 591).

Zur Entwicklung (Abb. 14.16)
Das **äußere Ohr** wird von Abschnitten des 1. und 2. Branchialbogens sowie der 1. Schlundfurche gebildet.

Das **Mittelohr** entwickelt sich aus der 1. Schlundtasche sowie Anteilen der begrenzenden Pharyngealbögen (► S. 635).

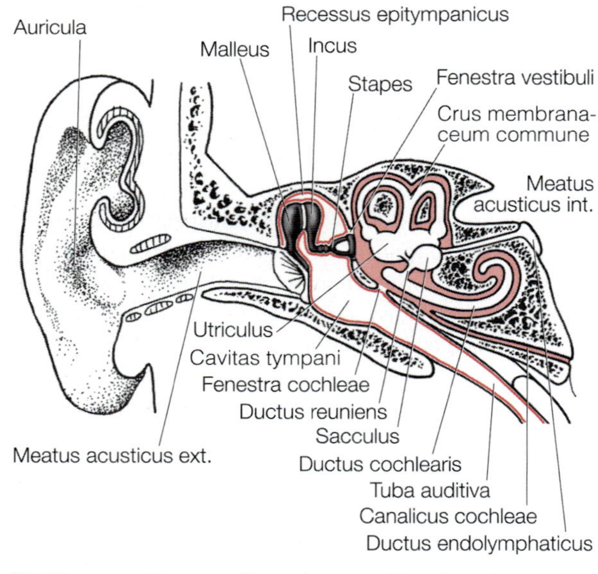

Abb. 14.15. Hörorgan. Übersicht. Der Schleimhautüberzug von Cavum tympani und Tuba auditiva ist *rot* gekennzeichnet, der Perilymphraum des Labyrinths *rot ausgefüllt*. Knorpel *schraffiert*

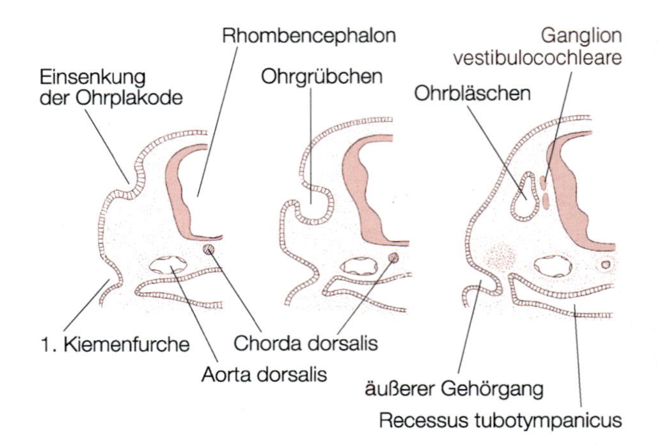

Abb. 14.16. Entwicklung des Ohrs. Ektodermal: äußerer Gehörgang und Ohrbläschen (für das Innenohr). Entodermal: Recessus tubotympanicus (für das Mittelohr)

Das **Innenohr** nimmt seinen Ausgang von einer ektodermalen **Ohrplakode** (1. Entwicklungsmonat), die vom Neuroepithel der benachbarten Anlage des Rhombenzephalons induziert wird. Die Ohrplakode schnürt sich dann von der Oberfläche ab und wird in der Tiefe zum **Ohrbläschen.** In der Folgezeit gehen aus dem Ohrbläschen die Anlagen des Gleichgewichtsorgans und von Teilen des Hörorgans hervor.

14.3.1 Äußeres Ohr

Kernaussagen
- **Das äußere Ohr dient der Schallaufnahme und leitet den Schall durch den äußeren Gehörgang (Meatus acusticus externus) zum Trommelfeld (Membrana tympani).**
- **Das Trommelfell schließt den äußeren Gehörgang ab und bildet die Grenze zum Mittelohr. Es wird durch den Schall in Schwingungen gesetzt.**

Zum äußeren Ohr (Auris externa) gehören:
- **Auricula** (*Ohrmuschel*)
- **Meatus acusticus externus** (*äußerer Gehörgang*)
- **Membrana tympanica** (*Trommelfell*)

Auricula (Abb. 14.17). Die **Ohrmuschel** ist eine trichterförmige Hautfalte, die die Öffnung des äußeren Gehörgangs umgibt. Sie erleichtert das Richtungshören.

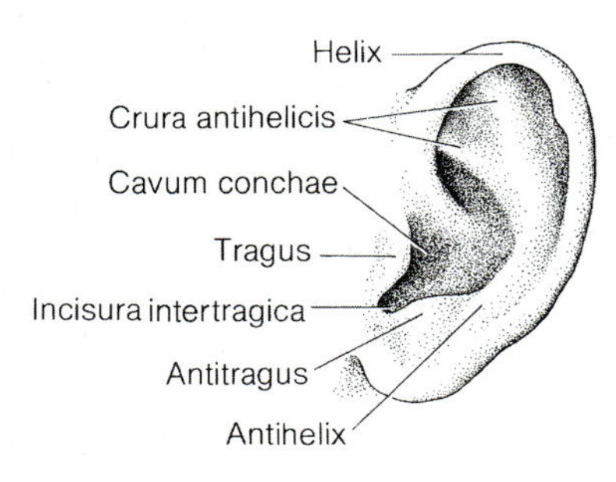

Abb. 14.17. Auricula sinistra

Zur Entwicklung
Die Ohrmuschel entsteht durch Fusion von drei **Ohrhöckern** am dorsalen Ende des 1. und 2. Branchialbogens (▶ S. 634).

Die Ohrmuschel wird durch elastischen Knorpel formstabil gehalten. Knorpelfrei ist jedoch das Ohrläppchen.

Meatus acusticus externus. Der äußere Gehörgang ist beim Erwachsenen 3–3,5 cm lang. Er endet am Trommelfell (**Membrana tympanica**).

Zur Entwicklung (Abb. 14.16)
Der äußere Gehörgang geht aus der ektodermalen **Gehörgangsplatte** der 1. Schlundfurche hervor. Sie bildet einen Zellzapfen, der in der Tiefe mit dem Entoderm der 1. Schlundtasche in Kontakt kommt. Das Lumen des Gehörgangs entsteht erst nach dem 6. Entwicklungsmonat. Dadurch wird das Trommelfell zur Grenzstruktur zwischen Schlundfurche und Schlundtasche. Außen ist das Epithel ektodermaler, innen entodermaler Herkunft.

Der äußere Gehörgang gliedert sich in einen inneren knöchernen Anteil (im Os temporale, ein Drittel des Ganges) und einen äußeren Teil, der außerhalb des Schädels liegt. Der äußere Teil wird vorne und hinten durch eine knorpelige Rinne verstärkt, die sich in den Knorpel der Ohrmuschel fortsetzt. Der Knorpelrinne benachbart ist das Kiefergelenk, das beim Schließen des Mundes den Gehörgang einengt, beim Öffnen erweitert. Dies kommt dadurch zustande, dass der Processus condylaris mandibulae beim Öffnen des Mundes nach vorne unten gezogen wird.

Die Längsachse des knöchernen Gehörgangs ist beim Erwachsenen gegenüber dem äußeren knorpeligen Anteil nach lateral abgewinkelt. Dadurch kann das Trommelfell mit dem Ohrspiegel nur dann direkt untersucht werden, wenn die Ohrmuschel nach hinten oben gezogen wird.

Mikroskopische Anatomie. Der äußere Gehörgang hat ein mehrschichtiges verhorntes Plattenepithel mit Haaren – besonders am äußeren Eingang –, Talgdrüsen und apokrinen tubulösen Knäueldrüsen (**Gll. ceruminosae**), die unabhängig von Haarbälgen sind. Die Drüsensekrete bilden zusammen mit abgestoßenen Epithelzellen das **Cerumen** (*Ohrschmalz*).

Klinischer Hinweis
Schon kleine Furunkel im äußeren Gehörgang sind sehr schmerzhaft, weil die Haut unverschieblich mit der Unterlage verbunden ist und bei lokaler Schwellung sogleich gespannt wird. Gleiches gilt für die Innenseite der Ohrmuschel.

Arterien. Äste der *A. auricularis posterior, A. auricularis profunda* und *A. temporalis superficialis.*

Innervation. *N. auriculotemporalis* für die Vorderfläche der Ohrmuschel und den äußeren Gehörgang. Zusätzlich *R. auricularis nervi vagi* für einen Teil der Hinterwand und des Bodens des äußeren Gehörgangs sowie die Außenfläche des Trommelfells, *N. auricularis magnus* für die Hinterseite der Ohrmuschel.

Klinischer Hinweis
Bei Spülung des äußeren Gehörgangs kann es zu vagotonen Reaktionen kommen (*Kollaps, Erbrechen*). Wahrscheinlich addieren sich hierbei Vagusreiz und Reizung des Gleichgewichtsorgans (*kalorischer Nystagmus*).

Die **Membrana tympanica** (*Trommelfell*) steht schräg nach vorne unten geneigt im äußeren Gehörgang. Dadurch ist der äußere Gehörgang hinten oben etwa 6 mm kürzer als vorne unten (Abb. 14.19).

Das Trommelfell ist eine ovale, grau-schimmernde, häufig durchsichtige Membran von etwa 1 cm Durchmesser und 0,1 mm Dicke. Es ist mittels eines fibrokartilaginösen Ringes im *Sulcus tympanicus*, einer Rinne in der Pars tympanica des Os temporale, befestigt und gespannt. Das Trommelfell grenzt den äußeren Gehörgang gegen die Paukenhöhle ab.

Am Trommelfell lassen sich unterscheiden (Abb. 14.18):
- kleine spannungslose **Pars flaccida** (*Shrapnell-Membran*)
- größere, gespannte **Pars tensa**

Die **Pars flaccida** besteht nur aus äußerem und innerem Epithel. Eine nennenswerte Lamina propria fehlt. Trotzdem treten hier bei Mittelohrentzündungen in der Regel keine Perforationen auf.

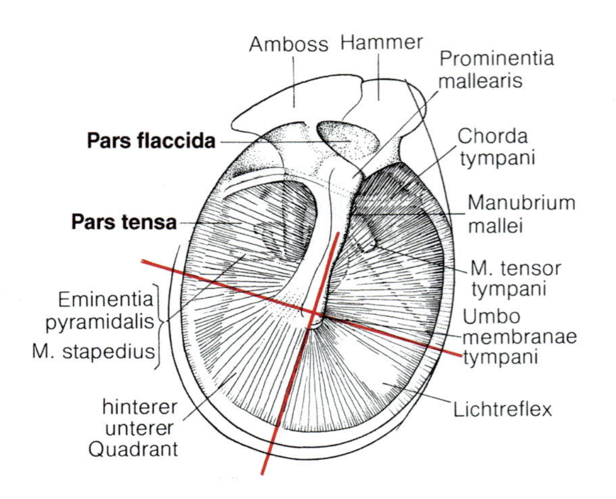

Abb. 14.18. Rechtes Trommelfell. Von lateral mit den dahinter gelegenen Gebilden der Paukenhöhle (nach Rohen 1969)

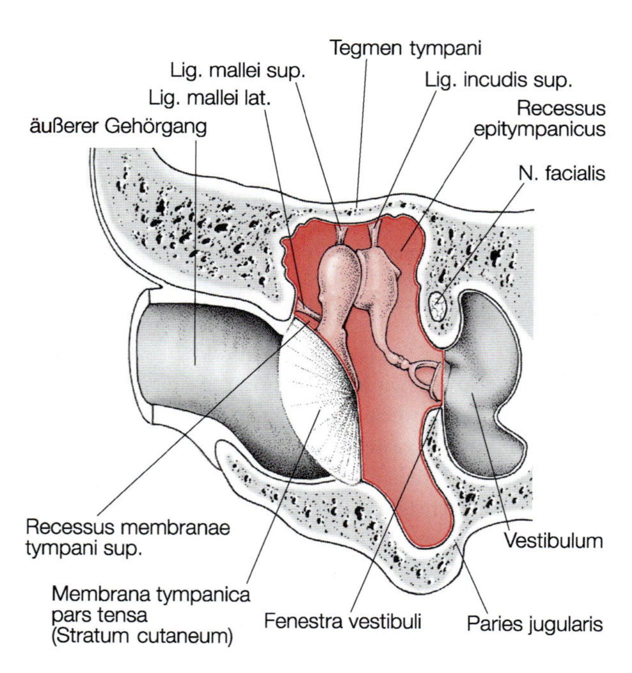

Abb. 14.19. Cavitas tympanica. Frontalschnitt. Schleimhaut der Paukenhöhle *rot*

Die **Pars tensa tympani** hat zusätzlich eine faser- und gefäßreiche Lamina propria. Sie ist gegen die Pars flaccida durch zwei von der Trommelfellinnenseite durchschimmernde Schleimhautfalten begrenzt (*Plica mallearis anterior* und *posterior*, ▶ unten).

Die Pars tensa tympani kann durch zwei senkrecht zueinander stehende Linien in vier Quadranten geteilt werden: Die eine dieser Linien (**Stria mallearis**) verläuft von vorne oben nach hinten unten. Hier ist auf der Innenseite der Handgriff des Hammers (▶ unten) mit dem Trommelfell fest verwachsen. Die 2. Linie geht senkrecht durch das untere Ende der Stria mallearis. Sie kreuzt in ihrem Verlauf den **Umbo** (*Trommelfellnabel*), der an der Spitze des Hammerstiels liegt. Hier ist das Trommelfell tief eingezogen (Abb. 14.19).

Innervation. *Außen:* Äste des *N. auriculotemporalis* und *N. vagus*. *Innen:* Äste des *Plexus tympanicus* (Abb. 13.61, ▶ S. 676).

14.3.2 Mittelohr

Kernaussagen

- **Das Mittelohr (Auris media) besteht aus der luftgefüllten Paukenhöhle (Cavum tympani), in der sich drei gelenkig miteinander verbundene Gehörknöchelchen (Hammer, Amboss, Steigbügel) befinden, an denen die Binnenohrmuskeln M. tensor tympani und M. stapedius ansetzen.**
- **Das Mittelohr ist durch die Tuba auditiva mit dem Epipharynx verbunden.**
- **Der Hammer ist am Trommelfell befestigt, der Steigbügel mit der Steigbügelplatte im ovalen Fenster (Fenestra vestibuli), das die Verbindung zum Innenohr herstellt.**
- **Die Gehörknöchelchen leiten den Schall zum Innenohr und verstärken den Schalldruck. Die Muskeln des Mittelohrs spannen die Gehörknöchelchenkette, der M. stapedius dämpft die Schallübertragung.**
- **Die Schleimhaut der Paukenhöhle wird durch Äste der A. carotis externa versorgt und von Ästen des N. glossopharyngeus (N. IX) innerviert.**

Zu besprechen sind:
- **Cavitas tympani** (*Paukenhöhle*)
- **drei Ossicula auditoria** (*Gehörknöchelchen*)
- **M. tensor tympani** und **M. stapedius**, halten die Gehörknöchelchen in Spannung
- **Schleimhaut** der Paukenhöhle mit **Falten und Buchten**

Zur Entwicklung

Die Paukenhöhle ist entodermaler Herkunft. Sie geht aus dem distalen Ende der 1. Schlundtasche hervor (▶ S. 635). Dort bildet sich als Erweiterung der *Recessus tubotympanicus* (◘ Abb. 14.16). Der proximale Teil der 1. Schlundtasche wird zur *Tuba auditiva*, die später mit dem Epipharynx eine offene Verbindung hat. Bis zum 7. Entwicklungsmonat sind die Anlagen der 1. Schlundtasche mit lockerem Mesenchym gefüllt.

In der Umgebung der Anlage der Paukenhöhle entstehen im Mesenchym des 1. Schlundbogens Vorläufer von Gehörknöchelchen und Muskeln des Mittelohrs: *Malleus* (Hammer) und *Incus* (Amboss) sowie *M. tensor tympani*, im Mesenchym des 2. Schlundbogens *Stapes* (Steigbügel) und *M. stapedius*. Alle Anteile werden bei der weiteren Entwicklung in die Paukenhöhle einbezogen und mit entodermalem Epithel überkleidet.

Die **Paukenhöhle** (◘ Abb. 14.19) ist lufthaltig. Sie ist etwa 20 mm hoch, 10 mm lang und an ihrer schmalsten Stelle 1,3 mm breit. Sie befindet sich unter der hinteren Außenseite der Schläfenbeinpyramide und verläuft in *median absteigender Richtung*.

Formal lassen sich drei Etagen unterscheiden (◘ Abb. 14.19):

- **Epitympanon** (*Kuppelraum, Attikus*) mit dem **Recessus epitympanicus** zur Aufnahme von Hammerkopf und Ambosskörper, vom Epitympanon führt der **Aditus ad antrum mastoideum** ins **Antrum mastoideum** und von dort in die **Cellulae mastoideae**, die den Proc. mastoideus pneumatisieren
- **Mesotympanon**, der engste mittlere Teil der Paukenhöhle: *lateral* liegt die Pars tensa des Trommelfells, *medial* als Vorwölbung das Promontorium sowie zum Innenohr hin das ovale und runde Fenster, *vorne* die Öffnung der Tuba auditiva zur Verbindung mit dem oberen Pharynx
- **Hypotympanon** (*Paukenkeller*) unter dem Niveau des Trommelfells

Einzelheiten

Die Paukenhöhle hat sechs Wände:

- **laterale Wand (Paries membranaceus)**; sie wird weitgehend vom Trommelfell gebildet, zum kleineren Teil knöchern vom Felsenbein (◘ Abb. 14.20)
- **mediale Wand (Paries labyrinthicus)** mit der Grenze der Paukenhöhle zum Innenohr; an ihr sind zu erkennen (◘ Abb. 14.19):
  - **Promontorium**, eine breite Vorwölbung, bedingt durch die basale Schneckenwindung
  - **Fenestra vestibuli** (*ovales Fenster*): führt hinter und oberhalb des Promontoriums in das **Vestibulum** des perilymphatischen Raums des Innenohrs (▶ unten) und ist durch die **Steigbügelplatte** verschlossen
  - **Fenestra cochleae** (*rundes Fenster*): sie ist durch die **Membrana tympani secundaria** verschlossen und grenzt gleichfalls an das Vestibulum
  - **Prominentia canalis facialis**; sie liegt über und hinter dem Vorhoffenster, darüber befinden sich:
  - **Prominentia canalis semicircularis lateralis**
  - **Abdrücke des Canalis musculotubarius**
- **obere Wand (Tegmen tympani)**; sie ist eine dünne Knochenplatte, die die Paukenhöhle von der mittleren Schädelgrube trennt und im Alter Dehiszenzen aufweisen kann
- **untere Wand (Paries jugularis)**; sie bildet den Boden der Paukenhöhle; hier trennt eine dünne Knochenwand Paukenhöhle und Bulbus venae jugularis internae voneinander
- **vordere Wand (Paries caroticus)**; sie ist dem Canalis caroticus benachbart; hier mündet die *Tuba auditiva* und der *M. tensor tympani* tritt in die Paukenhöhle
- **hintere Wand (Paries mastoideus)**; sie grenzt an den Warzenfortsatz des Schläfenbeins; oben öffnet sie sich zum **Antrum mastoideum** (▶ oben)

Klinischer Hinweis

Entzündungen des Mittelohrs werden nicht selten durch die obere und untere Wand der Paukenhöhle in die Schädelhöhle fortgeleitet. Häufiger sind Entzündungen, die in die Cellulae mastoideae fortgeleitet werden.

Tuba auditiva (*Ohrtrompete*). Sie verläuft schräg nach vorne unten und verbindet die Paukenhöhle mit dem Epipharynx (◘ Abb. 14.15). Sie ist 36 mm lang und hat einen knöchernen, der Paukenhöhle benachbarten, und einen folgenden knorpeligen Abschnitt (zwei Drittel der Länge). Beide Abschnitte gehen am Isthmus tubae ineinander über.

Der knorpelige Abschnitt hat an seiner mittleren (hinteren) und oberen Wand eine Knorpelspange. Die seitliche und untere Wand ist knorpelfrei und durch eine **Lamina membranacea** bindegewebig verstärkt. Hier entspringen die Mm. tensor et levator veli palatini, die den bindegewebigen Teil der Tuba auditiva erweitern können, z.B. beim Schlucken. Die von Knorpel und Knochen umfassten Teile der Tuba auditiva stehen stets offen.

Der knöcherne Abschnitt der Tuba auditiva ist durch ein knöchernes Septum, *Septum canalis musculotuburii*, von einem Kanälchen für den M. tensor tympani getrennt (◘ Abb. 14.20). Beide Kanälchen zusammen werden als **Canalis musculotubarius** bezeichnet, jeder einzelne als Semikanal: **Semicanalis musculi tensoris tympani, Semicanalis tubae auditivae.**

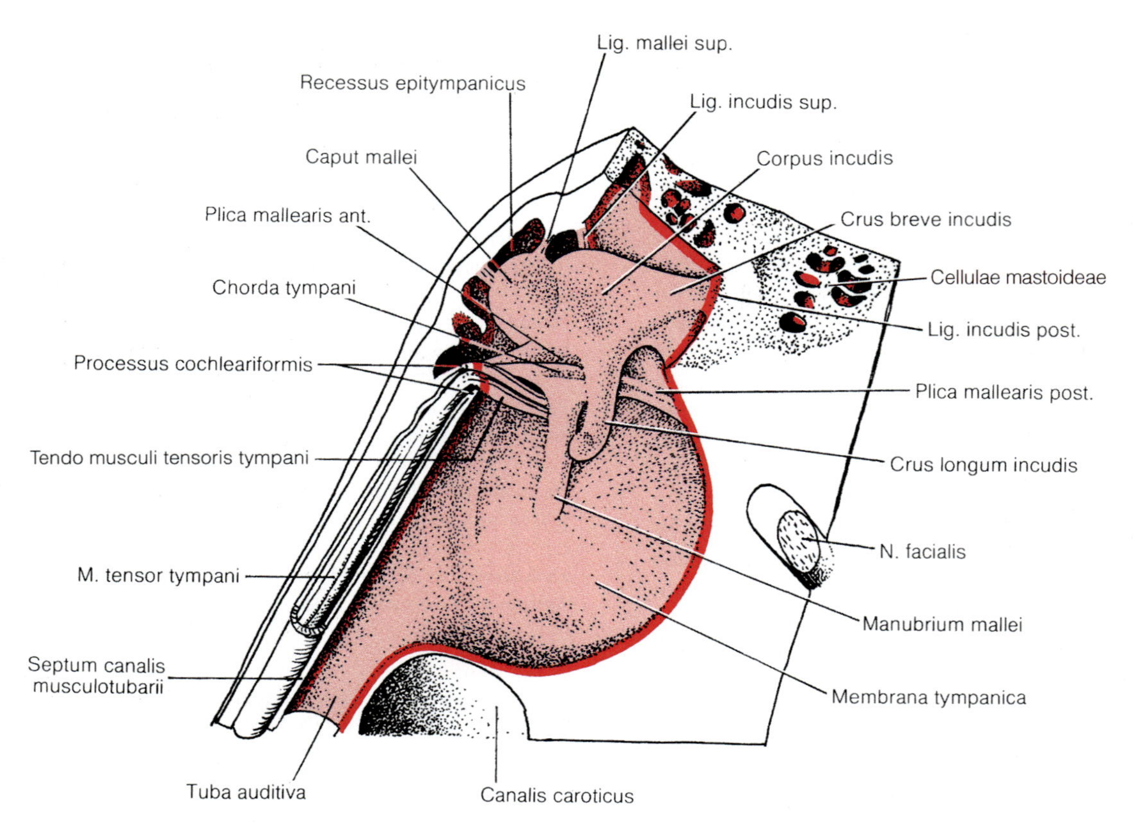

Abb. 14.20. Rechte Paukenhöhle. Laterale Wand von medial gesehen. Schnittrand der Schleimhaut von Paukenhöhle, Tuba auditiva und angrenzenden pneumatisierten Räumen *rot* gezeichnet. Zu beachten ist der Verlauf der in einer Schleimhautfalte gelegenen Sehne des M. tensor tympani sowie die Falten und Buchten hinter dem Trommelfell

Klinischer Hinweis

Entzündungen des Nasenrachenraums setzen sich häufig in die Tuba auditiva fort und führen dort durch Verlegung des Lumens zum *Tubenkatarrh*. Bei Kindern, deren Tuben noch kurz und weit sind, kommt es häufig zusätzlich zu Entzündungen der Schleimhaut der Paukenhöhle (*Otitis media*). Dabei ist das Trommelfell vorgewölbt und gerötet, während es beim Tubenkatarrh allein durch den Unterdruck eingezogen ist. – *Beide* Krankheitsbilder führen durch Verminderung der Schwingungsfähigkeit des Trommelfells zu einer *reversiblen (Schallleitungs-)Schwerhörigkeit*.

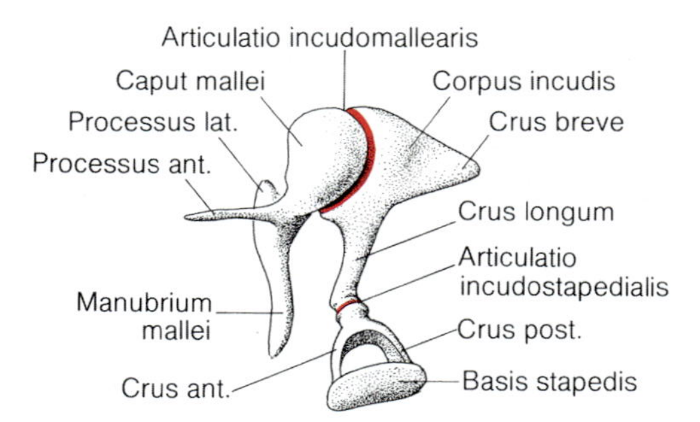

Abb. 14.21. Gehörknöchelchen. Rechtes Mittelohr von medial gesehen. *Rot* artikulierende Flächen

Ossicula auditoria (*Gehörknöchelchen*) (Abb. 14.21). Es handelt sich um:

- **Malleus** (*Hammer*)
- **Incus** (*Amboss*)
- **Stapes** (*Steigbügel*)

Die Kette der drei Gehörknöchelchen überträgt die Schwingungen des Trommelfells auf den perilymphatischen Raum des Labyrinths der Schnecke. Die Knöchelchen sind syndesmotisch miteinander verbunden; nur gelegentlich ist zwischen Hammer und Amboss ein Gelenkspalt vorhanden.

Einzelheiten

Malleus (*Hammer*). Er gleicht einer Keule, deren Handgriff (**Manubrium mallei**) in das Trommelfell eingewebt ist (Stria mallearis, ▶ oben). Das Manubrium setzt sich in den kurzen **Processus lateralis** fort, der am Trommelfell die *Prominentia mallearis* hervorruft (◘ Abb. 14.18). Der längere **Processus anterior** dient dem **Lig. mallei anterius** zum Ansatz. Zwischen Manubrium und Hammerkopf (**Caput mallei**) ist ein schmales Halssegment (**Collum mallei**) ausgebildet, von dem das **Lig. mallei laterale** zur lateralen Wand der Paukenhöhle gerade über dem Trommelfellansatz zieht. Vom Hammerkopf aus erreicht das **Lig. mallei superius** das Dach der Paukenhöhle. Hinten und medial artikuliert das Hammerköpfchen mit der korrespondierenden Fläche des Amboss in einem angedeuteten **Sattelgelenk**, dessen straffe Gelenkkapsel nur geringe Bewegung zulässt.

Incus (*Amboss*). Das **Corpus incudis** ist über das Hammer-Amboss-Gelenk mit dem Hammer verbunden. Das **Crus longum** artikuliert über ein winziges Zwischenstück (**Processus lenticularis**) mit dem Steigbügel (◘ Abb. 14.21); das kürzere **Crus breve** ist durch das **Lig. incudis posterius** mit der lateralen Wand der Paukenhöhle verbunden. Der Ambosskörper wird zusätzlich durch das **Lig. incudis superius** fixiert, das wie das Lig. mallei superius zum Dach der Paukenhöhle zieht.

Stapes (*Steigbügel*). Die Basalplatte (**Basis stapedis**) ist durch das **Lig. anulare stapediale** in das **ovale Fenster** eingehängt. Zwischen den beiden Steigbügelschenkeln spannt sich die **Membrana stapedialis** aus.

Klinischer Hinweis

Bei *Otosklerose* verkalkt das Lig. anulare stapediale und behindert damit durch Immobilisierung der Stapesplatte die Übertragung der Schwingungen auf den Perilymphraum. Dies führt zur (Schallleitungs-)Schwerhörigkeit.

Zur Information

Das Trommelfell wird durch ankommende Schallwellen in Schwingungen versetzt. Diese werden durch den Hammergriff auf die Reihe der Gehörknöchelchen und dadurch auf die Stapesplatte übertragen (◘ Abb. 14.21). Dabei bewirkt die Reihe der Gehörknöchelchen eine Minderung der Schwingungsamplitude zugunsten höheren Schalldrucks. Dieser Effekt wird durch das Flächenverhältnis von Trommelfell zu Fenestra vestibuli (45–55/3–5 mm^2) verstärkt. Beide Faktoren bedingen eine Erhöhung der auf den perilymphatischen Raum einwirkenden Schalldrücke um das 22fache. Damit wird weitgehend eine Schallreflexion, d.h. ein Energieverlust beim Übergang vom Medium Luft auf das Medium Perilymphe vermieden.

Muskeln des Mittelohrs. Sie sind quer gestreift, entstammen dem 1. und 2. Kiemenbogen und halten die Spannung in der Kette der Gehörknöchelchen aufrecht.

Es handelt sich um:

- **M. tensor tympani**
- **M. stapedius**

Einzelheiten

M. tensor tympani (◘ Abb. 14.20). Dieser doppelt gefiederte Muskel liegt in der oberen Abteilung des Canalis musculotubarius (▶ oben). Seine zentrale Sehne zieht rechtwinklig um den Processus cochleariformis nach lateral und setzt am Hammerhals an.

Funktion. Bei Kontraktion des Muskels werden das Trommelfell eingezogen, Hammerkopf und Ambosskörper nach außen, Crus longum incudis nach innen bewegt und damit die Stapesplatte in das ovale Fenster hineingedrückt.

Innervation durch den *N. mandibularis* (N. V3).

Der **M. stapedius** liegt in der Eminentia pyramidalis der hinteren Paukenhöhlenwand; seine Sehne zieht von der Pyramidenspitze nach vorne zum Steigbügelkopf.

Funktion. Bei Kontraktion des Muskels wird der Stapeskopf nach hinten gezogen und die Stapesplatte entsprechend verkantet. So dämpft die Kontraktion des M. stapedius die Schallübertragung.

Innervation durch den *N. facialis*.

Klinischer Hinweis

Ausfall der Innervation des M. stapedius (N. VII) führt zur *Hyperakusis*.

Die **Schleimhaut der Paukenhöhle** besteht aus einschichtig plattem bis isoprismatischem Epithel, in Nachbarschaft der Tubenmündung mit Kinozilienbesatz. Unter dem Epithel findet sich eine zarte, gefäßreiche Lamina propria.

Schleimhautfalten befinden sich zwischen der Wand der Paukenhöhle, den Gehörknöchelchen und ihren Haltebändern. Sie lassen **Nischen** (Taschen) entstehen, die die Raumaufteilung der Paukenhöhle zusätzlich unübersichtlich machen.

Einzelheiten

Die relativ **größten Schleimhautfalten** und **-taschen** befinden sich an der Innenseite des Trommelfells:

- **Plicae malleares anterior et posterior**
- **Recessus membranae tympani anterior et posterior**
- **Recessus membranae tympani superior** (*Prussak-Raum*)

Durch beide Falten hindurch und damit zwischen Manubrium mallei und Crus longum incudis verläuft quer über das Trommelfell hinweg die **Chorda tympani.** Ferner begrenzen die Hammerfalten die oberen und unteren Trommelfelltaschen.

Weitere Falten sind

- **Plica incudialis;** sie erreicht über das Lig. incudis posterius und Crus breve incudis den Ambosskörper
- **Plica stapedialis;** sie umhüllt die Sehne des M. stapedius von der Austrittsstelle aus der Pyramidenspitze an sowie Caput und Crura stapedis
- **Plica musculi tensoris tympani;** sie folgt der Sehne des Muskels (Abb. 14.20)

Die **arterielle Versorgung** der Paukenhöhle erfolgt überwiegend durch **Äste der A. carotis externa.**

Einzelheiten

- **A. tympanica anterior** aus der A. maxillaris durch die Fissura petrotympanica
- **A. tympanica inferior** aus der A. pharyngea ascendens durch den Canaliculus tympanicus
- **A. tympanica superior** aus der A. meningea media durch den Sulcus und Canalis nervi petrosi minoris
- **A. stylomastoidea** aus der A. auricularis posterior durch den Facialiskanal
- **Rr. caroticotympanici** aus der *A. carotis interna* durch den Paries caroticus hindurch

Venöse Abflüsse führen zu **Plexus pharyngeus, V. meningea media** und **Sinus durae matris** (Infektionsweg bei Mittelohrentzündungen).

Lymphabflüsse verlaufen gemeinsam mit denen des äußeren Ohres zu den **retroaurikulären Lymphknoten.**

Die **Innervation** der Schleimhaut der Paukenhöhle erfolgt durch

- **N. tympanicus** und teilweise durch
- **Plexus tympanicus** unter der Schleimhaut der Paries labyrinthicus

14

Einzelheiten

Der **N. tympanicus** ist der 1. Ast des *N. glossopharyngeus.* Er gelangt durch den Canaliculus tympanicus (zusammen mit der A. tympanica inferior) in die Paukenhöhle, wo er in den Plexus tympanicus eingeht und die Paukenschleimhaut **sensibel** innerviert.

Der **Plexus tympanicus** ist im Wesentlichen eine Austausch- und Durchgangsstation von Nerven, die nur zum geringeren Teil der Innervation der Schleimhaut der Paukenhöhle dient.

Der Plexus tympanicus führt

- *sensorische Fasern* des N. glossopharyngeus
- *parasympathische Fasern des N. glossopharyngeus*, die im N. tympanicus in die Paukenhöhle gelangen
- *parasympathische Fasern des Intermediusanteils des N. facialis*
- *sympathische Fasern* des periarteriellen *Plexus caroticus* (internus)

Die parasympathischen Fasern des N. tympanicus sammeln sich wieder und verlassen als **N. petrosus minor** durch den Canalis nervi petrosi minoris die Paukenhöhle und das Felsenbein an seiner Vorderwand (▶ S. 591).

Der **N. facialis** hat enge topographische Beziehungen zur Paukenhöhle und gibt hier 3 Äste ab:

- **Chorda tympani**
- **N. petrosus major**
- **N. stapedius**

Einzelheiten

N. facialis (▶ S. 670). Er tritt (mit dem N. vestibulocochlearis) durch den Porus und Meatus acusticus internus in das Felsenbein ein. Dicht unter der vorderen Felsenbeinwand biegt er rechtwinkelig um (Geniculum nervi facialis, an dem sich das Ganglion geniculi befindet) und verläuft unter dem lateralen Bogengang, über der Paukenhöhle im Canalis nervi facialis nach dorsal (Prominentia canalis facialis ▶ S. 707). Anschließend zieht der N. facialis bogenförmig um die Paukenhöhle herum nach kaudal und kommt somit in nahe topographische Beziehung zum Sinus sigmoideus (▶ S. 592). Der Canalis nervi facialis ist in seinem distalen, vertikal orientierten Teil sichelförmig von Cellulae mastoideae umgeben.

Chorda tympani (▶ S. 671). Sie gehört zum N. intermedius, dem parasympathischen und sensorischen Anteil des N. facialis. Sie führt (afferente) Geschmacksfasern, deren Perikaryen im Ganglion geniculi liegen, und (efferente) präganglionäre parasympathische Fasern zum Ganglion submandibulare. Die Chorda tympani verlässt den N. facialis im Canalis nervi facialis kurz vor dem Foramen stylomastoideum, erreicht die Paukenhöhle durch den Canaliculus chordae tympani, verläuft unter der Schleimhaut des Mittelohrs und liegt in den Plicae malleares anterior et posterior (▶ oben) dem Trommelfell zwischen Pars flaccida und Pars tensa an; sie verlässt das Mittelohr durch die Fissura petrotympanica und schließt sich in der Fossa infratemporalis dem N. lingualis an (▶ S. 671).

Klinischer Hinweis

Bei otoskopischer Untersuchung kann bei dünnem Trommelfell die Chorda tympani sichtbar sein; daher die Bezeichnung »Paukensaite«.

N. petrosus major (▶ S. 671). Er verlässt den N. facialis am Ganglion geniculi ohne direkte funktionelle und topographische Bezüge zur Paukenhöhle, abgesehen von Verbindungen zum Plexus tympanicus. Der N. petrosus major erreicht in einem kurzen Knochenkanal die Vorderfläche des Felsenbeins und damit die mittlere Schädelgrube (▶ S. 591).

Der **N. stapedius** innerviert den M. stapedius.

14.3.3 Innenohr

Wichtig

Das Innenohr (Auris interna) enthält die Sinnesorgane. Es beherbergt in verschiedenen Organabschnitten die Sinnesepithelien und Nervenzellen für Hör- und Gleichgewichtssinn.

Das Innenohr (Abb. 14.22) besteht aus:
- **Labyrinthus osseus** (*knöchernes Labyrinth*)
- **Labyrinthus membranaceus** (*membranöses Labyrinth*)

Das **knöcherne Labyrinth** ist ein System von Räumen und Kanälchen im Felsenbein, das mit **Perilymphe** gefüllt ist. Darin befindet sich das **membranöse Labyrinth** mit **Endolymphe.** Es passt sich in seiner Form weitgehend dem knöchernen Labyrinth an.

Nach der Funktion lassen sich unterscheiden:
- **Labyrinthus cochlearis**
- **Labyrinthus vestibularis**

Der Labyrinthus cochlearis beherbergt das Hörsinnesorgan (Corti-Organ).

Der Labyrinthus vestibularis enthält den **Vestibularapparat** zur Wahrnehmung von Bewegungs- und Lageveränderungen.

Zur Entwicklung

Aus dem Ohrbläschen (► S. 704) entsteht das membranöse Labyrinth. Mit geringem zeitlichen Abstand entwickeln sich (Abb. 14.23)
- **Ductus endolymphaticus** mit einer Erweiterung (**Saccus endolymphaticus**)
- **Utriculus**, eine Aussackung, aus der die Bogengänge (**Ductus semicirculares**) hervorgehen
- **Sacculus**, eine Ausstülpung, von der der **Ductus cochlearis** abgeht

Ductus endolymphaticus, Utriculus und Sacculus gehören zum Gleichgewichtsorgan, Ductus cochlearis zum Hörorgan.

Utriculus und Sacculus sind zunächst ungetrennt. Dann bildet sich eine Grenzfurche, die zu einer Einschnürung wird, dem **Ductus utriculosaccularis.** Ferner wird die Verbindung zwischen Sacculus und Ductus cochlearis zum haarfeinen **Ductus reuniens.**

Alle aus dem Ohrbläschen hervorgegangenen Abschnitte sind mit **Endolymphe** gefüllt.

Das Sinnesepithel des Innenohrs entsteht um die 12. Entwicklungswoche unter dem Einfluss von Wachstumsfaktoren aus Epithelverdickungen. Die Sinnesfelder für das Gleichgewichtsorgan entstehen im Bereich der Grenzfurche zwischen Utriculus und Sacculus als **Macula** und am Eingang der Bogengänge als **Cristae ampullares** sowie für das Hören im Ductus cochlearis als **Corti-Organ.** Später teilt sich die Macula in **Macula utriculi** und **Macula sacculi.**

Um die Anlage des membranösen Labyrinths liegt Mesenchym. In diesem Mesenchym bilden sich Spalträume, die zusammenfließen und sich mit **Perilymphe** füllen. Aus dem weiter entfernt gelegenen Mesenchym geht die knorpelige, später knöcherne **Ohrkapsel** (aus Geflechtknochen) hervor. Die peri-

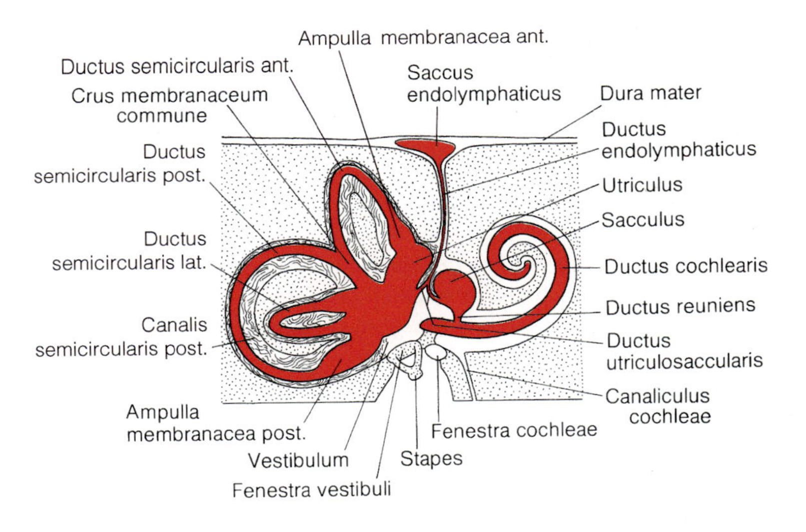

Abb. 14.22. Innenohr, membranöses Labyrinth. *Rot* Endolymphe

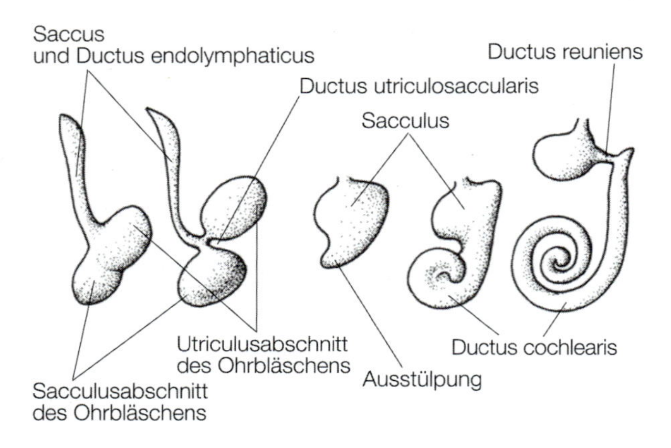

Abb. 14.23. Entwicklung des Innenohrs

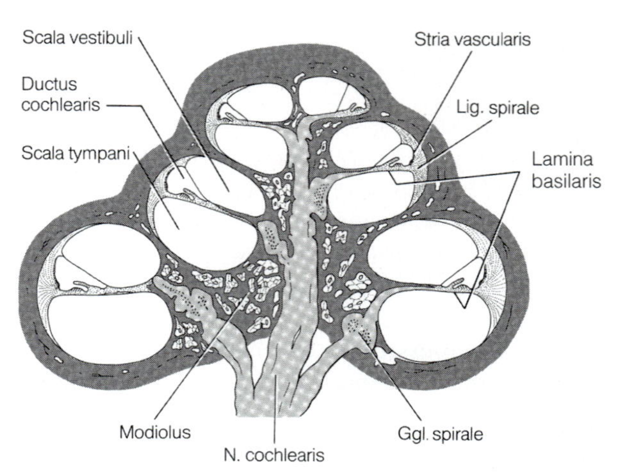

Abb. 14.24. Kochlea. Längsschnitt bei Lupenvergrößerung (nach Kahle, Leonhardt u. Platzer 1976)

lymphatischen Räume um Sacculus und Utriculus fließen zum **Vestibulum** mit gemeinsamer Knochenkapsel zusammen.

Anders ist es beim perilymphatischen Raum **um** den **Ductus cochlearis.** Er wird durch ein mesenchymales Septum in zwei Gänge unterteilt, einen oberen, der zur **Scala vestibuli**, und einen unteren, der zur **Scala tympani** wird.

14.3.4 Hörorgan

Kernaussagen

- **Das Corti-Organ befindet sich in der Schnecke (Cochlea) des Innenohrs. Es ruht auf der Basilarmembran.**
- **Die Cochlea besteht aus dem Canalis cochlearis, der mit 2½ Windungen um den Modiolus verläuft und in Scala vestibuli, Scala tympani und Scala media (= Ductus cochlearis) geteilt ist. Scala vestibuli und Scala tympani enthalten Perilymphe, der Ductus cochlearis Endolymphe.**
- **Die Transformation des Schalls in Sinnesinformationen erfolgt durch Erregung der inneren Haarzellen des Corti-Organs.**
- **Zur Erregung der inneren Haarzellen kommt es durch Abscheren ihrer Zilien gegenüber der Membrana tectoria des Corti-Organs.**

Zum Schallaufnahmeapparat (*Hörorgan*) gehören:
- **Cochlea** (*Schnecke*)
- **Ductus cochlearis**
- **Organum spirale** (*Corti-Organ*)

Die Kochlea (Abb. 14.24) besteht aus einem knöchernen Kanal mit einer Länge von 35 mm (**Canalis spiralis cochleae**), der wie eine Spirale mit zweieinhalb Windungen entgegen dem Uhrzeigersinn um eine knöcherne Längsachse (**Modiolus**) verläuft. Die Längsachse der Kochlea selbst steht senkrecht auf der Facies posterior der Pars petrosa des Os temporale (Schneckenbasis) und verläuft von hinten oben lateral nach vorne unten medial (Schneckenspitze, Abb. 9.28). Im Modiolus liegen das Ganglion spirale sowie feine Kanälchen für Nervenfasern und Gefäße. Vom Modiolus ragt eine Knochenleiste (**Lamina spiralis ossea**) in den Schneckenkanal, der wie eine Wendeltreppe nach aufwärts verläuft. Er endet in der Schneckenspitze (**Cupula cochleae**). Am freien Ende trägt die Lamina den bindegewebigen **Limbus laminae spiralis.**

Die Lamina spiralis ossea ist über die **Lamina basilaris** (*Basilarmembran*) mit der seitlichen Wand des Schneckenkanals verbunden, an der sich ein Fasersystem (**Lig. spirale**) mit einer ***Crista basilaris*** als Befestigung für die Basilarmembran befindet. Auf diese Weise ist der Schneckenkanal geteilt in:
- **obere Etage (Scala vestibuli)**
- **untere Etage (Scala tympani)**

Beide Skalen sind mit Perilymphe gefüllt und kommunizieren an der Schneckenspitze durch eine Öffnung (**Helicotrema**).

Die Scala vestibuli steht basal mit dem **Vestibulum** (► oben, Entwicklungsgeschichte) in Verbindung. Das

Vestibulum seinerseits hat durch das **ovale Fenster** (Fenestra vestibuli, Abb. 14.19) mit eingefügter Steigbügelplatte Kontakt mit der Paukenhöhle.

Die **Scala tympani** beginnt basal mit dem **runden Fenster** (Fenestra cochleae, Abb. 14.15), das durch die Membrana tympani secundaria gegenüber der Paukenhöhle verschlossen ist. Dagegen öffnet sich in Höhe der basalen Schneckenwindung der enge **Aqueductus cochleae** zu einer offenen Verbindung zwischen Scala tympani und Subarachnoidalraum. Dadurch kommunizieren Perilymphe und Liquor cerebrospinalis.

Der Aqueductus cochleae liegt im knöchernen **Canaliculus cochleae.**

Der **Ductus cochlearis** (*Scala media*) befindet sich am Boden der Scala vestibuli. Er gehört zum membranösen Labyrinth und enthält Endolymphe. Auf einer Seite steht der Ductus cochlearis durch den **Ductus reuniens** mit dem Sacculus in Verbindung, auf der anderen endet er blind (Abb. 14.22).

Auf Querschnitten hat der Ductus cochlearis dreieckige Form (Abb. 14.25). Der kleinste Winkel ist zum Modiolus gerichtet und befindet sich an der Lamina spiralis ossea. Die Begrenzung des Dreiecks (und damit des Ductus cochlearis) erfolgt

- **unten** durch die **Lamina basilaris** (*Basilarmembran*)
- **oben** durch die **Membrana vestibularis** (*Reissner-Membran*)

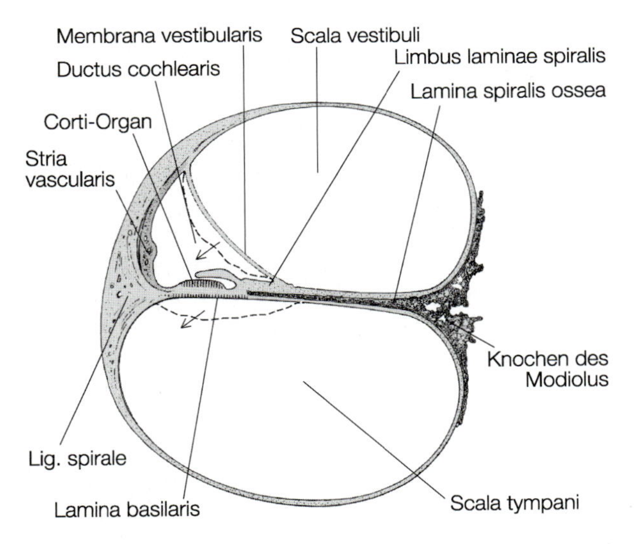

Abb. 14.25. Kochlea. Querschnitt. Die gestrichelten Linien und Pfeile geben die Bewegungen an, die Schallsignale an Membrana vestibularis, Ductus cochlearis und Lamina basilaris hervorrufen

- **lateral** durch die **Stria vascularis** an der Oberfläche des Lig. spirale.

Alle Anteile des Ductus cochlearis bilden eine funktionelle Einheit, die im Dienst des Hörens steht.

Die **Lamina basilaris** ist ein Geflecht aus Kollagenfasern in einer homogenen Grundsubstanz. Die Basilarmembran trägt das **Corti-Organ** (▶ unten). Die Basilarmembran wird zum blinden Ende des Ductus cochlearis hin breiter.

Die **Membrana vestibularis** trennt den Ductus cochlearis von der Scala vestibuli. Sie besteht aus einer sehr dünnen Bindegewebsschicht, die zum Ductus cochlearis hin von einem einschichtigen Plattenepithel, zur Scala vestibuli hin von Mesothel bedeckt ist.

Die **Stria vascularis** ist ein mehrschichtiges, von Kapillaren durchzogenes sezernierendes Epithel. Seine basalen Zellen mit tight junctions grenzen es vom Bindegewebsraum des Lig. spirale ab.

Zur Information

Tight junctions finden sich nicht nur in der Stria vascularis, sondern auch zwischen allen Zellen, die den Ductus cochlearis begrenzen. Sie bilden eine Diffusionsbarriere. Dadurch ist der Ductus cochlearis ein geschlossenes Kompartiment mit Endolymphe, die sich gegenüber der Perilymphe durch hohe K^+-Konzentration auszeichnet. Sie ist die Voraussetzung für die Einleitung des Hörvorgangs im Innenohr (▶ Lehrbücher der Physiologie). Die Endolymphe wird von der Stria vascularis sezerniert. Ihre Resorption erfolgt im Saccus endolymphaticus. Dadurch ist die Endolymphe in dauernder Zirkulation.

Klinischer Hinweis

Bei fehlerhafter Endolymphproduktion und -resorption kann es zu einem *Hydrops* im häutigen Labyrinth kommen. Dies führt zu Drehschwindel, Erbrechen und Ohrgeräuschen (*Ménière-Krankheit*). Ursache ist meist eine Durchblutungsstörung des Innenohrs.

Das **Corti-Organ** (*Organum spirale*) (Abb. 14.26) ist das Rezeptororgan für akustische Signale. Es handelt sich um einen Wall hochprismatischer **Sinnes- und Stützzellen:**

- **äußere Haarzellen** stehen in den Basalwindungen in drei, in den Spitzenwindungen in fünf Reihen auf Lücke; sie sitzen **äußeren Phalangenzellen** (*Deiters-Stützzellen*) auf
- **innere Haarzellen**, stehen in einer Reihe und werden von **inneren Phalangenzellen** gestützt

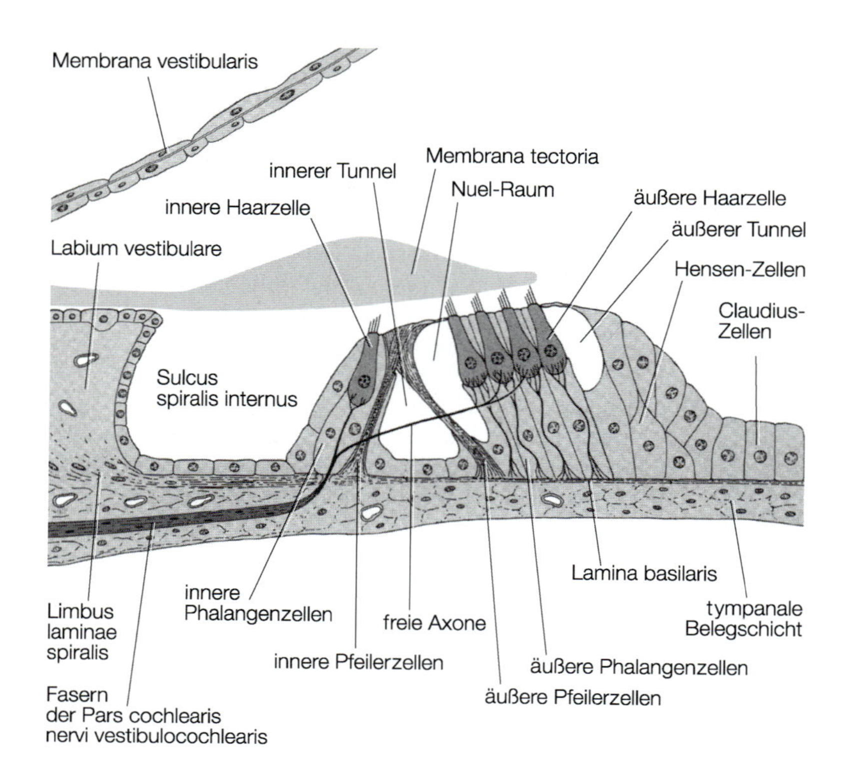

Abb. 14.26. Corti-Organ

Hinzu kommen

- **innere und äußere Pfeilerzellen**, schlanke, gegeneinander geneigte tonofibrillenreiche Stützzellen im Bereich zwischen inneren und äußeren Phalangenzellen bzw. Haarzellen
- **äußere** und **innere Grenzzellen**, denen seitlich weitere Zelllagen bzw. Zellen folgen (Heusen-Zellen, Claudius-Zellen, Abb. 14.26); sie begrenzen jeweils einen **Sulcus spiralis lateralis** bzw. **Sulcus spiralis medialis** neben dem Corti-Organ

Bedeckt wird der Zellwall des Corti-Organs von einer gallertigen Membran (**Membrana tectoria**), die von **Interdentalzellen** gebildet wird, die sich auf der Oberfläche des **Limbus laminae spiralis** (▶ oben) befinden.

Der Zellwall des Corti-Organs wird von drei Kanälchen durchzogen (Abb. 14.26):

- **innerer Tunnel** zwischen inneren und äußeren Pfeilerzellen
- **mittlerer Tunnel** (*Nuël-Raum*) zwischen den äußeren Pfeilerzellen und der inneren Reihe der äußeren Haar- und Phalangenzellen
- **äußerer Tunnel**, der die Reihe der äußeren Haarzellen nach lateral begrenzt

In den Tunneln befindet sich **Corti-Lymphe**, die in ihrer Ionenzusammensetzung der Perilymphe (und nicht der Endolymphe) ähnelt.

Äußere und innere Haarzellen sind sekundäre Sinnesepithelzellen.

Gemeinsam ist den äußeren und inneren Haarzellen, dass sie an ihrer Oberfläche Stereozilien unterschiedlicher Länge tragen, die an ihrer Basis abknickbar sind. Die Stereozilien enthalten viele Aktinfilamente, die in einer intrazellulären **Kutikularplatte** (terminal web) verwurzelt sind. Untereinander sind Stereozilien filamentös verbunden (tip link). Basal bilden beide Haarzelltypen Synapsen mit herantretenden Nervenendigungen.

Unterschiede zwischen äußeren und inneren Haarzellen stehen mit unterschiedlichen Aufgaben beim Hörvorgang in Zusammenhang (▶ Zur Information).

Die äußeren Haarzellen (etwa 12 000 pro Ohr) sind zahlreicher als die inneren. Ihre Stereozilien sind V- bzw. W-förmig angeordnet. Die Spitzen der längsten **berühren** die **Membrana tectoria**. Dadurch werden sie bewegt, wenn sich die Membrana tectoria beim Hörvorgang verschiebt. Die äußeren Haarzellen sind **kontraktil.**

Durch ihre Kontraktionen kommt es zur Strömungsverstärkung der Endolymphe unter der Membrana tectoria. Äußere Haarzellen haben praktisch nur mit efferenten Nervenfasern Synapsen und sind für "otoakustische Emissionen" verantwortlich.

Die **inneren Haarzellen** (etwa 3500 pro Ohr). Nur sie **leiten Schallsignale** an das **Nervensystem weiter**. Ihre Stereozilien sind in einer Reihe angeordnet. Sie **berühren** die **Membrana tectoria nicht**. Sie werden jedoch durch Endolymphströmungen bewegt. Ihre Bewegung ist der adäquate Reiz zur Weitergabe von Hörsignalen. Basal sind die inneren Haarzellen korbgeflechtartig von Nervenendigungen umhüllt. Dabei handelt es sich im Wesentlichen um **afferente Axone** großer Bipolarzellen des Ganglion spirale (▶ unten). Efferente Fasern treten teils an afferente Fasern, teils an afferente Boutons heran und haben hemmende, also steuernde Funktion für die Weitergabe der Signale. Sie stammen aus der oberen Olive des Hirnstammes.

Innere und äußere Pfeilerzellen stehen in zwei Zellreihen und sind mit ihren apikalen Abschnitten gegeneinander geneigt. Dadurch entsteht der dreieckige **innere Tunnel** (*Corti-Kanal*), der mit dem *Nuel-Raum* in Verbindung steht. Die Zellspitzen der Pfeilerzellen sind verbreitert und bilden **Kopfplatten**, die sich zu einer **Membrana reticularis** zusammenfügen und durch Tight junctions mit den Spitzen von Sinneszellen verbunden sind. Durch die Kopfplatten treten lediglich die Stereozilien in den Endolymphraum der Scala media ein. Durch die tight junctions wird an dieser Stelle der Raum der **Endolymphe** von dem der **Corti-Lymphe** getrennt.

Zur Information

Beim Hörvorgang werden die Schwingungen der Steigbügelplatte im ovalen Fenster auf die Perilymphe der Scala vestibuli übertragen. Als Folge bilden sich Wanderwellen, die Auf- und Abwärtsbewegungen der kochlearen Membranen bewirken. Frequenzabhängig entstehen dann an jeweils eng umschriebenen Orten Amplitudenmaxima. Diese führen zu Scherbewegungen zwischen Membrana tectoria und den Stereozilien der äußeren Haarzellen. In der Folge kommt es durch Einstrom von K^+-Ionen aus der Endolymphe in die Haarzellen zur Depolarisation der Zellmembranen und zu Zellkontraktionen (bis zu 20000-mal pro Sekunde). Träger der Längenänderungen ist das Motorprotein Prestin in den lateralen Zellmembranen. Die Kontraktionen der äußeren Haarzellen verstärken die Endolymphbewegungen unter der Membrana tectoria und bewirken die Auslenkung der Stereozilien der inneren Haarzellen. Dies ist der adäquate Reiz für die Transformation der Schallwellen in Signale zur Weitergabe ans Zentralnervensystem.

Klinischer Hinweis

Bei Störungen der Endolymphbewegungen kann es zur (Schallempfindungs-)Schwerhörigkeit kommen, z.B. durch verminderte Endolymphproduktion, oder, wenn die Kontraktionen der äußeren Haarzellen unterbleiben.

Ganglion(spirale) cochleae (Abb. 14.24). Es liegt im Modiolus und beherbergt das 1. Neuron der Hörbahn. Die Ganglienzellen sind bipolar. Ihre "dendritischen" Axone erreichen durch Foramina nervosa der Basilarmembran die Haarzellen. Die Nervenfasern zu den äußeren Haarzellen ziehen quer durch den inneren Tunnel und Nuel-Raum.

Die zentripetalen Axone der Ganglienzellen gelangen im Tractus spiralis foraminosus in den Meatus acusticus internus.

Informationen über das auditive System im Gehirn ▶ S. 828.

In Kürze

Äußeres Ohr und Innenohr sind als Derivate des Ohrbläschens ektodermaler, das Mittelohr ist als Abkömmling des Recessus tubotympanicus entodermaler Herkunft. Das äußere Ohr endet in der Tiefe des äußeren Gehörgangs mit dem Oberflächenepithel des Trommelfells. Der unmittelbaren Inspektion ist das Trommelfell nur nach Ausgleich der Abknickung des äußeren Gehörgangs zugängig. – Die Paukenhöhle (Mittelohr) ist lufthaltig und durch die Tuba auditiva offen mit dem Epipharynx verbunden. Durch gelenkähnlich verbundene Gehörknöchelchen (Malleus, Incus, Stapes) werden Schwingungen des Trommelfells am ovalen Fenster (Fenestra vestibuli, Befestigung der Stapesplatte) ans Innenohr weitergegeben. Unterhalb liegt das runde Fenster (Fenestra cochleae mit der Membrana tympani secundaria). M. tensor tympani und M. stapedius regulieren die Spannung der Gehörknöchelchenkette. – Das Innenohr besteht aus Labyrinthus membranaceus et osseus. Der Schallaufnahmeapparat befindet sich im Labyrinthus cochleae. Die schneckenförmig 2,5× gewundene Kochlea gliedert sich in Scala vestibuli, Scala media (Ductus cochlearis), Scala tympani. Das Corti-Organ ruht auf der Basilarmembran; es hat innere und äußere Haarzellen sowie verschiedene Stützzellen. Stereozilien der äußeren Haarzellen

haben Kontakt mit der Membrana tectoria. Durch Kontraktionen verstärken die äußeren Haarzellen die Strömung der Endolymphe. Dadurch werden die inneren Haarzellen erregt. Sie allein transformieren Schallreize für das Nervensystem.

14.3.5 Gleichgewichtsorgan

Kernaussagen

- **Das Gleichgewichtsorgan besteht aus Sacculus, Utriculus und drei Bogengängen.**
- **In Sacculus und Ultriculus befinden sich Macula sacculi und ultriculi.**
- **Die Sinneszellen der Maculae (Haarzellen) ragen mit Zilien in eine gallertige Deckmembran (Membrana statoconiorum) mit Statoconien hinein.**
- **Jeder Bogengang hat vor der Einmündung in den Utriculus eine ampulläre Erweiterung mit einer Crista ampullaris, die aus Stütz- und Sinneszellen besteht.**
- **Bei Bewegungen des Kopfes wird die Endolymphe in Sacculus, Utriculus und Bogengängen beschleunigt und die Membrana statoconiorum verschoben. Die Verschiebung führt zum Abscheren der Zilien der Haarzellen und adäquater Reizung der Sinneszellen.**

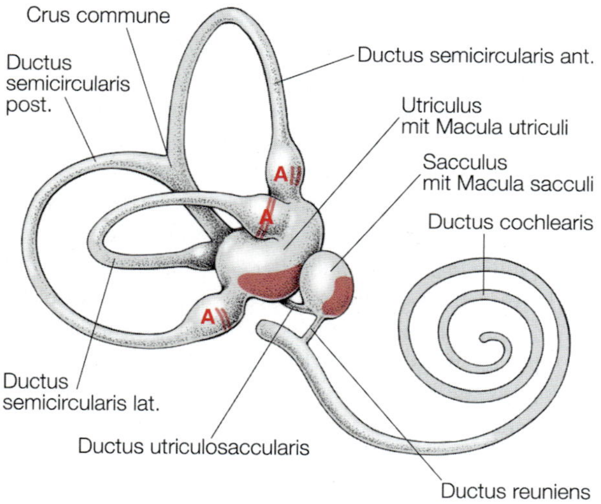

Abb. 14.27. Vestibularapparat. *Rot* Sinnesfelder; *A* Ampulla membranacea

Das Gleichgewichtsorgan (**Vestibularapparat**) (Abb. 14.27) besteht aus:
- **Sacculus**
- **Utriculus**
- **drei Ductus semicirculares** (*Bogengänge*), die vom Utriculus ausgehen

Sacculus und **Utriculus** sind durch den **Ductus utriculosaccularis** miteinander verbunden und der Sacculus durch den **Ductus reuniens** mit dem Ductus cochlearis (▶ oben). Der Ductus utriculosaccularis entlässt den **Ductus endolymphaticus.** Er zieht im **Aqueductus vestibuli** zur Hinterwand des Felsenbeins und mündet in den im Epiduralraum gelegenen **Saccus endolymphaticus.**

Eingelagert sind in die Wand von Utriculus und Sacculus je ein 2–3 mm^2 großes Sinnesfeld:
- **Macula sacculi**
- **Macula utriculi**

Die *Macula sacculi* steht senkrecht, die *Macula utriculi* horizontal zur Körperachse. Die Maculaorgane nehmen Linearbewegungen wahr.

Ductus semicirculares (Abb. 14.22). Sie befinden sich leicht exzentrisch im Perilymphraum des knöchernen Labyrinths, der hier im Gegensatz zum Vestibulum und zur Kochlea mit lockerem Bindegewebe gefüllt ist.

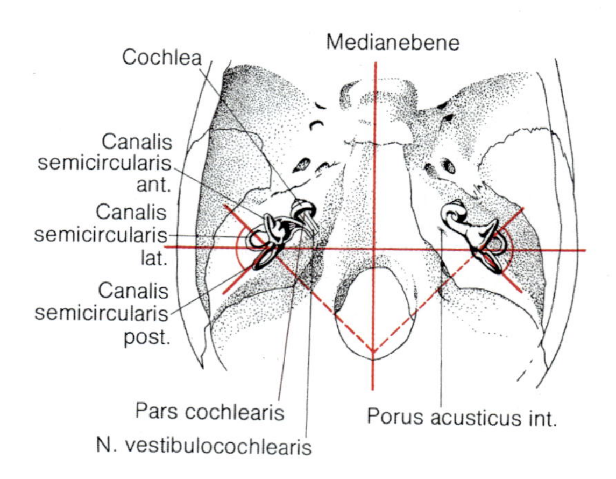

Abb. 14.28. Labyrinth. Lage im durchscheinend gedachten Felsenbein

Zu unterscheiden sind (Abb. 14.27):
- **hinterer Bogengang** (*Ductus semicircularis posterior*)
- **vorderer Bogengang** (*Ductus semicircularis anterior*)
- **lateraler Bogengang** (*Ductus semicircularis lateralis*)

Die Bogengänge verlaufen schräg im Winkel von ca. 45° zur vertikalen, horizontalen bzw. frontalen Körperebene (Abb. 14.28). Untereinander stehen die Bogengänge senkrecht aufeinander, wobei der Ductus semicircularis lateralis horizontal verläuft. Der vordere Bogengang wirft an der oberen Felsenbeinfläche die Eminentia arcuata auf (▶ S. 591).

Jeder Bogengang hat kurz vor einer seiner Einmündungen in den Utriculus eine Erweiterung (**Ampulla membranacea**) (anterior, posterior, lateralis). Dort befindet sich eine kammartige Erhebung (**Crista ampullaris**), auf der Sinnesepithel liegt. Die medialen Schenkel der vorderen und hinteren Bogengänge bilden das gemeinsame **Crus membranaceum commune.**

Mikroskopische Anatomie der Sinnesfelder (Abb. 14.29). Der Aufbau der Sinnesfelder ist in allen Anteilen des Vestibularapparates gleich.

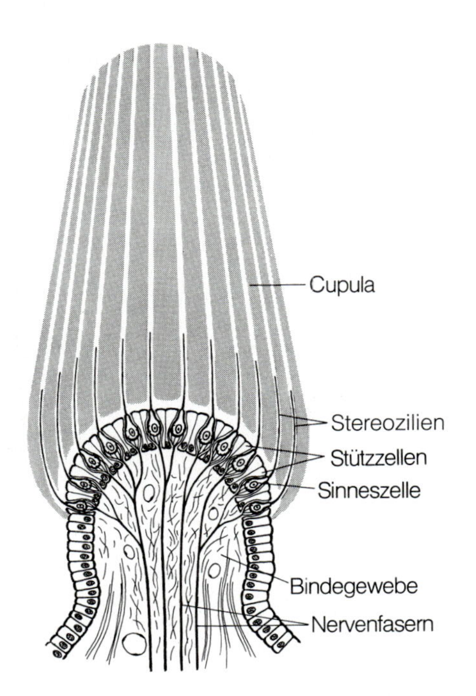

Abb. 14.29. Crista ampullaris eines Bogenganges

Die Sinnesfelder bestehen aus:
- **Sinneszellen**
- **Stützzellen**
  Sie werden bedeckt von einer
- **Gallertmembran**; sie ist unterschiedlich gebaut: als Capula in Cristaorganen, als Membrana statoconiorum in den Maculaorganen.

Die Sinneszellen des Vestibularapparates sind sekundäre Sinneszellen und wirken als Mechanorezeptoren.

Zu unterscheiden sind
- **bauchige Haarzellen** (*Typ I*)
- **schlanke Haarzellen** (*Typ II*)

Gemeinsam sind beiden Sinneszelltypen lange Stereozilien (pro Zelle etwa 50–80) und jeweils ein Kinozilium. Die Zilien ragen in die gelatinöse Glykoproteindeckschicht hinein.

Unterschiedlich ist die Innervation der beiden Haarzelltypen. **Typ-I-Zellen** werden kelchförmig von afferenten Nervenfaserenden umfasst. Dabei treten vor allem basal zwischen Sinneszellen und Nervenfaserenden Synapsen mit synaptic ribbons auf. An den afferenten Faserenden bilden Axone efferenter, wahrscheinlich hemmend wirkender Nervenzellen des N. vestibularis lateralis Synapsen. Durch die Aufzweigung der Nervenfasern werden jeweils mehrere Sinneszellen von einer Nervenfaser erreicht. **Typ-II-Zellen** bilden Synapsen (mit synaptic ribbons) sowohl mit afferent als auch mit efferent leitenden Nervenzellfortsätzen.

Gallertmembran. Sie ist über den Sinnesfeldern der Cristae ampullares anders als über denen der Maculae.

Die Gallertmembranen der **Cristae ampullares** sind konusförmig (**Cupula**), erreichen die gegenüberliegende Wand der Ampulle und haben das gleiche spezifische Gewicht wie die Endolymphe.

Die Gallertmembranen der **Maculae** sind dagegen eine Deckschicht mit eingelagerten Kalkkonkrementen (**Statoconia**, *Statolithen*). Dadurch wird dort die Deckmembran (**Membrana statoconiorum**) bedeutend schwerer als die umgebende Lymphe.

Stützzellen liegen zwischen den Rezeptorzellen. Sie sind hochprismatisch und weisen zahlreiche Sekretgranula auf.

Zur Information

Die Maculae von Sacculus und Utriculus werden durch die *Schwerkraft*, aber auch durch *Beschleunigung* oder *Bremsen* (*Linearbeschleunigungen*) erregt. Sie wirken durch die otolithenbeschwerte Gallerte auf die Haarzellen. Im schwerefreien Raum sind Sacculus und Utriculus nicht gefordert (Astronauten). Wirksam sind aber auch im schwerelosen Raum *Drehbeschleunigungen* des Kopfes, die zu Endolymphströmungen in den Bogengängen und damit zur Verziehung der in die Cupula hineinragenden Stereozilien der Sinneszellen führen.

Klinischer Hinweis

Die Endolymphbewegung kann pathologisch durch Konkremente (*Kanalolithiasis*) in den Bogengängen gestört werden, sodass bei Änderung der Körperlage Schwindelanfälle ausgelöst werden (benigner paroxysmaler Lagerungsschwindel). Störungen im Gleichgewichtsorgan führen zu Nystagmus.

Innervation. Die Signale aus den Sinnesfeldern erreichen in (dendritischen) Axonen bipolarer Nervenzellen das **Ganglion vestibulare**, das am Boden des inneren Gehörgangs liegt. Sie bilden:

- **N. utriculoampullaris**, der die Axone aus der Macula utriculi und den Cristae ampullares des vorderen (oberen) und seitlichen Bogengangs enthält
- **N. saccularis** für die Axone aus der Macula sacculi
- **N. ampullaris posterior** aus der Ampulla posterior

Die zentripetalen Axone des Ganglion vestibulare vereinigen sich noch im Meatus acusticus internus mit denen des Ganglion spirale cochleae zum **N. vestibulocochlearis** (N. VIII).

Informationen über das vestibuläre System des Gehirns ► S. 830.

Gefäße des Innenohrs. Die Versorgung des Innenohrs erfolgt ausschließlich durch die

- **A. labyrinthi**, die entweder aus der A. inferior anterior cerebelli (66%) oder direkt aus der A. basilaris entspringt, in den inneren Gehörgang eintritt und sich aufteilt in
  - **Rr. vestibulares** für Vorhof, Bogengänge und basale Schneckenwindungen
  - **Rr. cochleares** für die übrigen Schneckenwindungen

In Kürze

Der Vestibularapparat besteht aus Utriculus und Sacculus, die untereinander durch den Ductus utriculosaccularis in Verbindung stehen, sowie aus drei Bogengängen, die vom Utriculus ausgehen. Der Sacculus ist durch den Ductus reuniens mit dem Ductus cochlearis verbunden. In den Ampullen der Bogengänge befinden sich auf Cristae ampullares die Bogengangsorgane. Ihre Sinneszellen ragen mit Stereozilien und einem Kinozilium in eine gallertige Cupula hinein. Sie reagieren auf Drehbeschleunigungen. In Sacculus und Utriculus liegen die Maculaorgane, die eine Deckschicht mit Statolithen tragen. Ihre Sinneszellen werden durch Linearbeschleunigungen u.a. Schwerkraft erregt. – Die Gefäßversorgung des Innenohrs erfolgt durch A. labyrinthi aus der A. inferior anterior cerebelli oder seltener direkt aus der A. basilaris.

Zentralnervensystem

15.1 Einführung – 720

15.2 Entwicklung – 724
15.2.1 Entwicklung von Nervenzellen und Gliazellen – 724
15.2.2 Entwicklung des Rückenmarks – 726
15.2.3 Entwicklung des Gehirns – 728
15.2.4 Entwicklung des peripheren Nervensystems – 732

15.3 Gehirn – 734
15.3.1 Gliederung – 734
15.3.2 Telencephalon – 735
15.3.3 Diencephalon – 748
15.3.4 Hypophyse – 757
15.3.5 Truncus encephali – 762
15.3.6 Cerebellum – 784

15.4 Rückenmark – 791

15.5 Neurofunktionelle Systeme – 804
15.5.1 Motorische Systeme – 804
15.5.2 Sensorisches System – 814
15.5.3 Olfactorisches System – 820
15.5.4 Gustatorisches System – 821
15.5.5 Visuelles System – 822
15.5.6 Auditives System – 828
15.5.7 Vestibuläres System – 830
15.5.8 Limbisches System – 832
15.5.9 Vegetative Zentren – 838
15.5.10 Neurotransmittersysteme – 839
15.5.11 Besondere Leistungen des menschlichen Gehirns – 843

15.6 Hüllen des ZNS, Liquorräume, Blutgefäße – 845
15.6.1 Hüllen von Gehirn und Rückenmark – 845
15.6.2 Äußerer Liquorraum und Ventrikelsystem – 849
15.6.3 Sinus durae matris – 852

15 Zentralnervensystem

Zur Information

Das Nervensystem dient der *Regulation* und *Anpassung* des Organismus an die wechselnden Bedingungen der Außenwelt und des Körperinneren. Es ist ein Kommunikations- und Steuerungsorgan.

Zur Erfüllung seiner Aufgaben werden dem Zentralnervensystem (ZNS = Gehirn und Rückenmark) durch das periphere Nervensystem Signale von den Rezeptoren (Sensoren) der Körperoberfläche und aus dem Körperinneren zugeleitet. Im ZNS erfolgen dann *Koordination* (Abstimmung) und *Assoziation* (In-Beziehung-Setzen) der Signale, um eine einheitliche Leistung zu erzielen. Anschließend können Impulse wieder in die Peripherie gelangen und die Körpertätigkeit steuern.

Das Nervensystem arbeitet eng mit dem endokrinen System, dem anderen großen Regulationssystem des Körpers, zusammen; beide Systeme beeinflussen sich gegenseitig. Ferner ist das Nervensystem eng mit dem Immunsystem verknüpft.

15.1 Einführung

In der Einführung werden regelmäßig verwendete Begriffe und Zusammenhänge erläutert, die für alle Teile des Nervensystems gültig sind.

Kernaussagen

- **Das Zentralnervensystem (ZNS) besteht aus Gehirn und Rückenmark.**
- **Funktionell wird zwischen somatischem und vegetativem Nervensystem unterschieden.**
- **Die graue Substanz des ZNS enthält Ansammlungen von Perikarya (Zellleiber von Nervenzellen), die weiße Substanz markhaltige Axone.**
- **Neuronensysteme stehen im Dienst definierter Funktionen, z. B. motorisches System, sensorisches System.**
- **Leitungsbögen bzw. Reflexbögen sind Neuronenketten ohne bzw. mit Interneuronen.**
- **Durch Interneurone entstehen neuronale Netzwerke.**
- **Interneurone können hemmend (inhibitorisch) oder erregend (exzitatorisch) wirken.**

Zum **Zentralnervensystem** (*ZNS*) gehören **Rückenmark** und **Gehirn.** Beide Teile sind durch Knochenkapseln geschützt: das Gehirn durch den knöchernen Schädel, das Rückenmark durch die Wirbel. Außerdem umhüllen drei bindegewebige Hirn- bzw. Rückenmarkhäute (**Meningen**) das ZNS: **Dura mater, Arachnoidea mater** und **Pia mater** (► S. 846). Zwischen Arachnoidea und Pia mater befindet sich ein mit Flüssigkeit (**Liquor cerebrospinalis**) gefüllter Raum (**äußerer Liquorraum**). Der Liquor cerebrospinalis schützt als eine Art Wasserkissen das ZNS vor Erschütterungen. Dieser äußere kommuniziert mit dem **inneren Liquorraum**, der im Gehirn aus einem Hohlraumsystem (**Ventrikel**, ► S. 849) und im Rückenmark aus dem **Zentralkanal** besteht (Abb. 15.47).

Untrennbar sind Rückenmark und Gehirn mit dem **peripheren Nervensystem** verbunden. Beim peripheren Nervensystem handelt es sich um alle Teile des Nervensystems außerhalb des ZNS. Sie bestehen aus Nerven. Die Nerven, die vom Gehirn ausgehen bzw. dorthin führen, werden als **Hirnnerven** (*Nervi craniales*), die mit dem Rückenmark in Beziehung stehen, als **Spinalnerven** (*Nervi spinales*) bezeichnet. Es gibt 12 Hirnnerven- und 31 Spinalnervenpaare (► S. 202 f.).

Funktionell lassen sich unterscheiden:
- **animalisches**, auch **somatisches Nervensystem**
- **autonomes**, auch **vegetatives Nervensystem**

Animalisches Nervensystem. Hierunter werden alle Bestandteile des Nervensystems (zentral und peripher) verstanden, die **zwischen Organismus** und **Umwelt** vermitteln. Es dient vor allem der bewussten Wahrnehmung und der Steuerung willkürlicher Bewegungen.

Autonomes Nervensystem. Unter dieser Bezeichnung sind die Anteile des zentralen und peripheren Nervensystems zusammengefasst, die die **Tätigkeit** der **inneren Organe steuern** und für die **Konstanthaltung** des **inneren Milieus** sorgen. Das autonome Nervensystem arbeitet überwiegend unbewusst.

Bauelemente des **Nervensystems** sind **Nervenzellen mit** ihren **Fortsätzen** und **Gliazellen** (▶ S. 70, 85). Hinzu kommen **Blutgefäße**.

Gliederung des Zentralnervensystems in graue und weiße Substanz (Abb. 15.1). Sie geht auf die Anordnung der Bauelemente des Zentralnervensystems zurück.

Die **Substantia grisea** (*graue Substanz*) besteht aus Ansammlungen von Perikarya der Nervenzellen. Sie ist häufig makroskopisch auf Schnitten durch Gehirn und Rückenmark an ihrer Grautönung zu erkennen. Im **Gehirn** handelt es sich um sog. »Kerne« (**Nuclei**) und im End- und Kleinhirn um die *graue Rinde* (**Cortex cerebri, Cortex cerebelli**) (Abb. 15.1 b). Beim **Rückenmark** hat die graue Substanz auf Querschnitten H- oder **Schmetterlingsform** (Abb. 15.1 a). Im Gegensatz zum Gehirn liegt im Rückenmark die graue Substanz ausschließlich zentral. Im **peripheren Nervensystem** werden Ansammlungen von Perikarya als Ganglien bezeichnet.

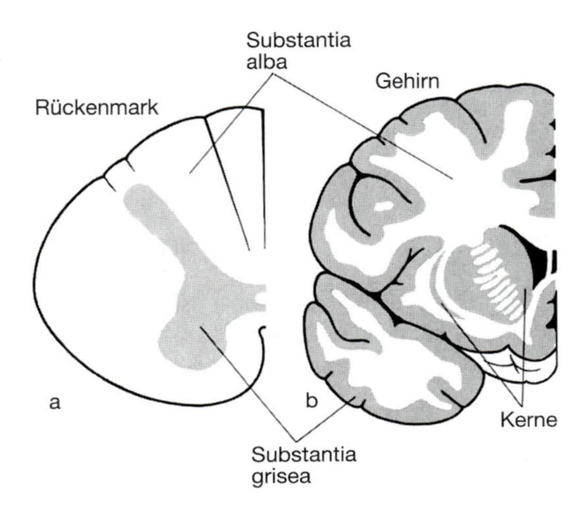

Abb. 15.1 a, b. Graue und weiße Substanz **a** im Rückenmark, **b** im Großhirn H26, 92

Die **Substantia alba** (*weiße Substanz*) besteht überwiegend aus markhaltigen Axonen. Die Lipidschichten der Markscheide rufen die weißliche Farbe hervor. Allerdings kommen in der Substantia alba auch marklose Axone und verstreut liegende Nervenzellen vor, die vielfach Teile von Neuronenketten sind. Im **peripheren Nervensystem** entsprechen die **Nerven** mit ihren markhaltigen Axonen der weißen Substanz.

Zur Information

Die Strukturierung des Nervensystems geht weit über die Gliederung in graue und weiße Substanz hinaus. So bestehen z. B. zwischen Größe, Form und Feinbau der Perikarya große Unterschiede. Da innerhalb der grauen Substanz jeweils Perikarya gleicher Gestalt zusammenliegen, entsteht eine eigene *Zytoarchitektonik*. Entsprechendes gilt für Markscheiden, chemisch nachweisbare Substanzen, Pigmente, Glia, Gefäße und andere Strukturen. Man spricht von *Myeloarchitektonik, Chemoarchitektonik, Pigmentarchitektonik, Gliaarchitektonik, Angioarchitektonik* usw.

Neuronensysteme. Im Nervensystem gehören Nervenzellen mit ihren Fortsätzen oft zu großen Systemen. Sie stehen im Dienst definierter Funktionen, z. B. der Motorik, Sensorik usw. Dadurch entstehen **funktionelle Systeme**, die teilweise auf das ZNS beschränkt sind, teilweise zentrale und periphere Anteile haben.

Verbindungen zwischen den verschiedenen Anteilen eines Neuronensystems stellen **Faserbündel** her: *Tractus, Fasciculi* oder *Fibrae*. Häufig verlaufen in einem Faserbündel Axone verschiedener Herkunft und unterschiedlicher Zielorte. Auch können in Faserbündeln Axone entgegengesetzte Leitungsrichtungen haben.

Zur Information

Nahezu alle Systeme des ZNS stehen untereinander in Verbindung. Dabei kann die Erregung des einen Systems ein anderes erregen oder hemmen. Unterschiedliche Funktionsabläufe in den verschiedenen Systemen können durch Integrationszentren koordiniert werden.

Klinischer Hinweis

Von neurodegenerativen Erkrankungen sind vorwiegend funktionell zusammengehörige Neuronensysteme betroffen (*Systematrophien*). Beispiele sind die *amyotrophe Lateralsklerose*, eine Erkrankung des motorischen Systems, oder der *Morbus Parkinson*, bei dem bevorzugt das dopaminerge System betroffen ist (▶ S. 840).

Leitungsbögen, Reflexbögen. Leitungsbögen sind **Neuronenketten**. Sofern sie einem Reflexablauf dienen, werden sie als **Reflexbögen** bezeichnet.

Am Aufbau eines Leitungsbogens sind beteiligt:
- **Rezeptor**
- **afferentes Neuron**
- **Interneuron(e)** (fakultativ)
- **efferentes Neuron**
- **Effektor**

Fehlen Interneurone, liegt ein **einfacher** (Abb. 15.2), sind Interneurone vorhanden, ein **zusammengesetzter Leitungsbogen** vor (Abb. 15.3).

Rezeptoren sind Strukturen, die auf spezifische Reize reagieren (▶ S. 221).

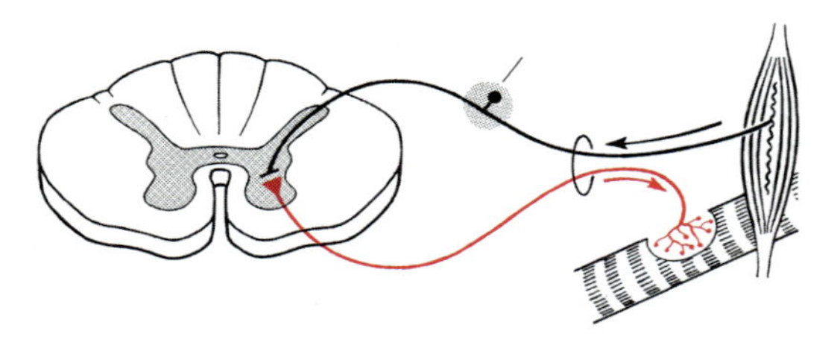

Abb. 15.2. Einfache Leitungsbögen bestehen aus einem afferenten und einem efferenten Neuron

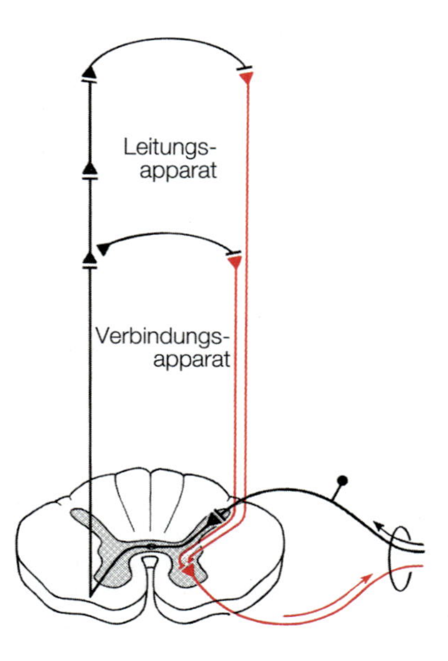

Abb. 15.3. Zusammengesetzte Leitungsbögen. Zwischen afferentem und efferentem Neuron befinden sich Interneurone. Verbinden Interneurone lokal, bilden sie den Verbindungsapparat, verlaufen sie über weite Strecken, den Leitungsapparat

Afferent ist ein Neuron, wenn es einem anderen Neuron ein Signal zuleitet. Dies gilt sowohl für die Zugänge aus Rezeptoren als auch innerhalb einer Neuronenkette bei Übertragung eines Aktionspotenzials auf ein folgendes Neuron. Sofern es sich um Neurone des somatischen Nervensystems handelt, werden die zuleitenden Neurone als **somatoafferent** bzw. **somatosensorisch**, die des autonomen Systems als **viszeroafferent** bezeichnet.

Zur Information

Im Sprachgebrauch wird oft (noch) für somatoafferent der Begriff »sensibel« verwendet. Der Begriff »sensorisch« soll dagegen die Impulse aus den sog. höheren Sinnesorganen (Auge, Ohr) bezeichnen. Funktionell bestehen jedoch keine Unterschiede zwischen »sensibel« und »sensorisch«. Deswegen wird einheitlich, wie im wissenschaftlichen Schrifttum üblich, von »sensorisch« gesprochen. Die Bezeichnung geht darauf zurück, dass die Empfänger der Signale »Sensoren« sind.

In der Klinik weiter üblich ist jedoch die Bezeichnung »Sensibilitätsstörungen«. Gemeint sind damit Störungen bei Aufnahme und Verarbeitung von Reizen, z.B. *Dysästhesien* für veränderte Wahrnehmungen, *Parästhesien* für Fehlempfindungen (»Kribbeln, Pelzigsein« u.a.).

Interneurone gibt es vor allem im ZNS, aber auch in Ganglien des peripheren Nervensystems. Sie lassen durch ihre Verzweigungen ein **neuronales Netzwerk** entstehen. Interneurone wirken teils inhibitorisch (hemmend), teils exzitatorisch (erregend). Insgesamt dienen sie der Ausbreitung, Aufrechterhaltung und Modulation von Erregungen sowie der Selbststeuerung der Tätigkeit des Nervensystems.

Dort, wo Interneurone vorhanden sind, passiert die Erregung mehrere Synapsen. Ein Reflexbogen mit Interneuronen wird deswegen als *polysynaptisch* bezeichnet. Fehlen Interneurone, ist der Reflexbogen *monosynaptisch*, z.B. beim Dehnungsreflex der Muskulatur.

Morphologisch lassen sich unterscheiden:
- **Bahninterneurone**
- **Interneurone begrenzter Ausbreitung**

Bahninterneurone leiten Signale über weite Strecken, z.B. vom Rückenmark zum Gehirn. Bahninterneurone sind Bestandteile des **Verbindungsapparates** (Abb. 15.3).

Interneurone begrenzter Ausbreitung können sich lokal erheblich verzweigen. Sie lassen u.a. den **Eigenapparat** des Rückenmarks (Abb. 15.3) oder des Hirnstamms entstehen.

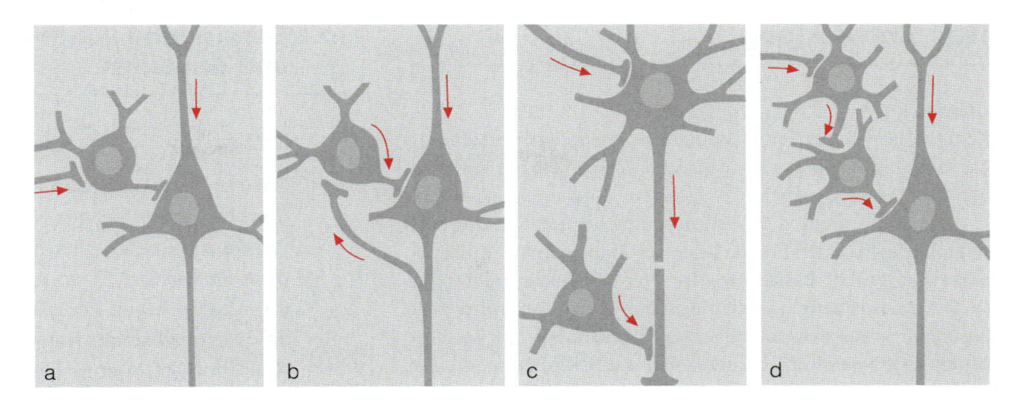

Abb. 15.4 a–d. Wirkung von hemmenden Interneuronen. **a** Vorwärtshemmung, **b** Rückwärtshemmung, **c** präsynaptische Hemmung, **d** Desinhibition

Ferner können Interneurone dieser Art in **Erregungskreisen** liegen. Erregungskreise werden dadurch gebildet, dass eine Kollaterale einer Nervenzelle an ein Interneuron herantritt, dessen Axon rückläufig mit Perikaryon (oder Dendriten) der Ausgangsnervenzelle eine Synapse bildet (Abb. 15.4 b). Meist handelt es sich um inhibitorische Interneurone. Erregungskreise können auch mehrere Interneurone haben.

Zur Information

Zu einer ausgewogenen Funktion des Nervensystems tragen vor allem **hemmende Interneurone** bei. Sie können bewirken (Abb. 15.4 a–d):

- **Vorwärtshemmung**; das hemmende Interneuron liegt zwischen erregter Zelle und Folgezelle, es hemmt die Weitergabe der Erregung
- **Rückwärtshemmung** (*rekurrente Hemmung*); sie kommt dadurch zustande, dass das erregte Neuron durch eine Kollaterale ein Interneuron erregt, das seinerseits an das erregte Neuron herantritt und es hemmt
- **präsynaptische Hemmung** (nur im Rückenmark); das inhibitorische Neuron bildet mit dem Endabschnitt eines erregten Axons Synapsen (axoaxonale Synapse)
- **Desinhibition**; bei aufeinander folgenden hemmenden Interneuronen wird die hemmende Wirkung auf das Zielneuron aufgehoben (Prinzip der doppelten Hemmung)

Klinischer Hinweis

Bestimmte Gifte, sog. Konvulsiva, schalten im Rückenmark durch Störung der neuronalen Transmission die Wirkung hemmender Interneurone aus und erzeugen dadurch lang anhaltende *Krämpfe* (z. B. Tetanustoxin).

Efferent ist ein Neuron, wenn es ein Signal weiterleitet, sei es vom Zentralorgan zu seinem Erfolgsorgan in der Peripherie (Effektor), sei es zu einem weiteren Neuron. Die entsprechenden Neurone des somatischen Systems werden als **somatoefferent**, die des autonomen Systems als **viszeroefferent** bezeichnet. Verwirrung kann dadurch entstehen, dass in einer Neuronenkette ein efferentes Neuron für ein nachfolgendes afferent sein kann.

Effektor ist das Erfolgsorgan, dessen Tätigkeit von den efferenten Nervenimpulsen beeinflusst wird. Typischer Effektor der somatoefferenten Neurone ist die quer gestreifte Skelettmuskelfaser. Die Qualität der in den somatoefferenten Neuronen geleitete Erregung wird als »*motorisch*« bezeichnet. Die Effektoren des autonomen Nervensystems sind u. a. glatte Muskulatur und Drüsen.

In Kürze

Das Nervensystem lässt sich unter verschiedenen Gesichtspunkten gliedern: zentral – peripher, animalisch – autonom, graue Anteile – weiße Anteile, Neuronensysteme. Basis hierfür ist die Anordnung der Neurone mit ihren Fortsätzen in funktionellen Systemen und in Leitungsbögen mit afferenten und efferenten Anteilen. Durch Interneurone mit inhibitorischen bzw. exzitatorischen Fähigkeiten entsteht im ZNS ein Netzwerk, das ein ausbalanciertes Zusammenwirken aller beteiligten Anteile des Nervensystems ermöglicht.

15.2 Entwicklung

Überblick

Kenntnisse von der Entwicklung erleichtern das Verständnis des vielfältig verflochtenen Baus und der komplexen Funktionen des Nervensystems.

Die Entwicklung des Nervensystems beginnt mit der Entstehung des Neuralrohrs, das sich im Ektoderm der Embryonalanlage durch Einfaltung der Neuralplatte gebildet hat (▶ S. 112). Aus dem kranialen Abschnitt des Neuralrohrs geht das Gehirn, aus dem kaudalen das Rückenmark hervor. Getrennt vom Neuralrohr befindet sich die Neuralleiste, aus der periphere Neurone, Gliazellen und Melanozyten hervorgehen (▶ S. 732f.).

Ausgekleidet wird das Neuralrohr von mehrreihigem Neuroepithel mit Stammzellen für neuronale und gliöse Vorläuferzellen. Die Vorläuferzellen wandern während der Entwicklung aus, proliferieren und reifen. Durch regionale Unterschiede in Wachstum, Migration sowie Anordnung und Form von Nerven- und Gliazellen kommt es zur Gliederung der Anlage des Zentralnervensystems in verschiedene Abschnitte, insbesondere im kranialen Bereich; es entstehen die Vorläufer von Telencephalon, Diencephalon, Mesencephalon, Rhombencephalon und Cerebellum. Die Abschnitte sind unterschiedlich groß und weisen unterschiedliche Innenstrukturen auf. Ein wesentlicher morphogenetischer Faktor für die Gestaltung von Gehirn und Rückenmark ist die Apoptose überzählig gebildeter Nerven- und Gliazellen.

Alle Vorgänge während der Entwicklung des Nervensystems unterliegen der Steuerung durch zellintrinsische und extrinsische Signale aus der Zellumgebung. Zellintrinsisch wirken Kontrollgene, deren Funktion extrinsisch beeinflusst werden kann.

Für die Funktion des Nervensystems ist das Auswachsen der Axone und die Verknüpfung der Nervenzellen untereinander durch Synapsen entscheidend. Wachstum und Zielfindung der Axone stehen unter dem Einfluss neurotropher Faktoren und lokal wirkender Signale.

Die Entwicklung des peripheren Nervensystems ist an das Auswachsen von Nervenzellaxonen umschriebener Gebiete des Gehirns sowie des Rückenmarks und die Differenzierung von Neuronen gebunden, die aus ausgewanderten Neuralleistenzellen hervorgegangen sind.

15

15.2.1 Entwicklung von Nervenzellen und Gliazellen

Kernaussagen

- **Nerven- und Gliazellen entwickeln sich aus dem Neuroepithel des Neuralrohrs.**
- **Proneurone teilen sich nicht mehr. Sie wandern an Gliafortsätzen entlang zu den Orten ihrer zukünftigen Tätigkeit. Dort werden sie zu ortsspezifischen Neuronen.**
- **Aus Glioblasten entwickeln sich Radialglia, Astrozyten und Oligodendrozyten.**
- **Glioblasten und differenzierte Gliazellen behalten ihre Teilungsfähigkeit.**
- **Mikroglia (Mesoglia) stammt aus dem Mesenchym.**

Nerven- und die meisten Gliazellen gehen aus dem Neuroepithel der Embryonalanlage hervor. Zunächst proliferiert das Neuroepithel und es entsteht über Zwischenstufen das Neuralrohr (▶ S. 112). Die dann folgende Differenzierung wird dadurch eingeleitet, dass die Neuroepithelzellen unter Auf- und Abwärtsbewegungen ihrer Zellkerne ihre Form verändern (◘ Abb. 15.5). Die Neuroepithelzellen runden sich in der Metaphase ab und sitzen der Innenfläche des Neuralrohrs breitbasig auf. Dann wandert der Zellkern zu Beginn der Interphase nach außen und der Teil der Neuroepithelzelle, der mit dem Neuralkanal in Verbindung steht, wird zu einem lang gestreckten Fortsatz. In folgenden Schritten verlieren Zellen den Oberflächenkontakt und bilden weitere Schichten. Außen (mesenchymwärts) entsteht eine zellarme **Marginalzone**. Insgesamt verdickt sich das Neuroepithel. An apikaler und basaler Fläche des Zellverbandes entstehen aus Zellkontakten und Basallamina **Membrana limitans externa** und **Membrana limitans interna.**

Aus dem Neuroepithel gehen hervor:
- **Neuroblasten**
- **Glioblasten**

Neuroblasten können sich zunächst noch teilen. Dann jedoch verharren sie in der G_0-Phase und werden zu unreifen Nervenzellen (**Proneuronen**).

In der Folgezeit beginnen die Proneurone unter dem Einfluss neurotropher Faktoren zu wandern und sich weiter zu differenzieren. Im Rückenmark sowie in der

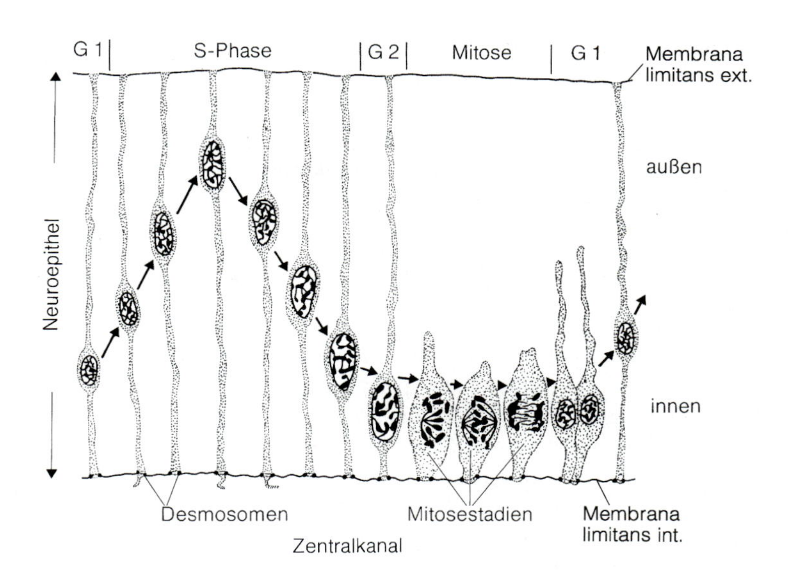

Abb. 15.5. Histogenese des Nervensystems. Sie beginnt mit Wanderbewegungen der Zellkerne und Formveränderungen der Neuroepithelzellen während der Proliferation

Klein- und Endhirnrinde erfolgt die Wanderung an gestreckten Fortsätzen von Gliazellen, die sich vor der Entstehung der Proneurone gebildet haben, der **Radialglia.** Die ausgewanderten Proneurone bilden die Anlage der grauen Substanz von Rückenmark und Gehirn. Jedoch nicht alle Proneurone entwickeln sich weiter. Etwa 50% gehen durch Apoptose zugrunde.

Während der Differenzierung bekommen Proneurone Zytoplasmafortsätze, aus denen feine Dendriten und in der Regel ein Axon hervorgehen. Dabei werden mehrere Stadien durchlaufen:

- **apolares Proneuron** (Proneuron ohne Fortsätze)
- **bipolares Proneuron** (Proneuron mit einem Dendriten und einem Axon)
- **junges Neuron** (mit meist mehreren Dendriten und einem Axon)

In der Folgezeit differenzieren sich die Neurone und es entstehen unterschiedliche Zelltypen.

Zur Information

Bei der Differenzierung der Neurone wirken intrinsische Regulatorgene mit extrinsischen Signalen aus der Zellumgebung zusammen. Die Regulatorgene werden in Form einer fortlaufenden Kaskade angeschaltet. Hierauf nehmen neurotrophe Proteine (Wachstumsfaktoren u.a.) als extrinsische Signale Einfluss.

Die Nervenzellbildung ist nicht mit der Geburt abgeschlossen. Auch 13- bis 18-Jährige generieren noch größere Mengen neuer Nervenzellen, so dass es an einzelnen Stellen des Gehirns zur Volumenzunahme kommt. Jedoch überleben nur diejenigen Nervenzellen, die von den Axonen anderer Nervenzellen erreicht und in das neuronale Netzwerk einbezogen werden.

In umschriebenen Gebieten des Gehirns verbleiben sogar lebenslang undifferenzierte neuronale Vorläuferzellen (Stammzellen), die sich unter dem Einfluss von Wachstumsfaktoren bzw. Zytokinen teilen, dann wandern und zu fertigen Neuronen bzw. Glia werden können. Stammzellgebiete des Gehirns befinden sich subventrikulär, in Hippocampus und Bulbus olfactorius. – Bemerkenswert ist, dass im Hippocampus Antidepressiva, die die Wiederaufnahme von Serotonin in serotoninerge Axone hemmen, zur Bildung neuer Nervenzellen führen.

Glioblasten. Auch die Glioblasten verlassen das Neuroepithel und differenzieren sich in der Marginalzone der Neuralanlage zu **Astrozyten** und **Oligodendrozyten.** Sie behalten ihre Teilungsfähigkeit während des ganzen Lebens bei.

In der Folgezeit bildet die Oligodendroglia im Zentralnervensystem um die Axone Markscheiden. Dabei umgreift jeweils eine Oligodendrogliazelle mehrere Axone.

Die Markscheidenbildung (**Myelogenese**) beginnt im 4. Entwicklungsmonat, ist aber mit der Geburt noch nicht in allen Teilen des Nervensystems abgeschlossen.

Weitere Abkömmlinge des Neuroepithels sind das **Ependym** (▶ S. 87), das den Zentralkanal des Rückenmarks und die Ventrikelräume des Gehirns auskleidet, sowie die Epithelzellen des **Plexus choroideus** (▶ S. 87). Auch diese Zellen behalten ihre Teilungsfähigkeit.

Mikroglia, Mesoglia. Ab 5. Entwicklungsmonat treten in der Anlage des Rückenmarks, später auch an anderen Stellen, Mikrogliazellen auf, die aus dem Mesenchym stammen (▶ S. 109), und solche, die sich vom Mesektoderm (▶ S. 115) ableiten (Mesogliazellen).

Ein spezielles Problem ist die **Zielfindung** der **auswachsenden Axone.** Dies spielt sowohl innerhalb des ZNS als auch bei der Entwicklung des peripheren Nervensystems eine entscheidende Rolle, denn nur durch das Zusammenwirken verknüpfter Gebiete in ZNS und Körperperipherie mit Effektoren kommt es zu einer harmonischen Körpertätigkeit. Erläuterungen zur Zielfindung der Axone erfolgen am Beispiel der Entwicklung des peripheren Nervensystems (▶ S. 732).

In Kürze

Aus dem Neuroepithel des Neuralrohrs gehen Neuroblasten und Glioblasten hervor. Neuroblasten verharren in der G_0-Phase des Zellzyklus und werden zu Proneuronen, die auswandern. Am Ort ihres späteren Verweilens differenzieren sie sich zu reifen Neuronen. Die Gliogenese beginnt mit der Entstehung der radialen Glia. Es folgt die Entwicklung von Astrozyten und Oligodendrozyten. Gliazellen behalten ihre Teilungsfähigkeit. Mikroglia- und Mesogliazellen sind Abkömmlinge des Mesenchyms und wandern in die Neuralanlage ein.

15.2.2 Entwicklung des Rückenmarks

Kernaussagen

- **Im Bereich der Rückenmarkanlage bilden auswandernde Proneurone in der Umgebung des Neuroepithels eine Mantelzone, auswachsende Axone einen Randschleier.**
- **Aus der Mantelzone der Rückenmarkanlage entstehen dorsolateral die Flügelplatte und ventrolateral die Grundplatte. Dorsomedial befindet sich die Deckplatte, ventromedial die Bodenplatte.**
- **Aus der Flügelplatte gehen die hintere Säule, aus der Grundplatte die Vordersäule des späteren Rückenmarks hervor.**
- **In der Flügelplatte entwickeln sich somatoafferente Zellkomplexe, in der Grundplatte somatoefferente, in den Zwischengebieten viszeroafferente und viszeroefferente Kerngebiete.**
- **In der Marginalzone entstehen auf- und absteigende Fasersysteme: Hinterstrang, Seitenstrang, Vorderstrang.**
- **Durch zurückbleibendes Wachstum der Rückenmarkanlage gegenüber der Wirbelsäule endet das bleibende Rückenmark in Höhe von L1/L2.**

Die **Entwicklung des Rückenmarks** ist beispielhaft für die Entstehung des Bauplans im ZNS. Sie beginnt gegen Ende der 4. Entwicklungswoche, wenn sich der Neuroporus caudalis geschlossen hat (▶ S. 112). Zu diesem Zeitpunkt verlassen Proneurone mit großem Zellkern und deutlichem Nukleolus das Neuroepithel. Sie bilden um das Neuroepithel die Mantelzone (▶ oben). Aus ihr geht die graue Substanz des Rückenmarks hervor. Umgeben wird sie von der **Marginalzone** (*Randschleier*) (▪ Abb. 15.6a), die durch Auswachsen von Axonen aus den Proneuronen der Mantelzone entsteht. Sie ist der Vorläufer der weißen Substanz des Rückenmarks. Durch diese Vorgänge ist die Anordnung des Rückenmarks festgelegt:

- (*innen*) **graue Substanz**
- (*außen*) **weiße Substanz**

Graue Substanz, Mantelzone (▪ Abb. 15.6). In der Mantelzone des embryonalen Rückenmarks entsteht durch Zellvermehrung auf jeder Seite parallel zum Zentralkanal eine Zellsäule. Durch weitere Zellteilungen und Zellmigrationen entwickeln sich daraus beidseits die *dorsolaterale* **Flügelplatte** und die *ventrolaterale* **Grundplatte.** Zwischen Flügel- und Grundplatte befindet sich eine Furche (**Sulcus limitans**). Die Gebiete des Neuroepithels ventral bzw. dorsal des Zentralkanals werden als **Boden-** bzw. **Deckplatte** bezeichnet.

Beim weiteren Wachstum bleiben Deck- und Bodenplatte zurück, während sich Flügel- und Grundplatte ausweiten. So entstehen das spätere **Vorder-** und **Hinterhorn** der **grauen Substanz** des Rückenmarks, die die **Schmetterlingsfigur** des Rückenmarkquerschnitts aus-

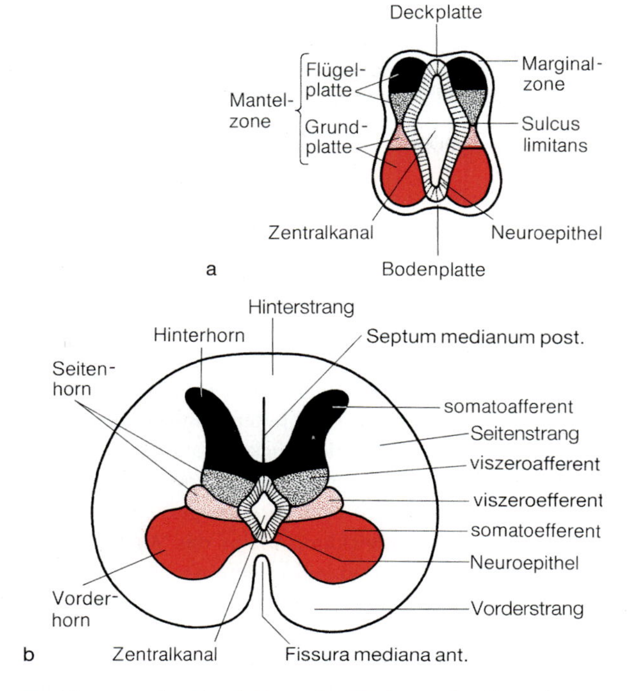

Abb. 15.6 a, b. Entwicklung des Rückenmarks. Querschnitte: **a** im 2., **b** im 3. Entwicklungsmonat

machen (Abb. 15.6 b). In der Grundplatte (Tabelle 15.1) bilden dann die prospektiven Motoneurone Axone, die durch die Marginalzone hindurch in die Peripherie auswachsen und zu den somatomotorischen Anteilen der peripheren Nerven werden.

In den Flügelplatten entwickeln sich die sensorischen, d.h. somatoafferenten Kerngebiete des Hinterhorns.

Tabelle 15.1. Differenzierung von Flügel- und Grundplatte

Frühembryonales Rückenmark	Adultes Rückenmark	Funktionelle Gliederung
Flügelplatte	Hinterhorn	somatoafferent
Flügelplatte	Seitenhorn	viszeroafferent
Grundplatte	Seitenhorn	viszeroefferent
Grundplatte	Vorderhorn	somatoefferent

Im thorakolumbalen (C8, Th1–Th12, L1, L2) und sakralen Abschnitt (S2–S4) der Rückenmarkanlage siedeln sich zwischen Flügel- und Grundplatte Neurone an, die mit ihren Fortsätzen das 1. Neuron von Sympathikus oder Parasympathikus bilden.

Weiße Substanz, Marginalzone. Durch unterschiedliches Wachstum von Flügelplatte und Grundplatte und durch das Einwachsen von auf- und absteigenden neuronalen Verbindungen mit nachfolgender Myelinisierung gliedert sich die Marginalzone in drei Bereiche (Abb. 15.6 b):
- **Hinterstrang (Funiculus posterior)**
- **Seitenstrang (Funiculus lateralis)**
- **Vorderstrang (Funiculus anterior)**

Aszensus des Rückenmarks. Im 2. Entwicklungsmonat füllt das Rückenmark den Wirbelkanal auf ganzer Länge. Jedoch schon im 3. Entwicklungsmonat bleibt das Wachstum des Rückenmarks gegenüber dem der Wirbelsäule zurück. Dadurch verschiebt sich das Rückenmark im Wirbelkanal immer mehr nach kranial, ein **scheinbarer Aszensus.** Im 6. Entwicklungsmonat reicht das kaudale Ende des Rückenmarks (Conus medullaris) (► S. 792) bis zu den Sakralwirbeln; bei der Geburt steht es in Höhe des 3. Lumbalwirbels. Da der Verlauf der Wurzelfasern im Wirbelkanal an deren Bündelung in den Foramina intervertebralia gebunden ist, bekommen sie nach Abschluss des »Aszensus« unterhalb des Conus medullaris ein pferdeschweifartiges Aussehen (**Cauda equina**) (► S. 792).

Fehlbildungen

Fehlbildungen, die durch Störung der induktiven Wirkung des Chordamesoderms auf das Neuroektoderm entstehen und u.a. den Verschluss des Neuralrohrs beeinträchtigen, werden als **Dysraphien** bezeichnet.

Es kommen vor (Abb. 15.7):
- **Myelozele** oder **Rachischisis:** im schwersten Fall bleibt das Neuralrohr offen und das Nervengewebe liegt am Rücken frei, meist infiziert sich das Nervengewebe post partum innerhalb weniger Tage mit tödlicher Folge
- **Myelomeningozele** und **Meningozele:** ist die teratogene Störung schwächer oder tritt sie später auf, so schließt sich zwar das Neuralrohr, es bilden sich aber *keine Wirbelbögen*, meist im lumbosakralen Bereich; die Rückenmarkhäute wölben sich wie ein Sack vor, der das Rückenmark enthält (*Myelomeningozele*); dabei treten im kaudalen Rückenmark häufig Hohlräume und degeneriertes Nervengewebe auf; bei diesen Kindern findet man Innervationsstörungen der unteren Extremitäten und/oder im Blasen-Rektum-Bereich; enthält die Erweiterung der Meningen kein Rückenmark, liegt eine *Meningozele* vor

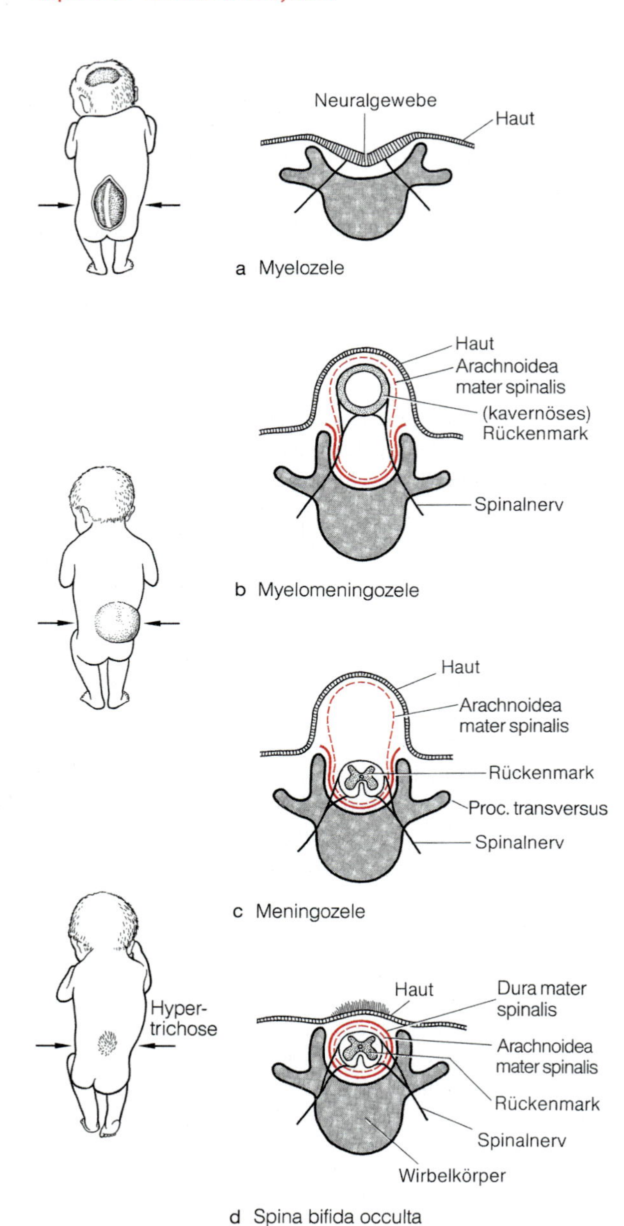

Abb. 15.7 a–d. Missbildungen des Rückenmarks. *Linke Spalte*: Oberflächenansichten. *Rechte Spalte*: Querschnitte. **a** Myelozele. **b** Myelomeningozele. **c** Meningozele. **d** Spina bifida occulta. Hypertrichose: atypisch-vermehrte Haarbildung. *Rote Linie:* Dura mater

- **Spina bifida occulta:** wird die Entwicklung in einem noch späteren Stadium gestört, kommt es lediglich zu einem *Defekt der Wirbelbögen*; die bedeckende Haut zeigt manchmal kleine Haarbüschel, die auf gestörte epidermale Induktionsprozesse hinweisen

Klinischer Hinweis

Myelozele, Myelomeningozele, Meningozele, Spina bifida occulta werden in der Klinik häufig unter dem Oberbegriff *»Spina bifida«* zusammengefasst. Gemeint ist damit stets eine »Spaltung« des Wirbelkanals – besonders häufig im lumbosakralen Bereich.

In Kürze

In der Mantelzone der Rückenmarkanlage entstehen Flügel- und Grundplatte und daraus in der Folgezeit Vorder- und Hinterhorn der grauen Substanz. Dazwischen bildet sich das Seitenhorn. Diese Anordnung führt zu einer Längsgliederung der grauen Substanz des späteren Rückenmarks. In der Marginalzone der Rückenmarkanlage gehen aus der Zusammenlagerung von Nervenfasern Hinter-, Seiten- und Vorderstrang hervor. – Während der Entwicklung bleibt das Wachstum des Rückenmarks gegenüber dem der Wirbelsäule zurück, der Aszensus des Rückenmarks ist jedoch scheinbar. Die Wurzelfasern der unteren Rückenmarksegmente werden zur Cauda equina ausgezogen.

15.2.3 Entwicklung des Gehirns

Kernaussagen

- Der kraniale Teil des Neuralrohrs weitet sich zum Prosencephalon und Rhombencephalon aus.
- Aus dem Prosencephalon gehen Großhirnbläschen, Augenbecher und Zwischenhirn hervor.
- Aus dem Rhombencephalon entwickeln sich Mittelhirn und Nachhirn sowie die Rautenlippen als Vorläufer des Kleinhirns.
- Durch unterschiedliches Wachstum der einzelnen Abschnitte kommt es zur Krümmung der Anlage mit Scheitelbeuge, Nackenbeuge und Brückenbeuge.
- Das stärkste Wachstum erfahren die Großhirnbläschen. Die Großhirnanlage führt eine Art Rotationsbewegung durch.
- Im Rhombencephalon bleibt der Bauplan des Rückenmarks erhalten.

Die **Entwicklung des Gehirns** (◘ Abb. 15.8) beginnt nach Verschluss des Neuroporus cranialis in der Mitte der 4. Entwicklungswoche mit einer Ausweitung des kranialen Teils des Neuralrohrs. Dort bilden sich **zwei primäre Gehirnbläschen:**

- **Prosencephalon** (*Vorderhirn*)
- **Rhombencephalon** (*Rautenhirn*)

Die Gehirnbläschen haben weite Hohlräume, die Anlagen der zukünftigen **Ventrikel.**

Prosencephalon. Bereits in der 5. Entwicklungswoche bilden sich bilateral die Vorläufer der **Augenbecher** (◘ Abb. 15.8a) und *rostral* davon auf jeder Seite ein **Großhirnbläschen** als Anlage des *Endhirns* (**Telencephalon**). Der verbleibende Teil des Prosencephalon wird in der Folgezeit zum *Zwischenhirn* (**Diencephalon**). Aus der Vorderwand des Prosencephalon entstehen zwischen den beiden Großhirnbläschen die **Lamina terminalis** (◘ Abb. 15.9) und aus dem Teil der Deckplatte der Neuralanlage im späteren Zwischenhirnbereich der **Plexus choroideus des III. Ventrikels.**

Rhombencephalon. Der dem Diencephalon folgende Teil des Rhombencephalon wird zum *Mittelhirn* (**Mesencephalon**). Auf seiner Dorsalseite wird das **Tectum mesencephali** angelegt (◘ Abb. 15.8b,c). Weitere Wachstumsvorgänge führen zu einer Gliederung der anschließenden Teile des Rhombencephalon in *Nachhirn* (**Metencephalon**) und *verlängertes Mark* (**Myelencephalon**). In diesem Bereich wird die Ventrikelanlage zu einer rautenförmigen Grube (**Fossa rhomboidea**) erweitert (◘ Abb. 15.9) und von einem nur einschichtigen Epithel bedeckt, dem Vorläufer der **Lamina epithelialis** des **Plexus choroideus** des **IV. Ventrikels.**

Ferner entstehen in der 6. Entwicklungswoche am rostralen Ende der Rautengrube die **paarigen Rautenlippen** (◘ Abb. 15.8b), die Vorläufer des *Kleinhirns* (**Cerebellum**) (◘ Abb. 15.8d). Ontogenetisch ist daher das Kleinhirn dem Metencephalon zuzurechnen. Der zwischen den Rautenlippen verbleibende basale Teil des Metencephalon wird zur *Brücke* (**Pons**). Das Myelencephalon entwickelt sich zum *verlängerten Mark* (**Medulla oblongata**).

Durch das schnelle, aber unterschiedliche Wachstum der verschiedenen Abschnitte der frühen Gehirnanlage kommt es zu Verformungen. Es entstehen **drei Krümmungen** (◘ Abb. 15.8a,b):

- **Nackenbeuge** zwischen den Anlagen von Rückenmark und Rautenhirn
- **Scheitelbeuge** im Gebiet der Mittelhirnanlage
- **Brückenbeuge:** *nach ventral* gerichtete Abknickung im Bereich des Rhombencephalon

Zur Information

Im frühen Stadium der Gehirnentwicklung sind die einzelnen Teile des Gehirns (Telencephalon, Diencephalon, Mesencephalon und Rhombencephalon) wie die Glieder einer (abgeknickten) Kette von rostral nach kaudal hintereinander angeordnet. Dies ist ein stammesgeschichtlich altes Hirnmuster, das bei Fischen und Amphibien vorliegt. Funktionell sind Telencephalon, Cerebellum und Tectum mesencephali anderen Hirnteilen übergeordnet; sie werden zu Integrationsorten, in denen Informationen aus verschiedenen Systemen verarbeitet werden.

Bei der nun folgenden Morphogenese des Gehirns ist das starke Wachstum der Großhirnbläschen dominierend. Dabei werden zunächst im 3. Entwicklungsmonat End- und Zwischenhirnanlage durch den **Sulcus telodiencephalicus** voneinander abgesetzt. Dann entstehen am Zwischenhirnboden die Anlagen der **Hypophyse** sowie der **Corpora mammillaria.**

Im 4. Entwicklungsmonat vergrößern sich die Großhirnbläschen insbesondere nach kaudal und basal, aber auch nach frontal. Es kommt zu einer Rotationsbewegung (◘ Abb. 15.8d), deren Achse etwa quer durch die Übergangsregion zwischen Di- und Telencephalon verläuft. Dadurch hat das spätere Großhirn Bogenform. Bei der Bewegung wandern ursprünglich dorsal gelegene sowie Teile frontal gelegener Bezirke nach basal.

Das Wachstum geht auf eine Vergrößerung des Großhirnmantels zurück. Das Wachstum ist jedoch nicht gleichmäßig. Vielmehr bleibt ab dem 6. Entwicklungsmonat an den Großhirnseitenflächen ein umschriebener Bezirk zurück. Er wird in der Folgezeit von umgebenden Abschnitten überwachsen (operkularisiert) und als **Insel** in die Tiefe verlagert. Weitere Zellvermehrungen führen zur Bildung von **Furchen** und **Falten** an der Großhirnoberfläche (► unten).

Parallel zur Morphogenese des Großhirns verändert sich auch der Bauplan der Neuralanlage im Bereich des Gehirns. Dabei bleiben im Rhombencephalon Deckplatte, Flügelplatte, Grundplatte und Bodenplatte (► oben) erhalten, wenn auch in modifizierter Form. Hinzu kommt die Entwicklung des Kleinhirns aus den Rautenlippen. Anders sieht es im Prosencephalon aus. Hier kommt es durch Proliferation des Neuroepithels zu einer vom Grundbauplan abweichenden Gestaltung.

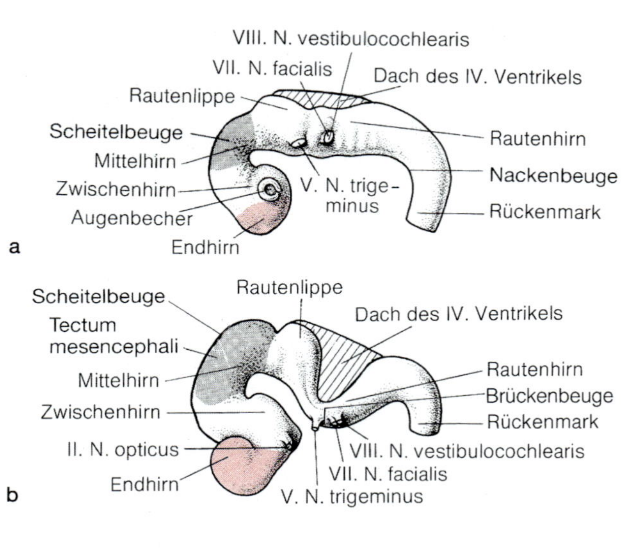

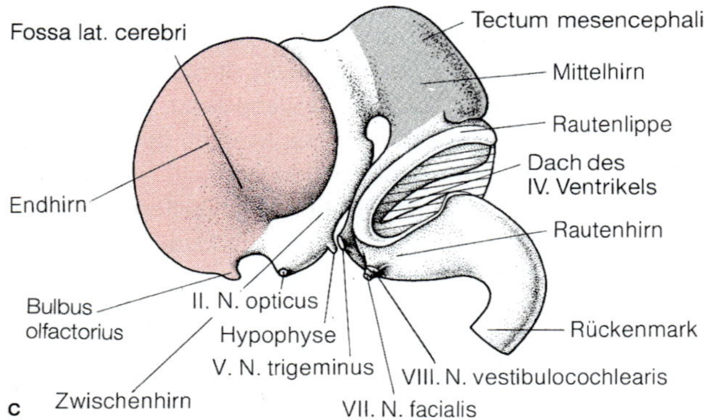

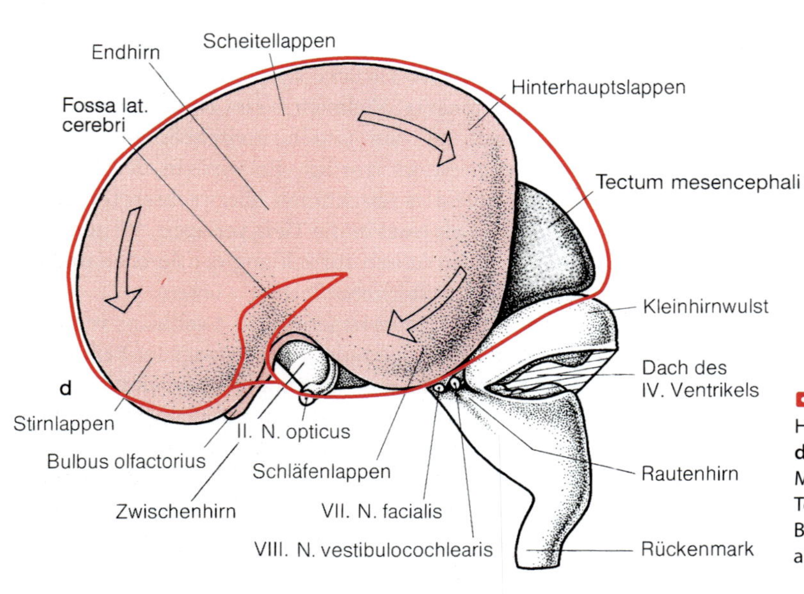

Abb. 15.8 a–d. Entwicklung des Gehirns. Hirnanlage eines **a** 5 mm, **b** 11 mm, **c** 27 mm, **d** 53 mm langen Embryos. Telencephalon *rosa*, Mesencephalon *grauer Raster*. Deckplatte bzw. Tegmen ventriculi IV schraffiert. In **a** sind im Bereich des Rautenhirns die Rhombomere angedeutet

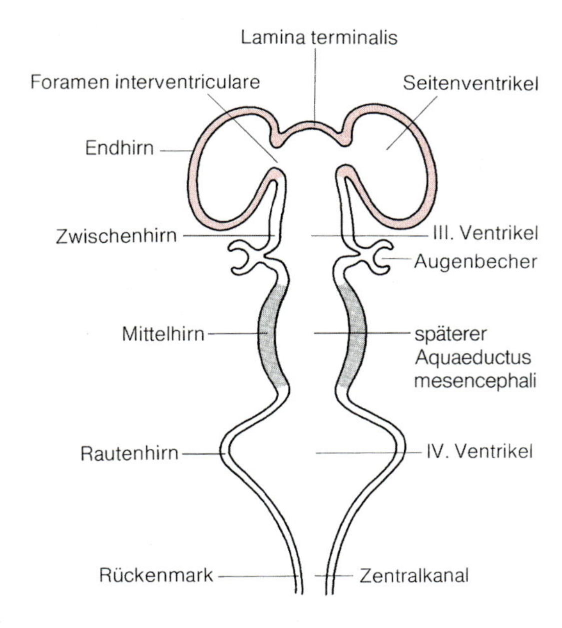

Abb. 15.9. Ventrikelsystem, 6. Entwicklungswoche

Die Besprechung der Baupläne der einzelnen Abschnitte des Gehirns erfolgt in den jeweiligen Kapiteln.

Ventrikelsystem. Durch die lokal unterschiedlichen Wachstumsvorgänge der Gehirnanlage wird der ursprünglich einheitliche Hohlraum des ehemaligen Neuralrohrs in verschiedene Abschnitte untergliedert (Abb. 15.9). Vor allem entstehen in den Großhirnbläschen Seitenventrikel, die durch das Wachstum des Hirnmantels einen bogenförmigen Verlauf bekommen. Sie sind auf jeder Seite durch ein **Foramen interventriculare** (*Foramen Monro*) mit dem **unpaaren III. Ventrikel** im Bereich des Zwischenhirns verbunden. Der folgende Ventrikelabschnitt unter dem Tectum mesencephali ist frühembryonal noch weit. Später jedoch wird er zu einem engen Kanal, dem **Aquaeductus mesencephali.** Er verbindet den III. mit dem IV. Ventrikel. Der **IV. Ventrikel** gehört zum Rautenhirn. Er besitzt drei Öffnungen nach außen in den Liquorraum der Gehirnumgebung. Kaudal setzt sich der IV. Ventrikel in den **Zentralkanal** des Rückenmarks fort. Ventrikelsystem und Zentralkanal des Rückenmarks sind mit Liquor cerebrospinalis gefüllt.

Fehlbildungen

Unter 1000 Neugeborenen haben zwei bis drei angeborene Defekte des Zentralnervensystems. Dabei handelt es sich um Kinder, deren Missbildungen *prima vista* zu diagnostizieren sind, z. B. bei einem **Anenzephalus** oder einer **Meningozele.** Die tatsächlich vorliegende Zahl der Missbildungen des Zentralnervensystems ist jedoch größer, weil einige Störungen erst später sichtbar werden, z. B. angeborene Tumoren.

Ein **Anenzephalus** liegt vor, wenn bei einem Neugeborenen das Schädeldach fehlt und anstelle des Gehirns lediglich eine undifferenzierte Gewebsmasse oder der Rest des Hirnstamms vorhanden ist. Der Kopf hat ein typisches Aussehen: Die Augen treten wie beim Frosch stark hervor, die Stirn fehlt und der Hals ist kurz (*Froschkopf*). Diese Missbildung ist nicht mit dem Leben vereinbar. Sie kann bereits in utero im Ultraschallbild oder im Röntgenbild diagnostiziert werden.

Meningoenzephalozele und **Meningozele.** Wie beim Rückenmark (Abb. 15.7) können sich durch einen Defekt im Schädel die Hirnhäute sackförmig vorwölben, meist am Hinterkopf. Wenn dieser Meningealsack Hirngewebe enthält, handelt es sich um eine **Meningoenzephalozele.** Befindet sich innerhalb der Ausstülpung der Hirnhäute kein Gehirngewebe, sondern lediglich Liquor cerebrospinalis, spricht man von einer **Meningozele.**

Trisomie 21 (Down-Syndrom, veraltet: Mongolismus). Dieser Defekt, der nicht nur das Gehirn betrifft, wird durch eine Chromosomenanomalie verursacht ( S. 123). Das Gehirn bleibt bei betroffenen Kindern meist klein – Hirngewicht unter 1000 g –, zeigt geringe Furchenbildung und eine unvollständige Entwicklung der Großhirnrinde.

Hydrocephalus. Bei einem *Hydrocephalus internus* befindet sich abnorm viel Liquor cerebrospinalis in einem erweiterten Ventrikelsystem, meist des Endhirns. Dadurch wird die Gehirnmasse atrophisch. Der Druck führt oft zum Klaffen der Schädelnähte. Die Ursache sind Verschluss oder Einengung des Aquaeductus mesencephali.

Teratogene. Sie können *Mikrozephalus, Hydrozephalus, Schwachsinn* u. a. hervorrufen. Ursächlich kommen u. a. *pränatale Infektionen*, z. B. mit dem Herpes-simplex-Virus oder *chemische Teratogene*, besonders Alkohol in Frage.

In Kürze

Die Entwicklung des Gehirns geht auf ein starkes, regional unterschiedliches Wachstum des kranialen Teils der Neuralanlage zurück. Dabei entsteht eine durch Nackenbeuge, Scheitelbeuge und Brückenbeuge abgeknickte Kette von Gehirnabschnitten: Telencephalon, Diencephalon (zusammen Prosencephalon), Mesencephalon, Metencephalon, Myelencephalon (zusammen

Rhombencephalon). Führend ist dann die Entfaltung des Prosencephalons. Zunächst entstehen Großhirnbläschen, die sich stark vergrößern und durch ein bogenförmiges Wachstum Di- und Mesencephalon überdecken. Der Bauplan der Neuralanlage (vgl. Rückenmark) bleibt im Rhombencephalon in modifizierter Form erhalten, im Prosencephalon ändert er sich. Aus dem ehemaligen Neuralkanal entsteht das Ventrikelsystem des Gehirns: Seitenventrikel, III. und IV. Ventrikel.

15.2.4 Entwicklung des peripheren Nervensystems

Kernaussagen

- Sobald Pionierfasern somatoefferenter Proneurone des Rückenmarks Myeloblasten erreicht haben, wachsen weitere Axone auf dieser Spur in die Peripherie.
- Auswachsende Axone viszeroefferenter Neurone des Rückenmarks erreichen autonome Ganglien und treten dort an viszeroefferente Perikarya heran, die aus der Neuralleiste stammen.
- Somatoafferente Neurone gehen aus der Neuralleiste hervor und bilden einen Fortsatz, der sich in einen peripheren und einen zentralwärts gerichteten Ast teilt.
- Viszeroafferente Neurone stammen aus der Neuralleiste. Sie ähneln somatoafferenten Neuronen, jedoch gelangt der zentrifugale Ast zu prävertebralen Ganglien.
- Gliazellen des peripheren Nervensystems sind Abkömmlinge der Neuralleiste.

15

Die **Entwicklung des peripheren Nervensystems** geht von Proneuronen aus; diese befinden sich in
- der **Wand des Neuralrohrs**
- der **Neuralleiste**
- den **Plakoden**

Proneurone des Neuralrohrs. Sie bilden somatoefferente (motorische) bzw. viszeroefferente (autonome) Nervenzellen. Die ersten entsprechend determinierten Proneurone befinden sich im Übergangsgebiet zwischen Rückenmark und Gehirnanlage, weitere folgen.

Somatoefferent determinierte Proneurone bilden, sobald in der Peripherie Muskelanlagen entstehen, axonale Fortsätze. Die Fortsätze haben an ihrer Spitze **Wachstumskegel** mit sich lebhaft bewegenden **Filopodien.** Sie suchen nach Kontaktpunkten. Unter den vorwachsenden somatoefferenten Fortsätzen eilen einige voraus. Sie werden als **Pionierfasern** bezeichnet. Sobald diese auf einen Myoblasten treffen, docken sie an und ziehen andere Fortsätze nach. Pionierfasern legen die Bahnen zukünftiger Nerven fest. Die Anzahl der Nervenfasern für ein Zielgebiet wird von der Größe des zu innervierenden peripheren Feldes bestimmt.

Sobald ein Fortsatz einen Myoblasten erreicht hat, kommt es an der Kontaktstelle zur Anhäufung von Azetylcholinrezeptoren und es entsteht eine Synapse. Myoblasten, die nicht von Pionierfasern erreicht werden, werden zurückgebildet.

Anders verhalten sich **viszeroefferente Neurone.** Ihre Fortsätze gelangen zu autonomen Ganglien, in denen sie an Perikarya herantreten, die aus der Neuralleiste hervorgegangen sind. In ihrem Verlauf schließen sie sich in ihren Fortsätzen somatomotorischen Neuronen an, die zuvor entstanden sind.

Zur Information

Die Steuerung des axonalen Wachstums erfolgt durch Zusammenwirken extrazellulärer Signale, vor allem Proteine der Extrazellularmatrix, mit Rezeptoren an der Oberfläche der Wachstumskegel (Integrine). Hinzu kommt eine Signalgebung durch neurotrophe Faktoren (Neurotrophine) und verschiedene Wachstumsfaktoren (Neurokine). Unter dem Einfluss dieser Faktoren erfolgt dann auch eine Synapsenbildung zwischen dem Axonkegel und der Zielzelle. Der Fortbestand der Synapsen hängt in der Folgezeit von deren Aktivität ab. Lässt sie nach, kann sich die Synapse auch wieder lösen. Andererseits können sich neue Synapsen bilden. Neubildung und Eliminierung von Synapsen erfolgen während des ganzen Lebens, wobei Einflüsse der Umwelt mitwirken. Das Zentralnervensystem hat eine große Plastizität.

Proneurone der Neuralleiste und Glioblasten. In der Neuralleiste (Abb. 15.10) finden sich Zellen, aus denen sich u.a. entwickeln:
- **somatoafferente Neurone**
- **viszeroafferente Neurone**
- **autonome viszeroefferente Neurone**
- **Gliazellen**

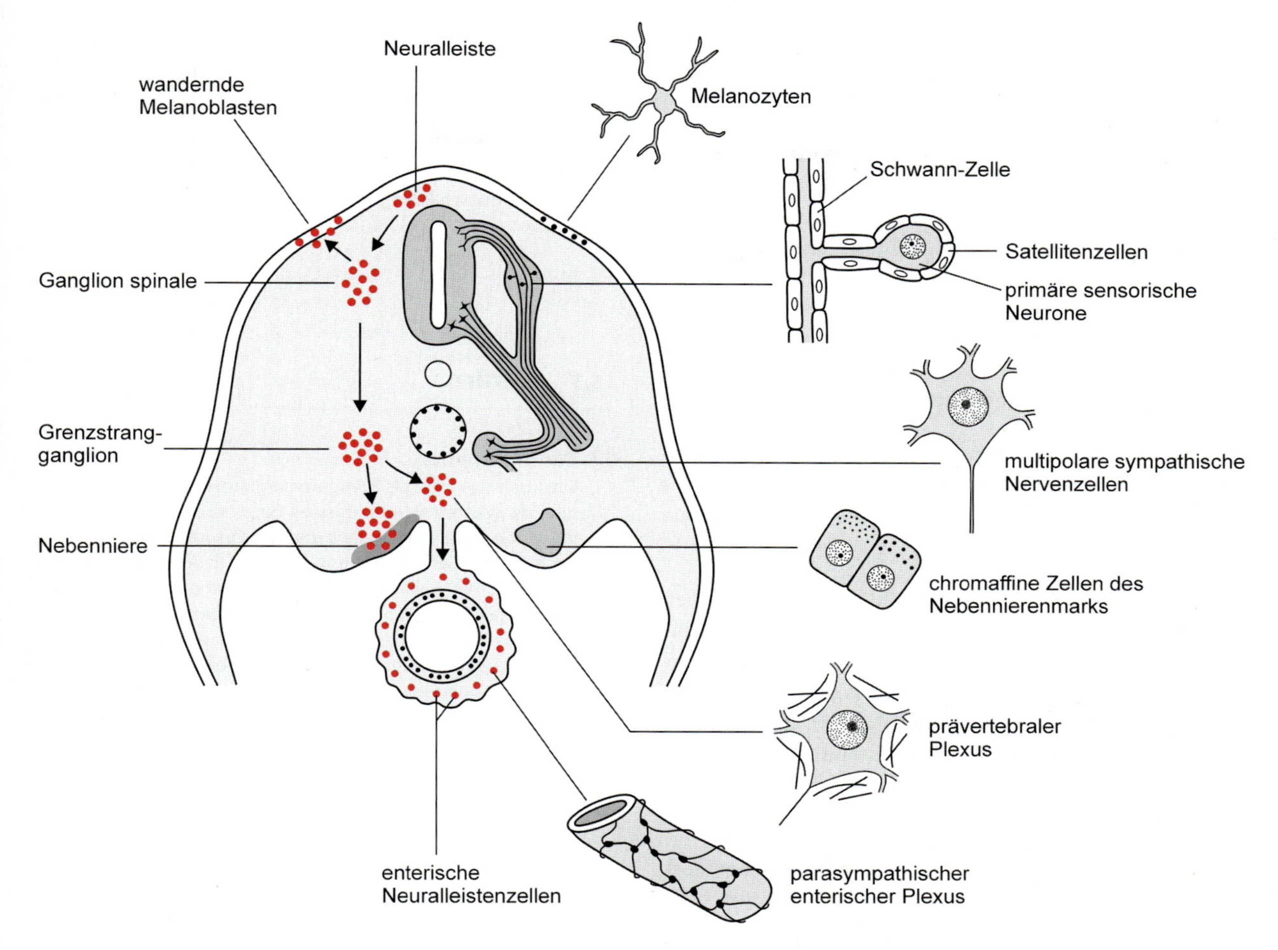

Abb. 15.10. Abkömmlinge der Neuralleiste. *Links*: Wanderwege der Neuralleistenzellen, *rechts*: Derivate der Neuralleiste (nach Britsch 2006)

Die viszeroafferenten und viszeroefferenten Neurone gehören zum autonomen System.

Weitere Abkömmlinge der Neuralleiste sind die chromaffinen Zellen des Nebennierenmarks, Melanozyten der Haut, das Mesektoderm des Kopfbereichs.

Somatoafferente Neurone. Die hierfür determinierten Zellen wandern von der Neuralleiste zu den Anlagen der Kopfganglien bzw. am Rückenmark zu den noch ungegliederten Anlagen der Spinalganglien. Dort bekommen die Proneurone einen Fortsatz, der sich teilt. Der eine Ast wächst in die Peripherie und erreicht dort sein zukünftiges Innervationsgebiet. Der andere wächst zentralwärts zur Anlage des Rückenmarks bzw. Gehirns. Der in die Peripherie wachsende Fortsatz schließt sich den Pionierfasern der somatoefferenten Neuronen an, sodass um die Pionierfasern herum ein Bündel von efferenten und afferenten Fasern entsteht (*Faszikulation*). Bewirkt wird die Bündelung durch Zelladhäsionsmoleküle.

Viszeroafferente Neurone. Ihre Proneurone verhalten sich teilweise wie somatoafferente Neurone, jedoch sind ihre Zielgebiete innere Organe bzw. prävertebrale Ganglien (▶ unten). Ihre zentripetalen Äste schließen sich zunächst den efferenten Verlaufsstrecken des autonomen Systems an, ziehen dann aber zu Spinalganglien und den hinteren Wurzeln des Rückenmarks.

Autonome viszeroefferente Neurone. Die hierfür determinierten Neuralleistenzellen haben eigene Wanderwege. Sie bilden als **Sympathikoblasten** ventral der Wirbelsäulenanlage einen breiten, ungegliederten Zellstrang, die Anlage des **Grenzstrangs des Sympathikus.** An sie treten die viszeroefferenten Fasern aus Proneuronen des Neuralrohrs heran (▶ oben). Dadurch kommt es, dass die viszeroefferente Verlaufsstrecke autonomer Nerven aus zwei hintereinander geschalteten Neuronen besteht.

Weitere Sympathikoblasten der Neuralleiste wandern in die Mesos und bilden dort **prävertebral zahlreiche Ganglien** und **Ganglienkomplexe.**

Gliazellen. Schließlich verlassen weitere Zellen die Neuralleiste, die die auswachsenden Fortsätze der Proneurone begleiten und dort als **Schwann-Zellen** alle Axone umscheiden.

Plakoden sind Verdickungen im Ektoderm. Sie gleichen in ihrer Entwicklungspotenz den Neuralleisten. In ihrem Bereich können Sinneszellen und zugehörige Nervenzellen entstehen, so bei der **Ohrplakode** die Nervenzellen des Ganglion vestibulocochleare. In der **Riechplakode** sind die Sinneszellen selbst bipolare Nervenzellen.

Für die **weitere Entwicklung** des **peripheren somatischen Nervensystems** sind Differenzierung sowie Verlagerung der Myotome und Dermatome entscheidend. Mit diesen haben die Fortsätze sowohl der somatoefferenten als auch der somatoafferenten Neurone Kontakt bekommen. Bei den Extremitäten und am Hals entstehen Nervengeflechte (**Plexus**), deren Fortsetzung periphere Nerven sind (▶ S. 202). Die Äste, die zwischen den Rippenanlagen verlaufen, behalten eine segmentale Anordnung bei.

In Kürze

Die Entwicklung der efferenten Anteile des peripheren Nervensystems geht von Proneuronen des Neuralrohrs aus, deren Fortsätze die jeweiligen Zielgebiete in der Peripherie erreichen. Im somatoefferenten System sind Pionierfasern führend. Die Fortsätze viszeroefferenter Fasern erreichen die Anlage autonomer Ganglien. Die somato- und viszeroafferenten Fasern und auch die viszeroefferenten Fasern des 2. Neurons des autonomen Systems nehmen dagegen ihren Ursprung von Proneuronen, die aus der Neuralleiste hervorgehen. Ferner gehen aus der Neuralleiste Markscheidenzellen (Schwann-Zellen) für alle peripheren Nerven hervor. Periphere Anteile der Riechnerven und des N. vestibulocochlearis (N.VIII) entwickeln sich aus Plakoden.

15.3 Gehirn

Zur Information

Einst galt das Herz als König der Organe. Heute ist es das Gehirn, da erkannt wurde, dass es der Steuerung nahezu aller Vorgänge des Körpers dient und der Ort ist, an dem u.a. Gedanken und Gefühle angesiedelt sind. In Anlehnung an die vormalige Wertschätzung sind noch immer Metaphern wie »herzliche Grüße«, »es bricht mir das Herz« usw. im Gebrauch.

Im Folgenden werden zunächst die makro- und mikroskopisch erkennbaren Strukturen der einzelnen Abschnitte des Zentralnervensystems behandelt. Ausgegangen wird vom Endhirn. Dann wird im Kapitel »Neurofunktionelle Systeme« gezeigt, dass alle Abschnitte des Zentralnervensystems einen Verbund bilden und sich gegenseitig beeinflussen.

Vielfach wird in Vorlesungen über das ZNS mit der Besprechung des Rückenmarks begonnen. Zur Nachbearbeitung der jeweiligen Vorlesung können dennoch die entsprechenden Kapitel dieses Buches verwendet werden. Jedes Kapitel ist ein eigenes Modul.

Anmerkung

Der Erwerb von Kenntnissen über Gehirn und Rückenmark ist so wichtig wie anspruchsvoll. Zur Erleichterung und um einen Überblick zu gewinnen, ohne sich in Einzelheiten zu verlieren, sollten zunächst die mit »Zur Information« gekennzeichneten Abschnitte am Anfang der Kapitel und die hervorgehobenen Leitsätze (Überschriften) verinnerlicht werden. In diesen Rahmen lassen sich die Ausführungen einpassen.

15.3.1 Gliederung

Zur Information

Das Gehirn ist hierarchisch gegliedert und besteht aus Teilabschnitten unterschiedlicher Struktur und Aufgabenstellung.

Das Gehirn wiegt bei 95% der Männer zwischen 1340 g und 1550 g, bei Frauen zwischen 1200 g und 1370 g.

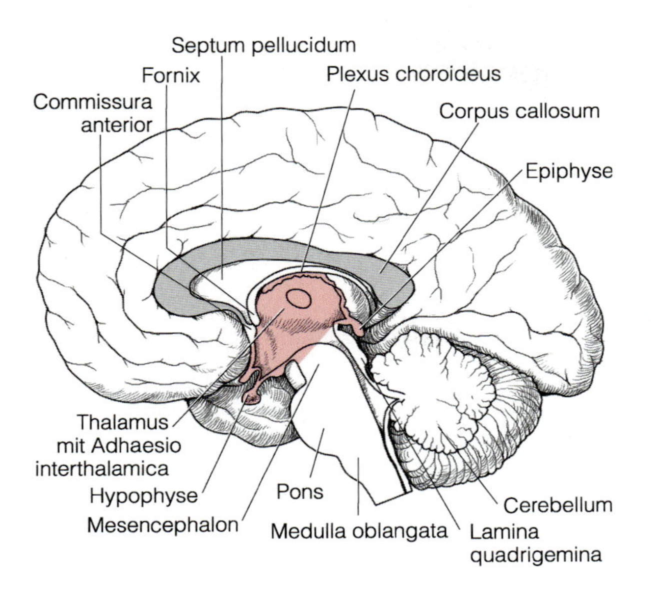

Abb. 15.11. Medianer Sagittalschnitt durch das Gehirn. *Rot*: Diencephalon

Das Gehirn besteht aus (Abb. 15.11):

- **Telencephalon** (*Endhirn*)
- **Diencephalon** (*Zwischenhirn*)
- **Truncus encephali** (*Hirnstamm*) mit
  - **Mesencephalon** (*Mittelhirn*)
  - **Metencephalon** (*Nachhirn*) mit **Pons** (*Brücke*) und **Medulla oblongata** (*verlängertes Mark*)
- **Cerebellum** (*Kleinhirn*)

Telencephalon und Diencephalon nehmen die vordere und mittlere, der Hirnstamm – vor allem das Cerebellum – die hintere Schädelgrube ein.

Funktionell ist dem Hirnstamm die Steuerung aller lebensnotwendigen Vorgänge des Organismus zugeordnet. Übergeordnete Zentren befinden sich im Diencephalon – für die Steuerung vegetativer Funktionen – und im Telencephalon für bewusste und gewollte Vorgänge (in der Endhirnrinde = Cortex cerebri) sowie für Verhalten und Affekte bzw. Emotionen (in subkortikalen Zentren). Beide Bereiche beeinflussen sich gegenseitig.

Zur Nomenklatur
Weitere bei der Unterteilung des Gehirns verwendete Begriffe sind *Prosencephalon, Rhombencephalon* und *Stammhirn.*

Zum Prosencephalon (Vorderhirn) gehören Telencephalon und Diencephalon. Das Rhombencephalon (Rautenhirn) besteht aus Pons, Cerebellum und Medulla oblongata. Unter der Bezeichnung Stammhirn werden meist Zwischenhirn, Mittelhirn und Rautenhirn ohne Kleinhirn zusammengefasst.

15.3.2 Telencephalon

Zur Information
Das Telencephalon (**Endhirn**) wird auch als **Cerebrum** bezeichnet. Es ist mit seinen Verbindungen zu Diencephalon und Mesencephalon in der nichtinvasiven kurativen Medizin die Domäne von Psychiatrie und Psychotherapie.

Im Telencephalon erfolgt die assoziative Verarbeitung von Signalen aus der Umwelt und aus dem Körperinneren. Gedächtnis, Denken, Lernen, Vernunft, bewusste Aufmerksamkeit, selbst Gefühle sind Leistungen des Endhirns, vielfach in Kooperation mit anderen Teilen des Gehirns. Es handelt sich um sensorische, kognitive und emotionale Vorgänge. Sie können in Handeln umgesetzt werden, das stets motorisch ist, z.B. die Sprache. An jeder Leistung sind zahlreiche Gebiete des Telencephalons beteiligt.

Das Endhirn besteht aus zwei Endhirnhemisphären, die durch Kommissuren verbunden sind.

Das Telencephalon ist der größte Abschnitt des menschlichen Gehirns (mehr als 80% des Gehirngewichts).

Es besteht aus **zwei Hemisphären**, zwischen denen sich eine tiefe Längsfurche befindet (**Fissura longitudinalis cerebri**) (Abb. 15.12).

Vom Kleinhirn ist das Telencephalon durch eine tiefe, quer verlaufende Furche (**Fissura transversa cerebri**) getrennt, in der das **Tentorium cerebelli** (▶ S. 847) liegt.

Untereinander sind die Hemisphären durch Kommissuren aus myelinisierten Nervenfasern verbunden:

- **Corpus callosum** (*Balken*) (Abb. 15.11)
- **Commissura anterior**
- **Commissura fornicis**

Das **Corpus callosum** erstreckt sich beinahe über die Hälfte der Längsausdehnung der Hemisphären.

Die **Commissura anterior** liegt einige Zentimeter unter dem vorderen Drittel des Balkens.

Die **Commissura fornicis** befindet sich posterior davon unter dem mittleren Drittel des Balkens.

An der Basis jeder Hemisphäre liegen vorn **Bulbus olfactorius** und **Tractus olfactorius** (Abb. 15.13c). In den Bulbus olfactorius treten feine, marklose Nervenfa-

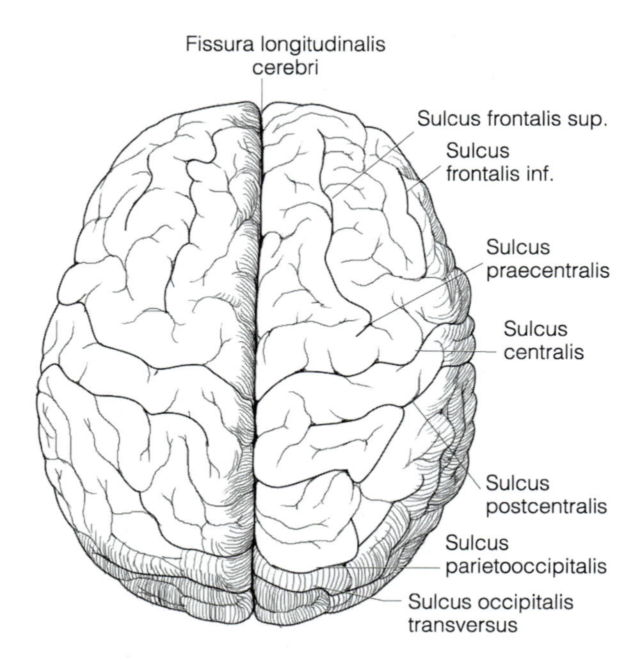

Abb. 15.12. Oberflächenansicht des Gehirns

sern aus der Pars olfactoria der Nase ein und bilden den N. olfactorius (Riechnerv).

Zur Information

Funktionell bestehen zwischen den Hemisphären Asymmetrien. Für ausgewählte Aufgaben ist eine der beiden Hirnhälften gegenüber der anderen dominant. Die Dominanz wird dadurch erreicht, dass diese Seite hemmend auf die andere wirkt. Man spricht von einer **zerebralen Lateralisation**. Sie betrifft u.a. Händigkeit, Sprechen, Lesen, Rechnen. – Wird durch Erkrankung eine Hirnhälfte beeinträchtigt, kann es dazu kommen, dass die gesunde Seite durch ihre Dominanz die kranke zusätzlich blockiert, so dass eine Erholung der lädierten Seite unterbunden wird.

Jede Hemisphäre gliedert sich in Lappen (Lobi cerebri).

Lobi cerebri sind (Abb. 15.13):
- **Lobus frontalis** (*Stirnlappen*); er bildet den vorderen Teil des Gehirns und liegt in der vorderen Schädelgrube
- **Lobus parietalis** (*Scheitellappen*)
- **Lobus occipitalis** (*Hinterhauptlappen*) am hinteren Pol des Gehirns
- **Lobus temporalis** (*Schläfenlappen*); er liegt in der mittleren Schädelgrube
- **Lobus insularis** (*Insula, Insel*) (Abb. 15.14); er befindet sich in der Tiefe des Sulcus lateralis
- **Lobus limbicus** (*limbischer Lappen*); er liegt medial und bildet einen äußeren und einen inneren Ring um den Balken (Abb. 10.13 b)

Die Lappen werden durch Furchen voneinander getrennt.

Die Oberfläche des Großhirns ist stark gefaltet.

An der Großhirnoberfläche lassen sich unterscheiden (Abb. 15.13):
- **Sulci cerebri** (*Furchen*)
- **Gyri cerebri** (*Windungen*)

Die Furchungen und Windungen kommen durch Auffaltungen der Großhirnrinde zustande. Sie vergrößern die Großhirnoberfläche auf 1800 cm^2.

Zur Entwicklung
Bis weit in die Fetalzeit hinein sind die Oberflächen der Hemisphären glatt (*lissencephal*). Gegen Ende der Fetalzeit nimmt jedoch die Anzahl der Neurone unter der Oberfläche, nun als Cortex cerebri bezeichnet, derart zu, dass Vorwölbungen und tiefe Primärfurchen entstehen: *Sulcus calcarinus, Sulcus centralis* und *Sulci temporales transversi*. Durch weitere Zellvermehrungen entstehen Windungen (*Gyri*), sodass das Großhirn des Neugeborenen *gyrencephal* ist. Postnatal vergrößert sich das Gehirn weiter. Dabei vermehren sich die Verschaltungen zwischen den Neuronen des Cortex cerebri und reifen durch Myelinisierung ihrer Axone.

Sulci cerebri. Regelmäßig vorhanden, wenn auch unterschiedlich gestaltet, sind:
- **Sulcus centralis** (Abb. 15.12 a, b) zwischen Lobus frontalis und Lobus parietalis; er verläuft schräg von hinten oben medial nach vorn unten lateral und unterteilt die Endhirnrinde in einen vorderen und hinteren Bereich; meist überschreitet der Sulcus centralis die Mantelkante (Übergang von der lateralen zur medialen Endhirnoberfläche) etwas nach medial (Abb. 15.13 b)
- **Sulcus lateralis** (klinische Bezeichnung *Fissura Sylvii*) (Abb. 15.13 a); er trennt den Lobus frontalis und den unteren Teil des Lobus parietalis vom Lobus temporalis; der Sulcus lateralis quert die laterale Endhirnoberfläche etwa horizontal; in der Tiefe liegen die *Fossa lateralis cerebri* und die *Insel* (▶ oben)

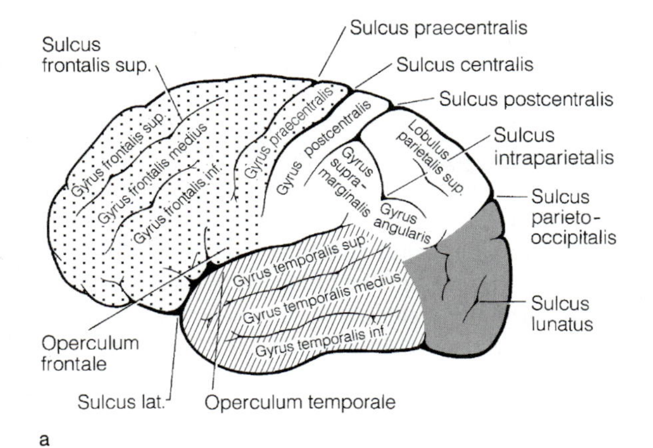

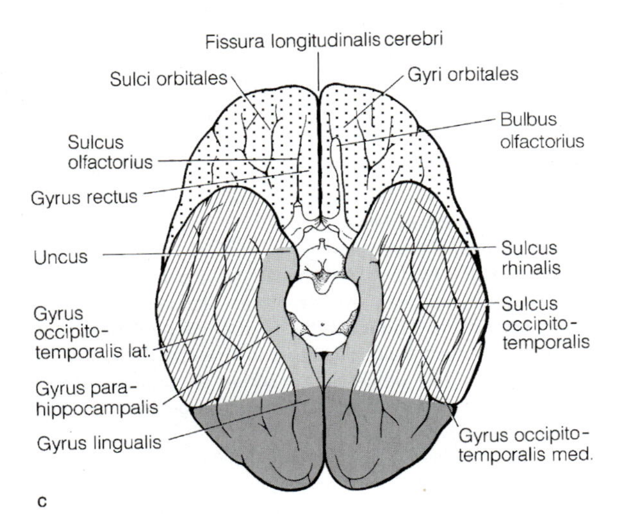

Abb. 15.13 a–c. Oberflächenansichten des Telencephalon mit Kennzeichnung wichtiger Gyri und Sulci. **a** Seitenansicht, **b** Ansicht von medial (vergrößert dargestellt), **c** Ansicht von kaudal. Lobus frontalis, Lobus parietalis, Lobus occipitalis, Lobus temporalis, Lobus limbicus sind durch Raster gekennzeichnet

- **Sulcus circularis insulae;** er begrenzt die Insel; sie ist ein in die Tiefe verlagerter Teil der lateralen Oberfläche des Telencephalons, der von überhängenden Lippen benachbarter Lappen bedeckt wird; bei den Lippen handelt es sich um das **Operculum frontale, Operculum parietale** und **Operculum temporale**
- **Sulcus parietooccipitalis** (Abb. 15.13 a, b) zwischen den oberen Teilen von Lobus parietalis und Lobus occipitalis; er befindet sich im hinteren Bereich des Großhirnmantels auf der medialen Seite, von dort greift er geringfügig nach lateral über
- **Sulcus calcarinus;** er liegt auch auf der medialen Hemisphärenseite und verläuft zum Occipitalpol des Großhirns (Abb. 15.13 b); um den Sulcus calcarinus befindet sich die primäre Sehrinde (▶ S. 825)
- **Sulcus corporis callosi** und **Sulcus cinguli** folgen in ihrer Verlaufsrichtung dem Balken (Abb. 15.13 b); dieser begrenzt den rostralen und mittleren Teil des Gyrus cinguli
- **Sulcus hippocampalis;** er begrenzt den Gyrus parahippocampalis und den Gyrus occipitotemporalis

Gyri cerebri. Die Gestaltung der Gyri an der Oberfläche des Großhirns variiert erheblich. Dennoch sind sie geordnet und benannt. Einzelheiten und die Benennung der wichtigsten Gyri sind Abb. 15.13 zu entnehmen.

> **Funktionell sind umschriebenen Gebieten des Endhirns bestimmte Aufgaben zugeordnet (Arealgliederung).**

Zur Information

Alle folgenden Ausführungen haben zur Grundlage, dass das Endhirn in seinem inneren Aufbau besteht aus
- **grauer, nervenzellreicher Rinde (Cortex cerebri)**
- **subcortikalen Kernen mit Basalganglien**
- **weißer Substanz** mit myelinisierten Axonen

Im Cortex cerebri können Informationen verarbeitet, gespeichert und komplexe Prozesse gesteuert werden. Ferner können dort Ereignisse bewusst gemacht sowie Absichten und Pläne entwickelt werden. Schließlich kann das Endhirn Handlungen veranlassen, z.B. Lokomotion, Sprechen, Schreiben u.a.

Die subcortikalen Gebiete haben komplementäre Aufgaben und die weiße Substanz mit ihren Axonen dient Zu- und Ableitung aller Signale zu den grauen Gebieten des Endhirns.

Graue Rinde und weiße Substanz gemeinsam bilden das **Pallium** (*Hirnmantel*). Die Bezeichnung geht darauf zurück, dass die Hemisphären des Endhirns große Teile von Zwischenhirn und Hirnstamm »mantelförmig« überdecken.

Die morphologische Gliederung des Endhirns in Lappen und Gyri lässt sich mit einer funktionellen Gliederung in Gebiete unterschiedlicher Aufgabenstellung korrelieren. Es wird von einer Arealgliederung gesprochen.

Zur Information

Heute gelingt es mit Magnetresonanztomographie (MRT) und Positronenemissionstomographie (PET) Cortexareale intravital im Moment ihrer Aktivierung sichtbar zu machen, z. B. beim Hören, Tasten, Sehen. Dabei zeigt sich, dass die Zuweisung von Aufgaben nicht starr ist. Vielmehr sind Umfunktionierungen möglich. So kann z. B. bei Erblindung innerhalb weniger Tage der visuelle Cortex an der Verarbeitung taktiler und akustischer Reize beteiligt werden.

Im Frontallappen befinden sich:
- motorische Areale: **motorischer Cortex**
- Areale für höhere psychische Leistungen, z. B. Erkenntnisgewinn, Verhalten, vorausschauende Planung, Antrieb: **präfrontaler Cortex**

Motorischer Cortex. Die motorischen Gebiete des Cortex liegen in der hinteren Hälfte des Lobus frontalis.

Zu unterscheiden sind (Abb. 15.15):
- **primär-motorischer Cortex**; er liegt vor dem Sulcus centralis, ist etwa 2 cm breit und entspricht weitgehend dem hinteren Teil des Gyrus praecentralis (Abb. 15.13 a); von hier gehen die Signale für die Betätigung der Muskeln aus
- **prämotorischer Cortex**; er befindet sich vor dem primär-motorischen Cortex, hier erfolgen Planung und Koordination der Muskelinnervation
- **supplementär-motorischer Cortex**; dieses Gebiet liegt oberhalb des prämotorischen Cortex überwiegend auf der medialen Hemisphärenseite; es steuert komplexe Bewegungen, z. B. beim Tanzen oder Klettern; ergänzt wird es durch ein zweites Gebiet im hinteren Teil des Parietallappens, das Signale aus dem visuellen, akustischen und vestibulären Cortex erhält (▶ S. 843); prämotorischer und supplementärmotorischer Cortex werden auch als **sekundärer motorischer Cortex** bezeichnet
- **frontales Augenfeld** im hinteren Teil des Gyrus frontalis medius
- **Rindenfeld nach Broca** (*Broca-Zentrum*); es ist das **motorische Sprachzentrum**, es liegt am lateralen Rand des prämotorischen Cortex (Partes opercularis et triangularis des Gyrus frontalis inferior) meist der linken Seite (▶ S. 844).

Der motorische Cortex ist ein Teil des motorischen Systems des ZNS, dessen Besprechung erfolgt ▶ S. 805.

Präfrontaler Cortex. Er umfasst die vordere Hälfte des Frontallappens. Zu ihm gehören mehrere Gebiete, durch deren Zusammenwirken weitgehend die Persönlichkeit bestimmt wird. Sie sind u. a. an dem beteiligt, was als Verstand und Vernunft bezeichnet wird. Der präfrontale Cortex hat zahlreiche Verbindungen insbesondere mit den subcortikalen Gebieten des limbischen, für Emotionen und Affekte zuständigen Systems (▶ S. 832).

Klinischer Hinweis

Fällt der präfrontale Cortex aus, geht die intellektuelle Kontrolle über sich selbst verloren sowie die Fähigkeit, über Probleme nachzudenken oder Zukunftspläne zu entwickeln.

Parietal-, Temporal- und Occipitallappen. Hier liegen die **sensorischen Rindengebiete** (Abb. 15.15).

Dazu gehören im
- **Parietallappen** der **somatosensorische Cortex** zur Wahrnehmung von Berührungsreizen und für die Tiefensensibilität
- **Occipitallappen** das **visuelle Rindengebiet** (Sehrinde) für Lichteindrücke aus dem Auge
- **Temporallappen** das **auditive Rindengebiet (Hörrinde)** für auditive Signale aus dem Hörorgan

Hinzu kommen als spezielle Gebiete:
- **Rindengebiet nach Wernicke: sensorisches Sprachzentrum**
- **parietooccipitales Assoziationsgebiet**
- **Lobus limbicus und Hippocampus**

Zur Information

Alle sensorischen Gebiete weisen auf:
- *primäre Rindenfelder*
- *sekundäre Rindenfelder*

Die *primären Rindenfelder* erhalten ihre Signale von den verschiedenen sensorischen Rezeptoren. Dadurch sind sie entsprechend der Körperoberfläche topisch gegliedert. Allerdings werden die Signale vorher in Thalamus bzw. Metathalamus (▶ S. 749) umgeschaltet, sodass die primären sensorischen Rindenfelder eigentlich Projektionsgebiete von Thalamus und Metathalamus sind.

Signale, die die *sekundären Rindenfelder* erreichen, werden vorher in den primären Rindenfeldern »bearbeitet«. Außerdem erhalten die sekundären Rindenfelder jeweils weitere Signale aus anderen cortikalen und subcortikalen Gebieten. Dadurch sind beim Menschen die sekundären Rindenfelder umfangreicher als die primären. Sie dienen vor allem der Interpretation der Signale und ermöglichen z. B. die Unterscheidung von Baum und Strauch.

Somatosensorischer Cortex. Die **primär-somatosensorische Rinde** entspricht größtenteils dem *Gyrus postcentralis* (◻ Abb. 15.15). Die Signale kommen von verschiedenen Mechanorezeptoren sowie Schmerz-, Thermo- und Tiefenrezeptoren des Körpers. – Das **sekundär-somatosensorische Rindengebiet** nimmt einen großen Teil des übrigen Parietallappens ein (Einzelheiten über das somatosensorische System ▶ S. 814).

Sehrinde. Sie beansprucht den ganzen Occipitallappen (◻ Abb. 15.15). Der größte Teil der **primären Sehrinde** liegt **um** den **Sulcus calcarinus** (◻ Abb. 15.15 b) auf der medialen Seite jeder Hemisphäre, nimmt aber auch den hinteren Pol des Occipitallappens ein. Die primäre Sehrinde nimmt visuelle Signale auf und leitet sie getrennt nach Art der Sinneseindrücke, z. B. Farbe, Kontrast und Bewegung, an sekundäre Sehrindengebiete weiter. – Die **sekundäre Sehrinde** umfasst den übrigen Teil des Occipitallappens. Ihre Aufgabe ist die Interpretation der visuellen Informationen. Dies führt u. a. zu visuellen Erinnerungsbildern (Einzelheiten zum visuellen System ▶ S. 822).

Hörrinde. Die **primäre Hörrinde** liegt im **Gyrus temporalis transversus** (*Querwindung nach Heschl*). Sie befindet sich in der Tiefe des Sulcus lateralis auf der oberen Fläche des Temporallappens (◻ Abb. 15.61). Wenn zwei Heschl-Querwindungen auf einer Seite vorkommen, liegt die primäre Hörrinde in der vorderen Querwindung, vor allem in ihrem medialen Teil. Hier werden die Hörmuster, z. B. nach Frequenz und Intensität der Schallreize, entschlüsselt. – Die **sekundäre Hörrinde** umgibt die primäre Hörrinde hufeisenförmig. Teile dieses Gebietes ermöglichen das Erkennen auditiver Signale, z. B. einer Türklingel (auditive Erinnerungen) (Einzelheiten zum auditiven System ▶ S. 828).

Rindengebiet nach Wernicke (*Wernicke-Zentrum*) (◻ Abb. 15.15). Es ist das **sensorische Sprachzentrum** und liegt im Gyrus temporalis superior der dominanten Hemisphäre (▶ S. 843).

Parietooccipitales Assoziationsgebiet. Diese Region befindet sich im Übergangsgebiet zwischen Parietal-, Occipital- und Temporallappen (**Gyrus supramarginalis, Gyrus angularis,** ◻ Abb. 15.15 a) und dient der Interpretation taktiler, visueller und auditiver Informationen, die aus den jeweiligen sekundären Rindengebieten stammen (Einzelheiten ▶ S. 843).

Lobus limbicus. Er bildet zusammen mit dem Hippocampus (▶ S. 832) einen äußeren und einen inneren

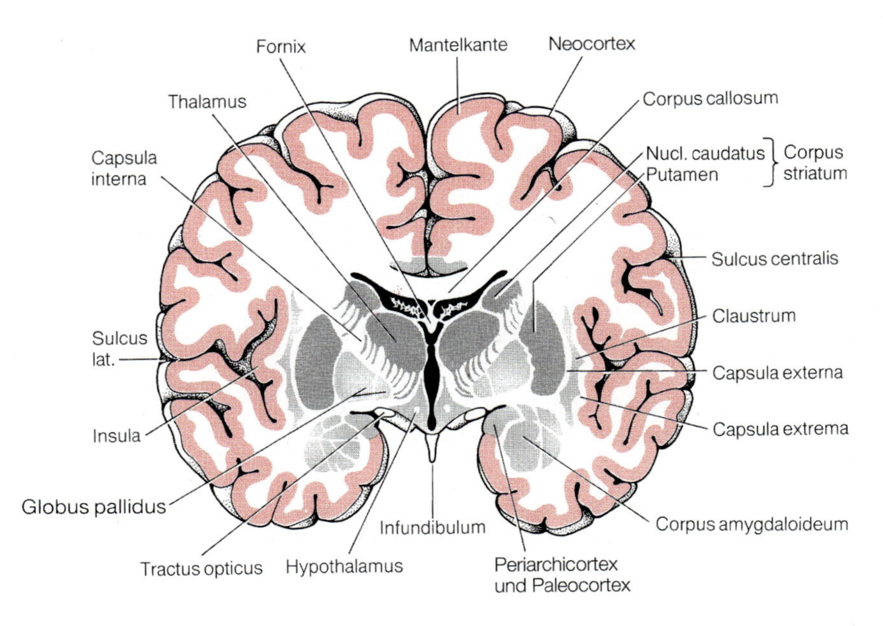

◻ **Abb. 15.14.** Frontalschnitt durch das Endhirn in Höhe der Inselrinde. Auf diesem Schnittniveau werden gleichzeitig Corpus striatum, Globus pallidus, vordere und mittlere Thalamuskerne sowie Corpus amygdaloideum getroffen

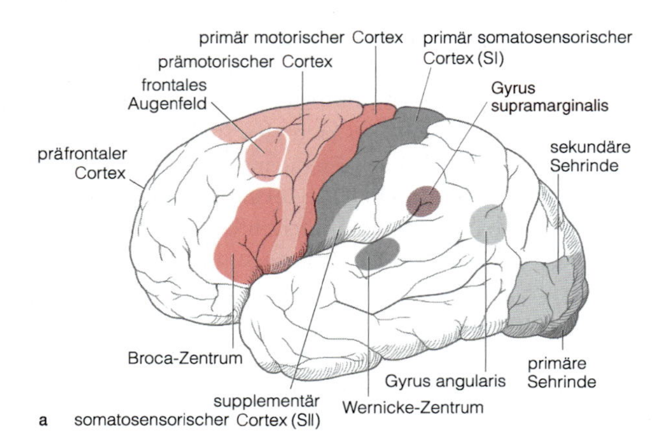

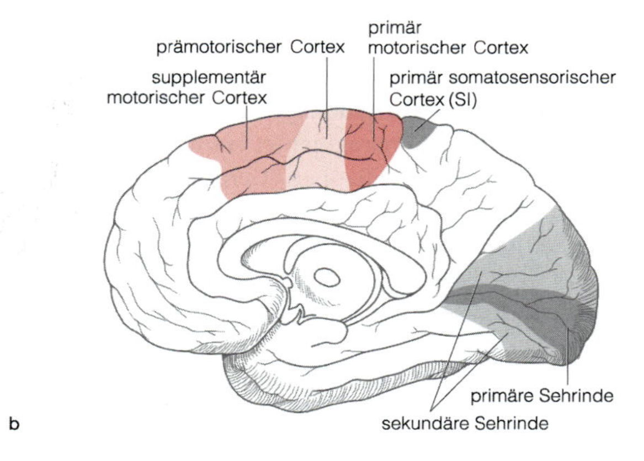

Abb. 15.15 a, b. Telencephalon mit neurofunktionellen Gebieten. **a** Seitenansicht, **b** Ansicht von medial

Ring um den Balken (Abb. 15.13, ▶ S. 832). Beide Gebiete gehören zum *limbischen System*. Sie sind an allen emotionalen Vorgängen beteiligt. Außerdem nehmen sie durch ihre Verbindungen mit neocortikalen Gebieten, speziell dem Frontalhirn, Einfluss auf Motivationen, Lernen und Gedächtnis (Einzelheiten zum limbischen System ▶ S. 832).

Der Cortex cerebri ist laminar gebaut und gliedert sich in zytoarchitektonische Areale.

Der Cortex cerebri (*graue Rinde*) bedeckt die gesamte Oberfläche des Endhirns, auch in den Sulci (Abb. 15.14). Er ist bis zu 5 mm dick (Gyrus praecentralis; in der Sehrinde jedoch nur 2 mm) und hat eine **Schichtengliederung.** Die Schichten entstehen durch entsprechende Anordnung von Nervenzellen und -fasern.

Unterschieden werden Gebiete
- aus sechs *Schichten*, zusammenfassend als **Isocortex** bezeichnet (entspricht weitgehend dem **Neocortex**)
- mit *geändertem Schichtenbau* (▶ unten), sie entsprechen im Wesentlichen **Paleo-** und **Archicortex.**

Zur Entwicklung

Die Nervenzellen des Cortex stammen aus dem periventrikulären Neuroepithel der Endhirnbläschen. Dort entstehen postmitotische unreife Proneurone (▶ S. 724f.), die zur äußeren Oberfläche des Hirnmantels wandern (*Migration*). Dabei werden sie von Gliastrukturen (*Radiärfasern*) geleitet. Als Erstes bildet sich eine *Marginalzone*, ein Vorläufer der späteren Molekularschicht der Großhirnrinde (Schicht I). Unter dieser bauen neu herangewanderte Neurone eine weitere Zellschicht auf (*cortikale Platte*). In der Folgezeit durchwandern neu eintreffende Proneurone die zunächst noch dünne cortikale Platte und lagern sich ihr von außen auf. Auf diese Weise wird die cortikale Platte immer dicker und es entstehen die Schichten II–VI des Cortex. Die Zellen der äußeren Lage sind jeweils jünger als die der inneren.

Zur Information

Die Unterteilung des Cortex cerebri in Archi-, Paleo- und Neocortex geht auf die Phylogenie des Gehirns zurück. Es haben sich in deren Verlauf Umfang und funktionelle Gewichte der verschiedenen Endhirngebiete erheblich verändert.

Beim Menschen werden unterschieden:
- *Paleocortex* bzw. *Paleopallium* (palaios = sehr alt)
- *Archicortex* bzw. *Archipallium* (archaios = alt)
- *Neocortex* bzw. *Neopallium* (neos = neu)

Paleocortex, Paleopallium befinden sich im basalen Bereich des Endhirns und gehören zum olfaktorischen System (▶ S. 820). Phylogenetisch sind es die ältesten Teile des Endhirns.

Archicortex, Archipallium entstehen an der dorsomedialen Seite des Endhirnbläschens. Sie liegen wie ein Saum (Limbus) oberhalb der Anlage des Plexus choroideus in der Nähe der Endhirnganglien. Aus ihnen geht die *Hippocampusformation* hervor, ein wichtiger Teil des limbischen Systems (▶ S. 832).

Neocortex, Neopallium bilden beim Menschen den größten Teil des Cortex cerebri. Sie machen das *Neencephalon* aus. Durch starkes Wachstum verdrängt die Anlage des Neopallium alle anderen Endhirnabschnitte aus ihrer Lage. Der Vorgang wird als *Neencephalisation* bezeichnet. – Der Begriff »Großhirn« bezieht sich im engeren Sinne nur auf das Neopallium.

Die Übergangsregion zwischen Paleo- bzw. Archicortex ist der *Mesocortex.*

Isocortex. Die Schichten des Isocortex unterscheiden sich vor allem durch unterschiedliches Aussehen der Nervenzellen und unterschiedliche Anordnung. Außerdem sind die Schichten in sich nicht uniform, sondern gebietsweise different. Dies führt zu einer **zytoarchitektonischen** Gliederung des Isocortex (▶ unten).

Ferner wird die horizontale Schichtung des Isocortex durch **vertikale Säulen** ergänzt (▶ unten).

Übersicht

Generalisierend gilt, dass im Isocortex (6 Schichten)

- *afferente Fasern* bevorzugt zur Lamina IV (innere Körnerschicht ▶ unten) ziehen; sie leiten der Rinde via Thalamus oder Metathalamus Erregungen aus umschriebenen Gebieten der Körperperipherie zu (spezifische Fasern ▶ unten)
- *efferente Fasern* der Schichten II (äußere Körnerschicht) und III (äußere Pyramidenzellschicht) durch die weiße Substanz zu ipsi- bzw. kontralateralen Cortexarealen und die aus den Schichten V (innere Pyramidenzellschicht) und VI (multiforme Schicht) zu subcortikalen Gebieten ziehen

Schichten des Isocortex im Einzelnen. Von außen nach innen folgen aufeinander (◘ Abb. 15.16):

- **Lamina I (Lamina molecularis, Molekularschicht)**; sie ist nervenzellarm aber faserreich, die Nervenzellen sind klein (Golgi-Zellen Typ II ▶ S. 73), ihre Fortsätze verbreiten sich im Wesentlichen in der eigenen Schicht; ein gröberes Faserbündel dieser Schicht (*Exner-Streifen*) enthält wohl im Wesentlichen Axone, die intralaminär benachbarte Rindenregionen miteinander verbinden; an der Oberfläche der Schicht bilden Astrozyten eine Gliamembran (**Membrana limitans gliae superficialis**), die oberflächlich am Gehirn von einer Basallamina bedeckt wird
- **Lamina II (Lamina granularis externa, äußere Körnerschicht)**; sie ist nervenzellreich, vor allem kommen kleine Nervenzellen vor (*Körnerzellen*), deren Axone in der weißen Substanz meist zu anderen, ipsilateralen Cortexarealen ziehen (*corticocortikale Assoziationsfasern*)

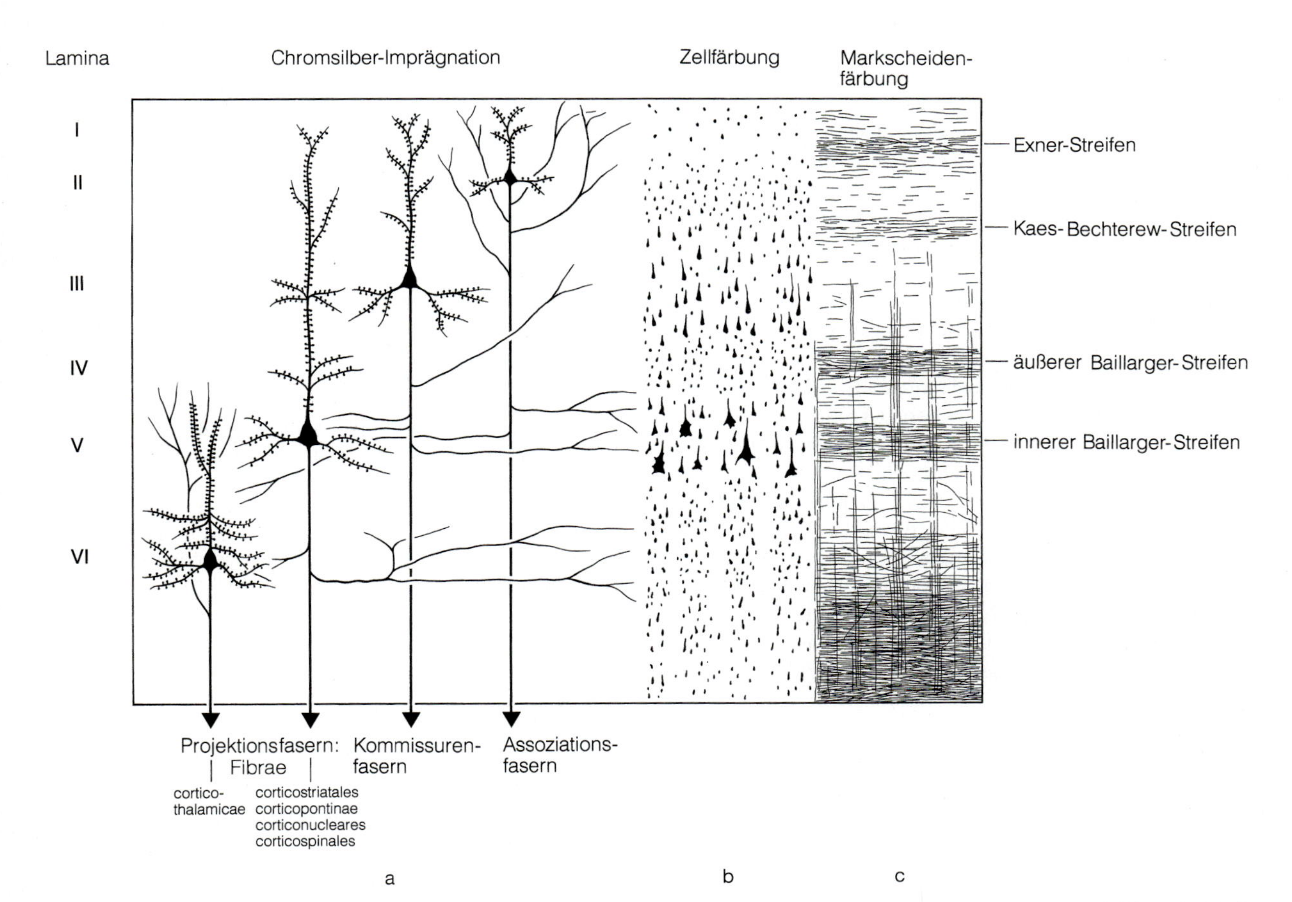

◘ **Abb. 15.16.** Schichten des Cortex cerebri. **a** Efferente Neuronensysteme: Projektionsfasern, Kommissurenfasern, Assoziationsfasern und ihre Zuordnung zu den Schichten des Cortex. **b** Zytoarchitektonische Schichtengliederung. **c** Faserbild nach Markscheidenfärbung ⓔ H90

- **Lamina III (Lamina pyramidalis externa, äußere Pyramidenzellschicht)**; sie wird von kleineren und mittleren Pyramidenzellen gebildet; der Dendrit an der Spitze der Pyramidenzellen verläuft senkrecht zur Oberfläche und erreicht die Schicht I; die Axone der kleineren, mehr oberflächlich gelegenen Pyramidenzellen bleiben ipsilateral, die der tiefer gelegenen größeren Pyramidenzellen – sie verlassen das Perikaryon in der Regel in der Mitte der Basis – gelangen durch den Balken als Kommissurenfasern zu homologen Gebieten des Cortex der gegenüberliegenden Hemisphäre; in manchen Rindengebieten ist ein horizontales Nervenfaserbündel deutlich zu erkennen (**Kaes-Bechterew-Streifen**)
- **Lamina IV (Lamina granularis interna, innere Körnerschicht)**; hier endet ein großer Teil der Afferenzen (vor allem aus Thalamus und Metathalamus ► S. 749), je nach Anzahl der Fasern variiert die Dicke dieser Schicht stark: sie kann beim Erwachsenen partiell fehlen (agranulärer Cortex, z. B. in der Area 4 nach Brodmann im Gyrus praecentralis, einem motorischen, also efferenten Rindenfeld, ◘ Abb. 15.13a), gut entwickelt sein (in den Areae 3, 1, 2 im Gyrus postcentralis, einem somatosensorischen, also afferenten Rindenfeld, ◘ Abb. 15.13a) oder weitere Unterschichten aufweisen (z. B. Area 17 in der Sehrinde ► S. 825); insgesamt ist die Schicht sehr nervenzellreich; vor allem handelt es sich um Neurone, deren kurze Axone sich in der eigenen Schicht verzweigen bzw., wenn sie von größeren Zellen ausgehen, in tiefere Lagen gelangen. Markhaltige, parallel zur Oberfläche verlaufende Fasern können einen mit bloßem Auge sichtbaren weißen Streifen bilden (**äußerer Baillarger-Streifen**), der als **Gennari (Vicq d'Azyr)-Streifen** die Sehrinde kennzeichnet
- **Lamina V (Lamina pyramidalis interna** (ganglionaris), **innere Pyramidenzellschicht)**; sie besitzt große Pyramidenzellen, deren Perikarya in der Area gigantopyramidalis (Area 4 nach Brodmann ► S. 805) einen Durchmesser von 100 µm erreichen können (**Betz-Riesenpyramidenzellen**); ihre Spitzendendriten gelangen bis in die Schicht I, basale Dendriten bleiben in der eigenen Schicht; ihre Axone beteiligen sich als Projektionsfasern an den cortikonukleären und cortikospinalen Bahnen (► S. 806); andere Axone ziehen als Assoziations- oder Kommissurenfasern zu anderen Rindengebieten; außerdem beinhaltet die Schicht horizontal verlaufende Axone bzw. Axonkollateralen aus den Schichten II, III und V, die sich zum **inneren Baillarger-Streifen** zusammenfügen
- **Lamina VI (Lamina multiformis, multiforme Schicht)**; sie enthält vielgestaltige, häufig spindelförmige Nervenzellen; ihre Axone ziehen als Projektionsfasern in die weiße Substanz oder rückläufig in die Rinde ihres Ausgangsareals

Nicht berücksichtigt sind bei dieser Zusammenstellung die zahlreichen **Interneurone**, die in allen Schichten vorkommen und unterschiedliche Formen haben. Sie tragen durch ihre fein abgestufte exzitatorische und vor allem inhibitorische Wirkung wesentlich zur *intracortikalen Informationsverarbeitung* bei.

Zytoarchitektonische Areale sind Gebiete des Cortex, in denen die Perikarya gleiche Form, Größe und Anordnung haben. Unterschieden werden etwa 50 Areale. Diese Aufteilung geht auf *Brodmann* (1909) zurück und steht in enger Beziehung zur funktionellen Gliederung des Cortex, z. B. entspricht die Area 4 nach Brodmann dem Gebiet der primär-motorischen Rinde (◘ Abb. 15.15, ► S. 805) oder die Area 17 nach Brodmann der primären Sehrinde (◘ Abb. 15.15, ► S. 825).

Vertikale Säulen. Die vertikalen Säulen sind vor allem eine elektrophysiologisch, in speziellen Fällen aber auch anatomisch nachweisbare Organisationsform des Cortex. Es handelt sich um miteinander synaptisch verbundene, immer wiederkehrende cortikale Neuronengruppen (Module), die senkrecht zur Oberfläche des Gehirns alle sechs oder auch weniger Schichten umfassen. Sehr deutlich sind sie im somatosensorischen und primär-visuellen Cortex. Jede Zellsäule hat je nach spezifischem Typ einen Durchmesser von 200–300 µm.

Zur Information

Die vertikalen Zellsäulen entstehen dadurch, dass umschriebene Rindengebiete Signale aus einem umschriebenen peripheren Gebiet mit definierter Modalität erhalten, z. B. im somatosensorischen Cortex von spezifischen Rezeptoren eines kleinen Hautgebietes. In den Zellsäulen gelangen die Impulse bevorzugt zu Interneuronen der Schicht IV, deren Axone u. a. an apikale oder basale Dendriten von Pyramidenzellen herantreten. Da deren Dendriten vertikale Bündel bilden, breitet sich die Erregung zunächst in einem begrenzten Cortexbereich aus. Jedoch sind die vertikalen Zellsäulen durch kurze neuronale Verbindungen auch untereinander verknüpft. Dies ermöglicht eine horizontale Ausbreitung der Signale. Dabei beeinflussen sich benachbarte Säulen gegenseitig. Letztlich werden in einer vertikalen Säule die eingehenden Signale unter Beteiligung zahlreicher teils hemmend, teils erregend wirkender Neurone auch anderer Zellsäulen »verrechnet« und in efferente Signale umgesetzt.

Gebiete mit abweichendem Schichtenbau. Es handelt sich um die phylogenetisch älteren Gebiete des Cortex (**Paleocortex, Archicortex**), die durch die Größenzunahme des Neocortex auf die mediobasale Fläche des Telencephalon bzw. ins Innere des Temporallappens verdrängt wurden (► oben). Zu diesen Gebieten gehören das Riechhirn und die Hippocampusformation (Einzelheiten über das olfaktorische Systems ► S. 820, den Hippocampus ► S. 832).

15

Unter der Rinde des Großhirns befinden sich subcortikale Kerne, die im Dienst definierter Systeme stehen.

Die subcortikale Kerne liegen in der Tiefe des Telencephalons (Abb. 15.14, 15.17). Zu ihnen gehören:
- **Basalganglien** (im engeren Sinne)
- **weitere Kerngebiete**

Die Kerne werden zusammen mit den cortikalen Strukturen, die eng benachbart sind, unter der Bezeichnung **Pars basalis telencephali** zusammengefasst.

Basalganglien sind:
- **Nucleus caudatus** (*Schweifkern*)
- **Putamen** (*Schalenkörper*)

Beide Gebiete sind durch streifenförmige Faserbrücken, die Nervenzellen enthalten, verbunden, weshalb sie unter der Bezeichnung **Corpus striatum** (*Streifenkörper*) zusammengefasst werden. Eingeschlossen ist der **Nucleus accumbens.** Funktionell gehören sie zusammen mit dem Globus pallidus zum motorischen System (► S. 809).

Der Nucleus caudatus umgreift bogenförmig die dorsolateralen Teile des Thalamus (Abb. 15.14, 15.17), ein Teil des Zwischenhirns (► unten). Gleichzeitig legt sich der Nucleus caudatus der Wand des Seitenventrikels an.

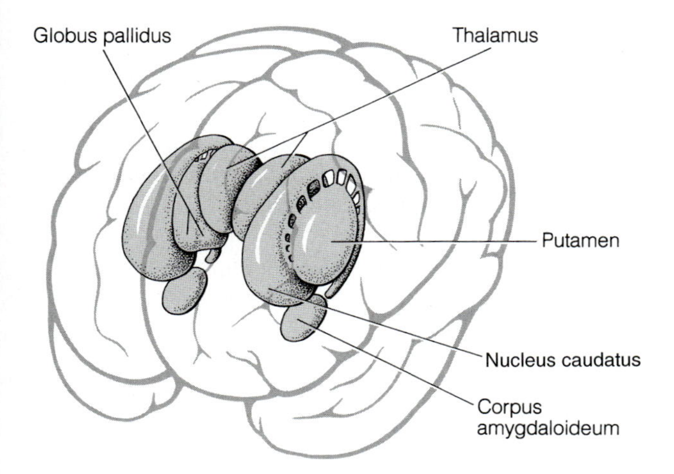

Abb. 15.17. Subkortikale Kerne: Nucleus caudatus, Putamen, Globus pallidus und Corpus amygdaloideum in ihrer räumlichen Lage zueinander und zum Thalamus

Der vordere Anteil des Nucleus caudatus ist wulstförmig (**Caput nuclei caudati**), die folgenden Abschnitte (**Corpus** und **Cauda nuclei caudati**) werden zunehmend schlanker. Die vordersten Teile des Nucleus caudatus liegen in der Tiefe des Frontallappens, die darauffolgenden ziehen durch den Parietallappen, um schließlich in den Temporallappen zu gelangen.

Putamen. Es wird nach einer älteren Nomenklatur mit dem **Globus pallidus** zum **Nucleus lentiformis** (Linsenkern) zusammengefasst. Diese liegen teilweise unter dem Bogen des Nucleus caudatus und lateral des Thalamus. Dabei wird der Globus pallidus (stärker medial gelegen) lateral vom Putamen überdeckt. Der Globus pallidus gehört entwicklungsgeschichtlich zum Diencephalon, das Putamen zum Telencephalon.

Nucleus accumbens. Nucleus caudatus und Putamen sind nicht vollständig getrennt, sondern in ihren vorderen Abschnitten durch den Nucleus accumbens miteinander und dem lateralen Septum verbunden.

Zur Information
Am Nucleus accumbens greifen Drogen und Psychopharmaka an.

Weitere subcortikale Kerne sind:
- **Claustrum** (*Vormauer*)
- **Corpus amygdaloideum** (*Mandelkern*)
- **Substantia innominata** mit dem **Nucleus basalis Meynert**
- **Nuclei septales**

Soweit bekannt gehören sie zum limbischen System (► S. 832).

Zur Information
Im klinischen Sprachgebrauch werden Nucleus caudatus, Putamen, Globus pallidus, Claustrum und Corpus amygdaloideum häufig unter der Bezeichnung *Stammganglien* zusammengefasst.

Das Claustrum (Abb. 15.14) liegt als schmale Scheibe lateral vom Putamen. Seine Funktion ist weitgehend ungeklärt.

Das Corpus amygdaloideum befindet sich vor der Spitze der Cauda nuclei caudati (Abb. 15.14, 15.17). Funktionell gehört das Corpus amygdaloideum (► S. 836) zum limbischen System, hat aber auch Verbindungen mit den Basalganglien und dem olfaktorischen System.

Die **Substantia innominata** liegt an der basalen Seite des Telencephalons zwischen Corpus amygdaloideum (lateral) und Hypothalamus (medial).

Der **Nucleus basalis Meynert** ist ein deutlich abgrenzbares großzelliges Kerngebiet im Bereich der Substantia innominata. Er steht mit einem Teil des Neocortex in Verbindung. Viele seiner Neurone bilden den Transmitter Azetylcholin und wirken exzitatorisch. Der Kern nimmt Einfluss auf Lernen und Erinnerungen.

Die **Nuclei septales** liegen im vorderen basalen Bereich des Septum pellucidum (Abb. 15.11) und bestehen aus mehreren teils großzelligen Kerngruppen. Es handelt sich um wichtige Schaltkerne zur Verbindung zwischen limbischem System und telencephalen Arealen (▶ S. 833).

Der Nucleus basalis Meynert bildet mit mehreren großzelligen Kernen im vorderen Septum den **magnozellulären basalen Vorderhirnkomplex.**

Klinischer Hinweis

Bei Morbus Alzheimer und anderen Demenzerkrankungen degenerieren die cholinergen Neurone des basalen Vorderhirns, wodurch sich die cholinerge Innervation des Neocortex signifikant verringert. Dadurch entfällt die Aktivierung des Neocortex mit Auswirkung für Lernen und Gedächtnis.

Die weiße Substanz (Substantia alba) des Endhirns besteht aus myelinisierten Axonen, die Verbindungen innerhalb einer Hemisphäre, zwischen den beiden Hemisphären oder mit anderen Abschnitten des ZNS herstellen.

Unter dem Cortex cerebri sowie zwischen den Endhirnkernen befindet sich die **weiße Substanz** des Telencephalon. Sie besteht vor allem aus Bündeln (Tractus) myelinisierter Axone, die mit dem Cortex in Verbindung stehen. Es handelt sich um:
- **Assoziationsbahnen;** sie verknüpfen intrahemisphärisch, also ipsilateral, Cortexareale miteinander
- **Kommissurenbahnen;** sie ziehen zur gegenüberliegenden, also kontralateralen Hemisphäre (interhemisphärische Verbindungen)
- **Projektionsbahnen;** sie verbinden den Cortex mit anderen Teilen des Gehirns und dem Rückenmark und verlassen das Telencephalon

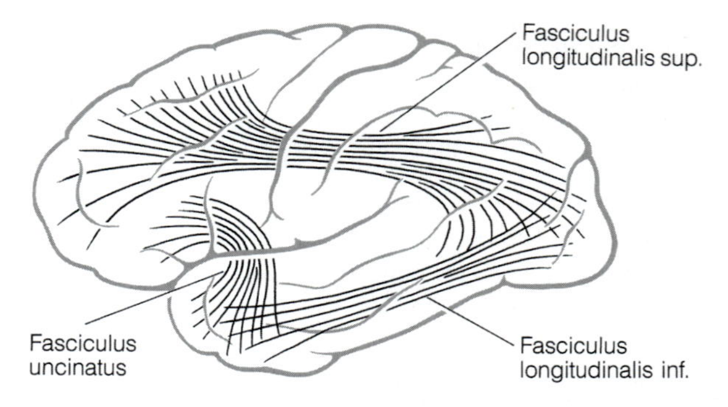

Abb. 15.18. Lange Assoziationsfasern des Telencephalon in ihrer Projektion auf die laterale Oberfläche des Endhirns

Assoziationsbahnen. Die Assoziationsbahnen ermöglichen ein ausgedehntes Zusammenwirken verschiedener Cortexareale und stehen damit im Dienst der assoziativen und integrativen Leistungen des Gehirns.

Unterschieden werden
- **kurze Assoziationsbahnen**
- **lange Assoziationsbahnen**

Kurze Assoziationsbahnen (Fibrae arcuatae cerebri). Sie verbinden bogenförmig benachbarte Windungen und liegen dicht unter der Großhirnrinde.

Lange Assoziationsbahnen. Sie verbinden die Lappen des Gehirns untereinander (Abb. 15.18). Die wichtigsten sind:
- **Fasciculus longitudinalis superior;** er verläuft als ein dickes Bündel zwischen Stirn- und Hinterhauptlappen mit Fasern zum Scheitel- und Schläfenlappen
- **Fasciculus longitudinalis inferior** zwischen Schläfen- und Hinterhauptlappen
- **Fasciculus uncinatus** zwischen Stirn- und Schläfenlappen
- **Cingulum;** er liegt als Faserbündel im Mark des Gyrus cinguli und zieht vom Stirnlappen bogenförmig um den Balken zum Schläfenlappen

Die **Kommissurenbahnen** verbinden Punkt für Punkt identische Rindenareale in beiden Hemisphären, jedoch nicht die primären Sehrinden (Area 17 nach Brodmann), primären auditiven Felder (Area 41) und somatosensorischen Hand- und Fußregionen der Areae 3, 1, 2.

Die Fasern der Kommissurenbahnen *kreuzen die Seite* in:
- **Corpus callosum** (*Balken*)
- **Commissura anterior**
- **Commissura fornicis**

Zur Entwicklung

Die Kommissurenbahnen gehen aus Axonen der Perikarya der cortikalen Platte hervor und erreichen die gegenüberliegende Hemisphäre. Sie kreuzen die Seite in der Lamina terminalis, der Begrenzung des III. Ventrikels (▶ oben).

Corpus callosum. Die ersten Faserstränge erscheinen in der 10. Entwicklungswoche als kleine Bündel in der Lamina terminalis. In der Folgezeit nimmt die Zahl der Bündel in dem Maße zu, in dem das Neopallium wächst. Besonders stark ist das Wachstum rostral. Der verbleibende Teil der Lamina terminalis ist dünn und wird zum *Septum pellucidum*, das frei von Nervenfasern ist. Es besteht aus Glia.

Die **Commissura anterior** wird im 3. Entwicklungsmonat sichtbar. Sie liegt an der Hinterwand der Lamina terminalis und verbindet korrespondierende Gebiete in Paleo- und Neopallium beider Hemisphären.

Die **Commissura fornicis** liegt unter dem späteren Balken und verbindet die Fornices (▶ S. 833) beider Seiten miteinander.

Das **Corpus callosum** ist die größte Kommissur des Neocortex. Im Medianschnitt sind von anterior nach posterior *Genu, Rostrum, Truncus* und *Splenium corporis callosi* zu unterscheiden. Die Fasern, die in Rostrum und Genu bzw. occipital im Splenium corporis callosi die Seite kreuzen, verlaufen bogenförmig: *Forceps minor (frontalis), Forceps major (occipitalis).*

Die **Commissura anterior** verbindet hauptsächlich vordere und mittlere Teile der gegenüberliegenden Temporallappen und außerdem kleine Felder der Stirnlappen.

Die **Commissura fornicis** liegt zwischen den beiden Fornixschenkeln und verknüpft Teile des Archicortex (Hippocampus).

Zur Information

Durch die Kommissuren sind Sinneseindrücke, die beide Hemisphären erreichen, koordinierbar. Außerdem kann ein Sinneseindruck, der nur zu einer Hemisphäre gelangt, auch der anderen übermittelt werden. Sind Kommissurenbahnen unterbrochen, z.B. bei Durchtrennung des Balkens, treten Störungen insbesondere bei jenen Aufgaben auf, die an ein Zusammenwirken beider Hemisphären gebunden sind. Dies ist z.B. der Fall, wenn der dominanten Hirnhälfte Informationen, die lediglich in der nichtdominanten Hemisphäre gespeichert, zur Erfüllung der Aufgabe aber erforderlich sind, nicht zur Verfügung stehen. Störungen beim Sprechen und Schreiben können hierauf zurückgehen.

Projektionsbahnen. Sie werden von kortikofugalen und kortikopetalen Fasern gebildet. Die Fasern gehören jeweils zu verschiedenen neurofunktionellen Systemen.

Alle Projektionsbahnen passieren an der Basis des Telencephalons Engstellen (Abb. 15.14, 15.19). Es handelt sich um

- **Capsula interna**
- **Capsula externa**
- **Capsula extrema**

Zwischen Cortex und Capsula interna haben die Fasern der Projektionsbahnen eine fächerförmige Anordnung: sie bilden die **Corona radiata**, der sich hinten Seh- und Hörstrahlung anschließen (Abb. 15.19).

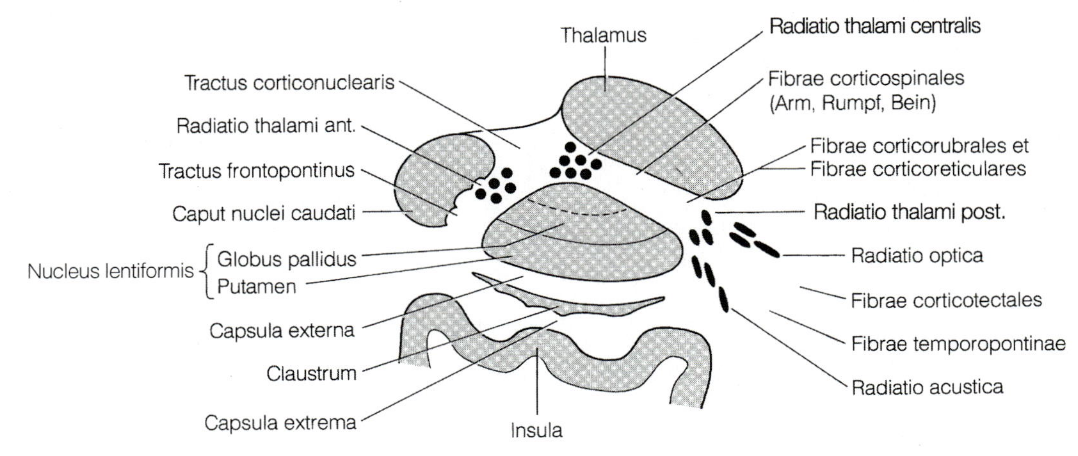

Abb. 15.19. Capsula interna mit Projektionsbahnen, Horizontalschnitt

Die **Capsula interna** (Abb. 15.19) befindet sich zwischen Thalamus, Nucleus caudatus und Putamen. Sie besteht (im Querschnitt) aus **Crus anterius, Genu** und **Crus posterius.**

Die Faserbündel, die die Capsula interna passieren, sind topographisch angeordnet (Abb. 15.19), dadurch kann es bei lokalisierten Schäden (z.B. nach einem Schlaganfall) zu charakteristischen Ausfallerscheinungen (Lähmungen) kommen (► unten).

Capsula externa (Abb. 15.19). Ein kleiner Teil der Projektionsbahnen bildet lateral vom Putamen die Capsula externa. Nach Passage der Capsula externa vereinigen sich die Fasern mit denen der Capsula interna.

Die **Capsula extrema** ist die weiße Substanz zwischen Claustrum und Insula.

Eine weitere Projektionsbahn ist der **Fornix**, der zum limbischen System gehört und deshalb dort besprochen wird (► S. 833).

Der Gehirnbasis liegt der Circulus arteriosus cerebri an.

Die Blutversorgung des Gehirns erfolgt auf jeder Seite durch:
- **A. carotis interna** (► S. 661)
- **A. vertebralis** (► S. 657)

Sie bilden mit ihren Ästen an der Basis des Gehirns den **Circulus arteriosus cerebri** (Willisii).

Der Circulus arteriosus cerebri (Abb. 15.20) entsteht durch:
- die Verbindung der Stromgebiete der Aa. carotes internae beider Seiten durch die **A. communicans anterior**
- die Vereinigung der Aa. vertebrales beider Seiten zur **A. basilaris**
- die Verbindung zwischen beiden Aa. carotes internae und der A. basilares auf jeder Seite durch die **Aa. communicantes posteriores**

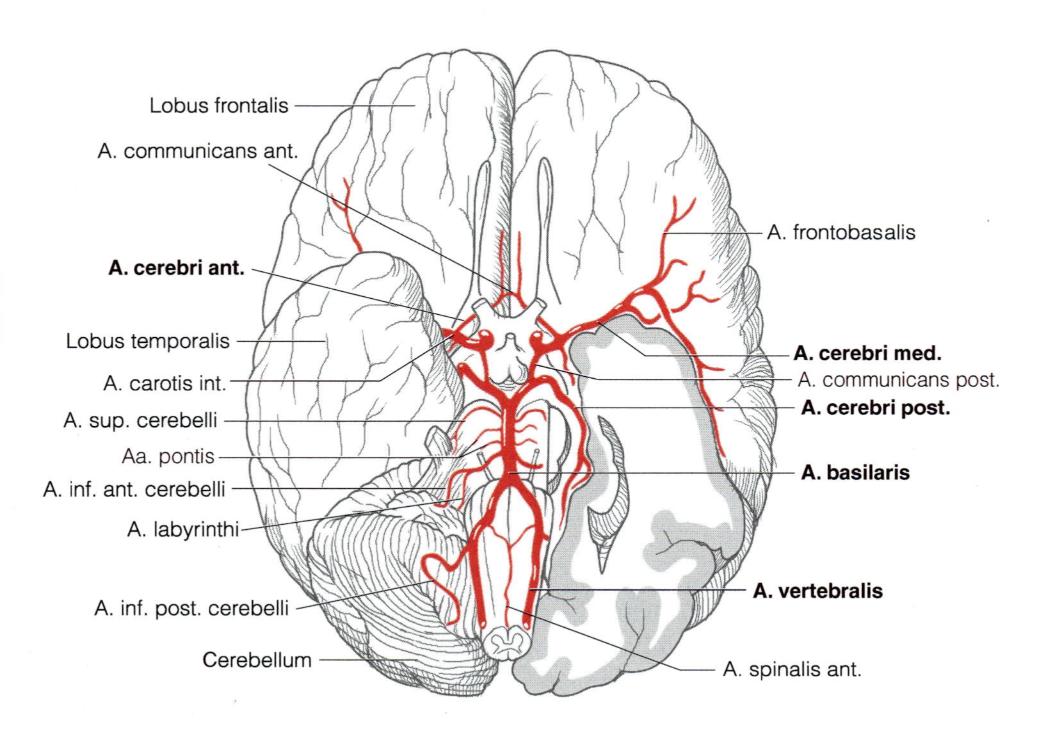

Abb. 15.20. Blutversorgung des Gehirns durch den Circulus arteriosus cerebri

Die arterielle Versorgung des Telencephalon erfolgt durch Gefäße, die von der Oberfläche her in Cortex cerebri und Substantia alba eindringen.

Arteriell werden Cortex cerebri und Substantia alba versorgt durch:
- **A. cerebri anterior**
- **A. cerebri media**
- **A. cerebri posterior**

Die Gefäße verlaufen an der Oberfläche des Endhirns und sind in die Pia mater eingebettet (▶ S. 848). Ihre Äste (in der Regel Arteriolen) dringen von hier aus in die Großhirnrinde und die darunterliegende weiße Substanz ein und bilden dort engmaschige Kapillarnetze. Die Versorgungsgebiete der Arterien sind lappenunabhängig.

Klinischer Hinweis
Alle drei Aa. cerebri sind funktionelle Endarterien. Der Verschluss eines dieser Gefäße führt zu schweren funktionellen Ausfällen (*zerebraler Insult, Schlaganfall*).

Die **A. cerebri anterior** zweigt von der A. carotis interna ab. Sie gelangt in der Fissura longitudinalis cerebri auf die mediale Hemisphärenfläche, die sie von frontal bis zum Sulcus parietooccipitalis versorgt. Außerdem versorgt die A. cerebri anterior etwa vier Fünftel des Balkens mit Ausnahme des Splenium. Sie gibt feine Äste für einen 2–3 cm breiten Streifen lateral der Mantelkante ab. Dieser Bezirk umfasst den Gyrus frontalis superior, den mantelkantennahen Streifen der Gyri prae- und postcentralis sowie die oberen Parietalwindungen. Im Versorgungsbereich der A. cerebri anterior liegen motorisches und somatosensorisches Primärfeld für das kontralaterale Bein. Entsprechend sind die Störungen bei Läsionen der terminalen Äste der A. cerebri anterior.

Die **A. cerebri media** ist die unmittelbare Fortsetzung der A. carotis interna. Sie gelangt von medial her in den Sulcus lateralis und breitet sich dann fächerförmig auf der lateralen Hemisphärenoberfläche aus, die sie zum großen Teil einschließlich der Insel versorgt.

Die **A. cerebri posterior** geht nach jeder Seite *bogenförmig* aus der unpaaren A. basilaris hervor. Sie verläuft auf dem Tentorium cerebelli um das Mittelhirn nach hinten, wo sie partiell Lobus occipitalis und Lobus temporalis versorgt. Ihre Endäste erreichen u. a. das Splenium des Balkens, das primäre Sehfeld und den Hippocampus.

Die Venen des Gehirns verlaufen unabhängig von den Arterien.

An der Blutentsorgung des Endhirns sind beteiligt:
- **Vv. superficiales cerebri**
- **Vv. profundae cerebri**
- **V. magna cerebri**

Das Blut aller Venen gelangt schließlich in die Sinus durae matris (▶ S. 853).

Vv. superficiales cerebri. Sie verlaufen an der Oberfläche des Telencephalon und nehmen das Blut aus Cortex cerebri und Substantia alba auf.

Einzelheiten

Vv. superficiales cerebri sind:
- **Vv. superiores cerebri**
- **Vv. inferiores cerebri**
- **V. media superficialis cerebri**

Die **Vv. superiores cerebri** setzen sich aus präfrontalen, frontalen, parietalen und occipitalen Ästen zusammen. Alle streben bogenartig *aufwärts*, ziehen dann über die Wölbung der Großhirnhemisphäre hinweg und münden in den Sinus sagittalis superior. In Sinusnähe durchbrechen die Venen die Arachnoidea und vereinigen ihre Adventitia mit dem straffen Bindegewebe der Dura mater. Diese Venen werden *Brückenvenen* genannt.

Klinischer Hinweis
Werden die Brückenvenen, z. B. beim gewaltsamen Kopfschütteln bei Kindesmisshandlungen, verletzt, kann es zu subduralen Blutungen kommen (Hämatome).

Die **Vv. inferiores cerebri** ziehen von der Außenfläche des Stirn-, Schläfen- und Occipitallappens *abwärts*. Die frontalen Venen münden am häufigsten in die V. media superficialis cerebri, die temporalen und occipitalen in den Sinus transversus.

Die **V. media superficialis cerebri** entsteht an der seitlichen Hemisphärenfläche über dem Sulcus lateralis. Sie mündet via Sinus sphenoparietalis in den Sinus cavernosus (▶ S. 854), oder mittels Sinus paracavernosus in die Venen des Foramen ovale oder in den Sinus petrosus superior (▶ S. 854).

Die **Vv. profundae cerebri** dränieren mediale und basale Areale des frontalen, temporalen und occipitalen Cortex, die Marksubstanz des Endhirns und dort gelegene Kerngebiete sowie Teile von Zwischenhirn, Mittelhirn, Pons und Cerebellum. Aus zahlreichen Einzelvenen entstehen

- **zwei Sammelvenen**
  - **V. basalis**
  - **V. interna cerebri**, die ihr Blut in die
- **V. magna cerebri** abgeben

Einzelheiten
Die **V. basalis** beginnt an der Substantia perforata anterior, läuft am Tractus opticus occipitalwärts, umgreift den Pedunculus cerebri und tritt posterior in die V. magna cerebri ein.

Die **V. interna cerebri** verläuft leicht gewellt zwischen Fornix und Thalamus nach posterior. Aus ihrer Umgebung nimmt sie u.a. auf:

- **V. choroidea superior** aus dem Plexus choroideus, Hippocampus, Fornix und Balken
- **V. septi pellucidi** aus dem Frontalgebiet (Septum pellucidum)
- **V. thalamostriata superior**; sie verläuft im Winkel zwischen Thalamus und Nucleus caudatus und mündet häufig in die V. anterior septi pellucidi, wobei der Zusammenfluss als Venenwinkel (*Angulus venosus*) bezeichnet wird und in der Höhe des Foramen interventriculare liegt

Die **V. magna cerebri** (Galeni) ist unpaar und entsteht unter dem Splenium des Balkens aus der Vereinigung der Vv. internae cerebri; sie nimmt auch die Vv. basales auf, sofern diese nicht in die Vv. internae cerebri münden. Die V. magna cerebri ist etwa 1 cm lang und mündet über der Vierhügelplatte in den Anfang des Sinus rectus.

In Kürze

Das Telencephalon besteht aus zwei Hemisphären, die durch Corpus callosum und Commissura anterior verbunden sind. Die Oberfläche des Endhirns zeigt Furchen und Windungen und ist in Lappen gegliedert. Dem Lobus frontalis sind motorische Areale zugeordnet. Eine Sonderstellung hat der präfrontale Cortex. Im Parietallappen befinden sich somatosensorische Gebiete, im Occipitallappen die Sehrinde, im Temporallappen die Hörrinde, im Gyrus temporalis superior das sensorische Sprachzentrum sowie in den Gyri supramarginalis und angularis das parietooccipitale Assoziationszentrum. Lobus limbicus und Hippocampus gehören zum limbischen System. Aus phylogenetischer Sicht gehören das Riechhirn zum Paleopallium, der Hippocampus zum Archipallium, der größte Teil des Endhirns jedoch zum Neopallium. Das Neopallium entspricht im Wesentlichen dem Isocortex und hat sechs Schichten. Aufgliedern lässt sich der Isocortex in etwa 50 zytoarchitektonische Areale. Außerdem bestehen vertikale Säulen. Subcortikale Kerne sind die Basalganglien (Nucleus caudatus, Putamen, Globus pallidus) sowie Claustrum, Corpus amygdaloideum, Nucleus basalis Meynert. Die Substantia alba des Telencephalons kommt durch myelinisierte Faserbündel zustande: intrahemisphärische Assoziationsbahnen, interhemisphärische Kommissurenbahnen und Projektionsbahnen. Die Projektionsbahnen durchlaufen die Basis des Telencephalon. Engstellen sind Capsula interna, Capsula externa und Capsula extrema. Die arterielle Blutversorgung des Gehirns erfolgt durch die paarige A. carotis interna und A. vertebralis, die an der Basis des Gehirns den Circulus arteriosus cerebri bilden. Die Aa. cerebri anterior et media sind Äste der A. carotis interna; die A. cerebri posterior gehört zum Stromgebiet der A. vertebralis. Die Venen verlaufen unabhängig von den Arterien. Sie sammeln sich zu Vv. superficiales et profundae cerebri und V. magna cerebri.

15.3.3 Diencephalon

Zur Information
Das Diencephalon (Zwischenhirn) geht mit dem Telencephalon aus dem Prosencephalon hervor. Es erfüllt ähnlich wie das Endhirn übergeordnete Aufgaben, jedoch im vegetativen Bereich. Dazu gehören die Einstellung einer Balance zwischen Sympathicus und Parasympathicus, die Steuerung des Biorhythmus, des Ess- und Trinkverhaltens, der Sexualität u.a. Gleichzeitig nimmt es durch den Thalamus Einfluss auf die Passage von Signalen zum Großhirn. Telencephalon und Diencephalon wirken eng zusammen.

Das Zwischenhirn liegt zwischen Endhirn und Hirnstamm (Abb. 15.11). Durch seine vielfachen Verbindungen mit Endhirn, Mittelhirn und den folgenden Abschnitten ist seine Abgrenzung jedoch schwierig.

Zum Zwischenhirn gehören (Abb. 15.21):

- **Thalamus** mit **Metathalamus**
- **Hypothalamus**

15

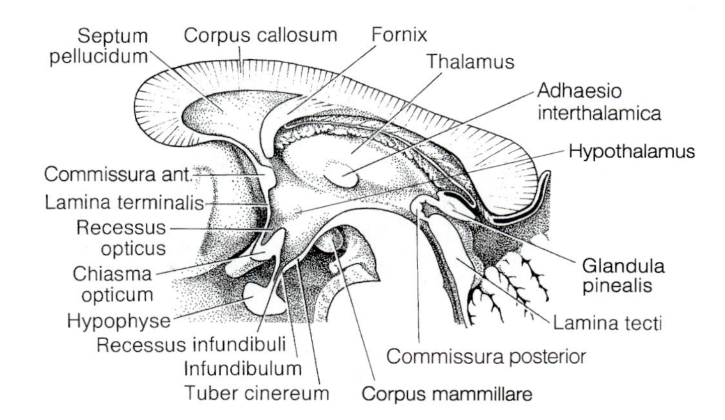

Abb. 15.21. Diencephalon, Ansicht von medial

Hinzu kommen als kleinere Gebiete
- **Epithalamus**
- **Subthalamus**

Alle Gebiete bestehen aus zahlreichen Kernen mit unterschiedlichen Funktionen.

Der Thalamus ist ein Komplex verschiedener Kerngruppen. Er erhält Signale aus nahezu allen Gebieten von Gehirn und Rückenmark. Mit dem Cortex ist der Thalamus sowohl efferent als auch afferent verbunden.

Zur Information

Der Thalamus ist ein großes Umschalt- und Integrationszentrum für alle zum Cortex cerebri aufsteigenden Fasern (Ausnahme: Axone des olfaktorischen Systems, die im Thalamus nicht umgeschaltet werden). Er ist dem Cortex vorgeschaltet. Durch rückläufige, hemmend wirkende Fasern kontrolliert der Thalamus den afferenten Zustrom von Informationen zum Cortex. Dies gilt präferent für sensorische Signale, Signale aus dem limbischen System, das u.a. Verhalten, Lernen und Gedächtnis beeinflusst, und für Signale des Aktivierungssystems des Gehirns. Der Thalamus hat immensen Einfluss auf das Bewusstsein (»Tor zum Bewusstsein«). Auf die Motorik wirkt der Thalamus modulierend. Signale hierfür erhält er aus Basalganglien und Kleinhirn. Ohne die ungestörte Funktion des Thalamus ist eine geregelte Tätigkeit des Großhirns nicht möglich.

Der **Thalamus** nimmt vier Fünftel des Zwischenhirns ein, ist eiförmig und liegt zentral im Gehirn (Abb. 15.17). Mit Ausnahme seiner Unterseite wird er von Endhirn und Mittelhirn umgeben.

Medial grenzt der Thalamus an den III. Ventrikel (Abb. 15.14). Dort verbindet häufig eine schmale

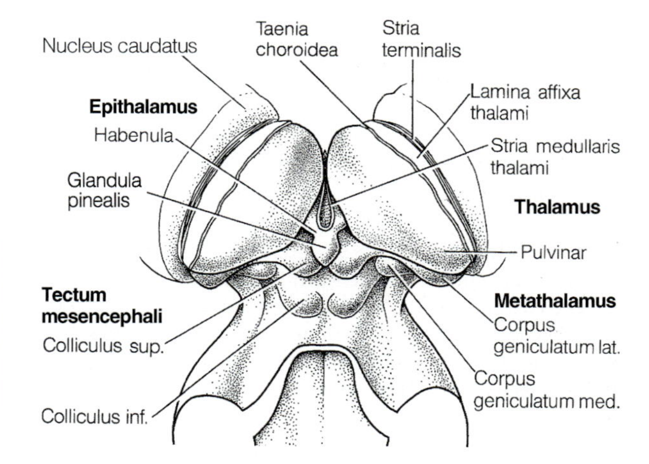

Abb. 15.22. Zwischenhirn und obere Hälfte des Hirnstamms, Ansicht von posterior. Entfernt sind das Endhirn lateral vom Nucleus caudatus sowie das Dach des III. Ventrikels

Brücke grauer Substanz die Thalami beider Seiten (**Adhaesio interthalamica**) (Abb. 15.21).

Überlagert wird der Thalamus dorsolateral vom *Corpus nuclei caudati* (Abb. 15.22). In der Furche zwischen beiden Kernen verlaufen *V. thalamostriata superior* und *Stria medullaris*, der sich Faserbündel aus der *Stria terminalis*, einer bogenförmigen Faserbahn vom Corpus amygdaloideum (► S. 837) zum vorderen Hypothalamus, anschließen.

Ferner ist an der Oberfläche des Thalamus ein gefäßreiches Bindegewebe als *Lamina affixa* befestigt, das sich nach beiden Seiten und nach medial hin in die Zotten der *Plexus choroidei* der Seitenventrikel bzw. des III. Ventrikels fortsetzt (Abb. 15.23). Die Grenze zwischen Lamina affixa und Plexus choroideus ventri-

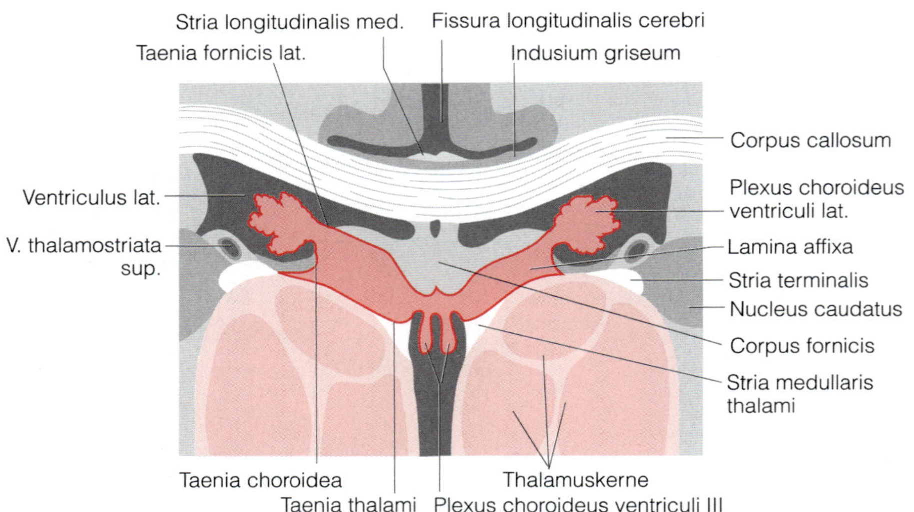

Abb. 15.23. Corpus callosum, Thalamus, Plexus choroideus der Seitenventrikel und des III. Ventrikels, Frontalschnitt

culi tertii ist die *Taenia thalami* und zum Plexus choroideus ventriculi lateralis die *Taenia choroidea.*

Zur Entwicklung

Der Zusammenhang zwischen den Plexus choroidei der Seitenventrikel und des III. Ventrikels kommt dadurch zustande, dass die Großhirnbläschen den unpaaren Anteil des Prosencephalon überwachsen und dabei gefäßreiches Mesenchym aus der Umgebung in die Tiefe gelangt. Es bildet mit der ehemaligen Deckplatte die Falten des Plexus choroideus.

Basal grenzt der Thalamus an Hypothalamus und Subthalamus sowie mit seinem hinteren Drittel ans Mittelhirn.

Occipital befinden sich die von basal sichtbaren *Corpora geniculata mediale et laterale* (Abb. 15.22). Sie werden als **Metathalamus** zusammengefasst.

Mit dem **Cortex** ist der Thalamus durch zahlreiche Faserzüge verbunden, die gemeinsam die **Radiationes thalami** bilden.

Marklamellen und Kerngruppen (Abb. 15.24). Kennzeichnend für den Thalamus sind
- **intrathalamische Marklamellen**
- **zahlreiche Kerngruppen**

Intrathalamische Marklamellen (Abb. 15.24b). Sie verlaufen im Wesentlichen parallel zueinander von anterior nach posterior und gliedern den Thalamus.

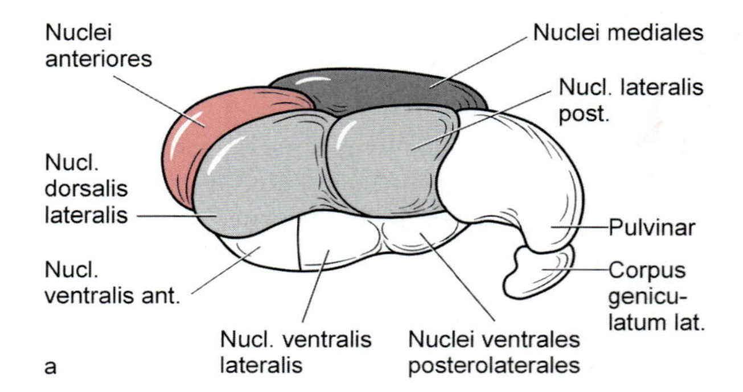

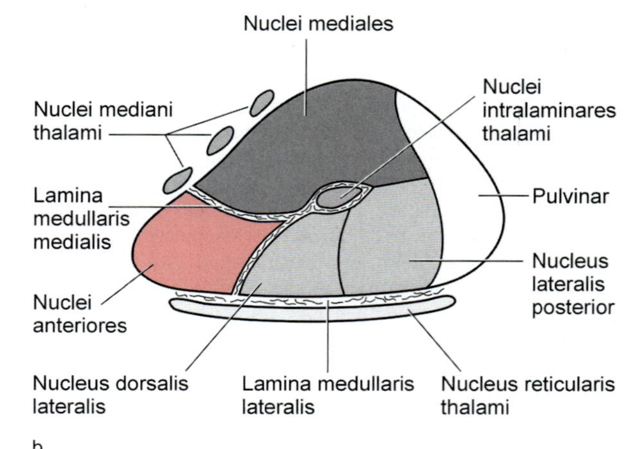

Abb. 15.24 a, b. Thalamus (links) mit seinen wichtigsten Kernen, **a** Ansicht von lateral. Der am weitesten lateral gelegene Nucleus reticularis ist entfernt. **b** Horizontalschnitt mit intrathalamischer Marklamelle

Marklamellen sind

- **Lamina medullaris medialis thalami** zwischen den Nuclei mediales und laterales thalami mit einer vorderen, Y-förmigen Aufgabelung, die den **Nucleus anterior thalami** begrenzt
- **Lamina medullaris lateralis thalami** an der lateralen Außenseite des Thalamus; sie trennt den **Nucleus reticularis** von den übrigen Thalamuskernen

Kerngruppen des Thalamus. Der Thalamus hat 120 Kerne, die zu Kerngruppen zusammengefasst sind. Jede dieser Kerngruppen hat charakteristische afferente und efferente Verbindungen. Afferent erreichen den Thalamus vor allem Axone aus den verschiedensten Gebieten von Gehirn und Rückenmark. Die zugeleiteten Signale werden vor Weitergabe an den Cortex cerebri unter Mitwirkung von intra- und extrathalamischen Verbindungen koordiniert bzw. moduliert. Efferent gelangen die Signale vom Thalamus überwiegend zum Cortex cerebri, teils in umschriebene Gebiete. Funktionell ist wichtig, dass von den empfangenden Regionen rückläufige Signale zum Thalamus kommen und dort hemmend wirken. Auf diese Weise steuert der Thalamus den Zufluss an Informationen.

Kerngruppen des Thalamus sind (Abb. 15.24a, Tabelle 15.2):

- **Nuclei anteriores thalami**; sie befinden sich in der Gabelung der Lamina medullaris medialis (▶ oben); afferent werden die Kerne vom Tractus mammillothalamicus aus dem Hypothalamus (▶ unten) und von Anteilen des mesencephalen limbischen Systems erreicht; funktionell sind die Nuclei anteriores thalami an der Regulation der *Aufmerksamkeit* und des *emotionalen Verhaltens* beteiligt
- **Nuclei mediales thalami**; sie liegen medial der Lamina medullaris medialis und sind Relaisstationen zwischen Corpus amygdaloideum (▶ S. 743) bzw. Hypothalamus und präfrontalem Cortex; Signale aus diesen Kernen nehmen Einfluss auf *Denken* und *Befinden* (froh – verstimmt)
- **Nuclei dorsales** (laterales) mit *Nucleus dorsalis lateralis* und *Nucleus lateralis posterior* (Abb. 15.24a); sie liegen lateral der Lamina medullaris medialis thalami, ventral grenzen sie an die Nuclei ventrales thalami; afferent werden die Nuclei dorsales von Axonen aus anderen Thalamuskernen und visuellen Kerngebieten des Mesencephalon erreicht; efferente Projektionen ziehen zu den Lobi parietales, temporales und occipitales des Cortex
- **Nuclei ventrales thalami** mit anteriorem, lateralem und posteriorem Anteil; anteriorer und lateraler Anteil (*Nuclei ventrales anteriores et laterales thalami*) sind in das *extrapyramidal-motorische System* eingebunden (▶ S. 809); im posterioren Anteil (*Nuclei ventrales posterolaterales thalami*) werden alle *somatosensorischen Signale aus der Körperperipherie* umgeschaltet, bevor sie zum Cortex weitergeleitet werden; die lateralen und posterioren Kerngruppen lassen eine somatotope Ordnung erkennen
- **Pulvinar**; das ausgedehnte Kerngebiet am posterioren Ende des Thalamus projiziert vor allem auf die *sekundären Assoziationsfelder* im Parietal-, Occipital- und Temporallappen, u. a. des visuellen und auditiven Systems
- **Nucleus reticularis thalami**; er bildet eine dünne Schicht lateral der Lamina medullaris lateralis und ist in das retikuläre *Aktivierungs(Weck)system* des Gehirns (▶ S. 778) eingebunden; seine Kerne beeinflussen durch intrathalamische Verbindungen sowohl den Aktivitätszustand anderer Kerne des Thalamus, aber auch das Gesamtsystem des Thalamus und damit des Cortex; außerdem weisen sie Verbindungen zu fast allen Regionen des Cortex auf
- **Nuclei intralaminares thalami**; sie befinden sich in den Marklamellen (intralaminar) und gehören vermutlich zum Wecksystem; efferent sind sie mit Striatum und Cortex verbunden
- **Nuclei mediani**; sie liegen unter dem III. Ventrikel(ependym); es handelt sich um mehrere Kerne, die vermutlich zum limbischen System gehören, da sie Verbindungen zu Mittelhirn, Hippocampus und orbitofrontaler Rinde haben
- **Corpus geniculatum laterale** und **Corpus geniculatum mediale** gehören zum *visuellen bzw. auditiven System* (Tabelle 15.2).

Zur Information

Häufig werden die Kerne des Thalamus gegliedert in

- *spezifische Kerne*
- *unspezifische Kerne*

Als *spezifisch* werden diejenigen Kerne bezeichnet, die präzise reziproke Verbindungen mit umschriebenen Gebieten des Cortex haben, z. B. Nuclei ventrales posterolaterales mit den somatosensorischen Rindengebieten, die Kerne der Corpora geniculata laterale et mediale mit der Seh- bzw. Hörrinde. Die *unspezifischen Kerne* erreichen dagegen mit ihren Axonen zahlreiche Cortexgebiete, z. B. die Nuclei dorsales lateralis et

Tabelle 15.2. Thalamuskerne

Thalamuskerne	Wichtige Afferenzen von	Wichtige Projektionen zu	Zugehörigkeit zu; Funktion
Nuclei anteriores thalami	Corpus mammillare des Hypothalamus via Tractus mammillothalamicus Mesencephales limbisches System (Nuclei tegmentales)	Frontallappen Gyrus cinguli Hippocampus	limbisches System; Beteiligung an der Regulation von Aufmerksamkeit, emotionalem Verhalten, Gedächtnis
Nuclei mediales thalami	Amygdala Hypothalamus Globus pallidus Nuclei ventrales thalami	breit gestreut zu Lobus frontalis Gyrus cinguli	limbisches System; Beeinflussung des Denkens und Empfindens, unspezifische Aktivierung des motorischen Systems
Nuclei dorsales thalami	Thalamuskerne Colliculus superior (Mesencephalon)	breit gestreut zu den Lobi parietalis, temporalis occipitalis	intrathalamische Verknüpfung visuelles System
Nuclei ventrales thalami mit			
Nucleus ventralis anterior	Pallidum Substantia nigra prämotorische Rinde	breit gestreut zu Frontallappen vorderen Teil des Scheitellappens	extrapyramidalmotorisches System (über Basalganglien)
Nuclei ventrales laterales	*vorderer Teil* Pallidium präcentrale Rinde	supplementär motorischer Rinde	extrapyramidalmotorisches System
	hinterer Teil Kleinhirnkerne Tractus spinothalamicus präcentrale Rinde	primär motorischer Rinde	Beeinflussung der Willkürmotorik durch Kleinhirnkerne
Nucleus ventralis posterolateralis et posteromedialis	Hinterstrangbahn (via Lemniscus medialis) Trigeminuskerne (via Lemniscus trigeminalis) Tractus spinothalamicus	Gyrus postcentralis	somatosensorisches System
Pulvinar	Corpus geniculatum laterale Opticusfasern Corpus geniculatum mediale	Parietallappen dorsalen Temporallappen	als Schaltkerne in der Seh- bzw. Hörbahn
Corpus geniculatum laterale	Opticusfasern	Area striata (Sehrinde)	Sehbahn
Corpus geniculatum mediale	Nucleus corporis trapezoidei Nuclei cochleares Colliculus inferior	Gyri temporales transversi	Hörbahn
Nucleus reticularis thalami	Mittelhirn	anderen Thalamuskernen frontaler, temporaler, okzipitaler Rinde	Steuerung des Aktivitätszustandes von Thalamus und Cortex

Tabelle 15.2 (Fortsetzung)

Thalamuskerne	Wichtige Afferenzen von	Wichtige Projektionen zu	Zugehörigkeit zu; Funktion
Nuclei intralaminares thalami	Kleinhirn Formatio reticularis Pallidum	Nucleus caudatus Putamen Cortex	Wecksystem
Nuclei mediani thalami	Mittelhirn	Hippocampus orbitofrontaler Cortex	limbisches System

posterior die mittleren und hinteren Rindengebiete. Die unspezifischen Kerngruppen gehören in der Regel zum Wecksystem, das vom Hirnstamm ausgeht. Problematisch ist diese Einteilung dadurch, dass spezifische Kerne auch unspezifische Projektionen haben.

Gefäßversorgung. Die wichtigsten Gefäße für die Blutversorgung des Thalamus sind *Äste der A. cerebri posterior:* Aa. centrales posteromediales et posterolaterales, Rami thalamici sowie Äste der Rr. choroidei posteriores. Hinzu kommen direkte *Äste aus der A. communicans posterior.*

Der Epithalamus mit Habenulakernen und Epiphyse liegt dorsoposterior des Thalamus und hat Verbindungen zu limbischem System, Hypothalamus und Hirnstamm.

Der **Epithalamus** grenzt an den oberen Rand des III. Ventrikels (Abb. 15.22).

Zu ihm gehören:

- **Striae medullares thalami** und in Fortsetzung die paarigen **Habenulae**
- **Glandula pinealis**
- **Commissura posterior**

Die **Striae medullares thalami** führen Fasern aus den Nuclei septales (▶ S. 833) und der lateralen präoptischen Region des Hypothalamus (▶ unten). Das Bündel zieht posteromedial über den Thalamus hinweg und bildet auf jeder Seite die **Habenula** (*Zügel*) (Abb. 15.22). Die Habenulae beider Seiten vereinigen sich und setzen sich zur **Glandula pinealis** fort. Bevor die Striae medullares die Habenulae bilden, verbreitern sie sich zum **Trigonum habenulare.**

Dem Trigonum habenulare liegen **Nuclei habenulares** zugrunde. Ihre Afferenzen entstammen den Striae medullares. Efferent ziehen Axone durch die **Commissura habenularum** zur Gegenseite und außerdem zum **Hirnstamm,** insbesondere zur Formatio reticularis (▶ S. 778) und den Kernen für die Steuerung der Speichelsekretion sowie der Kau- und Schluckmuskulatur. Die Nuclei habenulares sind daher eine Relaisstation zwischen limbischem System und vegetativen Steuerzentren im Hirnstamm sowie zwischen olfaktorischem System und Zentren für Kau- und Sekretionsvorgänge im Mundbereich.

Die **Glandula pinealis** (*Epiphyse, Zirbeldrüse*) ist knapp 1 cm lang und am hinteren Rand des Zwischenhirndachs befestigt. Sie liegt wie ein kleiner Pinienzapfen (daher der Name) zwischen den beiden Colliculi superiores des Tectum mesencephali (Abb. 15.22).

Mikroskopische Anatomie. In stark vaskularisiertem Bindegewebe liegen in einem Maschenwerk aus Gliazellen **Pinealozyten,** die nachts das Neurohormon **Melatonin** bilden. Die Glandula pinealis wird von postganglionären sympathischen Nervenfasern aus dem oberen Halsganglion innerviert. Nach dem 17. Lebensjahr kann die Glandula pinealis, mit dem Alter zunehmend, *Hirnsand* (**Acervulus**) enthalten. Es handelt sich um Kalkkonkremente, die im Röntgenbild sichtbar werden.

Zur Information

Die Epiphyse hat sich während der Phylogenie stark verändert. Ursprünglich war sie Sinnesorgan (mit Photorezeptoren) und endokrine Drüse. Beim Säuger jedoch ist sie lediglich endokrine Drüse. Ihr Hormon (*Melatonin*) beeinflusst als neuroendokrines Signal in Hypothalamus und Hypophyse vermittels spezifischer Rezeptoren die Tätigkeit der inneren Uhr des Organismus. Wichtigster Zeitgeber ist das Licht. – Unabhängig davon existieren in fast allen Organen des Körpers eigene »Uhren«. So stehen in der Leber circadiane Rhythmen in Beziehung zur Nahrungsaufnahme.

Die **Commissura posterior** (▣ Abb. 15.21) liegt anterior der Colliculi superiores des Mesencephalon und oberhalb der Öffnung des Aquaeductus mesencephali in den III. Ventrikel. Sie besteht aus Fasern verschiedener Herkunft, u.a. solchen, die Kerngruppen des Mittelhirns miteinander verbinden.

Der Subthalamus liegt basoventral des Thalamus und gehört funktionell zu den Basalganglien.

Der Subthalamus befindet sich unter dem Thalamus, teils medial und teils lateral der Capsula interna, und lateral vom Hypothalamus. Zu ihm gehören mehrere Kerngebiete: *Zona incerta, Nucleus subthalamicus, Globus pallidus* (▣ Abb. 15.14). Funktionell gehört der Subthalamus zum *extrapyramidalen System* (► S. 807).

Einzelheiten

Zona incerta. Ihre Funktion ist unbekannt. Sie wird von zwei Faserzügen umfasst, dorsal vom *Forel Feld H1* und ventral von *Forel Feld H2*.

Nucleus subthalamicus steht mit dem Kern der Gegenseite, sowie mit Globus pallidus und Tegmentum des Mittelhirns im Faseraustausch. Schädigungen führen zum *Hemiballismus*: ungewollte, teils einseitige Schleuderbewegungen der oberen Extremität.

Globus pallidus (kurz Pallidum). Der Globus pallidus liegt lateral der Capsula interna (▣ Abb. 15.14). Auf Frontalschnitten erscheint er keilförmig und »eingeklemmt« zwischen Capsula interna und Putamen (▣ Abb. 15.17, 15.19). Durch eine Marklamelle (*Lamina medullaris medialis*) wird er in laterales und mediales Segment unterteilt. Das Pallidum steht mit Putamen, Nucleus subthalamicus, Thalamus (► oben) sowie Substantia nigra und Tegmentum des Mesencephalon in Faseraustausch. Das Pallidum ist eine wichtige Relaisstation im **extrapyramidalmotorischen System** (► S. 807).

15

Der Hypothalamus umrahmt den ventralen Bereich des III. Ventrikels und hält zusammen mit dem endokrinen System die Körperfunktionen im Gleichgewicht.

Zur Information

Der Hypothalamus integriert, balanciert und kontrolliert. Er ist ein übergeordnetes Schalt- und Koordinationszentrum im Dienst der Erhaltung von Individuum und Art. Ihn erreichen Signale aus dem Körperinneren und via Oberflächenrezeptoren aus der Umwelt. Diese Signale werden mit denen koordiniert, die sich aus der Tätigkeit des Cortex zur Bewertung von Ereignissen und dem limbischen System als dem Ort des Gefühlslebens ergeben. In den Kernen des Hypothalamus werden dann Signale u.a. für die Konstanterhaltung des inneren Milieus des Körpers gebildet, z.B. der Flüssigkeits- und Elektrolytbalance (Trinkverhalten), Energiebalance (Essverhalten), Thermoregulation, Regulation des Biorhythmus und vieler emotionaler Reaktionen. Die Weitergabe der Signale erfolgt durch autonomes Nervensystem und endokrines System, die der Hypothalamus kontrolliert und steuert. Bei diesen Vorgängen spielen Neuropeptide (► S. 841) eine entscheidende Rolle. Die Tätigkeit des Hypothalamus erfolgt unbewusst.

Der **Hypothalamus** ist ein kleines graues Gebiet (1 cm^3) an der Basis des Zwischenhirns. Er befindet sich unmittelbar unter dem vorderen Thalamus und umschließt den basalen Teil des III. Ventrikels (▣ Abb. 15.14).

Begrenzungen (▣ Abb. 15.21). Nach **anterior** grenzt der Hypothalamus an *Lamina terminalis* und *Commissura anterior.* Die **basale Begrenzung** entspricht im Wesentlichen dem Boden des III. Ventrikels und ist der Inspektion der Gehirnbasis zugängig. Dem Hypothalamus lagert sich hier ventrobasal das **Chiasma opticum** an. Das Gebiet vor dem Chiasma wird als **Area praeoptica** bezeichnet. Unmittelbar hinter dem Chiasma befindet sich der Übergang des Hypothalamus in den **Hypophysenstiel.** An der Übergangsstelle befindet sich als schwache Erhebung die **Eminentia mediana.** Dann folgt das **Tuber cinereum.** Kaudal schließen sich die **Corpora mammillaria** an. Nach lateral reicht der Hypothalamus bis zum Nucleus subthalamicus (► oben). **Medial** markiert auf jeder Seite in der Wand des III. Ventrikels der **Sulcus hypothalamicus** die Grenze zum Thalamus.

Gliederung. Der Hypothalamus gliedert sich in mehrere Bereiche mit jeweils charakteristischen Kernen, die zu unterschiedlichen vegetativen Funktionen in Beziehung stehen.

Areale und Kerne des Hypothalamus (▣ Abb. 15.25). Es lassen sich unterscheiden:

- **Area hypothalamica rostralis** zwischen Chiasma opticum und Commissura anterior mit
  - **Nuclei suprachiasmaticus, praeopticus** und **anterior hypothalami;** *Nucleus suprachiasmaticus* generiert einen körpereigenen circadianen Rhythmus, der durch exogene Zeitgeber mit dem 24-Stunden-Rhythmus (Tag-/Nachtrhythmus) synchronisiert wird; *Nuclei praeoptici* regulieren den Zyklus der Frau durch Steuerung der Gonadotropinfreisetzung im Hypophysenvorderlappen
  - großzelligen (magnozellulären) **Nuclei paraventricularis** und **Nucleus supraopticus;** sie gehö-

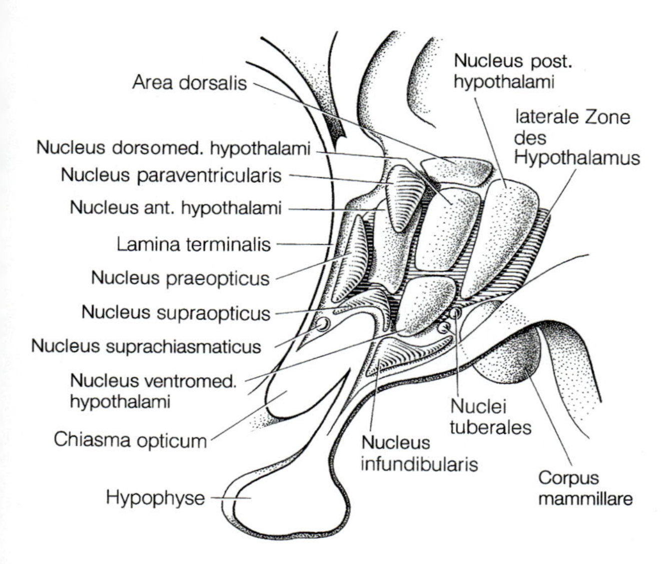

Abb. 15.25. Kerngruppen des Hypothalamus, räumliche Darstellung

ren zum neuroendokrinen Hypothalamus und regulieren durch das antidiuretische Hormon (ADH, Vasopressin) den Wasserhaushalt und durch Oxytocin die Wehentätigkeit (► unten)

Zur Information
Nervenzellen in der Regio praeoptica und im Nucleus paraventricularis können durch Geschlechtshormone aktiviert werden und Libido sowie sexuelle Erregung initiieren. Sie wirken mit dopaminergen Zellgruppen in Hypothalamus und Mesencephalon zusammen. Gemeinsam lassen diese Zentren sexuelles Wohlbefinden entstehen.

- **Area hypothalamica intermedia** mit
  - diffus verteilten **periventrikulären Nervenzellen,** zum Teil in der Umgebung der Nuclei paraventricularis et supraopticus, und dem **Nucleus infundibularis** am Übergang in den Hypophysenstiel; sie gehören als kleinzellige (parvozelluläre) Kerne gleichfalls zum neuroendokrinen Hypothalamus und steuern mit Effektorhormonen die Tätigkeit des Hypophysenvorderlappens (► unten)
  - **Nucleus ventromedialis hypothalami** und **Nucleus dorsomedialis hypothalami**; sie sind in die Regulation der Nahrungs- und Wasseraufnahme eingebunden: der ventromediale Kern vermittelt ein Sättigungsgefühl, während der laterale Kern die Nahrungsaufnahme anregt; regelnd wirkt Leptin, ein Hormon der Fettzellen, dessen Ausschüttung bei Hunger abnimmt; hinsichtlich der Wasseraufnahme können Störungen in diesem Bereich zur *Adipsie* (»Durstlosigkeit«) führen
- **Area hypothalamica posterior** mit **Nucleus posterior hypothalami** und den Kernen des **Corpus mammillare**; von hier werden Schweißsekretion, Eingeweidetätigkeit sowie bei Absenkung der Körpertemperatur das Zittern gesteuert
- **Area hypothalamica lateralis**; sie schließt sich den bisher genannten Gebieten lateral an und ist mit Ausnahme der **Nuclei tuberales** wenig deutlich in einzelne Kerne aufgegliedert; in der lateralen Zone enden im Wesentlichen die Afferenzen zum Hypothalamus; zwischen den medialen Gebieten und der lateralen Zone verläuft der Fornix, ein großes, auffälliges Faserbündel, das u. a. Hippocampus und Corpora mammillaria verbindet (► S. 833)
- ferner kommen im Hypothalamus Neurone vor, die zu netzförmig angeordneten **Transmittersystemen** gehören, z. B. zum dopaminergen System (► S. 840), diese Neurone sind nur bedingt an spezielle Kerngruppen gebunden

Verbindungen des Hypothalamus:
- **intrahypothalamische Verbindungen**
- **extrahypothalamische Verbindungen**
- **Verbindungen zur Hypophyse**

Intrahypothalamische Verbindungen bestehen durch zahlreiche Afferenzen und Efferenzen zwischen Kernen bzw. Kernteilen des Hypothalamus. Dadurch sind alle Tätigkeiten des Hypothalamus komplex koordiniert.

Extrahypothalamische Verbindungen. Sie stellen vor allem Verknüpfungen zu limbischem System und Hirnstamm her. Die Verbindungen sind in der Regel reziprok.

Einzelheiten
Afferente Faserbündel erreichen in der Regel den **lateralen Hypothalamus**. Sie
- stammen aus dem **limbischen System:** von *Corpus amygdaloideum* (über die Stria terminalis ► S. 837) und *Hippocampus* (über den Fornix ► S. 833)
- bringen **rückläufige Fasern** aus Gebieten, mit denen der Hypothalamus efferent verbunden ist

Efferente Verbindungen sind:
- **Fasciculus mammillothalamicus**, gegenläufig zwischen Corpus mammillare und Nucleus anterior thalami

- **Fasciculus mammillotegmentalis** zur Verbindung des Hypothalamus mit dem Tegmentum des Mittelhirns und von dort zur Formatio reticularis des Hirnstamms (▶ S. 837)
- **Fasciculus longitudinalis dorsalis**, der von der periventrikulären Zone des Hypothalamus bis ins Rückenmark zieht; in seinem Verlauf gibt das Bündel zahlreiche Fasern an die parasympathischen Anteile der Hirnnerven im Hirnstamm sowie zu dort gelegenen autonomen Zentren, z. B. für Kreislauf, Atmung, Nahrungsaufnahme usw., ab
- **Axone zu Gebieten des Telencephalon**: zum frontalen Assoziationsgebiet (zur Mitwirkung bei der Steuerung von Aufmerksamkeit und Bewusstsein; arousal system)

Verbindungen zur Hypophyse (■ Abb. 15.26). Das zugehörige Gebiet des Hypothalamus – *hypophysiotrope Zone* – wird als *neuroendokriner Hypothalamus* bezeichnet. Dort werden produziert:
- **Effektorhormone**; ihre Zielorgane befinden sich in der Peripherie des Körpers
- **Steuerhormone**; sie wirken auf die endokrinen Zellen des Hypophysenvorderlappens

Die **Effektorhormone** werden in **Nucleus supraopticus** und **Nucleus paraventricularis** gebildet (■ Abb. 15.25):

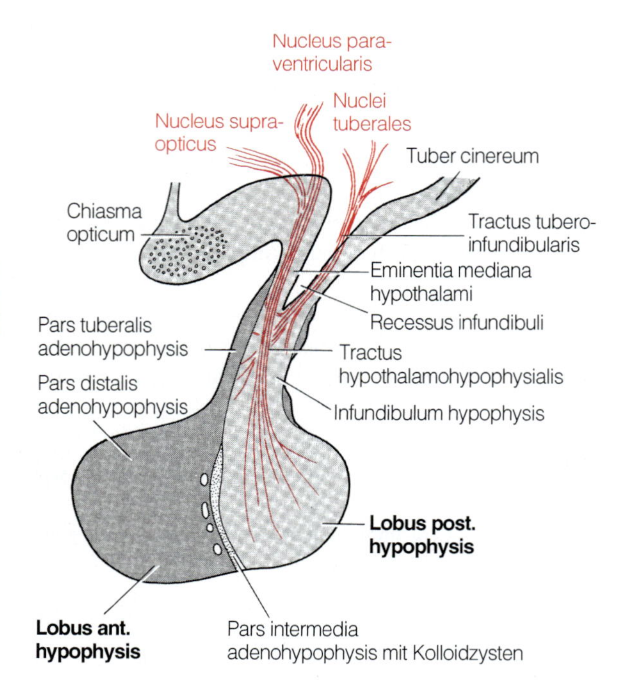

■ **Abb. 15.26.** Hypothalamohypophysäres System mit Tractus tuberoinfundibularis und Tractus hypothalamohypophysialis

- **Antidiuretisches Hormon (ADH)** (Synonym: Vasopressin) überwiegend im Nucleus supraopticus
- **Oxytocin** überwiegend im Nucleus paraventricularis; allerdings wird in jedem Kern jeweils auch ein kleiner Teil (etwa ein Sechstel) des Hormons gebildet, das überwiegend in dem anderen Kern synthetisiert wird

Zur Information

ADH ist an der Kontrolle des Volumens der Körperflüssigkeit beteiligt und wirkt vor allem auf das Sammelrohr der Niere (▶ S. 395). Außerdem erhöht ADH den peripheren Widerstand in den Gefäßen und damit den Blutdruck (vasopressorische Wirkung).

Oxytocin steuert die Tätigkeit der glatten Muskulatur des graviden Uterus während der Geburt (Wehen) und wirkt in der Stillzeit auf die Myoepithelzellen der Brustdrüse, wodurch es zur Milchejektion kommt.

Mit dem Hormon wird jeweils in den Perikarya auch gleichzeitig ein Trägerprotein (**Neurophysin**) synthetisiert: mit Oxytocin **Neurophysin I**, mit ADH **Neurophysin II**. Nie kommen Oxytocin und ADH gleichzeitig in einer Nervenzelle vor.

Intrazellulär befinden sich Hormon und Trägersubstanz in Granula, die vom Golgiapparat gebildet und in den Nervenzellfortsätzen mit dem axoplasmatischen Fluss in wenigen Tagen zum Hypophysenhinterlappen transportiert werden. Dort werden die Hormone durch Exozytose freigesetzt und von benachbarten Kapillaren in den Blutkreislauf aufgenommen. – Die Axone der Nervenzellen der Nuclei supraopticus und paraventricularis gemeinsam bilden den **Tractus hypothalamohypophysialis** (■ Abb. 15.26).

Die Bildung und Freisetzung von ADH wird durch Osmorezeptoren, die sich im Hypothalamus befinden, und durch Afferenzen aus verschiedenen Kernen von Hirnstamm und limbischem System geregelt.

Klinischer Hinweis

Bei Schädigung der hypothalamoneurohypophysären Systeme, z. B. durch einen Hypophysentumor, kann es zum *Diabetes insipidus* kommen, einer Erkrankung, bei der infolge ADH-Mangels die Wasserrückresorption in der Niere vermindert ist. Dadurch scheiden die Patienten große Urinmengen aus und versuchen, diese durch übermäßiges Trinken zu ersetzen. Das Bedürfnis nach vermehrter Wasseraufnahme kann aber auch durch eine Schädigung der Zentren für die Regulation des Flüssigkeitshaushalts im lateralen Hypothalamus hervorgerufen werden.

Steuerhormone. Die Nervenzellen, welche Steuerhormone bilden, liegen überwiegend in vorderem und intermediärem Hypothalamus, insbesondere **periventrikulär.** Ihre Verteilung ist relativ diffus, jedoch mit einer gewissen Anhäufung im **Nucleus infundibularis** (Bildung von **Somatoliberin**). Außerdem wird **Kortikoliberin** im **Nucleus paraventricularis** gebildet.

Zur Information
Bei den Steuerhormonen handelt es sich um verschiedene Hormone (Tabelle 15.3). Alle wirken auf die endokrinen Zellen des Hypophysenvorderlappens. Diejenigen, die dort zu einer Hormonfreisetzung führen, werden als releasing hormone (RH, Liberine) bezeichnet, diejenigen, die hemmen, als release inhibiting hormone (RIH, Statine).

Die Axone der Nervenzellen, die Steuerhormone synthetisieren, fügen sich zum **Tractus tuberoinfundibularis** zusammen (Abb. 15.26). Sie enden an Kapillaren in der Eminentia mediana (▶ oben) bzw. im Hypophysenstiel. Die Freisetzung der Hormone erfolgt durch afferente nervale Signale aus intra- und extrahypothalamischen Gebieten, sowie durch rückkoppelnde humorale Reize von Hormonen peripherer endokriner Drüsen (Tabelle 15.29). Die Steuerhormone gelangen dann auf dem Blutweg in den Hypophysenvorderlappen. Dort befindet sich ein zweites Kapillarnetz, aus dem Hormone freigesetzt werden und ihre Wirkung entfalten. Die Gefäßverbindung zwischen Eminentia mediana bzw. Hypophysenstiel und Hypophysenvorderlappen wird wegen der zwei hintereinander geschalteten Kapillargebiete (erstes in der Eminentia mediana, zweites im Hypophysenvorderlappen) als **Portalgefäßsystem** der **Hypophyse** bezeichnet.

Blutgefäße. Der Hypothalamus wird durch zahlreiche Äste aus den umgebenden größeren Gefäßen reichlich mit Blut versorgt: direkte Äste aus A. carotis interna, Aa. communicantes posteriores und A. communicans anterior, aus A. cerebri anterior (Aa. centrales anteromediales) und A. cerebri posterior.

In Kürze

Das Diencephalon besteht aus Epithalamus mit Epiphyse, Thalamus, Subthalamus und Hypothalamus mit Neurohypophyse. Der Thalamus setzt sich aus mehreren Kerngruppen zusammen, die verschiedenen Systemen zugeordnet sind. Mit Ausnahme des Geruchs werden alle Signale zum Cortex im Thalamus umgeschaltet. Der Hypothalamus hat zahlreiche Kerngruppen, die miteinander verknüpft sind und der Steuerung vegetativer Funktionen dienen. In den Nervenzellen einiger Areale des Hypothalamus werden Hormone gebildet, die als Effektorhormone (antidiuretisches Hormon, Oxytocin) in der Neurohypophyse ins Blut gelangen bzw. als Steuerhormone über das Portalgefäßsystem die Adenohypophyse erreichen. In der Epiphyse wird in der Nacht das Hormon Melatonin gebildet. Der Subthalamus ist Teil des extrapyramidal-motorischen Systems.

15.3.4 Hypophyse e H89

Zur Information
Die Hypophyse (Glandula pituitaria) ist eine (neuro)endokrine Drüse. Der Lobus posterior (Neurohypophyse) ist ein Abkömmling des Hypothalamus, der Lobus anterior (Adenohypophyse) entwickelt sich aus dem Rachendach. Beide Hypophysenteile unterliegen der hormonalen Steuerung durch den Hypothalamus, mit dem sie eine neuroendokrine Funktionseinheit bilden.

Die Hypophyse (*Hypophysis, Glandula pituitaria*, Hirnanhangdrüse) ist 0,6–0,8 g schwer und bohnenförmig. Sie liegt in der **Fossa hypophysialis** der Sella turcica des Keilbeinkörpers (Abb. 13.4). Die Sella turcica ist durch ein Durablatt (**Diaphragma sellae**) gegen die Schädelhöhle abgegrenzt. Mit dem Hypothalamus ist die Hypophyse durch den **Hypophysenstiel** verbunden.

Die Hypophyse (Abb. 15.26) besteht aus
- **Neurohypophyse** mit *Lobus posterior* und *Infundibulum*
- **Adenohypophyse** mit *Lobus anterior* (*Hypophysenvorderlappen*) und *Pars intermedia* (*Hypophysenzwischenlappen*)

Im Infundibulum der Neurohypophyse werden aus Axonen hypothalamischer Neurone Steuerhormone für die Adenohypophyse und im Lobus posterior Effektorhormone für die Steuerung der Wasserresorption und der Tätigkeit glatter Muskulatur des Uterus freigesetzt.

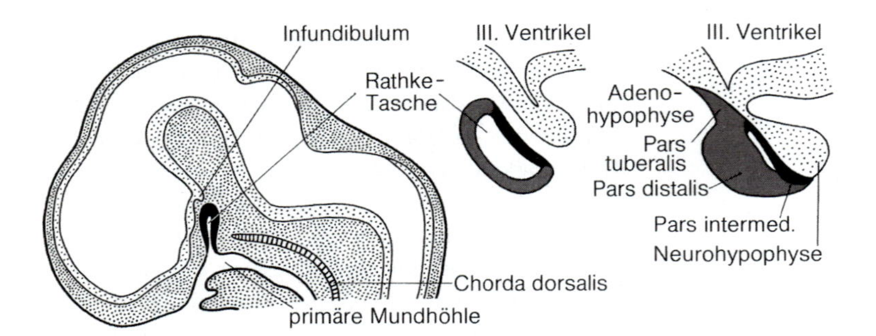

Abb. 15.27. Hypophysenentwicklung

Die **Neurohypophyse** ist ein Abkömmling des Zwischenhirns (Abb. 15.27). Sie gliedert sich in:

- *Hypophysenstiel* (**Infundibulum** mit **Eminentia mediana**)
- *Hypophysenhinterlappen* (**Lobus posterior**)

Das **Infundibulum** ist eine trichterförmige Fortsetzung des Zwischenhirnbodens, dessen Ende als **Eminentia mediana** verdickt ist. In der Eminentia mediana und am Eingang ins Infundibulum enden an Kapillaren alle Axone der kleinzelligen (parvozellulären) Neurone des Hypothalamus, welche Steuerhormone (für den Hypophysenvorderlappen) bilden (► oben). Anders verhalten sich die Axone mit Effektorhormonen (► oben): sie ziehen als **Tractus hypothalamohypophysialis** durch den Hypophysenstiel zum Hypophysenhinterlappen.

Der **Hypophysenhinterlappen** besteht überwiegend aus marklosen Nervenfasern, die in ein Grundgerüst aus **Pituizyten** eingelagert sind, den Gliazellen der Neurohypophyse. Außerdem ist der Hypophysenhinterlappen stark kapillarisiert.

Bei den marklosen Nervenfasern handelt es sich um die Axone der magnozellulären Neurone der Nuclei supraopticus et paraventricularis. Sie speichern an ihren Enden Sekretgranula mit den Effektorhormonen und deren Trägersubstanzen (► S. 756).

Zur Information

Die Neurohypophyse gehört zu den *zirkumventrikulären Organen* (Abb. 15.28). Gemeinsam ist diesen Organen, dass sie keine *Blut-Hirn-Schranke* aufweisen. Es können hier hydrophile Stoffe vom Gehirn in die Blutbahn oder von der Blutbahn ins Gehirn gelangen. Die Gefäße der zirkumventrikulären Organe haben gefenstertes Endothel.

Eine *Blut-Hirn-Schranke* für große hydrophile Moleküle liegt dort vor, wo die Hirnkapillaren von einem kontinuierlichen Endothel mit tight junctions, einer geschlossenen Basallamina und einem Mantel aus Gefäßfüßchen der Astrozytenfortsätze umgeben sind.

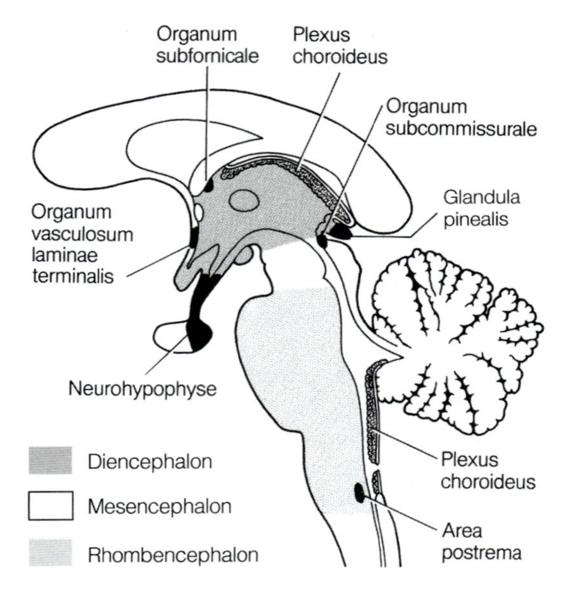

Abb. 15.28. Zirkumventrikuläre Organe. *Im Bereich des III. Ventrikels*: Neurohypophyse, Organum vasculosum laminae terminalis, Organum subfornicale, Plexus choroideus, Glandula pinealis, Organum subcommissurale; *im Bereich des IV. Ventrikels*: Plexus choroideus, Area postrema

Drüsenzellen der Adenohypophyse sezernieren glandotrope Hormone.

Die **Adenohypophyse** besteht aus (Abb. 15.26)

- **Pars distalis**
- **Pars tuberalis**
- **Pars intermedia** (Zwischenlappen)

Zur Entwicklung

Die Adenohypophyse entwickelt sich aus einer bläschenförmigen Abschnürung vom Epithel des Rachendachs (*Rathke-Tasche*) (Abb. 15.27). Diese wächst dem Infundibulum des Zwischenhirnbodens entgegen und lagert sich ihm ventral an. Die hinteren Abschnitte der Rathke-Tasche, die direkt an das Infundibulum grenzen, bilden die Pars intermedia. Die vorderen Wandabschnitte der Tasche werden zur Pars distalis und die gegen den Hypophysenstiel vorgeschobenen Teile zur Pars tuberalis des Vorderlappens.

Klinischer Hinweis
Gewebe der Adenohypophyse kann in seltenen Fällen unter der Pharynxschleimhaut verbleiben (Pars pharyngea, sog. *Rachendachhypophyse*). Diese kann gelegentlich entarten (*Kraniopharyngeom*).

Die **Pars distalis** ist der umfangreichste Teil sowohl der Adenohypophyse als auch der Hypophyse insgesamt. Ihr Aufbau entspricht dem einer endokrinen Drüse mit deutlich erkennbaren Epithelsträngen, die von weiten Sinusoiden mit durchgehender Basallamina und z.T. gefenstertem Endothel umgeben sind.

Färberisch-histologisch lassen sich unterscheiden (Abb. 15.29 e H89):

- **chromophobe Zellen:** etwa 50% der Zellen; ihr Zytoplasma hat weder zu sauren noch zu basischen Farbstoffen eine besondere Affinität; die chromophoben Zellen sind diffus in der Hypophyse verteilt, ihre genaue Funktion ist unbekannt (evtl. Reservezellen oder Zellen in einer »Ruhephase«)
- **chromophile Zellen**; je nach Affinität ihrer Granula zu sauren oder basischen Farbstoffen:
  - **azidophile Zellen**, etwa 40% der Drüsenzellen mit bevorzugter Lage in der Peripherie des Organs
  - **basophile Zellen**, etwa 10% der Drüsenzellen, die überwiegend im Organzentrum liegen
- **Sternzellen** (Follikelzellen)

Immunhistochemisch sind als hormonbildende Zellen zu unterscheiden:

- **somatotrope Zellen**
- **mammotrope Zellen**
- **gonadotrope Zellen**
- **thyrotrope Zellen**
- **cortikotrope Zellen**

Einzelheiten sind in Abb. 15.29 und Tabelle 15.3 zusammengestellt.

In den Zellen der Hypophyse sind die Hormone an Sekretgranula gebunden, die ihren Inhalt durch Exozytose abgeben.

Sternzellen. Die Zellen haben lange Fortsätze und stehen untereinander und mit den Kapillaren in Verbindung. Sie umgreifen jeweils Drüsenzellgruppen. Wahrscheinlich handelt es sich um Makrophagen, die von den Drüsenzellen ausgeschiedenes, überschüssiges Material aufnehmen und abbauen können.

Klinischer Hinweis
Adenome der Hypophyse sind relativ häufig. Es handelt sich um gutartige Tumoren, die bei stärkerem Wachstum auf das der Drüse vorgelagerte Chiasma opticum drücken und die Sehbahn schädigen können. Sofern diese Tumorzellen Hormone bilden, treten charakteristische Symptome auf: z.B. *Gigantismus* durch vermehrte Freisetzung von Wachstumshormon vor Verschluss bzw. *Akromegalie* (übersteigertes Wachstum der Körperakren u.a. an Händen, Füßen, Nase, Kinn) nach Verschluss der Epiphysenfugen oder *Milchbildung* bei prolactinbildenden Tumoren.

Die **Pars tuberalis** der Adenohypophyse umgreift das Infundibulum trichterartig und enthält die Kapillarkonvolute des Portalsystems der Hypophyse (▶ oben). Außerdem kommen kleine Follikelzellen unbekannter Funktion vor.

Die **Pars intermedia** befindet sich zwischen Pars distalis der Adenohypophyse und Lobus posterior der Neurohypophyse. Sie macht nur etwa 2% der Masse des Gesamtorgans aus. Die Drüsenzellen der Pars intermedia sind schwach basophil. Sie bilden die Hormone **Melanotropin** und **Lipotropin.** Zwischen den Zellen liegen Kolloidzysten, die mit kubischem Epithel ausgekleidet sind und im Alter zunehmen.

Klinischer Hinweis
Die bei Insuffizienz der Nebennierenrinde beobachtete Überpigmentierung der Haut (Bronzehautkrankheit = *Morbus Addison*) wird unter anderem auf eine Stimulation der das melanotrope Hormon (Synonym: Intermedin) bildenden Zellen des Zwischenlappens zurückgeführt.

Gefäße. Arteriell wird die Hypophyse versorgt von

- **Aa. hypophysiales superiores** aus der A. carotis interna
- **Aa. hypophysiales inferiores** aus dem Circulus arteriosus cerebri

An ihren Kapillarkonvoluten enden die Axone der neuroendokrinen Zellen (portaler Kreislauf).

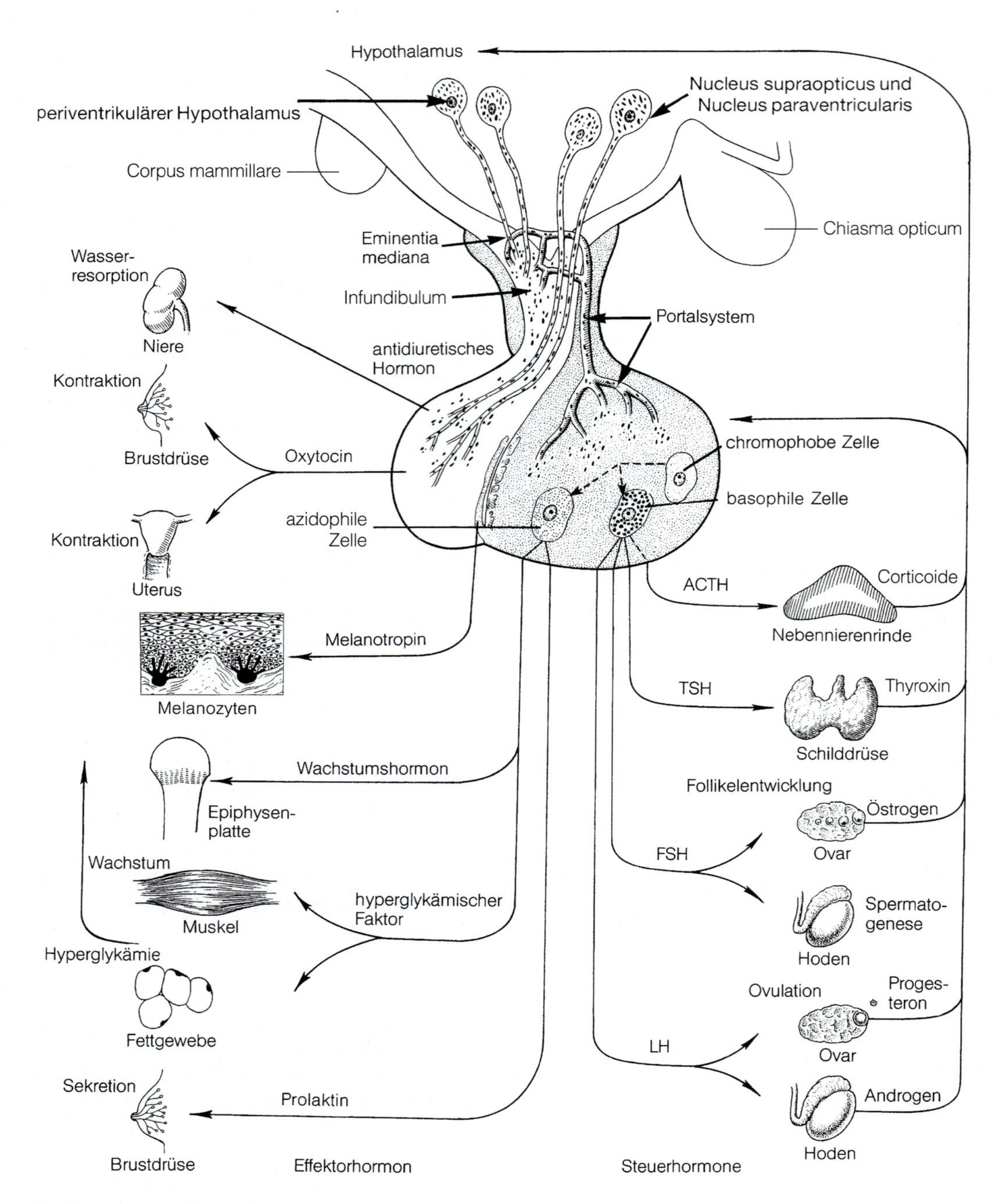

Abb. 15.29. Wechselwirkungen zwischen Hypophysenhormonen und Zielorganen

Tabelle 15.3. Steuerhormone des Hypothalamus sowie Hormone der Adenohypophyse mit Zielorganen bzw. Wirkungen

Hypothalamus	Adenohypophyse	Periphere endokrine Drüse bzw. Hauptwirkung
	Gonadotrope Hormone; basophile Zellen	Ovar, Hoden
	Follitropin (FSH = Follicle stimulating hormone)	stimuliert Eifollikelreifung und Spermatogenese
Gonadoliberin (GnRH = Gonadotropin releasing hormone)	Lutropin (LH = Luteinizing hormone)	Zwischenzellen (Ovar und Hoden), stimuliert Ovulation und Luteinisierung des Eifollikels bzw. Testosteronsekretion
Corticoliberin (CRF = Corticotropin releasing factor)	Corticotropin (ACTH = Adrenocorticotropic hormone); basophile Zellen	Nebennierenrinde, stimuliert Wachstum und Sekretion von Cortisol
Thyroliberin (TRF = Thyrotropin releasing factor) (= TRH)	Thyrotropin (TSH = Thyrotropic hormone); basophile Zellen	Schilddrüse, stimuliert Wachstum und Sekretion von Thyroxin
Somatostatin (SRIF = Somatotropin release inhibiting factor)	Somatotropin (STH = Somatotropic hormone = Growth hormone = GH); azidophile Zellen	stimuliert das Körperwachstum
Melanoliberin (MRF = Melanotropin releasing factor) Melanostatin (MIF = Melanotropin release inhibiting factor)	Melanotropin (MSH = Melanocyte stimulating hormone); basophile Zellen	beim Menschen wahrscheinlich endogenes Anti-Opioid
Prolactostatin (PIF = Prolaktin release inhibiting factor, Dopamin)	Prolaktin (PRL = Mammotropic hormone) (= Luteotropic hormone = LTH); azidophile Zellen	stimuliert Proliferation und Sekretbildung der Milchdrüse (hält bei Nagetieren das Corpus luteum funktionstüchtig)

In Kürze

Die Hypophyse besteht aus Neurohypophyse und Adenohypophyse. Entwicklungsgeschichtlich ist die Neurohypophyse ein Teil des Hypothalamus, mit dem sie durch den Hypophysenstiel verbunden ist. Die Neurohypophyse besteht aus Pituizyten und Nervenfasern des Tractus hypothalamohypophysialis, an deren Enden Hypothalamushormone freigesetzt werden und ins Kapillarsystem gelangen. Die Adenohypophyse ist Abkömmling des Epithels des embryonalen Rachendachs. In der Pars distalis werden färberisch chromophobe, chromophile und Sternzellen unterschieden. Die chromophilen Zellen sind eine Population verschiedener hormonproduzierender Zellen (somatotrop, mammotrop, gonadotrop, thyrotrop, kortikotrop), die zu jeweils speziellen Regelkreisen gehören. Sie unterliegen dem Einfluss hypothalamischer Steuerhormone.

15.3.5 Truncus encephali

Zur Information
Der Hirnstamm (Trunaus encephali) gliedert sich in drei Abschnitte: Mittelhirn, Brücke, verlängertes Mark. Gemeinsam beherbergen sie Zentren für die Autonomregulation lebensnotwendiger Vorgänge, z.B. Atmung, Blutdruck, Schlaf usw., sowie die Kerne der Hirnnerven III-XII. Ferner verlaufen durch den Hirnstamm ab- und aufsteigende Bahnen. Weitere Kerne und Bahnen vermitteln die Verbindungen zum Kleinhirn. – Die Tätigkeit des Hirnstamms erfolgt unbewusst und findet auch bei Ausfall des Großhirns statt.

Gliederung

Zum Hirnstamm (Abb. 15.30) gehören
- **Mesencephalon** (*Mittelhirn*)
- **Pons** (*Brücke*)
- **Medulla oblongata** (*verlängertes Mark*)

Gemeinsam ist allen Abschnitten des Hirnstamms eine Gliederung in
- **anterioren Bereich** (Abb. 15.30)
- **mittleren Bereich** (*Tegmentum, Haube*) (Abb. 15.34)
- **posterioren Bereich**

sowie eine längs orientierte Binnenstruktur aus:
- **auf- und absteigenden Fasern**
- **Kernen von Hirnnerven (N. III–N. XII)**
- **Formatio reticularis** (zentral gelegene graue Substanz)

Zur Entwicklung
Die Entwicklung des Hirnstamms geht auf die Gliederung der Neuralanlage in Mantel- und Marginalzone sowie der Mantelzone wiederum in dorsolaterale Flügelplatte, ventrolaterale Grundplatte und Boden- und Deckplatte zurück (▶ S. 726). Jedoch ist es während der Entwicklung zu Veränderungen gekommen. Sie sind im Bereich des zukünftigen Mesencephalon umfangreicher als in den folgenden Abschnitten. Deswegen wird zunächst die Entwicklung des Rhombencephalon (später Pons und Medulla oblongata) besprochen.

Im Rhombencephalon gehen (Abb. 15.33) aus
- **Deckplatte** das Dach (*Tegmen ventriculi quarti*) des zum zukünftigen IV. Ventrikel erweiterten Neuralkanals
- **Grund- und Flügelplatte** die Hirnnervenkerne III–XII sowie die Formatio reticularis hervor;
- in die **Marginalzone** wachsen afferente und efferente Bahnen zum und vom Endhirn ein

Die Deckplatte formiert sich früh zu einer einschichtigen Zelllage und im kaudalen Bereich zusammen mit gefäßreichem Mesenchym aus der Umgebung zum zottenförmigen **Plexus choroideus ventriculi quarti** (Abb. 15.33 b). Der Plexus bildet Liquor cerebrospinalis.

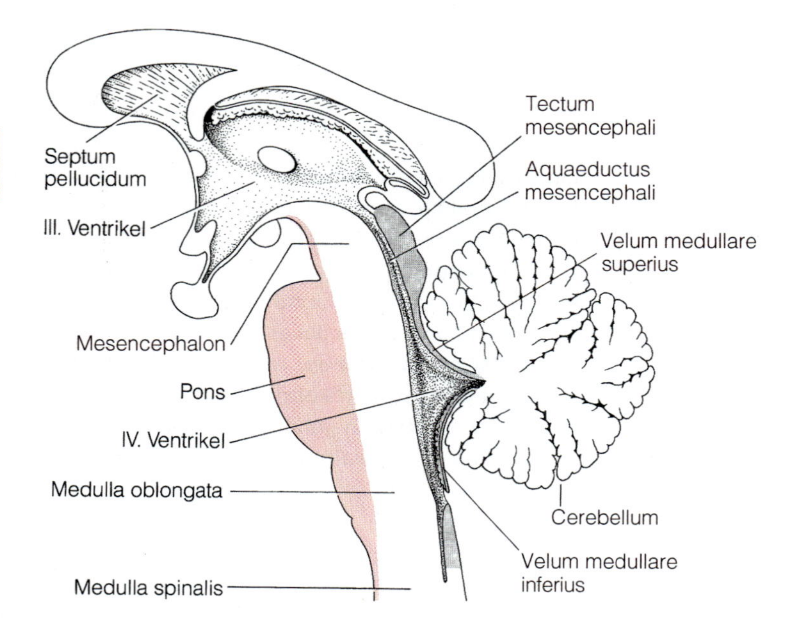

Abb. 15.30. Medianschnitt durch Hirnstamm, Zwischenhirn und Balken. Anteriorer Anteil des Hirnstamms *rot*, Tectum *grau*

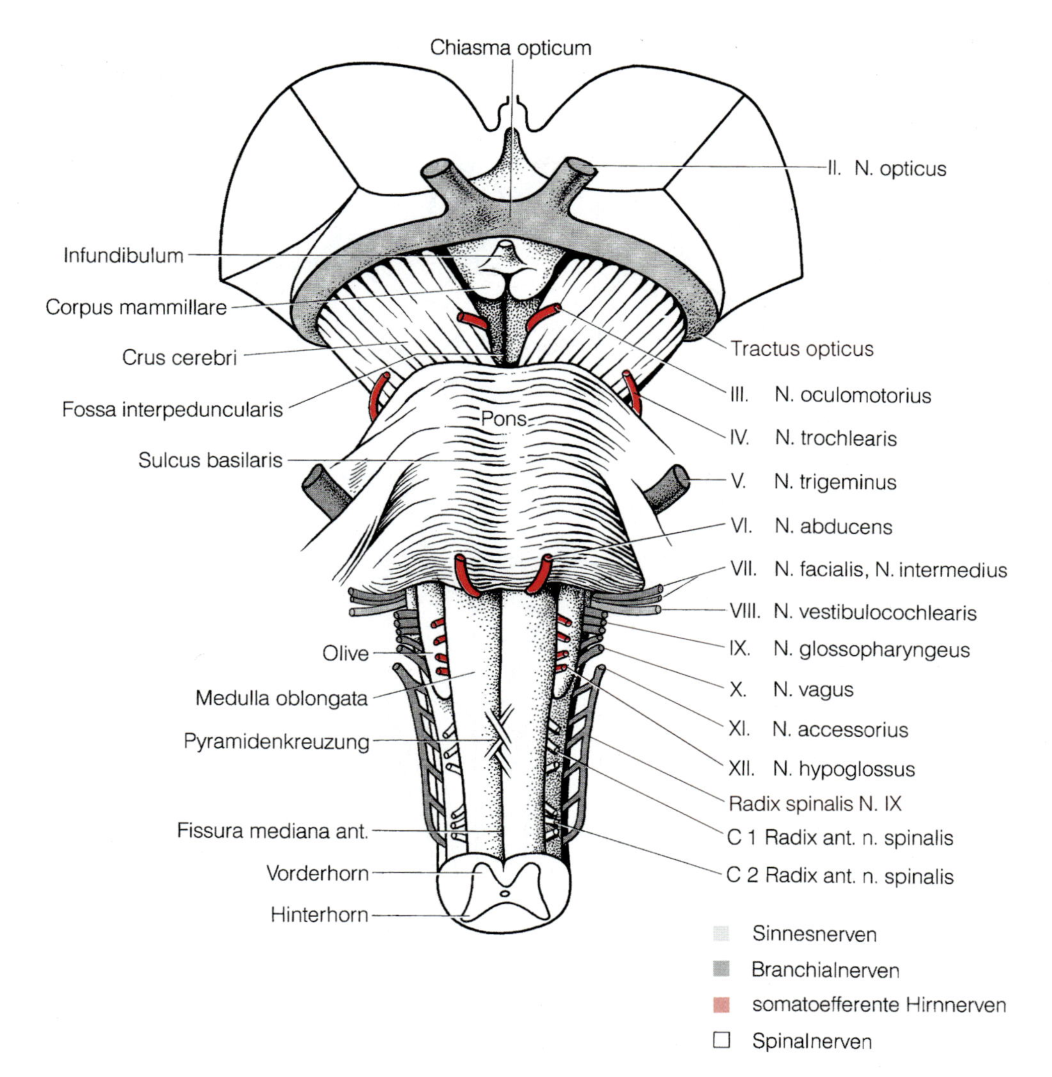

Abb. 15.31. Hirnstamm, Ansicht von anterior. Zusätzlich Zwischenhirn und oberer Teil des Rückenmarks. Zu beachten sind die Austrittsstellen der Hirnnerven III–XII und zwei anteriore Spinalnervenwurzeln. Die drei Augenmuskelnerven und der N. hypoglossus sind *rot* gezeichnet

Im 4. Entwicklungsmonat verdünnt sich das Neuroepithel des IV. Ventrikels an drei Stellen und es entstehen zwei laterale und eine mediane Öffnung zwischen Ventrikelsystem und Umgebung.

Grund- und Flügelplatte werden während der Entwicklung des Rhombencephalon – wie bei einem sich öffnenden Buch – zur Seite geklappt, behalten jedoch ihre grundsätzliche Anordnung bei. Dadurch entstehen unter der Rautengrube **vier Längszonen**, in denen sich **Kerne für Hirnnerven** entwickeln.

Von lateral nach medial folgen aufeinander:

- **somatoafferente (somatosensorische)** Längszone, hervorgegangen aus dem *dorsalen Teil* der *Flügelplatte*
- **viszeroafferente (viszerosensorische)** Längszone, hervorgegangen aus dem *ventralen Teil* der *Flügelplatte*
- **viszeroefferente (viszeromotorische)** Längszone, hervorgegangen aus dem *dorsalen Teil* der *Grundplatte*
- **somatoefferente (somatomotorische)** Längszone, hervorgegangen aus dem *ventralen Teil* der *Grundplatte*

Zusätzlich geht aus der *Flügelplatte* die **Formatio reticularis** hervor. Sie entsteht, weil Proneurone auswandern und mit ihren Fortsätzen ein nur wenig gegliedertes lockeres Maschenwerk netzartiger (retikulärer) Strukturen bilden, die sich nach kranial bis zum Zwischenhirn fortsetzen.

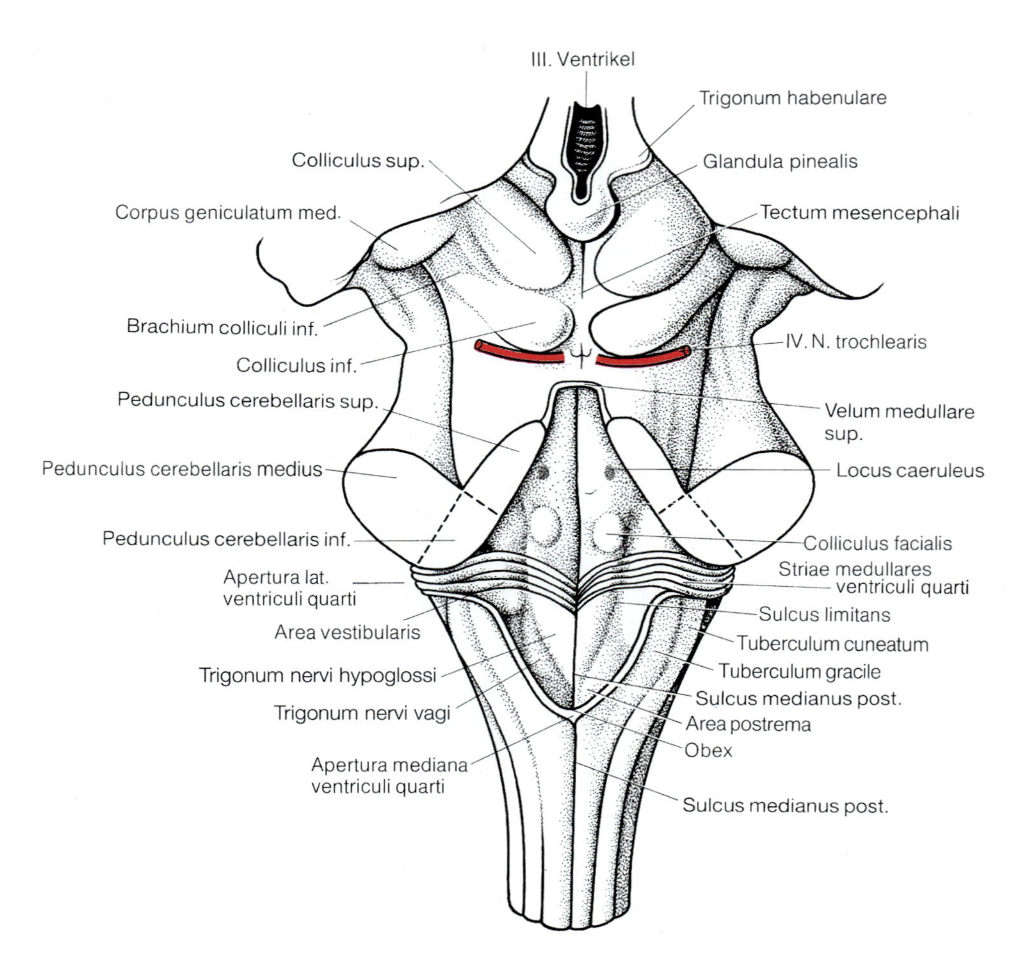

Abb. 15.32. Hirnstamm, Ansicht von posterior mit Teilen von Zwischenhirn, Tectum mesencephali und Rautengrube mit den Kleinhirnstielen. Das Kleinhirn ist abgetragen und der IV. Ventrikel eröffnet

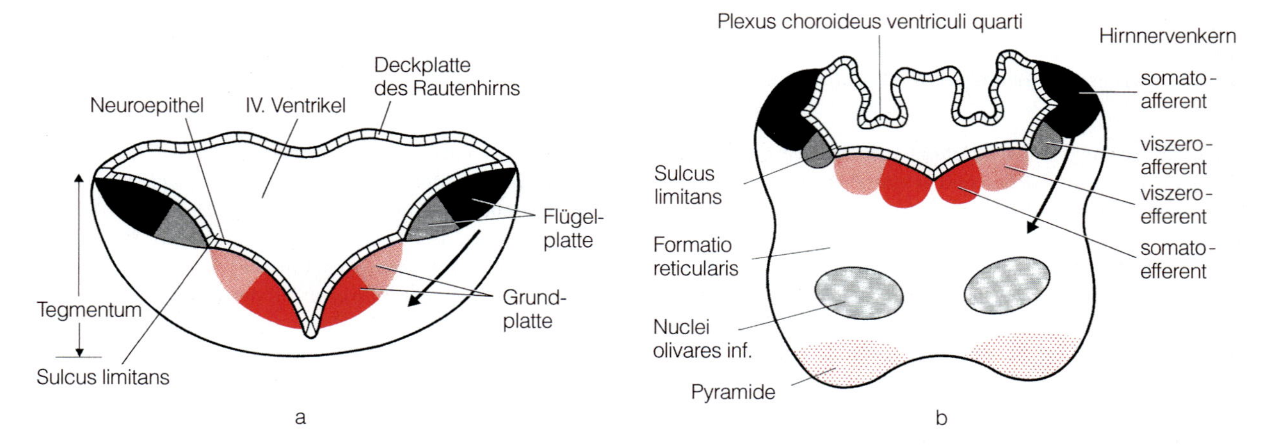

Abb. 15.33 a, b. Querschnitte durch das Rautenhirn. **a** frühembryonal, **b** adult

Marginalzone. In die Marginalzone wachsen mächtige Faserbündel ein, die einerseits vom Neencephalon ausgehen (Neuhirnbahnen), andererseits von der Anlage des Rückenmarks bzw. von Kernen im unteren Rhombencephalon kommen. Abspaltungen der Faserbündel stellen die Verbindung zum Kleinhirn her. Die Faserbündel werden teilweise so mächtig, dass sie die Oberfläche der Anlage des Stammhirns vorwölben.

Mesencephalon. Das Mesencephalon ist in der 5. Entwicklungswoche der zellreichste Abschnitt der Hirnanlage. Aus dem Bereich der **Flügelplatte** wandern in mehreren Schüben Proneurone in das Gebiet der Deckplatte und bilden dort das **Tectum mesencephali.** Dabei entsteht im kranialen Bereich eine vielschichtige Struktur, die zu den oberen Hügeln (**Colliculi superiores**) wird. Im kaudalen Bereich bilden sich die unteren Hügel (**Colliculi inferiores**) ohne Schichtenbau.

Ferner wandern aus der Flügelplatte Proneurone für die **Formatio reticularis.**

Im **Grundplattenbereich** entstehen mehrere **Kernsäulen,** die denen des Rhombencephalon entsprechen. Ortsständig bleiben jedoch nur die somatoefferenten Säulen; die viszeroefferenten verschieben sich nach medial. In beiden Fällen handelt es sich um Anlagen von Augenmuskelkernen. Weitere Abkömmlinge der Grundplatte sind Substantia nigra und Nucleus ruber.

Schließlich treten in die Anlage der **Marginalzone** des Mittelhirns die auswachsenden Neuhirnbahnen ein und lassen **Crura cerebri** entstehen.

Mesencephalon

Zur Information

Das Mesencephalon (Mittelhirn) ist eine Schaltstelle innerhalb verschiedener neurofunktioneller Systeme, z.B. Tectum mesencephali für das optische und akustische System, Substantia nigra für die Motorik. Außerdem ist das Mittelhirn eine Durchgangsstation für lange ab- und aufsteigende Bahnen, z.B. für die Großhirnbrückenbahn, die Pyramidenbahn, die Tractus spino- und bulbothalamicus. Hinzu kommen Hirnnervenkerne und Teile der Formatio reticularis.

Das Mesencephalon ist ein relativ kleiner Abschnitt (anterior 1,5 cm, posterior 2 cm lang). Es gliedert sich von anterior nach posterior in (Abb. 15.34)

- **Crura cerebri**
- **Tegmentum mesencephali**
- **Tectum mesencephali**

Das Tegmentum (Haube) ist der zentrale und gleichzeitig umfangreichste Teil des Mesencephalon. Gemeinsam werden Tegmentum mesencephali und Crura cerebri als **Pedunculus cerebri** bezeichnet.

Oberflächen. **Anterior** befindet sich zwischen den paarigen Hirnschenkeln (**Crura cerebri**) die **Fossa interpeduncularis** (Abb. 15.34) mit durchlöchertem Boden (**Substantia perforata posterior**). In der Fossa interpeduncularis verlässt der **N. oculomotorius** (N. III) das Gehirn.

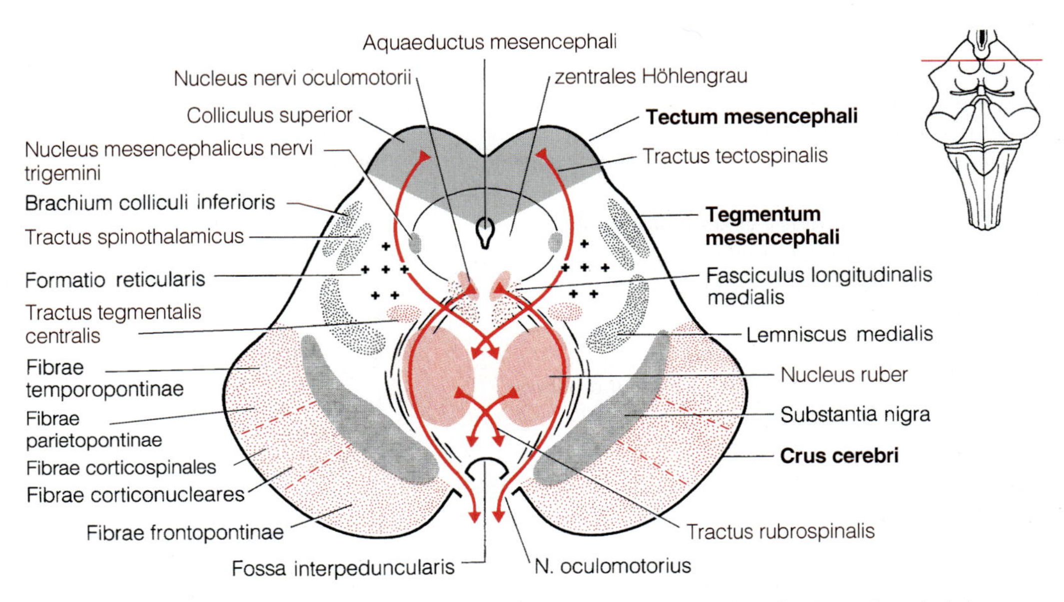

Abb. 15.34. Mittelhirn, Querschnitt in Höhe der Colliculi superiores. +++ Gebiet der Formatio reticularis

Lateral ist die Oberfläche des Mesencephalon im Bereich des Tegmentum durch das **Trigonum lemnisci lateralis** leicht vorgewölbt.

Die **posteriore Oberfläche** (**Lamina tecti**) besteht aus vier Vorwölbungen und wird deswegen als *Vierhügelplatte* (**Lamina quadrigemina**) bezeichnet. Die zwei oberen Hügel (**Colliculi superiores**) sind höher und breiter als die unteren (**Colliculi inferiores**) (Abb. 15.32). Beide Hügelpaare stehen nach lateral durch makroskopisch erkennbare, nahezu parallel verlaufende Faserwülste mit dem Zwischenhirn in Verbindung. Der obere Faserwulst (**Brachium colliculi superioris**) zieht vom Colliculus superior zum Corpus geniculatum laterale des Metathalamus und gehört zur Sehbahn. Das **Brachium colliculi inferioris** verläuft vom Colliculus inferior zum Corpus geniculatum mediale des Metathalamus und ist ein Teil der Hörbahn.

Unmittelbar kaudal der Colliculi inferiores verlässt der **N. trochlearis** (N. IV) das Gehirn. Er ist der einzige Hirnnerv, der posterior aus dem Gehirn austritt. Danach läuft er um das Mittelhirn herum und gelangt nach anterior.

In den Crura cerebri verlaufen absteigende Bahnen aus dem Neencephalon.

In den **Cura cerebri** liegen von medial nach lateral nebeneinander (Abb. 15.34):

- **Fibrae frontopontinae** (*frontale Großhirnbrückenbahn*) für Signale zum Kleinhirn (nach Umschaltung in Brückenkernen)
- **Fibrae corticonucleares** (*motorische Großhirnbahn*) zu den Hirnnervenkernen
- **Fibrae corticospinales** (*Pyramidenbahn*) zum Rückenmark
- **Fibrae parietopontinae et temporopontinae** (*parietale und temporale Großhirnbrückenbahn*) gleichfalls für Signale zum Kleinhirn (nach Umschaltung in Brückenkernen)

Im Tegmentum befinden sich Kerne und Bahnen mit unterschiedlichen Funktionen.

Das Tegmentum enthält Kerne und Bahnen (Abb. 15.34) im Dienst jeweils spezifischer Funktionen. Es handelt sich um:

- **Substantia grisea centralis** (*zentrales Höhlengrau*); sie liegt um den Aquaeductus cerebri mit peptidergen Neuronen (VIP, Endorphine, Cholecystokin u. a. ► S. 841); das Gebiet gehört zum limbischen System und soll eine wichtige Rolle bei der Schmerzwahrnehmung spielen
- **Formatio reticularis** als Teil der Formatio reticularis des Hirnstamms (► unten)
- **Substantia nigra**; sie liegt auf jeder Seite unmittelbar hinter dem Crus cerebri; die dem Tegmentum zugewandte Seite der Substantia nigra (**Pars compacta**) besteht aus großen melaninhaltigen Neuronen, die die schwarze Farbe des Kerns hervorrufen; dieser Teil der Substantia nigra führt **dopaminerge Neurone**, deren Axone im **nigrostriatalen dopaminergen System** zum Corpus striatum ziehen (► S. 809); außerdem gehört zur Substantia nigra eine **Pars reticularis** mit Efferenzen zum Thalamus

Zur Information

Funktionell gehört die Substantia nigra zum motorischen System (► S. 807). Sie wird afferent von Fasern aus dem Lobus frontalis des Kortex erreicht und steht efferent mit dem Thalamus sowie reziprok mit dem Corpus striatum in Verbindung. Vor allem nimmt die Substantia nigra Einfluss auf Mitbewegungen.

Klinischer Hinweis

Ausfall der dopaminergen Neurone der Substantia nigra ruft die *Parkinson-Erkrankung* hervor (► S. 810).

- **Nucleus ruber**; seine rötliche Farbe ist nur an frischen Schnitten zu erkennen, sie geht auf einen hohen intrazellulären Eisengehalt zurück; ein Nucleus ruber befindet sich auf jeder Seite im posterioren Teil des Tegmentum, ist eine Relaisstation für reziproke Signale aus Cerebellum sowie Thalamus und hat Verbindungen mit Neocortex und Rückenmark (Tractus rubrospinalis ► S. 810)

Zur Information

Signale aus dem Nucleus ruber nehmen Einfluss auf den Muskeltonus. Dadurch ist er gemeinsam mit Basalganglien und Cerebellum an der Koordination von Muskelbewegungen beteiligt.

- **Nuclei nervi oculomotorii** (N. III), **Nucleus nervi trochlearis** (N. IV); von hier aus werden die Augenmuskeln innerviert (Tabelle 14.2); die Kerne befinden sich anterior vom zentralen Höhlengrau

- **Nucleus mesencephali nervi trigemini**; er liegt lateral des zentralen Höhlengraus mit verstreuten größeren Nervenzellen
- **Nucleus interpeduncularis** in Höhe des unteren der vier Hügel mit peptidergen Neuronen (Enkephalin); hier enden Axone aus dem Nucleus habenularis, Tractus habenulointerpeduncularis
- **Bahnen** (Abb. 15.34); die im Tegmentum verlaufenden Bahnen werden in allen Teilen des Hirnstamms angetroffen; als absteigende Bahnen nehmen **Tractus tectobulbaris, Tractus tectospinalis** und **Tractus rubrospinalis** ihren Ursprung im Mesencephalon; die Fasern der Tractus tectobulbaris et tectospinalis kreuzen in der **Decussatio tegmentalis posterior** (Meynert), die des Tractus rubrospinalis in der **Decussatio tegmentalis anterior** die Seite (Abb. 15.34); aufsteigend verlaufen die Fasern des **Lemniscus lateralis** als Teil der Hörbahn zum unteren der vier Hügel und die des **Lemniscus medialis** als Teil der sensorischen Bahnen aus Rückenmark und Hirnstamm zum Thalamus; schließlich verbindet der **Fasciculus longitudinalis medialis**, der vom Mesencephalon bis zum Rückenmark verläuft, zahlreiche Kerne im Hirnstamm (▶ S. 771)

Das Tectum mesencephali, gebildet von der Lamina quadrigemina, ist eine Schaltstelle im Verlauf optischer und akustischer Bahnen.

Das Tectum mesencephali (Abb. 15.32) besteht aus
- **Colliculi superiores** (*obere Hügel*)
- **Colliculi inferiores** (*untere Hügel*)

Die Colliculi superiores liegen unmittelbar unter den hinteren Polen der Thalami. Bei niederen Tieren, speziell bei Fischen, sind sie die wichtigste Endigung der Sehbahn. Beim Menschen haben die oberen Hügel diese Aufgabe an den Neocortex abgegeben, sind aber noch *Zentren* für die *Augenbewegungen* sowie für *Bewegungen* des *Rumpfes* bei **plötzlichen Lichtsignalen**, z. B. bei einem Lichtblitz auf einer Seite des Sehfeldes oder bei plötzlichen Bewegungen in der näheren Umgebung (*visuelles Reflexzentrum* ▶ S. 813).

Einzelheiten

Die Colliculi superiores bestehen aus einer siebenschichtigen Rinde, deren obere drei Schichten vor allem **Afferenzen** aus Sehnerven und Sehrinde erhalten (▶ S. 812: okulomotorisches System). In den tieferen Schichten enden Fasern aus Kleinhirn, Substantia nigra und Formatio reticularis sowie die Neuriten des *Tractus spinotectalis* (▶ S. 802). Der Tractus spinotectalis leitet den Colliculi superiores propriozeptive Signale aus der Körperperipherie zu. **Efferenzen** aus den oberen Schichten steigen vor allem auf, die aus den tieferen Schichten vor allem ab. Die aufsteigenden Efferenzen erreichen die unmittelbar unter dem Tectum gelegenen Augenmuskelkerne des III. und IV. Hirnnerven und mit langen Axonen den Thalamus, die absteigenen Efferenzen via **Tractus tectobulbaris** (▶ S. 781) und **Tractus tectospinalis** (▶ S. 803) verschiedene motorische Hirnnervenkerne bzw. Motoneurone im Rückenmark (für Hals- und Kopfbewegungen), aber auch Parasympathicusneurone.

Die Colliculi inferiores liegen unterhalb der oberen Hügel. Anders als die Colliculi superiores bestehen sie jeweils aus einem geschlossenen Kerngebiet. Sie dienen der *Umschaltung* von *auditiven Signalen* zum Neocortex. Ihre efferenten Fasern schließen sich weitgehend denen aus den oberen Hügeln an. Zusätzlich spielen die Colliculi inferiores bei der Auslösung von Kopf- und Körperbewegungen in Antwort auf Töne eine Rolle (*auditives Reflexzentrum* ▶ S. 829).

Pedunculus cerebellaris superior. Es handelt sich um eine Verbindung zwischen Mesencephalon und Kleinhirn beidseits.

In Kürze

Das Mesencephalon gliedert sich in Crura cerebri, Tegmentum mesencephali, Tectum mesencephali. Die Crura cerebri führen die großen absteigenden Bahnen aus dem Neencephalon. Das Tegmentum weist als auffällige Kerne die Substantia nigra mit dopaminergen Zellen, den Nucleus ruber als Relais für Verbindungen zwischen Cerebellum, Thalamus, Neocortex und Rückenmark, die Kerne der Nn. oculomotorius und trochlearis sowie zahlreiche Bahnen auf. Das Tectum mesencephali besteht aus Colliculi superiores als visuelles und Colliculi inferiores als auditives Schaltzentrum.

Pons

Zur Information

Die Brücke (Pons) ist der zentrale Teil des Hirnstamms. Funktionell ist sie nicht selbständig, sondern in das System von Hirnnervenkernen, Formatio reticularis, Verbindungen mit den anderen Teilen des Hirnstamms, Kleinhirn sowie höheren Zentren und Rückenmark eingebunden.

Gliederung des Pons. Von anterior nach posterior gliedert sich die Brücke in:
- **Pars basilaris pontis** (*Brückenfuß*)
- **Tegmentum pontis** (*Brückenhaube*)
- **Velum medullare superius** über dem IV. Ventrikel

> **Die Pars basilaris ist der umfangreichste Teil der Brücke mit absteigenden neenzephalen Bahnen und Schaltkernen für die Verbindung mit dem Kleinhirn.**

Die **Pars basilaris pontis** (*Brückenfuß*) ist eine größere anteriore Vorwölbung, die in der Mitte eine längs verlaufende Furche (**Sulcus basilaris**) (Abb. 15.31) für die A. basilaris aufweist.

Im Brückenfuß verlaufen (Abb. 15.35):
- **Fibrae pontis longitudinales**
- **Fibrae pontis transversae**

Fibrae pontis longitudinales sind die Fortsetzung der neenzephalen Bahnen der Crura cerebri und haben mehrere Anteile: die *Fibrae corticospinales* (Abb. 15.35) ziehen durch die Brücke abwärts bis ins Rückenmark; die *Fibrae corticonucleares* geben einen Teil ihrer Fasern zu den Hirnnervenkernen in der Brücke ab. Die *kortikopontinen Fasern* enden in der Brücke in den zahlreichen Brückenkernen (*Nuclei pontis*).

Fibrae pontis transversae (Abb. 15.35) werden überwiegend von den Axonen der Brückenkerne gebildet. Sie verlaufen etwa horizontal zur gegenüberliegenden Seite der Brücke und ziehen dann als Tractus pontocerebellaris bogenförmig nach posterolateral. In Fortsetzung bilden sie die **Pedunculi cerebellares medii** und erreichen die beiden Kleinhirnhemisphären. Einige Axone der Brückenkerne bleiben allerdings ipsilateral und ziehen direkt nach hinten in den Pedunculus derselben Seite.

Zur Information

Weil die Fibrae pontis transversae überwiegend die Seite kreuzen und die meisten der reziproken Fasern des Kleinhirns im Hirnstamm zur Gegenseite gelangen, wirkt die rechte Hälfte des Kleinhirns hauptsächlich mit der linken Hälfte des Großhirns und die linke Hälfte des Kleinhirns hauptsächlich mit der rechten Hälfte des Großhirns zusammen.

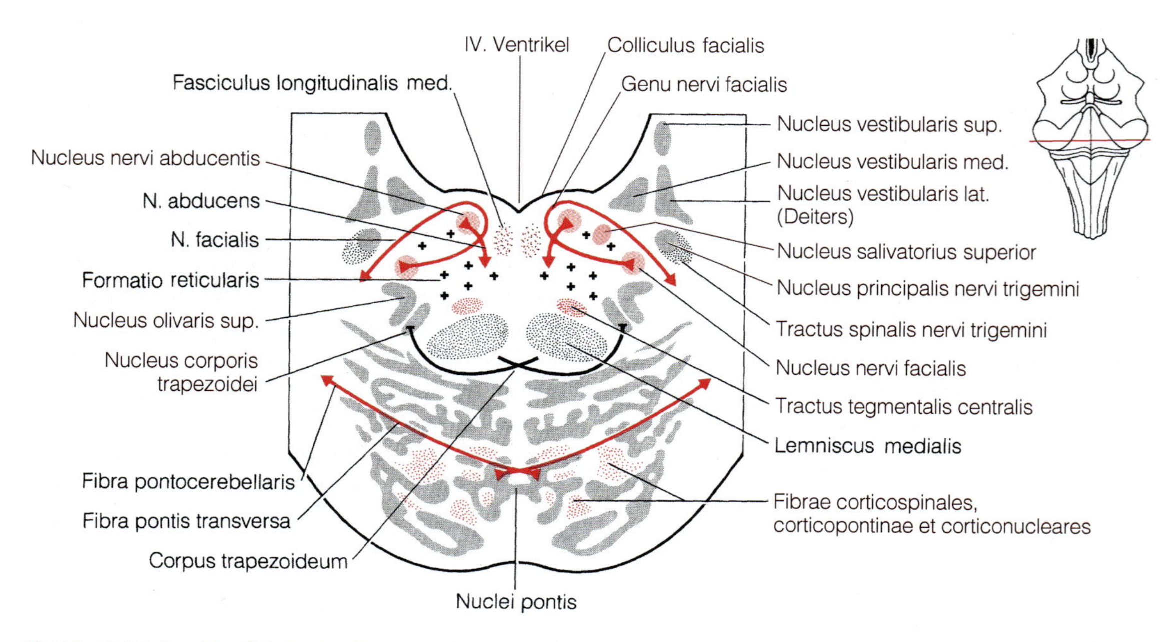

Abb. 15.35. Kaudaler Teil der Brücke, Querschnitt in Höhe des Colliculus facialis

Das Tegmentum der Brücke beherbergt Hirnnervenkerne, Fasersysteme und Teile der Formatio reticularis.

Tegmentum pontis (*Brückenhaube*) (◘ Abb. 15.35) wird von der **Formatio reticularis** mit ihren Kernen beherrscht. Pigmentierte Nervenzellen in ihrer lateralen Zone lassen am Boden der Rautengrube den **Locus caeruleus** entstehen (► unten). Außerdem liegen in der Brückenhaube Kerne bzw. Kernanteile von N. trigeminus (N. V), N. abducens (N. VI), N. facialis (N. VII), Nucleus salivatorius superior und N. vestibulocochlearis (N. VIII) (Einzelheiten ► unten). Auffällig ist, dass um den Ursprungskern des VI. Hirnnerven die Fasern des N. facialis herumziehen und das **innere Fazialisknie** (Genu nervi facialis) bilden (► S. 776). Diese Fasern rufen am Boden der Rautengrube den **Colliculus facialis** hervor (► unten).

Charakteristisch für das Tegmentum ist ferner das **Corpus trapezoideum** (Hauptkreuzung der Hörbahn) mit benachbarten **Nuclei corporis trapezoidei** (► S. 828). An weiteren Faserzügen sind vorhanden: Fasciculus longitudinalis medialis et dorsalis, Tractus spinothalamicus, Tractus tegmentalis centralis, Tractus spinalis n. trigemini (Einzelheiten zu den Bahnen im Hirnstamm ► S. 780).

Im Bereich des Pons ist das Ventrikelsystem des Gehirns zum IV. Ventrikel erweitert.

Das Tegmentum des Pons bildet einen Teil des Bodens des IV. Ventrikels (► unten). Das Dach des IV. Ventrikels im Bereich des Pons ist das **Velum medullare superius** (► S. 852).

In Kürze

Der Pons führt im Brückenfuß Fibrae corticospinales und Fibrae corticonucleares und weist Nuclei pontis auf, an denen kortikopontine Fasern enden und deren Axone als Fibrae pontis transversae in das Kleinhirn gelangen. Die Brückenhaube wird von der Formatio reticularis beherrscht und beherbergt außerdem Teile der Hirnnervenkerne N. V, N. VI, N. VII, N. VIII. Auffällig ist das innere Fazialisknie sowie das Corpus trapezoideum (Hauptkreuzung der Hörbahn).

Medulla oblongata

Zur Information

Die Medulla oblongata (verlängertes Mark) des Hirnstamms steht mit dem Rückenmark in Verbindung. Im Anschlussgebiet liegt eine Übergangszone, die dem Rückenmark vergleichbare Strukturen aufweist. Jedoch ist deren Lage verändert. Außerdem passieren Bahnen vom und zum Rückenmark. Kranial der Übergangszone treten dann die dem Stammhirn eigenen Strukturen auf, vor allem Kerne von Hirnnerven mit den zugehörigen Bahnen und Verschaltungen, Formatio reticularis und Olivensystem als Kerngebiet zur Verbindung mit dem Kleinhirn. Klinisch sind Syndrome bekannt, die bei Durchblutungsstörungen der Medulla oblongata auftreten.

Oberfläche der Medulla oblongata

Die Medulla oblongata ist ca. 3 cm lang und hat an der breitesten Stelle einen Durchmesser von 2 cm.

Anterior (◘ Abb. 15.31) befindet sich in der Mittellinie die **Fissura mediana anterior,** die vom Rückenmark bis zum Unterrand der Brücke verläuft. Sie endet mit einem Foramen caecum. Beidseits der Fissura anterior davon liegt die **Pyramis** (*Pyramide*) mit der Pyramidenbahn (► unten). Als kaudale Grenze der Medulla oblongata – und damit als Grenze zwischen Gehirn und Rückenmark – gilt die **Decussatio pyramidum** (*Pyramidenkreuzung*), in der Fasern des Tractus corticospinalis lateralis die Seite kreuzen.

Lateral der Pyramiden – Gebiet des Tegmentum – wölben sich beidseits die unteren **Oliven (Olivae inferiores,** ◘ Abb. 15.31; Anmerkung: der Nucleus olivaris superior gehört zur Hörbahn und liegt in der Brücke). Vor jeder Olive liegen der **Sulcus anterolateralis,** dahinter der **Sulcus retroolivaris.** Von jeder Olive zieht ein **Pedunculus cerebellaris inferior** zum Kleinhirn.

Posterior (◘ Abb. 15.32) befindet sich in den unteren zwei Dritteln der Medulla oblongata in der Mittellinie in Fortsetzung des Rückenmarks der **Sulcus medianus posterior.** Er endet an einem transversalen Riegel (Querverbindung; **Obex**). Oberhalb des Obex verdickt sich die Medulla oblongata zwiebelartig (weshalb die Medulla oblongata auch *Bulbus* heißt). Die Verdickung entsteht durch ein beidseits des Sulcus gelegenes **Tuberculum gracile** und ein lateral davon befindliches **Tuberculum cuneatum** (Hinterstrangkerne ► unten).

Im Gebiet von Pons und Medulla oblongata ist das Ventrikelsystem des Gehirns zum VI. Ventrikel erweitert.

Bedeckt wird der IV. Ventrikel von einem zeltartigen Dach (**Tegmen ventriculi quarti**) (■ Abb. 15.30), über dem sich das Kleinhirn befindet. Das Tegmen ventriculi quarti besteht aus einer oberen, zwischen rechtem und linkem Pedunculus cerebellaris superior ausgespannten Marklamelle (**Velum medullare superius**) (■ Abb. 15.30) und einem unteren Teil (**Velum medullare inferius**). Ein Teil des unteren Dachs besteht aus der **Tela choroidea ventriculi quarti**, die den Plexus choroideus ventriculi quarti trägt.

Nach Entfernung des Ventrikeldachs entsteht der Eindruck einer Grube, die in der Mitte breiter ist als oben und unten. Sie wird deswegen als **Rautengrube** (*Fossa rhomboidea*) bezeichnet.

Der **Boden** des **IV. Ventrikels** (■ Abb. 15.32) zeigt eine Mittelfurche (**Sulcus medianus**) und seitlich den adult nur schwach ausgebildeten **Sulcus limitans.** An der breitesten Stelle verlaufen quer über den Boden der Rautengrube **Striae medullares ventriculi quarti** mit markhaltigen Faserbündeln aus Olivensystem und Hörbahn (▶ unten). In ihrem Bereich liegt seitlich vom Sulcus limitans die **Area vestibularis** mit den sensorischen Vestibulariskernen. Weiter lateral befindet sich das Gebiet für die beiden Cochleariskerne. Vestibulariskerne und Cochleariskerne gehören zum VIII. Hirnnerven (▶ unten).

Kranial der **Striae medullares ventriculi** befinden sich im Bereich des Pons **Colliculus facialis** und **Locus caeruleus** (▶ oben).

Kaudal der **Striae medullares** liegt medial vom Sulcus limitans dicht unter dem Boden der Rautengrube der Ursprungskern des XII. Hirnnerven (**Trigonum nervi hypoglossi**). Daneben erscheint als grauer Bezirk das Gebiet des X. (und IX.) Hirnnerven (**Trigonum nervi vagi**). Es folgt nach unten die **Area postrema.** Schließlich senkt sich die Rautengrube nach kaudal spitz in die Tiefe und setzt sich in den Zentralkanal von unterer Medulla oblongata und Rückenmark fort.

Die innere Gliederung der Medulla oblongata entspricht der von Mesencephalon und Pons.

Die Medulla oblongata gliedert sich in (■ Abb. 15.36)
- **anteriores Gebiet**
- **Tegmentum**
- **posteriores Gebiet**

Anteriorer Anteil. Er besteht aus den Fasern des mächtigen Tractus corticospinalis (*Pyramidenbahn*) zur Steuerung der Muskeltätigkeit.

Tegmentum. Es nimmt den größten Teil der Medulla oblongata ein und beherbergt:
- unteres **Olivensystem**
- verschiedene **Hirnnervenkerne** (Teile von N. V, VIII, IX, X, XII)
- Teile der **Formatio reticularis**
- zahlreiche **Faserbahnen**

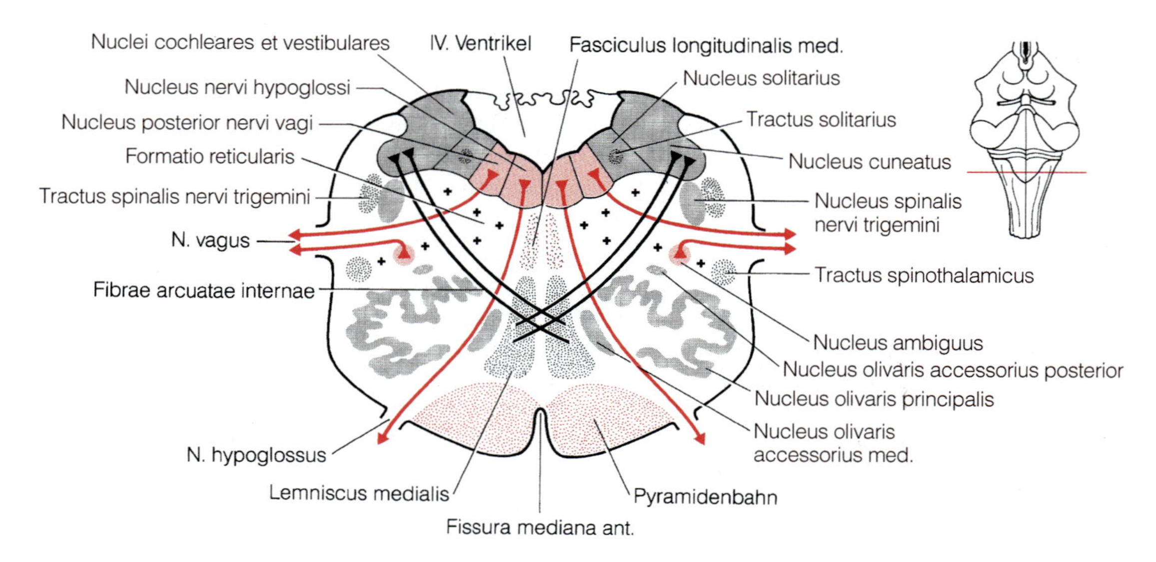

■ **Abb. 15.36.** Medulla oblongata, Querschnitt kaudal der Striae medullares

Posteriorer Anteil. Er ähnelt in den unteren zwei Dritteln weitgehend dem posterioren Teil des Rückenmarks (◘ Abb. 15.50). Vor allem wird er von aufsteigenden Rückenmarkbahnen eingenommen. Ferner beherbergt der posteriore Anteil **Nucleus gracilis** und **Nucleus cuneatus**, an deren Nervenzellen die Axone des Tractus spinobulbaris synaptisch enden (▶ S. 800). Die Axone der Nervenzellen beider Kerne bilden den **Tractus bulbothalamicus** (▶ S. 815).

Das untere Olivensystem ist eine wichtige Relaisstation für die Verbindung des motorischen Systems mit dem Kleinhirn.

Das **Olivensystem** besteht aus (◘ Abb. 15.36)
- **Nuclei olivares inferiores** (Hauptkerne)
- Nebenkernen:
  - **Nucleus olivaris accessorius medialis**
  - **Nucleus olivaris accessorius posterior**

Die **Nuclei olivares inferiores** haben Sackform und eine stark gefaltete Wand. Ihre Öffnung (**Hilum nuclei olivaris inferioris**) weist nach dorsomedial. Der **Nucleus olivaris accessorius medialis** liegt medial des Hilum, der **Nucleus olivaris accessorius posterior** posterior vom Hauptkern. Hinzu kommen die **Nuclei arcuati**, die unter der Oberfläche der Pyramis liegen. Ihre Axone erreichen als Fibrae arcuatae externae anteriores und posteriores durch den Pedunculus cerebellaris inferior das Kleinhirn.

Zur Information

Die Nuclei olivares inferiores erhalten ihre *afferenten Signale* über die zentrale Haubenbahn vom Mesencephalon (insbesondere vom Nucleus ruber ▶ S. 766), im Nebenschluss aber auch von den Bahnen des motorischen Cortex und der Basalganglien des Endhirns. Die Signale aus dem Rückenmark erreichen die Olivenkerne über den Tractus spinoolivaris (▶ S. 802).

Die wichtigsten *Efferenzen* der Nuclei olivares inferiores gelangen zum Kleinhirn. Sie verlaufen im *Tractus olivocerebellaris*. Die Fasern des Tractus olivocerebellaris kreuzen die Seite, ziehen durch den *Pedunculus cerebellaris inferior* ins Kleinhirn und bilden dort das glutamaterge Kletterfasersystem (▶ S. 789).

Kerne, Austrittsstellen und intrakranialer Verlauf der Hirnnerven III–XII

Zur Information

Im Hirnstamm befinden sich die Kerne des III. bis XII. Hirnnerven (◘ Tabelle 15.4). Ihre Lage lässt eine Systematik erkennen, die auf ihre Herkunft aus embryonaler Grund- bzw. Flügelplatte zurückgeht (▶ S. 726, ◘ Abb. 15.33). Kerne aus der Grundplatte bilden **Ursprungskerne** (*Nuclei origines*), da dort Neurone liegen, deren Axone das ZNS verlassen, Kerne aus der Flügelplatte bilden **Endkerne** (*Nuclei terminationes*), in denen die zentralen Fortsätze von peripheren Ganglienzellen enden.

Die Hirnnervenkerne des Hirnstamms liegen in mehreren Reihen (◘ Abb. 15.37) teils unter dem Ventrikelboden, teils nach anterior verlagert.

Im Hirnstamm lassen sich sechs Reihen von Hirnnervenkernen unterscheiden, die funktionellen Längszonen zugeordnet sind.

Von lateral nach medial folgen die **Hirnnervenkerne** aufeinander (◘ Abb. 15.37 a):
- **Nuclei cochleares et vestibulares**

Kerne der
- **somatoafferenten** (somatosensorischen) **Längszone:**
  afferente Trigeminuskerne
- **viszeroafferenten** (viszerosensorischen) **Längszone:**
  Nucleus solitarius
- **viszeroefferenten** (viszeromotorischen) **Längszone:**
  Zone parasympathischer Kerne:
  Nucleus accessorius nervi oculomotorii
  Nucleus salivatorius superior
  Nucleus salivatorius inferior
  Nucleus posterior nervi vagi
- **Zone für Kerne motorischer Kiemenbogennerven:**
  Nucleus motorius nervi trigemini
  Nucleus nervi facialis, Nucleus ambiguus, Nucleus nervi accessorii
- **somatoefferenten** (somatomotorischen) **Längszone:**
  Nucleus nervi oculomotorii, Nucleus nervi trochlearis, Nucleus nervi abducentis, Nucleus nervi hypoglossi

Einzelheiten

Nuclei cochleares (zwei Kerne), **Nuclei vestibulares** (vier Kerne). Es handelt sich um *Nucleus cochlearis anterior, Nucleus cochlearis posterior* des auditiven Systems (▶ S. 828) und *Nucleus vestibularis superior, Nucleus vestibularis lateralis, Nucleus vestibularis medialis, Nucleus vestibularis inferior* des vestibulären Systems (▶ S. 830). Gemeinsam liegen die Kerne an der breitesten Stelle der Rautengrube **unmittelbar unter** dem **Boden** in **Höhe** der **Apertura lateralis** des IV. Ventrikels. In den Kernen enden die zentralen Fortsätze der Ganglienzellen des Ganglion vestibulare bzw. des Ganglion spirale cochleae.

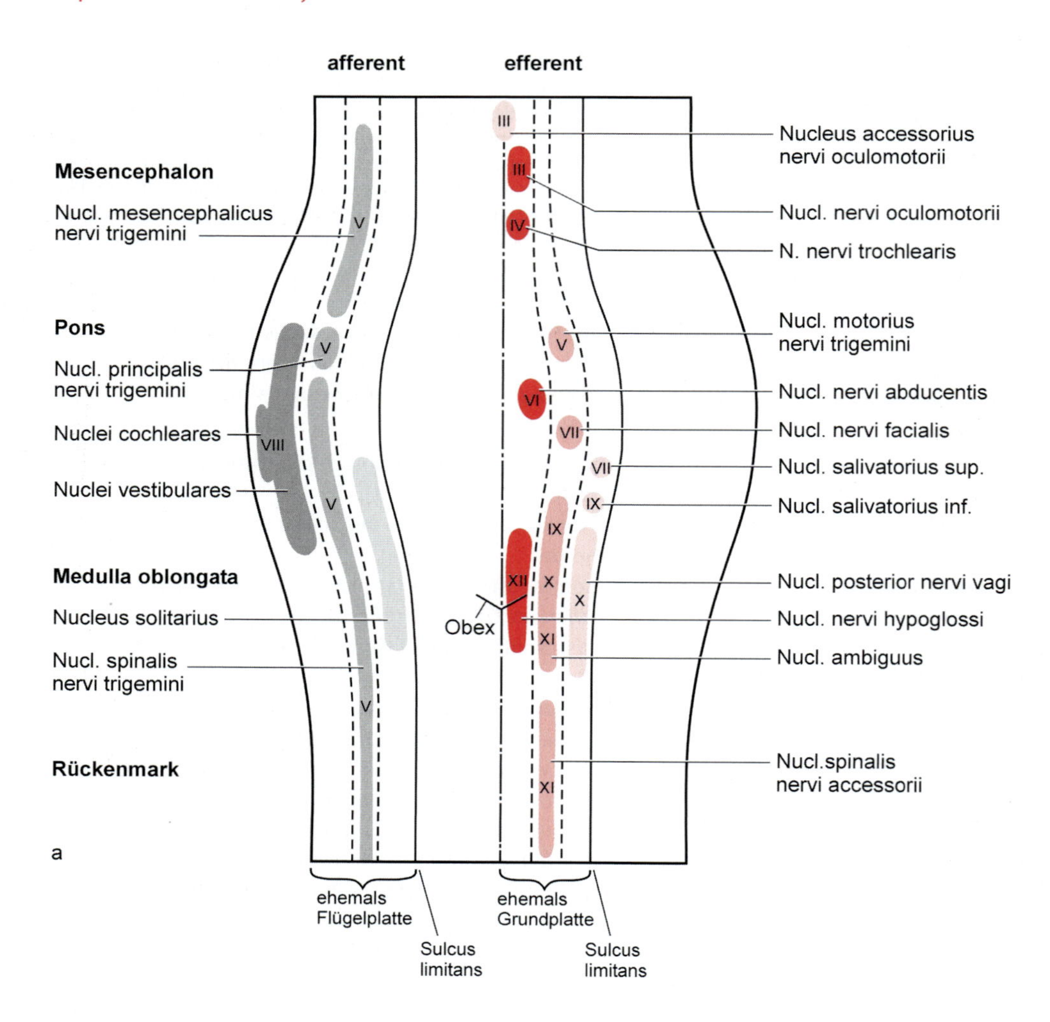

afferent
efferent
Mesencephalon
Nucl. mesencephalicus nervi trigemini
Pons
Nucl. principalis nervi trigemini
Nuclei cochleares
Nuclei vestibulares
Medulla oblongata
Nucleus solitarius
Nucl. spinalis nervi trigemini
Rückenmark
a
III
IV
V
VI
VII
VIII
IX
X
XI
XII
Obex
Nucleus accessorius nervi oculomotorii
Nucl. nervi oculomotorii
N. nervi trochlearis
Nucl. motorius nervi trigemini
Nucl. nervi abducentis
Nucl. nervi facialis
Nucl. salivatorius sup.
Nucl. salivatorius inf.
Nucl. posterior nervi vagi
Nucl. nervi hypoglossi
Nucl. ambiguus
Nucl.spinalis nervi accessorii
ehemals Flügelplatte
Sulcus limitans
ehemals Grundplatte
Sulcus limitans

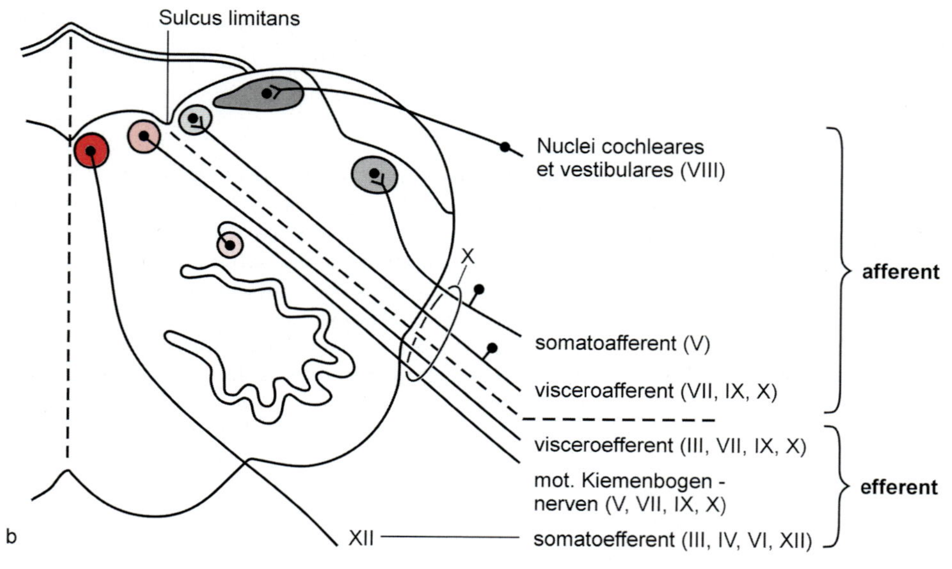

Sulcus limitans
Nuclei cochleares et vestibulares (VIII)
X
somatoafferent (V)
visceroafferent (VII, IX, X)
afferent
visceroefferent (III, VII, IX, X)
mot. Kiemenbogen - nerven (V, VII, IX, X)
efferent
XII
somatoefferent (III, IV, VI, XII)
b

Somatoafferente (somatosensorische) **Kerne** sind:

- **afferente Trigeminuskerne:** zuständig für die Sensorik von Gesichtshaut, Binde- und Hornhaut des Auges, Schleimhaut der Nasen- und Mundhöhle und der Zähne (Tabelle 15.4); die afferenten Trigeminuskerne sind nach **anterolateral** in die **Tiefe** des Tegmentum verlagert; sie gliedern sich im Hirnstamm (Abb. 15.37b) in:
  - **Nucleus mesencephalicus nervi trigemini** (Abb. 15.34), der sich vom Mittelhirn bis in die Mitte des Pons erstreckt und pseudounipolare Nervenzellen enthält, die Signale von den Muskelspindeln des Kauapparates vermitteln
  - **Nucleus principalis nervi trigemini:** Hauptkern des Trigeminus im Pons (Abb. 15.35) zur Mechanorezeption (Druck- und Berührungsempfindungen in Gesicht und Mundhöhle)
  - **Nucleus spinalis nervi trigemini** (Abb. 15.36) für Schmerz- und Temperaturleitung von der Gesichtsoberfläche her; er gehört zum Tractus spinalis nervi trigemini, der von der Mitte der Rautengrube bis zum Halsmark reicht (▶ S. 817)

Nucleus principalis und Nucleus spinalis nervi trigemini erhalten als Endkerne die Informationen aus der Peripherie über die zentralen Fortsätze der pseudounipolaren Ganglienzellen des Ganglion trigeminale.

Viszeroafferente (viszerosensorische) **Kerne** sind Nervenzellgruppen im

- **Nucleus solitarius;** die Neurone dieses langen Kerns sind dem Tractus solitarius (▶ unten) zugeordnet (Abb. 15.36); der **superiore Teil** des Nucleus solitarius erhält Informationen aus den Geschmacksrezeptoren der Zunge, des Gaumens und des Pharynx. Diese werden über pseudounipolare Ganglienzellen in Ganglion geniculi (N. VII) und Ganglion inferius der Nn. IX und X vermittelt (Tabelle 15.4). Die zentralen Fortsätze dieser Ganglien bilden synaptische Kontakte mit Nervenzellen des Nucleus solitarius, die das zweite Neuron der Geschmacksbahn bilden.

  Der **kaudale Teil** der Nuclei solitarii bekommt sensorische Afferenzen aus den Versorgungsgebieten des N. vagus (▶ S. 672, Schleimhäute der oberen und mittleren Verdauungsorgane, Atemwege, Herz).

Abb. 15.37 a, b. Lage und Anordnung der Hirnnervenkerne III bis XII. Sie bilden sechs längsorientierte Reihen, die jedoch nicht in einer Ebene liegen. **a** Auf der *linken Seite* sind die Endkerne der *afferenten Anteile* eingezeichnet, die aus der Flügelplatte hervorgegangen sind; sie liegen lateral des Sulcus limitans. Auf der *rechten Seite* sind die Ursprungskerne der *efferenten Anteile* der Hirnnerven dargestellt; sie befinden sich medial des Sulcus limitans. Der viszeroefferente Kern von N. III nimmt eine Sonderstellung ein, er ist unpaar und liegt median. **b** Querschnitt durch die Medulla oblongata. Die schematische Darstellung zeigt, dass die somatoafferenten Kerne und die Kerne zur Versorgung der ehemaligen Kiemenmuskulatur während der Entwicklung aus der subventrikulären Lage nach anterior verlagert wurden

Viszeroefferente Kerne. Sie gehören zum **Parasympathicus.** Eine **Sonderform bilden Kerne,** die die Skelettmuskulatur versorgen, die aus den **Branchialbögen** hervorgegangen ist (»branchiomotorische« Kerne) (Tabelle 13.13). In den parasympathischen Kernen liegt das erste Neuron. Die Axone dieser Neurone werden synaptisch in parasympathischen Ganglien in der Peripherie umgeschaltet.

Kerne des Parasympathikus sind:

- **Nucleus accessorius nervi oculomotorii** (*Edinger-Westphal*, unpaar); er liegt median im **Mesencephalon** anterior vom zentralen Höhlengrau; seine Fasern erreichen das Ganglion ciliare, das den M.sphincter pupillae und den M. ciliaris innerviert

Die kaudal folgenden parasympathischen Kerne liegen **unmittelbar unter** dem **Boden** des **IV. Ventrikels** (Abb. 15.37b). Sie dienen der sekretorischen Innervation der Kopfdrüsen und der Schleimhautdrüsen des Verdauungskanals, der Versorgung der unwillkürlichen (glatten) Muskulatur von Atemtrakt, Magen und Darm sowie der Herzmuskulatur. Die Kerne gehören zu N. facialis (N. VII), N. glossopharyngeus (N. IX) und N. vagus (N. X). Sie bilden eine Kernsäule (Abb. 15.37a), die sich von kranial nach kaudal in drei Abschnitte gliedert:

- **Nucleus salivatorius superior;** seine Neurone bilden den **parasympathischen Anteil des N. facialis,** dessen Axone werden in Ganglion pterygopalatinum und Ganglion submandibulare umgeschaltet; von hier aus werden die Glandulae lacrimalis, submandibularis, sublingualis und die Drüsen der Nasen- und Mundschleimhaut parasympathisch-sekretorisch versorgt
- **Nucleus salivatorius inferior;** er ist der Ursprungskern für den **parasympathischen Anteil des N. glossopharyngeus;** er liegt im **oberen Teil der Medulla oblongata** und entsendet Axone zum Ganglion oticum, das wiederum parasympathisch-sekretorische Fasern zur Glandula parotidea entsendet
- **Nucleus posterior (dorsalis) nervi vagi** (Abb. 15.36); der Kern ist etwa 2 cm lang und liegt in der Medulla oblongata im Bereich des **Trigonum nervi vagi** der **Rautengrube** (▶ oben); am stärksten ist er im mittleren Bereich der Olive entwickelt; dieser Kern ist der Anteil des N. vagus, der Brust- und Bauchorgane mit präganglionären parasympathischen Fasern versorgt (einschließlich der Schleimhautdrüsen der Eingeweide)

Kerne zur Versorgung von ehemaliger Kiemenbogenmuskulatur. Die Kerne sind **nach anterior verlagert** (Abb. 15.37b). Ihre Axone schließen sich N. facialis (N. VII), N. glossopharyngeus (N. IX), N. vagus (N. X) an und bilden den N. accessorius

Tabelle 15.4. Hirnnervenkerne III–XII und Innervationsgebiete

Hirnnerv	Kerngebiet	Anatomische Nomenklatur	Ontogenetische Komponente	Signale an/aus
III. N. oculomotorius	somatomotorischer Kern	Nucleus nervi oculomotorii	somatoefferent	M. rectus med. M. rectus sup. M. rectus inf. M. obliquus inf. M. levator palpebrae sup.
	parasympathischer Kern	Nucleus accessorius nervi oculomotorii (Edinger-Westphal)	viszeroefferent	über Ggl. ciliare zu M. sphincter pupillae M. ciliaris
IV. N. trochlearis	somatomotorischer Kern	Nucleus nervi trochlearis	somatoefferent	M. obliquus sup.
V. N. trigeminus	mechanosensibler Kern	Nucleus principalis nervi trigemini	somatoafferent	über Ggl. trigeminale aus Gesichtshaut, Bindehaut und Hornhaut des Auges, Schleimhaut der Nasen- und Mundhöhle, Zähne
	schmerz- und temperatursensibler Kern	Nucleus spinalis nervi trigemini	somatoafferent	
	propriozeptiver Kern	Nucleus mesencephalicus nervi trigemini		direkt aus Muskelspindeln der Kaumuskulatur
	branchiomotorischer Kern	Nucleus motorius nervi trigemini	branchiomotorisch	Kaumuskeln, Mundbodenmuskulatur, M. tensor tympani
VI. N. abducens	somatomotorischer Kern	Nucleus nervi abducentis	somatoefferent	M. rectus lat.
VII. N. facialis mit N. intermedius	sensorische Kerne	Nuclei tractus solitarii	(sensorisch)	über Ggl. geniculi aus Geschmacksknospen der vorderen zwei Drittel der Zunge
	parasympathischer Kern	Nucleus salivatorius superior	viszeroefferent	über Ggl. submandibulare bzw. pterygopalatinum, Gl. lacrimalis, Drüsen des Nasen-Rachen-Raumes, Gll. sublingualis und submandibularis
	branchiomotorischer Kern	Nucleus nervi facialis	branchiomotorisch	mimische Gesichtsmuskeln, teilweise obere Zungenbeinmuskeln, M. stapedius

Tabelle 15.4 (Fortsetzung)

Hirnnerv	Kerngebiet	Anatomische Nomenklatur	Ontogenetische Komponente	Signale an/aus
VIII. N. vestibulo-cochlearis Vestibularis-anteil	sensorische Kerne	Nucleus vestibularis sup. (Bechterew) Nucleus vestibularis med. (Schwalbe) Nucleus vestibularis lat. (Deiters) Nucleus vestibularis inf. (Roller)	sensorisch	über Ggl. vestibulare aus Sinneszellen der Macula utriculi, Macula sacculi, Cristae ampullares
Cochlearis-anteil	sensorische Kerne	Nucleus cochlearis posterior Nucleus cochlearis anterior	sensorisch	über Ggl. spirale cochleae aus Haarzellen des Corti-Organs
IX. N. glosso-pharyngeus	sensorischer Kern	Nucleus spinalis nervi trigemini	sensorisch	über Ggl. inferius aus Schleimhaut des Gaumens und des Rachens
	sensorische Kerne	Nuclei tractus solitarii	viszeroafferent	Geschmacksknospen des hinteren Drittels der Zunge
	parasympathischer Kern	Nucleus salivatorius inferior	viszeroefferent	über Ggl. oticum zur Gl. parotidea
	branchio-motorischer Kern	Nucleus ambiguus	branchiomotorisch	Pharynxmuskulatur
X. N. vagus	sensorischer Kern	Nucleus spinalis nervi trigemini	somatoafferent	über Ggl. superius aus äußerem Gehörgang
	sensorische Kerne	Nucleus tractus solitarii	viszeroafferent	über Ggl. inferius aus Geschmacksknospen des Rachens, Schleim-haut der Brusteinge-weide und Oberbauch-organe
	parasympathischer Kern	Nucleus posterior nervi vagi	viszeroefferent	über Plexus cardiacus, submucosus, myenteri-cus, Brusteingeweide, Oberbauchorgane und Intestinaltrakt bis Cannon-Böhm-Punkt
	branchio-motorischer Kern	Nucleus ambiguus	branchiomotorisch	Larynxmuskeln, z.T. Pharynxmuskulatur
XI. N. accessorius	motorischer Kern	Nucleus nervi accessorii		M. trapezius, M. sterno-cleidomastoideus
XII. N. hypoglossus	somatomotorischer Kern	Nucleus nervi hypoglossi	somatoefferent	Zungenmuskulatur

(N. XI). Charakteristisch für den Verlauf der Axone einiger dieser Kerne ist, dass sie innerhalb des Rhombencephalon ein inneres Knie, d. h. einen nach posterior gerichteten Bogen bilden. Es handelt sich um

- **Nucleus motorius nervi trigemini** (Abb. 15.37); er ist etwa 4 mm lang und liegt im **Gebiet** der **Brücke**; die Axone bilden die **Portio minor** des **N. trigeminus**, die Kaumuskulatur, Mundbodenmuskulatur, M. tensor veli palatini und M. tensor tympani motorisch versorgt (▶ S. 670); an den Nervenzellen des Kerns enden u. a. *Kollateralen* der *afferenten Trigeminusfasern* (Reflexkollateralen) und Fasern *vom Tractus corticonuclearis*
- **Nucleus nervi facialis** (Abb. 15.35); er liegt in der **Brücke anterior** vom **Nucleus nervi abducentis**; seine Axone umschlingen den Abduzenskern und bilden das *innere Fazialisknie* (**Genu nervi facialis**) mit einer Vorwölbung am Boden des IV. Ventrikels (**Colliculus facialis**) und versorgen mimische Muskulatur, Muskeln des Hyalbogens und den M. stapedius motorisch (Tabelle 13.22)
- **Nucleus ambiguus** (Abb. 15.36), eine zusammenhängende Zellsäule für **branchiomotorische Anteile** von **N. glossopharyngeus, N. vagus** und **Radix cranialis nervi accessorii**; der Nucleus ambiguus liegt in der **Medulla oblongata**; seine Fasern versorgen die Pharynxmuskulatur (N. glossopharyngeus), den oberen Teil des Ösophagus und die Kehlkopfmuskulatur (N. vagus)
- **Nucleus nervi accessorii** (Abb. 15.37); er liegt teils in der **Medulla oblongata**, teils im **Rückenmark** (C1–C5) und kann als ein selbständig gewordener Teil des Nucleus ambiguus aufgefasst werden; seine Fasern bilden die *Radix spinalis nervi accessorii*

Somatoefferente (somatomotorische) **Kerne** (mediale Reihe, Abb. 15.37 a). Die Kerne dieser Gruppe versorgen somatoefferent quergestreifte Skelettmuskeln, die aus kephalen Myotomen hervorgegangen sind. Es handelt sich um:

- **Nucleus nervi oculomotorii** (Hauptkern) (Abb. 15.34); er liegt im **Mesencephalon**, beidseits dicht an der Medianebene; seine Axone versorgen vier äußere Augenmuskeln und den M. levator palpebrae superioris; außerdem kann noch inkonstant eine **mediale Zellgruppe** vorkommen (**Kern von Perlia**). Aus allen Teilen des Nucleus nervi oculomotorii ziehen die Wurzelfasern gemeinsam nach anterior durch den Nucleus ruber hindurch (Abb. 15.34)
- **Nucleus nervi trochlearis**; er liegt kaudal von den Kernen des III. Hirnnerven; seine Fasern ziehen nach posterior, kreuzen am oberen Rand des Velum medullare superius und verlassen das Mittelhirn posterior kaudal der unteren vier Hügel (Abb. 15.32)
- **Nucleus nervi abducentis**; er liegt unter dem Colliculus facialis im **Pons** (Abb. 15.35, ▶ unten) und innerviert den M. rectus lateralis
- **Nucleus nervi hypoglossi** (Abb. 15.36); er bildet eine 1 cm lange Zellsäule am Boden des **kaudalen Teils** der **Rautengrube**; an seinen Neuronen enden u. a. Faserbündel aus anderen Hirnnervenkernen, z. B. der motorischen Hirnrinde; seine Axone versorgen die Zungenmuskulatur

Die afferenten und efferenten Axone der Hirnnerven erreichen und verlassen den Hirnstamm jeweils in geschlossenen Bündeln. Sie sind nicht in Wurzeln angeordnet

Hirnnerven. Das Gehirn verlassen bzw. erreichen (Abb. 15.31):

- **N.oculomotorius (N. III) in der Fossa interpeduncularis**

Verlauf. Anschließend durchbohrt der Nerv die Cisterna interpeduncularis, liegt zwischen A. superior cerebelli und A. cerebri posterior, tritt im Bereich des Processus clinoideus posterior durch die Dura mater, gelangt zur lateralen Wand des Sinus cavernosus und verlässt die mittlere Schädelgrube durch die Fissura orbitalis superior.

- **N. trochlearis (N. IV) unmittelbar kaudal der unteren vier Hügel** des Mittelhirns (Abb. 15.32)

Verlauf. Der *N. trochlearis* ist der *einzige Hirnnerv*, der den *Hirnstamm posterior verlässt.* Er zieht nach seinem Austritt nach anterior in der Cisterna ambiens um das Mittelhirn herum, verläuft weiter nach anterior, liegt im Dach des Sinus cavernosus und gelangt durch die Fissura orbitalis superior in die Orbita.

- **N. trigeminus (N. V) seitlich der Brücke,** nachdem er den vorderen Teil des mittleren Kleinhirnstiels (Pedunculus cerebellaris medius) durchsetzt hat

Verlauf. Dann zieht er aus der hinteren Schädelgrube durch den Porus nervi trigemini in das Cavum trigeminale, eine Duratasche, die sich in der mittleren Schädelgrube befindet. In ihr liegt das *Ganglion trigeminale.* Distal vom Ganglion befindet sich die Aufteilung des N. trigeminus in seine drei Hauptäste: N. ophthalmicus (N. V1), N. maxillaris (N. V2) und N. mandibularis (N. V3), die die mittlere Schädelgrube durch die Fissura orbitalis superior bzw. das Foramen rotundum bzw. das Foramen ovale verlassen.

- **N. abducens (N. VI) im Verbindungsstück zwischen Pons und Medulla oblongata** unmittelbar oberhalb der Pyramide

Verlauf. Anschließend durchläuft er die basale Zisterne vor dem Pons und tritt am Clivus in die Dura mater nach medial und inferior von der Felsenbeinspitze ein. Dann erreicht er die laterale Wand des Sinus cavernosus, um die mittlere Schädelgrube durch die Fissura orbitalis superior zu verlassen. Der N. abducens hat von allen Hirnnerven den längsten intraduralen Verlauf.

- **N. facialis (N. VII) im Kleinhirnbrückenwinkel** (Abb. 15.31)

Verlauf. Nach 1,5 cm tritt er superior des VIII. Hirnnerven in den Meatus acusticus internus ein.

- **N. vestibulocochlearis (N. VIII) im Kleinhirnbrückenwinkel**

Klinischer Hinweis
Geschwülste im Winkel zwischen Kleinhirn und Brücke (*Kleinhirnbrückenwinkeltumoren*) haben eine vielfältige Symptomatik. Da es sich meist um Gliazelltumoren des VIII. Hirnnerven (*Akustikusneurinome*) handelt, kommt es zu dessen Schädigung. Häufig tritt eine periphere Fazialisparese hinzu.

- **N. glossopharyngeus (N. IX)** mit vielen Wurzelfäden im **Sulcus posterolateralis** der Medulla oblongata
- **N. vagus (N. X)** in Fortsetzung des N. IX nach unten mit zahlreichen Bündeln im **Sulcus posterolateralis**
- **N. accessorius (N. XI)** im **Sulcus posterolateralis** in Anschluss an N. IX und N. X nach kaudal mit Austrittsstellen, die bis ins obere Rückenmark reichen (durchschnittlich C1–C5)

Verlauf. Die kaudalen Fasern des N. accessorius, die das Rückenmark verlassen, gelangen durch das Foramen magnum in die Schädelhöhle, um sich dort mit den kranialen zu vereinen. Die Nn. IX, X und XI verlassen die Schädelhöhle gemeinsam durch den medialen Teil des Foramen jugulare (Pars nervosa).

- **N. hypoglossus (N. XII)** im **Sulcus anterolateralis** zwischen Pyramide und Olive mit 10–12 Wurzelfäden, die herkunftsgemäß den Vorderwurzeln eines Spinalnerven entsprechen

Verlauf. Die Wurzelfasern vereinigen sich zu mehreren Bündeln. Diese liegen in der Regel posterior der A. vertebralis und ziehen zum Canalis nervi hypoglossi des Hinterhauptbeins.

Formatio reticularis

Zur Information
Die Formatio reticularis ist ein ausgedehntes Reflex-, Integrations- und Koordinationszentrum im Hirnstamm, das der Regulation zahlreicher, insbesondere vitaler Körperfunktionen dient (Abb. 15.38). Sie steht durch auf- und absteigende Fasersysteme direkt oder indirekt mit großen Teilen des Zentralnervensystems in Verbindung. Eine Aufgabe der Formatio reticularis ist es mitzuentscheiden, welche Informationen aus Umwelt und Körperinnerem weitergeleitet werden. Schädigungen der Formatio reticularis können zum Bewusstseinsverlust führen.

In der Formatio reticularis sind ein aktivierendes aufsteigendes mit einem deszendierenden System, das aktivierende und hemmende Impulse leitet, verknüpft.

Die Formatio reticularis nimmt große Teile des Tegmentum des Hirnstamms ein und setzt sich ins Zwischenhirn und nach kaudal in die Formatio reticularis des Rückenmarks fort. Sie besteht aus zahlreichen Gruppen überwiegend kleinzelliger, aber auch großzelliger Kerne, die durch horizontal verlaufende Dendritenbündel miteinander verflochten sind. Hierauf geht die Bezeichnung Formatio reticularis zurück.

Die Axone der Nervenzellen der Formatio reticularis verlaufen dagegen überwiegend in Längsrichtung und bilden:
- **aufsteigendes retikuläres System**
- **absteigendes retikuläres System**

Die beiden Retikularissysteme überlappen sich innerhalb der Formatio reticularis: viele Anteile des aufstei-

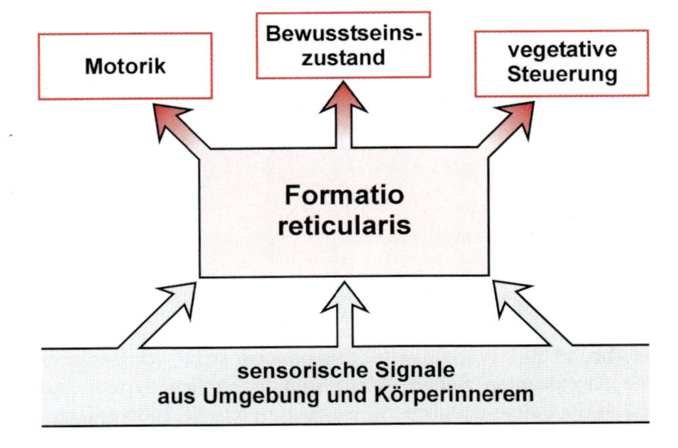

Abb. 15.38. Aufgaben der Formatio reticularis

genden Systems liegen kaudal von denen des absteigenden Systems und umgekehrt. Dies ermöglicht eine Abstimmung derjenigen Signale, die die Formatio reticularis aus den verschiedenen Bereichen des Zentralnervensystems erreichen.

Die Formatio reticularis gliedert sich in drei Längszonen.

Die drei **Längszonen der Formatio reticularis** sind
- **mediane Zone**
- **mediale magnozelluläre Zone**
- **laterale parvozelluläre Zone**

Zur Information

In jeder Zone lassen sich zahlreiche, nicht immer klar abgrenzbare Nervenzellgruppen (Kerne) nachweisen. Außerdem kommen in allen drei Gebieten *chemisch identifizierbare Neurone* vor, die eigene Systeme bilden. Die Gruppierung dieser Neurone deckt sich nur begrenzt mit den färberisch-histologisch erfassbaren Nervenzellgruppen. Nach den histochemisch nachweisbaren Transmittersubstanzen bzw. den zugehörigen Enzymen werden *serotoninerge, noradrenerge, adrenerge* und *cholinerge Systeme* unterschieden (▶ S. 839).

Mediane Zone. Sie besteht aus mehreren undeutlich begrenzten **Nuclei raphes.** Beherrscht wird die mediane Zone jedoch von diffus verteilten, **serotoninergen Neuronen,** die ihre stark verzweigten Axone praktisch in alle Gebiete des Zentralnervensystems entsenden (◘ Abb. 15.39).

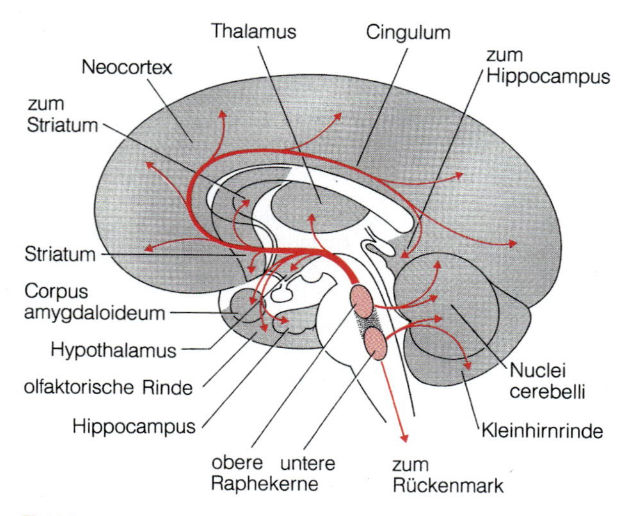

◘ **Abb. 15.39.** Serotoninerges System (vereinfacht). Von den oberen Raphekernen ziehen Fasern zum limbischen System und durch die innere, möglicherweise auch durch die äußere Kapsel zum Neokortex, von den unteren Raphekernen zu Zerebellum und Rückenmark

Die Neurone der medianen Zone haben durch das **aufsteigende Retikularissystem** Verbindungen mit
- **limbischem System**
- **Neocortex** (via Capsula interna und Thalamus)

und durch das **absteigende Retikularissystem** mit dem
- **Rückenmark**

Zur Funktion

Verbindungen mit dem **limbischen System** (▶ S. 837) bestehen afferent und efferent. Dadurch kann das serotoninerge System modulierend und regulierend Einfluss auf die Tätigkeit des limbischen Systems nehmen, einschließlich des Verhaltens (viele Antidepressiva wirken über das serotoninerge System).

Verbindungen mit dem **Neocortex.** Nach gegenwärtigem Wissen ist das serotoninerge System am Zustand der Bewusstseinslage beteiligt. Im Retikularissystem aufsteigende, serotoninerge Fasern vermitteln u.a. via Thalamus (▶ S. 751) Erregungen, die zur Aktivierung des Cortex und zu Weckreaktionen führen – ggf. kommt es schlagartig zu einem hellwachen Zustand. Das System wird deswegen auch als ARAS (aufsteigendes, retikuläres, aktivierendes System) bezeichnet.

Schmerzkontrolle. Die Raphekerne wirken zusammen mit Neuronen der Substantia grisea centralis des Mesencephalon, aber auch mit denen anderer Gebiete (Formatio reticularis medialis et lateralis) über den **Tractus reticulospinalis** inhibierend, d.h. schmerzunterdrückend auf diejenigen Gebiete im Grau des Rückenmarks, die nozizeptorische Impulse empfangen. Hierbei spielt u.a. die Freisetzung von Endorphinen an Synapsen im Rückenmark eine Rolle (▶ S. 841).

Zur Information

Endorphine sind körpereigene Neurotransmitter mit morphinartiger Wirkung, die an Opiatrezeptoren binden.

Motorische Funktionen. Es handelt sich um Neurone, deren Axone im **Tractus reticulospinalis** abwärts ins Rückenmark ziehen und dort aktivierend an den Motoneuronen der Extensoren und Flexoren enden.

Mediale magnozelluläre Zone. Sie verfügt über große Nervenzellen mit langen, vorwiegend horizontal orientierten Dendriten mit zahlreichen Synapsen. Dadurch können diese Nervenzellen viele Informationen aus verschiedenen neurofunktionellen Systemen aufnehmen. Ihre Axone teilen sich meist in einen langen aufsteigenden und einen langen absteigenden Ast mit zahlreichen Kollateralen. Dies führt zu divergenten Erregungsleitungen. Aufgrund dieses Feinbaus ist insbesondere die mediale Zone der Formatio reticularis zu *Verknüpfungen* (Assoziationen), aber auch zur *Integration* von Signalen geeignet. Dies spielt eine große Rolle bei sensorischen und motorischen Regulationen.

Einzelheiten

Sensorische Regulation. Die mediale Zone erhält Signale aus allen sensorischen Hirnnervenkernen sowie den sensorischen Anteilen des Rückenmarks. Die Informationen aus dem Rückenmark treffen über den *Tractus spinoreticularis* und Kollateralen aus dem *Lemniskussystem* (▶ S. 815) ein. Die Informationen über den Tractus spinoreticularis sind unspezifisch, d.h. sie geben keine spezielle Sinnesmodalität an (z.B. Berührung, Vibration), da die Wege stark vernetzt sind. Durch die Verflechtung in der Formatio reticularis werden die Erregungen jedoch auch dann unspezifisch, wenn sie aus dem spezifischen, d.h. mit definierten Rezeptoren verbundenen Lemnissussystem kommen. Entsprechend unspezifisch sind auch die sensorischen Informationen, die die Formatio reticularis weitergibt. Sie erreichen rückkoppelnd den Hirnstamm selbst, aber auch alle Teile von Diencephalon und Telencephalon. Die Weiterleitung an den Cortex erfolgt durch Umschaltung der Signale in den Nuclei intralaminares des Thalamus.

Regulation der Motorik. Die Formatio reticularis beeinflusst über das Kleinhirn vermittels des *Tractus reticulocerebellaris* den Tonus der Muskulatur und koordiniert stereotype Bewegungen, z.B. Drehen und Beugen von Kopf und Rumpf. Die Formatio reticularis gehört zur Kleinhirnschleife des extrapyramidalen Systems (▶ S. 810). Schließlich gelangen Signale aus der medialen Zone der Formatio reticularis über den *Tractus reticulospinalis* ins Rückenmark. Außerdem befinden sich in der medialen Zone der Formatio reticularis der oberen Brücke die Zentren für Steuerung und Koordination der Augenbewegungen (◘ Abb. 15.54).

Die **laterale Zone** besteht im Wesentlichen aus kleinen Nervenzellen, deren Axone die mediale Zone, aber auch motorische Hirnnervenkerne erreichen. Hierauf gehen **bulbäre Reflexe** zurück. Sie dienen vor allem der Regulation von Nahrungsaufnahme und -verarbeitung im Mundbereich, sind aber auch Schutzreflexe. In allen Fällen sind sensorische Kerne von Hirnnerven beteiligt.

Beispiele bulbärer Reflexe (◘ Tabelle 15.4)

Schluckreflex. Den afferenten Teil des Leitungsbogens bilden Fasern der N. glossopharyngeus und N. vagus aus Gaumenbögen, Zungengrund und Rachenhinterwand. Die Afferenzen erreichen nach Umschaltung in der Formatio reticularis der Medulla oblongata efferente Neurone in Nucleus motorius nervi trigemini, Nucleus ambiguus (N. IX und N. X) und Nucleus nervi hypoglossi sowie Vorderwurzelzellen der Halssegmente. Dadurch wirken beim Schluckreflex Muskeln der Mundhöhle, des Rachens, des Kehlkopfs, der Speiseröhre und des Halses zusammen.

Saugreflex. Ausgelöst wird dieser Reflex beim Neugeborenen bis gegen Ende des 1. Lebensjahres bei Berührung von Lippen und Zungenspitze. Als afferente Strecke dienen Fasern des N. maxillaris (N. V2) und N. mandibularis (N. V3). Efferent wirken – unter Beteiligung der Formatio reticularis zur Koordination – Fasern der Ursprungskerne von N. trigeminus, N. facialis und N. hypoglossus zur gemeinsamen Innervation von Mundboden-, Lippen-, Wangen- und Zungenmuskulatur.

Sekretionsreflexe im Verdauungskanal. Ausgelöst werden die Reflexe bei Berührung der Zunge (N. lingualis des N. trigeminus), bei Erregung der Geschmacksfasern (N. facialis, N. glossopharyngeus) und durch Riechstoffe (Nn. olfactorii via Nuclei habenulares ▶ S. 753) sowie psychogen vom Großhirn. Für die Efferenzen dienen nach Passage der Formatio reticularis die Nervenzellen im Nucleus salivatorius superior und inferior sowie im Nucleus posterior nervi vagi.

Cornealreflex. Bei Berührung der Cornea werden die Augenlider reflektorisch geschlossen und der Kopf zurückgeworfen. Afferenzen erreichen den Hirnstamm über Trigeminusäste. Nach Umschaltung in der Formatio reticularis dienen als Efferenzen Fasern des N. facialis (Innervation des M. orbicularis oculi) sowie Axone der Vorderwurzelzellen, die über den Tractus spinalis nervi trigemini erreicht werden (Innervation der Nackenmuskeln). Ipsilateral wird die Tränensekretion angeregt.

Außerdem liegen in der lateralen Zone:
- **noradrenerge Zellgruppen**
- **adrenerge Zellgruppen**
- **cholinerge Zellgruppen**

Noradrenerge Zellgruppen (◘ Abb. 15.40) befinden sich im
- **Locus caeruleus**
- **lateralen Teil des Tegmentum der Medulla oblongata**

Einzelheiten

Der **Locus caeruleus** liegt lateral unter dem Boden des IV. Ventrikels etwa in Höhe des superioren Teils des Pons (▶ S. 769, ◘ Abb. 15.32). Die Axone der Nervenzellen verlaufen im medialen Längsbündel (▶ S. 781) und erreichen nahezu alle Gebiete des Gehirns, u.a. das Corpus amygdaloideum, den Hippocampus und den gesamten Neocortex sowie das Rückenmark. Die Neurone im Locus caeruleus werden durch Reize aus der Peripherie und aus dem Gehirn selbst erregt. Dadurch können sie modulierend auf die Tätigkeit des Gehirns Einfluss nehmen, sei es zum Schutz vor Übererregung, sei es zur Erregungssteigerung, z.B. bei Notfällen, die eine Abwehr erforderlich machen.

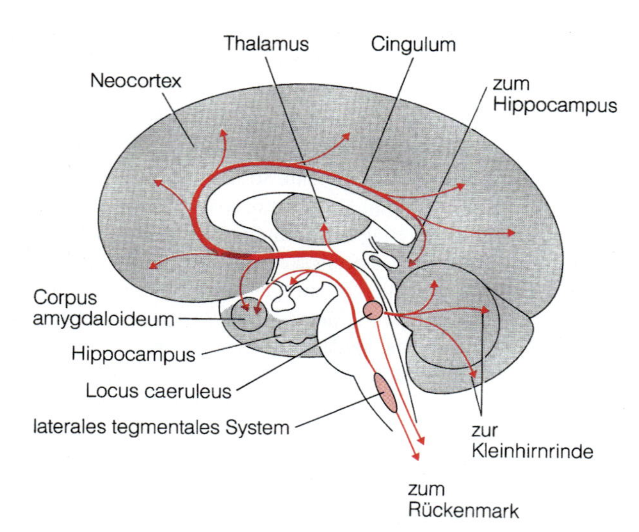

Abb. 15.40. Noradrenerges System. Der Locus caeruleus hat Verbindungen zu limbischem System, Neocortex, Cerebellum und Rückenmark. Von den lateralen tegmentalen Zellgruppen bestehen vor allem Projektionen zu Hypothalamus, Corpus amygdaloideum und Rückenmark

Noradrenerge Zellgruppen. Die Nervenzellen projizieren vor allem auf den Hypothalamus und das Corpus amygdaloideum. Sie nehmen aber auch Einfluss auf die Regulierung der Atmung und wirken bei der kardiovaskulären Kontrolle mit (► unten). Im Hypothalamus beeinflussen Signale der noradrenergen Zellgruppen die Hormonfreisetzung und damit die Abgabe von Hypophysenvorderlappenhormonen.

Adrenerge und cholinerge Zellgruppen. Ihre Bedeutung ist noch wenig bekannt.

In der Formatio reticularis lassen sich Areale zur Steuerung vegetativer Regulationen abgrenzen.

Vegetative Zentren in der Formatio reticularis sind u.a. in:

- **lateralem Tegmentum** der **Brücke** ein **pneumotaktisches** und ein **Miktionszentrum** (Zentrum für die Entleerung der Harnblase)
- der **Medulla oblongata Kreislaufzentrum, Vasomotorenzentrum, Atemzentrum,** Zentrum für die **Schweißabsonderung, Brechzentrum**

Einzelheiten

Kreislaufzentren in der Formatio reticularis der Medulla oblongata. Afferenzen treffen über sensorische Vagus- und Glossopharyngeusfasern ein (Rezeptoren in Aortenbogen, Sinus caroticus, Herzwand). Efferenzen benutzen den N. vagus bzw. ins Rückenmark absteigende Fasern zu präganglionären Neuronen des Sympathicus.

Ferner gehören zum Kreislaufzentrum Gebiete, die auf die **Herzfrequenz** Einfluss nehmen. Exzitatorische Impulse führen über sympathische Nervenfasern zu einer Steigerung der Schlagfrequenz und der Kontraktilität des Herzens. Fasern aus der Nachbarschaft des Nucleus posterior nervi vagi senden über den N. vagus Signale zur Verminderung der Herzfrequenz.

Vasomotorenzentrum. Es liegt anterolateral in der Formatio reticularis der Medulla oblongata. Das Vasomotorenzentrum sorgt für den Ruhetonus der Gefäße. Es wirkt dadurch, dass ein weiter oben gelegenes **Vasokonstriktorengebiet** durch aufsteigende Fasern aus einem weiter unten gelegenen **Vasodilatationsgebiet** gehemmt wird. Die Neurone im Vasokonstriktorengebiet bilden Noradrenalin und ihre Fortsätze erreichen in der Vasokonstriktorenbahn die vasokonstriktorisch wirkenden Neurone in den Sympathicusanteilen des Rückenmarks. Beeinflusst wird das Vasokonstriktorensystem außerdem durch Fasern aus dem Hypothalamus und vom Cortex.

Atemzentrum. Für die Steuerung der Atmung befinden sich inspiratorisch wirkende gigantozelluläre Neurone in der Umgebung des superioren Teils des Nucleus ambiguus, exspiratorische parvozelluläre Neurone vor allem posteromedial im Gebiet der Nuclei tractus solitarii. **Exspiratorische Neurone** wirken **hemmend** auf die gigantozellulären **inspiratorischen Neurone.** Das Zusammenspiel zwischen diesen Neuronen steuert ein **pneumotaktisches Zentrum** im Pons. Auch das Husten unterliegt der Steuerung durch das Atemzentrum.

Brechzentrum. Als hypothetisches Brechzentrum gilt die **Area postrema** in Höhe der Oliven (Abb. 15.32). Sie ist reich vaskularisiert und enthält weite Sinusoide. Eine Blut-Hirn-Schranke fehlt hier. Die Area postrema besitzt Verbindungen zum Nucleus posterior nervi vagi und zum Tractus solitarius. Außerdem wird angenommen, dass Primärafferenzen des N. vagus in der Area postrema enden. Den Ganglienzellen dieser Zone werden chemorezeptorische Funktionen für Erregungen aus Verdauungskanal und Atmungsorganen zugeschrieben.

Bahnen im Hirnstamm

Zur Information

Im Hirnstamm befindet sich ein dichtes Geflecht nur teilweise gebündelter Axone. Auffälliger sind große überregionale aufsteigende bzw. absteigende Leitungsbahnen.

Im Hirnstamm lassen sich unterscheiden (Abb. 15.34 bis 15.36):

- **Faserbündel für Verbindungen innerhalb des Hirnstamms**
- **lange aufsteigende Bahnen**
- **lange absteigende Bahnen**

> **Faserbündel innerhalb des Hirnstamms verbinden Hirnnervenkerne sowie vegetative und motorische Zentren.**

Faserbündel für Verbindungen innerhalb des Hirnstamms sind:

- **Fasciculus longitudinalis medialis** (*mediales Längsbündel*)
- **Fasciculus longitudinalis posterior** (*posteriores Längsbündel*)
- **Tractus tegmentalis centralis** (*zentrale Haubenbahn*)
- **Tractus tectobulbaris**

Fasciculus longitudinalis medialis (Abb. 15.34, 15.35). Dieses deutlich erkennbare Faserbündel reicht vom rostralen Mittelhirn bis ins obere Thorakalmark. Im Mittelhirn liegt es unmittelbar basal und lateral der Ursprungskerne des III. und IV. Hirnnerven, in den folgenden Abschnitten beidseits der Mittellinie. Es besteht aus Fasern verschiedener Herkunft und reziproker Leitungsrichtung. Das mediale Längsbündel ist die größte Assoziationsbahn des Hirnstamms. Es **verbindet**

- **Augenmuskelkerne** (Kerne des N. III, IV, VI) untereinander und mit den spinalen Anteilen des Nucleus nervi accessorii (C1–C4)
- **Vestibulariskerne** mit den Augenmuskelkernen sowie mit dem Rückenmark (Tractus vestibulospinalis); dadurch ist der Fasciculus longitudinalis medialis ein Reflexweg zwischen Gleichgewichtszentren und Zentren für Augen- und Kopfbewegungen (▶ S. 831),
- weitere **motorische Hirnnervenkerne** untereinander, sodass unter dem Einfluss der koordinierenden Wirkung der Zentren in der Formatio reticularis reflektorisch- motorische Funktionen möglich werden, z. B. beim Essen und Trinken (Schlucken, Würgen) oder beim Niesen
- **motorische Hirnnervenkerne** mit dem **extrapyramidal-motorischen System**

Fasciculus longitudinalis posterior (Schütz). Er reicht vom Zwischenhirn bis in die Medulla oblongata und befindet sich posterolateral vom Fasciculus longitudinalis medialis. Seine Fasern verbinden auf- und absteigend limbische Zentren (▶ S. 821) mit sekretorischen und motorischen Kernen im Hirnstamm: Nucleus oculomotorius accessorius, Nucleus salivatorius superior und inferior, Nucleus dorsalis (posterior) n. vagi, motorischem Trigeminuskern, Facialis- und Hypoglossuskern. Aufsteigend führt der Fasciculus longitudinalis posterior serotoninerge Fasern aus der Formatio reticularis zum Hypothalamus und zu verschiedenen telencephalen Arealen (▶ oben, Abb. 15.39).

Tractus tegmentalis centralis (*zentrale Haubenbahn*). Der Tractus tegmentalis centralis ist ein Faserbündel, das auf- und absteigende Axone verschiedener Herkunft und unterschiedlicher Zielgebiete sammelt. Seine wichtigsten Fasern gehören zu den Neuronen des extrapyramidal-motorischen Systems, die Anschluss an die Nuclei olivares inferiores bekommen; von dort gelangen die Signale ins Kleinhirn. Die Neuronenketten nehmen ihren Ausgang von den Basalganglien des Endhirns, dem Thalamus sowie dem Nucleus ruber. Die zentrale Haubenbahn verläuft im Mittelfeld des Tegmentum des Hirnstamms (Abb. 15.34).

Tractus tectobulbaris. Das Faserbündel entspringt in den Colliculi superiores des Mesencephalon (▶ S. 766). Nach Kreuzung der Seite (im Mesencephalon, **Decussatio tegmentalis posterior**) *dorsale Haubenkreuzung, Meynert* ▶ S. 767, verläuft es unmittelbar anterior vom Fasciculus longitudinalis medialis durch den Hirnstamm. Die Fasern enden in motorischen Hirnnervenkernen, u. a. in Augenmuskelkernen sowie in den Nuclei pontis und in der Formatio reticularis. Die Bahn ist ein Teil des *okulomotorischen Systems* (▶ S. 820).

> **Lange aufsteigende Bahnen gehören zum sensorischen System, lange absteigende Bahnen zum motorischen System.**

Lange aufsteigende Bahnen bilden im Hirnstamm die **Lemniskussysteme.** Die Lemniskusbahnen erhielten die Bezeichnung »Schleife«, weil ihre Fasern die *Seite kreuzen.*

In den sensorischen Schleifenbahnen erreichen Signale aus der Peripherie Thalamus bzw. Colliculus inferior.

Einzelheiten
Schleifenbahnen sind:

- **Lemniscus medialis** (*mediale Schleife*) (Abb. 15.34 bis 15.36); er entspringt in den Nuclei gracilis et cuneatus und leitet Signale aus dem Tractus spinobulbaris des Rückenmarks weiter (► S. 800), mit dem er das Hinterstrang-mediale-Lemniskussystem bildet (► S. 815)
- **Lemniscus lateralis** (*laterale Schleife*): er ist ein Teil der Hörbahn (► S. 828)
- **Lemniscus trigeminalis** (*Trigeminusschleife*): er bekommt seine Fasern vorwiegend aus den Nuclei principalis et spinalis nervi trigemini, die sich, nachdem sie die Seite gekreuzt haben, dem Lemniscus medialis lateral anlegen
- **Lemniscus spinalis**; er führt Fasern des Tractus spinothalamicus (► S. 802), legt sich im Mesencephalon gleichfalls der medialen Schleife und streckenweise dem Tractus spinoreticularis (► S. 802) und Tractus spinotectalis an

Lange absteigende Bahnen. Die langen absteigenden Bahnen leiten **motorische Signale** aus dem **Isocortex**. Sie sind neencephal und verlaufen in den *anterioren Anteilen* des *Hirnstamms* (Abb. 15.34 bis 15.36): im Mesencephalon in den Crura cerebri, im Pons in der Pars basilaris pontis, in der Medulla oblongata in der Pyramis. Die Fasern der Bahnen enden teils an Brückenkernen: **Tractus corticopontinus**, teils an Hirnnervenkernen: **Tractus corticonuclearis**, teils im Rückenmark: **Tractus corticospinalis** (*Pyramidenbahn*).

Der Verlauf der Bahnen wird im Zusammenhang der motorischen Systeme besprochen (► S. 806).

In Kürze

Durch die Medulla oblongata verläuft im anterioren Anteil der Tractus corticospinalis. Im Tegmentum befinden sich Olivensystem, Hirnnervenkerne, Faserbahnen und beherrschend die Formatio reticularis. Das Olivensystem besteht aus mehreren Kernen, in denen Bahnen aus Rückenmark, Mesencephalon bzw. Telencephalon zum Kleinhirn umgeschaltet werden. Die Hirnnervenkerne (N. III–XII) sind in Reihen angeordnet. Auf Grund ihrer entwicklungsgeschichtlichen Herkunft aus Grund- und Flügelplatte lassen sich Ursprungs- und Endkerne unterscheiden. Die Orte der Hirnnervenaustritte sind jeweils charakteristisch, z.B. der Kleinhirnbrückenwinkel für N. facialis und N. vestibulocochlearis. Die Formatio reticularis ist ein umfangreiches vegetatives Reflexgebiet (bulbäre Reflexe), das über ein aufsteigendes und ein absteigendes Retikularissystem mit nahezu allen Anteilen des Gehirns verbunden ist. Innerhalb der Formatio reticularis bestehen drei Längszonen mit jeweils speziellen Aufgaben. Mit der Formatio reticularis stehen zahlreiche Neurotransmittersysteme in Verbindung. Zu den Bahnen der Medulla oblongata gehören als Verbindung innerhalb des Hirnstamms die Fasciculi longitudinales medialis et posterior, Tractus tegmentalis centralis und Tractus tectobulbaris. Lange aufsteigende Bahnen bilden das Lemniskussystem. Lange absteigende Bahnen enden in Pons, Hirnnervenkernen, Rückenmark.

Blutversorgung des Hirnstamms

Zur Information

Kenntnisse von der Blutversorgung des Hirnstamms erklären die charaktistischen klinischen Ausfälle bei Durchblutungsstörungen, z.B. durch Thromben oder im Alter bei arteriosklerotischen Gefäßveränderungen.

Die arterielle Blutversorgung des Hirnstamms erfolgt mit Ausnahme des lateralen Teils des Mesencephalons durch Äste der paarigen A. vertebralis bzw. der unpaaren A. basilaris.

Arterielle Versorgungsgefäße des Hirnstamms (Abb. 15.20) sind:

- **Rami medullares mediales** der *A. spinalis anterior* aus der **A. vertebralis**
- **A. inferior posterior cerebelli** aus der **A. vertebralis**; sie verläuft sehr variabel am seitlichen Rand der Medulla oblongata und gibt *Rami medullares mediales et laterales* ab; ausnahmsweise (10%) geht die A. inferior posterior cerebelli aus der A. basilaris hervor
- **A. inferior anterior cerebelli** aus der **A. basilaris** (sehr variabel)
- **Rami mediales et laterales** der *Aa. pontis* aus der **A. basilaris**
- **A. superior cerebelli** aus der **A. basilaris** (sehr konstant); sie gibt feine Äste zum lateralen Bezirk des

Pons ab; ihr Hauptstamm verläuft durch die Cisterna ambiens (▶ S. 849) um die Hirnschenkel herum nach posterior, wo ein Ast gemeinsam mit dem der Gegenseite und Verzweigungen der A. cerebri posterior die Lamina tecti versorgt und der andere zum oberen Kleinhirnstiel sowie zur Oberseite des Kleinhirns zieht

- **Aa. centrales posteromediales** aus der **A. cerebri posterior** (Pars praecommunicalis)

Versorgungsgebiete. Im Hirnstamm lassen sich unterscheiden

- **mediales Versorgungsgebiet**
- **laterales Versorgungsgebiet**

Mediales Versorgungsgebiet des Hirnstamms (Abb. 15.41). Im **Mesencephalon** erfolgt die Versorgung durch die Aa. centrales posteromediales aus der A. cerebri posterior. Die Gefäße treten durch die Substantia perforata posterior ins Mesencephalon ein. Im Versorgungsgebiet liegen Nuclei der Hirnnerven III und IV, Nucleus ruber, medialer Teil der Substantia nigra, Fasciculus longitudinalis medialis, Tractus tectospinalis und Lemniscus medialis.

Klinischer Hinweis

Bei Thrombose der Aa. centrales posteromediales treten auf: ipsilaterale Parese der Augenmuskeln, Rigor (Substantia nigra), kontralaterale Hemianästhesie (Schädigung des Lemniscus medialis).

Im **Pons** (Abb. 15.41 a) erfolgt die Versorgung durch die Rami mediales der Aa. pontis. Sie erreichen u. a. Pyramidenbahn, Nuclei pontis, medialen Teil des Lemniscus medialis, Tractus tectospinalis, Fasciculus longitudinalis medialis und Nuclei nervorum VI und VII.

Klinischer Hinweis

Die Ausfälle bei Durchblutungsstörungen sind vielfältig und reichen von einer *kontralateralen spastischen Hemiplegie* (Tractus corticonuclearis und corticospinalis) über eine *Hypästhesie* (Lemniscus medialis), eine *ipsilaterale Dystaxie* (Nuclei pontis) bis zur *ipsilateralen Abducens-* und *Facialislähmung.*

In der **Medulla oblongata** (Abb. 15.41 b) wird das mediale Gebiet durch die Rami medullares mediales der Aa. spinales anteriores und durch direkte Äste der Aa. vertebrales versorgt. In diesem Versorgungsgebiet liegen u. a. Pyramidenbahn und motorischer Kern des XII. Hirnnerven.

Klinischer Hinweis

Bei einseitigem Ausfall des medialen Bezirks in der Medulla oblongata erfolgt eine *gekreuzte Lähmung*: ipsilateral eine Lähmung der Zungenmuskulatur (Nucleus nervi hypoglossi), kontralateral eine Halbseitenlähmung (Pyramidenbahn).

Laterales Versorgungsgebiet (Abb. 15.41). Im **Mesencephalon** erfolgt die Versorgung durch Äste der A. cerebri posterior und der A. superior cerebelli.

Im **Pons** sind es feine Äste von A. inferior anterior cerebelli und A. superior cerebelli.

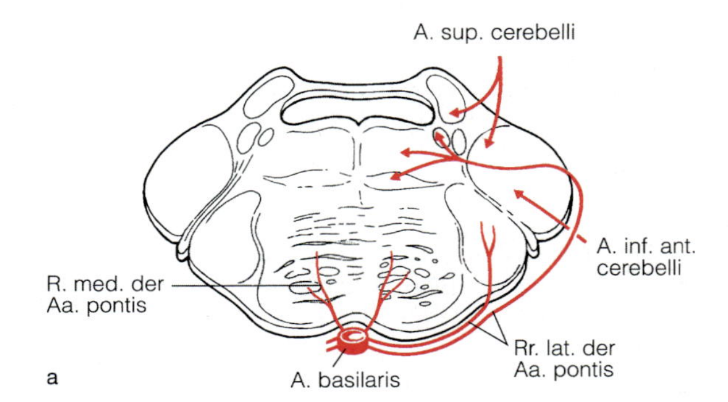

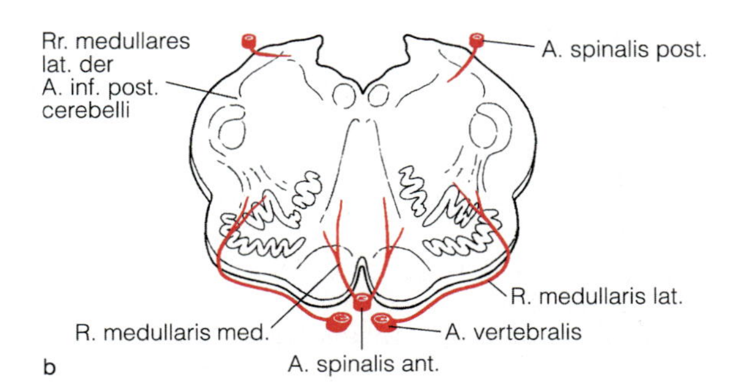

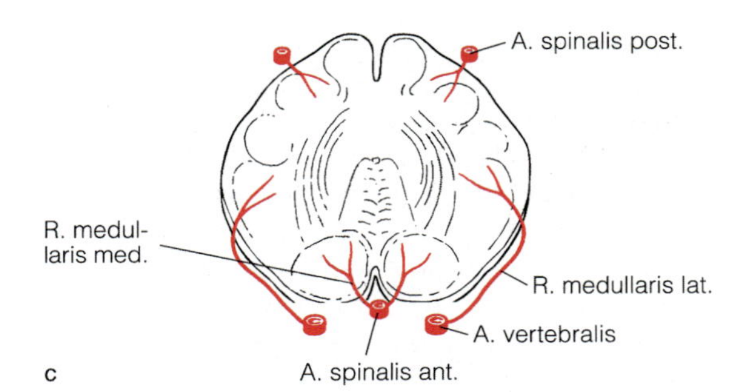

Abb. 15.41 a–c. Blutversorgung des Hirnstamms. Mediales und laterales Versorgungsgebiet von **a** Pons, **b** Medulla oblongata (oberer Teil), **c** Medulla oblongata (unterer Teil)

In der **Medulla oblongata** wird das laterale Territorium versorgt von Ästen aus den Rami medullares laterales der A. inferior posterior cerebelli. Sie erreichen u. a. Nucleus spinalis nervi trigemini, Tractus spinothalamicus, vestibuläre Kerngebiete, austretende Wurzeln des IX. und X. Hirnnerven.

Klinischer Hinweis
Ein einseitiger Ausfall des lateralen Bezirks der Medulla oblongata führt zum *Wallenberg-Syndrom*: durch Läsion des Nucleus spinalis nervi trigemini wird die Schmerz- und Temperaturempfindung im Gesichtsbereich auf der gleichen Seite gestört. Eine Unterbrechung des Tractus spinothalamicus (oberhalb der Kreuzung) resultiert in einer Störung der Schmerz- und Temperaturleitung im kontralateralen Arm-Rumpf-Bein-Bereich. Ein Ausfall des vestibulären Systems zeigt sich in Schwindel, Erbrechen, Nausea (Übelkeit) und Nystagmus (unwillkürliches Augenzittern). Eine Läsion der IX. und X. Hirnnerven kann sich in Schluckstörungen und Heiserkeit äußern.

Das venöse Blut aus Hirnstamm und Kleinhirn gelangt in die großen Blutleiter.

Das Blut **aus** dem **Mesencephalon** wird nach anterior über Vv. pedunculares und Vv. interpedunculares zur V. basalis und posterior zur **V. magna cerebri** abgeleitet.

Bei **Pons** und **Medulla oblongata** bestehen dagegen anterior und posterior ein longitudinales und ein transversales Venensystem, aus dem das Blut seitlich zur V. petrosa superior bzw. inferior abfließt, um schließlich zum **Sinus petrosus superior** zu gelangen.

 **In Kürze**

Die Blutversorgung des Hirnstamms erfolgt vor allem durch A. vertebralis bzw. A. basilaris. Im Hirnstamm selbst lassen sich ein mediales und ein laterales Versorgungsgebiet unterscheiden. Bei Durchblutungsstörungen kommt es zu spezifischen Ausfallsymptomen.

15.3.6 Cerebellum  H91, 93

 **Zur Information**
Das Kleinhirn (Cerebellum) ist ein großes Koordinations- und Regulationszentrum für die Motorik. Im Zusammenwirken mit dem Labyrinthorgan hält es das Körpergleichgewicht aufrecht und koordiniert den Muskeltonus sowie die zeitliche Abfolge der Bewegungen, ohne sie jedoch auszulösen. Zur Erfüllung dieser Aufgaben steht das Kleinhirn afferent und efferent mit allen motorischen Zentren des Zentralnervensystems, von Rückenmark bis Neocortex, in Verbindung. Außerdem erhält das Kleinhirn Signale aus den Nuclei vestibulares (Gleichgewicht) und aus dem visuellen Cortex. Die Tätigkeit des Kleinhirns erfolgt unbewusst.

Das **Kleinhirn** ist nach dem Großhirn der umfangreichste Gehirnteil. Es sitzt dorsal auf dem Hirnstamm, den es teilweise umgreift. Topographisch liegt es unter den Occipitallappen der Großhirnrinde, von denen es durch das *Tentorium cerebelli* getrennt ist (zeltförmige Platte der Dura mater cranialis) (► S. 847). Das Kleinhirn liegt zusammen mit Teilen des Hirnstamms infratentoriell in der Fossa cranii posterior.

Das Kleinhirn ist durch drei Kleinhirnstiele mit dem Hirnstamm verbunden.

Die **drei Kleinhirnstiele sind** (◻ Abb. 15.32):
- **Pedunculus cerebellaris superior** zum Mittelhirn
- **Pedunculus cerebellaris medius** zur Brücke
- **Pedunculus cerebellaris inferior** zur Medulla oblongata

Die Kleinhirnstiele bestehen aus Faserbündeln zum und vom Kleinhirn.

Zur Entwicklung
Das Kleinhirn entwickelt sich aus den **Rautenlippen** (► S. 729), die im Rautenhirn etwa in der 6. Entwicklungswoche am Rand der Flügelplatte entstehen (► S. 726, ◻ Abb. 15.33). Die Rautenlippen vergrößern sich bis zum 3. Entwicklungsmonat zum **Kleinhirnwulst** (◻ Abb. 15.8d). Der Kleinhirnwulst wird von Pionierfasern erreicht, die durch den oberen Rand der Rautengrube verlaufen und dann die Lage der späteren Kleinhirnstiele festlegen. In der Folgezeit kommt es durch ungleichmäßiges Wachstum und Furchenbildung zur Gliederung der Kleinhirnanlage.

Überlagert wird die morphologische Gliederung des Kleinhirns von funktionellen und entwicklungsgeschichtlichen Gliederungen.

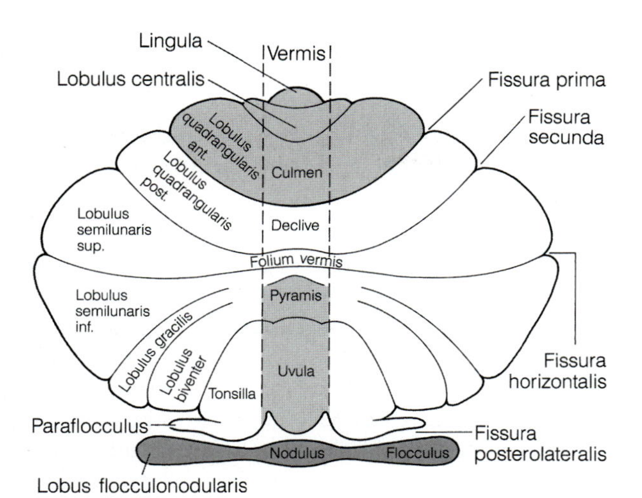

Abb. 15.42. Kleinhirn mit Fissuren, Lappen und Läppchen. Das Gebiet mit dem *hellen Raster* gehört zum Paleocerebellum, mit dem *dunklen Raster* zum Archicerebellum. Das Neocerebellum (*ohne Raster*) liegt zwischen den phylogenetisch älteren Teilen des Kleinhirns

Morphologisch gliedert sich das Kleinhirn in (Abb. 15.42):

- **Vermis cerebelli** (*Wurm*); er liegt in der Mitte des Kleinhirns und ist 1 bis 2 cm breit
- **zwei Kleinhirnhemisphären**; sie wölben sich beidseits des Wurms vor

Hinzu kommen:

- **Nodulus vermis** als Teil des Wurms
- **Flocculus**; er steht durch einen Stiel (**Pedunculus flocculi**) mit dem Wurm in Verbindung

Ergänzt wird diese Gliederung durch die Aufteilung der Hemisphären in **Lobi** und **Lobuli**, die durch Furchen (**Fissurae cerebelli**) getrennt sind.

Lobi sind (Abb. 15.42):

- **Lobus cerebelli anterior**
- **Lobus cerebelli posterior**
- **Lobus flocculonodularis**

Zwischen den Lobi cerebelli anterior und posterior befindet sich die **Fissura prima**, zwischen den Lobi cerebelli posterior und flocculonodularis die **Fissura posterolateralis.** Die Lobuli werden in Abb. 15.42 und Tabelle 15.5 benannt.

Jeder **Lobulus** zeigt an der Oberfläche schmale Windungen (**Folia cerebelli**). Durch diese Auffaltungen beträgt die Oberfläche des Kleinhirns 2 m².

Weitere Gliederungen überlappen sich:

- **Gliederung in Längszonen:** mediale, intermediäre, laterale
- **funktionelle Gliederung:** Vestibulocerebellum, Spinocerebellum, Pontocerebellum

Tabelle 15.5. Gliederung des Kleinhirns

Wurm	Hemisphäre	Genetische Einteilung
Lingula cerebelli Lobulus centralis Culmen	Vinculum lingulae Ala lobuli centralis Lobulus quadrangularis anterior	Lobus cerebelli anterior (paleocerebellär)
	Fissura prima	
Declive Folium vermis Tuber vermis Pyramis vermis (paleozerebellär) Uvula vermis (paleozerebellär)	Lobulus quadrangularis posterior Lobulus semilunaris superior Lobulus semilunaris inferior Lobulus gracilis Lobulus biventer Tonsilla cerebelli	Lobus cerebelli posterior (überwiegend neocerebellär)
	Fissura posterolateralis	
Nodulus vermis	Flocculus	Lobus flocculonodularis (archicerebellär)

- **phylogenetische Gliederung:** Archicerebellum, Paleocerebellum, Neocerebellum

In der Zusammenfassung ergeben sich unter Berücksichtigung der klinischen Relevanz:
- **mediale Zone** mit Lobus flocculonodularis und kaudalen Anteilen des Vermis; sie ist vor allem direkt bzw. indirekt mit den Nuclei vestibulares verbunden und wird deswegen als **Vestibulocerebellum** bezeichnet; es erhält Informationen über die Stellung des Kopfes im Raum und Kopfbewegungen und beeinflusst die spinale Stützmotorik, das Gehen und die Okulomotorik; es gehört zum phylogenetisch ältesten Teil des Kleinhirns (**Archicerebellum**) und ist bei allen Wirbeltieren vorhanden
- **intermediäre Zone;** sie hat ihre stärkste Ausprägung in Lobus anterior, Pyramis und Uvula; diese Zone wird vor allem von aufsteigenden Rückenmarksbahnen beeinflusst, deswegen **Spinocerebellum;** es koordiniert Haltung und Lokomotion und trägt zur Aufrechterhaltung des Gleichgewichtes bei; phylogenetisch gehört die intermediäre Zone zum **Paleocerebellum**
- **laterale Zone** ist umfangreich; zu ihr gehören vor allem der Lobus posterior der Hemisphären; ihre Zuflüsse kommen aus den sensomotorischen Rindenfeldern, den präfrontalen und parietalen Assoziationsfeldern des Cortex sowie dem visuellen Cortex; da die zugehörigen Bahnen in den Nuclei pontes umgeschaltet werden, wird dieser Teil als **Pontocerebellum** bezeichnet; er steht im Dienst von Zielbewegungen; phylogenetisch ist dieser Teil jung: **Neocerebellum**

Das Kleinhirn besteht aus der dreischichtigen Kleinhirnrinde und dem Kleinhirnmark mit Kleinhirnkernen.

Cortex cerebelli. Die Rinde des Kleinhirns ist etwa 1 mm dick und besteht aus grauer Substanz. Sie folgt allen Windungen und ist im Gegensatz zur Großhirnrinde fast gleichförmig gebaut.

Das Corpus medullare cerebelli (*Kleinhirnmark*) ist die weiße Substanz des Kleinhirns. Sie strahlt in die Windungen des Kleinhirns ein und erinnert auf Schnitten an einen Lebensbaum (**Arbor vitae**) (Abb. 15.43). Eingelagert in die weiße Substanz sind **Kleinhirnkerne** (*Nuclei cerebelli*).

Kleinhirnkerne und Kleinhirnrinde stehen in enger Verbindung. Sie wirken zusammen.
- Kleinhirnkerne werden afferent von Kollateralen aller Systeme innerviert, die das Kleinhirn erreichen, dadurch befinden sich die Kleinhirnkerne in einem Dauertonus mit ständiger Basisaktivität
- Von den Kleinhirnkernen gehen alle Efferenzen des Kleinhirns aus
- Die Impulsgebung der Kleinhirnkerne wird von Purkinje-Zellen der Kleinhirnrinde (► unten) gesteuert
- Purkinje-Zellen sind GABAerg, also inhibitorisch; sie bilden die einzige Efferenz der Kleinhirnrinde; erst wenn die inhibitorische Wirkung der Purkinje-

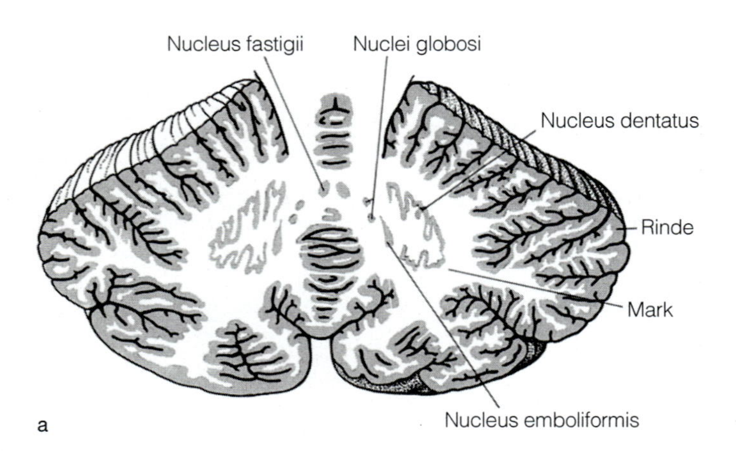

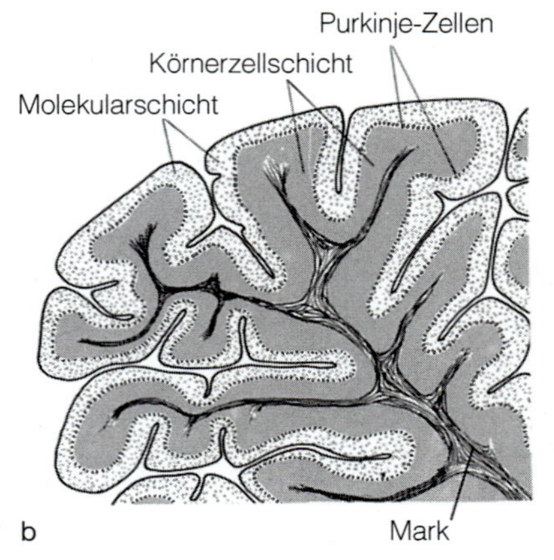

Abb. 15.43 a, b. Kleinhirn. **a** Querschnitt mit Rinde und Mark. Im Marklager befinden sich die Kleinhirnkerne. **b** Sagittalschnitt mit zentralem Marklager (Arbor vitae) und Schichten der Kleinhirnrinde H91, 93

Zellen moduliert wird, können Erregungen aus den Kleinhirnkernen weitergeleitet werden
- Purkinje-Zellen ihrerseits werden von den Impulsen der afferenten Systeme, die alle die Kleinhirnrinde erreichen, im Zusammenwirken mit inhibitorischen Neuronen in der Kleinhirnrinde selbst gesteuert (Prinzip der doppelten Hemmung)
- Bestimmte Rindenabschnitte sind jeweils bestimmten Gebieten der Kleinhirnkerne zugeordnet

Das Kleinhirn erhält Afferenzen von propriozeptiven, exterozeptiven, vestibulären, auditiven und visuellen Rezeptoren des menschlichen Körpers.

Das Verhältnis der für die Kleinhirnrinde afferenten Fasern zu den efferenten Fasern liegt etwa bei 40:1.

Folgende afferente Bahnen sind herauszustellen (◘ Tabelle 15.6):
- **Tractus vestibulocerebellaris**; er besteht aus direkten Fasern aus den Vestibulariskernen; die Bahn gelangt durch den *unteren Kleinhirnstiel* ins Archicerebellum (Vestibulozerebellum ► oben), wo sie im Lobus flocculonodularis endet
- **Tractus spinocerebellaris anterior** und **Tractus spinocerebellaris posterior**; beide Bahnen vermitteln vor allem Signale über die Tiefensensibilität ins Paleocerebellum (Spinocerebellum, Lobus cerebelli anterior, Pyramis et Uvula vermis, ◘ Abb. 15.42); der *Tractus spinocerebellaris posterior verläuft* durch den *unteren*, der *Tractus spinocerebellaris anterior* durch den *oberen Kleinhirnstiel* – während der Evolution wurden durch die Entwicklung von Neukleinhirn und mittlerem Kleinhirnstiel die ursprünglich zusammenhängenden spinozerebellären Bahnen auseinander gedrängt
- **Tractus olivocerebellaris** (◘ Abb. 15.53); er entspringt kontralateral von den Nuclei olivares inferiores der Medulla oblongata (► S. 771); die Kerne sind mit Rückenmark, Basalganglien sowie verschiedenen Gebieten des Hirnstamms (z. B. Nucleus ruber, Formatio reticularis) verbunden; der Tractus olivocerebellaris verläuft durch den *unteren Kleinhirnstiel* zu allen Gebieten der Kleinhirnrinde (► unten): auf diesem Weg erhält das Kleinhirn Informationen aus Basalganglien und Formatio reticularis
- **Fibrae pontocerebellares**; die Axone der Nuclei pontis (► S. 768) gelangen durch die kontralateralen *mittleren Kleinhirnstiele* in den neocerebellären Teil des Lobus cerebelli posterior; an Masse überwiegen diese Fasern gegenüber allen anderen Afferenzen des Kleinhirns; die Signale der Fibrae pontocerebellares stammen aus dem Neocortex; sie werden in den Brückenkernen umgeschaltet

Zu diesen größeren Faserzügen kommen weitere afferente Verbindungen zum Kleinhirn, die nicht speziell bezeichnet sind. Die Axone der afferenten Bahnen gelangen als Kletter- bzw. Moosfasern in die Kleinhirnrinde (► unten).

Die Kleinhirnefferenzen nehmen ihren Ursprung in den Kleinhirnkernen.

◘ **Tabelle 15.6.** Kleinhirnstiele mit ihren afferenten und efferenten Bahnen

Kleinhirnstiele	Afferente Bahnen	Efferente Bahnen
Pedunculus cerebellaris superior	Tractus spinocerebellaris anterior	Tractus cerebellothalamicus Tractus cerebellorubralis
Pedunculus cerebellaris medius	Tractus pontocerebellaris	
Pedunculus cerebellaris inferior	Tractus vestibulocerebellaris Tractus olivocerebellaris Tractus reticulocerebellaris Tractus spinocerebellaris posterior Fibrae arcuatae externae posteriores Fibrae arcuatae externae anteriores	fastigiobulbäre Fasern cerebellovestibuläre Fasern

Die **Kleinhirnkerne** befinden sich im Corpus medullare cerebelli und sind paarig. Von medial nach lateral folgen aufeinander (Abb. 15.43 a):

- **Nucleus fastigii**
- **Nucleus globosus**
- **Nucleus emboliformis**
- **Nucleus dentatus**

Nucleus globosus und Nucleus emboliformis werden als **Nuclei interpositi** zusammengefasst.

Die Anordnung der Kleinhirnkerne und ihrer Efferenzen (Tabelle 15.6) steht zur Gliederung der Kleinhirnrinde in drei funktionelle Längszonen in Beziehung.

Der **Nucleus fastigii** ist der medialen Zone (Archicerebellum ► S. 786) zugeordnet. Afferenzen kommen aus dem Vestibularisbereich. Seine Efferenzen bilden fastigiobulbäre Fasern, die teils auf der gleichen Seite, teils auf der Gegenseite durch die *unteren Kleinhirnstiele* zur Formatio reticularis des Hirnstamms (Signalübertragung auf den Tractus rubrospinalis) und zu Vestibulariskernen (Signalübertragung auf den Tractus vestibulospinalis) gelangen. Das System wirkt bei der Kontrolle von Haltung und Muskeltonus sowie bei der Aufrechterhaltung des Körpergleichgewichts mit.

Nucleus globosus und **Nucleus emboliformis** gehören zur paramedianen Zone (Paleocerebellum ► S. 786). Sie erhalten Signale aus dem sensomotorischen Bereich. Die Efferenzen beider Kerngebiete ziehen als **Tractus cerebellorubralis** durch die *oberen Kleinhirnstiele* zum kontralateralen Nucleus ruber bzw. im Tractus cerebellothalamicus zum Thalamus, wo eine Umschaltung zur Weitergabe der Signale an den motorischen Kortex erfolgt. Dieses System koordiniert vor allem die Stütz- und Zielmotorik.

Zur *Stützmotorik* gehören die Mitbewegungen. Unter *Zielmotorik* werden koordinierte, zielgerichtete Bewegungen verstanden.

Der **Nucleus dentatus** ist afferent mit der lateralen Zone (Neocerebellum ► S. 786) verbunden. Der Nucleus dentatus ist der größte Kleinhirnkern. Seine efferenten Fasern bilden den größeren Teil des oberen Kleinhirnstiels. Sie ziehen als Tractus cerebellothalamicus nach Kreuzung der Seite zum kontralateralen Thalamus (Nuclei ventrales laterales et intralaminares) und nach Umschaltung zum Neocortex. Durch dieses System wirkt das Kleinhirn bei zielmotorischen Bewegungen mit. Vom Cortex cerebri ausgehende rückläufige Signale erreichen dann wieder via Tractus corticopontinus nach Signalübertragung in den Nuclei pontis das Kleinhirn.

Der Cortex cerebelli besteht aus 3 Schichten.

Im **Cortex cerebelli** folgen von außen nach innen aufeinander (Abb. 15.43, 15.44 e H91, 93):

- **Stratum moleculare** (*Molekularschicht*)
- **Stratum purkinjense** (*Purkinje-Zellschicht*)
- **Stratum granulosum** (*Körnerzellschicht*)

Zur Entwicklung des Cortex cerebelli

In der Embryonalperiode gliedern sich die Rautenlippen in:

- **(innere) Matrixzone**
- **Intermediär- oder Mantelzone**
- **Marginalzone**

In der (inneren) **Matrixzone** entstehen Neuroblasten, die in zwei Schüben auswandern.

In der **Mantelzone**, die in der Folgezeit zur Substantia alba des Kleinhirns wird, lässt der erste Schub ausgewanderter Neuroblasten die Anlagen von Kleinhirnkernen entstehen.

Die **Marginalzone**, die zur Kleinhirnrinde wird, wird gleichfalls von Neuroblasten des ersten Schubs erreicht. Sie bilden die äußere **Körnerschicht**. In dieser Zone bleiben bis zum Ende des 2. Lebensjahres teilungsfähige Neuroblasten erhalten. Deswegen wird die äußere Körnerschicht auch als **(äußere) Matrixzone** bezeichnet.

Im 4. Entwicklungsmonat verlässt ein zweiter Schub Neuroblasten die innere Matrixzone. Es handelt sich vor allem um **unreife Purkinje-Zellen**. Sie steigen bis zur äußeren Matrixzone auf.

Etwa zur gleichen Zeit beginnt die Differenzierung der Neuroblasten der äußeren Matrixzone. Es entstehen *Sternzellen*, *Korbzellen* und *Körnerzellen*. Die Körnerzellen wandern Richtung Mantelzone aus. Dabei durchwandern sie die Schicht der Purkinje-Zellen und bilden die sehr zellreiche **(definitive) innere Körnerzellschicht.** Aus der äußeren Körnerschicht wird postnatal das **Stratum moleculare.**

Das **Stratum purkinjense** (*Purkinje-Zellschicht*) ist die auffälligste Schicht der Kleinhirnrinde.

Purkinje-Zellen sind groß. Ihre Perikarya haben Durchmesser zwischen 50 und 70 µm, liegen in einem Abstand von 50–100 µm und sind einschichtig angeordnet. Das menschliche Kleinhirn verfügt über etwa 15 Millionen Purkinje-Zellen.

Die **Dendriten** der **Purkinje-Zellen** gehen in der Regel aus zwei dicken Dendritenstämmen hervor und verzweigen sich spalierbaumartig *in* der *Molekularschicht.* Alle Dendritenäste liegen in einer Ebene, die etwa 20–30 µm tief ist und quer zur Längsachse der Windungen steht. Die Breite eines Dendritenspaliers beträgt etwa 200 µm (Abb. 15.44). Dadurch bekommt die Kleinhirnrinde eine scheibenförmige Gliederung.

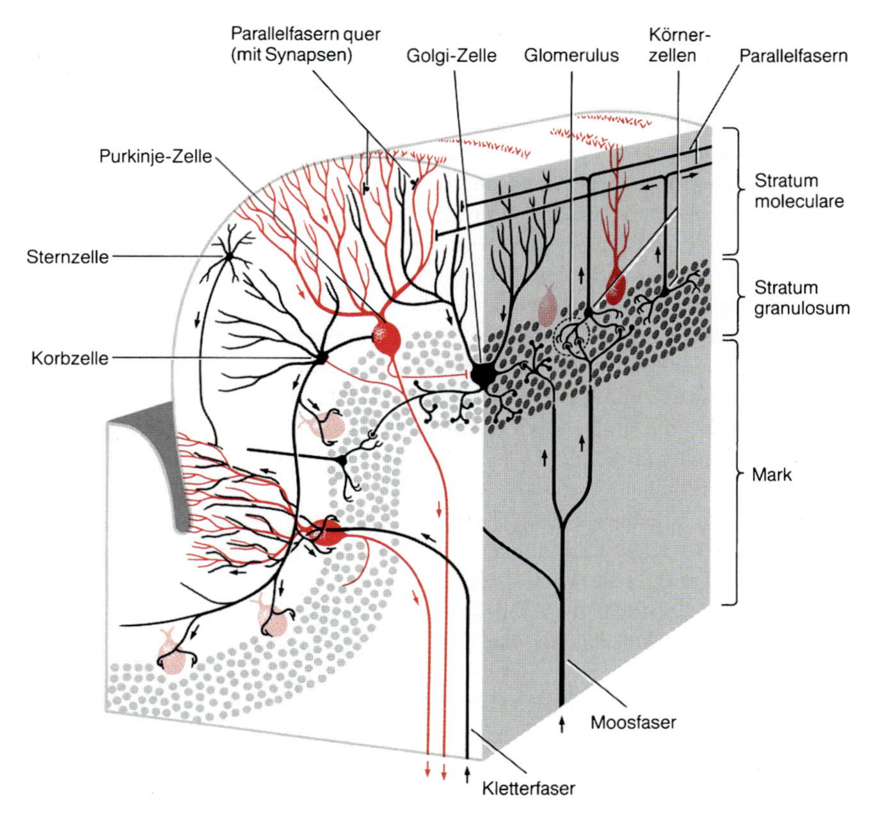

Abb. 15.44. Kleinhirnrinde. Afferente Fasern enden an Golgi-Zellen, Körnerzellen und Purkinje-Zellen. Den gesamten Output der Kleinhirnrinde übernehmen die Axone der Purkinje-Zellen. Die Punktierungen an der Kleinhirnoberfläche markieren die Lage der Dendriten von Purkinje-Zellen, die im Schnitt nicht getroffen sind e H91, 93

Erreicht werden die Purkinje-Zellen von Signalen der afferenten Systeme teils direkt (Kletterfaser ▶ unten), teils nach Umschaltung (in Stratum granulosum), jedoch auch von Zellen des Stratum moleculare (▶ unten). In allen Fällen kommt es zur Bildung von Synapsen. Dabei sind die Oberflächen der Perikarya der Purkinje-Zellen und die der dicken Dendritenanteile glatt, die der Dendriten von der 3. Ordnung an reich an Dornen. Es wird mit 60 000, nach anderen Angaben mit 20 000 Dornsynapsen pro Purkinje-Zelle gerechnet.

Die **Axone** der **Purkinje-Zellen** passieren das Stratum granulosum und erreichen die Kleinhirnkerne bzw. die Nuclei vestibulares. Die Axone der Purkinje-Zellen sind die **einzigen efferenten Fasern** der **Kleinhirnrinde.**

Stratum moleculare. Die Molekularschicht ist zellarm, aber faserreich. Sie ist die dickste Schicht der Kleinhirnrinde und befindet sich unter der Kleinhirnoberfläche. Funktionell wird sie von den **Dendriten** der **Purkinje-Zellen** beherrscht (▶ oben).

Erreicht wird das Stratum moleculare von

- **Kletterfasern**
- **Parallelfasern**

Ferner weist das Stratum moleculare auf:

- **Sternzellen**
- **Korbzellen**

Hinzu kommen

- **Dendritenbäume von Golgi-Zellen** des Stratum granulosum

Kletterfasern sind afferente Fasern, deren Perikarya außerhalb des Kleinhirns liegen – vor allem in den **Nuclei olivares inferiores** des Hirnstamms. Jede Kletterfaser hat 10–15 Kollateralen. Jede Kollaterale tritt nur an eine Purkinje-Zelle heran, umrankt diese und bildet mit ihr zahlreiche Synapsen an glatten Abschnitten des Dendritenbaums.

Parallelfasern. Sie machen die Hauptmasse der Fasern des Stratum moleculare aus. Bei Parallelfasern handelt es sich um **Körnerzellaxone**, die aus dem Stratum granulosum kommen und sich im Stratum moleculare T-förmig teilen. Die Parallelfasern verlaufen parallel zur Oberfläche in Längsrichtung der Windungen, also senkrecht zu den Dendritenspalieren der Purkinje-Zellen. Parallelfasern treten mit den Dornen der Purkinje-Zelldendriten in synaptischen Kontakt (▶ oben). Für die Funktion der Kleinhirnrinde ist wichtig, dass sich jede Parallelfaser über eine Strecke von etwa 3 mm ausbreitet – nach der T-förmigen Teilung etwa 1,5 mm nach jeder Seite – und dabei mit etwa 350 Purkinje-Zellbäumen Kontakt bekommt. Dadurch werden folienparallele Einheiten geschaffen, die jedoch nach Bedarf verändert werden können.

Sternzellen. Sie liegen oberflächennah. Ihre *Dendriten* verlaufen in allen Richtungen und treten an die Dendriten von etwa 12 Purkinje-Zellen heran. Ihre *Axone* dagegen sind oberflächenparallel orientiert und bilden an den glatten Oberflächen der Dendriten der Purkinje-Zellen Synapsen.

Korbzellen liegen in den tieferen Schichten des Stratum moleculare. Das Axon verläuft oberhalb der Purkinje-Zellschicht, bildet aber durch Kollateralen mit den Perikarya der Purkinje-Zellen Synapsen.

Sternzellen und Korbzellen sind inhibitorische Schaltneurone.

Zur Information

Durch die unterschiedlichen Verlaufsrichtungen der verschiedenen Dendriten und Axone entsteht im Stratum moleculare ein charakteristisches, dreidimensionales »Webmuster«. Eingefügt in dieses Webmuster sind schließlich noch die *Dendriten* der *Golgi-Zellen* des *Stratum granulosum*. Diese Dendriten streben buschartig aus der Körnerzellschicht zur Oberfläche empor.

Stratum granulosum. Das Stratum granulosum ist sehr nervenzellreich. Es liegt unter der Purkinje-Zellschicht.

Charakteristisch für das Stratum granulosum sind

- **Körnerzellen**
- **Golgi-Zellen**
- **Moosfasern**

Hinzu kommen

- **Glomeruli**; hierbei handelt es sich um **Komplexsynapsen**, die frei von Perikarya sind

Körnerzellen sind die häufigsten Zellen des Stratum granulosum. Sie haben sehr kleine Perikarya (Durchmesser 5–8 µm) und liegen dicht benachbart. Jede Körnerzelle hat etwa *fünf Dendriten*, die zu verschiedenen Glomeruli des Stratum granulosum ziehen und dort mit Moosfasern Synapsen bilden. Die *Axone* der *Körnerzellen* gelangen dagegen in das Stratum moleculare, wo sie sich T-förmig teilen und als *Parallelfasern* mit Dendriten der Purkinje-Zellen, Korb- und Sternzellen in exzitatorischen synaptischen Kontakt treten (▶ oben).

Golgi-Zellen. Ihre Zahl ist gering (etwa 10% der Körnerzellzahl). Es handelt sich vor allem um Nervenzellen, die rückkoppelnd hemmen. Erregt werden sie von Parallelfasern (der Körnerzellen), die im Stratum moleculare an ihre dort gelegenen buschartigen Dendriten herantreten, sowie von Kollateralen der Axone von Purkinje-Zellen und Moosfasern. Ihre hemmende Wirkung – ihr Neurotransmitter ist GABA – üben die Golgi-Zellen über ihre Neuriten aus, die in den Glomeruli an die Dendriten der Körnerzellen herantreten.

Moosfasern sind afferente Fasern von Neuronen außerhalb des Kleinhirns, vor allem der **Nuclei pontis**. Sie leiten der Kleinhirnrinde exzitatorische Signale aus visuellem und sensomotorischem Cortex sowie aus parietalen, prämotorischen und präfrontalen Assoziationsgebieten zu. Moosfasern teilen sich im Stratum granulosum innerhalb der Glomeruli in zahlreiche Endäste auf. Von den Glomeruli aus erreichen die Signale der Moosfasern vermittels der Körnerzellen und ihrer Parallelfasern die Purkinje-Zellen.

Zur Information

Für die Funktion des Kleinhirns spielen die folienparallelen Einheiten des Cortex eine wichtige Rolle. Sie entsprechen Schaltkreisen, die Muskelkontraktionen durch gegenseitige Beeinflussung regulieren. So bewirken sie z. B. bei einer Armbewegung vor Beginn der Trizepsinnervation eine Abschwächung der Bizepskontraktion. Ohne ein angemessenes An- und Abschalten der motorischen Signale werden die Bewegungen unkoordiniert, z. B. wenn das Kleinhirn zerstört ist (Dysdiadochokinese).

Die arterielle Blutversorgung von Cortex cerebelli und Nuclei cerebelli sind getrennt.

Kortikales Versorgungsgebiet. Zuständig sind:

- **A. superior cerebelli**
- **A. inferior anterior cerebelli**
- **A. inferior posterior cerebelli**

Diese Gefäße sind Äste von A. basilaris und A. vertebralis (Abb. 15.20, ▶ S. 746).

15

Die **A. superior cerebelli** versorgt den größten Teil der Kleinhirnrinde: oberen Teil des Wurms, mediale und laterale Hemisphäre.

Die **A. inferior anterior cerebelli** zieht zum Flocculus und ebenfalls zu einem kleinen Gebiet im vorderen Anteil der Kleinhirnhemisphären.

Die **A. inferior posterior cerebelli** erreicht den unteren Anteil des Wurms und die Hemisphärenunterseite.

Zentrales Versorgungsgebiet. Es umfasst die Kleinhirnkerne. Der **Nucleus dentatus** wird aus der A. nuclei dentati, einem Ast der A. superior cerebelli, die **Nuclei emboliformis, globosi et fastigii** werden von einem Ast der A. inferior posterior cerebelli erreicht.

Die Venen des Kleinhirns haben verschiedene Abflussgebiete.

Das venöse Blut gelangt aus den
- vorderen oberen Teilen des Kleinhirns zur **V. magna cerebri**
- vorderen unteren Teilen von Kleinhirn und Pons zur V. petrosa, die in den **Sinus petrosus superior** mündet
- übrigen Teilen des Kleinhirns in **Sinus rectus, Confluens sinuum**, selten **Sinus transversus**

In Kürze

Das Kleinhirn ist Bestandteil umfassender Regelkreise. Seine Afferenzen verlaufen durch die Kleinhirnstiele: im Pedunculus cerebellaris superior der Tractus spinocerebellaris anterior, im Pedunculus cerebellaris medius der Tractus pontocerebellaris, im Pedunculus cerebellaris inferior, Tractus vestibulocerebellaris, Tractus olivocerebellaris, Tractus spinocerebellaris posterior. Im Cortex cerebelli haben die Purkinje-Zellen eine zentrale Stellung. Sie wirken inhibitorisch und sind die einzigen Efferenzen der Rinde. Sie modulieren die Tätigkeit der Kleinhirnkerne, deren Efferenzen als Tractus cerebellothalamicus und Tractus cerebellorubralis durch den Pedunculus cerebellaris superior verlaufen und als fastigiobulbäre Fasern durch den Pedunculus cerebellaris inferior die Vestibulariskerne erreichen. Die inhibitorische Wirkung der Purkinje-Zellen ist durch inhibitorische Neurone der Kleinhirnrinde veränderlich (Korbzellen, Sternzellen; Prinzip der Desinhibiton). Exzitatorisch wirken auf die Purkinje-Zellen die Parallelfasern (Axone der Körnerzellen). Innerhalb des Kleinhirns besteht eine Gliederung in Längszonen.

15.4 Medulla spinalis e H26

Zur Information

Das Rückenmark (Medulla spinalis) ist afferent und efferent mit Körperperipherie und Gehirn verbunden. Funktionell steht es unter der Kontrolle supraspinaler Zentren. Es kann außerdem vermittels eines Eigenapparates eingehende Signale verarbeiten (Eigenreflexe, Fremdreflexe) und vor Weitergabe an das Gehirn modulieren. Zur Entwicklung des Rückenmarks ► S. 726.

Das Rückenmark liegt im Wirbelkanal und weist durch die segmentale Anordnung der Spinalnerven eine sekundäre Segmentierung auf.

Ohne deutliche Grenze ist das Rückenmark die Fortsetzung der Medulla oblongata. Es ist 45 cm lang und endet kaudal in Höhe des 1. oder 2. Lendenwirbels (vgl. hierzu Aszensus des Rückenmarks ► S. 727). Durch vordere und hintere Wurzeln ist das Rückenmark mit dem peripheren Nervensystem verbunden (Abb. 7.1).

Verglichen mit dem Gehirn ist das Rückenmark relativ einheitlich gebaut, wenn auch nicht uniform. Das Rückenmark zeigt lediglich im Detail Unterschiede zwischen den verschiedenen Abschnitten, die zur Wirbelsäule in Beziehung stehen (Abb. 15.45):
- **Pars cervicalis**
- **Pars thoracica**
- **Pars lumbosacralis**

Durchmesser des Rückenmarks. Der wechselnde Durchmesser des Rückenmarks hängt mit der unterschiedlichen Größe der von den verschiedenen Rückenmarksgebieten innervierten Hautflächen und Muskelmassen zusammen (Abb. 15.45).

Rückenmarkverdickungen (**Intumescentiae**) sind
- **Intumescentia cervicalis** (Segment C5–Th1); von hier aus werden Schultergürtel und Arm innerviert; die Intumescentia cervicalis projiziert sich in der Regel

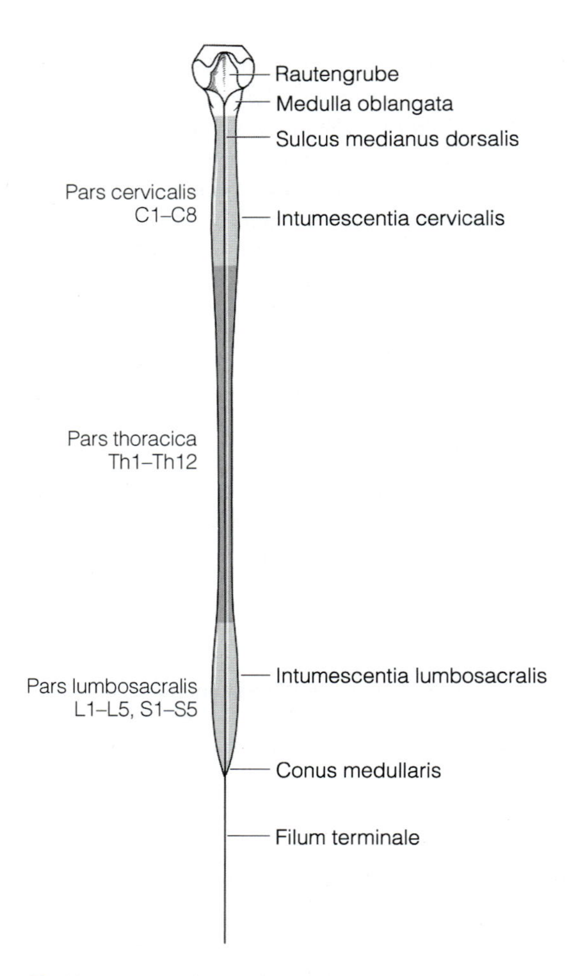

Abb. 15.45. Rückenmark mit seinen Abschnitten

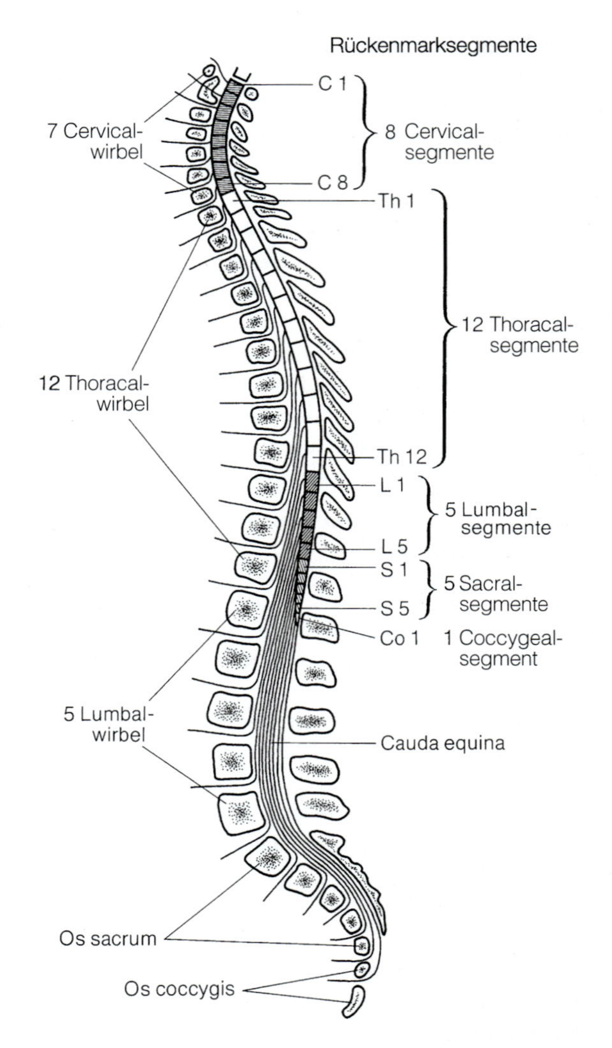

Abb. 15.46. Rückenmarksegmente und ihre Projektion auf die Wirbel beim Erwachsenen

auf die Wirbelsäule zwischen 4. Hals- und 1. Brustwirbel

- **Intumescentia lumbosacralis** (Segment L2–S2) zur Innervation des Beckengürtels und der Beine befindet sich in Höhe des 10.–12. Brustwirbels

Nach kaudal spitzt sich das Rückenmark zum **Conus medullaris** zu, dem ein 25 cm langer Endfaden (**Filum terminale**) folgt. Dieser nervenzellfreie Faden ist am kaudalen Ende des Wirbelkanals befestigt und wird von den Wurzeln der kaudalen Spinalnerven (**Cauda equina**) (Abb. 15.46) begleitet.

Die **Oberfläche des Rückenmarks** (Abb. 15.47) ist auf der anterioren Seite durch eine längs verlaufende Furche (**Fissura mediana anterior**) gekerbt. Seitlich davon befindet sich jeweils ein **Sulcus anterolateralis.** Hier verlassen die motorischen *vorderen Wurzeln* das Rückenmark. Auf der posterioren Seite sind ausschließlich flache Rinnen zu erkennen: **Sulcus medianus posterior**, der im Inneren des Rückenmarks vom **Septum medianum posterius** erreicht wird, **Sulcus posterolateralis** und im oberen Brust- und Halsmark **Sulcus intermedius posterior.** Im Sulcus posterolateralis treten die sensorischen *hinteren Wurzeln* aus dem Spinalganglion in das Rückenmark. Vordere und hintere Wurzel kommen im Foramen intervertebrale zusammen und bilden einen Spinalnerven (► S. 202).

Die **Gliederung des Rückenmarks** ist **sekundär.** Sie geht auf die **Bündelung** der **Wurzelfasern** zurück, die jeweils zwischen den Wirbeln in einem Foramen intervertebrale in den Wirbelkanal ein- bzw. austreten (Abb. 7.1). Eine morphologisch erkennbare Segmentbegrenzung gibt es jedoch weder an der Oberfläche noch im Inneren des Rückenmarks. Die Segmente des Rückenmarks beziehen sich auf die Spinalnerven. Es lassen sich 31 Rückenmarksegmente unterscheiden (Abb. 15.46, Tabelle 15.7):

- **8 Cervikalsegmente** (*Segmenta cervicalia* = C1–C8); sie bilden das Cervikalmark (*Pars cervicalis medullae spinalis*): *Projektion* auf die *Halswirbel 1 bis Mitte 7* mit Verbindung zu den zervikalen Spinalnerven C1–C8

Zur Information
Da embryonal die Anlage des obersten Halswirbels mit dem Hinterhauptsbein verschmilzt, wird auf jeder Seite der Spinalnerv, der zwischen definitivem Hinterhauptsbein und Atlas austritt, der zervikalen Gruppe zugerechnet (8 cervikale Spinalnerven, jedoch lediglich 7 Halswirbel).

- **12 Thorakalsegmente** (*Segmenta thoracica* = Th1–Th12); sie bilden das Thorakalmark (*Pars thoracica medullae spinalis*): *Projektion* auf *Thorakalwirbel 1 bis Mitte 9* mit Verbindungen zu den thorakalen Spinalnerven Th1–Th12
- **5 Lumbalsegmente** (*Segmenta lumbalia* = L1–L5); sie bilden das Lumbalmark (*Pars lumbalis medullae spinalis*): *Projektion* auf die *Mitte des 9. Thorakalwir-*

Tabelle 15.7. Rückenmarksegmente und Wirbelsäule sowie Projektion der Dermatome auf die Körperoberfläche

Rückenmarksegment	Projektion auf Wirbel	Dermatom-sensibles Innervationsfeld
C2–C4		Hinterhauptsgegend, Nacken, Hals (C4 teilweise)
C4	3./4. Halswirbel	über der Klavikula, Akromion, Oberrand der Skapula
C5–C8 Th1–Th2		Arm
Th2–Th12 L1		Rumpf *dorsal:* zwischen Schulterblattgräte bis dicht unterhalb des Darmbeinkamms *ventral:* 2. Rippe bis Höhe des Leistenbandes
Th5	4. Brustwirbel	Höhe der Brustwarzen (beim Mann)
Th10	7./8. Brustwirbel	Höhe des Nabels
L1	10. Brustwirbel	Leistenband liegt in der kaudalen Grenze des Dermatoms L1
L2–L5 S1–S3		Bein
L5	12. Brustwirbel	Unterschenkel ventral, medialer Fußrücken einschließlich Großzehe
S1	12. Brustwirbel	Unterschenkel dorsal, lateraler Fußrücken einschließlich Kleinzehe
S4–S5 Co1	bis 1./2. Lendenwirbel	Crena analis

bels bis zum *12. Thorakalwirbel* mit Verbindungen zu den lumbalen Spinalnerven L1–L5
- **5 Sacralsegmente** (*Segmenta sacralia* = S1–S5); bilden das Sacralmark (*Pars sacralis medullae spinalis*): *Projektion* auf den *1. Lendenwirbel* mit Verbindungen zu den sakralen Spinalnerven S1–S5
- **1(2) Coccygealsegment(e)** (*Segmenta coccygea* = Co); sie bilden das Coccygealmark (*Pars coccygea medullae spinalis*): *Projektion auf den 1. Lendenwirbel*

Zur Information

Die Projektion der Rückenmarksegmente auf die Wirbel ist wegen der lockeren Befestigung des Rückenmarks im Wirbelkanal in Grenzen veränderlich. Als Faustregel gilt, dass sich die Spitze des Conus medullaris auf die Grenze zwischen 1. und 2. Lendenwirbel projiziert, aber individuell den Unterrand des 2. Lendenwirbels erreichen kann. Bei starker Krümmung der Wirbelsäule wird das Rückenmark maximal um 2 cm nach oben gezogen.

Projektion der Rückenmarksegmente in die Peripherie. Die Rückenmarksegmente spiegeln sich in der Peripherie bei der Hautinnervation wider, die in Form von Segmentfeldern (Dermatomen) vorliegt (Abb. 15.48).

Es lassen sich **30 Dermatome** unterscheiden. Das 1. Zervikalsegment besitzt in der Regel keine afferente Wurzel. Es gibt daher kein C1-Dermatom. Zwischen Th2 und L1 bilden die Dermatome gürtelförmige Streifen um den Körper, auf die sich der Grundplan des Innervationsmusters und die metamere Gliederung des Rumpfes projiziert (► S. 115). Im Bereich der Arme und Beine sind die Dermatome verlagert, weshalb die Dermatome C5–Th1 zum Armbereich, die Dermatome L2–S2 zum Beinbereich und die Dermatome S4–Co1(2) zur Rima ani gehören.

Zur Erinnerung

Die Skelettmuskulatur der Extremitäten wird multisegmental innerviert (Abb. 7.3). Dies geht auf eine Plexusbildung der zugehörigen Nn. spinales zurück.

Klinischer Hinweis

Die »Karte« der Dermatome (► Tabelle 15.7) ist u.a. für die Höhendiagnostik von *Querschnittslähmungen* sowie für die Lokalisation von Schäden durch einen *Prolaps* des *Nucleus pulposus* von Bandscheiben wichtig. Dabei kann es zu Sensibilitätsausfällen in den Dermatomen kommen, die von den geschädigten Rückenmarksegmenten bzw. seinen Wurzelfasern versorgt werden.

Die graue nervenzellreiche Substanz des Rückenmarks wird oberflächlich von einem Mantel faserreicher weißer Substanz umgeben.

Die **graue Substanz** liegt in der Tiefe des Rückenmarks. Sie ist H-förmig und bildet eine *Schmetterlingsfigur* (Abb. 15.47). Die graue Substanz überwiegt im kaudalen Bereich des Rückenmarks gegenüber der weißen (Tabelle 15.8). Außerdem bestehen in den verschiedenen Höhen des Rückenmarks Formunterschiede in der Gestaltung der grauen Substanz.

Auf jeder Seite lässt die graue Substanz unterscheiden:
- **Vorderhorn** (*Cornu anterius*); räumlich: **Vordersäule** (*Columna anterior*)
- **Hinterhorn** (*Cornu posterius*); räumlich: **Hintersäule** (*Columna posterior*)
- **Seitenhorn** (*Cornu laterale*); räumlich: **Seitensäule** (*Columna intermedia*)

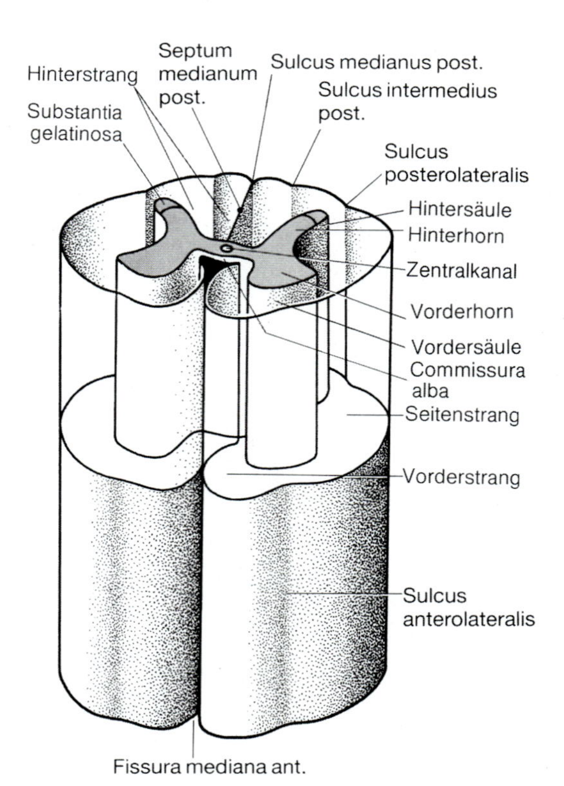

Abb. 15.47. Rückenmark, Oberfläche und innere Gliederung. Im oberen Bereich ist die weiße Substanz durchscheinend gezeichnet

15

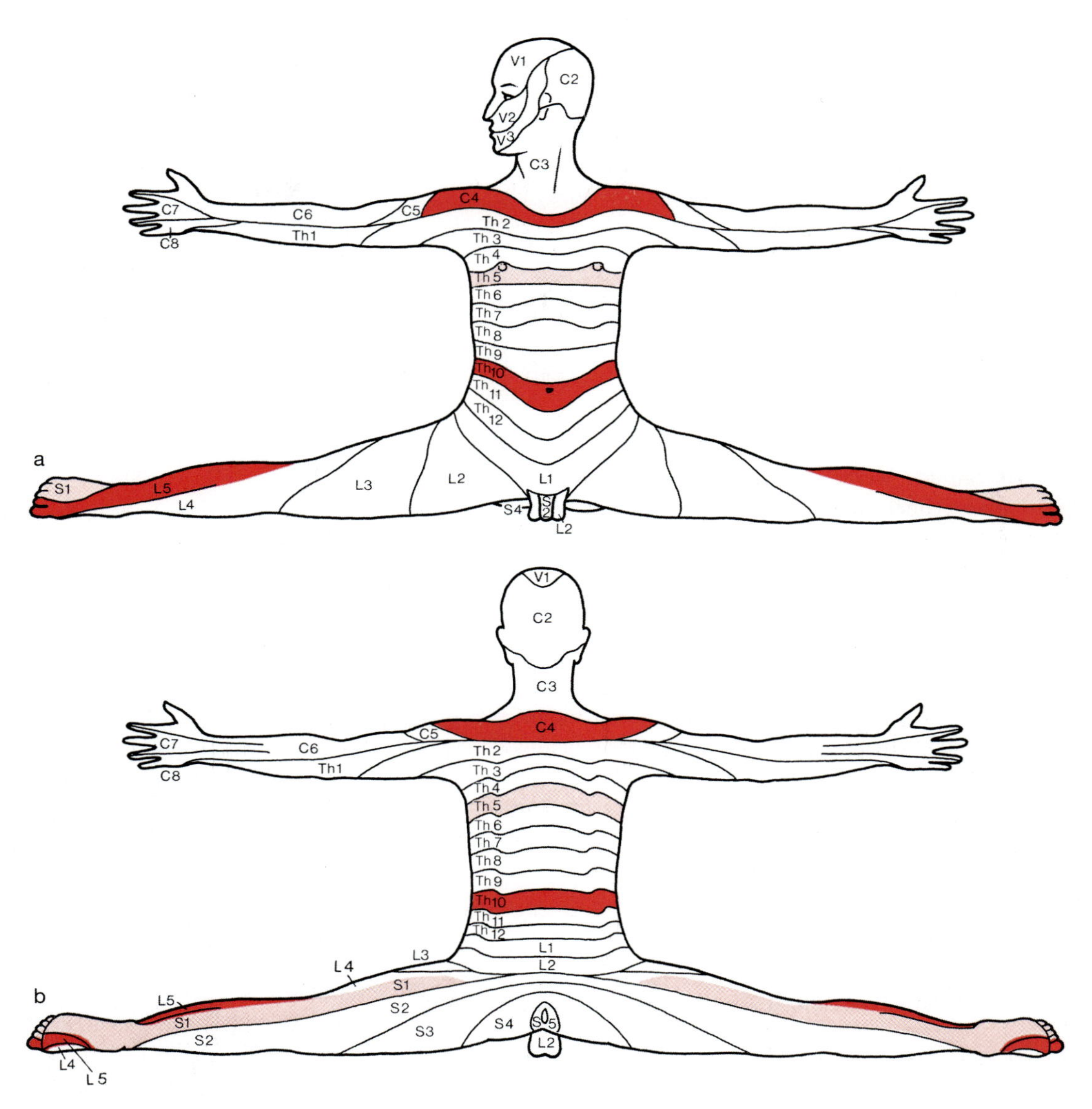

Abb. 15.48 a, b. Dermatome **a** der *ventralen* und **b** der *dorsalen* Oberfläche des Körpers. Fünf für die Diagnostik wichtige Dermatome sind hervorgehoben

Die Verbindung zwischen den beiden Seiten stellt die **Commissura grisea** her. Sie umschließt den **Canalis centralis** (*Zentralkanal*).

Im **Vorderhorn** befinden sich die **motorischen Vorderhornzellen** zur Innervation der Skelettmuskulatur. Im **Hinterhorn** liegen Perikarya, die sensorische Signale durch afferente Nervenfasern (zentrale Fortsätze der pseudounipolaren Spinalganglienzelle) erhalten. Im **Seitenhorn** überwiegen Perikarya des vegetativen Nervensystems.

Die Nervenzellen der grauen Substanz unterscheiden sich je nach Aufgabenstellung und Ziel.

Die Nervenzellen der grauen Substanz des Rückenmarks sind

- **Wurzelzellen**
- **Binnenzellen**
- **Strangzellen**

Tabelle 15.8. Graue und weiße Substanz des Rückenmarks in Abhängigkeit von den Segmenten

	Cervicalsegmente C1–C8	**Thoracalsegmente Th1–Th12**	**Lumbalsegmente L1–L5**	**Sacralsegmente S1–S5**
graue Substanz	besonders reichlich in der Intumescentia cervicalis	schmächtige H-Form	besonders reichlich in der Intumescentia lumbosacralis	nach kaudal hin spärlich
Vorderhorn	dick	schlank	dick	dick
weiße Substanz	sehr reichlich	reichlich	wenig	noch weniger

Als **Wurzelzellen** werden die Nervenzellen des Rückenmarks bezeichnet, deren Axone in die vordere Wurzel gelangen und dann in den Spinalnerven verlaufen. Es handelt sich auf jeder Seite um etwa 200000 somatoefferente (motorische) Vorderhornzellen und viszeroefferente Nervenzellen in den Seitenhörnern. Besonders zu erwähnen sind:

- **große Vorderhornzellen** (*α-Motoneurone*); ihre Axone bilden die präsynaptischen Bereiche der motorischen Endplatten (▶ S. 65) der quer gestreiften Muskelfasern; ein α-Motoneuron und sämtliche von ihm innervierten Skelettmuskelfasern werden als **motorische Einheit** bezeichnet

Zur Information

Nach kurzem Verlauf geben die Neuriten der α-Motoneurone *rückläufige Kollateralen* ab, die über Interneurone (Binnenzellen ▶ unten) mit dem eigenen Perikaryon synaptisch verbunden sind und auf diesem Weg sich selbst hemmen können.

- **kleine Vorderhornzellen** (*γ-Motoneurone*); ihre Axone enden an den motorischen Endplatten der intrafusalen Muskelfasern von Muskelspindeln und regeln deren Länge (▶ S. 66)
- **Nervenzellen des Sympathicus**; sie liegen in den Seitenhörnern der Rückenmarksegmente C8–L2; ihre Axone enden in den para- und prävertebralen Ganglien des Sympathicus und haben viszeromotorische und viszerosekretorische Aufgaben
- **Nervenzellen des Parasympathicus**; sie befinden sich in den Rückenmarksegmenten S2–S4 zwischen Vorder- und Hinterhorn (*Nuclei parasympathici sacrales*); deren Axone ziehen zu vegetativen Ganglien des Parasympathikus und stehen ebenfalls im Dienste von Viszeromotorik und -sekretion

Zur Information

Die Oberflächen der Perikarya der Wurzelzellen und Teile ihrer Dendriten können bis zur Hälfte mit Synapsen für Axone verschiedenster Herkunft bedeckt sein. Für die motorischen Vorderhornzellen ergibt sich daraus, dass sie für die Neuronenketten, die mit ihnen Kontakt aufnehmen, die »*letzte gemeinsame Endstrecke*« (Sherrington) darstellen.

Binnenzellen, auch als **Schaltzellen** bezeichnet, sind Interneurone (▶ S. 722). Ihre Fortsätze bleiben in der grauen Substanz und verbinden Nervenzellen des gleichen Segments – besonders in Substantia gelatinosa und Lamina spinalis VII (▶ unten) – aber auch verschiedener Segmente derselben oder der kontralateralen Seite:

- **Assoziationszellen** für Verbindungen auf derselben Seite
- **Kommissurenzellen** zur gegenüber liegenden Seite

Zur Information

Meist wirken Binnenzellen hemmend, selten erregend. Je nach ihrer Lage in einem Regelkreis können hemmende Interneurone *Vorwärtshemmung, laterale Hemmung* – z.B. zur Schaffung einer ruhigen Zone um eine Leitungsbahn (*Umfeldhemmung*) – oder *Rückwärtshemmung* (Renshaw-Zelle) bewirken (▶ S. 723, Abb. 15.4). Binnenzellen wirken insbesondere bei Modulation und Integration von Erregungen mit, die das Rückenmark erreichen.

Die **Strangzellen** liegen in Hinterhorn oder dorsalen Teilen der Lamina spinalis VII (▶ unten). Ihre Axone bilden in der weißen Substanz die Leitungsbahnen des **Eigen-** bzw. des **Verbindungsapparates** (▶ unten). Sofern die Axone der Strangzellen auf der gleichen Seite bleiben, werden sie als **Assoziationsfasern**, sofern sie zur Gegenseite ziehen, als **Kommissurenfasern** bezeichnet. Die Afferenzen zu den Strangzellen kommen von den Spinalganglien.

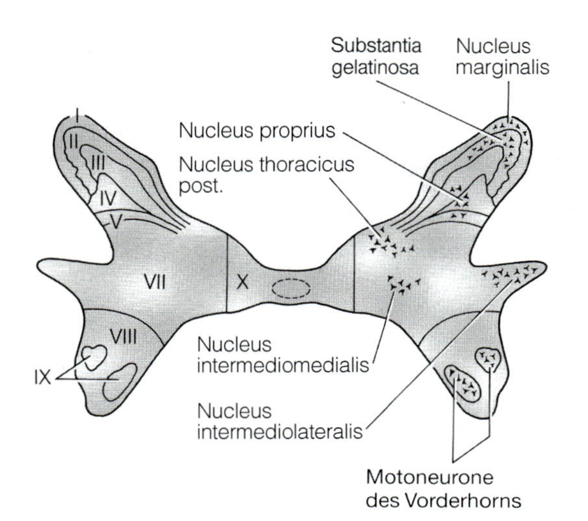

Abb. 15.49. Rückenmark graue Substanz, Querschnitt in Höhe von Th10. Eingetragen sind die Laminae spinales und wichtige Zellgruppen. Die Lamina spinalis VI ist in diesem Segment undeutlich ausgebildet und deshalb nicht markiert

Zytoarchitektonik. Form und Anordnung der Nervenzellen im Rückenmark lassen **10 zytoarchitektonische Areale** unterscheiden. Sie bilden von posterior nach anterior *10 Laminae* (Abb. 15.49).

Einzelheiten

Laminae spinales I–VI. Sie befinden sich in der Hintersäule. Die Perikarya ihrer Nervenzellen sind meist klein, höchstens mittelgroß. Überwiegend handelt es sich um Interneurone. Jedoch besitzt das Hinterhorn auch Strangzellen: **große Hinterhornzellen**, deren Axone die Seite kreuzen und den kontralateralen **Tractus spinothalamicus** bilden (► unten). Erreicht werden die Hinterhornzellen von somatoafferenten oder viszeroafferenten Fasern: im medialen Gebiet aus distalen, im lateralen Gebiet aus proximalen Körperpartien. Dabei treten die marklosen und markarmen Fasern mehr an die Nervenzellen der posterioren Teile des Hinterhorns (**Apex et Caput cornus posterioris, Nucleus marginalis**), die dickeren markhaltigen mehr an die der Hinterhornbasis (**Basis cornus posterioris**) heran. Funktionell werden im Hinterhorn vor allem sensorische Informationen aus Haut und Eingeweiden verarbeitet.

Lamina spinalis II (Substantia gelatinosa). Sie liegt kappenförmig dem Hinterhorn auf und ist morphologisch auffällig, da sie auf Querschnitten des unfixierten Rückenmarks einen dunklen Farbton hat. Besonders deutlich ist sie im Lumbalmark. In der Substantia gelatinosa kommen überwiegend kleine Nervenzellen vor, vor allem wohl Interneurone. Hier werden insbesondere Schmerzreize verarbeitet.

Lamina spinalis VII. Sie nimmt den mittleren Teil des Rückenmarkgraus ein und verfügt über viele Interneurone, außerdem über (viszeroefferente) Wurzel- und Strangzellen. Die Lamina spinalis VII gliedert sich in mediales und laterales Feld. Zum lateralen Feld gehören zwischen C8 und L2 das **Cornu laterale.**

Die auffälligste Kerngruppe der Lamina spinalis VII ist im mittleren Feld der **Nucleus thoracicus posterior** (Stilling-Clarke-Säule). Die Kerngruppe reicht von C7–L2. An ihren Perikarya enden vor allem Muskel- und Gelenkafferenzen. Die Neuriten der Nervenzellen des Nucleus thoracicus posterior bündeln sich und bilden den **ipsilateralen Tractus spinocerebellaris posterior** (► unten). Die Neuriten anderer Nervenzellen dieser Gegend bilden teils ipsi-, teils kontralateral den **Tractus spinocerebellaris anterior** (► unten).

Im Seitenhornbereich liegen in Höhe der Segmente C8–L2 die **Nuclei intermediolateralis et intermediomedialis** – in Thorakal- und Lumbalmark sind die Kerngruppen untereinander und mit denen der Gegenseite durch strickleiterartig angeordnete cholinerge Faserbündel verknüpft – bzw. in Höhe der Segmente S2–S4 die **Nuclei parasympathici sacrales.** Die Neurone der genannten Kerne sind viszeroefferent: Wurzelzellen des Sympathicus in Thorakal- und Lumbalmark, des Parasympathicus im Sakralmark.

Laminae spinales VIII–IX. Sie bilden das Vorderhorn. In der Lamina spinalis VIII überwiegen Interneurone für die motorischen Systeme. Die Lamina spinalis IX enthält vor allem somatoefferente Wurzelzellen (*α*- und *γ*-**Motoneurone**), die somatotopisch gegliederte Zellgruppen bilden. Dies bedeutet, dass die Neuriten bestimmter Wurzelzellgruppen bestimmten Muskeln oder Muskelgruppen zugeordnet sind: z. B. liegen Nervenzellgruppen zur Innervation von Hals- und Rumpfmuskulatur medial, zur Innervation der distalen Extremitätenmuskulatur in den Intumeszenzen lateral, Motoneurone für die Flexoren posterior (dorsal), für die Extensoren anterior (ventral). Signale erhalten die Wurzelzellen sowohl direkt als auch über Interneurone aus der Peripherie und vom Gehirn.

Lamina spinalis X. Sie umgibt als Substantia gelatinosa centralis den Zentralkanal.

> **In der weißen Substanz des Rückenmarks verlaufen die Axone der Wurzelfasern sowie auf- und absteigende Leitungsbahnen.**

Die **weiße Substanz** gliedert sich in (Abb. 15.47):

- **Hinterstrang** (*Funiculus posterior*); er liegt zwischen den beiden Hinterhörnern und unterteilt sich im **oberen Brust- und Halsmark** in (Abb. 15.50a):
  - **Fasciculus cuneatus** (*Burdach*, lateral gelegen)
  - **Fasciculus gracilis** (*Goll*, medial gelegen)
- **Seitenstrang** (*Funiculus lateralis*)
- **Vorderstrang** (*Funiculus anterior*)

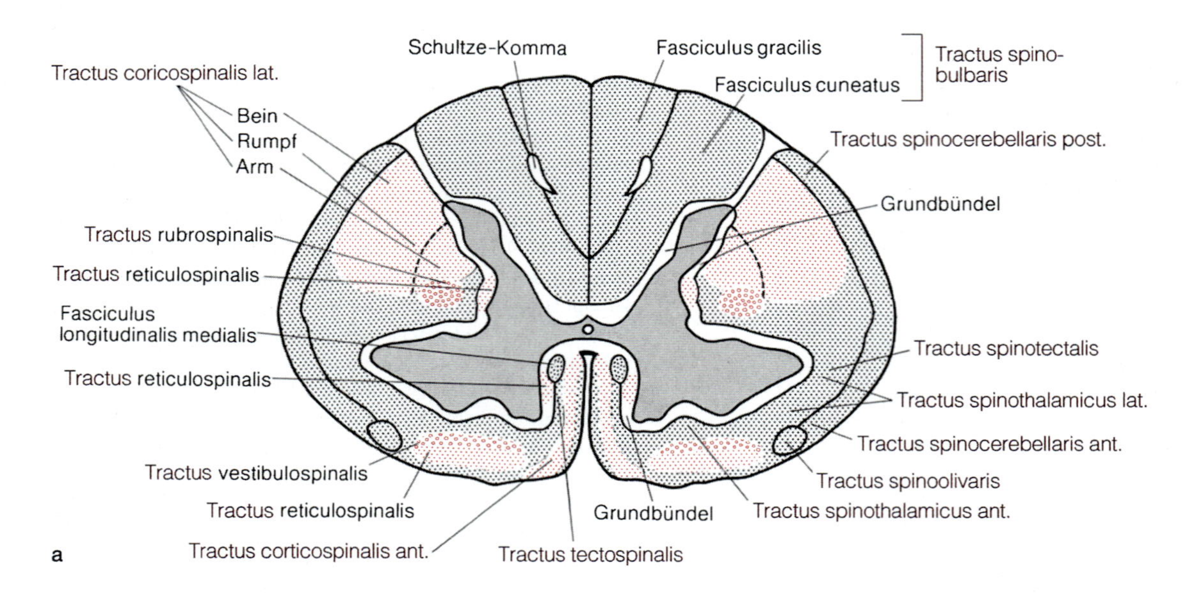

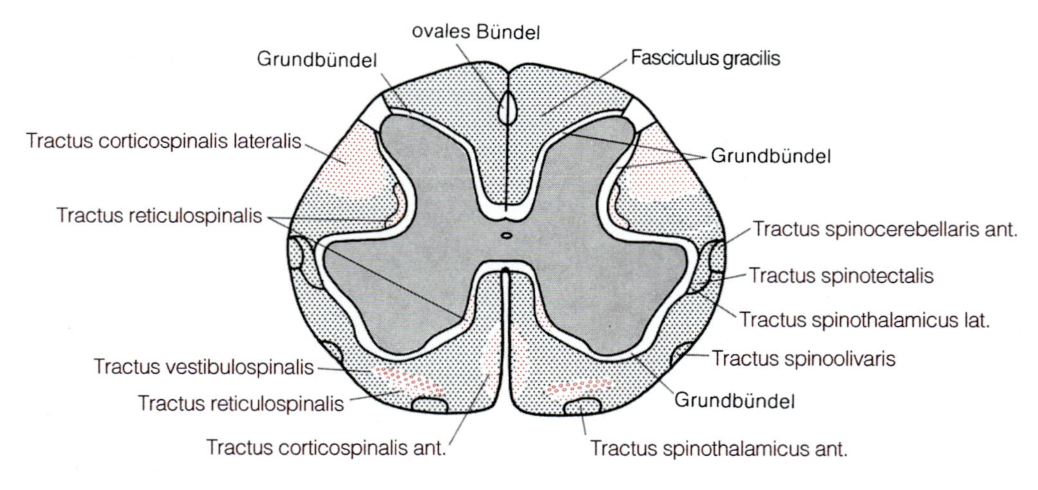

Abb. 15.50 a, b. Rückenmark, Querschnitte **a** in Höhe der oberen Halssegmente, **b** der unteren Lumbalsegmente

Zwischen Hinterstrang und Seitenstrang befindet sich dorsal der Hinterhornspitze der **Tractus posterolateralis** (*Lissauer*). Vorderstrang und Seitenstrang sind nicht klar getrennt. Sie werden auch gemeinsam als **Vorderseitenstrang** bezeichnet. Rechter und linker Vorderstrang sind durch die **Commissura alba** verbunden, die anterior der Commissura grisea liegt.

Bestandteile. Die weiße Substanz besteht aus
- **markhaltigen und marklosen Nervenfasern**
- **Glia**

Glia. Astrozyten bilden mit ihren Fortsätzen unter der Oberfläche des Rückenmarks eine **Membrana limitans gliae externa.** Um die Gefäße herum liegt eine **Membrana perivascularis gliae.** Besonders dicht ist das Filzwerk der Gliafortsätze subependymal um den Zentralkanal herum (**Substantia gelatinosa centralis**).

Nervenfasern. Es handelt sich um Axone bzw. Nervenfaserbündel

- **aus der afferenten Hinterwurzel**
- **für die efferente Vorderwurzel**
- **von Leitungsbahnen**

Afferente Wurzelfasern. Sie sind die zentralen Fortsätze der pseudounipolaren Ganglienzellen im Spinalganglion.

Die afferenten Wurzelfasern bilden vor dem Eintritt ins Rückenmark ein **laterales** und ein **mediales Bündel.** Die Bündel gehen von unterschiedlichen Rezeptororganen aus (Tabelle 15.9). Im Rückenmark selbst gabeln sich die meisten Axone T-förmig in einen ab- und aufsteigenden Ast und geben in ihrem Verlauf Kollateralen ab.

Die Fasern des **lateralen Bündels** sind dünn (Aδ-Fasern) und überwiegend marklos (C-Fasern). Viele der C-Fasern ziehen durch den Tractus posterolateralis oder medial davon zu den Laminae spinales I und II (▶ oben).

Die Fasern des **medialen Bündels** sind dicker (Aα-, Aβ-, Aγ-Fasern). Sie treten selbst oder mit Kollateralen in die graue Substanz ein – von medial her – und bilden dort in der Lamina spinalis VII mit Neuronen der Hinterhorn- bzw. Vorderhornbasis Synapsen. Viele Fasern ziehen jedoch im Hinterstrang ohne Unterbrechung bis zur Medulla oblongata.

Tabelle 15.9. Fasern der hinteren Wurzel des Rückenmarks

Laterale Bündel (Aδ-, C-Fasern)	**Mediale Bündel** (Aα, Aβ-, Aγ-Fasern)
Fasern aus exterozeptiven Rezeptoren: für Hitze, Kälte, Schmerz-freie Nervenendigungen	Fasern aus exterozeptiven Rezeptoren: (Hautsensibilität) z. B. Meissner-Tastkörperchen für Druck und Berührung
Fasern aus viszerozeptiven Rezeptoren: für Spannung und Dehnung der glatten Muskulatur	Fasern aus propriozeptiven Rezeptoren: Muskelspindeln, Sehnenspindeln, Gelenkkapselorgane

Efferente Wurzelfasern sind überwiegend Axone der Motoneurone sowie der Neurone von Sympathikus und Parasympathicus. Die Axone verlassen die Vorderhörner fächerförmig und vereinigen sich anterolateral zu den vorderen Wurzeln.

Leitungsbahnen. Die Faserbündel der Leitungssysteme des Rückenmarks werden als *Tractus* bezeichnet. Sie liegen in den Hinter-, Seiten- und Vordersträngen. Die Tractus erhalten ihre Detailnamen nach den Neuronenpopulationen, die sie miteinander verbinden, z. B. Tractus spinothalamicus zur Verknüpfung von Rückenmark und Thalamus.

Zur Information

Viele Bahnen sind *somatotop* gegliedert. Dies bedeutet, dass sich innerhalb einer Bahn die Axone bündeln oder Lamellen bilden, die sich einem bestimmten Gebiet der Peripherie bzw. einer Neuronenpopulation im Zentralnervensystem zuordnen lassen. Deutlich ist dies vor allem bei langen Bahnen. So lagern sich z. B. im *Tractus spinobulbaris* neu hinzukommende Fasern (aus den oberen Spinalnerven) jeweils bereits vorhandenen (aus den unteren Segmenten) lateral an. Beim *Tractus spinothalamicus* im Vorderseitenstrang, dessen Fasern überwiegend die Seite kreuzen, ist es umgekehrt: Dort liegen die Fasern aus den oberen Segmenten medial von denen aus den sakralen und lumbalen Segmenten.

Morphologisch sind die einzelnen Bahnen nur während der Ontogenese und nach einer Schädigung zu identifizieren. Die Schädigungen führen zum Verlust der Markscheiden. Geschädigte Bahnen treten deshalb in histologischen Schnitten bei Markscheidenfärbungen als Aussparungen hervor.

Die Leitungssysteme des Rückenmarks lassen unterscheiden:

- **Eigenapparat**
- **Verbindungsapparat**

Der Eigenapparat des Rückenmarks wird von spinospinalen Verbindungen gebildet, die der reflektorischen Koordination von Bewegungen dienen.

Die Faserbahnen des **Eigenapparates** befinden sich vorwiegend im Grenzgebiet zwischen grauer und weißer Substanz und werden ihrer Topik wegen als **Grundbündel** (*Fasciculi proprii*) bezeichnet (Abb. 15.50).

Nach ihrer Lage werden unterschieden:

- **Fasciculi proprii posteriores**
- **Fasciculi proprii laterales**
- **Fasciculi proprii anteriores**

Hinzu kommen zwei Faserbahnen, die innerhalb der weißen Substanz der Hinterstränge liegen:

- **Fasciculus septomarginalis** (*ovales Bündel*) am Septum medianum posterius (Abb. 15.50b)
- **Fasciculus interfascicularis** (*Schultze-Komma*) zwischen Goll- und Burdach-Strang (Abb. 15.50a)

Beide Faszikel bestehen aus Bündeln absteigender Äste von Hinterwurzelfasern.

Eine Sonderstellung nimmt der **Tractus spinocervicalis** ein. Er leitet vor allem Signale von Haarfollikelrezeptoren parallel zum Hinterstrangsystem (► unten). Die Fasern verlaufen posterolateral vom Hinterhorn und treten im oberen Halssegment wieder ins Hinterstrangsystem ein.

Zur Information

Die Tätigkeit des Eigenapparates spiegelt sich in spinalen Reflexen wider (Tabelle 15.10). Sie spielen sich auf segmentaler Ebene ab und erfolgen unbewusst.

Der Eigenapparat steht aber auch unter dem Einfluss supraspinaler Zentren. Diese sind u.a. in der Lage, das Mosaik der segmentalen Einzelleistungen des Rückenmarks zu koordinieren und Reflexaktivitäten – vor allem durch Hemmung – zu steuern.

Klinischer Hinweis

Die Funktionstüchtigkeit des Rückenmarks und seiner Segmente kann durch Auslösung dieser spinalen Reflexe geprüft werden (Tabelle 15.10).

Sie sind nachweisbar, solange alle im Reflexbogen zusammenarbeitenden Neurone intakt sind. – Spinale Reflexe dienen aber auch der Prüfung des Zusammenwirkens mit supraspinalen Zentren. So können beim Erwachsenen nach Unterbrechung absteigender Bahnsysteme erneut Reflexe auftreten, die beim Säugling mit noch unreifen Bahnsystemen vorhanden waren. So erfolgt z.B. beim Säugling und beim Erwachsenen nach Unterbrechung der Pyramidenbahn nach Bestreichen des äußeren Fußrandes keine Plantarflexion, sondern eine Dorsalextension der großen Zehe (*Babinski-Reflex*).

Der Verbindungsapparat des Rückenmarks leitet in definierten Bündeln Signale zum und vom Gehirn.

Der Leitungsweg im **Verbindungsapparat** besteht aus Neuronenketten. Viele ihrer Axone geben Kollateralen ab oder verzweigen sich terminal. Sie verbinden sich dann mit mehreren Folgeneuronen. Es kommt zu einer **Divergenz** der Erregungsleitung.

Andererseits können mehrere Neurone Synapsen mit einem einzigen nachgeschalteten Neuron bilden (**Konvergenz**).

Ferner weist jedes Neuron des Verbindungsapparates an seiner Oberfläche erregende (exzitatorische) *und* hemmende (inhibitorische) Synapsen auf. Dies ermöglicht Bahnung und Hemmung, also eine mehr oder weniger ausgeprägte **Filterung** der Signale. Es erreicht beispielsweise nur ein Bruchteil der afferenten Signale, die in den Rezeptoren der Haut ständig ausgelöst werden, die Großhirnrinde (das Tragen von Kleidung würde sonst unerträglich sein).

Der Verbindungsapparat des Rückenmarks besteht aus:

- **langen aufsteigenden Bahnen**
- **langen absteigenden Bahnen**

Die aufsteigenden Bahnen sind vorwiegend somatoafferent, die absteigenden Bahnen somato- oder viszeroefferent.

Aufsteigende Bahnen befinden sich sowohl in den Hintersträngen als auch in den Vorderseitensträngen des Rückenmarks. Im **Hinterstrang** überwiegen lange aufsteigende Bahnen stark gegenüber anderen Fasersystemen; lange absteigende Bahnen fehlen hier. In den **Vorderseitensträngen** nehmen die aufsteigenden Bahnen vor allem die Randpartien ein.

Aufsteigende Bahnen des Rückenmarks sind (Abb. 15.50):

- **Tractus spinobulbaris.** Er dient der Informationsübertragung der Oberflächen- und Tiefensensibilitäten mit Ausnahme der Schmerz- und Temperatursensibilität. Der Tractus spinobulbaris liegt im **Hinterstrang.** Er besteht aus Axonen, deren Perikarya (1. Neuron) in den Spinalganglien liegen. Die Signale aus der Körperperipherie werden ohne Unterbrechung ipsilateral bis zur Medulla oblongata (zu den Hinterstrangkernen ► S. 771) geleitet. Im oberen Brust- und Zervikalmark trennt das Septum cervicale intermedium die Axone aus der unteren Rumpfhälfte und den Beinen von denen aus den Dermatomen und Myotomen der oberen Rumpfhälfte sowie den Armen. Dadurch gliedert sich der Tractus spinobulbaris hier in:
  - **Fasciculus gracilis** (*Goll-Strang*), der **medial** liegt
  - **Fasciculus cuneatus** (*Burdach-Strang*), der **lateral** liegt

  Der Tractus spinobulbaris ist ein Teil des Hinterstrang-medialen-Lemniskussystems (► S. 815).

Tabelle 15.10. Eigen- und Fremdreflexe des Rückenmarks

Neuronales Spinalsegment	Reflex	Abkürzung	Reflexauslösung	Erfolgsorgan	Reflexart	Afferenter Schenkel	Efferenter Schenkel
C5–C6	Biceps-brachii-Reflex (Bizepssehnenreflex)	BSR	Schlag auf Bizepssehne	M. biceps brachii	Eigenreflex	N. musculocutaneus (► S. 507)	
C5–C6	Radiusperiostreflex	RPR	Schlag auf den Radius proximal des Proc. styloideus	M. brachioradialis, M. brachialis, M. biceps brachii	Eigenreflex	N. radialis (► S. 509), N. musculocutaneus	
C6–C8	Triceps-brachii-Reflex (Trizepssehnenreflex)	TSR	Schlag auf Trizepssehne	M. triceps brachii	Eigenreflex	N. radialis	
Th8–Th12, L1	Bauchhautreflex	BHR	Bestreichen der Bauchhaut	Bauchmuskulatur	Fremdreflex	Nn. intercostales VIII–XI, N. subcostalis, N. iliohypogastricus, N. ilioinguinalis	
L1–L2	Kremasterreflex	CR	Bestreichen der Haut in der Innenseite des Oberschenkels	M. cremaster (Hebung des Hodens)	Fremdreflex	R. femoralis und R. genitalis des N. genitofemoralis (► S. 570)	
L2–L4	Quadrizepsreflex (Patellarsehnenreflex)	PSR	Schlag auf Lig. patellae	M. quadriceps femoris	Eigenreflex	N. femoralis (► S. 570)	
L5, S1–S2	Triceps-surae-Reflex (Achillessehnenreflex)	ASR	Schlag auf Achillessehne	M. triceps surae	Eigenreflex	N. tibialis (► S. 573)	
S1–S2	Plantarreflex (Fußsohlenreflex)		Bestreichen des äußeren Fußsohlenrandes	Beuger der 2.–5. Zehe	Fremdreflex	Nn. plantares nervi tibialis (► S. 573)	N. tibialis
S3–S5	Analreflex		Bestreichen der Analregion mit Holzstäbchen	M. sphincter ani ext.	Fremdreflex	Nn. anococcygei	N. pudendus (► S. 447)

- **Tractus spinothalamicus.** Er vermittelt Temperatur- und Schmerzempfindungen (Tractus spinothalamicus lateralis, ▶ S. 819) sowie undifferenzierte Mechanosensibilität (Tractus spinothalamicus anterior). – Das 1. Neuron befindet sich im Spinalganglion, die Perikarya des 2. Neurons in Hintersäule und Lamina spinalis VII. Die Axone kreuzen fast vollständig in der Commissura alba die Seite und ziehen dann als Tractus spinothalamicus im Vorderseitenstrang aufwärts. Schließlich gelangen sie zum *Nucleus ventralis posterolateralis* des *Thalamus* (▶ S. 751)
- **Tractus spinoreticularis.** Seine Fasern stammen aus den gleichen **kontralateralen** Gebieten, wie die des Tractus spinothalamicus; es kommen aber auch **ipsilaterale** Fasern vor. In seinem Verlauf schließt sich der Tractus spinoreticularis bis zur Formatio reticularis dem Tractus spinothalamicus an. Dann jedoch trennen sich die Bahnen und Fasern des Tractus spinoreticularis treten in verschiedenen Höhen in die Formatio reticularis ein. Der Tractus spinoreticularis gehört zum unspezifischen sensorischen System

Die Tractus spinothalamicus et spinoreticularis bilden das **anterolaterale System** (▶ S. 815).

- **Tractus spinocerebellares.** Ihre Axone leiten dem Kleinhirn vor allem Informationen über den Tonus der Muskulatur sowie die Position der Glieder zu. Die Tractus liegen unter der lateralen Oberfläche des Rückenmarks. Sie gliedern sich in:
  - **Tractus spinocerebellaris posterior** (*Flechsig*), dessen Perikarya im Nucleus thoracicus posterior (Stilling-Clarke ▶ oben) derselben Seite liegen; das Kleinhirn wird durch den Pedunculus cerebellaris inferior erreicht
  - **Tractus spinocerebellaris anterior** (*Gowers*), dessen Perikarya ungebündelt basolateral im Hinterhorn **derselben oder der Gegenseite** liegen; das Kleinhirn wird durch den Pedunculus cerebellaris superior erreicht (weitere Einzelheiten über die Tractus spinocerebellares ▶ S. 811).
- **Tractus spinoolivaris.** Auch in dieser Bahn werden dem Kleinhirn (propriozeptive) Signale zugeleitet, die jedoch zuvor in den Nuclei olivares inferiores umgeschaltet werden. Der Tractus liegt im Seitenstrang (Helweg-Dreikantenbahn) unmittelbar lateral vor Austritt der vorderen Wurzel. Seine Axone kommen durch die Commissura alba von Perikarya im Hinterhorn der **Gegenseite**
- **Tractus spinotectalis.** Seine Fasern gehören zum afferenten Teil einer Reflexbahn, die im Colliculus superior des Tectum mesencephali endet (▶ S. 767). Der Tractus liegt in der Nähe des Tractus spinothalamicus. Die Perikarya seiner Axone befinden sich im Hinterhorn der **Gegenseite**

Die **absteigenden Bahnen** des Verbindungsapparates verlaufen im **Vorderseitenstrang.** Sie übertragen Signale aus motorischen oder vegetativen Zentren des Gehirns an den Eigenapparat des Rückenmarks. Absteigende Bahnen sind (◘ Abb. 15.50):

- **Tractus corticospinalis** (*Pyramidenbahn*) (▶ S. 806); er überträgt motorische Impulse vom Neocortex teilweise über Interneurone zu den Motoneuronen im Vorderhorn. Im Rückenmark besteht die Pyramidenbahn aus:
  - **Tractus corticospinalis lateralis**; er befindet sich im Seitenstrang; seine Fasern (70–90% der Pyramidenbahn) haben in der **Decussatio pyramidum** der Medulla oblongata die Seite gekreuzt
  - **Tractus corticospinalis anterior**; er verläuft neben der Fissura mediana anterior und führt Fasern der gleichen Seite, die im Segment kreuzen, in dem sie enden (genauere Beschreibung des Tractus corticospinalis ▶ S. 806)
- **extrapyramidal-motorische Bahnen**; sie entspringen in Gebieten des Gehirns, die motorische Regulationsaufgaben ohne Einschaltung des Bewusstseins erfüllen (z. B. Stützmotorik); die Bahnen sind polysynaptisch, sie enden direkt oder über Interneurone vor allem an γ-Motoneuronen, aber auch an α-Motoneuronen:
  - **Tractus reticulospinalis** mit Fasern aus der Formatio reticularis des Pons (pontine Fasern) und der Medulla oblongata (medulläre Fasern); die **pontinen Fasern** verlaufen im Vorderstrang und wirken fördernd auf α- und γ-Motoneurone der Extensoren (jedoch hemmend auf die der Flexoren); die **medullären Fasern** liegen im Seitenstrang, erregen α- und γ-Motoneurone der Flexoren (inhibieren aber die der Extensoren)
  - **Tractus vestibulospinales** (▶ S. 831); sie vermitteln Reflexe des Lage- und Gleichgewichtssinns und bewirkt vor allem eine Erhöhung des Tonus der Streckmuskeln bei gleichzeitiger Entspannung der Flexoren der gleichseitigen Extremitäten. Der Tractus vestibulospinalis endet direkt oder indirekt an α- und γ-Motoneuronen

- **Tractus tectospinalis** vermittelt vor allem visuelle Stellreflexe; er verläuft medial im Vorderstrang und endet bereits in den oberen Cervikalsegmenten; er kommt von den Colliculi superiores des Tectum mesencephali, kreuzt im Mittelhirn (*dorsale Haubenkreuzung* ▶ S. 781) und zieht zu kontralateralen Motoneuronen
- **Tractus rubrospinalis**; er erreicht nur das Halsmark; die meisten Efferenzen des Nucleus ruber werden in der Formatio reticularis umgeschaltet

- **Vegetative Bahnen.** *Absteigende vegetative Fasern* stammen aus vegetativen Zentren des Hypothalamus. Im Hirnstamm verlaufen sie im Fasciculus longitudinalis posterior, im Rückenmark verstreut im Vorderseitenstrang. Sie enden an den viszeroefferenten Seitenhornneuronen, die Eingeweide, Genitale und Schweißdrüsen der Haut versorgen. Gesondert lässt sich als ein relativ geschlossenes Bündel eine **Vasokonstriktorenbahn** abgrenzen. Sie befindet sich anterior von der Pyramidenseitenstrangbahn und leitet Signale, die den Tonus der glatten Muskulatur der Gefäße beeinflussen

Klinischer Hinweis

Werden alle Anteile des Verbindungsapparates unterbrochen, kommt es zu einer *Querschnittslähmung*. Dabei treten Ausfallerscheinungen auf, die von der Lokalisation der Unterbrechung abhängen. Bei einer Läsion kaudal von Th2 erfolgt eine bilaterale Lähmung der unteren Extremitäten (*Paraplegie*), bei einem Defekt kranial von C5 eine Lähmung aller vier Extremitäten (*Tetraplegie*). Unmittelbar nach der Verletzung sind alle Reflexe gesteigert, da die zentrale Hemmung *entfällt*, oder es treten *pathologische Reflexe* auf (z.B. Babinski-Reflex ▶ S. 800). – Ist die Schädigung des Rückenmarks nur halbseitig, wird von einer *Halbseitenläsion* des Rückenmarks gesprochen. Unterhalb der Läsion gehen *ipsilateral* weitgehend die Mechanosensibilität (Tractus spinobulbaris) und *kontralateral* die Schmerz- und Temperaturleitung (Tractus spinothalamicus) verloren. Außerdem ist ipsilateral die Motorik (Tractus corticospinalis lateralis) gestört (*Brown-Séquard-Symptomenkomplex*).

Die arterielle Versorgung des Rückenmarks erfolgt durch Äste der A. vertebralis und einige segmentale Arterien der Aorta.

Zur Entwicklung
Das embryonale Gefäßsystem des Rückenmarks ist bilateralsymmetrisch und segmental angelegt. Es besteht aus Ästen der 31 paarigen Segmentarterien, die von der Aorta abzweigen. In der Fetalzeit werden dann jedoch hämodynamisch ungünstige Strecken abgebaut, kaudal stärker als kranial. Es verbleiben in der Regel sechs anteriore und meistens 15 feine posteriore Radikulararterien sowie die Äste der Aa. vertebrales. Klinisch bedeutsam ist vor allem die A. radicularis magna (▶ unten).

Versorgt wird das Rückenmark durch:
- **A. spinalis anterior** (unpaar)
- **Aa. radiculares**
- **Aa. spinales posteriores**

Die **A. spinalis anterior** ist die Vereinigung paariger intrakranialer Äste der A. vertebralis. Sie verläuft in der Fissura mediana anterior. Von der Mitte des Zervikalmarks an erhält die A. spinalis anterior jedoch ihren Hauptzustrom von den Aa. radiculares (▶ unten). Die A. spinalis anterior versorgt etwa die vorderen zwei Drittel des Rückenmarks. Weitere Äste bilden an der Außenzone des Vorderseitenstrangs einen Gefäßring.

Die **Aa. radiculares** sind Äste der A. subclavia bzw. der segmentalen Arterien der Aorta: A. cervicalis ascendens, A. cervicalis profunda, Aa. intercostales und Aa. lumbales. Die Aa. radiculares verlaufen durch die Foramina intervertebralia in den Wirbelkanal. Dort geben sie die *Aa. radiculares anteriores* für die A. spinalis anterior ab. Für das Halsmark gibt es in der Regel drei, für das Thorakalmark zwei Aa. radiculares anteriores, im Lumbosakralmark meist nur eine A. radicularis magna.

Klinischer Hinweis

Bei einer Läsion der A. radicularis magna kommt es zu einer schlaffen Lähmung der Beine.

Die **Aa. spinales posteriores** verlaufen an der Dorsalfläche des Rückenmarks, sind dünn und plexiform. Sie gehen aus den Aa. vertebrales und Aa. radiculares posteriores der Aa. intercostales hervor. Sie versorgen das hintere Drittel des Rückenmarks.

Der venöse Abfluss aus dem Rückenmark erfolgt durch Vv. radiculares.

Die Vv. radiculares sind mit den klappenlosen, mächtigen Venengeflechten im Epiduralraum (**Plexus venosi vertebrales interni**) verbunden. Diese Venengeflechte haben Beziehungen
- zu den venösen Blutleitern in der Schädelhöhle (Sinus durae matris) durch das Foramen magnum

- durch Vv. basivertebrales mit dem Venengeflecht vor und hinter der Wirbelsäule: Plexus venosus vertebralis externus
- mit den segmentalen Venen durch die Vv. intervertebrales

In Kürze

Das Rückenmark ist durch seinen Verbindungsapparat Mittler zwischen Körperperipherie und Gehirn sowie umgekehrt, hat aber durch seinen Eigenapparat ebenfalls modulierenden Einfluss auf alle weitergeleiteten Signale und ist zudem zu Eigen- und Fremdreflexen fähig. Das Rückenmark endet mit dem Conus medullaris (L1–L2). Aufgrund der Bündelung der Fasern der vorderen und hinteren Wurzeln zu 31 Spinalnerven werden 31 Rückenmarksegmente unterschieden, die zu den Dermatomen der Peripherie in Beziehung stehen. Die graue Substanz des Rückenmarks hat H-Form, besteht aus Wurzel-, Binnen- und Strangzellen und lässt 10 zytoarchitektonische Areale unterscheiden. Die weiße Substanz beinhaltet die Leitungssysteme des Rückenmarks: Eigenapparat und Verbindungsapparat mit langen aufsteigenden und absteigenden Bahnen. Alle Systeme haben eine festgelegte Topik. Sie stehen im Dienst motorischer, sensorischer und vegetativer Funktionen. Die Blutversorgung des Rückenmarks erfolgt durch Äste von A. vertebralis und Aorta.

15

15.5 Neurofunktionelle Systeme

Zur Information

Neurofunktionelle Systeme sind Neuronenpopulationen mit gerichteter Signalübertragung und bestimmten Aufgabenstellungen. Sie sind vielgliedrig und bestehen in der Regel aus mehreren Subsystemen. Durch die Vernetzung der Subsysteme und durch das »Verrechnen« von Signalen in den zwischengeschalteten Neuronen können Signale verstärkt oder abgeschwächt werden.

Die meisten neurofunktionellen Systeme sind longitudinal angeordnet und kreuzen in ihrem Verlauf die Seite. Einige haben jedoch auch nichtkreuzende Anteile, sodass manche Systeme sowohl kontralaterale als auch ipsilaterale Verlaufsstrecken aufweisen.

Neurofunktionelle Systeme sind:
- **somatomotorische Systeme**
- **somatosensorisches System**
- **olfaktorisches System**
- **gustatorisches System**
- **visuelles System**
- **auditives System**
- **vestibuläres System**
- **limbisches System**
- **vegetatives System**
- **Neurotransmittersysteme**

15.5.1 Somatomotorische Systeme

Zur Information

Jedes Handeln ist Motorik. Führend sind Zentren im Cortex des Großhirns. Beeinflusst wird ihre Tätigkeit von Vorgängen, die sich an anderen Stellen des Gehirns abspielen.

Das somatomotorische System ermöglicht die Ausführung ziel- und zweckgerichteter Bewegungen. Außerdem sorgt es für die Aufrechterhaltung des Gleichgewichts beim Stehen und Gehen. Das somatomotorische System besteht aus einem Verbund sich gegenseitig beeinflussender Regelkreise.

Bewegungen können willkürlich, d. h. gewollt ausgeführt werden; überwiegend sind sie jedoch unwillkürlich. Zur Ausführung willkürlicher Bewegungen steht als direkte, schnelle Verbindung die Pyramidenbahn zwischen Cortex und Rückenmark bzw. somato- und branchiomotorischen Anteilen der Hirnnervenkerne zur Verfügung. Unwillkürliche Bewegungen sind dagegen in der Regel Begleitbewegungen. Sie sind unbewusst und stehen unter dem Einfluss polysynaptischer Schleifen, die sich außerhalb des Pyramidensystems befinden, deswegen extrapyramidales System. Pyramidales und extrapyramidales System sind morphologisch und funktionell miteinander verbunden und beeinflussen sich gegenseitig. Bei jeder Bewegung sind sie gemeinsam tätig.

Die somatomotorischen Systeme stehen im Dienst des aktiven Bewegungsapparates. Sie ermöglichen:
- **willkürliche, gewollte Bewegungen**
- **unwillkürliche Bewegungen**

Hinzu kommt als spezialisiertes System das
- **okulomotorische System**

Die Auslösung bewusster, gewollter Bewegungen ist ein komplexer Vorgang, bei dem mehrere Gebiete des Cortex sowie Kontrollsysteme zusammenwirken.

Initiiert werden Bewegungen durch Aktivierungen von:

- **supplementärmotorischem Cortex**
- **prämotorischem Cortex**
- **primär-motorischem Cortex**
  Hinzu kommt das
- **frontale Augenfeld** (► S. 738)

Zur Information

Zur Aktivierung des motorischen Cortex kommt es durch:

- **intracortikale Verbindungen**
- **thalamocortikale Verbindungen**
- **extrathalamische Verbindungen**

Intracortikale Verbindungen. Im Vordergrund stehen reziproke Verbindungen zwischen supplementärmotorischen, prämotorischen und primärmotorischen Arealen. Die Gebiete werden außerdem von reziproken Fasern aus dem somatosensorischen Cortex (Gyrus postcentralis) erreicht. Hinzu kommen Verbindungen mit dem hinteren parietalen Cortex, der Signale aus visuellem, akustischem und vestibulärem System erhält. Von hier bekommt der supplementär-motorische Cortex Informationen, die es ermöglichen, Bewegungen einer gegebenen Räumlichkeit anzupassen, z.B. Gehen durch Stuhlreihen.

Thalamocortikale Verbindungen zum motorischen Cortex. Sie gehen in erster Linie vom Nucleus ventralis posterolateralis des Thalamus aus (► S. 751) und erreichen bevorzugt die primärmotorische Rinde. Fasern vom vorderen Teil des Nucleus ventralis lateralis thalami gelangen zu prämotorischem und supplementärmotorischem Cortex. Im Cortex setzen die Axone aus dem Thalamus den exzitatorisch wirkenden Transmitter Glutamat frei.

Extrathalamische Verbindungen. Sie gehen von subcortikalen Kerngebieten aus. Wesentlich sind die reziproken Verbindungen mit dem limbischen System (vor allem dem magnozellulären basalen Vorderhirnkomplex mit cholinergen Fasern) einschließlich des Hypothalamus (Nucleus tuberomammillaris mit GABA-ergen Fasern) und des Mesencephalon (Nucleus caeruleus mit noradrenergen Fasern, Nuclei raphes mit serotoninergen Fasern). Sie wirken über das frontale Assoziationsfeld. Funktionell kommt es auf diesem Weg zu emotional ausgeführten Bewegungen, z.B. bei Furcht oder Schreck bzw. zu Emotionen, die durch Bewegungen ausgelöst werden, z.B. bei Schauspielern.

Im supplementärmotorischen Cortex werden komplexe Bewegungen geplant und initiiert, die den ganzen Körper betreffen, z.B. beim Klettern. Der supplementärmotorische Cortex liegt überwiegend auf der medialen Hemisphärenseite (Abb. 15.15b) und schließt ein Areal im Gyrus cinguli ein.

Im prämotorischen Cortex (Abb. 15.15a, laterale Hemisphärenseite) werden vor allem Bewegungen für einzelne Gebiete entworfen, z.B. für das Bein. Dabei kommt es auf die Aufeinanderfolge von Muskelkontraktionen und deren Abstufung an. Auf die Vorgänge im prämotorischen Cortex nehmen Signale aus den Regelkreisen des extrapyramidalen Systems Einfluss (► unten).

Zur Information

Im prämotorischen Cortex können Kenntnisse über immer wieder ausgeführte Bewegungen gespeichert werden, beispielsweise für das Schreiben.

Im primärmotorischen Cortex (Abb. 15.15; Area 4 nach Brodmann im lateralen und medialen Hemisphärenbereich des Lobus frontalis) werden alle Signale aus den übrigen Gebieten des motorischen Cortex gesammelt und in Einzelaufgaben unterteilt.

Einzelheiten

Gliederung. Der **primärmotorische Cortex** ist somatotop gegliedert, d.h. es bestehen Punkt-zu-Punkt-Verbindungen zwischen Cortex- und Innervationsgebiet. Die Projektionsgebiete für Kehlkopf und Schlund liegen auf der lateralen Hemisphärenseite in der Nähe des Sulcus lateralis cerebri. Dann folgen nach oben Gebiete für Kopf, Arm, Rumpf und an der Mantelkante für den Oberschenkel sowie auf der medialen Hemisphärenseite für die übrige Beinmuskulatur, Rektum und Blase (am weitesten unten).

Die größten Repräsentationsgebiete haben die Finger (besonders der Daumen) und die Zunge. Eine elektrische Reizung in diesen Gebieten ruft die Kontraktion einzelner Muskeln hervor, die anderer Gebiete in der Regel von Muskelgruppen.

Histologisch zeichnet sich der primärmotorische Cortex durch auffällig große exzitatorische, glutamaterge Pyramidenzellen aus (Betz-Riesenpyramidenzellen in Schicht V ► S. 742 e H90, 92). Die Axone dieser Zellen sind myelinreich (Faserdurchmesser bis zu 20 μm) und schnellleitend. Sie machen bis zu 4% der efferenten motorischen Fasern des Cortex aus. Die meisten Fasern des motorischen Cortex sind jedoch dünn. Es handelt sich um Axone kleiner Zellen der Schichten II, III und VI.

Funktionell ist der primärmotorische Cortex in vertikale Säulen gegliedert (► S. 742). In der Regel wirken mehrere Säulen zusammen, um die Impulse zur Kontraktion eines Muskels oder einer synergistischen Muskelgruppe hervorzubringen. Ausgegangen wird davon, dass für die Veranlassung einer Muskelkontraktion mindestens 50–100 Pyramidenzellen erforderlich sind. Funktionell werden zwei Pyramidenzellpopulationen unterschieden, nämlich solche für den Beginn einer Kontraktion (*dynamische Neurone*) und solche für die Aufrechterhaltung der Kontraktion (*statische Neurone*).

Axone der Nervenzellen des primärmotorischen Cortex bilden einen wesentlichen Teil der Pyramidenbahn.

Die Bezeichnung Pyramidenbahn (**Tractus pyramidalis**), geht darauf zurück, dass die Fasern, die das Rückenmark erreichen, durch die Pyramis medullae oblongatae verlaufen.

Zur Pyramidenbahn gehören:

- **Fibrae corticospinales**
- **Fibrae corticonucleares**

Fibrae corticospinales. Sie stammen zu vier Fünftel aus dem primär, einige auch aus dem sekundärmotorischen Cortex sowie zu einem Fünftel aus dem somatosensorischen (parietalen) Cortex (▶ S. 739).

Verlauf der Fibrae corticospinales (Abb. 15.51)

Nach Verlassen des Cortex werden die Fibrae corticospinales zu einem Teil der fächerförmigen **Corona radiata** (▶ S. 745), die in der **Capsula interna** eingeengt wird. Die Fibrae corticospinales befinden sich dort im hinteren Schenkel (Abb. 15.19). Im weiteren Verlauf nehmen die Fibrae corticospinales im **Crus cerebri** des Mesencephalon eine mittlere Position ein. Kaudal des Pons sind die die Fibrae corticospinales begleitenden Fibrae corticonucleares (▶ unten) weitgehend ausgeschert, sodass der Faserzug jetzt deutlich abgrenzbar ist. Die nächste markante Stelle ist die **Decussatio pyramidum** im kaudalen Teil der Pyramide. Die Mehrzahl der Fibrae corticospinales (etwa 70–90%) **kreuzt** hier die Seite und steigt kontralateral im **Funiculus lateralis** des Rückenmarks ab. Sie bilden den **Tractus corticospinalis lateralis.** Verbleibende **ipsilaterale Fasern** verlaufen als **Tractus corticospinalis anterior** im **Funiculus anterior**, um dann – bis auf einen Rest ipsilateraler Fasern – auf Höhe des zu innervierenden Segments gleichfalls die Seite zu kreuzen.

Im **Rückenmark** treten nur wenige Fasern der Tractus corticospinales direkt an **Motoneurone des Vorderhorns** heran, vor allem an die für die Innervation der Hände und Finger. Die meisten Fasern enden an **Interneuronen** in Lamina spinalis VII zwischen Vorder- und Hinterhorn. Von hier gelangen die Signale über weitere Interneurone zu den Motoneuronen im Vorderhorn.

Ein anderes Zielgebiet haben die Fasern der Fibrae corticospinales aus dem somatosensorischen Cortex (▶ unten). Sie enden in den Hinterstrangkernen und – auch über Interneurone – an somatosensorischen **Relaisneuronen im Hinterhorn,** auf die sie inhibierend wirken. Sie regulieren den Einfluss sensibler Erregungen auf das ZNS.

Fibrae corticonucleares. Sie beginnen in den Projektionsgebieten der mimischen Muskulatur der Rachen-, Kehlkopf- und Zungenmuskulatur des Cortex. Die Fasern verlaufen bis zum Tegmentum des Hirnstamms zusammen mit den Fibrae corticospinales. Dort liegen sie im Crus cerebri medial der Fibrae corticospinales (Abb. 15.34). Beginnend im unteren Mesencephalon verlassen die Fibrae corticonucleares die Pyramidenbahn und ziehen zu den motorischen Hirnnervenkernen V, VII, IX, X, XI und XII. Sie **kreuzen** die Seite. Allerdings werden die Ursprungskerne der N. V, IX und X auch von ipsilateralen Fasern erreicht, wodurch deren Innervation doppelt gesichert ist.

Different ist die **Innervation** des **Ursprungskerns** des **N. facialis** (N. VII). Die Neurone des Nucleus facialis, deren Axone **M. frontalis** und **M. orbicularis oculi** erreichen, werden **ipsilateral** und **kontralateral, alle übrigen Muskeln** nur **kontralateral** innerviert (Abb. 15.51).

Klinischer Hinweis

Diagnostisch wird zwischen einer *zentralen* und einer *peripheren Facialislähmung* unterschieden. Bei einer *einseitigen zentralen Facialislähmung*, z.B. nach einem Schlaganfall, kann der Patient durch deren Doppelversorgung noch M. frontalis und M. orbicularis oculi beider Gesichtsseiten innervieren, d.h. die Stirn beidseitig runzeln. Bei einer *peripheren Facialislähmung* ist dies nicht mehr möglich; dann sind alle mimischen Muskeln der betroffenen Seite gelähmt.

Das extrapyramidale System ist ein unbewusst tätiges Regelsystem mit eigenen schleifenförmigen Bahnen. Es passt die Motorik den jeweiligen Bedürfnissen an.

Zum extrapyramidalen System gehören zwei große polysynaptische Schleifen:

- **Basalganglienschleife**
- **Kleinhirnschleife**

Beide Schleifen stehen mit dem Cortex in Verbindung und nehmen dort auf die Bewegungsausführung Einfluss. Außerdem bringen sie Muster für unbewusste sowie erlernte Bewegungsabläufe ein.

Die Basalganglienschleife sorgt für die Ausführung koordinierter ausgeglichener Bewegungen.

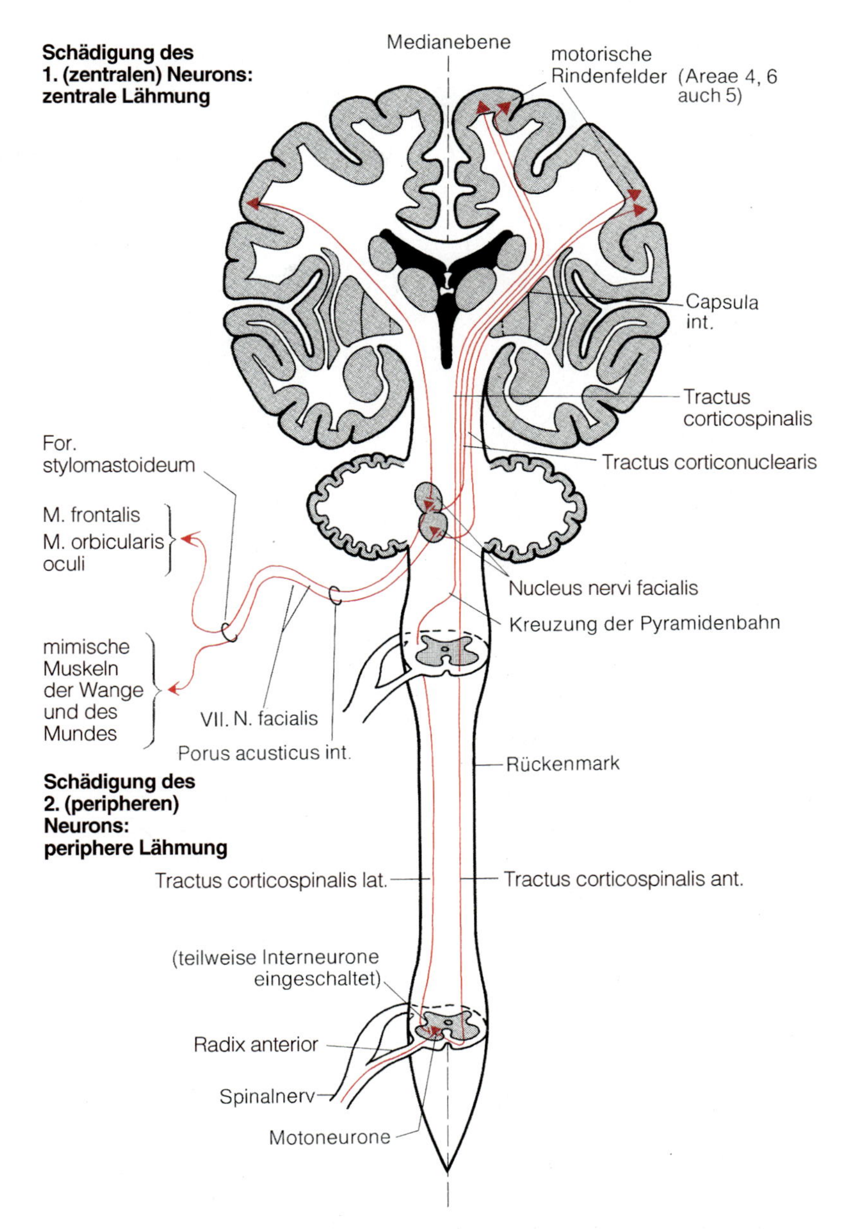

Abb. 15.51. Pyramidenbahn: Tractus corticonuclearis und Tractus corticospinalis. Zu beachten ist, dass der obere Anteil des Nucleus n. facialis bilateral, der untere nur kontralateral innerviert wird. Die Fasern des Tractus corticospinalis lateralis kreuzen in der Medulla oblongata die Seite (Decussatio pyramidum), der Tractus corticospinalis anterior in Segmenthöhe

Die **Basalganglienschleife** (Abb. 15.52) besteht aus

- **einer Hauptschleife;** sie beginnt und endet im Cortex und hat drei Stationen:
  - **Corpus striatum**
  - **Globus pallidus** (auch Pallidum)
  - **Nuclei ventrales thalami**
- **mehreren Nebenschleifen;** sie beeinflussen modulierend und steuernd die Hauptschleife; Stationen sind:
  - **Nucleus subthalamicus**
  - **Substantia nigra**
  - **weitere Thalamuskerne**

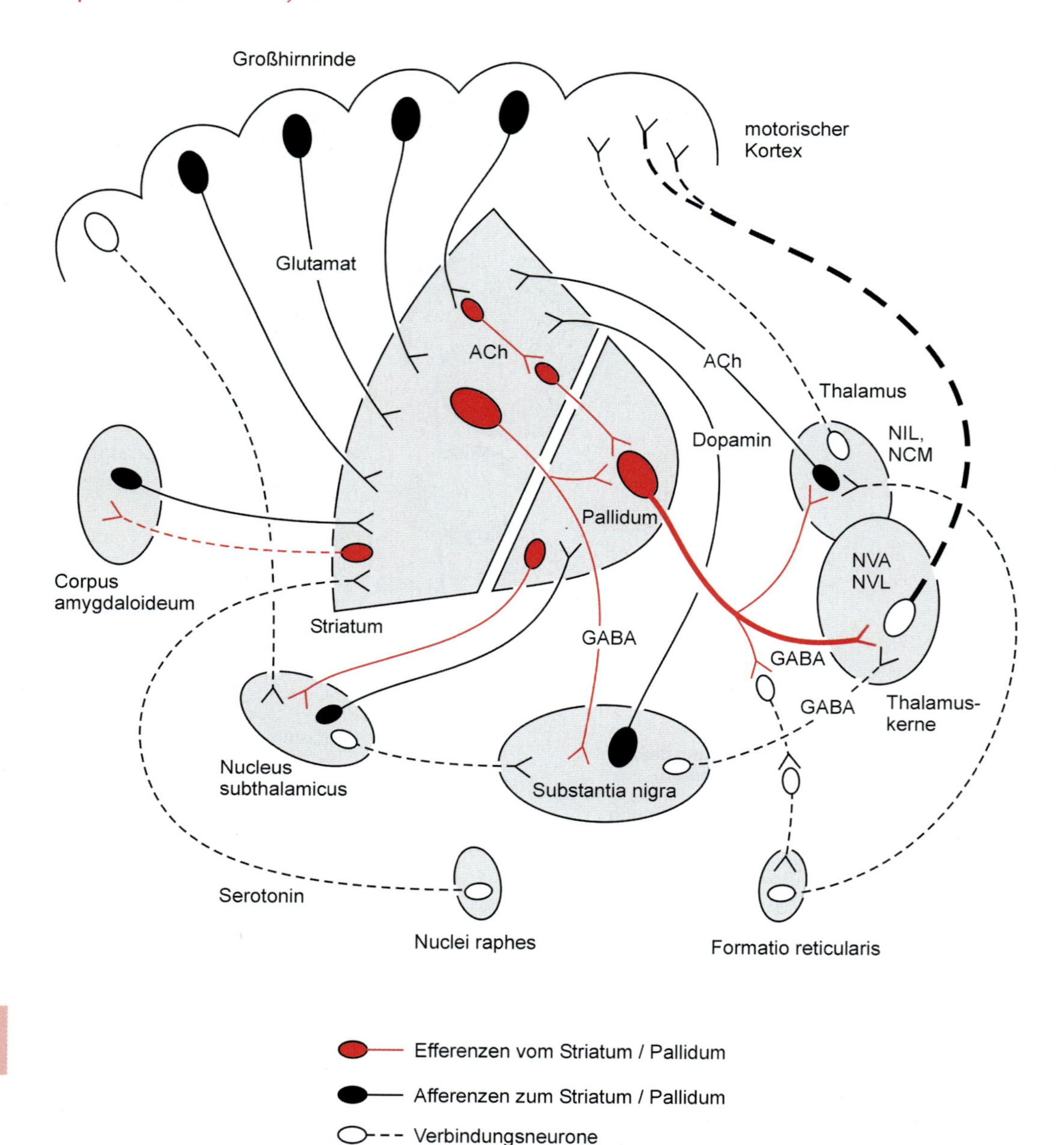

Abb. 15.52. Basalganglienschleife und ihre Neurotransmitter. *ACh* = Acetylcholin, *GABA* = γ-Aminobuttersäure, *Thalamuskerne:* NCM = Nucleus centromedianus, *NIL* = Nuclei intralaminares, *NVA* = Nucleus ventralis anterior, *NVL* = Nuclei ventrales laterales

15

Das **Corpus striatum** (Nucleus caudatus und Putamen ► S. 743) wird von Axonen aus allen Regionen des Cortex erreicht. Die Axone aus den somatomotorischen Gebieten gelangen bevorzugt zum Putamen, das entsprechend dem primär-motorischen Cortex topographisch gegliedert ist: Gesichtsregion im ventralen, Beinregion im dorsalen Putamen. Die Axone aus dem übrigen Cortex gelangen zum Nucleus caudatus. In den Zielgebieten konvergieren die zuleitenden Fasern auf mittelgroße Neurone mit dichtem Dornenbesatz und Synapsen an den Dendriten. Sie sind glutamaterg und wirken exzitatorisch.

Zur Information
Das Striatum teilt sich beim Nachweis von Acetylcholinesterase in Gebiete hoher und niedriger Enzymaktivität. Die fleckförmigen Gebiete niedriger Aktivität werden als *Striosomen* bezeichnet. Sie werden von Fasern aus Allocortex und präfrontalem Isocortex erreicht.

Weitere Afferenzen zum Corpus striatum kommen von den *Nuclei intralaminares et centromedianus thalami* mit cholinergen Axonen, von der *Substantia nigra* mit Dopamin als Transmitter (▶ unten), den *Raphekernen* mit serotoninergen Fasern sowie vom *Corpus amygdaloideum*. Sie beeinflussen (regeln) die Transmission der Signale im Striatum.

Im **Hauptweg** projizieren die Neurone des Striatum auf den **Globus pallidus**, von dort zu den **motorischen Thalamuskernen** (Nuclei ventrales anterior et lateralis thalami) und in deren Fortsetzung nach Umschaltung zu **prämotorischem** und **supplementärmotorischem Cortex**. Dort bekommen sie Anschluss an das Pyramidensystem.

Die Neurone, deren Axone vom Striatum zum Pallidum ziehen, sind exzitatorisch cholinerg, jene vom Pallidum zum Thalamus inhibitorisch; ihr Transmitter ist GABA. Sie hemmen die exzitatorischen Neurone der motorischen Thalamuskerne. Dadurch wird die Weiterleitung von Erregungen aus dem Thalamus zum motorischen Cortex geregelt.

Zur Desinhibition der Thalamuskerne kommt es dann, wenn die inhibitorischen Striatum-Pallidum-Neurone ihrerseits durch die Aktivierung der Neurone des Cortex inhibiert werden (Prinzip der doppelten Hemmung ▶ S. 723).

In der Zusammenfassung ergibt sich, dass Inhibition und Desinhibition der motorischen Thalamuskerne die Aktivität des motorischen Cortex steuern, insbesondere bei der Bewegungsplanung. Das übergeordnete Integrationszentrum ist das Striatum. Durch die Verbindung der Amygdala mit dem Striatum kann das motorische Verhalten emotional beeinflusst werden (▶ S. 837).

Nebenschleifen (■ Abb. 15.52). Auf die Hauptschleife nehmen Nebenschleifen Einfluss. Sie bedienen sich des **Nucleus subthalamicus** und der **Substantia nigra**.

Der **Nucleus subthalamicus** (▶ S. 754) erhält seine Afferenzen gleich dem Striatum aus allen Regionen des Cortex. Gleichfalls projiziert er auf das Pallidum, jedoch mit exzitatorischen Fasern, und außerdem auf die Substantia nigra (▶ unten). Im Pallidum wirken die exzitatorischen Neurone des Nucleus subthalamicus den inhibitorischen Neuronen der Hauptschleife entgegen und stufen deren Wirkung ab. Erreicht wird der Nucleus subthalamicus jedoch auch von rückläufigen inhibitorischen Neuronen aus dem Pallidum, die ihrerseits Einfluss auf die Signalvermittlung im Nucleus subthalamicus nehmen. Insgesamt sorgt der Nucleus subthalamicus für abgestufte und ausgeglichene Bewegungen.

Die **Substantia nigra** (▶ S. 766) erreichen Axone aus Striatum und Nucleus subthalamicus. Die Substantia nigra ihrerseits projiziert aus ihrer Pars reticularis mit GABAergen inhibitorischen Neuronen auf die motorischen Thalamuskerne und aus ihrer Pars compacta mit großen dopaminergen, gleichfalls inhibitorischen Neuronen zum Corpus striatum. An beiden Stellen wirken die Fasern der Substantia nigra dämpfend.

Die dopaminergen Neurone bilden das **nigrostriatale System** (▶ S. 766), dessen Axone durch den lateralen Hypothalamus und die Capsula interna zum Striatum verlaufen.

Zur Information
Die Tätigkeit der Basalganglienschleife wirkt sich vielfach aus. So nimmt sie Einfluss auf die Ausführung
- komplexer (gelernter) Bewegungen, z.B. beim Schreiben (▶ oben) (fällt das Putamen aus, wird die Schrift der eines Schulanfängers vergleichbar)
- von Bewegungen als Ergebnis kognitiver Prozesse, z.B. Flucht bei Lebensbedrohung; die Signale gehen von allen Teilen des Cortex, insbesondere von den großen Assoziationsgebieten des hinteren parietalen Cortex aus, die u.a. der Wahrnehmung von Sinneseindrücken und der Beurteilung der Beziehungen des Körpers zur Umgebung dienen
- von Ausdrucksbewegungen, z.B. Gestik, durch Verbindung mit dem limbischen System; die Signale kommen vom Corpus amygdaloideum und erreichen den vorderen Teil des Corpus striatum

Durch Verbindungen mit dem Frontallappen sind die Basalganglien an der Entwicklung von Motivationen und am Denken beteiligt.

Klinischer Hinweis
Erkrankungen der Basalganglien führen zu Dyskinesien und Veränderungen des Muskeltonus.
Typische Beispiele sind
- *Chorea* (»Veitstanz«): unkoordinierte, unwillkürliche, schnelle Muskelkontraktionen
- *Athetosen*: langsame, unwillkürliche, wurmförmige Spreiz-, Streck- und Beugebewegungen insbesondere der Finger, Hände und Füße (*Hypokinese*)
- *Hemiballismus*: durch Störungen im Nucleus subthalamicus kommt es zu spontanen, quälenden Schleuderbewegungen beispielsweise eines Arms

- *Parkinson-Erkrankung*: bei Dopaminmangel im nigrostriatalen System entfällt die hemmende Wirkung der Substantia nigra auf das Striatum; als Folge überwiegen exzitatorische Signale an den motorischen Cortex, so dass es zur *Rigidität* (Steifigkeit) der Muskulatur kommt; gleichzeitig entsteht durch eine erhöhte Rückkoppelung des Corpus striatum zum Cortex und durch eine partielle Oszillation der Rückkoppelungskreise ein *Schütteltremor*; schließlich treten *Hypo-* und *Akinesen* auf, möglicherweise, weil die Balance zwischen Erregung und Hemmung in den Neuronen des Corpus striatum gestört ist

Durch zwei Kleinhirnschleifen werden Bewegungssequenzen im Cortex cerebri koordiniert und die Stützmotorik zur Gleichgewichtserhaltung kontrolliert.

Von den **zwei Kleinhirnschleifen** bedient sich
- **die eine** der lateralen Kleinhirnzone (= **Neocerebellum** = Lobus posterior cerebelli = Pontocerebellum ▶ S. 786)
- **die andere** der intermediären bzw. medialen Zone des Kleinhirns (= **Spinocerebellum** = Lobus anterior, Pyramis, Uvula = Paleocerebellum ▶ S. 786 bzw. = **Vestibulocerebellum** = Lobus flocculonodularis = Archicerebellum ▶ S. 786)

Neocerebellum (Abb. 15.42). Die Schleife verläuft vom Neozerebellum zum Cortex cerebri und zurück zum Neozerebellum. Die Signale **zum Cortex cerebri** gehen vom Nucleus dentatus aus und werden im Nucleus ventralis lateralis des Thalamus umgeschaltet. Die Signale **vom Cortex cerebri** werden in den Nuclei pontis umgeschaltet.

Durch die Verbindungen mit dem Cortex cerebri erfährt das Kleinhirn von jenen Signalen, die von motorischen Großhirnarealen ausgehen, und kann diese rückläufig beeinflussen. Das Neocerebellum wirkt auf diesem Weg koordinierend auf die Signale des Cortex cerebri zu den verschiedenen Muskeln und stabilisiert die **Zielmotorik.**

Signale aus dem Neocerebellum erhält auch der Nucleus ruber, der in einer dentatorubroolivozerebellären Neuronenkette liegt. Dieser Weg ist jedoch nachrangig gegenüber jenem über den Thalamus zum Cortex.

15

Klinischer Hinweis

Bei Läsion des Neocerebellum bleiben zwar Willkürbewegungen möglich, es treten jedoch Störungen in der Bewegungskoordination auf: bei einer *zerebellären Ataxie* arbeiten die beteiligten Muskeln nicht mehr harmonisch zusammen (*Asynergie*), z.B. erreicht beim Finger-Nasen-Versuch der Finger die Nase nicht geradlinig, sondern bewegt sich zickzackförmig und verfehlt meist das Ziel. Die Zunahme der ausfahrenden Bewegungen in Zielnähe wird als *Intentionstremor* bezeichnet. Ferner können sich schnell wiederholende Bewegungen (z.B. Supination/Pronation des Unterarms) nicht mehr ausgeführt werden (*Adiadochokinese*). Werden Zielbewegungen falsch abgeschätzt (*Dysmetrie*), kann z.B. der Sprachfluss abgehackt sein (*skandierende Sprache*). Auch kann es zu einer *Hypotonie* der *Muskulatur* (Herabsetzung des Muskeltonus) kommen.

Spinocerebellum (Paleocerebellum). Erreicht wird das Spinozerebellum (Lobus anterior, Pyramis und Uvula) afferent von:
- **Tractus spinocerebellaris anterior** (▶ S. 787 und 802)
- **Tractus spinocerebellaris posterior** (▶ S. 787 und 802)
- **Tractus olivocerebellaris** (▶ S. 787)
- **Tractus reticulocerebellaris** (▶ S. 779)

Efferenzen des Spinocerebellum gelangen zu:
- **Nucleus globosus** und **Nucleus emboliformis** (▶ S. 788), von dort nach Umschaltung zum
- **Nucleus ruber** (im Mesencephalon ▶ S. 766, Abb. 15.53)
- weniger ausgeprägt zum **Thalamus**

Vom Nucleus ruber aus erreichen Signale des Spinocerebellum das Rückenmark (Tractus rubrospinalis), die Formatio reticularis (Tractus rubroreticularis), der sie im Tractus reticulospinalis gleichfalls zum Rückenmark weiter gibt, sowie über den Thalamus zum Cortex cerebri. In dieser Kleinhirnschleife ist der Nucleus ruber führend. Dem gegenüber treten die Verbindungen zum Cortex cerebri zurück.

Funktionell dient die Kleinhirnschleife über das Spinocerebellum vor allem der Anpassung des Muskeltonus an die Stellung des Körpers im Raum und die Lokomotion. Das Spinocerebellum steht in erster Linie im Dienst der **Stützmotorik,** die den aufrechten Gang ermöglicht, jedoch via Thalamus auch in geringem Maß der Zielmotorik. Die Koordination von Ziel- und Stützmotorik ist eine Aufgabe der Nuclei globosus et emboliformis.

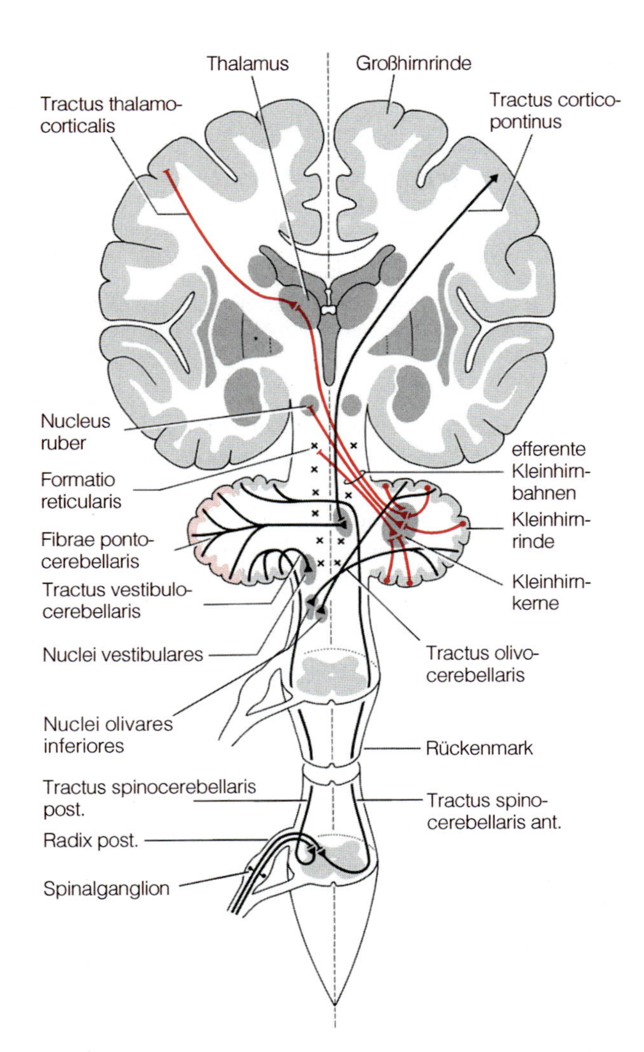

Abb. 15.53. Kleinhirnbahnen

Klinischer Hinweis

Bei Schäden im Spinocerebellum steht eine *Rumpfataxie* im Vordergrund, d.h. es treten ungeregelte Rumpfbewegungen auf, da die Kontrolle des Tonus der Muskeln entfällt, die der Schwerkraft beim Stehen und Gehen entgegenwirken,.

Ist der Nucleus ruber geschädigt, entstehen *Ruhetremor* (Zittern) und *Bewegungsunruhe*, da die Aufrechterhaltung des Muskeltonus bei Gehbewegungen gestört ist.

Einzelheiten

Tractus spinocerebellaris anterior (▶ S. 802, Abb. 15.50, 15.53). Seine Fasern erreichen das Kleinhirn durch den oberen Kleinhirnstiel (**Pedunculus cerebellaris superior**) und gelangen unter Faserkreuzung zu Wurm, Zona intermedia des Lobus anterior und Uvula der Gegenseite. Der Tractus leitet Signale aus den Sehnenorganen der unteren Körperhälfte. Außerdem informiert er das Kleinhirn über den Erregungszustand der Motoneurone des Rückenmarks. Er vermittelt dem Kleinhirn, welche motorischen Signale das Rückenmark von übergeordneten Zentren erreicht haben bzw. welche im Rückenmark selbst entstanden sind.

Der Tractus spinocerebellaris posterior (▶ S. 802, Abb. 15.50, 15.53) informiert das Kleinhirn über den Status der Muskelkontraktionen, die die Stellung des Körpers und seiner Teile bestimmen, sowie über die Kräfte, die auf die Oberfläche des Körpers wirken. Die Signale stammen aus Muskel- und Sehnenspindeln (Tiefensensorik) sowie von Haut- und Gelenkrezeptoren. Der Tractus spinocerebellaris posterior verläuft durch den **Pedunculus cerebellaris inferior** und erreicht ipsilateral den Wurm und die intermediäre Zone des Kleinhirns.

Gebildet wird der Tractus spinocerebellaris posterior von Axonen des Nucleus thoracicus posterior (Stilling-Clarke ▶ S. 797) derselben Seite. Im Nucleus thoracicus posterior liegen die 2. Neurone einer Neuronenkette, deren 1. Neuron sich im Ganglion spinale befindet. Von dort gelangen die Axone über das laterale Bündel der hinteren Wurzel ins Rückenmark. Eine Sonderstellung nehmen die Fasern des 1. Neurons ein, die in die Pars cervicalis des Rückenmarks eintreten, da sie erst im Nucleus cuneatus accessorius auf das 2. Neuron umgeschaltet werden.

Der Tractus olivocerebellaris (Abb. 15.53) beginnt in den Nuclei olivares inferiores (▶ S. 787), verläuft durch den **Pedunculus cerebellaris inferior** und erreicht alle Teile der Kleinhirnrinde.

Die Formatio reticularis ist ein umfangreiches Integrationsgebiet im Hirnstamm (▶ S. 777). Sie steht im reziproken Faseraustausch mit dem Spinocerebellum. Die Axone verlaufen durch den Pedunculus cerebellaris inferior. Die Signale aus dem Spinocerebellum zur Formatio reticularis werden in den **Nuclei fastigii** umgeschaltet. Funktionell beeinflusst das Spinocerebellum den Muskeltonus via Formatio reticularis und Tractus reticulospinalis, der die γ-Motoneurone des Rückenmarks erreicht.

Vestibulocerebellum (Archicerebellum). Reziproke Fasern verbinden das Vestibulocerebellum mit den Nuclei vestibulares: Tractus vestibulocerebellaris, Tractus cerebellovestibularis. Die Signale vom Kleinhirn zu den Nuclei vestibulares werden in den Nuclei fastigii umgeschaltet.

Funktionell werden mittels der Kleinhirnschleife über die Nuclei vestibulares bilaterale Bewegungen zur Gleichgewichtsregulierung gesteuert (Stellreflexe).

Einzelheiten

Die **Nuclei vestibulares** vermitteln der Kleinhirnrinde Informationen aus dem Vestibularapparat über die Stellung des Kopfes im Raum. Ihre Axone erreichen das Vestibulocerebellum (Vermis cerebelli, Flocculus und Nodulus) durch den **Pedunculus cerebellaris inferior.** Durch rückläufige Fasern gelangen Signale aus dem Archizerebellum im Tractus vestibulospinalis zum Rückenmark. Weitere Fasern ziehen zu den Augenmuskelkernen.

Klinischer Hinweis

Bei Schäden im Vestibulozerebellum kommt es zu *Gleichgewichtsstörungen* sowie zum *Nystagmus* (Zittern des Bulbus oculi). Bei Gleichgewichtsstörungen treten Unsicherheiten beim Stehen und Gehen auf: die Koordination der Muskulatur ist gestört. Beim Nystagmus kann der Blick nicht mehr fixiert werden.

In Kürze

Pyramidales und extrapyramidales System zur Steuerung der Motorik bilden eine untrennbare Einheit. Beide Systeme wirken letztlich auf die Motoneurone in Rückenmark und Hirnnervenkernen. Erreicht werden die Motoneurone – in der Regel über Interneurone – von Tractus corticospinalis bzw. Fibrae corticonucleares und parallel dazu von Fasern aus den Integrationszentren des Hirnstamms, z. B. in Tractus reticulospinalis und Tractus vestibulospinalis. Zur Ausführung zweck- und zielgerichteter, dabei ausgeglichener Bewegungen – gewollt und ungewollt – kommt es durch Vielstufigkeit aller motorischer Regelkreise. Im Cortex stehen dafür supplementärmotorischer, prämotorischer und primärmotorischer Cortex zur Verfügung. Signale erhalten diese Gebiete u. a. über Basalganglien- und Kleinhirnschleife. Die Basalganglienschleife besteht aus Striatum, Putamen und motorischen Thalamuskernen. Ihre Aktivität wird durch Signale aus Nebenschleifen geregelt, u. a. durch den Nucleus subthalamicus und die Substantia nigra. Kleinhirnschleifen dienen vor allem der Koordination von Muskeltätigkeit. Die laterale, neozerebelläre Kleinhirnzone sorgt durch aufsteigende Fasern zum Thalamus und in Fortsetzung zum Cortex cerebri für eine Abgleichung der cortikalen Signale zur Muskelinnervation, die mediane und intermediäre Kleinhirnzone mit Verbindung zu Nuclei vestibulares, Formatio reticularis und Nucleus ruber für einen ausgewogenen Muskeltonus, der die Stellung des Körpers im Raum sichert.

Oculomotorisches System

Zur Information

Das oculomotorische System sorgt für das Zusammenwirken der verschiedenen Augenmuskeln bei Augenbewegungen. Ferner nimmt es Einfluss auf Bewegungen von Kopf und Körper. Im Zentrum des oculomotorischen Systems stehen blickmotorische Zentren in der mesencephalen und pontinen Formatio reticularis mit direkten und indirekten Verbindungen zu Cortex cerebri, Colliculi superiores der Lamina quadrigemina des Mesencephalon, Augenmuskelkernen, Kleinhirn und Rückenmark.

Das oculomotorische System steuert

- **vertikale, horizontale und torquierende Augenbewegungen**
- **Augenfolgebewegungen**
- **Vergenzbewegungen der Augen** beim Wechsel von Nah- zu Entfernungssehen und umgekehrt

Alle aufgeführten Bewegungen erfolgen durch äußere Augenmuskeln (▶ S. 700). Hinzu kommen Bewegungen, die von inneren, vegetativ innervierten Augenmuskeln veranlasst werden (▶ S. 689).

Vertikale, horizontale und torquierende Augenbewegungen. Sie werden von **blickmotorischen Zentren** gesteuert (Abb. 15.54):

- **mesencephales Blickzentrum**
- **pontines Blickzentrum**
- **Nucleus interstitialis fasciculi longitudinalis medialis**

Das **mesencephale Blickzentrum** liegt in der mesencephalen Formatio reticularis (**MRF**) und dient **vertikalen Blickbewegungen.**

Das **pontine Blickzentrum** befindet sich paramedian in der pontinen Formatio reticularis (**PRRF**) und dient bevorzugt **horizontalen Blickbewegungen.**

Der **Nucleus interstitialis fasciculi longitudinalis medialis** ist eine lockere Ansammlung von Nervenzellen im Fasciculus longitudinalis medialis lateral vom Nucleus nervi oculomotorii und steuert die **Torsionsbewegungen** der Augen.

Die blickmotorischen Zentren wirken über die **Augenmuskelkerne** (Nuclei nervi oculomotori, trochlearis, abducentis), deren Axone die jeweiligen Augenmuskeln erreichen (Tabelle 14.2). Untereinander sind die Augenmuskelkerne durch Interneurone verbunden (▶ S. 781). Außerdem gelangen Fasern des Tractus corticonuclearis

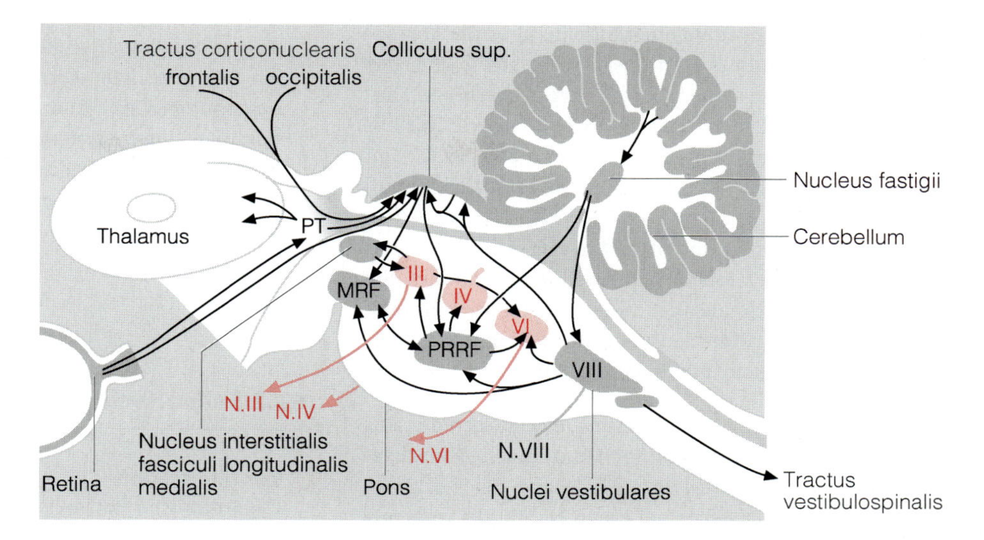

Abb. 15.54. Oculomotorisches System. *MRF* mesencephales Blickzentrum, *PRRF* pontines Blickzentrum, *PT* Nuclei praetectales. Die Linien repräsentieren die wichtigsten neuronalen Verbindungen zwischen den verschiedenen Anteilen des oculomotorischen Systems

sowie Signale der medialen Kleinhirnkerne via Nuclei fastigii und von den Nuclei vestibulares zu den Augenmuskelkernen. Durch die Verbindung mit den Nuclei vestibulares, die ihrerseits auf das Rückenmark projizieren (Tractus vestibulospinalis), kann reflektorisch auch bei Kopf- und Körperbewegungen ein Gesichtsfeld auf der Retina festgehalten werden (**vestibulooptischer Reflex**).

Vervollständigt wird der Verbund zwischen Blickzentren und Augenmuskelkernen dadurch, dass die Blickzentren in Verbindung stehen mit:

- **cortikalen Zentren**
- **Colliculi superiores** der Lamina quadrigemina
- **Nuclei praetectales** (▶ unten)

Augenfolgebewegungen. Aufgabe ist es, Objekte beim Umherblicken zu erfassen und bei Objektbewegungen »im Auge« zu behalten. Zu diesem Zweck kommt es zu

- **schnellen sakkadischen** (ruckartigen) Augenbewegungen (z. B. beim Umherblicken)
- **langsamen gleitenden Augenbewegungen** (bewegten Objektem mit den Augen folgen)
- **Kopfbewegungen**

Als Steuerzentrum für **schnelle sakkadische Augenbewegungen,** die beide Augen von einem Fixpunkt zum anderen führen, z. B. beim Erfassen eines neuen Objektes, steht ein **frontales Augenfeld** (= **cortikales Blickzentrum**) im Gyrus frontalis medialis (Teil der Area 8) zur Verfügung (▶ S. 738, Abb. 15.15).

Das frontale Augenfeld liegt anterior des prämotorischen Cortex. Es ist afferent mit visuellen sowie auditiven Gebieten des Cortex (▶ S. 738) sowie reziprok mit prämotorischem, supplementärmotorischem und primärmotorischem Cortex verbunden, die mit Fasern im Tractus corticonuclearis auf die Augenmuskelkerne projizieren. Weitere Projektionen gehen vom frontalen Augenfeld zum oberen der vier Hügel, zu den Blickzentren in der Formatio reticularis und nach Umschaltung im Nucleus interstitialis zu den okulomotorischen Kernen.

Impulse für **langsame Augenfolgebewegungen,** bei denen die Augen so geführt werden, dass kleine bewegte Objekte kontinuierlich in der Fovea centralis abgebildet bleiben, gehen vor allem von **occipitalen Augenfeldern** aus. Sie befinden sich in Area 18 und 19, die Area 17 (primäres Augenfeld um den Sulcus calcarinus) (▶ S. 739) begleiten. Die von hier ausgehenden Augenbewegungen sind reflektorisch.

Die **Colliculi superiores** (▶ S. 767) wirken vor allem bei **Augen-** und **Kopfbewegungen** mit, wenn das Gesichtsfeld verändert werden soll. Hierzu erhalten die oberen Hügel direkte Signale aus beiden Augen (Abb. 15.58 a), von den cortikalen Zentren (▶ oben) und dem vestibulocochleären System (z. T. über die Colliculi inferiores). Die Colliculi superiores wirken nach

Integration der eingegangenen Signale über die Formatio reticularis auf die Augenmuskelkerne sowie über das Pulvinar auf den visuellen Cortex zurück und über Thalamuskerne auf den motorischen Cortex sowie mit absteigenden Fasern auf das Rückenmark, z. B. um Körperbewegungen bei plötzlichem starken Lichteinfall auszuführen.

Kopfbewegungen finden statt, wenn sich die Augenstellung gegenüber einer Grundstellung verändert. Sie kommen durch axonale Verbindungen von blickmotorischen Zentren zu Motoneuronen des Rückenmarks zustande (Tractus tectospinalis) (► S. 803).

Vergenzbewegungen sind Torsionsbewegungen der Augen. Zu **Konvergenzbewegungen** mit Innen-/Einwärtsrollen des Bulbus oculi kommt es, wenn der Blick von einem Punkt in der Ferne auf einen Nahpunkt verlagert wird, zu **Divergenzbewegungen** mit Außenrollen des Bulbus oculi, wenn der Blick in die Ferne gerichtet wird. Gesteuert werden diese Bewegungen vom **Nucleus praetectalis.** Er befindet sich in der Regio praetectalis am Übergang vom Zwischenhirn zum Mittelhirn. Der Nucleus praetectalis erhält zu Verarbeitung und Weitergabe an das pontine Blickzentrum Signale aus Retina, visuellem Cortex und Colliculi superiores.

Gleichzeitig ist der Nucleus praetectalis eine wichtige Schaltstelle für den Pupillenreflex (► S. 826). Die zugehörigen efferenten Fasern des Nucleus praetectalis gelangen zum Nucleus accessorius n. oculomotorius (► S. 773).

Klinischer Hinweis

Störungen der Okulomotorik lassen oft Rückschlüsse auf die Lokalisation zentraler Schäden zu. So treten z. B. eine *vertikale Blicklähmung* bei Läsionen im Bereich der oberen Hügel, eine *horizontale Blicklähmung* bei Läsionen im pontinen Bereich auf.

In Kürze

Oculomotorische Zentren, die die Augenbewegungen koordinieren, befinden sich in der Formatio reticularis: mesencephales Blickzentrum vor allem für vertikale, pontines Blickzentrum vor allem für horizontale Augenbewegungen. Zellgruppen im Fasciculus longitudinalis medialis steuern Torsionsbewegungen der Augen. Sakkadische Augenbewegungen stehen unter dem Einfluss eines frontalen Blickzentrums, langsame Augenfolgebewegungen unter dem der okzipitalen Sehrinde. Für die Abstimmung von Augenbewegungen mit dem, was gesehen wird, und den Kopf- und Körperbewegungen sorgen Integrationszentren: Colliculi superiores der Lamina quadrigemina, Nuclei praetectales und vestibulares.

15.5.2 Sensorisches System

Zur Information

Das sensorische System hat somatosensorische und viszerosensorische Anteile. Sie erhalten ihre Informationen aus verschiedenen Körperbereichen. Somatische Afferenzen kommen von Exterozeptoren, die Informationen aus der Umwelt aufnehmen, z. B. Berührung und Druck, und von Propriozeptoren in der Skelettmuskulatur, in Sehnen und Gelenkkapseln. Viszerale Afferenzen kommen aus den inneren Organen. Ziel somatosensorischer Signale, sofern sie bewusst werden, ist der somatosensorische Cortex. Andere somatosensorische Signale erreichen die Formatio reticularis. Viszerosensorische Informationen gelangen zu vegetativen Zentren in Rückenmark und Hirnstamm, von denen sie weitergeleitet werden.

Somatosensorische Systeme ermöglichen die Wahrnehmung von Berührung, Druck, Schmerz, Temperatur und Signalen aus Propriozeptoren.

Die Signale der **somatosensorischen Systeme** gehen von Rezeptoren der Körperoberfläche, der Skelettmuskulatur und der Gelenke aus. Sie werden über Spinalganglien dem Rückenmark zugeleitet.

Die Signalleitung im ZNS erfolgt in:
- **medialem Lemniscussystem**
- **anterolateralem somatosensorischem System**
- **Trigeminussystem**

Gemeinsam ist den somatosensorischen Systemen, dass
- mindestens **drei Neurone** eine Kette bilden, die an Rezeptoren beginnt und im Cortex endet
- die Perikarya des **1. Neurons (primäres afferentes Neuron)** außerhalb des ZNS liegen (Ausnahme: mesenzephaler Trigeminusanteil, bei dem sich bereits das 1. Neuron im Gehirn befindet, ► unten)
- die Perikarya des **2. Neurons in Rückenmark** bzw. **Hirnstamm** untergebracht sind

- die Axone des 2. Neurons die **Seite kreuzen** und im Gehirn eine Schleife (**Lemniscus**) bilden
- die Perikarya des **3. Neurons im Thalamus** liegen
- die Axone des 3. Neurons in der Radiatio thalami verlaufen und den **Cortex** erreichen

Unterschiede (◘ Tabelle 15.11):
- im **medialen Lemniscussystem** werden Reize schnell übermittelt; das System dient der **Mechanorezeption** und kann Reize örtlich, zeitlich und intensitätsabhängig genau bestimmen (**epikritische Sensibilität**)
- im **anterolateralen System** werden **zahlreiche sensorische Qualitäten** geleitet, u.a. Druck, Schmerz und Temperatur, jedoch ohne genauere örtliche Zuordnung und ohne Erfassung der Intensität (**protopathische Sensibilität**)

Einzelheiten

Mediales Lemniscussystem (des Verlaufs der Axone seines 1. Neurons im Rückenmark wegen auch als *Hinterstrangsystem* bezeichnet). Die Perikarya des **1. Neurons** befinden sich in den Spinalganglien. Ihre peripheren Fortsätze (»dendritisches« Axon) stehen mit *Mechanorezeptoren* der Haut bzw. mit *Muskelspindeln*, *Sehnenorganen* und weiteren *propriozeptiven Rezeptoren* in Verbindung. Zentrale Fortsätze (Axone) sind myelinreich (Aα-, Aβ-, Aγ-Fasern, ◘ Tabelle 2.9). Sie gelangen über das mediale Bündel der hinteren Wurzel ins Rückenmark. Nach Abgabe von Kollateralen in die graue Substanz verlaufen die Fasern im Hinterstrang und bilden den **Tractus spinobulbaris** (▶ S. 800).

Das mediale Lemniscussystem einschließlich seiner Projektion in den Cortex ist *somatotop* gegliedert. Dabei befinden sich die Fasern aus der *unteren Körperhälfte* im **medial gelegenen Fasciculus gracilis**, die aus *der oberen Körperhälfte* im **lateral gelegenen Fasciculus cuneatus.** Außerdem bilden die Axone der einzelnen Dermatome Schichten.

Das **2. Neuron** befindet sich in den **Hinterstrangkernen** im kaudalen Gebiet der Medulla oblongata: für den Fasciculus gracilis im **Nucleus gracilis** (Goll) und für den Fasciculus cuneatus im **Nucleus cuneatus** (Burdach). Ihre Axone bilden den **Tractus bulbothalamicus.** Dieser **kreuzt** in der **Medulla oblongata** die Seite (**Fibrae arcuatae internae**), verläuft dann im **Lemniscus medialis** durch den Hirnstamm (◘ Abb. 15.34, 15.36) bis zum Thalamus. Entlang seines Verlaufs durch den Hirnstamm ändert der Lemniscus medialis seine Stellung; während er in der Medulla oblongata in einer Sagittalebene liegt, ist er in der Brücke im Wesentlichen quer orientiert. Diese Stellungsänderung führt zu einer Verlagerung seiner somatotop gegliederten Faserbezirke. In der Medulla oblongata befinden sich die Fasern, die zur unteren Körperhälfte gehören, anterior und in der Brücke lateral. Die Fasern, die zur oberen Körperhälfte gehören, liegen zunächst posterior, in der Brücke aber medial. Dort rufen sie zwischen Tectum und Crus cerebri eine dreieckige Projektion auf der Oberfläche hervor. Im **Thalamus** endet der Tractus bulbothalamicus im **Nucleus ventralis posterolateralis.**

Das **3. Neuron** liegt im Nucleus ventralis posterolateralis thalami. Die Axone gelangen in der Radiatio thalami zu umschriebenen Gebieten im primären somatosensorischen Rindenfeld des Großhirns (Areae 3, 1, 2 im **Gyrus postcentralis**).

Anterolaterales System (*Vorderseitenstrangsystem*) (◘ Abb. 15.55). Das **1. Neuron** befindet sich wie beim medialen Lemniskussystem im Spinalganglion. Die Axone gelangen durch die hintere Wurzel zu **Strangzellen im Hinterhorn** des Rückenmarks (▶ S. 797), dem **2. Neuron** des anterolateralen Systems. Ihre Axone kreuzen in der Commissura alba des gleichen oder benachbarten Segmentes auf die Gegenseite und bilden im Vorderseitenstrang des Rückenmarks:
- **Tractus spinoreticularis** (▶ S. 802, ◘ Abb. 15.55)
- **Tractus spinothalamicus** (▶ S. 802, ◘ Abb. 15.55)

Der Tractus spinoreticularis leitet Signale zur Formatio reticularis des Hirnstamms. Nach Verarbeitung dort gelangen sie zu den (unspezifischen) intralaminären Kernen des Thalamus (**3. Neuron**). Von dort ziehen Fasern breit gestreut in den Cortex.

Der Tractus spinothalamicus bildet auf seinem Weg durch den Hirnstamm den **Lemniscus spinalis**, der sich im Pons dem Lemniscus medialis (Tractus bulbothalamicus) anlagert und ab hier mit ihm gemeinsam verläuft (▶ oben).

Somatosensorische Signale aus dem Kopfbereich werden im Trigeminussystem weitergegeben.

Analog zu den Rückenmarksystemen besteht das somatosensorische Trigeminussystem aus drei Neuronen. Geleitet werden mechanosensorische Signale (◘ Tabelle 15.11) und Schmerz- und Temperaturempfindungen. Hinzu kommt ein Anteil für propriozeptive Signale aus Kaumuskulatur und Kiefergelenkkapsel.

Alle Afferenzen des somatosensorischen Trigeminussystems erreichen das Gehirn über die Portio major nervi trigemini (▶ S. 665). Das **1. Neuron** befindet sich im **Ganglion trigeminale.** Eine **Ausnahme** besteht für die propriozeptiven Signale aus der *Kaumuskulatur.* Für sie liegt das *1. Neuron bereits innerhalb des Gehirns*: im Nucleus mesencephalicus nervi trigemini.

Einzelheiten

Der Übermittlung **mechanosensorischer Signale** zur feinen Diskriminierung der Berührungs- und Druckempfindungen der Haut von Gesicht, Auge, Nasen- und Mundhöhle erfolgt im Anteil des Trigeminus, der zu seinem Hauptkern, dem **Nuc-**

Tabelle 15.11. Somatosensorische Systeme. Trigeminussystem 1 meint den Anteil, der mechanosensorische Signale leitet, Trigeminussystem 2 denjenigen für Schmerz- und Temperaturempfindungen

	Hinterstrang-mediales Lemniscussystem	**Anterolaterales System**	**Trigeminus-system 1**	**Trigeminus-system 2**	**Propriozeptives Trigeminus-system**
Lage des 1. Neurons	Spinalganglion, Axone im Tractus spinobulbaris	Spinalganglion	Ganglion trigeminale	Ganglion trigeminale	Nucleus mesen-cephalicus nervi trigemini
Lage des 2. Neurons	Nucleus gracilis bzw. Nucleus cuneatus	Hinterhornzellen, Axone im Tractus spinothalamicus	Nucleus princi-palis nervi trigemini	Nucleus spinalis nervi trigemini	
Kreuzung der Fasern	Medulla oblongata	Rückenmark (Commissura alba)	Pons; einige Fasern unge-kreuzt im Tr. trigeminothala-micus dorsalis	Medulla oblongata	
Verlauf der Fasern im Hirnstamm	Lemniscus medialis	Lemniscus spinalis	Lemniscus trigeminalis	Tr. trigemino-thalamicus lateralis	Axone zum Nucleus motorius nervi trigemini
Lage des 3. Neurons	Thalamus: Nucleus ventralis posterolateralis	Thalamus: Nucleus ventralis posterolateralis	Thalamus: Nucleus ventralis posteromedialis	Thalamus: Nucleus ventralis posteromedialis	
Cortex-projektion	Gyrus post-centralis SI, SII	Gyros post-centralis SI, SII	Gyrus post-centralis SI, SII	Gyrus post-centralis SII	
Fasertyp	Aα, Aβ, Aγ	C, Aδ	Aα, Aβ, Aγ	C, Aδ	
Leitungs-geschwin-digkeit	30–110 m/s	1–30 m/s	30–110 m/s	1–30 m/s	
Somatotope Gliederung	ausgeprägt	grob	deutlich	grob	
Funktion	Leitung für feine Mechano-rezeptoren und Tiefensensibilität	Leitung für Schmerz, Temperatur und grobe Mechano-rezeption	Leitung für feine Mechano-rezeption	Leitung für Schmerz, Temperatur, grobe Mechano-rezeption	Leitung für Tiefensensibilität der Kaumuskula-tur

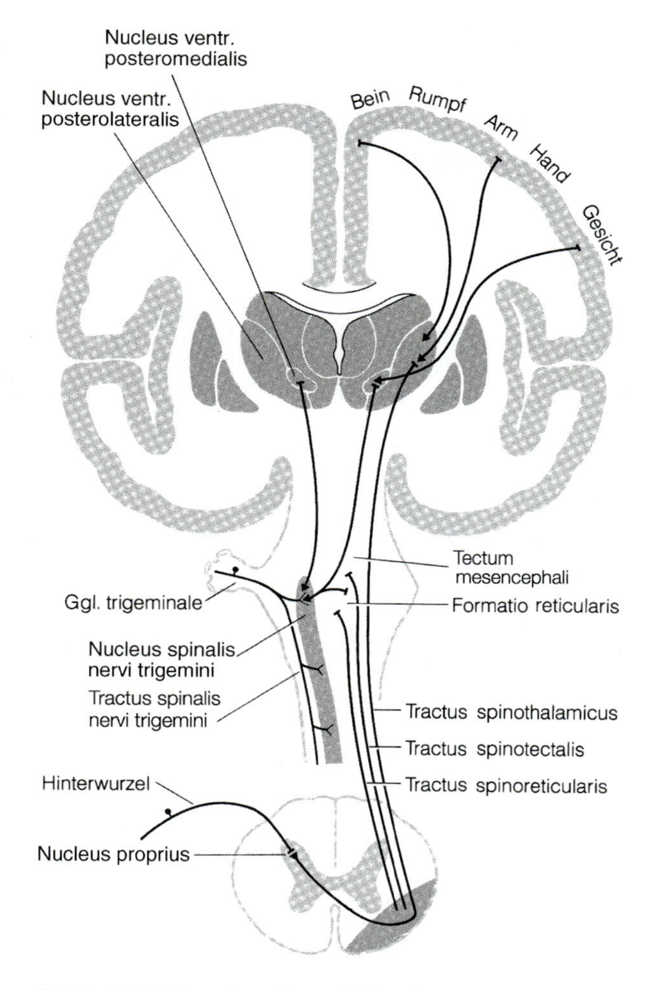

Abb. 15.55. Anterolaterales und Trigeminussystem

leus principalis nervi trigemini im Pons (**2. Neuron**), projiziert. Anschließend kreuzt die Mehrzahl der Fasern die Seite. Sie schließen sich als **Lemniscus trigeminalis** dem Lemniscus medialis an und verlaufen mit ihm gemeinsam (► oben). Das **3. Neuron** befindet sich im Nucleus ventralis posterolateralis thalami. Schließlich erreichen die Signale den **Gyrus postcentralis** im Cortex (SI ► unten).

Schmerz- und Temperaturempfindungen sowie diffuse Berührungs- und Druckempfindungen (Abb. 15.55). Für sie befindet sich das **1. Neuron** auch im **Ganglion trigeminale.** Die Axone steigen jedoch im Hirnstamm bis zum 1. Zervikalsegment ab und bilden dabei den **Tractus spinalis nervi trigemini,** der über seine ganze Länge verteilt die Nervenzellen des **Nucleus spinalis nervi trigemini (2. Neuron)** enthält (► S. 773). Dann kreuzen die aufsteigenden Fasern kaudal in der Medulla oblongata die Seite und ziehen als **Tractus trigeminothalamicus lateralis** zur Gegenseite. Sie lagern sich dem Tractus spinothalamicus an und verlaufen mit ihm. Im Cortex liegt das zugehörige Primärfeld am Fuß des Gyrus postcentralis in Nachbarschaft zum Sulcus lateralis cerebri.

Die Bahn für propriozeptive Signale aus Kaumuskulatur, Kiefergelenken und Zähnen nimmt eine Sonderstellung ein. Die afferenten pseudounipolaren Nervenzellen liegen nämlich im **Nucleus mesencephalicus nervi trigemini.** Ihre Fortsätze ziehen zum motorischen Ursprungskern des N. trigeminus – auf diesem Wege kann der monosynaptische Masseterreflex ausgelöst werden – und in die Formatio reticularis.

Klinischer Hinweis

Wenn Schmerz- und Temperaturempfindungen aufgehoben, die übrigen sensorischen Modalitäten aber erhalten sind, liegt eine **dissoziierte Empfindungsstörung** vor. Sie kommt bei halbseitiger Durchtrennung des Rückenmarks zustande, wenn das Hinterstrangsystem, nicht aber das Vorderseitenstrangsystem der geschädigten Seite unterbrochen ist.

Eine **gekreuzte Sensibilitätsstörung** tritt auf, wenn in der Medulla oblongata zusätzlich zum Tractus spinothalamicus Tractus und Nucleus spinalis nervi trigemini geschädigt sind. Dann sind Schmerz- und Temperaturempfindung am Körper kontralateral, im Gesicht ipsilateral aufgehoben. Erfolgt die gleiche Unterbrechung weiter superior im Hirnstamm, treten einschlägige Empfindungsstörungen lediglich kontralateral auf.

Eine **einseitige Unterbrechung aller sensorischer Bahnen** unterhalb des Thalamus führt zur Aufhebung der gesamten Sensibilität der kontralateralen Körperhälfte.

Die Verarbeitung somatosensorischer Signale erfolgt im somatosensorischen Cortex.

Der somatosensorische Cortex gliedert sich in:
- **primärsomatosensorischen Cortex (SI)**
- **sekundärsomatosensorischen Cortex (SII)**
- **somatosensorische Assoziationsgebiete**

Der primärsomatosensorische Cortex (**SI,** Abb. 15.15) befindet sich im **Gyrus postcentralis** des Lobus parietalis und ist nach Körperregionen gegliedert. Die Signale kommen von der Gegenseite des Körpers (eine Ausnahme bilden wenige ipsilaterale Signale aus dem Gesicht). Die Projektionen von Fuß und Unterschenkel liegen auf der medialen Hemisphärenseite, die des übrigen Körpers auf der lateralen (umgekehrter Homunkulus, Abb. 15.56). Besonders umfangreich sind Lippen, Gesicht und Daumen repräsentiert. Die Größe dieser Projektionen ist der Zahl der peripheren Rezeptoren direkt proportional.

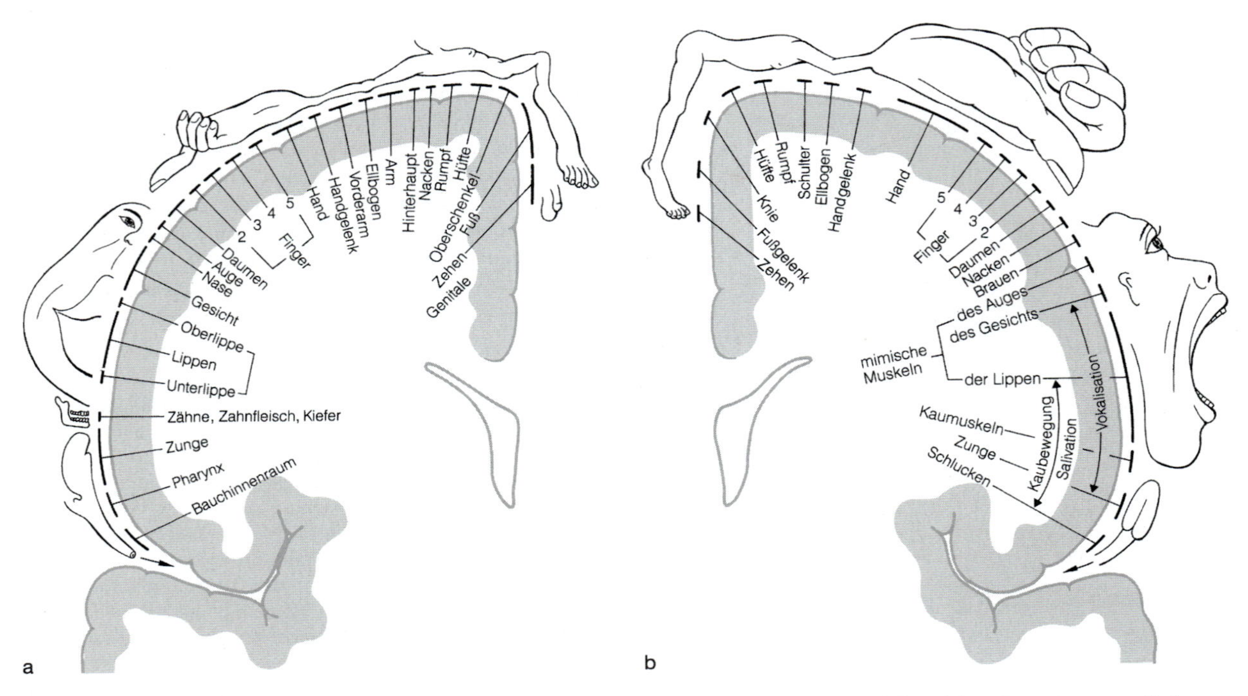

Abb. 15.56 a, b. Körperprojektionen **a** auf den Gyrus postcentralis (somatosensorischer Kortex), **b** auf den Gyrus praecentralis (motorischer Kortex)

Klinischer Hinweis

Bei *Ausfall von SI*
- können somatosensorische Reize nicht mehr genau lokalisiert werden; möglich bleibt jedoch eine Groblokalisation, z. B. Reiz am Fuß
- kann die Reizintensität nicht mehr beurteilt werden, z. B. das Gewicht eines Objektes oder sein Druck
- entfällt die Möglichkeit, die Form eines Objektes zu ertasten (*Astereognosie*); die Wahrnehmung von Schmerz und Temperatur ist nur wenig beeinträchtigt

Der sekundär somatosensorische Cortex (SII, Abb. 15.15) nimmt ein relativ kleines Gebiet im **Operculum parietale** ein (lateraler unterer Teil des Gyrus postcentralis).

Im Gegensatz zu SI erhält SII Signale von beiden Körperseiten, und außerdem hat SII viele Verbindungen mit anderen sensorischen Gebieten des Gehirns, z. B. dem visuellen und auditiven System. Jedoch hat SII eine nur grobe somatotope Gliederung.

Die somatosensorischen Assoziationsgebiete befinden sich im Lobus parietalis **hinter SI** und **SII** und stehen mit allen sensorischen Regionen des Cortex sowie motorischem Cortex und Thalamus in Verbindung. Durch Kommissurenfasern erfolgt ein Informationsaustausch zwischen den somatosensorischen Assoziationsgebieten beider Hemisphären.

Klinischer Hinweis

Bei Ausfall des somatosensorischen Assoziationsgebietes können komplexe Formen nicht mehr ermittelt werden. Zusätzlich entfällt das Gefühl für die Form des eigenen Körpers. Bei einseitiger Schädigung wird »vergessen«, dass eine gegenüberliegende Seite des Körpers existiert, sodass z. B. dort die Motorik nicht gebraucht wird. Dieser Schaden, bei dem die von beiden Körperhälften eintreffenden Sinneserregungen nicht bzw. nur fehlerhaft angeglichen werden, wird als *Amorphosynthese* bezeichnet.

Der Thalamus kontrolliert den Signalzufluss zum somatosensorischen Cortex.

Die somatosensorischen Areale des Cortex entlassen corticoefferente Faserbündel, die Signale zu den somatosensorischen Relaiskernen des Thalamus sowie kontralateral zu Pons (Nucleus principalis nervi trigemini), Medulla oblongata (Nucleus spinalis nervi trigemini) und Rückenmark (Hinterstrangkerne, Hinterhornkerne) leiten. In allen Fällen handelt es sich um hemmende Fasern.

Im **Thalamus** kontrollieren die efferenten Signale aus dem Cortex die Intensität der eingehenden somatosensorischen Signale: im Nucleus ventralis posterolateralis aus dem Tractus spino- und bulbothalamicus, im Nucleus ventralis posteromedialis aus dem Trigeminussystem. Wird der Input zu groß, vermindern die corticofugalen automatisch die Intensität der afferenten Signale. Dadurch bleibt das somatosensorische System stets im Gleichgewicht. In den Relaiskernen wird nicht nur die Weitergabe von Signalen gesteuert, sondern auch an deren Verarbeitung mitgewirkt. So bleibt z. B. beim Ausfall des somatosensorischen Cortex ein Rest taktiler Sensibilität erhalten bzw. kehrt zurück; kaum beeinträchtigt ist die Wahrnehmung von Schmerz und Temperatur.

Schmerz- und Temperaturleitung erfolgen in den Bahnen der protopathischen Sensibilität.

Für **Schmerzsignale** stehen zwei Wege zur Verfügung. Jeder ist einem anderen Schmerztyp zugeordnet. Es dienen

- **Tractus neospinothalamicus** der Fortleitung schneller, *hauptsächlich mechanisch* und *thermisch* verursachter Schmerzen
- **Tractus paleospinothalamicus** der Fortleitung langsamer und dumpfer Schmerzen

Beide Anteile sind im **Tractus spinothalamicus lateralis** zusammengefasst (Abb. 15.50, ► S. 802).

Zur Information

Der **schnelle Schmerz** tritt innerhalb von 0,1 s auf, nachdem der Schmerzreiz gesetzt wurde. Die Signale werden von dünnen Aδ-Nervenfasern mit einer Geschwindigkeit zwischen 12 und 30 m/s dem Rückenmark zugeleitet. Der **langsame Schmerz** beginnt nach einer oder mehreren Sekunden und nimmt dann langsam über viele Sekunden bis Minuten zu. Die Schmerzleitung erfolgt in C-Fasern mit einer Geschwindigkeit von 0,5–2 m/s.

Die Schmerzfasern, zentrale Fortsätze von Spinalganglienzellen, erreichen das Rückenmark durch die hintere Wurzel und steigen im Tractus posterolateralis (Lissauer) 1–3 Segmente auf bzw. ab und enden an Neuronen im Hinterhorn. Hier beginnen die beiden Schmerzwege.

Einzelheiten

Der **Tractus neospinothalamicus** beginnt hauptsächlich in der Lamina spinalis I des Hinterhorns (Nucleus marginalis medullae spinalis), kreuzt dann in der vorderen Kommissur des Rückenmarks die Seite und verläuft anterolateral zum Gehirn, wo er überwiegend im **Nucleus ventralis posterolateralis** des Thalamus endet. Von hier werden Signale zur somatosensorischen Rinde geleitet. Einige Schmerzfasern des Tractus neospinothalamicus gelangen zur Formatio reticularis.

Der **paleospinothalamische Weg** für die Übermittlung *langsamer dumpfer Schmerzen* ist phylogenetisch älter. Die zuleitenden peripheren Fasern enden in der Substantia gelatinosa (Laminae spinales II und III) des Hinterhorns. Die meisten Signale gelangen dann über Interneurone in die Lamina spinalis V des Hinterhorns des gleichen Segments. Hier werden sie von Neuronen übernommen, deren Axone zusammen mit denen des schnellen Systems überwiegend die Seite kreuzen. Einige Fasern verlaufen auch ipsilateral.

Im Gehirn endet die Mehrzahl der langsam leitenden Fasern in der *Formatio reticularis* des Hirnstamms, in den tiefen Schichten des *Tectum mesencephali* und in der *Substantia grisea centralis* um den Aquaeductus mesencephali. Nur wenige Fasern gelangen zum Thalamus.

Der **Cortex** wird nur von relativ wenigen Schmerzfasern erreicht. Er dient der Schmerzinterpretation, z. B. stechend oder brennend. Die Schmerzlokalisation dagegen ist sehr ungenau, beim schnellen Schmerz beträgt die Abweichung zum tatsächlichen Schmerzort bis zu 10 cm. Die Lokalisation wird jedoch wesentlich verbessert, evtl. sogar sehr genau, wenn gleichzeitig Berührungsrezeptoren erregt werden. Der langsame Schmerz bleibt stets diffus; seine Lokalisation beschränkt sich etwa auf Bein oder Arm.

Zur Information

Schmerzsignale haben starke Weckeffekte auf den Cortex. Diese gehen von der Formatio reticularis und den intralaminären Thalamuskernen aus.

Schmerzintensität. Als Transmitter wird an den Rückenmarksynapsen der langsam leitenden C-Fasern Substanz P freigesetzt. Substanz P wird wie alle Neuropeptide langsam an den Synapsen gebildet und abgegeben, aber auch langsam abgebaut. Deswegen ist damit zu rechnen, dass die Konzentration von Substanz P langsam ansteigt – evtl. über die Dauer des Schmerzreizes hinaus – und dass sie noch vorhanden ist, wenn der Schmerzreiz bereits vorüber ist. Dies erklärt fortschreitende Zunahme und langanhaltende Intensität von Schmerzen.

Andererseits können Schmerzsignale, die das Rückenmark aus der Peripherie erreichen, dadurch unterdrückt werden, dass Fasern, die aus der Substantia grisea centralis des Mesencephalon (wohl auch des Hypothalamus) und aus Raphekernen zum Hinterhorn des Rückenmarks absteigen, an ihren Synapsen als Transmitter Enkephalin und Serotonin freisetzen. Enkephalin gehört zu den im Nervensystem selbst gebildeten Opiaten. Serotonin beeinflusst die Freisetzung des Enkephalins.

Temperatursignale werden parallel zu Schmerzsignalen übermittelt. Sie erreichen im Rückenmark die Laminae spinales I, II und III im Hinterhorn, nachdem sie im Tractus posterolateralis über kurze Strecken auf- bzw. abwärts geleitet wurden. Im Rückenmark erfolgt bereits eine begrenzte Verarbeitung von Temperatursignalen. Weitere Temperatursignale verlaufen im anterolateralen System der Gegenseite zu Formatio reticularis und Nuclei ventrales posterolaterales des Thalamus. Nur wenige erreichen den somatosensorischen Cortex. Entsprechend ungenau ist die Lokalisation von Temperaturreizen, sofern nicht gleichzeitig Berührungsrezeptoren angesprochen sind. Im Wesentlichen ist die Temperaturwahrnehmung an das Zusammenwirken des Cortex mit Thalamus und Formatio reticularis gebunden.

Die viscerosensorischen Anteile des sensorischen Systems dienen der Wahrnehmung der Situation in den inneren Organen, deren Besprechung in ▶ Kapitel 15.5.9 erfolgt (Tabelle 15.3).

In Kürze

Alle somatosensorischen Systeme bestehen aus einer Kette von drei Neuronen: Das 1. Neuron liegt außerhalb des ZNS, das 2. Neuron in Rückenmark bzw. Hirnstamm, das 3. Neuron im Thalamus. Ziel ist der somatosensorische Cortex mit Assoziationsgebieten. Das mediale Lemniskussystem ist somatotop gegliedert und besteht im Rückenmark aus Fasciculus gracilis und Fasciculus cuneatus. Es folgt der Tractus bulbothalamicus. Geleitet werden mechanosensorische Signale. Zum anterolateralen System für eine Vielzahl von sensorischen Signalen gehören Tractus spinoreticularis und Tractus spinothalamicus. Das Trigeminussystem ist analog gegliedert. Im somatosensorischen Cortex besteht ein primärsensorisches Gebiet SI im Gyrus postcentralis, das Signale an den sekundärsensorischen Kortex SII im Operculum parietale weitergibt. Es folgen die somatosensorischen Assoziationsgebiete. Durch cortikoefferente Faserbündel wird im Thalamus die Intensität der somatosensorischen Signale kontrolliert. Schmerz- und Temperatursignale werden im Tractus spinothalamicus gegliedert nach schnellen und langsamen Schmerzen geleitet. Schmerzsignale können durch ins Rückenmark absteigende Fasern unterdrückt werden.

15.5.3 Olfactorisches System

Zur Information

Das olfactorische System ist phylogenetisch sehr alt. Es dient der Geruchswahrnehmung, bei der primäre und sekundäre olfaktorische Areale des Cortex zusammenwirken. Hinzu kommen affektive Signale aus dem limbischen System. Autonome Reaktionen auf Geruchsreize, z.B. Speichelfluss und Sekretion von Magensaft, gehen von der Formatio reticularis des Hirnstamms aus, die durch absteigende Fasern Signale aus dem olfaktorischen System erhält.

Die Rezeptorzellen des olfactorischen Systems befinden sich in der Pars olfactoria der Nasenschleimhaut (▶ S. 627). Es handelt sich um primäre Sinneszellen (modifizierte Nervenzellen), deren Axone die **Fila olfactoria** bilden. Die Axone gelangen durch die Lamina cribrosa des Os ethmoidale in die Schädelhöhle und enden im **Bulbus olfactorius**, der der basalen Fläche des Frontallappens anliegt (Abb. 15.57).

Der Bulbus olfactorius ist in nur schwer erkennbare Schichten gegliedert. Die auffälligsten Zellen sind die **Mitralzellen**, deren Dendriten mit den glutamatergen (exzitatorischen) Axonen der Riechzellen Synapsenfelder (**Glomeruli**) bilden. Außerdem kommen im Bulbus olfactorius hemmende Interneurone (periglomeruläre Zellen, Körnerzellen) mit GABA als Transmitter vor. Afferenzen aus verschiedenen Gebieten des ZNS wirken modulierend, wodurch bereits im Bulbus olfactorius eine Signalverarbeitung erfolgt.

Zur Information

Beim Menschen (*Mikrosmatiker* – geringes Riechvermögen) enden die Axone vieler Riechsinneszellen *konvergent* an den Dendriten einer Mitralzelle. Beim *Makrosmatiker* (z.B. Hund – gutes Riechvermögen) erreicht dagegen eine Riechsinneszelle *divergent* mehrere Mitralzellen.

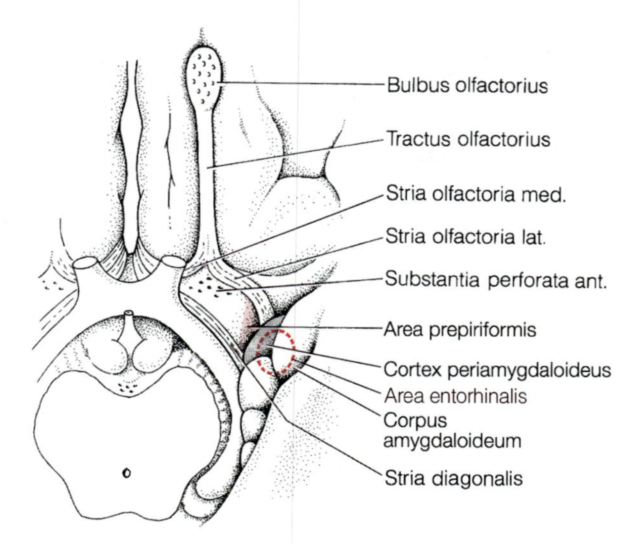

Abb. 15.57. Olfactorische Rindengebiete

Die Axone der Mitralzellen bilden den **Tractus olfactorius** (Abb. 15.57), der sich nach einem Verlauf von 3–4 cm teilt in

- **Stria olfactoria lateralis**
- **Stria olfactoria medialis**

Die Aufteilung des Tractus olfactorius bildet das **Trigonum olfactorium.** Zwischen den beiden Striae olfactoriae liegt die **Substantia perforata anterior,** die nach hinten von der **Stria diagonalis** (*Broca-Band*) begrenzt wird. In der Stria diagonalis verlaufen markhaltige Nervenfasern, die die Area septalis mit dem Corpus amygdaloideum verbinden (► S. 833). In der Tiefe des vorderen Teils der Substantia perforata anterior befindet sich das **Tuberculum olfactorium.**

Stria olfactoria lateralis. Sie besteht aus Axonen von Mitralzellen. Die Axone ziehen zur **primären Riechrinde,** die sich in den Gebieten von Substantia perforata anterior, Regio praepiriformis und Regio periamygdalaris befindet (Abb. 15.57). In der primären Riechrinde werden Gerüche wahrgenommen.

Die **Stria olfactoria medialis** ist schmal. Sie führt vor allem Axone von Nervenzellen des Riechsystems der Gegenseite zum Bulbus olfactorius.

Das **sekundäre Riechzentrum** liegt im basalen Teil des präfrontalen Cortex. Dort werden olfactorische, gustatorische, visuelle, somatosensible und somatoviszerale Eindrücke verknüpft.

Verbindungen. Von den Riechzentren im Cortex, aber auch vom Bulbus olfactorius gelangen Axone zu Corpus amygdaloideum, Hippocampus, Nuclei septales und Hypothalamus. Auf diesem Weg bekommt das olfaktorische System Anschluss an das limbische System und vermag affektive Reaktionen auszulösen, z. B. Ekel. Im Hypothalamus nehmen olfaktorische Signale Einfluss auf Essverhalten und Sexualität.

Weiter erreichen Signale aus dem Riechhirn autonome Zentren im Hirnstamm. Die Verbindung kommt durch das mediale Längsbündel (► S. 781) bzw. von den Nuclei septales via Striae medullares thalami, Nucleus habenularis, Nucleus interpeduncularis und Fasciculus longitudinales posterior (► S. 781, Abb. 15.63) zustande. Auf diesem Weg beeinflusst das olfaktorische System z. B. den Speichelfluss und die Sekretion des Magensaftes.

In Kürze

Die Rezeptorzellen des olfactorischen Systems sind modifizierte Nervenzellen. Ihre Axone erreichen konvergent Mitralzellen im Bulbus olfactorius. Von hier verläuft die Riechbahn durch die Stria olfactoria lateralis vor allem zur Regio praepiriformis (Paleocortex), die zusammen mit Substantia perforata anterior und Regio periamygdalaris das primäre Riechzentrum bilden. Das sekundäre Riechzentrum befindet sich im basalen Teil des präfrontalen Cortex. Das Riechsystem ist mit dem limbischen System einschließlich Hypothalamus und Zentren für die Speichel- und Magensaftsekretion im Hirnstamm verbunden.

15.5.4 Gustatorisches System

Zur Information

Die Geschmacksperzeption erfolgt durch sekundäre Sinneszellen in den Geschmacksknospen, vor allem auf der Zunge. Die Sinneszellen stehen in synaptischem Kontakt mit den Fortsätzen der 1. Neurone der Geschmacksbahn, die sich in Ganglien der Hirnnerven VII, IX und X befinden. Mittels 2. und 3. Neurone bestehen Verbindungen zu Geschmackszentren im Cortex, zum limbischen System und zu Reflexzentren im Hirnstamm. Geschmackswahrnehmungen beginnen beim Säugling und bleiben bis ins hohe Alter erhalten.

Die **Geschmackssinneszellen** (▶ S. 622) werden von afferent leitenden Fortsätzen pseudounipolarer Ganglienzellen in Ganglion geniculi (N. VII) und Ganglion inferius (N. IX, X) innerviert. Hier beginnt die Geschmacksbahn, zu der drei Neurone gehören.

Die **1. Neurone** der Geschmacksbahn liegen

- im **Ganglion geniculi nervi facialis** (N. VII); ihre afferenten Fortsätze leiten die Erregung von den Geschmacksrezeptoren der vorderen zwei Drittel der Zunge ab und verlaufen in der Chorda tympani
- im **Ganglion inferius nervi glossopharyngei** (N. IX); die Signale kommen von Geschmacksrezeptoren des hinteren Zungendrittels
- im **Ganglion inferius nervi vagi** (N. X); die Signale stammen aus den Geschmacksrezeptoren (z. T. freie Nervenendigungen) im Rachen und um den Kehlkopfeingang

Die **2. Neurone** befinden sich im oberen (superioren) Teil der **Nuclei tractus solitarii** (*Nucleus gustatorius*).

Die **3. Neurone** liegen im Nucleus ventralis posterior medialis des **Thalamus.** Es wird von kontralateralen Fasern erreicht, die im Lemniscus medialis verlaufen.

Geschmackszentren. Die Axone des 3. Neurons der Geschmacksbahn gelangen zum **Operculum parietale,** das dem somatosensorischen Gebiet der Zunge im Gyrus postcentralis benachbart ist. Ein zweites Geschmackszentrum liegt im Bereich der Inselrinde.

Kollaterale. Von den Nuclei tractus solitarii ziehen zahlreiche Fasern zu den oberen und unteren Speichelkernen (Nuclei salivatorii superior et inferior) (▶ S. 773), die alle großen Mundspeicheldrüsen viszeroefferent innervieren. Diese Reflexverbindung trägt dazu bei, die Speichelsekretion der Nahrungsaufnahme anzupassen. Weitere Verbindungen bestehen zum Nucleus posterior nervi vagi, über den die reflektorische Magensaftsekretion in Gang gesetzt wird, und über die Formatio reticularis zu den Motoneuronen des N. phrenicus im Thorakalmark für Husten- und Brechreflexe. Schließlich gibt die Geschmacksbahn Fasern zu Hypothalamus und Corpus mammillare ab und verbindet sich dadurch mit dem limbischen System.

Klinischer Hinweis

Die Prüfung der normalen Geschmackswahrnehmung in den vorderen zwei Dritteln der Zunge kann zur Lokalisation von peripheren Läsionen des N. facialis beitragen. Ist der N. facialis (einschließlich N. intermedius) im Porus acusticus internus unterbrochen, entfällt die Geschmackswahrnehmung in den vorderen zwei Dritteln der Zunge ipsilateral. Wird dagegen der N. facialis distal der Abzweigung der Chorda tympani unterbrochen, ist die Geschmackswahrnehmung normal.

In Kürze

Die 1. Neurone der Geschmacksbahn befinden sich im Ganglion geniculi des N. facialis sowie den Ganglia inferiora von N. glossopharyngeus und N. vagus. Das 2. Neuron liegt im Nucleus tractus solitarius, das 3. Neuron im Thalamus. Die primären Geschmackszentren liegen im Operculum parietale des Cortex und der Insula. Durch Kollaterale wird die Sekretion der Mundspeicheldrüsen und der Magendrüsen beeinflusst. Weitere Verbindungen bestehen zum limbischen System.

15.5.5 Visuelles System

Zur Information

Das visuelle System beginnt mit der Sehbahn. Sie leitet dem Gehirn optische Eindrücke zu, die in den Sehzentren des Cortex verarbeitet, schließlich wahrgenommen und im optischen Erinnerungsfeld gespeichert werden. Relaisstationen befinden sich im Corpus geniculatum, wo visuelle Signale moduliert werden können, und in den Nuclei praetectales des Mesencephalon für Akkommodations- und Pupillenreflexe.

Die Sehbahn ist eine Neuronenkette, in der die ersten drei Neurone in der Retina, das vierte im Corpus geniculatum laterale liegt.

Zur **Sehbahn** gehören (Abb. 15.58):

- **Retina**
- **N. opticus**
- **Chiasma opticum**
- **Tractus opticus**
- **Corpus geniculatum laterale, Nuclei praetectales**
- **Sehrinde**

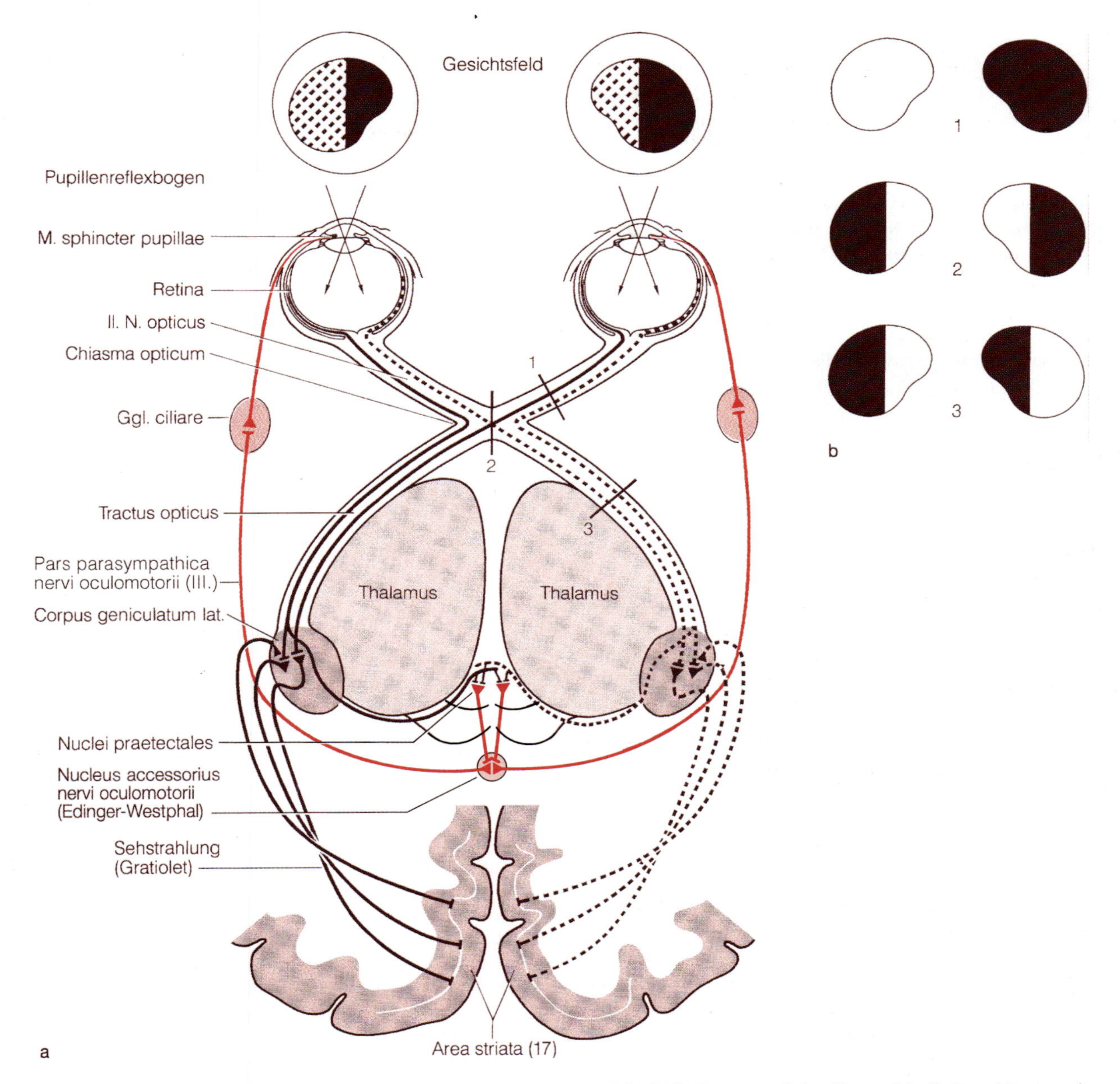

Abb. 15.58 a, b. Visuelles System. **a** Pupillenreflexbogen. Die Zahlen 1, 2 und 3 geben Läsionsorte an, denen in **b** die entsprechenden Gesichtsfeldausfälle zugeordnet sind. *1* Bei einer einseitigen Unterbrechung der Signalleitung im N. opticus kommt es zu einer totalen Erblindung des zugehörigen Auges (Amaurose). *2* Bei Unterbrechung der sich kreuzenden Fasern im Chiasma opticum, z. B. bei einem Hypophysentumor, fallen die beiden temporalen Gesichtsfeldhälften aus (Scheuklappenblindheit = bitemporale Hemianopsie), da die Leitung der Signale aus den beiden nasalen Retinahälften unterbrochen ist. *3* Bei einseitiger Unterbrechung der Signalleitung im Tractus opticus kommt es zu einer beidseitigen Halbblindheit der korrespondierenden Gesichtsfeld- und Retinahälften (homonyme Hemianopsie)

Retina (▶ S. 691). Die Retina ist ein in die Peripherie verlagerter Abschnitt des Gehirns. Hier beginnt die Sehbahn. Dabei wirken Stäbchen und Zapfen der Retina als Rezeptoren **(1. Neuron)**. Bereits hier kommt es zu einer ersten Analyse der Seheindrücke, z. B. von Farben. Es folgen in der inneren Körnerzellschicht bipolare Zellen als **2. Neuron** und im Stratum ganglionicum multipolare Nervenzellen als **3. Neuron**, die ihre langen Axone in den N. opticus entsenden (Abb. 14.6).

Im **N. opticus** sind die Nervenfasern der Retina topologisch geordnet: Die Fasern aus der oberen Retinahälfte liegen oben, die aus der unteren unten, die aus der nasalen medial usw. Die Fasern aus der Macula lutea (papillomaculäres Bündel) gelangen aus einer randständig-temporalen in eine zentrale Lage.

Chiasma opticum. Die Nn. optici beider Augen treffen sich im *Chiasma opticum*. Dort *kreuzen* die *Fasern* aus den *nasalen Retinahälften* die *Seite*, während die *Fasern* der *temporalen Retinahälften* das *Chiasma ungekreuzt passieren* (Abb. 15.58). Diese Aufteilung gilt auch für das papillomakuläre Bündel.

Im Chiasma opticum verlassen einige Axone bzw. Kollateralen die Sehbahn, um als **Tractus retinohypothalamicus** zum Hypothalamus zu gelangen. Dort ziehen sie zum **Nucleus suprachiasmaticus**, dem Kontrollzentrum für den circadianen Rhythmus (▶ S. 754).

Tractus opticus. Er folgt dem Chiasma. Der **rechte Tractus opticus** leitet Signale aus der temporalen Retinahälfte des rechten und der nasalen Retinahälfte des linken Auges. Die Lichteindrücke, die auf diesem Wege vermittelt werden, kommen vom linken Teil des binokularen Gesichtsfeldes (Abb. 15.59). Für den **linken Tractus opticus** gilt Entsprechendes für die gegenüberliegende Seite.

Corpus geniculatum, Nuclei praetectales. Die meisten Fasern jedes Tractus opticus enden im ipsilateralen **Corpus geniculatum laterale.** Sie übertragen hier ihre Signale auf Neurone, deren Axone die **primäre Sehrinde**, das Ziel der Sehbahn, erreichen.

Einige Axone (etwa 10%) setzen jedoch ihren Weg ohne Unterbrechung im Corpus geniculatum laterale fort. Sie gelangen zu

- **Nuclei praetectales** (Abb. 15.58), die im Dienst von Fokussierungs-, d. h. Akkommodations- und Pupillenreflexen stehen (▶ unten)
- **Colliculi superiores**, die u. a. die schnellen Richtungsbewegungen der Augen kontrollieren (▶ S. 767)

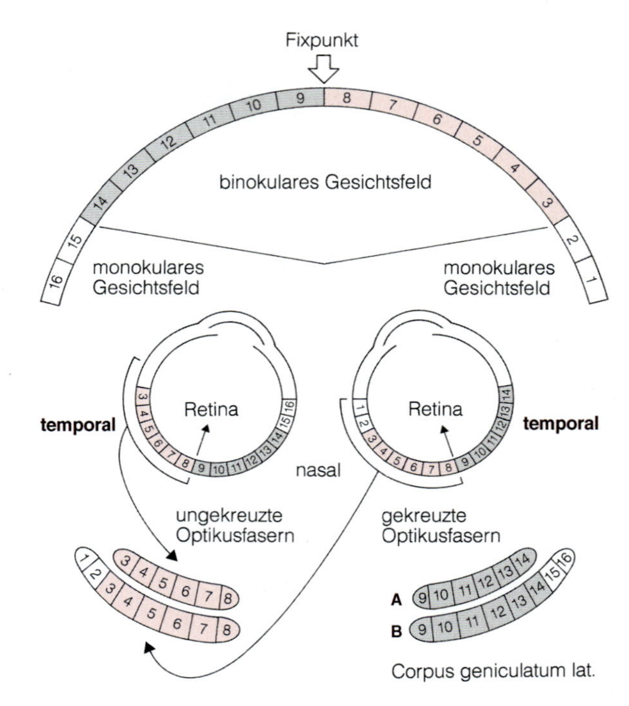

Abb. 15.59. Gliederung von Retina und Corpus geniculatum laterale in Beziehung zum Gesichtsfeld. *A* stellt die Schichten 2, 3 und 5 des Corpus geniculatum laterale dar, die die ungekreuzten Fasern des Tr. opticus erhalten. *B* zeigt die Schichten 1, 4 und 6 des Corpus geniculatum laterale (gekreuzte Fasern). Die Punkt-zu-Punkt-Verbindung setzt sich in die primäre Sehrinde fort

- **Thalamus** und von dort zu den umgebenden **Basalkernen** zur Auslösung von Verhaltensbewegungen auf Lichtsignale

Einzelheiten

Das **Corpus geniculatum laterale** ist eine Relaisstation zur Übertragung und Modulation visueller Signale. Es ist laminar gebaut (6 Schichten) und hat eine Ordnung, die im Dienst der Punkt-zu-Punkt-Verbindung zwischen Retina und primärer Sehrinde steht.

Das Corpus geniculatum laterale

- besteht aus **drei Schichtenpaaren:** in jeweils einem Partner eines Schichtenpaares enden die Axone aus dem einen, in dem anderen aus dem anderen Auge (Abb. 15.59)
- ist streng **retinotop gegliedert**; die Projektionen der entsprechenden Gebiete der Retinae liegen durch alle Schichten hindurch annähernd übereinander, dadurch ist eine parallele Übertragung von Signalen aus korrespondierenden Retinaabschnitten zum Cortex gesichert
- hat **groß- und kleinzellige Schichten**; mit den **großzelligen Schichten** (1 und 2) stehen die Y-Zellen des Stratum ganglionicum der Retina in Verbindung; dieses großzellige Sys-

15

tem verfügt über eine sehr schnelle Signalübermittlung, hat aber infolge der hohen Konvergenz der Y-Zellen in der Retina (▶ S. 694) lediglich eine geringe Auflösung und ist farbenblind; es dient vor allem dem *Bewegungssehen.* Das **kleinzellige System** beginnt mit den mittelgroßen X-Zellen des Stratum ganglionicum; die Axone ziehen zu den Schichten 3–6 des Corpus geniculatum laterale; dieses System hat in der Retina eine sehr geringe Konvergenz und ermöglicht daher eine *hohe Auflösung* von Strukturen im Sehfeld; außerdem übermittelt es *Farben*, leitet aber nur mit mäßiger Geschwindigkeit

Die **Modulation der Signalübermittlung** im Corpus geniculatum laterale erfolgt durch corticofugale Fasern aus dem primären visuellen Cortex (▶ unten) und durch Fasern aus der Formatio reticularis des Mesencephalon. Beide Afferenzen haben hemmende Funktion und können dadurch den Umfang der visuellen Informationen kontrollieren, die an den Cortex weitergegeben werden.

Die Sehrinde (Area striata) befindet sich auf der medialen Seite des Okzipitallappens des Großhirns und wird von optischen Integrationsfeldern umgeben.

Die Sehrinde wird von aufsteigenden Fasern des Corpus geniculatum laterale erreicht, die durch den **retrolentikulären Teil** der **Capsula interna** und dann in der **Radiatio optica** verlaufen (Abb. 15.19).

Zur Sehrinde (Abb. 15.15) gehören:
- **primäre Sehrinde** (Sehfeld V1)
- **sekundäre Sehrinde** (Sehfeld V2 bis V5)

Primäre Sehrinde. Die primäre Sehrinde befindet sich in der Area striata, einem Gebiet um den Sulcus calcarinus (Area 17 nach Brodmann). Hier beginnt die Verarbeitung der Lichtsignale.

Die primäre Sehrinde fällt bereits makroskopisch durch einen stark myelinisierten Faserzug auf (**Gennari-Streifen**). Er befindet sich in der Schicht IV (innere Körnerschicht) der sechsschichtigen Rinde (▶ S. 742) und teilt somit die Lamina IV in drei Unterschichten: Lamina IVA oberhalb des Gennari-Streifens, Lamina IV B mit dem Gennari-Streifen und Lamina IVC unterhalb des Gennari-Streifens.

Die Zuordnung der Fasern des Gennari-Streifens zu bestimmten Neuronen ist nicht genau geklärt. Wichtig ist, dass die Endigungen der Fasern der Radiatio optica aus dem ipsi- bzw. kontralateralen Auge in der primären Sehrinde zunächst getrennt gehalten werden.

Gliederung. Die primäre Sehrinde ist retinotop gegliedert. Dabei gilt, dass jede Hemisphäre Signale aus beiden Augen, jedoch nur aus einem Gesichtsfeldteil erhält (Abb. 15.59): die linke Hemisphäre aus dem rechten Teil des Gesichtsfeldes, der von den Rezeptoren der nasalen Retinahälfte des rechten Auges und der temporalen Retinahälfte des linken Auges erfasst wird, entsprechend die rechte Hemisphäre aus dem linken Teil des Gesichtsfeldes. Weiter gilt, dass sich das untere Gesichtsfeld – vermittelt von den Rezeptoren der oberen Retinahälfte – im Cortex oberhalb des Sulcus calcarinus, das obere Gesichtsfeld – vermittelt von den Rezeptoren der unteren Retinahälfte – unterhalb des Sulcus calcarinus wiederfindet. Ein besonders großes Gebiet nimmt die Projektion der Macula lutea (Gebiet des schärfsten Sehens) ein, es liegt nahe am occipitalen Pol.

Sekundäre Sehrinde (Areae 18, 19 nach Brodman, Abb. 15.15b). Sie umgibt die primäre Sehrinde hufeisenförmig. Die sekundäre Sehrinde erhält ihre Signale aus der primären Sehrinde. Aus der sekundären Sehrinde werden die Signale dann schrittweise über weitere Synapsen in zahlreiche anterior anschließende Gebiete einschließlich der temporooccipitoparietalen Grenzregionen weitergegeben. Dort erfolgt die weitere Verarbeitung der optischen Signale nach Merkmalen, z. B. Konturen, Formen, Bewegungsrichtung, Farben. Die Gebiete der sekundären Sehrinde werden gemeinsam als **visuelles Erinnerungsfeld** bezeichnet.

Klinischer Hinweis

Der *Ausfall* der *primären Sehrinde* führt zu einem Verlust der bewussten Sehwahrnehmung (*Rindenblindheit*). Fällt die *sekundäre Sehrinde* teilweise oder ganz aus, wird die Fähigkeit, Gegenstände, Formen und Zeichen zu erkennen und zu verstehen, stark beeinträchtigt.

Die Verarbeitung von Lichtsignalen in der primären Sehrinde erfolgt in Augendominanzsäulen.

Die Augendominanzsäulen schließen **Farbflecken** und **Orientierungssäulen** ein.

Die **Augendominanzsäulen** (Abb. 15.60) der primären Sehrinde sind jeweils 0,5 μm breit. Hier enden die Faserbündel der Radiatio optica mit Signalen aus einem eng umschriebenen Retinagebiet eines Auges. Unmittelbar benachbart ist jeder Augendominanzsäule eine weitere Dominanzsäule, die Signale aus korrespondierenden Abschnitten der Retina des Auges der gegenüberliegenden Seite empfängt. Das Zusammenwir-

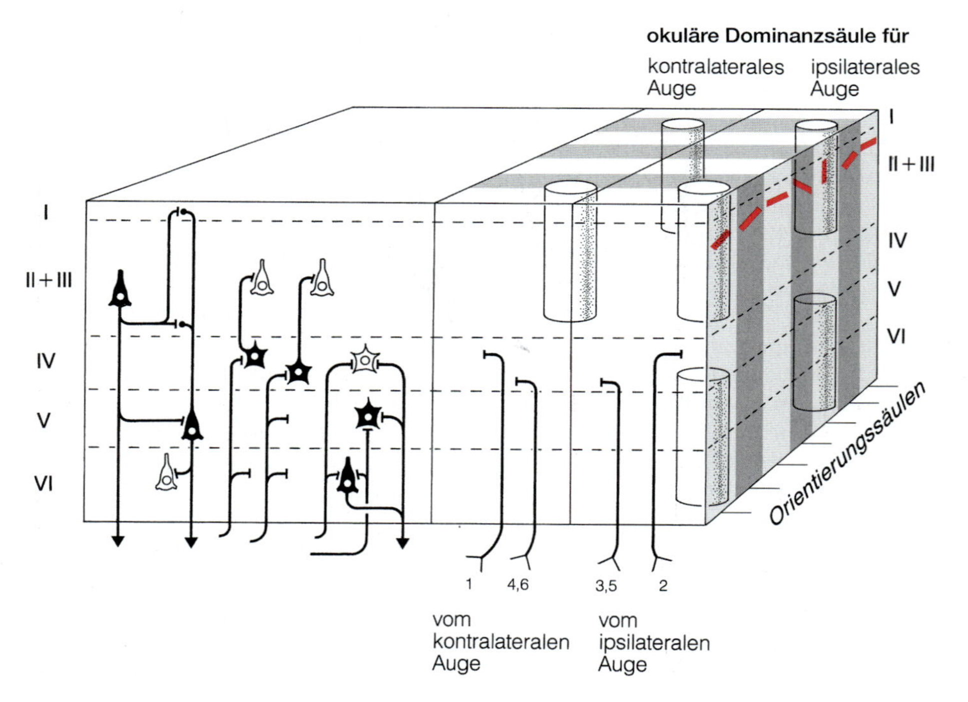

Abb. 15.60. Primäre Sehrinde. *Links:* Schichtenfolgen. *Rechts:* Je eine okuläre Dominanzsäule für kontralaterales und ipsilaterales Auge. Sie bestehen aus je sieben Orientierungssäulen. Die *roten* Striche markieren unterschiedliche Richtungen von Lichtsignalen. Die Zahlen an den Eingängen geben die Herkunft aus den magno- (1, 4, 6) und parvozellulären (3, 5 und 2) Schichten des Corpus geniculatum laterale an. Die Zylinder entsprechen »Farbflecken«

ken beider Dominanzsäulen ermöglicht räumliches Sehen und eine Koordination der Bewegung beider Augen.

Klinischer Hinweis

Beim angeborenen Schielen können korrespondierende Retinaabschnitte der beiden Augen nicht dieselben Abschnitte des Gesichtsfeldes erfassen. Deswegen werden Informationen aus einer Retina unterdrückt, so dass sich die Augendominanzsäulen der dominierenden Seite gegenüber der anderen verbreitern.

Zur Integration der Signale aus benachbarten Augendominanzsäulen kommt es dadurch, dass Fortsätze von Interneuronen (z. B. Sternzellen) zweier Augendominanzsäulen an gemeinsame Pyramidenzellen herantreten. Die Axone der Pyramidenzellen der Schichten II und III ziehen zu den sekundären visuellen Rindenfeldern (► unten). Die Neurone der Schichten V und VI bilden corticofugale Fasern zum Corpus geniculatum laterale sowie zu Pulvinar, Colliculus superior und anderen Mittelhirngebieten.

Unter Farbflecken in der **primären Sehrinde** werden Neuronenpopulationen vor allem im oberen Teil der Augendominanzsäulen verstanden (in den Schichten II und III), die Signale aus dem kleinzelligen System erhalten und der Verarbeitung von Farbinformationen dienen. Die Farbflecken können histochemisch durch ihre hohe Zytochromoxidaseaktivität nachgewiesen werden.

Die Orientierungssäulen ermöglichen die Richtungsanalyse (Orientierung) einer Kontur im Raum. Die Orientierungssäulen sind funktionelle Einheiten in den Augendominanzsäulen und enthalten jeweils Zellen gleicher Reizorientierung.

Augenreflexe dienen der Anpassung an Lichtverhältnisse und Akkommodation. Die Zentren befinden sich in Mesencephalon bzw. oberem Rückenmark.

Reflektorisch gesteuert werden
- **Pupillenweite (Pupillenreflex)**
- **Akkommodation (Akkommodationsreflex)**

Pupillenreflex. Fällt Licht ins Auge, verengen sich die Pupillen reflektorisch.

Zur Information
Durch den Pupillenreflex werden die Augen schnellen Lichtveränderungen angepasst (*Adaptation*) und die Retinae vor Überbelichtung geschützt.

Reflektorisch wird aber nicht nur die Verengung der Pupille (auf minimal 1,5 mm), sondern auch deren Erweiterung (auf maximal 8 mm) gesteuert. Für Verengung der Pupille (*Miosis*, verbunden mit Abnahme der Pupillenapertur) und Erweiterung (*Mydriasis*, Zunahme der Pupillenapertur) werden getrennte Wege benutzt.

Bei **Pupillenverengung** wirken zusammen (Abb. 15.58)
- **Ganglienzellen der Retina**
- **Nucleus praetectalis**
- **Nucleus accessorius nervi oculomotorii** (*Edinger-Westphal*)
- **parasympathischer Teil des N. oculomotorius**
- **Ganglion ciliare**
- **M. sphincter pupillae**

Die Ganglienzellen der Retina entsenden ihre Axone (ohne Umschaltung im Corpus geniculatum laterale) zum **Nucleus praetectalis**, der zwischen der Commissura posterior und den Colliculi superiores liegt. Die Axone aus diesem Kern erreichen den unpaaren **Nucleus accessorius nervi oculomotorii** (Edinger-Westphal, parasympathischer Anteil des N. III, präganglionäre Nervenzellen). Die ipsilateralen Fasern bewirken den direkten, die kontralateralen den konsensuellen Pupillenreflex (Mitreaktion der Pupille des kontralateralen Auges auch bei Belichtung nur eines Auges). Vom Nucleus accessorius nervi oculomotorii gelangen die Signale über den N. oculomotorius als präganglionäre Axone ins Ganglion ciliare. Die hier gelegenen postganglionären parasympathischen Neurone erreichen den M. sphincter pupillae.

Das Steuerzentrum für die **Dilatation** der **Pupille** befindet sich im oberen Thorakalbereich des Rückenmarks (Nucleus intermediolateralis, **ciliospinales Zentrum**, ▶ S. 838). Die Signale gelangen von hier (präganglionäre Strecke) über den Truncus sympathicus **zum Ganglion cervicale superius.** Nach Umschaltung auf postganglionäre Nervenzellen folgen deren Axone der A. carotis interna und der A. ophthalmica, passieren das Ganglion ciliare ohne Umschaltung und ziehen zum M. dilatator pupillae.

Klinischer Hinweis
Die Pupillenreaktionen können durch Schäden in den Reflexbögen gestört sein. So treten z. B. beidseitig abnorm weite Pupillen bei Mittelhirnläsionen auf. Eine Seitendifferenz in der Pupillenweite (*Anisokorie*) kann auf einseitiger Erweiterung (Läsion des parasympathischen Ursprungskerns oder des parasympathischen Anteils des N. oculomotorius) oder einseitiger Verengung (Schädigung der sympathischen Innervation) beruhen. *Reflektorische Pupillenstarre* bei Lichteinfall (Ausfall des Pupillenreflexes) bei erhaltener Sehfähigkeit und Konvergenzreaktion ist ein Frühsymptom einer syphilitischen Erkrankung des Hirnstamms (Phänomen nach Robertson). *Weitere Störungen* der Pupillenreaktionen können durch Schäden im N. opticus, Läsion des Nucleus accessorius nervi oculomotorii oder des oberen, zervikalen Sympathicus verursacht werden.

Akkommodationsreflex. Für die reflektorische Fokussierung des Auges auf einen Punkt im Gesichtsfeld (*Akkommodation*) werden Bahnen benutzt, die von der Retina zum primären visuellen Cortex und von dort zu Nucleus praetectalis und Nucleus accessorius nervi oculomotorii führen. Verbindungen zum okulomotorischen System bestehen über die Colliculi superiores der Lamina quadrigemina (▶ S. 766). Parasympathische präganglionäre Fasern des N. oculomotorius ziehen dann zum **Ganglion ciliare.** Postganglionäre Fasern aus diesem Ganglion erreichen schließlich den M. ciliaris, der die Krümmung der Linse reguliert.

In Kürze
Zwischen Retina und primärer Sehrinde (um den Sulcus calcarinus) bestehen Punkt-zu-Punkt-Verbindungen. Sie gehen auf eine durchgehende topologische Gliederung aller Anteile der Sehbahn zurück, von Retina über N. opticus, Corpus geniculatum laterale bis zum visuellen Cortex. Eine Parallelübertragung von Signalen aus korrespondierenden Retinaabschnitten beider Augen auf den Cortex ist durch die Faserverteilung im Chiasma opticum auf die Tractus optici und die Rechts- und Linkskorrespondenz in den Corpora geniculata sowie den primären Sehfeldern gesichert. Die Verarbeitung der Signale in der primären Sehrinde erfolgt in Augendominanzsäulen, Farbflecken und Orientierungssäulen. Weitere Verarbeitung erfolgt in der sekundären Sehrinde, auch als optisches Erinnerungsfeld bezeichnet. Pupillenverengungen und Akkommodation werden reflektorisch vermittels der Nuclei praetectales, Pupillendilatation durch ein ciliospinales Zentrum im Rückenmark gesteuert.

15.5.6 Auditives System

Zur Information

Das auditive System dient der Wahrnehmung akustischer Signale. Es beginnt im Corti-Organ des Innenohrs. Sein Ziel ist die Hörrinde im Temporallappen des Cortex. Auf dem Weg dorthin kreuzen Teile der Hörbahn die Seite, wodurch Signale des Corti-Organs jeder Seite beide Hemisphären erreichen. Im Hirnstamm verlassen Kollaterale die Hörbahn und lösen akustische Reflexe aus. Die Hörrinde des Cortex jeder Seite ist mit zahlreichen anderen Rindenarealen verbunden, sodass akustische Signale ausgedehnte Reaktionen auslösen können.

Die Hörbahn beginnt auf jeder Seite im Corti-Organ des Innenohrs und erreicht durch teilweise Faserkreuzung den Cortex beider Hemisphären.

Stationen der Hörbahn (Abb. 15.61), die Signale der Sinneszellen des Corti-Organs des Innenohrs (▶ S. 713) verarbeiten und weiterleiten, sind:

- **Ganglion (spirale) cochleare** im Modiolus des Innenohrs (▶ S. 715) mit dem primären afferenten Neuron der Hörbahn **(1. Neuron)**
- **Nucleus cochlearis anterior** bzw. **Nucleus cochlearis posterior** im Boden des Recessus lateralis des IV. Ventrikels (▶ S. 770, **2. Neuron**, Abb. 15.61a)
  - vom **Nucleus cochlearis anterior** gelangen Fasern im **Corpus trapezoideum** (mit Nuclei) auf die Gegenseite und ziehen dann im **Lemniscus lateralis** aufwärts, einige Fasern gelangen auch ipsilateral vom Corpus trapezoideum aus zum Colliculus inferior
  - vom **Nucleus cochlearis posterior** aus kreuzen die Fasern in den **Striae cochlearis posterior** (in der Nachbarschaft der Striae medullares ventriculi quarti) die Seite und ziehen teilweise ohne Unterbrechung zum Colliculus inferior; ein weiterer Zwischenkern befindet sich im **Nucleus lemniscus lateralis**
- **Nuclei olivares superiores** (oberer Olivenkomplex), lateral vom Corpus trapezoideum gelegen, erhalten

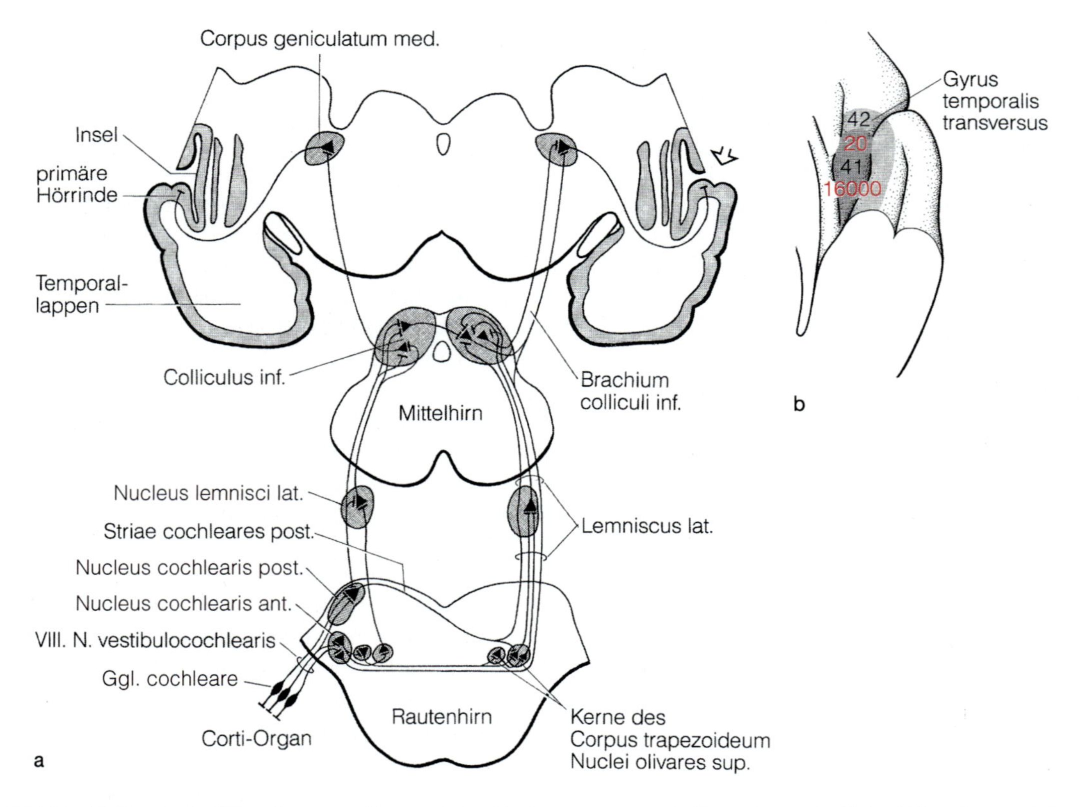

Abb. 15.61 a, b. Auditives System. **a** Neuronale Verbindungen, **b** Hörzentren. Im Gyrus temporalis transversus mit den Areae 41 und 42 werden anterolateral Signale von tiefen Tönen (20 Hz), posteromedial von hohen Tönen (16000 Hz) verarbeitet

15

afferente Signale aus beiden Corti-Organen und wirken dadurch beim Richtungshören mit; efferente Axone erreichen die Kerne der Mittelohrmuskeln (M. tensor tympani, M. stapedius, innerviert vom motorischen Anteil des N. trigeminus bzw. vom N. facialis ► S. 709) und bewirken eine reflektorische Dämpfung der Vibration der Gehörknöchelchen bei hohen Tonfrequenzen; weitere Efferenzen bilden den **Tractus olivocochlearis** (► unten)

- **Colliculus inferior** der Lamina quadrigemina (► S. 766, **3. Neuron**); hier erfolgt eine erneute Signalübertragung. Außerdem gelangen von hier Kollateralen zu den Colliculi superiores (akustisch-optische Fasern)
- **Corpus geniculatum mediale (4. Neuron),** das über das **Brachium colliculi inferioris** erreicht wird
- **primäre Hörrinde,** deren Fasern durch den retrolentikulären Teil der Capsula interna und die Radiatio acustica verlaufen

Zur Information

Das akustische System ist tonotop gegliedert. Dies beginnt in der Cochlea. Die Fasern, die hohe Frequenzen leiten, erhalten ihre Signale von den basalen Teilen der Schneckenwindung, während die Fasern für die Leitung niedriger Frequenzen den apikalen Abschnitten der Schneckenwindung entstammen. Im weiteren Verlauf liegen die Fasern für die Leitung hoher Frequenzen überwiegend auf der posterioren Seite der Hörbahn. Die tonotope Gliederung setzt sich bis in die primäre Hörrinde fort (► unten).

Richtungshören wird ermöglicht, weil jede Hemisphäre Signale aus beiden Hörorganen erhält. Erreicht wird dies dadurch, dass ein etwas größerer Teil der Fasern die Seite kreuzt, andere jedoch ipsilateral verlaufen.

Die Hörbahn entlässt im Hirnstamm Kollaterale, durch die akustische Reflexe ausgelöst werden können.

Durch Kollateralen der Hörbahn, die das Corpus trapezoideum verlassen, ist das akustische System verbunden mit

- **Formatio reticularis;** dort wird das retikuläre Aktivierungssystem erreicht; da dieses System diffus nach oben in den Cortex und nach unten in das Rückenmark projiziert, kann das ganze Nervensystem durch akustische Signale **aktiviert** werden
- **Augenmuskelkernen** (über den Fasciculus longitudinalis medialis) sowie weiteren Steuerzentren des visuellen Systems im Hirnstamm, z. B. den **Colliculi superiores**, wodurch konjugierte Augenbewegungen, aber auch **Kopf-** und **Körperbewegungen** als Reaktion auf Geräusche bewirkt werden (Zuwendung, Abwendung)

Die Verarbeitung auditiver Signale erfolgt in der Hörrinde.

Die **Hörrinde** gliedert sich in:

- **primäre Hörrinde** (A 1, Area 41 nach Brodmann)
- **sekundäre Hörrinde** (A 2, Area 42)

Die **primäre Hörrinde** (■ Abb. 15.61) befindet sich im **vorderen Teil** des **Gyrus temporalis transversus.** Sie ist **tonotop gegliedert,** d. h. verschiedene Frequenzbereiche werden in der Hörrinde auch verschiedenen, nebeneinander angeordneten Neuronenpopulationen zugeleitet. Diese sind als funktionelle Einheiten nachweisbar. Die Gebiete für den Empfang *niedriger Frequenzen* befinden sich in den anterolateralen, für *hohe Frequenzen* in den posteromedialen Abschnitten der primären Hörrinde (■ Abb. 15.61 b).

Zum Richtungshören trägt bei, dass in jeder Hörrinde die Orte zum Empfang von Signalen aus korrespondierenden Gebieten beider Hörorgane jeweils benachbart sind.

Die **sekundäre Hörrinde** umgibt die primäre Hörrinde hufeisenförmig. Sie hat assoziative Aufgaben. Sie erhält insbesondere Signale aus der primären Hörrinde, aber auch direkte aus dem Corpus geniculatum mediale. Anders als bei der primären antwortet die sekundäre Hörrinde nicht auf spezifische Tonfrequenzen, sondern verbindet diese und vergleicht die Signale mit auditiven Erinnerungen. Dadurch trägt sie dazu bei, die Bedeutung von Geräuschen, Tönen, Melodien, Worten, Sätzen usw. aufzuklären. Sie ist eng mit dem hinteren Abschnitt des Gyrus temporalis superior (Wernicke-Zentrum für das Sprachverständnis ► S. 843) verbunden.

Absteigende auditive Fasersysteme aus der primären Hörrinde modulieren auditive Signale.

Die **Modulation auditiver Signale** erfolgt durch hemmende absteigende auditive Fasersysteme aus der primären Hörrinde. Die Fasern gelangen in den Hirnstamm zur oberen Olive und ziehen von dort im **Tractus**

olivocochlearis (Verlauf im N. cochlearis) zum Corti-Organ. Dort treten die Fasern entweder direkt an die äußeren Haarzellen oder an die afferenten Strecken der Nervenzellen des Ganglion cochleare heran. Offenbar kann die Signalübertragung aber auch in Colliculus inferior, oberem Olivenkomplex und Nuclei cochleares hemmend beeinflusst werden. Insgesamt ist dieses efferente System in der Lage, die Lautstärkeempfindlichkeit des Corti-Organs und die Übertragung der auditiven Signale auf den Cortex erheblich zu modifizieren.

Innerhalb des Cortex steht die Hörrinde mit zahlreichen anderen Arealen in Verbindung.

Innerhalb des Cortex steht die Hörrinde mit zahlreichen anderen Arealen in synaptischer Verbindung, z. B. dem frontalen Augenfeld, den Gyri prae- und postcentralis sowie mit temporalen und occipitalen Gebieten, weshalb auditive Signale komplexe Reaktionen auslösen können (z. B. »Hinhören«). Außerdem bestehen Verbindungen zwischen den Hörrinden beider Hemisphären.

In Kürze

Die wichtigsten Stationen der Hörbahn sind das Ganglion cochleare, die Nuclei cochlearis anterior et posterior, Corpus trapezoideum, Nuclei olivares superiores, Colliculus inferior, Corpus geniculatum mediale, die primäre und sekundäre Hörrinde im Gyrus temporalis transversus. Der größere Teil der Fasern der Hörbahn kreuzt die Seite, sodass jede Hemisphäre Signale aus beiden Hörorganen erhält. Das akustische System ist in allen Anteilen tonotop gegliedert. Die Signalübertragung in der Hörbahn kann durch corticoefferente Fasersysteme aus der Hörrinde moduliert werden. Durch Kollateralen ist das auditive System mit der Formatio reticularis und den Augenmuskelkernen sowie den motorischen Anteilen von N. trigeminus und N. facialis verbunden.

15.5.7 Vestibuläres System

Zur Information

Das vestibuläre System dient vor allem der Steuerung der Kopf- und Körperhaltung im Verhältnis zum Schwerefeld der Erde sowie der Augenbewegungen im Verhältnis zu den Kopfbewegungen. Es arbeitet überwiegend reflektorisch. Das Reflexzentrum befindet sich im Kleinhirn.

Das vestibuläre System (Abb. 15.62) beginnt mit Sinneszellen in den **Cristae ampullares der Bogengänge** – ihre Signale dienen vor allem der Blickführung – sowie in den **Makulaorganen** von **Sacculus** und **Utriculus** (Abb. 14.27) – zur Sicherung von aufrechtem Stand und Gang.

Weitere Stationen sind:

- **Ganglion vestibulare**
- **Nuclei vestibulares** mit Verbindungen zu
  - **Cerebellum**
  - **Rückenmark**
  - **Formatio reticularis**
  - **Augenmuskelkernen**

Verbindungen zum Cortex cerebri (via Thalamus) sind dagegen spärlich. Sie konzentrieren sich auf ein begrenztes Gebiet im Gyrus postcentralis nahe der sensorischen Gesichtsprojektion. Sie vermitteln eine bewusste Raumorientierung.

Das Ganglion vestibulare befindet sich am Boden des inneren Gehörgangs (► S. 718). Hier liegt das **1. Neuron** des vestibulären Systems. Es handelt sich um bipolare Nervenzellen.

Die Nuclei vestibulares liegen im Übergangsbereich zwischen Pons und Medulla oblongata lateral unter dem Boden des IV. Ventrikels. Die Nuclei vestibulares bestehen aus vier Kerngruppen:

- **Nucleus vestibularis superior** (Bechterew, Abb. 15.62 a)
- **Nucleus vestibularis medialis** (Schwalbe, Abb. 15.62 b)
- **Nucleus vestibularis inferior** (Roller, Abb. 15.62 d)
- **Nucleus vestibularis lateralis** (Deiters, Abb. 15.62 c)

Afferent werden die Nuclei vestibulares jedoch nicht nur von Signalen aus dem Vestibularapparat erreicht (Nuclei vestibulares superior et medialis aus den Bogengängen, Nucleus vestibularis inferior aus Sacculus und Utriculus), sondern auch von Signalen aus dem Rückenmark, die zur Bestimmung der Stellung des Kopfes bzw.

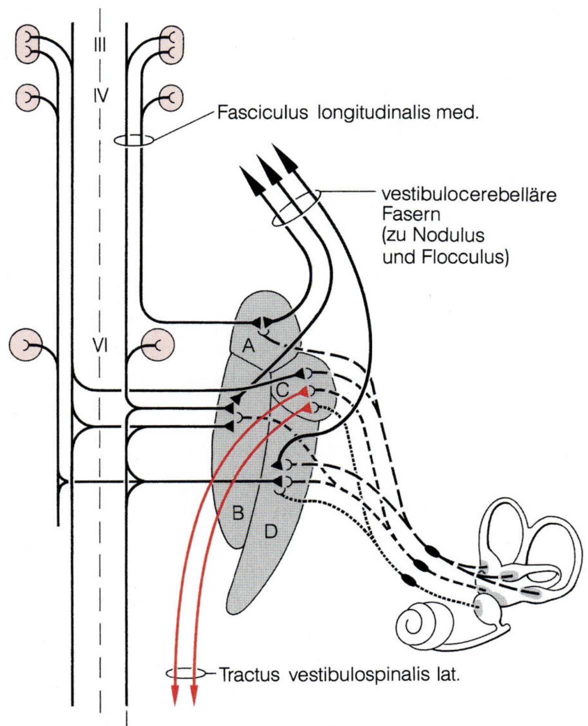

Abb. 15.62. Vestibuläres System. Die Zahlen *III, IV* und *VI* markieren Augenmuskelkerne. *A* Nucleus vestibularis superior, *B* Nucleus vestibularis medialis, *C* Nucleus vestibularis lateralis, *D* Nucleus vestibularis inferior

der Arme und Beine gegenüber dem übrigen Körper beitragen, sowie von rückläufigen Fasern aus dem Kleinhirn (zu Nucleus vestibularis lateralis).

Efferent projizieren die Nuclei vestibulares vor allem

- **ins Kleinhirn** zu
  - **Lobus flocculonodularis** (► S. 785, Archicerebellum für bogenganggesteuerte Gleichgewichtsfunktionen); bei Störungen dieses Systems kommt es bei schnellen Veränderungen der Bewegungsrichtung zum Gleichgewichtsverlust,
  - **Uvula vermis** und **Paraflocculus** (Teile des Paleocerebellum ► S. 786, zur Steuerung des statischen Gleichgewichts); einige Fasern erreichen Uvula und Flocculus auch direkt aus dem Ganglion vestibulare ohne Umschaltung in den Vestibulariskernen (**direkte sensorische Kleinhirnbahn**)

Im Kleinhirn enden die Axone als Moosfasern im Stratum granulosum. Von dort werden die Purkinje-Zellen erregt, deren Axone zurück in die Nuclei vestibulares laterales projizieren. Dadurch entsteht ein **Regelkreis**, der die Feinabstimmung der Vestibularisreflexe kontrolliert.

Ein weiterer Weg verläuft von den Nuclei vestibulares über die untere Olive mit Kletterfasern zum **unteren Wurm.**

Klinischer Hinweis

Der Ausfall des Kleinhirns geht in der Regel mit *Gleichgewichtsstörungen* und *Nystagmus* einher. Es kommt zu Fallneigung, breitbeinigem Gehen, überschießenden Bewegungen insbesondere beim Laufen: Teilsymptome einer *cerebellären Ataxie*.

Weitere Efferenzen der Nuclei vestibulares ziehen zu:

- **Motoneuronen** des **Halsmarks** und des **oberen Thorakalmarks:** die Axone ziehen vom Nucleus vestibularis medialis im Fasciculus longitudinalis medialis beider Seiten als **Tractus vestibulospinalis medialis** ins **Rückenmark** und wirken bei der Koordination von Kopf- und Augenbewegungen mit
- γ-, **teilweise** auch α-**Motoneuronen** des **gesamten Rückenmarks** für die **Extensoren:** die Axone stammen aus dem Nucleus vestibularis lateralis und bilden den **Tractus vestibulospinalis lateralis;** auf diesem Wege wird vor allem ein der Gleichgewichtserhaltung dienender, den Umständen angepasster Muskeltonus im ganzen Körper erreicht; evtl. erfolgt ein automatisches Gegensteuern bei Gleichgewichtsveränderungen
- **Formatio reticularis,** deren Fasern den Abducenskern sowie über den Tractus reticulospinalis die γ- und α-Motoneurone des Rückenmarks erreichen; von der Formatio reticularis ziehen außerdem einige exzitatorische Fasern retrograd zu den Haarzellen des Labyrinths. Schließlich können über Vestibularisfasern vegetative Zentren in der Formatio reticularis erregt werden (Brechreiz bei starken Drehbewegungen)
- **Augenmuskelkernen** über das mediale Längsbündel: die Axone kommen von den Nuclei vestibulares superior et inferior; durch diese Verbindung, die durch Fasern aus dem Nucleus interstitialis Cajal ergänzt wird, können die Augen auch bei Kopfbewegungen auf ein bestimmtes Objekt fixiert werden; der Nucleus interstitialis Cajal liegt lateral vom Nucleus nervi oculomotorii und wird von Fasern aus

Nuclei vestibulares, Globus pallidus und Colliculus superior erreicht

Klinischer Hinweis
Bei Ausfall des vestibulären Systems in seiner Gesamtheit einschließlich der propriozeptiven Bahnen aus dem Körper kann das Gleichgewicht über das visuelle System aufrechterhalten bleiben, solange sich das Sehfeld nicht oder nur extrem langsam verändert. Werden jedoch die Augen geschlossen oder erfolgen schnelle Sehfeldveränderungen, ist das Gleichgewicht sofort gestört. Bei einer Hirnläsion kann das visuelle System die cerebelläre Ataxie nicht kompensieren.

In Kürze
Das vestibuläre System arbeitet mittels der Nuclei vestibulares überwiegend reflektorisch. Dabei bedient es sich des Archi- und Paleocerebellum sowie der Motoneurone des Hals- und oberen thorakalen Rückenmarks für Kopf- und Augenbewegungen und der Motoneurone des gesamten Rückenmarks für die Aufrechterhaltung des Gleichgewichts. Ferner bestehen Verbindungen zu Formatio reticularis und Augenmuskelkernen.

15.5.8 Limbisches System

Zur Information
Das limbische System fasst Strukturen aus Telencephalon, Diencephalon und Hirnstamm zusammen, die kognitive, emotionale und vegetative Vorgänge abgleichen. Ursprünglich waren mit dem limbischen System morphologisch eng verknüpfte Randgebiete um den Balken gemeint (Limbus = Saum, Rand). Aus heutiger Sicht ist das limbische System umfassender. Funktionell ist es an allen neuronalen Vorgängen beteiligt, die mit dem Gefühlsleben eines Menschen in Zusammenhang stehen.

Zum limbischen System gehören (Abb. 10.63) in
- **Telencephalon**
  - bogenförmige Strukturen um den Balken:
    als »innerer« Bogen vor allem **Hippocampus, Fornix, Nuclei septales**
    als »äußerer« Bogen **Gyrus parahippocampalis, Gyrus cinguli,** der sich in die Areae subcallosa und paraolfactoria fortsetzt
  - **Corpus amygdaloideum** (Mandelkern)
- **Diencephalon** (▶ S. 748): **Hypothalamus, Epithalamus** und **Nuclei anteriores thalami**
- **Mesencephalon** (▶ S. 765): **Tegmentum** mit **Substantia grisea um den Zentralkanal**

Zur Information
Alle Teile des Telencephalon, die an den bogenförmigen Strukturen um den Balken beteiligt sind, werden unter der Bezeichnung *limbischer Cortex* zusammengefasst.

Der Hippocampus ist ein großes Integrationsgebiet mit Verbindungen zu allen Arealen des Cortex und des limbischen Systems.

Der Hippocampus gehört zum Archicortex (▶ S. 740). Er liegt auf der medialen Seite jeder Hemisphäre, ist ein Teil des Lobus temporalis und bildet einen nach okzipital gerichteten Bogen. Er schließt sich medial dem an der unteren Oberfläche des Gehirns erkennbaren Gyrus parahippocampalis (Abb. 15.13b,c) an, befindet sich jedoch in der Tiefe, da er um einen längs verlaufenden **Sulcus hippocampalis** eingerollt ist (Abb. 15.64). Der Hippocampus wölbt sich von unten her in das Unterhorn des Seitenventrikels vor (**Cornu ammonis**, Ammonshorn). Er ist von einer als **Alveus** bezeichneten Faserschicht bedeckt, in der sich efferente Fasern des Hippocampus sammeln. Sie setzen sich in die **Fimbria hippocampi** fort (▶ unten). Der anteriore Abschnitt des Hippocampus ist vorgewölbt (**Pes hippocampi**) und bildet Ausstülpungen (**Digitationes hippocampi**). Ferner steht der Hippocampus mit dem **Uncus** in Verbindung, einer hakenförmigen Verdickung am vorderen Ende des Gyrus parahippocampalis (Abb. 15.13c).

Zwischen Hippocampus und Gyrus parahippocampalis befinden sich lateral als spezielle Gebiete **Subiculum, Praesubiculum, Parasubiculum** (Abb. 15.64) sowie die **Regio entorhinalis,** die teilweise zum Gyrus parahippocampalis gehört.

Morphologisch ist der Hippocampus mehrschichtig (Stratum lacunosum et moleculare, Stratum radiatum, Stratum pyramidale, Stratum oriens, Abb. 15.64c), **funktionell** ein großes Integrationsgebiet, das die ihm zugeleiteten Informationen in zahlreichen Schaltkreisen verarbeitet. Der Hippocampus ist vor allem an Vorgängen beim Lernen und Erinnern (Kurzzeitgedächtnis) beteiligt, ohne der Ort des bleibenden Gedächtnisses zu sein.

15

Afferenzen zum Hippocampus. Die wesentlichen afferenten Signale kommen aus den sensorischen Cortexgebieten (für Sehen, Hören, Riechen, Berührung), aber auch aus dem limbischen System selbst, z. B. aus Gyrus cinguli (▶ unten), Nuclei septales (▶ unten), Corpus amygdaloideum (▶ unten) sowie Hypothalamus und Hirnstamm. Auf diesem Weg kann die Tätigkeit des Hippocampus aus dem Unbewussten, z. B. beim Lernen beeinflusst werden.

Alle Afferenzen enden zunächst in der **Regio entorhinalis**, in der sie »vorverarbeitet« werden. Von dort werden die Signale durch den **Tractus perforans** zum Hippocampus weitergleitet.

Efferenzen des Hippocampus. Der Abstrom von Informationen aus dem Hippocampus ist ähnlich umfangreich wie der Zustrom.

Das morphologisch auffälligste efferente Bündel des Hippocampus ist der **Fornix** (◘ Abb. 15.11, 15.63 a). Er beginnt mit der **Fimbria hippocampi**, die sich in das **Crus fornicis**, einem nach posterior gerichteten Bogen fortsetzt. Es folgt unter dem Corpus callosum das **Corpus fornicis**, das in der **Commissura fornicis** mit dem Fornix der Gegenseite in Verbindung steht. Dann zieht der Fornix bis zur Commissura anterior, wo er sich teilt. Der vordere Teil (**Columna anterior fornicis**) bringt Fasern u. a. zu Nuclei septales, Cortex, und vorderem Hypothalamus. Der hintere, größere Teil (**Columna posterior fornicis**) erreicht vor allem die Corpora mammillaria sowie den Nucleus ventromedialis hypothalami, den Thalamus und das Mittelhirn.

Weitere efferente Fasern des Hippocampus verlaufen als **Striae longitudinales lateralis et medialis** auf der Oberfläche des Balkens zu den Nuclei septales. Zwischen den Faserbündeln liegt eine dünne Schicht grauer Substanz auf dem Balken (**Indusium griseum**).

Zur Information

Die Verarbeitung der dem Hippocampus zugeleiteten Signale steht vor allem im Dienst des deklarativen Lernens. Hierunter wird die bewusste Speicherung und das Abrufen von Wissen verstanden. Das Lernen beginnt mit der Herstellung assoziativer Verbindungen zwischen Signalen, die dem Hippocampus aus den verschiedenen Cortexregionen zugeleitet werden. Bei der Verarbeitung der Signale werden die zugeleiteten Informationen selektiert (hierbei wirken u. a. Signale aus dem Corpus amygdaloideum mit, ▶ unten), um zu entscheiden, welche dem corticalen Gedächtnisspeicher zugeführt werden. Dort kann es zur Langzeitspeicherung von Erlerntem kommen. Zur Aktivierung von Wissen ist nicht die Zuleitung aller früheren Signale erforderlich, sondern es genügt ein einziges (oder wenige), um die Gesamtheit der Gedächtnisinhalte abrufbar zu machen.

Klinischer Hinweis

Fällt der Hippocampus aus, z. B. durch Erkrankung (Tumoren) oder im Alter, kann Neues nicht mehr mit Altem verknüpft werden. Jeder Eindruck ist neu und wird nur kurzfristig bewahrt (*Kurzzeitgedächtnis*). So können auch langjährige Bekannte nicht mehr erkannt oder gerade Erlebtes nicht gespeichert werden.

Die Nuclei septales sind wichtige Relaisstationen im limbischen System.

Die **Nuclei septales** bestehen aus mehreren Nervenzellgruppen und haben zu allen Teilen des limbischen Systems reziproke Verbindungen. Sie befinden sich im anterioren Bereich des Septum pellucidum, das sich zwischen Crura fornices und der Unterseite des Balkens ausspannt (◘ Abb. 15.11).

Funktionell wichtig sind die Verbindungen der Septumkerne mit Hippocampus und Assoziationsgebieten des Cortex, Corpus amygdaloideum, Area praeoptica, Hypothalamus und mesolimbischen Gebieten im Hirnstamm.

Durch die Verbindungen mit Hippocampus und Cortex, insbesondere der orbitofrontalen Region, sind die Nuclei septales ein wichtiges Relais für das Übertragen von Informationen aus dem Kurzzeit- ins Langzeitgedächtnis. Hierauf können Signale aus Corpus amygdaloideum, Hypothalamus und Hirnstamm Einfluss nehmen. Da die Nuclei septales zum magnozellulären basalen Vorderhirnkomplex gehören (▶ S. 744), der das Telencephalon mit cholinergen Fasern versorgt, haben sie Bedeutung für kognitive Prozesse im Endhirn (▶ unten). – Rückläufige Verbindungen von den Nuclei septales können an der Aktivierung des Hippocampus durch den Cortex mitwirken.

Die Verbindung der Septumkerne zum Hypothalamus vermittelt Signale, die insbesondere die Nahrungs- und Flüssigkeitsaufnahme sowie das sexuelle und reproduktive Verhalten beeinflussen.

Gyrus cinguli und Gyrus parahippocampalis gehören zum limbischen Cortex und stehen mit corticalen Assoziationsgebieten in rückläufiger Verbindung.

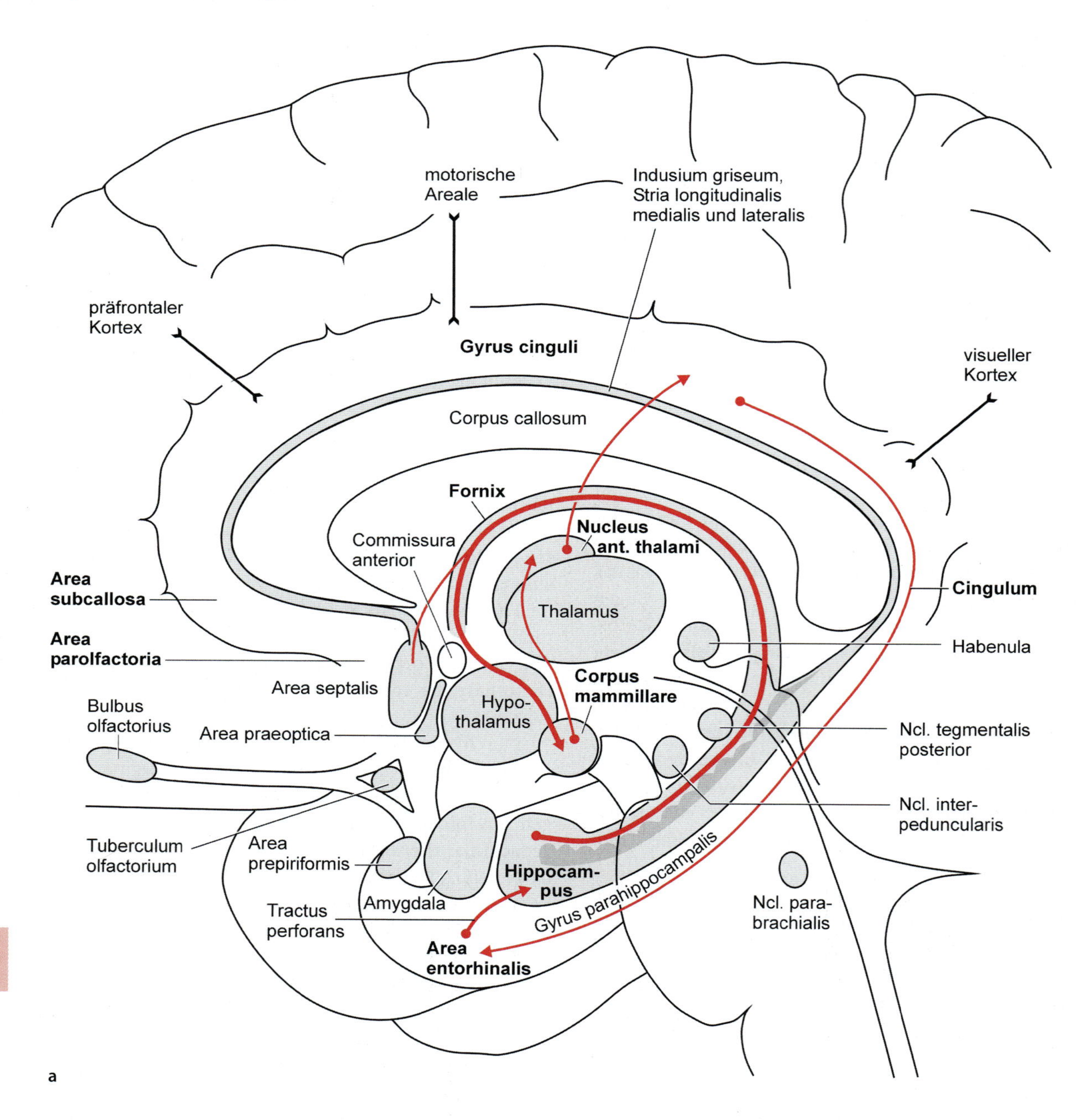

Abb. 15.63. Limbisches System. Wegen der Komplexität der Verbindungen wurde zeichnerisch das limbische System geteilt in **a** und **b**. **a** umfasst die Teile, die den sog. Papez-Kreis ausmachen: Hippocampus, Fornix, Corpora mammillaria, Nucleus anterior thalami, Gyrus cinguli, Gyrus parahippocampalis. Vom Gyrus cinguli aus bestehen rückläufige Verbindungen zu allen weiteren Gebieten des Cortex cerebri. **b** umfasst die Teile, die vor allem mit der Amygdala in Verbindung stehen: Stria terminalis, Area septalis, Hypothalamus und dann weiter zur Habenula und zum Mittelhirn. – In situ sind alle Anteile des limbischen Systems verknüpft, wobei die Nuclei septales eine Schlüsselstellung haben. – In den Zeichnungen konnten nur Teile der vorhandenen Verbindungen des limbischen Systems dargestellt werden

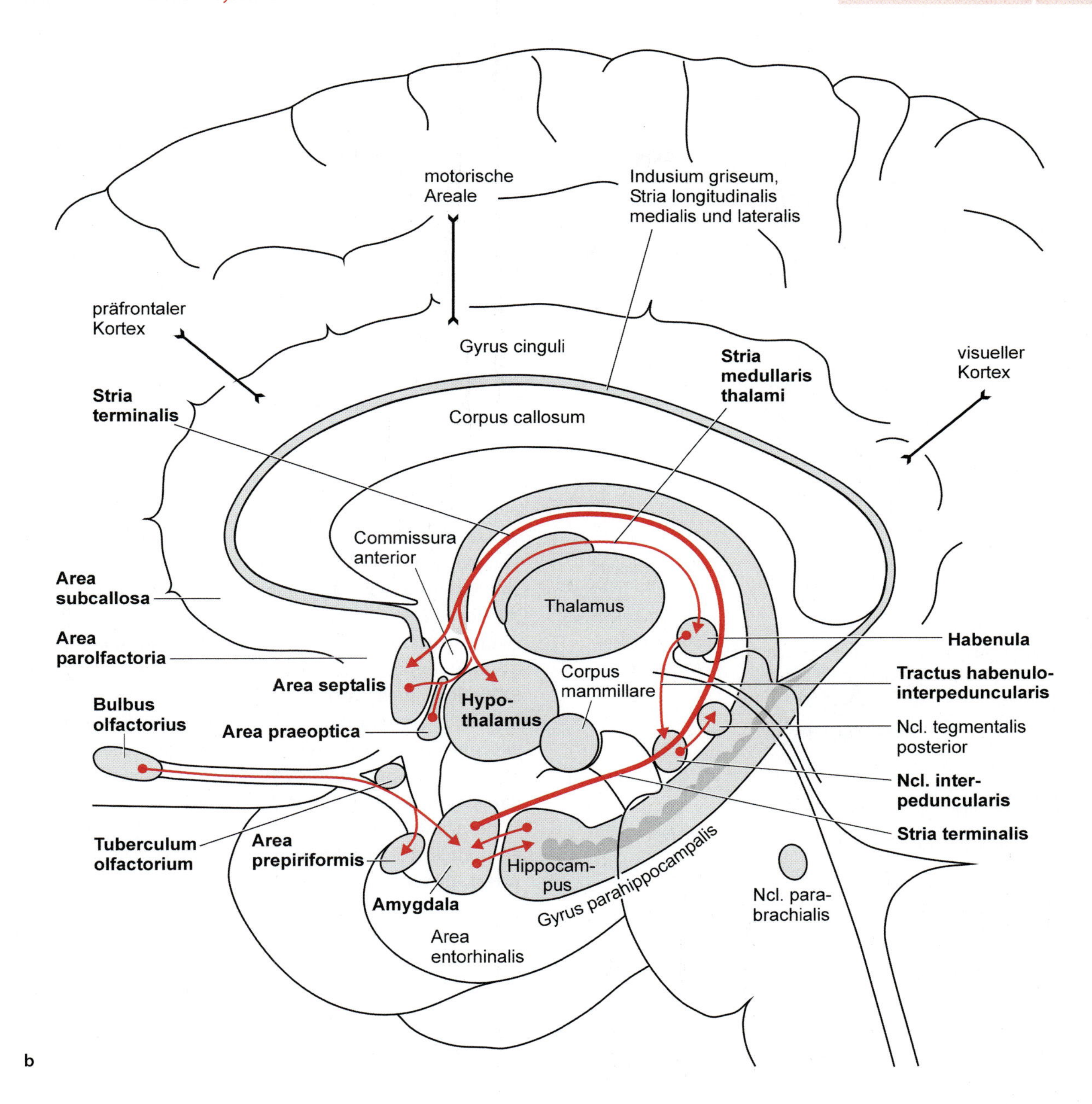

Gyrus cinguli und Gyrus parahippocampalis bilden den »äußeren« Bogen des telencephalen Anteils des limbischen Systems.

Der **Gyrus cinguli** liegt auf der medialen Seite der Hemisphären und umfasst den Balken (▣ Abb. 15.13 b). Er hat ausgedehnte reziproke Verbindungen mit dem orbitofrontalen Assoziationsareal des Frontallappens, das der Handlungsplanung dient und an kognitiven Prozessen beteiligt ist, sowie mit somatosensorischen und visuellen Assoziationsgebieten in den Lobi parietalis, occipitalis und temporalis. Afferent wird der Gyrus cinguli von Signalen aus Corpus amygdaloideum und Hippocampus unter Vermittlung der Septumkerne und über die Nuclei anteriores thalami erreicht. Im Gyrus cinguli können die Zu- bzw. Ableitung von Signalen zu bzw. von den Assoziationsgebieten des Cortex gefördert oder

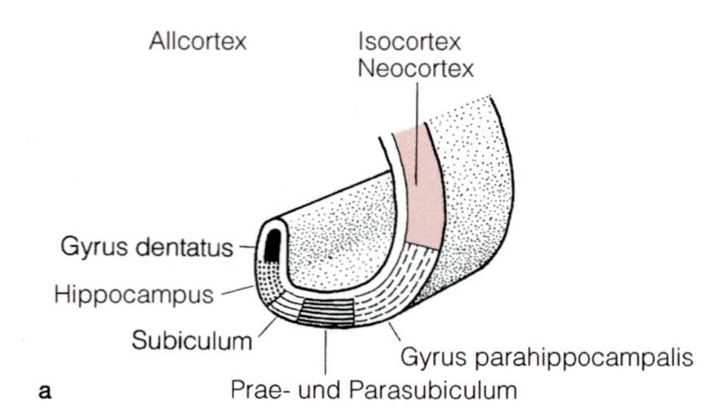

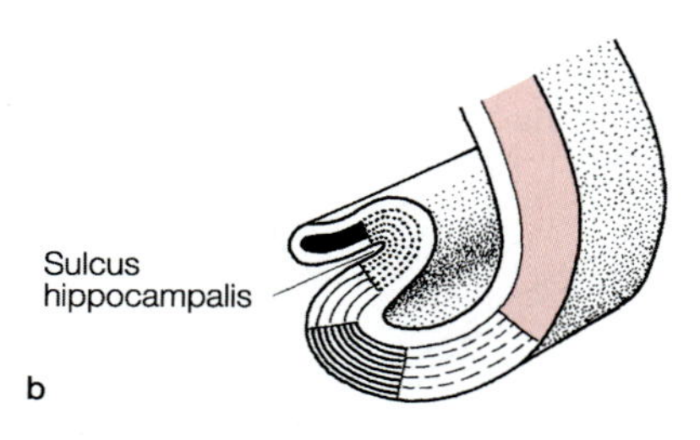

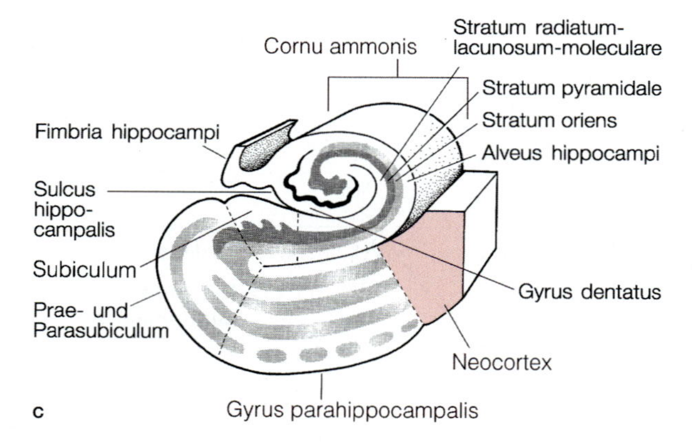

Abb. 15.64 a–c. Entwicklung der Hippocampusformation und des benachbarten Periarchikortex: Prae- und Parasubiculum sowie Regio entorhinalis

gehemmt werden. Dadurch ist der Gyrus cinguli an Überwachung, Korrektur und Kontrolle von Emotionen und Affekten beteiligt und kann dazu beitragen, diese in sozialverträgliche Bahnen zu lenken.

Im Gyrus cinguli sammeln sich Projektionsfasern zu einem geschlossenen Bündel (**Cingulum**), das den **Gyrus parahippocampalis** erreicht. Auf diesem Weg gelangen rückläufige Signale aus den cortikalen Assoziationsgebieten via Regio entorhinalis und Subiculum zum Hippocampus (► unten).

Klinischer Hinweis

Aufgrund der klinischen Erfahrungen, dass bei Schäden in Hippocampus und/oder Gyrus cinguli Störungen im emotionalen Verhalten auftreten können, hat Papez (1937) einen Erregungskreislauf (*Papez-Kreis*) zwischen Hippocampus, Fornix, Corpora mammillaria, Nucleus anterior thalami, Gyrus cinguli und Gyrus parahippocampalis postuliert (Abb. 15.63). Inzwischen ist geklärt, dass Schäden in Hippocampus bzw. Gyrus cinguli über den Papez-Kreis hinaus den Hypothalamus – und damit vegetative Vorgänge – sowie Funktionen mesolimbischer Gebiete, u. a. den Schlaf beeinflussen.

Das Corpus amygdaloideum hat eine zentrale Stellung bei der Auslösung emotionaler und vegetativer Reaktionen.

Das Corpus amygdaloideum (Amygdala = Mandelkern, Abb. 15.14, 15.17) liegt in der Tiefe des Temporallappens am anterioren Ende des Hippocampus unter der Spitze des Unterhorns des Seitenventrikels. Es wird von paleocortikaler Hirnrinde bedeckt. Der Mandelkern besteht aus zahlreichen Subkernen, die zu einer oberflächlichen, einer basalen und einer zentromedialen Gruppe zusammengefasst werden können. Alle Subkerne sind durch kurze Axone miteinander verbunden. Zahlreiche, meist reziproke Verbindungen der Amygdala mit ebenso zahlreichen Arealen in Telencephalon, Diencephalon und Hirnstamm weisen auf seine zentrale Stellung im limbischen System hin. Das Corpus amygdaloideum wirkt bei der Bewertung von Ereignissen in der Umwelt mit und trägt zur Auslösung emotionaler ggf. affektiver Reaktionen bei. Emotionen (Freude, Angst, Erwartung u. a. als Ausdruck des Gefühlslebens) sind im Gegensatz zu Affekten nicht an spezifische Auslösesituationen gebunden.

Verbindungen des Corpus amygdaloideum (Abb. 15.63) bestehen zu:

- **Cortex** einschließlich **Hippocampus**
- **Striatum** und **magnocellulärem basalen Vorderhirnkomplex** (Nucleus basalis, Nuclei septales ► S. 744)
- **Hypothalamus**
- **Hirnstamm**

Verbindungen mit Cortex und Hippocampus. Fasern aus dem Cortex leiten dem Mandelkern **afferent** Informationen aus praktisch allen sensorischen Rindengebieten (für Riechen, Schmecken, Sehen, Hören, Fühlen) sowie aus dem Hippocampus zu. Die Axone aus den olfaktorischen Arealen und dem Bulbus olfactorius erreichen die oberflächlichen Kerngruppen, die aus den sensorischen Assoziationsgebieten, dem orbitofrontalen Cortex, Gyrus cinguli und Hippocampus die basalen Kerngruppen. Die afferenten Signale werden im Corpus amygdaloideum teils verstärkt, teils gehemmt. Dadurch werden sie abgestuft und gewertet.

Die von Mandelkernen ausgehenden **efferenten Axone**, die den Cortex erreichen, verlaufen in Stria terminalis und amygdalofugalem Bündel.

Die **Stria terminalis** ist das wichtigste efferente Fasersystem des Mandelkerns. Es verlässt die basale Kerngruppe, verläuft im großen Bogen am unteren Rand des Nucleus caudatus entlang und erreicht die Nuclei septales. Nach Umschaltung bzw. Modulation gelangen die Signale zum Cortex, insbesondere zu Assoziationsgebieten, die dadurch unter emotionalen Einfluss kommen. Andere Axone aus den Nuclei septales erreichen den Hypothalamus (► unten).

Das **amygdalofugale Bündel** führt Axone, die die entorhinale Rinde erreichen, von der die Signale nach Umschaltung zum Hippocampus gelangen. Auf diesem Weg kommt der Hippocampus unter Einfluss des Mandelkerns, wodurch Lernen und Gedächtnis emotionsabhängig beeinflusst werden können. Andere Axone des amygdalofugalen Bündels gelangen zum medialen Thalamuskern. Nach Umschaltung wird der orbitofrontale Cortex von denjenigen Signalen erreicht, die maßgeblich in kognitive Prozesse eingeschaltet sind.

Verbindungen zu Striatum und magnocellulärem basalem Vorderhirnkomplex gehen ebenfalls von basalen Zellgruppen des Mandelkerns aus. Die Verbindung zum Striatum schließen das Corpus amygdaloideum an das motorische (extrapyramidale) System an (► S. 809). Diese unidirektionalen Efferenzen haben wahrscheinlich Bedeutung für die Ausführung emotionsbedingter Bewegungen. Die Verbindung mit dem magnocellulären basalen Vorderhirnkomplex ist ein weiterer Weg des Mandelkerns, um Einfluss auf das Telencephalon zu nehmen.

Die **Verbindungen mit Hypothalamus und Hirnstamm** sind sehr ausgeprägt, reziprok und gehen von den mediozentralen Anteilen des Corpus amygdaloideum aus. Die **efferenten** Axone schließen sich der Stria terminalis an und gelangen zur Regio praeoptica sowie den lateralen Arealen des **Hypothalamus**. Auf diesem Weg vermag das Corpus amygdaloideum vegetative Funktionen den jeweiligen emotionalen Situationen anzupassen. Rückläufige Fasern aus dem Hypothalamus nehmen auf die emotionale Konditionierung des Mandelkerns Einfluss.

Der **Hirnstamm** wird vermittels Stria medullaris thalami erreicht, deren Fasern aus der Stria terminalis abzweigen. Die Axone der Stria medullaris thalami erreichen die Nuclei habenulares, von denen Axone zu den somatosensorischen und autonomen Kernen des Hirnstamms ziehen.

Rückläufige Fasern aus dem Hirnstamm tragen zur Informationsverarbeitung im Corpus amygdaloideum bei. Vor allem sind es serotoninerge Axone aus den Raphekernen, dopaminerge aus der Area tegmentalis ventralis und der Substantia nigra, noradrenerge aus dem Nucleus caeruleus und adrenerge aus der ventrolateralen Medulla oblongata. Sie modulieren die Erregungen im Mandelkern.

Zur Information

Aus neuropsychologischer Sicht hat das limbische System durch den Hippocampus beim Lernen sowie für das Gedächtnis und durch den Mandelkern bei emotionalen und affektiven Vorgängen eine führende Rolle. Ferner nimmt es durch Hervorrufen von Stimmungen, Gefühlen und Affekten Einfluss auf Denken und Handeln. Offen ist die Frage, ob das limbische System willentliche und kognitive, die Erkenntnis betreffende Vorgänge programmiert.

In Kürze

Das limbische System steuert Lernen und Gedächtnis und koordiniert emotionale Reaktionen und vegetative Körperfunktionen. Die wichtigsten Koordinationszentren im limbischen System sind Hippocampus und Corpus amygdaloideum. Als Relais wirken die Nuclei septales. Zum limbischen Cortex gehören ferner Gyrus cinguli und Gyrus parahippocampalis. Der Hippocampus erhält Afferenzen aus allen somatischen Cortexgebieten, die ihm von der Area entorhinalis durch den Tractus perforans zugeleitet werden. Nach Verarbeitung gelangen Efferenzen vom Hippocampus via Nuclei septales bevorzugt ins Frontalhirn, zum Striatum (motorisches System) und via Fornix zum Hypothalamus. Die Verbindung zum Hirnstamm erfolgt via Nuclei habenulares. Das Corpus amygdaloideum liegt anterior des Hippocampus. Durch seine Verbindungen mit Cortex, Striatum, Hypothalamus und Hirnstamm wirkt es als Koordinationszentrum zur Anpassung corticaler und vegetativer Funktionen an emotionale Umstände.

15.5.9 Vegetative Zentren

Zur Information
Das vegetative Nervensystem dient der Sicherstellung basaler Lebensvorgänge. Ermöglicht wird dies durch die Autonomie der vegetativen Zentren in Gehirn und Rückenmark. Unabhängig davon bestehen enge Verknüpfungen zwischen vegetativen und somatischen Anteilen des Zentralnervensystems, so dass die vegetativen Funktionen des Körpers den jeweiligen Situationen angepasst werden können. Erreicht werden die Organe des Körpers durch autonome Nerven (▶ S. 205).

Vegetative Zentren des Zentralnervensystems befinden sich in:
- **Hypothalamus**
- **Hirnstamm**
- **Rückenmark**

Der **Hypothalamus** (▶ S. 754) ist das übergeordnete Zentrum des vegetativen Nervensystems. Es gehört zum Zwischenhirn und bildet den Boden des III. Ventrikels. Der Hypothalamus besteht aus zahlreichen Kernen, die teilweise einzeln, teilweise in Gruppen zusammenwirken. Sie steuern vegetative Funktionen durch Aktivierung nachgeordneter Zentren, die von absteigenden Fasersystemen erreicht werden: Fasciculus longitudinalis dorsalis et medialis (▶ S. 781).

Funktionell ist der Hypothalamus in einen posterolateralen und einen anteromedialen Bereich gegliedert. Die Signale aus den posterioren und lateralen Arealen des Hypothalamus aktivieren in den nachgeordneten Zentren all die Gebiete, die eine Leistungssteigerung bewirken. Die Reaktionen sind komplex. Ausgelöst werden sie z.B. durch Schreck, Furcht oder schweren Schmerz. Es kommt zu Alarm- bzw. Stressreaktionen, bei denen gleichzeitig der Blutdruck, die Durchblutung und der Tonus der Skelettmuskulatur – bei gleichzeitiger Minderung der Durchblutung des Verdauungskanals und der Nieren –, die Stoffwechselrate des gesamten Körpers, die Glykolyse in Leber und Muskel, die Glukosekonzentration im Blut sowie die Spontanaktivität des Gehirns gesteigert werden. Ist die Aktivierung geringer, sind die Reaktionen abgestuft.

Anders als der posterolaterale Anteil des Hypothalamus beeinflusst der anteromediale regenerierende Vorgänge. Diese werden nie in ihrer Gesamtheit gleichzeitig in Gang gesetzt. Sie können z.B. lediglich das kardiovaskuläre System betreffen und die Herzfrequenz reduzieren, oder nur die Sekretion der Mundspeichel- oder Magendrüsen bewirken usw.

Innerhalb des Hypothalamus bestehen zahlreiche Faserverbindungen, die ein ausgleichendes Zusammenwirken beider Bereiche ermöglichen. Gemeinsam stehen sie unter dem Einfluss von Signalen aus Hippocampus (▶ S. 833), Corpus amygdaloideum (▶ S. 837) und auch des Cortex sowie unter hormonaler Kontrolle (■ Abb. 15.29), weshalb vegetative Funktionen der Umwelt angepasst werden können.

Im **Hirnstamm** befinden sich die Zentren für die Ausführung vegetativer Reflexe. Sie liegen in der **Formatio reticularis** und sind im Zusammenhang der Besprechung dieser Struktur beschrieben (▶ S. 780). Die Formatio reticularis erstreckt sich über den gesamten Hirnstamm. Die Ausführung der von den Zentren der Formatio reticularis gegebenen Signale erfolgt für den Kopfbereich hinsichtlich parasympathischer Funktionen über die vegetativen Anteile der Hirnnerven III, VII und IX (N. oculomotorius, N. facialis, N. glossopharyngeus) sowie für Organe in Thorax und Abdomen durch den N. vagus (N. X).

Das **Rückenmark** hat vegetative Reflexzentren. Sie arbeiten autonom, können aber cerebral beeinflusst werden.

Vegetative Reflexzentren des Rückenmarks sind:
- **Centrum ciliospinale** an der Grenze zwischen Hals- und Brustmark; es gehört zum Sympathicus; beeinflusst werden von diesem Zentrum Pupillenweite, Öffnung der Lidspalte und Lage des Bulbus oculi in der Orbita
- **Centrum vesicospinale;** dies ist ein dem Sympathicus zugeordnetes Gebiet im Lumbalmark (L1–L2) und ein parasympathisches Gebiet im Sakralmark (S1–S2); während die sympathischen Fasern hemmend auf die Kontraktion der glatten Muskulatur der Harnblasenwand wirken, hat der Parasympathicus einen gegenteiligen Effekt und vermittelt die Harnblasenentleerung; die Miktion wird jedoch letztlich durch übergeordnete vegetative Zentren im Hirnstamm bestimmt (▶ S. 780)
- **Centrum anospinale**; seine sympathischen Anteile befinden sich in L1–L2, die parasympathischen in S1–S2; während der Sympathicus einen Dauertonus der Verschlussmuskulatur des Anus bewirkt, führt ein spinaler parasympathischer Reflex zur Kontraktion der Muskulatur von Colon descendens, Colon sigmoideum und Rektum; bei gleichzeitiger Erschlaffung des M. sphincter externus kommt es zur Defäkation; auch dieser Reflex kann willkürlich

beeinflusst werden und unterliegt der Steuerung durch cerebrale Zentren
- **Centrum genitospinale**; die parasympathischen Zentren befinden sich im Sakralmark und bewirken durch Vasodilatation Blutfüllung in den äußeren Geschlechtsorganen; lumbal liegen jene sympathischen Steuerungsgebiete, die bei den orgastischen Vorgängen beider Geschlechter mitwirken und beim Mann Emission und Ejakulation bewirken; das Centrum genitospinale unterliegt in erheblichem Umfang übergeordneten cerebralen Einflüssen
- **Gebiete im Thorakalmark** steuern vegetative Reflexe der Thorax- (Th3–Th6) und Abdominalorgane (Th7–Th11)

> **In Kürze**
>
> **Vegetative Zentren befinden sich in Hypothalamus, Hirnstamm und Rückenmark. Im Hypothalamus bewirkt der posterolaterale Bereich eine Aktivierung, der anteromediale eine Beruhigung vegetativer Funktionen. Gesteuert wird die Tätigkeit des Hypothalamus von Hippocampus, Corpus amygdaloideum, Cortex sowie hormonal. Im Hirnstamm ist die Schaltstelle für vegetative Reflexe die Formatio reticularis. Sie wirkt über Kerne der Hirnnerven III, VII, IX und X sowie das Rückenmark. Autonome Zentren im Rückenmark sind Centrum ciliospinale, vesicospinale, anospinale, genitospinale sowie Gebiete im Thorakalmark.**

15.5.10 Neurotransmittersysteme

Zur Information
Neurotransmittersysteme haben erheblichen Einfluss auf das Gleichgewicht der Funktionen des Zentralnervensystems. Sie sind der Wirkungsort der Psychopharmaka. Neurotransmittersysteme sind nur mit histochemischen Methoden zu erfassen und decken sich nur teilweise mit Neuronensystemen, die mit klassisch-morphologischen Methoden nachweisbar sind.

Neurotransmittersysteme sind:
- **cholinerge Systeme**
- **monoaminerge Systeme** mit
  - **adrenergen Neuronen**
  - **noradrenergen Neuronen**
  - **dopaminergen Neuronen**
  - **serotoninergen Neuronen**
- **Aminosäurensysteme** mit
  - **glutamatergen Neuronen**
  - **GABAergen Neuronen**
- **peptiderge Systeme**
- **Neurone mit gasförmigen Transmittern:**
  - **Stickoxid (NO)**
  - **Kohlenmonoxid (CO)**

Cholinerge Systeme. Cholinerge Neurone sind durch den histochemischen Nachweis von Acetylcholinesterase bzw. Cholinacetyltransferase zu erfassen. Ihre Perikarya befinden sich in:
- **Basalganglien** (▶ S. 743)
- **magnozellulärem basalem Vorderhirnkomplex**; dort bilden sie vier Zellgruppen (Ch1–Ch4), zu diesen gehört der Nucleus basalis Meynert (Ch4 ▶ S. 744), dessen Neurone große Teile des Cortex erreichen und dort neuronale Mechanismen aktivieren, zu denen Lernen und Gedächtnis gehören (▶ S. 845)
- **Formatio reticularis** von Mesencephalon und Pons – zu den Zellgruppen Ch5 und Ch6 zusammengefasst – mit aufwärts und im Tractus reticulospinalis abwärts ziehenden Kollateralen; es handelt sich um große exzitatorische Neurone

Cholinerg sind ferner alle
- **Motoneurone** zur Innervation der Skelettmuskulatur
- **präganglionäre Neurone** des Sympathikus (▶ S. 206)
- **prä- und postganglionäre Neurone** des Parasympathikus (▶ S. 210)

Zur Information
Die Nervenzellen, die im Mittelhirn und in der Brücke den Transmitter Acetylcholin herstellen, stimulieren den Thalamus und aktivieren das Großhirn. Zusammen mit den Neuronen, die Serotonin, Noradrenalin und Histamin bilden, bewirken sie Wachsein und Aufmerksamkeit. Allerdings können Neurone des cholinergen Systems auch hemmend wirken, beispielsweise mindern die cholinergen präganglionären Fasern des N. vagus die Frequenz des Herzschlags.

Adrenerge Neurone kommen nur im Hypothalamus und in der Medulla oblongata vor. Ihre Fasern erreichen u.a. den Locus caeruleus, die Substantia grisea centralis, die periventrikulären Kerne des Hypothalamus und im Rückenmark die vegetativen präganglionären Neurone in der Substantia intermediolateralis. Sie wirken aktivierend und beeinflussen u.a. Atmung und Blutdruck sowie im Hypothalamus die Freisetzung von Oxytozin und Vasopressin.

Noradrenerge Neurone liegen im Tegmentum von Pons und Medulla oblongata (Abb. 15.40). Sie bilden die Gruppen A1–A7 (A3 nur bei der Ratte). Besonders auffällig sind die noradrenergen Neurone des Locus caeruleus (A6 ▶ S. 779), der in der Brücke einen Kernkomplex mit mehreren Unterkernen bildet. Die noradrenergen Fasern verteilen sich im ganzen Gehirn. Zu den absteigenden Fasern gehören die des Vasokonstriktorenzentrums (▶ S. 780).

Zur Information

Das noradrenerge System wirkt aktivierend, kann allerdings auch hemmend wirken. Insgesamt steigert das noradrenerge System die Aufmerksamkeit und führt zur Alarmbereitschaft. Im Hypothalamus nimmt es auf die Steuerung neuroendokriner Funktionen und in der Formatio reticularis auf die der Atmung Einfluss. Das noradrenerge System soll allgemeines Wohlbefinden, Zufriedenheit, Appetit, Sexualität und psychomotorische Balance bewirken.

Dopamin ist ein Zwischenprodukt bei der Biosynthese von Noradrenalin und Adrenalin. Dopamin hat ähnlich wie Noradrenalin und Adrenalin u.a. eine allgemein aktivierende Wirkung.

Dopaminerge Neurone (Abb. 15.65) kommen vor in:

- **Substantia nigra**; ihre Axone erreichen das Striatum (*nigrostriatales System*) (▶ S. 766)
- **Umgebung der Substantia nigra** (Area tegmentalis ventralis); die Fortsätze gelangen hauptsächlich zu den mittleren und vorderen Teilen des limbischen Systems (Nucleus accumbens, Corpus amygdaloideum, Septumkerne), zum vorderen Anteil des Gyrus cinguli und zum präfrontalen Cortex (mesocorticolimbisches System)
- **Diencephalon**; dort nehmen sie Einfluss auf die Freisetzung hypothalamischer Steuerhormone und projizieren in das Rückenmark

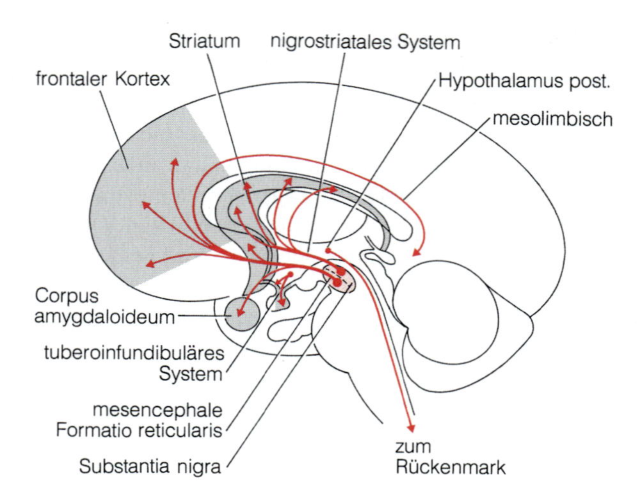

Abb. 15.65. Dopaminerge Systeme. Das *nigrostriatale System* verbindet die Substantia nigra mit den größten Teilen des Striatum. Ein weiteres System beginnt in der *mesencephalen Formatio reticularis* und entsendet seine Axone zu Nucleus accumbens, Corpus amygdaloideum und frontalem Cortex. Das *tuberoinfundibuläre System* liegt im Hypothalamus und innerviert Eminentia mediana und Neurohypophyse. Schließlich projizieren dopaminerge Axone vom *hinteren Hypothalamus* in das Rückenmark

Klinischer Hinweis

Verminderte Dopaminproduktion im nigrostriatalen System führt zur *Parkinson-Erkrankung* (▶ S. 810). *Gesteigerte Dopaminfreisetzung* im mesocorticolimbischen System löst den *Reward(Belohnungs)-Mechanismus* aus, der zu angenehmen Gefühlen führt. Dieser Effekt kann auch durch Drogen (Kokain, Opiate, auch Alkohol) ausgelöst werden und zur *Drogenabhängigkeit* führen. – Therapeutisch werden zur Behandlung des Parkinson-Syndroms Hemmer der Wiederaufnahme von Dopamin verwendet, so dass sich die Dopaminkonzentration im synaptischen Spalt erhöht, oder eine Vorstufe von Dopamin, L-Dopa.

Serotoninerge Neurone bilden in den Raphekernen die Gruppen B1–B9 (Abb. 15.39). Die Fortsätze dieser Zellen erreichen deszendierend das Rückenmark und aszendierend viele Areale im Gehirn sowie im Cortex vor allem die sensorischen Rindengebiete und die präfrontalen Assoziationsgebiete. Serotonin wirkt *hemmend* auf die Schmerzafferenzen im Rückenmark (▶ S. 819), beeinflusst Kognition, Aufmerksamkeit, Stimmung und Gefühle, Ess- und Sexualverhalten, Schlafregulation und weitere vegetative Funktionen. Serotonin hat einen beruhigenden Einfluss auf Emotionen.

15

Klinischer Hinweis
Bei *Depressionen, Ängsten* und *Zwangssymptomen* kommt es häufig zu einer Verminderung der Aktivität des serotoninergen und noradrenergen Systems, weil Serotonin und/oder Noradrenalin im synaptischen Spalt vermindert sind. Deswegen sind zur Therapie Pharmaka geeignet, die den Abbau von Noradrenalin und Serotonin hemmen (Monoaminooxidasehemmer) bzw. die Wiederaufnahme dieser Neurotransmitter durch Blockade ihrer Rezeptoren herabsetzen (trizyklische Antidepressiva).

Glutamat ist der häufigste **exzitatorische Transmitter** im Zentralnervensystem. Glutamaterge Neurone kommen vor in
- **Neocortex**
- **Hippocampus**
- **Cerebellum, Retina, Corti-Organ**

Neokortex. Glutamaterg sind vor allem die Pyramidenzellen und Faserverbindungen zwischen Neocortex und subcorticalen Gebieten.

Hippocampus. Bei den glutamatergen Systemen im Hippocampus handelt es sich v. a. um den Tractus perforans vom entorhinalen Cortex zum Hippocampus und um Neurone innerhalb des Hippocampus (Körnerzellen des Gyrus dentatus, Pyramidenzellen).

Cerebellum. Glutamaterg sind die Parallelfasern der Körnerzellen und die Kletterfasern der Nuclei olivares inferiores in der Kleinhirnrinde (▶ S. 789).

Gammaaminobuttersäure (GABA) ist der häufigste **inhibitorische Transmitter** des Zentralnervensystems. GABA wird von zahlreichen Nervenzellen in Gehirn und Rückenmark gebildet und freigesetzt. Vielfach handelt es sich um Interneurone in lokalen Regelkreisen, aber auch um Neurone, die lange Bahnen bilden.

GABAerg sind in
- Neocortex und Hippocampus zahlreiche Interneurone, die hemmend auf Pyramidenzellen wirken
- den Basalganglien Interneurone, die im Wesentlichen zu einer ausgewogenen Reaktion der extrapyramidalen Motorik beitragen; dort sind auch nigrostriatale Projektionsneurone GABAerg, die hemmend auf das dopaminerge nigrostriatale System wirken (Abb. 15.52), im Thalamus Neurone vor allem im Nucleus reticularis
- rostralem Teil des Hypothalamus Neurone im Nucleus suprachiasmaticus (Sitz der biologischen Uhr)
- kaudalen Teilen des Hypothalamus Neurone, die regulierend auf die hypophysiotropen Systeme wirken
- den Raphekernen Neurone mit hemmendem Einfluss auf die serotoninergen Neurone
- Cerebellum z. B. Purkinje-Zellen mit ihren Fortsätzen zu den Kleinhirnkernen und zum Nucleus vestibularis lateralis
- Rückenmark prä- und postsynaptisch hemmende Interneurone

Klinischer Hinweis
Psychopharmaka zur Verstärkung GABAerger neuronaler Hemmung werden bei Angst, Schlafstörungen und Epilepsie eingesetzt.

Neuropeptide sind im Zentralnervensystem ähnlich wie kleinmolekulare Transmitter weit verbreitet. Neuropeptide werden in den Perikarya ihrer Neurone gebildet, gelangen durch Transport im Axon zu den Synapsen und beteiligen sich dort an der Signalübertragung. Sie wirken sehr viel langsamer als die kleinmolekularen Transmitter. Neuropeptide werden deshalb auch als Neuromodulatoren bezeichnet.

Aus Tabelle 15.12 geht hervor, dass:
- Neuropeptide vielfach zu Peptidfamilien gehören, d. h. Derivate derselben Muttersubstanz sind
- zahlreiche Neuropeptide, wenn sie in die Blutbahn gelangen, als Hormone wirken
- der Hypothalamus besonders neuropeptidreich ist
- zahlreiche Neuropeptide nicht nur im Gehirn, sondern auch in anderen Geweben, besonders im Darm vorkommen (▶ S. 356); sie gehören zum diffusen neuroendokrinen System

Von den vielen Neuropeptiden werden hier Substanz P und endogene Opiate (Endorphin, Enkephalin, Dynorphin) besprochen.

Substanz P hat einen langanhaltenden exzitatorischen Effekt. Dies wirkt sich z. B. bei der Entstehung chronischer Schmerzen aus, denn Substanz P ist an der Weiterleitung nozizeptiver Signale beteiligt (▶ S. 819). In diesem Zusammenhang ist wichtig, dass Substanz P in primär-afferenten Neuronen vorkommt, die in Lamina I und II des Rückenmarkhinterhorns sowie im Nucleus spinalis nervi trigemini enden. Außerdem ist Substanz P in afferenten Neuronen der N. VII, IX und X vorhanden und wird dort mit barorezeptiven (im Karotissinus) und chemorezeptiven Funktionen in Zusammenhang

Tabelle 15.12. Wichtige Neuropeptide

hypothalamische Neuropeptide mit hypophysiotroper Wirkung (▶ S. 756)	
Corticoliberin	
Luliberin	
Thyroliberin	
hypothalamische Effektorhormone (▶ S. 756)	
Vasopressin	
Oxytocin	
hypophysäre Neuropeptide (Tabelle 15.3)	
Corticotropin	Proopiomelanocortin-Derivate
β-Endorphin	
Melanotropin	
Dynorphin	
Lutropin	
Prolaktin	
Thyrotropin	
Somatotropin	
Neuropeptide mit Vorkommen in Darm (▶ S. 356) **und ZNS**	
atriales natriuretisches Peptid	
Cholecystokinin	
Encephalin	
Gastrin	
Glucagon	
Insulin	
Neurotensin	
Somatostatin	
Substanz P	
vasoaktives intestinales Polypeptid	
Neuropeptide mit Vorkommen in anderen Geweben	
Angiotensin II	
Bradykinin	

gebracht. Schließlich kommt Substanz P in Neuronen verschiedener Gebiete des Gehirns vor, z.T. in Koexistenz mit kleinmolekularen Transmittern.

Klinischer Hinweis

Auffällig ist ein Mangel an Substanz P in nigrostriatalen Fasern bei Patienten mit Parkinson- und Chorea-Huntington-Erkrankung.

Endogene Opiate (Endorphin, Enkephalin, Dynorphin). Opiatrezeptoren sind in Gehirn und Rückenmark weit verbreitet. Ihre größte Dichte haben sie in der Substantia gelatinosa des Rückenmarks und im Nucleus spinalis nervi trigemini. Endogene Opiate sind daher für die Wirksamkeit des Analgesiesystems wesentlich (▶ S. 820). Die Perikarya, in denen endogene Opiate gebildet werden, befinden sich besonders im Hypothalamus und in verschiedenen Abschnitten der Formatio reticularis, aber auch in anderen Gebieten des limbischen Systems (Corpus amygdaloideum). Gleichzeitig ist das limbische System einschließlich des Hypothalamus wichtiges Zielgebiet der Fortsätze von Nervenzellen mit endogenen Opiaten. Hiermit könnte die stimmungsaufhellende Wirkung dieser Peptide in Zusammenhang stehen.

Gasförmige Transmitter sind ungewöhnlich. Es handelt sich um Gase, die in höherer Konzentration toxisch wirken. Stickoxid wird intrazellulär durch die Stickoxidsynthetase aus der Aminosäure Arginin gebildet. Durch Aktivierung der löslichen Guanylzyklase kommt es zu einer Erhöhung des cGMP (Guanosinmonophosphat)-Spiegels und damit zu einer Zellaktivierung. Neurone mit NO bzw. CO als Transmitter finden sich in Hippocampus und Cerebellum sowie außerdem im Plexus myentericus des Verdauungskanals.

In Kürze

Neurotransmittersysteme sind nur mit histochemischen Methoden erfassbar. Sie stehen vielfach mit speziellen Aufgaben der jeweiligen Neuronensysteme in Zusammenhang. Bekannt sind cholinerge, monoaminerge, peptiderge Systeme sowie Neurone mit gasförmigen Transmittern.

15.5.11 Besondere Leistungen des menschlichen Gehirns

Zur Information
Das menschliche Gehirn unterscheidet sich von dem aller anderen Spezies dadurch, dass Regionen, die komplexen Assoziationsleistungen dienen, besonders groß und differenziert sind, z. B. diejenigen für Planen, Sprechen, Lesen, Schreiben, Rechnen usw. Ihre Leistungen ermöglichen Menschen eine einzigartige, differenzierte Kommunikation sowie Wahrnehmungen (Kognition), Denken, Willensbildung u. a.

Die besonderen Leistungen des menschlichen Gehirns sind an Assoziationsgebiete im Cortex und deren Zusammenwirken gebunden.

Assoziationsgebiete im Cortex sind:
- **parietooccipitotemporales Assoziationsgebiet**
- **präfrontales Assoziationsgebiet**
- **limbische Assoziationsgebiete**

Funktionell ermöglicht das **Zusammenwirken der Assoziationsgebiete** höhere intellektuelle Leistungen.

Das parietooccipitotemporale Assoziationsgebiet liegt zwischen dem somatosensorischen Cortex vorn, dem visuellen Cortex hinten und dem auditiven Cortex unten. Es gliedert sich in mehrere Teilgebiete:
- **hinterer parietaler Cortex**
- **Wernicke-Zentrum**
- **Gyrus angularis**
- **Gebiet für das Wiedererkennen von Gesichtern**

Im hinteren parietalen Cortex, einschließlich eines Teils des oberen occipitalen Cortex, erfolgt die Wahrnehmung der Lage des Körpers in Beziehung zur Umgebung und der Körperteile zueinander. Die Signale kommen aus somatosensorischem und visuellem Cortex.

Das Wernicke-Zentrum (Rindengebiet nach Wernicke, sensorisches Sprachzentrum, Abb. 15.15, 15.66) liegt im posterioren Teil des Gyrus temporalis superior. Signale, die dieses Gebiet erreichen, werden so verarbeitet, dass es zum Sprachverständnis, aber auch zur Interpretation anderer symbolischer Informationen, z. B. Zahlen, kommt. Da die Sprache das führende Ausdrucksmittel des Menschen ist, ist das Wernicke-Zentrum das wichtigste Gebiet für höhere intellektuelle Leistungen.

Die Tätigkeit von Wernicke-Zentrum und Gyrus angularis (▶ unten) sind in einer Hemisphäre dominant

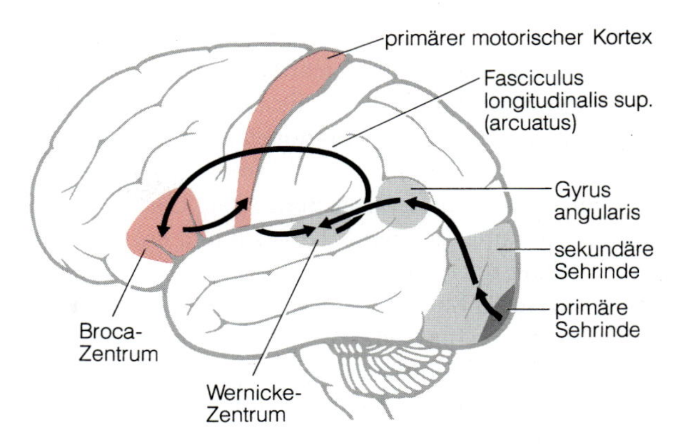

Abb. 15.66. Steuerung der Sprache. Das *Wernicke-Zentrum* erhält Informationen aus primärer Hör- bzw. primärer Sehrinde. Nach Verarbeitung gelangen die Signale über den Fasciculus longitudinalis superior (arcuatus) zum *Broca-Zentrum* und von dort zum primären motorischen Kortex (Area 4)

(bei 95% der Menschen links). In der Regel ist das Wernicke-Zentrum bereits bei der Geburt auf der dominanten Seite umfangreicher als auf der gegenüberliegenden.

Klinischer Hinweis
Bei Ausfall des Wernicke-Zentrums in der dominanten Hemisphäre ist der Patient trotz ungestörter Wahrnehmung auditiver Signale unfähig, den Sinn der Worte zu verstehen. Gestört ist auch die Wortwahl (*sensorische Aphasie*). Unbeeinträchtigt bleiben dagegen nichtverbale Verarbeitungen, z. B. Verstehen und Interpretieren von Musik, nichtverbalen visuellen Eindrücken und räumlichen Beziehungen zwischen Person und Umgebung.

Der Gyrus angularis (Abb. 15.13 a, 15.66) liegt im hinteren unteren Teil des Parietallappens unmittelbar hinter dem Wernicke-Zentrum und hat enge Beziehungen zur Sehrinde. Der Gyrus angularis ermöglicht, visuell aufgenommene (gelesene) Worte zu verstehen.

Klinischer Hinweis
Fällt der Gyrus angularis in der dominanten Hemisphäre aus, kommt es zu *Dyslexie* bzw. *Alexie* (Wortblindheit). Unbeeinträchtigt ist das Verstehen gehörter Worte.

Wiedererkennen von Gesichtern hat für die soziale Kommunikation große Bedeutung. Hierbei wirken offenbar die mediale Unterseite des Occipitallappens und die mediobasale Rinde des Temporallappens mit. Fallen Gebiete in der dominanten Hemisphäre aus, folgt als Sonderform der visuellen Agnosie die *Prosopagnosie*.

Das **präfrontale Assoziationsgebiet** ist den Arealen 9 und 46 nach Brodmann zugeordnet und liegt im Bereich des Gyrus frontalis medialis auf der lateralen Seite des Frontallappens. Es ist funktionell eng mit dem Areal 11 verbunden, das sich im orbitofrontalen Gebiet des Frontallappens befindet. Der präfrontale Cortex hat reziproke Verbindungen mit anteriorem und dorsomedialem Thalamus, Hypothalamus, Mesencephalon sowie durch die Nuclei septales mit Hippocampus und Corpus amygdaloideum. Innerhalb des Cortex ist der präfrontale Cortex mit dem motorischen Cortex, darüber hinaus durch Assoziationsfasern mit den anderen Assoziationsgebieten des Cortex sowie mit den korrespondierenden Gebieten der anderen Hemisphäre verbunden. Funktionell steuert das präfrontale Assoziationsgebiet das Handeln, beeinflusst soziales Verhalten und ermöglicht Zukunftsplanungen einschließlich der Einschätzung damit verbundener Konsequenzen. Es ist um das 18. Lebensjahr ausgereift.

Zur Information

Der präfrontale Cortex ist gegenwärtig seiner immensen funktionellen Bedeutung wegen ein Forschungsschwerpunkt. – Die Tätigkeit des präfrontalen Cortex steht im Zusammenhang mit Verstand und Vernunft, d. h. der Fähigkeit, Probleme durch logisches Denken unter Verwendung von Erfahrung zu erkennen, gegebenenfalls zu lösen. Voraussetzung ist, dass die Sachlage erfasst, die Aufgabe identifiziert und eine Zielvorstellung entwickelt werden. Dies bedarf zunächst umfangreicher Informationen. Diese gelangen zu den Arealen 9 und 46, werden hier eingespeichert, koordiniert, bewertet und führen zu Signalen, die an die für das Handeln wichtigen Gebiete der Hirnrinde abgegeben werden. Der Speicherung der Information wegen werden die Gebiete 9 und 46 auch als Arbeitsspeicher bezeichnet. Für die geregelte Funktion des präfrontalen Cortex ist die ungestörte cholinerge und serotoninerge Innervation des Areals entscheidend.

Klinischer Hinweis

Früher unternommene präfrontale Leukotomie zur Beseitigung von Schmerzwahrnehmungen mit Durchtrennung der Verbindungen zwischen Thalamus und orbitofrontalem Cortex führten zu tief greifenden Veränderungen der Persönlichkeit. Sie haben die emotionale Balance, das Verhalten und den Intellekt erheblich beeinflusst. Heute sind Leukotomien durch Behandlungen mit Psychopharmaka ersetzt, insbesondere solchen, die auf die serotoninergen und cholinergen Systeme Einfluss nehmen.

Limbische Assoziationsgebiete. Hierzu gehören alle Anteile des limbischen Cortex (► S. 736, Hippocampus, Gyrus parahippocampalis, Gyrus cinguli). Sie stehen afferent und efferent mit zahlreichen Gebieten des Cortex in Verbindung, nicht zuletzt mit dem präfrontalen Assoziationsgebiet. Die limbischen Assoziationsgebiete tragen dazu bei, das Verhalten abzuschätzen. Sie können Aggressionen mindern oder verstärken und Lernprozesse durch Steigerung der Motivation beeinflussen. Den limbischen Assoziationsgebieten kommt Bedeutung für die soziale Einordnung zu.

Das **Zusammenwirken von Cortexarealen** ist die Voraussetzung für integrierte Leistungen des menschlichen Gehirns. Dies hat herausragende Bedeutung u. a. für:
- **Sprechen**
- **Lernen, Erinnern, Denken, Erkenntnisgewinn, Willensbildung**

Sprechen. Voraussetzung sind
- **Entwicklung von Gedanken**
- **Wortwahl**
- **Steuerung der Motorik der Sprechwerkzeuge**

Entwicklung von Gedanken und Wortwahl. Hierzu bedarf es des Zusammenwirkens zahlreicher Gebiete des Cortex, aber auch subcorticaler Gebiete (Striatum, Hypothalamus, Thalamus, limbisches System). Außerdem müssen Engramme vorhanden sein. Engramme sind komplexe, abrufbare Gedächtnisspuren wahrgenommener oder erlernter Eindrücke aus der äußeren und inneren Erlebniswelt. Beteiligt sind u. a. Hörrinde, Sehrinde, somatosensorische Gebiete und der präfrontale Cortex. Die Informationen aus diesen Gebieten werden im **Wernicke-Zentrum** integriert (◘ Abb. 15.15, 15.66).

Steuerung der Motorik der Sprechwerkzeuge. Vom Wernicke-Zentrum gelangen Signale über Assoziationsfasern zum **Broca-Zentrum** im Frontallappen (► S. 738, ◘ Abb. 15.15 a), wo vorhandene Programme für die grammatikalische und syntaktische Sprachstrukturierung aktiviert werden, die sich etwa im 3. Lebensjahr zu bilden beginnen. Diese Signale werden zum prämotorischen und dann zum primären motorischen Sprechzentrum im **Gyrus praecentralis** (◘ Abb. 15.13 a) übertragen. Von dort erhalten **subcorticale Gebiete** (z. B. Basalganglien, Hirnnervenkerne) Anweisungen zur Innervation der Sprechwerkzeuge.

Klinischer Hinweis

Bei Ausfall des Broca-Zentrums kommt es zu einer *motorischen Aphasie*, da die motorischen Engramme fehlen.

Lernen, Erinnern, Denken, Erkenntnisgewinn, Willensbildung. Mit der Frage nach den Strukturen, an die diese Leistungen gebunden sind, ist die Grenze morphologischer Aussagen erreicht. Festzustellen ist jedoch, dass sich die entscheidenden Vorgänge auf molekularer Ebene abspielen und gleichzeitig in zahlreichen Gebieten des Gehirns stattfinden. Hierzu gehören nicht nur der Cortex, sondern auch subcorticale Gebiete, z. B. alle Anteile des (erweiterten) limbischen Systems, der Thalamus, die Neurotransmittersysteme mit ihren fördernden und hemmenden Wirkungen. Nicht zu vergessen sind zeitliche Faktoren. So werden z. B. beim Lernen und Erinnern mehrere Stufen durchlaufen. Erinnerungen können für Sekunden bis längstens Minuten, oder für Tage bis Wochen (Kurzzeitgedächtnis) bzw. für Jahre bis lebenslang (Langzeitgedächtnis) bewahrt werden. Auch spielt das lebenslange Altern mit fortschreitenden Veränderungen im Gehirn eine Rolle, so dass es im ungünstigsten Fall schließlich zu einer unbehandelbaren Demenz kommt. Das Gehirn ist in allen seinen Leistungen ein dynamisches Gebilde unglaublicher Plastizität.

Zur Information

Obgleich die Kenntnisse über die für Lernen und Gedächtnis zuständigen Hirngebiete lückenhaft sind, sind einige Kernaussagen möglich:

- für Speichern und Abrufen von Gedächtnisinhalten sind getrennte anatomische Systeme zuständig
- vor dem Einspeichern werden Informationen in Hippocampus, Amygdala, Basalganglien, mediodorsalem und vorderem Thalamus sortiert; gebündelt, bewertet und ggf. mit Emotionen versehen, dabei bestehen Unterschiede: Amygdala, mediodorsaler Thalamus und Basalganglien sind stärker für die Eingabe gefühlsbeladener Erlebnisse zuständig, Hippocampus, vorderer Thalamus und Corpus mammillare für kognitive Inhalte
- die Speicherorte sind weit über die Hirnrinde verteilt und haben für verschiedene Gedächtnisformen unterschiedliche Lokalisation: für das episodische, d. h. autobiographische Gedächtnis sind es Stirnhirn und Schläfenlappen der rechten Hirnseite, für Faktengedächtnis vor allem die Assoziationsgebiete des Cortex der linken Hirnhälfte, für erlernte Bewegungsabläufe (prozedurales Gedächtnis) die Basalganglien, für das Wiedererkennen von Reizen und Sinneseindrücke Gebiete der primär-sensorischen Felder; jedoch sind die vier Gedächtnisarten nicht grundsätzlich getrennte Systeme
- der Abruf von Gedächtnisinhalten erfolgt durch gemeinsame Aktion von Gebieten in Stirnhirn und vorderem Schläfenlappen, die durch den Funiculus uncinatus verbunden sind
- Gedächtnis ist ein Netzwerk verschiedener Strukturen, Gedächtnisstörungen treten weniger bei Schäden von Kerngebieten als durch Zerstörung von Verbindungen auf

Klinischer Hinweis

Eine der häufigsten Ursachen für den Verlust der Merkfähigkeit ist die Alzheimer-Erkrankung, bei der es zu einer fortschreitenden Großhirnatrophie kommt. Charakteristisch ist eine dramatische Abnahme der cholinergen Innervation des Cortex, die von Mesencephalon und magnocellulärem basalem Vorderhirnkomplex ausgeht, sowie das Auftreten von intrazellulären »Tangles« und extrazellulären Amyloidplaques in verschiedenen diencephalen und telencephalen Gebieten, die zur Zerstörung von Nervenzellen führen.

In Kürze

Große Assoziationsgebiete finden sich im hinteren parietalen Cortex für die Bestimmung der Lagebeziehungen des Körpers, im Lobus temporalis (Wernicke-Zentrum) für höhere intellektuelle Leistungen, im Gyrus angularis für das Verständnis des gelesenen Wortes, Gebiete im Temporal-/Occipitallappen für das Wiedererkennen von Gesichtern, präfrontal für Verhaltensweisen, im limbischen System für das Abschätzen des Verhaltens. Sprechen, Denken, Lernen, Erinnern, Erkenntnisgewinn und Willensbildung sind an das Zusammenwirken vieler Gebiete, vor allem des Telencephalon gebunden.

15.6 Hüllen des ZNS, Liquorräume, Blutgefäße

Zur Information

Gehirn und Rückenmark werden von Hüllen umgeben (Meningen), die einen mit Liquor cerebrospinalis gefüllten Spaltraum zwischen sich fassen (äußerer Liquorraum). Der äußere Liquorraum steht mit dem inneren Liquorraum in Verbindung, der im Gehirn aus einem Hohlraumsystem (I.–IV. Ventrikel) und im Rückenmark aus dem Canalis centralis besteht. – Alle zuführenden und ableitenden Gefäße für das Zentralnervensystem verlaufen in den Hüllen von Gehirn und Rückenmark.

15.6.1 Hüllen von Gehirn und Rückenmark

Das Zentralnervensystem wird von schützenden Hirnhäuten umgeben, den **Meningen.** Sie umschließen einen Spaltraum, den **äußeren Liquorraum**, der mit **Liquor cerebrospinalis** gefüllt ist. Der Liquor cerebrospinalis des äußeren Liquorraums wirkt wie ein Wasserkissen.

Meningen sind:
- Dura mater
- Arachnoidea mater
- Pia mater

Obgleich alle Meningen aus Bindegewebe bestehen, unterscheiden sie sich in Aufbau und Festigkeit. Unter diesem Gesichtspunkt werden die Dura mater als **Pachymeninx** (*harte Hirnhaut*), Arachnoidea und Pia mater gemeinsam als **Leptomeninx** (*weiche Hirnhaut*) bezeichnet.

Unterschiede bestehen auch zwischen der Anordnung der Meningen des Gehirns und Rückenmarks.

Hüllen des Gehirns

Gemeinsam umhüllen alle Blätter der Meningen das Gehirn und die Anfangsteile der Gehirnnerven. In ganzer Länge wird nur der Sehnerv von Hirnhäuten umgeben.

Die Dura mater cranialis (*harte Hirnhaut*) (Abb. 15.67) besteht aus **zwei Lagen** straffen, faserigen Bindegewebes. Sie kleiden die Innenfläche des Schädels aus, wobei die äußere Schicht gleichzeitig Periost der Schädelknochen ist. Die Befestigung der Dura an den Schädelknochen ist überwiegend nicht sonderlich stabil.

In der **periostalen Lage** der Dura verlaufen die Hirnhautarterien
- **R. meningeus anterior** aus der A. ethmoidalis anterior (▶ S. 702)
- **A. meningea media** aus der A. maxillaris (▶ S. 660)
- **A. meningea posterior** aus der A. pharyngea ascendens (▶ S. 659)

Die Gefäße hinterlassen auf der inneren Oberfläche der Schädelknochen Sulci arteriosi.

Klinischer Hinweis

Bei Verletzungen der Meningealgefäße (meist A. meningea media) nach einem Schädeltrauma entstehen *epidurale Hämatome*, die die Dura mater von der Lamina interna des Knochens abdrängen. Diese arteriellen Blutergüsse vergrößern sich in der Regel schnell und können zu einem erhöhten, lebensbedrohenden Hirndruck führen. Therapeutisch muss dann die Schädelkalotte eröffnet (trepaniert), das Hämatom ausgeräumt und die Blutung gestillt werden.

In der **inneren Lage** der Dura mater verlaufen allseitig von straffem Bindegewebe umschlosse venöse Blutleiter (**Sinus durae matris** ▶ S. 852), sensorische Nerven, kleine Äste der Aa. meningeae sowie kleine Venen.

Der Dura folgt eine Neurothelschicht mit weiten interzellulären Räumen, die Dura und Arachnoidea

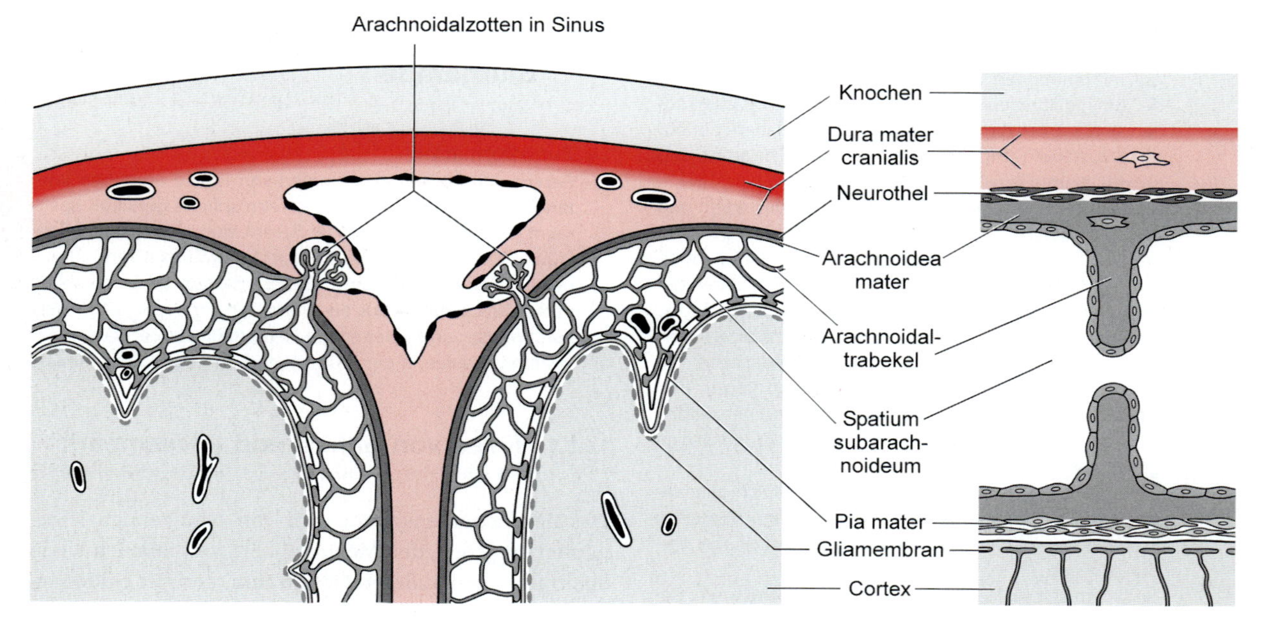

Abb. 15.67 a, b. Übersicht der Hirnhäute und des Spatium subarachnoideum

trennt. Dadurch lässt sich bei Sektionen die Dura leicht von der Arachnoidea lösen.

Klinischer Hinweis
Blutungen aus Brückenvenen – Verbindungen zwischen Venen der Pia mater (▶ unten) und den Sinus durae matris – können zu *subduralen Hämatomen* führen, z.B. nach Schädel-Hirn-Verletzungen. Sie breiten sich zwischen Dura und Neurothel aus und lassen dann ein echtes Spatium subdurale entstehen.

Durasepten. Die Dura mater springt an einigen Stellen mit Septen in das Schädelinnere vor und kann Duratanschen bilden. Es handelt sich um:
- **Falx cerebri**
- **Tentorium cerebelli**
- **Falx cerebelli**
- **Diaphragma sellae**
- **Cavum trigeminale**

Falx cerebri (*Großhirnsichel*). Die Falx cerebri ist eine große, sagittal gestellte Duraplatte zwischen den beiden Großhirnhemisphären. Sie befestigt sich an der Crista galli des Siebbeins, an den Rändern des Sulcus sinus sagittalis superioris, an der Protuberantia occipitalis interna sowie am Giebel des zeltförmigen Tentorium cerebelli (▶ unten). In den unteren freien Rand ist der **Sinus sagittalis inferior** eingelagert, an der oberen Anheftungsstelle befindet sich der **Sinus sagittalis superior.**

Tentorium cerebelli (*Kleinhirnzelt*). Es ist zwischen den Occipitallappen des Endhirns und dem Kleinhirn ausgespannt und trennt in der hinteren Schädelgrube den supratentoriellen vom infratentoriellen Raum. Befestigt ist das Tentorium cerebelli hinten an den Rändern der Sulci sinus transversi, seitlich an den Oberkanten der Felsenbeine und vorne an den Processus clinoidei anteriores. In Richtung auf den Clivus besteht eine Lücke für den Durchtritt des Hirnstamms (**Incisura tentorii**, »Tentoriumschlitz«). Am Giebel des Kleinhirnzeltes verbinden sich Tentorium und Falx cerebri miteinander. An dieser Stelle verläuft der **Sinus rectus.** An seiner occipitalen Anheftungsstelle umgreift das Tentorium cerebelli die paarigen **Sinus transversi.**

Klinischer Hinweis
Bei seitlicher Kompression des Neugeborenenschädels (z.B. bei einer Zangengeburt) kann das Tentorium cerebelli an seiner occipitalen Anheftungsstelle abreißen. Dabei kann es zu einer tödlichen Blutung aus dem Sinus transversus kommen.

Falx cerebelli (*Kleinhirnsichel*). Es handelt sich um eine kleine variable Duraplatte unterhalb des Tentorium cerebelli. Sie ist an der Crista occipitalis interna befestigt und umfasst den **Sinus occipitalis.**

Diaphragma sellae. Das Diaphragma sellae spannt sich zwischen vorderen und hinteren Processus clinoidei über der Fossa hypophysialis aus. Es hat in der Mitte ein Loch für den Durchtritt des Hypophysenstiels.

Cavum trigeminale (*Meckel*). Diese Duratasche umschließt auf der Vorderfläche des Felsenbeins am Boden der mittleren Schädelgrube das Ganglion trigeminale und hat eine Öffnung für den Stamm des N. trigeminus.

Die **Arachnoidea mater cranialis** (*Spinnwebenhaut*) (◻ Abb. 15.67), ist eine dünne zellreiche Lamelle aus **Meningealzellen** und feinen Kollagenfasern. Meningealzellen sind modifizierte Fibroblasten. Zur Dura hin bilden die Meningealzellen eine geschlossene Schicht (**Neurothel**), die das Spatium subdurale ausfüllt.

Die Arachnoidea umschließt mit Arachnoidalzellen einen spaltförmigen Raum, der mit **Liquor cerebrospinalis** gefüllt ist: **Spatium subarachnoideum** (*Subarachnoidalraum*). Durchquert wird der Subarachnoidalraum von bindegewebigen Trabekeln (**Trabeculae arachnoideae**), die Arachnoidea und die folgende Pia mater verbinden, sowie von Blutgefäßen.

Entwicklungsgeschichtlicher Hinweis
Zunächst ist die Leptomeninx (weiche Hirnhaut) (▶ oben), eine geschlossene wenn auch lockere Schicht, die sich erst während der Entwicklung in Arachnoidea, die der Dura mater angelagert ist, und Pia mater, die der Oberfläche des Gehirns folgt, gliedert.

In der Nähe der Sinus durae matris, besonders am Sinus sagittalis superior, aber auch an Sinus petrosus superior, Sinus rectus und Sinus transversus bildet die Arachnoidea hirsekorngroße, zottenartige, gestielte Fortsätze (**Granulationes arachnoideae**, auch Pacchioni-Granulationen, ◻ Abb. 15.67), die mit dem Subarachnoidalraum in Verbindung stehen und Liquor cerebrospinalis führen. Sie können sich durch die Dura mater bis in die venösen Blutleiter bzw. durch Lücken der Lamina interna des Schädelknochens (*Foveolae granulares*) in die Vv. diploicae ausdehnen. Dadurch grenzt das Spatium subarachnoideum im Bereich der Granulationen unmittelbar an Sinusendothel bzw. Venenwände, wodurch hier Liquorresorption erfolgen kann.

Die **Pia mater** liegt der Oberfläche des Gehirns an. Sie besteht aus mehreren Schichten von Meningealzellen und enthält Blutgefäße. Die Pia begleitet die Arterien bzw. Arteriolen ins Gehirn hinein. Zwischen den Meningealzellen, besonders intrazerebral in der Umgebung der Gefäße, kommen erweiterte Interzellularräume (*perivaskuläre Spalträume*, auch **Virchow-Robin-Räume**) vor. Ferner dient die Pia mater den Plexus choroidei der Ventrikel als gefäßführende bindegewebige Unterlage (▶ unten).

Innervation. Die Dura mater ist schmerzempfindlich. Sie wird von den Rr. meningei der Nn. ophthalmicus, maxillaris, mandibularis, glossopharyngeus und vagus innerviert. Rückläufige Äste des N. ophthalmicus (Rr. tentorii) versorgen das Tentorium cerebelli und die Falx cerebri. Arachnoidea und Pia mater sind dagegen nicht schmerzempfindlich.

Hüllen des Rückenmarks

Alle drei Rückenmarkhäute (Abb. 15.68) umgeben die Medulla spinalis und umschließen die Vorder- und Hinterwurzeln der Spinalnerven einschließlich der Spinalganglien mit Wurzeltaschen.

Dura mater spinalis (*harte Rückenmarkhaut*). Die Dura mater spinalis teilt sich am Foramen magnum in ein **äußeres Blatt** (Periost des Wirbelkanals) und in ein **inneres Blatt**. Zwischen beiden Blättern entsteht das mit Fettgewebe und einem dichten Venenplexus gefüllte **Spatium epidurale** (*Epiduralraum*). Beide Blätter der Dura mater vereinigen sich in Höhe von S2–S3.

15

Klinischer Hinweis
Bei der *Epiduralanästhesie* wird die Kanüle durch die Ligg. flava zwischen den Arcus zweier Wirbel bis in den Epiduralraum vorgeschoben und hier das Anästhetikum instilliert. Eine Epiduralanästhesie ist von der unteren Halswirbelsäule bis zum Hiatus sacralis durchführbar.

Arachnoidea mater spinalis. Der Innenfläche des inneren Blattes der Dura mater spinalis liegt die Arachnoidea mater spinalis über das Neurothel dicht an. Im Bereich der Wurzeltaschen setzt sich die Arachnoidea in das Perineurium der Nn.spinales fort. Außerdem bildet die Arachnoidea in den Wurzeltaschen kleine Zellanhäufungen, an denen Liquor cerebrospinalis resorbiert und in Lymphgefäße filtriert werden kann. Dadurch

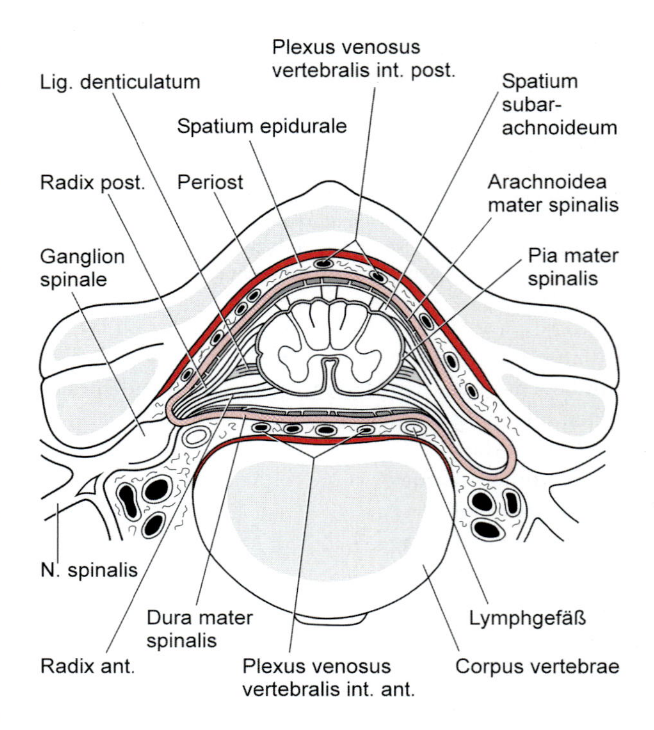

Abb. 15.68. Rückenmarkhäute. Das Spatium epidurale enthält Binde- und Fettgewebe (Pufferwirkung) sowie die Plexus venosi vertebrales interni. Das Spinalganglion ist von Liquor cerebrospinalis umspült

wird ein ständiger, nach distal gerichteter Strom von Liquor cerebrospinalis aufrechterhalten.

Dura und Arachnoidea spinalis bilden am kaudalen Ende des Rückenmarks den **Duralsack**, der die Cauda equina der Nn. spinales (▶ S. 792) umhüllt und sich schließlich am Periost des Steißbeins befestigt.

Pia mater spinalis. Sie bedeckt die marginale Gliaschicht der weißen Substanz des Rückenmarks.

Ähnlich wie beim Gehirn existiert ein **Spatium subarachnoideum**, das mit Liquor cerebrospinalis gefüllt ist.

Von der Pia mater spinalis gehen Septen aus, die als **Ligamenta denticulata** die Dura mater erreichen. Dort befestigen sie sich mit einzelnen Zacken. Ligg. denticulata finden sich vom Zervikal- bis zum mittleren Lumbalbereich und halten das Rückenmark in seiner Lage. Sie sind für den Neurochirurgen wichtige Orientierungsmarken.

Innervation. Periost und Dura werden sensibel über die rückläufigen Rr. meningei der Spinalnerven versorgt.

15.6.2 Äußerer Liquorraum und Ventrikelsystem

Der **äußerer Liquorraum** (► oben, ◘ Abb. 15.67) ist in der Regel schmal, jedoch dort, wo die Oberfläche des Zentralnervensystems Furchen und Gruben aufweist, zu größeren, mit Liquor gefüllten Räumen variabler Ausdehnung (**Cisternae subarachnoideae**) erweitert. Sie werden als Zugangswege für Gehirnoperationen genutzt.

Auffällige **Zisternen am Gehirn** sind:
- **Cisterna cerebellomedullaris**
- **Cisterna basalis**
- **Cisterna fossae lateralis cerebri**

am Rückenmark:
- **Cisterna lumbalis**

Cisterna cerebellomedullaris (im klinischen Sprachgebrauch: Cisterna magna). Sie füllt den Raum zwischen Kleinhirnunterfläche, Dach des IV. Ventrikels und der Medulla oblongata aus. Die Cisterna cerebellomedullaris ist etwa 3 cm breit und in der Sagittalebene bis zu 2 cm tief. In der Medianebene kann diese Zisterne durch eine variable Falx cerebelli eingeengt werden.

Cisterna basalis. Sie erstreckt sich als erweiterter Liquorraum zwischen Hirnbasis und Schädelbasis vom Foramen magnum bis zur Crista galli am Vorderrand der vorderen Schädelgrube. Sie lässt sich unterteilen in:
- **hintere Basalzisterne**
- **vordere Basalzisterne**

Hintere Basalzisterne. Sie reicht vom Foramen magnum bis zum Dorsum sellae und ist stellenweise erweitert. Dadurch entstehen:
- **Cisterna pontocerebellaris**, in die von lateral der Flocculus des Kleinhirns hineinragt; außerdem mündet in diese Zisterne beidseitig der **Recessus lateralis** des IV. Ventrikels
- **Cisterna interpeduncularis** im Bereich der Fossa interpeduncularis; sie enthält den III. Hirnnerven, die Aufteilung der A. basilaris sowie die Anfangsstrecken der Aa. superiores cerebelli und cerebri posteriores
- **Cisterna ambiens**, die mit der Cisterna interpeduncularis kommuniziert; sie umfasst die Seitenfläche des Pedunculus cerebri; an der Incisura tentorii bildet sie ein Liquorpolster für den scharfen Rand des Kleinhirnzeltes; die Cisterna ambiens enthält die A. cerebri posterior, A. superior cerebelli, V. basalis und den N. trochlearis

Vordere Basalzisterne. Die vordere Basalzisterne reicht vom Dorsum sellae bis zum Vorderrand der vorderen Schädelgrube und wird von Corpora mammillaria, Infundibulum, Chiasma opticum, Tractus optici sowie von Bulbi und Tractus olfactorii mit dem benachbarten Frontalhirn begrenzt. Eine Teilzisterne ist die **Cisterna chiasmatica**, die die Sehnervenkreuzung umgibt. Nach posterior geht die vordere Basalzisterne in die **Cisterna interpeduncularis** über. In diesem gemeinsamen Teil beider Zisternen liegen der Circulus arteriosus cerebri (Willis ► S. 746) und seine zentralen Äste.

Cisterna fossae lateralis cerebri. Sie wird auch als *Inselzisterne* bezeichnet, weil sie im Raum zwischen Insel und operkularem Teil von Frontal-, Parietal- und Temporallappen liegt. In ihr befinden sich die Aa. insulares, Äste der A. cerebri media.

Weitere Zisternen befinden sich um das Endhirn herum, überall dort, wo Polster gegenüber der Umgebung Schutz gewähren sollen.

Zur Information
Im Computertomogramm sind Zisternen in der Regel gut erkennbar und dienen deshalb der Orientierung am Gehirn.

Cisterna lumbalis. Sie befindet sich kaudal des Conus medullaris des Rückenmarks und entspricht dem Duralsack (► oben).

Klinischer Hinweis
Aus der Cisterna lumbalis kann durch *Lumbalpunktion* (Zugang zwischen den Dornfortsätzen der Lendenwirbel) Liquor cerebrospinalis gewonnen werden.

Ventrikelsystem, innerer Liquorraum. Das Ventrikelsystem ist während der Entwicklung durch Ausweitung der Hirnkammern entstanden (► S. 731). Durch das variable Wachstum der verschiedenen Gehirnabschnitte sind die Ventrikel unterschiedlich weit.

Ausgekleidet werden die Ventrikel des Gehirns und der Zentralkanal des Rückenmarks von einem einschichtigen **Ependym** (► S. 87), das regionale Unterschiede aufweist. Auffällig sind vor allem die **Plexus choroidei**, die den Liquor cerebrospinalis bilden (▶ unten).

Klinischer Hinweis

Die Darstellung der Ventrikelräume erfolgt durch Zisternographie oder üblicherweise durch die schmerzfreie und risikoarme Computer- und Magnetresonanztomographie.

Zu unterscheiden sind (Abb. 15.69):

- **Seitenventrikel**
- **III. Ventrikel**
- **IV. Ventrikel**

Die **Ventriculi laterales** (*Seitenventrikel*) befinden sich im Bereich der Hemisphären des Telencephalon: links I. und rechts II. Ventrikel. Sie haben die Form zweier Widderhörner (Abb. 15.69). Die Seitenventrikel stehen mit dem III. Ventrikel jeweils durch ein **Foramen interventriculare** (Monro) in Verbindung (Abb. 15.69).

Jeder Seitenventrikel hat vier Abschnitte (Abb. 15.70), die den vier Lappen des Endhirns entsprechen:

- **Cornu frontale** (*Vorderhorn*) im Stirnlappen
- **Pars centralis** (*Mittelteil*) im Scheitellappen
- **Cornu occipitale** (*Hinterhorn*) im Hinterhauptlappen
- **Cornu temporale** (*Unterhorn*) im Schläfenlappen

Cornu frontale. Das Vorderhorn bildet den anterioren Pol des Seitenventrikels. Es reicht bis zum *Foramen interventriculare*. Medial wird das Vorderhorn vom Septum pellucidum und lateral vom Caput nuclei caudati begrenzt. Die Balkenstrahlung bildet das Dach.

Pars centralis. Der Mittelteil ist aufgrund des vorgewölbten Thalamus verengt. Der Boden wird medial von der *Lamina affixa* und lateral vom Corpus nuclei caudati gebildet, das Dach durch den Balken. Durch das Foramen interventriculare wölbt sich der **Plexus choroideus ventriculi lateralis** (▶ unten) von der medialen Seite in den Hohlraum vor. Er ist zwischen Fornix und Lamina affixa aufgehängt. Der Mittelteil reicht bis zum *Splenium corporis callosi*, wo er sich in Hinterhorn und Unterhorn gabelt.

Cornu occipitale. Das Hinterhorn wird von einer Ausstrahlung des Balkens, Forceps major (occipitalis), überdacht. Seine mediale Wand ist durch den tief einschneidenden Sulcus calcarinus vorgewölbt. Die Vorwölbung bildet den **Calcar avis.**

Cornu temporale. Das Unterhorn schert in einem schwachen Bogen nach laterobasal aus. Im Dach liegt die Cauda nuclei caudati. An der Spitze des Unterhorns befindet sich das *Corpus amygdaloideum*. Auf der medialen Seite des Cornu temporale schließt sich der Plexus choroideus bis zur Fimbria hippocampi an. Es folgt mediobasal das **Cornu ammonis** (*Ammonshorn*), das sich mit seinem Alveus hippocampi in das Unterhorn vorwölbt. Ein Teil der Sehbahn umschlingt das Unterhorn und verläuft an seiner Außenseite okzipitalwärts.

Der **Ventriculus tertius** gehört zum Diencephalon. Er ist ein unpaarer, spaltförmiger Raum in der Medianebene. Seine Seitenwände werden von superior nach inferior von *Epithalamus, Thalamus* und *Hypothalamus* gebildet. In 75% der Fälle besteht zwischen den beiden Tha-

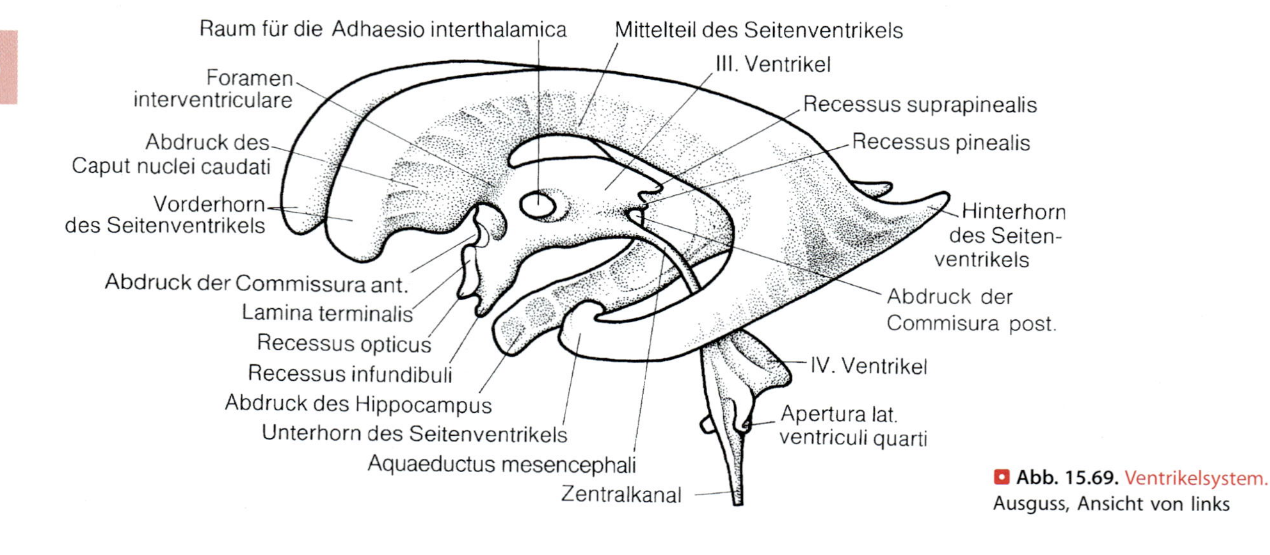

Abb. 15.69. Ventrikelsystem. Ausguss, Ansicht von links

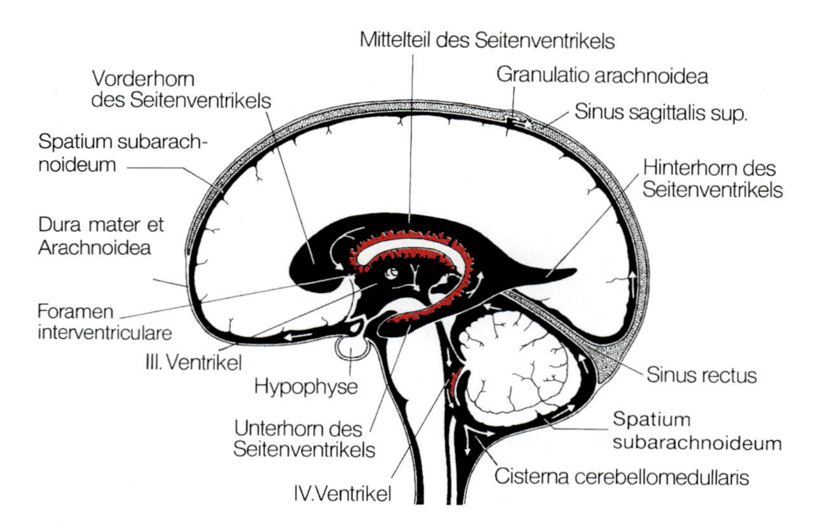

Abb. 15.70. Liquorräume. *Rot* Plexus choroidei. Die *Pfeile* geben die Zirkulationsrichtung des Liquors an. Seitenventrikel und III. Ventrikel sind durch Foramina interventricularia, der III. und IV. Ventrikel durch den Aquaeductus mesencephali verbunden. Apertura mediana ventriculi quarti und Aperturae laterales ventriculi quarti stellen die Verbindung zwischen Ventrikel und subarachnoidalem Liquorraum her

lami eine **Adhaesio interthalamica** (Abb. 15.69). Außerdem verläuft in der Ventrikelwand zwischen Foramen interventriculare und dem Übergang in den Aquaeductus mesencephali eine Furche (**Sulcus hypothalamicus**) (► S. 754).

Die anteriore Begrenzung des III. Ventrikels bildet die **Lamina terminalis.** Dort befindet sich etwa in Höhe des Sulcus hypothalamicus eine Vorwölbung die durch die **Commissura anterior** hervorgerufen wird (Abb. 15.21, 15.69).

Klinischer Hinweis

Bei arteriellen Subarachnoidalblutungen kann die dünne Lamina terminalis reißen; hierdurch entsteht eine Ventrikeleinbruchblutung.

Der III. Ventrikel hat mehrere Ausbuchtungen, von denen zwei im Gebiet des Hypothalamus liegen (Abb. 15.21, 15.69):

- **Recessus opticus** oberhalb der Chiasma opticum
- **Recessus infundibuli** im Anfang des Hypophysenstiels

Weitere Ausbuchtungen befinden sich im Epithalamus:

- **Recessus suprapinealis** oberhalb der Glandula pinealis
- **Recessus pinealis** am Abgang der Glandula pinealis

Oberhalb des Recessus pinealis wölben sich die *Commissura habenularum*, unterhalb die *Commissura posterior* vor (Abb. 15.69), wo der III. Ventrikel in den **Aquaeductus mesencephali** übergeht.

Überdacht wird der III. Ventrikel oberhalb des Foramen interventriculare vom **Plexus choroideus ventriculi tertii.** Die Bindegewebsplatte dieses Plexus (*Tela choroidea ventriculi tertii*) ist zwischen den Striae medullares thalami ausgespannt und mit der Taenia thalami an der Oberfläche des Thalamus befestigt (Abb. 15.23, 15.25, ► S. 750 und 755). Sie steht mit der Tela choroidea der Seitenventrikel in Verbindung.

Der Aquaeductus mesencephali (cerebri, Sylvius) verbindet III. mit IV. Ventrikel (Abb. 15.69). Er liegt im Mittelhirn und verläuft leicht abwärts gekrümmt.

Klinischer Hinweis

Der Aquaeductus mesencephali ist die engste Stelle des Ventrikelsystems. Treten dort »Verklebungen« auf, kann es zu einem Stopp der Liquorzirkulation kommen. Als Folge erweitern sich die beiden Seitenventrikel und der III. Ventrikel (*Hydrocephalus internus*). Verbunden ist damit meist eine Rückbildung des Hirngewebes.

Der Ventriculus quartus gehört zum Rhombencephalon. Er hat die Form eines Zeltes. Seinen Boden bildet die Rautengrube (► S. 770, Abb. 15.62). Das Dach (**Teg-**

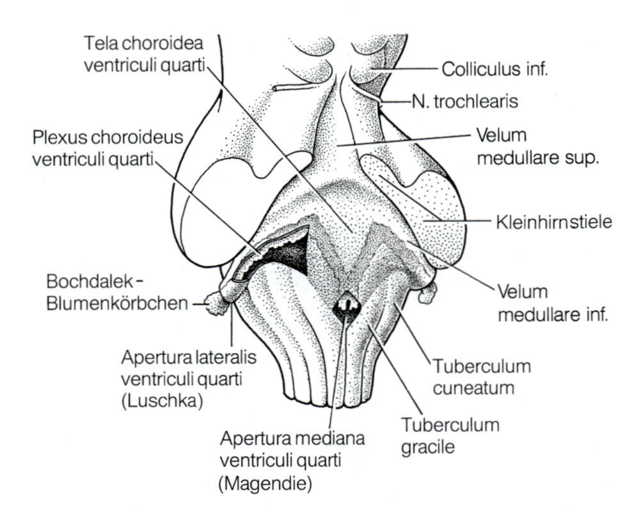

Abb. 15.71. Dach des IV. Ventrikels. Das Kleinhirn ist entfernt. Der linke Teil des IV. Ventrikels ist eröffnet

men ventriculi quarti) wird von zwei Marksegeln (**Velum medullare superius** und **Velum medullare inferius**), den *Kleinhirnstielen* und dem *Kleinhirn* gebildet (Abb. 15.71). Der quer stehende First des Zeltdachs zwischen vorderem und hinterem Segel ist das **Fastigium.** An das Velum medullare inferius schließt die Tela choroidea an, eine Platte aus Pia mater, die den IV. Ventrikel nach posterior abschließt. Sie trägt den **Plexus choroideus des IV. Ventrikels.** Nach kaudal verjüngt sich der IV. Ventrikel und setzt sich in den Zentralkanal des Rückenmarks fort.

Der IV. Ventrikel kommuniziert mit den externen Liquorräumen über drei Öffnungen:

- **Apertura mediana** (*Magendie*, Abb. 15.71); sie ist unpaar
- **Aperturae laterales** (*Luschka*, Abb. 15.32, 15.71); sie liegen auf jeder Seite lateral neben dem VII. Hirnnerven; ein Teil des Plexus choroideus des IV. Ventrikels ragt aus den Aperturae laterales in das Spatium subarachnoideum (*Bochdalek-Blumenkörbchen*)

Liquor cerebrospinalis

Der Liquor cerebrospinalis ist eine klare, farblose, proteinarme Flüssigkeit mit einer Dichte von 1,007 g/ml. Er enthält nur vereinzelt Zellen. Gebildet wird der Liquor cerebrospinalis von den **Plexus choroidei** der Seitenventrikel, des III. und IV. Ventrikels sowie vom Ventrikelependym.

Die **Plexus choroidei** sind lokale Auffaltungen der Ventrikelwände und bestehen aus reichlich vaskularisiertem Bindegewebe, das von einem auf die Liquorproduktion spezialisierten Ependym, Plexusepithel, überzogen ist.

Die Gefäße der Plexus choroidei haben ein gefenstertes Endothel, das Plexusepithel an der Basalfläche ein basales Labyrinth und an der Oberfläche Mikrovilli und Kinozilien.

Insgesamt besteht eine **Liquorzirkulation** (Abb. 15.70). Aus dem inneren Liquorraum gelangt der Liquor cerebrospinalis durch die Apertura mediana und die Aperturae laterales des IV. Ventrikels in den äußeren Liquorraum, wo die Granulationes arachnoideae im Bereich des Schädels und in den Wurzeltaschen der Arachnoidea spinalis an der Liquorresorption beteiligt sind.

Liquor cerebrospinalis gelangt aber auch durch die Interzellularspalten des Ependyms der Ventrikelwände in die Interzellularräume von Gehirn und Rückenmark, kommuniziert jedoch nicht mit dem Blutraum. Vielmehr bestehen eine **Blut-Liquor-Schranke** und eine **Liquor-Blut-Schranke**, die auf tight junctions zwischen Plexusepithelzellen in der Gefäßumgebung zurückgehen. Diese Schranken können nur von kleinen hydrophilen Molekülen, aber nicht von Proteinen und Fremdkörpern passiert werden. Lipophile Substanzen durchdringen diese Schranken im Gegensatz zu hydrophilen Stoffen.

Zur Information

Insgesamt sollen pro Tag 500 ml Liquor cerebrospinalis produziert werden. Innerer und äußerer Liquorraum eines Erwachsenen fassen zusammen jedoch im Mittel lediglich 140 ml (100–180 ml), weshalb pro Tag der Liquor cerebrospinalis mindestens dreimal ausgetauscht wird. Die Dränage des Liquors erfolgt zu Teilen über Lymphgefäße in die cervikalen Lymphknoten.

Klinischer Hinweis

Kommt es zu einer Störung der Resorption von Liquor im äußeren Liquorraum, entsteht ein Stau in der Liquorzirkulation. Dann erweitert sich der äußere Liquorraum (*Hydrocephalus externus*).

15.6.3 Sinus durae matris

Die **Sinus durae matris** sind weitlumige venöse Blutleiter. Sie sammeln das venöse Blut aus Gehirn und Meningen und leiten es zum größten Teil der **V. jugularis inter-**

na durch den Sinus sigmoideus zu (▶ unten). Außerdem bestehen weitere kleine Abflusswege (▶ unten).

Die Sinus durae matris verlaufen innerhalb der Dura mater. In ihrer Wand fehlen eine Tunica media und eine Tunica adventitia, sodass die kollagenen Faserbündel der Dura mater bis an die Basallamina des lückenlosen Endothels reichen. Die venösen Blutleiter liegen in Septen der Dura mater (Falx cerebri, Tentorium cerebelli) oder in unmittelbarer Nähe der Schädelknochen, an denen sie seichte Furchen bilden können.

Klinischer Hinweis

Eine Verletzung der großen venösen Blutleiter, insbesondere des Sinus sagittalis superior, bei Schädeltraumen oder Gehirnoperationen führt häufig durch verschlechterten Blutabfluss aus dem Gehirn zu Gehirnschwellungen und Hirntod.

Folgende Sinus sind zu unterscheiden (Abb. 15.72):

- **Sinus sagittalis superior**
- **Sinus sagittalis inferior**
- **Sinus rectus**
- **Confluens sinuum**
- **Sinus transversus**
- **Sinus sigmoideus**
- **Sinus occipitalis**
- **Sinus marginalis**
- **Plexus basilaris**
- **Sinus petrosus superior**
- **Sinus petrosus inferior**
- **Sinus cavernosus**
- **Sinus intercavernosus**
- **Sinus sphenoparietalis.**

Sinus sagittalis superior. Der Sinus sagittalis superior ist unpaar. Er beginnt an der Crista galli, verläuft an der Ansatzstelle der Falx cerebri im Sulcus sinus sagittalis superioris des Os frontale, der Ossa parietalia sowie des Os occipitale und mündet in der Gegend der Protuberantia occipitalis interna in den *Confluens sinuum*. Der Sinus sagittalis superior nimmt das Blut aus den *Vv. superiores cerebri* auf.

Sinus sagittalis inferior. Er verläuft am freien (unteren) Rand der Falx cerebri und mündet in den *Sinus rectus*.

Sinus rectus. Der Sinus rectus liegt an der Anheftungsstelle der Falx cerebri am Tentorium cerebelli. Er nimmt außerdem die *V. magna cerebri* auf und zieht zum *Confluens sinuum*.

Confluens sinuum. Der Confluens sinuum ist der Zusammenfluss der beiden *Sinus transversi* mit *Sinus sagittalis superior*, *Sinus rectus* und *Sinus occipitalis*. Er liegt an der Protuberantia occipitalis interna.

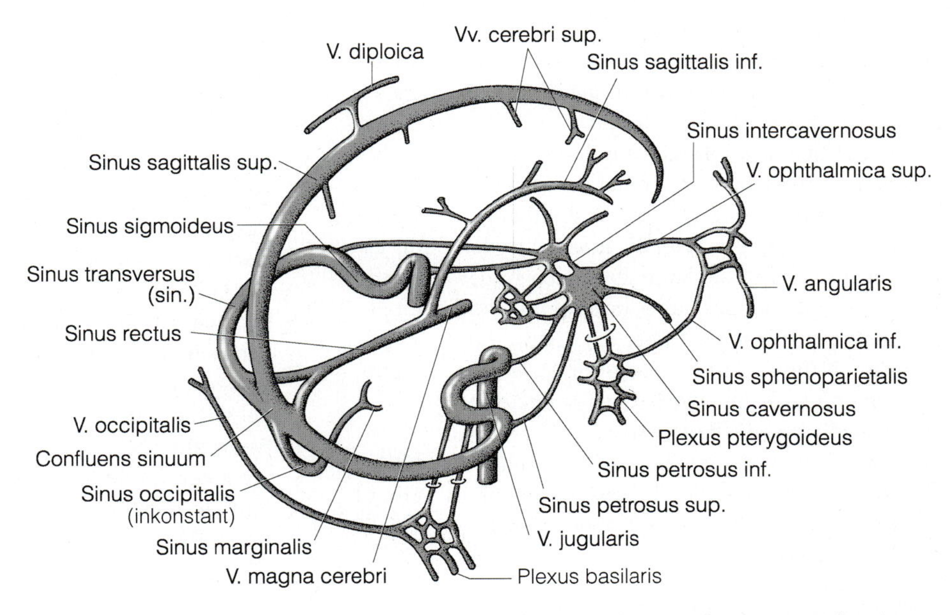

Abb. 15.72. Venöse Abflüsse aus dem Schädelinnenraum durch Sinus. Blick von posterolateral rechts. Der Plexus pterygoideus ist nur rechts, die V. occipitalis nur links dargestellt

Sinus transversus. Der *paarige* Sinus transversus befindet sich an der Anheftungsstelle des Tentorium cerebelli und hinterlässt an der Pars squamosa ossis temporalis den *Sulcus sinus transversi*. Er setzt sich in den Sinus sigmoideus fort.

Sinus sigmoideus. Der Sinus sigmoideus verläuft S-förmig und ruft in der Pars mastoidea des Os temporale den Sulcus sinus sigmoidei hervor. Der Sinus sigmoideus erreicht den lateralen Abschnitt des Foramen jugulare, wo er in den Bulbus superior der **V. jugularis interna** übergeht.

Sinus occipitalis. Der selten vorhandene, *unpaare* Sinus occipitalis liegt an der Anheftungsstelle der Falx cerebelli und verbindet den *Sinus marginalis* mit dem *Confluens sinuum*.

Plexus basilaris. Der Plexus basilaris liegt auf dem Clivus und hat Verbindungen zu *beiden Sinus cavernosi*.

Sinus petrosus superior. An der oberen Kante der Pars petrosa ossis temporalis gelegen leitet er das Blut aus dem *Sinus cavernosus* in den *Sinus sigmoideus*.

Sinus cavernosus. Der Sinus cavernosus, ein schwammartiger venöser Raum, breitet sich beiderseits der Sella turcica aus und bildet mit dem **Sinus intercavernosus** ein ringförmiges Venengeflecht. Durch den Sinus hindurch ziehen die A. carotis interna und der N. abducens (N. VI). Seiner lateralen Wand liegen von kranial nach kaudal der N. oculomotorius (N. III), N. trochlearis (N. IV) und N. ophthalmicus (N. V1) an.

Der Sinus cavernosus erhält **Zuflüsse:**
- **V. ophthalmica superior**, die laterokranial des Anulus tendineus communis durch die Fissura orbitalis superior aus der Orbita kommt
- **V. ophthalmica inferior**, die das Blut des Orbitabodens unterhalb des Anulus tendineus communis nach Vereinigung mit der V. ophthalmica superior durch die Fissura orbitalis inferior in den Sinus cavernosus leitet; sie kann aber auch in der Orbita in die V. ophthalmica superior einmünden; die V. ophthalmica inferior hat über die Fissura orbitalis inferior wichtige Anastomosen zu *V. facialis, V. retromandibularis* und *Plexus pterygoideus*
- **V. cerebri media superficialis**
- **Sinus sphenoparietalis**, der unterhalb des freien Randes der Ala minor ossis sphenoidalis verläuft und das Blut aus der V. cerebri media superficialis aufnimmt

15

Abfluss. Das Blut des Sinus cavernosus **fließt ab** in:
- **Sinus petrosus superior et inferior** (▶ oben)
- **Plexus basilaris**
- **Plexus pterygoideus** (durch das Foramen ovale)

Zusätzliche kleinere Abflusswege für venöses Blut aus dem Schädelinneren sind:
- **Venen im Carotiskanal**
- **Vv. emissariae**, die die Sinus durae matris mit Vv. diploicae und Venen der Kopfhaut verbinden, sie verhindern einen Überdruck in den Sinus durae matris

Zur Information

Vv. diploicae sind dünnwandige Venen in der Spongiosa der Knochen des Schädeldachs, die durch Vv. emissariae mit den Sinus durae matris und mit den Venen der Schädelweichteile in Verbindung stehen.

In Kürze

Dura mater, Arachnoidea und Pia mater umhüllen als Meningen Gehirn und Rückenmark. Die Dura mater cerebri bildet Septen, vor allem Falx cerebri, Tentorium und Diaphragma sellae. Zwischen Arachnoidea und Pia befindet sich der äußere Liquorraum (Spatium subarachnoidale). An einigen Stellen kommen Erweiterungen vor (Cisterna cerebellomedullaris, Cisterna basalis, Cisterna fossae lateralis cerebri, Cisterna lumbalis). Der äußere Liquorraum steht durch Apertura mediana und Aperturae laterales im Bereich des IV. Ventrikels mit dem inneren Liquorraum der vier Ventrikel des Gehirns in Verbindung. Die Seitenventrikel liegen im Telenzephalon, der III. Ventrikel im Diencephalon, der Aquaeductus mesencephali im Mesencephalon und der IV. Ventrikel im Rhombencephalon. Die Fortsetzung ist der schmale, z.T. verödete Canalis centralis des Rückenmarks. Der Liquor cerebrospinalis wird in den Plexus choroidei der Ventrikel des Gehirns gebildet und zirkuliert zu seinen Resorptionsorten. – In der Dura mater cerebri verlaufen große Sinus durae matris, die venöses Blut aus dem Gehirn vor allem zur V. jugularis interna ableiten.

Quellenverzeichnis

Bähr M, Frotscher M (2003) Neurologisch-topische Diagnostik, 8. Aufl. Thieme, Stuttgart

Beck T (2003) Der Knochen – lebendig und stoffwechselaktiv. Pharm Ztg 148: 30–39

Becker R, Wilson J, Gehweiler J (1971) The anatomical basis of medical practice. Williams & Wilkins, Baltimore

Benninghoff A, Drenckhahn D (2003, 2004) Anatomie, Bd 1 und 2, 16. Aufl. Elsevier, Urban & Fischer, München

Bloom W, Fawcett DW (1975) A textbook of histology, 10th edn. Saunders, Philadelphia

Boenninghaus HG, Lenarz T (2000) Hals-Nasen-Ohren-Heilkunde, 11. Aufl. Springer, Berlin Heidelberg New York Tokio

Brehmer A (2006) Structure of enteric neurons. Adv Anat Embryol Cell Biol 186

Britsch S (2006) The neuregulin-1/ErbB signaling system in development and disease. Adv Anat Embryol Cell Biol 190

Buselmaier W (2003) Biologie für Mediziner, 9. Aufl. Springer, Berlin Heidelberg New York Tokio

Buselmaier W, Tariverdin G (1999) Humangenetik, 2. Aufl. Springer, Berlin Heidelberg New York Tokio

Carpenter MB (1991) Human neuroanatomy, 4th edn. Williams & Wilkins, Baltimore

Christ B, Wachtler F (1998) Medizinische Embryologie. Ullstein Medical

Corning H (1949) Lehrbuch der topographischen Anatomie, 24. Aufl. Bergmann, München

Crosby EC, Humphrey T, Lauer EW (1962) Correlative anatomy of the nervous system. Macmillan, New York

Dauber W (2005) Feneis' Bild-Lexikon der Anatomie, 9. Aufl. Thieme, Stuttgart

Debrunner AM (2002) Orthopädie, 4. Aufl. Huber, Bern

Deetjen P, Speckmann EJ (1999) Physiologie. Urban & Fischer, München

Diedrich K (Hrsg) (2000) Gynäkologie und Geburtshilfe. Springer, Berlin Heidelberg New York Tokio

Drake RL, Vogl W, Mitchell AWM (2005) Gray's Anatomy for students. Elsevier Inc

Drews U (1993) Taschenatlas der Embryologie. Thieme, Stuttgart

Faller A, Schimke M (1999) Der Körper des Menschen, 13. Aufl. Thieme, Stuttgart

Federative Committee on Anatomical Terminology (1998) Terminologia Anatomica. Thieme, Stuttgart

Frick H, Leonhardt H, Starck D (1992) Taschenlehrbuch der gesamten Anatomie, Bd 1 und 2, 4. Aufl. Thieme, Stuttgart

Fritsch H, Kühnel W (2001) Innere Organe. In: Fritsch H, Kühnel W (Hrsg) Taschenatlas der Anatomie, Bd 2, 7. Aufl. Thieme, Stuttgart

Fritsch P (2004) Dermatologie und Venerologie, 2. Aufl. Springer, Berlin Heidelberg New York Tokio

Gelber D, Moore DH, Ruska H (1960) Observations of the myotendon junction in mammalian skeletal muscle. Z Zellforsch 52: 396

Graumann W, Sasse D (2004, 2005) Anatomie, Bd 1–4. Schattauer, Stuttgart

Grehn F (2002) Augenheilkunde, 28. Aufl. Springer, Berlin Heidelberg New York Tokio

Hafferl A (1969) Lehrbuch der Topographischen Anatomie, 3. Aufl. Springer, Berlin Heidelberg New York

Hamilton WJ, Boyd JD, Mossman HW (1962) Human embryology, 3rd edn. Heffner & Sons, Cambridge

Hautmann RE, Huland H (Hrsg) (2001) Urologie, 2. Aufl. Springer, Berlin Heidelberg New York Tokio

Heimer L (1983) The human brain and spinal cord. Springer, Berlin Heidelberg New York

Hinrichsen KV (Hrsg) (1990) Humanembryologie. Springer, Berlin Heidelberg New York Tokio

Hochstetter F (1929) Beiträge zur Entwicklungsgeschichte des menschlichen Gehirns. Deuticke, Wien

House L, Pansky B (1967) A functional approach to neuroanatomy, 2nd edn. McGraw-Hill, New York

Jacobson M (1970) Developmental neurobiology. Holt, Rinehart & Winston, New York

Janeway CA, Travers P, Walport M, Shlomchik M (2002) Immunologie, 5. Aufl. Spektrum, Fischer

Johnson AD, Gomes WR, Vandemark NL (1970) The testis, vol 1. Academic Press, New York

Junqueira LC, Carneiro J (1996) Histologie. Überarbeitet von Schiebler TH, 4. Aufl. Springer, Berlin Heidelberg New York Tokio

Kahle W, Frotscher M (2001) Nervensystem und Sinnesorgane. In: Kahle W, Frotscher M (Hrsg) Taschenatlas der Anatomie, Bd 3, 7. Aufl. Thieme, Stuttgart

Kierszenbaum AL (2002) Histology and cell biology. Mosby, St. Louis

Klinke R, Silbernagl E (Hrsg) (2001) Lehrbuch der Physiologie, 3. Aufl. Thieme, Stuttgart

Köpf-Maier P (2000) Atlas der Anatomie des Menschen, 5. Aufl. Karger, Basel

Krayenbühl H, Yasargil MG (1972) Radiological anatomy and topography of the cerebral arteries. In: Vinken PJ, Bruyn GW (eds) Handbook of clinical neurology, vol 11, pp 65–101. North-Holland, Amsterdam

Kretschmann H-J, Weinrich W (2003) Klinische Neuroanatomie und kranielle Bilddiagnostik, 3. Aufl. Thieme, Stuttgart

Krämer J, Grifka J (2002) Orthopädie, 6. Aufl. Springer, Berlin Heidelberg New York Tokio

Krstič RV (1976) Ultrastruktur der Säugetierzelle. Springer, Berlin Heidelberg New York

Lang J (1972) Bein und Statik. In: Lanz-Wachsmuth (Hrsg) Praktische Anatomie, 2. Aufl, Bd I, Teil 4. Springer, Berlin Heidelberg New York

Lang J (1983) Clinical anatomy of the head. Springer, Berlin Heidelberg New York

Lange W (1972) Über regionale Unterschiede in der Myeloarchitektonik der Kleinhirnrinde. Z Zellforsch 134: 129

Lanz T von, Wachsmuth W (1959) Praktische Anatomie, 2. Aufl, Bd I, Teil 3: Arm. Springer, Berlin Heidelberg New York

Leonhardt H (1987) Innere Organe. In: Rauber, Kopsch (Hrsg) Anatomie des Menschen, Bd II. Thieme, Stuttgart

Lippert H (2003) Lehrbuch Anatomie, 6. Aufl. Urban & Fischer, München

Löffler G, Petrides PE (2003) Biochemie und Pathobiochemie, 7. Aufl. Springer, Berlin Heidelberg New York Tokio

Lorente de No R (1949) Cerebral cortex: architecture, intracortical connections, motor projections. In: Fulton JF (ed) Physiology of the nervous system, 3rd edn, p 288. Oxford University Press, New York

Lüllmann-Rauch R (2003) Histologie. Thieme, Stuttgart

Neuhuber W, Raab M, Berthoud HR, Wörl J (2006) Innervation of the mammalian esophagus. Adv Anat Embryol Cell Biol 185

Pernkopf E (1987) Anatomie, Bd 2. Urban & Schwarzenberg, Wien

Platzer W (1999) Bewegungsapparat. In: Platzer W (Hrsg) Taschenatlas der Anatomie, Bd 1, 7. Aufl. Thieme, Stuttgart

Poeck K, Hacke W (2001) Neurologie, 11. Aufl. Springer, Berlin Heidelberg New York Tokio

Pollard TD, Earnshaw WC (2002) Cell biology. Saunders, Philadelphia

Puff A (1960) Die Morphologie des Bewegungslaufes der Herzkammern. Anat Anz 108: 342

Riede UN, Schaefer HE (2001) Allgemeine und spezielle Pathologie, 4. Aufl. Thieme, Stuttgart

Rohen JW (2000) Topographische Anatomie, 10. Aufl. Schattauer, Stuttgart

Rohen W (2001) Funktionelle Anatomie des Menschen, 10. Aufl. Schattauer, Stuttgart

Sadler T (1998) Medizinische Embryologie, 9. Aufl. Thieme, Stuttgart

Schmidt RF, Lang F, Thews G (2005) Physiologie des Menschen, 29. Aufl. Springer, Berlin Heidelberg New York Tokio

Schroeder HE (2000) Orale Strukturbiologie, 5. Aufl. Thieme, Stuttgart

Siewert JR (2003) Chirurgie, 7. Aufl. Springer, Berlin Heidelberg New York Tokio

Schliack H (1969) Segmental innervation and the clinical aspects of spinal nerve root syndromes. In: Vinken PJ, Gruyn GW (eds) Handbook of clinical neurology, vol II, p 1–57. North-Holland, Amsterdam

Sobotta J (1999, 2000) Atlas der Anatomie des Menschen, 21. Aufl. Urban & Schwarzenberg, München

Speer ChP, Gahr M (2001) Pädiatrie. Springer, Berlin Heidelberg New York Tokio

Standring S (Hrsg) (2005) Gray's Anatomy. 39. Aufl. Elsevier

Steiniger B, Barth P (1999) Microanatomy and function of the spleen. Adv Anat Embryol Cell Biol 151

Takahashi P (1983) Illustrated computer tomography. Springer, Berlin Heidelberg New York

Thiel W (2003) Photographischer Atlas der praktischen Anatomie, 2. Aufl. Springer, Berlin Heidelberg New York Tokio

Tillmann B (1987) Bewegungsapparat. In: Rauber, Kopsch (Hrsg) Anatomie des Menschen, Bd I. Thieme, Stuttgart

Töndury G (1970) Angewandte und topographische Anatomie, 4. Aufl. Thieme, Stutgart

Tuchmann-Duplessis H, David G, Haegel P (1972) Illustrated human embryology, vol 1, 2. Springer, Heidelberg Berlin New York

Vollmar A, Dingermann T (2005) Immunologie. Wissenschaftliche Verlagsgesellschaft Stuttgart

Wilkinson JL (1992) Neuroantomy for medical students. Butterworth Heinemann, Oxford

Zilles K, Rehkämper G (1998) Funktionelle Neuroanatomie, 3. Aufl. Springer, Berlin Heidelberg New York Tokio

Sachverzeichnis

Zahlen ohne Zusatz weisen auf Seiten hin, auf denen der aufgeführte Begriff verwendet wird.

Zahlen mit „f" bedeuten, dass der Begriff sowohl auf der genannten Seite als auf der folgenden Seite und *Zahlen mit „ff"* auf mehreren aufeinanderfolgenden Seiten verwendet wird.

Gehören zu einem Begriff mehrere Textstellen sind die Seiten, die als erste aufzuschlagen empfohlen wird, durch **Fettdruck** hervorgehoben.

Zahlen mit A und T bedeuten, dass der Begriff auf dieser Seite nur in einer Abbildung bzw. Tabelle verwendet wird. Steht der Begriff auf dieser Seite sowohl im Text als auch in einer Abbildung und/oder einer Tabelle, hat die Seitenzahl keinen Zusatz.

Um eine zuverlässige Alphabetisierung sicherzustellen, sind *Begriffe, deren erstes Wort sich vielfach wiederholt*, unabhängig vom Text, je nach dem Regelfall in Einzahl bzw. Mehrzahl aufgeführt, z. B. Arteria, Musculus, Nervus, Vena. Beim Nachschlagen im Text ergibt sich die jeweilige örtliche Situation.

In wenigen Fällen werden Benennungen von Organen, die in Einzahl vorkommen von denen getrennt, die in Mehrzahl vorkommen, z. B. Glandula/Glandulae.

A

Aα, Nervenfaser T82
Aβ, Nervenfaser T82
Aγ, Nervenfaser T82
Aδ, Nervenfaser T82
Abdomen, Bauch 308 ff.
– Arterien 439 f.
– Bauchhöhle 330
– Bauchmuskeln 310
– Bauchoberfläche 308
– Bauchsitus 332
– Lymphgefäße 445 f.
– Nerven 446 f.
– Venen 442 f.
Abducenslähmung 783
Abduktion 163
Abfaltung 116, A117
Ablatio retinae 691
Ableitende Harnwege 397 ff.
ABP, androgenbindendes Protein 410
Abrissfraktur 165
Absorption 19
Absteigende Degeneration 83, A84
Absteigendes retikuläres System 777
Abstillen 257
Abwehrsystem 136 ff.
– Herkunft T112
Abwehrzellen 137
ACE, angiotensin converting enzyme 190
Acervulus 753
Acetabulum **321**, 526, T528
– Entwicklung 322
Acetylcholin 210
AChE *s.* Azetylcholinesterase 78
Achillessehne A550, A552, **554**, A557
Achillessehnenreflex T801
Achselbögen 472
Achselhaare 224
Achsellücke T512, 513
– laterale 513
– mediale 513
Acromion A242, A455, **456**
ACTH, Adrenocorticotropes Hormon A760, T761
Adamsapfel 646, 654
Adaptation 827
Adduktion 163
Adduktoren 529
– Funktion 534
Adduktorenkanal **534**, 564, 577
Adduktorenschlitz 534
Adenohypophyse 757 ff.
– Entwicklung 758
– Follikulogenese 425
– Hormone T761
Aderhaut, Choroidea 687
ADH, Antidiuretisches Hormon 395
Adhaesio interthalamica **749**, 851
Adhäsionsmoleküle 139
– Implantation 95
Adiadochokinese 810
Adipoblasten 45
Adipokine 44
Adiponectin 44
Adipozyten 44
Aditus ad antrum mastoideum 707
Aditus laryngis A634, **642**, 644
Aditus orbitalis 596
Adoleszentenkyphose 241
Adrenalin T77, 209, **386**
Adrenerge Neurone 840
α-adrenerge Rezeptoren 195
β-adrenerge Rezeptoren 195
Adrenerge Zellgruppen 780
Adulte Stammzellen 107
Adventitia 190 f.
Adventitiazellen 35
Aequator bulbi oculi 684 f.
Affenhand 508
Afferent 200
Afferentes Neuron **73**, **722**
Afterbucht 117
Agenesie 6
Aggrecan **40**, 47
Aggregierte Lymphfollikel 358
Agranulozytose 129
AIDS 145
Akinese 810
Akkommodationsapparat 687
Akkommodationsreflex 826 f.
Akromegalie 57
Akromiohumerale Gleitschicht 461, **464**
Akrosin 436
Akrosom 408 f.
Akrosomreaktion 435, A436
Aktin 13, 58, **61 f.**
Aktinfilamente 61
– Enterozyten 355
– glatte Muskelzellen 60
– Haut 215
– Mikrofilamente 18
– Mikrovilli 12
– Skelettmuskelzellen 62
α-Aktinin 18
Aktive Immunisierung 148
Aktive Insuffizienz 172
Aktiver Bewegungsapparat 156
Aktivin 425
Aktivitätshypertrophie 6
– Knochen 159
– Muskel 174
Akustikusneurinom 670
Akustische Reflexe 829
Ala lobuli centralis T785
Ala major T587, **591 ff.**
Ala minor 586, **590**, 591, 596
Ala nasi 626
Ala orbitalis A585, 586
Ala ossis ilii 321
Ala ossis sacri 240
Ala temporalis A585, 586
Albino 217
Alcock-Kanal, Canalis pudendalis **441**, 447
Aldosteron 386
Alexie 843
Allantois 106, 108, A109 f., **111**, A117 f., A388
Allen-Test 503
Allergen 149
Allergie 131, **149**
Allergische Reaktion **149**, 192
Altern 21
Alterssichtigkeit 691
Altersveränderungen, Knorpel 48
Alveoläre Drüsen 25
Alveolarepithel T9, **276 ff.**, A277
Alveolarepithelzellen Typ I 276 ff., A277
Alveolarepithelzellen Typ II 276 ff., A277
Alveolarknochen 611
– Entwicklung 611

Alveolarmakrophagen 138
Alveole 276
– Deckzellen 278
Alveolus dentalis 596, 599
Alveus hippocampi 832, A836
Alzheimer 744, **845**
Amakrine Zellen **73**, A692, **695**
Amaurose A823
Amboss, Incus T583, A706, **708 f.**
Amelie 453
Ameloblast 610
γ-Aminobuttersäure **74**, 76, T77
Amin precursor uptake and decarboxilation 31
Amnioblasten A96, 108
Amnionbindegewebe 102
Amnionepithel **102**, 105
Amnionhöhle A96, A100, **108**, A110, A117, 119
Amniozentese 119
α-Motoneurone 796
Amphiarthrose 161
Amplifikationszellen 215
Ampulla duodeni 340
Ampulla ductus deferentis A383, A405, **413**
Ampulla hepatopancreatica 371
Ampulla membranacea lateralis 717
Ampulla membranacea anterior A711, 717
Ampulla membranacea posterior A711, 717
Ampulla recti 364
Ampulläres Kelchsystem 397
Ampulla tubae uterinae 92, A421, **426**
Ampulla urethrae 403
Amputationsneurom A84
Amygdala 836
Amygdalofugales Bündel 837
Amyotrophe Lateralsklerose 721
Anagenphase 226
Analfalte A416
Analfistel 399
Analkanal, Canalis analis 364
– Epithel T9
Analkrypten 364
Analmembran 399, A416
Analreflex T801
Anämie 128
Anaphase 21
Anaphylaktischer Schock 149
Anaphylatoxin 140
Anastomosen 194
– Koronararterien 291
– Lunge 279
Anatomischer Querschnitt 170 f.
Anatomische Tabatière, Foveola radialis 460, **517**
Anaxonische Nervenzelle 73
Androgenbindendes Protein 410
Androgen
– Haut 218
– Hoden 410
– Nebennierenrinde 386
– Ovar 423
Androgensynthese, Ovar 424
Anenzephalie 584
Anenzephalus 731
ANF, Atrial natriuretic factor 68
Angeborene Immunantwort 139
Angeborene Immunität 137 ff.
Angioarchitektonik 721
Angioblasten 180
Angiogenetisches Material A110, 180
Angiotensin 190
Angiotensin II T842
Angst 841
Angstschweiß 222
Angulus acromii A455
Angulus costae 260
Angulus iridocornealis 690
Angulus mandibulae 599
Angulus pubis 323
Angulus sterni 261, A473
Angulus venosus dester **304**, 663
Angulus venosus sinister 197, **304**
Animalisches Nervensystem 720 f.
Anisokorie 827
Ankerfibrillen A15, 17
– Dermis 217
Ankerfilamente 16 f.
– Dermis 217
Ankerplatten, Dermis 218
ANP, natriuretisches Peptid 284
Ansa cervicalis A633, T637 f., T648, 655, A674, **675**
Antagonisten 173 f.
Anteflexio uteri 384, 428
Anterograder Transport 72, A75
Anterolaterales somatosensorisches System **814 f.**, T816, A817
Anterolaterales System 802
Anteversio uteri 384, **428**
Antidiuretisches Hormon 756, A760
Antigen-Antikörperkomplex 147
Antigene 137
Antigenerkennung 142, A144
Antigenpräsentierende Zellen 140
Antihelix A705
Antikörper 137
– Effektorfunktion 147
Anti-Müller-Hormon 410
Antitragus A705
Antrale Phase 424
Antrum folliculi 424
Antrum mastoideum 707
Antrum pyloricum 337, **348**
Anulospiralige Endigung 66
Anulus conjunctivae 686
Anulus femoralis 575
Anulus fibrosus, Discus vertebralis 233, A235
Anulus fibrosus dexter, Herzskelett 285
Anulus fibrosus sinister, Herzskelett 285
Anulus inguinalis profundus 316, A317
Anulus inguinalis superficialis A314, **316 f.**, A317
Anulus iridis major 689
Anulus iridis minor 689
Anulus tendineus communis T699, 700
Anulus umbilicalis 314
Anus A416
– Talgdrüsen 223
– Verschlussapparat 365
Aorta 179, 254, A282, 803
– Diaphragma A265, 266
– Entwicklung 185
– reitende 189
Aorta abdominalis 439
Aorta ascendens 293, **297**
– Entwicklung T182
Aorta descendens A282
– Entwicklung T182
Aorta dorsalis T182, 184
Aorta thoracica 302 f.
– Äste 303
Aorta umbilicalis T182
Aorta ventralis T182, 184
Aortenäste
– paarige 440
– unpaare 439
Aortenbogen, Arcus aortae 184, **297**
– doppelter 189
Aortenentwicklung 184
Aortenisthmusstenose 189, 297
Aortenklappe, Valva aortae 179, A285
– Entwicklung 186
– Projektion T288
Aortenstenose 189
Apertura canaliculi cochleae T588, 593
Apertura canaliculi vestibuli T587, 592
Apertura externa canalis carotici A593
Apertura interna canalis carotici A593
Apertura lateralis ventriculi quarti (Luschka) A764, A850, **852**
Apertura mediana ventriculi quarti (Magendie) A764, **852**
Apertura pelvis superior 324
Apertura piriformis 597
Apertura thoracis inferior 254
Apertura thoracis superior 254, A255
Apex capitis fibulae 522
Apex cordis A282
Apex cornu posterioris 797
Apex linguae 620
Apex nasi 626
Apex ossis sacri 240
Apex patellae 519
Apex pulmonis A275
Apex radicis dentis 609
Apex vesicae 399
Apikale Domäne 10 f.
Aplasie 6
Apokrine Sekretion 29
Apolares Proneuron 725
Aponeurose 169
Aponeurosis manus 499
Aponeurosis musculi bicipitis brachii 477
Aponeurosis palatina 616, T617
Aponeurosis palmaris T487, 499
Aponeurosis plantaris A525, A550, **558**, 561

Aponeurosis stylopharyngea 631
Apophyse A156, 157
Apoptose 6, **22**
Apoptoseköperchen A22
Apozytose 29
Apparatus lacrimalis 698
Appendicitis 345
Appendix epididymidis 412
Appendix epiploica A344, 361
Appendix fibrosa hepatis 336, A337
Appendix vermiformis, Wurmfortsatz A332, A344, **361 f.**
– Arterien 362
– Lagevariationen 345
– Querschnitt A362
Appendix vesiculosa 428
Appositionelles Knorpelwachstum 47
APUD, amin precursor uptake and decarboxilation 31
Aquaeductus cochleae T588, 713
Aquaeductus mesencephali A762, A765, A850, **851**
– Entwicklung 731
Aquaeductus vestibuli 592, **716**
Aquaporin 19
Arachnoidaltrabekel A846
Arachnoidalzotten A846
Arachnoidea mater 720
Arachnoidea mater cranialis A846, 847
Arachnoidea mater spinalis A846, 848
ARAS 778
Arbeitsmuskulatur 67
Arbeitsphase, Zelle 20
Arbor bronchialis 272
Arbor vitae 786
Archicerebellum 786
Archicortex 742
Arcus alveolaris 599
Arcus anterior atlantis A230
Arcus aortae A184, A295, **297**, A299, 656
– Äste 297
– Entwicklung T182, 184
– rechtsseitiger 189
Arcus aorticus I-VI T182
Arcus cartilaginis cricoideae 646
Arcus costalis A255
Arcus ductus thoracici 304
Arcus iliopectineus A313 f., T531, **575**, A577
Arcus palatoglossus 617
Arcus palatopharyngeus 617
Arcus palmaris profundus A502, T512, **517**
Arcus palmaris superficialis 503, T512, **517**
Arcus plantaris profundus A566, 567
Arcus plantaris superficialis 567
Arcus posterior atlantis A230, A236
Arcus superciliaris 595
Arcus tendineus musculi solei 554
Arcus tendineus musculi levatoris ani A327, 328
Arcus venae azygos 303
Arcus venosus dorsalis pedis A567
Arcus venosus jugularis 654
Arcus venosus palmaris profundus 504
Arcus venosus palmaris superficialis 504
Arcus vertebrae, Wirbelbogen A230
– Ossifikation T232
Arcus zygomaticus 594, **596**, T614
Area 17 742
Area cribrosa, Niere 389
Area entorhinalis A834
Area gastrica 348 f., A349
Area hypothalamica intermedia 755
Area hypothalamica lateralis 755
Area hypothalamica posterior 755
Area hypothalamica rostralis 754
Area intercondylaris anterior 521, A538
Area intercondylaris posterior 521
Arealgliederung 737
Area nuda A335 ff
Area postrema A758, A764, 770, **780**
Area praeoptica 754, A835
Area praepiriformis A835
Area septalis A835
Area striata A823, 825
Area vestibularis A764, 770
Areola mammae 256
Argyrophile Fasern 39
Argyrophilie 39
Arm
– Arterien 500 ff.
– Elevation A471
– Lymphsystem 505
– Nerven 505
– Venen 503
Aromatasekomplex 423
Arrhythmie 290
Artefakt 89
Arteria acetabularis 526
Arteria alveolaris inferior T590, A630, T658, **660**
Arteria alveolaris superior anterior **611**, A630, T658
Arteria alveolaris superior posterior A630, T658, **660**
Arteria angularis T658, 659
Arteria appendicularis 345 f., **362**, 440
Arteria arcuata renis A389, 396
Arteria arcuata pedis 565, A566
Arteria auricularis posterior T658, **659**, 705
Arteria auricularis profunda T658, **660**, 705
Arteria axillaris 257, 259, **500**, A507, 511, T512, **513**, 656
Arteria basilaris T657, A746, **782**
Arteria brachialis **501**, T512, A515
– Varianten 501
– Verlauf 514
Arteria buccalis A630, T658, **660**
Arteria bulbi penis 328, **419**, 441
Arteria bulbi vestibuli 434, **441**
Arteria caecalis anterior 346, **362**, 440
Arteria caecalis posterior 346, **362**, 440
Arteria canalis pterygoidei T658, 660
Arteria carotis communis A295, A297, A633, **654 f.**, 658
– Entwicklung T182, 184
– Puls 655
Arteria carotis externa 623, 631, 654, **658 f.**
– Äste T658
Arteria carotis interna T587, 654, **658**, **746**
– Entwicklung T182
Arteria caudae pancreatis 375
Arteria centralis posteromedialis 783
Arteria centralis retinae A695, A700, **702**
Arteria cerebri anterior A746, 747
Arteria cerebri media A746, 747
Arteria cerebri posterior T657, A746, **747**, 783
Arteria cervicalis ascendens A500, **657**, 803
Arteria cervicalis profunda A500, T657, **803**
Arteria cervicalis superficialis 655 f., T657
Arteria ciliaris 687, **696**
Arteria ciliaris anterior A695, 702
Arteria ciliaris posterior brevis A695, **696**, 702
Arteria ciliaris posterior longa A695, **696**, 702
Arteria circumflexa femoris lateralis 564
Arteria circumflexa femoris medialis 564
Arteria circumflexa humeri anterior 500
Arteria circumflexa humeri posterior A500, **501**, T512
Arteria circumflexa ilium profunda A305, 440
Arteria circumflexa ilium superficialis A305, 564
Arteria circumflexa scapulae A500, 513
Arteria colica dextra 346, **362**, 440
Arteria colica media 346 f., **362**, 440
Arteria colica sinistra 346, **363**, 440
Arteria collateralis media A501, T514
Arteria collateralis radialis A501, T514
Arteria collateralis ulnaris inferior A501
Arteria collateralis ulnaris superior A501, T514
Arteria comitans nervi ischiadici 574
Arteria comitans nervi mediani 502, T516

Arteria communicans anterior 746
Arteria communicans posterior 746
Arteria conjunctivalis A695
Arteria conjunctivalis anterior 698
Arteria coronaria dextra A285, 290 f.
– Äste A291
– Versorgungsgebiete 291
Arteria coronaria sinistra 290 f.
– Äste A291
– Versorgungsgebiete 291
Arteria cremasterica T418
Arteria cystica 373, **439**
Arteria digitalis dorsalis (manus) 502
Arteria digitalis dorsalis (pedis) 565
Arteria digitalis palmaris communis 502 f.
Arteria digitalis palmaris propria A502, 503
Arteria digitalis plantaris A566
Arteria digitalis propria 503
Arteria dorsalis clitoridis 328, 434, **441**
Arteria dorsalis pedis **565**, A566, T580
– Puls 580
Arteria dorsalis penis 328, A417, 419, **441**
Arteria dorsalis scapulae 657
Arteria ductus deferentis **413 f.**, 417, T418, 442
Arteria epigastrica inferior A305, 313, 316, **440**
Arteria epigastrica superficialis A305, 564
Arteria epigastrica superior **304**, A305, 313, T657
– Diaphragma 266
Arteria ethmoidalis anterior T587, T589, 628, **702**
Arteria ethmoidalis posterior T589, 628, **702**
Arteria facialis 625, 654, T658, **659**, 698
Arteria femoralis **575**, T576, A577 f
– Verlauf 564
Arteria fibularis A566, A579
– Verlauf 565
Arteria frontobasalis A746
Arteria gastrica dextra 338, A348, **352**, 439
Arteria gastrica brevis 338, A348, **352**, 440
Arteria gastrica sinistra 302, 338, A348, **352**, 439
Arteria gastroduodenalis A348, **375**, **439**
Arteria gastroomentalis dextra 338, A348, **352**, 439
Arteria gastroomentalis sinistra 338, A348, **352**, 440
Arteria glutea inferior **441**, 574, A575, T576
Arteria glutea superior **441**, 574, A575, T576
Arteria helicina 419
Arteria hepatica communis A348, 439
Arteria hepatica propria A336, 337, A348, 367, **439**
– Äste 439
Arteria hypophysialis inferior 759
Arteria hypophysialis superior 759
Arteria ilealis **362**, 440
Arteria ileocolica **362**, 440
Arteria iliaca 344, **360**
Arteria iliaca externa A305, A313, **440**
Arteria iliaca communis 440
Arteria iliaca interna 440
– Entwicklung T182, 187
Arteria iliolumbalis 441
Arteria inferior anterior cerebelli T657, A746, 782, **790 f.**
Arteria inferior lateralis genus 565, A566
Arteria inferior medialis genus 565, A566
Arteria inferior posterior cerebelli T657, A746, 782, **790 f.**
Arteria infraorbitalis T589, A630, T658, **661**, 698
Arteria intercostalis 257, 260, A261, **304**, 803
– Entwicklung T182
Arteria intercostalis posterior 263, A264, A297, **303**
Arteria intercostalis suprema A305, A500, T657, **658**
Arteria interlobaris renis A389, 396
Arteria interlobularis renis 396
Arteria interlobularis hepatis 367
Arteria interossea anterior A501 f., T516
Arteria interossea communis A501, 502
Arteria interossea posterior A501 f., T516
Arteria interossea recurrens A501, 502
Arteria intersegmentalis T182
Arteria interventricularis anterior 283
Arteria jejunalis 344, **360**, 440
Arteria labialis inferior T658, 659
Arteria labialis superior T658, 659
Arteria labyrinthi T587, **718**, A746
Arteria lacrimalis 699, A700, **702**
Arteria laryngea inferior **649**, 657
Arteria laryngea superior **649**, 654, T658, 659
Arteria lienalis 440
Arteria ligamenti teretis uteri T418
Arteria lingualis 622, T658, **659**
Arteria lumbalis **440**, 803
Arteria malleolaris anterior lateralis A566
Arteria malleolaris anterior medialis A566
Arteria masseterica A630, T658, **660**
Arteria maxillaris T590, A630, **631**, T658, A660
– Entwicklung T182
Arteria media genus 565
Arteria mediana A501, A502
Arteria meningea media T587, A630, T658, **660**, 846
Arteria meningea posterior T658, 659
Arteria mentalis 590, T658, **660**
Arteria mesenterica inferior 362 f., **440**
– Entwicklung T182
Arteria mesenterica superior A334, A340, 362, **440**
– Äste 360
– Entwicklung T182
– Pankreasäste 375
Arteria metacarpalis dorsalis 502
Arteria metacarpalis palmaris A502
Arteria metatarsalis plantaris A566
Arteria metatarsalis dorsalis **565**, A566, 580
Arteria metatarsalis V A566
Arteria musculophrenica 267, **304**, A305, T657
Arteria nasalis posterior lateralis T589, 628
Arteria nuclei dentati 791
Arteria nutricia 52
Arteria nutricia humeri A501
Arteria obturatoria A313, **441**, 575, T576
Arteria occipitalis T658, 659
Arteria ophthalmica T587, 695, A700, **702**
Arteria ovarica A421, 426, **440**
– Entwicklung T182
Arteria palatina ascendens 617 f., T658, **659**
Arteria palatina descendens 617, A630, T658, **660**
Arteria pancreatica dorsalis 375
Arteria pancreatica inferior 375
Arteria pancreatica magna 375
Arteria pancreaticoduodenalis inferior 360, **375**, 440
Arteria pancreaticoduodenalis superior anterior **375**, 439
Arteria pancreaticoduodenalis superior posterior **375**, 439
Arteria perforans 564
Arteria pericardiacophrenica 267, 281, **304**, A305, T657
Arteria perinealis 434, **441**
Arteria pharyngea ascendens T588, 617, 644, T658, **659**
Arteria phrenica inferior 267, **440**
Arteria phrenica superior 267, **303**
Arteria plantaris lateralis A566, **567**, T580
Arteria plantaris medialis 567, T580
Arteria pontis 782

Arteria poplitea T576, 577
– Verlauf 565
Arteria princeps pollicis A502
Arteria profunda brachii 457, **501**, T514
Arteria profunda clitoridis 328, 434, **441**
Arteria profunda femoris 564, A578
Arteria profunda linguae T658, 659
Arteria profunda penis 328, A417, 419, **441**
Arteria prostatica A402
Arteria pudenda externa 564
Arteria pudenda interna A402, 417, 419, 434, **441**, 574, A575, T576
Arteria pulmonalis 179, **278**
– Entwicklung 184
Arteria pulmonalis dextra A275, A282, **293**
– Entwicklung T182
Arteria pulmonalis sinistra A275, A282, **293**
Arteria radialis **501**, A502, T512, T516, 517
– Verlauf 514
Arteria radialis indicis A502
Arteria radicularis 803
Arteria radicularis magna 803
Arteria rectalis inferior A365, **366**, 441
Arteria rectalis media A365, 366, 415, **442**
Arteria rectalis superior 363, A364, **365**, 440
Arteria recurrens radialis A501, 502
Arteria recurrens tibialis anterior A566
Arteria recurrens tibialis posterior A566
Arteria recurrens ulnaris A501, **502**, 515
Arteria renalis **395**, 440
– Entwicklung T182
Arteria renalis dextra 396
Arteria renalis sinistra 396
Arteria retroduodenalis 360, **375**, 439
Arteria sacralis lateralis 441
Arteria sigmoidea 347, **363**, 440
Arteria sphenopalatina T658, 660
Arteria spinalis anterior T588, T657, A746, **803**
Arteria spinalis posterior T657, T588, **803**
Arteria splenica A339, **341**, A348, 379, 440
– Pankreasäste 375
Arteria stylomastoidea T589, T658f., 710
Arteria subclavia 500, 511, T512, A655, **656**
Arteria subclavia dextra 297, A299, A305, **656**
– Entwicklung T182, 184
Arteria subclavia sinistra A295, A297, **656**
Arteria subcostalis 303
Arteria sublingualis T658, 659
Arteria submentalis 625, T658
Arteria subscapularis 500
Arteria superior cerebelli T657, A746, 782, **790f.**
Arteria superior lateralis genus 565
Arteria superior medialis genus 565
Arteria supraorbitalis 702
Arteria suprarenalis, Entwicklung T182
Arteria suprarenalis inferior 387, 396, **440**
Arteria suprarenalis media 387, **440**
Arteria suprarenalis superior 387, **440**
Arteria suprascapularis 456, **657**
Arteria tarsalis medialis A566
Arteria tarsalis lateralis A566
Arteria temporalis profunda 630, T658, **660**
Arteria temporalis media T658, 661
Arteria temporalis superficialis 624, 629, T658, **660**, 705
Arteria testicularis A313, 411, 417, T418, **440**
– Entwicklung T182
Arteria thoracica interna A257, A264, **304**, A305, A500, 657
Arteria thoracica lateralis 257, **500**
Arteria thoracica superior 500
Arteria thoracoacromialis 257
Arteria thoracodorsalis 500
Arteria thyroidea ima 297, **652**
Arteria thyroidea inferior 302, A500, 652ff., A655, **657**
Arteria thyroidea superior 652, T658, **659**
Arteria tibialis anterior A566, **578**, A579
– Äste 565
– Verlauf 565
Arteria tibialis posterior A566, T576, **578**, A579
– plantar 567
– Puls 579
Arteria transversa cervicis A500, 657
Arteria transversa faciei 624, T658, **661**, 698
Arteria tympanica anterior T658, **660**, 710
Arteria tympanica inferior T658, **659**, 710
Arteria tympanica posterior T658, **659**
Arteria tympanica superior 710
Arteria ulnaris **502**, 515, T516, 517
– Verlauf 515
Arteria umbilicalis 118, **442**
Arteria urethralis 328, **419**, **441**
Arteria uterina A421, **431**, **442**
Arteria vaginalis 442
Arteria vertebralis A230, A236, 250, A500, T588, A633, A655, **657**, A746, 782, 803
Arteria vesicalis inferior **401**, A402, 414f., **442**
Arteria vesicalis superior **401**, A402, **442**
– Entwicklung T182, 187
Arteria vitellina 180, T182
Arteria zygomaticoorbitalis T658, 661
Arterielle Kollateralen 194
Arterien 178
– elastischer Typ 191
– muskulärer Typ 191
– Nervenfasern 191
Arteriola afferens **390**, A392, 396
Arteriola efferens **390**, A392, 396
Arteriola recta 397
Arteriolen 178, **192**
Arteriovenöse Anastomosen 195
Arthrodese, Schultergelenk 471
Arthrose 165
Articulatio acromioclavicularis 461
Articulatio atlantoaxialis lateralis 238
Articulatio atlantoaxialis mediana A236, 238
– Bandapparat A236
– Rotation T237
Articulatio atlantooccipitalis 237
– Bandapparat 236
– Beweglichkeit T237
Articulatio calcaneocuboidea 549
Articulatio capitis costae **239**, 261
Articulatio carpometacarpalis 481
Articulatio carpometacarpalis pollicis 481
Articulatio composita 161
Articulatio costotransversaria **239**, 260, 261
Articulatio costovertebralis **239**, 260f.
Articulatio coxae 526ff.
Articulatio cricoarytaenoidea 646
Articulatio cricothyroidea 646
Articulatio cuneocuboidea 549
Articulatio cuneonavicularis 549
Articulatio ellipsoidea, Eigelenk 164
Articulatio genus 537f.
Articulatio humeri 461ff.
Articulatio humeroradialis 474
Articulatio humeroulnaris 474
Articulatio incudomallearis A708
Articulatio incudostapedialis A708
Articulatio intercarpalis 481
Articulatio interchondralis A255, 260, **262**
Articulatio intercuneiformis 549
Articulatio intermetacarpalis 481
Articulatio intermetatarsalis 549
Articulatio interphalangea manus 484
Articulatio interphalangea pedis 550
Articulatio mediocarpalis 481

Articulatio metacarpophalangea, Fingergrundschutz 483
Articulatio metacarpophalangea pollicis 484
Articulatio metatarsophalangea, Zehengrundgelenk 550
Articulatio ossis pisiformis 481
Articulatio plana 165
Articulatio radiocarpalis 481
Articulatio radioulnaris distalis 479 f., A480
Articulatio radioulnaris proximalis **474**, 479
Articulatio sacroiliaca 320, **322 f.**
Articulatio sellaris, Sattelgelenk 164
Articulatio simplex 161
Articulatio sphaeroidea, Kugelgelenk 163
Articulatio sternoclavicularis 454, **461**
Articulatio sternocostalis 255, 260 f.
Articulatio subtalaris 548 f.
Articulatio talocalcaneonavicularis 548 f.
Articulatio talocruralis 548
Articulatio tarsi transversa A523, 549
Articulatio tarsometatarsalis A523, 549
Articulatio temporomandibularis 612
Articulatio tibiofibularis 547
Articulatio trochoidea, Radgelenk 165
Articulatio zygapophysialis, Zwischenwirbelgelenk 233
Aryknorpel 645 f.
Arytänoidwülste A634
Asbestdegeneration 165
Asbestfaserung 48
Aschoff-Tawara-Knoten 289
ASD, atrial septal defect 188
ASR, Achillessehnenreflex T801
Assistierte Fertilisation 92
Assoziationsbahnen 744
Assoziationsfasern, corticocorticale 741
– Rückenmark 796
Assoziationsgebiete 843
Assoziationszellen 796
Astereognosie 818
Astheniker, Herzlage 284
Asthenisch 2
Asthma 149
Astigmatismus 686
A-Streifen 62
Astrosphäre 21
Astrozyten 78, **85 f.**, A86, 725
– Aufgaben 86
– Faserastrozyten 86
– protoplasmatische 85, A86
Astrozytenfüßchen 85
Asymmetrische Synapse 76
Asynergie 810
Aszensus, Rückenmark 727
Aszites 315, **331**
Atemhilfsmuskeln 262, T263
Atemmechanik 267 f.
Atemmuskeln 262, T263
Atemnotsyndrom Neugeborener 278
Atemwege
– obere 271
– untere 271
– untere, Entwicklung 271
– untere, Wandbau T277
Atemzentrum 780
Athetose 809
Athletisch 2
Atlas A230, 236
Atlasassimilation 232
Atmung, Lungengrenzen 276
Atmungsorgane 271 ff.
Atresia recti 399
Atriales natriuretisches Peptid T842
Atrial natriuretic factor 68
Atrioventrikularklappe 179
– linke, Projektion T288
– rechte, Projektion T288
Atrioventrikularknoten, Nodus atrioventricularis 289
– Gefäßversorgung 289
Atrioventrikularsystem 289
– Gefäßversorgung 289
Atrium commune 188
Atrium cordis 179
Atrium cordis dextrum A282, 286
Atrium cordis sinistrum A282, 287
Atrium primitivum 185
Atrophie 6
– Sehne 174
Attikus 707
A-Tubulus A12
Auditives Reflexzentrum 767
Auditives Rindengebiet 738 f.
Auditives System 828 ff., A828
Auerbach-Plexus, Plexus myentericus 211 f.
– Dickdarm 358, **360**
– Dünndarm 363
– Magen 350
– Ösophagus 302
Aufstehen 563
Aufsteigende Degeneration 83, A84
Aufsteigendes retikuläres System 777 f.
Augapfel, Bulbus oculi 683 ff.
Augenabschnitte 684
Augenachsen 684
Augenbecher **685**, 729
Augenbecherspalte 685
Augenbewegungen 700
– Steuerung 812
Augenbläschen 685
Augenbrauen, Supercilia 224
Augendominanzsäulen 825 f., A826
Augenfolgebewegungen 813
Augenhöhle, Orbita 596
Augenkammer 690
– hintere 684, A688, **690**
– vordere 684, A688, **690**
Augenlid 697
– Entwicklung 697
– Gefäße 698
– Glandulae tarsales 223
– Innervation 698
Augenlinse, Lens 690
– Herkunft T112
Augenmuskelkerne **812**, 829, 831
Augenmuskeln
– äußere 700
– gerade 700
– ipsilaterale Parese 783
– schräge 700
Augenmuskelsehnen 701
Augenreflexe 826
Augenspiegel 696
Auricula, Ohrmuschel 704
– Entwicklung 704
Auricula atrialis 283
Auricula dextra A282, 286
Auricula sinistra A282, 288
Auris externa 704
Auris interna 711
Auris media 706
Ausdauermuskel 64
Ausdrucksbewegungen 809
Auskugelung 165
Auskultationsstellen A289
Ausschabung 430
Außenrotation 163
– Hüftgelenk 529
– Schultergelenk 466
– Kniegelenk 542
Außenstreifen, Niere 389, T391
Außenzone, Niere 389, T391
– Prostata 414
Äußere Augenmuskeln 700
Äußere Beckenmaße T325
Äußere Grenzzellen 714
Äußere Haarzellen 713 f., A714
Äußere Hernien 314
Äußere Hüftmuskeln 532
Äußere Körnerschicht, Stratum nucleare externum 741
Äußere männliche Geschlechtsorgane 415 f.
Äußere Meridionalfasern 689
Äußere Pfeilerzellen 713, A714, **715**
Äußere Phalangenzellen 713, A714
Äußere plexiforme Schicht, Stratum plexiforme externum T693
Äußere Pyramidenschicht 742
Äußerer Baillarger-Streifen A741, 742
Äußerer Gehörgang 705
– Entwicklung 705
– Gefäße 660 f.
– Histologie 705
– Innervation 705
– Knorpel 48
Äußerer Leistenring 316
Äußerer Liquorraum 720, **845**
Äußerer Muttermund 428
Äußerer Tunnel A714
Äußeres Ohr, Auricula 704
Äußere weibliche Geschlechtsteile 433 f.
Austreibungsperiode 437
Autochthone Rückenmuskulatur **243**, A244, T245 ff
– Entwicklung 115
Autoimmunerkrankungen **141**, 149
Autokrine Sekretion 30, A31
Autolyse 22
Autonome Geflechte 210
Autonome Nerven 205 ff.
Autonomes Nervensystem 721
Autophagosom A20
Autoradiographie 88
Autorezeptoren 76
Autosomen 123
AV-Klappe, Atrioventrikularklappe 179
– Valva atrioventricularis destra 286

Valva atrioventricularis sinistra 288
AV-Knoten, Nodus atrioventricularis 289
AV-System, Atrioventrikularsystem 289
Axilla 512
– Gefäß-Nerven-Straße 513
Axis A230, 236
Axis bulbi 684
Axis opticus 684
Axis pelvis 326
Axoaxonale Synapse A71, A75, **78**
Axodendritische Synapse A71, 72, A75, **78**
Axolemm 81
Axon 70, A71, **72**, 79
– afferent 200
– efferent 200
– somatomotorisch 200
– viszeromotorisch 200
Axonscheide 79
Axoplasma 72
Axoplasmatischer Fluss 72
Axosomatische Synapse A71, A75, **78**
Azan-Färbung 89
A-Zellen, Entero-Glukagon-Zellen 356
– Pankreas 374f.
Azetylcholin A75, 76, T77, **206**, **210**
– Abbau 78
– Endplatte 66
Azetylcholinesterase T77, 78
Azidophile Zellen 759
Azinöse Drüsen 25
Azygos-System 303

B

B, Nervenfaser T82
Backenzähne, Dentes praemolares 608
Bänderschraube, Hüftgelenk 527
Balken, Corpus callosum 744f.
BALT, bronchus associated lymphoid tissue 273
Bänder 43f., **160ff.**
– elastische 43
Bänderführung 163
Bänderhemmung 163
Bänderverletzung 165
Bandscheibe 232
– Prolaps 233
– Protrusion 233
Barrierelipide 216
Bartholin-Drüse, Gl. vestibularis major 434
Basaler Zytotrophoblast A98
Basale Streifung **16**, 394
Basalganglien 743
– cholinerges System 839
– Erkrankungen 809
Basalganglienschleife 806ff., A808
– Tätigkeit 809
Basalis, Endometrium 430
Basalkörperchen, Kinetosom 12f.
Basallamina A10, 17
– Typ IV Kollagen T37
Basalmembran 17
Basalplatte, Plazenta 98, **101**, A102
Basalplatte, Spermium 409
Basaltemperatur A425, 426
Basalzellen, Vagina 432
Basalzellen, Epidermis 215
Basilarmembran 712f.
Basische Farbstoffe 89
Basis cranii 583, **585ff.**
Basis cranii externa 592
Basis cranii interna 586ff.
Basis patellae 519
Basis stapedis A708, 709
Basolaterale Domäne **10**, 13
Basophile Granulozyten T34, A127, **13**, A135
– Normalwerte T129
Basophile Vorläuferzelle A135
Basophile Zellen, Adenohypophyse 759
Bauch, Abdomen 308ff.
– Computertomogramm A346
Bauchatmung 268
Bauchfell, Peritoneum 330f.
Bauchfellduplikaturen 341
Bauchfellfalten 341
Bauchfett, Panniculus adiposus 219
Bauchhautreflex T801
Bauchhoden 318
Bauchhöhle, Cavitas abdominalis 329
Bauchhöhlenschwangerschaft 97
Bauchmuskulatur 310f., T312
– Gurtungen A311
– Schlingen A311
Bauchoberfläche 308f.
Bauchpresse 315
Bauchsitus 332f.
Bauchspeicheldrüse, Pankreas 373
Bauchwand 309
– Aponeurosen 311
– Aufgaben 314f.
– Querschnitt A311
– Schichten T318
Baufett **45**, **219**
Becherzellen **24**, 354
– Dickdarm 361
– Dünndarm A355, 356
– Ileum 359
Bechterew, Nucleus vestibularis superior 830
Becken, Pelvis 320ff.
Beckenanomalien 438
Beckenboden **326**, T329
– Faszien 328
– Muskeln 326
Beckenebenen A323, 324f.
Beckeneingang 324
Beckenenge A323, 325
Beckenform 323
Beckengürtel 450
– Ossifikation 453
Beckenhöhle, Cavitas pelvis 324, 329
Beckenmaße 324, T325
Beckenmuskeln 326
Beckenneigung 323
Beckenniere 389
Beckenoberflächen 309
Beckenorgane 382
– Peritonealverhältnisse 382f.
Beckenräume A323, 324f.
Beckenring **320**, 450
Beckensitus 382ff.
Beckenwände 320ff.
Befruchtung 92ff., A93
Bein
– Achsen 536f.
– Arterien 564
– Hautinnervation A573
– Lymphsystem 568f.
– Nerven 569ff.
– Topographie 574ff.
Beinvenen
– oberflächliche 567
– tiefe 568
Belegzellen 351
Belohnungs-Mechanismus 840
Bertini-Säulen, Columnae renales 390
Berührungsrezeptoren 221
Betz-Riesenpyramidenzellen 742
Beugung, Flexion 163
Bewegungsapparat, allgemeine Anatomie 156
Bewegungsruhe 175
Bewegungssegmente 233f., A234
BHR, Bauchhautreflex T801
Bichat-Fettpfropf, Corpus adiposum buccae 630
Biegebeanspruchung 158f.
Biegungsbrüche 159
Bifurcatio tracheae **272**, A273, **298**
Bifurcatio trunci pulmonalis 293
Bikuspidalklappe, Valva atrioventricularis sinistra 288
– Entwicklung 185
Bilaterale Symmetrie 3
Bindegewebe 6, **32ff.**
– dichtes 43
– Entwicklung T112
– gallertiges 41
– interstitielles 43
– lockeres 42
– netzförmiges 43
– retikuläres 41
– spinozelluläres 41
– straffes 43
Bindegewebszellen 33ff., T34
– fixe, ortsständige 33, T34
– freie A33, 34
Bindehaut, Conjunctiva 698
Binnenzellen, Rückenmark 795f.
Biomechanik 175f.
Bipolare Nervenzelle 73
Bipolares Proneuron 725
Bipolarzellen, Retina 694
Birbeck-Granula, Langhans-Zellen 217
Bitemporale Hemianopsie A823
Bizepssehnenreflex T801
Bläschendrüse, Glandula vesiculosa A405, , A413, **414**
– Anlage A412
– Arterien 414
– Lage 384
Bläschenfollikel, Tertiärfollikel 424
Blasenknorpel **55**, A56, 57
Blasensprung 105, **437**
Blastomere 94
Blastozyste 93f

Blastozystenhöhle 94, A96
Blastozystenwanderung 95
Bleibender Kreislauf 187
Blickmotorische Zentren 812
Blinddarm, Caecum 344
Blinder Fleck 695
Blockwirbel 232
Blut 126ff.
Blutbildung 133ff., A135
– Knochenmark 134
– postnatale 134
– pränatal 134
Blütendoldenförmige Endigung 66
Blutgefäße 178
– Ernährung 191
– Herkunft T112
– Innervation 191
– Wandbau 190f.
Blutgerinnsel 133
Blutgerinnung 127
Blutgruppen 128
Blut-Hirn-Schranke 758
Bluthochdruck 192
Blut-Hoden-Schranke **408**, 411
Blutkreislauf
– Entwicklung 180ff.
– Organisation 178ff.
Blut-Liquor-Schranke 852
Blut-Luft-Schranke 278
Blutmauserung 128
Blutmenge 126
Blutplasma 126, A127
Blutplättchen, Thrombozyten 133
Blutsenkungsgeschwindigkeit 127
Blutserum A127
Blut-Thymus-Schranke 294
Blutverlust 128
Blutzellbildung A136
Blutzellen 126, A127
B-Lymphozyten **145ff.**, 152
– Aktivierung **145**, A146, 147
– Definition 141
– reife naive 141
BNP, Brain natriuretic peptide 285
Bochdalek-Blumenkörbchen 852
Bochdalek-Dreieck, Trigonum lumbocostale 266
Bochdalek-Hernie 266
Bodenplatte 726, A727
Bogengänge 716
Borstenhaare 224
Bouton 72, **75**
Bowman-Kapsel, Capsula glomeruli 390, **392**
Bowman-Membran, Cornea A686, 687
BP180 A15, 17
Brachiocephale Lymphknoten 279
Brachium colliculi inferioris A764f., **766**, A828
Brachium colliculi superioris 766
Bradykinin 149, T842
Brain natriuretic peptide **68**, 285
Branchialarterien A184
Branchialbögen 58, A113, **633ff.**, T634
Branchialmuskulatur 173, T634
Branchialnerven T204, **205**, T634
Branchiogene Halsfistel 636
Branchiogene Halszyste 636
Braunes Fettgewebe A44, 45
Brechzentrum 780
Bries, Thymus 294
Brillenhämatom 600
Broca-Band, Stria diagonalis 821
Broca-Zentrum **738**, A740, A843, 844
Bronchialbaum 276
– Wandbau 276
Bronchiale Lymphknoten 279
Bronchien
– vegetative Innervation A207
– Wandbau 273, T277
Bronchiolus 276
– Wandbau T277
Bronchiolus respiratorius 276
– Wandbau T277
Bronchiolus terminalis 276
– Wandbau T277
Bronchopulmonale Segmente 276
Bronchus lobaris 276, A297
Bronchus lobaris inferior dexter/sinister A273
Bronchus lobaris medius A273
Bronchus lobaris superior dexter sinister A273
Bronchus principalis **254**
Bronchus principalis dexter **272**, A273, A275, A295
Bronchus principalis sinister **272**, A273, A295, A297
Bronchus segmentalis 276
– Wandbau T277
Brown-Séquard-Symptomenkomplex 803
Bruch-Membran **687**, A692, T693
Brücke, Pons 768
– Entwicklung 729
Brückenanastomosen 195
Brückenbeuge 729
Brückenfuß 768
Brückenhaube 768
Brückenmuskel 689
Brückenvenen, Vv. superiores cerebri 747
Brunner-Drüsen, Gll. intestinales 354, A355, **358**
Brust, Pecten 254
Brustatmung 268
Brustbein, Sternum 261
Brustdrüse, Glandula mammaria 256
– Entwicklung A255, 256
– Myoepithelzelle 69, **257**
Brusthöhle, Cavitas thoracis 269
Brustkorb, Thorax 254
Brustkyphose 241
Brustmuskeln 254, **258**, **262**
Brustwarze, Papilla mammaria 256
– Talgdrüse 223
Brustwirbel A228, 229, A230, **239**
Brustwirbelsäule 239
– Beweglichkeit T237
BSG, Blutsenkungsgeschwindigkeit 127
BSR, Bizepssehnenreflex T801
B-Tubulus, Zilie A12
Bucca, Wange 605
Bulbäre Reflexe 779
Bulbus aortae **288**, 293
Bulbus cordis primitivus 185
Bulbus duodeni 340, A348
Bulbus inferior venae jugularis 663
Bulbus oculi 683ff.
– Arterien 695
– Entwicklung 685
Bulbus olfactorius 735, A737, **820**, A835
– anaxonische Nervenzelle 73
– Stammzellen 725
Bulbus penis 328, A383, 403, **419**
Bulbus pili 225
Bulbus vestibuli 328, **433**
Bulla ethmoidalis 598
Büngner-Bänder 83
Burdach-Strang, Fasciculus cuneatus **797**, 800, 815
Bursa, Bauchfelltasche 331
Bursa bicipitoradialis 475
Bursae praepatellaris 541
Bursa iliopectinea **527**, 530, A577
Bursa infrapatellaris 541
Bursa ischiadica musculi glutei maximi 532
Bursa musculi poplitei 541
Bursa omentalis A335, 342
– Entwicklung 333, A335
Bursa subacromialis A462f., 464
Bursa subcoracoidea A463
Bursa subcutanea malleoli lateralis A556
Bursa subcutanea malleoli medialis A556
Bursa subcutanea olecrani 475
Bursa subcutanea trochanterica 532
Bursa subcutanea tuberositatis tibiae 541
Bursa subdeltoidea A463, 464, **512**
Bursa subtendineae musculi gastrocnemii 541
Bursa subtendinea m. subscapularis A463
Bursa subtendinea m. tibialis anterior A556
Bursa subtendinea musculi subscapularis 464
Bursa subtendinea musculi tricipitis brachii 475
Bursa suprapatellaris 541
Bursa synovialis, Schleimbeutel 162, A172
Bursa trochanterica musculi glutei maximi 532
Bürstensaum 12
– Dünndarm 354, A355
– Nierenhauptstück 394
B-Vorläuferzellen 141
BWS, Brustwirbelsäule 229
B-Zellen
– Entwicklung 141
– Lmyphozyten A135, 145
– Pankreas 374f.

C

C Nervenfaser T82
Cadherin **13 f.**, T14, A15
– Haut 215
Caecum, Zäkum, Blinddarm 344
– Entwicklung A334, 343
Caecum fixum 344
Caecum liberum 344
Caecum mobile 344
Cajal 70
Calcaneus, Fersenbein 522 f.
– Taststellen 523
Calcar avis 850
Calices renales 397
– Entwicklung 388
Calor, Entzündung 139
Calvaria 583
Canaliculi caroticotympanici T587, 593
Canaliculi ossei 50, A51
Canaliculus biliferus 370 f., A368
Canaliculus cochleae A704, A711, **713**
Canaliculus chordae tympani 710
Canaliculus lacrimalis 699
Canaliculus mastoideus T588, A592, **593**
Canaliculus tympanicus T588, A592, **593**
Canalis adductorius 534, T576, **577**
Canalis alveolaris T590
Canalis analis **364 f.**, 382, A384, A389, 399, A416
– Entwicklung 364
Canalis caroticus T587, 591, A592, **593**
Canalis carpi 483, 493, T512, **516**
Canalis centralis, Havers-Kanal 51
Canalis centralis, Rückenmark 795
Canalis cervicis uteri 428
Canalis condylaris 594, T662
Canalis femoralis 576
Canalis incisivus 593, **597**, A598, 606
Canalis infraorbitalis T589, 597
Canalis isthmi uteri 428
Canalis mandibulae T590, 599
Canalis musculotubarius T588, A593, 594, **707**
Canalis nasolacrimalis T589, A596, 597
Canalis nervi facialis 710
Canalis nervi hypoglossi 586, T588, A591, **594**
Canalis neurentericus 110
Canalis obturatorius 322, A530, **575**, T576, A577
Canalis opticus T587, 590, A591, **596**
Canalis palatinus major 631
Canalis palatinus minor 631
Canalis perforans, Volkmannkanal 52
Canalis pterygoideus T587, T589, 593, **631**
Canalis pudendalis A327, 328, **441**, 447
Canalis pyloricus 348
Canalis radicis dentis 609
Canalis sacralis 240
Canalis semicircularis anterior A716, 717
Canalis semicircularis lateralis A716, 717
Canalis semicircularis posterior A711, A716, **717**
Canalis spiralis cochleae 712
Canalis tarsi 522
Canalis uterovaginalis A407, 428
Canalis vertebralis 229
Capitulum humeri 457, A474
Capsula adiposa, Niere 380
Capsula articularis 161
Capsula externa A739, A745, **746**
Capsula extrema A739, A745, **746**
Capsula fibrosa perivascularis, Periportalfeld 367
Capsula glomeruli 390, **392**
Capsula interna A739, A745, **746**, 806, A807
– retrolentikulärer Teil 825
Capsula lentis 690
Capsula nasalis 586
Capsula otica, Ohrkapsel A585, 586
Capsula renalis 380, A389
Caput, Kopf 582
Caput costae A239, 260
Caput epididymidis 412
Caput femoris **517**, 526
Caput fibulae A520, T544
Caput humeri 457
Caput mallei A708, 709
Caput mandibulae 599, **612**
Caput nuclei candati 743
Caput pancreatis A340, 341
Caput radii 458
Caput tali A520, A523, A524
Caput ulnae 458
Cardia **337**, 348
Cardiodilatin 68
Cardiolipin 27
Cardionatrin 68
Carina tracheae 272
Carina urethralis vaginae 432 f.
Carrierproteine 11
Cartilago articularis 161
Cartilago arytenoidea 645 f.
Cartilago corniculata A645
Cartilago costalis A255, 260
Cartilago cricoidea T48, **645 f.**, A645
Cartilago cuneiformis 646
Cartilago epiglottica T48, 645
Cartilago hypophysealis A585, 586
Cartilago nasi 626
Cartilago parachordalis A585, 586
Cartilago septi nasi 597
Cartilago thyroidea T48, 645 f.
– Herkunft 635
Cartilago trabecularis A585, 586
Cartilago trachealis 272, A273
Cartilago triticea A645, 646
Carunculae hymenales 433
Caruncula sublingualis 624
Caspasen 22, 144
CAT, Cholinazetyltransferase T77
Catenin 13 f., A15
Cauda epididymidis 412
Cauda equina 792
– Entwicklung 727
Cauda nuclei caudati 743
Cauda pancreatis A340, 341
Cava-Cava-Anastomosen 443
Caveolae **45**, 60
Cavitas abdominis, Bauchhöhle 308, **329 f.**, 332
– Recessus 341
Cavitas articularis 162
Cavitas dentis 609
Cavitas glenoidalis 455, **462**
Cavitas infraglottica 645
Cavitas medullaris 156
Cavitas nasalis ossea 595, **597**
Cavitas nasi, Nasenhöhle 626 ff.
Cavitas oris, Mundhöhle 605 ff.
Cavitas oris propria 605, **616**
Cavitas pelvis, Beckenhöhle 329
Cavitas pericardiaca, Perikardhöhle 280
Cavitas peritonealis, Peritonealhöhle 330 f.
Cavitas pleuralis, Pleurahöhle 270
Cavitas thoracis 254, A255, **269 f.**
Cavitas tympani A704, 706 f.
Cavitas uteri 428
Cavum serosum testis 417
Cavum trigeminale 847
CCD, Centrum-Collum-Diaphysenwinkel 518
CD, Cluster of Differentiation 142
– Differenzierungscluster 134
CD28 142, A144
CD4-Lymphozyten 142, A143, **144**, 152
CD56-bright-CD16 142, **145**
CD8-Lymphozyten 14 f., A144
Cell junctions 13
Cellulae ethmoidales anteriores 598
Cellulae ethmoidales mediae 598
Cellulae ethmoidales posteriores 598
Cellulae mastoideae 707
Centrum anospinale 838
Centrum ciliospinale 838
Centrum genitospinale 839
Centrum perinei 327
Centrum tendineum, Zwerchfell **264**, A265, 266, 337, A383
– Oberflächenprojektion 266
Centrum vesicospinale 838
Cerebelläre Ataxie 810
Cerebellum A762, 784 ff.
– Entwicklung 729, A730
– glutamaterg 841
Cerebrum 735 ff.
Cerumen 705
Cervix uteri 427, **431**
Cheilognathopalatoschisis 607
Cheilognathoschisis 606, A607
Cheiloschisis 606, A607
Chemische Fixierung 88
Chemische Synapse 74
Chemoarchitektonik 721
Chemokine 139
Chemorezeptoren **196**, 683
Chiasma crurale 554

Chiasma opticum A749, 754, A755, A763, A823, **824**
Chiasma plantare 554, A560
Choanen **592**, 597, 626
– primäre 606
Cholesterin 11
Cholezystokinin T842
Cholezystokininbildende Zellen 356
Cholinazetyltransferase T77
Cholinerge Synapse 76
Cholinerge Systeme 839
Cholinerge Zellgruppen 780
Chondrale Ossifikation 55
Chondroblasten 46
Chondrocranium 583
Chondroitinsulfat 40
– Mastzellen 35
Chondron 47, A49
Chondronektin 47
Chondrozyten T34, 46f.
Chopart-Gelenklinie A523, 549
Chorda dorsalis 108, **110**, A113, A117, 230f.
Chordae tendineae 286
Chordafortsatz 106, A109, **110**
Chorda obliqua 480
Chordaplatte 110
Chorda tympani T589, 594, 623, 625f., A630, **671**, 677, A706, A708f., 710
– Paukenhöhle 710
Chordom 232
Chorea 809
Chorion 99
Chorionbindegewebe 102
Chorion frondosum 99, A100
Chorionhöhle A96, 108
Chorion laeve 99, A100
Chorionplatte A98, A101f., **102**
– primäre 98
Choroidea A684, 687
Chromaffine Zellen
– Nebennieren 114, **387**, 733
Chromatiden 21
Chromatolyse 71
Chromophile Zellen 759
Chromophobe Zellen 759
Chromosomenanalyse 88
Chromosomenstörungen 122
Chrondroklasten 138
Chylusgefäße 197
Cilia, Wimpern 224, **697**
Ciliospinales Zentrum 827
Cingulum **744**, A834, **836**
Circulus arteriosus cerebri 746
Circulus arteriosus iridis major 689, A695
Circulus arteriosus iridis minor 689
Circumferentia articularis radii 458
Cisterna ambiens 849
Cisterna basalis 849
Cisterna cerebellomedullaris 849
Cisterna chiasmatica 849
Cisterna chyli **197**, 304, 360
Cisterna fossae lateralis cerebri 849
Cisterna interpeduncularis 849
Cisterna lumbalis 849
Cisterna pontocerebellaris 849
Clara-Zellen 276
Clathrin 19
Claudin **14**, A15, 16
Claudius-Zellen A714
Claustrum A739, **743**, A745
Clavicula 454f.
– Ossifikation T451, 453
– Taststellen 455
Clitoris A383, 433f.
– Entwicklung A416
– Nervenendigungen 434
Clivus A591, 592
Coated pits 19
Coated vesicle 19
Coatomer 26
Coccygealsegmente 794
Cochlea, Kochlea, Schnecke 712
Cohnheim-Felderung 61
Colliculus facialis A764, A768ff., **776**
Colliculus inferior A749, A764, 766, **767**, A828, 829
– Entwicklung 765
Colliculus seminalis A400, A403, **413**, A414
Colliculus superior A749, A764f., 766, **767**, 813, 824, 829
– Entwicklung 765
Collum, Hals 632ff.
Collum anatomicum 457
Collum chirurgicum 457
Collum costae A239, 260
Collum dentis 608, A609
Collum femoris 518
Collum glandis 417
Collum mallei 709
Collum radii 458
Collum scapulae 455
Collum tali A524
Collum vesicae 399
– Muskulatur 400f.
Colon, Grimmdarm 361
– Anlage A334, 343
– Gefäße 346, **362**
– Histologie A355, 361
Colon ascendens A332, A343, **345**, **361**
– Arterien 362
– Entwicklung A334, 343
Colon descendens A332, A344ff., **361**
– Arterien 363
– Entwicklung 343
Colon sigmoideum A332, A344ff., **361**
– Arterien 363
– Entwicklung 343
Colon transversum A332, A335, 338, A339, A343, A344, **345**, **361**
– Arterien 362
– Entwicklung A334, 343
Colostrum 256
Columna analis 364
Columna anterior, Rückenmark 794
Columna anterior fornicis 833
Columna renalis A389, 390
Columna rugae 432
Columna intermedia, Rückenmark 794
Columna posterior, Rückenmark 794
Columna posterior fornicis 833
Columna vertebralis, Wirbelsäule 228
Commissura alba, Rückenmark A794
Commissura anterior 735, **744f.**, A749
– Entwicklung 745
Commissura fornicis 735, **745**, 833
Commissura grisea 795
Commissura habenularum 753
Commissura labiorum anterior 433
Commissura labiorum posterior 433
Commissura posterior, Epithalamus A749, 754
Commotio cerebri 670
Concha nasalis inferior **T583**, T597, A598
Concha nasalis media A598
Concha nasalis superior T597
Condylus humeri 457
Condylus lateralis femoris A518, 519
Condylus lateralis tibiae A520, 521
Condylus medialis femoris A518, 519
Condylus medialis tibiae A520, **521**, T533, T544
Condylus occipitalis A592, 593, **594**
Confluens sinuum 791, **853**
Conjugata externa T325
Conjugata vera 324, T325
Conjunctiva bulbi 698
– Gefäße 698
– Innervation 698
Conjunctiva palpebrae 698
Conjunctivitis 698
Connexin A15, 16
Connexon T14, 16
Conus aorticus 185
Conus arteriosus A282, 287
Conus elasticus A645, 646
Conus medullaris 792
– Entwicklung 727
Copula A634
Cor, Herz 282
Core-Protein **40**, 47
Corium 217
Cornea A684, 686
Cornified envelope 216
Cornu ammonis **832**, A836, 850
Cornu anterius, Rückenmark 794
Cornu coccygeum 241
Cornu frontale 850
Cornu inferius A645, 646
Cornu laterale, Rückenmark **794**, 797
Cornu majus ossis hyoidei 636
– Herkunft T634
Cornu minus ossis hyoidei 636
– Herkunft T634
Cornu occipitale 850
Cornu posterius, Rückenmark 794
Cornu sacrale, Os sacrum 240
Cornu superius, Cartilago thyroidea A645, 646
Cornu temporale 850
Corona ciliaris 688, A689
Corona dentis 608, A609
Corona glandis 417

Corona penetrating enzym 436
Corona radiata, Ovar A423, 424
Corona radiata, innere Kapsel **745**, 806
Corpus adiposum buccae 630
Corpus adiposum fossae analis 328
Corpus adiposum infrapatellare 538
Corpus adiposum orbitae 701
Corpus albicans **422**, A423, 424
Corpus amygdaloideum A739, 743, **836**
Corpus atreticum A423
Corpus callosum **735**, A737, 744f., A749
– Entwicklung 745
Corpus cavernosum clitoridis 328, **434**
Corpus cavernosum penis A383, A403, A417, **419**
Corpus ciliare A684, 687ff.
– Entwicklung 688
– Innervation 689
Corpus claviculae 455
Corpus costae 260
Corpusculum renale, Nierenkörperchen 390
Corpus epididymidis 412
Corpus femoris 519
Corpus fibulae 522
Corpus fornicis A750, 833
Corpus gastricum 348
Corpus geniculatum laterale A749, **750f.**, T752, A823, **824**
Corpus geniculatum mediale A749, **750f.**, T752, A764, A828, **829**
Corpus humeri 457
Corpus incudis A708, 709
Corpus linguae 620f.
Corpus luteum A423, 424
Corpus luteum graviditatis 97, **424**
Corpus luteum menstruationis 424
Corpus mammillare A749, 754, **755**, A763, A834
– Entwicklung 729
Corpus mandibulae 599
Corpus maxillae T589, 595
Corpus medullare cerebelli 786
Corpus nuclei caudati **743**, 749
Corpus ossis hyoidei 636
– Herkunft T634
Corpus ossis ilii 321
Corpus ossis ischii T528
Corpus ossis pubis T533
Corpus ossis sphenoidalis **586**, **591**, A596, T597
Corpus pancreatis A340, 341
Corpus penis 417
Corpus radii 458
Corpus rubrum 422, A423, **424**
Corpus spongiosum penis A383, 403, A417, **419**
Corpus sterni A255, 261
Corpus striatum A739, **743**, **808**
Corpus tibiae 521
Corpus trapezoideum A768, **769**, **828**
Corpus ulnae 458
Corpus uteri 427
Corpus vertebrae, Wirbelkörper A230
Corpus vesicae 399
Corpus vitreum **684**, 691
Cor sigmoideum 185
Cortex pili 225
Cortexareale, Zusammenwirken 844
Cortex cerebelli **786**, 788
– arterielle Blutversorgung 790
– Entwicklung 788
Cortex cerebri 721, 735, **740**
– funktionelle Gliederung 738ff.
– Furchen 736f.
– Gyri 737
– Lappen 736
– Schichten A741
– weiße Substanz 744
Cortex ovarii 421
Cortex renalis, Nierenrinde 389
Corticocortikale Assoziationsfasern 741
Corticoliberin T761, T842
Corticotropin T761, T842
Corti-Kanal 715
Cortikotrope Zellen 759
Corti-Lymphe 714f.
Corti-Organ 713, A714
Costae 254, A255, **260f.**
– Entwicklung 260
Costae affixae 260
Costae fluctuantes 260
Costae verae 260
Costimulation A144
Cotamere 63
Cowper-Drüse, Glandula bulbourethralis 404
Coxa valga A518, 519
Coxa vara A518, 519
CR, Cremasterreflex T801
Cranium, Schädel 582ff.
Cremasterreflex T801
Crena interglutealis 532
CRF, Corticotropin releasing hormon T761
Crista ampullaris 711, **717**, 830
Crista basilaris 712
Crista frontalis 585
Crista galli 590, A591
Crista iliaca A242, **321**, A520
Crista infratemporalis **593**, T614, A631
Crista intertrochanterica **518**, 526, T532
Crista lacrimalis anterior 596f.
Crista lacrimalis posterior 597
Crista mitochondrialis 27
Crista musculi supinatoris 458
Crista nasalis 597
Crista occipitalis interna A591
Crista oesophagotrachealis 271
Crista sacralis lateralis 240
Crista sacralis medialis 240
Crista sacralis mediana **240**, 250
Crista supracondylaris lateralis 457f.
Crista supracondylaris medialis 457
Crista supraventricularis 287
Crista terminalis 286
Crista tuberculi majoris 457f.
Crista tuberculi minoris 457
Crista urethralis **399**, 403, A414
Crus antihelix A705
Crus breve incudis A708, 709
Crus cerebri A763, 765
Crus clitoridis 328, 434
Crus dextrum, Erregungsleitungssystem 289
Crus fornicis 833
Crus laterale, Anulus inguinalis superficialis A314, 317
Crus longum incudis A708, 709
Crus mediale, Anulus inguinalis superficialis A314, 317
Crus membranaceum commune, Gleichgewichtsorgan A704, A711, **717**
Crus penis 328, A403, **419**
Crus sinistrum, Erregungsleitungssystem 289
Crusta 398
Crypta palatina 618
Cuboideum, Würfelbein 524
Culmen A785
Cumulus oophorus 424
Cuneus A737
Cupula ampullaris 717
Cupula cochleae 712
Cupula pleurae 269
Cupula pulmonis A255
Curvatura major 333, **338**, 347
Curvatura minor 333, **337f.**, 348
Cuspis anterior, Valva bicuspidalis 288
Cuspis anterior, Valva tricuspidalis 286
Cuspis posterior, Valva bicuspidalis 288
Cuspis posterior, Valva tricuspidalis A285, 286f.
Cuspis septalis, Valva tricuspidalis A285, 286
Cuticula 225
Cysterna chyli 446
Cytoarchitektonische Areale 742
C-Zellen 636, **651**

D

D1-Zellen, Magen-Darm 357
Damm 327
– Muskulatur 326f.
Dämmerungssehen 693
Darm **340**, **343ff.**
– Entwicklung **333**, A334, **342**
– Antigene 358
– Epithel T9
Darmassoziiertes lymphatisches System 357f., **358**
Darmbein, Os ilium 321
Darmbucht 117
Darmdrehung A334, 343
Darmnervensystem 211f.
Darmpforte
– hintere 117
– vordere 117

Daumen, Pollex 460
– Abduktion T495
– Adduktion T495
– Beugung T488, T495
– Kreiselung T495
– Opposition 495
Daumenballen, Muskeln 495
Daumenballenatrophie 496
Daumengrundgelenk 484
Daumen-Kleinfinger-Probe 508
Decidua basalis 100, A101
Decidua capsularis 100
Decidua graviditatis 96
Decidua parietalis 100
Deciduazellen 102
Deckknochen, Schädel 583
Deckplatte, Wirbelkörper 229, A230
– Entwicklung Rückenmark 726, A727
– Entwicklung Rhombencephalon 762, A764
Deckzellen 10
– Alveolen 278
– Ureter 398
Declive T785
Decorin 40
Decussatio pyramidum 769, **806**
Decussatio tegmentalis anterior 767
Decussatio tegmentalis posterior 767, **781**
Defäkation 365
Defensine 137
Degeneration 6
Dehnungskräfte 175
Dehnungsrezeptoren 196
Deiters, Nucleus vestibularis lateralis 830
Deiters-Stützzellen 713
Deklaratives Lernen 833
Dekubitus 220
Demenz **744**, 845
Dendrit 70 ff.
Dendritenbäume, Kleinhirn 789
Dendritisches Kelchsystem 397
Dendritische Zellen 132, A135
– Blut 132
– Epidermis 217
– Lymphknoten 152
– Milz 377
– Thymus 294
Dens axis A230, 236
– caninus 608
– decidui 608
Dentes 608
– incisivi 608
– molares 608
– permanentes 608
– praemolares 608
Dentin 609
– Entwicklung 610
– Histologie 611
Dentinkanälchen 611
Depotfett 219
Depression 841
Dermatansulfat 40
Dermatome A113, 203, **794**, A795
Dermis 214, **217 ff.**
– Gliederung 218
Dermoepidermale Verbindung 217
Dermomyotom 115
Descemet-Membran A686, 687
Descensus cordis 181
Descensus testis 318
Descensus Zwerchfell 264
Desinhibition 723
Desintegrin 13
Desmale Ossifikation 55
Desmin 19, 60 f.
Desminfilamente 63
Desmocollin 15
Desmocranium 583
Desmodontium 611
Desmoglein T14, 15
Desmoplakin 15
Desmosom 15
Desquamationsphase A429, 430
Determinationsperiode 107, **123**
Dezidua 100
Diabetes
– Typ I 141
– Typ II 375
Diabetes insipidus **395**, 756
Diaden 68
Diameter obliqua 324, T325
Diameter transversa 324, T325
Diapedese 130
Diaphragma 254, **264 ff.**, A265, T266
– Defekte 266
– Deszensus 264
– Entwicklung 264
– Faszien 266
– Gefäßversorgung 267
– Innervation 267
Diaphragma oris 619
Diaphragma pelvis 327
Diaphragma sellae **757**, 847
Diaphragma urogenitalis 327
Diaphyse 156
Diarthrose 161 f.
– Typen 163 f., A164
Diaster 21
Diastole 179, A287
Dichtes, straffes Bindegewebe 43
Dickdarm, Intestinum crassum **344**, **361**
– Arterien 362
– Histologie T359, 361
– Krypten 362
– Lymphgefäße 363
– Nerven 363
– Venen 363
Dickdarmkrypten 362
Dickenwachstum, Knochen 57
Dicker absteigender Schleifenschenkel T391, 393
Dicker aufsteigender Schleifenschenkel T391, 393
Diencephalon 748 ff.
– Anlage 112
– Entwicklung 729, A730
– limbisches System 832
Differentielle Zellteilung 21
Diffuses neuroendokrines System **31**, 356, 841
Digitationes hippocampi 832
Digitus manus, Finger **460**, 479
Digitus pedis, Zehe 524
Dilatation, Pupille 827
Diphydont 608
Diploë **55**, 583
Diploëvenen 661, T662
Diplopie 700
Diplosom 21
Direkte sensorische Kleinhirnbahn 831
Discus articularis 162
Discus articularis (art. radioulnaris) **479**, A480, 481
Discus articularis (art. sternoclavicularis) 461
Discus articularis (art. temporomandibularis) **612**, **614**
Discus intercalaris, Glanzstreifen 67 f., A69
Discus interpubicus 322
Discus intervertebralis, Bandscheibe T48, 232
Discus nervi optici A684, 695
Diskontinuierliche Kapillaren 193
Disse-Raum 367, A368
Dissoziierte Empfindungsstörung 817
Distaler Tubulus T391, 393 f.
Distales Handgelenk 481
Distantia intercristalis T325
Distantia interspinosa T325
Distantia intertrochanterica T325
Distorsion 165
Divergenz
– Erregungsleitung 78
– Rückenmark 800
Divergenzbewegungen 814
Diverticulum ilei 343
Dizephalus 123
DNA-damage-checkpoint 21
DNES, diffuses neuroendokrines System **31**, 74, 356, 841
Dolor, Entzündung 139
Domänen, Zelloberfläche A10
Dominanter Follikel 424
Dominanzsäule 825 f.
Dopamin T77, 840
Dopamin β-Hydroxylase T77
Dopaminerge Neurone 766, 840
Doping 136
Doppelflintenform 346
Doppelt gefiederter Muskel 167
Dornfortsatz, Processus spinosus A228, **229**, 239 f.
Dornsynapse 76
Dorsale Haubenkreuzung 781
Dorsoventrale Ordnung 3
Dorsum, Rücken 228
Dorsum linguae 621
Dorsum manus 478
Dorsum nasi 626
Dorsum pedis A520, 580
Dorsum sellae A591
Dottergang, Ductus omphaloentericus A117, 118
Dottersack 106, **108**, A117
– primärer A96, 108
Dottersackkreislauf A181
Dottersackstiel 118
Douglas-Raum 383
Down-Syndrom 731
Drehbeschleunigung 717

Dreiecksbein, Os triquetrum 459
Drillinge 122
Drogen 840
Drosselgrube 261
Drosselvenen 195
Druckfestigkeit 158f.
Druckrezeptoren 221
Druckspannung 158
Drüsen 22ff.
– einzellige 24
– endokrine 30ff.
– Entwicklung 23
– exokrine 23f.
– gemischte 28
– Klassifizierung 24, A25
– muköse 28
– seröse 28
Drüsenausführungsgänge 29f.
– Entwicklung 23
Drüsenendstücke 25
Drüsenzellen 25
– endokrine 30, A31
Ductuli biliferi interlobulares 371
Ductuli efferentes testis 405, **412**
– Entwicklung 388, A407
Ductulus aberrans A405
Ductus alveolaris 276, A277
Ductus arteriosus **184**, 186f.
– Entwicklung T182
– offener 189
Ductus cervicalis 636
Ductus choledochus 337, A340, 341, **371**, A376
Ductus cochlearis A704, A711ff., **713**, A716
– Entwicklung 711
Ductus cysticus A371, 372
Ductus deferens, Samenleiter A313, A317, **384**, A412f., **413**, T418
– Arterien 413
– Entwicklung 388, **A407**, 412
– Nerven 414
– Venen 413
Ductus ejaculatorius A405, 413
– Arterien 413
Ductus endolymphaticus A704, A711f., **716**
– Entwicklung 711
Ductus epididymidis 12, A405, **412**
Ductus excretorius 30
Ductus excretorius, Gl. vesiculosa 414
Ductus hepaticus dexter/sinister A336, 371
Ductus hepaticus communis 367, **371**
Ductus lactifer colligens 256
Ductus lactiferi 256
– prämenstruell 256
– Schwangerschaft 256
Ductus lymphaticus dexter 198, 296, **304**
Ductus nasolacrimalis T589, 699
– Entwicklung 602
Ductus omphaloentericus **118**, A334, 343
Ductus pancreaticus accessorius 340
Ductus pancreaticus major 340, **374**
Ductus papillaris **389**, A390, **395**
Ductus paraurethralis 404
Ductus parotideus 623
Ductus reuniens A704, A711ff., **716**
Ductus semicircularis
– anterior A711, 717
– Entwicklung 711
– lateralis A711, 717
– posterior A711
Ductus submandibularis **624**, 631
Ductus thoracicus **197**, A295, 296, 304, A655, 656
Ductus thyroglossus 650
Ductus utriculosaccularis A711f., 716
Ductus venosus **183**, A184, 187
– Entwicklung T182, 183
Ductus vitellinus A113, A117, **343**
Duftdrüsen, Gll. sudoriferae apocrinae 223
Dünndarm, Intestinum tenue 343, **353**
– intrinsisches Nervensystem 360
– Leitungsbahnen 359f.
– Oberflächenepithel 354
– vegetative Innervation A207, 360
– Schichten der Wand 353, **354**
Dünndarmzotten, Villi intestinales **354**, **357**
– Gefäße 357
Dünner absteigender Schleifenschenkel T391, 393
Dünner aufsteigender Schleifenschenkel T391, 393
Duodenum **334**, A338, A340, 354, **358**
– Entwicklung 333
– Histologie **354**, A355, T359
Dupuytren-Beugekontraktur 499
Duralsack 848
Dura mater cranialis 846
– Gefäße 659f.
– Innervation 848
Dura mater spinalis 848
– Innervation 848
Durasepten 847
Durchdringungszone
– Plazenta 102
– Tonsilla palatina 618
Dynamische Neurone 805
Dynein **13**, 18
Dynorphin T842
Dyskinese 809
Dyslexie 843
Dysmetrie 810
Dysostosis cleidocranialis 454
Dysraphien 112, **727**
Dystaxie, ipsilaterale 783
Dystrophin 18
D-Zellen
– Darm 356
– Pankreas 374f.

E

Ebenes Gelenk 165
Ebner-Halbmond 28
Eckzahn, Dens caninus 608
EC-Zellen, enterochromaffine Zellen **351**, **357**
Edinger-Westphal, Nucl. acc. n. oculomot. 827
Effektor 723
Effektorhormone 756, A760
Efferent 723
Efferentes Neuron 73
EGF, epidermal growth factor 20
Eiballen 421
Eierstock, Ovar 421
Eigelenk, Articulatio ellipsoidea 164
Eigenapparat, Rückenmark **722**, **796**
Eihäute 105
Eileiter, Tuba uterina 426
Einachsiges Gelenk 163, **164**,173
Einbettung 89
Einbruchzone, Knochenentwicklung 55
Eineiige Zwillinge 122
Einfach gefiederter Muskel 167
Einfach-tubulöse Drüsen 24, A25
Eingekapselte Nervenendigungen 682
Eingelenkiger Muskel 171
Einschichtiges Epithel 9
– hochprismatisch A8, 10
– isoprismatisch A8, 10
– Plattenepithel A8, 10
Einstellungsanomalien, Geburt 438
Eiter 130
Eizellen, Oozyte 422
Ejakulat 415
Ejakulation **415**, **420**
Ekkrine Sekretion 28
Ektoderm 108, A109, 110, **111ff.**
– epidermales 111, **114**
– neurales 111, **112ff.**
Elastische Bänder 39, **43**
Elastische Fasern T36, **39**, A42, 49
Elastische Membranen 39
– Arterien 191
Elastische Netze 39
Elastischer Knorpel A46, 48
Elektrische Kopplung 16
Elektrische Synapse 74
Elektronenmikroskop, Auflösung 87
Elektronenmikroskopie 89
– Fixierung 89
Elementarpartikel 27
Elle, Ulna 458
Ellenbogen, Cubitus
– Arterien A501
– Topographie 514
Ellenbogenfraktur 459
Ellenbogengelenk **474f.**, 479
– Bewegungen T478
Ellenbogenluxation 459
Embolie 133
Embryoblast A94, **95**, 106
Embryologie 92
Embryonalanhänge 106, **108**

Embryonales Bindegewebe 41
Embryonale Stammzellen 107
Embryonalperiode 92, **111 ff.**
Embryopathien 123
Eminentia arcuata 591
Eminentia iliopubica 321
Eminentia intercondylaris 521
Eminentia mediana 754, A756, **758**, A760
Emphysem 268
Enamelum, Schmelz 609
Enchondrale Ossifikation 56
Endarterien 194
– funktionelle 195
Enddarm **117**, 347
Endhirn, Telencephalon 735 ff.
– Anlage 729
– Arealgliederung 737
– Frontalschnitt A739
Endhirnrinde 735
Endoepithealiale mehrzellige Drüsen, Vorkommen 24
Endogene Opiate 842
Endokard 284
– Endokardkissen 185
– Entwicklung 181
Endokrine Drüsen 23, 30 ff.
– Entwicklung A23
– Regulation 32
Endokrine Drüsenzellen 30 f., A31
Endokrine Neurone 74
Endokrine Sekretion 30, A31
Endolymphe 711
Endometrium 428 f., A429
– CD56-bright-CD16 145
Endomitose 21
Endomysium 168
Endoneuralraum 83
Endoneuralscheide 201
Endoneurium A79, 82
Endoplasmatisches Retikulum 26
Endorphin 842
Endosom 19, A20
Endost 50, **52**
Endothel T9, 192
Endothelzellen **190**, **192**
Endozytose 19
Endplatten, motorische 66
Endzotten, Plazenta 103
Enkephalin T842
Enterisches Nervensystem
– Dickdarm 363
– Dünndarm 361
– Magen 353
– Ösophagus 302
– Rectum 366
Enterochromaffine Zellen
– Darm 357
– Dünndarm A355
– Magen 351
Enteroendokrine Zellen 354, **356 f.**
Entero-Glukagon-Zellen 356
Enterozyten, Saumzellen 354, A355
Entoderm 108, A109, 110, **116**
Entwicklung, Grundlagen 107
– dritte Woche 108
– zweite Woche 108
Entwicklungsbiologie 92
Entwicklungsgeschichte, allgemeine 92 ff.
Entzündung **139**, 150
Entzündungsmediatoren 139
Enzymproteine 11
Eosinophile Granulozyten T34, A127, **131**, 135
– Aktivierung 148
– Funktion 131
– Granula 131
– Lebensdauer 131
– Normalwerte T129
– Vorläuferzellen A135
Eosinophilie 131
Ependym 725, **849**
Ependymzellen 85, **87**
Epiblast A96, **106**, 110
Epicanthus 697
Epicondylus lateralis (humeri) A456, 457
Epicondylus lateralis (femoris) A518, **519**, A520
Epicondylus medialis (humeri) A456, **457**, A474, T487
Epicondylus medialis (femoris) A518, **519**, T533
Epidermales Ektoderm 111, **114**
Epidermal growth factor 20
Epidermis A214, 215
– Herkunft T112
– Rezeptororgane 221
Epididymis, Nebenhoden 412
Epiduralanästhesie **251**, **848**
Epigastrische Hernien 314
Epigastrium 308
Epiglottis 645
– Herkunft 635
Epiglottiswulst A634
Epikard 280, A281
Epikondylopathie 475
Epimer 115
Epimysium 168
Epineurium 82 f.
Epiorchium 417
Epipharynx 640 f.
Epiphyse A56, A156, **157**
– Verknöcherung 57
Epiphyse, Gl. pinealis 753
Epiphysenfuge 157
Epiphysenlinie 157
Epiphysenplatte 56
Epiphysis anularis, Randleiste 229
Epispadie 417
Epithalamus A749, 753
Epithel
– einschichtiges 9
– einschichtiges hochprismatisches A8, 10
– einschichtiges isoprismatisches A8, 10
– mehrreihiges A8, 9 f.
– mehrschichtiges unverhorntes A8, 10
– respiratorisches 10
– verhorntes 10
– transportierendes 16
– zweireihiges 10
Epithelgewebe 6 ff.
– Definition 7
Epithelium lentis 690
Epithelkörperchen, Gl. parathyroidea 650, **652**
– Gefäße 653
– Hauptzellen 653
– oxyphile Zellen 653
Epitheloide juxtaglomeruläre Zellen 392
Epithelplatten, Plazenta 103
Epithelzellen
– Form 7 f.
– hochprismatische 9
– isoprismatische 9
– platte 9
Epitympanon 707
Epoophoron 428
EPSP, Exzitatorisches postsynaptisches Potenzial 78
ER, endoplasmatisches Retikulum 26
Erblassen 222
Erb-Punkt 655
Erbrechen 705
Erbsenbein, Os pisiforme 459
Erektion 420
Erektionszentrum 420
Ergastoplasma 26
Erguss, Gelenk 165
Eröffnungsperiode, Geburt 437
Eröffnungszone, Knochenentwicklung A56, 57
Erosion 216
Erregungsbildungs- und -leitungssystem 289
– Entwicklung 181
– Muskulatur 69
Erregungskreise 723
Erregungsphase 435
Erröten 222
Ersatzknochen, Schädel 583
Ersatzleiste, Zahnentwicklung 610
Erworbene Immunantwort 137
Erworbene Immunität 140 ff.
Erworbene laterale Leistenhernie 320
Erworbene mediale Leistenhernie 320
Erythroblast 134, A135
Erythropoese 134
Erythropoetin **134**, 136
– Niere 395
Erythrozyten 126, A127, **128**, A135
Excavatio rectouterina 382, **383**
Excavatio rectovesicalis 382, A383, **401**
Excavatio vesicouterina 382, A383, **401**
Exner-Streifen 741
Exokrine Drüsen 23
– Entwicklung 23
– Gliederung 28
Exozölblase A96
Exozytose A20, 27 ff.
Expiration 263, **268**
– Zwerchfellstand 267
Expiratorische Muskeln T263
Expiratorische Neurone 780
Extension 163
Extensorenloge T514, T579
Extraembryonales Mesenchym A96, A98, **108**
Extraembryonales Mesoderm 106
Extraembryonales Somatopleuramesenchym A96, 108
Extraembryonales Splanchnopleuramesenchym 108
Extraembryonales Zölom A96, A100, **108**, A118
Extraepithealiale mehrzellige Drüsen 24
Extrafusale Faser 66

Extraglomeruläre Mesangiumzellen A392, 393
Extrahepatische Gallenwege 371
Extrahypothalamische Verbindungen 755
Extraperitoneal gelegene Organe 330
Extrapyramidales System 754, **806**
Extrapyramidalmotorische Bahnen 802
Extrathalamische Verbindungen 805
Extrauteringravidität 97
Extremitas acromialis 455
Extremitas sternalis 455
Extremitäten 450 ff.
- Entwicklung 450 ff.
- Fehlbildungen 453
Extremitätenanlage 117, 4**51**
Extremitätenknospe 450
Extremitätenmuskulatur, Entwicklung 453
Exzitatorisches postsynaptisches Potenzial 78
Exzitatorische Synapse 74
Exzitatorische Transmitter 77

F

Facialislähmung 783
Facies articularis arytenoidea 646
Facies articularis anterior (axis) A230, 236
Facies articularis capitis fibulae 522
Facies articularis carpalis 458
Facies articularis fibularis 521
Facies articularis inferior (axis) A230
Facies articularis malleoli medialis 522
Facies articularis posterior ossis navicularis A524
Facies articularis superior (axis) A230
Facies articularis talaris anterior A524
Facies articularis talaris media A524
Facies articularis talaris posterior A524
Facies articularis thyroidea 646
Facies auricularis (Os sacrum) 240
Facies auricularis (Os ilium) 321
Facies contactus dentis 609
Facies costalis (Scapula) 456
Facies costalis (Pulmo) 274
Facies diaphragmatica (Cor) 283
Facies diaphragmatica (Hepar) 335
Facies diaphragmatica (Pulmo) 274
Facies diaphragmatica (Splen) 339
Facies distalis dentis 609
Facies dorsalis (Os sacrum) 240
Facies inferior partis petrosae 593
Facies lingualis dentis 609
Facies lunata 322, A526
Facies mediastimalis (Pulmo) 274
Facies mesialis dentis 609
Facies nasalis, Maxilla 597
Facies occlusialis dentis 609
Facies orbitalis corporis maxillae A596
Facies orbitalis ossis zygomatici A596
Facies patellaris A518, 519
Facies pelvica (Os sacrum) 240
Facies poplitea 519
Facies posterior partis petrosae ossis temporalis T587, 592
Facies pulmonalis (Cor) 283
Facies sternocostalis (Cor) 282
Facies symphysialis (Os pubis) 321
Facies vestibularis 609
Facies visceralis (Hepar) 335
Facies visceralis (Splen) 339
Fallhand 511
Fallot-Tetralogie 189
Falsche Sehnenfäden 289
Falx cerebri 847
Falx inguinalis 316, A317
Farbflecke 825 f.
Färbungen 89
Fascia abdominis superficialis **314**, A317, 472
Fascia adhaerens, Herzmuskel 68
Fascia antebrachii 477, **493**, A515
Fascia axillaris 472
Fascia brachii 478, A515
Fascia cervicalis 639
Fascia clavipectoralis 259, **472**
Fascia colli 639
Fascia cremasterica A317, A405, **417**, T418
Fascia cribrosa **546**, 577
Fascia cruris 546, 551, **556**, A579
Fascia dorsalis pedis 558
Fascia endothoracica A255, A261, **263**
Fascia iliaca 531
Fascia iliopsoas 313, **531**
Fascia inferior diaphragmatis pelvis A327, 328
Fascia lata 313, T531, **546**, A578
Fascia masseterica 613
Fascia nuchae **249**, 639
Fascia obturatoria A327, **328**, **532**
Fascia omoclavicularis 655
Fascia parotidea 623
Fascia pectoralis A256, 259, **471**
Fascia pelvis visceralis A327
Fascia penis profunda A417, 419
Fascia penis superficialis A417, 419
Fascia perinei superficialis A327, 328
Fascia pharyngobasilaris **631**, 642
Fascia phrenicopleuralis 266
Fascia poplitea 577
Fascia praerenalis 380
Fascia prostatica A400
Fascia retrorenalis 380
Fascia spermatica externa A317, A405, **417**, T418
Fascia spermatica interna A317, A405, **417**, T418
Fascia superior diaphragmatis pelvis A327, 328
Fascia temporalis 613
Fascia thoracica externa 263
Fascia thoracolumbalis 249, A310, T531
Fascia transversalis 314, A317
Fascia vesicalis A400
Fasciculi plexus brachialis 506 ff.
Fasciculus atrioventricularis 289
Fasciculus cuneatus **797**, A798, 800, **815**
Fasciculus gracilis **797**, A798, 800, **815**
Fasciculus interfascicularis 800
Fasciculus lateralis (Plex. brach.) 505 ff., **507**
Fasciculus longitudinalis (Lig. crucif. atlantis) A236, 238
Fasciculus longitudinalis inferior 744
Fasciculus longitudinalis medialis A765, **767**, A768, A770, **781**, A798, 829, A831
Fasciculus longitudinalis posterior 756, **781**
Fasciculus longitudinalis superior 744, A843
Fasciculus mammillotegmentalis 756
Fasciculus mammillothalamicus 755
Fasciculus medialis (Plex. brach.) 505 ff., **508**
Fasciculus posterior (Plex. brach.) 505 ff., **509**
Fasciculus proprius, Rückenmark
- anterior 799
- lateralis 799
- posterior 799
Fasciculus septomarginalis 800
Fasciculus uncinatus 744
Faserastrozyten A85, 86
Faserknorpel A46, T48, **49**
- Typ-I-Kollagen T37, 49
Fast-Fasern 65
Fastigium 852
Faszien 168 f.
- Typ I Kollagen T37
Fauces, Schlund 617
Fazialisknie, inneres 769
Fehlbildungen 122 f.
Felderhaut 218
Femoralispuls 564
Femur 517
- Ossifikation T452
- Taststellen 519
Femurende, proximales, Trajektorien 158
Fenestra cochleae A704, 707, A711, **713**
Fenestra vestibuli A704, A706, 707, A711, **713**
Fenestrierte Kapillaren 193
Fersenbein, Calcaneus 522
Fersenbeinhöcker 523

Fertilisation, assistierte 92
Fetaler Kreislauf 186
Fetalperiode 92, 119ff.
– Wachstum A120
Fetopathien 123
α-Fetoprotein 119
Fettgewebe 44ff.
– braunes A44, 45
– plurivakuläres 45
– univakuoläres 45
– weißes A44, 45
Fettläppchen 44
Fettmobilisierung 45
Fettorgane 44
Fettspeicherung 45
Fettverteilung 45
Fettzellen T34, 44
– Entwicklung 45
– plurivakuoläre A44
– univakuoläre A44, 45
Feulgen-Reaktion 90
FGF, Fibroblast growth factor 450
Fibrae 721
Fibrae arcuatae cerebri 744
Fibrae arcuatae externae anteriores 771, T787
Fibrae arcuatae externae posteriores 771, T787
Fibrae arcuatae internae 815
Fibrae corticonucleares A741, A765, 766, A768, **806**
Fibrae corticopontinae A741, 768
Fibrae corticospinales A741, A745, A765, 766, A768, **806**
Fibrae frontopontinae A765, 766
Fibrae intercrurales A314, 317
Fibrae lentis 690
Fibrae meridionales 689
Fibrae obliquae, Magen A348, 350
Fibrae parietopontinae A765, 766
Fibrae pontis longitudinales 768
Fibrae pontis transversae A768
Fibrae pontocerebellares A768, 787, A811
Fibrae temporopontinae A745, A765, **766**
Fibrae zonulares 688, **691**
Fibrilläres Kollagen 35
Fibrillogenese 38
Fibrin 127
Fibrinogen 127
Fibrinoid, Plazenta A101f., 105
Fibroblasten 33, T34
– Dermis 218
Fibroblast growth factor 450
Fibronektin T14, A15, **40**
Fibrozyten **33**, T34, A42
Fibula 522
– Ossifikation T452
– Taststellen 522
Fibularisloge T579
Fiederungswinkel 170
Filaggrin 216
Filamente, intermediäre 18
Fila olfactoria T587, 820
Fila radicularia A201
Filtrationsschlitze 391
Filum terminale 792
Fimbriae tubae 421, 426
Fimbria hippocampi 832f., A836
Fimbria ovarica 426
Fimbrinbrücken A12
Finger, Digitus manus 460
– Entwicklung 451
– Gefäß-Nerven-Straße T512, 517
– Ossifikation T452
Fingerabdruck 219
Fingergelenke 483f.
Fingerknochen 460
Fingernägel 226
Fischgrätenmuster 49
Fissura horizontalis **274**, A275, A785
Fissura ligamenti teretis 335
Fissura longitudinalis cerebri 735, A736
Fissura mediana anterior, Medulla oblongata A727, A763, **769**
– Rückenmark 792, A794
Fissura obliqua, Lunge 274, A275
Fissura orbitalis inferior T589, **597**, 631
Fissura orbitalis superior A585, T587, 591, **597**
Fissura petrosquamosa 594
Fissura petrotympanica T589, A592f., **594**, 677, 710
Fissura posterolateralis 785
Fissura prima 785
Fissura pterygomaxillaris T590, 631
Fissura secunda A785
Fissura sphenopetrosa T589
Fissura Sylvii 736
Fissura transversa cerebri 735
Fixationslabil 89
Fixationsstabil 89
Fixe Bindegewebszellen 33, T34
Fixierung 88
Flachrelief 349
Flachrücken 241
Flagella 13
Flechsig, Tractus spinocerebellaris posterior 802
Fleckdesmosom T14, 15
Flexion 163
Flexorenloge T514, T579
Flexura coli dextra A338, A344, **345**
Flexura coli sinistra A332, A344f., **346**
Flexura duodeni inferior 341
Flexura duodeni superior 340
Flexura duodenojejunalis A340, **341f.**, A343
Flexura perinealis 382, A384
Flexura sacralis 382, A384
Flip-flop-Bewegung 11
Flocculus 785
Flucht 809
Flügelgaumengrube, Fossa pterygopalatina 630f.
Flügelplatte 726, A727
– Rhombencephalon 762f.
Flügelzellen 43
Fluid-Mosaik-Modell 11
Fluid-phase Resorption 19
Fluoreszensmikroskopie 90
Fluoreszenzmikroskop 87
FOG-Fasern, Fast-Fasern 65
Folia cerebelli 785
Folium vermis 785
Folliculi lymphoidei aggregati, Ileum 359
Follikel
– dominant 424
– sprungreif 424
Follikelatresie A423, 424
Follikelentwicklung 422f., A423
Follikelepithel 422
Follikelepithelzellen, Schilddrüse 651
Follikelhöhle A423
Follikelkohorte 422
Follikelphase A425, A429, **430**
Follikelreifung 422
Follikelrekrutierung 424
Follikelsprung A93, A423, **424**
Follikelstimulierendes Hormon 423
Follikuläre dendritische Zellen **147**, A151, **152**
Follikulogenese 422
– hormonale Kontrolle 425
Follitropin 411, T761
– Follikulogenese 425
Fontana-Räume 690
Fontanellen 584
Fonticulus anterior 584
Fonticulus cranii 584
Fonticulus mastoideus 584
Fonticulus posterior 584
Fonticulus sphenoidalis 584
Foramen alveolare T590
Foramen apicis dentis 609
Foramen caecum, Crista galli 590, A591
– linguae **621**, A634, 650
– Medulla oblongata 769
Foramen ethmoidale anterius 589, A596, **597**
Foramen ethmoidale posterius 589, A596, **597**
Foramen frontale 595, **597**, **593**
Foramen incisivum T588, A592, **593**, 606
Foramen infraorbitale T589, **595**, A596
Foramen infrapiriforme 447, A530, **532**, 571, **574**, T576
Foramen interventriculare 731, A850
– Entwicklung 186
Foramen intervertebrale 229, 235
– Entwicklung 231
Foramen ischiadicum majus A322, A530, 532, **574**, T576
Foramen ischiadicum minus A322, 441, A530, 532, **574**, T576
Foramen jugulare 586, T588, A591, **592f.**
Foramen lacerum T587, A591f., **593**
Foramen magnum A585, 586, T588, A59, **592**
Foramen mandibulae T590, 599
Foramen mastoideum T662
Foramen mentale T590, A594f., **599**
Foramen nutricium 52, A156
Foramen obturatum 322, T531
Foramen omentale 333, **339**
Foramen opticum 586

Foramen ovale (Cor) **185**, 187, 286, 586, T587, A591 f., **593**
Foramen ovale (Os sphenoidale) A585
Foramen palatinum minus 593
Foramen palatinum majus T588, 592, **593**
Foramen parietale T662
Foramen rotundum A585, 586, T587, **591**, 631
Foramen sacrale anterius 240 f.
Foramen sacrale posterius 240 f.
Foramen sphenopalatinum T589, **598**, 631
Foramen spinosum T587, A591 f., **593**
Foramen stylomastoideum T589, A592, **593**, 670
Foramen supraorbitale **595**, 597
Foramen suprapiriforme 441, 446, A530, **532**, 571, **574**, T576
Foramen transversarium A230, 236
Foramen venae cavae T265, 266
Foramen vertebrale 228 f.
– Lendenwirbel 240
Foramen zygomaticofaciale T590, 596 f.
Foramen zygomaticoorbitale 597
Foramen zygomaticotemporale T590, A596, **597**
Foramen papillare (Ren) 389
Forceps major 745
Forceps minor 745
Formalin 89
Formatio reticularis A765, 766, A768, 769, A770, **777 ff.**
– akustisches System 829
– cholinerges System 839
– Entwicklung **763**, **765**
– Längszonen 778
– Regulation der Motorik 779
– sensorische Regulation 779
– vegetative Regulation 780
– Vestibularissystem 831
Fornix A735, A739, A749, **833**, A834
Fornix conjunctivae T9, 698
Fornix gastricus 348
Fornix pharyngis 641
Fornix vaginae anterior A383
Fornix vaginae posterior A383, 432
Fornix vestibuli (oris) 615
Fossa acetabuli 322
Fossa axillaris 512 f., T512, **513**
Fossa canina 596
Fossa condylaris A592, 594
Fossa coronoidea 457, A474
Fossa cranii anterior 586
Fossa cranii media A586, 590 f.
Fossa cranii posterior A586, 592
Fossa cubitalis A456, 512, **514**
Fossa digastrica 599, T619
Fossa hypophysialis A591, 599, **757**
Fossa iliaca 321, T531
Fossa iliaca dextra 344
Fossa iliopectinea 564, **576**
Fossa incisiva A592, 593
Fossa infraclavicularis 511
Fossa infraspinata A455
Fossa infratemporalis 594, A630
– Topographie 629
Fossa inguinalis lateralis A313, **316**, A317
Fossa inguinalis medialis A313, **316**, A317
Fossa intercondylaris 519
Fossa interpeduncularis A763, A765, **776**
Fossa ischioanalis A327, **328**, 441, 447, 574 f.
Fossa jugularis 261, A592 f
Fossa lateralis cerebri 736
Fossa malleoli lateralis 522
Fossa mandibularis A592 f., **594**, **612**
Fossa navicularis urethrae A383, 403
Fossa olecrani 457
Fossa ovalis, Herzvorhof 286
Fossa ovarica 382
Fossa paravesicalis 401
Fossa poplitea A520, 537, 564, T576, **577 f.**
Fossa pterygoidea 593, T614
Fossa pterygopalatina 594, 597, **630 f.**, A631
Fossa radialis 457, A474
Fossa retromandibularis 631
Fossa rhomboidea 770
– Entwicklung 729
Fossa sacci lacrimalis **597**, 699
Fossa scaphoidea 593, T617
Fossa scapularis 456
Fossa subarcuata 592
Fossa subinguinalis 576
Fossa supraclavicularis major 655
Fossa supraclavicularis minor 638
Fossa supraspinata A455
Fossa supratonsillaris 618
– Entwicklung 635
Fossa supravesicalis A313, 316
Fossa temporalis 594
– Topographie 629
Fossa tonsillaris 617 f.
Fossa trochanterica 518, T528, T532
Fossa vesicae felleae 337
Fossula petrosa A592, 593
Fossula tonsilla 618
Fovea articularis (Cap. radii) 458
Fovea capitis femoris 517
Fovea centralis A684, 695
Fovea costalis inferior **A230**, A235
Fovea costalis processus transversi A228, **A230**, A235, A239
Fovea costalis superior **A230**, A235, A239
Fovea dentis A230, 236
Fovea pterygoidea 599
Fovea sublingualis 599
Fovea submandibularis 599
Foveola gastrica 349, A350
Foveola granularis 585, **847**
Foveola radialis 460, T512, **516**
Frankenhäuser-Plexus 431
Freie Bindegewebszellen A33, **34**, T34
Freie Nervenendigungen 682
– Haut 221
Fremdkörperriesenzellen **34 f.**, 138
Frenulum clitoridis 434
Frenulum labii 615
Frenulum labiorum pudendi 433
Frenulum linguae 621
Frenulum ostii ilealis 344
Frenulum preputii 419
Frontale Großhirnbrückenbahn 766
Frontales Augenfeld **738**, A740, 805, 813
Frontallappen 738
Fruchthüllen 105
Fruchtwalze 438
Fruchtwasser 119
Frühentwicklung 106 ff.
FSH, follikelstimulierendes Hormon A760, T761
– Follikulogenese 423, **425**
FT, Fallot-Tetralogie 189
Fundusdrüse 350
Fundus gastricus 337, **348**, T359
Fundus uteri 427
Fundus vesicae 399
Funiculus anterior 797
– Entwicklung 727
Funiculus lateralis 797
– Entwicklung 727
Funiculus posterior 797
– Entwicklung 727
Funiculus spermaticus 316, **417**, T418
– Schichten T318
Funiculus umbilicalis 117
Funktionalis 429
Funktionelle Anpassung, Knochen 159
Funktionelle Endarterien 195
– Koronarien 291
– Lunge 278
Funktionelle Muskelgruppen 173
Furchung A93, 94
Furunkel 130
Fuß, Pes
– Abrollen 549
– Arterien A566
– Bänder **548**, **549**, **550**
– Bewegungsumfang 549
– Dorsalextension **T551**, **T555**, **T557**
– Faszien 558
– Fehlstellungen 561
– fibulare Nebenstrecke 561
– als Ganzes 560
– Gefäß-Nerven-Straßen T580
– Längsbogen 561
– Längsgewölbe A525, 547
– Muskeln A550, 556
– Plantarflexion T553 f
– Plantarflexions-/Dorsalextensionsachse A557
– Profil 547
– Pronation 548, T554
– Pronations-/Supinationsachse 557
– Querbogen **524**, 561
– Quergewölbe 547, 555
– Sehnen 557
– Sehnenfach 556
– Sehnenscheiden 558
▼

Fuß, Pes
– Sesambeine 550
– Stabilisierung 554
– Supination 549, T553
– Supinationsachse 549
– Taststellen **523**, **534**
– tibiale Hauptstrecke 561
– Tragstrahlen 522
– Umknicken 548
– Venen A567
– Verspannung 561
– Zirkumduktion 549
Fußgelenke 547 ff.
Fußgewölbe A525, 547
Fußkreisen 549
Fußplatte 451
Fußrücken 580
– Arterienpuls 565
– Hautinnervation 573
– Muskeln 556, T5577
Fußskelett 522 ff.
Fußsohle 547, **580**
– Arterien A566
– Baufett 219
– Haut 215
– Merkel-Zellen 217
– Muskeln 556, T558
–– laterale Gruppe 558, T559
–– mediale Gruppe 556, T558
–– mittlere Gruppe 556, T559
– Schweißdrüsen 222
– Sehnenscheiden 560
Vater-Pacini-Körperchen 222
Fußsohlenreflex T801
Fußwurzelgelenke 549
Fußwurzelknochen, Ossa tarsi 522, A524

G

G_0-Phase 21
G_1-Phase 20
G_2-Phase 20
GABA, Gammaaminobuttersäure 841
GAD, Glutamatdecarboxylase T77
Galea aponeurotica 604
Gallenblase, Vesica fellea 308, A336, A338, A371, **372**
– Arterien 373
– Entwicklung 333
– Epithel T9, 372
– Innervation A207, T210, **373**
– Lymphgefäße 373
– Venen 373
Gallenblasenkoliken 373
Gallenblasenmuskulatur 372
Gallenblasenwand 372
Gallenkanälchen 367, **371**
Gallenkapillaren 367, A368, **370**
Gallenwege 371
Gallertgewebe, Nabelschnur 118
Gallertiges Bindegewebe 41
Gallertmembran 717
GALT, darmassoziiertes lymphatisches System 357
Gammaaminobuttersäure 841
γ-Motoneurone 796
Ganglienzellen, Retina 694
Ganglienzellschicht, Retina A692, T693, **694**
Ganglion aorticorenalium A207, 209, **447**
Ganglion cardiacum 290
Ganglion cervicale inferioris 677
Ganglion cervicale medium 206, A207, A209, **677 f.**
Ganglion cervicale superius 206, A207, A209, 624, **677**, 827
Ganglion cervicothoracicum, Ganglion stellatum 206, A207, A209, **677 f.**
Ganglion ciliare A207, T210, **675**, A700, 702, A823, 827
Ganglion cochleare **715**, 828
Ganglion coeliacum 360, **447**, 672
– dextrum 447
– sinistrum 447
Ganglion geniculi **671**, 710, 822
Ganglion impar 206
Ganglion inferius nervi glossopharyngei A625, **671**, 822
Ganglion inferius nervi vagi **672**, 822
Ganglion jugulare 672
Ganglion lumbalium 206, A209
Ganglion mesentericum inferius A207, 209, **447**
Ganglion mesentericum superius A207, 209, 360, **447**
Ganglion nodosum 672
Ganglion oticum A207, T210, 624, A625, 630, 672, **676**
– Radix sensoria 676
– sympathische Wurzel 676
Ganglion pelvicum 448
Ganglion pterygopalatinum A207, T210, A625, T628, 631, 671, **676**
Ganglion sacralium 206
Ganglion spinale 201, A848
– Herkunft A733
– Histologie 201
Ganglion spirale cochleae 204, A712
Ganglion stellatum 206, A207, **677 f.**
Ganglion submandibulare A207, T210, 626, 632, 671, **677**
Ganglion superius n. glossopheryngei 671
Ganglion superius n. vagi 672
Ganglion thoracicum 206
Ganglion trigeminale 591, **815**
Ganglion trunci sympathici 206
Ganglion vestibulare 204, **718**, **830**
Gap junction, Nexus T14, 16
Gartner-Gang A407
Gasförmige Transmitter 842
Gaster, Magen 347
Gastrin 356, T842
Gastrinsekretion 352
Gastrin-Zellen, Magen 351 f., **356**
Gastritis 351
Gastroenteropankreatisches endokrines System **356**, **374**
Gastroninhibitorisches Peptid 356
Gastrulation 109
Gaumen, Palatum 605, **616**
– Entwicklung **605**, A606
– Gefäße **617**, 660
– knöcherner 593
– primärer 606
– sekundärer 606
Gaumenbein, Os palatinum T583, 593
Gaumendrüsen **616**, 623
– Innervation **617**, 676
Gaumenfortsätze 606
Gaumenmandel, Tonsilla palatina 618
– Gefäße 659
Gaumenplatte 606
Gaumensegel, Velum palatinum 616
Gaumenspalte 607
Gebärmutter, Uterus 427
Geburt 436 ff.
– Zeitpunkt 121
Geburtskanal 326
Gedächtnis 845
Gedächtniszellen 145, **147 f.**
Gedanken 844
Gefäße 190 ff.
– Innervation 195 f.
Gefäßentwicklung
– extraembryonal 180
– intraembryonal 180
Gefäß-Nerven-Straße
– Axilla 513
– Finger 517
– Fuß T580
– Oberarm 514
– Oberschenkel T578
– Unterarm 515
– Unterschenkel T579
Gefäßpol 390
Gefiederter Muskel 171
Geflechtknochen 50, **52**, 55
Gehen 549
– Schwungphase 563
– Standphase 563
Gehirn 734 ff.
– Blutversorgung 746 ff.
– Entwicklung 112, **728 ff.**, A730
– Gewicht 734
– Gliederung 735
– Hüllen 845
– Nomenklatur 735
– Oberfläche 736
Gehirnbläschen 729, A730
Gehirnerschütterung 670
Gehirnschädel 582
Gehörgang, Meatus acusticus externus 705
Gehörgangplatte 705
Gehörknöchelchen, Ossicula auditiva T583, 708 f.
Geißeln, Flagella 13
Gekreuzte Sensibilitätsstörung 817
Gekröse 343
Gelbes Knochenmark 156
Gelbkörper, Corpus luteum 424
Gelenk 160 ff.
– Alterung 165
– Bewegungsführung 162 f.
– funktionelle Anpassung 165
– Ruhigstellung 165
– straffes 161
Gelenkbänder 161 f.

Gelenkexkursion 162
Gelenkfläche 161
Gelenkhöhle 161 f.
Gelenkinnenhaut, Membrana synovialis 161
Gelenkkapsel 161
Gelenkkapselorgane 67
Gelenkknorpel T48, 161
– Kollagenfibrillen 48, A49
– Regeneration 165
Gelenkspalt 161
Gelenktypen 163 ff.
Gemischte Drüsen 28
– Vorkommen 28
Gemischte Nerven 205
Generallamellen A50, 51 f.
Genetische Muskelgruppen 173
Genetisches Geschlecht 93
Geniculum nervi facialis A625, 671, **710**
Genitalfalte 415, A416
Genitalhöcker A389, **415**, A416
Genitalleiste A385, A406
Genitalnervenkörperchen **420**, **434**, 683
Genitalwulst 415, A416
Gennari-Streifen 742, **825**
Genu 537
Genu corporis callosi 745
Genu nervi facialis A768, 776
Genu valgum 537
Genu varum 537
GER, glattes endoplasmatisches Retikulum 26
Gerade Augenmuskeln 700
Gerstenkorn, Hordeolum 698
Geschlecht, genetisches 93
Geschlechtsdimorphismus 2
Geschlechtshormone
– Hoden 410
– Nebenniere 386
– Ovar **423**, **425**
Geschlechtsorgane, äußere
– Entwicklung 415, A416
– männliche 404 ff.
– weibliche 420 ff.
Geschmacksbahn 822
Geschmacksfasern 671
Geschmacksknospen 621, A622
– Entwicklung 114
– Innervation **623**, **822**
Geschmacksorgan **621**, 683
Geschmackssinneszellen **622**, 822
Geschmackszentren 822
Gesicht 601 ff.
– Entwicklung 601
– Fehlbildungen 606 f.
– Innervation 604
Gesichtsschädel, Viscerocranium 582, **595 f.**
– Verstrebungen 600
Gesichtsspalte, schräge 607
Gestagenphase A425
Gestalt 2
Gestaltwandel 2 f.
Gewebe 6 ff.
Gewebekultur 88
Gewebeschnitte 89
Gewebshormone 30
Gewundene-tubulöse Drüsen 24, A25
GFAP, glial fibrillary acidic protein 19, **86**
Ghrelin 357
Gianuzzi-Halbmond 28
Gigantismus 57, **759**
Gingiva 615
– Innervation 616
– Oberkiefer, Gefäße 660 f.
Ginglymus, Scharniergelenk 164
GIP, gastroinhibitorisches Peptide 356
Glabella 595
Glandula lacrimalis A625, 698 f.
Glandula lingualis anterior 621
– Innervation 671
Glandula mammaria 223
– Lobi 256
– Lobuli 256
– Lymphknoten 257
– Prämenstruell 256
– Schwangerschaft 256
– Septa interlobaria 256
Glandula parotidea **623**, A625, **631**
– Gefäße 624
– Innervation A207, T210, **624**, 676
Glandula pinealis, Zirbeldrüse A749, **753**, A758, A764
Glandula pituitaria, Hypophyse 757
Glandula seromucosa 28
Glandula sublingualis A625, 631
– Gefäße **625**, 659
– Innervation A207, T210, **625**, 671
Glandula submandibularis **624**, A625, 631, 654
– Gefäße **625**, 659
– Innervation A207, T210, **625**, 671
Glandula suprarenalis, Nebenniere 385
Glandula thyroidea **650 ff.**, 654
Glandula vesiculosa, Bläschendrüse 405, **414**
– Lage 384
Glandula vestibularis major 328, 433 f.
Glandulae areolares 223, **256**
Glandulae bronchiales 273
Glandulae buccales 615, **623**
Glandulae bulbourethrales 328, **403 f.**, A405, A414
– Anlage A412
Glandulae cardiacae 350 f.
Glandulae ceruminosae 223, **705**
Glandulae cervicales uteri 431
Glandulae ciliares, Moll-Drüsen 697
Glandulae circumanales 223, **365**
Glandulae duodenales 354, A355, **358**
Glandulae gastricae propriae 350 f.
Glandulae gustatoriae 621
Glandulae intestinales 354, **357**
Glandulae labiales **615**, 623
Glandulae laryngeales 647
Glandulae linguales 622
Glandulae nasales 627
Glandulae oesophageae cardiacae 301
Glandulae oesophageae propriae 301
Glandulae olfactoriae 627
Glandulae palatinae **616**, 623
Glandulae parathyroideae **652**, 654
– Entwicklung 635, A636
Glandulae pharyngeales 642
Glandulae pyloricae 350 f., A350, 352
Glandulae salivariae majores 623
Glandulae salivariae minores 623
Glandulae sebaceae, Zeis-Drüsen 697
Glandulae sebaceae liberae 223
Glandulae sebaceae pilorum 223
Glandulae sudoriferae apocrinae 223
Glandulae sudoriferae eccrinae 222
Glandulae tarsales, Meibom-Drüse 698
Glandulae tracheales 273
Glandulae urethrales A403, 404
Glandulae uterinae 429
Glandulae vestbulares minores 433 f.
Glans clitoridis 434
Glans penis A383, 417
– Entwicklung A416
Glanzstreifen 67
Glaser-Spalte 594
Glaskörper, Corpus vitreum 684, **691**
– Entwicklung 685
– Typ II Kollagen T37
Glaskörpergrenzmembran 691
Glaskörperraum 684
Glatte Muskelzellen 60
Glatte Muskulatur 58 ff.
– Entwicklung 58
– Innervation 61
Glattes endoplasmatisches Retikulum 26
Glaukom 690
Gleichgewichtsorgan 716 ff.
Gleichgewichtsregulierung 811
Gleichgewichtsstörungen **812**, **831**
Glia 85
– Entwicklung 85
– peripheres Nervensystem 87
– radiäre **86**, 725
Gliaarchitektonik 721
Glial fibrillary acidic protein 19, 86
Gliazellen 70, **85 f.**, A85
– Diagnostik 86
– Entwicklung 724, **725**, 732, 734
Glioblasten 725
Glisson-Kapsel 335
Glisson-Trias 367
Globus pallidus A739, 743, A745, **754**, 809

Glomeruläre Filtrationsrate 392
Glomerulus, Bulbus olfactorius 820
Glomerulus, Kleinhirn 790
Glomerulus, Niere **390 f.**, A392, A789
– Entwicklung 388
Glomeruluskapillaren 391
Glomus aorticum 196
Glomus caroticum 196, 209, **658**
Glottis 644, A645
Glukagon 374 f., T842
Glukokortikoide, Nebenniere 386
Glutamat **74**, 76, T77, **841**
Glutamatdecarboxylase T77
Glutamaterge Neurone 74
Glutamaterge Synapse 76
Glutaraldehyd 89
Glykokalix 11
Glykokonjugat 38
Glykolipide 11
Glykoproteine 11
– Vorkommen 40
Glykosaminoglykane 40
Glyzin T77
GnRH, Gonadotropin releasing hormone 410, 425, **T761**
Golgiapparat 26 f.
– Nervenzellen 71
Golgi-Färbung **70**, **74**
Golgi-Sehnenorgane 67
Golgi-Typ-I Nervenzelle 73
Golgi-Typ-II Nervenzelle 73
Golgi-Zellen, Kleinhirn A789, 790
Goll-Strang, Fasciculus gracilis 797, **800**, 815
Gomera rectalia A364
Gonadenanlage A388
Gonadenentwicklung A407
– männlich 406, A407
– weiblich A407, 421
Gonadenleiste 406
Gonadoliberin 425, T761
Gonadotrope Zellen 759
Gonarthrose 537
Gonosom 123
Gowers, Tractus spinocerebellaris anterior 802
G-Protein-gekoppelte Rezeptoren 78
Graaf-Follikel 424
Granenzym 144
Granula mitochondrialia 27
Granulationes arachnoideae 847
Granulationsgewebe 216
Granulomer 133
Granulopoese 136
Granulosaluteinzellen A423, **424**, 425
Granulosazellen 423
Granulozyten A127, 129 ff.
– basophile 131
– eosinophile 131
– neutrophile 130
– Normalwerte T129
– segmentkernige neutrophile 130
– stabkernige 130
Grauer Star 691
Graue Substanz, Rückenmark 726
Gray I Synapse A75
Gray II Synapse A75
Grenzstrang 206, A209
– Entwicklung 734
Grenzstrangganglien A201, **206**, A208
Grenzzellen, Corti Organ 714
Große Hinterhornzellen 797
Große Lymphozyten 132
Großer Kreislauf 180
Großes Becken 324
Großes Netz, Omentum majus 332
– Entwicklung 333
Großes Vieleckbein, Os trapezium 460
Große Vorderhornzellen 796
Großhirn 736
– Anlage 112
– Oberfläche 737
Großhirnbrückenbahn, Tractus corticopontinus 782
Großzehe 524
Grundbündel 799
Grundplatte **726**, A727
– Rhombencephalon 762 f.
– Wirbelkörper 229, A230e
Grundsubstanzen 40
Grüner Star 690
Gubernaculum testis 318
Gürteldesmosom 13 f.
Gustatorisches System 821 f.
Gynäkomastie 256
Gyrencephal 736
Gyrus angularis 739, A740, **843**
Gyrus cerebri 736 f.
Gyrus cinguli A737, **833**, A834, 835 f.
Gyrus dentatus A836
Gyrus frontalis inferior A737
Gyrus frontalis medialis A737
Gyrus frontalis medius A737
Gyrus frontalis superior A737
Gyrus lingualis A737
Gyrus occipitotemporalis lateralis A737
Gyrus occipitotemporalis medialis A737
Gyrus orbitalis A737
Gyrus parahippocampalis A737, **833**, A834, 836
Gyrus postcentralis A737, 817
– Körperprojektionen A818
Gyrus praecentralis A737
– Körperprojektionen A818
Gyrus rectus A737
Gyrus supramarginalis 739, A740
Gyrus temporalis inferior A737
Gyrus temporalis medius A737
Gyrus temporalis superior A737
Gyrus temporalis transversus 739, A828, 829
G-Zellen, Gastrin Zellen **351**, **356**

H

Haarbalg 225
Haarbulbus 225
Haare 224 ff.
– Anordnung 224
– Aufbau 224 f., A225
Haarfollikel 224
Haarpapille 225
Haarschaft 225
Haarsträuben 222, **225**
Haarstrich 224
Haartalg 223
Haarwechsel 226
Haarwirbel 224
Haarwulst 225
Haarwurzel 225
Haarzellen, Corti Organ 713
– Vestibularapparat 717
Habenula A749, **753**, A835
Habituelle Luxation 165
Hackenfuß 561
Haftkomplex 16
Haftmesenchym 108
Haftstiel A96, 108, A109 f., A113, **118**
Haftzotten A98, 103
Hakenbein, Os hamatum 460
Hakenmagen A347
Halbseitenläsion 803
Hallux 524
Hallux valgus 550
Hals 632 ff.
– Arterien 656 ff.
– Entwicklung 633 ff.
– Gliederung 632
– Innervation 665 ff.
– Lymphknoten 663, T664
– Nerven A653, 674 f.
– Querschnitt A633
– Spatien 639
– Topographie 654
– Venen 662
Halsfaszien A633, 639
Halsfistel 636
Halsganglien 677 f.
Halslordose 241
Halsmuskeln 636, A637, **T637 ff.**
Halsrippe 260
Halswirbel 229
– Osteologie 236 f.
Halswirbelsäule 229, 236 f.
– Beweglichkeit T237
– Gelenke 237 f.
Halszyste 636
Haltungstypen 241
Hämatokrit 126
Hämatolienale Periode 134
Hämatom, Haut 220
Hämatotrophe Phase 98
Hämatoxylin-Eosin-Färbung 89
Hammer, Malleus T583, A706, **708 f.**
Hammerzehe 550
Hämochoriale Plazenta 99
Hämoglobin 128
Hämolyse 128
Hämooxygenase-2 T77
Hämophilie 133
Hämotopoetische Stammzelle 126, A135
Hämozytoblast **134**, 180
Hamulus ossis hamati A456, A459, **460**, T482, T487
Hamulus pterygoideus **593**, A598, T617
Hand, Manus
– Aponeurosen 499
– Arterien 502
– Bänder 481
– Faszien 499
– Haut 215, 222

- Innervation **T495**, **T498**, 597, 508, 510
- Knochen 459f.
- Logen 499
- Muskeln 495ff.
- Ossifikation T452
- Profil 478
- Sehnenscheiden **493**, **494**
- Taststellen A456, 460
- Topographie 516
- Venen 504

Handgelenk 480f.
- Bewegungen **483**, **492**, A493
- distales 481
- Dorsalextension 492
- Palmarflexion T487, T488, 492
- proximales 481
- Radialabduktion T488
- Ulnarabduktion T488

Handmuskeln 495ff.
- Entwicklung 495
- Hypothenargruppe T498, 499
- mittlere Gruppe 496f., T498
- Thenargruppe 495

Handplatte 451
Handrücken 479
- Sehnenscheiden 494

Handwurzel, Carpus
- Bänder **A480**, 481, **T482**
- Knochen 459f.
- Taststellen 460

Harnableitende Wege, Herkunft T112
Harnblase, Vesica urinaria A389, **399f.**, A400
- Arterien 401, A402
- Befestigung 400
- Entwicklung 399
- Histologie 400
- Lymphgefäße 401
- Nerven 401
- Neugeborenes 382
- Peritonealbedeckung 401
- Tropographie 382
- Übergangsepithel T9, 10
- Venen 401, A402

Harndrang 400
Harnleiter, Ureter 389
Harnorgane 387ff.
Harnpol 391
Harnröhre, Urethra 402 A389
- Entwicklung 399

Harn-Samen-Röhre, Urethra 402
Harte Hirnhaut 846
Hasenscharte 606, A607
Hassall-Körperchen 294, A296
Hauptbronchien, Bronchi principales 254, **272**
- Wandbau T277

Hauptstück A390, A392, **393**
Hauptzellen, Magen 351
Haustra coli A344, 361
Haut 214
- Anhangsorgan 222, A223
- Blutgefäße 219f., A220
- Drüsen 222ff.
- Durchblutungssteuerung 220
- elastische Fastern 218
- Entwicklung 214
- Epidermis 215
- Farbe 217
- Gewicht 214
- Kollagenfaserbündel 218
- Lymphgefäße 219f.
- Muskeln 219, **225**
- Nerven 221f.
- Querschnitt A214
- Regeneration 210
- Rezeptororgane 221f.
- Wärmeabgabe 220

Havers-Gefäße 52
Havers-Kanal 51f.
Hb, Hämoglobin 128
HCG, Humanes Chorion-Gonadotropin 103
HE, Hämatoxylin-Eosin-Färbung 89
Hegar-Schwangerschaftszeichen 429
Helicobacter pylori 349
Helicotrema 712
Helix A705
Helligkeitssehen 694
Helweg-Dreikantenbahn 802
Hemiarthrose 160f.
Hemiballismus 809
Hemidesmosom 13f., T14, A15, **16**
- Dermis 217

Hemiplegie 783
Hemisphären 735
Henle-Schleife T391
Hensen-Zellen, Corti-Organ A714
Hensen-Zone, Skelettmuskelfaser 62
Hepar, Leber 367ff.
Heparansulfat 40
Heparin 35
Hepatozyt 369
Hering-Kanälchen 371
Hernia completa 320
Hernia femoralis medialis T319, 576
Hernia inguinalis lateralis acquisita A317, 319
Hernia inguinalis lateralis congenita A317, 319
Hernia inguinalis medialis A317, 319
Hernia interstitialis 320
Hernia scrotalis 320
Hernien 314
- äußere 314
- epigastrische 314
- innere 314

Herz, Cor **178f.**, **282ff.**
- große Gefäßstämme 292f.
- Innenräume 285ff., A286
- Innervation 290
- Infarkt 291
- Lymphgefäße 292
- Nachbarschaft 284
- Ventilebene 288

Herzbasis 283
Herzbeutel, Perikard 280f.
Herzbeuteltamponade 281
Herzentwicklung 181ff., A183
- Ausstrombahn 186
- Einstrombahn 181
- Fehlbildungen 188f.

Herzfrequenz 780
Herzgeräusche 288
Herzgewicht 283
Herzkammern 287f.,
- Muskelverlauf 284

Herzklappen 179, **286ff.**
- Auskultationsstellen **T288**, A289
- Projektionen **T288**, A289

Herzklappeninsuffizienz 288
Herzklappenstenosen 288
Herzkranzgefäße 290f.
- Linkstyp 290
- Rechtstyp 290

Herzlage 282
Herzmuskelzellen A58, 67f.
Herzmuskulatur 58, T59, **67ff.**
- Entwicklung 58
- Innervation 68
- neuroendokrine Granula **68**, 284

Herznerven 290
Herzoberfläche 282
Herzohren **286**, **288**
Herzränder, Projektionen 283f.
Herzrhythmusstörungen 290
Herzskelett 284f.
- Entwicklung 185

Herzspitze 282
Herzspitzenstoß 284
Herzvenen 291
Herzvorhöfe 286f.
Herzwände 284f.
Heschl, Querwindung 739
Heterodont 608
Heterophagosom 20
Heterorezeptoren 76
Heuschnupfen 131
Heuser-Membran 108
HEV, Hochendotheliale Venolen 152
Hiatus adductorius A527, **534**, 564, 577
Hiatus aorticus A265, T265, **266**
Hiatus basilicus A504
Hiatus canalis nervi petrosi majoris 591
Hiatus canalis nervi petrosi minoris 591
Hiatus oesophageus T265, 266
Hiatus sacralis 240
Hiatus saphenus **546**, A567, 568, 575, T576, 577
Hiatus semilunaris T590, 598
Hilum lienale 338
Hilum olivaris inferioris 771
Hilum ovarii 421
Hilum pulmonis 269, **274**, A275
Hilum renale 381
Hilum splenicum 339
Hinterdarm 343
Hintere Augenkammer 684, A688, **690**
Hintere Darmpforte 117
Hinterer Bogengang 716
Hintere Wurzel 201
Hinterhauptbein, Os occipitale T583, 592
Hinterhauptlappen 736
Hinterhorn, Rückenmark A727, A794, 806
- Entwicklung 726
- Strangzellen 815

Hinterhorn, Ventikel 850
Hintersäule 794
Hinterstrang A794, **797**, 800
- Entwicklung 727

Hinterstrangkerne 815
Hinterstrang-mediales Lemniskussystem 800
Hinterstrangsystem 815, T816
Hinterwurzel, Rückenmark 799

Hippocampus 738, **832**, A834
- Afferenzen 832
- Efferenzen 833
- Entwicklung 836
- glutamaterg 841
- Schichten 832
- Stammzellen 725

Hirci, Achselhaare 224
Hirnhäute 720, **846 f.**
- Entwicklung 847

Hirnmantel, Pallium 737
Hirnnerven 203 ff., **665 ff.**, 720
- funktionelle Organisation T204

Hirnnervenkerne **771 f.**, T774 f
- Entwicklung 763
- Lage und Anordnung A772

Hirnstamm 735, 762
- anteriorer Bereich A763
- Arterien 782, A783
- Bahnen 780 ff.
- Entwicklung 762
- Faserbündel 781
- Gliederung 762
- laterales Versorgungsgebiet 783
- limbisches System 837
- mediales Versorgungsgebiet 783
- posteriorer Bereich A764
- vegetative Zentren 838
- Venen 784

His-Bündel A285, 289
Histamin 35, T77, **149**
Histidindecarboxylase T77
Histiotrophe Phase 98
Histiozyten **35**, A42, 138
Histochemie 90
Histogenese 92
Histologie 4 ff.
Histologische Technik 87 f.
HIV-Infektion 145
Hochendotheliale Venolen 141, A151, **152**
Hochprismatische Epithelzellen 9
Hochrelief, Magen 349
Hoden 404 ff.
- Arterien 411
- Entwicklung 406
- Histologie 406 ff.
- Lymphgefäße 411
- Nerven 411
- Venen 411

Hodenbruch 320
Hodenhüllen 417, T418
Hodenstränge 406, A407
Hofbauer-Zellen 103 f., **104**, 138
Hohlfuß A525, 561
Hohlhand 479
Hohlhandbogen
- oberflächlicher 503
- tiefer 502

Hohlhandfaszie, tiefe 499
Hohlhandmuskeln, tiefe 496
Hohlrücken 241
Holokrine Sekretion 29
- Talgdrüsen 224

Homeobox 107
Homeotische Gene 107
Homonyme Hemianopsie A823
Hörbahn 828
Hordeolum 698
Horizontale Blickbewegungen 812
Horizontale Blicklähmung 814
Horizontalzellen A692, 694
Hormone
- Biosynthese 31
- Hoden 404
- Hypophyse 557
- Hypothalamus 754
- Knochenentwicklung 57
- Langerhans Inseln, Pankreas 374
- Nebenniere 385
- Ovar 421

Horner-Syndrom 690
Hornhaut, Cornea 684
- Innervation 687

Hornhautendothel A686, 687
Hornhautepithel 686
Hornschicht 215
Hörorgan 704 f., **712 f.**
Hörrinde **739**, A828, 829
Hörvorgang 715
Howship-Lakunen 54
HOX, Homeobox 107
Hoyer-Grosser-Organ 195
hPL, Plazenta-Laktogen 103
Hubhöhe 171
Hubkraft 171
Hufeisenniere 389
Hüftbänder 322 f.
Hüftbein, Os coxae 321 ff.
- Taststellen 322, A520

Hüftgelenk, Articulatio coxae 526 ff.
- Abduktion T528, **529**, T535
- Achsen A527, 529 f.
- Adduktion T355, T528, **529**, T535
- Anteversion 527, T535
- Außenrotation T528, **529**, T535
- Bänder 526, T528
- Beugung T528
- Bewegung 527 f., T544
- Innenrotation T528, 529, T535
- Muskelwirkung T535
- Retroversion 527, T535
- Rotationsachse A536
- Zirkumduktion 529

Hüftgelenkluxation, angeborene 454
Hüftgelenksdysplasie 529
Hüftmuskeln 529, T531
- Adduktoren A527, 529, **533 f.**
- äußere T531, **532**
- innere 326, **530**, T531

Hühnerbrust 268
Hülsenkapillaren 378
Humanes Chorion-Gonadotropin 103
Humerus **457**, 473 f.
- Ossifikation T451
- Taststelle 458

Hummerscherenhand 453
Humor aquosus 684
Husten 274
HWS, Halswirbelsäule 229
Hyaliner Gelenkknorpel 48, A49, **161**
- Regeneration 165

Hyaliner Knorpel A46, **48**, A49
Hyalomer 133
Hyaluronsäure 40
Hydrocephalus **731**, 851
Hydroxylapatit 51
Hydrozele 318
Hymen 433
Hyoidbogen T634
Hyperchrome Anämie 128
Hyperplasie 6
Hypertrichose A728
Hypertrophie 6
- Muskel 174
- Sehne 174

Hypoblast A96, 106
Hypoblastzellen 108
Hypochondrium 308
Hypochrome Anämie 128
Hypokinese 810
Hypomochlion 172
Hypopharynx 641
Hypophyse A749, 757
- Adenom 759
- Entwicklung 729, A730, **758**
- Gefäße 759
- Portalgefäßsystem 757

Hypophysengrube 586, **591**
Hypophysenhinterlappen 758
Hypophysenhormone A760
Hypophysenstiel 754, **757 f.**
Hypophysentasche A585
Hypophysenvorderlappen 757
Hypophysenzwischenlappen 757
Hypophysiotrope Zone 756
Hypoplasie 6
Hypospadie 417
Hypothalamische Neuropeptide **756**, T842
Hypothalamohypophysäres System 756
Hypothalamus A739, 748, A749, **754 ff.**
- Effektorhormone 756
- afferente Faserbündel 755
- Areale 754 f.
- Blutgefäße 757
- efferente Verbindungen 755
- Follikulogenese 425
- Gliederung 754
- Kerne 754 f.
- limbisches Systems 837
- Steuerhormone 756, T761
- vegetative Zentren 838

Hypothenar 479, T498, 499
Hypothyreotischer Zwergwuchs 652
Hypotympanon 707
H-Zone 62

I

ICSI, Intrazytoplasmatische Spermieninjektion 92
IFN, Interferone 139
IgA A146, 148
IgD A146, 148
IgE A146, 148
IgG A146, 148
IgM A146, 148
IL, Interleukin 139
Ileum 343
- Plicae circulares A355, 359

Iliokostale Gruppe **A244**, T248
Immersionsfixierung 88
Immunantwort 136
Immunglobulinadhaesionsmoleküle 13, A15
Immunglobuline 148

Immunisierung
- aktive 148
- passive 148
Immunität
- angeborene 138 ff.
- erworbene 140 ff.
Immunkompetente Zellen 136
Immunoglobuline 13
Immunsystem 126 ff.
Implantation A93, 95
- interstitielle 96
Implantationsfenster 96
Implantationshemmung 95
Implantationspol 95
Imprägnation **92**, A93, 436
Impressio cardiaca (Pulmo) A275
Impressio colica (Hepar) A336
Impressio duodenalis (Hepar) A336
Impressio gastrica (Hepar) A336
Impressio gyrorum 586
Impressio ligamenti costoclavicularis 455
Impressio oesophagealis (Hepar) A336
Impressio renalis (Hepar) A336
Impressio suprarenalis (Hepar) A336
Impressio trigeminalis 591
Inaktivitätsatrophie 6
- Knochen 159
- Muskel 174
Incisura acetabuli 322, T528
Incisura angularis 348
Incisura cardiaca pulmonis sinistra A275
Incisura cardialis 348
Incisura clavicularis A255, 461
Incisura costalis 261
Incisura fibularis A521, 522
Incisura frontalis 595
Incisura interarytaenoidea 642
Incisura intertragica A705
Incisura ischiadica major 321
Incisura ischiadica minor 321
Incisura jugularis A255, **261**, A473
Incisura mandibulae 599
Incisura mastoidea A593, **594**, T619
Incisura nasalis 596
Incisura radialis 458
Incisura scapulae A455, 456
Incisura tentorii 847
Incisura thyroidea inferior 646
Incisura thyroidea superior A645, 646
Incisura trochlearis 458
Incisura ulnaris (radii) 458 f.
Incisura vertebralis inferior A230, 235
Incisura vertebralis superior A228, A230, **235**
Incus, Amboss T583, A704, **708 f.**
- Entwicklung 707
- Herkunft 634
Indolaminooxygenase, Implantation 96
Induktion 107
Indusium griseum A750, **833**, A835
Infarkt 285
Infrahyale Muskulatur 636, T637
Infundibulum, Haare 224
Infundibulum hypophysis A479, A755, A756, **758**, A763
Infundibulum tubae uterinae 426
Inhibin 410 f., 425
Inhibitorische Synapse 74
Initialsegment A71, 72
Innenohr, Auris interna 711
- Entwicklung **704**, **711**, A712
- Gefäße 659, **718**
Innenstreifen, Niere 389, T391
Innenzone, Niere 389, T391
- Prostata 414
Innere Augenhaut, Retina 691
Innere Beckenmaße 324, T325
Innere Grenzzellen, Claudius-zellen 714
Innere Haarzellen, Corti-Organ 713, A714, **715**
Innere Hernien 314
Innere Hüftmuskeln **326**, T531, 532
Innere Körnerschicht, Stratum nucleare internum 742
Innere männliche Geschlechtsorgane 404
Innere Pfeilerzellen, Corti-Organ 713, A714, **715**
Innere Phalangenzellen, Corti-Organ 713, A714
Innere plexiforme Schicht, Stratum plexiforme internum T693, 695
Innere Pyramidenzellschicht, Lamina pyramidalis interna 742
Innerer Baillarger-Streifen A741, 742
Innerer Leistenring 316
Innerer Liquorraum 720
Innerer Muttermund 428
Innerer Tunnel, Corti-Organ A714, 715
Inneres Fazialisknie 769
Inneres Mesaxon 80
Innere weibliche Geschlechtsorgane 420 ff.
Insemination 92
In-situ-Hybridisation 90
Inspiration T243, 263, **268**
- Atemmuskeln 262
- Atemhilfsmuskeln T263
Inspiratorische Neurone 780
Insula **736**, A739, A745
Insulae pancreaticae, Langerhans-Inseln 374
Insulin 374, T842
Integrale Proteine 11
Integrin **13**, A15, 17, 40, 95
Intentionstremor 810
Intercostale Lymphknoten 257
Interdentalzellen, Limbus laminae spiralis 714
Interdigitale Nekrosezone 451
Interdigitierende dendritische Zellen 142
Interferon 139
Interkostalmuskeln A255, A261, **262**
Interkostalräume 260
Interleukin 139
Interleukin 2 142, A144
Interleukin 8 130, A144
Intermediäre Filamente A15, 18
Intermediärer Sinus 151
Intermediärer Tubulus T391, 393 f.
Intermediäres Mesoderm A113, 116
Intermediärlinie 80
Intermediärzellen 432
Intermediärzotten 103
Interneuronale Synapsen 78
Interneurone 73, **722**
Interphase 20
Intersectio tendinea 310
Interspinalebene T325
Interspinales System **243**, A244, T245
Interspinallinie A324, T325
Interstitielle Drüsenzellen, Ovar 421
Interstitielle Flüssigkeit 40
Interstitielle Implantation 96
Interstitielles Bindegewebe 43
Interterritorien 48
Intertransversales System **243**, A244, T247
Intervillöser Raum 97, A98, 101, **105**
Interzellularräume 16
Interzellularsubstanzen
- Knochen 51
- Knorpel 46
- ungeformte 40
Intestinum crassum, Dickdarm 361 ff.
Intestinum tenue, Dünndarm 353 ff.
Intima 190 f.
Intraabdominaler Druck 315
Intracortikale Verbindungen 805
Intraembryonales Mesoderm 106, **109**
Intraembryonales Zölom A113, 116
Intrafusale Faser 66
Intraglomeruläres Mesangium 391
Intrahepatische Gallenwege 371
Intrahepatisches Gefäßsystem 367
Intrahepatisches Pfortadersystem 367
Intrahypothalamische Verbindungen 755
Intraperitoneal gelegene Organe 330
Intrathalamische Marklamellen 750
Intrazelluläre Poren, Kapillaren 193
Intrazellulärer Transport 18
Intrazelluläre Sekretkanälchen 351
Intrazytoplasmatische Spermieninjektion 92
Intrinsic factor 351
Intrinsisches Nervensystem
- Dickarm 363
- Dünndarm 360
- Magen 353
- Rectum 366
Intumescentia cervicalis 791, A792
Intumescentia lumbosacralis 792
Invasion, Blastozyste 96

Invasive Trophoblastzellen 102
In-vitro-Fertilisation **92**, 422
Involution 6
Ionale Kopplung 16
Iris A684, **689**
– Innervation 689
– Muskulatur 689
Iriskrause 689
Irisstroma 689
Ischämische Phase A429, 430
Ischiokrurale Muskelgruppe 545
Isocortex, Schichten 740 ff.
Isogene Zellgruppen 47, T48
Isometrische Kontraktion **64**, **173**
Isoprismatische Epithelzellen 9
Isotonische Kontraktion **64**, **173**
Isthmus, Magendrüsen 351
Isthmus aortae 297
Isthmus faucium 605, **617**
Isthmus gl. thyroideae 650
Isthmus tubae uterinae 426
Isthmus uteri 427
Isthmuszellen gl. gastricae 351
I-Streifen 62 f.
Ito-Zellen 367, A368
IVF, In-vitro-Fertilisation **92**, 422
I-Zellen, Cholezytokinin Zellen 356

J

Jacobson-Anastomose 672, **676**
Jejunum **343**, A355, **359**
Jochbein, Os zygomaticum T583, 594, **596**
Jochbogen 594
Jochpfeiler
– horizontaler 600
– senkrechter 600
Juga alveolaria 596
Junctional complex 16
Juxtaglomerulärer Apparat 390, **392 f.**

K

Kaes-Bechterew-Streifen A741, 742
Kahnbein, Os naviculare 459 f.
Kallus 55
Kalmodulin 60
Kalorischer Nystagmus 705
Kältefixierung 88
Kalzitonin 651, T842
Kalziumspeicher, Knochen **53**, 159
Kambiumschicht 157
Kammerscheidewand, Septum interventriculare 287
– Entwicklung 186
Kammerscheidewanddefekt 189
Kammerschenkel 289
Kammerseptumdefekt 188
Kammerwasser 684, 688, **690**
Kammerwinkel 690
Kapazitation 435
Kapillaren 178, **192 f.**
– diskontinuierliche 193
– fenestrierte 193
Kapillartypen 193
Kardiadrüsen 351
Kardiogene Zone 181
Kardiomyozyt 68
Karotispuls 655
Karpaltunnel 460, **493**
Karpaltunnelsyndrom 459, 493, **496**
Karpometakarpalgelenk 481
Karyogamie 93
Karyolyse 22
Karyorrhexis 22
Karzinoid, enterochromaffine Zellen 357
Katagenphase 226
Katarakt 691
Kathepsin 351
Kauakt 173
Kauapparat 607 f.
Kaumuskeln 613, T614
– Entwicklung T634
Kausale Histogenese 175
KB, Kreuzbein 229
Kehldeckel, Epiglottis 645
Kehlkopf 644 ff., A645
– Entwicklung 645
– Gefäße 649
– Gelenke 646
– Gliederung 644 f.
– Innervation 649
– Lage 644
– Muskeln 647, T648 f
– Schleimhaut 647 f.
– Skelett 645
– Spannapparat 647
– Stellapparat 647
Kehlkopfbänder
– äußere 647
– innere 646
Keilbein, Os sphenoidale T583, 591
Keilbeine, Ossa cuneiformia, Fuß A523, 524
Keilbeinflügel 586
Keilbeinhöhle 598
Keimblätter 108, T112
Keimepithel 406
Keimscheibe **106**, 111
Keimschild 111
Keimstränge A407
– Hodenentwicklung 406, A407
– Ovarentwicklung A407, 421
Keimzentrum A151, 152
Keith-Flack-Knoten 289
Keratinfilamente 215
Keratinozyten 215
Keratogene Zone, Haar 225
Keratohyalingranula 216
Keratozyten 216
Kerckring-Falten 354
Kernkettenfaser 66
Kernpyknose 22
Kernsackfaser 66
Kiefergelenk 612 f.
– Bewegungen 613, T614
– Gefäße 660
– Discus articularis T48, 612
– Schiebebewegungen 614
Kieferhöhle 598
– Gefäße 660
Kieferschluss T614
Kielbrust 268
Killerzellenhemmender Rezeptor 139, A140
Kindsbewegungen A120
Kinesin 18
Kinetosom 12
Kinozilien 12
– Bewegung 13
KIR, Killerzellhemmender Rezeptor 139
Klassisches Leberläppchen 368, A370
Klavicula, Clavicula 455
Kleine Lymphozyten 132
Kleiner Kreislauf 180
Kleines Becken 324
Kleines Netz, Omentum minus 337
Kleines Vieleckbein, Os trapezoideum 460
Kleine Vorderhornzellen 796
Kleinhirn, Cerebellum 784
– Afferenzen 787
– Arterien 790
– Efferenzen T787, 788
– Entwicklung 729, A730, **784**
– Funktion 790
– Gliederung 785
– Längszonen 785, **786**
– Schnitte A786
– Venen 791
Kleinhirnbahnen 810, A811
Kleinhirnbrückenwinkeltumoren 777
Kleinhirnhemisphäre 785
Kleinhirnkerne 786, **788**
– Blutversorgung 791
Kleinhirnmark 786
Kleinhirnrinde 786, A789
Kleinhirnschleife 810
Kleinhirnstiel 784, T787
– mittlerer 787
– oberer 787
– unterer 787
Kleinhirnwulst 784
Kletterfasern 789
Klinefelter-Syndrom 123
Kloake A117, A388 f., **399**
Kloakenmembran A109 f., 110, A117, A388, **399**
Klonieren 93
Klumpfuß 561
– angeborener 454
Klumpke-Lähmung 497
Knäuelanastomosen 195
Knäueldrüsen 223
Knickfuß 561
Knick-Platt-Fuß 561
Knie, Genu 536 f.
Kniegelenk 537 f.
– Außenrotation 542, T543
– Bänder 539 f
– Beugung **542**, T543, T553
– Bewegungen 542, T543
– Bursae 541
– Gelenkkapsel 538
– Innenrotation **542**, T543, T553
– Recessus 538
– Rotation 542
– Sicherung 541
– Streckung **542**, T543, T544
Kniekehle 537, **577**

Kniescheibe, Patella 519
Knochen 32, **50 ff.**, **156 ff.**
– Aktivitätshypertrophie 159
– funktionelle Anpassung 159
– Histologie 50 ff.
– Inaktivitätsatrophie 159
– Interzellularsubstanzen 51
– Kalziumspeicher 53
– kurze 157
– lange 156
– Leichtbauweise 157 f.
– platte 157
– pneumatisierte 157
– Typ-I-Kollagen T37, 51
Knochenbälkchen 57
Knochenbruchheilung **54 f.**, 175
Knochenentwicklung 55 f., A56
– direkte 55
– enchondrale 56
– Hormone 57
– indirekte 55
– perichondrale 55
Knochenformen 156
Knochenführung 163
Knochenhemmung 163
Knochenkanälchen 50
Knochenkerne 57
Knochenmanschette, perichondrale 55
Knochenmark
– Blutbildung 134
– Blutfreisetzung 136
– gelbes 156
– primäres 56
– rotes 134, **136**, 157, **160**
– sekundäres 56
Knochenmarkstammzellen 141
Knochenmarkstroma 136
Knochenumbau 53, A54
Knochenverletzung 165
Knochenwachstum 57
Knochenzellen 50
Knochenzellhöhle 50
Knöchernes Labyrinth 711
Knorpel 32, **46 f.**
– Altersveränderungen 48
– elastischer A46, 48
– Entwicklung 46
– hyaliner A46, 48
– Interzellularsubstanzen 47
– Kollagen, Typ II T37, 47
Knorpelarten 47 f., T48
Knorpelhof A46, 47 f.
Knorpelhöhle 47
Knorpelkapsel A46, 47
Knorpelproliferation 165
Knorpelwachstum 47
– appositionelles 47
– interstitielles 46
Knorpelzellen 46 f.
Knospenbrust 256
Kochlea, Cochlea 712
Kohabitation 434 f.
Kohlenmonoxid T77
Kohlrausch-Falte 364
Kokzygealkyphose 241
Kokzygealnervenpaare 202
Kolbenhaar 226
Kollagen 35
Kollagenfaserbildung 38
Kollagenfaserbündel 36
– Dermis 218
Kollagenfasern **35 f.**, 36, A38
Kollagenfibrillen 36, A38
Kollagentypen 35, T37
Kollagen Typ I 35, T37
Kollagen Typ II 35, T37
Kollagen Typ III 35, T37
Kollagen Typ IV 17, **35**, T37
Kollagen Typ VII, Dermis 218
Kollaps **192**, 705
Kollateralbänder 164
Kollaterale **72**, 194
– rekurrente 72
Kollodiaphysenwinkel 518
Kollum-Korpus-Winkel 518 f., A536
Kolobom 685
Kolon, Colon 361
Kommissurenbahnen, Endhirn 744
– Entwicklung 745
Kommissurenfasern, Rückenmark 796
Kommissurenzellen, Rückenmark 796
Kompartment-Syndrom 551
Komplement, Definition 140
Komplementaktivierung 148
Komplementärräume 270
Komplementsystem 140
Komplexe Synapse 76
Kompressionskräfte 175
Konfokale Lasermikroskopie 90
Koniotomie 655
Konstitutive Sekretion A26, 29
Kontraktion 60, A62
Kontrapoststellung 562
Kontrollpunkte
– Zellzyklus A20, 21
Konvergente Erregungsleitung **208**
– Rückenmark 800
Konvergenzbewegungen 814
Konzeption 93
Kopf 582 ff.
– Arterien 656 ff.
– Entwicklung 117, **582**
– Innervation 665 ff.
– Lymphknoten 663
– Topographie 629 ff.
Kopfbewegungen **813 f.**, **829**
Kopffortsatz 110
Kopfganglien 675 f.
Kopfgelenke 237
Kopfmesoderm 58, **115**
Kopfplatten, Pfeiferzellen 715
Korbzellen 789 f., A789
Korezeptoren 142
Korff-Faser 610
Kornea, Cornea 686
Körnerzellschicht
– Cortex cerebelli 788, A789, **790**
– Epidermis 215
– Isocortex 741 f.
– Retina **A692**, T693, 694
Koronararterien 290 f.
– Anastomosen 291
– funktionelle Endarterien 291
Körperbautyp 3
Körperbewegungen 829
Körperfaszie 169
Körperform 116 ff., A121
Körpergleichgewicht 788
Körperoberfläche
– dorsal A242
– ventral 308, A300
Körperproportionen 120, A121
Kortikales Blickzentrum 813
Kortikalis, Knochen 156
Kortikoliberin 757
Kotyledonen
– fetale 101
– maternale 101
Koxarthrose 529
Krallenhand 509
Krampfadern 194
Krämpfe 723
Kraniokaudale Krümmung 116 f.
Kraniokaudale Ordnung 3
Kraniopagus 123
Kraniopharyngeom 759
Kraniosynostosen 584
Kranznaht 584
Kräuselhaar 224
Kreislauf 178 ff.
Kreislaufschock 180
Kreislaufzentrum 780
Kreuzbänder 540
Kreuzbein, Os sacrum 229, **240**
Kreuzbeinwirbel 229
Kreuzschmerzen 240
Krinophagie 27
Krückenlähmung 511
Kryostat 89
Krypten
– Dickdarm A355, 361
– Duodenum A355, 359
– Ileum 359
– Jejunum A355
Kryptorchismus 318
Kugelgelenk 163, A164
– Bewegungsaufbau 173
Kupffer-Zellen 138, **367**, A368
Kürettage 430
Kurze Assoziationsbahnen 744
Kurze Knochen 156 f.
Kurzzeitgedächtnis 832, **845**
Kutikularplatte, Corti-Organ 714
Kutiviszerale Reflexe 211
Kyphose 241
K-Zellen, Dünndarm 356

L

Labioskrotalwulst A416
Labium anterius, Muttermund 428
Labium laterale, Linea aspera femoris 519
Labium majus 433
– Entwicklung 433
– Innervation 447
Labium mediale, Linea aspera femoris 519
Labium minus 433
– Entwicklung A416, 433
– Talgdrüsen 223
Labium oris 605
Labium posterius, Muttermund 428
Labrum acetabuli 162, **526**, T528
Labrum articulare 162
Labrum glenoidale 162
Labrum ileocaecale 344
Labyrinthus cochlearis 711

Labyrinthus membranaceus 711
Labyrinthus osseus 711
Labyrinthus vestibularis 711
Lacertus fibrosus 477
Lachmuskel T604
Lacunae urethrales 404
Lacuna musculorum A314, 530, **575**, T576, A577
Lacuna ossea 50, A51
Lacuna vasorum A314, A530, 564, **575**, T576
Lacus lacrimalis 699
LAD, left anterior descendens artery 291
Lähmung, schlaffe 173
Laimer-Dreieck A642
Lakunen
– Plazentaentwicklung 98
Lambdanaht 584
Lamellae anulatae 26
Lamellae interstitiales, Schaltlamellen A51, 52
Lamellenknochen **50 ff.**, 157
Lamina affixa thalami 749, A756
Lamina arcus vertebrae A228
Lamina basalis choroideae 687 ff.
Lamina basilaris 712 f., A714
Lamina cartilaginis cricoideae 646
Lamina choroidocapillaris 687, A692, A695
Lamina cribrosa ossis ethmoidalis 586, T587, **590**, A591, T597, A598
Lamina cribrosa sclerae 696
Lamina densa, Basallamina 17
Lamina epithelialis mucosae 301
Lamina fibroreticularis 17
Lamina granularis externa 741
Lamina granularis interna 742
Lamina horizontalis ossis palatini 592, **593**, T597
Lamina lateralis processus pterygoidei 593, A631
Lamina limitans anterior A686, 687
Lamina limitans posterior A686, 687
Lamina lucida 17
Lamina medialis processus pterygoidei A592, **593**, A598
Lamina medullaris lateralis thalami A750, 751
Lamina medullaris medialis thalami A750, 751
Lamina membranacea 707
Lamina molecularis 741
Lamina multiformis 742
Lamina muscularis mucosae 301
– Dickdarm 361
– Dünndarm 358
– Magen 349
– Ösophagus 301
Lamina orbitalis ossis ethmoidalis A596
Lamina perpendicularis ossis ethmoidalis 597
Lamina perpendicularis ossis palatini **597**, A598, A631
Lamina praetrachealis A633, 639
Lamina praevertebralis A633, 639
Lamina propria mucosae **301**, A350, A355, 357
– Dickdarm 361
– Dünndarm 357
– Magen 349
– Ösophagus 301
Lamina pyramidalis externa, Isocortex 742
Lamina pyramidalis interna, Isocortex 742
Lamina quadrigemina 766
Lamina rara externa A15, 17
Lamina rara interna 17
Lamina spinalis, Rückenmark 797
Lamina spiralis ossea, Cochlea 712, A713
Lamina superficialis fasciae cervicalis A633, 639
Lamina suprachoroidea 687, A692
Lamina tecti A749, 766
Lamina terminalis 729, A730, 745, A749, **754**, A755, 851
Lamina vasculosa 687
Lamina visceralis pericardii 280
Lamina visceralis tunicae vaginalis testis 405
Laminin **17**, 40
Lange Assoziationsbahnen 744
Lange Knochen 156
Längenwachstum, Knochen 57
Langerhans-Inseln 374
– Gefäße 375
Langerhans-Zellen, Haut A215, 217
Langhans-Fibrinoid A101, 102, **105**
Langhans-Zellen 103, **104**
Langmagen A347
Langsame Augenbewegungen 813
Langsamer Schmerz 819
Langsamer Transport 72
Langzeitgedächtnis 845
Lanugo 121
Lanz-Punkt 345
Larrey-Hernie 266
Larrey-Spalte 266
Laryngotrachealrinne 271, A272
Larynx **644 ff.**, A645, 654
– Muskulatur 647 f.
– Muskulatur, Entwicklung T634
Laserscanning-Mikroskop 87
Laterale Achsellücke T512, 513
Laterale Hemmung 796
Laterale Lippenspalte 606
Lateraler Bogengang 716
Laterales Bündel, Hinterwurzel 799
Laterale Verankerungsproteine 18
Lateralisation 736
Lateralverschiebung 11
Laufen 563
Lautstärkeempfindlichkeit 830
Leber **334 f.**, **366 ff.**
– Entwicklung 333, A336
– Gliederung 368
– Grenzplatten 369
– Histologie 367 ff.
– Impressionen 335, **A336**
– Oberflächenprojektion 335
– Peritonealverhältnisse 336
– Stoffwechselzonen 369
– vegetative Innervation A207, T210
Leberazinus 368 f.
Leberbucht 333
Leberdivertikel 333
Leberfeld 308
Lebergefäße
– Arteria hepatica propria 367
– Entwicklung 183, A184
– Sinusoide 367
– Vena hepatica 367
– Vena porta 367
– Venae centrales 468
Leberläppchen 368, A369
Lebersegmente 336
Leberzellen 369
– Funktion 370
Lectulus 226
Lederhaut 217
Leichtbauweise, Knochen 157 f.
Leistenbrüche A317, 319 f.
– angeborene 319
– erworbene laterale 320
– erworbene mediale 320
Leistenfurche 313
Leistenhaut 218
Leistenhoden 318
Leistenkanal 316 ff.
– Entwicklung 318
– Wände T318
Leistenring
– äußerer 316
– innerer 316
Leitungsbögen 721, A722
Lemniscus lateralis 767, **782**, 828
Lemniscus medialis A765, 767, A768, A770, **782**, 815
– Schädigung 783
Lemniscus spinalis 782
Lemniscus trigeminalis **782**, 817
Lemniskussysteme 781 f.
Lendenlordose 241
Lendenrippe 260
Lendenwirbel 229, **239**
Lendenwirbelsäule 229, **239**
– Beweglichkeit T237
Lens, Linse 684, **690**
Leptin 44
Leptomeninx 846
Leptosom 2
Leptosomer Thorax 268
Lernen 845
Leukämie 108
Leukodiapedese 193
Leukopenie 129
Leukotriene 131, **149**
Leukozyten 34, 126, A127, **129 ff.**
– Lebensdauer 129
– Vorkommen 129
– Zahl 129
Leukozytose 129
Levatortor 327
Levatorwulst 641
Leydig-Zellen 410
– Entwicklung 406
LH, Luteinizing hormone 423, A760, T761
– Follikulogenese 425

- Spermatogenese 410
Licht-an Neurone 694
Licht-aus Neurone 694
Lichtmikroskop, Auflösungsgrenze 87
Lidheber T603, 698
Lidschlag T603
Lidschluss T603, 698
Lidspalte 697
Lieberkühn Krypten 354
Lien, Milz 376
Lifranc-Gelenklinie A523f., 549
Ligamentum acromioclaviculare 461
Ligamentum alare A236, 238
Ligamentum anococcygeum A326
Ligamentum anulare tracheae 272, A273
Ligamentum anulare radii A474, 475
Ligamentum anulare stapediale 709
Ligamentum apicis dentis A236, 238
- Entwicklung 231
Ligamentum arcuatum laterale A265, 266
Ligamentum arcuatum mediale A265, 266
Ligamentum arcuatum medianum A265, 266
Ligamentum arteriosum A184, **187**, A282, **297**
Ligamentum atlantooccipitale laterale 237
Ligamentum bifurcatum A548
Ligamentum calcaneocuboideum 523, A548
Ligamentum calcaneocuboideum plantare 561
Ligamentum calcaneofibulare 548f.
Ligamentum calcaneonaviculare A548
Ligamentum calcaneonaviculare plantare 522, A525, **548f.**, A550, 561
Ligamentum capitis costae intraarticulare 239
Ligamentum capitis costae radiatum **A235**, A239
Ligamentum capitis femoris **517**, 526, T528
Ligamentum capitis fibulae anterius A539, 547
Ligamentum capitis fibulae posterius A539, 547
Ligamentum carpi radiatum T482
Ligamentum carpometacarpale dorsale A480, **T482**, A497
Ligamentum carpometacarpale palmare A480, **T482**
Ligamentum collaterale carpi radiale A480, **T482**
Ligamentum collaterale carpi ulnare A480, **T482**, A496
Ligamentum collaterale fibulare A538ff., 542
Ligamentum collaterale laterale, oberes Sprunggelenk 548
Ligamentum collaterale mediale, oberes Sprunggelenk 548f., A550
Ligamentum collaterale radiale A474, 475
Ligamentum collaterale tibiale A538f., 539
Ligamentum collaterale ulnare A747, 475
Ligamentum conoideum 462
Ligamentum coracoacromiale 456, A463
Ligamentum coracoclaviculare 462
Ligamentum coracohumerale 463
Ligamentum coronarium **336**, A337, 341
Ligamentum costoclaviculare 461
Ligamentum costotransversarium A235, 239
Ligamentum cricoarytenoideum A645, 646
Ligamentum cricopharyngeum 647
Ligamentum cricothyroideum medianum A645, 646
Ligamentum cruciatum anterius A538, A539, **540**
Ligamentum cruciatum posterius A539, **540**
Ligamentum cruciforme atlantis A236, 238
Ligamentum cuboideonaviculare dorsale A548
Ligamentum cuneocuboideum dorsale A548
Ligamentum cuneonaviculare dorsale A548
Ligamentum deltoideum 548
Ligamentum denticulatum 848
Ligamentum falciforme 333, A335, A337, **341**, A345
Ligamentum flavum 39, **234f.**
Ligamentum fundiforme penis 417
Ligamentum gastrocolicum A335, **338**, A339, 342, 346
Ligamentum gastrophrenicum 338
Ligamentum gastrosplenicum 333, A335, **338**, 342, A345
Ligamentum glenohumerale inferius 463
Ligamentum glenohumerale medium 463
Ligamentum glenohumerale superius 463
Ligamentum hepatocolicum A338, 341f., **346**
Ligamentum hepatoduodenale **337**, A338, 340f., A345
Ligamentum hepatogastricum **337**, A338, 341, A345
Ligamentum hepatorenale **336**, 341
Ligamentum iliofemorale **526f.**, T528, 529
Ligamentum iliolumbale A322, **323**, A530, A534
Ligamentum incudis posterius A708, 709
Ligamentum incudis superius A706, A708, **709**
Ligamentum inguinale **313**, A530, A577
Ligamentum intercarpale dorsale A480, T482
Ligamentum intercarpale interosseum 481, T482
Ligamentum intercarpale palmare T482
Ligamentum interclaviculare 461
Ligamentum intercuneiforme dorsale A548
Ligamentum interspinale 235
Ligamentum intertransversarium 235
Ligamentum ischiofemorale A322, 526 A527, **T528**, 529
Ligamentum lacunare **313**, A314, 575, A577
Ligamentum laterale, Kiefergelenk 612, A613
Ligamentum latum 382, **384**, A421
Ligamentum longitudinale anterius 234, A235f
Ligamentum longitudinale posterius 234, A235f
Ligamentum lumbocostale 239
Ligamentum mallei anterius 709
Ligamentum mallei laterale A706, 709
Ligamentum mallei superius A706, A708, **709**
Ligamentum mediale pubovesicale 384
Ligamentum meniscofemorale posterius A539, 541
Ligamentum meniscofemorale anterius 541
Ligamentum metacarpale transversum profundum A480, 483
Ligamentum metacarpale dorsale T482
Ligamentum metacarpale interosseum T482
Ligamentum metacarpale palmare A480, T482
Ligamentum metatarsale transversum profundum **550**, 561
Ligamentum metatarsale dorsale A548
Ligamentum nuchae 235
Ligamentum ovarii proprium 384, A421
- Entwicklung 421
Ligamentum palmare 483, **484**
Ligamentum palpebrale laterale 697
Ligamentum palpebrale mediale 697
Ligamentum pancreaticosplenicum 342
Ligamentum patellae 537, **539ff.**, A543, 545
Ligamentum pectineum A314, 575
Ligamentum phrenicocolicum **339**, 342, A345, 346
Ligamentum phrenicosplenicum 342
Ligamentum pisohamatum A480, **T482**, A491

Ligamentum pisometacarpale A480, **T482**, A491
Ligamentum plantare longum A525, **549**, A550, 561
Ligamentum plantare 550
Ligamentum popliteum arcuatum 540f.
Ligamentum popliteum obliquum 540f.
Ligamentum Pouparti 313
Ligamentum pubicum inferius 322
Ligamentum pubicum superius 322
Ligamentum pubofemorale **526f.**, T528, 529
Ligamentum puboprostaticum A383, **384**, 400, A402
Ligamentum pubovesicale A383, 400
Ligamentum pulmonale 269, A275
Ligamentum radiocarpale dorsale A480, **T482**, A497
Ligamentum radiocarpale palmare T482
Ligamentum reflexum A314, 317
Ligamentum sacrococcygeum 235, A322
Ligamentum sacroiliacum anterius **322**, A530, A534
Ligamentum sacroiliacum interosseum 322
Ligamentum sacroiliacum posterius 322
Ligamentum sacrospinale A322, **323**, A530, A534, A575
Ligamentum sacrotuberale A322, **323**, A438, A530, T531, A575
Ligamentum sphenomandibulare 612f.
Ligamentum spirale 712, A713
Ligamentum splenorenale 333, A335, **338**, 342
Ligamentum sternoclaviculare anterius 461
Ligamentum sternoclaviculare posterius 461
Ligamentum sternopericardiacum 280
Ligamentum stylohyoideum 635f.
– Herkunft T634
Ligamentum stylomandibulare 612, A613
Ligamentum supraspinale 235
Ligamentum suspensorium clitoridis 314, A383, **434**
Ligamentum suspensorium ovarii 384, A421
– Entwicklung 421
Ligamentum suspensorium penis 314, A383, **417**
Ligamentum talocalcaneum interosseum 548, **549**
Ligamentum talocalcaneum laterale 549
Ligamentum talocalcaneum mediale 549, A550
Ligamentum talofibulare anterius 548
Ligamentum talofibulare posterius 522, **548**
Ligamentum talonaviculare A548, 549
Ligamentum tarsometatarsalium dorsale A548
Ligamentum teres hepatis 187, A336ff.
Ligamentum teres uteri 316, 318, **385**, A421, A428
– Entwicklung 421
Ligamentum thyroepiglotticum 645
Ligamentum thyrohyoideum laterale A645, 646, **647**
Ligamentum thyrohyoideum medianum A645, 647
Ligamentum tibiofibulare anterius 547, A548
Ligamentum tibiofibulare posterius 547, A548
Ligamentum transversum acetabuli 322, **526**, T528
Ligamentum transversum atlantis A236, 238
Ligamentum transversum genus **538**, A539, A541
Ligamentum transversum scapulae 456
Ligamentum trapezoideum 462
Ligamentum triangulare dextrum **336**, 341
Ligamentum triangulare sinistrum **336**, 341
Ligamentum ulnocarpale palmare A480, **T482**, A496
Ligamentum umbilicale medianum A313, 316
Ligamentum venosum 187, A336
Ligamentum vestibulare 446
Ligamentum vocale A645, 646
Liganden-gesteuerte Rezeptoren 77
Limbischer Lappen 736
Limbisches Assoziationsgebiet 843f.
Limbisches System 832ff., A834f
– serotoninerge Fasern 778
Limbus acetabuli 322
Limbus corneae A684, 686
Limbus fossae ovalis 286
Limbus laminae spiralis 712, A713f
Limen nasi 627
Linea alba A310, 313f.
Linea anocutanea A364, 365
Linea arcuata, Os ilium 321
Linea arcuata, Rektusscheide 313, 321
Linea aspera A518, **519**, A527, T533, T544
Linea glutea A321
Linea intercondylaris A518, 519
Linea intertrochanterica **518**, 526f., T528
Linea musculi solei 521, A555
Linea mylohyoidea 599, T619
Linea nuchalis inferior 594
Linea nuchalis superior 594
Linea nuchalis suprema 594
Linea obliqua, Mandibula 599
Linea pectinea **A518**, T533
Linea semilunaris A310, 311
Linea temporalis inferior 585, **594**
Linea temporalis superior 585, **594**
Linea terminalis 321, **324**, A534
Linea transversa 240
Linea trapezoidea 455
Lingua, Zunge 620
Lingula cerebelli A785, T785
Lingula mandibulae 599
Lingula pulmonis 275
Lingula sphenoidalis 591
Linke Atrioventrikularklappe 179, **288**
Linker Ventrikel 179, **288**
– Entwicklung 185
Linker Vorhof 179, **287**
– Entwicklung 185
Links-rechts-Shunt 188f.
Linksverschiebung 130
Linse, Lens A688, **690**
– Entwicklung 685
Linsenbläschen 685
Linsenepithel T9, A688, **690**
Linsenfasern 690
Linsenkapsel 690
Linsenkern 690
Linsenplakode A113, 114, **685**
Linsenstern 690
Lipide, Plasmamembran 11
Lipidhaltige interstitielle Zellen 395
Lipofuszin 68
Lipogenese 45
Lipoidstabilisatoren 89
Lipotropin 759
Lippen, Labia 605
– Entwicklung 601
Lippen-Kiefer-Gaumen-Spalte 607
Lippen-Kiefer-Spalte 606, A607
Lippenrot 615
– Talgdrüsen 223
Lippenspalte, laterale 606, A607
– mediane 607
Liquor amnii 119
Liquor-Blut-Schranke 852
Liquor cerebrospinalis 720, 845, 847, **852**
Liquor folliculi 423
Liquorraum, äußerer 720, 845, **849**, A851
– innerer 720, **849**, A850
Liquorzirkulation 852
Lisfranc-Gelenklinie 524, 549
Lissauer, Tractus posterolateralis 798
Lissencephal 736
Littré-Drüse, Glandula urethralis 404
Lobulus biventer T785
Lobulus centralis, Kleinhirn A785
Lobulus corticalis, Niere 390
Lobulus epididymidis A405
Lobulus gracilis T785
Lobulus hepatis 368
Lobulus quadrangularis anterior, Kleinhirn T785
Lobulus quadrangularis posterior, Kleinhirn T785
Lobulus semilunaris inferior T785
Lobulus semilunaris superior T785
Lobulus testis 405

Lobus anterior, Hypophyse 757
Lobus caudatus 335, A336
Lobus cerebelli anterior 785
Lobus cerebelli posterior 785
Lobus dexter, Leber 335
Lobus flocculonodularis **785**, **831**
Lobus frontalis 736
Lobus inferior, Lunge A270, 275
– Oberflächenprojektion 275
Lobus insularis 736
Lobus limbicus **736**, 738, **739 f.**
Lobus medius, Lunge A270, 275
Lobus occipitalis 736
Lobus paracentralis A737
Lobus parietalis **736**, **818**
Lobus posterior, Hypophyse 757 f.
Lobus pyramidalis, Schilddrüse 650
Lobus quadratus hepatis **335**, A336, A338
Lobus renalis 390
Lobus sinister, Leber 335
Lobus superior, Lunge A270, 275
– Oberflächenprojektion 275
Lobus temporalis 736
Lochien 106, **438**
Lockeres Bindegewebe 42
Locus caeruleus A764, **769 f.**, **779**
Longissimus-Gruppe **A244**, T248
Longitudinales System, Muskelfaser A63, 68
Lordose 241
L-System, Herzmuskel 68
LTH, Luteotropic hormone T761
Luftröhre, Trachea 272
Luliberin 410, T842
Lumbalisation 232
Lumbalnervenpaare 202
Lumbalpunktion 251
Lumbalsegmente 793
Lumbalsyndrom 240
Lumbosakraler Übergangwirbel 232
Lunge, Pulmo 274
– Anastomosen 279
– Entwicklung 271, A272
– funktionelle Endarterien 278
– Gefäße 278 f.
– linke, Oberflächenprojektion 276
– Lymphgefäße 279
– Lymphknoten 279
– Makrophagen 278
– Nerven 278 f.
– rechte, Oberflächenprojektion 276
– respiratorischer Abschnitt 276
– Vasa privata 279
– Vasa publica 278
Lungenalveolen 276 f.
Lungenarterie 179, **278**
Lungenembolie 442
Lungenemphysem 278
Lungenfell, Pleura pulmonalis 269
Lungengrenzen A270, T271, **276**
– Atmung 276
Lungeninfarkt 279
Lungenknospen A117, 271
Lungenkreislauf **178**, 180
Lungenlappen A270, **274 f.**
Lungenödem 278
Lungentuberkulose 279
Lungenvenen 179, **279**
Luschka, Apertura lateralis 852
Lutealphase A425, A429, **430**
Lutropin 410, 423, **T761**, T842
– Follikulogenese 425
Luxatio congenita 529
Luxation, habituelle 165
LWS, Lendenwirbelsäule 229
Lymphadenitis 279
Lymphatische Gewebe 137
Lymphatische Organe 42, **126**
– sekundäre 150
Lymphatische Vorläuferzelle A135, 136
Lymphfollikel 150, **152**
– primäre 152
– sekundäre A151, 152
Lymphgefäße 196 ff.
– allgemein 178
– Herkunft T112
– Systematik 197
Lymphkapillaren 196
Lymphknoten 150 ff., A151
– Gliederung 152
– Mark 152
– parakortikale Zone A151, 152
– Parenchym 151
– regionärer 197
– Rinde A151, 152
Lymphknotenmetastase 150
Lymphopoese 136
Lymphozyten T34, 132
– große A127, 132
– kleine A127, 132
– Normalwerte T129
Lymphozytenstammzellen 132
Lymphstämme 197
Lysosom 20
– primäres A20
– sekundäres A20

M

Macrophage colony-stimulating factor, M-CSF 54
Macula adhaerens, Punktdesmosom T14, 15
– Herzmuskel 68
Macula densa A392, 394
Macula lutea 695
Macula sacculi 711, **716 f.**
Macula utriculi 711, **716 f.**
Magen, Gaster A332, 334, **337**, **347**
– Entwicklung 333, A334
– Gefäße 338, **352**
– Innervation A207, T210, **352**
– Nachbarschaft 337
Magenabschnitte 374 f.
Magenblase 348
Magendie, Apertura mediana 852
Magendrüsen 349 ff.
Magenfeld **308**, A309, 334
Magenformen 347
Magenstraße 348
Magenwand, Histologie 349
Magnetresonanztomographie 738
Magnozellulärer basaler Vorderhirnkomplex **744**, 837, **839**
Mahlbewegungen 614
Mahlzähne, Dentes molares 608
Major basic protein **131**, 149
Major histocompatibility complex, MHC 140
Makrophagen A33, T34, 35, 132, A135, **138**
– aktivierte 139
– Lunge 278
– ortsständige 35
– Plazenta 103 f.
– Thymus 294
Makrosmatiker 820
Makrostomie 607
Malassez-Epithelreste 610
Malleolengabel 522, **547**
Malleolus lateralis A520, **522**, 547
Malleolus medialis A520 f., **522**, 547
Malleus, Hammer T583, A704, **708 f.**
– Entwicklung 707
– Herkunft T634
Mamma 256 f.,
– Gefäßversorgung 257
– Involution 257
Mammakarzinom 256
– Metastasen 257
Mammotrope Zellen 759
Mandelkern, Corpus amygdaloideum 743, **836**
Mandibula T583, A594 f., **599**
– Entwicklung 599
Mandibularbogen 634
Männliche Geschlechtsorgane 404 ff.
– äußere 415 f.
– innere 404 ff., A405
Manteldentin 610 f.
Mantelzellen 87, **201**, A202
– Entwicklung 114
Mantelzone
– Rückenmark 726
– Sekundärfollikel A151, 152
Manubrium mallei A708, 709
Manubrium sterni A255, 261, A473
MAP, mikrotubuliassoziierte Proteine 18
Marchi-Stadium 83
Marginalzone 724, A727
– Rhombencephalon **762**, 765
– Rückenmark 726 f.
Margo ciliaris 689
Margo falciformis 546
Margo interosseus (Fibula) 522
Margo interosseus (Tibia) 521
Margo interosseus (Ulna) 458
Margo linguae 621
Margo pupillaris 689
Margo superior partis petrosae 591
Margo supraorbitalis 595 f.
Markarme Nervenfaser 79
Markballen 83

Markhaltige Nervenfasern T82
Markhöhle 156
Marklamellen, intrathalamische 750
Marklose Nervenfaser 81
Markreiche Nervenfaser 79
Markscheide 80
– Entwicklung 80
Markscheidenfreie Nervenfaser 80
Marksinus 151
Markstrahlen A389, **390**, T391
Markstränge, Lymphknoten 152
Massa lateralis atlantis A230, 236
Massenhemmung 163
Mastdarm, Rectum 364
Mastzellen A33, 34f., T34, 35, A135, **149**
– Aktivierung 148
– Funktion 149
Matrix mitochondrialis, innerer Stoffwechselraum 27
Maulsperre 614
Maxilla T583, 592, A594, **595f.**
McBurney-Punkt A309, 345
M-CSF, macrophage colony-stimulating factor 54
MDf, myogene Determinationsfaktoren 453
Meatus acusticus externus 594, A704, **705**
– Entwicklung 705
– Herkunft A636
Meatus acusticus internus T587, **592**, A704
Meatus nasi communis 598
Meatus nasi inferior 598
Meatus nasi medius 598
Meatus nasi superior 598
Meatus nasopharyngeus 598f.
Mechanorezeption 682
Mechanorezeptoren 217
– Haut 221
Meckel Divertikel 343
Meckel-Knorpel **599**, A607, T634
Media 190f.
Mediale Achsellücke T512, 513
Mediale Längswölbung 524
Mediales Bündel, Radix (spinalis) posterior 799
Mediales Längsbündel, Fasciculus longitudinalis medialis 781
Mediales Lemniskussystem 814f., T816
Medianusgabel 507
Mediastinum 254, **279ff.**
– anterus, vorderes 304
– Gliederung 280
– Horizontalschnitte 295
– inferius, unteres A255, 250
– medium 280f.
– posterius, hinteres 300f.
– superius, oberes A255, 293f.
Mediastinum testis 405
Meduläre Periode 134
Medulla, Haar 225
Medulla oblongata T588, A762f., **769ff.**
– Blutversorgung 783f.
– Entwicklung 729
– Oberfläche 769
– Querschnitt A770
Medulla ovarii 421
Medulla renalis 389
Medulla spinalis A762, 791ff.
Medulla thymi 294
Megakaryozyt A135, 136
Megaloblasten 134
Megaloblastische Periode 134
Mehrbäuchiger Muskel 167
Mehrfachbildungen 123
Mehrfach gefiederter Muskel 167
Mehrgelenkiger Muskel 171
Mehrköpfiger Muskel 167
Mehrlinge 122
Mehrreihiges Epithel A8, 9f.
Mehrschichtiges unverhorntes Plattenepithel A8, 10
Mehrschichtiges verhorntes Plattenepithel A8, 10
Meibom-Drüsen 698
Meiotischer Arrest
– 1. 422
– 2. 424
Meißner-Plexus, Plexus submucosus 211
Meißner Tastkörperchen **221**, 434, 683
Melanin **71**, **216**, 694, 766
Melaninsynthese 216
Melanoblasten A733
Melanoliberin T761
Melanopsin 694
Melanosomen 216
Melanotropin **759**, A760, T761, T842
Melanozyten A215, **216**
– Entwicklung 114, **216**, 733
– Haare 225
Melatonin 753
Membrana atlantooccipitalis anterior A236, 238
Membrana atlantooccipitalis posterior A236, 238
Membrana bronchopericardiaca 280
Membrana elastica externa 190f.
Membrana elastica interna 190f.
Membrana fibroelastica laryngis 646
Membrana fibrosa, Gelenkkapsel 161
Membrana intercostalis interna 262
Membrana intercostalis externa A255, 262
Membrana interossea antebrachii A474, **479**, T488, A491, A515
Membrana interossea cruris **521**, 547
Membrana limitans externa, Neualentwicklung 724
Membrana limitans gliae externa, Rückenmark 798
Membrana limitans gliae superficialis **85**, 741
Membrana limitans gliae vascularis 85
Membrana limitans interna, Neuralentwicklung 724
Membrana obturatoria A313, A322, **326**, T531f., A577
Membrana oronasalis 606
Membrana perinei A327, 328
Membrana perivascularis gliae, Rückenmark 798
Membrana praeformativa 610
Membrana quadrangularis 646
Membrana reticularis 715
Membrana stapedialis 709
Membrana statoconiorum 717
Membrana suprapleuralis A255, 263
Membrana synovialis 161
Membrana tectoria A236, **238**, A714
Membrana thyrohyoidea 636, A645, **647**, A650
Membrana tympanica **705**, A706, A708
Membrana tympanica secundaria 707
Membrana vestibularis 713, A714
Membrangebundene Ribosomen 25
Membranöses Labyrinth 711
Menarche 430
Meningealzellen 847
Meningen 720, **845**
Meningitis 662
Meningoenzephalozele
– Gehirn 731
– Rückenmark 727
Meningozele
– Gehirn 731
– Rückenmark 727, A728
Meninx primitiva 117
Meniscus articularis 162
– Faserknorpel 49
Meniscus lateralis 538, A539f
Meniscus medialis 538, A539f
Meniskusverletzungen 538
Menopause 430
Menstruation 425, **430**
Meridionalfasern, äußere, M. ciliaris 689
Merkel-Zellen **217**, **221**, 683
Merokrine Sekretion 28, A29
Meromelie 453
Meromyosin 62
Merseburger Trias 652
Mesangiumzellen 391
Mesaxon 80
Mesektoderm 114f.
Mesencephales Blickzentrum 812
Mesencephalon 112, A762, **765f.**
– Blutversorgung 783f.
– Entwicklung 765
– Gliederung 765f.
– limbisches System 832
Mesenchym **41**, **110**
– extraembryonales 108
Mesenchymzellen 34, **41**, 109
Mesenterialwurzel 343
Mesenterium A335, **342**, A343
Meso 331
Mesoappendix 342, A344, **345**
Mesocaecum 344
Mesocolon sigmoideum 342, A343, A345, **346**
Mesocolon transversum A335, 342, A343, **345**
– Entwicklung 343
Mesoderm 108, A109f., **115f.**
– intermediäre A113, 116

– intraembryonales 108
– paraxiales A113, 115
– parietales, Somatopleura A334, A339 A113, 116
– primäre 109
– viszerales, Splanchnopleura 116
Mesogastrium dorsale A330, **333**, A334f
Mesogastrium ventrale A330, **333**, A334
Mesoglia **86**, 726
Mesohepaticum dorsale 333
Mesohepaticum ventrale 333, A335
Mesometrium 384
Mesonephros, Urniere 388
Mesopharynx 640f.
Mesophragma 62
Mesosalpinx **384**, 426
Mesotendineum 170
Mesothel T9, **10**, 69, 269
Mesothelzellen 34
Mesotympanon 707
Mesovar 382, **384**, 421
Messenger-RNA 25, A26
Metabolische Kopplung 16
Metacarpus 460
Metacarpophalangealgelenk 483
Metachromasie 89
Metamerie 3, **115**
Metamyelozyt 136
Metanephrogenes Gewebe 388, A389
Metanephros, Nachniere 388
Metaphase 21
Metaphasenplatte 21
Metaphyse **56f.**, A156, 157
Metaplasie 6
Metarteriole 192
Metathalamus 748, A749, **750**
Metencephalon 729
Meteorismus 315
Meynert, dorsale Haubenkreuzung 142, 767, **781**
MHC, Major histocompatibility complex 140
MHC I **139f.**, A144
MHC II 139, **141**, 142, A144
Michaelis-Raute 242
MIf, Mitoseinduzierender Faktor 422
MIF, Melanotropin release inhibiting factor T761
Mikrofalten 12
Mikrofilamente 18
Mikroglia A85, **86**, 138, 726
Mikrorelief 349
Mikrosmatiker 820
Mikrostomie 607
Mikrotom 89
Mikrotubuli A12, 17
Mikrotubuliassoziierte Proteine, MAP 18
Mikrotubulus-Organsations-Zentrum 17
Mikrovilli **12**, 18
– Dünndarm 354
– Nierenhauptstück 394
Mikrozirkulation 179, **191ff.**
– Plazenta 104
– Plazentaentwicklung 99
Miktion 401
Miktionszentrum 780
Mikulicz-Linie 536
Milchbrustgang, Ductus thoracicus 197
Milchdrüse, Glandula mammaria 30, **256**
Milchsekretion 256, A257
Milchzähne 608
Milz, Splen, Lien **334**, A335, A345, **376ff.**
– Arteria splenica 379
– Entwicklung 333
– geschlossener Kreislauf 377
– Gliederung 377
– Hülsenkapillare 378
– Lymphgefäße 379
– Nachbarbeziehungen 339
– Nerven 379
– offener Kreislauf 377
– periarterioläre Scheide 377
– Pinselarteriole 378
– Pulpavene A378, 379
– Trabekelvene A378, 379
– T-Zellareale 377
– Vena splenica 379
– Zentralarterien 377
– Zentralarteriolen 377
Milzbalken 376
Milzfollikel 377, A378
Milzgefäße 377, A378
Milzkapsel 376
Milznische 339
Milzpulpa
– rote 377
– weiße 377
Milzsinus 377f., A379
Milztrabekel 376
Mimische Muskulatur 602, **T603**
– Entwicklung T634
– Innervation 604
Miosis **690**, 827
Mischknochen, Schädel 583
Mitochondrien 27
– äußerer Stoffwechselraum 27
– innerer Stoffwechselraum 27
– tubulärer Typ 31
Mitose 20
Mitoseinduzierender Faktor, MIF 422
Mitosephasen 20f.
Mitosespindel 21
Mitralklappe, Valva biscuspidalis A285, 288
– Entwicklung 185
Mitralzellen 820
Mitteldarm A113, 117
– Entwicklung 342
Mittelfußknochen 524
– Gelenke 549
Mittelhandknochen 460
Mittelhirn, Mesencephalon 765
– Entwicklung 729, A730
Mittelohr, Auris media 706ff.
– Entwicklung 704
– Gefäße 659
– Gehörknöchelchen 708
– Muskeln 709
Mittelstück, Niere 393
Mittlerer Kleinhirnstiel 787
Mittlerer Tunnel 714
Moderatorband 287
Modiolus 712
Mohrenheim-Grube 511
Molaren 608
Molekularbiologie 4
Molekularschicht, Isocortex 741
– Kleinhirnrinde A786, 788, **789**
Moll-Drüsen, Glandula ciliaris 697
Monaster 21
Mondbein, Os lunatum 459
Mongolenfalte 697
Mongolismus 731
Monoamine 76
Mononukleäres Phagozytosesystem 35
Monosomie 123
Monozyten T34, 35, A127, **132**, A135, **138**
– Normalwerte T129
Mons pubis 433
Moosfasern A789, 790
Morbus Addison 759
Morbus Bechterew 233
Morbus Parkinson 721
Morbus Perthes 526
Morbus Scheuermann 241
Morgagni, Lacunae urethrales 404
Morgagni-Hernie 266
Morphogenese 92
Morula A93, 94
Motilin-Zellen 356
Motoneuron 73
– Durchmesser 72
– Rückenmark **796**, 797, **806**
Motorische Aphasie 844
Motorische Einheit 66, **172**
Motorische Endplatte 65f.
Motorische Großhirnbahn 766
Motorischer Cortex 738, A807
Motorisches Sprachzentrum 738
Motorische Thalamuskerne 809
MPf, M-phase-promoting factor 21
MPS, mononukleäres Phagozytosesystem 35
MRF, Melanotropin releasing factor T761
mRNA, Messenger-RNA 25
MRT, Magnetresonanztomographie 738
MSH, Melanocyte stimulating hormone T761
M-Streifen 62
mtDNA, mitochondriale DNA 27
MTOC, Mikrotubulus-Organsations-Zentrum 17
mtRNA, mitochondriale RNA 27
Müdigkeit 689
Muköse Drüsen 28
Müller-Gang A407, 428
Müller-Muskel 689
Müller-Zellen, Retina A692, A693, **695**
Multiforme Schicht 742
Multipolare Nervenzelle A71, 73
Mundatmung 617
Mundboden 605, **619**
Mundbucht 117, **601**
Mundhöhle 605ff., **615ff.**
– Cavitas oris propria 610f.
– Entwicklung 605
– Epithel 616
– Vestibulum oris 615

Mund-Nasen-Höhle 606
Mundspalte 602
Mundspeicheldrüsen 623
Musculus abdominis 310
Musculus abductor digiti minimi (manus) A496, **T498**, **499**
– Innervation A508
– (pedis) 558, T559
– Innervation A572
Musculus abductor hallucis 556, **T558**, 561
– Innervation A572
Musculus abductor pollicis brevis **T495**, **496**, A497
– Innervation A507, A508
Musculus abductor pollicis longus T485, A486, **T489 f.**, **491**, A492, 495, A497, A515
– Innervation A509
– Sehnenfach 494
Musculus adductor brevis A527, **T533**, A534, T535, A577
– Innervation A570
Musculus adductor hallucis **556**, **T558**, 561
– Innervation A572
Musculus adductor longus A527, **T533**, A534, T535, A577 f
– Innervation A570
Musculus adductor magnus A518, A527, **T533**, T535, A577 f
– Doppelinnervation A570, A572
Musculus adductor pollicis **T495**, **496**, A497
– Innervation A508
Musculus anconeus T476, 477
– Innervation A509
Musculus arrector pili 225
– Innervation 222
Musculus articularis cubiti **475**, **T476**, 477
Musculus articularis genus A518, T544
Musculus aryepiglotticus A645, **T649**
Musculus arytenoideus obliquus 647, T649
Musculus arytenoideus transversus 647, T648
Musculus auricularis anterior T604
Musculus auricularis posterior A602, T604
Musculus auricularis superior A602, T604
Musculus biceps brachii 458, A462, A474, 475, **T476**, **477**, A486, 488, T490, A515
Musculus biceps femoris A518, T535, 542, **T543 f.**, **545**, A578
– Innervation A572
Musculus bipennatus, doppelt gefiederter Muskel 167
Musculus brachialis A457, 458, 475, **T476**, **477**, A515
Musculus brachioradialis T485, A486, **T490**, **492**, A493, A515, T516
– Innervation A509
Musculus bronchooesophageus 273
Musculus buccinator **T604**, A613, A630, A637, A642
Musculus bulbospongiosus A326, **327 f.**, A383, A438
Musculus ciliaris 688
– Innervation A207, T210, **676**
Musculus coccygeus 327, A530
Musculus constrictor pharyngis inferior A637, **642**, T643
Musculus constrictor pharyngis medius 642, T643
Musculus constrictor pharyngis superior A637, **642**, T643
Musculus coracobrachialis T471, A473, **T476**, **477**
Musculus corrugator supercilii T603
Musculus cremaster **311**, **T312**, A317, A405, 417, T418
Musculus cricoarytenoideus lateralis 646 f.
Musculus cricoarytenoideus posterior 646 f., T648
Musculus cricothyroideus A645, **647**, T648
Musculus deltoideus A455, A457, **T467**, **469 f.**, T471, A472 f., A477
– Innervation A509
– Lähmungen 471
Musculus depressor anguli oris A602, **T604**, A637
Musculus depressor labii inferioris A602, T604
Musculus detrusor vesicae A400
Musculus digastricus A613, **T619**, **620**, A637
– Herkunft T634
Musculus dilatator pupillae A688, 689
– Innervation A207, 676
Musculus dorsi proprii 243
Musculus epicranius T603, 604
Musculus erector spinae 242
Musculus extensor carpi radialis brevis 459, T478, T485, A486, **T490**, **492**, A493, A515
– Innervation A509
– Sehnenfach 494
Musculus extensor carpi radialis longus 459, T478, T485, A486, **T490**, **492**, A493, A515
– Innervation A509
– Sehnenfach 494
Musculus extensor carpi ulnaris T485, A486, **T489**, **491**, A492 f., A515
– Innervation A509
– Sehnenfach 495
Musculus extensor digiti minimi T485, A486, **T489**, **491**, A492, A515
– Innervation A509
– Sehnenfach 495
Musculus extensor digitorum T485, A486, **T489**, **491**, A492, A497, A515
– Innervation A509
– Sehnenfach 494
Musculus extensor digitorum brevis **556**, T557
– Innervation A570
Musculus extensor digitorum longus 552, **554**, **T555**, A557, A579
– Innervation A570
Musculus extensor hallucis brevis **556**, **T557**
– Innervation A570
Musculus extensor hallucis longus A551, 552, **554**, **T555**, A579
– Innervation A570
Musculus extensor indicis T485, **T489 f.**, **492**
– Innervation A509
– Sehnenfach 494
Musculus extensor pollicis brevis T485, A486, **T489 f.**, 491, A492, **495**, A497, A515
– Innervation A509
– Sehnenfach 494
Musculus extensor pollicis longus 459, T485, A486, **T489 f.**, 491, A492, **495**, A497, A515
– Innervation A509
– Sehnenfach 494
Musculus externus bulbi oculi 700
Musculus fibularis brevis A551, **552**, **T554 f.**, A557, A560
– Innervation A570
Musculus fibularis longus 523, A525, A551, **552**, **T554 f.**, A557
– Innervation A570
– Sehnenscheide 560
Musculus fibularis tertius **T551**, A552, T555, A557
– Innervation A570
Musculus flexor carpi radialis T478, T485, A486, **T487**, **488**, T490, A491, A493, T512, A515
– Innervation A507
Musculus flexor carpi ulnaris 459, T485, A486, **T487**, **488**, A491, A493, A515, T516
– Innervation A508
Musculus flexor digiti minimi brevis (manus) A496, **T498**, **499**
– Innervation 508
– (pedis) 558, T559
– Innervation A572
Musculus flexor digitorum brevis 556, T559
– Innervation A572
– Sehnenscheide 560
Musculus flexor digitorum longus A521, A525, A551, 552, **T553**, **554**, A555, A557, 561, A579
– Innervation A572
– Sehnenscheide 560
Musculus flexor digitorum profundus T485, A486, **T488**, **490**, A491, A497, T512, A515
– Innervation A507 f., A508
Musculus flexor digitorum superficialis T485, A486, **T487**, **488**, A491, A497, T512, A515
– Innervation A507
Musculus flexor hallucis brevis 556, T558

– Innervation A572
Musculus flexor hallucis longus A525, A550f., 552, **T553**, **554**, A555, A557, 561, A579
– Innervation A572
– Sehnenscheide 560
Musculus flexor pollicis brevis **T495**, **496**, A497
– Innervation A507
Musculus flexor pollicis longus T485, A486, **T488**, **490**, 495, A497, T512, A515
– Innervation A507
Musculus fusimormis, spindelförmiger Muskel 167
Musculus gastrocnemius A518, 541, T543, A551, **552**, **T553**, 554, T555, A579
– Innervation A572
Musculus gemellus inferior T532
Musculus gemellus superior T532
Musculus genioglossus 620
Musculus geniohyoideus T619, 620
Musculus gluteus maximus A438, A527, **T531**, **532f.**, T535, 563
– Innervation A572
– Lähmung 533
Musculus gluteus medius A518, A527, **T531**, **533**, A534, T535, A545
– Innervation A572
Musculus gluteus minimus A518, A527, **T531**, **533**, A534, T535
– Innervation A572
Musculus gracilis **T533**, 534, T535, A541, T543, A545, A570, A577f
– Faszienloge 546
Musculus hyoglossus 620, A637
Musculus iliacus **530**, **T531**, A577
– Innervation A570
Musculus iliocostalis cervicis A244, T248
Musculus iliocostalis lumborum A244, T248
Musculus iliocostalis thoracis A244, T248
Musculus iliopsoas **530**, **T535**, 563, 575, T576
– Faszien 530
Musculus infraspinatus A455, A457, A463, 464, **T467**, **469f.**, T471, A472
Musculus intercostalis externus A255, A261, **T262**, **262**
Musculus intercostalis internus A261, **T262**, **262**
Musculus intercostalis intimus A261, **T262**, **263**
Musculus interosseus dorsalis (manus) 497, T498
– (pedis) **558**, **T559**, 561
Musculus interosseus palmaris 497, T498
Musculus interosseus plantaris 558, **T559**, **560**
Musculus interspinalis cervicis A244, T245
Musculus interspinalis lumbalis A244, T245
Musculus interspinalis thoracis T245
Musculus intertransversarius anterior cervicis 243
Musculus intertransversarius lateralis lumbalis 243
Musculus intertransversarius medialis lumbalis A244, T247
Musculus intertransversarius posterior medialis cervicis A244, T247
Musculus intertransversarius thoracis T247
Musculus ischiocavernosus A326f., **328**, 419
Musculus latissimus dorsi 242, **T467**, A469, **470**, T471, A472, A473
Musculus levator anguli oris T604
Musculus levator ani A326, **327**, A438, A530
Musculus levator costae T248
Musculus levator labii superioris A602, T603
Musculus levator labii superioris alaeque nasi A602, T603
Musculus levator palpebrae superioris T603, **698**, A700
Musculus levator scapulae T465, **468**, A469, A472, A637, A655
Musculus levator veli palatini 616, T617
Musculus longissimus capitis A244, T248
Musculus longissimus cervicis A244, T248
Musculus longissimus thoracis A244, T248
Musculus longitudinalis inferior 620
Musculus longitudinalis superior 620
Musculus longus capitis T638
Musculus longus colli A633, T638
Musculus lumbricalis (manus) **496**, A497, **T498**
– Innervation A507, A508
– (pedis) 556
– Innervation A572
Musculus masseter **613**, **T614**, A637
– Gefäße 660
Musculus mentalis T604
Musculus multifidus 244, T246
Musculus multipennatus, mehrfach gefiederter Muskel 167
Musculus mylohyoideus 619, A637
Musculus nasalis T603
Musculus obliquus capitis inferior T247, A250
Musculus obliquus capitis superior T247, A250
Musculus obliquus externus abdominis **310**, **T312**, A317
Musculus obliquus inferior **T699**, **700**, A701
Musculus obliquus internus abdominis **310**, **T312**, A317
Musculus obliquus superior **T699**, **700**, A701
Musculus obturatorius externus **T532**, T535, A545, A577
– Innervation A570
Musculus obturatorius internus 326, A327, 530, **T531**, **532**, T535, 574, T576
Musculus occipitofrontalis A602, **T603**, A637
Musculus omohyoideus **468**, A633, A637, **T638**
Musculus opponens digiti minimi (manus) A496, **T498**, **499**
– Innervation A508
– (pedis) 558, T559
– Innervation A572
Musculus opponens pollicis **T495**, **496**, A497
– Innervation A507
Musculus orbicularis, ringförmiger Muskel 168
Musculus orbicularis oculi A602, **T603**, **698**
Musculus orbicularis oris A602, **T603**, A613
Musculus orbitalis 701
– Innervation 676
Musculus palatoglossus 616f.
Musculus palatopharyngeus 616f., **642**, **T643**
Musculus palmaris brevis T498, 499
– Innervation A508
Musculus palmaris longus **T478**, T485, A486, T487, **488**, T490, A515
– Innervation A507
Musculus papillaris anterior
– linke Kammer 288
– rechte Kammer 287
Musculus papillaris posterior
– linke Kammer 288
– rechte Kammer 287
Musculus papillaris septalis, rechte Kammer 287
Musculus pectinatus
– linker Vorhof 288
– rechter Vorhof 287
Musculus pectineus **T533**, A534, T535, A570, A577
– Doppelinnervation A570
Musculus pectoralis major **258**, **T259**, A455, **T468**, A469, 470, T471, 472, A473
Musculus pectoralis minor **258**, **T259**, **T466**, 468, A469, 472, A473
Musculus piriformis **326**, A518, 530, **T531**, **532**, T535, A545, A575, T576
Musculus plantaris T543, **552**, **T553**, A557, A579
– Innervation A572
Musculus planus, platter Muskel 167
Musculus popliteus A521, 541, T543, **552**, **T553**, A555
– Innervation A572
Musculus procerus A602, T603
Musculus pronator quadratus T485, A486, **T488**, T490, A491
– Innervation A507
Musculus pronator teres T478, T485, A486, **T487**, **488**, T490, A491
– Innervation A507

Musculus psoas 266
Musculus psoas major 311, **530**, **T531**, A577
– Innervation A570
Musculus psoas minor 530, T531
Musculus pterygoideus lateralis **613**, T614, 629
– Gefäße 660
Musculus pterygoideus medialis **613**, T614, 629, A630
– Gefäße 660
Musculus puboprostaticus 384
Musculus puborectalis **327**, 365
Musculus pubovaginalis 327
Musculus pubovesicalis 400
Musculus pyramidalis T312
Musculus quadratus femoris A518, **T532**, T535
Musculus quadratus lumborum 266, **311**, **T312**, A530, A534
Musculus quadratus plantae **556**, T559, A560
Musculus quadriceps femoris 539, T543
Musculus rectourethralis 382
Musculus rectovesicalis 382
Musculus rectus abdominis A310, **T312**, **313**
Musculus rectus capitis anterior T638
Musculus rectus capitis lateralis 243
Musculus rectus capitis posterior major T245, A250
Musculus rectus capitis posterior minor T245, A250
Musculus rectus femoris T535, **543**, **T544**, 563, A578
– Innervation A570
Musculus rectus inferior **T699**, **700**, A701
Musculus rectus lateralis **T699**, **700**, A701
Musculus rectus medialis **T699**, **700**, A701
Musculus rectus superior **T699**, **700**, A701
Musculus rhomboideus major **T465**, **468**, A469, A477
Musculus rhomboideus minor **T465**, **468**, A469, A477
Musculus risorius A602, T604
Musculus rotator cervicis T246
Musculus rotator lumborum T246
Musculus rotator thoracis 244, T246
Musculus salpingopharyngeus 642, T643
Musculus sartorius T535, **542**, **T543 f.**, A578
– Faszienloge 546
– Innervation A570
Musculus scalenus anterior **261**, A637, **T638**, A655
Musculus scalenus medius T638
Musculus scalenus posterior A637, T638
Musculus semimembranosus T535, 542, **T543**, **545**, 563, A578
– Innervation A572
Musculus semispinalis capitis T246
Musculus semispinalis cervicis T246, A250
Musculus semispinalis thoracis T246, A244
Musculus semitendinosus T535, 541, **T543**, T544, **545**, 563, A578
– Innervation A572
Musculus serratus anterior **T465**, **468**, A469, A471, A473
Musculus serratus posterior inferior T243
Musculus serratus posterior superior T243
Musculus soleus A521, A551, 552, **T553**, **554**, T555, A579
– Innervation A572
Musculus sphincter ampullae hepaticopancreaticae 371
Musculus sphincter ani externus A326, **327**, **365**, A383, A438
Musculus sphincter ani internus 365
Musculus sphincter ductus choledochi 371
Musculus sphincter pupillae A688, **689**, 827
– Innervation 207, T210, 676
Musculus sphincter pyloricus 350
Musculus sphincter urethrae externus A383, **400 f.**, **403**
Musculus sphincter urethrae internus 400 f.
Musculus spinalis capitis T245
Musculus spinalis cervicis T245
Musculus spinalis thoracis A244, T245
Musculus splenius capitis A244, T247, A637
Musculus splenius cervicis T247
Musculus stapedius 709
– Entwicklung 707
– Herkunft T634
Musculus sternocleidomastoideus A250, A455, 468, A469, A473, A633, A637, **T637**, **638**, 654
Musculus sternohyoideus A633, T637
Musculus sternothyroideus A633, T637
Musculus styloglossus 620
Musculus stylohyoideus A613, **T619**, A637
– Herkunft T634
Musculus stylopharyngeus 642, T643
Musculus subclavius 258, T259, **T466**, **468**, 472
Musculus subcostalis T262
Musculus subscapularis 456, A463, **464**, **T467**, **470**, T471, A472, A477
Musculus supinator 458, T485, A486, 488, T489, **T490**, **491**, A492
– Innervation 489, A509
Musculus supraspinatus A455, A457, A462 f., 464, T467, 469, **470**, **T471**, A472
– Lähmungen 471
Musculus tarsalis inferior T603, 698
Musculus tarsalis superior T603, 698
Musculus temporalis **613**, **T614**, 629
– Gefäße 660 f.
Musculus temporoparietalis A602, T603
Musculus tensor fasciae latae **T531**, A534, T535, T543, **546**
Musculus tensor tympani **T588**, A706, A708, **709**
– Entwicklung 707
– Herkunft T634
Musculus tensor veli palatini 616, T617
– Herkunft T634
Musculus teres major A455, **469 f.**, **T471**, A472
Musculus teres minor A455, A457, A463, 464, **T467**, 469, **470**, T471, A472
– Innervation T467, A509
Musculus thyroarytenoideus A645, **647**, **T648**
Musculus thyroepiglotticus T649
Musculus thyrohyoideus T637, T648
Musculus tibialis anterior A521, A525, **551**, A552, **554**, T555, A557, A560 f., 563,
– Innervation A570
Musculus tibialis posterior A521, A525, A550 f., 552, **T553**, **554**, A555, A557, 561, A579
– Innervation A572
Musculus trachealis 272, A273
Musculus transversus abdominis A310, **311**, **T312**, A317
Musculus transversus linguae 620
Musculus transversus perinei profundus **326**, A327, A383, A414, A438
Musculus transversus perinei superficialis A326, **327**, A438
Musculus transversus thoracis T262
Musculus trapezius 242, A455, **T465**, **468**, A469, A471, A637
Musculus triceps brachii A457, 475, **T476**, **477**, A515
– Innervation A509
Musculus triceps surae 552, A556 f
Musculus uvulae 616 f.
Musculus vastus intermedius A518, **543**, **T544**, A578
– Innervation A570
Musculus vastus lateralis A518, **543**, **T544**, A578
– Innervation A570
Musculus vastus medialis A518, **543**, **T544**, A578

– Innervation A570
Musculus verticalis linguae 620
Musculus vesicoprostaticus 400
Musculus vesicovaginalis 400
Musculus vocalis A645, **647**, T648
Musculus zygomaticus major A602, T604
Musculus zygomaticus minor A602, T604
Muskel 166 ff., A167
– Anpassung 174
– Arbeitsleistung 171
– doppelt gefiedert 167
– einfach gefiedert 167
– eingelenkig 171
– gefiedert 171
– Hebelwirkung 171
– Hilfseinrichtungen 169
– Hüllsysteme 168
– mehrbäuchig 167
– mehrfach gefiedert 167
– mehrgelenkig 171
– mehrköpfig 167
– parallelfasrig 171
– platt 167
– ringförmig 168
– spindelförmig 167
– zweibäuchig 167
– zweigelenkig 171
Muskelbauch 167
Muskeldifferenzierung 58
Muskelfaser
– rot 65
– weiß 65
Muskelfaserriss 168
Muskelfasertypen 65
Muskelführung 163
Muskelgewebe 6, **58 ff.**, A58, T59
– Herkunft T112
Muskelgruppen 173
Muskelhemmung 163
Muskelkraft 170
Muskelloge A169
Muskelmechanik 170 f.
Muskelpumpe 194
Muskelspindel 66
Muskosaassoziiertes lymphatisches Gewebe, Trachea 273
Muttermund, Ostium uteri
– äußerer 428
– innerer 428
Mydriasis 827
Myelencephalon 729
Myelin 80
Myelinscheide 79
Myeloarchitektonik 721
Myelogenese **80 f.**, 725
Myeloide Vorläuferzelle A135
Myelomeningozele 727, A728
Myelozele 727, A728
Myelozyt 136
Myoblasten 58
Myoepithel 7
Myoepithelzellen 58, **69**
– Drüsenendstück 25, A28
– Glandula mammaria 257
– Vorkommen 69
Myofibrillen 58, **61**, A62
Myofibroblasten 34, 58, **69**
Myofilamente 61, A62
Myogene Determinationsfaktoren 453
Myoglobin 64
Myokard 284
Myometrium 428 f., A429
Myosin 18
Myosinfilamente 60 ff.
– glatte Muskulatur 60
– Skelettmuskulatur 61 ff.
Myotom A113, 115
Myxödem 652
M-Zellen, darmassoziiertes lymphatisches System 354, **357**
– Tonsilla palatina 618

N

Nabel 314
Nabelarterie, A. umbilicalis 118, 180, T182, 187, **442**
Nabelhernien 314
Nabelring 118
Nabelschleife 342
Nabelschnur 41, A113, **117 f.**
Nabelschnurgefäße 180
Nachgeburtsphase 438
Nachhirn, Metencephalon 729
Nachniere, Metanephros 388
Nachnierenblastem 388
Nachnierenentwicklung 388, A389
Nackenband, Ligamentum nuchae 235
Nackenbeuge 729, A730
Nackenmuskeln 249
– kurze 249, A250
Nagelbett, Lectulus 226
Nagelmatrix 226
Nagelplatte 226
Nageltasche 226
Nagelwall 226
Narbe 6
Nares, Nasenlöcher 626
Nase 626 ff.
– Entwicklung 602
– Muskeln T603
Nasenatmung 617
Nasenbein, Os nasale T583
Nasendach 597
Nasendrüsen 627
– Innervation T210, 676
Nasenflügelatmung T603
Nasenhaare, Vibrissae 224
Nasenhöhle, Cavitas nasi 626 f.
– Entwicklung 605
– Gliederung 627
– Seitenwände 597, A598
Nasenkapsel A585
Nasenknorpel T48, 626
Nasenlöcher, Nares 626
Nasenmuscheln 597
– untere, Concha nasalis inferior T583, 597
Nasennebenhöhlen, Sinus paranasales A595, **598**, 628
– Entwicklung 598
– Gefäße **628**, 660
– Innervation 628
Nasenscheidewand, Septum nasi 597
– Entwicklung 606
Nasenschleimhaut
– Epithel T9
– Gefäße 628
– Innervation 628
Nasenwülste 601 f.
Natriuretisches Peptid 284
Natürliche Killerzellen 139 f.
Nebenhoden, Epididymis 404, A405, **412**
– Arterien 413
– Entwicklung 412
– Epithel 412
– Venen 413
Nebenniere, Glandula suprarenalis 385 ff.
– Anpassung 386
– Arterien A386, 387
– Innervation 387
– Lage 381
– Venen 386, 387
Nebennierenleiste **A385**, A406
Nebennierenmark 209, 386f.
– Entwicklung 385
– Herkunft T112, A733
– vegetative Innervation A207
Nebennierenrinde 385 f.
– Entwicklung 385
– Herkunft T112
Nebenphrenicus 267, **298**
Nebenschilddrüse, Glandula parathyroidea 652 f.
– Herkunft T112
Nebenzellen, Magen 351
Nebulin 63
Nekrose 22
Neocerebellum **786**, 810
Nephroblastom 389
Nephrogener Strang A113, 388
Nephron 390 f.
Nerven **82**, 200
Nervenendigungen
– eingekapselte 682
– freie 682
Nervenfaser 79
– Entwicklung 80
– Klassifizierung T82
– markarme 79
– markhaltige 79, T82
– marklose 80 f., T82
– markreiche 79
– markscheidenfreie 80
– Regeneration 83
Nervenfaserbündel A79, 83
Nervengeflechte 202
Nervengewebe 6, **70 ff.**
Nervensystem
– Herkunft T112
– Histogenese 724, A725
Nervenzellen 70 f.
– Energiebedarf 71
– Entwicklung 724
– Golgi Typ I 73
– Golgi Typ II 73
– Klassifizierung 72 f., A73
Nervenzellfortsätze 70
Nervus abducens T587, T666, 670, T699, A700, **703**, **A763**, A768, T774, **776**
Nervus accessorius T465, T588, T637, **654**, A655, T667, 673, **A763**, T775, **777**
Nervus alveolaris inferior T590, **612**, A630, T666, **669**
Nervus alveolaris superior T590, **611 f.**, T666, **668**
Nervus ampullaris posterior 718
Nervus analis inferior 447
Nervus anococcygeus T801

Nervus auricularis magnus A604, **605**, A655, A674f., **705**
Nervus auricularis posterior 670
Nervus auriculotemporalis A604, 605, 624, A625, 629, A630, 631, T666, **669**, **705f.**
Nervus axillaris T467, **509f.**, 512
– Lähmungen 471, **509**
Nervus buccalis A604, 605, A630, T666, **669**
Nervus cardiacus cervicalis inferior 290
Nervus cardiacus cervicalis superior **290**, 678
Nervus cardiacus thoracicus 290
Nervus caroticotympanicus T587
Nervus caroticus internus 677f.
Nervus ciliaris brevis 676, **702f.**
Nervus ciliaris longus 687, 698, 703
Nervus clunium inferior 571
– medius 569
– superior 569
Nervus coccygeus 569
Nervus cochlearis T667, **A712**
Nervus costalis XI 313
Nervus cutaneus dorsalis medialis 572
Nervus cutaneus antebrachii lateralis **507**, A510, T512, A515
Nervus cutaneus antebrachii medialis **508**, A510, T512, 513, T514, A515
Nervus cutaneus antebrachii posterior 510
Nervus cutaneus brachii lateralis inferior 510, T514
Nervus cutaneus brachii lateralis superior **509**, A510, T514
Nervus cutaneus brachii medialis **508**, A510, 513, T514, A515
Nervus cutaneus brachii posterior **510**, T514, A515
Nervus cutaneus dorsalis intermedius (N. fibularis superficialis) 572
Nervus cutaneus dorsalis lateralis (N. suralis) **A573**, T576, **580**
Nervus cutaneus dorsalis medialis (N. fibularis superficialis) A573
Nervus cutaneus femoris lateralis A569, **570**, A573, **575**, T576, A577f
Nervus cutaneus femoris posterior 447, A569, **571**, A573, 574, A575, T576, A578
Nervus cutaneus surae lateralis **A573**, A579
Nervus cutaneus surae medialis **A573**, A579
Nervus depressor 673
Nervus digastricus 671
Nervus digitalis dorsalis (N. fibularis superficialis) 510, 572
Nervus digitalis dorsalis hallucis lateralis A573
Nervus digitalis dorsalis n. radialis 510
Nervus digitalis dorsalis n. ulnaris 508, A510
Nervus digitalis dorsalis pedis A573
Nervus digitalis palmaris communes (N. medianus) 507
– (N. ulnaris) 509
Nervus digitalis palmaris proprius (N. medianus) A510
Nervus digitalis palmaris proprius (N. ulnaris) 509, A510
Nervus digitalis plantaris communis 573f.
Nervus digitalis plantaris proprius 573f.
Nervus dorsalis clitoridis 434, **447**
Nervus dorsalis penis A417, 447
Nervus dorsalis scapulae T465, 505
Nervus ethmoidalis anterior T587, T589, 605, T628, **703**
Nervus ethmoidalis posterior T589, **703**
Nervus facialis 203, T210, A507, T587, T589, T619, 623, A625, T645, **670**, A706, 709, A763, A768, 806
– Augenlid 698
– branchiomotorischer Teil 670
– Kerne T774
– Kleinhirnbrückenwinkel 777
– parasympathischer Anteil 773
– Paukenhöhle 710
– somatoafferenter Teil 671
Nervus femoralis T531, T533, T544, A569, **570**, 575, T576, A577, T578
– Äste 571
– Lähmungen 571
Nervus fibularis communis T544, A570, **572**, T576, 578
– Lähmungen 572
Nervus fibularis profundus T551, T557, **572**, A579, T580
– Lähmungen 572
Nervus fibularis superficialis T554, A570, **572**, A579
– Lähmungen 572
Nervus frontalis 605, T666, A700, **703**
Nervus genitofemoralis T312, A569, **570**, T801
Nervus glossopharyngeus T210, T588, 617, 622f., T634, T643, 654, **671**, 678, A763
– branchiomotorische Anteile 776
– Kerne T775
– parasympathischer Anteil 773
– Wurzeln 777
Nervus gluteus inferior 447, T531, **571**, 574, A575, T576
Nervus gluteus superior 446, T531, A569, **571**, 574, A575, T576
Nervus hypogastricus 447
Nervus hypoglossus 203, T588, T620, 622, 654, T667, **674**, A763, A770, 777
– Kern T775
Nervus iliohypogastricus T312, A569, **570**, T801
Nervus ilioinguinalis T312, 316, T418, A569, **570**, T801
Nervus infraorbitalis T589, A604, 605, T628, A630, T666, **669**, A700, 703
Nervus infratrochlearis 605, **703**
Nervus intercostalis 260, A261, **263f.**, T801
Nervus intermedius 617, **671**, A763
– Kerne T774
Nervus interosseus antebrachii anterior T488, **507**, T516
Nervus interosseus antebrachii posterior **510**, T516
Nervus ischiadicus 447, T532f., T544, A569, **571**, A575, T576, T578
– Aufteilung 572
– Lähmungen 571
Nervus jugularis 677
Nervus labialis anterior (Schamlippen) 443
Nervus labialis posterior 434, **447**
Nervus lacrimalis 605, A625, T666, A700, **703**
Nervus laryngeus inferior T634, 652
Nervus laryngeus recurrens 298f., A633, T648, 650, A655, **673**
Nervus laryngeus superior T634, 652, 654, **673**
Nervus lingualis 622, A625, A630, 631, T666, **669**, 671, 677
Nervus lumbalis 569
Nervus mandibularis T587, 605, A625, 630, T634, 665, T666, **669f.**, 709
Nervus massetericus T614, A630, **670**
Nervus maxillaris T587, 605, A625, 628, 665, T666, **667f.**
– Äste 668
Nervus medianus 459, T476, 484, T487f., 493, T495, T498, **507**, T512, T514, 515, T516
– Autonomgebiete 508
– Lähmungen 508
Nervus mentalis T590, A604, **605**
Nervus motorius nervi trigemini 776
Nervus musculi quadrati femoris T532, 574
Nervus musculi tensoris veli palatini **T617**, 670
Nervus musculocutaneus T476, **507**, A510, 513, T514, A515, T801
– Lähmungen 507
Nervus mylohyoideus T619, A630, 654, **670**

Nervus nasalis medialis 703
Nervus nasociliaris 605, 628, T666, A700, **703**
Nervus nasopalatinus T588, T628, **669**
Nervus obturatorius A313, 446, T532 f., A569, **570**, 575, T576, A577
– Lähmungen 570
Nervus occipitalis major 250
Nervus occipitalis minor A655, A674, **675**
Nervus occipitalis tertius 250, A604
Nervus oculomotorius T210, T587, 665, T666, 689, T699, **702**, A763, A765
– Äste 702
– Augenlid 698
– intracraniel 776
– Kerne T774
Nervus olfactorius 203, **627**, T666
Nervus ophthalmicus T587, 605, 628, **665**, T666, **703**
– Äste 703
Nervus opticus 203, T587, A684, **696**, A700, A763, **824**
Nervus palatinus major T588, 617, T628, T666, **668**
Nervus palatinus minor T588, 617, T660, **668**
Nervus pectoralis lateralis T466, T468, **506**
Nervus pectoralis medialis T466, T468, **506**, 513
Nervus perinealis 447
Nervus petrosus major T587, T589, 671, **676**
– Paukenhöhle 710
Nervus petrosus minor T589, A625, 672, **676**
Nervus petrosus profundus T587, T589, **676**
Nervus phrenicus 267, **298**, A655, 656, A674, **675**
– accessorius 298
– dexter A295, A297
– Diaphragma 266
– sinister A295
Nervus plantaris lateralis T558 f., A573, **574**, T580, T801
Nervus plantaris medialis T558 f., **573**, T580, T801
Nervus pterygoideus lateralis T614, A630, **670**
Nervus pterygoideus medialis T614, **670**
Nervus pudendus 417, **447**, 574, A575, T576
Nervus radialis 457, T476, 484, T489 f., **509**, T514, 515, T801
– Lähmungen 511
Nervus saccularis 718
Nervus sacralis 569
Nervus salivatorius inferior 773
Nervus saphenus **571**, T576, 577, A578 f
Nervus scrotalis posterior 447
Nervus splanchnicus lumbalis A207
Nervus splanchnicus major A207, 209, **304**, 447
– Diaphragma 266
– Nebenniere 387
Nervus splanchnicus minor A207, 209, **304**, 447
– Diaphragma 266
Nervus splanchnicus pelvicus A207
Nervus splanchnicus sacralis A207
Nervus stapedius 670
Nervus subclavius T466, 505
Nervus subcostalis T312, **313**, T801
Nervus suboccipitalis T245, T247, **250**
Nervus subscapularis **506**, 513
Nervus supraclavicularis A604, 655, A674, **675**
Nervus supraorbitalis A604, 605, **703**
Nervus suprascapularis 456, T467, 471, **506**
Nervus supratrochlearis 605, 698, **703**
Nervus suralis 573
Nervus temporalis profundus T614, A630, **670**
Nervus thoracicus longus T465, **505**
Nervus thoracodorsalis T467, **506**, 513
Nervus tibialis T533, T544 f., T553, **573**, T576 f., 578, A579, T801
– Lähmungen 574
Nervus transversus colli A604, 654, A655, A674, **675**
Nervus trigeminus 203, **665 f.**, T666, A763
– Innervationsgebiete 604
– intracraniel 776
– Kerne T774
– Portio major 665
– Portio minor 665, **669**, 776
Nervus trochlearis 203, T587, 665, T666, T699 f., A702, **703**, A763 f., 766, A772
– intracraniel 776
– Kern T774
Nervus tympanicus T588, A625, T667, **672**, **710**
Nervus ulnaris 457, 484, T495, T487 f., 498, **508**, T514, A515, 516
– Autonomgebiet 509
– Lähmungen 509
Nervus utriculoampullaris 718
Nervus vagus 203, T210, A295, **299**, T588, 622 f., A633, T634, 643, 654, A655, **672 f.**, 678, 706, A763, A770
– Äste T667, 673
– branchiomotorische Anteile 776
– Diaphragma 266
– Dickdarm 363
– Dünndarm 360
– intracraniel 777
– Kerne T775
– Magen 353
– Nebenniere 387
Nervus vestibulocochlearis 203, T587, T667, **718**, A763, A828
– Kerne T775
– Kleinhirnbrückenwinkel 777
Nervus zygomaticus T589, 605, T666, **668**, A700
Nesselsucht 149
Netzbeutel, Bursa omentalis 342
Netzförmiges Bindegewebe 43
Netzhaut, Retina 691
Netzhautablösung 691
Neugeborenes 121 ff.
Neurales Ektoderm 111 f.
Neuralfalte 112, A113
Neuralleiste **112 f.**, 209, **732**
– Abkömmlinge A733
Neuralleistenzellen 113 f., A113
Neuralplatte 112, A113
Neuralrinne 112, A113
Neuralrohr **112**, A113, 724, 732
Neuroblasten 724
Neurocranium 582. T583
Neurodegenerative Erkrankungen 721
Neuroendokrine Granula
– Herz **68**, 284
Neuroendokriner Hypothalamus 756
Neuroepithel 724
Neurofibrillen 71
Neurofilamentäres Triplettprotein 19
Neurofilamente 71 f.
Neurofunktionelle Systeme 804 ff.
Neuroglanduläre Synapsen 78
Neurohormone 31
Neurohypophyse 757 f.
Neurom 84
Neuromuskuläre Synapsen **65**, 78
Neuron 70
Neuronales Netzwerk 722
Neuronenketten 721
Neuropeptide 76 f., **841**, T842
– Abbau 78
Neuropeptid Y 206
Neurophysin 756
Neuroporus caudalis 112
Neuroporus rostralis 112, A113
Neurotensin T842
Neurothel A846, 847
Neurotransmitter 31
– Abbau 78
Neurotransmittersysteme 839 ff.
Neurotubuli A71, 72
Neutral-Null-Methode 165
Neutrophile Granulozyten T34, A127, **130**, A135, 139
– Funktion 130
– Normalwerte T129
Nexinbrücken A12
Nexus T14, A15, **16**
– Herzmuskel 68
NGF, nerve growth factor 83
Niere 380, **388 ff.**
– Arterien 395, **A396**
– Außenstreifen 389, A390
– Außenzone 389, A390
– Berührungsfelder A381
– Bewegungen A380
▼

Niere
– Entwicklung 388
– Erythropoetin 134, 395
– Frontalschnitt A389
– Gegenstrom 395
– Gliederung **389**, A390, T391
– Histologie 390 ff.
– Innenstreifen 389, A390
– Innenzone 389, A390
– Interstitium 395
– Lage 381
– Lymphgefäße 397
– Mark 389, A390
– Nerven 397
– Rinde 389
– Tubulussystem 393 f.
– vegetative Innervation A207, 397
– Venen 397
Nierenagenesie 388
Nierenaszensus 388, A389
Nierenbecken, Pelvis renalis 397
– Entwicklung 397
– Epithel T9
Nierenfaszien 380
Nierenkanälchen, Feinstruktur 393
Nierenkoliken 399
Nierenkörperchen, Corpusculum renale **390 ff.**, A392
– Entwicklung 388
– Lage 393
Nierenläppchen, Lobulus corticalis 390
Nierenlappen,Lobus renalis 390
Nierenleiste A385, A406
Nigrostriatales System 809
Nissl-Substanz 71
Nitabuch-Fibrinoid A101, 105
NK-Zellen, natürliche Killerzellen 139
– Implantation 96
– Lymphopoese 136
NO, Stickoxyd T77
Nodi lymphoidei aggregati 358
Nodi lymphoidei axillares apicales A257, A504, **505**, **513**
Nodi lymphoidei axillares centrales A257, A504, **505**, **513**
Nodi lymphoidei axillares laterales A504, **505**, **513**
Nodi lymphoidei brachiales 505
Nodi lymphoidei buccinatorii 663
Nodi lymphoidei cervicales anteriores **649**, 655
Nodi lymphoidei cervicales anteriores profundi **649**, 655, 664
Nodi lymphoidei cervicales laterales profundi 644, 655
Nodi lymphoidei cervicales profundi **611**, **622**, **652**
Nodi lymphoidei cervicales superficiales 663, T664
Nodi lymphoidei coeliaci 352, A446
Nodi lymphoidei colici 363
Nodi lymphoidei cubitales A504, 505
Nodi lymphoidei deltopectorales 505
Nodi lymphoidei gastrici 352
Nodi lymphoidei gastroomentales **352**, 446
Nodi lymphoidei hepatici 446
Nodi lymphoidei ileocolici **360**, **363**
Nodi lymphoidei iliaci communes 445
Nodi lymphoidei iliaci externi **401**, 445 f.
Nodi lymphoidei iliaci interni 366, **401**, 431 f., 445
Nodi lymphoidei inguinales profundi A567, **569**
Nodi lymphoidei inguinales superficiales **366**, 417, 431, A567, **569**
Nodi lymphoidei jugulodigastrici 618, **664**
Nodi lymphoidei juguloomohyoidei 664
Nodi lymphoidei lumbales **411**, **426**, **431**, A445, 446
Nodi lymphoidei mandibulares T664
Nodi lymphoidei mastoidei 663
Nodi lymphoidei mesenterici superiores **360**, 446
Nodi lymphoidei occipitales 663
Nodi lymphoidei pancreaticolienales 446
Nodi lymphoidei pararectales 366
Nodi lymphoidei parasternales A257, 304
Nodi lymphoidei parotidei profundi 624, **663**, T664
Nodi lymphoidei parotidei superficiales 624
Nodi lymphoidei pectorales A257
Nodi lymphoidei poplitei A567, 569
Nodi lymphoidei praeaortici A445
Nodi lymphoidei pylorici 352
Nodi lymphoidei retroaortici A445
Nodi lymphoidei retropharyngeales 628, A663, **664**
Nodi lymphoidei sacrales 366, **401**, **431**, 445
Nodi lymphoidei solitarii 358
Nodi lymphoidei splenici 352
Nodi lymphoidei submandibulares 612, 617 f., 622, 625, 628, 654, A663, **T664**
Nodi lymphoidei submentales 625, A663, **T664**
Nodi lymphoidei subscapulares 505
Nodi lymphoidei supraclaviculares A257, **655**, T664
Nodi lymphoidei supratrochleares 505
Nodi lymphoidei tracheobronchiales 292
Nodi lymphoidei anuli femoralis A577, 569
Nodi lymphoidei paratracheales 298
Nodi lymphoidei thyroidei 652
Nodi lymphoidei trunci intestinales A446
Nodulus valvulae semilunaris 287
Nodulus vermis T785
Nodus atrioventricularis 289
Nodus sinuatrialis 289
Noradrenalin T77, **206**, 209, **386**
– Abbau 78
Noradrenerge Fasern 206
Noradrenerge Neurone 840
Noradrenerge Zellgruppen 779 f.
Normoblasten 134
Normochrome Anämie 128
Nucleus accessorius nervi oculomotorii A772, **773**, A823, 827
Nucleus accumbens 743
Nucleus ambiguus A770, A772, **776**
Nucleus anterior hypothalami 754
Nucleus anterior thalami A750, **751**, T752, A834
Nucleus arcuatus 771
Nucleus basalis Meynert 743 f.
Nucleus caudatus A739, **743**, A749 f., 808
Nucleus cochlearis anterior 828
Nucleus cochlearis posterior 828
Nucleus corporis trapezoidei A768, 769
Nucleus cuneatus A770, **771**, 800, **815**
Nucleus dentatus A786, 788
– Blutversorgung 791
Nucleus dorsalis thalami 751, T752
Nucleus dorsomedialis hypothalami 755
Nucleus emboliformis A786, **788**, 810
– Blutversorgung 791
Nucleus fastigii A786, **788**, 811
– Blutversorgung 791
Nucleus globosus A786, **788**, 810
– Blutversorgung 791
Nucleus gracilis 771, **800**, 815
Nucleus gustatorius 822
Nucleus habenularis 753
Nucleus infundibularis **755**, 757
Nucleus intermediolateralis 797
Nucleus intermediomedialis 797
Nucleus interpeduncularis 767, A835
Nucleus interpositus 788
Nucleus interstitialis fasciculi longitudinalis medialis 812
Nucleus intralaminaris thalami A750, **751**, T753
Nucleus lateralis posterior thalami A750, 751
Nucleus lemniscus lateralis 828
Nucleus lentiformis 743, A745
Nucleus marginalis 797
Nucleus medialis thalami 751, T752

Nucleus medianus thalami A750, **751**, T753
Nucleus mesencephalicus nervi trigemini A765, **767**, A772f., **773**, **817**
Nucleus motorius nervi trigemini A772, T774, **776**
Nucleus nervi abducentis A768, A772, 774, **776**
Nucleus nervi facialis A768, A772, 774, **776**
Nucleus nervi hypoglossi A770, A772, T775, **776**
Nucleus nervi oculomotorii A765, **766**, A772, 774, **776**
Nucleus nervi trochlearis 766, 774, **776**
Nucleus olivaris accessorius medialis A770, 771
Nucleus olivaris accessorius posterior A770, 771
Nucleus olivaris inferior **771**, **789**
Nucleus olivaris principalis A770
Nucleus olivaris superior A768, 828
Nucleus parasympathicus sacralis 797
Nucleus paraventricularis **754**, **756f.**, A760
Nucleus pontis 768
Nucleus posterior hypothalami 755
Nucleus posterior nervi vagi A770, A772, **773**
Nucleus praeopticus 754
Nucleus praetectalis **814**, A823, 824, 827
Nucleus principalis nervi trigemini A768, A772f., **773**, T774, 817
Nucleus proprius, Lamina spinalis A797
Nucleus pulposus 233, A235
– Entwicklung 231
– Typ II Kollagen T37
Nucleus raphe 778
Nucleus reticularis thalami A750, **751**, T752
Nucleus ruber 71, A765, **766**, 810
Nucleus salivatorius inferior A772, **773**, T775
Nucleus salivatorius superior A768, A772, **773**, 774
Nucleus septalis **743f.**, **833**
Nucleus solitarius A772, 773
Nucleus spinalis nervi accessorii A772, **T775**, 777
Nucleus spinalis nervi trigemini A770, A772f., **773**, 775, **817**
Nucleus subthalamicus **754**, **809**
Nucleus suprachiasmaticus **754**, 824
Nucleus supraopticus **754**, **756**, A760
Nucleus tegmentalis posterior A835
Nucleus thoracicus posterior 797
Nucleus tractus solitarii A770, 822
Nucleus tuberals 755, A756
Nucleus ventralis posterolateralis thalami A750, **751**, T752, 802, 815, **819**
Nucleus ventralis thalami A750, **751**, T752
Nucleus ventromedialis hypothalami 755
Nucleus vestibularis inferior **771**, 830
Nucleus vestibularis lateralis A768, **771**, 830
Nucleus vestibularis medialis A768, **771**, 830
Nucleus vestibularis superior A768, **771**, 830
Nuël-Raum 714
Nuhn-Drüse 621
Nukleäres Lamin 19
Numerische Atrophie 6
Nussgelenk, Articulatio cotylica 164
Nystagmus 812, 831

O

O-Bein 537
Oberarm
– Arterien 501
– Faszien 478
– Gefäß-Nerven-Straße 514
– Knochen 457f.
– Lymphknoten 505
– Nerven 505f.
– Querschnitt A515
– Topographie 514
Oberarmmuskeln 475ff., T476
Oberbauch 332f.
– Entwicklung 333f.
– Bauchfell 341f.
– Organe 334ff.
Obere Extremität 454ff.
– Entwicklung 453
– Ossifikation 453
– Taststellen A456
Obere Hohlvene, Vena cava superior 179
Oberer Kleinhirnstiel 787
Obere Schoßfugenrandebene 324
Oberes Mediastinum 293
Oberes Sprunggelenk 548
– Achse A552
– Bänder 548
– Muskelwirkungen T555
Oberflächenepithel 7f.
– Einteilung T9
Oberflächlicher Hohlhandbogen 503
Oberhaut, Epidermis 215
Oberkiefer, Maxilla T583, 595f.
Oberkieferwulst 601
Oberschenkel 536f.
– Faszien 546
– Gefäß-Nerven-Straßen T578
– Querschnitt A578
Oberschenkelknochen, Femur 517
Oberschenkelmuskeln 542ff.
– Extensoren 543, T544
– Flexoren T544, 545
Oberschenkelschaftachse A536
Obex A764, 769
Obliquus-externus-Adduktoren-Schlinge 310
Obliquus-internus-Gluteus-medius-Schlinge 311
Obturatoriushernie 575
Occipitale Augenfelder 813
Occipitallappen 738
Occludin 14, A15
Ödem 139
Odontoblasten T34, 610f.
Off-Bipolare 694
Off-center Neurone 694
Ohr, Auris 704ff.
– äußeres 704f.
– Entwicklung 704
– Innenohr 711
– Mittelohr 706
– Muskel des äußeren Ohrs T604
Ohrbläschen 114, **704**, A712
Ohrgrübchen A704
Ohrhöcker 705
Ohrkapsel 586
Ohrmuschel, Auricula 704
– Arterien 659, 661, **705**
– elastischer Knorpel 48
– Entwicklung 705
– Innervation 705
Ohrplakode A113, 114, **704**, 734
Ohrschmalz, Cerumen 705
Ohrspeicheldrüse, Glandula parotidea 623
Ohrtrompete, Tuba auditiva 707
Okklusionsverbände 216
Okulomotorisches System 812ff., A813
Olecranon A456, 458
Olfaktorisches System 820ff.
Oligodendrozyten 85
– Entwicklung 725
Olive A763, 769
Olivensystem 771
Omentum majus 331, A332, **338.**, 342
– Entwicklung 333, A334, A335
Omentum minus 331, A335, **337**, 341f., A345
– Entwicklung 333
OMI, Oozyten-Meiose-Inhibitor 422
Omphalozele 343
On-center Neurone, Retina 694
Ontogenese 92
Oogenese 422
Oogonien A407, **422**, A423
Oozyt 93
Oozyt, sekundäre 424
Oozyten-Meiose-Inhibitor 422f.
Operculum, Sinus cervicalis 636
Operculum frontale 737
Operculum parietale **737**, 818, 822
Operculum temporale 737
OPG, Osteoprotegerin 54
Opsonierung 140, **148**
Opsonine 137
Optischer Apparat 690ff.
Ora serrata A684, 688, A689, **691**
Orbiculus ciliaris 688, A689
Orbita A595, 596
▼

Orbita
– Gefäße 701 ff.
– Nerven 701 ff., A702
– Öffnungen 596
Organisator 107
Organum gustatorium, Geschmacksorgan 621
Organum olfactorium, Riechorgan 627
Organum spirale 713
Organum subcommissurale A758
Organum subfornicale A758
Organum vasculosum laminae terminalis A758
Orgasmus
– Frau 429, **435**
– Mann 420, **435**
Orgasmusphasen 435
Orientierungssäulen 825 f.
Orificium internum canalis cervicis, innerer Muttermund 428
Oropharyngealmembran 117
Ortsständige Bindegewebszellen 33
Ortsständige Makrophagen 35
Os capitatum, Kopfbein A456, **460**, A480, T482
Os carpi 459 f.
Os coccygis, Steißbein 241
Os coxae, Hüftbein 321
– Ossifikation T452
Os cuboideum, Würfelbein A520, **522**, A523, A525
Os cuneiforme intermedium A523, 524, A525
Os cuneiforme laterale **A523**, 524, A525
Os cuneiforme mediale **A523 ff.**, 524
Os digitorum manus 460
Os digitorum pedis 524
– Taststellen A520, 525
Os ethmoidale, Siebbein T583, A586, T587, **596**, T597
Os femoris 517
Os frontale T583, A586, **594 ff.**
– Knochenentwicklung 55
Os hamatum, Hakenbein A456, A459, **460**, A480
Os hyoideum, Zungenbein T619, **636**, A650
Os ilium, Darmbein 321
Os ischii, Sitzbein 321
Os lacrimale T583, T589, A594, **596**, T597, A598
Os lunatum, Mondbein **459**, A480, T482
Os metacarpi 460
Os metatarsi 524
– Taststellen 524
Osmiumsäure 89
Os nasale T583, A594, **595**, T597
Os naviculare, Kahnbein 522, A523, **524**
– Taststellen 524
Os occipitale T583, A586, T588, A592, **593 f.**
Ösophagotrachealfistel 271
Ösophagus 254, A295, A297, **300**
– Blutgefäße 302
– Diaphragma 266
– Histologie 301
– Innervation A207, T210, **302**
– Länge 300
– Lymphgefäße 302
– Mediastinum 298
– Verlauf 300
Ösophagusengen 300
Ösophagusmund 300
Ösophagussphinkter, unterer 300
Ösophagusvarizen 303, **352**, 445
Os palatinum T583, **593**, 596
Os parietale T583, A586, **594**, A595
Os pisiforme, Erbsenbein 456, **459**, A480, T482, T487
Os pubis, Schambein 321
Os sacrum, Kreuzbein 308
– Entwicklung 232
– Geschlechtsunterschiede 241
– Ossifikation T232
Os scaphoideum, Kahnbein 459, A480, T482
Os sesamoidea 172
Ossicula auditoria T583, 708 f.
Ossifikation
– chondrale 55
– desmale 55
– enchondrale 56
– perichondrale 55
Ossifikationszentrum, primäres 56
Os sphenoidale T583, A586, T587, **590 f.**, A595
Os temporale T583, A586, **590**, **591**, **592**, **594**, A595
Osteoblasten 53
– Matrixbildung 54
Osteochondrose 229
Osteoid A53, 54 f.
Osteokalzin 51
Osteoklasten **54**, 138
Osteoklastenvorläufer A54
Osteon 51
Osteonektin 40, **51**
Osteonlamellen A50, 51
Osteoporose 57, **229**
Osteoprotegerin 54
Osteozyten T34, **50 ff.**, A51
Ostium aortae 288
Ostium appendicis vermiformis A344
Ostium atrioventriculare dextrum 286
– Entwicklung 185
Ostium atrioventriculare sinistrum 288
Ostium cardiacum 348
Ostium ileale 344
Ostium pharyngeum tubae auditivae 641
Ostium pyloricum 348
Ostium sinus coronarii 286, A286
Ostium tubae uterinae A421
Ostium urethrae externum
– Mann 403
– Frau 433
Ostium urethrae internum 400, A414
Ostium uteri, äußerer Muttermund 428
Ostium vaginae 433
Ostium venae cavae inferioris 293
Ostium venae cavae superioris 292
Ostium venae pulmonalis 287
Os trapezium, großes Vieleckbein A456, A459, **460**, A480
Os trapezoideum, kleines Vieleckbein A459, **460**, A480
Os triquetrum, Dreieckbein **459**, A480, T482
Östrogen
– Follikelwachstum 425
– Glandula mammaria 257
– Plazenta 103
Östrogenphase A425
Östrogensekretion 424
Östrogensynthese 423
Os zygomaticum T583, A592, 594 ff., A595, **596**
Otitis media 708
Otolithen 717
Otosklerose 709
Ovales Bündel, Fasciculus septomarginalis A798, 800
Ovales Fenster, Fenestra vestibuli **707**, **709**
Ovar, Eierstock 421
– Arterie 426
– Entwicklung 421
– Lymphgefäße 426
– Nerven 426
– Oberflächenepithel T9, 421
– Venen 426
Ovarialfollikel 421 f.
Ovarialgravidität 97
Ovarialzysten 421
Ovulation 422, **424 f.**
Ovum 424
Oxidativer Stress 28
Oxyhämoglobin 128
Oxytalanfasern 218
Oxytocin **756**, A760, T842
– Glandula mammaria 257

P

P_{53} 21
Pacchioni-Granulationen 847
Pachymeninx 846
Paired-box-Gene 107
Palatoschisis 607
Palatum, Gaumen 616
– Entwicklung 605 f.
– Gefäße 617
– Histologie 616
– Innervation 617
– Muskeln 616, T617
Palatum durum 616
Palatum molle 616
Paleocerebellum 786
Paleocortex A739, 742
– Schichten 740
Pallium 737
Palma manus 478, T512
– Topographie 517
Palpebrae 697
– Entwicklung 697
PALS, periarterioläre lymphatische Scheide 377, A378
Paneth-Zellen 24, 354, A355, **356**
Pankreas, Bauchspeicheldrüse A335, A340, **373 ff.**
– Azinus 373, A374

– Ductus pancreaticus major 373
– Entwicklung **333 f.**, A334, A336
– Gefäße **341**, **375**, A376
– interlobulärer Ausführungsgang 374
– intralobulärer Ausführungsgang 374
– Langerhans Inseln 374 f.
– Pfortaderkreislauf 375
– Schaltstück 373 f., A374
– Innervation A207, **375**, **376**
Pankreatisches Polypeptid 375
Pankreozymin 357
Panniculus adiposus, Bauchfett 219
Papez-Kreis A834, 836
Papilla conicae 621
Papilla duodeni major **340**, 371
Papilla duodeni minor 340
Papilla renalis 389
Papilla filiformis 621, A622
Papilla foliata 621
– Innervation 623
Papilla fungiformis 621
– Innervation 623
Papilla lacrimalis 699
Papilla mammaria 256
Papilla umbilicalis 314
Papilla vallata 621, A622
– Innervation 623
Papilla Vateri, Papilla duodeni major 340
Papillengraben A622
Parabasalzellen, Vaginalausstrich 432
Parachordales Gebiet 586
Paracystium 382
Paradidymidis A405, 412
Paraflocculus A785
– Nuclei vestibulares 831
Paraganglien 209
Paraganglion aorticum abdominale 209
Paraganglion supracardialia 209
Parakortikale Zone, Lymphknoten A151, 152
Parakrine Sekretion 30, A31
Parallelfasern, Kleinhirnrinde A789, 790
Parallelfasriger Muskel 171
Parametrium **384**, 428
Paraneurium 83
Paraplegie 803
Parasitenbefall 131
Parasternale Lymphknoten **257**, **279**
Parasubiculum 832, A836
Parasympathikus A208, 209 ff.
– Gefäße 195 f.
– kranialer Teil 210
– Rückenmark 796
– sakraler Teil 210
– Zielgebiete T210
Parathormon 54, **653**
Paravertebrale Ganglien, Grenzstrang 206
Paraxiales Mesoderm A113, 115
Parazellulärer Transport 16
Parenchym 6
Paricardium fibrosum 280
Paricardium serosum 280, A281
Paries caroticus 707
Paries jugularis 707
Paries labyrinthicus 707
Paries mastoideus 707
Paries membranaceus
– Paukenhöhle 707
– Trachea 272, A273
Paries tympanicus 707
Parietale Großhirnbrückenbahn 766
Parietales Mesoderm A113, 116
Parietallappen 738
Parietalzellen, Magen 351
Parietooccipitotemporales Assoziationsgebiet 738, 739, **843**
Parkinson-Erkrankung 766, **810**, 840
Paroophoron 428
Parotisloge 631
Parotitis epidemica 624
Paroxysmaler Lagerungsschwindel 718
Pars abdominalis aortae 439
Pars ascendens, intermediärer Nierentubulus T391, 393
Pars ascendens aortae 293
Pars ascendens duodeni A340, 341
Pars basilaris ossis occipitalis 592 f.
– Anlage **231**, 586
Pars basilaris pontis 768
Pars caeca retinae 691
Pars cardiaca, Magen 348
– Histologie T359
Pars centralis, Seitenventrikel 850
Pars ceratopharyngea, M. constrictor pharyngis med. T643
Pars cervicalis, Rückenmark A792
Pars chondropharyngea T643
Pars compacta, Nudeus niger 766
Pars convoluta distalis, Nierentubulus A390, 394
Pars convoluta proximalis, Nierentubulus A390, T391, A392, **393**
Pars descendens, Nierentubulus T391, 393
Pars descendens duodeni 340
Pars distalis Hypophyse 759
Pars flaccida 705, A706
Pars horizontalis duodeni A340, 341
Pars infraclavicularis 505 f.
Pars intercartilaginea glottis 646
Pars intermedia, Hypophyse 757, **759**
Pars intermembranacea glottis 646
Pars laryngea pharyngis 641 f.
Pars lateralis ossis occipitalis 592
Pars lumbosacralis, Rückenmark 791, A792
Pars membranacea, Septum interventriculare 287
Pars membranacea urethrae 403, A414
Pars nasalis ossis nasalis 597
Pars nasalis ossis frontalis 597
Pars nasalis pharyngis 640 f.
Pars optica retinae 691
Pars orbitalis ossis frontalis 586, A596
Pars oralis pharyngis 640 f.
Pars petrosa ossis temporalis T587, 591
Pars praeprostatica urethrae 403
Pars principalis, Magen 351
Pars prostatica urethrae 403, A414
Pars pylorica 348, T359
Pars recta distalis, Nierentubulus A390, T391, 392, **394**
Pars recta proximalis, Nierentubulus A390, T391, 393, **394**
Pars reticularis, Nudeus niger 766
Pars spongiosa urethrae 403
Pars superior duodeni 340
Pars supraclavicularis, Plexus brachialis 505
Pars tensa tympani 705 f.
Pars thoracica, Rückenmark A792
Pars thoracica aortae A295, 302
Pars tibiocalcanea 549
Pars tuberalis adenohypophysis A756, 759
Pars uterina tubae 426
PAS, Perjodsäure-Schiff-Reaktion 90
Passavant-Wulst 617
Passive Immunisierung 148
Passive Insuffizienz **172**, **491**
Passiver Bewegungsapparat 156
Patchwork, Plasmamembran 11
Patella **519**, A520, 537, **539**, 541, T544
– Luxation 539
– Tanzen 539
– Taststellen 519
Patellarsehnenreflex T801
Patellarsyndrom 539
Paukenhöhle, Cavitas tympani 707, A708
– Entwicklung 707
– Gefäße 710
– Innervation 710
– Lymphabflüsse 710
– Nischen 709
– Schleimhaut 709
– Schleimhautfalten 709
– Wände 707
Paukenkeller 707
PAX, Paired-box-Gene 107
PDA, persistent ductus arteriosus 189
PDA, posterior descendens artery 291
Pecten, Brust 254
Pecten analis A364, 365
Pecten ossis pubis 321, T533
Pedunculus arcus vertebrae **A228**, A230
Pedunculus cerebellaris inferior A764, 769, 771, 784, **787**, 811 f.
Pedunculus cerebellaris medius A764, 768, 784, **787**

Pedunculus cerebellaris superior A764, 767, 784, **787**, 811
Pedunculus cerebri 765
Pelvis, Becken 320
– Arterien A441
– Lymphgefäße A445
– Nerven 446
– Venen A443
Pelvis major 324
Pelvis minor 324
Pelvis renalis, Nierenbecken 381
– Entwicklung 388
Pemphigus 16
Penis 417 f.
– Arterien 419
– Entwicklung 415
– Rezeptoren 420
– Venen 419
Pepsin 351
Pepsinogen 351
Perakine Sekretion 23
Perforierte Diaphragmen, Kapillaren 193
Perforin 144
Perfusionsfixierung 88
Periarchicortex A739
Periarterioläre lymphatische Scheide 377, A378
Periarthropatie humeroscapularis 464
Peribronchiales Bindegewebe 278
Pericardium fibrosum 280, A281
Pericardium serosum 280, A281
Perichondrale Knochenmanschette 55, A56
Perichondrale Ossifikation 55
Perichondrium **46 f.**, A49, A56
Pericranium 583
Perikapillärer Raum 367
Perikard, Herzbeutel 254, **280**, **A281**, A295
– Gefäßversorgung 281
– Innervation 281
Perikardhöhle, Cavitas pericardiaca 280
Perikarditis 281
Perikaryon 70 f.
Perilymphe 711
Perimetrium 384
Perimysium externum 168
Perimysium internum 168
Perineum 327
Perineurium A79, 82 f.
Periodontium A609, 611
– Entwicklung 611
Periorbita 697, A700, **701**
Periorchium 417
Periost 50, **52**, A156, 157
Periphere Fazialislähmung 806
Periphere Proteine 11
Peripheres Nervensystem
– Entwicklung 732 ff.
– Organisation 200 ff.
Periportalfeld **367**, 368
Peristaltik, Magen 350
Peritendineum externum **43**, 169
Peritendineum internum **43**, 169
Peritonealdialyse 331
Peritonealepithel, Ovar 421
Peritonealhöhle, Cavitas peritonealis 330
Peritoneum, Bauchfell T9, 330
– Innervation 331
Peritoneum parietale **331**
Peritoneum urogenitale 382
Peritoneum viscerale **331**, 358
Peritonitis 331
Peritubuläres Dentin 611
Peritubuläre Zellen, Hoden A408, 410
Periurethrale Zone, Prostata 414
Perivaskuläre Spalträume, Pia mater 848
Periventriuläre Nervenzellen 755
Perivitelliner Raum 436
Perizentrioläres Material A17
Perizyten **70**, 193
Perjodsäure-Schiff-Reaktion 90
Perlecan 40
Perlia Kern 776
Peromelie 453
Perspiratio insensibilis 216
Pes anserinus T533, 545
Pes calcaneus 561
Pes equinovarus 454, **561**
Pes equinus 561
Pes excavatus 561
Pes hippocampi 832
Pes planovalgus 561
Pes planus 561
Pes transversus 561
Pes valgus 561
PET, Positronenemissionstomographie 738
Petiolus 645
Peyer-Plaques 358
– Ileum 359
Pfannenband, Ligamentum calcaneonaviculare plantare **548**, **561**
Pfannenlippe 162
Pfeilnaht 584
Pflugscharbein, Vomer T583, 597
Pfortader, Vena portae hepatis 180, **444**
Pfortaderkreislauf 180
– Hypophyse 757
– intrahepatischer 367
– Pankreas 375
Phagozytose 19
– neurophile Granulozyten 130
Phalangenzellen 713
Phallus, Penis 417
– Entwicklung 415
Phäochromozytom 387
Pharyngobranchialbogen T634
Pharynx 640 f., A641
– Entwicklung T634
– Gefäße **644**, 659, 660
– Innervation 623, **T643**, 644
– Muskulatur 642, T643, **643 f.**
Phasenkontrastmikroskopie 90
Phenylethanolamin-N-Methyltransferase T77
Philtrum 601
Phokomelie 453
Phosphorlipide 11
Photopisches Sehen 694
Phylogenese 92
Physiologischer Nabelbruch 118, A120, 314, **343**
Physiologischer Querschnitt, Muskelfaser 170 f.
Pia mater cerebri 720, A846, **848**
Pia mater spinalis 848
PID, Präimplantationsdiagnostik 94
PIF, Prolaktin release inhibiting factor T761
Pigmentarchitektonik 71, **721**
Pigmentepithel A692, 694
Pigmentzellen 35
Pili, Haare 224 ff.
Pille 95, **425**
Pille danach 430
Pinealozyten 753
Pinozytose 19
Pinselarteriolen, Milz 378
Pinzettenband, Ligamentum bifurcatum A548
Pituizyten 85, **758**
Pit-Zellen, Leber 367, A368
Plakoden **114**, **734**
Plakoglobin 15
Planta pedis 547, **580**
– Sehnenscheiden 560
Plantaraponeurose 558
Plasmalemm, Plasmamembran 11
Plasmazellen A33, T34, A135, **147**, 152
Plasminogenaktivator 410
Plasmodium 21
Plateauphase 435
Plättchenaktivierungsfaktor **131**, **149**
Platte Knochen 156 f.
Plattenepithel
– einschichtiges A8, T9, **10**
– mehrschichtiges unverhorntes A8, T9, **10**
– mehrschichtiges verhorntes A8, 10
Platter Muskel 167
Plattfuß A525, 561
Platysma A602, A633, T637, **638**
Plazenta 97 ff.
– Barrierefunktion 105
– Entwicklung 97 ff.
– Reife 101 ff.
– Zotten **99**, **102 ff.**
– Septum A101, 104
Plazentabett 102
Plazenta-Laktogen 103
Plazentalappen 101
Plazentalösung 105
Plazenta praevia 97
Pleura T9, A255, **269**
Pleuragrenzen 270, **T271**
Pleurahöle, Cavitas pleuralis 270
Pleura parietalis, Rippenfell A261, **269**, A295
Pleurasäcke 254
Pleura visceralis pulmonalis, Lungenfell 254, **269**
Pleuritis 270
Plexus 202
Plexus aorticus abdominalis 211, **447**
Plexus aorticus thoracicus 211
Plexus basilaris 854
Plexus brachialis 202, 259, **505**, A506, 511, T512, A655, 656
– Entwicklung 453

– infraklavikulärer Anteil 513
Plexus cardiacus T210, 211, **290**, **673**
Plexus caroticus A207, 678
Plexus cavernosus concharum 627
Plexus cervicalis 202, T637, **674 f.**
– Radix motoria 675
– Radix sensoria A674, 675
Plexus choroideus 85, 87, 726, 749, **850**, 852
– Entwicklung **729**, 750
Plexus choroideus ventriculi III 750
– Entwicklung 729
Plexus choroideus ventriculi lateralis **749**, 750, 850
Plexus choroideus ventriculi IV 770, A852
– Entwicklung 729, A731
Plexus coccygeus 202, 446, **574**
Plexus coeliacus 211, 352, 411, **447**
Plexus deferentialis 414, **T418**
Plexus dentalis 612
Plexus gastricus **353**, 447
Plexus hepaticus **373**, 447
Plexus hypogastricus inferior 211, 363, 401, 427, **447**
Plexus hypogastricus superior 211, **447**
Plexus iliacus 447
Plexus intraparotideus **623**, 631, 671
Plexus lumbalis 202, 446, T531, **569 f.**
– Autonomgebiet 570
Plexus lumbosacralis 202, 446, **569**
– Entwicklung 453
Plexus myentericus T210, 211 f., **358**
– Dickdarm 363
– Dünndarm 360
– Magen 350, **352**
– Ösophagus 302, **673**
Plexus mesentericus inferior **363**
Plexus mesentericus superior **363**, 426
Plexus oesophageus 211, **299**, 448, **673**
Plexus pampiniformis **411**, 413, 417, **T418**, 443
Plexus pancreaticus 376
Plexus pharyngeus T617, T643, 644, **672 f.**, **677 f.**. 710
Plexus prävertebralis 447
Plexus prostaticus **415**, 442
Plexus pterygoideus 628, **630**, A853, 854
Plexus pudendus 202, A443
Plexus pulmonalis 211, **279**
Plexus rectalis 426
Plexus renalis **397**, 411, 426, 447
Plexus sacralis 202, 446, T531 f., **569**, 571
Plexus splenicus/lienalis **379**, 447
Plexus submucosus, Meißner Plexus T210, 211
– Dickdarm 363
– Dünndarm 358, **360**
Plexus suprarenalis 447
Plexus testicularis T418
Plexus tympanicus A625, 672, 706, **710**
Plexus uterovaginalis 431 f.
Plexus venosus prostaticus A402, **442**, A443
Plexus venosus pterygoideus 662
Plexus venosus rectalis A364, **365 f.**, 442 f., A444
Plexus venosus sacralis 442, A443
Plexus venosus suboccipitalis 250
Plexus venosus uterinus **431**, 442, A443
Plexus venosus vaginalis **432**, 442, A443
Plexus venosus vertebralis internus anterior **303**, A848, 803
Plexus venosus vertebralis internus posterior **303**, 803, A848
Plexus venosus vesicalis **401**, 434, 442, A443
Plica alaris 538
Plica aryepiglottica 642, A645
Plica caecalis vascularis 342, **344**
Plica ciliaris 688, A689
Plica duodenalis inferior 342, **344**
Plica duodenalis superior 342, **344**
Plica axillaris 512
Plica circularis, Kerckring 354
– Duodenum A355, 358
– Ileum 359
– Jejunum A355, 359
Plica gastrica 348 f.
Plica gastropancreatica 339
Plica palmata 428
Plica spiralis 372
Plica glossoepiglottica lateralis 642
Plica glossoepiglottica mediana 642
Plica ileocaecalis 342
Plica incudialis 710
Plica longitudinalis duodeni 340
Plica mallearis anterior 706, A708, **709**
Plica mallearis posterior 706, A708, **709**
Plica musculi tensoris tympani 710
Plica nervi laryngei superioris 642
Plica palatopharyngea 644
Plica rectouterina 383
Plica salpingopharyngea 641
Plica semilunaris coli A344, 361
Plica stapedialis 710
Plica synovialis 161
Plica synovialis infrapatellaris 538
Plica transversa recti 364
Plica umbilicalis lateralis 316, A317
Plica umbilicalis medialis 316, A317
Plica umbilicalis mediana 316, A317
Plica vesicalis transversa 382, **401**
Plica vestibularis 644, A645
Plica villosa 348 f.
Plica vocalis 644
Pluripotent 94
Plurivakuoläre Fettzelle A44, 45
Pneumatisierte Knochen 157
Pneumotaktisches Zentrum 780
Podogramm 561
Podozyten 391, A392
Poikilozytose 128
Polarisationsmikroskopie 90
Polkissen 392
Polkörperchen
– erstes 424
– zweites 436
Pollex, Daumen 460
Polydaktylie 453
Polyploid 21
Polyribosomen 25
Polyzythämie 128
Pons, Brücke 768
– Arterien 783
– Entwicklung 729
– Gliederung 768
– Venen 784
Pontines Blickzentrum 812
Pontocerebellum 785 f.
Porin 27
Porta hepatis 335
Portales Läppchen 368
Portalgefäße, Hypophyse 757, A760
Portio densa 337
Portio flaccida 337
Portio major, N. trigeminus 665
Portio minor, N. trigeminus 665, **669 f.**
Portio supravaginalis cervicis 427
Portio vaginalis cervicis **427**, 432
Portokavale Anastomosen A444, 445
Porus acusticus externus A593, **594**, A631
Porus acusticus internus A585, 586, T587, A591, **592**
Porus gustatorius 622
Porus intrajugularis 592
Positronenemissionstomographie 738
Posteriores Längsbündel 781
Postganglionäre Fasern
– Parasympathicus A208, 210
– Sympathicus **206**, **208**
Posticus 647, T648
Postkapilläre Venolen 193
Postnatale Blutbildung 134
Postovulatorische Strukturen 421
Postpartialer Zyklus 438
Postsynaptische Membran 76
PP-Zellen, Pankreas 374 f.
Präameloblast 610
Prächondrales Gewebe 46
Prächordales Gebiet 586
Prächordales Mesoderm 110
Prächordalplatte A109, 110
Präcuneus A737
Prädentin 611
Prädeziduazellen 430
Präeklampsie 104

Präfrontaler Cortex 738, A740
Präfrontales Assoziationsgebiet 843 f.
Präganglionäre Fasern 206
– Parasympathicus A208, 210
– Sympathicus 206, A208
Präimplantationsdiagnostik 95
Präkapilläre Sphinkteren 192
Prämolaren, Gefäße 660
Prämotorischer Cortex 738, A740, 805, 809
Prämyocard 181
Präputium clitoridis 434
Präputium penis A383, 419
Präsubiculum 832, A836
Präsynaptische Hemmung 723
Präsynaptische Membran 75
Prävertebrale Ganglien, Sympathicus 206, **208 f.**, **447**
– Entwicklung 734
Prävertebrale Halsmuskulatur T638
Presbyopie 691
Primäre Choanen 606
Primäre Chorionplatte 98
Primäre Hörrinde **739**, A828, **829**
Primäre Keimstränge
– Hoden 406
– Ovar 421
Primäre lymphatische Organe 132
Primäre Oozyten 422
Primärer Dottersack A96
Primäre Rezeptorzellen 682
Primärer Gaumen 606
Primäre Rindenfelder 738
Primäre Sehrinde **739**, 824, **826**
Primäres Lysosom 19 f., A20
Primärfollikel
– Ovar 422, A423
– Lymphfollikel 152
Primärharn 391
Primärmotorischer Cortex **738**, A740, 805
Primärpapillen, Zunge 621
Primär retroperitoneal gelegene Organe 330
Primärschweiß 223
Primär somatomotorischer Cortex 738, A740, **805**
Primär somatosensorischer Cortex 739, **817**
Primärzotten A96, 97, A98, **99**
Primitivgrube A109, 110
Primitivknoten 106, **108 f.**, A109, 110, A113
Primitivrinne 106, **108 f.**, A109
Primitivstreifen 106, **108 f.**, A113
Primordiale Geschlechtszellen 406
Primordialfollikel 422 f.
PRL, Mammotropic hormone T761
Processus accessorius A230, 239
Processus alveolaris maxillae 592, 593, **596**
Processus anterior mallei 709
Processus articularis superior
– Bruswirbel 229, A230
– Kreuzbein 240
– Lendenwirbel 240
Processus articularis inferior 229, A230
Processus axillaris mammae A257
Processus ciliaris 688, A689
Processus clinoideus anterior 590, A591
Processus cochleariformis A708
Processus condylaris mandibulae 599, T614
Processus coracoideus A258, A455, **456**, T476, A477
Processus coronoideus mandibulae 599, T614
Processus coronoideus ulnae 458, A474, T487
Processus costalis A230, 239
Processus ethmoidalis 598
Processus frontalis maxillae 596, T597
Processus lateralis mallei 709
Processus lateralis tali 523
Processus lateralis tuberis calcanei A523 f
Processus lenticularis 709
Processus mammillaris A230, 239
Processus mastoideus A592 f., **594**, A631
Processus medialis tuberis calcanei A523
Processus muscularis, Carilago arytenoidea A645, 646
Processus orbitalis ossis palatini A596, A598
Processus palatinus maxillae 592, 593, **597**
Processus posterior tali 523, A524
Processus pterygoideus **593**, 594, T614, T617
Processus sphenoidalis A598
Processus spinosus **229**, A230, 250
– Brustwirbel 239
– Lendenwirbel 240
Processus styloideus (Os temporale) A592 ff., **593**, T619
– Herkunft T634
Processus styloideus (Radius) A456, **459**, T482
Processus styloideus (Ulna) A456, **458**, T482
Processus transversus 229, A230
Processus uncinatus A340, **341**, 598
Processus vaginalis peritonei 318
Processus vocalis A645, 646
Processus xiphoideus A255, 261
Processus zygomaticus maxillae 596
Processus zygomaticus ossis frontalis 595
Processus zygomaticus ossis temporalis A593, 594, **596**
Proerythroblast 134
Progenie 599
Progesteron 424 f.
– Basaltemperatur A425, 426
– Plazenta 103
Programmierter Zelltod 22
Projektionsbahnen A741, 744 f.
Prokollagen 38
Proktodeum 117
Prolaktin A760, **T761**, T842
– Follikulogenese 425
Prolaktostatin T761
Proliferation 6, **20**
Proliferationsphase A429, 430
Proliferationszone, Knochenentwicklung 56
Prometaphase 21
Prominentia canalis facialis **707**, **710**
Prominentia canalis semicircularis lateralis 707
Prominentia laryngis **646**, 654
Prominentia mallearis A706, 709
Promontorium, Becken **241**, 324
Promontorium, Paukenhöhle 707
Promyelozyt 136
Pronation, Fuß **548**, T551, T553, T554
Pronation, Unterarm **458**, 484, A486
Pronephros, Vorniere 388
Proneuron **724 f.**, **732**
Prophase 21
Propriorezeptoren 67
Prosencephalon, Vorderhirn 729
Prosopagnosie 843
Prospermatogonien 406
Prostaglandin **131**, **149**
– Niere 395
Prostata, Vorsteherdrüse 404, **414**
– Arterien 415
– Entwicklung T112, 412
– Lage 384
– Lymphgefäße 415
– Nerven 415
– Venen 415
Prostatahyperplasie 415
Prostatasekret 415
Prostatazonen 414
Proteasom 20
Proteine, Plasmamembran 11
– integrale 11
– periphere 11
Proteinkoagulatoren 89
Proteinplaque 14, A15
Proteinzyklase 21
Proteoglykane A38, 40 f.
– Knorpel 47
Prothrombin A127
Protoplasmatische Astrozyten A85, 86
Protuberantia mentalis 599
Protuberantia occipitalis externa 250, 592, **594**
Protuberantia occipitalis interna A591, 592
Provozierter Zelltod 22
Proximaler Tubulus T391, 393
Proximales Handgelenk 481
Prussak-Raum 709
Pseudopodien 18
Pseudounipolare Nervenzellen **73**, 201
Psoasarkade 266
PSR, Patellarsehnenreflex T801
Ptosis 690
Pubertät 425

Pubes, Schamhaare 224
Puerperium 438
Pulmo, Lunge 274
Pulmonalbogen 184
Pulmonalklappe, Valva trunci pulmonalis 179, A285, **287**
– Entwicklung 186, A187
– Projektion T288
Pulmonalstenose 189
Pulpa dentis 609
– Histologie 611
Pulpahöhle 609
Puls
– A. carotis communis 655
– A. femoralis 564
– A. tibialis posterior 565
– A. dorsalis pedis 580
– radialis 502
– ulnaris 502
Pulvinar thalami A749f., **751**, T752
Punctum adhaerens T14
Punctum lacrimale 699
Punctum nervosum 655
Punktdesmosom 13f.
Pupille 684, **691**
– Dilatation 827
– Entwicklung 685
– Verengung 827
Pupillenreflex 826f.
Purkinje-Fasern A285, 289
Purkinje-Zellen 73, **788**, A789
– Axone 789
– Dendriten 788
– Synapsen 78
Purkinje-Zellschicht 788
Putamen A739, **743**, A745, **808**
Pyelitis 399
Pygopagus 123
Pykniker 2
– Herzlage 284
– Thorax 268
Pylorus 337
Pylorusdrüsen 352
Pyramidenbahn, Tractus corticospinalis 766, A770, **802**, **806**, A807
Pyramidenkreuzung, Decussatio pyramidum A763, **806**
Pyramidenzelle, Großhirnrinde 73, **742**
Pyramides renales 389
Pyramis, medullae oblongatae 769
Pyramis vermis A785, T785
P-Zellen, Darm 357

Q

Quadratusarkade 266
Querbogen 524
Querfortsatz, Processus transversus A228, 229
– Brustwirbel 239
– Halswirbel 237
Quergestreifte Muskelfaser 61, A63
Querschnittslähmung 794, **803**
Querwindung nach Heschl 739

R

Rachen, Pharynx 640f.
Rachendachhypophyse 759
Rachenmembran **110**, 116, A117, 601
Rachischisis 727, A728
Rachitis **57**, 261, 268, 537
Radgelenk A164, 165
Radialabduktion 483
Radialispuls 502
Radiäre Glia **86**, **725**
Radiatio acustica A745
Radiatio optica A745, 825
Radiatio thalami A475, 750
Radikuläre Innervation 203
Radioanuläre Luxation 475
Radius 458
– Ossifikation T451
Radiusfraktur 459
Radiusperiostreflex T801
Radix anterior, Rückenmark 201
Radix cranialis nervi accessorii 776
Radix dentis 608, A609
Radix linguae 620, **622**
– Entwicklung 635
Radix medialis n. mediani 508
Radix mesenterii **342**, A343, A345
Radix mesocolon transversum A339, 345f.
Radix nasi 626
Radix oculomotoria 702
– Ganglion ciliare 676
Radix penis 417
Radix posterior, Rückenmark 201
Radix pulmonis 274
Radix spinalis n. accessorii T588, 776
Radix sympathica, Ganglion ciliare 676
Radspeichenstruktur 147
Ramus acetabularis 442
Ramus acromialis (a. ax.) A500
– (a. suprascapularis) 657
Ramus ad musculi obliquum inferioris (N. III) A700, 702
Ramus ad pontem (a. basilaris) T657, 782f.
Ramus alveolaris superior anterior/posterior (n. infraorb.) 669
Ramus anterior (a. obturatoria) 441
Ramus anterior n. spinalis 202
Ramus atrialis (a. coron. dex.) A291
Ramus auricularis anterior (a. temp. sup.) T658, 661
Ramus auricularis (a. aur. post.) T658, 659
Ramus auricularis nervi vagi T588, **673**, **705**
Ramus bronchialis (Aorta) **279**, 303
Ramus bronchialis (N. X.) A299, 673
Ramus buccalis 671
Ramus calcaneus (a. tib. post.) A566
Ramus calcaneus lateralis (n. suralis) A573
Ramus calcaneus medialis (N. tibialis) A573
Ramus cardiacus thoracis 290
Ramus cardiacus cervicalis inferior **290**, A299, 673
Ramus cardiacus cervicalis superior **290**, A299, 673
Ramus caroticotympanicus 710
Ramus carpalis dorsalis A502, 503
Ramus carpalis palmaris A502, 503
Ramus chorii 102
Ramus circumflexus (a. coron. sin.) A285, 291
Ramus circumflexus fibularis (a. tibialis posterior) A566
Ramus cluneus medius (Plexus lumbalis) **569**, A573, 574
Ramus cluneus superior (Plexus lumbalis) **569**, A573, 574
Ramus cluneus inferior (N. cutaneus femoris post.) **571**, A573, 574
Ramus cochlearis 718
Ramus colli nervi facialis 671, T637
Ramus communicans albus A201, **202**, 206, A208
Ramus communicans cum ganglio ciliari 703
Ramus communicans cum nervo ulnari
– N. medianus 507
– N. radialis 510
Ramus communicans griseus A201, **202**, 208
Ramus conjunctivalis 703
Ramus cricothyroideus T658, 659
Ramus cutaneus anterior n. femoralis **571**, A573, A578
Ramus cutaneus cruris medialis (N. saphenus) A573
Ramus cutaneus n. iliohypogastrici A573, 574
Ramus cutaneus n. obturatori 570, A573
Ramus deltoideus
– A. profunda brachii 501
– A. thoracoacromialis 500
Ramus dextra (A. hep. comm.) 439
Ramus digastricus 671
Ramus dorsalis linguae T658, 659
Ramus dorsalis n. ulnaris 508, A510
Ramus duodenalis **359**, 439
Ramus externus (n. laryngeus superior) T648, 649
Ramus femoralis n. genitofemoralis **316**, T418, 434, A569, **570**, A573, 575, A577, T801
Ramus frontalis T658, 661
Ramus ganglionaris ad ganglion pterygopalatinum 668
Ramus gastricus (n. vagi) 673
Ramus genitalis n. genitofemoralis **316**, T418, 434, A569, **570**, A573
Ramus iliacus 441
Ramus inferior n. oculomotori 702
Ramus infrapatellaris 571, A573

Ramus intercostalis anterior (a. thoracica int.) **263**, A264, A305
Ramus interganglionaris 206
Ramus intermedius (A. hep. comm.) 439
Ramus interventricularis septalis (a. cor. dex.) 291, A291
Ramus interventricularis septalis (a. cor. sin.) 289, 291
Ramus interventricularis anterior A285, 291
Ramus interventricularis posterior A285, **289**, A291
Ramus labialis anterior (Schamlippe) 434
Ramus labialis posterior (Schamlippe) 434
Ramus labialis superior (Lippe) 605
Ramus laryngopharyngeus 678
Ramus lingualis
- N. IX 672
- N. X 673
Ramus lumbalis 441
Ramus mammarii lateralis A257, 500
Ramus mammarii medialis 257, A305
Ramus mandibulae 599
Ramus marginalis dexter (a. coron. dex.) 291
Ramus marginalis mandibulae 671
Ramus marginalis sinister (a. coron. sin.) 291
Ramus mediastinalis 303, A305
Ramus medullaris medialis 782
Ramus meningeus (Nerv)
- N. maxillaris 668
- N. spinalis A201, 202
- N. vagus 673
Ramus meningeus a. vertebralis T657
Ramus meningeus anterior (a. ethmoidalis ant.) 846
Ramus meningeus recurrens (N. V) T666
Ramus musculi stylopharyngeus 672
Ramus mylohyoideus T658, 660
Ramus nasalis anterior T628
Ramus nasalis internus T628
Ramus nasalis posterior **T628**
Ramus nasalis externus (N. ethmoidalis) **605**, 703
Ramus nodi atrioventricularis **289**, 291
Ramus nodi sinuatrialis **289**, A291
Ramus occipitalis T658, 659
Ramus oesophagealis (Aorta) 303
Ramus oesophageus (n. vagus) 673
Ramus omentalis A348, 352
Ramus ovaricus 426, **431**, 442
Ramus palmaris nervi mediani 507, A510
Ramus palmaris nervi ulnaris 509, A510
Ramus palmaris profundus A502, 503
Ramus palmaris superficialis A502, 517
Ramus palpebralis (n. lacrimalis) 703
Ramus pancreaticus **375**, 440
Ramus parotideus T658, 661 f.
Ramus perforans (a. fibularis) 566
Ramus perforans (Arcus palmaris prof.) 502
Ramus pericardiacus
- Aorta thoracica 303
- Nerven 281
Ramus perinealis 571
Ramus pharyngeus (a. carot. ext.) **644**, T658, 659
Ramus pharyngeus (N. IX) 672 f.
Ramus phrenicoabdominalis 267, **446**
Ramus posterior (A. obturatoria) 442
Ramus posterior n. spinalis 202
Ramus profundus (A. glut. sup.) 441
Ramus profundus n. radialis 510
Ramus profundus n. ulnaris 509, T512
Ramus pterygoideus T658, 660
Ramus pubicus A305, 441
Ramus scrotalis 441
Ramus septi nasi T628
Ramus sinister (A. hep. comm.) 439
Ramus sinus carotici 672
Ramus sternalis A305
Ramus sternocleidomastoideus
- A. thyroidea superior T658, 659
- Plexus cervicalis A674, 674
Ramus stylohyoideus 671
Ramus subscapularis 500
Ramus superficialis (A. glut. sup.) 441
Ramus superficialis n. radialis 510, T516
Ramus superficialis n. ulnaris 509, T512
Ramus superior n. oculomotorii A700, 702
Ramus temporalis n. facialis 671
Ramus temporalis superficialis n. auriculotemporalis 605
Ramus tentorii n. ophthalmicus 703
Ramus thymicus (a. thoracica int.) A305
Ramus tonsillaris n. IX 672
Ramus tonsillaris (a. palatina asc.) **618**, T658, 659
Ramus trachealis 274, **673**
Ramus trapezius A674, 675
Ramus tubarius (a. uterina) 427, 431, **442**
Ramus tubarius n. IX 672
Ramus vaginalis (A. uterina) A421, **431**, 432, 442
Ramus ventricularis anterior A291
Ramus vestibularis 718
Ramus zygomaticofacialis T590, A604, 605, T666, **668**
Ramus zygomaticotemporalis T590, A604, **668**
Randbogen 108
Randleiste, Wirbel A228, **229**, 231, 450
- Extremitäten Knospe 450
- Ossifikation T232
Randsinus 151
RANK, receptor for activation of nuclear kappa B 54
RANKL, receptor for activation of nuclear kappa B ligand 54
Ranvier-Schnürring 80 f.
Raphekerne 778
Raphe mylohyoidea T619
Raphe Penis, Entwicklung A416
Raphe pharyngis 593, A642, **643**
Raphe pterygomandibularis A613, A642
Raphe scroti 417
Raster-Elektronenmikroskopie 90
Rathke-Tasche A758, **759**
Raucher **273**, 278
Raues endoplasmatisches Retikulum 25 f.
Rautengrube 770
Rautenhirn 112, **729**, A730
Rautenlippe **729**, A730, 784
Receptor for activation of nuclear kappa B 54
Receptor for activation of nuclear kappa B ligand 54
Recessus, Cavitas abdominalis **331**, **341 f.**
Recessus axillaris A462, 463
Recessus costodiaphragmaticus A255, 270
Recessus costomediastinalis 270
Recessus duodenalis inferior **342**, 344
Recessus duodenalis superior **342**, 344
Recessus epitympanicus A704, A706, **707**, A708
Recessus hepatorenalis **337**, 341
Recessus ileocaecalis inferior **342**, **344**
Recessus ileocaecalis superior **342**, **344**
Recessus inferior bursae omentalis **339**, **342**
Recessus infundibuli A749, A756, A850, **851**
Recessus intersigmoideus **342**, A345, **346**
Recessus membranae tympani A706, 709
Recessus opticus A749, A850, **851**
Recessus paraduodenalis 342
Recessus pharyngeus 641
Recessus phrenicomediastinalis 270
Recessus pinealis A850, 851
Recessus piriformes 642, A645
Recessus retrocaecalis **342**, **345**
Recessus sphenoethmoidalis **597**, **599**
Recessus splenicus **339**, **342**

Recessus subhepaticus **337**, **341**
Recessus subphrenicus **337**, **341**
Recessus subpopliteus 539
Recessus superior bursae omentalis **339**, **342**
Recessus suprapatellaris 538 f.
Recessus suprapinealis A850, 851
Recessus tubotympanicus **635**, 707
Rechte Atrioventrikularklappe 179
Rechter Ventrikel 179, **287**
– Entwicklung 185
Rechter Vorhof 179
– Entwicklung 185
Rechts-links-Shunt 188 f.
Rechtsverschiebung 130
Rectum, Mastdarm A344, **364**, A383, A389
Reflektorische Pupillenstarre 827
Reflexbögen 721
Regenbogenhaut, Iris 684, 687, **689**
Regeneration **6**, **20 f.**
Regio abdominalis 308, A309
Regio analis 309
Regio antebrachii anterior A456
Regio antebrachii posterior A456
Regio brachii anterior A456
Regio brachii posterior A456
Regio calcanea A520
Regio cervicalis anterior 654
Regio cervicalis lateralis 655
Regio cervicalis posterior A242
Regio cruris anterior A520, **547**, T576, 578
Regio cruris posterior A520, **547**, 578
Regio cubitalis anterior A456, 474
Regio cubitalis posterior A456, 474
Regio deltoidea A456
Regio entorhinalis **832**, 836
Regio epigastrica 308
Regio femoris anterior A520
Regio genus anterior 577
Regio genus posterior 577
Regio glutealis A242, A520, **574**, A575
Regio hypochondriaca 308
Regio infrascapularis A242
Regio inguinalis 309, A314, **316**, A317
Regio lumbalis A242
Regio malleolaris lateralis A520, **547**, T576, 580
Regio malleolaris medialis **547**, T576, 579
Regionäre Lymphknoten **150**, 197
Regio olfactoria 627
Regio perinealis A309
Regio pubica 309
Regio respiratoria 627
Regio sacralis A242
Regio scapularis A242, A456
Regio sternocleidomastoidea 655
Regio subinguinalis 575
Regio sublingualis 631
Regio suprascapularis A242
Regio umbilicalis 309
Regio urogenitalis 309
Regio vertebralis A242
Registerprotein 38
Regulatorgen 107
Regulatorische T-Zellen 142, **145**
Regulierte Sekretion A26, 28
Reife naive B-Lymphozyten 141
Reife naive T-Lymphozyten 141
Reifenfasern, Milz 378
Reifezeichen 57, **121**
Reissner-Membran 713
Reitende Aorta 189
Reithosenanästhesie 575
Rektum *s.* Rectum **364**, **382**, A384
– Arterien 363, **365**
– Entwicklung 364
– Lymphgefäße 366
– Innervation A207, 366
– Venen **366**
Rektusscheide 313
Rekurrente Hemmung 723
Rekurrente Kollaterale 72
Relaisneurone 806
Releasing Hormone 737
– Plazenta 103
Renculus, Nieren 390
Renin 393
Renshaw-Zelle 796
Replikative Seneszenz 21
RER, raues endoplasmatisches Retikulum 25
Reservestreckapparat 540
Reservezone, euchondrale Ossifikation 56
Residualkörper A20
Resorption 19
– fluid-phase 19
– rezeptormediierte 19
Resorptionszone, enchondrale Ossifikation 57
Respiratorisches Epithel 10, T112
Restitutionsphase 21
Restriktionspunkt 20
Rete acromiale **500 f.**, 657
Rete articulare cubiti **501**, 503
Rete articulare genus 565
Rete calcaneum A566
Rete carpale dorsale 502 f.
Rete carpale palmare A502, 503
Rete malleolare laterale A566
Rete malleolare mediale A566
Rete scapulae 657
Rete testis 405 f., A405
– Entwicklung 406, A407
Rete venosum dorsale manus 504
Rete venosum dorsale pedis A567
Retikuläre Fasern T36, T37, **38**, 42
Retikuläres Bindegewebe 41, A42
Retikuläres System
– absteigend 777
– aufsteigend 777
Retikulozyten A127, **134**, A135
Retikulumzellen T34, 42
Retina A684, **691**, T692, 824
– Entwicklung 692
– Randbezirke 695
Retinaculum
– Haut 219
– Mamma 256
– Muskel 172
– Sehne 170
Retinaculum cutis, Fußsohle 560
Retinaculum laterale, Augenmuskel 701
Retinaculum mediale, Augenmuskel 701
Retinaculum musculorum extensorum, manus 493
Retinaculum musculorum extensorum inferius, Fascia cruris 556
Retinaculum musculorum extensorum superius, Fascia cruris 556
Retinaculum musculorum fibularium inferius, Fascia cruris 556
Retinaculum musculorum fibularium superius, Fascia cruris 556
Retinaculum musculorum flexorum, manus **483**, 493, 516, 556
Retinaculum musculorum flexorum, pes 556
Retinaculum patellae laterale **540**, 542, A543
Retinaculum patellae mediale **540 f.**, A543
Retinaculum trabeculare **686**, A688, 690
Retinitis pigmentosa 695
Retroflexio uteri 428
Retrograde Degeneration 83
Retrograder Transport 72, A75
Retroperitoneale Abszesse 532
Retroperitoneal gelegene Organe 330
Retroplazentares Hämatom 438
Retrositus 379 ff.
Retroversio tibiae 521
Retroversio uteri 428
Retzius-Streifen 611
Reward-Mechanismus 840
Rezeptoren **11**, 76, 722
Rezeptormediierte Resorption 19
Rezeptororgane 221
Rezeptorzellen
– primäre 682
– sekundäre 682
Reziproke Synapse 76
Rezirkulierende Zellen 152
Rhachischisis 232
Rhodopsin 693
Rhombencephalon, Rautenhirn 729
– Entwicklung 762
Ribosomen 25
– freie 25
– membrangebundene 25
Richtungshören 829
Riechepithel 627
Riechgruben 605
Riechorgan **627**, 683, 820
– Herkunft T112

Riechplakoden 114, **601**
Riechzentren 821
Riesenzellen, trophoblastische 102
Rima ani 532
Rima glottidis 644, **646**
Rima oris 615
Rima palpebrarum 697
Rima pudendi 433
Rima vestibuli 644
Rindenblindheit 825
Rindenfeld nach Broca 738
Rindengebiet nach Wernicke 738f.
Rindengranula 424, A436
Rindenlabyrinth 390, T391
Rindenstränge, Ovar 421
Ringförmiger Muskel 168
Ringknorpel 645f.
Rippen, Costa 260
– Ossifikation T232
Rippenfell, Pleura parietalis 269
Rippenfellentzündung 270
Rippenfortsatz, Entwicklung 231
Rippenknorpel, Cartilago costalis **48**, A49, **260**
Röhrenknochen 156
Rohr-Fibrinoid A101, 105
Roller, Nucleus vestibularis inferior 830
Rosenmüller-Lymphknoten 569, A577
Rostrum 745
Rotatorenmanschette A463, 464
Rote Blutkörperchen, Erythrozyten 128
Rötelvirus 123
Rote Milzpulpa 377
Rote Muskelfasern 65
Rotes Knochenmark 157, **160**
RPR, Radiusperiostreflex T801
Rubor 139
Rückbildungsphase, Orgasmus 435
Rücken 228ff.
– Faszien **249**, 472
– Oberflächenrelief 242
– Taststellen 250
– Topographie 250
Rückenmark, Medulla spinalis 721, **791f.**, A794
– absteigende Bahnen A798, 802
– Arterien 803
– Aszensus 727
– aufsteigende Bahnen A798, 800
– Eigenapparat 799
– Entwicklung 113, **726f.**
– Fehlbildungen 727, A728
– Glia 798
– graue Substanz **794**, T796, A797
– Grundbündel A798, 799
– hintere Wurzel 201
– Hüllen 720, **848**
– Leitungsbahnen 799
– Nervenzellen 795
– Querschnitte A798
– Reflexe T801
– Segmente A792, T793
– vegetative Bahnen 803
– vegetative Zentren 838
– Venen 803
– Verbindungsapparat 800
– vordere Wurzel 201
– weiße Substanz T796, 797
– Zytoarchitektonik 797
Rückenmarkhinterhorn, Substanz P 841
Rückenmuskeln 242ff.
– autochthone **243**, A244, T245–T248
– Entwicklung 229ff.
– oberflächliche 242
– tiefe 243ff.
Rückenschule 248
Rückfuß 522, A523
Rückwärtshemmung 723
– Rückenmark 796
Ruffini-Körperchen **222**, 683
Rugae vaginales 432
Ruhende Wanderzellen 35
Ruhetonus 173
Rumpf
– Dorsalextension 315
– Lateralflexion 315
– Rotation 315
– Ventralflexion 315
Rumpfbewegungen 315
Rumpfschwanzknospe 111
Rumpfskelett, Ossikationstermine T232
Rundes Fenster, Fenestra cochleae **707**, 713
Rundrücken 241

S

Säbelscheidentrachea 650
Sacculi alveolares 276
Sacculi mitochondriales 27
Sacculus A704, A711f., **716**, 830
– Entwicklung 711
Sacculus laryngis 644
Saccus aorticus T182, 184f.
Saccus endolymphaticus T587, **711**, A712
Saccus lacrimalis 699
Sacralkyphose 241
Sacralsegmente 794
Sägeblattstruktur, Endometrium 430
Sakkadische Augenbewegungen 813
Sakralisation 232
Sakralnervenpaare 202
Sakrospinales System **243**, A244, T248
Salpinx, Tuba uterina 426
Saltatorische Erregungsleitung 81
Samenkanälchen, Tubuli seminiferi 406
Samenleiter, Ductus deferens 399, 404, **413**
– Endstrecke 384
Sammellymphknoten 150
Sammelrohr A390, 395
Sarkolemm 59
Sarkomer A62, 63
Sarkoplasma 59
Sarkoplasmatisches Retikulum 59, **63**
Sarkosom 59, **64**
Satellitenzellen 64, A733
Sattelgelenk, Articulatio sellaris 164
– Karpometakarpalgelenk 481
Saugreflex 779
Säulenknorpel A56, 57
Saumepithel, Zähne A609, 610
Saumzellen, Enterozyten 354
Saure Farbstoffe 89
Säureschutzmantel 223
Scala media 713
Scala tympani 712f., A713
Scala vestibuli 712f., A713
Scanning-Elektronenmikroskopie 90
Scapula 455f.
– Bewegungen A469
– Ossifikation T451
– Taststellen 456
Schädel, Cranium 582ff.
– Entwicklung 117
– Foramina T587ff
– Impressionsfraktur 600
Schädelbasis, Basis cranii 583, **585ff.**
– Entwicklung 585
Schädeldach, Calvaria 583
– Entwicklung 584
Schädelknochen T583
– Entwicklung 583
Schädelnähte 584
Schaltlamellen A50, 51f.
Schaltstück, Drüsenausführungsgang A28, 30
Schaltzellen, Rückenmark 796
Schambein, Os pubis 321
Schamhaare 224
Scharlachrot-Stadium 83
Scharniergelenk, Ginglymus **164**, 171
Scheidenkutikula, Haar A225
Scheitelbein, Os parietale T583, 594
Scheitelbeuge A633, **729**, A730
Scheitel-Fersen-Länge 120
Scheitellappen, Lobus parietalis 736
Scheitel-Steiß-Länge 120
Schenkelhalsachse A536
Schenkelhalsbrüche 519
Schenkelhernie T319, 575f.
Schenkelkanal 576
Schenkelring 575
Scherengitter 42
Schielen 701
Schienbein, Tibia 521
Schienbeinkante 521
Schilddrüse, Glandula thyroidea 31, **650ff.**
– Entwicklung 650
– Gefäße **652**, 659
– Herkunft T112
– Histologie 650f.
– Kolloid 651
– Innervation 652
– Kapseln 650
Schilddrüsenfollikel 650ff.
– Jodierung 652
– Resorptionsphase 652
– Sekretionsphase 651
– Speicherphase 652
Schildknorpel, Cartilago thyroidea 645ff.

Schläfenbein, Os temporale T583, 591, 594
Schläfenlappen, Lobus temporalis 736
Schlaffe Lähmung 173
Schleimbeutel 162, **169**
Schleimzellen, Magen 351
Schlemm-Kanal 690
Schleudertrauma 238
Schlitzmembran, Nierenglomerulus 391, A392
Schluckakt 644
Schlucken 617
Schluckreflex 779
Schlund, Fauces 617
Schlundbögen 633 ff.
Schlundfurchen 633, A636
Schlundheber **642**, T643, 644
Schlundschnürer 642 f.
Schlundtaschen **633**, 635, A636
Schlüsselbein, Clavicula 454 f.
Schlüsselbeingelenke 461 f.
Schlussleistennetz 16
Schlussrotation 542
Schmelz 609, A610
– Histologie 611
Schmelzbildung 610
Schmelzepithel 610
Schmelzorgan 609 f.
Schmelzprismen 610 f.
Schmelzpulpa 610
Schmerz 819
– Trigeminus 817
Schmerzintensität 819
Schmerzkontrolle 778
Schmerzlokalisation 819
Schmetterlingsfigur 721, **794**
– Entwicklung 726
Schmidt-Lanterman-Einkerbung 81
Schnecke, Cochlea 712 f.
Schneidezähne 608
Schnellender Finger 494
Schneller Schmerz 819
Schneller Transport 72
Schnellkraftmuskeln 64
Schoßfugenrandebene 324, T325
Schräge Augenmuskeln 700
Schräge Durchmesser 324
Schräge Gesichtsspalte 607
Schräger-Hunter-Streifen 611
Schräggurtung 310
Schreiben 809
Schrittmacher 290
Schulter 461 ff.
– Gefäßanastomosen 501
– Lymphsystem 505
– Muskulatur **466**, T467, T468, A472, A473
– Nerven 505
– Topographie 512 f.
Schulterblatt, Scapula 455 f.
Schultereckgelenk 461
Schultergelenk 461 ff.
– Achsen 464
– Bewegungen T471
– Bewegungswinkel 466
– Dach 456
– Gelenkkapsel 463
– Gelenkmechanik 464
– Muskeln T467, T468, **469 f.**, A472
– Zirkumduktion 464
Schultergürtel 454 ff., **461 ff.**
– Bewegungen 468
– Entwicklung 453
– Muskeln **T465**, 466, **468**
– Taststellen A456
– Topographie 511
Schulternebengelenk 464
Schultze-Komma A798, 800
Schütteltremor 810
Schwalbe, Nucleus vestibularis medialis 830
Schwangerschaft **436 f.**, A437
Schwann-Zellen 79, **80**, 87, A733
– Entwicklung 114, **734**
Schwanzdarm 117
Schweigger-Seidel-Hülsen 378
Schweißdrüsen A214, 222
– Innervation 206, **223**
– Myoepithelzellen 69
Schwerhörigkeit 715
Schwielen 215
Schwurhand 508
Sclera A684, 686
Scrotum A405, 417
– Entwicklung A416, 417
– Gefäße 417
– Schichten 417
Sebozyten 224
Sebum 223
Segelklappen 285
– Entwicklung 185
– links 288
– rechts 286
Segmentale Gliederung 3
Segmentale Innervation 203, **794**, A795
Segmentbronchien 276
Segmentkernige neutrophile Granulozyten 130
Sehachse 684
Sehbahn 822 f.
Sehnen **43**, **166 ff.**
– Atrophie 174
– Hilfsreinrichtungen 169
– Hypertrophie 174
Sehnenansatz 64
Sehnenfasern 43
Sehnenformen 169
Sehnenkraft 171
Sehnenscheide 169, A170
Sehnenscheidenentzündung 495
Sehnenspindeln 67
Sehnenverbindungen 64
Sehnenzellen 43
Sehnerv 696
Sehorgan 683 ff.
– Hilfsapparat 697 f.
Sehrinde **738 f.**, A740, **825**
Sehstrahlung, Radiatio optica A823, 825
Seitenhorn A727, 794
Seitenplatten 116
Seitenplattenmesoderm 116
Seitensäule 794
Seitenstrang A794, 797
– Entwicklung 727
Seitenventrikel 850
Sekretbildung 25, A26
Sekretgranula 27
Sekretin-Zellen, Darm 356
Sekretion 23
– autokrine 30, A31
– ekkrine 28
– endokrine 30, A31
– holokrine 29
– konstitutive 29
– merokrine 28
– parakrine 30, A31
– regulierte 28
Sekretionsphase, Zyklus A429, 430
Sekretionsreflex, Verdauungskanal 779
Sekretorisches IgA 358
Sekundäre Degeneration 83
Sekundäre Hörrinde **739**, **829**
Sekundäre Keimstränge, Ovar 421
Sekundäre lymphatische Organe 150
Sekundäre Oozyte 424
Sekundäre Rezeptorzellen 682
Sekundärer Gaumen 606
Sekundäre Rindenfelder 738
Sekundärer motorischer Cortex 738
Sekundäre Sehrinde 739, 825
Sekundäres Lysosom A20
Sekundärfollikel
– Lymphfollikel A151, 152
– Ovar 423
Sekundärpapillen 621
Sekundär retroperitoneal gelegene Organe 330
Sekundär somatosensorischer Cortex **739**, **818**
Sekundärzotten 97, A98, **99**
Selektin 13
Sella turcica 757, **591**
Semicanalis musculi tensoris tympani T588, 707
Semicanalis tubae auditivae T588, 707
Senkfuß A525
Senkkropf 650
Sensorische Aphasie 843
Sensorisches Sprachzentrum 738 f.
Sensorische Wurzel 201
Septula testis 405
Septum aorticopulmonale 186
Septum atrioventriculare 285, A286
Septum canalis musculotubarii 707, A708
Septum femorale 575
Septum interalveolare, Lungenalveole 276, A277
Septum interalveolare, Mandibula 599
Septum interartriale 286
Septum intermusculare 169
Septum intermusculare brachii laterale 475, **478**, A515
Septum intermusculare brachii mediale 475, **478**, A515
Septum intermusculare cruris anterius 551
Septum intermusculare cruris posterius 551, A579
Septum intermusculare femoris laterale T531, 543, **546**, A578
Septum intermusculare femoris mediale 543, **546**, A578
Septum intermusculare femoris posterius 546
Septum intermusculare vastoadductorium T533, **534**, 577
Septum interventriculare A286, 287
– Entwicklung 186

Septumkerne, Verbindungen 833
Septum medianum posterior, Rückenmark 792, A794
Septum nasi **597**, 626
Septum nuchae 249, A250
Septum oesophagotracheale 271
Septum orbitale 697
Septum pellucidum **745**, A749, A762
Septum penis A417, 4193
Septum primum 185
Septum rectovaginale **382**, A383, 384
Septum rectovesicale 382
Septum scroti 417
Septum secundum, Herzentwicklung 185
Septum sinuum frontalium 598
Septum sinuum sphenoidalium 599
Septum transversum 264
Septum urorectale A389, 399
Serosamakrophagen 138
Seröse Drüsen 28
– Vorkommen 28
Seröser Halbmond A28
Seröses Endstück A28
Serotonin T77, 840
Serotoninbildende Zellen, Darm 357
Serotoninerge Neurone 778, **840**
Serotoninerges System A778, 840
Sertoli-Zellen **408**, 410
– Entwicklung 406
Sesambein 172
Sexueller Reaktionszyklus 435
SFL, Scheitel-Fersen-Länge 120
Sharpey-Fasern **157**, 168
– Periodontium 611
Shrapnell-Membran 705
Siebbein, Os ethmoidale T583, A586, 590, **597**
Siebbeinzellen 598
– Gefäße 661
Sinnesnerven 204
Sinnesorgane 682 ff.
Sinus analis 364
Sinus aortae 288
Sinus caroticus 196, **658**
Sinus cavernosus 854
Sinus-cavernosus-Thrombose 662
Sinus cervicalis 636
Sinus coronarius **286**, A290, 291
– Entwicklung T182, 185
Sinus durae matris 710, 846, **852 ff.**
Sinusendothelzellen, Milz 378
Sinus frontalis A595, 598
Sinus intercavernosus 854
Sinusitis 599
Sinusknoten 289
– Gefäßversorgung 289
Sinus lactiferi 256
Sinus maxillaris A595, 598
– Innervation 628
Sinus obliquus pericardii 281
Sinus occipitalis 854
Sinus paranasalis **598**, **628**
Sinus petrosus inferior T588, A853, **854**
Sinus petrosus superior 784, 791, A853, **854**
Sinus prostaticus 403
Sinus rectus 791, **853**
Sinus renalis 389
Sinus sagittalis inferior 847, **853**
Sinus sagittalis superior 847, **853**
Sinus sigmoideus 854
Sinus sphenoidalis 591, **599**
Sinus sphenoparietalis 854
Sinus tarsi 522
Sinus transversus 791, **853**
Sinus transversus pericardii 280
Sinus urogenitalis A389, **399**, A416
Sinus valsalvae (Sinus arotae) 288
Sinus venarum cavarum 286
Sinus venosus 182, A184, **185**
Sinus venosus sclerae A688, **690**, A695
Sirenenbildung 454
Situs inversus 124
Sitzbein, Os ischii 321
Skalenusgruppe 638
Skalenuslücke 505, **511**, T512, 656
Skalenussyndrom 511
Skandierende Sprache 810
Skapula, Scapula 455
Skapulothorakale Gleitschicht 461
Skelettmuskelfasern 61
– Entwicklung 59
– Fasertypen 64
– Kontraktion 64
– Ultrastruktur 61 ff.
Skelettmuskulatur 58, T59, **61 ff.**, A62
– Entwicklung 58
– Innervation 172
– Regeneration **64**, **174**
Skene-Gänge, Ductus paraurethrales 404
Skiunfälle 159
Sklera, Sclera 686
Sklerotom A113, 115
Skotopisches Sehen 693
Skrotum, Scrotum 417
Sliding-Filament-Theorie 64
Slow-Fasern 64 f.
Smegma clitoridis 434
Smegma preputii 419
SO-Fasern 65
Solitärfollikel 150
– Dünndarm 358
Somatisches Nervensystem A208, 720
Somatoafferent 200, A208, **722**
– Entwicklung, Rückenmark 727
– Hirnnerven T204, 205
Somatoafferente Längszone, Hirnstamm 773
– Entwicklung 763
– Hirnnervenkerne 771, A772, **773**
Somatoafferentes Neuron, Entwicklung 732 f.
Somatoefferent 200, A208, **723**
– Hirnnerven T204, 205
Somatoefferente Längszone, Hirnstamm
– Entwicklung 763
– Hirnnervenkerne 771, A772, **776**
Somatoliberin 757
Somatomotorischer Cortex 738 f.
Somatomotorisches System 804 ff.
Somatopleura A113, 116
Somatopleuramesenchym, extraembryonales 108
Somatosensorische Assoziationsgebiete 817 f.
Somatosensorischer Cortex 817
Somatosensorische Systeme 814
– Trigeminus 815 ff., T816
Somatostatin **356**, T761, T842
– Pankreas 375
Somatotop 799
Somatotropin **T761**, T842
Somatotrope Zellen 759
Somiten 58, A113, **115**
Spaltfuß 453
Spalthand 453
Spaltlinien 218
Spannungsrezeptoren 191, **196**
Spatien, Hals 639
Spatium epidurale 848
Spatium episclerale 701
Spatium extraperitoneale 329, **379 ff.**
Spatium lateropharyngeum 639 f.
Spatium peripharyngeum 639
Spatium profundum perinei 328
Spatium retroperitoneale 329, A330, A335, **379 ff.**
Spatium retropharyngeum 639 f.
Spatium retropubicum **329**, 382, A402
Spatium subarachnoideum A846, 847 f.
Spatium subdeltoideum 512
Spatium subdurale 846
Spatium subperitoneale 329
Spatium superficiale perinei 328
Speiche, Radius 458
Speicheldrüsen 623
– Differenzialdiagnose T624
– Myoepithelzellen 69
Speicherfett 45
Speiseröhre, Ösophagus 300
Spektrin A12, 18
Spermatiden 408
Spermatogenese 406, A408
– hormonale Kontrolle 410
Spermatogonien 406, A408
Spermatozoon 409
Spermatozyten 406 f., A408 f
Spermiation 408
Spermienwanderung 434 f.
Spermiohistogenese 408
Spermium 409
Spermplasma 408
Sperrarterien 195
Speziallamellen 51
S-Phase 20
Spherulus 693
Sphincter Oddi 371

Spielbein 563
Spina bifida 112, 232, **728**
Spina bifida occulta 728
Spina iliaca anterior inferior **321**, T528, A543, T544
Spina iliaca anterior superior **321**, A520, T531, A543, T544
Spina iliaca posterior inferior 321
Spina iliaca posterior superior A242, **321**, A520
Spina ischiadica **321**, A520, T532
Spinale Reflexe 800
Spinales System, autochthone Rückenmuskulatur 243, T245
Spinalganglion 201, A202
– Entwicklung 114
Spinalnerven **201 f.**, 720
Spina mentalis 599, T619
Spina nasalis anterior 596, A598
Spina nasalis ossis frontalis A598
Spina nasalis posterior, Os palatinum 593, A598
Spina ossis sphenoidalis 593
Spina scapulae A455, 456
Spindelförmiger Muskel 167
Spines 72
Spinocerebellum **786**, 810
Spinokostale Muskeln T243
Spinotransversales System **243**, A244, T247
Spinozelluläres Bindewebe 41, A42
Spiralarterien, Zyklus 430
– Basalplatte 105
Spirem 21
Spitzfuß 561
Splanchnocranium 582
Splanchnopleura A113, **116**
Splanchnopleuramesenchym, extraembryonales 108, A110
Splen, Milz 376
Splenium corporis callosi 745
Spondylarthritis ankylopoetica 233
Spondylolisthesis 229
Spondylolyse 229
Spongiosa, Knochen 157, A429
– funktionelle Anpassung 159
Spongiosa, Endometrium A429, 430
Sprechen A843, 844
– Steuerung A843
Spreizfuß 561
Sprintermuskel 546
Sprungbein, Talus 522
Sprunggelenk
– oberes 548
– unteres 548
Sprungreifer Follikel 424
Squama frontalis 595
Squama occipitalis 592 ff.
SRIF, Somatotropin release inhibitor factor T761
SSL, Scheitel-Steiß-Länge 120
Stäbchen 692 f
– Außenglieder 693
– Innenglied 693
Stabkernige Granulozyten **130**, 136
Stachelzellschicht 215
Stammzellen **21**, **107**
– Gehirn 725
– Haar 225
– hämatopoetische 126
– osteogene 52
– Periost 157
Stammzotten 102
Standbein 526, **563**
Stapes, Steigbügel T583, A704, **708 f.**, A711
– Entwicklung 707
– Herkunft T634
Statische Neurone 805
Statoconia 717
Stauungslunge 278
Stechapfelform 128
Stehen 549
– entspannte Haltung 562
– Normalstellung 562
– straffe Haltung 562
Steigbügel, Stapes T583, 708 f.
Steigbügelplatte 707
Steißbein **229**, 241
Steißwirbel 229
Stellreflex 811
Stereologie 90
Stereozilien 10, **12**
– Nebenhoden 412
Steriodhormonbildende Zellen 31
Sternalleiste 260
Sternum, Brustbein 254, **261**
– Entwicklung 260
– Ossifikation T232
Sternzellen 789 f., A789
– Adenohypophyse 759
– Kleinhirn 73, A789, **790**
– Leber 367, A368
Steuerhormone 756 f., A760
STH = somatotropic hormone = Growth hormone = GH T761
Stickoxid T77, 842
Stickoxidsynthase T77
Stierhornmagen A347
Stiftchenzellen 427
Stigma, Ovulation 424
Stilling-Clarke-Säule, Nucleus thoracicus posterior **797**, 802
Stimmbänder 644
Stimmbandlähmung 650
Stimmritze 645 f.
Stirnbein, Os frontale T583, 595
Stirnhöhle 598
– Gefäße 661
Stirnlappen, Lobus frontalis **736**, 740, 844
Stirnnasenpfeiler 600
Stirnrunzeln T603
Stirnwulst 601
Stomatodeum 117, **601**, 605
Strabismus 670
Straffes Gelenk 161
Strahlenkörper, Corpus ciliare 688
Strangzellen 795 f.
Stratum basale
– Endometrium A429, 430
– Epithel 10
– Haut A214, 215
Stratum circulare
– Dünndarm 358
– Magenwand 349
Stratum compactum, Endometrium 430
Stratum corneum, Hornhaut A214, 215 f.
Stratum fibrosum, Periost 157
Stratum fibrosum vaginae tendinis **170**, 494
Stratum functionale, Endometrium 429
Stratum ganglionare, Retina A692, T693, **694**
Stratum germinativum 215
Stratum granulosum
– Epidermis **215**, **216**
– Kleinhirn 788, A789, **790**
– Ovar 423
Stratum limitans externum, Retina A692, T693, **695**
Stratum limitans internum, Retina A692, T693, **695**
Stratum longitudinale
– Dünndarm 358
– Magen 350
Stratum lucidum A214, 215
Stratum moleculare, Kleinhirn 789
Stratum nervosum, Retina 691, T693
Stratum neuroepitheliale, Retina T693
Stratum neurofibrarum, Retina T693
Stratum nucleare externum, Retina T693
Stratum nucleare internum, Retina T693
Stratum oriens, Hippocampus 832, A836
Stratum osteogenicum, Periost **52**, 157
Stratum papillare A214, 218
Stratum pigmentosum, Retina 692, T693, **694**
Stratum plexiforme externum, Retina T693
Stratum plexiforme internum, Retina T693
Stratum purkinjense, Kleinhirn 788
Stratum pyramidale, Hippocampus A836
Stratum radiatum lacunosum-moleculare, Hippocampus 832, A836
Stratum reticulare, Dermis A214, 218 f.
Stratum spinosum, Epidermis A214, 215
Stratum spongiosum, Endometrium 430
Stratum synoviale, Sehnenscheide 170
Stratum vasculosum, Myometrium 429
Streckung, Extension 163
Streifenstück, Drüse A28, 30
Stria cochlearis posterior 828
Stria diagonalis 821
Stria distensa 218
Stria gravida 437
Stria longitudinalis lateralis 833, A835
Stria longitudinales medialis 833, A835
Stria mallearis 706

Stria medullaris ventriculi quarti A764, 770
Stria medullaris thalami 749, **753**, A835, 837
Stria olfactoria lateralis 821
Stria olfactoria medialis 821
Stria terminalis A749f., A835, **837**
Striatum 743, **808**, 837
Stria vascularis A712, 713
Stroma **6**, 43
Stroma ovarii 421f., A423
Stroma uteri 429
Strömungseinheiten, Plazenta 105
Struma 650
Stützgewebe 6, 32, **46ff.**
– Herkunft T112
Stützmotorik **788**, **810**
Stützzellen, Vestibularapparat 717
Subcortikale Kerne 743
Subcortikale Zentren 735
Subcutis 219
Subdurales Hämatom 847
Subiculum 832, A836
Subkardinalvenen 182
Subkutis A214, 219
Sublobuläre Venen 368
Subneurales Faltenfeld A65, 66
Subokzipitalpunktion 250
Subperitonealer Bindegewebsraum A327, 329
Subperitoneal gelegene Organe 330
Substantia alba 721
Substantia compacta, Röhrenknochen 156
Substantia corticalis, Knochen 156
Substantia gelatinosa A794, 797
Substantia gelatinosa centralis 797
Substantia grisea 721
Substantia grisea centralis, Mesencephalon 766
Substantia innominata 743f.
Substantia nigra 71, A765, **766**, **809**, 840
Substantia perforata anterior 821
Substantia perforata posterior 765
Substantia spongiosa, Knochen 156
Substanz P **819**, **841**, T842
Subsynaptische Membran 66, **76**
Subthalamus 749, **754**
Subventrikuläre Stammzellen 725
Sudeck-Punkt A365, 366
Sulcus anterolateralis
– Medulla oblongata **769**, 777
– Rückenmark 792, A794
Sulcus aortae descendens, Lunge A275
Sulcus arteriae occipitalis A593
Sulcus arteriae subclaviae **261**, A275, 656
Sulcus arteriae vertebralis A230, 236
Sulcus atrioventricularis 185
Sulcus basilaris A763, 768
Sulcus bicipitalis lateralis **475**, 478
Sulcus bicipitalis medialis **475**, 478
Sulcus calcanei 522
Sulcus calcarinus A737, 739
Sulcus carpi 460
Sulcus centralis **736**, A737, A739
Sulcus cerebri 736
Sulcus cinguli 737
Sulcus circularis insulae 737
Sulcus coronarius A282, **283**, A297
Sulcus corporis callosi 737
Sulcus costae 260, A261
Sulcus frontalis inferior A736
Sulcus frontalis superior A736, A737
Sulcus gingivalis 615
Sulcus glutealis A242, 537
Sulcus hippocampalis **737**, **832**, A836
Sulcus hypothalamicus 754
Sulcus infraorbitalis 597
Sulcus infraparietalis A737
Sulcus inguinalis 537
Sulcus intermedius posterior 792, A794
Sulcus interventricularis anterior A282, 283
– Entwicklung 186
Sulcus interventricularis posterior 283
Sulcus lacrimalis T589, 596
Sulcus lateralis (Sylvii) **736**, A737, A739
Sulcus limitans, Entwicklung Rückenmark 726, A727,
Sulcus limitans, IV-Ventrikel A764, 770
Sulcus lunatus A737
Sulcus malleolaris A521, 522
Sulcus medianus, IV-Ventrikel A764, 770
Sulcus medianus posterior
– Medulla oblogata 769
– Rückenmark 792, A794
Sulcus musculi subclavii 455
Sulcus mylohyoideus 599
Sulcus nervi petrosi minoris 591
Sulcus nervi radialis **457**, 477, T514
Sulcus nervi spinalis A230, 237
Sulcus occipitalis transversus A736
Sulcus occipitotemporalis A737
Sulcus olfactorius A737
Sulcus orbitalis A737
Sulcus paracolicus 342, A345, **346**
Sulcus parietooccipitalis A736, 737
Sulcus postcentralis A737
Sulcus posterolateralis
– Medulla oblongata 777
– Rückenmark 792, A794
Sulcus praecentralis 737
Sulcus praechiasmaticus 590, A591
Sulcus retroolivaris 769
Sulcus rhinalis A737
Sulcus sclerae 686
Sulcus sinus petrosi inferioris A593
Sulcus sinus petrosi superioris 591
Sulcus sinus sagittalis superioris 592
Sulcus sinus sigmoideus A591, 592
Sulcus sinus transversus A591, 592
Sulcus spiralis lateralis 714
Sulcus spiralis medialis 714
Sulcus tali 522
Sulcus telodiencephalicus 729
Sulcus tendinis musculi fibularis longi 523f.
Sulcus tendinis musculi flexoris hallucis longi 523, A555
Sulcus terminalis
– cordis A282, 283
– linguae **620**, **621**, A622
Sulcus tympanicus 705
Sulcus venae subclaviae 261
Sulfatierte Glykosaminoglykane 40
Supercilia, Augenbraue 224
Super-femal-syndrome 123
Superfizialzellen 432
Supination, Unterarm 484
Supinationsstellung, Unterarm 458
Supinatorenschlitz 491
Supplementärmotorischer Cortex **738**, **805**, 809
Supplementärsomatosensorischer Cortex A740, 818
Suprahyale Muskulatur 636
– Gefäße 659
Sura, Wade 547
Surfactant A277, 278
– Entwicklung 278
Sustentaculum tali 523, A555
Sutura coronalis 584, A594
Sutura frontalis persistens 584
Sutura lambdoidea 584
Sutura metopica 584
Sutura palatina mediana 593
Sutura palatina transversa A598
Sutura sagittalis 584
Symmetrische Synapse 76
Sympathikoblasten 209, **734**
Sympathikus **206ff.**, A208
– Dickdarm 363
– Dünndarm 360
– Gefäße 195
– Ösophagus 302
– Rektum 366
– Rückenmark 796
Symphysensprengung 322
Symphysis mentalis 599
Symphysis pubica T48, 320, **322**, T533
– Faserknorpel 49
Symplasma 21
Sympodie 454
Synapse en distance 76, **78**, A81
– Gefäße 195
Synapse 74ff., A75
– axoaxonale A71, 78
– axodendritische A71, **72**, 78
– axosomatische A71, 78
– chemische 75
– Entwicklung 75
– interneuronale 78
– neuroglanduläre 78

– neuromuskuläre 78
– Rezeptoren 70
Synapsen en passant 78
Synapsenformen 76
Synapsenfunktion 76
Synapsenkolben 75
Synaptische Bläschen 76f.
Synaptische Glomeruli 76
Synaptischer Spalt 75f.
Synaptophysin 76
Synarthrose 160f.
Synchondrose 160
Synchondrosis costosternalis 261
Synchondrosis manubriosternalis 261, A473
Syndaktylie 453
Syndecan 40
Syndesmose 160
Syndesmosis tibiofibularis 547
Synergist 173f.
Syngamie 93
Synostose 160
Synovia 162
– Sehnenscheide 170
Synzytialknoten 103f.
Synzytiotrophoblast A96, **98**, **103f.**
Synzytium 21
Systole 179, A287
S-Zellen, Sekretin-Zellen 356

T

TA, Tricuspidalatresie 189
TAC, Truncus arteriosus communis 188f.
Taenia choroidea A749f, 750
Taenia fornicis A750
Taenia libera A344, 361
Taenia mesocolica 361
Taenia omentalis 361
Taenia thalami 750
Talgdrüsen 223
– holokrine Sekretion 29
Talus 522
– Taststellen 523
Tangentialfaserschicht, Knorpel 48
Tanyzyten 87
Tarsus inferior 697
Tarsus superior 697
Taschenband 644, **647**
Tc-Zellen, zytotoxische T-Zellen 142
Tectum mesencephali A749, A762, A764f., **767**
– Entwicklung 729, A730, **765**
Tegmentum mesencephali A765, 766
Tegmentum pontis 768f.
Tegmen tympani A706, 707
Tegmen ventriculi quarti **770**, 851
– Entwicklung 762
Tela choroidea ventriculi quarti 770, A852
Tela subcutanea 219
Tela submucosa T301
– Dickdarm 361
– Dünndarm 358
– Magen 349
– Ösophagus 302
Tela subserosa
– Dünndarm 358
– Magen 349
– Peritoneum 331
Telencephalon 735ff.
– Anlage 112, **729**, A730
– limbisches System 832
– neurofunktionelle Gebiete **A740**, 805, A818, 843
Telodendron 72
Telogenphase, Haarwechsel 226
Telophase 21
Temperaturempfindungen, Trigeminussystem 817
Temperatursignale 820
Temporale Großhirnbrückenbahn 766
Temporallappen 738
Tenascin 40
Tendo, Sehne 43, **168f.**
Tendo calcaneus A552, 554
Tendorezeptoren 67
Tendovaginitis stenosa 494
Tennisellenbogen 475
Tenon-Kapsel 701
Tentorium cerebelli 735, 784, **847**
Teratogene 123
Teratome 109, **123**
Terminale Strombahn **178**, 192
Terminalgespinst, Terminal web **12**, 355
Terminalhaare 224
Territorium 47, **48**
Tertiärfollikel A93, 422, A423, **424**
– kleiner 424
Tertiärzotten 97, A98, **99**
Testis, Hoden 404
Testosteron 410
Tetraplegie 803
TGA, Transposition der großen Arterien 188
TGFβ, Knochenumbau 54
TH1-Helferzellen 144
TH2-Helferzellen **145**, 147
Thalamocortikale Verbindungen 805
Thalamus A739, A743, A745, **748f.**, A749f., 802
– Funktion 809, **818**
– Gefäßversorgung 753
– gustatorisches System 822
– Kerngruppen **751**, T752, T753, 809
– Sehbahnen 824
Thalidomid-Embryopathie 454
Theca externa A423, 424
Theca folliculi 423
Theca interna A423, 424
Thekaluteinzellen A423, 424
– Corpus luteum 425
Thekazellen 425
T-Helferzellen **142**, **144**
Thenar, Daumenballen 478
Thenarmuskeln **495**, **490**, A497
Thermogenese 46
Thorakalmark 839
Thorakalnervenpaare 202
Thorakalsegmente 793
Thorakopagus 123
Thorax 254ff.
– Bänder 261
– Faszien 262
– Gelenke 261
– Gliederung 254
– Knochen A255, **260ff.**
Thoraxmuskulatur 258f.
– autochthone 262
– oberflächliche 258, T259
– tiefe 262
Thoraxwand 259ff.
– Gefäße 263
– Lymphgefäße 263
– Nerven 263
Thromben 133
Thrombin A127
Thrombokinase A127, 133
Thrombopoese 136
Thrombose 194
Thrombozyten A127, **133**, A135
Thymus 132, **294**
– dendritische Zellen 294
– Entwicklung **294**, 635, A636
– Histologie 294, A296
– Makrophagen 294
– Mark 294
– Rinde 294
– Septen 294
– T-Lymphozyten 294
Thymusepithelzellen 294
Thyroglobulin 651
Thyroliberin **T761**, T842
Thyrotrope Zellen 759
Thyrotropin **T761**, T842
Thyroxin 651
TH-Zellen, T-Helferzellen 142
Tibia 521
– Facies articularis superior A538
– Ossifikation T452
– Taststellen 522
Tibialis-anterior Syndrom 551
Tibialis-anterior-Puls 565
Tibialis-posterior-Puls 579
Tibiatorsion 522
Tiefe Handrückenfaszie 499
Tiefe Hohlhandfaszie 499
Tiefe Hohlhandmuskeln 496
Tiefensensibilität 683
Tiefer Hohlhandbogen 502
Tight junction, Zonula occludens 14
Titin 63
T-Killerzellen 143
T-Lymphozyten 141ff.
– Aktivierungskaskade 141ff.
– Lymphopoese 136
– Proliferation 142
– reife naive 141
– Rezeptoren 142
– Vorläuferzellen 294
TNF, Tumornekrosefaktor 22
TOLL-like-Rezeptoren 138
Tomes-Faser 610
Tomes-Fortsätze 610
Tonofibrillen 19
Tonotop 829
Tonsilla cerebelli A785
Tonsilla lingualis T619, 622
Tonsilla palatina 618, T619
– Entwicklung **618**, 635, A636
– Gefäße 618
Tonsilla pharyngea T619, 641
Tonsilla tubaria 641
Tonsillen, Differenzialdiagnose T619

Tonsillitis 618
Torsionsbewegungen, Augen 812
Torus levatorius 641
Torus tubarius 641
Totipotent 94
Trabeculae arachnoideae 847
Trabeculae carneae A286, 287 f.
Trabeculae corporum cavernosum penis 419
Trabeculae splenicae 376
Trabecula septomarginalis 287
Trabekel, Lymphknoten 150
– Milz 376
Trabekelarterien 377
Trabekelstadien, Plazentaentwicklung 98
Trabekelvenen 379
Trachea, Luftröhre 254, **272 f.**, A295, **298**
– Gefäße 274
– Histologie 273, T277
– Innervation A207, 274
– Lymphfollikel 273
Tracheobronchiale Lymphknoten 279
Tracheotomie **272**, **655**
Tractus 721
Tractus bulbothalamicus 771, **815**
Tractus cerebellorubralis T787, 788
Tractus cerebellothalamicus T787, 788
Tractus cerebellovestibularis 811
Tractus corticonuclearis A745, **782**, A807
Tractus corticopontinus **782**, A811
Tractus corticospinalis anterior A798, **802**, **806**, A807
Tractus corticospinalis lateralis A798, **802**, **806**, A807
Tractus habenulointerpeduncularis 767, A835
Tractus hypothalamohypophysialis **756**, 758
Tractus iliotibialis T531, A534, **542**, A578
Tractus neospinothalamicus 819
Tractus olfactorius 735
Tractus olivocerebellaris **771**, T787, 810, A811
Tractus olivocochlearis 829
Tractus opticus A739, A763, A823, **824**
Tractus paleospinothalamicus 819
Tractus perforans 841
Tractus pontocerebellaris **768**, T787
Tractus pyramidalis, Tractus corticospinalis 806
Tractus reticulocerebellaris T787, 810
Tractus reticulospinalis **778 f.**, A798, **802**
Tractus retinohypothalamicus 824
Tractus rubrospinalis A765, **767**, A798, **803**
Tractus spinalis nervi trigemini A768, 817
Tractus spinobulbaris A798, 799 f.
Tractus spinocerebellaris anterior 787, 797, A798, **802**, **811**
Tractus spinocerebellaris posterior **787**, 797, A798, **802**, **811**
Tractus spinocervicalis 800
Tractus spinoolivaris A798, 802
Tractus spinoreticularis **802**, 815
Tractus spinotectalis A798, 802
Tractus spinothalamicus A765, 797, **802**, 815
Tractus spinothalamicus anterior A798, 802
Tractus spinothalamicus lateralis A798, 802, **819**
Tractus tectobulbaris 767, **781**
Tractus tectospinalis A765, **767**, A798
Tractus tegmentalis centralis A765, A768, **781**
Tractus thalamocorticalis 750, A811
Tractus trigeminothalamicus 817
Tractus tuberoinfundibularis A756, 757
Tractus vestibulocerebellaris 787, A811
Tractus vestibulospinalis A798, 802
– lateralis 831
– medialis 831
Tragus 224, A705
Trajektorien 157 f.
Tränenapparat 698
Tränenbein, Os lacrimale T583, 596 f.
Tränendrüse 30, **698**
– Gefäße 699
– Innervation T210, 676, **699**
Tränenfilm 686
Tränenfluss 699
Tränennasenfurche 601
Tränennasenkanal, Ductus nasolacrimalis 699
Tränenpunkt 699
Tränensack 699
Transferrin 410
Transfer-RNA 25
Transformationsfelder 386
Translationsbeschleunigung 717
Transmembranproteine 18
Transmitter **76**, T77
– erregende 74
– hemmende 74
– modulierende 78
Transmitterfreisetzung 77
Transmitterorganellen 76
Transmitterwirkung 77 f.
Transport **16**, 18
Transportierende Epithelien 16
Transportvakuolen 26
Transposition der großen Arterien 188
Transversale Tubuli 63
– Herzmuskel 68
Transversospinales System 243, A244
Transzellulärer Transport 16, **18**
Transzytose 19
Treitz-Hernie 344
Trendelenburg-Zeichen 533
Treppensteigen 563
TRF, Thyrotropin releasing factor T761
Triaden 63
Trichterbrust 268
Tricuspidalatresie 189
Trigeminusdruckpunkte A668
Trigeminussysteme **814 f.**, T816, A817
Trigonum caroticum 654
Trigonum clavipectorale A258, 259, 456, 472, 500, **511 f.**, T512, 656
Trigonum femorale A520, 534, **576**
Trigonum fibrosum dextrum/sinistrum 285
Trigonum habenulare 753, A764
Trigonum lemnisci lateralis 766
Trigonum lumbale 251
Trigonum lumbocostale A265, 266
Trigonum musculare, Hals 654
Trigonum nervi hypoglossi A764, 770
Trigonum nervi vagi A764, **770**, 773
Trigonum olfactorium 821
Trigonum omoclaviculare 655
Trigonum sternocostale T265, 266
Trigonum submandibulare 654
Trigonum suboccipitale 250
Trigonum thymicum A270, 294
Trigonum vesicae 400, A403
Trijodthyronin 651
Trikuspidalklappe 285
– Entwicklung 185
Triple-x-syndrome 123
Tripus Halleri, Truncus coeliacus 439
Trisomie **123**, 697, 731
Trizepssehnenreflex T801
Trizyklische Antidepressiva 841
tRNA, Transfer-RNA 25
Trochanter major **518**, A520, T528
Trochanter minor **518**, T528, T531
Trochlea, Orbita 700
Trochlea fibularis 523
Trochlea humeri 457, A474
Trochlea tali 522, A523 f
Trommelfell 705, A706
– Innervation 706
Trommelfellnabel 706
Tropfenherz 284
Trophoblast A94, 95
Trophoblastische Riesenzellen 102
Trophoblastzellen, invasive 102
Trophoblastzelleninvasion **96**, 145
Tropokollagen 35 f., **38**
Tropomyosin 61
Troponin 61

Truncus aorticus 185
Truncus arteriosus 184 f.
Truncus arteriosus communis 189
Truncus brachiocephalicus A297, 656
- Entwicklung T182
Truncus bronchomediastinalis dexter A197, 198
Truncus bronchomediastinalis sinister A197, **198**, 304
Truncus carporis callosi 745
Truncus chorii 102 f.
Truncus coeliacus 359, **439**
- Entwicklung T182
Truncus costocervicalis A500, 657
Truncus encephali 762 ff.
Truncus inferior, C8–Th1 505
Truncus intestinalis **197**, 304, 360, 446
Truncus jugularis dexter **198**, 664
Truncus jugularis sinister **198**, 664
Truncus lumbalis dexter A197, **304**, A446
Truncus lumbalis sinister A197, **304**, 360
Truncus lumbosacralis A569, 570
Truncus medius, C7 505
Truncus pulmonalis **278**, A282, A297
- Entwicklung T182, **185**
Truncus subclavius dexter 198
Truncus subclavius sinister **198**, 304
Truncus superior, C5–C6 505
Truncus sympathicus 206, **447**, A633, 654 f.
- Diaphragma A265, 266
- Pars cervicalis 677, A678
- Pars thoracica 304
Truncus thyrocervicalis A500, 657
Truncus vagalis anterior A299, 448, **672**
Truncus vagalis posterior 299, 448, **672**
Tryptophanhydroxylase T77
TSH, Thyrotropic hormone A760, T761
TSR, Trizepssehnenreflex T801
T-Tubuli, Transversale Tubuli
- Herzmuskel 68
- Skelettmuskel 63
Tuba auditiva T588, A704, **707**
- Entwicklung 635, A636
- Knorpel 48
Tuba uterina, Eileiter A421, **426 ff.**, A428
- Arterien 427
- Histologie 426
- Lymphgefäße 427
- Nerven 427
- Venen 427
Tubenkatarrh 708
Tubenschwangerschaft 97
Tubenwinkel 384
Tubenwulst 641
Tuber calcanei A520, 523
Tuber cinereum A749, **754**, A756
Tuberculum adductorium A518, 519
Tuberculum anterius, Halswirbel A230, 237
Tuberculum areolum mammae 256
Tuberculum articulare fossae mandibularis A593, **594**, 612
Tuberculum conoideum 455
Tuberculum costae A239, 260
Tuberculum cuneatum A764, **769**, A852
Tuberculum dorsale radii 459
Tuberculum epiglotticum 646
Tuberculum gracile A764, **769**, A852
Tuberculum impar 634
Tuberculum infraglenoidale A455, **456**, T476
Tuberculum intercondylare laterale 521, A538
Tuberculum intercondylare mediale 521, A538
Tuberculum jugulare 594
Tuberculum majus A456, 457 f.
Tuberculum minus A456, 457 f.
Tuberculum musculi scaleni anterioris 261
Tuberculum olfactorium 821, A835
Tuberculum ossis scaphoidei A456, 459
Tuberculum ossis trapezii A456, A459, **460**
Tuberculum pharyngeum 642
Tuberculum posterius, Halswirbel A230, 236 f.
Tuberculum pterygoideum 593
Tuberculum pubicum A314, **321**, A520
Tuberculum sellae 591
Tuberculum supraglenoidale 456, T476
Tuber frontale 595
Tuber ischiadicum **321**, A520, T532 f., T544 f., A577
Tuber labioscrotalium 318
Tuber maxillae A631
Tuber parietale 585, **594**
Tuber vermis T785
Tuberositas deltoidea 457
Tuberositas glutea A518, 519, T531
Tuberositas masseterica 599, T614
Tuberositas ossis metatarsi I, V A520, A523, **524**
Tuberositas ossis navicularis A520, A523, **524**
Tuberositas ossis sacri 240
Tuberositas pterygoidea 599, T614
Tuberositas radii 458, A477
Tuberositas tibiae A520, **521**, 537, T544
Tuberositas ulnae 458, A477
Tubuli mitochondriales 27
Tubuli seminiferi, Samenkanälchen 406
Tubuli seminiferi contorti 405
Tubuli seminiferi recti 405
Tubuline 17
Tubulinprotofilamente 17
Tubuloalveoläre Drüse, Mamma 256
Tubuloazinose Drüsen A25
Tubulöse Drüsen 24, A25
Tubulovakuolärer Apparat 394
Tubulus distalis T391, 393 f.
Tubulus intermedius T391, 393 f.
Tubulus proximalis T391, 393
Tubulus renalis 390, 391, **393**
Tubulus reuniens T391, 393 f.
Tumornekrosefaktor 22
Tumor-suppressing protein 21
Tunica adventitia
- Dünndarm 358
- Oesophagus 302
- Gefäße 190
Tunica albuginea
- Hoden 405 f.
- Ovar 421
Tunica albuginea corporis spongiosi A417, 419
Tunica albuginea corporum cavernosum A417, 419
Tunica bulbi 684
Tunica conjunctiva 698
Tunica dartos A317, A405, **417**
Tunica fibromusculocartilaginea 273
Tunica fibrosa, Leber 335
Tunica fibrosa bulbi 685 ff.
- Entwicklung 685
Tunica interna bulbi, Retina 684, **691 ff.**
- Entwicklung 685
Tunica intima 190
Tunica media 190
Tunica mucosa, Verdauungsrohr T301
- Dickdarm 361 f.
- Dünndarm 353 f.
- Magen 349
- Ösophagus 301
Tunica muscularis, Verdauungsrohr T301
- Dickdarm 361
- Dünndarm 358
- Magen 349
- Ösophagus 302
Tunica serosa, Verdauungsrohr T301
- Bauchfell 330
- Dünndarm 358
- Magen 349
Tunica subserosa, Bauchfell 330
Tunica vaginalis testis 318, A405, **417**
Tunica vasculosa bulbi 684, **687**
- Entwicklung 689
Tunnelproteine 11
T-Vorläuferzellen 141
Typ-I-Kollagen, retikuläre Fasern 38
Typ-I-Kollagen
- Faserknorpel 49
- Knochen 51
Typ-I-Muskelfasern 65
Typ-I-Synapse 76
Typ-II-Kollagen, Knorpel 47, T48
Typ-II-Muskelfasern 65
Typ-II-Synapse 76
Typ-III-Kollagen 42
- retikuläre Fasern 38
Tyrosinase 216
Tyrosinhydroxylase T77
T-Zellen A135, 141
- Aktivierung 142
- Entwicklung 141

U

Überbiss 608
Übergangsepithel **10**, **398**
Übertragener Schmerz 211
Uferzellen, Lymphknoten 151
Ulcera ventriculi 349
Ullrich-Turner-Syndrom 123
Ulna 458
– Ossifikation T451
– Taststellen 458
Ulnarabduktion 483
Ulnarispuls 502
Ultimobranchialkörper 636
Umbauzone, Knochen 56
Umbo membrani tympani 706
Umfeldhemmung 796
Uncus, Gyrus parahippocampalis A737, 832
Uncus corporis vertebrae A230, 237
Ungeformte Interzellularsubstanzen 40
Ungues 226
Unipolare Nervenzelle 73
Univakuoläre Fettzellen A44, 45
Unspezifische Kerne, Thalamus 751
Unterarm
– Faszien 493
– Gefäß-Nerven-Straße 515, T516
– Knochen 458f.
– Knochenkerne 451
– Profil 478
– Pronation **484**, 486, T487f., T490
– Querschnitte A486, A515
– Sehnenscheiden 493
– Supination **484**, A486, T489f
– Topographie 515
Unterarmmuskeln
– Extensoren, oberflächliche Schicht T485, T489, **491**, A492
– Extensoren, tiefe Schicht T485, T489, **491**, A492
– Flexoren, oberflächliche Schicht T485, T487, **488**
– Flexoren, tiefe Schicht T485, T487, 488, **490**
– Radiale Gruppe T485, T490, **492**
Unterbauch 342ff.
Untere Extremität 517ff.
– Entwicklung 453
– Knochen 517ff.
– Knochenkerne 452
– Leitungsbahnen 564ff.
– Taststellen A520
Untere Hohlvene 179
Untere Nasenmuschel T583, 597
Unterer Kleinhirnstiel 787
Unteres Sprunggelenk 548
– Achse **549**, A552, A555
– Pronation 548, T555
– Supination 549, T555
Unteres Uterinsegment 427
Unterhaut 219
Unterhorn 850
Unterkiefer T583, 599
– Gefäße 660
– Heben 613
– Senken 613
Unterkieferdrüse, Glandula submandibularis 624
Unterkieferwulst 601
Unterlippe, Gefäße 660
Unterschenkel
– Faszien 556
– Gefäß-Nerven-Straße T579
– Gelenke 547
– Knochen 521f.
– Profil 547
– Querschnitte A551, A579
– Sehnenscheiden 556
Unterschenkelmuskeln
– Extensoren 550ff., T551, A552, **554**
– Fibularisgruppe 552, T554, **555**
– Flexoren, oberflächliche Schicht 552, T553
– Flexoren, tiefe Schicht T553, **554**, A555
Unterzungendrüse, Glandula sublingualis 625
Urachus 316, A389
Ureter, Harnleiter 398
– Arterien 399
– Beziehungen 381
– Engstellen 398
– Histologie 398f.
– Innervation T210, 399
– Pars abdominalis 397
– Pars pelvica 397
– Venen 399
Ureterknospe A388f., 399
Urethra feminina 328, **404**
Urethralplatte 415
Urethra masculina 328, **403**
– Biegungen 403
– Engstellen 403
– Erweiterungen 403
Urkeimzellen 116, **406**
Urniere, Mesonephros 388, A389
Urnierengang A385, **388**, A389, **399**, A406
Urnierenkanälchen 388, A407
Urogenitalfalten 415, A416
Urogenitalleiste A385, 388
Urogenitalsystem 387
– Herkunft T112
Urothel, Übergangsepithel A8, 10, **398**
Ursprungskegel A71, 72
Urtikaria 149
Uteroplazentarer Kreislauf 99, A101
Uterus 384, A421, **427ff.**, A428
– Arterien 431
– Entwicklung 428
– Lage 384
– Lymphgefäße 431
– Muskulatur 429
– Nerven 431
– Venen 431
Uterusschleimhaut, Zyklus 429
Utriculus. Innenohr A704, A711, **716**, 830
– Entwicklung 711
Utriculus prostaticus **403**, A412, A414
Uvea 687
Uvula palatina 616
Uvula vermis T785, 831
Uvula vesicae **399**, A400, 403, A414

V

Vagina 328, **431ff.**
– Abstrich 432
– Arterien 432
– Entwicklung 432
– Epithel 432
– Herkunft T112
– Lage 384
– Lymphgefäße 432
– Nerven 432
– Venen 432
– Wand 432
Vagina bulbi 701
Vagina carotica **639**, 655
Vagina communis tendinum musculorum flexorum 493
Vagina communis musculorum fibularium A556
Vagina musculi recti abdominis, Rektusscheide 313
Vagina radicularis epithelialis, Schmelzorgan 610
Vagina tendinis, Sehnenscheide 169
Vagina tendinis intertubercularis, M. biceps A462, **464**, 477
Vagina tendinis m. extensoris carpi ulnaris 495
Vagina tendinis m. extensoris digiti minimi 495
Vagina tendinis m. extensoris digitorum 494
Vagina tendinis m. extensoris hallucis longi A556
Vagina tendinis m. extensoris pollicis longi 494
Vagina tendinis m. extensorum carpi radialium 494
Vagina tendinis m. flexoris hallucis longi A556
Vagina tendinis m. flexoris pollicis longi 493
Vagina tendinis m. flexoris carpi radialis 494
Vagina tendinis m. longi plantaris A556
Vagina tendinis m. tibialis anterioris A556
Vagina tendinis m. tibialis posterioris A556
Vagina tendinum m. digitorum manus 494
Vagina tendinum m. extensoris digitorum pedis longi A556
Vagina tendinum m. flexoris digitorum pedis longi A556
Vallecula epiglottica 642
Valva aortae 288
Valva atrioventricularis dextra A285, 286
Valva atrioventricularis sinistra A285, 288
Valva bicuspidalis 288
Valva ileocaecalis 344
Valva mitralis 288
Valva semilunaris 179
Valva tricuspidalis 286
Valva trunci pulmonalis 287
Valvula analis 364
Valvula Eustachii 286
Valvula foraminis ovalis 288

Valvula semilunaris anterior (Pulmonalklappe) 287
Valvula semilunaris dextra (Aortenklappe) 288
Valvula semilunaris dextra (Pulmonalklappe) 287
Valvula semilunaris posterior (Aortenklappe) 288
Valvula semilunaris sinistra (Aortenklappe) 288
Valvula semilunaris sinistra (Pulmonalklappe) 287
Valvula sinus coronarii 286
Valvula Thebesii, Valvula sinus coronarii 286
Valvula venae cavae inferioris 286
Van-Gieson-Färbung 89
Variationsbreite 2f.
Varikosität 78
Varizen 194
Vasa lymphatica 197
Vasa obturatoria A577
Vasa privata, Lunge 279
Vasa publica, Lunge 278
Vasa sanguinea 178
Vasa vasorum 191
Vas hyaloidea **685**, 691
Vasoaktives intestinales Polypeptid 357, T842
Vasokonstriktorenbahn 803
Vasomotorenzentrum 780
– Vasodilatationsgebiet 780
– Vasokonstriktorengebiet 780
Vasopressin 74, **756**, T842
Vater-Pacini-Lamellenkörperchen **221**, A222, 434, 683
Vegetative Ganglien, Entwicklung 114
Vegetative Reflexe 839
Vegetatives Nervensystem A207f., 721
Vegetative Zentren 838ff.
Veitstanz 809
Vellus, Wollhaar 224
Velum medullare inferius A762, **770**, 852
Velum medullare superius A764, **768ff.**, 851
Velum palatinum 616
Vena advehens 183
Vena angularis 661
Vena appendicularis 345f.
Vena arcuata 396f.
Vena articularis temporomandibularis 662
Vena auricularis anterior 662
Vena auricularis posterior A655, 662
Vena axillaris 257, 259, **504**, A507, 511, T512, **513**
Vena azygos A295, A297, **303**, 443, A444
– Diaphragma A265, 266
– Entwicklung T182
Vena basalis 748
Vena basilica 504, A515
Vena basivertebralis 804
Vena brachialis 504
Vena brachiocephalica dextra sinistra 292, A295, **296**, 297, 302, 663
Vena bronchialis 303
Vena bulbi penis 419
Vena bulbi vestibuli 434
Vena caecalis anterior 346
Vena caecalis posterior 346
Vena cardiaca magna A290, 292
Vena cardiaca parva A290, 292
Vena cardinalis anterior T182, A184
Vena cardinalis posterior T182, A184
Vena cardinalis communis 181f., A184
Vena cardinalis inferior 181f.
Vena cardinalis superior 181f.
Vena cava inferior 179, 254, A282, 283, A290, **293**, A336, 442, A443f
– Diaphragma 266
– Entwicklung T182, 185
Vena cava superior 179, 254, A282, 283, **292**, A295, 296, A297, A444
– Entwicklung T182, 185
Vena centralis hepatis 368
Vena centralis retinae 496, A695
Vena cephalica 259, **504**, 511f., T514, A515
Vena cerebri media superficialis 854
Vena cervicalis superficialis 655f.
Vena choroidea superior 748
Vena ciliaris anterior A695
Vena circumflexa humeri posterior T512
Vena circumflexa ilium superficialis A567
Vena circumflexa scapulae 513
Vena colica dextra 346, **445**
Vena colica media 346f., A444, **445**
Vena colica sinistra 444
Vena conjunctivalis A695
Vena coronaria gastrica 445
Vena cremasterica T418
Vena cystica **373**, 445
Vena diploica **661**, 847, 854
Vena diploica frontalis T662
Vena diploica occipitalis T662
Vena diploica temporalis anterior T662
Vena diploica temporalis posterior T662
Vena dorsalis pedis T580
Vena dorsalis profunda clitoridis **434**, 442
Vena dorsalis profunda penis A417, **419**, 442
Vena dorsalis superficialis clitoridis 442
Vena dorsalis superficialis penis A417, **419**, 442
Vena ductus deferentis T418
Vena emissaria **661**, 662, 854
Vena emissaria condylaris T662
Vena emissaria mastoidea T662
Vena emissaria occipitalis T662
Vena emissaria parietalis T662
Vena epigastrica inferior A444
Vena epigastrica superficialis A444
Vena epigastrica superior, Diaphragma 266
Vena ethmoidalis 628
Vena facialis 654, A655, **661**, 698
Vena femoralis A443, **568**, 575, T576, A577f
Vena gastrica dextra A444, **445**
Vena gastrica brevis A444, **445**
Vena gastrica sinistra 302, **445**
Vena gastroomentalis dextra A444, 445
Vena glutea inferior A443, **574**, T576
Vena glutea superior A443, **574**, T576
Vena hemiazygos **303**, 443
– Diaphragma 266
– Entwicklung T182
Vena hemiazygos accessoria 303
Vena hepatica A336, 368, **442**, A443
– Entwicklung T182
Vena ilealis 444
Vena ileocolica A444, 445
Vena iliaca communis 442, A443
Vena iliaca externa A313, 442
Vena iliaca interna 442
– Entwicklung T182
Vena inferior cerebri 747
Vena infraorbitalis T589, 698
Vena intercostalis 257, **260**, A261
Vena intercostalis posterior 296, **303**
Vena intercostalis superior sinistra 296
Vena interlobaris, Niere 396f.
Vena interlobularis, Niere 396f.
Vena interna cerebri 748
Vena interossea antebrachii anterior T516
Vena interosseae antebrachii posterior T516
Vena interventricularis anterior 292
Vena interventricularis posterior A290, 292
Vena intervertebralis 804
Vena jejunalis 444
Vena jugularis anterior 654, **662**
Vena jugularis externa A633, 654, A655, **662**
Vena jugularis interna A297, T588, 654f., **662**, A853, 854
– Entwicklung T182
Vena labialis inferior 662
Vena labialis posterior, kleine Schamlippe 434
Vena labialis superior 662
Vena labyrinthi T587
Vena lacrimalis A700
Vena laryngea inferior 649
Vena laryngea superior 649
Vena lingualis 622
Vena lumbalis 443
Vena lumbalis ascendens 443
Vena magna cerebri 747f., **784**, 791
Vena maxillaris 631
Vena mediana antebrachii 504
Vena mediana basilica 504
Vena mediana cephalica 504
Vena mediana cubiti 504
Vena mediastinalis 303

Vena media superficialis cerebri 747
Vena meningea media 662, 710, **853**
Vena mesenterica inferior 341, **360**, A376, A444
Vena mesenterica superior A340, 341, **360**, A376, 444
Vena minima 286
Vena nasalis externa 662
Vena nutritia 52
Vena obliqua atrii sinistri A290
– Entwicklung T182, 185
Vena obturatoria A443, **575**, T576
Vena occipitalis 662, A853
Vena oesophagealis 302f., A444
Vena ophthalmica inferior T589, **702**, 854
Vena ophthalmica superior T587, 628, A700, **702**, 854
Vena ovarica **426**, 443
Vena palatina externa 662
Vena palpebralis inferior 662
Vena palpebralis superior 662
Vena pancreatica 445
Vena pancreaticoduodenalis A376, A444, **445**
Vena pancreaticoduodenalis superior posterior A376
Vena paraumbilicalis A444, 445
Vena parotidea 662
Vena pericardiaca 303
Vena petrosa 791
Vena phrenica inferior 442
Vena plantaris lateralis T580
Vena plantaris medialis T580
Vena poplitea **568**, T576, 577
Vena portae hepatis 180, A336, 337, **341**, 360, 367, **444**
– Entwicklung 183
Vena praepylorica 445
Vena profunda brachii 457
Vena profunda cerebri 747
Vena profunda clitoridis 434
Vena profunda facialis 662
Vena profunda femoris 568, A578
Vena profunda penis 419
Vena pudenda externa 417, **442**, A567
Vena pudenda interna 417, **434**, **442**, A443, **574**, T576
Vena pulmonalis 179, A275, **279**, **293**
– Entwicklung 185
Vena pulmonalis dextra A290
Vena pulmonalis sinistra A282, A290
Vena radialis 504, T516
Vena radicularis 803
Vena rectalis inferior A364, **366**, A444
Vena rectalis media A364, 366
Vena rectalis superior A364, 366, A444
Vena renalis 395, 397, **443**
– Entwicklung T182
Vena retromandibularis 624, 631, 654, A655, **662**
Vena revehens 183
Vena sacralis lateralis A443
Vena sacralis media A443
Vena sacralis mediana A443
Vena saphena accessoria A567, 568
Vena saphena magna 442, **567**, T576, 577, A578f.
Vena saphena parva A567, **568**, T576, A579, 580
Vena septi pellucidi 748
Vena sigmoidea 347, A444
Vena splenica 341, 360, A376, **379**, A444
Vena subcardinalis T182
Vena subclavia A297, **504**, 512, A655
– Entwicklung T182
Vena sublingualis 625
Vena submentalis **625**, A655, 662
Vena superficialis cerebri 747
Vena superior cerebri 747
Vena supracardinalis T182
Vena suprarenalis 398
Vena suprascapularis 456
Vena temporalis profunda 630
Vena temporalis superficialis 629, A655, **662**
Vena testicularis 417, T418, **443**
Vena thalamostriata superior 748f., A750
Vena thoracica interna **257**, A297, A444
Vena thoracoepigastrica A444
Vena thyroidea inferior 296, **652**
Vena thyroidea media 652
Vena thyroidea superior **652**, A655, 662
Vena tibialis anterior A579
Vena tibialis posterior A579
Vena transversa faciei **662**, **698**
Vena tympanica 662
Vena ulnaris 504, T516
Vena umbilicalis **118**, 180, 181, T182, 183, A184, **187**
Vena ventriculi sinistri posterior A290, 292
Vena vertebralis A230, **250**, A633
Vena vesicalis inferior A402
Vena vesicalis superior A402
Vena vitellina **180f.**, **183**, A184
Vena vorticosa 687, A695, **696**
Venenklappen 194
Venenpunktion 504
Venensektion 504
Venenwand 194
Venenwinkel, Angulus venosus
– linker 304
– rechter 304
Venolen 178, **193**
Venöse Kollateralwege 194
Venöse Sinus 193
Ventilebene 285, **288**
Ventriculus, Magen 347
Ventriculus cordis 179, **284**
– Muskelverlauf 280
Ventriculus cordis dexter 287
Ventriculus cordis sinister 288
Ventriculus laryngis 644
Ventriculus lateralis 850
Ventriculus primitivus 185
Ventriculus quartus A762, 851
Ventriculus tertius A762, 850
Ventrikel, Gehirn 849f., A850
– Entwicklung 731
Ventrikelseptumdefekt 189
Venula 193
Venula recta 397
Verankerungsproteine 12
Verbindungsapparat 796
Verbindungstubulus, Niere 390, T391, 393, **395**
Verdauungssystem 347ff.
– Schichtenfolge T301
– Entwicklung T112, **333**, **342**
Vergenzbewegungen 814
Verknöcherungszone A56, 57
Vermis cerebelli 785
Vernix caseosa 121
Verrenkung 165
Versilberung 74
Vertebrae cervicales, Halswirbel 236
Vertebrae coccygeae, Steißwirbel 241
Vertebrae lumbales, Lendenwirbel 239
Vertebrae thoracicae, Brustwirbel 239
Vertebra prominens 237, A242
Vertikale Blickbewegungen 812
Vertikale Blicklähmung 814
Vertikale Säulen **741f.**, **805**
Very low density lipoprotein 45
Verzweigte-tubulöse Drüsen 24, A25
Vesica fellea, Gallenblase 372
Vesican 40
Vesica urinaria, Harnblase 399
Vesicula cervicalis 636
Vestibularapparat 716ff.
– Innervation 718
– Sinneszellen 717
Vestibuläres System 830ff.
Vestibularisreflex 831
Vestibulocerebellum **785f.**, 810f.
Vestibulooptischer Reflex 813
Vestibulum, Innenohr A706, A711, **712**
Vestibulum bursae omentalis **339**, 342
Vestibulum laryngis 644
Vestibulum nasi 627
Vestibulum oris 605, **615**
Vestibulum vaginae 433
Vestigium processus vaginalis 318, T418
Vibrationsempfindung 221
Vibrissen, Nasenhaare **224**, 627
Vicq d'Azyr-Streifen 742
Villi intestinales, Dünndarmzotten 354
Villinbrücken 12
Villi synoviales 161
Vimentin **18**, **60**
Vimentinfilamente **19**, **63**
Vincula tendinum A497
Vinculin **18**, **63**
Vinculum lingulae, Kleinhirn T785
VIP, vasoaktives intestinales Polypetid 357
Virchow-Robin-Räume 848
Viskoelastizität 176
Visuelles Reflexzentrum 767
Visuelles Rindengebiet 738f.

Visuelles System 822ff., A823
Viszerales Mesoderm 116
Viszeroafferent 722, A727
Viszeroafferente Längszone 763, 771, **773**
Viszerocranium 582, T583
Viszeroefferent 723, A727
Viszeroefferente Längszone 763, 771, **773**
Vizerosensibilität 683
Viszerosomatische Reflexe 211
Viszeroviszerale Reflexe 211
Vitalfärbungen 88
Vitronektin 40
VLDL, very low density lipoprotein 45
Volkmann-Kanäle 52
Vomer T583, **592**, T597
Vordere Augenkammer 684, A688, **690**
– Entwicklung 685
Vordere Darmpforte 117
Vorderer Bogengang 716
Vordere Wurzel 201
Vorderhirn 112
Vorderhirnkomplex, magnozellulärer basaler 839
Vorderhorn, Rückenmark A727, **794f.**, A794, 806
– Entwicklung 726
– Motoneurone 795, **796**, 797
Vorderhorn, Seitenventrikel 850
Vordersäule 794
Vorderseitenstrang **798**, 800, 802, **815**
Vorderstrang A794, 797
– Entwicklung 727
Vorderwurzel, efferente 799
Vorfuß A523
Vorhaut 419
Vorhof 179
– linker 287
– Muskulatur 284
– rechter 286
Vorhof-Kammer-Klappe
– links 179, **286**
– rechts 179, **288**
Vorhofseptumdefekt 188
Vorkern 92
Vorknorpel 46
Vorläuferzellen, Blutbildung A135
Vorniere, Pronephros 388
Vornierengang 388
Vorsteherdrüse, Prostata 414
Vorwärtshemmung **723**, 796
V-Phlegmone 493
VSD, ventricular septal defect 188
Vulva 433

W

Wachstumsfuge 56f.
Wachstumshormon 57
Wachstumskolben 83
Wackelknie 540
Wade 547
Waldeyer-Rachenring 622, **642**
Wallenberg-Syndrom 784
Waller-Degeneration 83
Wanderzellen 35, A42
– ruhende 35
Wangen 605
– Entwicklung 601
– Gefäße 660
Wärmeregulation 222
Warthon-Sulze 119
Warzenhof, Areola mammae 256
Wasserblasen 220
Watschelgang 533
Wehen 429
Weibliche Geschlechtsorgane 420ff.
– äußere 433f.
– innere 420ff.
Weichteilhemmung 163
Weiße Milzpulpa 377
Weiße Muskelfasern 65
Weißes Fettgewebe 45
Weiße Substanz, Substantia alba 721
– Cortex cerebri 744
Wernicke-Zentrum A740, 843f.
Wespenbein, Os sphenoidale T583, 593
Wharton-Sulze 41
Widerstandsgefäße 192
Wilms-Tumoren 389
Wimpern, Cilia **224**, 697
Windkesselfunktion 191
Wirbel 228, A230
– Entwicklung 230, A234
– Gelenkfortsätze 229
– Ossifikationszentren 231
– Osteologie 228ff.
Wirbelbögen 228
– Entwicklung 231
Wirbelbogengelenke 233
Wirbelbogenspalte 232
Wirbelfortsätze 229
Wirbelgruppen 229ff.
Wirbelkörper 228
– Entwicklung 230
– Ossifikation T232
Wirbelsäule 228ff.
– Bänder 234f.,A235
– Beweglichkeit T237, 241
– Eigenform 241
– Entwicklung 229f., A231
– Entwicklungsstörungen 232
– Neugeborenes 241
– Verknöcherung 231
– Verknorpelung 231
Wirksame Endstrecke 172
Wirksamer Hebelarm 172
Wochenbett 438
Wolff-Gang **388**, A389, A407
Wolff-Parkinson-White-Syndrom 290
Wolfsrachen 607
Wollhaar 224
Wortwahl 844
Würfelbein, Os cuboideum 524
Würgen 617
Wurm, Vermis 785
Wurmfortsatz, Appendix vermiformis **345**, **361**
Wurzelfasern 799
Wurzelkanal, Canalis radicis dentis 609
Wurzelscheide, Haar 225
Wurzelzellen 796

X

X-Bein 537
X-Chromosom 93
XX-Chromosom 93
XY-Chromosom 93
X-Zellen, Retina 694

Y

Y-Zellen, Retina 694

Z

Zahnbögen 608
Zahndurchbruch 608, T609
Zähne 608ff.
– Gefäße 611
– Histologie 611f.
– Nerven 611
Zahnentwicklung 609ff., A610
Zahnersatzleiste 609
Zahnfleisch, Gingiva 615
Zahnformel
– bleibende Zähne 608
– Milchgebiss 608
Zahnhals 608
Zahnhalteapparat 608, A609, **611**
Zahnknospe 609
Zahnkrone 608
Zahnleiste 609
Zahnpapille 609
Zahnpulpa 609, **611**
Zahnregulierung 53
Zahnsäckchen 609, A610
Zahnschmelz 611
Zahnwechsel 608, T609
Zahnwurzel 608
Zahnzement 609, **611**
Zäkum, Caecum **344**, **361**
– Arterien 362
– Entwicklung 343
– Peritonealverhältnisse 344
Zapfen A692f., 695
Zehen
– Entwicklung 451
– Gelenke 550
– Knochen 524
– Ossifikation T452
Zehennägel 226
Zeis-Drüse 697
Zelladhaesionsmoleküle 13
Zelle 4
Zelleinfaltungen, basale 16
Zellgruppen, endokrine 31
Zellhaftung 13
Zellinseln, Plazenta 105
Zellkortex 18
Zellmauserung 20
Zelloberfläche 10f.
– apikale Domäne 11ff.
– basolaterale Domäne 13
Zellsäulen, Plazenta 105
Zelltod 22
Zellverbindungen 13, T14
Zellwachstum 22
Zellzyklus 20f.
Zementoblasten 611
Zementozyten 611
Zentrale Fazialislähmung 806
Zentrale Haubenbahn 781
Zentrales Höhlengrau A765, 766

Zentralkanal, Knochen 51 f.
Zentralkanal, Rückenmark 720, A794, **795**
Zentralkörperchen 17
Zentralnervensystem 720 ff.
Zentriol 17
Zentroazinäre Zellen 373, A374
Zentroblasten **147**, A151, 152
Zentrozyten **147**, A151, 152
Zervikalnerv 1 250
Zervikalnerv 2 250
Zervikalnerv 3 250
Zervikalnervenpaare 202
Zervikalsegmente 793
Zervix, Magendrüsen 351
Zervix, Uterus 431
Zervixkarzinom 431
Zielmotorik **788**, **810**
Ziliarepithel 688
Zilien A12, 18
Zinkfingergene 107
Zirbeldrüse, Glandula pinealis 753
Zirkadiane Rhythmen 753
Zirkumduktion 163 f.
Zirkumventrikuläre Organe 758
Zisternen, äußerer Liquorraum 849
ZNS, Zentralnervensystem 720
Zölom 118
– extraembryonales 108
– intraembryonales A113, 116
Zona columnaris 364
Zona cutanea A364, 365
Zona fasciculata 386
Zona glomerulosa 386
Zona incerta 754
Zona orbicularis 527, T528
Zona pellucida **423**, 436
Zona reticularis 386
Zonula adhaerens, Gürteldesmosom 14
Zonula ciliaris A689, 691
Zonulafasern 690 f.
Zonula occludens A10, 13 f., **14**, T14, A15
Zornesfalten T603
Zotten
– Bauplan 103
– Duodenum A355, 358
– Ileum A355, 359
– Jejunum A355, 359
– Plazenta **99**, **102**
Zottenäste 103
Zottenbäume 101 f.
Zottengefäße 104
Zottenpumpe 357
ZP_3 436
Z-Streifen
– Herzmuskel 68
– Skelettmuskel 63
Zugfestigkeit 158 f.
Zuggurte 159
Zugspannung 158
Zunge 620
– Außenmuskulatur 620
– Entwicklung **620**, 634
– Gefäße **622**, 659
– Innenmuskulatur 620
– Innervation **622**, **623**
– Zungengrund 622
– Zungenkörper 621
– Zungewulst 606, A607, **634**
Zungenbein, Os hyoideum 636
Zungenbeinmuskulatur 636
Zwangssymptome 841
Zweibäuchiger Muskel 167
Zweieiige Zwillinge 122
Zweigelenkiger Muskel 171
Zweireihiges Epithel 10
Zwerchfell, Diaphragma 264
– Nachbarschaftsbeziehungen 267
Zwerchfellhernien 266
Zwerchfellöffnungen T265, 266
Zwerchfellrupturen 266
Zwerchfellstand 267
Zwergwuchs 57
Zwillinge 122
Zwischenhirn, Diencephalon 748
– Entwicklung 729
Zwischenwirbelgelenke 233
Zwischenwirbelscheiben 49, **232**
– Entwicklung 230
Zwölffingerdarm, Duodenum **340**, **358**
Zyanose 188
Zygote 93 f.
Zyklin B 21
Zyklusphasen 430
Zymogengranula 373
Zystische Nierendysplasie 389
Zytoarchitektonik 72
– Isocortex 741 ff.
– Rückenmark 797
Zytochemie 90
Zytokeratin 18
Zytokine 30, 137, **139**
Zytokinese 21
Zytoskelett 17 f.
Zytotoxische T-Zellen 142
Zytotrophoblast A96, A98, **102 ff.**